DT Ⅱ（A）型
带式输送机设计手册

（第 2 版）

北京起重运输机械设计研究院
武汉丰凡科技开发有限责任公司 主编

北 京
冶 金 工 业 出 版 社
2023

图书在版编目(CIP)数据

DTⅡ(A)型带式输送机设计手册/北京起重运输机械设计研究院，武汉丰凡科技开发有限责任公司主编.—2版.—北京：冶金工业出版社，2013.9（2023.6重印）

ISBN 978-7-5024-6345-8

Ⅰ.①D…　Ⅱ.①北…　②武…　Ⅲ.①带式输送机—设计—手册　Ⅳ.①TH222.022-62

中国版本图书馆CIP数据核字(2013)第222578号

DTⅡ(A)型带式输送机设计手册（第2版）

出版发行	冶金工业出版社	**电　　话**	(010)64027926
地　　址	北京市东城区嵩祝院北巷39号	**邮　　编**	100009
网　　址	www.mip1953.com	**电子信箱**	service@mip1953.com

责任编辑　王悦青　程志宏　美术编辑　彭子赫　版式设计　孙跃红

责任校对　王永欣　责任印制　禹　蕊

北京捷迅佳彩印刷有限公司印刷

2003年8月第1版，2013年9月第2版，2023年6月第7次印刷

880mm×1230mm　1/16；59印张；1985千字；919页

定价260.00元

投稿电话　(010)64027932　投稿信箱　tougao@cnmip.com.cn

营销中心电话　(010)64044283

冶金工业出版社天猫旗舰店　yjgycbs.tmall.com

（本书如有印装质量问题，本社营销中心负责退换）

主　编　单　位

北京起重运输机械设计研究院
武汉丰凡科技开发有限责任公司

支　持　单　位

中国重型机械工业协会带式输送机分会

协　编　单　位

（排名不分先后）

中煤科工集团上海研究院运机研制中心
全国化工粉体工程设计技术中心站
中国能源建设集团东北电力设计院
机械工业第六设计研究院有限公司
北方重工集团有限公司
衡阳运输机械有限公司
自贡运输机械集团股份有限公司
上海科大重工集团有限公司
焦作科瑞森机械制造有限公司
铜陵天奇蓝天机械设备有限公司
山东山矿机械有限公司
青岛华夏橡胶工业有限公司
马钢输送机械设备制造公司
安徽攀登重工股份有限公司
安徽扬帆机械股份有限公司
河北鲁梅卡机械制造股份有限公司
四川东林矿山运输机械有限公司

第2版前言

《DTⅡ(A)型带式输送机设计手册》出版以来，受到业界广泛欢迎，但由于受到当时条件的限制，也存在不少问题与不足。为了适应行业发展的新形势，北京起重运输机械设计研究院（原北京起重运输机械研究所）和武汉丰凡科技开发有限责任公司继续合作，在广泛征求意见的基础上，组织人力，首先完成了《DTⅡ(A)型带式输送机专用图—2011》，并在此基础上，与原协编单位继续合作，对原书进行了补充和修改，编撰了《DTⅡ(A)型带式输送机设计手册》(第2版)。

《DTⅡ(A)型带式输送机专用图—2011》较之《DTⅡ(A)型带式输送机专用图—2002》的补充主要包括：

1. 输送机的带宽范围从B500～B1400扩大为B400～B2000，补充了B400，B1600，B1800和B2000等4种规格带式输送机的各类部件。

2. 增加了45°前倾托辊，平形缓冲托辊，各类双辊式平形托辊，矩形重锤箱和矩形塔架等部件品种。

3. 增加了500～1400mm带宽的滚筒品种，包括500～1200mm部分小直径，小扭矩和小合张力的滚筒；800～1400mm部分大直径，大扭矩和大合张力滚筒。

4. 按每种带宽3种托辊辊径，补全了V形下托辊，V形前倾托辊和V形梳型托辊的品种；增加了800mm以下螺旋托辊。

5. 增加了重型箱式垂直拉紧装置。其中有7种规格原混编入箱式垂直重锤拉紧装置中，此次独立出来，视作为一个新品种，配齐了全部规格。

6. 增加了不带增面轮的改向滚筒尾架（H型钢）。

《DTⅡ(A)型带式输送机专用图—2011》较之《DTⅡ(A)型带式输送机专用图—2002》的修改主要包括：

1. 设计执行标准从2001年底前的有效国家标准和行业标准修改为2010年底前的有效国家标准和行业标准，全部图纸的技术要求和材料表均据此作了全面更新。

2. 带式输送机2009版新国家标准全面提高了滚筒和托辊的质量指标，全部图纸均据此作了全面修改。

3. 将中部传动滚筒支架扩充为中部传动滚筒支架(ZT)——增面轮朝向输送机头部，中部传动滚筒支架(ZW)——增面轮朝向输送机尾部和只设置改向滚筒的中部改向滚筒支架（ZG）三种，以方便设计人员更合理地配设各种形式的中部和头中部双滚筒传动装置。

4. 重新设计了重型支腿，将立杆由角钢改为槽钢，从而增加了支腿刚度，减小了输送机中部宽度。

5. 根据使用经验，对个别部件的结构进行了修改完善。

6. 对列入原手册，而实际并未作设计的矩形头架、矩形尾架、（轻型）卸料车及其中部支架、B800 重型卸料车和 B800 重型配仓输送机等 5 种部件的设计列入了《DTⅡ(A)型带式输送机专用图—2011》之中。

随着《DTⅡ(A)型带式输送机专用图—2011》的推出，业界企望多年的原 DX 和 TD75 两大系列带式输送机部件与 DTⅡ型带式输送机部件的统一得以最终实现，也使我国标准化带式输送机的技术水平有了新的提高。

除按 2011 版图纸对原版手册相关内容进行的全面更新以外，本次出版《DTⅡ(A)型带式输送机设计手册》(第 2 版)的修改主要还包括：

1. 由于 2003 年版手册先于图纸出版，有些数据与图纸不相符合，本次均作了订正，使之与图纸完全一致。

2. 对原书的错误进行了逐一勘误。

3. 由于 2011 版图纸涉及的输送机带宽从 6 种增加为 10 种，因而对第 1 章～第 5 章的相关内容进行了补充。

4. 对原书的第 8 章电动滚筒、第 16 章输送带及接头产品资料、第 17 章驱动装置标准件产品资料、第 18 章带式输送机配套件、附录 1 国内外标准以及附录 2 行业名录等进行了大量补充和全面更新。

为了防止用已有的图纸冒充新版图纸，降低产品设计质量，书后附录 3 刊出了已取得新版图纸使用权的单位名录，今后，将在北京起重运输机械设计研究院和武汉丰凡科技开发有限责任公司的网站上公布有权使用新版图纸的单位名录，从 2013 年 12 月开始，还将在每年的《起重运输机械》杂志 12 期上刊登这一名录（即期），供各设计和使用单位辨识。

通用型带式输送机是使用最广泛的连续输送机，其基本部件为几乎所有型式的带式输送机直接使用。要提高通用型带式输送机的技术水平，体现“先进，节约，适用”的系列设计理念，还需要做大量工作。由于补充部分的系列设计尚未全部经过实践检验，设计图纸会随时进行修改，因此本手册中也会出现个别数据缺漏和不符的情况。设计单位在使用时，请予以注意，必要时应与两主编单位或制造厂联系确认。为了满足可能出现的对 2200mm 和 2400mm 带宽输送机的需求，本手册也列出了一些数据，可参考使用，如要据此作施工图设计，可与北京起重运输机械设计研究院或武汉丰凡科技开发有限责任公司直接联系确认，请读者务必予以关注。在本手册出版后，我们将立即开始 B2200 和 B2400 带宽部件以及带式输送机其他新结构和新规格部件的研发设计工作，达到推向市场条件时，将在两主编单位网站上发布。

在手册编写过程中，我们再次得到了国内煤炭、电力、冶金、化工、建材、交通、轻工、机械等行业数十家科研设计院所和行业厂的关心、支持和帮助，在此一并表示衷心的感谢。

本手册今后将适时补充、更新、改版，欢迎多提意见和建议。

编　者

2013 年 8 月

第1版主编单位

北京起重运输机械研究所

武汉丰凡科技开发有限责任公司

第1版协编单位

（排名不分先后）

中国重型机械工业协会带式输送机分会

煤炭科学研究总院上海分院运输机械研究所

全国化工粉体工程设计技术中心站

国家电力公司东北电力设计院

机械工业第六设计研究院

沈阳矿山机械集团有限公司

自贡运输机械总厂

沈阳起重运输机械有限责任公司

衡阳起重运输机械有限公司

焦作起重运输机械有限责任公司

铜陵蓝天股份有限公司铜陵运输机器厂

青岛华夏胶带有限公司

浙江双箭橡胶股份有限公司

上海富大胶带制品有限公司

山东山矿机械有限公司

第1版专家委员会

第1版编辑委员会

第1版前言

为适应市场需要，北京起重运输机械研究所和武汉丰凡科技开发有限责任公司会同沈阳矿山机械集团有限公司、自贡运输机械总厂、沈阳起重运输机械有限责任公司、焦作起重运输机械有限责任公司、衡阳起重运输机械有限公司以及铜陵蓝天股份有限公司铜陵运输机器厂等6家合作单位紧密合作，完成了对DTⅡ型带式输送机系列设计的补充修改工作。

合作单位根据DTⅡ型带式输送机8年来的应用情况、用户的使用经验及要求，推出了带式输送机CAD系统软件，扩充了部分部件的品种规格，改进了部分部件结构，修改了错误。在修改设计中所采用的轴承、紧固件、专用材料及制造装配技术条件等均使用目前最新国家标准，全部设计图纸采用CAD绘制。

由于补充修改的DTⅡ型带式输送机设计与原设计有较大不同，故将其定名为DTⅡ(A)型带式输送机，本手册随之定名为《DTⅡ(A)型带式输送机设计手册》。

本手册是以整机设计和系统设计为主线的带式输送机设计、计算、选型的综合指导书。全书共分18章。第1章介绍DTⅡ(A)型带式输送机的产品系列；第2章介绍带式输送机整机设计要素；第3章介绍带式输送机整机设计计算；第4章介绍部件选型原则；第5章介绍带式输送机系统设计原则；第6~10章介绍主要部件型谱；第11章介绍带式输送机安全规范和防护技术；第12章介绍带式输送机系统相关设备和设施；第13章介绍带式输送机计算机辅助设计；第14、15章分别列出ZJT1A-96型带式输送机部件和D-YM96运煤输送机部件；第16~18章列出带式输送机设计中配套产品的有关资料。此外，在附录中列出了国内外相关标准及带式输送机行业名录。

本手册由北京起重运输机械研究所、武汉丰凡科技开发有限责任公司、煤炭科学研究总院上海分院运输机械研究所、机械工业第六设计研究院、国家电力公司东北电力设计院等17家单位的参编人员，并吸收国内部分设计院和制造厂的有关人员组成编辑委员会负责手册的编写工作；由国内带式输送机行业知名专家组成的专家委员会，对图纸的补充修改和手册的编写提出了许多宝贵意见，并对手册进行了严格审查。由于我们经验有限，不足之处，欢迎广大读者提出宝贵意见，以便再版时改进。

在手册编写过程中，得到了中国机械工程学会物流工程分会以及国内煤炭、电力、冶金、化工、建材、交通、轻工、机械等行业数十家科研设计院所和行业厂的关心、支持和帮助，在此一并表示衷心的感谢。

编　者

2002年10月

目 录

1 DTⅡ(A)型带式输送机产品系列

2 整机设计

3 设计计算

4 部件选型

5 输送机系统设计

6 主要部件型谱

7　驱动装置型谱

8　电 动 滚 筒

9 结构件型谱

10 辅助装置型谱

11 安全规范与防护技术

12　相关设备和设施

13　计算机辅助设计

14　其他类型输送机部件(一)

ZJT1A-96 带式输送机部件

15 其他类型输送机部件（二）D-YM96 运煤部件典型设计

16 输送带及接头产品资料

17 驱动装置标准部件产品资料

18 带式输送机配套件产品资料

附 录

1 DTⅡ(A)型带式输送机产品系列

1.1 适用范围

DTⅡ(A)型固定式带式输送机是通用型系列产品，可广泛用于冶金、煤炭、交通、电力、建材、化工、轻工、粮食和机械等行业，输送堆积密度为500～2500kg/m^3 的各种散状物料和成件物品，适用环境温度为－20～＋40℃。

对于有耐热、耐寒、防腐、防爆和阻燃等要求的工作环境，在选用本系列产品时，需选用特种橡胶输送带并采用相应防护措施。

1.2 产品规格

1.2.1 带宽系列

DTⅡ(A)型固定式带式输送机以其带宽作为主参数，如表1-1所示。其带宽系列，符合《带式输送机》(GB/T 10595—2009) 有关带式输送机基本参数与尺寸的规定。

表1-1 带宽系列

带宽/mm	400	500	650	800	1000	1200
代　码	40	50	65	80	100	120
带宽/mm	1400	1600	1800	2000	(2200)	(2400)
代　码	140	160	180	200	220	240

注：括号中的规格还在开发中（部分部件已编入本手册），如有需要，可与主编单位联系。

1.2.2 产品代号

DTⅡ(A)型固定式带式输送机以其带宽 B、传动滚筒直径 D 和传动滚筒许用扭矩（顺序号）作为产品代号：

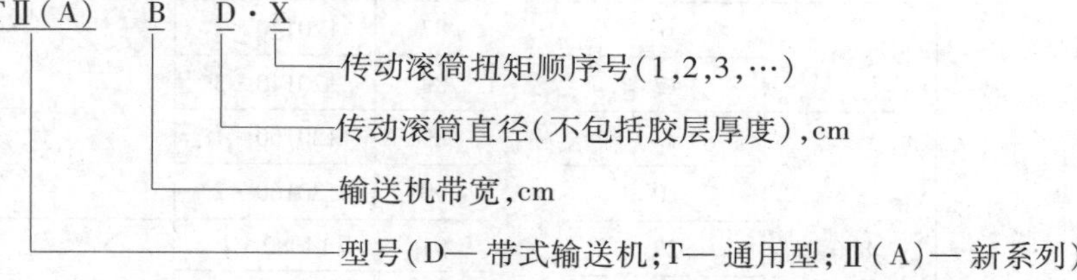

例如：DTⅡ(A)4025·1代表带宽400mm、传动滚筒直径250mm、传动滚筒许用扭矩0.63kN·m的固定带式输送机。

该产品代号将打印在产品铭牌上。已开发的产品规格如表1-2所示。

表1-2 产品规格系列

序号	输送机代号 DTⅡ(A)	带宽 /mm	传动滚筒直径/mm	传动滚筒许用扭矩 /kN·m
1	4025·1	400	250	0.63
2	4032·1		315	0.63
3	4032·2			1.0
4	4040·1		400	1.0
5	4040·2			1.6
6	5025·1	500	250	0.63
7	5032·1		315	0.63
8	5032·2			1.0
9	5040·1		400	1.25
10	5040·2			2.0
11	5050·1		500	1.6
12	5050·2			2.7

续表1-2

序号	输送机代号 DTⅡ(A)	带宽 /mm	传动滚筒直径/mm	传动滚筒许用扭矩 /kN·m
13	6532·1	650	315	1.25
14	6540·1		400	1.25
15	6540·2			2.0
16	6550·1		500	3.5
17	6550·2			6.3
18	6563·1		630	4.1
19	6563·2			7.3
20	8032·1	800	315	1.25
21	8040·1		400	1.25
22	8040·2			2.0
23	8050·1		500	2.5
24	8050·2			4.1
25	8063·1		630	6.0
26	8063·2			12
27	8063·3			20

续表 1-2

序号	输送机代号 DTⅡ(A)	带宽 /mm	传动滚筒直径/mm	传动滚筒许用扭矩 /kN·m
28	8080·1	800	800	7
29	8080·2			12
30	8080·3			20
31	8080·4			32
32	80100·1		1000	12
33	80100·2			20
34	80100·3			32
35	80100·4			40
36	80100·5			52
37	80100·6			66
38	80125·1		1250	52
39	80125·2			66
40	80125·3			80
41	80125·4			120
42	10040·1	1000	400	2.5
43	10050·1		500	3.5
44	10050·2			6.3
45	10063·1		630	6
46	10063·2			12
47	10080·1		800	12
48	10080·2			20
49	10080·3			27
50	10080·4			40
51	10080·5			52
52	100100·1		1000	12
53	100100·2			20
54	100100·3			27
55	100100·4			40
56	100100·5			52
57	100100·6			66
58	100125·1		1250	52
59	100125·2			66
60	100125·3			80
61	100125·4			120
62	100140·1		1400	66
63	100140·2			120
64	100140·3			160
65	100160·1		1600	120
66	100160·2			160
67	12050·1	1200	500	6.3
68	12063·1		630	12
69	12063·2			20

续表 1-2

序号	输送机代号 DTⅡ(A)	带宽 /mm	传动滚筒直径/mm	传动滚筒许用扭矩 /kN·m
70	12080·1	1200	800	12
71	12080·2			20
72	12080·3			27
73	12080·4			40
74	12080·5			52
75	120100·1		1000	12
76	120100·2			20
77	120100·3			27
78	120100·4			40
79	120100·5			52
80	120100·6			66
81	120100·7			80
82	120125·1		1250	52
83	120125·2			66
84	120125·3			80
85	120125·4			120
86	120140·1		1400	80
87	120140·2			120
88	120140·3			160
89	120160·1		1600	120
90	120160·2			160
91	14080·1	1400	800	20
92	14080·2			27
93	14080·3			40
94	14080·4			52
95	14080·5			66
96	140100·1		1000	20
97	140100·2			27
98	140100·3			40
99	140100·4			52
100	140100·5			66
101	140100·6			80
102	140125·1		1250	52
103	140125·2			66
104	140125·3			80
105	140125·4			120
106	140140·1		1400	80
107	140140·2			120
108	140140·3			160
109	140160·1		1600	120
110	140160·2			160
111	16080·1	1600	800	20
112	16080·2			27

续表 1-2

序号	输送机代号 DTⅡ(A)	带宽 /mm	传动滚筒直径/mm	传动滚筒许用扭矩 /kN·m
113	16080·3	1600	800	40
114	16080·4			52
115	16080·5			66
116	160100·1		1000	27
117	160100·2			40
118	160100·3			52
119	160100·4			66
120	160100·5			80
121	160100·6			120
122	160125·1		1250	66
123	160125·2			80
124	160125·3			120
125	160125·4			160
126	160140·1		1400	80
127	160140·2			120
128	160140·3			160
129	160160·1		1600	80
130	160160·2			120
131	160160·3			160
132	18080·1	1800	800	20
133	18080·2			27
134	18080·3			40
135	18080·4			80
136	18080·5			120
137	180100·1		1000	40
138	180100·2			52
139	180100·3			66
140	180100·4			80

续表 1-2

序号	输送机代号 DTⅡ(A)	带宽 /mm	传动滚筒直径/mm	传动滚筒许用扭矩 /kN·m
141	180100·5	1800	1000	120
142	180125·1		1250	66
143	180125·2			80
144	180125·3			120
145	180140·1		1400	80
146	180140·2			120
147	180140·3			160
148	180160·1		1600	120
149	180160·2			160
150	20080·1	2000	800	20
151	20080·2			27
152	20080·3			40
153	20080·4			52
154	20080·5			66
155	200100·1		1000	40
156	200100·2			52
157	200100·3			66
158	200100·4			80
159	200100·5			120
160	200125·1		1250	66
161	200125·2			80
162	200125·3			120
163	200140·1		1400	80
164	200140·2			120
165	200140·3			160
166	200160·1		1600	120
167	200160·2			160

1.3　整机结构，部件名称及代码

DTⅡ(A)型带式输送机典型整机结构见图 1-1。

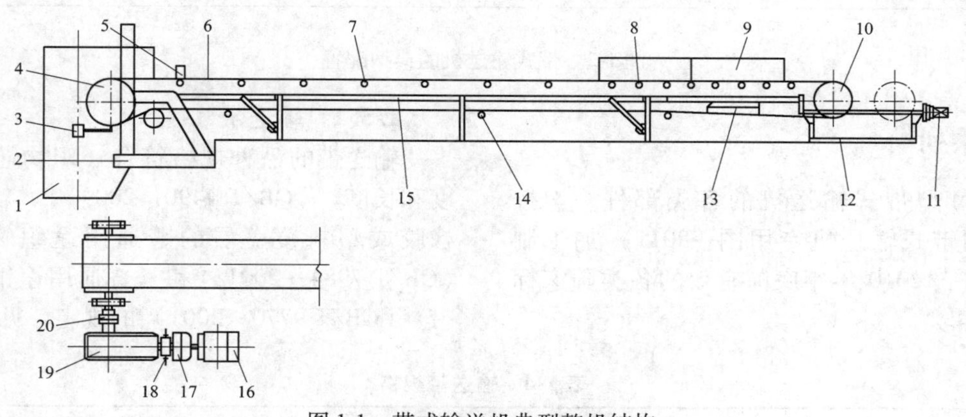

图 1-1　带式输送机典型整机结构

1—头部漏斗；2—头架；3—头部清扫器；4—传动滚筒；5—安全保护装置；6—输送带；7—承载托辊；8—缓冲托辊；9—导料槽；10—改向滚筒；11—螺旋拉紧装置；12—尾架；13—空段清扫器；14—回程托辊；15—中间架；16—电动机；17—液力耦合器；18—制动器；19—减速器；20—联轴器

各部件分类代码见表 1-3。

表 1-3 部件分类代码

代 码	部件名称	代 码	部件名称
A	传动滚筒	M	导料槽
B	改向滚筒	Q	驱动装置
C	托 辊	R	输送机罩
D	拉紧装置	S	共用部件
E	清扫器	T	卸料车
F	犁式卸料器	U	可逆配仓带式输送机
G	辊 子		
H	滑轮组	V	除水装置
K	滚筒轴承座	W	水洗装置
L	头部漏斗	X	伸缩头

续表 1-3

代 码	部件名称	代 码	部件名称
Y	压 轮	JF	犁式卸料器漏斗
JA	传动滚筒支架	JQ	驱动装置架
JB	改向滚筒支架	JT	卸料车中部支架
JC	中间架及支腿	MF	梅花联轴器护罩
JD	拉紧装置支架	YF	液力耦合器护罩

1.4 整机典型配置

根据输送机几何尺寸、传动滚筒数量、拉紧装置结构和卸料方式之不同，DTⅡ(A)型带式输送机的配置和外形有多种多样。图 1-2 列出了 14 种整机典型配置图。

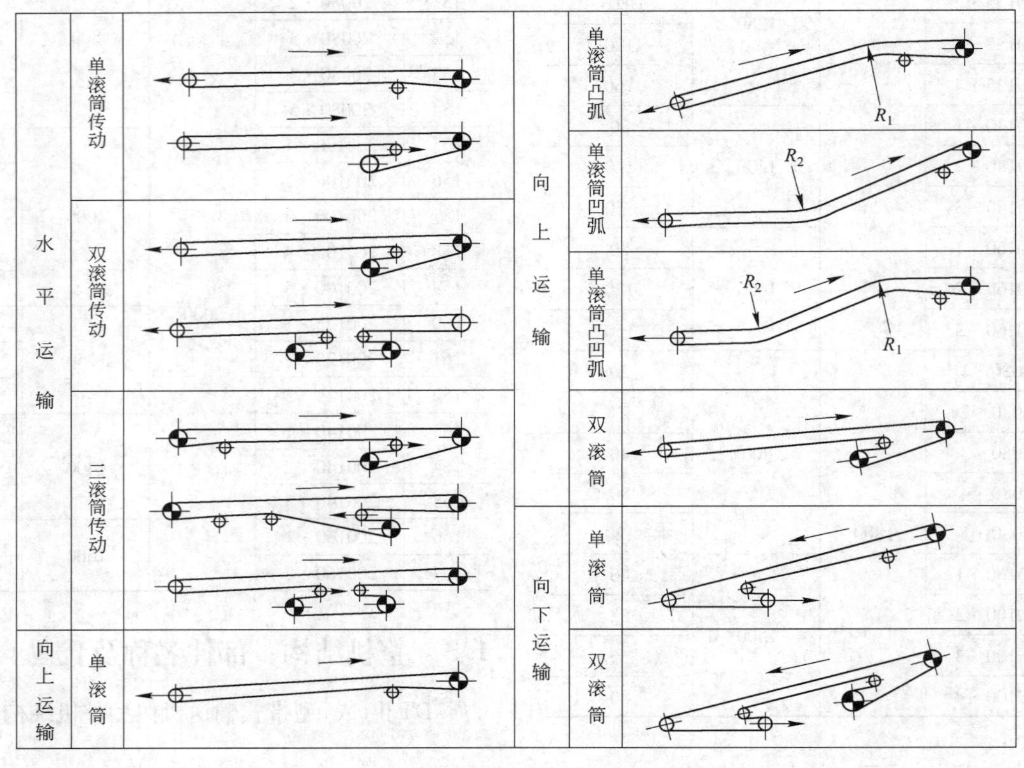

图 1-2 带式输送机的典型配置

1.5 部件系列

DTⅡ(A)型带式输送机的各类部件，均按《DTⅡ(A)型带式输送机专用图—2011》加工制造，并完全符合 2010 年年底前有效的各类国家标准和行业标准。

1.5.1 输送带

输送带的品种规格符合《织物芯输送带 宽度和长度》(GB/T 4490—2009)、《输送带 具有橡胶或塑料覆盖层的普通用途织物芯输送带》(GB/T 7984—2001) 和《普通用途钢丝绳芯输送带》(GB/T 9770—2001) 的规定，见表 1-4。

表 1-4 输送带规格

种 类	抗拉体强度 /N·(mm·层)$^{-1}$	输送带宽度/mm											
		400	500	650	800	1000	1200	1400	1600	1800	2000	2200	2400
帆布带	CC-56	√	√	√	√	√	√	√					

续表 1-4

种　类	抗拉体强度/N·(mm·层)$^{-1}$	输送带宽度/mm											
		400	500	650	800	1000	1200	1400	1600	1800	2000	2200	2400
尼龙带	NN-100	√	√	√	√	√	√	√	√	√	√	√	√
	NN-150		√	√	√	√	√	√	√	√	√	√	√
	NN-200			√	√	√	√	√	√	√	√	√	√
	NN-250			√	√	√	√	√	√	√	√	√	√
	NN-300			√	√	√	√	√	√	√	√	√	√
聚酯带	EP-100	√	√	√	√	√	√	√	√	√	√	√	√
	EP-200			√	√	√	√	√	√	√	√	√	√
	EP-300			√	√	√	√	√	√	√	√	√	√
钢绳芯带	St630				√	√	√	√	√	√	√	√	√
	St800				√	√	√	√	√	√	√	√	√
	St1000				√	√	√	√	√	√	√	√	√
	St1250				√	√	√	√	√	√	√	√	√
	St1600				√	√	√	√	√	√	√	√	√
	St2000				√	√	√	√	√	√	√	√	√
	St2500				√	√	√	√	√	√	√	√	√
	St3150				√	√	√	√	√	√	√	√	√
	St4000					√	√	√	√	√	√	√	√
	St4500					√	√	√	√	√	√	√	√
	St5000					√	√	√	√	√	√	√	√
	St5400					√	√	√	√	√	√	√	√
	St6300					√	√	√	√	√	√	√	√

注：√ 表示目前应用范围。

1.5.2　传动类型与驱动装置

传动类型与驱动装置功率参数见表 1-5。

表 1-5　传动类型与驱动装置功率参数

驱动装置类型	功率范围/kW	备　注
Y 系列电动机-联轴器-减速器	1.1～37	当功率≤200kW 时，电压为 380V；当功率≥220kW 时，电压为 3000V、6000V 和 10000V
Y 系列电动机-液力耦合器-减速器	45～315	
电动滚筒传动	2.2～55	
其他驱动形式	≥355	用户自行设计

1.5.3　传动滚筒

传动滚筒参数见表 1-6。传动滚筒的直径与长度符合《带式输送机》（GB/T 10595—2009）关于滚筒基本参数与尺寸的规定。

表 1-6　传动滚筒参数　mm

带宽 B	滚　筒　直　径										
	250	315	400	500	630	800	1000	1250	1400	1600	1800
400	√	√	√								
500	√	√	√	√							
650		√	√	√	√						

续表 1-6

带宽 B	滚　筒　直　径										
	250	315	400	500	630	800	1000	1250	1400	1600	1800
800		√	√	√	√	√	√	√			
1000			√	√	√	√	√	√	√	√	
1200				√	√	√	√	√	√	√	
1400						√	√	√	√	√	
1600						√	√	√	√	√	
1800						√	√	√	√	√	
2000						√	√	√	√	√	
(2200)						√	√	√	√	√	√
(2400)						√	√	√	√	√	√

注：滚筒直径均为不含胶层的名义值。

本系列传动滚筒根据承载能力分为轻型，中型和重型三种。其中：

轻型：轴与轮毂为单键联接的单幅板焊接筒体结构；

中型：轴与轮毂为胀套联接的单幅板焊接筒体结构；

重型：轴与轮毂为胀套联接，筒体为铸焊结构，有单向出轴和双向出轴两种。

同一直径的滚筒有些还配备了几种轴径和轴承座中心距。

传动滚筒表面全部为胶面，其形状有左向人字形、右向人字形和菱形等三种。用户需要光面传动滚筒时，需在订货表中注明，做特殊订货处理。

滚筒轴承座采用压注油嘴润滑。若采用集中润滑时需在订货时提出，厂家可另行配置要求的油嘴。

1.5.4 改向滚筒

改向滚筒的直径与长度符合《带式输送机》（GB/T 10595—2009）关于滚筒基本参数与尺寸的规定，见表1-7。

表1-7 改向滚筒参数 mm

带宽 B	滚筒直径											
	200	250	315	400	500	630	800	1000	1250	1400	1600	1800
400	√	√	√	√								
500	√	√	√	√	√							
650	√	√	√	√	√	√						
800	√	√	√	√	√	√	√	√	√			
1000		√	√	√	√	√	√	√	√	√	√	
1200		√	√	√	√	√	√	√	√	√	√	
1400			√	√	√	√	√	√	√	√	√	
1600				√	√	√	√	√	√	√	√	
1800				√	√	√	√	√	√	√	√	
2000				√	√	√	√	√	√	√	√	
(2200)					√	√	√	√	√	√	√	√
(2400)					√	√	√	√	√	√	√	√

注：滚筒直径为不含胶层的名义值。

改向滚筒按承载能力分为轻型、中型和重型三种。滚筒结构与同带宽、同直径传动滚筒相同。

改向滚筒表面有光面和胶面两种。

滚筒轴承座润滑方式亦与传动滚筒相同。

1.5.5 托辊

托辊辊子的直径与长度符合《带式输送机》（GB/T 10595—2009）关于托辊辊子基本参数与尺寸的规定，见表1-8。

表1-8 辊子参数 mm

托辊直径＼带宽	400	500	650	800	1000	1200	1400	1600	1800	2000	(2200)	(2400)
63.5	√	√										
76	√	√	√									
89	√	√	√	√								
108			√	√	√	√	√					
133				√	√	√	√	√	√	√	√	
159					√	√	√	√	√	√	√	√
194								√	√	√	√	√
219												√

本系列配置的托辊分为承载托辊和回程托辊两类，列于表1-9。

表1-9 托辊种类

<table>
<tr><td rowspan="3">承载托辊</td><td colspan="2" rowspan="2">槽形托辊</td><td colspan="2" rowspan="2">槽形前倾托辊</td><td colspan="3" rowspan="2">过渡托辊</td><td colspan="6">缓冲托辊</td><td colspan="3">调心托辊</td><td colspan="2">平形上托辊</td></tr>
<tr><td colspan="2">变槽形</td><td colspan="2">槽形</td><td colspan="2">平形</td><td rowspan="2">摩擦上调心托辊</td><td rowspan="2">锥形上调心托辊</td><td rowspan="2">摩擦上平调心托辊</td><td rowspan="2">一节</td><td rowspan="2">二节</td></tr>
<tr><td>35°</td><td>45°</td><td>35°</td><td>45°</td><td>10°</td><td>20°</td><td>30°</td><td>10°</td><td>20°</td><td>35°</td><td>45°</td><td>一节</td><td>二节</td></tr>
<tr><td rowspan="2">回程托辊</td><td colspan="3">平形下托辊</td><td colspan="2">平形梳形托辊</td><td colspan="2">V形托辊</td><td colspan="2">V形前倾托辊</td><td colspan="2">V形梳形托辊</td><td colspan="2">摩擦下调心托辊</td><td>反V形托辊</td><td colspan="2">锥形下调心托辊</td><td colspan="2">螺旋托辊</td></tr>
<tr><td colspan="2">一节</td><td>二节</td><td>一节</td><td>二节</td><td colspan="2">10°</td><td colspan="2">10°</td><td colspan="2">10°</td><td colspan="2">二节</td><td>三节</td><td colspan="2">10°</td><td colspan="2">一节</td></tr>
</table>

根据辊子直径和承载能力，托辊辊子分为轻、中、重型三种。全部采用大游隙轴承，并保证所有辊子转速不超过600r/min。

1.5.6 拉紧装置

1.5.6.1 垂直重锤拉紧装置参数

垂直重锤拉紧装置参数见表1-10。

表1-10 垂直重锤拉紧装置参数

带宽/mm	最大拉紧力/kN	拉紧装置滚筒轴承处轴径/mm	拉紧装置滚筒直径/mm							重锤类型	
			315	400	500	630	800	1000	1250	箱式	块式
400	8	50	√							√	√
500	8	50	√	√						√	√
	20	60		√						√	√
650	16	60		√						√	√
	25	80		√	√					√	√
	40	100		√	√					√	√

续表 1-10

带宽/mm	最大拉紧力/kN	拉紧装置滚筒轴承处轴径/mm	拉紧装置滚筒直径/mm							重锤类型	
			315	400	500	630	800	1000	1250	箱式	块式
800	16	80		√						√	√
	25	100		√	√					√	√
	40	100			√	√				√	√
	63	120				√	√	√		√	√
	90	120					√			√	
	120	140					√			√	
	150	160						√		√	
1000	30	100			√					√	√
	40	120			√	√				√	√
	63	140				√	√			√	√
	90	140					√			√	
	120	140					√	√		√	
	180	160						√		√	
	240	220								√	
1200	25	100			√	√				√	√
	40	120			√	√				√	√
	63	120					√			√	√
	90	140					√			√	
	150	160					√	√		√	
	180	160						√		√	
	240	240							√	√	
1400	50	120				√	√			√	√
	90	140				√	√			√	
	150	160					√	√		√	
	180	180						√		√	
	240	240							√	√	
1600	40	120				√				√	
	80	140				√	√			√	
	120	160					√	√		√	
	160	200						√		√	
	240	260							√	√	
1800	40	120				√				√	
	80	140				√	√			√	
	150	180					√	√		√	
	210	200						√		√	
	240	260							√	√	
2000	40	120				√				√	
	80	140				√	√			√	
	150	180					√	√		√	
	210	200						√		√	
	240	260							√	√	

续表 1-10

带宽 /mm	最大拉紧力 /kN	拉紧装置滚筒轴承处轴径/mm	拉紧装置滚筒直径/mm							重锤类型	
			315	400	500	630	800	1000	1250	箱式	块式
2200	50										
	90										
	150										
	210										
	240										
2400	50										
	90										
	150										
	210										
	240										

注：打√记号表示已有图纸。

1.5.6.2 车式拉紧装置

车式拉紧装置参数见表 1-11。

表 1-11 车式拉紧装置参数

带宽 /mm	最大拉紧力 /kN	拉紧装置滚筒轴承处轴径/mm	拉紧装置滚筒直径/mm						重锤类型	
			400	500	630	800	1000	1250	箱式	块式
500	8	50	√						√	√
	20	60	√						√	√
650	16	60	√						√	√
	25	80	√						√	√
	35	80		√					√	√
	40	100	√						√	√
	50	120		√					√	√
800	35	100		√					√	√
	40	100			√				√	√
	50	120		√					√	
	63	120			√				√	
	90	120				√			√	
	120	140				√			√	
	180	160					√		√	
	240	220								
1000	40	100			√				√	√
	63	120			√				√	
	90	140			√	√			√	
	120	140					√		√	
	180	160					√		√	
1200	30	100			√				√	√
	50	120			√				√	√
	63	120				√			√	
	90	140			√	√			√	
	150	160					√		√	
	180	180					√		√	
	240	240								

续表 1-11

带宽/mm	最大拉紧力/kN	拉紧装置滚筒轴承处轴径/mm	拉紧装置滚筒直径/mm						重锤类型	
			400	500	630	800	1000	1250	箱式	块式
1400	50	120			√	√			√	√
	90	140			√	√			√	
	150	160					√		√	
	180	180					√		√	
	240	240								
1600	40	120			√				√	
	80	140			√				√	
	120	160				√			√	
	160	200					√		√	
	240	260					√		√	
1800	40	120			√				√	
	80	140			√				√	
	150	180				√			√	
	210	200				√	√		√	
	240	260					√		√	
2000	40	120			√				√	
	80	140			√				√	
	150	180				√			√	
	210	200				√	√		√	
	240	260					√		√	
2200	50									
	90									
	150									
	210									
2400	50									
	90									
	150									
	210									

注：打√记号表示已有图纸。

1.5.6.3 螺旋拉紧装置

螺旋拉紧装置参数见表 1-12。

表 1-12 螺旋拉紧装置参数

带宽/mm	行程/mm			最大拉紧力/kN	滚筒直径/mm
	500	800	1000		
400	√			6	250
500	√	√	√	15	400
650	√	√	√	20	400
800	√	√	√	30	500
1000	√	√	√		
1200	√	√	√	40	630
1400	√	√	√		
1600	√	√	√		
1800	√	√	√		
2000	√	√	√	50	800
2200	√	√	√		
2400	√	√	√		

注：打√记号表示已有图纸。

1.5.6.4 绞车拉紧装置

绞车拉紧装置参数及绞车牵引力见表 1-13、表 1-14。

表 1-13 绞车拉紧装置参数

带宽/mm	拉紧装置滚筒轴径/mm			
	100	120	140	160
800	√	√		
1000	√	√	√	
1200	√	√	√	
1400		√	√	√
1600				
1800				
2000				
2200				
2400				

注：打√记号表示已有图纸。

表 1-14　绞车牵引力

带宽/mm	最大拉紧力/kN	牵引速度/m·s^{-1}	牵引力/kN	滑轮直径/mm
800	30	0.05	5	200
	60		10	250
1000	30		5	200
	60		10	250
	90		16	300
1200	30		5	200
	60		10	250
	90		16	300
1400	60		10	250
	90		16	300
	150		25	300
1600	90			
	150			
	210			
1800	90			
	150			
	210			
2000	90			
	150			
	210			
2200	90			
	150			
	210			
2400	90			
	150			
	210			

1.5.7　其他部件

其他部件列表见表 1-15。

表 1-15　其他部件

序号	部件名称	输送机带宽/mm											
		400	500	650	800	1000	1200	1400	1600	1800	2000	2200	2400
1	头部清扫器	√	√	√	√	√	√	√	√	√	√		
2	空段清扫器	√	√	√	√	√	√	√	√	√	√		
3	犁式卸料器（双侧、单侧）		√	√	√	√	√	√					
4	头部漏斗（普通“带挡板”进料仓）	√	√	√	√	√	√	√	√	√	√		
5	导料槽（矩形口、喇叭口）	√	√	√	√	√	√	√	√	√	√		
6	输送机罩	√	√	√	√	√	√	√	√	√	√		
7	除水装置				√	√	√	√	√	√	√		
8	水洗装置		√	√	√	√	√	√	√	√	√		
9	压　轮	√	√	√	√	√	√	√	√	√	√		
10	卸料车（轻中型）			√	√	√	√	√					
11	卸料车（重型）				√	√	√	√					
12	可逆配仓带式输送机（轻中型）												
13	可逆配仓带式输送机（重型）				√	√	√	√					
14	伸缩头												

注：打√记号表示已有图纸。

1.5.8　机架

机架列表见表 1-16。

表 1-16　机架

序号	部件名称	输送机带宽/mm											
		400	500	650	800	1000	1200	1400	1600	1800	2000	2200	2400
1	角形传动滚筒头架（轻中型）	√	√	√	√	√	√	√					
2	角形传动滚筒头架				√	√	√	√	√	√	√		
3	矩形传动滚筒头架	√	√	√	√	√	√	√					
4	中部传动滚筒支架				√	√	√	√	√	√	√		
5	改向滚筒头架				√	√	√	√	√	√	√		
6	中部改向滚筒支架				√	√	√	√	√	√	√		
7	角形改向滚筒尾架（轻中型）	√	√	√	√	√	√	√					
8	角形改向滚筒尾架				√	√	√	√	√	√	√		
9	矩形改向滚筒尾架	√	√	√	√	√	√	√					
10	中部改向滚筒吊架	√	√	√	√	√	√	√					
11	中间架（轻中型）	√	√	√	√	√	√	√					
12	中间架（重型）		√	√	√	√	√	√	√	√	√		
13	支腿（轻中型）	√	√	√	√	√	√	√					
14	支腿（重型）		√	√	√	√	√	√	√	√	√		

续表 1-16

序号	部件名称	输送机带宽/mm											
		400	500	650	800	1000	1200	1400	1600	1800	2000	2200	2400
15	卸料车中部支架（轻中型）			√	√	√	√	√					
16	卸料车中部支架（重型）				√	√	√	√					
17	垂直重锤拉紧装置架	√	√	√	√	√	√	√	√	√	√		
18	车式重锤拉紧装置架（带滑轮）		√	√	√	√	√	√					
19	车式重锤拉紧装置架（标准型）		√	√	√	√	√	√	√	√	√		
20	螺旋拉紧装置架	√	√	√	√	√	√	√	√	√	√		
21	角形重锤塔架		√	√	√	√	√	√	√	√	√		
22	矩形重锤塔架		√	√	√	√	√	√	√	√	√		

注：打√记号表示已有图纸。

1.6 图纸编号规则

1.6.1 序列号

序列号是为方便图纸编号而排列的辊子直径、辊子长度、托辊槽角、轴承型号和滑轮直径等的顺序号。序列号由 2～4 位阿拉伯数字组成，代表了部件的规格和特性，见表 1-17～表 1-22。

表 1-17 滚筒直径序列

滚筒直径/mm	200	250	315	400	500	630	800	1000	1250	1400	1600	1800
序列号	01	02	03	04	05	06	07	08	09	10	11	12

表 1-18 托辊直径序列

托辊辊子直径/mm	63.5	76	89	108	133	159	194	219
序列号	1	2	3	4	5	6	7	8

表 1-19 托辊辊子长度序列

辊子长度/mm	序列号	带宽/mm
160	01	400
200	02	500
250	03	400、650
315	04	500、800
380	05	650、1000
465	06	800、1200
500	07	400
530	08	1400
600	09	500、1000、1600
670	10	1800
700	11	1200
750	12	650、2000
800	13	1400、2200
900	14	1600、2400
950	15	800、2600
1000	16	1800
1050	17	2800
1100	18	2000
1150	19	1000
1250	20	2200
1400	21	1200
1500	22	2600
1600	23	1400
1800	24	1600
2000	25	1800
2200	26	2000
2500	27	2200
2800	28	2400

表 1-20 托辊槽角序列

托辊槽角	0°	10°	20°	30°	35°	45°	60°	10°可调槽角	20°可调槽角
序列号	0	1	2	3	4	5	6	7	8

表 1-21 滚筒轴承座内径序列

轴承座内径/mm	50	60	80	100	120	140	160	180	200	220	240	260	280	300	320	340	360
序列号	01	02	03	04	05	06	07	08	09	10	11	12	13	14	15	16	17

表 1-22 滑轮直径序列

滑轮直径/mm	200	250	300	400	500	600
序列号	1	2	3	4	5	6

1.6.2 图号的组成

图号多数由五部分（位）组成，个别情况下也有 3 位（1，3，4）、4 位（1，2，3，4 或 1，3，4，5）或 6 位。由于采用英文字母和数字交错排列，容易辨识。

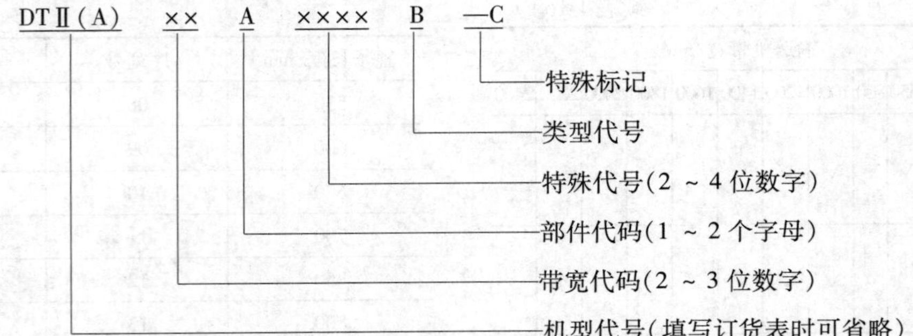

1.6.3 图纸编号方法

图纸编号方法以 B800 带宽为例(省略机型代号),见表 1-23。

表 1-23 图纸编号方法

代码	部件名称	标注示例	标注代号释义
A	传动滚筒	80A111Y(Z)-S-P(Z)	尾部数字后两位是滚筒直径序列，第 1 位是同一滚筒直径的扭矩序列（见表 6-1），尾部字母为类型代号： Y——右向人字形胶面； Z——左向人字形胶面； YZ——菱形胶面（不标注）； S——双出轴（单出轴不标注）； P——剖分式轴承座； Z——整体式轴承座（不标注）
B	改向滚筒	80B111G(J)-P	尾部数字后两位是滚筒直径序列，第 1 位是同一滚筒直径的许用合力序列（见表 6-2），尾部字母为类型代号： G——光面； J——胶面（不标注）； P——剖分式轴承座； Z——整体式轴承座（不标注）
C	托辊组	80C111P （C，H，S，L，M，Z）	尾部数字第 1 位是辊径序列，第 2 位是上下托辊组区别号，其中数字 1 ~ 5 为上托辊组，6 ~ 0 为下托辊组；第 3 位是槽角序列。尾部字母为类型代号： P——普通辊子托辊组（不标注）； C——前倾托辊组； S——梳状托辊组； H——缓冲托辊组； L——螺旋托辊组； M——摩擦调心托辊组； Z——锥形调心托辊组
D	拉紧装置	80D111C (H,L,Z)-K	尾部数字是拉紧改向滚筒代号（见表 6-2），尾部字母为类型代号： C——垂直重锤拉紧装置； L——螺旋拉紧装置； H——车式重锤拉紧装置； Z——电动绞车拉紧装置； 特殊标记用于垂直重锤拉紧装置： K——块式重锤； S——箱式重锤（不标注）
E	清扫器	80E11	尾部数字第一个是类型代号序列，第二个是顺序号
F	犁式卸料器	80F11D(Q,H)	尾部数字第一个是种类号，第二个是顺序号，都只作预留，目前暂定为 11。尾部字母为类型代号： D——电动（液）推杆； Q——气动； H——手动
G	辊 子	G111P(H,S,L)	尾部数字第 1 位是辊径序列，后两位是辊长序列，尾部字母为类型代号： P——普通辊子（不标注）； H——缓冲辊子； S——梳形辊子； L——螺旋辊子
H	滑轮组	H11	尾部数字第 1 位是滑轮直径序列，第 2 位是滑轮个数

续表 1-23

代码	部件名称	标注示例	标注代号释义
K	滚筒轴承座	K111P(Z)	尾部数字第1位是顺序号，后两位是轴承座序列号，尾部字母是类型代号： P——剖分式； Z——整体式（不标注）
L	头部漏斗	80L1111P(D,C)	尾部数字前两位（或3位）是滚筒直径（以cm计），最后1位是顺序号，尾部字母是类型代号： P——普通漏斗（不标注）； D——带调整挡板漏斗； C——进料仓漏斗
M	导料槽	80M111G(Z)	尾部数字前两位是托辊槽角，第3位是顺序号，尾部字母为类型代号： G——矩形口（不标注）； Z——锥形口（喇叭口）
R	输送机罩	80R11G(P)	尾部数字第一个是种类号，第二个是顺序号。 尾部字母为类型代号： G——钢制； P——玻璃钢制
S	共用部件	00S11	尾部数字为顺序号，从11开始
T	卸料车	80T11Z(Q)	尾部数字第一个是种类号，第二个是顺序号。 1——单向卸料； 2——双向卸料； 尾部字母为类型代号： Z——重型； Q——轻型（不标注）
U	配仓带式输送机	80U11Z(Q)	尾部数字第一个是种类号，第二个是顺序号。 1——单节； 2——双节； 3——三节； 尾部字母为类型代号： Z——重型； Q——轻型（不标注）
V	除水装置	80V11D(S)	尾部数字第一个是种类号，第二个是顺序号。都只作预留，目前暂标为11。 D——电动； S——手动（不标注）
W	水洗装置	80W11	尾部数字第一个是种类号，第二个是顺序号。都只作预留，目前暂标为11
Y	压　轮	80Y11	尾部数字第一个是种类号，第二个是顺序号。都只作预留，目前暂标为11
JA	传动滚筒支架	80JA1111Q(B,J,Z)	尾部数字前3位为传动滚筒代号（见表6-1），第4位是滚筒中心高序列或顺序号，尾部字母为类型代号： Q——角形传动滚筒头架； B——角形传动滚筒头架（H型钢）（不标注）； J——矩形传动滚筒头架； Z——中部传动滚筒支架
JB	改向滚筒支架	80JB1111Q (B，J，T，D)	尾部数字前3位是改向滚筒代号（见表6-2），第4位是滚筒中心高序列或顺序号，尾部字母为类型代号： Q——角形改向滚筒尾架； B——角形改向滚筒尾架（H型钢）（不标注）； J——矩形改向滚筒尾架； T——改向滚筒头架； D——改向滚筒吊架
JC (一)	中间架	80JC11Q(Z)	尾部数字第1位是种类序列，直线架为1，凹弧架为2，凸弧架为3，第2位是长度区别号，$L=6000$为1，$L=3000$为2，尾部字母为类型代号： Q——轻、中型； Z——重型（不标注）
JC (二)	标准支腿	80JC1111Q(Z)	尾部数字前两位或3位是支腿名义高度值（cm），末位是式样序列，Ⅰ型为1，Ⅱ型为2。 Q——轻、中型； Z——重型（不标注）

续表 1-23

代码	部件名称	标注示例	标注代号释义
JC（三）	中高式支腿	80JC1111Q(Z)	尾部数字前两位是最低高度值（cm），后两位是最高高度值（cm）。 Q——轻、中型； Z——重型（不标注）
JD（C）	垂直重锤拉紧装置支架	80JD111C	尾部数字前3位是拉紧改向滚筒代号，第4位是顺序号
JD（H）	车式重锤拉紧装置支架	80JD111H	尾部数字前两位是拉紧改向滚筒直径（cm），第3位是顺序号： 带滑轮水平支架为1，带滑轮倾斜支架为2，标准型水平支架为3
JD（L）	螺旋拉紧装置支架	80JD1111L	尾部数字前两位是拉紧改向滚筒直径（cm），第3位是拉紧行程序列号： $S=500$ 为1；$S=800$ 为2；$S=1000$ 为3 第4位是倾斜角度序列号： $\delta=0°$ 为1；$0°<\delta\leqslant6°$ 为2；$6°<\delta\leqslant12°$ 为3；$12°<\delta\leqslant16°$ 为4；$16°<\delta\leqslant20°$ 为5
JF	犁式卸料器漏斗	80JF11P(S)	尾部数字第一个是种类号，第二个是顺序号，尾部字母为类型代号： S——带锁气器； P——普通型（不标注）
JQ	驱动装置架	JQ×××N(Z)-Z(D)	×××——驱动装置组合号； N——带逆止器； Z——带制动器； 无N，Z即表示不带逆止器，也不带制动器； Z——用于Y-ZLY(ZSY)驱动装置； D——用于Y-DBY(DCY)驱动装置
JT	卸料车中间架	80JT11Z(Q)	尾部数字第一个是种类号，第二个是顺序号，尾部字母为类型代号： Z——重型卸料车用； Q——轻型卸料车用（不标注）

注：其他部件如伸缩头、电动绞车、重锤箱、重锤块、联轴器和耦合器护罩等的编号均为顺序号，在此不一一列举解释。

2 整机设计

2.1 散状物料的特性

散状物料的特性包括粒度和粒度组成、堆积密度、堆积角、倾斜输送时输送机的最大倾角、温度、水分、黏性和磨琢性等，均与带式输送机的设计计算和设备选型关系极大。设计时，所有物料特性均应作为已知条件给出，其中与输送机设计计算关系最大的物料堆积密度、输送机允许最大倾斜角、静堆积角和不同带速下的运行堆积角等特性参考值列于表 2-1。

表 2-1 物料特性及不同带速下的运行堆积角（参考值）

序号	物料名称	堆积密度 ρ/t · m^{-3}	输送机允许最大倾角 δ/(°)	静堆积角 α/(°)	运行堆积角 θ/(°)							
					v = 1.0 m/s	v = 1.25 m/s	v = 1.6 m/s	v = 2.0 m/s	v = 2.5 m/s	v = 3.15 m/s	v = 4.0 m/s	v = 5.0 m/s
1	烟煤（原煤）	0.85 ~ 1.0	20	45	35	35	30	25	25	20	18	15
2	烟煤（粉煤）	0.8 ~ 0.85	20 ~ 22	45	35	35	30	30	25	25	20	20
3	炼焦煤（中精尾）	0.85	20 ~ 22	45	35	35	30	25	20	20	15	15
4	无烟煤（块）	0.9 ~ 1.0	15 ~ 16	27	25	25	20	15	10			
5	无烟煤（屑）	1.0	18	27	25	25	20	15	10			
6	焦炭	0.45 ~ 0.5	17 ~ 18	40	35	30	25	20				
7	碎焦、焦丁	0.4 ~ 0.45	20	40	35	30	25	20				
8	铁矿石	1.9 ~ 2.7	16 ~ 18	37	35	30	25	22	20	18	15	10
9	铁粉矿	1.8 ~ 2.2	18	40	35	35	30	30	25	20	20	15
10	铁精矿	2.0 ~ 2.4	20	40	35	35	30	30	25	20	20	15
11	球团矿（铁）	2.0 ~ 2.2	12	30	25	20	20	15	10			
12	烧结矿（铁）	1.7 ~ 2.0	16 ~ 18	40	35	30	25	20				
13	烧结矿粉（铁）	1.5 ~ 1.6	18 ~ 20	40	35	30	25	20				
14	石灰石、白云石（块）	1.6 ~ 1.8	16 ~ 18	40	35	30	25	25	20	20	15	10
15	石灰石、白云石（粉）	1.4 ~ 1.5	18 ~ 20	40	35	30	25	25	20	18	15	10
16	活性石灰	0.8 ~ 1.0	16 ~ 18	40	35	30	25	20				
17	轻烧白云石	1.5 ~ 1.7	14 ~ 16	35	30	25	20	15				
18	干 砂	1.3 ~ 1.4	16	30	27	25	20	15	10	8	5	0
19	湿 砂	1.4 ~ 1.8	20 ~ 24	45	40	35	30	25	20	15	10	10
20	废旧型砂	1.2 ~ 1.3	20	40	35	30	25	20	15			
21	干松黏土	1.2 ~ 1.4	20	35	32	30	27	25	25	20	15	10
22	湿黏土	1.7 ~ 2.0	20 ~ 23	45	40	35	32	30	25	25	20	15
23	油母页岩	1.4	18 ~ 20	40	35	30	25	20	15	10	5	0
24	高炉渣（块）	1.3	18	35	30	25	20	15	10			
25	高炉渣（水渣）	1	20 ~ 22	35	30	25	25	20	15	10		
26	钢渣（块）		18	35	30	25	20	15	10	10	5	0
27	原 盐	0.8 ~ 1.3	18 ~ 20	25	22	20	15	10	5	0		
28	谷 物	0.7 ~ 0.85	16	24	20	20	15	15	10	10	5	0
29	化 肥	0.9 ~ 1.2	12 ~ 15	18	15	15	10	10	5	0		

注：1. 物料的堆积密度、静堆积角和输送机允许最大倾角等随物料的水分、粒度、带速等的不同而变化，应以实测值为准。表列运行堆积角系根据对煤、石灰石和河砂的运转实验值推算的，仅供参考。

2. 当无条件获取精确的运行堆积角时，如 $v \leqslant 2.5$m/s，可利用静堆积角（α），按 $\theta = 0.75\alpha$ 来近似计算。然而，如果物料具有特殊流动性，如很黏或自然流动性很好，那么，θ 偏离此近似值会很大。

成件物料的特性包括三维尺寸、单位重量、包装材料（箱或包）、运输要求等，亦应作为已知条件给出。

2.2　带速的选择

带速是输送机的重要参数，应遵从以下原则进行选择：

(1) 长距离、大运量、宽度大的输送机可选择较高带速；

(2) 倾角越大、运距越短则带速亦应越小；

(3) 粒度大、磨琢性大、易粉碎和易起尘的物料宜选用较低带速；

(4) 采用卸料车卸料时，带速不宜超过2.5m/s，采用犁式卸料器卸料时，带速不宜超过2m/s；

(5) 输送成件物品时，带速不得超过1.25m/s；

(6) 手选用带式输送机带速一般为0.3m/s。

与物料特性有关的常用带速，可按表2-2选取。

本系列驱动装置配用的带速及其与带宽和输送能力的关系见表2-3。

表2-2　常用带速

m/s

序号	物料特性	物料种类	带宽 B/mm		
			400～650	800，1000	1200～2400
1	磨琢性小，品质不会因粉化而降低	原煤，砂，泥土，原盐等	0.8～2.5	1.0～3.15	1.5～5.0
2	中等磨琢性，中小粒度（150mm以下）	矿石，石渣，钢渣等	0.8～2.0	1.0～2.5	1.0～4.0
3	磨琢性大，粒度大（350mm以下）	矿石，石渣，钢渣等	0.8～1.6	1.0～2.5	1.0～3.15
4	磨琢性大，易碎	烧结矿，焦炭等	0.8～1.6	0.8～2.0	0.8～2.0
5	磨琢性小，品质会因粉化而降低	谷物，化肥，无烟煤等	0.8～2.0	0.8～2.5	0.8～3.15

表2-3　带速 v、带宽 B 与输送能力 Q 的关系

带速 v/m·s^{-1} 输送能力 Q /m^3·h^{-1} B/mm	0.8	1.0	1.25	1.6	2.0	2.5	3.15	4	5.0	6.3
400	41	51	64	82	103					
500	69	87	108	139	174	217				
650	127	159	198	254	318	397				
800	199	248	310	398	497	621	783			
1000	324	405	507	649	811	1014	1278	1622		
1200		594	742	951	1188	1485	1872	2377	2971	
1400		825	1032	1321	1651	2064	2601	3303	4129	
1600					2185	2732	3442	4371	5464	
1800					2795	3493	4402	5590	6987	9083
2000					3467	4334	5461	6935	8668	11277
2200							6841	8687	10859	14120
2400							8286	10522	13152	17104

注：输送能力 Q 值系按水平运输，运行堆积角 θ 为20°，托辊槽角 λ 为35°时计算的，并未考虑带速不同时 θ 角可能的变化。

2.3　总体布置（侧型）设计

2.3.1　概述

影响带式输送机总体布置（侧型）的因素包括：输送机倾角、受料段和机尾长度、卸料段、弧线段、过渡段、拉紧装置的类型和位置、驱动装置位置等，这些因素的变化都会带来侧向布置的变化。为突出侧向布置对整机设计的重要性以及为计算机处理时简化输入提供方便，本手册将这些影响总体布置的因素归并为侧型设计问题来加以处理。

2.3.2　输送机倾角

输送机的输送能力随其倾角的提高而减小，因而应尽量选用较小倾角，特别对于由多台输送机组成的输送系统（亦称输送机线）更是如此。

对于带速超过2.5m/s的输送机，为保证机尾不撒料，输送机的最大倾角应比规定值减小2°～4°，速度越高，倾角应越小。

输送多种物料的输送机的最大倾角，按各物料输送最大倾角规定值中最小的那种物料确定。

槽角 $\lambda = 45°$的输送机，其最大倾角可比一般输送机提高2°～3°。同时采取特殊措施时除外。

下运带式输送机的倾角应较一般输送机减少2°～4°。

某些情况下，无论上运或下运输送机的倾角可以提高到28°或更高。此时需要采取特殊措施，例如，降低带速、提高托辊槽角、改变侧型以增加水平或较缓坡段等，并请教专家进行经济和技术评估，不应贸然采取大倾角。

2.3.3　受料段和机尾长度

受料段应尽量设计为水平段，必须倾斜受料时，其倾角应尽量小。

物料落到输送机的受料点，应是输送带正常成槽的地方，并使导料槽处在一种托辊槽角上，以确保受料顺利，方便导料槽的密封。

有条件时，受料段的槽角最好为45°，并在导料槽前后均设置过渡段，以更好地消除导料槽撒料的可能性（参见图2-1）。

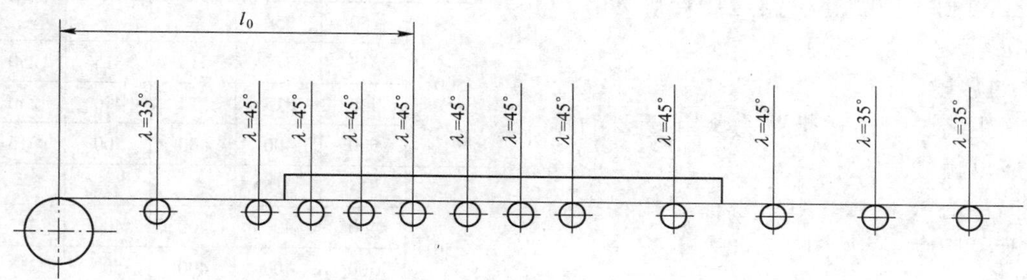

图2-1　受料段典型布置之一例

图中尺寸 l_0 为机尾长度，即受料中心线至尾部改向滚筒中心线间的距离，推荐的机尾长度为：

带宽 B/mm	机尾长度 l_0/mm
400、500	2000
650、800	2500
1000、1200	3000
1400、2400	3500

达不到上述要求时，应根据工况对撒料的可能性作出判断以决定是否需要采用其他防撒料措施。

中部有受料点的输送机受料段，可参照机尾受料段的布置方式进行设计。

2.3.4　卸料段

倾斜输送机的卸料段最好设计成水平段，尽量不采用高式头架和高式驱动装置架，以方便操作和维修，有利于输送机头部和转运站设计的标准化。

卸料段为水平的倾斜输送机，其折点到头部滚筒中心线的距离应足够，以保证所有过渡托辊均不在凸弧段上。

带速 $v \geqslant 3.15$m/s 的输送机的卸料段一般应设计为水平段。

2.3.5　弧线段

弧线段的曲率半径，根据计算确定。

凹弧段起点至导料槽的距离应足够，以保证在任何条件下，导料槽出口处的输送带不跳离托辊或顶在导料槽的槽体上。当此距离小于5m时，必须在导料槽与凹弧起点间设置压轮（见图2-2）。

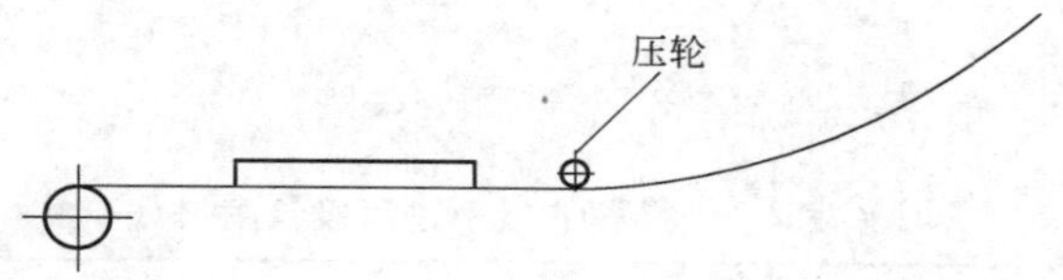

图2-2　压轮安装位置

凹弧段支承上下托辊的输送机中间架或钢结构桁架亦应为凹弧。一般不宜采取折线中间架式钢桁架，同时在托辊支座下加垫块的方法使输送带成凹弧。不得已而用此法时，要采取相应措施保证输送带下分支成凹弧，并在输送带跳起时不与中间架或钢桁架的横撑相剐碰。

不允许在凹弧段设置带侧辊的调心托辊组。

一般应在水平段靠近凹弧段起点处设置压轮。

凸弧段的输送机中间架或钢结构桁架亦应为凸弧。当凸弧长度超过5m或采用钢绳芯输送带时，输送带下分支应采用加密托辊方式成弧，不宜采用改向滚筒。

2.3.6　拉紧装置类型

在三种拉紧方式中，应优先采用中部重锤拉紧装置，并使其尽量靠近传动滚筒。

螺旋拉紧装置一般只用于无法采用其他拉紧方式，机长小于30m的输送机上，对于轻质物料或运量特别小的输送机，此值可延长到50m。

计算拉紧行程较大，在侧型布置上有困难时，可采用双行程中部重锤拉紧装置（需自行设计），或同时采用两种不同形式的拉紧装置予以解决。

车式重锤拉紧装置可置于输送机中部和尾部，条件允许时，应尽量置于中部并靠近传动滚筒处。不得已时，才将车式重锤拉紧装置置于输送机尾部。

长距离输送机在选择电动绞车拉紧装置或液压车式拉紧装置时，总是将拉紧装置置于输送机中部并靠近中部传动滚筒。DTⅡ(A)型带式输送机系列暂未配置液压车式拉紧装置标准部件，但北京起重运输机械设计研究院、武汉丰凡科技开发有限责任公司和大中型整机制造厂均可为客户进行非标准拉紧装置设计。

2.3.7 过渡段

运量大、距离长、输送带张力大和重要的输送机一般均应设置过渡段。

头部滚筒中心线至第一组正常槽型托辊中心线的最小过渡段长度 A，见图 2-3 和表 2-4。

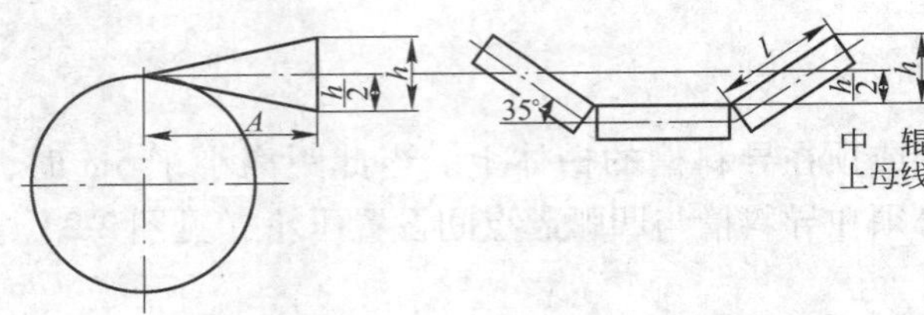

图 2-3 过渡段尺寸

表 2-4 推荐的最小过渡段长度

张力利用率/% \ 带型 / A	各种织物芯输送带	钢绳芯输送带
>90	1.6B	3.4B
90～60	1.3B	2.6B
<60	1.0B	1.8B

注：输送带张力利用率 $=\dfrac{\text{实际张力}}{\text{许用张力}}\times 100\%$。

有条件时，设置了头部过渡段的输送机宜相应设置尾部过渡段。

采用 45°深槽型托辊的尾部受料段，至少应在尾部改向滚筒和第一组 45°槽角托辊间加设一组 35°（或 30°）槽形托辊作为过渡。

2.3.8 驱动装置位置

单滚筒传动输送机，其驱动装置一般设于头部滚筒处。

当工艺布置需要，抑或为了维修方便，又或者为了不增加投资时，可考虑将驱动装置设于中部或尾部。采用双滚筒传动或多滚筒传动时，驱动装置位置则根据计算决定。

2.4 滚筒匹配

输送机各滚筒直径的匹配见表 2-5。

表 2-5 输送机滚筒直径匹配 mm

带宽 B	传动滚筒直径	180°尾部改向滚筒直径	180°中部改向滚筒直径	180°头部探头滚筒直径	90°改向滚筒直径	<45°改向滚筒直径
400	250	250	—	—	—	200
	315	315	315	315	250	200
	400	315	315	400	250	250
500	250	250	—	—	—	200
	315	315	315	315	250	200
	400	315	315	400	250	250
	500	400	400	500	315	250
650	315	315	—	—	—	200
	400	400	400	400	315	250
	500	400	400	500	315	250
	630	500	500	630	400	315
800	315	315	—	—	—	200
	400	400	400	400	315	250
	500	500	400	500	315	250
	630	500	400	630	400	315
	800	630	630	800	500	400
	1000	800	800	1000	630	500
	1250	1000	1000	1250	800	630
1000	400	400	—	—	—	250
	500	500	500	500	400	250
	630	630	500	630	400	315
	800	630	630	800	500	400
	1000	800	800	1000	630	500
	1250	1000	1000	1250	800	630
	1400	1250	1250	1400	1000	800
	1600	1250	1250	1600	1000	1000
1200	500	500	500	500	400	250
	630	630	500	630	400	315
	800	630	630	800	500	400
	1000	800	800	1000	630	500
	1250	1000	1000	1250	800	630
	1400	1250	1250	1400	1000	800
	1600	1250	1250	1600	1000	1000
1400	800	630	630	800	500	400
	1000	800	800	1000	630	500
	1250	1000	1000	1250	800	630
	1400	1250	1250	1400	1000	800
	1600	1250	1250	1600	1000	1000

续表 2-5

带宽 B	传动滚筒直径	180°尾部改向滚筒直径	180°中部改向滚筒直径	180°头部探头滚筒直径	90°改向滚筒直径	<45°改向滚筒直径
1600～2000	800	630	630	800	500	400
	1000	800	800	1000	630	500
	1250	1000	1000	1250	800	630
	1400	1250	1250	1400	1000	800
	1600	1250	1250	1600	1000	1000
2200、2400	800	630	630	800	500	500
	1000	800	800	1000	630	500
	1250	1000	1000	1250	800	630
	1400	1250	1250	1400	1000	800
	1600	1250	1250	1600	1000	1000
	1800	1400	1400	1800	1250	1000

按稳定工况确定的最小滚筒直径见表 2-6。

表 2-6 按稳定工况确定的最小滚筒直径 mm

传动滚筒直径 D	允许的最高输送带张力利用率								
	>60%～100%			>30%～60%			≤30%		
	滚筒组别			滚筒组别			滚筒组别		
	A	B	C	A	B	C	A	B	C
	最小直径（无摩擦面层）								
250	250	250	200	—	—	—	—	—	—
315	315	250	200	—	—	—	—	—	—
400	400	315	250	—	—	—	—	—	—
500	500	400	315	400	315	250	315	315	250
630	630	500	400	500	400	315	400	400	315
800	800	630	500	630	500	400	500	500	400
1000	1000	800	630	800	630	500	630	630	500
1250	1250	1000	800	1000	800	630	800	800	630

续表 2-6

传动滚筒直径 D	允许的最高输送带张力利用率								
	>60%～100%			>30%～60%			≤30%		
	滚筒组别			滚筒组别			滚筒组别		
	A	B	C	A	B	C	A	B	C
	最小直径（无摩擦面层）								
1400	1400	1250	1000	1250	1000	800	1000	1000	800
1600	1600	1250	1000	1250	1000	800	1000	1000	1000
1800	1800	1400	1250	1400	1250	1000	1250	1000	1000

注：A—传动滚筒；B—改向滚筒（180°）；C—改向滚筒（<180°）。

一般情况下，首先计算确定传动滚筒直径，然后按表 2-5 和表 2-6 所定匹配关系确定其他滚筒。只是当合力不够时，才选用比匹配关系更大的滚筒直径。

2.5 托辊间距

托辊间距应满足辊子承载能力和输送带下垂度两个条件，常用托辊间距见表 2-7。

表 2-7 本系列常用托辊间距

堆积密度/$t \cdot m^{-3}$	承载托辊间距/mm	回程托辊间距/mm
≤1.6	1200	3000
>1.6	1000	3000

凸弧段托辊间距一般为承载分支托辊间距的 1/2。

受料段托辊间距一般为承载分支托辊间距的 1/2～1/3。

因受力过大，需加密托辊时，可根据实际需要，由设计者确定托辊间距。

输送重量大于 20kg 的成件物品时，托辊间距不应大于物品长度（沿输送方向）的 1/2；对于 20kg 以下的成件物品，托辊间距可取 1000mm。

3 设计计算

3.1 计算标准、符号和单位

3.1.1 计算标准

本章关于带式输送机输送能力、输送带上物料的横截面积、运行功率和张力的计算，均执行国家标准《连续搬运设备　带承载托辊的带式输送机　运行功率和张力的计算》（GB/T 17119—1997）。需要了解该标准，可参看本手册附录（附1.9）。

值得注意的是，由于缺乏准确的物料特性——特别是不同带速下的运行堆积角等相关资料，使得精确计算输送能力几乎不可能。许多可变因素影响传动滚筒的驱动力，也使精确确定所需功率十分困难。因而该标准提供的计算方法，其精度是有限的，但可满足大多数情况的要求。此外，有些输送机侧型比较复杂，例如多驱动，或既有上运区段又有下运区段的起伏布置的输送机，这种类型的输送机的有关计算均未包括在本章内，最好在计算时请教有经验的专家。

3.1.2 符号和单位

本章设计计算使用的符号和单位，除增加了 G_1、G_2、I_m、M_{max}、Q、R_1、R_2 和 z 外，均与 GB/T 17119—1997 一致，见表 3-1。

表 3-1　计算符号和单位

符号	说　明	单位
a_0	输送机承载分支托辊间距	m
a_U	输送机回程分支托辊间距	m
A	输送带清扫器与输送带的接触面积	m^2
b	输送带装载物料的宽度（即输送带实际充满或支撑物料的宽度）；输送带的可用宽度	m
b_1	导料拦板间的宽度	m
B	输送带宽度	m
C	系数（附加阻力）	—
C_ε	槽形系数	—
d_B	输送带厚度	m
d_0	轴承内径	m
D	滚筒直径	m
e	自然对数的底	—
f	模拟摩擦系数	—
F	滚筒上输送带平均张力	N
F_1	滚筒上输送带紧边张力（见图 3-3）	N

续表 3-1

符号	说　明	单位
F_2	滚筒上输送带松边张力（见图 3-3）	N
F_H	主要阻力	N
F_{max}	输送带最大张力	N
F_{min}	输送带最小张力	N
F_N	附加阻力	N
F_S	特种阻力	N
F_{S1}	主要特种阻力	N
F_{S2}	附加特种阻力	N
F_{St}	倾斜阻力	N
F_T	作用在滚筒上输送带两边的张力和滚筒旋转部分所受重力的矢量和	N
F_U	传动滚筒上所需圆周驱动力	N
g	重力加速度	m/s^2
G_1	承载分支每组托辊旋转部分重量	kg
G_2	回程分支每组托辊旋转部分重量	kg
$(h/a)_{adm}$	两组托辊之间输送带的允许垂度	—
H	输送机卸料点与装料点间的高差	m
I_V	输送能力	m^3/s
I_m	输送能力	kg/s
k	倾斜系数	—
k_a	犁式卸料器的阻力系数或刮板清扫器的阻力系数	N/m
l	导料拦板（导料槽）的长度	m
l_3	中间辊长度（三辊槽形）	m
l_b	加速段长度	m
L	输送机长度（头尾滚筒中心距）	m
L_0	输送机附加长度	m
L_ε	装有前倾托辊的输送机长度	m
M_{max}	传动滚筒最大扭矩	kN · m
p	输送带清扫器与输送带间的压力	N/m^2
P_A	传动滚筒所需运行功率	W
P_M	驱动电机所需运行功率	W
q_B	承载分支或回程分支每米输送带重量	kg/m
q_G	每米输送物料的重量	kg/m
q_{RO}	输送机承载分支每米托辊旋转部分重量	kg/m
q_{RU}	输送机回程分支每米托辊旋转部分重量	kg/m
Q	输送机小时生产能力	t/h
R_1	输送机凸弧半径	m
R_2	输送机凹弧半径	m
S	输送带上物料横截面面积	m^2
v	输送带速度	m/s
v_0	在输送带运行方向上物料的输送速度分量	m/s
z	织物芯输送带层数	层
α	静堆积角（安息角）	(°)

续表 3-1

符号	说明	单位
δ	输送机在运行方向上的倾斜角	(°)
ε	侧辊轴线相对于垂直输送带纵向轴线的平面的前倾角	(°)
η	传动效率	—
θ	运行堆积角（被输送物料的）	(°)
λ	槽形托辊侧辊轴线与水平线间的夹角	(°)
μ	传动滚筒与输送带间的摩擦系数	—
μ_0	托辊与输送带间的摩擦系数	—
μ_1	物料与输送带间的摩擦系数	—
μ_2	物料与导料拦板间的摩擦系数	—
μ_3	输送带清扫器与输送带间的摩擦系数	—
ξ	加速度系数	—
ρ	被输送散状物料的堆积密度	kg/m³
φ	输送带在传动滚筒上的围包角	rad

3.2 原始数据及工作条件

带式输送机的设计计算，需具有下列原始数据及工作条件资料：

(1) 物料名称及输送能力；

(2) 物料性质，包括粒度及粒度组成、堆积密度、动堆积角或静堆积角、温度、湿度、黏度、磨琢性、腐蚀性等，输送成件物品时还包括成件物品单位重量和外形尺寸；

(3) 工作环境，包括露天、室内、干燥、潮湿、环境温度和空气含尘量大小等；

(4) 卸料方式和卸料装置形式；

(5) 受料点数目及位置；

(6) 输送机布置形式（侧型）及相关尺寸，包括输送机长度，提升高度和最大倾角等；

(7) 驱动装置布置形式，是否需要设置制动器。

3.3 输送能力和输送带宽度

3.3.1 输送带上最大的物料横截面积

为保证正常输送条件下不撒料，输送带上允许的最大物料横截面积 S(m²) 计算（按图 3-1）如下：

$$S = S_1 + S_2 \tag{3-1}$$

$$S_1 = [l_3 + (b - l_3)\cos\lambda]^2 \frac{\tan\theta}{6} \tag{3-2}$$

$$S_2 = \left(l_3 + \frac{b - l_3}{2}\cos\lambda\right)\left(\frac{b - l_3}{2}\sin\lambda\right) \tag{3-3}$$

式中 b——输送带可用宽度，m，b 按以下原则取值：

当 $B \leqslant 2$m 时，$b = 0.9B - 0.05$m；

当 $B > 2$m 时，$b = B - 0.25$m；

l_3——中间辊长度，m，对于一辊或二辊的托辊组，$l_3 = 0$；

θ——物料的运行堆积角，参考表 2-1 中数据酌定。

表 3-2 列出了不同带宽时的 S 值，可直接查取。

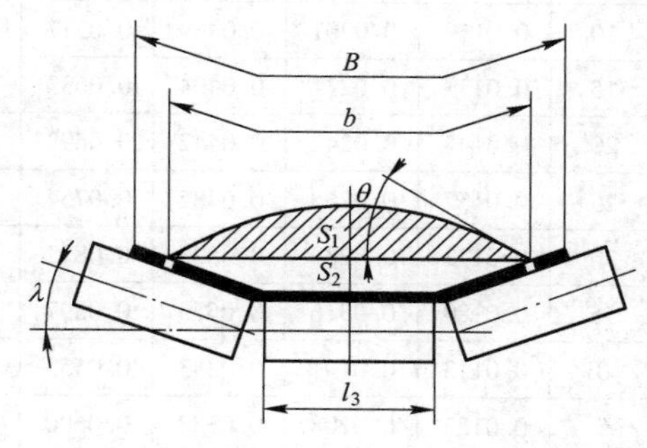

图 3-1 等长三辊槽形截面

表 3-2 输送带上物料的最大截面积 S m²

托辊槽角 λ/(°)	运行堆积角 θ/(°)	输送带宽度/mm											
		400	500	650	800	1000	1200	1400	1600	1800	2000	2200	2400
0	0	0	0	0	0	0	0	0	0	0	0	0	0
	5	0.0014	0.0023	0.0042	0.0065	0.0105	0.0155	0.0213	0.0282	0.0359	0.0447	0.0554	0.0674
	10	0.0028	0.0047	0.0084	0.0132	0.0212	0.0312	0.0430	0.0568	0.0724	0.0900	0.1117	0.1358
	15	0.0043	0.0071	0.0128	0.0200	0.0323	0.0474	0.0654	0.0863	0.1101	0.1368	0.1698	0.2064
	20	0.0058	0.0097	0.0174	0.0272	0.0438	0.0644	0.0888	0.1172	0.1495	0.1858	0.2307	0.2804
	25	0.0075	0.0124	0.0222	0.0349	0.0562	0.0825	0.1138	0.1502	0.1916	0.2380	0.2955	0.3593
	30	0.0092	0.0154	0.0275	0.0432	0.0695	0.1021	0.1409	0.1859	0.2372	0.2947	0.3659	0.4448
	35	0.0112	0.0187	0.0334	0.0524	0.0843	0.1238	0.1709	0.2255	0.2877	0.3574	0.4438	0.5395

续表 3-2

托辊槽角 λ /(°)	运行堆积角 θ /(°)	输送带宽度/mm											
		400	500	650	800	1000	1200	1400	1600	1800	2000	2200	2400
20	0	0.0059	0.0101	0.0187	0.0292	0.0483	0.0706	0.0988	0.1312	0.1682	0.2086	0.2636	0.3179
	5	0.0072	0.0122	0.0226	0.0354	0.0581	0.0850	0.1187	0.1575	0.2017	0.2502	0.3152	0.3807
	10	0.0086	0.0145	0.0266	0.0416	0.0681	0.0997	0.1389	0.1842	0.2357	0.2925	0.3675	0.4444
	15	0.0100	0.0168	0.0307	0.0480	0.0784	0.1149	0.1598	0.2117	0.2708	0.3361	0.4215	0.5101
	20	0.0114	0.0192	0.0350	0.0548	0.0892	0.1307	0.1817	0.2405	0.3076	0.3818	0.4781	0.5790
	25	0.0130	0.0218	0.0395	0.0619	0.1008	0.1477	0.2050	0.2712	0.3468	0.4305	0.5385	0.6524
	30	0.0146	0.0245	0.0445	0.0697	0.1133	0.1660	0.2303	0.3046	0.3893	0.4833	0.6039	0.7321
	35	0.0165	0.0276	0.0500	0.0783	0.1271	0.1863	0.2583	0.3415	0.4363	0.5418	0.6763	0.8202
30	0	0.0084	0.0143	0.0266	0.0416	0.0686	0.1002	0.1402	0.1861	0.2384	0.2958	0.3732	0.4504
	5	0.0097	0.0163	0.0302	0.0472	0.0776	0.1135	0.1585	0.2101	0.2691	0.3338	0.4202	0.5077
	10	0.0109	0.0184	0.0339	0.0530	0.0868	0.1270	0.1770	0.2345	0.3002	0.3725	0.4680	0.5659
	15	0.0122	0.0205	0.0376	0.0589	0.0963	0.1409	0.1961	0.2597	0.3323	0.4124	0.5172	0.6259
	20	0.0135	0.0227	0.0416	0.0651	0.1062	0.1554	0.2161	0.2861	0.3659	0.4542	0.5688	0.6888
	25	0.0150	0.0251	0.0458	0.0717	0.1167	0.1710	0.2375	0.3142	0.4017	0.4987	0.6238	0.7559
	30	0.0165	0.0277	0.0504	0.0789	0.1282	0.1878	0.2607	0.3447	0.4406	0.5470	0.6835	0.8286
	35	0.0182	0.0306	0.0554	0.0868	0.1409	0.2065	0.2863	0.3785	0.4836	0.6005	0.7496	0.9091
35	0	0.0095	0.0162	0.0300	0.0469	0.0772	0.1128	0.1577	0.2092	0.2681	0.3326	0.4192	0.5062
	5	0.0107	0.0181	0.0334	0.0522	0.0857	0.1254	0.1749	0.2319	0.2970	0.3685	0.4634	0.5601
	10	0.0119	0.0201	0.0369	0.0577	0.0944	0.1381	0.1924	0.2550	0.3263	0.4049	0.5084	0.6150
	15	0.0131	0.0221	0.0404	0.0633	0.1038	0.1512	0.2105	0.2787	0.3565	0.4425	0.5547	0.6715
	20	0.0144	0.0242	0.0442	0.0692	0.1127	0.1650	0.2294	0.3036	0.3882	0.4819	0.6033	0.7307
	25	0.0157	0.0265	0.0482	0.0754	0.1227	0.1797	0.2495	0.3301	0.4220	0.5239	0.6550	0.7938
	30	0.0172	0.0289	0.0525	0.0822	0.1335	0.1956	0.2714	0.3589	0.4586	0.5695	0.7112	0.8624
	35	0.0189	0.0316	0.0573	0.0897	0.1457	0.2133	0.2956	0.3908	0.4992	0.6199	0.7733	0.9381
45	0	0.0113	0.0191	0.0353	0.0553	0.0908	0.1328	0.1852	0.2456	0.3144	0.3902	0.4906	0.5931
	5	0.0123	0.0208	0.0383	0.0600	0.0982	0.1437	0.2001	0.2652	0.3393	0.4211	0.5285	0.6395
	10	0.0134	0.0225	0.0413	0.0647	0.1057	0.1548	0.2152	0.2850	0.3646	0.4526	0.5671	0.6866
	15	0.0145	0.0243	0.0444	0.0696	0.1135	0.1662	0.2308	0.3055	0.3907	0.4850	0.6068	0.7352
	20	0.0156	0.0262	0.0477	0.0747	0.1216	0.1781	0.2472	0.3270	0.4180	0.5190	0.6484	0.7861
	25	0.0168	0.0282	0.0511	0.0802	0.1302	0.1909	0.2646	0.3499	0.4471	0.5552	0.6928	0.8404
	30	0.0181	0.0303	0.0549	0.0861	0.1396	0.2047	0.2835	0.3748	0.4787	0.5945	0.7410	0.8993
	35	0.0196	0.0327	0.0591	0.0927	0.1500	0.2200	0.3044	0.4023	0.5136	0.6379	0.7943	0.9644

3.3.2 输送能力

3.3.2.1 散状物料输送能力

已知带宽，按下式计算输送能力：

$$I_V = Svk \tag{3-4}$$

$$I_m = Svk\rho \tag{3-5}$$

$$Q = 3.6 I_V \rho = 3.6 Svk\rho \tag{3-6}$$

式中 I_V——输送能力，m^3/s；

I_m——输送能力，kg/s；

Q——输送机生产能力，t/h；

v——带速，m/s；

k——倾斜系数，按式（3-7）（即 GB/T 17119—1997 中的式 16）计算或按表 3-3 查取。

$$k = 1 - \frac{S_1}{S}(1 - k_1) \tag{3-7}$$

式中 k_1——上部截面 S_1 的减小系数。

如果被输送的是经过筛分的中等粒度物料，

输送机在理想状态下运行，k_1 值可用公式（3-8）（即 GB/T 17119—1997 中的式 17）计算。

$$k_1 = \sqrt{\frac{\cos^2\delta - \cos^2\theta}{1 - \cos^2\theta}} \tag{3-8}$$

式中 δ——输送机在运行方向上的倾斜角，(°)；

θ——被输送物料的运行堆积角，(°)。

由式（3-2），式（3-7），式（3-8）可看出，当 $\delta = \theta$ 时，上部截面积 S_1 不存在，只有下部截面积 S_2 在起作用。

表 3-3 倾斜系数 k

倾角 δ /(°)	2	4	6	8	10	12	14	16	18	20
k	1.00	0.99	0.98	0.97	0.95	0.93	0.91	0.89	0.85	0.81

3.3.2.2 成件物品

$$I_m = \frac{Gv}{T} \tag{3-9}$$

$$Q = 3.6\frac{Gv}{T} \tag{3-10}$$

$$n = 3600\frac{v}{T} \tag{3-11}$$

式中 G——单件物品重量，kg；

T——物品在输送机上的间距，m；

v——带速，m/s；

n——每小时输送的件数，件/h。

3.3.3 输送带宽度

已知输送能力，按下式计算物料横截面积 S（m^2）：

$$S = \frac{I_V}{vk} \tag{3-12}$$

$$S = \frac{I_m}{vk\rho} \tag{3-13}$$

或

$$S = \frac{Q}{3.6vk\rho} \tag{3-14}$$

根据计算出的 S，从表 3-2，可查得需要的带宽。输送大块散状物料的输送机，需按下式核算带宽 B(mm)：

$$B \geqslant 2\alpha + 200 \tag{3-15}$$

式中 α——最大粒度，mm。

不同带宽推荐的输送物料最大粒度见表 3-4。

表 3-4 不同带宽推荐输送物料的最大粒度 mm

B		400	500	650	800	1000	1200	1400	1600	1800	2000	2200	2400
粒度	筛分后	80	100	130	180	250	300	350	400				
	未筛分	100	150	200	300	400	500	600	600				

注：未筛分物料中的最大粒度不超过 10%。

3.4 圆周驱动力

3.4.1 计算公式

3.4.1.1 所有输送机长度（包括 $L<80$m）

传动滚筒上所需圆周驱动力 F_U(N) 为输送机所有阻力之和，可用下式计算：

$$F_U = F_H + F_N + F_{S1} + F_{S2} + F_{St} \tag{3-16}$$

式中 F_H——主要阻力，N；

F_N——附加阻力，N；

F_{S1}——主要特种阻力，N；

F_{S2}——附加特种阻力，N；

F_{St}——倾斜阻力，N。

五种阻力中，F_H、F_N 是所有输送机都有的，其他三类阻力，根据输送机侧型及附件装置情况决定，由设计者选择。

3.4.1.2 输送机长度（$L \geqslant 80$m）

对机长大于 80m 的带式输送机，附加阻力 F_N 明显小于主要阻力，可用简便的方式进行计算，不会出现严重错误。为此引入系数 C 作简化计算，则公式变为下面的形式：

$$F_U = C \cdot F_H + F_{S1} + F_{S2} + F_{St} \tag{3-17}$$

式中 C——与输送机长度有关的系数，在输送机长度大于 80m 时，可按式（3-18）计算，或从表 3-5 查取。

$$C = \frac{L + L_0}{L} \tag{3-18}$$

式中 L_0——附加长度，一般在 70 ~ 100m 之间。

系数 C 不应小于 1.02。

表 3-5 系数 C（装料系数在 0.7 ~ 1.1 范围内）

L/m	80	100	150	200	300	400	500	600	700	800	900	1000	1500	2000	2500	5000
C	1.92	1.78	1.58	1.45	1.31	1.25	1.20	1.17	1.14	1.12	1.10	1.09	1.06	1.05	1.04	1.03

图3-2表示系数 C 与输送机长度 L 的函数关系。该图表明，用系数 C 简化计算传动滚筒上所需圆周驱动力时，只是在输送机长度大于80m的情况下，才能取得系数 C 的可靠值。如果输送机长度小于80m，则系数 C 不是定值，在使用式(3-17)时，会发生较大误差。故对于长度小于80m的带式输送机运行功率的更精确计算，仍需使用公式（3-16）。

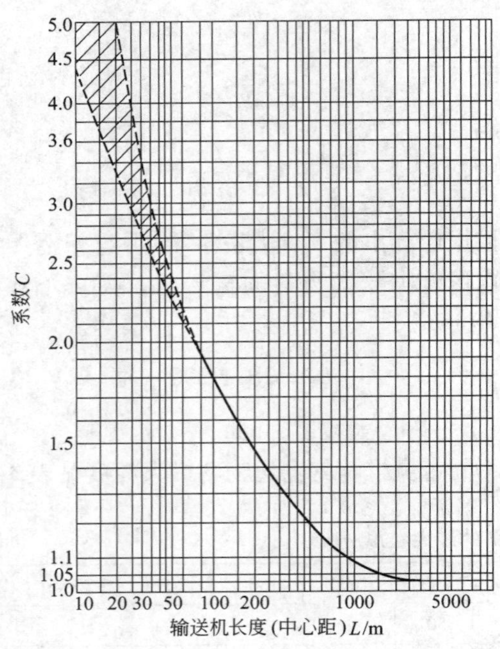

图3-2 系数 C 随 L 变化曲线

3.4.2 主要阻力

输送机的主要阻力 F_H(N)是物料及输送带移动和承载分支及回程分支托辊旋转所产生的阻力的总和，可用下式计算：

$$F_H = f \cdot L \cdot g \cdot [q_{RO} + q_{RU} + (2q_B + q_G)\cos\delta] \tag{3-19}$$

式中，f 为模拟摩擦系数，根据工作条件及制造安装水平决定，一般可按表3-6查取；对于重要的输送机，建议仔细阅读国家标准GB/T 17119—1997中5.1.3节后慎重选择；L 为输送机长度（头尾滚筒中心距），m；g 为重力加速度，$g = 9.81\text{m/s}^2$；q_{RO} 为承载分支托辊组每米长度旋转部分重量，kg/m，用下式计算：

$$q_{RO} = \frac{G_1}{a_0} \tag{3-20}$$

式中 G_1——承载分支每组托辊旋转部分重量，kg，从表3-7查取；

a_0——承载分支托辊间距，m；

q_{RU} 为回程分支托辊组每米长度旋转部分重量，kg/m，用下式计算：

$$q_{RU} = \frac{G_2}{a_U} \tag{3-21}$$

式中 G_2——回程分支每组托辊旋转部分重量，kg，从表3-7查取；

a_U——回程分支托辊间距，m；

q_B 为每米长度输送带重量，kg/m，初始计算时可凭经验取值，也可按表3-8估计取值，计算完成后，如发现实际选用的 q_B 值与初始计算值有较大出入时，应按实际值重新计算；q_G 为每米长度输送物料重量，kg/m，按下式计算：

$$q_G = \frac{I_V\rho}{v} = \frac{I_m}{v} = \frac{Q}{3.6v} \tag{3-22}$$

δ 为输送机倾角，(°)。

表3-6 模拟摩擦系数 f（推荐值）

安装情况	工作条件	f
水平、向上倾斜及向下倾斜的电动工况	工作环境良好，制造、安装良好，带速低，物料内摩擦系数小	0.020
	按标准设计，制造、调整好，物料内摩擦系数中等	0.022
	多尘，低温，过载，高带速，安装不良，托辊质量差，物料内摩擦大	0.023~0.03
向下倾斜	设计，制造正常，处于发电工况时	0.012~0.016

表3-7 托辊参数

带宽 B /mm	辊径 d /mm	托辊组旋转部分重量 G_1、G_2/kg 槽形托辊(三辊式)	V形托辊(二辊式)	平形托辊(一辊式)	平形托辊(二辊式)	前倾托辊前倾角 ε
400	63.5	3.51	—	2.75	—	1°20′
	76	4.74	—	3.49	—	
	89	5.4	—	4.1	—	
500	63.5	4.08	—	3.27	—	1°23′
	76	5.55	—	4.14	—	
	89	6.24	—	4.78	—	
650	76	6.09	—	5.01	—	1°25′
	89	6.45	—	5.79	—	
	108	9.03	—	7.14	—	
800	89	7.74	7.6	7.15	7.6	1°23′
	108	10.59	9.54	8.78	9.54	
	133	16.35	14.76	13.54	14.76	
1000	108	12.21	11.78	10.43	11.78	1°27′
	133	18.9	18.2	16.09	16.2	
	159	27.21	25.68	22.27	15.68	
1200	108	14.31	13.12	12.5	13.12	1°29′
	133	22.14	20.74	19.28	20.74	
	159	31.59	29.1	26.56	29.1	

续表 3-7

带宽 B /mm	辊径 d /mm	托辊组旋转部分重量 G_1、G_2/kg				前倾托辊前倾角 ε
		槽形托辊（三辊式）	V 形托辊（二辊式）	平形托辊（一辊式）	平形托辊（二辊式）	
1400	108	15.96	14.66	14.18	14.66	1°35′
	133	24.63	23.28	21.83	23.28	
	159	34.92	32.54	29.99	32.54	
1600	133	27.3	25.78	24.29	25.78	1°30′
	159	38.52	35.88	33.36	35.88	
	194	60.42	54.56	50.87	54.56	
1800	133	29.85	28.18	26.71	28.18	1°30′
	159	41.94	39.32	36.78	39.32	
	194	65.73	60.64	55.97	60.64	
2000	133	32.85	30.68	29.37	30.68	1°30′
	159	46.08	42.62	40.14	42.62	
	194	72.03	65.74	61.07	65.74	
2200	133	34.83	34.58	33.19	34.58	1°20′
	159	48.81	47.86	45.39	47.86	
	194	75.69	73.26	68.77	73.26	
2400	159	53.82	53.12	50.48	53.12	1°20′
	194	83.34	80.94	76.37	80.94	
	219	—	—	—	—	

表 3-8 初始计算张力时使用的输送带重量

输送机长度 L/m	带宽 /m	输送带重量 q_B/kg·m^{-1}	输送带厚度 d/mm
<50（棉帆布带）	400	5.4	13.5
	500	6.8	
	650	8.8	
	800	10.9	
	1000	13.6	
	1200	16.3	
	1400	19	
	1600	22.1	
	1800	24.5	
	2000	27.2	
	2200	29.9	
	2400	32.6	
50~100（尼龙芯带）	400	4.8	11
	500	6	
	650	7.8	
	800	9.6	
	1000	12	
	1200	14.4	
	1400	16.8	

续表 3-8

输送机长度 L/m	带宽 /m	输送带重量 q_B/kg·m^{-1}	输送带厚度 d/mm
50~100（尼龙芯带）	1600	19.2	11
	1800	21.6	
	2000	24	
	2200	26.4	
	2400	28.8	
101~200（尼龙芯带）	650	8.6	12.6
	800	10.4	
	1000	13	
	1200	15.6	
	1400	18.2	
	1600	21.6	
	1800	23.4	
	2000	26	
	2200	28.6	
	2400	31.2	
201~300（尼龙芯带）	800	11.8	13.2
	1000	14.7	
	1200	17.6	
	1400	20.6	
	1600	23.5	
	1800	26.5	
	2000	29.4	
	2200	32.3	
	2400	35.2	
301~500（钢绳芯带）	800	16.8	14
	1000	21	
	1200	25.2	
	1400	29.4	
	1600	33.6	
	1800	37.8	
	2000	42	
	2200	46.2	
	2400	50.4	
501~800（钢绳芯带）	800	18.4	16
	1000	23	
	1200	27.6	
	1400	32.2	
	1600	36.8	
	1800	41.4	
	2000	46	
	2200	50.6	
	2400	55.2	

续表 3-8

输送机长度 L/m	带宽 /m	输送带重量 q_B/kg·m^{-1}	输送带厚度 d/mm
801～1000（钢绳芯带）	800	20	17
	1000	25	
	1200	30	
	1400	35	
	1600	40	
	1800	44	
	2000	50	
	2200	55	
	2400	60	

注：棉帆布带和尼龙芯带之 q_B 均按覆盖胶厚度 4.5＋1.5 估计。当覆盖胶厚度为 6＋1.5 时，表中 q_B 数值需乘以 1.13 的系数；覆盖胶厚度为 3＋1.5 时，表中 q_B 数值需除以 1.13 的系数。

3.4.3 附加阻力

输送机附加阻力 F_N 包括加料段物料加速和输送带间的惯性阻力及摩擦阻力 F_{bA}，加料段加速物料和导料槽两侧拦板间的摩擦阻力 F_f，输送带绕过滚筒的弯曲阻力 F_l 和除传动滚筒外的改向滚筒轴承阻力 F_t 四部分，可用下式计算：

$$F_N = F_{bA} + F_f + \sum_{i_1=1}^{N_1} F_l(i_1) + \sum_{i_2=1}^{N_2} F_t(i_2) \tag{3-23}$$

式中 N_1——输送带绕过的滚筒次数；

N_2——改向滚筒个数。

四种附加阻力，按表 3-9 中的公式进行计算。

表 3-9 附加阻力

代号	阻力形式	单位
F_{bA}	在加料和加速段输送物料和输送带间的惯性阻力和摩擦阻力 $F_{bA} = I_V \rho (v - v_0)$	N
F_f	在加速段被输送物料和导料拦板间的摩擦阻力 $F_f = \dfrac{\mu_2 I_V^2 \rho g l_b}{\left(\dfrac{v+v_0}{2}\right)^2 b_1^2}$	N
F_l	输送带绕经滚筒的缠绕阻力 （1）各种帆布输送带 $F_l = 9B\left(140 + 0.01\dfrac{F}{B}\right)\dfrac{d}{D}$ （2）钢绳芯输送带 $F_l = 12B\left(200 + 0.01\dfrac{F}{B}\right)\dfrac{d}{D}$	N
F_t	滚筒轴承阻力（传动滚筒不计算） $F_t = 0.005\dfrac{d_0}{D}F_T$	N
符号	符号说明	单位
b_1	导料拦板间的宽度	m
D	滚筒直径，从表 3-10 中查取	m
d	输送带厚度	m

续表 3-9

符号	符号说明	单位
d_0	轴承内径，从表 3-10 中查取	m
F	滚筒上输送带平均张力	N
F_T	作用于滚筒上输送带两边的张力和滚筒旋转部分所受重力的矢量和	N
l_b	加速段长度 $l_{b\min} = \dfrac{v^2 - v_0^2}{2g\mu_1}$	m
v_0	在输送带运行方向上物料的输送速度分量	m/s
μ_1	0.5～0.7，物料与输送带间的摩擦系数	—
μ_2	0.5～0.7，物料与导料拦板间的摩擦系数	—

表 3-10 初选用滚筒直径和轴承处内径 mm

带宽	传动滚筒		180°尾部改向滚筒		180°中部改向滚筒		180°头部探头滚筒		90°改向滚筒		<45°改向滚筒	
	D	d_0	D	d_0	D	d_0	D	d_0	D	d_0	D	d_0
400	250	50	250	50	250	50	250	50	250	50	200	50
	315	50	315	50	315	50	315	50	250	50	200	50
	400	60	315	50	315	50	400	60	250	50	250	50
500	250	50	250	50	250	50	250	50	250	50	200	50
	315	50	315	50	315	50	315	50	250	50	200	50
	400	60	315		315		400	60	250	50	250	50
	500	80	400	60	400	60	500	80	315	50	250	50
650	315	80	315	60	315	60	315	80	250	50	200	50
	400	100	400	80	400	80	400	100	250	50	250	50
	500	100	400	100	400	100	500	100	315	60	250	50
	630	100	500	100	500	100	630	120	400	100	315	80
800	315	60	315	60	315	60	315	60	250	50	200	50
	400	80	315	60	315	60	400	80	250	50	250	50
	500	100	500	120	400	120	500	120	315	80	250	50
	630	140	500	120	500	120	630	160	400	120	315	80
	800	160	630	160	630	160	800	180	500	120	400	100
	1000	180	800	200	800	200	1000	200	630	140	500	120
	1250	200	1000	220	1000	220	1250	220	800	160	630	140
1000	400	80	400	80	400	80	400	80	250	50	250	50
	500	100	500	100	500	100	500	100	315	60	250	50
	630	120	630	140	500	140	630	160	400	120	315	80
	800	180	630	160	630	160	800	180	500	140	400	120
	1000	200	800	180	800	180	1000	220	630	160	500	140
	1250	220	1000	200	1000	200	1250	240	800	180	630	160
	1400	240	1250	220	1250	220	1400	260	1000	200	800	180
	1600	300	1250	260	1250	260	1600	300	1000	220	1000	200

续表 3-10

带宽	传动滚筒		180°尾部改向滚筒		180°中部改向滚筒		180°头部探头滚筒		90°改向滚筒		<45°改向滚筒	
	D	d_0	D	d_0	D	d_0	D	d_0	D	d_0	D	d_0
	500	100	500	100	500	100	500	100	315	60	250	50
	630	140	630	140	500	140	630	160	400	120	315	80
	800	200	630	160	630	160	800	200	500	140	400	120
1200	1000	220	800	200	800	200	1000	240	630	160	500	140
	1250	260	1000	220	1000	220	1250	260	800	180	630	160
	1400	280	1250	240	1250	240	1400	280	1000	200	800	180
	1600	300	1250	260	1250	260	1600	300	1000	220	1000	200
	800	200	630	160	630	160	800	200	500	140	400	120
	1000	220	800	200	800	200	1000	260	630	160	500	140
1400	1250	260	1000	240	1000	240	1250	280	800	180	630	160
	1400	300	1250	280	1250	280	1400	300	1000	200	800	180
	1600	320	1250	280	1250	280	1600	320	1000	240	1000	220
	800	240	630	180	630	180	800	240	500	160	400	140
	1000	260	800	260	800	240	1000	280	630	180	500	160
1600	1250	280	1000	240	1000	240	1250	320	800	200	630	180
	1400	300	1250	280	1250	280	1400	320	1000	220	800	200
	1600	320	1250	300	1250	300	1600	340	1000	240	1000	220
	800	240	630	200	630	200	800	240	500	160	400	140
	1000	260	800	240	800	240	1000	280	630	180	500	160
1800	1250	300	1000	280	1000	280	1250	320	800	200	630	180
	1400	320	1250	300	1250	300	1400	340	1000	240	800	200
	1600	320	1250	300	1250	300	1600	340	1000	260	1000	240
	800	240	630	200	630	200	800	260	500	160	400	140
	1000	260	800	220	800	220	1000	320	630	180	500	160
2000	1250	300	1000	280	1000	280	1250	340	800	220	630	180
	1400	320	1250	300	1250	300	1400	340	1000	260	800	220
	1600	320	1250	300	1250	300	1600	360	1000	280	1000	260
	800	240	630	220	630	220	800	260	500	220	500	160
	1000	260	800	220	800	220	1000	320	630	220	500	160
2200	1250	300	1000	260	1000	260	1250	340	800	240	630	220
	1400	320	1250	300	1250	300	1400	340	1000	260	800	240
	1600	340	1250	300	1250	300	1600	360	1000	260	1000	260
	800	260	630	220	630	220	800	300	500	220	500	160
	1000	280	800	220	800	220	1000	320	630	220	500	160
2400	1250	300	1000	260	1000	260	1250	340	800	240	630	220
	1400	320	1250	300	1250	300	1400	340	1000	260	800	260
	1600	340	1259	300	1250	300	1600	360	1000	260	1000	260
	1800	340	1400	300	1400	300	1800	360	1250	260	1000	260

3.4.4 主要特种阻力

主要特种阻力 F_{S1}(N)包括托辊前倾的摩擦阻力 F_ε(N)和被输送物料与导料槽拦板间的摩擦阻力 F_{gl}(N)两部分，按下式计算：

$$F_{S1} = F_\varepsilon + F_{gl} \tag{3-24}$$

计算 F_ε

（1）三个等长辊子的前倾上托辊情况下：

$$F_\varepsilon = C_\varepsilon \mu_0 L_\varepsilon (q_B + q_G) g\cos\delta\sin\varepsilon \tag{3-25}$$

（2）二辊式前倾下托辊情况下：

$$F_\varepsilon = \mu_0 L_\varepsilon q_B g\cos\lambda\cos\delta\sin\varepsilon \tag{3-26}$$

当上下托辊都前倾时，要将两者的前倾阻力合并计算。

计算 F_{gl}

计算 F_{gl}按式（3-27）进行：

$$F_{gl} = \frac{\mu_2 I_V^2 \rho g l}{v^2 b_1^2} \tag{3-27}$$

式中 C_ε——槽形系数，30°槽角时为 0.4；35°槽角时为 0.43；45°槽角时为 0.5；

μ_0——托辊和输送带间的摩擦系数，一般取为 0.3 ~ 0.4；

L_ε——装有前倾托辊的输送机长度，m；

ε——托辊前倾角度（见表 3-7，也可全部取为 1°30′），(°)；

l——导料槽拦板长度，m；

b_1——导料槽两拦板间宽度，m，可从表 3-11 中查取；

μ_2——物料与导料拦板间的摩擦系数，一般取为 0.5 ~ 0.7。

3.4.5 附加特种阻力

附加特种阻力 F_{S2}(N)包括输送带清扫器摩擦阻力 F_r(N)和犁式卸料器摩擦阻力 F_a(N)等部分，按下式计算：

$$F_{S2} = n_3 \cdot F_r + F_a \tag{3-28}$$

计算 F_r

$$F_r = A \cdot p \cdot \mu_3 \tag{3-29}$$

计算 F_a

$$F_a = B \cdot k_2 \tag{3-30}$$

式中 n_3——清扫器个数，包括头部清扫器和空段清扫器；

A——一个清扫器和输送带接触面积，m^2，见表 3-11；

p——清扫器和输送带间的压力，N/m^2，一般取 $(3 \sim 10) \times 10^4 N/m^2$；

μ_3——清扫器和输送带间的摩擦系数，一般取 0.5 ~ 0.7；

k_2——刮板系数，一般取 1500N/m。

表 3-11　导料槽拦板内宽，刮板与输送带接触面积

带宽 B /mm	导料槽拦板内宽 b_1/m	刮板与输送带接触面积 A/m²	
		头部清扫器	空段清扫器
400	0.3	0.004	0.008
500	0.315	0.005	0.008
650	0.4	0.007	0.01
800	0.495	0.008	0.012
1000	0.61	0.01	0.015
1200	0.73	0.012	0.018
1400	0.85	0.014	0.021
1600	1.1	0.016	0.032
1800	1.25	0.018	0.036
2000	1.4	0.02	0.04
2200	1.6	0.022	0.044
2400	1.8	0.024	0.048

3.4.6　倾斜阻力

倾斜阻力 F_{St}(N)按下式计算：

$$F_{St} = q_G \cdot g \cdot H \tag{3-31}$$

式中，H 为输送机受料点与卸料点间的高差，m：输送机向上提升时，H 取为正值；输送机向下运输时，H 取为负值。

当输送机上设有卸料车时，应加上卸料车提升高度 H'，H' 值见表 3-19；当输送机上设有堆料（或堆取料）机时，亦应加上其增加的提升高度。

3.5　输送带张力

输送带张力在整个长度上是变化的，影响因素很多，为保证输送机的正常运行，输送带张力必须满足以下两个条件：

(1) 在任何负载情况下，作用在输送带上的张力应使得全部传动滚筒上的圆周力是通过摩擦传递到输送带上，而输送带与滚筒间应保证不打滑；

(2) 作用在输送带上的张力应足够大，使输送带在两组托辊间的垂度小于一定值。

3.5.1　输送带不打滑条件

圆周驱动力 F_U 通过摩擦传递到输送带上（见图 3-3）。

为保证输送带工作时不打滑，需在回程带上保持最小张力 F_{2min} 按下式进行计算：

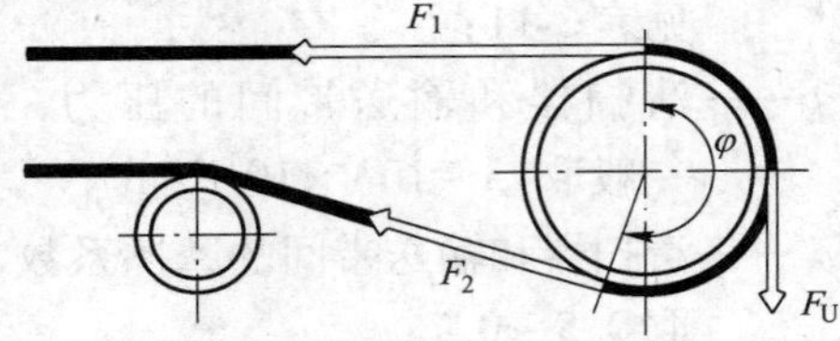

图 3-3　作用于输送带的张力

$$F_{2min} \geqslant F_{Umax} \frac{1}{e^{\mu\varphi} - 1} \tag{3-32}$$

式中　F_{Umax}——输送机满载起动或制动时出现的最大圆周驱动力，起动时 $F_{Umax} = K_A F_U$，其中，起动系数 $K_A = 1.3 \sim 1.7$；

μ——传动滚筒与输送带间的摩擦系数，见表 3-12；

φ——输送带在所有传动滚筒上的围包角，rad，其值根据几何条件确定，一般单滚筒驱动取 3.3 ~ 3.7rad，折合 $\varphi = 190° \sim 210°$，双滚筒驱动取 7.7rad，折合 $\varphi = 400°$；采用 DTⅡ(A) 和 D-YM96 传动滚筒头架时，实际达到的 φ 值见表 9-4、表 9-8、表 9-11 和表 15-5；

$e^{\mu\varphi}$——欧拉系数，见表 3-13。

表 3-12　传动滚筒和橡胶带之间的摩擦系数

滚筒覆盖面 / μ / 运行条件	光滑裸露的钢滚筒	带人字形沟槽的橡胶覆盖面	带人字形沟槽的聚氨酯覆盖面	带人字形沟槽的陶瓷覆盖面
干态运行	0.35 ~ 0.40	0.40 ~ 0.45	0.35 ~ 0.40	0.40 ~ 0.45
清洁潮湿（有水）运行	0.10	0.35	0.35	0.35 ~ 0.40
污浊的湿态（泥浆、黏土）运行	0.05 ~ 0.10	0.25 ~ 0.30	0.20	0.35

表 3-13　欧拉系数

围包角 /(°)	摩擦系数 μ									
	0.05	0.10	0.15	0.20	0.25	0.30	0.35	0.40	0.45	0.50
	欧拉系数 $e^{\mu\varphi}$									
170	1.160	1.345	1.561	1.810	2.100	2.435	2.825	3.277	3.800	4.408
175	1.165	1.357	1.581	1.842	2.146	2.500	2.913	3.393	3.953	4.605
180	1.170	1.369	1.602	1.874	2.193	2.566	3.003	3.514	4.111	4.811
185	1.175	1.381	1.623	1.907	2.242	2.634	3.096	3.638	4.276	5.025
190	1.180	1.393	1.644	1.941	2.291	2.704	3.192	3.768	4.447	5.249
195	1.186	1.405	1.666	1.975	2.342	2.776	3.291	3.901	4.625	5.483
200	1.191	1.418	1.688	2.010	2.393	2.850	3.393	4.040	4.811	5.728
205	1.196	1.430	1.710	2.045	2.446	2.925	3.498	4.184	5.003	5.983
210	1.201	1.443	1.733	2.081	2.500	3.003	3.607	4.332	5.204	6.250
215	1.206	1.455	1.756	2.118	2.555	3.082	3.719	4.486	5.412	6.529
220	1.212	1.468	1.779	2.155	2.612	3.164	3.834	4.645	5.629	6.820
225	1.217	1.481	1.802	2.193	2.669	3.248	3.953	4.810	5.854	7.124

续表 3-13

围包角/(°)	摩擦系数 μ									
	0.05	0.10	0.15	0.20	0.25	0.30	0.35	0.40	0.45	0.50
	欧拉系数 $e^{\mu\varphi}$									
230	1.222	1.494	1.826	2.232	2.728	3.334	4.075	4.981	6.088	7.442
235	1.228	1.507	1.850	2.271	2.788	3.423	4.202	5.158	6.332	7.774
240	1.233	1.520	1.874	2.311	2.850	3.514	4.332	5.342	6.586	8.121
245	1.238	1.533	1.899	2.352	2.912	3.606	4.466	5.531	6.849	8.483
250	1.244	1.547	1.924	2.393	2.977	3.702	4.605	5.728	7.124	8.861
340	1.345	1.810	2.435	3.277	4.408	5.931	7.980	10.736	14.445	19.435
350	1.357	1.842	2.500	3.393	4.605	6.250	8.483	11.513	15.625	21.207
360	1.369	1.875	2.566	3.513	4.810	6.586	9.017	12.345	16.902	23.141
370	1.381	1.907	2.634	3.638	5.025	6.940	9.585	13.238	18.283	25.251
380	1.393	1.941	2.704	3.768	5.249	7.313	10.189	14.195	19.777	27.553
390	1.405	1.975	2.776	3.901	5.483	7.706	10.831	15.222	21.393	30.066
400	1.418	2.010	2.850	4.040	5.728	8.121	11.513	16.322	23.141	32.808
410	1.430	2.045	2.925	4.184	5.983	8.557	12.238	17.502	25.031	35.799
420	1.443	2.081	3.003	4.332	6.250	9.017	13.009	18.768	27.077	39.064
430	1.455	2.118	3.082	4.486	6.529	9.502	13.828	20.125	29.289	42.626
440	1.468	2.155	3.164	4.645	6.820	10.013	14.699	21.580	31.682	46.513
450	1.481	2.193	3.248	4.810	7.124	10.551	15.625	23.141	34.271	50.754
460	1.494	2.232	3.334	4.981	7.442	11.118	16.610	24.814	37.071	55.382
470	1.507	2.271	3.423	5.158	7.774	11.716	17.656	26.608	40.099	60.432
480	1.520	2.311	3.514	5.342	8.121	12.345	18.768	28.532	43.376	65.943
490	1.534	2.352	3.607	5.531	8.483	13.009	19.950	30.595	46.920	71.956
500	1.547	2.393	3.702	5.728	8.861	13.708	21.207	32.808	50.754	78.518

注：当有两个邻近的传动滚筒，其摩擦系数分别为 μ_1、μ_2，围包角分别为 φ_1、φ_2 时，$e^{\mu\varphi}=e^{\mu1\varphi1}+e^{\mu2\varphi2}$。

3.5.2　输送带下垂度校核

为了限制输送带在两组托辊间的下垂度，作用在输送带上任意一点的最小张力 F_{min}(N)，需按式（3-33）和式（3-34）进行验算。

承载分支：

$$F_{min} \geqslant \frac{a_0(q_B+q_G)g}{8\left(\dfrac{h}{a}\right)_{adm}} \tag{3-33}$$

回程分支：

$$F_{min} \geqslant \frac{a_u \cdot q_B \cdot g}{8\left(\dfrac{h}{a}\right)_{adm}} \tag{3-34}$$

式中　$\left(\dfrac{h}{a}\right)_{adm}$——两组托辊之间输送带的允许垂度，一般≤0.01；

a_0——承载上托辊间距（最小张力处）；

a_u——回程下托辊间距（最小张力处）。

3.5.3　特性点张力计算

为了确定输送带作用于各改向滚筒的合张力、拉紧装置的拉紧力以及凸凹弧起始点张力等特性点张力，需按逐点张力计算法进行各特性点张力计算。

3.5.3.1　逐点张力计算通式

已知当输送带第 $i-1$ 点张力为 S_{i-1} 时，沿输送带运行方向上第 i 点的张力 S_i(N)值为：

$$S_i = S_{i-1} + F_i \tag{3-35}$$

式中　F_i——i 至 $i-1$ 点之间各阻力的和。

根据公式（3-16）可导出 S_i 的计算通式为：

$$S_i = S_{i-1} + (F_{Hi} + F_{Ni} + F_{S1i} + F_{S2i} + F_{Sti}) \tag{3-36}$$

实际上 F_i 只能是括号中这些阻力的一部分，而究竟包括哪些阻力，则需要具体分析。

为简化计算，输送带经过改向滚筒的弯曲阻力 F_1 和改向滚筒轴承阻力 F_t 之和 W(N)可用下式计算：

$$W = (K'-1)S_{i-1} \tag{3-37}$$

式中　S_{i-1}——改向滚筒趋入点张力，N；

K'——改向滚筒阻力系数：

当 $\varphi' \approx 45°$时，$K'=1.02$；

当 $\varphi' \approx 90°$时，$K'=1.03$；

当 $\varphi' \approx 180°$时，$K'=1.04$。

其中，φ'为输送带在改向滚筒上的围包角。

在顺序计算各点张力时，式（3-36）也可表示为：

$$S_i = K'S_{i-1} \tag{3-38}$$

式中　S_i——改向滚筒奔离点张力。

3.5.3.2　逐点计算法的计算程序

逐点计算法是从传动滚筒上奔离点输送带张力 S_1 开始沿输送带运行方向，逐点计算到传动滚筒趋入点输送带张力 S_n。

（1）首先，根据不打滑条件和输送带下垂度校核两个条件确定 F_{2min} 值；

（2）令 $F_{2min}=S_1$，然后按式（3-36）进行逐点计算；

（3）尾部改向滚筒的奔离点为承载分支最小张力处，计算出该点张力后，应与输送带下垂度校核时得出的 F_{min} 值进行比较，取两者中的较大值作为该点张力，再进行随后的计算。

务必注意的是：各特性点张力的计算只适用于本节开头说明的目的，不适于传动滚筒合张力的计算，更不适合用于确定圆周驱动力。

3.5.4 滚筒合力

传动滚筒合力 F_n 按下式计算：

$$F_n = F_{umax} + 2F_{2min} \quad (3\text{-}39)$$

各改向滚筒合力，根据各类侧型输送机改向滚筒所处的位置分别确定。

为减少改向滚筒品种，一般相同直径的改向滚筒总是取为完全一样的型号。

3.6 传动滚筒轴功率

传动滚筒轴功率 P_A(kW)按下式计算：

$$P_A = \frac{F_U \cdot v}{1000} \quad (3\text{-}40)$$

对于 $L<80$m 的带式输送机，实在无条件直接计算 F_U 时，根据经验可采用公式（3-41）进行简易计算。

$$P_A = (k_1' L_n v + k_2' L_n Q \pm 0.00273QH)k_3' k_4' + \Sigma P' \quad (3\text{-}41)$$

式中 $k_1' L_n v$——输送带及托辊转动部分运转功率，kW；

$k_2' L_n Q$——物料水平运输功率，kW；

$0.00273QH$——物料垂直提升功率，kW：物料向上输送时取“+”值，物料向下输送时取“-”值；

L_n——输送机水平投影长度，m；

H——输送机受料点与卸料点间的高差，m，当输送机设有卸料车时，应加上卸料车提升高度 H'，H' 值见表 3-19；

k_1'——空载运行功率系数，可根据托辊阻力系数 ω'（见表 3-14），按表 3-15 选取；

k_2'——物料水平运行功率系数，可根据 ω'按表 3-16 选取；

k_3'——附加功率系数，根据输送机水平投影长度 L_n 和输送机倾角 δ，按表 3-17 选取；

k_4'——卸料车功率系数：无卸料车时，$k_4'=1$，有卸料车时，光面滚筒 $k_4'=1.16$，胶面滚筒 $k_4'=1.11$；

P'——犁式卸料器及导料槽长度超过 3m 部分的附加功率，kW，见表 3-18。

表 3-14 托辊阻力系数

工作条件	槽型托辊阻力系数 ω'	平形托辊阻力系数 ω''
清洁，干燥	0.020	0.018
少量尘埃，正常湿度	0.030	0.025
大量尘埃，湿度大	0.040	0.035

表 3-15 空载运行功率系数

ω'	B/mm											
	400	500	650	800	1000	1200	1400	1600	1800	2000	2200	2400
	k_1'											
0.018	0.0046	0.0061	0.0074	0.0100	0.0138	0.0191	0.0230	0.0257	0.0308	0.0329	0.0370	0.0390
0.020	0.0051	0.0067	0.0082	0.0110	0.0153	0.0212	0.0255	0.0286	0.0342	0.0366	0.0411	0.0433
0.025	0.0064	0.0084	0.0103	0.0137	0.0191	0.0265	0.0319	0.0358	0.0428	0.0458	0.0514	0.0541
0.030	0.0077	0.0100	0.0124	0.0165	0.0229	0.0318	0.0383	0.0430	0.0514	0.0550	0.0617	0.0649
0.035	0.0089	0.0117	0.0144	0.0192	0.0268	0.0371	0.0446	0.0502	0.0600	0.0642	0.0720	0.0757
0.040	0.0102	0.0134	0.0165	0.0220	0.0306	0.0424	0.0510	0.0572	0.0684	0.0732	0.0822	0.0866

表 3-16 物料水平运行功率系数

ω'	0.018	0.020	0.025	0.030	0.035	0.040
k_2'	4.91×10^{-5}	5.45×10^{-5}	6.82×10^{-5}	8.17×10^{-5}	9.55×10^{-5}	10.89×10^{-5}

表 3-17 附加功率数

δ/(°)	L_n/m								
	15	30	45	60	100	150	200	300	>300
	k_3'								
0°	2.80	2.10	1.80	1.60	1.55	1.50	1.40	1.30	1.20

续表 3-17

δ/(°)	L_n/m								
	15	30	45	60	100	150	200	300	>300
	k_3'								
6°	1.70	1.40	1.30	1.25	1.25	1.20	1.20	1.15	1.15
12°	1.45	1.25	1.25	1.20	1.20	1.15	1.15	1.14	1.14
20°	1.30	1.20	1.15	1.15	1.15	1.13	1.13	1.10	1.10

注：k_3'是在考虑有一个空段清扫器、一个头部清扫器及一个 3m 长的导料槽，并考虑物料加速阻力等因素的情况下求出的。

表 3-18 犁式卸料器及导料槽长度超过 3m 部分附加功率

带宽 B/mm		400	500	600	800	1000	1200	1400	1600	1800	2000	2200	2400
P'/kW	犁式卸料器		0.3n	0.4n	0.5n	1.0n							
	导料槽		0.08L'	0.08L'	0.09L'	0.10L'	0.115L'	0.18L'					

注：表中 n 为犁式卸料器个数；L'为导料槽超过 3m 的长度（m），即 L' 等于导料槽总长减 3m。

表 3-19 卸料车提升高度

带宽 B/mm		400	500	650	800	1000	1200	1400	1600	1800	2000
H'/m	卸料车		1.7	1.8	1.96	2.12	2.37	2.62			
	重型卸料车					2.42	2.52	3.02			

计算出 P_A 后，可根据式（3-40）计算出 F_U，再进行其他计算。

传动滚筒的最大扭矩 M_{max}（kN·m）按下式计算：

$$M_{max} = \frac{F_U \cdot D}{2000} \tag{3-42}$$

式中 D——传动滚筒直径，mm。

根据带宽 B、最大扭矩 M_{max} 和合力 F_n，可查表 6-1 最终选择传动滚筒型号。传动滚筒型号亦即输送机代号，表示方法如下：

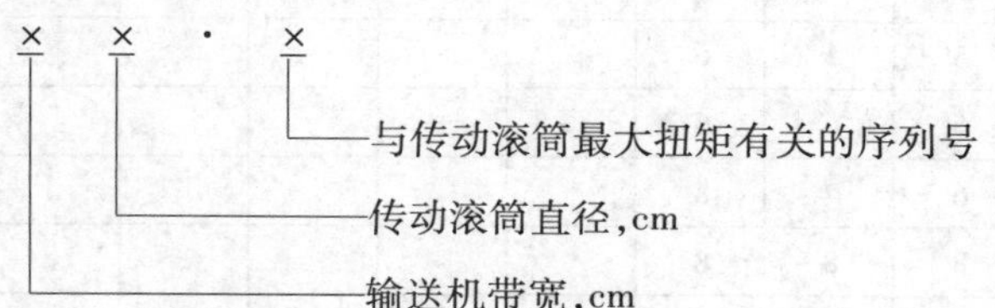

举例：6550·1 表示 $B = 650$mm、$D = 500$mm、$M_{max} = 3.5$kN·m 的传动滚筒代号；

140100·2 表示 $B = 1400$mm、$D = 1000$mm、$M_{max} = 27$kN·m 的传动滚筒代号。

3.7 逆止力计算和逆止器选择

3.7.1 逆止力计算

倾斜输送机，一般应进行逆止力计算。不同工况下，输送机带料停车时产生的逆转力是不同的。经过分析，通过输送带作用于传动滚筒上的最大逆转力出现在输送机承载段只有上升段满载，而其他区段为空载的条件下。为阻止逆转，传动滚筒上需要的逆止力 F_L 可用下式计算：

$$F_L = F_{St} - 0.8fg\left[L(q_{RO} + q_{RU} + 2q_B) + \frac{H}{\sin\delta} \cdot q_G\right] \tag{3-43}$$

出于安全上的考虑，对阻止逆转的力乘上一个 0.8 的系数。作用于传动滚筒轴上的逆止力矩

$$M'_L \geqslant \frac{F_L \cdot D}{2000} \tag{3-44}$$

式中 D——传动滚筒直径，mm。

逆止器需要的逆止力矩 M_L 为：

$$M_L \geqslant \frac{M'_L}{i \cdot \eta_L} \tag{3-45}$$

式中 i——从传动滚筒轴到减速器安装逆止器轴的速比；

η_L——从传动滚筒轴到减速器安装逆止器轴的传动效率。

3.7.2 逆止器的选择

当输送机 $\delta \geqslant 5°$时，一般应配置逆止器；当 $\delta < 5°$时，可根据逆止力计算结果考虑是否设置逆止器。

已经配有制动器的输送机一般无需再同时配设逆止器，如需同时配设逆止器时，由设计者自行设计驱动装置。

3.8 电动机功率和驱动装置组合

3.8.1 电动机功率

电机功率 P_M(kW)，按下式计算：

（1）电动工况：

$$P_M = \frac{P_A}{\eta\eta'\eta''} \tag{3-46}$$

（2）发电工况（下运）：

$$P_M = \frac{P_A\eta}{\eta'\eta''} \tag{3-47}$$

$$\eta = \eta_1\eta_2 \tag{3-48}$$

式中 η——传动效率，一般在 0.85～0.95 之间选取；

η_1——联轴器效率，其中，机械式联轴器：$\eta_1 = 0.98$，液力耦合器：$\eta_1 = 0.96$；

η_2——减速器传动效率，按每级齿轮传动效率为 0.98 计算，其中，二级减速机：$\eta_2 = (0.98 \times 0.98) = 0.96$，三级减速机：$\eta_2 = (0.98 \times 0.98 \times 0.98) = 0.94$；

η'——电压降系数，一般取 0.90～0.95；

η''——多机驱动功率不平衡系数，一般取 0.90～0.95，单电机驱动时，$\eta'' = 1$。

根据计算出的 P_M 值，查电动机型谱，按照取大不取小原则选定电动机功率。

3.8.2 驱动装置组合的选择

根据电动机功率和传动滚筒代号（即输送机

代号）查表 7-1 驱动装置型谱的驱动装置选择表确定驱动装置组合号，根据同一型谱中的驱动装置组合表可一次性选择驱动装置各部件。

驱动装置有直交轴（Y-DBY/DCY）和平行轴（Y-ZLY/ZSY）等多种形式，设计者根据实际情况预先选定。

每一组合号的驱动装置有 4 ~ 6 种配置，除布置形式外还取决于有无制动器，逆止器。制动器根据系统运转要求确定，由设计者预先选择；逆止器根据计算确定，在部分驱动装置组合中已经选好，而制动器和逆止器型号一般情况下无需另行计算。

3.8.3　单滚筒双驱动装置计算

为避免选用大容量电动机或为了减少输送机系统中的电动机品种，经过认真比较后，可以采用单滚筒双驱动装置。

采用双驱动装置时，双出轴传动滚筒允许承受的总扭矩 M'_{max}（kN · m）用下式计算：

$$M'_{max} = 0.8(2M') = 1.6M' \qquad (3\text{-}49)$$

式中　M'——传动滚筒许用扭矩，kN · m，可从表 6-1 中查取。

采用单滚筒双驱动装置时，两个驱动装置应采用完全相同的组合号。只要条件允许，其安装形式也应尽可能一样。

3.9　输送带选择计算

3.9.1　织物芯输送带层数

棉、尼龙、聚酯等织物芯输送带层数 Z 按下式计算：

$$Z = \frac{F_{max} \cdot n}{B \cdot \sigma} \qquad (3\text{-}50)$$

式中　F_{max}——稳定工况下输送带最大张力，N；

B——输送带带宽，mm；

σ——输送带纵向扯断强度，N/(mm · 层)，查表 4-2 或制造厂样本；

n——稳定工况下，织物芯输送带静安全系数：

棉织物芯带：$n = 8 \sim 9$；

尼龙、聚酯帆布芯带：$n = 10 \sim 12$，使用条件恶劣或要求特别安全时，n 应大于 12。

根据式（3-50）确定 Z 时，应在表 3-20 规定的范围内选取。

表 3-20　织物芯输送带许用层数

输送带型号	层数极限	物料堆积密度 /t · m^{-3}	带宽/mm											
			400	500	650	800	1000	1200	1400	1600	1800	2000	2200	2400
CC-56 NN-100	最小	0.5 ~ 1.0	3	3	4	4	5	5	6					
		1.0 ~ 1.6	3	3	4	4	5	6	6					
		1.6 ~ 2.5	3	3	5	5	6	7	8					
	最大		4	4	5	6	8	8	8					
NN-150 EP-100	最小	0.5 ~ 1.0	3	3	3	3	4	5	5	6				
		1.0 ~ 1.6	3	3	3	4	5	5	6					
		1.6 ~ 2.5	3	3	4	5	6	6						
	最大		3	3	4	5	6	6	6	6				
NN-200	最小	0.5 ~ 1.0			3	3	3	4	4	5	5			
		1.0 ~ 1.6			3	4	4	5	5	6				
		1.6 ~ 2.5			4	5	5	6						
	最大				4	5	6	6	6	6	6			
NN-250 EP-200	最小	0.5 ~ 1.0			3	3	3	4	4	5	5	6	6	
		1.0 ~ 1.6			3	3	4	5	5	6	6	6	6	
		1.6 ~ 2.5			3	4	5	6	6					
	最大				3	4	6	6	6	6	6	6	6	
NN-300 EP-300	最小	0.5 ~ 1.0			3	3	3	4	4	5	5	6	6	
		1.0 ~ 1.6			3	3	4	5	5	6	6	6	6	
		1.6 ~ 2.5			3	4	5	6	6					
	最大				3	4	6	6	6	6	6	6	6	

选定 Z 后，按下式核算传动滚筒直径 D：

$$D = CZd_{B1} \tag{3-51}$$

式中 C——系数，棉织物芯取 $C=80$，尼龙织物芯取 $C=90$，聚酯芯取 $C=108$；

d_{B1}——织物芯带每层厚度，mm。

3.9.2 钢绳芯输送带选型计算

钢绳芯带要求的纵向拉伸强度 G_X（N/mm）按下式计算：

$$G_X \geqslant \frac{F_{max} \cdot n_1}{B} \tag{3-52}$$

式中 n_1——静安全系数，一般 $n_1=7\sim9$。运行条件好，倾角小，强度低取小值；反之，取大值。对可靠性要求高（如载人或高炉带式上料机等）应适当高于上述数值。St4000 以上输送带接头的疲劳强度不随静强度按比例提高，其安全系数应由橡胶厂提供。

计算出 G_X 后，按表 4-5 选择相应规格的输送带，并按式（3-53）核算钢绳芯输送带动载安全系数 n_2。

$$n_2 = \frac{G_X \cdot B \cdot E_{ff}}{F_{max} + F_S + F_b} \geqslant 5.7 \tag{3-53}$$

式中 E_{ff}——接头强度保持率（一般取 90%）；

F_S——起动制动时的过负荷张力，其值应 $\leqslant 0.4F_{max}$；

F_b——滚筒上的弯曲附加力。

式（3-53）的条件不能满足时，应将 G_X 加大一级。选定 G_X 后，应按下式核算传动滚筒直径 D：

$$\frac{D}{d} \geqslant 145 \tag{3-54}$$

式中 d——钢绳直径，mm。

3.9.3 输送带厚度和单位重量

3.9.3.1 *输送带厚度 d_B*

棉、尼龙和聚酯等织物芯带厚度 d_B（mm）由下式计算：

$$d_B = Zd_{B1} + d_{B2} + d_{B3} \tag{3-55}$$

式中 d_{B1}——织物芯带带芯每层厚度，mm，见表 4-2；

d_{B2}，d_{B3}——织物芯带上下覆盖层厚度，mm，按 4.1.2.4 小节所述方法选择后，作为已知条件输入。

钢绳芯带厚度直接从表 4-5 中查取。

3.9.3.2 *输送带单位重量 q_B*

各种织物芯带单位重量 q_B（kg/m），用下式计算：

$$q_B = (Z \cdot q_{B1} + 1.14d_{B2} + 1.14d_{B3}) \cdot B \tag{3-56}$$

式中 q_{B1}——织物芯带芯层每层重量，kg/m^2，见表 4-2。

钢绳芯带单位重量 q_B（kg/m）用下式计算：

$$q_B = q_{B2} \cdot B \tag{3-57}$$

式中 q_{B2}——钢绳芯带重量，kg/m^2，可从表 4-5 中直接查取。

3.9.4 输送带总长度，总平方米数和总重量

3.9.4.1 *输送带总长度*

输送带订货总长度 L_D 用下式计算：

$$L_D = L_Z + A' \cdot N \tag{3-58}$$

式中 L_Z——由输送机几何尺寸决定的输送带周长，m；

A'——接头长度，m，即

织物芯带：

$$A' = [(Z-1) \cdot b' + B \cdot \cot 60°]/1000 \tag{3-59}$$

钢绳芯带：

$$A' = (3l' + 250)/1000 \tag{3-60}$$

式中 b'——阶梯宽度（见表 3-21），mm；

l'——搭接长度，mm，即

$$l' = \frac{P_S}{F_C} \times K \tag{3-61}$$

P_S——钢丝绳破断强度，N/根，查表 4-5，一般取 15000N/根；

K——接头系数 1.3～1.5；

F_C——抽出力，按表 3-22 取值；

N——接头数，即

$$N = \frac{L_Z}{100}$$

（取整数，即当计算结果大于整数 n 时，取 $N = n + 1$） (3-62)

表 3-21 阶梯宽度 b'（最小值）

带宽 B/mm \ b'/mm \ 层数 Z	3	4	5	6	7	8	9
400							
500	300	250	250	200	200		
650	300	250	250	200	200		
800	350	300	300	250	250	200	
1000	450	400	350	300	250	200	

续表 3-21

带宽 B/mm \ b′/mm \ 层数 Z	3	4	5	6	7	8	9
1200	550	500	450	400	400	350	
1400	650	600	450	500	450	400	
1600							
1800							
2000							
2200							
2400							

表 3-22 抽出力 F_C 估计值

钢绳直径 /mm	3	4	5	6	7	8	9	10	11
抽出力 F_C /N·mm⁻¹	38	50	63	75	87	100	113	126	139

3.9.4.2 输送带订货平方米数

织物芯输送带订货平方米数 M_D(m^2)按下式计算:

$$M_D = B \times \left[Z + \frac{d_{B2} + d_{B3}}{1.5}\right] L_D \quad (3\text{-}63)$$

整体带芯钢绳芯输送带订货总平方米数 M_D(m^2),按下式计算:

$$M_D = B \times \frac{d_B}{1.5} \times L_D \quad (3\text{-}64)$$

式中 d_B——输送带总厚度,mm。

3.9.4.3 输送带总重量

输送带总重量 Q_B(kg)按下式计算:

$$Q_B = L_D \times q_B \quad (3\text{-}65)$$

3.10 拉紧参数计算

3.10.1 拉紧力

拉紧装置拉紧力 F_0(N)按下式计算:

$$F_0 = S_i + S_{i-1} \quad (3\text{-}66)$$

式中 S_i——拉紧滚筒奔离点张力,N;

S_{i-1}——拉紧滚筒趋入点张力,N。

3.10.2 重锤数量

拉紧装置配重 G(N)按下式计算:

车式拉紧装置:

$$G = (F_0 + 0.04G_K \cdot \cos\delta - G_K \cdot \sin\delta)/\eta_i^{n_0} \quad (3\text{-}67)$$

垂直拉紧装置:

$$G = F_0 - G_K \quad (3\text{-}68)$$

式中 G_K——拉紧装置(包括改向滚筒)重量,N;

η_i——滑轮效率;

n_0——滑轮个数。

当不进行逐点张力计算时,拉紧装置的重锤重量 G 可用式(3-69)和式(3-70)进行计算。

车式拉紧装置:

$$G = 2.1\left[\frac{F_U}{g} \cdot \frac{1}{e^{\mu\varphi} - 1} + (q_B + q_{RU})f \cdot L - q_B H\right] \quad (3\text{-}69)$$

垂直拉紧装置:

$$G = 2.1\left[\frac{F_U}{g} \cdot \frac{1}{e^{\mu\varphi} - 1} + (q_B + q_{RU})f \cdot L' - q_B H'\right] \quad (3\text{-}70)$$

式中 L'——垂直拉紧装置与头部传动滚筒的水平中心距离,m;

H'——垂直拉紧装置与头部传动滚筒在承载分支上的高差,m。

L' 和 H' 的位置参见图 3-7。

3.10.3 拉紧行程

拉紧行程 S(mm)按下式计算:

$$S = \frac{L_Z \xi}{2} + S_a \quad (3\text{-}71)$$

式中 ξ——输送带伸长率,织物芯从表 4-2 中查取,钢绳芯带为 0.2% 或按制造厂样本选取;

S_a——安装行程。

3.11 凸凹弧段尺寸

3.11.1 凸弧段曲率半径计算

凸弧段最小曲率半径 R_1(m)(见图 3-4)按下式计算:

各种织物芯带:

$$R_1 \geqslant (38 \sim 42)B \cdot \sin\lambda \quad (3\text{-}72)$$

钢绳芯带:

$$R_1 \geqslant (100 \sim 167)B \cdot \sin\lambda \quad (3\text{-}73)$$

式中 B——输送带宽度,m;

λ——托辊槽角,(°)。

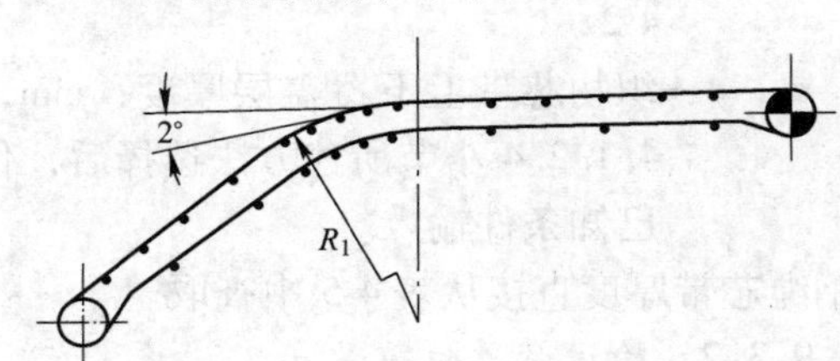

图 3-4 凸弧段尺寸

3.11.2 凹弧段曲率半径计算

输送机凹弧段的曲率半径（见图3-5），应保证输送机空载启动时，输送带不会从托辊上跳起，凹弧段最小曲率半径 R_2 一般按下式计算：

$$R_2 \geqslant (1.3 \sim 1.5)\frac{F_x}{q_B \cdot g} \tag{3-74}$$

式中 F_x——凹弧段起点处输送带张力，N；

q_B——输送带重量，kg/m；

g——重力加速度，m/s²（取为 $g = 9.81\text{m/s}^2$）。

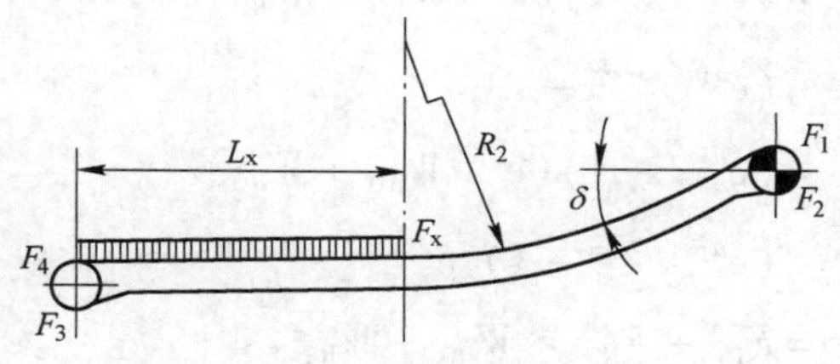

图3-5 凹弧段尺寸

3.12 起动和制动

带式输送机在起动和制动过程中，需克服运动系统的惯性，使输送机由静止状态逐渐加速至额定带速运转或逐渐减速至停机为止，因此在起动和制动时必须考虑动负荷 F_a，并保证起（制）动时，在最不利的情况下确定的加（减）速度能保证物料与输送带之间不打滑，此时应满足式(3-75)，式（3-76）。

$$a_A \leqslant (\mu_1 \cos\delta_{max} - \sin\delta_{max})g \tag{3-75}$$

$$|a_B| \leqslant |\mu_1 \cos\delta_{max} + \sin\delta_{max}|g \tag{3-76}$$

式中 a_A——起动加速度，m/s²；

a_B——制动减速度，m/s²；

μ_1——输送带与物料间的摩擦系数。

起动圆周驱动力 F_A(N)按式（3-77）计算。

$$F_A = F_U + F_a \tag{3-77}$$

$$F_a = a_A(m_1 + m_2) \tag{3-78}$$

$$m_1 = (q_{RO} + q_{RU} + 2q_B + q_G)L \tag{3-79}$$

$$m_2 = \frac{n\sum J_{iD} i_i^2}{r^2} + \sum \frac{J_i}{r_i^2} \tag{3-80}$$

式中 F_U——稳定运行工况圆周驱动力，N；

n——驱动单元数；

J_{iD}——驱动单元第 i 个旋转部件的转动惯量，kg·m²；

i_i——驱动单元第 i 个旋转部件至传动滚筒的传动比；

r——传动滚筒半径，m；

J_i——第 i 个滚筒的转动惯量，kg·m²；

r_i——第 i 个滚筒的滚筒半径，m。

式（3-78）为输送机直线移动部分和旋转部分的惯性力；式（3-79）为直线移动部分重量；式(3-80）为各旋转部件的转动惯量转换为传动滚筒上直线移动的重量，其中包括电机、高速轴联轴器（或液力耦合器）、制动轮、减速器、低速轴联轴器、逆止器和所有滚筒的转动惯量。

起（制）动加速度 $a_{A(B)}$，应满足式（3-75），式（3-76），一般控制在0.1~0.3m/s²。起动时传动滚筒上最大圆周力 F_A(N)为：

$$F_A = K_A \cdot F_U \tag{3-81}$$

式中 K_A——起动系数，1.3~1.7。

自由停车时制动圆周力 F_B(N)按式（3-82）计算：

$$F_B = F_a - F_U^* = 0 \tag{3-82}$$

$$F_a = (m_1 + m_2)a_B \tag{3-83}$$

式中 F_a——制动时的惯性力，N；

F_U^*——摩擦阻力，N，见式（3-16）。为安全起见，式（3-16）中的模拟摩擦系数 f 取0.012~0.016的小值（与计算下运时的情况相同）代入，其他数据均与公式（3-16）相同。

自由停车时间 t_B(s)按式（3-84）计算：

$$t_B = \frac{v}{a_B} \tag{3-84}$$

采用制动器时的制动圆周力 F_B(N)按式（3-85）计算：

$$F_B = F_a - F_Z - F_U^* = 0 \tag{3-85}$$

$$F_Z = i\frac{M_Z}{r} \tag{3-86}$$

式中 F_a——采用制动器制动时的惯性力，N，按式（3-83）计算；

F_U^*——同式（3-82），N；

i——制动器至传动滚筒的传动比；

M_Z——制动器的制动力矩，N·m；

r——传动滚筒半径，m。

3.13 双滚筒驱动计算

3.13.1 双滚筒驱动带式输送机典型布置

随着现代化工业生产要求的不断提高，带式输送机朝着长距离、大运量、高速度的方向发展，其驱动功率大大增加，因此，采用单驱动滚筒传递动力难以满足实际工况的要求，需采用多滚筒驱动。多滚筒驱动布置方式较多，但基本方式是头部（下运情况为尾部）多滚筒驱动和头尾部滚筒驱动两种，其他方式为这两种基本方式的组合和演变。这里仅就双滚筒驱动类型进行论述。

常用双滚筒驱动带式输送机典型布置见表3-23。

表 3-23　双滚筒驱动方式简图

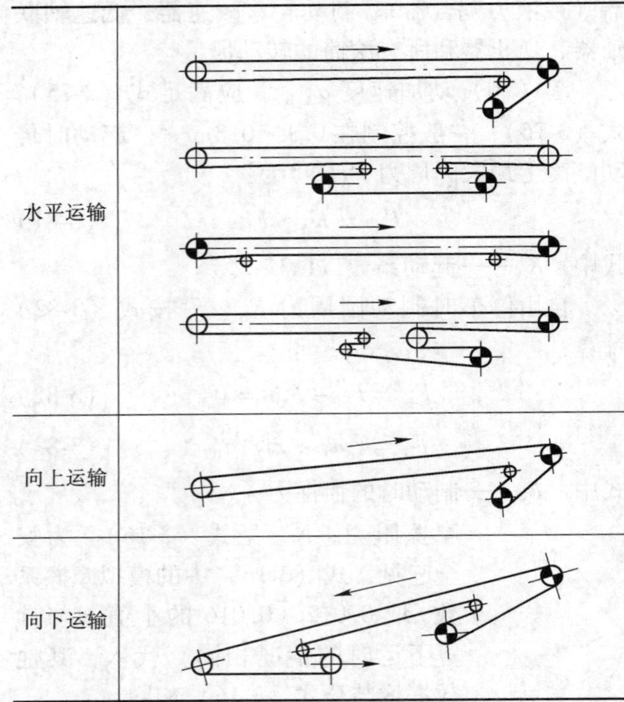

3.13.2　张力计算

双滚筒驱动布置方式较多，为了方便计算，可按照头尾单滚筒驱动和头部双滚筒驱动布置方式进行张力计算，如图 3-6 所示。

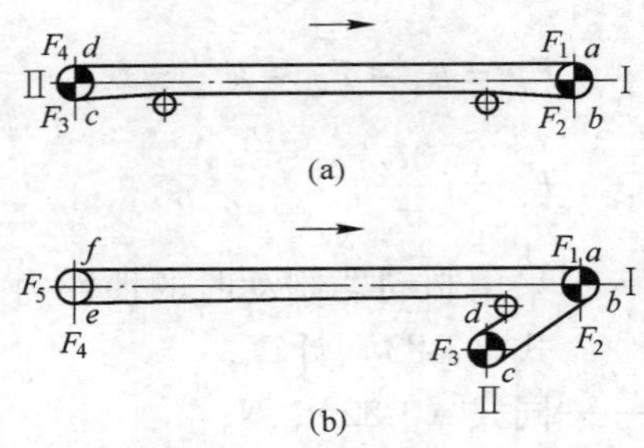

图 3-6　双滚筒驱动张力计算简图

（a）头尾单滚筒驱动；（b）头部双滚筒驱动

3.13.2.1　头尾单滚筒驱动张力计算

头尾单滚筒驱动如图 3-6(a)所示，由欧拉公式及逐点张力法有：

$$F_1 = F_2 e^{\mu_1 \varphi_1}$$

$$F_1 = F_4 + W_{RO}$$

$$F_3 = F_4 e^{\mu_2 \varphi_2}$$

$$F_3 = F_2 + W_{RU}$$

$$F_{U1} = F_1 - F_2$$

$$F_{U2} = F_3 - F_4$$

由以上各式可得：

$$F_1 = e^{\mu_1 \varphi_1}(e^{\mu_2 \varphi_2} W_{RO} + W_{RU})/(e^{\mu_1 \varphi_1 + \mu_2 \varphi_2} - 1)$$

$$F_2 = (e^{\mu_2 \varphi_2} W_{RO} + W_{RU})/(e^{\mu_1 \varphi_1 + \mu_2 \varphi_2} - 1)$$

$$F_3 = e^{\mu_2 \varphi_2}(e^{\mu_1 \varphi_1} W_{RU} + W_{RO})/(e^{\mu_1 \varphi_1 + \mu_2 \varphi_2} - 1)$$

$$F_4 = (e^{\mu_1 \varphi_1} W_{RU} + W_{RO})/(e^{\mu_1 \varphi_1 + \mu_2 \varphi_2} - 1)$$

$$F_{U1} = (e^{\mu_1 \varphi_1} - 1)(e^{\mu_2 \varphi_2} W_{RO} + W_{RU})/(e^{\mu_1 \varphi_1 + \mu_2 \varphi_2} - 1)$$

$$F_{U2} = (e^{\mu_2 \varphi_2} - 1)(e^{\mu_1 \varphi_1} W_{RU} + W_{RO})/(e^{\mu_1 \varphi_1 + \mu_2 \varphi_2} - 1)$$

$$F_U = F_{U1} + F_{U2} = W_{RO} + W_{RU}$$

$$i = F_{U1}/F_{U2} = (e^{\mu_1 \varphi_1} - 1)(e^{\mu_2 \varphi_2} W_{RO} + W_{RU})/(e^{\mu_2 \varphi_2} - 1)(e^{\mu_1 \varphi_1} W_{RO} + W_{RU}) \tag{3-87}$$

式中　F_1, F_2, F_3, F_4——分别为 a、b、c、d 四点的输送带张力，N；

μ_1，μ_2——分别为第Ⅰ、Ⅱ个驱动滚筒的摩擦系数；

φ_1，φ_2——分别为第Ⅰ、Ⅱ个驱动滚筒的围包角，rad；

F_{U1}，F_{U2}，F_U——分别为第Ⅰ、Ⅱ个驱动滚筒和总的圆周力，N；

i——Ⅰ、Ⅱ驱动滚筒圆周力分配比；

W_{RO}，W_{RU}——分别为承载分支和回程分支的运行阻力，N，其计算方法见 3.4 节内容。

3.13.2.2　头部双滚筒驱动张力计算

头部双滚筒驱动如图 3-6(b)所示。

由欧拉公式及逐点张力法有：

$$F_1 = F_2 e^{\mu_1 \varphi_1}$$

$$F_2 = F_3 e^{\mu_2 \varphi_2}$$

$$F_4 = F_3 + W_{RU}$$

$$F_4 = F_5$$

$$F_1 = F_5 + W_{RO}$$

$$F_{U1} = F_1 - F_2$$

$$F_{U2} = F_2 - F_3$$

由以上各式可得：

$$F_1 = e^{\mu_1\varphi_1+\mu_2\varphi_2}(W_{RO}+W_{RU})/(e^{\mu_1\varphi_1+\mu_2\varphi_2}-1)$$

$$F_2 = e^{\mu_2\varphi_2}(W_{RO}+W_{RU})/(e^{\mu_1\varphi_1+\mu_2\varphi_2}-1)$$

$$F_3 = (W_{RO}+W_{RU})/(e^{\mu_1\varphi_1+\mu_2\varphi_2}-1)$$

$$F_{U1} = e^{\mu_2\varphi_2}(e^{\mu_1\varphi_1}-1)(W_{RO}+W_{RU})/(e^{\mu_1\varphi_1+\mu_2\varphi_2}-1)$$

$$F_{U2} = (e^{\mu_2\varphi_2}-1)(W_{RU}+W_{RO})/(e^{\mu_1\varphi_1+\mu_2\varphi_2}-1)$$

$$F_U = F_{U1}+F_{U2} = W_{RO}+W_{RU}$$

$$i = F_{U1}/F_{U2} = e^{\mu_2\varphi_2}(e^{\mu_1\varphi_1}-1)/(e^{\mu_2\varphi_2}-1) \tag{3-88}$$

式中符号含义同头尾单滚驱动张力计算。

3.13.3 功率配比

带式输送机功率配比，实际上就是驱动滚筒间圆周力比，其配比方法有三种。

3.13.3.1 驱动滚筒圆周力任意分配法

驱动滚筒圆周力任意分配法较适合在扩建工程中充分利用现有驱动装置的情况下使用，不宜用于新设备设计中。

3.13.3.2 最小张力法

最小张力法的最大特点是可以最大限度地利用驱动滚筒的围包角，使输送机最大张力最小。但是，当功率很大而两个驱动滚筒圆周力相差很大时，不利于驱动装置的选型。此外，由于输送带张力减小，常会出现输送带张力不能满足两托辊间的悬垂度要求，因而需要增加输送带张力，使得计算所得的最大张力的最小值失去意义。

3.13.3.3 等功率分配法

等功率分配法是把输送机总运行功率或总圆周力分成几等份，任意地分配给各驱动滚筒，由它们分别承担，且使各驱动滚筒满足不打滑条件。其功率配比为：$i=1:1$、$2:1$、$2:2$。

由公式(3-87)可以看出，头、尾单滚筒驱动的理想圆周力分配比值的影响因素很多，不仅与两滚筒的围包角 φ 和摩擦系数 μ 值有关，而且还与承载分支和回程分支的运行阻力有关。

由公式(3-88)可以看出，在头部双滚筒驱动时，其圆周力分配比值仅与滚筒的围包角 φ 和摩擦系数 μ 值有关，通过调整其数值，便可得到较理想的圆周力分配值。

3.13.4 双滚筒驱动装置

双滚筒驱动装置与单滚筒驱动装置的驱动单元组合元素基本是相同的，即都是由电动机、高速轴联轴器、制动器、液力耦合器、减速机构、低速轴联轴器等组成。除在设计中考虑各驱动单元功率平衡，甚至还考虑各驱动单元起、停顺序外，其他与单滚筒驱动装置相同。

3.14 下运带式输送机计算

下运带式输送机的设计计算与其他侧型带式输送机设计计算的不同之处，主要是在圆周驱动力、输送带张力和制动力矩的计算等方面，其他参数的计算均与3.3节和3.4节相同。

3.14.1 下运带式输送机圆周驱动力及传动功率计算

3.14.1.1 圆周驱动力 F_U 计算

传动滚筒上所需圆周驱动力 F_U 为所有阻力之和，对于下运带式输送机，由于倾斜阻力 F_{St} 与其他阻力方向相反，故其前面取“-”号，式(3-16)和式(3-17)变为式(3-89)和式(3-90)的形式。

所有机长，包括 $L<80\text{m}$ 时：

$$F_U = F_H+F_N+F_{S1}+F_{S2}-F_{St} = fLg[q_{RO}+q_{RU}+(2q_B+q_G)\cos\delta]+F_N+F_{S1}+F_{S2}-F_{St} \tag{3-89}$$

$L\geqslant 80\text{m}$ 时：

$$F_U = C\cdot F_H+F_{S1}+F_{S2}-F_{St} = CfLg[q_{RO}+q_{RU}+(2q_B+q_G)\cos\delta]+F_{S1}+F_{S2}-q_GHg \tag{3-90}$$

式中 C——附加阻力系数，按式（3-18）计算或按表3-5查取；
f——模拟摩擦系数，取0.012；
L——输送机长度（头尾滚筒中心距），m；
g——重力加速度，$g=9.81\text{m/s}^2$；
q_{RO}——承载分支托辊每米长旋转部分重量，kg/m；
q_{RU}——回程分支托辊每米长旋转部分重量，kg/m；
q_B——每米长输送带的重量，kg/m；
q_G——每米长输送物料的重量，kg/m；
F_N——附加阻力，N；
F_{S1}——主要特种阻力，即托辊前倾摩擦阻力及导料槽摩擦阻力，N；
F_{S2}——附加特种阻力，即清扫器、卸料器阻力及反转回程分支输送带的阻力，N；
F_{St}——倾斜阻力，N；
δ——输送机倾角，(°)。

3.14.1.2 电机功率计算

一般用途带式输送机的电机功率 P_M(kW)，按式(3-47)计算。

对于煤矿用下运输送机的电机功率 P_M(kW)，根据 MT/T 467—1996 规定，则按下式计算：

$$P_M = \frac{K_d P_A \eta}{\xi \xi_d} \quad (3\text{-}91)$$

式中 K_d——电机功率备用系数（通常取 1.0～1.2）；

η——传动滚筒到驱动电机的传动效率（0.95～1.0）；

ξ_d——多机驱动不平衡系数（0.90～0.95）；

ξ——电压降系数（0.90～0.95）。

3.14.2 输送带张力计算

下运带式输送机的张力计算与本章 3.5 节基本相同，计算程序亦相同，仍按以下顺序进行。

（1）输送带不打滑条件校核，与 3.5.1 节全同。

（2）输送带下垂度校核，与 3.5.2 节全同。

（3）特性点张力计算，在稳定工况下，输送带各点张力采用逐点计算法，沿皮带运行方向，各后续点的张力

$$S_{i+1} = S_i + F_{Hi} + F_{Ni} + F_{S1i} + F_{S2i} \pm F_{Sti} \quad (3\text{-}92)$$

注：承载分支取“-”，回程分支取“+”。

在各分支区段上，各项阻力的计算应符合下面的规定：

1）主要阻力：

$$F_{Hi} = fL_i g[q_{ti} + (q_B + q_G)\cos\delta] \quad (3\text{-}93)$$

2）倾斜阻力：

$$F_{Sti} = g(q_B + q_G)H_i \quad (3\text{-}94)$$

3）附加阻力，特种阻力和特种附加阻力分别见表 3-9 和表 3-10。

（4）输送带强度校核

$$m \geqslant [m] \quad (3\text{-}95)$$

$$m = \frac{S_n}{F_{1max}} \quad (3\text{-}96)$$

$$[m] = m_0 \frac{S_n C_W}{\eta_0} \quad (3\text{-}97)$$

式中 m——输送带计算安全系数；

$[m]$——输送带许用安全系数；

S_n——输送带额定拉断力；

η_0——输送带接头效率，见表 3-24；

m_0——基本安全系数，见表 3-25；

C_W——附加弯曲伸长折算系数，见表 3-25。

表 3-24 η_0 值

输送带种类 \ 接头形式 η_0/%	机械接头	硫化接头
织物芯橡胶输送带	35	85
尼龙织物整芯橡胶输送带	70	90
钢丝绳芯橡胶输送带		75

表 3-25 m_0 和 C_W 值

带芯材料	工作条件	基本安全系数 m_0	附加弯曲伸长折算系数 C_W
织物芯带	有利	3.2	1.5
	正常	3.5	
	不利	3.8	
钢丝绳芯带	有利	2.8	1.8
	正常	3.0	
	不利	3.2	

3.14.3 制动力的计算

下运带式输送机必须设置制动装置，为安全起见，传动滚筒所需的最大制动力应按最不利的制动工况计算：

$$F_{Bmax} \geqslant 1.5(F_{Stmax} - F_{Hmin}) \quad (3\text{-}98)$$

（1）如下运带式输送机倾角小于 10°，可以铺设阻尼板来抵消倾斜阻力。

每米阻尼板产生的阻力(N/m)为：

$$F_0 = \tau(q_B + q_G)g\cos\delta \quad (3\text{-}99)$$

式中 τ——阻尼板与胶带间的摩擦系数，一般取 0.2～0.3。

阻尼板铺设长度 l_0(m)，按下式计算

$$l_0 = \frac{F_{Bmax}}{F_0} \quad (3\text{-}100)$$

（2）采用液力制动器，盘式制动器等制动设备制动时，其制动力矩的选择按式（3-101）计算：

$$M_Z = \frac{F_{Bmax} r}{i} \quad (3\text{-}101)$$

式中 M_Z——制动器的额定制动力矩，N·m；

r——传动滚筒半径，m；

i——制动器的安装轴到传动滚筒的传动比。

3.15 典型计算示例

3.15.1 例 1——头部单传动，垂直重锤拉紧

原始参数及物料特性：

某发电站输煤系统带式输送机，输送能力：Q = 600t/h；原煤粒度：0～300mm；堆积密度：

$\rho=900\text{kg/m}^3$；静堆积角：$\alpha=45°$；机长：$L_n=127.293\text{m}$；提升高度：$H=7.3\text{m}$；倾斜角度：$\delta=3°16'36''$。初步设计给定，带宽：$B=1000\text{mm}$；带速：$v=2\text{m/s}$（见图3-7）。

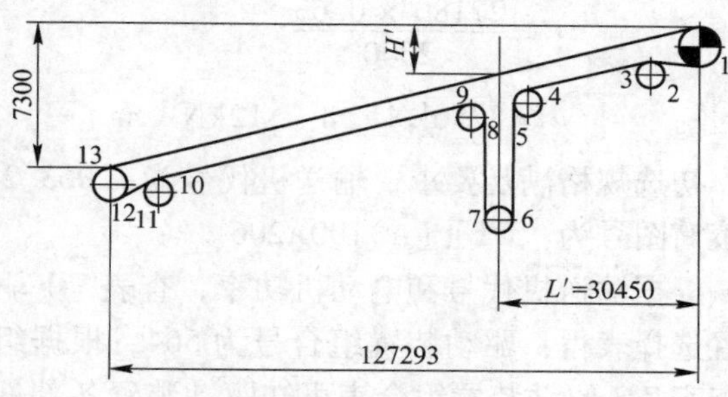

图3-7 例1简图

初定设计参数：

上托辊间距 $a_0=1200\text{mm}$；下托辊间距 $a_U=3000\text{mm}$；托辊槽角 $\lambda=35°$；托辊辊径133mm；导料槽长度4000mm，输送带上胶厚4.5mm，下胶厚1.5mm，托辊前倾1°23′。

（1）核算输送能力。

由式(3-6)

$$Q=3.6Sv k\rho$$

由 $\alpha=45°$ 查表2-1得：$\theta=25°$，再查表3-2得：$S=0.1227\text{m}^2$。

根据 $\delta=3°16'36''$，查表3-3得：$k=0.99$。

$Q=3.6\times0.1227\times2\times0.99\times900=787\text{t/h}>600\text{t/h}$，满足要求。

（2）根据原煤粒度核算输送机带宽。

由式(3-15)

$$B\geqslant2\alpha+200$$

$$B=2\times300+200=800\text{mm}<1000\text{mm}$$

输送机带宽能满足输送300mm粒度原煤要求。

（3）计算圆周驱动力和传动功率。

1）主要阻力 F_H。

由式(3-19)

$$F_H=fLg[q_{RO}+q_{RU}+(2q_B+q_G)\cos\delta]$$

由表3-6查（多尘、潮湿）得：$f=0.03$。

由表3-7查得：$G_1=18.9\text{kg}$，$G_2=16.09\text{kg}$，

则：$q_{RO}=\dfrac{G_1}{a_0}=\dfrac{18.9}{1.2}=15.75\text{kg/m}$

$$q_{RU}=\frac{16.09}{3}=5.36\text{kg/m}$$

由式(3-22)得：

$$q_G=\frac{Q}{3.6v}=\frac{600}{3.6\times2}=83.3\text{kg/m}$$

查表3-8得：$q_B=13\text{kg/m}$。

$$L=\frac{127.293}{\cos3°16'36''}=127.502\text{m}$$

则：

$$F_H=0.03\times127.502\times9.81\times[15.75+5.36+(2\times13+83.3)\cos3°16'36'']=4886.8\text{N}$$

2）主要特种阻力 F_{S1}。

由式(3-24)，

$$F_{S1}=F_\varepsilon+F_{gL}$$

由式(3-25)，

$$F_\varepsilon=C_\varepsilon\cdot\mu_0\cdot L_n\cdot(q_B+q_G)\cdot g\cdot\cos\delta\cdot\sin\varepsilon$$
$$=0.43\times0.3\times127.502\times(13+83.3)\times9.81\times\cos3°16'36''\times\sin1°23'$$
$$=374.5\text{N}$$

由式(3-27)，

$$F_{gl}=\frac{\mu_2\cdot I_V^2\cdot\rho\cdot g\cdot l}{v^2\cdot b_1^2}=\frac{0.7\times0.1852^2\times900\times9.81\times4}{2^2\times0.61^2}=570\text{N}$$

则：$F_{S1}=374.5+570\approx945\text{N}$

3）附加特种阻力。

由式(3-28)，

$$F_{S2}=n_3\cdot F_r+F_a$$

由式(3-29)，

$$F_r=A\cdot p\cdot\mu_3$$

由表3-11查得：$A=0.01$，取 $p=10\times10^4$，μ_3 取为0.6，则：

$$F_r=0.01\times10\times10^4\times0.6=600\text{N};\ F_a=0$$

$$F_{S2}=5\times F_r=5\times600=3000\text{N}$$

式中，$n_3=5$，包括两个清扫器和两个空段清扫器（一个空段清扫器相当于1.5个清扫器）。

4）倾斜阻力 F_{St}。

由式(3-31)，得：

$$F_{St}=q_G\cdot g\cdot H=83.3\times9.81\times7.3=5965\text{N}$$

5）圆周驱动力 F_U。

由式(3-17)，得：

$$F_U = C \cdot F_H + F_{S1} + F_{S2} + F_{St}$$
$$= 1.68 \times 4886.8 + 945 + 3000 + 5965$$
$$= 18119.8\text{N}$$

6）传动功率计算。

由式(3-40)，传动滚筒轴功率

$$P_A = \frac{F_U v}{1000} = \frac{18119.8 \times 2}{1000} = 36.2\text{kW}$$

由式(3-46)，电动机功率

$$P_M = \frac{P_A}{\eta\eta'\eta''} = \frac{36.2}{0.88 \times 0.95 \times 1} = 43.3\text{kW}$$

式中，$\eta = \eta_1 \times \eta_2 = 0.96 \times 0.98 \times 0.94 = 0.88$。

由表 17-1，选电动机型号为 Y225M-4，$N = 45\text{kW}$。

（4）张力计算。

1）输送带不打滑条件校核。

输送带不打滑条件为：

$$F_{2(S1)\min} \geqslant F_{U\max} \frac{1}{e^{\mu\varphi} - 1}$$

式中，$F_{U\max} = K_A \cdot F_U = 1.5 \times 18119.8 = 27180\text{N}$。

根据给定条件，取 $\mu = 0.35$，$\varphi = 190°$ 查表3-13得 $e^{\mu\varphi} = 3.18$，则：

$$F_{2(S1)\min} \geqslant 27180 \times \frac{1}{3.18 - 1} = 12468\text{N}$$

2）输送带下垂度校核。

由式(3-33)，得承载分支最小张力

$$F_{承\min} \geqslant \frac{a_0(q_B + q_G)g}{8(h/a)_{adm}}$$
$$= \frac{1.2 \times (13 + 83.3) \times 9.81}{8 \times 0.01}$$
$$= 14171\text{N}$$

由式(3-34)，得回程分支最小张力

$$F_{回\min} \geqslant \frac{a_U q_B g}{8(h/a)_{adm}}$$
$$= \frac{3 \times 13 \times 9.81}{8 \times 0.01}$$
$$= 4782\text{N}$$

3）传动滚筒合力 F_n。

由式(3-39)，

$$F_n = F_{U\max} + 2S_1$$
$$= 27180 + 2 \times 12468$$
$$= 52116\text{N} = 52.1\text{kN}$$

根据 F_n 查第 6 章表 6-1 初选传动滚筒直径$D = 630$，输送机代号 10063.2，许用合力 73kN，满足要求。

传动滚筒扭矩

$$M_{\max} = \frac{FU_{\max}D}{2000}$$
$$= \frac{27180 \times 0.63}{2000}$$
$$= 8.56\text{kN} \cdot \text{m} < 12\text{kN} \cdot \text{m}$$

初选规格满足要求，输送机代号为 10063.2 传动滚筒图号为：DTⅡ(A)100A206。

根据输送机代号和电动机功率，查表 7-1 驱动装置选择表得：驱动装置组合号为 564，根据组合号查表 7-3 驱动装置组合表可知驱动装置各部件型号，再从表 7-6 驱动装置与传动滚筒组合表可查得低速轴联轴器型号及尺寸 l。

4）各特性点张力。

根据不打滑条件，传动滚筒奔离点最小张力为 12468N。

令：$S_1 = 12468\text{N} > F_{回\min}$ 亦满足空载边垂度条件，

$$S_2 = S_1 + 2 \times F_r$$
$$= 12468 + 2 \times 600$$
$$= 13668\text{N}$$
$$S_3 = 1.02 \times S_2$$
$$= 1.02 \times 13668$$
$$= 13941\text{N}$$
$$S_4 = S_3 + f \times L_i \times g \times (q_{RU} + q_B) + 1.5 \times F_r$$
$$= 13941 + 0.03 \times 30.5 \times 9.81 \times (5.36 + 13) + 1.5 \times 600$$
$$= 15006\text{N}$$
$$S_5 = 1.03 \times S_4$$
$$= 1.03 \times 15006$$
$$= 15456\text{N} = S_6$$
$$S_7 = 1.04 \times S_6$$
$$= 1.04 \times 15456$$
$$= 16074\text{N} = S_8$$
$$S_9 = 1.03 \times S_8$$
$$= 1.03 \times 16074$$
$$= 16556\text{N}$$
$$S_{10} = S_9 + f \times L_i \times g \times (q_{RU} + q_B) + 1.5 \times F_r$$
$$= 16556 + 0.03 \times 97.002 \times 9.81 \times (5.36 + 13) + 1.5 \times 600$$

$$=17980\text{N}$$

$$S_{11}=1.02\times S_{10}$$
$$=1.02\times17980$$
$$=18340\text{N}=S_{12}$$

$$S_{13}=1.04\times S_{12}$$
$$=1.04\times18340$$
$$=19074\text{N}>14171\text{N}$$

满足承载边保证下垂度最小张力要求。

（5）拉紧装置计算。

1）拉紧力。

根据特性点张力计算结果：

$$F_0=S_6+S_7$$
$$=15456+16074$$
$$=31530\text{N}\approx31.5\text{kN}=3214\text{kg}$$

查6.6.1节箱式垂直重锤拉紧装置型谱，选用DTⅡ(A)100D1061C拉紧装置 $G'_K=525\text{kg}$，改向滚筒为DTⅡ(A)100B106，再查6.2节改向滚筒型谱 $G''_K=579\text{kg}$。

2）重锤重量

$$G=F_0-G_K$$
$$=3214-(525+579)$$
$$=2110\text{kg}$$

（6）输送带选择计算。

初选输送带NN-100，由式(3-50)，

$$Z=\frac{F_{max}\times n}{B\times\sigma}$$
$$=\frac{30588\times12}{1000\times100}$$
$$=3.7\text{层}$$

$$F_{max}=F_U+S_1$$
$$=18119.8+12468$$
$$=30588\text{N}$$

确定 $Z=4$ 层。

由式(3-51)，核算传动滚筒直径

$$D=CZd_{B1}$$
$$=90\times4\times0.7$$
$$=252\text{mm}<630\text{mm}$$

以下计算从略。

3.15.2 例2——中部双传动，垂直重锤拉紧

原始参数及物料特性：

某钢铁厂高炉带式上料机，输送能力：$Q=1700\text{t/h}$，物料粒度：0～100mm，堆积密度：$\rho=1800\text{kg/m}^3$；静堆积角：$\alpha=37°$，机长：$L_n=304.88\text{m}$，提升高度：$H=57.051\text{m}$，倾斜角度：$\delta=10°25'40''$。初步设计给定，带宽：$B=1400\text{mm}$；带速：$v=2\text{m/s}$（见图3-8）侧型：L4。

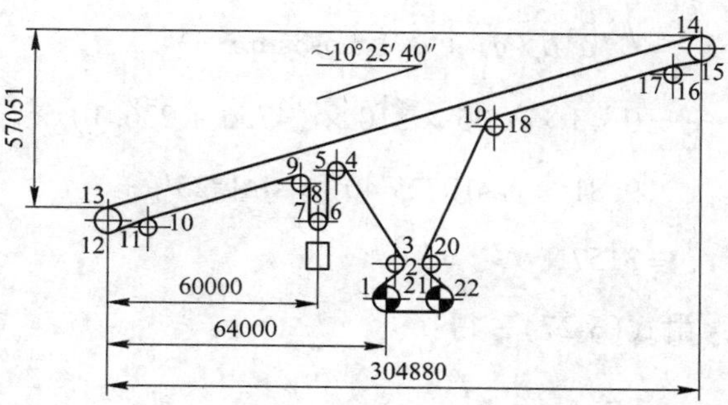

图3-8 例2简图

设计特殊要求：

采用双滚筒四电机驱动方式，任意一台电机故障，其余三台能继续运转。

初定设计参数：

上托辊间距 $a_0=1200\text{mm}$，下托辊间距 $a_U=3000\text{mm}$，托辊槽角 $\lambda=35°$，托辊辊径159mm，导料槽长度10000mm，预选输送带St2000，上胶厚8mm，下胶厚8mm，托辊前倾1°29′。

（1）核算输送能力（略）。

（2）核算输送带宽度（略）。

（3）计算圆周驱动力和传动功率。

1）主要阻力 F_H。

由式(3-19)，

$$F_H=fLg[q_{RO}+q_{RU}+(2q_B+q_G)\cos\delta]$$

由表3-6查（多尘、潮湿）得：$f=0.023$。

由表3-7查得：$G_1=34.92\text{kg}$，$G_2=29.99\text{kg}$，

则：$$q_{RO}=\frac{G_1}{a_0}=\frac{34.92}{1.2}=29.1\text{kg/m}$$

$$q_{RU}=\frac{G_2}{a_U}=\frac{29.99}{3.0}=10\text{kg/m}$$

由式(3-22)得：

$$q_G=\frac{Q}{3.6v}=\frac{1700}{3.6\times2}=236.1\text{kg/m}$$

设定 $q_B=47.6\text{kg/m}$。

$$L=\frac{304.88}{\cos10°25'40''}=310\text{m}$$

则：

$$F_H=0.023\times310\times9.81[29.1+10+$$

$(2\times 47.6+236.1)\cos 10°25'40''$]

$=25525\text{N}$

2）特种主要阻力。

由式(3-24)，

$$F_{S1}=F_{\varepsilon}+F_{gl}$$

由式(3-25)，得：

$$F_{\varepsilon}=C_{\varepsilon}\mu_0 L_{\varepsilon}(q_B+q_G)g\cos\delta\sin\varepsilon$$

$$=0.43\times 0.35\times 310\times(47.6+236.1)\times$$

$$9.81\times\cos 10°25'40''\times\sin 1°25'$$

$$=3157\text{N}$$

由式(3-27)，得：

$$F_{gl}=\frac{\mu_2\cdot I_V^2\rho\cdot g\cdot l}{v^2\cdot b_1^2}$$

$$=\frac{0.7\times 0.2623^2\times 1800\times 9.81\times 10}{2^2\times 0.85^2}$$

$$=2942.7\text{N}$$

则：$F_{S1}=F_{\varepsilon}+F_{gl}$

$=3157+2942.7$

$\approx 6100\text{N}$

3）附加特种阻力。

由式(3-28)，

$$F_{S2}=n_3F_r+F_a$$

由式(3-29)，

$$F_r=Ap\mu_3$$

由表3-11 查得 $A=0.014\text{m}^2$，取 $p=10\times 10^4\text{N/m}^2$，取 $\mu_3=0.6$。

则：$F_r=0.014\times 10\times 10^4\times 0.6$

$=840\text{N}$

$F_a=0$

则：$F_{S2}=5\times 840=4200\text{N}$

式中，$n_3=5$，包括2个清扫器和2个空段清扫器，一个空段清扫器相当于1.5个清扫器。

4）倾斜提升阻力 F_{St}。

由式(3-31)，得：

$$F_{St}=q_G gH$$

$$=236.1\times 9.81\times 57.051$$

$$=132138.2\text{N}$$

5）圆周驱动力 F_U。

由式(3-17)，

$$F_U=CF_H+F_{S1}+F_{S2}+F_{St}$$

由表3-5 查得：$C=1.30$。

则：

$$F_U=1.30\times 25525+6100+4200+132138.2$$

$$\approx 175621\text{N}$$

6）传动功率计算。

由式(3-40)，传动滚筒轴功率

$$P_A=\frac{F_U v}{1000}=\frac{175621\times 2}{1000}=351\text{kW}$$

由式(3-46)，电动机功率

$$P_M=\frac{P_A}{\eta\eta'\eta''}=\frac{351}{0.88\times 0.95\times 0.9}\approx 466.5\text{kW}$$

式中，$\eta=\eta_1\eta_2=0.96\times 0.98\times 0.94=0.88$。

根据带式上料机特殊布置要求，传动系统采用双滚筒四电机模式运作，正常工作为3台电机，则每台电动机功率为：

$$\frac{P_M}{3}=\frac{466.5}{3}=155.5\text{kW}$$

选电动机型号为：Y315L1-4，$N=160\text{kW}$。

(4) 张力计算。

1）输送带不打滑条件校核。

由式(3-32)，输送带不打滑条件：

$$F_{2(S1)\min}\geqslant F_{U\max}\frac{1}{e^{\mu\varphi}-1}$$

式中，$F_{U\max}=K_A\cdot F_U=1.5\times 175621=263432\text{N}$。

根据给定条件，取 $\mu=0.35$，双滚筒传动 $\varphi=\varphi_1+\varphi_2=200+200$。

查表3-13，$e^{\mu\varphi_1}=e^{\mu\varphi_2}=3.4$，$e^{\mu\varphi}=e^{\mu\varphi_1}\times e^{\mu\varphi_2}=3.4\times 3.4=11.56$。

则：$F_{2(S1)\min}\geqslant 263432\times\dfrac{1}{11.56-1}$

$=24946\text{N}$

2）输送带下垂度校核。

由式(3-33)，承载分支最小张力

$$F_{承\min}\geqslant\frac{a_0(q_B+q_G)g}{8(h/a)_{adm}}$$

$$=\frac{1.2\times(47.6+236.1)\times 9.81}{8\times 0.01}$$

$$=41746\text{N}$$

由式(3-34)，回程分支最小张力

$$F_{回\min}\geqslant\frac{a_U q_B g}{8(h/a)_{adm}}$$

$$=\frac{3\times 47.6\times 9.81}{8\times 0.01}$$

$$=17511\text{N}$$

3）各特性点张力计算。

根据不打滑条件，传动滚筒奔离点最小张力为24946N。

令 $S_1=24946\text{N}$，据此计算各点张力结果如表3-26所示。

表3-26 各点张力计算结果

计算式	按不打滑条件计算	1∶1 双传动	2∶1 双传动	1∶2 双传动
$S_1=S_2$	24946	36588	24392	48784
$S_3=S_4=1.03\times S_2>F_{回\min}$，满足要求	25694	37686	25124	50248
$S_5=S_6=1.03\times S_4$	26465	38817	25878	51755
$S_7=S_8=1.04\times S_6$	27524	40370	26913	53825
$S_9=1.03S_8$	28350	41581	27720	55440
$S_{10}=S_9+fL_ig(q_{RU}+q_B)+1.5F_r$	30390	43634	29773	57493
$S_{11}=S_{12}=1.02S_{10}$	30998	44507	30369	58643
$S_{13}=1.04S_{12}$	32238	46287	31584	60989
2∶1双驱动时，$S_{13}<F_{承\min}$，令$S_{13}=F_{承\min}$	41746		41746	
$S_{14}=S_{13}+fL_ig[q_{RO}+(q_B+q_G)\cos\delta]+F_{S1}+F_{St}$	201535	206076	201535	220778
$S_{15}=S_{16}=1.04S_{14}+2F_r$	211276	215999	211276	231289
$S_{17}=1.02S_{16}$	215501	220319	215502	235915
$S_{18}=S_{17}+f\cdot L_i\cdot g\cdot(q_{RU}+q_B)+1.5F_r$	219958	224776	219959	240372
$S_{19}=S_{20}=1.03\,S_{18}$	226557	231519	226558	247583
$S_{21}=S_{22}=1.03\,S_{20}$	233354	238465	233355	255011

4）确定传动滚筒合张力。

根据工况要求，

①功率配比1∶1时：

$$F_{U1}=F_{U2}=\frac{F_U}{2}$$

$$=\frac{175621}{2}=87811\text{N}$$

$$S_{22\text{-}1}-S_1=F_{U2}=87811\text{N}$$

$$S_{22\text{-}1}=F_{U2}\frac{e^{\mu_2\varphi_2}}{e^{\mu_2\varphi_2}-1}$$

$$=87811\times\left(\frac{3.4}{3.4-1}\right)$$

$$=124399\text{N}$$

$$S_1=S_{22\text{-}1}-F_{U2}$$

$$=124399-87811$$

$$=36588\text{N}$$

第一滚筒合张力：

$$F_1=S_{22}+S_{22\text{-}1}$$

$$=233354+124399$$

$$=357753\text{kN}$$

第二滚筒合张力：

$$F_2=S_{22\text{-}1}+S_1$$

$$=124399+36588$$

$$=160987\text{kN}$$

②功率配比1∶2时：

$$F_{U1}=\frac{FU}{3}=\frac{175621}{3}=58540\text{N}$$

$$F_{U2}=\frac{2FU}{3}=\frac{2\times175621}{3}=117081\text{N}$$

$$S_{22\text{-}1}-S_1=F_{U2}=117081\text{N}$$

$$S_{22\text{-}1}=F_{U2}\frac{e^{\mu_2\varphi_2}}{e^{\mu_2\varphi_2}-1}$$

$$=117081\times\frac{3.4}{3.4-1}=165865\text{N}$$

$$S_1=S_{22\text{-}1}-F_{U2}$$

$$=165865-117081=48784\text{N}$$

第一滚筒合张力：

$$F_1=S_{22}+S_{22\text{-}1}$$

$$=233354+165865$$

$$=399219\text{N}$$

第二滚筒合张力：

$$F_2=S_{22\text{-}1}+S_1$$

$$=165865+48784$$
$$=214649\text{N}$$

③功率配比 2∶1 时：

$$F_{U1}=\frac{2F_U}{3}=\frac{2\times175621}{3}=117081\text{N}$$

$$F_{U2}=\frac{F_U}{3}=\frac{175621}{3}=58540\text{N}$$

$$S_{22\text{-}1}-S_1=F_{U2}=58540\text{N}$$

$$S_{22\text{-}1}=F_{U2}\frac{e^{\mu_2\varphi_2}}{e^{\mu_2\varphi_2}-1}$$

$$=58540\frac{3.4}{3.4-1}=82932\text{N}$$

$$S_1=S_{22\text{-}1}-F_{U2}$$

$$=82932-58540=24392\text{N}$$

第一滚筒合张力：

$$F_1=S_{22}+S_{22\text{-}1}$$
$$=233354+82932$$
$$=316286\text{N}$$

第二滚筒合张力：

$$F_2=S_{22\text{-}1}+S_1$$
$$=82932+24392$$
$$=107324\text{N}$$

综合以上三种情况，

第一滚筒合张力：

$$F_{1max}=399\text{kN}$$

第二滚筒合张力：

$$F_{2max}=215\text{kN}$$

按三种驱动工况计算出的各特性点张力列于表3-26。

5）确定各改向滚筒合张力。

根据计算出的各特性点张力，1∶2 双驱动时，各特性点张力最大，即据此计算出各滚筒合张力，所选改向滚筒型号及其转动惯量如表 3-27 所示。

表 3-27 改向滚筒型号及其转动惯量

序号	滚筒名称	滚筒直径/mm	合张力/kN	滚筒图号	转动惯量/kg·m²
1	头部 180°改向滚筒	1250	452	DTⅡ(A)140B109	592
2	尾部 180°改向滚筒	800	120	DTⅡ(A)140B307	113.8
3	拉紧 180°改向滚筒	800	105	DTⅡ(A)140B307	113.8

续表 3-27

序号	滚筒名称	滚筒直径/mm	合张力/kN	滚筒图号	转动惯量/kg·m²
4	前部 90°改向滚筒	1000	345	DTⅡ(A)140B508	300
5	第一 90°增面滚筒	1000	355	DTⅡ(A)140B508	300
6	第二 90°增面滚筒	630	70	DTⅡ(A)140B206	48
7	第一 90°拉紧滚筒	630	72	DTⅡ(A)140B206	48
8	第二 90°拉紧滚筒	630	77	DTⅡ(A)140B206	48
9	头部 45°改向滚筒	800	179	DTⅡ(A)140B407	115.8
10	尾部 45°改向滚筒	500	44	DTⅡ(A)140B305	24

(5) 确定传动滚筒。

三种工况中，$F_{U1}(F_{U2})_{max}=117081\text{N}\approx117.1\text{kN}$。

初选传动滚筒直径为 1000mm，则：

传动滚筒最大扭矩

$$M_{max}=F_{U1}(F_{U2})_{max}\cdot\frac{D}{2}$$

$$=117.1\times\frac{1}{2}$$

$$=58.55\text{kN}\cdot\text{m}$$

根据传动滚筒最大合张力和最大扭矩 M_{max}，选择传动滚筒为 140100.5，$M_{max}=66\text{kN}\cdot\text{m}$，$F_{max}=300\text{kN}$，DTⅡ(A)140A508，$J=300\text{kg}\cdot\text{m}^2$，其许用合张力较计算为小，需特殊订货。

(6) 确定驱动装置。

根据传动滚筒直径、输送机代号和带速和电动机功率，查表 7-1 驱动装置选择表，查得驱动装置组合号为 470，选择 ZSY 型减速器，查表 7-3 Y-ZLY/ZSY 驱动装置组合表得：

电动机	Y315L_1-4	160kW	$J_m=4.13\text{kg}\cdot\text{m}^2$
液力耦合器	YOXⅡ$_Z$560		$J_Y=7.8\text{kg}\cdot\text{m}^2$
减速器	ZSY450-40		$J_j=0.14\text{kg}\cdot\text{m}^2$
制动器	YWZ$_5$-400/121		

根据减速器和传动滚筒型号，查表 7-6 得：

LZ 型弹性柱销齿式联轴器：

$$LZ_{13}\frac{220\times282}{200\times352};\ J_L=12.3\text{kg}\cdot\text{m}^2$$

(7) 拉紧装置计算。

最大拉紧力出现于1∶2双驱动工况时：

拉紧力：

$$F_0 = S_6 + S_7 = 51755 + 53825 = 105580\text{N} \approx 10763\text{kg}$$

查表6-30，选DTⅡ(A)140D3073C垂直重锤拉紧装置，重量=1729kg；拉紧180°改向滚筒选140B307，重量1593kg。

重锤重量：

$$G = F_0 - G_K = 10763 - (1729 + 1593) = 7441\text{kg}$$

重锤块数：7441/15 ≈ 496 块

(8) 输送带选择计算。

初选输送带为St2000。

输送带最大张力：

$$F_{max} = F_U + S_1 = 175621 + 48784 = 224405\text{N}$$

n_1 选为10，则：

$$GX = \frac{F_{max} \cdot n_1}{B} = \frac{224405 \times 10}{1400} = 1603\text{N/mm}$$

可选输送带St1600，即满足要求。

(9) 自由停车时间计算。

按式(3-82)和式(3-83)，

$$F_B = F_a - F_U^* = 0$$

得 $F_a = (m_1 + m_2)a_B = F_U^*$

$$m_1 = (q_{RO} + q_{RU} + 2q_B + q_G)L = (29.1 + 10 + 2 \times 47.6 + 236.1) \times 310 = 114824\text{kg}$$

$$m_2 = \frac{n \cdot \Sigma J_{iD} \cdot i_i^2}{r^2} + \Sigma \frac{J_i}{r_i^2}$$

式中，$n=4$，$i=40$，电动机 $J_M = 4.13\text{kg}\cdot\text{m}^2$，液力耦合器 $J_Y = 7.8\text{kg}\cdot\text{m}^2$；减速器 $J_j = 0.14\text{kg}\cdot\text{m}^2$，弹性柱销齿式联轴器 $J_L = 12.3\text{kg}\cdot\text{m}^2$；12个滚筒 J 合计为：$J = 2303.4\text{kg}\cdot\text{m}^2$。

$$m_2 = \frac{4 \times (4.13 + 7.8 + 0.14) \times 40^2 + 12.3 \times 1^2}{0.5^2} + \frac{2 \times 300}{0.5^2} + \frac{2 \times 113.8 + 115.8}{0.4^2} + \frac{3 \times 48}{0.315^2} + \frac{24}{0.25^2} + \frac{2 \times 300}{0.5^2} + \frac{592}{0.625^2}$$

$$= 309041 + 2400 + 2146 + 1451 + 384 + 2400 + 1516 = 319338\text{kg}$$

$$F_U^* = 1.3 \times 0.012 \times 310 \times 9.81 \times [29.1 + 10 + (2 \times 47.6 + 236.1)\cos10°25'40''] + 6100 + 4200 + 132138.2 = 159751\text{N}$$

则：

$$a_B = \frac{F_U^*}{m_1 + m_2} = \frac{159751}{114824 + 319338} = 0.368\text{m/s}^2$$

自由停车时间：

$$t = \frac{v}{a_B} = \frac{2}{0.368} = 5.44\text{s}$$

采用制动器时，按式(3-86)计算：

$$F_Z = i\frac{M_Z}{r} = 40 \times \frac{2000}{0.5} = 160000\text{N}$$

按式(3-85)，

$$a_B = \frac{F_U^* + F_Z}{m_1 + m_2} = \frac{159751 + 160000}{114824 + 319338} = 0.737\text{m/s}^2$$

$$t = \frac{v}{a_B} = \frac{2}{0.737} = 2.71\text{s}$$

可见采用制动器后，减速度偏大，正常工作制动时，应使带速降至30%后再上闸。

(10) 逆止力计算。

由式(3-43)得：

$$F_L = F_{St} - 0.8fg\left[L(q_{RO} + q_{RU} + 2q_B) + \frac{H}{\sin\delta}q_G\right]$$

$$= 132138.2 - 0.8 \times 0.023 \times 9.81\left[310 \times (29.1 + 10 + 2 \times 47.6) + \frac{57}{\sin10°25'40''} \times 236.1\right]$$

$$= 132138.2 - 20936 = 111202\text{N}$$

由式(3-44)，作用于传动滚筒上的逆止力矩

$$M'_L \geqslant \frac{F_L \times D}{2000} = \frac{111202 \times 1}{2000} = 55.6\text{kN} \cdot \text{m}$$

由式(3-45)，逆止器需要的逆止力矩

$$M_L \geqslant \frac{M'_L}{i \cdot \eta_L} = \frac{55.6}{40 \times 0.848} = 1.64\text{kN} \cdot \text{m}$$

根据特殊要求，每一组驱动装置均设置逆止器，且每一逆止器的逆止力矩都不小于 M'_L 或 M_L，则：

如逆止器置于高速轴：选 NF 型逆止器为 NF25，额定逆止力矩 2.5kN · m；

如逆止器置于低速轴：选 NYD 型逆止器 NYD250，额定逆止力矩 90kN · m；

由于已设有制动器，也可考虑不另配设逆止器。

所选 YWZ_5-400/121 的制动力矩为 1～2kN · m，四台制动器的总制动力矩为 4～8kN · m，均大于 1.64kN · m，可认为不设逆止器也绝对安全。

其他计算从略。

3.15.3　例 3——下运带式输送机

（1）已知条件：

1）输送物料：原煤，$\theta = 20°$，$\rho = 1000\text{kg/m}^3$，最大粒度 0.3m；

2）输送量：$Q = 350\text{t/h}$；

3）输送机长度：$L = 800\text{m}$；

4）输送机倾角：$\delta = -16°$（下运实例）；

5）工作环境与装载点：输送机于煤矿井下，工作条件一般，装载点在机头处（一般布置方式）见图 3-9。

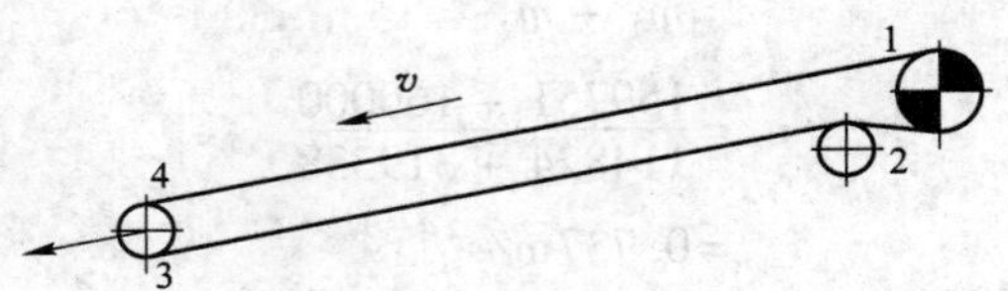

图 3-9　例 3 简图

（2）初定设计参数：

带宽 $B = 800\text{mm}$，带速 $v = 2\text{m/s}$，上托辊间距 $a_0 = 1.2\text{m}$，下托辊间距 $a_u = 3\text{m}$，上托辊槽角 $\lambda = 35°$下托辊槽角 0°，上下托辊径 108mm。

（3）由带速、带宽验算输送能力。

由式(3-6)，得：

$$Q = 3.6Svk\rho$$

由表 3-2,查(堆积角 30°)得：$S = 0.0822\text{m}^2$；

由表 3-3 查得：$k = 0.89$。

$$Q = 3.6 \times 0.0822 \times 2 \times 0.89 \times 1000 = 527\text{t/h} > 350\text{t/h}$$

最大输送能力符合输送能力的要求。

（4）驱动力及所需传动功率的计算。

圆周驱动力 F_U：

由式(3-17)

$$F_U = C \cdot f \cdot L \cdot g[q_{RO} + q_{RU} + (2q_B + q_G)\cos\delta] + F_{S1} + F_{S2} - q_G Hg$$

由表 3-5、表 3-6 查得：附加阻力系数 $C = 1.12$，模拟摩擦系数 $f = 0.012$。

初选输送带：用钢丝绳芯带 St2000，$S_n = 1.60 \times 10^6$ 查表 4-5 得输送带重量 34kg/m。

$$q_B = 0.8 \times 34 = 27.2\text{kg/m}$$

由式(3-22)，得：

$$q_G = \frac{Q}{3.6v} = \frac{350}{3.6 \times 2} = 48.6\text{kg/m}$$

查表 3-7 得，上托辊转动部分重量 $G_1 = 10.59\text{kg}$

$$q_{RO} = \frac{G_1}{a_0} = 8.825\text{kg/m}$$

查表 3-7 得，下托辊转动部分重量 $G_2 = 8.78\text{kg}$

$$q_{RU} = \frac{G_2}{a_U} = 2.927\text{kg/m}$$

$$H = L\sin\delta = 800 \times \sin16° = 220.5\text{m}$$

F_{S1} 和 F_{S2} 忽略不计。

将上述数值代入公式(3-17)中得：

$$F_U = 1.12 \times 0.012 \times 800 \times 9.81 \times [8.825 + 2.927 + (2 \times 27.2 + 48.6)\cos16°] - 48.6 \times 220.5 \times 9.81 = -93446\text{N}$$

传动功率计算：

由式(3-40)，得：

$$P_A = \frac{F_U v}{1000} = \frac{-93446 \times 2}{1000} = -187\text{kW}$$

由式(3-18)，得：

$$P_M = \frac{K_d P_A \eta}{\xi \xi_d} = \frac{1.15 \times (-187) \times 0.95}{0.97} = -215\text{kW}$$

（由于采用单机驱动，上式中 $\xi_d = 1$；电机功率是负值，表明电机处于发电工况）选配电机功率为 220kW。选防爆电机：电机型号为 YB355M1。

（5）输送带张力计算。

按不打滑条件计算：

传动滚筒采用包胶滚筒，查表 3-12 得：$\mu=0.25$；传动滚筒围包角 $\varphi=210°$；查表 3-13 得：$e^{u\varphi}=2.50$；

采用液力制动器，$K_A=1.3$；$F_{umax}=K_A|F_u|=121480N$；

由式(3-32)，得：

$$F_{2min}\geqslant F_{umax}\frac{1}{e^{u\varphi}-1}=80987N$$

所以，按传动条件应满足 $F_{2min}\geqslant 80987N$。

按垂度条件：

1）对承载分支：

按式(3-33)

$$F_{min}\geqslant\frac{a_0(q_B+q_G)g}{8(h/a)_{adm}}$$

$$F_{4min}\geqslant\frac{1.2\times(27.2+48.6)\times 9.81}{8\times 0.01}$$

$$=11154N$$

2）对回程分支：

按式(3-34)

$$F_{min}>\frac{a_u q_B g}{8(h/a)_{adm}}$$

$$F_{3min}\geqslant\frac{3\times 27.2\times 9.81}{8\times 0.01}$$

$$=10006N$$

所以按垂度条件应满足 $F_{3min}=F_{4min}\geqslant 11154N$。

回程分支阻力计算：

回程分支区段上各项阻力总和

$$F_2=F_3+F_{H2}+F_{St2}$$

（F_N，F_{S1}，F_{S2} 可忽略不计）

$$F_{H2}=fLg(q_{Ru}+q_B\cos\delta)$$

$$=0.012\times 800\times 9.81(2.913+27.2\cos 16)$$

$$=2737N$$

$$F_{St2}=gq_BH_i$$

$$=9.81\times 21.6\times 220.5$$

$$=46723N$$

由 $F_{3min}=1033N$ 得，

$$F_2=11154+2737+46723$$

$$=60614N<80987N$$

比较上述结果，最小张力应由不打滑条件决定，故取 $F_2=80987N$。

输送带张力确定：

$$F_1=F_2+|F_u|$$

$$=80987+93446$$

$$=174433N$$

$$F_3=F_2-F_{H2}-F_{St2}$$

$$=80987-2737-46723$$

$$=31527N$$

（6）输送带强度校核。

根据表 3-24 取 $m_0=3.0$，$C_w=1.8$，对接头效率 $\eta_0=0.85$。

按式(3-24)

$$[m]=m_0\frac{K_aC_w}{\eta_0}=3\times\frac{1.3\times 1.8}{0.85}=8.26$$

按式(3-23)

$$m=\frac{S_n}{F_{1max}}=\frac{1.60\times 10^6}{174433}=9.17>[m]$$

因此，选用 St2000 输送带满足强度要求。

（7）制动力的计算及制动器的选择。

制动力的计算：

由式(3-25)

$$F_{Bmax}\geqslant 1.5(F_{Stmax}-F_{Hmin})$$

$$F_{Stmax}=gq_GH$$

$$=9.81\times 48.6\times 220.5$$

$$=105127N$$

$$F_{Hmin}=fLg[q_{RO}+q_{RU}+(2q_B+q_G)\cos\delta]$$

$$=0.012\times 800\times 9.81\times[8.825+2.913+(2\times 27.2+48.6)\cos 16°]$$

$$=10430N$$

$$F_{Bmax}\geqslant 1.5\times(105127-10430)$$

$$=142046N$$

制动器的选择：

由式(3-101) $M_Z=\frac{F_{Bmax}r}{i}$ 计算制动器力矩。

查本书 6.1 节传动滚筒型谱表，确定滚筒直径为 1000mm，型号为 DTⅡ(A)80A108Y；所以 $r=0.5m$。

因 YB355M1 同步转速为 1500r/min，计算得总传动比 $I=40$。

采用液力制动器，因液力制动器装在减速器的高速轴，所以 $i=I=40$。

$$M_Z=\frac{F_{Bmax}r}{i}=\frac{142046\times 0.5}{40}=1776N\cdot m$$

选用液力制动器 YKC450，额定制动力矩为 2000N·m。

（8）其他有关计算从略。

4 部件选型

4.1 输送带

输送带是带式输送机中的曳引构件和承载构件，是带式输送机最主要的部件，其价格一般占整机价格的 30% ~40% 或以上。因而，选择适用的输送带、降低输送带所承受的张力、保护输送带在使用中不被损伤、方便输送带的安装，更换和维修、延长输送带的使用寿命等成为输送机设计的核心内容。

本系列带式输送机采用普通型输送带，由专业输送带制造厂生产，抗拉体（芯层）有棉织物芯、尼龙织物芯、聚酯织物芯、织物整体带芯和钢绳芯等品种。

4.1.1 输送带规格和技术参数

普通输送带的芯层和覆盖胶可用多种材料制成，以适应不同的工作条件，其代号见表 4-1。常用的几种普通输送带的规格和技术参数见表 4-2 ~ 表 4-5，供设计者选择。

表 4-1 普通输送带的芯层及覆盖胶代号

	代 号	材 料		代 号	材 料
芯层	CC	棉织物芯	覆盖胶	NR	天然橡胶
	VC	维棉织物芯		SBR	丁苯橡胶
	VV	维纶织物芯		CR	氯丁橡胶
	NN	锦纶（尼龙）织物芯		BR	顺丁橡胶
	EP	涤纶（聚酯）织物芯		NBR	丁腈橡胶
	AR	芳纶织物芯		EPDM	乙丙橡胶
	St	钢丝绳芯		IIR	丁基橡胶
	PVC	锦纶或涤纶长丝与纤维编织整芯带基浸渍 PVC，贴 PVC 塑胶面		PVC	聚氯乙烯
	PVG	锦纶或涤纶长丝与纤维编织整芯带基浸渍 PVC，贴橡胶面		CPE	氯化聚乙烯
				IR	异戊二烯橡胶

表 4-2 织物芯输送带规格及技术参数

抗拉体材料	输送带型号	扯断强度 N/mm 层	每层厚度（参考）/mm	每层质量 /kg · m^{-2}	伸长率（定负荷）/%	带宽范围 /mm	层数范围	上胶层		下胶层	
								厚度/mm	重量 /kg · m^{-2}	厚度/mm	重量 /kg · m^{-2}
棉织物	CC-56	56	1.5	1.547	1.5 ~2	400 ~2400	3 ~12				
尼龙织物	NN-100	100	0.7	1.073							
	NN-125	125	0.73	1.078							
	NN-150	150	0.75	1.166							
	NN-200	200	0.9	1.267							
	NN-250	250	1.15	1.466	1.5 ~2	400 ~2400	2 ~10	1.5 3.0 4.5 6.0 8.0	1.7 3.4 5.1 6.8 9.5	1.5 3.0	1.7 3.4
	NN-300	300	1.25	1.844							
	NN-400	400	1.55	2.679							
	NN-500	500	1.75	3.085							
	NN-600	600	1.9	3.463							

续表 4-2

抗拉体材料	输送带型号	扯断强度 N/mm 层	每层厚度（参考）/mm	每层质量 /kg·m^{-2}	伸长率（定负荷）/%	带宽范围 /mm	层数范围	上胶层		下胶层	
								厚度/mm	重量 /kg·m^{-2}	厚度/mm	重量 /kg·m^{-2}
聚酯织物	EP-100	100	0.75	1.175	1 ~ 1.5	400 ~ 2400	2 ~ 8				
	EP-125	125	0.8	1.225							
	EP-160	160	0.85	1.307							
	EP-200	200	1.1	1.401							
	EP-250	250	1.2	1.664							
	EP-300	300	1.35	1.934							
	EP-350	350	1.5	2.587							
	EP-400	400	1.65	2.737							
	EP-500	500	1.85	3.055							
	EP-600	600	2.05	3.433							
芳纶织物	AR-1000	1000				800 ~ 1600	1 ~ 2	6		6	
	AR-1250	1250									
	AR-1600	1600									
	AR-2000	2000						8		6	
	AR-2500	2500									
	AR-3150	3150									

表 4-3 PVG 整体带芯输送带规格及技术参数

技术参数 \ 规格型号		680/1	800/1	1000/1	1250/1	1400/1	1600/1	1800/1	2000/1	2500/1	3150/1
纵向拉断强度/N·mm^{-1}		750	860	1080	1325	1500	1680	1900	2150	2700	3300
带厚/mm		10	10.2	10.7	12	13.4	14	14.8	16.5	22	23.5
上覆盖胶厚度/mm		1.5	1.5	1.6	1.6	2.1	2.1	2.1	3.1	6.1	6.1
下覆盖胶厚度/mm		1.5	1.5	1.6	1.6	2.1	2.1	2.1	2.1	3.1	3.1
输送带重量 /kg·m^{-1}	B = 650mm	8.5	8.8	9.23	10.4	11.57	12.03	12.68	14.3	19.5	24.7
	B = 800mm	10.6	10.9	11.36	12.8	14.24	14.8	15.6	17.6	24	30.4
	B = 1000mm	13.3	13.6	14.2	16	17.8	18.5	19.5	22	30	38
	B = 1200mm	15.96	16.32	17.04	19.2	21.36	22.2	23.4	26.4	36	45.6
	B = 1400mm	18.62	19.04	19.88	22.4	24.92	25.9	27.3	30.8	42	53.2
	B = 1600mm	21.28	21.76	22.72	25.6	28.48	29.6	31.2	35.2	48	60.8
	B = 1800mm	23.94	24.48	25.56	28.8	32.04	33.3	35.1	39.6	54	68.4
	B = 2000mm	26.6	27.2	28.4	32	35.6	37	39	44	60	76
	B = 2200mm	29.26	29.93	31.24	35.2	39.16	40.7	42.9	48.4	66	83.6
	B = 2400mm	31.92	32.64	34.08	38.4	42.72	44.4	46.8	52.8	72	91.2

表 4-4 PVC 整体带芯输送带规格及技术参数

技术参数 \ 规格型号	680/1	800/1	1000/1	1250/1	1400/1	1600/1	1800/1	2000/1	680S	800S	1000S	1230S	1400S
纵向拉断强度 /N·mm^{-1}	750	860	1080	1325	1500	1680	1900	2150	750	860	1080	1325	1500
带厚/mm	10	10.2	10.7	12	13.4	14	14.8	16.5	8.5	8.7	9.3	10.5	11
上覆盖胶厚度/mm	1.6	1.6	1.6	1.6	2.1	2.1	2.1	2.1	0.8	0.8	0.8	0.8	0.8
下覆盖胶厚度/mm	1.6	1.6	1.6	1.6	2.1	2.1	2.1	2.1	0.8	0.8	0.8	0.8	0.8

续表 4-4

技术参数 \ 规格型号		680/1	800/1	1000/1	1250/1	1400/1	1600/1	1800/1	2000/1	680S	800S	1000S	1230S	1400S
输送带重量 /kg · m⁻¹	$B=650$mm	8.71	8.91	9.36	10.4	11.7	12.36	13	14.65	7.48	7.48	8.13	9.1	9.43
	$B=800$mm	10.72	10.96	11.52	12.8	14.4	13.2	16	18	9.2	9.2	10	11.2	11.6
	$B=1000$mm	13.4	13.7	14.4	16	18	19	20	32.5	11.5	11.5	12.5	14	14.5
	$B=1200$mm	16.8	16.44	17.28	19.2	21.6	22.8	24	27	13.8	13.8	15	16.8	17.4
	$B=1400$mm	18.76	19.18	20.10	22.4	25.2	26.6	28	31.5	16.1	16.1	17.5	19.6	20.3
	$B=1600$mm	21.44	21.92	23.04	25.6	28.8	30.4	32	36	18.4	18.4	20	22.4	23.2
	$B=1800$mm	24.12	24.66	25.92	28.8	32.4	34.2	36	40.5	20.7	20.7	22.5	25.2	26.1
	$B=2000$mm	26.8	27.4	28.8	32	36	38	40	45	23	23	25	28	29
	$B=2200$mm	29.48	30.14	31.68	35.2	39.6	41.8	44	49.5	25.3	25.3	27.5	30.8	31.9
	$B=2400$mm	32.16	32.88	34.56	38.4	43.2	45.6	48	54	27.6	27.6	30	33.6	34.8

表 4-5 钢丝绳芯输送带规格及技术参数（参数值）

项 目 \ 规格/mm		630	800	1000	1250	1600	2000	2500	3150	4000	4500	5000
纵向拉伸强度/N · mm⁻¹		630	800	1000	1250	1600	2000	2500	3150	4000	4500	5000
钢丝绳最大直径/mm		3.0	3.5	4.0	4.5	5.0	6.0	7.5	8.1	8.6	9.1	10
钢丝绳间距/mm		10	10	12	12	12	12	15	15	17	17	18
带厚/mm		13	14	16	17	17	20	22	25	25	30	30
上覆盖胶厚度/mm		5	5	6	6	6	8	8	8	8	10	10
下覆盖胶厚度/mm		5	5	6	6	6	6	6	8	8	10	10
钢丝绳根数 /根	$B=800$mm	75	75	63	63	63	63	50	50			
	$B=1000$mm	95	95	79	79	79	79	64	64	56	57	53
	$B=1200$mm	113	113	94	94	94	94	76	76	68	68	64
	$B=1400$mm	113	113	111	111	111	111	89	89	79	80	75
	$B=1600$mm	151	151	126	126	126	126	101	101	91	91	85
	$B=1800$mm		171	143	143	143	143	114	114	103	102	96
	$B=2000$mm			159	159	159	159	128	128	114	114	107
	$B=2200$mm			176	176	176	176	141	141	125	125	118
	$B=2400$mm			192	192	192	192	153	153	136	136	129
输送带重量 /kg · m⁻¹	$B=800$mm	15.2	16.4	18.5	19.8	21.6	27.2	29.4	33.6	39.2	42.4	46.4
	$B=1000$mm	19	20.5	23.1	24.7	27	34	36.8	42	49	53	58
	$B=1200$mm	22.8	24.6	27.7	29.6	32.4	40.8	44.2	50.4	58.8	63.6	69.6
	$B=1400$mm	26.6	28.7	32.3	34.6	37.8	47.6	51.5	58.8	68.6	74.2	81.2
	$B=1600$mm	30.4	32.8	37	39.5	43.2	54.4	58.9	67.2	78.4	84.8	92.8
	$B=1800$mm	34.2	36.9	41.6	44.5	48.6	61.2	66.2	75.6	88.2	95.4	104.4
	$B=2000$mm	38	41	46.2	49.4	54	68	73.6	84	98	106	116
	$B=2200$mm	41.8	45.1	50.8	54.3	59.4	74.8	81	92.4	107.8	116.6	127.6
	$B=2400$mm	45.6	49.2	55.4	59.3	64.8	81.6	88.3	100.8	117.6	127.2	139.2

4.1.2 输送带的选用

4.1.2.1 类型选择

各类输送带适宜的工作条件见表 4-6。

普通输送带一般多采用橡胶覆盖层，其适用的环境温度与输送机一样为 -20 ~ +40℃。环境温度低于 -5℃ 时，不宜采用维纶织物芯胶带。环境温度低于 -15℃ 时，不宜采用普通棉织物芯胶带。在环境温度低于 -20℃ 条件下采用钢绳芯胶带时，应采用耐寒型胶带并与制造厂签订保证协议。

表 4-6 输送带类型及适应工作条件

物料及工作条件特性	宜选输送带		
	类 型	芯层代号	覆盖胶代号
松散密度较小、摩擦性较小的物料，如谷物、纤维、木屑、粉末及包装物品等	轻型（薄型）	CC、VV、NN	NR、PVC
松散密度在 2.5t/m^3 以下的中小块矿石、原煤、焦炭和沙砾等对输送带磨损不太严重的物料	普通型	CC、VV、NN、EP	NR、SBR
松散密度较大的大、中、小块矿石、原煤等冲击力较大、磨损较重的物料，输送量大、输送距离较长的输送机	强力型	NN、EP、ST	NR、SBR、IR
矿井下运送物料	井巷型	CC、VV、NN、EP	PVC、CR、CPE、NBR
工作区域易于爆炸易于起火（如地下煤矿）	难燃型	CC、NN、EP、PVC、PVG、ST	CR、PVC、CPE、NBR
输送 80~150℃的焦炭、水泥、化肥、烧结矿和铸件等	耐热型	CC、VV、EP、NN、ST	SBR、CR
工作环境温度低达 -30~-40℃	耐寒型	CC、VV、EP、NN、ST	NR、BR、IR
输送 150~500℃的矿渣和铸件等热物料	耐高温型难燃型	CC	EPCM、IIR
输送机倾斜角度较大	花纹型波状挡边型	CC、VV、NN、EP	NR、SBR
输送量大、输送距离长	高强力型	ST	NR、IR、SBR
物料冲击较严重	耐冲击型	VV、NN、EP、ST	NR、IR
物料含油或有机溶剂	耐油型	CC、VV、NN、EP、ST	CR、NBR、PVC
物料带腐蚀性（酸、碱）	耐酸碱型	CC、VV、NN、EP、ST	CR、IIR、NR
食品，要求不污染	卫生型	CC、NN	NR、PVC、NBR
物料带静电	导静电型	CC、NN	SBR、NR、BR、CR

普通橡胶输送带适用的输送物料温度一般为常温。当输送物料温度为 80~200℃时，应采用耐热带。我国生产的耐热带分三型，即 1 型 100℃、2 型 125℃，3 型 150℃，而有的厂生产的特种耐热带其耐热类型为 1 型 130℃，2 型 160℃，3 型 200℃。

煤矿井下输送机、用作高炉带式上料机的输送机及其他有火灾危险的场所使用的输送机，应采用阻燃型或难燃型输送带。订货时应与制造厂签订保证协议。

输送具有酸性、碱性和其他腐蚀性物料或含油物料时，应采用相应的耐酸、耐碱、耐腐蚀或耐油橡胶带或塑料带。

PVC 类型的塑料覆盖层输送带在井下作业有很好的表现，但使用这种输送带时，输送机倾角一般不得大于 13°，采用特殊措施者除外。

4.1.2.2 带宽

根据输送量计算后确定的带宽，须用所运物料粒度进行核算。

4.1.2.3 *层数*

层数需经计算确定。但确定的层数，应在许可范围之内。

4.1.2.4 *覆盖层厚度*

钢丝芯输送带上下覆盖层厚度为定值，一般能满足使用要求无须设计人再作选择。

织物芯输送带下层厚度一般为 1.5mm，有特殊需要时，可加厚至 3mm。上层厚度根据所输送物料的堆积密度、粒度、落料高度及物料的磨琢性确定，可按表 4-7 选择，常规条件下，推荐按表 4-8、表 4-9、表 4-10 选取（引用自 DIN22101）。

表 4-7 橡胶输送带覆盖胶的推荐厚度

物料特性	物料名称	覆盖胶厚度/mm	
		上胶厚	下胶厚
ρ < 2000kg/m^3，中小粒度或磨损性小的物料	焦炭、煤、白云石、石灰石、烧结混合料、沙等	3.0	1.5
ρ < 2000kg/m^3，块度≤200mm 磨损性较大的物料	破碎后的矿石、选矿产品、各种岩石，油母页岩	4.5	1.5
γ > 2t/m^3，磨损性大的大块物料	大块铁矿石、油母页岩等	6.0	1.5

表 4-8 输送带承载和空载面覆盖胶层最小厚度

抗拉体（芯层）材料	最小厚度值
CC（棉织物） NN（尼龙织物） EP（聚酯织物）	根据不同抗拉体（芯层）分别为 1~2mm
ST（钢丝绳芯）	0.7d(mm)，最小 4mm

表 4-9 相应于表 4-8 最小厚度的承载面附加厚度的标准值 mm

有影响的参数			评价值												评价值总数
载荷情况			载荷频繁度			粒度			密度			物料磨琢性			
有利	正常	不利	少	正常	频繁	细	正常	粗	轻	正常	重	小	中等	剧烈	
1	2	3	1	2	3	1	2	3	1	2	3	1	2	3	

表 4-10 附加厚度的标准值 mm

评价值总数	5～6	7～8	9～11	12～13	14～15
附加厚度	0～1	1～3	3～6	6～10	≥10

4.2 驱动装置

驱动装置是带式输送机的原动力部分，由电动机、减速器以及高、低速轴联轴器、制动器和逆止器等组成。

4.2.1 驱动装置的类型

按与传动滚筒的关系，驱动装置可分为分离式、半组合式和组合式三种，见表 4-11。

表 4-11 驱动装置类型

类型	代号	功率范围/kW	驱动系统组成
分离式	Y—DBY DCY	1.1～315	Y 电机—LM 联轴器 YOX 耦合器— 直交轴硬齿面减速器—LZ 联轴器
	Y—ZLY ZSY	1.1～315	Y 电机—LM 联轴器 YOX 耦合器— 平行轴硬齿面减速器—LZ 联轴器
半组合式	YTH	2.2～250	Y 电机—弹性柱销联轴器 YOX 耦合器— 外置式电动滚筒（减速滚筒）
组合式	YⅡ	1.1～55	Y 电机—内置式电动滚筒(电动滚筒)

驱动装置中的耦合器分为限矩型和调速型两种类型，DTⅡ(A)型带式输送机驱动装置按限矩型耦合器进行组合，如果采用调速型液力耦合器实现带式输送机的软起动也有很好的效果，而且特别省钱。本手册第 18 章列出了部分国产调速型耦合器的产品资料，供设计者自行组合采用调速型耦合器的驱动装置时的参考。需要时，驱动装置还可加设制动器和逆止器，表中未列出。

4.2.2 驱动装置的选择

计算确定电动机功率和传动滚筒型号后，查相应的选择表可得到需要的驱动装置组合号，再根据布置类型、是否需要制动器、是否需要加配逆止器等条件，在组合表中查得驱动装置图号及全部组成部件的型号。

(1) 分离式驱动装置。在两种分离式驱动装置中，应优先选择 Y-ZLY(ZSY)驱动装置；Y-DBY(DCY)适合用于布置要求特别紧凑的情况。

(2) 内置式电动滚筒（电动滚筒)。组合式驱动装置是将电动机和减速齿轮副装入滚筒内部与传动滚筒组合在一起的驱动装置。驱动装置不占空间，适用于短距离及较小功率的带式输送机，特别是可逆配仓带式输送机或其他移动设备上的输送机采用。但电动机在滚筒体内部，散热条件差，因而电动滚筒不适合长期连续运转，也不适合在环境温度大于 40℃的场合下使用。本系列电动滚筒功率范围为 1.1～55kW，为通用型。凡有隔爆、阻燃等特殊要求时，应与制造厂协商后另行选配。

(3) 外置式电动滚筒（减速滚筒)。半组合式驱动装置是只将减速齿轮副置于滚筒内部，电动机伸出在滚筒外面的驱动装置。它解决了电动滚筒散热条件差的问题，因而作业率可不受太大的限制。

作为与本系列配套的减速滚筒和电动滚筒，本手册列入了 YTH-Ⅰ型和 YTH-Ⅱ型两种类型。Ⅰ型的功率范围为 2.2～250kW，采用普通座式电动机经联轴器或液力耦合器与减速滚筒联结，电动机和联轴器罩需另行配置支架。Ⅱ型功率范围为 1.1～55kW，采用立式电机直接悬挂在滚筒轴承座上，因而可代替电动滚筒用在可逆配仓带式输送机或其他移动设备上的输送机上。

YTH 型减速滚筒和电动滚筒均可加装 YWZ_5 型制动器，各型逆止器，也可选用隔爆电动机，满足不同工况的要求。如有其他特殊要求，应与制造厂协商后另行选配。

两种形式的电动滚筒的型号还有很多，它们也都有各自的特点，本手册的第 8 章均有详细介绍，设计者可自行选择。

4.3 逆止器

本系列提供的逆止器主要是 NF 型非接触式逆

止器和NJ(NYD)型凸块式逆止器，并与Y-DCY(DBY)和Y-ZSY(ZLY)型驱动装置进行了固定配套。前者装在减速器第二根轴上，适用电机功率≤90kW、减速器名义中心距≤355mm的驱动装置；后者装在减速器低速轴上，适用电机功率≥110kW、减速器名义中心距≥400mm的驱动装置（以上均有个别例外情况）。设计者也可以根据自己的经验选用滚柱逆止器、减速器自带的逆止器以及近年来开发的其他类型的逆止器。

在一台输送机上采用多台机械逆止器时，如果不能保证均匀分担载荷，则每台逆止器都必须按一台输送机可能出现的最大逆转力矩来选取。同时还应验算传动滚筒轴和减速器轴的强度。

采用多台电机驱动及大规格逆止器，应尽量安装在减速器输出轴或传动滚筒轴上。

4.4　传动滚筒

传动滚筒的承载能力——扭矩与合力，应根据计算结果确定。

本系列传动滚筒设计已考虑了输送机起制动时出现的尖峰载荷，因而传动滚筒只需按稳定工况计算出的扭矩和合力进行选择。但对于类似于高炉带式上料机这种提升高度特别大的带式输送机或特别重要的，例如可载人的输送机，则必须按起制动工况进行选择。

传动滚筒应为铸胶表面，选用人字形铸胶表面时应注意使人字刻槽的尖端顺着输送方向（见图4-1)，菱形铸胶表面适用于可逆运转的输送机。

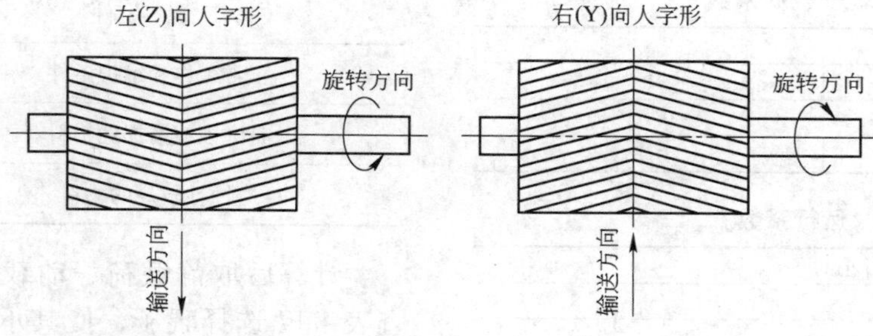

图4-1　滚筒胶面与输送方向的关系

4.5　改向滚筒

改向滚筒根据计算出的合力进行选择。

与输送带承载表面接触的改向滚筒一般应选用光面铸胶的表面，而只与输送带非承载面接触的改向滚筒在大多数情况下亦应是光面铸胶的，只是在传动功率较小，输送物料较清洁时才选用光面滚筒。

本系列改向滚筒设计已考虑了输送机起制动时出现的尖峰载荷，因而改向滚筒只需按稳定工况计算出的合力进行选择。但对于类似于高炉带式上料机这种提升高度特别大的带式输送机或特别重要的，例如载人的输送机，则必须按起制动工况进行选择。

4.6　托辊

4.6.1　辊径选择

托辊辊子的直径根据限制带速和承载能力进行选择。

4.6.1.1　辊子的限制带速

确保辊子转数不超过600r/min时的限制带速列于表4-12。

表4-12　限制带速

辊子直径 d /mm	限制带速 v /m·s^{-1}	限制带速时的辊子转数 n/r·min^{-1}
63.5	≤2	601
76	≤2	503
89	≤2.5	537
108	≤3.15	557
133	≤4	575
159	≤5	601
194	≤5	492
219	≤6.3	567

4.6.1.2　辊子载荷计算

(1) 静载计算。

承载分支托辊：

$$P_0 = e \times a_0 \times \left(\frac{I_m}{v} + q_B\right) \times g$$

式中　P_0——承载分支托辊静载荷，N；

a_0——承载分支托辊间距，m；

e——辊子载荷系数，见表4-13；

v——带速，m/s；

q_B——每米输送带重量，kg/m；

I_m——输送能力，kg/s；

g——重力加速度，$g=9.81\text{m/s}^2$。

回程分支托辊：

$$P_u = e \times a_u \times q_B \times g$$

式中 P_u——回程分支托辊静载荷，N；

a_u——回程分支托辊间距，m。

（2）动载计算。

承载分支托辊：

$$P'_0 = P_0 \times f_s \times f_d \times f_a$$

回程分支托辊：

$$P'_u = P_u \times f_s \times f_a$$

式中 P'_0——承载分支托辊动载荷，N；

P'_u——回程分支托辊动载荷，N；

f_s——运行系数，见表4-14；

f_d——冲击系数，见表4-15；

f_a——工况系数，见表4-16。

表4-13 辊子载荷系数 e

托辊类型	e
一节辊	1
二节辊	0.63
三节辊	0.8

表4-14 运行系数 f_s

运行条件，每天运行小时	f_s
<6	0.8
≥6～9	1.0
>9～16	1.1
>16	1.2

表4-15 冲击系数 f_d

f_d 物料粒度/mm \ 带速/m·s⁻¹	2	2.5	3.15	4	5	6.3
0～100	1.00	1.00	1.00	1.00	1.00	1.05
>100～150	1.02	1.03	1.06	1.09	1.13	1.23
>150～300 细料中有少量大块	1.04	1.06	1.11	1.16	1.24	1.39
>150～300 块料中有少量大块	1.06	1.09	1.14	1.21	1.35	1.57
>150～300	1.20	1.32	1.57	1.90	2.30	2.94

表4-16 工况系数 f_a

工况条件	f_a
正常工作和维护条件	1.00
有磨蚀或磨损性物料	1.10
磨蚀性较高的物料	1.15

计算后取静载荷、动载荷二者之中较大的值查表4-17选择辊子，使其承载能力大于或等于计算值，这样就可保证辊子轴承寿命高于30000h，转角小于10′。

表4-17 辊子承载能力 kN

辊长/mm	带速/m·s⁻¹	轴承型号（辊子直径） 6203/C4 (φ63.5)	6204/C4 (φ76)	6204/C4 (φ89)	6205/C4 (φ108)	6305/C4 (φ133)	6306/C4 (φ159)	6407/C4 (φ194)	6408/C4 (φ219)
160	0.8	2.75	3.30	3.45					
	1	2.52	3.05	3.20					
	1.25	2.31	2.82	2.94					
	1.6	2.10	2.55	2.63					
	2.0	1.91	2.30	2.40					
	2.5			2.12					
200	0.8	1.93	2.73	2.87					
	1.0	1.79	2.53	2.67					
	1.25	1.66	2.35	2.47					
	1.6	1.53	2.16	2.28					
	2.0	1.41	2.00	2.11					
	2.5			1.96					
250	0.8		2.45	2.65	3.65				
	1.0		2.42	2.50	3.45				
	1.25		2.34	2.47	3.30				
	1.6		2.16	2.27	2.95				
	2.0		2.00	2.10	2.70				
	2.5			1.95	2.55				
	3.15				2.30				

续表 4-17

辊长/mm	带速 /m·s^{-1}	轴承型号（辊子直径）							
		6203/C4 (φ63.5)	6204/C4 (φ76)	6204/C4 (φ89)	6205/C4 (φ108)	6305/C4 (φ133)	6306/C4 (φ159)	6407/C4 (φ194)	6408/C4 (φ219)
315	0.8			2.10	3.36	4.05			
	1.0			2.05	3.11	3.62			
	1.25			1.96	2.88	3.25			
	1.6			1.92	2.66	2.94			
	2.0			1.85	2.46	2.65			
	2.5			1.80	2.28	2.40			
	3.15				2.11	2.20			
	4.0					2.00			
380	0.8				3.10	3.40	7.30		
	1.0				3.00	3.30	7.15		
	1.25				2.88	3.20	7.00		
	1.6				2.64	3.20	6.85		
	2.0				2.45	3.20	6.58		
	2.5				2.27	3.15	6.32		
	3.15				2.10	3.05	6.00		
	4.0					2.98	5.75		
	5.0					2.92	5.20		
465	0.8			1.65	2.75	3.40	7.00		
	1.0			1.60	2.70	3.30	7.00		
	1.25			1.58	2.50	3.20	6.83		
	1.6			1.55	2.40	3.20	6.29		
	2.0			1.52	2.35	3.20	5.84		
	2.5			1.48	2.10	3.15	5.42		
	3.15				2.05	3.05	5.02		
	4.0					2.98	4.63		
	5.0						4.30		
500	0.8	0.95	1.35	1.60					
	1.0	0.87	1.28	1.55					
	1.25	0.83	1.13	1.52					
	1.6	0.76	1.10	1.50					
	2.0	0.70	1.05	1.48					
	2.5			1.45					
530	0.8				2.40	2.92	5.99		
	1.0				2.40	2.92	5.99		
	1.25				2.40	2.92	5.99		
	1.6				2.40	2.92	5.99		
	2.0				2.30	2.92	5.84		
	2.5				2.05	2.92	5.42		
	3.15				2.00	2.92	5.02		
	4.0					2.92	4.63		
	5.0						4.30		

续表 4-17

辊长/mm	带速 /m·s^{-1}	轴承型号（辊子直径）							
		6203/C4 (φ63.5)	6204/C4 (φ76)	6204/C4 (φ89)	6205/C4 (φ108)	6305/C4 (φ133)	6306/C4 (φ159)	6407/C4 (φ194)	6408/C4 (φ219)
600	0.8	0.84	1.10	1.15	2.15	2.52	4.90		
	1.0	0.80	1.05	1.12	2.15	2.52	4.90		
	1.25	0.76	1.00	1.09	2.15	2.52	4.90		
	1.6	0.70	0.95	1.05	2.15	2.52	4.90		
	2.0	0.65	0.92	1.01	2.00	2.52	4.65		
	2.5			0.96	2.00	2.52	4.65		
	3.15			0.90	1.95	2.52	4.65		
	4.0					2.52	4.45		
	5.0						4.45		
670	1.6					2.35	4.65	8.85	
	2.0					2.35	4.65	8.85	
	2.5					2.35	4.65	8.85	
	3.15					2.25	4.65	8.85	
	4.0					2.25	4.22	8.50	
	5.0					2.25	4.22	8.50	
700	0.8				1.80	2.09	3.80		
	1.0				1.80	2.09	3.80		
	1.25				1.80	2.09	3.80		
	1.6				1.80	2.09	3.80		
	2.0				1.80	2.09	3.80		
	2.5				1.80	2.09	3.80		
	3.15				1.75	2.09	3.65		
	4.0					2.09	3.65		
	5.0						3.50		
750	0.8		0.95	1.08	1.65	2.04	3.71	8.20	
	1.0		0.90	1.05	1.65	2.04	3.71	8.20	
	1.25		0.85	1.00	1.65	2.04	3.71	8.20	
	1.6		0.85	0.95	1.65	2.04	3.71	8.20	
	2.0		0.83	0.95	1.65	2.04	3.71	8.20	
	2.5			0.92	1.65	1.95	3.71	8.20	
	3.15			0.88	1.58	1.95	3.50	8.20	
	4.0					1.95	3.50	7.95	
	5.0						3.42	7.95	
800	0.8				1.57	1.78	3.65		
	1.0				1.57	1.78	3.65		
	1.25				1.57	1.78	3.65		
	1.6				1.57	1.78	3.65		
	2.0				1.57	1.78	3.65		
	2.5				1.57	1.78	3.65		
	3.15				1.50	1.78	3.45		
	4.0					1.78	3.45		
	5.0						3.34		

续表 4-17

辊长/mm	带速 /m·s⁻¹	轴承型号（辊子直径）							
		6203/C4 (φ63.5)	6204/C4 (φ76)	6204/C4 (φ89)	6205/C4 (φ108)	6305/C4 (φ133)	6306/C4 (φ159)	6407/C4 (φ194)	6408/C4 (φ219)
900	1.6					1.52	3.20	6.50	9.35
	2.0					1.52	3.20	6.50	9.35
	2.5					1.52	3.20	6.50	9.35
	3.15					1.52	3.20	6.50	9.35
	4.0					1.45	3.05	6.25	8.85
	5.0						3.05	6.25	8.85
	6.3								8.58
950	0.8			0.60	0.95	1.45			
	1.0			0.60	0.95	1.45			
	1.25			0.60	0.95	1.45			
	1.6			0.60	0.95	1.45			
	2.0			0.60	0.95	1.45			
	2.5			0.60	0.95	1.45			
	3.15			0.60	0.84	1.35			
	4.0			0.60		1.35			
	5.0			0.54					
1000	1.6					1.32	2.85	5.60	
	2.0					1.32	2.85	5.60	
	2.5					1.32	2.85	5.60	
	3.15					1.32	2.76	5.60	
	4.0					1.28	2.65	5.45	
	5.0						2.50	5.45	
1100	1.6					1.24	2.80	5.50	
	2.0					1.24	2.80	5.50	
	2.5					1.24	2.80	5.50	
	3.15					1.24	2.65	5.50	
	4.0					1.20	2.60	5.35	
	5.0						2.45	5.35	
1150	0.8				0.85	1.23	2.35		
	1.0				0.85	1.12	2.35		
	1.25				0.85	1.12	2.35		
	1.6				0.85	1.12	2.35		
	2.0				0.85	1.12	2.35		
	3.15				0.80	1.12	2.30		
	4.0					1.12	2.20		
	5.0						2.15		
1250	1.6					1.05	2.15	4.65	
	2.0					1.05	2.15	4.65	
	2.5					1.05	2.15	4.65	
	3.15					0.96	2.05	4.55	
	4.0					0.96	2.05	4.50	
	5.0						1.98	4.50	

续表 4-17

辊长/mm	带速 /m·s^{-1}	轴承型号（辊子直径）							
		6203/C4 (ϕ63.5)	6204/C4 (ϕ76)	6204/C4 (ϕ89)	6205/C4 (ϕ108)	6305/C4 (ϕ133)	6306/C4 (ϕ159)	6407/C4 (ϕ194)	6408/C4 (ϕ219)
1400	0.8				0.80	0.85	1.85		
	1.0				0.80	0.85	1.85		
	1.25				0.80	0.85	1.85		
	1.6				0.80	0.85	1.85	3.55	5.45
	2.0				0.80	0.85	1.85	3.55	5.45
	2.5				0.80	0.85	1.85	3.55	5.45
	3.15				0.80	0.85	1.85	3.42	5.15
	4.0					0.85	1.85	3.42	5.15
	5.0						1.85	3.35	4.96
	6.3								4.85
1600	0.8				0.75	0.81	1.54		
	1.0				0.75	0.81	1.54		
	1.25				0.75	0.81	1.54		
	1.6				0.75	0.81	1.54		
	2.0				0.75	0.81	1.54		
	2.5				0.75	0.81	1.54		
	3.15				0.75	0.81	1.54		
	4.0					0.81	1.54		
	5.0						1.54		
1800	1.6					0.65	1.35	3.00	
	2.0					0.65	1.35	3.00	
	2.5					0.65	1.35	3.00	
	3.15					0.65	1.35	3.00	
	4.0					0.65	1.35	3.00	
	5.0						1.35	2.95	
2000	1.6					0.60	1.22	2.65	
	2.0					0.60	1.22	2.65	
	2.5					0.60	1.22	2.65	
	3.15					0.60	1.22	2.65	
	4.0					0.60	1.22	2.65	
	5.0						1.20	2.50	
2200	1.6					0.54	1.10	2.45	
	2.0					0.54	1.10	2.45	
	2.5					0.54	1.10	2.45	
	3.15					0.54	1.10	2.45	
	4.0					0.54	1.10	2.28	
	5.0						1.02	2.28	
2500	1.6					0.48	0.95	2.25	
	2.0					0.48	0.95	2.25	
	2.5					0.48	0.95	2.25	
	3.15					0.48	0.95	2.25	
	4.0					0.48	0.95	2.13	
	5.0						0.92	2.13	

续表 4-17

辊长/mm	带速 /m·s⁻¹	轴承型号（辊子直径）							
		6203/C4 (φ63.5)	6204/C4 (φ76)	6204/C4 (φ89)	6205/C4 (φ108)	6305/C4 (φ133)	6306/C4 (φ159)	6407/C4 (φ194)	6408/C4 (φ219)
2800	1.6						0.86	1.96	3.25
	2.0						0.86	1.96	3.25
	2.5						0.86	1.96	3.25
	3.15						0.86	1.96	3.05
	4.0						0.86	1.96	2.95
	5.0						0.80	1.90	2.95
	6.3								2.78

4.6.2　类型选择

4.6.2.1　槽形上托辊

本系列槽形上托辊的标准槽角为35°，因而一台输送机中使用最多的是35°槽形托辊和35°槽形前倾托辊。在这两种托辊的选配上有三种方式：

（1）全前倾；

（2）部分前倾（每5组上托辊中设一组前倾托辊）；

（3）无前倾（采用调心托辊）。

目前以（1）、（2）两种方式使用较多。设计者可自行决定配设方式。

本系列槽形上托辊还有45°槽形托辊和45°槽形前倾托辊，供设计者在需要时选用。

4.6.2.2　缓冲托辊

本系列缓冲托辊有35°和45°两种槽形。选用棉织物芯输送带时，只能使用35°槽型缓冲托辊。使用45°槽形缓冲托辊时，可以在导料槽不受物料冲击的区段使用45°槽形托辊。

4.6.2.3　过渡托辊

过渡托辊按2.3.7小节所定原则选用。

4.6.2.4　回程托辊

本系列回程托辊的标准式样仍然是平形下托辊，它也是使用最多的一种下托辊。平形下托辊有单辊式和双辊式两种，由设计者根据托辊的承载能力选用。

研究发现，将下托辊做成两辊式V形对防止输送带下分支跑偏有一定效果，特别是V形前倾下托辊防跑偏效果更明显。所以，作为一种配套设施，许多只使用前倾槽型托辊不设置任何调心托辊的输送机在其下分支配设了V形或V形前倾下托辊。多数做法是每隔7组平行下托辊连续设三组V形或V形前倾下托辊。为更有效地防止输送带下分支跑偏或跳起，有的输送机还在其某些区段加设反V形下托辊。本系列在B800以上带宽托辊型谱中配置了几种V形托辊供设计者参考选用。

4.6.2.5　梳形托辊

梳形托辊专供输送黏性物料的输送机使用。

4.6.2.6　螺旋托辊

螺旋托辊用于清扫输送带承载面上粘附的物料，其作用与清扫器相同，一般将距离输送机头部滚筒最近的那组下托辊设计为螺旋托辊。

4.6.2.7　调心托辊

调心托辊用来自动纠正输送带在运转中出现的过量跑偏，以保证输送机正常工作。安装精度较高，特别是已设置了前倾托辊的输送机，可不设置调心托辊。需要设置调心托辊的输送机，一般每10组托辊中设一组调心托辊。

调心托辊的类型很多，DTⅡ（A）型带式输送机配设了摩擦调心托辊和锥形调心托辊两种式样的调心托辊供选用，两者均可用于可逆式带式输送机。

4.7　拉紧装置

拉紧力和拉紧行程根据计算确定。

拉紧装置类型的选择属于输送机侧型设计问题，按2.3.6小节所定原则确定。

本系列两种重锤拉紧装置均配设了重锤箱和重锤块两种重锤，供设计者选用。

重锤箱式的拉紧装置一般用于露天作业的场合以及其他装取箱中重锤块方便的地方。

4.8　清扫器

清扫器是输送机输送散状物料时必须装备的部件之一。本系列设计有头部清扫器和空段清扫器两类清扫器。

4.8.1　头部清扫器

头部清扫器装设于输送机头部卸料滚筒处，用以清扫输送带工作面上粘附的物料，并使其落入头部漏斗中。本手册列入的头部清扫器有两种类型，供设计者选用。

(1) 重锤刮板式清扫器。它是本系列设计采用的标准型头部清扫器，采用重锤杠杆使清扫刮板紧贴输送带，更适于输送磨蚀性小、较干燥和不易粘附到输送带上的物料的输送机使用。

(2) 硬质合金重锤刮板式清扫器。它是重锤刮板式清扫器的改进型，且可制成双刮板式，以提高清扫效果。

此外，还有一种橡胶弹簧合金刮板式清扫器，俗称合金橡胶清扫器，是本溪市运输机械配件厂开发的一种头部清扫器。它采用橡胶弹簧使清扫刮板紧贴输送带。由于采用了可更换的硬质合金做刮板，刮板寿命得以延长。它有 H 型和 P 型两种结构，成对设置，构成双刮板两次清扫，因而清扫效果好，适于输送各类物料的输送机使用。其规格性能见 18.5 节，并从其中提供的列表中选用。

4.8.2 空段清扫器

空段清扫器用于清除落到输送带下分支非工作面上的杂物以保护改向滚筒和输送带。

需要装空段清扫器的地方是尾部改向滚筒前以及垂直拉紧装置第一个 90°改向滚筒前。安装时，需使清扫器刮板的犁尖对着输送带运动方向，以便将杂物刮到输送机两侧的地面上。

4.9 机架

4.9.1 滚筒支架

滚筒支架用于安装传动滚筒和改向滚筒，承受输送带的张力。根据其用途主要有四种类型，其高度适用于输送机倾角 0° ~ 18°。

(1) 头部传动滚筒支架（传动滚筒头架）。它用于头部传动和头部卸料的输送机，设有作为增面轮的改向滚筒，传动滚筒围包角 190° ~ 210°。按结构形式和材质之不同，有以下三种样式：

1) 中轻型角形传动滚筒头架（列于表 9-1），采用双槽钢做主骨架，适应带宽 400 ~ 1400mm；

2) 中轻型矩形传动滚筒头架（列于表 9-3），采用单槽钢做骨架，适应带宽 400 ~ 1400mm；

3) 重型角形传动滚筒头架（列于表 9-2），采用 H 型钢做主骨架，适应带宽 800 ~ 2000mm。

设计者可根据所选传动滚筒型号和要求的支架高度选择适合的传动滚筒头架，如设计者所选改向滚筒与表中配用的型号不一致，须与制造厂联系修改。

(2) 尾部改向滚筒支架（改向滚筒尾架）。它用于拉紧装置设于中部的输送机，与传动滚筒头架相对应，亦有中轻型角形、中轻型矩形和重型角形三种样式，分别列于表 9-6、表 9-8 和表 9-7。其中，带增面轮的重型角形尾架（表 9-9）是上一版手册的遗留品种，供设计者参考选用，但并不推荐采用。

(3) 头部改向滚筒支架，亦即探头滚筒支架。它用于传动滚筒设于中部、头部滚筒仅作改向和卸料的输送机，适用带宽 800 ~ 2000mm。

(4) 中部传动滚筒支架。它专用于中部设有传动滚筒的输送机，采用 H 型钢做主骨架，适用带宽 800 ~ 2000mm，围包角≥180°。本支架安装传动滚筒和作为增面轮的改向滚筒各一个。其配置方式有两种：

1) ZT 型，其改向滚筒朝向输送机头部，并具有较大的许用合力，专用于中部单传动（侧型 E，F，G，H—参见本手册表 13-1 带式输送机常用侧型，以下同），头部-中部双传动（侧型 I，J，K）和中部双传动（侧型 L）的输送机；

2) ZW 型，其改向滚筒朝向输送机尾部，并具有较小的许用合力，专用于中部双传动（侧型 L）并与 A 型支架成对配套使用。

(5) 中部改向滚筒支架有两种：

1) 重型中部传动滚筒支架，与 ZT 型中部传动滚筒支架结构完全相同，并与其配套使用（侧型）；

2) 改向滚筒吊架，它吊挂在中间架上，可设于输送机中部的任何地方，属于中轻型支架，适用带宽 400 ~ 1400mm。

本系列滚筒支架的滚筒直径范围是 400 ~ 2000mm，其适用的输送带强度范围：

CC-56 棉帆布输送带	3 ~ 10 层
NN-100 ~ NN-300 尼龙输送带	3 ~ 6 层
EP-100 ~ EP-300 聚酯输送带	3 ~ 6 层
钢丝绳芯带	≤ST2000

超出此范围时，需核算相关支架强度和地脚螺栓强度，或重新设计滚筒支架。

4.9.2 中间架及支腿

为确保中间架的刚度，本系列中间架增加了横梁，使中间架自身构成为一个整体，设计为 6000mm 标准段和 3000 ~ 6000mm 非标准段两种。超出此范围的非标准中间架需设计者自行设计。

标准支腿有带斜撑和不带斜撑两种结构。用于受料段的支腿应全部带斜撑，其他部分为两种类型的支腿交错布置。支腿与中间架的连接全部采用螺栓，以方便运输和安装。非标准中间架支腿均未带斜撑，需要时，由设计者根据具体情况另行配设。

4.9.3 拉紧装置架

(1) 螺旋拉紧装置架。本系列装置架按角度范围分为5种，由设计者根据输送机倾角选择合适的螺旋拉紧装置支架。

(2) 垂直拉紧装置架。本系列支架按总高度5000mm进行设计，超出此范围时，需对支架强度和刚度进行校核。必要时，需重新设计。

(3) 车式拉紧装置架。本系列有标准型和带滑轮两种结构，其中带滑轮的车式拉紧装置架是专为利用输送机周围的建构筑物，通过滑轮支持重锤的场合下使用的；而标准型车式拉紧装置架则需通过改向滑轮及塔架等来悬挂重锤，或用于绞车式拉紧装置。

4.10 头部漏斗

头部漏斗用于将输送机头部卸下的物料导入后续设备、料仓或下一台输送机上，防止物料飞溅和粉尘逸出。本系列头部漏斗有4种主要类型，适合带速2.5m/s以下的输送机使用。带速3.15m/s以上的输送机用头部漏斗需特殊设计。

带调节挡板的漏斗设有挡料板。它有三个悬挂位置，并可用操纵杆手动调节其角度。带料试车时，根据带速以及料流是否对中和顺畅等情况，调节其角度或更换其悬挂位置，并最终予以固定。

除进料仓的头部漏斗外，其余3种漏斗下部均设计为法兰口。从法兰口到后续设备或输送机间的溜槽由设计者自行设计。

4.11 导料槽

导料槽的作用是引导物料落到输送带正中间并确保其顺着输送方向运动。

导料槽设计为三段式，依次为后挡板、槽体和前帘。槽体长度有1500和2000mm两种。设计者可通过增加槽体的数量和选择不同的槽体长度获得大于1500mm，间隔为500mm的任一种导料槽总长度。

多点受料的输送机，其各点受料槽又不能联为一体时，为确保物料顺利通过前方的导料槽，需要设置喇叭口段，并不得设置后挡板。

导料槽槽体断面形状有矩形和喇叭形口两种，均可带衬板。

4.12 卸料装置

卸料装置有犁式卸料器、卸料车和可逆配仓带式输送机三种，用来实现输送机多点卸料。

4.12.1 犁式卸料器

犁式卸料器用于输送机水平段任意点卸料。本系列犁式卸料器有单侧和双侧卸料两种基本类型，其中单侧卸料又有左侧或右侧两种，均为可变槽角卸料器，适用于带速不大于2.5m/s，物料粒度25mm以下且磨琢性较小，输送带采用硫化接头的输送机。

犁式卸料器溜槽有带锁气器和直通两种类型，供设计者选择。

4.12.2 卸料车

卸料车用于输送机水平段任意点卸料。本系列卸料车有轻型和重型两种，其中重型又有单侧和双侧卸料两种，适用带速小于2.5m/s输送机。

轻型卸料车适用于堆积密度小于1600kg/m^{3}的物料使用。漏斗下装有二通溜槽，只能两侧同时卸料。适用带宽650～1400mm。

重型卸料车适用于堆积密度不大于1600kg/m^{3}的物料使用，其中双侧卸料车亦装有二通溜槽，只能两侧同时卸料。单侧卸料车有左侧和右侧两种，溜槽倾角60°，是专为黏湿的粉状料，如粉矿、精矿设计的，重型卸料车适用带宽800～1400mm。

各种卸料车均可加装料槽槽口密封装置。

装有卸料车的输送机，其中间架和支腿均作了特殊设计以保证其强度和刚度。

4.12.3 可逆配仓带式输送机

可逆配仓带式输送机是可逆转又可移动的完整的输送机。由于其作用与犁式卸料器和卸料车一样，所以暂将其作为一种卸料装置看待。

本系列配仓输送机有轻型和重型两种，轻型机机长为6000～60000mm，每一级为3000mm，共18种；重型机机长为6000～30000mm，每一级为3000mm，共9种。需要时，制造厂可为用户提供各种非标准长度的配仓输送机。为确保机架刚度和强度，其中机长6000mm和9000mm为一节式整体机架；重型机机长12000mm、15000mm、18000mm为二节式铰接机架；机长21000mm、24000mm、27000mm、30000mm为三节式铰接机架；轻型机机长9000mm以上为二节至多节的拖挂式机架。

轻型配仓机用于堆积密度小于16000kg/m^{3}的物料，适用带宽500～1400mm；重型配仓机用于堆积密度大于1600kg/m^{3}的物料，适用带宽800～1400mm，均可带料行走和逆转。

配仓机采用减速滚筒或电动滚筒作驱动装置。需要采用分离式驱动装置时，制造厂可专门为用户设计。

5 输送机系统设计

第2章~第4章介绍了单台输送机从整机设计、设计计算到部件选型的设计过程。但是，在实际应用中，输送机作为单台设备运转的情况是比较少见的。一般都是多台输送机联合运转或是与工艺设备组合完成某种工艺生产过程；或是多台输送机自身组合成输送机线来完成某种运输过程。它们都构成为一个系统，当从一个较大的系统来审视系统中的每一台输送机时，会对输送机的单机设计及部件选型提出一些新的要求。本章将不涉及输送机系统设计的具体内容，而只对这些新的要求加以说明。

带式输送机的电气控制一般也是输送机系统（输送机线）的电气控制，而非一台输送机的电气控制。下面也将介绍与电气控制有关的输送机电气设备选择的有关问题。

5.1 输送能力的计算依据

5.1.1 计算程序

就单台输送机而言，需要进行输送能力（或输送带宽度）的计算（或校核）以及功率等其他项目计算。

就一个系统的输送机而言，则是整个系统进行一次性输送能力（或输送带宽度）的计算或校核，然后分别计算各台输送机的功率等其他项目。

5.1.2 计算依据

系统的输送能力（或输送带宽度）校核不同于单台设备的输送能力（或输送带宽度）校核，两者的计算依据是不一样的，如：

（1）输送机倾角系数 k：

单台输送机的 k 值是根据该台输送机倾角最大处的倾角确定的；

系统输送机的 k 值是根据系统中各台输送机中倾角最大处的倾角确定的。

（2）带速 v：

倾角越大带速亦应越低，该倾角指的是系统各台输送机中倾角最大的那台输送机的倾角；

输送机越短带速应越小，这里的输送机长度应是系统中长度最小的那台输送机的长度；

粒度大、磨琢性大、易粉碎和易起尘的物料应选用较低带速；而如果加上转运次数多，则带速应比转运次数少时取的更低些。

5.2 负荷起动和超载

5.2.1 负荷起动

就一台输送机而言，可考虑负荷起动，也可不考虑负荷起动。

对系统中的输送机而言，带料停车的情况经常发生，一般应考虑负荷起动工况。

5.2.2 超载

输送机系统紧急停车时，由于各台输送机起制动时间的差异，两台输送机连接处的转运漏斗中可能会积存物料，全部压在某台输送机的尾部，加大了起动负荷，造成超载。这一部分负载引起的阻力不易计算，所以一般系统中的输送机的功率应比计算值取得大一些。

受料过多或受料不均匀造成的超载，则应根据工艺条件给出。

5.3 部件选型的一致性原则

系统中各输送机的设备选型应尽量统一标准，减少品种。

5.3.1 输送带

输送带价值高，品种太多会增加备品费用，所以应从整个系统的统一性原则出发，在计算完成后，将层数相近的规格统一为较大规格。

5.3.2 驱动装置

驱动装置中的电动机和减速器品种应尽量减少。

有时候为了减除个别大规格驱动装置，也可以采用单滚筒双驱动装置。

5.4 系统控制

5.4.1 电动机类型和电压

带式输送机的电动机一般为交流笼型电机，大型和长距离输送机则多采用交流绕线式电机。作为通用型带式输送机，本手册的驱动装置均选用笼型电机。用户选用绕线式电机时，需自行配置驱动装置。

车间内的输送机电动机电压一般采用380V，

直线距离较长或单电机功率较大的输送机系统（输送机线）为减少损耗和避免过大的电压降造成起动困难，其电机多采用3kV或6kV电压。DTⅡ(A)型带式输送机的驱动装置功率超过220kW时，配设了3kV或6kV电压的电动机。驱动装置功率小于200kW的电动机采用3kV供电或当220kW～315kW电动机采用10kV供电时，应首先与电机制造厂达成供货协议后方能选用。

煤矿井下用的输送机，其供电电压为660V、1140V、3300V和6000V。除6000V外，采用其他供电电压的电动机均应特殊订货。

电动机类型选择应与电气工程师共同协商确定。

5.4.2　操作方式

输送机系统（输送机线）的运转包括：起动、停机、紧急停机、故障、系统组合、系统转换和卸料控制等七种功能要求，均采用联动运转方式进行集中控制，实行有效的连锁。其中，起动、停机、紧急停机和故障停机是任何一台输送机和输送机线都必须具备的基本功能。

输送机系统的操作方式有自动、半自动、手动和机旁手动等四种。其中，机旁手动在任何条件下都是必需的，基本按一台输送机（或一台设备）一台手动操作箱设置，其他三种集中操作方式，则根据输送机系统的规模、重要性和投资水平确定。

输送机线一般应设有与其操作方式相适应的集中控制室（或称中央控制室），其他与工艺作业设备进行联动的输送系统则与工艺设备一起设置集中控制室。

实行计算机控制的输送机系统一般采用PC或PLC作为控制主机。20世纪80年代以来，较先进的输送机系统多采用PLC系统并配有CRT监视和无线通讯等设备，以实现远程遥控操作，因而对输送机设备的性能、安装精度以及一次检测元件和安全保护装置的设置提出了更高要求。

5.4.3　设备连锁

输送系统中的各台输送机必须设备连锁。具体要求是：

（1）起动时，自系统的终端设备开始，逆物料输送方向顺序起动；

（2）停机时，自系统始端的供料设备开始，顺物料输送方向依次停机；

（3）当某一设备故障停机时，其来料方向的所有设备一齐同时停机，后面的设备继续运转，直至物料全部排空后，按停机顺序依次停机；

（4）紧急停车时（撳动控制室或机旁的紧急停止开关）所有设备一齐停机；

（5）系统中的移动设备（包括堆取料机、可逆配仓带式输送机、卸料车等）的走行机构一般不参与连锁。

5.4.4　信号

（1）开车信号。连锁系统开始作业前，发出声光信号并维持20～30s，通知沿线人员离开输送机，然后再起动系统各输送机。声光信号应设置在人员可能看到和听到的地方，可以是输送机支架上，也可以在输送机近旁的通廊墙壁上。

（2）事故信号。事故开关或紧急停止开关动作的同时，发出事故信号。事故信号最好是声光信号，在开关处和中央控制室同时闪光并发出声响，也可以只发出声响信号。

（3）料流信号。为控制停机时间或机上洒水设备而设置。

（4）行走报警信号。堆取料机、可逆配仓带式输送机和卸料车移动时发出声光信号。

四种信号中，前两种信号是每台输送机都必须设置的信号，后两种信号则根据需要决定是否设置。

5.4.5　设备安全装置

（1）跑偏监测装置。成对设置。标准的做法是：每台输送机设两对跑偏监测装置，一对设置在输送带上分支，靠近头部传动滚筒；一对设置在输送带下分支，靠近尾部改向滚筒。在长距离输送机中部，运输带一般有蛇行现象，勿须设置跑偏监测装置。

跑偏监测装置一般应为两度控制。一度跑偏时，发出报警信号；两度跑偏时，在发出警报信号的同时使输送机紧急停车。

（2）打滑监测装置。在一个系统中，打滑监测装置只设置于较重要的露天输送机或长度超过300m的输送机上。该装置设置于输送机头部输送带下分支上，在测得打滑现象时，发出警报信号同时使输送机紧急停车。

（3）纵向撕裂保护装置。在一个系统中，纵裂装置一般只设于重要的长距离输送机的尾部受料处附近，当测得输送带纵裂时，发出警报信号同时使输送机紧急停车。

以上装置详见本手册第12.4节的内容。

5.5　辅助和配套设备配置方式

为了确保系统正常运转，满足一些系统作业的特殊要求，在系统的某些输送机上，经常会装设一些配套设备。这些配套设备主要有：除水装置、除铁、除杂物装置、防雨罩和防风装置、电子秤和核子秤、取样装置、防除尘装置、输送带水洗装置和输送带翻转装置等。

5.5.1　输送带除水装置

输送带除水装置是为除去露天水平输送机上的雨积水而设的，有电动、手动等多种形式。在系统开动前，先放下除水装置，再开动该输送机，使雨水从输送带两侧流下。

除水装置一般设于露天输送机水平段末端，靠近凹弧段的地方，见图5-1。

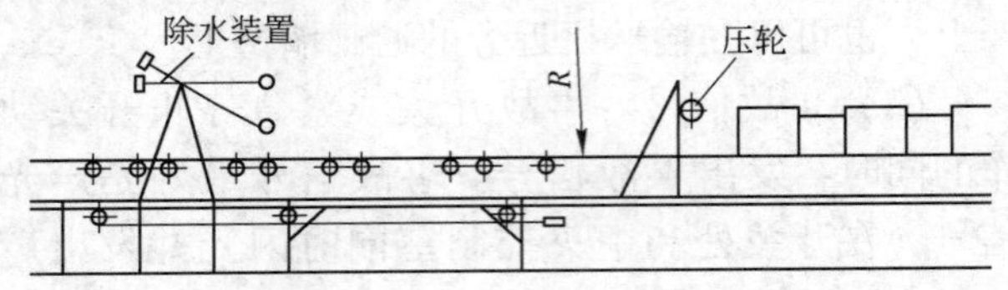

图5-1　除水装置典型配置

5.5.2　除铁、除杂物装置

除铁装置的作用是将运输物料中零碎的金属杂物除去，以保护系统中的重要带式输送机或破碎、筛分设备等工艺作业设备不被损坏。

除铁装置一般由两级金属探测器和除铁器组成，其中，除铁器作用区间的承载托辊应为无磁性托辊，见图5-2。

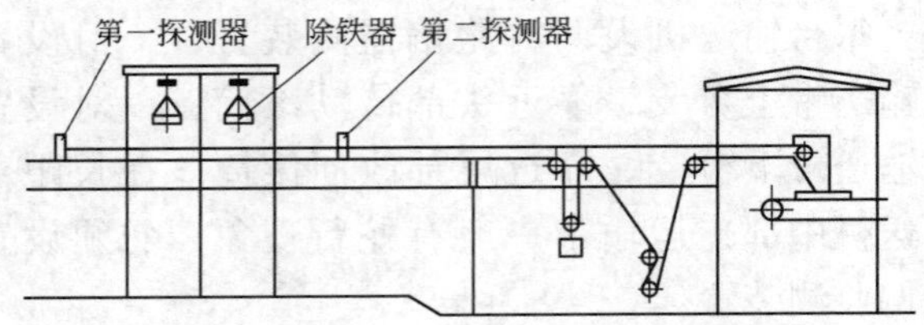

图5-2　输送机线除金属杂物设备的典型配置

除杂物装置的作用是将运输物料中的木块等杂物除去，以防止漏斗堵塞，因此它一般装设于系统最前端的输送机上，见图5-3。

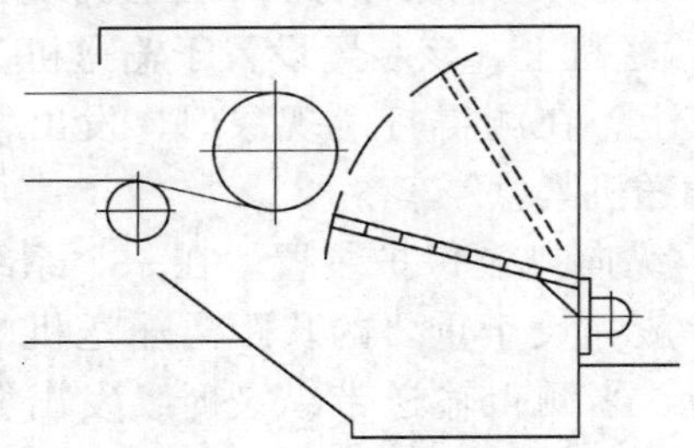

图5-3　一种简易除大块杂物示意图

5.5.3　防雨罩和防风装置

露天输送机的防雨罩可代替传统的通廊屋面和墙皮，材料有瓦楞铁皮和玻璃钢等品种，形式有固定罩、可开启的开闭式罩、折点罩、跑偏开关罩等多种。防雨罩一般均固定于输送机中部支架上，见图5-4。

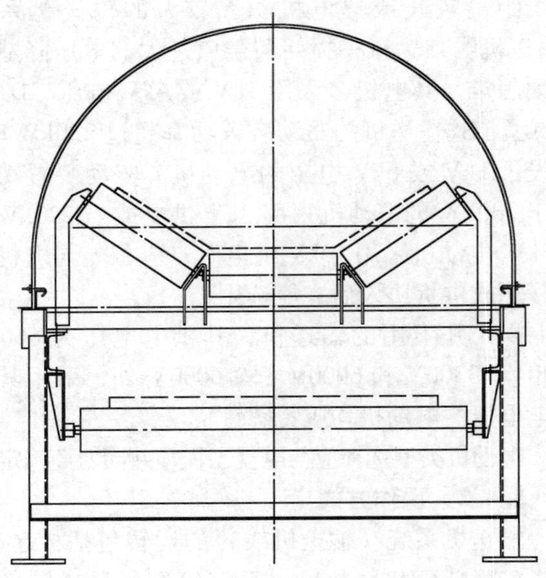

图5-4　输送机防雨罩

防风装置则是为防止露天输送机的输送带被大风刮翻的装置，实际上是一条可存放的环链。在风暴来临前由人工将环链从链盒中拉出，将输送带与中间架捆扎在一起。风暴过后，开车前，由人工解开环链，将其放回链盒中。已有防雨罩的输送机，无需另行设置防风装置。

5.5.4　输送带水洗装置

设置水洗装置的目的是为洗除粘附于输送带工作面上的物料，以防止因物料粘附于下托辊上成为输送带致偏因素或造成沿途洒落，造成不易清除的地面堆积物，污染工作环境。因而只有输送粘附性较强物料的输送机才考虑使用专门的水洗装置。

输送带水洗装置设于输送机下分支最靠近头部滚筒的地方，见图5-5。设有水洗装置的输送机应照常设置头部清扫器，并需将水洗装置排出的泥水导引至沉淀池进行处理。

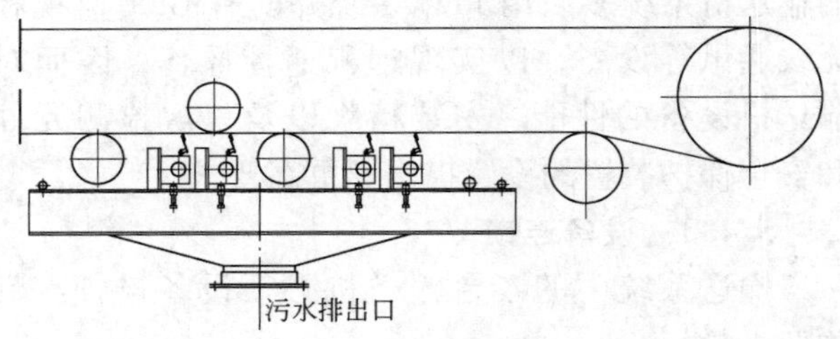

图5-5　水洗装置布置图

5.5.5　输送带翻转装置

将已绕过头部滚筒的输送带予以翻转，使其工作面朝上，而不与下托辊接触，在绕过尾部滚筒前再将其翻转复位。可避免下托辊与输送带工作面接触而将输送带的残留物刮落至地面上，造成工作环境的污染，节省人工清扫工作量。因而翻转装置一般适合于长距离输送的输送机采用。输送距离越长，其经济效益就越显著。

6 主要部件型谱

列入本型谱而未给出重量的部件，均属于开发中的部件，表中数据可供参考，如要用于施工图设计，可与本手册的两主编单位联系确认。

6.1 传动滚筒

传动滚筒示于图6-1，相关参数列于表6-1。

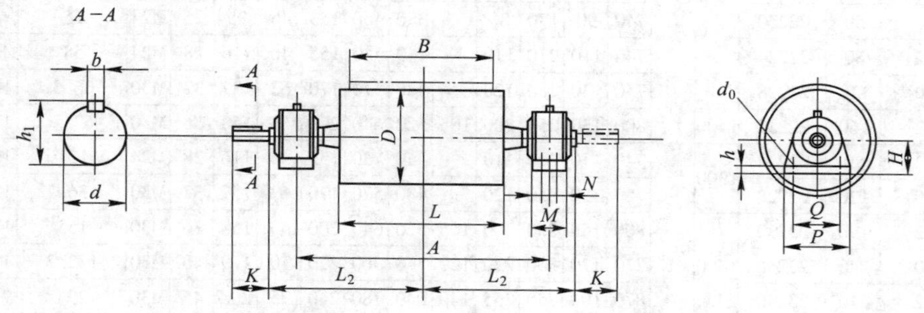

图6-1 传动滚筒示意图

滚筒出轴要求：图号后加“-S”为双出轴（如：100A108Y(Z)-S），无“-S”为单出轴；表中重量为单出轴滚筒的重量，双出轴滚筒的重量，大约为表中重量的1.05倍。

滚筒表面要求：一律为铸胶表面，图号后加“Y”为右向人字形，加“Z”为左向人字形，加“Y Z”为菱形（可省略）。

轴承座要求：图号后加“-P”为剖分式轴承座（如：100A108-P，或100A108-S-P），无“-P”为整体式轴承座。不同轴承座的滚筒，其重量视作相同。

表6-1 传动滚筒相关参数

代号 DTⅡ(A)	D	许用扭矩 /kN·m	许用合力 /kN	轴承型号	主要尺寸/mm														转动惯量 /kg·m²	重量 /kg	图号
					A	L	L_2	d	K	M	N	Q	P	H	h	h_1	b	d_0			
4025·1	250	0.63	15	22210	750	500	445	40	110	70	—	260	320	90	33	43	12	M16	0.58	98	40A102Y(Z)
4032·1	315	0.63	12					40	110	70	—	260	320	90	33	43	12	M16	1.17	112	40A103Y(Z)
4032·2		1.0	20	22212			450	50	110	70	—	280	340	100	33	53.5	14	M16	1.3	141	40A203Y(Z)
4040·1	400	1.0	15	22210			445	40	110	70	—	260	320	90	33	43	12	M16	2.4	132	40A104Y(Z)
4040·2		1.6	24	22212			450	50	110	70	—	280	340	100	33	53.5	14	M16	2.6	160	40A204Y(Z)
5025·1	250	0.63	15	22210	850	600	495	40	110	70	—	260	320	90	33	43	12	M16	0.67	109	50A102Y(Z)
5032·1	315	0.63	12				495	40	110	70	—	260	320	90	33	43	12	M16	1.36	125	50A103Y(Z)
5032·2		1.0	20	22212			495	50	110	70	—	280	340	100	33	53.5	14	M16	1.5	156	50A203Y(Z)
5040·1	400	1.25	20	22210			495	40	110	70	—	260	320	90	33	43	12	M16	2.8	148	50A104Y(Z)
5040·2		2.0	30	22212			495	50	110	70	—	280	340	100	33	53.5	14	M16	3	179	50A204Y(Z)
5050·1	500	1.6	30	22212				50	110	70	—	280	340	100	33	53.5	14	M16	5.9	206	50A105Y(Z)
5050·2		2.7	49	22216			495	70	140	70	—	350	410	120	33	74.5	20	M20	6.5	256	50A205Y(Z)
6532·1	315	1.25	25	22210	1000	750	570	40	110	70	—	260	320	90	33	43	12	M16	1.6	144	65A103Y(Z)
6540·1	400	1.25	25					40	110	70	—	260	320	90	33	43	12	M16	3.3	170	65A104Y(Z)
6540·2		2.0	35	22212			570	50	110	70	—	280	340	100	33	53.5	14	M16	3.5	204	65A204Y(Z)
6550·1	500	3.5	40	22216			570	70	140	70	—	350	410	120	33	74.5	20	M20	7.8	291	65A105Y(Z)
6550·2		6.3	59	22220			590	90	170	80	—	380	460	135	46	95	25	M24	7.8	390	65A205Y(Z)
6563·1	630	4.1	40	22216			570	70	140	70	—	350	410	120	33	74.5	20	M20	18.5	339	65A106Y(Z)
6563·2		7.3	80	22220			590	90	170	80	—	380	460	135	46	95	25	M24	18.5	447	65A206Y(Z)

续表 6-1

代号 DTⅡ(A)	D	许用扭矩 /kN·m	许用合力 /kN	轴承型号	主要尺寸/mm														转动惯量 /kg·m²	重量 /kg	图号
					A	L	L_2	d	K	M	N	Q	P	H	h	h_1	b	d_0			
8032·1	315	1.25	25	22210	1300	950	720	40	110	70	—	260	320	90	33	43	12	M16	2	173	80A103Y(Z)
8040·1	400	1.25	20	22210			720	40	110	70	—	260	320	90	33	43	12	M16	4	204	80A104Y(Z)
8040·2		2.0	30	22212			720	50	110	70	—	280	340	100	33	53.5	14	M16	4.2	244	80A204Y(Z)
8050·1	500	2.5	30	22216			720	70	140	70	—	350	410	120	33	74.5	20	M20	8.9	344	80A105Y(Z)
8050·2		4.1	40	22220			740	90	170	80	—	380	460	135	46	95	25	M24	9.8	457	80A205Y(Z)
8063·1	630	6.0	50	22220			740	90	170	80	—	380	460	135	46	95	25	M24	23.5	525	80A106Y(Z)
8063·2		12.0	80	22224			740	110	210	110	—	440	530	155	46	116	28	M24	29.5	747	80A206Y(Z)
8063·3		20	100	22228			750	130	250	120	—	480	570	170	63	137	32	M30	32	931	80A306Y(Z)
8080·1	800	7	50	22220			740	90	170	80	—	380	460	135	46	95	25	M24	25	629	80A107Y(Z)
8080·2		12	80	22224			740	110	210	110	—	440	530	155	46	116	28	M24	58	865	80A207Y(Z)
8080·3		20	110	22228			750	130	250	120	—	480	570	170	63	137	32	M30	66.3	1056	80A307Y(Z)
8080·4		32	160	22232	1400		800	150	250	200	105	520	640	200	65	158	36	M30	67.5	1257	80A407Y(Z)
80100·1	1000	12	80	22224	1300		740	110	210	110	—	440	530	155	46	116	28	M24	131	1049	80A108Y(Z)
80100·2		20	120	22228			750	130	250	120	—	480	570	170	63	137	32	M30	136.7	1205	80A208Y(Z)
80100·3		32	190	22232	1400		800	150	250	200	105	520	640	200	55	158	36	M30	155	1462	80A308Y(Z)
80100·4		40	240	22236			870	170	300	220	120	570	700	220	70	179	40	M30	172.7	1756	80A408Y(Z)
80100·5		52	310	23240			870	190	350	255	140	640	780	240	75	200	45	M30	234	2478	80A508Y(Z)
80100·6		66	400	23244	1450		895	200	350	300	150	720	880	270	80	210	45	M36	249	2848	80A608Y(Z)
80125·1	1250	40	270	23240	1400		870	190	350	255	140	640	780	240	75	200	45	M30	413	2957	80A109Y(Z)
80125·2		66	320	23248	1450		925	220	350	300	150	750	900	290	90	231	50	M36	539	3702	80A209Y(Z)
80125·3		80	450	24152			925	240	410	320	170	750	900	290	90	252	56	M36	542	3958	80A309Y(Z)
80125·4		120	520	24156			925	260	410	320	170	840	1000	310	100	272	56	M36	592	4169	80A409Y(Z)
10040·1	400	2.5	30	22216	1500	1150	820	70	140	70	—	350	410	120	33	74.5	20	M20	5.3	344	100A104Y(Z)
10050·1	500	3.5	45	22216			820	70	140	70	—	350	410	120	33	74.5	20	M20	10.2	388	100A105Y(Z)
10050·2		6.3	75	22220			840	90	170	80	—	380	460	135	46	95	25	M24	12.2	508	100A205Y(Z)
10063·1	630	6	40	22220			840	90	170	80	—	380	460	135	46	95	25	M24	26.5	584	100A106Y(Z)
10063·2		12	73	22224			840	110	210	110	—	440	530	155	46	116	28	M24	38.3	823	100A206Y(Z)
10080·1	800	12	73	22224			840	110	210	110	—	440	530	155	46	116	28	M24	78.8	955	100A107Y(Z)
10080·2		20	110	22228			850	130	250	120	—	480	570	170	63	137	32	M30	80.3	1161	100A207Y(Z)
10080·3		27	160	22232	1600		900	150	250	200	105	520	640	200	65	158	36	M30	81.8	1370	100A307Y(Z)
10080·4		40	190	22236			910	170	300	220	120	570	700	220	70	179	40	M30	83.3	1687	100A407Y(Z)
10080·5		52	320	23240			995	190	350	255	140	640	780	240	75	200	45	M30	120	2313	100A507Y(Z)
100100·1	1000	12	80	22224	1500		840	110	210	110	—	440	530	155	46	116	28	M24	164.8	1172	100A108Y(Z)
100100·2		20	110	22228			850	130	250	120	—	480	570	170	63	137	32	M30	166.8	1336	100A208Y(Z)
100100·3		27	170	22232	1600		900	150	250	200	105	520	640	200	65	158	36	M30	168.3	1602	100A308Y(Z)
100100·4		40	210	22236			910	170	300	220	120	570	700	220	70	179	40	M30	170	1908	100A408Y(Z)
100100·5		52	330	23240	1650		995	190	350	255	140	640	780	240	75	200	45	M30	215.3	2683	100A508Y(Z)
100100·6		66	400	23244			1000	200	350	270	140	720	880	270	80	210	45	M36	272	3059	100A608Y(Z)
100125·1	1250	52	320	23244			1000	200	350	270	140	720	880	270	80	210	45	M36	410.7	3498	100A109Y(Z)
100125·2		66	450	23248			1025	220	350	300	150	750	900	290	90	231	50	M36	583.3	3960	100A209Y(Z)
100125·3		80	520	24152	1650	1150	1025	240	410	320	170	750	900	290	90	252	56	M36	586.8	4229	100A309Y(Z)
100125·4		120	660	24156			1025	260	410	320	170	840	1000	310	100	272	56	M36	640	4734	100A409Y(Z)
100140·1	1400	66	450	23248			1000	220	350	300	150	750	900	290	90	231	50	M36	736	4229	100A110Y(Z)
100140·2		120	520	24156			1025	260	410	320	170	840	1000	310	100	272	56	M36	896.8	5010	100A210Y(Z)
100140·3		160	660	23160			1025	280	470	320	170	940	1150	330	100	292	63	M36	1041	5816	100A310Y(Z)
100160·1	1600	120	520	23160			1025	280	470	320	170	940	1150	330	100	292	63	M36	1757.4	6691	100A111Y(Z)
100160·2		160	660	23268	1800		1175	300	470	470	260	1010	1200	380	120	314	70	M42	1921	8356	100A211Y(Z)
12050·1	500	6.3	60	22220	1750	1400	965	90	170	80	—	380	460	135	46	95		M24	14.2	588	120A105Y(Z)
12063·1	630	12	52	22224			975	110	210	110	—	440	530	155	46	116	28	M24	46.5	921	120A106Y(Z)
12063·2		20	85	22228			975	130	250	120	—	480	570	170	63	137	32	M30	47.3	1134	120A206Y(Z)

续表 6-1

代号 DTⅡ(A)	D	许用扭矩 /kN·m	许用合力 /kN	轴承型号	主要尺寸/mm														转动惯量 /kg·m²	重量 /kg	图号
					A	L	L_2	d	K	M	N	Q	P	H	h	h_1	b	d_0			
12080·1	800	12	80	22224	1750		975	110	210	110	—	440	530	155	46	116	28	M24	96	1071	120A107Y(Z)
12080·2		20	110	22228			975	130	250	120	—	480	570	170	63	137	32	M30	97.8	1296	120A207Y(Z)
12080·3		27	140	22232	1850		1025	150	250	200	105	520	640	200	65	158	36	M30	99.5	1515	120A307Y(Z)
12080·4		40	180	22236			1035	170	300	220	120	570	700	220	70	179	40	M30	101.3	1860	120A407Y(Z)
12080·5		52	230	23240	1900		1120	190	350	255	140	640	780	240	75	200	45	M30	118.3	2508	120A507Y(Z)
120100·1	1000	12	80	22224	1750		975	110	210	110	—	440	530	155	46	116	28	M24	200	1321	120A108Y(Z)
120100·2		20	110	22228		1400		130	250	120	—	480	570	170	63	137	32	M30	202.5	1496	120A208Y(Z)
120100·3		27	160	22232	1850		1025	150	250	200	105	520	640	200	65	158	36	M30	204.8	1771	120A308Y(Z)
120100·4		40	210	22236			1035	170	300	220	120	570	700	220	70	179	40	M30	207	2108	120A408Y(Z)
120100·5		52	290	23240			1120	190	350	255	140	640	780	240	75	200	45	M30	262	2906	120A508Y(Z)
120100·6		66	330	23244				200	350	270	140	720	880	270	80	210	45	M36	283	3321	120A608Y(Z)
120100·7		80	450	23248	1900		1150	220	350	300	150	750	900	290	90	231	50	M36	329	3825	120A708Y(Z)
120125·1	1250	52	320	23248			1150	220	350	300	150	750	900	290	90	231	50	M36	444	4254	120A109Y(Z)
120125·2		66	450	24152				240	410	320	170	750	900	290	90	252	56	M36	560	4542	120A209Y(Z)
120125·3		80	520	24156				260	410	320	170	840	1000	310	100	272	56	M36	699.6	5108	120A309Y(Z)
120125·4		120	660	23160	1900		1150	280	470	320	170	940	1150	330	100	292	63	M36	804	5897	120A409Y(Z)
120140·1	1400	80	520	24156				260	410	320	170	840	1000	310	100	272	56	M36	855	5406	120A110Y(Z)
120140·2		120	660	23160	1900	1400	1150	280	470	320	170	940	1150	330	100	292	63	M36	1131	6254	120A210Y(Z)
120140·3		160	800	23268	2050		1300	300	470	470	260	1010	1200	380	120	314	70	M42	1331	8333	120A310Y(Z)
120160·1	1600	120	660	23160	1900		1150	280	470	320	170	940	1150	330	100	292	63	M36	1902	7187	120A111Y(Z)
120160·2		160	800	23268	2050		1300	300	470	470	260	1010	1200	380	120	314	70	M42	2066	9059	120A211Y(Z)
14080·1	800	20	100	22228			1125	130	250	120	—	480	570	170	63	137	32	M30	111.8	1422	140A107Y(Z)
14080·2		27	130	22232	2050		1125	150	250	200	105	520	640	200	65	158	36	M30	113.8	1633	140A207Y(Z)
14080·3		40	170	22236			1135	170	300	220	120	570	700	220	70	179	40	M30	115.8	2004	140A307Y(Z)
14080·4		52	210	23240	2100		1220	190	350	255	140	640	780	240	75	200	45	M30	135.3	2674	140A407Y(Z)
14080·5		66	320	23244			1220	200	350	270	140	720	880	270	80	210	45	M36	166	3204	140A507Y(Z)
140100·1	1000	20	100	22228			1125	130	250	120	—	480	570	170	63	137	32	M30	202.5	1633	140A108Y(Z)
140100·2		27	160	22232	2050		1125	150	250	200	105	520	640	200	65	158	36	M30	204.8	1902	140A208Y(Z)
140100·3		40	210	22236			1135	170	300	220	120	570	700	220	70	179	40	M30	236.5	2267	140A308Y(Z)
140100·4		52	260	23240			1220	190	350	255	140	640	780	240	75	200	45	M30	299.5	3089	140A408Y(Z)
140100·5		66	300	23244		1600	1220	200	350	270	140	720	880	270	80	210	45	M36	300	3534	140A508Y(Z)
140100·6		80	450	23248			1250	220	350	300	150	750	900	290	90	231	50	M36	351	4042	140A608Y(Z)
140125·1	1250	52	260	23248			1250	220	350	300	150	750	900	290	90	231	50	M36	541	4507	140A109Y(Z)
140125·2		66	450	24152	2100		1250	240	410	320	170	750	900	290	90	252	56	M36	592	4811	140A209Y(Z)
140125·3		80	520	24156			1260	260	410	320	170	840	1000	310	100	272	56	M36	745	5403	140A309Y(Z)
140125·4		120	660	23160			1260	280	470	320	170	940	1150	330	100	292	63	M36	855	6255	140A409Y(Z)
140140·1	1400	80	520	24156			1260	260	410	320	170	840	1000	310	100	272	56	M36	1044	5722	140A110Y(Z)
140140·2		120	800	23160			1260	280	470	320	170	940	1150	330	100	292	63	M36	940	6635	140A210Y(Z)
140140·3		160	1050	23268	2250		1400	300	470	470	260	1010	1200	380	120	314	70	M42	1408	8715	140A310Y(Z)
140160·1	1600	120	800	23160	2150		1285	280	470	320	170	940	1150	330	100	292	63	M36	2017	7621	140A111Y(Z)
140160·2		160	1050	23268	2250		1400	300	470	470	260	1010	1200	380	120	314	70	M42	2184	9478	140A211Y(Z)
16080·1	800	20	120	22232	2250		1235	150	250	200	105	520	640	200	65	158	36	M30	110.6	1744	160A107Y(Z)
16080·2		27	160	22236			1245	170	300	220	120	570	700	220	70	179	40	M30	123.4	2135	160A207Y(Z)
16080·3		40	240	23240	2300		1330	190	350	255	140	640	780	240	75	200	45	M30	153.6	2836	160A307Y(Z)
16080·4		52	320	23244				200	350	270	140	720	880	270	80	210	45	M36	181	3389	160A407Y(Z)
16080·5		66	450	23248	2350	1800	1375	220	350	300	150	750	900	290	90	231	50	M36	195	3892	160A507Y(Z)
160100·1	1000	27	160	22236	2250		1245	170	300	220	120	570	700	220	70	179	40	M30	242	2419	160A108Y(Z)
160100·2		40	240	23240	2300		1330	190	350	255	140	640	780	240	75	200	45	M30	317.4	3273	160A208Y(Z)
160100·3		52	320	23244				200	350	270	140	720	880	270	80	210	45	M36	344.9	3742	160A308Y(Z)
160100·4		66	450	23248	2350		1375	220	350	300	150	750	900	290	90	231	50	M36	374	4288	160A408Y(Z)

续表 6-1

代号 DTⅡ(A)	D	许用扭矩 /kN·m	许用合力 /kN	轴承型号	主要尺寸/mm														转动惯量 /kg·m²	重量 /kg	图号
					A	L	L_2	d	K	M	N	Q	P	H	h	h_1	b	d_0			
160100·5	1000	80	520	24152	2350	1800	1385	240	410	320	170	750	900	290	90	252	56	M36	376.7	4616	160A508Y(Z)
160100·6		120	650	24156			1385	260	410	320	170	840	1000	310	100	272	56	M36	403	5130	160A608Y(Z)
160125·1	1250	66	450	23248	2350		1375	220	350	300	150	750	900	290	90	231	50	M36	724	4799	160A109Y(Z)
160125·2		80	520	24152			1385	240	410	320	170	750	900	290	90	252	56	M36	727.6	5084	160A209Y(Z)
160125·3		120	650	24156			1385	260	410	320	170	840	1000	310	100	272	56	M36	792.4	5727	160A309Y(Z)
160125·4		160	800	23160			1385	280	470	320	170	940	1150	330	100	292	63	M36	1188	6577	160A409Y(Z)
160140·1	1400	80	520	24156			1385	260	410	320	170	840	1000	310	100	272	56	M36	1110	6065	160A110Y(Z)
160140·2		120	800	23160			1385	280	470	320	170	940	1150	330	100	292	63	M36	1271	6977	160A210Y(Z)
160140·3		160	1050	23268	2450		1500	300	470	470	260	1010	1200	380	120	314	70	M42	1485	9096	160A310Y(Z)
160160·1	1600	80	520	24156	2350		1385	260	410	320	170	840	1000	310	100	272	56	M36	2007	7285	160A111Y(Z)
160160·2		120	800	23160				280	470	320	170	940	1150	330	100	292	63	M36	2133	8018	160A211Y(Z)
160160·3		160	1200	23268	2450		1500	300	470	470	260	1010	1200	380	120	314	70	M42	2299	9893	160A311Y(Z)
18080·1	800	20	160	22232	2450	2000	1335	150	250	200	105	520	640	200	65	158	36	M30	119	1866	180A107Y(Z)
18080·2		27	240	22236			1345	170	300	220	120	570	700	220	70	179	40	M30	132.7	2275	180A207Y(Z)
18080·3		40	320	23240	2500		1430	190	350	255	140	640	780	240	75	200	45	M30	163.8	2995	180A307Y(Z)
18080·4		52	450	23244				200	350	270	140	720	880	270	80	210	45	M36	193	3573	180A407Y(Z)
18080·5		66	520	23248	2550		1475	220	350	300	150	750	900	290	90	231	50	M36	206.7	4089	180A507Y(Z)
180100·1	1000	40	320	23240	2500		1430	190	350	255	140	640	780	240	75	200	45	M30	337	3454	180A108Y(Z)
180100·2		52	450	23244				200	350	270	140	720	880	270	80	210	45	M36	367.4	3950	180A208Y(Z)
180100·3		66	520	23248	2550		1475	220	350	300	150	750	900	290	90	231	50	M36	392.8	4491	180A308Y(Z)
180100·4		80	650	24152			1485	240	410	320	170	750	900	290	90	252	56	M36	397.7	4843	180A408Y(Z)
180100·5		120	800	24156			1485	260	410	320	170	840	1000	310	100	272	56	M36	427	5388	180A508Y(Z)
180125·1	1250	66	450	24152			1485	240	410	320	170	750	900	290	90	252	56	M36	759.6	5350	180A109Y(Z)
180125·2		80	520	24156			1485	260	410	320	170	840	1000	310	100	272	56	M36	839.3	6018	180A209Y(Z)
180125·3		120	650	23160			1485	280	470	320	170	940	1150	330	100	292	63	M36	963.4	6901	180A309Y(Z)
180140·1	1400	80	450	24156			1485	260	410	320	170	840	1000	310	100	272	56	M36	1176	6377	180A110Y(Z)
180140·2		120	800	23160			1485	280	470	320	170	940	1150	330	100	292	63	M36	1342	7320	180A210Y(Z)
180140·3		160	1050	23268	2650		1600	300	470	470	260	1010	1200	380	120	314	70	M42	1563	9479	180A310Y(Z)
180160·1	1600	120	800	23160	2550		1485	280	470	320	170	940	1150	330	100	292	63	M36	2217	8343	180A111Y(Z)
180160·2		160	1050	23268	2650		1600	300	470	470	260	1010	1200	380	120	314	70	M42	2415	10306	180A211Y(Z)
20080·1	800	20	160	22232	2650	2200	1445	150	250	200	105	520	640	200	65	158	36	M30	127.4	1981	200A107Y(Z)
20080·2		27	240	22236			1455	170	300	220	120	570	700	220	70	179	40	M30	142	2417	200A207Y(Z)
20080·3		40	320	23240	2700		1520	190	350	255	140	640	780	240	75	200	45	M30	174	3151	200A307Y(Z)
20080·4		52	450	23244				200	350	270	140	720	880	270	80	210	45	M36	204.6	3753	200A407Y(Z)
20080·5		66	520	23248	2750		1575	220	350	300	150	750	900	290	90	231	50	M36	218.2	4284	200A507Y(Z)
200100·1	1000	40	320	23240	2700		1520	190	350	255	140	640	780	240	75	200	45	M30	357	3632	200A108Y(Z)
200100·2		52	450	23244				200	350	270	140	720	880	270	80	210	45	M36	390	4156	200A208Y(Z)
200100·3		66	520	23248	2750		1575	220	350	300	150	750	900	290	90	231	50	M36	419	4730	200A308Y(Z)
200100·4		80	650	24152			1585	240	410	320	170	750	900	290	90	252	56	M36	421.6	5088	200A408Y(Z)
200100·5		120	800	24156			1585	260	410	320	170	840	1000	310	100	272	56	M36	451	5879	200A508Y(Z)
200125·1	1250	66	450	24152			1585	240	410	320	170	750	900	290	90	252	56	M36	803.2	5619	200A109Y(Z)
200125·2		80	520	24156			1585	260	410	320	170	840	1000	310	100	272	56	M36	886.3	6314	200A209Y(Z)
200125·3		120	800	23160			1585	280	470	320	170	940	1150	330	100	292	63	M36	1005	7223	200A309Y(Z)
200140·1	1400	80	450	24156			1585	260	410	320	170	840	1000	310	100	272	56	M36	1242	6692	200A110Y(Z)
200140·2		120	800	23160			1585	280	470	320	170	940	1150	330	100	292	63	M36	1412	7663	200A210Y(Z)
200140·3		160	1200	23268	2850		1700	300	470	470	260	1010	1200	380	120	314	70	M42	1641	9861	200A310Y(Z)
200160·1	1600	120	800	23160	2750		1585	280	470	320	170	940	1150	330	100	292	63	M36	2333	8738	200A111Y(Z)
200160·2		160	1200	23268	2850		1700	300	470	470	260	1010	1200	380	120	314	70	M42	2530	10720	200A211Y(Z)
22080·1	800	27	240	22236	2950	2500	1605	170	300	220	120	570	700	220	70	179	40	M30			220A107Y(Z)
22080·2		40	320	23240	3000		1670	190	350	255	140	640	780	240	75	200	45	M30			220A207Y(Z)

续表 6-1

代号 DTⅡ(A)	D	许用扭矩 /kN·m	许用合力 /kN	轴承型号	主要尺寸/mm														转动惯量 /kg·m²	重量 /kg	图号
					A	L	L_2	d	K	M	N	Q	P	H	h	h_1	b	d_0			
22080·3	800	52	450	23244	3000	2500	1670	200	350	270	140	720	880	270	80	210	45	M36			220A307Y(Z)
22080·4		66	520	23248	3050		1725	220	350	300	150	750	900	290	90	231	50	M36			220A407Y(Z)
220100·1	1000	40	320	23244	3000		1670	200	350	270	140	720	880	270	80	210	45	M36			220A108Y(Z)
220100·2		52	450	23248	3050		1725	220	350	300	150	750	900	290	90	231	50	M36			220A208Y(Z)
220100·3		66	520	24152			1735	240	410	320	170	750	900	290	90	252	56	M36			220A308Y(Z)
220100·4		80	650	24156			1735	260	410	320	170	840	1000	310	100	272	56	M36			220A408Y(Z)
220100·5		120	800	23160			1735	280	470	320	170	940	1150	370	120	272	63	M36			220A508Y(Z)
220125·1	1250	80	450	24156			1735	260	410	320	170	840	1000	310	100	272	56	M36			220A109Y(Z)
220125·2		120	800	23160			1735	280	470	320	170	940	1150	330	100	272	63	M36			220A209Y(Z)
220125·3		160	1200	23268	3150		1850	300	470	470	260	1010	1200	380	120	314	70	M42			220A309Y(Z)
220140·1	1400	80	450	23160	3050		1735	280	470	320	170	940	1150	330	100	272	63	M36			220A110Y(Z)
220140·2		120	800	23268	3150		1850	300	470	470	260	1010	1200	380	120	314	70	M42			220A210Y(Z)
220140·3		160	1200	23272	3200		1885	320	470	485	260	1050	1240	400	120	334	70	M42			220A310Y(Z)
220160·1	1600	120	800	23268	3150		1850	300	470	470	260	1010	1200	380	120	314	70	M42			220A111Y(Z)
220160·2		160	1200	23272	3200		1885	320	470	485	260	1050	1240	400	120	334	70	M42			220A211Y(Z)
24080·1	800	27	240	22236	3250	2800	1755	170	300	220	120	570	700	220	70	179	40	M30			240A107Y(Z)
24080·2		40	320	23240	3300		1820	190	350	255	140	640	780	240	75	200	45	M30			240A207Y(Z)
24080·3		52	450	23244			1820	200	350	270	140	720	880	270	80	210	45	M36			240A307Y(Z)
24080·4		66	520	23248	3350		1875	220	350	300	150	750	900	290	90	231	50	M36			240A407Y(Z)
240100·1	1000	40	320	23244	3300		1820	200	350	270	140	720	880	270	80	210	45	M36			240A108Y(Z)
240100·2		52	450	23248	3350		1875	220	350	300	150	750	900	290	90	231	50	M36			240A208Y(Z)
240100·3		66	520	24152			1885	240	350	320	170	750	900	290	90	252	56	M36			240A308Y(Z)
240100·4		80	650	24156			1885	260	410	320	170	840	1000	310	100	272	56	M36			240A408Y(Z)
240100·5		120	800	23160			1885	280	470	320	170	940	1150	370	120	272	63	M36			240A508Y(Z)
240125·1	1250	80	450	24156			1885	260	410	320	170	840	1000	310	100	272	56	M36			240A109Y(Z)
240125·2		120	800	23160			1885	280	470	320	170	940	1150	330	100	272	63	M36			240A209Y(Z)
240125·3		160	1200	23268	3450		2000	300	470	470	260	1010	1200	380	120	314	70	M42			240A309Y(Z)
240140·1	1400	80	450	23160	3350		1885	280	470	320	170	940	1150	330	100	272	63	M36			240A110Y(Z)
240140·2		120	800	23268	3450		2000	300	470	470	260	1010	1200	380	120	314	70	M42			240A210Y(Z)
240140·3		160	1200	23272	3500		2035	320	470	485	260	1050	1240	400	120	334	70	M42			240A310Y(Z)
240160·1	1600	120	800	23268	3450		2000	300	470	470	260	1010	1200	380	120	314	70	M42			240A111Y(Z)
240160·2		160	1200	23272	3500		2035	320	470	485	260	1050	1240	400	120	334	70	M42			240A211Y(Z)
240180·1	1800	120	800	23268	3450		2000	300	470	470	260	1010	1200	380	120	314	70	M42			240A112Y(Z)
240180·2		160	1200	23272	3500		2035	320	470	485	260	1050	1240	400	120	334	70	M42			240A212Y(Z)

注：1. 表中轴承型号均省略了尾标。其省略的尾标为：尾数≤32 的为 CC/W33，尾数≥36 的为 CACM/W33，尾数≥68 的为 CAK(或 CACK)/W33。如轴承 22232 全称为 22232CC/W33；轴承 22236 全称为 22236CACM/W33；轴承 23268 全称为 23268CAK/W33(SKF)。

2. 为了系列扩展的需要，较之 2002 版系列，对如下图号做了更改：原 50A105 改为 50A205；原 80A105 改为 80A205；原 80A108 改为 80A408；原 100A109 改为 100A309；原 140A110 改为 140A210；请注意分辨。

6.2　改向滚筒

改向滚筒示于图 6-2，相关参数列于表 6-2。

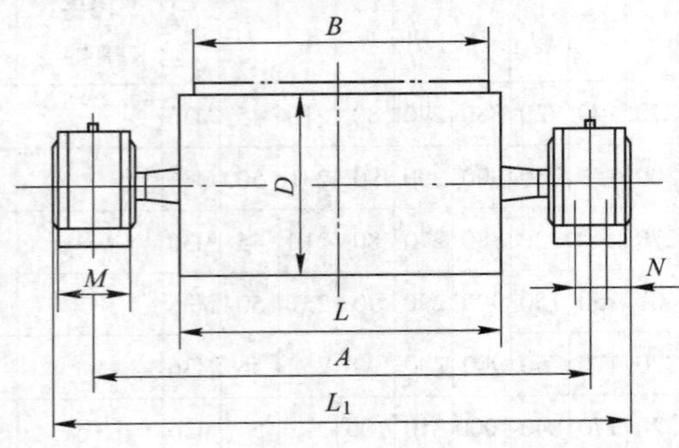

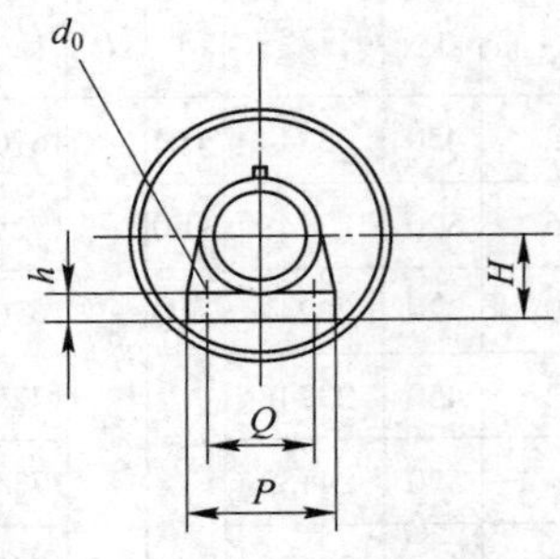

图 6-2　改向滚筒示意图

滚筒表面要求：图号后加“G”为光面滚筒，无“G”为胶面滚筒。

轴承座要求：图号后加“-P”为剖分式轴承座，无“-P”为整体式轴承座。不同轴承座的滚筒，其重量视作相同。

表 6-2　改向滚筒相关参数

<table>
<tr><th rowspan="2">B</th><th rowspan="2">D</th><th rowspan="2">许用合力/kN</th><th rowspan="2">轴承型号</th><th colspan="10">主要尺寸/mm</th><th colspan="2">光 面</th><th colspan="2">胶 面</th><th rowspan="2">图 号</th></tr>
<tr><th>A</th><th>L</th><th>L1</th><th>Q</th><th>P</th><th>H</th><th>h</th><th>M</th><th>N</th><th>d0</th><th>转动惯量/kg · m²</th><th>重量/kg</th><th>转动惯量/kg · m²</th><th>重量/kg</th></tr>
<tr><td rowspan="5">400</td><td>200</td><td>8</td><td rowspan="4">22210</td><td rowspan="5">750</td><td rowspan="5">500</td><td rowspan="4">830</td><td rowspan="4">260</td><td rowspan="4">320</td><td rowspan="4">90</td><td rowspan="5">33</td><td rowspan="5">70</td><td rowspan="5">—</td><td rowspan="5">M16</td><td>0.2</td><td>75</td><td>0.3</td><td>80</td><td>40B101(G)</td></tr>
<tr><td>250</td><td>8</td><td>0.4</td><td>91.5</td><td>0.6</td><td>98</td><td>40B102(G)</td></tr>
<tr><td>315</td><td>10</td><td>0.9</td><td>102.4</td><td>1.2</td><td>110</td><td>40B103(G)</td></tr>
<tr><td rowspan="2">400</td><td>16</td><td>1.9</td><td>120.3</td><td>2.4</td><td>130</td><td>40B104(G)</td></tr>
<tr><td>24</td><td>22212</td><td>860</td><td>280</td><td>340</td><td>100</td><td>2.1</td><td>148</td><td>2.6</td><td>158</td><td>40B204(G)</td></tr>
<tr><td rowspan="7">500</td><td>200</td><td>8</td><td rowspan="4">22210</td><td rowspan="7">850</td><td rowspan="7">600</td><td rowspan="4">930</td><td rowspan="4">260</td><td rowspan="4">320</td><td rowspan="4">90</td><td rowspan="4">33</td><td rowspan="4">70</td><td rowspan="4">—</td><td rowspan="6">M16</td><td>0.2</td><td>83</td><td>0.3</td><td>89</td><td>50B101(G)</td></tr>
<tr><td>250</td><td>9</td><td>0.5</td><td>102</td><td>0.71</td><td>110</td><td>50B102(G)</td></tr>
<tr><td>315</td><td>10</td><td>1.3</td><td>114</td><td>1.4</td><td>124</td><td>50B103(G)</td></tr>
<tr><td rowspan="2">400</td><td>10</td><td>3</td><td>134</td><td>3.5</td><td>146</td><td>50B104(G)</td></tr>
<tr><td>23</td><td>22212</td><td rowspan="2">960</td><td rowspan="2">280</td><td rowspan="2">340</td><td rowspan="2">100</td><td rowspan="2">33</td><td rowspan="3">70</td><td rowspan="3">—</td><td>3</td><td>164</td><td>3.5</td><td>176</td><td>50B204(G)</td></tr>
<tr><td rowspan="2">500</td><td>28</td><td>22212</td><td>5</td><td>189</td><td>6</td><td>205</td><td>50B105(G)</td></tr>
<tr><td>49</td><td>22216</td><td>965</td><td>350</td><td>410</td><td>120</td><td>33</td><td>M20</td><td>5</td><td>235</td><td>6</td><td>251</td><td>50B205(G)</td></tr>
<tr><td rowspan="12">650</td><td>200</td><td>8</td><td rowspan="3">22210</td><td rowspan="11">1000</td><td rowspan="12">750</td><td rowspan="3">1101</td><td rowspan="3">260</td><td rowspan="3">320</td><td rowspan="3">90</td><td rowspan="3">33</td><td rowspan="3">70</td><td rowspan="3">—</td><td rowspan="4">M16</td><td>0.26</td><td>94</td><td>0.4</td><td>101</td><td>65B101(G)</td></tr>
<tr><td>250</td><td>8</td><td>0.8</td><td>117</td><td>0.9</td><td>126</td><td>65B102(G)</td></tr>
<tr><td rowspan="3">315</td><td>8</td><td>1.5</td><td>132</td><td>1.6</td><td>144</td><td>65B103(G)</td></tr>
<tr><td>16</td><td>22212</td><td>1110</td><td>280</td><td>340</td><td>100</td><td>33</td><td>70</td><td>—</td><td>1.8</td><td>164</td><td>1.9</td><td>176</td><td>65B203(G)</td></tr>
<tr><td>26</td><td>22216</td><td>1115</td><td>350</td><td>410</td><td>120</td><td>33</td><td>70</td><td>—</td><td>M20</td><td>2</td><td>213</td><td>2.5</td><td>225</td><td>65B303(G)</td></tr>
<tr><td rowspan="3">400</td><td>20</td><td>22212</td><td>1110</td><td>280</td><td>340</td><td>100</td><td>33</td><td>70</td><td>—</td><td>M16</td><td>3</td><td>187</td><td>3.5</td><td>203</td><td>65B104(G)</td></tr>
<tr><td>32</td><td>22216</td><td>1115</td><td>350</td><td>410</td><td>120</td><td>33</td><td>70</td><td>—</td><td>M20</td><td>3.3</td><td>238</td><td>3.8</td><td>253</td><td>65B204(G)</td></tr>
<tr><td>46</td><td>22220</td><td>1139</td><td>380</td><td>460</td><td>135</td><td>46</td><td>80</td><td>—</td><td>M24</td><td>3.5</td><td>324</td><td>4</td><td>339</td><td>65B304(G)</td></tr>
<tr><td rowspan="2">500</td><td>40</td><td>22216</td><td>1115</td><td>350</td><td>410</td><td>120</td><td>33</td><td>70</td><td>—</td><td>M20</td><td>6.5</td><td>267</td><td>7.8</td><td>285</td><td>65B105(G)</td></tr>
<tr><td>59</td><td>22220</td><td>1139</td><td>380</td><td>460</td><td>135</td><td>46</td><td>80</td><td>—</td><td rowspan="3">M24</td><td>6.5</td><td>360</td><td>7.8</td><td>379</td><td>65B205(G)</td></tr>
<tr><td rowspan="2">630</td><td>59</td><td>22220</td><td>1139</td><td>380</td><td>460</td><td>135</td><td>46</td><td>80</td><td>—</td><td>16.3</td><td>413</td><td>18.5</td><td>436</td><td>65B106(G)</td></tr>
<tr><td>70</td><td>22224</td><td>1050</td><td>1201</td><td>440</td><td>530</td><td>155</td><td>46</td><td>110</td><td>—</td><td>20.3</td><td>618</td><td>21.3</td><td>641</td><td>65B206(G)</td></tr>
<tr><td rowspan="10">800</td><td>200</td><td>6</td><td rowspan="2">22210</td><td rowspan="4">1250</td><td rowspan="10">950</td><td rowspan="2">1330</td><td rowspan="2">260</td><td rowspan="2">320</td><td rowspan="2">90</td><td rowspan="5">33</td><td rowspan="5">70</td><td rowspan="5">—</td><td rowspan="3">M16</td><td>0.3</td><td>110</td><td>0.5</td><td>120</td><td>80B101(G)</td></tr>
<tr><td>250</td><td>6</td><td>0.8</td><td>138</td><td>1.1</td><td>150</td><td>80B102(G)</td></tr>
<tr><td rowspan="2">315</td><td>12</td><td>22212</td><td>1339</td><td>280</td><td>340</td><td>100</td><td>1.5</td><td>194</td><td>2.1</td><td>208</td><td>80B103(G)</td></tr>
<tr><td>20</td><td>22216</td><td rowspan="2">1344</td><td rowspan="2">350</td><td rowspan="2">410</td><td rowspan="2">120</td><td rowspan="2">M20</td><td>1.8</td><td>249</td><td>2.3</td><td>263</td><td>80B203(G)</td></tr>
<tr><td rowspan="3">400</td><td>20</td><td>22216</td><td rowspan="6">1300</td><td>4.5</td><td>277</td><td>4.8</td><td>296</td><td>80B104(G)</td></tr>
<tr><td>29</td><td>22220</td><td>1411</td><td>380</td><td>460</td><td>135</td><td rowspan="2">46</td><td>80</td><td>—</td><td rowspan="4">M24</td><td>4.8</td><td>401</td><td>5</td><td>420</td><td>80B204(G)</td></tr>
<tr><td>45</td><td>22224</td><td>1423</td><td>440</td><td>530</td><td>155</td><td>110</td><td>—</td><td>5.5</td><td>515</td><td>6.3</td><td>533</td><td>80B304(G)</td></tr>
<tr><td rowspan="3">500</td><td>40</td><td>22220</td><td>1411</td><td>380</td><td>460</td><td>135</td><td>46</td><td>80</td><td>—</td><td>7.8</td><td>444</td><td>9.8</td><td>467</td><td>80B105(G)</td></tr>
<tr><td>56</td><td>22224</td><td>1423</td><td>440</td><td>530</td><td>155</td><td>46</td><td>110</td><td>—</td><td>7.8</td><td>560</td><td>9.3</td><td>583</td><td>80B205(G)</td></tr>
<tr><td>100</td><td>22228</td><td>1433</td><td>480</td><td>570</td><td>170</td><td>63</td><td>120</td><td>—</td><td>M30</td><td>12.7</td><td>721</td><td>14.8</td><td>744</td><td>80B305(G)</td></tr>
</table>

续表 6-2

B	D	许用合力 /kN	轴承型号	主要尺寸/mm A	L	L_1	Q	P	H	h	M	N	d_0	光面 转动惯量 /kg·m²	光面 重量 /kg	胶面 转动惯量 /kg·m²	胶面 重量 /kg	图号
		50	22220			1411	380	460	135	46	80	—	M24	19.5	505	23.5	534	80B106(G)
	630	73	22224	1300		1423	440	530	155	46	110	—		24.3	695	49.5	724	80B206(G)
		100	22228			1433	480	570	170	63	120	—	M30	27.8	871	30.8	900	80B306(G)
		170	22232	1400		1550	520	640	200	65	200	105		30	1050	33	1079	80B406(G)
		90	22224			1423	440	530	155	46	110	—	M24	49.8	798	57.3	841	80B107(G)
		126	22228	1300		1433	480	570	170	63	120	—		54.8	982	61.8	1025	80B207(G)
	800	170	22232			1550	520	640	200	65	200	105		60.5	1170	67.5	1214	80B307(G)
800		250	22236		950	1566	570	700	220	70	220	120		61.8	1439	68.8	1482	80B407(G)
		240	22232			1550	520	640	200	65	200	105	M30	125.3	1372	140	1426	80B108(G)
	1000	330	22236	1400		1566	570	700	220	70	220	120		126.5	1628	140.3	1682	80B208(G)
		400	23240			1644	640	780	240	75	255	140		285.8	2321	290.4	2375	80B308(G)
		400	23244			1644	720	880	270	80	270	140	M36	365.4	3050	370.8	3118	80B109(G)
	1250	550	23248	1450		1734	750	900	290	90	300	150	M36	500	3495	539.6	3566	80B209(G)
		800	24152			1740	750	900	290	90	320	170	M36	503.5	3689	543	3760	80B309(G)
	250	6	22210			1530	260	320	90				M16	1	159	1.2	173	100B102(G)
	315	11	22212	1450		1539	280	340	100	33	70	—		1.8	221	2.4	238	100B103(G)
		18	22216			1544	350	410	120				M20	2	282	2.9	299	100B203(G)
		18	22216			1544	350	410	120	33	70	—		5	315	6	337	100B104(G)
	400	29	22220			1611	380	460	135	46	80	—		5	428	6	450	100B204(G)
		45	22224			1623	440	530	155	46	110	—	M24	7.3	573	8.3	595	100B304(G)
		35	22220			1611	380	460	135	46	80	—		8.5	476	9.8	504	100B105(G)
	500	45	22224	1500		1623	440	530	155	46	110	—		9.5	625	11.3	653	100B205(G)
		75	22228			1633	480	570	170	63	120	—	M30	8.5	809	13.3	836	100B305(G)
		43	22220			1611	380	460	135	46	80	—		23	545	26.5	579	100B106(G)
	630	64	22224			1623	440	530	155	46	110	—	M24	29.8	769	33.3	803	100B206(G)
		87	22228		1150	1633	480	570	170	63	120	—	M30	32.5	957	36	992	100B306(G)
		168	22232	1600		1750	520	640	200	65	200	105		34	1142	38.5	1177	100B406(G)
		79	22224	1500		1623	440	530	155	46	110	—	M24	58.3	882	67	935	100B107(G)
1000		110	22228			1633	480	570	170	63	120	—		64.3	1080	73	1133	100B207(G)
	800	168	22232	1600		1750	520	640	200	65	200	105		73.3	1276	81.8	1329	100B307(G)
		220	22236			1766	570	700	220	70	220	120		74.8	1570	83.3	1623	100B407(G)
		300	23240	1650		1894	640	780	240	75	255	140	M30	107	2144	120	2197	100B507(G)
		130	22228	1500		1633	480	570	170	63	120	—		131.5	1241	150.8	1309	100B108(G)
		200	22232	1600		1750	520	640	200	65	200	105		151.5	1493	168.3	1561	100B208(G)
	1000	290	22236			1766	570	700	220	70	220	120		153.3	1776	170	1844	100B308(G)
		387	23240	1650		1894	640	780	240	75	255	140		198.5	2499	215.3	2567	100B408(G)
		429	23244			1894	720	880	270	80	270	140		215.8	2886	232.5	2954	100B508(G)
		400	23244			1894	720	880	270	80	270	140		410.5	3295	419.8	3380	100B109(G)
	1250	550	23248			1934	750	900	290	90	300	150	M36	538	3720	583.3	3805	100B209(G)
		660	24152			1940	750	900	290	90	320	170		502	3943	545.8	4028	100B309(G)
	1400	600	23248	1650	1150	1934	750	900	290	90	300	150		767.6	3991	827.6	4085	100B110(G)
		900	24156			1940	840	1000	310	100	320	170		834.5	4686	896.8	4780	100B210(G)
	1600	1200	23160			1940	940	1150	330	100	320	170	M36	1659	6280	1757	6386	100B111(G)

续表 6-2

B	D	许用合力/kN	轴承型号	主要尺寸/mm										光面		胶面		图号
				A	L	L_1	Q	P	H	h	M	N	d_0	转动惯量/kg·m²	重量/kg	转动惯量/kg·m²	重量/kg	
1200	250	6	22210	1700	1400	1780	260	320	90	33	70	—	M16	1	181	1.4	198	120B102(G)
	315	11	22212			1789	280	340	100	33	70	—		2.2	255	2.9	277	120B103(G)
		17	22216			1794	350	410	120	33	70	—	M20	2.3	322	3	343	120B203(G)
	400	17	22216			1794	350	410	120	33	70	—		6	360	7	387	120B104(G)
		26	22220	1750		1861	380	460	135	46	80	—	M24	5.9	486	7.3	513	120B204(G)
		38	22224			1873	440	530	155	46	110	—		7.1	645	8.6	672	120B304(G)
	500	30	22220			1861	380	460	135	46	80	—		11.6	542	14.2	576	120B105(G)
		41	22224			1873	440	530	155	46	110	—		13.7	705	16.4	739	120B205(G)
		70	22228			1883	480	570	170	63	120	—	M30	16.4	899	19.3	933	120B305(G)
	630	37	22220			1861	380	460	135	46	80	—	M24	23.9	620	28.6	662	120B106(G)
		53	22224			1873	440	530	155	46	110	—		33.2	858	38.5	900	120B206(G)
		90	22228			1883	480	570	170	63	120	—	M30	38.2	1060	43.7	1102	120B306(G)
		150	22232	1850		2000	520	640	200	65	200	105		40.4	1261	46.2	1303	120B406(G)
	800	64	22224	1750		1873	440	530	155	46	110	—	M24	69.1	987	79.8	1051	120B107(G)
		100	22228			1883	480	570	170	63	120	—	M30	77.2	1200	89.6	1264	120B207(G)
		150	22232	1850		2000	520	640	200	65	200	105		82	1411	94.6	1474	120B307(G)
		200	22236			2016	570	700	220	70	220	120		92.4	1732	105.7	1796	120B407(G)
		230	23240	1900		2144	640	780	240	75	255	140		118.2	2337	133	2401	120B507(G)
	1000	134	22228	1750		1883	480	570	170	63	120	—		152.2	1380	174.9	1464	120B108(G)
		150	22232	1850		2000	520	640	200	65	200	105		169.4	1646	193	1730	120B208(G)
		200	22236			2016	570	700	220	70	220	120		184.3	1960	208.6	2043	120B308(G)
		351	23240	1900		2144	640	780	240	75	255	140		251	2715	278.5	2799	120B408(G)
		391	23244			2144	720	880	270	80	270	140	M36	272.2	3121	300.7	3204	120B508(G)
		437	23248			2184	750	900	290	90	300	150		291.2	3541	320.7	3624	120B608(G)
	1250	400	23248			2184	750	900	290	90	300	150		585.7	4019	638	4123	120B109(G)
		550	24152			2190	750	900	290	90	320	170		589	4259	641.5	4363	120B209(G)
		800	24156			2190	840	1000	310	100	320	170		645	4774	699.6	4878	120B309(G)
	1400	900	23160			2190	940	1150	330	100	320	170		1054	5832	1131	5949	120B110(G)
		1050	23268	2050		2500	1010	1200	380	120	470	260	M42	1247	7901	1332	8018	120B210(G)
	1600	1200	23268											1950	8617	2068	8745	120B111(G)
1400	315	17	22216	1900	1600	1994	350	410	120	33	70	—	M20	2.6	354	3.4	379	140B103(G)
	400	17	22216			1994	350	410	120	33	70	—		6.8	397	8	428	140B104(G)
		25	22220	1950		2061	380	460	135	46	80	—	M24	6.75	533	8.1	564	140B204(G)
		40	22224			2073	440	530	155	46	110	—		7.8	705	9.6	736	140B304(G)
	500	25	22220	1950		2089	380	460	135	46	80	—		12.9	596	15.7	633	140B105(G)
		40	22224			2073	440	530	155	46	110	—		15.2	773	18.8	811	140B205(G)
		66	22228	2050		2183	480	570	170	63	120	—	M30	18	995	21.4	1033	140B305(G)
	630	50	22224	1950		2073	440	530	155	46	110	—	M24	36.2	929	42	977	140B106(G)
		90	22228	2050		2183	480	570	170	63	120	—	M30	41.5	1161	48	1208	140B206(G)
		120	22232			2200	520	640	200	65	200	105		43.8	1356	50.2	1404	140B306(G)
	800	50	22224	1950		2073	440	530	155	46	110	—	M24	74	1070	87.4	1143	140B107(G)
		94	22228	2050		2183	480	570	170	63	120	—	M30	84.2	1314	98	1388	140B207(G)
		150	22232			2200	520	640	200	65	200	105		88.9	1519	103	1593	140B307(G)
		186	22236			2216	570	700	220	70	220	120		100.2	1863	115	1937	140B407(G)
		214	23240	2100		2344	640	780	240	75	255	140		126.8	2488	143.3	2562	140B507(G)
		300	23244			2344	720	880	270	80	270		M36	152	3006	170	3079	140B607(G)
	1000	100	22228	2050		2183	480	570	170	63	120	—	M30	165.5	1508	190.2	1599	140B108(G)
		150	22232			2200	520	640	200	65	200	105		183	1771	209	1862	140B208(G)
		236	22236			2216	570	700	220	70	220	120		199.6	2109	226	2200	140B308(G)
		331	23240	2100		2344	640	780	240	75	255	140		267.8	2887	297.5	2978	140B408(G)
		361	23244			2344	720	880	270	80	270			291.6	3318	320.5	3409	140B508(G)
		400	23248			2384	750	900	290	90	300	150	M36	310.5	3750	342.2	3841	140B608(G)
		427	24152			2390					320	170		312.6	4005	344.5	4096	140B708(G)

续表 6-2

B	*D*	许用合力/kN	轴承型号	主要尺寸/mm										光面		胶面		图号
				A	*L*	L_1	*Q*	*P*	*H*	*h*	*M*	*N*	d_0	转动惯量/kg·m²	重量/kg	转动惯量/kg·m²	重量/kg	
1400	1250	400	23248	2100	1600	2384	750	900	290	90	300	150	M36	618	4235	675	4254	140B109(G)
		500	24152				750	900	290	90	320	170		621	4490	679	4609	140B209(G)
		600	24156			2390	840	1000	310	100	320	170		675	5012	735	5131	140B309(G)
		900	23160				940	1150	330					774	5737	837	5856	140B409(G)
		1050	23268	2250		2700	1010	1200	380	120	470	260	M42	937	7855	1007	7974	140B509(G)
	1400	600	24156	2100	1600	2390	840	1000	310	100	320	170	M36	966	5360	1044	5487	140B110(G)
		900	23160			2390	940	1150	330	100	320	170	M36	1116	6163	1202	6296	140B210(G)
		1050	23268	2250		2700	1010	1200	380	120	470	260	M42	1317	8267	1410	8400	140B310(G)
	1600	1200	23268											2054	9013	2183	9159	140B111(G)
		1600	23272			2726	1050	1240	400	120	485	260	M42	2134	9698	2266	9844	140B211(G)
1600	400	25	22220	2150	1800	2261	380	460	135	46	80	—	M24	7.2	580	9	615	160B104(G)
		40	22224			2273	440	530	155	46	110	—	M24	8.6	762	10.5	797	160B204(G)
		80	22228	2250		2383	480	570	170	63	120		M30	10	981	12.2	1016	160B304(G)
	500	40	22224	2150		2273	440	530	155	46	110	—	M24	15.2	838	18.5	881	160B105(G)
		80	22228	2250		2383	480	570	170	63	120	—	M30	17.8	1073	21.3	1116	160B205(G)
		160	22232			2400	520	640	200	65	200	105	M30	21.4	1283	25.2	1327	160B305(G)
	630	40	22224	2150		2273	440	530	155	46	110	—	M24	38.6	994	45.2	1048	160B106(G)
		80	22228	2250		2383	480	570	170	63	120	—	M30	44.4	1239	51.3	1294	160B206(G)
		160	22232			2400	520	640	200	65	200	105		46.7	1443	53.8	1498	160B306(G)
		240	22236	2300		2466	570	700	220	70	220	120		53.2	1797	60.6	1867	160B406(G)
	800	40	22224	2150		2273	440	530	155	46	110	—	M24	79.3	1145	94.6	1228	160B107(G)
		80	22228	2250		2383	480	570	170	63	120	—	M30	90.2	1405	105.5	1488	160B207(G)
		120	22232			2400	520	640	200	65	200	105		9.5	1618	110.6	1701	160B307(G)
		160	22236			2416	570	700	220	70	220	120		107.2	1988	123.5	2071	160B407(G)
		240	23240	2300		2544	640	780	240	75	255	140	M36	135.4	2637	153.5	2720	160B507(G)
		320	23244			2544	720	880	270	80	270	140		161.9	3181	181.6	3264	160B607(G)
		450	23248	2350		2634	750	900	290	90	300	150		174.6	3656	195.1	3739	160B707(G)
	1000	160	22236	2250		2416	570	700	220	70	220	120	M30	213	2248	242	2350	160B108(G)
		240	23240	2300		2544	640	780	240	75	255	140		284.8	3055	317.4	3157	160B208(G)
		320	23244			2544	720	880	270	80	270	140		311	3514	345	3616	160B308(G)
		450	23248	2350		2634	750	900	290	90	300	150	M36	338.8	4033	374	4135	160B408(G)
		520	24152			2640	750	900	290	90	320	170		341	4309	376.7	4411	160B508(G)
		800	24156			2640	840	1000	310	100	320	170		369.4	4814	406	4916	160B608(G)
	1250	450	24152			2640	750	900	290	90	320	170		654.2	4749	716	4878	160B109(G)
		520	24156			2640	840	1000	310	100	320	170		727.5	5348	792.3	5482	160B209(G)
		800	23160			2640	940	1150	330	100	320	170		818.2	6077	886.5	6206	160B309(G)
		1200	23268	2450		2900	1010	1200	380	120	470	260	M42	986	8198	1061	8327	160B409(G)
	1400	520	24156	2350		2640	840	1000	310	100	320	170	M36	1023	5686	1110	5830	160B110(G)
		800	23160			2640	940	1150	330	100	320	170		1179	6522	1271	6666	160B210(G)
		1200	23268	2450		2900	1010	1200	380	120	470	260	M42	1386	8633	1485	8777	160B310(G)
	1600	800	23160	2350		2640	940	1150	330	100	320	170	M36	1997	7475	2102	7639	160B111(G)
		1200	23268	2450		2900	1010	1200	380	120	470	260	M42	2158	9409	2299	9573	160B211(G)
		1600	23272			2926	1050	1240	400		485			2245	10128	2389	10292	160B311(G)

续表 6-2

B	D	许用合力/kN	轴承型号	主要尺寸/mm A	L	L_1	Q	P	H	h	M	N	d_0	光面 转动惯量/kg·m²	光面 重量/kg	胶面 转动惯量/kg·m²	胶面 重量/kg	图号
1800	400	25	22220	2350	2000	2461	380	460	135	46	80	—	M24	7.8	627	9.8	666	180B104(G)
		40	22224			2473	440	530	155	46	110	—		9.3	820	11.5	859	180B204(G)
		80	22228	2450		2583	480	570	170	63	120	—	M30	10.9	1052	13.3	1091	180B304(G)
	500	40	22224	2350		2473	440	530	155	46	110	—	M24	18.1	903	21.9	951	180B105(G)
		80	22228	2450		2583	480	570	170	63	120	—	M30	21.4	1151	25.5	1199	180B205(G)
		160	22232			2600	520	640	200	65	200	105	M30	23.2	1373	27.3	1421	180B305(G)
	630	40	22224	2350		2473	440	530	155	46	110	—	M24	38.8	1066	48.8	1126	180B106(G)
		80	22228	2450		2583	480	570	170	63	120	—	M30	47.8	1326	55.4	1386	180B206(G)
		160	22232			2600	520	640	200	65	200	105	M30	50	1539	57.8	1599	180B306(G)
		240	22236			2616	570	700	220	70	220	120		57	1914	65.2	1974	180B406(G)
		320	23240	2500		2744	640	780	240	75	255	140		71.5	2531	80.6	2592	180B506(G)
	800	80	22228	2450		2583	480	570	170	63	120	—	M30	97	1504	114	1596	180B107(G)
		160	22236			2616	570	700	220	70	220	120		114.7	2118	132.7	2210	180B207(G)
		240	23240	2500		2744	640	780	240	75	255	140	M30	144	2788	163.8	2880	180B307(G)
		320	23244			2788	720	880	270	80	270	140	M36	171.6	3355	193	3447	180B407(G)
		520	24152	2550		2840	750	900	290	90	320	170		186	4136	208.3	4228	180B507(G)
	1000	160	22236	2450		2616	570	700	220	70	220	120	M30	228.3	2397	260.3	2510	180B108(G)
		240	23240	2500		2744	640	780	240	75	255	140		301.5	3225	337	3339	180B208(G)
		450	23248	2550		2834	750	900	290	90	300	150	M36	354.7	4223	392.8	4337	180B308(G)
		520	24152			2840	750	900	290	90	320	170		359.3	4524	397.6	4638	180B408(G)
		800	23156			2840	840	1000	310	100	320	170		390.4	5062	409.3	5176	180B508(G)
	1250	520	24152		2000	2840	750	900	290	90	320	170		692.2	5003	759.6	5146	180B109(G)
		800	23160			2840	940	1150	330	100	320	170		825.3	6249	898	6392	180B209(G)
		1200	23268	2650		3100	1010	1200	380	120	470	260	M42	1036	8542	1117	8685	180B309(G)
	1400	800	23160	2550		2840	940	1150	330	100	320	170	M36	1242	6851	1341	7011	180B110(G)
		1200	23268	2650		3100	1010	1200	380	120	470	260	M42	1456	8998	1563	9158	180B210(G)
		1600	23272			3126	1050	1240	400		485			1515	9716	1624	9876	180B310(G)
	1600	800	23160	2550		2840	940	1150	330	100	320	170	M36	2070	7853	2217	8035	180B111(G)
		1200	23268	2650		3100	1010	1200	380	120	470	260	M42	2262	9804	2415	9986	180B211(G)
		1600	23272			3126	1050	1240	400		485			2356	10557	2511	10739	180B311(G)
2000	400	25	22220	2550	2200	2661	380	460	135	46	80	—	M24	8.5	674	10.6	717	200B104(G)
		40	22224			2673	440	530	155	46	110	—		10	879	12.4	921	200B204(G)
		80	22228	2650		2783	480	570	170	63	120	—	M30	11.8	1088	14.3	1130	200B304(G)
	500	40	22224	2550		2673	440	530	155	46	110	—	M24	19.6	967	23.7	1020	200B105(G)
		80	22228	2650		2783	480	570	170	63	120	—	M30	23.1	1229	27.5	1282	200B205(G)
		160	22232			2800	520	640	200	65	200	105		24.9	1462	29.5	1515	200B305(G)
	630	40	22224	2550		2673	440	530	155	46	110	—	M24	44.6	1138	52.4	1204	200B106(G)
		80	22232	2650		2800	520	640	200	65	200	105	M30	53.4	1633	61.8	1699	200B206(G)
		160	22236			2816	570	700	220	70	220	120		60.6	2028	69.4	2094	200B306(G)
		240	23240	2700		2944	640	780	240	75	255	140		75.6	2665	85.4	2731	200B406(G)
	800	80	22228	2650		2783	480	570	170	63	120	—		104	1603	122.4	1705	200B107(G)
		160	22236			2816	570	700	220	70	220	120		122.5	2249	142	2350	200B207(G)
		240	23240	2700		2944	640	780	240	75	255	140		152.6	2938	174	3040	200B307(G)
		320	23244			2944	720	880	270	80	270	140	M36	181.5	3530	204.5	3631	200B407(G)
		550	24152	2750		3040	750	900	290	90	320	170		195	4328	219	4429	200B507(G)
	1000	160	22236	2650		2816	570	700	220	70	220	120	M30	243.4	2546	278.2	2671	200B108(G)
		240	23240	2700		2944	640	780	240	75	255	140		318.5	3395	357	3520	200B208(G)
		320	23244			2944	720	880	270	80	270	140	M36	349.8	3909	390	4034	200B308(G)
		450	23248	2750		3034	750	900	290	90	300	150		377.6	4456	419	4581	200B408(G)
		520	24152			3040	750	900	290	90	320	170		380	4759	421.6	4884	200B508(G)

续表 6-2

B	D	许用合力/kN	轴承型号	A	L	L_1	Q	P	H	h	M	N	d_0	光面 转动惯量/kg·m²	光面 重量/kg	胶面 转动惯量/kg·m²	胶面 重量/kg	图号
2000	1000	650	24156	2750	2200	3040	840	1000	310	100	320	170	M36	411	5311	454	5437	200B608(G)
	1250	520	24152				750	900	290	90	320	170	M36	730	5256	803.2	5414	200B109(G)
		800	23160				940	1150	330	100	320	170		924.5	6758	1005	6916	200B209(G)
		1200	23268	2850		3300	1010	1200	380	120	470	260	M42	1085	8887	1172	9045	200B309(G)
	1400	800	23160	2750		3040	940	1150	330	100	320	170	M36	1305	7180	1412	7356	200B110(G)
		1200	23268	2850		3300	1010	1200	380	120	470	260	M42	1526	9368	1641	9544	200B210(G)
		1600	23272			3326	1050	1240	400	120	485	260		1585	10100	1702	10276	200B310(G)
	1600	800	23268			3300	1010	1200	380	120	470	260		2366	10201	2530	10402	200B111(G)
		1200	23272			3326	1050	1240	400	120	485	260		2467	10986	2634	11187	200B211(G)
		1600	23276			3334	1090	1280	420	130	500	280	M48	2569	11788	2739	11988	200B311(G)
2200	500	40	22224	2850	2500	2973	440	530	155	46	110	—	M24					220B105(G)
		80	22228	2950		3083	480	570	170	63	120	—	M30					220B205(G)
		120	22232			3100	520	640	200	65	200	105						220B305(G)
	630	40	22224	2850		2973	440	530	155	46	110	—	M24					220B106(G)
		80	22232	2950		3100	520	640	200	65	200	105						220B206(G)
		160	22236			3116	570	700	220	70	220	120						220B306(G)
		240	23240	3000		3244	640	780	240	75	255	140	M30					220B406(G)
	800	90	22228	2950		3083	480	570	170	63	120	—						220B107(G)
		150	22236			3116	570	700	220	70	220	120						220B207(G)
		240	23240	3000		3244	640	780	240	75	255	140						220B307(G)
		320	23244			3244	720	880	270	80	270	140						220B407(G)
		450	23248	3050		3334	750	900	290	90	300	150	M36					220B507(G)
		600	24152			3340	750	900	290	90	320	170						220B607(G)
	1000	180	22236	2950		3116	570	700	220	70	220	120	M30					220B108(G)
		240	23240	3000		3244	640	780	240	75	255	140						220B208(G)
		320	23244			3244	720	880	270	80	270	140						220B308(G)
		450	23248	3050		3334	750	900	290	90	300	150	M36					220B408(G)
		600	24152			3340	750	900	290	90	320	170						220B508(G)
		800	23160			3340	940	1150	330	100	320	170						220B608(G)
		1200	23268	3150		3600	1010	1200	380	120	470	260	M42					220B708(G)
	1250	400	23248	3050		3334	750	900	290	90	300	150	M36					220B109(G)
		800	23160			3340	940	1150	330	100	320	170						220B209(G)
		1200	23268	3150		3600	1010	1200	380	120	470	260	M42					220B309(G)
		1500	23272				1050	1240	400	120	485	260	M42					220B409(G)
	1400	800	23268				1010	1200	380	120	470	260	M42					220B110(G)
		1200	23272				1050	1240	400	120	485	260	M42					220B210(G)
		1500	23276				1090	1280	420	130	430	240						220B310(G)
	1600	800	23268	3150		3600	960	1150	370	120	320	220	M42					220B111(G)
		1200	23272				1050	1240	400	120	485	260	M42					220B211(G)
		1500	23276				1090	1280	420	130	430	240						220B311(G)

续表 6-2

B	D	许用合力/kN	轴承型号	主要尺寸/mm A	L	L_1	Q	P	H	h	M	N	d_0	光面 转动惯量/kg·m²	光面 重量/kg	胶面 转动惯量/kg·m²	胶面 重量/kg	图号
2400	500	40	22224	3150		3273	440	530	155	46	110	—	M24					240B105(G)
		80	22228	3250		3383	480	570	170	63	120	—						240B205(G)
		160	22232			3400	520	640	200	65	200	105						240B305(G)
		240	22236			3416	570	700	220	70	220	120	M30					240B405(G)
	630	80	22228		2800	3383	480	570	170	63	120	—						240B106(G)
		160	22236			3416	570	700	220	70	220	120						240B206(G)
		240	23240	3300		3544	640	780	240	75	255	140						240B306(G)
		320	23244			3544	720	880	270	80	270	140	M36					240B406(G)
	800	150	22236	3250		3416	570	700	220	70	220	120	M30					240B107(G)
		240	23240	3300		3544	640	780	240	75	255	140						240B207(G)
		320	23244			3544	720	880	270	80	270	140						240B307(G)
		450	23248	3350		3634	750	900	290	90	300	150	M36					240B407(G)
		600	24152			3640	750	900	290	90	320	170						240B507(G)
	1000	240	23240	3300		3544	640	780	240	75	255	140	M30					240B108(G)
		450	23248	3350		3634	750	900	290	90	300	150						240B208(G)
		600	24152			3640	750	900	290	90	320	170	M36					240B308(G)
		800	24156			3640	840	1000	310	100	320	170						240B408(G)
		1000	23160			3640	940	1150	330	100	320	170						240B508(G)
		1200	23268	3450		3900	1010	1200	380	120	470	260	M42					240B608(G)
	1250	800	23160	3350	2800	3640	940	1150	330	100	320	170	M36					240B109(G)
		1200	23268	3450		3900	1010	1200	380	120	470	260	M42					240B209(G)
		1500	23272			3926	1050	1240	400	120	485	260	M48					240B309(G)
	1400	800	23268			3900	1010	1200	380	120	470	260	M42					240B110(G)
		1200	23272			3926	1050	1240	400	120	485	260	M48					240B210(G)
		1500	23276			3934	1090	1280	420	130	430	240						240B310(G)
	1600	800	23268			3900	1010	1200	380	120	470	260	M42					240B111(G)
		1200	23272			3926	1050	1240	400	120	485	260						240B211(G)
		1500	23276			3934	1090	1280	420	130	430	240						240B311(G)
	1800	1200	23272			3926	1050	1240	400	120	485	260	M42					240B112(G)
		1500	23276			3934	1090	1280	420	130	430	240						240B212(G)

注：1. 表中轴承型号均省略了尾标。其省略的尾标为：尾数≤32 的为 CC/W33，尾数≥36 的为 CACM/W33，尾数≥68 的为 CAK(或 CACK)/W33。如轴承 22232 全称为 22232CC/W33；轴承 22236 全称为 22236CACM/W33；轴承 23268 全称为 23268CAK/W33(SKF)。

2. 为了系列扩展的需要，较之 2002 版系列，对如下图号做了更改：原 140B109 改为 140B309；原 140B209 改为 140B409；原 140B110 改为 140B210。请注意分辨。

6.3　承载托辊

6.3.1　35°槽形托辊

35°槽形托辊示于图6-3，相关参数列于表6-3。

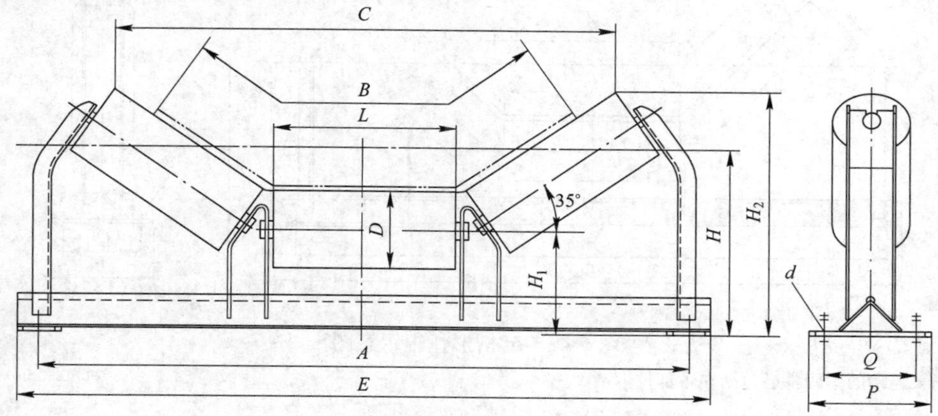

图6-3　35°槽形托辊示意图

说明：与中间架连接的紧固件已包括在本部件内。

表6-3　35°槽形托辊相关参数

mm

带宽	辊子				主要尺寸									重量	图号
B	D	L	图号	轴承	A	E	C	H	H_1	H_2	P	Q	d	/kg	
	63.5		G101	6203/C4			464	185	112	242				9.61	40C114
400	76	160	G201	6204/C4	600	660	460	195	118	254	170	130	M12	11.4	40C214
	89		G301	6204/C4			—	—	—	—				—	40C314
	63.5		G102	6203/C4			570	200	119	272				12.5	50C114
500	76	200	G202	6204/C4	740	800	567	210	122	281	170	130	M12	14.9	50C214
	89		G302	6204/C4			559	220	135.5	300				15.8	50C314
	76		G203	6204/C4			698	225	122	310				16.6	65C214
650	89	250	G303	6204/C4	890	950	691	235	135.5	329	170	130	M12	17.1	65C314
	108		G403	6205/C4			684	265	146	346				21.3	65C414
	89		G304	6204/C4			862	245	135.5	366				22.1	80C314
800	108	315	G404	6205/C4	1090	1150	855	270	146	385	170	130	M12	26.7	80C414
	133		G504	6305/C4			841	305	159.5	408				33.2	80C514
	108		G405	6205/C4			1038	300	159	437				38.0	100C414
1000	133	380	G505	6305/C4	1290	1350	1023	325	173.5	461	220	170	M16	45.5	100C514
	159		G605	6306/C4			1020	370	190.5	491				57.1	100C614
	108		G406	6205/C4			1262	335	176	502				50.5	120C414
1200	133	465	G506	6305/C4	1540	1600	1248	360	190.5	527	260	200	M16	59.2	120C514
	159		G606	6306/C4			1244	390	207.5	556				72.4	120C614
	108		G408	6205/C4			1433	350	184	548				56.2	140C414
1400	133	530	G508	6305/C4	1740	1810	1419	380	198.5	573	280	220	M16	65.6	140C514
	159		G608	6306/C4			1415	410	215.5	602				87.8	140C614
	133		G509	6305/C4			1603	430	205	619				85.3	160C514
1600	159	600	G609	6306/C4	1990	2060	1598	460	220	646	300	240	M16	100.8	160C614
	194		G709	6407/C4			—	—	—	—				—	160C714
	133		G510	6305/C4			1788	455	215	669				98.3	180C514
1800	159	670	G610	6306/C4	2190	2260	1784	485	230	696	300	240	M16	114.8	180C614
	194		G710	6407/C4			1784	525	255	739				152.3	180C714
	133		G512	6305/C4			1999	460	215	715				107.1	200C514
2000	159	750	G612	6306/C4	2420	2490	1995	500	230	742	300	240	M16	125.4	200C614
	194		G712	6407/C4			1995	540	255	785				165.9	200C714
	133		G513	6305/C4			—	—	—	—				—	220C514
2200	159	800	G613	6306/C4	2720	2800									220C614
	194		G713	6407/C4											220C714
	159		G614	6306/C4											240C614
2400	194	900	G714	6407/C4	3020	3110									240C714
	219		G814	6408/C4			—	—	—	—				—	240C814

6.3.2 45°槽形托辊

45°槽形托辊示于图6-4，相关参数列于表6-4。

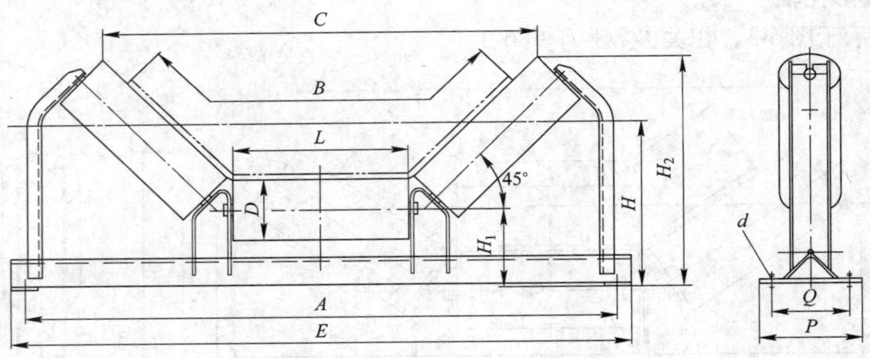

图6-4 45°槽形托辊示意图

说明：与中间架连接的紧固件已包括在本部件内。

表6-4 45°槽形托辊相关参数

mm

带宽	辊子				主要尺寸									重量	图号
B	D	L	图号	轴承	A	E	C	H	H_1	H_2	P	Q	d	/kg	
400	63.5	160	G101	6203/C4	600	660	420	185	112	264	170	130	M12	9.8	40C115
	76		G201	6204/C4			417	195	118	275				11.6	40C215
	89		G301	6204/C4			—	—	—	—				—	40C315
500	63.5	200	G102	6203/C4	740	800	524	200	119	300	170	130	M12	12.7	50C115
	76		G202	6204/C4			522	210	122	309				15.2	50C215
	89		G302	6204/C4			513	220	135.5	326				16.1	50C315
650	76	250	G203	6204/C4	890	950	643	225	122	345	170	130	M12	16.9	65C215
	89		G303	6204/C4			634	235	134	362				17.5	65C315
	108		G403	6205/C4			620	265	146	379				21.6	65C415
800	89	315	G304	6204/C4	1090	1150	791	245	134	409	170	130	M12	22.5	80C315
	108		G404	6205/C4			784	270	145	426				27.1	80C415
	133		G504	6305/C4			779	305	159.5	452				33.8	80C515
1000	108	380	G405	6205/C4	1290	1350	939	300	159	487	170	130	M12	39.6	100C415
	133		G505	6305/C4			943	325	174	514				47.4	100C515
	159		G605	6306/C4			924	370	193	542				58.9	100C615
1200	108	465	G406	6205/C4	1540	1600	1145	335	176	563	260	200	M16	52.4	120C415
	133		G506	6305/C4			1148	360	190.5	591				61.3	120C515
	159		G606	6306/C4			1129	390	207.5	617				74.3	120C615
1400	108	530	G408	6205/C4	1740	1810	1302	350	184	618	280	220	M16	66	140C415
	133		G508	6305/C4			1305	380	199	645				75.7	140C515
	159		G608	6306/C4			1286	410	216	671				89.9	140C615
1600	133	600	G509	6305/C4	1990	2060	1474	430	205	701	300	240	M16	87.1	160C515
	159		G609	6306/C4			1455	460	220	725				102.5	160C615
	194		G709	6407/C4			—	—	—	—				—	160C715
1800	133	670	G510	6305/C4	2190	2260	1643	455	215	761	300	240	M16	100	180C515
	159		G610	6306/C4			1624	485	230	785				116.5	180C615
	194		G710	6407/C4			1628	525	255	827				155.2	180C715
2000	133	750	G512	6305/C4	2420	2490	1836	460	215	817	300	240	M16	109.2	200C515
	159		G612	6306/C4			1817	500	230	842				127.3	200C615
	194		G712	6407/C4			1820	540	250	879				168.5	200C715
2200	133	800	G513	6305/C4	2720	2800									220C515
	159		G613	6306/C4											220C615
	194		G713	6407/C4											220C715
2400	159	900	G614	6306/C4	3020	3110									240C615
	194		G714	6407/C4											240C715
	219		G814	6408/C4											240C815

6.3.3　35°槽形前倾托辊

35°槽形前倾托辊示于图 6-5，相关参数列于表 6-5。

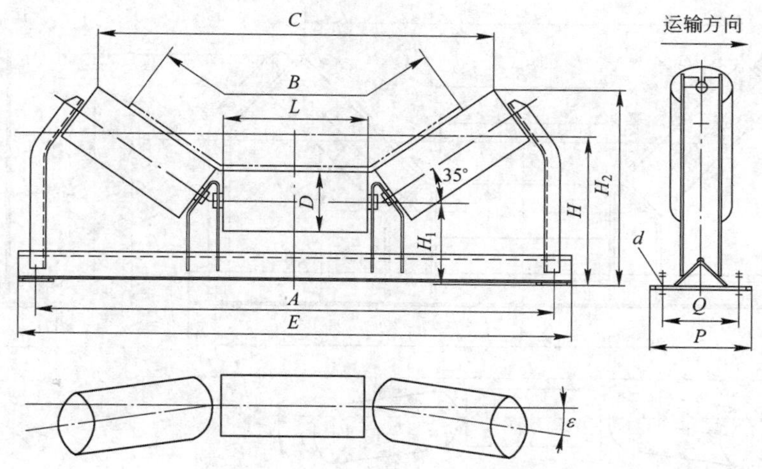

图 6-5　35°槽形前倾托辊示意图

说明：与中间架连接的紧固件已包括在本部件内。

表 6-5　35°槽形前倾托辊相关参数

mm

带宽	辊子				主要尺寸										重量	图号
B	D	L	图号	轴承	A	E	C	H	H_1	H_2	ε	P	Q	d	/kg	
	63.5		G101	6203/C4			464	185	112	242					9.61	40C124
400	76	160	G201	6204/C4	600	660	460	195	118	254	1°20′	170	130	M12	11.4	40C224
	89		G301	6204/C4			—	—	—	—					—	40C324
	63.5		G102	6203/C4			570	200	119	272	1°23′				12.5	50C124
500	76	200	G202	6204/C4	740	800	567	210	122	281	1°21′	170	130	M12	14.9	50C224
	89		G302	6204/C4			559	220	135.5	300	1°17′				15.8	50C324
	76		G203	6204/C4			698	225	122	310	1°25′				16.6	65C224
650	89	250	G303	6204/C4	890	950	691	235	135.5	329	1°22′	170	130	M12	17.1	65C324
	108		G403	6205/C4			684	265	146	346	1°19′				21.3	65C424
	89		G304	6204/C4			862	245	135.5	366	1°23′				22.1	80C304
800	108	315	G404	6205/C4	1090	1150	855	270	146	385	1°20′	170	130	M12	26.7	80C424
	133		G504	6305/C4			841	305	159.5	408	1°17′				33.2	80C524
	108		G405	6205/C4			1038	300	159	437	1°27′				38.0	100C424
1000	133	380	G505	6305/C4	1290	1350	1023	325	173.5	461	1°24′	220	170	M16	45.5	100C524
	159		G605	6306/C4			1020	370	190.5	491	1°20′				57.1	100C624
	108		G406	6205/C4			1262	335	176	502	1°29′				50.5	120C424
1200	133	465	G506	6305/C4	1540	1600	1248	360	190.5	527	1°27′	260	200	M16	59.2	120C524
	159		G606	6306/C4			1244	390	207.5	556	1°24′				72.4	120C624
	108		G408	6205/C4			1433	349	184	548	1°35′				56.2	140C424
1400	133	530	G508	6305/C4	1740	1810	1419	380	198.5	573	1°32′	280	220	M16	65.6	140C524
	159		G608	6306/C4			1415	410	215.5	602	1°29′				87.8	140C624
	133		G509	6305/C4			1603	430	205	619					85.3	160C524
1600	159	600	G609	6306/C4	1990	2060	1598	460	220	646	1°30′	300	240	M16	101	160C624
	194		G709	6407/C4			—	—	—	—					—	160C724
	133		G510	6305/C4			1788	455	215	669					98.3	180C524
1800	159	670	G610	6306/C4	2190	2260	1782	485	230	696	1°30′	300	240	M16	114.8	180C624
	194		G710	6407/C4			1784	525	255	739					152.3	180C724
	133		G512	6305/C4			1999	460	215	715					107.1	200C524
2000	159	750	G612	6306/C4	2420	2490	1995	500	230	742	1°30′	300	240	M16	125.4	200C624
	194		G712	6407/C4			1995	540	255	785					165.9	200C724
	133		G513	6305/C4												220C524
2200	159	800	G613	6306/C4	2720	2800										220C624
	194		G713	6407/C4												220C724
	159		G614	6306/C4												240C624
2400	194	900	G714	6407/C4	3020	3110										240C724
	219		G814	6408/C4												240C824

6.3.4 45°槽形前倾托辊

45°槽形前倾托辊示于图 6-6，相关参数列于表 6-6。

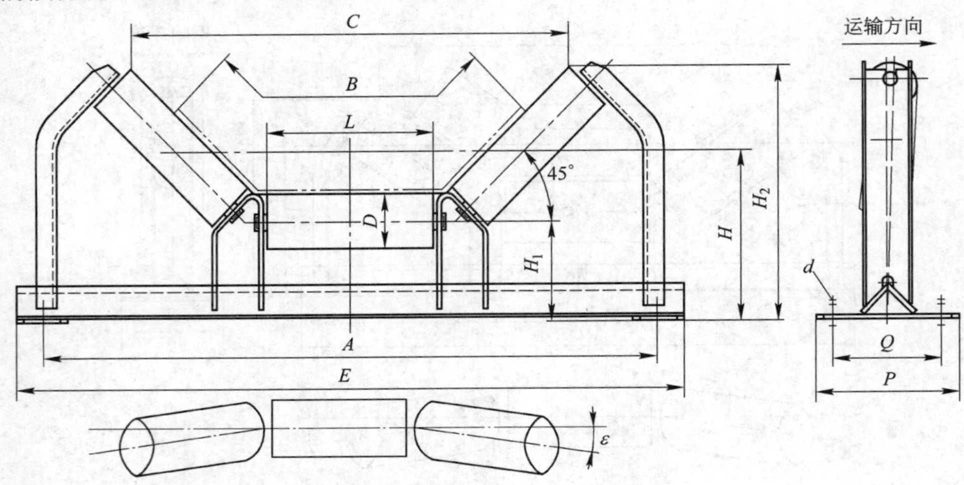

图 6-6 45°槽形前倾托辊示意图

说明：与中间架连接的紧固件已包括在本部间内。

表 6-6 45°槽形前倾托辊相关参数 mm

带宽	辊子				主要尺寸										重量	图号
B	D	L	图号	轴承	A	E	C	H	H_1	H_2	ε	P	Q	d	/kg	
	63.5		G101	6203/C4			420	185	112	264					9.8	40C125
400	76	160	G201	6204/C4	600	660	417	195	118	275	1°40′	170	130	M12	11.6	40C225
	89		G301	6204/C4			—	—	—	—					—	40C325
	63.5		G102	6203/C4			524	200	119	300					12.7	50C125
500	76	200	G202	6204/C4	740	800	522	210	122	309	1°38′	170	130	M12	15.2	50C225
	89		G302	6204/C4			513	220	134	326					16.1	50C325
	76		G203	6204/C4			643	225	122	345					16.9	65C225
650	89	250	G303	6204/C4	890	950	634	235	134	362	1°32′	170	130	M12	17.5	65C325
	108		G403	6205/C4			620	265	145	379					21.6	65C425
	89		G304	6204/C4			791	245	135.5	409					22.5	80C325
800	108	315	G404	6205/C4	1090	1150	784	270	146	426	1°24′	170	130	M12	27.1	80C425
	133		G504	6305/C4			779	305	159.5	452					33.8	80C525
	108		G405	6205/C4			939	300	159	487					39.6	100C425
1000	133	380	G505	6305/C4	1290	1350	943	325	174	514	1°28′	220	170	M16	47.4	100C525
	159		G605	6306/C4			924	370	193	542					58.9	100C625
	108		G406	6205/C4			1145	335	176	563					52.4	120C425
1200	133	465	G506	6305/C4	1540	1600	1148	360	190.5	591	1°27′	260	200	M16	61.3	120C525
	159		G606	6306/C4			1129	390	207.5	617					74.3	120C625
	108		G408	6205/C4			1302	350	184	618					66	140C425
1400	133	530	G508	6305/C4	1740	1810	1305	380	199	645	1°29′	280	220	M16	75.7	140C525
	159		G608	6306/C4			1286	410	216	671					89.9	140C625
	133		G509	6305/C4			1474	430	205	701					87.1	160C525
1600	159	600	G609	6306/C4	1990	2060	1455	460	220	725	1°30′	300	240	M16	102.5	160C625
	194		G709	6407/C4			—	—	—	—					—	160C725
	133		G510	6305/C4			1643	455	215	761					100	180C525
1800	159	670	G610	6306/C4	2190	2260	1624	485	230	785	1°31′	300	240	M16	116.5	180C625
	194		G710	6407/C4			1628	525	255	827					155.2	180C725
	133		G512	6305/C4			1836	460	215	817					109.2	200C525
2000	159	750	G612	6306/C4	2420	2490	1817	500	230	842	1°30′	300	240	M16	127.3	200C625
	194		G712	6407/C4			1820	540	250	879					168.5	200C725
	133		G513	6305/C4												220C525
2200	159	800	G613	6306/C4	2720	2800										220C625
	194		G713	6407/C4												220C725
	159		G614	6306/C4												240C625
2400	194	900	G714	6407/C4	3020	3110										240C725
	219		G814	6408/C4												240C825

6.3.5 10°过渡托辊

10°过渡托辊示于图6-7，相关参数列于表6-7。

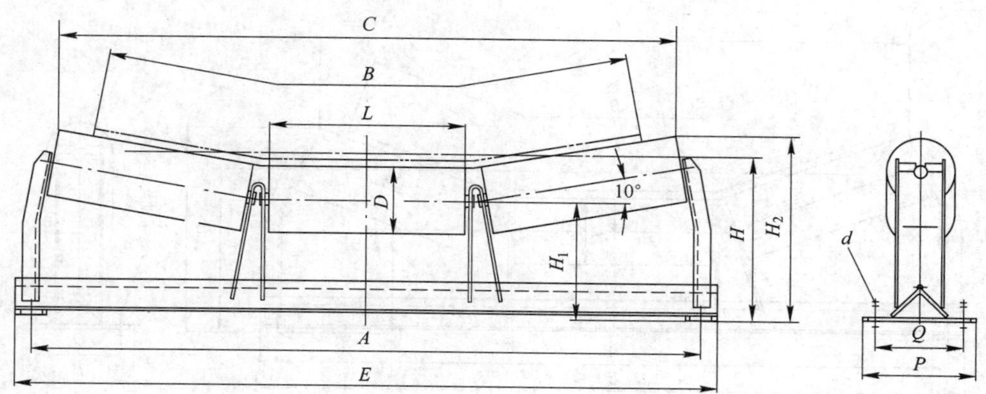

图6-7 10°过渡托辊示意图

说明：与中间架连接的紧固件已包括在本部件内。

表6-7 10°过渡托辊相关参数

mm

带宽	辊子				主要尺寸									重量	图号
B	D	L	图号	轴承	A	E	C	H	H_1	H_2	P	Q	d	/kg	
800	89	315	G304	6204/C4	1090	1150	990	245	180.5	282	170	130	M12	21.8	80C311
	108		G404	6205/C4			987	270	193	304				26.4	80C411
	133		G504	6305/C4			982	305	207	330				32.8	80C511
1000	108	380	G405	6205/C4	1290	1350	1196	300	216	339	220	170	M16	37.4	100C411
	133		G505	6305/C4			1192	325	230.5	366				44.9	100C511
	159		G605	6306/C4			1187	370	249.5	397				56.4	100C611
1200	108	465	G406	6205/C4	1540	1600	1448	335	254	392	260	200	M16	50.1	120C411
	133		G506	6305/C4			1444	360	268.5	418				58.8	120C511
	159		G606	6306/C4			1440	390	285.5	448				71.8	120C611
1400	108	530	G408	6205/C4	1740	1810	1640	350	262	411	280	220	M16	55.5	140C411
	133		G508	6305/C4			1637	380	276.5	438				64.9	140C511
	159		G608	6306/C4			1633	410	293.5	468				86.9	140C611
1600	133	600	G509	6305/C4	1990	2060	1842	430	321.5	495	300	240	M16	84.5	160C511
	159		G609	6306/C4			1838	460	338	524				100	160C611
	194		G709	6407/C4			—	—	—	—				—	160C711
1800	133	670	G510	6305/C4	2190	2260	2050	455	329	515	300	240	M16	97	180C511
	159		G610	6306/C4			2045	485	348	545				114	180C611
	194		G710	6407/C4			2056	525	369	585				150	180C711
2000	133	750	G512	6305/C4	2420	2490	2287	460	329	528	300	240	M16	105	200C511
	159		G612	6306/C4			2283	500	348	560				124	200C611
	194		G712	6407/C4			2294	535	369	599				163	200C711
2200	133	800	G513	6305/C4	2720	2800									220C511
	159		G613	6306/C4											220C611
	194		G713	6407/C4											220C711
2400	159	900	G614	6306/C4	3020	3110									240C611
	194		G714	6407/C4											240C711
	219		G814	6408/C4											240C811

6.3.6 20°过渡托辊

20°过渡托辊示于图6-8，相关参数列于表6-8。

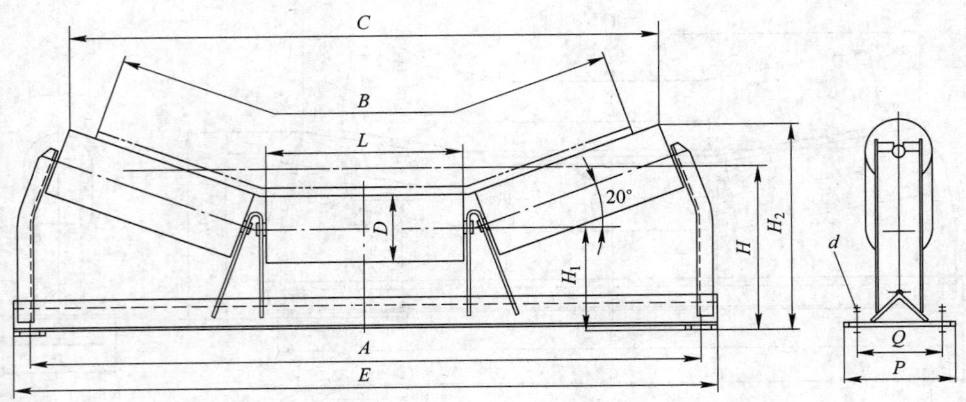

图6-8 20°过渡托辊示意图

说明：与中间架连接的紧固件已包括在本部件内。

表6-8 20°过渡托辊相关参数 mm

带宽	辊子				主要尺寸									重量	图 号
B	D	L	图号	轴承	A	E	C	H	H_1	H_2	P	Q	d	/kg	
	89		G304	6204/C4			954	245	160.5	317				21.9	80C312
800	108	315	G404	6205/C4	1090	1150	947	270	173	338	170	130	M12	26.6	80C412
	133		G504	6305/C4			939	305	195	372				33.1	80C512
	108		G405	6205/C4			1148	300	191	380				37.7	100C412
1000	133	380	G505	6305/C4	1290	1350	1140	325	205.5	406	220	170	M16	45.1	100C512
	159		G605	6306/C4			1131	370	237.5	450				56.9	100C612
	108		G406	6205/C4			1393	335	217	435				50.2	120C412
1200	133	465	G506	6305/C4	1540	1600	1384	360	231.5	461	260	200	M16	58.8	120C512
	159		G606	6306/C4			1375	390	248.5	490				71.8	120C612
	108		G408	6205/C4			1580	350	225	465				55.7	140C412
1400	133	530	G508	6305/C4	1740	1810	1571	380	239.5	491	280	220	M16	65.1	140C512
	159		G608	6306/C4			1563	410	256.5	521				87.1	140C612
	133		G509	6305/C4			1771	430	279.5	555				85	160C512
1600	159	600	G609	6306/C4	1990	2060	1762	460	296	584	300	240	M16	101	160C612
	194		G709	6407/C4			—	—	—	—				—	160C712
	133		G510	6305/C4			1973	455	282	581				97.2	180C512
1800	159	670	G610	6306/C4	2190	2260	1964	485	300	612	300	240	M16	114	180C612
	194		G710	6407/C4			1969	525	322	651				151	180C712
	133		G512	6305/C4			2203	460	282	609				106	200C512
2000	159	750	G612	6306/C4	2420	2490	2194	500	300	639	300	240	M16	124	200C612
	194		G712	6407/C4			2199	535	322	678				164	200C712
	133		G513	6305/C4											220C512
2200	159	800	G613	6306/C4	2720	2800									220C612
	194		G713	6407/C4											220C712
	133		G614	6306/C4											240C612
2400	159	900	G714	6407/C4	3020	3110									240C712
	194		G814	6408/C4											240C812

6.3.7 30°过渡托辊

30°过渡托辊示于图6-9，相关参数列于表6-9。

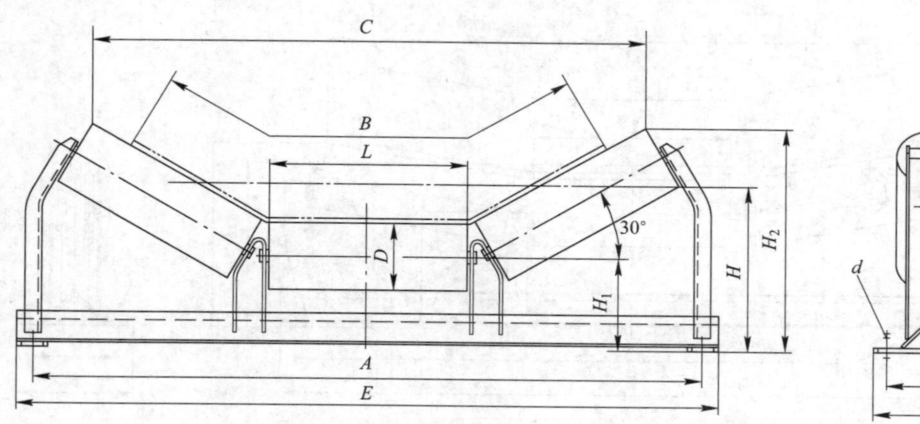

图6-9 30°过渡托辊示意图

说明：与中间架连接的紧固件已包括在本部件内。

表6-9 30°过渡托辊相关参数

mm

带宽	辊子				主要尺寸									重量	图 号
B	D	L	图号	轴承	A	E	C	H	H_1	H_2	P	Q	d	/kg	
800	89	315	G304	6204/C4	1090	1150	899	245	142.5	350	170	130	M12	21.8	80C313
	108		G404	6205/C4			890	270	155	370				26.5	80C413
	133		G504	6305/C4			877	305	168.5	395				32.9	80C513
1000	108	380	G405	6205/C4	1290	1350	1080	300	167	416	220	170	M16	37.9	100C413
	133		G505	6305/C4			1067	325	181.5	442				45.4	100C513
	159		G605	6306/C4			1054	370	201.5	473				56.8	100C613
1200	108	465	G406	6205/C4	1540	1600	1312	335	183	475	260	200	M16	50.3	120C413
	133		G506	6305/C4			1299	360	197.5	500				58.9	120C513
	159		G606	6306/C4			1286	390	214.5	529				71.9	120C613
1400	108	530	G408	6205/C4	1740	1810	1490	350	191	516	280	220	M16	56	140C413
	133		G508	6305/C4			1477	381	205.5	541				65.4	140C513
	159		G608	6306/C4			1465	410	222.5	570				87.2	140C613
1600	133	600	G509	6305/C4	1990	2060	1667	430	240.5	611	300	240	M16	85.4	160C513
	159		G609	6306/C4			1654	460	256.5	638				101	160C613
	194		G709	6407/C4			—	—	—	—				—	160C713
1800	133	670	G510	6305/C4	2190	2260	1858	455	239	644	300	240	M16	97.7	180C513
	159		G610	6306/C4			1845	485	254	670				114	180C613
	194		G710	6407/C4			1858	525	294	730				153	180C713
2000	133	750	G512	6305/C4	2420	2490	2076	460	239	684	300	240	M16	107	200C513
	159		G612	6306/C4			2063	500	254	710				125	200C613
	194		G712	6407/C4			2076	535	294	770				166	200C713
2200	133	800	G513	6305/C4	2720	2800									220C513
	159		G613	6306/C4											220C613
	194		G713	6407/C4											220C713
2400	159	900	G614	6306/C4	3020	3110									240C613
	194		G714	6407/C4											240C713
	219		G814	6408/C4											240C813

6.3.8　10° ±5°可调槽角过渡托辊

10° ±5°可调槽角过渡托辊示于图6-10，相关参数列于表6-10。

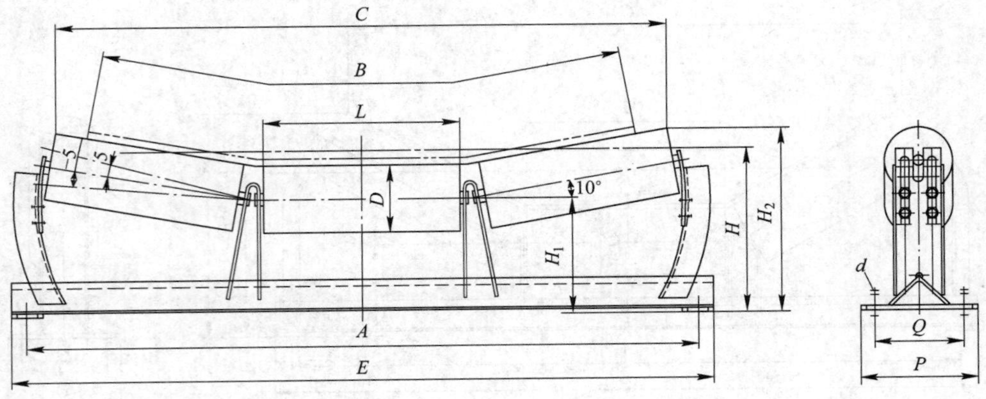

图6-10　10° ±5°可调槽角过渡托辊示意图

说明：与中间架连接的紧固件已包括在本部件内。

表6-10　10° ±5°可调槽角过渡托辊相关参数　　mm

带宽	辊子				主要尺寸									重量	图　号
B	D	L	图号	轴承	A	E	C	H	H_1	H_2	P	Q	d	/kg	
	89		G304T	6204/C4			984	245	180.5	281				25	80C317
800	108	315	G404T	6205/C4	1090	1150	979	270	193	302	170	130	M12	31	80C417
	133		G504T	6305/C4			971	305	207	329				38	80C517
	108		G405T	6205/C4			1186	300	216	338				41	100C417
1000	133	380	G505T	6305/C4	1290	1350	1177	325	230.5	364	220	170	M16	48	100C517
	159		G605T	6306/C4			1167	374	249.5	396				60	100C617
	108		G406T	6205/C4			1438	335	254	391				54	120C417
1200	133	465	G506T	6305/C4	1540	1600	1429	360	268.3	417	260	200	M16	62	120C517
	159		G606T	6306/C4			1425	390	285.5	447				76	120C617
	108		G408T	6205/C4			1631	350	262	410				59	140C417
1400	133	530	G508T	6305/C4	1740	1810	1623	380	276.5	437	280	220	M16	66	140C517
	159		G608T	6306/C4			1618	410	293.5	467				91	140C617
	133		G509T	6305/C4			1804	430	276.5	491				87	160C517
1600	159	600	G609T	6306/C4	1990	2060	1799	460	338	520	300	240	M16	103	160C617
	194		G709T	6407/C4			—	—	—	—				—	160C717
	133		G510T	6305/C4			2013	455	329	511				102	180C517
1800	159	670	G610T	6306/C4	2190	2260	2008	485	348	542	300	240	M16	119	180C617
	194		G710T	6407/C4			2018	525	369	581				148	180C717
	133		G512T	6305/C4			2249	460	329	524				111	200C517
2000	159	750	G612T	6306/C4	2420	2490	2245	500	348	556	300	240	M16	129	200C617
	194		G712T	6407/C4			2255	535	369	595				166	200C717
	133		G513T	6305/C4											220C517
2200	159	800	G613T	6306/C4	2720	2800									220C617
	194		G713T	6407/C4											220C717
	159		G614T	6306/C4											240C617
2400	194	900	G714T	6407/C4	3020	3110									240C717
	219		G814T	6408/C4											240C817

6.3.9　20° ±5°可调槽角过渡托辊

20° ±5°可调槽角过渡托辊示于图 6-11，相关参数列于表 6-11。

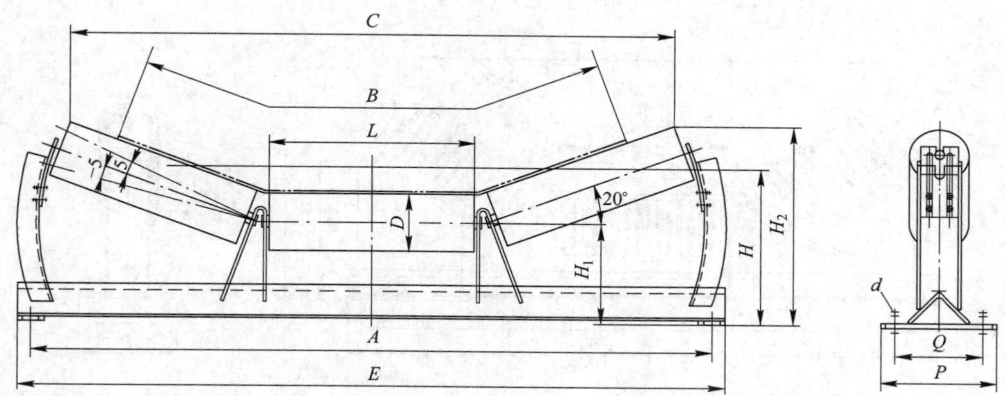

图 6-11　20° ±5°可调槽角过渡托辊示意图

说明：与中间架连接的紧固件已包括在本部件内。

表 6-11　20° ±5°可调槽角过渡托辊相关参数

mm

带宽 B	辊子				主要尺寸									重量 /kg	图号
	D	L	图号	轴承	A	E	C	H	H_1	H_2	P	Q	d		
	89		G304	6204/C4			946	245	160.5	314				26	80C318
800	108	315	G404	6205/C4	1090	1150	940	270	173	336	170	130	M12	30	80C418
	133		G504	6305/C4			927	305	195	370				38	80C518
	108		G405	6205/C4			1139	300	191	378				41	100C418
1000	133	380	G505	6305/C4	1290	1350	1126	325	205.5	404	220	170	M16	49	100C518
	159		G605	6306/C4			1110	370	237.5	446				61	100C618
	108		G406	6205/C4			1384	335	217	434				54	120C418
1200	133	465	G506	6305/C4	1540	1600	1372	360	231.5	459	260	200	M16	63	120C518
	159		G606	6306/C4			1363	390	248.5	488				76	120C618
	108		G408	6205/C4			1571	350	225	464				60	140C418
1400	133	530	G508	6305/C4	1740	1810	1559	380	239.5	490	280	220	M16	69	140C518
	159		G608	6306/C4			1550	410	256.5	518				91	140C618
	133		G509T	6305/C4			1734	430	279.5	548				88	160C518
1600	159	600	G609T	6306/C4	1990	2060	1725	460	296	577	300	240	M16	104	160C618
	194		G709T	6407/C4			—	—	—	—				—	160C718
	133		G510T	6305/C4			1936	455	282	575				103	180C518
1800	159	670	G610T	6306/C4	2190	2260	1927	485	300	605	300	240	M16	120	180C618
	194		G710T	6407/C4			1932	525	322	645				154	180C718
	133		G512T	6305/C4			2166	460	282	602				113	200C518
2000	159	750	G612T	6306/C4	2420	2490	2157	500	300	632	300	240	M16	136	200C618
	194		G712T	6407/C4			2162	535	322	672				167	200C718
	133		G513T	6305/C4											220C518
2200	159	800	G613T	6306/C4	2720	2800									220C618
	194		G713T	6407/C4											220C718
	159		G614T	6306/C4											240C618
2400	194	900	G714T	6407/C4	3020	3110									240C718
	219		G814T	6408/C4											240C818

6.3.10　35°缓冲托辊

35°缓冲托辊示于图6-12。相关参数列于表6-12。

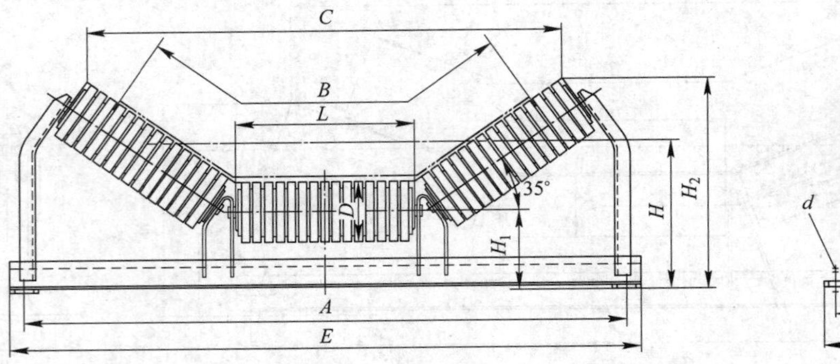

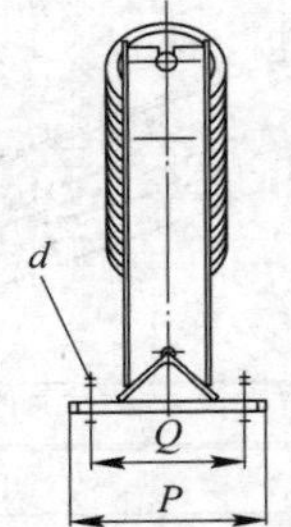

图6-12　35°缓冲托辊示意图

说明：与中间架连接的紧固件已包括在本部件内。

表6-12　35°缓冲托辊相关参数

mm

带宽	辊子				主要尺寸									重量	图号
B	D	L	图号	轴承	A	E	C	H	H_1	H_2	P	Q	d	/kg	
400	89	160	G301H	6204/C4	600	660	—	—	—	—	—	—	—	—	40C314H
500	89	200	G302H	6204/C4	740	800	559	220	135.5	300	170	130		18.8	50C314H
650	89	250	G303H	6204/C4	890	950	691	235	135.5	329	170	130		22.4	65C314H
	108		G403H	6305/C4			684	265	146	346			M12	28.6	65C414H
	89		G304H	6204/C4			862	245	135.5	366				28.4	80C314H
800	108	315	G404H	6305/C4	1090	1150	855	270	146	385	170	130		36.6	80C414H
	133		G504H	6306/C4			852	305	159.5	410				50.6	80C514H
	108		G405H	6305/C4			1037	300	159	437				50.0	100C414H
1000	133	380	G505H	6306/C4	1290	1350	1023	325	173.5	461	220	170	M16	61.8	100C514H
	159		G605H	6308/C4			1020	370	190.5	491				80.4	100C614H
	108		G406H	6305/C4			1262	335	176	502				65.8	120C414H
1200	133	465	G506H	6306/C4	1540	1600	1248	360	190.5	527	260	200	M16	79.8	120C514H
	159		G606H	6308/C4			1244	390	207.5	556				102.2	120C614H
	108		G408H	6305/C4			1433	350	184	548				73.8	140C414H
1400	133	530	G508H	6306/C4	1740	1810	1419	380	198.5	573	280	220	M14	89.3	140C514H
	159		G608H	6308/C4			1413	410	215.5	602				121	140C614H
	133		G509H	6306/C4			1603	430	205	619				111	160C514H
1600	159	600	G609H	6308/C4	1990	2060	1598	460	220	646	300	240	M16	138	160C614H
	194		G709H	6409/C4			—	—	—	—				—	160C714H
	133		G510H	6306/C4			1788	455	215	669				126	180C514H
1800	159	670	G610H	6308/C4	2190	2260	1782	485	230	696	300	240	M16	156	180C614H
	194		G710H	6409/C4			1784	525	255	739				206	180C714H
	133		G512H	6306/C4			1999	460	215	715				139	200C514H
2000	159	750	G612H	6308/C4	2420	2490	1995	500	230	742	300	240	M16	172	200C614H
	194		G712H	6409/C4			1995	540	255	785				228	200C714H
	133		G513H	6306/C4											220C514H
2200	159	800	G613H	6308/C4	2720	2800									220C614H
	194		G713H	6409/C4											220C714H
	159		G614H	6308/C4											240C614H
2400	194	900	G714H	6409/C4	3020	3110									240C714H
	219		G814H	6410/C4											240C814H

6.3.11 45°缓冲托辊

45°缓冲托辊示于图6-13，相关参数列于表6-13。

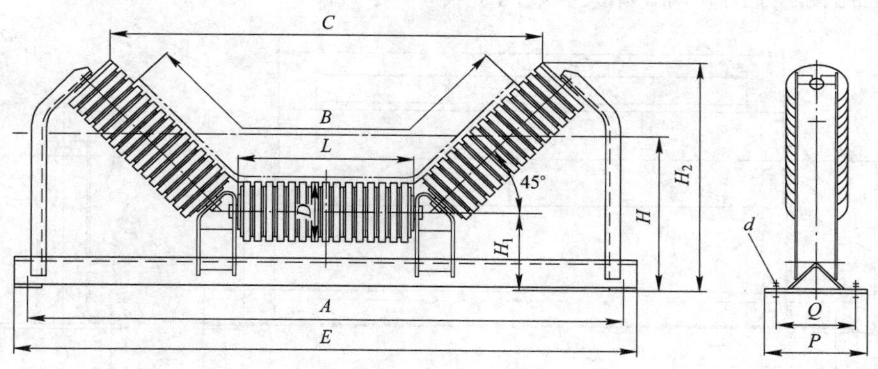

图6-13 45°缓冲托辊示意图

说明：与中间架连接的紧固件已包括在本部件内。

表6-13 45°缓冲托辊相关参数

mm

带宽 B	辊子				主要尺寸									重量/kg	图号
	D	L	图号	轴承	A	E	C	H	H_1	H_2	P	Q	d		
400	89	160	G301H	6204/C4	600	660	—	—	—	—	—	—	—	—	40C315H
500	89	200	G302H	6204/C4	740	800	514	220	135.5	328	170	130		19.4	50C315H
650	89	250	G303H	6204/C4	890	950	635	235	135.5	364	170	130		23.0	65C315H
	108		G403H	6205/C4			621	265	146	381			M12	29.3	65C415H
800	89	315	G304H	6204/C4	1090	1150	792	245	135.5	410	170	130		29.2	80C315H
	108		G404H	6305/C4			778	270	146	427				37.3	80C415H
	133		G504H	6306/C4			787	305	159.5	455				50.0	80C515H
1000	108	380	G405H	6305/C4	1290	1350	940	300	159	487	220	170	M16	53.5	100C415H
	133		G505H	6306/C4			944	325	173.5	515				65.6	100C515H
	159		G605H	6308/C4			926	370	192.5	543				84.9	100C615H
1200	108	465	G406H	6205/C4	1540	1600	1146	335	176	564	260	200	M16	69.4	120C415H
	133		G506H	6306/C4			1149	360	190.5	592				84.0	120C515H
	159		G606H	6308/C4			1131	390	207.5	618				107	120C615H
1400	108	530	G408H	6305/C4	1740	1810	1303	350	184	618	280	220	M16	86.2	140C415H
	133		G508H	6306/C4			1304	380	198.5	646				101	140C515H
	159		G608H	6308/C4			1288	410	215.5	672				126	140C615H
1600	133	600	G509H	6306/C4	1990	2060	1474	430	205	701	300	240	M16	113	160C515H
	159		G609H	6308/C4			1456	460	220	725				140	160C615H
	194		G709H	6409/C4			—	—	—	—				—	160C715H
1800	133	670	G510H	6306/C4	2190	2260	1643	455	215	761	300	240	M16	129	180C515H
	159		G610H	6308/C4			1625	485	230	785				159	180C615H
	194		G710H	6409/C4			1627	525	255	827				211	180C715H
2000	133	750	G512H	6306/C4	2420	2490	1836	460	215	817	300	240	M16	142	200C515H
	159		G612H	6308/C4			1818	500	230	841				175	200C615H
	194		G712H	6409/C4			1820	540	250	879				232	200C715H
2200	133	800	G513H	6306/C4	2720	2800									220C515H
	159		G613H	6308/C4											220C615H
	194		G713H	6409/C4											220C715H
2400	159	900	G614H	6308/C4	3020	3110									240C615H
	194		G714H	6409/C4											240C715H
	219		G814H	6410/C4											240C815H

6.3.12 平形上托辊

6.3.12.1 单辊式平形上托辊

单辊式平形上托辊示于图6-14，相关参数列于表6-14。

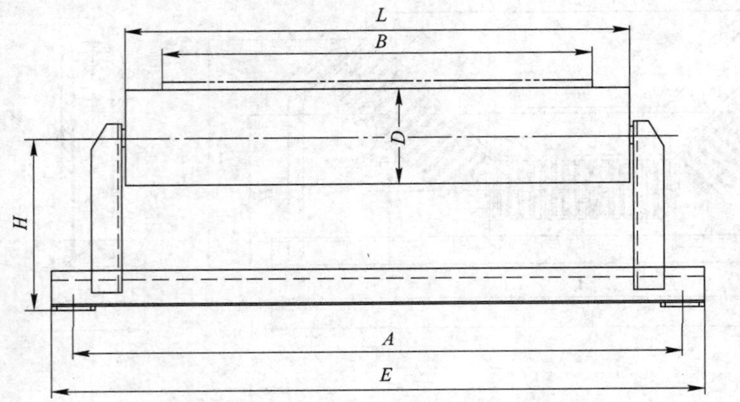

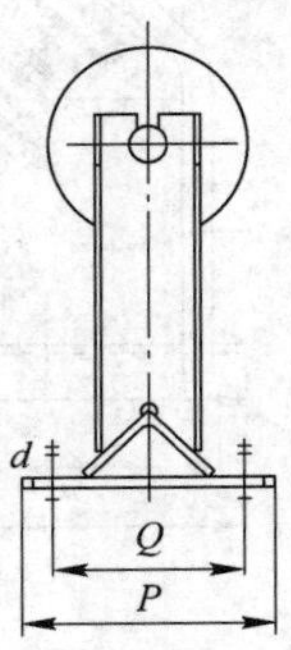

图6-14 单辊式平形上托辊示意图

说明：与中间架连接的紧固件已包括在本部件内。

表6-14 单辊式平形上托辊相关参数

mm

带宽	辊子				主要尺寸						重量	图号
B	D	L	图号	轴承	A	E	H	P	Q	d	/kg	
	63.5		G107	6203/C4			153				7.5	40C110
400	76	500	G207	6204/C4	600	660	157	170	130	M12	8.7	40C210
	89		G307	6204/C4			—				—	40C310
	63.5		G109	6203/C4			168				9.8	50C110
500	76	600	G209	6204/C4	740	800	172	170	130	M12	11.6	50C210
	89		G309	6204/C4			175.5				12.3	50C310
	76		G212	6204/C4			187				13.6	65C210
650	89	750	G312	6204/C4	890	950	190.5	170	130	M12	14.4	65C310
	108		G412	6205/C4			211				17.2	65C410
	89		G315	6204/C4			200.5				18.2	80C310
800	108	950	G415	6205/C4	1090	1150	216	170	130	M12	21.4	80C410
	133		G515	6305/C4			238.5				26.5	80C510
	108		G419	6205/C4			246				32.3	100C410
1000	133	1150	G519	6305/C4	1290	1350	258.5	220	170	M16	38.3	100C510
	159		G619	6306/C4			290.5				47.1	100C610
	108		G421	6205/C4			281				44.4	120C410
1200	133	1400	G521	6305/C4	1540	1600	293.5	260	200	M16	51.5	120C510
	159		G621	6306/C4			310.5				61.8	120C610
	108		G423	6205/C4			296				49.9	140C410
1400	133	1600	G523	6305/C4	1740	1810	313.5	280	220	M16	58	140C510
	159		G623	6306/C4			330.5				69.3	140C610
	133		G524	6305/C4			363.5				75.2	160C510
1600	159	1800	G624	6306/C4	1990	2060	380.5	300	240	M16	88	160C610
	194		—	—			—				—	160C710
	133		G525	6305/C4			388.5				87.7	180C510
1800	159	2000	G625	6306/C4	2190	2260	405.5	300	240	M16	102	180C610
	194		G725	6407/C4			428				128	180C710
	133		G526	6305/C4			393.5				95.5	200C510
2000	159	2200	G626	6306/C4	2420	2490	420.5	300	240	M16	111	200C610
	194		G726	6407/C4			443				140	200C710
	133		G527	6305/C4								220C510
2200	159	2500	G627	6306/C4	2720	2800						220C610
	194		G727	6407/C4								220C710
	159		G628	6306/C4								240C610
2400	194	2800	G728	6407/C4	3020	3110						240C710
	219		G828	6408/C4								240C810

6.3.12.2 双辊式平形上托辊

双辊式平形上托辊示于图6-15，相关参数列于表6-15。

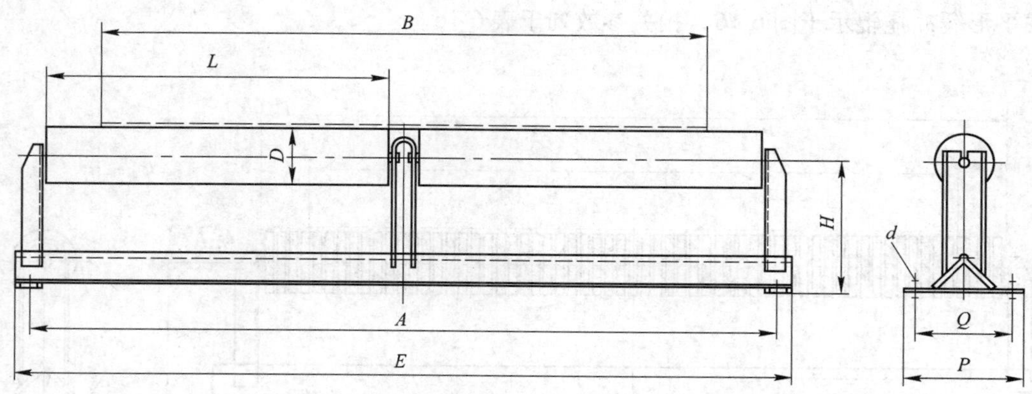

图6-15 双辊式平形上托辊示意图

说明：与中间架连接的紧固件已包括在本部件内。

表6-15 双辊式平形上托辊相关参数

mm

带宽 B	辊子				主要尺寸						重量 /kg	图号
	D	L	图号	轴承	A	E	H	P	Q	d		
800	89	465	G306	6204/C4	1090	1150	200.5	170	130	M12	19.7	80C310(S)
	108		G406	6205/C4			216				23.3	80C410(S)
	133		G506	6305/C4			238.5				29.1	80C510(S)
1000	108	600	G409	6205/C4	1290	1350	246	220	170	M16	34.2	100C410(S)
	133		G509	6305/C4			258.5				40.5	100C510(S)
	159		G609	6306/C4			290.5				50.4	100C610(S)
1200	108	700	G411	6205/C4	1540	1600	281	260	200	M16	47.5	120C410(S)
	133		G511	6305/C4			293.5				55.5	120C510(S)
	159		G611	6306/C4			310.5				67.1	120C610(S)
1400	108	800	G413	6205/C4	1740	1810	296	280	220	M16	52.8	140C410(S)
	133		G513	6305/C4			313.5				61.9	140C510(S)
	159		G613	6306/C4			330.5				74.8	140C610(S)
1600	133	900	G514	6305/C4	1990	2060	363.5	300	240	M16	80	160C510(S)
	159		G614	6306/C4			380.5				94.1	160C610(S)
	194		G714	6407/C4			—				—	160C710(S)
1800	133	1000	G516	6305/C4	2190	2260	388.5	300	240	M16	92.4	180C510(S)
	159		G616	6306/C4			405.5				107	180C610(S)
	194		G716	6407/C4			428				140	180C710(S)
2000	133	1100	G518	6305/C4	2420	2490	393.5	300	240	M16	100	200C510(S)
	159		G618	6306/C4			420.5				117	200C610(S)
	194		G718	6407/C4			443				152	200C710(S)
2200	133	1250	G520	6305/C4	2720	2800						220C510(S)
	159		G620	6306/C4								220C610(S)
	194		G720	6407/C4								220C710(S)
2400	159	1400	G621	6306/C4	3020	3110						240C610(S)
	194		G721	6407/C4								240C710(S)
	219		G821	G408/C4								240C810(S)

6.3.13 平形缓冲托辊

6.3.13.1 单辊式平形缓冲托辊

单辊式平形缓冲托辊示于图6-16，相关参数列于表6-16。

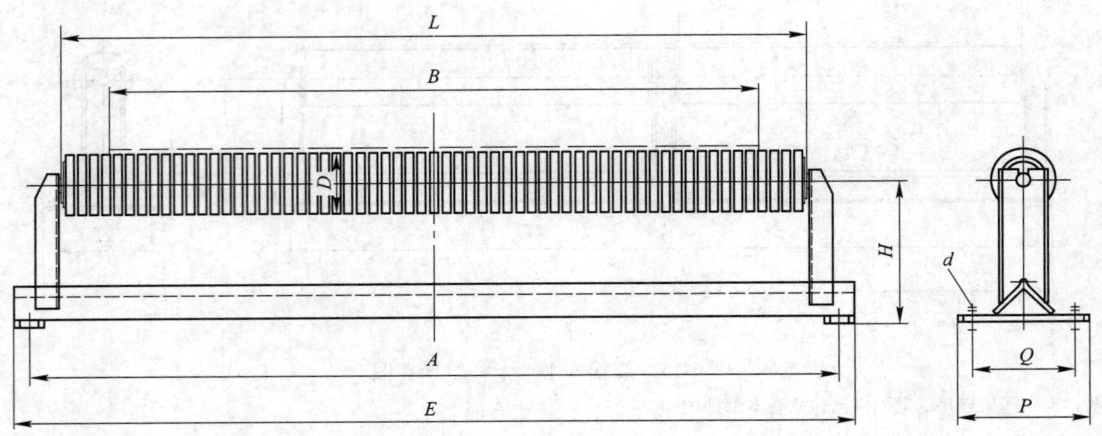

图6-16 单辊式平形缓冲托辊示意图

说明：与中间架连接的紧固件，已包括在本部件内。

表6-16 单辊式平形缓冲托辊相关参数 mm

带宽	辊子				主要尺寸						重量/kg	图号
B	*D*	*L*	图号	轴承	*A*	*E*	*H*	*P*	*Q*	*d*		
400	89	500	G307H	6204/C4	600	660	—				—	40C310H
500	89	600	G309H	6204/C4	740	800	175.5				16.9	50C310H
650	89	750	G312H	6204/C4	890	950	190.5				20.1	65C310H
	108		G412H	6305/C4			211	170	130	M12	25.3	65C410H
800	89	950	G315H	6204/C4	1090	1150	200.5				25.8	80C310H
	108		G415H	6305/C4			216				31.9	80C410H
	133		G515H	6306/C4			238.5				40.1	80C510H
1000	108	1150	G419H	6305/C4	1290	1350	246	220	170	M16	45.3	100C410H
	133		G519H	6306/C4			258.5				55.2	100C510H
	159		G619H	6308/C4			290.5				70.4	100C610H
1200	108	1400	G421H	6305/C4	1540	1600	281	260	220	M16	60.4	120C410H
	133		G521H	6306/C4			293.5				72.4	120C510H
	159		G621H	6308/C4			310.5				86.9	120C610H
1400	108	1600	G423H	6305/C4	1740	1810	296	280	220	M16	68	140C410H
	133		G523H	6306/C4			313.5				81.8	140C510H
	159		G623H	6308/C4			330.5				103	140C610H

6.3.13.2 双辊式平形缓冲托辊

双辊式平形缓冲托辊示于图6-17，相关参数列于表6-17。

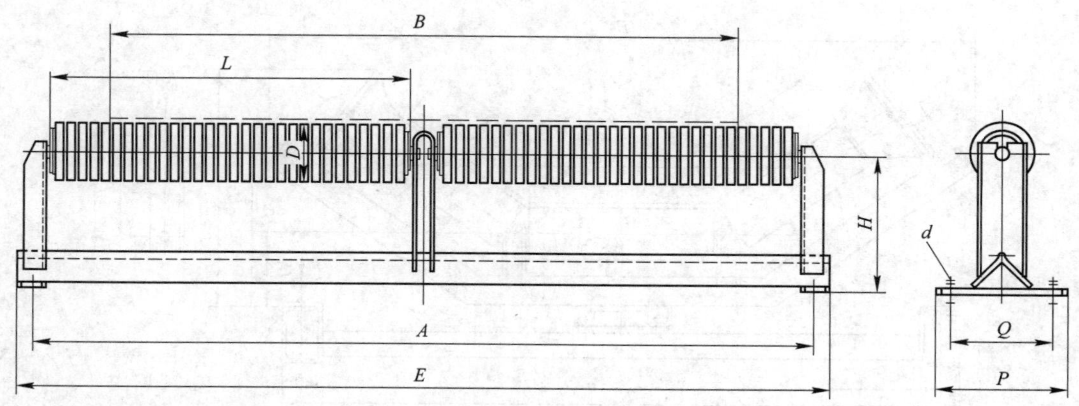

图6-17 双辊式平形缓冲托辊示意图

说明：与中间架连接的紧固件，已包括在本部件内。

表6-17 双辊式平形缓冲托辊相关参数 mm

带宽 B	辊子				主要尺寸						重量/kg	图号
	D	L	图号	轴承	A	E	H	P	Q	d		
	89		G306H	6204/C4			200.5				26.4	80C310H(S)
800	108	465	G406H	6305/C4	1090	1150	216	170	130	M12	32.9	80C410H(S)
	133		G506H	6306/C4			238.5				41.5	80C510H(S)
	108		G409H	6305/C4			246				45.4	100C410H(S)
1000	133	600	G509H	6306/C4	1290	1350	258.5	220	170	M16	54.9	100C510H(S)
	159		G609H	6308/C4			290.5				71.3	100C610H(S)
	108		G411H	6305/C4			281				63	120C410H(S)
1200	133	700	G511H	6306/C4	1540	1600	293.5	260	200	M16	75	120C510H(S)
	159		G611H	6308/C4			310.5				95	120C610H(S)
	108		G413H	6305/C4			296				70.8	140C410H(S)
1400	133	800	G513H	6306/C4	1740	1810	313.5	280	220	M16	85	140C510H(S)
	159		G613H	6308/C4			330.5				108	140C610H(S)
	133		G514H	6306/C4			363.5				106	160C510H(S)
1600	159	900	G614H	6308/C4	1990	2060	380.5	300	240	M16	132	160C610H(S)
	194		G714H	6409/C4			—				—	160C710H(S)
	133		G516H	6306/C4			388.5				122	180C510H(S)
1800	159	1000	G616H	6308/C4	2190	2260	405.5	300	240	M16	150	180C610H(S)
	194		G716H	6409/C4			428				196	180C710H(S)
	133		G518H	6306/C4			393.5				133	200C510H(S)
2000	159	1100	G618H	6308/C4	2420	2490	420.5	300	240	M16	164	200C610H(S)
	194		G718H	6409/C4			443				215	200C710H(S)
	133		G520H	6306/C4								220C510H(S)
2200	159	1250	G620H	6308/C4	2720	2800						220C610H(S)
	194		G720H	6409/C4								220C710H(S)
	159		G621H	6308/C4								240C610H(S)
2400	194	1400	G721H	6409/C4	3020	3110						240C710H(S)
	219		G821H	6410/C4								240C810H(S)

6.3.14　摩擦上调心托辊

摩擦上调心托辊示于图6-18，相关参数列于表6-18。

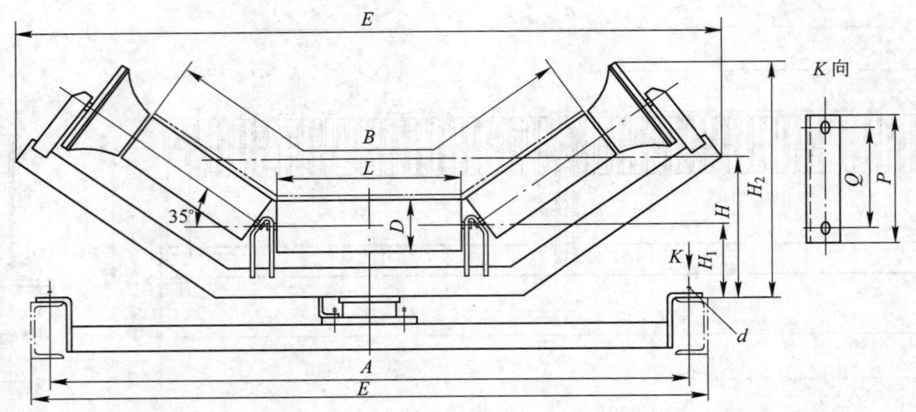

图6-18　摩擦上调心托辊示意图

说明：与中间架连接的紧固件已包括在本部件内。

表6-18　摩擦上调心托辊相关参数

mm

带宽 B	辊子				主要尺寸								重量 /kg	图号
	D	L	图号	轴承	A	E	H	H_1	H_2	P	Q	d		
	63.5		G101	6203/C4			185	112	291				38.6	40C114M
400	76	160	G201	6204/C4	600	660	195	118	310	170	130	M12	43.8	40C214M
	89		G301	4204/C4			—	—	—				—	40C314M
	63.5		G102	6203/C4			200	119	320				41.2	50C114M
500	76	200	G202	6204/C4	740	800	210	122	331	170	130	M12	46.5	50C214M
	89		G302	6204/C4			220	135.5	350				48.6	50C314M
	76		G203	6204/C4			225	122	359				49.9	65C214M
650	89	250	G303	6204/C4	890	950	235	135.5	379	170	130	M12	52.1	65C314M
	108		G403	6205/C4			265	145	414				65.8	65C414M
	89		G304	6204/C4			245	135.5	403				59.2	80C314M
800	108	315	G404	6205/C4	1090	1150	270	146	442	170	130	M12	73.4	80C414M
	133		G504	6305/C4			305	159.5	471				93.9	80C514M
	108		G405	6205/C4			300	159	493				86.0	100C414M
1000	133	380	G505	6305/C4	1290	1350	325	173.5	524	220	170	M16	107.7	100C514M
	159		G605	6306/C4			370	190.5	564				136.6	100C614M
	108		G406	6205/C4			355	176	544				107.4	120C414M
1200	133	465	G506	6305/C4	1540	1600	360	190.5	575	260	200	M16	130.0	120C514M
	159		G606	6306/C4			390	207.5	618				161.2	120C614M
	108		G408	6205/C4			350	184	591				115.2	140C414M
1400	133	530	G508	6305/C4	1740	1810	380	198.5	622	280	220	M16	138.6	140C514M
	159		G608	6306/C4			410	215.5	660				170.2	140C614M

6.3.15　锥形上调心托辊

锥形上调心托辊示于图 6-19，相关参数列于表 6-19。

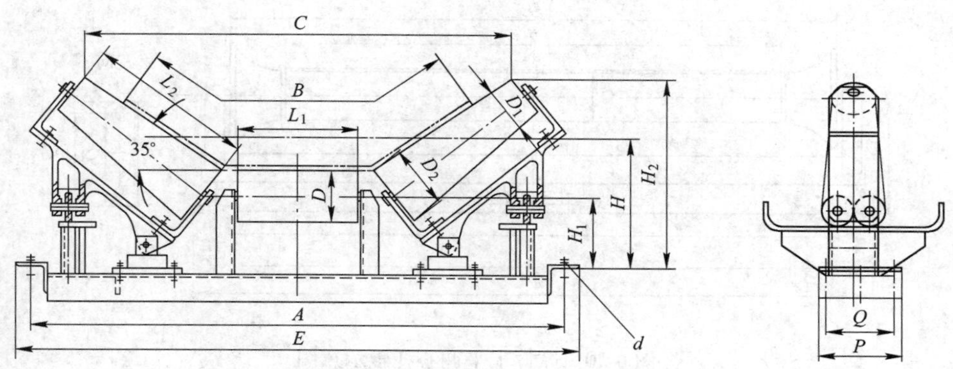

图 6-19　锥形上调心托辊示意图

说明：与中间架连接的紧固件已包括在本部件内。

表 6-19　锥形上调心托辊相关参数　mm

带宽 B	辊子				主要尺寸												重量/kg	图号
	D	L_1	图号	轴承	D_1	D_2	L_2	A	E	C	H	H_1	H_2	P	Q	d		
800	108	250	G403	6205/C4	89	133	340	1090	1150	872	270	146	395	170	130	M12	71	80C414Z
	133		G503	6305/C4	108	159					296	159.5	422				76.2	80C514Z
1000	133	315	G504	6305/C4	108	159	415	1290	1350	1025	325	173.5	478	220	170	M16	85.4	100C514Z
	159		G604	6306/C4							355	190.5	508				91.9	100C614Z
1200	133	380	G505	6305/C4	108	176	500	1540	1600	1240	360	190.5	548	260	200	M16	106	120C514Z
	159		G605	6306/C4	133	194					390	207.5	578				117	120C614Z
1400	133	465	G506	6305/C4	108	176	550	1740	1810	1430	380	198.5	584	280	220	M16	118	140C514Z
	159		G606	6306/C4	133	194					410	215.5	615				128	140C614Z
1600	133	530	G508	6305/C4	108	176	615	1990	2060		430	205	634	300	240	M16	132	160C514Z
	159		G608	6306/C4	133	194					460	220	656				135	160C614Z
1800	133	600	G509	6305/C4				2190	2260					300	240	M16		180C614Z
	159		G609	6306/C4														180C714Z
2000	133	670	G510	6305/C4				2420	2490									200C614Z
	159		G610	6306/C4														200C714Z

6.3.16 摩擦上平调心托辊

摩擦上平调心托辊示于图6-20，相关参数列于表6-20。

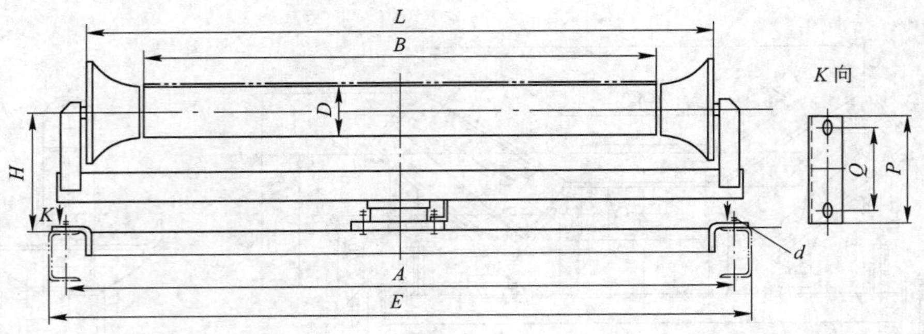

图6-20 摩擦上平调心托辊示意图

说明：与中间架连接的紧固件已包括在本部件内。

表6-20 摩擦上平调心托辊相关参数

mm

带宽	辊子			主要尺寸							重量	图号
B	D	L	轴承	A	E	H	H_1	P	Q	d	/kg	
	63.5		6203/C4			153	223				35.5	40C110M
400	76	590	6204/C4	600	660	163	241.5	170	130	M12	39.8	40C210M
	89		6204/C4			—	—				—	40C310M
	63.5		6203/C4			168	238				38.1	50C110M
500	76	690	6204/C4	740	800	172	250.5	170	130	M12	42.6	50C210M
	89		6204/C4			175.5	260.5				44.8	50C310M
	76	840	6204/C4			187	265.5				46	65C210M
650	89		6204/C4	890	950	190.5	275.5	170	130	M12	48.4	65C310M
	108	870	6205/C4			211	316				61.1	65C410M
	89	990	6204/C4			200.5	285.5				54.6	80C310M
800	108	1020	6205/C4	1090	1150	216	321	170	130	M12	68	80C410M
	133		6305/C4			238.5	358.5				86.6	80C510M
	108	1220	6205/C4			246	351				79.7	100C410M
1000	133		6305/C4	1290	1350	258.5	378.5	220	170	M16	98.8	100C510M
	159	1238	6306/C4			290.5	425.5				124.3	100C610M
	108	1420	6205/C4			281	386				99.3	120C410M
1200	133		6305/C4	1540	1600	293.5	413.5	260	200	M16	119.4	120C510M
	159	1438	6306/C4			310.5	445.5				146.1	120C610M
	108	1620	6205/C4			296	401				107.4	140C410M
1400	133		6305/C4	1740	1810	313.5	433.5	280	220	M16	128.4	140C510M
	159	1638	6306/C4			330.5	465.5				156.4	140C610M

6.4 回程托辊

6.4.1 平形下托辊

6.4.1.1 单辊式平形下托辊

单辊式平形下托辊示于图6-21，相关参数列于表6-21。

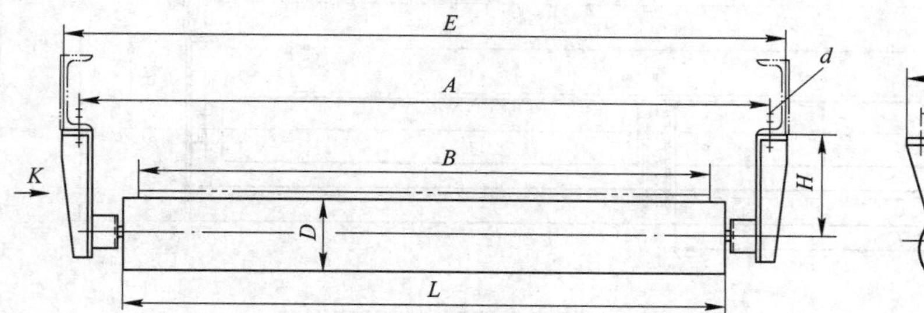

图6-21 单辊式平形下托辊示意图

说明：与中间架连接的紧固件已包括在本部件内。

表6-21 单辊式平形下托辊相关参数

mm

带宽	辊子				主要尺寸						重量	图号
B	D	L	图号	轴承	A	E	H	P	Q	d	/kg	
	63.5		G107	6203/C4			87.5				6.7	40C160
400	76	500	G207	6204/C4	600	652	93.5	145	90	M12	8	40C260
	89		G307	6204/C4			—				—	40C360
	63.5		G109	6203/C4			87.5				7.7	50C160
500	76	600	G209	6204/C4	740	792	93.5	145	90	M12	9.1	50C260
	89		G309	6204/C4			100				9.9	50C360
	76		G212	6204/C4			93.5				10.4	65C260
650	89	750	G312	6204/C4	890	942	100	145	90	M12	11.3	65C360
	108		G412	6205/C4			109.5				14.1	65C460
	89		G315	6204/C4			144.5				13.5	80C360
800	108	950	G415	6205/C4	1090	1142	154	145	90	M12	17	80C460
	133		G515	6305/C4			166.5				23	80C560
	108		G419	6205/C4			164				20.4	100C460
1000	133	1150	G519	6305/C4	1290	1342	176.5	150	90	M16	26.3	100C560
	159		G619	6306/C4			189.5				34.8	100C660
	108		G421	6205/C4			174				23.4	120C460
1200	133	1400	G521	6305/C4	1540	1592	186.5	150	90	M16	30.3	120C560
	159		G621	6306/C4			199.5				40.6	120C660
	108		G423	6205/C4			184				26.7	140C460
1400	133	1600	G523	6305/C4	1740	1792	196	180	120	M16	34.6	140C560
	159		G623	6306/C4			209.5				46	140C660
	133		G524	6305/C4			206.5				39.3	160C560
1600	159	1800	G624	6306/C4	1990	2060	219.5	180	120	M16	51.7	160C660
	194		G724	6407/C4			—				—	160C760
	133		G525	6305/C4			216.5				43.2	180C560
1800	159	2000	G625	6306/C4	2190	2260	229.5	210	150	M16	57.1	180C660
	194		G725	6407/C4			247				81.6	180C760
	133		G526	6305/C4			226.5				47.4	200C560
2000	159	2200	G626	6306/C4	2420	2490	239.5	210	150	M16	62.3	200C660
	194		G726	6407/C4			257				89.1	200C760
	133		G527	6305/C4								220C560
2200	159	2500	G627	6306/C4	2720	2800						220C660
	194		G727	6407/C4								220C760
	159		G628	6306/C4								240C660
2400	194	2800	G728	6407/C4	3020	3110						240C760
	219		G828	6408/C4								240C860

6.4.1.2 双辊式平形下托辊

双辊式平形下托辊示于图6-22，相关参数列于表6-22。

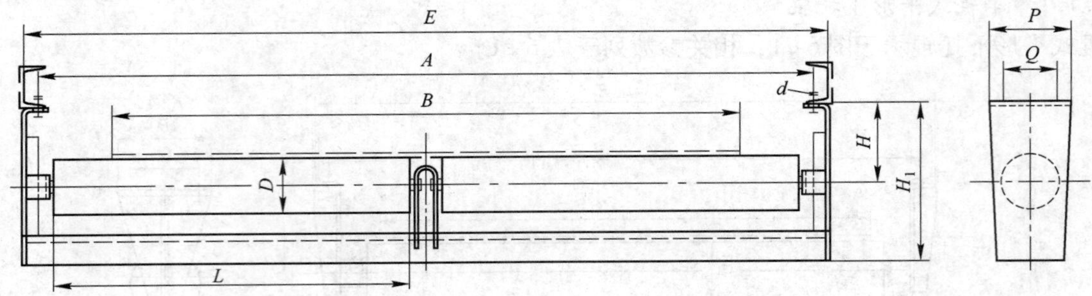

图6-22 双辊式平形下托辊示意图

说明：与中间架连接得紧固件已包括在本部件内。

表6-22 双辊式平形下托辊相关参数

mm

带宽	辊子				主要尺寸							重量	图号
B	D	L	图号	轴承	A	E	H	H_1	P	Q	d	/kg	
800	89	465	G306	6204/C4	1090	1142	144.5	293	145	90	M12	23.1	80C360(S)
	108		G406	6205/C4			154	303				17	80C460(S)
	133		G506	6305/C4			166.5	315				32.7	80C560(S)
1000	108	600	G409	6205/C4	1290	1342	164	326	150	90	M16	35.7	100C460(S)
	133		G509	6305/C4			176.5	338				42.8	100C560(S)
	159		G609	6306/C4			189.5	351				52.7	100C660(S)
1200	108	700	G411	6205/C4	1540	1592	174	336	150	90	M16	40.9	120C460(S)
	133		G511	6305/C4			186.5	348				48.8	120C560(S)
	159		G611	6306/C4			199.5	381				60.6	120C660(S)
1400	108	800	G413	6205/C4	1740	1792	184	360	180	120	M16	53	140C460(S)
	133		G513	6305/C4			196	373				61.9	140C560(S)
	159		G613	6306/C4			209.5	406				75.3	140C660(S)
1600	133	900	G414	6305/C4	1990	2060	206.5	383	180	120	M16	68.9	160C560(S)
	159		G614	6306/C4			219.5	416				83.2	160C660(S)
	194		G714	6407/C4			—	—				—	160C760(S)
1800	133	1000	G516	6305/C4	2190	2260	216.5	402	210	150	M16	88.5	180C560(S)
	159		G616	6306/C4			229.5	435				109	180C660(S)
	194		G716	6407/C4			247	462				133	180C760(S)
2000	133	1100	G518	6305/C4	2420	2490	226.5	412	210	150	M16	96.8	200C560(S)
	159		G618	6306/C4			239.5	445				113	200C660(S)
	194		G718	6407/C4			257	477				144	200C760(S)
2200	133	1250	G520	6305/C4	2720	2800							220C560(S)
	159		G620	6306/C4									220C660(S)
	194		G720	6407/C4									220C760(S)
2400	159	1400	G621	6306/C4	3020	3110							240C660(S)
	194		G721	6407/C4									240C760(S)
	219		G821	6408/C4									240C860(S)

6.4.2 V形下托辊

V形下托辊示于图6-23，相关参数列于表6-23。

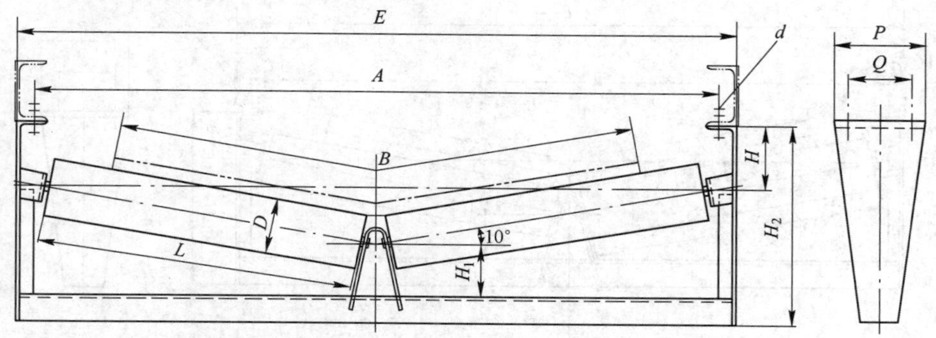

图6-23 V形下托辊示意图

说明：与中间架连接的紧固件已包括在本部件内。

表6-23 V形下托辊相关参数

mm

带宽 B	辊子				主要尺寸								重量 /kg	图号
	D	L	图号	轴承	A	E	H	H_1	H_2	P	Q	d		
800	89	465	G306	6204/C4	1090	1142	100	100	328	145	90	M12	23.6	80C361
	108	465	G406	6205/C4					338				27.9	80C461
	133		G506	6305/C4					351				33.4	80C561
1000	108	600	G409	6205/C4	1290	1342	110	100	372	150	90	M16	37	100C461
	133		G509	6305/C4					384				43.7	100C561
	159		G609	6306/C4					397				53.9	100C661
1200	108	700	G411	6205/C4	1540	1592	120	100	387	150	90	M16	42.1	120C461
	133		G511	6305/C4					400				50	120C561
	159		G611	6306/C4				120	432				61.5	120C661
1400	108	800	G413	6205/C4	1740	1800	130	100	421	180	120	M16	54.7	140C461
	133		G513	6305/C4					433				63.5	140C561
	159		G613	6306/C4				120	466				76.6	140C661
1600	133	900	G514	6305/C4	1990	2060	140	100	460	180	120	M16	71.1	160C561
	159		G614	6306/C4				120	495				85.5	160C661
	194		G714	6407/C4				—	—				—	160C761
1800	133	1000	G516	6305/C4	2190	2260	150	100	487	210	150	M16	94	180C561
	159		G616	6306/C4				120	522				108	180C661
	194		G716	6407/C4				130	547				137	180C761
2000	133	1100	G518	6305/C4	2420	2490	160	100	495	210	150	M16	102	200C561
	159		G618	6306/C4				120	544				117	200C661
	194		G718	6407/C4				135	574				148	200C761
2200	133	1250	G520	6305/C4	2720	2800								220C561
	159		G620	6306/C4										220C661
	194		G720	6407/C4										220C761
2400	159	1400	G621	6306/C4	3020	3110								240C661
	194		G721	6407/C4										240C761
	219		G821	6408/C4										240C861

6.4.3 V形前倾下托辊

V形前倾下托辊示于图6-24，相关参数列于表6-24。

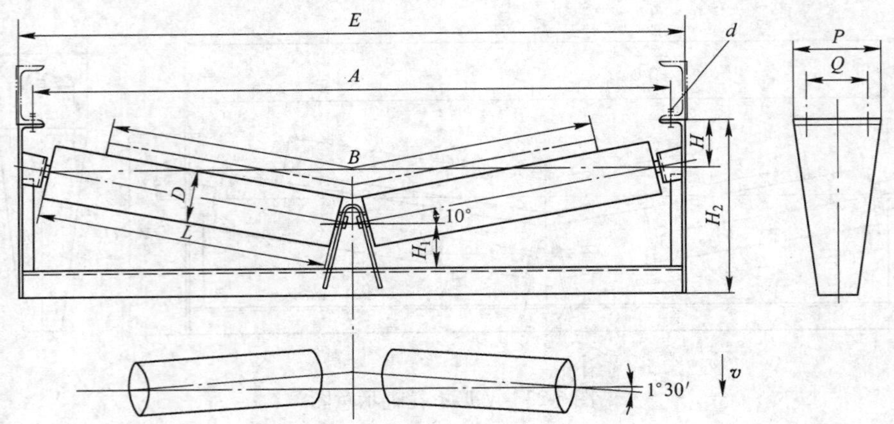

图6-24 V形前倾下托辊示意图

说明：与中间架连接的紧固件已包括在本部件内。

表6-24 V形前倾下托辊相关参数

mm

带宽	辊子				主要尺寸								重量	图 号
B	D	L	图号	轴承	A	E	H	H_1	H_2	P	Q	d	/kg	
	89	465	G306	6204/C4				100	328				23.6	80C371
800	108	465	G406	6205/C4	1090	1142	100	100	338	145	90	M12	27.9	80C471
	133		G506	6305/C4					351				33.4	80C571
	108		G409	6205/C4					372				37	100C471
1000	133	600	G509	6305/C4	1290	1342	110	100	384	150	90	M16	43.7	100C571
	159		G609	6306/C4					397				53.9	100C671
	108		G411	6205/C4				100	387				42.1	120C471
1200	133	700	G511	6305/C4	1540	1592	120		400	150	90	M16	50	120C571
	159		G611	6306/C4				120	432				61.5	120C671
	108		G413	6205/C4				100	421				54.7	140C471
1400	133	800	G513	6305/C4	1740	1810	130		433	180	120	M16	63.5	140C571
	159		G613	6306/C4				120	466				76.6	140C671
	133		G514	6305/C4				100	460				71.1	160C571
1600	159	900	G614	6306/C4	1990	2060	140	120	495	180	120	M16	85.5	160C671
	194		G714	6407/C4				—	—				—	160C771
	133		G516	6305/C4				100	487				94	180C571
1800	159	1000	G616	6306/C4	2190	2260	150	120	522	210	150	M16	108	180C671
	194		G716	6407/C4				130	547				137	180C771
	133		G518	6305/C4				100	495				102	200C571
2000	159	1100	G618	6306/C4	2420	2490	160	120	544	210	150	M16	117	200C671
	194		G718	6407/C4				135	574				148	200C771
	133		G520	6305/C4										220C571
2200	159	1250	G620	6306/C4	2720	2800								220C671
	194		G720	6407/C4										220C771
	159		G621	6306/C4										240C671
2400	194	1400	G721	6407/C4	3020	3110								240C771
	219		G821	6408/C4										240C871

6.4.4　平形梳形托辊

6.4.4.1　单辊式平形梳形托辊

单辊式平形梳形托辊示于图6-25，相关参数列于表6-25。

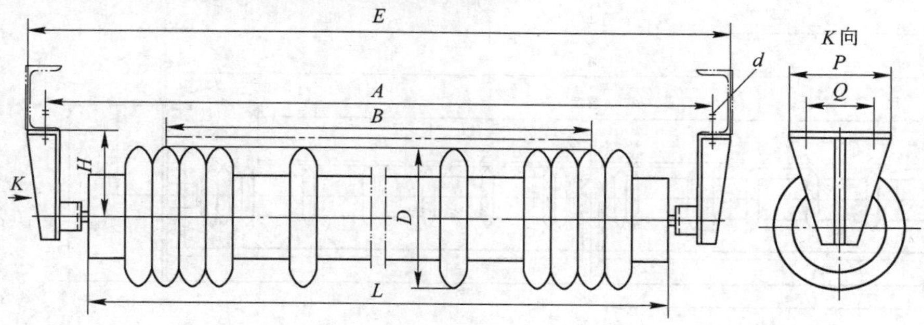

图6-25　单辊式平形梳形托辊示意图

说明：与中间架连接的紧固件已包括在本部件内。

表6-25　单辊式平形梳形托辊相关参数

mm

带宽	辊子				主要尺寸						重量	图号
B	D	L	图号	轴承	A	E	H	P	Q	d	/kg	
400	89	500	G307S	6203/C4							—	40C360S
500	89	600	G309S	6203/C4	740	792	100	145	90	M12	8.6	50C360S
650	89	750	G312S	6203/C4	890	942	100	145	90	M12	9.8	65C360S
	108		G412S	6204/C4			109.5				12.2	65C460S
800	89	950	G315S	6203/C4	1090	1142	144.5	145	90	M12	11.6	80C360S
	108		G415S	6204/C4			154				14.7	80C460S
	133		G515S	6205/C4			166.5				17.7	80C560S
1000	108	1150	G419S	6204/C4	1290	1342	164	150	90	M16	17.5	100C460S
	133		G519S	6205/C4			176.5				21.1	100C560S
	159		G619S	6305/C4			189.5				28.6	100C660S
1200	108	1400	G421S	6204/C4	1540	1592	174	150	90	M16	19.9	120C460S
	133		G521S	6205/C4			186.5				24.2	120C560S
	159		G621S	6305/C4			199.5				32.3	120C660S
1400	108	1600	G423S	6204/C4	1740	1792	184	180	120	M16	22.6	140C460S
	133		G523S	6205/C4			196.5				27.7	140C560S
	159		G623S	6305/C4			209.5				36.7	140C660S
1600	133	1800	G524S	6205/C4	1990	2060	206.5	180	120	M16	32.4	160C560S
	159		G624S	6306/C4			219.5				41.6	160C660S
	194		G724S	6406/C4			—				—	160C760S
1800	133	2000	G525S	6205/C4	2190	2260	216.5	210	150	M16	36	180C560S
	159		G625S	6306/C4			229.5				45.8	180C660S
	194		G725S	6306/C4			247				59.3	190C760S
2000	133	2200	G526S	6205/C4	2420	2490	226.5	210	150	M16	39.3	200C560S
	159		G626S	6306/C4			239.5				50.1	200C660S
	194		G726S	6306/C4			257				65	200C760S
2200	133	2000	G527S	6205/C4	2720	2880						220C560S
	159		G627S	6306/C4								220C660S
	194		G727S	6306/C4								220C760S
2400	159	2200	G528S	6306/C4	3020	3110						240C660S
	194		G628S	6306/C4								240C760S
	219		G728S	6407/C4								240C860S

6.4.4.2　双辊式平形梳形托辊

双辊式平形梳形托辊示于图6-26，相关参数列于表6-26。

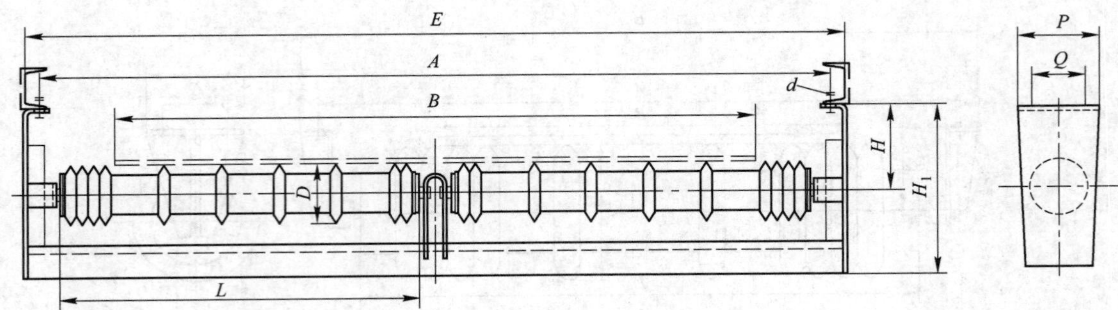

图6-26　双辊式平形梳形托辊示意图

说明：与中间架连接的紧固件已包括在本部件内。

表6-26　双辊式平形梳形托辊相关参数

mm

带宽	辊子				主要尺寸							重量	图号
B	*D*	*L*	图号	轴承	*A*	*E*	*H*	H_1	*P*	*Q*	*d*	/kg	
	89		G306S	6203/C4			144.5	293				21.2	80C360S(S)
800	108	465	G406S	6204/C4	1090	1142	154	303	145	90	M12	23.2	80C460S(S)
	133		G506S	6205/C4			166.5	315				27.9	80C560S(S)
	108		G409S	6204/C4			164	326				32.1	100C460S(S)
1000	133	600	G509S	6205/C4	1290	1342	176.5	338	150	90	M16	36.6	100C560S(S)
	159		G609S	6305/C4			189.5	351				44.8	100C660S(S)
	108		G411S	6204/C4			174	336				37.5	120C460S(S)
1200	133	700	G511S	6205/C4	1540	1592	186.5	348	150	90	M16	42.1	120C560S(S)
	159		G611S	6305/C4			199.5	381				51.9	120C660S(S)
	108		G413S	6204/C4			184	360				49.2	140C460S(S)
1400	133	800	G513S	6205/C4	1740	1792	196.5	373	180	120	M16	54.3	140C560S(S)
	159		G613S	6305/C4			209.5	406				65.3	140C660S(S)
	133		G514S	6205/C4			206.5	383				62.2	160C560S(S)
1600	159	900	G614S	6306/C4	1990	2060	219.5	416	180	120	M16	72.8	160C660S(S)
	194		G714S	6406/C4			—	—				—	160C760S(S)
	133		G516S	6205/C4			216.5	402				80.8	180C560S(S)
1800	159	1000	G616S	6306/C4	2190	2260	229.5	435	210	150	M16	93.5	180C660S(S)
	194		G716S	6306/C4			247	462				109	180C760S(S)
	133		G518S	6205/C4			226.5	412				88	200C560S(S)
2000	159	1100	G618S	6306/C4	2420	2490	239.5	445	210	150	M16	101	200C660S(S)
	194		G718S	6306/C4			257	477				118	200C760S(S)
	133		G520S	6205/C4									220C560S(S)
2200	159	1250	G620S	6306/C4	2720	2880							220C660S(S)
	194		G720S	6306/C4									220C760S(S)
	159		G621S	6306/C4									240C660S(S)
2400	194	1400	G721S	6306/C4	3020	3110							240C760S(S)
	219		G821S	6407/C4									240C860S(S)

6.4.5 V形梳形托辊

V形梳形托辊示于图6-27，相关参数列于表6-27。

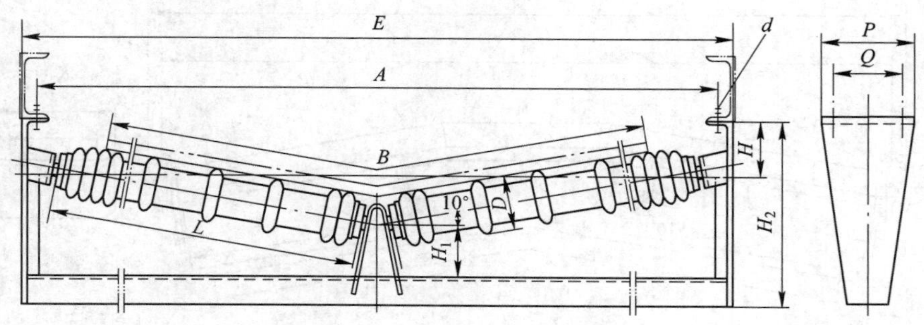

图6-27 V形梳形托辊示意图

说明：与中间架连接的紧固件已包括在本部件内。

表6-27 V形梳形托辊相关参数

mm

带宽 B	辊子				主要尺寸								重量 /kg	图号
	D	L	图号	轴承	A	E	H	H_1	H_2	P	Q	d		
	89		G306S	6203/C4				100	328				21.8	80C361S
800	108	465	G406S	6204/C4	1090	1142	100	100	338	145	90	M12	23.7	80C461S
	133		G506S	6205/C4					351				28.6	80C561S
	108		G409S	6204/C4				100	372				33.6	100C461S
1000	133	600	G509S	6205/C4	1290	1342	110	100	384	150	90	M16	37.8	100C561S
	159		G609S	6306/C4					397				46	100C661S
	108		G411S	6204/C4				100	387				38.7	120C461S
1200	133	700	G511S	6205/C4	1540	1592	120		400	150	90	M16	43.3	120C561S
	159		G611S	6306/C4				120	432				52.9	120C661S
	108		G413S	6204/C4				100	421				50.9	140C461S
1400	133	800	G513S	6205/C4	1740	1810	130		433	180	120	M16	55.9	140C561S
	159		G613S	6306/C4				120	466				66.7	140C661S
	133		G514S	6205/C4				100	460				64.3	160C561S
1600	159	900	G614S	6306/C4	1990	2060	140	120	495	180	120	M16	75	160C661S
	194		G714S	6306/C4				—	—				—	160C761S
	133		G516S	6205/C4				100	487				83.7	180C561S
1800	159	1000	G616S	6306/C4	2190	2260	150	120	522	210	150	M16	96.7	180C661S
	194		G716S	6306/C4				130	547				113	180C761S
	133		G518S	6205/C4				100	495				91	200C561S
2000	159	1100	G618S	6306/C4	2420	2490	160	120	544	210	150	M16	104	200C661S
	194		G718S	6306/C4				135	574				122	200C761S
	133		G520S	6205/C4										220C561S
2200	159	1250	G620S	6306/C4	2720	2880								220C661S
	194		G720S	6306/C4										220C761S
	159		G621S	6306/C4										240C661S
2400	194	1400	G721S	6306/C4	3020	3110								240C761S
	219		G821S	6407/C4										240C861S

6.4.6　反 V 形托辊

反 V 形托辊示于图 6-28，相关参数列于表 6-28。

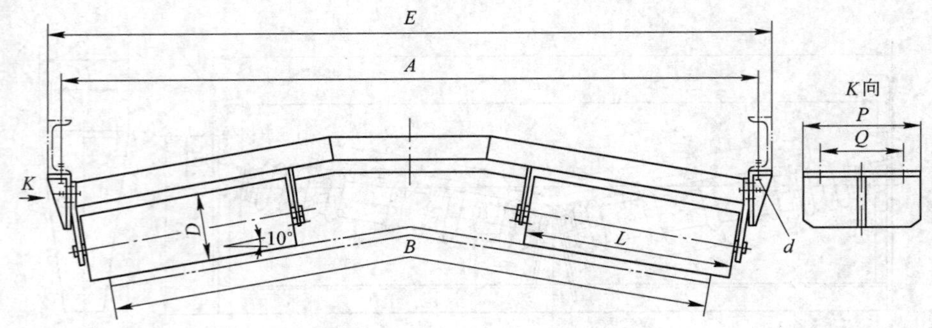

图 6-28　反 V 形托辊示意图

说明：与中间架连接的紧固件已包括在本部件内。

表 6-28　反 V 形托辊相关参数　　mm

带宽 B	辊子				主要尺寸					重量 /kg	图　号
	D	L	图号	轴承	A	E	P	Q	d		
1000	108	380	G405	6205/C4	1290	1350	196	90	M16	32.7	100C401
	133		G505	6305/C4						37.4	100C501
	159		G605	6306/C4						45	100C601
1200	108	465	G406	6205/C4	1540	1600	196	90	M16	37.3	120C401
	133		G506	6305/C4						42.8	120C501
	159		G606	6306/C4						51.5	120C601
1400	108	530	G408	6205/C4	1740	1810	196	120	M16	41.2	140C401
	133		G508	6305/C4						47.2	140C501
	159		G608	6306/C4						56.7	140C601
1600	133	600	G509	6305/C4	1990	2060	196	120	M16	52.3	160C501
	159		G609	6306/C4						62.7	160C601
	194		G709	6407/C4						—	160C701
1800	133	670	G510	6305/C4	2190	2260		150	M16	70.4	180C501
	159		G610	6306/C4						81.4	180C601
	194		G710	6407/C4						105	180C701
2000	133	750	G512	6305/C4	2420	2490				75.9	200C501
	159		G612	6306/C4						84.3	200C601
	194		G712	6407/C4						113	200C701
2200	133	800	G513	6305/C4	2720	2880					220C501
	159		G616	6306/C4							220C601
	194		G713	6407/C4							220C701
2400	159	900	G614	6306/C4	3020	3110					240C601
	194		G714	6407/C4							240C701
	219		G814	6408/C4							240C801

6.4.7 螺旋托辊

螺旋托辊示于图6-29，相关参数列于表6-29。

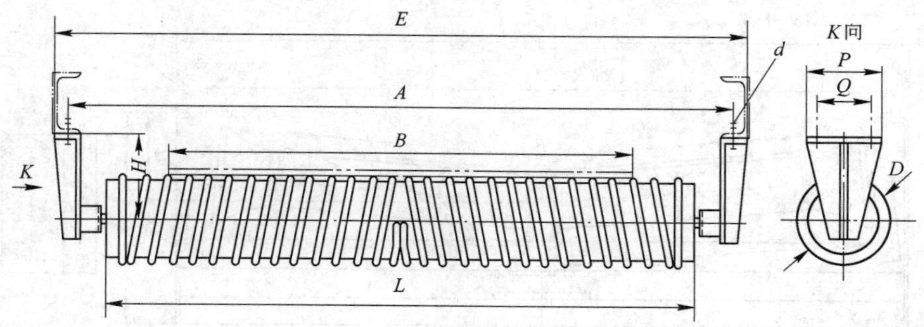

图6-29 螺旋托辊示意图

说明：与中间架连接的紧固件已包括在本部件内。

表6-29 螺旋托辊相关参数

mm

带宽	辊子				主要尺寸						重量	图号
B	D	L	图号	轴承	A	E	H	P	Q	d	/kg	
	63.5		G107L	6203/C4			87.5				8.2	40C160L
400	76	500	G207L	6204/C4	600	652	93.5	145	90	M12	9.7	40C260L
	89		G307L	6204/C4			—				—	40C360L
	63.5		G109L	6203/C4			87.5				9.4	50C160L
500	76	600	G209L	6204/C4	740	792	93.5	145	90	M12	11.2	50C260L
	89		G309L	6204/C4			100				12.3	50C360L
	76		G212L	6204/C4			93.5				12.8	65C260L
650	89	750	G312L	6204/C4	890	942	100	145	90	M12	14	65C360L
	108		G412L	6205/C4			109.5				18.9	65C460L
	89		G315L	6204/C4			144.5				18.7	80C360L
800	108	950	G415L	6205/C4	1090	1142	154	145	90	M12	23.1	80C460L
	133		G515L	6305/C4			166.5				30.2	80C560L
	108		G419L	6205/C4			164				26.5	100C460L
1000	133	1150	G519L	6305/C4	1290	1342	176.5	150	90	M16	33.7	100C560L
	159		G619L	6306/C4			189.5				43.6	100C660L
	108		G421L	6205/C4			174				30.3	120C460L
1200	133	1400	G521L	6305/C4	1540	1592	186.5	150	90	M16	39.4	120C560L
	159		G621L	6306/C4			199.5				51.3	120C660L
	108		G423L	6205/C4			184				34.9	140C460L
1400	133	1600	G523L	6305/C4	1740	1792	196.5	180	120	M16	44.5	140C560L
	159		G623L	6306/C4			209.5				57.6	140C660L
	133		G524L	6305/C4			206.5				50.4	160C560L
1600	159	1800	G624L	6306/C4	1990	2060	219.5	180	120	M16	65.1	160C660L
	194		G724L	6407/C4			—				—	160C760L
	133		G525L	6305/C4			216.5				56.4	180C560L
1800	159	2000	G625L	6306/C4	2190	2260	229.5	210	150	M16	72.6	180C660L
	194		G725L	6407/C4			247				101	180C760L
	133		G526L	6305/C4			226.5				62.7	200C560L
2000	159	2200	G626L	6306/C4	2420	2490	239.5	210	150	M16	79.7	200C660L
	194		G726L	6407/C4			257				110	200C760L
	133		G527L	6305/C4								220C560L
2200	159	2500	G627L	6306/C4	2720	2800						220C660L
	194		G727L	6407/C4								220C760L
	159		G628L	6306/C4								240C660L
2400	194	2800	G728L	6407/C4	3020	3110						240C760L
	219		G828L	6408/C4								240C860L

6.4.8　摩擦下调心托辊

摩擦下调心托辊示于图 6-30，相关参数列于表 6-30。

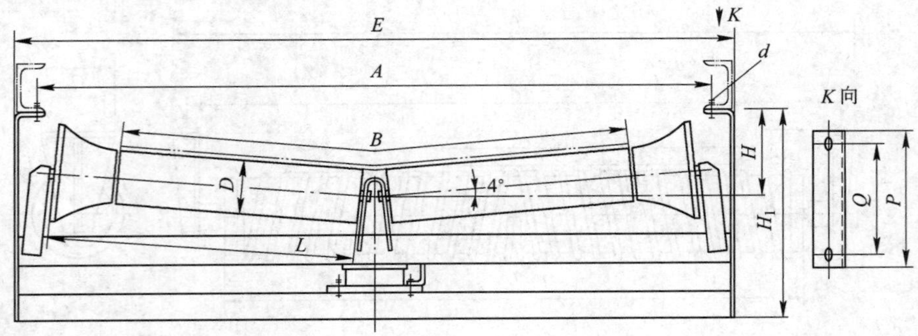

图 6-30　摩擦下调心托辊示意图

说明：与中间架连接的紧固件已包括在本部件内。

表 6-30　摩擦下调心托辊相关参数　　mm

带宽 B	辊子			主要尺寸							重量 /kg	图号
	D	L	轴承	A	E	H	H_1	P	Q	d		
400	63.5	273	6203/C4	600	740	87	298	140	90	M12	41.4	40C161M
	76		6204/C4			93.5	318.5				46.2	40C261M
	89		6204/C4			—	—				—	40C361M
500	63.5	323	6203/C4	740	840	87	298	140	90	M12	43.2	50C161M
	76		6204/C4			93.5	318.5				48.4	50C261M
	89		6204/C4			100	334				50.7	50C361M
650	76	398	6204/C4	890	990	93.5	313.5	140	90	M12	52.0	65C261M
	89		6204/C4			100	328				54.4	65C361M
	108		6205/C4			109.5	357.5				67.3	65C461M
800	89	473	6204/C4	1090	1190	144.5	367.5	140	90	M12	61.5	80C361M
	108	488	6205/C4			154	396				75.3	80C461M
	133		6305/C4			166.5	427.5				94.9	80C561M
1000	108	590	6205/C4	1290	1390	164	411	160	90	M16	86.5	100C461M
	133		6305/C4			176.5	443.5				107	100C561M
	159	599	6306/C4			189.5	475.5				135	100C661M
1200	108	690	6205/C4	1540	1640	174	441	160	90	M16	108	120C461M
	133		6305/C4			186.5	473.5				129	120C561M
	159	699	6306/C4			199.5	505.5				158	120C661M

续表 6-30

带宽 B	辊子			主要尺寸							重量/kg	图号
	D	L	轴承	A	E	H	H_1	P	Q	d		
	108	790	6205/C4			184	451				117	140C461M
1400	133		6305/C4	1740	1840	196.5	483.5	180	120	M16	139	140C561M
	159	799	6306/C4			209.5	515.5				169	140C661M

6.4.9 锥形下调心托辊

锥形下调心托辊示于图 6-31，相关参数列于表 6-31。

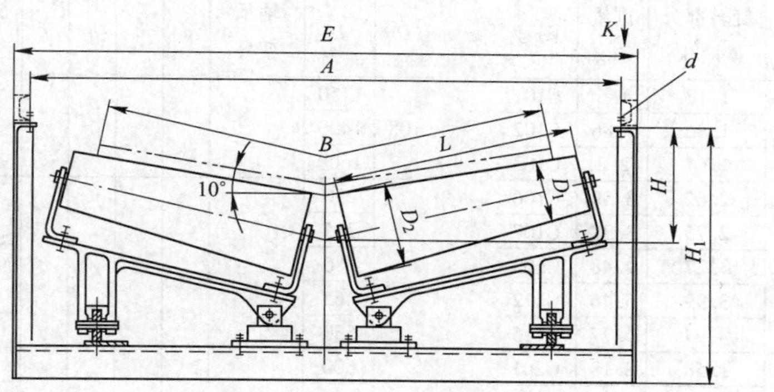

图 6-31 锥形下调心托辊示意图

说明：与中间架连接的紧固件已包括在本部件内。

表 6-31 锥形下调心托辊相关参数

mm

带宽 B	辊子			主要尺寸								重量/kg	图号
	D_1	D_2	轴承	L	A	E	H_1	H_2	P	Q	d		
800	108	159	6305/C4	445	1090	1150	217	472	145	90	M12	82.0	80C461Z
1000	108	176	6305/C4	560	1290	1350	254	521	150	90	M16	94.3	100C461Z
1200	108	194	6306/C4	680	1540	1600	272	557	150	90	M16	124.5	120C461Z
1400	108	194	6306/C4	780	1740	1800	291	578	180	120	M16	140.4	140C461Z
1600	108	194	6306/C4	880	1990	2060			180	120	M16	160	160C461Z
1800	108	194	6306/C4	980	2190	2260			210	150	M16		180C461Z
2000	108	194	6306/C4	1080	2420	2490			210	150	M16		200C461Z

6.5 托辊辊子

6.5.1 普通辊子

普通辊子示于图6-32，相关参数列于表6-32。

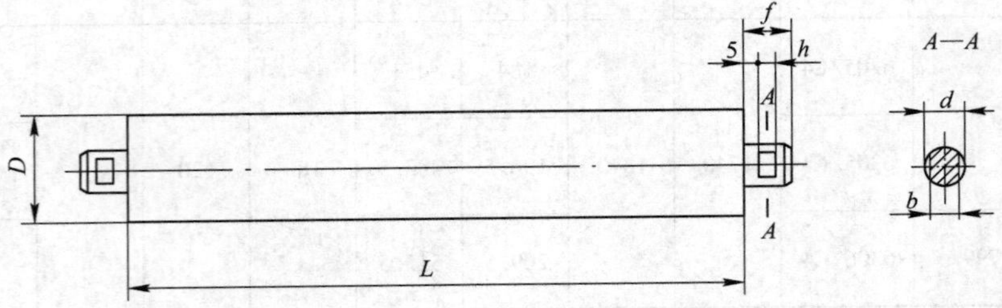

图6-32 普通辊子示意图

表6-32 普通辊子相关参数 mm

D	L	轴承型号	d	b	h	f	旋转部分重量/kg	重量/kg	图号
63.5	160	6203/C4	17	12	6	14	1.17	1.6	G101
	200						1.36	1.86	G102
	250						1.61	2.2	G103
	465						2.62	3.59	G106
	500						2.75	3.78	G107
	600						3.27	4.48	G109
	750						3.99	5.46	G112
	950						4.94	6.77	G115
76	160	6204/C4	20	14	6	14	1.58	2.18	G201
	200						1.85	2.54	G202
	250						2.03	2.85	G203
	465						3.37	4.7	G206
	500						3.49	4.93	G207
	600						4.14	5.82	G209
	700						4.7	6.62	G211
	750						5.01	7.05	G212
	800						5.28	7.44	G213
	950						6.17	8.69	G215
	1150						7.31	10.34	G219
	1400						8.24	12.39	G221
	1600						11.15	14.04	G225
89	160	6204/C4	20	14	6	14	1.8	2.4	G301
	200						2.08	2.8	G302
	250						2.15	2.99	G303
	315						2.58	3.59	G304
	465						3.8	5.23	G306
	500						4.1	5.54	G307
	600						4.78	6.49	G309
	750						5.79	7.88	G312
	950						7.15	9.73	G315
108	250	6205/C4	25	18	8	17	3.01	4.3	G403
	315						3.53	5.07	G404
	380						4.07	5.87	G405
	465						4.77	6.89	G406
	530						5.32	7.7	G408
	600						5.89	8.54	G409
	700						6.56	9.67	G411
	750						7.14	10.37	G412
	800						7.33	10.83	G413
	950						8.78	12.78	G415

续表6-32

D	L	轴承型号	d	b	h	f	旋转部分重量/kg	重量/kg	图号
108	1150						10.43	15.2	G419
	1400						12.5	18.11	G421
	1600						14.18	20.7	G423
133	250	6305/C4	25	18	8	17	4.92	6.06	G503
	315						5.45	7.12	G504
	380						6.3	8.23	G505
	465						7.38	9.62	G506
	530						8.21	10.7	G508
	600						9.1	11.86	G509
	670						9.95	12.95	G510
	700						10.37	13.53	G511
	750						10.95	14.26	G512
	800						11.61	15.17	G513
	900						12.89	16.77	G514
	950						13.54	17.66	G515
	1000						14.09	18.36	G516
	1100						15.34	20	G518
	1150						16.09	20.98	G519
	1250						17.29	22.48	G520
	1400						19.28	25	G521
	1600						21.83	28.48	G523
	1800						24.29	31.58	G524
	2000						26.77	34.9	G525
	2200						29.37	38.26	G526
	2500						33.19	43.24	G527
159	315	6306/C4	30	22	8	17	7.58	10.39	G604
	380						9.07	11.87	G605
	465						10.53	13.8	G606
	530						11.64	15.27	G608
	600						12.84	16.86	G609
	670						13.98	18.35	G610
	700						14.55	19.13	G611
	750						15.36	20.16	G612
	800						16.27	21.4	G613
	900						17.94	23.58	G614
	950						18.81	24.7	G615
	1000						19.66	25.86	G616
	1100						21.31	28.06	G618
	1150						22.27	29.34	G619
	1250						23.93	31.51	G620

续表 6-32

D	L	轴承型号	d	b	h	f	旋转部分重量/kg	重量/kg	图号
159	1400	6306/C4	30	22	8	17	26.56	35.02	G621
	1600						29.99	39.56	G623
	1800						33.36	44	G624
	2000						36.78	48.53	G625
	2200						40.14	53	G626
	2500						45.39	59.91	G627
	2800						50.48	66.65	G628
194	600	6407/C4	35	26	10	20	20.14	26.2	G709
	670						21.91	28.5	G710
	750						24.01	31.2	G712
	800						25.23	32.8	G713

续表 6-32

D	L	轴承型号	d	b	h	f	旋转部分重量/kg	重量/kg	图号
194	900	6407/C4	35	26	10	20	27.78	36.1	G714
	1000						30.32	39.4	G716
	1100						32.87	42.7	G718
	1250						36.63	47.6	G720
	1400						40.47	52.6	G721
	1800						50.87	65.7	G724
	2000						55.97	72.6	G725
	2200						61.07	78.8	G726
	2500						68.77	88.7	G727
	2800						76.37	8.5	G728

6.5.2 缓冲辊子

缓冲辊子示于图 6-33，相关参数列于表 6-33。

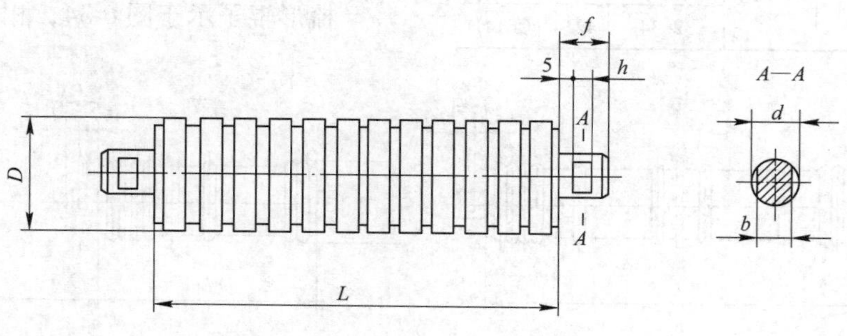

图 6-33 缓冲辊子示意图

表 6-33 缓冲辊子相关参数 mm

D	L	轴承型号	d	b	h	f	旋转部分重量/kg	重量/kg	图号
89	160	6204/C4	20	14	6	14		—	G301H
	200						3.1	3.8	G302H
	250						3.93	4.8	G303H
	315						5	6	G304H
	465						7.19	8.5	G306H
	500							—	G307H
	600						9.46	11.2	G309H
	750						11.74	13.8	G312H
	950						14.87	17.4	G315H
108	250	6305/C4	25	18	8	17	5.08	6.5	G403H
	315						6.46	8.1	G404H
	380						7.71	9.6	G405H
	465						9.5	11.7	G406H
	530						10.82	13.3	G408H
	600						12.27	15	G409H
	700						14.32	17.5	G411H
	750						15.29	18.6	G412H

续表 6-33

D	L	轴承型号	d	b	h	f	旋转部分重量/kg	重量/kg	图号
108	800	6305/C4	25	18	8	17	16.3	19.8	G413H
	950						19.32	23.4	G415H
	1150						23.2	28.2	G419H
	1400						28.07	34.1	G421H
	1600						31.97	38.8	G423H
133	315	6306/C4	30	22	8	17	9.84	12.1	G504H
	380						10.95	13.1	G505H
	465						13.58	15.5	G506H
	530						14.98	18	G508H
	600						16.33	20.3	G509H
	670						18	22.4	G510H
	700						18.85	23.4	G511H
	750						20.15	25	G512H
	800						21.66	26.8	G513H
	900						24.31	30	G514H
	950						25.53	31.5	G515h
	1000						26.95	33.2	G516H

续表 6-33

D	L	轴承型号	d	b	h	f	旋转部分重量/kg	重量/kg	图号
	1100						29.8	36.6	G518H
	1150						31.12	38.2	G519H
133	1250	6306/C4	30	22	8	17	33.77	41.4	G520H
	1400						37.74	46.2	G521H
	1600						43	52.6	G523H
	380						13.87	18.8	G605H
	465						17.03	22.8	G606H
	530						19.19	25.7	G608H
	600						22	29.1	G609H
159	670	6308/C4	40	32	8	17	24.21	32	G610H
	700						25.41	33.5	G611H
	750						27.22	35.7	G612H
	800						28.83	37.9	G613H
	900						32.34	42.4	G614H

续表 6-33

D	L	轴承型号	d	b	h	f	旋转部分重量/kg	重量/kg	图号
	1000						35.75	46.8	G616H
	1100						39.67	51.6	G618H
159	1150	6308/C4	40	32	8	17	40.1	52.9	G619H
	1400						49.47	60.4	G621H
	1600						56.23	73.6	G623H
	670						35.71	46.6	G710H
	750						40.11	51.8	G712H
	800						42.59	55.1	G713H
194	900	6409/C4	45	35	10	19	47.64	61.4	G714H
	1000						52.69	67.7	G716H
	1100						58.24	74.5	G718H

6.5.3　梳形辊子

梳形辊子示于图 6-34，相关参数列于表 6-34。

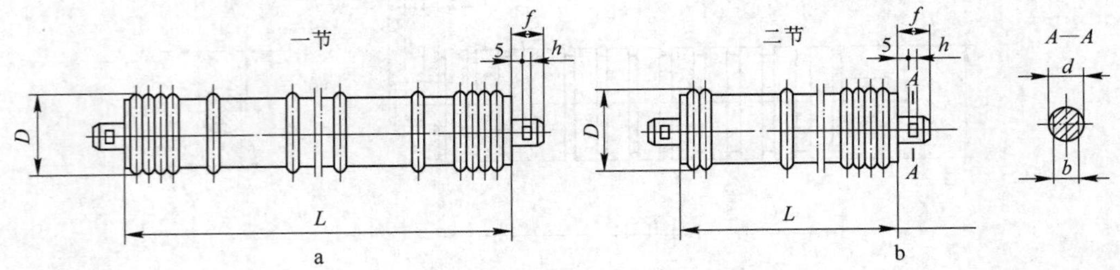

图 6-34　梳形辊子示意图

a—用于单辊式托辊；b—用于双辊式托辊

表 6-34　梳形辊子相关参数　mm

D	L	轴承型号	d	b	h	f	辊子形式	旋转部分重量/kg	重量/kg	图号
	250									G303S
	315									G304S
	380									G305S
	465						二节	3.34	4.31	G306S
89	500	6203/C4	17	12	6	14				G307S
	600							4.23	5.44	G309S
	750						一节	5.15	6.62	G312S
	950							6.32	8.15	G315S
	380									G405S
	465						二节	4.36	5.71	G406S
	600							5.3	7	G409S
	700							6.03	7.96	G411S
	750						一节	6.61	8.67	G412S
108	800	6204/C4	20	14	6	14	二节	6.75	8.93	G413S
	950							8.08	10.63	G415S
	1150						一节	9.54	12.58	G419S
	1400							11.22	14.88	G421S
	1600							12.69	16.83	G423S

续表 6-34

D	L	轴承型号	d	b	h	f	辊子形式	旋转部分重量/kg	重量/kg	图号
	465							7	7.89	G506S
	600							6.13	9.61	G509S
	700						二节	7.94	10.94	G511S
	800							7.89	12.11	G513S
	900							9.62	13.39	G514S
	950						一节	10.54	14.5	G515S
	1000						二节	10.38	14.53	G516S
133	1100	6205/C4	25	18	8	17		11.33	15.87	G518S
	1150						一节	12.1	16.83	G519S
	1250						二节			G520S
	1400							12.1	19.9	G521S
	1600							16.43	22.9	G523S
	1800						一节	17.9	25.13	G524S
	2000							19.79	27.79	G525S
	2200							21.33	30.10	G526S
159	600	6306/C4	30	22	8	17	二节	9.06	13.64	G609S

续表 6-34

D	L	轴承型号	d	b	h	f	辊子形式	旋转部分重量/kg	重量/kg	图号
159	700	6306/C4	30	22	8	17	二节	10.48	15.15	G611S
	800							11.54	16.88	G613S
	900							12.7	18.35	G614S
	1000							14.26	20.46	G616S
	1100							15.18	21.93	G618S
	1150						一节	16.29	23.2	G619S
	1250						二节			G620S
	1400						一节	18.35	26.21	G621S
	1600							20.98	30.74	G623S
	1800							23.35	34	G624S
	2000							25.5	37.26	G625S
	2200							27.94	40.8	G626S

续表 6-34

D	L	轴承型号	d	b	h	f	辊子形式	旋转部分重量/kg	重量/kg	图号
194	900	6306/C4	30	22	8	17	二节	19.14	24.78	G714S
	1000							21.33	27.53	G716S
	1100							22.75	29.5	G718S
	1250									G720S
	1400									G721S
	1800						一节	35.18	45.81	G724S
	2000							38.5	50.24	G725S
	2200							43	54.95	G726S

6.5.4 螺旋辊子

螺旋辊子示于图 6-35，相关参数列于表 6-35。

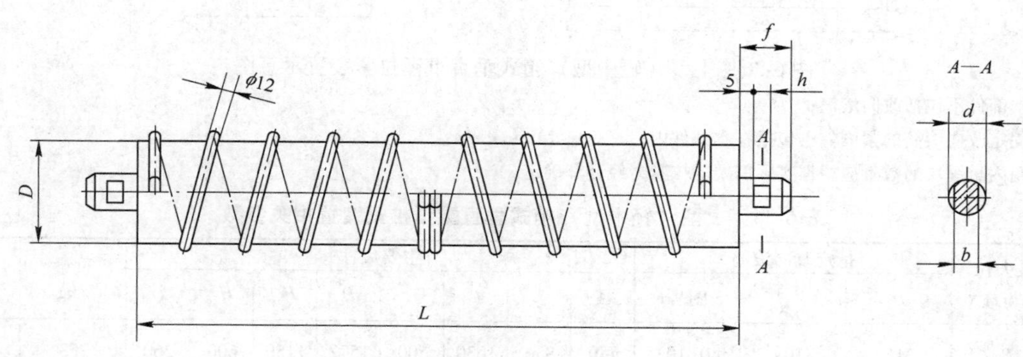

图 6-35 螺旋辊子示意图

表 6-35 螺旋辊子相关参数 mm

D	L	轴承型号	d	b	h	f	旋转部分重量/kg	重量/kg	图号
63.5	500	6204/C4	17	12	6	14	4.24	5.26	G107L
	600						5.04	6.24	G109L
76	500	6204/C4	20	14	6	14	5.2	6.65	G207L
	600						6.18	7.86	G209L
	750						7.4	9.45	G212L
89	500	6204/C4	20	14	6	14			G307L
	600						7.17	8.85	G309L
	750						8.59	10.64	G312L
	950						12.38	14.93	G315L
108	750	6205/C4	25	18	8	17	11.97	15.15	G412L
	950						14.97	18.92	G415L
	1150						16.64	21.36	G419L
	1400						20.1	25.65	G421L
	1600						22.44	28.92	G423L
133	900	6305/C4	25	18	8	17			G514L
	950						20.95	25.04	G515L
	1000								G516L
	1100								G518L

续表 6-35

D	L	轴承型号	d	b	h	f	旋转部分重量/kg	重量/kg	图号
133	1150	6305/C4	25	18	8	17	23.52	28.38	G519L
	1250								G520L
	1400						28.35	34.04	G521L
	1600						31.75	38.36	G523L
	1800						35.81	43.1	G524L
	2000						39.97	48.1	G525L
	2200						44.16	53.06	G526L
159	1150	6306/C4	30	22	8	17	31	38.04	G619L
	1400						37.24	45.66	G621L
	1600						41.63	51.16	G623L
	1800						46.65	57.54	G624L
	2000						52.25	64	G625L
	2200						57.53	70.4	G626L
194	1800	6407/C4	35	26	10	20	67.16	82.3	G724L
	2000						74.56	91.2	G725L
	2200						81.86	100	G726L

6.6 垂直重锤拉紧装置

6.6.1 箱式垂直重锤拉紧装置

6.6.1.1 Ⅰ型（轻中型）箱式垂直重锤拉紧装置

Ⅰ型（轻中型）箱式垂直重锤拉紧装置示于图6-36，相关参数列于表6-36。

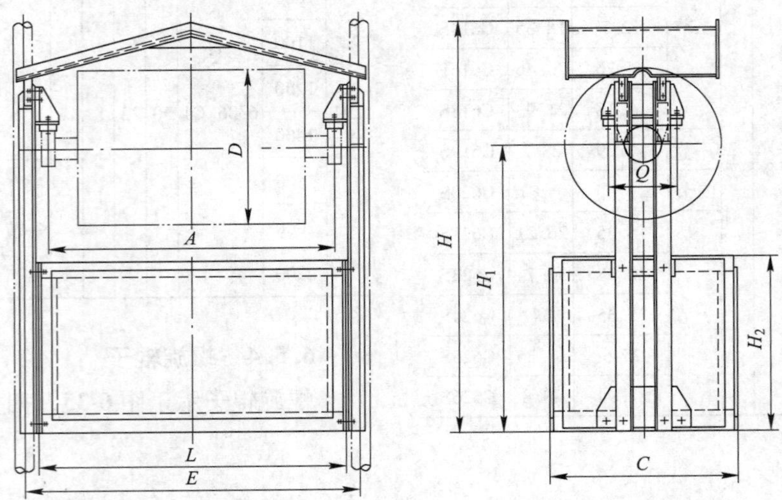

图6-36　Ⅰ型（轻中型）箱式垂直重锤拉紧装置示意图

说明：1. 本部件不包括改向滚筒；

2. 固定改向滚筒的紧固件已包括在本部件内；

3. 箱内重锤块的数量应根据实际需要的拉紧力经计算确定。

表6-36　Ⅰ型（轻中型）箱式垂直重锤拉紧装置相关参数　mm

输送机代号	最大拉紧力/kN	指定改向滚筒			主要尺寸								重量/kg	图　号
		D	许用合力/kN	图号	A	L	E	C	H	H_1	H_2	Q		
4032 4040	8	315	10	40B103	750	856	1030	500	1572	1150	600	260	253	40D1031C
5032 5040	8	315	10	50B103	850	956	1130	500	1572	1150	600	260	268	50D1031C
5050	8	400	10	50B104	850	956	1130	500	1622	1200	600	260	272	50D1041C
	20		23	50B204				700	1632			280	301	50D2041C
6540 6550	16	400	20	65B104	1000	1136	1310	700	1657	1200	600	280	327	65D1041C
	25		32	65B204				700	1677			350	331	65D2041C
	40		46	65B304				800	1992	1500	900	380	422	65D3041C
6563	25	500	40	65B105				700	1727	1250	600	350	337	65D1051C
	40		59	65B205				800	2042	1550	900	380	428	65D2051C
8040	16	400	20	80B104	1250	1436	1610	700	1737	1205	600	350	380	80D1041C
8050	25		29	80B204	1300			700	1737	1205	600	380	380	80D2041C
8063	25	500	40	80B105	1300	1436	1610	700	1782	1250	600	380	387	80D1051C
	40		56	80B205				800	2002	1450	800	440	463	80D2051C
8080	40	630	50	80B106				800	2107	1515	800	380	474	80D1061C
	63		73	80B206				900	2227	1615	900	440	554	80D2061C
10050	30	500	35	100B105	1500	1636	1850	800	2062	1445	800	380	517	100D1051C
10063	40		45	100B205				800	2182	1545	900	440	580	100D2051C
10080	40	630	43	100B106	1500	1636	1850	800	2132	1515	800	380	525	100D1061C
	63		64	100B206				800	2252	1615	900	440	588	100D2061C
100100	63	800	79	100B107				800	2422	1700	900	440	615	100D1071C
12050	25	500	30	120B105	1750	1886	2100	700	1897	1245	600	380	472	120D1051C
12063	40		41	120B205				800	2117	1445	800	440	590	120D2051C
12080	25	630	37	120B106	1750	1886	2100	700	1967	1315	600	380	484	120D1061C
	40		53	120B206				800	2187	1515	800	440	603	120D2061C
120100	63	800	64	120B107	1750	1886	2100	800	2457	1700	900	440	663	120D1071C
14080	50	630	50	140B106	1950	2196	2410	800	2227	1515	800	440	663	140D1061C
140100	50	800	50	140B107				800	2397	1600	800	440	694	140D1071C

6.6.1.2 Ⅱ型（重型）垂直重锤拉紧装置

Ⅱ型（重型）垂直重锤拉紧装置示于图6-37，相关参数列于表6-37。

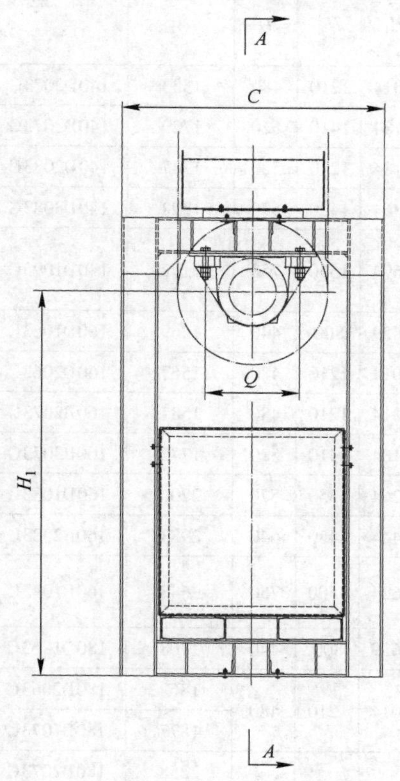

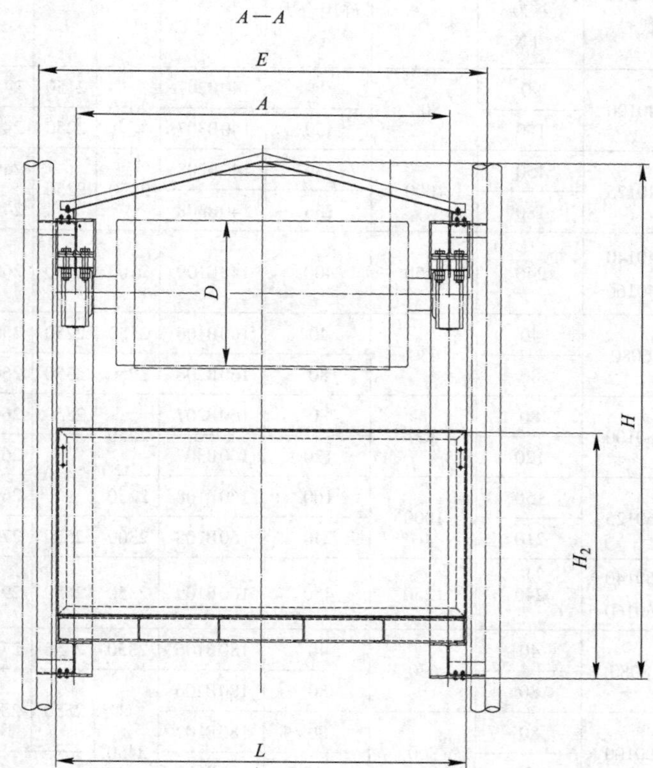

图6-37 Ⅱ型（重型）箱式垂直重锤拉紧装置示意图

说明：1. 本部件不包括改向滚筒；

2. 固定改向滚筒的紧固件已包括在本部件内；

3. 箱内重锤块的数量应根据实际需要的拉紧力经计算确定。

表6-37 Ⅱ型（重型）垂直重锤拉紧装置相关参数

mm

输送机代号	最大拉紧力/kN	指定改向滚筒			主要尺寸								重量/kg	图号
		D	许用合力/kN	图号	A	L	E	C	H	H_1	H_2	Q		
80100	90	800	90	80B107	1300	1400	1610	1320	2730	2129	1310	440	1351	80D1073C
	120		126	80B207					2880	2264	1430	480	1414	80B2073C
80125	150	1000	240	80B108	1400	1600	1820	1580	2980	2334	1450	520	1648	80D1083C
100100	90	800	110	100B207	1500	1600	1850	1320	2655	2014	1210	480	1375	100D2073C
	120		168	100B307	1600	1800	2010	1440	2855	2184	1410	520	1577	100D3073C
100125	120	1000	130	100B108	1500	1600	1850	1580	2805	2164	1210	480	1540	100D1083C
	180		200	100B208	1600	1800	2060	1580	3005	2334	1450	520	1703	100D2083C
100140 100160	240	1250	400	100B109	1650	1900	2140	2000	3355	2514	1450	720	2502	100D1093C
120100	90	800	100	120B207	1750	1850	2100	1320	2690	2014	1210	480	1461	120D2073C
	150		150	120B307	1850	2050	2260	1440	2890	2184	1410	520	1673	120D3073C
120125	150	1000	150	120B208	1850	2050	2260	1580	2890	2184	1210	520	1696	120D2083C
	180		200	120B308			2290	1580	3090	2364	1450	570	1836	120D3083C
120140 120160	240	1250	400	100B109	1900	2200	2450	2100	3590	2694	1550	750	3132	120D1093C
14080	90	630	90	140B206	2050	2150	2410	1320	2730	2014	1210	480	1521	140D2063C

续表 6-37

输送机代号	最大拉紧力/kN	指定改向滚筒			主要尺寸								重量/kg	图号
		D	许用合力/kN	图号	A	L	E	C	H	H_1	H_2	Q		
140100	90	800	94	140B207	2050	2150	2410	1320	2730	2014	1210	480	1533	140D2073C
	150		150	140B307		2250	2460	1440	2930	2184	1410	520	1729	140D3073C
140125	150	1000	150	140B208	2050	2250	2460	1580	2910	2184	1210	520	1747	140D2083C
	180		236	140B308			2490	1580	3110	2364	1450	570	1892	140D3083C
140140 140160	240	1250	400	140B109	2100	2400	2650	2100	3610	2694	1550	750	3192	140D1093C
16080	40	630	40	160B106	2150	2250	2500	1200	2342	1629	800	440	1269	160D1063C
	80		80	160B206	2250	2350	2600	1320	2755	2014	1210	480	1567	160D2063C
160100	80	800	80	160B207	2250	2350	2600	1320	2755	2014	1210	480	1581	160B2073C
	120		120	160B307		2450	2660	1440	2955	2184	1410	520	1772	160B3073C
160125	150	1000	160	160B108	2250		2690	1580	3056	2264	1350	570	2200	160D1083C
	210		240	160B208	2300	2550	2790	2000	3306	2444	1450	640	2983	160B2083C
160140 160160	240	1250	450	160B109	2350	2650	2910	2100	3600	2624	1500	750	3643	160B1093C
18080	40	630	40	180B106	2350	2450	2700	1200	2369	1629	800	440	1308	180D1063C
	80		80	180B206	2450	2550	2800	1320	2782	2014	1210	480	1862	180D2063C
180100	80	800	80	180B107									1877	180B1073C
	150		160	180B207		2650	2890	1580	3083	2264	1350	570	2258	180B2073C
180125	150	1000	160	180B108									2274	180D1083C
	210		240	180B208	2500	2750	2990	2000	3333	2444	1450	640	3050	180B2083C
180140 180160	240	1250	520	180B109	2550	2850	3120	2100	3627	2624	1500	750	3727	180B1093C
20080	40	630	40	200B106	2550	2650	2900	1200	2395	1629	800	440	1365	200D1063C
	80		80	200B206	2650	2850	3060	1440	2925	2084	1210	520	2088	200D2063C
200100	80	800	80	200B107	2650	2850	3060	1440	2925	2084	1210	520	2111	200B1073C
	150		160	200B207		2850	3090	1580	3110	2264	1350	570	2356	200B2073C
200125	150	1000	160	200B108	2650	2850	3090	1580	3110	2264	1350	570	2378	200D1083C
	210		240	200B208	2700	2950	3190	2000	3360	2444	1450	640	3146	200B2083C
200140 200160	240	1250	520	200B109	2750	3050	3320	2100	3653	2624	1500	750	3812	200B1093C
22080	40	630	40	220B106	2850							440		220B1063C
	80		80	220B206	2950							520		220B2063C
220100	90	800	90	220B107	2950							480		220B1073C
	150		150	220B207	2950							570		220B2073C
220125	150	1000	160	220B108	2950							570		220B1083C
	210		240	220B208	3000							640		220B2083C
220140 220160	240	1250	400	220B109	3050							750		220B1093C
24080	80	630	80	240B106	3250							520		240D1063C
240100	150	800	150	240B107	3250							570		240B1073C
240125	210	1000	240	240B108	3300							640		240B1083C
240140 240160	240	1250	800	240B109	3350							750		240B1093C
240180	240	1400	800	240B110	3400									240B1103C

6.6.2　块式垂直重锤拉紧装置

块式垂直重锤拉紧装置示于图6-38，相关参数列于表6-38。

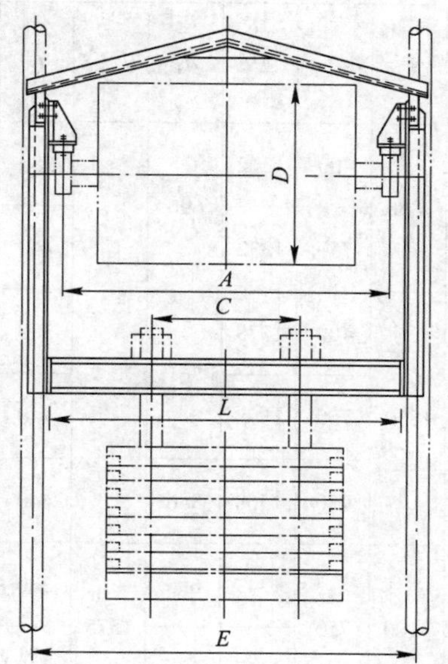

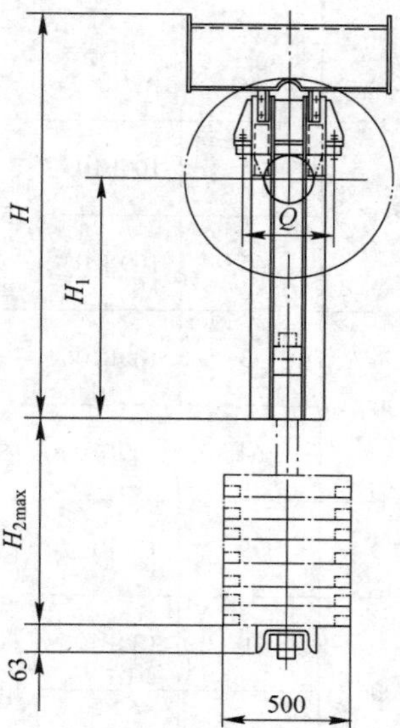

图6-38　块式垂直重锤拉紧装置示意图

说明：1. 本部件不包括改向滚筒；
2. 固定改向滚筒的紧固件已包括在本部件内；
3. 重锤块的数量应根据实际需要的拉紧力经计算确定。

表6-38　块式垂直重锤拉紧装置相关参数　　mm

<table>
<tr><th rowspan="2">输送机代号</th><th rowspan="2">最大拉紧力/kN</th><th colspan="3">指定改向滚筒</th><th colspan="8">主要尺寸</th><th rowspan="2">重量/kg</th><th rowspan="2">图　号</th></tr>
<tr><th>D</th><th>许用合力/kN</th><th>图号</th><th>A</th><th>L</th><th>E</th><th>C</th><th>H</th><th>H_1</th><th>H_{2max}</th><th>Q</th></tr>
<tr><td>4032
4040</td><td>8</td><td>315</td><td>10</td><td>40B103</td><td>750</td><td>880</td><td>1030</td><td>375</td><td>1009</td><td>600</td><td>1390</td><td>260</td><td>117</td><td>40D1032C</td></tr>
<tr><td>5032
5040</td><td>8</td><td>315</td><td>10</td><td>50B103</td><td>850</td><td>980</td><td>1130</td><td>375</td><td>1022</td><td>600</td><td>1390</td><td>260</td><td>121</td><td>50D1032C</td></tr>
<tr><td rowspan="2">5050</td><td>8</td><td rowspan="2">400</td><td>10</td><td>50B104</td><td rowspan="2">850</td><td rowspan="2">980</td><td rowspan="2">1130</td><td rowspan="2">375</td><td>1068</td><td rowspan="2">646</td><td rowspan="2">1390</td><td>260</td><td>125</td><td>50D1042C</td></tr>
<tr><td>20</td><td>23</td><td>50B204</td><td>1078</td><td>280</td><td>125</td><td>50D2042C</td></tr>
<tr><td rowspan="3">6540
6550</td><td>16</td><td rowspan="3">400</td><td>20</td><td>65B104</td><td rowspan="5">1000</td><td rowspan="5">1160</td><td rowspan="5">1310</td><td rowspan="2">375</td><td>1103</td><td rowspan="3">646</td><td rowspan="3">1390</td><td>280</td><td>134</td><td>65D1042C</td></tr>
<tr><td>25</td><td>32</td><td>65B204</td><td>1123</td><td>350</td><td>138</td><td>65D2042C</td></tr>
<tr><td>40</td><td>46</td><td>65B304</td><td>400</td><td>1138</td><td>380</td><td>142</td><td>65D3042C</td></tr>
<tr><td rowspan="2">6563</td><td>25</td><td rowspan="2">500</td><td>40</td><td>65B105</td><td>375</td><td>1173</td><td rowspan="2">696</td><td rowspan="2">1390</td><td>350</td><td>144</td><td>65D1052C</td></tr>
<tr><td>40</td><td>59</td><td>65B205</td><td>400</td><td>1188</td><td>380</td><td>148</td><td>65D2052C</td></tr>
<tr><td rowspan="2">8040
8050</td><td>16</td><td rowspan="2">400</td><td>20</td><td>80B104</td><td>1250</td><td rowspan="2">1460</td><td rowspan="2">1610</td><td>375</td><td>1180</td><td rowspan="2">648</td><td rowspan="2">1575</td><td>350</td><td>153</td><td>80D1042C</td></tr>
<tr><td>25</td><td>29</td><td>80B204</td><td>1300</td><td>375</td><td>1180</td><td>380</td><td>153</td><td>80D2042C</td></tr>
<tr><td rowspan="2">8063</td><td>25</td><td rowspan="2">500</td><td>40</td><td>80B105</td><td rowspan="4">1300</td><td rowspan="4">1460</td><td rowspan="4">1610</td><td>375</td><td>1228</td><td rowspan="2">696</td><td rowspan="2">1575</td><td>380</td><td>159</td><td>80D1052C</td></tr>
<tr><td>40</td><td>56</td><td>80B205</td><td>400</td><td>1249</td><td>440</td><td>165</td><td>80D2052C</td></tr>
<tr><td rowspan="2">8080</td><td>40</td><td rowspan="2">630</td><td>50</td><td>80B106</td><td>400</td><td>1353</td><td rowspan="2">761</td><td rowspan="2">1575</td><td>380</td><td>176</td><td>80D1062C</td></tr>
<tr><td>63</td><td>73</td><td>80B206</td><td>750</td><td>1373</td><td>440</td><td>183</td><td>80C2062C</td></tr>
</table>

续表 6-38

输送机代号	最大拉紧力/kN	指定改向滚筒 D	指定改向滚筒 许用合力/kN	指定改向滚筒 图号	主要尺寸 A	主要尺寸 L	主要尺寸 E	主要尺寸 C	主要尺寸 H	主要尺寸 H_1	主要尺寸 H_{2max}	主要尺寸 Q	重量/kg	图号
10050 10063	30	500	35	100B105	1500	1660	1850	400	1312	696	1575	380	191	100D1052C
	40		45	100B205				750	1332			440	198	100D2052C
10080	40	630	43	100B106	1500	1660	1850	400	1378	761		380	200	100D1062C
	63		64	100B206				750	1398			440	206	100D2062C
100100	63	800	79	100B107				750	1568	846		440	232	100D1072C
12050 12063	25	500	30	120B105	1750	1910	2100	750	1347	695	1575	380	200	120D1052C
	40		41	120B205					1367	696		440	207	120D2052C
12080	25	630	37	120B106	1750	1910	2100	750	1413	761		380	211	120D1062C
	50		53	120B206					1433			440	218	120D2062C
120100	63	800	64	120B107					1603	846	1575	440	245	120D2072C
14080	50	630	50	140B106	1950	2220	2410	750	1473	761		440	239	140D1062C
140100	50	800	50	140B107	1950	2220	2410	750	1643	846		440	269	140D1072C

6.6.3　重锤块组合

重锤块组合示于图 6-39，相关参数列于表 6-39。

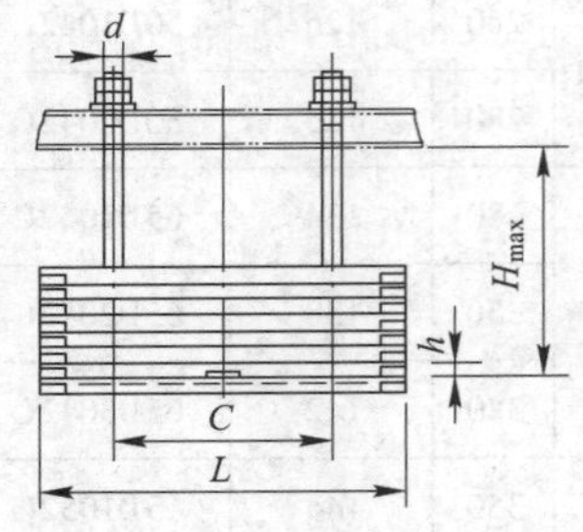

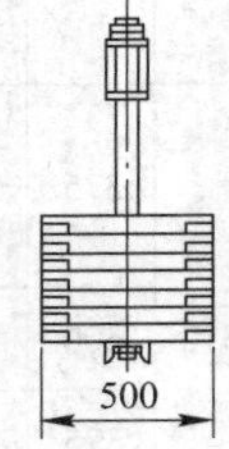

图 6-39　重锤块组合示意图

说明：1. 本组合由一个重锤吊架和若干块重锤块组成，重锤块数量由设计者计算确定，填写订货表时，要将吊架和重锤块分两项填入，其中吊架要注明螺杆长度，重锤块要注明块数和总重量；

2. 螺杆标准长度：500、700、1000、1200、1400、1600、1800mm；

3. 表中，$B = 400 \sim 650$mm，$H_{max} = 1390$mm，$B = 800 \sim 1400$mm，$H_{max} = 1575$mm。

表 6-39　重锤块组合相关参数

带宽 B	主要尺寸/mm L	主要尺寸/mm C	主要尺寸/mm h	主要尺寸/mm d	重锤吊架 重量/kg	重锤吊架 图号	重锤块 重量/kg	重锤块 图号
400 500 650	550	375	27	M24	26	D211	50	D112
800 1000	600	400	37	M24	27	D212	75	D113
1200 1400	1100	750	26	M30	44	D213	100	D114

6.7　车式重锤拉紧装置

6.7.1　拉紧车

拉紧车示于图 6-40，相关参数列于表 6-40。

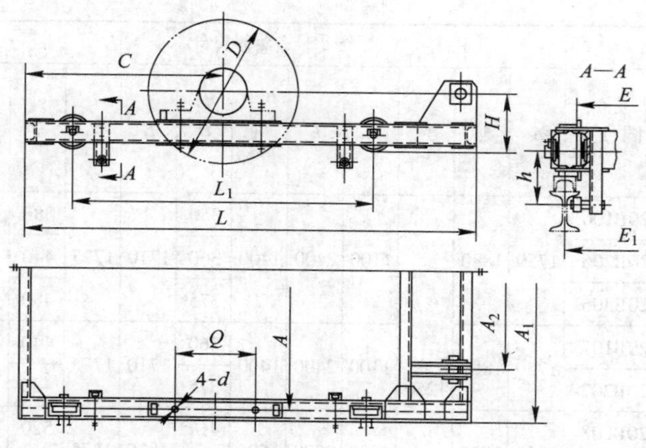

图 6-40 拉紧车示意图

说明：1. 改向滚筒不包括在本部件内；

2. 固定改向滚筒的紧固件包括在本部件内；

3. 钢丝绳及紧固绳夹具不包括在本部件内。

表 6-40 拉紧车相关参数

mm

输送机代号	最大拉紧力/kN	改向滚筒			主要尺寸												重量/kg	图号
		D	许用合力/kN	图号	A	A_1	A_2	C	L	L_1	H	E	E_1	Q	h	d		
5050	8	400	10	50B104	850	956	600	900	1950	1200	270	810	875	260	193	18	277	50D1041H
	20		23	50B204										280	183	18	264	50D2041H
6550	16	400	20	65B104	1000	1106	700	900	1950	1200	285	970	1025	280	193	18	283	65D1041H
	25		32	65B204							285			350	183	24	275	65D2041H
	40		46	65B304							295			380	173	26	270	65D3041H
6563	35	500	40	65B105	1000	1106	700	900	1950	1200	285	970	1025	350	183	22	275	65D1051H
	50		59	65B205							295			380	173	26	270	65D2051H
8050	35	500	40	80B105	1300	1420	900	950	2100	1300	325	1260	1325	380	193	26	381	80D1051H
8063	50		56	80B205										440	193	26	389	80D2051H
8080	40	630	50	80B106	1300	1420	900	950	2100	1300	325	1260	1325	380	193	26	381	80D1061H
	63		73	80B206										440	193	26	389	80D2061H
80100	90	800	90	80B107	1300	1420	900	950	2100	1300	335	1260	1325	440	193	33	390	80D1071H
	120		126	80B207							352			480	193	33	409	80D2071H
80125	180	1000	240	80B108	1400	1605	900	1050	2300	1500	417	1360	1425	520	220	33	552	80D1081H
10063 10080	40	630	43	100B106	1500	1620	1100	950	2100	1300	335	1460	1525	380	193	26	391	100D1061H
	63		64	100B206							335			440	193	26	400	100D2061H
	80		87	100B306							352			480	193	33	419	100D3061H
100100	63	800	79	100B107							335			440	193	26	400	100D1071H
	90		110	100B207							352			480	193	33	419	100D2071H
100125	120	1000	130	100B108	1500	1620	1100	1050	2300	1500	352	1460	1525	480	193	33	433	100D1081H
	180		200	100B208	1600	1805					417	1560	1625	520	220	33	562	100D2081H
100140 100160	240	1250	400	100B109	1650		1100							720				100D1091H

续表 6-40

输送机代号	最大拉紧力/kN	改向滚筒			主要尺寸												重量/kg	图号
		D	许用合力/kN	图号	A	A_1	A_2	C	L	L_1	H	E	E_1	Q	h	d		
12063 12080	30	630	37	120B106	1750	1880		1100	2400	1400	350	1710	1775	380	193	26	488	120D3061H
	50		53	120B206							360			440		26	496	120D2061H
	90		90	120B306							375			480		33	511	120D3061H
120100	63	800	64	120B107	1750	1880	1250	1100	2400	1400	360	1710	1775	440	193	26	496	120D1071H
	90		100	120B207							375			480		33	511	120D2071H
120125	150	1000	150	120B208	1850	2055		1200	2500	1500	417	1810	1875	520	220	33	590	120D2081H
	180		200	120B308							437			570		33	599	120D3081H
120140 120169	240	1250	400	120B109	1900									750				120D1091H
14080	50	630	50	140B106	1950	2130		1100	2400	1400	318	1960	2025	440	193	26	510	140D1061H
	90		90	140B206	2050									480		33	528	140D2061H
140100	50	800	50	140B107	1950									440		26	510	140D1071H
	90		94	140B207	2050		1350							480		33	528	140D2071H
140125	150	1000	150	140B208	2050	2255		1200	2500	1500	417	2010	2075	520	220	33	601	140D2081H
	180		236	140B308							437			570		33	619	140D3081H
140140 140160	240	1250	400	140B109	2100									840				140D1091H
16080	40	630	40	160B106	2150	2330	1450	1200	2500	1500	381	2160	2225	440	193	26	530	160D1061H
	80		80	160B206	2250						381			480		33	548	160D2061H
160100	40	800	40	160B107	2150						381			440		26	531	160D1071H
	80		80	160B207	2250						381			480		33	547	160D2071H
160125	150	1000	160	160B108	2250	2455	1450	1250	2600	1600	437	2210	2275	570	220	33	627	160D1081H
	210		240	160B208	2300									640				160D2081H
160140 160160	240	1250	450	160B109	2350									750				160D1091H
18080	40	630	40	180B106	2350	2530		1250	2600	1600	381	2360	2425	440	193	33	549	180D1061H
	80		80	180B206	2450									480			576	180D2061H
180100	80	800	80	180B107	2450	2530								480			567	180D1071H
	150		160	180B207		2655	1550							570			698	180D2071H
180125	150	1000	160	180B108	2450			1300	2700	1700	437	2390	2475	570	220	33	698	180D1081H
	210		240	180B208	2500									640				180D2081H
180140 180160	240	1250	520	180B109	2550									750				180D1091H
20080	40	630	40	200B160	2550	2730	1650	1300	2700	1700	381	2560	2625	440	193	26	569	200D1061H
	80		80	200B206	2650	2855		1350	2800	1800	417	2610	2675	520	220	33	624	200D2061H
200100	80	800	80	200B107	2650	2730	1650	1300	2700	1700	381	2560	2625	480	193	33	587	200D1071H
	150		160	200B207		2855		1350	2800	2800	437	2610	2675	570	220	33	663	200D2071H
200125	150	1000	160	200B108	2650	2855	1650	1350	2800	1800	437	2610	2675	570	220	33	663	200D1081H
	210		240	200B208	2700	2855								640				200D2081H
200140 200160	240	1250	520	200B109	2750		1650							750				200D1091H

续表 6-40

输送机代号	最大拉紧力/kN	改向滚筒 D	改向滚筒 许用合力/kN	改向滚筒 图号	主要尺寸 A	A_1	A_2	C	L	L_1	H	E	E_1	Q	h	d	重量/kg	图号
22080	40	630	40	220B106	2950									440				220D1061H
	80		80	220B206										520				220D2061H
220100	90	800	90	220B107	2950									480				220D1071H
	150		150	220B207										570				220D2071H
220125	180	1000	180	220B108	2950									570				220D1081H
	240		240	220B208	3000									640				220D2081H
220140 220160	240	1250	400	220B109	3050									750				220D1091H
24080	80	630	80	240D106	3250									480				240D1061H
240100	150	800	150	240B107	3250									570				240D1071H
240125	240	1000	240	240B108	3300									640				240D1081H
240140 240160	240	1250	800	240B109	3350									940				240D1091H
240180	240	1400	800	240B110	3450									1010				240D1101H

6.7.2 车式重锤拉紧装置（室内或地坑式）组合

使用本组合需采用带滑轮车式拉紧装置尾架，拉紧车后第一对滑轮即固定在该尾架上，见图6-41所示，有关参数列于表6-41。

拉紧装置的布置尺寸由设计者自定。重锤可能落地的范围，需设计安全护栏进行隔离。

滑轮组数量、钢绳长度及绳夹数量由设计者决定，并填入订货表中，由主机厂统一供货。

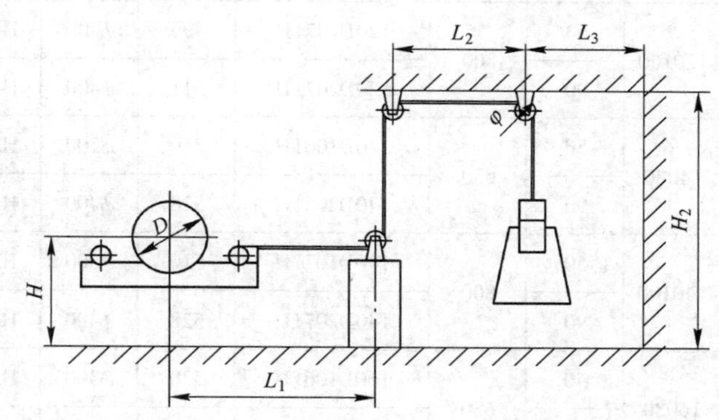

图 6-41 车式重锤拉紧装置(室内或地坑式)组合示意图

表 6-41 车式重锤拉紧装置（室内或地坑式）组合相关参数

输送机代号	最大拉紧力/kN	改向滚筒直径 D/mm	拉紧车 图号	拉紧车 重量/kg	滑轮组 φ/mm	滑轮组 图号	滑轮组 重量/kg·只$^{-1}$	钢丝绳（GB/T 20118—2006） 规格	钢丝绳 重量/kg·m^{-1}	绳夹（GB/T 5976—2006） 代号	绳夹 重量/kg
5050	8	400	50D1041H	277	φ200	H111	20	9NAT6×19S1770ZZ	0.299	10KTH	0.14
	20		50D2041H	264	φ250	H211	29	11NAT6×19S1770ZZ	0.446	12KTH	0.243
6550	16	400	65D1041H	283	φ200	H111	20	9NAT6×19S1770ZZ	0.299	10KTH	0.14
	25		65D2041H	275	φ250	H211	29	11NAT6×19S1770ZZ	0.446	12KTH	0.243
	40		65D3041H	270	φ300	H311	44	14NAT6×19S1770ZZ	0.722	14KTH	0.372
6563	35	500	65D1051H	275	φ300	H311	44	14NAT6×19S1770ZZ	0.722	14KTH	0.372
	50		65D2051H	270	φ400	H411	78	18NAT6×19S1770ZZ	1.19	18KTH	0.601

续表 6-41

输送机代号	最大拉紧力/kN	改向滚筒直径 D/mm	拉紧车		滑轮组			钢丝绳(GB/T 20118—2006)		绳夹(GB/T 5976—2006)	
			图号	重量/kg	φ/mm	图号	重量/kg·只$^{-1}$	规格	重量/kg·m^{-1}	代号	重量/kg
8050 8063	35	500	80D1051H	381	ϕ300	H311	44	14NAT6×19S1770ZZ	0.722	14KTH	0.372
	50		80D2051H	389	ϕ400	H411	78	18NAT6×19S1770ZZ	1.19	18KTH	0.601
8080	40	630	80D1061H	381	ϕ300	H311	44	14NAT6×19S1770ZZ	0.722	14KTH	0.372
	63		80D2061H	389	ϕ400	H411	78	18NAT6×19S1770ZZ	1.19	18KTH	0.601
10063 10080	40	630	100D1061H	391	ϕ300	H311	44	14NAT6×19S1770ZZ	0.722	14KTH	0.372
	63		100D2061H	400	ϕ400	H411	78	18NAT6×19S1770ZZ	1.19	18KTH	0.601
	80		100D3061H	419	ϕ400	H411	78	18NAT6×19S1770ZZ	1.19	18KTH	0.601
100100	63	800	100D1071H	400	ϕ400	H411	78	18NAT6×19S1770ZZ	1.19	18KTH	0.602
	90		100D2071H	419	ϕ400	H411	78	18NAT6×19S1770ZZ	1.19	18KTH	0.602
12063 12080	30	630	120D1061H	488	ϕ250	H211	29	11NAT6×19S1770ZZ	0.446	12KTH	0.243
	50		120D2061H	496	ϕ400	H411	78	18NAT6×19S1770ZZ	1.19	18KTH	0.602
	90		120D3061H	511	ϕ400	H411	78	18NAT6×19S1770ZZ	1.19	18KTH	0.602
120100	63	800	120D1071H	496	ϕ400	H411	78	18NAT6×19S1770ZZ	1.19	18KTH	0.602
	90		120D2071H	511	ϕ400	H411	78	18NAT6×19S1770ZZ	1.19	18KTH	0.602
14080	50	630	140D1061H	510	ϕ300	H311	44	14NAT6×19S1770ZZ	0.722	14KTH	0.372
	90		140D2061H	528	ϕ400	H411	78	18NAT6×19S1770ZZ	1.19	18KTH	0.601
140100	50	800	140D1071H	510	ϕ300	H311	49	14NAT6×19S1770ZZ	0.722	14KTH	0.372
	90		140D2071H	528	ϕ400	H411	78	18NAT6×19S1770ZZ	1.19	18KTH	0.601
16080	40	630	160D1061H	530	ϕ300	H311	44	14NAT6×19S1770ZZ	0.722	14KTH	0.372
	80		160D2061H	548	ϕ400	H411	78	18NAT6×19S1770ZZ	1.19	18KTH	0.601
18080	40	630	180D1061H	549	ϕ300	H311	44	14NAT6×19S1770ZZ	0.722	14KTH	0.372
	80		180D2061H	576	ϕ400	H411	78	18NAT6×19S1770ZZ	1.19	18KTH	0.601
20080	40	630	200D1061H	569	ϕ300	H311	44	14NAT6×19S1770ZZ	0.722	14KTH	0.372
	80		200D2061H	624	ϕ400	H411	78	18NAT6×19S1770ZZ	1.19	18KTH	0.601
22080	40	630	220D1061H		ϕ300	H311	44	14NAT6×19S1770ZZ	0.622	14KTH	0.372
	80		220D2061H		ϕ400	H411	78	18NAT6×19S1770ZZ	1.19	18KTH	0.601
24080	80	630	240D1061H		ϕ400	H411	78	18NAT6×19S1770ZZ	1.19	18KTH	0.601

6.7.3 车式重锤拉紧装置(场地垂直式)组合

使用本组合，一般采用标准型车式重锤拉紧装置尾架。拉紧车后的一对滑轮组需由设计者另行设置固定支座，见图 6-42，相关参数列于表 6-42。

拉紧装置的布置尺寸由设计者自定。重锤可能落地的范围，需设计安全护栏进行隔离。

滑轮组数量、钢绳长度及绳夹数量由设计者填入订货表中，由主机厂统一供货。

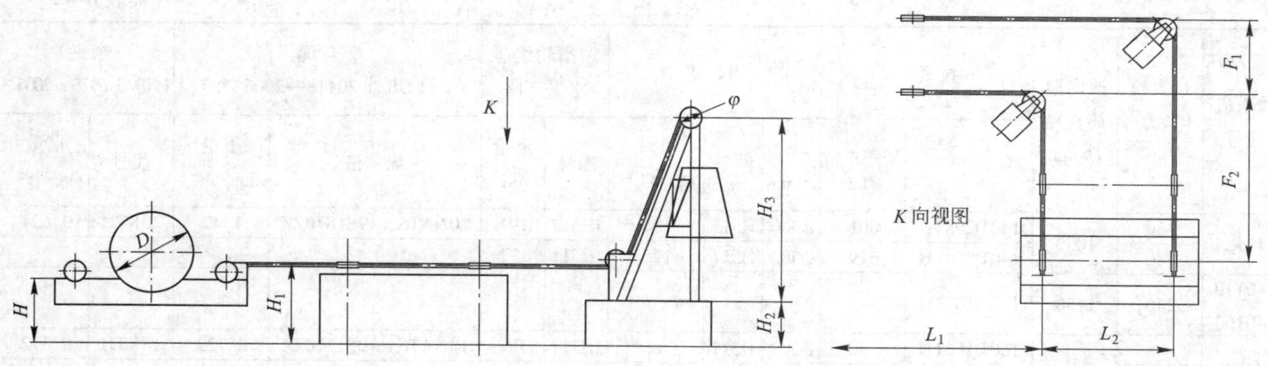

图 6-42 车式重锤拉紧装置（场地垂直式）组合示意图

表 6-42 车式重锤拉紧装置（场地垂直式）相关参数

输送机代号	最大拉紧力/kN	改向滚筒直径 D/mm	拉紧车		滑轮组			滑轮组水平支座		钢丝绳（GB/T 20118—2006）		绳夹（GB/T 5976—2006）	
			图号	重量/kg	φ/mm	图号	重量/kg·只$^{-1}$	图号	重量/kg	规格	重量/kg·m^{-1}	代号	重量/kg·个$^{-1}$
5050	8	400	50D1041H	277	φ200	H111	20	JH111	70	9NAT6×19S1770ZZ	0.299	10KTH	0.14
	20		50D2041H	264	φ250	H211	29	JH211	82	11NAT6×19S1770ZZ	0.446	12KTH	0.243
6550	16	400	65D1041H	283	φ200	H111	20	JH111	70	9NAT6×19S1770ZZ	0.299	10KTH	0.14
	25		65D2041H	275	φ250	H211	29	JH211	82	11NAT6×19S1770ZZ	0.446	12KTH	0.243
	40		65D3041H	270	φ300	H311	44	JH311	96	14NAT6×19S1770ZZ	0.722	14KTH	0.372
6563	35	500	65D1051H	275	φ300	H311	44	JH311	96	14NAT6×19S1770ZZ	0.722	14KTH	0.372
	50		65D2051H	270	φ400	H411	78	JH411	110	18NAT6×19S1770ZZ	1.19	18KTH	0.601
8050	35	500	80D1051H	381	φ300	H311	44	JH311	96	14NAT6×19S1770ZZ	0.722	14KTH	0.372
8063	50		80D2051H	389	φ400	H411	78	JH411	110	18NAT6×19S1770ZZ	1.19	18KTH	0.601
8080	40	630	80D1061H	390	φ300	H311	44	JH311	96	14NAT6×19S1770ZZ	0.722	14KTH	0.372
	63		80D2061H	409	φ400	H411	78	JH411	110	18NAT6×19S1770ZZ	1.19	18KTH	0.601
80100	90	800	80D1071H	390	φ400	H411	78	JH411	110	18NAT6×19S1770ZZ	1.19	18KTH	0.601
	120		80D2071H	409	φ500	H511	125	JH511	191	20NAT6×19S1770ZZ	1.47	20KTH	0.624
80125	180	1000	80D1081H	552	φ500	H511	125	JH511	191				
10063 10080	40	630	100D1061H	391	φ300	H311	44	JH311	96	14NAT6×19S1770ZZ	0.722	14KTH	0.372
	63		100D2061H	400	φ400	H411	78	JH411	110	18NAT6×19S1770ZZ	1.19	18KTH	0.601
	80		100D3061H	419	φ400	H411	78	JH411	110	18NAT6×19S1770ZZ	1.19	18KTH	0.601
100100	63	800	100D1071H	400	φ400	H411	78	JH411	110	18NAT6×19S1770ZZ	1.19	18KTH	0.601
	90		100D2071H	419	φ400	H411	78	JH411	110	18NAT6×19S1870ZZ	1.19	18KTH	0.601
100125	120	1000	100D1081H	433	φ500	H511	125	JH511	191	20NAT6×19S1870ZZ	1.47	20KTH	0.624
	180		100D2081H	562	φ500	H511	125	JH511	191				
100140 100160	240	1250	100D1091H	—									
12063 12080	30	630	120D1061H	511	φ250	H211	29	JH211	70	11NAT6×19S1770ZZ	0.446	12KTH	0.243
	50		120D2061H	496	φ400	H411	78	JH411	110	18NAT6×19S1770ZZ	1.19	18KTH	0.601
	90		120D3061H	511	φ400	H411	78	JH411	110	18NAT6×19S1770ZZ	1.19	18KTH	0.601
120100	63	800	120D1071H	496	φ400	H411	78	JH411	110	18NAT6×19S1770ZZ	1.19	18KTH	0.601
	90		120D2071H	511	φ400	H411	78	JH411	110	18NAT6×19S1770ZZ	1.19	18KTH	0.601
120125	150	1000	120D2081H	590	φ500	H511	125	JH511	191	20NAT6×19S1870ZZ	1.47	20KTH	0.624
	180		120D3081H	599	φ500	H511	125	JH511	191				
120140 120160	240	1250	120D1091H										
14080	50	630	140D1061H	5910	φ300	H311	44	JH311	96	14NAT6×19S1770ZZ	0.722	14KTH	0.372
	90		140D2061H	528	φ400	H411	78	JH411	110	18NAT6×19S1770ZZ	1.19	18.5KTH	0.601
140100	50	800	140D1071H	510	φ300	H311	44	JH311	96	14NAT6×19S1770ZZ	0.722	14KTH	0.372
	90		140D2071H	528	φ400	H411	78	JH411	110	18NAT6×19S1770ZZ	1.19	18KTH	0.601

续表 6-42

输送机代号	最大拉紧力/kN	改向滚筒直径 D/mm	拉紧车		滑轮组			滑轮组水平支座		钢丝绳(GB/T 20118—2006)		绳夹(GB/T 5976—2006)	
			图号	重量/kg	φ/mm	图号	重量/kg·只$^{-1}$	图号	重量/kg	规格	重量/kg·m^{-1}	代号	重量/kg·个$^{-1}$
140125	150	1000	140D2081H	601	φ500	H511	125	JH511	191	20NAT6×19S1870ZZ	1.47	20KTH	0.624
	180		140D3081H	619	φ500	H511	125	JH511	191				
140140 140160	240	1250	140D1091H										
16080	40	630	160D1061H	530	φ300	H311	44	JH311	96	14NAT6×19S1770ZZ	0.722	14KTH	0.372
	80		160D2061H	548	φ400	H411	78	JH411	110	18NAT6×19S1770ZZ	1.19	18.5KTH	0.601
160100	40	800	160D1071H	531	φ300	H311	44	JH311	96	14NAT6×19S1770ZZ	0.722	14KTH	0.372
	80		160D2071H	547	φ400	H411	78	JH411	110	18NAT6×19S1770ZZ	1.19	18.5KTH	0.601
160125	150	1000	160D1081H	627	φ500	H511	125	JH511	191	20NAT6×19S1870ZZ	1.47	20KTH	0.624
	210		160D2081H		φ500	H511	125	JH511	191				
160140 160160	240	1250	160D1091H										
18080	40	630	180D1061H	549	φ300	H311	44	JH311	96	14NAT6×19S1770ZZ	0.722	14KTH	0.372
	80		180D2061H	576	φ400	H411	78	JH411	110	18NAT6×19S1770ZZ	1.19	18KTH	0.601
180100	80	800	180D1071H	567									
	150		180D2071H	645	φ500	H511	125	JH511	191	20NAT6×19S1870ZZ	1.47	20KTH	0.624
180125	150	1000	180D1081H	645	φ500	H511	125	JH511	191	20NAT6×19S1870ZZ	1.47	20KTH	0.624
	210		180D2081H		φ500	H511	125	JH511	191				
180140 180160	240	1250	180D1091H										
20080	40	630	200D1061H	569	φ300	H311	44	JH311	96	14NAT6×19S1770ZZ	0.722	14KTH	0.372
	80		200D2061H	624	φ400	H411	78	JH411	110	18NAT6×19S1770ZZ	1.19	18KTH	0.601
200100	80	800	200D1071H	587									
	150		200D2071H	663	φ500	H511	125	JH511	191	20NAT6×19S1870ZZ	1.47	20KTH	0.624
200125	150	1000	200D1081H	663	φ500	H511	125	JH511	191				
	210		200D2081H		φ500	H511	125	JH511	191				
200140 200160	240	1250	200D1091H										
22080	40	630	220D1061H		φ300	H311	44	JH311	96	14NAT6×19S1770ZZ	0.722	14KTH	0.372
	80		220D2061H		φ400	H411	78	JH411	110	18NAT6×19S1770ZZ	1.19	18KTH	0.601
220100	90	800	220D1071H										
	150		220D2071H		φ500	H511	125	JH511	191	20NAT6×19S1870ZZ	1.47	20KTH	0.624
220125	180	1000	220D1081H										
	240		220D2081H										
220140 220160	240	1250	220D1091H										
24080	80	630	240D1061H		φ400	H411	78	JH411	110	18NAT6×19S1770ZZ	1.19	18KTH	0.601
240100	150	800	240D1071H		φ500	H511	125	JH511	191	20NAT6×19S1870ZZ	1.47	20KTH	0.624
240125	240	1000	240D1081H										
240140 240160	240	1250	240D1091H										
240180	240	1400	240D1101H										

6.7.4 车式重锤拉紧装置(场地平行式)组合

使用本组合，一般采用标准型车式重锤拉紧装置架，四个水平滑轮组成的滑轮支座，需另行设置混凝土墩座，见图6-43，相关参数列于表6-43。

拉紧装置的布置尺寸由设计者自定。重锤可能落地的范围，需设计安全护栏进行隔离。

滑轮支座、钢绳长度及绳夹数量由设计者填入订货表中，由主机厂统一供货。

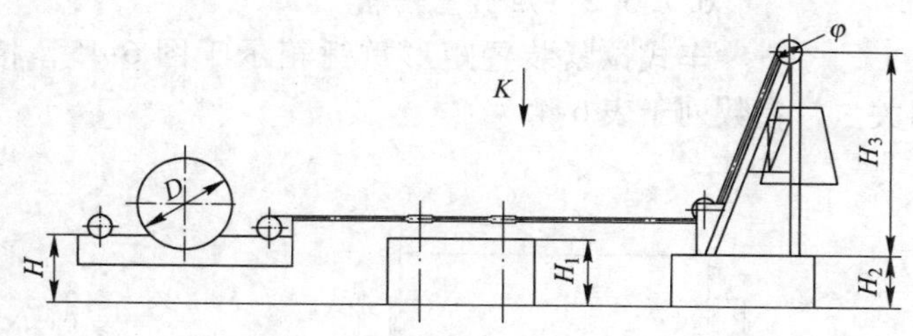

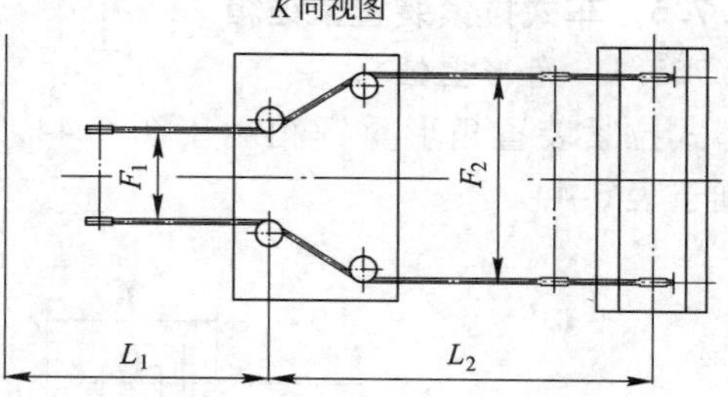

图6-43 车式重锤拉紧装置（场地平行式）组合示意图

表6-43 车式重锤拉紧装置（场地平行式）相关参数

输送机代号	最大拉紧力/kN	改向滚筒直径 D/mm	拉紧车		滑轮组			四轮水平滑轮组支座		钢丝绳（GB/T 20118—2006）		绳夹（GB/T 5976—2006）	
			图号	重量/kg	φ/mm	图号	重量/kg·只$^{-1}$	图号	重量/kg	规格	重量/kg·m^{-1}	代号	重量/kg·个$^{-1}$
5050	8	400	50D1041H	277	ϕ200	H111	20	JH111	70	9NAT6×19S1770ZZ	0.299	10KTH	0.14
	20		50D2041H	264	ϕ250	H211	29	JH211	82	11NAT6×19S1770ZZ	0.446	12KTH	0.243
6550	16	400	65D1041H	283	ϕ200	H111	20	JH111	70	9NAT6×19S1770ZZ	0.299	10KTH	0.14
	25		65D2041H	275	ϕ250	H211	29	JH211	82	11NAT6×19S1770ZZ	0.446	12KTH	0.243
	40		65D3041H	270	ϕ300	H311	44	JH311	96	14NAT6×19S1770ZZ	0.722	14KTH	0.372
6563	35	500	65D1051H	275	ϕ300	H311	44	JH311	96	14NAT6×19S1770ZZ	0.722	14KTH	0.372
	50		65D2051H	270	ϕ400	H411	78	JH411	110	18NAT6×19S1770ZZ	1.19	18KTH	0.601
8050 8063	35	500	80D1051H	381	ϕ300	H311	44	JH311	96	14NAT6×19S1770ZZ	0.722	14KTH	0.372
	50		80D2051H	389	ϕ400	H411	78	JH411	110	18NAT6×19S1770ZZ	1.19	18KTH	0.601
8080	40	630	80D1061H	381	ϕ300	H311	44	JH311	96	14NAT6×19S1770ZZ	0.722	14KTH	0.372
	63		80D2061H	389	ϕ400	H411	78	JH411	110	18NAT6×19S1770ZZ	1.19	18KTH	0.601
10063 10080	40	630	100D1061H	391	ϕ300	H311	44	JH311	96	14NAT6×19S1770ZZ	0.722	14KTH	0.372
	63		100D2061H	400	ϕ400	H411	78	JH411	110	18NAT6×19S1770ZZ	1.19	18KTH	0.601
	80		100D3061H	419	ϕ400	H411	78	JH411	110	18NAT6×19S1770ZZ	1.19	18KTH	0.601
100100	63	800	100D1071H	400	ϕ400	H411	78	JH411	110	18NAT6×19S1770ZZ	1.19	18KTH	0.601
	90		100D2071H	419	ϕ400	H411	78	JH411	110	18NAT6×19S1770ZZ	1.19	18KTH	0.601
12063 12080	30	630	120D1061H	488	ϕ250	H211	29	JH211	82	11NAT6×19S1770ZZ	0.446	12KTH	0.243
	50		120D2061H	496	ϕ400	H411	78	JH411	110	18NAT6×19S1770ZZ	1.19	18KTH	0.601
	90		120D3061H	511	ϕ400	H411	78	JH411	110	18NAT6×19S1770ZZ	1.19	18KTH	0.601
120100	63	800	120D1071H	496	ϕ400	H411	78	JH411	110	18NAT6×19S1770ZZ	1.19	18KTH	0.601
	90		120D2071H	511	ϕ400	H411	78	JH411	110	18NAT6×19S1770ZZ	1.19	18KTH	0.601
14080	50	630	140D1061H	510	ϕ300	H311	44	JH311	96	14NAT6×19S1770ZZ	0.722	14KTH	0.372
	90		140D2061H	528	ϕ400	H411	78	JH411	110	18NAT6×19S1770ZZ	1.19	18KTH	0.601
140100	50	800	140D1071H	510	ϕ300	H311	44	JH311	96	14NAT6×19S1770ZZ	0.722	14KTH	0.372
	90		140D2071H	528	ϕ400	H411	78	JH411	110	18NAT6×19S1770ZZ	1.19	18KTH	0.601
16080	40	630	160D1061H	530	ϕ300	H311	44	JH311	96	14NAT6×19S1770ZZ	0.722	14KTH	0.372
	80		160D2061H	548	ϕ400	H411	78	JH411	110	18NAT6×19S1770ZZ	1.19	18KTH	0.601
18080	40	630	180D1061H	549	ϕ300	H311	44	JH311	96	14NAT6×19S1770ZZ	0.722	14KTH	0.372
	80		180D2061H	576	ϕ400	H411	78	JH411	110	18NAT6×19S1770ZZ	1.19	18KTH	0.601
20080	40	630	200D1061H	569	ϕ300	H311	44	JH311	96	14NAT6×19S1770ZZ	0.722	14KTH	0.372
	80		200D2061H	624	ϕ400	H411	78	JH411	110	18NAT6×19S1770ZZ	1.19	18KTH	0.601
22080	80	630	220D1061H		ϕ400	H411	78	JH411	110	18NAT6×19S1770ZZ	1.19	18KTH	0.601
24080	80	630	240D1061H		ϕ400	H411	78	JH411	110	18NAT6×19S1770ZZ	1.19	18KTH	0.601

6.7.5 车式拉紧装置重锤箱

6.7.5.1 角形重锤箱

车式拉紧装置角形重锤箱示于图 6-44，相关参数列于表 6-44。

6.7.5.2 矩形重锤箱

车式拉紧装置矩形重锤箱示于图 6-45，相关参数列于表 6-45。

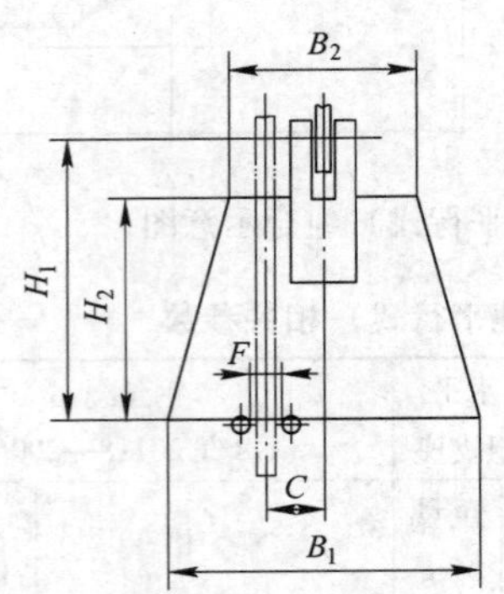

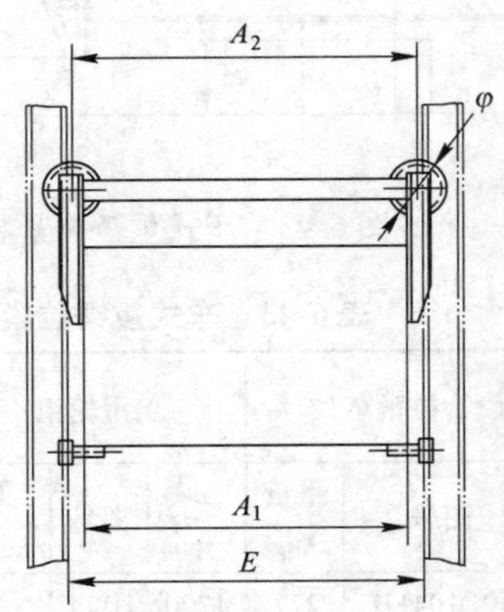

图 6-44 车式拉紧装置角形重锤箱示意图

表 6-44 车式拉紧装置角形重锤箱相关参数

最大拉紧力/kN	主要尺寸/mm										钢丝绳规格(GB/T 20118—2006)	重量/kg	图号
	E	A_1	A_2	B_1	B_2	H_1	H_2	C	F	φ			
25	1395	1250	1384	900	550	940	750	131	146	ϕ300	11NAT6 × 19S1770ZZ	342	D411
40	1395	1248	1384	978	550	1090	900	157	146	ϕ300	14NAT6 × 19S1770ZZ	503	D412
63	1395	1240	1380	1132	650	1340	1100	209	170	ϕ400	18NAT6 × 19S1770ZZ	660	D413

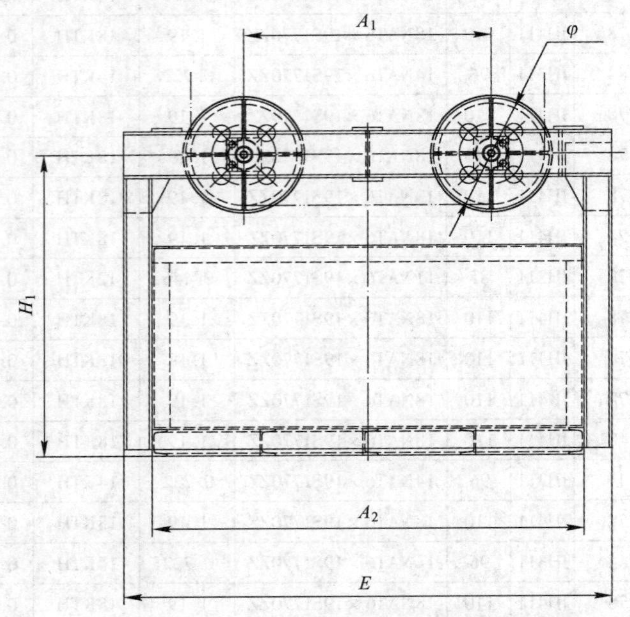

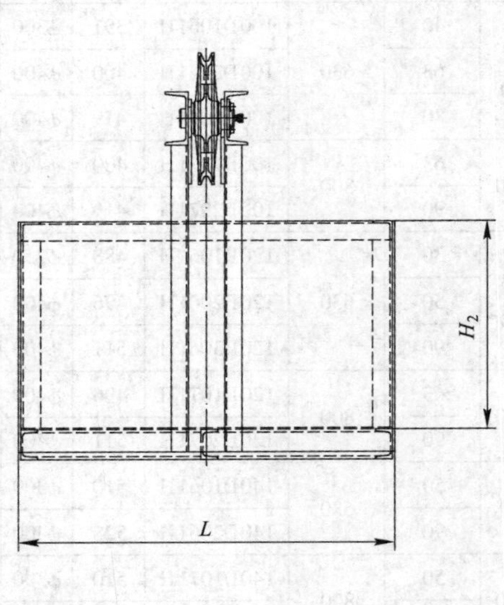

图 6-45 车式拉紧装置矩形重锤箱示意图

表 6-45 车式拉紧装置矩形重锤箱相关参数

最大拉紧力/kN	主要尺寸/mm							钢丝绳规格(GB/T 20118—2006)	重量/kg	图 号
	E	A_1	A_2	L	H_1	H_2	φ			
25	1382	1222	700	942	890	620	ϕ300	14NAT6 × 19S1770ZZ	374	D411J
40					1130	860			433	D412J

续表 6-45

最大拉紧力/kN	主要尺寸/mm							钢丝绳规格（GB/T 20118—2006）	重量/kg	图号
	E	A_1	A_2	L	H_1	H_2	φ			
63	1590	1390	600	1050	1350	1000	φ400	18NAT6×19S1770ZZ	621	D413J
90					1710	1360			720	D414J
120	2602	2350	1300	1170	1376	1026	φ500	20NAT6×19S1770ZZ	1210	D415J
150					1496	1146			1270	D416J
180										D417J
210										D418J
240										D419J

6.7.6 车式拉紧装置重锤块组合

车式拉紧装置重锤块组合示于表 6-46，相关参数列于表 6-46。

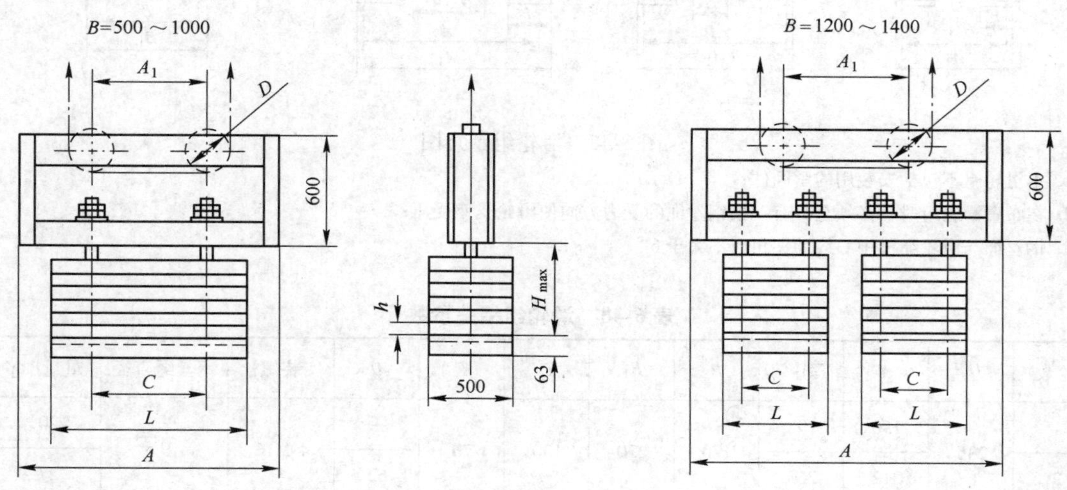

图 6-46 车式拉紧装置重锤块组合示意图

说明：1. 本组合由一个重锤块组合吊架和一个（B400～1000）或两个（B1200～1400）重锤块组合构成，重锤块数量由设计者计算确定；填写订货表时，要将重锤块组合吊架、重锤块吊架和重锤块分三项填入，其中重锤块吊架要注明螺杆长度，重锤块要注明块数和总重量；

2. 螺杆标准长度：500、700、1000、1400、1600、1800mm；

3. 表中，$B=500\sim650$，$H_{max}=1390$mm；$B=800\sim1400$，$H_{max}=1575$mm。

表 6-46 车式拉紧装置重锤块组合相关参数 mm

宽带 B	A	A_1	L	C	h	D	重锤块组合吊架		重锤块组合			
									重锤块吊架		重锤块（单块）	
							重量/kg	图号	重量/kg	图 号	重量/kg	图号
500	950	300	600	400	37	200	115	D311	26	D211	75	D113
650		500										
800	1400	500	1100	750	26	400	201	D312	27	D212	100	D114
1000		700										
1200	1650	850	600	400	37		226	D313	44	D213	75	D113
1400		950										

6.7.7 重锤箱用配重块

重锤箱用重锤块示于图6-47，相关参数列于表6-47。

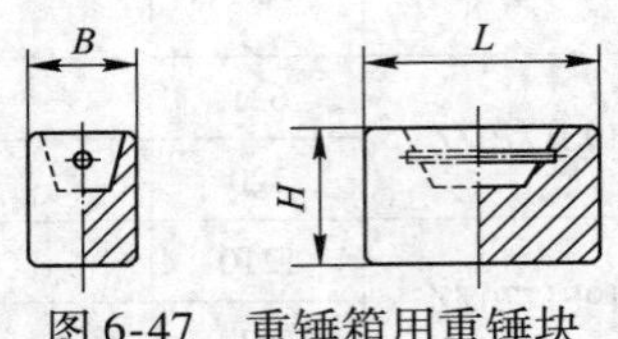

图6-47 重锤箱用重锤块

表6-47 重锤箱用重锤块相关参数 mm

L	B	H	重量/kg	图号
160	120	120	15	D111

6.7.8 滑轮组

滑轮组示于图6-48，相关参数列于表6-48。

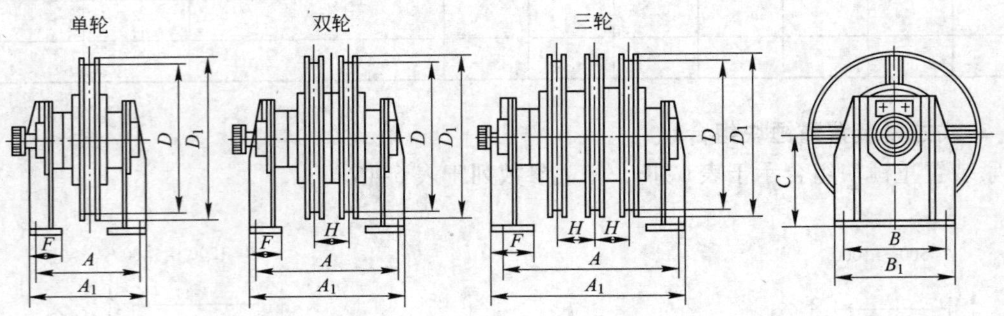

图6-48 滑轮组示意图

说明：1. 本滑轮组不包括安装用的紧固件；

2. 在布置滑轮组时，必须至少有一根钢丝绳的受力方向使滑轮支座受压；

3. 钢丝绳与滑轮绳槽中心线的夹角应不大于6°。

表6-48 滑轮组相关参数 mm

D	轮数	D_1	A	A_1	B	B_1	C	F	H	安装螺栓	钢丝绳直径	重量/kg	图号
200	1	235	150	198	170	220	130	70	—	4-M16	9	20	H111
	2		212	260					62			27	H121
250	1	295	160	208	170	220	160	70	—	4-M16	11	29	H211
	2		228	276					68			43	H221
300	1	355	160	214	220	270	200	80	—	4-M16	14	44	H311
	2		234	288					74			66	H321
400	1	465	180	246	260	320	250	95	—	4-M20	18	78	H411
	2		262	328					82			116	H421
	3		360	420				100				161	H431
500	1	570	250	310	340	400	330	120	94	4-M24	20	125	H511
	2		344	404								177	H521
	3		438	498								228	H531
600	1												H611
	2												H621
	2												H631

6.7.9 滑轮组水平支座

滑轮组水平支座示于图6-49，相关参数列于表6-49。

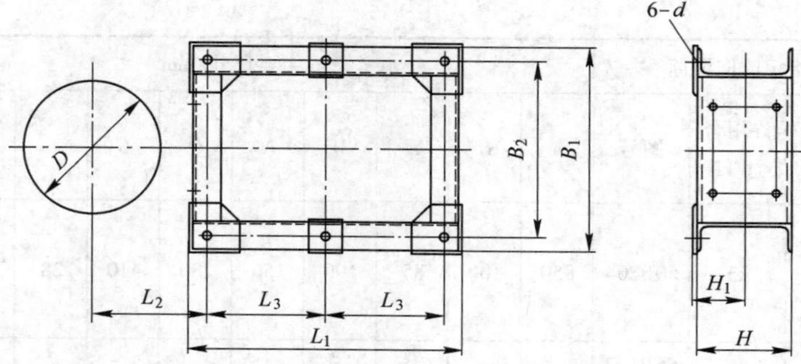

图 6-49 滑轮组水平支座示意图

说明：安装滑轮用紧固件包括在本部件内。

表 6-49 滑轮组水平支座相关参数

mm

滑轮组			B_1	B_2	L_1	L_2	L_3	H	H_1	d	重量/kg	图 号
D	钢绳直径	图号										
200	9	H111	500	430	650	280	175	250	135	24	70	JH111
250	11	H211	500	430	700	305	205				73	JH211
300	14	H311	600	524	800	354	246	280	150	28	97	JH311
400	18	H411	700	624	900	404	296				111	JH411
500	20	H511	800	714	1000	445	385	460	196	34	191	JH511
600	22											JH611

6.8 螺旋拉紧装置

螺旋拉紧装置示于图 6-50，相关参数列于表 6-50。

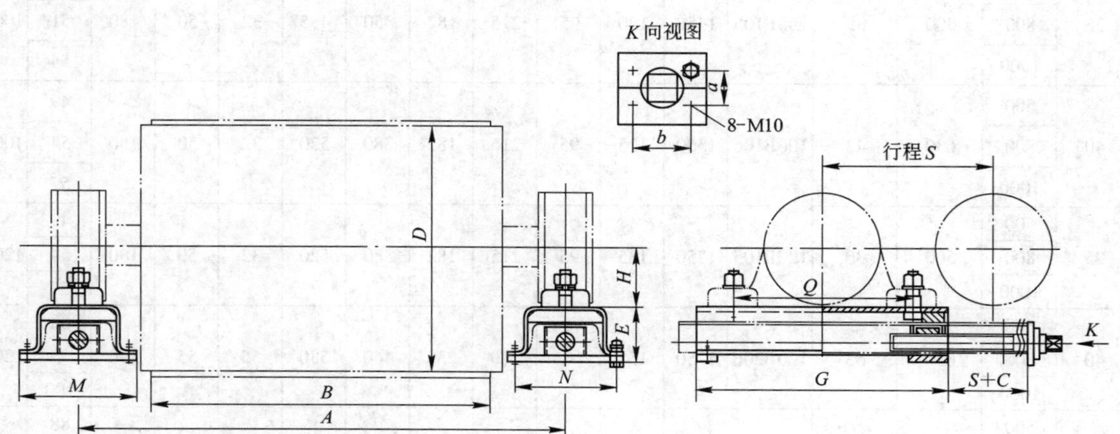

图 6-50 螺旋拉紧装置示意图

说明：1. 每种带宽有三种行程，即 S = 500、800、1000mm，订货时应注明；
2. 本拉紧装置不包括改向滚筒；
3. 改向滚筒的紧固件已包括在本部件内。

表 6-50 螺旋拉紧装置相关参数

输送机代号	最大拉紧力/kN	拉紧行程 S/mm	指定改向滚筒			主要尺寸/mm										重量/kg	图号
			D/mm	许用合力/kN	图号	A	H	E	M	N	Q	G	a	b	C		
4025	6	500	200	8	40B101	750	90	85	190	156	260	390	28	45	180	29	40D1031L
4032			250	8	40B102												
4040																	
4040			315	10	40B103												
5025	6		200	8	50B101	850	90	85	190	156	260	390	28	45	180	29	50D1031L
5032			250	9	50B102												
5040			315	10	50B103												

续表 6-50

输送机代号	最大拉紧力/kN	拉紧行程 S/mm	指定改向滚筒 D/mm	许用合力/kN	图号	主要尺寸/mm A	H	E	M	N	Q	G	a	b	c	重量/kg	图号
5050	15	500	400	23	50B204	850	100	85	190	156	280	410	28	45	180	32	50D2041L
		800														35	
		1000														37	
6532	8	500	250	8	65B102	1000	90	85	190	156	260	390	28	45	180	29	65D1031L
6540			315	8	65B103												
6550	20	500	400	20	65B104	1000	100	85	190	156	280	410	28	45	180	32	65D1041L
		800														35	
		1000														37	
8032	6	500	250	6	80B102	1250	90	85	190	156	280	390	28	45	180	29	80D1021L
8040	6	500	315	12	80B103	1250	100	85	190	156	280	410	28	45	180	32	80D1031L
8050	16	500	400	20	80B104	1250	120	95	215	182	350	485	32	50	180	54	80B1041L
(8050) 8063	30	500	500	40	80B105	1300	135	95	215	182	380	520	32	50	180	49	80D1051L
		800														54	
		1000														57	
10040	10	500	315	11	100B103	1450	120	95	215	182	350	485	32	50	180	46	100D1041L
10050			400	18	100B104												
10063	25	500	500	35	100B105	1450	120	95	215	182	350	485	32	50	180	46	100D1051L
		800														51	
		1000														54	
(10063) 10080	40	500	630	43	100B106	1500	135	95	215	182	380	520	32	50	180	49	100D1061L
		800														54	
		1000														57	
12050	25	500	500	30	120B105	1750	135	95	215	182	380	520	32	50	180	49	120D1041L
		800														54	
		1000														57	
12063	40	500	630	53	120B206	1750	155	145	270	235	440	580	55	55	190	88	120D2061L
		800														95	
		1000														100	
14080	40	500	630	50	140B106	1950	155	145	270	235	440	580	55	55	190	88	140D1061L
		800														95	
		1000														100	
16080	40	500	800	40	160B107	2150	155	172	310	270	440	630	65	65	190	112	160D1061L
		800														120	
		1000														126	
18080	50	500	800	80	180B107	2450	170	172	310	270	480	630	65	65	190	112	180D1071L
		800														120	
		1000														126	
20080	50	500	800	80	200B107	2650	170	172	310	270	480	630	65	65	190	120	200D1071L
		800														130	
		1000														137	
22080	50	500	800	90	220B107	2950											220D1071L
		800															
		1000															
24080	50	500	800	150	240B107	3250											240D1071L
		800															
		1000															

6.9 电动绞车拉紧装置

6.9.1 电动绞车拉紧车

电动绞车拉紧车示于图6-51，相关参数列于表6-51。

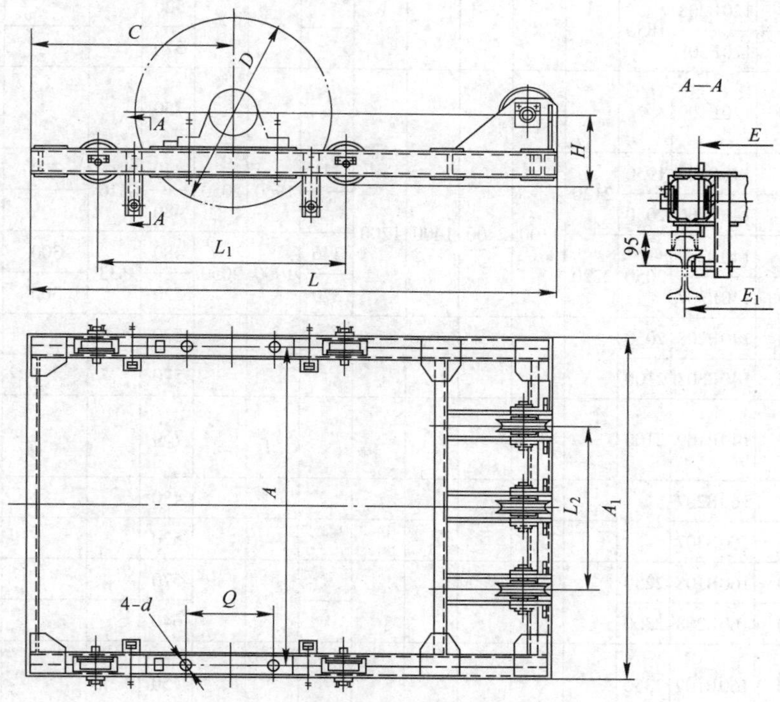

图6-51 电动绞车拉紧车示意图

说明：1. 改向滚筒不包括在本装配图内；
2. 改向滚筒的紧固件、滑轮组均包括在本装配图内；
3. 拉紧行程：17m。

表6-51 电动绞车拉紧车相关参数

输送机代号	最大拉紧力/kN	改向滚筒			主要尺寸/mm											滑轮		重量/kg	图号
		D/mm	许用合力/kN	图号	A	A_1	C	L	L_1	L_2	H	E	E_1	Q	d	直径φ/mm	钢绳直径/mm		
8080	40	630	50	80B106	1300	1420	950	2100	1300	700	285	1260	1325	380	φ26	200	9.3	460	80D1061Z
	63		73	80B206							305			440		250	11	489	80D2061Z
80100	90	800	90	80B107	1300									440					80D1071Z
	120		126	80B207										480					80D2071Z
80125	180	1000	240	80B108	1400									520					80D1081Z
10080	40	630	43	100B106							285			380	φ26	200	9.3	491	100D1061Z
	63		64	100B206							305			440		250	11	517	100D2061Z
	90		87	100B306	1500	1620	950	2100	1300	840		1470	1525	480					100D3061Z
100100	63	800	79	100B107										440	φ33				100D1071Z
	90		110	100B207							320			480		300	12.5	540	100D2071Z
100125	120	1000	130	100B108	1500									480					100D1081Z
	180		200	100B208	1600									520					100D2081Z
100140 100160	400	1250	400	100B109	1650									720					100D1091Z
12080	30	630	37	120B106		1880	1100	2400	1400	1000	305	1710	1775	380	φ26	200	9.3	611	120D1061Z
120100	63	800	64	120B107	1750						325			440	φ33	250	11	630	120D1071Z
	90		100	120B207							340			480		300	12.5	667	120D2071Z

续表 6-51

输送机代号	最大拉紧力/kN	改向滚筒			主要尺寸/mm											滑轮		重量/kg	图号
		D/mm	许用合力/kN	图号	A	A_1	C	L	L_1	L_2	H	E	E_1	Q	d	直径 ϕ/mm	钢绳直径/mm		
120125	150	1000	150	120B208	1850									520					120D2081Z
	180		200	120B308										570					120D3081Z
120140 120160	400	1250	400	120B109										750					120D1091Z
14080	50	630	50	140B106	1950	2120					331	1960	2050	440	ϕ26	350	11	708	140D1061Z
	90		90	140B206	2050									480					140D2061Z
140100	90	800	94	140B207	2050	2220	1100	2400	1400	1200	346	1960	2050	480	ϕ33	300	12.5	723	140D2071Z
	150		150	140B307							370			520		300	12.5	741	140D3071Z
140125	150	1000	150	140B208	2050									520					140D2081Z
	180		236	140B308	2100									570					140D3081Z
140140 140160	400	1250	400	140B109	2100									750					140D1091Z
160100	80	800	80	160B207	2250									480					160D2071Z
	120		120	160B307										520					160D3071Z
160125	150	1000	150	160B108	2250									570					160D1081Z
	210		240	160B208	2300									640					160D2081Z
160140 160160	400	1250	450	160B109	2350									750					160D1091Z
180100	80	800	80	180B107	2450									480					180D1071Z
	150		160	180B207										570					180D2071Z
180125	150	1000	160	180B108	2450									570					180D1081Z
	210		240	180B208	2500									640					180D2081Z
180140 180160	500	1250	520	180B109	2550									750					180D1091Z
200100	90	800	80	200B107	2650									480					200D1071Z
	150		160	200B207										570					200D2071Z
200125	180	1000	160	200B108	2650									570					200D1081Z
	240		240	200B208	2700									640					200D2081Z
200140 200160	500	1250	520	200B109	2750									750					200D1091Z
220100	90	800	90	220B107	2950									480					220D1071Z
	150		150	220B207										570					220D2071Z
220125	180	1000	180	220B108	2950									570					220D1081Z
	240		240	220B208	3000									640					220D2081Z
220140 220160	400	1250	400	220B109	3050									750					220D1091Z
240100	150	800	150	240B107	3250									570					240D1071Z
240125	240	1000	240	240B108	3300									640					240D1081Z
240140 240160	500	1250	800	240B109	3350									940					240D1091Z
240180	800	1400	800	240B110	3450									1010					240D1101Z

注：改向滚筒的搭配还有其他方案，使用者可根据需要自行选配。

6.9.2 电动绞车

电动绞车示于图6-52，相关参数列于表6-52及表6-53。

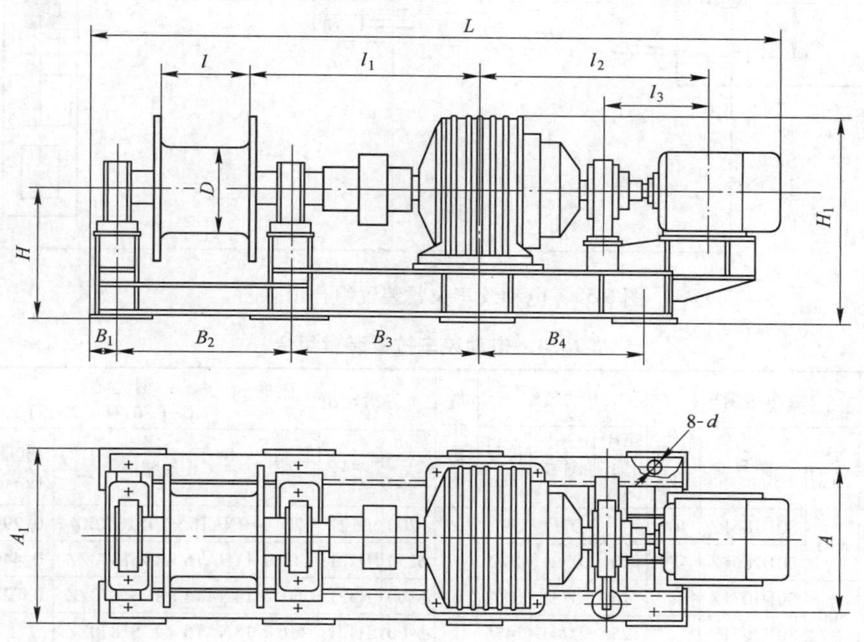

图6-52 电动绞车示意图

说明：1. 钢丝绳在滚筒上缠绕的安全圈数不得少于3圈；

2. 缠绕钢丝绳时应使钢丝绳从卷筒下方绕出。

表6-52 电动绞车规格

牵引力/kN	牵引速度/m·s^{-1}	卷筒			电动机			减速机		制动器		重量/kg	绞车图号
		D×l/mm×mm	钢丝绳规格(GB/T 20118—2006)	容绳量/m	型号	功率/kW	转数/r·min^{-1}	型号	速比	型号	制动力矩/N·m		
5	0.3	200×316	9NAT6×19S1870ZZ	90	Y100L$_1$-4	2.2	1400	NGW42-1	50	YWZ3-160/18	140	592	D711
10		250×336	11NAT6×19S1870ZZ	100	Y132M$_1$-6	3	960	NGW52-1	45	YWZ3-200/25	180	870	D721
16		250×336	14NAT6×19S1870ZZ	100	Y160M-6	7.5		NGW62-1			224	1008	D731
25		300×486	18NAT6×19S1870ZZ	110	Y160L-6	11	970	NGW72-1	50	YWZ3-250/45	400	1455	D741
30	0.4	300×626	18NAT6×19S1870ZZ	110	Y200L$_1$-6	18.5		NGW82-1		YWZ3-315/45	500	1944	D751

表6-53 电动绞车尺寸

mm

牵引力/kN	A	A_1	L	B_1	B_2	B_3	B_4	H	H_1	d	l_1	l_2	l_3	绞车图号
5	340	440	2081	85	630	535	490	340	585.5	28	692	644	222	D711
10	380	490	2348		660	554	600	380	643.5		716	751.5	293	D721
16	405	495	2526			636	660	407	706	35	798	868	358	D731
25	465	565	2754		810	658	700	454	778		805	930.5	386	D741
30	510	610	3162	95	940	726	759	504	858	42	883	1021	438.5	D751

6.9.3 绞车拉紧装置组合

本组合提出了电动绞车拉紧装置的典型组合方式，见图6-53，相关参数列于表6-54。具体布置尺寸，是否配用拉力传感器及相关仪表由设计者自行决定。设计者也可采用其他方式，或采用其他类型的电动绞车。

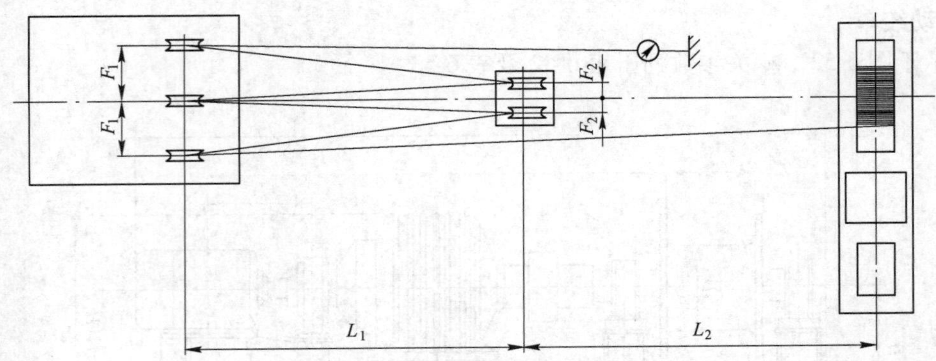

图 6-53　电动绞车拉紧装置组合示意图

表 6-54　电动绞车拉紧装置组合

输送机代号	额定拉紧力 /kN	拉紧速度 /m·s^{-1}	绞车拉紧车			电动绞车			滑轮倍率	滑轮组			钢丝绳 (GB/T 20118—2006)		绳夹 (GB/T 5976—2006)	
			D /mm	图号	重量 /kg	牵引力 /kN	图号	重量 /kg		φ /mm	图号	重量 /kg	规格	重量 /kg·m^{-1}	代号	重量 /kg·个$^{-1}$
8080	40	0.05	630	80D1061Z	460	5	D711	592	6	φ200	H121	27	9NAT6×19S1870ZZ	0.299	10KTH	0.14
	63			80D2061Z	489	10	D721	870		φ250	H221	43	11NAT6×19S1870ZZ	0.446	12KTH	0.243
80100	90		800	80D1071Z		16	D731	1008		φ300	H321	66	14NAT6×19S1870ZZ	0.722	14KTH	0.372
	120			80D2071Z		25	D741	1455		φ400	H421	116	18NAT6×19S1870ZZ	1.19	18KTH	0.601
80125	180	0.07	1000	80D1081Z		30	D751	1944		φ400	H421	116	18NAT6×19S1870ZZ	1.19	18KTH	0.601
10080	40	0.05	630	100D1061Z	491	5	D711	592	6	φ200	H121	27	9NAT6×19S1870ZZ	0.299	10KTH	0.14
	63			100D2061Z	517	10	D721	870		φ250	H221	43	11NAT6×19S1870ZZ	0.446	12KTH	0.243
	90			100D3061Z		16	D731	1008		φ300	H321	66	14NAT6×19S1870ZZ	0.722	14KTH	0.372
100100	63		800	100D1071Z		10	D721	870		φ250	H221	43	11NAT6×19S1870ZZ	0.446	12KTH	0.243
	90			100D2071Z	540	16	D731	1008		φ300	H321	66	14NAT6×19S1870ZZ	0.722	14KTH	0.372
100125	120		1000	100D1081Z		25	D741	1455		φ400	H421	116	18NAT6×19S1870ZZ	1.19	18KTH	0.601
	180	0.07		100D2081Z		30	D751	1944		φ400	H421	116	18NAT6×19S1870ZZ	1.19	18KTH	0.601
100140 100160	400		1250	100D1091Z												
12080	30	0.05	630	120D1061Z	611	5	D711	592	6	φ200	H121	27	9NAT6×19S1870ZZ	0.299	10KTH	0.14
120100	63		800	120D1071Z	630	10	D721	870		φ250	H221	43	11NAT6×19S1870ZZ	0.446	12KTH	0.243
	90			120D2071Z	667	16	D731	1008		φ300	H321	66	14NAT6×19S1870ZZ	0.722	14KTH	0.372
120125	150		1000	120D2081Z		25	D741	1455		φ400	H421	116	18NAT6×19S1870ZZ	1.19	18KTH	0.601
	180	0.07		120D3081Z		30	D751	1944		φ400	H421	116	18NAT6×19S1870ZZ	1.19	18KTH	0.601
120140 120160	400		1250	120D1091Z												
14080	50	0.05	630	140D1061Z	708	10	D721	870	6	φ250	H221	43	11NAT6×19S1870ZZ	0.446	12KTH	0.243
	90			140D2061Z		16	D731	1008		φ300	H321	66	14NAT6×19S1870ZZ	0.722	14KTH	0.372
140100	90		800	140D2071Z	723	16	D731	1008		φ300	H321	66	14NAT6×19S1870ZZ	0.722	14KTH	0.372
	150			140D3071Z	741	25	D741	1455		φ400	H421	116	18NAT6×19S1870ZZ	1.19	18KTH	0.601
140125	150		1000	140D2081Z		25	D741	1455		φ400	H421	116	18NAT6×19S1870ZZ	1.19	18KTH	0.601
	180	0.07		140D3081Z		30	D751	1944		φ400	H421	116	18NAT6×19S1870ZZ	1.19	18KTH	0.601
140140 140160	400		1250	140D1091Z												
160100	80	0.05	800	160D2071Z		16	D731	1008	6	φ300	H321	66	14NAT6×19S1870ZZ	0.722	14KTH	0.372
	120			160D3071Z		25	D741	1455		φ400	H421	116	18NAT6×19S1870ZZ	1.19	18KTH	0.601
160125	150		1000	160D1081Z		25	D741	1455		φ400	H421	116	18NAT6×19S1870ZZ	1.19	18KTH	0.601
	210	0.07		160D2081Z		30	D751	1944		φ400	H421	116	18NAT6×19S1870ZZ	1.19	18KTH	0.601
160140 160160	400		1250	160D1091Z												
180100	80	0.05	800	180D1071Z		16	D731	1008	6	φ300	H321	66	14NAT6×19S1870ZZ	0.722	14KTH	0.372
	150			180D2071Z		25	D741	1455		φ400	H421	116	18NAT6×19S1870ZZ	1.19	18KTH	0.601
180125	150		1000	180D1081Z		25	D741	1455		φ400	H421	116	18NAT6×19S1870ZZ	1.19	18KTH	0.601
	210	0.07		180D2081Z		30	D751	1944		φ400	H421	116	18NAT6×19S1870ZZ	1.19	18KTH	0.601

续表 6-54

输送机代号	额定拉紧力/kN	拉紧速度/m·s^{-1}	绞车拉紧车			电动绞车			滑轮倍率	滑轮组			钢丝绳(GB/T 20118—2006)		绳夹(GB/T 5976—2006)	
			D/mm	图号	重量/kg	牵引力/kN	图号	重量/kg		φ/mm	图号	重量/kg	规格	重量/kg·m^{-1}	代号	重量/kg·个$^{-1}$
180140 180160	500		1250	200D1091Z												
200100	90	0.05	800	200D1071Z		16	D731	1008		ϕ300	H321	66	14NAT6×19S1870ZZ	0.722	14KTH	0.372
	150			200D2071Z		25	D741	1455		ϕ400	H421	116	18NAT6×19S1870ZZ	1.19	18KTH	0.601
200125	180	0.07	1000	200D1081Z		30	D751	1944		ϕ400	H421	116	18NAT6×19S1870ZZ	1.19	18KTH	0.601
	240			200D2081Z					6							
200140 200160	500		1250	200D1091Z												
220100	90		800	220D1071Z		16	D731	1008		ϕ300	H321	66	14NAT6×19S1870ZZ	0.722	14KTH	0.372
	150			220D2071Z		25	D741	1455		ϕ400	H421	116	18NAT6×19S1870ZZ	1.19	18KTH	0.601
220125	180		1000	220D1081Z		30	D751	1944		ϕ400	H421	116	18NAT6×19S1870ZZ	1.19	18KTH	0.601
	240			220D2081Z												
220140 220160	500		1250	220D1091Z												
240100	150		800	240D1071Z		25	D741	1455		400	H421	116	18NAT6×19S1870ZZ	1.19	18KTH	0.601
240125	240		1000	240D1081Z												
240140 240160	500		1250	240D1091Z												
240180	800		1400	240D1101Z												

6.10 清扫器

6.10.1 头部清扫器

头部清扫器示于图 6-54，相关参数列于表 6-55。

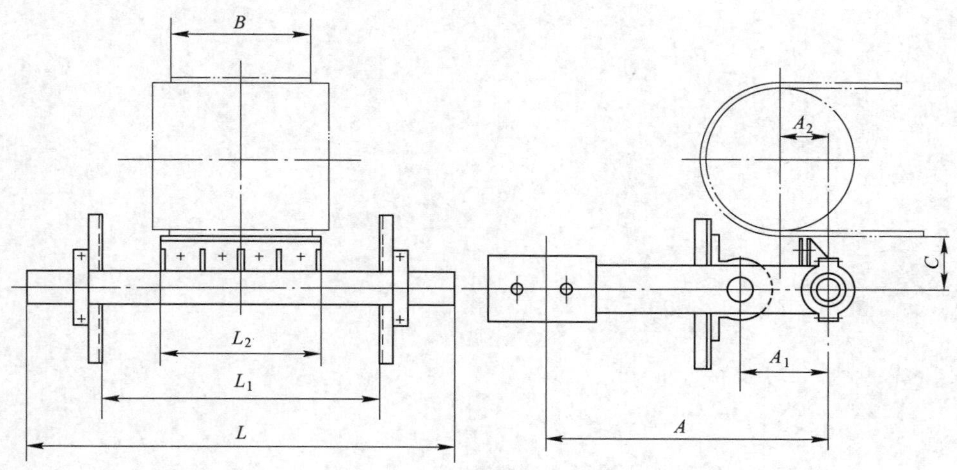

图 6-54 头部清扫器示意图

说明：刮板的厚度均为 10mm。

表 6-55 头部清扫器相关参数 mm

B	L	L_1	L_2	A	A_1	A_2	C	重量/kg	图号
400	890	600	420	530	200	≥60	120	51	40E11
500	990	700	520					53	50E11
650	1140	850	680					56	65E11
800	1360	1050	840	580	200	≥60	120	60	80E11
1000	1560	1250	1040					65	100E11
1200	1810	1500	1240	630	200	≥60	120	69	120E11

续表 6-55

B	L	L_1	L_2	A	A_1	A_2	C	重量/kg	图号
1400	2010	1700	1440	630	200	≥60	120	74	140E11
1600	2210	1900	1640	680	200	≥60	120	79	160E11
1800	2410	2100	1840					83	180E11
2000	2610	2300	2040	730	200	≥60	120	87	200E11
2200	2910	2600	2240					92	220E11
2400	3210	2900	2440	780				98	240E11

6.10.2　空段清扫器

空段清扫器示于图6-55，相关参数列于表6-56。

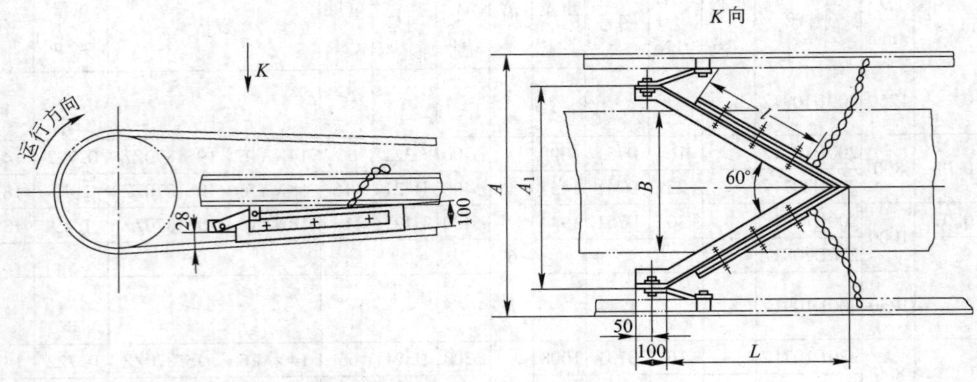

图6-55　空段清扫器示意图

说明：刮板的厚度均为10mm。

表6-56　空段清扫器相关参数　mm

B	A	A_1	L	重量/kg	图　号
400	660	520	410	13	40E21
500	800	620	497	15	50E21
650	950	770	627	20	65E21
800	1150	970	800	22	80E21
1000	1350	1170	973	26	100E21
1200	1600	1420	1190	31	120E21

续表6-56

B	A	A_1	L	重量/kg	图　号
1400	1810	1630	1372	35	140E21
1600	2060	1880	1588	53	160E21
1800	2260	2080	1761	59	180E21
2000	2490	2290	1943	64	200E21
2200	2800	2610	2270	74	220E21
2400	3110	2940	2556	83	240E21

7 驱动装置型谱

7.1 驱动装置的组成及说明

DTⅡ(A)型带式输送机配设了两种典型的驱动装置：Y-ZLY/ZSY 和 Y-DBY/DCY 驱动装置。设计者可根据带式输送机的具体布置要求和周围环境状况进行选择。

Y-ZLY/ZSY 驱动装置由 Y 系列鼠笼型电动机、ML/MLL-1 型梅花形弹性联轴器或 YOX$Ⅱ_Z$(YOX$_F$)/YOX$Ⅱ_Z$(YOX$_{FZ}$)型液力耦合器、ZLY/ZSY 硬齿面圆柱齿轮减速器等部分组成，还同时配设了 YW 系列/YWZ$_5$ 型电力液压鼓式制动器，NFA 型/NYD 型逆止器，组成为三种类型的 Y-ZLY/ZSY 驱动装置。

Y-DBY/DCY 驱动装置的减速器为 DBY/DCY 型硬齿面圆锥圆柱齿轮减速器，其余配置与 Y-ZLY/ZSY 驱动装置相同。

(1) 两种驱动装置配设的电动机功率为 1.1～315kW，减速器公称速比为 10～50，结合 ϕ250～ϕ1600 传动滚筒，各配置了 221 种驱动单元。

(2) 当电动机功率不超过 37kW 时，驱动装置采用梅花形弹性联轴器连接电动机和减速器；当电动机功率达到 45kW 或以上时，采用液力耦合器连接电动机和减速器。

(3) 由于存在一些技术困难，本驱动装置采用的梅花形弹性联轴器仍沿用了 ML 型和 MLL-1 型，而不是新标准 GB/T 5272—2002 规定的 LM 型和 LMZ-1 型。为方便设计者，本手册第 17.3 节同时列出了这两种梅花联轴器的详细资料，供查阅。

(4) 本驱动装置同时采用 YOXⅡ型和 YOX$_F$ 型两种液力耦合器进行配套，其中 YOX$_F$ 型液力耦合器为复合泄液式，其重量主要支承在电动机轴上，启动系数限制在 1.3～1.7 之间。选用时，应按所需功率和启动时的最大力矩，根据制造厂提供的耦合器使用说明书选定充油量，并在订货表中注明。YOX$_F$ 型液力耦合器的介质有油水两种。应用水介质时，其传递功率较油介质增大 20%，在有防爆要求的使用现场，应选用水介质，用户订货时应特别注明。

(5) 本驱动装置采用的电力液压鼓式制动器，选用时需根据制动力矩与发热情况配置相应规格的推动器（推动器工作制为 100%），部分 YWZ$_5$ 型制动器已指定了推动器型号，但最终仍需设计者确认。

(6) 本驱动装置采用的逆止器为 NFA 型非接触式逆止器和 NYD 型逆止器。NFA 型逆止器置于高速轴或二级高速轴，NYD 型逆止器置于低速轴。按被保护设备的重要性区分，一般当电动机功率不大于 90kW、减速器型号不大于 355 时，选用 NFA 型逆止器；当电动机功率达到或超过 110kW、减速器型号达到或超过 400 时，选用 NYD 型逆止器（有个别例外）。设计者选用了带逆止器的驱动单元后，应根据输送机的计算逆止力矩进行校核并确认。

(7) 两种驱动装置中的减速器均应由设计者在选定了驱动单元后进行热功率校核。对于重要的输送机，在确定了供货商后，最好由主机厂或减速器厂进行减速器热功率校核。

(8) 本驱动装置采用 LZ 型弹性柱销齿式联轴器连接减速器和传动滚筒。为方便设计，本手册将该联轴器及带式输送机中心线和减速器中心线之间的距离 l 另行列表，重量亦另行统计，而不包括在驱动装置组合的总重量中。

(9) 本驱动装置只配设了梅花联轴器和液力耦合器护罩，而未配设制动器护罩及 LZ 型联轴器护罩。如设计者认为需要，请自行配置。

(10) 本驱动装置为单滚筒驱动典型配置，可适合单电机和双电机驱动。是否适合双滚筒多电机驱动，要由设计者根据输送机工况自行判断。

(11) 由于逆止器的选择具有不确定性，根据多数意见，与驱动装置配套的驱动装置架只配设了 1、2、5、6 四种装配类型，3、4 两种装配类型带逆止器的驱动装置架只给出了图号而未予配设。如设计者选用的逆止器与组合表不符，需自行设计驱动装置架；如与组合表相符，则可按给出的图号，由制造厂配设驱动装置架。

7.2 Y-ZLY/ZSY(Y-DBY/DCY)驱动装置选择表

Y-ZLY/ZSY（Y-DBY/DCY）驱动装置的选择如表 7-1 所示。

表 7-1 Y-ZLY/ZSY(Y-DBY/DCY)驱动装置选择表

输送机代号 DTⅡ(A)	带速 v /m·s^{-1}	减速器速比 i	传动滚筒			电动机功率/kW																									
			D/mm	许用扭矩 /kN·m	许用功率 /kW	1.1	1.5	2.2	3	4	5.5	7.5	11	15	18.5	22	30	37	45	55	75	90	110	132	160	185	200	220	250	280	315
						驱动装置组合号																									
4025	0.25	6P-50	250	0.63	1.25	301																									
	0.315	40			1.6	351	352																								
	0.4	4P-50			2.0	401	402	403																							
	0.5	40			2.5	451	452	453																							
	0.625	31.5			3.1	501	502	503	504																						
	0.8	25			4.0	551	552	553	554	555																					
	1.0	20			4.9	601	602	603	604	605	606																				
	1.25	16			6.2	651	652	653	654	655	656																				
4032	0.315	6P-50	315	0.63 1.0	1.9	301	302	303																							
	0.4	40			2.5	351	352	353																							
	0.5	4P-50			3.1	401	402	403	404																						
	0.625	40			3.8	451	452	453	454	455																					
	0.8	31.5			4.9	501	502	503	504	505	506																				
	1.0	25			6.1	551	552	553	554	555	556																				
	1.25	20			7.7	601	602	603	604	605	606	607																			
	1.6	16			9.8	651	652	653	654	655	656	657	658																		
4040	0.4	6P-50	400	1.0 1.6	3.1	301	302	303	304																						
	0.5	40			3.9	351	352	353	354	355																					
	0.625	4P-50			4.9	401	402	403	404	405	406																				
	0.8	40			6.3	451	452	453	454	455	456																				
	1.0	31.5			7.8	501	502	503	504	505	506	507																			
	1.25	25			9.8	551	552	553	554	555	556	557																			
	1.6	20			12.5	601	602	603	604	605	606	607	608																		
5025	0.25	6P-50	250	0.63	1.25	301																									
	0.315	40			1.6	351	352																								
	0.4	4P-50			2.0	401	402	403																							
	0.5	40			2.5	451	452	453																							
	0.625	31.5			3.1	501	502	503	504																						
	0.8	25			4.0	551	552	553	554	555																					
	1.0	20			4.9	601	602	603	604	605	606																				
	1.25	16			6.2	651	652	653	654	655	656																				

续表 7-1

输送机代号 DTⅡ(A)	带速 v /m·s^{-1}	减速器速比 i	传动滚筒 D/mm	许用扭矩 /kN·m	许用功率 /kW	电动机功率/kW 1.1	1.5	2.2	3	4	5.5	7.5	11	15	18.5	22	30	37	45	55	75	90	110	132	160	185	200	220	250	280	315
						驱动装置组合号																									
	0.315	6P-50			1.9	301	302	303																							
	0.4	40			2.5	351	352	353																							
	0.5	4P-50			3.1	401	402	403	404																						
	0.625	40		0.63	3.8	451	452	453	454	455																					
5032	0.8	31.5	315	1.0	4.9	501	502	503	504	505	506																				
	1.0	25			6.1	551	552	553	554	555	556																				
	1.25	20			7.7		602	603	604	605	606	607																			
	1.6	16			9.8			653	654	655	656	657																			
	0.4	6P-50			3.9	301	302	303	304	305																					
	0.5	40			4.9	351	352	353	354	355	356																				
	0.625	4P-50			6.1	401	402	403	404	405	406																				
	0.8	40		1.25	7.8	451	452	453	454	455	456	457																			
5040	1.0	31.5	400	2.0	9.8	501	502	503	504	505	506	507																			
	1.25	25			12.2		552	553	554	555	556	557	558																		
	1.6	20			15.7			603	604	605	606	607	608	609																	
	2.0	16			19.6				654	655	656	657	658	659	660	661															
	0.5	6P-50			5.3	301	302	303	304	305	306																				
	0.625	40			6.6	351	352	353	354	355	356																				
	0.8	4P-50			8.5	401	402	403	404	405	406	407																			
5050	1.0	40	500	1.6	10.6	451	452	453	454	455	456	457	458																		
	1.25	31.5		2.7	13.2		502	503	504	505	506	507	508	509																	
	1.6	25			16.9			553	554	555	556	557	558	559	560																
	2.0	20			21.2				604	605	606	607	608	609	610	611															
	2.5	16			26.4					655	656	657	658	659	660	661															
	0.315	6P-50			2.3	301	302	303																							
	0.4	40			3.1	351	352	353	354																						
	0.5	4P-50			3.8	401	402	403	404	405																					
	0.625	40			4.8	451	452	453	454	455	456																				
6532	0.8	31.5	315	1.25	6.1	501	502	503	504	505	506																				
	1.0	25			7.7		552	553	554	555	556	557																			
	1.25	20			9.6			603	604	605	606	607	608																		
	1.6	16			12.2				654	655	656	657	658																		

续表 7-1

输送机代号 DTⅡ(A)	带速 v /m·s^{-1}	减速器速比 i	传动滚筒 D/mm	传动滚筒 许用扭矩 /kN·m	传动滚筒 许用功率 /kW	电动机功率/kW 驱动装置组合号 1.1	1.5	2.2	3	4	5.5	7.5	11	15	18.5	22	30	37	45	55	75	90	110	132	160	185	200	220	250	280	315
6540	0.4	6P-50	400	1.25 2.0	3.9	301	302	303	304	305																					
	0.5	40			4.9	351	352	353	354	355	356																				
	0.625	4P-50			6.1	401	402	403	404	405	406																				
	0.8	40			7.8	451	452	453	454	455	456	457																			
	1.0	31.5			9.8	501	502	503	504	505	506	507																			
	1.25	25			12.2		552	553	554	555	556	557	558																		
	1.6	20			15.7			603	604	605	606	607	608	609																	
	2.0	16			19.6				654	655	656	657	658	659	660																
6550	0.5	6P-50	500	3.5 6.3	12.3	301	302	303	304	305	306	307	308																		
	0.625	40			15.4	351	352	353	354	355	356	357	358	359																	
	0.8	4P-50			19.8	401	402	403	404	405	406	407	408	409	410																
	1.0	40			24.7		452	453	454	455	456	457	458	459	460	461															
	1.25	31.5			30.9		502	503	504	505	506	507	508	509	510	511	512														
	1.6	25			39.5			553	554	555	556	557	558	559	560	561	562	563													
	2.0	20			49.4				604	605	606	607	608	609	610	611	612	613	614												
	2.5	16			61.7					655	656	657	658	659	660	661	662	663	664	665											
6563	0.625	6P-50	630	4.1 7.3	14.6			303	304	305	306	307	308	309																	
	0.8	40			18.2				354	355	356	357	358	359	360																
	1.0	4P-50			22.7					405	406	407	408	409	410	411															
	1.25	40			28.4						456	457	458	459	460	461	462														
	1.6	31.5			36.3							507	508	509	510	511	512	513													
	2.0	25			45.4								558	559	560	561	562	563	564												
	2.5	20			56.8									609	610	611	612	613	614	615											
8032	0.315	6P-50	315	1.25	2.3	301	302	303																							
	0.4	40			3.1	351	352	353	354																						
	0.5	4P-50			3.8	401	402	403	404	405																					
	0.625	40			4.8	451	452	453	454	455	456																				
	0.8	31.5			6.1	501	502	503	504	505	506																				
	1.0	25			7.7		552	553	554	555	556	557																			
	1.25	20			9.6			603	604	605	606	607	608																		
	1.6	16			12.2				654	655	656	657	658																		

续表 7-1

输送机代号 DTⅡ(A)	带速 v /m·s^{-1}	减速器速比 i	传动滚筒 D/mm	传动滚筒 许用扭矩 /kN·m	传动滚筒 许用功率 /kW	电动机功率/kW 1.1	1.5	2.2	3	4	5.5	7.5	11	15	18.5	22	30	37	45	55	75	90	110	132	160	185	200	220	250	280	315
						驱动装置组合号																									
8040	0.4	6P-50	400	1.25 2.0	4.9	301	302	303	304	305																					3.9
	0.5	40			6.1	351	352	353	354	355	356																				4.9
	0.625	4P-50			7.7	401	402	403	404	405	406																				6.2
	0.8	40			9.8		452	453	454	455	456	457																			7.8
	1.0	31.5			12.3			503	504	505	506	507	508																		9.8
	1.25	25			15.3				554	555	556	557	558																		12.2
	1.6	20			19.6					605	606	607	608	609																	15.7
	2.0	16			24.5						656	657	658	659	660																19.6
8050	0.5	6P-50	500	2.5 4.1	8	301	302	303	304	305	306	307																			
	0.625	40			10	351	352	353	354	355	356	357																			
	0.8	4P-50			12.9	401	402	403	404	405	406	407	408																		
	1.0	40			16.1		452	453	454	455	456	457	458	459																	
	1.25	31.5			20.1			503	504	505	506	507	508	509	510																
	1.6	25			25.7				554	555	556	557	558	559	560	561															
	2.0	20			32.1					605	606	607	608	609	610	611	612														
	2.5	16			40.2						656	657	658	659	660	661	662	663													
8063	0.8	6P-40	630	6～20	49.7							357	358	359	360	361	362	363	364												
	1.0	4P-50			62.2								408	409	410	411	412	413	414	415											
	1.25	40			77.7								458	459	460	461	462	463	464	465	466										
	1.6	31.5			99.5									509	510	511	512	513	514	515	516	517									
	2.0	25			124.4										560	561	562	563	564	565	566	567	568	569							
	2.5	20			155.5											611	612	613	614	615	616	617	618	619	620						
	3.15	16			195.9												662	663	664	665	666	667	668	669	670	671	672				
8080	0.8	6P-50	800	7～32	62.7								308	309	310	311	312	313	314	315											
	1.0	40			78.3								358	359	360	361	362	363	364	365	366	367									
	1.25	4P-50			97.9									409	410	411	412	413	414	415	416	417	418								
	1.6	40			125.4										460	461	462	463	464	465	466	467	468	469							
	2.0	31.5			156.7											511	512	513	514	515	516	517	518	519	520						
	2.5	25			195.9												562	563	564	565	566	567	568	569	570	571	572				
	3.15	20			246.8													613	614	615	616	617	618	619	620	621	622	623	624		

续表 7-1

输送机代号 DTⅡ(A)	带速 v /m·s^{-1}	减速器速比 i	传动滚筒 D/mm	传动滚筒许用扭矩 /kN·m	传动滚筒许用功率 /kW	电动机功率/kW																									
						1.1	1.5	2.2	3	4	5.5	7.5	11	15	18.5	22	30	37	45	55	75	90	110	132	160	185	200	220	250	280	315
						驱动装置组合号																									
80100	1.0	6P-50	1000	12 ~ 66	129.3														314	315	316	317	318	319							
	1.25	40			161.6															365	366	367	368	369	370						
	1.6	4P-50			206.9																416	417	418	419	420	421	422	423			
	2.0	40			258.6																	467	468	469	470	471	472	473	474	475	
	2.5	31.5			323.2																		518	519	520	521	522	523	524	525	526
	3.15	25			407.2																			569	570	571	572	573	574	575	576
	4.0	20			517.1																				620	621	622	623	624	625	626
80125	1.25	6P-50	1250	40 ~ 120	156.7	235													314	315	316	317	318	319	320	321	322	323	324		
	1.6	40			200.6	301														365	366	367	368	369	370	371	372	373	374	375	376
	2.0	4P-50			250.7	376															416	417	418	419	420	421	422	423	424	425	426
	2.5	40			313.4	470																467	468	469	470	471	472	473	474	475	476
	3.15	31.5			394.9	594																	518	519	520	521	522	523	524	525	526
	4	25			501.5	750																		569	570	571	572	573	574	575	576
	5	20			626.8	940																							624	625	626
10040	0.4	6P-50	400	2.5	4.9	301	302	303	304	305	306																				
	0.5	40			6.1	351	352	353	354	355	356																				
	0.625	4P-50			7.7		402	403	404	405	406	407																			
	0.8	40			9.8			453	454	455	456	457	458																		
	1.0	31.5			12.3				504	505	506	507	508																		
	1.25	25			15.3					555	556	557	558	559																	
	1.6	20			19.6						606	607	608	609	610																
	2.0	16			24.5							657	658	659	660	661															
10050	0.5	6P-50	500	3.5 6.3	12.3	301	302	303	304	305	306	307	308																		
	0.625	40			15.4	351	352	353	354	355	356	357	358	359																	
	0.8	4P-50			19.8		402	403	404	405	406	407	408	409	410																
	1.0	40			24.7			453	454	455	456	457	458	459	460	461															
	1.25	31.5			30.9				504	505	506	507	508	509	510	511	512														
	1.6	25			39.5					555	556	557	558	559	560	561	562	563													
	2.0	20			49.9						606	607	608	609	610	611	612	613	614												
	2.5	16			61.7							657	658	659	660	661	662	663	664	665											

续表 7-1

输送机代号 DTⅡ（A）	带速 v /m·s^{-1}	减速器速比 i	传动滚筒 D/mm	传动滚筒许用扭矩 /kN·m	传动滚筒许用功率 /kW	1.1	1.5	2.2	3	4	5.5	7.5	11	15	18.5	22	30	37	45	55	75	90	110	132	160	185	200	220	250	280	315
						电动机功率/kW 驱动装置组合号																									
10063	0.8	6P-40	630	6～12	29.9		352	353	354	355	356	357	358	359	360	361	362														
	1.0	4P-50			37.3			403	404	405	406	407	408	409	410	411	412	413													
	1.25	40			46.6				454	455	456	457	458	459	460	461	462	463	464												
	1.6	31.5			59.7					505	506	507	508	509	510	511	512	513	514	515											
	2.0	25			74.6						556	557	558	559	560	561	562	563	564	565	566										
	2.5	20			93.3							607	608	609	610	611	612	613	614	615	616	617									
	3.15	16			118								658	659	660	661	662	663	664	665	666	667	668	669							
	4.0	12.5			149														714	715	716	717	718	719	720						
10080	0.8	6P-50	800	12～52	102								308	309	310	311	312	313	314	315	316	317	318								
	1.0	40			127									359	360	361	362	363	364	365	366	367	368	369							
	1.25	4P-50			159										410	411	412	413	414	415	416	417	418	419	420						
	1.6	40			204											461	462	463	464	465	466	467	468	469	470	471	472				
	2.0	31.5			255												512	513	514	515	516	517	518	519	520	521	522	523	524		
	2.5	25			318													563	564	565	566	567	568	569	570	571	572	573	574	575	576
	3.15	20			401														614	615	616	617	618	619	620	621	622	623	624	625	626
	4.0	16			509															665	666	667	668	669	670	671	672	673	674	675	676
100100	1.0	6P-50	1000	12～66	129											311	312	313	314	315	316	317	318	319							
	1.25	40			162												362	363	364	365	366	367	368	369	370						
	1.6	4P-50			207													413	414	415	416	417	418	419	420	421	422				
	2.0	40			259														464	465	466	467	468	469	470	471	472	473	474		
	2.5	31.5			323															515	516	517	518	519	520	521	522	523	524	525	526
	3.15	25			407																566	567	568	569	570	571	572	573	574	575	576
	4.0	20			537																616	617	618	619	620	621	622	623	624	625	626
100125	1.25	6P-50	1250	52～120	235															315	316	317	318	319	320	321	322	323	324		
	1.6	40			301																366	367	368	369	370	371	372	373	374	375	376
	2.0	4P-50			376																	417	418	419	420	421	422	423	424	425	426
	2.5	40			470																	467	468	469	470	471	472	473	474	475	476
	3.15	31.5			592																				520	521	522	523	524	525	526
	4.0	25			750																						572	573	574	575	576
	5.0	20			940																								624	625	626

续表 7-1

输送机代号 DTⅡ(A)	带速 v /m·s^{-1}	减速器速比 i	传动滚筒 D/mm	许用扭矩 /kN·m	许用功率 /kW	电动机功率/kW 驱动装置组合号																									
						1.1	1.5	2.2	3	4	5.5	7.5	11	15	18.5	22	30	37	45	55	75	90	110	132	160	185	200	220	250	280	315
100140	1.6	6P-50	1400	66 ~ 160	358																		318	319	320	321	322	323	324	325	326
	2.0	40			448																				370	371	372	373	374	375	376
	2.5	4P-50			560																					421	422	423	424	425	426
	3.15	40			705																						472	473	474	475	476
	4.0	31.5			896																							523	524	525	526
	5.0	25			1119																								574	575	576
100160	1.6	6P-50	1600	120 ~ 160	313																					321	322	323	324	325	326
	2.0	40			392																						372	373	374	375	376
	2.5	4P-50			490																							423	424	425	426
	3.15	40			617																								474	475	476
	4.0	31.5			784																									525	526
	5.0	25			979																										576
12050	0.5	6P-50	500	6.3	6.9	301	302	303	304	305	306	307																			
	0.625	40			8.6	351	352	353	354	355	356	357																			
	0.8	4P-50			11.0		402	403	404	405	406	407	408																		
	1.0	40			13.7			453	454	455	456	457	458	459																	
	1.25	31.5			17.1				504	505	506	507	508	509	510																
	1.6	25			21.9					555	556	557	558	559	560	561															
	2.0	20			27.4						606	607	608	609	610	611	612														
	2.5	16			34.3							657	658	659	660	661	662	663													
12063	1.0	4P-50	630	12 ~ 20	62.2						406	407	408	409	410	411	412	413	414	415											
	1.25	40			77.7						456	457	458	459	460	461	462	463	464	465	466										
	1.6	31.5			99.5						506	507	508	509	510	511	512	513	514	515	516	517									
	2.0	25			124.4							557	558	559	560	561	562	563	564	565	566	567	568	569							
	2.5	20			155.5								608	609	610	611	612	613	614	615	616	617	618	619	620						
	3.15	16			195.9									659	660	661	662	663	664	665	666	667	668	669	670	671	672				
	4.0	12.5			248.7														714	715	716	717	718	719	720	721	722	723			
12080	1.0	6P-40	800	12 ~ 52	127.3									359	360	361	362	363	364	365	366	367	368	369							
	1.25	4P-50			159.2										410	411	412	413	414	415	416	417	418	419	420						
	1.6	40			203.7											461	462	463	464	465	466	467	468	469	470	471	472				
	2.0	31.5			254.7												512	513	514	515	516	517	518	519	520	521	522	523	524		
	2.5	25			318.3													563	564	565	566	567	568	569	570	571	572	573	574	575	576
	3.15	20			401.1														614	615	616	617	618	619	620	621	622	623	624	625	626
	4.0	16			509.3															665	666	667	668	669	670	671	672	673	674	675	676
	5.0	12.5			636.6																716	717	718	719	720	721	722	723	724	725	726

续表 7-1

输送机代号 DTⅡ (A)	带速 v /$m \cdot s^{-1}$	减速器速比 i	传动滚筒 D/mm	传动滚筒 许用扭矩 /kN·m	传动滚筒 许用功率 /kW	1.1	1.5	2.2	3	4	5.5	7.5	11	15	18.5	22	30	37	45	55	75	90	110	132	160	185	200	220	250	280	315
						电动机功率/kW 驱动装置组合号																									
120100	1.0	6P-50	1000	12 ~ 80	157											311	312	313	314	315	316	317	318	319	320						
	1.25	40			196												362	363	364	365	366	367	368	369	370	371	372				
	1.6	4P-50			251												412	413	414	415	416	417	418	419	420	421	422	423	424		
	2.0	40			314													463	464	465	466	467	468	469	470	471	472	473	474	475	476
	2.5	31.5			392															515	516	517	518	519	520	521	522	523	524	525	526
	3.15	25			494																566	567	568	569	570	571	572	573	574	575	576
	4.0	20			627																616	617	618	619	620	621	622	623	624	625	626
	5.0	16			784																666	667	668	669	670	671	672	673	674	675	676
120125	1.25	6P-50	1250	52 ~ 120	235															315	316	317	318	319	320	321	322	323	324		
	1.6	40			301																366	367	368	369	370	371	372	373	374	375	376
	2.0	4P-50			376																	417	418	419	420	421	422	423	424	425	426
	2.5	40			470																	467	468	469	470	471	472	473	474	475	476
	3.15	31.5			592																				520	521	522	523	524	525	526
	4.0	25			750																						572	573	574	575	576
	5.0	20			940																								624	625	626
120140	1.6	6P-50	1400	80 ~ 160	358																		318	319	320	321	322	323	324	325	
	2.0	40			448																				370	371	372	373	374	375	376
	2.5	4P-50			560																					421	422	423	424	425	426
	3.15	40			705																						472	473	474	475	476
	4.0	31.5			896																							523	524	525	526
	5.0	25			1119																								574	575	576
120160	1.6	6P-50	1600	120 ~ 160	313																					321	322	323	324	325	326
	2.0	40			392																						372	373	374	375	376
	2.5	4P-50			490																							423	424	425	426
	3.15	40			617																								474	475	476
	4.0	31.5			784																									525	526
	5.0	25			979																										576
14080	1.0	6P-40	800	20 ~ 66	162									359	360	361	362	363	364	365	366	367	368	369	370						
	1.25	4P-50			202										410	411	412	413	414	415	416	417	418	419	420	421	422				
	1.6	40			259										460	461	462	463	464	465	466	467	468	469	470	471	472	473	474		
	2.0	31.5			323											511	512	513	514	515	516	517	518	519	520	521	522	523	524	525	526
	2.5	25			404													563	564	565	566	567	568	569	570	571	572	573	574	575	576
	3.15	20			509														614	615	616	617	618	619	620	621	622	623	624	625	626
	4.0	16			647															665	666	667	668	669	670	671	672	673	674	675	676
	5.0	12.5			808																716	717	718	719	720	721	722	723	724	725	726

续表 7-1

输送机代号 DTⅡ(A)	带速 v /m·s^{-1}	减速器速比 i	传动滚筒 D/mm	传动滚筒 许用扭矩 /kN·m	传动滚筒 许用功率 /kW	电动机功率/kW																									
						1.1	1.5	2.2	3	4	5.5	7.5	11	15	18.5	22	30	37	45	55	75	90	110	132	160	185	200	220	250	280	315
						驱动装置组合号																									
140100	1.0	6P-50	1000	20～80	157											311	312	313	314	315	316	317	318	319	320						
	1.25	40			196												362	363	364	365	366	367	368	369	370	371	372				
	1.6	4P-50			251													413	414	415	416	417	418	419	420	421	422	423	424		
	2.0	40			314														464	465	466	467	468	469	470	471	472	473	474	475	476
	2.5	31.5			392															515	516	517	518	519	520	521	522	523	524	525	526
	3.15	25			494																566	567	568	569	570	571	572	573	574	575	576
	4.0	20			627																616	617	618	619	620	621	622	623	624	625	626
	5.0	16			784																666	667	668	669	670	671	672	673	674	675	676
140125	1.25	6P-50	1250	52～120	235														314	315	316	317	318	319	320	321	322	323	324		
	1.6	40			301															365	366	367	368	369	370	371	372	373	374	375	376
	2.0	4P-50			376																416	417	418	419	420	421	422	423	424	425	426
	2.5	40			470																	467	468	469	470	471	472	473	474	475	476
	3.15	31.5			592																			519	520	521	522	523	524	525	526
	4.0	25			752																						572	573	574	575	576
	5.0	20			940																								624	625	626
140140	1.6	6P-50	1400	80～160	358																		318	319	320	321	322	323	324	325	326
	2.0	40			448																				370	371	372	373	374	375	376
	2.5	4P-50			560																					421	422	423	424	425	426
	3.15	40			705																						472	473	474	475	476
	4.0	31.5			896																							523	524	525	526
	5.0	25			1119																										576
140160	1.6	6P-50	1600	120～160	313																					321	322	323	324	325	326
	2.0	40			392																						372	373	374	375	376
	2.5	4P-50			490																							423	424	425	426
	3.15	40			617																								474	475	476
	4.0	31.5			784																									525	526
	5.0	25			979																										576
16080	1.0	6P-40	800	20～66	162									359	360	361	362	363	364	365	366	367	368	369	370						
	1.25	4P-50			202										410	411	412	413	414	415	416	417	418	419	420	421	422	423			
	1.6	40			259											461	462	463	464	465	466	467	468	469	470	471	472	473	474	475	
	2.0	31.5			323												512	513	514	515	516	517	518	519	520	521	522	523	524	525	526
	2.5	25			404													563	564	565	566	567	568	569	570	571	572	573	574	575	576
	3.15	20			509														614	615	616	617	618	619	620	621	622	623	624	625	626
	4.0	16			649															665	666	667	668	669	670	671	672	673	674	675	676
	5.0	12.5			808																716	717	718	719	720	721	722	723	724	725	726

续表 7-1

输送机代号 DTⅡ(A)	带速 v /m·s^{-1}	减速器速比 i	传动滚筒 D/mm	许用扭矩 /kN·m	许用功率 /kW	电动机功率/kW 1.1	1.5	2.2	3	4	5.5	7.5	11	15	18.5	22	30	37	45	55	75	90	110	132	160	185	200	220	250	280	315
						驱动装置组合号																									
160100	1.0	6P-50	1000	27 ~ 120	236												312	313	314	315	316	317	318	319	320	321	322	323	324		
	1.25	40			296													363	364	365	366	367	368	369	370	371	372	373	374	375	
	1.6	4P-50			377														414	415	416	417	418	419	420	421	422	423	424	425	426
	2.0	40			470															465	466	467	468	469	470	471	472	473	474	475	476
	2.5	31.5			588																516	517	518	519	520	521	522	523	524	525	526
	3.15	25			741																	567	568	569	570	571	572	573	574	575	576
	4.0	20			941																		618	619	620	621	622	623	624	625	626
	5.0	16			1176																			669	670	671	672	673	674	675	676
160125	1.25	6P-50	1250	66 ~ 160	313																316	317	318	319	320	321	322	323	324	325	326
	1.6	40			401																	367	368	369	370	371	372	373	374	375	376
	2.0	4P-50			501																		418	419	420	421	422	423	424	425	426
	2.5	40			627																			469	470	471	472	473	474	475	476
	3.15	31.5			789																					521	522	523	524	525	526
	4.0	25			1003																						572	573	574	575	576
	5.0	20			1253																								624	625	626
160140	1.6	6P-50	1400	80 ~ 160	358																		318	319	320	321	322	323	324	325	
	2.0	40			448																				370	371	372	373	374	375	376
	2.5	4P-50			560																					421	422	423	424	425	426
	3.15	40			705																						472	473	474	475	476
	4.0	31.5			896																							523	524	525	526
	5.0	25			1119																								574	575	576
160160	1.6	6P-50	1600	80 ~ 160	313																		318	319	320	321	322	323	324	325	326
	2.0	40			392																				370	371	372	373	374	375	376
	2.5	4P-50			490																					421	422	423	424	425	426
	3.15	40			617																						472	473	474	475	476
	4.0	31.5			784																							523	524	525	526
	5.0	25			979																								574	575	576

续表 7-1

输送机代号 DTⅡ(A)	带速 v /m·s^{-1}	减速器速比 i	传动滚筒 D/mm	许用扭矩 /kN·m	许用功率 /kW	1.1	1.5	2.2	3	4	5.5	7.5	11	15	18.5	22	30	37	45	55	75	90	110	132	160	185	200	220	250	280	315
						驱动装置组合号																									
18080	1.0	6P-40	800	20~66	162									359	360	361	362	363	364	365	366	367	368	369	370						
	1.25	4P-50			202										410	411	412	413	414	415	416	417	418	419	420	421	422	423			
	1.6	40			259											461	462	463	464	465	466	467	468	469	470	471	472	473	474	475	
	2.0	31.5			323												512	513	514	515	516	517	518	519	520	521	522	523	524	525	526
	2.5	25			404													563	564	565	566	567	568	569	570	571	572	573	574	575	576
	3.15	20			509														614	615	616	617	618	619	620	621	622	623	624	625	626
	4.0	16			649															665	666	667	668	669	670	671	672	673	674	675	676
	5.0	12.5			808																716	717	718	719	720	721	722	723	724	725	726
180100	1.0	6P-50	1000	40~120	157													313	314	315	316	317	318	319	320	321	322	323	324		
	1.25	40			196														364	365	366	367	368	369	370	371	372	373	374	375	
	1.6	4P-50			251																416	417	418	419	420	421	422	423	424	425	426
	2.0	40			313																	467	468	469	470	471	472	473	474	475	476
	2.5	31.5			392																		518	519	520	521	522	523	524	525	526
	3.15	25			494																			569	570	571	572	573	574	575	576
	4.0	20			627																					621	622	623	624	625	626
	5.0	16			784																							673	674	675	676
180125	1.25	6P-50	1250	66~120	235																316	317	318	319	320	321	322	323	324		
	1.6	40			301																	367	368	369	370	371	372	373	374	375	376
	2.0	4P-50			376																		418	419	420	421	422	423	424	425	426
	2.5	40			470																			469	470	471	472	473	474	475	476
	3.15	31.5			592																					521	522	523	524	525	526
	4.0	25			752																						572	573	574	575	576
	5.0	20			940																								624	625	626
180140	1.6	6P-50	1400	80~160	358																			319	320	321	322	323	324	325	326
	2.0	40			448																				370	371	372	373	374	375	376
	2.5	4P-50			560																					421	422	423	424	425	426
	3.15	40			705																						472	473	474	475	476
	4.0	31.5			896																							523	524	525	526
	5.0	25			1119																								574	575	576
180160	1.6	6P-50	1600	120~160	313																					321	322	323	324	325	326
	2.0	40			392																						372	373	374	375	376
	2.5	4P-50			490																							423	424	425	426
	3.15	40			617																								474	475	476
	4.0	31.5			784																									525	526
	5.0	25			979																										576

续表 7-1

输送机代号 DTⅡ (A)	带速 v /m·s^{-1}	减速器速比 i	传动滚筒 D/mm	许用扭矩 /kN·m	许用功率 /kW	电动机功率/kW																									
						1.1	1.5	2.2	3	4	5.5	7.5	11	15	18.5	22	30	37	45	55	75	90	110	132	160	185	200	220	250	280	315
						驱动装置组合号																									
20080	1.0	6P-40	800	20~66	162									359	360	361	362	363	364	365	366	367	368	369	370						
	1.25	4P-50			202										410	411	412	413	414	415	416	417	418	419	420	421	422	423			
	1.6	40			259											461	462	463	464	465	466	467	468	469	470	471	472	473	474	475	
	2.0	31.5			323												512	513	514	515	516	517	518	519	520	521	522	523	524	525	526
	2.5	25			404													563	564	565	566	567	568	569	570	571	572	573	574	575	576
	3.15	20			509														614	615	616	617	618	619	620	621	622	623	624	625	626
	4.0	16			649															665	666	667	668	669	670	671	672	673	674	675	676
	5.0	12.5			808																716	717	718	719	720	721	722	723	724	725	726
200100	1.0	6P-50	1000	40~120	236													313	314	315	316	317	318	319	320	321	322	323	324		
	1.25	40			294														364	365	366	367	368	369	370	371	372	373	374	375	
	1.6	4P-50			377																416	417	418	419	420	421	422	423	424	425	426
	2.0	40			470																	467	468	469	470	471	472	473	474	475	476
	2.5	31.5			588																		518	519	520	521	522	523	524	525	526
	3.15	25			741																			569	570	571	572	573	574	575	576
	4.0	20			941																					621	622	623	624	625	626
	5.0	16			1176																							673	674	675	676
200125	1.25	6P-50	1250	66~120	235																316	317	318	319	320	321	322	323	324		
	1.6	40			301																	367	368	369	370	371	372	373	374	375	376
	2.0	4P-50			376																		418	419	420	421	422	423	424	425	426
	2.5	40			470																			469	470	471	472	473	474	475	476
	3.15	31.5			592																					521	522	523	524	525	526
	4.0	25			752																						572	573	574	575	576
	5.0	20			940																								624	625	626
200140	1.6	6P-50	1400	80~160	358																			319	320	321	322	323	324	325	326
	2.0	40			448																				370	371	372	373	374	375	376
	2.5	4P-50			560																					421	422	423	424	425	426
	3.15	40			705																						472	473	474	475	476
	4.0	31.5			896																							523	524	525	526
	4.5	25			1119																								574	575	576
200160	1.6	6P-50	1600	120~160	313																					321	322	323	324	325	326
	2.0	40			392																						372	373	374	375	376
	2.5	4P-50			490																							423	424	425	426
	3.15	40			617																								474	475	476
	4.0	31.5			784																									525	526
	5.0	25			979																										576

7.3　Y-ZLY/ZSY 驱动装置

7.3.1　Y-ZLY/ZSY 驱动装置装配类型

Y-ZLY/ZSY 驱动装置有 6 种装配类型，如表 7-2 所示。

7.3.2　Y-ZLY/ZSY 驱动装置组合表

7.3.2.1　Y-ZLY/ZSY 驱动装置图号示例

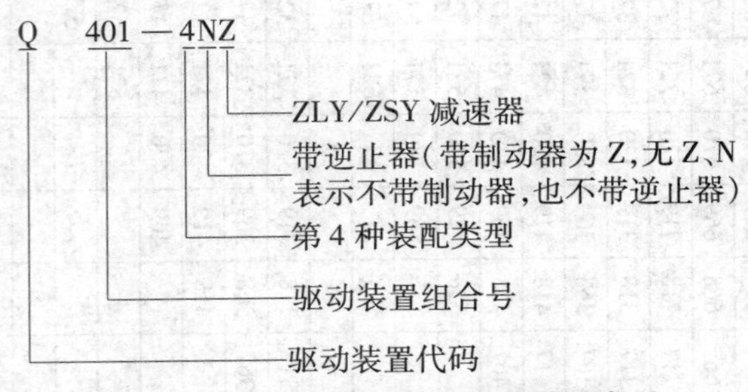

表 7-2　Y-ZLY/ZSY 驱动装置装配类型

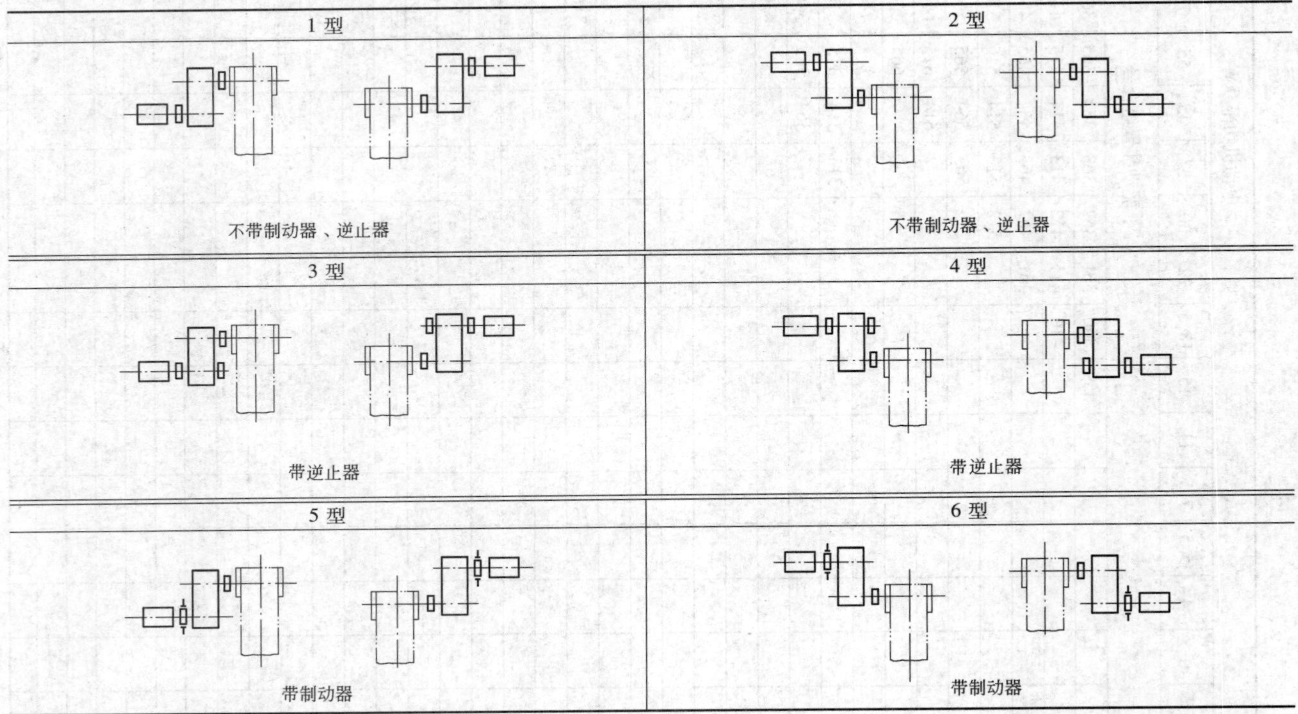

7.3.2.2　Y-ZLY/ZSY 驱动装置装配图及尺寸

驱动装置装配图见图 7-1，相关尺寸列在组合表 7-3 中。

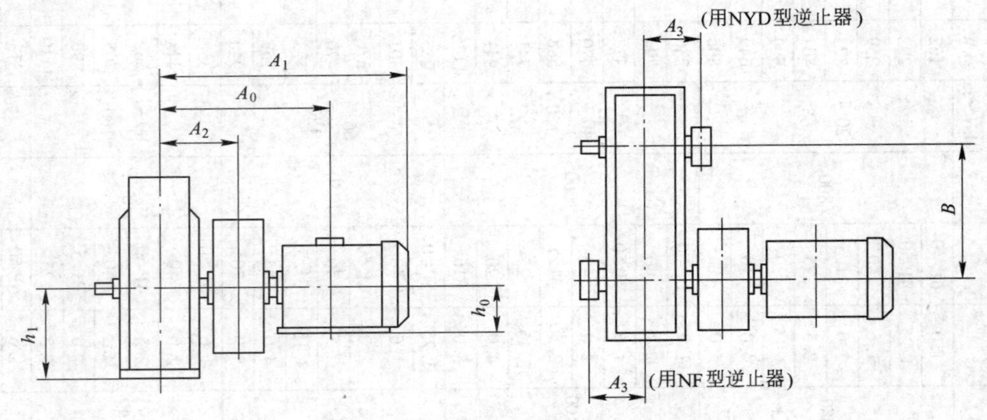

图 7-1　Y-ZLY/ZSY 驱动装置装配图

表7-3 Y-ZLY/ZSY驱动装置组合表

组合号	装配类型代号	电动机规格型号功率/kW	高速轴联轴器（或耦合器）规格型号	制动器规格型号	逆止器规格型号	减速器规格型号	联轴器或耦合器护罩	装配尺寸/mm A_0	A_1	A_2	A_3	B	h_0	h_1	驱动装置 总重量/kg	代号	驱动装置架图号
301	1	Y90L-6 1.1	ML2 $\frac{24\times52}{J24\times38}$MT2b	—	—	ZSY160-50	MF13	375.5	542	—	256	352	90	180	202	Q301-1Z	JQ301-Z
	2															Q301-2Z	
	3				NFA10										233	Q301-3NZ	JQ301N-Z
	4															Q301-4NZ	
	5		MLL4-1-160 $\frac{24\times62}{J24\times44}$MT4b	YW160	—		—	399.5	566	192					229	Q301-5ZZ	JQ301Z-Z
	6															Q301-6ZZ	
302	1	Y100L-6 1.5	ML2 $\frac{28\times62}{J24\times38}$MT2b	—	—	ZSY160-50	MF14	400.5	587.5	—	256	352	100	180	207	Q302-1Z	JQ302-Z
	2															Q302-2Z	
	3				NFA10										238	Q302-3NZ	JQ302N-Z
	4															Q302-4NZ	
	5		MLL4-1-160 $\frac{28\times62}{J24\times44}$MT4b	YW160	—		—	414	601	192					234	Q302-5ZZ	JQ302Z-Z
	6															Q302-6ZZ	
303	1	Y112M-6 2.2	ML2 $\frac{28\times62}{J24\times38}$MT2b	—	—	ZSY160-50	MF14	407.5	607.5	—	256	352	112	180	220	Q303-1Z	JQ303-Z
	2															Q303-2Z	
	3				NFA10										251	Q303-3NZ	JQ303N-Z
	4															Q303-4NZ	
	5		MLL4-1-160 $\frac{28\times62}{J24\times44}$MT4b	YW160	—		—	421	621	192					247	Q303-5ZZ	JQ303Z-Z
	6															Q303-6ZZ	
304	1	Y132S-6 3.0	ML3 $\frac{38\times82}{J28\times44}$MT3b	—	—	ZSY180-50	MF18	472	708	—	271	395	132	200	277	Q304-1Z	JQ304-Z
	2															Q304-2Z	
	3				NFA10										308	Q304-3NZ	JQ304N-Z
	4															Q304-4NZ	
	5		MLL4-1-160 $\frac{38\times82}{J28\times44}$MT4b	YW160	—		—	475	711	207					302	Q304-5ZZ	JQ304Z-Z
	6															Q304-6ZZ	
305	1	Y132M1-6 4	ML3 $\frac{38\times82}{J28\times44}$MT3b	—	—	ZSY180-50	MF18	491	748	—	271	395	132	200	287	Q305-1Z	JQ305-Z
	2															Q305-2Z	
	3				NFA10										318	Q305-3NZ	JQ305N-Z
	4															Q305-4NZ	
	5		MLL4-1-160 $\frac{38\times82}{J28\times44}$MT4b	YW160	—		—	494	751	207					312	Q305-5ZZ	JQ305Z-Z
	6															Q305-6ZZ	

续表 7-3

组合号	装配类型代号	电动机规格型号功率/kW	高速轴联轴器（或耦合器）规格型号	制动器规格型号	逆止器规格型号	减速器规格型号	联轴器或耦合器护罩	装配尺寸/mm A_0	A_1	A_2	A_3	B	h_0	h_1	驱动装置 总重量/kg	代号	驱动装置架图号
306	1	Y132M2-6 5.5	ML4 $\frac{38\times82}{J32\times60}$MT4b	—	—	ZSY200-50	MF21	529	786	—	286	440	132	225	379	Q306-1Z	JQ306-Z
	2															Q306-2Z	
	3				NFA10										410	Q306-3NZ	JQ306N-Z
	4															Q306-4NZ	
	5		MLL4-1-160 $\frac{38\times82}{J32\times60}$MT4b	YW160	—		—	529	786	242					401	Q306-5ZZ	JQ306Z-Z
	6															Q306-6ZZ	
307	1	Y160M-6 7.5	ML4 $\frac{42\times112}{J38\times60}$MT4b	—	—	ZSY224-50	MF25	609	886	—	301	496	160	250	527	Q307-1Z	JQ307-Z
	2															Q307-2Z	
	3				NFA10										558	Q307-3NZ	JQ307N-Z
	4															Q307-4NZ	
	5		MLL4-1-160 $\frac{42\times112}{J38\times60}$MT4b	YW160	—		—	609	886	257					548	Q307-5ZZ	JQ307Z-Z
	6															Q307-6ZZ	
308	1	Y160L-6 11	ML4 $\frac{42\times112}{J38\times60}$MT4b	—	—	ZSY224-50	MF25	631	931	—	304	496	160	250	552	Q308-1Z	JQ308-Z
	2															Q308-2Z	
	3				NFA16										587	Q308-3NZ	JQ308N-Z
	4															Q308-4NZ	
	5		MLL4-1-160 $\frac{42\times112}{J38\times60}$MT4b	YW160	—		—	631	931	257					573	Q308-5ZZ	JQ308Z-Z
	6															Q308-6ZZ	
309	1	Y180L-6 15	ML5 $\frac{48\times112}{J42\times84}$MT5b	—	—	ZSY250-50	MF29	717.5	1057	—	329	555	180	280	739	Q309-1Z	JQ309-Z
	2															Q309-2Z	
	3				NFA16										774	Q309-3NZ	JQ309N-Z
	4															Q309-4NZ	
	5		MLL5-1-200 $\frac{48\times112}{J42\times84}$MT5b	YWZ_5-200/30	—		—	717.5	1057	312					772	Q309-5ZZ	JQ309Z-Z
	6															Q309-6ZZ	
310	1	Y200L1-6 18.5	ML6 $\frac{55\times112}{J48\times84}$MT6b	—	—	ZSY280-50	MF32	773.5	1153	—	354	620	200	315	1002	Q310-1Z	JQ310-Z
	2															Q310-2Z	
	3				NFA16										1037	Q310-3NZ	JQ310N-Z
	4															Q310-4NZ	
	5		MLL6-1-200 $\frac{55\times112}{J48\times84}$MT6b	YWZ_5-200/30	—		—	773.5	1153	337					1034	Q310-5ZZ	JQ310Z-Z
	6															Q310-6ZZ	

续表 7-3

组合号	装配类型代号	电动机规格型号 功率/kW	高速轴联轴器（或耦合器）规格型号	制动器规格型号	逆止器规格型号	减速器规格型号	联轴器或耦合器护罩	装配尺寸/mm A_0	A_1	A_2	A_3	B	h_0	h_1	驱动装置 总重量/kg	代号	驱动装置架图号
311	1	Y200L2-6 22	ML6 $\frac{55\times112}{J48\times84}$MT6b	—	—	ZSY280-50	MF32	773.5	1153	—	354	620	200	315	1027	Q311-1Z	JQ310-Z
	2															Q311-2Z	
	3				NFA16										1062	Q311-3NZ	JQ310N-Z
	4															Q311-4NZ	
	5		MLL6-1-200 $\frac{55\times112}{J48\times84}$MT6b	YWZ$_5$-200/30	—		—	773.5	1153	337					1059	Q311-5ZZ	JQ310Z-Z
	6															Q311-6ZZ	
312	1	Y225M-6 30	ML7 $\frac{60\times142}{J48\times84}$MT7b	—	—	ZSY315-50	MF35	854.5	1255	—	384	699	225	355	1265	Q312-1Z	JQ312-Z
	2															Q312-2Z	
	3				NFA25										1309	Q312-3NZ	JQ312N-Z
	4															Q312-4NZ	
	5		MLL7-1-250 $\frac{60\times142}{J48\times84}$MT7b	YWZ$_5$-250/30	—		—	854.5	1255	367					1312	Q312-5ZZ	JQ312Z-Z
	6															Q312-6ZZ	
313	1	Y250M-6 37	ML7 $\frac{65\times142}{J48\times84}$MT7b	—	—	ZSY355-50	MF36	912.5	1360	—	410	785	250	400	1824	Q313-1Z	JQ313-Z
	2															Q313-2Z	
	3				NFA40										1879	Q313-3NZ	JQ313N-Z
	4															Q313-4NZ	
	5		MLL7-1-250 $\frac{65\times142}{J48\times84}$MT7b	YWZ$_5$-250/30	—		—	912.5	1360	387					1870	Q313-5ZZ	JQ313Z-Z
	6															Q313-6ZZ	
314	1	Y280S-6 45	YOX$_F$500 (YOXⅡ500)	—	—	ZSY400-50	YF57	1259 (1114)	1745 (1600)	—	465	880	280	450	2599	Q314-1Z	JQ314-Z
	2														(2604)	Q314-2Z	
	3				NYD250										3274	Q314-3NZ	JQ314N-Z
	4														(3279)	Q314-4NZ	
	5		YOX$_{FZ}$500 (YOXⅡ$_Z$500)	YWZ$_5$-400/80	—		YF57	1259 (1343)	1745 (1829)	415					2721	Q314-5ZZ	JQ314Z-Z
	6														(2750)	Q314-6ZZ	
315	1	Y280M-6 55	YOX$_F$560 (YOXⅡ560)	—	—	ZSY400-50	YF61	1354.5 (1193.5)	1865 (1704)	—	465	880	280	450	2692	Q315-1Z	JQ315-Z
	2														(2714)	Q315-2Z	
	3				NYD250										3365	Q315-3NZ	JQ315N-Z
	4														(3389)	Q315-4NZ	
	5		YOX$_{FZ}$560 (YOXⅡ$_Z$560)	YWZ$_5$-400/121	—		YF61	1354.5 (1440.5)	1865 (1951)	415					2827	Q315-5ZZ	JQ315Z-Z
	6														(2874)	Q315-6ZZ	

续表 7-3

组合号	装配类型代号	电动机规格型号功率/kW	高速轴联轴器（或耦合器）规格型号	制动器规格型号	逆止器规格型号	减速器规格型号	联轴器或耦合器护罩	装配尺寸/mm							驱动装置		驱动装置架图号
								A_0	A_1	A_2	A_3	B	h_0	h_1	总重量/kg	代号	
316	1	Y315S-6 75	YOX_F560 (YOXⅡ560)	—	—	ZSY450-50	YF63	1414 (1253)	2045 (1884)	—	505	989	315	500	3778	Q316-1Z	JQ316-Z
	2														(3800)	Q316-2Z	
	3				NYD250										4453	Q316-3NZ	JQ316N-Z
	4														(4475)	Q316-4NZ	
	5		$YOX_{FZ}560$ (YOXⅡ$_Z$560)	YWZ_5-400/121	—		YF63	1414 (1500)	2045 (2131)	455					3914	Q316-5ZZ	JQ316Z-Z
	6														(3960)	Q316-6ZZ	
317	1	Y315M-6 90	YOX_F650 (YOXⅡ650)	—	—	ZSY450-50	YF71	1469.5 (1345.5)	2125 (2001)	—	505	989	315	500	3939	Q317-1Z	JQ317-Z
	2														(3891)	Q317-2Z	
	3				NYD250										4614	Q317-3NZ	JQ317N-Z
	4														(4566)	Q317-4NZ	
	5		$YOX_{FZ}650$ (YOXⅡ$_Z$650)	YWZ_5-500/121	—		YF71	1469.5 (1618.5)	2125 (2274)	465					4146	Q317-5ZZ	JQ317Z-Z
	6														(4136)	Q317-6ZZ	
318	1	Y315L1-6 110	YOX_F650 (YOXⅡ650)	—	—	ZSY500-50	YF73	1535 (1411)	2220 (2096)	—	545	1105	315	560	5164	Q318-1Z	JQ318-Z
	2														(5116)	Q318-2Z	
	3				NYD270										5901	Q318-3NZ	JQ318N-Z
	4														(5853)	Q318-4NZ	
	5		$YOX_{FZ}650$ (YOXⅡ$_Z$650)	YWZ_5-500/121	—		YF73	1535 (1684)	2220 (2369)	505					5371	Q318-5ZZ	JQ318Z-Z
	6														(5360)	Q318-6ZZ	
319	1	Y315L2-6 132	YOX_F650 (YOXⅡ650)	—	—	ZSY500-50	YF73	1535 (1411)	2220 (2096)	—	545	1105	315	560	5244	Q319-1Z	JQ318-Z
	2														(5196)	Q319-2Z	
	3				NYD270										5981	Q319-3NZ	JQ318N-Z
	4														(5933)	Q319-4NZ	
	5		$YOX_{FZ}650$ (YOXⅡ$_Z$650)	YWZ_5-500/121	—		YF73	1535 (1684)	2220 (2369)	505					5451	Q319-5ZZ	JQ318Z-Z
	6														(5440)	Q319-6ZZ	
320	1	Y355M-6 160	YOX_F650 (YOXⅡ650)	—	—	ZSY560-50	YF75	1614 (1490)	2480 (2356)	—	585	1240	355	630	6976	Q320-1Z	JQ320-Z
	2														(6928)	Q320-2Z	
	3				NYD300										8099	Q320-3NZ	JQ320N-Z
	4														(8051)	Q320-4NZ	
	5		$YOX_{FZ}650$ (YOXⅡ$_Z$650)	YWZ_5-500/121	—		YF75	1614 (1763)	2480 (2629)	520					7182	Q320-5ZZ	JQ320Z-Z
	6														(7172)	Q320-6ZZ	

续表 7-3

组合号	装配类型代号	电动机规格型号 功率/kW	高速轴联轴器（或耦合器）规格型号	制动器规格型号	逆止器规格型号	减速器规格型号	联轴器或耦合器护罩	装配尺寸/mm A_0	A_1	A_2	A_3	B	h_0	h_1	驱动装置 总重量/kg	代号	驱动装置架图号
321	1	Y355M-6[①] 185	YOX_F750 (YOXⅡ750)	—	—	ZSY560-50	YF81	1764 (1552)	2575 (2363)	—	585	1240	355	630	6799	Q321-1Z	JQ321-Z
	2														(6805)	Q321-2Z	
	3				NYD300										7921	Q321-3NZ	JQ321N-Z
	4														(7927)	Q321-4NZ	
	5		$YOX_{FZ}750$ (YOXⅡ$_Z$750)	YWZ_5-630/121	—		YF81	1764 (1874)	2575 (2685)	547.5					7151	Q321-5ZZ	JQ321Z-Z
	6														(7136)	Q321-6ZZ	
322	1	Y355M-6 200	YOX_F750 (YOXⅡ750)	—	—	ZSY560-50	YF82	1764 (1552)	2575 (2363)	—	585	1240	355	630	7199	Q322-1Z	JQ321-Z
	2														(7205)	Q322-2Z	
	3				NYD300										8322	Q322-3NZ	JQ321N-Z
	4														(8228)	Q322-4NZ	
	5		$YOX_{FZ}750$ (YOXⅡ$_Z$750)	YWZ_5-630/121	—		YF82	1764 (1874)	2575 (2685)	547.5					7551	Q322-5ZZ	JQ321Z-Z
	6														(7537)	Q322-6ZZ	
323	1	Y3555-6 220	YOX_F750 (YOXⅡ750)	—	—	ZSY560-50	YF82	1995 (1783)	2885 (2673)	—	585	1240	355	630	7719	Q323-1Z	JQ373-Z
	2														(7725)	Q323-2Z	
	3				NYD300										8842	Q323-3NZ	JQ373N-Z
	4														(8848)	Q323-4NZ	
	5		$YOX_{FZ}750$ (YOXⅡ$_Z$750)	YWZ_5-630/121	—		YF82	1995 (2105)	2885 (2995)	547.5					8072	Q323-5ZZ	JQ373Z-Z
	6														(8057)	Q323-6ZZ	
324	1	Y3556-6 250	YOX_F750 (YOXⅡ750)	—	—	ZSY560-50	YF82	1995 (1783)	2885 (2673)	—	585	1240	355	630	7779	Q324-1Z	JQ373-Z
	2														(7785)	Q324-2Z	
	3				NYD300										8902	Q324-3NZ	JQ373N-Z
	4														(8908)	Q324-4NZ	
	5		$YOX_{FZ}750$ (YOXⅡ$_Z$750)	YWZ_5-630/121	—		YF82	1995 (2105)	2885 (2995)	547.5					7966	Q324-5ZZ	JQ373Z-Z
	6														(7922)	Q324-6ZZ	
325	1	Y4002-6 280	YOX_F750 (YOXⅡ750)	—	—	ZSY560-50	YF82	2065 (1853)	3045 (2833)	—	585	1240	400	630	8250	Q325-1Z	JQ325-Z
	2														(8256)	Q325-2Z	
	3				NYD300										9373	Q325-3NZ	JQ325N-Z
	4														(9379)	Q325-4NZ	
	5		$YOX_{FZ}750$ (YOXⅡ$_Z$750)	YWZ_5-630/121	—		YF82	2065 (2175)	3045 (3155)	547.5					8436	Q325-5ZZ	JQ325Z-Z
	6														(8442)	Q325-6ZZ	

续表 7-3

组合号	装配类型代号	电动机规格型号功率/kW	高速轴联轴器（或耦合器）规格型号	制动器规格型号	逆止器规格型号	减速器规格型号	联轴器或耦合器护罩	装配尺寸/mm A_0	A_1	A_2	A_3	B	h_0	h_1	驱动装置 总重量/kg	代号	驱动装置架图号
326	1	Y4003-6 315	YOX_F750 （YOXⅡ750）	—	—	ZSY560-50	YF82	2065 (1853)	3045 (2833)	—	585	1240	400	630	8250	Q326-1Z	JQ325-Z
	2														(8256)	Q326-2Z	
	3				NYD300										9373	Q326-3NZ	JQ325N-Z
	4														(9379)	Q326-4NZ	
	5		YOX_{FZ}750 （YOXⅡ$_Z$750）	YWZ_5-630/125	—		YF82	2065 (2175)	3045 (3155)	547.5					8436	Q326-5ZZ	JQ325Z-Z
	6														(8442)	Q326-6ZZ	
351	1	Y90L-6 1.1	ML2 $\frac{24\times52}{J24\times38}$MT2b	—	—	ZSY160-40	MF13	375.5	542	—	256	352	90	180	202	Q351-1Z	JQ301-Z
	2															Q351-2Z	
	3				NFA10										233	Q351-3NZ	JQ301N-Z
	4															Q351-4NZ	
	5		MLL4-1-160 $\frac{24\times62}{J24\times44}$MT4b	YW160	—		—	399.5	566	192					229	Q351-5ZZ	JQ301Z-Z
	6															Q351-6ZZ	
352	1	Y100L-6 1.5	ML2 $\frac{28\times62}{J24\times38}$MT2b	—	—	ZSY160-40	MF14	400.5	587.5	—	256	352	100	180	207	Q352-1Z	JQ302-Z
	2															Q352-2Z	
	3				NFA10										238	Q352-3NZ	JQ302N-Z
	4															Q352-4NZ	
	5		MLL4-1-160 $\frac{28\times62}{J24\times44}$MT4b	YW160	—		—	414	601	192					234	Q352-5ZZ	JQ302Z-Z
	6															Q352-6ZZ	
353	1	Y112M-6 2.2	ML2 $\frac{28\times62}{J24\times38}$MT2b	—	—	ZSY160-40	MF14	407.5	607.5	—	256	352	112	180	220	Q353-1Z	JQ303-Z
	2															Q353-2Z	
	3				NFA10										251	Q353-3NZ	JQ303N-Z
	4															Q353-4NZ	
	5		MLL4-1-160 $\frac{28\times62}{J24\times44}$MT4b	YW160	—		—	421	621	192					247	Q353-5ZZ	JQ303Z-Z
	6															Q353-6ZZ	
354	1	Y132S-6 3	ML3 $\frac{38\times82}{J28\times44}$MT3b	—	—	ZSY180-40	MF18	472	708	—	271	395	132	200	277	Q354-1Z	JQ304-Z
	2															Q354-2Z	
	3				NFA10										308	Q354-3NZ	JQ304N-Z
	4															Q354-4NZ	
	5		MLL4-1-160 $\frac{38\times82}{J28\times44}$MT4b	YW160	—		—	475	711	207					302	Q354-5ZZ	JQ304Z-Z
	6															Q354-6ZZ	

续表 7-3

组合号	装配类型代号	电动机规格型号 功率/kW	高速轴联轴器（或耦合器）规格型号	制动器规格型号	逆止器规格型号	减速器规格型号	联轴器或耦合器护罩	装配尺寸/mm A_0	A_1	A_2	A_3	B	h_0	h_1	驱动装置 总重量/kg	代号	驱动装置架图号
355	1	Y132M1-6 4	ML3 $\frac{38\times82}{J28\times44}$MT3b	—	—	ZSY180-40	MF18	491	748	—	271	395	132	200	287	Q355-1Z	JQ305-Z
	2															Q355-2Z	
	3				NFA10										318	Q355-3NZ	JQ305N-Z
	4															Q355-4NZ	
	5		MLL4-1-160 $\frac{38\times82}{J28\times44}$MT4b	YW160	—		—	494	751	207					312	Q355-5ZZ	JQ305Z-Z
	6															Q355-6ZZ	
356	1	Y132M2-6 5.5	ML4 $\frac{38\times82}{J32\times60}$MT4b	—	—	ZSY200-40	NF21	529	786	—	286	440	132	225	380	Q356-1Z	JQ306-Z
	2															Q356-2Z	
	3				NFA10										410	Q356-3NZ	JQ306N-Z
	4															Q356-4NZ	
	5		MLL4-1-160 $\frac{38\times82}{J32\times60}$MT4b	YW160	—		—	529	786	242					401	Q356-5ZZ	JQ306Z-Z
	6															Q356-6ZZ	
357	1	Y160M-6 7.5	ML4 $\frac{42\times112}{J38\times60}$MT4b	—	—	ZSY224-40	MF25	609	886	—	301	496	160	250	527	Q357-1Z	JQ307-Z
	2															Q357-2Z	
	3				NFA10										558	Q357-3NZ	JQ307N-Z
	4															Q357-4NZ	
	5		MLL4-1-160 $\frac{42\times112}{J38\times60}$MT4b	YW160	—		—	609	886	257					548	Q357-5ZZ	JQ307Z-Z
	6															Q357-6ZZ	
358	1	Y160L-6 11	ML4 $\frac{42\times112}{J38\times60}$MT4b	—	—	ZSY224-40	MF25	631	931	—	304	496	160	250	552	Q358-1Z	JQ308-Z
	2															Q358-2Z	
	3				NFA16										587	Q358-3NZ	JQ308N-Z
	4															Q358-4NZ	
	5		MLL4-1-160 $\frac{42\times112}{J38\times60}$MT4b	YW160	—		—	631	931	257					573	Q358-5ZZ	JQ308Z-Z
	6															Q358-6ZZ	
359	1	Y180L-6 15	ML5 $\frac{48\times112}{J42\times84}$MT5b	—	—	ZSY250-40	MF29	717.5	1057	—	329	555	180	280	739	Q359-1Z	JQ309-Z
	2															Q359-2Z	
	3				NFA16										774	Q359-3NZ	JQ309N-Z
	4															Q359-4NZ	
	5		MLL5-1-200 $\frac{48\times112}{J42\times84}$MT5b	YWZ_5-200/30	—		—	717.5	1057	312					772	Q359-5ZZ	JQ309Z-Z
	6															Q359-6ZZ	

续表 7-3

组合号	装配类型代号	电动机规格型号功率/kW	高速轴联轴器（或耦合器）规格型号	制动器规格型号	逆止器规格型号	减速器规格型号	联轴器或耦合器护罩	装配尺寸/mm A_0	A_1	A_2	A_3	B	h_0	h_1	总重量/kg	驱动装置代号	驱动装置架图号
360	1	Y200L1-6 18.5	ML6 $\frac{55\times112}{J48\times84}$MT6b	—	—	ZSY280-40	MF32	773.5	1153	—	354	620	200	315	1002	Q360-1Z	JQ310-Z
	2															Q360-2Z	
	3				NFA16										1037	Q360-3NZ	JQ310N-Z
	4															Q360-4NZ	
	5		MLL6-1-200 $\frac{55\times112}{J48\times84}$MT6b	YWZ_5-200/30	—		—	773.5	1153	337					1034	Q360-5ZZ	JQ310Z-Z
	6															Q360-6ZZ	
361	1	Y200L2-6 22	ML6 $\frac{55\times112}{J48\times84}$MT6b	—	—	ZSY280-40	MF32	773.5	1153	—	354	620	200	315	1027	Q361-1Z	JQ310-Z
	2															Q361-2Z	
	3				NFA16										1062	Q361-3NZ	JQ310N-Z
	4															Q361-4NZ	
	5		MLL6-1-200 $\frac{55\times112}{J48\times84}$MT6b	YWZ_5-200/30	—		—	773.5	1153	337					1059	Q361-5ZZ	JQ310Z-Z
	6															Q361-6ZZ	
362	1	Y225M-6 30	ML7 $\frac{60\times142}{J48\times84}$MT7b	—	—	ZSY315-40	MF35	854.5	1255	—	384	699	225	355	1265	Q362-1Z	JQ312-Z
	2															Q362-2Z	
	3				NFA25										1309	Q362-3NZ	JQ312N-Z
	4															Q362-4NZ	
	5		MLL7-1-250 $\frac{60\times142}{J48\times84}$MT7b	YWZ_5-250/30	—		—	854.5	1255	367					1312	Q362-5ZZ	JQ312Z-Z
	6															Q362-6ZZ	
363	1	Y250M-6 37	ML7 $\frac{65\times142}{J48\times84}$MT7b	—	—	ZSY355-40	MF36	912.5	1360	—	410	785	250	400	1824	Q363-1Z	JQ313-Z
	2															Q363-2Z	
	3				NFA40										1879	Q363-3NZ	JQ313N-Z
	4															Q363-4NZ	
	5		MLL7-1-250 $\frac{65\times142}{J48\times84}$MT7b	YWZ_5-250/30	—		—	912.5	1360	387					1870	Q363-5ZZ	JQ313Z-Z
	6															Q363-6ZZ	
364	1	Y280S-6 45	YOX_F500 (YOXⅡ500)	—	—	ZSY400-40	YF57	1259 (1114)	1745 (1600)	—	465	880	280	450	2599	Q364-1Z	JQ314-Z
	2														(2604)	Q364-2Z	
	3				NYD250										3274	Q364-3NZ	JQ314N-Z
	4														(3279)	Q364-4NZ	
	5		YOX_{FZ}500 (YOXⅡ$_Z$500)	YWZ_5-400/80	—		YF57	1259 (1343)	1745 (1829)	415					2721	Q364-5ZZ	JQ314Z-Z
	6														(2750)	Q364-6ZZ	

续表 7-3

组合号	装配类型代号	电动机规格型号功率/kW	高速轴联轴器（或耦合器）规格型号	制动器规格型号	逆止器规格型号	减速器规格型号	联轴器或耦合器护罩	装配尺寸/mm A_0	A_1	A_2	A_3	B	h_0	h_1	驱动装置总重量/kg	驱动装置代号	驱动装置架图号
365	1	Y280M-6 55	YOX_F560 (YOXⅡ560)	—	—	ZSY400-40	YF61	1354.5 (1193.5)	1865 (1704)	—	465	880	280	450	2692	Q365-1Z	JQ315-Z
	2														(2714)	Q365-2Z	
	3				NYD250										3365	Q365-3NZ	JQ315N-Z
	4														(3389)	Q365-4NZ	
	5		$YOX_{FZ}560$ (YOXⅡ$_Z$560)	YWZ_5-400/121	—		YF61	1354.5 (1440.5)	1865 (1951)	415					2827	Q365-5ZZ	JQ315Z-Z
	6														(2874)	Q365-6ZZ	
366	1	Y315S-6 75	YOX_F560 (YOXⅡ560)	—	—	ZSY450-40	YF63	1414 (1253)	2045 (1884)	—	505	989	315	500	3778	Q366-1Z	JQ316-Z
	2														(3800)	Q366-2Z	
	3				NYD250										4453	Q366-3NZ	JQ316N-Z
	4														(4475)	Q366-4NZ	
	5		$YOX_{FZ}560$ (YOXⅡ$_Z$560)	YWZ_5-400/121	—		YF63	1414 (1500)	2045 (2131)	455					3914	Q366-5ZZ	JQ316Z-Z
	6														(3960)	Q366-6ZZ	
367	1	Y315M-6 90	YOX_F650 (YOXⅡ650)	—	—	ZSY450-40	YF71	1469.5 (1345.5)	2125 (2001)	—	505	989	315	500	3939	Q367-1Z	JQ317-Z
	2														(3891)	Q367-2Z	
	3				NYD250										4614	Q367-3NZ	JQ317N-Z
	4														(4566)	Q367-4NZ	
	5		$YOX_{FZ}650$ (YOXⅡ$_Z$650)	YWZ_5-500/121	—		YF71	1469.5 (1618.5)	2125 (2274)	465					4146	Q367-5ZZ	JQ317Z-Z
	6														(4136)	Q367-6ZZ	
368	1	Y315L1-6 110	YOX_F650 (YOXⅡ650)	—	—	ZSY450-40	YF71	1495 (1371)	2180 (2056)	—	505	989	315	500	3999	Q368-1Z	JQ368-Z
	2														(3951)	Q368-2Z	
	3				NYD250										4674	Q368-3NZ	JQ368N-Z
	4														(4626)	Q368-4NZ	
	5		$YOX_{FZ}650$ (YOXⅡ$_Z$650)	YWZ_5-500/121	—		YF71	1495 (1644)	2180 (2329)	465					4206	Q368-5ZZ	JQ368Z-Z
	6														(4196)	Q368-6ZZ	
369	1	Y315L2-6 132	YOX_F650 (YOXⅡ650)	—	—	ZSY450-40	YF71	1495 (1371)	2180 (2056)	—	505	989	315	500	4079	Q369-1Z	JQ368-Z
	2														(4031)	Q369-2Z	
	3				NYD250										4754	Q369-3NZ	JQ368N-Z
	4														(4706)	Q369-4NZ	
	5		$YOX_{FZ}650$ (YOXⅡ$_Z$650)	YWZ_5-500/121	—		YF71	1495 (1644)	2180 (2329)	465					4286	Q369-5ZZ	JQ368Z-Z
	6														(4276)	Q369-6ZZ	

续表 7-3

组合号	装配类型代号	电动机规格型号功率/kW	高速轴联轴器（或耦合器）规格型号	制动器规格型号	逆止器规格型号	减速器规格型号	联轴器或耦合器护罩	装配尺寸/mm							驱动装置		驱动装置架图号
								A_0	A_1	A_2	A_3	B	h_0	h_1	总重量/kg	代号	
370	1	Y355M-6 160	YOX_F650 (YOXⅡ650)	—	—	ZSY500-40	YF73	1599 (1475)	2465 (2341)	—	545	1105	355	560	5674	Q370-1Z	JQ370-Z
	2														(5626)	Q370-2Z	
	3				NYD270										6411	Q370-3NZ	JQ370N-Z
	4														(6363)	Q370-4NZ	
	5		$YOX_{FZ}650$ ($YOXⅡ_Z650$)	YWZ_5-500/121	—		YF73	1599 (1748)	2465 (2614)	505					5881	Q370-5ZZ	JQ370Z-Z
	6														(5870)	Q370-6ZZ	
371	1	Y355M-6[①] 185	YOX_F750 (YOXⅡ750)	—	—	ZSY500-40	YF79	1749 (1537)	2560 (2348)	—	545	1105	355	560	5497	Q371-1Z	JQ371-Z
	2														(5503)	Q371-2Z	
	3				NYD270										6234	Q371-3NZ	JQ371N-Z
	4														(6240)	Q371-4NZ	
	5		$YOX_{FZ}750$ ($YOXⅡ_Z750$)	YWZ_5-630/121	—		YF79	1749 (1859)	2560 (2670)	532.5					5850	Q371-5ZZ	JQ371Z-Z
	6														(5835)	Q371-6ZZ	
372	1	Y355M-6 200	YOX_F750 (YOXⅡ750)	—	—	ZSY560-40	YF82	1764 (1552)	2575 (2363)	—	585	1240	355	630	7199	Q372-1Z	JQ321-Z
	2														(7205)	Q372-2Z	
	3				NYD300										8322	Q372-3NZ	JQ321N-Z
	4														(8228)	Q372-4NZ	
	5		$YOX_{FZ}750$ ($YOXⅡ_Z750$)	YWZ_5-630/121	—		YF82	1764 (1874)	2575 (2685)	547.5					7551	Q372-5ZZ	JQ372Z-Z
	6														(7537)	Q372-6ZZ	
373	1	Y3555-6 220	YOX_F750 (YOXⅡ750)	—	—	ZSY560-40	YF82	1995 (1783)	2885 (2673)	—	585	1240	355	630	7719	Q373-1Z	JQ373-Z
	2														(7725)	Q373-2Z	
	3				NYD300										8842	Q373-3NZ	JQ373N-Z
	4														(8848)	Q373-4NZ	
	5		$YOX_{FZ}750$ ($YOXⅡ_Z750$)	YWZ_5-630/121	—		YF82	1995 (2105)	2885 (2995)	547.5					8072	Q373-5ZZ	JQ373Z-Z
	6														(8057)	Q373-6ZZ	
374	1	Y3556-6 250	YOX_F750 (YOXⅡ750)	—	—	ZSY560-40	YF82	1995 (1783)	2885 (2673)	—	585	1240	355	630	7779	Q374-1Z	JQ373-Z
	2														(7785)	Q374-2Z	
	3				NYD300										8902	Q374-3NZ	JQ373N-Z
	4														(8908)	Q374-4NZ	
	5		$YOX_{FZ}750$ ($YOXⅡ_Z750$)	YWZ_5-630/121	—		YF82	1995 (2105)	2885 (2995)	547.5					7966	Q374-5ZZ	JQ373Z-Z
	6														(7972)	Q374-6ZZ	

续表 7-3

组合号	装配类型代号	电动机规格型号功率/kW	高速轴联轴器（或耦合器）规格型号	制动器规格型号	逆止器规格型号	减速器规格型号	联轴器或耦合器护罩	装配尺寸/mm							驱动装置		驱动装置架图号
								A_0	A_1	A_2	A_3	B	h_0	h_1	总重量/kg	代号	
375	1	Y4002-6 280	YOX$_F$750 （YOXⅡ750）	—	—	ZSY560-40	YF82	2065 （1853）	3045 （2833）	—	585	1240	400	630	8250 （8256）	Q375-1Z	JQ325-Z
	2															Q375-2Z	
	3				NYD300										9373 （9379）	Q375-3NZ	JQ325N-Z
	4															Q375-4NZ	
	5		YOX$_{FZ}$750 （YOXⅡ$_Z$750）	YWZ$_5$-630/121	—		YF82	2065 （2175）	3045 （3155）	547.5					8436 （8442）	Q375-5ZZ	JQ325Z-Z
	6															Q375-6ZZ	
376	1	Y4003-6 315	YOX$_F$750 （YOXⅡ750）	—	—	ZSY560-40	YF82	2065 （1853）	3045 （2833）	—	585	1240	400	630	8250 （8256）	Q376-1Z	JQ325-Z
	2															Q376-2Z	
	3				NYD300										9373 （9379）	Q376-3NZ	JQ325N-Z
	4															Q376-4NZ	
	5		YOX$_{FZ}$750 （YOXⅡ$_Z$750）	YWZ$_5$-630/121	—		YF82	2065 （2175）	3045 （3155）	547.5					8436 （8442）	Q376-5ZZ	JQ325Z-Z
	6															Q376-6ZZ	
401	1	Y90S-4 1.1	ML2 $\frac{24\times52}{J24\times38}$MT2b	—	—	ZSY160-50	MF13	363	517	—	256	352	90	180	198	Q401-1Z	JQ401-Z
	2															Q401-2Z	
	3				NFA10										229	Q401-3NZ	JQ401N-Z
	4															Q401-4NZ	
	5		MLL4-1-160 $\frac{24\times62}{J24\times44}$MT4b	YW160	—		—	387	541	192					225	Q401-5ZZ	JQ401Z-Z
	6															Q401-6ZZ	
402	1	Y90L-4 1.5	ML2 $\frac{24\times52}{J24\times38}$MT2b	—	—	ZSY160-50	MF13	375.5	542	—	256	352	90	180	202	Q402-1Z	JQ301-Z
	2															Q402-2Z	
	3				NFA10										233	Q402-3NZ	JQ301N-Z
	4															Q402-4NZ	
	5		MLL4-1-160 $\frac{24\times62}{J24\times44}$MT4b	YW160	—		—	399.5	566	192					232	Q402-5ZZ	JQ301Z-Z
	6															Q402-6ZZ	
403	1	Y100L1-4 2.2	ML2 $\frac{28\times62}{J24\times38}$MT2b	—	—	ZSY160-50	MF14	400.5	587.5	—	256	352	100	180	210	Q403-1Z	JQ302-Z
	2															Q403-2Z	
	3				NFA10										241	Q403-3NZ	JQ302N-Z
	4															Q403-4NZ	
	5		MLL4-1-160 $\frac{28\times62}{J24\times44}$MT4b	YW160	—		—	414	601	192					240	Q403-5ZZ	JQ302Z-Z
	6															Q403-6ZZ	

续表 7-3

组合号	装配类型代号	电动机规格型号 功率/kW	高速轴联轴器（或耦合器）规格型号	制动器规格型号	逆止器规格型号	减速器规格型号	联轴器或耦合器护罩	装配尺寸/mm							驱动装置		驱动装置架图号
								A_0	A_1	A_2	A_3	B	h_0	h_1	总重量/kg	代号	
404	1	Y100L2-4 3	ML2 $\frac{28\times62}{J24\times38}$MT2b	—	—	ZSY160-50	MF14	400.5	587.5	—	256	352	100	180	213	Q404-1Z	JQ302-Z
	2															Q404-2Z	
	3				NFA10										244	Q404-3NZ	JQ302N-Z
	4															Q404-4NZ	
	5		MLL4-1-160 $\frac{28\times62}{J24\times44}$MT4b	YW160	—		—	414	601	192					240	Q404-5ZZ	JQ302Z-Z
	6															Q404-6ZZ	
405	1	Y112M-4 4	ML2 $\frac{28\times62}{J24\times38}$MT2b	—	—	ZSY160-50	MF14	407.5	607.5	—	256	352	112	180	224	Q405-1Z	JQ303-Z
	2															Q405-2Z	
	3				NFA10										255	Q405-3NZ	JQ303N-Z
	4															Q405-4NZ	
	5		MLL4-1-160 $\frac{28\times62}{J24\times44}$MT4b	YW160	—		—	421	621	192					251	Q405-5ZZ	JQ303Z-Z
	6															Q405-6ZZ	
406	1	Y132S-4 5.5	ML3 $\frac{38\times82}{J28\times44}$MT3b	—	—	ZSY180-50	MF18	472	708	—	271	395	132	200	279	Q406-1Z	JQ304-Z
	2															Q406-2Z	
	3				NFA10										310	Q406-3NZ	JQ304N-Z
	4															Q406-4NZ	
	5		MLL4-1-160 $\frac{38\times82}{J28\times44}$MT3b	YW160	—		—	475	711	207					304	Q406-5ZZ	JQ304Z-Z
	6															Q406-6ZZ	
407	1	Y132M-4 7.5	ML3 $\frac{38\times82}{J28\times44}$MT3b	—	—	ZSY180-50	MF18	491	748	—	271	395	132	200	292	Q407-1Z	JQ305-Z
	2															Q407-2Z	
	3				NFA10										323	Q407-3NZ	JQ305N-Z
	4															Q407-4NZ	
	5		MLL4-1-160 $\frac{38\times82}{J28\times44}$MT3b	YW160	—		—	494	791	207					317	Q407-5ZZ	JQ305Z-Z
	6															Q407-6ZZ	
408	1	Y160M-4 11	ML4 $\frac{42\times112}{J32\times60}$MT4b	—	—	ZSY200-50	MF21	594	871	—	286	440	160	225	419	Q408-1Z	JQ408-Z
	2															Q408-2Z	
	3				NFA10										450	Q408-3NZ	JQ408N-Z
	4															Q408-4NZ	
	5		MLL4-1-160 $\frac{42\times112}{J32\times60}$MT4b	YW160	—		—	594	871	242					441	Q408-5ZZ	JQ408Z-Z
	6															Q408-6ZZ	

续表 7-3

组合号	装配类型代号	电动机规格型号功率/kW	高速轴联轴器（或耦合器）规格型号	制动器规格型号	逆止器规格型号	减速器规格型号	联轴器或耦合器护罩	装配尺寸/mm A_0	A_1	A_2	A_3	B	h_0	h_1	总重量/kg	驱动装置代号	驱动装置架图号
409	1	Y160L-4 15	ML4 $\frac{42\times112}{J38\times60}$MT4b	—	—	ZSY224-50	MF25	631	931	—	304	496	160	250	553	Q409-1Z	JQ308-Z
	2															Q409-2Z	
	3				NFA16										586	Q409-3NZ	JQ308N-Z
	4															Q409-4NZ	
	5		MLL4-1-160 $\frac{42\times112}{J38\times60}$MT4b	YW160	—		—	631	931	257					574	Q409-5ZZ	JQ308Z-Z
	6															Q409-6ZZ	
410	1	Y180M-4 18.5	ML5 $\frac{48\times112}{J42\times84}$MT5b	—	—	ZSY250-50	MF29	698.5	1017	—	329	555	180	280	727	Q410-1Z	JQ410-Z
	2															Q410-2Z	
	3				NFA16										751	Q410-3NZ	JQ410N-Z
	4															Q410-4NZ	
	5		MLL5-1-200 $\frac{48\times112}{J42\times84}$MT5b	YWZ_5-200/30	—		—	698.5	1017	312					759	Q410-5ZZ	JQ410Z-Z
	6															Q410-6ZZ	
411	1	Y180L-4 22	ML6 $\frac{48\times112}{J42\times84}$MT6b	—	—	ZSY250-50	MF30	723.5	1063	—	329	555	180	280	753	Q411-1Z	JQ411-Z
	2															Q411-2Z	
	3				NFA16										788	Q411-3NZ	JQ411N-Z
	4															Q411-4NZ	
	5		MLL6-1-200 $\frac{48\times112}{J42\times84}$MT6b	YWZ_5-200/30	—		—	723.5	1063	312					786	Q411-5ZZ	JQ411Z-Z
	6															Q411-6ZZ	
412	1	Y200L-4 30	ML6 $\frac{55\times112}{J48\times84}$MT6b	—	—	ZSY280-50	MF32	773.5	1153	—	354	620	200	315	1022	Q412-1Z	JQ310-Z
	2															Q412-2Z	
	3				NFA16										1057	Q412-3NZ	JQ310N-Z
	4															Q412-4NZ	
	5		MLL6-1-200 $\frac{55\times112}{J48\times84}$MT6b	YWZ_5-200/30	—		—	773.5	1153	337					1054	Q412-5ZZ	JQ310Z-Z
	6															Q412-6ZZ	
413	1	Y225S-4 37	ML7 $\frac{60\times142}{J48\times84}$MT7b	—	—	ZSY315-50	MF34	842	1230	—	384	609	225	355	1268	Q413-1Z	JQ413-Z
	2															Q413-2Z	
	3				NFA25										1312	Q413-3NZ	JQ413N-Z
	4															Q413-4NZ	
	5		MLL7-1-250 $\frac{60\times142}{J48\times84}$MT7b	YWZ_5-250/30	—		—	842	1230	367					1315	Q413-5ZZ	JQ413Z-Z
	6															Q413-6ZZ	

续表 7-3

组合号	装配类型代号	电动机规格型号功率/kW	高速轴联轴器（或耦合器）规格型号	制动器规格型号	逆止器规格型号	减速器规格型号	联轴器或耦合器护罩	装配尺寸/mm							驱动装置		驱动装置架图号
								A_0	A_1	A_2	A_3	B	h_0	h_1	总重量/kg	代号	
414	1	Y225M-4 45	YOX_F400 (YOXⅡ400)	—	—	ZSY355-50	YF46	1049.5 (934.5)	1450 (1335)	—	404	785	225	400	1807 (1812)	Q414-1Z	JQ414-Z
	2															Q414-2Z	
	3				NFA25										1851 (1856)	Q414-3NZ	JQ414N-Z
	4															Q414-4NZ	
	5		$YOX_{FZ}400$ (YOXⅡ$_Z$400)	YWZ_5-315/50	—		YF46	1049.5 (1135.5)	1450 (1536)	360					1901 (1916)	Q414-5ZZ	JQ414Z-Z
	6															Q414-6ZZ	
415	1	Y250M-4 55	YOX_F450 (YOXⅡ450)	—	—	ZSY355-50	YF51	1117.5 (1014.5)	1565 (1462)	—	404	785	250	400	1880 (1895)	Q415-1Z	JQ415-Z
	2															Q415-2Z	
	3				NFA25										1924 (1939)	Q415-3NZ	JQ415N-Z
	4															Q415-4NZ	
	5		$YOX_{FZ}450$ (YOXⅡ$_Z$450)	YWZ_5-315/50	—		YF51	1117.5 (1197.5)	1569 (1645)	360					1974 (1999)	Q415-5ZZ	JQ415Z-Z
	6															Q415-6ZZ	
416	1	Y280S-4 75	YOX_F450 (YOXⅡ450)	—	—	ZSY400-50	YF52	1179 (1076)	1665 (1562)	—	465	880	280	450	2591 (2606)	Q416-1Z	JQ416-Z
	2															Q416-2Z	
	3				NYD250										3266 (3281)	Q416-3NZ	JQ416N-Z
	4															Q416-4NZ	
	5		$YOX_{FZ}450$ (YOXⅡ$_Z$450)	YWZ_5-315/50	—		YF52	1179 (1259)	1665 (1745)	390					2684 (2710)	Q416-5ZZ	JQ416Z-Z
	6															Q416-6ZZ	
417	1	Y280M-4 90	YOX_F500 (YOXⅡ500)	—	—	ZSY400-50	YF57	1284.5 (1139.5)	1795 (1650)	—	465	880	280	450	2726 (2731)	Q417-1Z	JQ417-Z
	2															Q417-2Z	
	3				NYD250										3401 (3406)	Q417-3NZ	JQ417N-Z
	4															Q417-4NZ	
	5		$YOX_{FZ}500$ (YOXⅡ$_Z$500)	YWZ_5-400/80	—		YF57	1284.5 (1368.5)	1795 (1879)	415					2848 (2877)	Q417-5ZZ	JQ417Z-Z
	6															Q417-6ZZ	
418	1	Y315S-4 110	YOX_F500 (YOXⅡ500)	—	—	ZSY450-50	YF58	1344 (1199)	1975 (1830)	—	505	989	315	500	3753 (3758)	Q418-1Z	JQ418-Z
	2															Q418-2Z	
	3				NYD250										4428 (4433)	Q418-3NZ	JQ418N-Z
	4															Q418-4NZ	
	5		$YOX_{FZ}500$ (YOXⅡ$_Z$500)	YWZ_5-400/80	—		YF58	1344 (1428)	1975 (2059)	455					3874 (3904)	Q418-5ZZ	JQ418Z-Z
	6															Q418-6ZZ	

续表 7-3

组合号	装配类型代号	电动机规格型号 功率/kW	高速轴联轴器（或耦合器）规格型号	制动器规格型号	逆止器规格型号	减速器规格型号	联轴器或耦合器护罩	装配尺寸/mm A_0	A_1	A_2	A_3	B	h_0	h_1	驱动装置 总重量/kg	代号	驱动装置架图号
419	1	Y315M-4 132	YOX_F500 (YOX Ⅱ500)	—	—	ZSY450-50	YF58	1369.5 (1224.5)	2025 (1880)	—	505	989	315	500	3853 (3858)	Q419-1Z	JQ419-Z
	2															Q419-2Z	
	3				NYD250										4528 (4533)	Q419-3NZ	JQ419N-Z
	4															Q419-4NZ	
	5		$YOX_{FZ}500$ (YOX $Ⅱ_Z$500)	YWZ_5-400/80	—		YF58	1369.5 (1453.5)	2025 (2109)	455					3974 (4004)	Q419-5ZZ	JQ419Z-Z
	6															Q419-6ZZ	
420	1	Y315L1-4 160	YOX_F560 (YOX Ⅱ560)	—	—	ZSY500-50	YF65	1505 (1344)	2190 (2029)	—	545	1105	315	560	5093 (5115)	Q420-1Z	JQ420-Z
	2															Q420-2Z	
	3				NYD270										5794 (5816)	Q420-3NZ	JQ420N-Z
	4															Q420-4NZ	
	5		$YOX_{FZ}560$ (YOX $Ⅱ_Z$560)	YWZ_5-400/121	—		YF65	1505 (1591)	2190 (2276)	495					5228 (5274)	Q420-5ZZ	JQ420Z-Z
	6															Q420-6ZZ	
421	1	Y355M-4① 185	YOX_F560 (YOX Ⅱ560)	—	—	ZSY560-50	YF67	1584 (1423)	2395 (2234)	—	585	1240	355	630	6553 (6575)	Q421-1Z	JQ421-Z
	2															Q421-2Z	
	3				NYD300										7676 (7698)	Q421-3NZ	JQ421N-Z
	4															Q421-4NZ	
	5		$YOX_{FZ}560$ (YOX $Ⅱ_Z$560)	YWZ_5-400/121	—		YF67	1584 (1670)	2395 (2481)	510					6689 (6735)	Q421-5ZZ	JQ421Z-Z
	6															Q421-6ZZ	
422	1	Y315L2-4 200	YOX_F560 (YOX Ⅱ560)	—	—	ZSY560-50	YF68	1520 (1359)	2205 (2044)	—	585	1240	315	630	6554 (6576)	Q422-1Z	JQ422-Z
	2															Q422-2Z	
	3				NYD300										7677 (7699)	Q422-3NZ	JQ422N-Z
	4															Q422-4NZ	
	5		$YOX_{FZ}560$ (YOX $Ⅱ_Z$560)	YWZ_5-400/121	—		YF68	1520 (1606)	2205 (2291)	510					6690 (6736)	Q422-5ZZ	JQ422Z-Z
	6															Q422-6ZZ	
423	1	Y3553-4 220	YOX_F560 (YOX Ⅱ560)	—	—	ZSY560-50	YF68	1815 (1694)	2705 (2584)	—	585	1240	355	630	7204 (7226)	Q423-1Z	JQ423-Z
	2															Q423-2Z	
	3				NYD300										8327 (8349)	Q423-3NZ	JQ423N-Z
	4															Q423-4NZ	
	5		$YOX_{FZ}560$ (YOX $Ⅱ_Z$560)	YWZ_5-400/121	—		YF68	1815 (1901)	2705 (2791)	510					7339 (7386)	Q423-5ZZ	JQ423Z-Z
	6															Q423-6ZZ	

续表 7-3

组合号	装配类型代号	电动机规格型号功率/kW	高速轴联轴器（或耦合器）规格型号	制动器规格型号	逆止器规格型号	减速器规格型号	联轴器或耦合器护罩	装配尺寸/mm A_0	A_1	A_2	A_3	B	h_0	h_1	驱动装置 总重量/kg	代号	驱动装置架图号
424	1	Y3554-4 250	YOX_F560 (YOXⅡ560)	—	—	ZSY560-50	YF68	1815 (1694)	2705 (2584)	—	285	1240	355	630	7244	Q424-1Z	JQ423-Z
	2														(7266)	Q424-2Z	
	3				NYD300										8367	Q424-3NZ	JQ423N-Z
	4														(8389)	Q424-4NZ	
	5		$YOX_{FZ}560$ (YOXⅡ$_Z$560)	YWZ_5-400/121	—		YF68	1815 (1901)	2705 (2791)	510					7379	Q424-5ZZ	JQ423Z-Z
	6														(7426)	Q424-6ZZ	
425	1	Y3555-4 280	YOX_F650 (YOXⅡ650)	—	—	ZSY560-50	YF76	1845 (1721)	2735 (2611)	—	285	1240	355	630	7406	Q425-1Z	JQ425-Z
	2														(7358)	Q425-2Z	
	3				NYD300										8529	Q425-3NZ	JQ425N-Z
	4														(8481)	Q425-4NZ	
	5		$YOX_{FZ}650$ (YOXⅡ$_Z$650)	YWZ_5-500/121	—		YF76	1845 (1994)	2735 (2884)	520					7613	Q425-5ZZ	JQ425Z-Z
	6														(7602)	Q425-6ZZ	
426	1	Y3556-4 315	YOX_F650 (YOXⅡ650)	—	—	ZSY560-50	YF76	1845 (1721)	2735 (2611)	—	585	1240	355	630	7896	Q426-1Z	JQ425-Z
	2														(7848)	Q426-2Z	
	3				NYD300										9019	Q426-3NZ	JQ425N-Z
	4														(8971)	Q426-4NZ	
	5		$YOX_{FZ}650$ (YOXⅡ$_Z$650)	YWZ_5-500/121	—		YF76	1845 (1994)	2735 (2884)	520					8032	Q426-5ZZ	JQ425Z-Z
	6														(7984)	Q426-6ZZ	
451	1	Y90S-4 1.1	ML2 $\frac{24\times 52}{J24\times 38}$ MT2b	—	—	ZSY160-40	MF14	363	517	—	256	352	90	180	198	Q451-1Z	JQ401-Z
	2															Q451-2Z	
	3				NFA10										229	Q451-3NZ	JQ401N-Z
	4															Q451-4NZ	
	5		MLl4-1-160 $\frac{24\times 62}{J24\times 44}$ MT4b	YW160	—		—	387	541	192					225	Q451-5ZZ	JQ401Z-Z
	6															Q451-6ZZ	
452	1	Y90L-4 1.5	ML2 $\frac{24\times 52}{J24\times 38}$ MT2b	—	—	ZSY160-40	MF13	375.5	542	—	256	352	90	180	202	Q452-1Z	JQ301-Z
	2															Q452-2Z	
	3				NFA10										233	Q452-3NZ	JQ301N-Z
	4															Q452-4NZ	
	5		MLl4-1-160 $\frac{24\times 62}{J24\times 44}$ MT4b	YW160	—		—	399.5	566	192					229	Q452-5ZZ	JQ301Z-Z
	6															Q452-6ZZ	

续表 7-3

组合号	装配类型代号	电动机规格型号 功率/kW	高速轴联轴器（或耦合器）规格型号	制动器规格型号	逆止器规格型号	减速器规格型号	联轴器或耦合器护罩	装配尺寸/mm A_0	A_1	A_2	A_3	B	h_0	h_1	驱动装置 总重量/kg	驱动装置 代号	驱动装置架图号
453	1	Y100L1-4 2.2	ML2 $\frac{28\times 62}{J24\times 38}$MT2b	—	—	ZSY160-40	MF14	400.5	587.5	—	256	352	100	180	210	Q453-1Z	JQ302-Z
	2															Q453-2Z	
	3				NFA10										241	Q453-3NZ	JQ302N-Z
	4															Q453-4NZ	
	5		MLL4-1-160 $\frac{28\times 62}{J24\times 44}$MT4b	YW160	—		—	414	601	192					237	Q453-5ZZ	JQ302Z-Z
	6															Q453-6ZZ	
454	1	Y100L2-4 3	ML2 $\frac{28\times 62}{J24\times 38}$MT2b	—	—	ZSY160-40	MF14	400.5	587.5	—	256	352	100	180	213	Q454-1Z	JQ302-Z
	2															Q454-2Z	
	3				NFA10										244	Q454-3NZ	JQ302N-Z
	4															Q454-4NZ	
	5		MLL4-1-160 $\frac{28\times 62}{J24\times 44}$MT4b	YW160	—		—	414	601	192					240	Q454-5ZZ	JQ302Z-Z
	6															Q454-6ZZ	
455	1	Y112M-4 4	ML2 $\frac{28\times 62}{J24\times 38}$MT2b	—	—	ZSY160-40	MF14	407.5	607.5	—	256	352	112	180	224	Q455-1Z	JQ303-Z
	2															Q455-2Z	
	3				NFA10										255	Q455-3NZ	JQ303N-Z
	4															Q455-4NZ	
	5		MLL4-1-160 $\frac{28\times 62}{J24\times 44}$MT4b	YW160	—		—	421	621	192					251	Q455-5ZZ	JQ303Z-Z
	6															Q455-6ZZ	
456	1	Y132S-4 5.5	ML3 $\frac{38\times 82}{J28\times 44}$MT3b	—	—	ZSY180-40	MF18	472	708	—	271	395	132	200	279	Q456-1Z	JQ304-Z
	2															Q456-2Z	
	3				NFA10										310	Q456-3NZ	JQ304N-Z
	4															Q456-4NZ	
	5		MLL4-1-160 $\frac{38\times 82}{J28\times 44}$MT4b	YW160	—		—	475	711	207					304	Q456-5ZZ	JQ304Z-Z
	6															Q456-6ZZ	
457	1	Y132M-4 7.5	ML3 $\frac{38\times 82}{J28\times 44}$MT3b	—	—	ZSY180-40	MF18	491	748	—	271	395	132	200	292	Q457-1Z	JQ305-Z
	2															Q457-2Z	
	3				NFA10										323	Q457-3NZ	JQ305N-Z
	4															Q457-4NZ	
	5		MLL4-1-160 $\frac{38\times 82}{J28\times 44}$MT4b	YW160	—		—	494	751	207					317	Q457-5ZZ	JQ305Z-Z
	6															Q457-6ZZ	

续表 7-3

组合号	装配类型代号	电动机规格型号功率/kW	高速轴联轴器（或耦合器）规格型号	制动器规格型号	逆止器规格型号	减速器规格型号	联轴器或耦合器护罩	装配尺寸/mm A_0	A_1	A_2	A_3	B	h_0	h_1	驱动装置 总重量/kg	代号	驱动装置架图号
458	1	Y160M-4 11	ML4 $\frac{42\times112}{J32\times60}$MT4b	—	—	ZSY200-40	MF21	594	871	—	286	440	160	225	419	Q458-1Z	JQ408-Z
	2															Q458-2Z	
	3				NFA10										450	Q458-3NZ	JQ408N-Z
	4															Q458-4NZ	
	5		MLL4-1-160 $\frac{42\times112}{J32\times60}$MT4b	YW160	—		—	594	871	242					441	Q458-5ZZ	JQ408Z-Z
	6															Q458-6ZZ	
459	1	Y160L-4 15	ML4 $\frac{42\times112}{J32\times60}$MT4b	—	—	ZSY200-40	MF21	616	916	—	286	440	160	225	442	Q459-1Z	JQ459-Z
	2															Q459-2Z	
	3				NFA10										473	Q459-3NZ	JQ459N-Z
	4															Q459-4NZ	
	5		MLL4-1-160 $\frac{42\times112}{J32\times60}$MT4b	YW160	—		—	616	916	242					464	Q459-5ZZ	JQ459Z-Z
	6															Q459-6ZZ	
460	1	Y180M-4 18.5	ML5 $\frac{48\times112}{J38\times60}$MT5b	—	—	ZSY224-40	MF26	643.5	962	—	304	496	180	250	581	Q460-1Z	JQ460-Z
	2															Q460-2Z	
	3				NFA16										616	Q460-3NZ	JQ460N-Z
	4															Q460-4NZ	
	5		MLL5-1-200 $\frac{48\times112}{J38\times60}$MT5b	YWZ_5-200/30	—		—	643.5	962	257					614	Q460-5ZZ	JQ460Z-Z
	6															Q460-6ZZ	
461	1	Y180L-4 22	ML6 $\frac{48\times112}{J42\times84}$MT6b	—	—	ZSY250-40	MF30	723.5	1063	—	329	555	180	280	753	Q461-1Z	JQ411-Z
	2															Q461-2Z	
	3				NFA16										788	Q461-3NZ	JQ411N-Z
	4															Q461-4NZ	
	5		MLL6-1-200 $\frac{48\times112}{J42\times84}$MT6b	YWZ_5-200/30	—		—	723.5	1063	312					786	Q461-5ZZ	JQ411Z-Z
	6															Q461-6ZZ	
462	1	Y200L-4 30	ML6 $\frac{55\times112}{J48\times84}$MT6b	—	—	ZSY280-40	MF32	773.5	1153	—	354	620	220	315	1022	Q462-1Z	JQ310-Z
	2															Q462-2Z	
	3				NFA16										1057	Q462-3NZ	JQ310N-Z
	4															Q462-4NZ	
	5		MLL6-1-200 $\frac{55\times112}{J48\times84}$MT6b	YWZ_5-200/30	—		—	773.5	1153	337					1054	Q462-5ZZ	JQ310Z-Z
	6															Q462-6ZZ	

续表 7-3

组合号	装配类型代号	电动机规格型号功率/kW	高速轴联轴器（或耦合器）规格型号	制动器规格型号	逆止器规格型号	减速器规格型号	联轴器或耦合器护罩	装配尺寸/mm A_0	A_1	A_2	A_3	B	h_0	h_1	总重量/kg	驱动装置代号	驱动装置架图号
463	1	Y225S-4 37	ML7 $\frac{60\times142}{J48\times84}$MT7b	—	—	ZSY315-40	MF35	842	1230	—	384	699	225	355	1268	Q463-1Z	JQ413-Z
	2															Q463-2Z	
	3				NFA25										1312	Q463-3NZ	JQ413N-Z
	4															Q463-4NZ	
	5		MLL7-1-250 $\frac{60\times142}{J48\times84}$MT7b	YWZ_5-250/30	—		—	842	1230	367					1315	Q463-5ZZ	JQ413Z-Z
	6															Q463-6ZZ	
464	1	Y225M-4 45	YOX_F400 （YOXⅡ400）	—	—	ZSY355-40	YF46	1049.5 (934.5)	1450 (1335)	—	404	785	225	400	1807	Q464-1Z	JQ414-Z
	2														(1812)	Q464-2Z	
	3				NFA25										1851	Q464-3NZ	JQ414N-Z
	4														(1856)	Q464-4NZ	
	5		YOX_{FZ}400 （$YOXⅡ_Z$400）	YWZ_5-315/50	—		YF46	1049.5 (1135.5)	1450 (1536)	360					1901	Q464-5ZZ	JQ414Z-Z
	6														(1916)	Q464-6ZZ	
465	1	Y250M-4 55	YOX_F450 （YOXⅡ450）	—	—	ZSY355-40	YF51	1117.5 (1014.5)	1565 (1462)	—	404	785	250	400	1880	Q465-1Z	JQ415-Z
	2														(1895)	Q465-2Z	
	3				NFA25										1924	Q465-3NZ	JQ415N-Z
	4														(1939)	Q465-4NZ	
	5		YOX_{FZ}450 （$YOXⅡ_Z$450）	YWZ_5-315/50	—		YF51	1117.5 (1197.5)	1565 (1645)	360					1974	Q465-5ZZ	JQ415Z-Z
	6														(1999)	Q465-6ZZ	
466	1	Y280S-4 75	YOX_F450 （YOXⅡ450）	—	—	ZSY400-40	YF52	1179 (1076)	1665 (1562)	—	465	880	280	450	2591	Q466-1Z	JQ416-Z
	2														(2606)	Q466-2Z	
	3				NYD250										3266	Q466-3NZ	JQ416N-Z
	4														(3281)	Q466-4NZ	
	5		YOX_{FZ}450 （$YOXⅡ_Z$450）	YWZ_5-315/50	—		YF52	1179 (1259)	1665 (1745)	390					2684	Q466-5ZZ	JQ416Z-Z
	6														(2710)	Q466-6ZZ	
467	1	Y280M-4 90	YOX_F500 （YOXⅡ500）	—	—	ZSY400-40	YF57	1284.5 (1139.5)	1795 (1650)	—	465	880	280	450	2726	Q467-1Z	JQ417-Z
	2														(2731)	Q467-2Z	
	3				NYD250										3401	Q467-3NZ	JQ417N-Z
	4														(3406)	Q467-4NZ	
	5		YOX_{FZ}500 （$YOXⅡ_Z$500）	YWZ_5-400/80	—		YF57	1284.5 (1368.5)	1795 (1879)	415					2848	Q467-5ZZ	JQ417Z-Z
	6														(2877)	Q467-6ZZ	

续表 7-3

组合号	装配类型代号	电动机规格型号功率/kW	高速轴联轴器（或耦合器）规格型号	制动器规格型号	逆止器规格型号	减速器规格型号	联轴器或耦合器护罩	装配尺寸/mm A_0	A_1	A_2	A_3	B	h_0	h_1	驱动装置 总重量/kg	驱动装置 代号	驱动装置架图号
468	1	Y315S-4 110	YOX_F500 (YOXⅡ500)	—	—	ZSY450-40	YF58	1344 (1199)	1975 (1830)	—	505	989	315	500	3753	Q468-1Z	JQ418-Z
	2														(3758)	Q468-2Z	
	3				NYD250										4428	Q468-3NZ	JQ418N-Z
	4														(4433)	Q468-4NZ	
	5		$YOX_{FZ}500$ ($YOXⅡ_Z500$)	YWZ_5-400/80	—		YF58	1344 (1428)	1975 (2059)	455					3874	Q468-5ZZ	JQ418Z-Z
	6														(3904)	Q468-6ZZ	
469	1	Y315M-4 132	YOX_F500 (YOXⅡ500)	—	—	ZSY450-40	YF58	1369.5 (1224.5)	2025 (1880)	—	505	989	315	500	3853	Q469-1Z	JQ419-Z
	2														(3858)	Q469-2Z	
	3				NYD250										4528	Q469-3NZ	JQ419N-Z
	4														(4533)	Q469-4NZ	
	5		$YOX_{FZ}500$ ($YOXⅡ_Z500$)	YWZ_5-400/80	—		YF58	1369.5 (1453.5)	2025 (2109)	455					3974	Q469-5ZZ	JQ419Z-Z
	6														(4004)	Q469-6ZZ	
470	1	Y315L1-4 160	YOX_F560 (YOXⅡ560)	—	—	ZSY450-40	YF63	1465 (1304)	2150 (1989)	—	505	989	315	500	3928	Q470-1Z	JQ470-Z
	2														(3950)	Q470-2Z	
	3				NYD250										4603	Q470-3NZ	JQ470N-Z
	4														(4625)	Q470-4NZ	
	5		$YOX_{FZ}560$ ($YOXⅡ_Z560$)	YWZ_5-400/121	—		YF63	1465 (1551)	2150 (2236)	455					4064	Q470-5ZZ	JQ470Z-Z
	6														(4110)	Q470-6ZZ	
471	1	Y355M-4① 185	YOX_F560 (YOXⅡ560)	—	—	ZSY500-40	YF65	1569 (1408)	2380 (2219)	—	545	1105	355	560	5253	Q471-1Z	JQ471-Z
	2														(5275)	Q471-2Z	
	3				NYD270										5990	Q471-3NZ	JQ471N-Z
	4														(6012)	Q471-4NZ	
	5		$YOX_{FZ}560$ ($YOXⅡ_Z560$)	YWZ_5-400/121	—		YF65	1569 (1655)	2380 (2466)	495					5388	Q471-5ZZ	JQ471Z-Z
	6														(5435)	Q471-6ZZ	
472	1	Y315L2-4 200	YOX_F560 (YOXⅡ560)	—	—	ZSY500-40	YF66	1505 (1344)	2190 (2029)	—	545	1105	315	560	5253	Q472-1Z	JQ420-Z
	2														(5275)	Q472-2Z	
	3				NYD270										5990	Q472-3NZ	JQ420N-Z
	4														(6012)	Q472-4NZ	
	5		$YOX_{FZ}560$ ($YOXⅡ_Z560$)	YWZ_5-400/121	—		YF66	1505 (1591)	2190 (2278)	495					5389	Q472-5ZZ	JQ420Z-Z
	6														(5435)	Q472-6ZZ	

续表 7-3

组合号	装配类型代号	电动机规格型号功率/kW	高速轴联轴器（或耦合器）规格型号	制动器规格型号	逆止器规格型号	减速器规格型号	联轴器或耦合器护罩	装配尺寸/mm A_0	A_1	A_2	A_3	B	h_0	h_1	驱动装置 总重量/kg	代号	驱动装置架图号
473	1	Y3553-4 220	YOX_F560 （YOXⅡ560）	—	—	ZSY500-40	YF66	1800 （1679）	2690 （2569）	—	545	1105	355	560	5903 （5925）	Q473-1Z	JQ473-Z
	2															Q473-2Z	
	3				NYD270										6640 （6662）	Q473-3NZ	JQ473N-Z
	4															Q473-4NZ	
	5		$YOX_{FZ}560$ （YOXⅡ$_Z$560）	YWZ_5-400/121	—		YF66	1800 （1886）	2690 （2776）	495					6039 （6085）	Q473-5ZZ	JQ473Z-Z
	6															Q473-6ZZ	
474	1	Y3554-4 250	YOX_F560 （YOXⅡ560）	—	—	ZSY500-40	YF66	1800 （1679）	2690 （2569）	—	545	1105	355	560	5943 （5965）	Q474-1Z	JQ473-Z
	2															Q474-2Z	
	3				NYD270										6680 （6702）	Q474-3NZ	JQ473N-Z
	4															Q474-4NZ	
	5		$YOX_{FZ}560$ （YOXⅡ$_Z$560）	YWZ_5-400/121	—		YF66	1800 （1886）	2690 （2776）	495					6079 （6125）	Q474-5ZZ	JQ473Z-Z
	6															Q474-6ZZ	
475	1	Y3555-4 280	YOX_F650 （YOXⅡ650）	—	—	ZSY560-40	YF76	1845 （1721）	2735 （2611）	—	585	1240	355	630	7406 （7358）	Q475-1Z	JQ425-Z
	2															Q475-2Z	
	3				NYD300										8529 （8481）	Q475-3NZ	JQ425N-Z
	4															Q475-4NZ	
	5		$YOX_{FZ}650$ （YOXⅡ$_Z$650）	YWZ_5-500/121	—		YF76	1845 （1994）	2735 （2884）	520					7613 （7602）	Q475-5ZZ	JQ425Z-Z
	6															Q475-6ZZ	
476	1	Y3556-4 315	YOX_F650 （YOXⅡ650）	—	—	ZSY560-40	YF76	1845 （1721）	2735 （2611）	—	585	1240	355	630	7896 （7848）	Q476-1Z	JQ425-Z
	2															Q476-2Z	
	3				NYD300										9019 （8971）	Q476-3NZ	JQ425N-Z
	4															Q476-4NZ	
	5		$YOX_{FZ}650$ （YOXⅡ$_Z$650）	YWZ_5-500/121	—		YF76	1845 （1994）	2735 （2884）	520					8103 （8092）	Q476-5ZZ	JQ425Z-Z
	6															Q476-6ZZ	
501	1	Y90S-4 1.1	ML2 $\frac{24\times52}{J24\times38}$MT2b	—	—	ZSY160-31.5	MF14	363	517		256	352	90	180	198	Q501-1Z	JQ401-Z
	2															Q501-2Z	
	3				NFA10										229	Q501-3NZ	JQ401N-Z
	4															Q501-4NZ	
	5		MLL4-1-160 $\frac{24\times62}{J24\times44}$MT4b	YW160	—		—	387	541	192					228	Q501-5ZZ	JQ401Z-Z
	6															Q501-6ZZ	

续表 7-3

组合号	装配类型代号	电动机规格型号 功率/kW	高速轴联轴器（或耦合器）规格型号	制动器规格型号	逆止器规格型号	减速器规格型号	联轴器或耦合器护罩	装配尺寸/mm A_0	A_1	A_2	A_3	B	h_0	h_1	驱动装置 总重量/kg	驱动装置 代号	驱动装置架图号
502	1	Y90L-4 1.5	ML2 $\frac{24\times52}{J24\times38}$MT2b	—	—	ZSY160-31.5	MF13	375.5	542	—	565	352	90	180	202	Q502-1Z	JQ301-Z
	2															Q502-2Z	
	3				NFA10										233	Q502-3NZ	JQ301N-Z
	4															Q502-4NZ	
	5		MLL4-1-160 $\frac{28\times62}{J24\times44}$MT4b	YW160	—		—	399.5	566	192					229	Q502-5ZZ	JQ301Z-Z
	6															Q502-6ZZ	
503	1	Y100L1-4 2.2	ML2 $\frac{28\times62}{J24\times38}$MT2b	—	—	ZSY160-31.5	MF14	400.5	587.5	—	565	352	100	180	210	Q503-1Z	JQ302-Z
	2															Q503-2Z	
	3				NFA10										241	Q503-3NZ	JQ302N-Z
	4															Q503-4NZ	
	5		MLL4-1-160 $\frac{28\times62}{J24\times44}$MT4b	YW160	—		—	414	601	192					237	Q503-5ZZ	JQ302Z-Z
	6															Q503-6ZZ	
504	1	Y100L2-4 3	ML2 $\frac{28\times62}{J24\times38}$MT2b	—	—	ZSY160-31.5	MF14	400.5	587.5	—	565	352	100	180	213	Q504-1Z	JQ302-Z
	2															Q504-2Z	
	3				NFA10										244	Q504-3NZ	JQ302N-Z
	4															Q504-4NZ	
	5		MLL4-1-160 $\frac{28\times62}{J24\times44}$MT4b	YW160	—		—	414	601	192					240	Q504-5ZZ	JQ302Z-Z
	6															Q504-6ZZ	
505	1	Y112M-4 4	ML2 $\frac{28\times62}{J24\times38}$MT2b	—	—	ZSY160-31.5	MF14	407.5	607.5	—	565	352	112	180	224	Q505-1Z	JQ303-Z
	2															Q505-2Z	
	3				NFA10										255	Q505-3NZ	JQ303N-Z
	4															Q505-4NZ	
	5		MLL4-1-160 $\frac{28\times62}{J24\times44}$MT4b	YW160	—		—	421	621	192					251	Q505-5ZZ	JQ303Z-Z
	6															Q505-6ZZ	
506	1	Y132S-4 5.5	ML3 $\frac{38\times82}{J28\times44}$MT3b	—	—	ZSY180-31.5	MF18	472	708	—	271	395	132	200	279	Q506-1Z	JQ304-Z
	2															Q506-2Z	
	3				NGA10										310	Q506-3NZ	JQ304N-Z
	4															Q506-4NZ	
	5		MLL4-1-160 $\frac{38\times82}{J28\times44}$MT4b	YW160	—		—	475	711	207					304	Q506-5ZZ	JQ304Z-Z
	6															Q506-6ZZ	

续表 7-3

组合号	装配类型代号	电动机规格型号功率/kW	高速轴联轴器（或耦合器）规格型号	制动器规格型号	逆止器规格型号	减速器规格型号	联轴器或耦合器护罩	装配尺寸/mm							驱动装置		驱动装置架图号
								A_0	A_1	A_2	A_3	B	h_0	h_1	总重量/kg	代号	
507	1	Y132M-4 7.5	ML3 $\frac{38\times82}{J28\times44}$MT3b	—	—	ZSY180-31.5	MF18	491	748	—	271	395	132	200	292	Q507-1Z	JQ305-Z
	2															Q507-2Z	
	3				NFA10										323	Q507-3NZ	JQ305N-Z
	4															Q507-4NZ	
	5		MLL4-1-160 $\frac{38\times82}{J28\times44}$MT4b	YW160	—		—	494	751	207					316	Q507-5ZZ	JQ305Z-Z
	6															Q507-6ZZ	
508	1	Y160M-4 11	ML4 $\frac{42\times112}{J32\times60}$MT4b	—	—	ZSY200-31.5	MF21	594	871	—	286	440	160	225	419	Q508-1Z	JQ408-Z
	2															Q508-2Z	
	3				NFA10										450	Q508-3NZ	JQ408N-Z
	4															Q508-4NZ	
	5		MLL4-1-160 $\frac{42\times112}{J32\times60}$MT4b	YW160	—		—	594	871	242					441	Q508-5ZZ	JQ408Z-Z
	6															Q508-6ZZ	
509	1	Y160L-4 15	ML4 $\frac{42\times112}{J32\times60}$MT4b	—	—	ZSY200-31.5	MF21	616	916	—	286	440	160	225	442	Q509-1Z	JQ459-Z
	2															Q509-2Z	
	3				NFA10										473	Q509-3NZ	JQ459N-Z
	4															Q509-4NZ	
	5		MLL4-1-160 $\frac{42\times112}{J32\times60}$MT4b	YW160	—		—	616	916	242					464	Q509-5ZZ	JQ459Z-Z
	6															Q509-6ZZ	
510	1	Y180M-4 18.5	ML5 $\frac{48\times112}{J38\times60}$MT5b	—	—	ZSY224-31.5	MF26	643.5	962	—	304	496	180	250	581	Q510-1Z	JQ460-Z
	2															Q510-2Z	
	3				NFA16										616	Q510-3NZ	JQ460N-Z
	4															Q510-4NZ	
	5		MLL5-1-200 $\frac{48\times112}{J38\times60}$MT5b	YWZ_5-200/30	—		—	643.5	962	257					614	Q510-5ZZ	JQ460Z-Z
	6															Q510-6ZZ	
511	1	Y180L-4 22	ML6 $\frac{48\times112}{J38\times60}$MT6b	—	—	ZSY224-31.5	MF27	668.5	1008	—	304	496	180	250	608	Q511-1Z	JQ511-Z
	2															Q511-2Z	
	3				NFA16										642	Q511-3NZ	JQ511N-Z
	4															Q511-4NZ	
	5		MLL6-1-200 $\frac{48\times112}{J38\times60}$MT6b	YWZ_5-200/30	—		—	668.5	1008	257					641	Q511-5ZZ	JQ511Z-Z
	6															Q511-6ZZ	

续表 7-3

组合号	装配类型代号	电动机规格型号功率/kW	高速轴联轴器（或耦合器）规格型号	制动器规格型号	逆止器规格型号	减速器规格型号	联轴器或耦合器护罩	装配尺寸/mm A_0	A_1	A_2	A_3	B	h_0	h_1	驱动装置 总重量/kg	代号	驱动装置架图号
512	1	Y200L-4 30	ML6 $\frac{55\times112}{J42\times84}$MT6b	—	—	ZSY250-31.5	MF30	748.5	1128	—	329	555	200	280	811	Q512-1Z	JQ512-Z
	2															Q512-2Z	
	3				NFA16										846	Q512-3NZ	JQ512N-Z
	4															Q512-4NZ	
	5		MLL6-1-200 $\frac{55\times112}{J42\times84}$MT6b	YWZ_5-200/30	—		—	748.5	1128	312					844	Q512-5ZZ	JQ512Z-Z
	6															Q512-6ZZ	
513	1	Y225S-4 37	ML7 $\frac{60\times142}{J48\times84}$MT7b	—	—	ZSY280-31.5	MF33	812	1200	—	354	620	225	315	1078	Q513-1Z	JQ513-Z
	2															Q513-2Z	
	3				NFA16										1113	Q513-3NZ	JQ513N-Z
	4															Q513-4NZ	
	5		MLL7-1-250 $\frac{60\times142}{J48\times84}$MT7b	YWZ_5-250/30	—		—	812	1200	337					1125	Q513-5ZZ	JQ513Z-Z
	6															Q513-6ZZ	
514	1	Y225M-4 45	YOX_F400（YOXⅡ400）	—	—	ZSY280-31.5	YF44	999.5（884.5）	1400（1285）	—	354	620	225	315	1157（1162）	Q514-1Z	JQ514-Z
	2															Q514-2Z	
	3				NFA25										1192（1197）	Q514-3NZ	JQ514N-Z
	4															Q514-4NZ	
	5		YOX_{FZ}400（$YOXⅡ_Z$400）	YWZ_5-315/50	—		YF44	999.5（1085.5）	1400（1486）	310					1251（1266）	Q514-5ZZ	JQ514Z-Z
	6															Q514-6ZZ	
515	1	Y250M-4 55	YOX_F450（YOXⅡ450）	—	—	ZSY315-31.5	YF50	1097.5（994.5）	1545（1442）	—	384	689	250	355	1420（1435）	Q515-1Z	JQ515-Z
	2															Q515-2Z	
	3				NFA25										1464（1479）	Q515-3NZ	JQ515N-Z
	4															Q515-4NZ	
	5		YOX_{FZ}450（$YOXⅡ_Z$450）	YWZ_5-315/50	—		YF50	1097.5（1177.5）	1545（1625）	340					1514（1539）	Q515-5ZZ	JQ515Z-Z
	6															Q515-6ZZ	
516	1	Y280S-4 75	YOX_F450（YOXⅡ450）	—	—	ZSY355-31.5	YF51	1149（1046）	1635（1532）	—	410	785	280	400	2040（2055）	Q516-1Z	JQ516-Z
	2															Q516-2Z	
	3				NFA40										2095（2110）	Q516-3NZ	JQ516N-Z
	4															Q516-4NZ	
	5		YOX_{FZ}450（$YOXⅡ_Z$450）	YWZ_5-315/50	—		YF51	1149（1229）	1635（1715）	360					2134（2159）	Q516-5ZZ	JQ516Z-Z
	6															Q516-6ZZ	

续表 7-3

组合号	装配类型代号	电动机规格型号功率/kW	高速轴联轴器（或耦合器）规格型号	制动器规格型号	逆止器规格型号	减速器规格型号	联轴器或耦合器护罩	装配尺寸/mm							驱动装置		驱动装置架图号
								A_0	A_1	A_2	A_3	B	h_0	h_1	总重量/kg	代号	
517	1	Y280M-4 90	YOX_F500 （YOXⅡ500）	—	—	ZSY355-31.5	YF56	1254.5 （1109.5）	1765 （1620）	—	410	785	280	400	2176	Q517-1Z	Q517-Z
	2														（2181）	Q517-2Z	
	3				NFA40										2231	Q517-3NZ	Q517N-Z
	4														（2236）	Q517-4NZ	
	5		$YOX_{FZ}500$ （YOXⅡ$_Z$500）	YWZ_5-400/80	—		YF56	1254.5 （1338.5）	1765 （1849）	385					2297	Q517-5ZZ	Q517Z-Z
	6														（2327）	Q517-6ZZ	
518	1	Y315S-4 110	YOX_F500 （YOXⅡ500）	—	—	ZSY400-31.5	YF57	1304 （1159）	1935 （1790）	—	465	880	315	450	3066	Q518-1Z	Q518-Z
	2														（3071）	Q518-2Z	
	3				NYD250										3741	Q518-3NZ	Q518N-Z
	4														（3746）	Q518-4NZ	
	5		$YOX_{FZ}500$ （YOXⅡ$_Z$500）	YWZ_5-400/80	—		YF57	1304 （1388）	1935 （2019）	415					3188	Q518-5ZZ	Q518Z-Z
	6														（3217）	Q518-6ZZ	
519	1	Y315M-4 132	YOX_F500 （YOXⅡ500）	—	—	ZSY400-31.5	YF57	1329.5 （1184.5）	1985 （1840）	—	465	880	315	450	3166	Q519-1Z	Q519-Z
	2														（3171）	Q519-2Z	
	3				NYD250										3841	Q519-3NZ	Q519N-Z
	4														（3846）	Q519-4NZ	
	5		$YOX_{FZ}500$ （YOXⅡ$_Z$500）	YWZ_5-400/80	—		YF57	1329.5 （1413.5）	1985 （2069）	415					3288	Q519-5ZZ	Q519Z-Z
	6														（3317）	Q519-6ZZ	
520	1	Y315L1-4 160	YOX_F560 （YOXⅡ560）	—	—	ZSY450-31.5	YF63	1465 （1304）	2150 （1989）	—	505	989	315	500	3928	Q520-1Z	Q470-Z
	2														（3950）	Q520-2Z	
	3				NYD250										4603	Q520-3NZ	Q470N-Z
	4														（4625）	Q520-4NZ	
	5		$YOX_{FZ}560$ （YOXⅡ$_Z$560）	YWZ_5-400/121	—		YF63	1465 （1551）	2150 （2236）	455					4064	Q520-5ZZ	Q470Z-Z
	6														（4110）	Q520-6ZZ	
521	1	Y355M-4① 185	YOX_F560 （YOXⅡ560）	—	—	ZSY500-31.5	YF65	1569 （1408）	2380 （2219）	—	545	1105	355	560	5253	Q521-1Z	JQ471-Z
	2														（5275）	Q521-2Z	
	3				NYD270										5990	Q521-3NZ	JQ471N-Z
	4														（6012）	Q521-4NZ	
	5		$YOX_{FZ}560$ （YOXⅡ$_Z$560）	YWZ_5-400/121	—		YF65	1569 （1655）	2380 （2466）	495					5388	Q521-5ZZ	JQ471Z-Z
	6														（5435）	Q521-6ZZ	

续表 7-3

组合号	装配类型代号	电动机规格型号功率/kW	高速轴联轴器（或耦合器）规格型号	制动器规格型号	逆止器规格型号	减速器规格型号	联轴器或耦合器护罩	装配尺寸/mm A_0	A_1	A_2	A_3	B	h_0	h_1	驱动装置 总重量/kg	代号	驱动装置架图号
522	1	Y315L2-4 200	YOX_F560（YOXⅡ560）	—	—	ZSY500-31.5	YF66	1505（1344）	2190（2029）	—	545	1105	315	560	5253	Q522-1Z	JQ472-Z
	2														（5275）	Q522-2Z	
	3				NYD270										5990	Q522-3NZ	JQ472N-Z
	4														（6012）	Q522-4NZ	
	5		YOX_{FZ}560（YOXⅡ$_Z$560）	YWZ_5-400/121	—		YF66	1505（1591）	2190（2276）	495					5389	Q522-5ZZ	JQ472Z-Z
	6														（5435）	Q522-6ZZ	
523	1	Y3553-4 220	YOX_F560（YOXⅡ560）	—	—	ZSY500-31.5	YF66	1800（1679）	2690（2569）	—	545	1105	355	560	5903	Q523-1Z	JQ473-Z
	2														（5925）	Q523-2Z	
	3				NYD270										6640	Q523-3NZ	JQ473N-Z
	4														（6662）	Q523-4NZ	
	5		YOX_{FZ}560（YOXⅡ$_Z$560）	YWZ_5-400/121	—		YF66	1800（1886）	2690（2776）	495					6039	Q523-5ZZ	JQ473Z-Z
	6														（6085）	Q523-6ZZ	
524	1	Y3554-4 250	YOX_F560（YOXⅡ560）	—	—	ZSY500-31.5	YF66	1800（1679）	2690（2569）	—	545	1105	355	560	5943	Q524-1Z	JQ473-Z
	2														（5965）	Q524-2Z	
	3				NYD270										6680	Q524-3NZ	JQ473N-Z
	4														（6702）	Q524-4NZ	
	5		YOX_{FZ}560（YOXⅡ$_Z$560）	YWZ_5-400/121	—		YF66	1800（1886）	2690（2776）	495					6079	Q524-5ZZ	JQ473Z-Z
	6														（6125）	Q524-6ZZ	
525	1	Y3555-4 280	YOX_F650（YOXⅡ650）	—	—	ZSY560-31.5	YF76	1845（1721）	2735（2611）	—	585	1240	355	630	7406	Q525-1Z	JQ425-Z
	2														（7358）	Q525-2Z	
	3				NYD300										8529	Q525-3NZ	JQ425N-Z
	4														（8481）	Q525-4NZ	
	5		YOX_{FZ}650（YOXⅡ$_Z$650）	YWZ_5-500/121	—		YF76	1845（1994）	2735（2884）	520					7613	Q525-5ZZ	JQ425Z-Z
	6														（7602）	Q525-6ZZ	
526	1	Y3556-4 315	YOX_F650（YOXⅡ650）	—	—	ZSY560-31.5	YF76	1845（1721）	2735（2611）	—	585	1240	355	630	7896	Q526-1Z	JQ425-Z
	2														（7848）	Q526-2Z	
	3				NYD300										9019	Q526-3NZ	JQ425N-Z
	4														（8971）	Q526-4NZ	
	5		YOX_{FZ}650（YOXⅡ$_Z$650）	YWZ_5-500/121	—		YF76	1845（1994）	2735（2884）	520					8103	Q526-5ZZ	JQ425Z-Z
	6														（8092）	Q526-6ZZ	

续表 7-3

组合号	装配类型代号	电动机规格型号功率/kW	高速轴联轴器（或耦合器）规格型号	制动器规格型号	逆止器规格型号	减速器规格型号	联轴器或耦合器护罩	装配尺寸/mm							驱动装置		驱动装置架图号
								A_0	A_1	A_2	A_3	B	h_0	h_1	总重量/kg	代号	
551	1	Y90S-4 1.1	ML2 $\frac{24\times 52}{\mathrm{J}24\times 38}$MT2b	—	—	ZSY160-25	MF14	363	517	—	256	352	90	180	198	Q551-1Z	JQ401-Z
	2															Q551-2Z	
	3				NFA10										229	Q551-3NZ	JQ401N-Z
	4															Q551-4NZ	
	5		MLL4-1-160 $\frac{24\times 62}{\mathrm{J}24\times 44}$MT4b	YW160	—		—	387	541	192					228	Q551-5ZZ	JQ401Z-Z
	6															Q551-6ZZ	
552	1	Y90L-4 1.5	ML2 $\frac{24\times 52}{\mathrm{J}24\times 38}$MT2b	—	—	ZSY160-25	MF13	375.5	542	—	256	352	90	180	202	Q552-1Z	JQ301-Z
	2															Q552-2Z	
	3				NFA10										233	Q552-3NZ	JQ301N-Z
	4															Q552-4NZ	
	5		MLL4-1-160 $\frac{24\times 62}{\mathrm{J}24\times 44}$MT4b	YW160	—		—	399.5	566	192					229	Q552-5ZZ	JQ301Z-Z
	6															Q552-6ZZ	
553	1	Y100L1-4 2.2	ML2 $\frac{28\times 62}{\mathrm{J}24\times 38}$MT2b	—	—	ZSY160-25	MF14	400.5	587.5	—	256	352	100	180	210	Q553-1Z	JQ302-Z
	2															Q553-2Z	
	3				NFA10										241	Q553-3NZ	JQ302N-Z
	4															Q553-4NZ	
	5		MLL4-1-160 $\frac{28\times 62}{\mathrm{J}24\times 44}$MT4b	YW160	—		—	414	601	192					237	Q553-5ZZ	JQ302Z-Z
	6															Q553-6ZZ	
554	1	Y100L2-4 3	ML2 $\frac{28\times 62}{\mathrm{J}24\times 38}$MT2b	—	—	ZSY160-25	MF14	400.5	587.5	—	256	352	100	180	213	Q554-1Z	JQ302-Z
	2															Q554-2Z	
	3				NFA10										244	Q554-3NZ	JQ302N-Z
	4															Q554-4NZ	
	5		MLL4-1-160 $\frac{28\times 62}{\mathrm{J}24\times 44}$MT4b	YW160	—		—	414	601	192					240	Q554-5ZZ	JQ302Z-Z
	6															Q554-6ZZ	
555	1	Y112M-4 4	ML2 $\frac{28\times 62}{\mathrm{J}24\times 38}$MT2b	—	—	ZSY160-25	MF14	407.5	607.5	—	256	352	112	180	224	Q555-1Z	JQ303-Z
	2															Q555-2Z	
	3				NFA10										255	Q555-3NZ	JQ303N-Z
	4															Q555-4NZ	
	5		MLL4-1-160 $\frac{28\times 62}{\mathrm{J}24\times 44}$MT4b	YW160	—		—	421	621	192					251	Q555-5ZZ	JQ303Z-Z
	6															Q555-6ZZ	

续表 7-3

组合号	装配类型代号	电动机规格型号功率/kW	高速轴联轴器（或耦合器）规格型号	制动器规格型号	逆止器规格型号	减速器规格型号	联轴器或耦合器护罩	装配尺寸/mm A_0	A_1	A_2	A_3	B	h_0	h_1	驱动装置 总重量/kg	代号	驱动装置架图号
556	1	Y132S-4 5.5	ML3 $\frac{38\times82}{J24\times38}$MT3b	—	—	ZSY160-25	MF15	447	683	—	565	352	132	180	244	Q556-1Z	JQ556-Z
	2															Q556-2Z	
	3				NFA10										274	Q556-3NZ	JQ556N-Z
	4															Q556-4NZ	
	5		MLL4-1-160 $\frac{38\times82}{J24\times44}$MT4b	YW160	—		—	460	696	192					269	Q556-5ZZ	JQ556Z-Z
	6															Q556-6ZZ	
557	1	Y132M-4 7.5	ML3 $\frac{38\times82}{J24\times38}$MT3b	—	—	ZSY160-25	MF15	466	723	—	565	352	132	180	257	Q557-1Z	JQ557-Z
	2															Q557-2Z	
	3				NFA10										288	Q557-3NZ	JQ557N-Z
	4															Q557-4NZ	
	5		MLL4-1-160 $\frac{38\times82}{J24\times38}$MT4b	YW160	—		—	479	736	192					282	Q557-5ZZ	JQ557Z-Z
	6															Q557-6ZZ	
558	1	Y160M-4 11	ML4 $\frac{42\times112}{J28\times44}$MT4b	—	—	ZSY180-25	MF19	559	836	—	271	395	160	200	339	Q558-1Z	JQ558-Z
	2															Q558-2Z	
	3				NFA10										370	Q558-3NZ	JQ558N-Z
	4															Q558-4NZ	
	5		MLL4-1-160 $\frac{42\times112}{J28\times44}$MT4b	YW160	—		—	559	836	207					361	Q558-5ZZ	JQ558Z-Z
	6															Q558-6ZZ	
559	1	Y160L-4 15	ML4 $\frac{42\times112}{J28\times44}$MT4b	—	—	ZSY180-25	MF19	581	881	—	271	395	160	200	362	Q559-1Z	JQ559-Z
	2															Q559-2Z	
	3				NFA10										393	Q559-3NZ	JQ559N-Z
	4															Q559-4NZ	
	5		MLL4-1-160 $\frac{42\times112}{J28\times44}$MT4b	YW160	—		—	581	881	207					384	Q559-5ZZ	JQ559Z-Z
	6															Q559-6ZZ	
560	1	Y180M-4 18.5	ML5 $\frac{48\times112}{J32\times60}$MT5b	—	—	ZSY200-25	MF22	628.5	947	—	286	440	180	225	470	Q560-1Z	JQ560-Z
	2															Q560-2Z	
	3				NFA10										501	Q560-3NZ	JQ560N-Z
	4															Q560-4NZ	
	5		MLL5-1-200 $\frac{48\times112}{J32\times60}$MT5b	YWZ_5-200/30	—		—	628.5	947	242					504	Q560-5ZZ	JQ560Z-Z
	6															Q560-6ZZ	

续表 7-3

组合号	装配类型代号	电动机规格型号功率/kW	高速轴联轴器（或耦合器）规格型号	制动器规格型号	逆止器规格型号	减速器规格型号	联轴器或耦合器护罩	装配尺寸/mm							驱动装置		驱动装置架图号
								A_0	A_1	A_2	A_3	B	h_0	h_1	总重量/kg	代号	
561	1	Y180L-4 22	ML6 $\frac{48\times112}{J38\times60}$MT6b	—	—	ZSY224-25	MF27	668.5	1008	—	304	496	180	250	608	Q561-1Z	JQ511-Z
	2															Q561-2Z	
	3				NFA16										643	Q561-3NZ	JQ511N-Z
	4															Q561-4NZ	
	5		MLL6-1-200 $\frac{48\times112}{J38\times60}$MT6b	YWZ_5-200/30	—		—	668.5	1008	257					641	Q561-5ZZ	JQ511Z-Z
	6															Q561-6ZZ	
562	1	Y200L-4 30	ML6 $\frac{55\times112}{J42\times84}$MT6b	—	—	ZSY250-25	MF30	748.5	1128	—	329	555	200	280	811	Q562-1Z	JQ512-Z
	2															Q562-2Z	
	3				NFA16										846	Q562-3NZ	JQ512N-Z
	4															Q562-4NZ	
	5		MLL6-1-200 $\frac{55\times112}{J42\times84}$MT6b	YWZ_5-200/30	—		—	748.5	1128	312					844	Q562-5ZZ	JQ512Z-Z
	6															Q562-6ZZ	
563	1	Y225S-4 37	ML7 $\frac{60\times142}{J48\times84}$MT7b	—	—	ZSY280-25	MF33	812	1200	—	354	620	225	315	1078	Q563-1Z	JQ513-Z
	2															Q563-2Z	
	3				NFA16										1113	Q563-3NZ	JQ513N-Z
	4															Q563-4NZ	
	5		MLL7-1-250 $\frac{60\times142}{J48\times84}$MT7b	YWZ_5-250/30	—		—	812	1200	337					1125	Q563-5ZZ	JQ513Z-Z
	6															Q563-6ZZ	
564	1	Y225M-4 45	YOX_F400 (YOXⅡ400)	—	—	ZSY280-25	YF44	999.5 (884.5)	1400 (1285)	—	354	620	225	315	1157	Q564-1Z	JQ514-Z
	2														(1162)	Q564-2Z	
	3				NFA16										1192	Q564-3NZ	JQ514N-Z
	4														(1197)	Q564-4NZ	
	5		YOX_{FZ}400 (YOX$Ⅱ_Z$400)	YWZ_5-315/50	—		YF44	999.5 (1085.5)	1400 (1486)	310					1251	Q564-5ZZ	JQ514Z-Z
	6														(1266)	Q564-6ZZ	
565	1	Y250M-4 55	YOX_F450 (YOXⅡ450)	—	—	ZSY315-25	YF50	1097.5 (994.5)	1545 (1442)	—	384	699	250	355	1420	Q565-1Z	JQ515-Z
	2														(1435)	Q565-2Z	
	3				NFA25										1464	Q565-3NZ	JQ515N-Z
	4														(1479)	Q565-4NZ	
	5		YOX_{FZ}450 (YOX$Ⅱ_Z$450)	YWZ_5-315/50	—		YF50	1097.5 (1177.5)	1545 (1625)	340					1514	Q565-5ZZ	JQ515Z-Z
	6														(1539)	Q565-6ZZ	

续表 7-3

组合号	装配类型代号	电动机规格型号功率/kW	高速轴联轴器（或耦合器）规格型号	制动器规格型号	逆止器规格型号	减速器规格型号	联轴器或耦合器护罩	装配尺寸/mm A_0	A_1	A_2	A_3	B	h_0	h_1	总重量/kg	驱动装置 代号	驱动装置架图号
566	1	Y280S-4 75	YOX_F450 (YOXⅡ450)	—	—	ZSY355-25	YF51	1149 (1046)	1635 (1532)	—	410	785	280	400	2040	Q566-1Z	JQ516-Z
	2														(2055)	Q566-2Z	
	3				NFA40										2095	Q566-3NZ	JQ516N-Z
	4														(2110)	Q566-4NZ	
	5		$YOX_{FZ}450$ (YOX$Ⅱ_Z$450)	YWZ_5-315/50	—		YF51	1149 (1229)	1635 (1715)	360					2134	Q566-5ZZ	JQ516Z-Z
	6														(2159)	Q566-6ZZ	
567	1	Y280M-4 90	YOX_F500 (YOXⅡ500)	—	—	ZSY355-25	YF56	1254.5 (1109.5)	1765 (1620)	—	410	785	280	400	2176	Q567-1Z	JQ517-Z
	2														(2181)	Q567-2Z	
	3				NFA40										2231	Q567-3NZ	JQ517N-Z
	4														(2236)	Q567-4NZ	
	5		$YOX_{FZ}500$ (YOX$Ⅱ_Z$500)	YWZ_5-400/80	—		YF56	1254.5 (1338.5)	1765 (1849)	385					2297	Q567-5ZZ	JQ517Z-Z
	6														(2327)	Q567-6ZZ	
568	1	Y315S-4 110	YOX_F500 (YOXⅡ500)	—	—	ZSY400-25	YF57	1304 (1159)	1935 (1790)	—	465	880	315	450	3066	Q568-1Z	JQ518-Z
	2														(3071)	Q568-2Z	
	3				NYD250										3714	Q568-3NZ	JQ518N-Z
	4														(3746)	Q568-4NZ	
	5		$YOX_{FZ}500$ (YOX$Ⅱ_Z$500)	YWZ_5-400/80	—		YF57	1304 (1388)	1935 (2019)	415					3188	Q568-5ZZ	JQ518Z-Z
	6														(3217)	Q568-6ZZ	
569	1	Y315M-4 132	YOX_F500 (YOXⅡ500)	—	—	ZSY400-25	YF57	1329.5 (1184.5)	1985 (1840)	—	465	880	315	450	3166	Q569-1Z	JQ519-Z
	2														(3171)	Q569-2Z	
	3				NYD250										3841	Q569-3NZ	JQ519N-Z
	4														(3846)	Q569-4NZ	
	5		$YOX_{FZ}500$ (YOX$Ⅱ_Z$500)	YWZ_5-400/80	—		YF57	1329.5 (1413.5)	1985 (2069)	415					3288	Q569-5ZZ	JQ519Z-Z
	6														(3317)	Q569-6ZZ	
570	1	Y315L1-4 160	YOX_F560 (YOXⅡ560)	—	—	ZSY450-25	YF63	1465 (1304)	2150 (1989)	—	505	989	315	500	3928	Q570-1Z	JQ470-Z
	2														(3950)	Q570-2Z	
	3				NYD250										4603	Q570-3NZ	JQ470N-Z
	4														(4625)	Q570-4NZ	
	5		$YOX_{FZ}560$ (YOX$Ⅱ_Z$560)	YWZ_5-400/121	—		YF63	1465 (1551)	2150 (2236)	455					4064	Q570-5ZZ	JQ470Z-Z
	6														(4110)	Q570-6ZZ	

续表 7-3

组合号	装配类型代号	电动机规格型号功率/kW	高速轴联轴器（或耦合器）规格型号	制动器规格型号	逆止器规格型号	减速器规格型号	联轴器或耦合器护罩	装配尺寸/mm A_0	A_1	A_2	A_3	B	h_0	h_1	驱动装置 总重量/kg	代号	驱动装置架图号
571	1	Y355M-4① 185	YOX_F560 (YOX Ⅱ560)	—	—	ZSY500-25	YF65	1569 (1408)	2380 (2219)	—	545	1105	355	560	5253 (5275)	Q571-1Z	JQ471-Z
	2															Q571-2Z	
	3				NYD270										5990 (6012)	Q571-3NZ	JQ471N-Z
	4															Q571-4NZ	
	5		$YOX_{FZ}560$ (YOX $Ⅱ_Z$560)	YWZ_5-400/121	—		YF65	1569 (1655)	2380 (2466)	495					5388 (5435)	Q571-5ZZ	JQ471Z-Z
	6															Q571-6ZZ	
572	1	Y315L2-4 200	YOX_F560 (YOX Ⅱ560)	—	—	ZSY500-25	YF66	1505 (1344)	2190 (2029)	—	545	1105	315	560	5253 (5275)	Q572-1Z	JQ472-Z
	2															Q572-2Z	
	3				NYD270										5990 (6012)	Q572-3NZ	JQ472N-Z
	4															Q572-4NZ	
	5		$YOX_{FZ}560$ (YOX $Ⅱ_Z$560)	YWZ_5-400/121	—		YF66	1505 (1591)	2190 (2276)	495					5389 (5435)	Q572-5ZZ	JQ472Z-Z
	6															Q572-6ZZ	
573	1	Y3553-4 220	YOX_F560 (YOX Ⅱ560)	—	—	ZSY500-25	YF66	1800 (1679)	2690 (2569)	—	545	1105	355	560	5903 (5925)	Q573-1Z	JQ473-Z
	2															Q573-2Z	
	3				NYD270										6640 (6662)	Q573-3NZ	JQ473N-Z
	4															Q573-4NZ	
	5		$YOX_{FZ}560$ (YOX $Ⅱ_Z$560)	YWZ_5-400/121	—		YF66	1800 (1886)	2690 (2776)	495					6039 (6085)	Q573-5ZZ	JQ473Z-Z
	6															Q573-6ZZ	
574	1	Y3554-4 250	YOX_F560 (YOX Ⅱ560)	—	—	ZSY500-25	YF66	1800 (1679)	2690 (2569)	—	545	1105	355	560	5943 (5965)	Q574-1Z	JQ473-Z
	2															Q574-2Z	
	3				NYD270										6680 (6702)	Q574-3NZ	JQ473N-Z
	4															Q574-4NZ	
	5		$YOX_{FZ}560$ (YOX $Ⅱ_Z$560)	YWZ_5-400/121	—		YF66	1800 (1886)	2690 (2776)	495					6079 (6125)	Q574-5ZZ	JQ473Z-Z
	6															Q574-6ZZ	
575	1	Y3555-4 280	YOX_F650 (YOX Ⅱ650)	—	—	ZSY560-25	YF76	1845 (1721)	2735 (2611)	—	585	1240	355	630	7406 (7358)	Q575-1Z	JQ425-Z
	2															Q575-2Z	
	3				NYD300										8529 (8481)	Q575-3NZ	JQ425N-Z
	4															Q575-4NZ	
	5		$YOX_{FZ}650$ (YOX $Ⅱ_Z$650)	YWZ_5-500/121	—		YF76	1845 (1994)	2735 (2884)	520					7613 (7602)	Q575-5ZZ	JQ425Z-Z
	6															Q575-6ZZ	

续表 7-3

组合号	装配类型代号	电动机规格型号功率/kW	高速轴联轴器（或耦合器）规格型号	制动器规格型号	逆止器规格型号	减速器规格型号	联轴器或耦合器护罩	装配尺寸/mm A_0	A_1	A_2	A_3	B	h_0	h_1	驱动装置 总重量/kg	代号	驱动装置架图号
576	1	Y3556-4 315	YOX_F650 （YOXⅡ650）	—	—	ZSY560-25	YF76	1845 (1721)	2735 (2611)	—	585	1240	355	630	7896	Q576-1Z	JQ425-Z
	2														(7848)	Q576-2Z	
	3				NYD300										9019	Q576-3NZ	JQ425N-Z
	4														(8971)	Q576-4NZ	
	5		$YOX_{FZ}650$ （$YOXⅡ_Z650$）	YWZ_5-500/121	—		YF76	1845 (1994)	2735 (2884)	520					8103	Q576-5ZZ	JQ425Z-Z
	6														(8092)	Q576-6ZZ	
601	1	Y90S-4 1.1	ML2 $\frac{24\times52}{J32\times60}$MT2b	—	—	ZLY160-20	MF14	403	557	—	266	272	90	180	183	Q601-1Z	JQ601-Z
	2															Q601-2Z	
	3				NFA10										214	Q601-3NZ	JQ601N-Z
	4															Q601-4NZ	
	5		MLL4-1-160 $\frac{24\times62}{J32\times60}$MT4b	YW160	—		—	417	571	222					213	Q601-5ZZ	JQ601Z-Z
	6															Q601-6ZZ	
602	1	Y90L-4 1.5	ML2 $\frac{24\times52}{J32\times60}$MT2b	—	—	ZLY160-20	MF14	415.5	582	—	266	272	90	180	187	Q602-1Z	JQ602-Z
	2															Q602-2Z	
	3				NFA10										218	Q602-3NZ	JQ602N-Z
	4															Q602-4NZ	
	5		MLL4-1-160 $\frac{24\times62}{J32\times60}$MT4b	YW160	—		—	429.5	596	222					217	Q602-5ZZ	JQ602Z-Z
	6															Q602-6ZZ	
603	1	Y100L1-4 2.2	ML2 $\frac{28\times62}{J32\times60}$MT2b	—	—	ZLY160-20	MF14	440	627	—	266	272	100	180	195	Q603-1Z	JQ604-Z
	2															Q603-2Z	
	3				NFA10										226	Q603-3NZ	JQ604N-Z
	4															Q603-4NZ	
	5		MLL4-1-160 $\frac{28\times62}{J32\times60}$MT4b	YW160	—		—	444	631	222					225	Q603-5ZZ	JQ604Z-Z
	6															Q603-6ZZ	
604	1	Y100L2-4 3	ML2 $\frac{28\times62}{J32\times60}$MT2b	—	—	ZLY160-20	MF14	440.5	627.5	—	266	272	100	180	198	Q604-1Z	JQ604-Z
	2															Q604-2Z	
	3				NFA10										229	Q604-3NZ	JQ604N-Z
	4															Q604-4NZ	
	5		MLL4-1-160 $\frac{28\times62}{J32\times60}$MT4b	YW160	—		—	444	631	222					225	Q604-5ZZ	JQ604Z-Z
	6															Q604-6ZZ	

续表 7-3

组合号	装配类型代号	电动机规格型号功率/kW	高速轴联轴器（或耦合器）规格型号	制动器规格型号	逆止器规格型号	减速器规格型号	联轴器或耦合器护罩	装配尺寸/mm A_0	A_1	A_2	A_3	B	h_0	h_1	驱动装置 总重量/kg	代 号	驱动装置架图 号
605	1	Y112M-4 4	ML2 $\frac{28\times62}{J32\times60}$MT2b	—	—	ZLY160-20	MF14	447.5	647.5	—	266	272	112	180	209	Q605-1Z	JQ605-Z
	2															Q605-2Z	
	3				NFA10										240	Q605-3NZ	JQ605N-Z
	4															Q605-4NZ	
	5		MLL4-1-160 $\frac{28\times62}{J32\times60}$MT4b	YW160	—		—	451	651	222					236	Q605-5ZZ	JQ605Z-Z
	6															Q605-6ZZ	
606	1	Y132S-4 5.5	ML3 $\frac{38\times82}{J32\times60}$MT3b	—	—	ZLY160-20	MF15	487	723	—	266	272	132	180	229	Q606-1Z	JQ606-Z
	2															Q606-2Z	
	3				NFA10										260	Q606-3NZ	JQ606N-Z
	4															Q606-4NZ	
	5		MLL4-1-160 $\frac{38\times82}{J32\times60}$MT4b	YW160	—		—	490	726	222					254	Q606-5ZZ	JQ606Z-Z
	6															Q606-6ZZ	
607	1	Y132M-4 7.5	ML3 $\frac{38\times82}{J32\times60}$MT3b	—	—	ZLY160-20	MF15	506	763	—	266	272	132	180	242	Q607-1Z	JQ607-Z
	2															Q607-2Z	
	3				NFA10										273	Q607-3NZ	JQ607N-Z
	4															Q607-4NZ	
	5		MLL4-1-160 $\frac{38\times82}{J32\times60}$MT4b	YW160	—		—	509	766	222					267	Q607-5ZZ	JQ607Z-Z
	6															Q607-6ZZ	
608	1	Y160M-4 11	ML4 $\frac{42\times112}{J32\times60}$MT4b	—	—	ZLY160-20	MF16	574	851	—	266	272	160	180	288	Q608-1Z	JQ608-Z
	2															Q608-2Z	
	3				NFA10										319	Q608-3NZ	JQ608N-Z
	4															Q608-4NZ	
	5		MLL4-1-160 $\frac{42\times112}{J32\times60}$MT4b	YW160	—		—	574	851	222					311	Q608-5ZZ	JQ608Z-Z
	6															Q608-6ZZ	
609	1	Y160L-4 15	ML4 $\frac{42\times112}{J32\times60}$MT4b	—	—	ZLY160-20	MF16	596	896	—	266	272	160	180	311	Q609-1Z	JQ609-Z
	2															Q609-2Z	
	3				NFA10										342	Q609-3NZ	JQ609N-Z
	4															Q609-4NZ	
	5		MLL4-1-160 $\frac{42\times112}{J32\times60}$MT4b	YW160	—		—	596	896	222					337	Q609-5ZZ	JQ609Z-Z
	6															Q609-6ZZ	

续表 7-3

组合号	装配类型代号	电动机规格型号功率/kW	高速轴联轴器（或耦合器）规格型号	制动器规格型号	逆止器规格型号	减速器规格型号	联轴器或耦合器护罩	装配尺寸/mm A_0	A_1	A_2	A_3	B	h_0	h_1	驱动装置 总重量/kg	代号	驱动装置架图号
610	1	Y180M-4 18.5	ML5 $\frac{48\times112}{J32\times60}$MT5b	—	—	ZLY180-20	MF20	618.5	937	—	276	305	180	200	370	Q610-1Z	JQ610-Z
	2															Q610-2Z	
	3				NFA10										401	Q610-3NZ	JQ610N-Z
	4															Q610-4NZ	
	5		MLL5-1-200 $\frac{48\times112}{J32\times60}$MT5b	YWZ_5-200/30	—		—	618.5	937	232					404	Q610-5ZZ	JQ610Z-Z
	6															Q610-6ZZ	
611	1	Y180L-4 22	ML6 $\frac{48\times112}{J38\times60}$MT6b	—	—	ZLY200-20	MF23	658.5	998	—	294	340	180	225	472	Q611-1Z	JQ611-Z
	2															Q611-2Z	
	3				NFA16										507	Q611-3NZ	JQ611N-Z
	4															Q611-4NZ	
	5		MLL6-1-200 $\frac{48\times112}{J38\times60}$MT6b	YWZ_5-200/30	—		—	658.5	998	247					506	Q611-5ZZ	JQ611Z-Z
	6															Q611-6ZZ	
612	1	Y200L-4 30	ML6 $\frac{55\times112}{J42\times84}$MT6b	—	—	ZLY224-20	MF27	733.5	1113	—	314	384	200	250	641	Q612-1Z	JQ612-Z
	2															Q612-2Z	
	3				NFA16										676	Q612-3NZ	JQ612N-Z
	4															Q612-4NZ	
	5		MLL6-1-200 $\frac{55\times112}{J42\times84}$MT6b	YWZ_5-200/30	—		—	733.5	1113	297					674	Q612-5ZZ	JQ612Z-Z
	6															Q612-6ZZ	
613	1	Y225S-4 37	ML7 $\frac{60\times142}{J48\times84}$MT7b	—	—	ZLY250-20	MF31	797	1185	—	339	430	225	280	854	Q613-1Z	JQ613-Z
	2															Q613-2Z	
	3				NFA16										899	Q613-3NZ	JQ613N-Z
	4															Q613-4NZ	
	5		MLL7-1-250 $\frac{60\times142}{J48\times84}$MT7b	YWZ_5-250/30	—		—	797	1185	322					902	Q613-5ZZ	JQ613Z-Z
	6															Q613-6ZZ	
614	1	Y225M-4 45	YOX_F400（YOXⅡ400）	—	—	ZLY250-20	YF43	984.5（869.5）	1385（1270）	—	339	430	225	280	933（938）	Q614-1Z	JQ614-Z
	2															Q614-2Z	
	3				NFA16										968（973）	Q614-3NZ	JQ614N-Z
	4															Q614-4NZ	
	5		YOX_{FZ}400（$YOXⅡ_Z$400）	YWZ_5-315/50	—		YF43	984.5（1070.5）	1385（1471）	295					1027（1042）	Q614-5ZZ	JQ614Z-Z
	6															Q614-6ZZ	

续表 7-3

组合号	装配类型代号	电动机规格型号功率/kW	高速轴联轴器（或耦合器）规格型号	制动器规格型号	逆止器规格型号	减速器规格型号	联轴器或耦合器护罩	装配尺寸/mm A_0	A_1	A_2	A_3	B	h_0	h_1	驱动装置 总重量/kg	驱动装置 代号	驱动装置架图号
615	1	Y250M-4 55	YOX_F450 (YOXⅡ450)	—	—	ZLY280-20	YF49	1077.5 (974.5)	1525 (1422)	—	364	480	250	315	1180	Q615-1Z	JQ615-Z
	2														(1195)	Q615-2Z	
	3				NFA16										1215	Q615-3NZ	JQ615N-Z
	4														(1230)	Q615-4NZ	
	5		$YOX_{FZ}450$ (YOXⅡ$_Z$450)	YWZ_5-315/50	—		YF49	1077.5 (1157.5)	1525 (1605)	320					1273	Q615-5ZZ	JQ615Z-Z
	6														(1299)	Q615-6ZZ	
616	1	Y280S-4 75	YOX_F450 (YOXⅡ450)	—	—	ZLY315-20	YF50	1134 (1031)	1620 (1517)	—	389	539	280	355	1485	Q616-1Z	JQ616-Z
	2														(1500)	Q616-2Z	
	3				NFA25										1529	Q616-3NZ	JQ616N-Z
	4														(1544)	Q616-4NZ	
	5		$YOX_{FZ}450$ (YOXⅡ$_Z$450)	YWZ_5-315/50	—		YF50	1134 (1214)	1620 (1700)	345					1579	Q616-5ZZ	JQ616Z-Z
	6														(1604)	Q616-6ZZ	
617	1	Y280M-4 90	YOX_F500 (YOXⅡ500)	—	—	ZLY315-20	YF55	1239.5 (1094.5)	1750 (1605)	—	395	539	280	355	1621	Q617-1Z	JQ617-Z
	2														(1626)	Q617-2Z	
	3				NFA40										1676	Q617-3NZ	JQ617N-Z
	4														(1681)	Q617-4NZ	
	5		$YOX_{FZ}500$ (YOXⅡ$_Z$500)	YWZ_5-400/80	—		YF55	1239.5 (1323.5)	1750 (1834)	370					1742	Q617-5ZZ	JQ617Z-Z
	6														(1771)	Q617-6ZZ	
618	1	Y315S-4 110	YOX_F500 (YOXⅡ500)	—	—	ZLY355-20	YF56	1279 (1134)	1910 (1765)	—	405	605	315	400	2366	Q618-1Z	JQ618-Z
	2														(2371)	Q618-2Z	
	3				NYD220										2717	Q618-3NZ	JQ618N-Z
	4														(2722)	Q618-4NZ	
	5		$YOX_{FZ}500$ (YOXⅡ$_Z$500)	YWZ_5-400/80	—		YF56	1279 (1363)	1910 (1994)	390					2487	Q618-5ZZ	JQ618Z-Z
	6														(2517)	Q618-6ZZ	
619	1	Y315M-4 132	YOX_F500 (YOXⅡ500)	—	—	ZLY355-20	YF56	1304.5 (1159.5)	1960 (1815)	—	405	605	315	400	2466	Q619-1Z	JQ619-Z
	2														(2471)	Q619-2Z	
	3				NYD220										2817	Q619-3NZ	JQ619N-Z
	4														(2822)	Q619-4NZ	
	5		$YOX_{FZ}500$ (YOXⅡ$_Z$500)	YWZ_5-400/80	—		YF56	1304.5 (1388.5)	1960 (2044)	390					2587	Q619-5ZZ	JQ619Z-Z
	6														(2617)	Q619-6ZZ	

续表 7-3

组合号	装配类型代号	电动机规格型号功率/kW	高速轴联轴器（或耦合器）规格型号	制动器规格型号	逆止器规格型号	减速器规格型号	联轴器或耦合器护罩	装配尺寸/mm							驱动装置		驱动装置架图号
								A_0	A_1	A_2	A_3	B	h_0	h_1	总重量/kg	代号	
620	1	Y315L1-4 160	YOX_F560 ($YOXⅡ560$)	—	—	ZLY400-20	YF61	1430 (1269)	2115 (1954)	—	465	680	315	450	3042 (3064)	Q620-1Z	JQ620-Z
	2															Q620-2Z	
	3				NYD250										3717 (3739)	Q620-3NZ	JQ620N-Z
	4															Q620-4NZ	
	5		$YOX_{FZ}560$ ($YOXⅡ_Z560$)	YWZ_5-400/121	—		YF61	1430 (1516)	2115 (2201)	420					3177 (3224)	Q620-5ZZ	JQ620Z-Z
	6															Q620-6ZZ	
621	1	Y355M-4[①] 185	YOX_F560 ($YOXⅡ560$)	—	—	ZLY400-20	YF61	1494 (1333)	2305 (2144)	—	465	680	355	450	3202 (3224)	Q621-1Z	JQ621-Z
	2															Q621-2Z	
	3				NYD250										3877 (3899)	Q621-3NZ	JQ621N-Z
	4															Q621-4NZ	
	5		$YOX_{FZ}560$ ($YOXⅡ_Z560$)	YWZ_5-400/121	—		YF61	1494 (1580)	2305 (2391)	420					3337 (3384)	Q621-5ZZ	JQ621Z-Z
	6															Q621-6ZZ	
622	1	Y315L2-4 200	YOX_F560 ($YOXⅡ560$)	—	—	ZLY450-20	YF64	1470 (1309)	2155 (1994)	—	505	765	315	500	4102 (4124)	Q622-1Z	JQ622-Z
	2															Q622-2Z	
	3				NYD270										4839 (4861)	Q622-3NZ	JQ622N-Z
	4															Q622-4NZ	
	5		$YOX_{FZ}560$ ($YOXⅡ_Z560$)	YWZ_5-400/121	—		YF64	1470 (1556)	2155 (2241)	460					4238 (4285)	Q622-5ZZ	JQ622Z-Z
	6															Q622-6ZZ	
623	1	Y3553-4 220	YOX_F560 ($YOXⅡ560$)	—	—	ZLY450-20	YF64	1765 (1644)	2655 (2534)	—	505	765	355	500	4752 (4774)	Q623-1Z	JQ623-Z
	2															Q623-2Z	
	3				NYD270										5489 (5511)	Q623-3NZ	JQ623N-Z
	4															Q623-4NZ	
	5		$YOX_{FZ}560$ ($YOXⅡ_Z560$)	YWZ_5-400/121	—		YF64	1765 (1851)	2655 (2741)	460					4888 (4935)	Q623-5ZZ	JQ623Z-Z
	6															Q623-6ZZ	
624	1	Y3554-4 250	YOX_F560 ($YOXⅡ560$)	—	—	ZLY450-20	YF64	1765 (1644)	2655 (2534)	—	505	765	355	500	4792 (4814)	Q624-1Z	JQ623-Z
	2															Q624-2Z	
	3				NYD270										5529 (5551)	Q624-3NZ	JQ623N-Z
	4															Q624-4NZ	
	5		$YOX_{FZ}560$ ($YOXⅡ_Z560$)	YWZ_5-400/121	—		YF64	1765 (1851)	2655 (2741)	460					4928 (4975)	Q624-5ZZ	JQ623Z-Z
	6															Q624-6ZZ	

续表 7-3

组合号	装配类型代号	电动机规格型号功率/kW	高速轴联轴器（或耦合器）规格型号	制动器规格型号	逆止器规格型号	减速器规格型号	联轴器或耦合器护罩	装配尺寸/mm							驱动装置		驱动装置架图号
								A_0	A_1	A_2	A_3	B	h_0	h_1	总重量/kg	代号	
625	1	Y3555-4 280	YOX_F650 （YOXⅡ650）	—	—	ZLY450-20	YF72	1795 （1671）	2685 （2561）	—	505	765	355	500	4954	Q625-1Z	JQ625-Z
	2														（4906）	Q625-2Z	
	3				NYD270										5691	Q625-3NZ	JQ625N-Z
	4														（5643）	Q625-4NZ	
	5		$YOX_{FZ}650$ （$YOXⅡ_Z650$）	YWZ_5-500/121	—		YF72	1795 （1944）	2685 （2834）	470					5161	Q625-5ZZ	JQ625Z-Z
	6														（5150）	Q625-6ZZ	
626	1	Y3556-4 315	YOX_F650 （YOXⅡ650）	—	—	ZLY500-20	YF74	1835 （1711）	2725 （2601）	—	545	855	355	560	6194	Q626-1Z	JQ626-Z
	2														（6146）	Q626-2Z	
	3				NYD300										7317	Q626-3NZ	JQ626N-Z
	4														（7269）	Q626-4NZ	
	5		$YOX_{FZ}650$ （$YOXⅡ_Z650$）	YWZ_5-500/121	—		YF74	1835 （1984）	2725 （2874）	510					6401	Q626-5ZZ	JQ626Z-Z
	6														（6391）	Q626-6ZZ	
651	1	Y90S-4 1.1	ML2 $\frac{24\times52}{J32\times60}$MT2b	—	—	ZLY160-16	MF14	403	557	—	266	272	90	180	183	Q651-1Z	JQ601-Z
	2															Q651-2Z	
	3				NFA10										214	Q651-3NZ	JQ601N-Z
	4															Q651-4NZ	
	5		MLL4-1-160 $\frac{24\times62}{J32\times60}$MT4b	YW160	—		—	417	571	222					213	Q651-5ZZ	JQ601Z-Z
	6															Q651-6ZZ	
652	1	Y90L-4 1.5	ML2 $\frac{24\times52}{J32\times60}$MT2b	—	—	ZLY160-16	MF14	415.5	582	—	266	272	90	180	187	Q652-1Z	JQ602-Z
	2															Q652-2Z	
	3				NFA10										218	Q652-3NZ	JQ602N-Z
	4															Q652-4NZ	
	5		MLL4-1-160 $\frac{24\times62}{J32\times60}$MT4b	YW160	—		—	429.5	596	222					217	Q652-5ZZ	JQ602Z-Z
	6															Q652-6ZZ	
653	1	Y100L1-4 2.2	ML2 $\frac{28\times62}{J32\times60}$MT2b	—	—	ZLY160-16	MF14	440.5	627.5	—	266	272	100	180	195	Q653-1Z	JQ604-Z
	2															Q653-2Z	
	3				NFA10										226	Q653-3NZ	JQ604N-Z
	4															Q653-4NZ	
	5		MLL4-1-160 $\frac{28\times62}{J32\times60}$MT4b	YW160	—		—	444	631	222					225	Q653-5ZZ	JQ604Z-Z
	6															Q653-6ZZ	

续表 7-3

组合号	装配类型代号	电动机规格型号功率/kW	高速轴联轴器（或耦合器）规格型号	制动器规格型号	逆止器规格型号	减速器规格型号	联轴器或耦合器护罩	装配尺寸/mm A_0	A_1	A_2	A_3	B	h_0	h_1	驱动装置 总重量/kg	代号	驱动装置架图号
654	1	Y100L2-4 3	ML2 $\frac{28\times62}{J32\times60}$MT2b	—	—	ZLY160-16	MF14	440.5	627.5	—	266	272	100	180	198	Q654-1Z	JQ604-Z
	2															Q654-2Z	
	3				NFA10										229	Q654-3NZ	JQ604N-Z
	4															Q654-4NZ	
	5		MLL4-1-160 $\frac{28\times62}{J32\times60}$MT4b	YW160	—		—	444	631	222					225	Q654-5ZZ	JQ604Z-Z
	6															Q654-6ZZ	
655	1	Y112M-4 4	ML2 $\frac{28\times62}{J32\times60}$MT2b	—	—	ZLY160-16	MF14	447.5	647.5	—	266	272	112	180	209	Q655-1Z	JQ605-Z
	2															Q655-2Z	
	3				NFA10										240	Q655-3NZ	JQ605N-Z
	4															Q655-4NZ	
	5		MLL4-1-160 $\frac{28\times62}{J32\times60}$MT4b	YW160	—		—	451	651	222					236	Q655-5ZZ	JQ605Z-Z
	6															Q655-6ZZ	
656	1	Y132S-4 5.5	ML3 $\frac{38\times82}{J32\times60}$MT3b	—	—	ZLY160-16	MF15	487	723	—	266	272	132	180	229	Q656-1Z	JQ606-Z
	2															Q656-2Z	
	3				NFA10										260	Q656-3NZ	JQ606N-Z
	4															Q656-4NZ	
	5		MLL4-1-160 $\frac{38\times82}{J32\times60}$MT4b	YW160	—		—	490	726	222					254	Q656-5ZZ	JQ606Z-Z
	6															Q656-6ZZ	
657	1	Y132M-4 7.5	ML3 $\frac{38\times82}{J32\times60}$MT3b	—	—	ZLY160-16	MF15	506	763	—	266	272	132	180	242	Q657-1Z	JQ607-Z
	2															Q657-2Z	
	3				NFA10										273	Q657-3NZ	JQ607N-Z
	4															Q657-4NZ	
	5		MLL4-1-160 $\frac{38\times82}{J32\times60}$MT4b	YW160	—		—	509	766	222					269	Q657-5ZZ	JQ607Z-Z
	6															Q657-6ZZ	
658	1	Y160M-4 11	ML4 $\frac{42\times112}{J32\times60}$MT4b	—	—	ZLY160-16	MF16	574	851	—	266	272	160	180	288	Q658-1Z	JQ608-Z
	2															Q658-2Z	
	3				NFA10										319	Q658-3NZ	JQ608N-Z
	4															Q658-4NZ	
	5		MLL4-1-160 $\frac{42\times112}{J32\times60}$MT4b	YW160	—		—	574	851	222					311	Q658-5ZZ	JQ608Z-Z
	6															Q658-6ZZ	

续表 7-3

组合号	装配类型代号	电动机规格型号功率/kW	高速轴联轴器（或耦合器）规格型号	制动器规格型号	逆止器规格型号	减速器规格型号	联轴器或耦合器护罩	装配尺寸/mm A_0	A_1	A_2	A_3	B	h_0	h_1	驱动装置 总重量/kg	代号	驱动装置架图号
659	1	Y160L-4 15	ML4 $\frac{42 \times 112}{J32 \times 60}$ MT4b	—	—	ZLY160-16	MF16	596	896	—	266	272	160	180	311	Q659-1Z	JQ609-Z
	2															Q659-2Z	
	3				NFA10										342	Q659-3NZ	JQ609N-Z
	4															Q659-4NZ	
	5		MLL4-1-160 $\frac{42 \times 112}{J32 \times 60}$ MT4b	YW160	—		—	596	896	222					337	Q659-5ZZ	JQ609Z-Z
	6															Q659-6ZZ	
660	1	Y180M-4 18.5	ML5 $\frac{48 \times 112}{J32 \times 60}$ MT5b	—	—	ZLY180-16	MF20	618.5	937	—	276	305	180	200	370	Q660-1Z	JQ610-Z
	2															Q660-2Z	
	3				NFA10										401	Q660-3NZ	JQ610N-Z
	4															Q660-4NZ	
	5		MLL5-1-200 $\frac{48 \times 112}{J32 \times 60}$ MT5b	YWZ_5-200/30	—		—	618.5	937	232					404	Q660-5ZZ	JQ610Z-Z
	6															Q660-6ZZ	
661	1	Y180L-4 22	ML6 $\frac{48 \times 112}{J38 \times 60}$ MT6b	—	—	ZLY200-16	MF23	652.5	998	—	294	340	180	225	472	Q661-1Z	JQ611-Z
	2															Q661-2Z	
	3				NFA16										507	Q661-3NZ	JQ611N-Z
	4															Q661-4NZ	
	5		MLL6-1-200 $\frac{48 \times 112}{J38 \times 60}$ MT6b	YWZ_5-200/30	—		—	658.5	998	247					506	Q661-5ZZ	JQ611Z-Z
	6															Q661-6ZZ	
662	1	Y200L-4 30	ML6 $\frac{55 \times 112}{J42 \times 84}$ MT6b	—	—	ZLY224-16	MF27	733.5	1113	—	314	384	200	250	641	Q662-1Z	JQ612-Z
	2															Q662-2Z	
	3				NFA16										676	Q662-3NZ	JQ612N-Z
	4															Q662-4NZ	
	5		MLL6-1-200 $\frac{55 \times 112}{J42 \times 84}$ MT6b	YWZ_5-200/30	—		—	733.5	1113	297					674	Q662-5ZZ	JQ612Z-Z
	6															Q662-6ZZ	
663	1	Y225S-4 37	ML7 $\frac{60 \times 142}{J48 \times 84}$ MT7b	—	—	ZLY250-16	MF31	797	1185	—	339	430	225	280	854	Q663-1Z	JQ613-Z
	2															Q663-2Z	
	3				NFA16										889	Q663-3NZ	JQ613N-Z
	4															Q663-4NZ	
	5		MLL7-1-25 $\frac{60 \times 142}{J48 \times 84}$ MT7b	YWZ_5-250/30	—		—	797	1185	322					902	Q663-5ZZ	JQ613Z-Z
	6															Q663-6ZZ	

续表 7-3

组合号	装配类型代号	电动机规格型号功率/kW	高速轴联轴器（或耦合器）规格型号	制动器规格型号	逆止器规格型号	减速器规格型号	联轴器或耦合器护罩	装配尺寸/mm							驱动装置		驱动装置架图号
								A_0	A_1	A_2	A_3	B	h_0	h_1	总重量/kg	代号	
664	1	Y225M-4 45	YOX_F400 （YOXⅡ400）	—	—	ZLY250-16	YF43	984.5 (869.5)	1385 (1270)	—	339	430	225	280	933	Q664-1Z	JQ614-Z
	2														(938)	Q664-2Z	
	3				NFA16										968	Q664-3NZ	JQ614N-Z
	4														(973)	Q664-4NZ	
	5		$YOX_{FZ}400$ （$YOXⅡ_Z400$）	YWZ_5-315/50	—		YF43	984.5 (1070.5)	1385 (1471)	295					1027	Q664-5ZZ	JQ614Z-Z
	6														(1042)	Q664-6ZZ	
665	1	Y250M-4 55	YOX_F450 （YOXⅡ450）	—	—	ZLY280-16	YF49	1077.5 (974.5)	1525 (1422)	—	364	480	250	315	1180	Q665-1Z	JQ615-Z
	2														(1195)	Q665-2Z	
	3				NFA16										1215	Q665-3NZ	JQ615N-Z
	4														(1230)	Q665-4NZ	
	5		$YOX_{FZ}450$ （$YOXⅡ_Z450$）	YWZ_5-315/50	—		YF49	1077.5 (1157.5)	1525 (1605)	320					1273	Q665-5ZZ	JQ615Z-Z
	6														(1299)	Q665-6ZZ	
666	1	Y280S-4 75	YOX_F450 （YOXⅡ450）	—	—	ZLY315-16	YF50	1134 (1031)	1620 (1517)	—	389	539	280	355	1485	Q666-1Z	JQ616-Z
	2														(1500)	Q666-2Z	
	3				NFA25										1529	Q666-3NZ	JQ616N-Z
	4														(1544)	Q666-4NZ	
	5		$YOX_{FZ}450$ （$YOXⅡ_Z450$）	YWZ_5-315/50	—		YF50	1134 (1214)	1620 (1700)	345					1579	Q666-5ZZ	JQ616Z-Z
	6														(1604)	Q666-6ZZ	
667	1	Y280M-4 90	YOX_F500 （YOXⅡ500）	—	—	ZLY315-16	YF55	1239.5 (1094.5)	1750 (1605)	—	395	539	280	355	1621	Q667-1Z	JQ617-Z
	2														(1626)	Q667-2Z	
	3				NFA40										1676	Q667-3NZ	JQ617N-Z
	4														(1681)	Q667-4NZ	
	5		$YOX_{FZ}500$ （$YOXⅡ_Z500$）	YWZ_5-400/80	—		YF55	1239.5 (1323.5)	1750 (1834)	370					1742	Q667-5ZZ	JQ617Z-Z
	6														(1771)	Q667-6ZZ	
668	1	Y315S-4 110	YOX_F500 （YOXⅡ500）	—	—	ZLY355-16	YF56	1279 (1134)	1910 (1765)	—	405	605	315	400	2366	Q668-1Z	JQ618-Z
	2														(2371)	Q668-2Z	
	3				NYD220										2717	Q668-3NZ	JQ618N-Z
	4														(2722)	Q668-4NZ	
	5		$YOX_{FZ}500$ （$YOXⅡ_Z500$）	YWZ_5-400/80	—		YF56	1279 (1363)	1910 (1994)	390					2487	Q668-5ZZ	JQ618Z-Z
	6														(2517)	Q668-6ZZ	

续表 7-3

组合号	装配类型代号	电动机规格型号 功率/kW	高速轴联轴器（或耦合器）规格型号	制动器规格型号	逆止器规格型号	减速器规格型号	联轴器或耦合器护罩	装配尺寸/mm A_0	A_1	A_2	A_3	B	h_0	h_1	驱动装置 总重量/kg	代号	驱动装置架图号
669	1	Y315M-4 132	YOX_F500 (YOXⅡ500)	—	—	ZLY355-16	YF56	1304.5 (1159.5)	1960 (1815)	—	405	605	315	400	2466 (2471)	Q669-1Z	JQ619-Z
	2															Q669-2Z	
	3				NYD220										2817 (2822)	Q669-3NZ	JQ619N-Z
	4															Q669-4NZ	
	5		$YOX_{FZ}500$ (YOXⅡ$_Z$500)	YWZ_5-400/80	—		YF56	1304.5 (1388.5)	1960 (2044)	390					2587 (2617)	Q669-5ZZ	JQ619Z-Z
	6															Q669-6ZZ	
670	1	Y315L1-4 160	YOX_F560 (YOXⅡ560)	—	—	ZLY400-16	YF61	1430 (1269)	2115 (1954)	—	465	680	315	450	3042 (3064)	Q670-1Z	JQ620-Z
	2															Q670-2Z	
	3				NYD250										3717 (3739)	Q670-3NZ	JQ620N-Z
	4															Q670-4NZ	
	5		$YOX_{FZ}560$ (YOXⅡ$_Z$560)	YWZ_5-400/121	—		YF61	1430 (1516)	2115 (2201)	420					3177 (3224)	Q670-5ZZ	JQ620Z-Z
	6															Q670-6ZZ	
671	1	Y355M-4① 185	YOX_F560 (YOXⅡ560)	—	—	ZLY400-16	YF61	1494 (1333)	2305 (2144)	—	465	680	355	450	3202 (3224)	Q671-1Z	JQ621-Z
	2															Q671-2Z	
	3				NYD250										3877 (3899)	Q671-3NZ	JQ621N-Z
	4															Q671-4NZ	
	5		$YOX_{FZ}560$ (YOXⅡ$_Z$560)	YWZ_5-400/121	—		YF61	1494 (1580)	2305 (2391)	420					3337 (3384)	Q671-5ZZ	JQ621Z-Z
	6															Q671-6ZZ	
672	1	Y315L2-4 200	YOX_F560 (YOXⅡ560)	—	—	ZLY400-16	YF62	1430 (1269)	2115 (1954)	—	465	680	315	450	3202 (3224)	Q672-1Z	JQ620-Z
	2															Q672-2Z	
	3				NYD250										3877 (3899)	Q672-3NZ	JQ620N-Z
	4															Q672-4NZ	
	5		$YOX_{FZ}560$ (YOXⅡ$_Z$560)	YWZ_5-400/121	—		YF62	1430 (1516)	2115 (2201)	420					3338 (3384)	Q672-5ZZ	JQ620Z-Z
	6															Q672-6ZZ	
673	1	Y3553-4 220	YOX_F560 (YOXⅡ560)	—	—	ZLY450-16	YF64	1765 (1644)	2655 (2534)	—	505	765	355	500	4752 (4774)	Q673-1Z	JQ622-Z
	2															Q673-2Z	
	3				NYD270										5489 (5511)	Q673-3NZ	JQ622N-Z
	4															Q673-4NZ	
	5		$YOX_{FZ}560$ (YOXⅡ$_Z$560)	YWZ_5-400/121	—		YF64	1765 (1851)	2655 (2741)	460					4888 (4935)	Q673-5ZZ	JQ622Z-Z
	6															Q673-6ZZ	

续表 7-3

组合号	装配类型代号	电动机规格型号 功率/kW	高速轴联轴器（或耦合器）规格型号	制动器规格型号	逆止器规格型号	减速器规格型号	联轴器或耦合器护罩	装配尺寸/mm A_0	A_1	A_2	A_3	B	h_0	h_1	驱动装置 总重量/kg	驱动装置 代号	驱动装置架图号
674	1	Y3554-4 250	YOX_F560 (YOXⅡ560)	—	—	ZLY450-16	YF64	1765 (1644)	2655 (2534)	—	505	765	355	500	4792	Q674-1Z	JQ622-Z
	2														(4814)	Q674-2Z	
	3				NYD270										5529	Q674-3NZ	JQ622N-Z
	4														(5551)	Q674-4NZ	
	5		$YOX_{FZ}560$ (YOXⅡ$_Z$560)	YWZ_5-400/121	—		YF64	1765 (1851)	2655 (2741)	460					4928	Q674-5ZZ	JQ622Z-Z
	6														(4975)	Q674-6ZZ	
675	1	Y3555-4 280	YOX_F650 (YOXⅡ650)	—	—	ZLY450-16	YF72	1795 (1671)	2685 (2561)	—	505	765	355	500	4954	Q675-1Z	JQ625-Z
	2														(4906)	Q675-2Z	
	3				NYD270										5691	Q675-3NZ	JQ625N-Z
	4														(5643)	Q675-4NZ	
	5		$YOX_{FZ}650$ (YOXⅡ$_Z$650)	YWZ_5-500/121	—		YF72	1795 (1944)	2685 (2834)	470					5161	Q675-5ZZ	JQ625Z-Z
	6														(5150)	Q675-6ZZ	
676	1	Y3556-4 315	YOX_F650 (YOXⅡ650)	—	—	ZLY500-16	YF74	1835 (1711)	2725 (2601)	—	545	855	355	560	6194	Q676-1Z	JQ626-Z
	2														(6146)	Q676-2Z	
	3				NYD300										7317	Q676-3NZ	JQ626N-Z
	4														(7269)	Q676-4NZ	
	5		$YOX_{FZ}650$ (YOXⅡ$_Z$650)	YWZ_5-500/121	—		YF74	1835 (1984)	2725 (2874)	510					6401	Q676-5ZZ	JQ626Z-Z
	6														(6391)	Q676-6ZZ	
714	1	Y225M-4 45	YOX_F400 (YOXⅡ400)	—	—	ZLY250-12.5	YF43	984.5 (869.5)	1385 (1270)	—	339	430	225	280	933	Q714-1Z	JQ614-Z
	2														(938)	Q714-2Z	
	3				NFA25										968	Q714-3NZ	JQ614N-Z
	4														(973)	Q714-4NZ	
	5		$YOX_{FZ}400$ (YOXⅡ$_Z$400)	YWZ_5-315/50	—		YF43	984.5 (1070.5)	1385 (1471)	295					1027	Q714-5ZZ	JQ614Z-Z
	6														(1042)	Q714-6ZZ	
715	1	Y250M-4 55	YOX_F450 (YOXⅡ450)	—	—	ZLY280-12.5	YF49	1077.5 (974.5)	1525 (1422)	—	370	480	250	315	1180	Q715-1Z	JQ615-Z
	2														(1195)	Q715-2Z	
	3				NFA40										1235	Q715-3NZ	JQ615N-Z
	4														(1250)	Q715-4NZ	
	5		$YOX_{FZ}450$ (YOXⅡ$_Z$450)	YWZ_5-315/50	—		YF49	1077.5 (1157.5)	1525 (1605)	320					1273	Q715-5ZZ	JQ615Z-Z
	6														(1299)	Q715-6ZZ	

续表 7-3

组合号	装配类型代号	电动机规格型号 功率/kW	高速轴联轴器（或耦合器）规格型号	制动器规格型号	逆止器规格型号	减速器规格型号	联轴器或耦合器护罩	装配尺寸/mm A_0	A_1	A_2	A_3	B	h_0	h_1	驱动装置 总重量/kg	代号	驱动装置架图号
716	1	Y280S-4 75	YOX_F450 （YOXⅡ450）	—	—	ZLY280-12.5	YF49	1109 （1006）	1595 （1492）	—	370	480	280	315	1340 （1355）	Q716-1Z	JQ716-Z
	2															Q716-2Z	
	3				NFA40										1395 （1410）	Q716-3NZ	JQ716N-Z
	4															Q716-4NZ	
	5		$YOX_{FZ}450$ （$YOXⅡ_Z450$）	YWZ_5-315/50	—		YF49	1109 （1189）	1595 （1675）	320					1433 （1459）	Q716-5ZZ	JQ716Z-Z
	6															Q716-6ZZ	
717	1	Y280M-4 90	YOX_F500 （YOXⅡ500）	—	—	ZLY280-12.5	YF54	1214.5 （1069.5）	1725 （1580）	—	370	480	280	315	1475 （1480）	Q717-1Z	JQ717-Z
	2															Q717-2Z	
	3				NFA40										1530 （1535）	Q717-3NZ	JQ717N-Z
	4															Q717-4NZ	
	5		$YOX_{FZ}500$ （$YOXⅡ_Z500$）	YWZ_5-400/80	—		YF54	1214.5 （1298.5）	1725 （1809）	345					1597 （1626）	Q717-5ZZ	JQ717Z-Z
	6															Q717-6ZZ	
718	1	Y315S-4 110	YOX_F500 （YOXⅡ500）	—	—	ZLY315-12.5	YF55	1259 （1114）	1890 （1745）	—	400	539	315	355	1961 （1966）	Q718-1Z	JQ718-Z
	2															Q718-2Z	
	3				NFA63										2037 （2042）	Q718-3NZ	JQ718N-Z
	4															Q718-4NZ	
	5		$YOX_{FZ}500$ （$YOXⅡ_Z500$）	YWZ_5-400/80	—		YF55	1259 （1343）	1890 （1974）	370					2082 （2111）	Q718-5ZZ	JQ718Z-Z
	6															Q718-6ZZ	
719	1	Y315M-4 132	YOX_F500 （YOXⅡ500）	—	—	ZLY315-12.5	YF55	1284.5 （1139.5）	1940 （1795）	—	404	539	315	355	2061 （2066）	Q719-1Z	JQ719-Z
	2															Q719-2Z	
	3				NFA80										2154 （2159）	Q719-3NZ	JQ719N-Z
	4															Q719-4NZ	
	5		$YOX_{FZ}500$ （$YOXⅡ_Z500$）	YWZ_5-400/80	—		YF55	1284.5 （1368.5）	1940 （2024）	370					2182 （2211）	Q719-5ZZ	JQ719Z-Z
	6															Q719-6ZZ	
720	1	Y315L1-4 160	YOX_F560 （YOXⅡ560）	—	—	ZLY355-12.5	YF60	1400 （1239）	2085 （1924）	—	405	605	315	400	2542 （2564）	Q720-1Z	JQ720-Z
	2															Q720-2Z	
	3				NYD220										2893 （2915）	Q720-3NZ	JQ720N-Z
	4															Q720-4NZ	
	5		$YOX_{FZ}560$ （$YOXⅡ_Z560$）	YWZ_5-400/121	—		YF60	1400 （1486）	2085 （2171）	390					2677 （2724）	Q720-5ZZ	JQ720Z-Z
	6															Q720-6ZZ	

续表 7-3

组合号	装配类型代号	电动机规格型号功率/kW	高速轴联轴器（或耦合器）规格型号	制动器规格型号	逆止器规格型号	减速器规格型号	联轴器或耦合器护罩	装配尺寸/mm							驱动装置		驱动装置架图号
								A_0	A_1	A_2	A_3	B	h_0	h_1	总重量/kg	代号	
721	1	Y355M-4[①] 185	YOX_F560（YOXⅡ560）	—	—	ZLY400-12.5	YF61	1494（1333）	2305（2144）	—	465	680	355	450	3202（3224）	Q721-1Z	JQ621-Z
	2															Q721-2Z	
	3				NYD250										3877（3990）	Q721-3NZ	JQ621N-Z
	4															Q721-4NZ	
	5		$YOX_{FZ}560$（YOXⅡ$_Z$560）	YWZ_5-400/121	—		YF61	1494（1580）	2305（2391）	420					3337（3384）	Q721-5ZZ	JQ621Z-Z
	6															Q721-6ZZ	
722	1	Y315L2-4 200	YOX_F560（YOXⅡ560）	—	—	ZLY400-12.5	YF62	1430（1269）	2115（1954）	—	465	680	355	450	3202（3224）	Q722-1Z	JQ672-Z
	2															Q722-2Z	
	3				NYD250										3877（3899）	Q722-3NZ	JQ672N-Z
	4															Q722-4NZ	
	5		$YOX_{FZ}560$（YOXⅡ$_Z$560）	YWZ_5-400/121	—		YF62	1430（1516）	2115（2201）	420					3338（3384）	Q722-5ZZ	JQ672Z-Z
	6															Q722-6ZZ	
723	1	Y3553-4 220	YOX_F560（YOXⅡ560）	—	—	ZLY400-12.5	YF62	1725（1604）	2615（2494）	—	465	680	355	450	3852（3874）	Q723-1Z	JQ723-Z
	2															Q723-2Z	
	3				NYD250										4527（4549）	Q723-3NZ	JQ723N-Z
	4															Q723-4NZ	
	5		$YOX_{FZ}560$（YOXⅡ$_Z$560）	YWZ_5-400/121	—		YF62	1725（1811）	2615（2701）	420					3988（4034）	Q723-5ZZ	JQ723Z-Z
	6															Q723-6ZZ	
724	1	Y3554-4 250	YOX_F560（YOXⅡ560）	—	—	ZLY450-12.5	YF64	1765（1644）	2655（2534）	—	505	765	355	500	4792（4814）	Q724-1Z	JQ622-Z
	2															Q724-2Z	
	3				NYD270										5529（5551）	Q724-3NZ	JQ622N-Z
	4															Q724-4NZ	
	5		$YOX_{FZ}560$（YOXⅡ$_Z$560）	YWZ_5-400/121	—		YF64	1765（1851）	2655（2741）	460					4928（4975）	Q724-5ZZ	JQ622Z-Z
	6															Q724-6ZZ	
725	1	Y3555-4 280	YOX_F650（YOXⅡ650）	—	—	ZLY450-12.5	YF72	1795（1671）	2685（2561）	—	505	765	355	500	4954（4906）	Q725-1Z	JQ625-Z
	2															Q725-2Z	
	3				NYD270										5691（5643）	Q725-3NZ	JQ625N-Z
	4															Q725-4NZ	
	5		$YOX_{FZ}650$（YOXⅡ$_Z$650）	YWZ_5-500/121	—		YF72	1795（1944）	2685（2834）	470					5161（5150）	Q725-5ZZ	JQ625Z-Z
	6															Q725-6ZZ	
726	1	Y3556-4 315	YOX_F650（YOXⅡ650）	—	—	ZLY500-12.5	YF74	1835（1711）	2725（2601）	—	545	855	355	560	6194（6146）	Q726-1Z	JQ626-Z
	2															Q726-2Z	
	3				NYD300										7317（7269）	Q726-3NZ	JQ626N-Z
	4															Q726-4NZ	
	5		$YOX_{FZ}650$（YOXⅡ$_Z$650）	YWZ_5-500/121	—		YF74	1835（1984）	2725（2874）	510					6401（6391）	Q726-5ZZ	JQ626Z-Z
	6															Q726-6ZZ	

① 185kW电动机属旧标准，不推荐采用185kW电动机的321、371、421、471、521、571、621、671、721等9种组合。如有需要，须先与制造厂联系，确认可以订货后方可采用，而且要仔细核对相关尺寸。

7.4 Y-DBY/DCY 驱动装置

7.4.1 Y-DBY/DCY 驱动装置装配类型

Y-DBY/DCY 驱动装置有 6 种装配类型，见表 7-4 所示。

表 7-4 Y-DBY/DCY 驱动装置装配类型

1 型	2 型
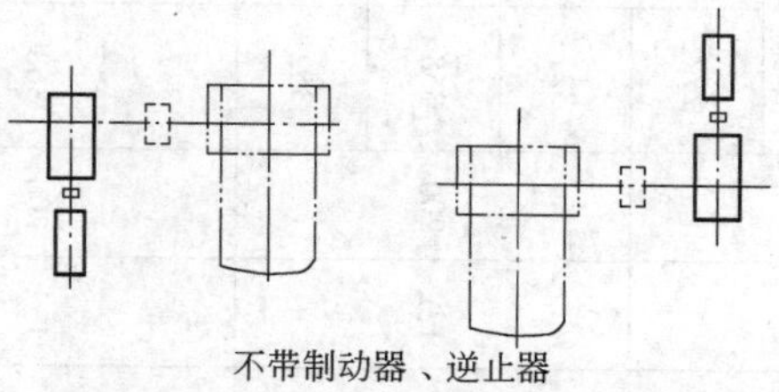 不带制动器、逆止器	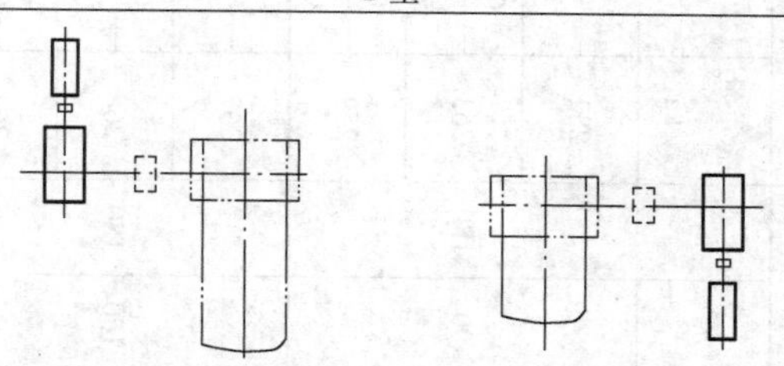 不带制动器、逆止器
3 型	4 型
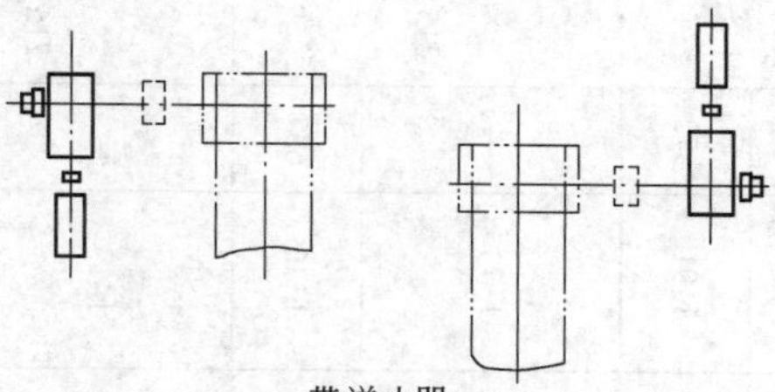 带逆止器	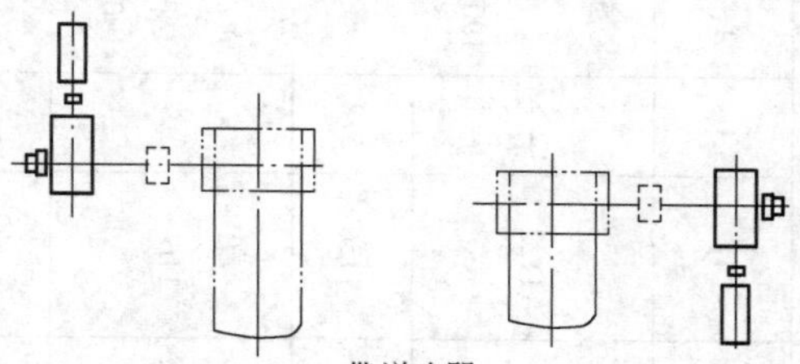 带逆止器
5 型	6 型
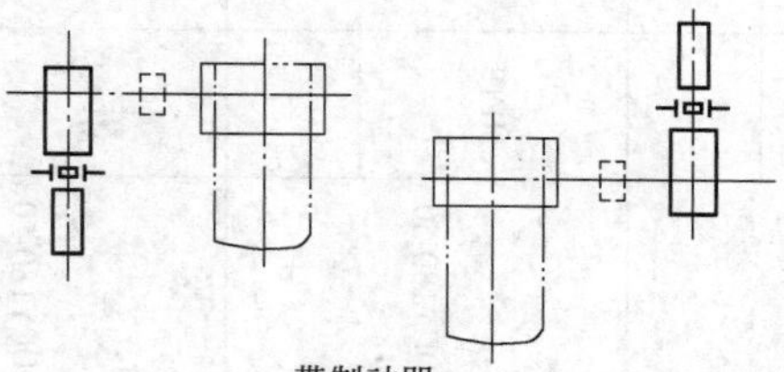 带制动器	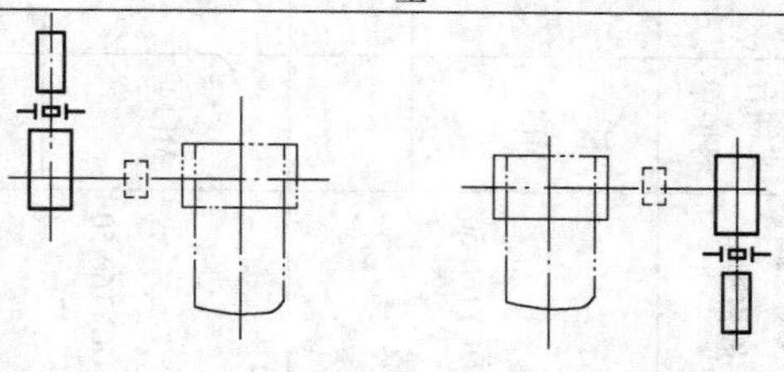 带制动器

7.4.2 Y-DBY/DCY 驱动装置组合表

7.4.2.1 Y-DBY/DCY 驱动装置图号示例

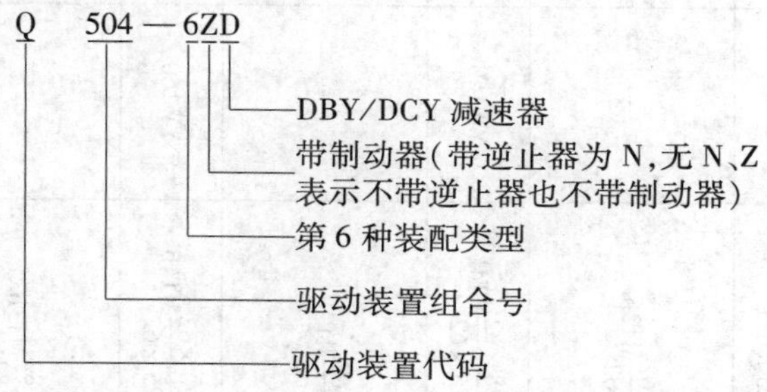

7.4.2.2 Y-DBY/DCY 驱动装置装配图及尺寸

驱动装置装配图见图 7-2，相关尺寸列在组合表 7-5 中。

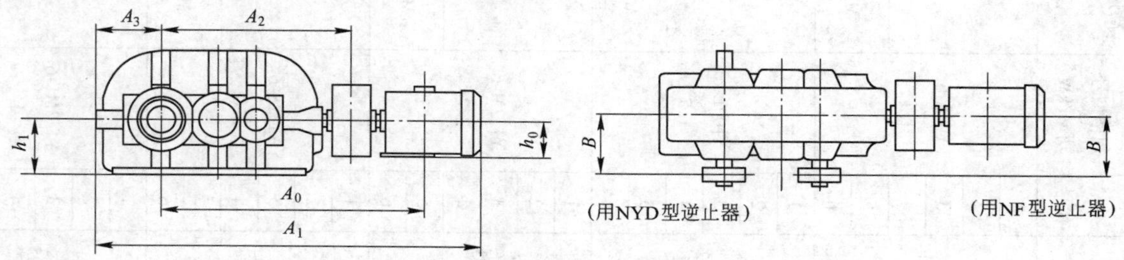

图 7-2 Y-DBY/DCY 驱动装置装配图

表 7-5 Y-DBY/DCY 驱动装置组合表

组合号	装配类型代号	电动机规格型号功率/kW	高速轴联轴器（或耦合器）规格型号	制动器规格型号	逆止器规格型号	减速器规格型号	联轴器或耦合器护罩	装配尺寸/mm							驱动装置		驱动装置架图号
								A_0	A_1	A_2	A_3	B	h_0	h_1	总重量/kg	代号	
301	1	Y90L-6 1.1	ML2 $\frac{24\times52}{25\times62}$MT2b	—	—	DCY160-50	MF14	765.5	1122	—	190	271	90	180	232	Q301-1D	JQ301-D
	2															Q301-2D	
	3				NFA10										263	Q301-3ND	JQ301N-D
	4															Q301-4ND	
	5		MLL4-1-160 $\frac{24\times62}{25\times62}$MT4b	YW160	—		—	779.5	1136	572					259	Q301-5ZD	JQ301Z-D
	6															Q301-6ZD	
302	1	Y100L-6 1.5	ML2 $\frac{28\times62}{25\times62}$MT2b	—	—	DCY160-50	MF14	790	1167	—	190	271	100	180	237	Q302-1D	JQ302-D
	2															Q302-2D	
	3				NFA10										268	Q302-3ND	JQ302N-D
	4															Q302-4ND	
	5		MLL4-1-160 $\frac{28\times62}{25\times62}$MT4b	YW160	—		—	794	1171	572					264	Q302-5ZD	JQ302Z-D
	6															Q302-6ZD	
303	1	Y112M-6 2.2	ML2 $\frac{28\times62}{25\times62}$MT2b	—	—	DCY160-50	MF14	797	1187	—	190	271	112	180	250	Q303-1D	JQ303-D
	2															Q303-2D	
	3				NFA10										281	Q303-3ND	JQ303N-D
	4															Q303-4ND	
	5		MLL4-1-160 $\frac{28\times62}{25\times62}$MT4b	YW160	—		—	801	1191	572					277	Q303-5ZD	JQ303Z-D
	6															Q303-6ZD	
304	1	Y132S-6 3.0	ML3 $\frac{38\times82}{30\times82}$MT3b	—	—	DCY180-50	MF18	922	1373	—	215	286	132	200	327	Q304-1D	JQ304-D
	2															Q304-2D	
	3				NFA10										358	Q304-3ND	JQ304N-D
	4															Q304-4ND	
	5		MLL4-1-160 $\frac{38\times82}{30\times82}$MT4b	YW160	—		—	925	1376	657					352	Q304-5ZD	JQ304Z-D
	6															Q304-6ZD	
305	1	Y132M1-6 4	ML3 $\frac{38\times82}{30\times82}$MT3b	—	—	DCY180-50	MF18	941	1413	—	215	286	132	200	337	Q305-1D	JQ305-D
	2															Q305-2D	
	3				NFA10										368	Q305-3ND	JQ305N-D
	4															Q305-4ND	
	5		MLL4-1-160 $\frac{38\times82}{30\times82}$MT4b	YW160	—		—	944	1416	657					362	Q305-5ZD	JQ305Z-D
	6															Q305-6ZD	

续表 7-5

组合号	装配类型代号	电动机规格型号功率/kW	高速轴联轴器（或耦合器）规格型号	制动器规格型号	逆止器规格型号	减速器规格型号	联轴器或耦合器护罩	装配尺寸/mm A_0	A_1	A_2	A_3	B	h_0	h_1	驱动装置 总重量/kg	代号	驱动装置架图号
306	1	Y132M2-6 5.5	ML4 $\frac{38\times82}{35\times82}$MT4b	—	—	DCY200-50	MF21	1009	1506	—	240	301	132	225	419	Q306-1D	JQ306-D
	2															Q306-2D	
	3				NFA10										450	Q306-3ND	JQ306N-D
	4															Q306-4ND	
	5		MLL4-1-160 $\frac{38\times82}{35\times82}$MT4b	YW160	—		—	1009	1506	722					441	Q306-5ZD	JQ306Z-D
	6															Q306-6ZD	
307	1	Y160M-6 7.5	ML4 $\frac{42\times112}{35\times82}$MT4b	—	—	DCY200-50	MF21	1074	1591	—	240	301	160	225	456	Q307-1D	JQ307-D
	2															Q307-2D	
	3				NFA10										487	Q307-3ND	JQ307N-D
	4															Q307-4ND	
	5		MLL4-1-160 $\frac{42\times112}{35\times82}$MT4b	YW160	—		—	1074	1591	722					478	Q307-5ZD	JQ307Z-D
	6															Q307-6ZD	
308	1	Y160L-6 11	ML4 $\frac{42\times112}{40\times112}$MT4b	—	—	DCY224-50	MF25	1211	1771	—	260	319	160	250	610	Q308-1D	JQ308-D
	2															Q308-2D	
	3				NFA16										645	Q308-3ND	JQ308N-D
	4															Q308-4ND	
	5		MLL4-1-160 $\frac{42\times112}{40\times112}$MT4b	YW160	—		—	1211	1771	837					631	Q308-5ZD	JQ308Z-D
	6															Q308-6ZD	
309	1	Y180L-6 15	ML5 $\frac{48\times112}{42\times112}$MT5b	—	—	DCY250-50	MF29	1332.5	1962	—	290	339	180	280	785	Q309-1D	JQ309-D
	2															Q309-2D	
	3				NFA16										820	Q309-3ND	JQ309N-D
	4															Q309-4ND	
	5		MLL5-1-200 $\frac{48\times112}{42\times112}$MT5b	YWZ_5-200/30	—		—	1332.5	1962	927					818	Q309-5ZD	JQ309Z-D
	6															Q309-6ZD	
310	1	Y200L1-6 18.5	ML6 $\frac{55\times112}{50\times112}$MT6b	—	—	DCY280-50	MF32	1453.5	2158	—	325	359	200	315	1089	Q310-1D	JQ310-D
	2															Q310-2D	
	3				NFA16										1124	Q310-3ND	JQ310N-D
	4															Q310-4ND	
	5		MLL6-1-200 $\frac{55\times112}{50\times112}$MT6b	YWZ_5-200/30	—		—	1453.5	2158	1017					1121	Q310-5ZD	JQ310Z-D
	6															Q310-6ZD	

续表 7-5

组合号	装配类型代号	电动机规格型号功率/kW	高速轴联轴器（或耦合器）规格型号	制动器规格型号	逆止器规格型号	减速器规格型号	联轴器或耦合器护罩	装配尺寸/mm A_0	A_1	A_2	A_3	B	h_0	h_1	驱动装置 总重量/kg	代 号	驱动装置架图 号
311	1	Y200L2-6 22	ML6 $\frac{55\times112}{50\times112}$MT6b	—	—	DCY280-50	MF32	1453.5	2158	—	325	359	200	315	1114	Q311-1D	JQ310-D
	2															Q311-2D	
	3				NFA16										1149	Q311-3ND	JQ310N-D
	4															Q311-4ND	
	5		MLL6-1-200 $\frac{55\times112}{50\times112}$MT6b	YWZ_5-200/30	—		—	1453.5	2158	1017					1146	Q311-5ZD	JQ310Z-D
	6															Q311-6ZD	
312	1	Y225M-6 30	ML7 $\frac{60\times142}{55\times112}$MT7b	—	—	DCY315-50	MF34	1619.5	2375	—	355	389	225	355	1425	Q312-1D	JQ312-D
	2															Q312-2D	
	3				NFA25										1469	Q312-3ND	JQ312N-D
	4															Q312-4ND	
	5		MLL7-1-250 $\frac{60\times142}{55\times112}$MT7b	YWZ_5-250/30	—		—	1619.5	2375	1132					1472	Q312-5ZD	JQ312Z-D
	6															Q312-6ZD	
313	1	Y250M-6 37	ML7 $\frac{65\times142}{60\times142}$MT7b	—	—	DCY355-50	MF35	1807.5	2645	—	390	420	250	400	1974	Q313-1D	JQ313-D
	2															Q313-2D	
	3				NFA40										2029	Q313-3ND	JQ313N-D
	4															Q313-4ND	
	5		MLL7-1-250 $\frac{65\times142}{60\times142}$MT7b	YWZ_5-250/30	—		—	1807.5	2645	1282					2020	Q313-5ZD	JQ313Z-D
	6															Q313-6ZD	
314	1	Y280S-6 45	YOX_F500 (YOXⅡ500)	—	—	DCY400-50	YF57	2229 (2084)	3135 (3010)	—	440	450	280	450	2616 (2621)	Q314-1D	JQ314-D
	2															Q314-2D	
	3				NYD250										3291 (3296)	Q314-3ND	JQ314N-D
	4															Q314-4ND	
	5		YOX_{FZ}500 ($YOXⅡ_Z$500)	YWZ_5-400/80	—			2229 (2313)	3135 (3239)	1385					2738 (2767)	Q314-5ZD	JQ314Z-D
	6															Q314-6ZD	
315	1	Y280M-6 55	YOX_F560 (YOXⅡ560)	—	—	DCY400-50	YF61	2324.5 (2163.5)	3275 (3114)	—	440	450	280	450	2709 (2731)	Q315-1D	JQ315-D
	2															Q315-2D	
	3				NYD250										3384 (3406)	Q315-3ND	JQ315N-D
	4															Q315-4ND	
	5		YOX_{FZ}560 ($YOXⅡ_Z$560)	YWZ_5-400/121	—			2324.5 (2410.5)	3275 (3361)	1385					2844 (2891)	Q315-5ZD	JQ315Z-D
	6															Q315-6ZD	

续表 7-5

组合号	装配类型代号	电动机规格型号功率/kW	高速轴联轴器（或耦合器）规格型号	制动器规格型号	逆止器规格型号	减速器规格型号	联轴器或耦合器护罩	装配尺寸/mm A_0	A_1	A_2	A_3	B	h_0	h_1	驱动装置 总重量/kg	代号	驱动装置架图号
316	1	Y315S-6 75	YOX$_F$560 （YOXⅡ560）	—	—	DCY450-50	YF63	2494 （2333）	3615 （3454）	—	490	490	315	500	3817	Q316-1D	JQ316-D
	2														（3839）	Q316-2D	
	3				NYD250										4492	Q316-3ND	JQ316N-D
	4														（4514）	Q316-4ND	
	5		YOX$_{FZ}$560 （YOXⅡ$_Z$560）	YWZ$_5$-400/121	—			2494 （2580）	3615 （3701）	1535					3953	Q316-5ZD	JQ316Z-D
	6														（3999）	Q316-6ZD	
317	1	Y315M-6 90	YOX$_F$650 （YOXⅡ650）	—	—	DCY450-50	YF71	2549.5 （2425.5）	3695 （3571）	—	490	490	315	500	3978	Q317-1D	JQ317-D
	2														（3930）	Q317-2D	
	3				NYD250										4653	Q317-3ND	JQ317N-D
	4														（4605）	Q317-4ND	
	5		YOX$_{FZ}$650 （YOXⅡ$_Z$650）	YWZ$_5$-500/121	—			2549.5 （2698.5）	3695 （3844）	1545					4185	Q317-5ZD	JQ317Z-D
	6														（4175）	Q317-6ZD	
318	1	Y315L1-6 110	YOX$_F$650 （YOXⅡ650）	—	—	DCY500-50	YF73	2735 （2611）	3990 （3866）	—	570	580	315	560	5704	Q318-1D	JQ318-D
	2														（5656）	Q318-2D	
	3				NYD270										6441	Q318-3ND	JQ318N-D
	4														（6393）	Q318-4ND	
	5		YOX$_{FZ}$650 （YOXⅡ$_Z$650）	YWZ$_5$-500/121	—			2735 （2884）	3990 （4139）	1705					5911	Q318-5ZD	JQ318Z-D
	6														（5900）	Q318-6ZD	
319	1	Y315L2-6 132	YOX$_F$650 （YOXⅡ650）	—	—	DCY500-50	YF73	2735 （2611）	3990 （3866）	—	570	580	315	560	5784	Q319-1D	JQ318-D
	2														（5734）	Q319-2D	
	3				NYD270										6521	Q319-3ND	JQ318N-D
	4														（6473）	Q319-4ND	
	5		YOX$_{FZ}$650 （YOXⅡ$_Z$650）	YWZ$_5$-500/121	—			2735 （2884）	3990 （4139）	1705					5991	Q319-5ZD	JQ318Z-D
	6														（5980）	Q319-6ZD	
320	1	Y355M-6 160	YOX$_F$650 （YOXⅡ650）	—	—	DCY560-50	YF75	2989 （2865）	4465 （4341）	—	610	620	355	630	7196	Q320-1D	JQ320-D
	2														（7148）	Q320-2D	
	3				NYD300										8319	Q320-3ND	JQ320N-D
	4														（8271）	Q320-4ND	
	5		YOX$_{FZ}$650 （YOXⅡ$_Z$650）	YWZ$_5$-500/121	—			2989 （3138）	4465 （4614）	1895					7402	Q320-5ZD	JQ320Z-D
	6														（7392）	Q320-6ZD	

续表 7-5

组合号	装配类型代号	电动机规格型号功率/kW	高速轴联轴器（或耦合器）规格型号	制动器规格型号	逆止器规格型号	减速器规格型号	联轴器或耦合器护罩	装配尺寸/mm A_0	A_1	A_2	A_3	B	h_0	h_1	驱动装置 总重量/kg	代号	驱动装置架图号
321	1	Y355M-6[①] 185	YOX_F750 (YOXⅡ750)	—	—	DCY560-50	YF81	3139 (2927)	4560 (4348)	—	610	620	355	630	7016	Q321-1D	JQ321-D
	2														(7024)	Q321-2D	
	3				NYD300										8141	Q321-3ND	JQ321N-D
	4														(8147)	Q321-4ND	
	5		$YOX_{FZ}750$ ($YOXⅡ_Z750$)	YWZ_5-630/121	—			3139 (3249)	4560 (4670)	1922.5					7341	Q321-5ZD	JQ321Z-D
	6														(7356)	Q321-6ZD	
322	1	Y355M-6 200	YOX_F750 (YOXⅡ750)	—	—	DCY560-50	YF82	3139 (2927)	4560 (4348)	—	610	620	355	630	7421	Q322-1D	JQ321-D
	2														(7427)	Q322-2D	
	3				NYD300										8544	Q322-3ND	JQ321N-D
	4														(8550)	Q322-4ND	
	5		$YOX_{FZ}750$ ($YOXⅡ_Z750$)	YWZ_5-630/121	—		YF82	3139 (3249)	4560 (4670)	1922.5					7607	Q322-5ZD	JQ321Z-D
	6														(7613)	Q322-6ZD	
323	1	Y3555-6 220	YOX_F750 (YOXⅡ750)	—	—	DCY560-50	YF82	3370 (3158)	4870 (4568)	—	610	620	355	630	7939	Q323-1D	JQ373-D
	2														(7945)	Q323-2D	
	3				NYD300										9062	Q323-3ND	JQ373N-D
	4														(9068)	Q323-4ND	
	5		$YOX_{FZ}750$ ($YOXⅡ_Z750$)	YWZ_5-630/121	—		YF82	3370 (3480)	4870 (4980)	1922.5					8127	Q323-5ZD	JQ373Z-D
	6														(8133)	Q323-6ZD	
324	1	Y3556-6 250	YOX_F750 (YOXⅡ750)	—	—	DCY560-50	YF82	3370 (3158)	4870 (4568)	—	610	620	355	630	8001	Q324-1D	JQ373-D
	2														(8007)	Q324-2D	
	3				NYD300										9124	Q324-3ND	JQ373N-D
	4														(9130)	Q324-4ND	
	5		$YOX_{FZ}750$ ($YOXⅡ_Z750$)	YWZ_5-630/121	—		YF82	3370 (3480)	4870 (4980)	1922.5					8187	Q324-5ZD	JQ373Z-D
	6														(8193)	Q324-6ZD	
325	1	Y4002-6 280	YOX_F750 (YOXⅡ750)	—	—	DCY560-50	YF82	3440 (3228)	5030 (4818)	—	610	620	355	630	8471	Q325-1D	JQ325-D
	2														(8477)	Q325-2D	
	3				NYD300										9594	Q325-3ND	JQ325N-D
	4														(9600)	Q325-4ND	
	5		$YOX_{FZ}750$ ($YOXⅡ_Z750$)	YWZ_5-630/121	—		YF82	3440 (3550)	5030 (5140)	1922.5					8657	Q325-5ZD	JQ325Z-D
	6														(8663)	Q325-6ZD	

续表 7-5

组合号	装配类型代号	电动机规格型号功率/kW	高速轴联轴器（或耦合器）规格型号	制动器规格型号	逆止器规格型号	减速器规格型号	联轴器或耦合器护罩	装配尺寸/mm							驱动装置		驱动装置架图号
								A_0	A_1	A_2	A_3	B	h_0	h_1	总重量/kg	代号	
326	1	Y4003-6 315	YOX_F750 （YOXⅡ750）	—	—	DCY560-50	YF82	3440 （3228）	5030 （4818）	—	610	620	400	630	8541 （8547）	Q326-1D	JQ325-D
	2															Q326-2D	
	3				NYD300										9664 （9670）	Q326-3ND	JQ325N-D
	4															Q326-4ND	
	5		$YOX_{FZ}750$ （$YOXⅡ_Z750$）	YWZ_5-630/125	—		YF82	3440 （3550）	5030 （5140）	1922.5					8727 （8733）	Q326-5ZD	JQ325Z-D
	6															Q326-6ZD	
351	1	Y90L-6 1.1	ML2 $\frac{24\times52}{25\times62}$MT2b	—	—	DCY160-40	MF14	765.5	1122	—	190	271	90	180	232	Q351-1D	JQ301-D
	2															Q351-2D	
	3				NFA10										263	Q351-3ND	JQ301N-D
	4															Q351-4ND	
	5		MLL4-1-160 $\frac{24\times62}{25\times62}$MT4b	YW160	—		—	779.5	1136	572					259	Q351-5ZD	JQ301Z-D
	6															Q351-6ZD	
352	1	Y100L-6 1.5	ML2 $\frac{28\times62}{25\times62}$MT2b	—	—	DCY160-40	MF14	790	1167	—	190	271	100	180	237	Q352-1D	JQ302-D
	2															Q352-2D	
	3				NFA10										268	Q352-3ND	JQ302N-D
	4															Q352-4ND	
	5		MLL4-1-160 $\frac{28\times62}{25\times62}$MT4b	YW160	—		—	794	1171	572					264	Q352-5ZD	JQ302Z-D
	6															Q352-6ZD	
353	1	Y112M-6 2.2	ML2 $\frac{28\times62}{25\times62}$MT2b	—	—	DCY160-40	MF14	797	1187	—	190	271	112	180	250	Q353-1D	JQ303-D
	2															Q353-2D	
	3				NFA10										281	Q353-3ND	JQ303N-D
	4															Q353-4ND	
	5		MLL4-1-160 $\frac{28\times62}{25\times62}$MT4b	YW160	—		—	801	1191	572					277	Q353-5ZD	JQ303Z-D
	6															Q353-6ZD	
354	1	Y132S-6 3	ML3 $\frac{38\times82}{30\times82}$MT3b	—	—	DCY160-40	MF14	922	1373	—	215	286	132	200	327	Q354-1D	JQ304-D
	2															Q354-2D	
	3				NFA10										358	Q354-3ND	JQ304N-D
	4															Q354-4ND	
	5		MLL4-1-160 $\frac{38\times82}{30\times82}$MT4b	YW160	—		—	925	1376	657					352	Q354-5ZD	JQ304Z-D
	6															Q354-6ZD	

续表 7-5

组合号	装配类型代号	电动机规格型号功率/kW	高速轴联轴器（或耦合器）规格型号	制动器规格型号	逆止器规格型号	减速器规格型号	联轴器或耦合器护罩	装配尺寸/mm							驱动装置		驱动装置架图号
								A_0	A_1	A_2	A_3	B	h_0	h_1	总重量/kg	代号	
355	1	Y132M1-6 4	ML3 $\frac{38\times82}{30\times82}$MT3b	—	—	DCY180-40	MF18	941	1413	—	215	286	132	200	337	Q355-1D	JQ305-D
	2															Q355-2D	
	3				NFA10										368	Q355-3ND	JQ305N-D
	4															Q355-4ND	
	5		MLL4-1-160 $\frac{38\times82}{30\times82}$MT4b	YW160	—		—	944	1416	657					362	Q355-5ZD	JQ305Z-D
	6															Q355-6ZD	
356	1	Y132M2-6 5.5	ML4 $\frac{38\times82}{35\times82}$MT4b	—	—	DCY200-40	MF21	1009	1506	—	240	301	132	225	419	Q356-1D	JQ306-D
	2															Q356-2D	
	3				NFA10										450	Q356-3ND	JQ306N-D
	4															Q356-4ND	
	5		MLL4-1-160 $\frac{38\times82}{35\times82}$MT4b	YW160	—		—	1009	1506	722					441	Q356-5ZD	JQ306Z-D
	6															Q356-6ZD	
357	1	Y160M-6 7.5	ML4 $\frac{42\times112}{35\times82}$MT4b	—	—	DCY200-40	MF21	1074	1591	—	240	301	160	225	456	Q357-1D	JQ307-D
	2															Q357-2D	
	3				NFA10										487	Q357-3ND	JQ307N-D
	4															Q357-4ND	
	5		MLL4-1-160 $\frac{42\times112}{35\times82}$MT4b	YW160	—		—	1074	1591	737					478	Q357-5ZD	JQ307Z-D
	6															Q357-6ZD	
358	1	Y160L-6 11	ML4 $\frac{42\times112}{40\times112}$MT4b	—	—	DCY224-40	MF25	1211	1771	—	260	319	160	250	610	Q358-1D	JQ308-D
	2															Q358-2D	
	3				NFA10										645	Q358-3ND	JQ308N-D
	4															Q358-4ND	
	5		MLL4-1-160 $\frac{42\times112}{40\times112}$MT4b	YW160	—		—	1211	1771	837					631	Q358-5ZD	JQ308Z-D
	6															Q358-6ZD	
359	1	Y180L-6 15	ML5 $\frac{48\times112}{42\times112}$MT5b	—	—	DCY250-40	MF29	1332.5	1962	—	290	339	180	280	785	Q359-1D	JQ309-D
	2															Q359-2D	
	3				NFA16										820	Q359-3ND	JQ309N-D
	4															Q359-4ND	
	5		MLL5-1-200 $\frac{48\times112}{42\times112}$MT5b	YWZ_5-200/30	—		—	1332.5	1962	927					818	Q359-5ZD	JQ309Z-D
	6															Q359-6ZD	

续表 7-5

组合号	装配类型代号	电动机规格型号功率/kW	高速轴联轴器（或耦合器）规格型号	制动器规格型号	逆止器规格型号	减速器规格型号	联轴器或耦合器护罩	装配尺寸/mm A_0	A_1	A_2	A_3	B	h_0	h_1	驱动装置 总重量/kg	代号	驱动装置架图号
360	1	Y200L1-6 18.5	ML6 $\frac{55\times112}{50\times112}$MT6b	—	—	DCY280-40	MF32	1453.5	2158	—	325	359	200	315	1089	Q360-1D	JQ310-D
	2															Q360-2D	
	3				NFA16										1124	Q360-3ND	JQ310N-D
	4															Q360-4ND	
	5		MLL6-1-200 $\frac{55\times112}{50\times112}$MT6b	YWZ_5-200/30	—		—	1453.5	2158	1017					1121	Q360-5ZD	JQ310Z-D
	6															Q360-6ZD	
361	1	Y200L2-6 22	ML6 $\frac{55\times112}{50\times112}$MT6b	—	—	DCY280-40	MF32	1453.5	2158	—	325	359	200	315	1114	Q361-1D	JQ310-D
	2															Q361-2D	
	3				NFA16										1149	Q361-3ND	JQ310N-D
	4															Q361-4ND	
	5		MLL6-1-200 $\frac{55\times112}{50\times112}$MT6b	YWZ_5-200/30	—		—	1453.5	2158	1017					1146	Q361-5ZD	JQ310Z-D
	6															Q361-6ZD	
362	1	Y225M-6 30	ML7 $\frac{60\times142}{55\times142}$MT7b	—	—	DCY315-40	MF34	1619.5	2375	—	355	389	225	355	1425	Q362-1D	JQ312-D
	2															Q362-2D	
	3				NFA25										1469	Q362-3ND	JQ312N-D
	4															Q362-4ND	
	5		MLL7-1-250 $\frac{60\times142}{55\times142}$MT7b	YWZ_5-250/30	—		—	1619.5	2375	1132					1472	Q362-5ZD	JQ312Z-D
	6															Q362-6ZD	
363	1	Y250M-6 37	ML7 $\frac{65\times142}{60\times142}$MT7b	—	—	DCY355-40	MF35	1807.5	2645	—	390	420	250	400	1974	Q363-1D	JQ313-D
	2															Q363-2D	
	3				NFA40										2029	Q363-3ND	JQ313N-D
	4															Q363-4ND	
	5		MLL7-1-250 $\frac{65\times142}{60\times142}$MT7b	YWZ_5-250/30	—		—	1807.5	2645	1282					2020	Q363-5ZD	JQ313Z-D
	6															Q363-6ZD	
364	1	Y280S-6 45	YOX_F500（YOXⅡ500）	—	—	DCY355-40	YF56	2094（1949）	2970（2825）	—	390	420	280	400	2199（2204）	Q364-1D	JQ364-D
	2															Q364-2D	
	3				NFA40										2248（2253）	Q364-3ND	JQ364N-D
	4															Q364-4ND	
	5		YOX_{FZ}500（YOXⅡ$_Z$500）	YWZ_5-400/80	—		—	2094（2178）	2970（3054）	1250					2320（2350）	Q364-5ZD	JQ364Z-D
	6															Q364-6ZD	

续表 7-5

组合号	装配类型代号	电动机规格型号 功率/kW	高速轴联轴器（或耦合器）规格型号	制动器规格型号	逆止器规格型号	减速器规格型号	联轴器或耦合器护罩	装配尺寸/mm							驱动装置		驱动装置架图号
								A_0	A_1	A_2	A_3	B	h_0	h_1	总重量/kg	代号	
365	1	Y280M-6 55	YOX_F560 （YOXⅡ560）	—	—	DCY355-40	YF60	2189.5 (2028.5)	3090 (2929)	—	390	420	280	400	2291	Q365-1D	JQ365-D
	2														(2313)	Q365-2D	
	3				NFA40										2347	Q365-3ND	JQ365N-D
	4														(2369)	Q365-4ND	
	5		$YOX_{FZ}560$ （$YOXⅡ_Z560$）	YWZ_5-400/121	—			2189.5 (2275.5)	3090 (3176)	1250					2427	Q365-5ZD	JQ365Z-D
	6														(2473)	Q365-6ZD	
366	1	Y315S-6 75	YOX_F560 （YOXⅡ560）	—	—	DCY400-40	YF61	2344 (2183)	3415 (3254)	—	440	450	315	450	3109	Q366-1D	JQ366-D
	2														(3131)	Q366-2D	
	3				NYD250										3784	Q366-3ND	JQ366N-D
	4														(3806)	Q366-4ND	
	5		$YOX_{FZ}560$ （$YOXⅡ_Z560$）	YWZ_5-400/121	—			2344 (2430)	3415 (3501)	1385					3244	Q366-5ZD	JQ366Z-D
	6														(3291)	Q366-6ZD	
367	1	Y315M-6 90	YOX_F650 （YOXⅡ650）	—	—	DCY400-40	YF69	2399.5 (2275.5)	3495 (3371)	—	440	450	315	450	3270	Q367-1D	JQ367-D
	2														(3222)	Q367-2D	
	3				NYD250										3945	Q367-3ND	JQ367N-D
	4														(3897)	Q367-4ND	
	5		$YOX_{FZ}650$ （$YOXⅡ_Z650$）	YWZ_5-500/121	—			2399.5 (2548.5)	3495 (3644)	1395					3477	Q367-5ZD	JQ367Z-D
	6														(3466)	Q367-6ZD	
368	1	Y315L1-6 110	YOX_F650 （YOXⅡ650）	—	—	DCY450-40	YF71	2575 (2451)	3750 (3626)	—	490	490	315	500	4038	Q368-1D	JQ368-D
	2														(3990)	Q368-2D	
	3				NYD250										4713	Q368-3ND	JQ368N-D
	4														(4665)	Q368-4ND	
	5		$YOX_{FZ}650$ （$YOXⅡ_Z650$）	YWZ_5-500/121	—			2575 (2724)	3750 (3899)	1545					4245	Q368-5ZD	JQ368Z-D
	6														(4235)	Q368-6ZD	
369	1	Y315L2-6 132	YOX_F650 （YOXⅡ650）	—	—	DCY450-40	YF71	2575 (2451)	3750 (3626)	—	490	490	315	500	4118	Q369-1D	JQ368-D
	2														(4070)	Q369-2D	
	3				NYD250										4793	Q369-3ND	JQ368N-D
	4														(4745)	Q369-4ND	
	5		$YOX_{FZ}650$ （$YOXⅡ_Z650$）	YWZ_5-500/121	—			2575 (2724)	3750 (3899)	1545					4325	Q369-5ZD	JQ368Z-D
	6														(4315)	Q369-6ZD	

续表 7-5

组合号	装配类型代号	电动机规格型号功率/kW	高速轴联轴器（或耦合器）规格型号	制动器规格型号	逆止器规格型号	减速器规格型号	联轴器或耦合器护罩	装配尺寸/mm A_0	A_1	A_2	A_3	B	h_0	h_1	驱动装置 总重量/kg	代号	驱动装置架图号
370	1	Y355M-6 160	YOX_F650（YOXⅡ650）	—	—	DCY500-40	YF73	2799（2675）	4235（4111）	—	570	580	355	560	6214	Q370-1D	JQ370-D
	2														（6166）	Q370-2D	
	3				NYD270										6951	Q370-3ND	JQ370N-D
	4														（6903）	Q370-4ND	
	5		YOX_{FZ}650（YOXⅡ$_Z$650）	YWZ_5-500/121	—			2799（2948）	4235（4384）	1705					6421	Q370-5ZD	JQ370Z-D
	6														（6410）	Q370-6ZD	
371	1	Y355M-6① 185	YOX_F750（YOXⅡ750）	—	—	DCY500-40	YF79	2949（2737）	4330（4118）	—	570	580	355	560	6037	Q371-1D	JQ371-D
	2														（6043）	Q371-2D	
	3				NYD270										6774	Q371-3ND	JQ371N-D
	4														（6780）	Q371-4ND	
	5		YOX_{FZ}750（YOXⅡ$_Z$750）	YWZ_5-630/121	—			2949（3059）	4330（4440）	1732.5					6390	Q371-5ZD	JQ371Z-D
	6														（6375）	Q371-6ZD	
372	1	Y355M-6 200	YOX_F750（YOXⅡ750）	—	—	DCY560-40	YF82	3139（2927）	4615（4403）	—	610	620	355	630	7419	Q372-1D	JQ372-D
	2														（7425）	Q372-2D	
	3				NYD300										9042	Q372-3ND	JQ372N-D
	4														（9048）	Q372-4ND	
	5		YOX_{FZ}750（YOXⅡ$_Z$750）	YWZ_5-630/121	—			3139（3249）	4615（4725）	1922.5					7772	Q372-5ZD	JQ372Z-D
	6														（7757）	Q372-6ZD	
373	1	Y3555-6 220	YOX_F750（YOXⅡ750）	—	—	DCY560-40	YF82	3370（3158）	4870（4658）	—	610	620	355	630	7941	Q373-1D	JQ373-D
	2														（7947）	Q373-2D	
	3				NYD300										9064	Q373-3ND	JQ373N-D
	4														（9070）	Q373-4ND	
	5		YOX_{FZ}750（YOXⅡ$_Z$750）	YWZ_5-630/121	—			3370（3480）	4870（4980）	1922.5					8127	Q373-5ZD	JQ373Z-D
	6														（8133）	Q373-6ZD	
374	1	Y3556-6 250	YOX_F750（YOXⅡ750）	—	—	DCY560-40	YF82	3370（3158）	4870（4658）	—	610	620	355	630	8001	Q374-1D	JQ373-D
	2														（8007）	Q374-2D	
	3				NYD300										9124	Q374-3ND	JQ373N-D
	4														（9130）	Q374-4ND	
	5		YOX_{FZ}750（YOXⅡ$_Z$750）	YWZ_5-630/125	—			3370（3480）	4870（4980）	1922.5					8187	Q374-5ZD	JQ373Z-D
	6														（8193）	Q374-6ZD	

续表 7-5

组合号	装配类型代号	电动机规格型号功率/kW	高速轴联轴器（或耦合器）规格型号	制动器规格型号	逆止器规格型号	减速器规格型号	联轴器或耦合器护罩	装配尺寸/mm							驱动装置		驱动装置架图号
								A_0	A_1	A_2	A_3	B	h_0	h_1	总重量/kg	代号	
375	1	Y4002-6 280	YOX_F750 （YOXⅡ750）	—	—	DCY560-40	YF82	3440 （3228）	5030 （4818）	—	610	620	400	630	8471 （8477）	Q375-1D	JQ325-D
	2															Q375-2D	
	3				NYD300										9594 （9600）	Q375-3ND	JQ325N-D
	4															Q375-4ND	
	5		$YOX_{FZ}750$ （$YOXⅡ_Z750$）	YWZ_5-630/121	—			3440 （3550）	5830 （5140）	1922.5					8657 （8663）	Q375-5ZD	JQ325Z-D
	6															Q375-6ZD	
376	1	Y4003-6 315	YOX_F750 （YOXⅡ750）	—	—	DCY560-40	YF82	3440 （3228）	5030 （4818）	—	610	620	400	630	8541 （8547）	Q376-1D	JQ325-D
	2															Q376-2D	
	3				NYD300										9664 （9670）	Q376-3ND	JQ325N-D
	4															Q376-4ND	
	5		$YOX_{FZ}750$ （$YOXⅡ_Z750$）	YWZ_5-630/121	—			3440 （3550）	5830 （5140）	1922.5					8727 （8733）	Q376-5ZD	JQ325Z-D
	6															Q376-6ZD	
401	1	Y90S-4 1.1	ML2 $\frac{24\times52}{25\times62}$MT2b	—	—	DCY160-50	MF14	753	1097	—	190	271	90	180	228	Q401-1D	JQ401-D
	2															Q401-2D	
	3				NFA10										259	Q401-3ND	JQ401N-D
	4															Q401-4ND	
	5		MLL4-1-160 $\frac{24\times62}{25\times62}$MT4b	YW160	—		—	767	1111	572					255	Q401-5ZD	JQ401Z-D
	6															Q401-6ZD	
402	1	Y90L-4 1.5	ML2 $\frac{24\times52}{25\times62}$MT2b	—	—	DCY160-50	MF14	765.5	1122	—	190	271	90	180	232	Q402-1D	JQ301-D
	2															Q402-2D	
	3				NFA10										263	Q402-3ND	JQ301N-D
	4															Q402-4ND	
	5		MLL4-1-160 $\frac{24\times62}{25\times62}$MT4b	YW160	—		—	779.5	1136	572					259	Q402-5ZD	JQ301Z-D
	6															Q402-6ZD	
403	1	Y100L1-4 2.2	ML2 $\frac{28\times62}{25\times62}$MT2b	—	—	DCY160-50	MF14	790	1167	—	190	271	100	180	240	Q403-1D	JQ302-D
	2															Q403-2D	
	3				NFA10										271	Q403-3ND	JQ302N-D
	4															Q403-4ND	
	5		MLL4-1-160 $\frac{28\times62}{25\times62}$MT4b	YW160	—		—	794	1171	572					267	Q403-5ZD	JQ302Z-D
	6															Q403-6ZD	

续表 7-5

组合号	装配类型代号	电动机规格型号 功率/kW	高速轴联轴器（或耦合器）规格型号	制动器规格型号	逆止器规格型号	减速器规格型号	联轴器或耦合器护罩	装配尺寸/mm A_0	A_1	A_2	A_3	B	h_0	h_1	驱动装置 总重量/kg	驱动装置 代号	驱动装置架图号
404	1	Y100L2-4 3	ML2 $\frac{28\times62}{25\times62}$MT2b	—	—	DCY160-50	MF14	790	1167	—	190	271	100	180	243	Q404-1D	JQ302-D
	2															Q404-2D	
	3				NFA10										274	Q404-3ND	JQ302N-D
	4															Q404-4ND	
	5		MLL4-1-160 $\frac{28\times62}{25\times62}$MT4b	YW160	—		—	794	1171	572					270	Q404-5ZD	JQ302Z-D
	6															Q404-6ZD	
405	1	Y112M-4 4	ML2 $\frac{28\times62}{25\times62}$MT2b	—	—	DCY160-50	MF14	797	1187	—	190	271	112	180	254	Q405-1D	JQ303-D
	2															Q405-2D	
	3				NFA10										285	Q405-3ND	JQ303N-D
	4															Q405-4ND	
	5		MLL4-1-160 $\frac{28\times62}{25\times62}$MT4b	YW160	—		—	801	1191	572					281	Q405-5ZD	JQ303Z-D
	6															Q405-6ZD	
406	1	Y132S-4 5.5	ML3 $\frac{38\times82}{30\times82}$MT3b	—	—	DCY180-50	MF18	922	1373	—	215	286	132	200	329	Q406-1D	JQ304-D
	2															Q406-2D	
	3				NFA10										360	Q406-3ND	JQ304N-D
	4															Q406-4ND	
	5		MLL4-1-160 $\frac{38\times82}{30\times82}$MT4b	YW160	—		—	925	1376	657					354	Q406-5ZD	JQ304Z-D
	6															Q406-6ZD	
407	1	Y132M-4 7.5	ML3 $\frac{38\times82}{30\times82}$MT3b	—	—	DCY180-50	MF18	941	1413	—	215	286	132	200	342	Q407-1D	JQ305-D
	2															Q407-2D	
	3				NFA10										373	Q407-3ND	JQ305N-D
	4															Q407-4ND	
	5		MLL4-1-160 $\frac{38\times82}{30\times82}$MT4b	YW160	—		—	944	1416	657					367	Q407-5ZD	JQ305Z-D
	6															Q407-6ZD	
408	1	Y160M-4 11	ML4 $\frac{42\times112}{35\times82}$MT4b	—	—	DCY200-50	MF21	1074	1591	—	240	301	160	225	459	Q408-1D	JQ307-D
	2															Q408-2D	
	3				NFA10										490	Q408-3ND	JQ307N-D
	4															Q408-4ND	
	5		MLL4-1-160 $\frac{42\times112}{35\times82}$MT4b	YW160	—		—	1074	1591	722					481	Q408-5ZD	JQ307Z-D
	6															Q408-6ZD	

续表 7-5

组合号	装配类型代号	电动机规格型号功率/kW	高速轴联轴器（或耦合器）规格型号	制动器规格型号	逆止器规格型号	减速器规格型号	联轴器或耦合器护罩	装配尺寸/mm A_0	A_1	A_2	A_3	B	h_0	h_1	驱动装置 总重量/kg	代 号	驱动装置架图 号
409	1	Y160L-4 15	ML4 $\frac{42\times112}{40\times112}$MT4b	—	—	DCY224-50	MF25	1211	1771	—	260	319	160	250	611	Q409-1D	JQ308-D
	2															Q409-2D	
	3				NFA16										646	Q409-3ND	JQ308N-D
	4															Q409-4ND	
	5		MLL4-1-160 $\frac{42\times112}{40\times112}$MT4b	YW160	—		—	1211	1771	837					632	Q409-5ZD	JQ308Z-D
	6															Q409-6ZD	
410	1	Y180M-4 18.5	ML5 $\frac{48\times112}{42\times112}$MT5b	—	—	DCY250-50	MF29	1313.5	1922	—	290	339	180	280	772	Q410-1D	JQ410-D
	2															Q410-2D	
	3				NFA16										808	Q410-3ND	JQ410N-D
	4															Q410-4ND	
	5		MLL5-1-200 $\frac{48\times112}{42\times112}$MT5b	YWZ_5-200/30	—		—	1313.5	1922	927					805	Q410-5ZD	JQ410Z-D
	6															Q410-6ZD	
411	1	Y180L-4 22	ML6 $\frac{48\times112}{42\times112}$MT6b	—	—	DCY250-50	MF30	1338.5	1968	—	290	339	180	280	799	Q411-1D	JQ411-D
	2															Q411-2D	
	3				NFA16										834	Q411-3ND	JQ411N-D
	4															Q411-4ND	
	5		MLL6-1-200 $\frac{48\times112}{42\times112}$MT6b	YWZ_5-200/30	—		—	1338.5	1968	927					832	Q411-5ZD	JQ411Z-D
	6															Q411-6ZD	
412	1	Y200L-4 30	ML6 $\frac{55\times112}{50\times112}$MT6b	—	—	DCY280-50	MF32	1453.5	2158	—	325	359	200	315	1109	Q412-1D	JQ310-D
	2															Q412-2D	
	3				NFA16										1144	Q412-3ND	JQ310N-D
	4															Q412-4ND	
	5		MLL6-1-200 $\frac{55\times112}{50\times112}$MT6b	YWZ_5-200/30	—		—	1453.5	2158	1017					1141	Q412-5ZD	JQ310Z-D
	6															Q412-6ZD	
413	1	Y225S-4 37	ML7 $\frac{60\times142}{55\times112}$MT7b	—	—	DCY315-50	MF34	1607	2350	—	355	389	225	355	1428	Q413-1D	JQ413-D
	2															Q413-2D	
	3				NFA25										1466	Q413-3ND	JQ413N-D
	4															Q413-4ND	
	5		MLL7-1-250 $\frac{60\times142}{55\times112}$MT7b	YWZ_5-250/30	—		—	1607	2350	1147					1475	Q413-5ZD	JQ413Z-D
	6															Q413-6ZD	

续表 7-5

组合号	装配类型代号	电动机规格型号功率/kW	高速轴联轴器（或耦合器）规格型号	制动器规格型号	逆止器规格型号	减速器规格型号	联轴器或耦合器护罩	装配尺寸/mm A_0	A_1	A_2	A_3	B	h_0	h_1	驱动装置 总重量/kg	代号	驱动装置架图号
414	1	Y225M-4 45	YOX_F400（YOXⅡ400）	—	—	DCY315-50	YF45	1794.5（1679.5）	2550（2435）	—	355	389	225	355	1507	Q414-1D	JQ414-D
	2														（1513）	Q414-2D	
	3				NFA25										1551	Q414-3ND	JQ414N-D
	4														（1556）	Q414-4ND	
	5		$YOX_{FZ}400$（$YOXⅡ_Z400$）	YWZ_5-315/50	—			1794.5（1880.5）	2550（2636）	1105					1601	Q414-5ZD	JQ414Z-D
	6														（1616）	Q414-6ZD	
415	1	Y250M-4 55	YOX_F450（YOXⅡ450）	—	—	DCY315-50	YF50	1862.5（1759.5）	2665（2562）	—	355	389	250	355	1580	Q415-1D	JQ415-D
	2														（1595）	Q415-2D	
	3				NFA25										1624	Q415-3ND	JQ415N-D
	4														（1639）	Q415-4ND	
	5		$YOX_{FZ}450$（$YOXⅡ_Z450$）	YWZ_5-315/50	—			1862.5（1942.5）	2665（2745）	1105					1674	Q415-5ZD	JQ415Z-D
	6														（1699）	Q415-6ZD	
416	1	Y280S-4 75	YOX_F450（YOXⅡ450）	—	—	DCY355-50	YF51	2014（1911）	2890（2787）	—	390	420	280	400	2190	Q416-1D	JQ416-D
	2														（2205）	Q416-2D	
	3				NFA40										2245	Q416-3ND	JQ416N-D
	4														（2260）	Q416-4ND	
	5		$YOX_{FZ}450$（$YOXⅡ_Z450$）	YWZ_5-315/50	—			2014（2094）	2890（2970）	1225					2284	Q416-5ZD	JQ416Z-D
	6														（2309）	Q416-6ZD	
417	1	Y280M-4 90	YOX_F500（YOXⅡ500）	—	—	DCY400-50	YF57	2254.5（2109.5）	3205（3060）	—	440	450	280	450	2743	Q417-1D	JQ417-D
	2														（2748）	Q417-2D	
	3				NYD250										3418	Q417-3ND	JQ417N-D
	4														（3423）	Q417-4ND	
	5		$YOX_{FZ}500$（$YOXⅡ_Z500$）	YWZ_5-400/80	—			2254.5（2338.5）	3205（3289）	1385					2864	Q417-5ZD	JQ417Z-D
	6														（2893）	Q417-6ZD	
418	1	Y315S-4 110	YOX_F500（YOXⅡ500）	—	—	DCY400-50	YF57	2274（2129）	3345（3200）	—	440	450	315	450	3083	Q418-1D	JQ418-D
	2														（3088）	Q418-2D	
	3				NYD250										3758	Q418-3ND	JQ418N-D
	4														（3763）	Q418-4ND	
	5		$YOX_{FZ}500$（$YOXⅡ_Z500$）	YWZ_5-400/80	—			2274（2358）	3345（3429）	1385					3205	Q418-5ZD	JQ418Z-D
	6														（3234）	Q418-6ZD	

续表 7-5

组合号	装配类型代号	电动机规格型号功率/kW	高速轴联轴器（或耦合器）规格型号	制动器规格型号	逆止器规格型号	减速器规格型号	联轴器或耦合器护罩	装配尺寸/mm A_0	A_1	A_2	A_3	B	h_0	h_1	驱动装置 总重量/kg	代号	驱动装置架图号
419	1	Y315M-4 132	YOX_F500 (YOXⅡ500)	—	—	DCY450-50	YF58	2449.5 (2304.5)	3595 (3450)	—	490	490	315	500	3892	Q419-1D	JQ419-D
	2														(3897)	Q419-2D	
	3				NYD250										4567	Q419-3ND	JQ419N-D
	4														(4572)	Q419-4ND	
	5		$YOX_{FZ}500$ (YOXⅡ$_Z$500)	YWZ_5-400/80	—			2449.5 (2533.5)	3595 (3679)	1535					4013	Q419-5ZD	JQ419Z-D
	6														(4043)	Q419-6ZD	
420	1	Y315L1-4 160	YOX_F560 (YOXⅡ560)	—	—	DCY450-50	YF63	2545 (2384)	3720 (3559)	—	490	490	315	500	3967	Q420-1D	JQ420-D
	2														(3989)	Q420-2D	
	3				NYD250										4642	Q420-3ND	JQ420N-D
	4														(4664)	Q420-4ND	
	5		$YOX_{FZ}560$ (YOXⅡ$_Z$560)	YWZ_5-400/121	—			2545 (2631)	3720 (3806)	1535					4103	Q420-5ZD	JQ420Z-D
	6														(4149)	Q420-6ZD	
421	1	Y355M-4[①] 185	YOX_F560 (YOXⅡ560)	—	—	DCY500-50	YF65	2769 (2608)	4150 (3989)	—	570	580	355	560	5793	Q421-1D	JQ421-D
	2														(5815)	Q421-2D	
	3				NYD270										6530	Q421-3ND	JQ421N-D
	4														(6552)	Q421-4ND	
	5		$YOX_{FZ}560$ (YOXⅡ$_Z$560)	YWZ_5-400/121	—			2769 (2855)	4150 (4236)	1695					5929	Q421-5ZD	JQ421Z-D
	6														(5975)	Q421-6ZD	
422	1	Y315L2-4 200	YOX_F560 (YOXⅡ560)	—	—	DCY500-50	YF66	2705 (2544)	3960 (3799)	—	570	580	315	560	5793	Q422-1D	JQ422-D
	2														(5815)	Q422-2D	
	3				NYD270										6530	Q422-3ND	JQ422N-D
	4														(6552)	Q422-4ND	
	5		$YOX_{FZ}560$ (YOXⅡ$_Z$560)	YWZ_5-400/121	—			2705 (2791)	3960 (4046)	1695					5929	Q422-5ZD	JQ422Z-D
	6														(5975)	Q422-6ZD	
423	1	Y3553-4 220	YOX_F560 (YOXⅡ560)	—	—	DCY500-50	YF66	3000 (2879)	4460 (4339)	—	570	580	355	560	6443	Q423-1D	JQ423-D
	2														(6465)	Q423-2D	
	3				NYD300										7566	Q423-3ND	JQ423N-D
	4														(7588)	Q423-4ND	
	5		$YOX_{FZ}560$ (YOXⅡ$_Z$560)	YWZ_5-400/121	—			3000 (3086)	4460 (4546)	1695					6579	Q423-5ZD	JQ423Z-D
	6														(6625)	Q423-6ZD	

续表 7-5

组合号	装配类型代号	电动机规格型号功率/kW	高速轴联轴器（或耦合器）规格型号	制动器规格型号	逆止器规格型号	减速器规格型号	联轴器或耦合器护罩	装配尺寸/mm A_0	A_1	A_2	A_3	B	h_0	h_1	驱动装置 总重量/kg	代号	驱动装置架图号
424	1	Y3554-4 250	YOX_F560 (YOXⅡ560)	—	—	DCY500-50	YF66	3000 (2879)	4460 (4339)	—	570	580	355	560	6483	Q424-1D	JQ423-D
	2														(6505)	Q424-2D	
	3				NYD300										7606	Q424-3ND	JQ423N-D
	4														(7628)	Q424-4ND	
	5		$YOX_{FZ}560$ ($YOXⅡ_Z560$)	YWZ_5-400/121	—			3000 (3086)	4460 (4546)	1695					6619	Q424-5ZD	JQ423Z-D
	6														(6665)	Q424-6ZD	
425	1	Y3555-4 280	YOX_F650 (YOXⅡ650)	—	—	DCY560-50	YF76	3220 (3096)	4720 (4596)	—	610	620	355	630	7626	Q425-1D	JQ425-D
	2														(7578)	Q425-2D	
	3				NYD300										8749	Q425-3ND	JQ425N-D
	4														(8701)	Q425-4ND	
	5		$YOX_{FZ}650$ ($YOXⅡ_Z650$)	YWZ_5-500/121	—			3220 (3369)	4720 (4869)	1895					7812	Q425-5ZD	JQ425Z-D
	6														(7822)	Q425-6ZD	
426	1	Y3556-4 315	YOX_F650 (YOXⅡ650)	—	—	DCY560-50	YF82	3220 (3096)	4720 (4596)	—	610	620	355	630	7626	Q426-1D	JQ425-D
	2														(7578)	Q426-2D	
	3				NYD300										8749	Q426-3ND	JQ425N-D
	4														(8701)	Q426-4ND	
	5		$YOX_{FZ}650$ ($YOXⅡ_Z650$)	YWZ_5-500/121	—			3220 (3369)	4720 (4869)	1895					7812	Q426-5ZD	JQ425Z-D
	6														(7822)	Q426-6ZD	
451	1	Y90S-4 1.1	ML2 $\frac{24\times52}{25\times62}$MT2b	—	—	DCY160-40	MF14	753	1097	—	190	271	90	180	228	Q451-1D	JQ401-D
	2															Q451-2D	
	3				NFA10										259	Q451-3ND	JQ401N-D
	4															Q451-4ND	
	5		MLL4-1-160 $\frac{24\times62}{25\times62}$MT4b	YW160	—		—	767	1111	572					255	Q451-5ZD	JQ401Z-D
	6															Q451-6ZD	
452	1	Y90L-4 1.5	ML2 $\frac{24\times52}{25\times62}$MT2b	—	—	DCY160-40	MF14	765.5	1122	—	190	271	90	180	232	Q452-1D	JQ301-D
	2															Q452-2D	
	3				NFA10										263	Q452-3ND	JQ301N-D
	4															Q452-4ND	
	5		MLL4-1-160 $\frac{24\times62}{25\times62}$MT2b	YW160	—		—	779.5	1136	572					259	Q452-5ZD	JQ301Z-D
	6															Q452-6ZD	

续表 7-5

组合号	装配类型代号	电动机规格型号 功率/kW	高速轴联轴器（或耦合器）规格型号	制动器规格型号	逆止器规格型号	减速器规格型号	联轴器或耦合器护罩	装配尺寸/mm A_0	A_1	A_2	A_3	B	h_0	h_1	驱动装置 总重量/kg	驱动装置 代号	驱动装置架图号
453	1	Y100L1-4 2.2	ML2 $\frac{28\times62}{25\times62}$MT2b	—	—	DCY160-40	MF14	790	1167	—	190	271	100	180	240	Q453-1D	JQ302-D
	2															Q453-2D	
	3				NFA10										271	Q453-3ND	JQ302N-D
	4															Q453-4ND	
	5		MLL4-1-160 $\frac{28\times62}{25\times62}$MT4b	YW160	—		—	794	1171	572					267	Q453-5ZD	JQ302Z-D
	6															Q453-6ZD	
454	1	Y100L2-4 3	ML2 $\frac{28\times62}{25\times62}$MT2b	—	—	DCY160-40	MF14	790	1167	—	190	271	100	180	243	Q454-1D	JQ302-D
	2															Q454-2D	
	3				NFA10										274	Q454-3ND	JQ302N-D
	4															Q454-4ND	
	5		MLL4-1-160 $\frac{28\times62}{25\times62}$MT4b	YW160	—		—	794	1171	572					270	Q454-5ZD	JQ302Z-D
	6															Q454-6ZD	
455	1	Y112M-4 4	ML2 $\frac{28\times62}{25\times62}$MT2b	—	—	DCY160-40	MF14	797	1187	—	190	271	112	180	254	Q455-1D	JQ303-D
	2															Q455-2D	
	3				NFA10										285	Q455-3ND	JQ303N-D
	4															Q455-4ND	
	5		MLL4-1-160 $\frac{28\times62}{25\times62}$MT4b	YW160	—		—	801	1191	572					281	Q455-5ZD	JQ303Z-D
	6															Q455-6ZD	
456	1	Y132S-4 5.5	ML3 $\frac{38\times82}{30\times82}$MT3b	—	—	DCY180-40	MF18	922	1373	—	215	286	132	200	329	Q456-1D	JQ304-D
	2															Q456-2D	
	3				NFA10										360	Q456-3ND	JQ304N-D
	4															Q456-4ND	
	5		MLL4-1-160 $\frac{38\times82}{30\times82}$MT4b	YW160	—		—	925	1376	657					354	Q456-5ZD	JQ304Z-D
	6															Q456-6ZD	
457	1	Y132M-4 7.5	ML3 $\frac{38\times82}{30\times82}$MT3b	—	—	DCY180-40	MF18	941	1413	—	215	286	132	200	342	Q457-1D	JQ305-D
	2															Q457-2D	
	3				NFA10										373	Q457-3ND	JQ305N-D
	4															Q457-4ND	
	5		MLL4-1-160 $\frac{38\times82}{30\times82}$MT4b	YW160	—		—	944	1416	657					367	Q457-5ZD	JQ305Z-D
	6															Q457-6ZD	

续表 7-5

组合号	装配类型代号	电动机规格型号功率/kW	高速轴联轴器（或耦合器）规格型号	制动器规格型号	逆止器规格型号	减速器规格型号	联轴器或耦合器护罩	装配尺寸/mm							驱动装置		驱动装置架图号
								A_0	A_1	A_2	A_3	B	h_0	h_1	总重量/kg	代号	
458	1	Y160M-4 11	ML4 $\frac{42\times112}{35\times82}$MT4b	—	—	DCY200-40	MF21	1074	1591	—	240	301	160	225	459	Q458-1D	JQ307-D
	2															Q458-2D	
	3				NFA10										490	Q458-3ND	JQ307N-D
	4															Q458-4ND	
	5		MLL4-1-160 $\frac{42\times112}{35\times82}$MT4b	YW160	—		—	1074	1591	722					481	Q458-5ZD	JQ307Z-D
	6															Q458-6ZD	
459	1	Y160L-4 15	ML4 $\frac{42\times112}{35\times82}$MT4b	—	—	DCY200-40	MF21	1096	1636	—	240	301	160	225	482	Q459-1D	JQ459-D
	2															Q459-2D	
	3				NFA10										513	Q459-3ND	JQ459N-D
	4															Q459-4ND	
	5		MLL4-1-160 $\frac{42\times112}{35\times82}$MT4b	YW160	—		—	1096	1636	722					504	Q459-5ZD	JQ459Z-D
	6															Q459-6ZD	
460	1	Y180M-4 18.5	ML5 $\frac{48\times112}{40\times112}$MT5b	—	—	DCY224-40	MF26	1223.5	1802	—	260	319	180	250	639	Q460-1D	JQ460-D
	2															Q460-2D	
	3				NFA16										674	Q460-3ND	JQ460N-D
	4															Q460-4ND	
	5		MLL5-1-200 $\frac{48\times112}{40\times112}$MT5b	YWZ_5-200/30	—		—	1223.5	1802	837					672	Q460-5ZD	JQ460Z-D
	6															Q460-6ZD	
461	1	Y180L-4 22	ML6 $\frac{48\times112}{42\times112}$MT6b	—	—	DCY250-40	MF30	1338.5	1968	—	290	339	180	280	799	Q461-1D	JQ411-D
	2															Q461-2D	
	3				NFA16										834	Q461-3ND	JQ411N-D
	4															Q461-4ND	
	5		MLL6-1-200 $\frac{48\times112}{42\times112}$MT6b	YWZ_5-200/30	—		—	1338.5	1968	927					832	Q461-5ZD	JQ411Z-D
	6															Q461-6ZD	
462	1	Y200L-4 30	ML6 $\frac{55\times112}{50\times112}$MT6b	—	—	DCY280-40	MF32	1453.5	2158	—	325	359	200	315	1109	Q462-1D	JQ310-D
	2															Q462-2D	
	3				NFA16										1144	Q462-3ND	JQ310N-D
	4															Q462-4ND	
	5		MLL6-1-200 $\frac{55\times112}{50\times112}$MT6b	YWZ_5-200/30	—		—	1453.5	2158	1017					1141	Q462-5ZD	JQ310Z-D
	6															Q462-6ZD	

续表 7-5

组合号	装配类型代号	电动机规格型号功率/kW	高速轴联轴器（或耦合器）规格型号	制动器规格型号	逆止器规格型号	减速器规格型号	联轴器或耦合器护罩	装配尺寸/mm A_0	A_1	A_2	A_3	B	h_0	h_1	总重量/kg	驱动装置代号	驱动装置架图号
463	1	Y225S-4 37	ML7 $\frac{60\times142}{50\times112}$ MT7b	—	—	DCY315-40	MF34	1607	2350	—	355	389	225	355	1428	Q463-1D	JQ413-D
	2															Q463-2D	
	3				NFA25										1472	Q463-3ND	JQ413N-D
	4															Q463-4ND	
	5		MLL7-1-250 $\frac{60\times142}{55\times112}$ MT7b	YWZ_5-250/30	—		—	1607	2350	1147					1475	Q463-5ZD	JQ413Z-D
	6															Q463-6ZD	
464	1	Y225M-4 45	YOX_F400 (YOXⅡ400)	—	—	DCY315-40	YF45	1794.5 (1679.5)	2550 (2435)	—	355	389	225	355	1507	Q464-1D	JQ414-D
	2														(1512)	Q464-2D	
	3				NFA25										1551	Q464-3ND	JQ414N-D
	4														(1556)	Q464-4ND	
	5		YOX_{FZ}400 ($YOXⅡ_Z$400)	YWZ_5-315/50	—			1794.5 (1880.5)	2550 (2636)	1105					1601	Q464-5ZD	JQ414Z-D
	6														(1616)	Q464-6ZD	
465	1	Y250M-4 55	YOX_F450 (YOXⅡ450)	—	—	DCY315-40	YF50	1862.5 (1759.5)	2665 (2562)	—	355	389	250	355	1580	Q465-1D	JQ415-D
	2														(1595)	Q465-2D	
	3				NFA25										1624	Q465-3ND	JQ415N-D
	4														(1639)	Q465-4ND	
	5		YOX_{FZ}450 ($YOXⅡ_Z$450)	YWZ_5-315/50	—			1862.5 (1942.5)	2665 (2745)	1105					1674	Q465-5ZD	JQ415Z-D
	6														(1699)	Q465-6ZD	
466	1	Y280S-4 75	YOX_F450 (YOXⅡ450)	—	—	DCY355-40	YF51	2014 (1911)	2890 (2787)	—	390	420	280	400	2190	Q466-1D	JQ416-D
	2														(2205)	Q466-2D	
	3				NFA40										2245	Q466-3ND	JQ416N-D
	4														(2260)	Q466-4ND	
	5		YOX_{FZ}450 ($YOXⅡ_Z$450)	YWZ_5-315/50	—			2014 (2094)	2890 (2970)	1225					2284	Q466-5ZD	JQ416Z-D
	6														(2309)	Q466-6ZD	
467	1	Y280M-4 90	YOX_F500 (YOXⅡ500)	—	—	DCY355-40	YF56	2119.5 (1974.5)	3020 (2875)	—	390	420	280	400	2336	Q467-1D	JQ467-D
	2														(2331)	Q467-2D	
	3				NFA40										2381	Q467-3ND	JQ467N-D
	4														(2386)	Q467-4ND	
	5		YOX_{FZ}500 ($YOXⅡ_Z$500)	YWZ_5-400/80	—			2119.5 (2203.5)	3020 (3104)	1250					2447	Q467-5ZD	JQ467Z-D
	6														(2477)	Q467-6ZD	

续表 7-5

组合号	装配类型代号	电动机规格型号 功率/kW	高速轴联轴器（或耦合器）规格型号	制动器规格型号	逆止器规格型号	减速器规格型号	联轴器或耦合器护罩	装配尺寸/mm A_0	A_1	A_2	A_3	B	h_0	h_1	驱动装置 总重量/kg	驱动装置 代号	驱动装置架图号
468	1	Y315S-4 110	YOX_F500 (YOXⅡ500)	—	—	DCY400-40	YF57	2274 (2129)	3345 (3200)	—	440	450	315	450	3083 (3088)	Q468-1D	JQ418-D
	2															Q468-2D	
	3				NYD250										3758 (3763)	Q468-3ND	JQ418N-D
	4															Q468-4ND	
	5		$YOX_{FZ}500$ ($YOXⅡ_Z500$)	YWZ_5-400/80	—			2274 (2358)	3345 (3429)	1385					3205 (3234)	Q468-5ZD	JQ418Z-D
	6															Q468-6ZD	
469	1	Y315M-4 132	YOX_F500 (YOXⅡ500)	—	—	DCY400-40	YF57	2299.5 (2154.5)	3395 (3250)	—	440	450	315	450	3183 (3188)	Q469-1D	JQ469-D
	2															Q469-2D	
	3				NYD250										3858 (3863)	Q469-3ND	JQ469N-D
	4															Q469-4ND	
	5		$YOX_{FZ}500$ ($YOXⅡ_Z500$)	YWZ_5-400/80	—			2299.5 (2383.5)	3395 (3479)	1385					3305 (3334)	Q469-5ZD	JQ469Z-D
	6															Q469-6ZD	
470	1	Y315L1-4 160	YOX_F560 (YOXⅡ560)	—	—	DCY450-40	YF63	2545 (2384)	3720 (3559)	—	490	490	315	500	3967 (3989)	Q470-1D	JQ420-D
	2															Q470-2D	
	3				NYD250										4642 (4664)	Q470-3ND	JQ420N-D
	4															Q470-4ND	
	5		$YOX_{FZ}560$ ($YOXⅡ_Z560$)	YWZ_5-400/121	—			2545 (2631)	3726 (3806)	1535					4103 (4149)	Q470-5ZD	JQ420Z-D
	6															Q470-6ZD	
471	1	Y355M-4[①] 185	YOX_F560 (YOXⅡ560)	—	—	DCY500-40	YF65	2769 (2608)	4150 (3989)	—	570	580	355	560	5793 (5815)	Q471-1D	JQ421-D
	2															Q471-2D	
	3				NYD270										6530 (6552)	Q471-3ND	JQ421N-D
	4															Q471-4ND	
	5		$YOX_{FZ}560$ ($YOXⅡ_Z560$)	YWZ_5-400/121	—			2769 (2855)	4150 (4236)	1695					5929 (5975)	Q471-5ZD	JQ421Z-D
	6															Q471-6ZD	
472	1	Y315L2-4 200	YOX_F560 (YOXⅡ560)	—	—	DCY500-40	YF66	2705 (2544)	3960 (3799)	—	570	580	315	560	5793 (5815)	Q472-1D	JQ422-D
	2															Q472-2D	
	3				NYD270										6530 (6552)	Q472-3ND	JQ422N-D
	4															Q472-4ND	
	5		$YOX_{FZ}560$ ($YOXⅡ_Z560$)	YWZ_5-400/121	—			2705 (2791)	3960 (4046)	1695					5929 (5975)	Q472-5ZD	JQ422Z-D
	6															Q472-6ZD	

续表 7-5

组合号	装配类型代号	电动机规格型号功率/kW	高速轴联轴器（或耦合器）规格型号	制动器规格型号	逆止器规格型号	减速器规格型号	联轴器或耦合器护罩	装配尺寸/mm A_0	A_1	A_2	A_3	B	h_0	h_1	驱动装置 总重量/kg	代 号	驱动装置架图 号
473	1	Y3553-4 220	YOX_F560 (YOXⅡ560)	—	—	DCY500-40	YF66	3000 (2879)	4460 (4339)	—	570	580	355	560	6443 (6465)	Q473-1D	JQ422-D
	2															Q473-2D	
	3				NYD270										7180 (7202)	Q473-3ND	JQ422N-D
	4															Q473-4ND	
	5		$YOX_{FZ}560$ (YOXⅡ$_Z$560)	YWZ_5-400/121	—			3000 (3086)	4460 (4546)	1695					6579 (6625)	Q473-5ZD	JQ422Z-D
	6															Q473-6ZD	
474	1	Y3554-4 250	YOX_F560 (YOXⅡ560)	—	—	DCY500-40	YF66	3000 (2879)	4460 (4339)	—	570	580	355	560	6483 (6505)	Q474-1D	JQ422-D
	2															Q474-2D	
	3				NYD270										7220 (7242)	Q474-3ND	JQ422N-D
	4															Q474-4ND	
	5		$YOX_{FZ}560$ (YOXⅡ$_Z$560)	YWZ_5-400/121	—			3000 (3086)	4460 (4546)	1695					6619 (6665)	Q474-5ZD	JQ422Z-D
	6															Q474-6ZD	
475	1	Y3555-4 280	YOX_F650 (YOXⅡ650)	—	—	DCY560-40	YF76	3220 (3096)	4720 (4596)	—	610	620	355	630	7626 (7578)	Q475-1D	JQ425-D
	2															Q475-2D	
	3				NYD300										8749 (8701)	Q475-3ND	JQ425N-D
	4															Q475-4ND	
	5		$YOX_{FZ}650$ (YOXⅡ$_Z$650)	YWZ_5-500/121	—			3220 (3369)	4720 (4869)	1895					7833 (7822)	Q475-5ZD	JQ425Z-D
	6															Q475-6ZD	
476	1	Y3556-4 315	YOX_F650 (YOXⅡ650)	—	—	DCY560-40	YF76	3220 (3096)	4720 (4596)	—	610	620	355	630	8116 (8068)	Q476-1D	JQ425-D
	2															Q476-2D	
	3				NYD300										9239 (9191)	Q476-3ND	JQ425N-D
	4															Q476-4ND	
	5		$YOX_{FZ}650$ (YOXⅡ$_Z$650)	YWZ_5-500/121	—			3220 (3369)	4720 (4869)	1895					8323 (8312)	Q476-5ZD	JQ425Z-D
	6															Q476-6ZD	
501	1	Y90S-4 1.1	ML2 $\frac{24\times52}{25\times62}$MT2b	—	—	DCY160-40	MF14	753	1097	—	190	271	90	180	228	Q501-1D	JQ401-D
	2															Q501-2D	
	3				NFA10										259	Q501-3ND	JQ401N-D
	4															Q501-4ND	
	5		MLL4-1-160 $\frac{24\times62}{25\times62}$MT4b	YW160	—		—	767	1111	572					255	Q501-5ZD	JQ401Z-D
	6															Q501-6ZD	

续表 7-5

组合号	装配类型代号	电动机规格型号功率/kW	高速轴联轴器（或耦合器）规格型号	制动器规格型号	逆止器规格型号	减速器规格型号	联轴器或耦合器护罩	装配尺寸/mm							驱动装置		驱动装置架图号
								A_0	A_1	A_2	A_3	B	h_0	h_1	总重量/kg	代号	
502	1	Y90L-4 1.5	ML2 $\frac{24\times52}{25\times62}$MT2b	—	—	DCY160-31.5	MF14	765.5	1122	—	190	271	90	180	232	Q502-1D	JQ301-D
	2															Q502-2D	
	3				NFA10										263	Q502-3ND	JQ301N-D
	4															Q502-4ND	
	5		MLL4-1-160 $\frac{24\times62}{25\times62}$MT4b	YW160	—		—	779.5	1136	572					259	Q502-5ZD	JQ301Z-D
	6															Q502-6ZD	
503	1	Y100L1-4 2.2	ML2 $\frac{28\times62}{25\times62}$MT2b	—	—	DCY160-31.5	MF14	790	1167	—	190	271	100	180	240	Q503-1D	JQ302-D
	2															Q503-2D	
	3				NFA10										271	Q503-3ND	JQ302N-D
	4															Q503-4ND	
	5		MLL4-1-160 $\frac{28\times62}{25\times62}$MT4b	YW160	—		—	794	1171	572					267	Q503-5ZD	JQ302Z-D
	6															Q503-6ZD	
504	1	Y100L2-4 3	ML2 $\frac{28\times62}{25\times62}$MT2b	—	—	DCY160-31.5	MF14	790	1167	—	190	271	100	180	243	Q504-1D	JQ302-D
	2															Q504-2D	
	3				NFA10										274	Q504-3ND	JQ302N-D
	4															Q504-4ND	
	5		MLL4-1-160 $\frac{28\times62}{25\times62}$MT4b	YW160	—		—	794	1171	572					270	Q504-5ZD	JQ302Z-D
	6															Q504-6ZD	
505	1	Y112M-4 4	ML2 $\frac{28\times62}{25\times62}$MT2b	—	—	DCY160-31.5	MF14	797	1187	—	190	271	112	180	254	Q505-1D	JQ303-D
	2															Q505-2D	
	3				NFA10										285	Q505-3ND	JQ303N-D
	4															Q505-4ND	
	5		MLL4-1-160 $\frac{28\times62}{25\times62}$MT4b	YW160	—		—	801	1191	572					281	Q505-5ZD	JQ303Z-D
	6															Q505-6ZD	
506	1	Y132S-4 5.5	ML3 $\frac{38\times82}{30\times82}$MT3b	—	—	DCY180-31.5	MF18	922	1373	—	215	286	132	200	330	Q506-1D	JQ304-D
	2															Q506-2D	
	3				NFA10										360	Q506-3ND	JQ304N-D
	4															Q506-4ND	
	5		MLL4-1-160 $\frac{38\times82}{30\times82}$MT4b	YW160	—		—	925	1376	657					354	Q506-5ZD	JQ304Z-D
	6															Q506-6ZD	

续表 7-5

组合号	装配类型代号	电动机规格型号功率/kW	高速轴联轴器（或耦合器）规格型号	制动器规格型号	逆止器规格型号	减速器规格型号	联轴器或耦合器护罩	装配尺寸/mm							驱动装置		驱动装置架图号
								A_0	A_1	A_2	A_3	B	h_0	h_1	总重量/kg	代号	
507	1	Y132M-4 7.5	ML3 $\frac{38\times82}{30\times82}$MT3b	—	—	DCY180-31.5	MF18	941	1413	—	215	286	132	200	342	Q507-1D	JQ305-D
	2															Q507-2D	
	3				NFA10										373	Q507-3ND	JQ305N-D
	4															Q507-4ND	
	5		MLL4-1-160 $\frac{38\times82}{30\times82}$MT4b	YW160	—		—	944	1416	657					367	Q507-5ZD	JQ305Z-D
	6															Q507-6ZD	
508	1	Y160M-4 11	ML3 $\frac{42\times112}{35\times82}$MT3b	—	—	DCY200-31.5	MF21	1074	1591	—	240	301	160	225	459	Q508-1D	JQ307-D
	2															Q508-2D	
	3				NFA10										490	Q508-3ND	JQ307N-D
	4															Q508-4ND	
	5		MLL4-1-160 $\frac{42\times112}{35\times82}$MT4b	YW160	—		—	1074	1591	722					481	Q508-5ZD	JQ307Z-D
	6															Q508-6ZD	
509	1	Y160L-4 15	ML4 $\frac{42\times112}{35\times82}$MT4b	—	—	DCY200-31.5	MF21	1096	1636	—	240	301	160	225	482	Q509-1D	JQ459-D
	2															Q509-2D	
	3				NFA10										513	Q509-3ND	JQ459N-D
	4															Q509-4ND	
	5		MLL4-1-160 $\frac{42\times112}{35\times82}$MT4b	YW160	—		—	1096	1636	722					504	Q509-5ZD	JQ459Z-D
	6															Q509-6ZD	
510	1	Y180M-4 18.5	ML5 $\frac{48\times112}{40\times112}$MT5b	—	—	DCY224-31.5	MF26	1223.5	1802	—	260	319	180	250	639	Q510-1D	JQ460-D
	2															Q510-2D	
	3				NFA10										674	Q510-3ND	JQ460N-D
	4															Q510-4ND	
	5		MLL5-1-200 $\frac{48\times112}{40\times112}$MT5b	YWZ_5-200/30	—		—	1223.5	1802	837					672	Q510-5ZD	JQ460Z-D
	6															Q510-6ZD	
511	1	Y180L-4 22	ML5 $\frac{48\times112}{40\times112}$MT5b	—	—	DCY224-31.5	MF26	1242.5	1842	—	260	319	180	250	663	Q511-1D	JQ511-D
	2															Q511-2D	
	3				NFA16										698	Q511-3ND	JQ511N-D
	4															Q511-4ND	
	5		MLL5-1-200 $\frac{48\times112}{40\times112}$MT5b	YWZ_5-200/30	—		—	1242.5	1842	837					696	Q511-5ZD	JQ511Z-D
	6															Q511-6ZD	

续表 7-5

组合号	装配类型代号	电动机规格型号功率/kW	高速轴联轴器（或耦合器）规格型号	制动器规格型号	逆止器规格型号	减速器规格型号	联轴器或耦合器护罩	装配尺寸/mm A_0	A_1	A_2	A_3	B	h_0	h_1	驱动装置 总重量/kg	代号	驱动装置架图号
512	1	Y200L-4 30	ML6 $\frac{55\times112}{42\times112}$MT6b	—	—	DCY250-31.5	MF30	1363.5	2033	—	290	339	200	280	857	Q512-1D	JQ512-D
	2															Q512-2D	
	3				NFA16										892	Q512-3ND	JQ512N-D
	4															Q512-4ND	
	5		MLL6-1-200 $\frac{55\times112}{42\times112}$MT6b	YWZ$_5$-200/30	—		—	1363.5	2033	927					890	Q512-5ZD	JQ512Z-D
	6															Q512-6ZD	
513	1	Y225S-4 37	ML7 $\frac{60\times142}{50\times112}$MT7b	—	—	DCY280-31.5	MF33	1492	2205	—	325	359	225	315	1165	Q513-1D	JQ513-D
	2															Q513-2D	
	3				NFA16										1200	Q513-3ND	JQ513N-D
	4															Q513-4ND	
	5		MLL7-1-250 $\frac{60\times142}{50\times112}$MT7b	YWZ$_5$-250/30	—		—	1492	2205	1017					1212	Q513-5ZD	JQ513Z-D
	6															Q513-6ZD	
514	1	Y225M-4 45	YOX$_F$400 (YOXⅡ400)	—	—	DCY280-31.5	YF44	1679.5 (1564.5)	2405 (2290)	—	325	359	225	315	1244 (1249)	Q514-1D	JQ514-D
	2															Q514-2D	
	3				NFA16										1279 (1284)	Q514-3ND	JQ514N-D
	4															Q514-4ND	
	5		YOX$_{FZ}$400 (YOXⅡ$_Z$400)	YWZ$_5$-315/50	—			1679.5 (1765.5)	2405 (2491)	990					1338 (1353)	Q514-5ZD	JQ514Z-D
	6															Q514-6ZD	
515	1	Y250M-4 55	YOX$_F$450 (YOXⅡ450)	—	—	DCY315-31.5	YF50	1862.5 (1795.5)	2665 (2562)	—	355	389	250	355	1580 (1595)	Q515-1D	JQ415-D
	2															Q515-2D	
	3				NFA25										1624 (1639)	Q515-3ND	JQ415N-D
	4															Q515-4ND	
	5		YOX$_{FZ}$450 (YOXⅡ$_Z$450)	YWZ$_5$-315/50	—			1862.5 (1942.5)	2665 (2745)	1105					1674 (1699)	Q515-5ZD	JQ415Z-D
	6															Q515-6ZD	
516	1	Y280S-4 75	YOX$_F$450 (YOXⅡ450)	—	—	DCY355-31.5	TF52	2014 (1911)	2890 (2787)	—	390	420	280	400	2190 (2205)	Q516-1D	JQ416-D
	2															Q516-2D	
	3				NFA40										2245 (2260)	Q516-3ND	JQ416N-D
	4															Q516-4ND	
	5		YOX$_{FZ}$450 (YOXⅡ$_Z$450)	YWZ$_5$-315/50	—			2014 (2094)	2890 (2970)	1225					2284 (2309)	Q516-5ZD	JQ416Z-D
	6															Q516-6ZD	

续表 7-5

组合号	装配类型代号	电动机规格型号 功率/kW	高速轴联轴器（或耦合器）规格型号	制动器规格型号	逆止器规格型号	减速器规格型号	联轴器或耦合器护罩	装配尺寸/mm A_0	A_1	A_2	A_3	B	h_0	h_1	驱动装置 总重量/kg	驱动装置 代号	驱动装置架图号
517	1	Y280M-4 90	YOX_F500 (YOXⅡ500)	—	—	DCY355-31.5	YF56	2119.5 (1974.5)	3020 (2875)	—	390	420	280	400	2326 (2331)	Q517-1D	JQ467-D
	2															Q517-2D	
	3				NFA40										2381 (2386)	Q517-3ND	JQ467N-D
	4															Q517-4ND	
	5		$YOX_{FZ}500$ (YOX$Ⅱ_Z$500)	YWZ_5-400/80	—			2119.5 (2203.5)	3020 (3104)	1250					2447 (2477)	Q517-5ZD	JQ467Z-D
	6															Q517-6ZD	
518	1	Y315S-4 110	YOX_F500 (YOXⅡ500)	—	—	DCY400-31.5	YF57	2274 (2129)	3345 (3200)	—	440	450	315	450	3083 (3088)	Q518-1D	JQ418-D
	2															Q518-2D	
	3				NYD250										3758 (3763)	Q518-3ND	JQ418N-D
	4															Q518-4ND	
	5		$YOX_{FZ}500$ (YOX$Ⅱ_Z$500)	YWZ_5-400/80	—			2274 (2358)	3345 (3429)	1385					3205 (3234)	Q518-5ZD	JQ418Z-D
	6															Q518-6ZD	
519	1	Y315M-4 132	YOX_F500 (YOXⅡ500)	—	—	DCY400-31.5	YF57	2299.5 (2154.5)	3395 (3250)	—	440	450	315	450	3183 (3188)	Q519-1D	JQ469-D
	2															Q519-2D	
	3				NYD250										3858 (3863)	Q519-3ND	JQ469N-D
	4															Q519-4ND	
	5		$YOX_{FZ}500$ (YOX$Ⅱ_Z$500)	YWZ_5-400/80	—			2299.5 (2383.5)	3395 (3479)	1385					3305 (3334)	Q519-5ZD	JQ469Z-D
	6															Q519-6ZD	
520	1	Y315L1-4 160	YOX_F560 (YOXⅡ560)	—	—	DCY450-31.5	YF63	2545 (2384)	3720 (3559)	—	490	490	315	500	3967 (3989)	Q520-1D	JQ420-D
	2															Q520-2D	
	3				NYD250										4642 (4664)	Q520-3ND	JQ420N-D
	4															Q520-4ND	
	5		$YOX_{FZ}560$ (YOX$Ⅱ_Z$560)	YWZ_5-400/121	—			2545 (2631)	3720 (3806)	1535					4103 (4149)	Q520-5ZD	JQ420Z-D
	6															Q520-6ZD	
521	1	Y355M-4① 185	YOX_F560 (YOXⅡ560)	—	—	DCY500-31.5	YF65	2769 (2608)	4150 (3989)	—	570	580	355	560	5793 (5815)	Q521-1D	JQ421-D
	2															Q521-2D	
	3				NYD270										6530 (6552)	Q521-3ND	JQ421N-D
	4															Q521-4ND	
	5		$YOX_{FZ}560$ (YOX$Ⅱ_Z$560)	YWZ_5-400/121	—			2769 (2855)	4150 (4236)	1695					5929 (5975)	Q521-5ZD	JQ421Z-D
	6															Q521-6ZD	

续表 7-5

组合号	装配类型代号	电动机规格型号功率/kW	高速轴联轴器（或耦合器）规格型号	制动器规格型号	逆止器规格型号	减速器规格型号	联轴器或耦合器护罩	装配尺寸/mm							驱动装置		驱动装置架图号
								A_0	A_1	A_2	A_3	B	h_0	h_1	总重量/kg	代号	
522	1	Y315L2-4 200	YOX_F560 （YOXⅡ560）	—	—	DCY500-31.5	YF66	2705 （2544）	3960 （3799）	—	570	580	315	560	5793	Q522-1D	JQ422-D
	2														（5815）	Q522-2D	
	3				NYD270										6530	Q522-3ND	JQ422N-D
	4														（6552）	Q522-4ND	
	5		$YOX_{FZ}560$ （$YOXⅡ_Z560$）	YWZ_5-400/121	—			2705 （2791）	3960 （4046）	1695					5929	Q522-5ZD	JQ422Z-D
	6														（5975）	Q522-6ZD	
523	1	Y3553-4 220	YOX_F560 （YOXⅡ560）	—	—	DCY500-31.5	YF66	3000 （2879）	4460 （4339）	—	570	580	355	560	6443	Q523-1D	JQ422-D
	2														（6465）	Q523-2D	
	3				NYD270										7180	Q523-3ND	JQ422N-D
	4														（7202）	Q523-4ND	
	5		$YOX_{FZ}560$ （$YOXⅡ_Z560$）	YWZ_5-400/121	—			3000 （3086）	4460 （4546）	1695					6579	Q523-5ZD	JQ422Z-D
	6														（6625）	Q523-6ZD	
524	1	Y3554-4 250	YOX_F560 （YOXⅡ560）	—	—	DCY500-31.5	YF66	3000 （2879）	4460 （4339）	—	570	580	355	560	6483	Q524-1D	JQ422-D
	2														（6505）	Q524-2D	
	3				NYD270										7220	Q524-3ND	JQ422N-D
	4														（7242）	Q524-4ND	
	5		$YOX_{FZ}560$ （$YOXⅡ_Z560$）	YWZ_5-400/121	—			3000 （3086）	4460 （4546）	1695					6619	Q524-5ZD	JQ422Z-D
	6														（6665）	Q524-6ZD	
525	1	Y3555-4 280	YOX_F650 （YOXⅡ650）	—	—	DCY560-31.5	YF76	3220 （3096）	4720 （4596）	—	610	620	355	630	7626	Q525-1D	JQ425-D
	2														（7578）	Q525-2D	
	3				NYD300										8749	Q525-3ND	JQ425N-D
	4														（8701）	Q525-4ND	
	5		$YOX_{FZ}650$ （$YOXⅡ_Z650$）	YWZ_5-500/121	—			3220 （3369）	4720 （4869）	1895					7833	Q525-5ZD	JQ425Z-D
	6														（7822）	Q525-6ZD	
526	1	Y3556-4 315	YOX_F650 （YOXⅡ650）	—	—	DCY560-31.5	YF76	3220 （3096）	4720 （4596）	—	610	620	355	630	8116	Q526-1D	JQ425-D
	2														（8068）	Q526-2D	
	3				NYD300										9239	Q526-3ND	JQ425N-D
	4														（9191）	Q526-4ND	
	5		$YOX_{FZ}650$ （$YOXⅡ_Z650$）	YWZ_5-500/121	—			3220 （3369）	4720 （4869）	1895					8323	Q526-5ZD	JQ425Z-D
	6														（8312）	Q526-6ZD	

续表 7-5

组合号	装配类型代号	电动机规格型号功率/kW	高速轴联轴器（或耦合器）规格型号	制动器规格型号	逆止器规格型号	减速器规格型号	联轴器或耦合器护罩	装配尺寸/mm A_0	A_1	A_2	A_3	B	h_0	h_1	驱动装置 总重量/kg	代号	驱动装置架图号
551	1	Y90S-4 1.1	ML2 $\frac{24\times52}{25\times62}$MT2b	—	—	DCY160-25	MF14	753	1097	—	190	271	90	180	228	Q551-1D	JQ401-D
	2															Q551-2D	
	3				NFA10										259	Q551-3ND	JQ401N-D
	4															Q551-4ND	
	5		MLL4-1-160 $\frac{24\times62}{25\times62}$MT2b	YW160	—		—	767	1111	572					255	Q551-5ZD	JQ401Z-D
	6															Q551-6ZD	
552	1	Y90L-4 1.5	ML2 $\frac{24\times52}{25\times62}$MT2b	—	—	DCY160-25	MF14	765.5	1122	—	190	271	90	180	232	Q552-1D	JQ301-D
	2															Q552-2D	
	3				NFA10										263	Q552-3ND	JQ301N-D
	4															Q552-4ND	
	5		MLL4-1-160 $\frac{24\times62}{25\times62}$MT2b	YW160	—		—	779.5	1136	572					259	Q552-5ZD	JQ301Z-D
	6															Q552-6ZD	
553	1	Y100L1-4 2.2	ML2 $\frac{28\times62}{25\times62}$MT2b	—	—	DCY160-25	MF14	790	1167	—	190	271	100	180	240	Q553-1D	JQ302-D
	2															Q553-2D	
	3				NFA10										271	Q553-3ND	JQ302N-D
	4															Q553-4ND	
	5		MLL4-1-160 $\frac{28\times62}{25\times62}$MT2b	YW160	—		—	794	1171	572					267	Q553-5ZD	JQ302Z-D
	6															Q553-6ZD	
554	1	Y100L2-4 3	ML2 $\frac{28\times62}{25\times62}$MT2b	—	—	DCY160-25	MF14	790	1167	—	190	271	100	180	243	Q554-1D	JQ302-D
	2															Q554-2D	
	3				NFA10										274	Q554-3ND	JQ302N-D
	4															Q554-4ND	
	5		MLL4-1-160 $\frac{28\times62}{25\times62}$MT2b	YW160	—		—	794	1171	572					270	Q554-5ZD	JQ302Z-D
	6															Q554-6ZD	
555	1	Y112M-4 4	ML2 $\frac{28\times62}{25\times62}$MT2b	—	—	DCY160-25	MF14	797	1187	—	190	271	112	180	254	Q555-1D	JQ303-D
	2															Q555-2D	
	3				NFA10										285	Q555-3ND	JQ303N-D
	4															Q555-4ND	
	5		MLL4-1-160- $\frac{28\times62}{25\times62}$MT4b	YW160	—		—	801	1191	572					281	Q555-5ZD	JQ303Z-D
	6															Q555-6ZD	

续表 7-5

组合号	装配类型代号	电动机规格型号功率/kW	高速轴联轴器（或耦合器）规格型号	制动器规格型号	逆止器规格型号	减速器规格型号	联轴器或耦合器护罩	装配尺寸/mm A_0	A_1	A_2	A_3	B	h_0	h_1	总重量/kg	驱动装置代号	驱动装置架图号
556	1	Y132S-4 5.5	ML3 $\frac{38\times82}{25\times62}$MT3b	—	—	DCY160-25	MF15	837	1263	—	190	271	132	180	274	Q556-1D	JQ556-D
	2															Q556-2D	
	3				NFA10										305	Q556-3ND	JQ556N-D
	4															Q556-4ND	
	5		MLL4-1-160 $\frac{38\times82}{25\times62}$MT4b	YW160	—		—	840	1266	572					299	Q556-5ZD	JQ556Z-D
	6															Q556-6ZD	
557	1	Y132M-4 7.5	ML3 $\frac{38\times82}{25\times62}$MT3b	—	—	DCY160-25	MF15	856	1303	—	190	271	132	180	287	Q557-1D	JQ557-D
	2															Q557-2D	
	3				NFA10										318	Q557-3ND	JQ557N-D
	4															Q557-4ND	
	5		MLL4-1-160 $\frac{38\times82}{25\times62}$MT4b	YW160	—		—	859	1306	572					312	Q557-5ZD	JQ557Z-D
	6															Q557-6ZD	
558	1	Y160M-4 11	ML4 $\frac{42\times112}{30\times82}$MT4b	—	—	DCY180-25	MF19	1009	1501	—	215	286	160	200	389	Q558-1D	JQ558-D
	2															Q558-2D	
	3				NFA10										420	Q558-3ND	JQ558N-D
	4															Q558-4ND	
	5		MLL4-1-160 $\frac{42\times112}{30\times82}$MT4b	YW160	—		—	1009	1501	657					411	Q558-5ZD	JQ558Z-D
	6															Q558-6ZD	
559	1	Y160L-4 15	ML4 $\frac{42\times112}{30\times82}$MT4b	—	—	DCY180-25	MF19	1031	1546	—	215	286	160	200	412	Q559-1D	JQ559-D
	2															Q559-2D	
	3				NFA10										443	Q559-3ND	JQ559N-D
	4															Q559-4ND	
	5		MLL4-1-160 $\frac{42\times112}{30\times82}$MT4b	YW160	—		—	1031	1546	657					434	Q559-5ZD	JQ559Z-D
	6															Q559-6ZD	
560	1	Y180M-4 18.5	ML5 $\frac{48\times112}{35\times82}$MT5b	—	—	DCY200-25	MF22	1108.5	1667	—	240	301	180	225	510	Q560-1D	JQ560-D
	2															Q560-2D	
	3				NFA10										541	Q560-3ND	JQ560N-D
	4															Q560-4ND	
	5		MLL5-1-200 $\frac{48\times112}{35\times82}$MT5b	YWZ_5-200/30	—		—	1108.5	1667	722					544	Q560-5ZD	JQ560Z-D
	6															Q560-6ZD	

续表 7-5

组合号	装配类型代号	电动机规格型号功率/kW	高速轴联轴器（或耦合器）规格型号	制动器规格型号	逆止器规格型号	减速器规格型号	联轴器或耦合器护罩	装配尺寸/mm A_0	A_1	A_2	A_3	B	h_0	h_1	驱动装置 总重量/kg	代 号	驱动装置架图 号
561	1	Y180L-4 22	ML5 $\frac{48\times112}{40\times112}$MT5b	—	—	DCY224-25	MF26	1242.5	1842	—	260	319	180	250	663	Q561-1D	JQ511-D
	2															Q561-2D	
	3				NFA16										698	Q561-3ND	JQ511N-D
	4															Q561-4ND	
	5		MLL5-1-200 $\frac{48\times112}{40\times112}$MT5b	YWZ_5-200/30	—		—	1242.5	1842	837					696	Q561-5ZD	JQ511Z-D
	6															Q561-6ZD	
562	1	Y200L-4 30	ML6 $\frac{55\times112}{42\times112}$MT6b	—	—	DCY250-25	MF30	1363.5	2033	—	290	339	200	280	857	Q562-1D	JQ512-D
	2															Q562-2D	
	3				NFA16										892	Q562-3ND	JQ512N-D
	4															Q562-4ND	
	5		MLL6-1-200 $\frac{55\times112}{42\times112}$MT6b	YWZ_5-200/30	—		—	1363.5	2033	927					890	Q562-5ZD	JQ512Z-D
	6															Q562-6ZD	
563	1	Y225S-4 37	ML7 $\frac{60\times142}{50\times112}$MT7b	—	—	DCY280-25	MF33	1492	2205	—	325	359	225	315	1165	Q563-1D	JQ513-D
	2															Q563-2D	
	3				NFA16										1200	Q563-3ND	JQ513N-D
	4															Q563-4ND	
	5		MLL7-1-250 $\frac{60\times142}{50\times112}$MT7b	YWZ_5-250/30	—		—	1492	2205	1017					1212	Q563-5ZD	JQ513Z-D
	6															Q563-6ZD	
564	1	Y225M-4 45	YOX_F400 (YOXⅡ400)	—	—	DCY280-25	YF44	1679.5 (1564.5)	2405 (2290)	—	325	359	225	315	1244	Q564-1D	JQ514-D
	2														(1249)	Q564-2D	
	3				NFA16										1279	Q564-3ND	JQ514N-D
	4														(1284)	Q564-4ND	
	5		YOX_{FZ}400 (YOX$Ⅱ_Z$400)	YWZ_5-315/50	—			1679.5 (1765.5)	2405 (2491)	990					1338	Q564-5ZD	JQ514Z-D
	6														(1353)	Q564-6ZD	
565	1	Y250M-4 55	YOX_F450 (YOXⅡ450)	—	—	DCY315-25	YF50	1862.5 (1759.5)	2665 (2562)	—	355	389	250	355	1580	Q565-1D	JQ415-D
	2														(1595)	Q565-2D	
	3				NFA25										1624	Q565-3ND	JQ415N-D
	4														(1639)	Q565-4ND	
	5		YOX_{FZ}450 (YOX$Ⅱ_Z$450)	YWZ_5-315/50	—			1862.5 (1942.5)	2665 (2745)	1105					1674	Q565-5ZD	JQ415Z-D
	6														(1699)	Q565-6ZD	

续表 7-5

组合号	装配类型代号	电动机规格型号 功率/kW	高速轴联轴器（或耦合器）规格型号	制动器规格型号	逆止器规格型号	减速器规格型号	联轴器或耦合器护罩	装配尺寸/mm A_0	A_1	A_2	A_3	B	h_0	h_1	驱动装置 总重量/kg	代号	驱动装置架图号
566	1	Y280S-4 75	YOX_F450 （YOXⅡ450）	—	—	DCY355-25	YF51	2014 （1911）	2890 （2787）	—	390	420	280	400	2190	Q566-1D	JQ416-D
	2														（2205）	Q566-2D	
	3				NFA40										2245	Q566-3ND	JQ416N-D
	4														（2260）	Q566-4ND	
	5		$YOX_{FZ}450$ （$YOXⅡ_Z450$）	YWZ_5-315/50	—			2014 （2094）	2890 （2970）	1225					2284	Q566-5ZD	JQ416Z-D
	6														（2309）	Q566-6ZD	
567	1	Y280M-4 90	YOX_F500 （YOXⅡ500）	—	—	DCY355-25	YF56	2119.5 （1974.5）	3020 （2875）	—	390	420	280	400	2326	Q567-1D	JQ467-D
	2														（2331）	Q567-2D	
	3				NFA40										2381	Q567-3ND	JQ467N-D
	4														（2386）	Q567-4ND	
	5		$YOX_{FZ}500$ （$YOXⅡ_Z500$）	YWZ_5-400/80	—			2119.5 （2203.5）	3020 （3104）	1250					2447	Q567-5ZD	JQ467Z-D
	6														（2477）	Q567-6ZD	
568	1	Y315S-4 110	YOX_F500 （YOXⅡ500）	—	—	DCY400-25	YF57	2274 （2129）	3345 （3200）	—	440	450	315	450	3083	Q568-1D	JQ418-D
	2														（3088）	Q568-2D	
	3				NYD250										3758	Q568-3ND	JQ418N-D
	4														（3763）	Q568-4ND	
	5		$YOX_{FZ}500$ （$YOXⅡ_Z500$）	YWZ_5-400/80	—			2274 （2358）	3345 （3429）	1385					3205	Q568-5ZD	JQ418Z-D
	6														（3234）	Q568-6ZD	
569	1	Y315M-4 132	YOX_F500 （YOXⅡ500）	—	—	DCY400-25	YF57	2299.5 （2154.5）	3395 （3250）	—	440	450	315	450	3183	Q569-1D	JQ469-D
	2														（3188）	Q569-2D	
	3				NYD250										3858	Q569-3ND	JQ469N-D
	4														（3863）	Q569-4ND	
	5		$YOX_{FZ}500$ （$YOXⅡ_Z500$）	YWZ_5-400/80	—			2299.5 （2383.5）	3395 （3479）	1385					3305	Q569-5ZD	JQ469Z-D
	6														（3334）	Q569-6ZD	
570	1	Y315L1-4 160	YOX_F560 （YOXⅡ560）	—	—	DCY450-25	YF63	2545 （2384）	3720 （3559）	—	490	490	315	500	3967	Q570-1D	JQ420-D
	2														（3989）	Q570-2D	
	3				NYD250										4642	Q570-3ND	JQ420N-D
	4														（4664）	Q570-4ND	
	5		$YOX_{FZ}560$ （$YOXⅡ_Z560$）	YWZ_5-400/121	—			2545 （2631）	3720 （3806）	1535					4103	Q570-5ZD	JQ420Z-D
	6														（4149）	Q570-6ZD	

续表 7-5

组合号	装配类型代号	电动机规格型号功率/kW	高速轴联轴器（或耦合器）规格型号	制动器规格型号	逆止器规格型号	减速器规格型号	联轴器或耦合器护罩	装配尺寸/mm							驱动装置		驱动装置架图号
								A_0	A_1	A_2	A_3	B	h_0	h_1	总重量/kg	代号	
571	1	Y355M-4① 185	YOX_F560 (YOXⅡ560)	—	—	DCY500-25	YF65	2769 (2608)	4150 (3989)	—	570	580	355	560	5793 (5815)	Q571-1D	JQ421-D
	2															Q571-2D	
	3				NYD270										6530 (6552)	Q571-3ND	JQ421N-D
	4															Q571-4ND	
	5		$YOX_{FZ}560$ ($YOXⅡ_Z560$)	YWZ_5-400/121	—			2769 (2855)	4150 (4236)	1695					5929 (5975)	Q571-5ZD	JQ421Z-D
	6															Q571-6ZD	
572	1	Y315L2-4 200	YOX_F560 (YOXⅡ560)	—	—	DCY500-25	YF66	2705 (2544)	3960 (3799)	—	570	580	315	560	5793 (5815)	Q572-1D	JQ422-D
	2															Q572-2D	
	3				NYD270										6530 (6552)	Q572-3ND	JQ422N-D
	4															Q572-4ND	
	5		$YOX_{FZ}560$ ($YOXⅡ_Z560$)	YWZ_5-400/121	—			2705 (2791)	3960 (4046)	1695					5929 (5975)	Q572-5ZD	JQ422Z-D
	6															Q572-6ZD	
573	1	Y3553-4 220	YOX_F560 (YOXⅡ560)	—	—	DCY500-25	YF66	3000 (2879)	4460 (4339)	—	570	580	355	560	6443 (6465)	Q573-1D	JQ422-D
	2															Q573-2D	
	3				NYD270										7180 (7202)	Q573-3ND	JQ422N-D
	4															Q573-4ND	
	5		$YOX_{FZ}560$ ($YOXⅡ_Z560$)	YWZ_5-400/121	—			3000 (3086)	4460 (4546)	1695					6579 (6625)	Q573-5ZD	JQ422Z-D
	6															Q573-6ZD	
574	1	Y3554-4 250	YOX_F560 (YOXⅡ560)	—	—	DCY500-25	YF66	3000 (2879)	4460 (4339)	—	570	580	355	560	6483 (6505)	Q574-1D	JQ422-D
	2															Q574-2D	
	3				NYD270										7220 (7242)	Q574-3ND	JQ422N-D
	4															Q574-4ND	
	5		$YOX_{FZ}560$ ($YOXⅡ_Z560$)	YWZ_5-400/121	—			3000 (3086)	4460 (4546)	1695					6619 (6665)	Q574-5ZD	JQ422Z-D
	6															Q574-6ZD	
575	1	Y3555-4 280	YOX_F650 (YOXⅡ650)	—	—	DCY560-25	YF76	3220 (3096)	4720 (4596)	—	610	620	355	630	7626 (7578)	Q575-1D	JQ425-D
	2															Q575-2D	
	3				NYD300										8749 (8701)	Q575-3ND	JQ425N-D
	4															Q575-4ND	
	5		$YOX_{FZ}650$ ($YOXⅡ_Z650$)	YWZ_5-500/121	—			3220 (3369)	4720 (4869)	1895					7833 (7822)	Q575-5ZD	JQ425Z-D
	6															Q575-6ZD	

续表 7-5

组合号	装配类型代号	电动机规格型号功率/kW	高速轴联轴器（或耦合器）规格型号	制动器规格型号	逆止器规格型号	减速器规格型号	联轴器或耦合器护罩	装配尺寸/mm							驱动装置		驱动装置架图号
								A_0	A_1	A_2	A_3	B	h_0	h_1	总重量/kg	代号	
576	1	Y3556-4 315	YOX_F650 （YOX Ⅱ650）	—	—	DCY560-25	YF76	3220 （3096）	4720 （4596）	—	610	620	355	630	8116 （8068）	Q576-1D	JQ476-D
	2															Q576-2D	
	3				NYD300										9293 （9191）	Q576-3ND	JQ476N-D
	4															Q576-4ND	
	5		$YOX_{FZ}650$ （YOX $Ⅱ_Z650$）	YWZ_5-500/121	—			3220 （3369）	4720 （4869）	1895					8323 （8312）	Q576-5ZD	JQ476Z-D
	6															Q576-6ZD	
601	1	Y90S-4 1.1	ML2 $\frac{24\times52}{25\times62}$MT2b	—	—	DCY160-20	MF14	753	1097	—	190	271	90	180	228	Q601-1D	JQ401-D
	2															Q601-2D	
	3				NFA10										259	Q601-3ND	JQ401N-D
	4															Q601-4ND	
	5		MLI4-1-160 $\frac{24\times62}{25\times62}$MT4b	YW160	—		—	767	1111	572					255	Q601-5ZD	JQ401Z-D
	6															Q601-6ZD	
602	1	Y90L-4 1.5	ML2 $\frac{24\times52}{25\times62}$MT2b	—	—	DCY160-20	MF14	765.5	1122	—	190	271	90	180	232	Q602-1D	JQ301-D
	2															Q602-2D	
	3				NFA10										263	Q602-3ND	JQ301N-D
	4															Q602-4ND	
	5		MLI4-1-160 $\frac{24\times62}{25\times62}$MT4b	YW160	—		—	779.5	1136	572					262	Q602-5ZD	JQ301Z-D
	6															Q602-6ZD	
603	1	Y100L1-4 2.2	ML2 $\frac{28\times62}{25\times62}$MT2b	—	—	DCY160-20	MF14	790	1167	—	190	271	100	180	240	Q603-1D	JQ302-D
	2															Q603-2D	
	3				NFA10										271	Q603-3ND	JQ302N-D
	4															Q603-4ND	
	5		MLI4-1-160 $\frac{28\times62}{25\times62}$MT4b	YW160	—		—	794	1171	572					270	Q603-5ZD	JQ302Z-D
	6															Q603-6ZD	
604	1	Y100L2-4 3	ML2 $\frac{28\times62}{25\times62}$MT2b	—	—	DCY160-20	MF14	790	1167	—	190	271	100	180	243	Q604-1D	JQ302-D
	2															Q604-2D	
	3				NFA10										274	Q604-3ND	JQ302N-D
	4															Q604-4ND	
	5		MLI4-1-160 $\frac{28\times62}{25\times62}$MT4b	YW160	—		—	794	1171	572					270	Q604-5ZD	JQ302Z-D
	6															Q604-6ZD	

续表 7-5

组合号	装配类型代号	电动机规格型号功率/kW	高速轴联轴器（或耦合器）规格型号	制动器规格型号	逆止器规格型号	减速器规格型号	联轴器或耦合器护罩	装配尺寸/mm A_0	A_1	A_2	A_3	B	h_0	h_1	驱动装置 总重量/kg	代号	驱动装置架图号
605	1	Y112M-4 4	ML2 $\frac{28\times62}{25\times62}$MT2b	—	—	DCY160-20	MF14	797	1187	—	190	271	112	180	254	Q605-1D	JQ303-D
	2															Q605-2D	
	3				NFA10										285	Q605-3ND	JQ303N-D
	4															Q605-4ND	
	5		MLL4-1-160 $\frac{28\times62}{25\times62}$MT4b	YW160	—		—	801	1191	572					281	Q605-5ZD	JQ303Z-D
	6															Q605-6ZD	
606	1	Y132S-4 5.5	ML3 $\frac{38\times82}{25\times62}$MT3b	—	—	DCY160-20	MF15	837	1263	—	190	271	132	180	274	Q606-1D	JQ556-D
	2															Q606-2D	
	3				NFA10										305	Q606-3ND	JQ556N-D
	4															Q606-4ND	
	5		MLL4-1-160 $\frac{38\times82}{25\times62}$MT4b	YW160	—		—	840	1266	572					299	Q606-5ZD	JQ556Z-D
	6															Q606-6ZD	
607	1	Y132M-4 7.5	ML3 $\frac{38\times82}{25\times62}$MT3b	—	—	DCY160-20	MF15	856	1303	—	190	271	132	180	287	Q607-1D	JQ557-D
	2															Q607-2D	
	3				NFA10										318	Q607-3ND	JQ557N-D
	4															Q607-4ND	
	5		MLL4-1-160 $\frac{38\times82}{25\times62}$MT4b	YW160	—		—	859	1306	572					312	Q607-5ZD	JQ557Z-D
	6															Q607-6ZD	
608	1	Y160M-4 11	ML4 $\frac{42\times112}{30\times82}$MT4b	—	—	DCY180-20	MF19	1009	1501	—	215	286	160	200	389	Q608-1D	JQ558-D
	2															Q608-2D	
	3				NFA10										420	Q608-3ND	JQ558N-D
	4															Q608-4ND	
	5		MLL4-1-160 $\frac{42\times112}{30\times82}$MT4b	YW160	—		—	1009	1501	657					411	Q608-5ZD	JQ558Z-D
	6															Q608-6ZD	
609	1	Y160L-4 15	ML4 $\frac{42\times112}{30\times82}$MT4b	—	—	DCY180-20	MF19	1031	1546	—	215	286	160	200	412	Q609-1D	JQ559-D
	2															Q609-2D	
	3				NFA10										443	Q609-3ND	JQ559N-D
	4															Q609-4ND	
	5		MLL4-1-160 $\frac{42\times112}{30\times82}$MT4b	YW160	—		—	1031	1546	657					434	Q609-5ZD	JQ559Z-D
	6															Q609-6ZD	

续表 7-5

组合号	装配类型代号	电动机规格型号功率/kW	高速轴联轴器（或耦合器）规格型号	制动器规格型号	逆止器规格型号	减速器规格型号	联轴器或耦合器护罩	装配尺寸/mm A_0	A_1	A_2	A_3	B	h_0	h_1	驱动装置 总重量/kg	代号	驱动装置架图号
610	1	Y180M-4 18.5	ML5 $\frac{48\times112}{35\times82}$MT5b	—	—	DCY200-20	MF22	1108.5	1667	—	240	301	180	225	510	Q610-1D	JQ560-D
	2															Q610-2D	
	3				NFA10										541	Q610-3ND	JQ560N-D
	4															Q610-4ND	
	5		MLL5-1-200 $\frac{48\times112}{35\times82}$MT5b	YWZ_5-200/30	—		—	1108.5	1667	722					544	Q610-5ZD	JQ560Z-D
	6															Q610-6ZD	
611	1	Y180L-4 22	ML5 $\frac{48\times112}{40\times82}$MT5b	—	—	DCY224-20	MF26	1242.5	1842	—	260	319	180	250	663	Q611-1D	JQ511-D
	2															Q611-2D	
	3				NFA16										698	Q611-3ND	JQ511N-D
	4															Q611-4ND	
	5		MLL5-1-200 $\frac{48\times112}{40\times82}$MT5b	YWZ_5-200/30	—		—	1242.5	1842	837					696	Q611-5ZD	JQ511Z-D
	6															Q611-6ZD	
612	1	Y200L-4 30	ML6 $\frac{55\times112}{42\times112}$MT6b	—	—	DCY250-20	MF30	1363.5	2033	—	290	339	200	280	857	Q612-1D	JQ512-D
	2															Q612-2D	
	3				NFA16										892	Q612-3ND	JQ512N-D
	4															Q612-4ND	
	5		MLL6-1-200 $\frac{55\times112}{42\times112}$MT6b	YWZ_5-200/30	—		—	1363.5	2033	927					890	Q612-5ZD	JQ512Z-D
	6															Q612-6ZD	
613	1	Y225S-4 37	ML7 $\frac{60\times142}{50\times112}$MT7b	—	—	DCY280-20	MF33	1492	2205	—	325	359	225	315	1165	Q613-1D	JQ513-D
	2															Q613-2D	
	3				NFA16										1200	Q613-3ND	JQ513N-D
	4															Q613-4ND	
	5		MLL7-1-250 $\frac{60\times142}{50\times112}$MT7b	YWZ_5-250/30	—		—	1492	2205	1017					1212	Q613-5ZD	JQ513Z-D
	6															Q613-6ZD	
614	1	Y225M-4 45	YOX_F400 （YOXⅡ400）	—	—	DCY280-20	YF44	1679.5 (1564.5)	2405 (2290)	—	325	359	225	315	1244 (1249)	Q614-1D	JQ514-D
	2															Q614-2D	
	3				NFA16										1279 (1284)	Q614-3ND	JQ514N-D
	4															Q614-4ND	
	5		YOX_{FZ}400 （YOXⅡ$_Z$400）	YWZ_5-315/50	—			1679.5 (1765.5)	2405 (2491)	990					1338 (1353)	Q614-5ZD	JQ514Z-D
	6															Q614-6ZD	

续表 7-5

组合号	装配类型代号	电动机规格型号功率/kW	高速轴联轴器（或耦合器）规格型号	制动器规格型号	逆止器规格型号	减速器规格型号	联轴器或耦合器护罩	装配尺寸/mm A_0	A_1	A_2	A_3	B	h_0	h_1	驱动装置 总重量/kg	代号	驱动装置架图号
615	1	Y250M-4 55	YOX_F450 (YOXⅡ450)	—	—	DCY280-20	YF49	1747.5 (1644.5)	2520 (2417)	—	325	359	250	315	1371 (1332)	Q615-1D	JQ615-D
	2															Q615-2D	
	3				NFA16										1352 (1367)	Q615-3ND	JQ615N-D
	4															Q615-4ND	
	5		$YOX_{FZ}450$ (YOXⅡ$_Z$450)	YWZ_5-315/50	—			1747.5 (1827.5)	2520 (2600)	990					1410 (1436)	Q615-5ZD	JQ615Z-D
	6															Q615-6ZD	
616	1	Y280S-4 75	YOX_F450 (YOXⅡ450)	—	—	DCY315-20	YF50	1894 (1791)	2735 (2632)	—	355	389	280	355	1740 (1755)	Q616-1D	JQ616-D
	2															Q616-2D	
	3				NFA25										1784 (1799)	Q616-3ND	JQ616N-D
	4															Q616-4ND	
	5		$YOX_{FZ}450$ (YOXⅡ$_Z$450)	YWZ_5-315/50	—			1894 (1974)	2735 (2815)	1105					1834 (1859)	Q616-5ZD	JQ616Z-D
	6															Q616-6ZD	
617	1	Y280M-4 90	YOX_F500 (YOXⅡ500)	—	—	DCY355-20	YF56	2119.5 (1974.5)	3020 (2875)	—	390	420	280	400	2326 (2331)	Q617-1D	JQ467-D
	2															Q617-2D	
	3				NFA40										2381 (2386)	Q617-3ND	JQ467N-D
	4															Q617-4ND	
	5		$YOX_{FZ}500$ (YOXⅡ$_Z$500)	YWZ_5-400/80	—			2119.5 (2203.5)	3020 (3104)	1250					2447 (2477)	Q617-5ZD	JQ467Z-D
	6															Q617-6ZD	
618	1	Y315S-4 110	YOX_F500 (YOXⅡ500)	—	—	DCY400-20	YF57	2274 (2129)	3345 (3200)	—	440	450	315	450	3083 (3088)	Q618-1D	JQ418-D
	2															Q618-2D	
	3				NYD250										3758 (3763)	Q618-3ND	JQ418N-D
	4															Q618-4ND	
	5		$YOX_{FZ}500$ (YOXⅡ$_Z$500)	YWZ_5-400/80	—			2274 (2358)	3345 (3429)	1385					3205 (3234)	Q618-5ZD	JQ418Z-D
	6															Q618-6ZD	
619	1	Y315M-4 132	YOX_F500 (YOXⅡ500)	—	—	DCY400-20	YF57	2299.5 (2154.5)	3395 (3250)	—	440	450	315	450	3183 (3188)	Q619-1D	JQ469-D
	2															Q619-2D	
	3				NYD250										3858 (3863)	Q619-3ND	JQ469N-D
	4															Q619-4ND	
	5		$YOX_{FZ}500$ (YOXⅡ$_Z$500)	YWZ_5-400/80	—			2299.5 (2383.5)	3395 (3479)	1385					3305 (3334)	Q619-5ZD	JQ469Z-D
	6															Q619-6ZD	

续表 7-5

组合号	装配类型代号	电动机规格型号功率/kW	高速轴联轴器（或耦合器）规格型号	制动器规格型号	逆止器规格型号	减速器规格型号	联轴器或耦合器护罩	装配尺寸/mm A_0	A_1	A_2	A_3	B	h_0	h_1	驱动装置 总重量/kg	代号	驱动装置架图号
620	1	Y315L1-4 160	YOX_F560 (YOXⅡ560)	—	—	DCY450-20	YF63	2545 (2384)	3720 (3559)	—	490	490	315	500	3967 (3989)	Q620-1D	JQ420-D
	2															Q620-2D	
	3				NYD250										4642 (4664)	Q620-3ND	JQ420N-D
	4															Q620-4ND	
	5		$YOX_{FZ}560$ ($YOXⅡ_Z560$)	YWZ_5-400/121	—			2545 (2631)	3720 (3806)	1535					4103 (4149)	Q620-5ZD	JQ420Z-D
	6															Q620-6ZD	
621	1	Y355M-4[①] 185	YOX_F560 (YOXⅡ560)	—	—	DCY450-20	YF63	2609 (2448)	3910 (3749)	—	490	490	355	500	4127 (4149)	Q621-1D	JQ621-D
	2															Q621-2D	
	3				NYD250										4802 (4824)	Q621-3ND	JQ621N-D
	4															Q621-4ND	
	5		$YOX_{FZ}560$ ($YOXⅡ_Z560$)	YWZ_5-400/121	—			2609 (2695)	3910 (3996)	1535					4263 (4309)	Q621-5ZD	JQ621Z-D
	6															Q621-6ZD	
622	1	Y355L2-4 200	YOX_F560 (YOXⅡ560)	—	—	DCY500-20	YF66	2705 (2544)	3960 (3799)	—	570	580	315	560	5793 (5815)	Q622-1D	JQ422-D
	2															Q622-2D	
	3				NYD270										6530 (6552)	Q622-3ND	JQ422N-D
	4															Q622-4ND	
	5		$YOX_{FZ}560$ ($YOXⅡ_Z560$)	YWZ_5-400/121	—			2705 (2791)	3960 (4046)	1695					5929 (5975)	Q622-5ZD	JQ422Z-D
	6															Q622-6ZD	
623	1	Y3553-4 220	YOX_F560 (YOXⅡ560)	—	—	DCY500-20	YF66	3000 (2879)	4460 (4339)	—	570	580	355	560	6443 (6455)	Q623-1D	JQ422-D
	2															Q623-2D	
	3				NYD270										7180 (7202)	Q623-3ND	JQ422N-D
	4															Q623-4ND	
	5		$YOX_{FZ}560$ ($YOXⅡ_Z560$)	YWZ_5-400/121	—			3000 (3086)	4460 (4546)	1695					6579 (6625)	Q623-5ZD	JQ422Z-D
	6															Q623-6ZD	
624	1	Y3554-4 250	YOX_F560 (YOXⅡ560)	—	—	DCY500-20	YF66	3000 (2879)	4460 (4339)	—	570	580	355	560	6483 (6505)	Q624-1D	JQ422-D
	2															Q624-2D	
	3				NYD270										7220 (7242)	Q624-3ND	JQ422N-D
	4															Q624-4ND	
	5		$YOX_{FZ}560$ ($YOXⅡ_Z560$)	YWZ_5-400/121	—			3000 (3086)	4460 (4546)	1695					6619 (6665)	Q624-5ZD	JQ422Z-D
	6															Q624-6ZD	

续表 7-5

组合号	装配类型代号	电动机规格型号功率/kW	高速轴联轴器（或耦合器）规格型号	制动器规格型号	逆止器规格型号	减速器规格型号	联轴器或耦合器护罩	装配尺寸/mm A_0	A_1	A_2	A_3	B	h_0	h_1	驱动装置 总重量/kg	代 号	驱动装置架图 号
625	1	Y3555-4 280	YOX_F650 (YOXⅡ650)	—	—	DCY500-20	YF74	3030 (2906)	4490 (4366)	—	570	580	355	560	6644	Q625-1D	JQ625-D
	2														(6596)	Q625-2D	
	3				NYD270										7381	Q625-3ND	JQ625N-D
	4														(7333)	Q625-4ND	
	5		$YOX_{FZ}650$ (YOX$Ⅱ_Z$650)	YWZ_5-500/121	—			3030 (3179)	4490 (4639)	1705					6851	Q625-5ZD	JQ625Z-D
	6														(6841)	Q625-6ZD	
626	1	Y3556-4 315	YOX_F650 (YOXⅡ650)	—	—	DCY560-20	YF76	3220 (3096)	4720 (4596)	—	610	620	355	630	8118	Q626-1D	JQ425-D
	2														(8068)	Q626-2D	
	3				NYD300										9239	Q626-3ND	JQ425N-D
	4														(9191)	Q626-4ND	
	5		$YOX_{FZ}650$ (YOX$Ⅱ_Z$650)	YWZ_5-500/121	—			3220 (3369)	4720 (4869)	1895					8332	Q626-5ZD	JQ425Z-D
	6														(8321)	Q626-6ZD	
651	1	Y90S-4 1.1	ML2 $\frac{24\times52}{25\times62}$MT2b	—	—	DCY160-16	MF14	753	1097	—	190	271	90	180	228	Q651-1D	JQ401-D
	2															Q651-2D	
	3				NFA10										259	Q651-3ND	JQ401N-D
	4															Q651-4ND	
	5		MLL4-1-160 $\frac{24\times62}{25\times62}$MT4b	YW160	—		—	767	1111	572					258	Q651-5ZD	JQ401Z-D
	6															Q651-6ZD	
652	1	Y90L-4 1.5	ML2 $\frac{24\times52}{25\times62}$MT2b	—	—	DCY160-16	MF14	765.5	1122	—	190	271	90	180	232	Q652-1D	JQ301-D
	2															Q652-2D	
	3				NFA10										263	Q652-3ND	JQ301N-D
	4															Q652-4ND	
	5		MLL4-1-160 $\frac{24\times62}{25\times62}$MT4b	YW160	—		—	779.5	1136	572					262	Q652-5ZD	JQ301Z-D
	6															Q652-6ZD	
653	1	Y100L1-4 2.2	ML2 $\frac{28\times62}{25\times62}$MT2b	—	—	DCY160-16	MF14	790	1167	—	190	271	100	180	240	Q653-1D	JQ302-D
	2															Q653-2D	
	3				NFA10										271	Q653-3ND	JQ302N-D
	4															Q653-4ND	
	5		MLL4-1-160 $\frac{28\times62}{25\times62}$MT4b	YW160	—		—	794	1171	572					264	Q653-5ZD	JQ302Z-D
	6															Q653-6ZD	

续表 7-5

组合号	装配类型代号	电动机规格型号功率/kW	高速轴联轴器（或耦合器）规格型号	制动器规格型号	逆止器规格型号	减速器规格型号	联轴器或耦合器护罩	装配尺寸/mm							驱动装置		驱动装置架图号
								A_0	A_1	A_2	A_3	B	h_0	h_1	总重量/kg	代号	
654	1	Y100L2-4 3	ML2 $\frac{28\times62}{25\times62}$MT2b	—	—	DCY160-16	MF14	790	1167	—	190	271	100	180	243	Q654-1D	JQ302-D
	2															Q654-2D	
	3				NFA10										274	Q654-3ND	JQ302N-D
	4															Q654-4ND	
	5		MLL4-1-160 $\frac{28\times62}{25\times62}$MT4b	YW160	—		—	794	1171	572					270	Q654-5ZD	JQ302Z-D
	6															Q654-6ZD	
655	1	Y112M-4 4	ML2 $\frac{28\times62}{25\times62}$MT2b	—	—	DCY160-16	MF14	797	1189	—	190	271	112	180	255	Q655-1D	JQ303-D
	2															Q655-2D	
	3				NFA10										285	Q655-3ND	JQ303N-D
	4															Q655-4ND	
	5		MLL4-1-160 $\frac{28\times62}{25\times62}$MT4b	YW160	—		—	801	1191	572					281	Q655-5ZD	JQ303Z-D
	6															Q655-6ZD	
656	1	Y132S-4 5.5	ML3 $\frac{38\times82}{25\times62}$MT3b	—	—	DCY160-16	MF15	837	1263	—	190	271	132	180	274	Q656-1D	JQ556-D
	2															Q656-2D	
	3				NFA10										305	Q656-3ND	JQ556N-D
	4															Q656-4ND	
	5		MLL4-1-160 $\frac{38\times82}{25\times62}$MT4b	YW160	—		—	840	1266	572					299	Q656-5ZD	JQ556Z-D
	6															Q656-6ZD	
657	1	Y132M-4 7.5	ML3 $\frac{38\times82}{25\times62}$MT3b	—	—	DCY160-16	MF15	856	1303	—	190	271	132	180	287	Q657-1D	JQ557-D
	2															Q657-2D	
	3				NFA10										318	Q657-3ND	JQ557N-D
	4															Q657-4ND	
	5		MLL4-1-160 $\frac{38\times82}{25\times62}$MT4b	YW160	—		—	859	1306	572					312	Q657-5ZD	JQ557Z-D
	6															Q657-6ZD	
658	1	Y160M-4 11	ML4 $\frac{42\times112}{30\times82}$MT4b	—	—	DCY180-16	MF19	1009	1501	—	215	286	160	200	389	Q658-1D	JQ558-D
	2															Q658-2D	
	3				NFA10										420	Q658-3ND	JQ558N-D
	4															Q658-4ND	
	5		MLL4-1-160 $\frac{42\times112}{30\times82}$MT4b	YW160	—		—	1009	1501	657					411	Q658-5ZD	JQ558Z-D
	6															Q658-6ZD	

续表 7-5

组合号	装配类型代号	电动机规格型号功率/kW	高速轴联轴器（或耦合器）规格型号	制动器规格型号	逆止器规格型号	减速器规格型号	联轴器或耦合器护罩	装配尺寸/mm							驱动装置		驱动装置架图号
								A_0	A_1	A_2	A_3	B	h_0	h_1	总重量/kg	代号	
659	1	Y160L-4 15	ML4 $\frac{42\times112}{30\times82}$MT4b	—	—	DCY180-16	MF19	1031	1546	—	215	286	160	200	412	Q659-1D	JQ559-D
	2															Q659-2D	
	3				NFA10										443	Q659-3ND	JQ559N-D
	4															Q659-4ND	
	5		MLL4-1-160 $\frac{42\times112}{30\times82}$MT4b	YW160	—		—	1031	1546	657					434	Q659-5ZD	JQ559Z-D
	6															Q659-6ZD	
660	1	Y180M-4 18.5	ML5 $\frac{48\times112}{35\times82}$MT5b	—	—	DCY200-16	MF22	1108.5	1667	—	240	301	180	225	510	Q660-1D	JQ560-D
	2															Q660-2D	
	3				NFA10										541	Q660-3ND	JQ560N-D
	4															Q660-4ND	
	5		MLL5-1-200 $\frac{48\times112}{35\times82}$MT5b	YWZ_5-200/30	—		—	1108.5	1667	722					544	Q660-5ZD	JQ560Z-D
	6															Q660-6ZD	
661	1	Y180L-4 22	ML5 $\frac{48\times112}{40\times82}$MT5b	—	—	DCY224-16	MF26	1242.5	1842	—	260	319	180	250	663	Q661-1D	JQ511-D
	2															Q661-2D	
	3				NFA16										698	Q661-3ND	JQ511N-D
	4															Q661-4ND	
	5		MLL5-1-200 $\frac{48\times112}{40\times82}$MT5b	YWZ_5-200/30	—		—	1242.5	1842	837					696	Q661-5ZD	JQ511Z-D
	6															Q661-6ZD	
662	1	Y200L-4 30	ML6 $\frac{55\times112}{42\times112}$MT6b	—	—	DCY250-16	MF30	1363.5	2033	—	290	339	200	280	857	Q662-1D	JQ512-D
	2															Q662-2D	
	3				NFA16										892	Q662-3ND	JQ512N-D
	4															Q662-4ND	
	5		MLL6-1-200 $\frac{55\times112}{42\times112}$MT6b	YWZ_5-200/30	—		—	1363.5	2033	927					890	Q662-5ZD	JQ512Z-D
	6															Q662-6ZD	
663	1	Y225S-4 37	ML7 $\frac{60\times142}{50\times112}$MT7b	—	—	DCY280-16	MF33	1492	2205	—	325	359	225	315	1165	Q663-1D	JQ513-D
	2															Q663-2D	
	3				NFA16										1200	Q663-3ND	JQ513N-D
	4															Q663-4ND	
	5		MLL7-1-250 $\frac{60\times142}{50\times112}$MT7b	YWZ_5-250/30	—		—	1492	2205	1017					1212	Q663-5ZD	JQ513Z-D
	6															Q663-6ZD	

续表 7-5

组合号	装配类型代号	电动机规格型号功率/kW	高速轴联轴器（或耦合器）规格型号	制动器规格型号	逆止器规格型号	减速器规格型号	联轴器或耦合器护罩	装配尺寸/mm							驱动装置		驱动装置架图号
								A_0	A_1	A_2	A_3	B	h_0	h_1	总重量/kg	代号	
664	1	Y225M-4 45	YOX_F400 （YOXⅡ400）	—	—	DCY280-16	YF44	1679.5 （1564.5）	2405 （2290）	—	325	359	225	315	1244	Q664-1D	JQ514-D
	2														（1249）	Q664-2D	
	3				NFA16										1279	Q664-3ND	JQ514N-D
	4														（1284）	Q664-4ND	
	5		$YOX_{FZ}400$ （$YOXⅡ_Z400$）	YWZ_5-315/50	—			1679.5 （1765.5）	2405 （2491）	990					1338	Q664-5ZD	JQ514Z-D
	6														（1353）	Q664-6ZD	
665	1	Y250M-4 55	YOX_F450 （YOXⅡ450）	—	—	DCY280-16	YF49	1747.5 （1644.5）	2520 （2417）	—	325	359	250	315	1317	Q665-1D	JQ615-D
	2														（1332）	Q665-2D	
	3				NFA16										1352	Q665-3ND	JQ615N-D
	4														（1367）	Q665-4ND	
	5		$YOX_{FZ}450$ （$YOXⅡ_Z450$）	YWZ_5-315/50	—			1747.5 （1827.5）	2520 （2600）	990					1410	Q665-5ZD	JQ615Z-D
	6														（1436）	Q665-6ZD	
666	1	Y280S-4 75	YOX_F450 （YOXⅡ450）	—	—	DCY315-16	YF50	1894 （1719）	2735 （2632）	—	355	389	280	355	1740	Q666-1D	JQ616-D
	2														（1755）	Q666-2D	
	3				NFA25										1784	Q666-3ND	JQ616N-D
	4														（1799）	Q666-4ND	
	5		$YOX_{FZ}450$ （$YOXⅡ_Z450$）	YWZ_5-315/50	—			1894 （1974）	2735 （2815）	1105					1834	Q666-5ZD	JQ616Z-D
	6														（1859）	Q666-6ZD	
667	1	Y280M-4 90	YOX_F500 （YOXⅡ500）	—	—	DCY355-16	YF56	2119.5 （1974.5）	3020 （2875）	—	390	420	280	400	2326	Q667-1D	JQ467-D
	2														（2331）	Q667-2D	
	3				NFA40										2381	Q667-3ND	JQ467N-D
	4														（2386）	Q667-4ND	
	5		$YOX_{FZ}500$ （$YOXⅡ_Z500$）	YWZ_5-400/80	—			2119.5 （2203.5）	3020 （3104）	1250					2447	Q667-5ZD	JQ467Z-D
	6														（2477）	Q667-6ZD	
668	1	Y315S-4 110	YOX_F500 （YOXⅡ500）	—	—	DCY400-16	YF57	2274 （2129）	3345 （3200）	—	440	450	315	450	3083	Q668-1D	JQ418-D
	2														（3088）	Q668-2D	
	3				NYD250										3758	Q668-3ND	JQ418N-D
	4														（3763）	Q668-4ND	
	5		$YOX_{FZ}500$ （$YOXⅡ_Z500$）	YWZ_5-400/80	—			2274 （2358）	3345 （3429）	1385					3205	Q668-5ZD	JQ418Z-D
	6														（3234）	Q668-6ZD	

续表 7-5

组合号	装配类型代号	电动机规格型号功率/kW	高速轴联轴器（或耦合器）规格型号	制动器规格型号	逆止器规格型号	减速器规格型号	联轴器或耦合器护罩	装配尺寸/mm A_0	A_1	A_2	A_3	B	h_0	h_1	驱动装置 总重量/kg	代号	驱动装置架图号
669	1	Y315M-4 132	YOX_F500 (YOXⅡ500)	—	—	DCY400-16	YF57	2299.5 (2154.5)	3395 (3250)	—	440	450	315	450	3183	Q669-1D	JQ469-D
	2														(3188)	Q669-2D	
	3				NYD250										3858	Q669-3ND	JQ469N-D
	4														(3863)	Q669-4ND	
	5		$YOX_{FZ}500$ (YOXⅡ$_Z$500)	YWZ_5-400/80	—			2299.5 (2383.5)	3395 (3479)	1385					3305	Q669-5ZD	JQ469Z-D
	6														(3334)	Q669-6ZD	
670	1	Y315L1-4 160	YOX_F560 (YOXⅡ560)	—	—	DCY400-16	YF61	2395 (2234)	3520 (3359)	—	440	450	315	450	3958	Q670-1D	JQ670-D
	2														(3980)	Q670-2D	
	3				NYD250										4632	Q670-3ND	JQ670N-D
	4														(4654)	Q670-4ND	
	5		$YOX_{FZ}560$ (YOXⅡ$_Z$560)	YWZ_5-400/121	—			2395 (2481)	3520 (3606)	1535					4093	Q670-5ZD	JQ670Z-D
	6														(4140)	Q670-6ZD	
671	1	Y355M-4[①] 185	YOX_F560 (YOXⅡ560)	—	—	DCY450-16	YF63	2609 (2448)	3910 (3749)	—	490	490	355	500	4127	Q671-1D	JQ621-D
	2														(4149)	Q671-2D	
	3				NYD250										4802	Q671-3ND	JQ621N-D
	4														(4824)	Q671-4ND	
	5		$YOX_{FZ}560$ (YOXⅡ$_Z$560)	YWZ_5-400/121	—			2609 (2695)	3910 (3996)	1535					4263	Q671-5ZD	JQ621Z-D
	6														(4309)	Q671-6ZD	
672	1	Y315L2-4 200	YOX_F560 (YOXⅡ560)	—	—	DCY450-16	YF64	2545 (2384)	3720 (3559)	—	490	490	315	500	4127	Q672-1D	JQ672-D
	2														(4149)	Q672-2D	
	3				NYD250										4802	Q672-3ND	JQ672N-D
	4														(4825)	Q672-4ND	
	5		$YOX_{FZ}560$ (YOXⅡ$_Z$560)	YWZ_5-400/121	—			2545 (2631)	3720 (3806)	1535					4263	Q672-5ZD	JQ672Z-D
	6														(4310)	Q672-6ZD	
673	1	Y3553-4 220	YOX_F560 (YOXⅡ560)	—	—	DCY500-16	YF66	3000 (2879)	4460 (4339)	—	570	580	355	560	6443	Q673-1D	JQ422-D
	2														(6465)	Q673-2D	
	3				NYD270										7180	Q673-3ND	JQ422N-D
	4														(7202)	Q673-4ND	
	5		$YOX_{FZ}560$ (YOXⅡ$_Z$560)	YWZ_5-400/121	—			3000 (3086)	4460 (4546)	1695					6579	Q673-5ZD	JQ422Z-D
	6														(6625)	Q673-6ZD	

续表 7-5

组合号	装配类型代号	电动机规格型号功率/kW	高速轴联轴器（或耦合器）规格型号	制动器规格型号	逆止器规格型号	减速器规格型号	联轴器或耦合器护罩	装配尺寸/mm A_0	A_1	A_2	A_3	B	h_0	h_1	驱动装置 总重量/kg	代号	驱动装置架图号
674	1	Y3554-4 250	YOX_F560 (YOXⅡ560)	—	—	DCY500-16	YF66	3000 (2879)	4460 (4339)	—	570	580	355	560	6483	Q674-1D	JQ422-D
	2														(6505)	Q674-2D	
	3				NYD270										7220	Q674-3ND	JQ422N-D
	4														(7242)	Q674-4ND	
	5		$YOX_{FZ}560$ (YOXⅡ$_Z$560)	YWZ_5-400/121	—			3000 (3086)	4460 (4546)	1695					6619	Q674-5ZD	JQ422Z-D
	6														(6665)	Q674-6ZD	
675	1	Y3555-4 280	YOX_F650 (YOXⅡ650)	—	—	DCY500-16	YF74	3030 (2906)	4490 (4366)	—	570	580	355	560	6644	Q675-1D	JQ625-D
	2														(6596)	Q675-2D	
	3				NYD270										7381	Q675-3ND	JQ625N-D
	4														(7333)	Q675-4ND	
	5		$YOX_{FZ}650$ (YOXⅡ$_Z$650)	YWZ_5-500/121	—			3030 (3179)	4490 (4639)	1705					6851	Q675-5ZD	JQ625Z-D
	6														(6841)	Q675-6ZD	
676	1	Y3556-4 315	YOX_F650 (YOXⅡ650)	—	—	DCY560-16	YF76	3220 (3096)	4720 (4596)	—	610	620	355	630	8116	Q676-1D	JQ425-D
	2														(8068)	Q676-2D	
	3				NYD300										9239	Q676-3ND	JQ425N-D
	4														(9191)	Q676-4ND	
	5		$YOX_{FZ}650$ (YOXⅡ$_Z$650)	YWZ_5-500/121	—			3220 (3369)	4720 (4869)	1895					8322	Q676-5ZD	JQ425Z-D
	6														(8312)	Q676-6ZD	
714	1	Y225M-4 45	YOX_F400 (YOXⅡ400)	—	—	DBY224-12.5	YF42	1479.5 (1364.5)	2140 (2025)	—	260	319	225	250	821	Q714-1D	JQ714-D
	2														(826)	Q714-2D	
	3				NFA25										865	Q714-3ND	JQ714N-D
	4														(870)	Q714-4ND	
	5		$YOX_{FZ}400$ (YOXⅡ$_Z$400)	YWZ_5-315/50	—			1479.5 (1565.5)	2140 (2226)	790					915	Q714-5ZD	JQ714Z-D
	6														(930)	Q714-6ZD	
715	1	Y250M-4 55	YOX_F450 (YOXⅡ450)	—	—	DBY250-12.5	YF48	1627.5 (1524.5)	2365 (2262)	—	290	345	250	280	1052	Q715-1D	JQ715-D
	2														(1067)	Q715-2D	
	3				NFA40										1106	Q715-3ND	JQ715N-D
	4														(1121)	Q715-4ND	
	5		$YOX_{FZ}450$ (YOXⅡ$_Z$450)	YWZ_5-315/50	—			1627.5 (1707.5)	2365 (2445)	870					1146	Q715-5ZD	JQ715Z-D
	6														(1171)	Q715-6ZD	

续表 7-5

组合号	装配类型代号	电动机规格型号功率/kW	高速轴联轴器（或耦合器）规格型号	制动器规格型号	逆止器规格型号	减速器规格型号	联轴器或耦合器护罩	装配尺寸/mm							驱动装置		驱动装置架图号
								A_0	A_1	A_2	A_3	B	h_0	h_1	总重量/kg	代号	
716	1	Y280S-4 75	YOX_F450（YOXⅡ450）	—	—	DBY250-12.5	YF48	1659（1556）	2435（2332）	—	290	345	280	280	1213	Q716-1D	JQ716-D
	2														（1228）	Q716-2D	
	3				NFA40										1267	Q716-3ND	JQ716N-D
	4														（1282）	Q716-4ND	
	5		$YOX_{FZ}450$（$YOXⅡ_Z450$）	YWZ_5-315/50	—			1659（1739）	2435（2515）	870					1306	Q716-5ZD	JQ716Z-D
	6														（1331）	Q716-6ZD	
717	1	Y280M-4 90	YOX_F500（YOXⅡ500）	—	—	DBY250-12.5	YF53	1764.5（1619.5）	2565（2420）	—	290	345	280	280	1348	Q717-1D	JQ717-D
	2														（1353）	Q717-2D	
	3				NFA40										1403	Q717-3ND	JQ717N-D
	4														（1408）	Q717-4ND	
	5		$YOX_{FZ}500$（$YOXⅡ_Z500$）	YWZ_5-400/80	—			1764.5（1848.5）	2565（2649）	895					1469	Q717-5ZD	JQ717Z-D
	6														（1499）	Q717-6ZD	
718	1	Y315S-4 110	YOX_F500（YOXⅡ500）	—	—	DBY280-12.5	YF54	1874（1729）	2830（2685）	—	325	370	315	315	1875	Q718-1D	JQ718-D
	2														（1880）	Q718-2D	
	3				NFA63										1951	Q718-3ND	JQ718N-D
	4														（1956）	Q718-4ND	
	5		$YOX_{FZ}500$（$YOXⅡ_Z500$）	YWZ_5-400/80	—			1874（1958）	2830（2914）	985					1997	Q718-5ZD	JQ718Z-D
	6														（2026）	Q718-6ZD	
719	1	Y315M-4 132	YOX_F500（YOXⅡ500）	—	—	DBY315-12.5	YF55	1999.5（1854.5）	3010（2865）	—	355	404	315	355	2236	Q719-1D	JQ719-D
	2														（2241）	Q719-2D	
	3				NFA80										2329	Q719-3ND	JQ719N-D
	4														（2334）	Q719-4ND	
	5		$YOX_{FZ}500$（$YOXⅡ_Z500$）	YWZ_5-400/80	—			1999.5（2083.5）	3010（3094）	1085					2357	Q719-5ZD	JQ719Z-D
	6														（2386）	Q719-6ZD	
720	1	Y315L1-4 160	YOX_F560（YOXⅡ560）	—	—	DBY355-12.5	YF60	2205（2044）	3280（3119）	—	390	400	315	400	2728	Q720-1D	JQ720-D
	2														（2750）	Q720-2D	
	3				NYD220										3079	Q720-3ND	JQ720N-D
	4														（3101）	Q720-4ND	
	5		$YOX_{FZ}560$（$YOXⅡ_Z560$）	YWZ_5-400/121	—			2205（2291）	3280（3360）	1195					2863	Q720-5ZD	JQ720Z-D
	6														（2910）	Q720-6ZD	

续表 7-5

组合号	装配类型代号	电动机规格型号 功率/kW	高速轴联轴器（或耦合器）规格型号	制动器规格型号	逆止器规格型号	减速器规格型号	联轴器或耦合器护罩	装配尺寸/mm A_0	A_1	A_2	A_3	B	h_0	h_1	驱动装置 总重量/kg	代号	驱动装置架图号
721	1	Y355M-4[①] 185	YOX_F560（YOXⅡ560）	—	—	DBY355-12.5	YF60	2269（2108）	3470（3309）	—	390	400	355	400	2888（2910）	Q721-1D	JQ721-D
	2															Q721-2D	
	3				NYD220										3239（3261）	Q721-3ND	JQ721N-D
	4															Q721-4ND	
	5		$YOX_{FZ}560$（$YOXⅡ_Z560$）	YWZ_5-400/121	—			2269（2355）	3470（3556）	1195					3023（3070）	Q721-5ZD	JQ721Z-D
	6															Q721-6ZD	
722	1	Y315L2-4 200	YOX_F560（YOXⅡ560）	—	—	DBY400-12.5	YF62	2335（2214）	3460（3339）	—	440	450	315	450	3418（3440）	Q722-1D	JQ722-D
	2															Q722-2D	
	3				NYD250										4120（4115）	Q722-3ND	JQ722N-D
	4															Q722-4ND	
	5		$YOX_{FZ}560$（$YOXⅡ_Z560$）	YWZ_5-400/121	—			2335（2421）	3460（3546）	1325					3554（3600）	Q722-5ZD	JQ722Z-D
	6															Q722-6ZD	
723	1	Y3553-4 220	YOX_F560（YOXⅡ560）	—	—	DBY400-12.5	YF62	2630（2509）	3960（3839）	—	440	450	355	450	4068（4090）	Q723-1D	JQ723-D
	2															Q723-2D	
	3				NYD250										4743（4765）	Q723-3ND	JQ723N-D
	4															Q723-4ND	
	5		$YOX_{FZ}560$（$YOXⅡ_Z560$）	YWZ_5-400/121	—			2630（2716）	3960（4046）	1325					4204（4250）	Q723-5ZD	JQ723Z-D
	6															Q723-6ZD	
724	1	Y3554-4 250	YOX_F560（YOXⅡ560）	—	—	DBY450-12.5	YF63	2780（2659）	4160（4039）	—	490	490	355	500	4674（4696）	Q724-1D	JQ724-D
	2															Q724-2D	
	3				NYD250										5349（5371）	Q724-3ND	JQ724N-D
	4															Q724-4ND	
	5		$YOX_{FZ}560$（$YOXⅡ_Z560$）	YWZ_5-400/121	—			2780（2866）	4160（4246）	1475					4810（4857）	Q724-5ZD	JQ724Z-D
	6															Q724-6ZD	
725	1	Y3555-4 280	YOX_F650（YOXⅡ650）	—	—	DBY450-12.5	YF72	2810（2686）	4190（4066）	—	490	490	355	500	4836（4788）	Q725-1D	JQ725-D
	2															Q725-2D	
	3				NYD250										5511（5463）	Q725-3ND	JQ725N-D
	4															Q725-4ND	
	5		$YOX_{FZ}650$（$YOXⅡ_Z650$）	YWZ_5-500/121	—			2810（2959）	4190（4339）	1485					5043（5032）	Q725-5ZD	JQ725Z-D
	6															Q725-6ZD	
726	1	Y3556-4 315	YOX_F650（YOXⅡ650）	—	—	DBY450-12.5	YF72	2810（2686）	4190（4066）	—	490	490	355	500	5326（5278）	Q726-1D	JQ725-D
	2															Q726-2D	
	3				NYD250										6001（5953）	Q726-3ND	JQ725N-D
	4															Q726-4ND	
	5		$YOX_{FZ}650$（$YOXⅡ_Z650$）	YWZ_5-500/121	—			2810（2959）	4190（4339）	1485					5533（5522）	Q726-5ZD	JQ725Z-D
	6															Q726-6ZD	

① 185kW 电动机属旧标准，不推荐采用185kW 电动机的 321、371、421、471、521、571、621、671、721 等9 种组合。如有需要，须先与制造厂联系，确认可以订货后方可采用，并且要仔细核对相关尺寸。

7.5　驱动装置和传动滚筒组合

驱动装置和传动滚筒的组合（图 7-3），主要是为了确定低速轴联轴器、减速器和输送机两中心线间的距离 l，为设计提供方便。但由于两者的组合种类很多，联轴器的类型也很多，很难组合完整。本手册采用 LZ 型联轴器，按驱动装置选择表确定的传动滚筒与驱动装置组合号的内在关系，作了 203 种驱动装置与相应传动滚筒的组合列于表 7-6，供查阅。由于篇幅太大，此次修订版没有对本表进行相应扩充，读者在表中找不到合适的联轴器和相关尺寸时，仍需要根据具体情况，自行组合。

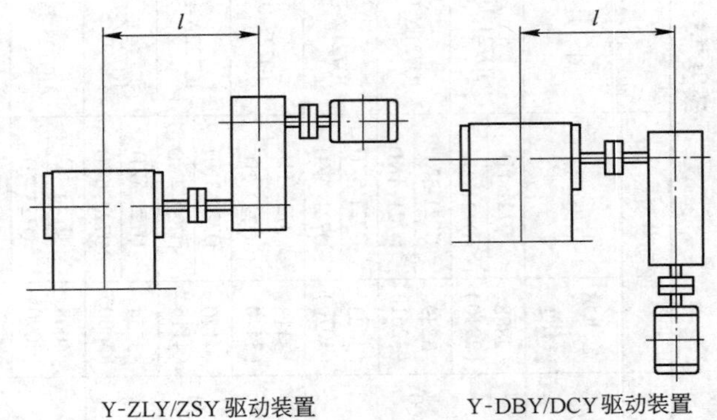

图 7-3　驱动装置与传动滚筒组合示意图

表 7-6　驱动装置和传动滚筒组合表

驱动装置组合号	输送机代号 DTⅡ(A)	Y-DBY/DCY 驱动装置			Y-ZLY/ZSY 驱动装置		
		低速轴联轴器型号规格	重量 /kg	l /mm	低速轴联轴器型号规格	重量 /kg	l /mm
301	5050·2	LZ5 $\frac{70\times142}{70\times142}$	27.02	928	LZ5 $\frac{J_1 75\times107}{70\times142}$	27.02	888
	6550·1	LZ5 $\frac{70\times142}{70\times142}$	27.02	1003	LZ5 $\frac{J_1 75\times107}{70\times142}$	27.02	963
	8050·2	LZ6 $\frac{70\times142}{90\times172}$	40.52	1204	LZ6 $\frac{J_1 75\times107}{90\times172}$	40.52	1164
302	5050·2	LZ5 $\frac{70\times142}{70\times142}$	27.02	928	LZ5 $\frac{J_1 75\times107}{70\times142}$	27.02	888
	6550·1	LZ5 $\frac{70\times142}{70\times142}$	27.02	1003	LZ5 $\frac{J_1 75\times107}{70\times142}$	27.02	963
	8050·2	LZ6 $\frac{70\times142}{90\times172}$	40.52	1204	LZ6 $\frac{J_1 75\times107}{90\times172}$	40.52	1164
303	5050·2	LZ5 $\frac{70\times142}{70\times142}$	27.02	928	LZ5 $\frac{J_1 75\times107}{70\times142}$	27.02	888
	6550·1	LZ5 $\frac{70\times142}{70\times142}$	27.02	1003	LZ5 $\frac{J_1 75\times107}{70\times142}$	27.02	963
	6563·1	LZ5 $\frac{70\times142}{70\times142}$	27.02	1003	LZ5 $\frac{J_1 75\times107}{70\times142}$	27.02	963
	8050·2	LZ6 $\frac{70\times142}{90\times172}$	40.52	1204	LZ6 $\frac{J_1 75\times107}{90\times172}$	40.52	1164
304	5050·2	LZ5 $\frac{80\times172}{70\times142}$	26.23	973	LZ6 $\frac{J_1 85\times132}{70\times142}$	40.52	929
	6550·1	LZ5 $\frac{80\times172}{70\times142}$	26.23	1048	LZ6 $\frac{J_1 85\times132}{70\times142}$	40.52	1004
	6563·1	LZ5 $\frac{80\times172}{70\times142}$	26.23	1048	LZ6 $\frac{J_1 85\times132}{70\times142}$	40.52	1004
	8050·2	LZ6 $\frac{80\times172}{90\times172}$	40.15	1249	LZ6 $\frac{J_1 85\times132}{90\times172}$	40.52	1204
305	5050·2	LZ5 $\frac{80\times172}{70\times142}$	26.23	973	LZ6 $\frac{J_1 85\times132}{70\times142}$	40.52	929
	6550·1	LZ5 $\frac{80\times172}{70\times142}$	26.23	1048	LZ6 $\frac{J_1 85\times132}{70\times142}$	40.52	1004
	6563·1	LZ5 $\frac{80\times172}{70\times142}$	26.23	1048	LZ6 $\frac{J_1 85\times132}{70\times142}$	40.52	1004
	8050·2	LZ6 $\frac{80\times172}{90\times172}$	40.15	1249	LZ6 $\frac{J_1 85\times132}{90\times172}$	40.15	1204

续表 7-6

驱动装置组合号	输送机代号 DTⅡ(A)	Y-DBY/DCY 驱动装置 低速轴联轴器型号规格	重量 /kg	l /mm	Y-ZLY/ZSY 驱动装置 低速轴联轴器型号规格	重量 /kg	l /mm
306	5050 · 2	LZ6 $\frac{90\times172}{70\times142}$	40.52	989	LZ7 $\frac{J_1 95\times132}{70\times142}$	57.04	944
	6550 · 1	LZ6 $\frac{90\times172}{70\times142}$	40.52	1064	LZ7 $\frac{J_1 95\times132}{70\times142}$	57.04	1019
	6563 · 1	LZ6 $\frac{90\times172}{70\times142}$	40.52	1064	LZ7 $\frac{J_1 95\times132}{70\times142}$	57.04	1019
	8050 · 2	LZ6 $\frac{90\times172}{90\times172}$	40.15	1264	LZ7 $\frac{J_1 95\times132}{90\times172}$	59.14	1219
307	6550 · 2	LZ6 $\frac{90\times172}{90\times172}$	40.15	1114	LZ7 $\frac{J_1 100\times167}{90\times172}$	59.37	1124
	6563 · 1	LZ6 $\frac{90\times172}{70\times142}$	40.52	1064	LZ7 $\frac{J_1 100\times167}{70\times142}$	57.3	1074
	8050 · 2	LZ6 $\frac{90\times172}{90\times172}$	40.15	1264	LZ7 $\frac{J_1 100\times167}{90\times172}$	59.37	1274
308	6563 · 2	LZ7 $\frac{100\times212}{90\times172}$	59.37	1169	LZ7 $\frac{J_1 100\times167}{90\times172}$	59.37	1124
	8080 · 1	LZ7 $\frac{100\times212}{90\times172}$	59.37	1319	LZ7 $\frac{J_1 100\times167}{90\times172}$	59.37	1274
	10080 · 1	LZ7 $\frac{100\times212}{110\times212}$	59.6	1459	LZ7 $\frac{J_1 100\times167}{100\times212}$	59.6	1414
309	6563 · 2	LZ7 $\frac{110\times212}{90\times172}$	59.37	1189	LZ7 $\frac{J_1 110\times167}{90\times172}$	59.37	1149
	8080 · 1	LZ7 $\frac{110\times212}{90\times172}$	59.37	1339	LZ7 $\frac{J_1 110\times167}{90\times172}$	59.37	1299
	8080 · 2	LZ7 $\frac{110\times212}{110\times212}$	59.6	1379	LZ7 $\frac{J_1 110\times167}{110\times212}$	59.6	1339
	10080 · 1	LZ7 $\frac{110\times212}{110\times212}$	59.6	1479	LZ7 $\frac{J_1 110\times167}{110\times212}$	59.6	1439
310	8080 · 2	LZ8 $\frac{120\times212}{110\times212}$	94.67	1400	LZ8 $\frac{J_1 130\times202}{110\times212}$	91.05	1400
	10080 · 1	LZ8 $\frac{120\times212}{110\times212}$	94.67	1500	LZ8 $\frac{J_1 130\times202}{110\times212}$	91.05	1500
311	8080 · 2	LZ8 $\frac{120\times212}{110\times212}$	94.67	1400	LZ8 $\frac{J_1 130\times202}{110\times212}$	91.05	1400
	10080 · 1	LZ8 $\frac{120\times212}{110\times212}$	94.67	1500	LZ8 $\frac{J_1 130\times202}{110\times212}$	91.05	1500
	100100 · 1	LZ8 $\frac{120\times212}{110\times212}$	94.67	1500	LZ8 $\frac{J_1 130\times202}{110\times212}$	91.05	1500
	120100 · 1	LZ8 $\frac{120\times212}{110\times212}$	94.67	1635	LZ8 $\frac{J_1 130\times202}{110\times212}$	91.05	1635
	140100 · 1	LZ8 $\frac{120\times212}{130\times252}$	91.05	1825	LZ8 $\frac{J_1 130\times202}{130\times212}$	87.43	1785
312	8080 · 3	LZ9 $\frac{140\times252}{130\times252}$	136.6	1521	LZ9 $\frac{J_1 140\times202}{130\times252}$	136.6	1481
	10080 · 2	LZ9 $\frac{140\times252}{130\times252}$	136.6	1621	LZ9 $\frac{J_1 140\times202}{130\times252}$	136.6	1581
	100100 · 2	LZ9 $\frac{140\times252}{130\times252}$	136.6	1621	LZ9 $\frac{J_1 140\times202}{130\times252}$	136.6	1581
	120100 · 2	LZ9 $\frac{140\times252}{130\times252}$	136.6	1746	LZ9 $\frac{J_1 140\times202}{130\times252}$	136.6	1706
	140100 · 1	LZ9 $\frac{140\times252}{130\times252}$	136.6	1896	LZ9 $\frac{J_1 140\times202}{130\times252}$	136.6	1856

续表 7-6

驱动装置组合号	输送机代号 DTⅡ(A)	Y-DBY/DCY 驱动装置			Y-ZLY/ZSY 驱动装置		
		低速轴联轴器型号规格	重量/kg	l/mm	低速轴联轴器型号规格	重量/kg	l/mm
	8080·3	LZ10 $\frac{160\times302}{130\times252}$	166.7	1597	LZ10 $\frac{J_1 170\times242}{130\times252}$	166.7	1542
	10080·2	LZ10 $\frac{160\times302}{130\times252}$	166.7	1697	LZ10 $\frac{J_1 170\times242}{130\times252}$	166.7	1642
313	100100·2	LZ10 $\frac{160\times302}{130\times252}$	166.7	1697	LZ10 $\frac{J_1 170\times242}{130\times252}$	166.7	1642
	120100·2	LZ10 $\frac{160\times302}{130\times252}$	166.7	1822	LZ10 $\frac{J_1 170\times242}{130\times252}$	166.7	1767
	140100·1	LZ10 $\frac{160\times302}{130\times252}$	166.7	1972	LZ10 $\frac{J_1 170\times242}{130\times252}$	166.7	1917
	8080·4	LZ10 $\frac{170\times302}{150\times252}$	166.7	1667	LZ11 $\frac{J_1 180\times242}{150\times252}$	202.6	1622
	80100·4	LZ10 $\frac{170\times302}{170\times302}$	164	1787	LZ11 $\frac{J_1 180\times242}{170\times302}$	202.1	1742
	10080·3	LZ10 $\frac{170\times302}{150\times252}$	166.7	1767	LZ11 $\frac{J_1 180\times242}{150\times252}$	202.6	1722
314	100100·3	LZ10 $\frac{170\times302}{150\times252}$	166.7	1767	LZ11 $\frac{J_1 180\times242}{150\times252}$	202.6	1722
	120100·3	LZ10 $\frac{170\times302}{150\times252}$	166.7	1892	LZ11 $\frac{J_1 180\times242}{150\times252}$	202.6	1847
	140100·2	LZ10 $\frac{170\times302}{150\times252}$	166.7	1992	LZ11 $\frac{J_1 180\times242}{150\times252}$	202.6	1947
	140125·1	LZ13 $\frac{170\times302}{220\times352}$	441.4	2217	LZ13 $\frac{J_1 180\times242}{220\times352}$	441.4	2172
	8080·4	LZ10 $\frac{170\times302}{150\times252}$	166.7	1667	LZ11 $\frac{J_1 180\times242}{150\times252}$	202.6	1622
	80100·4	LZ10 $\frac{170\times302}{170\times302}$	164	1787	LZ11 $\frac{J_1 180\times242}{170\times302}$	202.1	1742
	80125·1	LZ12 $\frac{170\times302}{190\times352}$	292.3	1837	LZ12 $\frac{J_1 180\times242}{190\times352}$	292.3	1792
	10080·3	LZ10 $\frac{170\times302}{150\times252}$	161	1767	LZ11 $\frac{J_1 180\times242}{150\times252}$	202.6	1722
	100100·3	LZ10 $\frac{170\times302}{150\times252}$	166.7	1767	LZ11 $\frac{J_1 180\times242}{150\times252}$	202.6	1722
315	100125·3	LZ13 $\frac{170\times302}{220\times352}$	441.4	1967	LZ13 $\frac{J_1 180\times242}{220\times352}$	441.4	1922
	120100·3	LZ10 $\frac{170\times302}{150\times252}$	166.7	1892	LZ11 $\frac{J_1 180\times242}{150\times252}$	202.6	1847
	120125·1	LZ13 $\frac{170\times302}{220\times352}$	441.4	2117	LZ13 $\frac{J_1 180\times242}{220\times352}$	441.4	2072
	140100·2	LZ10 $\frac{170\times302}{150\times252}$	166.7	1992	LZ11 $\frac{J_1 180\times242}{150\times252}$	202.6	1947
	140100·3	LZ10 $\frac{170\times302}{170\times302}$	164	2052	LZ11 $\frac{J_1 180\times242}{170\times302}$	202.1	2007
	140125·1	LZ13 $\frac{170\times302}{220\times352}$	441.4	2217	LZ13 $\frac{J_1 180\times242}{220\times352}$	441.4	2172

续表 7-6

驱动装置组合号	输送机代号 DTⅡ(A)	Y-DBY/DCY 驱动装置			Y-ZLY/ZSY 驱动装置		
		低速轴联轴器型号规格	重量/kg	l/mm	低速轴联轴器型号规格	重量/kg	l/mm
316	80100·4	LZ12 $\frac{190\times352}{170\times302}$	292.3	1877	LZ13 $\frac{J_1 220\times282}{170\times302}$	474.6	1822
	80125·3	LZ12 $\frac{190\times352}{190\times352}$	288	1927	LZ13 $\frac{J_1 220\times282}{190\times352}$	480	1872
	10080·4	LZ12 $\frac{190\times352}{170\times302}$	292.3	1917	LZ13 $\frac{J_1 220\times282}{170\times302}$	474.6	1862
	100100·4	LZ12 $\frac{190\times352}{170\times302}$	292.3	1917	LZ13 $\frac{J_1 220\times282}{170\times302}$	474.6	1862
	100125·3	LZ13 $\frac{190\times352}{220\times352}$	480	2057	LZ13 $\frac{J_1 220\times282}{220\times352}$	480	2002
	120100·4	LZ12 $\frac{190\times352}{170\times302}$	292.3	2042	LZ13 $\frac{J_1 220\times282}{170\times302}$	474.6	1987
	120125·1	LZ13 $\frac{190\times352}{220\times352}$	480	2207	LZ13 $\frac{J_1 220\times282}{220\times352}$	480	2152
	140100·3	LZ12 $\frac{190\times352}{170\times302}$	292.3	2142	LZ13 $\frac{J_1 220\times282}{170\times302}$	474.6	2087
	140125·1	LZ13 $\frac{190\times352}{220\times352}$	480	2307	LZ13 $\frac{J_1 220\times282}{220\times352}$	480	2252
317	80100·4	LZ12 $\frac{190\times352}{170\times302}$	292.3	1877	LZ13 $\frac{J_1 220\times282}{170\times302}$	474.6	1822
	80125·1	LZ12 $\frac{190\times352}{190\times352}$	288	1927	LZ13 $\frac{J_1 220\times282}{190\times352}$	480	1872
	10080·4	LZ12 $\frac{190\times352}{170\times302}$	292.3	1917	LZ13 $\frac{J_1 220\times282}{170\times302}$	474.6	1862
	100100·5	LZ12 $\frac{190\times352}{190\times352}$	288	2052	LZ13 $\frac{J_1 220\times282}{190\times352}$	480	1997
	100125·3	LZ13 $\frac{190\times352}{220\times352}$	480	2057	LZ13 $\frac{J_1 220\times282}{220\times352}$	480	2002
	120100·5	LZ12 $\frac{190\times352}{190\times352}$	288	2177	LZ13 $\frac{J_1 220\times282}{190\times352}$	480	2122
	120125·2	LZ14 $\frac{190\times352}{260\times410}$	599.4	2265	LZ14 $\frac{J_1 220\times282}{260\times410}$	599.4	2210
	140100·4	LZ12 $\frac{190\times352}{190\times352}$	262.9	2277	LZ13 $\frac{J_1 220\times282}{190\times352}$	459.7	2222
	140125.2	LZ14 $\frac{190\times352}{260\times410}$	610.6	2365	LZ14 $\frac{J_1 220\times282}{260\times410}$	610.6	2310
318	80125·1	LZ13 $\frac{220\times352}{190\times352}$	480	2017	LZ13 $\frac{J_1 240\times330}{190\times352}$	458.1	1960
	100100·5	LZ13 $\frac{220\times352}{190\times352}$	480	2142	LZ13 $\frac{J_1 240\times330}{190\times352}$	458.1	2085
	100140·1	LZ13 $\frac{220\times352}{240\times410}$	458.1	2205	LZ13 $\frac{J_1 240\times330}{240\times410}$	436	2148
	120100·6	LZ13 $\frac{220\times352}{200\times352}$	480	2267	LZ13 $\frac{J_1 240\times330}{200\times352}$	458.1	2210
	120125·2	LZ14 $\frac{220\times352}{260\times410}$	610.6	2355	LZ14·1 $\frac{J_1 240\times330}{260\times410}$	610.6	2298
	120140·1	LZ15 $\frac{220\times352}{280\times470}$	719.5	2417	LZ15 $\frac{J_1 240\times330}{280\times470}$	716.3	2360
	140100·4	LZ13 $\frac{220\times352}{190\times352}$	480	2367	LZ13 $\frac{J_1 240\times330}{190\times352}$	458.1	2310
	140100·5	LZ13 $\frac{220\times352}{200\times352}$	480	2367	LZ13 $\frac{J_1 240\times330}{200\times352}$	458.1	2310
	140125·2	LZ14 $\frac{220\times352}{260\times410}$	610.6	2455	LZ14 $\frac{J_1 240\times330}{260\times410}$	610.6	2398
	140140·2	LZ15 $\frac{220\times352}{280\times470}$	719.5	2517	LZ15 $\frac{J_1 240\times330}{280\times470}$	716.3	2460

续表 7-6

驱动装置组合号	输送机代号 DTⅡ(A)	Y-DBY/DCY 驱动装置			Y-ZLY/ZSY 驱动装置		
		低速轴联轴器型号规格	重量/kg	l/mm	低速轴联轴器型号规格	重量/kg	l/mm
319	100140·1	LZ13 $\frac{220\times352}{240\times410}$	458.1	2205	LZ13 $\frac{J_1 240\times330}{240\times410}$	436.1	2148
	120100·6	LZ13 $\frac{220\times352}{200\times352}$	480	2267	LZ13 $\frac{J_1 240\times330}{200\times352}$	458.1	2210
	120125·2	LZ14 $\frac{220\times352}{260\times410}$	610.6	2355	LZ14 $\frac{J_1 240\times330}{260\times410}$	610.6	2298
	120140·1	LZ15 $\frac{220\times352}{280\times470}$	719.5	2417	LZ15 $\frac{J_1 240\times330}{280\times470}$	716.3	2360
	140100·5	LZ13 $\frac{220\times352}{200\times352}$	480	2367	LZ13 $\frac{J_1 240\times330}{200\times352}$	458.1	2310
	140125·2	LZ14 $\frac{220\times352}{260\times410}$	610.6	2455	LZ14 $\frac{J_1 240\times330}{260\times410}$	610.6	2398
	140140·2	LZ15 $\frac{220\times352}{280\times470}$	719.5	2517	LZ15 $\frac{J_1 240\times330}{280\times470}$	716.3	2460
320	120140·1	LZ15 $\frac{250\times410}{280\times470}$	716.3	2515	LZ15 $\frac{J_1 280\times380}{280\times470}$	702.1	2450
	140140·2	LZ15 $\frac{250\times410}{280\times470}$	716.3	2615	LZ15 $\frac{J_1 280\times380}{280\times470}$	702.1	2550
321	120140·1	LZ15 $\frac{250\times410}{280\times470}$	716.3	2515	LZ15 $\frac{J_1 280\times380}{280\times470}$	702.1	2450
	140140·2	LZ15 $\frac{250\times410}{280\times470}$	716.3	2615	LZ15 $\frac{J_1 280\times380}{280\times470}$	702.1	2550
351	5050·2	LZ5 $\frac{70\times142}{70\times142}$	27.02	928	LZ5 $\frac{J_1 75\times107}{70\times142}$	27.02	888
	6550·1	LZ5 $\frac{70\times142}{70\times142}$	27.02	1003	LZ5 $\frac{J_1 75\times107}{70\times142}$	27.02	963
	8050·2	LZ6 $\frac{70\times142}{90\times172}$	40.52	1204	LZ6 $\frac{J_1 75\times107}{90\times172}$	40.52	1164
352	5050·2	LZ5 $\frac{70\times142}{70\times142}$	27.02	928	LZ5 $\frac{J_1 75\times107}{70\times142}$	27.02	888
	6550·1	LZ5 $\frac{70\times142}{70\times142}$	27.02	1003	LZ5 $\frac{J_1 75\times107}{70\times142}$	27.02	963
	8050·2	LZ6 $\frac{70\times142}{90\times172}$	40.52	1204	LZ6 $\frac{J_1 75\times107}{90\times172}$	40.52	1164
	10063·1	LZ6 $\frac{70\times142}{90\times172}$	40.52	1304	LZ6 $\frac{J_1 75\times107}{90\times172}$	40.6	1264
353	5050·2	LZ5 $\frac{70\times142}{70\times142}$	27.02	928	LZ5 $\frac{J_1 75\times107}{70\times142}$	27.02	888
	6550·1	LZ5 $\frac{70\times142}{70\times142}$	27.02	1003	LZ5 $\frac{J_1 75\times107}{70\times142}$	27.02	963
	8050·2	LZ6 $\frac{70\times142}{90\times172}$	40.52	1204	LZ6 $\frac{J_1 75\times107}{90\times172}$	40.52	1164
	10063·1	LZ6 $\frac{70\times142}{90\times172}$	40.52	1304	LZ6 $\frac{J_1 75\times107}{90\times172}$	40.52	1264
354	5050·2	LZ5 $\frac{80\times172}{70\times142}$	26.23	973	LZ6 $\frac{J_1 85\times132}{70\times142}$	40.52	929
	6550·1	LZ5 $\frac{80\times172}{70\times142}$	26.23	1048	LZ6 $\frac{J_1 85\times132}{70\times142}$	40.52	1004
	6563·1	LZ5 $\frac{80\times172}{70\times142}$	26.23	1048	LZ6 $\frac{J_1 85\times132}{70\times142}$	40.52	1004
	8050·2	LZ6 $\frac{80\times172}{90\times172}$	40.15	1249	LZ6 $\frac{J_1 85\times132}{90\times172}$	40.15	1204
	10063·1	LZ6 $\frac{80\times172}{90\times172}$	40.15	1349	LZ6 $\frac{J_1 85\times132}{90\times172}$	40.15	1304

续表 7-6

驱动装置组合号	输送机代号 DTⅡ(A)	Y-DBY/DCY 驱动装置 低速轴联轴器型号规格	重量 /kg	l /mm	Y-ZLY/ZSY 驱动装置 低速轴联轴器型号规格	重量 /kg	l /mm
355	5050·2	LZ5 $\frac{80\times172}{70\times142}$	26.23	973	LZ6 $\frac{J_1 85\times132}{70\times142}$	40.52	929
	6550·1	LZ5 $\frac{80\times172}{70\times142}$	26.23	1048	LZ6 $\frac{J_1 85\times132}{70\times142}$	40.52	1004
	6563·1	LZ5 $\frac{80\times172}{70\times142}$	26.23	1048	LZ6 $\frac{J_1 85\times132}{70\times142}$	40.52	1004
	8050·2	LZ6 $\frac{80\times172}{90\times172}$	40.15	1249	LZ6 $\frac{J_1 85\times132}{90\times172}$	40.15	1204
	10063·1	LZ6 $\frac{80\times172}{90\times172}$	40.15	1349	LZ6 $\frac{J_1 85\times132}{90\times172}$	40.15	1304
356	5050·2	LZ6 $\frac{90\times172}{70\times142}$	40.52	989	LZ7 $\frac{J_1 95\times132}{70\times142}$	57.04	944
	6550·1	LZ6 $\frac{90\times172}{70\times142}$	40.52	1064	LZ7 $\frac{J_1 95\times132}{70\times142}$	57.04	1019
	6563·1	LZ6 $\frac{90\times172}{70\times142}$	40.52	1064	LZ7 $\frac{J_1 95\times132}{70\times142}$	57.04	1019
	8050·2	LZ6 $\frac{90\times172}{90\times172}$	40.15	1264	LZ7 $\frac{J_1 95\times132}{90\times172}$	59.14	1219
	10063·1	LZ6 $\frac{90\times172}{90\times172}$	40.15	1364	LZ7 $\frac{J_1 95\times132}{90\times172}$	59.14	1319
357	6550·1	LZ6 $\frac{90\times172}{70\times142}$	40.52	1064	LZ7 $\frac{J_1 100\times167}{70\times142}$	57.27	1074
	6563·1	LZ6 $\frac{90\times172}{70\times142}$	40.52	1064	LZ7 $\frac{J_1 100\times167}{70\times142}$	57.27	1074
	8050·2	LZ6 $\frac{90\times172}{90\times172}$	40.15	1264	LZ7 $\frac{J_1 100\times167}{90\times172}$	59.37	1274
	8063·1	LZ6 $\frac{90\times172}{90\times172}$	40.15	1264	LZ7 $\frac{J_1 100\times167}{90\times172}$	59.37	1274
	10063·1	LZ6 $\frac{90\times172}{90\times172}$	40.15	1364	LZ7 $\frac{J_1 100\times167}{90\times172}$	59.37	1374
358	6550·2	LZ7 $\frac{100\times212}{90\times172}$	59.37	1169	LZ7 $\frac{J_1 100\times167}{90\times172}$	59.37	1124
	6563·2	LZ7 $\frac{100\times212}{90\times172}$	59.37	1169	LZ7 $\frac{J_1 100\times167}{90\times172}$	59.37	1124
	8063·1	LZ7 $\frac{100\times212}{90\times172}$	59.37	1319	LZ7 $\frac{J_1 100\times167}{90\times172}$	59.37	1274
	8080·1	LZ7 $\frac{100\times212}{90\times172}$	59.37	1319	LZ7 $\frac{J_1 100\times167}{90\times172}$	59.37	1274
	10063·1	LZ7 $\frac{100\times212}{90\times172}$	59.37	1419	LZ7 $\frac{J_1 100\times167}{90\times172}$	59.37	1374
359	6550·2	LZ7 $\frac{110\times212}{90\times172}$	59.37	1189	LZ7 $\frac{J_1 110\times167}{90\times172}$	59.37	1149
	6563·2	LZ7 $\frac{110\times212}{90\times172}$	59.37	1189	LZ7 $\frac{J_1 110\times167}{90\times172}$	59.37	1149
	8063·1	LZ7 $\frac{110\times212}{90\times172}$	59.37	1339	LZ7 $\frac{J_1 110\times167}{90\times172}$	59.37	1299
	8080·1	LZ7 $\frac{110\times212}{90\times172}$	59.37	1339	LZ7 $\frac{J_1 110\times167}{90\times172}$	59.37	1299
	10063·1	LZ7 $\frac{110\times212}{90\times172}$	59.37	1439	LZ7 $\frac{J_1 110\times167}{90\times172}$	59.37	1399
	10080·1	LZ7 $\frac{110\times212}{110\times212}$	59.6	1479	LZ7 $\frac{J_1 110\times167}{110\times212}$	59.6	1439
	12080·1	LZ7 $\frac{110\times212}{110\times212}$	59.6	1614	LZ7 $\frac{J_1 110\times167}{110\times212}$	59.6	1574
	14080·1	LZ8 $\frac{110\times212}{130\times252}$	91.05	1805	LZ8 $\frac{J_1 110\times167}{130\times252}$	91.05	1765

续表 7-6

驱动装置组合号	输送机代号 DT Ⅱ(A)	Y-DBY/DCY 驱动装置			Y-ZLY/ZSY 驱动装置		
		低速轴联轴器型号规格	重量/kg	l/mm	低速轴联轴器型号规格	重量/kg	l/mm
360	6563 · 2	LZ8 $\frac{120\times212}{90\times172}$	92.01	1210	LZ8 $\frac{J_1 130\times202}{90\times172}$	88.39	1210
	8063 · 2	LZ8 $\frac{120\times212}{110\times212}$	94.67	1400	LZ8 $\frac{J_1 130\times202}{110\times212}$	91.05	1400
	8080 · 2	LZ8 $\frac{120\times212}{110\times212}$	94.67	1400	LZ8 $\frac{J_1 130\times202}{110\times212}$	91.05	1400
	10063 · 2	LZ8 $\frac{120\times212}{110\times212}$	94.67	1500	LZ8 $\frac{J_1 130\times202}{110\times212}$	91.05	1500
	10080 · 1	LZ8 $\frac{120\times212}{110\times212}$	94.67	1500	LZ8 $\frac{J_1 130\times202}{110\times212}$	91.05	1500
	12080 · 1	LZ8 $\frac{120\times212}{110\times212}$	94.67	1635	LZ8 $\frac{J_1 130\times202}{110\times212}$	91.05	1635
	14080 · 1	LZ8 $\frac{120\times212}{130\times252}$	91.05	1825	LZ8 $\frac{J_1 130\times202}{130\times252}$	87.43	1825
361	8063 · 2	LZ8 $\frac{120\times212}{110\times212}$	94.67	1400	LZ8 $\frac{J_1 130\times202}{110\times212}$	91.05	1400
	8080 · 2	LZ8 $\frac{120\times212}{110\times212}$	94.67	1400	LZ8 $\frac{J_1 130\times202}{110\times212}$	91.05	1400
	10063 · 2	LZ8 $\frac{120\times212}{110\times212}$	94.67	1500	LZ8 $\frac{J_1 130\times202}{110\times212}$	91.05	1500
	10080 · 1	LZ8 $\frac{120\times212}{110\times212}$	94.67	1500	LZ8 $\frac{J_1 130\times202}{110\times212}$	91.05	1500
	12080 · 1	LZ8 $\frac{120\times212}{110\times212}$	94.67	1635	LZ8 $\frac{J_1 130\times202}{110\times212}$	91.05	1635
	14080 · 1	LZ8 $\frac{120\times212}{130\times252}$	91.05	1825	LZ8 $\frac{J_1 130\times202}{130\times252}$	87.43	1825
362	8063 · 2	LZ9 $\frac{140\times252}{110\times212}$	137.4	1471	LZ9 $\frac{J_1 140\times202}{110\times212}$	137.4	1431
	8080 · 2	LZ9 $\frac{140\times252}{110\times212}$	137.4	1471	LZ9 $\frac{J_1 140\times202}{110\times212}$	137.4	1431
	10063 · 2	LZ9 $\frac{140\times252}{110\times212}$	137.4	1571	LZ9 $\frac{J_1 140\times202}{110\times212}$	137.4	1531
	10080 · 1	LZ9 $\frac{140\times252}{110\times212}$	137.4	1571	LZ9 $\frac{J_1 140\times202}{110\times212}$	137.4	1531
	100100 · 1	LZ9 $\frac{140\times252}{110\times212}$	137.4	1571	LZ9 $\frac{J_1 140\times202}{110\times212}$	137.4	1531
	12080 · 1	LZ9 $\frac{140\times252}{110\times212}$	137.4	1706	LZ9 $\frac{J_1 140\times202}{110\times212}$	137.4	1666
	120100 · 1	LZ9 $\frac{140\times252}{110\times212}$	137.4	1706	LZ9 $\frac{J_1 140\times202}{110\times212}$	137.4	1666
	14080 · 1	LZ9 $\frac{140\times252}{130\times252}$	136.6	1896	LZ9 $\frac{J_1 140\times202}{130\times252}$	136.6	1856
	140100 · 1	LZ9 $\frac{140\times252}{130\times252}$	136.6	1896	LZ9 $\frac{J_1 140\times202}{130\times252}$	136.6	1856
363	8080 · 3	LZ10 $\frac{160\times302}{130\times252}$	166.7	1597	LZ10 $\frac{J_1 170\times242}{130\times252}$	166.7	1542
	10080 · 2	LZ10 $\frac{160\times302}{130\times252}$	166.7	1697	LZ10 $\frac{J_1 170\times242}{130\times252}$	166.7	1642
	100100 · 2	LZ10 $\frac{160\times302}{130\times252}$	166.7	1697	LZ10 $\frac{J_1 170\times242}{130\times252}$	166.7	1642
	12080 · 2	LZ10 $\frac{160\times302}{130\times252}$	166.7	1822	LZ10 $\frac{J_1 170\times242}{130\times252}$	166.7	1767
	120100 · 3	LZ10 $\frac{160\times302}{130\times252}$	166.7	1822	LZ10 $\frac{J_1 170\times242}{130\times252}$	166.7	1767
	14080 · 1	LZ10 $\frac{160\times302}{130\times252}$	166.7	1972	L10 $\frac{J_1 170\times242}{130\times252}$	166.7	1917
	140100 · 1	LZ10 $\frac{160\times302}{130\times252}$	166.7	1972	LZ10 $\frac{J_1 170\times242}{130\times252}$	166.7	1917

续表 7-6

驱动装置组合号	输送机代号 DTⅡ(A)	Y-DBY/DCY 驱动装置 低速轴联轴器型号规格	重量 /kg	l /mm	Y-ZLY/ZSY 驱动装置 低速轴联轴器型号规格	重量 /kg	l /mm
364	8080·3	LZ10 $\frac{160\times302}{130\times252}$	166.7	1597	LZ11 $\frac{J_1 180\times242}{130\times252}$	202.6	1572
364	10080·2	LZ10 $\frac{160\times302}{130\times252}$	166.7	1697	LZ11 $\frac{J_1 180\times242}{130\times252}$	202.6	1672
364	100100·2	LZ10 $\frac{160\times302}{130\times252}$	166.7	1697	LZ11 $\frac{J_1 180\times242}{130\times252}$	202.6	1672
364	12080·2	LZ10 $\frac{160\times302}{130\times252}$	166.7	1822	LZ11 $\frac{J_1 180\times242}{130\times252}$	202.6	1797
364	120100·2	LZ10 $\frac{160\times302}{130\times252}$	166.7	1822	LZ11 $\frac{J_1 180\times242}{130\times252}$	202.6	1797
364	14080·1	LZ10 $\frac{160\times302}{130\times252}$	166.7	1972	LZ11 $\frac{J_1 180\times242}{130\times252}$	202.6	1947
364	140100·1	LZ10 $\frac{160\times302}{130\times252}$	166.7	1972	LZ11 $\frac{J_1 180\times242}{130\times252}$	202.6	1947
365	8080·4	LZ10 $\frac{160\times302}{150\times252}$	166.7	1647	LZ11 $\frac{J_1 180\times242}{150\times252}$	202.6	1622
365	80100·4	LZ10 $\frac{160\times302}{170\times302}$	164	1767	LZ11 $\frac{J_1 180\times242}{170\times302}$	202.1	1742
365	11080·3	LZ10 $\frac{160\times302}{150\times252}$	166.7	1747	LZ11 $\frac{J_1 180\times242}{150\times252}$	202.6	1722
365	100100·3	LZ10 $\frac{160\times302}{150\times252}$	166.7	1747	LZ11 $\frac{J_1 180\times242}{150\times252}$	202.6	1722
365	12080·3	LZ10 $\frac{160\times302}{150\times252}$	166.7	1872	LZ11 $\frac{J_1 180\times242}{150\times252}$	202.6	1847
365	120100·3	LZ10 $\frac{160\times302}{150\times252}$	166.7	1872	LZ11 $\frac{J_1 180\times242}{150\times252}$	202.6	1847
365	14080·2	LZ10 $\frac{160\times302}{150\times252}$	166.7	1972	LZ11 $\frac{J_1 180\times242}{150\times252}$	202.6	1947
365	140100·2	LZ10 $\frac{160\times302}{150\times252}$	166.7	1972	LZ11 $\frac{J_1 180\times242}{150\times252}$	202.6	1947
365	140125·1	LZ13 $\frac{160\times302}{220\times352}$	474.6	2197	LZ13 $\frac{J_1 180\times242}{220\times352}$	474.6	2172
366	8080·4	LZ10 $\frac{170\times302}{150\times252}$	166.7	1667	LZ13 $\frac{J_1 220\times282}{150\times252}$	446.8	1702
366	80100·4	LZ10 $\frac{170\times302}{170\times302}$	164	1787	LZ13 $\frac{J_1 220\times282}{170\times302}$	474.6	1822
366	80125·1	LZ12 $\frac{170\times302}{190\times352}$	292.3	1837	LZ13 $\frac{J_1 220\times282}{190\times352}$	480	1872
366	10080·3	LZ10 $\frac{170\times302}{150\times252}$	166.7	1767	LZ13 $\frac{J_1 220\times282}{150\times252}$	446.8	1802
366	10080·4	LZ10 $\frac{170\times302}{170\times302}$	164	1827	LZ13 $\frac{J_1 220\times282}{170\times302}$	474.6	1862
366	100100·4	LZ10 $\frac{170\times302}{170\times302}$	164	1827	LZ13 $\frac{J_1 220\times282}{170\times302}$	474.6	1862
366	100125·3	LZ13 $\frac{170\times302}{220\times352}$	474.6	1967	LZ13 $\frac{J_1 220\times282}{220\times352}$	480	2002
366	12080·3	LZ10 $\frac{170\times302}{150\times252}$	166.7	1892	LZ13 $\frac{J_1 220\times282}{150\times252}$	446.8	1927
366	12080·4	LZ10 $\frac{170\times302}{170\times302}$	164	1952	LZ13 $\frac{J_1 220\times282}{170\times302}$	474.6	1987
366	120100·4	LZ10 $\frac{170\times302}{170\times302}$	164	1952	LZ13 $\frac{J_1 220\times282}{170\times302}$	474.6	1987
366	120125·1	LZ13 $\frac{170\times302}{220\times352}$	474.6	2117	LZ13 $\frac{J_1 220\times282}{220\times352}$	480	2152
366	14080·3	LZ10 $\frac{170\times302}{170\times302}$	164	2052	LZ13 $\frac{J_1 220\times282}{170\times302}$	474.6	2087
366	140100·3	LZ10 $\frac{170\times302}{170\times302}$	164	2052	LZ13 $\frac{J_1 220\times282}{170\times302}$	474.6	2087
366	140125·1	LZ13 $\frac{170\times302}{220\times352}$	474.6	2217	LZ13 $\frac{J_1 220\times282}{220\times352}$	480	2252

续表 7-6

驱动装置组合号	输送机代号 DTⅡ(A)	Y-DBY/DCY 驱动装置			Y-ZLY/ZSY 驱动装置		
		低速轴联轴器型号规格	重量/kg	l/mm	低速轴联轴器型号规格	重量/kg	l/mm
367	8080 · 4	LZ11 $\frac{170\times302}{150\times252}$	202.6	1667	LZ13 $\frac{J_1 220\times282}{150\times252}$	446.8	1702
	80100 · 4	LZ11 $\frac{170\times302}{170\times302}$	202.1	1787	LZ13 $\frac{J_1 220\times282}{170\times302}$	474.6	1822
	80125 · 1	LZ12 $\frac{170\times302}{190\times352}$	292.3	1837	LZ13 $\frac{J_1 220\times282}{190\times352}$	480	1872
	10080 · 4	LZ11 $\frac{170\times302}{170\times302}$	202.1	1827	LZ13 $\frac{J_1 220\times282}{170\times302}$	474.6	1862
	100100 · 4	LZ11 $\frac{170\times302}{170\times302}$	202.1	1827	LZ13 $\frac{J_1 220\times282}{170\times302}$	474.6	1862
	100125 · 3	LZ13 $\frac{170\times302}{220\times352}$	474.6	1967	LZ13 $\frac{J_1 220\times282}{220\times352}$	480	2002
	12080 · 4	LZ11 $\frac{170\times302}{170\times302}$	202.1	1952	LZ13 $\frac{J_1 220\times282}{170\times302}$	474.6	1987
	120100 · 4	LZ11 $\frac{170\times302}{170\times302}$	202.1	1952	LZ13 $\frac{J_1 220\times282}{170\times302}$	474.6	1987
	120125 · 1	LZ13 $\frac{170\times302}{220\times352}$	474.6	2117	LZ13 $\frac{J_1 220\times282}{220\times352}$	480	2152
	14080 · 3	LZ11 $\frac{170\times302}{170\times302}$	202.1	2052	LZ13 $\frac{J_1 220\times282}{170\times302}$	474.6	2087
	140100 · 3	LZ11 $\frac{170\times302}{170\times302}$	202.1	2052	LZ13 $\frac{J_1 220\times282}{170\times302}$	474.6	2087
	140125 · 1	LZ13 $\frac{170\times302}{220\times352}$	474.6	2217	LZ13 $\frac{J_1 220\times282}{220\times352}$	480	2252
368	80100 · 4	LZ12 $\frac{190\times352}{170\times302}$	292.3	1877	LZ13 $\frac{J_1 220\times282}{170\times302}$	474.6	1822
	80125 · 1	LZ12 $\frac{190\times352}{190\times352}$	288	1927	LZ13 $\frac{J_1 220\times282}{190\times352}$	480	1872
	10080 · 4	LZ12 $\frac{190\times352}{170\times302}$	292.3	1917	LZ13 $\frac{J_1 220\times282}{170\times302}$	474.6	1862
	100100 · 5	LZ12 $\frac{190\times352}{190\times352}$	288	2052	LZ13 $\frac{J_1 220\times282}{190\times352}$	480	1997
	100125 · 3	LZ13 $\frac{190\times352}{220\times352}$	480	2057	LZ13 $\frac{J_1 220\times282}{220\times352}$	480	2002
	12080 · 5	LZ12 $\frac{190\times352}{190\times352}$	288	2177	LZ13 $\frac{J_1 220\times282}{190\times352}$	480	2122
	120100 · 5	LZ12 $\frac{190\times352}{190\times352}$	288	2177	LZ13 $\frac{J_1 220\times282}{190\times352}$	480	2122
	120125 · 2	LZ14 $\frac{190\times352}{260\times410}$	610.6	2265	LZ14 $\frac{J_1 220\times282}{260\times410}$	610.6	2210
	14080 · 4	LZ12 $\frac{190\times352}{190\times352}$	288	2277	LZ13 $\frac{J_1 220\times282}{190\times352}$	480	2222
	140100 · 4	LZ12 $\frac{190\times352}{190\times352}$	288	2277	LZ13 $\frac{J_1 220\times282}{190\times352}$	480	2222
	140125 · 2	LZ14 $\frac{190\times352}{260\times410}$	610.6	2365	LZ14 $\frac{J_1 220\times282}{260\times410}$	610.6	2310

续表 7-6

驱动装置组合号	输送机代号 DTⅡ(A)	Y-DBY/DCY 驱动装置			Y-ZLY/ZSY 驱动装置		
		低速轴联轴器型号规格	重量/kg	l/mm	低速轴联轴器型号规格	重量/kg	l/mm
369	80125·1	LZ12 $\frac{190\times352}{190\times352}$	288	1927	LZ13 $\frac{J_1 220\times282}{190\times352}$	480	1872
	100100·5	LZ12 $\frac{190\times352}{190\times352}$	288	2052	LZ13 $\frac{J_1 220\times282}{190\times352}$	480	1997
	100125·3	LZ13 $\frac{190\times352}{220\times352}$	480	2057	LZ13 $\frac{J_1 220\times282}{220\times352}$	480	2002
	12080·5	LZ12 $\frac{190\times352}{190\times352}$	288	2177	LZ13 $\frac{J_1 220\times282}{190\times352}$	480	2122
	120100·5	LZ12 $\frac{190\times352}{190\times352}$	288	2177	LZ13 $\frac{J_1 220\times282}{190\times352}$	480	2122
	120125·2	LZ14 $\frac{190\times352}{260\times410}$	610.6	2265	LZ14 $\frac{J_1 220\times282}{260\times410}$	610.6	2210
	14080·4	LZ12 $\frac{190\times352}{190\times352}$	288	2277	LZ13 $\frac{J_1 220\times282}{190\times352}$	480	2222
	140100·4	LZ12 $\frac{190\times352}{190\times352}$	288	2277	LZ13 $\frac{J_1 220\times282}{190\times352}$	480	2222
	140125·2	LZ14 $\frac{190\times352}{260\times410}$	610.6	2365	LZ14 $\frac{J_1 220\times282}{260\times410}$	610.6	2310
370	120100·6	LZ13 $\frac{220\times352}{200\times352}$	480	2267	LZ13 $\frac{J_1 240\times330}{200\times352}$	458.1	2210
	120125·2	LZ14 $\frac{220\times352}{260\times410}$	610.6	2355	LZ14 $\frac{J_1 240\times330}{260\times410}$	599.4	2298
	120140·1	LZ15 $\frac{220\times352}{280\times470}$	719.5	2417	LZ15 $\frac{J_1 240\times330}{280\times470}$	716.3	2360
	140100·5	LZ13 $\frac{220\times352}{200\times352}$	480	2367	LZ13 $\frac{J_1 240\times330}{200\times352}$	458.1	2310
	140125·2	LZ14 $\frac{220\times352}{260\times410}$	610.6	2455	LZ14 $\frac{J_1 240\times330}{260\times410}$	599.4	2398
	140140·2	LZ15 $\frac{220\times352}{280\times470}$	719.5	2517	LZ15 $\frac{J_1 240\times330}{280\times470}$	716.3	2460
371	120100·6	LZ13 $\frac{220\times352}{200\times352}$	480	2267	LZ13 $\frac{J_1 240\times330}{200\times352}$	458.1	2210
	120125·2	LZ14 $\frac{220\times352}{260\times410}$	610.6	2355	LZ14 $\frac{J_1 240\times330}{260\times410}$	599.4	2298
	120140·1	LZ15 $\frac{220\times352}{280\times470}$	719.5	2417	LZ15 $\frac{J_1 240\times330}{280\times470}$	716.3	2360
	140140·2	LZ15 $\frac{220\times352}{280\times470}$	719.5	2517	LZ15 $\frac{J_1 240\times330}{280\times470}$	716.3	2460
372	120140·1	LZ15 $\frac{250\times410}{280\times470}$	716.3	2515	LZ15 $\frac{J_1 280\times380}{280\times470}$	702.1	2450
	140140·2	LZ15 $\frac{250\times410}{280\times470}$	716.3	2615	LZ15 $\frac{J_1 280\times380}{280\times470}$	702.1	2550
373	120140·1	LZ15 $\frac{250\times410}{280\times470}$	716.3	2515	LZ15 $\frac{J_1 280\times380}{280\times470}$	702.1	2450
	140140·2	LZ15 $\frac{250\times410}{280\times470}$	716.3	2615	LZ15 $\frac{J_1 280\times380}{280\times470}$	702.1	2550
401	5050·2	LZ5 $\frac{70\times142}{70\times142}$	27.02	928	LZ5 $\frac{J_1 75\times107}{70\times142}$	27.02	888
	6550·1	LZ5 $\frac{70\times142}{70\times142}$	27.02	1003	LZ5 $\frac{J_1 75\times107}{70\times142}$	27.02	963
	8050·2	LZ6 $\frac{70\times142}{90\times172}$	40.52	1204	LZ6 $\frac{J_1 75\times107}{90\times172}$	40.52	1164

续表 7-6

驱动装置组合号	输送机代号 DTⅡ(A)	Y-DBY/DCY 驱动装置			Y-ZLY/ZSY 驱动装置		
		低速轴联轴器型号规格	重量/kg	l/mm	低速轴联轴器型号规格	重量/kg	l/mm
402	5050·2	LZ5 $\frac{70\times142}{70\times142}$	27.02	928	LZ5 $\frac{J_1 75\times107}{70\times142}$	27.02	888
	6550·1	LZ5 $\frac{70\times142}{70\times142}$	27.02	1003	LZ5 $\frac{J_1 75\times107}{70\times142}$	27.02	963
	8050·2	LZ6 $\frac{70\times142}{90\times172}$	40.52	1204	LZ6 $\frac{J_1 75\times107}{90\times172}$	40.52	1164
403	5050·2	LZ5 $\frac{70\times142}{70\times142}$	27.02	928	LZ5 $\frac{J_1 75\times107}{70\times142}$	27.02	888
	6550·1	LZ5 $\frac{70\times142}{70\times142}$	27.02	1003	LZ5 $\frac{J_1 75\times107}{70\times142}$	27.02	963
	8050·2	LZ6 $\frac{70\times142}{90\times172}$	40.52	1204	LZ6 $\frac{J_1 75\times107}{90\times172}$	40.52	1164
	10063·1	LZ6 $\frac{70\times142}{90\times172}$	40.52	1304	LZ6 $\frac{J_1 75\times107}{90\times172}$	40.52	1264
404	5050·2	LZ5 $\frac{70\times142}{70\times142}$	27.02	928	LZ5 $\frac{J_1 75\times107}{70\times142}$	27.02	888
	6550·1	LZ5 $\frac{70\times142}{70\times142}$	27.02	1003	LZ5 $\frac{J_1 75\times107}{70\times142}$	27.02	963
	8050·2	LZ6 $\frac{70\times142}{90\times172}$	40.52	1204	LZ6 $\frac{J_1 75\times107}{90\times172}$	40.52	1164
	10063·1	LZ6 $\frac{70\times142}{90\times172}$	40.52	1304	LZ6 $\frac{J_1 75\times107}{90\times172}$	40.52	1264
405	5050·2	LZ5 $\frac{70\times142}{70\times142}$	27.02	928	LZ5 $\frac{J_1 75\times107}{70\times142}$	27.02	888
	6550·1	LZ5 $\frac{70\times142}{70\times142}$	27.02	1003	LZ5 $\frac{J_1 75\times107}{70\times142}$	27.02	963
	6563·1	LZ5 $\frac{70\times142}{70\times142}$	27.02	1003	LZ5 $\frac{J_1 75\times107}{70\times142}$	27.02	963
	8050·2	LZ6 $\frac{70\times142}{90\times172}$	40.52	1204	LZ6 $\frac{J_1 75\times107}{90\times172}$	40.52	1164
	10063·1	LZ6 $\frac{70\times142}{90\times172}$	40.52	1304	LZ6 $\frac{J_1 75\times107}{90\times172}$	40.52	1264
406	5050·2	LZ5 $\frac{80\times172}{70\times142}$	26.23	973	LZ6 $\frac{J_1 85\times132}{70\times142}$	40.52	929
	6550·1	LZ5 $\frac{80\times172}{70\times142}$	26.23	1048	LZ6 $\frac{J_1 85\times132}{70\times142}$	40.52	1004
	6563·1	LZ5 $\frac{80\times172}{70\times142}$	26.23	1048	LZ6 $\frac{J_1 85\times132}{70\times142}$	40.52	1004
	8050·2	LZ6 $\frac{80\times172}{90\times172}$	40.15	1249	LZ6 $\frac{J_1 85\times132}{90\times172}$	40.15	1204
	10063·1	LZ6 $\frac{80\times172}{90\times172}$	40.15	1349	LZ6 $\frac{J_1 85\times132}{90\times172}$	40.15	1304
	12063·1	LZ7 $\frac{80\times172}{110\times212}$	59.37	1524	LZ7 $\frac{J_1 85\times132}{110\times212}$	59.37	1479
407	5050·2	LZ5 $\frac{80\times172}{70\times142}$	26.23	973	LZ6 $\frac{J_1 85\times132}{70\times142}$	40.52	929
	6550·1	LZ5 $\frac{80\times172}{70\times142}$	26.23	1048	LZ6 $\frac{J_1 85\times132}{70\times142}$	40.52	1004
	6563·1	LZ5 $\frac{80\times172}{70\times142}$	26.23	1048	LZ6 $\frac{J_1 85\times132}{70\times142}$	40.52	1004
	8050·2	LZ6 $\frac{80\times172}{90\times172}$	40.15	1249	LZ6 $\frac{J_1 85\times132}{90\times172}$	40.15	1204
	10063·1	LZ6 $\frac{80\times172}{90\times172}$	40.15	1349	LZ6 $\frac{J_1 85\times132}{90\times172}$	40.15	1304
	12063·1	LZ7 $\frac{80\times172}{110\times212}$	59.37	1524	LZ7 $\frac{J_1 85\times132}{110\times212}$	59.37	1479

续表 7-6

驱动装置组合号	输送机代号 DTⅡ(A)	Y-DBY/DCY 驱动装置			Y-ZLY/ZSY 驱动装置		
		低速轴联轴器型号规格	重量 /kg	l /mm	低速轴联轴器型号规格	重量 /kg	l /mm
408	6550. 1	LZ6 $\frac{90\times172}{70\times142}$	40. 52	1064	LZ7 $\frac{J_1 95\times132}{70\times142}$	56. 94	1019
	6563·1	LZ6 $\frac{90\times172}{70\times142}$	40. 52	1064	LZ7 $\frac{J_1 95\times132}{70\times142}$	56. 94	1019
	8050·2	LZ6 $\frac{90\times172}{90\times172}$	40. 15	1264	LZ7 $\frac{J_1 95\times132}{90\times172}$	59. 14	1219
	8063·1	LZ6 $\frac{90\times172}{90\times172}$	40. 15	1264	LZ7 $\frac{J_1 95\times132}{90\times172}$	59. 14	1219
	10063. 1	LZ6 $\frac{90\times172}{90\times172}$	40. 15	1364	LZ7 $\frac{J_1 95\times132}{90\times172}$	59. 14	1319
	12063·1	LZ7 $\frac{90\times172}{110\times212}$	59. 37	1539	LZ7 $\frac{J_1 95\times132}{110\times212}$	59. 37	1494
409	6550·2	LZ7 $\frac{100\times212}{90\times172}$	59. 37	1169	LZ7 $\frac{J_1 100\times167}{90\times172}$	59. 37	1124
	6563·2	LZ7 $\frac{100\times212}{90\times172}$	59. 37	1169	LZ7 $\frac{J_1 100\times167}{90\times172}$	59. 37	1124
	8063·1	LZ7 $\frac{100\times212}{90\times172}$	59. 37	1319	LZ7 $\frac{J_1 100\times167}{90\times172}$	59. 37	1274
	8080·1	LZ7 $\frac{100\times212}{90\times172}$	59. 37	1319	LZ7 $\frac{J_1 100\times167}{90\times172}$	59. 37	1274
	10063·1	LZ7 $\frac{100\times212}{90\times172}$	59. 37	1419	LZ7 $\frac{J_1 100\times167}{90\times172}$	59. 37	1374
	12063·1	LZ7 $\frac{100\times212}{110\times212}$	59. 6	1594	LZ7 $\frac{J_1 100\times167}{110\times212}$	59. 6	1549
410	6550·2	LZ7 $\frac{110\times212}{90\times172}$	59. 37	1189	LZ7 $\frac{J_1 110\times167}{90\times172}$	59. 37	1149
	6563·2	LZ7 $\frac{110\times212}{90\times172}$	59. 37	1189	LZ7 $\frac{J_1 110\times167}{90\times172}$	59. 37	1149
	8063·1	LZ7 $\frac{110\times212}{90\times172}$	59. 37	1339	LZ7 $\frac{J_1 110\times167}{90\times172}$	59. 37	1299
	8080·1	LZ7 $\frac{110\times212}{90\times172}$	59. 37	1339	LZ7 $\frac{J_1 110\times167}{90\times172}$	59. 37	1299
	10063·1	LZ7 $\frac{110\times212}{90\times172}$	59. 37	1439	LZ7 $\frac{J_1 110\times167}{90\times172}$	59. 37	1399
	10080·1	LZ7 $\frac{110\times212}{110\times212}$	59. 6	1479	LZ7 $\frac{J_1 110\times167}{110\times212}$	59. 6	1439
	12063·1	LZ7 $\frac{110\times212}{110\times212}$	59. 6	1614	LZ7 $\frac{J_1 110\times167}{110\times212}$	59. 6	1574
	14080·1	LZ8 $\frac{110\times212}{130\times252}$	91. 05	1805	LZ8 $\frac{J_1 110\times167}{130\times252}$	91. 05	1765
411	6563·2	LZ7 $\frac{110\times212}{90\times172}$	59. 37	1189	LZ7 $\frac{J_1 110\times167}{90\times172}$	59. 37	1149
	8063·2	LZ7 $\frac{110\times212}{110\times212}$	59. 6	1379	LZ7 $\frac{J_1 110\times167}{110\times212}$	59. 6	1339
	8080·1	LZ7 $\frac{110\times212}{90\times172}$	59. 37	1339	LZ7 $\frac{J_1 110\times167}{90\times172}$	59. 37	1299
	10063·2	LZ7 $\frac{110\times212}{110\times212}$	59. 6	1479	LZ7 $\frac{J_1 110\times167}{110\times212}$	59. 6	1439
	10080·1	LZ7 $\frac{110\times212}{110\times212}$	59. 6	1479	LZ7 $\frac{J_1 110\times167}{110\times212}$	59. 6	1439
	12063·1	LZ7 $\frac{110\times212}{110\times212}$	59. 6	1614	LZ7 $\frac{J_1 110\times167}{110\times212}$	59. 6	1574
	12080·1	LZ7 $\frac{110\times212}{110\times212}$	59. 6	1614	LZ7 $\frac{J_1 110\times167}{110\times212}$	59. 6	1574
	14080·1	LZ8 $\frac{110\times212}{130\times252}$	91. 05	1805	LZ8 $\frac{J_1 110\times167}{130\times252}$	91. 05	1765

续表 7-6

驱动装置组合号	输送机代号 DTⅡ(A)	Y-DBY/DCY 驱动装置			Y-ZLY/ZSY 驱动装置		
		低速轴联轴器型号规格	重量/kg	l/mm	低速轴联轴器型号规格	重量/kg	l/mm
412	8063·2	LZ8 $\frac{120\times212}{110\times212}$	94.67	1400	LZ8 $\frac{J_1 130\times202}{110\times212}$	91.05	1400
	8080·2	LZ8 $\frac{120\times212}{110\times212}$	94.67	1400	LZ8 $\frac{J_1 130\times202}{110\times212}$	91.05	1400
	10063·2	LZ8 $\frac{120\times212}{110\times212}$	94.67	1500	LZ8 $\frac{J_1 130\times202}{110\times212}$	91.05	1500
	10080·1	LZ8 $\frac{120\times212}{110\times212}$	94.67	1500	LZ8 $\frac{J_1 130\times202}{110\times212}$	91.05	1500
	12063·1	LZ8 $\frac{120\times212}{110\times212}$	94.67	1635	LZ8 $\frac{J_1 130\times202}{110\times212}$	91.05	1635
	12080·1	LZ8 $\frac{120\times212}{110\times212}$	94.67	1635	LZ8 $\frac{J_1 130\times202}{110\times212}$	91.05	1635
	120100·1	LZ8 $\frac{120\times212}{110\times212}$	94.67	1635	LZ8 $\frac{J_1 130\times202}{110\times212}$	91.05	1635
	14080·1	LZ8 $\frac{120\times212}{130\times252}$	91.05	1825	LZ8 $\frac{J_1 130\times202}{130\times252}$	87.43	1825
413	8063·2	LZ9 $\frac{140\times252}{110\times212}$	137.4	1471	LZ9 $\frac{J_1 140\times202}{110\times212}$	137.4	1431
	8080·2	LZ9 $\frac{140\times252}{110\times212}$	137.4	1471	LZ9 $\frac{J_1 140\times202}{110\times212}$	137.4	1431
	10063·2	LZ9 $\frac{140\times252}{110\times212}$	137.4	1571	LZ9 $\frac{J_1 140\times202}{110\times212}$	137.4	1531
	10080·1	LZ9 $\frac{140\times252}{110\times212}$	137.4	1571	LZ9 $\frac{J_1 140\times202}{110\times212}$	137.4	1531
	100100·1	LZ9 $\frac{140\times252}{110\times212}$	137.4	1571	LZ9 $\frac{J_1 140\times202}{110\times212}$	137.4	1531
	12063·1	LZ9 $\frac{140\times252}{110\times212}$	137.4	1706	LZ9 $\frac{J_1 140\times202}{110\times212}$	137.4	1666
	12080·1	LZ9 $\frac{140\times252}{110\times212}$	137.4	1706	LZ9 $\frac{J_1 140\times202}{110\times212}$	137.4	1666
	120100·1	LZ9 $\frac{140\times252}{110\times212}$	137.4	1706	LZ9 $\frac{J_1 140\times202}{110\times212}$	137.4	1666
	14080·1	LZ9 $\frac{140\times252}{130\times252}$	136.6	1896	LZ9 $\frac{J_1 140\times202}{130\times252}$	136.6	1856
	140100·1	LZ9 $\frac{140\times252}{130\times252}$	136.6	1896	LZ9 $\frac{J_1 140\times202}{130\times252}$	136.6	1856
414	8063·3	LZ9 $\frac{140\times252}{130\times252}$	136.6	1521	LZ10 $\frac{J_1 170\times242}{130\times252}$	166.7	1542
	8080·3	LZ9 $\frac{140\times252}{130\times252}$	136.6	1521	LZ10 $\frac{J_1 170\times242}{130\times252}$	166.7	1542
	10080·2	LZ9 $\frac{140\times252}{130\times252}$	136.6	1621	LZ10 $\frac{J_1 170\times242}{130\times252}$	166.7	1642
	100100·2	LZ9 $\frac{140\times252}{130\times252}$	136.6	1621	LZ10 $\frac{J_1 170\times242}{130\times252}$	166.7	1642
	12063·2	LZ9 $\frac{140\times252}{130\times252}$	136.6	1746	LZ10 $\frac{J_1 170\times242}{130\times252}$	166.7	1767
	12080·2	LZ9 $\frac{140\times252}{130\times252}$	136.6	1746	LZ10 $\frac{J_1 170\times242}{130\times252}$	166.7	1767
	120100·2	LZ9 $\frac{140\times252}{130\times252}$	136.6	1746	LZ10 $\frac{J_1 170\times242}{130\times252}$	166.7	1767
	14080·1	LZ9 $\frac{140\times252}{130\times252}$	136.6	1896	LZ10 $\frac{J_1 170\times242}{130\times252}$	166.7	1917
	140100·1	LZ9 $\frac{140\times252}{130\times252}$	136.6	1896	LZ10 $\frac{J_1 170\times242}{130\times252}$	166.7	1917

续表 7-6

驱动装置组合号	输送机代号 DTⅡ(A)	Y-DBY/DCY 驱动装置			Y-ZLY/ZSY 驱动装置		
		低速轴联轴器型号规格	重量/kg	l/mm	低速轴联轴器型号规格	重量/kg	l/mm
415	8063·3	LZ9 $\frac{140\times252}{130\times252}$	136.6	1521	LZ10 $\frac{J_1 170\times242}{130\times252}$	166.7	1542
	8080·3	LZ9 $\frac{140\times252}{130\times252}$	136.6	1521	LZ10 $\frac{J_1 170\times242}{130\times252}$	166.7	1542
	10080·2	LZ9 $\frac{140\times252}{130\times252}$	136.6	1621	LZ10 $\frac{J_1 170\times242}{130\times252}$	166.7	1642
	100100·2	LZ9 $\frac{140\times252}{130\times252}$	136.6	1621	LZ10 $\frac{J_1 170\times242}{130\times252}$	166.7	1642
	12063·2	LZ9 $\frac{140\times252}{130\times252}$	136.6	1746	LZ10 $\frac{J_1 170\times242}{130\times252}$	166.7	1767
	12080·2	LZ9 $\frac{140\times252}{130\times252}$	136.6	1746	LZ10 $\frac{J_1 170\times242}{130\times252}$	166.7	1767
	120100·2	LZ9 $\frac{140\times252}{130\times252}$	136.6	1746	LZ10 $\frac{J_1 170\times242}{130\times252}$	166.7	1767
	14080·1	LZ9 $\frac{140\times252}{130\times252}$	136.6	1896	LZ10 $\frac{J_1 170\times242}{130\times252}$	166.7	1917
	140100·1	LZ9 $\frac{140\times252}{130\times252}$	136.6	1896	LZ10 $\frac{J_1 170\times242}{130\times252}$	166.7	1917
416	8080·4	LZ10 $\frac{160\times302}{150\times252}$	166.7	1647	LZ11 $\frac{J_1 180\times242}{150\times252}$	224.9	1622
	80100·4	LZ10 $\frac{160\times302}{170\times302}$	164	1767	LZ11 $\frac{J_1 180\times242}{170\times302}$	224.8	1742
	10080·3	LZ10 $\frac{160\times302}{150\times252}$	166.7	1747	LZ11 $\frac{J_1 180\times242}{150\times252}$	224.9	1722
	100100·3	LZ10 $\frac{160\times302}{150\times252}$	166.7	1747	LZ11 $\frac{J_1 180\times242}{150\times252}$	224.9	1722
	12080·3	LZ10 $\frac{160\times302}{150\times252}$	166.7	1872	LZ11 $\frac{J_1 180\times242}{150\times252}$	224.9	1847
	120100·3	LZ10 $\frac{160\times302}{150\times252}$	166.7	1872	LZ11 $\frac{J_1 180\times242}{150\times252}$	224.9	1847
	14080·2	LZ10 $\frac{160\times302}{150\times252}$	166.7	1972	LZ11 $\frac{J_1 180\times242}{150\times252}$	224.9	1947
	140100·2	LZ10 $\frac{160\times302}{150\times252}$	166.7	1972	LZ11 $\frac{J_1 180\times242}{150\times252}$	224.9	1947
	140125·1	LZ13 $\frac{160\times302}{220\times352}$	474.6	2197	LZ13 $\frac{J_1 180\times242}{220\times352}$	474.6	2172
417	8080·4	LZ11 $\frac{170\times302}{150\times252}$	202.6	1667	LZ11 $\frac{J_1 180\times242}{150\times252}$	224.9	1622
	80100·4	LZ11 $\frac{170\times302}{170\times302}$	202.1	1787	LZ11 $\frac{J_1 180\times242}{170\times302}$	202.1	1742
	80125·1	LZ12 $\frac{170\times302}{190\times352}$	292.3	1837	LZ12 $\frac{J_1 180\times242}{190\times352}$	292.3	1792
	10080·3	LZ11 $\frac{170\times302}{150\times252}$	202.6	1767	LZ11 $\frac{J_1 180\times242}{150\times252}$	224.9	1722
	10080·4	LZ11 $\frac{170\times302}{170\times302}$	202.1	1827	LZ11 $\frac{J_1 180\times242}{170\times302}$	202.1	1782
	100100·3	LZ11 $\frac{170\times302}{150\times252}$	202.6	1767	LZ11 $\frac{J_1 180\times242}{150\times252}$	224.9	1722
	100125·1	LZ13 $\frac{170\times302}{220\times352}$	474.6	1967	LZ13 $\frac{J_1 180\times242}{220\times352}$	474.6	1922
	12080·3	LZ11 $\frac{170\times302}{150\times252}$	202.6	1892	LZ11 $\frac{J_1 180\times242}{150\times252}$	224.9	1847
	12080·4	LZ11 $\frac{170\times302}{170\times302}$	202.1	1952	LZ11 $\frac{J_1 180\times242}{170\times302}$	202.1	1907
	120100·3	LZ11 $\frac{170\times302}{150\times252}$	202.6	1892	LZ11 $\frac{J_1 180\times242}{150\times252}$	224.9	1847

续表 7-6

驱动装置组合号	输送机代号 DTⅡ(A)	Y-DBY/DCY 驱动装置			Y-ZLY/ZSY 驱动装置		
		低速轴联轴器型号规格	重量 /kg	l /mm	低速轴联轴器型号规格	重量 /kg	l /mm
417	120125·1	LZ13 $\frac{170\times302}{220\times352}$	474.6	2117	LZ13 $\frac{J_1 180\times242}{220\times352}$	474.6	2072
	14080·3	LZ11 $\frac{170\times302}{170\times302}$	202.1	2052	LZ11 $\frac{J_1 180\times242}{170\times302}$	202.1	2007
	140100·2	LZ11 $\frac{170\times302}{150\times252}$	202.6	1992	LZ11 $\frac{J_1 180\times242}{150\times252}$	224.9	1947
	140100·3	LZ11 $\frac{170\times302}{170\times302}$	202.1	2052	LZ11 $\frac{J_1 180\times242}{170\times302}$	202.1	2007
	140125·1	LZ13 $\frac{170\times302}{220\times352}$	474.6	2217	LZ13 $\frac{J_1 180\times242}{220\times352}$	474.6	2172
418	8080·4	LZ11 $\frac{170\times302}{150\times252}$	202.6	1667	LZ13 $\frac{J_1 220\times282}{150\times252}$	446.8	1702
	80100·4	LZ11 $\frac{170\times302}{170\times302}$	202.1	1787	LZ13 $\frac{J_1 220\times282}{170\times302}$	474.6	1822
	80125·1	LZ12 $\frac{170\times302}{190\times352}$	292.3	1837	LZ13 $\frac{J_1 220\times282}{190\times352}$	480	1872
	10080·4	LZ11 $\frac{170\times302}{170\times302}$	202.1	1827	LZ13 $\frac{J_1 220\times282}{170\times302}$	474.6	1862
	100100·4	LZ11 $\frac{170\times302}{170\times302}$	202.1	1827	LZ13 $\frac{J_1 220\times282}{170\times302}$	474.6	1862
	100125·3	LZ13 $\frac{170\times302}{220\times352}$	474.6	1967	LZ13 $\frac{J_1 220\times282}{220\times352}$	480	2002
	12080·4	LZ11 $\frac{170\times302}{170\times302}$	202.1	1952	LZ13 $\frac{J_1 220\times282}{170\times302}$	474.6	1987
	120100·4	LZ11 $\frac{170\times302}{170\times302}$	202.1	1952	LZ13 $\frac{J_1 220\times282}{170\times302}$	474.6	1987
	120125·1	LZ13 $\frac{170\times302}{220\times352}$	474.6	2117	LZ13 $\frac{J_1 220\times282}{220\times352}$	480	2152
	14080·3	LZ11 $\frac{170\times302}{170\times302}$	202.1	2052	LZ13 $\frac{J_1 220\times282}{170\times302}$	474.6	2087
	140100·3	LZ11 $\frac{170\times302}{170\times302}$	202.1	2052	LZ13 $\frac{J_1 220\times282}{170\times302}$	474.6	2087
	140125·1	LZ13 $\frac{170\times302}{220\times352}$	474.6	2217	LZ13 $\frac{J_1 220\times282}{220\times352}$	480	2252
419	80100·4	LZ12 $\frac{190\times352}{170\times302}$	292.3	1877	LZ13 $\frac{J_1 220\times282}{170\times302}$	474.6	1822
	80125·1	LZ12 $\frac{190\times352}{190\times352}$	288	1927	LZ13 $\frac{J_1 220\times282}{190\times352}$	480	1872
	10080·4	LZ12 $\frac{190\times352}{170\times302}$	292.3	1917	LZ13 $\frac{J_1 220\times282}{170\times302}$	474.6	1862
	100100·4	LZ12 $\frac{190\times352}{170\times302}$	292.3	1917	LZ13 $\frac{J_1 220\times282}{170\times302}$	474.6	1862
	100125·3	LZ13 $\frac{190\times352}{220\times352}$	480	2057	LZ13 $\frac{J_1 220\times282}{220\times352}$	480	2002
	12080·4	LZ12 $\frac{190\times352}{170\times302}$	292.3	2042	LZ13 $\frac{J_1 220\times282}{170\times302}$	474.6	1987
	12080·5	LZ12 $\frac{190\times352}{190\times352}$	288	2177	LZ13 $\frac{J_1 220\times282}{190\times352}$	480	2122
	120100·4	LZ12 $\frac{190\times352}{170\times302}$	292.3	2042	LZ13 $\frac{J_1 220\times282}{170\times302}$	474.6	1987
	120125·2	LZ14 $\frac{190\times352}{260\times410}$	610.6	2265	LZ14 $\frac{J_1 220\times282}{260\times410}$	610.6	2210
	14080·3	LZ12 $\frac{190\times352}{170\times302}$	292.3	2142	LZ13 $\frac{J_1 220\times282}{170\times302}$	474.6	2087
	14080·4	LZ12 $\frac{190\times352}{190\times352}$	288	2277	LZ13 $\frac{J_1 220\times282}{190\times352}$	480	2222
	140100·3	LZ12 $\frac{190\times352}{170\times302}$	292.3	2142	LZ13 $\frac{J_1 220\times282}{170\times302}$	474.6	2087
	140100·4	LZ12 $\frac{190\times352}{190\times352}$	288	2277	LZ13 $\frac{J_1 220\times282}{190\times352}$	480	2222
	140125·2	LZ14 $\frac{190\times352}{260\times410}$	610.6	2365	LZ14 $\frac{J_1 220\times282}{260\times410}$	610.6	2310

续表 7-6

驱动装置组合号	输送机代号 DTⅡ(A)	Y-DBY/DCY 驱动装置 低速轴联轴器型号规格	重量 /kg	l /mm	Y-ZLY/ZSY 驱动装置 低速轴联轴器型号规格	重量 /kg	l /mm
420	80125·1	LZ12 $\frac{190\times352}{190\times352}$	288	1927	LZ13 $\frac{J_1 240\times330}{190\times352}$	458.1	1960
	100100·5	LZ12 $\frac{190\times352}{190\times352}$	288	2052	LZ13 $\frac{J_1 240\times330}{190\times352}$	458.1	2085
	100125·3	LZ13 $\frac{190\times352}{220\times352}$	480	2057	LZ13 $\frac{J_1 240\times330}{220\times352}$	458.1	2090
	12080·5	LZ12 $\frac{190\times352}{190\times352}$	288	2177	LZ13 $\frac{J_1 240\times330}{190\times352}$	458.1	2210
	120100·5	LZ12 $\frac{190\times352}{190\times352}$	288	2177	LZ13 $\frac{J_1 240\times330}{190\times352}$	458.1	2210
	120125·2	LZ14 $\frac{190\times352}{260\times410}$	610.6	2265	LZ14 $\frac{J_1 240\times330}{260\times410}$	599.4	2298
	14080·4	LZ12 $\frac{190\times352}{190\times352}$	288	2277	LZ13 $\frac{J_1 240\times330}{190\times352}$	458.1	2310
	140100·4	LZ12 $\frac{190\times352}{190\times352}$	288	2277	LZ13 $\frac{J_1 240\times330}{190\times352}$	458.1	2310
	140125·2	LZ14 $\frac{190\times352}{260\times410}$	610.6	2365	LZ14 $\frac{J_1 240\times330}{260\times410}$	610.6	2398
421	100100·5	LZ13 $\frac{220\times352}{190\times352}$	480	2142	LZ15 $\frac{J_1 280\times380}{190\times352}$	719.5	2177
	100140·1	LZ14 $\frac{220\times352}{240\times410}$	610.6	2205	LZ15 $\frac{J_1 280\times380}{240\times410}$	716.3	2240
	12080·5	LZ13 $\frac{220\times352}{190\times352}$	480	2267	LZ15 $\frac{J_1 280\times380}{190\times352}$	719.5	2302
	120100·6	LZ13 $\frac{220\times352}{200\times352}$	480	2267	LZ15 $\frac{J_1 280\times380}{200\times352}$	719.5	2302
	120125·2	LZ14 $\frac{220\times352}{260\times410}$	610.6	2355	LZ15 $\frac{J_1 280\times380}{260\times410}$	716.3	2390
	140100·5	LZ13 $\frac{220\times352}{200\times352}$	480	2367	LZ15 $\frac{J_1 280\times380}{200\times352}$	719.5	2402
	140125·2	LZ14 $\frac{220\times352}{260\times410}$	610.6	2455	LZ15 $\frac{J_1 280\times380}{260\times410}$	716.3	2490
	140140·2	LZ15 $\frac{220\times352}{280\times470}$	719.5	2517	LZ15 $\frac{J_1 280\times380}{280\times470}$	702.1	2550
422	100140·1	LZ13 $\frac{220\times352}{240\times410}$	458.1	2205	LZ15 $\frac{J_1 280\times380}{240\times410}$	716.3	2240
	120100·6	LZ13 $\frac{220\times352}{200\times352}$	480	2267	LZ15 $\frac{J_1 280\times380}{200\times352}$	719.5	2302
	120125·2	LZ14 $\frac{220\times352}{260\times410}$	610.6	2355	LZ15 $\frac{J_1 280\times380}{260\times410}$	716.3	2390
	120140·1	LZ15 $\frac{220\times352}{280\times470}$	719.5	2417	LZ15 $\frac{J_1 280\times380}{280\times470}$	702.1	2450
	140100·5	LZ13 $\frac{220\times352}{200\times352}$	480	2367	LZ15 $\frac{J_1 280\times380}{200\times352}$	719.5	2402
	140125·2	LZ14 $\frac{220\times352}{260\times410}$	610.6	2455	LZ15 $\frac{J_1 280\times380}{260\times410}$	716.3	2490
	140140·2	LZ15 $\frac{220\times352}{280\times470}$	719.5	2517	LZ15 $\frac{J_1 280\times380}{280\times470}$	702.1	2550

续表 7-6

驱动装置组合号	输送机代号 DTⅡ(A)	Y-DBY/DCY 驱动装置			Y-ZLY/ZSY 驱动装置		
		低速轴联轴器型号规格	重量 /kg	l /mm	低速轴联轴器型号规格	重量 /kg	l /mm
423	100140 · 1	LZ13 $\frac{220\times352}{240\times410}$	458.1	2205	LZ15 $\frac{J_1 280\times380}{240\times410}$	716.3	2240
	120100 · 6	LZ13 $\frac{220\times352}{200\times352}$	480	2267	LZ15 $\frac{J_1 280\times380}{200\times352}$	719.5	2302
	120140 · 1	LZ15 $\frac{220\times352}{280\times470}$	719.5	2417	LZ15 $\frac{J_1 280\times380}{280\times470}$	702.1	2450
	140100 · 5	LZ13 $\frac{220\times352}{200\times352}$	480	2367	LZ15 $\frac{J_1 280\times380}{200\times352}$	719.5	2402
	140140 · 2	LZ15 $\frac{220\times352}{280\times470}$	719.5	2517	LZ15 $\frac{J_1 280\times380}{280\times470}$	702.1	2550
424	120140 · 1	LZ15 $\frac{220\times352}{280\times470}$	719.5	2417	LZ15 $\frac{J_1 280\times380}{280\times470}$	702.1	2450
	140140 · 2	LZ15 $\frac{220\times352}{280\times470}$	719.5	2517	LZ15 $\frac{J_1 280\times380}{280\times470}$	702.1	2550
425	120140 · 1	LZ15 $\frac{250\times410}{280\times470}$	719.5	2515	LZ15 $\frac{J_1 280\times380}{280\times470}$	702.1	2450
	140140 · 2	LZ15 $\frac{250\times410}{280\times470}$	716.3	2615	LZ15 $\frac{J_1 280\times380}{280\times470}$	702.1	2550
451	5050 · 2	LZ5 $\frac{70\times142}{70\times142}$	27.02	928	LZ5 $\frac{J_1 75\times107}{70\times142}$	27.02	888
452	5050 · 2	LZ5 $\frac{70\times142}{70\times142}$	27.02	928	LZ5 $\frac{J_1 75\times107}{70\times142}$	27.02	888
	6550 · 1	LZ5 $\frac{70\times142}{70\times142}$	27.02	1003	LZ5 $\frac{J_1 75\times107}{70\times142}$	27.02	963
	8050 · 2	LZ6 $\frac{70\times142}{90\times172}$	40.52	1204	LZ6 $\frac{J_1 75\times107}{90\times172}$	40.52	1164
453	5050 · 2	LZ5 $\frac{70\times142}{70\times142}$	27.02	928	LZ5 $\frac{J_1 75\times107}{70\times142}$	27.02	888
	6550 · 1	LZ5 $\frac{70\times142}{70\times142}$	27.02	1003	LZ5 $\frac{J_1 75\times107}{70\times142}$	27.02	963
	8050 · 2	LZ6 $\frac{70\times142}{90\times172}$	40.52	1204	LZ6 $\frac{J_1 75\times107}{90\times172}$	40.52	1164
454	5050 · 2	LZ5 $\frac{70\times142}{70\times142}$	27.02	928	LZ5 $\frac{J_1 75\times107}{70\times142}$	27.02	888
	6550 · 1	LZ5 $\frac{70\times142}{70\times142}$	27.02	1003	LZ5 $\frac{J_1 75\times107}{70\times142}$	27.02	963
	8050 · 2	LZ6 $\frac{70\times142}{90\times172}$	40.52	1204	LZ6 $\frac{J_1 75\times107}{90\times172}$	40.52	1164
	10063 · 1	LZ6 $\frac{70\times142}{90\times172}$	40.52	1304	LZ6 $\frac{J_1 75\times107}{90\times172}$	40.52	1264
455	5050 · 2	LZ5 $\frac{70\times142}{70\times142}$	27.02	928	LZ5 $\frac{J_1 75\times107}{70\times142}$	27.02	888
	6550 · 1	LZ5 $\frac{70\times142}{70\times142}$	27.02	1003	LZ5 $\frac{J_1 75\times107}{70\times142}$	27.02	963
	8050 · 2	LZ6 $\frac{70\times142}{90\times172}$	40.52	1204	LZ6 $\frac{J_1 75\times107}{90\times172}$	40.52	1164
	10063 · 1	LZ6 $\frac{70\times142}{90\times172}$	40.52	1304	LZ6 $\frac{J_1 75\times107}{90\times172}$	40.52	1264
456	5050 · 2	LZ5 $\frac{80\times172}{70\times142}$	40.52	973	LZ6 $\frac{J_1 85\times132}{70\times142}$	40.52	929
	6550 · 1	LZ5 $\frac{80\times172}{70\times142}$	40.52	1048	LZ6 $\frac{J_1 85\times132}{70\times142}$	40.52	1004
	6563 · 1	LZ5 $\frac{80\times172}{70\times142}$	40.52	1048	LZ6 $\frac{J_1 85\times132}{70\times142}$	40.52	1004
	8050 · 2	LZ6 $\frac{80\times172}{90\times172}$	40.15	1249	LZ6 $\frac{J_1 85\times132}{90\times172}$	40.15	1204
	10063 · 1	LZ6 $\frac{80\times172}{90\times172}$	40.15	1349	LZ6 $\frac{J_1 85\times132}{90\times172}$	40.15	1304
	12063 · 1	LZ7 $\frac{80\times172}{110\times212}$	59.37	1524	LZ7 $\frac{J_1 85\times132}{110\times212}$	59.37	1479

续表 7-6

驱动装置组合号	输送机代号 DTⅡ(A)	Y-DBY/DCY 驱动装置			Y-ZLY/ZSY 驱动装置		
		低速轴联轴器型号规格	重量 /kg	l /mm	低速轴联轴器型号规格	重量 /kg	l /mm
457	5050·2	LZ5 $\frac{80\times172}{70\times142}$	26.23	973	LZ6 $\frac{J_1 85\times132}{70\times142}$	40.52	929
	6550·1	LZ5 $\frac{80\times172}{70\times142}$	26.23	1048	LZ6 $\frac{J_1 85\times132}{70\times142}$	40.52	1004
	6563·1	LZ5 $\frac{80\times172}{70\times142}$	26.23	1048	LZ6 $\frac{J_1 85\times132}{70\times142}$	40.52	1004
	8050·2	LZ6 $\frac{80\times172}{90\times172}$	40.15	1249	LZ6 $\frac{J_1 85\times132}{90\times172}$	40.15	1204
	10063·1	LZ6 $\frac{80\times172}{90\times172}$	40.15	1349	LZ6 $\frac{J_1 85\times132}{90\times172}$	40.15	1304
	12063·1	LZ7 $\frac{80\times172}{110\times212}$	59.37	1524	LZ7 $\frac{J_1 85\times132}{110\times212}$	59.37	1479
458	5050·2	LZ6 $\frac{90\times172}{70\times142}$	40.52	989	LZ7 $\frac{J_1 95\times132}{70\times142}$	57.04	944
	6550·1	LZ6 $\frac{90\times172}{70\times142}$	40.52	1064	LZ7 $\frac{J_1 95\times132}{70\times142}$	57.04	1019
	6563·1	LZ6 $\frac{90\times172}{70\times142}$	40.52	1064	LZ7 $\frac{J_1 95\times132}{70\times142}$	57.04	1019
	8050·2	LZ6 $\frac{90\times172}{90\times172}$	40.15	1264	LZ7 $\frac{J_1 95\times132}{90\times172}$	59.14	1219
	8063·1	LZ6 $\frac{90\times172}{90\times172}$	40.15	1264	LZ7 $\frac{J_1 95\times132}{90\times172}$	59.14	1219
	10063·1	LZ6 $\frac{90\times172}{90\times172}$	40.15	1364	LZ7 $\frac{J_1 95\times132}{90\times172}$	59.14	1319
	12063·1	LZ7 $\frac{90\times172}{110\times212}$	59.37	1539	LZ7 $\frac{J_1 95\times132}{110\times212}$	59.37	1494
459	6550·2	LZ6 $\frac{90\times172}{90\times172}$	40.15	1114	LZ7 $\frac{J_1 95\times132}{90\times172}$	59.14	1069
	6563·1	LZ6 $\frac{90\times172}{70\times142}$	40.52	1064	LZ7 $\frac{J_1 95\times132}{70\times142}$	57.04	1019
	8050·2	LZ6 $\frac{90\times172}{90\times172}$	40.15	1264	LZ7 $\frac{J_1 95\times132}{90\times172}$	59.14	1219
	8063·1	LZ6 $\frac{90\times172}{90\times172}$	40.15	1264	LZ7 $\frac{J_1 95\times132}{90\times172}$	59.14	1219
	10063·1	LZ6 $\frac{90\times172}{90\times172}$	40.15	1364	LZ7 $\frac{J_1 95\times132}{90\times172}$	59.14	1319
	12063·1	LZ7 $\frac{90\times172}{110\times212}$	59.37	1539	LZ7 $\frac{J_1 95\times132}{110\times212}$	59.37	1494
460	6550·2	LZ7 $\frac{100\times212}{90\times172}$	59.37	1169	LZ7 $\frac{J_1 100\times167}{90\times172}$	59.37	1124
	6563·2	LZ7 $\frac{100\times212}{90\times172}$	59.37	1169	LZ7 $\frac{J_1 100\times167}{90\times172}$	59.37	1124
	8063·1	LZ7 $\frac{100\times212}{90\times172}$	59.37	1319	LZ7 $\frac{J_1 100\times167}{90\times172}$	59.37	1274
	8080·1	LZ7 $\frac{100\times212}{90\times172}$	59.37	1319	LZ7 $\frac{J_1 100\times167}{90\times172}$	59.57	1274
	10063·1	LZ7 $\frac{100\times212}{90\times172}$	59.37	1419	LZ7 $\frac{J_1 100\times167}{90\times172}$	59.37	1374
	12063·1	LZ7 $\frac{100\times212}{110\times212}$	59.6	1594	LZ7 $\frac{J_1 100\times167}{110\times212}$	59.6	1549
	14080·1	LZ8 $\frac{100\times212}{130\times252}$	91.05	1785	LZ8 $\frac{J_1 100\times167}{130\times252}$	91.05	1740

续表 7-6

驱动装置组合号	输送机代号 DTⅡ(A)	Y-DBY/DCY 驱动装置 低速轴联轴器型号规格	重量 /kg	l /mm	Y-ZLY/ZSY 驱动装置 低速轴联轴器型号规格	重量 /kg	l /mm
461	6550·2	LZ7 $\frac{110\times212}{90\times172}$	59.37	1189	LZ7 $\frac{J_1 110\times167}{90\times172}$	59.37	1149
	6563·2	LZ7 $\frac{110\times212}{90\times172}$	59.37	1189	LZ7 $\frac{J_1 110\times167}{90\times172}$	59.37	1149
	8063·1	LZ7 $\frac{110\times212}{90\times172}$	59.37	1339	LZ7 $\frac{J_1 110\times167}{90\times172}$	59.37	1299
	8080·1	LZ7 $\frac{110\times212}{90\times172}$	59.37	1339	LZ7 $\frac{J_1 110\times167}{90\times172}$	59.37	1299
	10063·1	LZ7 $\frac{110\times212}{90\times172}$	59.37	1439	LZ7 $\frac{J_1 110\times167}{90\times172}$	59.37	1399
	10080·1	LZ7 $\frac{110\times212}{110\times212}$	59.6	1479	LZ7 $\frac{J_1 110\times167}{110\times212}$	59.6	1439
	12063·1	LZ7 $\frac{110\times212}{110\times212}$	59.6	1614	LZ7 $\frac{J_1 110\times167}{110\times212}$	59.6	1574
	14080·1	LZ8 $\frac{110\times212}{130\times252}$	91.05	1805	LZ8 $\frac{J_1 110\times167}{130\times252}$	91.05	1765
462	6563·2	LZ8 $\frac{120\times212}{90\times172}$	92.01	1210	LZ8 $\frac{J_1 130\times202}{90\times172}$	88.39	1210
	8063·2	LZ8 $\frac{120\times212}{110\times212}$	94.67	1400	LZ8 $\frac{J_1 130\times202}{110\times212}$	91.05	1400
	8080·1	LZ8 $\frac{120\times212}{90\times172}$	92.01	1360	LZ8 $\frac{J_1 130\times202}{90\times172}$	88.39	1360
	8080·2	LZ8 $\frac{120\times212}{110\times212}$	94.67	1400	LZ8 $\frac{J_1 130\times202}{110\times212}$	91.05	1400
	10063·1	LZ8 $\frac{120\times212}{90\times172}$	92.01	1460	LZ8 $\frac{J_1 130\times202}{90\times172}$	88.39	1460
	10080·1	LZ8 $\frac{120\times212}{110\times212}$	94.67	1500	LZ8 $\frac{J_1 130\times202}{110\times212}$	91.05	1500
	12063·1	LZ8 $\frac{120\times212}{110\times212}$	94.67	1635	LZ8 $\frac{J_1 130\times202}{110\times212}$	91.05	1635
	12080·1	LZ8 $\frac{120\times212}{110\times212}$	94.67	1635	LZ8 $\frac{J_1 130\times202}{110\times212}$	91.05	1635
	14080·1	LZ8 $\frac{120\times212}{130\times252}$	91.05	1825	LZ8 $\frac{J_1 130\times202}{130\times252}$	87.43	1825
463	8063·2	LZ9 $\frac{140\times252}{110\times212}$	137.4	1471	LZ9 $\frac{J_1 140\times202}{110\times212}$	137.4	1431
	8080·2	LZ9 $\frac{140\times252}{110\times212}$	137.4	1471	LZ9 $\frac{J_1 140\times202}{110\times212}$	137.4	1431
	10063·2	LZ9 $\frac{140\times252}{110\times212}$	137.4	1571	LZ9 $\frac{J_1 140\times202}{110\times212}$	137.4	1531
	10080·1	LZ9 $\frac{140\times252}{110\times212}$	137.4	1571	LZ9 $\frac{J_1 140\times202}{110\times212}$	137.4	1531
	12063·1	LZ9 $\frac{140\times252}{110\times212}$	137.4	1706	LZ9 $\frac{J_1 140\times202}{110\times212}$	137.4	1666
	12080·1	LZ9 $\frac{140\times252}{110\times212}$	137.4	1706	LZ9 $\frac{J_1 140\times202}{110\times212}$	137.4	1666
	120100·1	LZ9 $\frac{140\times252}{110\times212}$	137.4	1706	LZ9 $\frac{J_1 140\times202}{110\times212}$	137.4	1666
	14080·1	LZ9 $\frac{140\times252}{130\times252}$	136.6	1896	LZ9 $\frac{J_1 140\times202}{130\times252}$	136.6	1856

续表 7-6

驱动装置组合号	输送机代号 DTⅡ(A)	Y-DBY/DCY 驱动装置 低速轴联轴器型号规格	重量 /kg	l /mm	Y-ZLY/ZSY 驱动装置 低速轴联轴器型号规格	重量 /kg	l /mm
464	8063·2	LZ9 $\frac{140\times252}{110\times212}$	137.4	1471	LZ10 $\frac{J_1 170\times242}{110\times212}$	164.8	1492
	8080·2	LZ9 $\frac{140\times252}{110\times212}$	137.4	1471	LZ10 $\frac{J_1 170\times242}{110\times212}$	164.8	1492
	10063·2	LZ9 $\frac{140\times252}{110\times212}$	137.4	1571	LZ10 $\frac{J_1 170\times242}{110\times212}$	164.8	1592
	10080·1	LZ9 $\frac{140\times252}{110\times212}$	137.4	1571	LZ10 $\frac{J_1 170\times242}{110\times212}$	164.8	1592
	100100·1	LZ9 $\frac{140\times252}{110\times212}$	137.4	1571	LZ10 $\frac{J_1 170\times242}{110\times212}$	164.8	1592
	12063·1	LZ9 $\frac{140\times252}{110\times212}$	137.4	1706	LZ10 $\frac{J_1 170\times242}{110\times212}$	164.8	1727
	12080·1	LZ9 $\frac{140\times252}{110\times212}$	137.4	1706	LZ10 $\frac{J_1 170\times242}{110\times212}$	164.8	1727
	120100·1	LZ9 $\frac{140\times252}{110\times212}$	137.4	1706	LZ10 $\frac{J_1 170\times242}{110\times212}$	166.7	1727
	14080·1	LZ9 $\frac{140\times252}{130\times252}$	136.6	1896	LZ10 $\frac{J_1 170\times242}{130\times252}$	166.7	1917
	140100·1	LZ9 $\frac{140\times252}{130\times252}$	136.6	1896	LZ10 $\frac{J_1 170\times242}{130\times252}$	166.7	1917
465	8063·3	LZ9 $\frac{140\times252}{130\times252}$	136.6	1521	LZ10 $\frac{J_1 170\times242}{130\times252}$	166.7	1542
	8080·3	LZ9 $\frac{140\times252}{130\times252}$	136.6	1521	LZ10 $\frac{J_1 170\times242}{130\times252}$	166.7	1542
	10080·2	LZ9 $\frac{140\times252}{130\times252}$	136.6	1621	LZ10 $\frac{J_1 170\times242}{130\times252}$	166.7	1642
	100100·2	LZ9 $\frac{140\times252}{130\times252}$	136.6	1621	LZ10 $\frac{J_1 170\times242}{130\times252}$	166.7	1642
	12063·2	LZ9 $\frac{140\times252}{130\times252}$	136.6	1746	LZ10 $\frac{J_1 170\times242}{130\times252}$	166.7	1767
	12080·2	LZ9 $\frac{140\times252}{130\times252}$	136.6	1746	LZ10 $\frac{J_1 170\times242}{130\times252}$	166.7	1767
	120100·2	LZ9 $\frac{140\times252}{130\times252}$	136.6	1746	LZ10 $\frac{J_1 170\times242}{130\times252}$	166.7	1767
	14080·1	LZ9 $\frac{140\times252}{130\times252}$	136.6	1896	LZ10 $\frac{J_1 170\times242}{130\times252}$	166.7	1917
	140100·1	LZ9 $\frac{140\times252}{130\times252}$	136.6	1896	LZ10 $\frac{J_1 170\times242}{130\times252}$	166.7	1917
466	8063·3	LZ10 $\frac{160\times302}{130\times252}$	166.7	1597	LZ11 $\frac{J_1 180\times242}{130\times252}$	202.6	1572
	8080·3	LZ10 $\frac{160\times302}{130\times252}$	166.7	1597	LZ11 $\frac{J_1 180\times242}{130\times252}$	202.6	1572
	10080·2	LZ10 $\frac{160\times302}{130\times252}$	166.7	1697	LZ11 $\frac{J_1 180\times242}{130\times252}$	202.6	1672
	100100·2	LZ10 $\frac{160\times302}{130\times252}$	166.7	1697	LZ11 $\frac{J_1 180\times242}{130\times252}$	202.6	1672
	12063·2	LZ10 $\frac{160\times302}{130\times252}$	166.7	1822	LZ11 $\frac{J_1 180\times242}{130\times252}$	202.6	1797
	12080·2	LZ10 $\frac{160\times302}{130\times252}$	166.7	1822	LZ11 $\frac{J_1 180\times242}{130\times252}$	202.6	1797
	120100·2	LZ10 $\frac{160\times302}{130\times252}$	166.7	1822	LZ11 $\frac{J_1 180\times242}{130\times252}$	202.6	1797
	14080·1	LZ10 $\frac{160\times302}{130\times252}$	166.7	1972	LZ11 $\frac{J_1 180\times242}{130\times252}$	202.6	1947
	140100·1	LZ10 $\frac{160\times302}{130\times252}$	166.7	1972	LZ11 $\frac{J_1 180\times242}{130\times252}$	202.6	1947

续表 7-6

驱动装置组合号	输送机代号 DTⅡ(A)	Y-DBY/DCY 驱动装置 低速轴联轴器型号规格	重量/kg	l/mm	Y-ZLY/ZSY 驱动装置 低速轴联轴器型号规格	重量/kg	l/mm
467	8080 · 4	LZ10 $\frac{160\times302}{150\times252}$	166.7	1647	LZ11 $\frac{J_1 180\times242}{150\times252}$	202.6	1622
	80100 · 4	LZ10 $\frac{160\times302}{170\times302}$	164	1767	LZ11 $\frac{J_1 180\times242}{170\times302}$	202.1	1742
	10080 · 3	LZ10 $\frac{160\times302}{150\times252}$	166.7	1747	LZ11 $\frac{J_1 180\times242}{150\times252}$	202.6	1722
	100100 · 3	LZ10 $\frac{160\times302}{150\times252}$	166.7	1747	LZ11 $\frac{J_1 180\times242}{150\times252}$	202.6	1722
	12080 · 3	LZ10 $\frac{160\times302}{150\times252}$	166.7	1872	LZ11 $\frac{J_1 180\times242}{150\times252}$	202.6	1847
	120100 · 3	LZ10 $\frac{160\times302}{150\times252}$	166.7	1872	LZ11 $\frac{J_1 180\times242}{150\times252}$	202.6	1847
	120125 · 1	LZ13 $\frac{160\times302}{220\times352}$	474.6	2097	LZ13 $\frac{J_1 180\times242}{220\times352}$	474.6	2072
	14080 · 2	LZ10 $\frac{160\times302}{150\times252}$	166.7	1972	LZ11 $\frac{J_1 180\times242}{150\times252}$	202.6	1947
	140100 · 2	LZ10 $\frac{160\times302}{150\times252}$	166.7	1972	LZ11 $\frac{J_1 180\times242}{150\times252}$	202.6	1947
	140125 · 1	LZ13 $\frac{160\times302}{220\times352}$	474.6	2197	LZ13 $\frac{J_1 180\times242}{220\times352}$	474.6	2172
468	8080 · 4	LZ10 $\frac{170\times302}{150\times252}$	166.7	1667	LZ13 $\frac{J_1 220\times282}{150\times252}$	446.8	1702
	80100 · 4	LZ10 $\frac{170\times302}{170\times302}$	164	1787	LZ13 $\frac{J_1 220\times282}{170\times302}$	474.6	1822
	80125 · 1	LZ12 $\frac{170\times302}{190\times352}$	292.3	1837	LZ13 $\frac{J_1 220\times282}{190\times352}$	480	1872
	10080 · 3	LZ10 $\frac{170\times302}{150\times252}$	166.7	1767	LZ13 $\frac{J_1 220\times282}{150\times252}$	446.8	1802
	100100 · 3	LZ10 $\frac{170\times302}{150\times252}$	166.7	1767	LZ13 $\frac{J_1 220\times282}{150\times252}$	446.8	1802
	100125 · 3	LZ13 $\frac{170\times302}{220\times352}$	474.6	1967	LZ13 $\frac{J_1 220\times282}{220\times352}$	480	2002
	12080 · 3	LZ10 $\frac{170\times302}{150\times252}$	166.7	1892	LZ13 $\frac{J_1 220\times282}{150\times252}$	446.8	1927
	120100 · 3	LZ10 $\frac{170\times302}{150\times252}$	166.7	1892	LZ13 $\frac{J_1 220\times282}{150\times252}$	446.8	1927
	120125 · 1	LZ13 $\frac{170\times302}{220\times352}$	474.6	2117	LZ13 $\frac{J_1 220\times282}{220\times352}$	480	2152
	14080 · 2	LZ10 $\frac{170\times302}{150\times252}$	166.7	1992	LZ13 $\frac{J_1 220\times282}{150\times252}$	446.8	2027
	14080 · 3	LZ10 $\frac{170\times302}{170\times302}$	164	2052	LZ13 $\frac{J_1 220\times282}{170\times302}$	474.6	2087
	140100 · 2	LZ10 $\frac{170\times302}{150\times252}$	166.7	1992	LZ13 $\frac{J_1 220\times282}{150\times252}$	446.8	2027
	140100. 3	LZ10 $\frac{170\times302}{170\times302}$	164	2052	LZ13 $\frac{J_1 220\times282}{170\times302}$	474.6	2087
	140125 · 1	LZ13 $\frac{170\times302}{220\times352}$	474.6	2217	LZ13 $\frac{J_1 220\times282}{220\times352}$	480	2252

续表 7-6

驱动装置组合号	输送机代号 DTⅡ(A)	Y-DBY/DCY 驱动装置			Y-ZLY/ZSY 驱动装置		
		低速轴联轴器型号规格	重量/kg	l/mm	低速轴联轴器型号规格	重量/kg	l/mm
469	8080·4	LZ11 $\frac{170\times302}{150\times252}$	202.6	1667	LZ13 $\frac{J_1 220\times282}{150\times252}$	446.8	1702
	80100·4	LZ11 $\frac{170\times302}{170\times302}$	202.1	1787	LZ13 $\frac{J_1 220\times282}{170\times302}$	474.6	1822
	80125·1	LZ12 $\frac{170\times302}{190\times352}$	292.3	1837	LZ13 $\frac{J_1 220\times282}{190\times352}$	480	1872
	10080·4	LZ11 $\frac{170\times302}{170\times302}$	202.1	1827	LZ13 $\frac{J_1 220\times282}{170\times302}$	474.6	1862
	100100·4	LZ11 $\frac{170\times302}{170\times302}$	202.1	1827	LZ13 $\frac{J_1 220\times282}{170\times302}$	474.6	1862
	100125·3	LZ13 $\frac{170\times302}{220\times352}$	474.6	1967	LZ13 $\frac{J_1 220\times282}{220\times352}$	480	2002
	12080·4	LZ11 $\frac{170\times302}{170\times302}$	202.1	1952	LZ13 $\frac{J_1 220\times282}{170\times302}$	474.6	1987
	120100·4	LZ11 $\frac{170\times302}{170\times302}$	202.1	1952	LZ13 $\frac{J_1 220\times282}{170\times302}$	474.6	1987
	120125·1	LZ13 $\frac{170\times302}{220\times352}$	474.6	2117	LZ13 $\frac{J_1 220\times282}{220\times352}$	480	2152
	14080·3	LZ11 $\frac{170\times302}{170\times302}$	202.1	2052	LZ13 $\frac{J_1 220\times282}{170\times302}$	474.6	2087
	140100·3	LZ11 $\frac{170\times302}{170\times302}$	202.1	2052	LZ13 $\frac{J_1 220\times282}{170\times302}$	474.6	2087
	140125·1	LZ13 $\frac{170\times302}{220\times352}$	474.6	2217	LZ13 $\frac{J_1 220\times282}{220\times352}$	480	2252
470	80100·4	LZ12 $\frac{190\times352}{170\times302}$	292.3	1877	LZ13 $\frac{J_1 220\times282}{170\times302}$	474.6	1822
	80125·1	LZ12 $\frac{190\times352}{190\times352}$	288	1927	LZ13 $\frac{J_1 220\times282}{190\times352}$	480	1872
	10080·4	LZ12 $\frac{190\times352}{170\times302}$	292.3	1917	LZ13 $\frac{J_1 220\times282}{170\times302}$	474.6	1862
	100100·4	LZ12 $\frac{190\times352}{170\times302}$	292.3	1917	LZ13 $\frac{J_1 220\times282}{170\times302}$	474.6	1862
	100125·3	LZ13 $\frac{190\times352}{220\times352}$	480	2057	LZ13 $\frac{J_1 220\times282}{220\times352}$	480	2002
	12080·4	LZ12 $\frac{190\times352}{170\times302}$	292.3	2042	LZ13 $\frac{J_1 220\times282}{170\times302}$	474.6	1987
	120100·4	LZ12 $\frac{190\times352}{170\times302}$	292.3	2042	LZ13 $\frac{J_1 220\times282}{170\times302}$	474.6	1987
	120125·2	LZ14 $\frac{190\times352}{260\times410}$	610.6	2265	LZ14 $\frac{J_1 220\times282}{260\times410}$	610.6	2210
	14080·3	LZ12 $\frac{190\times352}{170\times302}$	292.3	2142	LZ13 $\frac{J_1 220\times282}{170\times302}$	474.6	2087
	140100·3	LZ12 $\frac{190\times352}{170\times302}$	292.3	2142	LZ13 $\frac{J_1 220\times282}{170\times302}$	474.6	2087
	140125·2	LZ14 $\frac{190\times352}{240\times410}$	610.6	2365	LZ14 $\frac{J_1 220\times282}{240\times410}$	610.6	2310
471	80125·1	LZ13 $\frac{220\times352}{190\times352}$	480	2017	LZ13 $\frac{J_1 240\times330}{190\times352}$	458.1	1960
	100100·5	LZ13 $\frac{220\times352}{190\times352}$	480	2142	LZ13 $\frac{J_1 240\times330}{190\times352}$	458.1	2085
	100125·3	LZ13 $\frac{220\times352}{220\times352}$	480	2147	LZ13 $\frac{J_1 240\times330}{220\times352}$	458.1	2090
	12080·5	LZ13 $\frac{220\times352}{190\times352}$	480	2267	LZ13 $\frac{J_1 240\times330}{190\times352}$	458.1	2210
	120100·5	LZ13 $\frac{220\times352}{190\times352}$	480	2267	LZ13 $\frac{J_1 240\times330}{190\times352}$	458.1	2210

续表 7-6

驱动装置组合号	输送机代号 DTⅡ(A)	Y-DBY/DCY 驱动装置			Y-ZLY/ZSY 驱动装置		
		低速轴联轴器型号规格	重量 /kg	l /mm	低速轴联轴器型号规格	重量 /kg	l /mm
471	120125 · 2	LZ14 $\frac{220\times352}{240\times410}$	610.6	2355	LZ14 $\frac{J_1240\times330}{240\times410}$	599.4	2298
	14080 · 4	LZ13 $\frac{220\times352}{190\times352}$	480	2367	LZ13 $\frac{J_1240\times330}{190\times352}$	458.1	2310
	140100 · 4	LZ13 $\frac{220\times352}{190\times352}$	480	2367	LZ13 $\frac{J_1240\times330}{190\times352}$	458.1	2310
	140125 · 2	LZ14 $\frac{220\times352}{260\times410}$	610.6	2455	LZ14 $\frac{J_1240\times330}{260\times410}$	599.4	2398
472	80125 · 1	LZ13 $\frac{220\times352}{190\times352}$	480	2017	LZ13 $\frac{J_1240\times330}{190\times352}$	458.1	1960
	100100 · 5	LZ13 $\frac{220\times352}{190\times352}$	480	2142	LZ13 $\frac{J_1240\times330}{190\times352}$	458.1	2085
	100125 · 3	LZ13 $\frac{220\times352}{220\times352}$	480	2147	LZ13 $\frac{J_1240\times330}{220\times352}$	458.1	2090
	12080 · 5	LZ13 $\frac{220\times352}{190\times352}$	480	2267	LZ13 $\frac{J_1240\times330}{190\times352}$	458.1	2210
	120100 · 5	LZ13 $\frac{220\times352}{190\times352}$	480	2267	LZ13 $\frac{J_1240\times330}{190\times352}$	458.1	2210
	120125 · 2	LZ14 $\frac{220\times352}{240\times410}$	610.6	2355	LZ14 $\frac{J_1240\times330}{240\times410}$	599.4	2298
	14080 · 4	LZ13 $\frac{220\times352}{190\times352}$	480	2367	LZ13 $\frac{J_1240\times330}{190\times352}$	458.1	2310
	140100 · 4	LZ13 $\frac{220\times352}{190\times352}$	480	2367	LZ13 $\frac{J_1240\times330}{190\times352}$	458.1	2310
	140125 · 2	LZ14 $\frac{220\times352}{240\times410}$	610.6	2455	LZ14 $\frac{J_1240\times330}{260\times410}$	599.4	2398
473	100100 · 5	LZ13 $\frac{220\times352}{190\times352}$	480	2142	LZ13 $\frac{J_1240\times330}{190\times352}$	458.1	2085
	100140 · 1	LZ13 $\frac{220\times352}{240\times410}$	458.1	2205	LZ13 $\frac{J_1240\times330}{240\times410}$	436.1	2148
	12080 · 5	LZ13 $\frac{220\times352}{190\times352}$	480	2267	LZ13 $\frac{J_1240\times330}{190\times352}$	458.1	2210
	120100 · 6	LZ13 $\frac{220\times352}{200\times352}$	480	2267	LZ13 $\frac{J_1240\times330}{200\times352}$	458.1	2210
	120125 · 2	LZ14 $\frac{220\times352}{240\times410}$	610.6	2355	LZ14 $\frac{J_1240\times330}{240\times410}$	599.4	2298
	14080 · 4	LZ13 $\frac{220\times352}{190\times352}$	480	2367	LZ13 $\frac{J_1240\times330}{190\times352}$	458.1	2310
	140100 · 4	LZ13 $\frac{220\times352}{190\times352}$	480	2367	LZ13 $\frac{J_1240\times330}{190\times352}$	458.1	2310
	140100 · 5	LZ13 $\frac{220\times352}{200\times352}$	480	2367	LZ13 $\frac{J_1240\times330}{200\times352}$	458.1	2310
	140125 · 2	LZ14 $\frac{220\times352}{240\times410}$	610.6	2455	LZ14 $\frac{J_1240\times330}{240\times410}$	599.4	2398
	140140 · 2	LZ15 $\frac{220\times352}{280\times470}$	719.5	2517	LZ15 $\frac{J_1240\times330}{280\times470}$	716.3	2460
474	100140 · 1	LZ13 $\frac{220\times352}{240\times410}$	458.1	2205	LZ13 $\frac{J_1240\times330}{240\times410}$	436.1	2148
	120100 · 6	LZ13 $\frac{220\times352}{200\times352}$	480	2267	LZ13 $\frac{J_1240\times330}{200\times352}$	458.1	2210
	120125 · 2	LZ14 $\frac{220\times352}{260\times410}$	610.6	2355	LZ14 $\frac{J_1240\times330}{260\times410}$	599.4	2298
	120140 · 1	LZ15 $\frac{220\times352}{280\times470}$	719.5	2417	LZ15 $\frac{J_1240\times330}{280\times470}$	716.3	2360
	140100 · 5	LZ13 $\frac{220\times352}{200\times352}$	480	2367	LZ13 $\frac{J_1240\times330}{200\times352}$	458.1	2310

续表 7-6

驱动装置组合号	输送机代号 DTⅡ(A)	Y-DBY/DCY 驱动装置 低速轴联轴器型号规格	重量 /kg	l /mm	Y-ZLY/ZSY 驱动装置 低速轴联轴器型号规格	重量 /kg	l /mm
474	140125·2	LZ14 $\frac{220\times352}{260\times410}$	610.6	2455	LZ14 $\frac{J_1 240\times330}{260\times410}$	599.4	2398
	140140·2	LZ15 $\frac{220\times352}{280\times470}$	719.5	2517	LZ15 $\frac{J_1 240\times330}{280\times470}$	716.3	2460
475	100140·1	LZ14 $\frac{250\times410}{240\times410}$	599.4	2303	LZ15 $\frac{J_1 280\times380}{240\times410}$	716.3	2238
	120100·6	LZ14 $\frac{250\times410}{200\times352}$	610.6	2365	LZ15 $\frac{J_1 280\times380}{200\times352}$	719.5	2300
	120140·1	LZ15 $\frac{250\times410}{280\times470}$	716.3	2515	LZ15 $\frac{J_1 280\times380}{280\times470}$	702.1	2450
	140100·5	LZ14 $\frac{250\times410}{200\times352}$	610.6	2465	LZ15 $\frac{J_1 280\times380}{200\times352}$	719.5	2402
	140140·2	LZ15 $\frac{250\times410}{280\times470}$	716.3	2615	LZ15 $\frac{J_1 280\times380}{280\times470}$	702.1	2550
476	120140·1	LZ15 $\frac{250\times410}{280\times470}$	716.3	2515	LZ15 $\frac{J_1 280\times380}{280\times470}$	702.1	2450
	140140·2	LZ15 $\frac{250\times410}{280\times470}$	716.3	2615	LZ15 $\frac{J_1 280\times380}{280\times470}$	702.1	2550
502	5050·2	LZ5 $\frac{70\times142}{70\times142}$	27.02	928	LZ5 $\frac{J_1 75\times107}{70\times142}$	27.02	888
	6550·1	LZ5 $\frac{70\times142}{70\times142}$	27.02	1003	LZ5 $\frac{J_1 75\times107}{70\times142}$	27.02	963
503	5050·2	LZ5 $\frac{70\times142}{70\times142}$	27.02	928	LZ5 $\frac{J_1 75\times107}{70\times142}$	27.02	888
	6550.1	LZ5 $\frac{70\times142}{70\times142}$	27.02	1003	LZ5 $\frac{J_1 75\times107}{70\times142}$	27.02	963
	8050·2	LZ6 $\frac{70\times142}{90\times172}$	40.52	1204	LZ6 $\frac{J_1 75\times107}{90\times172}$	40.52	1164
504	5050·2	LZ5 $\frac{70\times142}{70\times142}$	27.02	928	LZ5 $\frac{J_1 75\times107}{70\times142}$	27.02	888
	6550·1	LZ5 $\frac{70\times142}{70\times142}$	27.02	1003	LZ5 $\frac{J_1 75\times107}{70\times142}$	27.02	963
	8050·2	LZ6 $\frac{70\times142}{90\times172}$	40.52	1204	LZ6 $\frac{J_1 75\times107}{90\times172}$	40.52	1164
505	5050·2	LZ5 $\frac{70\times142}{70\times142}$	27.02	928	LZ5 $\frac{J_1 75\times107}{70\times142}$	27.02	888
	6550·1	LZ5 $\frac{70\times142}{70\times142}$	27.02	1003	LZ5 $\frac{J_1 75\times107}{70\times142}$	27.02	963
	8050·2	LZ6 $\frac{70\times142}{90\times172}$	40.52	1204	LZ6 $\frac{J_1 75\times107}{90\times172}$	40.52	1164
	10063·1	LZ6 $\frac{70\times142}{90\times172}$	40.52	1304	LZ6 $\frac{J_1 75\times107}{90\times172}$	40.52	1264
506	5050·2	LZ5 $\frac{80\times172}{70\times142}$	26.23	973	LZ6 $\frac{J_1 85\times132}{70\times142}$	40.52	929
	6550·1	LZ5 $\frac{80\times172}{70\times142}$	26.23	1048	LZ6 $\frac{J_1 85\times132}{70\times142}$	40.52	1004
	8050·2	LZ6 $\frac{80\times172}{90\times172}$	40.15	1249	LZ6 $\frac{J_1 85\times132}{90\times172}$	40.15	1204
	10063·1	LZ6 $\frac{80\times172}{90\times172}$	40.15	1349	LZ6 $\frac{J_1 85\times132}{90\times172}$	40.15	1304
	12063·1	LZ7 $\frac{80\times172}{110\times212}$	59.37	1524	LZ7 $\frac{J_1 85\times132}{110\times212}$	59.37	1479

续表 7-6

驱动装置组合号	输送机代号 DTⅡ(A)	Y-DBY/DCY 驱动装置			Y-ZLY/ZSY 驱动装置		
		低速轴联轴器型号规格	重量/kg	l/mm	低速轴联轴器型号规格	重量/kg	l/mm
507	5050·2	LZ5 $\frac{80\times172}{70\times142}$	26.23	973	LZ6 $\frac{J_1 85\times132}{70\times142}$	40.52	929
	6550·1	LZ5 $\frac{80\times172}{70\times142}$	26.23	1048	LZ6 $\frac{J_1 85\times132}{70\times142}$	40.52	1004
	6563·1	LZ5 $\frac{80\times172}{70\times142}$	26.23	1048	LZ6 $\frac{J_1 85\times132}{70\times142}$	40.52	1004
	8050·2	LZ6 $\frac{80\times172}{90\times172}$	40.15	1249	LZ6 $\frac{J_1 85\times132}{90\times172}$	40.15	1204
	10063·1	LZ6 $\frac{80\times172}{90\times172}$	40.15	1349	LZ6 $\frac{J_1 85\times132}{90\times172}$	40.15	1304
	12063·1	LZ7 $\frac{80\times172}{110\times212}$	59.37	1524	LZ7 $\frac{J_1 85\times132}{110\times212}$	59.37	1479
508	6550·1	LZ6 $\frac{90\times172}{70\times142}$	40.52	1064	LZ7 $\frac{J_1 95\times132}{70\times142}$	57.04	1019
	6563·1	LZ6 $\frac{90\times172}{70\times142}$	40.52	1064	LZ7 $\frac{J_1 95\times132}{70\times142}$	57.04	1019
	8050·2	LZ6 $\frac{90\times172}{90\times172}$	40.15	1264	LZ7 $\frac{J_1 95\times132}{90\times172}$	59.14	1219
	10063·1	LZ6 $\frac{90\times172}{90\times172}$	40.15	1364	LZ7 $\frac{J_1 95\times132}{90\times172}$	59.14	1319
	12063·1	LZ7 $\frac{90\times172}{110\times212}$	59.37	1539	LZ7 $\frac{J_1 95\times132}{110\times212}$	59.37	1494
509	6550·1	LZ6 $\frac{90\times172}{70\times142}$	40.52	1064	LZ7 $\frac{J_1 95\times132}{70\times142}$	57.04	1019
	6563·1	LZ6 $\frac{90\times172}{70\times142}$	40.52	1064	LZ7 $\frac{J_1 95\times132}{70\times142}$	57.04	1019
	8050·2	LZ6 $\frac{90\times172}{90\times172}$	40.15	1264	LZ7 $\frac{J_1 95\times132}{90\times172}$	59.14	1219
	8063·1	LZ6 $\frac{90\times172}{90\times172}$	40.15	1264	LZ7 $\frac{J_1 95\times132}{90\times172}$	59.14	1219
	10063·1	LZ6 $\frac{90\times172}{90\times172}$	40.15	1364	LZ7 $\frac{J_1 95\times132}{90\times172}$	59.14	1319
	12063·1	LZ7 $\frac{90\times172}{110\times212}$	59.37	1539	LZ7 $\frac{J_1 95\times132}{110\times212}$	59.37	1494
510	6550·2	LZ7 $\frac{100\times212}{90\times172}$	59.37	1169	LZ7 $\frac{J_1 100\times167}{90\times172}$	59.37	1124
	6563·1	LZ7 $\frac{100\times212}{70\times142}$	57.27	1119	LZ7 $\frac{J_1 100\times167}{70\times142}$	57.27	1074
	8050·2	LZ7 $\frac{100\times212}{90\times172}$	59.37	1319	LZ7 $\frac{J_1 100\times167}{90\times172}$	59.37	1274
	8063·1	LZ7 $\frac{100\times212}{90\times172}$	59.37	1319	LZ7 $\frac{J_1 100\times167}{90\times172}$	59.37	1274
	10063·1	LZ7 $\frac{100\times212}{90\times172}$	59.37	1419	LZ7 $\frac{J_1 100\times167}{90\times172}$	59.37	1374
	12063·1	LZ7 $\frac{100\times212}{110\times212}$	59.6	1594	LZ7 $\frac{J_1 100\times167}{110\times212}$	59.6	1549
511	6550·2	LZ7 $\frac{100\times212}{90\times172}$	59.37	1169	LZ7 $\frac{J_1 100\times167}{90\times172}$	59.37	1124
	6563·2	LZ7 $\frac{100\times212}{90\times172}$	59.37	1169	LZ7 $\frac{J_1 100\times167}{90\times172}$	59.37	1124
	8063·1	LZ7 $\frac{100\times212}{90\times172}$	59.37	1319	LZ7 $\frac{J_1 100\times167}{90\times172}$	59.37	1274
	8080·1	LZ7 $\frac{100\times212}{90\times172}$	59.37	1319	LZ7 $\frac{J_1 100\times167}{90\times172}$	59.37	1274
	10063·1	LZ7 $\frac{100\times212}{90\times172}$	59.37	1419	LZ7 $\frac{J_1 100\times167}{90\times172}$	59.37	1374
	12063·1	LZ7 $\frac{100\times212}{110\times212}$	59.6	1594	LZ7 $\frac{J_1 100\times167}{110\times212}$	59.37	1549
	14080·1	LZ8 $\frac{100\times212}{130\times252}$	91.05	1785	LZ8 $\frac{J_1 100\times167}{130\times252}$	91.05	1740

续表 7-6

驱动装置组合号	输送机代号 DTⅡ(A)	Y-DBY/DCY 驱动装置			Y-ZLY/ZSY 驱动装置		
		低速轴联轴器型号规格	重量/kg	l/mm	低速轴联轴器型号规格	重量/kg	l/mm
512	6550·2	LZ7 $\frac{110\times212}{90\times172}$	59.37	1189	LZ7 $\frac{J_1110\times167}{90\times172}$	59.37	1149
	6563·2	LZ7 $\frac{110\times212}{90\times172}$	59.37	1189	LZ7 $\frac{J_1110\times167}{90\times172}$	59.37	1149
	8063·1	LZ7 $\frac{110\times212}{90\times172}$	59.37	1339	LZ7 $\frac{J_1110\times167}{90\times172}$	59.37	1299
	8080·1	LZ7 $\frac{110\times212}{90\times172}$	59.37	1339	LZ7 $\frac{J_1110\times167}{90\times172}$	59.37	1299
	10063·1	LZ7 $\frac{110\times212}{90\times172}$	59.37	1439	LZ7 $\frac{J_1110\times167}{90\times172}$	59.37	1399
	10080·1	LZ7 $\frac{110\times212}{110\times212}$	59.6	1479	LZ7 $\frac{J_1110\times167}{110\times212}$	59.6	1439
	12063·1	LZ7 $\frac{110\times212}{110\times212}$	59.6	1614	LZ7 $\frac{J_1110\times167}{110\times212}$	59.6	1574
	14080·1	LZ8 $\frac{110\times212}{130\times252}$	91.05	1805	LZ8 $\frac{J_1110\times167}{130\times252}$	91.05	1765
513	6563·2	LZ8 $\frac{120\times212}{90\times172}$	92.01	1210	LZ8 $\frac{J_1130\times202}{90\times172}$	88.39	1210
	8063·2	LZ8 $\frac{120\times212}{110\times212}$	94.67	1400	LZ8 $\frac{J_1130\times202}{110\times212}$	91.05	1400
	8080·1	LZ8 $\frac{120\times212}{90\times172}$	92.01	1360	LZ8 $\frac{J_1130\times202}{90\times172}$	88.39	1360
	8080·2	LZ8 $\frac{120\times212}{110\times212}$	94.67	1400	LZ8 $\frac{J_1130\times202}{110\times212}$	91.05	1400
	10063·2	LZ8 $\frac{120\times212}{110\times212}$	94.67	1500	LZ8 $\frac{J_1130\times202}{110\times212}$	91.05	1500
	10080·1	LZ8 $\frac{120\times212}{110\times212}$	94.67	1500	LZ8 $\frac{J_1130\times202}{110\times212}$	91.05	1500
	12063·1	LZ8 $\frac{120\times212}{110\times212}$	94.67	1635	LZ8 $\frac{J_1130\times202}{110\times212}$	91.05	1635
	12080·1	LZ8 $\frac{120\times212}{110\times212}$	94.67	1635	LZ8 $\frac{J_1130\times202}{110\times212}$	91.05	1635
	14080·1	LZ8 $\frac{120\times212}{130\times252}$	91.05	1825	LZ8 $\frac{J_1130\times202}{130\times252}$	87.43	1825
514	8063·2	LZ8 $\frac{120\times212}{110\times212}$	94.67	1400	LZ8 $\frac{J_1130\times202}{110\times212}$	91.05	1400
	8080·2	LZ8 $\frac{120\times212}{110\times212}$	94.67	1400	LZ8 $\frac{J_1130\times202}{110\times212}$	91.05	1400
	10063·2	LZ8 $\frac{120\times212}{110\times212}$	94.67	1500	LZ8 $\frac{J_1130\times202}{110\times212}$	91.05	1500
	10080·1	LZ8 $\frac{120\times212}{110\times212}$	94.67	1500	LZ8 $\frac{J_1130\times202}{110\times212}$	91.05	1500
	12063·1	LZ8 $\frac{120\times212}{110\times212}$	94.67	1635	LZ8 $\frac{J_1130\times202}{110\times212}$	91.05	1635
	12080·1	LZ8 $\frac{120\times212}{110\times212}$	94.67	1635	LZ8 $\frac{J_1130\times202}{110\times212}$	91.05	1635
	14080·1	LZ8 $\frac{120\times212}{130\times252}$	91.05	1825	LZ8 $\frac{J_1130\times202}{130\times252}$	87.43	1825
515	8063·2	LZ9 $\frac{140\times252}{110\times212}$	137.4	1471	LZ9 $\frac{J_1140\times202}{110\times212}$	137.4	1431
	8080·2	LZ9 $\frac{140\times252}{110\times212}$	137.4	1471	LZ9 $\frac{J_1140\times202}{110\times212}$	137.4	1431
	10063·2	LZ9 $\frac{140\times252}{110\times212}$	137.4	1571	LZ9 $\frac{J_1140\times202}{110\times212}$	137.4	1531
	10080·1	LZ9 $\frac{140\times252}{110\times212}$	137.4	1571	LZ9 $\frac{J_1140\times202}{110\times212}$	137.4	1531

续表 7-6

驱动装置组合号	输送机代号 DTⅡ(A)	Y-DBY/DCY 驱动装置			Y-ZLY/ZSY 驱动装置		
		低速轴联轴器型号规格	重量/kg	l/mm	低速轴联轴器型号规格	重量/kg	l/mm
515	100100·1	LZ9 $\frac{140\times252}{110\times212}$	137.4	1571	LZ9 $\frac{J_1 140\times202}{110\times212}$	137.4	1531
	12063·1	LZ9 $\frac{140\times252}{110\times212}$	137.4	1706	LZ9 $\frac{J_1 140\times202}{110\times212}$	137.4	1666
	12080·1	LZ9 $\frac{140\times252}{110\times212}$	137.4	1706	LZ9 $\frac{J_1 140\times202}{110\times212}$	137.4	1666
	120100·1	LZ9 $\frac{140\times252}{110\times212}$	137.4	1706	LZ9 $\frac{J_1 140\times202}{110\times212}$	137.4	1666
	14080·1	LZ9 $\frac{140\times252}{130\times252}$	136.6	1896	LZ9 $\frac{J_1 140\times202}{130\times252}$	136.6	1856
	140100·1	LZ9 $\frac{140\times252}{130\times252}$	136.6	1896	LZ9 $\frac{J_1 140\times202}{130\times252}$	136.6	1856
516	8063·3	LZ10 $\frac{160\times302}{130\times252}$	166.7	1597	LZ10 $\frac{J_1 170\times242}{130\times252}$	166.7	1542
	8080·3	LZ10 $\frac{160\times302}{130\times252}$	166.7	1597	LZ10 $\frac{J_1 170\times242}{130\times252}$	166.7	1542
	10080·2	LZ10 $\frac{160\times302}{130\times252}$	166.7	1697	LZ10 $\frac{J_1 170\times242}{130\times252}$	166.7	1642
	100100·2	LZ10 $\frac{160\times302}{130\times252}$	166.7	1697	LZ10 $\frac{J_1 170\times242}{130\times252}$	166.7	1642
	12063·2	LZ10 $\frac{160\times302}{130\times252}$	166.7	1822	LZ10 $\frac{J_1 170\times242}{130\times252}$	166.7	1767
	12080·2	LZ10 $\frac{160\times302}{130\times252}$	166.7	1822	LZ10 $\frac{J_1 170\times242}{130\times252}$	166.7	1767
	120100·2	LZ10 $\frac{160\times302}{130\times252}$	166.7	1822	LZ10 $\frac{J_1 170\times242}{130\times252}$	166.7	1767
	14080·1	LZ10 $\frac{160\times302}{130\times252}$	166.7	1972	LZ10 $\frac{J_1 170\times242}{130\times252}$	166.7	1917
	140100·1	LZ10 $\frac{160\times302}{130\times252}$	166.7	1972	LZ10 $\frac{J_1 170\times242}{130\times252}$	166.7	1917
517	8063·3	LZ10 $\frac{160\times302}{130\times252}$	166.7	1597	LZ10 $\frac{J_1 170\times242}{130\times252}$	166.7	1542
	8080·3	LZ10 $\frac{160\times302}{130\times252}$	166.7	1597	LZ10 $\frac{J_1 170\times242}{130\times252}$	166.7	1542
	10080·2	LZ10 $\frac{160\times302}{130\times252}$	166.7	1697	LZ10 $\frac{J_1 170\times242}{130\times252}$	166.7	1642
	100100·2	LZ10 $\frac{160\times302}{130\times252}$	166.7	1697	LZ10 $\frac{J_1 170\times242}{130\times252}$	166.7	1642
	12063·2	LZ10 $\frac{160\times302}{130\times252}$	166.7	1822	LZ10 $\frac{J_1 170\times242}{130\times252}$	166.7	1767
	12080·2	LZ10 $\frac{160\times302}{130\times252}$	166.7	1822	LZ10 $\frac{J_1 170\times242}{130\times252}$	166.7	1767
	120100·2	LZ10 $\frac{160\times302}{130\times252}$	166.7	1822	LZ10 $\frac{J_1 170\times242}{130\times252}$	166.7	1767
	14080·1	LZ10 $\frac{160\times302}{130\times252}$	166.7	1972	LZ10 $\frac{J_1 170\times242}{130\times252}$	166.7	1917
	140100·1	LZ10 $\frac{160\times302}{130\times252}$	166.7	1972	LZ10 $\frac{J_1 170\times242}{130\times252}$	166.7	1917
518	8080·4	LZ11 $\frac{170\times302}{150\times252}$	202.6	1667	LZ11 $\frac{J_1 180\times242}{150\times252}$	202.6	1622
	80100·4	LZ11 $\frac{170\times302}{170\times302}$	202.1	1787	LZ11 $\frac{J_1 180\times242}{170\times302}$	202.1	1742
	10080·3	LZ11 $\frac{170\times302}{150\times252}$	202.6	1767	LZ11 $\frac{J_1 180\times242}{150\times252}$	202.6	1722
	100100·3	LZ11 $\frac{170\times302}{150\times252}$	202.6	1767	LZ11 $\frac{J_1 180\times242}{150\times252}$	202.6	1722

续表 7-6

驱动装置组合号	输送机代号 DTⅡ(A)	Y-DBY/DCY 驱动装置			Y-ZLY/ZSY 驱动装置		
		低速轴联轴器型号规格	重量/kg	l/mm	低速轴联轴器型号规格	重量/kg	l/mm
518	12080·3	LZ11 $\frac{170\times302}{150\times252}$	202.6	1892	LZ11 $\frac{J_1180\times242}{150\times252}$	202.6	1847
	120100·3	LZ11 $\frac{170\times302}{150\times252}$	202.6	1892	LZ11 $\frac{J_1180\times242}{150\times252}$	202.6	1847
	14080·2	LZ11 $\frac{170\times302}{150\times252}$	202.6	1992	LZ11 $\frac{J_1180\times242}{150\times252}$	202.6	1947
	140100·2	LZ11 $\frac{170\times302}{150\times252}$	202.6	1992	LZ11 $\frac{J_1180\times242}{150\times252}$	202.6	1947
519	8080·4	LZ11 $\frac{170\times302}{150\times252}$	202.6	1667	LZ11 $\frac{J_1180\times242}{150\times252}$	202.6	1622
	80100·4	LZ11 $\frac{170\times302}{170\times302}$	202.1	1787	LZ11 $\frac{J_1180\times242}{170\times302}$	202.1	1742
	80125·1	LZ12 $\frac{170\times302}{190\times352}$	292.3	1837	LZ12 $\frac{J_1180\times242}{190\times352}$	292.3	1792
	10080·3	LZ11 $\frac{170\times302}{150\times252}$	202.6	1767	LZ11 $\frac{J_1180\times242}{150\times252}$	202.6	1722
	100100·3	LZ11 $\frac{170\times302}{150\times252}$	202.6	1767	LZ11 $\frac{J_1180\times242}{150\times252}$	202.6	1722
	12080·3	LZ11 $\frac{170\times302}{150\times252}$	202.6	1892	LZ11 $\frac{J_1180\times242}{150\times252}$	202.6	1847
	120100·3	LZ11 $\frac{170\times302}{150\times252}$	202.6	1892	LZ11 $\frac{J_1180\times242}{150\times252}$	202.6	1847
	14080·2	LZ11 $\frac{170\times302}{150\times252}$	202.6	1992	LZ11 $\frac{J_1180\times242}{150\times252}$	202.6	1947
	140100·2	LZ11 $\frac{170\times302}{150\times252}$	202.6	1992	LZ11 $\frac{J_1180\times242}{150\times252}$	202.6	1947
	140125·1	LZ13 $\frac{170\times302}{220\times352}$	474.6	2217	LZ13 $\frac{J_1180\times242}{220\times352}$	474.6	2172
520	8080·4	LZ12 $\frac{190\times352}{150\times252}$	288.3	1757	LZ13 $\frac{J_1220\times282}{150\times252}$	446.8	1702
	80100·4	LZ12 $\frac{190\times352}{170\times302}$	292.3	1877	LZ13 $\frac{J_1220\times282}{170\times302}$	474.6	1822
	80125·1	LZ12 $\frac{190\times352}{190\times352}$	288	1927	LZ13 $\frac{J_1220\times282}{190\times352}$	480	1872
	10080·4	LZ12 $\frac{190\times352}{170\times302}$	292.3	1917	LZ13 $\frac{J_1220\times282}{170\times302}$	474.6	1862
	100100·4	LZ12 $\frac{190\times352}{170\times302}$	292.3	1917	LZ13 $\frac{J_1220\times282}{170\times302}$	474.6	1862
	100125·3	LZ13 $\frac{190\times352}{220\times352}$	480	2057	LZ13 $\frac{J_1220\times282}{220\times352}$	480	2002
	12080·4	LZ12 $\frac{190\times352}{170\times302}$	292.3	2042	LZ13 $\frac{J_1220\times282}{170\times302}$	474.6	1987
	120100·4	LZ12 $\frac{190\times352}{170\times302}$	292.3	2042	LZ13 $\frac{J_1220\times282}{170\times302}$	474.6	1987
	120125·1	LZ13 $\frac{190\times352}{220\times352}$	480	2207	LZ13 $\frac{J_1220\times282}{220\times352}$	480	2152
	14080·3	LZ12 $\frac{190\times352}{170\times302}$	292.3	2142	LZ13 $\frac{J_1220\times282}{170\times302}$	474.6	2087
	140100·3	LZ12 $\frac{190\times352}{170\times302}$	292.3	2142	LZ13 $\frac{J_1220\times282}{170\times302}$	474.6	2087
	140125·1	LZ13 $\frac{190\times352}{220\times352}$	480	2307	LZ13 $\frac{J_1220\times282}{220\times352}$	480	2252

续表 7-6

驱动装置组合号	输送机代号 DTⅡ(A)	Y-DBY/DCY 驱动装置			Y-ZLY/ZSY 驱动装置		
		低速轴联轴器型号规格	重量 /kg	l /mm	低速轴联轴器型号规格	重量 /kg	l /mm
521	80100 · 4	LZ13 $\frac{220\times352}{170\times302}$	474.6	1967	LZ13 $\frac{J_1 240\times330}{170\times302}$	452.7	1910
	80125 · 1	LZ13 $\frac{220\times352}{190\times352}$	480	2017	LZ13 $\frac{J_1 240\times330}{190\times352}$	458.1	1960
	10080 · 4	LZ13 $\frac{220\times352}{170\times302}$	474.6	2007	LZ13 $\frac{J_1 240\times330}{170\times302}$	452.7	1950
	100100 · 4	LZ13 $\frac{220\times352}{170\times302}$	474.6	2007	LZ13 $\frac{J_1 240\times330}{170\times302}$	452.7	1950
	100125 · 3	LZ13 $\frac{220\times352}{220\times352}$	480	2147	LZ13 $\frac{J_1 240\times330}{220\times352}$	458.1	2090
	12080 · 4	LZ13 $\frac{220\times352}{170\times302}$	474.6	2132	LZ13 $\frac{J_1 240\times330}{170\times302}$	452.7	2075
	120100 · 4	LZ13 $\frac{220\times352}{170\times302}$	474.6	2132	LZ13 $\frac{J_1 240\times330}{170\times302}$	452.7	2075
	120125 · 1	LZ13 $\frac{220\times352}{220\times352}$	480	2297	LZ13 $\frac{J_1 240\times330}{220\times352}$	458.1	2240
	14080 · 3	LZ13 $\frac{220\times352}{170\times302}$	474.6	2232	LZ13 $\frac{J_1 240\times330}{170\times302}$	452.7	2175
	140100 · 3	LZ13 $\frac{220\times352}{170\times302}$	474.6	2232	LZ13 $\frac{J_1 240\times330}{170\times302}$	452.7	2175
	140125 · 1	LZ13 $\frac{220\times352}{220\times352}$	480	2397	LZ13 $\frac{J_1 240\times330}{220\times352}$	458.1	2340
522	80100 · 4	LZ13 $\frac{220\times352}{170\times302}$	474.6	1967	LZ13 $\frac{J_1 240\times330}{170\times302}$	452.7	1910
	80125 · 1	LZ13 $\frac{220\times352}{190\times352}$	480	2017	LZ13 $\frac{J_1 240\times330}{190\times352}$	458.1	1960
	10080 · 4	LZ13 $\frac{220\times352}{170\times302}$	474.6	2007	LZ13 $\frac{J_1 240\times330}{170\times302}$	452.7	1950
	100100 · 4	LZ13 $\frac{220\times352}{170\times302}$	474.6	2007	LZ13 $\frac{J_1 240\times330}{170\times302}$	452.7	1950
	100125 · 3	LZ13 $\frac{220\times352}{220\times352}$	480	2147	LZ13 $\frac{J_1 240\times330}{220\times352}$	458.1	2090
	12080 · 4	LZ13 $\frac{220\times352}{170\times302}$	474.6	2132	LZ13 $\frac{J_1 240\times330}{170\times302}$	452.7	2075
	120100 · 4	LZ13 $\frac{220\times352}{170\times302}$	474.6	2132	LZ13 $\frac{J_1 240\times330}{170\times302}$	452.7	2075
	120125 · 1	LZ13 $\frac{220\times352}{220\times352}$	480	2297	LZ13 $\frac{J_1 240\times330}{220\times352}$	458.1	2240
	14080 · 3	LZ13 $\frac{220\times352}{170\times302}$	474.6	2232	LZ13 $\frac{J_1 240\times330}{170\times302}$	452.7	2175
	140100 · 3	LZ13 $\frac{220\times352}{170\times302}$	474.6	2232	LZ13 $\frac{J_1 240\times330}{170\times302}$	452.7	2175
	140125 · 1	LZ13 $\frac{220\times352}{220\times352}$	480	2397	LZ13 $\frac{J_1 240\times330}{220\times352}$	458.1	2340
523	80125 · 1	LZ13 $\frac{220\times352}{190\times352}$	480	2017	LZ13 $\frac{J_1 240\times330}{190\times352}$	458.1	1960
	100100 · 5	LZ13 $\frac{220\times352}{190\times352}$	480	2142	LZ13 $\frac{J_1 240\times330}{190\times352}$	458.1	2085
	100125	LZ13 $\frac{220\times352}{220\times352}$	480	2147	LZ13 $\frac{J_1 240\times330}{220\times352}$	458.1	2090
	12080 · 5	LZ13 $\frac{220\times352}{190\times352}$	459.7	2267	LZ13 $\frac{J_1 240\times330}{190\times352}$	458.1	2210
	120100 · 5	LZ13 $\frac{220\times352}{190\times352}$	459.7	2267	LZ13 $\frac{J_1 240\times330}{190\times352}$	458.1	2210
	120125 · 2	LZ14 $\frac{220\times352}{260\times410}$	610.6	2390	LZ14 $\frac{J_1 240\times330}{260\times410}$	599.4	2333

续表 7-6

驱动装置组合号	输送机代号 DTⅡ(A)	Y-DBY/DCY 驱动装置 低速轴联轴器型号规格	重量/kg	l/mm	Y-ZLY/ZSY 驱动装置 低速轴联轴器型号规格	重量/kg	l/mm
523	14080·4	LZ13 $\frac{220\times352}{190\times352}$	480	2367	LZ13 $\frac{J_1240\times330}{190\times352}$	458.1	2310
	140100·4	LZ13 $\frac{220\times352}{190\times352}$	480	2367	LZ13 $\frac{J_1240\times330}{190\times352}$	458.1	2310
	140125·2	LZ14 $\frac{220\times352}{260\times410}$	610.6	2465	LZ14 $\frac{J_1240\times330}{260\times410}$	599.4	2408
524	80125·1	LZ13 $\frac{220\times352}{190\times352}$	480	2017	LZ13 $\frac{J_1240\times330}{190\times352}$	458.1	1962
	100100·5	LZ13 $\frac{220\times352}{190\times352}$	480	2142	LZ13 $\frac{J_1240\times330}{190\times352}$	458.1	2085
	100125·3	LZ13 $\frac{220\times352}{220\times352}$	480	2132	LZ13 $\frac{J_1240\times330}{220\times352}$	458.1	2075
	12080·5	LZ13 $\frac{220\times352}{190\times352}$	480	2267	LZ13 $\frac{J_1240\times330}{190\times352}$	458.1	2210
	120100·5	LZ13 $\frac{220\times352}{190\times352}$	480	2267	LZ13 $\frac{J_1240\times330}{190\times352}$	458.1	2210
	120125·2	LZ14 $\frac{220\times352}{240\times410}$	610.6	2355	LZ14 $\frac{J_1240\times330}{240\times410}$	599.4	2298
	14080·4	LZ13 $\frac{220\times352}{190\times352}$	480	2367	LZ13 $\frac{J_1240\times330}{190\times352}$	458.1	2310
	140100·4	LZ13 $\frac{220\times352}{190\times352}$	480	2367	LZ13 $\frac{J_1240\times330}{190\times352}$	458.1	2310
	140125·2	LZ14 $\frac{220\times352}{260\times410}$	610.6	2455	LZ14 $\frac{J_1240\times330}{260\times410}$	599.4	2398
525	100100·5	LZ14 $\frac{250\times410}{190\times352}$	610.6	2240	LZ15 $\frac{J_1280\times380}{190\times352}$	719.5	2177
	100140·1	LZ14 $\frac{250\times410}{240\times410}$	599.4	2303	LZ15 $\frac{J_1280\times380}{240\times410}$	716.3	2240
	12080·5	LZ14 $\frac{250\times410}{190\times352}$	610.6	2365	LZ15 $\frac{J_1280\times380}{190\times352}$	719.5	2302
	120100·5	LZ14 $\frac{250\times410}{190\times352}$	610.6	2365	LZ15 $\frac{J_1280\times380}{190\times352}$	719.5	2302
	120100·6	LZ14 $\frac{250\times410}{200\times352}$	610.6	2365	LZ15 $\frac{J_1280\times380}{200\times352}$	719.5	2302
	120125·2	LZ14 $\frac{250\times410}{240\times410}$	599.4	2453	LZ15 $\frac{J_1280\times380}{240\times410}$	716.3	2390
	120140·1	LZ15 $\frac{250\times410}{280\times470}$	716.3	2515	LZ15 $\frac{J_1280\times380}{280\times470}$	702.1	2450
	140100·4	LZ14 $\frac{250\times410}{190\times352}$	610.6	2465	LZ15 $\frac{J_1280\times380}{190\times352}$	719.5	2402
	140100·5	LZ14 $\frac{250\times410}{200\times352}$	610.6	2465	LZ15 $\frac{J_1280\times380}{200\times352}$	719.5	2402
	140125·2	LZ14 $\frac{250\times410}{240\times410}$	599.4	2553	LZ15 $\frac{J_1280\times380}{240\times410}$	716.3	2490
	140140·2	LZ15 $\frac{250\times410}{280\times470}$	716.3	2615	LZ15 $\frac{J_1280\times380}{280\times470}$	702.1	2550
526	100140·1	LZ14 $\frac{250\times410}{240\times410}$	599.4	2303	LZ15 $\frac{J_1280\times380}{240\times410}$	716.3	2240
	120100·6	LZ14 $\frac{250\times410}{200\times352}$	610.6	2365	LZ15 $\frac{J_1280\times380}{200\times352}$	719.5	2302
	120125·2	LZ14 $\frac{250\times410}{240\times410}$	599.4	2453	LZ15 $\frac{J_1280\times380}{240\times410}$	716.3	2390
	120140·1	LZ15 $\frac{250\times410}{280\times470}$	716.3	2515	LZ15 $\frac{J_1280\times380}{280\times470}$	702.1	2450
	140100·5	LZ14 $\frac{250\times410}{200\times352}$	610.6	2465	LZ15 $\frac{J_1280\times380}{200\times352}$	719.5	2402

续表 7-6

驱动装置组合号	输送机代号 DTⅡ(A)	Y-DBY/DCY 驱动装置 低速轴联轴器型号规格	重量/kg	l/mm	Y-ZLY/ZSY 驱动装置 低速轴联轴器型号规格	重量/kg	l/mm
526	140125·2	LZ14 $\frac{250\times410}{240\times410}$	599.4	2553	LZ15 $\frac{J_1 280\times380}{240\times410}$	716.3	2490
	140140·2	LZ15 $\frac{250\times410}{280\times470}$	716.3	2615	LZ15 $\frac{J_1 280\times380}{280\times470}$	702.1	2550
553	5050·2	LZ5 $\frac{70\times142}{70\times142}$	27.02	928	LZ5 $\frac{J_1 75\times107}{70\times142}$	27.02	888
	6550·1	LZ5 $\frac{70\times142}{70\times142}$	27.02	1003	LZ5 $\frac{J_1 75\times107}{70\times142}$	27.02	963
554	5050·2	LZ5 $\frac{70\times142}{70\times142}$	27.02	928	LZ5 $\frac{J_1 75\times107}{70\times142}$	27.02	888
	6550·1	LZ5 $\frac{70\times142}{70\times142}$	27.02	1003	LZ5 $\frac{J_1 75\times107}{70\times142}$	27.02	963
	8050·2	LZ6 $\frac{70\times142}{90\times172}$	40.52	1204	LZ6 $\frac{J_1 75\times107}{90\times172}$	40.52	1164
555	5050·2	LZ5 $\frac{70\times142}{70\times142}$	27.02	928	LZ5 $\frac{J_1 75\times107}{70\times142}$	27.02	888
	6550·1	LZ5 $\frac{70\times142}{70\times142}$	27.02	1003	LZ5 $\frac{J_1 75\times107}{70\times142}$	27.02	963
	8050·2	LZ6 $\frac{70\times142}{90\times172}$	40.52	1204	LZ6 $\frac{J_1 75\times107}{90\times172}$	40.52	1164
556	5050·2	LZ5 $\frac{70\times142}{70\times142}$	27.02	928	LZ5 $\frac{J_1 75\times107}{70\times142}$	27.02	888
	6550·1	LZ5 $\frac{70\times142}{70\times142}$	27.02	1003	LZ5 $\frac{J_1 75\times107}{70\times142}$	27.02	963
	8050·2	LZ6 $\frac{70\times142}{90\times172}$	40.52	1204	LZ6 $\frac{J_1 75\times107}{90\times172}$	40.52	1164
	10063·1	LZ6 $\frac{70\times142}{90\times172}$	40.52	1304	LZ6 $\frac{J_1 75\times107}{90\times172}$	40.52	1264
557	5050·2	LZ5 $\frac{70\times142}{70\times142}$	27.02	928	LZ5 $\frac{J_1 75\times107}{70\times142}$	27.02	888
	6550·1	LZ5 $\frac{70\times142}{70\times142}$	27.02	1003	LZ5 $\frac{J_1 75\times107}{70\times142}$	27.02	963
	8050·2	LZ6 $\frac{70\times142}{90\times172}$	40.52	1204	LZ6 $\frac{J_1 75\times107}{90\times172}$	40.52	1164
	10063·1	LZ6 $\frac{70\times142}{90\times172}$	40.52	1304	LZ6 $\frac{J_1 75\times107}{90\times172}$	40.52	1264
	12063·1	LZ7 $\frac{70\times142}{110\times212}$	57.27	1479	LZ7 $\frac{J_1 75\times107}{110\times212}$	57.27	1439
558	5050·2	LZ5 $\frac{80\times172}{70\times142}$	26.23	973	LZ6 $\frac{J_1 85\times132}{70\times142}$	40.52	929
	6550·1	LZ5 $\frac{80\times172}{70\times142}$	26.23	1048	LZ6 $\frac{J_1 85\times132}{70\times142}$	40.52	1004
	6563·1	LZ5 $\frac{80\times172}{70\times142}$	26.23	1048	LZ6 $\frac{J_1 85\times132}{70\times142}$	40.52	1004
	8050·2	LZ6 $\frac{80\times172}{90\times172}$	40.15	1249	LZ6 $\frac{J_1 85\times132}{90\times172}$	40.15	1204
	10063·1	LZ6 $\frac{80\times172}{90\times172}$	40.15	1349	LZ6 $\frac{J_1 85\times132}{90\times172}$	40.15	1304
	12063·1	LZ7 $\frac{80\times172}{110\times212}$	59.37	1524	LZ7 $\frac{J_1 85\times132}{110\times212}$	59.37	1479

续表 7-6

驱动装置组合号	输送机代号 DTⅡ(A)	Y-DBY/DCY 驱动装置			Y-ZLY/ZSY 驱动装置		
		低速轴联轴器型号规格	重量 /kg	l /mm	低速轴联轴器型号规格	重量 /kg	l /mm
559	5050·2	LZ5 $\frac{80\times172}{70\times142}$	26.23	973	LZ6 $\frac{J_1 85\times132}{70\times142}$	40.52	929
	6550·1	LZ5 $\frac{80\times172}{70\times142}$	26.23	1048	LZ6 $\frac{J_1 85\times132}{70\times142}$	40.52	1004
	6563·1	LZ5 $\frac{80\times172}{70\times142}$	26.23	1048	LZ6 $\frac{J_1 85\times132}{70\times142}$	40.52	1004
	8050·2	LZ6 $\frac{80\times172}{90\times172}$	40.15	1249	LZ6 $\frac{J_1 85\times132}{90\times172}$	40.15	1204
	10063·1	LZ6 $\frac{80\times172}{90\times172}$	40.15	1349	LZ6 $\frac{J_1 85\times132}{90\times172}$	40.15	1304
	12063·1	LZ7 $\frac{80\times172}{110\times212}$	59.37	1524	LZ7 $\frac{J_1 85\times132}{110\times212}$	59.37	1479
560	5050·2	LZ6 $\frac{90\times172}{70\times142}$	40.52	989	LZ7 $\frac{J_1 95\times132}{70\times142}$	57.04	944
	6550·1	LZ6 $\frac{90\times172}{70\times142}$	40.52	1064	LZ7 $\frac{J_1 95\times132}{70\times142}$	57.04	1019
	6563·1	LZ6 $\frac{90\times172}{70\times142}$	40.52	1064	LZ7 $\frac{J_1 95\times132}{70\times142}$	57.04	1019
	8050·2	LZ6 $\frac{90\times172}{90\times172}$	40.15	1264	LZ7 $\frac{J_1 95\times132}{90\times172}$	59.14	1219
	8063·1	LZ6 $\frac{90\times172}{90\times172}$	40.15	1264	LZ7 $\frac{J_1 95\times132}{90\times172}$	59.14	1219
	10063·1	LZ6 $\frac{90\times172}{90\times172}$	40.15	1364	LZ7 $\frac{J_1 95\times132}{90\times172}$	40.15	1319
	12063·1	LZ7 $\frac{90\times172}{110\times212}$	59.37	1539	LZ7 $\frac{J_1 95\times132}{110\times212}$	59.37	1494
561	6550·2	LZ7 $\frac{100\times212}{90\times172}$	59.37	1169	LZ7 $\frac{J_1 100\times167}{90\times172}$	59.37	1124
	6563·1	LZ7 $\frac{100\times212}{70\times142}$	57.27	1119	LZ7 $\frac{J_1 100\times167}{70\times142}$	57.27	1074
	8050·2	LZ7 $\frac{100\times212}{90\times172}$	59.37	1319	LZ7 $\frac{J_1 100\times167}{90\times172}$	59.37	1274
	8063·1	LZ7 $\frac{100\times212}{90\times172}$	59.37	1319	LZ7 $\frac{J_1 100\times167}{90\times172}$	59.37	1274
	10063·1	LZ7 $\frac{100\times212}{90\times172}$	59.37	1419	LZ7 $\frac{J_1 100\times167}{90\times172}$	59.37	1374
	12063·1	LZ7 $\frac{100\times212}{110\times212}$	59.6	1594	LZ7 $\frac{J_1 100\times167}{110\times212}$	59.6	1549
562	6550·2	LZ7 $\frac{110\times212}{90\times172}$	59.37	1189	LZ7 $\frac{J_1 110\times167}{90\times172}$	59.37	1149
	6563·2	LZ7 $\frac{110\times212}{90\times172}$	59.37	1189	LZ7 $\frac{J_1 110\times167}{90\times172}$	59.37	1149
	8063·1	LZ7 $\frac{110\times212}{90\times172}$	59.37	1339	LZ7 $\frac{J_1 110\times167}{90\times172}$	59.37	1299
	8080·1	LZ7 $\frac{110\times212}{90\times172}$	59.37	1339	LZ7 $\frac{J_1 110\times167}{90\times172}$	59.37	1299
	10063·1	LZ7 $\frac{110\times212}{90\times172}$	59.37	1439	LZ7 $\frac{J_1 110\times167}{90\times172}$	59.37	1399
	12063·1	LZ7 $\frac{110\times212}{110\times212}$	59.6	1614	LZ7 $\frac{J_1 110\times167}{110\times212}$	59.6	1574

续表 7-6

驱动装置组合号	输送机代号 DTⅡ(A)	Y-DBY/DCY 驱动装置 低速轴联轴器型号规格	重量/kg	l/mm	Y-ZLY/ZSY 驱动装置 低速轴联轴器型号规格	重量/kg	l/mm
563	6550·2	LZ8 $\frac{120\times212}{90\times172}$	92.01	1210	LZ8 $\frac{J_1 130\times202}{90\times172}$	88.39	1210
	6563·2	LZ8 $\frac{120\times212}{90\times172}$	92.01	1210	LZ8 $\frac{J_1 130\times202}{90\times172}$	88.39	1210
	8063·1	LZ8 $\frac{120\times212}{90\times172}$	92.01	1360	LZ8 $\frac{J_1 130\times202}{90\times172}$	88.39	1360
	8080·1	LZ8 $\frac{120\times212}{90\times172}$	92.01	1360	LZ8 $\frac{J_1 130\times202}{90\times172}$	88.39	1360
	10063·1	LZ8 $\frac{120\times212}{90\times172}$	92.01	1460	LZ8 $\frac{J_1 130\times202}{90\times172}$	88.39	1460
	10080·1	LZ8 $\frac{120\times212}{110\times212}$	94.67	1500	LZ8 $\frac{J_1 130\times202}{110\times212}$	91.05	1500
	12063·1	LZ8 $\frac{120\times212}{110\times212}$	94.67	1635	LZ8 $\frac{J_1 130\times202}{110\times212}$	91.05	1635
	14080·1	LZ8 $\frac{120\times212}{130\times252}$	91.05	1825	LZ8 $\frac{J_1 130\times202}{130\times252}$	87.43	1825
564	6563·2	LZ8 $\frac{120\times212}{90\times172}$	92.01	1210	LZ8 $\frac{J_1 130\times202}{90\times172}$	88.39	1210
	8063·2	LZ8 $\frac{120\times212}{110\times212}$	94.67	1400	LZ8 $\frac{J_1 130\times202}{110\times212}$	91.05	1400
	8080·1	LZ8 $\frac{120\times212}{90\times172}$	92.01	1360	LZ8 $\frac{J_1 130\times202}{90\times172}$	88.39	1360
	8080·2	LZ8 $\frac{120\times212}{110\times212}$	94.67	1400	LZ8 $\frac{J_1 130\times202}{110\times212}$	91.05	1400
	10063·2	LZ8 $\frac{120\times212}{110\times212}$	94.67	1500	LZ8 $\frac{J_1 130\times202}{110\times212}$	91.05	1500
	10080·1	LZ8 $\frac{120\times212}{110\times212}$	94.67	1500	LZ8 $\frac{J_1 130\times202}{110\times212}$	91.05	1500
	12063·1	LZ8 $\frac{120\times212}{110\times212}$	94.67	1635	LZ8 $\frac{J_1 130\times202}{110\times212}$	91.05	1635
	12080·1	LZ8 $\frac{120\times212}{110\times212}$	94.67	1635	LZ8 $\frac{J_1 130\times202}{110\times212}$	91.05	1635
	14080·1	LZ8 $\frac{120\times212}{130\times252}$	91.05	1825	LZ8 $\frac{J_1 130\times202}{130\times252}$	87.43	1825
565	8063·2	LZ9 $\frac{140\times252}{110\times212}$	137.4	1471	LZ9 $\frac{J_1 140\times202}{110\times212}$	137.4	1431
	8080·2	LZ9 $\frac{140\times252}{110\times212}$	137.4	1471	LZ9 $\frac{J_1 140\times202}{110\times212}$	137.4	1431
	10063·2	LZ9 $\frac{140\times252}{110\times212}$	137.4	1571	LZ9 $\frac{J_1 140\times202}{110\times212}$	137.4	1531
	10080·1	LZ9 $\frac{140\times252}{110\times212}$	137.4	1571	LZ9 $\frac{J_1 140\times202}{110\times212}$	137.4	1531
	12063·1	LZ9 $\frac{140\times252}{110\times212}$	137.4	1706	LZ9 $\frac{J_1 140\times202}{110\times212}$	137.4	1666
	12080·1	LZ9 $\frac{140\times252}{110\times212}$	137.4	1706	LZ9 $\frac{J_1 140\times202}{110\times212}$	137.4	1666
	14080·1	LZ9 $\frac{140\times252}{130\times252}$	136.6	1896	LZ9 $\frac{J_1 140\times202}{130\times252}$	136.6	1856
566	8063·2	LZ10 $\frac{160\times302}{110\times212}$	164.8	1547	LZ10 $\frac{J_1 170\times242}{110\times212}$	164.8	1492
	8080·2	LZ10 $\frac{160\times302}{110\times212}$	164.8	1547	LZ10 $\frac{J_1 170\times242}{110\times212}$	164.8	1492
	10063·2	LZ10 $\frac{160\times302}{110\times212}$	164.8	1647	LZ10 $\frac{J_1 170\times242}{110\times212}$	164.8	1592
	10080·1	LZ10 $\frac{160\times302}{110\times212}$	164.8	1647	LZ10 $\frac{J_1 170\times242}{110\times212}$	164.8	1592

续表 7-6

驱动装置组合号	输送机代号 DTⅡ(A)	Y-DBY/DCY 驱动装置 低速轴联轴器型号规格	重量/kg	l/mm	Y-ZLY/ZSY 驱动装置 低速轴联轴器型号规格	重量/kg	l/mm
566	10080·2	LZ10 $\frac{160\times302}{130\times252}$	166.7	1697	LZ10 $\frac{J_1170\times242}{130\times252}$	166.7	1642
	100100·1	LZ10 $\frac{160\times302}{110\times212}$	164.8	1647	LZ10 $\frac{J_1170\times242}{110\times212}$	164.8	1592
	12063·1	LZ10 $\frac{160\times302}{110\times212}$	164.8	1782	LZ10 $\frac{J_1170\times242}{110\times212}$	164.8	1727
	12063·2	LZ10 $\frac{160\times302}{130\times252}$	166.7	1822	LZ10 $\frac{J_1170\times242}{130\times252}$	166.7	1767
	12080·1	LZ10 $\frac{160\times302}{110\times212}$	164.8	1782	LZ10 $\frac{J_1170\times242}{110\times212}$	164.8	1727
	12080·2	LZ10 $\frac{160\times302}{130\times252}$	166.7	1822	LZ10 $\frac{J_1170\times242}{130\times252}$	166.7	1767
	120100·1	LZ10 $\frac{160\times302}{110\times212}$	164.8	1782	LZ10 $\frac{J_1170\times242}{110\times212}$	164.8	1727
	14080·1	LZ10 $\frac{160\times302}{130\times252}$	166.7	1972	LZ10 $\frac{J_1170\times242}{130\times252}$	166.7	1917
	140100·1	LZ10 $\frac{160\times302}{130\times252}$	166.7	1972	LZ10 $\frac{J_1170\times242}{130\times252}$	166.7	1917
567	8063·3	LZ10 $\frac{160\times302}{130\times252}$	166.7	1597	LZ10 $\frac{J_1170\times242}{130\times252}$	166.7	1542
	8080·3	LZ10 $\frac{160\times302}{130\times252}$	166.7	1597	LZ10 $\frac{J_1170\times242}{130\times252}$	166.7	1542
	10080·2	LZ10 $\frac{160\times302}{130\times252}$	166.7	1697	LZ10 $\frac{J_1170\times242}{130\times252}$	166.7	1642
	100100·2	LZ10 $\frac{160\times302}{130\times252}$	166.7	1697	LZ10 $\frac{J_1170\times242}{130\times252}$	166.7	1642
	12063·2	LZ10 $\frac{160\times302}{130\times252}$	166.7	1822	LZ10 $\frac{J_1170\times242}{130\times252}$	166.7	1767
	12080·2	LZ10 $\frac{160\times302}{130\times252}$	166.7	1822	LZ10 $\frac{J_1170\times242}{130\times252}$	166.7	1767
	120100·2	LZ10 $\frac{160\times302}{130\times252}$	166.7	1822	LZ10 $\frac{J_1170\times242}{130\times252}$	166.7	1767
	14080·1	LZ10 $\frac{160\times302}{130\times252}$	166.7	1972	LZ10 $\frac{J_1170\times242}{130\times252}$	166.7	1917
	140100·1	LZ10 $\frac{160\times302}{130\times252}$	166.7	1972	LZ10 $\frac{J_1170\times242}{130\times252}$	166.7	1917
568	8063·3	LZ11 $\frac{170\times302}{130\times252}$	202.6	1617	LZ11 $\frac{J_1180\times242}{130\times252}$	202.6	1572
	8080·3	LZ11 $\frac{170\times302}{130\times252}$	202.6	1617	LZ11 $\frac{J_1180\times242}{130\times252}$	202.6	1572
	10080·2	LZ11 $\frac{170\times302}{130\times252}$	202.6	1717	LZ11 $\frac{J_1180\times242}{130\times252}$	202.6	1672
	100100·2	LZ11 $\frac{170\times302}{130\times252}$	202.6	1717	LZ11 $\frac{J_1180\times242}{130\times252}$	202.6	1672
	12063·2	LZ11 $\frac{170\times302}{130\times252}$	202.6	1842	LZ11 $\frac{J_1180\times242}{130\times252}$	202.6	1797
	12080·2	LZ11 $\frac{170\times302}{130\times252}$	202.6	1842	LZ11 $\frac{J_1180\times242}{130\times252}$	202.6	1797
	120100·2	LZ11 $\frac{170\times302}{130\times252}$	202.6	1842	LZ11 $\frac{J_1180\times242}{130\times252}$	202.6	1797
	14080·1	LZ11 $\frac{170\times302}{130\times252}$	202.6	1992	LZ11 $\frac{J_1180\times242}{130\times252}$	202.6	1947
	140100·1	LZ11 $\frac{170\times302}{130\times252}$	202.6	1992	LZ11 $\frac{J_1180\times242}{130\times252}$	202.6	1947

续表 7-6

驱动装置组合号	输送机代号 DTⅡ(A)	Y-DBY/DCY 驱动装置 低速轴联轴器型号规格	重量 /kg	l /mm	Y-ZLY/ZSY 驱动装置 低速轴联轴器型号规格	重量 /kg	l /mm
569	8063·3	LZ11 $\frac{170\times302}{130\times252}$	202.6	1617	LZ11 $\frac{J_1 180\times242}{130\times252}$	202.6	1572
	8080·4	LZ11 $\frac{170\times302}{150\times252}$	202.6	1667	LZ11 $\frac{J_1 180\times242}{150\times252}$	202.6	1622
	80100·4	LZ11 $\frac{170\times302}{170\times302}$	202.1	1787	LZ11 $\frac{J_1 180\times242}{170\times302}$	202.1	1742
	10080·3	LZ11 $\frac{170\times302}{150\times252}$	202.6	1767	LZ11 $\frac{J_1 180\times242}{150\times252}$	202.6	1722
	100100·2	LZ11 $\frac{170\times302}{130\times252}$	202.6	1717	LZ11 $\frac{J_1 180\times242}{130\times252}$	202.6	1672
	100100·3	LZ11 $\frac{170\times302}{150\times252}$	202.6	1767	LZ11 $\frac{J_1 180\times242}{150\times252}$	202.6	1722
	12063·2	LZ11 $\frac{170\times302}{130\times252}$	202.6	1842	LZ11 $\frac{J_1 180\times242}{130\times252}$	202.6	1797
	12080·3	LZ11 $\frac{170\times302}{150\times252}$	202.6	1892	LZ11 $\frac{J_1 180\times242}{150\times252}$	202.6	1847
	120100·3	LZ11 $\frac{170\times302}{150\times252}$	202.6	1892	LZ11 $\frac{J_1 180\times242}{150\times252}$	202.6	1847
	14080·2	LZ11 $\frac{170\times302}{150\times252}$	202.6	1992	LZ11 $\frac{J_1 180\times242}{150\times252}$	202.6	1947
	140100·2	LZ11 $\frac{170\times302}{150\times252}$	202.6	1992	LZ11 $\frac{J_1 180\times242}{150\times252}$	202.6	1947
570	8080·4	LZ12 $\frac{190\times352}{150\times252}$	288.3	1757	LZ13 $\frac{J_1 220\times282}{150\times252}$	446.8	1702
	80100·4	LZ12 $\frac{190\times352}{170\times302}$	292.3	1877	LZ13 $\frac{J_1 220\times282}{170\times302}$	474.6	1822
	80125·1	LZ12 $\frac{190\times352}{190\times352}$	288	1927	LZ13 $\frac{J_1 220\times282}{190\times352}$	480	1872
	10080·3	LZ12 $\frac{190\times352}{150\times252}$	288.3	1857	LZ13 $\frac{J_1 220\times282}{150\times252}$	446.8	1802
	100100·3	LZ12 $\frac{190\times352}{150\times252}$	288.3	1857	LZ13 $\frac{J_1 220\times282}{150\times252}$	446.8	1802
	12080·3	LZ12 $\frac{190\times352}{150\times252}$	288.3	1982	LZ13 $\frac{J_1 220\times282}{150\times252}$	446.8	1927
	120100·3	LZ12 $\frac{190\times352}{150\times252}$	288.3	1982	LZ13 $\frac{J_1 220\times282}{150\times252}$	446.8	1927
	14080·2	LZ12 $\frac{190\times352}{150\times252}$	288.3	2082	LZ13 $\frac{J_1 220\times282}{150\times252}$	446.8	2027
	140100·2	LZ12 $\frac{190\times352}{150\times252}$	288.3	2082	LZ13 $\frac{J_1 220\times282}{150\times252}$	446.8	2027
571	8080·4	LZ13 $\frac{220\times352}{150\times252}$	446.8	1847	LZ13 $\frac{J_1 240\times330}{150\times252}$	424.9	1790
	80100·4	LZ13 $\frac{220\times352}{170\times302}$	474.6	1967	LZ13 $\frac{J_1 240\times330}{170\times302}$	452.7	1910
	80125·1	LZ13 $\frac{220\times352}{190\times352}$	480	2017	L13 $\frac{J_1 240\times330}{190\times352}$	458.1	1960
	10080·3	LZ13 $\frac{220\times352}{150\times252}$	446.8	1947	LZ13 $\frac{J_1 240\times330}{150\times252}$	424.9	1890
	10080·4	LZ13 $\frac{220\times352}{170\times302}$	474.6	2007	LZ13 $\frac{J_1 240\times330}{170\times302}$	452.7	1950
	100100·4	LZ13 $\frac{220\times352}{170\times302}$	474.6	2007	LZ13 $\frac{J_1 240\times330}{170\times302}$	452.7	1950
	100125·3	LZ13 $\frac{220\times352}{220\times352}$	480	2132	L13 $\frac{J_1 240\times330}{220\times352}$	458.1	2075
	12080·4	ZL13 $\frac{220\times352}{170\times302}$	474.6	2132	LZ13 $\frac{J_1 240\times330}{170\times302}$	452.7	2075

续表 7-6

驱动装置组合号	输送机代号 DTⅡ(A)	Y-DBY/DCY 驱动装置			Y-ZLY/ZSY 驱动装置		
		低速轴联轴器型号规格	重量/kg	l/mm	低速轴联轴器型号规格	重量/kg	l/mm
571	120100·4	ZL13 $\frac{220\times352}{170\times302}$	474.6	2132	LZ13 $\frac{J_1 240\times330}{170\times302}$	452.7	2075
	14080·3	ZL13 $\frac{220\times352}{170\times302}$	474.6	2232	LZ13 $\frac{J_1 240\times330}{170\times302}$	452.7	2175
	140100·3	ZL13 $\frac{220\times352}{170\times302}$	474.6	2232	LZ13 $\frac{J_1 240\times330}{170\times302}$	452.7	2175
572	8080·4	ZL13 $\frac{220\times352}{150\times252}$	446.8	1847	LZ13 $\frac{J_1 240\times330}{150\times252}$	424.9	1790
	80100·4	ZL13 $\frac{220\times352}{170\times302}$	474.6	1967	LZ13 $\frac{J_1 240\times330}{170\times302}$	452.7	1910
	80125·1	ZL13 $\frac{220\times352}{190\times352}$	480	2017	LZ13 $\frac{J_1 240\times330}{190\times352}$	458.1	1960
	10080·4	ZL13 $\frac{220\times352}{170\times302}$	474.6	2007	LZ13 $\frac{J_1 240\times330}{170\times302}$	452.7	1950
	100100·4	LZ13 $\frac{220\times352}{170\times302}$	474.6	2007	LZ13 $\frac{J_1 240\times330}{170\times302}$	452.7	1950
	100125·3	LZ13 $\frac{220\times352}{220\times352}$	480	2147	LZ13 $\frac{J_1 240\times330}{220\times352}$	458.1	2090
	12080·4	LZ13 $\frac{220\times352}{170\times302}$	474.6	2132	LZ13 $\frac{J_1 240\times330}{170\times302}$	452.7	2075
	120100·4	LZ13 $\frac{220\times352}{170\times302}$	474.6	2132	LZ13 $\frac{J_1 240\times330}{170\times302}$	452.7	2075
	120125·1	LZ13 $\frac{220\times352}{220\times352}$	480	2297	LZ13 $\frac{J_1 240\times330}{220\times352}$	458.1	2240
	14080·3	LZ13 $\frac{220\times352}{170\times302}$	474.6	2232	LZ13 $\frac{J_1 240\times330}{170\times302}$	452.7	2175
	140100·3	LZ13 $\frac{220\times352}{170\times302}$	474.6	2232	LZ13 $\frac{J_1 240\times330}{170\times302}$	452.7	2175
	140125·1	LZ13 $\frac{220\times352}{220\times352}$	480	2397	LZ13 $\frac{J_1 240\times330}{220\times352}$	458.1	2340
573	80100·4	LZ13 $\frac{220\times352}{170\times302}$	474.6	1967	LZ13 $\frac{J_1 240\times330}{170\times302}$	452.7	1910
	80125·1	LZ13 $\frac{220\times352}{190\times352}$	480	2017	LZ13 $\frac{J_1 240\times330}{190\times352}$	458.1	1960
	10080·4	LZ13 $\frac{220\times352}{170\times302}$	474.6	2007	LZ13 $\frac{J_1 240\times330}{170\times302}$	452.7	1950
	100100·4	LZ13 $\frac{220\times352}{170\times302}$	474.6	2007	LZ13 $\frac{J_1 240\times330}{170\times302}$	452.7	1950
	100125·3	LZ13 $\frac{220\times352}{220\times352}$	480	2147	LZ13 $\frac{J_1 240\times330}{220\times352}$	458.1	2090
	12080·4	LZ13 $\frac{220\times352}{170\times302}$	474.6	2132	LZ13 $\frac{J_1 240\times330}{170\times302}$	452.7	2075
	120100·4	LZ13 $\frac{220\times352}{170\times302}$	474.6	2132	LZ13 $\frac{J_1 240\times330}{170\times302}$	452.7	2075
	120125·1	LZ13 $\frac{220\times352}{220\times352}$	459.7	2297	LZ13 $\frac{J_1 240\times330}{220\times352}$	458.1	2240
	14080·3	LZ13 $\frac{220\times352}{170\times302}$	480	2232	LZ13 $\frac{J_1 240\times330}{170\times302}$	452.7	2175
	140100·3	LZ13 $\frac{220\times352}{170\times302}$	474.6	2232	LZ13 $\frac{J_1 240\times330}{170\times302}$	452.7	2175
	140125·1	LZ13 $\frac{220\times352}{220\times352}$	480	2397	LZ13 $\frac{J_1 240\times330}{220\times352}$	458.1	2340

续表 7-6

驱动装置组合号	输送机代号 DTⅡ(A)	Y-DBY/DCY 驱动装置 低速轴联轴器型号规格	重量/kg	l/mm	Y-ZLY/ZSY 驱动装置 低速轴联轴器型号规格	重量/kg	l/mm
	80100·4	LZ13 $\frac{220\times352}{170\times302}$	474.6	1967	LZ13 $\frac{J_1 240\times330}{170\times302}$	452.7	1910
	80125·1	LZ13 $\frac{220\times352}{190\times352}$	480	2017	LZ13 $\frac{J_1 240\times330}{190\times352}$	480	1960
	10080·4	LZ13 $\frac{220\times352}{170\times302}$	474.6	2007	LZ13 $\frac{J_1 240\times330}{170\times302}$	452.7	1950
	100100·4	LZ13 $\frac{220\times352}{170\times302}$	474.6	2007	LZ13 $\frac{J_1 240\times330}{170\times302}$	452.7	1950
	100125·3	LZ13 $\frac{220\times352}{220\times352}$	480	2147	LZ13 $\frac{J_1 240\times330}{220\times352}$	458.1	2090
574	12080·4	LZ13 $\frac{220\times352}{170\times302}$	474.6	2132	LZ13 $\frac{J_1 240\times330}{170\times302}$	452.7	2075
	120100·4	LZ13 $\frac{220\times352}{170\times302}$	474.6	2132	LZ13 $\frac{J_1 240\times330}{170\times302}$	452.7	2075
	120125·1	LZ13 $\frac{220\times352}{220\times352}$	480	2297	LZ13 $\frac{J_1 240\times330}{220\times352}$	458.1	2240
	14080·3	LZ13 $\frac{220\times352}{170\times302}$	474.6	2232	LZ13 $\frac{J_1 240\times330}{170\times302}$	452.7	2175
	140100·3	LZ13 $\frac{220\times352}{170\times302}$	474.6	2232	LZ13 $\frac{J_1 240\times330}{170\times302}$	452.7	2175
	140125·1	LZ13 $\frac{220\times352}{220\times352}$	480	2397	LZ13 $\frac{J_1 240\times330}{220\times352}$	458.1	2340
	80125·1	LZ14 $\frac{250\times410}{190\times352}$	610.6	2115	LZ15 $\frac{J_1 280\times380}{190\times352}$	719.5	2052
	100100·5	LZ14 $\frac{250\times410}{190\times352}$	610.6	2230	LZ15 $\frac{J_1 280\times380}{190\times352}$	719.5	2167
	100125·3	LZ14 $\frac{250\times410}{220\times352}$	610.6	2245	LZ15 $\frac{J_1 280\times380}{220\times352}$	719.5	2182
	100140·1	LZ14 $\frac{250\times410}{240\times410}$	599.4	2303	LZ15 $\frac{J_1 280\times380}{240\times410}$	716.3	2240
575	12080·5	LZ14 $\frac{250\times410}{190\times352}$	610.6	2365	LZ15 $\frac{J_1 280\times380}{190\times352}$	719.5	2302
	120100·5	LZ14 $\frac{250\times410}{190\times352}$	610.6	2365	LZ15 $\frac{J_1 280\times380}{190\times352}$	719.5	2302
	120125·2	LZ14 $\frac{250\times410}{260\times410}$	599.4	2453	LZ15 $\frac{J_1 280\times380}{260\times410}$	716.3	2390
	14080·4	LZ14 $\frac{250\times410}{190\times352}$	610.6	2465	LZ15 $\frac{J_1 280\times380}{190\times352}$	719.5	2402
	140100·4	LZ14 $\frac{250\times410}{190\times352}$	610.6	2465	LZ15 $\frac{J_1 280\times380}{190\times352}$	719.5	2402
	140125·2	LZ14 $\frac{250\times410}{260\times410}$	599.4	2553	LZ15 $\frac{J_1 280\times380}{260\times410}$	716.3	2490
	80125·1	LZ14 $\frac{250\times410}{190\times352}$	610.6	2115	LZ15 $\frac{J_1 280\times380}{190\times352}$	719.5	2052
	100100·5	LZ14 $\frac{250\times410}{190\times352}$	610.6	2230	LZ15 $\frac{J_1 280\times380}{190\times352}$	719.5	2167
	100125·3	LZ14 $\frac{250\times410}{220\times352}$	610.6	2245	LZ15 $\frac{J_1 280\times380}{220\times352}$	719.5	2182
576	100140·1	LZ14 $\frac{250\times410}{240\times410}$	599.4	2303	LZ15 $\frac{J_1 280\times380}{240\times410}$	716.3	2240
	12080·5	LZ14 $\frac{250\times410}{190\times352}$	610.6	2365	LZ15 $\frac{J_1 280\times380}{190\times352}$	719.5	2302
	120100·5	LZ14 $\frac{250\times410}{190\times352}$	610.6	2365	LZ15 $\frac{J_1 280\times380}{190\times352}$	719.5	2302
	120125·2	LZ14 $\frac{250\times410}{240\times410}$	599.4	2453	LZ15 $\frac{J_1 280\times380}{240\times410}$	716.3	2390

续表 7-6

驱动装置组合号	输送机代号 DTⅡ(A)	Y-DBY/DCY 驱动装置 低速轴联轴器型号规格	重量 /kg	l /mm	Y-ZLY/ZSY 驱动装置 低速轴联轴器型号规格	重量 /kg	l /mm
576	120140·1	LZ15 $\frac{250\times410}{280\times470}$	716.3	2515	LZ15 $\frac{J_1 280\times380}{280\times470}$	702.1	2450
	14080·4	LZ14 $\frac{250\times410}{190\times352}$	610.6	2465	LZ15 $\frac{J_1 280\times380}{190\times352}$	719.5	2402
	140100·4	LZ14 $\frac{250\times410}{190\times352}$	610.6	2465	LZ15 $\frac{J_1 280\times380}{190\times352}$	719.5	2402
	140125·2	LZ14 $\frac{250\times410}{240\times410}$	599.4	2553	LZ15 $\frac{J_1 280\times380}{240\times410}$	716.3	2490
	140140·2	LZ15 $\frac{250\times410}{280\times470}$	716.3	2615	LZ15 $\frac{J_1 280\times380}{280\times470}$	702.1	2550
604	5050·2	LZ5 $\frac{70\times142}{70\times142}$	27.02	928	LZ5 $\frac{J_1 75\times107}{70\times142}$	27.02	888
	6550·1	LZ5 $\frac{70\times142}{70\times142}$	27.02	1003	LZ5 $\frac{J_1 75\times107}{70\times142}$	27.02	963
605	5050·2	LZ5 $\frac{70\times142}{70\times142}$	27.02	928	LZ5 $\frac{J_1 75\times107}{70\times142}$	27.02	888
	6550·1	LZ5 $\frac{70\times142}{70\times142}$	27.02	1003	LZ5 $\frac{J_1 75\times107}{70\times142}$	27.02	963
	8050·2	LZ6 $\frac{70\times142}{90\times172}$	40.52	1204	LZ6 $\frac{J_1 75\times107}{90\times172}$	40.52	1164
606	5050·2	LZ5 $\frac{70\times142}{70\times142}$	27.02	928	LZ5 $\frac{J_1 75\times107}{70\times142}$	27.02	888
	6550·1	LZ5 $\frac{70\times142}{70\times142}$	27.02	1003	LZ5 $\frac{J_1 75\times107}{70\times142}$	27.02	963
	8050·2	LZ6 $\frac{70\times142}{90\times172}$	40.52	1204	LZ6 $\frac{J_1 75\times107}{90\times172}$	40.52	1164
607	5050·2	LZ5 $\frac{70\times142}{70\times142}$	27.02	928	LZ5 $\frac{J_1 75\times107}{70\times142}$	27.02	888
	6550·1	LZ5 $\frac{70\times142}{70\times142}$	27.02	1003	LZ5 $\frac{J_1 75\times107}{70\times142}$	27.02	963
	8050·2	LZ6 $\frac{70\times142}{90\times172}$	40.52	1204	LZ6 $\frac{J_1 75\times107}{90\times172}$	40.52	1164
	10063·1	LZ6 $\frac{70\times142}{90\times172}$	40.52	1304	LZ6 $\frac{J_1 75\times107}{90\times172}$	40.52	1264
608	5050·2	LZ5 $\frac{80\times172}{70\times142}$	26.23	973	LZ5 $\frac{J_1 75\times107}{70\times142}$	27.02	888
	6550·1	LZ5 $\frac{80\times172}{70\times142}$	26.23	1048	LZ5 $\frac{J_1 75\times107}{70\times142}$	27.02	963
	8050·2	LZ6 $\frac{80\times172}{90\times172}$	40.15	1249	LZ6 $\frac{J_1 75\times107}{90\times172}$	40.52	1164
	10063·1	LZ6 $\frac{80\times172}{90\times172}$	40.15	1349	LZ6 $\frac{J_1 75\times107}{90\times172}$	40.52	1264
	12063·1	LZ7 $\frac{80\times172}{110\times212}$	59.37	1524	LZ7 $\frac{J_1 75\times107}{110\times212}$	57.27	1439
609	5050·2	LZ5 $\frac{80\times172}{70\times142}$	26.23	973	LZ5 $\frac{J_1 75\times107}{70\times142}$	27.02	888
	6550·1	LZ5 $\frac{80\times172}{70\times142}$	26.23	1048	LZ5 $\frac{J_1 75\times107}{70\times142}$	27.02	963
	6563·1	LZ5 $\frac{80\times172}{70\times142}$	26.23	1048	LZ5 $\frac{J_1 75\times107}{70\times142}$	27.02	963
	8050·2	LZ6 $\frac{80\times172}{90\times172}$	40.15	1249	LZ6 $\frac{J_1 75\times107}{90\times172}$	40.52	1164
	10063·1	LZ6 $\frac{80\times172}{90\times172}$	40.15	1349	LZ6 $\frac{J_1 75\times107}{90\times172}$	40.52	1264
	12063·1	LZ7 $\frac{80\times172}{110\times212}$	59.37	1524	LZ7 $\frac{J_1 75\times107}{110\times212}$	57.27	1439

续表 7-6

驱动装置组合号	输送机代号 DTⅡ(A)	Y-DBY/DCY 驱动装置			Y-ZLY/ZSY 驱动装置		
		低速轴联轴器型号规格	重量/kg	l/mm	低速轴联轴器型号规格	重量/kg	l/mm
610	5050·2	LZ6 $\frac{90\times172}{70\times142}$	40.52	989	LZ6 $\frac{J_1 85\times132}{70\times142}$	40.52	929
	6550·1	LZ6 $\frac{90\times172}{70\times142}$	40.52	1064	LZ6 $\frac{J_1 85\times132}{70\times142}$	40.52	1004
	6563·1	LZ6 $\frac{90\times172}{70\times142}$	40.52	1064	LZ6 $\frac{J_1 85\times132}{70\times142}$	40.52	1004
	8050·2	LZ6 $\frac{90\times172}{90\times172}$	40.15	1264	LZ6 $\frac{J_1 85\times132}{90\times172}$	40.15	1204
	10063·1	LZ6 $\frac{90\times172}{90\times172}$	40.15	1364	LZ6 $\frac{J_1 85\times132}{90\times172}$	40.15	1304
	12063·1	LZ7 $\frac{90\times172}{110\times212}$	59.37	1539	LZ7 $\frac{J_1 85\times132}{110\times212}$	59.37	1479
611	5050·2	LZ7 $\frac{100\times212}{70\times142}$	57.27	1044	LZ7 $\frac{J_1 95\times132}{70\times142}$	57.04	944
	6550·1	LZ7 $\frac{100\times212}{70\times142}$	57.27	1119	LZ7 $\frac{J_1 95\times132}{70\times142}$	57.04	1019
	6563·1	LZ7 $\frac{100\times212}{70\times142}$	57.27	1119	LZ7 $\frac{J_1 95\times132}{70\times142}$	57.04	1019
	8050·2	LZ7 $\frac{100\times212}{90\times172}$	59.37	1319	LZ7 $\frac{J_1 95\times132}{90\times172}$	59.14	1219
	8063·1	LZ7 $\frac{100\times212}{90\times172}$	59.37	1319	LZ7 $\frac{J_1 95\times132}{90\times172}$	59.14	1219
	10063·1	LZ7 $\frac{100\times212}{90\times172}$	59.37	1419	LZ7 $\frac{J_1 95\times132}{90\times172}$	59.14	1319
	12063·1	LZ7 $\frac{100\times212}{110\times212}$	59.37	1594	LZ7 $\frac{J_1 95\times132}{110\times212}$	59.37	1494
612	6550·2	LZ7 $\frac{110\times212}{90\times172}$	59.37	1189	LZ7 $\frac{J_1 100\times167}{90\times172}$	59.37	1124
	6563·1	LZ7 $\frac{110\times212}{70\times142}$	57.27	1139	LZ7 $\frac{J_1 100\times167}{70\times142}$	57.27	1074
	8050·2	LZ7 $\frac{110\times212}{90\times172}$	59.37	1339	LZ7 $\frac{J_1 100\times167}{90\times172}$	59.37	1274
	8063·1	LZ7 $\frac{110\times212}{90\times172}$	59.37	1339	LZ7 $\frac{J_1 100\times167}{90\times172}$	59.37	1274
	10063·1	LZ7 $\frac{110\times212}{90\times172}$	59.37	1439	LZ7 $\frac{J_1 100\times167}{90\times172}$	59.37	1374
	12063·1	LZ7 $\frac{110\times212}{110\times212}$	59.6	1614	LZ7 $\frac{J_1 100\times167}{110\times212}$	59.6	1549
613	6550·2	LZ8 $\frac{120\times212}{90\times172}$	92.01	1210	LZ7 $\frac{J_1 110\times167}{90\times172}$	59.37	1149
	6563·2	LZ8 $\frac{120\times212}{90\times172}$	92.01	1210	LZ7 $\frac{J_1 110\times167}{90\times172}$	59.37	1149
	8063·1	LZ8 $\frac{120\times212}{90\times172}$	92.01	1360	LZ7 $\frac{J_1 110\times167}{90\times172}$	59.37	1299
	8080·1	LZ8 $\frac{120\times212}{90\times172}$	92.01	1360	LZ7 $\frac{J_1 110\times167}{90\times172}$	59.37	1299
	10063·1	LZ8 $\frac{120\times212}{90\times172}$	92.01	1460	LZ7 $\frac{J_1 110\times167}{90\times172}$	59.37	1399
	12063·1	LZ8 $\frac{120\times212}{110\times212}$	94.67	1635	LZ7 $\frac{J_1 110\times167}{110\times212}$	59.6	1574

续表 7-6

驱动装置组合号	输送机代号 DTⅡ(A)	Y-DBY/DCY 驱动装置			Y-ZLY/ZSY 驱动装置		
		低速轴联轴器型号规格	重量/kg	l/mm	低速轴联轴器型号规格	重量/kg	l/mm
614	6550·2	LZ8 $\frac{120\times212}{90\times172}$	92.01	1210	LZ7 $\frac{J_1 110\times167}{90\times172}$	59.37	1149
	6563·2	LZ8 $\frac{120\times212}{90\times172}$	92.01	1210	LZ7 $\frac{J_1 110\times167}{90\times172}$	59.37	1149
	8063·1	LZ8 $\frac{120\times212}{90\times172}$	92.01	1360	LZ7 $\frac{J_1 110\times167}{90\times172}$	59.37	1299
	8080·1	LZ8 $\frac{120\times212}{90\times172}$	92.01	1360	LZ7 $\frac{J_1 110\times167}{90\times172}$	59.37	1299
	10063·1	LZ8 $\frac{120\times212}{90\times172}$	92.01	1460	LZ7 $\frac{J_1 110\times167}{90\times172}$	59.37	1399
	10080·1	LZ8 $\frac{120\times212}{110\times212}$	94.67	1500	LZ7 $\frac{J_1 110\times167}{110\times212}$	59.6	1439
	12063·1	LZ8 $\frac{120\times212}{110\times212}$	94.67	1635	LZ7 $\frac{J_1 110\times167}{110\times212}$	59.6	1574
	14080·1	LZ8 $\frac{120\times212}{130\times252}$	91.05	1825	LZ8 $\frac{J_1 110\times167}{130\times252}$	91.05	1765
615	6563·2	LZ8 $\frac{120\times212}{90\times172}$	92.01	1210	LZ8 $\frac{J_1 130\times202}{90\times172}$	88.39	1210
	8063·2	LZ8 $\frac{120\times212}{110\times212}$	94.67	1400	LZ8 $\frac{J_1 130\times202}{110\times212}$	91.05	1400
	8080·1	LZ8 $\frac{120\times212}{90\times172}$	92.01	1360	LZ8 $\frac{J_1 130\times202}{90\times172}$	88.39	1360
	10063·2	LZ8 $\frac{120\times212}{110\times212}$	94.67	1500	LZ8 $\frac{J_1 130\times202}{110\times212}$	91.05	1500
	10080·1	LZ8 $\frac{120\times212}{110\times212}$	94.67	1500	LZ8 $\frac{J_1 130\times202}{110\times212}$	91.05	1500
	12063·1	LZ8 $\frac{120\times212}{110\times212}$	94.67	1635	LZ8 $\frac{J_1 130\times202}{110\times212}$	91.05	1635
	12080·1	LZ8 $\frac{120\times212}{110\times212}$	94.67	1635	LZ8 $\frac{J_1 130\times202}{110\times212}$	91.05	1635
	14080·1	LZ8 $\frac{120\times212}{130\times252}$	91.05	1825	LZ8 $\frac{J_1 130\times202}{130\times252}$	87.43	1825
616	8063·2	LZ9 $\frac{140\times252}{110\times212}$	137.4	1471	LZ9 $\frac{J_1 140\times202}{110\times212}$	137.4	1431
	8080·2	LZ9 $\frac{140\times252}{110\times212}$	137.4	1471	LZ9 $\frac{J_1 140\times202}{110\times212}$	137.4	1431
	10063·2	LZ9 $\frac{140\times252}{110\times212}$	137.4	1571	LZ9 $\frac{J_1 140\times202}{110\times212}$	137.4	1531
	10080·1	LZ9 $\frac{140\times252}{110\times212}$	137.4	1571	LZ9 $\frac{J_1 140\times202}{110\times212}$	137.4	1531
	100100·1	LZ9 $\frac{140\times252}{110\times212}$	137.4	1571	LZ9 $\frac{J_1 140\times202}{110\times212}$	137.4	1531
	12063·1	LZ9 $\frac{140\times252}{110\times212}$	137.4	1706	LZ9 $\frac{J_1 140\times202}{110\times212}$	137.4	1666
	12080·1	LZ9 $\frac{140\times252}{110\times212}$	137.4	1706	LZ9 $\frac{J_1 140\times202}{110\times212}$	137.4	1666
	120100·1	LZ9 $\frac{140\times252}{110\times212}$	137.4	1706	LZ9 $\frac{J_1 140\times202}{110\times212}$	137.4	1666
	14080·1	LZ9 $\frac{140\times252}{130\times252}$	136.6	1896	LZ9 $\frac{J_1 140\times202}{130\times252}$	136.6	1856
	140100·1	LZ9 $\frac{140\times252}{130\times252}$	136.6	1896	LZ9 $\frac{J_1 140\times202}{130\times252}$	136.6	1856

续表 7-6

驱动装置组合号	输送机代号 DTⅡ(A)	Y-DBY/DCY 驱动装置			Y-ZLY/ZSY 驱动装置		
		低速轴联轴器型号规格	重量 /kg	l /mm	低速轴联轴器型号规格	重量 /kg	l /mm
617	8063 · 2	LZ10 $\frac{160\times302}{110\times212}$	164.8	1547	LZ9 $\frac{J_1 140\times202}{110\times212}$	137.4	1431
	8080 · 2	LZ10 $\frac{160\times302}{110\times212}$	164.8	1547	LZ9 $\frac{J_1 140\times202}{110\times212}$	137.4	1431
	10063 · 2	LZ10 $\frac{160\times302}{110\times212}$	164.8	1647	LZ9 $\frac{J_1 140\times202}{110\times212}$	137.4	1531
	10080 · 1	LZ10 $\frac{160\times302}{110\times212}$	164.8	1647	LZ9 $\frac{J_1 140\times202}{110\times212}$	137.4	1531
	100100 · 1	LZ10 $\frac{160\times302}{110\times212}$	164.8	1647	LZ9 $\frac{J_1 140\times202}{110\times212}$	137.4	1531
	12063 · 1	LZ10 $\frac{160\times302}{110\times212}$	164.8	1782	LZ9 $\frac{J_1 140\times202}{110\times212}$	137.4	1666
	12080 · 1	LZ10 $\frac{160\times302}{110\times212}$	164.8	1782	LZ9 $\frac{J_1 140\times202}{110\times212}$	137.4	1666
	120100 · 1	LZ10 $\frac{160\times302}{110\times212}$	164.8	1782	LZ9 $\frac{J_1 140\times202}{110\times212}$	137.4	1666
	14080 · 1	LZ10 $\frac{160\times302}{130\times252}$	166.7	1972	LZ9 $\frac{J_1 140\times202}{130\times252}$	136.6	1856
	140100 · 1	LZ10 $\frac{160\times302}{130\times252}$	166.7	1972	LZ9 $\frac{J_1 140\times202}{130\times252}$	136.6	1856
618	8063 · 3	LZ10 $\frac{170\times302}{130\times252}$	166.7	1617	LZ10 $\frac{J_1 170\times242}{130\times252}$	166.7	1542
	8080 · 3	LZ10 $\frac{170\times302}{130\times252}$	166.7	1617	LZ10 $\frac{J_1 170\times242}{130\times252}$	166.7	1542
	10080 · 2	LZ10 $\frac{170\times302}{130\times252}$	166.7	1717	LZ10 $\frac{J_1 170\times242}{130\times252}$	166.7	1642
	100100 · 2	LZ10 $\frac{170\times302}{130\times252}$	166.7	1717	LZ10 $\frac{J_1 170\times242}{130\times252}$	166.7	1642
	12063 · 2	LZ10 $\frac{170\times302}{130\times252}$	166.7	1842	LZ10 $\frac{J_1 170\times242}{130\times252}$	166.7	1767
	12080 · 2	LZ10 $\frac{170\times302}{130\times252}$	166.7	1842	LZ10 $\frac{J_1 170\times242}{130\times252}$	166.7	1767
	120100 · 2	LZ10 $\frac{170\times302}{130\times252}$	166.7	1842	LZ10 $\frac{J_1 170\times242}{130\times252}$	166.7	1767
	14080 · 1	LZ10 $\frac{170\times302}{130\times252}$	166.7	1992	LZ10 $\frac{J_1 170\times242}{130\times252}$	166.7	1917
	140100 · 1	LZ10 $\frac{170\times302}{130\times252}$	166.7	1992	LZ10 $\frac{J_1 170\times242}{130\times252}$	166.7	1917
619	8063 · 3	LZ10 $\frac{170\times302}{130\times252}$	166.7	1617	LZ10 $\frac{J_1 170\times242}{130\times252}$	166.7	1542
	8080 · 3	LZ10 $\frac{170\times302}{130\times252}$	166.7	1617	LZ10 $\frac{J_1 170\times242}{130\times252}$	166.7	1542
	10080 · 2	LZ10 $\frac{170\times302}{130\times252}$	166.7	1717	LZ10 $\frac{J_1 170\times242}{130\times252}$	166.7	1642
	100100 · 2	LZ10 $\frac{170\times302}{130\times252}$	166.7	1717	LZ10 $\frac{J_1 170\times242}{130\times252}$	166.7	1642
	12063 · 2	LZ10 $\frac{170\times302}{130\times252}$	166.7	1842	LZ10 $\frac{J_1 170\times242}{130\times252}$	166.7	1767
	12080 · 2	LZ10 $\frac{170\times302}{130\times252}$	166.7	1842	LZ10 $\frac{J_1 170\times242}{130\times252}$	166.7	1767
	120100 · 2	LZ10 $\frac{170\times302}{130\times252}$	166.7	1842	LZ10 $\frac{J_1 170\times242}{130\times252}$	166.7	1767
	14080 · 1	LZ10 $\frac{170\times302}{130\times252}$	166.7	1992	LZ10 $\frac{J_1 170\times242}{130\times252}$	166.7	1917
	140100 · 1	LZ10 $\frac{170\times302}{130\times252}$	166.7	1992	LZ10 $\frac{J_1 170\times242}{130\times252}$	166.7	1917

续表 7-6

驱动装置组合号	输送机代号 DTⅡ(A)	Y-DBY/DCY 驱动装置 低速轴联轴器型号规格	重量 /kg	l /mm	Y-ZLY/ZSY 驱动装置 低速轴联轴器型号规格	重量 /kg	l /mm
620	8063·3	LZ12 $\frac{190\times352}{130\times252}$	288.3	1707	LZ11 $\frac{J_1 180\times242}{130\times252}$	202.6	1572
	8080·3	LZ12 $\frac{190\times352}{130\times252}$	288.3	1707	L11 $\frac{J_1 180\times242}{130\times252}$	202.6	1572
	80100·4	LZ12 $\frac{190\times352}{170\times302}$	292.3	1877	LZ11 $\frac{J_1 180\times242}{170\times302}$	202.1	1742
	10080·2	LZ12 $\frac{190\times352}{130\times252}$	288.3	1807	LZ11 $\frac{J_1 180\times242}{130\times252}$	202.6	1672
	100100·2	LZ12 $\frac{190\times352}{130\times252}$	288.3	1807	LZ11 $\frac{J_1 180\times242}{130\times252}$	202.6	1672
	12063·2	LZ12 $\frac{190\times352}{130\times252}$	288.3	1932	LZ11 $\frac{J_1 180\times242}{130\times252}$	202.6	1797
	12080·2	LZ12 $\frac{190\times352}{130\times252}$	288.3	1932	LZ11 $\frac{J_1 180\times242}{130\times252}$	202.6	1797
	120100·2	LZ12 $\frac{190\times352}{130\times252}$	288.3	1932	LZ11 $\frac{J_1 180\times242}{130\times252}$	202.6	1797
	14080·1	LZ12 $\frac{190\times352}{130\times252}$	288.3	2082	LZ11 $\frac{J_1 180\times242}{130\times252}$	202.6	1947
	140100·1	LZ12 $\frac{190\times352}{130\times252}$	288.3	2082	LZ11 $\frac{J_1 180\times242}{130\times252}$	202.6	1947
621	8080·4	LZ12 $\frac{190\times352}{150\times252}$	288.3	1757	LZ11 $\frac{J_1 180\times242}{150\times252}$	202.6	1622
	80100·4	LZ12 $\frac{190\times352}{170\times302}$	292.3	1877	LZ11 $\frac{J_1 180\times242}{170\times302}$	202.1	1742
	10080·3	LZ12 $\frac{190\times352}{150\times252}$	288.3	1857	LZ11 $\frac{J_1 180\times242}{150\times252}$	202.6	1722
	100100·3	LZ12 $\frac{190\times352}{150\times252}$	288.3	1857	LZ11 $\frac{J_1 180\times242}{150\times252}$	202.6	1722
	12080·3	LZ12 $\frac{190\times352}{150\times252}$	288.3	1982	LZ11 $\frac{J_1 180\times242}{150\times252}$	202.6	1847
	120100·3	LZ12 $\frac{190\times352}{150\times252}$	288.3	1982	LZ11 $\frac{J_1 180\times242}{150\times252}$	202.6	1847
	14080·2	LZ12 $\frac{190\times352}{150\times252}$	288.3	2082	LZ11 $\frac{J_1 180\times242}{150\times252}$	202.6	1947
	140100·2	LZ12 $\frac{190\times352}{150\times252}$	288.3	2082	LZ11 $\frac{J_1 180\times242}{150\times252}$	202.6	1947
622	8080·4	LZ13 $\frac{220\times352}{150\times252}$	446.8	1847	LZ13 $\frac{J_1 220\times282}{150\times252}$	446.8	1702
	80100·4	LZ13 $\frac{220\times352}{170\times302}$	474.6	1967	LZ13 $\frac{J_1 220\times282}{170\times302}$	474.6	1822
	10080·3	LZ13 $\frac{220\times352}{150\times252}$	446.8	1947	LZ13 $\frac{J_1 220\times282}{150\times252}$	446.8	1802
	100100·3	LZ13 $\frac{220\times352}{150\times252}$	446.8	1947	LZ13 $\frac{J_1 220\times282}{150\times252}$	446.8	1802
	12080·3	LZ13 $\frac{220\times352}{150\times252}$	446.8	2072	LZ13 $\frac{J_1 220\times282}{150\times252}$	446.8	1927
	120100·3	LZ13 $\frac{220\times352}{150\times252}$	446.8	2072	LZ13 $\frac{J_1 220\times282}{150\times252}$	446.8	1927
	14080·2	LZ13 $\frac{220\times352}{150\times252}$	446.8	2172	LZ13 $\frac{J_1 220\times282}{150\times252}$	446.8	2027
	140100·2	LZ13 $\frac{220\times352}{150\times252}$	446.8	2172	LZ13 $\frac{J_1 220\times282}{150\times252}$	446.8	2027

续表 7-6

驱动装置组合号	输送机代号 DTⅡ(A)	Y-DBY/DCY 驱动装置			Y-ZLY/ZSY 驱动装置		
		低速轴联轴器型号规格	重量/kg	l/mm	低速轴联轴器型号规格	重量/kg	l/mm
623	8080·4	LZ13 $\frac{220\times352}{150\times252}$	446.8	1847	LZ13 $\frac{J_1 220\times282}{150\times252}$	446.8	1702
	80100·4	L13 $\frac{220\times352}{170\times302}$	474.6	1967	LZ13 $\frac{J_1 220\times282}{170\times302}$	474.6	1822
	10080·3	LZ13 $\frac{220\times352}{150\times252}$	446.8	1947	LZ13 $\frac{J_1 220\times282}{150\times252}$	446.8	1802
	10080·4	LZ13 $\frac{220\times352}{170\times302}$	474.6	2007	LZ13 $\frac{J_1 220\times282}{170\times302}$	474.6	1862
	100100·3	LZ13 $\frac{220\times352}{150\times252}$	446.8	1947	LZ13 $\frac{J_1 220\times282}{150\times252}$	446.8	1802
	100100·4	LZ13 $\frac{220\times352}{170\times302}$	474.6	2007	LZ13 $\frac{J_1 220\times282}{170\times302}$	474.6	1862
	12080·3	LZ13 $\frac{220\times352}{150\times252}$	446.8	2072	LZ13 $\frac{J_1 220\times282}{150\times252}$	446.8	1927
	12080·4	LZ13 $\frac{220\times352}{170\times302}$	474.6	2132	LZ13 $\frac{J_1 220\times282}{170\times302}$	474.6	1987
	120100·3	LZ13 $\frac{220\times352}{150\times252}$	446.8	2072	LZ13 $\frac{J_1 220\times282}{150\times252}$	446.8	1927
	120100·4	LZ13 $\frac{220\times352}{170\times302}$	474.6	2132	LZ13 $\frac{J_1 220\times282}{170\times302}$	474.6	1987
	14080·2	LZ13 $\frac{220\times352}{150\times252}$	446.8	2172	LZ13 $\frac{J_1 220\times282}{150\times252}$	446.8	2027
	140100·2	LZ13 $\frac{220\times352}{150\times252}$	446.8	2172	LZ13 $\frac{J_1 220\times282}{150\times252}$	446.8	2027
624	8080·4	LZ13 $\frac{220\times352}{150\times252}$	446.8	1847	LZ13 $\frac{J_1 220\times282}{150\times252}$	446.8	1702
	80100·4	LZ13 $\frac{220\times352}{170\times302}$	446.8	1967	LZ13 $\frac{J_1 220\times282}{170\times302}$	474.6	1822
	10080·4	LZ13 $\frac{220\times352}{170\times302}$	474.6	2007	LZ13 $\frac{J_1 220\times282}{170\times302}$	474.6	1862
	100100·4	LZ13 $\frac{220\times352}{170\times302}$	474.6	2007	LZ13 $\frac{J_1 220\times282}{170\times302}$	474.6	1862
	100125·3	LZ13 $\frac{220\times352}{220\times352}$	480	2147	LZ13 $\frac{J_1 220\times282}{220\times352}$	480	2002
	12080·4	LZ13 $\frac{220\times352}{170\times302}$	474.6	2132	LZ13 $\frac{J_1 220\times282}{170\times302}$	474.6	1987
	120100·4	LZ13 $\frac{220\times352}{170\times302}$	474.6	2132	LZ13 $\frac{J_1 220\times282}{170\times302}$	474.6	1987
	120125·1	LZ13 $\frac{220\times352}{220\times352}$	480	2287	LZ13 $\frac{J_1 220\times282}{220\times352}$	480	2142
	14080·3	LZ13 $\frac{220\times352}{170\times302}$	474.6	2232	LZ13 $\frac{J_1 220\times282}{170\times302}$	474.6	2087
	140100·3	LZ13 $\frac{220\times352}{170\times302}$	474.6	2232	LZ13 $\frac{J_1 220\times282}{170\times302}$	474.6	2087
	140125·1	LZ13 $\frac{220\times352}{220\times352}$	480	2397	LZ13 $\frac{J_1 220\times282}{220\times352}$	480	2252
625	80100·4	LZ13 $\frac{220\times352}{170\times302}$	474.6	1967	LZ13 $\frac{J_1 220\times282}{170\times302}$	474.6	1822
	80125·1	LZ13 $\frac{220\times352}{190\times352}$	480	2017	LZ13 $\frac{J_1 220\times282}{190\times352}$	480	1872
	10080·4	LZ13 $\frac{220\times352}{170\times302}$	474.6	2007	LZ13 $\frac{J_1 220\times282}{170\times302}$	474.6	1862
	100100·4	LZ13 $\frac{220\times352}{170\times302}$	474.6	2007	LZ13 $\frac{J_1 220\times282}{170\times302}$	474.6	1862
	100125·3	L13 $\frac{220\times352}{220\times352}$	480	2147	LZ13 $\frac{J_1 220\times282}{220\times352}$	480	2002

续表 7-6

驱动装置组合号	输送机代号 DTⅡ(A)	Y-DBY/DCY 驱动装置			Y-ZLY/ZSY 驱动装置		
		低速轴联轴器型号规格	重量/kg	l/mm	低速轴联轴器型号规格	重量/kg	l/mm
625	12080·4	LZ13 $\frac{220\times352}{170\times302}$	474.6	2132	LZ13 $\frac{J_1 220\times282}{170\times302}$	474.6	1987
	120100·4	LZ13 $\frac{220\times352}{170\times302}$	474.6	2132	LZ13 $\frac{J_1 220\times282}{170\times302}$	474.6	1987
	120125·1	LZ13 $\frac{220\times352}{220\times352}$	480	2297	LZ13 $\frac{J_1 220\times282}{220\times352}$	480	2152
	14080·3	LZ13 $\frac{220\times352}{170\times302}$	474.6	2232	LZ13 $\frac{J_1 220\times282}{170\times302}$	474.6	2087
	140100·3	LZ13 $\frac{220\times352}{170\times302}$	474.6	2232	LZ13 $\frac{J_1 220\times282}{170\times302}$	474.6	2087
	140125·1	LZ13 $\frac{220\times352}{220\times352}$	480	2397	LZ13 $\frac{J_1 220\times282}{220\times352}$	480	2252
626	80100·4	LZ14 $\frac{250\times410}{170\times302}$	590.5	2065	LZ14 $\frac{J_1 240\times330}{170\times302}$	590.5	1910
	80125·1	LZ14 $\frac{250\times410}{190\times352}$	610.6	2115	LZ14 $\frac{J_1 240\times330}{190\times352}$	610.6	1960
	10080·4	LZ14 $\frac{250\times410}{170\times302}$	590.5	2105	LZ14 $\frac{J_1 240\times330}{170\times302}$	590.5	1950
	100100·4	LZ14 $\frac{250\times410}{170\times302}$	590.5	2105	LZ14 $\frac{J_1 240\times330}{170\times302}$	590.5	1950
	100125·3	LZ14 $\frac{250\times410}{220\times352}$	610.6	2245	LZ14 $\frac{J_1 240\times330}{220\times352}$	610.6	2090
	12080·4	LZ14 $\frac{250\times410}{170\times302}$	590.5	2230	LZ14 $\frac{J_1 240\times330}{170\times302}$	590.5	2075
	120100·4	LZ14 $\frac{250\times410}{170\times302}$	590.5	2230	LZ14 $\frac{J_1 240\times330}{170\times302}$	590.5	2075
	120125·1	LZ14 $\frac{250\times410}{220\times352}$	610.5	2395	LZ14 $\frac{J_1 240\times330}{220\times352}$	610.6	2240
	14080·3	LZ14 $\frac{250\times410}{170\times302}$	590.5	2330	LZ14 $\frac{J_1 240\times330}{170\times302}$	590.5	2175
	140100·3	LZ14 $\frac{250\times410}{170\times302}$	590.5	2330	LZ14 $\frac{J_1 240\times330}{170\times302}$	590.5	2175
	140125·1	LZ14 $\frac{250\times410}{220\times352}$	610.6	2495	LZ14 $\frac{J_1 240\times330}{220\times352}$	610.6	2340
655	5050·2	LZ5 $\frac{70\times142}{70\times142}$	26.6	928	LZ5 $\frac{J_1 75\times107}{70\times142}$	26.6	888
	6550·1	LZ5 $\frac{70\times142}{70\times142}$	26.6	1003	LZ5 $\frac{J_1 75\times107}{70\times142}$	26.6	963
656	5050·2	LZ5 $\frac{70\times142}{70\times142}$	26.6	928	LZ5 $\frac{J_1 75\times107}{70\times142}$	26.6	888
	6550·1	LZ5 $\frac{70\times142}{70\times142}$	26.6	1003	LZ5 $\frac{J_1 75\times107}{70\times142}$	26.6	963
	8050·2	LZ6 $\frac{70\times142}{90\times172}$	34.6	1204	LZ6 $\frac{J_1 75\times107}{90\times172}$	34.6	1164
657	5050·2	LZ5 $\frac{70\times142}{70\times142}$	27.02	928	LZ5 $\frac{J_1 75\times107}{70\times142}$	27.02	888
	6550·1	LZ5 $\frac{70\times142}{70\times142}$	27.02	1003	LZ5 $\frac{J_1 75\times107}{70\times142}$	27.02	963
	8050·2	LZ6 $\frac{70\times142}{90\times172}$	40.52	1204	LZ6 $\frac{J_1 75\times107}{90\times172}$	40.52	1164
658	5050·2	LZ5 $\frac{80\times172}{70\times142}$	26.2	973	LZ5 $\frac{J_1 75\times107}{70\times142}$	27.02	888
	6550·1	LZ5 $\frac{80\times172}{70\times142}$	26.23	1048	LZ5 $\frac{J_1 75\times107}{70\times142}$	27.02	963
	8050·2	LZ6 $\frac{80\times172}{90\times172}$	40.15	1249	LZ6 $\frac{J_1 75\times107}{90\times172}$	40.52	1164
	10063·1	LZ6 $\frac{80\times172}{90\times172}$	40.15	1349	LZ6 $\frac{J_1 75\times107}{90\times172}$	40.52	1264

续表 7-6

驱动装置组合号	输送机代号 DTⅡ(A)	Y-DBY/DCY 驱动装置 低速轴联轴器型号规格	重量 /kg	l /mm	Y-ZLY/ZSY 驱动装置 低速轴联轴器型号规格	重量 /kg	l /mm
659	5050·2	LZ5 $\frac{80\times172}{70\times142}$	26.23	973	LZ5 $\frac{J_1 75\times107}{70\times142}$	27.02	888
	6550·1	LZ5 $\frac{80\times172}{70\times142}$	26.23	1048	LZ5 $\frac{J_1 75\times107}{70\times142}$	27.02	963
	8050·2	LZ6 $\frac{80\times172}{90\times172}$	40.15	1249	LZ6 $\frac{J_1 75\times107}{90\times172}$	40.52	1164
	10063·1	LZ6 $\frac{80\times172}{90\times172}$	40.15	1349	LZ6 $\frac{J_1 75\times107}{90\times172}$	40.52	1264
	12063·1	LZ7 $\frac{80\times172}{110\times212}$	59.37	1524	LZ7 $\frac{J_1 75\times107}{110\times212}$	57.27	1439
660	5050·2	LZ6 $\frac{90\times172}{70\times142}$	40.52	989	LZ6 $\frac{J_1 85\times132}{70\times142}$	34.6	929
	6550·1	LZ6 $\frac{90\times172}{70\times142}$	40.52	1064	LZ6 $\frac{J_1 85\times132}{70\times142}$	34.6	1004
	8050·2	LZ6 $\frac{90\times172}{90\times172}$	40.15	1264	LZ6 $\frac{J_1 85\times132}{90\times172}$	34.1	1204
	10063·1	LZ6 $\frac{90\times172}{90\times172}$	40.15	1364	LZ6 $\frac{J_1 85\times132}{90\times172}$	34.1	1304
	12063·1	LZ7 $\frac{90\times172}{110\times212}$	59.37	1539	LZ7 $\frac{J_1 85\times132}{110\times212}$	59.37	1479
661	5050·2	LZ7 $\frac{100\times212}{70\times142}$	57.27	1044	LZ7 $\frac{J_1 95\times132}{70\times142}$	57.04	944
	6550·1	LZ7 $\frac{100\times212}{70\times142}$	57.27	1119	LZ7 $\frac{J_1 95\times132}{70\times142}$	57.04	1019
	8050·2	LZ7 $\frac{100\times212}{90\times172}$	59.37	1319	LZ7 $\frac{J_1 95\times132}{90\times172}$	59.14	1219
	10063·1	LZ7 $\frac{100\times212}{90\times172}$	59.37	1419	LZ7 $\frac{J_1 95\times132}{90\times172}$	59.14	1319
	12063·1	LZ7 $\frac{100\times212}{110\times212}$	59.6	1594	LZ7 $\frac{J_1 95\times132}{110\times212}$	59.37	1494
662	6550·1	LZ7 $\frac{110\times212}{70\times142}$	57.27	1139	LZ7 $\frac{J_1 100\times167}{70\times142}$	59.27	1074
	8050·2	LZ7 $\frac{110\times212}{90\times172}$	59.37	1339	LZ7 $\frac{J_1 100\times167}{90\times172}$	59.37	1274
	8063·1	LZ7 $\frac{110\times212}{90\times172}$	59.37	1339	LZ7 $\frac{J_1 100\times167}{90\times172}$	59.37	1274
	10063·1	LZ7 $\frac{110\times212}{90\times172}$	59.37	1439	LZ7 $\frac{J_1 100\times167}{90\times172}$	59.37	1374
	12063·1	LZ7 $\frac{110\times212}{110\times212}$	59.6	1614	LZ7 $\frac{J_1 100\times167}{110\times212}$	59.6	1549
663	6550·2	LZ8 $\frac{120\times212}{90\times172}$	92.01	1210	LZ7 $\frac{J_1 110\times167}{90\times172}$	59.37	1149
	8050·2	LZ8 $\frac{120\times212}{90\times172}$	92.01	1360	LZ7 $\frac{J_1 110\times167}{90\times172}$	59.37	1299
	8063·1	LZ8 $\frac{120\times212}{90\times172}$	92.01	1360	LZ7 $\frac{J_1 110\times167}{90\times172}$	59.37	1299
	10063·1	LZ8 $\frac{120\times212}{90\times172}$	92.01	1460	LZ7 $\frac{J_1 110\times167}{90\times172}$	59.37	1399
	12063·1	LZ8 $\frac{120\times212}{110\times212}$	94.67	1635	LZ7 $\frac{J_1 110\times167}{110\times212}$	59.6	1574
664	6550·2	LZ8 $\frac{120\times212}{90\times172}$	92.01	1210	LZ7 $\frac{J_1 110\times167}{90\times172}$	59.37	1149
	8063·1	LZ8 $\frac{120\times212}{90\times172}$	92.01	1360	LZ7 $\frac{J_1 110\times167}{90\times172}$	59.37	1299
	10063·1	LZ8 $\frac{120\times212}{90\times172}$	92.01	1460	LZ7 $\frac{J_1 110\times167}{90\times172}$	59.37	1399
	12063·1	LZ8 $\frac{120\times212}{110\times212}$	94.67	1635	LZ7 $\frac{J_1 110\times167}{110\times212}$	59.6	1574

续表7-6

驱动装置组合号	输送机代号 DTⅡ(A)	Y-DBY/DCY 驱动装置			Y-ZLY/ZSY 驱动装置		
		低速轴联轴器型号规格	重量/kg	l/mm	低速轴联轴器型号规格	重量/kg	l/mm
665	6550·2	LZ8 $\frac{120\times212}{90\times172}$	92.01	1210	LZ8 $\frac{J_1 130\times202}{90\times172}$	88.39	1210
	8063·1	LZ8 $\frac{120\times212}{90\times172}$	92.01	1360	LZ8 $\frac{J_1 130\times202}{90\times172}$	88.39	1360
	10063·1	LZ8 $\frac{120\times212}{90\times172}$	92.01	1460	LZ8 $\frac{J_1 130\times202}{90\times172}$	88.39	1460
	10080·1	LZ8 $\frac{120\times212}{110\times212}$	94.67	1500	LZ8 $\frac{J_1 130\times202}{110\times212}$	91.05	1500
	12063·1	LZ8 $\frac{120\times212}{110\times212}$	94.67	1635	LZ8 $\frac{J_1 130\times202}{110\times212}$	91.05	1635
	14080·1	LZ8 $\frac{120\times212}{130\times252}$	91.05	1825	LZ8 $\frac{J_1 130\times202}{130\times252}$	87.43	1825
666	8063·2	LZ9 $\frac{140\times252}{110\times212}$	137.4	1471	LZ9 $\frac{J_1 140\times202}{110\times212}$	137.4	1431
	10063·2	LZ9 $\frac{140\times252}{110\times212}$	137.4	1571	LZ9 $\frac{J_1 140\times202}{110\times212}$	137.4	1531
	10080·1	LZ9 $\frac{140\times252}{110\times212}$	137.4	1571	LZ9 $\frac{J_1 140\times202}{110\times212}$	137.4	1531
	12063·1	LZ9 $\frac{140\times252}{110\times212}$	137.4	1706	LZ9 $\frac{J_1 140\times202}{110\times212}$	137.4	1666
	12080·1	LZ9 $\frac{140\times252}{110\times212}$	137.4	1706	LZ9 $\frac{J_1 140\times202}{110\times212}$	137.4	1666
	120100·1	LZ9 $\frac{140\times252}{110\times212}$	137.4	1706	LZ9 $\frac{J_1 140\times202}{110\times212}$	137.4	1666
	14080·1	LZ9 $\frac{140\times252}{130\times252}$	136.6	1896	LZ9 $\frac{J_1 140\times202}{130\times252}$	136.6	1856
	140100·1	LZ9 $\frac{140\times252}{130\times252}$	136.6	1896	LZ9 $\frac{J_1 140\times202}{130\times252}$	136.6	1856
667	8063·2	LZ10 $\frac{160\times302}{110\times212}$	164.8	1547	LZ9 $\frac{J_1 140\times202}{110\times212}$	137.4	1431
	10063·2	LZ10 $\frac{160\times302}{110\times212}$	164.8	1647	LZ9 $\frac{J_1 140\times202}{110\times212}$	137.4	1531
	10080·1	LZ10 $\frac{160\times302}{110\times212}$	164.8	1647	LZ9 $\frac{J_1 140\times202}{110\times212}$	137.4	1531
	12063·1	LZ10 $\frac{160\times302}{110\times212}$	164.8	1782	LZ9 $\frac{J_1 140\times202}{110\times212}$	137.4	1666
	12080·1	LZ10 $\frac{160\times302}{110\times212}$	164.8	1782	LZ9 $\frac{J_1 140\times202}{110\times212}$	137.4	1666
	120100·1	LZ10 $\frac{160\times302}{110\times212}$	164	1782	LZ9 $\frac{J_1 140\times202}{110\times212}$	137.4	1666
	14080·1	LZ10 $\frac{160\times302}{130\times252}$	166.7	1972	LZ9 $\frac{J_1 140\times202}{130\times252}$	136.6	1856
	140100·1	LZ10 $\frac{160\times302}{130\times252}$	166.7	1972	LZ9 $\frac{J_1 140\times202}{130\times252}$	136.6	1856
668	8063·2	LZ10 $\frac{170\times302}{110\times212}$	164.8	1567	LZ10 $\frac{J_1 170\times242}{110\times212}$	164.8	1492
	10063·2	LZ10 $\frac{170\times302}{110\times212}$	164.8	1667	LZ10 $\frac{J_1 170\times242}{110\times212}$	164.8	1592
	10080·1	LZ10 $\frac{170\times302}{110\times212}$	164.8	1667	LZ10 $\frac{J_1 170\times242}{110\times212}$	164.8	1592
	12063·1	LZ10 $\frac{170\times302}{110\times212}$	164.8	1802	LZ10 $\frac{J_1 170\times242}{110\times212}$	164.8	1727
	12080·1	LZ10 $\frac{170\times302}{110\times212}$	164.8	1802	LZ10 $\frac{J_1 170\times242}{110\times212}$	164.8	1727
	120100·1	LZ10 $\frac{170\times302}{110\times212}$	164.8	1802	LZ10 $\frac{J_1 170\times242}{110\times212}$	164.8	1727
	14080·1	LZ10 $\frac{170\times302}{130\times252}$	166.7	1992	LZ10 $\frac{J_1 170\times242}{130\times252}$	166.7	1917
	140100·1	LZ10 $\frac{170\times302}{130\times252}$	166.7	1992	LZ10 $\frac{J_1 170\times242}{130\times252}$	166.7	1917

续表 7-6

驱动装置组合号	输送机代号 DTⅡ(A)	Y-DBY/DCY 驱动装置 低速轴联轴器型号规格	重量 /kg	l /mm	Y-ZLY/ZSY 驱动装置 低速轴联轴器型号规格	重量 /kg	l /mm
669	8063·3	LZ10 $\frac{170\times302}{130\times252}$	166.7	1617	LZ10 $\frac{J_1 170\times242}{130\times252}$	166.7	1542
	10063·2	LZ10 $\frac{170\times302}{110\times212}$	164.8	1667	LZ10 $\frac{J_1 170\times242}{110\times212}$	164.8	1592
	10080·1	LZ10 $\frac{170\times302}{110\times212}$	164.8	1667	LZ10 $\frac{J_1 170\times242}{110\times212}$	164.8	1592
	10080·2	LZ10 $\frac{170\times302}{130\times252}$	166.7	1717	LZ10 $\frac{J_1 170\times242}{130\times252}$	166.7	1642
	12063·2	LZ10 $\frac{170\times302}{130\times252}$	166.7	1842	LZ10 $\frac{J_1 170\times242}{130\times252}$	166.7	1767
	12080·2	LZ10 $\frac{170\times302}{130\times252}$	166.7	1842	LZ10 $\frac{J_1 170\times242}{130\times252}$	166.7	1767
	120100·2	LZ10 $\frac{170\times302}{130\times252}$	166.7	1842	LZ10 $\frac{J_1 170\times242}{130\times252}$	166.7	1767
	14080·1	LZ10 $\frac{170\times302}{130\times252}$	166.7	1992	LZ10 $\frac{J_1 170\times242}{130\times252}$	166.7	1917
	140100·1	LZ10 $\frac{170\times302}{130\times252}$	166.7	1992	LZ10 $\frac{J_1 170\times242}{130\times252}$	166.7	1917
670	8063·3	LZ10 $\frac{170\times302}{130\times252}$	166.7	1617	LZ11 $\frac{J_1 180\times242}{130\times252}$	202.6	1572
	10080·2	LZ10 $\frac{170\times302}{130\times252}$	166.7	1717	LZ11 $\frac{J_1 180\times242}{130\times252}$	202.6	1672
	12063·2	LZ10 $\frac{170\times302}{130\times252}$	166.7	1842	LZ11 $\frac{J_1 180\times242}{130\times252}$	202.6	1797
	12080·2	LZ10 $\frac{170\times302}{130\times252}$	166.7	1842	LZ11 $\frac{J_1 180\times242}{130\times252}$	202.6	1797
	120100·2	LZ10 $\frac{170\times302}{130\times252}$	166.7	1842	LZ11 $\frac{J_1 180\times242}{130\times252}$	202.6	1797
	14080·1	LZ10 $\frac{170\times302}{130\times252}$	166.7	1992	LZ11 $\frac{J_1 180\times242}{130\times252}$	202.6	1947
	140100·1	LZ10 $\frac{170\times302}{130\times252}$	166.7	1992	LZ11 $\frac{J_1 180\times242}{130\times252}$	202.6	1947
671	8063·3	LZ12 $\frac{190\times352}{130\times252}$	288.3	1707	LZ11 $\frac{J_1 180\times242}{130\times252}$	202.6	1572
	10080·2	LZ12 $\frac{190\times352}{130\times252}$	288.3	1807	LZ11 $\frac{J_1 180\times242}{130\times252}$	202.6	1672
	12063·2	LZ12 $\frac{190\times352}{130\times252}$	288.3	1932	LZ11 $\frac{J_1 180\times242}{130\times252}$	202.6	1797
	12080·2	LZ12 $\frac{190\times352}{130\times252}$	288.3	1932	LZ11 $\frac{J_1 180\times242}{130\times252}$	202.6	1797
	120100·2	LZ12 $\frac{190\times352}{130\times252}$	288.3	1932	LZ11 $\frac{J_1 180\times242}{130\times252}$	202.6	1797
	14080·1	LZ12 $\frac{190\times352}{130\times252}$	288.3	2082	LZ11 $\frac{J_1 180\times242}{130\times252}$	202.6	1947
	140100·1	LZ12 $\frac{190\times352}{130\times252}$	288.3	2082	LZ11 $\frac{J_1 180\times242}{130\times252}$	202.6	1947
672	8063·3	LZ12 $\frac{190\times352}{130\times252}$	288.3	1707	LZ11 $\frac{J_1 180\times242}{130\times252}$	202.6	1572
	10080·2	LZ12 $\frac{190\times352}{130\times252}$	288.3	1807	LZ11 $\frac{J_1 180\times242}{130\times252}$	202.6	1672
	12063·2	LZ12 $\frac{190\times352}{130\times252}$	288.3	1932	LZ11 $\frac{J_1 180\times242}{130\times252}$	202.6	1797
	12080·2	LZ12 $\frac{190\times352}{130\times252}$	288.3	1932	LZ11 $\frac{J_1 180\times242}{130\times252}$	202.6	1797
	120100·2	LZ12 $\frac{190\times352}{130\times252}$	288.3	1932	LZ11 $\frac{J_1 180\times242}{130\times252}$	202.6	1797
	14080·1	LZ12 $\frac{190\times352}{130\times252}$	288.3	2082	LZ11 $\frac{J_1 180\times242}{130\times252}$	202.6	1947
	140100·1	LZ12 $\frac{190\times352}{130\times252}$	288.3	2082	LZ11 $\frac{J_1 180\times242}{130\times252}$	202.6	1947

续表 7-6

驱动装置组合号	输送机代号 DTⅡ(A)	Y-DBY/DCY 驱动装置 低速轴联轴器型号规格	重量/kg	l/mm	Y-ZLY/ZSY 驱动装置 低速轴联轴器型号规格	重量/kg	l/mm
673	10080·3	LZ13 $\frac{220\times352}{150\times252}$	446.8	1947	LZ13 $\frac{J_1 220\times282}{150\times252}$	446.8	1802
	12080·3	LZ13 $\frac{220\times352}{150\times252}$	446.8	2072	LZ13 $\frac{J_1 220\times282}{150\times252}$	446.8	1927
	120100·3	LZ13 $\frac{220\times352}{150\times252}$	446.8	2072	LZ13 $\frac{J_1 220\times282}{150\times252}$	446.8	1927
	14080·2	LZ13 $\frac{220\times352}{150\times252}$	446.8	2172	LZ13 $\frac{J_1 220\times282}{150\times252}$	446.8	2027
	140100·2	LZ13 $\frac{220\times352}{150\times252}$	446.8	2172	LZ13 $\frac{J_1 220\times282}{150\times252}$	446.8	2027
674	10080·3	LZ13 $\frac{220\times352}{150\times252}$	446.8	1947	LZ13 $\frac{J_1 220\times282}{150\times252}$	446.8	1802
	10080·4	LZ13 $\frac{220\times352}{170\times302}$	474.6	2007	LZ13 $\frac{J_1 220\times282}{170\times302}$	474.6	1862
	12080·3	LZ13 $\frac{220\times352}{150\times252}$	446.8	2072	LZ13 $\frac{J_1 220\times282}{150\times252}$	446.8	1927
	120100·3	LZ13 $\frac{220\times352}{150\times252}$	446.8	2072	LZ13 $\frac{J_1 220\times282}{150\times252}$	446.8	1927
	14080·2	LZ13 $\frac{220\times352}{150\times252}$	446.8	2172	LZ13 $\frac{J_1 220\times282}{150\times252}$	446.8	2027
	140100·2	LZ13 $\frac{220\times352}{150\times252}$	446.8	2172	LZ13 $\frac{J_1 220\times282}{150\times252}$	446.8	2027
675	10080·4	LZ13 $\frac{220\times352}{170\times302}$	474.6	2007	LZ13 $\frac{J_1 220\times282}{170\times302}$	474.6	1862
	12080·4	LZ13 $\frac{220\times352}{170\times302}$	474.6	2007	LZ13 $\frac{J_1 220\times282}{170\times302}$	474.6	1862
	120100·4	LZ13 $\frac{220\times352}{170\times302}$	474.6	2007	LZ13 $\frac{J_1 220\times282}{170\times302}$	474.6	1862
	14080·3	LZ13 $\frac{220\times352}{170\times302}$	474.6	2232	LZ13 $\frac{J_1 220\times282}{170\times302}$	474.6	2087
	140100·3	LZ13 $\frac{220\times352}{170\times302}$	474.6	2232	LZ13 $\frac{J_1 220\times282}{170\times302}$	474.6	2087
676	10080·4	LZ14 $\frac{250\times410}{170\times302}$	590.5	2105	LZ13 $\frac{J_1 240\times330}{170\times302}$	452.7	1950
	12080·4	LZ14 $\frac{250\times410}{170\times302}$	590.5	2230	LZ13 $\frac{J_1 240\times330}{170\times302}$	452.7	2075
	120100·4	LZ14 $\frac{250\times410}{170\times302}$	590.5	2230	LZ13 $\frac{J_1 240\times330}{170\times302}$	452.7	2075
	14080·3	LZ14 $\frac{250\times410}{170\times302}$	590.5	2330	LZ13 $\frac{J_1 240\times330}{170\times302}$	452.7	2175
	140100·3	LZ14 $\frac{250\times410}{170\times302}$	590.5	2330	LZ13 $\frac{J_1 240\times330}{170\times302}$	452.7	2175
714	10063·1	LZ7 $\frac{100\times212}{90\times172}$	59.37	1419	LZ7 $\frac{J_1 110\times167}{90\times172}$	59.37	1399
	12063·1	LZ7 $\frac{100\times212}{110\times212}$	59.6	1594	LZ7 $\frac{J_1 110\times167}{110\times212}$	59.6	1574
715	10063·1	LZ7 $\frac{110\times212}{90\times172}$	59.37	1439	LZ8 $\frac{J_1 130\times202}{90\times172}$	88.39	1460
	12063·1	LZ7 $\frac{110\times212}{110\times212}$	59.6	1614	LZ8 $\frac{J_1 130\times202}{110\times212}$	91.05	1635
716	10063·1	LZ7 $\frac{110\times212}{90\times172}$	59.37	1439	LZ8 $\frac{J_1 130\times202}{90\times172}$	88.39	1460
	12063·1	LZ7 $\frac{110\times212}{110\times212}$	59.6	1614	LZ8 $\frac{J_1 130\times202}{110\times212}$	91.05	1635
	12080·1	LZ7 $\frac{110\times212}{110\times212}$	59.6	1614	LZ8 $\frac{J_1 130\times202}{110\times212}$	91.05	1635
	14080·1	LZ8 $\frac{110\times212}{130\times252}$	91.05	1805	LZ8 $\frac{J_1 130\times202}{130\times252}$	87.43	1825

续表 7-6

驱动装置组合号	输送机代号 DTⅡ(A)	Y-DBY/DCY 驱动装置			Y-ZLY/ZSY 驱动装置		
		低速轴联轴器型号规格	重量/kg	l/mm	低速轴联轴器型号规格	重量/kg	l/mm
717	10063·2	LZ7 $\frac{110\times212}{110\times212}$	59.6	1479	LZ8 $\frac{J_1 130\times202}{110\times212}$	91.05	1500
	12063·1	LZ7 $\frac{110\times212}{110\times212}$	59.6	1614	LZ8 $\frac{J_1 130\times202}{110\times212}$	91.05	1635
	12080·1	LZ7 $\frac{110\times212}{110\times212}$	59.6	1614	LZ8 $\frac{J_1 130\times202}{110\times212}$	91.05	1635
	14080·1	LZ8 $\frac{110\times212}{130\times252}$	91.05	1805	LZ8 $\frac{J_1 130\times202}{130\times252}$	87.43	1825
718	10063·2	LZ8 $\frac{120\times212}{110\times212}$	94.67	1500	LZ9 $\frac{J_1 140\times202}{110\times212}$	137.4	1531
	12063·1	LZ8 $\frac{120\times212}{110\times212}$	94.67	1635	LZ9 $\frac{J_1 140\times202}{110\times212}$	137.4	1666
	12080·1	LZ8 $\frac{120\times212}{110\times212}$	90.67	1635	LZ9 $\frac{J_1 140\times202}{110\times212}$	137.4	1666
	14080·1	LZ8 $\frac{120\times212}{130\times252}$	91.05	1825	LZ9 $\frac{J_1 140\times202}{130\times252}$	136.6	1856
719	10063·2	LZ9 $\frac{140\times252}{110\times212}$	137.4	1571	LZ9 $\frac{J_1 140\times202}{110\times212}$	137.4	1531
	12063·1	LZ9 $\frac{140\times252}{110\times212}$	137.4	1706	LZ9 $\frac{J_1 140\times202}{110\times212}$	137.4	1666
	12080·1	LZ9 $\frac{140\times252}{110\times212}$	137.4	1706	LZ9 $\frac{J_1 140\times202}{110\times212}$	137.4	1666
	14080·1	LZ9 $\frac{140\times252}{130\times252}$	136.6	1896	LZ9 $\frac{J_1 140\times202}{130\times252}$	136.6	1856
720	10063·2	LZ10 $\frac{160\times302}{110\times212}$	164.8	1647	LZ10 $\frac{J_1 170\times242}{110\times212}$	164.8	1592
	12063·2	LZ10 $\frac{160\times302}{130\times252}$	166.7	1822	LZ10 $\frac{J_1 170\times242}{130\times252}$	166.7	1767
	12080·1	LZ10 $\frac{160\times302}{110\times212}$	164.8	1782	LZ10 $\frac{J_1 170\times242}{110\times212}$	164.8	1727
	14080·1	LZ10 $\frac{160\times302}{130\times252}$	166.7	1972	LZ10 $\frac{J_1 170\times242}{130\times252}$	166.7	1917
721	12063·2	LZ10 $\frac{160\times302}{130\times252}$	166.7	1822	LZ11 $\frac{J_1 180\times242}{130\times252}$	202.6	1797
	12080·2	LZ10 $\frac{160\times302}{130\times252}$	166.7	1822	LZ11 $\frac{J_1 180\times242}{130\times252}$	202.6	1797
	14080·1	LZ10 $\frac{160\times302}{130\times252}$	166.7	1972	LZ11 $\frac{J_1 180\times242}{130\times252}$	202.6	1947
722	12063·2	LZ11 $\frac{170\times302}{130\times252}$	202.6	1842	LZ11 $\frac{J_1 180\times242}{130\times252}$	202.6	1797
	12080·2	LZ11 $\frac{170\times302}{130\times252}$	202.6	1842	LZ11 $\frac{J_1 180\times242}{130\times252}$	202.6	1797
	14080·1	LZ11 $\frac{170\times302}{130\times252}$	202.6	1992	LZ11 $\frac{J_1 180\times242}{130\times252}$	202.6	1947
723	12063·2	LZ11 $\frac{170\times302}{130\times252}$	202.6	1842	LZ11 $\frac{J_1 180\times242}{130\times252}$	202.6	1797
	12080·2	LZ11 $\frac{170\times302}{130\times252}$	202.6	1842	LZ11 $\frac{J_1 180\times242}{130\times252}$	202.6	1797
	14080·1	LZ11 $\frac{170\times302}{130\times252}$	202.6	1992	LZ11 $\frac{J_1 180\times242}{130\times252}$	202.6	1947
724	12080·3	LZ12 $\frac{190\times352}{150\times252}$	288.3	1982	LZ13 $\frac{J_1 220\times282}{150\times252}$	446.8	1927
	14080·2	LZ12 $\frac{190\times352}{150\times252}$	288.3	2082	LZ13 $\frac{J_1 220\times282}{150\times252}$	446.8	2027
725	12080·3	LZ12 $\frac{190\times352}{150\times252}$	288.3	1982	LZ13 $\frac{J_1 220\times282}{150\times252}$	446.8	1927
	14080·2	LZ12 $\frac{190\times352}{150\times252}$	288.3	2082	LZ13 $\frac{J_1 220\times282}{150\times252}$	446.8	2027
726	12080·3	LZ12 $\frac{190\times352}{150\times252}$	288.3	1982	LZ13 $\frac{J_1 240\times330}{150\times252}$	424.9	2015
	14080·2	LZ12 $\frac{190\times352}{150\times252}$	288.3	2082	LZ13 $\frac{J_1 240\times330}{150\times252}$	424.9	2115

7.6 驱动装置架

7.6.1 Y-ZLY/ZSY 型钢式驱动装置架

本驱动装置架适合 ZLY-160～250，ZSY-160～280 减速器使用，如图 7-4、表 7-7 所示。

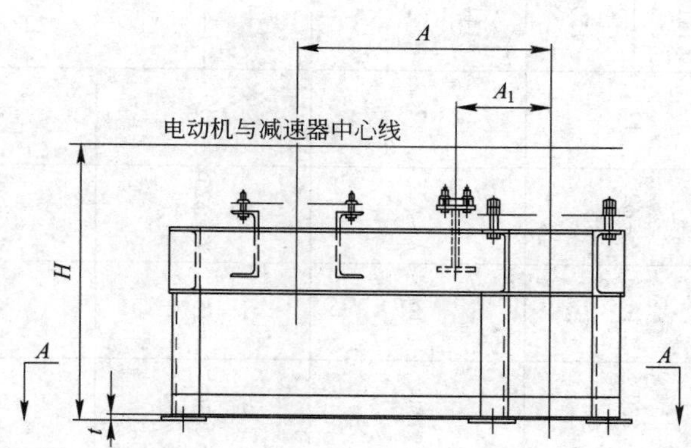

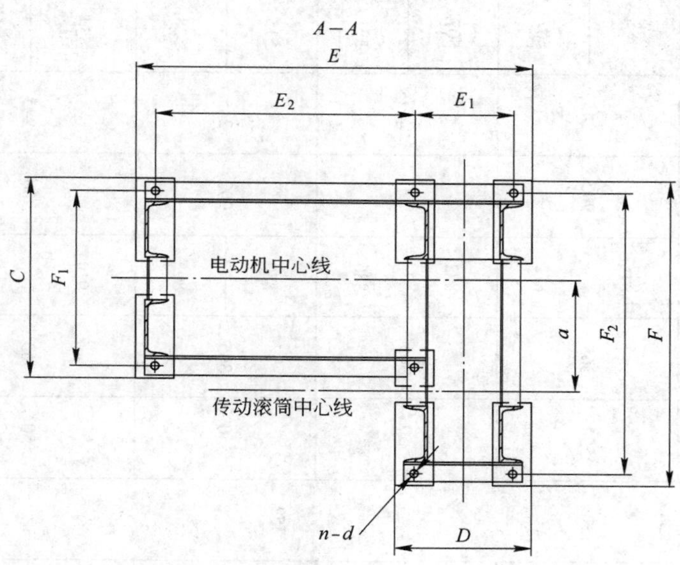

装配类型(由安装图指定)

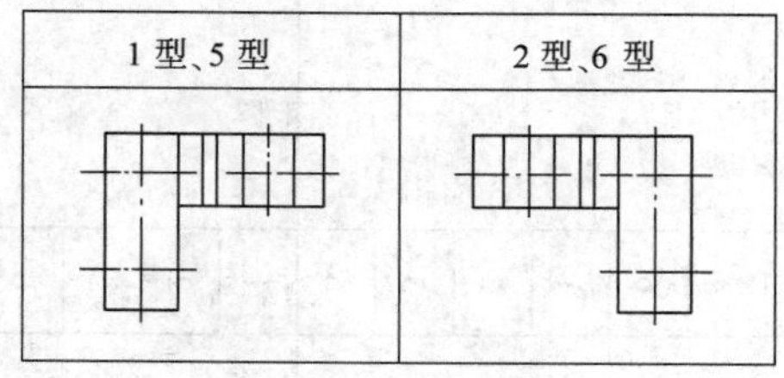

本图按 6 型绘制

图 7-4 Y-ZLY/ZSY 型钢式驱动装置架

说明：1. 连接支架与电动机、减速器、制动器的紧固件包括在本支架内；

2. W 为当支架 H 最小值的重量，支架 H 每增加 100mm，重量增加 W_0，但 H 值不得超过表中给出的最高值；

3. 单独订制本支架时，必须在备注栏注明其装配类型、支架中心高（H）和用于那种耦合器的驱动装置（F 或Ⅱ），如：2 型 H1200F、6 型 H685Ⅱ等。与驱动装置配套订货时，则可不注明。

表 7-7 Y-ZLY/ZSY 型钢式驱动装置架

减速器型号	电动机型号	装配类型	H/mm	外形尺寸/mm							地脚尺寸/mm						重量/kg		图 号
				A	A_1	a	C	D	E	F	E_1	E_2	F_1	F_2	t	n - d	W_0	W	
ZSY160	Y90S-4	1	550 ~ 950	363	—	352	550	365	835	900	245	470	480	830	16	7 - ϕ25	12	141	JQ401-Z
		2																	
		5		387	192				859			494						150	JQ401Z-Z
		6																	
	Y90L-4 Y90L-6	1		375. 5	—		550	365	847	900	245	482	480	830	16	7 - ϕ25	12	141	JQ301-Z
		2																	
		5		399. 5	192				872			507						150	JQ301Z-Z
		6																	
	Y100L-6 Y100L1-4 Y100L2-4	1		400. 5	—		550	365	872	900	245	507	480	830	16	7 - ϕ25	12	144	JQ302-Z
		2																	
		5		414	192				886			521						151	JQ302Z-Z
		6																	
	Y112M-4 Y112M-6	1		407. 5	—		550	365	880	900	245	515	480	830	16	7 - ϕ25	12	152	JQ303-Z
		2																	
		5		421	192				893			528						159	JQ303Z-Z
		6																	
	Y132S-4	1	550 ~ 1085	447	—		550	365	919	900	245	554	480	830	16	7 - ϕ25	12	154	JQ556-Z
		2																	
		5		460	192				932			567						161	JQ556Z-Z
		6																	
	Y132M-4	1		466	—		550	365	960	900	245	592	480	830	16	7 - ϕ25	12	156	JQ557-Z
		2																	
		5		479	192				970			605						163	JQ557Z-Z
		6																	

续表 7-7

减速器型号	电动机型号	装配类型	H/mm	外形尺寸/mm A	A_1	a	C	D	E	F	地脚尺寸/mm E_1	E_2	F_1	F_2	t	$n-d$	重量/kg W_0	W	图号
ZLY160	Y90S-4	1, 2	550 ~ 1085	403	—	272	550	365	880	820	245	516	480	750	16	7 - ϕ25	12	134	JQ601-Z
		5, 6		417	222				895			530						154	JQ601Z-Z
	Y90L-4	1, 2		415.5	—				894	820		529						146	JQ602-Z
		5, 6		429.5	222				908	820		543						154	JQ602Z-Z
	Y100L1-4 Y100L2-4	1, 2	550 ~ 1085	440.5	—	272	550	365	918	820	245	554	480	750	16	7 - ϕ25	12	147	JQ604-Z
		5, 6		444	222				922			557						155	JQ604Z-Z
	Y112M-4	1, 2		447.5	—		550	365	925	820	245	560	480	750	16	7 - ϕ25	12	148	JQ605-Z
		5, 6		451	222				929			564						156	JQ605Z-Z
	Y132S-4	1, 2		487	—		550	365	965	820	245	600	480	750	16	7 - ϕ25	12	150	JQ606-Z
		5, 6		490	222				968			603						157	JQ606Z-Z
	Y132M-4	1, 2	550 ~ 1085	506	—	272	550	365	1003	820	245	638	480	750	16	7 - ϕ25	12	152	JQ607-Z
		5, 6		509	222				1006			641						160	JQ607Z-Z
	Y160M-4	1, 2		574	—		550	365	1071	820	245	706	480	750	16	7 - ϕ25	12	156	JQ608-Z
		5, 6		574	222													163	JQ608Z-Z
	Y160L-4	1, 2		596	—		550	365	1115	820	245	750	480	750	16	7 - ϕ25	12	158	JQ609-Z
		5, 6		596	222													165	JQ609Z-Z

续表 7-7

减速器型号	电动机型号	装配类型	H/mm	外形尺寸/mm							地脚尺寸/mm						重量/kg		图号
				A	A_1	a	C	D	E	F	E_1	E_2	F_1	F_2	t	$n-d$	W_0	W	
ZSY180	Y132S-4	1, 2	550 ~ 1085	472	—	395	550	395	1006	960	275	611	480	890	16	7 - ϕ25	12	159	JQ304-Z
	Y132S-6	5, 6		475	207				1009			614						167	JQ304Z-Z
	Y132M-4	1, 2		491	—		550	395	1025	960	275	630	480	890	16	7 - ϕ25	12	160	JQ305-Z
	Y132M1-6	5, 6		494	207				1028			633						168	JQ305Z-Z
	Y160M-4	1, 2		559	—		550	395	1093	960	275	698	480	890	16	7 - ϕ25	12	164	JQ558-Z
		5, 6		559	207													171	JQ558Z-Z
	Y160L-4	1, 2		581	—		550	395	1115	960	275	720	480	890	16	7 - ϕ25	12	165	JQ559-Z
		5, 6		581	207													172	JQ559Z-Z
ZLY180	Y180M-4	1, 2	550 ~ 1085	618. 5	—	305	550	395	1153	865	275	758	480	795	16	7 - ϕ25	12	161	JQ610-Z
		5, 6		618. 5	232													169	JQ610Z-Z
ZSY200	Y132M2-6	1, 2	550 ~ 1085	529	—	440	550	420	1060	1020	300	640	480	950	16	7 - ϕ25	12	165	JQ306-Z
		5, 6		529	242													172	JQ306Z-Z
	Y160M-4	1, 2		594	—	440	550	420	1126	1020	300	706	480	950	16	7 - ϕ25	12	168	JQ408-Z
		5, 6		594	242													175	JQ408Z-Z
	Y160L-4	1, 2		616	—		550	420	1170	1020	300	750	480	950	16	7 - ϕ25	12	170	JQ459-Z
		5, 6		616	242													177	JQ459Z-Z
	Y180M-4	1, 2		628. 5	—		550	420	1185	1020	300	765	480	950	16	7 - ϕ25	12	171	JQ560-Z
		5, 6		628. 5	242													178	JQ560Z-Z
ZLY200	Y180L-4	1, 2	550 ~ 1085	658. 5	—	340	650	420	1220	985	300	800	570	905	16	7 - ϕ25	13. 8	196	JQ611-Z
		5, 6		658. 5	247													205	JQ611Z-Z
ZSY224	Y160M-6	1, 2	550 ~ 1200	609	—	496	605	455	1220	1070	335	765	525	990	16	7 - ϕ25	13. 8	195	JQ307-Z
		5, 6		609	257													203	JQ307Z-Z
	Y160L-4	1, 2		631	—		605	455	1220	1070	335	765	525	990	16	7 - ϕ25	13. 8	195	JQ308-Z
	Y160L-6	5, 6		631	257													203	JQ308Z-Z
	Y180M-4	1, 2		643. 5	—		605	455	1220	1070	335	765	525	990	16	7 - ϕ25	13. 8	195	JQ460-Z
		5, 6		643. 5	257													203	JQ460Z-Z

续表 7-7

减速器型号	电动机型号	装配类型	H/mm	外形尺寸/mm							地脚尺寸/mm						重量/kg		图 号
				A	A_1	a	C	D	E	F	E_1	E_2	F_1	F_2	t	$n-d$	W_0	W	
ZSY224	Y180L-4	1, 2	550 ~ 1200	668. 5	—	496	605	455	1258	1070	335	803	525	990	16	$7-\phi25$	13. 8	197	JQ511-Z
		5, 6		668. 5	257													205	JQ511Z-Z
ZLY224	Y200L-4	1, 2	550 ~ 1085	733. 5	—	384	690	455	1340	1060	335	885	610	980	16	$7-\phi25$	13. 8	208	JQ612-Z
		5, 6		733. 5	297													217	JQ612Z-Z
ZSY250	Y180M-4	1, 2	550 ~ 1200	698. 5	—	555	730	500	1430	1290	380	930	650	1210	16	$7-\phi30$	15. 4	245	JQ410-Z
		5, 6		698. 5	312													256	JQ410Z-Z
	Y180L-4	1, 2	585 ~ 1200	723. 5	—		730	500	1430	1290	380	930	650	1210	16	$7-\phi30$	15. 4	251	JQ411-Z
		5, 6		723. 5	312													262	JQ411Z-Z
	Y180L-6	1, 2		717. 5	—		730	500	1430	1290	380	930	650	1210	16	$7-\phi30$	15. 4	251	JQ309-Z
		5, 6		717. 5	312													262	JQ309Z-Z
	Y200L-4	1, 2	550 ~ 1200	748. 5	—		730	500	1430	1290	380	930	650	1210	16	$7-\phi30$	15. 4	246	JQ512-Z
		5, 6		748. 5	312													257	JQ512Z-Z
ZLY250	Y225S-4	1, 2	550 ~ 1200	797	—	430	770	500	1478	1180	380	978	690	1100	16	$7-\phi30$	15. 4	245	JQ613-Z
		5, 6		797	322													258	JQ613Z-Z
	Y225M-4 YOXF(Z)	1, 2		984. 5	—		770	500	1665	1180	380	1165	690	1100	16	$7-\phi30$	15. 4	253	JQ614-Z
		5, 6		984. 5	295													274	JQ614Z-Z
	Y225M-4 YOXⅡ(Z)	1, 2		869. 5	—		770	500	1550	1180	380	1050	690	1100	16	$7-\phi30$	15. 4	246	JQ614-Z
		5, 6		1070. 5	295				1751			1251						279	JQ614Z-Z
ZSY280	Y200L1-6 Y200L2-6 Y200L-4	1, 2	600 ~ 1200	773. 5	—	620	730	550	1480	1360	430	930	650	1280	16	$7-\phi30$	15. 4	256	JQ310-Z
		5, 6		773. 5	337													267	JQ310Z-Z
	Y225S-4	1, 2	585 ~ 1200	812	—		730	550	1480	1360	430	930	650	1280	16	$7-\phi30$	15. 4	253	JQ513-Z
		5, 6		812	337													265	JQ513Z-Z
	Y225M-4 YOXF(Z)	1, 2	585 ~ 1200	999. 5	—	620	730	550	1665	1360	430	1115	650	1280	16	$7-\phi30$	15. 4	262	JQ514-Z
		5, 6		999. 5	310													281	JQ514Z-Z
	Y225M-4 YOXⅡ(Z)	1, 2		884. 5	—		730	550	1550	1360	430	1000	650	1280	16	$7-\phi30$	15. 4	256	JQ514-Z
		5, 6		1085. 5	310				1751			1201						287	JQ514Z-Z

7.6.2　Y-ZLY/ZSY 板梁式驱动装置架

本驱动装置架适合 ZLY-280 ~ 560，ZSY-315 ~ 560 减速器使用，如图 7-5 和表 7-8 所示。

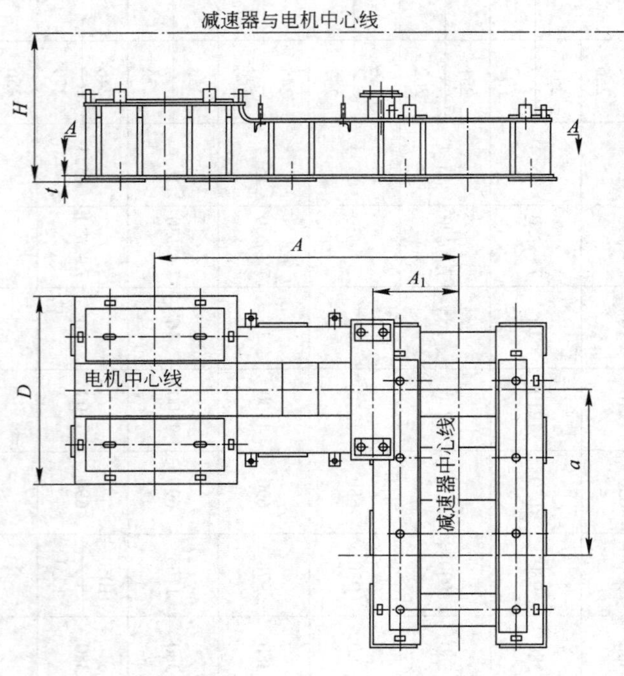

装配类型(由安装图指定)

1 型、5 型	2 型、6 型

本图按 6 型绘制

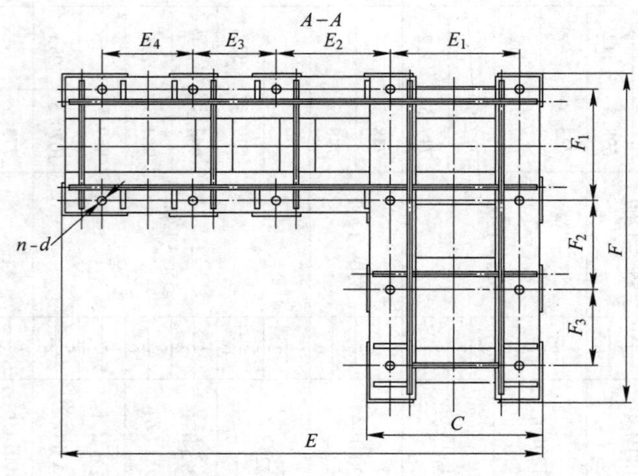

图 7-5　Y-ZLY/ZSY 板梁式驱动装置架

说明：1. 连接支架与电动机、减速器、制动器的紧固件包括在本支架内；

2. W 为支架 H 最小值的重量，支架 H 每增加 100mm，重量增加 W_0，但 H 值不得超过表中给出的最高值；

3. 单独订制本支架时，必须在备注栏注明其装配类型、中心高（H）和用于那种耦合器的驱动装置（F 或Ⅱ），如：2 型 H1200F、6 型 H685Ⅱ等。与驱动装置配套订货时，则可不注明。

表 7-8 Y-ZLY/ZSY 板梁式驱动装置架

减速器型号	电动机型号	装配类型	耦合器型号	H/mm	外形尺寸/mm							地脚尺寸/mm									重量/kg		图号
					A	A_1	a	C	D	E	F	E_1	E_2	E_3	E_4	F_1	F_2	F_3	t	$n-d$	W_0	W	
ZLY280	Y250M-4	1	YOX$_F$	585 ~ 1200	1077.5	—	480	630	680	1725	1120	480	353	310	349	417	476.5	0	30	12 - ϕ30	90	531	JQ615-Z
		2	YOXⅡ		974.5					1622			250								87	519	
		5	YOX$_{FZ}$		1077.5	320				1725			353								89	550	JQ615Z-Z
		6	YOXⅡ$_Z$		1157.5					1805			433								91	560	
	Y280S-4	1	YOX$_F$	685 ~ 1200	1109	—		690	680	1794	1140	480	365	320	368	457	456.5	0	30	12 - ϕ30	92	639	JQ716-Z
		2	YOXⅡ		1006					1691			262								90	625	
		5	YOX$_{FZ}$		1109	320				1794			365								92	660	JQ716Z-Z
		6	YOXⅡ$_Z$		1189					1874			445								94	671	
	Y280M-4	1	YOX$_F$		1214.5	—		690	680	1925	1140	480	420	345	419	457	456.5	0	30	12 - ϕ30	95	660	JQ717-Z
		2	YOXⅡ		1069.5					1780			275								92	641	
		5	YOX$_{FZ}$		1214.5	345				1925			420								95	697	JQ717Z-Z
		6	YOXⅡ$_Z$		1298.5					2009			504								97	710	
ZSY315	Y225S-4	1	YOX$_F$	685 ~ 1200	842	—	699	580	760	1498	1345	540	429	0	311	367	416	335	30	12 - ϕ30	91	650	JQ413-Z
		2	YOXⅡ																				
		5	YOX$_{FZ}$		842	367															93	665	JQ413Z-Z
		6	YOXⅡ$_Z$																				
	Y225M-6	1	YOX$_F$		854.5	—		580	760	1523	1345	540	429	0	311	367	416	335	30	12 - ϕ30	95	655	JQ312-Z
		2	YOXⅡ																				
		5	YOX$_{FZ}$		854.5	367															95	670	JQ312Z-Z
		6	YOXⅡ$_Z$																				
	Y250M-4	1	YOX$_F$		1097.5	—		630	760	1785	1376	540	342	311	349	417	391	335	30	14 - ϕ30	103	713	JQ515-Z
		2	YOXⅡ		994.5					1682			239								101	699	
		5	YOX$_{FZ}$		1097.5	340				1785			342								103	734	JQ515Z-Z
		6	YOXⅡ$_Z$		1177.5					1865			422								105	745	
ZLY315	Y280S-4	1	YOX$_F$	685 ~ 1200	1134	—	539	690	760	1859	1231	540	365	315	368	457	534	0	30	12 - ϕ30	96	663	JQ616-Z
		2	YOXⅡ		1031					1756			362								94	649	
		5	YOX$_{FZ}$		1134	345				1859			365								96	685	JQ616Z-Z
		6	YOXⅡ$_Z$		1214					1939			445								98	695	
	Y280M-4	1	YOX$_F$		1239.5	—		690	760	1990	1231	540	445	345	419	457	534	0	30	12 - ϕ30	101	685	JQ617-Z
		2	YOXⅡ		1094.5					1845			270								98	665	
		5	YOX$_{FZ}$		1239.5	370				1990			415								101	711	JQ617Z-Z
		6	YOXⅡ$_Z$		1323.5					2074			499								103	722	
	Y315S-4	1	YOX$_F$		1259	—		770	760	2023	1266	540	415	371	406	508	508	0	30	12 - ϕ30	107	733	JQ718-Z
		2	YOXⅡ		1114					1878			270								104	712	
		5	YOX$_{FZ}$		1259	370				2023			415								107	760	JQ718Z-Z
		6	YOXⅡ$_Z$		1343					2107			499								109	772	

续表 7-8

减速器型号	电动机型号	装配类型	耦合器型号	H/mm	外形尺寸/mm							地脚尺寸/mm									重量/kg		图号
					A	A_1	a	C	D	E	F	E_1	E_2	E_3	E_4	F_1	F_2	F_3	t	$n-d$	W_0	W	
ZLY315	Y315M-4	1	YOX_F	685 ~ 1200	1284.5	—	539	770	760	2073	1266	540	400	371	457	508	508	0	30	12 - ϕ30	105	734	JQ719-Z
		2	YOXⅡ		1139.5					1928			255								102	713	
		5	YOX_{FZ}		1284.5	370				2073			400								105	762	JQ719Z-Z
		6	$YOXⅡ_Z$		1368.5					2157			484								107	774	
ZSY355	Y255M-4	1	YOX_F	685 ~ 1200	1049.5	—	785	580	790	1733	1466	570	320	289	311	367	494	360	30	14 - ϕ39	103	687	JQ414-Z
		2	YOXⅡ		934.5					1618			205								100	673	
		5	YOX_{FZ}		1049.5	360				1733			320								103	710	JQ414Z-Z
		6	$YOXⅡ_Z$		1135.5					1819			406								105	721	
	Y250M-4	1	YOX_F		1117.5	—		630	790	1820	1491	570	342	316	349	417	469	360	30	14 - ϕ39	107	706	JQ415-Z
		2	YOXⅡ		1014.5					1717			422								105	694	
		5	YOX_{FZ}		1117.5	360				1820			342								107	730	JQ415Z-Z
		6	$YOXⅡ_Z$		1197.5					1900			422								109	740	
	Y250M-6	1	YOX_F		912.5	—		630	790	1615	1491	570	453	0	349	417	469	360	30	12 - ϕ39	102	672	JQ313-Z
		2	YOXⅡ		912.5																		
		5	YOX_{FZ}		912.5	387															102	693	JQ313Z-Z
		6	$YOXⅡ_Z$		912.5																		
	Y280S-4	1	YOX_F		1149	—		690	790	1889	1510	570	342	338	368	457	449	360	30	14 - ϕ39	112	732	JQ516-Z
		2	YOXⅡ		1046					1786			239								110	719	
		5	YOX_{FZ}		1149	360				1889			342								112	751	JQ516Z-Z
		6	$YOXⅡ_Z$		1229					1969			422								114	761	
	Y280M-4	1	YOX_F		1254.5	—		690	790	2020	1510	570	415	345	419	457	449	360	30	14 - ϕ39	114	748	JQ517-Z
		2	YOXⅡ		1109.5					1875			270								111	730	
		5	YOX_{FZ}		1254.5	385				2020			415								114	777	JQ517Z-Z
		6	$YOXⅡ_Z$		1338.5					2104			499								116	787	
ZLY355	Y315S-4	1	YOX_F	685 ~ 1200	1279	—	605	770	790	2057.5	1368	590	417	364	406	508	603.5	0	30	12 - ϕ39	108	728	JQ618-Z
		2	YOXⅡ		1134					1912.5			272								105	709	
		5	YOX_{FZ}		1279	390				2057.5			417								108	760	JQ618Z-Z
		6	$YOXⅡ_Z$		1363					2141.5			501								110	771	
	Y315M-4	1	YOX_F		1304.5	—		770	790	2108	1368	590	417	364	457	508	603.5	0	30	12 - ϕ39	109	747	JQ619-Z
		2	YOXⅡ		1159.5					1963			272								106	727	
		5	YOX_{FZ}		1304.5	390				2108			417								109	770	JQ619Z-Z
		6	$YOXⅡ_Z$		1388.5					2192			501								111	781	
	Y315L1-4	1	YOX_F		1400	—		770	790	2248	1368	590	417	434	508	508	603.5	0	30	12 - ϕ39	111	780	JQ720-Z
		2	YOXⅡ		1239					2087			256								107	759	
		5	YOX_{FZ}		1400	390				2248			417								111	812	JQ720Z-Z
		6	$YOXⅡ_Z$		1486					2334			503								113	823	

续表 7-8

减速器型号	电动机型号	装配类型	耦合器型号	H/mm	外形尺寸/mm									地脚尺寸/mm							重量/kg		图号
					A	A_1	a	C	D	E	F	E_1	E_2	E_3	E_4	F_1	F_2	F_3	t	$n-d$	W_0	W	
ZSY400	Y280S-4	1	YOX_F	800 ~ 1300	1179	—	880	690	880	1964	1645	660	327	338	368	457	527	400	36	14 – ϕ39	126	965	JQ416-Z
		2	YOX Ⅱ		1076					1861			224								124	950	
		5	YOX_{FZ}		1179	390				1964			327								126	990	JQ416Z-Z
		6	YOX Ⅱ$_Z$		1259					2044			407								128	1002	
	Y280S-6	1	YOX_F		1259	—		690	880	2044	1645	660	407	338	368	457	527	400	36	14 – ϕ39	129	977	JQ314-Z
		2	YOX Ⅱ		1114					1899			262								126	956	
		5	YOX_{FZ}		1259	415				2044			407								129	1011	JQ314Z-Z
		6	YOX Ⅱ$_Z$		1343					2128			491								131	1023	
	Y280M-4	1	YOX_F		1284.5	—		690	880	2095	1645	660	407	338	419	457	527	400	36	14 – ϕ39	130	989	JQ417-Z
		2	YOX Ⅱ		1139.5					1950			262								127	968	
		5	YOX_{FZ}		1284.5	415				2095			407								130	1022	JQ417Z-Z
		6	YOX Ⅱ$_Z$		1368.5					2179			491								132	1035	
	Y280M-6	1	YOX_F		1354.5	—		690	880	2165	1645	660	407	408	419	457	527	400	36	14 – ϕ39	136	1017	JQ315-Z
		2	YOX Ⅱ		1193.5					2004			246								132	994	
		5	YOX_{FZ}		1354.5	415				2165			407								136	1050	JQ315Z-Z
		6	YOX Ⅱ$_Z$		1440.5					2251			493								138	1063	
	Y315S-4	1	YOX_F		1304	—		770	880	2127	1680	660	407	364	406	508	501	400	36	14 – ϕ39	144	1072	JQ518-Z
		2	YOX Ⅱ		1159					1982			262								140	1048	
		5	YOX_{FZ}		1304	415				2127			407								144	1107	JQ518Z-Z
		6	YOX Ⅱ$_Z$		1388					2211			491								146	1121	
	Y315M-4	1	YOX_F		1329.5	—		770	880	2178	1680	660	407	364	457	508	501	400	36	14 – ϕ39	147	1082	JQ519-Z
		2	YOX Ⅱ		1184.5					2033			262								144	1058	
		5	YOX_{FZ}		1329.5	415				2178			407								147	1117	JQ519Z-Z
		6	YOX Ⅱ$_Z$		1413.5					2262			491								149	1131	
ZLY400	Y315L1-4 Y315L2-4	1	YOX_F	800 ~ 1300	1430	—	680	770	880	2323	1475	660	412	434	508	508	691	0	36	12 – ϕ39	133	1043	JQ620-Z
		2	YOX Ⅱ		1269					2162			251								129	1016	
		5	YOX_{FZ}		1430	420				2323			412								133	1079	JQ620Z-Z
		6	YOX Ⅱ$_Z$		1516					2409			498								135	1094	
	Y355M-4 185kW	1	YOX_F		1494	—		860	880	2399	1555	660	447	437	560	630	630	0	36	12 – ϕ39	148	1142	JQ621-Z
		2	YOX Ⅱ		1333					2238			286								144	1111	
		5	YOX_{FZ}		1494	420				2399			447								148	1182	JQ621Z-Z
		6	YOX Ⅱ$_Z$		1580					2485			533								150	1199	
	Y3553-4	1	YOX_F		1725	—		930	880	2960	1555	660	481	464	900	630	630	0	36	12 – ϕ45	165	1393	JQ723-Z
		2	YOX Ⅱ		1604					2839			360								162	1370	
		5	YOX_{FZ}		1725	420				2960			481								165	1433	JQ723Z-Z
		6	YOX Ⅱ$_Z$		1811					3046			567								167	1450	

续表 7-8

减速器型号	电动机型号	装配类型	耦合器型号	H/mm	外形尺寸/mm							地脚尺寸/mm									重量/kg		图号
					A	A_1	a	C	D	E	F	E_1	E_2	E_3	E_4	F_1	F_2	F_3	t	n-d	W_0	W	
ZSY450	Y315S-4	1	YOX$_F$	800~1300	1344	—	989	770	940	2198	1845	720	417	364	406	508	598	450	36	14-ϕ39	151	1076	JQ418-Z
		2	YOXⅡ		1199					2053			272								147	1054	
		5	YOX$_{FZ}$		1344	455				2198			417								151	1114	JQ418Z-Z
		6	YOXⅡ$_Z$		1428					2282			501								153	1127	
	Y315S-6	1	YOX$_F$		1414	—		770	940	2268	1845	720	451	400	406	508	598	450	36	14-ϕ39	153	1087	JQ316-Z
		2	YOXⅡ		1253					2107			290								149	1062	
		5	YOX$_{FZ}$		1414	455				2268			451								153	1124	JQ316Z-Z
		6	YOXⅡ$_Z$		1500					2354			537								155	1138	
	Y315M-4	1	YOX$_F$		1369.5	—		770	940	2268	1845	720	417	364	457	508	598	450	36	14-ϕ39	154	1086	JQ419-Z
		2	YOXⅡ		1224.5					2117			272								144	1064	
		5	YOX$_{FZ}$		1369.5	455				2268			417								154	1124	JQ419Z-Z
		6	YOXⅡ$_Z$		1453.5					2364			501								156	1137	
	Y315M-6	1	YOX$_F$		1469.5	—		770	940	2348	1845	720	417	464	457	508	598	450	36	14-ϕ39	160	1124	JQ317-Z
		2	YOXⅡ		1345.5					2224			293								157	1105	
		5	YOX$_{FZ}$		1469.5	465				2348			417								160	1166	JQ317Z-Z
		6	YOXⅡ$_Z$		1618.5					2497			566								164	1188	
	Y315L1-6 Y315L2-6	1	YOX$_F$		1495	—		770	940	2418	1845	720	417	464	508	508	598	450	36	14-ϕ39	164	1144	JQ368-Z
		2	YOXⅡ		1371					2294			293								166	1125	
		5	YOX$_{FZ}$		1495	465				2418			417								164	1186	JQ368Z-Z
		6	YOXⅡ$_Z$		1644					2567			566								166	1209	
	Y315L1-4	1	YOX$_F$		1465	—		770	940	2388	1845	720	417	434	508	508	598	450	36	14-ϕ39	163	1137	JQ470-Z
		2	YOXⅡ		1304					2227			256								159	1112	
		5	YOX$_{FZ}$		1465	455				2388			417								163	1176	JQ470Z-Z
		6	YOXⅡ$_Z$		1551					2474			503								165	1189	
ZLY450	Y315L2-4	1	YOX$_F$	800~1300	1470	—	770	770	940	2393	1618	720	422	434	508	508	461	368	36	14-ϕ39	149	1111	JQ622-Z
		2	YOXⅡ		1309					2232			261								151	1086	
		5	YOX$_{FZ}$		1470	460				2393			422								149	1148	JQ622Z-Z
		6	YOXⅡ$_Z$		1556					2479			508								151	1161	
	Y3553-4 Y3554-4	1	YOX$_F$		1765	—		930	940	3030	1698	720	491	464	900	630	400	368	36	14-ϕ45	177	1467	JQ623-Z
		2	YOXⅡ		1644					2909			370								174	1444	
		5	YOX$_{FZ}$		1765	460				3030			491								177	1508	JQ623Z-Z
		6	YOXⅡ$_Z$		1851					3116			577								180	1523	
	Y3555-4	1	YOX$_F$		1795	—		930	940	3060	1698	720	485	500	900	630	400	368	36	14-ϕ45	178	1475	JQ625-Z
		2	YOXⅡ		1671					2936			361								175	1453	
		5	YOX$_{FZ}$		1795	470				3060			485								178	1520	JQ625Z-Z
		6	YOXⅡ$_Z$		1944					3209			634								182	1547	

续表 7-8

减速器型号	电动机型号	装配类型	耦合器型号	H/mm	外形尺寸/mm							地脚尺寸/mm									重量/kg		图号
					A	A_1	a	C	D	E	F	E_1	E_2	E_3	E_4	F_1	F_2	F_3	t	$n-d$	W_0	W	
ZSY500	Y315L1-4 Y315L2-4	1	YOX$_F$	900 ~ 1500	1505	—	1105	790	1020	2468	2080	770	501	365	508	630	626	500	36	14 - ϕ45	173	1484	JQ420-Z
		2	YOXⅡ		1344					2307			340								166	1453	
		5	YOX$_{FZ}$		1505	495				2468			501								173	1531	JQ420Z-Z
		6	YOXⅡ$_Z$		1591					2554			587								176	1547	
	Y315L1-6 Y315L2-6	1	YOX$_F$		1535	—		790	1020	2498	2080	770	452	444	508	630	626	500	36	14 - ϕ45	174	1493	JQ318-Z
		2	YOXⅡ		1411					2374			328								171	1470	
		5	YOX$_{FZ}$		1535	505				2498			452								174	1548	JQ318Z-Z
		6	YOXⅡ$_Z$		1684					2647			601								178	1577	
	Y355M-6 160kW	1	YOX$_F$		1599	—		860	1020	2574	2080	770	452	482	560	630	626	500	36	14 - ϕ45	163	1518	JQ370-Z
		2	YOXⅡ		1475					2450			328								160	1495	
		5	YOX$_{FZ}$		1599	505				2574			452								163	1573	JQ370Z-Z
		6	YOXⅡ$_Z$		1748					2723			601								167	1602	
	Y355M-6 185kW	1	YOX$_F$		1749	—		860	1020	2724	2080	770	502	582	560	630	626	500	36	14 - ϕ45	192	1547	JQ371-Z
		2	YOXⅡ		1537					2512			290								187	1506	
		5	YOX$_{FZ}$		1749	532.5				2724			502								192	1605	JQ371Z-Z
		6	YOXⅡ$_Z$		1859					2834			612								195	1626	
	Y355M-4 185kW	1	YOX$_F$		1569	—		860	1020	2544	2080	770	452	452	560	630	626	500	36	14 - ϕ45	179	1509	JQ471-Z
		2	YOXⅡ		1408					2383			291								175	1478	
		5	YOX$_{FZ}$		1569	495				2544			452								179	1556	JQ471Z-Z
		6	YOXⅡ$_Z$		1655					2630			538								181	1572	
	Y3553-4 Y3554-4	1	YOX$_F$		1800	—		930	1020	3105	2080	770	501	464	900	630	626	500	36	14 - ϕ45	195	1780	JQ473-Z
		2	YOXⅡ		1679					2984			380								192	1757	
		5	YOX$_{FZ}$		1800	495				3105			501								195	1726	JQ473Z-Z
		6	YOXⅡ$_Z$		1886					3191			587								197	1843	
ZLY500	Y3556-4	1	YOX$_F$	900 ~ 1500	1835	—	860	930	1020	3140	1830	770	500	500	900	630	445	440	36	14 - ϕ45	190	1733	JQ626-Z
		2	YOXⅡ		1711					3016			376								188	1710	
		5	YOX$_{FZ}$		1835	510				3140			500								190	1782	JQ626Z-Z
		6	YOXⅡ$_Z$		1984					3289			649								192	1811	
ZSY560	Y355M-4 185kW	1	YOX$_F$	1000 ~ 1500	1584	—	1240	860	1100	2599	2265	850	460	419	560	630	735	560	36	14 - ϕ45	186	1658	JQ421-Z
		2	YOXⅡ		1423					2438			299								182	1626	
		5	YOX$_{FZ}$		1584	510				2599			460								186	1708	JQ421Z-Z
		6	YOXⅡ$_Z$		1670					2685			546								188	1725	
	Y355M-6 160kW	1	YOX$_F$		1614	—		860	1100	2629	2265	850	490	419	560	630	735	560	36	14 - ϕ45	187	1667	JQ320-Z
		2	YOXⅡ		1490					2505			366								184	1643	
		5	YOX$_{FZ}$		1614	520				2629			490								187	1720	JQ320Z-Z
		6	YOXⅡ$_Z$		1763					2778			639								191	1749	

续表 7-8

减速器型号	电动机型号	装配类型	耦合器型号	H/mm	外形尺寸/mm							地脚尺寸/mm									重量/kg		图号
					A	A_1	a	C	D	E	F	E_1	E_2	E_3	E_4	F_1	F_2	F_3	t	$n-d$	W_0	W	
ZSY560	Y355M-6 185kW 200kW	1	YOX_F	1000 ~ 1500	1764	—	1240	860	1100	2779	2265	850	520	539	560	630	735	560	36	14 - ϕ45	190	1698	JQ321-Z
		2	YOXⅡ		1552					2567			308								185	1655	
		5	YOX_{FZ}		1764	547.5				2779			520								190	1759	JQ321Z-Z
		6	$YOXⅡ_Z$		1874					2889			630								193	1781	
	Y3555-6	1	YOX_F		1995	—		930	1100	3340	2265	850	560	560	900	630	735	560	36	14 - ϕ45	206	2003	JQ373-Z
		2	YOXⅡ		1783					3128			348								201	1961	
		5	YOX_{FZ}		1995	547.5				3340			560								206	2065	JQ373Z-Z
		6	$YOXⅡ_Z$		2105					3450			670								209	2088	
	Y315L2-4	1	YOX_F		1520	—		770	1100	2523	2185	850	407	434	508	508	796	560	36	14 - ϕ45	170	1553	JQ422-Z
		2	YOXⅡ		1359					2326			246								166	1525	
		5	YOX_{FZ}		1520	510				2523			407								170	1597	JQ422Z-Z
		6	$YOXⅡ_Z$		1606					2609			493								172	1612	
	Y3553-4 Y3554-4	1	YOX_F		1815	—		930	1100	3160	2265	850	460	480	900	630	735	560	36	14 - ϕ45	198	1950	JQ423-Z
		2	YOXⅡ		1694					3039			339								195	1926	
		5	YOX_{FZ}		1815	510				3160			460								198	2000	JQ423Z-Z
		6	$YOXⅡ_Z$		1901					3246			546								203	2017	
	Y3555-4 Y3556-4	1	YOX_F		1845	—		930	1100	3190	2265	850	490	480	900	630	735	560	36	14 - ϕ45	204	1960	JQ425-Z
		2	YOXⅡ		1721					3066			366								201	1935	
		5	YOX_{FZ}		1845	520				3190			490								204	2012	JQ425Z-Z
		6	$YOXⅡ_Z$		1994					3339			639								207	2042	
	Y4002-6 Y4003-6	1	YOX_F		3065	547.5	1240	1010	1100	3475	2345	850	580	560	1000	710	695	600	36	14 - ϕ45	217	2076	JQ325-Z
		2	YOXⅡ		1853					3263			368								212	2035	
		5	YOX_{FZ}		2065					3475			580								217	2136	JQ325Z-Z
		6	$YOXⅡ_Z$		2175					3585			690								220	2158	

7.6.3 Y-DBY/DCY 板梁式驱动装置架

本驱动装置架适合 DBY/ DCY-160 ~ 560 减速器使用，如图 7-6、表 7-9 所示。

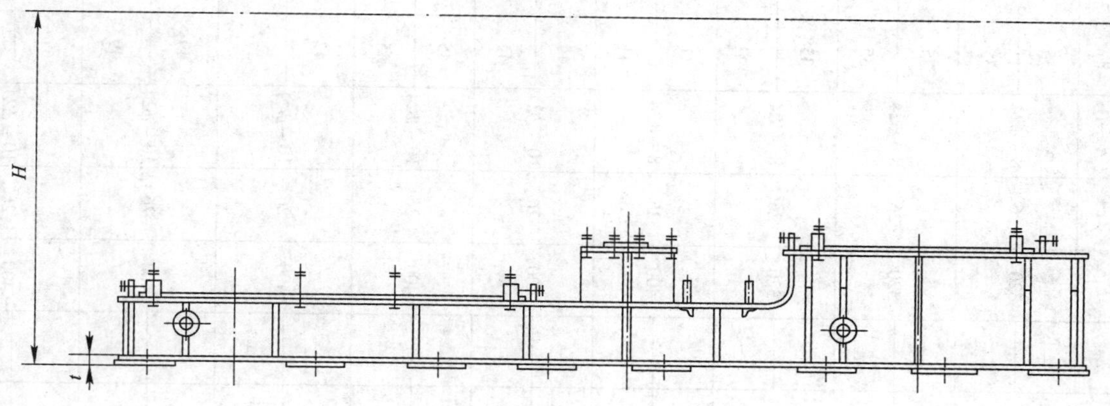

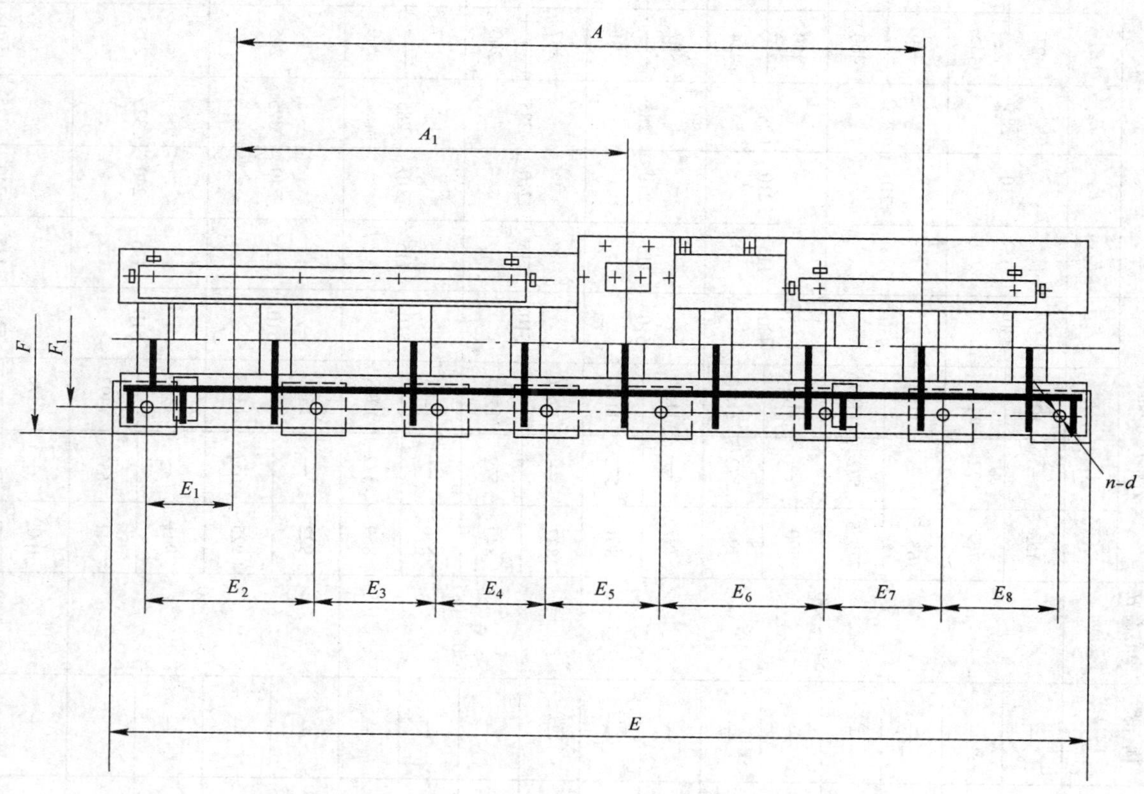

图 7-6 Y-DBY/DCY 板梁式驱动装置架

说明：1. 连接支架与电动机、减速器、制动器的紧固件包括在本支架内；

2. W 为支架 H 最小值的重量，支架 H 每增加 100mm，重量增加 W_0，但 H 值不得超过表中给出的最高值；

3. 单独订制本支架时，必须在备注栏注明其装配类型、中心高（H）和用于那种耦合器的驱动装置（F 或 Ⅱ），如：2 型 H1200F、6 型 H685Ⅱ等。与驱动装置配套订货时，则可不注明。

表 7-9 Y-DBY/DCY 板梁式驱动装置架

减速器型号	电动机型号	装配类型	耦合器型号	中心高 H /mm	外形尺寸/mm A	A_1	E	地脚尺寸/mm F	E_1	E_2	E_3	E_4	E_5	E_6	E_7	E_8	F_1	t	$n-d$	重量/kg W_0	W	图号
DCY160	Y90S-4	1 2	—	550 ~ 950	753	—	1088	430	115	210	285	421	—	—	—	—	320	26	8 - $\phi24$	35	252	JQ401-D
		5 6	—		767	572	1102					435	—	—	—	—				35	259	JQ401Z-D
	Y90L-4 Y90L-6	1 2	—		765.5	—	1113	430	115	210	285	446	—	—	—	—	320	26	8 - $\phi24$	35	245	JQ301-D
		5 6	—		779.5	572	1127					460	—	—	—	—				35	252	JQ301Z-D
	Y100L-6 Y100L1-4 Y100L2-4	1 2	—		790	—	1150	430	115	210	285	480	—	—	—	—	320	26	8 - $\phi24$	35	249	JQ302-D
		5 6	—		794	572	1154					484	—	—	—	—				35	255	JQ302Z-D
	Y112M-4 Y112M-6	1 2	—		797	—	1157	510	115	210	285	487	—	—	—	—	400	26	8 - $\phi24$	41	288	JQ303-D
		5 6	—		801	572	1161					491	—	—	—	—				41	295	JQ303Z-D
	Y132S-4	1 2	—	550 ~ 1085	837	—	1247	510	115	210	285	257	270	—	—	—	400	26	10 - $\phi24$	44	329	JQ556-D
		5 6	—		840	572	1250					260		—	—	—				44	336	JQ556Z-D
	Y132M-4	1 2	—		856	—	1285	510	115	210	285	257	308	—	—	—	400	26	10 - $\phi24$	45	335	JQ557-D
		5 6	—		859	572	1288					260		—	—	—				45	341	JQ557Z-D
DCY180	Y132S-4 Y132S-6	1 2	—	550 ~ 950	922	—	1352	510	135	240	325	295	267	—	—	—	400	26	10 - $\phi24$	47	331	JQ304-D
		5 6	—		925	657	1355						270	—	—	—				47	338	JQ304Z-D
	Y132M-4 Y132M1-6	1 2	—		941	—	1390	510	135	240	325	295	305	—	—	—	400	26	10 - $\phi24$	49	345	JQ305-D
		5 6	—		944	657	1393						308	—	—	—				49	352	JQ305Z-D
	Y160M-4	1 2	—	550 ~ 1085	1009	—	1475	510	135	240	325	370	314	—	—	—	400	26	10 - $\phi24$	51	353	JQ558-D
		5 6	—		1009	657	1475							—	—	—				51	360	JQ558Z-D

续表 7-9

减速器型号	电动机型号	装配类型	耦合器型号	中心高 H /mm	外形尺寸/mm			地脚尺寸/mm												重量/kg		图 号
					A	A_1	E	F	E_1	E_2	E_3	E_4	E_5	E_6	E_7	E_8	F_1	t	$n-d$	W_0	W	
DCY180	Y160L-4	1 2	—	550 ~ 1085	1031	—	1521	510	135	240	325	370	358	—	—	—	400	26	10 − ϕ24	52	360	JQ559-D
		5 6	—		1031	657	1521							—	—	—				52	366	JQ559Z-D
DCY200	Y132M2-6	1 2	—	550 ~ 950	1009	—	1473	540	145	255	360	320	308	—	—	—	430	26	10 − ϕ24	55	373	JQ306-D
		5 6	—		1009	722	1473							—	—	—				55	380	JQ306Z-D
	Y160M-4 Y160M-6	1 2	—		1074	—	1554	540	145	255	360	395	310	—	—	—	430	26	10 − ϕ30	56	379	JQ307-D
		5 6	—		1074	722	1554							—	—	—				56	387	JQ307Z-D
	Y160L-4	1 2	—	550 ~ 1085	1096	—	1601	540	145	255	360	395	353	—	—	—	430	26	10 − ϕ30	57	386	JQ459-D
		5 6	—		1096	722	1601							—	—	—				57	393	JQ459Z-D
	Y180M-4	1 2	—		1108. 5	—	1612	540	145	255	360	395	364	—	—	—	430	26	10 − ϕ30	57	384	JQ560-D
		5 6	—		1108. 5	722	1612							—	—	—				57	393	JQ560Z-D
DCY224	Y160L-4 Y160L-6	1 2	—	550 ~ 1200	1211	—	1736	540	165	290	415	440	353	—	—	—	430	26	10 − ϕ30	63	399	JQ308-D
		5 6	—		1211	837	1736							—	—	—				64	407	JQ308Z-D
	Y180M-4	1 2	—		1223. 5	—	1747	540	165	290	415	440	364	—	—	—	430	26	10 − ϕ30	64	396	JQ460-D
		5 6	—		1223. 5	837	1747							—	—	—				64	406	JQ460Z-D
	Y180L-4	1 2	—		1242. 5	—	1785	540	165	290	415	434	408	—	—	—	430	26	10 − ϕ30	65	402	JQ511-D
		5 6	—		1242. 5	837	1785							—	—	—				65	412	JQ511Z-D
DBY224	Y225M-4	1	YOX_F	685 ~ 1085	1479. 5	—	2042	600	165	290	345	405	449	311	—	—	490	26	12 − ϕ30	76. 4	614	JQ714-D
		2	YOX Ⅱ		1364. 5		1927						334							74. 2	596	
		5	YOX_{FZ}		1479. 5	790	2042	600	165	290	345	405	449	311	—	—				76. 4	623	JQ714Z-D
		6	YOX $Ⅱ_Z$		1565. 5		2128						535							78	636	

续表 7-9

减速器型号	电动机型号	装配类型	耦合器型号	中心高 H /mm	外形尺寸/mm			地脚尺寸/mm												重量/kg		图　号
					A	A_1	E	F	E_1	E_2	E_3	E_4	E_5	E_6	E_7	E_8	F_1	t	$n-d$	W_0	W	
DCY250	Y180M-4	1 2	—	550 ~ 1200	1313. 5	—	1857	540	180	315	465	470	364	—	—	—	430	26	10 − ϕ30	62	398	JQ410-D
		5 6	—		1313. 5	927	1857							—	—	—				62	409	JQ410Z-D
	Y180L-4	1 2	—		1338. 5	—	1901	540	180	315	465	470	408	—	—	—	430	26	10 − ϕ30	65	409	JQ411-D
		5 6	—		1338. 5	927	1901							—	—	—				65	420	JQ411Z-D
	Y180L-6	1 2	—		1332. 5	—	1895	540	180	315	465	470	402	—	—	—	430	26	10 − ϕ30	65	409	JQ309-D
		5 6	—		1332. 5	927	1895							—	—	—				65	419	JQ309Z-D
	Y200L-4	1 2	—		1363. 5	—	1940	540	180	315	465	470	446	—	—	—	430	26	10 − ϕ30	65	418	JQ512-D
		5 6	—		1363. 5	927	1940							—	—	—				65	428	JQ512Z-D
DBY250	Y250M-4	1	YOX_F	685 ~ 1200	1627. 5	—	2345	710	220	350	320	325	688	0	498	—	580	30	12 − ϕ30	103	821	JQ715-D
		2	YOXⅡ		1524. 5		2142						585	0						101	802	
		5	YOX_{FZ}		1627. 5	870	2345						320	368	0	498			14 − ϕ30	103	851	JQ715Z-D
		6	$YOXⅡ_Z$		1707. 5		2425						320	448						105	866	
	Y280S-4	1	YOX_F		1659	—	2370	750	220	350	320	325	700	0	535	—	620	30	12 − ϕ39	111	863	JQ716-D
		2	YOXⅡ		1556		2267						597	0						109	843	
		5	YOX_{FZ}		1659	870	2370						320	380	0	535			14 − ϕ39	111	895	JQ716Z-D
		6	$YOXⅡ_Z$		1739		2450						320	460						113	910	
	Y280M-4	1	YOX_F		1764. 5	—	2500	750	220	350	320	325	780	0	585	—	620	30	12 − ϕ39	114	890	JQ717-D
		2	YOXⅡ		1619. 5		2355						635	0						110	861	
		5	YOX_{FZ}		1764. 5	895	2500						320	460	0	585			14 − ϕ39	114	912	JQ717Z-D
		6	$YOXⅡ_Z$		1848. 5		2584						320	544						116	928	
DCY280	Y200L-4 Y200L1-6 Y200L2-6	1 2	—	600 ~ 1100	1453. 5	—	2123	650	232. 5	388	320	325	528	0	397	—	520	30	12 − ϕ30	90	615	JQ310-D
		5 6	—		1453. 5	1017							277	251	0	397			14 − ϕ30	90	640	JQ310Z-D
	Y225S-4	1 2	—	685 ~ 1200	1492	—	2186	650	232. 5	388	320	325	572	0	417	—	520	30	12 − ϕ30	91	699	JQ513-D
		5 6	—		1492	1017							277	295	0	417			14 − ϕ30	91	727	JQ513Z-D

续表 7-9

减速器型号	电动机型号	装配类型	耦合器型号	中心高 H /mm	外形尺寸/mm A	A_1	E	F	地脚尺寸/mm E_1	E_2	E_3	E_4	E_5	E_6	E_7	E_8	F_1	t	$n-d$	重量/kg W_0	W	图号
DCY280	Y225M-4	1	YOX_F	685 ~ 1200	1679.5	—	2387	650	232.5	388	320	325	759	0	430	—	520	30	12 - $\phi30$	101	757	JQ514-D
		2	YOX Ⅱ		1564.5		2272						644	0						99	738	
		5	YOX_{FZ}		1679.5	990	2387						250	509	0	430			14 - $\phi30$	101	787	JQ514Z-D
		6	YOX $Ⅱ_Z$		1765.5		2473						250	595						103	802	
	Y250M-4	1	YOX_F		1747.5	—	2485	650	232.5	388	320	325	782	0	505	—	520	30	12 - $\phi30$	103	771	JQ615-D
		2	YOX Ⅱ		1644.5		2382						679	0						101	754	
		5	YOX_{FZ}		1747.5	990	2485						250	532	0	505			14 - $\phi30$	103	801	JQ615Z-D
		6	YOX $Ⅱ_Z$		1827.5		2565						250	612						105	814	
DBY280	Y315S-4	1	YOX_F	685 ~ 1200	1874	—	2724	810	232.5	388	270	380	874	0	648	—	700	30	12 - $\phi39$	129	972	JQ718-D
		2	YOX Ⅱ		1729		2579						729	0						125	943	
		5	YOX_{FZ}		1874	985	2724						340	534	0	648			14 - $\phi39$	129	1008	JQ718Z-D
		6	YOX $Ⅱ_Z$		1958		2808						340	618						130	1024	
DCY315	Y225M-6	1 2	—	800 ~ 1200	1619.5	—	2357	710	255	440	390	330	594.5	0	423	—	580	30	12 - $\phi30$	102	896	JQ312-D
		5 6	—		1619.5	1132							297	297.5	0	423			14 - $\phi30$		926	JQ312Z-D
	Y225S-4	1 2	—	685 ~ 1200	1607	—	2344	710	255	440	390	330	582	0	423	—	580	30	12 - $\phi30$	105	786	JQ413-D
		5 6	—		1607	1132							291	291	0	423			14 - $\phi30$		816	JQ413Z-D
	Y225M-4	1	YOX_F		1794.5	—	2532	710	255	440	390	330	770	0	423	—	580	30	12 - $\phi30$	109	818	JQ414-D
		2	YOX Ⅱ		1679.5		2417						655	0						106	799	
		5	YOX_{FZ}		1794.5	1105	2532						270	500	0	423			14 - $\phi30$	109	851	JQ414Z-D
		6	YOX $Ⅱ_Z$		1880.5		2618						270	586						111	866	
	Y250M-4	1	YOX_F		1862.5	—	2630	710	255	440	390	330	793	0	498	—	580	30	12 - $\phi30$	111	831	JQ415-D
		2	YOX Ⅱ		1759.5		2527						690	0						109	814	
		5	YOX_{FZ}		1862.5	1105	2630						270	523	0	498			14 - $\phi30$	111	864	JQ415Z-D
		6	YOX $Ⅱ_Z$		1942.5		2710						270	603						113	877	
	Y280S-4	1	YOX_F		1894	—	2699	710	255	440	390	330	824	0	535	—	580	30	12 - $\phi30$	117	846	JQ616-D
		2	YOX Ⅱ		1791		2596						721	0						115	829	
		5	YOX_{FZ}		1894	1105	2699						270	554	0	535			14 - $\phi30$	117	879	JQ616Z-D
		6	YOX $Ⅱ_Z$		1974		2779						270	634						119	892	

续表 7-9

减速器型号	电动机型号	装配类型	耦合器型号	中心高 H /mm	外形尺寸/mm			地脚尺寸/mm												重量/kg		图 号
					A	A_1	E	F	E_1	E_2	E_3	E_4	E_5	E_6	E_7	E_8	F_1	t	$n-d$	W_0	W	
DBY315	Y315M-4	1	YOX_F	685 ~ 1200	1999.5	—	2904	810	255	440	305	505	790	0	685	—	700	30	12 - ϕ39	132	986	JQ719-D
		2	YOXⅡ		1854.5		2759						645	0						129	958	
		5	YOX_{FZ}		1999.5	1085	2904						360	430	0	685			14 - ϕ39	132	1026	JQ719Z-D
		6	$YOXⅡ_Z$		2083.5		2988						360	514						133	1041	
DCY355	Y250M-6	1	—	685 ~ 1200	1807.5	—	2605	750	265	475	420	370	605	0	515	—	620	30	12 - ϕ39	115	842	JQ313-D
		2																				
		5	—		1807.5	1282							302	303	0	515			14 - ϕ39	115	875	JQ313Z-D
		6																				
	Y280S-6	1	YOX_F		2094	—	2929	750	265	475	420	470	829	0	515	—	620	30	12 - ϕ39	128	915	JQ364-D
		2	YOXⅡ		1949		2784						684	0						125	891	
		5	YOX_{FZ}		2094	1250	2929						340	489	0	515			14 - ϕ39	128	957	JQ364Z-D
		6	$YOXⅡ_Z$		2178		3013						340	573						130	971	
	Y280M-6	1	YOX_F		2189.5	—	3050	750	265	475	420	570	800	0	566	—	620	30	12 - ϕ39	131	937	JQ365-D
		2	YOXⅡ		2028.5		2889						639	0						128	912	
		5	YOX_{FZ}		2189.5	1250	3050						340	460	0	566			14 - ϕ39	131	980	JQ365Z-D
		6	$YOXⅡ_Z$		2275.5		3136						340	546						133	994	
	Y280S-4	1	YOX_F		2014	—	2849	750	265	475	420	470	749	0	515	—	620	30	12 - ϕ39	127	903	JQ416-D
		2	YOXⅡ		1911		2746						646	0						125	885	
		5	YOX_{FZ}		2014	1225	2849						315	434	0	515			14 - ϕ39	127	941	JQ416Z-D
		6	$YOXⅡ_Z$		2094		2929						315	514						129	954	
	Y280M-4	1	YOX_F		2119.5	—	2980	750	265	475	420	570	730	0	566	—	620	30	12 - ϕ39	130	927	JQ467-D
		2	YOXⅡ		1974.5		2835						585	0						127	903	
		5	YOX_{FZ}		2119.5	1250	2980						340	390	0	566			14 - ϕ39	130	968	JQ467Z-D
		6	$YOXⅡ_Z$		2203.5		3064						340	474						132	982	
DBY355	Y315M-4	1	YOX_F	685 ~ 1200	2205	—	3114	810	265	475	330	550	861	0	704	—	700	30	12 - ϕ39	139	1012	JQ720-D
		2	YOXⅡ		2044		2953						700	0						136	984	
		5	YOX_{FZ}		2205	1195	3114						400	461	0	704			14 - ϕ39	139	1056	JQ720Z-D
		6	$YOXⅡ_Z$		2291		3200						400	547						141	1071	
	Y355M-4 185kW	1	YOX_F		2269	—	3291	860	265	475	330	525	924	370	450	—	750	36	14 - ϕ45	175	1299	JQ721-D
		2	YOXⅡ		2108		3130						763	370						171	1265	
		5	YOX_{FZ}		2269	1195	3291						400	524	370	450			16 - ϕ45	175	1350	JQ721Z-D
		6	$YOXⅡ_Z$		2355		3377						400	610						177	1368	

续表 7-9

减速器型号	电动机型号	装配类型	耦合器型号	中心高 H /mm	外形尺寸/mm				地脚尺寸/mm											重量/kg		图号
					A	A_1	E	F	E_1	E_2	E_3	E_4	E_5	E_6	E_7	E_8	F_1	t	$n-d$	W_0	W	
DCY400	Y280S-6	1	YOX_F	800 ~ 1300	2229	—	3144	810	300	535	460	455	860	0	610	—	700	36	12 - ϕ39	160	1281	JQ314-D
		2	YOXⅡ		2084		3000						715	0						156	1251	
		5	YOX_{FZ}		2229	1385	3144						355	505	0	610			14 - ϕ39	160	1331	JQ314Z-D
		6	$YOXⅡ_Z$		2313		3228						355	589						162	1349	
	Y280M-6	1	YOX_F		2324.5	—	3265	810	300	535	460	555	880	0	610	—	700	36	12 - ϕ39	163	1311	JQ315-D
		2	YOXⅡ		2163.5		3104						719	0						159	1276	
		5	YOX_{FZ}		2324.5	1385	3265						355	525	0	610			14 - ϕ39	163	1360	JQ315Z-D
		6	$YOXⅡ_Z$		2410.5		3351						355	611						165	1378	
	Y280M-4	1	YOX_F		2254.5	—	3195	810	300	535	460	555	810	0	610	—	700	36	12 - ϕ39	161	1295	JQ417-D
		2	YOXⅡ		2109.5		3050						665	0						157	1264	
		5	YOX_{FZ}		2254.5	1385	3195						355	455	0	610			14 - ϕ39	161	1346	JQ417Z-D
		6	$YOXⅡ_Z$		2338.5		3279						355	539						163	1364	
	Y315S-6	1	YOX_F		2344	—	3309	810	300	535	460	555	899	0	610	—	700	36	12 - ϕ39	164	1315	JQ366-D
		2	YOXⅡ		2183		3148						738	0						160	1281	
		5	YOX_{FZ}		2344	1385	3309						355	544	0	610			14 - ϕ39	164	1365	JQ366Z-D
		6	$YOXⅡ_Z$		2430		3395						355	630						166	1383	
	Y315M-6	1	YOX_F		2399.5	—	3389	810	300	535	460	555	934	0	655	—	700	36	12 - ϕ39	166	1339	JQ367-D
		2	YOXⅡ		2275.5		3265						810	0						163	1313	
		5	YOX_{FZ}		2399.5	1385	3389						365	569	0	655			14 - ϕ39	166	1395	JQ367Z-D
		6	$YOXⅡ_Z$		2548.5		3538						365	718						169	1426	
	Y315S-4	1	YOX_F	800 ~ 1300	2274	—	3239	810	300	535	460	555	829	0	610	—	700	36	12 - ϕ39	162	1300	JQ418-D
		2	YOXⅡ		2129		3094						684	0						158	1269	
		5	YOX_{FZ}		2274	1385	3239						355	474	0	610			14 - ϕ39	162	1349	JQ418Z-D
		6	$YOXⅡ_Z$		2358		3323						355	558						164	1367	
	Y315M-4	1	YOX_F		2299.5	—	3289	810	300	535	460	555	835	0	655	0	700	36	12 - ϕ39	163	1314	JQ469-D
		2	YOXⅡ		2154.5		3144						690	0						160	1283	
		5	YOX_{FZ}		2299.5	1385	3289						355	480	0	655			14 - ϕ39	163	1363	JQ469Z-D
		6	$YOXⅡ_Z$		2383.5		3373						355	564						165	1381	
	Y315L1-4	1	YOX_F		2395	—	3427	810	300	535	460	555	924	0	655	0	700	36	12 - ϕ39	166	1349	JQ670-D
		2	YOXⅡ		2234		3266						763	0						162	1315	
		5	YOX_{FZ}		2395	1385	3427						355	569	0	655			14 - ϕ39	166	1399	JQ670Z-D
		6	$YOXⅡ_Z$		2481		3513						355	655						169	1417	

续表 7-9

减速器型号	电动机型号	装配类型	耦合器型号	中心高 H /mm	外形尺寸/mm				地脚尺寸/mm											重量/kg		图 号
					A	A_1	E	F	E_1	E_2	E_3	E_4	E_5	E_6	E_7	E_8	F_1	t	$n-d$	W_0	W	
DBY400	Y315L2-4	1	YOX_F	800 ~ 1300	2335	—	3570	860	300	535	360	365	935	530	550	—	750	36	14 - ϕ39	185	1526	JQ722-D
		2	YOXⅡ		2214		3449						814	530						182	1498	
		5	YOX_{FZ}		2335	1325	3570						435	500	530	550			16 - ϕ39	185	1577	JQ722Z-D
		6	$YOXⅡ_Z$		2421		3656						435	586						187	1596	
	Y3553-4	1	YOX_F		2630	—	3985	860	300	535	360	665	930	530	715	—	750	36	14 - ϕ39	205	1741	JQ723-D
		2	YOXⅡ		2509		3864						809	530						202	1714	
		5	YOX_{FZ}		2630	1325	3985						435	495	530	715			16 - ϕ39	205	1793	JQ723Z-D
		6	$YOXⅡ_Z$		2716		4071						435	581						207	1812	
DCY450	Y315S-6	1	YOX_F	800 ~ 1300	2494	—	3499	860	340	605	515	665	850	0	615	—	750	36	12 - ϕ45	178	1367	JQ316-D
		2	YOXⅡ		2333		3338						689	0						174	1335	
		5	YOX_{FZ}		2494	1535	3499						370	480	0	615			14 - ϕ45	178	1421	JQ316Z-D
		6	$YOXⅡ_Z$		2580		3585						370	566						180	1438	
DCY450	Y315M-6	1	YOX_F	800 ~ 1300	2549.5	—	3579	860	340	605	515	675	880	0	655	—	750	36	12 - ϕ45	179	1393	JQ317-D
		2	YOXⅡ		2425.5		3455						756	0						176	1369	
		5	YOX_{FZ}		2549.5	1545	3579						370	510	0	655			14 - ϕ45	179	1454	JQ317Z-D
		6	$YOXⅡ_Z$		2698.5		3728						370	659						183	1484	
	Y315L1-6 Y315L2-6	1	YOX_F		2575	—	3695	860	340	605	515	675	840	370	440	—	750	36	14 - ϕ45	187	1478	JQ368-D
		2	YOXⅡ		2451		3571						716	370						184	1453	
		5	YOX_{FZ}		2575	1545	3695						360	480	370	440			16 - ϕ45	187	1539	JQ368Z-D
		6	$YOXⅡ_Z$		2724		3844						360	629						191	1568	
	Y315M-4	1	YOX_F		2449.5	—	3479	860	340	605	515	665	790	0	655	—	750	36	12 - ϕ45	177	1370	JQ419-D
		2	YOXⅡ		2304.5		3334						645	0						173	1341	
		5	YOX_{FZ}		2449.5	1535	3479						370	420	0	655			14 - ϕ45	177	1424	JQ419Z-D
		6	$YOXⅡ_Z$		2533.5		3563						370	504						179	1441	
	Y315L1-4 Y315L2-4	1	YOX_F		2545	—	3665	860	340	605	515	665	820	370	440	—	750	36	14 - ϕ45	186	1468	JQ420-D
		2	YOXⅡ		2384		3504						659	370						182	1436	
		5	YOX_{FZ}		2545	1535	3665						370	450	370	440			16 - ϕ45	186	1523	JQ420Z-D
		6	$YOXⅡ_Z$		2631		3751						370	536						188	1540	
	Y355M-4 185kW	1	YOX_F		2609	—	3729	860	340	605	515	665	884	370	440	—	750	36	14 - ϕ45	188	1471	JQ621-D
		2	YOXⅡ		2448		3568						723	370						184	1439	
		5	YOX_{FZ}		2609	1535	3729						370	514	370	440			16 - ϕ45	188	1525	JQ621Z-D
		6	$YOXⅡ_Z$		2695		3815						370	600						190	1542	

续表 7-9

减速器型号	电动机型号	装配类型	耦合器型号	中心高 H /mm	外形尺寸/mm			地脚尺寸/mm												重量/kg		图 号
					A	A_1	E	F	E_1	E_2	E_3	E_4	E_5	E_6	E_7	E_8	F_1	t	$n-d$	W_0	W	
DBY450	Y3554-4	1	YOX$_F$	800 ~ 1300	2780	—	4175	960	340	605	515	550	1010	530	715	—	840	36	14 - ϕ45	223	1838	JQ724-D
		2	YOXⅡ		2659		4054						889	530						220	1811	
		5	YOX$_{FZ}$		2780	1475	4175						425	585	530	715			16 - ϕ45	223	1897	JQ724Z-D
		6	YOXⅡ$_Z$		2866		4261						425	671						225	1916	
	Y3555-4	1	YOX$_F$		2810	—	4205	960	340	605	515	550	1040	530	715	—	840	36	14 - ϕ45	224	1845	JQ725-D
		2	YOXⅡ		2686		4081						916	530						221	1817	
		5	YOX$_{FZ}$		2810	1485	4205						435	605	530	715			16 - ϕ45	224	1906	JQ725Z-D
		6	YOXⅡ$_Z$		2959		4354						435	754						227	1940	
	Y3556-4	1	YOX$_F$		2810	—	4205	960	340	605	515	550	1040	530	715	—	840	36	14 - ϕ45	224	1845	JQ725-D
		2	YOXⅡ		2686		4081						916	530						221	1817	
		5	YOX$_{FZ}$		2810	1485	4205						435	605	530	715			16 - ϕ45	224	1906	JQ725Z-D
		6	YOXⅡ$_Z$		2959		4354						435	754						227	1940	
DCY500	Y315L1-6 Y315L2-6	1	YOX$_F$	900 ~ 1500	2735	—	3900	860	385	685	555	745	855	370	440	—	750	36	14 - ϕ45	192	1647	JQ318-D
		2	YOXⅡ		2611		3776						731	370						190	1621	
		5	YOX$_{FZ}$		2735	1705	3900						375	480	370	440			16 - ϕ45	192	1711	JQ318Z-D
		6	YOXⅡ$_Z$		2884		4049						375	629						194	1742	
DCY500	Y355M-6 160kW	1	YOX$_F$	900 ~ 1500	2799	—	3964	860	385	685	555	745	919	370	440	—	750	36	14 - ϕ45	194	1649	JQ370-D
		2	YOXⅡ		2675		3840						795	370						191	1624	
		5	YOX$_{FZ}$		2799	1705	3964						375	544	370	440			16 - ϕ45	194	1714	JQ370Z-D
		6	YOXⅡ$_Z$		2948		4113						375	693						198	1745	
	Y355M-6 185kW	1	YOX$_F$		2949	—	4114	860	385	685	555	745	1069	370	440	—	750	36	14 - ϕ45	198	1681	JQ371-D
		2	YOXⅡ		2737		3902						857	370						192	1637	
		5	YOX$_{FZ}$		2949	1732. 5	4114						413	656	370	440			16 - ϕ45	198	1754	JQ371Z-D
		6	YOXⅡ$_Z$		3059		4224						413	766						200	1777	
	Y355M-4 185kW	1	YOX$_F$		2769	—	3934	860	385	685	555	745	889	370	440	—	750	36	14 - ϕ45	193	1639	JQ421-D
		2	YOXⅡ		2608		3773						728	370						189	1606	
		5	YOX$_{FZ}$		2769	1695	3934						375	514	370	440			16 - ϕ45	193	1698	JQ421Z-D
		6	YOXⅡ$_Z$		2855		4020						375	600						195	1715	
	Y315L2-4	1	YOX$_F$		2705	—	3870	860	385	685	555	745	825	370	440	—	750	36	14 - ϕ45	192	1637	JQ422-D
		2	YOXⅡ		2544		3709						664	370						188	1603	
		5	YOX$_{FZ}$		2705	1695	3870						375	450	370	440			16 - ϕ45	192	1695	JQ422Z-D
		6	YOXⅡ$_Z$		2791		3956						375	536						194	1713	
	Y3553-4 Y3554-4	1	YOX$_F$		3000	—	4440	960	385	685	555	745	960	530	715	—	840	36	14 - ϕ45	228	2059	JQ423-D
		2	YOXⅡ		2879		4319						839	530						225	2031	
		5	YOX$_{FZ}$		3000	1695	4440						375	585	530	715			16 - ϕ45	228	2121	JQ423Z-D
		6	YOXⅡ$_Z$		3086		4526						375	671						230	2141	
	Y3555-4	1	YOX$_F$		3030	—	4470	960	385	685	555	745	990	530	715	—	840	36	14 - ϕ45	229	2066	JQ625-D
		2	YOXⅡ		2906		4346						866	530						226	2037	
		5	YOX$_{FZ}$		3030	1705	4470						385	605	530	715			16 - ϕ45	229	2135	JQ625Z-D
		6	YOXⅡ$_Z$		3179		4619						385	754						233	2169	

续表 7-9

减速器型号	电动机型号	装配类型	耦合器型号	中心高 H /mm	外形尺寸/mm			地脚尺寸/mm												重量/kg		图号
					A	A_1	E	F	E_1	E_2	E_3	E_4	E_5	E_6	E_7	E_8	F_1	t	$n-d$	W_0	W	
DCY560	Y355M-6 160kW	1 2	YOX$_{F}$	1000 ~ 1500	2989	—	4009	1030	390	715	450	570	470	450	444	560	900	16	16 - ϕ45	218	2076	JQ320-D
			YOXⅡ		2865		3885								320					215	2045	
		5 6	YOX$_{FZ}$		2989	1895	4009								444					218	2124	JQ320Z-D
			YOXⅡ$_{Z}$		3138		4158								593					222	2162	
	Y355M-6 185kW 200kW	1 2	YOX$_{F}$		3139	—	4159	1030	390	715	450	570	500	500	514	560	900	16	16 - ϕ45	222	2114	JQ321-D
			YOXⅡ		2927		3947								302					217	2061	
		5 6	YOX$_{FZ}$		3139	1922.5	4159								514					222	2169	JQ321Z-D
			YOXⅡ$_{Z}$		3249		4269								624					225	2197	
DCY560	Y3555-6	1 2	YOX$_{F}$	1000 ~ 1500	3370	—	4830	1030	390	715	450	570	800	775	540	685	900	36	16 - ϕ45	256	2527	JQ373-D
			YOXⅡ		3158		4618							563						251	2472	
		5 6	YOX$_{FZ}$		3370	1922.5	4830							775						256	2582	JQ373Z-D
			YOXⅡ$_{Z}$		3480		4940							885						259	2611	
	Y3555-4	1 2	YOX$_{F}$	1000 ~ 1500	3220	—	4680	1030	390	715	450	570	800	625	540	685	900	36	16 - ϕ45	252	2428	JQ425-D
			YOXⅡ		3096		4556							501						249	2396	
		5 6	YOX$_{FZ}$		3220	1895	4680							625						252	2476	JQ425Z-D
			YOXⅡ$_{Z}$		3369		4829							774						256	2515	
	Y3556-4	1 2	YOX$_{F}$		3220	—	4680	1030	390	715	450	570	800	625	540	685	900	36	16 - ϕ45	252	2428	JQ425-D
			YOXⅡ		3096		4556							501						249	2396	
		5 6	YOX$_{FZ}$		3220	1895	4680							625						252	2476	JQ425Z-D
			YOXⅡ$_{Z}$		3369		4829							774						256	2515	
	Y4002-6 Y4003-6	1 2	YOX$_{F}$	1000 ~ 1500	3440	—	4935	1110	390	715	450	570	800	785	600	750	980	36	16 - ϕ45	268	2603	JQ325-D
			YOXⅡ		3228		4723							573						262	2548	
		5 6	YOX$_{FZ}$		3440	1922.5	4935							785						268	2658	JQ325Z-D
			YOXⅡ$_{Z}$		3550		5045							895						271	2686	

7.7　梅花联轴器护罩

梅花联轴器护罩示意图见图7-7，各参数见表7-10。

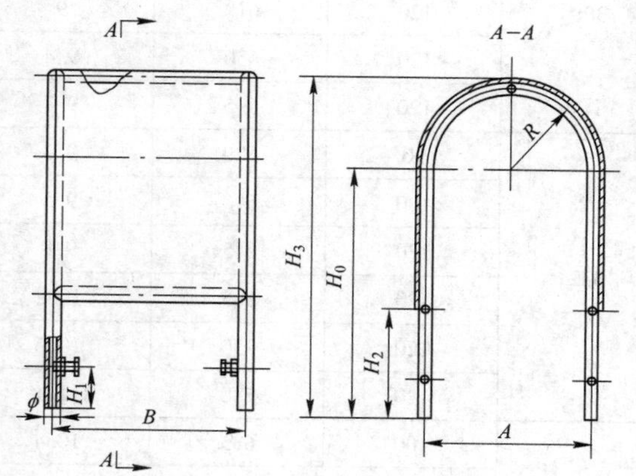

图7-7　梅花联轴器护罩示意图

（图中尺寸 $H_1=50$；$\phi=26.8$）

7.8　液力耦合器护罩

液力耦合器护罩示意图见图7-8，各参数见表7-11。

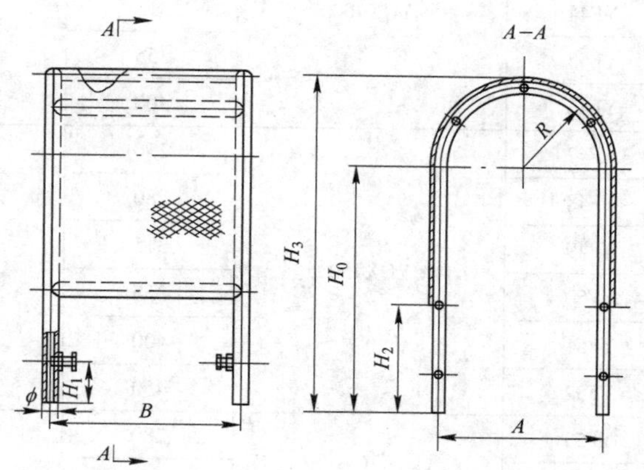

图7-8　液力耦合器护罩示意图

（图中尺寸 $H_1=50$；$\phi=26.8$）

表7-10　梅花联轴器护罩

mm

代　号	适用梅花联轴器	H_0	A	B	H_2	H_3	重量/kg
MF13	ML2	180	120	90	80	255	3
MF14	ML2		120	110		255	3.3
MF15	ML3		135	130		263	3.6
MF16	ML4		155	170		273	4.3
MF17	ML5		175	170		283	4.5
MF18	ML3	200	135	150	80	283	4.1
MF19	ML4		155	190		293	4.8
MF20	ML5		175	190		303	5
MF21	ML4	225	155	190	80	318	5.1
MF22	ML5		175	190		328	5.3
MF23	ML6		195	200		338	5.6
MF24	ML7		220	230		350	6.4
MF25	ML4	250	155	220	90	343	5.8
MF26	ML5		175	220		353	6
MF27	ML6		195	230		363	6.4
MF28	ML7		220	260		375	7.1
MF29	ML5	280	175	220	100	383	6.3
MF30	ML6		195	230		393	6.7
MF31	ML7		220	260		405	7.5
MF32	ML6	315	210	230	120	435	7.2
MF33	ML7		230	260		445	7.9
MF34	ML7	355	230	260	120	485	8.5
MF35	ML7	400	230	260		530	9.2
MF36	ML7		230	230		530	8.6

表 7-11 液力耦合器护罩 mm

代号	适用的液力耦合器	H_0	A	B	H_2	H_3	重量/kg
YF42	YOX400	250	560	308	90	545	8.5
YF43		280			100	575	8.8
YF44		315			120	610	9
YF45		355			120	650	9.4
YF46		400			120	695	9.7
YF47	YOX450	250	630	332	90	580	9.3
YF48		280			100	610	9.5
YF49		315			120	645	9.8
YF50		355			120	685	10.2
YF51		400			120	730	10.5
YF52		450			120	780	11.1
YF53	YOX500	280	680	371	100	635	10.4
YF54		315			120	670	10.7
YF55		355			120	710	11.1
YF56		400			120	755	11.4
YF57		450			120	805	11.9
YF58		500			120	855	12.3
YF59	YOX560	355	730	443	120	735	12.4
YF60		400		443		780	12.8
YF61		450		407		830	12.8
YF62		450		443		830	13.3
YF63		500		407		880	13.2
YF64		500		443		880	13.8
YF65		560		407		940	13.8
YF66		560		403		940	13.7
YF67		630		407		1010	14.5
YF68		630		403		1010	14.4
YF69	YOX650	450	860	480	120	895	14.9
YF70		450		516		895	15.4
YF71		500		480		945	15.4
YF72		500		516		945	15.9
YF73		560		480		1005	16
YF74		560		516		1005	16.5
YF75		630		480		1075	16.6
YF76		630		516		1075	17.3
YF77		710		530		1155	18.3
YF78		710		572		1155	19
YF79	YOX750	560	960	530	120	1055	17.6
YF80		560		572		1055	18.3
YF81		630		530		1125	18.3
YF82		630		572		1125	19
YF83		710		530		1205	19.1
YF84		710		572		1205	19.8

8 电动滚筒

8.1 概述

电动滚筒按电机的安装位置可分为内置式电动滚筒和外置式电动滚筒两大类。

内置式电动滚筒是一种将电动机和减速装置共同置于滚筒体内部的驱动装置，现执行的行业标准为《电动滚筒》（JB/T 7330—2008）。内置式电动滚筒包括：YD 型定轴齿轮油冷式电动滚筒、YZ 型摆线针轮电动滚筒、YT 型行星齿轮电动滚筒等。型号中加“B”是特性代号表示为隔爆电动滚筒。

外置式电动滚筒是减速装置在滚筒体内部而电动机置于滚筒体外面的驱动装置。外置式电动滚筒包括：电动机悬臂外置式电动滚筒（电动机为 IM B5 结构）、电动机直联外置式电动滚筒（电动机为 IM B3 结构）。减速结构类型则包括：定轴齿轮传动、摆线针轮传动、行星齿轮传动等。

本章第 8.2 节列出了内置式电动滚筒完整的参数和外形尺寸，供设计人员查阅；而第 8.3 节则只列入了外置式电动滚筒的参数和两种基本型的外观图。为了方便设计，第 8.3.2 节～第 8.3.6 节列出了部分企业生产的外置式电动滚筒的参数和外形尺寸。要选用其他企业的同类产品，可查阅该企业的产品样本。

电动滚筒订货代号为：

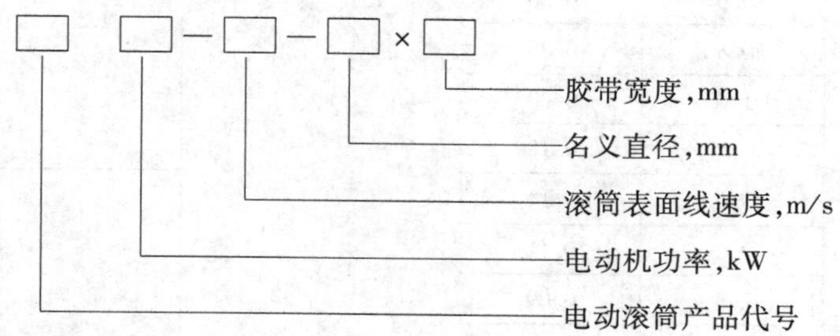

电动滚筒订货代号举例：

普通定轴齿轮油冷式内置电动滚筒：电机功率 2.2kW，带速 0.8m/s，滚筒直径 500mm，带宽 650mm。

订货代号为：Y2.2-0.8-500×650。

注：由于《电动滚筒》（JB/T 7330—2008）中未对外置式电动滚筒代号进行规定，选用时请详见各生产企业产品样本。

必须指出的是由于电动滚筒轴承座处的安装尺寸与 DTⅡ(A) 型带式输送机的传动滚筒并不完全一致，因而，采用电动滚筒作为 DTⅡ(A) 型带式输送机的传动滚筒和驱动装置时，大多需要修改相关支架尺寸。这一点，请设计者务必留意。

8.2 内置式电动滚筒

8.2.1 内置式电动滚筒相关参数

内置式电动滚筒的相关参数见表 8-1 所示。

表 8-1 内置式电动滚筒参数

滚筒规格 $D\times B$[①]	电动机功率 /kW	带速 /m·s^{-1}	输出扭矩 /kN·m
250×400 250×500 250×650	1.1	0.4	0.32
		0.5	0.26
		0.6	0.22
		0.8	0.16
		1.0	0.12
		1.25	0.1
	1.5	0.4	0.44
		0.5	0.35
		0.6	0.29
		0.8	0.22
		1.0	0.18
		1.25	0.14
		1.6	0.11
		2.0	0.88

续表 8-1

滚筒规格 D×B①	电动机功率 /kW	带速 /m·s⁻¹	输出扭矩 /kN·m
250×400 250×500 250×650	2.2	0.4	0.65
		0.5	0.52
		0.6	0.43
		0.8	0.32
		1.0	0.26
		1.25	0.21
		1.6	0.16
		2.0	0.13
		2.5	0.1
	3.0	0.8	0.44
		1.0	0.35
		1.25	0.28
		1.6	0.22
		2.0	0.18
		2.5	0.14
320×500 320×650 320×800	1.5	0.4	0.56
		0.5	0.45
		0.6	0.38
		0.8	0.28
		1.0	0.23
		1.25	0.18
		1.6	0.14
		2.0	0.11
		2.5	0.09
	2.2	0.4	0.83
		0.5	0.66
		0.6	0.55
		0.8	0.41
		1.0	0.33
		1.25	0.26
		1.6	0.21
		2.0	0.17
		2.5	0.13
	3.0	0.4	1.13
		0.5	0.9
		0.6	0.75
		0.8	0.56
		1.0	0.45
		1.25	0.36
		1.6	0.28
		2.0	0.23
		2.5	0.18

续表 8-1

滚筒规格 D×B①	电动机功率 /kW	带速 /m·s⁻¹	输出扭矩 /kN·m
320×500 320×650 320×800	4.0	0.4	1.5
		0.5	1.2
		0.6	1.0
		0.8	0.75
		1.0	0.66
		1.25	0.48
		1.6	0.38
		2.0	0.3
		2.5	0.24
	5.5	0.8	1.03
		1.0	0.83
		1.25	0.66
		1.6	0.52
		2.0	0.41
		2.5	0.33
400×500 400×650 400×800 400×1000	1.5	0.8	0.35
		1.0	0.28
		1.25	0.23
		1.6	0.18
		2.0	0.14
		2.5	0.11
	2.2	0.4	1.03
		0.5	0.83
		0.6	0.69
		0.8	0.52
		1.0	0.41
		1.25	0.33
		1.6	0.26
		2.0	0.21
		2.5	0.17
	3.0	0.4	1.41
		0.5	1.13
		0.6	0.94
		0.8	0.71
		1.0	0.56
		1.25	0.45
		1.6	0.35
		2.0	0.28
		2.5	0.23
	4.0	0.4	1.88
		0.5	1.50
		0.6	1.25
		0.8	0.94

续表 8-1

滚筒规格 $D\times B$①	电动机功率 /kW	带速 /m·s^{-1}	输出扭矩 /kN·m
400×500 400×650 400×800 400×1000	4.0	1.0	0.75
		1.25	0.60
		1.6	0.47
		2.0	0.38
		2.5	0.30
	5.5	0.4	2.59
		0.5	2.07
		0.6	1.72
		0.8	1.29
		1.0	1.03
		1.25	0.83
		1.6	0.65
		2.0	0.52
		2.5	0.41
400×650 400×800 400×1000	7.5	1.0	1.41
		1.25	1.13
		1.6	0.88
		2.0	0.71
		2.5	0.56
		3.15	0.45
	11	1.25	1.65
		1.6	1.29
		2.0	1.03
		2.5	0.83
		3.15	0.66
500×500 500×650 500×800 500×1000	1.5	0.4	0.88
		0.5	0.71
		0.6	0.59
		0.8	0.44
		1.0	0.35
		1.25	0.28
		1.6	0.22
	2.2	0.4	1.29
		0.5	1.03
		0.6	0.86
		0.8	0.65
		1.0	0.52
		1.25	0.41
		1.6	0.32
		2.0	0.26
		2.5	0.21

续表 8-1

滚筒规格 $D\times B$①	电动机功率 /kW	带速 /m·s^{-1}	输出扭矩 /kN·m
500×500 500×650 500×800 500×1000	3.0	0.4	1.76
		0.5	1.41
		0.6	1.18
		0.8	0.88
		1.0	0.71
		1.25	0.56
		1.6	0.44
		2.0	0.35
		2.5	0.28
	4.0	0.4	2.35
		0.5	1.88
		0.6	1.57
		0.8	1.18
		1.0	0.94
		1.25	0.75
		1.6	0.59
		2.0	0.47
		2.5	0.38
	5.5	0.4	3.23
		0.5	2.59
		0.6	2.15
		0.8	1.62
		1.0	1.29
		1.25	1.03
		1.6	0.81
		2.0	0.65
		2.5	0.52
	7.5	0.4	4.41
		0.5	3.53
		0.6	2.94
		0.8	2.20
		1.0	1.76
		1.25	1.41
		1.6	1.10
		2.0	0.88
		2.5	0.71
		3.15	0.56
500×650 500×800 500×1000	11	0.4	6.46
		0.5	5.17
		0.6	4.31
		0.8	3.23
		1.0	2.59
		1.25	2.07

续表 8-1

滚筒规格 $D\times B$①	电动机功率 /kW	带速 /m·s^{-1}	输出扭矩 /kN·m
500×650 500×800 500×1000	11	1.6	1.62
		2.0	1.29
		2.5	1.03
		3.15	0.82
	15	1.0	3.53
		1.25	2.82
		1.6	2.20
		2.0	1.76
		2.5	1.41
		3.15	1.12
		4.0	0.88
	18.5	1.6	2.72
		2.0	2.17
		2.5	1.74
		3.15	1.38
		4.0	1.09
	22	1.6	3.23
		2.0	2.59
		2.5	2.07
		3.15	1.64
		4.0	1.29
630×650 630×800 630×1000 630×1200	2.2	1.0	0.65
		1.25	0.52
		1.6	0.41
		2.0	0.33
630×650 630×800 630×1000 630×1200 630×1400	3.0	0.4	2.22
		0.5	1.78
		0.6	1.48
		0.8	1.11
		1.0	0.89
		1.25	0.71
		1.6	0.56
		2.0	0.44
		2.5	0.36
	4.0	0.4	2.96
		0.5	2.37
		0.6	1.97
		0.8	1.48
		1.0	1.18
		1.25	0.95
		1.6	0.74
		2.0	0.59
		2.5	0.47

续表 8-1

滚筒规格 $D\times B$①	电动机功率 /kW	带速 /m·s^{-1}	输出扭矩 /kN·m
630×650 630×800 630×1000 630×1200 630×1400	5.5	0.4	4.07
		0.5	3.26
		0.6	2.71
		0.8	2.04
		1.0	1.63
		1.25	1.30
		1.6	1.02
		2.0	0.81
		2.5	0.65
	7.5	0.4	5.55
		0.5	4.44
		0.6	3.70
		0.8	2.78
		1.0	2.22
		1.25	1.78
		1.6	1.39
		2.0	1.11
		2.5	0.89
	11	0.4	8.14
		0.5	6.51
		0.6	5.43
		0.8	4.07
		1.0	3.26
		1.25	2.61
		1.6	2.04
		2.0	1.63
		2.5	1.30
		3.15	1.03
		4.0	0.81
630×800 630×1000 630×1200 630×1400 630×1600 630×1800 630×2000	15	0.4	11.10
		0.5	8.88
		0.6	7.40
		0.8	5.55
		1.0	4.44
		1.25	3.55
		1.6	2.78
		2.0	2.22
		2.5	1.78
		3.15	1.41
		4.0	1.11
	18.5	0.8	6.85
		1.0	5.5

续表 8-1

滚筒规格 $D\times B$①	电动机功率 /kW	带速 /m·s⁻¹	输出扭矩 /kN·m
630×800 630×1000 630×1200 630×1400 630×1600 630×1800 630×2000	18.5	1.25	4.38
		1.6	3.42
		2.0	2.74
		2.5	2.19
		3.15	1.74
		4.0	1.37
	22	0.8	8.14
		1.0	6.52
		1.25	5.21
		1.6	4.07
		2.0	3.26
		2.5	2.61
		3.15	2.07
		4.0	1.63
	30	1.25	7.11
		1.6	5.55
		2.0	4.44
		2.5	3.55
		3.15	2.82
		4.0	2.22
	37	1.6	6.85
		2.0	5.48
		2.5	4.38
		3.15	3.48
		4.0	2.74
	45	1.6	8.86
		2.0	7.09
		2.5	5.67
		3.15	4.50
		4.0	3.33
800×800 800×1000 800×1200 800×1400 800×1600 800×1800 800×2000	5.5	0.4	5.17
		0.5	4.14
		0.6	3.45
		0.8	2.59
		1.0	2.07
		1.25	1.65
		1.6	1.29
		2.0	1.03
		2.5	0.83
		3.15	0.66
	7.5	0.5	5.64
		0.6	4.70
		0.8	3.53

续表 8-1

滚筒规格 $D\times B$①	电动机功率 /kW	带速 /m·s⁻¹	输出扭矩 /kN·m
800×800 800×1000 800×1200 800×1400 800×1600 800×1800 800×2000	7.5	1.0	2.82
		1.25	2.26
		1.6	1.76
		2.0	1.41
		2.5	1.13
		3.15	0.90
	11	0.5	8.27
		0.6	6.89
		0.8	5.17
		1.0	4.14
		1.25	3.31
		1.6	2.59
		2.0	2.07
		2.5	1.65
		3.15	1.31
	15	0.6	9.40
		0.8	7.05
		1.0	5.64
		1.25	4.51
		1.6	3.53
		2.0	2.82
		2.5	2.26
		3.15	1.79
	18.5	1.0	6.96
		1.25	5.56
		1.6	4.35
		2.0	3.48
		2.5	2.78
		3.15	2.21
		4.0	1.74
	22	1.0	8.27
		1.25	6.62
		1.6	5.17
		2.0	4.14
		2.5	3.31
		3.15	2.63
		4.0	2.07
	30	1.6	7.05
		2.0	5.64
		2.5	4.51
		3.15	3.58
		4.0	2.82

续表 8-1

滚筒规格 $D \times B$①	电动机功率 /kW	带速 /m · s^{-1}	输出扭矩 /kN · m
800×800 800×1000 800×1200 800×1400 800×1600 800×1800 800×2000	37	1. 6	8. 7
		2. 0	6. 96
		2. 5	5. 56
		3. 15	4. 42
		4. 0	3. 48
800×1000 800×1200 800×1400 800×1600 800×1800 800×2000	45	1. 6	10. 58
		2	8. 46
		2. 5	6. 77
		3. 15	5. 37
		4. 0	4. 23
	55	1. 6	12. 93
		2. 0	10. 34
800×1200 800×1400 800×1600 800×1800 800×2000	55	2. 5	8. 27
		3. 15	6. 57
		4. 0	5. 17
1000×1000 1000×1200 1000×1400 1000×1600 1000×1800 1000×2000	18. 5	1. 25	6. 96
		1. 6	5. 43
		2. 0	4. 35
		2. 5	3. 48
		3. 15	2. 76
		4. 0	2. 17
	22	1. 25	8. 27
		1. 6	6. 46
		2. 0	5. 17

续表 8-1

滚筒规格 $D \times B$①	电动机功率 /kW	带速 /m · s^{-1}	输出扭矩 /kN · m
1000×1000 1000×1200 1000×1400 1000×1600 1000×1800 1000×2000	22	2. 5	4. 14
		3. 15	3. 28
		4. 0	2. 59
	30	2. 0	7. 05
		2. 5	5. 64
		3. 15	4. 48
		4. 0	3. 53
	37	2. 0	8. 7
		2. 5	6. 96
		3. 15	5. 52
		4. 0	4. 35
	45	2. 0	10. 58
		2. 5	8. 46
		3. 15	6. 71
		4. 0	5. 29
	55	2. 0	12. 93
		2. 5	10. 34
		3. 15	8. 21
		4. 0	6. 46

① 滚筒直径×胶带宽度，单位为 mm。

8. 2. 2　外形尺寸表

内置式电动滚筒的外形尺寸如图 8-1 及表 8-2 所示。

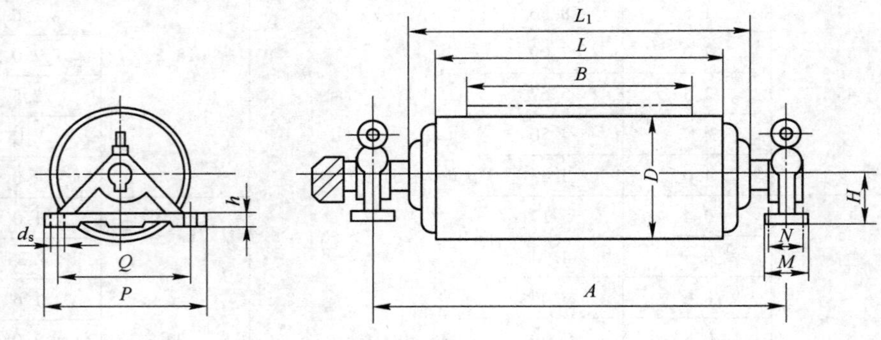

图 8-1　内置式电动滚筒

表 8-2　内置式电动滚筒外形尺寸　mm

D	B	A	L	H	M	N	P	Q	h	d_s	L_1
250	400	750	500	120	70	—	340	280	35	27	598
	500	850	600								698
	650	1000	750								848

续表 8-2

D	B	A	L	H	M	N	P	Q	h	d_s	L_1
320	500	850	600	120	75	—	340	280	35	27	722
	650	1000	750								872
	800	1300	950								1072
400	500	850	600	120	75	—	340	280	35	27	734
	650	1000	750								884
	800	1300	950								1084
	1000	1500	1150								1284
500	500	850	600	100	75	—	340	280	35	27	736
	650	1000	750	120	80	—	340	280	35		890
	800	1300	950								1090
	1000	1500	1150								1290
630	650	1000	750	120	90	—	340	280	35	27	858
	800	1300	950	140	130	80	400	330	35		1066
	1000	1500	1150								1258
	1200	1750	1400	160	160	90	440	360	50	34	1508
	1400	2000	1600								1708
	1600	2250	1800								1908
	1800	2500	2000								2108
	2000	2750	2200								2308
800	800	1300	950	140	130	80	400	330	35	27	1066
	1000	1500	1150	160	160	90	440	360	50	34	1262
	1200	1750	1400								1512
	1400	2000	1600								1712
	1600	2250	1800								1912
	1800	2500	2000								2112
	2000	2750	2200								2312
1000	1000	1500	1150	160	160	90	440	360	50	34	1262
	1200	1750	1400								1512
	1400	2000	1600								1712
	1600	2250	1800								1912
	1800	2500	2000								2112
	2000	2750	2200								2312

8.3 外置式电动滚筒相关信息

8.3.1 外置式电动滚筒相关参数

外置式电动滚筒的相关参数如表8-3所示。

表8-3 外置式电动滚筒参数

功率/kW	带宽/mm	滚筒直径/mm	带速/m·s^{-1}	许用扭矩/kN·m	许用合力/kN
1.5	400、500、650、800	320	0.4	0.56	51.3
			0.5	0.45	
			0.6	0.37	
			0.8	0.28	
			1.0	0.22	
			1.25	0.18	
			1.6	0.14	
		400	0.4	0.71	54.4
			0.5	0.56	
			0.6	0.45	
			0.8	0.35	
			1.0	0.28	
			1.25	0.23	
			1.6	0.18	
2.2	400、500、650、800	320	0.4	0.83	51.3
			0.5	0.66	
			0.6	0.55	
			0.8	0.41	
			1.0	0.33	
			1.25	0.26	
			1.6	0.21	
		400	0.25	1.65	54.4
			0.32	1.29	
			0.4	1.03	
			0.5	0.83	
			0.6	0.66	
			0.8	0.52	
			1.0	0.41	
			1.25	0.33	
			1.6	0.26	
			2.0	0.21	
	500、650、800	500	0.32	1.62	57.9
			0.4	1.29	
			0.5	1.03	
			0.6	0.82	
			0.8	0.65	
			1.0	0.52	
			1.25	0.41	
			1.6	0.32	
			2.0	0.26	
			2.5	0.21	
			3.15	0.16	

续表8-3

功率/kW	带宽/mm	滚筒直径/mm	带速/m·s^{-1}	许用扭矩/kN·m	许用合力/kN
3.0	400、500、650	320	0.25	1.80	51.3
			0.32	1.41	
			0.4	1.12	
			0.5	0.90	
			0.6	0.75	
			0.8	0.56	
			1.0	0.45	
			1.25	0.36	
			1.60	0.28	
	500、650	400	0.25	2.26	54.4
			0.32	1.76	
			0.4	1.41	
			0.5	1.13	
			0.6	0.90	
			0.8	0.71	
			1.0	0.56	
			1.25	0.45	
			1.60	0.35	
			2.0	0.28	
	500、650、800	500	0.4	1.76	57.9
			0.5	1.41	
			0.6	1.12	
			0.8	0.88	
			1.0	0.71	
			1.25	0.56	
			1.6	0.44	
			2.0	0.35	
			2.5	0.28	
			3.15	0.22	
4.0	400、500、650	320	0.4	1.50	51.3
			0.5	1.20	
			0.6	1.00	
			0.8	0.75	
			1.0	0.66	
			1.25	0.48	
			1.60	0.37	
			2.0	0.30	
			2.5	0.24	
	500、650、800	400	0.25	3.01	54.4
			0.32	2.35	
			0.4	1.88	
			0.5	1.50	
			0.6	1.19	

续表 8-3

功率/kW	带宽/mm	滚筒直径/mm	带速/m·s^{-1}	许用扭矩/kN·m	许用合力/kN
4.0	500、650、800	400	0.8	0.94	54.4
			1.0	0.75	
			1.25	0.60	
			1.6	0.47	
			2.0	0.38	
	500、650、800	500	0.32	2.94	57.9
			0.4	2.35	
			0.5	1.88	
			0.63	1.49	
			0.8	1.18	
			1.0	0.94	
			1.25	0.75	
			1.6	0.59	
			2.0	0.47	
			2.5	0.38	
			3.15	0.30	
5.5	500、650、800	500	0.6	2.05	51.7
			0.8	1.62	
			1.0	1.29	
			1.25	1.03	
			1.6	0.81	
			2.0	0.65	
			2.5	0.52	
			3.15	0.41	
	500、650、800	630	0.6	2.59	78.1
			0.8	2.04	
			1.0	1.63	
			1.25	1.30	
			1.6	1.02	
			2.0	0.81	
			2.5	0.65	
			3.15	0.52	
7.5	500、650、800	500	0.6	2.80	51.7
			0.8	2.20	
			1.0	1.76	
			1.25	1.41	
			1.6	1.10	
			2.0	0.88	
			2.5	0.71	
			3.15	0.56	
	650、800、1000	630	0.6	3.53	78.1
			0.8	2.78	
			1.0	2.22	

续表 8-3

功率/kW	带宽/mm	滚筒直径/mm	带速/m·s^{-1}	许用扭矩/kN·m	许用合力/kN
7.5	650、800、1000	630	1.25	1.78	78.1
			1.6	1.39	
			2.0	1.11	
			2.5	0.89	
			3.15	0.71	
11	500、650、800	500	0.6	4.10	51.7
			0.8	3.23	
			1.0	2.59	
			1.25	2.07	
			1.6	1.62	
			2.0	1.29	
			2.5	1.03	
			3.15	0.82	
	650、800、1000	630	0.60	5.17	71.3
			0.80	4.07	
			1.0	3.26	
			1.25	2.61	
			1.60	2.04	
			2.0	1.63	
			2.5	1.30	
			3.15	1.03	
	800、1000、1200、1400	800	0.8	5.17	
			1.0	4.14	
			1.25	3.31	
			1.60	2.59	
			2.0	2.07	
			2.5	1.65	
			3.15	1.31	
			4.0	1.03	
15	500、650、800	500	0.6	5.60	51.7
			0.8	4.41	
			1.0	3.53	
			1.25	2.82	
			1.60	2.20	
			2.0	1.76	
			2.50	1.41	
			3.15	1.12	
	650、800、1000	630	0.60	7.05	71.3
			0.80	5.56	
			1.0	4.44	
			1.25	3.55	
			1.6	2.78	
			2.0	2.22	

续表 8-3

功率/kW	带宽/mm	滚筒直径/mm	带速/m·s^{-1}	许用扭矩/kN·m	许用合力/kN
15	650、800、1000	630	2.5	1.78	71.3
			3.15	1.41	
	800、1000、1200、1400	800	0.8	7.05	
			1.0	5.64	
			1.25	4.51	
			1.60	3.53	
			2.0	2.82	
			2.50	2.26	
			3.15	1.79	
			4.0	1.41	
18.5	500、650、800	500	0.8	5.43	120.3
			1.0	4.35	
			1.25	3.48	
			1.60	2.72	
			2.0	2.17	
			2.50	1.74	
			3.15	1.38	
	650、800、1000、1200、1400	630	1.0	5.48	
			1.25	4.38	
			1.60	3.42	
			2.0	2.74	
			2.50	2.19	
			3.15	1.74	
	800、1000、1200、1400	800	1.25	5.57	
			1.60	4.35	
			2.0	3.48	
			2.50	2.78	
			3.15	2.21	
			4.0	1.74	
	1000、1200、1400	1000	1.6	5.43	
			2.0	4.35	
			2.50	3.48	
			3.15	2.76	
			4.0	2.17	
22	500、650、800、1000	500	0.80	6.46	120.3
			1.0	5.17	
			1.25	4.14	
			1.60	3.23	
			2.0	2.59	
			2.50	2.07	
			3.15	1.64	

续表 8-3

功率/kW	带宽/mm	滚筒直径/mm	带速/m·s^{-1}	许用扭矩/kN·m	许用合力/kN
22	650、800、1000、1200、1400	630	1.0	6.51	120.3
			1.25	5.21	
			1.60	4.07	
			2.0	3.26	
			2.50	2.61	
			3.15	2.07	
	800、1000、1200、1400	800	1.25	6.62	
			1.6	5.17	
			2.0	4.14	
			2.50	3.31	
			3.15	2.63	
			4.0	2.07	
	1000、1200、1400	1000	1.60	6.46	
			2.0	5.17	
			2.50	4.14	
			3.15	3.28	
			4.0	2.59	
30	500、650、800、1000	500	0.80	8.81	120.3
			1.0	7.05	
			1.25	5.64	
			1.60	4.41	
			2.0	3.53	
			2.50	2.82	
			3.15	2.24	
	650、800、1000、1200、1400	630	1.0	8.88	
			1.25	7.11	
			1.60	5.55	
			2.0	4.44	
			2.50	3.55	
			3.15	2.82	
	800、1000、1200、1400	800	1.25	9.02	
			1.6	7.05	
			2.0	5.64	
			2.50	4.51	
			3.15	3.18	
			4.0	2.82	
	1000、1200、1400	1000	1.60	8.81	
			2.0	7.05	
			2.50	5.64	
			3.15	4.48	
			4.0	3.53	

续表 8-3

功率/kW	带宽/mm	滚筒直径/mm	带速/m·s^{-1}	许用扭矩/kN·m	许用合力/kN
37	500、650、800	500	1.25	6.96	120.3
			1.60	5.43	
			2.0	4.35	
			2.50	3.48	
			3.15	2.76	
	650、800、1000、1200、1400、1600	630	1.0	10.96	
			1.25	8.77	
			1.60	6.85	
			2.0	5.48	
			2.50	4.38	
			3.15	3.48	
	800、1000、1200、1400、1600	800	1.25	11.13	
			1.60	8.70	
			2.0	6.96	
			2.50	5.57	
			3.15	4.42	
			4.0	3.48	
	1000、1200、1400、1600	1000	1.60	10.87	
			2.0	8.70	
			2.50	6.96	
			3.15	5.52	
			4.0	4.35	
45	650、800、1000、1200、1400、1600	630	1.25	10.66	139
			1.60	8.33	
			2.0	6.66	
			2.50	5.33	
			3.15	4.23	
	800、1000、1200、1400、1600	800	1.60	10.58	
			2.0	8.46	
			2.50	6.77	
			3.15	5.37	
			4.0	4.23	
	1000、1200、1400、1600	1000	2.0	10.58	
			2.5	8.46	
			3.15	6.71	
			4.0	5.29	
55	650、800、1000、1200、1400、1600	630	1.25	13.03	139
			1.60	10.18	
			2.0	8.14	
			2.50	6.51	
			3.15	5.17	

续表 8-3

功率/kW	带宽/mm	滚筒直径/mm	带速/m·s^{-1}	许用扭矩/kN·m	许用合力/kN
55	800、1000、1200、1400、1600	800	1.60	12.93	139
			2.0	10.34	
			2.50	8.27	
			3.15	6.57	
			4.0	5.17	
	1000、1200、1400	1000	2.0	12.93	
			2.50	10.34	
			3.15	8.21	
			4.0	6.46	
75	800、1000、1200、1400、1600、1800	800	1.25	22.56	181
			1.60	17.63	
			2.0	14.10	
			2.50	11.28	
			3.15	8.95	
	1000、1200、1400、1600、1800	1000	1.60	22.03	
			2.0	17.63	
			2.50	14.10	
			3.15	11.19	
			4.0	8.81	
90	1000、1200、1400、1600、1800	800	1.25	27.07	181
			1.60	21.15	
			2.0	16.92	
			2.50	13.54	
			3.15	10.74	
	1000、1200、1400、1600、1800	1000	1.60	26.44	
			2.0	21.15	
			2.50	16.92	
			3.15	13.43	
			4.0	10.58	
110	800、1000、1200、1400、1600、1800、2000	800	1.25	33.09	234
			1.6	25.85	
			2.0	20.68	
			2.5	16.55	
			3.15	13.13	
	1000、1200、1400、1600、1800、2000	1000	1.6	32.31	
			2.0	25.85	
			2.5	20.68	
			3.15	16.41	
			4.0	12.93	
132	1000、1200、1400、1600、1800、2000	800	1.6	31.02	234
			2.0	24.82	
			2.5	19.85	
			3.15	15.76	
		1000	1.6	38.78	
			2.0	31.02	
			2.5	24.82	
			3.15	19.70	
			4.0	15.51	

续表 8-3

功率/kW	带宽/mm	滚筒直径/mm	带速/m·s⁻¹	许用扭矩/kN·m	许用合力/kN
160	1000、1200、1400、1600、1800、2000	800	2.0	30.08	234
			2.5	24.07	
			3.15	19.10	
		1000	2.0	30.08	
			2.5	23.87	
			3.15	18.80	

生产企业：集安佳信通用机械有限公司、佳信通用机械泰州有限公司、湖州电动滚筒有限公司、南宁市劲源电机有限责任公司、山东淄博电动滚筒厂有限公司、桐乡机械厂有限公司、桐乡市梧桐东方齿轮厂、天津市电动滚筒厂、天津百利天星传动有限公司、天津中外建输送机械有限公司、泰州市运达电动滚筒制造有限公司、常州市传动输送机械有限公司、江苏泰隆减速机股份有限公司及四川省自贡运输机械集团股份有限公司。上述企业为中国重机协会带式输送机分会成员单位。

8.3.2 WD2、WD 型外置式电动滚筒（集安佳信通用机械有限公司产品）

WD 型和 WD2 型电动滚筒为集安佳信通用机械有限公司和佳信通用泰州有限公司生产，除下面所列出的品种规格外，也可根据用户要求订制。该公司生产的内置式电动滚筒，在内部结构上有自己的特点，详见该公司的产品样本。

8.3.2.1 WD2、WD 型外置式电动滚筒参数

WD2、WD 型外置式电动滚筒参数如表 8-4 及表 8-5 所示。

表 8-4 WD2、WD 型外置式电动滚筒（定轴式齿轮）参数

筒径 D/mm	功率 P/kW	带宽 B/mm	电机（6 级）	带速 v/m·s⁻¹ 0.4	0.5	0.63	0.8	1.0	1.25	1.60	2.0	2.5	3.15	电机（4 级）	参考重量/kg				
320	1.5	400、500、650、800	100L-6	●	●	●	○	○	○	○	○	○		—	180	189	201	219	
	2.2		112M-6	●	●	●	○	○	○	○	○	○		100L1-4	188	198	212	227	
	3.0		132S-6	●	●	●	○	○	○	○	○	○		100L2-4	203	212	239	251	
	4.0		132M1-6	●	●	●	○	○	○	○	○	○		112M-4	207	216	255	267	
	5.5		132M2-6			●	○	○	○	○	○	○		132S-4	231	252	270	292	
400	1.5	400、500、650、800	100L-6	●	●	●	○	○	○	○	○	○		—	212	228	250	266	
	2.2		112M-6	●	●	●	○	○	○	○	○	○		100L1-4	226	239	264	280	
	3.0		132S-6	●	●	●	○	○	○	○	○	○		100L2-4	241	259	286	300	
	4.0		132M1-6	●	●	●	○	○	○	○	○	○		112M-4	247	264	292	309	
	5.5		132M2-6	●	●	●	○	○	○	○	○	○		132S-4	261	279	303	312	
	7.5		160M-6					○	○	○	○	○		132M-4	309	327	346	368	
	11		160L-6							○	○	○		160M-4	329	347	366	388	
500	2.2	500、650、800、1000、1200	112M-6	●	●	●	○	○	○	○	○	○	○	100L1-4	301	313	341	380	411
	3.0		132S-6	●	●	●	○	○	○	○	○	○	○	100L2-4	307	344	363	406	436
	4.0		132M1-6	●	●	●	○	○	○	○	○	○	○	112M-4	309	349	368	412	447
	5.5		132M2-6	●	●	●	○	○	○	○	○	○	○	132S-4	333	355	371	417	452
	7.5		160M-6	●	●	●	○	○	○	○	○	○	○	132M-4	390	422	443	463	493
	11		160L-6	●	●	●	●	○	○	○	○	○	○	160M-4	410	443	464	490	521
	15		180L-6				●	●	○	○	○	○	○	160L-4	469	488	515	540	600
	18.5		200L1-6				●	●	●	○	○	○	○	180M-4	525	541	581	628	669
	22		200L2-6					●	●	○	○	○	○	180L-4	540	568	608	648	690
630	3.0	650、800、1000、1200、1400	132S-6	●	●	●	○	○	○	○	○	○	○	100L2-4	490	540	569	603	621
	4.0		132M1-6	●	●	●	○	○	○	○	○	○	○	112M-4	510	560	591	621	649
	5.5		132M2-6	●	●	●	○	○	○	○	○	○	○	132S-4	520	570	601	632	657
	7.5		160M-6	●	●	●	○	○	○	○	○	○	○	132M-4	532	583	610	690	750
	11		160L-6	●	●	●	●	○	○	○	○	○	○	160M-4	580	640	676	725	780
	15		180L-6	●	●	●	●	○	○	○	○	○	○	160L-4	603	676	700	750	800
	18.5		200L1-6				●	●	○	○	○	○	○	180M-4	700	765	785	795	850
	22		200L2-6				●	●	●	○	○	○	○	180L-4	800	840	880	910	1110
	30		225M-6						●	○	○	○	○	200L-4	841	885	918	938	1071
	37									●	●	○	○	225S-4	855	905	994	1091	1165
	45									●	●	○	○	225M-4	963	997	1079	1192	1301

续表 8-4

筒径 D /mm	功率 P /kW	带宽 B /mm	电机（6级）	带速 v/m·s⁻¹ 0.4	0.5	0.63	0.8	1.0	1.25	1.60	2.0	2.5	3.15	电机（4级）	参考重量/kg				
800	7.5	800、1000、1200、1400、1600	160M-6		●	●	●	○	○	○	○	○	○	132M-4	739	762	814	901	964
	11		160L-6		●	●	●	●	○	○	○	○	○	160M-4	791	819	871	910	993
	15		180L-6			●	●	●	●	○	○	○	○	160L-4	808	841	865	930	997
	18.5		200L1-6					●	●	○	○	○	○	180M-4	814	997	1251	1301	1351
	22		200L2-6					●	●	●	○	○	○	180L-4	827	997	1175	1333	1480
	30		225M-6							●	○	○	○	200L-4	1108	1137	1140	1347	1503
	37										●	●	○	225S-4	1075	1113	1173	1401	1585
	45										●	●	○	225M-4	1183	1235	1379	1415	1621

注：1. ○表示两级定轴齿轮减速结构，●表示三级定轴齿轮减速结构；

2. 加粗线左侧为6级电机，右侧为4级电机；

3. 参考重量与带宽一一对应。示例：WD2-1-15-1.6-500×800 的参考重量为515kg。WD2-1-15-1.6-500×1000 的参考重量为540kg。

表 8-5 WD2、WD 型外置式电动滚筒（行星摆线齿轮）参数

筒径 D /mm	功率 P /kW	带宽 B /mm	电机（6级）	带速 v/m·s⁻¹ 0.8	1.0	1.25	1.6	2.0	2.5	3.15	4.0	5.0	电机（4级）	参考重量/kg					
630	18.5	650、800、1000、1200	200L1-6	△	△	△	△	△	△	△			180M-4	772	821	831	875		
	22		200L2-6	△	△	△	△	△	△	△			180L-4	874	947	966	1000		
	30	800、1000、1200、1400、1600	225M-6	□	○□	○△	○△	○△	○△	○△			200L-4	1229	1362	1466	1570	1674	
	37		250M-6	□	□	○△	○△	○△	○△	○△			225S-4	1232	1365	1469	1573	1677	
	45		280S-6	□	□	□	○△	○△	○△	○△			225M-4	1268	1401	1505	1609	1713	
	55		280M-6		□	□	□	○□	○△	○△			250M-4	1182	1281	1379	1477	1575	
	75					□	□	□	□	□			280S-4		717	816	914	1012	
800	18.5	650、800、1000、1200	200L1-6		△	△	△	△	△	△	△		180M-4	955	1067	1172	1248		
	22		200L2-6		△	△	△	△	△	△	△		180L-4	1085	1109	1183	1252		
	30	800、1000、1200、1400、1600	225M-6		□	○□	○△	○△	○△	○△	○△	○△	200L-4	1308	1476	1555	1625	1695	
	37		250M-6		□	○□	○□	○△	○△	○△	○△	○△	225S-4	1555	1644	1733	1813	1893	
	45		280S-6		□	□	○□	○□	○△	○△	○△	○△	225M-4	1591	1680	1769	1849	1929	
	55	1000、1200、1400、1600、1800、2000	280M-6			○□	○□	○□	○□	○△	○△	○△	250M-4	1531	1684	1837	1946	2055	2164
	75						○□	○□	○□	○□	○□	○□	280S-4	—	1684	1837	1946	2055	2164
	90							○	○	○	○	○	280M-4	—	1684	1837	1946	2055	2164
1000	18.5	1000、1200、1400、1600、1800、2000	200L1-6			△	△	△	△	△	△	△	180M-4	1267	1286	1363	1392		
	22		200L2-6			△	△	△	△	△	△	△	180L-4	1283	1298	1396	1429		
	30		225M-6			□	○□	○△	○△	○△	○△	○△	200L-4	2025	2211	2312	2476	2640	2804
	37		250M-6			□	○□	○□	○△	○△	○△	○△	225S-4	2225	2593	2763	2933	3103	3273
	45		280S-6			□	□	○□	○□	○△	○△	○△	225M-4	2261	2629	2799	2969	3139	3309
	55		280M-6				○□	○□	○□	○□	○△	○△	250M-4	2080	2208	2361	2514	2667	2820
	75							○□	○□	○□	○□	○□	280S-4	2080	2208	2361	2514	2667	2820
	90								○	○	○	○	280M-4	2080	2208	2361	2514	2667	2820
	110							○	○	○	○	○	315S-4	2550	2758	2928	3098	3268	3438
	132								○	○	○	○	315M1-4	2550	2758	2928	3098	3268	3438
	160								○	○	○	○	315M2-4	2550	2758	2928	3098	3268	3438
	220										○	○	355M1-4						

续表 8-5

筒径 D /mm	功率 P /kW	带宽 B /mm	电机 (6级)	带速 v/m·s^{-1} 0.8	1.0	1.25	1.6	2.0	2.5	3.15	4.0	5.0	电机 (4级)	参考重量/kg					
1250	160	1400、1600、1800、2000						○	○	○	○	○	315M2-4						
	180								○	○	○	○	355S1-4						
	200									○	○	○	355S2-4						
	220									○	○	○	355M1-4						
	250										○	○	355M2-4						
	280										○	○	355L1-4						

注：1. ○表示行星齿轮减速结构，△表示单摆线减速结构，□表示双摆线减速结构；

2. 粗线左侧为 6 级电机，右侧为 4 级电机；

3. 参考重量中有三种减速结构并存的为行星齿轮减速滚筒重量，有行星齿轮减速结构和单摆线减速结构并存的参考重量为行星齿轮减速结构滚筒重量，有行星齿轮减速结构和双摆线减速结构并存的参考重量为行星齿轮减速结构滚筒重量，有单摆线减速结构和双摆线减速结构并存的参考重量为双摆线减速结构摆线滚筒重量；

4. WD 型适用于 250 以下机座号；

5. 参考重量与带宽一一对应。示例：WD2-5-30-1.0-630×800 的参考重量为 1229kg。

8.3.2.2 WD2、WD 型外置式电动滚筒外形尺寸

A WD2 型外置式电动滚筒外形尺寸

WD2 型电动滚筒是带式输送机的最新驱动装置，该产品将减速器与传动滚筒融为一体，其电机与悬臂采用直联型结构，具有占地面积少，重量轻，性能可靠，维护方便等优点，广泛用于固定式带式输送机及斗式提升机。该产品配用防爆电机，还可用于防爆场所。

WD2 型外置式电动滚筒电动机总长 W 见表 8-6 所示。

WD2 型电动滚筒的外形及尺寸示意图如图 8-2 以及表 8-7 所示。

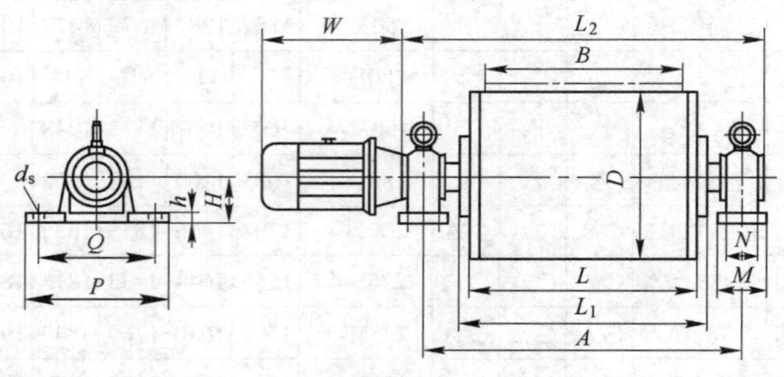

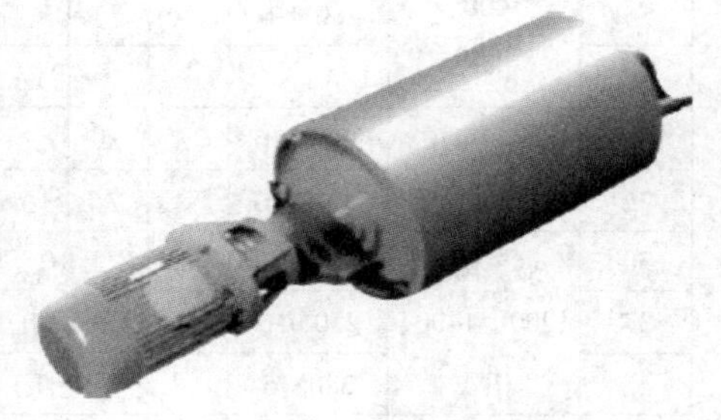

图 8-2 WD2 型外置式电动滚筒

表 8-6 WD2 型电动滚筒的电动机总长 W mm

电机机座号	100L	112M	132S	132M	160M	160L	180M	180L	200L	225S	225M
W	500	520	605	645	740	785	810	850	935	980	1005

注：表格中 W 值为最大值。

表 8-7 WD2 型外置式电动滚筒外形尺寸表 mm

D	B	A	L	L_1	L_2	H	M	N	h	Q	P	d_s
320	400	750	500	516	850	120	75	—	35	280	340	27
	500	850	600	616	950							
	650	1000	750	766	1100							
	800	1300	950	966	1400							
400	400	750	500	516	850	120	75	—	35	280	340	27
	500	850	600	616	950							
	650	1000	750	766	1100							
	800	1300	950	966	1400							

续表 8-7

D	B	A	L	L_1	L_2	H	M	N	h	Q	P	d_s
500	500	850	600	646	970	100	90	—	35	280	340	27
	650	1000	750	796	1120	120						
	800	1300	950	996	1420							
	1000	1500	1150	1196	1630							
	1200	1750	1400	1460	1880							
	1400	2000	1600	1660	2130							
630	650	1000	750	830	1120	120	100	—	35	280	340	27
	800	1300	950	1030	1430	140	130	80		330	400	
	1000	1500	1150	1230	1630							

续表 8-7

D	B	A	L	L_1	L_2	H	M	N	h	Q	P	d_s
630	1200	1750	1400	1480	1910	160	160	90	50	360	440	34
	1400	2000	1600	1680	2160							
800	800	1300	950	1030	1430	140	130	80	35	380	450	27
	1000	1500	1150	1280	1660	160	160	90	50	440	520	34
	1200	1750	1400	1530	1910							
	1400	2000	1600	1730	2160							
	1600	2250	1800	1930	2410	200	180	110		540	620	
1000	1000	1500	1150	1280	1660	180	160	100	50	480	560	34
	1200	1750	1400	1530	1910							
	1400	2000	1600	1730	2180	200	180	110		540	620	
	1600	2250	1800	1930	2430							

注：WD2 型适用于 250mm 以下机座（含 250mm 机座）。

B WD 型外置式电动滚筒外形尺寸

该产品是减速器与传动滚筒融为一体，电机通过联轴器或液力耦合器与之连接型结构，具有占地面积小，重量轻，性能可靠，维护方便等优点。是大功率带式输送机的新型驱动装置。该产品配用防爆电机，还可以用于防爆场所。也可配用液力耦合器或制动器，以满足使用要求。

WD 外置式电动滚筒的外形尺寸见图 8-3 及表 8-8 所示，其电机外形尺寸见表 8-9。

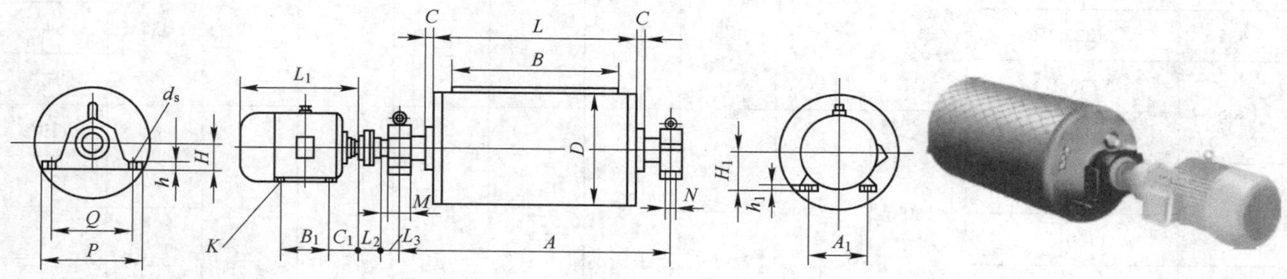

图 8-3 WD 型外置式电动滚筒

表 8-8 WD 型外置式电动滚筒外形尺寸 mm

D	B	A	L	L_1	H	M	N	h	Q	P	d_s	C
320	400	750	500	115	120	75	—	35	280	340	27	≤35
	500	850	600									
	650	1000	750									
	800	1300	950									
400	400	750	500	135	120	75	—	35	280	340	27	≤35
	500	850	600									
	650	1000	750									
	800	1300	950									
500	500	850	600	145	100	90	—	35	280	340	27	≤50
	650	1000	750		120							
	800	1300	950									
	1000	1500	1150		120	90	—		280	340		
	1200	1750	1400									
	1400	2000	1600									
630	650	1000	750	155	120	100	—	35	280	340	27	≤50
	800	1300	950		140	130	80		330	400		
	1000	1500	1150									
	1200	1750	1400		160	160	90	50	360	440	34	
	1400	2000	1600									
	1600	2250	1800									

续表 8-8

D	B	A	L	L_1	H	M	N	h	Q	P	d_s	C
800	800	1300	950	155 (185)	140	130	80	35	380	450	27	≤65
	1000	1500	1150		160	160	90	50	440	520	34	
	1200	1750	1400									
	1400	2000	1600									
	1600	2250	1800		200	180	110		540	620		
	1800	2500	2000									
	2000	2750	2200									
1000	1000	1500	1150	155 (185)	180 (200)	160	100	50	480	560	34	≤65
	1200	1750	1400									
	1400	2000	1600		200	180	110		540	620		
	1600	2250	1800									
	1800	2500	2000									
	2000	2750	2200									
1250	1400	2000	1600	195	290	300	150	85	750	900	ϕ42×56	≤65
	1600	2250	1800									
	1800	2500	2000									
	2000	2750	2200									

表 8-9 WD 型外置式电动滚筒电机外形尺寸 mm

P/kW	电机型号	H_1	A_1	B_1	C_1	h_1	K	L_2		L_3	重量/kg
2.2	Y100L1-4	100	160	140	63	15	12	143	—	320	34
3.0	Y100L2-4										38
1.5	Y100L-6										33
2.2	Y112M-6	112	190	140	70	17				340	45
4.0	Y112M-4										43
3.0	Y132S-6	132	216	140	89	20		163	—	395	63
5.5	Y132S-4										68
4.0	Y132M1-6			178						435	73
5.5	Y132M2-6										84
7.5	Y132M-4										81
	Y160M-6	160	254	210	108	22	15	223	—	490	119
11	Y160M-4										123
	Y160L-6			254						535	147
15	Y160L-4										144
18.5	Y180M-4	180	279	241	121	24	15	223	(310)	563	182
15	Y180L-6			279					—	600	195
22	Y180L-4								(310)		190
22	Y200L2-6	200	318	305	133	27	19	223	(397)	665	250
18.5	Y200L1-6								(355)		220
30	Y200L-4										270
37	Y225S-4	225	356	286	149	28		283		680	284
30	Y225M-6			311					(397)	705	292
45	Y225M-4								(355)		320
37	Y250M-6	250	406	349	168	30	24		(440)	790	408
55	Y250M-4								(397)		427
45	Y280S-6	280	457	368	190	35		—	(440)	860	536
75	Y280S-4										562
55	Y280M-6			419						910	595
90	Y280M-4										667
110	Y315S-4	315	508	406	216	45	28	—	(489)	1100	1000
132	Y315M1-4			457						1130	1100
160	Y315M2-4										1160
220	Y355M1-4	355	610	560	254				(556)	1650	1670

8.3.3 WZ 型外置式电动滚筒（泰州市运达电动滚筒制造有限公司产品）

WZ 型外置式电动滚筒是泰州市运达电动滚筒制造有限公司的主导产品之一，包括：WD 型定轴齿轮电动滚筒、WZ 型摆线针轮电动滚筒、WT 型行星齿轮电动滚筒等。型号中"N"是特性代号，表示为逆止电动滚筒，其余特性代号见产品命名方法。电机外置式电动滚筒的电机安装形式分为三种：卧式直联安装、立式直联安装和卧式垂直安装，分别用大写罗马数字Ⅰ、Ⅱ、Ⅲ（以区别参数中的阿拉伯数字）表示，在型号中以"Ⅰ"、"Ⅱ"、"Ⅲ"区别电机的安装形式。其中立式直联安装最为常用，书写规格中通常省去"Ⅱ"。

8.3.3.1 WZ 型外置式电动滚筒的基本参数

WZ 型外置式电动滚筒基本参数如表 8-10 所示。

表 8-10 WZ 型外置式电动滚筒参数表

筒径 /mm	功率 /kW	带宽 /mm	线速度/m·s⁻¹														
			0.16	0.2	0.25	0.32	0.4	0.5	0.63	0.8	1.0	1.25	1.6	2.0	2.5	3.15	4.0
315	1.5	500					●	●	●	●	●	●	●	●			
		650					●	●	●	●	●	●	●	●	●		
		800					●	●	●	●	●	●	●	●	●		
	2.2	500			●	●	●	●	●	●	●	●	●	●	●		
		650			●	●	●	●	●	●	●	●	●	●	●		
		800			●	●	●	●	●	●	●	●	●	●	●		
	3.0	500			●	●	●	●	●	●	●	●	●	●	●		
		650			●	●	●	●	●	●	●	●	●	●	●		
		800			●	●	●	●	●	●	●	●	●	●	●		
	4.0	500					●	●	●	●	●	●	●	●	●		
		650					●	●	●	●	●	●	●	●	●		
		800					●	●	●	●	●	●	●	●	●		
	5.5	500					●	●	●	●	●	●	●	●	●		
		650					●	●	●	●	●	●	●	●	●		
		800					●	●	●	●	●	●	●	●	●		
	7.5	500							●	●	●	●	●	●	●		
		650							●	●	●	●	●	●	●		
		800							●	●	●	●	●	●	●		
400	1.5	500		●	●	●	●	●	●	●	●	●	●	●	●	●	
		650		●	●	●	●	●	●	●	●	●	●	●	●	●	
		800		●	●	●	●	●	●	●	●	●	●	●	●	●	
		1000		●	●	●	●	●	●	●	●	●	●	●	●	●	
	2.2	500	●	●	●	●	●	●	●	●	●	●	●	●	●	●	
		650	●	●	●	●	●	●	●	●	●	●	●	●	●	●	
		800	●	●	●	●	●	●	●	●	●	●	●	●	●	●	
		1000	●	●	●	●	●	●	●	●	●	●	●	●	●	●	
	3.0	500	●	●	●	●	●	●	●	●	●	●	●	●	●	●	
		650	●	●	●	●	●	●	●	●	●	●	●	●	●	●	
		800	●	●	●	●	●	●	●	●	●	●	●	●	●	●	
		1000	●	●	●	●	●	●	●	●	●	●	●	●	●	●	
	4.0	500		●	●	●	●	●	●	●	●	●	●	●	●	●	
		650		●	●	●	●	●	●	●	●	●	●	●	●	●	
		800		●	●	●	●	●	●	●	●	●	●	●	●	●	
		1000		●	●	●	●	●	●	●	●	●	●	●	●	●	
	5.5	500		●	●	●	●	●	●	●	●	●	●	●	●	●	
		650		●	●	●	●	●	●	●	●	●	●	●	●	●	
		800		●	●	●	●	●	●	●	●	●	●	●	●	●	
		1000		●	●	●	●	●	●	●	●	●	●	●	●	●	
	7.5	500					●	●	●	●	●	●	●	●	●	●	
		650					●	●	●	●	●	●	●	●	●	●	
		800					●	●	●	●	●	●	●	●	●	●	
		1000					●	●	●	●	●	●	●	●	●	●	

续表 8-10

筒径/mm	功率/kW	带宽/mm	线速度/m · s^{-1}														
			0.16	0.2	0.25	0.32	0.4	0.5	0.63	0.8	1.0	1.25	1.6	2.0	2.5	3.15	4.0
500	1.5	500			●	●	●	●	●	●	●	●	●	●	●	●	●
		650			●	●	●	●	●	●	●	●	●	●	●	●	●
		800			●	●	●	●	●	●	●	●	●	●	●	●	●
		1000			●	●	●	●	●	●	●	●	●	●	●	●	●
	2.2	500		●	●	●	●	●	●	●	●	●	●	●	●	●	●
		650		●	●	●	●	●	●	●	●	●	●	●	●	●	●
		800		●	●	●	●	●	●	●	●	●	●	●	●	●	●
		1000		●	●	●	●	●	●	●	●	●	●	●	●	●	●
	3.0	500		●	●	●	●	●	●	●	●	●	●	●	●	●	●
		650		●	●	●	●	●	●	●	●	●	●	●	●	●	●
		800		●	●	●	●	●	●	●	●	●	●	●	●	●	●
		1000		●	●	●	●	●	●	●	●	●	●	●	●	●	●
	4.0	500			●	●	●	●	●	●	●	●	●	●	●	●	●
		650			●	●	●	●	●	●	●	●	●	●	●	●	●
		800			●	●	●	●	●	●	●	●	●	●	●	●	●
		1000			●	●	●	●	●	●	●	●	●	●	●	●	●
	5.5	500			●	●	●	●	●	●	●	●	●	●	●	●	●
		650			●	●	●	●	●	●	●	●	●	●	●	●	●
		800			●	●	●	●	●	●	●	●	●	●	●	●	●
		1000			●	●	●	●	●	●	●	●	●	●	●	●	●
	7.5	500						●	●	●	●	●	●	●	●	●	●
		650						●	●	●	●	●	●	●	●	●	●
		800						●	●	●	●	●	●	●	●	●	●
		1000						●	●	●	●	●	●	●	●	●	●
	11	500						●	●	●	●	●	●	●	●	●	●
		650						●	●	●	●	●	●	●	●	●	●
		800						●	●	●	●	●	●	●	●	●	●
		1000						●	●	●	●	●	●	●	●	●	●
	15	500							●	●	●	●	●	●	●	●	●
		650							●	●	●	●	●	●	●	●	●
		800							●	●	●	●	●	●	●	●	●
		1000							●	●	●	●	●	●	●	●	●
	18.5	500								●	●	●	●	●	●	●	●
		650								●	●	●	●	●	●	●	●
		800								●	●	●	●	●	●	●	●
		1000								●	●	●	●	●	●	●	●
	22	500								●	●	●	●	●	●	●	●
		650								●	●	●	●	●	●	●	●
		800								●	●	●	●	●	●	●	●
		1000								●	●	●	●	●	●	●	●

续表 8-10

筒径/mm	功率/kW	带宽/mm	线速度/m·s^{-1}														
			0.16	0.2	0.25	0.32	0.4	0.5	0.63	0.8	1.0	1.25	1.6	2.0	2.5	3.15	4.0
630	4.0	650					●	●	●	●	●	●	●	●	●	●	●
		800					●	●	●	●	●	●	●	●	●	●	●
		1000					●	●	●	●	●	●	●	●	●	●	●
		1200					●	●	●	●	●	●	●	●	●	●	●
	5.5	650					●	●	●	●	●	●	●	●	●	●	●
		800					●	●	●	●	●	●	●	●	●	●	●
		1000					●	●	●	●	●	●	●	●	●	●	●
		1200					●	●	●	●	●	●	●	●	●	●	●
	7.5	650					●	●	●	●	●	●	●	●	●	●	●
		800					●	●	●	●	●	●	●	●	●	●	●
		1000					●	●	●	●	●	●	●	●	●	●	●
		1200					●	●	●	●	●	●	●	●	●	●	●
	11	650					●	●	●	●	●	●	●	●	●	●	●
		800					●	●	●	●	●	●	●	●	●	●	●
		1000					●	●	●	●	●	●	●	●	●	●	●
		1200					●	●	●	●	●	●	●	●	●	●	●
	15	650						●	●	●	●	●	●	●	●	●	●
		800						●	●	●	●	●	●	●	●	●	●
		1000						●	●	●	●	●	●	●	●	●	●
		1200						●	●	●	●	●	●	●	●	●	●
	18.5	650							●	●	●	●	●	●	●	●	●
		800							●	●	●	●	●	●	●	●	●
		1000							●	●	●	●	●	●	●	●	●
		1200							●	●	●	●	●	●	●	●	●
	22	650							●	●	●	●	●	●	●	●	●
		800							●	●	●	●	●	●	●	●	●
		1000							●	●	●	●	●	●	●	●	●
		1200							●	●	●	●	●	●	●	●	●
	30	650								●	●	●	●	●	●	●	●
		800								●	●	●	●	●	●	●	●
		1000								●	●	●	●	●	●	●	●
		1200								●	●	●	●	●	●	●	●
	37	650									●	●	●	●	●	●	●
		800									●	●	●	●	●	●	●
		1000									●	●	●	●	●	●	●
		1200									●	●	●	●	●	●	●
	45	650										●	●	●	●	●	●
		800										●	●	●	●	●	●
		1000										●	●	●	●	●	●
		1200										●	●	●	●	●	●

续表 8-10

筒径/mm	功率/kW	带宽/mm	线速度/m·s^{-1}														
			0.16	0.2	0.25	0.32	0.4	0.5	0.63	0.8	1.0	1.25	1.6	2.0	2.5	3.15	4.0
800	5.5	800						●	●	●	●	●	●	●	●	●	●
		1000						●	●	●	●	●	●	●	●	●	●
		1200						●	●	●	●	●	●	●	●	●	●
		1400						●	●	●	●	●	●	●	●	●	●
	7.5	800						●	●	●	●	●	●	●	●	●	●
		1000						●	●	●	●	●	●	●	●	●	●
		1200						●	●	●	●	●	●	●	●	●	●
		1400						●	●	●	●	●	●	●	●	●	●
	11	800						●	●	●	●	●	●	●	●	●	●
		1000						●	●	●	●	●	●	●	●	●	●
		1200						●	●	●	●	●	●	●	●	●	●
		1400						●	●	●	●	●	●	●	●	●	●
	15	800							●	●	●	●	●	●	●	●	●
		1000							●	●	●	●	●	●	●	●	●
		1200							●	●	●	●	●	●	●	●	●
		1400							●	●	●	●	●	●	●	●	●
	18.5	800								●	●	●	●	●	●	●	●
		1000								●	●	●	●	●	●	●	●
		1200								●	●	●	●	●	●	●	●
		1400								●	●	●	●	●	●	●	●
	22	800								●	●	●	●	●	●	●	●
		1000								●	●	●	●	●	●	●	●
		1200								●	●	●	●	●	●	●	●
		1400								●	●	●	●	●	●	●	●
	30	800									●	●	●	●	●	●	●
		1000									●	●	●	●	●	●	●
		1200									●	●	●	●	●	●	●
		1400									●	●	●	●	●	●	●
	37	800										●	●	●	●	●	●
		1000										●	●	●	●	●	●
		1200										●	●	●	●	●	●
		1400										●	●	●	●	●	●
	45	800										●	●	●	●	●	●
		1000										●	●	●	●	●	●
		1200										●	●	●	●	●	●
		1400										●	●	●	●	●	●
	55	800										●	●	●	●	●	●
		1000										●	●	●	●	●	●
		1200										●	●	●	●	●	●
		1400										●	●	●	●	●	●
	75	800										●	●	●	●	●	●
		1000										●	●	●	●	●	●
		1200										●	●	●	●	●	●
		1400										●	●	●	●	●	●
	90	800										●	●	●	●	●	●
		1000										●	●	●	●	●	●
		1200										●	●	●	●	●	●
		1400										●	●	●	●	●	●

8.3.3.2 WZ 型外置式电动滚筒外形尺寸

WZ 型外置式电动滚筒外形尺寸如图 8-4 及表 8-11 所示。

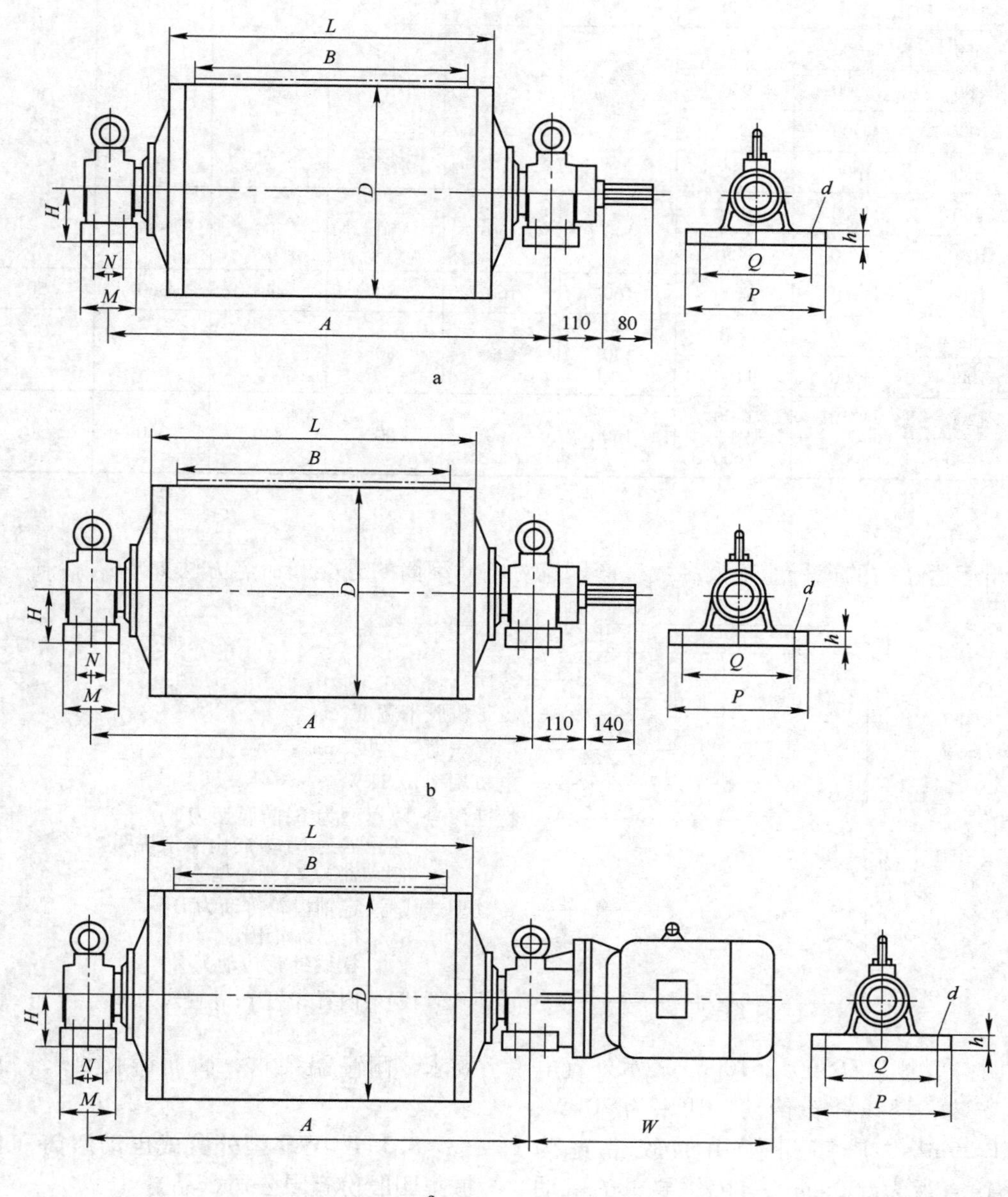

图 8-4 WZ 型外置电动滚筒

a—WDⅠ型、WDⅢ型电机及转角齿轮箱尺寸按标准；b—WZⅠ型、WZⅢ型电机及转角齿轮箱尺寸按标准；c—WDⅡ型、WZⅡ型电机尺寸按标准

表 8-11 WZ 型外置式电动滚筒外形尺寸

D	B	A	L	H	M	N	P	Q	h	d
315	500	850	618	120	90	—	340	280	35	27
	650	1000	768							
	800	1300	1068							
400	500	850	670							
	650	1000	820							
	800	1300	1120							
	1000	1500	1320							

续表 8-11

D	B	A	L	H	M	N	P	Q	h	d
500	500	850	600	100	70	—	340	280	35	27
	650	1000	750	120	90					
	800	1300	950							
	1000	1500	1150							
630	650	1000	750	140	130	80	400	330		
	800	1300	950							
	1000	1500	1150							
	1200	1750	1400	160	160	90	440	360	50	34
800	800	1300	950	140	130	80	400	330	35	27
	1000	1500	1150							
	1200	1750	1400	160	160	90	440	360	50	34
	1400	2000	1600							

8.3.3.3　订货代号

包括泰州运达在内的现行业绝大多数生产厂家对电动滚筒的分类和命名方法如下：

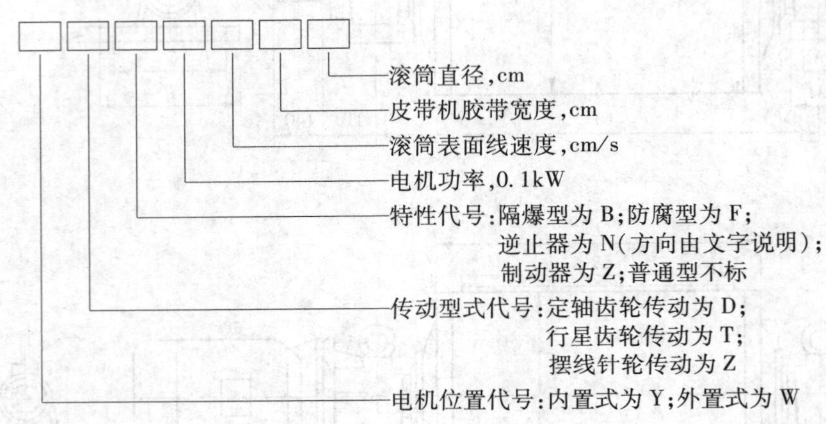

举例说明：型号 WZB30012510063 表示外置电机立式直联安装、摆线针轮传动、功率为 30kW、线速度为 1.25m/s、胶带机使用的胶带宽为 1000mm、滚筒直径为 630mm、有隔爆要求的电动滚筒。

另外，在电动滚筒订货时还有一些特殊要求不方便在型号中表明，需文字说明，主要有电压要求、耐高温要求、筒面铸胶要求、逆止方向要求等。

8.3.4　WD 型外置式电动滚筒（自贡运输机械集团股份有限公司产品）

WD 型外置式电动滚筒其外形及安装尺寸如图 8-5 及表 8-12 所示，主要技术参数见表 8-13，最大逆止力矩见表 8-14。

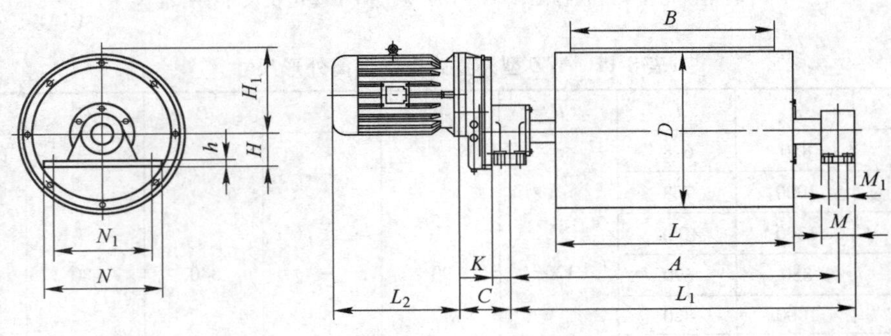

图 8-5　WD 外置式电动滚筒

产品型号代表的意义：

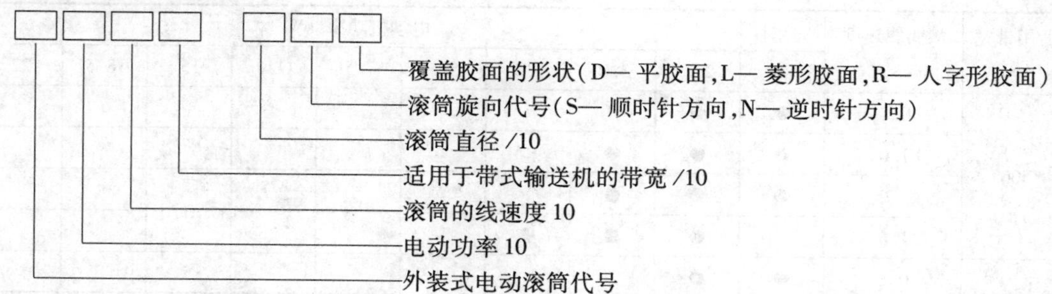

表 8-12 WD 外置式电动滚筒的外形及安装尺寸

D	B	A	L	L_1	H	h	M	M_1	N	N_1	d	K
400	500	760	580	843	95	33	70	—	270	210	22	48
	650	910	730	993					300	240		
	800	1100	900	1183	110				330	270		
	1000	1300	1100	1383								
	1200	1500	1300	1583								
500	500	850	600	958	100	33	90	—	340	380	27	56
	650	1000	750	1108	120							
	800	1300	950	1408								
630	650	1000	750	1108	120	33	90	—	340	380	27	56
	800	1300	950	1430	140		130	53	400	330		
	1000	1500	1150	1630								
	1200	1750	1400	1890	160	53	150	90	440	360	34	
800	800	1300	950	1430	140	33	130	80	460	380	27	73
	1000	1500	1150	1630	160	53	160	90	530	440	34	
	1200	1750	1400	1890								
	1400	2000	1600	2140								

电机型号	电机功率/kW	电机重量/kg	H_1	L_2	C_{min}			
					$D=400$	$D=500$	$D=630$	$D=800$
Y90L-4	1.5	45	108	285	79	83	—	—
Y100L-4	2.2	65	143	320	80	84	84	—
Y100L-4	3.0	76	143	320				
Y112M-4	4.0	85	150	340				
Y132S-4	5.5	125	180	395	100	104	104	104
Y132M-4	7.5	140	180	395	—			
Y160M-4	11	185	225	490	—	134	134	134
Y160L-4	15	235	225	535				
Y180M-4	18.5	250	320	560				
Y180L-4	22	303	320	600				
Y200L-4	30	403	350	665				
Y225S-4	37	527	380	680		—	164	164
Y225M-4	45	585	380	705				

表 8-13　WD 外置式电动滚筒主要技术参数

滚筒直径/mm	适用带宽/mm	滚筒线速度/m·s^{-1}	电动机功率/kW										
			1.5	2.2	3.0	4.0	5.5	7.5	11	15	18.5	22	30
400	500	0.8	●	●									
		1.0	●	●	●								
		1.25	●	●	●								
		1.6		●	●	●							
	650	0.8	●	●									
		1.0	●	●	●								
		1.25	●	●	●								
		1.6		●	●	●							
	800	0.8	●	●									
		1.0	●	●	●								
		1.25	●	●	●								
		1.6		●	●	●							
		2.0		●	●	●	●						
	1000	0.8	●	●									
		1.0	●	●	●								
		1.25	●	●	●								
		1.6		●	●	●							
		2.0		●	●	●	●						
	1200	0.8	●	●									
		1.0	●	●	●								
		1.25	●	●	●								
		1.6		●	●	●							
		2.0		●	●	●	●						
500	500	0.8	●	●	●	●	○	○					
		1.0	●	●	●	●	●	○					
		1.25	●	●	●	●	●	●	○				
		1.6		●	●	●	●	●	○	○			
		2.0		●	●	●	●	●	●	○	○		
		2.5		●	●	●	●	●	●	●	○	○	
	650	0.8	●	●	●	●	●	○					
		1.0	●	●	●	●	●	●					
		1.25	●	●	●	●	●	●	○				
		1.6		●	●	●	●	●	●	○			
		2.0		●	●	●	●	●	●	●	○		
		2.5		●	●	●	●	●	●	●	●	○	
	800	1.0	●	●	●	●	●	●					
		1.25	●	●	●	●	●	●	●				
		1.6	●	●	●	●	●	●	●	●			
		2.0		●	●	●	●	●	●	●	●		
		2.5		●	●	●	●	●	●	●	●	●	
		3.15		●	●	●	●	●	●	●	●	●	●

续表 8-13

滚筒直径/mm	适用带宽/mm	滚筒线速度/m·s^{-1}	电动机功率/kW										
			1.5	2.2	3.0	4.0	5.5	7.5	11	15	18.5	22	30
630	650	1.0			●	●	●	●	○				
		1.25			●	●	●	●	●	○			
		1.6					●	●	●	○	○	○	
		2.0					●	●	●	●	●	○	
		2.5					●	●	●	●	●	●	○
	800	1.0	●	●	●	●	●						
		1.25	●	●	●	●	●	●	○				
		1.6			●	●	●	●	○	○			
		2.0			●	●	●	●	●	●			
		2.5			●	●	●	●	●	●	○		
		3.15			●	●	●	●	●	●	●	○	
	1000	1.0	●	●	●	●	●						
		1.25	●	●	●	●	●	●					
		1.6			●	●	●	●	●	●			
		2.0			●	●	●	●	●	●			
		2.5			●	●	●	●	●	●	●		
		3.15			●	●	●	●	●	●	●	●	
	1200	1.0	●	●	●	●	●						
		1.25	●	●	●	●	●	●					
		1.6			●	●	●	●	●	●			
		2.0			●	●	●	●	●	●			
		2.5			●	●	●	●	●	●	●		
		3.15			●	●	●	●	●	●	●	●	
800	800	1.0			●	●	●	●	●				
		1.25			●	●	●	●	●	●			
		1.6					●	●	●	●	●		
		2.0					●	●	●	●	●	●	
		2.5							●	●	●	●	●
		3.15									●	●	●
	1000	1.0			●	●	●	●	●				
		1.25			●	●	●	●	●	●			
		1.6					●	●	●	●	●		
		2.0							●	●	●	●	
		2.5							●	●	●	●	●
		3.15									●	●	●
	1200	1.0			●	●	●	●	●				
		1.25			●	●	●	●	●	●			
		1.6					●	●	●	●	●		
		2.0					●	●	●	●	●	●	
		2.5							●	●	●	●	●
		3.15									●	●	●
	1400	1.0			●	●	●	●	●				
		1.25			●	●	●	●	●	●			
		1.6					●	●	●	●	●		
		2.0					●	●	●	●	●	●	
		2.5							●	●	●	●	●
		3.15									●	●	●

注：●表示覆盖不覆盖胶面的产品均可选用；○表示只能选用覆盖胶面的产品。

表 8-14　WD 外装式电动滚筒的最大逆止力矩

滚筒直径/mm	400	500	630	800
最大逆止力矩/N · m	1600	3550	4500	5800

8.3.5　YTH 型外置式电动滚筒（湖州电动滚筒有限公司产品）

YTH 型电动滚筒（减速滚筒）是由湖州电动滚筒有限公司根据德国 WAT 公司减速滚筒专有技术开发生产的硬齿面行星齿轮传动电动滚筒，有Ⅰ、Ⅱ、Ⅲ三种安装形式。

8.3.5.1　YTH 型外置式减速滚筒参数

YTH 型外置式减速滚筒参数如表 8-15 和表 8-16 所示。

表 8-15　基本参数

滚筒直径/mm	带宽/mm	功率/kW	滚筒表面线速度/m · s^{-1}											
			0.32	0.4	0.5	0.63	0.8	1.0	1.25	1.6	2.0	2.5	3.15	4.0
320	400、500、650、800	2.2、3.0、4.0			√	√	√	√	√	√	√			
		5.5、7.5						√	√	√	√	√		
400	400、500、650、800	2.2、3.0、4.0	√	√	√	√	√	√	√	√	√			
		5.5、7.5					√	√	√	√	√	√		
500	500、650、800、1000	2.2、3.0、4.0	√	√	√	√	√	√	√	√	√			
		5.5、7.5	√	√	√	√	√	√	√	√	√	√	√	
		11、15				√	√	√	√	√	√	√	√	
		18.5、22、30、37					√	√	√	√	√	√	√	
630	650、800、1000、1200、1400、1600、1800、2000	5.5、7.5	√	√	√	√	√	√	√	√	√	√	√	
		11、15				√	√	√	√	√	√	√	√	
		18.5、22、30、37						√	√	√	√	√	√	
		45						√	√	√	√	√	√	
		55							√	√	√	√	√	
800	800、1000、1200、1400	5.5、7.5				√	√	√	√	√	√	√		
		11、15					√	√	√	√	√	√	√	√
	800、1000、1200、1400、1600、1800、2000	18.5、22、30、37							√	√	√	√	√	√
		45							√	√	√	√	√	√
		55								√	√	√	√	√
		75、90、110、132							√	√	√	√	√	√
		160									√	√	√	√
		200										√	√	√
1000	1000、1200、1400、1600、1800、2000	30、37								√	√	√	√	√
		45								√	√	√	√	√
		55									√	√	√	√
		75、90、110、132								√	√	√	√	√
		160										√	√	√
		200											√	√

注：√表示已有产品。

表 8-16 YTH 减速滚筒扭矩及合力

功率/kW	带宽/mm	滚筒直径/mm	带速/m·s^{-1}	许用扭矩/kN·m	许用合力/kN
2.2	400、500、650、800	320	0.5	0.63	40.2
			0.63	0.50	
			0.8	0.40	
			1.0	0.32	
			1.25	0.25	
			1.6	0.20	
			2.0	0.16	
	400、500、650、800	400	0.32	1.29	54.46
			0.4	1.03	
			0.5	0.83	
			0.63	0.66	
			0.8	0.52	
			1.0	0.41	
			1.25	0.33	
			1.6	0.26	
			2.0	0.21	
	500、650、800、1000	500	0.32	1.62	57.9
			0.4	1.29	
			0.5	1.03	
			0.63	0.82	
			0.8	0.65	
			1.0	0.52	
			1.25	0.41	
			1.6	0.32	
			2.0	0.26	
3.0	400、500、650、800	320	0.5	0.86	40.2
			0.63	0.69	
			0.8	0.54	
			1.0	0.43	
			1.25	0.35	
			1.6	0.27	
			2.0	0.22	
	400、500、650、800	400	0.32	1.76	54.46
			0.4	1.41	
			0.5	1.13	
			0.63	0.90	
			0.8	0.71	
			1.0	0.56	
			1.25	0.45	
			1.6	0.35	
			2.0	0.28	
	500、650、800、1000	500	0.32	2.20	57.9
			0.4	1.76	
			0.5	1.41	
			0.63	1.12	
			0.8	0.88	
			1.0	0.71	
			1.25	0.56	
			1.6	0.44	
			2.0	0.35	

续表 8-16

功率/kW	带宽/mm	滚筒直径/mm	带速/m·s^{-1}	许用扭矩/kN·m	许用合力/kN
4.0	400、500、650、800	320	0.5	1.15	40.2
			0.63	0.91	
			0.8	0.72	
			1.0	0.58	
			1.25	0.46	
			1.6	0.36	
			2.0	0.29	
	400、500、650、800	400	0.32	2.35	54.46
			0.4	1.88	
			0.5	1.50	
			0.63	1.19	
			0.8	0.94	
			1.0	0.75	
			1.25	0.60	
			1.6	0.47	
			2.0	0.38	
	500、650、800、1000	500	0.32	2.94	57.9
			0.4	2.35	
			0.5	1.88	
			0.63	1.49	
			0.8	1.18	
			1.0	0.94	
			1.25	0.75	
			1.6	0.59	
			2.0	0.47	
5.5	400、500、650、800	320	1.0	0.79	40.2
			1.25	0.63	
			1.6	0.50	
			2.0	0.40	
			2.5	0.32	
	400、500、650、800	400	0.8	1.29	54.46
			1.0	1.03	
			1.25	0.83	
			1.6	0.65	
			2.0	0.52	
			2.5	0.41	
	500、650、800、1000	500	0.32	4.04	51.73
			0.4	3.23	
			0.5	2.59	
			0.63	2.05	
			0.8	1.62	
			1.0	1.29	
			1.25	14.03	
			1.6	0.81	
			2.0	0.65	
			2.5	0.52	
			3.15	0.41	

续表 8-16

功率/kW	带宽/mm	滚筒直径/mm	带速/m·s⁻¹	许用扭矩/kN·m	许用合力/kN
5.5	650、800、1000、1200、1400	630	0.32	5.09	71.35
			0.4	4.07	
			0.5	3.26	
			0.63	2.59	
			0.8	2.04	
			1.0	1.63	
			1.25	1.30	
			1.6	1.02	
			2.0	0.81	
			2.5	0.65	
			3.15	0.52	
	800、1000、1200、1400	800	0.63	3.28	71.35
			0.8	2.59	
			1.0	2.07	
			1.25	1.65	
			1.6	1.29	
			2.0	1.03	
			2.5	0.83	
7.5	400、500、650、800	320	1.0	1.08	40.2
			1.25	0.86	
			1.6	0.68	
			2.0	0.54	
			2.5	0.43	
	400、500、650、800	400	0.8	1.74	54.46
			1.0	1.40	
			1.25	1.12	
			1.6	0.87	
			2.0	0.70	
			2.5	0.56	
	500、650、800、1000	500	0.32	5.51	51.73
			0.4	4.41	
			0.5	3.53	
			0.63	2.80	
			0.8	2.20	
			1.0	1.76	
			1.25	1.41	
			1.6	1.10	
			2.0	0.88	
			2.5	0.71	
			3.15	0.56	
	650、800、1000、1200、1400、1600、1800、2000	630	0.32	6.94	71.35
			0.4	5.55	
			0.5	4.44	
			0.63	3.53	
			0.8	2.78	
			1.0	2.22	
			1.25	1.78	
			1.6	1.39	
			2.0	1.11	
			2.5	0.89	
			3.15	0.71	

续表 8-16

功率/kW	带宽/mm	滚筒直径/mm	带速/m·s⁻¹	许用扭矩/kN·m	许用合力/kN
7.5	800、1000、1200、1400	800	0.63	4.48	71.35
			0.8	3.53	
			1.0	2.82	
			1.25	2.26	
			1.6	1.76	
			2.0	1.41	
			2.5	1.13	
11	500、650、800、1000	500	0.63	4.10	51.73
			0.8	3.23	
			1.0	2.59	
			1.25	2.07	
			1.6	1.62	
			2.0	1.29	
			2.5	1.03	
			3.15	0.82	
	650、800、1000、1200、1400、1600、1800、2000	630	0.63	5.17	71.35
			0.8	4.07	
			1.0	3.26	
			1.25	2.61	
			1.6	2.04	
			2.0	1.63	
			2.5	1.30	
			3.15	1.03	
	800、1000、1200、1400	800	0.8	5.17	71.35
			1.0	4.14	
			1.25	3.31	
			1.6	2.59	
			2.0	2.07	
			2.5	1.65	
			3.15	1.31	
			4.0	1.03	
15	500、650、800、1000	500	0.63	5.60	51.73
			0.8	4.41	
			1.0	3.53	
			1.25	2.82	
			1.6	2.20	
			2.0	1.76	
			2.5	1.41	
			3.15	1.12	
	650、800、1000、1200、1400、1600、1800、2000	630	0.63	7.05	71.35
			0.8	5.55	
			1.0	4.44	
			1.25	3.55	
			1.6	2.78	
			2.0	2.22	
			2.5	1.78	
			3.15	1.41	

续表 8-16

功率 /kW	带宽 /mm	滚筒直径 /mm	带速 /m·s⁻¹	许用扭矩 /kN·m	许用合力 /kN
15	800、1000、1200、1400	800	0.8	7.05	71.35
			1.0	5.64	
			1.25	4.51	
			1.6	3.53	
			2.0	2.82	
			2.5	2.26	
			3.15	1.79	
			4.0	1.41	
18.5	500、650、800、1000	500	0.8	5.43	120.3
			1.0	4.35	
			1.25	3.48	
			1.6	2.72	
			2.0	2.17	
			2.5	1.74	
			3.15	1.38	
	650、800、1000、1200、1400、1600、1800、2000	630	1.0	5.48	120.3
			1.25	4.38	
			1.6	3.42	
			2.0	2.74	
			2.5	2.19	
			3.15	1.74	
	8010、1000、1200、1400、1600、1800、2000	800	1.25	5.56	120.3
			1.6	4.35	
			2.0	3.48	
			2.5	2.78	
			3.15	2.21	
			4.0	1.74	
22	500、650、800、1000	500	0.8	6.46	120.3
			1.0	5.17	
			1.25	4.14	
			1.6	3.23	
			2.0	2.59	
			2.5	2.07	
			3.15	1.64	
	650、800、1000、1200、1400、1600、1800、2000	630	1.0	6.51	120.3
			1.25	5.21	
			1.6	4.07	
			2.0	3.26	
			2.5	2.61	
			3.15	2.07	
	800、1000、1200、1400、1600、1800、2000	800	1.25	6.62	120.3
			1.6	5.17	
			2.0	4.14	
			2.5	3.31	
			3.15	2.63	
			4.0	2.07	

续表 8-16

功率 /kW	带宽 /mm	滚筒直径 /mm	带速 /m·s⁻¹	许用扭矩 /kN·m	许用合力 /kN
30	500、650、800、1000	500	0.8	8.81	120.3
			1.0	7.05	
			1.25	5.64	
			1.6	4.41	
			2.0	3.53	
			2.5	2.82	
			3.15	2.24	
	650、800、1000、1200、1400、1600、1800、2000	630	1.0	8.88	120.3
			1.25	7.11	
			1.6	5.55	
			2.0	4.44	
			2.5	3.55	
			3.15	2.82	
	800、1000、1200、1400、1600、1800、2000	800	1.25	9.02	120.3
			1.6	7.05	
			2.0	5.64	
			2.5	4.51	
			3.15	3.58	
			4.0	2.82	
	1000、1200、1400、1600、1800、2000	1000	1.6	8.81	120.3
			2.0	7.05	
			2.5	5.64	
			3.15	4.48	
			4.0	3.53	
37	500、650、800、1000	500	1.0	8.70	120.3
			1.25	6.96	
			1.6	5.43	
			2.0	4.35	
			2.5	3.48	
			3.15	2.76	
	650、800、1000、1200、1400、1600、1800、2000	630	1.0	10.96	120.3
			1.25	8.76	
			1.6	6.85	
			2.0	5.48	
			2.5	4.38	
			3.15	3.48	
	800、1000、1200、1400、1600、1800、2000	800	1.25	11.13	120.3
			1.6	8.70	
			2.0	6.96	
			2.5	5.56	
			3.15	4.42	
			4.0	3.48	
	1000、1200、1400、1600、1800、2000	1000	1.6	10.87	120.3
			2.0	8.70	
			2.5	6.96	
			3.15	5.52	
			4.0	4.35	

续表 8-16

功率/kW	带宽/mm	滚筒直径/mm	带速/m·s⁻¹	许用扭矩/kN·m	许用合力/kN
45	650、800、1000、1200、1400、1600、1800、2000	630	1.0	13.32	139.6
			1.25	10.66	
			1.6	8.33	
			2.0	6.66	
			2.5	5.33	
			3.15	4.23	
	800、1000、1200、1400、1600、1800、2000	800	1.25	13.54	139.6
			1.6	10.58	
			2.0	8.46	
			2.5	6.77	
			3.15	5.37	
			4	4.23	
	1000、1200、1400、1600、1800、2000	1000	1.6	13.22	139.6
			2.0	10.58	
			2.5	8.46	
			3.15	6.71	
			4	5.29	
55	650、800、1000、1200、1400、1600、1800、2000	630	1.25	13.03	139.6
			1.6	10.18	
			2.0	8.14	
			2.5	6.51	
			3.15	5.17	
	800、1000、1200、1400、1600、1800、2000	800	1.6	12.93	139.6
			2.0	10.34	
			2.5	8.27	
			3.15	6.57	
			4	5.17	
	1000、1200、1400、1600、1800、2000	1000	2.0	12.93	139.6
			2.5	10.34	
			3.15	8.21	
			4	6.46	
75	800、1000、1200、1400、1600、1800、2000	800	1.25	22.56	181.3
			1.6	17.63	
			2.0	14.10	
			2.5	11.28	
			3.15	8.95	
			4	7.05	
	1000、1200、1400、1600、1800、2000	1000	1.6	22.03	181.3
			2.0	17.63	
			2.5	14.10	
			3.15	11.19	
			4	8.81	

续表 8-16

功率/kW	带宽/mm	滚筒直径/mm	带速/m·s⁻¹	许用扭矩/kN·m	许用合力/kN
90	800、1000、1200、1400、1600、1800、2000	800	1.25	27.07	181.3
			1.6	21.15	
			2.0	16.92	
			2.5	13.54	
			3.15	10.74	
			4	8.46	
	1000、1200、1400、1600、1800、2000	1000	1.6	26.44	181.3
			2.0	21.15	
			2.5	16.92	
			3.15	13.43	
			4	10.58	
110	800、1000、1200、1400、1600、1800、2000	800	1.25	33.09	234.6
			1.6	25.85	
			2.0	20.68	
			2.5	16.54	
			3.15	13.13	
			4	10.34	
	1000、1200、1400、1600、1800、2000	1000	1.6	32.31	234.6
			2.0	25.85	
			2.5	20.68	
			3.15	16.41	
			4	12.93	
132	1000、1200、1400、1600、1800、2000	800	1.6	31.02	234.6
			2.0	24.82	
			2.5	19.85	
			3.15	15.76	
			4	12.41	
	1000、1200、1400、1600、1800、2000	1000	1.6	38.78	234.6
			2.0	31.02	
			2.5	24.82	
			3.15	19.70	
			4	15.51	
160	1000、1200、1400、1600、1800、2000	800	2.0	30.08	234.6
			2.5	24.06	
			3.15	19.10	
			4	15.04	
		1000	2.5	30.08	234.6
			3.15	23.87	
			4	18.80	
200	1000、1200、1400、1600、1800、2000	800	2.5	30.08	234.6
			3.15	23.87	
			4	18.80	
		1000	3.15	29.84	234.6
			4	23.50	

8.3.5.2 YTH 型外置式减速滚筒结构说明

YTH 型减速滚筒由滚筒体、驱动器及电机支架（Ⅱ型无电机支架）三部分组成，如图 8-6 所示。

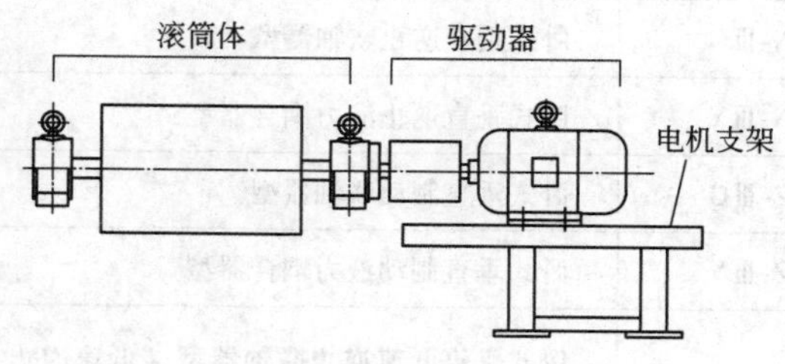

图 8-6 YTH 型减速滚筒组成

（1）滚筒体。滚筒体主要由滚筒壳体、支座及装在滚筒内的减速器组成。该减速器采用先进的硬齿面行星齿轮传动。整个滚筒体采用德国密封技术，采取全密封形式。滚筒体表面可铸人字形、菱形等多种花纹橡胶，适用于各种工作环境。

（2）驱动器。驱动器主要包括电动机、联轴器、液力耦合器、逆止器、制动器等部件。电动机采用标准的 Y 系列电机；联轴器采用弹性柱销联轴器（见：GB/T 5014—2003），用于连接滚筒体和电机。对大功率的外装式减速滚筒，为了改善起动性能可采用 YOX 型液力耦合器以代替联轴器。

如带式输送机只允许一个方向运转，不准逆转，则可配置逆止器。逆止器的选用视其功率的大小而定，对小功率产品可采用 SN 型、NH 型逆止轴承；对大功率产品则可采用 NJ 型接触式逆止器和 GN 型滚柱逆止器。

如工作有制动要求，则可加装制动器，制动器采用 YWZ_5 型液压推杆式制动器。

护罩采用钢板和型材焊接而成，用于联轴器等旋转部件的安全防护。

（3）电机支架。电机支架是用型钢焊接而成，用于安装电动机和护罩。

8.3.5.3 YTH 型外置式减速滚筒分类

YTH 型减速滚筒是系列产品，由于电机的安装位置以及采用的电机的型式不同而分为三大类：

（1）YTH-Ⅰ型（卧式直列型）；

（2）YTH-Ⅱ型（立式电机型）；

（3）YTH-Ⅲ型（卧式垂直型）。

其中每一种类型又由于其功能的差异有细分种类，例如上述各种产品若选用隔爆型电机可派生成 YTH-B 隔爆型。

YTH 型减速滚筒的分类如表 8-17 所示。

表 8-17 YTH 减速滚筒分类表

YTH-Ⅰ卧式直列型	型 号	说 明
滚筒旋向	YTH-ⅠG	卧式直列联轴器型
	YTH-ⅠY	卧式直列液力耦合器型
	YTHN-ⅠG	卧式直列逆止联轴器型
	YTHN-ⅠY	卧式直列逆止液力耦合器型
	YTHZ-ⅠG	卧式直列制动联轴器型
	YTHZ-ⅠY	卧式直列制动液力耦合器型
滚筒旋向	YTHNd-ⅠG	卧式直列低速逆止联轴器型
	YTHNd-ⅠY	卧式直列低速逆止液力耦合器型

YTH-Ⅱ立式电机型	型 号	说 明	备 注
滚筒旋向	YTH-Ⅱ YTHZ-Ⅱ	立式电机型 立式制动电动机型	功率限于 55kW 以下
	YTHN-Ⅱ YTHNd-Ⅱ	带高速逆止型 带低速逆止型	

续表 8-17

YTH-Ⅲ卧式垂直型	型　号	说　明
滚筒旋向；安装形式：A式、B式、C式、D式（滚筒旋向、电机）	YTH-ⅢG	卧式垂直联轴器型
	YTH-ⅢY	卧式垂直液力耦合器型
	YTHN-ⅢG	卧式垂直逆止联轴器型
	YTHN-ⅢY	卧式垂直逆止液力耦合器型
	YTHZ-ⅢG	卧式垂直制动联轴器型
	YTHZ-ⅢY	卧式垂直制动液力耦合器型
	YTHNd-ⅢG	卧式垂直低速逆止联轴器型（低速逆止处图形参见 YTHNd-ⅠG）
	YTHNd-ⅢY	卧式垂直低速逆止液力耦合器型（低速逆止处图形参见 YTHNd-ⅠY）
隔爆型	**型　号**	**说　明**
用隔爆式电动机取代普通电动机而成隔爆型	YTH-B-Ⅰ YTH-B-Ⅱ YTH-B-Ⅲ	各种型号均可派生成隔爆型

8.3.5.4　型号及举例

YTH 型外置式减速滚筒的型号命名如下：

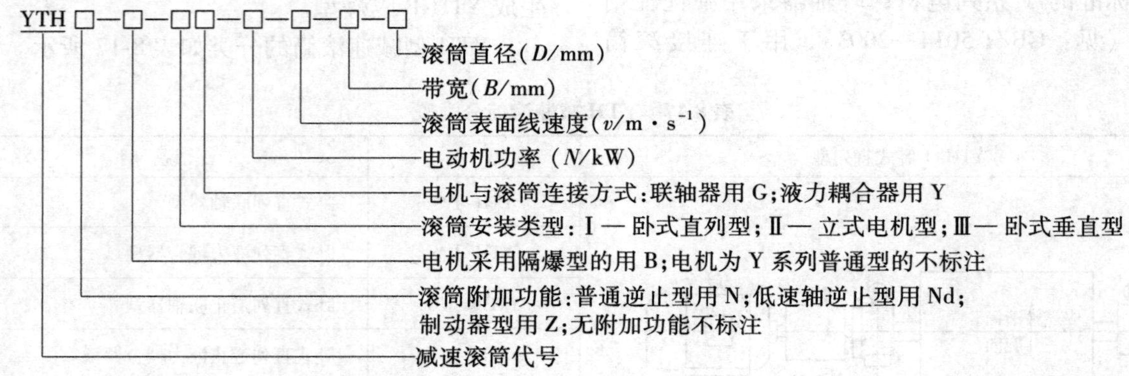

举例说明：YTHNd-B-ⅠY-45-2.5-1000-800 表示电机功率为 45kW、滚筒表面线速度 2.5m/s、带宽 1000mm、筒径 800mm 低速轴逆止、采用隔爆型电机、液力耦合器连接的卧式直列型减速滚筒，订货时应按此规定向厂家提供电动滚筒的型号。

8.3.5.5　滚筒尺寸及重量

YTH 型外置式减速滚筒各部尺寸如图 8-7 及表 8-18 所示。

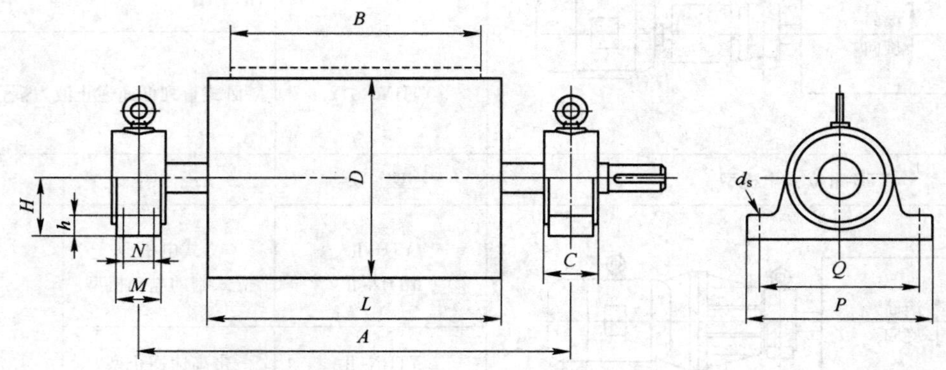

图 8-7　YTH 减速滚筒

表 8-18 滚筒体部分尺寸

mm

D	B	A	L	H	C	M	N	P	Q	h	d_s
320	400	750	500	120	110	90	—	340	280	35	$\phi27$
	500	850	600								
	650	1000	750								
	800	1300	950								
400	400	750	500	120	110	90	—	340	280	35	$\phi27$
	500	850	600								
	650	1000	750								
	800	1300	950								
500	500	850	620	120	120	90	—	340	280	35	$\phi27$
	650	1000	750								
	800	1300	950								
	1000	1500	1150								
630	650	1000	750	120	120	90	—	340	280	35	$\phi27$
	800	1300	950	140	140	130	80	400	330	35	$\phi27$
	1000	1500	1150								
	1200	1750	1400	160	160	150	90	440	360	50	$\phi34$
	1400	2000	1600								
	1600	2200	1800								
	1800	2400	2000								
	2000	2600	2200								
800	800	1300	950	140	140	130	80	400	330	50	$\phi27$
	1000	1500	1150								
	1200	1750	1400	160	160	150	90	440	360	50	$\phi34$
	1400	2000	1600								
	1600	2200	1800								
	1800	2400	2000								
	2000	2600	2200								
1000	1000	1500	1150	140	140	130	80	400	330	50	$\phi27$
	1200	1750	1400	160	160	150	90	440	360		$\phi34$
	1400	2000	1600								
	1600	2200	1800								
	1800	2400	2000								
	2000	2600	2200								

YTH 型外置式减速滚筒体部分的重量见表 8-19 所示。

表 8-19　滚筒体部分重量

滚筒直径/mm	功率/kW 带宽/mm	2.2	3	4	5.5	7.5	11	15	18.5	22	30	37	45	55	75	90	110 132	160 200
		滚筒重量/kg（不包括联轴器、液力耦合器、电机等）																
320	400	250	250	250	250	250												
	500	270	270	270	270	270												
	650	295	295	295	295	295												
	800	320	320	320	320	320												
400	400	295	295	295	295	295												
	500	320	320	320	320	320												
	650	350	350	350	350	350												
	800	380	380	380	380	380												
500	500	350	350	350	390	390	420	420	740	740	740	740						
	650	390	390	390	440	440	470	470	810	810	810	810						
	800	420	420	420	470	470	500	500	880	880	880	880						
	1000	460	460	460	520	520	550	550	950	950	950	950						
630	650				610	610	640	640	910	910	910	910	1120	1120				
	800				670	670	700	700	980	980	980	980	1190	1190				
	1000				710	710	740	740	1030	1030	1030	1030	1240	1240				
	1200				760	760	790	790	1090	1090	1090	1090	1300	1300				
	1400				800	800	830	830	1140	1140	1140	1140	1350	1350				
	1600					840	870	870	1190	1190	1190	1190	1400	1400				
	1800					880	910	910	1240	1240	1240	1240	1450	1450				
	2000					920	950	950	1290	1290	1290	1290	1500	1500				
800	800				760	760	820	820	1090	1090	1090	1090	1300	1300	1370	1370	1980	1980
	1000				810	810	870	870	1160	1160	1160	1160	1370	1370	1440	1440	2050	2050
	1200				870	870	930	930	1250	1250	1250	1250	1460	1460	1530	1530	2140	2140
	1400				940	940	1000	1000	1330	1330	1330	1330	1540	1540	1610	1610	2220	2220
	1600								1410	1410	1410	1410	1620	1620	1690	1690	2300	2300
	1800								1490	1490	1490	1490	1700	1700	1770	1770	2380	2380
	2000								1570	1570	1570	1570	1780	1780	1850	1850	2460	2460
1000	1000										1370	1370	1580	1580	1650	1650	2260	2260
	1200										1460	1460	1670	1670	1740	1740	2350	2350
	1400										1540	1540	1750	1750	1820	1820	2430	2430
	1600										1620	1620	1830	1830	1900	1900	2510	2510
	1800										1700	1700	1910	1910	1980	1980	2590	2590
	2000										1780	1780	1990	1990	2060	2060	2670	2670

8.3.5.6　减速滚筒驱动部分选择

根据 YTH 减速滚筒安装类型不同，通过表 8-20 ~ 表 8-22 对其驱动部分进行设计选择。

表 8-20 I 型减速滚筒驱动部分选择表

滚筒直径/mm	带宽/mm	功率/kW 带速/m·s^{-1}	18.5	22	30	37	45	55	75	90	110	132	160	200
			驱动部分组合号											
500	500、650、800、1000	0.8	28	29	30									
		1	28	29	30	31								
		1.25	8	9	10	11								
		1.6	8	9	10	11								
		2	8	9	10	11								
		2.5	8	9	10	11								
		3.15	8	9	10	11								
630	650、800、1000、1200、1400、1600、1800、2000	1	28	29	30	31	32	33						
		1.25	28	29	30	31	12	13						
		1.6	8	9	10	11	12	13						
		2	8	9	10	11	12	13						
		2.5	8	9	10	11	12	13						
		3.15	8	9	10	11	12	13						
800	800、1000、1200、1400、1600、1800、2000	1.25	28	29	30	31	32	33	34	35	36			
		1.6	28	29	30	31	12	13	34	35	36	37		
		2	8	9	10	11	12	13	14	15	16	17	18	
		2.5	8	9	10	11	12	13	14	15	16	17	18	18
		3.15	8	9	10	11	12	13	14	15	16	17	18	18
		4	8	9	10	11	12	13	14	15	16	17	18	18
1000	1000、1200、1400、1600、1800、2000	1.6	28	29	30	31	32	33	34	35	36	37		
		2	28	29	30	31	12	13	34	35	36	37		
		2.5	8	9	10	11	12	13	14	15	16	17	18	
		3.15	8	9	10	11	12	13	14	15	16	17	18	18
		4	8	9	10	11	12	13	14	15	16	17	18	18

表 8-21 II 型减速滚筒驱动部分选择表

滚筒直径/mm	带宽/mm	功率/kW 带速/m·s^{-1}	2.2	3	4	5.5	7.5	11	15	18.5	22	30	37	45	55
			驱动部分组合号												
320	400、500、650、800	0.5	201	202	203										
		0.63	201	202	203										
		0.8	201	202	203										
		1.0	201	202	203	204	205								
		1.25	201	202	203	204	205								
		1.6	201	202	203	204	205								
		2.0	201	202	203	204	205								
		2.5				204	205								
400	400、500、650、800	0.32	201	202	203										
		0.4	201	202	203										
		0.5	201	202	203										
		0.63	201	202	203										
		0.8	201	202	203	204	205								

续表 8-21

滚筒直径/mm	带宽/mm	功率/kW 带速/m·s⁻¹	2.2	3	4	5.5	7.5	11	15	18.5	22	30	37	45	55
			驱动部分组合号												
400	400、500、650、800	1.0	201	202	203	204	205								
		1.25	201	202	203	204	205								
		1.6	201	202	203	204	205								
		2.0	201	202	203	204	205								
		2.5				204	205								
500	500、650、800、1000	0.32	201	202	203	204	205								
		0.4	201	202	203	204	205								
		0.5	201	202	203	204	205								
		0.63	201	202	203	204	205	206	207						
		0.8	201	202	203	204	205	206	207	228	229	230			
		1.0	201	202	203	204	205	206	207	228	229	230	231		
		1.25	201	202	203	204	205	206	207	208	209	210	211		
		1.6	201	202	203	204	205	206	207	208	209	210	211		
		2.0	201	202	203	204	205	206	207	208	209	210	211		
		2.5				204	205	206	207	208	209	210	211		
		3.15				204	205	206	207	208	209	210	211		
630	650、800、1000、1200、1400、1600、1800、2000	0.32				224	225								
		0.4				224	225								
		0.5				204	205								
		0.63				204	205	206	207						
		0.8				204	205	206	207						
		1.0				204	205	206	207	228	229	230	231		
		1.25				204	205	206	207	228	229	230	231	212	213
		1.6				204	205	206	207	208	209	210	211	212	213
		2.0				204	205	206	207	208	209	210	211	212	213
		2.5				204	205	206	207	208	209	210	211	212	213
		3.15				204	205	206	207	208	209	210	211	212	213
800	800、1000、1200、1400、1600、1800、2000	0.8				204	205	206	207						
		1.0				204	205	206	207						
		1.25				204	205	206	207	228	229	230	231		
		1.6				204	205	206	207	228	229	230	231	212	213
		2.0				204	205	206	207	208	209	210	211	212	213
		2.5				204	205	206	207	208	209	210	211	212	213
		3.15						206	207	208	209	210	211	212	213
		4.0						206	207	208	209	210	211	212	213

续表 8-21

滚筒直径/mm	带宽/mm	功率/kW 带速/m·s^{-1}	2.2	3	4	5.5	7.5	11	15	18.5	22	30	37	45	55
			驱动部分组合号												
1000	1000、1200、1400、1600、1800、2000	1.6										230	231		
		2.0										230	231	212	213
		2.5										210	211	212	213
		3.15										210	211	212	213
		4.0										210	211	212	213

表 8-22 Ⅲ型减速滚筒驱动部分选择表

滚筒直径/mm	带宽/mm	功率/kW 带速/m·s^{-1}	18.5	22	30	37	45	55	75	90
			驱动部分组合号							
630	650、800、1000、1200、1400、1600、1800、2000	1	328	329	330	331	332			
		1.25	328	329	330	331	312	313		
		1.6	308	309	310	311	312	313		
		2	308	309	310	311	312	313		
		2.5	308	309	310	311	312	313		
		3.15	308	309	310	311	312	313		
800	800、1000、1200、1400、1600、1800、2000	1.25	328	329	330	331	332		334	
		1.6	328	329	330	331	312	313	334	
		2	308	309	310	311	312	313	314	315
		2.5	308	309	310	311	312	313	314	315
		3.15	308	309	310	311	312	313	314	315
		4	308	309	310	311	312	313	314	315
1000	1000、1200、1400、1600、1800、2000	1.6	328	329	330	331	332		334	
		2	328	329	330	331	312	313	334	
		2.5	308	309	310	311	312	313	314	315
		3.15	308	309	310	311	312	313	314	315
		4	308	309	310	311	312	313	314	

8.3.5.7 减速滚筒驱动部分组合

(1) Ⅰ型减速滚筒驱动部分组合如图 8-8 及表 8-23 所示。

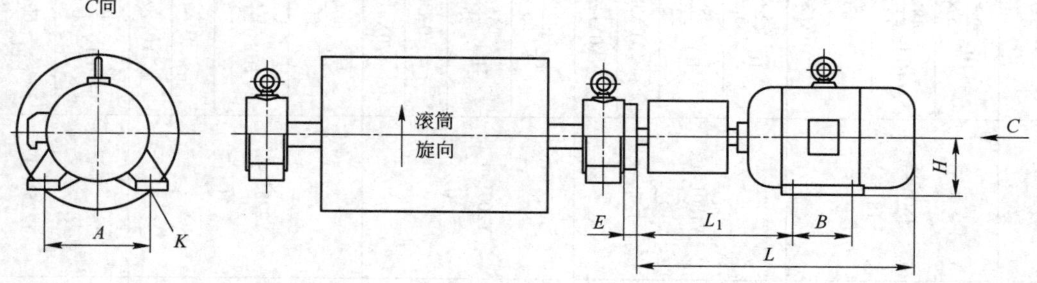

图 8-8 Ⅰ型减速滚筒驱动部分

表 8-23　Ⅰ型减速滚筒驱动部分组合表

组合号	电动机型号功率/kW	联轴器或耦合器型号规格	制动器型号	逆止器型号	联轴器或耦合器护罩	制动器护罩	总重量/kg	装配尺寸/mm L	L_1	E	H	A	B	K	电机支架图号
08	Y180M-4 18.5	$HL_3\frac{48\times112}{55\times112}$		NH01	LF04A		195	796	357	42	180	279	241	15	JⅠ-07ⅠA
		$HLL_3\frac{48\times112}{55\times112}$	YWZ_5-315/80			ZF03A	283								JⅠZ-07ⅠA
		Y0X360			YF01A		229	880	441						JⅠ-07ⅡA
		Y0Xnz360	YWZ_5-315/80			ZYF01A	335	1012	573						JⅠZ-07ⅡA
09	Y180L-4 22	$HL_4\frac{48\times112}{55\times112}$		NH01	LF04A		217	836	357	42	180	279	279	15	JⅠ-08ⅠA
		$HLL_4\frac{48\times112}{55\times112}$	YWZ_5-315/80			ZF03A	306								JⅠZ-08ⅠA
		Y0X360			YF01A		237	920	441						JⅠ-08ⅡA
		Y0Xnz360	YWZ_5-315/80			ZYF01A	343	1052	573						JⅠZ-08ⅡA
10	Y200L-4 30	$HL_4\frac{55\times112}{55\times112}$		NH01	LF04A		297	901	369	42	200	318	305	19	JⅠ-09ⅠA
		$HLL_4\frac{55\times112}{55\times112}$	YWZ_5-315/80			ZF03A	386								JⅠZ-09ⅠA
		Y0X360			YF01A		317	985	453						JⅠ-09ⅡA
		Y0Xnz360	YWZ_5-315/80			ZYF01A	423	1117	585						JⅠZ-09ⅡA
11	Y225S-4 37	$HL_5\frac{60\times142}{55\times112}$		NH01	LF05A		337	946	415	42	225	356	286	19	JⅠ-10ⅠA
		$HLL_5\frac{60\times142}{55\times112}$	YWZ_5-400/80			ZF04A	461								JⅠZ-10ⅠA
		Y0X400			YF02A		371	1045	514						JⅠ-10ⅡA
		Y0Xnz400	YWZ_5-400/80			ZYF02A	521	1206	675						JⅠZ-10ⅡA
12	Y225M-4 45	$HL_5\frac{60\times142}{60\times142}$		NJ110-N-110 GN110 NH02	LF06A		358	1001	445	65	225	365	311	19	JⅠ-11ⅠA
		$HLL_5\frac{60\times142}{60\times142}$	YWZ_5-400/80			ZF05A	480								JⅠZ-11ⅠA
		Y0X400			YF02A		391	1070	514						JⅠ-11ⅡA
		Y0Xnz400	YWZ_5-400/80			ZYF02A	541	1231	675						JⅠZ-11ⅡA

续表 8-23

组合号	电动机型号功率/kW	联轴器或耦合器型号规格	制动器型号	逆止器型号	联轴器或耦合器护罩	制动器护罩	总重量/kg	装配尺寸/mm							电机支架图号
								L	L_1	E	H	A	B	K	
13	Y250M-4 55	$HL_5\frac{65\times142}{60\times142}$	YWZ_5-400/80	NJ110-N-110 GN110 NH02	LF06A	ZF05A	465	1086	464	65	250	406	349	24	J I -12 I A
		$HLL_5\frac{65\times142}{60\times142}$					587								J I Z-12 I A
		Y0X450			YF03A		514	1184	562						J I -12 II A
		Y0Xnz450	YWZ_5-400/80			ZYF03A	662	1358	736						J I Z-12 II A
14	Y280S-4 75	$HL_6\frac{75\times142}{70\times142}$	YWZ_5-400/121	NJ130-N-130 GN130 NH03	LF07A	ZF05A	622	1156	486	61	280	457	368	24	J I -13 I A
		$HLL_6\frac{75\times142}{70\times142}$					746								J I Z-13 I A
		Y0X450			YF03A		649	1254	584						J I -13 II A
		Y0Xnz450	YWZ_5-400/121			ZYF03A	811	1428	758						J I Z-13 II A
15	Y280M-4 90	$HL_6\frac{75\times142}{70\times142}$	YWZ_5-400/121	NJ130-N-130 GN130 NH03	LF07A	ZF05A	732	1206	486	61	280	457	419	24	J I -14 I A
		$HLL_6\frac{75\times142}{70\times142}$					854								J I Z-14 I A
		Y0X450			YF03A		757	1304	584						J I -14 II A
		Y0Xnz450	YWZ_5-400/121			ZYF03A	919	1478	758						J I Z-14 II A
16	Y315S-4 110	YOX500	YWZ_5-400/121	NJ160-N-150 GN150	YF04A		1114	1475	661	0	315	508	406	28	J I -15 II A
		YOXnz500				ZYF04A	1271	1627	813						J I Z-15 II A
17	Y315M-4 132	YOX500	YWZ_5-400/121	NJ160-N-150 GN150	YF04A		1214	1525	661	0	315	508	457	28	J I -16 II A
		YOXnz500				ZYF04A	1371	1677	813						J I Z-16 II A
18	Y315L-4 160 200	YOX560	YWZ_5-500/201	NJ160-N-150 GN150	YF05A		1321	1580	716	0	315	508	508	28	J I -17 II A
		YOXnz560				ZYF05A	1566	1740	876						J I Z-17 II A
28	$Y200L_1$-6 18.5	$HL_4\frac{55\times112}{55\times112}$	YWZ_5-315/80	NH01	LF04A	ZF03A	250	901	369	42	200	318	305	19	J I -09 I A
		$HLL_4\frac{55\times112}{55\times112}$					336								J I Z-09 I A
		Y0X400			YF02A		291	1013	481						J I -20 II A
		Y0Xnz400	YWZ_5-400/80			ZYF02A	440	1191	659						J I Z-20 II A

续表 8-23

组合号	电动机型号功率/kW	联轴器或耦合器型号规格	制动器型号	逆止器型号	联轴器或耦合器护罩	制动器护罩	总重量/kg	装配尺寸/mm							电机支架图号
								L	L_1	E	H	A	B	K	
29	$Y200L_2$-6 22	$HL_4\frac{55\times112}{55\times112}$	YWZ_5-315/80	NH01	LF04A	ZF03A	277	901	369	42	200	318	305	19	JⅠ-09ⅠA
		$HLL_4\frac{55\times112}{55\times112}$					365								JⅠZ-09ⅠA
		Y0X450	YWZ_5-400/80		YF03A	ZYF03A	337	1059	527						JⅠ-21ⅡA
		Y0Xnz450					464	1233	701						JⅠZ-21ⅡA
30	Y225M-6 30	$HL_5\frac{60\times142}{55\times112}$	YWZ_5-400/80	NH01	LF05A	ZF04A	337	971	415	42	225	356	311	19	JⅠ-22ⅠA
		$HLL_5\frac{60\times142}{55\times112}$					460								JⅠZ-22ⅠA
		Y0X450	YWZ_5-400/80		YF03A	ZYF03A	387	1099	543						JⅠ-22ⅡA
		Y0Xnz450					534	1273	717						JⅠZ-22ⅡA
31	Y250M-6 37	$HL_5\frac{65\times142}{55\times112}$	YWZ_5-400/80	NH01	LF05A	ZF04A	447	1056	434	42	250	406	349	24	JⅠ-23A
		$HLL_5\frac{65\times142}{55\times112}$					570								JⅠZ-23ⅠA
		Y0X500	YWZ_5-400/121		YF04A	ZYF04A	524	1235	613						JⅠ-23ⅡA
		Y0Xnz500					681	1387	765						JⅠZ-23ⅡA
32	Y280S-6 45	$HL_6\frac{75\times142}{60\times142}$	YWZ_5-400/121	NJ110-N-110 GN110 NH02	LF07A	ZF05A	612	1156	486	65	280	457	368	24	JⅠ-13ⅠA
		$HLL_6\frac{75\times142}{60\times142}$					734								JⅠZ-13ⅠA
		Y0X500	YWZ_5-400/121		YF04A	ZYF04A	664	1305	635						JⅠ-24ⅡA
		Y0Xnz500					821	1457	787						JⅠZ-24ⅡA
33	Y280M-6 55	$HL_6\frac{75\times142}{60\times142}$	YWZ_5-400/121	NJ110-N-110 GN110 NH02	LF07A	ZF05A	662	1206	486	65	280	457	419	24	JⅠ-14ⅠA
		$HLL_6\frac{75\times142}{60\times142}$					784								JⅠZ-14ⅠA
		Y0X560			YF05A		761	1367	647						JⅠ-25ⅡA
		Y0Xnz560	YWZ_5-500/121			ZYF05A	1024	1600	880						JⅠZ-25ⅡA

续表 8-23

组合号	电动机型号功率/kW	联轴器或耦合器型号规格	制动器型号	逆止器型号	联轴器或耦合器护罩	制动器护罩	总重量/kg	装配尺寸/mm L	L_1	E	H	A	B	K	电机支架图号
34	Y315S-6 75	$HL_7\frac{80\times172}{70\times142}$		NJ130-N-130 GN130 NH03	LF08A		1110	1356	542	61	315	508	406	28	JⅠ-26ⅠA
		$HLL_7\frac{80\times172}{70\times142}$	YWZ_5-500/121			ZF06A	1256								JⅠZ-26ⅠA
		Y0X560			YF05A		1161	1487	673						JⅠ-26ⅡA
		Y0Xnz560	YWZ_5-500/121			ZYF05A	1404	1690	876						JⅠZ-26ⅡA
35	Y315M-6 90	$HL_7\frac{80\times172}{70\times142}$		NJ130-N-130 GN130 NH03	LF08A		1190	1406	542	61	315	508	457	28	JⅠ-27ⅠA
		$HLL_7\frac{80\times172}{70\times142}$	YWZ_5-500/121			ZF06A	1336								JⅠZ-27ⅠA
		Y0X600			YF06A		1275	1580	716						JⅠ-27ⅡA
		Y0Xnz600	YWZ_5-500/121			ZYF06A	1520	1778	914						JⅠZ-27ⅡA
36	$Y315L_1$-6 110	YOX600		NJ160-N-150 GN150	YF06A		1345	1580	716	0	315	508	508	28	JⅠ-27ⅡA
		YOXnz600	YWZ_5-500/201			ZYF06A	1592	1778	914						JⅠZ-27ⅡA
37	$Y315L_2$-6 132	YOX650		NJ160-N-150 GN150	YF07A		1451	1646	782	0	315	508	508	28	JⅠ-28ⅡA
		YOXnz650	YWZ_5-500/201			ZYF07A	1697	1825	961						JⅠZ-28ⅡA

注：如滚筒不安装 NH 型逆止器时，则装配尺寸中 $E=0$。

(2) Ⅱ型减速滚筒驱动部分组合如图 8-9 及表 8-24 所示。

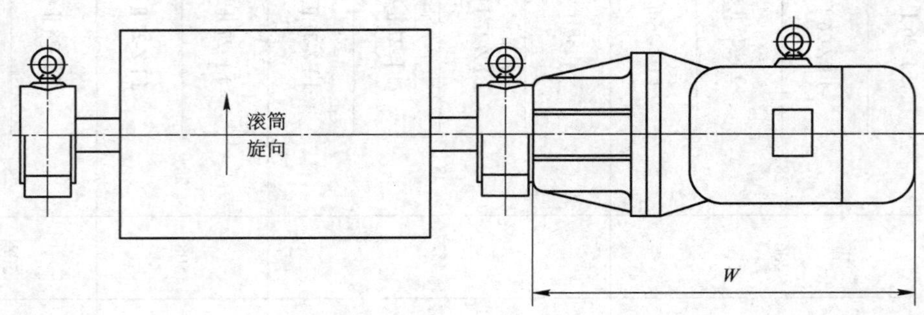

图 8-9　Ⅱ型减速滚筒驱动部分

表 8-24　Ⅱ型减速滚筒驱动部分组合表

组合号	电动机型号及功率/kW		尺寸 W/mm	重量(不包括滚筒部分)/kg
201	$Y100L_1$-4	2.2	428	44
202	$Y100L_2$-4	3.0	428	48
203	Y112M-4	4.0	448	53
204	Y132S-4	5.5	537	84
205	Y132M-4	7.5	577	97
206	Y160M-4	11	678	143
207	Y160L-4	15	723	164
208	Y180M-4	18.5	760	226
209	Y180L-4	22	800	234
210	Y200L-4	30	865	314
211	Y225S-4	37	915	368
228	$Y200L_1$-6	18.5	865	264
229	$Y200L_2$-6	22	865	294
230	Y225M-6	30	935	368
231	Y250M-6	37	1020	478

(3) Ⅲ型减速滚筒驱动部分组合如图 8-10 及表 8-25 所示。

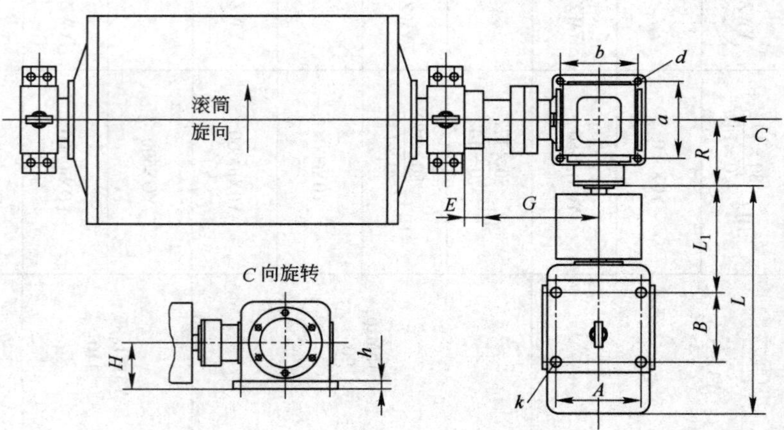

图 8-10　Ⅲ型减速滚筒驱动部分

表 8-25 Ⅲ型减速滚筒驱动部分组合表

组合号	电动机型号 功率 /kW	联轴器 或耦合器 型号规格	制动器型号	逆止器型号	联轴器 或耦合器 护罩	制动器 护罩	重量 /kg	装配尺寸/mm													电机支架 图号
								L	L_1	E	A	B	k	G	R	h	h_1	a	b	d	
308	Y180M-4 18.5	$HL_3\frac{48\times112}{55\times112}$	YWZ_5-315/80	NH03	SLF01	LF04A	195	796	357	42	279	241	15	364	270	140	25	240	240	16	JⅢ-07ⅠA
		$HLL_3\frac{48\times112}{55\times112}$				ZF03A	283														JⅢZ-07ⅠA
		Y0X360				YF01A	229	880	441												JⅢ-07ⅡA
		Y0Xnz360	YWZ_5-315/80			ZYF01A	335	1012	573												JⅢZ-07ⅡA
309	Y180L-4 22	$HL_4\frac{48\times112}{55\times112}$	YWZ_5-315/80	NH03	SLF01	LF04A	217	836	357	42	279	279	15	364	270	140	25	240	240	16	JⅢ-08ⅠA
		$HLL_4\frac{48\times112}{55\times112}$				ZF03A	306														JⅢZ-08ⅠA
		Y0X360				YF01A	237	920	441												JⅢ-08ⅡA
		Y0Xnz360	YWZ_5-315/80			ZYF01A	343	1052	573												JⅢZ-08ⅡA
310	Y200L-4 30	$HL_4\frac{55\times112}{55\times112}$	YWZ_5-315/80	NH03	SLF01	LF04A	297	901	369	42	318	305	19	364	270	140	25	240	240	16	JⅢ-09ⅠA
		$HLL_4\frac{55\times112}{55\times112}$				ZF03A	386														JⅢZ-09ⅠA
		Y0X360				YF01A	317	985	453												JⅢ-09ⅡA
		Y0Xnz360	YWZ_5-315/80			ZYF01A	423	1117	585												JⅢZ-09ⅡA
311	Y225S-4 37	$HL_5\frac{60\times142}{55\times112}$	YWZ_5-400/80	NH03	SLF01	LF05A	337	946	415	42	356	286	19	364	270	140	25	240	240	16	JⅢ-10ⅠA
		$HLL_5\frac{60\times142}{55\times112}$				ZF04A	461														JⅢZ-10ⅠA
		Y0X400				YF02A	371	1045	514												JⅢ-10ⅡA
		Y0Xnz400	YWZ_5-400/80			ZYF02A	521	1206	675												JⅢZ-10ⅡA
312	Y225M-4 45	$HL_5\frac{60\times142}{60\times142}$	YWZ_5-400/80	NJ110-N-110 GN110	SLF02	LF06A	358	1001	445	65	356	311	19	429	315	175	32	290	240	16	JⅢ-11ⅠA
		$HLL_5\frac{60\times142}{60\times142}$				ZF05A	480														JⅢZ-11ⅠA
		Y0X400				YF02A	391	1070	514												JⅢ-11ⅡA
		Y0Xnz400	YWZ_5-400/80			ZYF02A	541	1231	675												JⅢZ-11ⅡA

续表 8-25

组合号	电动机型号 功率 /kW	联轴器 或耦合器 型号规格	制动器型号	逆止器型号	联轴器 或耦合器 护罩		制动器 护罩	重量 /kg	装配尺寸/mm													电机支架 图号
									L	L_1	E	A	B	k	G	R	h	h_1	a	b	d	
313	Y250M-4 55	$HL_5\frac{65\times142}{60\times142}$	YWZ$_5$-400/80	NJ110-N-110 GN110	SLF02	LF06A		465	1086	464	65	406	349	24	429	315	175	32	290	290	21	JⅢ-12ⅠA
		$HLL_5\frac{65\times142}{60\times142}$					ZF05A	587														JⅢZ-12ⅠA
		Y0X450				YF03A		514	1184	562												JⅢ-12ⅡA
		Y0Xnz450	YWZ$_5$-400/80				ZYF03A	662	1358	736												JⅢZ-12ⅡA
314	Y280S-4 75	$HL_6\frac{75\times142}{70\times142}$	YWZ$_5$-400/121	NJ130-N-130 GN130	SLF03	LF07A		622	1156	486	61	457	368	24	469	350	200	40	330	330	25	JⅢ-13ⅠA
		$HLL_6\frac{75\times142}{70\times142}$					ZF05A	746														JⅢZ-13ⅠA
		Y0X450				YF03A		649	1254	584												JⅢ-13ⅡA
		Y0Xnz450	YWZ$_5$-400/121				ZYF03A	811	1428	758												JⅢZ-13ⅡA
315	Y280M-4 90	$HL_6\frac{75\times142}{70\times142}$	YWZ$_5$-400/121	NJ130-N-130 GN130	SLF03	LF07A		732	1206	486	61	457	419	24	469	350	200	40	330	330	25	JⅢ-14ⅠA
		$HLL_6\frac{75\times142}{70\times142}$					ZF05A	854														JⅢZ-14ⅠA
		Y0X450				YF03A		757	1304	584												JⅢ-14ⅡA
		Y0Xnz450	YWZ$_5$-400/121				ZYF03A	919	1478	758												JⅢZ-14ⅡA
328	Y200L$_1$-6 18.5	$HL_4\frac{55\times112}{55\times112}$	YWZ$_5$-315/80	NH03	SLF01	LF04A		250	901	369	42	318	305	19	364	270	140	25	240	240	16	JⅢ-09ⅠA
		$HLL_4\frac{55\times112}{55\times112}$					ZF03A	336														JⅢZ-09ⅠA
		Y0X400				YF02A		291	1013	481												JⅢ-20ⅡA
		Y0Xnz400	YWZ$_5$-400/80				ZYF02A	440	1191	659												JⅢZ-20ⅡA
329	Y200L$_2$-6 22	$HL_4\frac{55\times112}{55\times112}$	YWZ$_5$-315/80	NH03	SLF01	LF04A		277	901	369	42	318	305	19	364	270	140	25	240	240	16	JⅢ-09ⅠA
		$HLL_4\frac{55\times112}{55\times112}$					ZF03A	365														JⅢZ-09ⅠA
		Y0X450				YF03A		337	1059	527												JⅢ-21ⅡA
		Y0Xnz450	YWZ$_5$-400/80				ZYF03A	464	1233	701												JⅢZ-21ⅡA

续表 8-25

组合号	电动机型号 功率 /kW	联轴器 或耦合器 型号规格	制动器型号	逆止器型号	联轴器 或耦合器 护罩	制动器 护罩	重量 /kg	装配尺寸/mm													电机支架 图号
								L	L_1	E	A	B	k	G	R	h	h_1	a	b	d	
330	Y225M-6 30	$HL_5\frac{60\times142}{55\times112}$		NH03	SLF01	LF05A	337	971	415	42	356	311	19	364	270	140	25	240	240	16	JⅢ-22ⅠA
		$HLL_5\frac{60\times142}{55\times112}$	YWZ_5-400/80			ZF04A	460														JⅢZ-22ⅠA
		Y0X450				YF03A	387	1099	543												JⅢ-22ⅡA
		Y0Xnz450	YWZ_5-400/80			ZYF03A	534	1273	717												JⅢZ-22ⅡA
331	Y250M-6 37	$HL_5\frac{65\times142}{55\times112}$		NH03	SLF01	LF05A	447	1056	434	42	406	349	24	364	270	140	25	240	240	16	JⅢ-23ⅠA
		$HLL_5\frac{65\times142}{55\times112}$	YWZ_5-400/80			ZF04A	570														JⅢZ-23ⅠA
		Y0X500				YF04A	524	1235	613												JⅢ-23ⅡA
		Y0Xnz500	YWZ_5-400/121			ZYF04A	681	1387	765												JⅢZ-23ⅡA
332	Y280S-6 45	$HL_6\frac{75\times142}{60\times142}$		NJ110-N-110 GN110	SLF02	LF07A	612	1156	486	65	457	368	24	429	315	175	32	290	290	25	JⅢ-24ⅠA
		$HLL_6\frac{75\times142}{60\times142}$	YWZ_5-400/121			ZF05A	734														JⅢZ-24ⅠA
		Y0X500				YF04A	664	1305	635												JⅢ-24ⅡA
		Y0Xnz500	YWZ_5-400/121			ZYF04A	821	1457	787												JⅢZ-24ⅡA
333	Y280M-6 55	$HL_6\frac{75\times142}{60\times142}$		NJ110-N-110 GN110	SLF02	LF07A	662	1206	486	65	457	419	24	429	315	175	32	290	290	25	JⅢ-25ⅠA
		$HLL_6\frac{75\times142}{60\times142}$	YWZ_5-400/121			ZF05A	784														JⅢZ-25ⅠA
		Y0X560				YF05A	761	1367	647												JⅢ-25ⅡA
		Y0Xnz560	YWZ_5-500/121			ZYF05A	1024	1600	880												JⅢZ-25ⅡA
334	Y315S-6 75	$HL_7\frac{80\times172}{70\times142}$		NJ130-N-130 GN130	SLF03	LF08A	1110	1356	542	61	508	406	28	469	350	200	40	330	330	25	JⅢ-26ⅠA
		$HLL_7\frac{80\times172}{70\times142}$	YWZ_5-500/121			ZF06A	1256														JⅢZ-26ⅠA
		Y0X560				YF05A	1161	1487	673												JⅢ-26ⅡA
		Y0Xnz560	YWZ_5-500/121			ZYF05A	1404	1690	876												JⅢZ-26ⅡA

注：1. 如滚筒安装 NH 型逆止器，表中电机支架图号应改为带（N）型支架，例如：当不安装 NH 型逆止器时的电机支架图号是 JⅢ-10ⅡA，则安装 NH 型逆止器时的电机支架图号应为 JⅢ(N)-10ⅡA；
2. 如滚筒不安装 NH 型逆止器时，则装配尺寸中 $E=0$。

8.3.5.8　减速滚筒外装逆止器

(1) NJ 型接触式逆止器的安装尺寸如图 8-11 及表 8-26 所示。

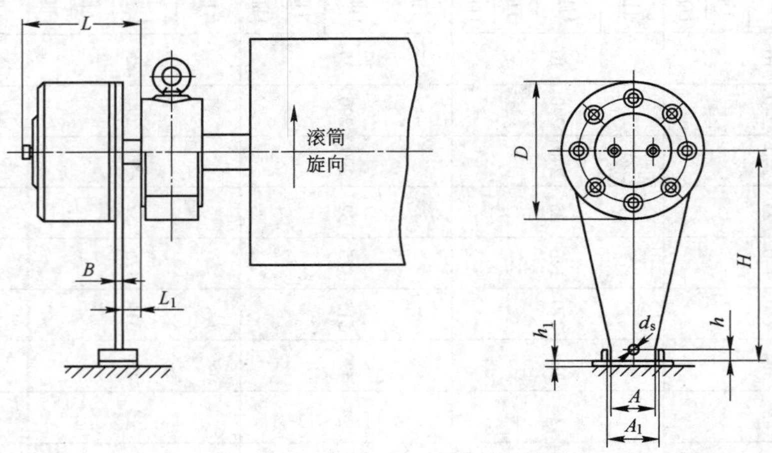

图 8-11　NJ 型接触式逆止器

表 8-26　外装 NJ 型接触式逆止器安装尺寸

组合号	电动机型号	功率/kW	逆止器型号/逆止力矩/N·m	装配尺寸/mm										重量/kg
				A	A_1	B	D	H	h	h_1	L	L_1	d_s	
12	Y225M-4	45	NJ110-N-110/11000	110	118	12	270	425	40	10	165	24	26	46.1
13	Y250M-4	55												
32	Y280S-6	45												
33	Y280M-6	55												
14	Y280S-4	75	NJ130-N-130/16000	120	128	12	320	506	36	10	187	24	26	82.8
15	Y280M-4	90												
34	Y315S-6	75												
35	Y315M-6	90												
16	Y315S-4	110	NJ160-N-150/25000	120	128	20	360	612	32	10	209	28	31	125
17	Y315M-4	132												
18	Y315L_1-4	160												
36	Y315L_1-6	110												
37	Y315L_2-6	132												

(2) 滚柱逆止器的安装尺寸如图 8-12 及表 8-27 所示。

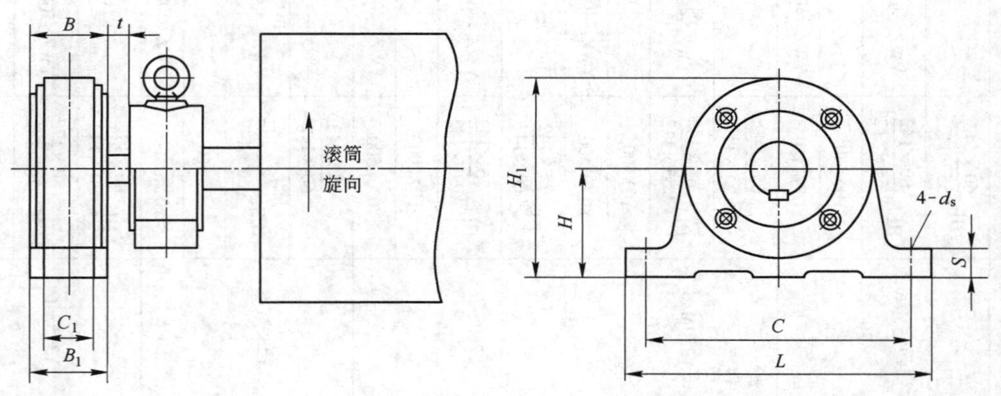

图 8-12　滚柱逆止器

表 8-27 外装滚柱逆止器安装尺寸

组合号	电动机型号	功率/kW	逆止器型号/逆止力矩/N·m	装配尺寸/mm										重量/kg
				B	B_1	C	C_1	d_s	H	H_1	L	S	t	
12	Y225M-4	45	GN110/6900	140	140	400	90	ϕ21	160	310	450	48	15	85
13	Y250M-4	55												
32	Y280S-6	45												
33	Y280M-6	55												
14	Y280S-4	75	GN130/13900	170	170	430	120	ϕ21	175	340	480	48	15	117
15	Y280M-4	90												
34	Y315S-6	75												
35	Y315M-6	90												
16	Y315S-4	110	GN150/23300	190	230	510	170	ϕ26	215	420	580	55	35	174
17	Y315M-4	132												
18	Y315L_1-4	160												
36	Y315L_1-6	110												
37	Y315L_2-6	132												

8.3.5.9 减速滚筒护罩

(1) 弹性联轴器护罩外形尺寸如图 8-13 及表 8-28 所示。

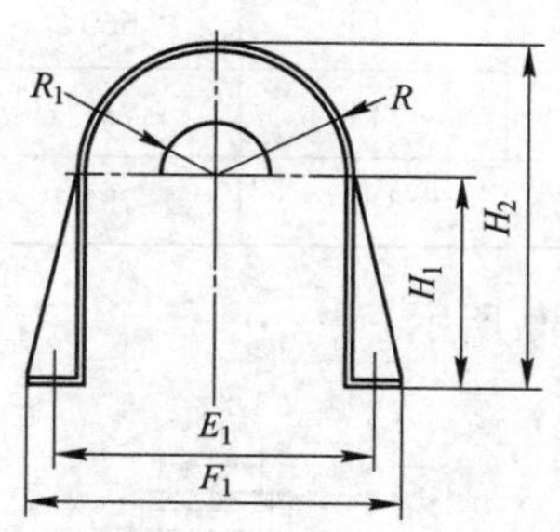

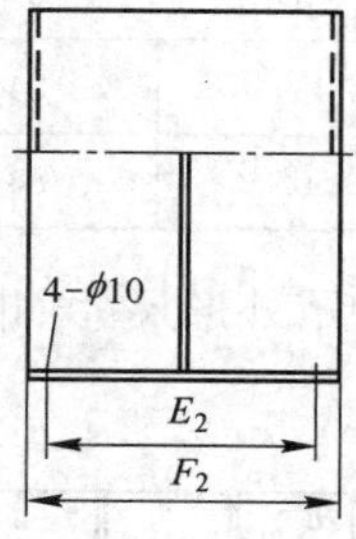

图 8-13 弹性联轴器护罩

表 8-28 弹性联轴器护罩尺寸

mm

图号	E_1	E_2	F_1	F_2	H_1	H_2	R	R_1	重量/kg
LF01A	180	85	210	109	112	189	75	35	1
LF02A	230	121	270	149	132	229	95	40	2
LF03A	230	181	270	209	160	257	95	40	3
LF04A	270	181	310	209	200	318	115	55	5
LF05A	310	203	360	239	225	358	130	60	7
LF06A	310	233	360	269	250	383	130	60	8
LF07A	370	233	420	269	280	443	160	75	9
LF08A	410	263	460	299	315	498	180	80	12
SLF01	360	62	400	90	180	328	145	95	2
SLF02	360	74	420	110	180	343	160	110	4
SLF03	360	94	420	130	180	343	160	125	5

（2）液力耦合器护罩外形尺寸如图 8-14 及表 8-29 所示。

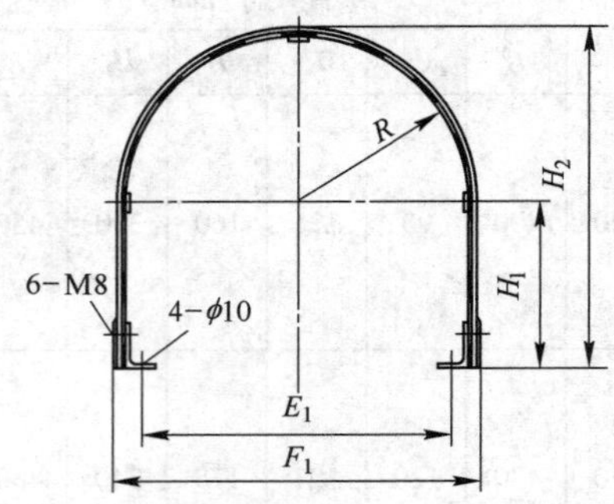

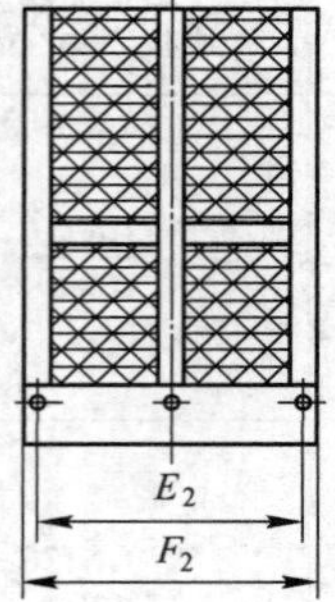

图 8-14　液力耦合器护罩

表 8-29　液力耦合器护罩尺寸　　mm

图　号	E_1	E_2	F_1	F_2	H_1	H_2	R	重量/kg
YF01A	440	267	494	295	200	445	240	5
YF02A	540	304	584	340	225	515	285	6
YF03A	540	333	584	369	280	570	285	7
YF04A	650	384	694	420	315	660	340	8
YF05A	650	439	694	475	315	660	340	9
YF06A	800	439	844	475	315	735	415	10
YF07A	800	505	844	541	315	735	415	11

（3）带制动轮联轴器护罩外形尺寸如图 8-15 及表 8-30 所示。

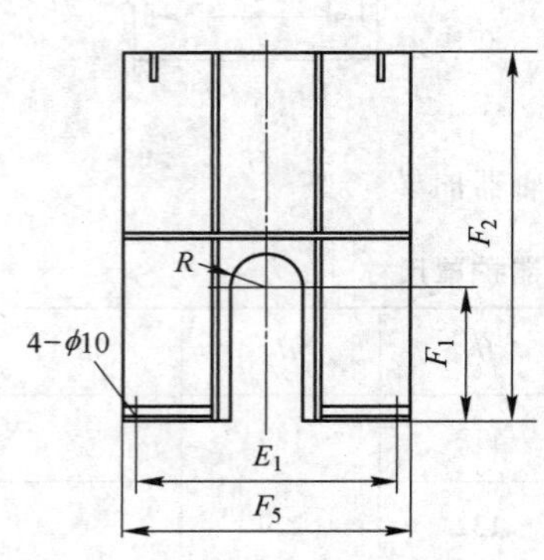

图 8-15　带制动轮联轴器护罩

表 8-30　带制动轮联轴器护罩尺寸　　mm

图　号	E_1	E_2	F_1	F_2	F_3	F_4	F_5	F_6	R	重量/kg
ZF01A	290	120	160	530	488	96	320	135	40	8
ZF02A	440	156	225	635	578	122	480	170	45	12
ZF03A	440	184	225	635	578	136	480	200	60	13
ZF04A	540	238	280	850	798	180	600	254	70	22
ZF05A	540	228	280	850	798	150	600	244	80	21
ZF06A	650	288	335	955	903	220	730	304	90	29

（4）带制动轮液力耦合器护罩外形尺寸如图 8-16 及表 8-31 所示。

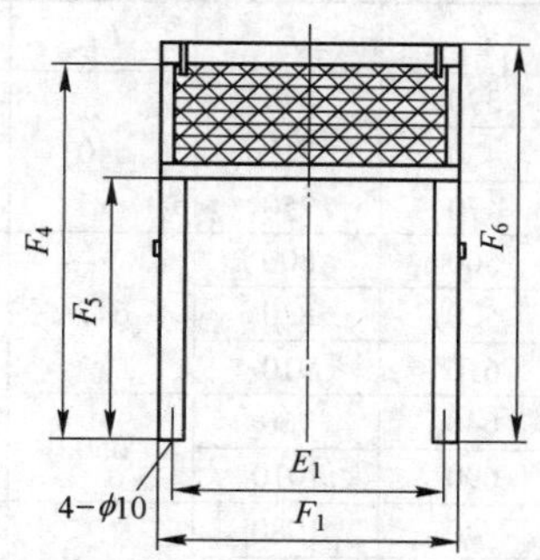

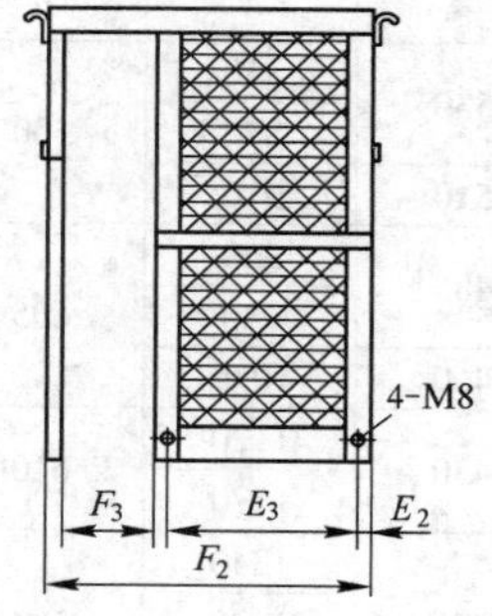

图 8-16　带制动轮液力耦合器护罩

表 8-31　带制动轮液力耦合器护罩尺寸

mm

图　号	E_1	E_2	E_3	F_1	F_2	F_3	F_4	F_5	F_6	重量/kg
ZYF01A	440	20	249	490	442	128	570	400	600	13
ZYF02A	540	25	281	590	516	160	760	530	805	19
ZYF03A	540	25	323	590	558	160	760	530	805	20
ZYF04A	650	30	342	700	592	165	760	530	805	23
ZYF05A	650	30	365	700	650	200	845	630	895	28
ZYF06A	800	30	403	850	688	200	845	630	895	29
ZYF07A	800	30	450	850	735	200	845	630	895	32

8.3.5.10　电动机支架

（1）Ⅰ型减速滚筒电动机支架外形尺寸如图 8-17 及表 8-32 所示。

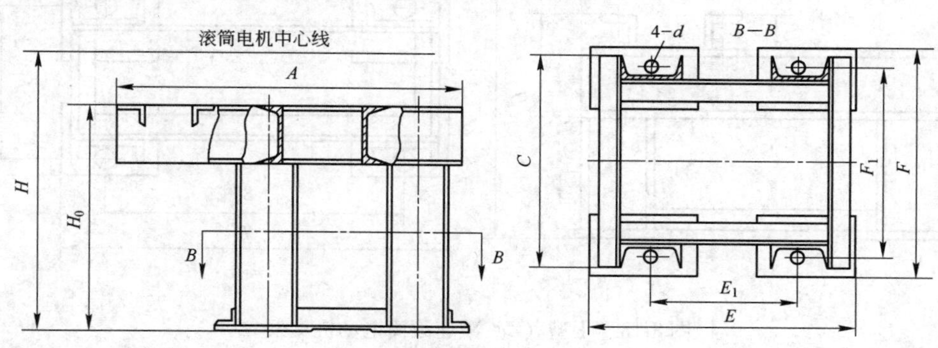

图 8-17　Ⅰ型减速器滚筒电动机支架

表 8-32　Ⅰ型减速滚筒电动机支架尺寸

mm

<table>
<tr><th>图　号</th><th>H</th><th>H_0</th><th>A</th><th>C</th><th>d</th><th>E_1</th><th>E</th><th>F_1</th><th>F</th><th>重量/kg</th></tr>
<tr><td>JⅠ-07ⅠA</td><td rowspan="12">710</td><td rowspan="2">530</td><td>840</td><td rowspan="3">480</td><td rowspan="3">18</td><td>410</td><td>690</td><td rowspan="3">440</td><td rowspan="3">520</td><td>80</td></tr>
<tr><td>JⅠ-08ⅠA</td><td>890</td><td>430</td><td>710</td><td>82</td></tr>
<tr><td>JⅠ-09ⅠA</td><td>510</td><td>930</td><td>435</td><td>735</td><td>82</td></tr>
<tr><td>JⅠ-10ⅠA</td><td rowspan="2">485</td><td>960</td><td rowspan="7">580</td><td rowspan="9">22</td><td>460</td><td>760</td><td rowspan="3">540</td><td rowspan="3">620</td><td>98</td></tr>
<tr><td>JⅠ-11ⅠA</td><td>1020</td><td>490</td><td>790</td><td>101</td></tr>
<tr><td>JⅠ-12ⅠA</td><td>460</td><td>1070</td><td>590</td><td>910</td><td>101</td></tr>
<tr><td>JⅠ-13ⅠA</td><td rowspan="2">430</td><td>1140</td><td rowspan="2">640</td><td rowspan="2">960</td><td rowspan="2">580</td><td>660</td><td>119</td></tr>
<tr><td>JⅠ-14ⅠA</td><td>1190</td><td rowspan="3">620</td><td>122</td></tr>
<tr><td>JⅠ-22ⅠA</td><td>485</td><td>990</td><td>460</td><td>760</td><td rowspan="2">540</td><td>100</td></tr>
<tr><td>JⅠ-23ⅠA</td><td>460</td><td>1040</td><td>490</td><td>790</td><td>88</td></tr>
<tr><td>JⅠ-26ⅠA</td><td rowspan="2">395</td><td>1250</td><td rowspan="2">710</td><td>680</td><td>1020</td><td rowspan="2">650</td><td rowspan="2">750</td><td>128</td></tr>
<tr><td>JⅠ-27ⅠA</td><td>1300</td><td>730</td><td>1070</td><td>131</td></tr>
</table>

续表 8-32

图 号	H	H_0	A	C	d	E_1	E	F_1	F	重量/kg
JⅠ-07ⅡA	710	530	830	500	25	390	670	540	440	81
JⅠ-08ⅡA			870			430	710			101
JⅠ-09ⅡA		510	910			470	750			101
JⅠ-10ⅡA		485	960	605	30	500	800	645	540	122
JⅠ-11ⅡA			980			520	820			123
JⅠ-12ⅡA		460	1070			610	910			125
JⅠ-13ⅡA		430	1120	610		640	960	650		142
JⅠ-14ⅡA			1170			690	1010			146
JⅠ-15ⅡA		395	1240	725		740	1080	765	650	167
JⅠ-16ⅡA			1300			800	1140			171
JⅠ-17ⅡA			1460			850	1190			175
JⅠ-18ⅡA		355				1060	1400			177
JⅠ-20ⅡA		510	940	605		500	780	645	540	109
JⅠ-21ⅡA			980			540	820			110
JⅠ-22ⅡA		485	1010			550	850			125
JⅠ-23ⅡA		460	1120	715		660	960	745	650	134
JⅠ-24ⅡA		430	1170	720		655	975	760		152
JⅠ-25ⅡA			1260			740	1060			158
JⅠ-26ⅡA		395	1280	725		780	1120	765		170
JⅠ-27ⅡA			1350	875		850	1190	915	800	186
JⅠ-28ⅡA			1430			930	1270			191
JⅠ-29ⅡA			1350			850	1190			186

(2) Ⅰ型（Z）减速滚筒电动机支架外形尺寸如图 8-18 及表 8-33 所示。

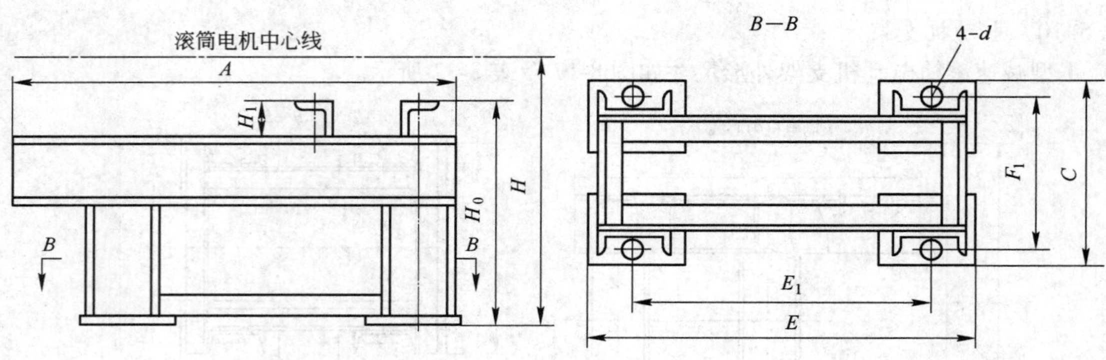

图 8-18 Ⅰ型（Z）减速滚筒电动机支架

表 8-33 Ⅰ型（Z）减速滚筒电动机支架尺寸 mm

图 号	H	H_0	H_1	A	C	d	E_1	E	F_1	重量/kg
JⅠZ-07ⅠA	710	530	45	651	510	25	405	575	440	64
JⅠZ-08ⅠA							443	613		66
JⅠZ-09ⅠA		510	25	728			481	651		67
JⅠZ-10ⅠA		485	55	775	625	30	498	688	540	79
JⅠZ-11ⅠA				814			523	713		80
JⅠZ-12ⅠA		460	30	871			580	770		82
JⅠZ-13ⅠA		430	0	922			611	821	570	93
JⅠZ-14ⅠA							662	872		95
JⅠZ-22ⅠA		485	55	800	625		523	713	540	80
JⅠZ-23ⅠA		460	30	857			580	770		82
JⅠZ-26ⅠA		395	20	1040	745		695	925	650	112
JⅠZ-27ⅠA							746	976		115

续表 8-33

图 号	H	H_0	H_1	A	C	d	E_1	E	F_1	重量/kg
JⅠZ-07ⅡA	710	530	45	845	510	25	650	820	440	71
JⅠZ-08ⅡA				885			690	860		72
JⅠZ-09ⅡA		510	25	925			725	895		74
JⅠZ-10ⅡA		485	55	998	620	30	765	955	540	88
JⅠZ-11ⅡA				1025			790	980		90
JⅠZ-12ⅡA		460	30	1120			890	1080		93
JⅠZ-13ⅡA		430	0	1175			920	1130		103
JⅠZ-14ⅡA				1225			970	1180		105
JⅠZ-15ⅡA		395	-35	1290	745		1005	1235	650	152
JⅠZ-16ⅡA				1340			1050	1280		154
JⅠZ-17ⅡA			20	1390			1100	1330		130
JⅠZ-18ⅡA		355	-20	1530			1245	1475		132
JⅠZ-20ⅡA		510	80	1000	620		770	960	540	88
JⅠZ-21ⅡA				1045			810	1000		90
JⅠZ-22ⅡA		485	55	1065			835	1025		91
JⅠZ-23ⅡA		460	30	1160	745		910	1120	650	118
JⅠZ-24ⅡA		430	0	1200			950	1160		114
JⅠZ-25ⅡA			55	1315			1050	1260		116
JⅠZ-26ⅡA		395	20	1340			1050	1260		128
JⅠZ-27ⅡA				1430	895		1140	1370	800	145
JⅠZ-28ⅡA				1480			1190	1420		148
JⅠZ-29ⅡA				1430			1140	1370		145

（3）Ⅲ型减速滚筒电动机支架外形尺寸如图 8-19 及表 8-34 所示。

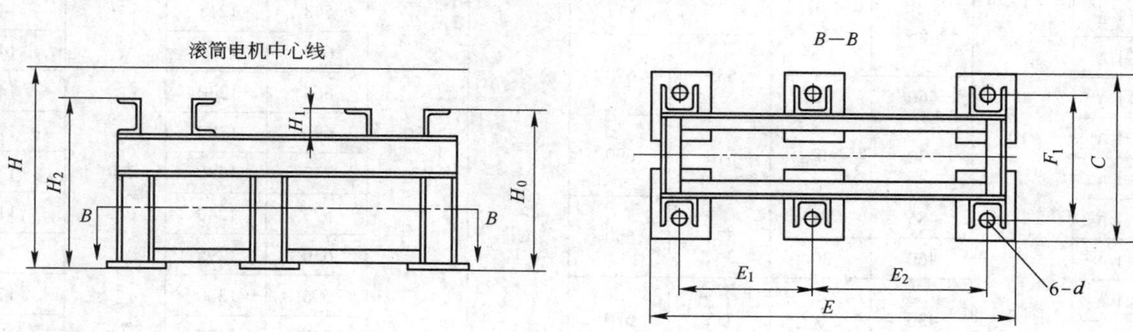

图 8-19 Ⅲ型减速滚筒电动机支架

表 8-34 Ⅲ型减速滚筒电动机支架尺寸

mm

图 号	H	H_0	H_1	H_2	C	d	E_1	E_2	E	F_1	重量/kg
JⅢ-07ⅠA	710	530	20	570	600	25	480	455	1100	440	115
JⅢ-08ⅠA								493	1140		116
JⅢ-09ⅠA		510	0					531	1175		117
JⅢ-10ⅠA		485			650	30		548	1215	540	141
JⅢ-11ⅠA			25	535	670			608	1275		144
JⅢ-12ⅠA		460	0					665	1330		146
JⅢ-13ⅠA		430		510	690			696	1380		177
JⅢ-14ⅠA								747	1430		179
JⅢ-22ⅠA		485	0	570	650			573	1240		118
JⅢ-23ⅠA		460	-25					630	1295		140
JⅢ-24ⅠA		430	0	535	670			696	1380		177
JⅢ-25ⅠA								747	1430		179
JⅢ-26ⅠA		395		510	745			780	1485	650	199

续表 8-34

图 号	H	H_0	H_1	H_2	C	d	E_1	E_2	E	F_1	重量/kg
JⅢ-07ⅡA	710	530	20	570	600	25	480	539	1170	440	117
JⅢ-08ⅡA								577	1210		118
JⅢ-09ⅡA		510	0					615	1250		119
JⅢ-10ⅡA		485			650	30		647	1310	540	144
JⅢ-11ⅡA				535	670			677	1330		147
JⅢ-12ⅡA		460	30					763	1420		150
JⅢ-13ⅡA		430	0	510	690			794	1470		173
JⅢ-14ⅡA								845	1520		175
JⅢ-20ⅡA		510	25	570	650			633	1290		144
JⅢ-21ⅡA			80					679	1330		146
JⅢ-22ⅡA		485	55					701	1355		146
JⅢ-23ⅡA		460	65		730			809	1470	650	165
JⅢ-24ⅡA		430	35	535				845	1520		175
JⅢ-25ⅡA								908	1630		180
JⅢ-26ⅡA		395	0	510	745			911	1650		203
JⅢZ-07ⅠA	710	530	50	570	600	25	480	455	1100	440	115
JⅢZ-08ⅠA								493	1140		116
JⅢZ-09ⅠA		510	30		650			531	1175		117
JⅢZ-10ⅠA		485	55			30		548	1215	540	141
JⅢZ-11ⅠA				535	670			608	1275		144
JⅢZ-12ⅠA		460	30					665	1330		146
JⅢZ-13ⅠA		430	0	510	690			696	1380		177
JⅢZ-14ⅠA								747	1430		179
JⅢZ-22ⅠA		485	55	570	650			573	1240		118
JⅢZ-23ⅠA		460	30					630	1295		140
JⅢZ-24ⅠA		430	0	535	670			696	1380		177
JⅢZ-25ⅠA								747	1430		179
JⅢZ-26ⅠA		395	25	510	745			780	1485	650	199
JⅢZ-07ⅡA	710	530	50	570	600	25	480	671	1310	440	121
JⅢZ-08ⅡA								709	1345		122
JⅢZ-09ⅡA		510	30					747	1410		124
JⅢZ-10ⅡA		485	55		650	30		808	1465	540	147
JⅢZ-11ⅡA				535	670			838	1500		149
JⅢZ-12ⅡA		460	30					937	1590		153
JⅢZ-13ⅡA		430	0	510	690			968	1645		179
JⅢZ-14ⅡA								1019	1700		181
JⅢZ-20ⅡA		510	80	570	650			811	1470		147
JⅢZ-21ⅡA								853	1510		148
JⅢZ-22ⅡA		485	55					875	1530		148
JⅢZ-23ⅡA		460	30		730			961	1620	650	165
JⅢZ-24ⅡA		430	0	535				997	1675		176
JⅢZ-25ⅡA			60					1111	1790		184
JⅢZ-26ⅡA		395	25	510	745			1114	1810		186

8.3.6 YTH 型外置式电动滚筒（桐乡市梧桐东方齿轮厂产品）

桐乡市梧桐东方齿轮厂生产的 YTH 型外置式电动滚筒，其工作的环境温度为 -15 ~ 43℃，输送物料的温度不超过 60℃，使用地点的海拔高度一般不超过 1500m，如果工作环境与上述条件不符，请与本厂联系。

8.3.6.1 YTH 型外置式电动滚筒性能及用途

YTH 型外置式电动滚筒引进德国先进的电动滚筒生产技术，硬齿面行星齿轮传动和运行平稳，噪声低，承载能力强，功率范围大。可配置液力耦合器、逆止器、制动器，特别适用各种恶劣环境下及有隔爆要求的大中型带式输送机的驱动的装置。

8.3.6.2 YTH 型外置式电动滚筒的组成

YTH 型外置式电动滚筒由滚筒体、驱动器及电机支架（Ⅱ型无电机支架）三部分组成，如图 8-20 所示。滚筒体主要包括滚筒壳体、支座以及装在滚筒内的减速器组成，根据安装方式不同，该电动滚筒又分为不同的类型，见表 8-35，其参数见表 8-36 所示。驱动器主要包括电动机、联轴器、液力耦合器、逆止器、制动器等部件。电机支架用型钢焊接而成，用于安装电动机和护罩，用户也可按需要自行设计制造。

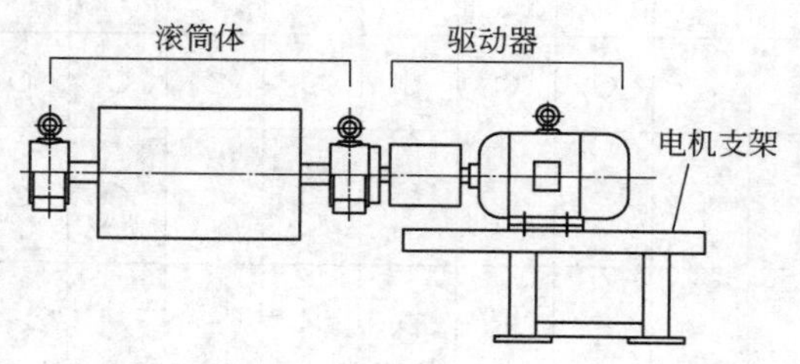

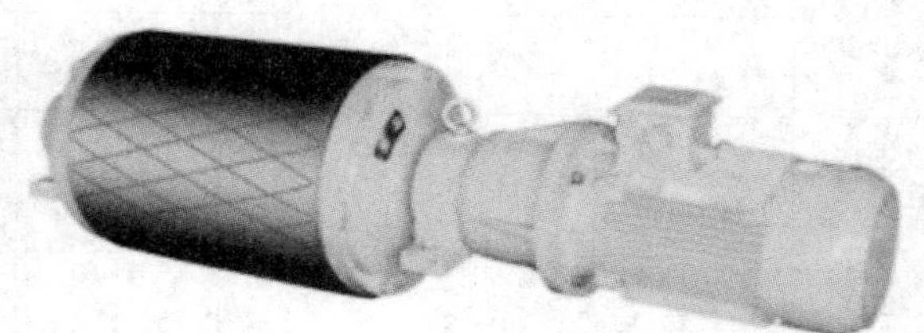

图 8-20 YTH 型外置电动滚筒外形结构

表 8-35 YTH 型外置式电动滚筒分类表

电动滚筒类型	型 号	名 称	功率/kW
YTH-Ⅰ 卧式直列型	YTH-ⅠG	卧式直列联轴器型	2.2 ~ 250
	YTH-ⅠY	卧式直列液力耦合器型	
	YTHN-ⅠG	卧式直列逆止联轴器型	
	YTHN-ⅠY	卧式直列逆止液力耦合器型	
	YTHZ-ⅠG	卧式直列制动联轴器型	
	YTHZ-ⅠY	卧式直列制动液力耦合器型	
	YTHNd-ⅠG	卧式直列低速逆止联轴器型	18.5 ~ 250
	YTHNd-ⅠY	卧式直列低速逆止液力耦合器型	
YTH-Ⅱ 立式电机型	YTH-Ⅱ	立式电机型	2.2 ~ 37
	YTHN-Ⅱ	立式电机逆止型	
YTH-Ⅲ 卧式垂直型（安装形式：A式、B式、C式、D式）	YTH-ⅢG	卧式垂直联轴器型	18.5 ~ 160
	YTH-ⅢY	卧式垂直液力耦合器型	
	YTHN-ⅢG	卧式垂直逆止联轴器型	
	YTHNd-ⅢY	卧式垂直逆止液力耦合器型	
	YTHN-ⅢG	卧式垂直逆止联轴器型	
	YTHZ-ⅢY	卧式垂直制动液力耦合器型	
	YTHZ-ⅢG	卧式垂直制动联轴器型	
	YTHNd-ⅢY	卧式垂直低速逆止联轴器型(低速逆止处图形参见 YTHNd-IY)	

表 8-36　YTH 型外置式电动滚筒参数表

滚筒直径/mm	带宽/mm	电动机功率/kW	滚筒表面线速度/m·s^{-1}												
			0.25	0.32	0.4	0.5	0.63	0.8	1.0	1.25	1.6	2.0	2.5	3.15	4.0
320	500、600、800、1000	1.1、1.5、2.2、3.0、4.0、5.5、7.5	○	○	○	○	○	○	○	○	○	○			
400	500、600、800、1000	1.1、1.5、2.2、3.0、4.0、5.5、7.5	○	○	○	○	○	○	○	○	○	○			
500	500、650、800、1000	2.2、3.0、4.0		○	○	○	○	○	○	○	○	○	○		
		5.5、7.5、11、15					○	○	○	○	○	○	○	○	
		18.5、22、30、37						○	○	○	○	○	○	○	
630	650、800、1000、1200、1400、1600、1800、2000	5.5、7.5、11、15					○	○	○	○	○	○	○	○	
		18.5、22、30、37						○	○	○	○	○	○	○	○
		45、55						○	○	○	○	○	○	○	○
800	800、1000、1200、1400、1600、1800、2000	5.5、7.5、11、15						○	○	○	○	○	○	○	○
		18.5、22、30、37								○	○	○	○	○	○
		45、55									○	○	○	○	○
		75、90、110、132、160								○	○	○	○	○	○
1000	1000、1200、1400、1600、1800、2000	18.5、22、30、37									○	○	○	○	○
		45、55								○	○	○	○	○	○
		75、90、110、132、160									○	○	○	○	○
		200、220、250									○	○	○	○	○

8.3.6.3　YTH 型外置式电动滚筒安装尺寸

YTH 型外置式电动滚筒的安装尺寸如图 8-21 及表 8-37 所示。

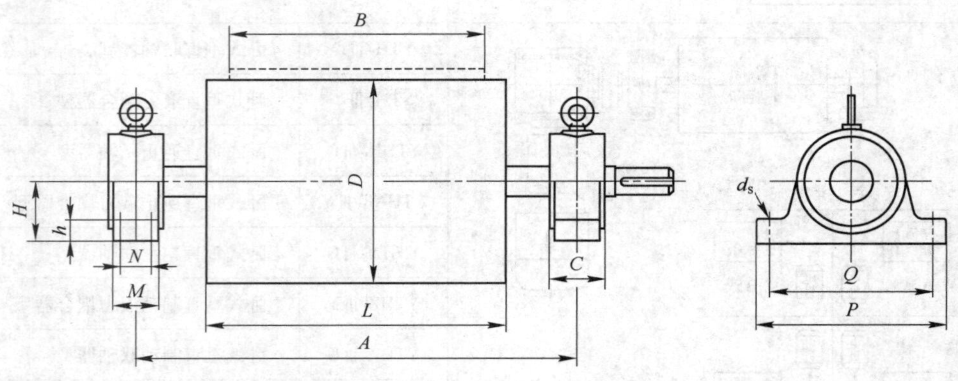

图 8-21　YTH 型外置式电动滚筒各部位尺寸

表 8-37 YTH 型外置式电动滚筒尺寸表

mm

D	B	A	L	H	C	M	N	P	Q	h	d_s
320	500	850	600	120	110	90	—	340	280	35	27
	650	1000	750	120	110	90	—	340	280	35	27
	800	1300	950	120	120	90	—	340	280	35	27
	1000	1500	1150	120	120	90	—	340	280	35	27
400	500	850	600	120	110	90	—	340	280	35	27
	650	1000	750	120	110	90	—	340	280	35	27
	800	1300	950	120	120	90	—	340	280	35	27
	1000	1500	1150	120	120	90	—	340	280	35	27
500	500	850	620	100	120	70	—	340	280	35	27
	650	1000	750	120	120	90	—	340	280	35	27
	800	1300	950	120	120	90	—	340	280	35	27
	1000	1500	1150	120	120	90	—	340	280	35	27
630	650	1000	750	120	120	90	—	340	280	35	27
	800	1300	950	140	140	130	80	400	330	35	27
	1000	1500	1150	140	140/120	130	80	400	330	35	27
	1200	1750	1400	160	160	150	90	440	360	50	34
	1400	2000	1600	160	160	150	90	440	360	50	34
	1600	2200	1800	160	160	150	90	440	360	50	34
	1800	2400	2000	160	160	150	90	440	360	50	34
	2000	2600	2200	160	160	150	90	440	360	50	34
800	800	1300	950	140	140	130	80	400	330	35	27
	1000	1500	1150	140	140	130	80	400	330	35	27
	1200	1750	1400	160	160	150	90	440	360	50	34
	1400	2000	1600	160	160	150	90	440	360	50	34
	1600	2200	1800	160	160	150	90	440	360	50	34
	1800	2400	2000	160	160	150	90	440	360	50	34
	2000	2600	2200	160	160	150	90	440	360	50	34
1000	1000	1500	1150	140	140	130	80	400	330	50	27
	1200	1750	1400	160	160	150	90	440	360	50	34
	1400	2000	1600	160	160	150	90	440	360	50	34
	1600	2200	1800	160	160	150	90	440	360	50	34
	1800	2400	2000	160	160	150	90	440	360	50	34
	2000	2600	2200	160	160	150	90	440	360	50	34

8.3.6.4 YTH 型外置式电动滚筒订货代号

YTH 型外装式减速滚筒订货代号为：

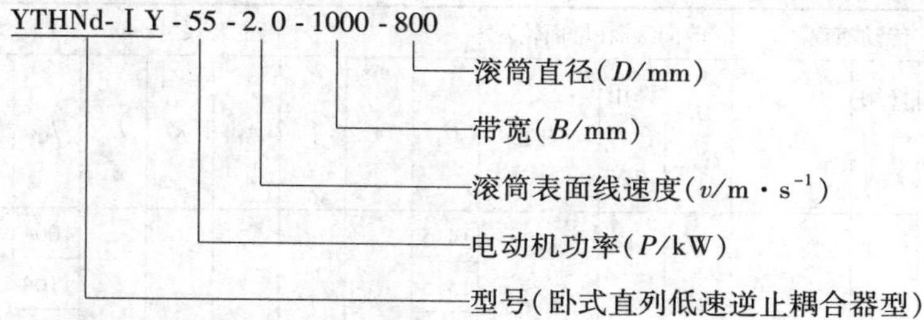

注：1. 带逆止的滚筒旋向与本厂规定不同时，需订货时注明；

2. YTH-Ⅲ型滚筒的安装形式，订货时需注明；

3. 滚筒表面可铸平胶，人字形或菱形等花纹橡胶，订货时需注明。

9 结构件型谱

凡列入本型谱而未给出重量的部件，均属于开发中的部件，表中数据可供参考，如需要用于施工图设计，请与两主编单位联系确认。

9.1 传动滚筒头架

9.1.1 角形传动滚筒头架

角形传动滚筒头架如图 9-1 所示，相关参数列于表 9-1 ~ 表 9-3。

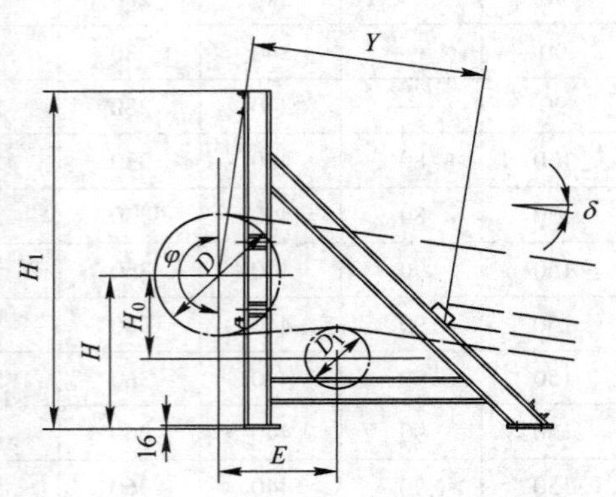

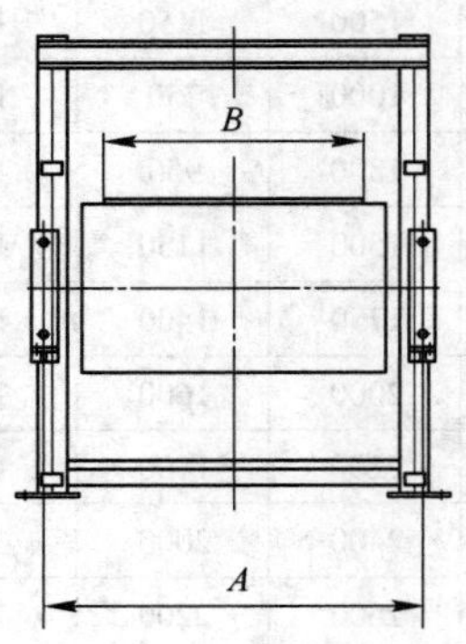

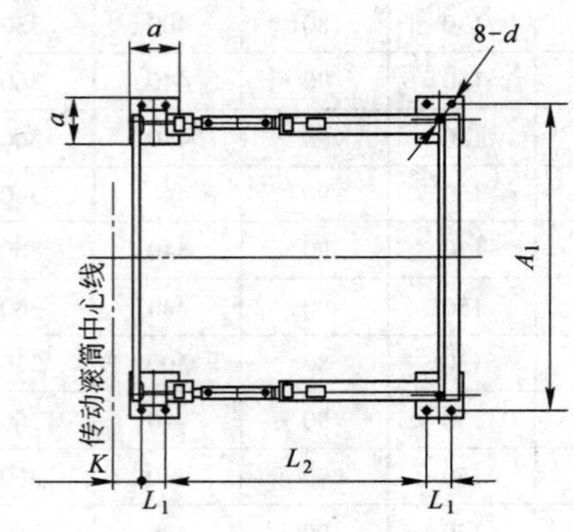

图 9-1 角形传动滚筒头架示意图

说明：滚筒与支架连接的紧固件已包括在本部件内。

表 9-1 配套滚筒、主要尺寸、重量及支架图号

输送机代号	中心高 H /mm	适应倾角 δ /(°)	传动滚筒			改向滚筒(增面轮)			主要尺寸/mm									重量 /kg	图号
			D /mm	许用合力 /kN	图号	D_1 /mm	许用合力 /kN	图号	H_1	A	E	A_1	K	L_1	L_2	a	d		
4032·1	542.5	0	315	12	40A103	200	8	40B101	1415	750	570	996	110	120	1004	260	ϕ24	216	40JA1031Q
	642.5	0 ~ 8							1515						1104			224	40JA1032Q
	742.5	0 ~ 18							1615						1204			232	40JA1033Q
	842.5	0 ~ 20							1715						1304			240	40JA1034Q
	942.5	0 ~ 20							1815						1404			248	40JA1035Q

续表 9-1

输送机代号	中心高 H /mm	适应倾角 δ /(°)	传动滚筒			改向滚筒(增面轮)			主要尺寸/mm									重量 /kg	图号
			D /mm	许用合力 /kN	图号	D_1 /mm	许用合力 /kN	图号	H_1	A	E	A_1	K	L_1	L_2	a	d		
4040·1	500	0	400	15	40A104	200	8	40B101	1365	750	570	996	110	120	944	260	$\phi24$	196	40JA1041Q
	600	0 ~ 6							1465						1104			223	40JA1042Q
	700	0 ~ 14							1565						1204			231	40JA1043Q
	800	0 ~ 20							1665						1304			239	40JA1044Q
	900	0 ~ 20							1765						1404			247	40JA1045Q
4040·2	500	0	400	24	40A204	200	8	40B101	1365	750	580	996	120	120	944	260	$\phi24$	196	40JA2041Q
	600	0 ~ 6							1465						1104			224	40JA2042Q
	700	0 ~ 14							1565						1204			232	40JA2043Q
	800	0 ~ 20							1665						1304			240	40JA2044Q
	900	0 ~ 20							1765						1404			248	40JA2045Q
5032·1	642.5	0 ~ 6	315	12	50A103	200	8	50B101	1515	850	570	1096	110	120	1004	260	$\phi24$	219	50JA1031Q
	742.5	0 ~ 14							1615						1104			227	50JA1032Q
	842.5	0 ~ 20							1715						1204			235	50JA1033Q
	942.5	0 ~ 20							1815						1304			243	50JA1034Q
	1042.5	0 ~ 20							1915						1404			251	50JA1035Q
5040·1	600	0 ~ 4	400	20	50A104	200	8	50B101	1515	850	570	1096	110	120	1004	260	$\phi24$	219	40JA1041Q
	700	0 ~ 12							1615						1104			228	50JA1042Q
	800	0 ~ 20							1715						1204			235	50JA1043Q
	900	0 ~ 20							1815						1304			244	50JA1044Q
	1000	0 ~ 20							1915						1404			252	50JA1045Q
5040·2	600	0 ~ 4	400	30	50A204	200	8	50B101	1515	850	580	1096	120	120	1004	260	$\phi24$	220	40JA2041Q
	700	0 ~ 12							1615						1104			228	50JA2042Q
	800	0 ~ 20							1715						1204			236	50JA2043Q
	900	0 ~ 20							1815						1304			244	50JA2044Q
	1000	1 ~ 20							1915						1404			252	30JA2045Q
5050·1	550	0 ~ 4	500	30	50A105	250	9	50B102	1515	850	580	1096	120	120	1004	260	$\phi24$	220	50JA1051Q
	650	0 ~ 12							1615						1104			228	50JA1052Q
	750	0 ~ 18							1715						1204			236	50JA1053Q
	850	0 ~ 20							1815						1304			244	50JA1054Q
	950	0 ~ 20							1915						1404			252	50JA1055Q
5050·2	550	0 ~ 4	500	49	50A205	250	9	50B102	1515	850	600	1096	140	120	1004	260	$\phi24$	222	50JA2051Q
	650	0 ~ 12							1615						1104			230	50JA2052Q
	750	0 ~ 20							1715						1204			238	50JA2053Q
	850	0 ~ 20							1815						1304			246	50JA2054Q
	950	0 ~ 20							1915						1404			254	50JA2055Q
6540·1	600	0 ~ 2	400	25	65A104	200	8	65B101	1515	1000	580	1246	120	120	1004	260	$\phi24$	223	65JA1041Q
	700	0 ~ 10							1615						1104			232	65JA1042Q
	800	0 ~ 18							1715						1204			240	65JA1043Q
	900	0 ~ 20							1815						1304			248	65JA1044Q
	1000	0 ~ 20							1915						1404			256	65JA1055Q

续表 9-1

输送机代号	中心高 H /mm	适应倾角 δ /(°)	传动滚筒 D /mm	传动滚筒 许用合力 /kN	传动滚筒 图号	改向滚筒(增面轮) D_1 /mm	改向滚筒(增面轮) 许用合力 /kN	改向滚筒(增面轮) 图号	主要尺寸/mm H_1	A	E	A_1	K	L_1	L_2	a	d	重量 /kg	图号
6540·2	600	0~2	400	35	65A204	200	8	65B101	1515	1000	600	1246	120	120	989	260	ϕ24	223	65JA2041Q
	700	0~10							1615						1089			231	65JA2042Q
	800	0~18							1715						1189			239	65JA2043Q
	900	0~20							1815						1289			247	65JA2044Q
	1000	0~20							1915						1389			255	65JA2045Q
6550·1	550	0~2	500	40	65A105	250	8	65B102	1515	1000	600	1246	140	120	989	260	ϕ24	224	65JA1051Q
	650	0~12							1615						1089			233	65JA1052Q
	750	0~18							1715						1189			241	65JA1053Q
	850	0~20							1815						1289			249	65JA1054Q
	950	0~20							1915						1389			257	65JA1055Q
6550·2	550	0	500	59	65A205	250	8	65B102	1515	1000	600	1246	155	120	989	260	ϕ24	227	65JA2051Q
	650	0~12							1615						1089			235	65JA2052Q
	750	0~20							1715						1189			243	65JA2053Q
	850	0~20							1815						1289			251	65JA2054Q
	950	0~20							1915						1389			259	65JA2055Q
6563·1	585	0~8	630	40	65A106	315	8	65B103	1615	1000	700	1246	140	120	1164	260	ϕ28	241	65JA1061Q
	685	0~14							1715						1264			249	65JA1062Q
	785	0~20							1815						1364			257	65JA1063Q
	885	0~20							1915						1464			265	65JA1064Q
	985	0~20							2015						1564			274	65JA1065Q
6563·2	585	0~6	630	80	65A206	315	16	65B203	1615	1000	700	1360	155	160	1115	310	ϕ41	502	65JA2061Q
	685	0~14							1715						1215			516	65JA2062Q
	785	0~20							1815						1315			538	65JA2063Q
	885	0~20							1915						1415			560	65JA2064Q
	985	0~20							2015						1515			582	65JA2065Q
8040·1	600	0	400	20	80A104	250	6	80B101	1515	1300	580	1546	110	120	1004	260	ϕ28	217	80JA1041Q
	700	0~4							1615						1104			244	80JA1042Q
	800	0~12							1715						1204			252	80JA1043Q
	900	0~20							1815						1304			260	80JA1044Q
	1000	0~20							1915						1404			268	80JA1045Q
8040·2	600	0	400	30	80A204	250	6	80B101	1515	1300	585	1546	120	120	944	260	ϕ28	216	80JA2041Q
	700	0~6							1615						1044			239	80JA2042Q
	800	0~14							1715						1144			247	80JA2043Q
	900	0~20							1815						1244			255	80JA2044Q
	1000	0~20							1915						1344			264	80JA2045Q
8050·1	550	0	500	30	80A105	250	6	80B102	1515	1300	585	1546	155	120	944	260	ϕ28	217	80JA1051Q
	650	0~6							1615						1044			242	80JA1052Q
	750	0~14							1715						1144			250	80JA1053Q
	850	0~20							1815						1244			258	80JA1054Q
	950	0~20							1915						1344			266	80JA1055Q

续表 9-1

输送机代号	中心高 H /mm	适应倾角 δ /(°)	传动滚筒			改向滚筒(增面轮)			主要尺寸/mm									重量/kg	图号
			D /mm	许用合力/kN	图号	D_1 /mm	许用合力/kN	图号	H_1	A	E	A_1	K	L_1	L_2	a	d		
	550	0							1515						944			219	80JA2051Q
	650	0~6							1615						1044			244	80JA2052Q
8050·2	750	0~14	500	40	80A205	250	6	80B102	1715	1300	600	1546	155	120	1144	260	$\phi28$	252	80JA2053Q
	850	0~20							1815						1244			260	80JA2054Q
	950	0~20							1915						1344			268	80JA2055Q
	585	0~2							1615						1064			237	80JA1061Q
	685	0~10							1715						1164			255	80JA1062Q
8063·1	785	0~18	630	50	80A106	315	12	80B103	1815	1300	650	1546	155	120	1264	260	$\phi28$	264	80JA1063Q
	885	0~20							1915						1364			272	80JA1064Q
	985	0~20							2015						1464			280	80JA1065Q
	685	0~8							1715						1315			551	80JA2061Q
8063·2	785	0~14	630	80	80A206	315	20	80B203	1815	1300	700	1500	175	160	1415	310	$\phi41$	574	80JA2062Q
	885	0~20							1915						1515			596	80JA2063Q
	985	0~20							2015						1615			618	80JA2064Q
	600	0~4							1715						1274			269	80JA1071Q
	700	0~12							1815						1374			277	80JA1072Q
8080·1	800	0~18	800	50	80A107	400	20	80B104	1915	1300	750	1546	155	120	1474	260	$\phi35$	287	80JA1073Q
	900	0~20							2015						1574			293	80JA1074Q
	1000	0~20							2115						1674			301	80JA1075Q
	600	0~2							1715						1315			558	80JA2071Q
	700	0~10							1815						1415			582	80JA2072Q
8080·2	800	0~16	800	80	80A207	400	29	80B204	1915	1300	750	1500	175	160	1515	310	$\phi41$	604	80JA2073Q
	900	0~20							2015						1615			626	80JA2074Q
	1000	0~20							2115						1715			648	80JA2075Q
	700	0~12							1915						1535			604	80JA1081Q
	800	0~18							2015						1635			626	80JA1082Q
80100·1	900	0~20	1000	80	80A108	500	40	80B105	2115	1300	900	1500	175	160	1735	310	$\phi41$	648	80JA1083Q
	1000	0~20							2215						1835			671	80JA1084Q
	1100	0~20							2315						1935			693	80JA1085Q
	800	0~6							1815						1164			392	100JA1041Q
	900	0~14							1915						1264			409	100JA1042Q
10040·1	1000	0~20	400	30	100A104	250	6	100B102	2015	1500	635	1626	155	120	1364	260	$\phi35$	425	100JA1043Q
	1100	0~20							2115						1464			441	100JA1044Q
	1200	0~20							2215						1564			457	100JA1045Q
	750	0~6							1815						1164			393	100JA1051Q
	850	0~14							1915						1264			409	100JA1052Q
10050·1	950	0~20	500	45	100A105	250	6	100B102	2015	1500	635	1626	155	120	1364	260	$\phi35$	425	100JA1053Q
	1050	0~20							2115						1464			441	100JA1054Q
	1150	0~20							2215						1564			458	100JA1055Q

续表 9-1

输送机代号	中心高 H /mm	适应倾角 δ /(°)	传动滚筒			改向滚筒(增面轮)			主要尺寸/mm									重量 /kg	图 号
			D /mm	许用合力 /kN	图号	D_1 /mm	许用合力 /kN	图号	H_1	A	E	A_1	K	L_1	L_2	a	d		
	750	0~6							1815						1164			397	100JA2051Q
	850	0~14							1915						1264			413	100JA2052Q
10050·2	950	0~20	500	75	100A205	250	6	100B102	2015	1500	650	1626	155	260	1364	260	ϕ35	429	100JA2053Q
	1050	0~20							2115						1464			445	100JA2954Q
	1150	0~20							2215						1564			461	100JA2055Q
	685	0~2							1815						1164			398	100JA1061Q
	785	0~10							1915						1264			416	100JA1062Q
10063·1	885	0~18	630	40	100A106	315	11	100B103	2015	1500	650	1626	155	120	1364	260	ϕ35	432	100JA1063Q
	985	0~20							2115						1464			448	100JA1064Q
	1085	0~20							2215						1564			465	100JA1065Q
	685	0							1815						1144			388	100JA2061Q
	785	0~8							1915						1244			423	100JA2062Q
10063·2	885	0~16	630	73	100A206	315	18	100B203	2015	1500	700	1626	175	120	1344	260	ϕ35	439	100JA2063Q
	985	0~20							2115						1444			455	100JA2064Q
	1085	0~20							2215						1544			471	100JA2065Q
	700	0~4							1915						1344			438	100JA1071Q
	800	0~12							2015						1444			454	100JA1072Q
10080·1	900	0~18	800	73	100A107	400	18	100B104	2115	1500	750	1626	175	120	1544	260	ϕ35	470	100JA1073Q
	1000	0~20							2215						1644			486	100JA1074Q
	1100	0~20							2315						1744			502	100JA1075Q
	700	0~6							2015						1535			622	100JA1081Q
	800	0~12							2115						1635			644	100JA1082Q
100100·1	900	0~18	1000	80	100A108	500	35	100B105	2215	1500	900	1700	175	160	1735	310	ϕ41	666	100JA1083Q
	1000	0~20							2315						1835			689	100JA1084Q
	1100	0~20							2415						1935			711	100JA1085Q
	750	0~2							1865						1164			414	120JA1051Q
	850	0~10							1965						1264			430	120JA1052Q
12050·1	950	0~16	500	60	120A105	250	6	120B102	2065	1750	650	1876	155	120	1364	260	ϕ35	446	120JA1053Q
	1050	0~20							2165						1464			463	120JA1054Q
	1150	0~20							2265						1564			479	120JA1055Q
	785	0~4							1965						1180			503	120JA1061Q
12063·1	885	0~12	630	52	120A106	315	17	120B203	2065	1750	650	1910	170	150	1280	290	ϕ35	522	120JA1062Q
	985	0~18							2165						1380			541	120JA1063Q
	1085	0~20							2265						1480			560	120JA1064Q
	785	0~2							1965						1235			609	120JA2061Q
	885	0~10							2065						1335			632	120JA2062Q
12063·2	985	0~16	630	85	120A206	315	17	120B203	2165	1750	700	1950	190	160	1435	310	ϕ41	654	120JA2063Q
	1085	0~20							2265						1535			677	120JA2064Q
	1185	0~20							2365						1635			699	120JA2065Q

续表 9-1

输送机代号	中心高 H /mm	适应倾角 δ /(°)	传动滚筒			改向滚筒(增面轮)			主要尺寸/mm									重量 /kg	图号
			D /mm	许用合力 /kN	图号	D_1 /mm	许用合力 /kN	图号	H_1	A	E	A_1	K	L_1	L_2	a	d		
	700	0							1965						1280			518	120JA1071Q
	800	0~8							2065						1380			539	120JA1072Q
12080·1	900	0~14	800	80	120A107	400	17	120B104	2165	1750	750	1910	170	150	1480	290	$\phi35$	558	120JA1073Q
	1000	0~20							2265						1580			577	120JA1074Q
	1100	0~20							2365						1680			596	120JA1075Q
	700	0~2							2115						1495			722	120JA1081Q
	800	0~8							2215						1595			748	120JA1082Q
120100·1	900	0~14	1000	80	120A108	500	30	120B105	2315	1750	900	2000	175	180	1695	340	$\phi41$	773	120JA1083Q
	1000	0~18							2415						1795			798	120JA1084Q
	1100	0~20							2515						1895			823	120JA1085Q
	800	0~2							2155						1335			714	140JA1071Q
	900	0~8							2255						1435			750	140JA1072Q
14080·1	1000	0~16	800	100	140A107	400	25	140B204	2355	2050	750	2300	190	180	1535	340	$\phi41$	775	140JA1073Q
	1100	0~20							2455						1635			800	140JA1074Q
	1200	0~20							2555						1735			825	140JA1075Q
	800	0~4							2255						1365			739	140JA1081Q
	900	0~10							2355						1465			764	140JA1082Q
140100·1	1000	0~16	1000	100	140A108	500	25	140B105	2455	2050	900	2300	190	180	1565	340	$\phi41$	789	140JA1083Q
	1100	0~20							2555						1665			814	140JA1084Q
	1200	0~20							2655						1765			838	140JA1085Q

注：表中重量为 $\delta=0°$ 时的重量，δ 每增加 1°，重量增加约 0.5kg。

表 9-2 H_0、Y 尺寸表

mm

输送机代号	托辊直径 D	H_0、Y	δ										
			0°	2°	4°	6°	8°	10°	12°	14°	16°	18°	20°
4032·1	63.5	H_0	283	303	323	345	366	388	410	434	458	483	509
		Y	1010	1051	1097	1147	1209	1265	1335	1414	1505	1609	1729
	76	H_0	293	313	333	355	376	398	420	444	468	493	519
		Y	1020	1062	1108	1159	1216	1279	1350	1431	1522	1628	1749
4040·1	63.5	H_0	265	286	306	327	348	370	393	416	440	464	490
		Y	1010	1050	1094	1142	1197	1258	1327	1404	1493	1595	1713
	76	H_0	275	296	316	337	358	380	403	426	450	474	500
		Y	1020	1060	1105	1155	1210	1272	1341	1420	1510	1614	1734
4040·2	63.5	H_0	265	286	307	328	350	372	395	418	443	468	494
		Y	1020	1060	1104	1154	1208	1270	1339	1417	1507	1610	1730
	76	H_0	275	296	317	338	360	382	405	428	453	478	504
		Y	1030	1071	1116	1166	1222	1284	1354	1434	1525	1629	1751
5032·1	63.5	H_0	298	318	339	360	381	403	426	449	473	499	525
		Y	925	964	1006	1053	1105	1163	1228	1301	1385	1481	1592
	76	H_0	306	328	349	370	391	413	436	459	483	509	535
		Y	935	974	1018	1065	1118	1177	1243	1318	1403	1500	1613

续表 9-2

输送机代号	托辊直径 D	H_0、Y	δ 0°	2°	4°	6°	8°	10°	12°	14°	16°	18°	20°
5032·1	89	H_0	318	338	359	380	401	423	446	469	493	519	545
		Y	945	984	1029	1078	1131	1191	1259	1334	1420	1519	1633
5040·1	63.5	H_0	280	301	321	342	363	385	408	431	455	418	392
		Y	925	962	1003	1049	1099	1155	1219	1291	1373	1467	1577
	76	H_0	290	311	331	352	373	395	418	441	465	490	516
		Y	935	973	1015	1061	1112	1170	1234	1307	1390	1486	1597
	89	H_0	300	321	340	362	383	405	428	451	475	500	526
		Y	945	984	1026	1073	1125	1184	1249	1323	1408	1505	1617
5040·2	63.5	H_0	280	301	322	343	365	387	410	434	460	483	510
		Y	935	972	1014	1060	1111	1168	1232	1305	1387	1483	1573
	76	H_0	290	311	332	353	375	397	420	444	470	493	520
		Y	945	983	1025	1072	1125	1184	1249	1321	1405	1502	1614
	89	H_0	300	321	342	363	385	407	430	454	480	503	530
		Y	950	993	1037	1084	1137	1196	1262	1337	1422	1521	1634
5050·1	63.5	H_0	230	251	272	293	314	336	359	382	406	431	456
		Y	935	971	1010	1055	1104	1159	1221	1292	1373	1467	1575
	76	H_0	240	261	282	303	324	346	369	392	416	441	466
		Y	945	981	1022	1067	1117	1173	1236	1308	1391	1486	1596
	89	H_0	250	271	292	313	334	356	379	402	426	451	476
		Y	955	992	1033	1079	1130	1187	1252	1324	1408	1504	1616
5050·2	63.5	H_0	230	251	273	295	317	340	363	387	412	437	463
		Y	955	992	1032	1077	1128	1186	1251	1324	1409	1506	1620
	76	H_0	240	261	283	305	327	350	373	397	422	448	474
		Y	965	1002	1043	1090	1142	1200	1266	1341	1426	1526	1641
	89	H_0	250	271	293	315	337	360	383	408	432	458	485
		Y	975	1012	1055	1102	1155	1215	1281	1357	1445	1546	1662
6540·1	76	H_0	305	326	347	368	310	412	436	459	484	510	536
		Y	950	989	1032	1079	1132	1191	1257	1331	1417	1514	1628
	89	H_0	315	336	357	378	400	422	446	469	494	520	546
		Y	960	1000	1043	1092	1145	1205	1272	1348	1434	1533	1648
	108	H_0	345	366	387	408	430	452	476	499	524	550	576
		Y	990	1032	1078	1128	1185	1247	1317	1396	1487	1590	1710
6540·2	76	H_0	305	327	348	370	393	416	440	464	490	516	544
		Y	945	984	1026	1074	1126	1184	1250	1325	1409	1507	1619
	89	H_0	315	337	358	380	403	426	450	474	520	526	554
		Y	955	994	1038	1086	1139	1209	1265	1341	1427	1525	1640
	108	H_0	345	367	388	410	433	456	480	504	530	556	584
		Y	985	1027	1072	1123	1179	1241	1311	1389	1479	1582	1701
6550·1	76	H_0	255	276	298	320	342	365	389	413	438	464	490
		Y	965	1002	1044	1091	1144	1203	1270	1345	1432	1532	1648
	89	H_0	265	286	308	330	352	375	399	423	448	474	501
		Y	975	1013	1056	1104	1157	1217	1285	1362	1450	1551	1670

续表 9-2

输送机代号	托辊直径 D	H_0、Y	δ										
			0°	2°	4°	6°	8°	10°	12°	14°	16°	18°	20°
6550·1	108	H_0	295	317	338	360	382	405	429	454	479	505	533
		Y	1005	1045	1090	1141	1197	1260	1331	1412	1504	1610	1734
6550·2	76	H_0	255	277	298	320	342	365	388	413	438	464	490
		Y	980	1018	1060	1108	1162	1222	1289	1366	1454	1555	1673
	89	H_0	265	287	308	330	352	375	399	423	448	474	501
		Y	990	1029	1072	1121	1175	1236	1304	1382	1472	1575	1695
	108	H_0	295	317	338	360	382	405	430	454	479	505	533
		Y	1020	1060	1106	1158	1215	1279	1351	1433	1526	1634	1759
6563·1	76	H_0	223	248	273	298	323	350	377	404	433	462	492
		Y	1040	1077	1121	1169	1222	1283	1351	1429	1519	1622	1743
	89	H_0	233	258	283	308	333	360	387	415	443	472	503
		Y	1050	1088	1132	1181	1236	1297	1367	1446	1537	1642	1764
	108	H_0	263	288	313	338	364	390	418	445	474	504	534
		Y	1080	1120	1167	1218	1275	1340	1413	1496	1591	1701	1829
6563·2	76	H_0	223	248	273	298	323	350	377	404	433	462	492
		Y	1090	1134	1180	1230	1287	1350	1423	1505	1599	1708	1835
	89	H_0	233	258	283	308	333	360	387	415	443	472	503
		Y	1100	1145	1191	1242	1300	1365	1438	1521	1617	1728	1856
	108	H_0	263	288	313	338	364	390	417	445	474	504	535
		Y	1130	1177	1226	1280	1340	1408	1484	1571	1671	1796	1921
8040·1	89	H_0	370	390	411	431	455	478	502	526	551	577	605
		Y	970	1010	1055	1104	1158	1219	1287	1361	1451	1552	1668
	108	H_0	395	415	436	458	480	503	527	551	576	602	630
		Y	995	1037	1084	1135	1191	1254	1325	1404	1495	1599	1719
	133	H_0	—	—	—	—	—	—	—	—	—	—	—
		Y	—	—	—	—	—	—	—	—	—	—	—
8040·2	89	H_0	370	391	412	434	456	479	503	527	553	579	607
		Y	920	959	1001	1048	1100	1157	1222	1295	1359	1474	1585
	108	H_0	395	416	437	459	481	504	528	552	578	604	632
		Y	945	985	1030	1078	1132	1192	1260	1336	1422	1521	1636
	133	H_0	—	—	—	—	—	—	—	—	—	—	—
		Y	—	—	—	—	—	—	—	—	—	—	—
8050·1	89	H_0	320	341	362	383	405	428	452	476	501	5237	553
		Y	940	978	1019	1065	1116	1173	1237	1310	1393	1489	1600
	108	H_0	345	366	387	408	430	453	477	501	526	552	578
		Y	965	1004	1048	1096	1149	1208	1275	1351	1437	1536	1651
	133	H_0	380	401	422	443	465	428	512	536	561	587	613
		Y	1000	1042	1088	1139	1195	1258	1328	1407	1498	1602	1722
8050·2	89	H_0	320	341	363	385	407	431	455	479	505	531	559
		Y	955	992	1035	1083	1135	1195	1262	1337	1424	1524	1641
	108	H_0	345	366	388	410	433	456	480	505	531	558	586
		Y	980	1019	1064	1113	1169	1230	1300	1379	1470	1574	1694
	133	H_0	380	401	423	445	468	492	516	541	567	594	623
		Y	1015	1057	1104	1157	1215	1280	1354	1437	1533	1642	1769

续表 9-2

输送机代号	托辊直径 D	H_0、Y	δ										
			0°	2°	4°	6°	8°	10°	12°	14°	16°	18°	20°
8063·1	89	H_0	288	310	334	357	382	407	432	458	485	513	542
		Y	975	1010	1052	1098	1149	1206	1272	1346	1431	1529	1644
	108	H_0	313	335	359	383	407	432	457	484	511	540	569
		Y	1000	1038	1081	1128	1182	1242	1310	1388	1476	1578	1679
	133	H_0	347	370	394	418	442	467	493	520	548	577	606
		Y	1035	1075	1121	1172	1228	1292	1334	1446	1539	1647	1772
8063·2	89	H_0	288	312	337	362	388	415	442	470	500	530	560
		Y	1230	1280	1332	1390	1455	1510	1609	1703	1810	1934	2079
	108	H_0	313	337	362	388	414	441	468	496	526	556	587
		Y	1255	1307	1361	1421	1487	1563	1648	1744	1855	1983	2133
	133	H_0	348	372	397	423	449	476	504	533	562	593	624
		Y	1290	1345	1397	1464	1534	1613	1702	1803	1918	2052	2207
8080·1	89	H_0	245	271	298	325	353	381	410	439	470	501	534
		Y	1085	1122	1165	1212	1265	1325	1394	1472	1562	1666	1788
8080·1	108	H_0	270	296	323	350	378	406	435	465	496	528	560
		Y	1110	1150	1193	1243	1298	1361	1433	1514	1607	1715	1842
	133	H_0	305	331	358	385	413	442	471	501	532	564	597
		Y	1145	1186	1233	1286	1345	1411	1486	1572	1670	1784	1916
8080·2	89	H_0	245	271	298	325	353	381	409	439	470	501	534
		Y	1230	1277	1326	1380	1442	1510	1589	1678	1781	1900	2039
	108	H_0	270	296	323	350	378	406	435	465	495	527	560
		Y	1255	1304	1355	1411	1474	1546	1627	1720	1826	1949	2092
	133	H_0	305	331	358	385	413	442	471	501	532	564	597
		Y	1290	1342	1395	1454	1521	1596	1681	1778	1889	2017	2167
80100·1	89	H_0	195	227	258	291	323	357	391	425	461	497	535
		Y	1281	1323	1367	1424	1485	1554	1633	1723	1827	1948	2089
	108	H_0	220	252	283	316	348	382	416	450	486	522	560
		Y	1306	1350	1400	1455	1518	1589	1670	1809	1870	1994	2140
	133	H_0	255	287	318	351	381	417	451	485	521	557	595
		Y	1341	1388	1440	1498	1564	1639	1723	1820	1931	2060	2212
10040·1	108	H_0	411	433	457	480	505	530	556	583	612	641	672
		Y	1041	1087	1137	1192	1253	1321	1396	1481	1578	1689	1817
	133	H_0	—	—	—	—	—	—	—	—	—	—	—
		Y	—	—	—	—	—	—	—	—	—	—	—
	159	H_0	—	—	—	—	—	—	—	—	—	—	—
		Y	—	—	—	—	—	—	—	—	—	—	—
10050·1	108	H_0	411	433	456	480	504	529	555	582	610	638	668
		Y	1041	1085	1134	1187	1246	1312	1386	1469	1564	1673	1799
	133	H_0	436	458	481	505	529	554	580	607	635	663	693
		Y	1066	1112	1162	1208	1297	1347	1424	1509	1607	1720	1849
	159	H_0	—	—	—	—	—	—	—	—	—	—	—
		Y	—	—	—	—	—	—	—	—	—	—	—

续表 9-2

输送机代号	托辊直径 D	H_0、Y	δ										
			0°	2°	4°	6°	8°	10°	12°	14°	16°	18°	20°
10050·2	108	H_0	411	434	457	482	506	532	558	586	614	643	674
		Y	1056	1101	1150	1204	1264	1330	1405	1490	1586	1696	1824
	133	H_0	436	459	482	507	531	557	583	611	631	668	699
		Y	1081	1127	1178	1234	1297	1366	1443	1530	1629	1743	1875
	159	H_0	—	—	—	—	—	—	—	—	—	—	—
		Y	—	—	—	—	—	—	—	—	—	—	—
10063·1	108	H_0	378	401	425	449	473	499	525	552	580	609	639
		Y	1055	1098	1145	1198	1256	1322	1396	1481	1577	1688	1818
	133	H_0	403	426	450	474	499	524	551	578	606	635	666
		Y	1080	1124	1174	1229	1290	1358	1435	1522	1622	1737	1871
	159	H_0	448	471	495	519	544	570	597	624	653	683	714
		Y	1125	1173	1226	1284	1349	1422	1505	1597	1703	1826	1968
10063·2	108	H_0	378	403	428	454	480	507	535	564	594	625	657
		Y	1060	1098	1145	1198	1256	1322	1396	1481	1577	1688	1818
	133	H_0	403	428	453	479	506	533	561	590	620	652	684
		Y	1085	1124	1174	1229	1290	1358	1435	1522	1622	1737	1871
	159	H_0	448	473	498	524	551	579	607	637	667	699	732
		Y	1130	1173	1226	1284	1349	1422	1504	1597	1703	1825	1968
10080·1	108	H_0	336	362	389	417	445	473	503	533	565	597	631
		Y	1160	1198	1242	1300	1361	1429	1506	1593	1694	1809	1945
	133	H_0	361	387	414	442	470	499	528	559	591	623	657
		Y	1185	1225	1276	1331	1394	1465	1544	1635	1739	1858	1998
	159	H_0	406	432	459	487	515	544	574	605	637	671	705
		Y	1230	1273	1327	1387	1454	1529	1613	1710	1820	1947	2095
100100·1	108	H_0	286	318	350	382	415	449	484	519	556	593	632
		Y	1336	1381	1433	1492	1557	1631	1715	1811	1921	2049	2199
	133	H_0	311	343	375	407	441	475	509	545	581	619	659
		Y	1361	1408	1462	1522	1590	1667	1754	1853	1966	2098	2252
	159	H_0	356	388	420	453	486	520	555	591	628	667	706
		Y	1406	1456	1514	1578	1650	1731	1823	1927	2048	2186	2349
12050·1	108	H_0	456	479	503	527	552	578	604	632	661	691	722
		Y	1091	1138	1190	1247	1310	1380	1458	1547	1647	1762	1895
	133	H_0	—	—	—	—	—	—	—	—	—	—	—
		Y	—	—	—	—	—	—	—	—	—	—	—
	159	H_0	—	—	—	—	—	—	—	—	—	—	—
		Y	—	—	—	—	—	—	—	—	—	—	—
12063·1	108	H_0	424	446	470	494	519	545	571	599	627	656	687
		Y	1083	1125	1174	1230	1291	1360	1437	1525	1625	1741	1876
	133	H_0	449	471	495	519	544	570	597	624	653	683	714
		Y	1108	1151	1203	1260	1324	1395	1476	1567	1670	1790	1929
	159	H_0	479	502	525	549	575	600	627	655	684	714	746
		Y	1138	1184	1238	1297	1364	1438	1522	1617	1725	1849	1994

续表 9-2

输送机代号	托辊直径 D	H_0、Y	δ										
			0°	2°	4°	6°	8°	10°	12°	14°	16°	18°	20°
12063·2	108	H_0	424	448	473	499	526	553	582	611	641	673	705
		Y	1185	1234	1288	1347	1414	1489	1573	1669	1779	1905	2051
	133	H_0	449	473	499	524	551	579	607	637	667	699	732
		Y	1210	1260	1316	1378	1447	1525	1612	1711	1824	1954	2105
	159	H_0	479	503	529	555	582	609	638	668	699	731	764
		Y	1240	1292	1351	1415	1487	1568	1658	1761	1878	2013	2169
12080·1	108	H_0	381	407	434	462	490	519	549	580	611	644	678
		Y	1183	1225	1276	1332	1395	1466	1546	1638	1742	1862	2003
	133	H_0	406	432	459	487	515	545	574	605	637	671	705
		Y	1208	1252	1305	1363	1429	1502	1585	1629	1787	1911	2057
	159	H_0	436	462	490	517	546	575	605	636	669	702	737
		Y	1238	1284	1339	1400	1469	1545	1631	1729	1841	1970	2121
120100·1	108	H_0	331	363	395	427	461	495	530	565	602	640	680
		Y	1370	1419	1473	1535	1604	1681	1769	1869	1984	2118	2274
	133	H_0	356	388	420	453	486	520	555	591	628	667	706
		Y	1395	1446	1502	1566	1637	1717	1807	1911	2030	2167	2327
	159	H_0	386	418	450	483	516	551	586	622	660	698	738
		Y	1425	1478	1537	1603	1676	1760	1854	1961	2084	2226	2392
14080·1	108	H_0	420	446	473	501	530	559	589	620	652	685	720
		Y	1255	1303	1358	1419	1487	1563	1650	1748	1860	1989	2140
	133	H_0	450	476	504	531	560	589	619	651	683	717	752
		Y	1285	1335	1392	1456	1527	1606	1696	1797	1914	2048	2205
	159	H_0	480	506	534	561	590	620	650	682	714	748	784
		Y	1315	1367	1427	1493	1566	1649	1742	1847	1968	2107	2269
140100·1	108	H_0	370	402	434	467	500	534	570	606	643	681	721
		Y	1185	1227	1275	1329	1389	1457	1534	1622	1723	1840	1976
	133	H_0	400	432	464	497	531	565	600	637	674	713	753
		Y	1215	1259	1310	1366	1429	1500	1581	1672	1777	1899	2040
	159	H_0	430	462	494	527	561	595	631	668	705	745	785
		Y	1245	1291	1344	1403	1469	1543	1627	1722	1831	1958	2105

表 9-3 传动滚筒围包角 φ 值表 (°)

输送机代号	托辊直径 D /mm	δ										
		0°	2°	4°	6°	8°	10°	12°	14°	16°	18°	20°
4032·1	63.5	177.5	177.5	177.6	177.6	177.6	177.7	177.8	177.8	177.8	177.9	177.9
	76	176.5	176.6	176.6	176.6	176.7	176.8	176.9	177	177	177.1	177.2
4040·1	63.5	186.2	186	185.9	185.8	185.7	185.6	185.4	185.3	185.2	185.1	184.9
	76	185.1	185	184.9	184.8	184.7	184.6	184.5	184.4	184.3	184.2	184.1
4040·2	63.5	186.1	185.9	185.8	185.7	185.6	185.5	185.3	185.2	185.1	185	184.8
	76	185.1	184.9	184.8	184.7	184.6	184.5	184.4	184.4	184.2	184.12	184
5032·1	63.5	176	176.1	176.1	176.2	176.3	176.4	176.5	176.6	176.7	176.7	176.8
	76	175	175.1	175.2	175.3	175.4	175.5	175.6	175.8	175.9	175.9	176
	89	174.1	174.2	174.3	174.4	174.5	174.7	174.8	175	175.1	175.2	175.3

续表 9-3

输送机代号	托辊直径 D /mm	δ										
		0°	2°	4°	6°	8°	10°	12°	14°	16°	18°	20°
	63.5	184.6	184.5	184.4	184.3	184.3	184.2	184.1	184	183.9	183.8	183.7
5040·1	76	183.6	183.4	183.4	183.3	183.3	183.2	183.1	183.1	183	182.9	182.8
	89	182.5	182.4	182.4	182.3	182.3	182.3	182.2	182.2	182.2	182.1	182.1
	63.5	184.5	184.4	184.3	184.2	184.1	184.1	184	183.9	183.8	183.7	183.6
5040·2	76	183.5	183.4	183.3	183.3	183.2	183.1	183.1	183	182.9	182.9	182.8
	89	182.5	182.4	182.3	182.3	182.2	182.2	182.2	182.1	182.1	182.1	182
	63.5	195.3	195	194.7	194.4	194.2	193.9	193.6	193.3	193	192.7	192.4
5050·1	76	194.2	193.9	193.6	193.4	193.2	192.9	192.6	192.3	192	191.7	191.5
	89	193.1	192.8	192.6	192.3	192.1	191.9	191.6	191.4	191.1	190.8	190.6
	63.5	194.7	194.5	194.2	193.9	193.7	193.5	193.2	192.9	192.7	192.5	192.2
5050·2	76	193.6	193.4	193.2	192.9	192.7	192.5	192.2	191.9	191.7	191.5	191.2
	89	192.6	192.4	192.2	191.9	191.7	191.5	191.2	190.9	190.7	190.5	190.2
	76	182	181.9	181.9	181.9	181.8	181.8	181.8	181.7	181.6	181.6	181.6
6540·1	89	181	180.9	180.9	180.9	180.9	180.9	180.9	180.9	180.8	180.8	180.8
	108	178	178	178.1	178.2	178.2	178.3	178.4	178.4	178.5	178.5	178.6
	76	181.9	181.8	181.8	181.8	181.7	181.7	181.7	181.7	181.6	181.6	181.5
6540·2	89	181	180.9	180.9	180.9	180.8	180.8	180.8	180.8	180.8	180.8	180.7
	108	178.1	178.1	178.2	178.2	178.2	178.3	178.4	178.5	178.5	178.6	178.6
	76	192	191.8	191.6	191.4	191.2	190.9	190.7	190.5	190.2	189.9	189.7
6550·1	89	191	190.8	190.6	190.4	190.2	190	189.8	189.6	189.3	189.1	188.9
	108	188	187.8	187.6	187.4	187.3	187.2	187	186.8	186.6	186.5	186.3
	76	192	191.8	191.6	191.4	191.2	190.9	190.7	190.5	190.2	189.9	189.7
6550·2	89	191	190.8	190.6	190.4	190.2	190	189.8	189.6	189.3	189.1	188.9
	108	188	187.8	187.6	187.4	187.3	187.2	187	186.8	186.6	186.5	186.3
	76	202.4	202	201.7	201.4	201	200.6	200.2	199.8	199.3	198.8	198.4
6563·1	89	201.4	201.1	200.8	200.4	200	199.6	199.3	198.8	198.4	198	197.6
	108	198.6	198.3	198	197.6	197.3	196.9	196.6	196.2	195.8	195.4	195
	76	202.4	202	201.7	201.4	201	200.6	200.2	199.8	199.3	198.8	198.4
6563·2	89	201.4	201.1	200.8	200.4	200	199.6	199.3	198.8	198.4	198	197.6
	108	198.6	198.3	198	197.6	197.3	196.9	196.6	196.2	195.8	195.4	195
	89	175.7	175.8	175.9	175.9	176	176.1	176.2	176.3	176.4	176.5	176.6
8040·1	108	173.3	173.5	173.7	173.8	174	174.1	174.2	174.4	174.6	174.8	1749
	133	—	—	—	—	—	—	—	—	—	—	—
	89	175.7	175.8	175.9	175.9	176	176.1	176.2	176.3	176.4	176.5	176.6
8040·2	108	173.4	173.5	173.7	173.8	174	174.1	174.3	174.5	174.6	174.8	175
	133	—	—	—	—	—	—	—	—	—	—	—
	89	185.5	185.4	185.3	185.2	185.1	185	184.8	184.7	184.6	183.5	183.4
8050·1	108	183	182.9	182.8	182.8	182.8	182.7	182.6	182.56	182.5	182.5	182.5
	133	179.5	179.5	179.5	179.6	179.6	179.7	179.7	179.7	1879.8	1879.8	179.8
	89	185.4	185.3	185.2	185.1	185	184.9	184.7	184.6	184.5	184.4	184.3
8050·2	108	183	182.9	182.8	182.7	182.6	182.6	182.5	182.5	182.4	182.4	182.3
	133	180	180	180	180	180	180	180	180	180	180	180

续表 9-3

输送机代号	托辊直径 D /mm	δ										
		0°	2°	4°	6°	8°	10°	12°	14°	16°	18°	20°
8063·1	89	197. 8	197. 5	197. 2	196. 8	196. 4	196	195. 6	195. 3	194. 9	194. 5	194. 1
	108	195. 2	194. 9	194. 6	194. 3	194	193. 7	193. 3	192. 9	192. 6	192. 3	192
	133	191. 8	191. 5	191. 2	190. 9	190. 7	190. 5	190. 2	189. 9	189. 6	189. 3	189
8063·2	89	196. 3	196	195. 7	195. 5	195. 2	194. 9	194. 5	194. 2	193. 8	193. 5	193. 1
	108	194	193. 8	193. 5	193. 2	192. 9	192. 6	192. 3	192. 1	191. 8	191. 5	191. 2
	133	190. 8	190. 6	190. 4	190. 2	189. 9	189. 6	189. 4	189. 2	189	188. 8	188. 5
8080·1	89	211. 4	210. 9	210. 4	209. 8	209. 2	208. 6	208	207. 3	206. 6	205. 9	205. 2
	108	209	208. 5	208	207. 5	207	206. 4	205. 7	205. 1	204. 4	203. 8	203. 1
	133	205. 7	205. 2	204. 7	204. 2	203. 6	203. 1	202. 5	202	201. 4	200. 8	200. 2
8080·2	89	211. 4	210. 9	210. 4	209. 8	209. 2	208. 6	208	207. 3	206. 6	205. 9	205. 2
	108	209	208. 5	208	207. 5	207	206. 4	205. 7	205. 1	204. 4	203. 8	203. 1
	133	205. 7	205. 2	204. 7	204. 2	203. 6	203. 1	202. 5	202	201. 4	200. 8	200. 2
80100·1	89	222. 3	221. 7	221. 2	220. 5	219. 8	219. 1	218. 4	217. 6	216. 8	215. 9	215
	108	220. 3	219. 7	219. 2	218. 5	217. 8	217. 1	216. 3	215. 6	214. 8	214	213. 2
	133	217. 5	216. 9	216. 3	215. 6	215	214. 3	213. 5	212. 8	212. 1	211. 4	210. 6
10040·1	108	172. 5	1	72. 7	172. 8	173	173. 1	173. 4	173. 6	173. 7	173. 8	174
	133	—	—	—	—	—	—	—	—	—	—	—
10050·1	108	176. 8	176. 9	177	177	177. 1	177. 2	177. 3	177. 3	177. 4	177. 5	177. 6
	133	174. 7	174. 8	174. 9	175	175. 2	175. 3	175. 4	175. 6	175. 7	175. 9	176
10050·2	108	176. 9	176. 9	177	177	177. 2	177. 2	177. 3	177. 3	177. 4	177. 5	177. 6
	133	174. 8	174. 9	175	175. 1	175. 3	175. 4	175. 5	175. 6	175. 8	175. 9	176. 1
10063·1	108	188. 7	188. 5	188. 3	188. 1	187. 9	187. 7	187. 5	187. 3	187. 1	186. 9	186. 7
	133	186. 3	186. 2	186	185. 9	185. 7	185. 6	185. 4	185. 3	185. 1	185	184. 8
	159	182. 2	182. 1	182	182	181. 9	181. 9	181. 8	181. 8	181. 7	181. 7	181. 6
10063·2	108	188	187. 9	187. 7	187. 5	187. 3	187. 2	187	186. 8	186. 6	186. 4	186. 2
	133	185. 8	185. 7	185. 6	185. 5	185. 3	185. 2	185. 1	185	184. 8	184. 7	184. 5
	159	182	182	181. 9	181. 9	181. 8	181. 8	181. 7	181. 7	181. 6	181. 6	181. 5
10080·1	108	202. 8	202. 3	201. 8	201. 3	200. 8	200. 2	199. 6	198. 2	198. 7	198. 2	197. 7
	133	200. 4	200	199. 5	199	198. 6	198. 1	197. 7	197. 2	196. 7	196. 2	195. 8
	159	196. 3	195. 9	195. 5	195. 1	194. 8	194. 4	194	193. 6	193. 2	192. 8	192. 4
100100·1	108	215	214. 4	213. 7	213	212. 4	211. 7	211	210. 3	209. 5	208. 7	208
	133	212. 9	212. 3	211. 7	211	210. 4	209. 7	209	208. 3	207. 6	206. 8	206
	159	209. 2	208. 6	208	207. 4	206. 8	206. 1	205. 5	204. 9	204. 2	203. 5	202. 8
12050·1	108	173. 1	173. 3	173. 4	173. 6	173. 7	173. 9	174. 1	174. 2	174. 4	174. 5	174. 7
	133	—	—	—	—	—	—	—	—	—	—	—
12063·1	108	184. 7	184. 5	184. 3	184. 1	184	183. 9	183. 8	183. 7	183. 6	183. 5	183. 4
	133	182. 2	182. 1	182	182	181. 9	181. 8	181. 8	181. 8	181. 7	181. 7	181. 6
	159	180	180	180	180	180	180	180	180	180	180	180
12063·2	108	184. 1	184	183. 9	183. 8	183. 7	183. 6	183. 5	183. 4	183. 3	183. 3	183. 2
	133	182	182	181. 9	181. 9	181. 8	181. 8	181. 7	181. 7	181. 6	181. 5	181. 5
	159	180	180	180	180	180	180	180	180	180	180	180

续表 9-3

输送机代号	托辊直径 D /mm	δ										
		0°	2°	4°	6°	8°	10°	12°	14°	16°	18°	20°
12080·1	108	198.6	198.2	197.8	197.3	196.9	196.5	196	195.6	195.2	194.7	194.3
	133	196.3	195.9	195.6	195.2	194.8	194.4	194	193.5	193	192.6	192.2
	159	193.6	193.3	193	192.6	192.3	192	191.6	191.3	191	190.6	190.2
120100·1	108	211.3	210.7	210.1	209.4	208.7	208	207.4	206.7	206	205.3	204.6
	133	209.2	208.6	208	207.4	206.8	206.2	205.5	204.8	204.1	203.5	202.8
	159	206.8	206.2	205.6	205	204.4	203.8	203.2	202.6	202	201.4	200.8
14080·1	108	195	194.7	194.4	194	193.6	193.2	192.9	192.5	192.1	191.8	191.4
	133	192.4	192.1	191.7	191.4	191.1	190.8	190.5	190.2	189.9	189.6	189.3
	159	189.8	189.6	189.3	189	188.8	188.5	188.2	188	187.8	187.6	187.4
140100·1	108	208.1	207.5	206.9	206.3	205.6	205	204.4	203.8	203.1	202.5	201.9
	133	205.6	205	204.5	204	203.4	202.8	202.2	201.6	201	200.4	199.8
	159	203.2	202.6	202.1	201.6	201	200.5	200	199.5	199	198.4	197.9

9.1.2 角形传动滚筒头架（H型钢）

角形传动滚筒头架（H型钢）示于图9-2，相关参数列于表9-4～表9-6。

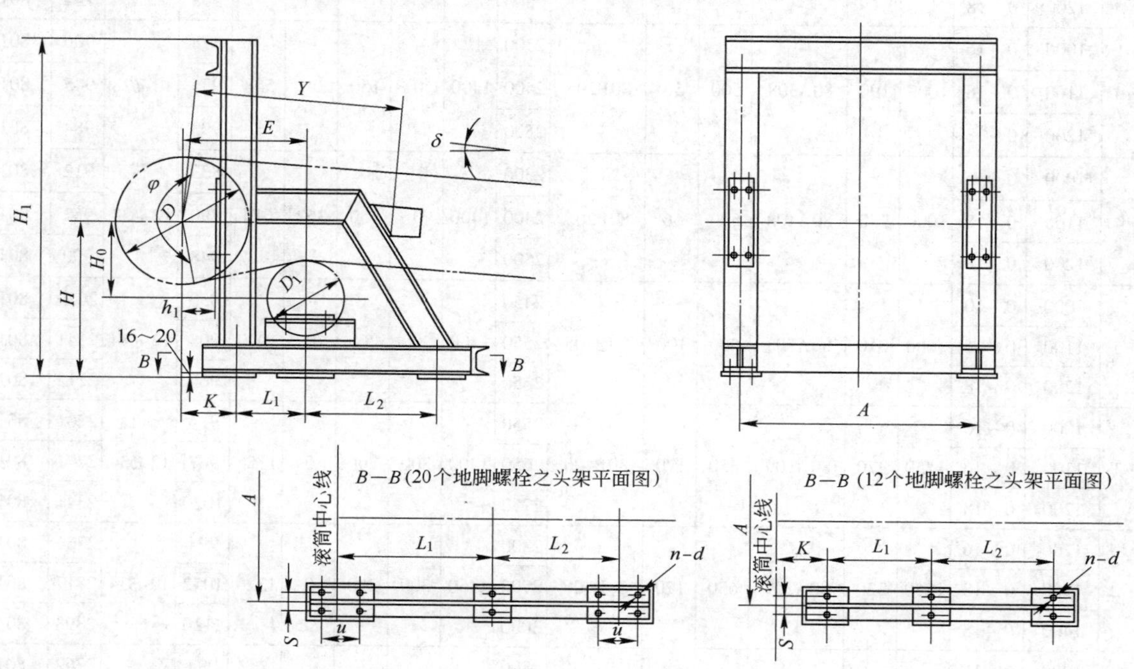

图9-2 角形传动滚筒头架（H型钢）示意图

说明：滚筒与支架连接之紧固件已包括在本部件内。

表9-4 配套滚筒、主要尺寸、重量及支架图号

输送机代号	中心高 H /mm	适应倾角 δ /(°)	传动滚筒			改向滚筒(增面轮)			主要尺寸/mm								重量 /kg	图号
			D /mm	许用合力 /kN	图号	D_1 /mm	许用合力 /kN	图号	H_1	A	u	S	K	L_1	L_2	n-d		
8063·3	785	0～6	630	100	80A306	315	20	80B203	1900	1300	0	100	285	415	627	12-φ28	553	80JA3061
	885	0～14							2000						685		583	80JA3062
	985	0～18							2100						742		611	80JA3063
	1085	0～18							2200						800		641	80JA3064
	1185	0～18							2300						858		670	80JA3065

续表 9-4

输送机代号	中心高 H /mm	适应倾角 δ /(°)	传动滚筒			改向滚筒(增面轮)			主要尺寸/mm								重量 /kg	图号
			D /mm	许用合力 /kN	图号	D_1 /mm	许用合力 /kN	图号	H_1	A	u	S	K	L_1	L_2	n-d		
	800	0~10							2000						669		597	80JA3071
	900	0~18							2100						727		626	80JA3072
8080·3	1000	0~18	800	110	80A307	400	29	80B204	2200	1300	0	100	284	516	785	12-ϕ28	656	80JA3073
	1100	0~18							2300						842		686	80JA3074
	1200	0~18							2400						900		716	80JA3075
	800	0~2							2000						679		726	80JA4071
	900	0~10							2100						736		760	80JA4072
8080·4	1000	0~16	800	160	80A407	400	45	80B304	2200	1400	0	150	339	481	795	12-ϕ28	793	80JA4073
	1100	0~18							2300						852		825	80JA4074
	1200	0~18							2400						910		859	80JA4075
	1000	0~18							2300						793		688	80JA2081
80100·2	1100	0~18	1000	120	80A208	500	40	80B105	2400	1300	0	100	285	515	851	12-ϕ28	721	80JA2082
	1200	0~18							2500						908		754	80JA2083
	1000	0~16							2300						878		906	80JA3081
80100·3	1100	0~18	1000	190	80A308	500	56	80B205	2400	1400	u	150	342	558	935	12-ϕ28	945	80JA3082
	1200	0~18							2500						993		984	80JA3083
	1000	0~16							2300						833		912	80JA4081
80100·4	1100	0~18	1000	240	80A408	500	56	80B205	2400	1400	0	150	362	618	890	12-ϕ34	952	80JA4082
	1200	0~18							2500						948		990	80JA4083
	1000	0~10							2450						850		2070	80JA5081
80100·5	1100	0~16	1000	310	80A508	500	100	80B305	2550	1400	300	200	0	1020	908	12-ϕ34	2141	80JA5082
	1200	0~18							2650						966		2212	80JA5083
	1000	0~10							2550						914		2201	80JA1091
80125·1	1100	0~16	1250	270	80A109	630	170	80B406	2650	1400	300	200	0	1150	967	12-ϕ34	2271	80JA1092
	1200	0~18							2750						1020		2341	80JA1093
	1200	0~16							2800						994		2736	80JA2091
80125·2	1300	0~18	1250	320	80A209	630	170	80B406	2900	1450	300	200	0	1320	1052	12-ϕ34	2817	80JA2092
	1400	0~18							3000						1110		2898	80JA2093
	1200	0~16							2800						994		2762	80JA3091
80125·3	1300	0~18	1250	450	80A309	630	170	80B406	2900	1450	300	200	0	1340	1052	12-ϕ34	2843	80JA3092
	1400	0~18							3000						1110		2924	80JA3093
	800	0~2							2200						598		600	100JA2071
	900	0~8							2300						656		634	100JA2072
10080·2	1000	0~14	800	110	100A207	400	29	100B204	2400	1500	0	100	285	494	713	12-ϕ28	666	100JA2073
	1100	0~18							2500						771		700	100JA2074
	1200	0~18							2600						829		733	100JA2075
	900	0~4							2300						795		789	100JA3071
	1000	0~10							2400						852		826	100JA3072
10080·3	1100	0~16	800	160	100A307	400	45	100B304	2500	1600	0	150	340	480	910	12-ϕ28	863	100JA3073
	1200	0~18							2600						968		904	100JA3074

续表 9-4

输送机代号	中心高 H /mm	适应倾角 δ /(°)	传动滚筒			改向滚筒(增面轮)			主要尺寸/mm								重量 /kg	图号
			D /mm	许用合力 /kN	图号	D_1 /mm	许用合力 /kN	图号	H_1	A	u	S	K	L_1	L_2	n-d		
10080·4	900	0~4	800	190	100A407	400	45	100B304	2300	1600	0	150	362	538	762	12-ϕ28	855	100JA4071
	1000	0~10							2400						820		894	100JA4072
	1100	0~16							2500						878		933	100JA4073
	1200	0~18							2600						936		972	100JA4074
100100·2	1000	0~10	1000	110	100A208	500	35	100B105	2500	1500	0	100	285	514	793	12-ϕ28	697	100JA2081
	1100	0~18							2600						851		730	100JA2082
	1200	0~18							2700						909		765	100JA2083
	1300	0~18							2800						966		799	100JA2084
100100·3	1000	0~6	1000	170	100A308	500	45	100B205	2500	1600	0	150	342	558	878	12-ϕ28	919	100JA3081
	1100	0~12							2600						936		958	100JA3082
	1200	0~18							2700						993		997	100JA3083
	1300	0~18							2800						1051		1036	100JA3084
100100·4	1000	0~8	1000	210	100A408	500	45	100B205	2500	1600	0	150	362	538	847	12-ϕ34	949	100JA4081
	1100	0~12							2600						905		987	100JA4082
	1200	0~18							2700						963		1027	100JA4083
	1300	0~18							2800						1020		1063	100JA4084
100100·5	1000	0~6	1000	330	100A508	500	75	100B305	2600	1650	300	200	0	1020	850	20-ϕ34	2112	100JA5081
	1100	0~12							2700						908		2183	100JA5082
	1200	0~18							2800						965		2254	100JA5083
	1300	0~18							2900						1023		2325	100JA5084
100125·1	1100	0~12	1250	320	100A109	630	87	100B306	2750	1650	300	200	0	1180	967	20-ϕ34	2310	100JA1091
	1200	0~16							2850						1020		2380	100JA1092
	1300	0~18							2950						1073		2450	100JA1093
100125·2	1200	0~12	1250	450	100A209	630	168	100B406	2800	1650	300	200	0	1340	994	20-ϕ34	2761	100JA2091
	1300	0~16							2900						1052		2842	100JA2092
	1400	0~18							3000						1110		2923	100JA2093
100125·3	1200	0~12	2350	520	100A309	630	168	100B406	2800	1650	300	200	0	1340	994	20-ϕ34	2767	100JA3091
	1300	0~16							2900						1052		2848	100JA3092
	1400	0~18							3000						1110		2929	100JA3093
100140·1	1200	0~12	1400	450	100A110	800	168	100B307	3000	1650	300	200	0	1320	994	20-ϕ34	2794	100JA1101
	1300	0~16							3100						1047		2874	100JA1102
	1400	0~18							3200						1100		2954	100JA1103
100140·2	1300	0~14	1400	520	100A210	800	220	100B407	2900	1650	300	200	0	1425	1046	20-ϕ34	3456	100JA2101
	1400	0~18							3000						1104		3555	100JA2102
	1500	0~18							3100						1162		3655	100JA2103
100160·1	1300	0~12	1600	520	100A111	1000	387	100B408	3000	1650	300	200	0	1445	1046	20-ϕ34	3587	100JA1111
	1400	0~16							3100						1104		3687	160JA1112
	1500	0~18							3200						1162		3788	160JA1113
12080·2	900	0~6	800	110	120A207	400	26	120B204	2200	1750	0	100	285	415	685	12-ϕ28	622	120JA2071
	1000	0~14							2300						742		656	120JA2072
	1100	0~18							2400						800		689	120JA2073

续表 9-4

输送机代号	中心高 H /mm	适应倾角 δ /(°)	传动滚筒			改向滚筒(增面轮)			主要尺寸/mm								重量 /kg	图号
			D /mm	许用合力 /kN	图号	D_1 /mm	许用合力 /kN	图号	H_1	A	u	S	K	L_1	L_2	n-d		
12080·2	1200	0~18	800	110	120A207	400	26	120B204	2500	1750	0	100	285	415	858	12-ϕ28	722	120JA2074
	1300	0~18							2600						915		755	120JA2075
12080·3	1000	0~6	800	140	120A307	400	26	120B204	2300	1850	0	150	340	560	841	12-ϕ28	823	120JA3071
	1100	0~12							2400						899		859	120JA3072
	1200	0~18							2500						956		894	120JA3073
	1300	0~18							2600						1014		931	120JA3074
12080·4	1000	0~6	800	180	120A407	400	38	120B304	2400	1850	0	150	362	538	849	12-ϕ34	929	120JA4071
	1100	0~12							2500						907		968	120JA4072
	1200	0~18							2600						965		1007	120JA4073
	1300	0~18							2700						1022		1046	120JA4074
12080·5	1000	0~6	800	230	120A507	400	38	120B304	2400	1900	0	150	384	541	846	12-ϕ34	965	120JA5071
	1100	0~12							2500						904		1006	120JA5072
	1200	0~18							2600						961		1046	120JA5073
	1300	0~18							2700						1019		1087	120JA5074
120100·2	1000	0~14	1000	110	120A208	500	30	120B105	2400	1750	0	100	287	563	770	12-ϕ28	703	120JA2081
	1100	0~18							2500						828		736	120JA2082
	1200	0~18							2600						885		769	120JA2083
	1300	0~18							2700						943		802	120JA2084
	1400	0~18							2800						1001		835	120JA2085
120100·3	1000	0~8	1000	160	120A308	500	41	120B205	2400	1850	0	150	342	558	839	12-ϕ28	911	120JA3081
	1100	0~16							2500						897		950	120JA3082
	1200	0~18							2600						954		989	120JA3083
	1300	0~18							2700						1012		1028	120JA3084
	1400	0~18							2800						1070		1067	120JA3085
120100·4	1000	0~10	1000	210	120A408	500	41	120B205	2500	1850	0	150	366	534	899	12-ϕ34	983	120JA4081
	1100	0~16							2600						957		1025	120JA4082
	1200	0~18							2700						1014		1068	120JA4083
	1300	0~18							2800						1072		1111	120JA4084
	1400	0~18							2900						1130		1154	120JA4085
120100·5	1000	0~2	1000	290	120A508	500	70	120B305	2600	1900	300	200	0	1020	850	20-ϕ34	2132	120JA5081
	1100	0~8							2700						908		2204	120JA5082
	1200	0~16							2800						965		2275	120JA5083
	1300	0~18							2900						1023		2346	120JA5084
	1400	0~18							3000						1081		2417	120JA5085
120100·6	1000	0~2	1000	330	120A608	500	70	120B305	2600	1900	300	200	0	1050	850	20-ϕ34	2163	120JA6081
	1100	0~8							2700						908		2235	120JA6082
	1200	0~14							2800						965		2305	120JA6083
	1300	0~18							2900						1023		2376	120JA6084
	1400	0~18							3000						1081		2447	120JA6085
120125·1	1200	0~12	1250	320	120A109	630	90	120B306	3000	1900	300	200	0	1320	994	20-ϕ34	2806	120JA1091
	1300	0~16							3100						1047		2886	120JA1092
	1400	0~18							3200						1100		2966	120JA1093

续表 9-4

输送机代号	中心高 H /mm	适应倾角 δ /(°)	传动滚筒 D /mm	传动滚筒 许用合力 /kN	传动滚筒 图号	改向滚筒(增面轮) D_1 /mm	改向滚筒(增面轮) 许用合力 /kN	改向滚筒(增面轮) 图号	主要尺寸/mm H_1	A	u	S	K	L_1	L_2	n-d	重量 /kg	图　号
	1200	0~10							3000						994		2832	120JA2091
120125·2	1300	0~14	1250	450	120A209	630	150	120B406	3100	1900	300	200	0	1340	1047	20-ϕ34	2912	120JA2092
	1400	0~18							3200						1100		2992	120JA2093
	1300	0~12							3100						1046		3527	120JA3091
120125·3	1400	0~16	1250	520	120A309	630	150	120B406	3200	1900	300	200	0	1425	1104	20-ϕ34	3624	120JA3092
	1500	0~18							3300						1162		3722	120JA3093
	1300	0~12							3100						1047		3533	120JA1101
120140·1	1400	0~18	1400	520	120A110	800	200	120B407	3200	1900	300	200	0	1425	1105	20-ϕ34	3632	120JA1102
	1500	0~18							3300						1162		3731	120JA1103
	1300	0~10							3200						1046		3662	120JA2101
120140·2	1400	0~14	1400	660	120A210	800	230	120B507	3300	1900	300	200	0	1445	1104	20-ϕ34	3762	120JA2102
	1500	0~18							3400						1162		3862	120JA2103
	1400	0~14							3400						1104		3787	120JA1111
120160·1	1500	0~18	1600	660	120A111	1000	351	120B408	3500	1900	300	200	0	1445	1162	20-ϕ34	3890	120JA1112
	1600	0~18							3600						1220		3990	120JA1113
	1000	0~6							2400						841		835	140JA2071
	1100	0~12							2500						899		871	140JA2072
14080·2	1200	0~18	800	130	140A207	400	25	140B204	2600	2050	0	150	340	560	956	12-ϕ28	907	140JA2073
	1300	0~18							2700						1014		943	140JA2074
	1400	0~18							2800						1072		979	140JA2075
	1000	0~4							2400						850		934	140JA3071
	1100	0~10							2500						908		973	140JA3072
14080·3	1200	0~16	800	170	140A307	400	40	140B304	2600	2050	0	150	362	538	965	12-ϕ28	1012	140JA3073
	1300	0~18							2700						1023		1051	140JA3074
	1400	0~18							2800						1081		1090	140JA3075
	1100	0~4							2600						886		2169	140JA4071
	1200	0~8							2700						965		2245	140JA4072
14080·4	1300	0~14	800	210	140A407	400	40	140B304	2800	2100	300	200	0	1050	1023	20-ϕ34	2315	140JA4073
	1400	0~18							2900						1081		2384	140JA4074
	1500	0~18							3000						1139		2454	140JA4075
	1100	0~14							2600						898		962	140JA2081
	1200	0~18							2700						955		1001	140JA2082
140100·2	1300	0~18	1000	160	140A208	500	40	140B205	2800	2050	0	150	342	558	1013	12-ϕ28	1040	140JA2083
	1400	0~18							2900						1071		1079	140JA2084
	1500	0~18							3000						1129		1118	140JA2085
	1100	0~12							2600						958		1061	140JA3081
	1200	0~16							2700						1015		1103	140JA3082
140100·3	1300	0~18	1000	210	140A308	500	40	140B205	2800	2050	0	150	366	684	1073	12-ϕ28	1146	140JA3083
	1400	0~18							2900						1131		1189	140JA3084
	1500	0~18							3000						1189		1232	140JA3085

续表 9-4

输送机代号	中心高 H /mm	适应倾角 δ /(°)	传动滚筒			改向滚筒(增面轮)			主要尺寸/mm								重量 /kg	图号
			D /mm	许用合力 /kN	图号	D_1 /mm	许用合力 /kN	图号	H_1	A	u	S	K	L_1	L_2	n-d		
	1100	0~4							2800						908		2246	140JA4081
	1200	0~10							2900						965		2317	140JA4082
140100·4	1300	0~16	1000	260	140A408	500	66	140B305	3000	2100	300	200	0	1050	1023	20-ϕ34	2388	140JA4083
	1400	0~18							3100						1081		2459	140JA4084
	1500	0~18							3200						1139		2530	140JA4085
	1100	0~4							2800						908		2266	140JA5081
	1200	0~10							2900						965		2337	140JA5082
140100·5	1300	0~16	1000	300	140A508	500	66	140B305	3000	2100	300	200	0	1050	1023	20-ϕ34	2408	140JA5083
	1400	0~18							3100						1081		2479	140JA5084
	1500	0~18							3200						1139		2550	140JA5085
	1300	0~18							3000						1073		2501	140JA1091
140125·1	1400	0~18	1250	260	140A109	630	90	140B206	3100	2100	300	200	0	1200	1131	20-ϕ34	2572	140JA1092
	1500	0~18							3200						1189		2643	140JA1093
	1300	0~12							3100						1057		2936	140JA2091
140125·2	1400	0~16	1250	450	140A209	630	120	140B306	3200	2100	300	200	0	1350	1110	20-ϕ34	3016	140JA2092
	1500	0~18							3300						1163		3096	140JA2093
	1300	0~12							3200						1046		3572	140JA3091
140125·3	1400	0~16	1250	520	140A309	630	120	140B306	3300	2100	300	200	0	1425	1104	20-ϕ34	3670	140JA3092
	1500	0~18							3400						1162		3769	140JA3093
	1300	0~10							3200						1046		3577	140JA1101
140140·1	1400	0~14	1400	520	140A110	800	186	140B407	3300	2100	300	200	0	1425	1104	20-ϕ34	3676	140JA1102
	1500	0~18							3400						1162		3776	140JA1103
	1300	0~10							3200						1047		3679	140JA2101
140140·2	1400	0~14	1400	800	140A110	800	214	140B507	3300	2100	300	200	0	1445	1105	20-ϕ34	3779	140JA2102
	1500	0~18							3400						1162		3880	140JA2103
	1400	0~14							3400						1104		3860	140JA1111
140160·1	1500	0~16	1600	800	140A111	1000	331	140B408	3500	2100	300	200	0	1445	1162	20-ϕ34	3961	140JA1112
	1600	0~18							3600						1220		4061	140JA1113
	1400	0~10							3400						1141		4597	140JA2111
140160·2	1500	0~14	1600	1050	140A211	1000	331	140B408	3500	2250	300	250	0	1525	1199	20-ϕ40	4710	140JA2112
	1600	0~18							3600						1257		4823	140JA2113
	1100	0~6							2600						900		876	160JA1071
	1200	0~12							2700						957		912	160JA1072
16080·1	1300	0~18	800	120	160A107	400	25	160B104	2800	2250	0	150	340	560	1015	12-ϕ28	948	160JA1073
	1400	0~18							2900						1073		984	160A1074
	1500	0~18							3000						1131		1020	160JA1075
	1100	0~6							2600						908		978	160JA2071
	1200	0~10							2700						965		1017	160JA2072
16080·2	1300	0~16	800	160	160A207	400	40	160B204	2800	2250	0	150	362	538	1023	12-ϕ28	1056	160JA2073
	1400	0~18							2900						1081		1095	160JA2074
	1500	0~18							3000						1139		1134	160JA2075

续表 9-4

输送机代号	中心高 H /mm	适应倾角 δ /(°)	传动滚筒			改向滚筒(增面轮)			主要尺寸/mm								重量/kg	图号
			D /mm	许用合力/kN	图号	D_1 /mm	许用合力/kN	图号	H_1	A	u	S	K	L_1	L_2	n-d		
	1100	0~2							2700						886		2191	160JA3071
	1200	0~6							2800						944		2260	160JA3072
16080·3	1300	0~12	800	240	160A307	400	40	160B204	2900	2300	300	200	0	1050	1002	20-ϕ34	2330	160JA3073
	1400	0~16							3000						1060		2400	180JA3074
	1500	0~18							3100						1118		2468	160JA3075
	1100	0							2700						879		2221	160JA4071
	1200	0~6							2800						937		2293	160JA4072
16080·4	1300	0~10	800	320	160A407	400	80	160B304	2900	2300	300	200	0	1050	995	20-ϕ34	2362	160JA4073
	1400	0~16							3000						1053		2435	160JA4074
	1500	0~18							3100						1110		2506	160JA4075
	1100	0~2							2700						879		2243	160JA5071
	1200	0~6							2800						937		2314	160JA5072
16080·5	1300	0~10	800	450	160A507	400	80	160B304	2900	2350	300	200	0	1070	995	20-ϕ34	2385	160JA5073
	1400	0~14							3000						1053		2456	160JA5074
	1500	0~18							3100						1110		2527	160JA5075
	1100	0~6							2700						958		1048	160JA1081
	1200	0~12							2800						1015		1090	160JA1082
160100·1	1300	0~16	1000	160	160A108	500	40	160B105	2900	2250	0	150	366	684	1073	12-ϕ34	1133	160JA1083
	1400	0~18							3000						1131		1177	160JA1084
	1500	0~18							3100						1189		1219	160JA1085
	1100	0~2							2800						908		2247	160JA2081
	1200	0~8							2900						966		2321	160JA2082
160100·2	1300	0~12	1000	240	160A208	500	80	160B205	3000	2300	300	200	0	1050	1023	20-ϕ34	2389	160JA2083
	1400	0~18							3100						1081		2460	160JA2084
	1500	0~18							3200						1139		2531	160JA2085
	1100	0~2							2800						908		2267	160JA3081
	1200	0~8							2900						966		2338	160JA3082
160100·3	1300	0~12	1000	320	160A308	500	80	160B205	3000	2300	300	200	0	1050	1023	20-ϕ34	2409	160JA3083
	1400	1~16							3100						1081		2480	160JA3084
	1500	0~18							3200						1139		2551	160JA3085
	1100	0~2							2800						908		2588	160JA4081
	1200	0~8							2900						966		2659	160JA4082
160100·4	1300	0~12	1000	450	160A408	500	80	160B205	3000	2350	300	200	0	1070	1023	20-ϕ34	2730	160JA4083
	1400	0~16							3100						1081		2801	160JA4084
	1500	0~18							3200						1139		2872	160JA4085
	1200	0~4							3000						1004		2850	160JA5081
160100·5	1300	0~8	1000	520	160A508	500	160	160B305	3100	2350	300	200	0	1350	1062	20-ϕ34	2991	160JA5082
	1400	0~12							3200						1120		3012	160JA5083
	1500	0~14							3300						1177		3093	160JA5084
	1300	0~6							3100						1019		3474	160JA6081
160100·6	1400	0~10	1000	650	160A608	500	160	160B305	3200	2350	300	200	0	1380	1077	20-ϕ34	3572	160JA6082
	1500	0~14							3300						1135		3669	160JA6083

续表 9-4

输送机代号	中心高 H /mm	适应倾角 δ /(°)	传动滚筒			改向滚筒(增面轮)			主要尺寸/mm								重量 /kg	图号
			D /mm	许用合力 /kN	图号	D_1 /mm	许用合力 /kN	图号	H_1	A	u	S	K	L_1	L_2	n-d		
	1300	0~12							3000						1083		2507	160JA1091
160125·1	1400	0~16	1250	450	160A109	630	80	160B206	3100	2350	300	200	0	1200	1140	20-ϕ34	2577	160JA1092
	1500	0~18							3200						1198		2649	160JA1093
	1300	0~8							3100						1062		2948	160JA2091
160125·2	1400	0~12	1250	520	160A209	630	160	160B306	3200	2350	300	200	0	1350	1120	20-ϕ34	3029	160JA2092
	1500	0~16							3300						1177		3109	160JA2093
	1300	0~8							3200						1046		3581	160JA3091
160125·3	1400	0~12	1250	650	160A309	630	160	160B306	3300	2350	300	200	0	1425	1104	20-ϕ34	3680	160JA3092
	1500	0~16							3400						1162		3777	160JA3093
	1300	0~6							3200						1046		3688	160JA4091
160125·4	1400	0~10	1250	800	160A409	630	240	160B406	3300	2350	300	200	0	1445	1104	20-ϕ34	3788	160JA4092
	1500	0~14							3400						1162		3889	160JA4093
	1300	0~6							3200						1046		3584	160JA1101
160140·1	1400	0~10	1400	520	160A110	800	160	160B407	3300	2350	300	200	0	1425	1104	20-ϕ34	3684	160JA1102
	1500	0~14							3400						1162		3783	160JA1103
	1300	0~6							3200						1046		3684	160JA2101
160140·2	1400	0~10	1400	800	160A210	800	240	160B507	3300	2350	300	200	0	1445	1104	20-ϕ34	3784	160JA2102
	1500	0~14							3400						1162		3880	160JA2103
	1300	0~4							3300						1083		4491	160JA3101
160140·3	1400	0~8	1400	1050	160A310	800	240	160B507	3400	2450	300	250	0	1525	1141	20-ϕ40	4605	160JA3102
	1500	0~12							3500						1199		4718	160JA3103
	1300	0~10							3300						1046		3642	160JA1111
160160·1	1400	0~14	1600	520	160A111	1000	240	160B208	3400	2350	300	200	0	1425	1104	20-ϕ34	3749	160JA1112
	1500	0~18							3500						1162		3840	160JA1113
	1300	0~10							3300						1046		3743	160JA2111
160160·2	1400	0~14	1600	800	160A211	1000	240	160B208	3400	2350	300	200	0	1445	1104	20-ϕ34	3843	160JA2112
	1500	0~18							3500						1162		3914	160JA2113
	1400	0~8							3500						1141		4637	160JA3111
160160·3	1500	0~12	1600	1200	160A311	1000	240	160B208	3600	2450	300	250	0	1525	1199	20-ϕ40	4750	160JA3112
	1600	0~14							3700						1257		4863	160JA3113
	1100	0~4							2600						900		880	180JA1071
	1200	0~10							2700						958		922	180JA1072
18080·1	1300	0~14	800	160	180A107	400	25	180B104	2800	2450	0	150	340	560	1016	12-ϕ28	952	180JA1073
	1400	0~18							2900						1073		988	180JA1074
	1500	0~18							3000						1131		1024	180JA1075
	1100	0~2							2600						908		983	180JA2071
	1200	0~8							2700						965		1022	180JA2072
18080·2	1300	0~14	800	240	180A207	400	40	180B204	2800	2450	0	150	362	538	1023	12-ϕ28	1061	180JA2073
	1400	0~18							2900						1081		1100	180JA2074
	1500	0~18							3000						1139		1140	180JA2075

续表 9-4

输送机代号	中心高 H /mm	适应倾角 δ /(°)	传动滚筒 D /mm	传动滚筒 许用合力 /kN	传动滚筒 图号	改向滚筒(增面轮) D_1 /mm	改向滚筒(增面轮) 许用合力 /kN	改向滚筒(增面轮) 图号	主要尺寸/mm H_1	A	u	S	K	L_1	L_2	n-d	重量 /kg	图号
18080·3	1200	0~2	800	320	180A307	400	80	180B304	2800	2500	300	200	0	1050	944	20-ϕ34	2283	180JA3071
	1300	0~8							2900						1002		2355	180JA3072
	1400	0~12							3000						1060		2428	180JA3073
	1500	0~18							3100						1117		2497	180JA3074
18080·4	1200	0~4	800	450	180A407	400	80	180B304	2800	2500	300	200	0	1050	966	20-ϕ34	2322	180JA4071
	1300	0~8							2900						1023		2393	180JA4072
	1400	0~14							3000						1081		2464	180JA4073
	1500	0~18							3100						1139		2535	180JA4074
18080·5	1200	0~4	800	520	180A507	400	80	180B304	2800	2550	300	200	0	1070	966	20-ϕ34	2343	180JA5071
	1300	0~8							2900						1023		2414	180JA5072
	1400	0~12							3000						1081		2485	180JA5073
	1500	0~18							3100						1139		2557	180JA5074
180100·1	1200	0~6	1000	320	180A108	500	80	180B205	2900	2500	300	200	0	1050	966	20-ϕ34	2333	180JA1081
	1300	0~10							3000						1023		2404	180JA1082
	1400	0~16							3100						1081		2475	180JA1083
	1500	0~18							3200						1139		2546	180JA1084
180100·2	1200	0~6	1000	450	180A208	500	80	180B205	2900	2500	300	200	0	1050	966	20-ϕ34	2354	180JA2081
	1300	0~10							3000						1023		2425	180JA2082
	1400	0~16							3100						1081		2496	180JA2083
	1500	0~18							3200						1139		2567	180JA2084
180100·3	1200	0~6	1000	520	180A308	500	80	180B205	2900	2550	300	200	0	1070	966	20-ϕ34	2375	180JA3081
	1300	0~10							3000						1023		2446	180JA3082
	1400	0~16							3100						1081		2517	180JA3083
	1500	0~18							3200						1139		2588	180JA3084
180100·4	1200	0~2	1000	650	180A408	500	160	180B305	3000	2550	300	200	0	1350	974	20-ϕ34	2814	180JA4081
	1300	0~6							3100						1033		2940	180JA4082
	1400	0~10							3200						1091		3023	180JA4083
	1500	0~12							3300						1149		3101	180JA4084
180100·5	1300	0~4	1000	800	180A508	500	160	180B305	3100	2550	300	200	0	1380	1019	20-ϕ34	3493	180JA5081
	1400	0~8							3200						1077		3591	180JA5082
	1500	0~12							3300						1135		3689	180JA5083
180125·1	1300	0~8	1250	450	180A109	630	160	180A306	3200	2550	300	200	0	1350	1033	20-ϕ34	2979	180JA1091
	1400	0~12							3300						1091		3060	180JA1092
	1500	0~16							3400						1149		3140	180JA1093
180125·2	1300	0~8	1250	520	180A209	630	160	180A306	3200	2550	300	200	0	1425	1046	20-ϕ34	3600	180JA2091
	1400	0~10							3300						1104		3698	180JA2092
	1500	0~14							3400						1162		3796	180JA2093
180125·3	1300	0~6	1250	650	180A309	630	320	180A506	3200	2550	300	200	0	1445	1046	20-ϕ34	3705	180JA3091
	1400	0~8							3300						1104		3805	180JA3092
	1500	0~12							3400						1162		3906	180JA3093

续表 9-4

输送机代号	中心高 H /mm	适应倾角 δ /(°)	传动滚筒			改向滚筒(增面轮)			主要尺寸/mm								重量 /kg	图号
			D /mm	许用合力 /kN	图号	D_1 /mm	许用合力 /kN	图号	H_1	A	u	S	K	L_1	L_2	n-d		
	1300	0~6							3300						1046		3630	180JA1101
180140·1	1400	0~10	1400	450	180A110	800	160	180B207	3400	2550	300	200	0	1425	1104	20-ϕ34	3750	180JA1102
	1500	0~14							3500						1162		3929	180JA1103
	1300	0~4							3300						1046		3729	180JA2101
180140·2	1400	0~8	1400	800	180A210	800	240	180B307	3400	2550	300	200	0	1445	1104	20-ϕ34	3830	180JA2102
	1500	0~12							3500						1162		3934	180JA2103
	1300	0~2							3400						1083		4549	180JA3101
180140·3	1400	0~6	1400	1050	180A310	800	240	180B307	3500	2650	300	250	0	1525	1141	20-ϕ40	4662	180JA3102
	1500	0~10							3600						1199		4775	180JA3103
	1300	0~8							3400						1046		3788	180JA1111
180160·1	1400	0~12	1600	800	180A111	1000	240	180B208	3500	2550	300	200	0	1445	1104	20-ϕ34	3888	180JA1112
	1500	0~16							3600						1162		3989	180JA1113
	1400	0~6							3500						1141		4662	180JA2111
180160·2	1500	0~10	1600	1050	180A211	1000	240	180B208	3600	2650	300	250	0	1525	1199	20-ϕ40	4775	180JA2112
	1600	0~14							3700						1257		4889	180JA2113
	1100	0~2							2700						900		894	200JA1071
	1200	0~8							2800						958		930	200JA1072
20080·1	1300	0~12	800	160	200A107	400	25	200B104	2900	2650	0	150	340	560	1015	12-ϕ28	966	200JA1073
	1400	0~18							3000						1073		1002	200JA1074
	1500	0~18							3100						1131		1038	200JA1075
	1100	0							2700						908		998	200JA2071
	1200	0~6							2800						965		1037	200JA2072
20080·2	1300	0~12	800	240	200A207	400	40	200B204	2900	2650	0	150	362	538	1023	12-ϕ28	1076	200JA2073
	1400	0~16							3000						1081		1114	200JA2074
	1500	0~18							3100						1139		1154	200JA2075
	1200	0							2900						944		2319	200JA3071
20080·3	1300	0~6	800	320	200A307	400	80	200B304	3000	2700	300	200	0	1050	1002	20-ϕ34	2352	200JA3072
	1400	0~10							3100						1060		2462	200JA3073
	1500	0~16							3200						1117		2524	200JA3074
	1200	0							2900						966		2357	200JA4071
20080·4	1300	0~6	800	450	200A407	400	80	200B304	3000	2700	300	200	0	1050	1024	20-ϕ34	2428	200JA4072
	1400	0~12							3100						1081		2500	200JA4073
	1500	0~16							3200						1139		2570	200JA4074
	1200	0~2							2900						966		2379	200JA5071
20080·5	1300	0~6	800	520	200A507	400	80	200B304	3000	2750	300	200	0	1070	1024	20-ϕ34	2450	200JA5072
	1400	0~12							3100						1081		2521	200JA5073
	1500	0~16							3200						1139		2592	200JA5074
	1200	0~4							3000						966		2369	200JA1081
200100·1	1300	0~8	1000	320	200A108	500	80	200B205	3100	2700	300	200	0	1050	1024	20-ϕ34	2440	200JA1082
	1400	0~14							3200						1081		2511	200JA1083
	1500	0~18							3300						1139		2582	200JA1084

续表 9-4

输送机代号	中心高 H /mm	适应倾角 δ /(°)	传动滚筒 D /mm	传动滚筒 许用合力 /kN	传动滚筒 图号	改向滚筒(增面轮) D_1 /mm	改向滚筒(增面轮) 许用合力 /kN	改向滚筒(增面轮) 图号	主要尺寸/mm H_1	A	u	S	K	L_1	L_2	n-d	重量 /kg	图号
200100·2	1200	0~4	1000	450	200A208	500	80	200B205	3000	2700	300	200	0	1050	966	20-ϕ34	2389	200JA2081
	1300	0~8							3100						1024		2461	200JA2082
	1400	0~14							3200						1081		2532	200JA2083
	1500	0~18							3300						1139		2603	200JA2084
200100·3	1200	0~4	1000	520	200A308	500	80	200B205	3000	2750	300	200	0	1070	966	20-ϕ34	2411	200JA3081
	1300	0~8							3100						1024		2482	200JA3082
	1400	0~14							3200						1081		2553	200JA3083
	1500	0~18							3300						1139		2624	200JA3084
200100·4	1200	0	1000	650	200B408	500	160	200B305	3100	2750	300	200	0	1350	1004	20-ϕ34	2902	200JA4081
	1300	0~4							3200						1062		2990	200JA4082
	1400	0~8							3300						1120		3065	200JA4083
	1500	0~12							3400						1177		3152	200JA4084
200100·5	1300	0~4	1000	800	200B508	500	160	200B305	3200	2750	300	200	0	1380	1019	20-ϕ34	3539	200JA5081
	1400	0~8							3300						1077		3637	200JA5082
	1500	0~10							3400						1135		3735	200JA5083
200125·1	1300	0~6	1250	450	200A109	630	80	200B206	3300	2750	300	200	0	1350	1062	20-ϕ34	3029	200JA1091
	1400	0~10							3400						1120		3111	200JA1092
	1500	0~14							3500						1177		3191	200JA1093
200125·2	1300	0~4	1250	520	200A209	630	160	200B306	3300	2750	300	200	0	1425	1046	20-ϕ34	3651	200JA2091
	1400	0~8							3400						1104		3743	200JA2092
	1500	0~12							3500						1162		3842	200JA2093
200125·3	1300	0~4	1250	800	200A309	630	240	200B406	3300	2750	300	200	0	1445	1046	20-ϕ34	3751	200JA3091
	1400	0~8							3400						1104		3850	200JA3092
	1500	0~12							3500						1162		3952	200JA3093
200140·1	1300	0~4	1400	450	200A110	800	160	200B207	3400	2750	300	200	0	1425	1046	20-ϕ34	3675	200JA1101
	1400	0~8							3500						1104		3775	200JA1102
	1500	0~12							3600						1162		3874	200JA1103
200140·2	1300	0~4	1400	800	200A210	800	240	200B307	3400	2750	300	200	0	1445	1046	20-ϕ34	3775	200JA2101
	1400	0~8							3500						1104		3875	200JA2102
	1500	0~12							3600						1162		3977	200JA2103
200140·3	1300	0~2	1400	1200	200A310	800	240	200B307	3400	2850	300	250	0	1525	1083	20-ϕ40	4576	200JA3101
	1400	0~6							3500						1141		4689	200JA3102
	1500	0~8							3600						1199		4802	200JA3103
200160·1	1300	0~8	1600	800	200A111	1000	240	200B208	3500	2750	200	300	0	1445	1046	20-ϕ34	3834	200JA1111
	1400	0~12							3600						1104		3934	200JA1112
	1500	0~14							3700						1162		4032	200JA1113
200160·2	1400	0~6	1600	1200	200A211	1000	240	200B208	3600	2850	300	250	0	1525	1141	20-ϕ40	4721	200JA2111
	1500	0~8							3700						1199		4834	200JA2112
	1600	0~12							3800						1257		4947	200JA2113

表 9-5' H_0、Y 值表

mm

输送机代号	托辊直径 D	H_0、Y	δ									
			0°	2°	4°	6°	8°	10°	12°	14°	16°	18°
8063·3	89	H_0	287	311	335	359	383	407	431	455	479	503
		Y	1161	1186	1214	1244	1277	1314	1355	1400	1450	1505
	108	H_0	312	336	360	384	408	432	456	480	504	528
		Y	1175	1202	1231	1262	1296	1335	1377	1424	1476	1532
	133	H_0	347	371	395	419	443	467	491	515	539	563
		Y	1195	1223	1254	1287	1324	1364	1409	1458	1512	1571
8080·3	89	H_0	245	269	293	317	341	365	389	413	437	461
		Y	1245	1269	1296	1325	1357	1394	1434	1479	1528	1583
	108	H_0	270	294	318	342	366	390	414	438	462	486
		Y	1262	1288	1316	1343	1377	1415	1456	1503	1554	1611
	133	H_0	305	329	353	377	401	425	449	473	497	521
		Y	1280	1307	1336	1369	1404	1444	1488	1537	1591	1650
8080·4	89	H_0	245	274	303	312	361	390	419	448	477	506
		Y	1304	1329	1357	1388	1422	1460	1502	1550	1602	1659
	108	H_0	270	299	328	337	386	415	444	473	502	531
		Y	1318	1345	1374	1406	1442	1481	1525	1574	1628	1687
	133	H_0	305	334	363	372	421	450	479	508	537	566
		Y	1339	1367	1398	1432	1469	1511	1556	1608	1664	1726
80100·2	89	H_0	195	223	251	280	309	339	369	400	432	465
		Y	1187	1207	1229	1254	1282	1313	1348	1388	1433	1483
	108	H_0	220	248	276	305	335	365	395	426	458	491
		Y	1202	1223	1246	1272	1302	1335	1371	1412	1458	1510
	133	H_0	255	283	312	341	370	400	431	462	494	528
		Y	1222	1244	1269	1297	1328	1363	1402	1446	1494	1547
80100·3	89	H_0	195	226	258	291	324	357	291	425	461	497
		Y	1430	1454	1482	1514	1549	1588	1632	1681	1736	1797
	108	H_0	220	251	283	316	349	382	416	451	487	524
		Y	1445	1471	1500	1532	1568	1609	1654	1705	1762	1825
	133	H_0	255	286	318	351	384	418	452	487	523	561
		Y	1465	1492	1523	1557	1595	1638	1685	1738	1797	1862
80100·4	89	H_0	195	229	264	299	335	371	408	445	484	523
		Y	1465	1490	1519	1551	1588	1627	1672	1723	1779	1843
	108	H_0	220	254	289	324	360	396	433	471	510	550
		Y	1480	1507	1536	1570	1607	1649	1695	1747	1805	1870
	133	H_0	255	289	324	359	395	432	469	503	546	586
		Y	1500	1528	1560	1595	1634	1678	1726	1780	1840	1906
80100·5	89	H_0	195	231	267	303	340	378	416	455	495	537
		Y	1580	1608	1639	1674	1713	1757	1806	1861	1922	1991
	108	H_0	220	256	292	328	366	403	442	481	521	563
		Y	1595	1624	1656	1693	1734	1779	1829	1886	1948	2019
	133	H_0	255	291	327	364	401	439	477	517	557	599
		Y	1615	1646	1680	1718	1760	1807	1860	1918	1983	2056

续表 9-5

输送机代号	托辊直径 D	H_0、Y	δ									
			0°	2°	4°	6°	8°	10°	12°	14°	16°	18°
80125·1	89	H_0	135	175	216	257	298	340	383	426	470	516
		Y	1788	1812	1839	1870	1904	1942	1987	2036	2092	2153
	108	H_0	160	200	241	282	323	365	408	452	467	542
		Y	1796	1821	1850	1881	1917	1957	2003	2054	2111	2174
	133	H_0	195	235	276	317	359	401	444	488	533	579
		Y	1808	1834	1864	1898	1935	1978	2026	2079	2139	2205
80125·2	89	H_0	135	181	228	275	322	370	418	468	519	571
		Y	1866	1896	1929	1967	2010	2059	2113	2174	2243	2320
	108	H_0	160	206	253	300	347	395	444	494	545	597
		Y	1880	1911	1946	1985	2029	2079	2135	2198	2268	2347
	133	H_0	195	241	288	335	382	431	480	530	581	634
		Y	1900	1932	1969	2010	2056	2108	2166	2231	2323	2384
80125·3	89	H_0	135	182	229	277	325	373	423	473	525	577
		Y	1886	1916	1950	1989	2032	2081	2137	2199	2268	2346
	108	H_0	160	207	254	302	350	399	448	499	551	604
		Y	1900	1931	1966	2006	2051	2101	2158	2222	2293	2373
	133	H_0	195	242	289	337	385	434	484	535	587	640
		Y	1920	1953	1990	2031	2078	2130	2189	2254	2328	2410
10080·2	108	H_0	336	363	391	420	449	479	509	541	573	607
		Y	1180	1205	1234	1264	1298	1336	1378	1424	1475	1531
	133	H_0	361	388	416	445	474	504	535	567	599	633
		Y	1194	1221	1251	1283	1317	1357	1400	1448	1501	1559
	159	H_0	406	433	461	490	520	550	581	613	646	680
		Y	1220	1249	1281	1315	1353	1394	1441	1492	1547	1609
10080·3	108	H_0	336	365	394	424	455	486	518	551	585	620
		Y	1388	1418	1451	1487	1526	1571	1620	1674	1734	1803
	133	H_0	361	390	419	449	480	511	543	577	611	646
		Y	1402	1433	1468	1505	1546	1592	1643	1698	1760	1830
	159	H_0	406	435	464	494	525	557	589	623	657	693
		Y	1428	1461	1498	1538	1581	1629	1683	1742	1807	1878
10080·4	108	H_0	336	368	400	432	466	500	535	571	608	646
		Y	1464	1496	1531	1569	1611	1658	1710	1767	1830	1900
	133	H_0	361	393	425	458	491	525	560	596	634	672
		Y	1479	1512	1548	1587	1630	1679	1732	1790	1855	1945
	159	H_0	406	438	470	503	536	571	606	643	680	719
		Y	1505	1540	1578	1620	1666	1716	1773	1831	1896	1985
100100·2	108	H_0	286	314	343	372	401	432	462	494	527	561
		Y	1222	1245	1271	1299	1330	1365	1404	1448	1496	1550
	133	H_0	311	339	368	397	427	457	488	520	553	587
		Y	1236	1261	1288	1317	1349	1386	1427	1472	1522	1577
	159	H_0	356	384	413	442	472	503	534	566	600	634
		Y	1262	1289	1318	1350	1384	1424	1467	1515	1568	1627
100100·3	108	H_0	286	318	350	382	415	449	484	519	556	593
		Y	1464	1493	1524	1558	1596	1639	1687	1740	1796	1863

续表 9-5

输送机代号	托辊直径 D	H_0、Y	δ									
			0°	2°	4°	6°	8°	10°	12°	14°	16°	18°
100100 · 3	133	H_0	311	343	375	407	441	474	509	545	582	620
		Y	1479	1508	1541	1577	1616	1660	1709	1764	1824	1891
	159	H_0	356	388	420	453	486	520	555	591	629	667
		Y	1505	1536	1571	1609	1651	1698	1750	1807	1871	1941
100100 · 4	108	H_0	286	318	350	382	415	449	484	519	556	593
		Y	1435	1464	1495	1529	1567	1610	1658	1711	1769	1834
	133	H_0	311	343	375	407	441	475	509	545	582	619
		Y	1450	1479	1512	1548	1587	1631	1680	1735	1795	1862
	159	H_0	356	388	420	453	486	520	555	591	629	667
		Y	1476	1507	1542	1580	1622	1669	1721	1778	1842	1912
100100 · 5	108	H_0	286	322	358	395	432	470	509	549	590	632
		Y	1644	1675	1709	1747	1789	1836	1888	1946	2010	2081
	133	H_0	311	347	383	420	458	496	535	575	616	659
		Y	1659	1691	1726	1765	1808	1857	1911	1970	2036	2109
	159	H_0	356	392	428	465	503	541	581	621	663	706
		Y	1685	1719	1757	1798	1843	1894	1951	2014	2082	2159
100125 · 1	133	H_0	251	293	334	377	420	463	508	553	600	647
		Y	1789	1815	1844	1877	1914	1956	2003	2056	2115	2182
	159	H_0	296	337	379	422	465	509	554	600	646	695
		Y	1815	1843	1874	1909	1949	1994	2043	2099	2162	2232
100125 · 2	108	H_0	220	266	313	360	408	456	506	556	607	660
		Y	1912	1945	1983	2025	2072	2135	2184	2250	2324	2407
	133	H_0	251	297	344	391	439	488	537	588	634	693
		Y	1927	1962	2000	2044	2092	2146	2207	2274	2350	2434
	159	H_0	296	342	389	436	484	533	583	634	686	740
		Y	1953	1990	2031	2076	2127	2184	2247	2317	2395	2483
100125 · 3	108	H_0	220	267	314	362	410	460	510	561	613	667
		Y	1932	1966	2004	2046	2094	2148	2207	2274	2349	2432
	133	H_0	251	298	345	393	442	491	541	593	645	699
		Y	1947	1982	2021	2065	2114	2169	2230	2298	2375	2460
	159	H_0	296	343	390	438	487	537	587	639	692	747
		Y	1975	2010	2052	2098	2149	2209	2270	2341	2320	—
100140 · 1	133	H_0	261	307	354	401	449	498	548	598	650	704
		Y	1884	1909	1937	1970	2007	2049	2096	2150	2210	2277
	159	H_0	306	352	399	447	495	544	594	645	697	751
		Y	1910	1937	1968	2003	2042	2087	2137	2193	2256	2328
100140 · 2	108	H_0	230	280	330	381	433	485	538	592	648	705
		Y	1997	2029	2066	2108	2155	2208	2267	2334	2409	2493
	133	H_0	261	331	361	412	464	516	570	624	680	737
		Y	2012	2046	2084	2127	2175	2229	2290	2358	2434	2520
	159	H_0	306	356	406	457	509	562	616	671	727	785
		Y	2038	2074	2114	2159	2210	2267	2330	2401	2480	2568

续表 9-5

输送机代号	托辊直径 D	H_0、Y	δ									
			0°	2°	4°	6°	8°	10°	12°	14°	16°	18°
100160·1	108	H_0	230	281	332	383	435	488	542	597	654	711
		Y	1959	1987	2020	2057	2099	2147	2202	2265	2332	2411
	133	H_0	261	312	363	414	467	520	574	629	686	744
		Y	1974	2003	2037	2076	2119	2169	2224	2287	2358	2438
	159	H_0	306	357	408	460	512	566	620	686	733	791
		Y	2000	2032	2068	2108	2154	2206	2264	2330	2404	2487
12080·2	108	H_0	381	406	431	457	483	511	539	568	597	628
		Y	1149	1176	1206	1239	1275	1315	1350	1396	1449	1508
	133	H_0	406	431	456	482	509	536	564	593	623	654
		Y	1163	1192	1223	1257	1294	1336	1373	1421	1473	1532
	159	H_0	436	461	486	512	539	566	595	624	654	686
		Y	1180	1211	1243	1279	1318	1361	1400	1450	1504	1565
12080·3	108	H_0	381	413	445	478	511	546	581	617	654	693
		Y	1476	1510	1546	1586	1629	1678	1732	1791	1856	1928
	133	H_0	406	438	470	503	537	571	606	643	681	719
		Y	1491	1526	1563	1604	1649	1699	1754	1815	1882	1956
	159	H_0	436	468	500	533	567	601	637	674	712	751
		Y	1508	1544	1583	1626	1672	1724	1781	1852	1913	1989
12080·4	108	H_0	381	413	445	478	511	546	581	617	655	693
		Y	1514	1549	1586	1626	1671	1721	1776	1836	1903	1977
	133	H_0	406	438	470	503	537	571	607	643	681	719
		Y	1529	1564	1603	1645	1690	1742	1798	1861	1929	2005
	159	H_0	436	468	500	533	567	602	637	674	712	751
		Y	1546	1583	1623	1666	1714	1767	1825	1890	1960	2039
12080·5	108	H_0	381	414	447	480	515	550	586	623	662	701
		Y	1534	1569	1606	1646	1691	1741	1796	1856	1923	1997
	133	H_0	406	439	472	506	540	575	612	649	688	727
		Y	1549	1584	1623	1665	1710	1762	1818	1881	1949	2025
	159	H_0	436	469	502	536	570	606	642	680	719	759
		Y	1566	1603	1643	1686	1734	1787	1845	1910	1980	2059
120100·2	108	H_0	331	361	391	422	454	486	519	553	588	624
		Y	1269	1294	1322	1353	1386	1424	1467	1514	1565	1623
	133	H_0	356	386	416	447	479	511	544	578	614	650
		Y	1283	1310	1339	1371	1406	1445	1490	1538	1591	1651
	159	H_0	386	416	446	477	509	542	575	609	645	681
		Y	1301	1329	1359	1393	1429	1471	1517	1567	1622	1684
120100·3	108	H_0	331	363	395	428	461	495	530	566	602	641
		Y	1447	1476	1508	1543	1582	1625	1674	1728	1787	1853
	133	H_0	356	388	419	453	486	520	555	591	629	667
		Y	1461	1491	1525	1561	1601	1646	1698	1752	1813	1881
	159	H_0	386	418	450	483	516	551	586	622	660	698
		Y	1478	1510	1545	1583	1625	1672	1724	1781	1844	1914

续表 9-5

输送机代号	托辊直径 D	H_0、Y	δ									
			0°	2°	4°	6°	8°	10°	12°	14°	16°	18°
120100·4	108	H_0	331	363	395	428	461	495	530	566	602	641
		Y	1507	1537	1571	1607	1648	1693	1744	1800	1862	1931
	133	H_0	356	388	420	453	486	520	555	591	629	667
		Y	1521	1553	1587	1625	1667	1714	1767	1824	1888	1959
	159	H_0	386	418	450	483	516	551	586	622	660	698
		Y	1538	1571	1608	1647	1691	1739	1794	1853	1919	1992
120100·5	108	H_0	331	367	403	440	478	516	555	595	637	680
		Y	1648	1681	1718	1758	1803	1853	1908	1969	2037	2113
	133	H_0	356	392	428	465	503	541	581	621	663	706
		Y	1662	1697	1735	1777	1823	1874	1931	1994	2063	2140
	159	H_0	386	422	458	496	533	572	611	652	694	738
		Y	1680	1716	1755	1798	1846	1899	1958	2022	2094	2174
120100·6	108	H_0	331	368	405	443	482	521	562	603	646	689
		Y	1678	1711	1749	1790	1836	1887	1943	2005	2075	2152
	133	H_0	356	393	430	469	507	547	587	629	672	716
		Y	1692	1727	1766	1809	1856	1908	1966	2029	2101	2179
	159	H_0	386	423	461	499	538	577	618	660	703	747
		Y	1710	1746	1786	1830	1879	1933	1993	2058	2131	2213
120125·1	133	H_0	296	342	389	437	485	534	583	634	687	740
		Y	1948	1984	2024	2068	2118	2173	2235	2303	2379	2464
	159	H_0	326	372	419	467	515	564	614	665	718	772
		Y	1965	2002	2044	2090	2141	2198	2262	2332	2410	2498
120125·2	133	H_0	296	343	391	439	488	537	588	639	692	747
		Y	1968	2004	2044	2090	2140	2196	2258	2327	2404	2490
	159	H_0	326	372	421	469	518	568	618	670	724	778
		Y	1985	2022	2064	2112	2164	2221	2285	2356	2435	2524
120125·3	108	H_0	280	321	371	422	474	526	580	635	691	748
		Y	2061	2099	2141	2188	2241	2300	2365	2438	2520	2611
	133	H_0	296	346	396	447	499	552	6906	660	717	774
		Y	2075	2114	2157	2206	2260	2320	2387	2461	2545	2637
	159	H_0	326	376	426	478	529	582	636	691	748	802
		Y	2092	2132	2177	2227	2283	2344	2413	2489	2574	2669
120140·1	133	H_0	306	356	407	458	510	562	616	671	727	785
		Y	2033	2068	2107	2151	2200	2255	2317	2385	2462	2547
	159	H_0	336	386	437	488	540	592	647	702	758	816
		Y	2050	2086	2127	2173	2224	2281	2344	2414	2493	2580
120140·2	108	H_0	291	332	383	434	487	540	594	650	707	765
		Y	2046	2081	2121	2159	2216	2272	2335	2405	2484	2572
	133	H_0	306	357	408	460	487	566	620	676	733	791
		Y	2060	2196	2137	2183	2235	2292	2156	2428	2508	2598
	159	H_0	336	387	438	490	542	596	651	707	764	823
		Y	2077	2115	2157	2205	2258	2317	2383	2456	2538	—

续表 9-5

输送机代号	托辊直径 D	H_0、Y	δ									
			0°	2°	4°	6°	8°	10°	12°	14°	16°	18°
120160·1	108	H_0	281	337	383	434	487	540	594	650	707	765
		Y	1980	2001	2026	2055	2090	2120	2177	2231	2292	2363
	133	H_0	306	357	408	460	512	566	620	676	713	791
		Y	1994	2016	2047	2073	2109	2151	2199	2254	2317	2389
	159	H_0	336	387	438	490	542	596	651	707	764	823
		Y	2011	2034	2062	2094	2122	2175	2225	2282	2347	2421
14080·2	108	H_0	420	452	484	517	551	585	621	657	695	734
		Y	1508	1543	1581	1623	1669	1719	1775	1836	1904	1979
	133	H_0	450	482	514	547	581	616	652	688	726	766
		Y	1525	1561	1601	1645	1692	1744	1802	1865	1935	2012
	159	H_0	480	512	544	577	611	646	682	719	758	797
		Y	1543	1580	1621	1666	1715	1770	1829	1894	1965	2045
14080·3	108	H_0	420	452	484	517	551	585	621	657	695	734
		Y	1545	1580	1619	1662	1709	1760	1817	1880	1949	2026
	133	H_0	450	482	514	547	581	616	652	688	726	766
		Y	1562	1599	1639	1684	1732	1785	1844	1909	1980	2059
	159	H_0	480	512	544	577	611	646	682	719	758	797
		Y	1579	1618	1660	1705	1756	1811	1871	1938	2011	2093
14080·4	108	H_0	420	457	495	533	572	612	653	695	738	783
		Y	1731	1770	1813	1861	1913	1971	2034	2104	2181	2267
	133	H_0	450	487	525	563	602	642	683	726	769	814
		Y	1748	1789	1834	1901	1936	1996	2061	2133	2212	2300
	159	H_0	480	517	555	593	612	673	714	757	801	846
		Y	1765	1807	1854	1905	1960	2021	2088	2162	2243	2333
140100·2	108	H_0	370	402	434	467	500	535	570	606	643	681
		Y	1477	1507	1541	1578	1620	1665	1715	1771	1833	1902
	133	H_0	400	432	464	497	531	565	600	637	674	713
		Y	1494	1526	1561	1600	1643	1690	1742	1800	1864	1935
	159	H_0	430	462	494	527	561	595	631	668	705	745
		Y	1512	1545	1582	1622	1625	1716	1770	1829	1895	1969
140100·3	108	H_0	370	407	445	483	521	561	601	643	686	730
		Y	1697	1731	1770	1813	1860	1912	1970	2034	2105	2183
	133	H_0	400	437	474	513	552	591	632	674	717	762
		Y	1718	1750	1790	1835	1884	1937	1997	2063	2135	2717
	159	H_0	430	467	505	543	582	622	663	705	749	793
		Y	1731	1769	1811	1857	1907	1963	2024	2092	2167	2250
140100·4	108	H_0	370	407	444	482	521	561	602	643	686	730
		Y	1695	1730	1768	1812	1859	1911	1969	2033	2105	2184
	133	H_0	400	437	474	513	552	591	632	674	717	762
		Y	1712	1749	1789	1833	1883	1937	1996	2062	2136	2217
	159	H_0	430	467	505	543	582	622	663	705	749	793
		Y	1729	1767	1809	1855	1906	1962	2023	2091	2167	2250

续表 9-5

输送机代号	托辊直径 D	H_0、Y	δ									
			0°	2°	4°	6°	8°	10°	12°	14°	16°	18°
140100 · 5	108	H_0	370	407	444	482	521	561	602	643	686	730
		Y	1695	1730	1768	1812	1859	1911	1969	2033	2105	2184
	133	H_0	400	437	474	513	552	591	632	674	717	762
		Y	1712	1749	1789	1833	1883	1937	1996	2062	2136	2217
	159	H_0	430	467	505	543	582	622	663	705	749	793
		Y	1729	1767	1809	1855	1906	1962	2023	2091	2167	2250
140125 · 1	108	H_0	310	352	395	438	482	527	572	619	667	716
		Y	1832	1865	1903	1945	1991	2043	2101	2165	2236	2316
	133	H_0	340	382	425	468	512	557	603	650	698	748
		Y	1849	1884	1923	1966	2015	2068	2128	2194	2267	2349
	159	H_0	370	412	455	498	542	587	634	681	729	779
		Y	1866	1896	1943	1988	2038	2093	2155	2223	2298	2382
140125 · 2	108	H_0	310	358	405	454	503	553	604	656	710	765
		Y	1990	2027	2068	2114	2165	2222	2285	2355	2433	2521
	133	H_0	340	388	436	484	533	583	635	687	741	795
		Y	2007	2046	2088	2136	2188	2247	2312	2384	2464	2554
	159	H_0	370	418	466	514	564	614	665	718	772	828
		Y	2025	2064	2108	2158	2212	2272	2339	2413	2495	2587
140125 · 3	108	H_0	310	360	410	461	513	566	620	675	731	789
		Y	2077	2116	2160	2209	2263	2323	2390	2465	2548	2641
	133	H_0	340	390	440	492	543	596	650	705	762	820
		Y	2095	2136	2181	2231	2286	2348	2417	2494	2579	2673
	159	H_0	370	420	471	522	574	627	681	737	793	852
		Y	2112	2154	2200	2252	2310	2373	2444	2522	2609	2706
140140 · 1	108	H_0	320	370	420	471	523	576	630	685	742	799
		Y	2034	2070	2110	2155	2205	2261	2324	2394	2473	2561
	133	H_0	350	400	450	502	553	607	661	716	773	831
		Y	2051	2088	2129	2176	2228	2285	2350	2422	2503	2593
	159	H_0	380	430	480	531	583	638	691	747	804	—
		Y	2069	2107	2150	2198	2252	2311	2376	2451	2534	—
140140 · 2	108	H_0	320	371	422	474	526	580	634	690	747	806
		Y	2055	2091	2131	2176	2226	2281	2344	2413	2491	2578
	133	H_0	350	401	452	504	557	610	665	721	779	838
		Y	2072	2109	2151	2197	2249	2307	2371	2442	2522	2611
	159	H_0	380	431	482	534	587	641	696	752	810	869
		Y	2090	2128	2171	2219	2272	2392	2398	2471	2553	2644
140160 · 1	108	H_0	320	371	422	474	526	580	634	690	747	806
		Y	1996	2027	2063	2103	2149	2200	2258	2323	2396	2478
	133	H_0	350	401	452	504	557	610	665	721	779	837
		Y	2014	2047	2084	2126	2173	2226	2286	2353	2428	2512
	159	H_0	380	431	482	534	587	641	695	752	810	869
		Y	2031	2065	2104	2147	2196	2251	2312	2380	2457	2543

续表 9-5

输送机代号	托辊直径 D	H_0、Y	δ									
			0°	2°	4°	6°	8°	10°	12°	14°	16°	18°
140160·2	108	H_0										
		Y										
	133	H_0										
		Y										
	159	H_0										
		Y										
16080·1	133	H_0	510	542	574	607	641	676	703	750	788	828
		Y	1554	1573	1635	1680	1730	1785	1845	1911	1983	2063
	159	H_0	540	572	604	638	672	707	750	781	819	860
		Y	1571	1611	1654	1902	1753	1809	1871	1939	2013	2095
	194	H_0	—	—	—	—	—	—	—	—	—	—
		Y	—	—	—	—	—	—	—	—	—	—
16080·2	133	H_0	510	542	574	607	642	676	713	750	788	828
		Y	1590	1629	1672	1719	1770	1826	1887	1954	2028	2110
	159	H_0	540	572	604	638	672	707	750	781	819	860
		Y	1607	1648	1692	1740	1793	1850	1913	1982	2058	2141
	194	H_0	—	—	—	—	—	—	—	—	—	—
		Y	—	—	—	—	—	—	—	—	—	—
16080·3	133	H_0	510	547	585	623	663	703	744	787	832	877
		Y	1776	1819	1867	1918	1975	2036	2104	2178	2260	2350
	159	H_0	540	577	615	653	693	733	775	818	863	909
		Y	1794	1839	1888	1941	1999	2062	2131	2207	2291	2384
	194	H_0	—	—	—	—	—	—	—	—	—	—
		Y	—	—	—	—	—	—	—	—	—	—
16080·4	133	H_0	510	547	585	623	663	703	744	787	832	877
		Y	1769	1812	1858	1909	1965	2026	2092	2166	2248	2337
	159	H_0	540	577	615	653	693	733	775	818	863	909
		Y	1787	1831	1879	1932	1989	2052	2120	2203	2279	2370
	194	H_0	—	—	—	—	—	—	—	—	—	—
		Y	—	—	—	—	—	—	—	—	—	—
16080·5	133	H_0	510	548	586	625	665	706	749	792	837	884
		Y	1789	1832	1879	1931	1982	2054	2116	2190	2273	2373
	159	H_0	540	578	616	655	696	737	780	823	869	915
		Y	1807	1852	1903	1953	2011	2074	2144	2220	2304	2396
	194	H_0	—	—	—	—	—	—	—	—	—	—
		Y	—	—	—	—	—	—	—	—	—	—
160100·1	133	H_0	460	497	535	573	612	652	693	736	780	824
		Y	1732	1771	1814	1861	1912	1969	2032	2100	2177	2261
	159	H_0	490	527	565	603	642	683	724	767	811	856
		Y	1749	1789	1834	1882	1935	1994	2058	2128	2207	2293
	194	H_0	—	—	—	—	—	—	—	—	—	—
		Y	—	—	—	—	—	—	—	—	—	—

续表 9-5

输送机代号	托辊直径 D	H_0、Y	δ									
			0°	2°	4°	6°	8°	10°	12°	14°	16°	18°
160100 · 2	133	H_0	460	497	535	573	612	652	693	736	780	825
		Y	1740	1779	1822	1869	1901	1938	2041	2111	2187	2272
	159	H_0	490	527	565	693	644	683	724	767	811	856
		Y	1758	1799	1841	1888	1945	2004	2068	2139	2218	2305
	194	H_0	—	—	—	—	—	—	—	—	—	—
		Y	—	—	—	—	—	—	—	—	—	—
160100 · 3	133	H_0	460	497	535	573	612	652	693	736	780	825
		Y	1740	1779	1821	1868	1919	1976	2038	2107	2183	2267
	159	H_0	490	527	565	603	642	683	724	767	811	856
		Y	1758	1798	1842	1890	1943	2001	2065	2136	2214	2300
	194	H_0	—	—	—	—	—	—	—	—	—	—
		Y	—	—	—	—	—	—	—	—	—	—
160100 · 4	133	H_0	460	498	536	575	615	656	698	741	785	811
		Y	1760	1799	1842	1889	1941	1998	2061	2131	2208	2292
	159	H_0	490	528	566	605	645	686	728	772	822	863
		Y	1778	1818	1863	1912	1965	2024	2089	2160	2239	2326
	194	H_0	—	—	—	—	—	—	—	—	—	—
		Y	—	—	—	—	—	—	—	—	—	—
160100 · 5	133	H_0	460	507	556	604	654	705	757	811	866	—
		Y	2108	2155	2206	2063	2326	2394	2470	2553	2646	—
	159	H_0	490	537	586	635	685	736	788	842	—	—
		Y	2125	2173	2226	2285	2348	2419	2496	2581	—	—
	194	H_0	—	—	—	—	—	—	—	—	—	—
		Y	—	—	—	—	—	—	—	—	—	—
160100 · 6	133	H_0	460	508	558	608	658	710	764	818	—	—
		Y	2124	2171	2223	2280	2343	2417	2488	2572	—	—
	159	H_0	490	540	588	638	689	741	794	—	—	—
		Y	2141	2190	2243	2302	2766	2437	2514	—	—	—
	194	H_0	—	—	—	—	—	—	—	—	—	—
		Y	—	—	—	—	—	—	—	—	—	—
160125 · 1	133	H_0	400	442	485	538	573	618	664	711	760	810
		Y	1877	1915	1956	2003	2054	2111	2174	2244	2322	2408
	159	H_0	430	472	515	558	603	648	695	742	791	842
		Y	1895	1934	1977	2025	2078	2137	2201	2273	2353	2441
	194	H_0	—	—	—	—	—	—	—	—	—	—
		Y	—	—	—	—	—	—	—	—	—	—
160125 · 2	133	H_0	400	447	495	544	594	644	696	749	803	859
		Y	2036	2077	2123	2173	2229	2291	2359	2435	2520	2614
	159	H_0	430	477	525	574	624	675	727	780	834	—
		Y	2053	2045	2142	2194	2252	2315	2385	2463	2550	—
	194	H_0	—	—	—	—	—	—	—	—	—	—
		Y	—	—	—	—	—	—	—	—	—	—

续表 9-5

输送机代号	托辊直径 D	H_0、Y	δ									
			0°	2°	4°	6°	8°	10°	12°	14°	16°	18°
160125·3	133	H_0	400	450	501	552	604	657	712	768	825	884
		Y	2124	2166	2218	2266	2324	2388	2459	2538	2626	2723
	159	H_0	430	480	531	592	634	688	742	798	856	—
		Y	2141	2185	2233	2287	2346	2412	2485	2566	2655	—
	194	H_0	—	—	—	—	—	—	—	—	—	—
		Y	—	—	—	—	—	—	—	—	—	—
160125·4	133	H_0	400	451	502	1064	607	661	716	773	—	—
		Y	2144	2187	235	2289	2347	2413	2485	2565	—	—
	159	H_0	430	481	533	585	637	691	747	—	—	—
		Y	2161	2206	2255	2310	2370	2477	2511	—	—	—
	194	H_0	—	—	—	—	—	—	—	—	—	—
		Y	—	—	—	—	—	—	—	—	—	—
160140·1	133	H_0	410	460	511	562	614	668	722	778	—	—
		Y	2080	2119	2162	2211	2265	2325	2392	2467	—	—
	159	H_0	440	490	541	592	645	698	753	809	—	—
		Y	2098	2138	2183	2233	2289	2350	2419	2495	—	—
	194	H_0	—	—	—	—	—	—	—	—	—	—
		Y	—	—	—	—	—	—	—	—	—	—
160140·2	133	H_0	410	461	512	564	617	671	726	783	—	—
		Y	2100	2140	2184	2234	2289	2350	2418	2494	—	—
	159	H_0	440	491	542	594	657	702	757	814	—	—
		Y	2118	2159	2205	2256	2313	2375	2445	2523	—	—
	194	H_0	—	—	—	—	—	—	—	—	—	—
		Y	—	—	—	—	—	—	—	—	—	—
160140·3	133	H_0	410	464	518	573	628	685	743	—	—	—
		Y	2275	2318	2367	2421	2481	2548	2622	—	—	—
	159	H_0	440	494	548	603	658	715	—	—	—	—
		Y	2293	2338	2388	2443	2505	2573	—	—	—	—
	194	H_0	—	—	—	—	—	—	—	—	—	—
		Y	—	—	—	—	—	—	—	—	—	—
160160·1	133	H_0	310	360	410	461	513	566	620	675	731	789
		Y	2023	2057	2096	2139	2188	2243	2304	2372	2450	2536
	159	H_0	340	390	440	492	544	597	650	706	762	821
		Y	2040	2076	2116	2161	2211	2267	2330	2399	2479	2568
	194	H_0	—	—	—	—	—	—	—	—	—	—
		Y	—	—	—	—	—	—	—	—	—	—
160160·2	133	H_0	310	361	412	464	516	570	624	680	737	795
		Y	2043	2078	2118	2162	2212	2268	2330	2400	2479	2566
	159	H_0	340	391	442	494	546	600	655	711	768	827
		Y	2060	2096	2137	2183	2235	2292	2356	2428	2507	2598
	194	H_0	—	—	—	—	—	—	—	—	—	—
		Y	—	—	—	—	—	—	—	—	—	—

续表 9-5

输送机代号	托辊直径 D	H_0、Y	δ									
			0°	2°	4°	6°	8°	10°	12°	14°	16°	18°
160160·3	133	H_0	410	464	518	574	628	685	743	803	—	—
		Y	2218	2257	2300	2349	2404	2466	2534	2611	—	—
	159	H_0	440	494	548	603	658	715	773	833	—	—
		Y	2235	2275	2320	2371	2427	2490	2560	2639	—	—
	194	H_0	—	—	—	—	—	—	—	—	—	—
		Y	—	—	—	—	—	—	—	—	—	—
18080·1	133	H_0	545	577	609	642	677	712	749	786	825	865
		Y	1568	1608	1651	1698	1750	1806	1867	1934	2008	2090
	159	H_0	575	607	639	673	707	742	779	817	856	897
		Y	1585	1626	1671	1720	1772	1830	1893	1962	2038	2121
	194	H_0	615	647	679	713	748	783	820	858	897	937
		Y	1608	1651	1698	1748	1803	1863	1928	2000	2078	2164
18080·2	133	H_0	545	577	609	642	677	712	749	786	825	865
		Y	1604	1645	1689	1737	1789	1846	1909	1978	2053	2136
	159	H_0	575	607	639	673	707	742	779	817	856	897
		Y	1622	1664	1710	1759	1813	1872	1936	2007	2084	2169
	194	H_0	615	647	679	713	748	783	820	858	897	939
		Y	1645	1689	1736	1788	1844	1905	1972	2044	2197	2212
18080·3	133	H_0	545	582	620	658	698	738	781	824	868	914
		Y	1791	1863	1884	1937	1996	2058	2127	2203	2285	2378
	159	H_0	575	612	650	689	728	769	811	855	899	946
		Y	1808	1854	1904	1958	2018	2082	2153	2230	2316	2410
	194	H_0	615	652	690	729	769	810	852	896	941	—
		Y	1831	1889	1931	1987	2045	2115	2188	2268	2356	—
18080·4	133	H_0	545	582	620	658	698	738	781	824	868	914
		Y	1812	1858	1907	1961	2019	2083	2152	2229	2314	2407
	159	H_0	575	612	650	689	728	769	811	855	899	—
		Y	1830	1876	1927	1982	2042	2107	2179	2257	2343	—
	194	H_0	615	652	690	729	769	810	852	896	—	—
		Y	1853	1901	1954	2011	2073	2140	2214	2295	—	—
18080·5	133	H_0	545	587	621	660	701	742	785	829	874	921
		Y	1883	1878	1928	1982	2041	2105	2176	2253	2339	2433
	159	H_0	575	613	651	691	731	772	816	859	905	—
		Y	1850	1898	1948	2003	2064	2130	2202	2281	2368	—
	194	H_0	615	653	691	731	772	813	856	901	—	—
		Y	1873	1922	1975	2032	2095	2163	2237	2319	—	—
180100·1	133	H_0	495	532	570	608	647	688	749	772	816	862
		Y	1755	1795	1839	1888	1941	1999	2064	2134	2213	2299
	159	H_0	525	562	600	638	678	718	760	803	847	893
		Y	1772	1814	1859	1909	1964	2024	2090	2162	2242	2331
	194	H_0	565	602	640	678	718	759	801	844	881	—
		Y	1795	1839	1886	1938	1995	2057	2125	2200	2282	—

续表 9-5

输送机代号	托辊直径 D	H_0、Y	δ									
			0°	2°	4°	6°	8°	10°	12°	14°	16°	18°
180100·2	133	H_0	495	532	570	608	647	688	729	772	816	862
		Y	1755	1795	1839	1888	1941	1999	2064	2134	2213	2299
	159	H_0	525	562	600	638	678	718	760	803	847	893
		Y	1772	1814	1859	1909	1964	2024	2090	2162	2242	2331
	194	H_0	565	602	640	678	718	759	801	844	889	—
		Y	1795	1839	1886	1938	1995	2057	2125	2200	2283	—
180100·3	133	H_0	495	533	571	610	650	691	733	777	822	868
		Y	1775	1816	1860	1909	1963	2022	2087	2158	2238	2325
	159	H_0	525	563	601	640	681	722	764	808	853	900
		Y	1792	1834	1880	1931	1986	2047	2113	2186	2267	2357
	194	H_0	565	603	641	681	721	762	805	849	895	—
		Y	1815	1859	1907	1959	2017	2080	2148	2224	2308	—
180100·4	133	H_0	495	542	591	640	690	741	793	—	—	—
		Y	2122	2170	2223	2281	2344	2414	2491	—	—	—
	159	H_0	525	572	621	670	720	771	824	—	—	—
		Y	2139	2188	2243	2302	2367	2439	2517	—	—	—
	194	H_0	565	612	661	710	760	812	—	—	—	—
		Y	2163	2214	2271	2332	2399	2473	—	—	—	—
180100·5	133	H_0	495	543	593	643	694	746	799	—	—	—
		Y	2138	2186	2240	2298	2362	2432	2500	—	—	—
	159	H_0	525	573	623	672	724	776	830	—	—	—
		Y	2155	2205	2259	2319	2385	2455	2536	—	—	—
	194	H_0	565	613	663	713	765	817	—	—	—	—
		Y	2179	2231	2287	2349	2417	2491	—	—	—	—
180125·1	133	H_0	435	482	530	579	629	680	732	784	840	—
		Y	2050	2092	2139	2191	2248	2311	2381	2458	2945	—
	159	H_0	465	512	561	610	659	710	762	816	—	—
		Y	2067	2111	2159	2212	2171	2335	2407	2486	—	—
	194	H_0	505	552	601	650	700	751	803	—	—	—
		Y	2090	2135	2186	2241	2302	2368	2425	—	—	—
180125·2	133	H_0	435	485	536	587	640	693	748	804	—	—
		Y	2138	2182	2231	2285	2344	2410	2483	2564	—	—
	159	H_0	465	515	566	617	670	723	778	835	—	—
		Y	2155	2200	2251	2306	2367	2435	2510	2592	—	—
	194	H_0	505	555	606	659	710	764	819	—	—	—
		Y	2179	2226	2279	2336	2399	2469	2546	—	—	—
180125·3	133	H_0	435	486	537	589	642	697	752	—	—	—
		Y	2158	2193	2252	2306	2344	2433	2507	—	—	—
	159	H_0	465	516	567	619	673	727	783	—	—	—
		Y	2175	2221	2272	2328	2389	2458	2533	—	—	—
	194	H_0	505	556	607	660	713	768	—	—	—	—
		Y	2199	2247	2299	2357	2410	2478	—	—	—	—

续表 9-5

输送机代号	托辊直径 D	H_0、Y	δ									
			0°	2°	4°	6°	8°	10°	12°	14°	16°	18°
180140·1	133	H_0	445	495	546	597	650	703	758	814	—	—
		Y	2095	2135	2181	2231	2287	2349	2417	2494	—	—
	159	H_0	475	525	576	627	680	734	789	—	—	—
		Y	2112	2154	2201	2252	2310	2373	2444	—	—	—
	194	H_0	515	565	616	668	720	774	829	—	—	—
		Y	2135	2179	2227	2281	2340	2406	2479	—	—	—
180140·2	133	H_0	445	496	547	599	652	707	762	—	—	—
		Y	2115	2156	2202	2252	2309	2371	2441	—	—	—
	159	H_0	475	526	577	629	683	737	793	—	—	—
		Y	2132	2174	2221	2274	2332	2393	2467	—	—	—
	194	H_0	515	566	617	670	723	778	—	—	—	—
		Y	2155	2199	2248	2302	2362	2429	—	—	—	—
180140·3	133	H_0	445	499	553	608	664	721	—	—	—	—
		Y	2290	2335	2384	2440	2501	2569	—	—	—	—
	159	H_0	475	529	583	638	694	—	—	—	—	—
		Y	2307	2353	2404	2461	2524	—	—	—	—	—
	194	H_0	515	569	623	678	734	—	—	—	—	—
		Y	2330	2378	2431	2490	2555	—	—	—	—	—
180160·1	133	H_0	345	396	447	499	551	605	660	716	773	—
		Y	2057	2083	2114	2150	2192	2239	2292	2353	2423	—
	159	H_0	375	426	477	529	592	636	691	747	—	—
		Y	2074	2102	2134	2172	2214	2333	2319	2381	—	—
	194	H_0	415	466	517	569	619	676	731	788	—	—
		Y	2097	2127	2161	2200	2245	2296	2354	2419	—	—
180160·2	133	H_0	445	499	553	608	664	721	879	819	—	—
		Y	2232	2272	2317	2367	2423	2486	2556	2634	—	—
	159	H_0	475	529	583	638	694	751	809	—	—	—
		Y	2249	2290	2337	2388	2446	2510	2582	—	—	—
	194	H_0	515	569	623	678	734	791	—	—	—	—
		Y	2272	2315	2363	2417	2477	2543	—	—	—	—
20080·1	133	H_0	580	612	644	678	712	748	784	826	861	884
		Y	1582	1623	1668	1716	1768	1826	1889	1957	2033	2016
	159	H_0	620	652	684	718	753	788	825	863	903	944
		Y	1605	1648	1694	1745	1799	1859	1924	1995	2073	2159
	194	H_0	660	692	725	758	793	829	866	904	944	986
		Y	1629	1674	1722	1775	1831	1893	1960	2034	2114	2203
20080·2	133	H_0	580	612	644	678	712	748	784	822	861	902
		Y	1619	1661	1706	1755	1809	1868	1932	2001	2079	2164
	159	H_0	620	652	684	718	753	788	825	863	903	944
		Y	1642	1686	1733	1784	1840	1901	1994	2067	2148	2207
	194	H_0	660	692	725	758	793	829	866	904	944	986
		Y	1665	1711	1760	1813	1871	1934	2002	2077	2159	2249

续表 9-5

输送机代号	托辊直径 D	H_0、Y	δ									
			0°	2°	4°	6°	8°	10°	12°	14°	16°	18°
20080·3	133	H_0	580	617	655	694	733	774	816	860	904	951
		Y	1805	1851	1900	1946	2014	2078	2148	2226	2301	2405
	159	H_0	620	657	695	734	773	814	856	900	944	—
		Y	1828	1876	1927	1983	2044	2111	2184	2263	2351	—
	194	H_0	660	697	735	774	813	854	896	940	—	—
		Y	1851	1900	1954	2012	2075	2144	2219	2301	—	—
20080·4	133	H_0	580	617	655	694	733	774	816	860	904	—
		Y	1827	1873	1923	1978	2038	2103	2174	2252	2338	—
	159	H_0	620	657	695	734	773	814	856	900	—	—
		Y	1850	1898	1950	2007	2069	2136	2209	2290	—	—
	194	H_0	660	697	735	774	813	854	896	—	—	—
		Y	1873	1923	1977	2036	2100	2169	2245	—	—	—
20080·5	133	H_0	580	618	656	696	736	778	821	865	910	—
		Y	1847	1894	1944	2000	2059	2125	2197	2276	2363	—
	159	H_0	620	658	696	736	776	818	861	905	—	—
		Y	1870	1918	1971	2028	2091	2159	2233	2314	—	—
	194	H_0	660	698	736	776	816	858	901	—	—	—
		Y	1893	1943	1998	2057	2122	2192	2268	—	—	—
200100·1	133	H_0	530	567	605	643	683	723	765	808	852	898
		Y	1769	1810	1856	1906	1960	2020	2085	2157	2237	2325
	159	H_0	570	607	645	683	723	763	805	848	892	—
		Y	1792	1835	1883	1934	1992	2053	2121	2195	2277	—
	194	H_0	610	647	685	723	763	803	845	888	—	—
		Y	1815	1860	1910	1963	2022	2086	2156	2233	—	—
200100·2	133	H_0	530	567	605	643	683	723	765	808	852	898
		Y	1769	1810	1856	1906	1960	2020	2085	2157	2237	2325
	159	H_0	570	607	645	683	723	763	805	848	892	—
		Y	1792	1835	1883	1934	1992	2053	2121	2195	2277	—
	194	H_0	610	647	685	723	763	803	845	888	—	—
		Y	1815	1860	1910	1963	2022	2086	2156	2233	—	—
200100·3	133	H_0	530	568	606	645	686	727	769	813	858	905
		Y	1789	1831	1887	1927	1982	2042	2109	2181	2262	2351
	159	H_0	570	608	646	685	726	767	809	853	898	—
		Y	1812	1856	1903	1956	2013	2075	2144	2219	2302	—
	194	H_0	610	648	686	725	766	807	849	893	—	—
		Y	1835	1881	1930	1985	2044	2108	2179	2257	—	—
200100·4	133	H_0	530	587	626	675	725	776	829	—	—	—
		Y	2137	2186	2240	2299	2364	2404	2544	—	—	—
	159	H_0	570	617	666	715	765	816	—	—	—	—
		Y	2160	2211	2267	2328	2395	2469	—	—	—	—
	194	H_0	610	657	706	755	805	—	—	—	—	—
		Y	2183	2236	2294	2357	2426	—	—	—	—	—

续表 9-5

输送机代号	托辊直径 D	H_0、Y	δ									
			0°	2°	4°	6°	8°	10°	12°	14°	16°	18°
200100 · 5	133	H_0	530	579	628	688	729	781	—	—	—	—
		Y	2153	2203	2257	2317	2382	2454	—	—	—	—
	159	H_0	570	619	668	718	770	822	—	—	—	—
		Y	2176	2227	2281	2341	2413	2477	—	—	—	—
	194	H_0	610	659	708	758	810	—	—	—	—	—
		Y	2199	2251	2308	2374	2444	—	—	—	—	—
200125 · 1	133	H_0	470	517	566	614	664	715	767	821	—	—
		Y	2064	2107	2155	2208	2267	2331	2403	2481	—	—
	159	H_0	510	557	606	654	704	755	807	—	—	—
		Y	2087	2132	2182	2237	2297	2364	2438	—	—	—
	194	H_0	550	597	646	694	744	795	—	—	—	—
		Y	2111	2158	2210	2267	2330	2398	—	—	—	—
200125 · 2	133	H_0	470	520	571	622	675	729	783	—	—	—
		Y	2153	2198	2248	2294	2364	2432	2506	—	—	—
	159	H_0	510	560	611	662	715	769	823	—	—	—
		Y	2176	2223	2275	2332	2395	2465	2541	—	—	—
	194	H_0	550	600	651	702	755	809	—	—	—	—
		Y	2199	2248	2302	2361	2426	2498	—	—	—	—
200125 · 3	133	H_0	470	521	572	624	678	732	788	—	—	—
		Y	2173	2219	2269	2325	2386	2454	2530	—	—	—
	159	H_0	510	561	612	664	718	772	—	—	—	—
		Y	2196	2243	2296	2354	2417	2487	—	—	—	—
	194	H_0	550	601	652	704	758	—	—	—	—	—
		Y	2219	2268	2323	382	2448	—	—	—	—	—
200140 · 1	133	H_0	480	530	581	632	685	739	794	—	—	—
		Y	2109	2151	2197	2248	2306	2369	2439	—	—	—
	159	H_0	520	570	621	672	725	779	—	—	—	—
		Y	2132	2176	2224	2277	2336	2402	—	—	—	—
	194	H_0	560	610	661	712	765	819	—	—	—	—
		Y	2155	2200	2251	2306	2367	2435	—	—	—	—
200140 · 2	133	H_0	480	531	582	635	688	742	798	—	—	—
		Y	2129	2171	2218	2270	2327	2391	2462	—	—	—
	159	H_0	520	571	622	675	728	782	—	—	—	—
		Y	2152	2196	2245	2299	2358	2424	—	—	—	—
	194	H_0	560	611	662	715	768	—	—	—	—	—
		Y	2175	2221	2272	2327	2389	—	—	—	—	—
200140 · 3	133	H_0	480	534	588	643	699	—	—	—	—	—
		Y	2304	2350	2401	2457	2520	—	—	—	—	—
	159	H_0	520	574	628	683	739	—	—	—	—	—
		Y	2327	2375	2428	2486	2551	—	—	—	—	—
	194	H_0	560	614	668	723	—	—	—	—	—	—
		Y	2350	2400	2454	2507	—	—	—	—	—	—

续表 9-5

输送机代号	托辊直径 D	H_0、Y	δ									
			0°	2°	4°	6°	8°	10°	12°	14°	16°	18°
200160·1	133	H_0	380	431	482	534	587	641	696	752	—	—
		Y	2071	2108	2150	2197	2249	2308	2373	2446	—	—
	159	H_0	420	471	522	574	627	681	736	792	—	—
		Y	2095	2134	2178	2227	2282	2342	2410	2485	—	—
	194	H_0	460	511	562	614	667	721	776	—	—	—
		Y	2118	2159	2205	2256	2313	2375	2445	—	—	—
200160·2	133	H_0	480	534	588	643	699	756	810	—	—	—
		Y	2246	2287	2333	2394	2442	2506	2577	—	—	—
	159	H_0	520	574	628	683	739	796	—	—	—	—
		Y	2270	2313	2361	2414	2474	2540	—	—	—	—
	194	H_0	560	614	668	723	779	836	—	—	—	—
		Y	2293	2338	2388	2443	2505	2573	—	—	—	—

表 9-6 传动滚筒围包角 φ 值表

(°)

输送机代号	托辊直径 D /mm	δ									
		0°	2°	4°	6°	8°	10°	12°	14°	16°	18°
8063·3	89	196.5	196.2	195.9	195.5	195.2	194.9	194.5	194.2	193.9	193.6
	108	194.1	193.8	193.5	193.1	192.9	192.7	192.4	192.3	192.1	191.9
	133	191	190.7	190.4	190.1	190	189.8	189.6	189.5	189.3	189.1
8080·3	89	208.7	208.3	207.9	207.5	207.1	206.6	206.1	205.6	205	204.4
	108	206.6	206.2	205.8	205.3	204.9	204.4	203.9	203.4	202.8	202.2
	133	203.5	203.2	202.9	202.5	201.9	201.3	200.7	200.3	199.9	199.5
8080·4	89	207.7	207.3	206.9	206.5	206.1	205.7	205.2	204.8	204.3	203.8
	108	205.8	205.4	205	204.5	204.1	203.7	203.2	202.7	202.2	201.6
	133	202.8	202.5	202.2	201.8	201.3	200.7	200.2	199.7	199.3	198.9
80100·2	89	231.9	231	230	229	227.9	226.7	225.6	224.4	223.2	222
	108	229.3	228.3	227.4	226.3	223.1	220.4	219.3	218.2	217.2	216.1
	133	225.6	224.6	223.6	222.5	221.5	220.4	219.3	218.2	217.2	216.1
80100·3	89	222.3	221.8	221.2	220.5	219.8	219.1	218.4	217.6	216.8	215.9
	108	220.3	219.8	219.2	218.5	217.8	217.1	216.3	215.5	214.7	213.9
	133	217.5	216.9	216.3	215.6	214.9	214.2	213.5	212.7	211.9	211.1
80100·4	89	217.4	217	216.6	216.1	215.5	215	214.4	213.8	213.1	212.4
	108	215.7	215.3	214.8	214.3	213.8	213.2	212.6	211.9	211.3	210.6
	133	213.2	212.8	212.3	211.8	211.2	210.7	210.1	209.5	208.8	208.2
80100·5	89	215.4	215.1	214.7	214.3	213.8	213.3	212.7	212.1	211.5	210.8
	108	213.8	213.4	213	212.6	212.1	211.6	211	210.4	209.8	209.2
	133	211.5	211.1	210.7	210.2	209.7	209.2	208.7	208.1	207.5	206.9
80125·1	89										
	108	226.2	225.9	225.5	225.1	224.5	223.9	223.3	222.5	221.7	220.8
	133	224.1	223.6	223	222.4	221.8	221.2	220.5	219.7	218.9	218.1
80125·2	89	219.3	219.1	218.8	218.4	218	217.6	217.1	216.6	216.1	215.4
	108	218.1	217.9	217.5	217.2	216.8	216.4	215.9	215.3	214.7	214.1
	133	216.4	216.1	215.8	215.4	215	214.5	214	213.5	212.9	212.3

续表 9-6

输送机代号	托辊直径 D /mm	δ									
		0°	2°	4°	6°	8°	10°	12°	14°	16°	18°
80125·3	89	214.5	214.2	213.9	213.5	213.1	212.6	212.1	211.6	211.1	210.5
	108	213	212.7	212.3	211.9	211.5	211.1	210.6	210.1	209.5	208.9
	133	210.8	210.5	210.1	209.7	209.3	208.8	208.3	207.8	207.3	206.7
10080·2	108	201.6	201.3	201	200.6	200.3	199.9	199.5	199	198.5	197.9
	133	199.4	199.1	198.8	198.5	198.1	197.7	197.2	196.8	196.4	196
	159	195.6	195.4	195.2	194.9	194.5	194	193.5	193.3	193	192.7
10080·3	108	200.3	199.9	199.5	199.1	198.8	198.5	198.1	197.7	197.3	196.9
	133	198.2	197.9	197.6	197.2	196.9	196.6	196.2	195.8	195.4	195
	159	194.8	194.5	194.2	193.9	193.6	193.2	192.8	192.6	192.3	192
10080·4	108	198.1	197.9	197.6	197.3	196.9	196.6	192.2	195.7	195.2	194.7
	133	196.3	196.1	195.8	195.5	195.2	194.9	194.6	194.3	194	193.7
	159	192.9	192.8	192.6	192.4	192.2	191.9	191.6	191.4	191.1	190.8
100100·2	108	222.5	221.5	220.5	219.4	218.4	217.4	216.4	215.4	214.5	213.5
	133	219.4	218.6	217.7	216.8	216	215.2	214.4	213.4	212.3	211.2
	159	214.8	214.1	213.3	212.5	211.7	210.9	210.1	209.2	208.2	207.2
100100·3	108	215	214.4	213.7	213	212.4	211.7	211	210.3	209.5	208.7
	133	212.9	212.3	211.7	211	210.4	209.7	209	208.3	207.6	206.8
	159	209.2	208.6	208	207.4	206.8	206.1	205.5	204.9	204.2	203.5
100100·4	108	215	214.4	213.7	213	212.4	211.7	211	210.3	209.5	208.7
	133	212.9	212.3	211.7	211	210.4	209.7	209	208.3	207.6	206.8
	159	209.2	208.6	208	207.4	206.8	206.1	205.5	204.9	204.2	203.5
100100·5	108	209.7	209.4	209.1	208.7	208.1	207.5	206.9	206.3	205.7	205.1
	133	207.7	207.4	206	206.6	206.1	205.6	205.1	204.5	203.9	203.3
	159	205	204.6	204.2	203.8	203.2	202.8	202.2	201.7	201.2	200.6
100125·1	108	220.6	220.2	219.7	219.2	218.6	218	217.3	216.6	215.8	215.1
	133	219.1	218.7	218.2	217.7	217.1	216.4	215.7	215.1	214.4	213.7
	159	216.6	216.1	215.6	215	214.4	213.8	213.1	212.4	211.7	210.4
100125·2	108	215.2	214.9	214.5	214.1	213.7	213.3	212.7	212.2	211.6	211
	133	213.6	213.3	213	212.6	212.1	211.6	211.1	210.6	210	209.4
	159	211.4	211.1	210.7	210.3	209.8	209.3	208.8	208.3	207.7	207.1
100125·3	108	214.5	214.2	213.9	213.5	213.1	212.6	212.1	211.6	211.1	210.5
	133	213	212.7	212.3	211.9	211.5	211.1	210.6	210.1	209.5	208.9
	159	210.8	210.5	210.1	209.7	209.3	208.8	208.3	207.8	207.3	206.7
100140·1	108	225	224.5	224	223.4	222.7	222	221.2	220.4	219.6	218.7
	133	222.2	221.7	221.2	220.6	219.9	219.2	218.5	217.8	217.1	216.3
	159	219.7	219.2	218.7	218.1	217.4	216.6	215.8	215.2	214.6	213.9
100140·2	108	220.5	220.1	219.7	219.2	218.7	218.2	217.6	216.9	216.2	215.5
	133	219	218.6	218.2	217.7	217.2	216.6	216	215.4	214.7	213.9
	159	216.9	216.5	216	215.5	215	214.4	213.7	213.1	212.4	211.7
100160·1	108	233.6	233	232.3	231.6	230.7	229.8	228.8	227.8	226.7	225.6
	133	232.1	231.4	230.7	229.9	229	228.1	227.1	226.1	225	223.9
	159	229.7	229	228.2	227.4	226.5	225.5	224.5	223.5	222.5	221.4

续表 9-6

输送机代号	托辊直径 D /mm	δ									
		0°	2°	4°	6°	8°	10°	12°	14°	16°	18°
12080·2	108	200.4	199.9	199.5	198.9	198.5	198	197.5	197.1	196.6	196.1
	133	197.4	197.1	196.7	196.3	195.9	195.5	195.1	194.8	194.4	194
	159	194.6	194.3	194	193.6	193.2	192.8	192.4	192.2	191.9	191.6
12080·3	108	195	194.9	194.7	194.5	194.2	193.9	193.5	193.3	193	192.7
	133	193.2	193	192.8	192.6	192.3	192	191.6	191.5	191.3	191.1
	159	191.2	191	190.8	190.5	190.3	190.1	189.8	189.6	189.4	189.2
12080·4	108	195	194.9	194.7	194.5	194.2	193.9	193.5	193.3	193	192.7
	133	193.2	193	192.8	192.6	192.3	192	191.6	191.5	191.3	191.1
	159	191.2	191	190.8	190.5	190.3	190.1	189.8	189.6	189.4	189.2
12080·5	108	194.6	194.4	194.2	193.9	193.6	193.3	192.9	192.6	192.3	192
	133	192.7	192.5	192.3	192.1	191.9	191.6	191.3	191	190.7	190.4
	159	190.8	190.6	190.4	190.1	189.9	189.7	189.5	189.3	189.1	188.8
120100·2	108	214.2	213.4	212.6	211.8	211.1	210.4	209.6	208.8	208	207.2
	133	211.8	211.1	210.4	209.6	209	208.3	207.6	206.8	206	205.1
	159	209.3	208.6	207.9	207.2	206.5	205.8	205.1	204.4	203.7	203
120100·3	108	211.3	210.7	210.1	209.4	208.7	208	207.4	206.7	206	205.3
	133	209.2	208.6	208	207.4	206.8	206.2	205.5	204.8	204.1	203.5
	159	206.8	206.2	205.6	205	204.4	203.8	203.2	202.6	202	201.4
120100·4	108	211.3	210.7	210.1	209.4	208.7	208	207.4	206.7	206	205.3
	133	209.2	208.6	208	207.4	206.8	206.2	205.5	204.8	204.1	203.5
	159	206.8	206.2	205.6	205	204.4	203.8	203.2	202.6	202	201.4
120100·5	108	206.5	206.2	205.9	205.6	205.1	204.6	204	203.4	202.8	202.2
	133	204.7	204.3	203.9	203.5	203.1	202.7	202.2	201.7	201.2	200.6
	159	202.7	202.4	202	201.6	201.2	200.7	200.2	199.8	199.3	198.8
120100·6	108	205.2	204.9	204.6	204.3	203.9	203.5	203.1	202.6	202.1	201.5
	133	203.6	203.3	203	202.7	202.3	201.9	201.5	201	200.5	200
	159	201.7	201.4	201.1	200.8	200.5	200.2	199.8	199.3	198.8	198.3
120125·1	108	212.6	212.3	211.9	211.6	211.1	210.6	210.1	209.5	209	208.4
	133	211.3	211	210.6	210.2	209.8	209.3	208.8	208.3	207.7	207.1
	159	209.7	209.4	209	208.6	208.2	207.7	207.2	206.7	206.2	205.6
120125·2	108	212	211.7	211.3	210.9	210.5	210	209.6	209.1	208.5	207.9
	133	210.9	210.6	210.3	209.8	209.4	208.9	208.4	207.8	207.2	206.6
	159	209.7	208.9	208.6	208.2	207.7	207.2	206.7	206.2	205.7	205.2
120125·3	108	209.6	209.4	209.1	208.8	208.4	208	207.5	207	206.5	206
	133	208.5	208.2	207.9	207.6	207.2	206.8	206.3	205.9	205.4	204.9
	159	207.1	206.9	206.6	206.2	205.8	205.4	205	204.5	204.1	203.7
120140·1	108	218.1	217.7	217.2	216.7	216.2	215.6	215	214.3	213.7	213
	133	216.7	216.4	216	215.6	214.9	214.2	213.5	212.9	212.3	211.7
	159	215.1	214.7	214.3	213.9	213.3	212.6	211.9	211.3	210.6	209.9
120140·2	108	217.4	217	216.5	216	215.5	215	214.4	213.8	213.1	212.4
	133	216.2	215.8	215.3	214.8	214.3	213.8	213.2	212.5	211.8	211.2
	159	214.8	214.4	213.9	213.4	212.9	212.3	211.7	211.1	210.4	209.7

续表 9-6

输送机代号	托辊直径 D /mm	δ									
		0°	2°	4°	6°	8°	10°	12°	14°	16°	18°
120160·1	108	231	230.3	229.6	228.8	227.9	226.9	225.9	224.9	223.8	222.8
	133	229.7	229	228.2	227.4	226.5	225.5	224.5	223.5	222.5	221.4
	159	228.1	227.4	226.6	225.7	224.8	223.9	222.9	221.8	220.8	219.8
14080·2	108	192.4	192.2	191.9	191.6	191.3	191	190.7	190.4	190.1	189.8
	133	190.3	190.1	189.9	189.7	189.5	189.2	188.9	188.6	188.3	188
	159	187.8	187.7	187.6	187.5	187.4	187.3	187.1	186.8	186.5	186.2
14080·3	108	192.4	192.2	191.9	191.6	191.3	191	190.7	190.4	190.1	189.8
	133	190.3	190.1	189.9	189.7	189.5	189.2	188.9	188.6	188.3	188
	159	187.8	187.7	187.6	187.5	187.4	187.3	187.1	186.8	186.5	186.2
14080·4	108	190.2	190.1	190.0	189.8	189.7	189.5	189.3	189.1	188.9	188.6
	133	188.5	188.4	188.2	188.0	187.9	187.8	187.6	187.5	187.3	187.1
	159	186.7	186.6	186.5	186.4	186.3	186.2	186.1	185.9	185.7	185.5
140100·2	108	208.3	207.7	207.1	206.4	205.8	205.2	204.6	203.9	203.2	202.5
	133	205.8	205.3	204.7	204.1	203.6	203	202.4	201.8	201.2	200.5
	159	203.1	202.7	202.3	201.8	201.2	200.6	200	199.5	198.9	198.3
140100·3	108	202.9	202.6	202.3	202	201.6	201.2	200.7	200.2	199.7	199.2
	133	201	200.7	200.4	200	199.7	199.3	198.9	198.5	198	197.5
	159	199	198.7	198.4	198.1	197.8	197.4	197	196.6	196.2	195.8
140100·4	108	202.9	202.6	202.3	202	201.6	201.2	200.7	200.2	199.7	199.2
	133	201	200.7	200.4	200	199.7	199.3	198.9	198.5	198	197.5
	159	199	198.7	198.4	198.1	197.8	197.4	197	196.6	196.2	195.8
140100·5	108	202.9	202.6	202.3	202	201.6	201.2	200.7	200.2	199.7	199.2
	133	201	200.7	200.4	200	199.7	199.3	198.9	198.5	198	197.5
	159	199	198.7	198.4	198.1	197.8	197.4	197	196.6	196.2	195.8
140125·1	108	214.9	214.4	213.9	213.3	212.8	212.1	211.5	210.8	210.1	209.5
	133	213.5	213	212.5	212	211.4	210.8	210.2	209.5	208.8	208.1
	159	211.8	211.3	210.8	210.2	209.6	209	208.4	207.8	207.1	206.4
140125·2	108	209.8	209.5	209.1	208.7	208.3	207.8	207.4	206.9	206.3	205.8
	133	208.6	208.3	207.9	207.5	207	206.5	206	205.4	204.8	204.2
	159	207.1	206.7	206.3	205.9	205.5	205	204.5	204	203.5	203
140125·3	108	207.9	207.6	207.3	206.9	206.5	206.1	205.7	205.3	204.8	204.3
	133	206.5	206.2	205.9	205.5	205.2	204.8	204.4	203.9	203.4	202.9
	159	205.1	204.8	204.5	204.2	203.8	203.4	203	202.5	202.1	201.6
140140·1	108	216.2	215.8	215.3	214.8	214.3	213.7	213.1	212.4	211.7	211
	133	214.8	214.3	213.8	213.3	212.8	212.2	211.6	210.9	210.3	209.6
	159	213.3	212.9	212.4	211.9	211.4	210.8	210.1	209.5	208.8	—
140140·2	108	215.5	215.1	214.7	214.2	213.7	213.8	212.5	211.9	211.2	210.5
	133	214.6	214.1	213.6	213.1	212.6	212.2	211.5	210.8	210.1	209.4
	159	213	212.6	212.1	211.6	211.1	210.5	209.9	209.3	208.6	207.9
140160·1	108	229	228.2	227.4	226.6	225.7	224.7	223.8	222.8	221.7	220.6
	133	227.4	226.6	225.8	224.9	224	223.1	222.1	221.1	220	219
	159	225.7	225	224.2	223.3	222.4	221.4	220.4	219.4	218.4	217.4

续表 9-6

输送机代号	托辊直径 D /mm	δ									
		0°	2°	4°	6°	8°	10°	12°	14°	16°	18°
140160 · 2	108	224.7	224.2	223.5	222.8	222.1	221.3	220.5	219.6	218.7	217.8
	133	223.3	222.7	222.1	221.4	220.6	219.8	219	218.2	217.3	—
	159	221.8	221.2	220.6	219.9	219.2	218.4	217.6	216.8	215.9	—
16080 · 1	133	185.9	185.8	185.7	185.6	185.4	185.2	185.1	185	184.9	184.8
	159	183.9	183.8	183.7	183.6	183.5	183.4	183.3	183.3	183.2	183.1
	194	—	—	—	—	—	—	—	—	—	—
16080 · 2	133	185.9	185.8	185.7	185.6	185.4	185.3	185.1	185	184.9	184.8
	159	183.9	183.8	183.7	183.6	183.5	183.4	183.3	183.3	183.2	183.1
	194	—	—	—	—	—	—	—	—	—	—
16080 · 3	133	185	184.9	184.8	184.7	184.6	184.5	184.4	184.3	184.2	184.1
	159	183.3	183.2	183.2	183.1	183.1	183	182.9	182.9	182.8	182.7
	194	—	—	—	—	—	—	—	—	—	—
16080 · 4	133	185	184.9	184.8	184.7	184.6	184.5	184.4	184.3	184.2	184.1
	159	183.3	183.2	183.2	183.1	183.1	183	182.9	182.9	182.8	182.7
	194	—	—	—	—	—	—	—	—	—	—
16080 · 5	133	184.9	184.8	184.7	184.7	184.6	184.5	184.4	184.3	184.2	184.1
	159	183.3	183.2	183.1	183.1	183	183	82.9	182.8	182.7	182.7
	194	—	—	—	—	—	—	—	—	—	—
160100 · 1	133	197.2	196.9	196.5	196.2	195.9	195.5	195.2	194.8	194.4	194
	159	195.3	195	194.7	194.4	194.1	193.7	193.4	193.1	192.7	192.4
	194	—	—	—	—	—	—	—	—	—	—
160100 · 2	133	197.2	196.9	196.5	196.2	195.9	195.5	195.2	194.8	194.4	194
	159	195.3	195	194.7	194.4	194.1	193.7	193.4	193.1	192.7	192.4
	194	—	—	—	—	—	—	—	—	—	—
160100 · 3	133	197.2	196.9	196.5	196.2	195.9	195.5	195.2	194.8	194.4	194
	159	195.3	195	194.7	194.4	194.1	193.7	193.4	193.1	192.7	192.4
	194	—	—	—	—	—	—	—	—	—	—
160100 · 4	133	196.8	196.5	196.2	195.9	195.5	195.2	194.8	194.5	194.2	193.8
	159	195	194.7	194.4	194.1	193.8	193.5	193.1	192.8	192.5	192.2
	194	—	—	—	—	—	—	—	—	—	—
160100 · 5	133	192.9	192.7	192.5	192.4	192.2	191.9	191.7	191.5	191.2	—
	159	191.5	191.4	191.2	191	190.8	190.6	190.4	190.2	—	—
	194	—	—	—	—	—	—	—	—	—	—
160100 · 6	133										
	159										
	194	—	—	—	—	—	—	—	—	—	—
160125 · 1	133	209.6	209.1	208.6	208.1	207.5	206.9	206.3	205.7	205.1	204.5
	159	207.8	207.3	206.8	208.1	207.5	206.9	206.3	205.7	205.1	204.5
	194	—	—	—	—	—	—	—	—	—	—
160125 · 2	133	205.4	205.1	204.7	204.3	203.8	203.4	203	202.5	202	201.5
	159	203.9	203.6	203.2	202.8	202.4	202	201.5	201.1	200.6	—
	194	—	—	—	—	—	—	—	—	—	—

续表 9-6

输送机代号	托辊直径 D /mm	δ									
		0°	2°	4°	6°	8°	10°	12°	14°	16°	18°
160125·3	133	203.8	203.5	203.1	202.8	202.4	202	201.6	201.2	200.7	—
	159	202.4	202.1	201.7	201.4	201.1	200.7	200.3	199.9	199.4	—
	194	—	—	—	—	—	—	—	—	—	—
160125·4	133										
	159										
	194	—	—	—	—	—	—	—	—	—	—
160140·1	133	211.8	211.4	210.9	210.4	209.8	209.2	208.6	208	207.4	—
	159	210.4	209.9	209.4	208.8	208.3	207.8	207.2	206.6	—	—
	194	—	—	—	—	—	—	—	—	—	—
160140·2	133	211.4	210.8	210.3	209.8	209.3	208.8	208.2	207.6	—	—
	159	209.8	209.3	208.9	208.4	207.9	207.3	206.7	206.1	—	—
	194	—	—	—	—	—	—	—	—	—	—
160140·3	133	209.1	208.7	208.3	207.9	207.5	207	206.5	—	—	—
	159	207.8	207.4	207	206.6	206.1	205.6	—	—	—	—
	194	—	—	—	—	—	—	—	—	—	—
160160·1	133	223.1	222.6	222	221.3	220.6	219.8	219	218.2	217.4	216.5
	159	221.6	221	220.4	219.7	219	218.2	217.5	216.6	215.8	214.9
	194	—	—	—	—	—	—	—	—	—	—
160160·2	133	222.2	221.6	221.1	220.5	219.8	219.1	218.3	217.5	216.7	215.9
	159	220.7	220.1	219.5	218.9	218.3	217.5	216.8	216	215.2	214.3
	192	—	—	—	—	—	—	—	—	—	—
160160·3	133	220.4	219.7	219	218.3	217.6	216.8	216	215.2	—	—
	159	218.9	218.2	217.6	216.9	216.2	215.4	214.6	213.8	—	—
	194	—	—	—	—	—	—	—	—	—	—
18080·1 18080·2	133	183.6	183.5	183.4	183.3	183.2	183.2	183.1	183	182.9	182.9
	159	181.6	181.6	181.6	181.5	181.5	181.5	181.4	181.4	181.3	181.3
	194	179	179	179.1	179.1	179.1	179.2	179.2	179.2	179.3	179.4
18080·3 18080·4	133	183	183	182.9	182.9	182.8	182.8	182.7	182.6	182.6	182.5
	159	181.4	181.3	181.3	181.3	181.3	181.2	181.2	181.2	181.2	181.1
	194	179.2	179.2	179.2	179.2	179.3	179.3	179.3	179.3	179.3	—
18080·5	133	183	182.9	182.9	182.8	182.7	182.7	182.6	182.5	182.5	182.4
	159	181.4	181.3	181.3	181.3	181.2	181.2	181.2	181.2	181.1	—
	194	179.2	179.2	179.2	179.2	179.2	179.3	179.3	179.3	—	—
180100·1	133	195	194.7	194.4	194.1	193.8	193.5	193.2	192.8	192.5	192.1
	159	193.2	192.9	192.6	192.3	192	191.8	191.5	191.2	190.9	190.6
	194	190.7	190.5	190.2	190	189.8	189.5	189.3	189	188.8	—
180100·2	133										
	159										
	194										
180100·3	133	194.7	194.4	194.1	193.8	193.5	193.2	192.9	192.6	192.3	191.9
	159	192.9	192.6	192.3	192.1	191.8	191.5	191.2	191	190.7	190.4
	194	190.5	190.2	190	189.8	189.6	189.4	189.1	188.9	188.6	—

续表9-6

输送机代号	托辊直径 D /mm	δ									
		0°	2°	4°	6°	8°	10°	12°	14°	16°	18°
180100·4	133	191.3	191.2	191	190.8	190.6	190.4	190.2	—	—	—
	159	189.9	189.8	189.6	189.4	189.8	189.1	188.9	—	—	—
	194	188.1	188	187.8	187.7	187.6	187.4	—	—	—	—
180100·5	133										
	159										
	194										
180125·1	133	203.6	203.3	203	202.6	202.2	201.7	201.3	200.9	200.4	—
	159	202.2	201.9	201.5	201.1	200.7	200.3	199.9	199.5	—	—
	194	200.2	199.9	199.5	199.1	198.8	198.4	198	—	—	—
180125·2	133	202.1	201.8	201.5	201.2	200.8	200.4	200	199.6	—	—
	159	200.8	200.5	200.2	199.8	199.5	199.1	198.7	198.3	—	—
	194	198.9	198.6	198.3	198	187.7	197.2	197	—	—	—
180125·3	133	201.8	201.5	201.2	200.9	200.5	200	199.7	—	—	—
	159	200.4	200.1	199.8	199.5	199.2	198.8	198.4	—	—	—
	194	198.6	198.3	198	197.7	197.4	197.1	—	—	—	—
180140·1	133	210.1	209.7	209.2	208.7	208.1	207.5	206.4	206.3	—	—
	159	208.7	208.2	207.7	207.2	206.7	206.1	205.5	—	—	—
	194	206.7	206.2	205.7	205.2	204.7	204.2	203.7	—	—	—
180140·2	133	209.6	209.1	208.7	208.2	207.7	207.1	206.5	—	—	—
	159	208.1	207.7	207.2	206.7	206.2	205.7	205.1	—	—	—
	194	206.2	205.8	205.3	204.8	204.3	203.8	—	—	—	—
180140·3	133	207.6	207.2	206.8	206.4	205.9	205.3	—	—	—	—
	159	206.2	205.8	205.4	205	204.6	—	—	—	—	—
	194	204.5	204.1	203.7	203.3	202.8	—	—	—	—	—
180160·1	133	220.5	219.9	219.3	218.7	218	217.3	216.5	215.7	214.9	—
	159	219	218.4	217.8	217.1	216.4	215.7	215	214.2	—	—
	194	216.9	216.3	215.7	215.1	214.4	213.7	213	212.2	—	—
180160·2	133	218.7	218	217.3	216.6	215.9	215.1	214.3	213.5	—	—
	159	217.2	216.5	215.8	215.1	214.4	213.7	212.9	—	—	—
	194	215.2	214.5	213.9	213.2	212.5	211.8	—	—	—	—
20080·1 20080·2	133	181.3	181.2	181.2	181.2	181.2	181.1	181.1	181.1	181.1	181
	159	178.7	178.8	178.8	178.8	178.8	178.9	178.9	179	179	179
	194	176.3	176.3	176.4	176.5	176.6	176.7	176.8	176.9	177	177.1
20080·3 20080·4	133	181.1	181.1	181	181	181	181	181	180.9	180.9	180.9
	159	178.9	178.9	179	179	179	179.1	179.1	179.1	179.2	—
	194	176.8	176.9	177	177	177.1	177.2	177.3	177.4	—	—
20080·5	133	181.1	181	181	181	181	181	180.9	180.9	180.9	—
	159	178.9	178.9	179	179	179.1	179.1	179.1	179.1	—	—
	194	176.8	176.9	177	177.1	177.2	177.2	177.3	—	—	—

续表 9-6

输送机代号	托辊直径 D /mm	δ									
		0°	2°	4°	6°	8°	10°	12°	14°	16°	18°
200100·1 200100·2	133	192.8	192.6	192.3	192	191.7	191.5	191.2	190.9	190.6	190.3
	159	190.4	190.2	189.9	189.7	189.5	189.3	189.1	188.8	188.6	—
	194	188	187.8	187.6	187.5	187.3	187.2	187	186.8	—	—
200100·3	133	192.6	192.3	192	191.8	191.5	191.2	191	190.7	190.4	190.1
	159	190.2	189.9	189.7	189.5	189.3	189.1	188.9	188.7	188.5	—
	194	187.8	187.6	187.5	187.4	187.2	187	186.9	186.7	—	—
200100·4	133	189.7	189.6	189.4	189.2	189.1	188.9	188.7	—	—	—
	159	187.9	187.8	187.6	187.5	187.4	187.2	—	—	—	—
	194	186.1	186	185.9	185.8	185.7	—	—	—	—	—
200100·5	133										
	159										
	194										
200125·1	133	201.9	201.6	201.2	200.9	200.5	200.1	199.7	199.2	—	—
	159	199.9	199.6	199.3	199	198.6	198.2	197.8	—	—	—
	194	198	197.7	197.3	197	196.7	196.4	—	—	—	—
200125·2	133	200.5	200.2	199.9	199.6	199.2	198.9	198.5	—	—	—
	159	198.7	198.4	198.1	197.8	197.5	197.1	196.8	—	—	—
	194	196.9	196.6	196.3	196	195.7	195.4	—	—	—	—
200125·3	133	200.2	199.9	199.6	199.3	198.9	198.6	198.2	—	—	—
	159	198.4	198.1	197.8	197.5	197.2	196.9	—	—	—	—
	194	196.6	196.3	196.1	195.8	195.5	—	—	—	—	—
200140·1	133	208.4	207.9	207.4	206.9	206.4	205.9	205.3	—	—	—
	159	206.4	206	205.5	205	204.5	204	—	—	—	—
	194	204.5	204	203.6	203.1	202.6	202.1	—	—	—	—
200140·2	133	207.9	207.4	207	206.5	206	205.4	204.9	—	—	—
	159	206	205.5	205.1	204.6	204.1	203.6	—	—	—	—
	194	204	203.6	203.2	202.7	202.2	—	—	—	—	—
200140·3	133	206	205.6	205.2	204.8	204.4	—	—	—	—	—
	159	204.2	203.8	203.4	203	202.6	—	—	—	—	—
	194	202.5	202.1	201.7	201.3	—	—	—	—	—	—
200160·1	133	218.7	218.1	217.5	216.9	216.2	215.3	214.7	213.9	—	—
	159	216.7	216.1	215.5	214.9	214.2	213.5	212.7	212	—	—
	194	214.6	214.1	213.5	212.8	212.2	211.5	210.8	—	—	—
200160·2	133	216.9	216.3	215.6	214.9	214.2	213.4	212.6	—	—	—
	159	215	214.3	213.6	213	212.3	211.5	—	—	—	—
	194	213	212.3	211.6	211	210.3	209.6	—	—	—	—

9.1.3 矩形传动滚筒头架

矩形传动滚筒头架示于图 9-3，相关参数列于表 9-7 ~ 表 9-10。

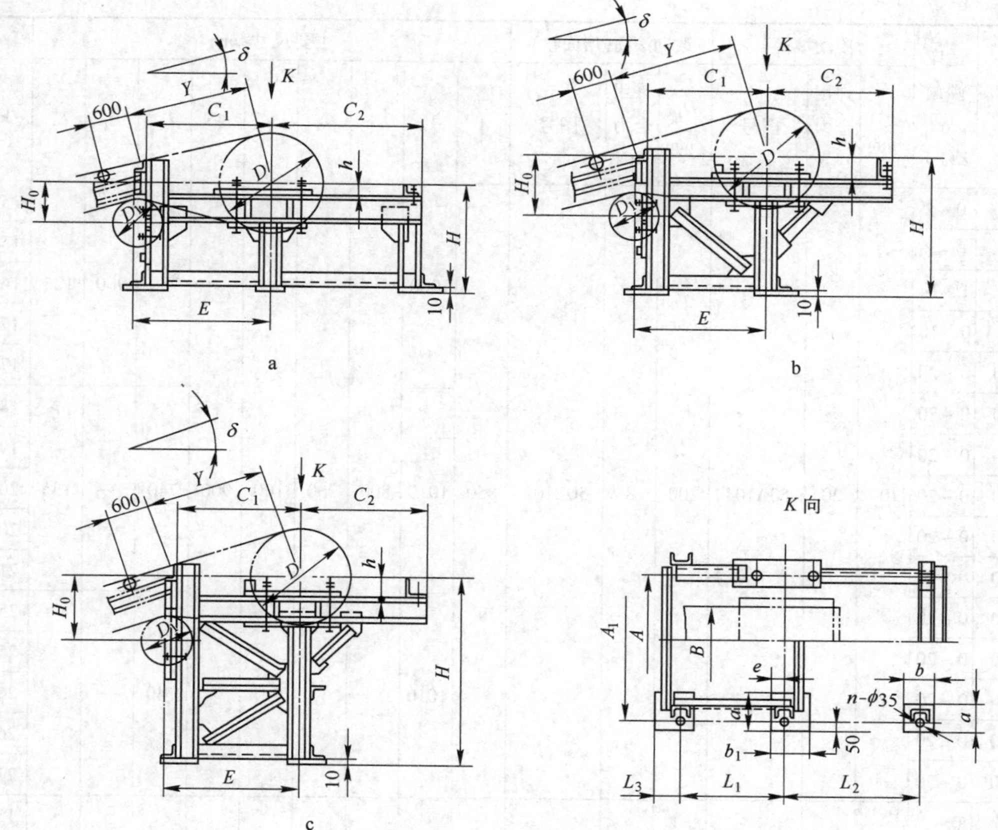

图 9-3 矩形传动滚筒头架示意图

a—低式头架 $H=485\sim1000$（$n=6$）；b—中式头架 $H=1050\sim1500$（$n=4$）；c—高式头架 $H=1550\sim2000$（$n=4$）

说明：1. 滚筒与支架连接之紧固件已包括在本部件内；

2. 表 9-7 中有 * 标记的支架高度不推荐使用。

表 9-7 配套滚筒、主要尺寸、重量及支架图号

输送机代号	中心高 H /mm	适应倾角 δ /(°)	传动滚筒			改向滚筒(增面轮)			主要尺寸/mm									重量 /kg	图号
			D /mm	许用合力 /kN	图号	D_1 /mm	许用合力 /kN	图号	A	A_1	C_1	C_2	h	E	L_1	L_2	L_3		
	600	0 ~ 2																151	40JA1041J
	700	0 ~ 8																157	40JA1042J
	800	1 ~ 14								900					750	900	125	163	40JA1043J
	900	0 ~ 18																169	40JA1044J
	1000	0 ~ 20																175	40JA1045J
	1100	0 ~ 20																185	40JA1046J
	1200	0 ~ 20																192	40JA1047J
4040·1	1300	0 ~ 20	400	15	40A104	200	8	40B101	750	910	800	950	100	900	740	—	135	198	40JA1048J
	1400	0 ~ 20																204	40JA1049J
	1500	0 ~ 20																217	40JA10410J
	1600	0 ~ 20																246	40JA10411J
	1700	0 ~ 20																252	40JA10412J
	1800	0 ~ 20								910					740	—	135	258	40JA10413J
	1900	0 ~ 20																263	40JA10414J
	2000	0 ~ 20																269	40JA10415J

续表 9-7

输送机代号	中心高 H /mm	适应倾角 δ /(°)	传动滚筒			改向滚筒(增面轮)			主要尺寸/mm									重量 /kg	图　号
			D /mm	许用合力 /kN	图号	D_1 /mm	许用合力 /kN	图号	A	A_1	C_1	C_2	h	E	L_1	L_2	L_3		
	600	0 ~ 2																153	50JA1041J
	700	0 ~ 8																159	50JA1042J
	800	1 ~ 14								1000					750	900	125	165	50JA1043J
	900	0 ~ 18																171	50JA1044J
	1000	0 ~ 20																177	50JA1045J
	1100	0 ~ 20																188	50JA1046J
	1200	0 ~ 20																194	50JA1047J
5040 · 1	1300	0 ~ 20	400	20	50A104	200	8	50B101	850	1010	800	950	100	900	740	—	135	201	50JA1048J
	1400	0 ~ 20																207	50JA1049J
	1500	0 ~ 20																213	50JA10410J
	1600	0 ~ 20																250	50JA10411J
	1700	0 ~ 20																255	50JA10412J
	1800	0 ~ 20								1010					740	—	135	261	50JA10413J
	1900	0 ~ 20																267	50JA10414J
	2000	0 ~ 20																272	50JA10415J
	550	0 ~ 2																153	50JA1051J
	650	0 ~ 8																159	50JA1052J
	750	1 ~ 14								1000					750	950	125	165	50JA1053J
	850	0 ~ 18																171	50JA1054J
	950	0 ~ 20																177	50JA1055J
	1050	0 ~ 20																188	50JA1056J
	1150	0 ~ 20																194	50JA1057J
5050 · 1	1250	0 ~ 20	500	30	50A105	250	9	50B102	850	1010	800	1000	110	900	740	—	135	200	50JA1058J
	1350	0 ~ 20																207	50JA1059J
	1450	0 ~ 20																213	50JA10510J
	1550	0 ~ 20																250	50JA10511J
	1650	0 ~ 20																255	50JA10512J
	1750	0 ~ 20								1010					740	—	135	261	50JA10513J
	1850	0 ~ 20																267	50JA10514J
	1950	0 ~ 20																272	50JA10515J
	550	0 ~ 2																157	50JA2051J
	650	0 ~ 8																163	50JA2052J
	750	0 ~ 14								1000					840	950	125	169	50JA2053J
	850	0 ~ 18																175	50JA2054J
5050 · 2	950	0 ~ 20	500	49	50A105	250	9	50B102	850		890	1000	130	990				181	50JA2055J
	1050	0 ~ 20																192	50JA2056J
	1150	0 ~ 20																198	50JA2057J
	1250	0 ~ 20								1010					830	—	135	205	50JA2058J
	1350	0 ~ 20																211	50JA2059J
	1450	0 ~ 20																217	50JA20510J

续表 9-7

输送机代号	中心高 H /mm	适应倾角 δ /(°)	传动滚筒 D /mm	许用合力 /kN	图号	改向滚筒(增面轮) D_1 /mm	许用合力 /kN	图号	主要尺寸/mm A	A_1	C_1	C_2	h	E	L_1	L_2	L_3	重量 /kg	图 号
	1550	0~20																254	50JA20511J
	1650	0~20																260	50JA20512J
5050·2	1750	0~20	500	49	50A105	250	9	50B102	850	1010	890	1000	130	990	830	—	135	266	50JA20513J
	1850	0~20																271	50JA20514J
	1950	0~20																277	50JA20515J
	600	0																160	65JA2041J
	700	0~6																166	65JA2042J
	800	0~12								1150					750	1000	125	172	65JA2043J
	900	0~16																178	65JA2044J
	1000	0~20																184	65JA2045J
	1100	0~20																196	65JA2046J
	1200	0~20																202	65JA2047J
6540·2	1300	0~20	400	25	65A104	200	8	65B101	1000	1160	800	1050	110	900	740	—	135	209	65JA2048J
	1400	0~20																215	65JA2049J
	1500	0~20																222	65JA20410J
	1600	0~20																259	65JA20411J
	1700	0~20																265	65JA20412J
	1800	0~20								1160					740	—	135	271	65JA20413J
	1900	0~20																277	65JA20414J
	2000	0~20																278	65JA20415J
	550	0																164	65JA1051J
	650	0~6																170	65JA1052J
	750	0~12								1150					840	1050	125	176	65JA1053J
	850	0~16																182	65JA1054J
	950	0~20																188	65JA1055J
	1050	0~20																201	65JA1056J
	1150	0~20																206	65JA1057J
6550·1	1250	0~20	500	40	65A105	250	8	65B102	1000	1160	890	1100	130	990	830	—	135	214	65JA1058J
	1350	0~20																220	65JA1059J
	1450	0~20																226	65JA10510J
	1550	0~20																265	65JA10511J
	1650	0~20																270	65JA10512J
	1750	0~20								1160					830	—	135	276	65JA10513J
	1850	0~20																282	65JA10514J
	1950	0~20																287	65JA10515J
	550	0																164	65JA2051J
	650	0~6																170	65JA2052J
6550·2	750	0~12	500	59	65A205	250	8	65B102	1000	1150	890	1100	130	990	840	1050	125	176	65JA2053J
	850	0~16																182	65JA2054J
	950	0~20																188	65JA2055J

续表 9-7

输送机代号	中心高 H /mm	适应倾角 δ /(°)	传动滚筒 D /mm	传动滚筒 许用合力 /kN	传动滚筒 图号	改向滚筒(增面轮) D_1 /mm	改向滚筒(增面轮) 许用合力 /kN	改向滚筒(增面轮) 图号	主要尺寸/mm A	A_1	C_1	C_2	h	E	L_1	L_2	L_3	重量 /kg	图号
	1050	0~20																201	65JA2056J
	1150	0~20																206	65JA2057J
	1250	0~20								1160					830	—	135	214	65JA2058J
	1350	0~20																220	65JA2059J
6550·2	1450	0~20	500	59	65A205	250	8	65B102	1000		890	1100	130	990				226	65JA20510J
	1550	0~20																265	65JA20511J
	1650	0~20																270	65JA20512J
	1750	0~20								1160					830	—	135	276	65JA20513J
	1850	0~20																282	65JA20514J
	1950	0~20																285	65JA20515J
	485	0																172	65JA1061J
	585	0~4																178	65JA1062J
	685	0~8																184	65JA1063J
	785	0~12								1150					1130	1150	125	190	65JA1064J
	885	0~16																196	65JA1065J
	985	0~20																202	65JA1066J
	1085	0~20																217	65JA1067J
6563·1	1185	0~20	630	40	65A106	315	8	65B103	1000		1180	1200	130	1280				223	65JA1068J
	1285	0~20								1160					1120	—	135	229	65JA1069J
	1385	0~20																235	65JA10610J
	1485	0~20																241	65JA10611J
	1585	0~20																290	65JA10612J
	1685	0~20																294	65JA10613J
	1785	0~20								1160					1120	—	135	299	65JA10614J
	1885	0~20																304	65JA10615J
	1985	0~20																310	65JA10616J
	600	0																192	80JA2041J
	700	0~4																199	80JA2042J
	800	0~9								1460					740	1290	135	206	80JA2043J
	900	0~14																214	80JA2044J
	1000	0~19																221	80JA2045J
	1100	0~20																227	80JA2046J
	1200	0~20																235	80JA2047J
8040·2	1300	0~20	400	20	80A204	200	6	80B101	1300	1470	800	1350	110	900	730	—	145	241	80JA2048J
	1400	0~20																248	80JA2049J
	1500	0~20																254	80JA20410J
	1600	0~20																291	80JA20411J
	1700	0~20																296	80JA20412J
	1800	0~20								1470					730	—	145	302	80JA20413J
	1900	0~20																308	80JA20414J
	2000	0~20																315	80JA20415J

续表 9-7

输送机代号	中心高 H /mm	适应倾角 δ /(°)	传动滚筒 D /mm	传动滚筒 许用合力 /kN	传动滚筒 图号	改向滚筒(增面轮) D_1 /mm	改向滚筒(增面轮) 许用合力 /kN	改向滚筒(增面轮) 图号	主要尺寸/mm A	A_1	C_1	C_2	h	E	L_1	L_2	L_3	重量 /kg	图 号
	550	0																189	80JA1051J
	650	0~4																198	80JA1052J
	750	0~9								1460					740	1340	135	245	80JA1053J
	850	0~14																213	80JA1054J
	950	0~20																220	80JA1055J
	1050	0~20																227	80JA1056J
	1150	0~20																234	80JA1057J
8050·1	1250	0~20	500	30	80JA105	250	9	80B102	1300	1470	800	1400	130	900	730	—	145	241	80JA1058J
	1350	0~20																247	80JA1059J
	1450	0~20																253	80JA10510J
	1550	0~20																292	80JA10511J
	1650	0~20																298	80JA10512J
	1750	0~20								1470					730	—	145	304	80JA10513J
	1850	0~20																311	80JA10514J
	1950	0~20																317	80JA10515J
	550*	0																195	80JA2051J
	650	0~4																204	80JA2052J
	750	0~9								1460					830	1340	135	211	80JA2053J
	850	0~14																219	80JA2054J
	950	0~19																226	80JA2055J
	1050	0~20																233	80JA2056J
	1150	0~20																240	80JA2057J
8050·2	1250	0~20	500	40	80A205	250	9	80B102	1300		890	1400	145	990			145	246	80JA2058J
	1350	0~20																253	80JA2059J
	1450	0~20																259	80JA20510J
	1550	0~20								1470					820	—		299	80JA20511J
	1650	0~20																304	80JA20512J
	1750	0~20															145	311	80JA20513J
	1850	0~20																318	80JA20514J
	1950	0~20																324	80JA20515J
	485*	0																202	80JA1061J
	585	0~2																210	80JA1062J
	685	0~6																218	80JA1063J
	785	0~10								1470					1120	1340	135	225	80JA1064J
	885	0~14																232	80JA1065J
8063·1	985	0~17	630	50	80A106	315	12	80B103	1300		1180	1400	145	1290				240	80JA1066J
	1085	0~20																249	80JA1067J
	1185	0~20																255	80JA1068J
	1285	0~20								1480					1120	—	145	262	80JA1069J
	1385	0~20																268	80JA10610J
	1485	0~20																275	80JA10611J

续表 9-7

输送机代号	中心高 H /mm	适应倾角 δ /(°)	传动滚筒 D /mm	传动滚筒 许用合力 /kN	传动滚筒 图号	改向滚筒(增面轮) D_1 /mm	改向滚筒(增面轮) 许用合力 /kN	改向滚筒(增面轮) 图号	主要尺寸/mm A	A_1	C_1	C_2	h	E	L_1	L_2	L_3	重量 /kg	图　号
	1585	0 ~ 20																327	80JA10612J
	1685	0 ~ 20																334	80JA10613J
8063 · 1	1785	0 ~ 20	630	50	80A106	315	12	80B103	1300	1480	1180	1400	145	1290	1120	—	145	341	80JA10614J
	1885	0 ~ 20																347	80JA10615J
	1985	0 ~ 20																353	80JA10616J
	600	0																253	80JA1071J
	700	0 ~ 6																260	80JA1072J
	800	0 ~ 9								1470					1240	1390	135	268	80JA1073J
	900	0 ~ 13																275	80JA1074J
	1000	0 ~ 17																283	80JA1075J
	1100	0 ~ 20																289	80JA1076J
	1200	0 ~ 20																294	80JA1077J
8080 · 1	1300	0 ~ 20	800	50	80A107	400	20	80B104	1300	1480	1300	1450	145	1430	1230	—	145	301	80JA1078J
	1400	0 ~ 20																308	80JA1079J
	1500	0 ~ 20																314	80JA10710J
	1600	0 ~ 20																372	80JA10711J
	1700	0 ~ 20																377	80JA10712J
	1800	0 ~ 20								1480					1230	—	145	384	80JA10713J
	1900	0 ~ 20																390	80JA10714J
	2000	0 ~ 20																396	80JA10715J
	800	0																219	100JA1041J
	900	0 ~ 6																226	100JA1042J
	1000	0 ~ 10								1670					990	1290	135	233	100JA1043J
	1100	0 ~ 14																241	100JA1044J
	1200	0 ~ 18																248	100JA1045J
	1300	0 ~ 20																255	100JA1046J
10040 · 1	1400	0 ~ 20	400	30	100A104	250	6	100B102	1500	1680	1050	1350	130	1150	980	—	145	262	100JA1047J
	1500	0 ~ 20																269	100JA1048J
	1600	0 ~ 20																276	100JA1049J
	1700	0 ~ 20																304	100JA10410J
	1800	0 ~ 20								1680					980	—	145	312	100JA10411J
	1900	0 ~ 20																318	100JA10412J
	2000	0 ~ 20																324	100JA10413J
	750	0																219	100JA1051J
	850	0 ~ 6								1670					1040	1340	135	227	100JA1052J
	950	0 ~ 10																234	100JA1053J
	1050	0 ~ 14																241	100JA1054J
10050 · 1	1150	0 ~ 18	500	45	100A105	250	6	100B102	1500		1100	1400	1200	130				248	100JA1055J
	1250	0 ~ 20																255	100JA1056J
	1350	0 ~ 20								1680					1030	—	145	263	100JA1057J
	1450	0 ~ 20																268	100JA1058J
	1550	0 ~ 20																276	100JA1059J

续表 9-7

输送机代号	中心高 H /mm	适应倾角 δ /(°)	传动滚筒 D /mm	传动滚筒 许用合力 /kN	传动滚筒 图号	改向滚筒(增面轮) D_1 /mm	改向滚筒(增面轮) 许用合力 /kN	改向滚筒(增面轮) 图号	主要尺寸/mm A	A_1	C_1	C_2	h	E	L_1	L_2	L_3	重量 /kg	图号
10050·1	1650	0~20	500	45	100A105	250	6	100B102	1500	1680	1100	1400	1200	130	1030	—	145	306	100JA10510J
	1750	0~20																313	100JA10511J
	1850	0~20																320	100JA10512J
	1950	0~20																326	100JA10513J
10050·2	750	0	500	75	100A205	250	6	100B102	1500	1670	1180	1400	130	1280	1120	1340	135	224	100JA2051J
	850	0~6																232	100JA2052J
	950	0~10																239	100JA2053J
	1050	0~14																249	100JA2054J
	1150	0~18								1680					1110	—	145	254	100JA2055J
	1250	0~20																261	100JA2056J
	1350	0~20																267	100JA2057J
	1450	0~20																275	100JA2058J
	1550	0~20																282	100JA2059J
	1650	0~20								1680					1110	—	145	314	100JA20510J
	1750	0~20																321	100JA20511J
	1850	0~20																327	100JA20512J
	1950	0~20																334	100JA20513J
10063·1	685	0	630	40	100A106	315	11	100B103	1500	1670	1180	1450	145	1290	1120	1390	135	223	100JA1061J
	785	0~6																230	100JA1062J
	885	0~10																238	100JA1063J
	985	0~14																245	100JA1064J
	1085	0~18								1680					1110	—	145	253	100JA1065J
	1185	0~20																259	100JA1066J
	1285	0~20																266	100JA1067J
	1385	0~20																273	100JA1068J
	1485	0~20																280	100JA1069J
	1585	0~20								1680					1110	—	145	333	100JA10610J
	1685	0~20																340	100JA10611J
	1785	0~20																347	100JA10612J
	1885	0~20																353	100JA10613J
	1985	0~20																360	100JA10614J
10080·1	600*	0	800	73	100A107	400	18	100B104	1500	1670	1300	1500	165	1430	1240	1440	135	261	100JA1071J
	700	0~2																269	100JA1072J
	800	0~6																276	100JA1073J
	900	0~10																284	100JA1074J
	1000	0~14																291	100JA1075J
	1100	0~20								1680					1230	—	145	295	100JA1076J
	1200	0~20																302	100JA1077J
	1300	0~20																308	100JA1078J
	1400	0~20																315	100JA1079J
	1500	0~20																322	100JA10710J

续表 9-7

输送机代号	中心高 H /mm	适应倾角 δ /(°)	传动滚筒 D /mm	传动滚筒 许用合力 /kN	传动滚筒 图号	改向滚筒(增面轮) D_1 /mm	改向滚筒(增面轮) 许用合力 /kN	改向滚筒(增面轮) 图号	主要尺寸/mm A	A_1	C_1	C_2	h	E	L_1	L_2	L_3	重量 /kg	图 号
	1600	0~20																375	100JA10711J
	1700	0~20																382	100JA10712J
10080·1	1800	0~20	800	73	100A107	400	18	100B104	1500	1680	1300	1500	165	1430	1230	—	145	391	100JA10713J
	1900	0~20																398	100JA10714J
	2000	0~20																405	100JA10715J
	700	0~2																339	100JA1081J
	800	0~4																348	100JA1082J
	900	0~8								1680					1430	1480	155	357	100JA1083J
	1000	0~12																365	100JA1084J
	1100	0~14																384	100JA1085J
	1200	0~18																393	100JA1086J
100100·1	1300	0~20	1000	80	100A108	500	35	100B105	1500	1690	1500	1550	165	1645	1420	—	165	401	100JA1087J
	1400	0~20																410	100JA1088J
	1500	0~20																418	100JA1089J
	1600	0~20																497	100JA10810J
	1700	0~20																505	100JA10811J
	1800	0~20								1690					1420	—	165	513	100JA10812J
	1900	0~20																520	100JA10813J
	2000	0~20																529	100JA10814J
	750	0																270	120JA1051J
	850	0~2								1920					1040	1400	145	278	120JA1052J
	950	0~6																285	120JA1053J
	1050	0~10																293	120JA1054J
	1150	0~14																292	120JA1055J
	1250	0~18																299	120JA1056J
12050·1	1350	0~20	500	60	120A105	250	6	120B102	1750	1930	1100	1460	145	1200	1030	—	155	326	120JA1057J
	1450	0~20																314	120JA1058J
	1550	0~20																322	120JA1059J
	1650	0~20																383	120JA10510J
	1750	0~20								1930					1030	—	155	389	120JA10511J
	1850	0~20																395	120JA10512J
	1950	0~20																402	120JA10513J
	685*	0																278	120JA1061J
	785	0~2								1920					1120	1440	145	286	120JA1062J
	885	0~6																293	120JA1063J
	985	0~10																300	120JA1064J
12063·1	1085	0~14	630	52	120A106	315	17	120B203	1750		1180	1500	165	1310				302	120JA1065J
	1185	0~18																309	120JA1066J
	1285	0~20								1930					1110	—	155	315	120JA1067J
	1385	0~20																322	120JA1068J
	1485	0~20																329	120JA1069J

续表 9-7

输送机代号	中心高 H /mm	适应倾角 δ /(°)	传动滚筒 D /mm	许用合力 /kN	图号	改向滚筒(增面轮) D_1 /mm	许用合力 /kN	图号	主要尺寸/mm A	A_1	C_1	C_2	h	E	L_1	L_2	L_3	重量 /kg	图号
	1585	0~20																399	120JA10610J
	1685	0~20																404	120JA10611J
12063·1	1785	0~20	630	52	120A106	315	17	120B203	1750	1930	1180	1500	165	1310	1110	—	155	410	120JA10612J
	1885	0~20																416	120JA10613J
	1985	0~20																422	120JA10614J
	—	—																—	—
	700	0																287	120JA1072J
	800	0~4								1920					1240	1440	145	294	120JA1073J
	900	0~6																302	120JA1074J
	1000	0~10																309	120JA1075J
	1100	0~14																315	120JA1076J
	1200	0~18																321	120JA1077J
12080·1	1300	0~20	800	80	120A107	400	17	120B104	1750	1930	1300	1500	165	1430	1230	—	155	328	120JA1078J
	1400	0~20																335	120JA1079J
	1500	0~20																342	120JA10710J
	1600	0~20																415	120JA10711J
	1700	0~20																420	120JA10712J
	1800	0~20								1930					1230	—	155	426	120JA10713J
	1900	0~20																433	120JA10714J
	2000	0~20																439	120JA10715J
	700	0																344	120JA1081J
	800	0~4																353	120JA1082J
	900	0~7								1930					1430	1480	145	362	120JA1083J
	1000	0~10																371	120JA1084J
	1100	0~14																390	120JA1085J
	1200	0~16																398	120JA1086J
	1300	0~20													1420		165	406	120JA1087J
120100·1	1400	0~20	1000	80	120A108	500	30	120B105	1750		1500	1550	165	1645				415	120JA1088J
	1500	0~20																423	120JA1089J
	1600	0~20								1940								506	120JA10810J
	1700	0~20																514	120JA10811J
	1800	0~20													1420	—	165	521	120JA10812J
	1900	0~20																529	120JA10813J
	2000	0~20																538	120JA10814J
	800	0																332	140JA1073J
	900	0~4													1230	1480	155	341	140JA1074J
	1000	0~8																349	140JA1075J
14080·1	1100	0~12	800	100	140A107	400	25	140B204	2050	2230	1300	1550	180	1445				365	140JA1076J
	1200	0~16																373	140JA1077J
	1300	0~18													1220	—	165	382	140JA1078J
	1400	0~20																391	140JA1079J
	1500	0~20																400	140JA10710J

续表 9-7

输送机代号	中心高 H /mm	适应倾角 δ /(°)	传动滚筒			改向滚筒(增面轮)			主要尺寸/mm									重量/kg	图号
			D /mm	许用合力/kN	图号	D_1 /mm	许用合力/kN	图号	A	A_1	C_1	C_2	h	E	L_1	L_2	L_3		
	1600	0~20																469	140JA10711J
	1700	0~20																477	140JA10712J
14080·1	1800	0~20	800	100	140A107	400	25	140B204	2050	2230	1300	1550	180	1445	1220	—	165	485	140JA10713J
	1900	0~20																493	140JA10714J
	2000	0~20																501	140JA10715J
	700*	0																415	140JA1081J
	800	0~2													1420	1520	165	427	140JA1082J
	900	0~6																439	140JA1083J
	1000	0~8																451	140JA1084J
	1100	0~12																437	140JA1085J
	1200	0~16																446	140JA1086J
	1300	0~18													1420	—	165	453	140JA1087J
140100·1	1400	0~20	1000	100	140A108	500	25	140B105	2050	2240	1500	1600	180	1645				462	140JA1088J
	1500	0~20																470	140JA1089J
	1600	0~20																559	140JA10810J
	1700	0~20																567	140JA10811J
	1800	0~20													1420	—	165	575	140JA10812J
	1900	0~20																581	140JA10813J
	2000	0~20																589	140JA10814J

表 9-8 H_0、Y 值表

mm

输送机代号	托辊直径 D	H_0、Y	δ										
			0°	2°	4°	6°	8°	10°	12°	14°	16°	18°	20°
4040·1	63.5	H_0	241	272	304	336	369	403	437	472	508	545	584
		Y	810	810	812	819	823	832	843	850	864	876	891
	76	H_0	251	282	314	346	379	413	447	482	518	555	594
		Y	810	810	813	820	824	834	845	852	865	879	895
	89	H_0	261	292	324	356	389	423	457	492	528	565	604
		Y	810	811	813	822	826	836	847	854	868	882	899
5040·1	63.5	H_0	256	287	319	352	385	418	453	488	524	562	600
		Y	810	810	812	819	823	832	843	850	864	876	891
	76	H_0	266	297	329	362	395	428	463	498	534	572	610
		Y	810	810	812	820	824	834	845	852	865	879	895
	89	H_0	276	307	339	372	405	438	473	508	544	582	620
		Y	810	811	813	822	826	836	847	854	868	882	899
5050·1 5050·2	63.5	H_0	231	266	301	336	372	409	447	485	524	565	606
		Y	900	902	906	910	916	923	931	940	951	963	976
	76	H_0	241	276	311	346	383	419	457	495	535	575	617
		Y	900	903	906	911	917	924	933	943	953	966	980
	89	H_0	251	285	321	356	393	429	467	506	545	586	627
		Y	900	903	907	912	919	926	935	945	956	969	983

续表 9-8

输送机代号	托辊直径 D	H_0、Y	δ										
			0°	2°	4°	6°	8°	10°	12°	14°	16°	18°	20°
6540·1 6540·2	76	H_0	280	312	344	377	410	444	478	514	550	587	626
		Y	810	810	824	817	821	830	833	841	850	860	871
	89	H_0	290	322	354	387	420	454	488	524	560	597	636
		Y	810	810	814	818	823	829	836	844	853	863	874
	108	H_0	300	332	364	397	430	464	498	534	570	607	646
		Y	810	810	816	821	827	834	842	857	861	873	886
6550·1 6550·2	76	H_0	256	291	326	361	398	435	472	511	550	591	633
		Y	900	903	907	913	919	927	936	946	958	971	985
	89	H_0	266	301	336	372	408	445	482	521	561	601	643
		Y	900	904	908	914	921	929	938	949	961	974	989
	108	H_0	296	331	366	402	438	475	513	552	592	633	675
		Y	900	905	910	917	925	934	945	956	969	984	1000
6563·1 6563·2	76	H_0	223	268	313	359	405	452	500	549	599	650	703
		Y	1190	1191	1194	1198	1203	1210	1219	1229	1241	1254	1270
	89	H_0	233	278	323	369	415	462	510	559	609	661	714
		Y	1190	1191	1194	1199	1205	1212	1221	1231	1244	1258	1274
	108	H_0	263	308	353	399	445	493	541	590	641	692	746
		Y	1190	1192	1196	1202	1209	1217	1227	1239	1252	1267	1285
8040·1 8040·2	89	H_0	300	332	364	396	429	463	498	534	570	608	647
		Y	810	812	815	819	824	830	838	846	854	866	878
	108	H_0	300	332	364	396	429	463	498	534	570	608	647
		Y	810	813	817	822	828	835	843	852	862	874	887
	133	H_0	300	332	364	396	429	463	498	534	570	608	647
		Y	810	814	819	825	833	841	850	861	873	886	900
8050·1 8050·2	89	H_0	320	355	391	427	464	501	540	579	620	661	704
		Y	900	904	909	915	922	931	940	951	964	977	992
	108	H_0	345	380	416	452	489	527	565	605	646	688	731
		Y	900	905	911	918	926	935	945	957	971	985	1001
	133	H_0	380	415	451	487	524	562	601	641	682	724	768
		Y	900	906	913	921	931	941	953	966	981	997	1014
8063·1 8063·2	89	H_0	288	333	378	425	472	519	568	618	669	721	775
		Y	1190	1192	1195	1200	1206	1214	1223	1234	1247	1261	1277
	108	H_0	313	358	403	450	497	545	594	644	695	748	802
		Y	1190	1193	1197	1202	1209	1218	1228	1240	1254	1269	1286
	133	H_0	348	393	439	485	532	580	629	680	731	785	839
		Y	1190	1194	1199	1206	1214	1224	1236	1249	1264	1280	1299
8080·1 8080·2	89	H_0	245	294	344	394	446	497	550	604	659	716	773
		Y	1310	1309	1309	1311	1315	1321	1328	1336	1347	1360	1374
	108	H_0	270	319	369	419	471	523	576	630	685	742	801
		Y	1310	1309	1311	1314	1319	1325	1333	1343	1354	1368	1383
	133	H_0	305	354	404	455	506	558	612	666	722	779	838
		Y	1310	1311	1314	1318	1324	1331	1340	1351	1364	1379	1396

续表 9-8

输送机代号	托辊直径 D	H_0、Y	δ										
			0°	2°	4°	6°	8°	10°	12°	14°	16°	18°	20°
10040·1	108	H_0	300	340	381	422	465	507	550	595	641	687	783
		Y	1060	1069	1078	1090	1102	1116	1132	1149	1167	1188	1210
	133	H_0	300	340	381	422	465	507	550	595	641	687	783
		Y	1060	1069	1080	1092	1106	1120	1137	1155	1175	1196	1219
	159	H_0	—	—	—	—	—	—	—	—	—	—	—
		Y	—	—	—	—	—	—	—	—	—	—	—
10050·1 10050·2	108	H_0	375	417	460	503	542	592	638	686	734	784	836
		Y	1110	1113	1116	1121	1128	1136	1145	1156	1169	1183	1199
	133	H_0	375	417	460	503	542	592	638	686	734	784	836
		Y	1110	1113	1118	1124	1131	1140	1151	1163	1176	1191	1108
	159	H_0	375	417	460	503	542	592	638	686	734	784	830
		Y	1110	1115	1121	1129	1138	1148	1160	1174	1189	1206	1225
10063·1 10063·2	108	H_0	379	424	470	516	564	612	661	712	764	817	872
		Y	1190	1195	1201	1208	1217	1228	1240	1254	1270	1287	1307
	133	H_0	404	449	495	541	589	637	687	738	790	843	899
		Y	1190	1195	1202	1211	1221	1232	1245	1260	1277	1295	1316
	159	H_0	449	494	540	587	634	683	733	784	836	891	947
		Y	1190	1197	1206	1216	1227	1240	1255	1272	1290	1310	1332
10080·1	108	H_0	336	386	435	486	537	590	643	698	754	811	871
		Y	1310	1311	1315	1320	1327	1335	1345	1357	1370	1386	1404
	133	H_0	361	411	460	511	563	615	669	724	780	838	897
		Y	1310	1312	1317	1323	1330	1339	1350	1363	1377	1394	1413
	159	H_0	406	456	506	556	608	661	715	770	827	885	945
		Y	1310	1314	1320	1327	1336	1347	1360	1374	1390	1409	1429
100100·1	108	H_0	286	344	402	460	520	580	642	705	769	835	903
		Y	1510	1508	1508	1511	1514	1520	1528	1538	1550	1564	1580
	133	H_0	311	369	427	486	545	606	668	731	755	861	930
		Y	1510	1509	1510	1513	1518	1525	1533	1544	1557	1572	1589
	159	H_0	356	414	472	531	591	652	714	777	842	909	978
		Y	1510	1511	1513	1518	1524	1533	1543	1555	1570	1586	1605
12050	108	H_0	375	417	460	503	542	592	638	686	734	784	836
		Y	1110	1114	1119	1125	1133	1142	1153	1165	1179	1195	1212
	133	H_0	375	417	460	503	542	592	638	686	734	784	836
		Y	1110	1114	1120	1128	1136	1147	1158	1171	1186	1203	1221
	159	H_0	375	417	460	503	542	592	638	686	734	784	836
		Y	1110	1116	1123	1131	1141	1152	1165	1179	1195	1213	1232
12063·1 12063·2	108	H_0	424	469	515	561	609	657	707	758	810	864	920
		Y	1190	1196	1203	1212	1222	1234	1248	1263	1280	1299	1320
	133	H_0	449	494	540	587	634	683	733	784	836	891	947
		Y	1190	1197	1205	1214	1226	1239	1253	1269	1287	1307	1329
	159	H_0	479	524	570	617	665	713	763	815	868	922	979
		Y	1190	1198	1207	1218	1230	1244	1259	1277	1296	1317	1340

续表 9-8

输送机代号	托辊直径 D	H_0、Y	δ										
			0°	2°	4°	6°	8°	10°	12°	14°	16°	18°	20°
12080·1	108	H_0	381	430	480	531	583	635	689	744	801	859	919
		Y	1310	1313	1317	1324	1331	1341	1352	1365	1380	1397	1416
	133	H_0	406	455	506	556	608	661	715	770	827	885	945
		Y	1310	1314	1319	1326	1335	1345	1357	1371	1387	1405	1425
	159	H_0	436	485	536	587	638	691	745	801	858	917	977
		Y	1310	1315	1321	1329	1339	1351	1364	1379	1396	1415	1436
120100·1	108	H_0	331	387	444	502	561	620	681	742	806	871	938
		Y	1510	1510	1511	1514	1519	1526	1535	1547	1560	1575	1593
	133	H_0	356	412	469	527	586	645	706	768	832	897	965
		Y	1510	1510	1513	1517	1523	1531	1541	1553	1567	1583	1602
	159	H_0	386	442	599	557	616	676	737	799	863	929	997
		Y	1510	1511	1515	1520	1527	1536	1547	1560	1575	1593	1613
14080·1	108	H_0	420	469	520	570	622	675	729	784	841	900	960
		Y	1310	1314	1319	1327	1335	1346	1358	1373	1389	1407	1427
	133	H_0	450	499	550	601	653	706	760	815	872	931	992
		Y	1310	1315	1322	1330	1340	1351	1365	1380	1397	1416	1438
	159	H_0	480	529	580	631	683	736	790	846	904	963	1024
		Y	1310	1316	1324	1333	1344	1357	1371	1389	1406	1426	1449
140100·1	108	H_0	370	426	483	541	600	660	720	783	847	912	980
		Y	1510	1511	1513	1517	1523	1531	1541	1554	1568	1584	1603
	133	H_0	400	456	514	571	630	690	751	814	878	944	1012
		Y	1510	1512	1515	1520	1528	1537	1548	1561	1577	1594	1614
	159	H_0	430	486	544	602	660	721	782	845	909	975	1044
		Y	1510	1513	1517	1524	1532	1542	1554	1569	1585	1604	1625

表 9-9 传动滚筒围包角 φ 值表 (°)

输送机代号	托辊直径 D /mm	δ										
		0°	2°	4°	6°	8°	10°	12°	14°	16°	18°	20°
4040·1	63.5	184	184	184	184	184	184	184	183	183	183	183
	76	183	183	183	183	183	183	183	183	183	183	183
	89	182	182	182	182	181	181	181	181	181	181	181
5040·1	63.5	183	183	183	183	183	183	183	183	183	182	182
	76	182	182	182	182	182	182	182	182	182	182	182
	89	182	182	182	182	181	181	181	181	181	181	181
5050·1 5050·2	63.5	188.6	188.5	188.5	188.4	188.4	188.3	188.2	188	187.8	187.6	187.5
	76	187.9	187.8	187.8	187.7	187.7	187.6	187.5	187.4	187.3	187.1	187.1
	89	187.3	187.3	187.3	187.2	187.2	187.2	187.2	187	186.8	186.6	186.5
6540·1 6540·2	76	181	181	181	181	181	181	181	181	181	181	181
	89	181	181	181	181	181	181	181	181	181	181	181
	108	180	180	180	180	180	180	180	180	180	180	180
6550·1 6550·2	76	187.2	187.2	187.1	187	186.9	186.8	186.7	186.6	186.4	186.2	186
	89	186.5	186.5	186.4	186.3	186.3	186.2	186.1	186.0	185.9	185.8	185.7
	108	184.7	184.7	184.6	184.5	184.5	184.4	184.3	184.3	184.2	184.1	184
6563·1 6563·2	76	191.4	191.4	191.3	191.2	191.2	191	190.9	190.8	190.7	190.6	190.4
	89	190.8	190.8	190.7	190.6	190.6	190.5	190.4	190.4	190.3	190.3	190
	108	189.5	189.5	189.4	189.3	189.3	189.2	189.1	189.0	189.9	188.8	188.6

续表 9-9

输送机代号	托辊直径 D /mm	δ										
		0°	2°	4°	6°	8°	10°	12°	14°	16°	18°	20°
8040·1 8040·2	89	180	180	180	180	180	180	180	180	180	180	180
	108	180	180	180	180	180	180	180	180	180	180	180
	133	180	180	180	180	180	180	180	180	180	180	180
8050·1 8050·2	89	183.3	183.3	183.2	183.2	183.1	183.1	183.0	183.0	182.9	182.8	182.7
	108	181.8	181.8	181.7	181.7	181.6	181.6	181.5	181.5	181.4	181.4	181.3
	133	180	180	180	180	180	180	180	180	180	180	180
8063·1 8063·2	89	188.4	188.4	188.3	188.2	188.1	188.0	187.8	187.7	187.6	187.5	187.4
	108	187.2	187.2	187.1	187.1	187.0	187.0	186.9	186.9	186.8	186.8	186.7
	133	185.6	185.6	185.5	185.5	185.4	185.4	185.3	185.3	185.2	185.2	185.1
8080·1 8080·2	89	195	194.9	194.8	194.7	194.5	194.3	194.1	193.9	193.7	193.5	193.4
	108	193.7	193.7	193.6	193.5	193.4	193.2	193	192.8	192.6	192.5	192.4
	133	192.3	192.2	192.1	192	191.9	191.8	191.6	191.4	191.3	191.1	191
10040·1	108	180	180	180	180	180	180	180	180	180	180	180
	133	180	180	180	180	180	180	180	180	180	180	180
	159	180	180	180	180	180	180	180	180	180	180	180
10050·1 10050·2	108	180	180	180	180	180	180	180	180	180	180	180
	133	180	180	180	180	180	180	180	180	180	180	180
	159	180	180	180	180	180	180	180	180	180	180	180
10063·1 10063·2	108	184.3	184.3	184.2	184.1	184	183.9	183.8	183.8	183.7	183.6	183.5
	133	183.3	183.2	183.1	183	182.9	182.8	182.7	182.6	182.6	182.5	182.4
	159	181.1	181.1	181	181	180.9	180.8	180.7	180.7	180.6	180.6	180.5
10080·1	108	191	190.9	190.8	190.7	190.6	190.5	190.3	190.1	189.9	189.7	189.4
	133	189.9	189.8	189.8	189.7	189.5	189.4	189.2	189	188.8	188.7	188.5
	159	188.2	188.1	188	187.8	187.7	187.6	187.5	187.3	187.1	186.9	186.8
100100·1	108	197.3	197.2	197.1	196.9	196.7	196.5	196.2	196	195.8	195.6	195.3
	133	196.2	196.1	196	195.9	195.7	195.5	195.3	195.1	194.9	194.6	194.3
	159	194.7	194.6	194.5	194.3	194.1	193.9	193.6	193.4	193.2	193	192.7
12050·1	108	180	180	180	180	180	180	180	180	180	180	180
	133	180	180	180	180	180	180	180	180	180	180	180
	159	180	180	180	180	180	180	180	180	180	180	180
12063·1 12063·2	108	182.2	182.2	182.2	182.1	182.1	182.1	182.1	182.1	182.1	182	181.9
	133	181.1	181.1	181.1	181.1	181.1	181.1	181	181	181	181	181
	159	180	180	180	180	180	180	180	180	180	180	180
12080·1	108	189.3	189.2	189.1	189	188.9	188.7	188.5	188.3	188.1	187.9	187.7
	133	188.2	188.1	188	187.9	187.8	187.6	187.4	187.3	187.1	187	186.8
	159	186.8	186.7	186.6	186.5	186.4	186.3	186.3	186.1	186	185.8	185.6
120100·1	108	195.6	195.5	195.4	195.3	195.1	194.9	194.7	194.4	194.1	193.8	193.4
	133	194.6	194.5	194.4	194.2	194	193.8	193.6	193.3	193	192.7	192.4
	159	193.4	193.3	193.2	193	192.9	192.7	192.5	192.2	191.9	191.6	191.3
14080·1	108	187.6	187.5	187.4	187.3	187.2	187.1	186.9	186.8	186.7	186.6	186.4
	133	186.3	186.2	186.1	186	185.9	185.8	185.8	185.7	185.6	185.5	185.3
	159	185	185	184.9	184.8	184.8	184.7	184.6	184.5	184.4	184.3	184.2
140100·1	108	194.1	194	193.9	193.8	193.6	193.4	193.2	193	192.7	192.4	192.1
	133	193	192.9	192.8	192.7	192.5	192.3	192	191.8	191.6	191.4	191
	159	191.8	191.7	191.6	191.5	191.4	191.3	191.1	190.8	190.5	190.2	189.9

表 9-10 头架地脚底板尺寸

mm

带宽 B	滚筒直径 D	低式头架				中式头架				高式头架			
		a	b	b_1	e	a	b	b_1	e	a	b	b_1	e
400	400	175	185	120	60	165	—	190	70	180	—	205	70
500	400												
	500												
650	500	175	185	120	60	165	—	190	70	180	—	205	70
	650												
800	500	180	205	140	70	170	—	210	80	185	—	225	80
	630												
	800												
1000	630	180	205	140	70	170	—	210	80		—	225	80
	800	180	205	140	70	170	—	210	80	185	—	225	80
	1000	185	225	160	80	175	—	230	90		—	245	90
1200	630		205	140	70	170	—	210	80	185	—	225	80
	800	180	205	140	70	170	—	210	80	185	—	225	80
	1000		225	160	80	175	—	230	90	190	—	245	90
1400	800	185	225	160	80	175	—	230	90	185	—	245	90
	1000	190	245	180	90		—	230		190	—		

9.2 角形改向滚筒头架（H 型钢）

角形改向滚筒头架（H 型钢）示于图 9-4，相关参数如表 9-11 及表 9-12 所示。

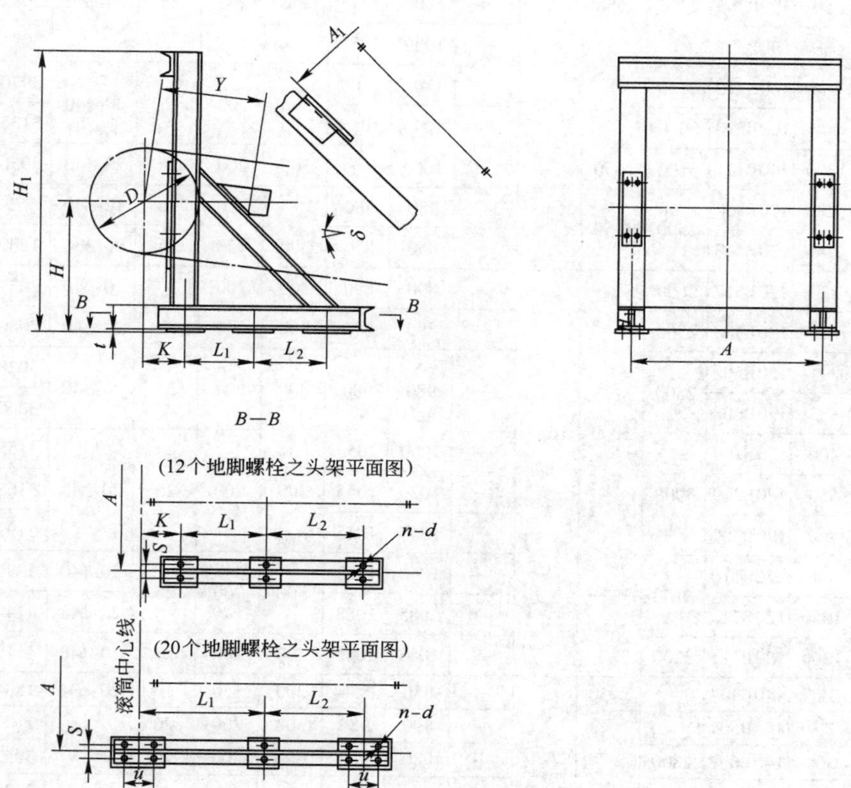

图 9-4 角形改向滚筒头架（H 型钢）示意图

说明：滚筒与支架连接之紧固件已包括在本部件内。

表 9-11 配套滚筒、主要尺寸

输送机代号	中心高 H /mm	改向滚筒			主要尺寸/mm										重量 /kg	图 号
		D /mm	许用合力 /kN	图号	H_1	A	A_1	K	L_1	L_2	u	S	t	n-d		
8063	885	630	100	80B306	2000	1300	1150	287	480	480	—	100	16	12-ϕ34	521	80JB3060T
			170	80B406		1400		342			—	150	16	12-ϕ40	709	80JB4060T
8080	1000	800	170	80B307	2200	1400		342	480	480	—	150	16	12-ϕ40	726	80JB3070T
	1100		250	80B407	2400			—	850	850	300	150	16	20-ϕ34	1410	80JB4070T
80100	1100	1000	240	80B108	2500			—	880	880	300	150	16	20-ϕ34	1446	80JB1080T
			330	80B208				—	850	850	300	150			1436	80JB2080T
			400	80B308				—	890	890	300	200	20	20-ϕ40	1957	80JB3080T
80125	1200	1250	400	80B109	2800			—	980	980	300	200	25	20-ϕ40	2943	80JB1090T
	1300		550	80B209	2850			—	1000	1055					3033	80JB2090T
			800	80B309		1450		—	1020	1055	300	200	25	20-ϕ40	3045	80JB3090T
10063	885	630	168	100B406	2100		1350	341	480	480	—	150	16	12-ϕ40	733	100JB4060T
10080	1100	800	168	100B307	2400	1600		341	480	480	—	150	16	12-ϕ40	758	100JB3070T
			220	100B407	2500			—	850	850	300	150	16	20-ϕ34	1463	100JB4070T
			300	100B507		1650		—	890	890	300	200	20	20-ϕ40	1987	100JB5070T
100100	1100	1000	290	100B308	2600	1600		—	850	850	300	150	16	20-ϕ34	1478	100JB3080T
			387	100B408		1650		—	890	890	300	200	20	20-ϕ40	2007	100JB4080T
			429	100B508	2700			—	930	930	300	200	25	20-ϕ40	2892	100JB5080T
100125	1200	1250	400	100B109	2900			—	995	995	300	200	25	20-ϕ40	3036	100JB1090T
			550	100B209				—	1000	1055					3082	100JB209T
			660	100B309				—	1020	1055					3094	100JB309T
100140	1300	1400	600	100B110	3100			—	1100	1100	300	200	25	20-ϕ40	3970	100JB1100T
			900	100B210	3000			—	1040	1055					3135	100JB2100T
100160	1300	1600	1200	100B111	3100	1650		—	1060	1063	300	200	25	20-ϕ40	3956	100JB1110T
12080	1100	800	150	120B307	2500	1850	1600	342	480	480	—	150	16	12-ϕ40	779	120JB3070T
			200	120B407				—	850	850	300	150	16	20-ϕ34	1509	120JB4070T
			230	120B507	2600	1900		—	890	890	300	200	20	20-ϕ40	2037	120JB5070T
120100	1100	1000	351	120B408	2700			—	890	890	300	200	20	20-ϕ40	2056	120JB4080T
	1200		391	120B508	2800			—	980	980	300	200	25	20-ϕ40	3028	120JB5080T
			437	120B608											3040	120JB6080T
120125	1300	1250	400	120B109	3000			—	1000	1055	300	200	25	20-ϕ40	3155	120JB1090T
			550	120B209				—	1020	1055					3168	120JB2090T
			800	120B309				—	1040	1055					3199	120JB309T
120140	1300	1400	900	120B110	3100			—	1060	1063	300	200	25	20-ϕ40	3999	120JB1100T
			1050	120B210		2050		—	1085	1088				20-ϕ48	4144	120JB2100T
120160	1400	1600	1200	120B111	3200			—	1085	1088	300	200	25	20-ϕ48	4179	120JB1110T
14080	1100	800	186	140B407	2600	2050	1810	—	850	850	300	150	16	20-ϕ34	1534	140JB4070T
			214	140B507		2100		—	890	985	300	200	20	20-ϕ40	2107	140JB5070T
			300	140B607	2800			—	980	980	300	200	20		3052	140JB6070T
140100	1200	1000	331	140B408	2800			—	890	985	300	200	20	20-ϕ40	2128	140JB4080T
			361	140B508	2900			—	980	980					3080	140JB5080T
			400	140B608				—	1000	980					3110	140JB6080T
			427	140B708											3115	140JB7080T

续表 9-11

输送机代号	中心高 H /mm	改向滚筒			主要尺寸/mm										重量/kg	图号
		D /mm	许用合力/kN	图号	H_1	A	A_1	K	L_1	L_2	u	S	t	n-d		
140125	1300	1250	400	140B109	3100	2100	1810	—	1000	1055	300	200	25	20-ϕ40	3180	140JB1090T
			500	140B209				—	1020	1055					3194	140JB2090T
			600	140B309				—	1040	1055					3266	140JB3090T
			900	140B409				—	1060	1038					4020	140JB4090T
			1050	140B509		2250		—	1085	1063	300	20	25	20-ϕ48	4164	140JB5090T
140140	1300	1400	600	140B110	3100	2100		—	1040	1055	300	200	25	20-ϕ40	3265	140JB1100T
			900	140B210				—	1060	1063					4048	140JB2100T
			1050	140B310				—	1085	1088				20-ϕ40	4180	140JB3100T
140160	1400	1600	1200	140B111	3300	2250		—	1085	1088	300	200	25	20-ϕ48	4251	140JB1110T
			1600	140B211												140JB2110T
16080	1100	800	320	160B607	2700	2300	2060	—	980	980	300	200	25	20-ϕ40	3061	160JB6070T
			450	160B707				—	1000	980	300	200	25	20-ϕ40	3090	160JB7070T
160100	1200	1000	520	160B508	2900	2350		—	1020	1055	300	200	25	20-ϕ40	3211	160JB5080T
			800	160B608				—	1040	1055	300	200			3246	160JB6080T
160125	1300	1250	450	160B109	3100			—	1020	1055	300	200	25	20-ϕ40	3267	160JB1090T
			520	160B209				—	1040	1055					3302	160JB2090T
			800	160B309				—	1060	1036					4078	160JB3090T
			1200	160B409		2450		—	1085	1088				20-ϕ48	4199	160JB4090T
160140	1300	1400	520	160B110	3200	2350		—	1040	1055	300	200	25	20-ϕ40	3246	160JB1100T
			800	160B210				—	1060	1063					4135	160JB2100T
			1200	160B310		2450		—	1085	1088				20-ϕ48	4256	160JB3100T
160160	1400	1600	800	160B111	3300	2350		—	1060	1063	300	200	25	20-ϕ40	4171	160JB1110T
			1200	160B211		2450		—	1085	1088	300	200	25	20-ϕ48	4291	160JB2110T
			1600	160B311												160JB3110T
18080	1100	800	320	180B407	2800	2500	2260	—	980	980	300	200	25	20-ϕ40	3022	180JB4070T
			450	180B507				—	1020	1055					3216	180JB5070T
180100	1200	1000	520	180B408	3000	2550		—	1020	1055	300	200	25	20-ϕ40	3271	180JB4080T
			800	180B508				—	1040	1055					3307	180JB5080T
180125	1300	1250	520	180B109	3200			—	1020	1055	300	200	25	20-ϕ40	3327	180JB1090T
			800	180B209				—	1060	1038					4154	180JB2090T
			1200	180B309		2650		—	1085	1088				20-ϕ48	4276	180JB3090T
180140	1300	1400	800	180B110	3300	2550		—	1060	1063	300	200	25	20-ϕ40	4212	180JB1100T
			1200	180B210		2650			1085	1088				20-ϕ48	4332	180JB2100T
			1600	180B310												180JB3100T
180160	1400	1600	800	180B111	3400	2550		—	1060	1063	300	200	25	20-ϕ40	4248	180JB1110T
			1200	180B211		2650		—	1085	1088	300	200	25	20-ϕ48	4368	180JB2110T
			1600	180B311												180JB3110T

续表 9-11

输送机代号	中心高 H /mm	D /mm	改向滚筒 许用合力/kN	改向滚筒 图号	主要尺寸/mm H_1	A	A_1	K	L_1	L_2	u	S	t	n-d	重量/kg	图号
20080	1100	800	320	200B407	2900	2700	2490	—	980	980	300	200	25	20-ϕ40	3184	200JB4070T
			550	200B507		2750		—	1020	1055					3278	200JB5070T
200100	1200	1000	520	200B508	3100			—	1020	1055	300	200	25	20-ϕ40	3334	200JB5080T
			650	200B608				—	1040	1055					3369	200JB6080T
200125	1300	1250	520	200B109	3300			—	1020	1055	300	200	25	20-ϕ40	3334	200JB1090T
			800	200B209				—	1060	1038					4232	200JB2090T
			1200	200B309		2850		—	1085	1088				20-ϕ48	4352	200JB3090T
200140	1300	1400	800	200B110	3400	2750		—	1060	1063	300	200	25	20-ϕ40	4290	200JB1100T
			1200	200B210		2850		—	1085	1088				20-ϕ48	4410	200JB2100T
			1600	200B310												200JB3100T
200160	1400	1600	800	200B111	3500	2850		—	1085	1088	300	200	25	20-ϕ48	4445	200JB1110T
			1200	200B211												200JB2110T

表 9-12 Y 值表

mm

输送机代号	许用合力/kN	托辊直径 D	图号	δ 0°	2°	4°	6°	8°	10°	12°	14°	16°	18°
8063	100	89	80JB3060T	763	792	824	859	899	944	995	1052	1118	1195
		108		788	818	852	890	932	980	1033	1094	1163	1244
		133		823	856	892	943	979	1030	1087	1152	1227	1312
	170	89	80JB4060T	914	948	986	1028	1075	1128	1188	1257	1336	1427
		108		939	975	1014	1058	1108	1163	1226	1297	1379	—
		133		974	1012	1054	1101	1154	1213	1279	1354	1440	—
8080	170	89	80JB3070T	703	727	753	783	816	854	897	946	1002	1067
		108		728	754	782	814	849	890	935	987	1047	1116
		133		763	791	822	857	896	940	989	1046	1110	1185
	250	89	80JB4070T	882	912	945	983	1025	1074	1129	1192	1265	1350
		108		907	939	974	1014	1058	1109	1167	1233	1309	1398
		133		942	976	1014	1057	1104	1158	1220	1290	1370	1463
80100	240	89	80JB1080T	831	856	884	915	951	992	1038	1092	1154	1226
		108		856	883	912	946	984	1028	1077	1134	1199	1275
		133		891	920	953	989	1031	1078	1131	1192	1262	1344
	330	89	80JB2080T	782	805	831	861	894	934	979	1031	1091	1162
		108		807	832	860	892	928	969	1017	1071	1135	1209
		133		842	869	900	935	974	1019	1070	1128	1196	1274
	400	89	80JB3080T	866	892	922	955	994	1038	1088	1146	1214	1293
		108		891	919	950	986	1027	1073	1126	1187	1257	1340
		133		926	956	991	1029	1073	1122	1179	1244	1318	1407
80125	400	89	80JB1090T	865	887	911	940	972	1009	1052	1102	1160	1228
		108		890	913	940	970	1005	1045	1091	1144	1205	1277
		133		925	951	980	1014	1052	1095	1145	1202	1269	1346
	550	89	80JB2090T	871	893	918	948	982	1022	1068	1150	1185	1260
		108		896	920	945	980	1016	1059	1108	1165	1232	1310
		133		931	957	987	1022	1061	1106	1159	1219	1290	1373

续表 9-12

输送机代号	许用合力/kN	托辊直径 D	图 号	δ 0°	2°	4°	6°	8°	10°	12°	14°	16°	18°
80125	800	89	80JB3090T	871	893	918	948	982	1022	1068	1150	1185	1260
		108		896	920	945	980	1016	1059	1108	1165	1232	1310
		133		931	957	987	1022	1061	1106	1159	1219	1290	1373
10063	168	108	100JB4060T	1001	1041	1085	1134	1188	1250	1319	1397	1486	1589
		133		1026	1068	1114	1165	1222	1285	1357	1438	1531	1638
		159		1071	1116	1166	1220	1281	1350	1426	1513	1612	1727
10080	168	108	100JB3070T	701	727	756	787	823	863	909	960	1019	1088
		133		726	754	784	818	856	899	947	1002	1064	1137
		159		771	802	836	874	916	963	1016	1077	1146	1225
	220	108	100JB4070T	969	1005	1044	1088	1138	1193	1256	1328	1410	1505
		133		994	1031	1073	1119	1171	1229	1295	1369	1455	1554
		159		1039	1079	1125	1175	1231	1293	1364	1444	1536	1642
	300	108	100JB5070T	1047	1086	1129	1177	1231	1291	1360	1439	1529	1634
		133		1072	1112	1157	1207	1263	1327	1398	1480	1526	1681
		159		1117	1161	1209	1263	1323	1390	1466	1553	1651	—
100100	290	108	100JB3080T	869	897	929	965	1005	1051	1102	1161	1229	1308
		133		894	924	958	996	1038	1086	1141	1203	1275	1358
		159		939	972	1010	1051	1098	1151	1210	1278	1356	1446
	387	108	100JB4080T	953	984	1019	1059	1103	1153	1210	1275	1350	1437
		133		978	1011	1048	1090	1136	1189	1249	1317	1395	1486
		159		1023	1059	1100	1145	1196	1253	1318	1392	1476	1574
	429	108	100JB5080T	1088	1124	1165	1211	1262	1321	1387	1462	1549	1650
		133		1113	1151	1194	1242	1296	1356	1425	1504	1594	1699
		159		1158	1199	1246	1297	1355	1420	1494	1579	1675	1787
100125	400	108	100JB1090T	993	1021	1054	1090	1132	1179	1233	1295	1367	1451
		133		1018	1048	1082	1121	1165	1215	1272	1337	1412	1500
		159		1063	1097	1134	1177	1225	1279	1341	1412	1493	1588
	550	108	100JB2090T	952	980	1011	1147	1089	1136	1190	1253	1326	1412
		133		977	1007	1040	1078	1122	1171	1228	1294	1370	1459
		159		1022	1055	1092	1134	1181	1235	1296	1367	1449	1544
	660	108	100JB3090T	952	980	1011	1047	1089	1136	1190	1253	1326	1412
		133		977	1007	1040	1078	1122	1171	1228	1294	1370	1459
		159		1022	1055	1092	1134	1181	1235	1296	1367	1449	1544
100140	600	108	100JB1100T	1078	1107	1140	1177	1220	1269	1325	1390	1465	1553
		133		1103	1134	1169	1208	1253	1305	1364	1432	1510	1602
		159		1148	1182	1220	1264	1313	1369	1433	1507	1591	1690
	900	108	100JB2100T	897	920	947	978	1014	1055	1103	1159	1225	1302
		133		902	947	976	1009	1047	1090	1141	1200	1269	1349
		159		967	995	1027	1064	1106	1154	1209	1273	1347	1434
100160	1200	108	100JB1110T	895	915	938	965	997	1035	1079	1131	1193	1267
		133		920	941	966	996	1030	1070	1117	1172	1237	1314
		159		965	990	1018	1051	1089	1134	1185	1245	1315	1398

续表 9-12

输送机代号	许用合力/kN	托辊直径 D	图号	δ									
				0°	2°	4°	6°	8°	10°	12°	14°	16°	18°
12080	150	108	120JB3070T	736	764	795	831	870	913	962	1018	1082	1156
		133		761	791	825	861	903	949	1001	1060	1128	1205
		159		791	823	859	899	943	992	1047	1110	1182	1264
	200	108	120JB4070T	1004	1042	1084	1132	1184	1243	1310	1386	1473	1573
		133		1029	1069	1113	1162	1217	1279	1349	1428	1518	1622
		159		1059	1101	1148	1199	1257	1322	1395	1478	1572	1681
	230	108	120JB5070T	1082	1123	1169	1220	1277	1341	1413	1496	1590	1699
		133		1107	1150	1198	1251	1310	1376	1451	1536	1634	—
		159		1137	1182	1232	1287	1349	1418	1496	1585	1686	—
120100	351	108	120JB4080T	988	1022	1060	1102	1150	1204	1265	1335	1415	1508
		133		1013	1049	1089	1133	1183	1240	1304	1377	1460	1557
		159		1043	1081	1123	1170	1223	1283	1350	1427	1514	1616
	391	108	120JB5080T	1123	1162	1205	1254	1309	1371	1440	1520	1612	1718
		133		1148	1189	1234	1285	1342	1406	1479	1562	1657	1767
		159		1178	1221	1269	1322	1382	1449	1525	1612	1711	1826
	437	108	120JB6080T	1117	1156	1200	1249	1303	1366	1438	1520	1614	1722
		133		1142	1183	1228	1279	1337	1402	1476	1560	1657	1770
		159		1172	1215	1263	1316	1376	1444	1521	1609	1710	1827
120125	400	108	120JB1090T	993	1023	1056	1094	1137	1186	1242	1305	1379	1465
		133		1018	1050	1085	1125	1170	1222	1280	1347	1424	1514
		159		1048	1082	1120	1162	1210	1264	1326	1397	1478	1573
	550	108	120JB2090T	993	1023	1056	1094	1137	1186	1242	1305	1379	1465
		133		1018	1050	1085	1125	1170	1222	1280	1347	1424	1514
		159		1048	1082	1120	1162	1210	1264	1326	1397	1478	1573
	800	108	120JB3090T	1007	1038	1073	1113	1158	1210	1269	1338	1419	1509
		133		1032	1065	1102	1144	1191	1245	1307	1378	1460	1556
		159		1062	1097	1136	1181	1231	1288	1352	1427	1513	1613
120140	900	108	120JB1100T	1036	1065	1097	1134	1176	1224	1279	1343	1416	1502
		133		1061	1091	1126	1165	1209	1260	1318	1384	1461	1551
		159		1091	1124	1160	1202	1249	1303	1364	1434	1575	1610
	1050	108	120JB2100T	1080	1111	1146	1186	1232	1286	1348	1421	1505	1604
		133		1105	1137	1174	1217	1266	1322	1386	1461	1549	1651
		159		1135	1170	1209	1254	1305	1364	1432	1510	1601	1707
120160	1200	108	120JB1110T	880	900	923	951	984	1022	1067	1121	1185	1261
		133		905	927	952	982	1017	1058	1105	1162	1229	1308
		159		935	959	986	1018	1056	1100	1151	1211	1282	1365
14080	186	108	140JB4070T	1053	1093	1138	1187	1243	1305	1375	1454	1545	1650
		133		1083	1125	1173	1224	1282	1347	1421	1504	1599	1709
		159		1113	1158	1207	1261	1322	1390	1467	1554	1654	1768
	214	108	140JB5070T	1206	1253	1305	1363	1428	1500	1582	1674	1780	1902
		133		1236	1285	1340	1400	1467	1542	1627	1723	1832	1958
		159		1266	1317	1374	1437	1507	1585	1672	1772	1885	2014

续表 9-12

输送机代号	许用合力/kN	托辊直径 D	图号	δ 0°	2°	4°	6°	8°	10°	12°	14°	16°	18°
14080	300	108	140JB6070T	1246	1295	1348	1408	1475	1550	1634	1729	1838	1964
		133		1276	1327	1383	1445	1514	1592	1679	1778	1891	2020
		159		1306	1359	1417	1482	1555	1634	1724	1826	1943	2077
140100	331	108	140JB4080T	1032	1068	1108	1153	1203	1259	1323	1396	1480	1577
		133		1062	1100	1142	1190	1243	1302	1370	1446	1534	1636
		159		1092	1132	1177	1227	1282	1345	1416	1496	1588	1695
	361	108	140JB5080T	1146	1187	1234	1285	1343	1409	1483	1567	1664	1776
		133		1176	1220	1268	1322	1383	1451	1528	1616	1716	1832
		159		1206	1257	1302	1359	1422	1493	1573	1664	1768	1888
	400	108	140JB6080T	1192	1234	1280	1332	1391	1457	1531	1616	1714	1826
		133		1222	1266	1315	1369	1431	1499	1577	1666	1768	1885
		159		1252	1298	1349	1406	1470	1542	1624	1716	1822	1944
	427	108	140JB7080T										
		133											
		159											
140125	400	108	140JB1090T										
		133											
		159											
	500	108	140JB2090T										
		133											
		159											
	600	108	140JB3090T	1062	1095	1131	1172	1219	1272	1332	1401	1481	1573
		133		1092	1127	1166	1209	1259	1315	1378	1451	1535	1632
		159		1122	1159	1200	1246	1299	1358	1425	1501	1589	1691
	900	108	140JB4090T	1135	1170	1210	1254	1305	1362	1427	1501	1587	1687
		133		1165	1202	1244	1291	1344	1405	1473	1551	1641	1746
		159		1195	1235	1279	1329	1384	1448	1519	1601	1695	1805
	1050	108	140JB5090T										
		133											
		159											
140140	600	108	140JB1100T	1085	1116	1150	1190	1235	1286	1344	1411	1488	1579
		133		1115	1148	1185	1227	1274	1328	1390	1461	1542	1638
		159		1145	1180	1219	1264	1314	1371	1436	1511	1597	1696
	900	108	140JB2100T	1059	1090	1126	1167	1213	1266	1327	1398	1479	1575
		133		1089	1122	1160	1203	1252	1308	1372	1446	1532	1632
		159		1119	1155	1195	1240	1292	1351	1418	1495	1584	1688
	1050	108	140JB3100T										
		133											
		159											
140160	1200	108	140JB1110T										
		133											
		159											
16080	320	133	160JB6070T	1426	1484	1548	1619	1676	1786	1884	1996	2124	2270
		159		1456	1516	1582	1656	1737	1828	1930	2045	2176	2327
		194		—	—	—	—	—	—	—	—	—	—

续表 9-12

输送机代号	许用合力/kN	托辊直径 D	图号	δ									
				0°	2°	4°	6°	8°	10°	12°	14°	16°	18°
16080	450	133	160JB7070T	1446	1505	1570	1641	1721	1810	1910	2024	2153	2302
		159		1476	1537	1604	1678	1760	1852	1956	2072	2205	2359
		194		—	—	—	—	—	—	—	—	—	—
160100	520	133	160JB5080T	1321	1372	1428	1490	1560	1638	1727	1827	1942	2074
		159		1351	1404	1462	1527	1600	1681	1772	1877	1994	2131
		194		—	—	—	—	—	—	—	—	—	—
	800	133	160JB6080T	1341	1392	1449	1513	1584	1663	1753	1855	1971	2105
		159		1371	1425	1484	1550	1623	1705	1798	1903	2023	2162
		194		—	—	—	—	—	—	—	—	—	—
160125	450	133	160JB1090T	1096	1134	1177	1224	1278	1339	1408	1487	1578	1683
		159		1126	1166	1211	1261	1318	1381	1453	1536	1630	1740
		194		—	—	—	—	—	—	—	—	—	—
	520	133	160JB2090T	1116	1155	1198	1247	1302	1364	1434	1515	1607	1714
		159		1146	1187	1232	1284	1341	1406	1479	1563	1659	1771
		194		—	—	—	—	—	—	—	—	—	—
	800	133	160JB3090T	1189	1270	1277	1329	1387	1454	1529	1615	1713	1828
		159		1219	1263	1311	1366	1427	1496	1374	1663	1766	1885
		194		—	—	—	—	—	—	—	—	—	—
	1200	133	160JB4090T										
		159											
		194		—	—	—	—	—	—	—	—	—	—
160140	520	133	160JB1100T	1041	1074	1112	1155	1203	1254	1321	1392	1476	1573
		159		1071	1114	1157	1203	1254	1313	1379	1455	1543	1645
		194		—	—	—	—	—	—	—	—	—	—
	800	133	160JB2100T	1139	1176	1217	1265	1318	1379	1448	1528	1619	1786
		159		1169	1208	1252	1302	1358	1421	1493	1576	1671	1782
		194		—	—	—	—	—	—	—	—	—	—
	1200	133	160JB3100T										
		159											
		194		—	—	—	—	—	—	—	—	—	—
160160	800	133	160JB1110T	1039	1069	1103	1142	1187	1238	1297	1365	1445	1538
		159		1069	1101	1137	1179	1226	1280	1342	1414	1497	1594
		194		—	—	—	—	—	—	—	—	—	—
	1200	133	160JB2110T										
		159											
		194		—	—	—	—	—	—	—	—	—	—
18080	320	133	180JB4070T	1451	1505	1577	1650	1730	1821	1922	2036	2167	2317
		159		1481	1543	1611	1686	1770	1863	1967	2085	2220	2374
		194		1521	1586	1657	1736	1822	1919	2028	2150	2289	2449
	450	133	180JB5070T	1546	1609	1679	1756	1842	1938	2045	2167	2306	2465
		159		1576	1642	1714	1793	1881	1980	2091	2216	2358	2522
		194		1616	1684	1759	1842	1934	2037	2151	2281	2428	2597

续表 9-12

输送机代号	许用合力/kN	托辊直径 D	图　号	δ									
				0°	2°	4°	6°	8°	10°	12°	14°	16°	18°
180100	520	133	180JB4080T	1346	1399	1457	1521	1593	1674	1764	1818	1985	2121
		159		1376	1431	1491	1558	1632	1716	1810	1916	2038	2178
		194		1416	1474	1537	1607	1685	1772	1870	1981	2108	2253
	800	133	180JB5080T	1366	1419	1478	1544	1616	1698	1790	1895	2115	2153
		159		1396	1451	1513	1580	1656	1741	1836	1944	2067	2209
		194		1436	1494	1558	1630	1709	1797	1896	2009	2137	2284
180125	520	133	180JB1090T	1121	1161	1205	1255	1311	1374	1446	1528	1622	1730
		159		1151	1193	1240	1292	1350	1417	1491	1576	1674	1787
		194		1191	1246	1296	1352	1415	1485	1565	1655	1758	1878
	800	133	180JB2090T	1214	1257	1305	1360	1420	1489	1567	1655	1757	1875
		159		1244	1287	1340	1396	1460	1531	1612	1704	1809	1932
		194		1284	1332	1386	1446	1512	1588	1672	1769	1879	2039
	1200	133	180JB3090T										
		159											
		194											
180140	800	133	180JB1100T	1164	1203	1246	1296	1351	1414	1486	1566	1663	1773
		159		1194	1235	1281	1332	1391	1456	1531	1617	1714	1830
		194		1234	1278	1327	1382	1443	1513	1591	1681	1785	1905
	1200	133	180JB2100T										
		159											
		194											
180160	800	133	180JB1110T	1064	1096	1132	1173	1220	1273	1335	1406	1488	1585
		159		1094	1128	1166	1210	1259	1315	1385	1454	1540	1641
		194		1134	1171	1212	1259	1312	1372	1440	1519	1610	1716
	1200	133	180JB2110T										
		159											
		194											
20080	320	133	200JB4070T	1476	1538	1605	1680	1763	1856	1960	2077	2211	2364
		159		1516	1581	1651	1729	1769	1912	2020	2142	2281	2440
		194		1556	1623	1697	1779	1868	1969	2081	2207	2351	2515
	550	133	200JB5070T	1571	1636	1708	1787	1875	1973	2084	2208	2349	2512
		159		1611	1679	1754	1836	1927	2029	2143	2271	2412	2588
		194		1651	1722	1800	1885	1980	2086	2204	2337	2489	2663
200100	520	133	200JB5080T	1371	1425	1485	1552	1626	1709	1802	1908	2029	2168
		159		1411	1468	1531	1601	1678	1765	1863	1973	2099	2244
		194		1451	1511	1577	1650	1731	1822	1923	2038	2169	2319
	650	133	200JB6080T	1391	1446	1507	1574	1649	1734	1828	1936	2057	2200
		159		1431	1489	1553	1623	1702	1790	1889	2001	2128	2275
		194		1471	1532	1599	1673	1755	1846	1949	2065	2198	2350

续表 9-12

输送机代号	许用合力/kN	托辊直径 D	图 号	δ									
				0°	2°	4°	6°	8°	10°	12°	14°	16°	18°
	520	133	200JB1090T	1146	1188	1234	1286	1344	1409	1484	1568	1665	1777
		159		1186	1030	1280	1335	1396	1466	1514	1633	1735	1853
		194		1226	1273	1326	1384	1449	1522	1604	1698	1805	1928
200125	800	133	200JB2090T	1239	1284	1334	1390	1453	1524	1604	1676	1801	1922
		159		1279	1327	1380	1439	1506	1580	1665	1761	1870	1998
		194		1319	1370	1426	1489	1558	1637	1725	1825	1939	2073
	1200	133	200JB3090T										
		159											
		194											
200140	800	133	200JB1100T	1189	1230	1275	1326	1384	1449	1523	1609	1706	1820
		159		1229	1272	1321	1375	1436	1506	1584	1673	1776	1895
		194		1269	1314	1367	1425	1489	1562	1644	1738	1846	1971
	1200	133	200JB2100T										
		159											
		194											
200160	800	133	200JB1110T										
		159											
		194											

9.3 中部传动滚筒支架

9.3.1 中部传动滚筒支架（ZT）

本支架可用于中部双传动工况，与中部传动滚筒支架（ZW）成对配置；也可用于中部单传动或头-中部双传动工况而单独设置。无论是哪种用途，布置时斜梁上的改向滚筒均应朝向输送机头部传动（或改向）滚筒方向。

改向滚筒的受力会因支架位置的不同而有所不同，因而本支架配用的改向滚筒不可能适用于所有工况。设计人员如对改向滚筒另有选择，可由制造厂另行配设合适的支架或自己设计。考虑到这种情况，有些列入表中的支架只给出了参数而并未做出设计。如有实际需要，可与两主编单位联系。

中部传动滚筒支架（ZT）如图 9-5 所示，相关参数列于表 9-13。

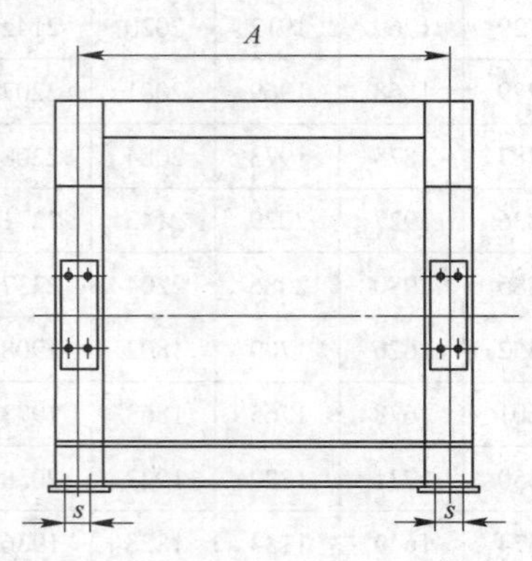

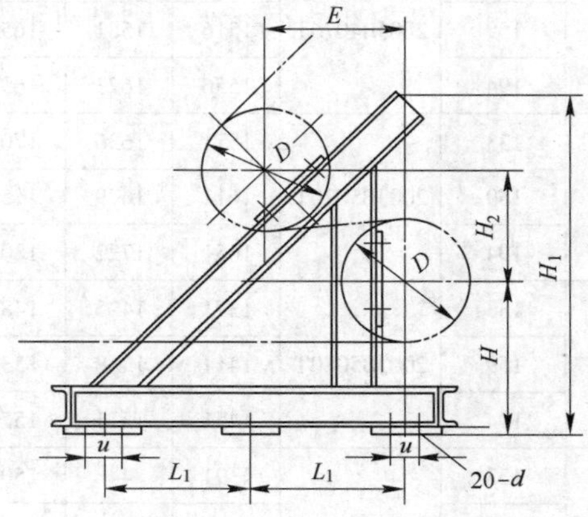

图 9-5 中部传动滚筒支架（ZT）示意图

说明：滚筒与支架连接之紧固件已包括在本部件内。

表 9-13 配套滚筒、主要尺寸

输送机代号	滚筒直径 D /mm	传动滚筒		改向滚筒		主要尺寸/mm									重量 /kg	图号
		许用合力 /kN	图号	许用合力 /kN	图号	A	H	H_1	H_2	E	L_1	u	s	d		
8063	630	80	80A206	73	80B206	1300	1000	1945	630	573	785	150	100	ϕ28	744	80JA2060ZT
		100	80A306	100	80B306					624	800				767	80JA3060ZT
8080	800	160	80A407	170	80B307	1400		2220	800	592	820	200	150	ϕ34	1082	80JA4070ZT
80100	1000	240	80A408	240	80B108	1400	1000	2382	1000	753	955	250	200	ϕ40	2161	80JA4080ZT
		310	80A508	330	80B208					810				ϕ40	2213	80JA5080ZT
		400	80A608	400	80B308	1450		2602		761	970	300	200	ϕ48		80JA6080ZT
80125	1250	270	80A109	400	80B109	1400	1100	2848	1250	904	1150	250	200	ϕ40	2571	80JA1090ZT
		320	80A209	550	80B209	1450	1300	3034		1118	1300	300	200	ϕ48	3336	80JA2090ZT
		450	80A309	800	80B309										3344	80JA3090ZT
		520	80A409	800	80B409			3135		1082						80JA4090ZT
10080	800	160	100A307	168	100B307	1600	1000	2220	800	592	820	200	150	ϕ34	1100	100JA3070ZT
		190	100A407	220	100B407			2199		722	830	250	150	ϕ34	1540	100JA4070ZT
		320	100A507	300	100B507	1650				736	830	250	200	ϕ40		100JA5070ZT
100100	1000	210	100A408	290	100B308	1600	1000	2399	1000	748	943	250	150	ϕ34	1634	100JA4080ZT
		330	100A508	387	100B408	1650	1000	2382		810	955	250	200	ϕ40	2251	100JA5080ZT
		400	100A608	429	100B508			2602		782	970	300	200	ϕ48		100JA6080ZT
100125	1250	320	100A109	400	100B109		1100	2849	1250	904	1150	250	200	ϕ40	2635	100JA1090ZT
		450	100A209	550	100B209		1300	3034		1118	1300	300	200	ϕ48	3368	100JA2090ZT
		520	100A309	660	100B309									ϕ48	3385	100JA3090ZT
		660	100A409	660	100B309			3135		1082	1300	300	200	ϕ48		100JA4090ZT
100140	1400	450	100A110	600	100B110		1300	3184	1400	968	1300	300	200	ϕ48	3416	100JA1100ZT
		520	100A210	900	100B210		1350	3277		1046				ϕ48	4551	100JA2100ZT
		660	100A310	900	100B210	1650										100JA3100ZT
100160	1600	520	100A111	1200	100B111		1400	3327	1400	1260	1350	300	200	ϕ48		100JA1110ZT
		660	100A211	1200	100B111	1800				1310						100JA2110ZT
12080	800	140	120A307	150	120B307	1850	1000	2220	800	592	820	200	150	ϕ34	1124	120JA3070ZT
		180	120A407	200	120B407			2199		722	830	250	150	ϕ34	1577	120JA4070ZT
		290	120A507	230	120B507					736						120JA5070ZT
120100	1000	290	120A508	351	120B408	1900		2382	1000	810	955	250	200	ϕ40	2288	120JA5080ZT
		330	120A608	391	120B508			2602		782	970			ϕ48	2418	120JA6080ZT
		450	120A708	437	120B608			2840		1268	1200	300	200	ϕ48		120JA7080ZT
120125	1250	320	120A109	400	120B109		1300	3034	1250	1118	1300	300	200	ϕ48	3409	120JA1090ZT
		450	120A209	550	120B209									ϕ48	3426	120JA2090ZT
		520	120A309	550	120B209		1350	3277		1046				ϕ48	4604	120JA3090ZT
		660	120A409	800	120B309			3241		1116						120JA4090ZT
120140	1400	520	120A110	900	120B110		1350	3277	1400	1060	1300	300	200	ϕ48	4624	120JA1100ZT
		660	120A210	1050	120B210					1060				ϕ48	4638	120JA2100ZT
		800	120A310	1050	120B210	2050		3277		1145	1325	300	200	ϕ48		120JA3100ZT
120160	1600	660	120A111	1200	120B111		1400	3327		1295	1325	300	200	ϕ48		120JA1110ZT
		800	120A211	1200	120B111					1345	1350					120JA2110ZT
14080	800	170	140A307	186	140B407	2050	1000	2199	800	722	830	250	150	ϕ34	1607	140JA3070ZT
		210	140A407	214	140B507	2100				736				ϕ34	2023	140JA4070ZT
		320	140A507	300	140B607			3462		908	950	250	200	ϕ40		140JA5070ZT

续表 9-13

输送机代号	滚筒直径 D /mm	传动滚筒		改向滚筒		主要尺寸/mm									重量 /kg	图号
		许用合力 /kN	图号	许用合力 /kN	图号	A	H	H_1	H_2	E	L_1	u	s	d		
		210	140A308	236	140B308	2050		2399		748	943	250	150	$\phi34$	1701	140JA3080ZT
140100	1000	260	140A408	331	140B408		1000	2382	1000	810	955	250	200	$\phi40$	2317	140JA4080ZT
		300	140A508	361	140B508			2562		788	990	300	200	$\phi48$	2515	140JA5080ZT
		450	140A608	400	140B608			2840		1268	1200					140JA6080ZT
		260	140A109	400	140B109			3149		1068				$\phi48$	4597	140JA1090ZT
140125	1250	450	140A209	400	140B109	2100	1300		1250		1300	300	200	$\phi48$	4613	140JA2090ZT
		520	140A309	600	140B309			3135		1088				$\phi48$	4630	140JA3090ZT
		660	140A409	900	140B409			3241		1130						140JA4090ZT
		520	140A110	600	140B110					1046	1300	300	200	$\phi48$	4647	140JA1100ZT
140140	1400	800	140A210	900	140B210		1350	3277	1400	1060				$\phi48$	4680	140JA2100ZT
		1050	140A310	1050	140B310					1145	1325	300	200	$\phi48$		140JA3100ZT
140160	1600	800	140A111	1200	140B111	2250	1400	3327	1400	1295	1325	300	200	$\phi48$		140JA1110ZT
		1050	140A211	1200	140B111					1345	1350					140JA2110ZT
16080	800	320	160A407	320	160B607	2300	1000	2362	800	908	950	250	150	$\phi40$	2459	140JA4070ZT
		450	160A507	450	160B707	2350	1300	2640		1068	1000	300	200	$\phi48$	3994	160JA5070ZT
		320	160A308	320	160B308	2300	1000	2562		788	990	250	150	$\phi40$	2545	160JA3080ZT
160100	1000	450	160A408	450	160B408			2840	1000	1268	1200				4341	160JA4080ZT
		520	160A508	520	160B508		1300					300	200	$\phi48$	4357	160JA5080ZT
		650	160A608	800	160B608			3091		1232	1300				4615	160JA6080ZT
		450	160A109	450	160B109					1218					4590	160JA1090ZT
160125	1250	520	160A209	520	160B209	2350	1300	3091	1250	1218	1300	300	200	$\phi48$	4598	160JA2090ZT
		650	160A309	800	160B309					1232					4615	160JA3090ZT
		800	160A409	800	160B309			3277		1210					4733	160JA4090ZT
		520	160A110	520	160B110					1046	1300	300	200	$\phi48$	4700	160JA1100ZT
160140	1400	800	160A210	800	160B210		1350	3277	1400	1060				$\phi48$	4733	160JA2100ZT
		1050	160A310	1200	160B310	2450				1145	1325	300	200	$\phi48$		160JA3100ZT
		520	160A111	800	160B111	2350				1240						160JA1110ZT
160160	1600	800	160A211	800	160B111		1400	3327	1400	1260	1350	300	200	$\phi48$		160JA2110ZT
		1200	160A311	1200	160B211	2450				1345						160JA3110ZT
18080	800	450	180A407	320	180B407	2500	1000	2362	800	908	950	250	150	$\phi40$	2489	180JA4070ZT
		520	180A507	450	180B507	2550		2640		1068	1000	300	200	$\phi48$	4045	180JA5070ZT
		520	180A308	450	180B308			2840		1268	1200			$\phi48$	4383	180JA3080ZT
180100	1000	650	180A408	520	180B408				1000			300	200	$\phi48$	4399	180JA4080ZT
		800	180A508	800	180B508		1300	3091		1498	1300				4658	180JA5080ZT
		450	180A109	520	180B109	2550				1218				$\phi48$	4640	180JA1090ZT
180125	1250	520	180A209	800	180B209			3091	1250	1246	1300	300	200	$\phi48$	4678	180JA2090ZT
		650	180A309	800	180B209									$\phi48$	4692	180JA3090ZT
		450	180A110	800	180B110					1060	1300				4762	180JA1100ZT
180140	1400	800	180A210	800	180B110		1350	3277	1400			300	200	$\phi48$	4776	180JA2100ZT
		1050	180A310	1200	180B210	2650				1145	1325					180JA3100ZT
180160	1600	800	180A111	800	180B111	2550	1400	3327	1400	1260	1350	300	200	$\phi48$		180JA1110ZT
		1050	180A211	1200	180B211	2650				1345						180JA2110ZT
20080	800	450	200A407	320	200B407	2700	1000	2362	800	908	950	250	150	$\phi40$	2518	200JA4070ZT
		520	200A507	550	200B507	2750	1300	2640		1068	1000	300	200	$\phi48$	4087	200JA5070ZT

续表 9-13

输送机代号	滚筒直径 D /mm	传动滚筒		改向滚筒		主要尺寸/mm									重量 /kg	图　号
		许用合力 /kN	图号	许用合力 /kN	图号	*A*	*H*	H_1	H_2	*E*	L_1	*u*	*s*	*d*		
200100	1000	520	200A308	320	200B308	2750	1300	2840	1000	1268	1200	300	200	ϕ48	4426	200JA3080ZT
		650	200A408	450	200B408									ϕ48	4441	200JA4080ZT
		800	200A508	650	200B608			3091		1482	1300				4700	200JA5080ZT
200125	1250	450	200A109	520	200B109					1218				ϕ48	4683	200JA1090ZT
		520	200A209	800	200B209			3091	1250	1246	1300	300	200	ϕ48	4720	200JA2090ZT
		800	200A309	800	299B209					1246					4734	200JA3090ZT
200140	1400	450	200A110	800	200B110		1350	3277	1400	1060	1300	300	200	ϕ48	4804	200JA1100ZT
		800	200A210	800	200B110									ϕ48	4818	200JA2100ZT
		1200	200A310	1200	200B210	2850				1145	1325			ϕ48		200JA3100ZT
200160	1600	800	200A111	800	200B111	2750	1400	3327	1400	1295	1325	300	200	ϕ48		200JA1110ZT
		1200	200A211	1200	200B211	2850				1359	1350					200JA2110ZT

9.3.2　中部传动滚筒支架（ZW）

本支架可用于中部双传动工况，与中部传动滚筒支架（ZT）成对配置；也可用于中部单传动或头-中部双传动而单独设置。无论是哪种用途，布置时应使斜梁上的改向滚筒朝向输送机尾部改向滚筒方向。

改向滚筒的受力会因支架位置的不同而有所不同，因而本支架配用的改向滚筒不可能适用于所有工况。设计人员如对改向滚筒另有选择，可由制造厂另行配设合适的支架或自己设计。考虑到这种情况，有些列入表中的支架只给出了参数而并未做出设计。如有实际需要，可与两主编单位联系。

中部传动滚筒支架（ZW）如图 9-6 所示，相关参数则列于表 9-14。

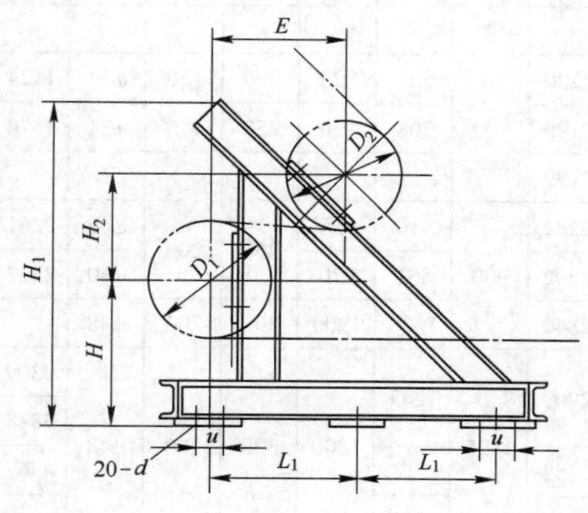

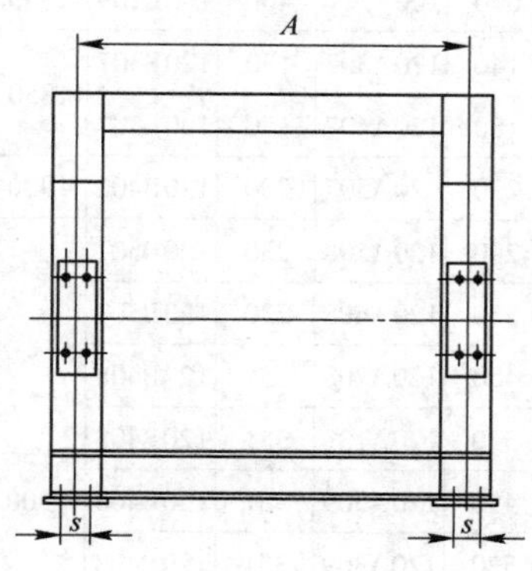

图 9-6　中部传动滚筒支架（ZW）示意图

说明：滚筒与支架连接之紧固件已包括在本部件内。

表 9-14　配套滚筒、主要尺寸　　mm

输送机代号	滚筒直径 D_1/D_2	传动滚筒		改向滚筒		主要尺寸									重量 /kg	图　号
		许用合力 /kN	图号	许用合力 /kN	图号	*A*	*H*	H_1	H_2	*E*	L_1	*u*	*s*	*d*		
8063	630/630	80	80A206	50	80B106	1300	1000	1931	630	545	785	150	100	ϕ28	736	80JA2060ZW
		100	80A306	50	80B106					574	800				753	80JA3060ZW
8080	800/630	160	80A407	170	80B406			2128	715	677	820	200	150	ϕ34	1071	80JA4070ZW
80100	1000/800	240	80A408	170	80B307	1400		2303	900	853	855	250	200	ϕ40	2139	80JA4080ZW
		310	80A508	170	80B307										2156	80JA5080ZW
		400	80A608	250	800B407			2602		847	970			ϕ48		80JA6080ZW

续表 9-14

输送机代号	滚筒直径 D_1/D_2	传动滚筒		改向滚筒		主要尺寸									重量/kg	图号
		许用合力/kN	图号	许用合力/kN	图号	A	H	H_1	H_2	E	L_1	u	s	d		
80125	1250/1000	270	80A109	240	80B108	1400	1100	2779	1125	917	1150	250	200	$\phi40$	2470	80JA1090ZW
		320	80A209	240	80B108	1450	1300	2973		1116	1300	300	200	$\phi48$	3242	80JA2090ZW
		450	80A309	330	80B208			2959		1144					3280	80JA3090ZW
		520	80A409	400	800B308			3135		1079						80JA4090ZW
10080	800/630	160	100A307	168	100B406	1600	1000	2128	715	677	820	200	150	$\phi34$	1089	100JA3070ZW
		190	100A407	168	100B406			2130		778	830	250	150		1519	100JA4070ZW
	800/800	320	100A507	220	100B407	1650		2199		722	830	250	200	$\phi40$		100JA5070ZW
100100	1000/800	210	100A408	220	100B407	1600		2299	900	848	943	250	150	$\phi34$	1616	100JA4080ZW
		330	100A508	220	100B407	1650		2296		882	955	250	200	$\phi40$	2220	100JA5080ZW
		400	100A608	300	100B507			2602		858	970	300	200	$\phi48$		100JA6080ZW
100125	1250/1000	320	100A109	387	100B408		1100	2745	1125	987	1150	250	200	$\phi40$	2583	100JA1090ZW
		450	100A209	387	100B408		1300	2945		1172	1300	300	200	$\phi48$	3300	100JA2090ZW
		520	100A309	387	100B408										3308	100JA3090ZW
		660	100A409	429	100B508			3135		1181						100JA4090ZW
100140	1400/1000	450	100A110	387	100B408			3020	1200	1097	1300	300	200	$\phi48$	3324	100JA1100ZW
		520	100A210	387	100B408			3126		1147					4425	100JA2100ZW
		660	100A310	429	100B508			3277		1214						100JA3100ZW
100160	1600/1250	520	100A111	400	100B109	1650	1400									100JA1110ZW
		660	100A211	400	100B109	1800										100JA2110ZW
12080	800/800	140	120A307	150	120B307	1850	1000	2220	800	592	820	200	150	$\phi34$	1124	120JA3070ZW
		180	120A407	150	120B307			2199		708	830	250	150	$\phi34$	1570	120JA4070ZW
		290	120A507	200	120B407	1900		2199								120JA5070ZW
120100	1000/800	290	120A508	230	120B507			2282	900	910	955	250	200	$\phi40$	2261	120JA5080ZW
		330	120A608	230	120B507			2502		861	970			$\phi40$	2322	120JA6080ZW
	1000/1000	450	120A708	351	120B408		1300	2840		1320	1200	300	200	$\phi48$		120JA7080ZW
120125	1250/1000	320	120A109	351	120B408	1900	1300	2909	1125	1243	1300	300	200	$\phi48$	3309	120JA1090ZW
		450	120A209	351	120B408										3318	120JA2090ZW
		520	120A309	351	120B408		1300	3152		997					4467	120JA3090ZW
		660	120A409	437	120B608			3241		1227						120JA4090ZW
120140	1400/1000	520	120A110	351	120B408		1350	3077	1200	1260	1300	300	200	$\phi48$	4433	120JA1100ZW
		660	120A210	351	120B408										4446	120JA2100ZW
	1400/1250	800	120A310	550	120B209	2050		3277	1325	1151	1325					120JA3100ZW
120160	1600/1250	660	120A111	400	120B109	2050	1400	3327	1325	1306	1325	300	200	$\phi48$		120JA1110ZW
		800	120A211	550	120B209	2050				1356	1350					120JA2110ZW
14080	800/800	170	140A307	150	140B307	2050	1000	2199	800	694	830	250	150	$\phi34$	1600	140JA3070ZW
		210	140A407	150	140B307	2100				679					2003	140JA4070ZW
		320	140A507	214	140B507			2365		880	950	250	200	$\phi40$		140JA5070ZW
140100	1000/800	210	140A308	186	140B407	2050		2299	900	848	943	250	150	$\phi34$	1683	140JA3080ZW
		260	140A408	214	140B507	2100		2282		910	955	250	200	$\phi40$	2290	140JA4080ZW
		300	140A508	214	140B507			2462		888	1020	250	200	$\phi40$	2445	140JA5080ZW
		450	140A608	300	140B607			2840		1354	1200	300	200	$\phi48$		140JA6080ZW

续表 9-14

输送机代号	滚筒直径 D_1/D_2	传动滚筒		改向滚筒		主要尺寸									重量/kg	图号
		许用合力/kN	图号	许用合力/kN	图号	A	H	H_1	H_2	E	L_1	u	s	d		
140125	1250/1000	260	140A109	331	140B408	2100	1300	3010	1125	1213	1300	300	200	$\phi48$	4433	140JA1090ZW
		450	140A209	331	140B408										4441	140JA2090ZW
		520	140A309	331	140B408										4446	140JA3090ZW
		660	140A409	427	140B608			3241		1227						140JA4090ZW
140140	1400/1000	520	140A110	331	140B408		1350	3077	1200	1246	1300	300	200	$\phi48$	4476	140JA1100ZW
		800	140A210	361	140B508					1260					4533	140JA2100ZW
	1400/1250	1050	140A310	600	140B309	2250		3277	1325	1170	1325					140JA3100ZW
140160	1600/1250	800	140A111	400	140B109	2250	1400	3327	1325	1306	1325	300	200	$\phi48$		140JA1110ZW
		1050	140A211	600	140B309	2250				1370	1350					140JA2110ZW
16080	800/800	320	160A407	160	160B407	2300	1000	2362	800	825	950	250	150	$\phi40$	2382	160JA4070ZW
		450	160A507	240	160B507	2350	1300	2640		997	1000	300	200	$\phi48$	3955	160JA5070ZW
160100	1000/800	320	160A308	320	160B607	2300	1000	2463	900	888	990	250	150	$\phi40$	2518	160JA3080ZW
		450	160A408	450	160B707	2350	1300	2670		1368	1200	300	200	$\phi48$	4264	160JA4080ZW
		520	160A508	450	160B707										4280	160JA5080ZW
		650	160A608	450	160B707			3036		1548	1300				4571	160JA6080ZW
160125	1250/1000	450	160A109	450	160B408	2350		3036	1125	1343	1300	300	200	$\phi48$	4558	160JA1090ZW
		520	160A209	450	160B408										4566	160JA2090ZW
		650	160A309	450	160B408					1329					4571	160JA3090ZW
		800	160A409	520	160B508			3162		1273					4649	160JA4090ZW
160140	1400/1000	520	160A110	450	160B408	2350	1350	3147	1200	1218	1300	300	200	$\phi48$	4622	160JA1100ZW
		800	160A210	450	160B408			3162							4673	160JA2100ZW
		1050	160A310	800	160B608	2450		3277		1345	1325					160JA3100ZW
160160	1600/1250	520	160A111	520	160B209	2350	1400	3327	1325	1287	1350	300	200	$\phi48$		160JA1110ZW
		800	160A211	520	160B209					1307						160JA2110ZW
		1200	160A311	800	160B309	2450				1270						160JA3110ZW
18080	800/800	450	180A407	240	180B307	2500	1000	2362	800	837	950	250	200	$\phi40$	2477	180JA4070ZW
		520	180A507	320	180B407	2550		2640		1040	1000	300	200	$\phi48$	4020	180JA5070ZW
180100	1000/800	520	180A308	450	180B507		1300	2741	900	1368	1200	300	200	$\phi48$	4346	180JA3080ZW
		650	180A408	450	180B507										4354	180JA4080ZW
		800	180A508	450	180B507			3051		1539	1300				4628	180JA5080ZW
180125	1250/1000	450	180A109	520	180B408	2550	1300	3036	1125	1343	1300	300	200	$\phi48$	4616	180JA1090ZW
		520	180A209	520	180B408			3051		1314					4628	180JA2090ZW
		650	180A309	520	180B408										4642	180JA3090ZW
180140	1400/1000	450	180A110	520	180B408		1350	3162	1200	1203	1300	300	200	$\phi48$	4677	180JA1100ZW
		800	180A210	520	180B408										4691	180JA2100ZW
		1050	180A310	520	180B408	2650		3277		1281	1325					180JA3100ZW
180160	1600/1250	800	180A111	520	180B109	2550	1400	3327	1325	1307	1350	300	200	$\phi48$		180JA1110ZW
		1050	180A211	520	180B109	2650				1356						180JA2110ZW
20080	800/800	450	200A407	240	200B307	2700	1000	2362	800	866	950	250	150	$\phi40$	2496	200JA4070ZW
		520	200A507	320	200B407	2750		2640		1040	1000	300	200	$\phi48$	4062	200JA5070ZW
200100	1000/800	520	200A308	550	200B507		1300	2812	900	1340	1200	300	200	$\phi48$	4413	200JA3080ZW
		650	200A408	550	200B507			2840		1368					4428	200JA4080ZW
		800	200A508	550	200B507			3036		1539	1300				4664	200JA5080ZW
200125	1250/1000	450	200A109	450	200B408			3036	1125	1343	1300	300	200	$\phi48$	4669	200JA1090ZW
		520	200A209	450	200B408					1286					4674	200JA2090ZW
		800	200A309	520	200B508			3147		1279					4728	200JA3090ZW
200140	1400/1000	450	200A110	450	200B408		1350	3147	1200	1175	1300	300	200	$\phi48$	4713	200JA1100ZW
		800	200A210	450	200B408					1317					4786	200JA2100ZW
		1200	200A310	650	200B608	2850		3277		1331	1325					200JA3100ZW
200160	1600/1250	800	200A111	520	200B109	2750	1400	3327	1325	1306	1325	300	200	$\phi48$		200JA1110ZW
		1200	200A211	800	200B209	2850				1384	1350					200JA2110ZW

9.4 中部改向滚筒架

9.4.1 中部改向滚筒支架

本支架专用于中部单传动（或头-中部双传动）配中部车式拉紧装置工况，而与中部传动滚筒支架（ZT）配套使用，设计人员可从表列改向滚筒图号查到相应中部传动滚筒支架（ZT）的图号。

中部改向滚筒支架示于图 9-7，相关参数列于表 9-15。

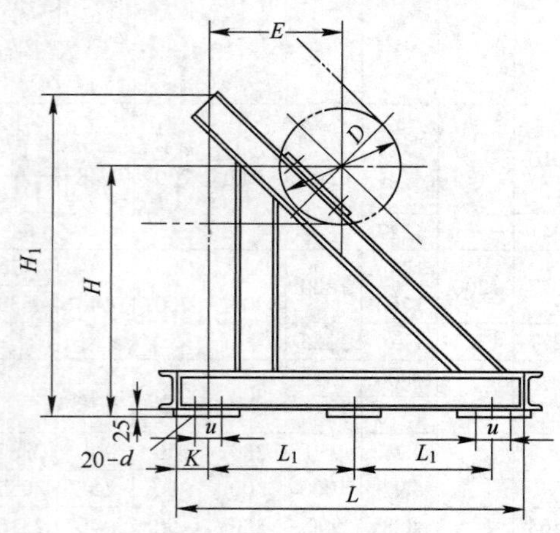

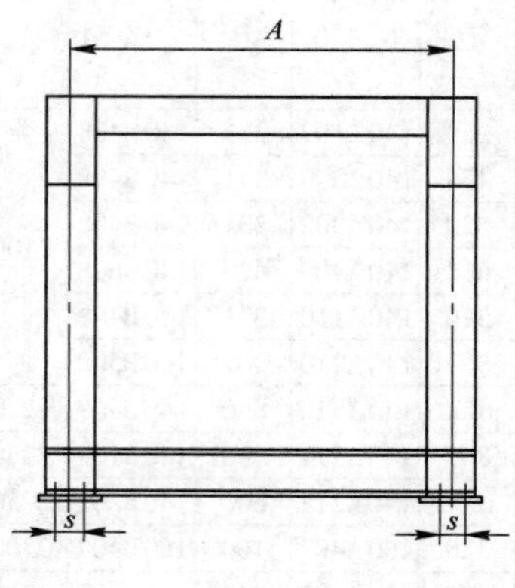

图 9-7　中部改向滚筒支架示意图

说明：滚筒与支架连接之紧固件已包括在本部件内。

表 9-15　配套滚筒、主要尺寸

输送机代号	改向滚筒			对应传动滚筒		主要尺寸/mm										重量/kg	图　号
	滚筒直径 D/mm	许用合力/kN	图号	许用合力/kN	图号	A	H	H_1	K	E	L	L_1	u	s	d		
8063	500	40	80B105	80	80A206	1300	1485	1917	160	659	1930	785	150	100	$\phi28$	697	80JB1050ZG
		56	80B205	100	80A306				180	718	1980	800				715	80JB2050ZG
8080	630	170	80B406	160	80A407	1400	1595	2220	215	796	2070	820	200	150	$\phi34$	998	80JB4060ZG
80100	800	170	80B307	240	80A408		1750	2382	260	998	2480	955	250	200	$\phi40$	2038	80JB3070ZG
		250	80B407	310	80A508					1032						2061	80JB4070ZG
				400	80A608												
80125	1000	240	80B108	270	80A109	1400	2025	2849	260	1118	2820	1150	250	200	$\phi40$	2342	80JB1080ZG
				320	80A209		2225										
				450	80A309												
10080	630	168	100B406	160	100A307	1600	1595	2220	215	796	2070	820	200	150	$\phi34$	1017	100JB4060ZG
				190	100A407												
				320	100A507												
100100	800	220	100B407	210	100A408		1750	2398	240	998	2366	943	250	150	$\phi34$	1550	100JB4070ZG
				330	100A508												
				400	100A608												
100125	1000	200	100B208	320	100A109	1600	2025	2849	260	1152	2820	1150	250	200	$\phi40$	2370	100JB2080ZG
		290	100B308	450	100A209		2225			969						2390	100JB3080ZG
				520	100A309												
				660	100A409												
100140	1000	387	100B408	450	100A110	1650	2150	2849	260	1062	2820	1150	250	200	$\phi40$	2429	100JB4080ZG
				520	100A210		2200			1012							
				660	100A310												

续表 9-15

输送机代号	改向滚筒			对应传动滚筒		主要尺寸/mm										重量/kg	图号
	滚筒直径 D/mm	许用合力/kN	图号	许用合力/kN	图号	A	H	H_1	K	E	L	L_1	u	s	d		
100160	1250	400	100B109	520	100A111	1650	2475	3034	320	1193	3240	1300	300	200	ϕ48	—	100JB1090ZG
				660	100A211												
12080	630	150	120B406	140	120A307	1850	1595	2220	215	796	3070	820	200	150	ϕ34	1040	120JB4060ZG
				180	120A407												
				230	120A507												
120100	800	230	120B507	290	120A508	1900	1750	2382	260	1067	2480	955	250	200	ϕ40	2172	120JB5070ZG
				330	120A608												
				450	120A708												
120125	1000	200	120B308	320	120A109	1850	2225	3034	320	1353	3240	1300	300	200	ϕ48	3095	120JB3080ZG
				450	120A209												
		351	120B408	520	120A309	1900	2275	3034	320	1321	3240	1300	300	200	ϕ48	3152	120JB4080ZG
				660	120A409												
120140	1000	351	120B408	520	120A110	1900	2200	3034	320	1396	3240	1300	300	200	ϕ48	3152	120JB4080ZG
				660	120A210												
		391	120B508	800	120A310		2150	3277	320	1575	3270						120JB5080ZG
120160	1250	400	120B109	660	120A111	1900	2475	3034	320	1193	3240	1300	300	200	ϕ48		120JB1090ZG
				800	120A211												
14080	630	120	140B306	170	140A307	2050	1595	2199	240	898	2140	830	250	150	ϕ34	1504	140JB3060ZG
				210	140A407												
				320	140A507												
140100	800	186	140B407	210	140A308	2050	1750	2399	240	1004	2366	943	250	150	ϕ34	1619	140JB4070ZG
	800	214	140B507	260	140A408	2100		2382	260	1060	2480	955	250	200	ϕ40	2182	140JB5070ZG
				300	140A508												
				450	140A608												
140125	1000	331	140B408	260	140A109	2100	2225	3241	320	1451	3270	1300	300	200	ϕ48	4303	140JB4080ZG
				450	140A209												
				520	140A309												
				660	140A409												
140140	1000	361	140B508	520	140A110	2100	2150	3277	320	1575	3270	1300	300	200	ϕ48	4350	140JB5080ZG
		427	140B708	800	140A210			3091	320	1579							140JB7080ZG
				1050	140A310												
140160	1250	600	140B209	800	140A111	2100	2475	3091	320	1293	3270	1300	300	200	ϕ48		140JB2090ZG
				1050	140A211												
16080	630	240	160B406	320	160A407	2300	1595	2362	290	1099	2480	950	250	150	ϕ40	2218	160JB4060ZG
				450	160A507		1895										
160100	800	320	160B607	320	160A308	2300	1750	2563	290	1101	2560	990	250	200	ϕ40	2365	160JB6070ZG
		450	160B707	450	160A408	2350	2050	2841	320	1504	3070	1200	300	200	ϕ48	4108	160JB7070ZG
				520	160A508												
				650	160A608												

续表 9-15

输送机代号	改向滚筒			对应传动滚筒		主要尺寸/mm										重量/kg	图号
	滚筒直径 D/mm	许用合力/kN	图号	许用合力/kN	图号	A	H	H_1	K	E	L	L_1	u	s	d		
160125	1000	450	160B408	450	160A109	2350	2225	3091	320	1529	3270	1300	300	200	$\phi48$	4349	160JB4080ZG
				520	160A209												
				650	160A309												
				800	160A409												
160140	1000	520	160B508	520	160A110	2350	2225	3091	320	1529	3270	1300	300	200	$\phi48$	4357	160JB5080ZG
				800	160A210												
				1050	160A310												
160160	1250	520	160B209	520	160A111	2350	2475	3091	320	1293	3270	1300	300	200	$\phi48$		160JB2090ZG
				800	160A211												
		800	160B309	1200	160A311					1307							160JB3090ZG
18080	630	240	180B406	450	180A407	2450	1595	2362	290	1099	2480	950	250	150	$\phi40$	2240	180JB4060ZG
				520	180A507		1895			798							
180100	800	450	180B507	520	180A308	2550	2050	2840	320	1503	3070	1200	300	200	$\phi48$	4156	180JB5070ZG
				650	180A408												
				800	180A508												
180125	1000	520	180B408	450	180A109	2550	2225	3091	320	1218	3270	1300	300	200	$\phi48$	4399	180JB4080ZG
				520	180A209												
				650	180A309												
180140	1000	800	180B508	450	180A110	2550	2200	3091	320	1252	3270	1300	300	200	$\phi48$	4390	180JB5080ZG
				800	180A210												
				1050	180A310												
180160	1250	520	180B109	800	180A111	2550	2475	3091	320	1293	3270	1300	300	200	$\phi48$		180JB1090ZG
				1050	180A211												
20080	630	240	200B406	450	200A407	2700	1595	2363	290	1099	2480	950	250	150	$\phi40$	2296	200JB4060ZG
				520	200A507		1895										
200100	800	550	200B507	520	200A308	2750	2050	2840	320	1503	3070	1200	300	200	$\phi48$	4199	200JB5070ZG
				650	200A408												
				800	200A508												
200125	1000	520	200B508	450	200A109	2750	2225	3091	320	1529	3270	1300	300	200	$\phi48$	4440	200JB5080ZG
				520	200A209												
				800	300A309												
200140	1000	650	200B608	450	200A110	2750	2150	3091	320	1632	3270	1300	300	200	$\phi48$	4791	200JB6080ZG
				800	200A210												
				1200	200A310												
200160	1250	800	200B209	800	200A111	2750	2475	3091	320	1321	3270	1300	300	200	$\phi48$		200JB2090ZG
				1200	200A211												

9.4.2 中部改向滚筒吊架

中部改向滚筒吊架示于图 9-8，相关参数列于表 9-16。

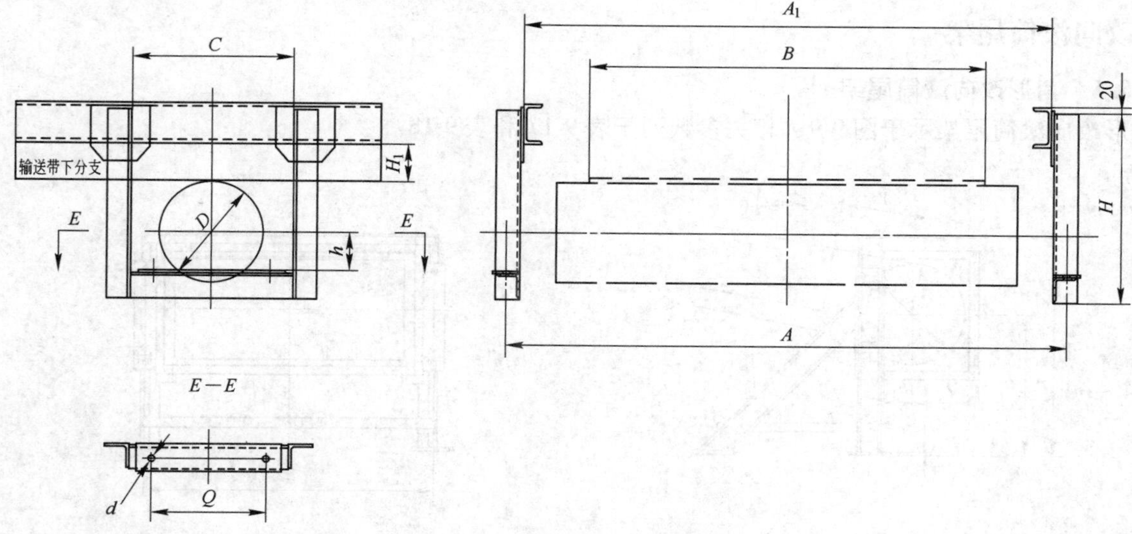

图 9-8 中部改向滚筒吊架示意图

注：1. 改向滚筒与吊架固定用紧固件已包括在本架内；

2. 本吊架在安装时与中间架焊接。

表 9-16 滚筒、主要尺寸、重量及支架图号

<table>
<tr><th rowspan="2">带宽 B
/mm</th><th colspan="3">改向滚筒</th><th colspan="8">主要尺寸/mm</th><th rowspan="2">重量
/kg</th><th rowspan="2">图 号</th></tr>
<tr><th>D
/mm</th><th>许用
合力
/kN</th><th>图号</th><th>A</th><th>A_1</th><th>H</th><th>H_1</th><th>C</th><th>Q</th><th>h</th><th>d</th></tr>
<tr><td rowspan="2">400</td><td>200</td><td>8</td><td>40B101</td><td rowspan="2">750</td><td rowspan="2">660</td><td>415</td><td rowspan="2">55.5</td><td rowspan="2">400</td><td rowspan="2">260</td><td rowspan="2">90</td><td rowspan="2">M16</td><td>27</td><td>40JB1010D</td></tr>
<tr><td>250</td><td>8</td><td>40B102</td><td>440</td><td>28</td><td>40JB1020D</td></tr>
<tr><td rowspan="3">500</td><td>200</td><td>8</td><td>50B101</td><td rowspan="3">850</td><td rowspan="3">800</td><td>415</td><td rowspan="3">55.5</td><td rowspan="3">400</td><td rowspan="3">260</td><td rowspan="3">90</td><td rowspan="3">M16</td><td>27</td><td>50JB1010D</td></tr>
<tr><td>250</td><td>9</td><td>50B102</td><td>440</td><td>28</td><td>50JB1020D</td></tr>
<tr><td>315</td><td>10</td><td>50B103</td><td>475</td><td>29</td><td>50JB1030D</td></tr>
<tr><td rowspan="4">650</td><td>200</td><td>8</td><td>65B101</td><td rowspan="4">1000</td><td rowspan="4">950</td><td>415</td><td rowspan="4">55.5</td><td rowspan="2">400</td><td rowspan="2">260</td><td rowspan="2">90</td><td rowspan="4">M16</td><td>27</td><td>65JB1010D</td></tr>
<tr><td>250</td><td>8</td><td>65B102</td><td>440</td><td>28</td><td>65JB102D</td></tr>
<tr><td>315</td><td>16</td><td>65B203</td><td>485</td><td rowspan="2">420</td><td rowspan="2">280</td><td rowspan="2">100</td><td>29</td><td>65JB203D</td></tr>
<tr><td>400</td><td>20</td><td>65B104</td><td>530</td><td>31</td><td>65JB104D</td></tr>
<tr><td rowspan="4">800</td><td>200</td><td>6</td><td>80B101</td><td rowspan="4">1250</td><td rowspan="4">1150</td><td>460</td><td rowspan="4">100</td><td rowspan="2">400</td><td rowspan="2">260</td><td rowspan="2">90</td><td rowspan="3">M16</td><td>28</td><td>80JB1010D</td></tr>
<tr><td>250</td><td>6</td><td>80B102</td><td>485</td><td>29</td><td>80JB102D</td></tr>
<tr><td>315</td><td>12</td><td>80B103</td><td>530</td><td>420</td><td>280</td><td>100</td><td>31</td><td>80JB103D</td></tr>
<tr><td>400</td><td>20</td><td>80B104</td><td>590</td><td>490</td><td>350</td><td>120</td><td>M20</td><td>35</td><td>80JB104D</td></tr>
<tr><td rowspan="4">1000</td><td>250</td><td>6</td><td>100B102</td><td rowspan="2">1450</td><td rowspan="4">1350</td><td>520</td><td rowspan="4">110</td><td>400</td><td>260</td><td>90</td><td>M16</td><td>31</td><td>100JB102D</td></tr>
<tr><td>315</td><td>18</td><td>100B203</td><td>580</td><td>490</td><td>350</td><td>120</td><td>M20</td><td>35</td><td>100JB203D</td></tr>
<tr><td>400</td><td>29</td><td>100B204</td><td rowspan="2">1500</td><td>640</td><td rowspan="2">520</td><td rowspan="2">380</td><td rowspan="2">135</td><td rowspan="2">M24</td><td>39</td><td>100JB204D</td></tr>
<tr><td>500</td><td>35</td><td>100B105</td><td>690</td><td>40</td><td>100JB105D</td></tr>
<tr><td rowspan="4">1200</td><td>250</td><td>6</td><td>120B102</td><td rowspan="2">1700</td><td rowspan="4">1600</td><td>530</td><td rowspan="4">120</td><td>400</td><td>260</td><td>90</td><td>M16</td><td>31</td><td>120JB102D</td></tr>
<tr><td>315</td><td>17</td><td>120B203</td><td>590</td><td>490</td><td>350</td><td>120</td><td>M20</td><td>35</td><td>120JB203D</td></tr>
<tr><td>400</td><td>26</td><td>120B204</td><td rowspan="2">1750</td><td>650</td><td>520</td><td>380</td><td>135</td><td rowspan="2">M24</td><td>39</td><td>120JB204D</td></tr>
<tr><td>500</td><td>41</td><td>120B205</td><td>720</td><td>580</td><td>440</td><td>155</td><td>45</td><td>120JB205D</td></tr>
<tr><td rowspan="3">1400</td><td>315</td><td>17</td><td>140B103</td><td>1900</td><td rowspan="3">1810</td><td>615</td><td rowspan="3">130</td><td>490</td><td>350</td><td>120</td><td>M20</td><td>37</td><td>140JB103D</td></tr>
<tr><td>400</td><td>25</td><td>140B204</td><td rowspan="2">1950</td><td>675</td><td>520</td><td>380</td><td>135</td><td rowspan="2">M24</td><td>41</td><td>140JB204D</td></tr>
<tr><td>500</td><td>40</td><td>140B205</td><td>745</td><td>580</td><td>440</td><td>155</td><td>46</td><td>140JB205D</td></tr>
</table>

9.5 改向滚筒尾架

9.5.1 角形改向滚筒尾架

角形改向滚筒尾架示于图9-9，相关参数列于表9-17和表9-18。

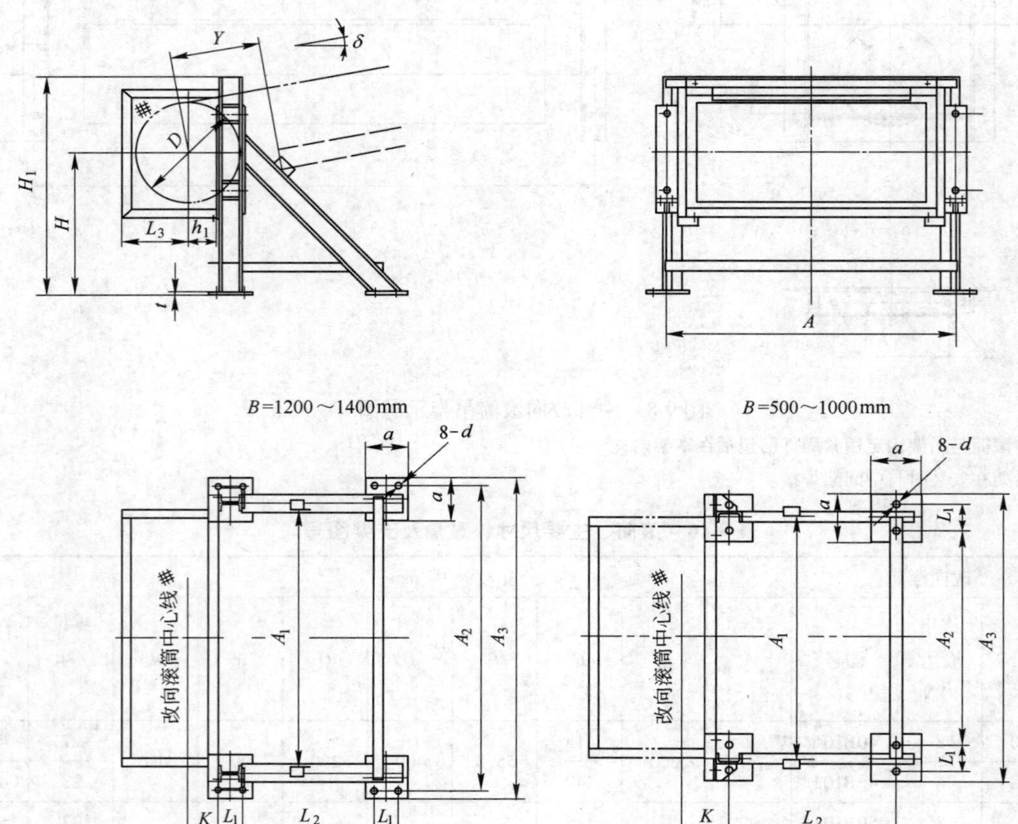

图9-9 改向滚筒尾架示意图

说明：1. 滚筒与支架连接之紧固件已包括在本部件内；

2. 底座钢板厚度：当 $B=500\sim800$mm，$t=12$mm；当 $B=1000\sim1400$mm，$t=16$mm。

表9-17 配套滚筒、主要尺寸、重量及支架图号

输送机代号	中心高 H /mm	改向滚筒			主要尺寸/mm												重量 /kg	图 号
		D_1 /mm	许用合力 /kN	图号	H_1	A	A_1	K	L_1	L_2	L_3	h_1	A_2	A_3	a	d		
4032	542.5	315	10	40B103	866	750	700	165	130	715	250	90	517	867	220	ϕ24	120	40JB1031Q
4040	742.5				1066					915							133	40JB1032Q
5032	642.5	315	10	50B103	966	850	800	165	130	715	250	90	617	967	220	ϕ24	127	50JB1031Q
5040	842.5				1066					915							139	50JB1032Q
5050	600	400	23	50B204	950	850	800	175	130	715	280	100	617	967	220	ϕ24	128	50JB2041Q
	800				1150					915							141	50JB2042Q
6540	600	400	20	65B104	953	1000	950	175	130	715	280	100	767	1117	220	ϕ24	134	65JB1041Q
	800				1153					915							146	65JB1042Q
6550	600	400	32	65B204	950	1000	950	195	130	715	280	120	767	1117	220	ϕ24	136	65JB2041Q
	800				1150					915							149	65JB2042Q
6563	550	500	40	65B105	950	1000	950	195	130	715	330	120	767	1117	220	ϕ24	140	65JB1051Q
	750				1150					915							146	65JB1052Q

续表 9-17

输送机代号	中心高 H /mm	改向滚筒 D_1 /mm	改向滚筒 许用合力 /kN	改向滚筒 图号	主要尺寸/mm H_1	A	A_1	K	L_1	L_2	L_3	h_1	A_2	A_3	a	d	重量 /kg	图　号
8040	600	400	20	80B104	953	1250	1200	195	130	715	280	120	1017	1367	220	$\phi 24$	145	80JB1041Q
	800				1153					915							158	80JB1042Q
8050 8063	550	500	56	80B205	955	1300	1150	234	130	665	335	155	1047	1397	220	$\phi 28$	161	80JB2051Q
	750				1155					865							174	80JB2052Q
	950				1355					1065							188	80JB2053Q
8080	685	630	73	80B206	1155	1300	1150	234	130	800	400	155	1047	1397	220	$\phi 28$	176	80JB2061Q
	885				1355					1000							189	80JB2062Q
10050	800	500	35	100B105	1158	1500	1370	214	130	865	335	135	1247	1597	220	$\phi 28$	178	100JB1051Q
	1000				1358					1065							192	100JB1052Q
10063 10080	685	630	64	100B206	1155	1500	1350	241	150	815	400	155	1220	1640	270	$\phi 35$	224	100JB2061Q
	885				1355					1015							242	100JB2062Q
	1185				1655					1315							269	100JB2063Q
100100	800	800	110	100B207	1385	1500	1350	256	150	930	515	170	1210	1630	270	$\phi 35$	256	100JB2071Q
	1100				1685					1230							280	100JB2072Q
12063 12080	685	630	90	120B306	1160	1750	1600	181	150	620	405	170	1900	2000	270	$\phi 35$	347	120JB3061Q
	885				1360					820							381	120JB3062Q
	1185				1660					1120							432	120JB3063Q
120100	800	800	100	120B207	1385	1750	1600	181	150	735	515	170	1900	2000	270	$\phi 35$	384	120JB2071Q
	1100				1685					1035							432	120JB2072Q
14080	885	630	90	140B206	1385	2050	1810	181	170	795	430	170	2220	2320	290	$\phi 41$	438	140JB2061Q
	1185				1685					1095							498	140JB2062Q
140100	800	800	94	140B207	1385	2050	1810	181	170	710	515	170	2220	2320	290	$\phi 41$	435	140JB2071Q
	1100				1685					1010							494	140JB2072Q

表 9-18　*Y* 值表　　mm

输送机代号	托辊直径 D/mm	δ 0°	2°	4°	6°	8°	10°	12°	14°	16°	18°	20°
4032 4040	63.5	575	552	530	510	491	473	457	441	425	411	397
	76	585	561	539	518	499	480	463	446	431	416	401
	89	—	—	—	—	—	—	—	—	—	—	—
5032 5040	63.5	490	469	450	431	414	397	382	367	353	339	325
	76	500	478	458	439	421	404	388	373	358	343	329
	89	510	488	467	447	429	411	394	378	363	348	334
5050	63.5	495	475	457	440	425	411	398	386	375	364	354
	76	505	484	465	448	432	418	404	392	380	369	359
	89	515	493	474	456	440	425	415	398	386	374	364
6540	76	525	503	483	465	447	430	414	399	384	370	357
	89	535	513	492	473	455	437	420	405	390	375	361
	108	565	541	518	497	477	458	439	422	405	389	373
6550	76	540	518	497	479	461	446	431	417	405	393	382
	89	550	527	506	487	469	453	437	423	410	398	386
	108	580	555	532	511	492	474	457	441	427	413	400

续表 9-18

输送机代号	托辊直径 D/mm	δ										
		0°	2°	4°	6°	8°	10°	12°	14°	16°	18°	20°
6563	76	540	519	501	484	468	454	441	428	417	407	397
	89	550	529	509	492	475	461	447	434	423	412	402
	108	580	556	535	516	498	482	467	453	440	428	416
8040	89	565	541	520	499	480	461	444	427	411	396	381
	108	590	565	541	519	498	478	459	441	424	407	391
	133	625	597	571	547	524	502	481	461	442	424	406
8050 8063	89	549	527	508	490	473	458	444	431	419	408	398
	108	574	551	530	510	492	476	461	446	433	421	410
	133	609	583	560	539	519	500	483	468	453	439	426
8080	89	484	467	451	437	424	413	402	392	383	375	368
	108	509	490	473	457	443	430	418	407	397	388	379
	133	544	523	503	486	470	455	441	428	417	406	396
10050	108	589	564	541	520	500	480	462	444	427	412	395
	133	—	—	—	—	—	—	—	—	—	—	—
	159	—	—	—	—	—	—	—	—	—	—	—
10063 10080	108	604	580	558	538	520	503	487	473	460	447	436
	133	629	603	580	558	539	520	504	488	474	460	448
	159	674	645	619	595	573	552	533	515	499	483	469
100100	108	534	515	498	483	469	456	445	434	425	416	408
	133	559	539	520	503	488	474	461	449	439	429	420
	159	604	580	559	540	522	505	490	476	464	452	441
12063 12080	108	609	584	561	539	520	502	485	470	455	442	429
	133	634	607	582	560	539	519	501	484	469	454	441
	159	664	635	608	584	561	540	521	502	485	470	455
120100	108	524	505	487	471	456	442	430	418	408	403	401
	133	549	528	508	491	475	460	446	433	422	411	402
	159	579	556	535	515	497	481	465	451	438	426	415
14080	108	658	630	605	581	559	539	521	503	487	472	458
	133	688	658	631	605	582	560	540	521	504	488	472
	159	718	686	657	630	604	581	560	540	521	503	486
140100	108	573	551	531	512	495	480	465	452	440	429	419
	133	603	579	557	537	518	501	485	470	457	444	433
	159	633	607	583	561	541	522	504	488	473	460	447

9.5.2　角形改向滚筒尾架（H型钢）

9.5.2.1　有增面轮角形改向滚筒尾架

有增面轮角形改向滚筒尾架（H型钢）示于图9-10，相关参数列于表9-19及表9-20。

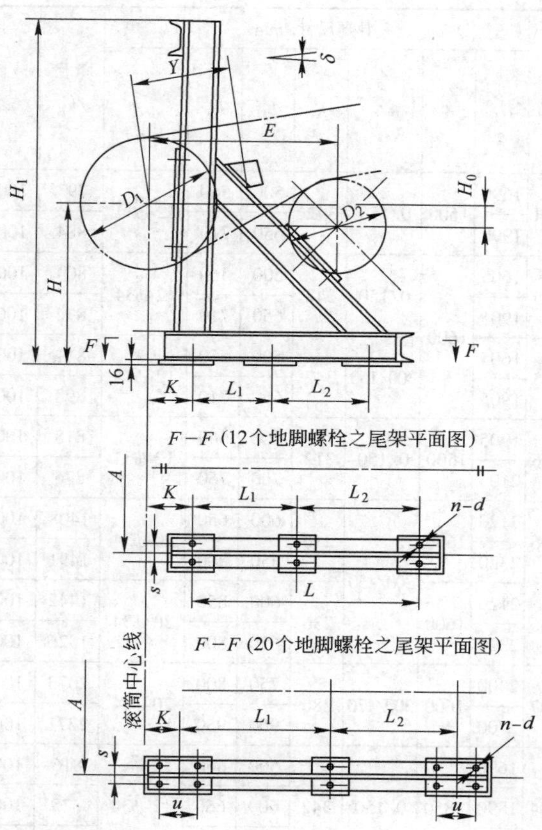

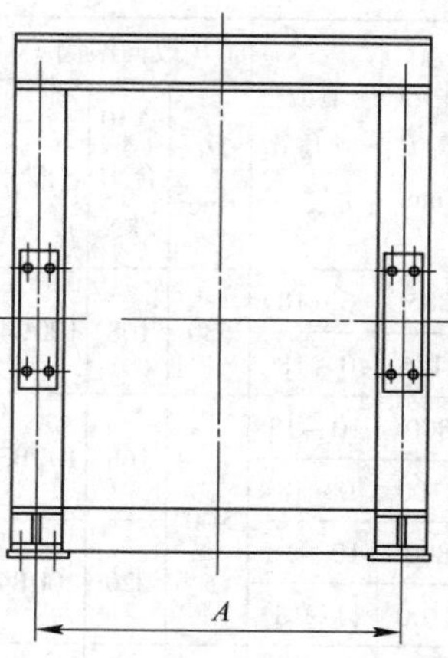

图 9-10 有增面轮改向滚筒尾架（H 型钢）

说明：滚筒与支架连接之紧固件已包括在本部件内。

表 9-19 配套滚筒、主要尺寸、重量及支架图号

输送机代号	序列号	中心高 H /mm	适应倾角 δ /(°)	改向滚筒1 D_1 /mm	改向滚筒1 许用合力 /kN	改向滚筒1 图号	改向滚筒2 D_2 /mm	改向滚筒2 许用合力 /kN	改向滚筒2 图号	主要尺寸 H_1	主要尺寸 A	主要尺寸 u/s	主要尺寸 K	主要尺寸 L_1	主要尺寸 L_2	主要尺寸 n-d	重量 /kg	图号
8080	1	685	10 ~ 18	630	100	80B306	400	45	80B304	1490	1300	0/100	286	400	481	12-ϕ28	531	80JB3061
		885	2 ~ 18							1690				500	570		576	80JB3062
		1085	0 ~ 18							1890				600	670		623	80JB3063
	2	685	12 ~ 18		170	80B406		45	80B304	1490	1400	0/150	342	400	460	12-ϕ34	713	80JB4061
		885	4 ~ 18							1690				500	560		779	80JB4062
		1085	0 ~ 18							1890				600	660		837	80JB4063
80100	1	800	2 ~ 18	800	90	80B107	500	40	80B105	1605	1300	0/100	270	500	570	12-ϕ28	560	80JB1071
		1100	0 ~ 18							1905				650	713		629	80JB1072
	2	800	6 ~ 18	800	126	80B207	500	56	80B205	1605		0/150	312	500	560	12-ϕ34	734	80JB2071
		1100	0 ~ 18							1905				650	710		821	80JB2072
	3	800	6 ~ 18	800	170	80B307	500	56	80B205	1605	1400		342	500	560	12-ϕ34	771	80JB3071
		1100	0 ~ 18							1905				650	710		859	80JB3072
80125		1000	6 ~ 18	1000	400	80B308	630	170	80B406	2120	1400	300/150	256	700	790	20-ϕ34	1894	80JB3081
		1200	0 ~ 18							2320				800	890		2025	80JB3082
10080	1	685	16 ~ 18	630	87	100B306	400	45	100B304	1490	1500	0/100	286	400	470	12-ϕ28	545	100JB3061
		885	4 ~ 18							1690				500	570		591	100JB3062
		1185	0 ~ 18							1990				650	720		661	100JB3063

续表 9-19

输送机代号	序列号	中心高 H /mm	适应倾角 δ /(°)	改向滚筒 1			改向滚筒 2			主要尺寸/mm							重量 /kg	图号
				D_1 /mm	许用合力 /kN	图号	D_2 /mm	许用合力 /kN	图号	H_1	A	u/s	K	L_1	L_2	n-d		
10080	2	885	6 ~ 18	630	168	100B406	400	45	100B304	1690	1600	0/150	342	500	560	12-ϕ34	797	100JB4061
		1185	0 ~ 18							1990				650	710		884	100JB4062
100100	1	800	10 ~ 18	800	168	100B307	500	75	100B305	1605	1600	0/150	342	500	560	12-ϕ34	804	100JB3071
		1100	0 ~ 18							1905				650	710		892	100JB3072
	2	800	10 ~ 18		220	100B407		75	100B305	1605		300/150	342	500	560	12-ϕ34	811	100JB4071
		1100	0 ~ 18							1905				650	710		898	100JB4072
100125	1	1000	0 ~ 18	1000	130	100B108	630	64	100B206	1905	1500	0/150	312	600	660	12-ϕ34	818	100JB1081
		1200	0 ~ 18							2105				700	760		876	100JB1082
	2	1000	2 ~ 18		200	100B208		87	100B306	2120	1600	300/150	216	600	650	20-ϕ34	1408	100JB2081
		1200	0 ~ 18							2320				650	800		1491	100JB2082
	3	1000	6 ~ 18		290	100B308		168	100B406	2120	1600		236	600	850	20-ϕ34	1442	100JB3081
		1200	0 ~ 18							2320				650	800		1526	100JB3082
100140		1075	4 ~ 18	1250	400	100B109	800	220	100B407	2400	1600	300/170	286	750	800	20-ϕ34	2073	100JB1091
		1375	0 ~ 18							2700				900	950		2271	100JB1092
12080		885	0 ~ 18	630	150	120B406	400	38	120B304	1690	1850	0/150	342	500	560	12-ϕ34	816	100JB4061
		1085	0 ~ 18							1890				600	660		875	100JB4062
		1185	0 ~ 18							1990				650	710		903	100JB4063
120100	1	800	10 ~ 18	800	150	120B307	500	41	120B205	1605	1850	0/150	342	500	560	12-ϕ34	816	120JB3071
		1100	0 ~ 18							1905				650	710		904	120JB3072
	2	800	14 ~ 18		200	120B407		41	120B205	1920		300/150	236	550	600	20-ϕ34	1296	120JB4071
		1100	0 ~ 18							2220				650	800		1438	120JB4072
		1200	0 ~ 18							2320				700	850		1481	120JB4073
120125	1	1000	2 ~ 18	1000	134	120B108	630	53	120B206	1905	1750	0/150	312	600	660	12-ϕ34	837	120JB1081
		1200	0 ~ 18							2105				700	760		895	120JB1082
	2	1000	4 ~ 18		200	120B308		90	120B306	2120	1850	300/150	236	600	650	20-ϕ34	1451	120JB3081
		1200	0 ~ 18							2320				650	800		1536	120JB3082
	3	1000	6 ~ 18		351	120B408		150	120B406	2120	1900		256	750	725	20-ϕ34	1964	120JB4081
		1200	0 ~ 18							2320				750	925		2096	120JB4082
		1300	0 ~ 18							2420				800	975		2162	120JB4083
120140		1075	6 ~ 18	1250	400	120B109	800	150	120B307	2500	1900	300/170	312	800	720	20-ϕ34	2372	120JB1091
		1375	0 ~ 18							2800				850	970		2589	120JB1092
14080		885	10 ~ 18	630	120	140B306	400	40	140B304	1690	2050	0/150	342	500	560	12-ϕ34	833	140JB3061
		1185	0 ~ 18							1990				600	760		920	140JB3062
140100	1	800	12 ~ 18	800	150	140B307	500	40	140B205	1605	2050	0/150	342	500	560	12-ϕ34	832	140JB3071
		1100	0 ~ 18							1905				650	710		920	140JB3072
	2	1000	10 ~ 18		186	140B407		66	140B305	2120	2050	300/150	236	550	600	20-ϕ34	1432	140JB4071
		1100	4 ~ 18							2220				650	800		1502	140JB4072
		1200	0 ~ 18							2320				700	850		1545	140JB4073
	3	1000	10 ~ 18		214	140B507		66	140B305	2120	2100		256	720	630	20-ϕ34	1743	140JB5071
		1100	4 ~ 18							2220				770	880		1856	140JB5072
		1200	0 ~ 18							2320				820	930		1908	140JB5073

续表 9-19

输送机代号	序列号	中心高 H /mm	适应倾角 δ /(°)	改向滚筒1 D_1 /mm	改向滚筒1 许用合力 /kN	改向滚筒1 图号	改向滚筒2 D_2 /mm	改向滚筒2 许用合力 /kN	改向滚筒2 图号	主要尺寸/mm H_1	A	u/s	K	L_1	L_2	n-d	重量 /kg	图号
140125	1	1200	0 ~ 18	1000	150	140B208	630	90	140B206	2105	2050	0/150	342	700	760	12-ϕ34	963	140JB2081
		1400	0 ~ 18							2305				800	860		1022	140JB2082
	2	1200	0 ~ 18		236	140B308		90	140B206	2320	2050	300/150	236	850	760	20-ϕ34	1695	140JB3081
		1400	0 ~ 18							2520				950	854		1800	140JB3082
	3	1200	4 ~ 18		331	140B408		120	140B306	2320	2100		236	885	800	20-ϕ34	2125	140JB4081
		1400	0 ~ 18							2520				985	900		2257	140JB4082
140140		1275	2 ~ 18	1250	400	140B109	800	214	140B507	2600	2100	390/170	342	800	920	20-ϕ34	2569	140JB1091
		1475	0 ~ 18							2800				900	1020		2714	140JB1092

表 9-20 Y、E、H_0 值表

mm

输送机代号	序列号	托辊直径 D	Y、E、H_0	δ 0°	2°	4°	6°	8°	10°	12°	14°	16°	18°
8080	1	89	Y	882	851	825	800	778	758	739	722	707	693
			E	1405	1358	1314	1273	1235	1199	1165	1133	1102	1073
			H_0	330	283	239	198	160	124	90	58	27	−2
		108	Y	907	875	846	820	797	775	755	737	721	706
			E	1430	1382	1337	1296	1257	1220	1186	1153	1122	1093
			H_0	355	307	262	221	182	145	111	78	48	18
		133	Y	942	908	877	849	823	800	778	758	740	724
			E	1465	1416	1370	1328	1288	1251	1215	1182	1151	1121
			H_0	390	341	295	253	213	176	141	107	76	46
	2	89	Y	1003	969	938	911	885	862	842	823	805	790
			E	1527	1475	1428	1383	1341	1302	1265	1230	1197	1165
			H_0	330	279	231	186	145	106	68	33	0	−31
		108	Y	1028	992	960	931	904	880	858	838	819	802
			E	1552	1499	1451	1406	1363	1324	1286	1250	1217	1185
			H_0	355	303	254	209	167	127	90	54	20	−12
		133	Y	1063	1025	991	959	931	904	880	859	839	820
			E	1586	1533	1484	1438	1394	1354	1316	1279	1245	1213
			H_0	390	337	287	241	198	157	119	83	49	16
80100	1	89	Y	856	830	806	785	766	749	734	720	708	697
			E	1401	1354	1310	1269	1231	1195	1161	1129	1098	1069
			H_0	295	248	204	163	125	89	55	23	−8	−37
		108	Y	881	853	828	805	785	767	750	735	722	710
			E	1426	1378	1333	1292	1253	1216	1182	1149	1118	1089
			H_0	320	272	228	186	147	110	76	43	12	−17
		133	Y	916	886	858	834	811	791	773	756	741	727
			E	1461	1412	1366	1324	1284	1247	1211	1178	1146	1116
			H_0	355	306	260	218	178	141	105	72	41	11
	2	89	Y	973	943	916	892	870	850	833	817	803	790
			E	1547	1495	1446	1401	1359	1319	1281	1245	1211	1179

续表 9-20

输送机代号	序列号	托辊直径 D	Y、E、H_0	δ									
				0°	2°	4°	6°	8°	10°	12°	14°	16°	18°
80100	2	89	H_0	295	243	195	149	107	67	29	-6	-40	-73
		108	Y	998	966	938	912	889	868	849	832	817	803
			E	1572	1519	1470	1424	1381	1340	1302	1266	1231	1199
			H_0	320	267	218	172	129	89	50	14	-20	-53
		133	Y	1303	999	968	940	915	892	872	853	836	821
			E	1606	1553	1502	1456	1412	1370	1331	1295	1260	1226
			H_0	355	301	251	204	160	119	80	43	8	-25
	3	89	Y	1003	972	944	919	897	876	858	842	827	814
			E	1577	1523	1474	1428	1385	1344	1306	1269	1234	1201
			H_0	295	242	193	147	103	63	24	-12	-47	-80
		108	Y	1028	995	966	939	915	894	874	857	841	827
			E	1602	1548	1513	1451	1407	1366	1327	1290	1255	1221
			H_0	320	266	216	169	125	84	45	8	-27	-60
		133	Y	1063	1028	996	968	942	918	897	878	860	844
			E	1637	1582	1530	1483	1438	1396	1356	1319	1283	1249
			H_0	355	300	249	201	156	114	75	37	1	-33
80125		89	Y	934	910	888	868	851	836	822	810	800	791
			E	1627	1573	1522	1474	1429	1387	1347	1309	1273	1238
			H_0	260	205	154	107	62	19	-20	-58	-95	-129
		108	Y	959	933	909	888	870	853	838	825	814	804
			E	1652	1597	1545	1497	1451	1409	1368	1330	1293	1258
			H_0	285	229	178	129	84	41	1	-38	-74	-109
		133	Y	994	966	940	917	896	878	861	846	833	822
			E	1687	1631	1578	1529	1482	1439	1398	1359	1321	1286
			H_0	320	263	210	161	115	71	30	-9	-46	-81
10080	1	108	Y	970	935	903	874	847	823	800	780	761	744
			E	1486	1436	1390	1347	1307	1269	1233	1200	1168	1138
			H_0	421	371	325	282	241	294	168	135	103	73
		133	Y	995	958	925	894	866	840	817	795	775	756
			E	1511	1460	1413	1370	1329	1291	1254	1221	1188	1158
			H_0	446	395	348	304	264	225	189	155	123	93
		159	Y	1040	1000	964	930	900	872	846	822	800	779
			E	1556	1504	1456	1411	1369	1329	1292	1258	1225	1194
			H_0	491	439	390	345	303	264	227	192	160	128
	2	108	Y	1101	1062	1026	993	963	936	911	888	867	848
			E	1618	1563	1513	1466	1422	1380	1342	1305	1270	1237
			H_0	421	367	316	269	225	184	145	109	74	41
		133	Y	1126	1085	1048	1013	982	954	927	903	881	861
			E	1643	1587	1536	1489	1444	1402	1363	1326	1290	1257
			H_0	446	391	340	292	247	206	166	129	94	61
		159	Y	1171	1127	1087	1050	1016	985	957	930	906	884
			E	1688	1631	1578	1529	1484	1441	1401	1363	1327	1293
			H_0	491	434	382	333	287	244	204	166	130	96

续表 9-20

输送机代号	序列号	托辊直径 D	Y、E、H_0	δ									
				0°	2°	4°	6°	8°	10°	12°	14°	16°	18°
100100	1	108	Y	1101	1065	1029	1002	975	950	928	907	889	872
			E	1697	1640	1587	1538	1491	1448	1407	1368	1331	1296
			H_0	386	329	276	227	180	137	96	57	20	-15
		133	Y	1126	1088	1053	1022	993	967	944	922	903	885
			E	1722	1664	1611	1560	1514	1469	1428	1389	1351	1316
			H_0	411	353	299	249	202	158	117	77	40	5
		159	Y	1171	1130	1092	1058	1027	999	973	949	928	908
			E	1767	1708	1653	1601	1553	1508	1466	1426	1388	1352
			H_0	456	397	342	290	242	197	155	114	76	40
	2	108	Y	1121	1084	1050	1020	992	967	944	924	905	888
			E	1717	1660	1606	1556	1509	1465	1423	1384	1347	1311
			H_0	386	328	275	225	178	134	92	53	15	-20
		133	Y	1146	1107	1072	1040	1011	985	961	939	919	901
			E	1742	1684	1629	1579	1531	1486	1444	1405	1367	1331
			H_0	411	352	298	237	200	155	113	73	27	0
		159	Y	1191	1149	1111	1077	1045	1016	990	966	944	924
			E	1787	1727	1671	1620	1571	1525	1482	1442	1403	1367
			H_0	456	396	340	288	240	194	151	110	72	35
100125	1	108	Y	971	943	917	893	872	854	837	822	809	797
			E	1603	1549	1499	1452	1408	1367	1328	1291	1256	1223
			H_0	351	297	247	200	157	115	77	40	5	-28
		133	Y	996	966	938	914	892	872	854	837	823	810
			E	1628	1573	1522	1475	1430	1389	1349	1312	1277	1243
			H_0	376	321	270	223	179	137	98	60	25	-9
		159	Y	1041	1008	977	950	925	903	883	865	848	833
			E	1673	1616	1564	1516	1470	1427	1387	1349	1313	1279
			H_0	421	365	313	264	219	176	136	98	61	27
	2	108	Y	859	859	836	815	796	780	765	751	739	729
			E	1546	1494	1446	1401	1359	1319	1282	1246	1213	1181
			H_0	351	299	251	206	164	124	86	51	17	-15
		133	Y	910	882	858	835	815	797	781	766	753	742
			E	1571	1518	1469	1423	1381	1340	1303	1267	1233	1200
			H_0	376	323	274	228	186	145	108	72	38	5
		159	Y	955	924	897	872	849	829	810	793	778	765
			E	1616	1562	1511	1464	1421	1379	1341	1304	1269	1236
			H_0	421	367	316	269	225	184	145	109	74	41
	3	108	Y	898	871	848	826	807	790	775	761	749	738
			E	1608	1554	1504	1457	1413	1372	1333	1296	1261	1228
			H_0	351	297	247	200	156	114	76	39	4	-30
		133	Y	923	895	869	847	826	807	791	776	763	751
			E	1633	1579	1528	1480	1435	1394	1354	1317	1281	1247
			H_0	376	321	270	223	178	136	97	59	24	-10
		159	Y	968	936	908	883	860	839	820	803	787	773
			E	1678	1622	1570	1521	1475	1432	1392	1354	1318	1283
			H_0	421	365	312	263	218	175	135	96	60	26

续表 9-20

输送机代号	序列号	托辊直径 D	Y、E、H_0	δ									
				0°	2°	4°	6°	8°	10°	12°	14°	16°	18°
100140		108	Y	1010	984	961	941	924	908	894	882	872	864
			E	1827	1765	1708	1655	1604	1557	1512	1470	1429	1391
			H_0	311	250	192	139	89	41	-3	-46	-86	-125
		133	Y	1035	1008	983	962	942	925	911	897	886	876
			E	1852	1789	1731	1677	1626	1579	1533	1490	1450	1411
			H_0	336	274	216	162	111	63	18	-25	-66	-105
		159	Y	1080	1049	1022	998	976	957	940	925	911	899
			E	1897	1833	1774	1718	1666	1617	1571	1528	1486	1446
			H_0	381	317	258	203	151	102	56	12	-30	-69
12080		108	Y	1136	1094	1056	1022	990	961	934	909	887	866
			E	1663	1607	1555	1507	1462	1419	1380	1342	1307	1273
			H_0	466	410	358	310	265	223	183	146	110	76
		133	Y	1161	1118	1078	1042	1009	978	950	924	900	878
			E	1688	1631	1578	1530	1484	1441	1401	1363	1327	1293
			H_0	491	434	382	333	287	244	204	166	130	96
		159	Y	1191	1146	1104	1066	1031	999	970	942	917	894
			E	1718	1660	1606	1557	1510	1467	1426	1388	1351	1317
			H_0	521	463	410	360	314	270	230	191	155	120
120100	1	108	Y	1136	1097	1062	1030	1001	975	950	928	908	890
			E	1721	1663	1610	1559	1513	1469	1427	1388	1351	1316
			H_0	431	373	320	269	223	179	137	98	61	26
		133	Y	1161	1121	1084	1050	1020	992	967	943	922	903
			E	1746	1687	1633	1582	1535	1490	1448	1409	1371	1336
			H_0	456	397	343	292	245	200	158	119	81	46
		159	Y	1269	1149	1110	1075	1042	1013	986	961	939	918
			E	1776	1716	1661	1610	1561	1516	1474	1433	1395	1359
			H_0	486	426	371	320	271	226	184	143	105	69
	2	108	Y	983	948	918	890	864	841	820	801	783	767
			E	1575	1522	1473	1427	1384	1344	1307	1271	1238	1205
			H_0	431	378	329	283	241	201	163	127	94	62
		133	Y	1008	973	940	910	883	859	836	816	797	780
			E	1600	1546	1496	1450	1407	1366	1328	1292	1258	1225
			H_0	456	402	352	306	263	222	184	148	114	81
		159	Y	1038	1000	966	935	906	880	856	834	814	795
			E	1630	1575	1524	1477	1433	1392	1353	1316	1282	1249
			H_0	486	431	381	333	290	248	209	173	138	105
120125	1	108	Y	1006	975	947	922	899	879	860	843	829	815
			E	1648	1592	1541	1493	1448	1406	1366	1328	1293	1259
			H_0	396	341	289	241	196	154	114	77	41	7
		133	Y	1041	998	969	942	918	896	876	859	842	828
			E	1673	1616	1564	1516	1470	1427	1387	1349	1313	1279
			H_0	421	365	313	264	219	176	136	98	61	27

续表 9-20

输送机代号	序列号	托辊直径 D	Y、E、H_0	δ 0°	2°	4°	6°	8°	10°	12°	14°	16°	18°
120125	1	159	Y	1061	1026	995	966	941	917	896	877	859	843
			E	1703	1645	1592	1543	1497	1453	1412	1374	1337	1303
			H_0	451	394	341	291	245	202	161	122	86	51
	2	108	Y	933	904	878	855	834	814	797	782	768	756
			E	1611	1557	1507	1460	1416	1375	1336	1299	1264	1231
			H_0	396	342	292	245	201	160	121	84	49	16
		133	Y	958	927	900	875	852	832	814	797	782	768
			E	1636	1581	1530	1483	1438	1396	1357	1320	1285	1251
			H_0	421	366	315	267	223	181	142	105	70	36
		159	Y	988	955	926	899	875	853	833	815	799	784
			E	1666	1610	1558	1508	1463	1422	1382	1345	1309	1275
			H_0	451	395	343	293	248	207	167	130	94	60
	3	108	Y	1028	996	967	941	918	896	877	860	845	831
			E	1748	1690	1635	1584	1536	1492	1449	1409	1371	1335
			H_0	396	337	283	232	184	139	97	57	9	-17
		133	Y	1053	1019	989	961	936	914	894	875	859	844
			E	1773	1714	1659	1607	1559	1513	1470	1430	1391	1355
			H_0	421	361	306	254	206	161	118	77	39	2
		159	Y	1083	1047	1015	986	959	935	913	893	875	859
			E	1803	1743	1687	1634	1585	1539	1496	1455	1416	1379
			H_0	451	390	334	282	233	187	143	102	63	26
120140		108	Y	1033	1005	980	958	939	921	906	892	881	871
			E	1838	1777	1719	1665	1615	1568	1523	1480	1440	1401
			H_0	356	294	237	183	133	85	40	-2	-43	-81
		133	Y	1058	1028	1002	978	957	939	922	907	895	883
			E	1863	1801	1743	1688	1637	1589	1544	1501	1460	1421
			H_0	381	318	260	206	155	107	61	18	-22	-61
		159	Y	1088	1056	1028	1003	980	960	942	925	911	899
			E	1893	1830	1771	1715	1664	1615	1569	1526	1484	1445
			H_0	411	347	288	233	181	133	87	43	2	-37
14080		108	Y	1185	1141	1102	1065	1032	1001	973	947	923	901
			E	1702	1644	1591	1542	1496	1453	1413	1374	1338	1304
			H_0	505	448	395	346	300	257	216	178	142	107
		133	Y	1215	1169	1128	1089	1054	1022	992	965	939	916
			E	1732	1673	1620	1570	1523	1479	1438	1399	1362	1328
			H_0	535	477	423	373	326	282	241	203	166	131
		159	Y	1245	1191	1147	1107	1070	1036	1004	975	948	923
			E	1762	1702	1648	1597	1549	1505	1463	1424	1382	1348
			H_0	565	506	451	400	353	308	267	2227	190	156
140100	1	108	Y	1185	1144	1107	1074	1043	1015	989	966	944	925
			E	1760	1701	1646	1595	1547	1502	1460	1420	1383	1347
			H_0	470	411	356	305	257	212	170	130	93	57

续表 9-20

输送机代号	序列号	托辊直径 D	Y、E、H_0	δ									
				0°	2°	4°	6°	8°	10°	12°	14°	16°	18°
140100	1	133	Y	1215	1171	1133	1098	1065	1036	1009	984	961	940
			E	1790	1730	1674	1622	1574	1528	1485	1445	1407	1370
			H_0	500	440	384	333	284	238	195	155	117	80
		159	Y	1245	1200	1159	1122	1088	1057	1028	1002	978	955
			E	1820	1759	1702	1650	1600	1554	1511	1470	1431	1394
			H_0	530	469	412	360	310	264	221	180	141	104
	2	108	Y	1039	1003	970	941	913	889	866	845	826	809
			E	1635	1580	1529	1482	1438	1396	1357	1320	1285	1252
			H_0	470	415	364	317	273	231	192	155	120	87
		133	Y	1065	1031	996	965	936	910	885	863	843	824
			E	1665	1609	1557	1509	1464	1422	1382	1345	1310	1276
			H_0	500	444	392	344	299	257	217	180	145	111
		159	Y	1099	1059	1022	989	959	931	905	881	859	839
			E	1695	1638	1585	1536	1491	1448	1408	1370	1334	1307
			H_0	530	473	420	371	326	283	243	205	169	135
	3	108	Y	1259	1216	1176	1141	1108	1079	1051	1027	1004	983
			E	1855	1793	1735	1681	1631	1583	1539	1496	1456	1418
			H_0	470	408	350	296	245	198	153	111	71	33
		133	Y	1289	1244	1203	1165	1131	1100	1071	1045	1021	999
			E	1885	1822	1763	1708	1657	1609	1564	1521	1481	1442
			H_0	500	437	378	323	272	224	179	136	96	57
		159	Y	1319	1272	1229	1189	1153	1121	1090	1063	1037	1014
			E	1915	1851	1791	1736	1684	1635	1589	1546	1505	1466
			H_0	530	466	406	351	299	250	204	161	120	81
140125	1	108	Y	1085	1051	1020	993	967	945	924	906	889	874
			E	1746	1688	1633	1582	1535	1490	1448	1408	1371	1335
			H_0	435	376	322	271	224	179	137	97	59	24
		133	Y	1115	1079	1046	1017	990	966	944	924	905	889
			E	1776	1717	1661	1610	1561	1516	1473	1433	1395	1360
			H_0	465	405	350	298	250	205	162	122	84	47
		159	Y	1145	1107	1073	1041	1013	987	963	942	922	904
			E	1806	1746	1689	1637	1588	1542	1499	1458	1419	1383
			H_0	495	434	378	326	277	231	187	147	108	71
	2	108	Y	999	968	940	914	891	870	852	835	819	805
			E	1660	1604	1553	1504	1459	1417	1377	1339	1304	1270
			H_0	425	379	327	279	234	192	152	114	79	45
		133	Y	1029	996	966	938	914	891	871	853	836	821
			E	1690	1633	1581	1532	1486	1443	1402	1364	1328	1294
			H_0	465	408	356	307	261	218	177	139	103	69
		159	Y	1059	1024	992	963	936	912	891	871	852	836
			E	1720	1662	1609	1559	1512	1469	1428	1389	1352	1317
			H_0	495	437	384	334	287	244	203	164	127	92

续表 9-20

输送机代号	序列号	托辊直径 D	Y、E、H_0	δ 0°	2°	4°	6°	8°	10°	12°	14°	16°	18°
140125	3	108	Y	1074	1040	1010	982	958	935	915	896	880	865
			E	1777	1718	1662	1611	1562	1517	1474	1433	1395	1358
			H_0	435	375	320	268	220	174	131	91	53	16
		133	Y	1104	1068	1036	1006	980	956	934	914	896	880
			E	1807	1747	1690	1638	1589	1543	1499	1458	1419	1382
			H_0	465	404	348	295	246	200	157	116	77	40
		159	Y	1134	1096	1062	1031	1003	977	954	932	913	895
			E	1837	1776	1719	1665	1615	1569	1524	1483	1444	1406
			H_0	495	433	376	323	273	226	182	140	101	64
140140	1	108	Y	1069	1040	1014	990	970	951	935	920	908	896
			E	1914	1850	1790	1734	1682	1632	1586	1542	1500	1460
			H_0	395	331	271	215	163	113	67	23	−19	−59
		133	Y	1099	1068	1040	1015	992	972	954	938	924	912
			E	1944	1879	1818	1761	1708	1658	1611	1566	1524	1484
			H_0	425	360	299	242	189	139	92	47	5	−35
		159	Y	1129	1096	1066	1039	1015	993	974	956	941	927
			E	1974	1908	1846	1789	1735	1684	1636	1591	1548	1508
			H_0	455	389	327	270	216	165	117	72	29	−11

9.5.2.2　无增面轮角形改向滚筒尾架

无增面轮角形改向滚筒尾架（H 型钢）示于图 9-11，相关参数列于表 9-21 及表 9-22。

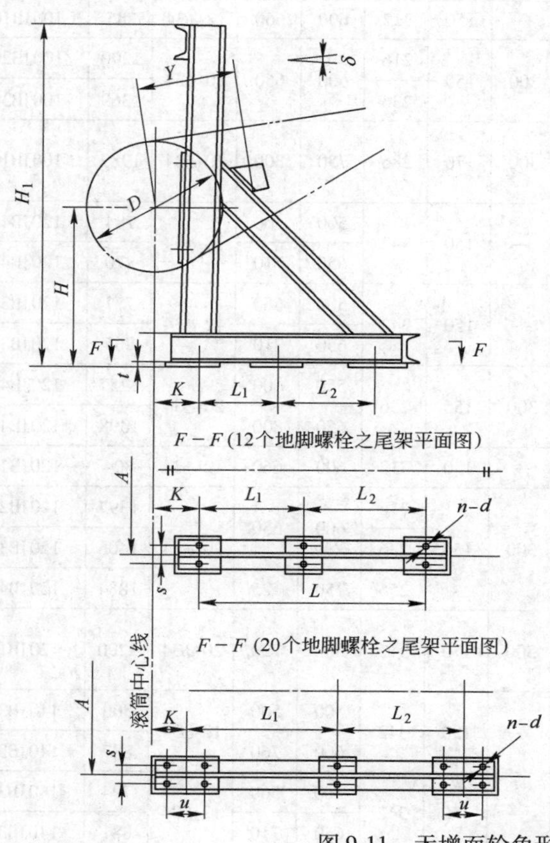

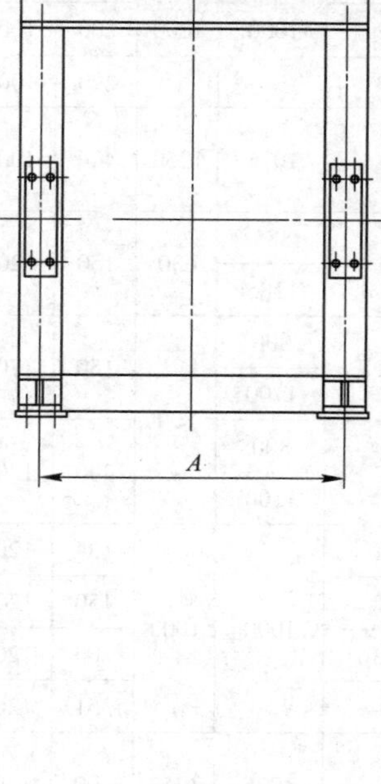

图 9-11　无增面轮角形改向滚筒尾架（H 型钢）

说明：1. 滚筒与支架连接之紧固件已包括在本部件内；

2. 本支架的适应倾角均为 0°～18°。

表 9-21　配套滚筒、主要尺寸、重量及支架图号

输送机代号	序列号	中心高 H /mm	改向滚筒			主要尺寸/mm								重量 /kg	图　号
			D /mm	许用合力 /kN	图号	H_1	A	u	s	K	L_1	L_2	n-d		
8080	1	685	630	100	80B306	1490	1300	—	100	286	400	481	12-ϕ28	503	80JB3061H
		885				1690					500	570		549	80JB3062H
	2	685		170	80B406	1490	1400	—	150	342	400	460	12-ϕ34	681	80JB4061H
		885				1690					500	560		746	80JB4062H
80100	1	800	800	90	80B107	1605	1300	—	100	270	500	570	12-ϕ28	535	80JB1071H
	2			126	80B207	1605		—	150	312	500	560	12-ϕ34	702	80JB2071H
	3			170	80B307	1605				342	500	560	12-ϕ34	739	80JB3071H
80125	1	1000	1000	240	80B108	2120	1400	300	150	216	700	790	20-ϕ34	1796	80JB1081H
	2			330	80B208	2120				236	700	790		1802	80JB2081H
	3			400	80B308	2120				256	700	790		1812	80JB3081H
10080	1	685	630	87	100B306	1490	1500	—	100	286	400	470	12-ϕ28	517	100JB3061H
		885				1690					500	570		564	100JB3062H
	2	885		168	100B406	1690		—	150	342	500	560	12-ϕ34	764	100JB4061H
		1185				1990					650	710		851	100JB4062H
100100	1	800	800	168	100B307	1605	1600	—	150	342	500	560	12-ϕ34	758	100JB3071H
		1100				1905					650	710		845	100JB3072H
	2	800		220	100B407	1605		—	150	342	500	560	12-ϕ34	766	100JB4071H
		1100				1905					650	710		853	100JB4072H
100125	1	1000	1000	130	100B108	1905	1500	—	150	312	600	660	12-ϕ34	785	100JB1081H
	2			200	100B208	2120	1600	300	150	216	600	650	20-ϕ34	1290	100JB2081H
	3			290	100B308					236				1369	100JB3081H
100140 100160	1	1075	1250	400	100B109	2400	1650	300	170	286	750	800	20-ϕ34	1983	100JB1091H
12080	1	885	630	150	120B406	1690	1850	—	150	342	500	560	12-ϕ34	784	120JB4061H
		1185				1990					650	710		870	120JB4062H
120100	1	800	800	150	120B307	1605	1850	—	150	342	500	560	12-ϕ34	777	120JB3071H
		1100				1905					650	710		865	120JB3072H
	2	800		200	120B407	1920		300	150	236	550	600	20-ϕ34	1257	120JB4071H
		1100				2220					650	800		1398	120JB4072H
120125	1	1000	1000	134	120B108	1905	1750	—	150	312	600	660	12-ϕ34	804	120JB1081H
	2			150	120B208	2120	1850	300	150	216	600	650	20-ϕ34	1397	120JB2081H
	3			200	120B308					236				1406	120JB3081H
	4			351	120B408		1900			256	750	725		1884	120JB4081H
120140 120160	1	1075	1250	400	120B109	2500	1900	300	170	312	800	720	20-ϕ34	2290	120JB1091H
14080	1	885	630	120	140B306	1690	2050	—	150	342	500	560	12-ϕ34	800	140JB3061H
		1185				1990					600	760		887	140JB3062H
140100	1	800	800	150	140B307	1605	2050	—	150	342	500	560	12-ϕ34	794	140JB3071H
		1100				1905					650	710		881	140JB3072H
	2	1000		186	140B407	2120	2050	300	150	236	550	600	20-ϕ34	1382	140JB4071H
		1100				2220					650	800		1452	140JB4072H

续表 9-21

输送机代号	序列号	中心高 H /mm	改向滚筒			主要尺寸/mm								重量 /kg	图号
			D /mm	许用合力 /kN	图号	H_1	A	u	s	K	L_1	L_2	n-d		
140100	3	1000	800	214	140B507	2120	2100	300	150	256	720	630	20-ϕ34	1695	140JB5071H
		1100				2220					770	880		1808	140JB5072H
140125	1	1200	1000	150	140B208	2105	2050	300	150	342	700	760	12-ϕ34	917	140JB2081H
	2			236	140B308	2320	2050			236	850	760	20-ϕ34	1646	140JB3081H
	3			331	140B408	2320	2100			236	885	800		2046	140JB4081H
140140 140160	1	1275	1250	400	140B109	2600	2100	300	170	342	800	920	20-ϕ34	2453	140JB1091H
16080	1	985	630	160	160B306	1790	2250	—	150	342	500	560	12-ϕ34	817	160JB3061H
		1285				2090					600	760		896	160JB3062H
160100	1	900	800	120	160B307	1785	2250	—	150	342	500	560	12-ϕ34	811	160JB3071H
		1200				2005					650	710		898	160JB3072H
	2	1000	800	160	160B407	2120	2250	300	150	236	550	600	20-ϕ34	1412	160JB4071H
		1200				2320					650	800		1497	160JB4072H
	3	1000	800	240	160B507	2120	2300			256	700	650	20-ϕ34	1725	160JB5071H
		1200				2320					750	800		1827	160JB5072H
160125	1	1200	1000	160	160B108	2320	2250			236	850	760	20-ϕ34	1677	160JB1071H
	2			240	160B208		2300			236	885	800		2076	160JB2081H
	3			320	160B308					266				2096	160JB3081H
160140 160160	1	1275	1250	450	160B109	2600	2350	300	170	306	736	1000	20-ϕ34	2491	160JB1091H
				520	160B209					326				2505	160JB2091H
18080	1	1085	630	160	180B306	1890	2450	—	150	342	500	560	12-ϕ34	841	180JB3061H
		1385				2190					600	760		928	180JB3062H
180100	1	1000	800	160	180B207	2120		300	150	236	550	600	20-ϕ34	1442	180JB2071H
		1300				2420					700	850		1569	180JB2072H
	2	1000	800	240	180B307	2120	2500	300	150	256	720	630	20-ϕ34	1755	180JB3071H
		1300				2420					770	880		1907	180JB3072H
	3	1000	800	320	180B407	2120	2500	300	150	286	720	630	20-ϕ34	1776	180JB4071H
		1300				2420					770	880		1928	180JB4072H
180125	1	1200	1000	160	180B108	2320	2450	300	150	236	850	760	20-ϕ34	1706	180JB1081H
	2			240	180B208		2500			256	865	800		2106	180JB2081H
	3			450	180B308	2500	2550	300	170	306	800	800		2453	180JB3081H
180140 180160	1	1275	1250	520	180B109	2600	2550	300	170	306	800	1000	20-ϕ34	2558	180JB1091H
	2			800	180B209					346				2589	180JB2091H
20080	1	1185	630	80	200B206	2050	2650	—	150	342	500	560	12-ϕ34	870	200JB2061H
		1485				2350					600	760		957	200JB2062H
200100	1	1100	800	160	200B207	2120	2650	300	150	236	650	700	20-ϕ34	1526	200JB2071H
		1400				2420					800	950		1653	200JB2072H
	2	1100	800	240	200B307	2220	2700	300	150	256	750	800	20-ϕ34	1866	200JB3071H
		1400				2520					850	1000		2018	200JB3072H
	3	1100	800	320	200B407	2220	2700	300	150	256	750	800	20-ϕ34	1887	200JB4071H
		1400				2520				286	850	1000		2039	200JB4072H

续表 9-21

输送机代号	序列号	中心高 H /mm	改向滚筒 D /mm	许用合力 /kN	图号	主要尺寸/mm H_1	A	u	s	K	L_1	L_2	n-d	重量 /kg	图　号
200125	1	1300	1000	160	200B108	2420	2650	300	150	236	800	900	20-ϕ34	1790	200JB1081H
	2			240	200B208		2700			256	800	1000		2214	200JB2081H
	3			320	200B308					286	800	1000		2234	200JB3081H
	4			450	200B408	2550	2750	300	170	306				2572	200JB4081H
200140 100160		1275	1250	520	200B109	2600	2750	300	170	306	800	1000	20-ϕ34	2591	200JB1091H

表 9-22　*Y* 值表

mm

输送机代号	序列号	托辊直径 D	δ 0°	2°	4°	6°	8°	10°	12°	14°	16°	18°
8080	1	89	882	851	825	800	778	758	739	722	707	693
		108	907	875	846	820	797	775	755	737	721	706
		133	942	908	877	849	823	800	778	758	740	724
	2	89	1003	969	938	911	885	862	842	823	805	790
		108	1028	992	960	931	904	880	858	838	819	802
		133	1063	1025	991	959	931	904	880	859	839	820
80100	1	89	856	830	806	785	766	749	734	720	708	697
		108	881	853	828	805	785	767	750	735	722	710
		133	916	886	858	834	811	791	773	756	741	727
	2	89	973	943	916	892	870	850	833	817	803	790
		108	998	966	938	912	889	868	849	832	817	803
		133	1303	999	968	940	915	892	872	853	836	821
	3	89	1003	972	944	919	897	876	858	842	827	814
		108	1028	995	966	939	915	894	874	857	841	827
		133	1063	1028	996	968	942	918	897	878	860	844
80125	1	89	888	864	843	824	806	790	776	762	750	739
		108	913	887	865	844	825	807	791	777	763	751
		133	948	920	895	872	851	831	813	797	781	767
	2	89	908	883	862	842	824	807	792	778	765	755
		108	933	907	883	862	842	824	808	793	779	767
		133	968	939	914	890	868	848	830	813	798	783
	3	89	934	910	888	868	851	836	822	810	800	791
		108	969	933	909	888	870	853	858	825	814	804
		133	994	966	940	917	896	878	861	846	833	822
10080	1	108	970	935	903	874	847	823	800	780	761	744
		133	995	958	925	894	866	840	817	795	775	756
		159	1040	1000	964	930	900	872	846	822	800	779
	2	108	1101	1062	1026	993	963	936	911	888	867	848
		133	1126	1085	1048	1013	982	954	927	903	881	861
		159	1171	1127	1087	1050	1016	985	957	930	906	884

续表 9-22

输送机代号	序列号	托辊直径 D	δ									
			0°	2°	4°	6°	8°	10°	12°	14°	16°	18°
100100	1	108	1101	1065	1029	1002	975	950	928	907	889	872
		133	1126	1088	1053	1022	993	967	944	922	903	885
		159	1171	1130	1092	1058	1027	999	973	949	928	908
	2	108	1121	1084	1050	1020	992	967	944	924	905	888
		133	1146	1107	1072	1040	1011	985	961	939	919	901
		159	1191	1149	1111	1077	1045	1016	990	966	944	924
100125	1	108	971	943	917	893	872	854	837	822	809	797
		133	996	966	938	914	892	872	854	837	823	810
		159	1041	1008	977	950	925	903	883	865	848	833
	2	108	859	859	836	815	796	780	765	751	739	729
		133	910	882	858	835	815	797	781	766	753	742
		159	955	924	897	872	849	829	810	793	778	765
	3	108	898	871	848	826	807	790	775	761	749	738
		133	923	895	869	847	826	807	791	776	763	751
		159	968	936	908	883	860	839	820	803	787	773
100140		108	1010	984	961	941	924	908	894	882	872	864
		133	1035	1008	983	962	942	925	911	897	886	876
		159	1080	1049	1022	998	976	957	940	925	911	899
12080		108	1136	1094	1056	1022	990	961	934	909	887	866
		133	1161	1118	1078	1042	1009	978	950	924	900	878
		159	1191	1146	1104	1066	1031	999	970	942	917	894
120100	1	108	1136	1097	1062	1030	1001	975	950	928	908	890
		133	1161	1121	1084	1050	1020	992	967	943	922	903
		159	1269	1149	1110	1075	1042	1013	986	961	939	918
	2	108	983	948	918	890	864	841	820	801	783	767
		133	1008	973	940	910	883	859	836	816	797	780
		159	1038	1000	966	935	906	880	856	834	814	795
120125	1	108	1006	975	947	922	899	879	860	843	829	815
		133	1041	998	969	942	918	896	876	859	842	828
		159	1061	1026	995	966	941	917	896	877	859	843
	2	108	914	885	859	835	813	792	773	755	738	722
		133	939	908	881	855	831	809	789	769	751	733
		159	969	936	907	879	854	830	807	786	767	748
	3	108	1028	996	967	941	918	896	877	860	845	831
		133	1053	1019	989	961	936	914	894	875	859	844
		159	1083	1047	1015	986	959	935	913	893	875	859
120140		108	1033	1005	980	958	939	921	906	892	881	871
		133	1058	1028	1002	978	957	939	922	907	895	883
		159	1088	1056	1028	1003	980	960	942	925	911	899

续表 9-22

输送机代号	序列号	托辊直径 D	δ									
			0°	2°	4°	6°	8°	10°	12°	14°	16°	18°
14080		108	1185	1141	1102	1065	1032	1001	973	947	923	901
		133	1215	1169	1128	1089	1054	1022	992	965	939	916
		159	—	—	—	—	—	—	—	—	—	—
140100	1	108	1185	1144	1107	1074	1043	1015	989	966	944	925
		133	1215	1171	1133	1098	1065	1036	1009	984	961	940
		159	1245	1200	1159	1122	1088	1057	1028	1002	978	955
	2	108	1039	1003	970	941	913	889	866	845	826	809
		133	1065	1031	996	965	936	910	885	863	843	824
		159	1099	1059	1022	989	959	931	905	881	859	839
	3	108	1259	1216	1176	1141	1108	1079	1051	1027	1004	983
		133	1289	1244	1203	1165	1131	1100	1071	1045	1021	999
		159	1319	1272	1229	1189	1153	1121	1090	1063	1037	1014
140125	1	108	1085	1051	1020	993	967	945	924	906	889	874
		133	1115	1079	1046	1017	990	966	944	924	905	889
		159	1145	1107	1073	1041	1013	987	963	942	922	904
	2	108	999	968	940	914	891	870	852	835	819	805
		133	1029	996	966	938	914	891	871	853	836	821
		159	1059	1024	992	963	936	912	891	871	852	836
	3	108	1074	1040	1010	982	958	935	915	896	880	865
		133	1104	1068	1036	1006	980	956	934	914	896	880
		159	1134	1096	1062	1031	1003	977	954	932	913	895
140140		108	1069	1040	1014	990	970	951	935	920	908	896
		133	1099	1068	1040	1015	992	972	954	938	924	912
		159	1129	1096	1066	1039	1015	993	974	956	941	927
16080		133	1139	1093	1050	1010	972	937	904	872	841	812
		159	1169	1121	1076	1034	994	957	922	889	857	827
		194	—	—	—	—	—	—	—	—	—	—
160100	1	133	1139	1096	1056	1018	983	951	920	891	863	837
		159	1169	1124	1082	1042	1005	971	939	908	879	851
		194	—	—	—	—	—	—	—	—	—	—
	2	133	993	954	918	885	854	825	797	770	745	721
		159	1023	983	945	910	877	845	816	788	761	735
		194	—	—	—	—	—	—	—	—	—	—
	3	133	1113	1070	1031	995	960	928	898	869	842	816
		159	1143	1098	1057	1019	983	949	917	886	858	830
		194	—	—	—	—	—	—	—	—	—	—
160125	1	133	1053	1016	982	950	920	893	867	842	819	797
		159	1083	1044	1008	974	943	913	885	859	835	811
		194	—	—	—	—	—	—	—	—	—	—
	2	133	1128	1088	1052	1018	987	958	930	904	880	856
		159	1158	1116	1078	1042	1009	978	949	921	895	870
		194	—	—	—	—	—	—	—	—	—	—

续表 9-22

输送机代号	序列号	托辊直径 D	δ									
			0°	2°	4°	6°	8°	10°	12°	14°	16°	18°
160125	3	133	1158	1117	1080	1046	1013	984	956	929	904	880
		159	1188	1145	1106	1070	1036	1004	974	946	919	894
		194	—	—	—	—	—	—	—	—	—	—
160140	1	133	1103	1069	1037	1008	981	956	933	911	891	872
		159	1133	1097	1063	1032	1004	977	952	929	907	886
		194	—	—	—	—	—	—	—	—	—	—
	2	133	1123	1088	1056	1026	999	974	950	928	907	888
		159	1153	1116	1082	1050	1021	994	969	945	923	902
		194	—	—	—	—	—	—	—	—	—	—
18080		133	1064	1019	978	939	902	867	835	804	774	745
		159	1094	1047	1004	963	925	888	854	821	789	759
		194	1134	1085	1039	995	954	916	879	844	810	778
180100	1	133	1018	978	941	906	873	842	813	785	758	733
		159	1048	1006	967	930	895	863	832	802	774	747
		194	1088	1043	1001	962	925	890	857	825	795	765
	2	133	1138	1094	1053	1015	979	946	914	884	855	828
		159	1168	1122	1079	1039	1001	966	933	901	871	842
		194	1208	1159	1114	1071	1031	994	958	924	892	861
	3	133	1168	1123	1081	1042	1006	971	939	908	879	851
		159	1198	1151	1107	1066	1028	992	958	926	895	866
		194	1238	1188	1142	1098	1057	1019	983	949	916	884
180125	1	133	1078	1039	1004	970	939	910	883	857	832	809
		159	1108	1067	1029	994	961	930	901	874	848	823
		194	1148	1104	1064	1026	991	958	927	897	869	842
	2	133	1153	1112	1074	1038	1005	975	946	919	893	868
		159	1183	1140	1100	1063	1028	995	965	936	908	882
		194	1223	1177	1134	1095	1058	1023	990	959	929	901
	3	133	1262	1217	1176	1138	1102	1069	1038	1007	981	955
		159	1292	1245	1201	1162	1124	1089	1057	1026	996	969
		194	1332	1282	1237	1194	1154	1117	1082	1049	1017	987
180140	1	133	1192	1154	1119	1086	1056	1029	1003	979	956	935
		159	1222	1182	1145	1111	1079	1049	1022	996	972	948
		194	1262	1219	1179	1143	1109	1077	1047	1019	992	967
	2	133	1232	1192	1156	1123	1092	1063	1037	1012	988	966
		159	1262	1220	1182	1147	1114	1084	1055	1029	1004	980
		194	1302	1258	1217	1179	1144	1111	1081	1052	1025	999
20080		133	969	927	889	852	817	785	754	724	695	668
		159	1009	965	923	884	847	812	779	747	716	687
		194	1049	1002	958	916	877	840	804	770	737	705
200100	1	133	1123	1079	1039	1001	965	932	900	870	842	814
		159	1163	1116	1073	1033	995	959	925	893	862	833
		194	1203	1154	1108	1065	1025	987	951	916	883	852

续表 9-22

输送机代号	序列号	托辊直径 D	δ									
			0°	2°	4°	6°	8°	10°	12°	14°	16°	18°
200100	2	133	1243	1195	1151	1110	1071	1035	1001	969	939	907
		159	1283	1232	1186	1142	1101	1063	1027	992	959	928
		194	1323	1270	1220	1174	1131	1090	1052	1015	980	947
	3	133	1273	1224	1179	1137	1098	1061	1026	994	963	933
		159	1313	1261	1214	1169	1128	1089	1052	1017	984	952
		194	1353	1299	1248	1201	1157	1116	1077	1340	1005	971
200125	1	133	1073	1034	999	965	934	905	877	851	827	803
		159	1113	1071	1033	997	964	932	902	874	847	822
		194	1153	1109	1068	1030	994	960	928	897	868	840
	2	133	1193	1150	1111	1074	1040	1008	978	950	924	898
		159	1233	1187	1146	1107	1070	1036	1004	973	944	917
		194	1273	1225	1180	1139	1100	1063	1029	996	965	936
	3	133	1223	1179	1139	1102	1067	1034	1004	975	948	922
		159	1263	1216	1174	1134	1097	1062	1029	998	969	941
		194	1303	1254	1208	1166	1126	1089	1054	1021	990	960
	4	133	1297	1251	1208	1169	1132	1098	1066	1036	1008	981
		159	1337	1288	1243	1201	1162	1126	1091	1059	1028	999
		194	1377	1325	1278	1233	1192	1153	1117	1082	1049	1018
200140		133	1197	1158	1123	1090	1060	1032	1006	982	959	937
		159	1237	1196	1158	1123	1090	1060	1031	1004	979	956
		194	1277	1233	1192	1155	1120	1087	1056	1027	1000	974

9.5.3 矩形改向滚筒尾架

矩形改向滚筒尾架示于图 9-12，相关参数列于表 9-23 及表 9-24。

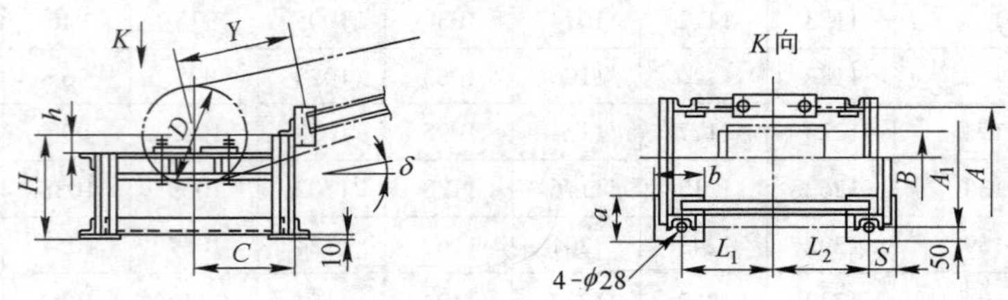

图 9-12　矩形改向滚筒尾架示意图

说明：滚筒与支架连接之紧固件已包括在本部件内。

表 9-23　配套滚筒、主要尺寸、重量及支架图号

输送机代号	中心高 H /mm	改向滚筒			主要尺寸/mm									重量 /kg	图　号
		D /mm	许用合力 /kN	图号	A	A_1	C	L_1	L_2	a	b	h	S		
4032	542.5	315	10	40B103	750	800	350	250	300	180	180	100	120	81	40JB1031J
4040	742.5													89	40JB1032J
5032	642.5	315	10	50B103	850	900	350	250	300	180	180	100	120	88	50JB1031J
5040	842.5													96	50JB1032J

续表 9-23

输送机代号	中心高 H /mm	改向滚筒 D /mm	改向滚筒 许用合力 /kN	改向滚筒 图号	主要尺寸/mm A	A_1	C	L_1	L_2	a	b	h	S	重量 /kg	图　号
5050	600	400	23	50B204	850	900	380	280	330	180	180	110	120	91	50JB2041J
	800													99	50JB2042J
6540	600	315	20	65B104	1000	1050	350	250	300	180	180	110	120	90	65JB1041J
	800													98	65JB1042J
6550	600	400	32	65B204	1000	1050	380	280	330			130		96	65JB2041J
	800													104	65JB2042J
6563	550	500	40	65B105			430	280	380					96	65JB1051J
	750													104	65JB1052J
8040	600	400	20	80B104	1250	1300	380	80	330	180	180	130	120	101	80JB1041J
	800													109	80JB1043J
8050 8063	550	500	56	80B205	1300	1350	430	330	380			165		111	80JB2051J
	750													119	80JB2052J
8080	685	630	73	80B206			496	345	445					119	80JB2061J
10050	750	500	35	100B105	1500	1550	450	330	390	180	205	145	130	131	100JB1051J
	950													140	100JB1052J
10063 10080	685	630	64	100B206	1500	1550	515	345	455	180	205	165	130	134	100JB2061J
	885													144	100JB2062J
100100	800	800	110	100B207			600	420	540			180		152	100JB2071J
12063 12080	685	630	90	120B306	1750	1800	515	375	455					147	120JB3061J
	885													157	120JB3062J
120100	800	800	100	120B207			600	420	540					158	120JB2071J
14080	885	630	90	140B206	2050	2100	515	375	455					164	140JB2061J
140100	800	800	94	140B207			600	420	540					165	140JB2071J

表 9-24　*Y* 值表

mm

输送机代号	托辊直径 D	δ 0°	2°	4°	6°	8°	10°	12°	14°	16°	18°	20°
4032 4040	63. 5	360	360	360	360	360	361	362	364	366	369	373
	76	360	360	360	360	360	360	360	361	363	366	369
	89	—	—	—	—	—	—	—	—	—	—	—
5032 5040	63. 5	360	360	360	360	360	360	360	360	362	364	367
	76	360	360	360	360	360	360	360	360	360	361	363
	89	360	360	360	360	360	360	360	360	360	360	360
5050	63. 5	390	394	398	403	408	414	420	427	434	443	451
	76	390	394	399	404	409	415	422	429	437	446	455
	89	390	395	399	405	411	417	424	432	440	449	459
6540	76	360	360	360	360	360	361	363	365	367	370	373
	89	360	360	360	360	360	360	360	362	364	367	370
	108	360	360	360	360	360	360	360	360	360	360	360

续表 9-24

输送机代号	托辊直径 D	δ										
		0°	2°	4°	6°	8°	10°	12°	14°	16°	18°	20°
6550	76	390	395	400	405	411	418	425	433	442	451	461
	89	390	395	400	406	413	420	427	436	444	454	464
	108	390	396	402	409	417	425	434	443	453	464	475
6563	76	440	443	446	450	455	460	466	472	479	487	496
	89	440	443	447	451	456	462	468	475	482	490	499
	108	440	444	449	455	460	467	474	482	491	500	510
8040	89	390	390	390	390	390	390	390	390	392	395	398
	108	390	390	390	390	390	390	390	390	390	390	390
	133	—	—	—	—	—	—	—	—	—	—	—
8050 8063	89	440	444	448	452	458	464	470	477	485	494	503
	108	440	444	449	455	461	468	475	483	492	502	512
	133	440	446	452	459	466	474	483	492	502	513	525
8080	89	505	506	508	511	514	518	523	528	534	541	548
	108	505	507	510	514	518	522	528	534	541	549	557
	133	505	508	513	517	523	529	535	543	551	560	570
10050	108	460	460	460	460	460	460	460	461	464	467	471
	133	—	—	—	—	—	—	—	—	—	—	—
	159	—	—	—	—	—	—	—	—	—	—	—
10063 10080	108	525	529	534	540	546	553	560	569	578	588	599
	133	525	530	536	542	549	557	566	575	585	596	608
	159	525	532	539	547	556	565	575	586	598	611	625
100100	108	610	611	613	616	620	624	629	635	642	650	659
	133	610	612	615	619	623	628	634	641	649	658	668
	159	610	614	618	623	629	636	644	653	662	673	684
12063 12080	108	525	530	536	543	551	559	568	577	588	599	612
	133	525	531	538	546	554	563	573	584	595	608	621
	159	525	532	540	549	558	569	579	591	604	617	632
4032 4040	63.5	360	360	360	360	360	361	362	364	366	369	373
	76	360	360	360	360	360	360	360	361	363	366	369
	89	—	—	—	—	—	—	—	—	—	—	—
5032 5040	63.5	360	360	360	360	360	360	360	360	362	364	367
	76	360	360	360	360	360	360	360	360	360	361	363
	89	360	360	360	360	360	360	360	360	360	360	360
	159	525	532	540	549	558	569	579	591	604	617	632
120100	108	610	613	616	620	625	630	637	644	652	661	671
	133	610	613	618	622	628	635	642	650	659	669	680
	159	610	614	620	626	632	640	648	658	668	679	691
14080	108	525	531	539	546	555	564	574	585	596	609	622
	133	525	532	541	549	559	569	580	592	604	618	633
	159	525	534	543	553	563	575	587	600	614	628	644
140100	108	610	614	618	623	629	635	643	651	660	671	682
	133	610	615	620	626	633	641	649	659	669	680	693
	159	610	616	622	629	637	646	656	666	678	690	703

9.6 垂直拉紧装置架

垂直拉紧装置架示于图 9-13，相关参数列于表 9-25。

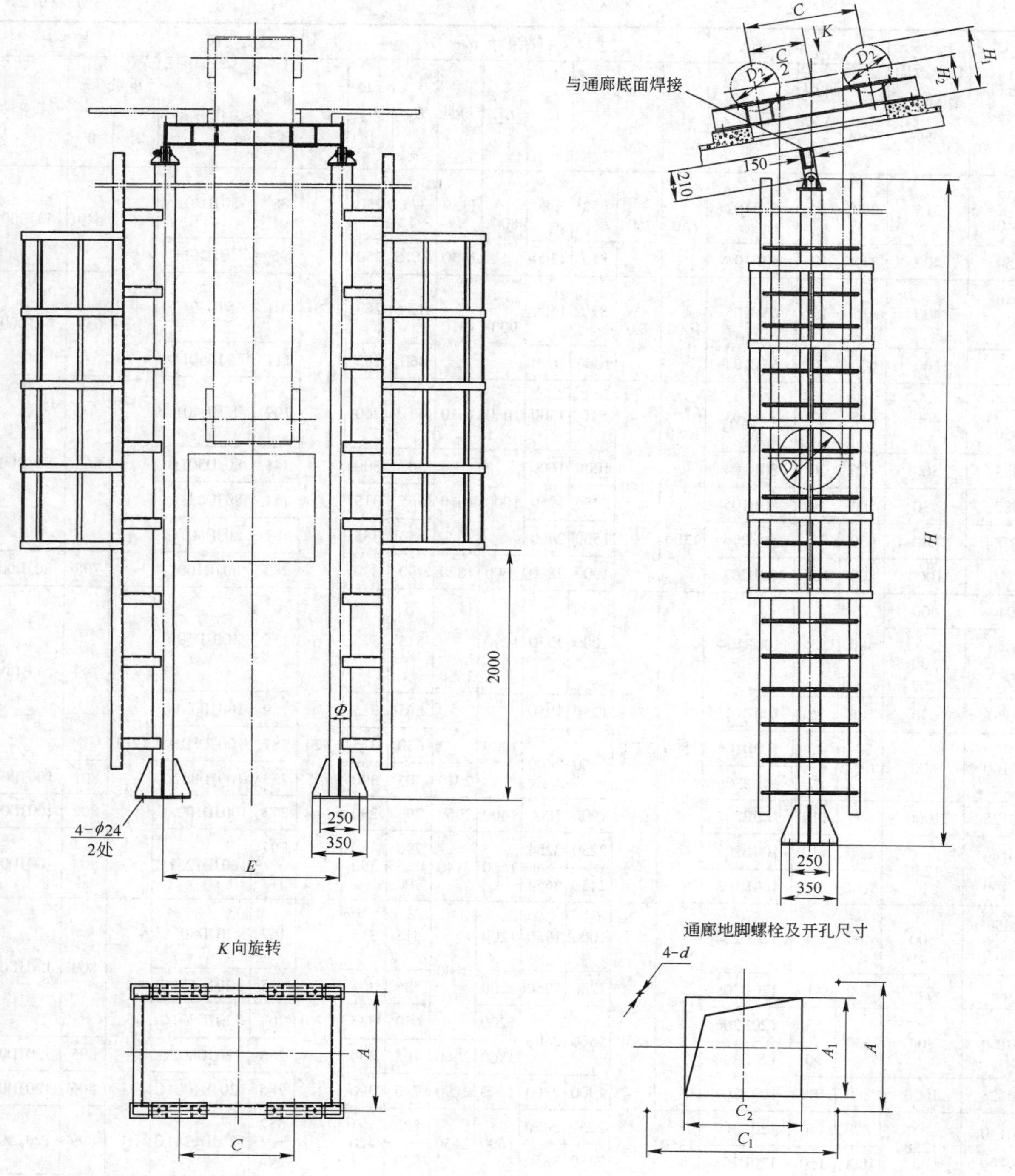

图 9-13 垂直拉紧装置架示意图

说明：1. 当 $B=500\sim800$mm 时，$\Phi=\phi133$mm；$B=1000\sim1400$mm 时，$\Phi=\phi159$mm；

2. 表中所给重量 W 为 $H=5000$mm 时的重量，H 每增减 100mm，重量相应增减 W_0；

3. 改向滚筒与支座连接的紧固件，已包括在本部件内。

表 9-25 垂直拉紧装置架相关参数

输送机代号	180°改向滚筒 D_1 /mm	90°改向滚筒			主要尺寸/mm									支座		导杆		
		D_2 /mm	许用合力 /kN	图号	A	A_1	C	C_1	C_2	E	H_1	H_2	d	重量 /kg	图号	重量/kg W_0	W	图号
4032 4040	315	250	8	40B102	750	660	650	1080	700	1030	375	250	M20	84	40JD301C	14.5	648	40JD001C

续表 9-25

输送机代号	180°改向滚筒 D_1/mm	90°改向滚筒 D_2/mm	许用合力/kN	图号	主要尺寸/mm A	A_1	C	C_1	C_2	E	H_1	H_2	d	支座 重量/kg	图号	导杆 重量/kg W_0	W	图号
5032 5040	315	250	9	50B102	850	760	650	1080	800	1130	375	250		88	50JD301		649	50JD001C
5050	400	315	10	50B103			810	1300		1130	407.5	250		95	50JD401C			
6540 6550	400	315	16	65B203	1000	920	810	1300	900	1310	417.5	260		101	65JD401C		651	65JD001C
6563	500	400	20	65B104			1000	1600			460	260		111	65JD501C			
8040 8050	400	315	12	80B103	1250		810	1300	1000	1610	417.5	260	M20	109	80JD401	14.5		
8063	500	400	20	80B104		1140	1000	1600			500	300		141	80JD501C		665	80JD001C
8080	630	500	40	80B105			1250	1950	1000	1610	565	315		161	80JD631C			
80100	800	630	73	80B206	1300		1560	2400			650	335		187	80JD801C			
80125	1000	800	126	80B207			1900	2800	1600	1820	790	390		263	80JD1001		798	80JD002C
10040	400																	
10050 10063	500	400	25	100B104			1000	1950	1200	1850	515	315		158	100JD501		799	100JD001C
10080	630	500	35	100B105			1250	1950			565	315		169	100JD631C			
100100	800	630	43	100B106	1500	1370	1560	2400	1200		630	315	M24	187	100JD801C	17.1		
			87	100B306						2010	705	390		253	100JD802C		801	100JD002C
100125	1000	800	110	100B207			1900	2800	1400	2060	790	390		273	100JD1001C		802	100JD003C
100140	1250	800	110	100B207			2250	3254	1600	2140	790	390		297	100JD1251C		803	100JD004C
100160		1000	130	100B108			2450	3654			890			317				
12050 12063	500	400	29	120B204			1000	1950	1200	2100	515	315		167	120JD501C		803	120JD001C
12080	630	500	41	120B205	1750		1250	1950	1200		585	335		185	120JD631C			
120100	800	630	53	120B206		1550	1560	2400	1200		650	335	M24	203	120JD801C	17.1		
			90	120B306					1360	2260	705	390		266	120JD802C		805	120JD002C
120125	1000	800	100	120B207			1900	2800	1400	2290	790	390		286	120JD1001C		806	120JD003C
120140	1250	800	150	120B307	1850		2250	3450	1600	2450	820	420		552	120JD1251C		809	120JD004C
120160		1000	150	120B208			2450	3850			920			593				
14080	630	500	40	140B205	1950		1250	1950		2140	585	335		193	140JD631C		808	140JD001C
140100	800	630	50	140B106			1560	2400	1360		650			211	140JD801C			
			90	140B206	2050	1750				2460	705	390	M24	281	140JD802C		809	140JD002C
140125	1000	800	94	140B207	2050		1900	2800		2490	790	390		302	140JD1001C		851	140JD003C
140140	1250	800	150	140B307	2050		2250	3450	1600	2650	820	420		562	140JD1251C		855	140JD004C
140160		1000	150	140B208			2450	3850			920			603				
16080	630	500	40	160B105	2150		1250	1950	1400	2500	585	335		201	160JB631C		851	160JD001C
160100	800	630	40	160B106			1560	2400		2600	650	335		218	160JD801C		854	160JD002C
160125	1000	800	80	160B207		1950	1900	2800		2690	790	390	M24	312	160JD1001C	17.1	854	160JD003C
160140	1250	800	160	160B407	2250		2250	3450	1600	2920	840	440		582	160JD1251C		862	160JD004C
160160		1000	160	160B108			2450	3850			940			623				

续表 9-25

输送机代号	180°改向滚筒 D_1 /mm	90°改向滚筒 D_2 /mm	90°改向滚筒 许用合力 /kN	90°改向滚筒 图号	主要尺寸/mm A	A_1	C	C_1	C_2	E	H_1	H_2	d	支座 重量 /kg	支座 图号	导杆 重量/kg W_0	导杆 重量/kg W	导杆 图号
18080	630	500	40	180B105	2350	2150	1250	1950	1400	2800	585	335	M24	209	180JD631C	17.1	856	180JD001C
180100	800	630	40	180B106			1560	2400			650	335		226	180JD801C		859	180JD002C
180125	1000	800	80	180B107	2450		1900	2800	1600	2890	790	390		322	180JD1001C		861	180JD003C
180140	1250	800	160	180B207			2250	3450		3120	840	440		592	180D1251C		867	180JD004C
180160		1000	160	180B108			2450	3850			940			634				
20080	630	500	40	200B105	2550	2350	1250	1950	1400	2900	585	335	M24	216	200JD631C	17.1	862	200JD001C
200100	800	630	40	200B106			1560	2400		3060	650	335		234	200JD801C		866	200JD002C
200125	1000	800	80	200B107	2650		1900	2800	1600	3090	790	390		333	200JD1001C		867	200JD003C
200140	1250	800	160	200B207			2250	3450		3320	840	440		603	200D1251C		872	200JD004C
200160		1000	160	200B108			2450	3850			940			644				

9.7 车式拉紧装置架

9.7.1 带滑轮车式拉紧装置尾架

9.7.1.1 水平拉紧尾架

水平拉紧尾架示于图 9-14，相关参数列于表 9-26。

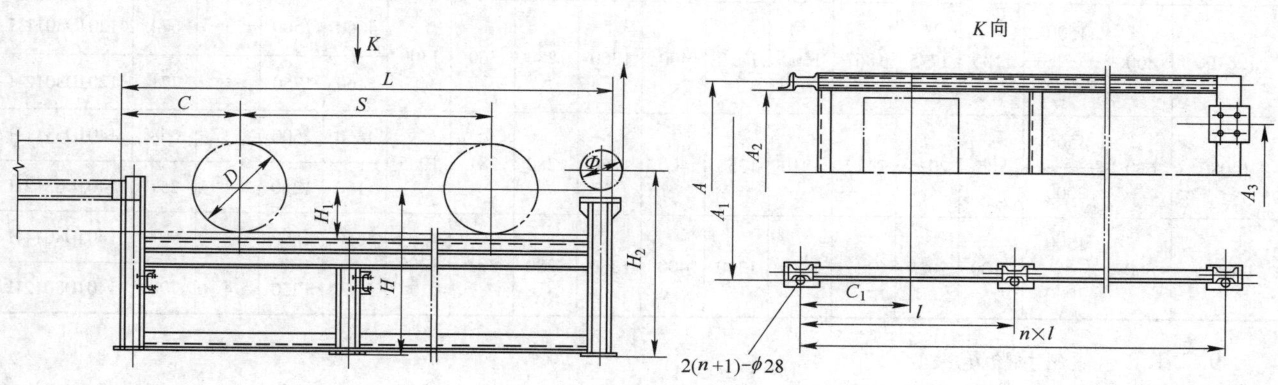

图 9-14 水平拉紧尾架示意图

说明：1. 滑轮组与支架连接的紧固件，已包括在本部件内；

2. 订货时，须注明滑轮直径。

表 9-26 水平拉紧尾架的相关参数

输送机代号	D /mm	拉紧行程 S /mm	主要尺寸/mm H	A	A_1	A_2	A_3	Φ	C	C_1	H_1	H_2 (max)	L	l	n	重量 /kg	图号
5050	400	1500	800	875	975	800	500	250	1100	1030	270	925	4040	1300	3	403	50JD4011H
		2000											4490	1450		431	50JD4012H

续表 9-26

输送机代号	D /mm	拉紧行程 S /mm	主要尺寸/mm													重量 /kg	图号
			H	A	A_1	A_2	A_3	Φ	C	C_1	H_1	H_2 (max)	L	l	n		
6550	400	1500	800	1025	1125	950	700	300	1100	1030	285	950	4040	1300	3	415	65JD4011H
		2000											4490	1450		443	65JD4012H
6563	500	1500	750	1025	1125	950	700	300	1100	1030	285	900	4040	1300	3	410	65JD5011H
		2000											4490	1450		438	65JD5012H
8050 8063	500	1500	950	1325	1425	1150	900	300	1180	1110	325	1100	4190	1350	3	476	80JD5011H
		2000											4640	1500		504	80JD5012H
8080	630	1500	885	1325	1417	1150	900	400	1180	1100	325	1085	4210	1350	3	564	80JD6311H
		2000											4660	1500		595	80JD6312H
10063 10080	630	1500	885	1525	1617	1350	1100	400	1180	1100	335	1085	4210	1350	3	583	100JD6311H
		2000											4660	1500		615	100JD6312H
100100	800	1500	1100	1525	1617	1350	1100	400	1180	1100	335	1300	4210	1350	3	622	100JD8011H
		2000											4660	1500		653	100JD8012H
12063 12080	630	1500	885	1775	1867	1600	1250	400	1360	1280	360	1085	4660	1500	3	635	120JD6311H
		2000											5160	1250	4	724	120JD6312H
120100	800	1500	1100	1775	1867	1600	1250	400	1360	1280	360	1300	4660	1500	3	674	120JD8011H
		2000											5160	1250	4	771	120JD8012H
14080	630	1500	885	2025	2117	1810	1350	400	1360	1280	381	1085	4660	1500	3	658	140JD6311H
		2000											5160	1250	4	751	140JD6312H
140100	800	1500	1100	2025	2117	1810	1350	400	1360	1280	381	1300	4660	1500	3	697	140JD8011H
		2000											5160	1250	4	798	140JD8012H

9.7.1.2 倾斜拉紧尾架

倾斜拉紧尾架示于图 9-15，相关参数列于表 9-27。

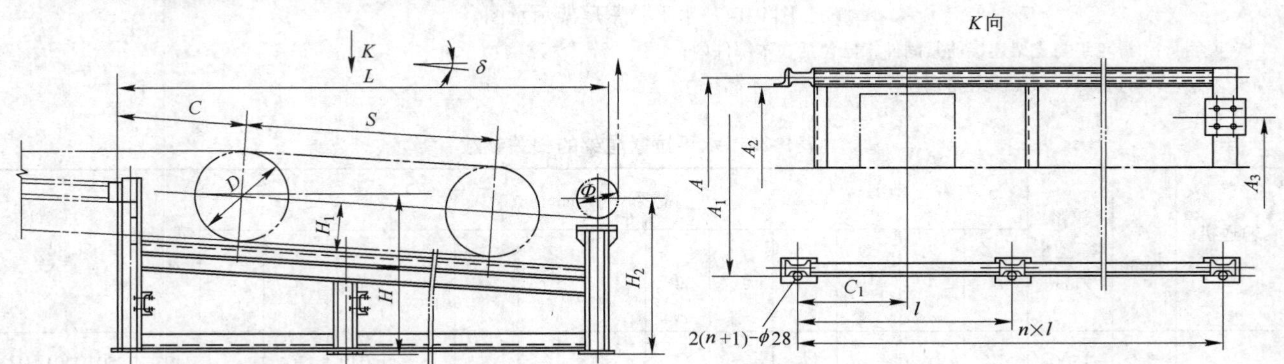

图 9-15 倾斜拉紧尾架示意图

说明：1. 滑轮组与支架连接的紧固件，已包括在本部件内；

2. 订货时，须注明滑轮直径。

表 9-27 倾斜拉紧尾架相关参数

输送机代号	D/mm	拉紧行程 S/mm	A	A_1	A_2	A_3	Φ	C	H_1	L	l	n	C_1 (0°<δ≤6°)	H (0°<δ≤6°)	H_2 (0°<δ≤6°)	重量/kg (0°<δ≤6°)	图号 (0°<δ≤6°)	C_1 (6°<δ≤12°)	H (6°<δ≤12°)	H_2 (6°<δ≤12°)	重量/kg (6°<δ≤12°)	图号 (6°<δ≤12°)	C_1 (12°<δ≤16°)	H (12°<δ≤16°)	H_2 (12°<δ≤16°)	重量/kg (12°<δ≤16°)	图号 (12°<δ≤16°)
5050	400	1500	875	975	800	500	250	1100	270	4040	1300	3	1053	1000	827	421	50JD40211H	1065	1200	725	439	50JD40212H	1067	1400	718	473	50JD40213H
		2000								4490	1450	3	1053	1000	779	447	50JD40221H	1065	1300	730	475	50JD40222H	1067	1500	689	495	50JD40223
6550	400	1500	1025	1125	950	700	300	1100	285	4040	1300	3	1055	1000	852	432	65JD40211H	1069	1200	751	451	65JD40212H	1072	1400	745	472	65JD40213H
		2000								4490	1450	3	1055	1000	804	457	65JD40221H	1069	1300	756	487	65JD40222H	1072	1500	716	506	65JD40223H
6563	500	1500	1025		950	700	300	1100	285	4040	1300	3	1055	1000	852	435	65JD50211H	1069	1200	751	452	65JD50212H	1072	1400	745	474	65JD50213H
		2000								4490	1450	3	1055	1000	804	459	65JD50221H	1069	1300	756	488	65JD50222H	1072	1500	716	508	65JD50223H
8050 8063	500	1500	1325	1425	1150	900	300	1180	325	4190	1350	3	1139	1000	845	476	80JD50211H	1155	1300	838	508	80JD50212H	1160	1500	827	531	80JD50213H
		2000								4640	1500	3	1139	1000	797	502	80JD50221H	1155	1400	842	544	80JD50222H					
8080	630	1500	1325	1425	1150	900	400	1180	325	4210	1350	3	1129	1000	894	570	80JD63211H	1146	1300	887	610	80JD63212H	1150	1500	877	636	80JD63213H
		2000								4660	1500	3	1129	1100	947	614	80JG63221H	1146	1400	891	650	80JD63222H					
10063 10080	630	1500	1525	1617	1350	1100	400	1180	335	4210	1350	3	1130	1000	894	589	100JD63211H	1148	1300	887	628	100JD63212H	1153	1500	877	655	100JD63213H
		2000								4660	1500	3	1130	1100	947	633	100JD63221	1148	1400	891	668	100JD63222H					
100100	800	1500	1525	1617	1350	1100	400	1180	335	4210	1350	3	1130	1000	894	592	100JD80211H	1148	1300	887	632	100JD80212H	1153	1500	877	658	100JD80213H
		2000								4660	1500	3	1130	1100	947	636	100JD80221H	1148	1400	891	672	100JD60222H					
12063 12080	630	1500	1775	1867	1600	1250	400	1360	360	4660	1500	3	1311	1100	966	658	120JD63211H	1329	1400	930	698	120JD63212H					
		2000								5160	1250	4	1311	1200	1013	766	120JD63221H	1329	1500	924	807	120JD63222H					
120100	800	1500	1775	1867	1600	1250	400	1360	360	4660	1500	3	1311	1100	966	658	120JD80211H	1329	1400	930	698	120JD80212H					
		2000								5160	1250	4	1311	1200	1013	770	120JD80221H	1329	1500	924	811	120JD80222H					
14080	630	1500	2025	2117	1810	1350	400	1360	381	4660	1500	3	1313	1100	966	683	140JD63211H	1333	1400	930	723	140JD63212H					
		2000								5160	1250	4	1313	1200	1013	793	140JD63221H	1333	1500	925	835	140JD63222H					
140100	800	1500	2025	2117	1810	1350	400	1360	381	4660	1500	3	1313	1100	966	686	140JD80211H	1333	1400	930	725	140JD80212H					140JD802
		2000								5160	1250	4	1313	1200	1013	797	140JD80221H	1333	1500	925	839	140JD80222H					

9.7.2 标准型车式拉紧装置架

标准型车式拉紧装置架示于图 9-16，相关参数列于表 9-28。

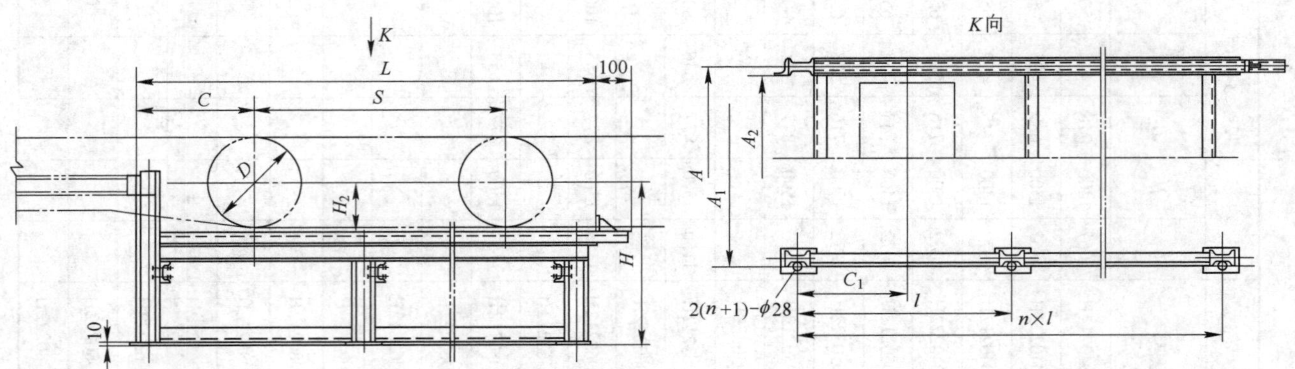

图 9-16　标准型车式拉紧装置架示意图

表 9-28　标准型车式拉紧装置架相关参数

输送机代号	D /mm	拉紧行程 S/mm	主要尺寸/mm										重量 /kg	图　号
			H	A	A_1	A_2	C	C_1	H_2	L	l	n		
5050	400	2000	800	875	975	800	1100	1030	270	4200	1350	3	386	50JD4032H
		3000								5200	1250	4	475	50JD4033H
6550	400	2000	800	1025	1125	950	1100	1030	285	4200	1350	3	392	65JD4032H
		3000								5200	1250	4	489	65JD4033H
		4000								6200	1500	4	545	65JD4034H
6563	500	2000	750	1025	1125	950	1100	1030	285	4200	1350	3	386	65JD5032H
		3000								5200	1250	4	482	65JD5033H
		4000								6200	1500	4	538	65JD5034H
8050	500	2000	950	1325	1425	1150	1180	1110	325	4400	1350	3	443	80JD5032H
		3000								5400	1320	4	549	80JD5033H
		4000								6400	1500	4	606	80JD5034H
		5000								7400	1450	5	711	80JD5035H
8063 8080	630	2000	885	1325	1425	1150	1180	1110	325	4400	1350	3	436	80JD6332H
		3000								5400	1320	4	540	80JD6333H
		4000								6400	1500	4	597	80JD6334H
		5000								7400	1450	5	701	80JD6335H
80100	800	2000	1100	1325	1425	1150	1180	1110	352	4400	1350	3	469	80JD8032H
		3000								5400	1320	4	579	80JD8033H
		4000								6400	1500	4	637	80JD8334H
		5000								7400	1450	5	747	80JD8335H
80125	1000	2000	1100	1425	1525	1150	1280	1210	417	4600	1420	3	485	80JD10032H
		3000								5600	1370	4	593	80JD10033H
		4000								6600	1550	4	651	80JD10334H
		5000								7600	1490	5	760	80JD10335H
		6000								8600	1410	6	865	80JD10336H
10063 10080	630	2000	1185	1525	1617	1350	1180	1100	335	4400	1350	3	579	100JD6332H
		3000								5400	1300	4	714	100JD6333H
		4000								6400	1250	5	847	100JD6334H
		5000								7400	1400	5	912	100JD6335H

续表 9-28

输送机代号	D /mm	拉紧行程 S/mm	主要尺寸/mm H	A	A_1	A_2	C	C_1	H_2	L	l	n	重量 /kg	图 号
100100	800	2000	1100	1525	1617	1350	1180	1100	335	4400	1350	3	568	100JD8032H
		3000								5400	1300	4	699	100JD8033H
		4000								6400	1250	5	830	100JD8034H
		5000								7400	1400	5	895	100JD8035H
100125①	1000	2000	1100	1625	1717	1350	1280	1200	352	4600	1420	3	590	100JD10032H1
													582	100JD10032H
		3000								5600	1350	4	722	100JD10033H1
													712	100JD10033H
		4000								6600	1290	5	852	100JD10034H1
													839	100JD10034H
		5000								7600	1440	5	918	100JD10035H1
													905	100JD10035H
		6000								8600	1370	6	1047	100JD10036H1
													1031	100JD10036H
100140 100160	1250	2000												100JD12532H
		3000												100JD12533H
		4000												100JD12534H
		5000												100JD12535H
		6000												100JD12536H
12063 12080	630	2000	1185	1775	1867	1600	1360	1280	360	4800	1350	3		120JD6332H
		3000								5800	1350	4	757	120JD6333H
		4000								6800	1300	5	895	120JD6334H
		5000								7800	1250	6	1031	120JD6335H
		6000								8800	1200	7	1165	120JD6336H
120100	800	2000	1100	1775	1867	1600	1360	1280	360	4800	1350	3		120JD8032H
		3000								5800	1350	4	742	120JD8033H
		4000								6800	1300	5	877	120JD8034H
		5000								7800	1250	6	1010	120JD8035H
		6000								8800	1200	7	1140	120JD8036H
120125	1000	2000	1100	1875	1963	1600	1460	1380	437	4900	1380	3	612	120JD10032H
		3000								5900	1380	4	747	120JD10033H
		4000								6900	1320	5	887	120JD10034H
		5000								7900	1270	6	1013	120JD10035H
		6000								8900	1220	7	1143	100JD10036H
		8000								10900	1320	8	1345	120JD10038H
120140 120160	1250	2000	975	1775	1870	1600	1360	1280		6000				120JD12532H
		3000								7000				120JD12533H
		4000								8000				120JD12534H
		5000								9800				120JD12535H
		6000								10000				120JD12536H
		8000								11000				120JD12538H

续表 9-28

输送机代号	D /mm	拉紧行程 S/mm	主要尺寸/mm H	A	A_1	A_2	C	C_1	H_2	L	l	n	重量 /kg	图　号
		2000								4800	1350	3		140JD6332H
		3000								5800	1350	4	783	140JD6333H
14080	630	4000	1185	2025	2117	1810	1360	1280	381	6800	1300	5	926	140JD6334H
		5000								7800	1250	6	1067	140JD6335H
		6000								8800	1200	7	1206	140JD6336H
		2000								4800	1350	3		140JD8032H
		3000								5800	1350	4	768	140JD8033H
140100	800	4000	1100	2025	2117	1810	1360	1280	381	6800	1300	5	908	140JD8034H
		5000								7800	1250	6	1045	140JD8035H
		6000								8800	1200	7	1181	140JD8036H
		2000								4900	1380	3	643	140JD10032H
		3000								5900	1380	4	794	140JD10033H
		4000								6900	1320	5	935	140JD10034H
140125	1000	5000	1200	2075	2163	1810	1460	1380	437	7900	1270	6	1068	140JD10035H
		6000								8900	1220	7	1206	140JD10036H
		8000								10900	1320	8	1416	140JD10038H
		10000												140JD100310H
		2000												140JD12532H
		3000												140JD12533H
		4000												140JD12534H
140140 140160	1250	5000												140JD12535H
		6000												140JD12536H
		8000												140JD12538H
		10000												140JD125310H
		2000								4900	1450	3	675	160JD6332H
		3000								5900	1400	4	828	160JD6333H
16080	630	4000	1285	2225	2317	2060	1460	1380	381	6900	1320	5	977	160JD6334H
		5000								7900	1270	6	1125	160JD6335H
		6000								8900	1220	7	1273	160JD6336H
		2000								4900	1450	3	665	160JD8032H
		3000								5900	1400	4	815	160JD8033H
160100	800	4000	1200	2225	2317	2060	1460	1380	381	6900	1320	5	960	160JD8034H
		5000								7900	1250	6	1104	160JD8035H
		6000								8900	1220	7	1249	160JD8036H
		2000								5000	1480	3	672	160JD10032H
		3000								6000	1400	4	809	160JD10033H
		4000								7000	1320	5	963	160JD10034H
160125	1000	5000	1200	2275	2367	2060	1500	1420	437	8000	1270	6	1099	160JD10035H
		6000								9000	1220	7	1241	160JD10036H
		8000								11000	1320	8	1500	160JD10038H
		10000												160JD100310H

续表 9-28

输送机代号	D /mm	拉紧行程 S/mm	主要尺寸/mm										重量 /kg	图 号
			H	A	A_1	A_2	C	C_1	H_2	L	l	n		
160140 160160	1000	2000												160JD12532H
		3000												160JD12533H
		4000												160JD12534H
		5000												160JD12535H
		6000												160JD12536H
		8000												160JD12538H
		10000												160JD125310H
18080	630	2000	1285	2425	2517	2260	1500	1420	381	4900	1450	3	691	180JD6332H
		3000								5900	1400	4	848	180JD6333H
		4000								6900	1320	5	1000	180JD6334H
		5000								7900	1270	6	1152	180JD6335H
		6000								8900	1220	7	1304	180JD6336H
180100	800	2000	1200	2425	2517	2260	1500	1420	381	4900	1450	3	681	180JD8032H
		3000								5900	1400	4	834	180JD8033H
		4000								6900	1320	5	983	180JD8034H
		5000								7900	1270	6	1132	180JD8035H
		6000								8900	1220	7	1280	180JD8036H
180125	1000	2000	1200	2475	2567	2260	1550	1470	437	5100	1550	3	697	180JD10032H
		3000								6100	1450	4	848	180JD10033H
		4000								7100	1360	5	945	180JD10034H
		5000								8100	1300	6	1142	180JD10035H
		6000								9100	1250	7	1288	180JD10036H
		8000								1110	1330	8	1505	180JD10038H
		10000												180JD100310H
180140 180160	1250	2000												180JD12532H
		3000												180JD12533H
		4000												180JD12534H
		5000												180JD12535H
		6000												180JD12536H
		8000												180JD12538H
		10000												180JD125310H
20080	630	2000	1285	2625	2717	2490	1560	1480	381	5000	1420	3	710	200JD6332H
		3000								6000	1400	4	813	200JD6333H
		4000								7000	1340	5	1031	200JD6334H
		5000								8000	1280	6	1187	200JD6335H
		6000								9000	1230	7	1342	200JD6336H
200100	800	2000	1200	2635	2717	2490	1560	1480	381	5000	1420	3	700	200JD8032H
		3000								6000	1400	4	859	200JD8033H
		4000								7000	1340	5	1014	200JD8034H
		5000								8000	1280	6	1166	200JD8035H
		6000								9000	1230	7	1319	200JD8036H

续表 9-28

输送机代号	D /mm	拉紧行程 S/mm	主要尺寸/mm										重量 /kg	图号
			H	A	A_1	A_2	C	C_1	H_2	L	l	n		
200125	1000	2000	1300	2675	2767	2490	1600	1520	437	5100	1450	3	721	200JD10032H
		3000								6100	1430	4	883	200JD10033H
		4000								7100	1380	5	1040	200JD10034H
		5000								8100	1300	6	1196	200JD10035H
		6000								9100	1250	7	1350	200JD10036H
		8000								11100	1340	8	1576	200JD10038H
		10000												200JD100310H
200140 200160	1250	2000												200JD12532H
		3000												200JD12533H
		4000												200JD12534H
		5000												200JD12535H
		6000												200JD12536H
		8000												200JD12538H
		10000												200JD125310H

注：图号尾标为 H1 的适合 100D1081H 拉紧车；图号尾标为 H2 的适合 100D2081H 拉紧车。

9.7.3 塔架

9.7.3.1 角形塔架

角形塔架示于图 9-17，相关参数列于表 9-29。

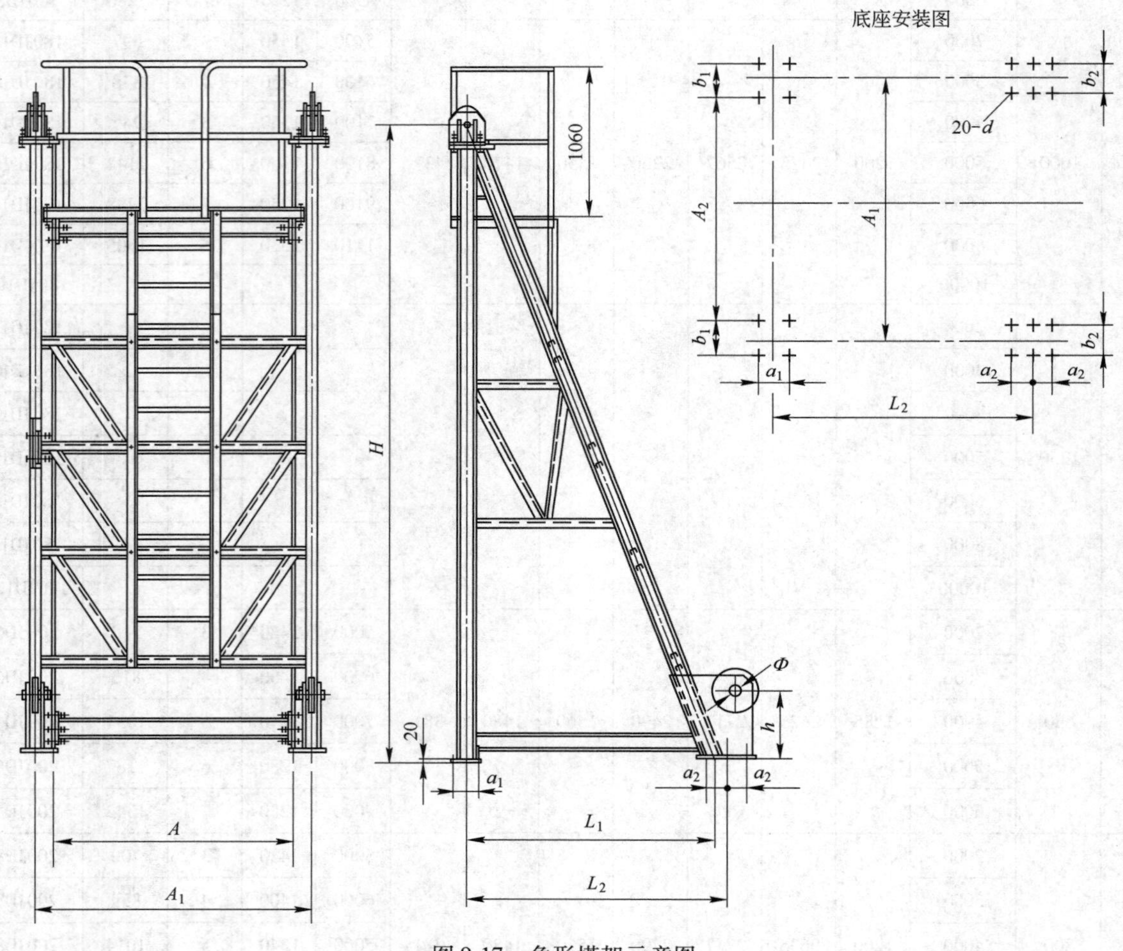

图 9-17 角形塔架示意图

说明：1. JD412、JD413、JD414 适用于重锤箱图号为 D411；
2. JD422、JD423、JD424 适用于重锤箱图号为 D412；
3. JD432、JD433、JD434 适用于重锤箱图号为 D413。

表 9-29　角形塔架相关参数

拉紧力/kN	拉紧行程/mm	主要尺寸/mm													钢丝绳(GB/T 20118—2006)	重量/kg	图　号
		H	A	A_1	A_2	L_1	L_2	h	Φ	a_1	a_2	b_1	b_2	d			
25	2000	5360	1395	1700	1400	1436	1514	470	250	210	150	240	200	M30	11NAT 6×19S1770ZZ	1249	JD412
	3000	6360				1704	1782									1549	JD413
	4000	7360				1972	2050									1799	JD414
40	2000	5360				1436	1546		300		160				14NAT 6×19S1770ZZ	1312	JD422
	3000	6360				1704	1814									1613	JD423
	4000	7360				1972	2082									1882	JD424
63	2000	5450		1800	1380	1460	1597	570	400	280	190	290	220	M36	18NAT 6×19S1770ZZ	1838	JD432
	3000	6450				1728	1865									2210	JD433
	4000	7450				1996	2133									2539	JD434

9.7.3.2　矩形塔架

矩形塔架示于图 9-18，相关参数列于表 9-30。

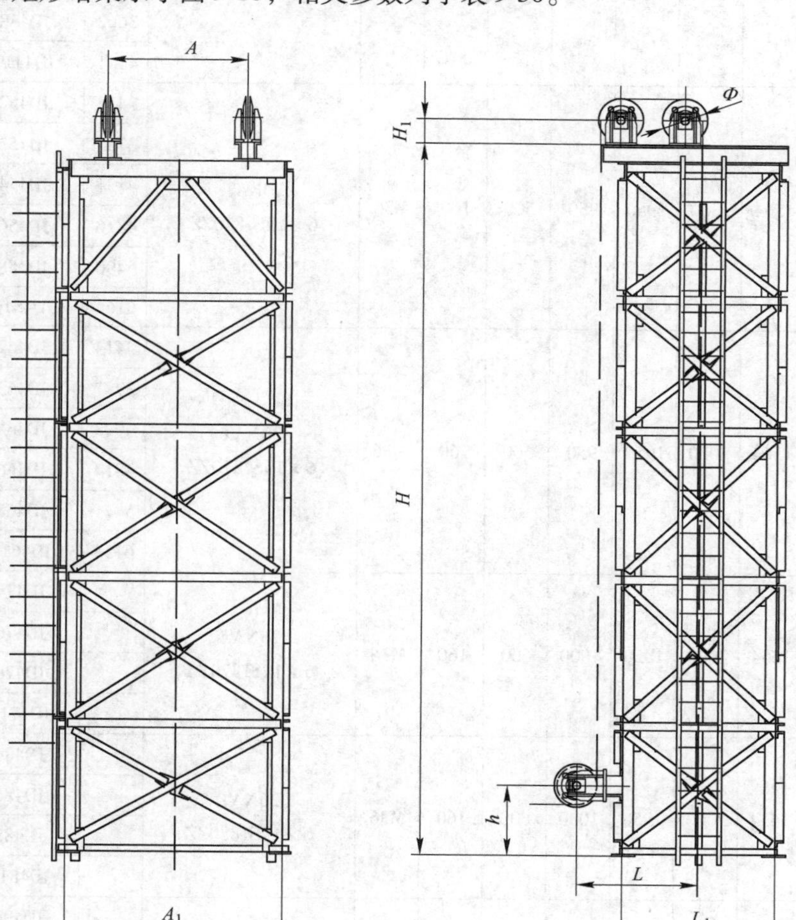

地脚螺栓布置图

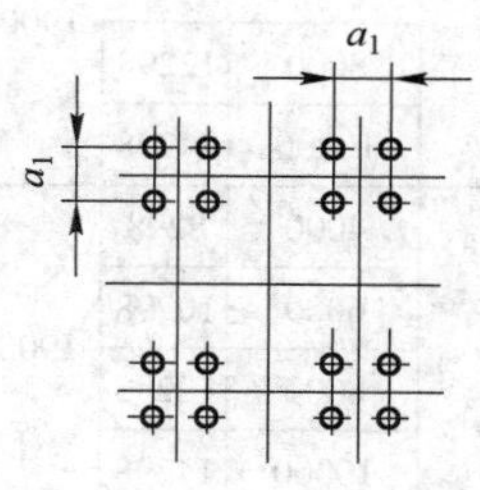

图 9-18　矩形塔架示意图

说明：1. JD412J、JD413J、JD414J 适用于重锤箱图号为 D411J；
2. JD422J、JD423J、JD424J 适用于重锤箱图号为 D412J；
3. JD432J、JD433J、JD434J 适用于重锤箱图号为 D413J；
4. JD442J ~ JD4410J 适用于重锤箱图号为 D414J；
5. JD452J ~ JD4510J 适用于重锤箱图号为 D415J；
6. JD462J ~ JD4610J 适用于重锤箱图号为 D416J。

表 9-30　矩形塔架相关参数

拉紧力 /kN	拉紧行程 /mm	主要尺寸/mm											钢丝绳 (GB/T 20118—2006)	重量 /kg	图　号
		H	A	A_1	A_2	L	L_1	L_2	h	Φ	a	d			
	2000	5740												1801	JD412J
25	3000	6740				1030	1400		950	250			11NAT 6×19S1870ZZ	2074	JD413J
	4000	7740	1000	1800	1750			1350			140	M30		2270	JD414J
	2000	5780												1899	JD422J
40	3000	6780				1070	1400		950	300			14NAT 6×19S1870ZZ	2171	JD423J
	4000	7780												2368	JD424J
	2000	5870												2242	JD432J
63	3000	6870	1200	1800	1750	1160	1400	1350	950	400	150	M36	18NAT 6×19S1870ZZ	2523	JD433J
	4000	7870												2671	JD434J
	2000	5870												2242	JD442J
	3000	6870												2522	JD443J
90	4000	7870	1200	1800	1750	1160	1400	1350	950	400	150	M36	18NAT 6×19S1870ZZ	2706	JD444J
	6000	9870												3184	JD446J
	8000	11870												3662	JD448J
	10000	13870												4141	JD4410J
	2000	5978												3414	JD452J
	3000	6978												3767	JD453J
120	4000	7978	1800	2800	2750	1564	2000	1950	950	500	160	M36	20NAT 6×19S1870ZZ	4131	JD454J
	6000	9978												4816	JD456J
	8000	11978												5490	JD458J
	10000	13978												6164	JD4510J
	2000	5978												3414	JD462J
	3000	6978												3787	JD463J
150	4000	7978	1800	2800	2750	1564	2000	1950	950	500	160	M36	20NAT 6×19S1870ZZ	4098	JD464J
	6000	9978												4817	JD466J
	8000	11978												5471	JD468J
	10000	13978												6155	JD4610J
	4000	8298													JD474J
180	6000	10298	1900	2800	2750	1654	2000	1950	1000	600	160	M36	26NAT 6×19S1870ZZ		JD476J
	8000	12298													JD478J
	10000	14298													JD4710J
	4000	8298													JD484J
210	6000	10298	1900	2800	2750	1654	2000	1950	1000	600	160	M36	26NAT 6×19S1870ZZ		JD486J
	8000	12298													JD488J
	10000	14298													JD4810J
	4000	8298													JD494J
240	6000	10298	1900	2800	2750	1654	2000	1950	1000	600	160	M36	26NAT 6×19S1870ZZ		JD496J
	8000	12298													JD498J
	10000	14298													JD4910J

9.8　螺旋拉紧装置尾架

螺旋拉紧装置尾架示于图 9-19，相关参数列于表 9-31 及表 9-32。

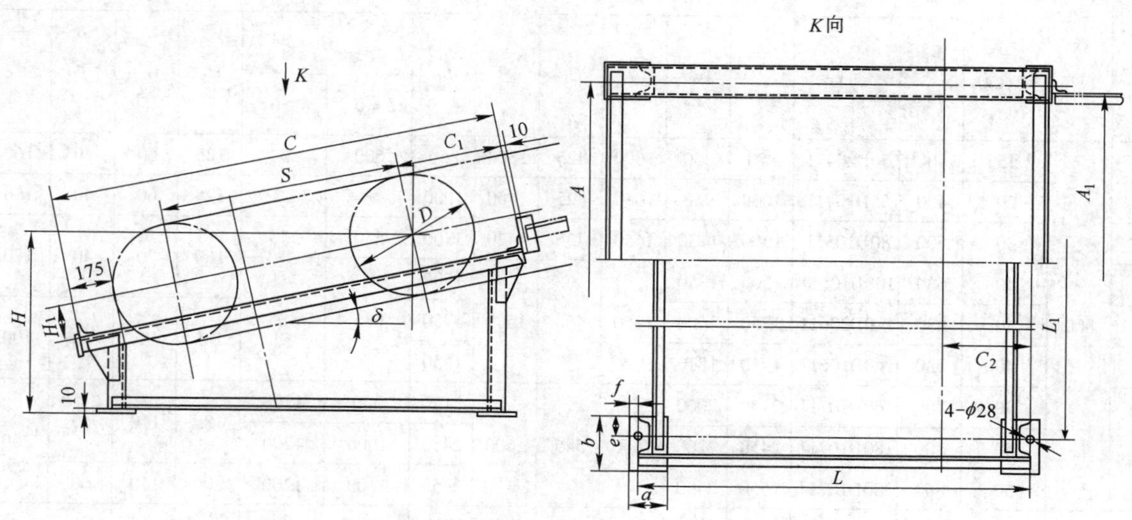

图 9-19 螺旋拉紧装置尾架示意图

表 9-31 配套拉紧装置及主要尺寸

输送机代号	S /mm	拉紧装置 最大拉紧力 /kN	D /mm	图号	主要尺寸/mm A	A_1	C	C_1	L	L_1	H $\delta=0°$	H $\delta\geqslant6°$	H_1	e	f	$a\times b$
4025	500		200													
4032		6	250	40D1031L	750	660	1300	425	1000	750	542.5	800	115	60	40	160×180
4040			315													
5025			200													
5032		6	250	50D1031L												
5040			315		850	800	1300	425	1000	850	600	800	125	60	40	160×180
5050		15	400	50D2041L												
6532			250													
6540		8	315	65D1031L	1000	950	1350	425	1100	1000	600	800	125	60	40	160×180
6550		20	400	65D1041L												
8032		6	250	80D1021L							600	750				
8040		6	315	80D1031L	1300	1150	1350	435	1120	1300			160	70	40	170×210
8050		30	500	80D1051L							550	750				
10040			315													
10050		10	400	100D1041L	1500	1350	1450	465	1200	1500	800	870	160	70	40	170×210
10063		40	630	100D1061L							685	885				
12050		15	500	120D1051L	1750	1600				1750	750	885	160	70	40	170×210
12063		40	630	120D2061L			1450	465	1200		685	885	185	90	60	190×245
14080		40	630	140D1061L	1950	1810				1950						
16080		40	800	160D1071L	2150	2060				2150	900	1200	185	110	60	
18080		50	800	180D1071L	2450	2260	1550	545	1300	2450	1000	1200				200×290
20080		50	800	200D1071L	2650	2490				2650	1100	1200	200	110	60	

续表 9-31

输送机代号	S /mm	拉紧装置 最大拉紧力/kN	D /mm	图号	主要尺寸/mm A	A_1	C	C_1	L	L_1	H δ=0°	H δ≥6°	H_1	e	f	a×b
5050		15	400	50D2041L	850	800	1600	425	1300	850	600	800	125	60	40	160×180
6550		20	400	65D1041L	1000	950	1650	425	1400	1000			125	60	40	160×180
8050		30	500	80D1051L	1300	1150	1650	435	1420	1300	550	750	160	70	40	170×210
10063		40	630	100D1061L	1500	1350				1500						
12063	800	40	630	120D2061L	1750	1600	1750	465	1500	1750	685	885	185	90	60	190×245
14080		40	630	140D1061L	1950	1810				1950						
16080		40	800	160D1071L	2150	2060				2150	900	1200	185	110	60	
18080		50	800	180D1071L	2450	2260	1850	545	1600	2450	1000	1200				200×290
20080		50	800	200D1071L	2650	2490				2650	1100	1200	200	110	60	
5050		15	400	50D2041L	850	800	1800	425	1500	850	600	800	125	60	40	160×180
6550		20	400	65D1041L	1000	950	1850	425	1600	1000						
8050		30	500	80D1051L	1300	1150	1850	435	1620	1300	550	750	160	70	40	170×210
10063		40	630	100D1061L	1500	1350				1500						
12063	1000	40	630	120D2061L	1750	1600	1950	465	1700	1750	685	885	185	90	60	190×245
14080		40	630	140D1061L	1950	1810				1950						
16080		40	800	160D1071L	2150	2060				2150	900	1200	185	110	60	
18080		50	800	180D1071L	2450	2260	2050	545	1800	2450	1000	1200				200×290
20080		50	800	200D1071L	2650	2490				2650	1100	1200	200	110	60	

表 9-32　C_2、重量及图号

mm

输送机代号	S	δ=0° C_2	重量/kg	图号	0°<δ≤6° C_2	重量/kg	图号	6°<δ≤12° C_2	重量/kg	图号	12°<δ≤16° C_2	重量/kg	图号	16°<δ≤20° C_2	重量/kg	图号
4025 4032 4040		250	89	40JD3211L	268	99	40JD3212L	294	97	40JD32133L	316	97	40JD3214L	339	96	40JD3215L
5032 5040 5050		250	94	50JD4011L	268	100	50JD4012L	294	99	50JD4013L	316	99	50JD4014L	339	98	50JD4015L
6532 6540 6550		300	100	65JD4011L	322	107	65JD4012L	351	106	65JD4013L	375	105	65JD4014L	403	104	65JD4015L
8040		330	115	80JD4011L	354	124	80JD4012L	385	121	80Jd4013L	405	120	80JD4014L	439	120	80JD4015L
8050	500	330	116	80JD5011L	354	125	80JD5012L	385	122	80JD5013L	405	121	80JD5014L	439	120	80JD5015L
10040 10050		340	132	100JD4011L	366	138	100JD4012L	402	136	100JD4013L	430	135	100JD4014L	462	135	100JD4015L
10063		340	130	100JD6311L	366	139	100JD6312L	402	137	100JD6313L	430	136	100JD6314L	462	136	100JD6315L
12050		340	136	120JD5011L	366	144	120JD5012L	402	143	120JD5013L	430	142	120JD5014L	462	142	120JD5013L
12063		340	174	120JD6311L	371	185	120JD6312L	410	184	120JD6313L	442	184	120JD6314L	476	183	120JD6315L
14080		340	179	140JD6311L	371	190	140JD6312L	410	189	140JD6313L	442	188	140JD6314L	476	188	140JD6315L
16080		390	246	160JD8011L	427	271	160JD8012L	473	236	160JD8013L	509	262	160JD8014L	548	250	160JD8015L
18080		390	261	180JD8011L	427	276	180JD8012L	473	275	180JD8013L	509	273	180JD8014L	548	272	180JD8015L
20080		390	277	200JD8011L	429	279	200JD8012L	476	281	200JD8013L	514	281	200JD8014L	554	281	200JD8015L

续表 9-32

输送机代号	S	δ=0°			0°<δ≤6°			6°<δ≤12°			12°<δ≤16°			16°<δ≤20°		
		C_2	重量/kg	图号	C_2	重量/kg	图号	C_2	重量/kg	图号	C_2	重量/kg	图号	C_2	重量/kg	图号
4032 4040	800	250	99	40JD3221L	270	108	40JD3222L	301	105	40JD3223L						
5040 5050		250	104	50JD4021L	270	109	50JD4022L	301	107	50JD4023L						
6550		300	110	65JD4021L	323	116	65JD4022L	358	113	65JD4023L						
8040		330	126	80JD4021L	355	134	80JD4022L	392	130	80JD4023L						
8050		330	126	80JD5021L	355	135	80JD5022L	392	131	80JD5023L						
10040 10050		340	143	100JD4021L	367	148	100JD4022L	408	146	100JD4023L						
10063		340	141	100JD6321L	367	149	100JD6322L	408	147	100JD6323L						
12050		340	147	120JD5021L	367	155	120JD5022L	408	153	120JD5023L						
12063		340	190	120JD6321L	373	200	120JD6322L	417	198	120JD6323L						
14080		340	195	140JD6321L	373	205	140JD6322L	417	203	140JD6323L						
16080		390	265	160JD8021L	429	288	160JD8022L	480	285	160JD8023L						
18080		390	280	180JJD8021L	429	294	180JD8022L	480	291	180JD8023L						
20080		390	296	200JD8021L	430	301	200JD8022L	483	298	200JD8023L						
5050	1000	250	110	50JD4031L	271	115	50JD4032L	305	111	50JD4033L						
6550		300	116	65JD4031L	324	122	65JD4032L	362	119	65JD4033L						
8040		330	133	80JD4031L	357	141	80JD4032L	396	137	80JD4033L						
8050		330	134	80JD5031L	357	141	80JD5032L	396	137	80JD5033L						
10050		340	150	100JD4031L	369	155	100JD4032L	413	152	100JD4033L						
10063		340	148	100JD6331L	369	156	100JD6332L	413	153	100JD6333L						
12050		340	154	120JD5031L	369	161	120JD5032L	413	159	120JD5033L						
12063		340	200	120JD6331L	374	209	120JD6332L	421	206	120JD6333L						
14080		340	205	140JD6331L	374	214	140JD6332L	421	211	140JD6333L						
16080		390	278	160JD8031L	430	300	160JD8032L	484	296	160JD8033L						
18080		390	293	180JD8031L	430	306	180JD8032L	484	301	180JD8033L						
20080		390	306	200JD8031L	431	312	200JD8032L	487	308	200JD8033L						

9.9 中间架

9.9.1 轻中型系列中间架

9.9.1.1 直线中间架

轻中型直线中间架示于图 9-20，相关参数列于表 9-33。

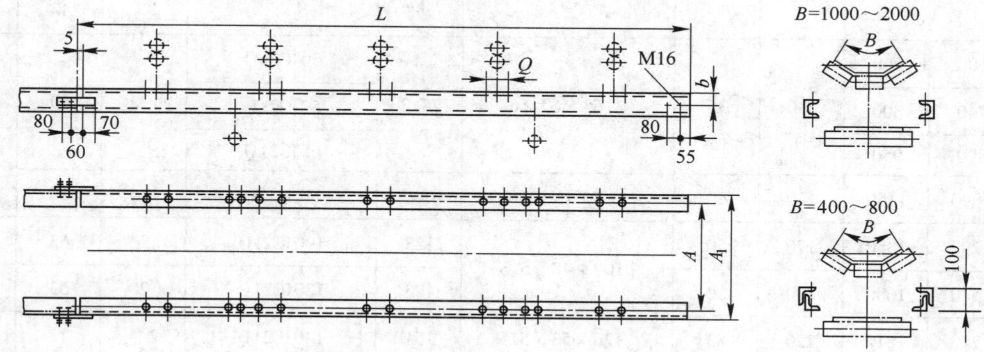

图 9-20 轻中型直线中间架示意图

说明：1. 中间架之间连接用紧固件已包括在本图中；

2. 表中 W 为 $L=3000$mm 时的重量，L 每增加 100mm，重量相应增加 W_0。

表 9-33 轻中型直线中间架相关参数 mm

B	A	A_1	Q	b	钢材规格	L=6000mm		L=3000~6000mm		
						重量/kg	图 号	重量/kg		图 号
								W_0	W	
400	600	660					40JC11Q			40JC12Q
500	740	800	130	35	∟63×63×6	74.2	50JC11Q	1.2	40	50JC12Q
650	890	950					65JC11Q			65JC12Q
800	1090	1150	130	40	∟75×75×6	89.5	80JC11Q	1.4	48	80JC12Q
1000	1290	1350	170	50	[100×48×5.3	123	100JC11Q	2	63	100JC12Q
1200	1540	1600	200	50		123	120JC11Q	2	63	120JC12Q
1400	1740	1810	220	63	[126×53×5.5	151	140JC11Q	2.4	77	140JC12Q

9.9.1.2 凹弧中间架

轻中型凹弧中间架示于图 9-21，相关参数列于表 9-34。

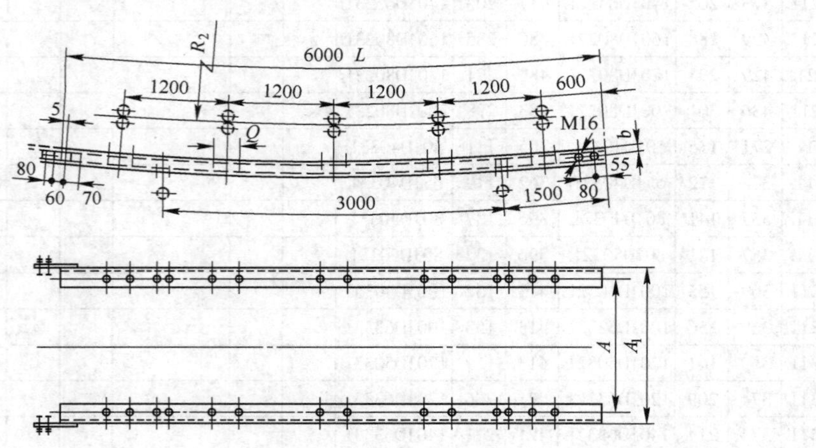

图 9-21 轻中型凹弧中间架示意图

说明：1. 中间架间连接用紧固件已包括在本图中；

2. 凹弧半径值于订货时指明；

3. 表中 W 为 L=3000mm 时的重量，L 每增加 100mm，重量相应增加 W_0。

表 9-34 轻中型凹弧中间架相关参数 mm

B	A	A_1	Q	b	钢材规格	L=6000mm		L=3000~6000mm		
						重量/kg	图 号	重量/kg		图 号
								W_0	W	
400	600	660					50JC21Q			50JC22Q
500	740	800	130	35	∟63×63×6	74.2	50JC21Q	1.2	40	50JC22Q
650	890	950					65JC21Q			65JC22Q
800	1090	1150	130	40	∟75×75×6	89.5	80JC21Q	1.4	48	80JC22Q
1000	1290	1350	170	50	[100×48×5.3	123	100JC21Q	2	63	100JC22Q
1200	1540	1600	200	50		123	120JC21Q	2	63	120JC22Q
1400	1740	1810	220	83	[126×53×5.5	151	140JC21Q	2.4	77	140JC22Q

9.9.1.3 凸弧中间架

轻中型凸弧中间架示于图 9-22，相关参数列于表 9-35。

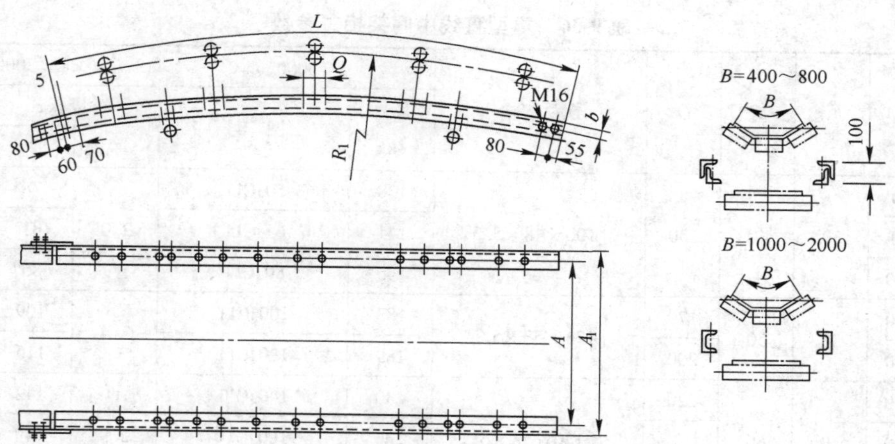

图9-22 轻中型凸弧中间架示意图

说明：1. 中间架间连接用紧固件已包括在本图中；

2. 凹弧半径值于订货时指明；

3. 表中 W 为 $L=3000$mm 时的重量，L 每增加100mm，重量相应增加 W_0。

表9-35 轻中型凸弧中间架相关参数

mm

B	A	A_1	Q	b	钢材规格	$L=6000$mm		$L=3000\sim6000$mm		
						重量/kg	图 号	重量/kg		图 号
								W_0	W	
400	600	660	130	35	∟63×63×6	74.2	40JC31Q	1.2	40	40JC32Q
500	740	800					50JC31Q			50JC32Q
650	890	950					65JC31Q			65JC32Q
800	1090	1150	130	40	∟75×75×6	89.5	80JC31Q	1.4	48	80JC32Q
1000	1290	1350	170	50	[100×48×5.3	123	100JC31Q	2	63	100JC32Q
1200	1540	1600	200	50		123	120JC31Q	2	63	120JC32Q
1400	1740	1810	220	63	[126×53×5.5	151	140JC31Q	2.4	77	140JC32Q

9.9.2 重型系列中间架

9.9.2.1 直线中间架

重型直线中间架示于图9-23，相关参数列于表9-36。

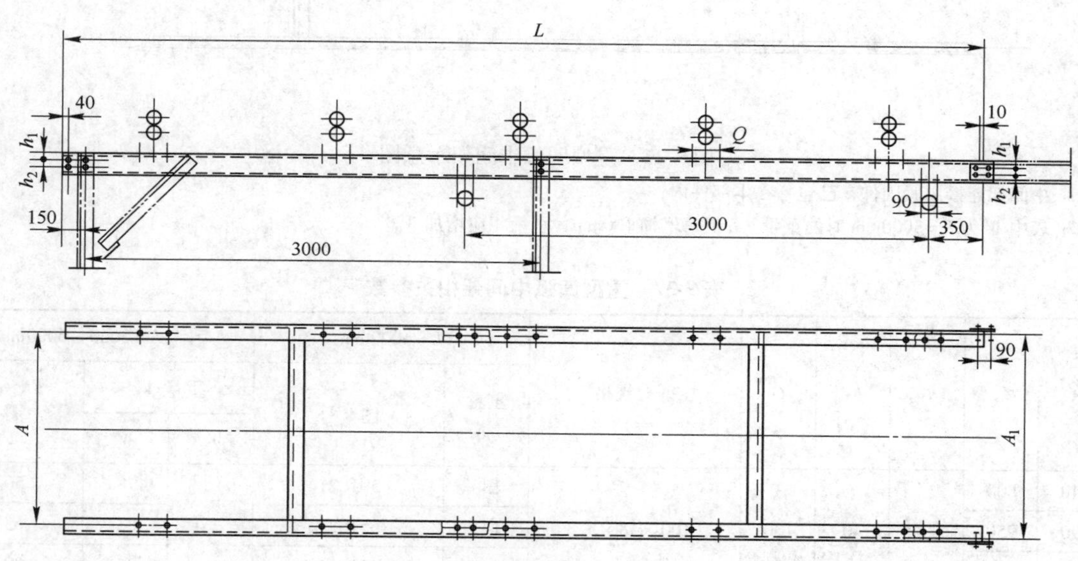

图9-23 重型直线中间架示意图

说明：1. 中间架间连接用紧固件，已包括在本部件内；

2. 表中 W 为 $L=3000$mm 时的重量，L 每增加100mm，重量相应增加 W_0。

表 9-36 重型直线中间架相关参数 mm

B	A	A_1	h_1	h_2	Q	钢材规格	$L=6000$mm 重量/kg	$L=6000$mm 图号	$L=3000\sim6000$mm 重量/kg W_0	$L=3000\sim6000$mm 重量/kg W	$L=3000\sim6000$mm 图号
500	740	800					138	50JC11		78	50JC12
650	890	950	30	40	130	[100×48×5.3	141	65JC11	2.0	81	65JC12
800	1090	1150					145	80JC11		85	80JC12
1000	1290	1350	38	50	170	[126×53×5.5	183	100JC11	2.4	109	100JC12
1200	1540	1600			200		189	120JC11		115	120JC12
1400	1740	1810			220		230	140JC11		142	140JC12
1600	1990	2060	40	60		[140×58×6	236	160JC11	2.9	149	160JC12
1800	2190	2260			240		242	180JC11		155	180JC12
2000	2420	2490				[160×63×6.5	295	200JC11	3.5	190	200JC12
2200	2720	2800	40	80				220JC11			220JC12
2400	3020	3110				[160×65×8.5		240JC11			240JC12

9.9.2.2 凹弧中间架

重型凹弧中间架示于图 9-24，相关参数列于表 9-37。

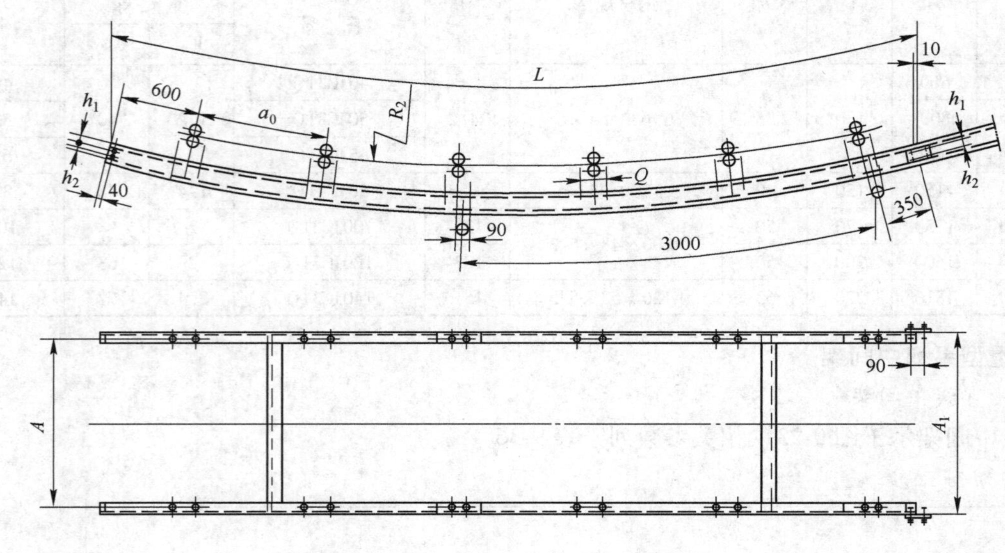

图 9-24 重型凹弧中间架示意图

说明：1. 中间架连接用紧固件，已包括在本部件内；

2. 表中 W 为 $L=3000$mm 时的重量，L 值每增加 100mm，重量相应增加 W_0。

表 9-37 重型凹弧中间架相关参数 mm

B	A	A_1	h_1	h_2	Q	钢材规格	$L=6000$mm 重量/kg	$L=6000$mm 图号	$L=3000\sim6000$mm 重量/kg W_0	$L=3000\sim6000$mm 重量/kg W	$L=3000\sim6000$mm 图号
500	740	800					138	50JC21		78	50JC22
650	890	950	30	40	130	[100×48×5.3	141	65JC21	2.0	81	65JC22
800	1090	1150					145	80JC21		85	80JC22
1000	1290	1350	38	50	170	[126×53×5.5	183	100JC21	2.4	109	100JC22
1200	1540	1600			200		189	120JC21		115	120JC22

续表 9-37

B	A	A_1	h_1	h_2	Q	钢材规格	L=6000mm		L=3000~6000mm		
							重量/kg	图 号	重量/kg		图 号
									W_0	W	
1400	1740	1810			220		230	140JC21		142	140JC22
1600	1990	2060		60		[140×58×6	236	160JC21	2.9	149	160JC22
1800	2190	2260	40		240		242	180JC21		155	180JC22
2000	2420	2490		80		[160×63×6.5	295	200JC21	3.5	190	200JC22
2200	2720	2800						220JC21			220JC22
2400	3020	3110				[160×65×8.5		240JC21			240JC22

9.9.2.3 凸弧中间架

重型凸弧中间架示于图 9-25，相关参数列于表 9-38。

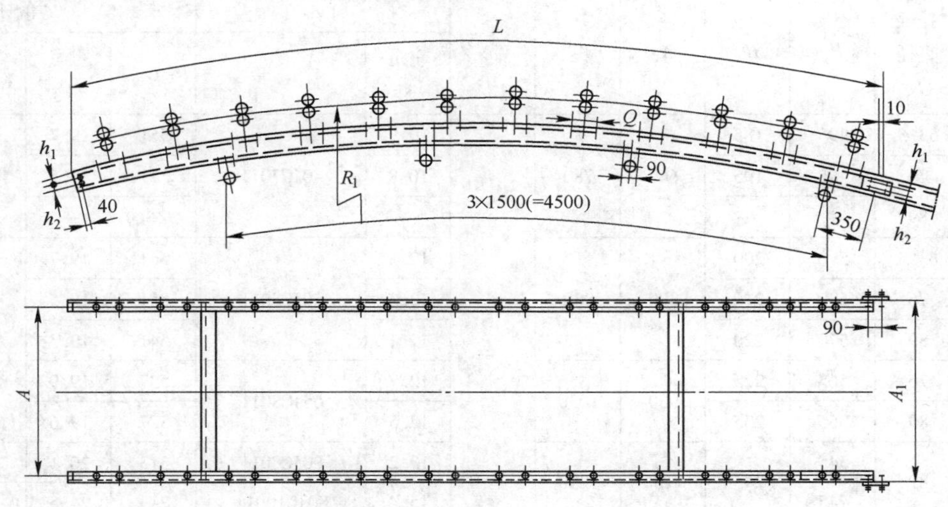

图 9-25 重型凸弧中间架示意图

说明：1. 中间架间连接用紧固件，已包括在本部件内；
2. 表中 W 为 L=3000mm 时的重量，L 值每增加 100mm，重量相应增加 W_0。

表 9-38 重型凸弧中间架相关参数 mm

B	A	A_1	h_1	h_2	Q	钢材规格	L=6000mm		L=3000~6000mm		
							重量/kg	图 号	重量/kg		图 号
									W_0	W	
500	740	800					138	50JC31		78	50JC32
650	890	950	30	40	130	[100×48×5.3	141	65JC31	2.0	81	65JC32
800	1090	1150					145	80JC31		85	80JC32
1000	1290	1350	38	50	170	[126×53×5.5	183	100JC31	2.4	109	100JC32
1200	1540	1600			200		189	120JC31		115	120JC32
1400	1740	1810			220		230	140JC31		142	140JC32
1600	1990	2060		60		[140×58×6	236	160JC31	2.9	149	160JC32
1800	2190	2260	40		240		242	180JC31		155	180JC32
2000	2420	2490		80		[160×63×6.5	295	200JC31	3.5	190	200JC32
2200	2720	2800						220JC31			220JC32
2400	3020	3110				[160×65×8.5		240JC31			240JC32

9.10 支腿

9.10.1 轻中型系列标准支腿

轻型标准支腿示于图 9-26，相关参数列于表 9-39。

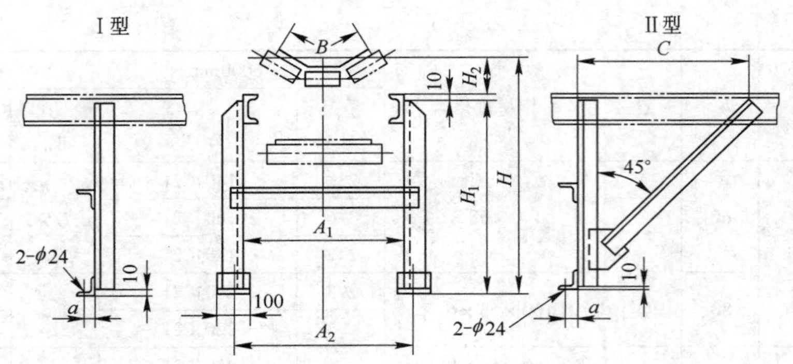

图 9-26　轻型标准支腿示意图

表 9-39　轻型标准支腿相关参数　　mm

<table>
<tr><th rowspan="2">B</th><th rowspan="2">H</th><th rowspan="2">托辊直径 D</th><th rowspan="2">H_1</th><th rowspan="2">H_2</th><th rowspan="2">A_1</th><th rowspan="2">A_2</th><th rowspan="2">a</th><th colspan="2">Ⅰ型</th><th colspan="3">Ⅱ型</th></tr>
<tr><th>重量/kg</th><th>图　号</th><th>C</th><th>重量/kg</th><th>图　号</th></tr>
<tr><td rowspan="3">400</td><td rowspan="3">700</td><td>63.5</td><td>495</td><td>185</td><td rowspan="3">660</td><td rowspan="3">780</td><td rowspan="10">35</td><td>10.9</td><td rowspan="3">40JC7011</td><td>561</td><td>19.7</td><td rowspan="3">40JC7012</td></tr>
<tr><td>76</td><td>485</td><td>195</td><td>10.8</td><td>551</td><td>19.5</td></tr>
<tr><td>89</td><td>—</td><td>—</td><td>—</td><td>—</td><td>—</td></tr>
<tr><td rowspan="3">500</td><td rowspan="3">800</td><td>63.5</td><td>590</td><td>200</td><td rowspan="3">800</td><td rowspan="3">880</td><td>12.3</td><td rowspan="3">50JC8011</td><td>561</td><td>19.7</td><td rowspan="3">50JC8012</td></tr>
<tr><td>76</td><td>580</td><td>210</td><td>12.2</td><td>551</td><td>19.5</td></tr>
<tr><td>89</td><td>570</td><td>220</td><td>12.1</td><td>541</td><td>19.3</td></tr>
<tr><td rowspan="2">650</td><td rowspan="2">800</td><td>76</td><td>565</td><td>225</td><td rowspan="2">950</td><td rowspan="2">1030</td><td>12.7</td><td rowspan="2">65JC8011</td><td>537</td><td>19.9</td><td rowspan="2">65JC8012</td></tr>
<tr><td>89</td><td>555</td><td>235</td><td>12.5</td><td>527</td><td>19.6</td></tr>
<tr><td rowspan="2">800</td><td>800</td><td rowspan="2">89</td><td>545</td><td rowspan="2">245</td><td rowspan="2">1150</td><td rowspan="2">1230</td><td>13.2</td><td>80JC8011</td><td>513</td><td>20.1</td><td>80JC8012</td></tr>
<tr><td>1000</td><td>745</td><td>15.4</td><td>80JC10011</td><td>713</td><td>24.5</td><td>80JC10012</td></tr>
<tr><td rowspan="2">1000</td><td>1000</td><td rowspan="2">108</td><td>690</td><td rowspan="2">300</td><td rowspan="2">1350</td><td rowspan="2">1440</td><td rowspan="6">40</td><td>20.4</td><td>100JC10011</td><td>585</td><td>31</td><td>100JC10012</td></tr>
<tr><td>1200</td><td>890</td><td>23.2</td><td>100JC12011</td><td>785</td><td>37</td><td>100JC12012</td></tr>
<tr><td rowspan="2">1200</td><td>1000</td><td rowspan="2">108</td><td>655</td><td rowspan="2">335</td><td rowspan="2">1600</td><td rowspan="2">1690</td><td>21.3</td><td>120JC10011</td><td>550</td><td>31.3</td><td>120JC10012</td></tr>
<tr><td>1200</td><td>855</td><td>24.1</td><td>120JC12011</td><td>750</td><td>37.3</td><td>120JC12012</td></tr>
<tr><td rowspan="2">1400</td><td>1000</td><td rowspan="2">108</td><td>640</td><td rowspan="2">350</td><td rowspan="2">1810</td><td rowspan="2">1910</td><td>22.3</td><td>140JC10011</td><td>535</td><td>32.1</td><td>140JC10012</td></tr>
<tr><td>1200</td><td>840</td><td>25.1</td><td>140JC12011</td><td>735</td><td>38.1</td><td>140JC12012</td></tr>
</table>

9.10.2　重型系列标准支腿

重型标准支腿示于图 9-27，相关参数列于表 9-40。

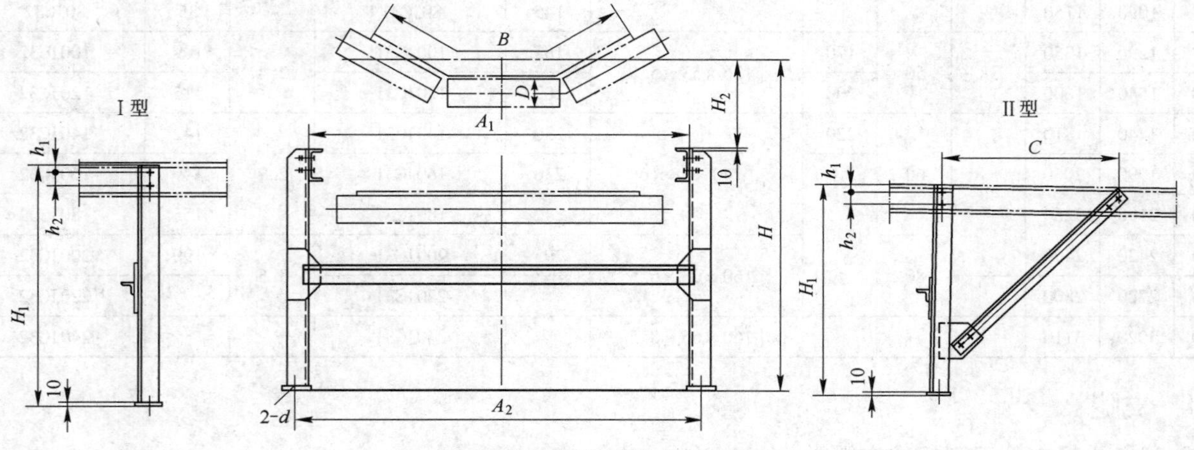

图 9-27　重型标准支腿示意图

说明：1. 与中间架连接用紧固件，已包括在本部件内；2. 支架立杆 B800 以下为角钢，B1000 以上为槽钢。

表 9-40 重型标准支腿相关参数

mm

B	H	托辊直径 D	H_1	H_2	A_1	A_2	h_1	h_2	d	Ⅰ型 重量/kg	Ⅰ型 图号	Ⅱ型 C	Ⅱ型 重量/kg	Ⅱ型 图号
500	800	89	570	220	800	880	20	40	$\phi24$	17.7	50JC8021	522	29.4	50JC8022
	1000	108	770	220						20.5	50JC10021	722	36.2	50JC10022
650	800	89	555	235	950	1030	20	40	$\phi24$	18.5	65JC8021	507	30	65JC8022
		108	525	265						18.1		477	29	
	1000	89	755	235						21.3	65JC10021	707	36.6	65JC10022
		108	725	265						20.9		677	35.6	
800	800	89	545	245	1150	1230	20	40	$\phi24$	19.7	80JC8021	497	31	80JC8022
		108	520	270						19.3		472	30	
		133	485	305						18.9		437	29	
	1000	89	745	245						22.5	80JC10021	697	37.6	80JC10022
		108	720	270						22.1		672	36.8	
		133	685	305						21.7		637	35.6	
	1200	89	945	245						25.3	80JC12021	897	44.4	80JC12022
		108	920	270						24.9		872	43.4	
		133	885	305						24.3		837	42.2	
1000	1000	108	690	300	1350	1440	28	50	$\phi24$	44	100JC10021	572	68.4	100JC10022
		133	665	325						43.2		547	66.6	
		159	620	370						42		502	63.6	
	1200	108	890	300						49.4	100JC12021	772	81.4	100JC12022
		133	865	325						48.6		747	79.6	
		159	820	370						47.4		702	76.6	
	1500	108	1190	300						57.4	100JC15021	1072	100.8	100JC15022
		133	1165	325						56.8		1047	99.2	
		159	1120	370						55.6		1002	96.2	
1200	1000	108	655	335	1600	1690	28	50	$\phi24$	46.4	120JC10021	537	69.4	120JC10022
		133	630	360						45.8		512	67.8	
		159	600	390						45		482	66	
	1200	108	855	335						51.8	120JC12021	737	82.4	120JC12022
		133	830	360						51.2		712	80.8	
		159	800	390						50.4		682	79	
	1500	108	1155	335						59.8	120JC15021	1037	101.8	120JC15022
		133	1130	360						59.2		1012	100.4	
		159	1100	390						58.4		982	98.4	
1400	1200	108	840	350	1810	1910	30	60	$\phi28$	54.1	140JC12021	710	83.7	140JC12022
		133	810	380						53.3		680	81.7	
		159	780	410						52.5		650	79.9	
	1500	108	1140	350						62.1	140JC15021	1010	103.1	140JC15022
		133	1110	380						61.3		980	101.1	
		159	1080	410						60.5		950	99.3	

续表 9-40

B	H	托辊直径 D	H_1	H_2	A_1	A_2	h_1	h_2	d	Ⅰ型 重量/kg	Ⅰ型 图号	Ⅱ型 C	Ⅱ型 重量/kg	Ⅱ型 图号
1600	1300	133	850	430	2060	2150	30	60	ϕ28	40.1	160JC13021	782	56.5	160JC13022
		159	820	460						40.2		752	55.1	
		194	—	—						—		—	—	
	1600	133	1150	430						48.4	160JC16021	1080	48.4	160JC16022
		159	1120	460						47.6		1052	67.9	
		194	—	—						—		—	—	
1800	1400	133	925	455	2260	2350	30	60	ϕ28	44.2	180JC14021			180JC14022
		159	895	485						43.4				
		194	855	525						42.4				
	1700	133	1225	455						51.6	180JC17021			180JC17022
		159	1195	485						50.8				
		194	1155	525						49.8				
2000	1500	133	1020	460	2490	2550	30	60	ϕ28	52.8	200JC15021			200JC15022
		159	980	500						51.6				
		194	940	540						50.6				
	1800	133	1320	460						61.6	200JC18021			200JC18022
		159	1280	500						60.4				
		194	1240	540						59.2				

9.10.3 轻中型系列中高式支腿

轻中型中高式支腿示于图 9-28，相关参数列于表 9-41。

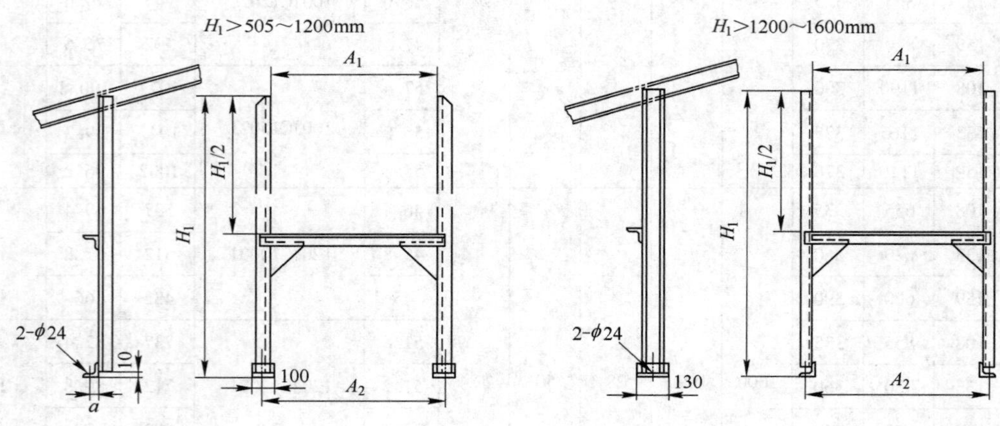

图 9-28 轻中型中高式支腿示意图

表 9-41 轻中型中高式支腿相关参数 mm

B	托辊直径 D	A_1	A_2	标准支腿之 H_1	a	H_1 >505~1200mm：H_1 适应范围	重量/kg W_0	重量/kg W	图号	H_1 >1200~1600mm：重量/kg W_0	重量/kg W	图号
400	63.5	660	780	505	35	>505~1200	1.2	18.9	40JC5512	2	37.5	40JC1216
	76			515		>515~1200						
	89			—		—						

续表 9-41

B	托辊直径 D	A_1	A_2	标准支腿之 H_1	a	$H_1>505\sim1200$mm H_1 适应范围	重量/kg W_0	重量/kg W	图号	$H_1>1200\sim1600$mm 重量/kg W_0	重量/kg W	图号
500	63.5	800	880	590	35	>590~1200	1.2	19.3	50JC5512	2	37.9	50JC1216
	76			580		>580~1200						
	89			570		>570~1200						
650	76	950	1030	565	35	>565~1200		19.9	65JC5512		38.4	65JC1216
	89			555		>555~1200						
800	89	1150	1230	545		>545~1200		20.6	80JC5512		39.2	80JC1216
				745		>745~1200						
1000	108	1350	1440	690		>690~1200		27.4	100JC5512		42.8	100JC1216
				890		>890~1200						
1200	108	1600	1690	655	40	>655~1200	1.4	28.8	120JC5512		44.3	120JC1216
				855		>855~1200						
1400	108	1810	1900	640		>640~1200		30	140JC5512		45.4	140JC1216
				840		>840~1200						

注：表中 W 为最大 H_1 值时的重量，H_1 每减小 100mm，重量相应减少 W_0。

9.10.4 重型系列中高式支腿

重型中高式支腿示于图 9-29，相关参数列于表 9-42。

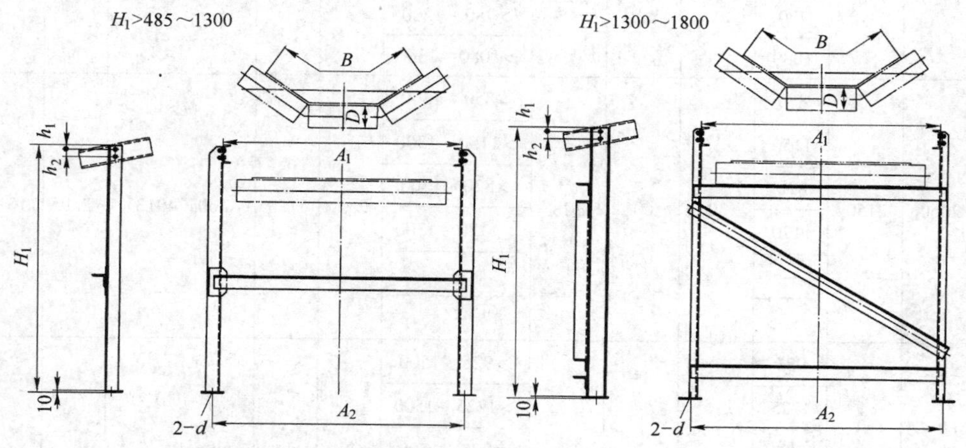

图 9-29 重型中高式支腿示意图

说明：与中间架连接用紧固件，已包括在本部件内。

表 9-42 重型中高式支腿相关参数

mm

B	托辊直径 D	A_1	A_2	标准支腿之 H_1	h_1	h_2	d	$H_1>485\sim1300$mm H_1 适应范围	重量/kg W_0	重量/kg W	图号	$H_1>1300\sim1800$mm 重量/kg W_0	重量/kg W	图号
500	89	800	880	570	20	40	φ24	>570~1300	1.4	27.9	50JC4913	2.5	66.8	50JC1318
				770				>770~1300						
650	89	950	1030	555	20	40	φ24	>555~1300		28.9	65JC4913		69.7	65JC1318
				755				>755~1300						
	108			525				>525~1300						
				725				>725~1300						
800	108	1150	1230	520	20	40	φ24	>520~1300		30.3	80JC4913		73.7	80JC1318
				720				>720~1300						
				920				>920~1300						
	133			485				>485~1300						
				685				>685~1300						
				885				>885~1300						

续表 9-42

B	托辊直径 D	A_1	A_2	标准支腿之 H_1	h_1	h_2	d	$H_1>485\sim1300$mm: H_1 适应范围	重量/kg W_0	重量/kg W	图　号	$H_1>1300\sim1800$mm: 重量/kg W_0	重量/kg W	图　号
1000	133	1350	1440	665	20	50	ϕ24	>665～1300	2.2	40	100JC4913	2.9	87.1	100JC1318
				865				>865～1300						
				1165				>1165～1300						
	159			620				>620～1300						
				820				>820～1300						
				1120				>1120～1300						
1200	133	1600	1690	630	20	50	ϕ24	>630～1300		41.8	120JC4913		92	120JC1318
				830				>830～1300						
				1130				>1130～1300						
	159			600				>600～1300						
				800				>800～1300						
				1100				>1100～1300	2.2			2.9		
1400	133	1810	1900	810	30	60	ϕ28	>810～1300		50.1	140JC4913		96.2	140JC1318
				1110				>1110～1300						
	159			780				>780～1300						
				1080				>1080～1300						
1600	133	2060	2150	850	30	60	ϕ28	>850～1300	2.5	51.8	160JC4913	2.9	101	160JC1318
				1150				>1150～1300						
	159			820				>820～1300						
				1120				>1120～1300						
	194			—				—						
				—				—						
1800	133	2260	2350	925	30	60	ϕ28	>925～1500	2.5	58	180JC8515	2.9	111	180JC1520
				1225				>1225～1500						
	159			895				>895～1500						
				1195				>1195～1500						
	194			855				>855～1500						
				1155				>1155～1500						
2000	133	2490	2550	1020	30	80	28	>1020～1500	2.9	66.4	200JC8515	3.5	127	200JC1520
				1320				>1320～1500						
	159			980				>980～1500						
				1280				>1280～1500						
	194			940				>940～1500						
				1240				>1240～1500						

注：表中 W 为最大 H_1 值时的重量，H_1 每减小 100mm，重量相应减少 W_0。

9.11　导料槽

9.11.1　矩形口导料槽

矩形口导料槽示于图 9-30，相关参数列于表 9-43 及表 9-44。

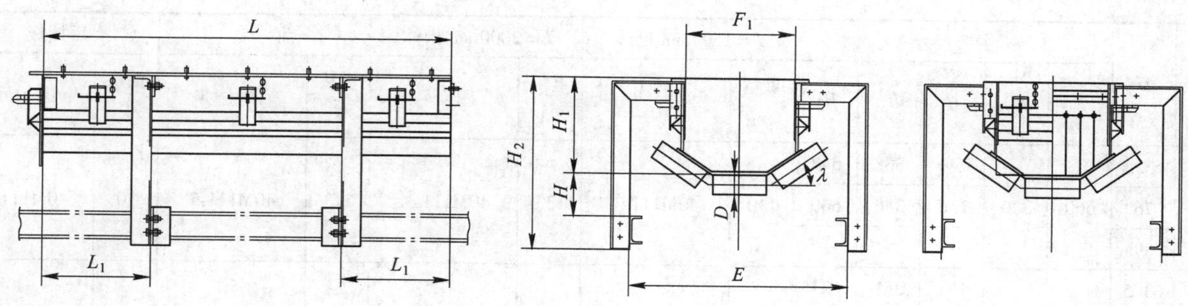

图 9-30 矩形口导料槽示意图

说明：$L=1500$mm 时，$L_1=400$mm；$L=2000$mm 时，$L_1=500$mm。

表 9-43 λ=35°矩形口导料槽相关参数

mm

B	D	主要尺寸					L=1500mm 槽体		L=2000mm 槽体		前 帘		后挡板	
		E	F_1	H	H_1	H_2	重量/kg	图 号	重量/kg	图 号	重量/kg	图 号	重量/kg	图 号
400	63.5	660	300	144	348	628	108	40M111-1	132	40M111-2	2.3	40M111-5	10	40M111-6
	76			156	360	640								
	89			—	—	—								
500	63.5	800	400	151	351	631	115	50M111-1	140	50M111-2	3	50M111-5	11	50M111-6
	76			160	360	640								
	89			180	380	660								
650	76	950	500	160	380	680	124	65M111-1	151	65M111-2	3.5	65M111-5	13	65M111-6
	89			180	400	700								
	108			200	420	720								
800	89	1150	600	180	480	800	140	80M111-1	171	80M111-2	4.3	80M111-5	17	80M111-6
	108			200	500	820								
	133			226	526	846								
1000	108	1350	750	213	523	909	181	100M111-1	222	100M111-2	9	100M111-5	29	100M111-6
	133			240	550	936								
	159			270	580	966								
1200	108	1600	900	230	623	1026	203	120M111-1	250	120M111-2	11	120M111-5	38	120M111-6
	133			257	650	1053								
	159			287	680	1083								
1400	108	1810	1000	238	723	1148	223	140M111-1	274	140M111-2	12	140M111-5	45	140M111-6
	133			265	750	1175								
	159			295	780	1205								
1600	133	2060	1100	272	822	1282	252	160M111-1	305	160M111-2	13.8	160M111-5	52.9	180M111-6
	159			300	850	1310								
	194			—	—	—								
1800	133	2260	1200	282	922	1392	292	180M111-1	361	180M111-2	14.8	180M111-5	62.7	180M111-6
	159			310	950	1420								
	194			352	992	1462								
2000	133	2490	1350	282	1022	1512	373	200M111-1	463	200M111-2	18	200M111-5	100	200M111-6
	159			310	1050	1540								
	194			352	1092	1582								

表 9-44　$\lambda=45°$矩形口导料槽相关参数　　mm

B	D	主要尺寸					L=1500mm 槽体		L=2000mm 槽体		前　帘		后挡板	
		E	F_1	H	H_1	H_2	重量/kg	图　号	重量/kg	图　号	重量/kg	图　号	重量/kg	图　号
400	63.5	660	300	144	368	648	110	40M111-3	133	40M111-4	2.3	40M111-5	10	40M111-7
	76			156	380	660								
	89			—	—	—								
500	63.5	800	400	151	351	631	116	50M111-3	141	50M111-4	3	50M111-5	11	50M111-7
	76			160	380	660								
	89			180	400	680								
650	76	950	500	160	405	705	124	65M111-3	152	65M111-4	3.5	65M111-5	14	65M111-7
	89			180	425	725								
	108			200	445	745								
800	89	1150	600	180	510	830	141	80M111-3	172	80M111-4	4.3	80M111-5	18	80M111-7
	108			200	530	850								
	133			226	556	866								
1000	108	1350	750	210	555	941	181	100M111-3	222	100M111-4	9	100M111-5	30	100M111-7
	133			240	585	971								
	159			270	615	1001								
1200	108	1600	900	230	663	1066	204	120M111-3	251	120M111-4	11	120M111-5	38	120M111-7
	133			257	690	1093								
	159			287	720	1123								
1400	108	1810	1000	238	773	1098	223	140M111-3	274	140M111-4	12	140M111-5	46	140M111-7
	133			265	800	1125								
	159			295	830	1155								
1600	133	2060	1100	272	872	1332	252	160M111-3	309	160M111-4	13.8	160M111-5	54.2	160M111-7
	159			300	900	1360								
	194			—	—	—								
1800	133	2260	1200	282	972	1442	293	180M111-3	364	180M111-4	14.8	180M111-5	64.1	180M111-7
	159			310	1000	1470								
	194			352	1042	1512								
2000	133	2490	1350	282	1072	1562	374	200M111-3	467	200M111-4	18	200M111-5	101	200M111-7
	159			310	1100	1590								
	194			347	1137	1627								

9.11.2　喇叭口导料槽

喇叭口导料槽示于图 9-31，相关参数列于表 9-45 及表 9-46。

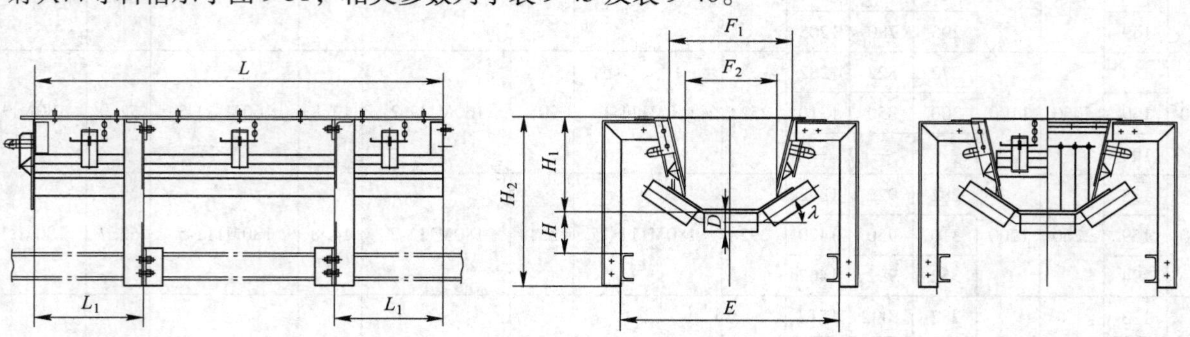

图 9-31　喇叭口导料槽示意图

说明：$L=1500$mm 时，$L_1=400$mm；$L=2000$mm 时，$L_1=500$mm。

表9-45 λ=35°喇叭口导料槽相关参数

mm

B	D	主要尺寸						L=1500mm槽体		L=2000mm槽体		前帘		后挡板	
		E	F_1	F_2	H	H_1	H_2	重量/kg	图号	重量/kg	图号	重量/kg	图号	重量/kg	图号
400	63.5	660	350	240	144	348	628	112	40M111Z-1	128	40M111Z-2	2.4	40M111Z-5	9	40M111Z-6
	76				156	360	640								
	89				—	—	—								
500	63.5	800	450	340	151	351	631	118	50M111Z-1	145	50M111Z-2	3	50M111Z-5	10	50M111Z-6
	76				160	360	640								
	89				180	380	660								
650	76	950	630	400	160	380	680	130	65M111Z-1	159	65M111Z-2	5	65M111Z-5	14	65M111Z-6
	89				180	400	700								
	108				200	420	720								
800	89	1150	700	530	180	480	800	148	80M111Z-1	181	80M111Z-2	6	80M111Z-5	16	80M111Z-6
	108				200	500	820								
	133				226	526	846								
1000	108	1350	800	620	213	523	909	189	100M111Z-1	232	100M111Z-2	10	100M111Z-5	26	100M111Z-6
	133				240	550	936								
	159				270	580	966								
1200	108	1600	900	800	230	623	1026	203	120M111Z-1	249	120M111Z-2	11	120M111Z-5	35	120M111Z-6
	133				257	650	1053								
	159				287	680	1083								
1400	108	1810	1100	900	238	723	1148	225	140M111Z-1	278	140M111Z-2	14	140M111Z-5	43	140M111Z-6
	133				265	750	1175								
	159				295	780	1205								
1600	133	2060	1300	1000	272	822	1282	259	160M111Z-1	319	160M111Z-2	16.8	160M111Z-5	61.3	160M111Z-6
	159				300	850	1310								
	194				—	—	—								
1800	133	2260	1500	1100	282	922	1392	305	180M111Z-1	380	180M111Z-2	20	180M111Z-5	75.4	180M111Z-6
	159				310	950	1420								
	194				352	992	1462								
2000	133	2490	1700	1200	282	1022	1512	389	200M111Z-1	486	200M111Z-2	23.3	200M111Z-5	108	200M111Z-6
	159				310	1050	1540								
	194				352	1092	1582								

表 9-46 $\lambda=45°$喇叭口导料槽相关参数 mm

B	D	主要尺寸						L=1500mm 槽体		L=2000mm 槽体		前帘		后挡板	
		E	F_1	F_2	H	H_1	H_2	重量/kg	图号	重量/kg	图号	重量/kg	图号	重量/kg	图号
400	63.5	660	350	240	156	380	660	113	40M111Z-3	129	40M111Z-4	2.4	40M111Z-5	9	40M111Z-7
	76				156	380	660								
	89				—	—	—								
500	63.5	800	450	340	151	371	651	119	50M111Z-3	147	50M111Z-4	3	50M111Z-5	10	50M111Z-7
	76				160	380	660								
	89				180	400	680								
650	76	950	600	430	160	405	705	130	65M111Z-3	160	65M111Z-4	5	65M111Z-5	14	65M111Z-7
	89				180	425	725								
	108				200	445	745								
800	89	1150	700	530	180	510	830	149	80M111Z-3	182	80M111Z-4	6	80M111Z-5	17	80M111Z-7
	108				200	530	850								
	133				226	556	876								
1000	108	1350	800	620	213	558	944	190	100M111Z-3	233	100M111Z-4	10	100M111Z-5	28	100M111Z-7
	133				240	585	971								
	159				270	615	1001								
1200	108	1600	900	800	230	663	1066	204	120M111Z-3	250	120M111Z-4	11	120M111Z-5	36	120M111Z-7
	133				257	690	1093								
	159				287	720	1123								
1400	108	1810	1100	900	238	773	1198	227	140M111Z-3	280	140M111Z-4	14	140M111Z-5	44	140M111Z-7
	133				265	800	1225								
	159				295	830	1255								
1600	133	2060	1300	1000	272	872	1332	261	160M111Z-3	321	160M111Z-4	16.8	160M111Z-5	61.5	160M111Z-7
	159				300	900	1360								
	194				—	—	—								
1800	133	2260	1500	1100	282	972	1442	307	180M111Z-3	387	180M111Z-4	20	180M111Z-5	74.7	180M111Z-7
	159				310	1000	1470								
	194				352	1042	1512								
2000	133	2490	1700	1200	282	1072	1562	391	200M111Z-3	488	200M111Z-4	23.3	200M111Z-5	108	200M111Z-7
	159				310	1100	1590								
	194				347	1137	1627								

9.12 头部漏斗

9.12.1 普通漏斗

普通漏斗示于图 9-32，相关参数列于表 9-47。

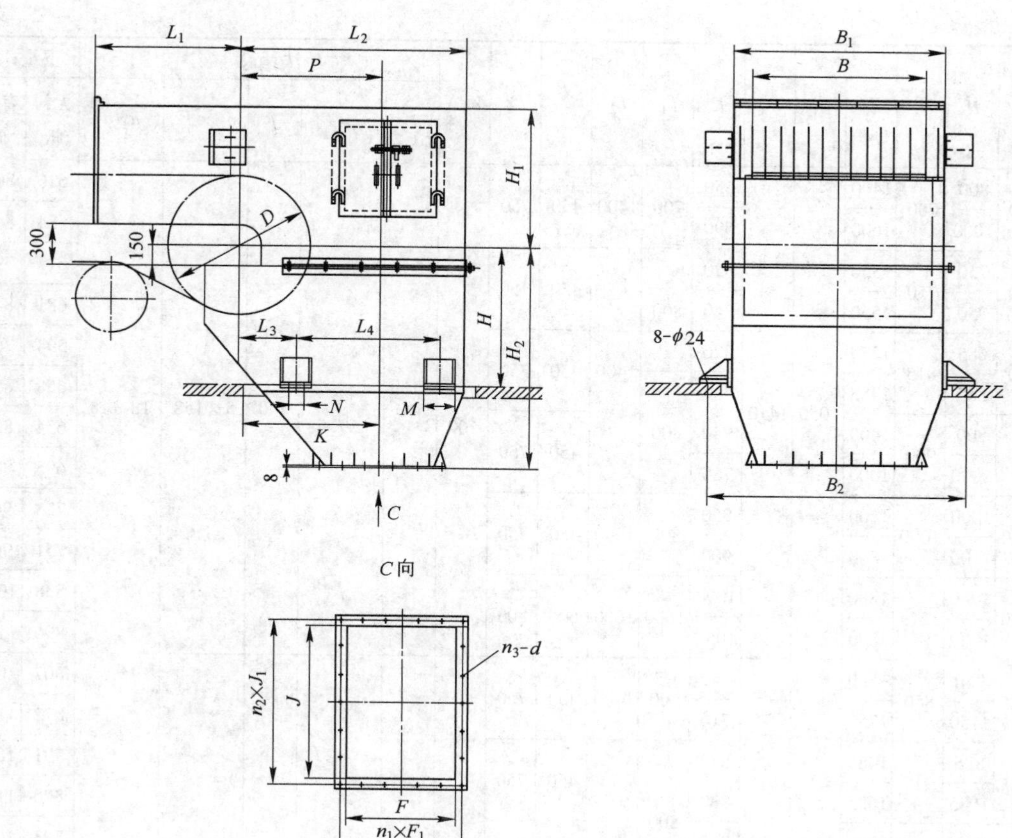

图 9-32 普通漏斗示意图

表 9-47 普通漏斗相关参数

mm

B	D	P	H	H_1	H_2	B_1	B_2	K	L_1	L_2	L_3	L_4	M/N	法兰尺寸					重量/kg		图号
														F	$n_1\times F_1$	J	$n_2\times J_1$	n_3-d	无衬板	有衬板	
400	315	550	743	600	1400	600	960	570	600	1150	250	750	200/100	350	2×175	450	2×260	8-φ14	373	484	40L303
			943		1600			510											404	530	40L305
	400	550	700	600	1350			580	650										367	469	40L403
			900		1550			520											397	531	40L405
500	315	550	843	600	1443	700	1060	540	600	1150	250	750	200/100	380	3×150	550	4×155	14-φ14	479	607	50L303
			1043		1643			500											523	688	50L305
	400	550	800	600	1400			550	650										451	586	50L403
			1000		1600			510											516	681	50L405
	500	600	750		1350			640	700	1200	250	800							482	617	50L503
			950		1550			590											530	696	50L505
650	400	600	800	650	1400	850	1210	600	650	1200	250	800	200/100	460	4×132.5	700	5×154	18-φ14	492	658	65L403
			1000		1600			550											527	728	65L405
	500	600	750	750	1350			650	700	1200	250	800							523	689	65L503
			950		1550			630											580	781	65L505
	630	700	685	815	1285			720											504	670	65L632
			985		1585			660											587	788	65L635

续表 9-47

B	D	P	H	H_1	H_2	B_1	B_2	K	L_1	L_2	L_3	L_4	M/N	法兰尺寸					重量/kg		图号
														F	$n_1 \times F_1$	J	$n_2 \times J_1$	n_3-d	无衬板	有衬板	
800	400	700	800	700	1400	1050	1410	650	700	1400	450	750	200/100	540	4 × 157.5	700	5 × 158	18-ϕ18	626	800	800L403
			1000		1600			590											684	846	800L405
	500	700	750	750	1350			820	800	1400	450	750							617	791	80L503
			950		1550			740											681	843	80L505
	630	750	685	815	1285			820			450	750							594	768	80L632
			885		1485			760	800										658	859	80L634
	800	900	800	900	1400			940			450	750							634	807	80L803
			1000		1600			780											695	908	80L805
	1000	1000	1000	1000	1700			950	800	1400	450	750							728	941	80L1001
			1100		1800			900											751	964	80L1002
	1250	1200	1000	1215	1800			1090	1000	1600	600	800							838	1082	80L1251
			1200		2000			1050											896	1141	80L1253
1000	400	850	950	850	1550	1250	1650	740	700	1400	450	750	220/120	700	4 × 197.5	900	5 × 198	18-ϕ18	807	1063	100L503
	500		1150		1750			710											872	1188	100L505
	630	850	885	915	1485			830	800	1400	450	750							791	1036	100L633
			1085		1685			830											876	1192	100L635
	800	900	800	1000	1400			910			450	750							793	1039	100L802
			1100		1700			820											893	1209	100L805
	1000	1000	800	1100	1500			1200	800		450	750							855	1179	100L1002
			1000																869	1168	100L1004
	1250	1100	1100	1225	1700			1050	1000	1600	600	800							1009	1308	100L1251
		1200	1200	1225	1800			1030											1038	1370	100L1252
	1400	1300	1200	1300	1800			1000		1800	600	1000							1116	1449	100L1401
			1300		1900														1150	1482	100L1402
	1600	1300	1300 ~ 1400	1400	2150			1020	1000	1900	700	1000							1419	1815	100L1601
			1500		2200			1000											1430	1826	100L1603
1200	500	900	850	900	1450	1500	1900	870	900	1600	500	900	220/120	800	5 × 178	1100	6 × 198.5	22-ϕ18	879	1181	120L502
			1050		1750			770											1004	1397	120L505
	630	900	785	965	1385			980	1000	1600	500	900							916	1218	120L631
			1085		1685			860											1204	1416	120L634
	800	1000	800	1050	1400			990			500	900							939	1241	120L802
			1100		1700			930											1056	1448	120L805
	1000	1000	1000	1150	1600			950	1000		500	900							1021	1323	120L1004
			1200		1800			910											1113	1526	120L1006
	1250	1200	1200	1275	1800			1030	1000	1800	600	1000							1188	1580	120L1251
			1400		2000			960											1238	1700	120L1253
	1400	1300	1300	1350	1900			1030	1000	2000	600	1200							1313	1726	120L1401
			1500		2100			1010											1388	1871	120L1403
	1600	1400	1400 ~ 1500	1450	2200			1070	1000	2100	700	1200							1388	2066	120L1601
			1600					1220											1558	2076	120L1603

续表 9-47

B	D	P	H	H_1	H_2	B_1	B_2	K	L_1	L_2	L_3	L_4	M/N	法兰尺寸 F	法兰尺寸 $n_1\times F_1$	法兰尺寸 J	法兰尺寸 $n_2\times J_1$	法兰尺寸 n_3-d	重量/kg 无衬板	重量/kg 有衬板	图号
1400	800	1000	800	1100	1400	1700	2100	1070	1000	1600	500	900	220/120	930	5×204	1300	7×198.5	24-ϕ18	1006	1354	140L801
			1100	1100	1700			1020											1147	1573	140L804
	1000	1100	1000	1200	1600			1050			500	900							1107	1506	140L1003
			1200		1800			970											1173	1647	140L1005
	1250	1200	1300	1325	1900			1010	1200	1800	600	1000							1328	1802	140L1251
			1500		2100			970											1416	1968	140L1253
	1400	1300	1300	1400	1900			1030	1200	2000	600	1200							1425	1899	140L1401
			1500		2100			1040											1501	2054	140L1403
	1600	1400	1400~1500	1500	2200			1100	1200	2100	700	1300							1623	2218	140L1601
			1600		2300			1060	1200										1665	2283	140L1603
1600	800	1100	1100	1200	1700	1900	2300	970	1000	1700	500	1000	220/120	1000	5×218	1500	7×227	24-ϕ18	1573	2079	160L801
			1400		2000			950											1728	2316	160L804
	1000	1200	1200	1300	1800			1020	1000	1800	500	1100							1696	2230	160L1002
			1400		2000			900											1800	2388	160L1004
	1250	1300	1300~1500	1425	2100			1000	1100	1900	500	1200							1913	2534	160L1251
	1400	1400	1300~1500	1500	2200			1120	1200	2100	500	1400							2143	2812	160L1401
	1600	1500	1300~1600	1600	2300			1120	1200	2200	600	1400							2269	2965	160L1601
1800	800	1100	1100	1250	1700	2100	2500	1000	1000	1800	500	1100	220/120	1100	5×238	1700	7×255.5	24-ϕ18	1721	2285	180L801
			1400		2000			920											1888	2542	180L804
	1000	1200	1200	1350	1800			1050	1000	1900	500	1200							1850	2444	180L1001
			1400		2000			980											1863	2617	180L1004
	1250	1300	1300~1500	1475	2100			1030	1100	2000	600	1200							2121	2811	180L1251
	1400	1400	1300~1500	1550	2200			1140	1200	2100	600	1400							2325	3069	180L1401
	1600	1500	1300~1600	1650	2250			1190	1200	2300	600	1500							2446	3170	180L1601

续表 9-47

B	D	P	H	H_1	H_2	B_1	B_2	K	L_1	L_2	L_3	L_4	M/N	法兰尺寸					重量/kg		图号
														F	$n_1 \times F_1$	J	$n_2 \times J_1$	n_3-d	无衬板	有衬板	
2000	800	1200	1100	1300	1700	2300	2700	1070	1000	1900	500	1200	220/120	1200	5×258	1900	7×284	24-ϕ18	1907	2528	200L801
			1400		2000			980											2088	2808	200L804
	1000	1300	1200	1400	1800			1120	1000	2000	500	1300							2044	2698	200L1002
			1400		2000			1050											2164	2884	200L1004
	1250	1400	1300 ~ 1500	1525	2100			1100	1100	2100	600	1300							2332	3092	200L1251
	1400	1500	1300 ~ 1500	1600	2200			1220	1200	2300	600	1500							2548	3367	200L1401
	1600	1600	1300 ~ 1600	1700	2300			1240	1200	2400	600	1500							2692	3524	200L1601

注：衬板材料有：6 号耐磨合金铸铁、铸锰钢、普通钢板、高分子材料等多种，由用户在订货表中指明；

表中重量为采用 6 号耐磨合金铸铁衬板时的重量，不指明衬板品种时，即按该种衬板供货。

9.12.2　带调节挡板漏斗

带调节挡板漏斗示于图 9-33，相关参数列于表 9-48。

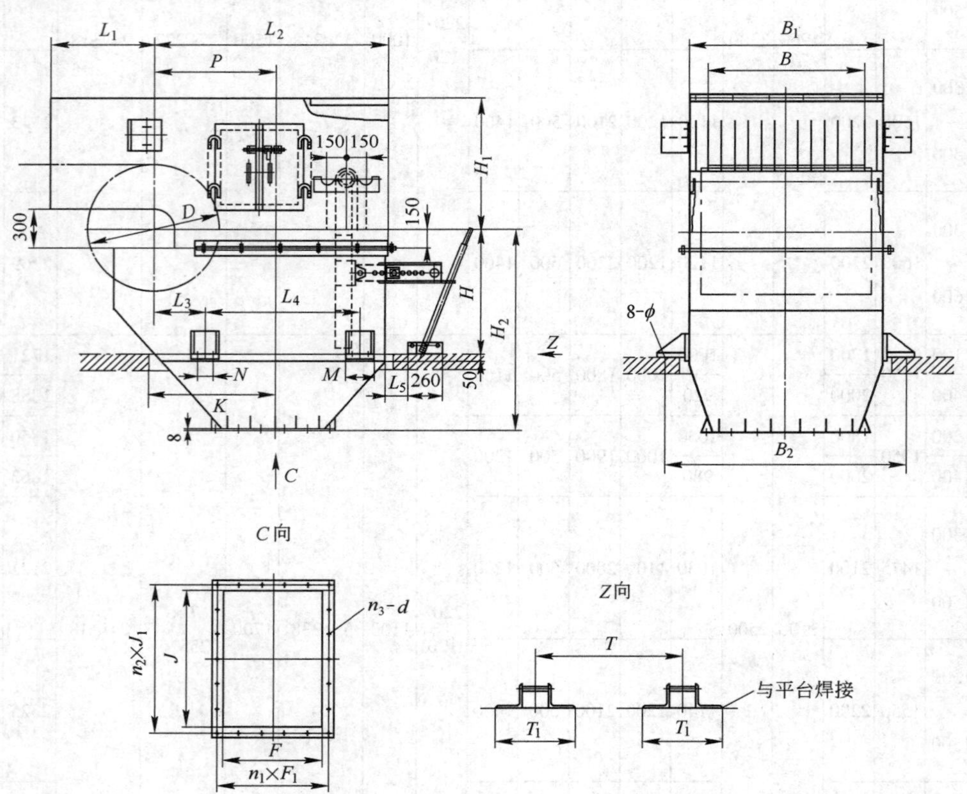

图 9-33　带调节挡板漏斗示意图

说明：1. $B=800 \sim 1000$mm 时，$T=500$mm，$T_1=250$mm，$M=200$mm，$N=100$mm，$d=\phi18$mm；

2. $B=1200 \sim 1400$mm 时，$T=600$mm，$T_1=300$mm，$M=220$mm，$N=120$mm，$d=\phi24$mm。

表 9-48 带调节挡板漏斗相关参数

mm

B	D	P	H	H_1	H_2	B_1	B_2	K	L_1	L_2	L_3	L_4	L_5	法兰尺寸					重量/kg		图号
														F	$n_1 \times F_1$	J	$n_2 \times J_1$	n_3-d	无衬板	带衬板	
800	500	700	750	750	1550	1050	1410	750	500	1600	450	750	201	540	4 × 157.5	700	5 × 158	18-φ18	908	1053	80L503D
			950		1750								128						965	1110	80L505D
	630	700	685	815	1485			850	550		500	900	225						957	1102	80L632D
			885		1685							900	152						1029	1174	80L634D
	800	800	800	900	1500				650		500		183						999	1144	80L803D
			1000		1700								110						1080	1224	80L805D
	1000	900	1000	1000	1700			900	750		500	900	219						1111	1256	80L1001D
			1100		1800			850					183						1152	1297	80L1002D
	1250	1000	1000	1125	1800			1050	900	1800	600	1000	219						1245	1390	80L1251D
			1200		2000			960					147						1299	1444	80L1253D
1000	630	700	885	915	1585	1250	1650	850	550	1600	500	900	213	700	4 × 197.5	900	5 × 198	18-φ18	1251	1411	100L633D
			1085		1785								140						1334	1494	100L635D
	800	800	800	1000	1400			870	650				244						1224	1384	100L802D
			1100		1700								135						1360	1520	100L805D
	1000	900	800	1100	1400			1050	750				246						1265	1425	100L1002D
			1000		1600			960					173						1338	1498	100L1004D
	1250	1000	1100	1225	1700			950	900	1800	600	1000	244						1535	1695	100L1251D
			1200		1800			900					208						1571	1730	100L1252D
	1400	1100	1200	1300	1800			900	1000	2000	600	1200	208						1657	1817	100L1401D
			1300		1900								171						1696	1856	100L1402D
	1600	1200	1300 ~ 1500	1400	2150			930	1100	2100	700	1200	171						1931	2121	100L1601D
1200	630	700	885	965	1685	1500	1900	950	600	1600	500	900	215	800	5 × 178	1100	4 × 198.5	22-φ18	1486	1724	120L632D
			1085		1885			920					142						1543	1781	120L634D
	800	800	800	1050	1500			940	700	1800	500	1100	244						1509	1732	120L802D
			1100		1800								135						1663	1886	120L805D
	1000	900	1000	1150	1600			960	800			1100	171						1601	1809	120L1004D
			1200		1800						350		98						1709	1914	120L1006D
	1250	1000	1200	1275	1800				900		600	1000	208						1803	1978	120L1251D
			1400		2000								136						1912	2087	120L1253D
	1400	1100	1300	1350	1900			960	1000	2000	600	1200	208						1949	2124	120L1401D
			1500		2100								136						2010	2185	120L1403D
	1600	1200	1300 ~ 1500	1450	2100			930	1100	2100	700	1200	136						2132	2307	120L1601
1400	800	800	800	1100	1500	1700	2100	960	700	1800	500	1100	244	930	5 × 204	1300	7 × 198.5	24-φ18	1653	1875	140L801D
			1100		1800			930					135						1810	2031	140L804D
	1000	900	1000	1200	1600				800		500	1100	209						1756	1977	140L1003D
			1200		1800								137						1873	2094	140L1005D
	1250	1000	1300	1325	1900			1020	900		600	1000	208						2021	2242	140L1251D
			1500		2100								136						2121	2342	140L1253D

续表 9-48

B	D	P	H	H_1	H_2	B_1	B_2	K	L_1	L_2	L_3	L_4	L_5	法兰尺寸					重量/kg		图号
														F	$n_1\times F_1$	J	$n_2\times J_1$	n_3-d	无衬板	带衬板	
1400	1400	1100	1300	1400	1900	1700	2100	1020	1000	2000	600	1200	208	930	5×204	1300	7×198.5	24-φ18	2108	2329	140L1401D
			1500		2100								136						2194	2415	140L1403D
	1600	1200	1300~1500	1500	2100			980	1100	2100	700	1200	136						2337	2558	140L1601D
1600	800	850	1100	1200	1800	1900	2300	880	700	1850	500	1100	135	1000	5×218	1500	7×227	24-φ18	2339	2638	160L801D
			1400	1200	2100			820											2510	2809	160L804D
	1000	950	1100	1300	1800			970	800	1950		1200	135						2447	2746	160L1001D
			1400	1300	2100			880											2619	2918	160L1004D
	1250	1050	1300~1500	1425	2200			990	900	2050	600	1200	136						2874	3173	160L1251D
	1400	1150	1300~1500	1500	2200			1000	1000	2150		1300	136						2986	3285	160L1401D
	1600	1250	1300~1500	1600	2200			1070	1100	2250	700	1300	136						3103	3402	160L1601D
1800	800	850	1100	1250	1800	2100	2500	900	700	1850	500	1100	135	1100	5×238	1700	7×255.5	24-φ18	2503	2838	180L801D
			1400	1250	2100			850											2683	3018	180L804D
	1000	950	1100	1350	1800			990	800	1950		1200	135						2607	2942	180L1001D
			1400	1350	2100			910											2788	3123	180L1004D
	1250	1050	1300~1500	1475	2200			970	900	2050	600	1200	136						3063	3399	180L1251D
	1400	1150	1300~1500	1550	2200			970	1000	2150		1300	136						3177	3512	160L1401D
	1600	1250	1300~1500	1650	2200			1090	1100	2250	700	1300	136						3446	3781	180L1601D
2000	800	950	1100	1300	1700	2300	2700	960	700	1950	500	1200	135	1200	5×258	1900	7×264	24-φ18	2701	3012	200L801D
			1400	1300	2000			890											2884	3195	200L804D
	1000	1050	1200	1400	1800			960	800	2050	600	1200	135						2813	3124	200L1002D
			1400	1400	2000			920											3037	3348	200L1004D
	1250	1150	1300~1500	1525	2100			1000	900	2150	700	1200	136						3319	3630	200L1251D
	1400	1250	1300~1500	1600	2100			1030	1000	2250		1300	136						3436	3747	200L1401D
	1600	1350	1300~1500	1700	2100			1120	1100	2350	700	1400	136						3599	3910	200L1601D

注：1. 衬板材料有：6 号耐磨合金铸铁、铸锰钢、普通钢板、高分子材料等多种，由用户在订货表中指明；

2. 表中重量为采用 6 号耐磨合金铸铁衬板时的重量，不指明衬板品种时，即按该种衬板供货。

9.12.3　进料仓漏斗

进料仓漏斗示于图9-34，相关参数列于表9-49。

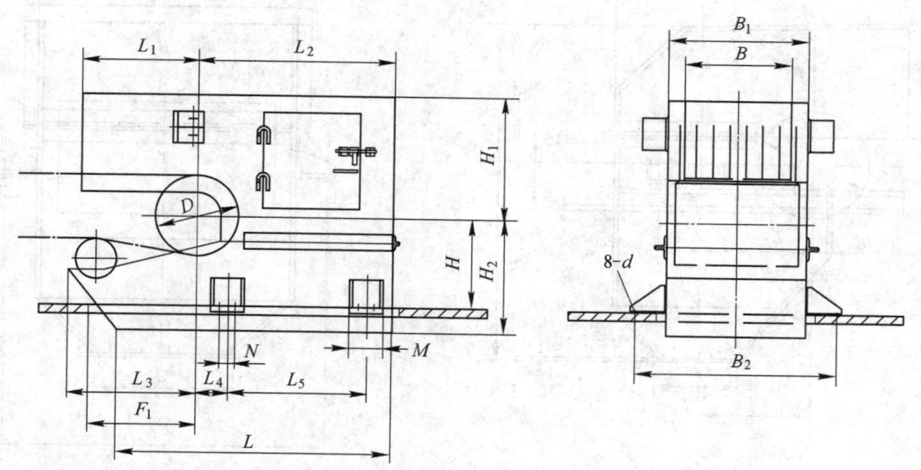

图9-34　进料仓漏斗示意图

表9-49　进料仓漏斗相关参数

mm

B	D	H	H_1	H_2	B_1	B_2	L	L_1	L_2	L_3	L_4	L_5	F_1	M	N	d	重量/kg		图　号
																	无衬板	带衬板	
500	500	550	650	700	700	1060	1740	700	1200	760	200	850	675	200	100	$\phi18$	365	404	50L501C
		750		900			1625			760			560				427	466	50L503C
650	500	550	700	700	850	1210	1675	700	1200	770	200	850	645	200	100	$\phi18$	386	437	65L501C
		750		900			1513						485				447	498	65L503C
	630	685	765	850			1790			893			735				450	528	65L632C
800	500	550	750	700	1050	1410	2000	800	1400	800	210	1020	735	200	100	$\phi18$	444	503	80L501C
		750		900			1882			780			620				521	580	80L503C
	630	685	815	850			1990			840			735				509	598	80L632C
		885		1050			1876						620				585	674	80L634C
	800	800	900	950			2090			990			830				570	674	80L803C
1000	630	685	915	850	1250	1650	2020	800	1400	845	210	1020	765	220	120	$\phi24$	622	731	100L631C
		885		1050			1904						650				702	810	100L633C
	800	800	1000	950			2090			990			830				697	822	100L802C
		1100		1250			1910						650				816	941	100L805C
	1000	1000	1100	1200			2040			1140			830				836	977	100L1004C
1200	630	885	965	1050	1500	1900	2194	1000	1600	895	220	1200	740	220	120	$\phi24$	821	975	120L631C
		1085		1250			2079						640				914	1104	120L634C
	800	800	1050	950			2342			979			880				801	936	120L802C
		1100		1250			2169			979			705				943	1079	120L805C
	1000	1000	1150	1200			2305			1126			900				953	1106	120L1004C
1400	800	800	1100	950	1700	2100	2375	1000	1600	1000	220	1200	905	220	120	$\phi24$	847	1028	140L802C
		1100		1250			2206						740				999	1180	140L805C
	1000	1000	1200	1200			2340			1148			930				1010	1215	140L1004C

注：1. 衬板材料有：6号耐磨合金铸铁、铸锰钢、普通钢板、高分子材料等多种，由用户在订货表中指明；

2. 表中重量为采用6号耐磨合金铸铁衬板时的重量，不指明衬板品种时，即按该种衬板供货。

9.12.4　普通漏斗（矩形传动滚筒头架专用）

普通（矩形传动滚筒头架专用）漏斗示于图9-35，相关参数列于表9-50。

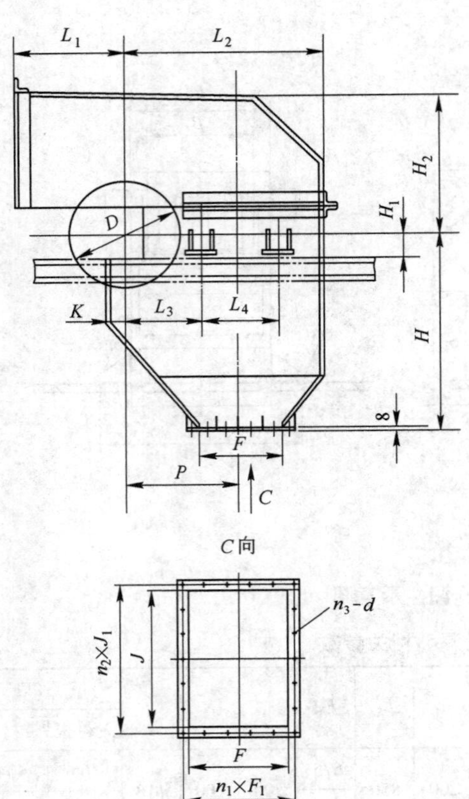

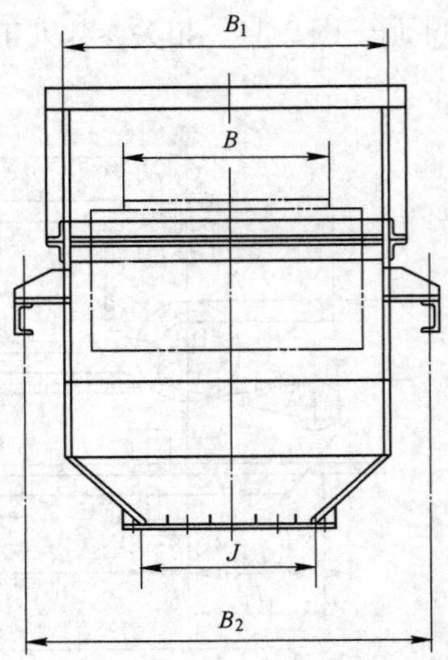

图 9-35 普通（矩形传动滚筒头架专用）漏斗示意图

说明：与头架连接之紧固件已包括在本部件内。

表 9-50 普通（矩形传动滚筒头架专用）漏斗相关参数 mm

<table>
<tr><th rowspan="2">B</th><th rowspan="2">D</th><th rowspan="2">P</th><th rowspan="2">H</th><th rowspan="2">H_1</th><th rowspan="2">H_2</th><th rowspan="2">B_1</th><th rowspan="2">B_2</th><th rowspan="2">K</th><th rowspan="2">L_1</th><th rowspan="2">L_2</th><th rowspan="2">L_3</th><th rowspan="2">L_4</th><th colspan="5">法兰尺寸</th><th colspan="2">重量/kg</th><th rowspan="2">图 号</th></tr>
<tr><th>F</th><th>$n_1 \times F_1$</th><th>J</th><th>$n_2 \times J_1$</th><th>n_3-d</th><th>无衬板</th><th>有衬板</th></tr>
<tr><td>400</td><td>400</td><td>550</td><td>1050</td><td>100</td><td>500</td><td>700</td><td>750</td><td>250</td><td>425</td><td>775</td><td>300</td><td>350</td><td>260</td><td>3 × 110</td><td>450</td><td>4 × 130</td><td>14-φ14</td><td>203</td><td>298</td><td>40L401J</td></tr>
<tr><td rowspan="2">500</td><td>400</td><td>550</td><td>1050</td><td>100</td><td>500</td><td>800</td><td>850</td><td>250</td><td>425</td><td>775</td><td>300</td><td>350</td><td rowspan="2">380</td><td rowspan="2">3 × 150</td><td rowspan="2">550</td><td rowspan="2">4 × 155</td><td rowspan="2">14-φ14</td><td>211</td><td>339</td><td>50L401J</td></tr>
<tr><td>500</td><td>600</td><td>1000</td><td>130</td><td>540</td><td>700</td><td>850</td><td>250</td><td>420</td><td>825</td><td>315</td><td>380</td><td>241</td><td>370</td><td>50L501J</td></tr>
<tr><td rowspan="4">650</td><td rowspan="2">400</td><td rowspan="2">550</td><td>1015</td><td>130</td><td rowspan="2">540</td><td rowspan="2">950</td><td rowspan="2">1000</td><td rowspan="2">250</td><td rowspan="2">400</td><td rowspan="2">850</td><td rowspan="2">320</td><td rowspan="2">380</td><td rowspan="4">460</td><td rowspan="4">4 × 132. 5</td><td rowspan="4">700</td><td rowspan="4">5 × 154</td><td rowspan="4">18-φ14</td><td rowspan="2">261</td><td rowspan="2">419</td><td rowspan="2">65L401J</td></tr>
<tr><td>1000</td><td>145</td></tr>
<tr><td>500</td><td>650</td><td>1020</td><td>130</td><td>590</td><td rowspan="2">850</td><td rowspan="2">1000</td><td rowspan="2">250</td><td>420</td><td>950</td><td>470</td><td>360</td><td>295</td><td>453</td><td>65L501J</td></tr>
<tr><td>630</td><td>750</td><td>1175</td><td>130</td><td>650</td><td>550</td><td>1050</td><td>470</td><td>450</td><td>339</td><td>507</td><td>65L631J</td></tr>
<tr><td rowspan="4">800</td><td>400</td><td>700</td><td>1105</td><td>145</td><td>620</td><td rowspan="4">1050</td><td rowspan="4">1300</td><td>250</td><td>400</td><td>1050</td><td>390</td><td>600</td><td rowspan="4">540</td><td rowspan="4">4 × 157. 5</td><td rowspan="4">700</td><td rowspan="4">5 × 158</td><td rowspan="4">18-φ18</td><td>347</td><td>571</td><td></td></tr>
<tr><td>500</td><td>750</td><td>1080</td><td>145</td><td>670</td><td rowspan="3">250</td><td>420</td><td>1100</td><td>390</td><td rowspan="2">600</td><td>368</td><td>593</td><td>80L501J</td></tr>
<tr><td>630</td><td>800</td><td>1180</td><td>145</td><td>735</td><td>550</td><td>1150</td><td>440</td><td>406</td><td>644</td><td>80L631J</td></tr>
<tr><td>800</td><td>850</td><td>1320</td><td>145</td><td>815</td><td>650</td><td>1200</td><td>530</td><td>560</td><td>445</td><td>683</td><td>80L801J</td></tr>
<tr><td rowspan="5">1000</td><td>400</td><td rowspan="2">800</td><td rowspan="2">1190</td><td rowspan="2">145</td><td rowspan="2">770</td><td rowspan="5">1250</td><td rowspan="5">1500</td><td rowspan="2">250</td><td rowspan="2">500</td><td rowspan="2">1200</td><td rowspan="2">390</td><td rowspan="2">600</td><td rowspan="5">700</td><td rowspan="5">4 × 197. 5</td><td rowspan="5">900</td><td rowspan="5">5 × 198</td><td rowspan="5">18-φ18</td><td rowspan="2">446</td><td rowspan="2">755</td><td rowspan="2">100L501J</td></tr>
<tr><td>500</td></tr>
<tr><td>630</td><td>850</td><td>1220</td><td>145</td><td>835</td><td rowspan="3">300</td><td>550</td><td>1250</td><td>400</td><td>650</td><td>480</td><td>789</td><td>100L631J</td></tr>
<tr><td>800</td><td>900</td><td>1340</td><td>165</td><td>915</td><td>650</td><td>1300</td><td>550</td><td rowspan="2">600</td><td>528</td><td>870</td><td>100L801J</td></tr>
<tr><td>1000</td><td>950</td><td>1490</td><td>165</td><td>1015</td><td>750</td><td>1350</td><td>600</td><td>583</td><td>941</td><td>100L1001J</td></tr>
</table>

续表 9-50

B	D	P	H	H_1	H_2	B_1	B_2	K	L_1	L_2	L_3	L_4	法兰尺寸					重量/kg		图　号
													F	$n_1 \times F_1$	J	$n_2 \times J_1$	n_3-d	无衬板	有衬板	
1200	500	800	1150	145	820	1500	1750	250	550	1250	400	650	800	5×178	1100	6×198.5	22-ϕ18	573	923	120L501J
	630	850	1170	165	885			300	600	1300	420	680						617	967	120L631J
	800	900	1290	165	965				700	1350	500	650						674	1024	120L801J
	1000	950	1440	165	1065				800	1400	550							744	1150	120L1001J
1400	800	1000	1385	180	980	1700	2050	300	700	1465	530	720	930	5×204	1300	7×198.5	24-ϕ18	764	1252	140L801J
	1000	1000	1435	180	1080				800	1465	580							814	1302	140L1001J

注：1. 衬板材料有：6 号耐磨合金铸铁、铸锰钢、普通钢板、高分子材料等多种，由用户在订货表中指明；

2. 表中重量为采用 6 号耐磨合金铸铁衬板时的重量，不指明衬板品种时，即按该种衬板供货。

10 辅助装置型谱

10.1 压轮

压轮示于图 10-1，相关参数列于表 10-1。

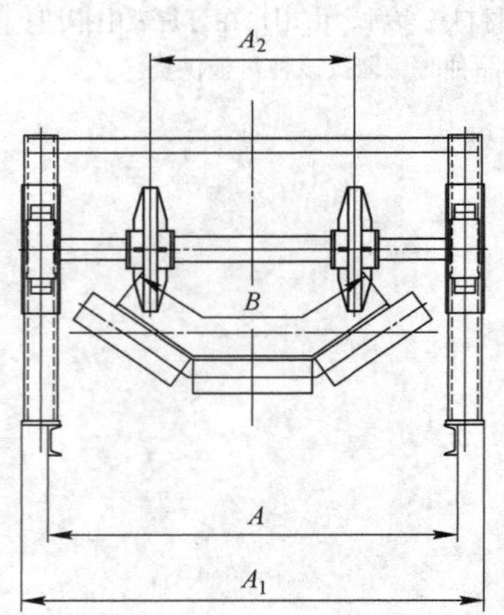

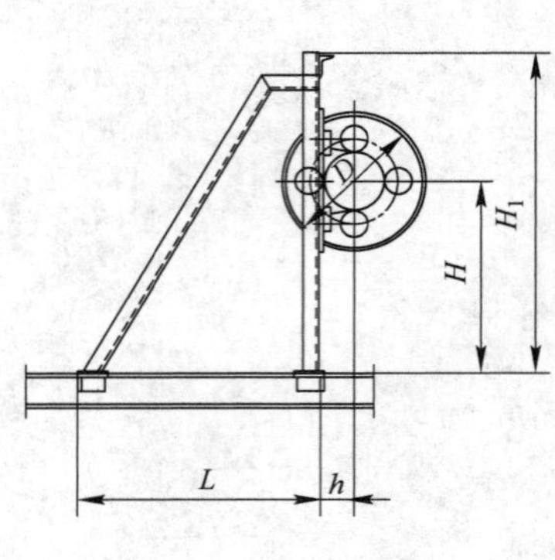

图 10-1 压轮示意图

说明：输送带安装完毕并完成输送带硫化后，再将压轮支架与输送机中间架焊接。

表 10-1 压轮相关参数表 mm

<table>
<tr><th>B</th><th>D</th><th>H</th><th>A</th><th>A₁</th><th>A₂</th><th>H₁</th><th>L</th><th>h</th><th>重量/kg</th><th>图 号</th></tr>
<tr><td>400</td><td rowspan="3">315</td><td>360 ±50</td><td>660</td><td>780</td><td>240</td><td>800</td><td>625</td><td>90</td><td>140</td><td>40Y11</td></tr>
<tr><td>500</td><td>390 ±50</td><td>800</td><td>920</td><td>360</td><td rowspan="2">800</td><td>625</td><td rowspan="2">90</td><td>146</td><td>50Y11</td></tr>
<tr><td>650</td><td>440 ±50</td><td>950</td><td>1080</td><td>400</td><td>660</td><td>151</td><td>65Y11</td></tr>
<tr><td>800</td><td rowspan="2">400</td><td>550 ±50</td><td>1150</td><td>1300</td><td>600</td><td rowspan="2">1000</td><td>780</td><td rowspan="2">110</td><td>205</td><td>80Y11</td></tr>
<tr><td>1000</td><td>600 ±50</td><td>1350</td><td>1550</td><td>700</td><td>800</td><td>227</td><td>100Y11</td></tr>
<tr><td>1200</td><td rowspan="2">500</td><td>700 ±50</td><td>1600</td><td>1800</td><td>800</td><td rowspan="2">1100</td><td rowspan="2">840</td><td rowspan="2">120</td><td>312</td><td>120Y11</td></tr>
<tr><td>1400</td><td>760 ±50</td><td>1810</td><td>2000</td><td>1000</td><td>320</td><td>140Y11</td></tr>
<tr><td>1600</td><td rowspan="2">630</td><td>850 ±60</td><td>2060</td><td>2260</td><td>1100</td><td>1350</td><td>950</td><td rowspan="2">130</td><td>386</td><td>160Y11</td></tr>
<tr><td>1800</td><td>900 ±60</td><td>2260</td><td>2460</td><td>1200</td><td>1400</td><td>980</td><td>404</td><td>180Y11</td></tr>
<tr><td>2000</td><td>800</td><td>1050 ±60</td><td>2490</td><td>2710</td><td>1300</td><td>1650</td><td>1130</td><td>145</td><td>655</td><td>200Y11</td></tr>
</table>

10.2 输送带水洗装置

输送带水洗装置示于图 10-2，相关参数列于表 10-2。

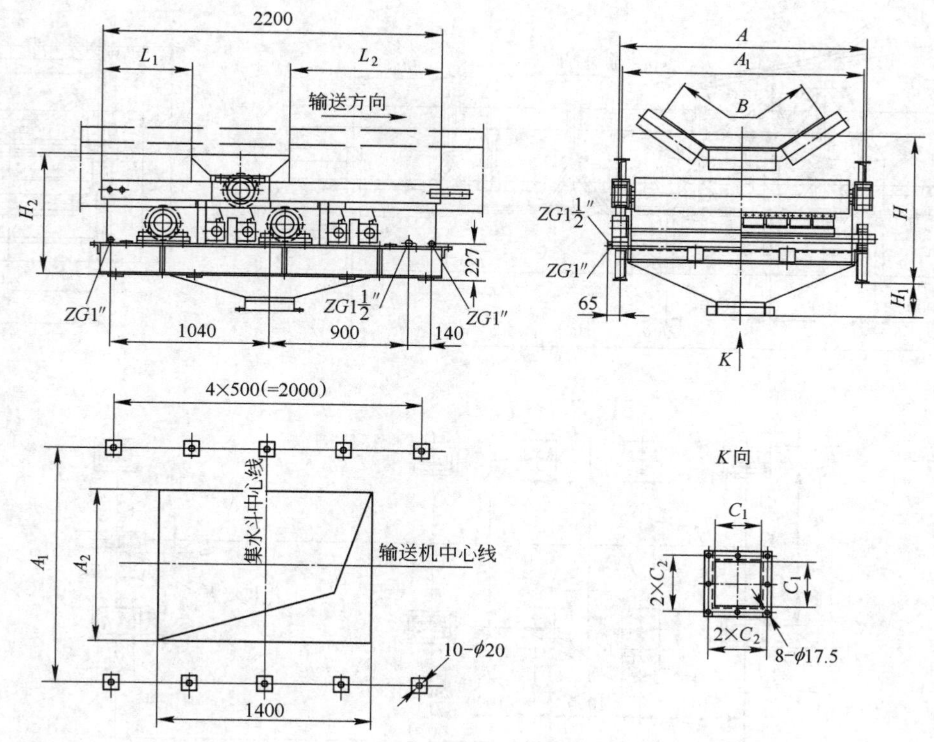

图 10-2 输送带水洗装置示意图

表 10-2 输送带水洗装置相关参数

mm

B	耗水量 /$m^3\cdot min^{-1}$	水压 /MPa	A	H_{min}	H_1	H_2	A_1	A_2	L_1	L_2	C_1	C_2	重量 /kg	图 号
500	0.1	0.2	800	811	220	611	740	550	610	1010	250	165	798	50W11
650			950	836		611	890	650					865	65W11
800			1150	900		655	1090	750					968	80W11
1000	0.14		1350	991		691	1320	900	580	980	300	190	1077	100W11
1200			1600	1036		701	1560	1000					1186	120W11
1400			1810	1075		725	1770	1100					1293	140W11
1600	0.2	0.6	2060	1165	320	735	1990	1200	560	960			1428	160W11
1800			2260	1200		745	2190	1400					1486	180W11
2000			2490	1235		775	2400	1600					1604	200W11

注：H_{min}是指该种带宽输送机采用最小直径托辊时的高度值，当采用另两种较大直径托辊时，此值相应加大。

10.3 输送带除水装置

输送带除水装置示于图 10-3，相关参数列于表 10-3。

表 10-3 输送带除水装置相关参数

mm

B	A	A_1	A_2	A_3	H	H_1	H_2	a_1	a_2	a_3	b_1	b_2	b_3	d	电液推杆 型 号	电液推杆 电机功率 /kW	重量 /kg	图 号
800	1150	1490	1363	1250	1200	1790	297	160	160	120	100	200	150	φ20	$Y80M_2$-4	0.75	1638	80V11D
1000	1350	1760	1563	1490	1500	2120	421	170	180	140	105	200	160	φ24	Y90L-4	1.5	2225	100V11D
1200	1600	2010	1813	1740			386										2465	120V11D
1400	1810	2210	2023	1940			342										2558	140V11D
1600	2060	2460	2273	2190	1600	2220	339								Y100L1-4	2.2	3255	160V11D
1800	2260	2660	2473	2390	1700	2320	404										3458	180V11D
2000	2490	2870	2703	2600	1800	2420	531										3670	200V11D

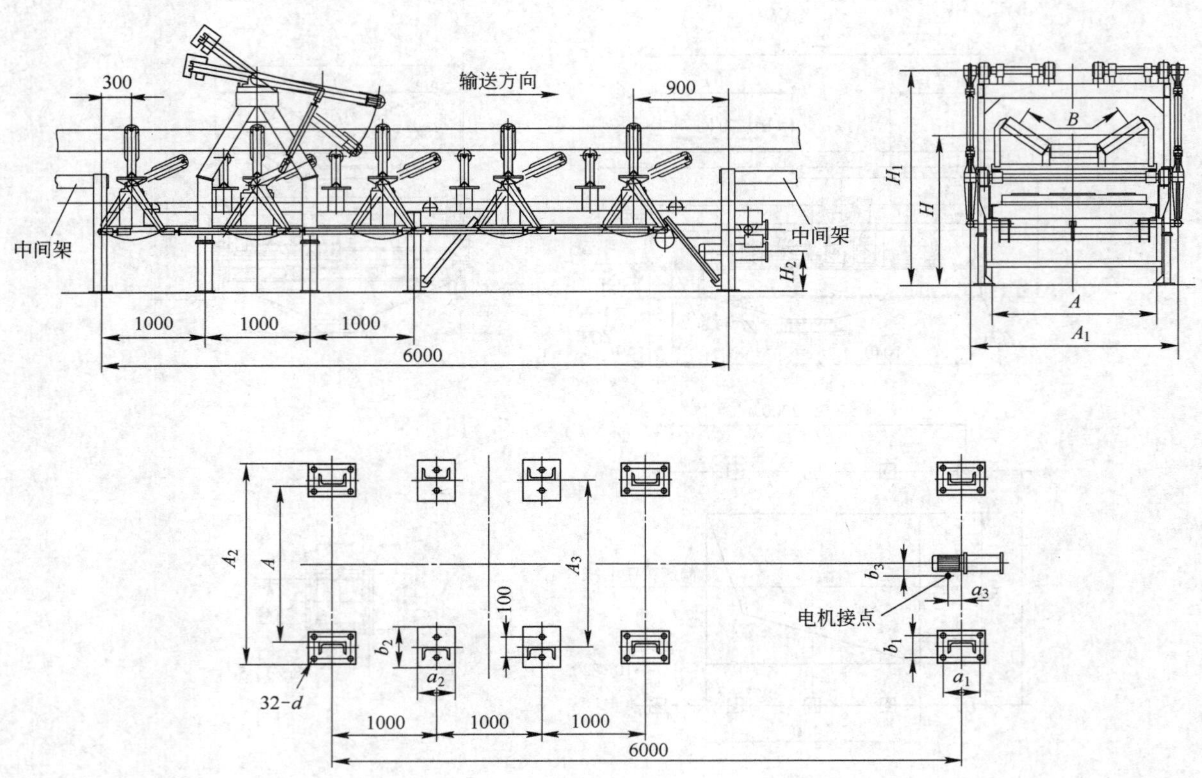

图 10-3　输送带除水装置示意图

10.4　输送机罩

10.4.1　输送机罩示意图及相关参数

输送机罩示于图 10-4，相关参数列于表 10-4。

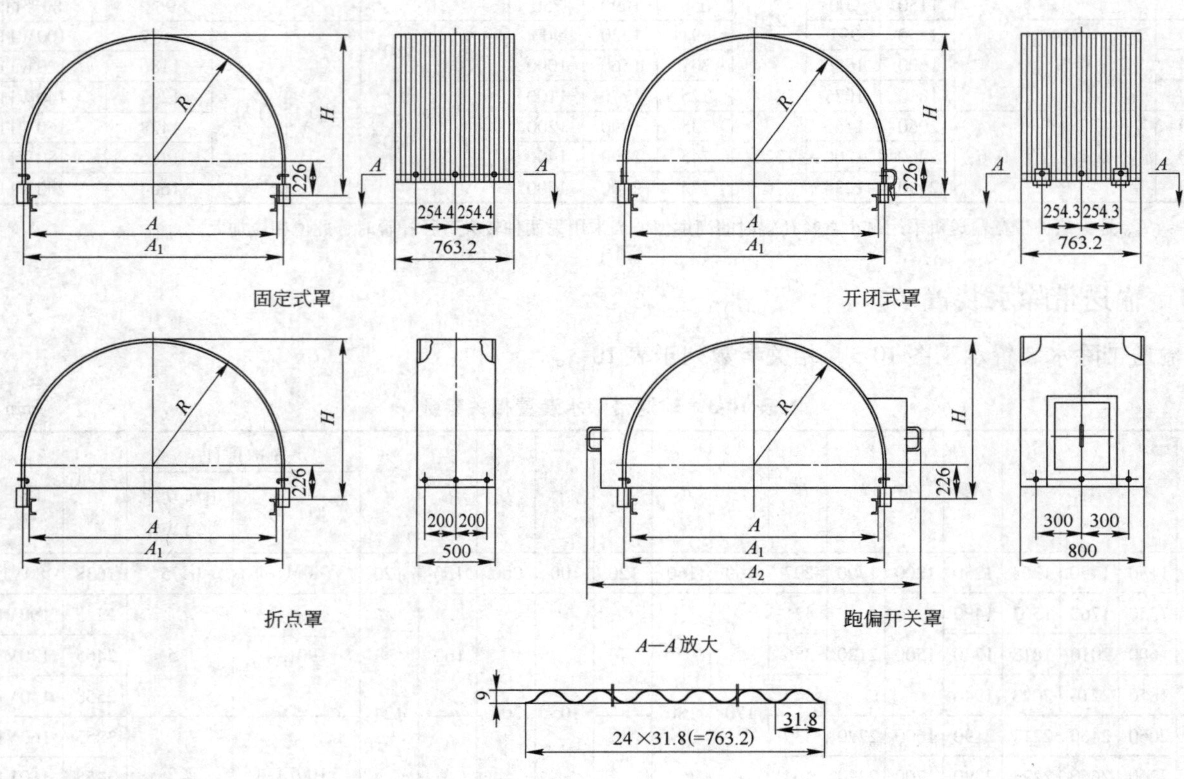

图 10-4　输送机罩示意图

表 10-4　输送机罩相关参数　　mm

带宽 B	A	A_1	R	H	A_2	固定式罩		开闭式罩		折点罩		跑偏开关罩	
						重量/kg	图号	重量/kg	图号	重量/kg	图号	重量/kg	图号
400	660	720	360	595	1148	6.1	40R11-1	8.7	40R11-2	12	40R11-3	40	40R11-4
500	800	860	430	665	1288	8.2	50R11-1	9.7	50R11-2	14.4	50R11-3	41.9	50R11-4
650	950	1010	505	735	1438	9.2	65R11-1	10.7	65R11-2	16.3	65R11-3	47.6	65R11-4
800	1150	1210	605	835	1658	10.5	80R11-1	12.0	80R11-2	18.7	80R11-3	54.0	80R11-4
1000	1350	1420	710	945	1888	12.0	100R11-1	13.5	100R11-2	21.3	100R11-3	59.7	100R11-4
1200	1600	1670	835	1070	2138	13.7	120R11-1	15.2	120R11-2	24.4	120R11-3	68.7	120R11-4
1400	1810	1870	935	1170	2328	14.8	140R11-1	16.3	140R11-2	26.8	140R11-3	72.2	140R11-4
1600	2060	2130	1065	1300	2610	21	160R11-1	23.5	160R11-2	43.4	160R11-3	106.6	160R11-4
1800	2260	2330	1165	1400	2810	21.7	180R11-1	24.3	180R11-2	47.2	180R11-3	115	180R11-4
2000	2470	2540	1270	1505	3020	23.5	200R11-1	26.1	200R11-2	51	200R11-3	124	200R11-4

10.4.2　输送机罩的组合及安装

（1）四种形式的输送机罩中，固定罩和开闭式罩均由瓦楞钢板制成，一般每8个罩位中设7个固定罩和1个开闭式罩，也可两种罩交替排列。安装时，将开闭式罩压在左右两个相邻的固定式罩上，其重合长度为一个波距（见图10-5）或两个波距。注意将开闭式罩有铰链的一侧置于输送机非通行边（或不经常行人的一边），而将有锁扣的一侧置于输送机通行边（或经常行人的一边）。

图 10-5　固定式罩和开闭式罩的搭盖方式

（2）作为固定输送机罩的骨架为Z形钢，其长度与输送机罩安装长度相等并按图10-6的方式焊接到带式输送机中间架的两侧槽钢或角钢上。

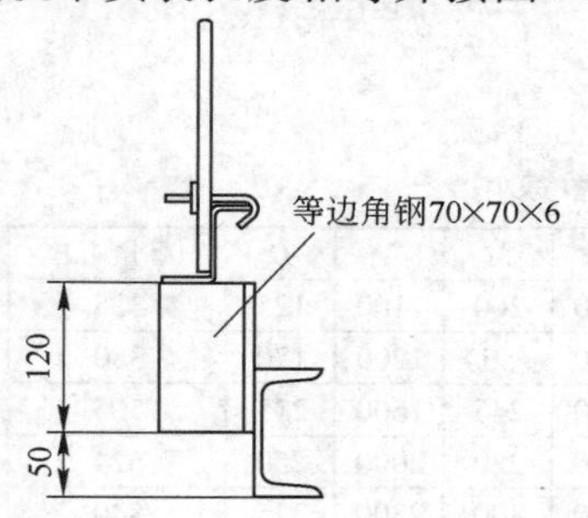

图 10-6　Z形钢与中间架的焊接

（3）折点罩仅用于输送机凸弧段的折点处，而跑偏开关罩则专为罩住跑偏开关而设。两种罩均搭盖于固定式罩上（见图10-7）。

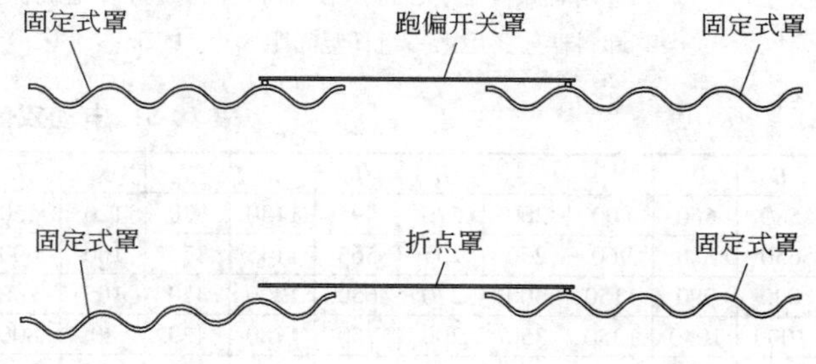

图 10-7　折点罩和跑偏开关罩的搭盖方式

（4）输送机上安装输送机罩的范围应在输送机安装图上表示，图13-2为典型示意图。

10.5　犁式卸料器

10.5.1　电动双侧犁式卸料器

电动双侧犁式卸料器示于图10-8，相关参数列于表10-5。

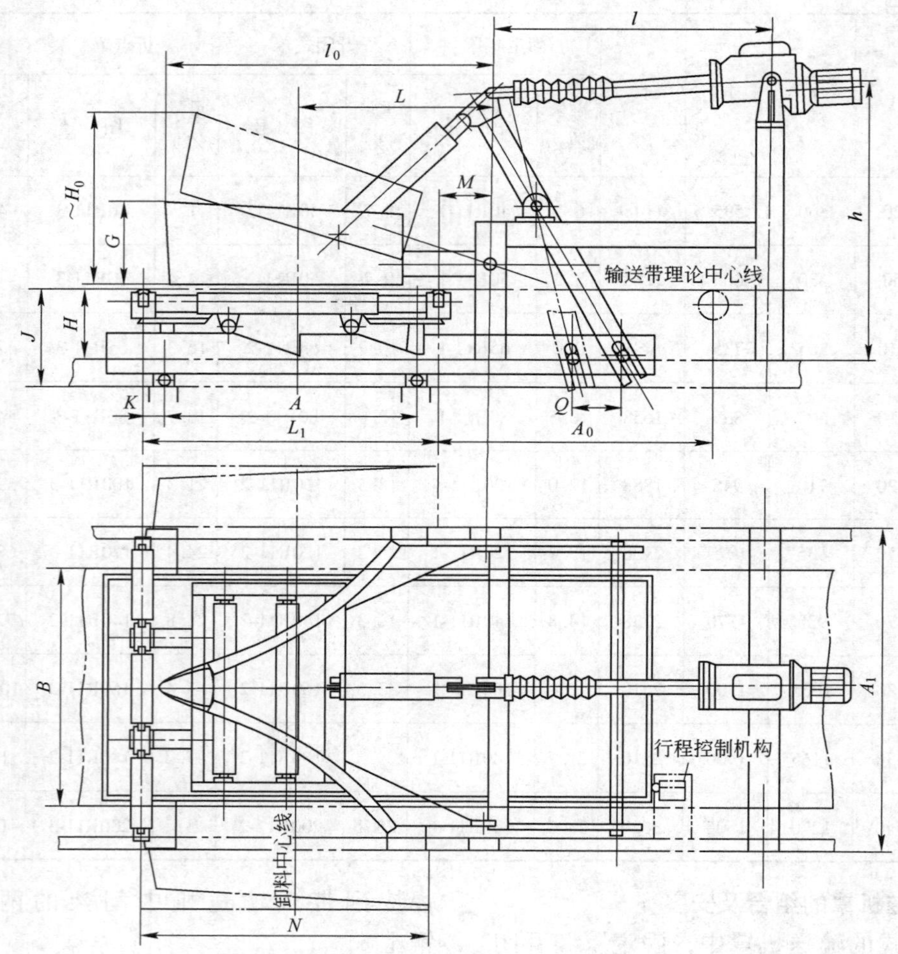

图 10-8　电动双侧犁式卸料器示意图

说明：1. 电动推杆电动机型号 $B=500\sim800$：$Y80M_2$-4，0.75kW；$B=1000\sim1400$：Y90L-4，1.5kW；

2. 本部件不包括行程控制机构，用户可根据现场条件自行确定；

3. 选用时卸料器中心高 H 必须与整机输送带中心高保持一致；若不一致时，卸料器前后各加一组与 H 对应的托辊；

4. 卸料器前、后第一组托辊间距 A_0 为 1.2m。

表 10-5　电动双侧犁式卸料器相关参数　mm

B	A	A_1	G	H	H_0	h	J	K	L	L_1	l_0	l	M	N	Q	重量/kg	图　号
500	660	800	200	220	495	1130	320	120	550	900	910	1020	200	900	125	330	50F11
650	880	960	250	235	565	1145	335	160	600	1200	1010	1020	80	1000	170	374	65F11
800	990	1150	300	270	650	1200	370	105	700	1200	1175	1020	245	1200	215	460	80F11
1000	1040	1350	350	300	750	1180	420	80	800	1200	1335	1140	220	1400	250	590	100F11
1200	1300	1600	400	335	910	1585	455	100	900	1500	1510	1100	300	1700	325	780	120F11
1400	1300	1810	450	350	1025	1600	490	100	900	1500	1710	1100	200	2000	385	865	140F11

10.5.2　电动单侧犁式卸料器

电动单侧犁式卸料器示于图 10-9，相关参数列于表 10-6。

表 10-6　电动单侧犁式卸料器相关参数　mm

B	A	A_1	G	H	H_0	h	J	K	L	L_1	l_0	l	M	N	Q	重量/kg	图　号
500	660	800	250	220	555	1130	320	120	600	900	1010	1020	200	1100	125	325	50F12(13)
650	880	960	300	235	625	1145	335	160	650	1200	1090	1020	80	1200	170	380	65F12(13)
800	990	1150	350	270	760	1200	370	105	800	1200	1365	1020	245	1600	215	505	80F12(13)
1000	1040	1350	400	300	830	1180	420	80	850	1200	1435	1140	220	2000	250	624	100F12(13)
1200	1300	1600	450	335	960	1585	455	100	1000	1500	1700	1100	300	2300	325	840	120F12(13)
1400	1300	1810	500	350	1065	1600	490	100	1100	1500	1890	1100	200	2500	385	958	140F12(13)

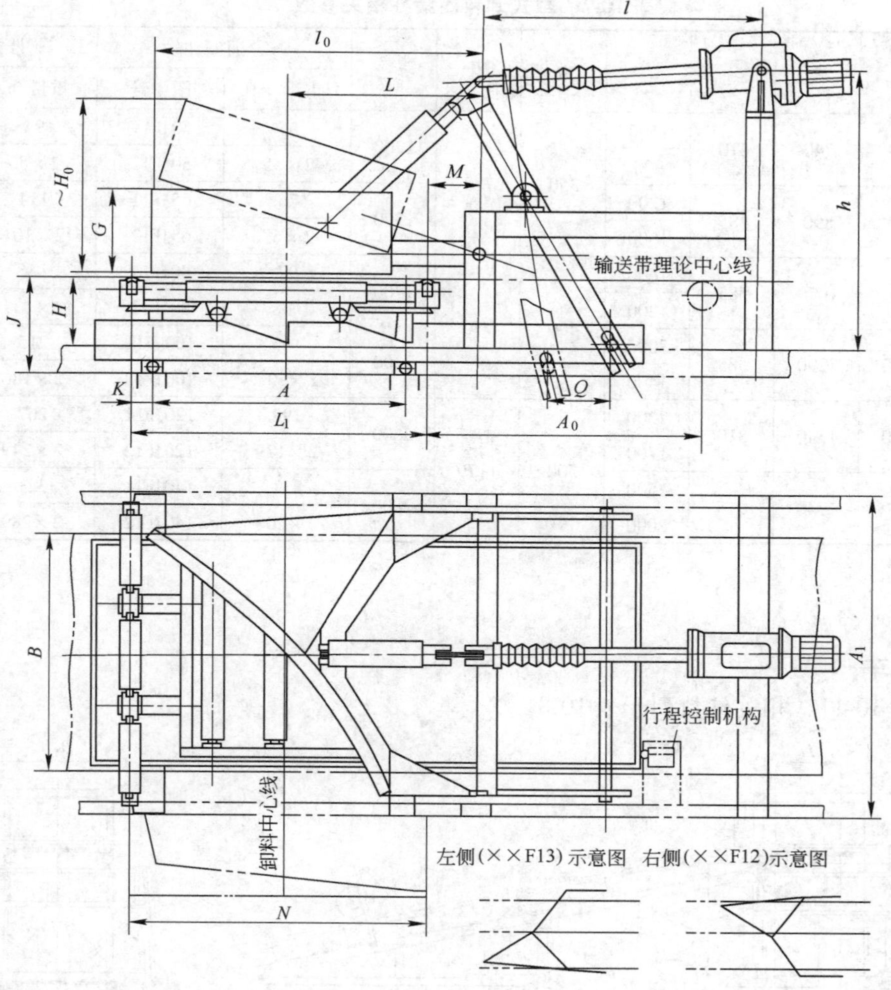

图 10-9 电动单侧犁式卸料器示意图

说明：1. 电动推杆电动机型号 $B=500\sim800$：Y80M$_2$-4，0.75kW；$B=1000\sim1400$：Y90L-4，1.5kW；

2. 本部件不包括行程控制机构，用户可根据现场条件自行确定；

3. 选用时卸料器中心高 H 必须与整机输送带中心高保持一致；若不一致时，卸料器前后各加一组与 H 对应的托辊；

4. 卸料器前、后第一组托辊间距 A_0 为 1.2m；

5. 括号内图号 F13 为左侧卸料器，括号外为右侧卸料器。

10.5.3 犁式卸料器漏斗

犁式卸料器漏斗示于图 10-10，相关参数列于表 10-7。

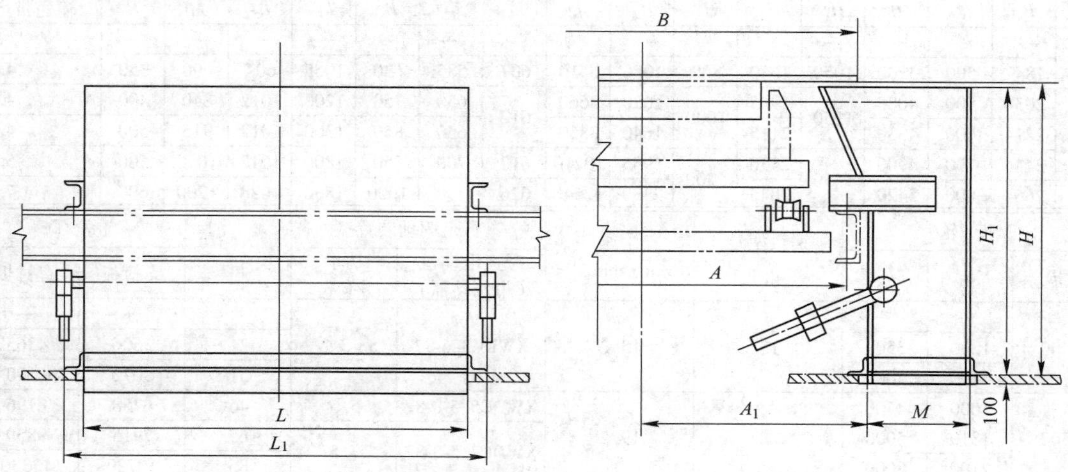

图 10-10 犁式卸料器漏斗示意图

表 10-7　犁式卸料器漏斗相关参数　mm

B	形式	H	A	A_1	L	M	H_1	L_1	普通漏斗		带锁气器漏斗	
									重量/kg	图　号	重量/kg	图　号
500	单侧	800	740	410	1100	350	770	1200	65	50JF11	97	50JF11S
	双侧				900				2×55	50JF12	2×83	50JF12S
650	单侧	800	890	485	1200			1300	76	65JF11	114	65JF11S
	双侧				1000				2×67	65JF12	2×101	65JF12S
800	单侧	1000	1090	585	1600	400	970	1700	97	80JF11	146	80JF11S
	双侧				1200				2×87	80JF12	2×131	80JF12S
1000	单侧	1000	1290	685	2000			2300	145	100JF11	215	100JF11S
	双侧				1400				2×132	100JF12	2×186	100JF12S
1200	单侧	1200	1540	810	2300	500	1170	2600	192	120JF11	267	120JF11S
	双侧				1700				2×179	120JF12	2×249	120JF12S
1400	单侧	1200	1740	915	2500			2800	231	140JF11	321	140JF11S
	双侧				2000				2×208	140JF12	2×289	140JF12S

10.6　卸料车

10.6.1　卸料车

卸料车示于图 10-11，相关参数列于表 10-8。

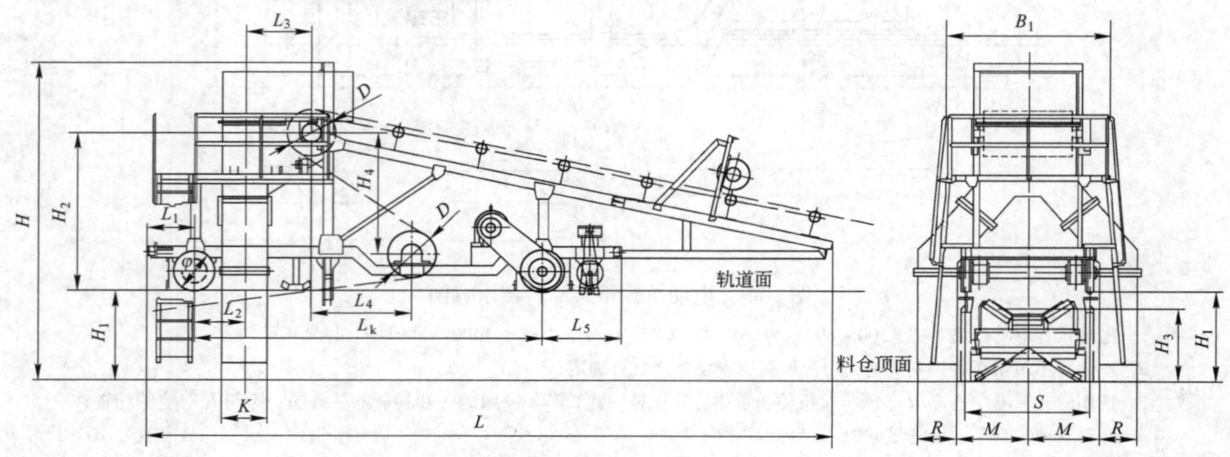

图 10-11　卸料车示意图

表 10-8　卸料车相关参数　mm

B	D	B_1	K	H	H_1	H_2	H_3	H_4	L	L_1	L_2	L_3	L_4	L_5	M	R	输送带增长量/m
500	500	—	—	—	—	—	—	—	—	—	—	—	—	—	—	—	—
650		1847	500	3200	1050	1650	800	1080	6410	607	585	630	1065	607	690	350	4.2
800	630	2034	500	4080	1250	1965	1000	1620	8660	612	650	750	1200	1012	840	400	4.7
1000		2214	600	4330		2115		1640	8850		650	850	1300	1012	915	500	4.9
1200		2444	700	4900	1450	2430	1200	1955	10210	612	700	850	1800	1012	1050	500	5.9
1400	800	2664	800	5420		2845		2330	12540	626	750	1000	1830	1028	1200	600	7.6

B	车　轮			钢轨型号 /kg·m^{-1}	车速 /m·min^{-1}	行走驱动装置		最大轮压 /kN	重量/kg		图号
	ϕ	S	L_k			减速电动机（带制动器）	功率 /kW		无衬板	有衬板	
500	400	—	—	15	15.2	XWDC3-6-87	3	—	—	—	50T21
650		1200	3500					21	3606	4365	65T21
800		1400	4000					31	5072	6190	80T21
1000	500	1600	4500	22	19.2	XWDC5.5-8-87	5.5	46	6758	8196	100T21
1200		1810	5000			XWDC7.5-8-87	7.5	65	7915	9859	120T21
1400		2100	8000					85	10720	13330	140T21

注：1. 本卸料车可双侧同时卸料（二通漏斗），如需其他形式漏斗，请与两主编单位联系；

2. B=500 规格卸料车未作设计，如有需要，请与两主编单位联系。

10.6.2　卸料车专用中部支架

该中部支架专用于 DTⅡ(A)系列卸料车，有头段（靠近头部滚筒）、中段和尾段三种类型。一台带式输送机上的中部支架由一节前段支架、若干节中段支架和一节尾段支架组成。各段支架的长度均可改变，由设计人员决定，并在设备材料表中注明。

前后段支架上设有卸料车行程两端的车挡，带式输送机中间架亦支撑在支架上。在本支架范围内无需另行设置中间架的支腿。图 10-12 示出了中间架与本中部支架连接的方式和尺寸（表 10-9），请设计人员按本图所示位置配设带式输送机中间架。

钢轨、钢轨连接件及紧固件均包括在本部件中，但钢轨不应按本图所定长度分切，而必须按标准定尺准备，于现场安装时再进行切割，以尽量减少钢轨节数。

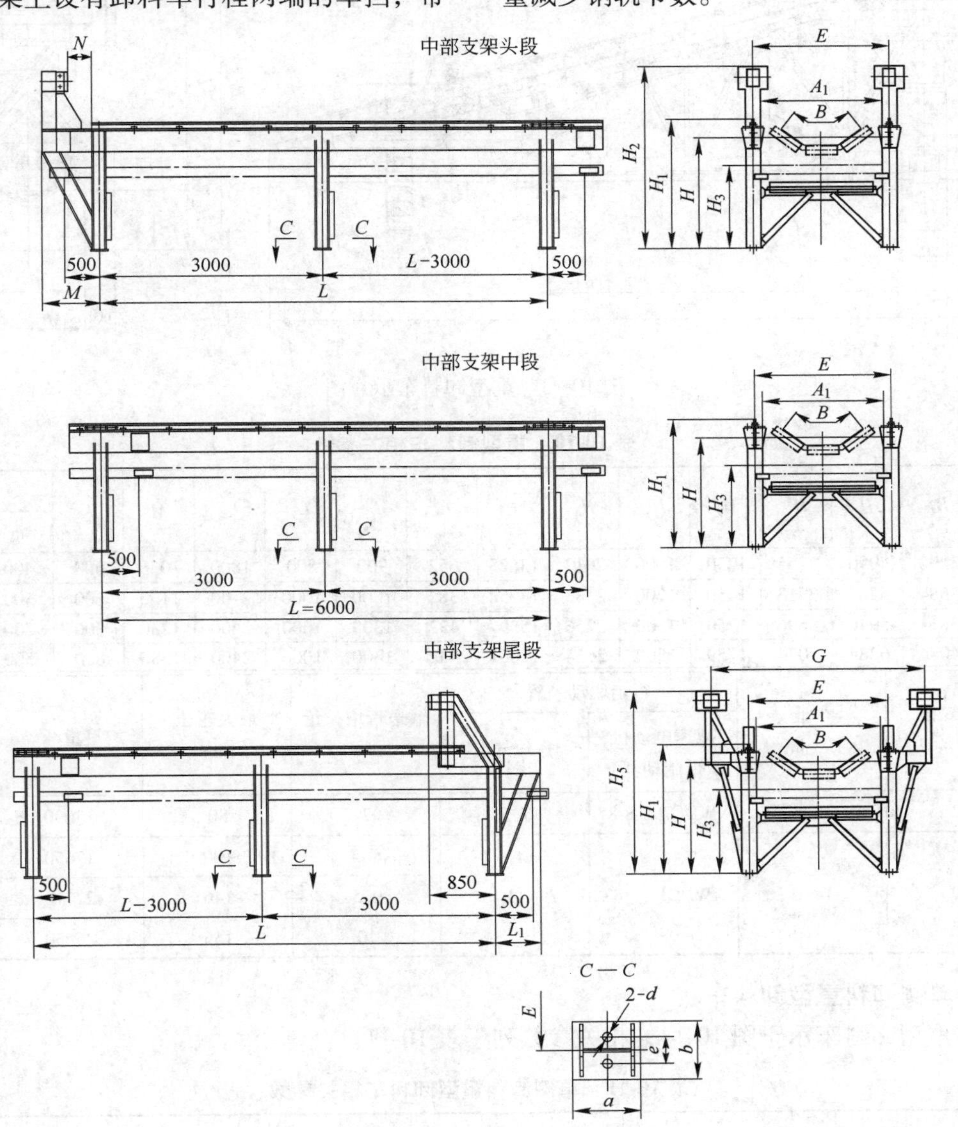

图 10-12　卸料车中部支架示意图

表 10-9　卸料车中部支架相关参数

mm

B	A_1	E	H	H_1	H_2	H_3	M	N	a	b	e	d	G	H_5	L_1	W /kg	头段		中段		尾段	
																	重量 /kg	图号	重量 /kg	图号	重量 /kg	图号
500	—	—	—	—	—	—	—	—	—	—	—	—	—	—	—	—	—	50JT11-1	—	50JT11-2	—	50JT11-3
650	950	1200	800	1050	1450	565	975	240	200	170	90	$\phi 25$	1200	1422	975	10	1087	65JT11-1	768	65JT11-2	928	65JT11-3
800	1150	1400	1000	1250	1750	755	975	240	200	170	90	$\phi 25$	1400	1630	975	10	1140	80JT11-1	793	80JT11-2	968	80JT11-3
1000	1350	1600	1000	1250	1750	700	975	300	200	170	90	$\phi 25$	1600	1760	975	12.5	1339	100JT11-1	962	100JT11-2	1147	100JT11-3
1200	1600	1810	1200	1450	2050	865	975	300	200	170	90	$\phi 25$	1810	1960	975	12.5	1390	120JT11-1	986	120JT11-2	1186	120JT11-3
1400	1810	2100	1200	1450	2050	850	975	300	200	170	90	$\phi 25$	2100	1970	975	12.5	1398	140JT11-1	987	140JT11-2	1191	140JT11-3

注：1. 表中重量为 $L=6000$mm 时重量，L 值每减少 100mm，重量相应减少 W。

2. $B=500$ 规格卸料车中部支架未作设计，如有需要请与两主编单位联系。

10.7 重型卸料车

10.7.1 双侧卸料重型卸料车

重型卸料车示于图10-13，相关参数列于表10-10。

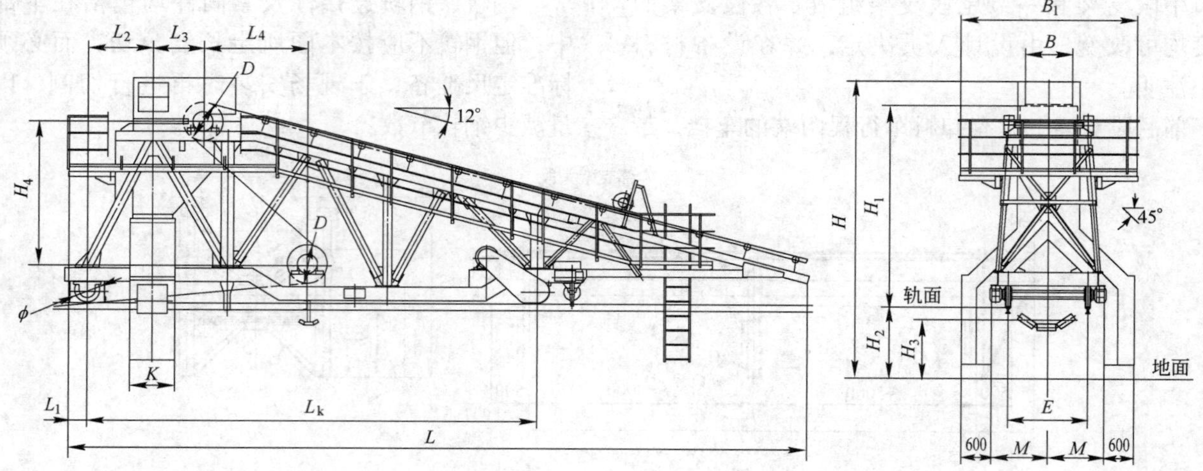

图10-13 重型卸料车示意图

表10-10 重型卸料车相关参数

mm

B	D	B_1	H	H_1	H_2	H_3	H_4	L	L_1	L_2	L_3	L_4	M	K	车轮		
															φ	E	L_k
800	630	3290	4990	3255	1250	1000	2012	13623	652	900	800	1800	1036	600	400	1400	7000
1000	800	3584	5263	3313	1450	1200	2133	14058	382	1300	1000	2100	1130	600	500	1600	9000
1200	1000	3814	5946	3696	1750	1500	2256	15397	432	1300	1000	2400	1230	800	500	1810	10000
1400	1000	4034	6284	4034	1750	1500	2634	17081	432	1300	1000	2400	1380	800	500	2100	10000

B	钢轨规格 /kg·m^{-1}	车速 /m·min^{-1}	行走驱动装置		输送带增长量 /m	最大轮压 /kN	重量/kg	图号
			减速电动机（带制动器）	功率/kW				
800	22	15.6	XWDC7.5-8-87	7.5	7	80	13090	80T21Z
1000	30	18.0	XWDC11-9-87	11	8.5	100	17650	100T21Z
1200					9.5	146	22710	120T21Z
1400					10	156	26050	140T21Z

10.7.2 单侧卸料重型卸料车

单侧卸料重型卸料车示于图10-14，相关参数列于表10-11。

表10-11 单侧卸料重型卸料车相关参数

mm

B	D	B_1	H	H_1	H_2	H_3	H_4	L	L_1	L_2	L_3	L_4	M	K	车轮		
															φ	S	L_k
800	630	3294	5625	3690	1250	1000	2600	13123	582	900	800	1800	1036	800	400	1400	7000
1000	800	3584	6090	4140	1450	1200	2960	14793	382	1300	1000	2100	1130	800	500	1600	9000
1200	1000	3814	6846	4596	1750	1500	3156	16138	432	1300	1000	2400	1230	1200	500	1810	10000
1400	1000	4034	7312	5062	1750	1500	3662	17950	432	1300	1000	2400	1380	1200	500	2100	10000

B	钢轨规格 /kg·m^{-1}	车速 /m·min^{-1}	行走驱动机构		输送带增长量 /m	最大轮压 /kN	重量 /kg	图号	
			减速电动机（带制动器）	功率 /kW				左侧卸料	右侧卸料
800	22	15.6	XWDC7.5-8-87	7.5	7.5	80	11970	80T11Z	80T12Z
1000	30	18.0	XWDC11-9-87	11	9	100	16700	100T11Z	100T12Z
1200					10	146	21650	120T11Z	120T12Z
1400					10.5	156	25300	140T11Z	140T12Z

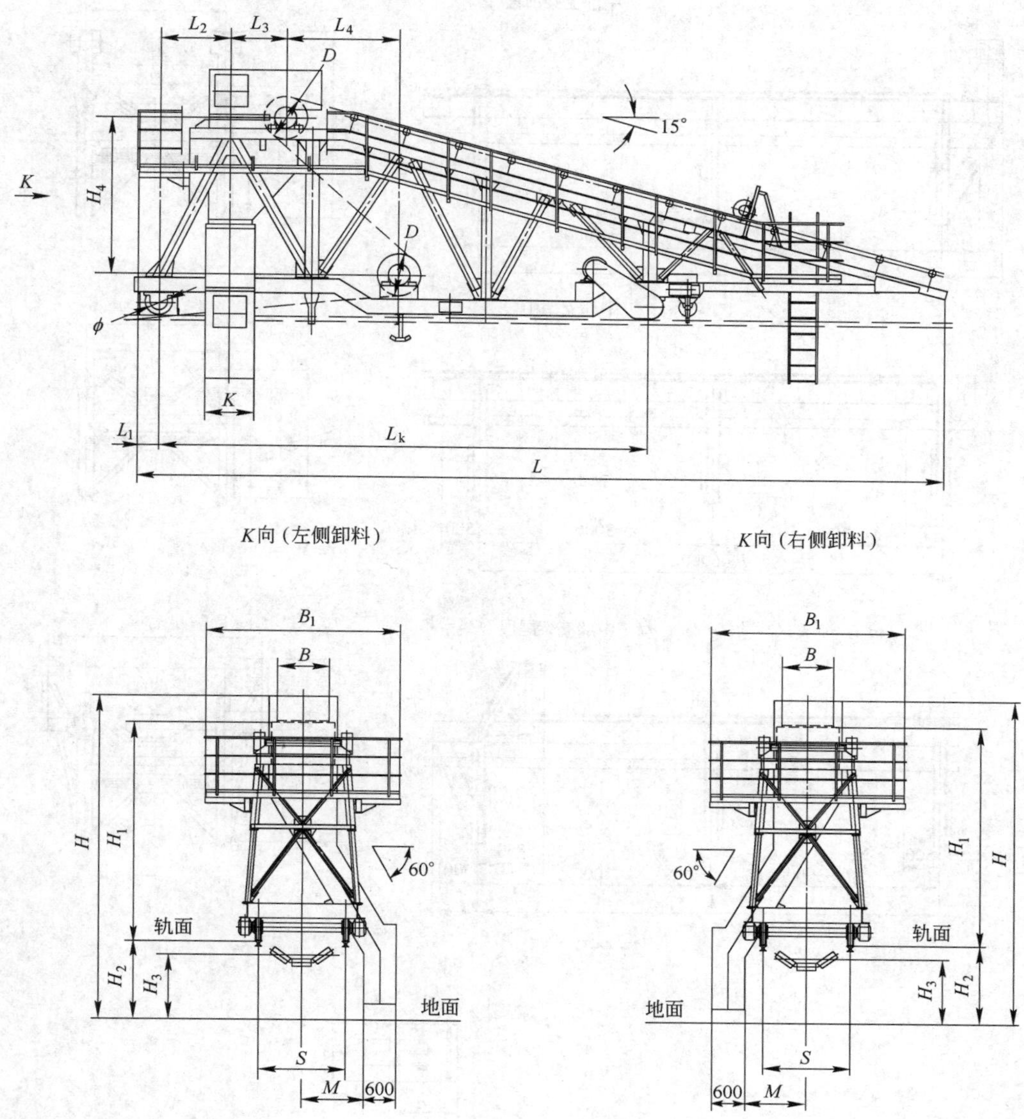

图 10-14　单侧卸料重型卸料车示意图

10.8　重型卸料车专用中部支架

该中部支架专用于 DTⅡ(A)系列双侧卸料重型卸料车和单侧卸料重型卸料车，有头段（靠近头部滚筒）、中段和尾段三种类型（图 10-15）。一台带式输送机上的中部支架由一节前段支架、若干节中段支架和一节尾段支架组成。各段支架的长度均可改变，由设计人员决定，并在设备材料表中注明。

前后段支架上设有卸料车行程两端的车挡，带式输送机中间架亦支撑在支架上。在本支架范围内无需另行设置中间架的支腿。图 10-15 示出了中间架与本中部支架连接的方式和尺寸（表 10-12），请设计人员按本图所示位置配设带式输送机中间架。

钢轨、钢轨连接件及紧固件均包括在本部件中，但钢轨不应按本图所定长度分切，而必须按标准定尺准备，于现场安装时再进行切割，以尽量减少钢轨节数。

10.9　可逆配仓带式输送机

DTⅡ(A)型系列的可逆配仓带式输送机（图 10-16）适宜运输 $\gamma < 1600\text{kg/m}^3$，特别是 $\gamma < 1300\text{kg/m}^3$ 的各类物料，基本属轻、中系列的配仓输送机。设计时未考虑带料换向输送，它因而未设全长导料槽。前方输送机的卸料漏斗下口应设有一段长度不小于 2m 的导料槽，以保证配仓输送机受料处不会有物料溅出。

可逆配仓输送机的理论输送量按 $\gamma = 1300\text{kg/m}^3$ 进行计算，其值见表 10-13。

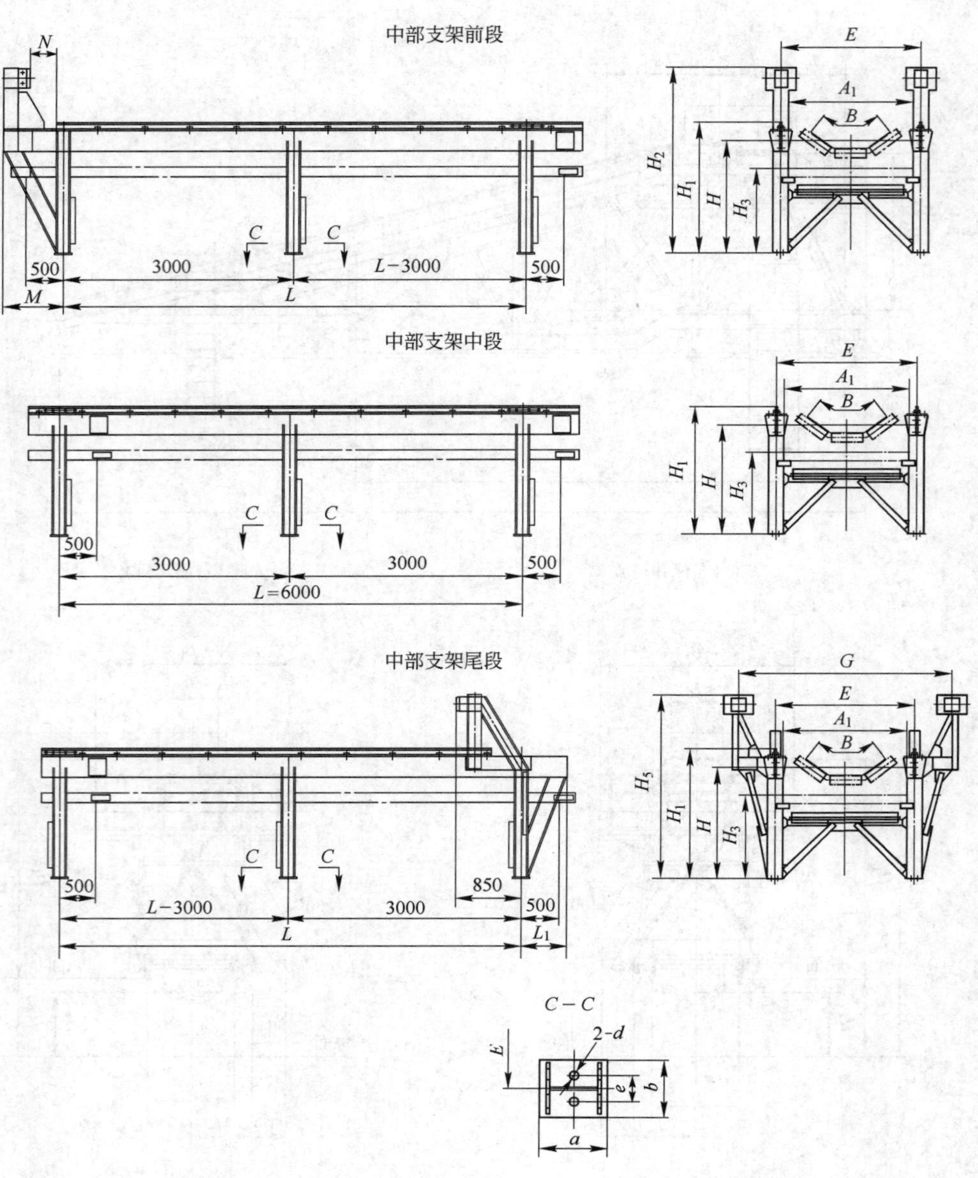

图 10-15　重型卸料车专用中部支架示意图

表 10-12　重型卸料车专用中部支架相关参数　　mm

B	A_1	E	H	H_1	H_2	H_3	M	N	a	b	e	d	G	H_5	L_1	W /kg	头段		中段		尾段	
																	重量/kg	图号	重量/kg	图号	重量/kg	图号
800	1150	1400	1000	1250	1842	730	975	240	200	170	90	ϕ25	1400	1842	975	14.8	1391	80JT11Z-1	959	80JT11Z-2	1193	80JT11Z-3
1000	1350	1600	1200	1450	2176	875	800	340	250	220	100	ϕ30	2600	2150	600	17.8	2070	100JT11Z-1	1450	100JT11Z-2	1630	100JT11Z-3
1200	1600	1810	1500	1750	2486	1120	800	340	250	220	100	ϕ30	2800	2460	600	17.8	2197	120JT11Z-1	1541	120JT11Z-2	1729	120JT11Z-3
1400	1810	2100	1500	1750	2486	1140	800	340	250	220	100	ϕ30	3100	2460	600	17.8	2222	140JT11Z-1	1551	140JT11Z-2	1739	140JT11Z-3

注：1. 表中重量为 L = 6000mm 时重量，L 值每减少 100mm，重量相应减少 W。

2. B = 500mm 规格卸料车中部支架未作设计，如有需要请与制造厂联系。

表 10-13　可逆配仓输送机理论输送量

v/m·s^{-1}	理论输送量/t·h^{-1}					
	B = 500mm	B = 650mm	B = 800mm	B = 1000mm	B = 1200mm	B = 1400mm
1.0	104	191	298	486	712	990
1.25	124	227	354	577	846	1177
1.6	150	275	429	700	1025	1426
2.0	177	325	507	826	1210	1683

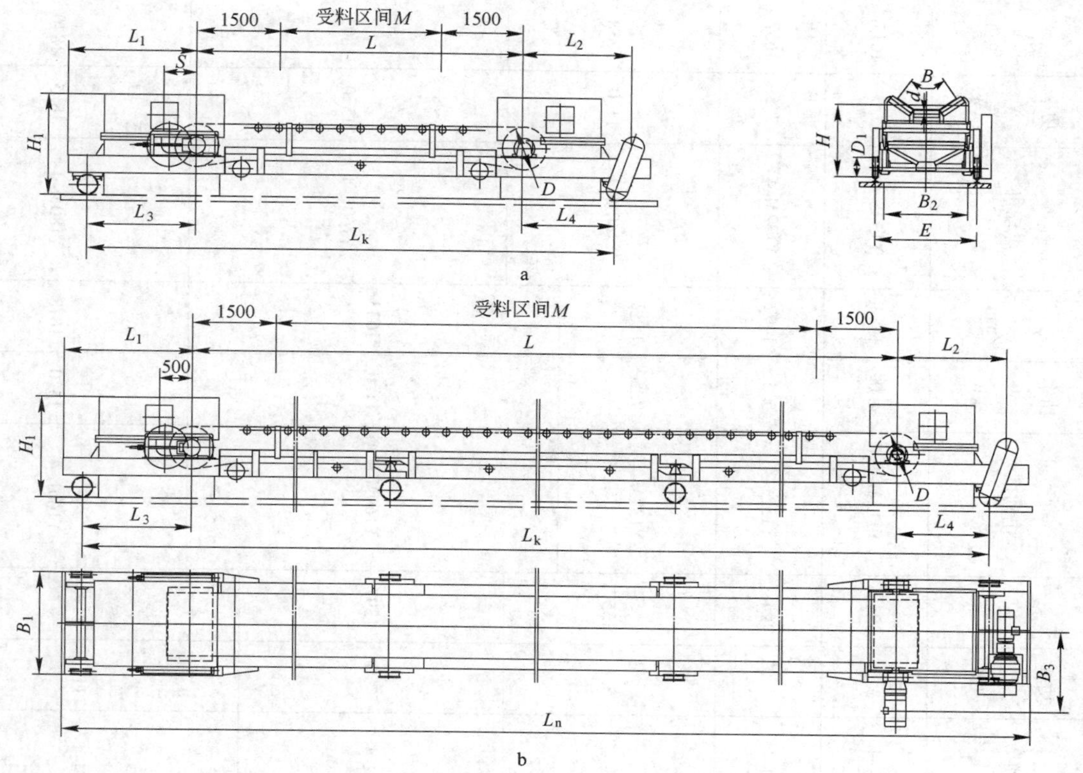

图 10-16 可逆配仓带式输送机示意图

a—整体式；b—拖挂式

可逆配仓输送机长度为 6～60m，设计长度有 19 种标准，每 3m 一个间隔。其中，6m、9m 为整体式，其余为拖挂式，在上述范围内，制造厂可提供任意长度的配仓输送机其相关参数列于表 10-14～表 10-17。当机长大于 9m 时，均按拖挂式进行设计。

可逆配仓输送机选用湖州电动滚筒有限公司生产的 YTH-Ⅱ型硬齿面减速滚筒，并对电动机作了固定搭配。用户也可根据工况自行选配合适的减速滚筒及其电动机（见第 8 章相关内容）。

可逆配仓输送机选用的输送带为棉帆布芯 CC-56，30m 以下为 4 层，30m 以上为 5 层，上胶厚为 45mm，下胶厚为 1.5mm。用户可自行选用其他品质和规格的输送带，但必须在订货时指明，并确保适用于可逆配仓输送机选用的短行程螺旋拉紧装置。

可逆配仓输送机配有跑偏开关 1～2 对（20m 以上长度时设 2 对）以及移动时鸣响和闪光的声光信号装置。

表 10-14 主要尺寸表

mm

B	D	d	B_1	B_2	H	H_1	L_1	L_2	L_3	L_4
500	500	89	800	700	900	1300	2048	1700	1700	1400
650	500	89	950	850	900	1350	2048	1700	1700	1400
800	500		1150	1140	900	1400				
1000	630	108	1350	1360	1000	1600	2263	1900	1900	1600
1200	630		1600	1600	1100	1750	2353			
1400	800		1810	1800	1150	1850	2353	2000	2000	1700

表 10-15 车速、行走驱动机

mm

B	车速 /m·min^{-1}	D_1	E	钢轨规格 /kg·m^{-1}	L 6000	9000	12000	15000	18000	21000	24000	27000	30000	33000	36000	39000	42000	45000	48000	51000	54000	57000	60000
500	7.5	300	900	15																			
650			1060			YEJ100L-6 1.5kW															YEJ132M$_1$-6 4kW		
800			1440																				
1000	8.7	35	1640	22																			
1200			1850			YEJ132S-6 3kW																Y160M-6 7.5kW	
1400			2050								YEJ132M$_2$-6 5.5kW												

表 10-16 驱动装置

<table>
<tr><th rowspan="2">v
/m·s^-1</th><th rowspan="2">机长
L
/mm</th><th colspan="3">B = 500mm</th><th colspan="3">B = 650mm</th><th colspan="3">B = 800mm</th><th colspan="3">B = 1000mm</th><th colspan="3">B = 1200mm</th><th colspan="3">B = 1400mm</th></tr>
<tr><th>电动机</th><th>功率
N
/kW</th><th>B₃
/mm</th><th>电动机</th><th>功率
N
/kW</th><th>B₃
/mm</th><th>电动机</th><th>功率
N
/kW</th><th>B₃
/mm</th><th>电动机</th><th>功率
N
/kW</th><th>B₃
/mm</th><th>电动机</th><th>功率
N
/kW</th><th>B₃
/mm</th><th>电动机</th><th>功率
N
/kW</th><th>B₃
/mm</th></tr>
<tr><td rowspan="19">1.0</td><td>6000</td><td rowspan="12">Y100L1-4</td><td rowspan="12">2.2</td><td rowspan="12">913</td><td rowspan="5">Y100L1-4</td><td rowspan="5">2.2</td><td rowspan="5">988</td><td rowspan="2">Y100L1-4</td><td rowspan="2">2.2</td><td rowspan="2">1138</td><td rowspan="2">Y100L2-4</td><td rowspan="2">3.0</td><td rowspan="2">1248</td><td rowspan="2">Y112M-4</td><td rowspan="2">4.0</td><td rowspan="2">1383</td><td rowspan="2">Y132S-4</td><td rowspan="2">5.5</td><td rowspan="2">1617</td></tr>
<tr><td>9000</td></tr>
<tr><td>12000</td><td rowspan="3">Y100L2-4</td><td rowspan="3">3.0</td><td rowspan="3">1138</td><td rowspan="2">Y112M-4</td><td rowspan="2">4.0</td><td rowspan="2">1248</td><td rowspan="2">Y132S-4</td><td rowspan="2">5.5</td><td rowspan="2">1492</td><td rowspan="2">Y132M-4</td><td rowspan="2">7.5</td><td rowspan="2">1657</td></tr>
<tr><td>15000</td></tr>
<tr><td>18000</td><td rowspan="4">Y132S-4</td><td rowspan="4">5.5</td><td rowspan="4">1357</td><td rowspan="3">Y132M-4</td><td rowspan="3">7.5</td><td rowspan="3">1532</td><td rowspan="4">Y160M-4</td><td rowspan="4">11.0</td><td rowspan="4">1758</td></tr>
<tr><td>21000</td><td rowspan="5">Y100L2-4</td><td rowspan="5">3.0</td><td rowspan="5">988</td><td rowspan="4">Y112M-4</td><td rowspan="4">4.0</td><td rowspan="4">1138</td></tr>
<tr><td>24000</td></tr>
<tr><td>27000</td><td rowspan="7">Y160M-4</td><td rowspan="7">11.0</td><td rowspan="7">1633</td></tr>
<tr><td>30000</td><td rowspan="5">Y132M-4</td><td rowspan="5">7.5</td><td rowspan="5">1397</td><td rowspan="6">Y160L-4</td><td rowspan="6">15.0</td><td rowspan="6">1803</td></tr>
<tr><td>33000</td><td rowspan="6">Y132S-4</td><td rowspan="6">5.5</td><td rowspan="6">1247</td></tr>
<tr><td>36000</td><td rowspan="5">Y112M-4</td><td rowspan="5">4.0</td><td rowspan="5">988</td></tr>
<tr><td>39000</td></tr>
<tr><td>42000</td><td rowspan="7">Y100L2-4</td><td rowspan="7">3.0</td><td rowspan="7">913</td></tr>
<tr><td>45000</td><td rowspan="6">Y160M-4</td><td rowspan="6">11.0</td><td rowspan="6">1498</td></tr>
<tr><td>48000</td><td rowspan="5">Y160L-4</td><td rowspan="5">15.0</td><td rowspan="5">1678</td><td rowspan="5">Y180M-4</td><td rowspan="5">18.5</td><td rowspan="5">1840</td></tr>
<tr><td>51000</td><td rowspan="4">Y132S-4</td><td rowspan="4">5.5</td><td rowspan="4">1097</td><td rowspan="4">Y132M-4</td><td rowspan="4">7.5</td><td rowspan="4">1287</td></tr>
<tr><td>54000</td></tr>
<tr><td>57000</td></tr>
<tr><td>60000</td></tr>
</table>

续表 10-16

<table>
<tr><th rowspan="2">v
/m·s⁻¹</th><th rowspan="2">机长
L
/mm</th><th colspan="3">B = 500mm</th><th colspan="3">B = 650mm</th><th colspan="3">B = 800mm</th><th colspan="3">B = 1000mm</th><th colspan="3">B = 1200mm</th><th colspan="3">B = 1400mm</th></tr>
<tr><th>电动机</th><th>功率
N
/kW</th><th>B_3
/mm</th><th>电动机</th><th>功率
N
/kW</th><th>B_3
/mm</th><th>电动机</th><th>功率
N
/kW</th><th>B_3
/mm</th><th>电动机</th><th>功率
N
/kW</th><th>B_3
/mm</th><th>电动机</th><th>功率
N
/kW</th><th>B_3
/mm</th><th>电动机</th><th>功率
N
/kW</th><th>B_3
/mm</th></tr>
<tr><td rowspan="19">1.25</td><td>6000</td><td rowspan="9">$Y100L_1$-4</td><td rowspan="9">2.2</td><td rowspan="9">913</td><td rowspan="4">$Y100L_1$-4</td><td rowspan="4">2.2</td><td rowspan="4">988</td><td rowspan="2">$Y100L_1$-4</td><td rowspan="2">2.2</td><td rowspan="2">1138</td><td>$Y100L_2$-4</td><td>3.0</td><td>1248</td><td>Y112M-4</td><td>4.0</td><td>1383</td><td>Y132S-4</td><td>5.5</td><td>1617</td></tr>
<tr><td>9000</td><td>Y112M-4</td><td>4.0</td><td>1248</td><td>Y132S-4</td><td>5.5</td><td>1492</td><td>Y132M-4</td><td>7.5</td><td>1657</td></tr>
<tr><td>12000</td><td rowspan="2">$Y100L_2$-4</td><td rowspan="2">3.0</td><td rowspan="2">1138</td><td rowspan="3">Y132S-4</td><td rowspan="3">5.5</td><td rowspan="3">1357</td><td rowspan="2">Y132M-4</td><td rowspan="2">7.5</td><td rowspan="2">1532</td><td rowspan="4">Y160M-4</td><td rowspan="4">11.0</td><td rowspan="4">1758</td></tr>
<tr><td>15000</td></tr>
<tr><td>18000</td><td rowspan="4">$Y100L_2$-4</td><td rowspan="4">3.0</td><td rowspan="4">988</td><td rowspan="3">Y112M-4</td><td rowspan="3">4.0</td><td rowspan="3">1138</td><td rowspan="5">Y160M-4</td><td rowspan="5">11.0</td><td rowspan="5">1633</td></tr>
<tr><td>21000</td><td rowspan="5">Y132M-4</td><td rowspan="5">7.5</td><td rowspan="5">1397</td></tr>
<tr><td>24000</td><td rowspan="4">Y160L-4</td><td rowspan="4">15.0</td><td rowspan="4">1803</td></tr>
<tr><td>27000</td><td rowspan="4">Y132S-4</td><td rowspan="4">5.5</td><td rowspan="4">1247</td></tr>
<tr><td>30000</td><td rowspan="4">Y112M-4</td><td rowspan="4">4.0</td><td rowspan="4">988</td></tr>
<tr><td>33000</td><td rowspan="6">$Y100L_2$-4</td><td rowspan="6">3.0</td><td rowspan="6">913</td><td rowspan="10">Y160L-4</td><td rowspan="10">15.0</td><td rowspan="10">1678</td></tr>
<tr><td>36000</td><td rowspan="9">Y160M-4</td><td rowspan="9">11.0</td><td rowspan="9">1498</td><td rowspan="4">Y180M-4</td><td rowspan="4">18.5</td><td rowspan="4">1840</td></tr>
<tr><td>39000</td><td rowspan="8">Y132M-4</td><td rowspan="8">7.5</td><td rowspan="8">1287</td></tr>
<tr><td>42000</td><td rowspan="7">Y132S-4</td><td rowspan="7">5.5</td><td rowspan="7">1097</td></tr>
<tr><td>45000</td></tr>
<tr><td>48000</td><td rowspan="5">Y180L-4</td><td rowspan="5">22</td><td rowspan="5">1880</td></tr>
<tr><td>51000</td><td rowspan="4">Y112M-4</td><td rowspan="4">4.0</td><td rowspan="4">913</td></tr>
<tr><td>54000</td></tr>
<tr><td>57000</td></tr>
<tr><td>60000</td></tr>
</table>

续表 10-16

v /m·s^{-1}	机长 L /mm	B=500mm			B=650mm			B=800mm			B=1000mm			B=1200mm			B=1400mm		
		电动机	功率 N /kW	B_3 /mm	电动机	功率 N /kW	B_3 /mm	电动机	功率 N /kW	B_3 /mm	电动机	功率 N /kW	B_3 /mm	电动机	功率 N /kW	B_3 /mm	电动机	功率 N /kW	B_3 /mm
	6000				Y100L_1-4	2.2	988	Y100L_1-4	2.2	1138	Y100L_2-4	3.0	1248	Y112M-4	4.0	1383	Y132S-4	5.5	1617
	9000							Y100L_2-4	3.0	1138	Y112M-4	4.0	1248	Y132S-4	5.5	1492	Y132M-4	7.5	1657
	12000	Y100L_1-4	2.2	913				Y112M-4	4.0	1138	Y132S-4	5.5	1357	Y132M-4	7.5	1532	Y160M-4	11.0	1758
	15000				Y100L_2-4	3.0	988												
	18000										Y132M-4	7.5	1397	Y160M-4	11.0	1633	Y160L-4	15.0	1803
	21000							Y132S-4	5.5	1247									
	24000				Y112M-4	4.0	988												
	27000	Y100L_2-4	3.0	913															
	30000													Y160L-4	15.0	1678	Y180M-4	18.5	1840
1.6	33000										Y160M-4	11.0	1498						
	36000				Y132S-4	5.5	1097	Y132M-4	7.5	1287									
	39000																		
	42000																Y180L-4	22	1880
	45000													Y180M-4	18.5	1715			
	48000	Y112M-4	4.0	913															
	51000							Y160M-4	11.0	1388	Y160L-4	15.0	1543						
	54000				Y132M-4	7.5	1137										Y200L-4	30	1945
	57000													Y180L-4	22	1755			
	60000																		

续表 10-16

v /m·s^{-1}	机长 L /mm	B = 500mm 电动机	功率 N /kW	B_3 /mm	B = 650mm 电动机	功率 N /kW	B_3 /mm	B = 800mm 电动机	功率 N /kW	B_3 /mm	B = 1000mm 电动机	功率 N /kW	B_3 /mm	B = 1200mm 电动机	功率 N /kW	B_3 /mm	B = 1400mm 电动机	功率 N /kW	B_3 /mm
	6000				Y100L$_1$-4	2.2		Y100L$_2$-4	3.0	1138	Y112M-4	4.0	1248	Y132S-4	5.5	1492	Y132M-4	7.5	1657
	9000	Y100L$_1$-4	2.2	913	Y100L$_2$-4	3.0	988	Y112M-4	4.0	1138	Y132S-4	5.5	1357	Y132M-4	7.5	1532	Y160M-4	11.0	1758
	12000										Y132M-4	7.5	1397	Y160M-4	11.0	1633	Y160L-4	15.0	1803
	15000							Y132S-4	5.5	1247									
	18000	Y100L$_2$-4	3.0	913	Y112M-4	4.0	988												
	21000													Y160L-4	15.0	1678	Y180M-4	18.5	1840
	24000										Y160M-4	11.0	1498						
	27000				Y132S-4	5.5	1097	Y132M-4	7.5	1287									
	30000	Y112M-4	4.0	913													Y180L-4	22.0	1880
2.0	33000													Y180M-4	18.5	1715			
	36000																		
	39000										Y160L-4	15.0	1543						
	42000																		
	45000													Y180L-4	22.0	1755			
	48000	Y132S-4	5.5	1022	Y132M-4	7.5	1137	Y160M-4	11.0	1388							Y200L-4	30.0	1945
	51000																		
	54000										Y180M-4	18.5	1580	Y200L-4	30.0	1820			
	57000																		
	60000																		

表 10-17　最大轮压、重量及图号

带宽 B /mm	机长/mm			最大轮压 /kN	v/m·s^{-1}				图　号
	L	L_k	L_n		1.0	1.25	1.6	2.0	
					重量/kg				
500	6000	9100	10046	16	4328	4328	4328	4328	50U11-6
	9000	12100	13046		4766	4766	4766	4766	50U11-9
	12000	15000	16046		5607	5607	5607	5607	50U11-12
	15000	18100	19046		6071	6071	6071	6075	50U11-15
	18000	21100	22046		6549	6549	6549	6553	50U11-18
	21000	24100	25046		7394	7394	7394	7398	50U11-21
	24000	27100	28046		7862	7862	7866	7870	50U11-24
	27000	30100	31046		8329	8329	8333	8336	50U11-27
	30000	33100	34046		8795	8795	8799	8802	50U11-30
650	6000	9100	10046	20	4638	4638	4638	4638	65U11-6
	9000	12100	13046		5114	5114	5114	5120	65U11-9
	12000	15100	16046		6068	6068	6072	6072	65U11-12
	15000	18100	19046		6584	6584	6588	6594	65U11-15
	18000	21100	22046		7093	7093	7097	7103	65U11-18
	21000	24100	25046		8065	8065	8068	8068	65U11-21
	24000	27100	28046		8297	8297	8300	8373	65U11-24
	27000	30100	31046		9091	9091	9094	9167	65U11-27
	30000	33100	34046		9603	9603	9669	9669	65U11-30
800	6000	9100	10266	24	5785	5785	5785	5789	80U11-6
	9000	12100	13266		6308	6308	6312	6315	80U11-9
	12000	15100	16266		7152	7152	7152	7215	80U11-12
	15000	18100	19266		7716	7716	7716	7779	80U11-15
	18000	21100	22266		8276	8279	8342	8342	80U11-18
	21000	24100	25266		9141	9141	9204	9217	80U11-21
	24000	27100	28266		9706	9706	9769	9782	80U11-24
	27000	30100	31266		10266	10299	10299	10312	80U11-27
	30000	33100	34266		10835	10868	10875	10875	80U11-30
1000	6000	9500	10486	34	7411	7411	7411	7411	100U11-6
	9000	12500	13486		8229	8229	8229	8229	100U11-9
	12000	15500	16486		9891	9891	9891	9904	100U11-12
	15000	18500	19486		10716	10716	10729	10729	100U11-15
	18000	21500	22486		11540	11540	11553	11629	100U11-18
	21000	24500	25486		12956	12609	12609	12685	100U11-21
	24000	27500	28486		13780	13793	13793	13869	100U11-24
	27000	30500	31486		14605	14618	14694	14694	100U11-27
	30000	33500	34486		15388	15388	15464	15464	100U11-30
	33000	36500	37486		16773	16773	16849	16860	100U11-33
	36000	39500	40486		17947	18023	18023	18044	100U11-36
	39000	42500	43486		19742	19818	19818	19839	100U11-39
	42000	45500	46486		21124	21200	21221	21221	100U11-42
	45000	48500	49486		22391	22391	22412	22412	100U11-45
	48000	51500	52486		24182	24182	24203	24555	100U11-48
	51000	54500	55486		25875	25875	25896	26248	100U11-51
	54000	57500	58486		27945	27945	27966	28318	100U11-54
	57000	60500	61486		29342	29342	29363	29715	100U11-57
	60000	63500	64486		30809	30809	30830	31182	100U11-60

续表 10-17

带宽 B /mm	机长/mm			最大轮压 /kN	v/m·s^{-1}				图 号
	L	L_k	L_n		1.0	1.25	1.6	2.0	
					重量/kg				
	6000	9500	10666		8514	8514	8514	8535	120U11-6
	9000	12500	13666		9471	9471	9471	9492	120U11-9
	12000	15500	16666		11432	11432	11432	11452	120U11-12
	15000	18500	19666		12396	12396	12417	12417	120U11-15
	18000	21500	22666		13359	13359	13380	13401	120U11-18
	21000	24500	25666		15146	15146	15167	15188	120U11-21
	24000	27500	28666		16108	16129	16129	16140	120U11-24
	27000	30500	31666		17071	17092	17474	17474	120U11-27
	30000	33500	34666		18036	18057	18439	18821	120U11-30
1200	33000	36500	37666	38	19659	19659	20041	20423	120U11-33
	36000	39500	40666		20839	21221	21221	21603	120U11-36
	39000	42500	43666		22298	22680	22688	22688	120U11-39
	42000	45500	46666		23635	24017	24025	24033	120U11-42
	45000	48500	49666		25762	26144	26152	26160	120U11-45
	48000	51500	52666		27308	27316	27396	27404	120U11-48
	51000	54500	55666		29493	29501	29581	29669	120U11-51
	54000	57500	58666		32147	32155	32235	32315	120U11-54
	57000	60500	61666		34719	34727	34807	34887	120U11-57
	60000	63500	64666		37149	37157	37237	37317	120U11-60
	6000	9700	10666		9421	9421	9421	9421	140U11-6
	9000	12700	13666		10413	10413	10413	10413	140U11-9
	12000	15700	16666		12458	12458	12458	12479	140U11-12
	15000	18700	19666		13502	13502	13523	13523	140U11-15
	18000	21700	22666		14546	14546	14567	14959	140U11-18
	21000	24700	25666		16472	16472	16493	16885	140U11-21
	24000	27700	28666		17515	17536	17536	17928	140U11-24
	27000	30700	31666		18560	18581	18973	18973	140U11-27
	30000	33700	34666		19592	19613	20005	20013	140U11-30
1400	33000	36700	37666	42	21355	21376	21768	21776	140U11-33
	36000	39700	40666		22637	23029	23037	23117	140U11-36
	39000	42700	43666		24448	24840	24848	24928	140U11-39
	42000	45700	46666		25914	26306	26314	26394	140U11-42
	45000	48700	49666		27728	28120	28128	28208	140U11-45
	48000	51700	52666		29115	29123	29203	29283	140U11-48
	51000	54700	55666		31444	31452	31532	31612	140U11-51
	54000	57700	58666		33331	33339	33419	33499	140U11-54
	57000	60700	61666		35664	35672	35752	35832	140U11-57
	60000	63700	64666		38517	38525	38605	38685	140U11-60

10.10 重型可逆配仓带式输送机

重型可逆配仓带式输送机适宜运输 $\gamma \geqslant 1600 \sim 2500 \mathrm{kg/m^3}$ 的各类物料。输送机可双向卸料，并可在前方输送机不停机条件下，带料完成卸料方向的转换。

重型可逆配仓输送机的理论最大输送量(t/h)按 $\gamma = 2000\text{kg/m}^3$ 进行计算，其值见表10-18。

表 10-18 重型配仓输送机理论最大输送量

v /m · s^{-1}	理论最大输送量/t · h^{-1}			
	$B = 800$mm	$B = 1000$mm	$B = 1200$mm	$B = 1400$mm
1.0	496	810	1180	1650
1.25	589	962	1401	1959
1.6	714	1166	1699	2376
2.0	843	1377	2006	2805

重型可逆配仓带式输送机长度从 6 ~ 30m，设计有 9 种标准机型，分为整体式（$L = 6$m，9m）、二节拖挂式（$L = 12$m，15m，18m）和三节拖挂式（$L = 21$m，24m，27m，30m）等三种，在此范围内制造厂可提供任意长度的配仓输送机。其中，$9\text{m} < L < 12\text{m}$ 的按二节式设计，$18\text{m} < L < 21\text{m}$ 的按三节式设计。

重型可逆配仓带式输送机选用湖州电动滚筒有限公司生产的 YTH-Ⅱ型硬齿面减速滚筒，并对电动机作了固定搭配。用户也可以根据工况自行选配合适的减速滚筒及其电动机（见第 8 章相关内容）。

重型可逆配仓带式输送机配有手动干油集中润滑装置一套。在工作期间，用户应每日至少加油一次。

重型可逆配仓带式输送机未设置移动供电装置，如需要，用户可在悬挂电缆、滑触线、电缆卷筒和拖链等四种方式中选择一种，由制造厂配设移动供电装置。

重型可逆配仓带式输送机选用的输送带为棉帆布芯 CC-56，30m 以下为 4 层，30m 以上为 5 层，上胶厚为 3mm，下胶厚为 1.5mm。用户可自行选用其他品质和规格的输送带，但必须在订货时指明，并确保适用于重型可逆配仓带式输送机选用的短行程螺旋拉紧装置。

重型可逆配仓带式输送机承载边托辊和非工作边托辊均按重级选用，即 $B = 800$mm 为 $\phi133$mm、$B = 1000 \sim 1400$mm 为 $\phi159$mm，也可根据用户需要改换为中级。承载边托辊，除两端头各有一组普通托辊外，全部选用缓冲托辊组，全部托辊支座下均垫有弹簧垫。在有料停机情况下，需要更换托辊时，可在卸下连接螺栓后敲掉此坐垫，使托辊向一侧倾倒，操作者即可方便地进行更换操作。

重型可逆配仓带式输送机配有跑偏开关一对。如需要，也可为用户配设移动时鸣响和闪光的声光信号装置。

10.10.1 整体式重型配仓输送机

整体式重型可逆配仓输送机（$L = 6000$mm，$L = 9000$mm）示于图 10-17，相关参数列于表 10-19 ~ 表 10-21。

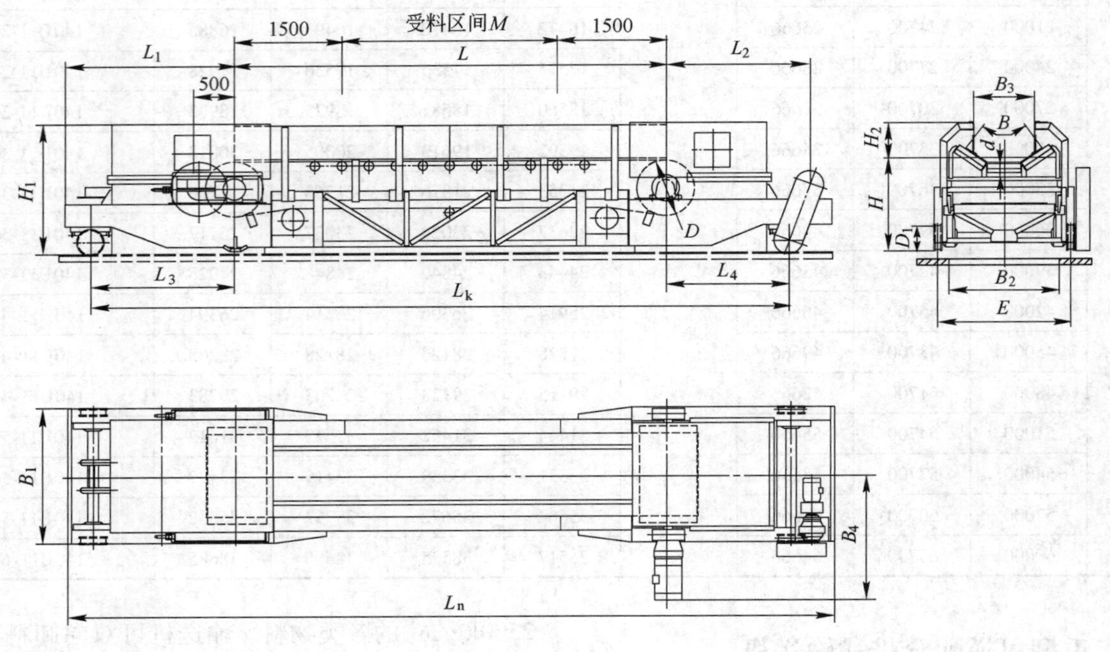

图 10-17 整体式重型可逆配仓输送机示意图

表 10-19　驱动装置

带速 /m·s⁻¹	机长 L /mm	B = 800			B = 1000			B = 1200			B = 1400		
		电动机型号	功率 /kW	B_4 /mm	电动机型号	功率 /kW	B_4 /mm	电动机型号	功率 /kW	B_4 /mm	电动机型号	功率 /kW	B_4 /mm
1.0	6000、9000	Y132S-4	5.5	1247	Y132M-4	7.5	1387	Y160M-4	11	1633	Y160M-4	11	1758
1.25		Y132M-4	7.5	1287	Y160M-4	11	1488	Y160L-4	15	1678	Y160L-4	15	1803
1.6		Y160M-4	11	1388	Y160L-4	15	1533	Y180M-4	18.5	1715	Y180M-4	18.5	1840
2.0		Y160L-4	15	1433	Y180M-4	18.5	1580	Y180L-4	22	1755	Y180L-4	22	1880

表 10-20　主要尺寸

mm

B	D	d	B_1	B_2	B_3	H	H_1	H_2	L	L_1	L_2	L_3	L_4	L_k	M
800	630	108	1500	1140	550	1155	1655	470	6000	2263	1928	1910	1620	9530	3000
									9000					12630	6000
1000		133	1700	1340	750	1280	1780	470	6000					9530	3000
									9000					12530	6000
1200	800		1950	1550	850	1345	1880	500	6000	2353	1999	2000	1710	9710	3000
									9000					12710	6000
1400			2200	1800	1000	1405	2045	580	6000					9710	3000
									9000					12710	6000

表 10-21　车速、行走驱动机构重量及图号

B	车速 /m·min⁻¹	D_1 /mm	E /mm	钢轨规格 /kg·m⁻¹	行走驱动机构		机长/mm		最大轮压 /kN	v/m·s⁻¹				图号
					带电动机减速器（带制动器）	功率 /kW	L	L_n		1.0	1.25	1.6	2.0	
										重量/kg				
800	7.14	300	1450	22	XWEDC3-74-187（YEJ100L2-4）	3	6000	10506	29	8100	8120	8190	8210	80U11Z
							9000	13481	31	9030	9040	9120	9140	
1000	8.34	350	1640				6000	10506	42	9500	9570	9600	9950	100U11Z
							9000	13506	44	10760	10830	10850	11210	
1200			1850	30			6000	10666	48	11060	11080	11460	11470	120U11Z
							9000	13666	52	12540	12560	12940	12950	
1400			2100				6000	10666	53	12490	12510	12900	12910	140U11Z
							9000	13666	58	14320	14340	14730	14740	

10.10.2　二节拖挂式重型配仓输送机

二节拖挂式重型可逆配仓输送机示于图 10-18（$L = 12000$mm，15000mm，18000mm），相关参数列于表 10-22～表 10-24。

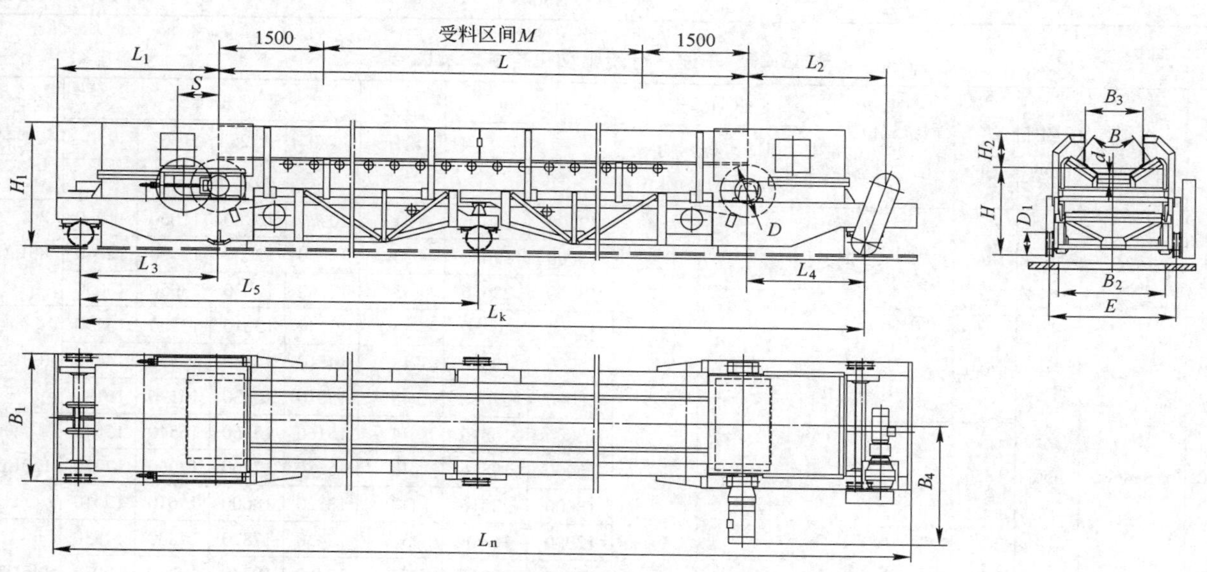

图 10-18　二节拖挂式重型可逆配仓输送机示意图

表 10-22 驱动装置

带速 /m·s⁻¹	机长 L /mm	B=800mm 电动机型号	功率 /kW	B_4 /mm	B=1000mm 电动机型号	功率 /kW	B_4 /mm	B=1200mm 电动机型号	功率 /kW	B_4 /mm	B=1400mm 电动机型号	功率 /kW	B_4 /mm
1.0	12000	Y132S-4	5.5	1247	Y132M-4	7.5	1397	Y160L-4	15	1678	Y160L-4	15	1803
	15000	Y132M-4	7.5	1287	Y160M-4	11	1498						
	18000												
1.25	12000	Y132M-4	7.5	1287	Y160M-4	11	1488	Y160L-4	15	1678	Y180M-4	18.5	1840
	15000	Y160M-4	11	1388	Y160L-4	15	1533	Y180M-4	18.5	1715			
	18000												
1.6	12000	Y160M-4	11	1388	Y160L-4	15	1543	Y180M-4	18.5	1715	Y180L-4	22	1880
	15000												
	18000	Y160L-4	15	1433	Y180M-4	18.5	1580	Y180L-4	22	1755			
2.0	12000	Y160L-4	15	1433	Y180M-4	18.5	1580	Y180L-4	22	1755	Y180L-4	22	1880
	15000										Y200L-4	30	1945
	18000												

表 10-23 主要尺寸 mm

B	D	d	B_1	B_2	B_3	H	H_1	H_2	L	L_1	L_2	L_3	L_4	L_5	L_k	M
800	630	108	1500	1140	600	1155	1655	447	12000	2258	1920	1910	1620	7910	15530	9000
									15000					7910	18530	12000
									18000					10910	21530	15000
1000			1700	1340	750	1280	1780	470	12000	2263				7910	15530	9000
									15000					7910	18530	12000
									18000					10910	21530	15000
1200	800	133	1950	1550	900	1345	1880	500	12000	2353	2010	2000	1710	8000	15710	9000
									15000					8000	18710	12000
									18000					11000	21710	15000
1400			2200	1800	1000	1405	2045	580	12000					8000	15710	9000
									15000					8000	18710	12000
									18000					11000	21710	15000

表 10-24 车速、行走驱动机构重量及图号

B	车速 /m·min⁻¹	D_1 /mm	E /mm	钢轨规格 /kg·m⁻¹	行走驱动机构 带电动机减速器（带制动器）	行走驱动机构 功率 /kW	机长/mm L	机长/mm L_n	最大轮压 /kN	v/m·s⁻¹ 1.0 重量/kg	1.25	1.6	2.0	图号
800	7.26	300	1450	22	XWEDC5.5-85-187（YEJ132S-4）	5.5	12000	16636	31	10970	10980	11060	11080	80U21Z
							15000	19636	33	11950	12020	12020	12040	
							18000	22636	33	12950	13030	13050	13050	
1000	8.46	350	1640				12000	16636	44	13140	13210	13230	13590	100U21Z
							15000	19636	48	14510	14530	14530	14880	
							18000	22636	48	15810	15830	16190	16190	
1200			1850	30			12000	16816	44	15160	15160	15540	15540	120U21Z
							15000	19816	48	16680	17060	17060	17070	
							18000	22816	48	18220	18600	18610	19610	
1400			2100				12000	16816	51	17430	17820	17830	17830	140U21Z
							15000	19816	55	19350	19740	19750	19830	
							18000	22816	55	21140	21530	21540	21620	

10.10.3 三节拖挂式重型配仓输送机

三节拖挂式重型可逆配仓输送机（L = 21000mm，24000mm，27000mm，30000mm）示于图 10-19，相关参数列于表 10-25 ~ 表 10-27。

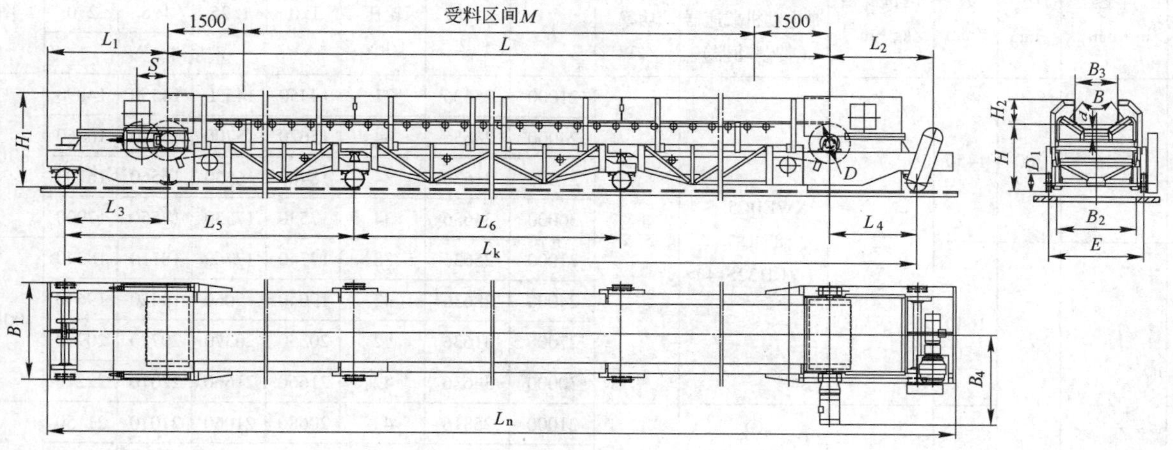

图 10-19 三节拖挂式重型可逆配仓输送机示意图

表 10-25 驱动装置

带速 /m·s^{-1}	机长 L /mm	B=800mm			B=1000mm			B=1200mm			B=1400mm		
		电动机型号	功率 /kW	B_4 /mm	电动机型号	功率 /kW	B_4 /mm	电动机型号	功率 /kW	B_4 /mm	电动机型号	功率 /kW	B_4 /mm
1.0	21000	Y132M-4	7.5	1287	Y160M-4	11	1498	Y160L-4	15	1678	—	—	—
	24000												
	27000												
	30000	Y160M-4	11	1388	Y160L-4	15	1543						
1.25	21000	Y160M-4	11	1388	Y160L-4	15	1543	Y180M-4	18.5	1715	Y180L-4	22	1880
	24000												
	27000												
	30000												
1.6	21000	Y160L-4	15	1433	Y180M-4	18.5	1580	Y180L-4	22	1755	Y200L-4	30	1945
	24000												
	27000												
	30000												
2.0	21000	Y180M-4	18.5	1480	Y180L-4	22	1620	Y200L-4	30	1820	Y225S-4	37	1995
	24000												
	27000												
	30000												

表 10-26 主要尺寸

mm

B	D	d	B_1	B_2	B_3	H	H_1	H_2	L	L_1	L_2	L_3	L_4	L_5	L_6	L_k	M
800	630	108	1500	1140	550	1155	1655	470	21000	2263	1920	1910	1620	7910	9000	24530	18000
									24000					10910	9000	27530	21000
									27000					10910	9000	30530	24000
									30000					10910	12000	33530	27000
1000			1700	1340	750	1280	1780	470	21000	2263	1920	1910	1620	7910	9000	24530	18000
									24000					7910	9000	27530	21000
									27000					10910	9000	30530	24000
									30000					10910	12000	33530	27000
1200	800	133	1950	1550	850	1345	1880	500	21000	2353	2010	2000	1710	8000	9000	24710	18000
									24000					8000	9000	27710	21000
									27000					11000	9000	30710	24000
									30000					11000	12000	33710	27000
1400			2200	1800	1000	1405	2045	580	21000	2353	2010	2000	1710	8000	9000	24710	18000
									24000					8000	9000	27710	21000
									27000					11000	9000	30710	24000
									30000					11000	12000	33710	27000

表 10-27　车速、行走驱动机构、重量及图号

B /mm	车速 /m·min^{-1}	D_1 /mm	E /mm	钢轨规格 /kg·m^{-1}	行走驱动机构		机长/mm		最大轮压 /kN	v/m·s^{-1}				图号
					带电动机减速器（带制动器）	功率 /kW	L	L_n		1.0	1.25	1.6	2.0	
										重量/kg				
800	7.26	300	1450	22	XWEDC5.5-85-187（YEJ132S-4）	5.5	21000	25636	31	14450	14530	14550	14890	80U31Z
							24000	28636	34	15620	15700	15720	16060	
							27000	31636	34	16460	16530	16560	16700	
							30000	34636	34	17530	17530	17550	17900	
1000			1640				21000	25636	38	17740	17760	18110	18340	100U31Z
							24000	28636	42	19040	19060	19420	19640	
							27000	31636	42	20350	20370	20720	20950	
							30000	34636	42	21660	21660	22010	22240	
1200	8.46	350	1850	30	XWEDC7.5-106-187（YEJ132M-4）	7.5	21000	25816	43	20680	21060	21070	21150	120U31Z
							24000	28816	48	22210	22590	22600	22680	
							27000	31816	48	23740	24120	24130	24210	
							30000	34816	48	25270	25650	25660	25740	
1400			2100				21000	25816	49	—	24710	24790	24850	140U31Z
							24000	28816	54	—	26620	26700	26750	
							27000	31816	54	—	28530	28610	28660	
							30000	34816	54	—	30420	30500	30550	

11 安全规范与防护技术

11.1 带式输送机安全规范的一般规定

带式输送机在设计、制造、安装、使用、维护等方面必须执行《带式输送机安全规范》(GB 14784—1993),用于煤矿井下的带式输送机还必须执行《煤矿用带式输送机安全规范》(MT 654—1997),用于港口的带式输送机还必须执行《港口连续装卸设备安全规程　带式输送机》(GB/T 13561.3—1992),对于输送易燃、易爆、毒害、腐蚀、有放射性等物料的输送机,除遵守上述标准的规定外,还应遵守相应的专用安全标准,如2012年国家安全生产监督管理局和国家煤矿安全监察局的《煤矿安全规程》等。

《带式输送机安全规范》(GB 14784—1993)的一般规定中,与设计有关的有:

(1) 输送机在正常工作条件下,应具有足够的稳定性和强度;

(2) 电气装置的设计与安装必须符合《电气设备安全设计导则》(GB 4064—1983)和GB 50256—1996的规定;

(3) 未经设计或制造单位同意,用户不应进行影响输送机原设计、制造、安装、安全要求的变动;

(4) 输送机必须按物料特性与输送量要求选用,不得超载使用,必须防止堵塞和溢料,保持输送畅通;

(5) 输送黏性物料时,滚筒表面、回程段带面应设置相应的清扫装置,倾斜段输送带尾部滚筒前宜设置挡料刮板,消除一切引起输送带跑偏的隐患;

(6) 倾斜的输送机应装设防止超速或逆转的安全装置,此装置在动力被切断或出现故障时起保护作用;

(7) 输送机上的移动部件无论是手动或自行式的都应装设停车后的限位装置;

(8) 输送机跨越工作台或通道上方时,应装设防止物料掉落的防护装置;

(9) 输送机易挤夹部位经常有人接近时,应加强防护措施。

《煤矿用带式输送机安全规范》(MT 654—1997)中,有关安全的基本要求有:

(1) 输送机的设计和使用等应严格执行《煤矿安全规程》的规定,并符合《港口连续装卸设备安全规程》(GB/T 13561.3—2009)中的通用安全规程;

(2) 输送机的技术要求应符合《煤矿井下用带式输送机技术条件》(MT 820—1999)的规定;

(3) 输送机的使用条件必须满足其正常工作条件,对有特殊要求的输送机,应另行规定相应的专用安全规则;

(4) 输送机产品设备应符合煤矿安全标志的规定。

《煤矿用带式输送机安全规范》(MT 654—1997)中,与设计有关的安全规则有:

(1) 应保证输送机在所有正常工作条件下的稳定性和强度,确保输送机工作的可靠性;

(2) 在整个输送机线路上,特别是在装载、卸载或转载点,应设计成能尽可能地防止输送物料的溢出,并考虑适当的降尘措施;

(3) 输送机的输送倾角应充分考虑到输送物料的特性,使输送机在正常工作条件下不应发生滚料、洒料现象;

(4) 输送机必须使用阻燃输送带,其安全性能和技术要求应符合MT 147和MT 450的规定。对非金属材料的零件,其安全性能应符合MT 113的规定;

(5) 输送带应具有适合规定的输送量和输送物料的宽度,如果需要,在装载点或卸载点装设导料板或调心装置;

(6) 与输送机配套的电动机、电控及保护设备必须符合GB 3836.1~GB 3836.4的规定,并具有指定单位发放的防爆合格证明;

(7) 输送机任何零部件的表面最高温度不得超过150℃;机械摩擦制动时,不得出现火花现象;

(8) 输送机必须装设打滑、烟雾、堆煤、温度保护及防跑偏、洒水等装置;

(9) 在主要运输巷道内使用的输送机应装

设输送带张紧力下降保护装置和防撕裂保护装置；

(10) 输送机长度超过100m时，应在输送机人行道一侧设置沿线紧急停车装置；

(11) 所有会发生超速或逆转的倾斜输送机必须装设安全、可靠的制动装置或逆止装置，此类装置的性能要求应符合《煤矿井下用带式输送机技术条件》(MT 820—1999) 的规定；

(12) 在一台输送机上采用多台机械逆止器时，如果不能保证均匀分担载荷，则每台逆止器都必须满足整台输送机所需的逆止力矩；

(13) 采用多电机驱动其大规格的逆止器应尽量安装在减速器输出轴或传动滚筒上；

(14) 固定型大功率输送机应考虑采用慢速启动和等减速制动技术，以确保输送机的启（制）动加（减）速度在0.1～0.3m/s² 范围内；

(15) 矿用安全型和限矩型耦合器不允许使用可燃性传动介质；调速型液力耦合器使用油介质时必须确保良好的外循环系统和完善的超温保护措施，并持有煤炭工业部安全主管部门同意下井使用的证明；

(16) 张紧装置应保证输送机启动、制动和正常运转时所需的张力；

(17) 输送机电控系统应具有启动预告（声响或灯光信号）、启动、停止、紧急停机、系统联锁及沿线通讯等功能，其他功能宜按输送机的设计要求执行；

(18) 电气设备的主回路要求有电压、电流仪表指示器，并有欠压、短路、过流（过载）、缺相、漏电、接地等项保护及报警指示；

(19) 输送机的前后配套设备应采用联锁装置，不允许任何一台设备向另一台非工作状态或已满载的设备供料；

(20) 输送机可移动部件（如伸缩机构或张紧装置等）在极限位置上，必须设置安全挡块以限制其规定的行程；用于升降的移动部件及装置必须装有能防止意外降落的安全装置，并严禁人员进入其下方位置；

(21) 输送机应避免锐利的边缘和棱角；

(22) 所有常用的润滑点和检查孔应易于接近，并在作业或检查时不需拆卸防护罩；

(23) 输送机结构应保证：易损部件和零件便于更换；驱动装置不需拆除驱动滚筒即可安装和更换（电动滚筒除外）；

(24) 在输送机运动部件（如联轴器、输送带与托辊、滚筒等）易咬入或挤夹的部位，如果是人员易于接近的地方，都应加以防护；

(25) 如果输送机线路上存在剪切、挤压点或挤压区（如凸弧段处或接近固定部件处），也应加保护装置（如固定栅格等）。

11.2 机电设备防爆

11.2.1 爆炸性和可燃性粉尘

带式输送机设计必须贯彻“安全第一，预防为主”的方针，严格执行国家有关部门制定的“企业安全与卫生”各项政策和规定，使设计既安全卫生、技术先进，又经济合理。

在带式输送机应用得非常广泛的煤炭行业，由于煤矿井下煤层的不断开采，瓦斯不断涌出，如通风不良，抽放措施不力，当瓦斯聚集到一定浓度时，再遇上高温热源和足够的氧气就会发生瓦斯爆炸。此时温度高达2150～2650℃，压力高达2～10MPa，速度高达340m/s，甚至每秒数千米的冲击波，并产生大量的CO等剧毒的有害气体。

当悬浮在井下空气中的煤尘形成一定浓度的煤尘云，有足够的氧气和点火源时，就会发生煤尘爆炸，煤尘爆炸同样伴有高温高压现象，其表现为连续爆炸。粉尘爆炸也发生于其他场合。

无论是瓦斯爆炸还是粉尘爆炸，都会造成人员的大量伤亡，摧毁井巷和设备，引发火灾，使生产难以在短期内恢复。粉尘爆炸和瓦斯爆炸是矿井灾难性事故，为防止此类事故发生，除加强通风、抽放瓦斯等措施之外，最根本的问题是杜绝井下高温热源，其中包括炽热的物体、电弧电火花、炸药爆炸后产物、摩擦火花、燃烧火焰、热火花等。而相当一部分高温热源由机电设备引起，如电弧、电火花、摩擦火花、炽热物体等。因此用于煤矿井下的机电设备必须满足《煤矿安全规程》等有关规定，用于煤矿的带式输送机必须符合《煤矿用带式输送机安全规范》(MT 654—1997)。

在化工行业，化工粉体物料运输工程设计，应本着提高劳动安全与工业卫生水平的宗旨，防止在生产中对人体健康与安全带来危害，确保安全生产。

化工粉体物料，可分为毒性危害、爆炸性和可燃性危害、腐蚀性和灼伤性危害，辐射危害等，如表11-1所示，在生产运输过程中应严格按《化工粉体工程设计安全卫生规定》(HG 20532—1993) 执行。

表 11-1　爆炸性和可燃性粉尘

粉尘种类	粉尘名称	温度组别	高温表面堆积粉尘层（5mm）的点燃温度/℃	粉尘云的点燃温度/℃	爆炸下限浓度/g·m^{-3}	粉尘平均粒径/μm	危险性质
金属	铝（表面处理）	T11	320	590	37~50	10~15	爆
	铝（含脂）	T12	230	100	37~50	10~20	
	铁		240	400	153~201	100~150	可、导
	镁	T11	310	470	44~59	5~10	爆
	红磷		305	360	18~64	30~50	可
	炭黑	T12	535	>690	36~45	10~20	可、导
	钛	T11	290	375			
	锌		130	530	212~284	10~15	
	电石		325	555		<200	可
	钙硅铝合金		290	165			可、导
	硅铁合金（45%硅）		>450	640			
	黄铁矿		445	555		<90	
	锆石		305	360	92~123	5~10	
化学	硬脂酸锌、萘、己二酸等	T11	熔融	315~650	~90	~100	可
药品	无水马来酸、醋酸钠酯、结晶紫等	T11	熔融	340~575	~129	~60	可
	青色染料			350		300~500	
	萘酚染料			395	133~184		
合成树脂	聚乙烯、聚氨酯类、聚苯乙烯等	T11	熔融	165~450	25~71	~200	可
	聚丙烯腈、聚氯乙烯、酚醛树脂等		熔融炭化	485~595	~86	~50	
天然树脂	骨胶、橡胶等	T11	沸腾	175~425	~49	20~100	可
	天然树脂、松香等		熔融	325~400	~52	20~80	
	沥青、蜡类		熔融	400~620	~36	~150	可
农产物	裸麦粉、裸麦谷物粉等	T11	270~305	115~430	67~93	3~100	可
	玉米淀粉、马铃薯淀粉等	T12	炭化	395~430	71~99	2~30	
	砂糖粉、乳糖		熔融	360~450	77~115	20~40	

注：爆：爆炸性；导：导电性；可：可燃性。

具有爆炸性的粉尘均在一定浓度范围内发生爆炸，该浓度范围取决于粉尘性质、尘粒大小及湿度等。粉尘的粒度越小，比面积越大，则爆炸危险性越大，空气湿度越小越容易爆炸。

一些化工粉体介质在输送工艺过程中，对设备产生腐蚀，对人体产生化学灼伤，也应该引起足够重视，并采取相应安全措施。

11.2.2　输送机电机和电控的防爆要求

根据国家安全生产监督管理局和国家煤矿安全监察局《煤矿安全规程》之规定，井下电气设备选用规定如表 11-2 所示。

表 11-2　井下电气设备选用规定

类别 ＼ 使用场所	煤（岩）与瓦斯（二氧化碳）突出矿井和瓦斯喷出区域	瓦斯矿井：井底车场、总进风巷或主要进风巷：低瓦斯矿井	瓦斯矿井：井底车场、总进风巷或主要进风巷：高瓦斯矿井	瓦斯矿井：翻车机硐室	瓦斯矿井：采区进风巷	瓦斯矿井：总回风巷、主要回风巷、采区回风巷、工作面和工作面进风、回风巷
1. 高低压电机和电气设备	矿用防爆型（矿用增安型除外）	矿用一般型	矿用一般型	矿用防爆型	矿用防爆型	矿用防爆型（矿用增安型除外）
2. 照明灯具	矿用防爆型（矿用增安型除外）	矿用一般型	矿用一般型	矿用防爆型	矿用防爆型	矿用防爆型（矿用增安型除外）
3. 通信、自动化装置和仪表、仪器	矿用防爆型（矿用增安型除外）	矿用一般型	矿用防爆型	矿用防爆型	矿用防爆型	矿用防爆型（矿用增安型除外）

上述矿用防爆型带式输送机电控和电机除达到各自产品标准外，还必须符合 GB 3836.1—2010《爆炸性环境　第1部分：设备　通用要求》；GB 3836.2—2010《爆炸性环境　第2部分：由隔爆外壳“d”保护的设备》；GB 3836.4—2010《爆炸性环境　第4部分：由本质安全型“i”保护的设备》。

在适用矿用增安型场合的带式输送机电控和电机除符合各自产品标准和 GB 3836.1—2010《爆炸性环境　第1部分：设备　通用要求》外，还必须满足 GB 3836.3—2010《爆炸性环境　第3部分：由增安型“e”保护的设备》。

必须强调的是，随着自动化发展的趋势，煤矿井下电气自动化设备日新月异，日渐推广。伴随弱电设备的应用，防爆措施中的本质安全型技术就成为一种必不可少的主要技术途径，是今后值得大力发展和研究的方向。

11.2.3　液力耦合器及液力制动器防爆要求

液力耦合器又称液力联轴器，安装于电动机与减速器之间，主要用于改善带式输送机的启动和多机驱动的功率平衡。煤矿带式输送机使用的耦合器主要有限矩型和出口调速型两种。限矩型耦合器只限于功率较小的场合，启动时起到缓冲和隔离扭振的作用，过载时起到保护作用。在《煤矿安全规程》和 MT 654—1997 中均已明确规定：矿用安全型和限矩型耦合器不允许使用可燃性传动介质，表面最高温度不得超过 150℃。调速型液力耦合器主要用于长距离、高带速、大运量、大倾角带式输送机，在输送机满载情况下仍能实现空载、轻载启动，根据要求设定启动时间，并将启动加速度限制在 0.1～0.3m/s^2 以内；隔离扭振，减少对电网的冲击；在多机驱动情况下，能对各驱动装置进行功率平衡，其不平衡率可控制在5%以内。

调速型液力耦合器所用油泵电机和伺服电机必须符合 GB 3836.2—2010 的规定，所用的行程开关必须符合 GB 3836.4—2010 的规定。整机检验必须符合 MT 665—1997 之规定。调速型液力耦合器允许使用22号汽轮机油、6号液力传动油等作为工作介质，但必须确保良好的外循环系统和完善的超温保护系统，并持有煤炭行业安全主管部门同意下井使用的证明。

液力制动器又称液力减速器，安装于带式输送机驱动装置的高速轴，主要用于煤矿井下上山下运带式输送机的制动。由于下运带式输送机的阻力矩方向和输送机运行的方向一致，制动功要比水平、上运输送机大得多。如果用一般的机械制动器制动，闸轮表面就会超温、发红、冒火花，并有引起瓦斯、煤尘爆炸的危险。液力制动器在制动过程中，将输送机的动能转变为热能而使工作油温升高，而油箱里有足够的油，即使在每小时制动10次的情况下油温也不至于超限；根据输送机的负载，液力制动器内的充油量可自行调整，从而调节制动力矩的大小，最终使制动减速度控制在 0.1～0.3m/s^2，并且在采区停电时仍能实现二级制动。液力制动器所采用的油泵电机和气动电磁阀必须符合 GB 3836.2—2010 的规定，整机系统必须符合煤炭行业标准《煤矿用下运带式输送机制动器技术条件》。

煤炭科学研究总院上海分院运输机械研究所设计生产了专供煤矿带式输送机使用的调速型耦合器系列产品，其单机功率为 100～1600kW。液力制动器制动力矩达 2500N·m，并研制成功了盘式制动器系列产品。

11.3　易燃部件的阻燃要求

为防止易燃部件燃烧，造成设备相关设施燃烧而引发火灾，要求带式输送机的易燃部件，必须有阻燃性能。这些部件有输送带、塑料、玻璃钢输送机罩和高分子材料的衬板等。

用于煤矿井下的带式输送机，靠近火源或有燃烧可能的输送机，如高炉带式上料机，输送有红块的运焦、运烧结矿带式输送机等其输送带必须具备阻燃功能（井下输送带还必须具备抗静电性能），不易自燃或蔓延燃烧，离开火源即能自熄。阻燃输送带一般选用氯丁胶类材料与聚氯乙烯类材料，在输送带生产过程中加入一定数量的阻燃剂与抗静电剂。阻燃输送带必须符合 MT 147 和 MT 450 的规定。

阻燃输送带分阻燃织物芯带和阻燃钢绳芯带两类。阻燃钢绳芯输送带属高强度输送带，其扯断强度目前已达6000N/mm，主要用于井下长距离强力带式输送机。阻燃织物芯输送带分为整芯与分层带，按盖胶的不同材料可分为橡胶带和塑料带。主要用于可伸缩带式输送机与普通带式输送机，而普遍使用的在 1400N/mm 以下。常用的阻燃塑料整芯带规格如表 11-3 所示。

表 11-3　地下矿井用输送带整体编织带芯主要参数表

型　号	未浸胶的带芯质量/g·m^{-2}	强度（经向/纬向）/N·mm^{-1}	带扣连接强度/N·mm^{-1}	厚度/mm
E-B-P/B500	1880	700/300	450	5.4
E-B-P/B680	2900	850/380	520	6.8

续表 11-3

型 号	未浸胶的带芯质量/g·m⁻²	强度（经向/纬向）/N·mm⁻¹	带扣连接强度/N·mm⁻¹	厚度/mm
E-B-P/B800	3950	950/450	700	7.0
E-B-P/B1000	4100	1150/450	800	7.2
E-B-P/B1250	5200	1450/500	1000	8.5

阻燃钢绳芯输送带规格本手册前面已作说明，此处不再列表。其他还有钢绳牵引阻燃输送带、阻燃特殊型输送带（如波状挡边带等）。

机械接头主要用于分层及整芯带的连接，其接头强度仅达输送带强度的75%以下；硫化接头用于钢绳芯输送带连接，接头强度为输送带强度的90%；塑化接头用于整芯阻燃塑料输送带的连接，接头强度可达带强度的70%～80%；冷胶接头用于橡胶带，硫化接头时不用加热，操作简单。输送机采用的非金属材料制造的零件（如包胶滚筒、托辊），其安全性能应符合MT 113的规定。

11.4 输送机线安全要求

《带式输送机安全规范》（GB 14784—1993）规定的输送机线安全要求有：

（1）使用多台输送机联合完成运送物料或某种工序过程时，应设置中央控制台集中控制；

（2）输送机线的控制必须保证传动性能和动作准确可靠，在紧急情况下能迅速切断电源安全停机；

（3）中央控制台为实现准确控制必须设置声、光信号显示单机启动和停机情况以及事故开关动作情况的装置；

（4）输送机线中的输送机应遵循逆物料流输送方向逐机启动，顺物料流输送方向延时逐机停机，在保证不溢料的前提下，也允许同时启动或同时制动；

（5）输送机线中的设备必须联锁，其中某一输送机出现故障停机时，其料流上游的输送机应立即停机，联锁装置严禁随意改动或拆除；

（6）输送机线或在通道狭窄不开阔地区使用的输送机其沿线应设置紧急拉线开关；

（7）输送机线中接收输送机的输送量必须大于或等于供料输送机的输送量。可逆输送时接收与供料输送机的输送量应相等，但载料逆转输送时接收输送机的输送量应为供料输送机输送量的2倍；

（8）在转载点装料站作业位置附近，必须有一个或多个紧急停机开关或装置，并严禁堆放物料及其他产品；

（9）遥控启动输送机时必须设声、光信号，信号指示应设在操作人员视力、听力可及的地点；

（10）输送机线中应设正常照明及可携式照明。在有爆炸性气体、粉尘或危险性混合物工作环境时，应选用安全型灯具照明；

（11）因为意外事故停机的输送机，在重新启动前应预先进行检查，并查清停车原因排除故障；

（12）输送机停机一个月以上重新使用前，必须由主管机械和电气技术监督人员对所有的机械和电气设备进行试验检查，确认正常后方准使用；

（13）输送机线中应装设监测保护装置：

1）防止物料堵塞溢料限位保护装置；

2）保护输送机安全启动和运行的速度保护装置；

3）防止倾斜式输送机逆转和超速的保护装置；

4）有动力张紧装置的自动控制的输送机线宜装设瞬时张力检测器；

5）在长距离输送机上宜设置防止输送带纵向撕裂保护装置；

6）宜设防止输送带跑偏装置；

7）宜设输送带初期损坏检测器；

8）宜设防止输送带在驱动滚筒上打滑的监测装置；

9）有6级以上大风侵袭危险的露天或沿海地区，使用的输送机宜设防止输送带翻转的保护装置。

有关带式输送机设置的监控装置的详细情况见本书第12.4节。

（14）输送机间通道的最小宽度和扶梯、平台侧面防护栏杆的高度应遵守有关标准的规定；

（15）输送机运行时在通道间、高速运转件或驱动装置附近不宜休息停留；

（16）输送机旁或有关作业室内严禁积存易燃、易爆材料及一切油污件和煤粉等；

（17）一般情况下输送机安装输送带后不允许用火、电焊加工机架，特殊需要时要采取必要的防范措施；

（18）运行中的输送机，如输送带着火时应先停机再灭火，若托辊着火则应先灭火再停机。

11.5　带式输送机挤夹部位的防护

11.5.1　挤夹部位防护范例

以下引自《带式输送机安全规范》(GB 14784—1993)附录A防护范例，供设计带式输送机各挤夹部位的保护网罩和栏栅时参考。

防护范例
（参考件）

A1　在弯成圆形或成直角形的头尾架端部两侧与横梁间所加挡板到滚筒轴间的距离 e，在考虑了拉紧行程情况下至少符合图A1和表A1的规定。

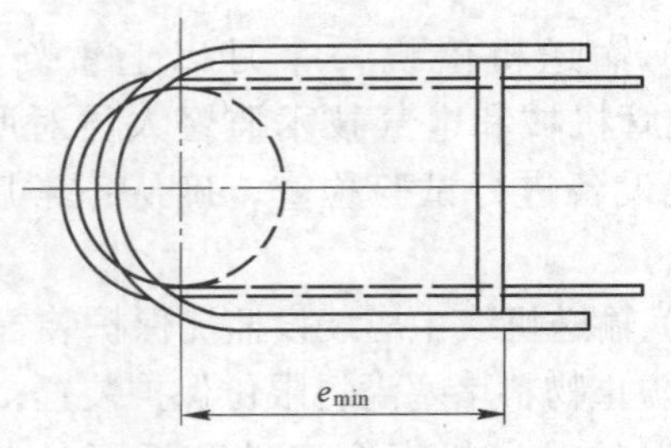

图 A1

表 A1　　mm

滚筒直径	尺寸 e_{min}	分级尺寸
200	910	950
315	927	
400	937	
500	948	
630	968	1000
800	995	
1000	1025	1050
1250	1055	1100
1400	1075	
1600	1097	
1800	1118	1150
2000	1138	

A2　由薄板或格栅组成的保护罩。

A2—1　滚筒和护板的内侧距离 a 不应大于80mm，否则从外罩下棱边到易挤压处的距离 h 不应大于 850mm，入口处棱边应弯成角度或卷边（图A2）。

A2—2　驱动滚筒处于回程段位置时，在驱动部位与承载带面间应加设防护板（图A3）。

A3　封闭外罩机架外棱边与外罩距离（图A4）不应大于200mm。

A4　下分支防护外罩与其上部回程段的清扫

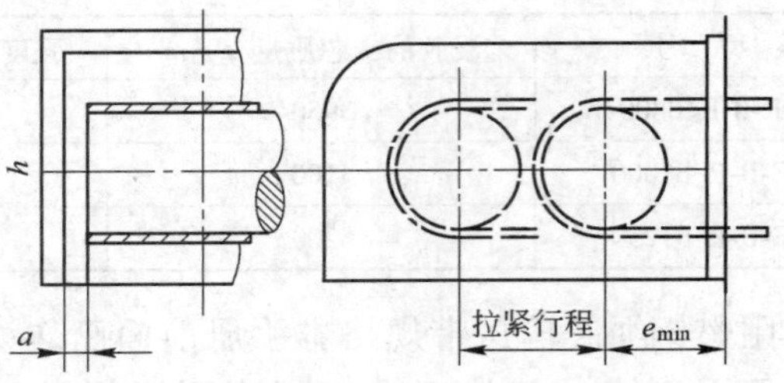

图 A2

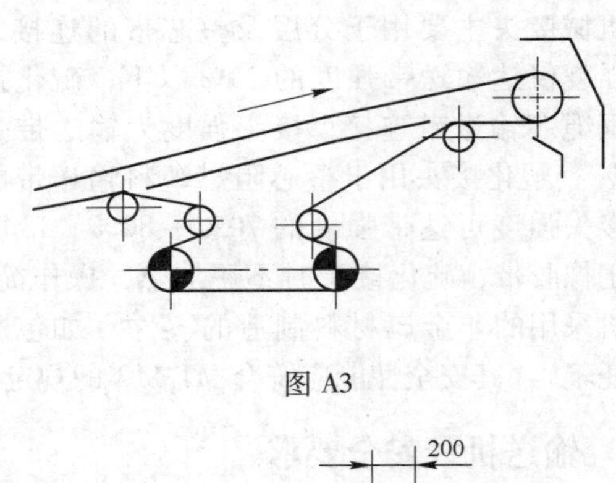

图 A3

200

图 A4

器应直接连在一起（图A5）。

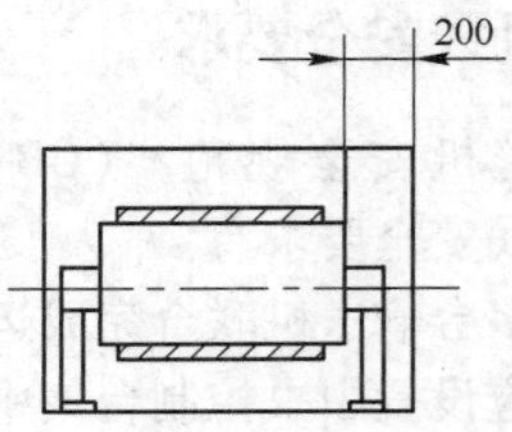

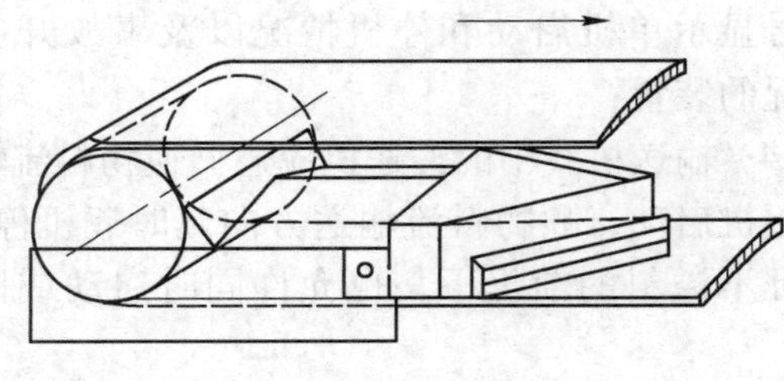

图 A5

A5　由格栅或铁丝网框架构成的张紧装置防护罩见图A6。

A6　输送件货时，在整个托辊长度上的托辊间隔中宜用金属板、木板或其他类似材料进行防护，该防护加在托辊开始偏转的第一个托辊前，防护板的棱边应有足够的刚度，至托辊外径距离不得大于5mm（图A7）。

A7　输送散料时，采用弧形块状侧向挡板，装在第一个开始转向的托辊前300mm处，其高度在输送带上部250mm，下部200mm位置（图A8）。

A8　卸料车的防护见图A9。

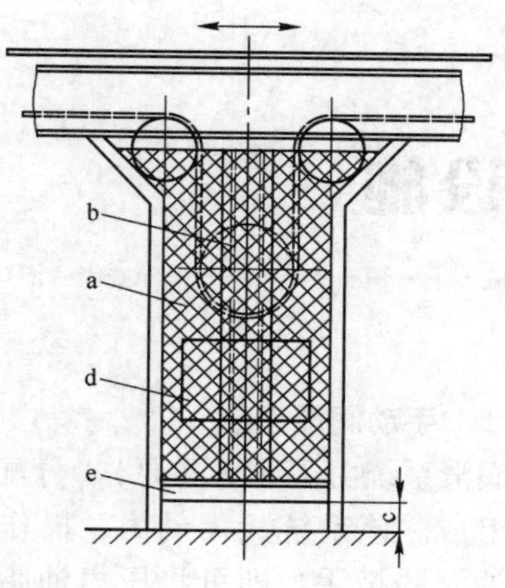

图 A6

a—防止手指伸入的保护网；b—张紧轮导向装置；
c—清扫通道 250mm；d—拉紧重锤的导向装置；
e—拉紧重锤的导轨挡铁

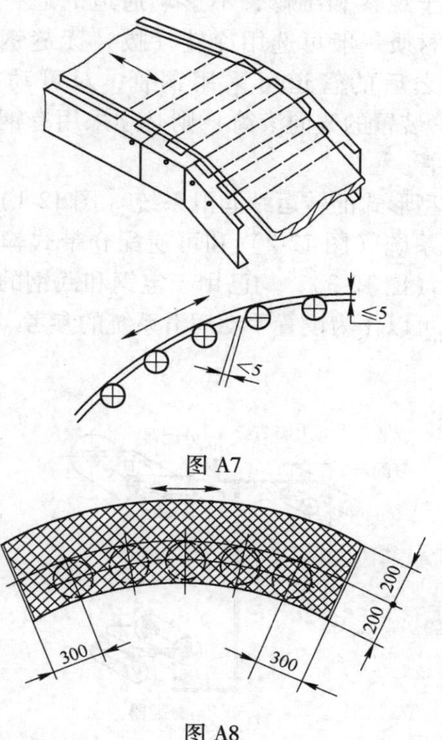

图 A7

图 A8

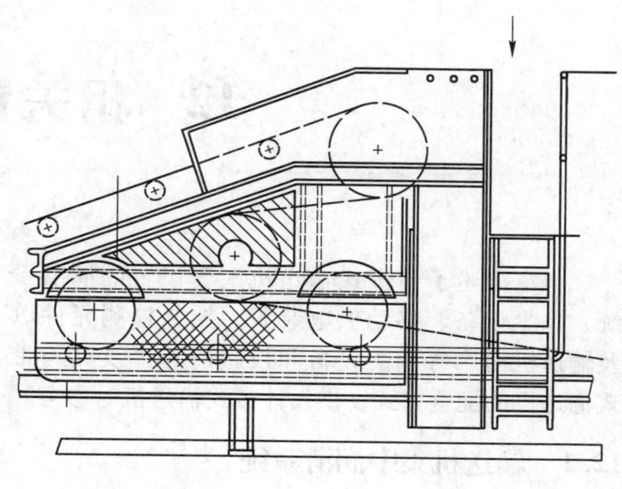

图 A9

11.5.2　安全护罩和栏栅

操作和维护人员可能接触到的带式输送机旋转件和11.5.1节所列挤夹部位以外的挤夹部位，一般应采用护罩或栏栅加以隔离。

（1）驱动装置的联轴器、耦合器等外露旋转件应设护罩。

（2）拉紧装置重锤可能落地的区域应设防护栏杆与其他区域隔开。

（3）有些部门（如火力发电厂）还要求在输送机中部沿输送机纵向设防护栏杆。

11.6　带式输送机人行通道

带式输送机两侧和两条带式输送机之间的人行通道净宽应≥800mm，火力发电厂重要的带式输送机这一宽度不应小于1000mm，某些行业对这一通道净宽作有专门规定，作为参考提出的带式输送机通廊尺寸，详见本手册12.5节。

12 相关设备和设施

本章概述了与带式输送机配套设置的润滑系统、除尘设备、移动供电装置、控制检测元件以及输送机通廊等相关设备和设施的选择及其与带式输送机的配置方式，供设计带式输送机时参考。

12.1 输送机集中润滑系统

输送机的润滑部位（润滑点）主要有传动滚筒、改向滚筒、移动装置的车轮等部件的轴承座，有时还包括托辊组的轴承。常规的润滑方式是用油枪向每个轴承座的油嘴压注润滑脂。20 世纪 70 年代以来逐渐发展了集中润滑系统，大大节省了人力，确保了输送机的定时定点润滑。

输送机集中润滑系统有手动和电动两种。一般手动润滑系统适宜于润滑点数较少，润滑半径 15 m 以内的输送机线使用，而电动润滑系统多与输送机系统联动的其他作业设备一起设置。

12.1.1 手动润滑系统

手动润滑系统由干油站（泵）、分配器和双线给油管线组成。该系统无需动力，操作工定时往复扳动干油站的把手，即可将压力油脂通过管线供应到各分配器，再由分配器接转到各润滑点。

手动干油站应尽量安装在润滑系统的中心位置，分配器则应固定在被润滑的设备上，安装部位要便于观察和维修，不影响通道的通行。润滑管线的材质一般可选用冷轧（拔）无缝钢管，在分配器之后的管道可采用铜管，对可动润滑点（如拉紧装置的改向滚筒）则必须采用有钢丝编织层的胶管。

典型形式的转运站润滑系统（图 12-1）、卸料车润滑系统（图 12-2）和可逆配仓带式输送机润滑系统（图 12-3），均已用于宝钢和武钢的输送机线上，可以作为设置手动润滑系统的参考。

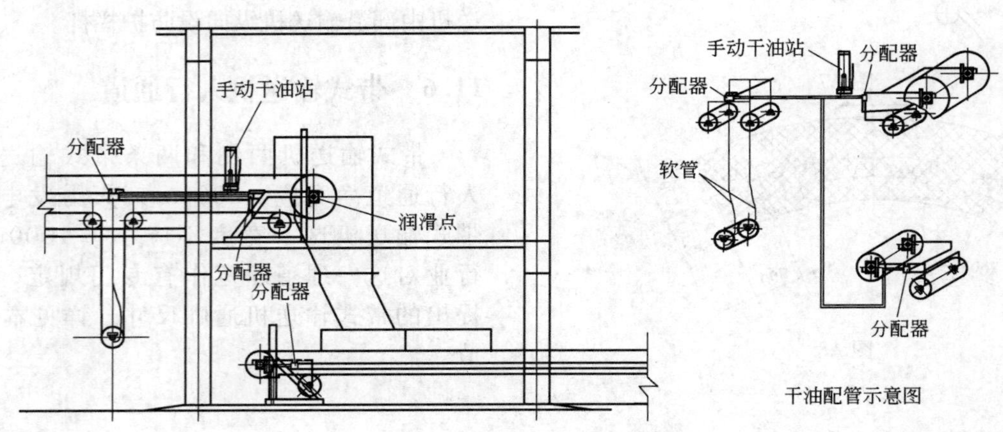

图 12-1 转运站润滑系统

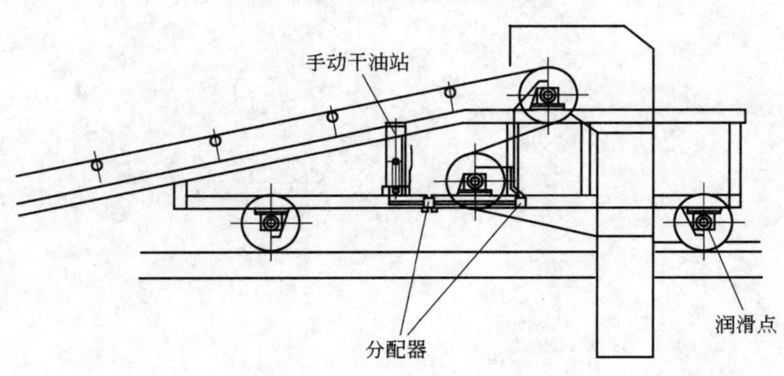

图 12-2 卸料车润滑系统

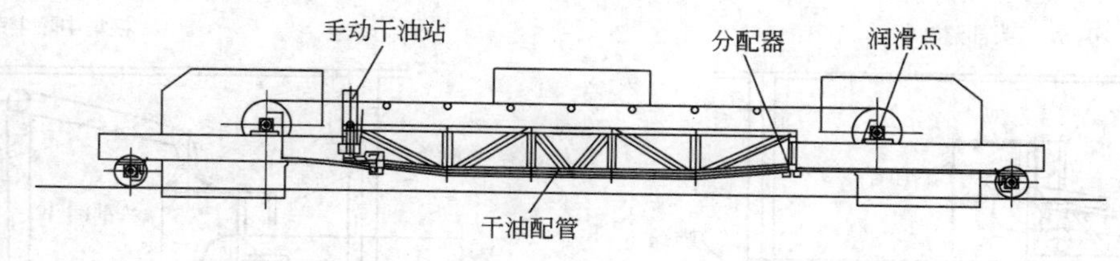

图 12-3 可逆配仓带式输送机润滑系统

12.1.2 电动润滑系统

电动润滑系统由电动润滑站（泵）、电磁换向阀、压差开关、双线分配器、压力表和双线给油管线等部分组成，见图 12-4。

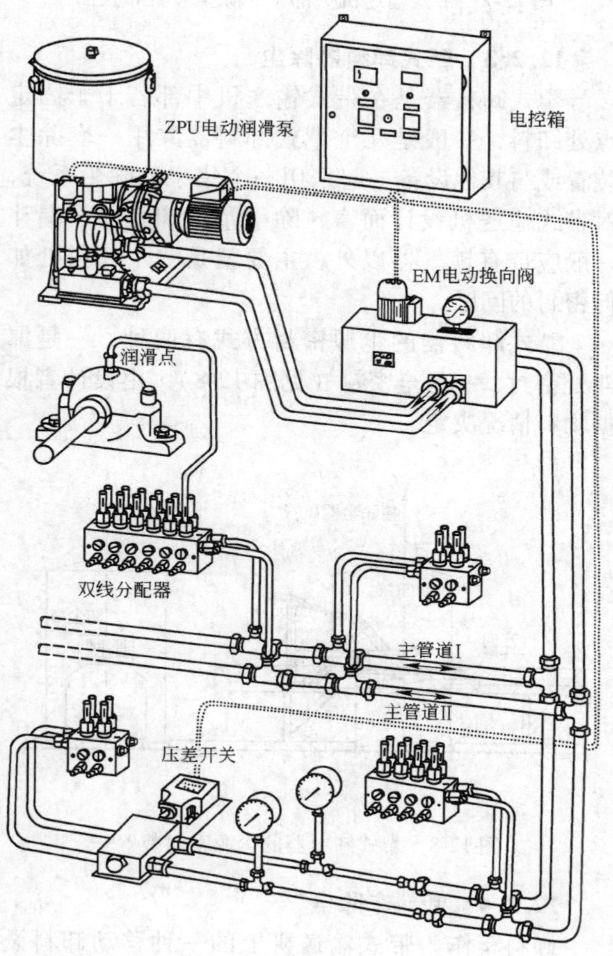

图 12-4 电动润滑系统

电动润滑站一般安装在润滑系统的居中位置，一般需设置专门的润滑站房（站），并确保洁净无尘。双线式润滑系统可以通过电磁换向阀分别向双线交换供油。压差开关通常装在主管线的末端，并应在压差开关的后面再装一个分配器。而压力表则一般装在压差开关近旁。管线材质要求与手动润滑系统相同。

电动润滑系统根据润滑制度定时工作。当电动润滑泵启动后，双线供油主管通过Ⅰ线管道向各润滑点供油。当Ⅰ线管道上的各润滑点供油完毕后，主管末端的压差开关动作，将信号传向电控箱，根据预先设定的程序，电控箱指令换向阀换向，油路转而向Ⅱ线管道各点供油。一次供油完毕后，系统即时停止工作，直至下一次运转再重新开始。

12.2 输送机除尘装置

12.2.1 除尘方式的选择

输送机除尘装置有两种除尘方式：一为湿式除尘；一为干式除尘。

湿式除尘，也就是洒水除尘，通过向物料洒水加湿，使物料不起尘，或使已扬起的灰尘重新落到输送机上，达到无尘的目的。

干式除尘，是在尘源密闭的前提下，通过抽风机产生的负压将灰尘捕吸到除尘器，实现空气和灰尘的分离，达到除尘的目的。

湿式除尘是一种简单、经济而有效的除尘方式，在物料允许加湿或工艺过程允许加湿的前提下，应优先采用湿式除尘装置。

干式除尘因密封方式和除尘设备的不同而有许多种类，应与专业设计人员仔细研究后慎重选择。

12.2.2 转运站（点）除尘

12.2.2.1 湿式除尘

图 12-5 示出典型的带式输送机转运站的湿式除尘装置。

洒水点设在前一条输送机头部漏斗处和后一条输送机的导料槽处。在前一条输送机距头部约 10m 处设料流检测器，供水支管前端设电磁阀。输送机启动后，料流检测器探知物料即将到达转运点卸料时，电磁阀开启，两处喷水管开始喷水。输送过程结束，料流检测器上的开关断开，电磁阀失电，喷水过程结束。

采用湿式除尘时，亦应尽量将尘源密闭，导料槽和头部漏斗处应设挡帘。

由于物料含水量达到一定程度时（有的矿石

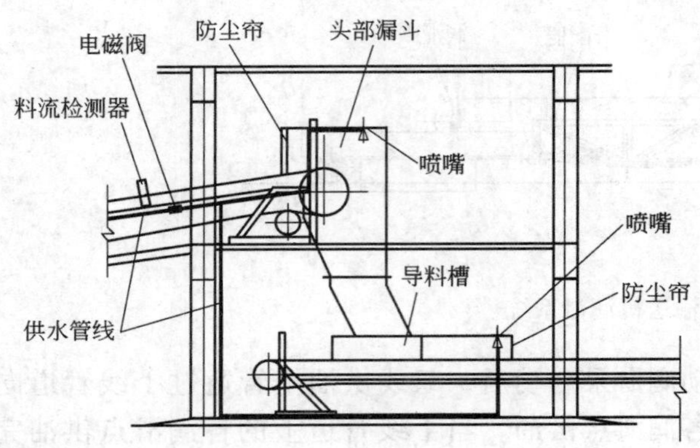

图 12-5　带式输送机转运站湿式除尘装置布置图

为 5%），即可在转运处不起尘，因而，对于一个有多处转运站（点）的输送机线而言，不一定每一转运处都需要喷水，而应根据所运物料含水量的情况，确定是否需要洒水或几个转运站洒水，以免洒水量过多造成水资源浪费，并给清扫输送带带来困难。

12.2.2.2　干式除尘

干式除尘系统可分为就地除尘系统、分散除尘系统和集中除尘系统等三种类型。图 12-6 示出典型的转运站就地干式除尘装置。

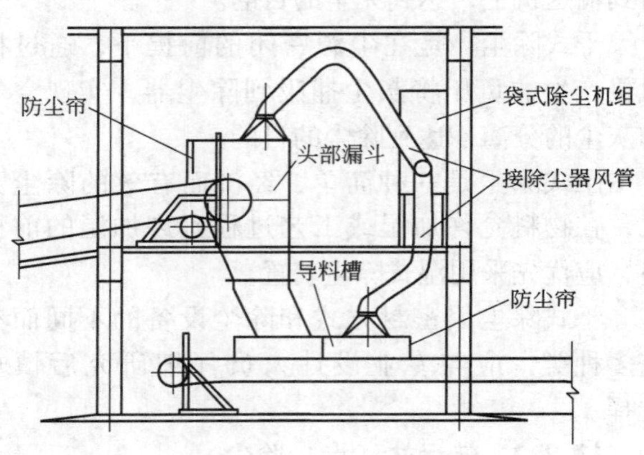

图 12-6　带式输送机转运站干式除尘装置布置图

抽尘点在前一条输送机头部漏斗处和后一条输送机的导料槽处，风管直接通往就地设置的除尘器及抽风机。除尘装置与带式输送机实行电气联锁，带式输送机启动和停机时，除尘装置的风机同时或延时启动和停机。

通过除尘器收集的灰尘，一般通过落灰管重新落到下一条输送机上。

直接进料仓的带式输送机头部除尘可以采取和图 12-6 一样的就地除尘方式，也可以采取如图 12-7 一样的集中除尘系统。

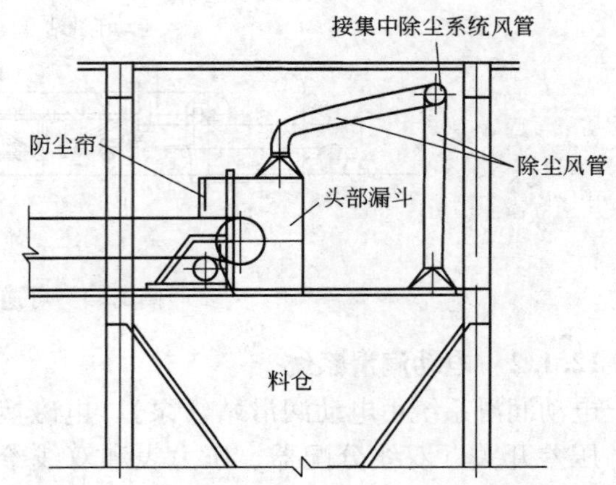

图 12-7　带式输送机头部干式除尘装置布置图

12.2.3　犁式卸料器除尘

犁式卸料器是在带式输送机中部若干个固定点处卸料，一般是几个犁式卸料器共用一套除尘装置或与其他设备一起采用一个集中的除尘系统，对带式输送机设计而言，除了犁式卸料器的漏斗一般应带有锁气器以外，主要就是一个卸料处如何密封的问题。

犁式卸料器的尘源密封方式有两种，一是漏斗处密封，一是全密封（见图 12-8），由设计者根据物料情况决定。

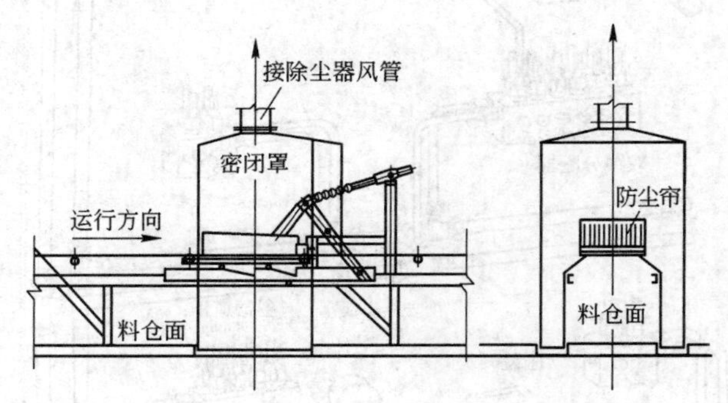

图 12-8　犁式卸料器的尘源密封装置

12.2.4　卸料车除尘

卸料车作为带式输送机上的一种移动卸料设备，它可以定点卸料，也可以行走卸料（边走边卸），这两种卸料方式均采用料仓负压和尘源处抽尘，沿料仓设抽尘主管的集中除尘方式，但尘源密封方式却大不一样。

12.2.4.1　卸料车定点卸料除尘系统

抽尘点设于漏斗护罩和两侧卸料管三处，三处风管汇成一根总管，并弯向从抽尘总管伸出的支管（见图 12-9），两者间隙约 20～30mm，抽尘主管的支管上设电动蝶阀，当卸料车行至卸料点，并与卸料口和带蝶阀的支管口对准后，蝶阀自动打开，卸料即可开始。卸料产生的灰尘通过蝶阀进入抽尘主管，加上料仓负压，确保灰尘不外泄。

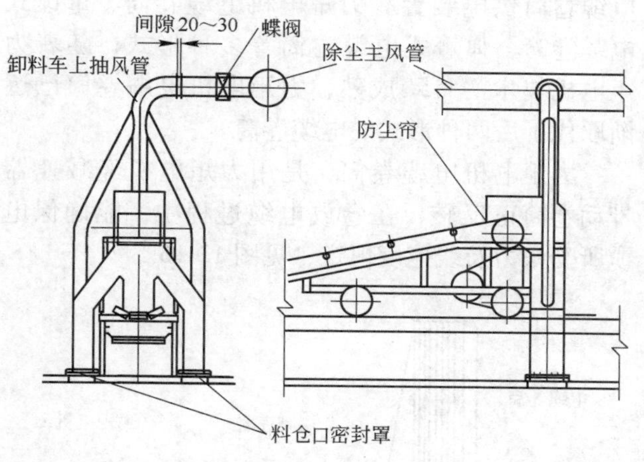

图 12-9 卸料车定点卸料除尘系统布置图

12.2.4.2 卸料车行走卸料除尘系统

行走卸料的难点主要是卸料口和主风管的密封问题。因为为了满足边走边卸的要求，料仓上口和主风管口都必须全线敞开，一般采用所谓“冂”形带解决这个难题。即在料仓受料口两端头间放置一条略宽于受料口的橡胶带（或输送带），该带绕过固定于卸料车上的四个轮子，这样除卸料车卸料口处一小段外，料仓受料口其他地方都被橡胶带盖住了，而卸料车照样可以自由行走。主风管的上口采用同样方式处理，参见图 12-10。

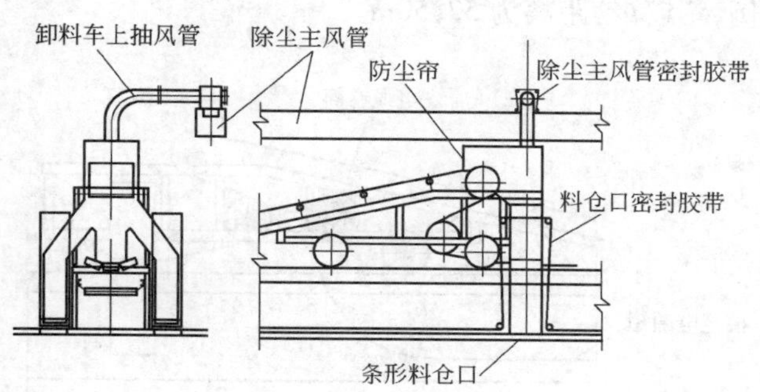

图 12-10 卸料车行走卸料除尘布置图

料仓上口的密封还有其他方法，在此不一一列举。

12.2.5 可逆配仓带式输送机除尘

可逆配仓输送机的受料点（也就是上一台带式输送机头部），可以采用前述转运站（点）除尘方式予以解决，如果采用湿式除尘方式，物料已充分加湿，那么配仓带式输送机两端卸料口也就无装备除尘设备的必要。困难的是必须采用干式除尘时，至今没有很有效的除尘方式，不得已时，多半是做一个房子，把配仓输送机全部罩起来，阻隔灰尘外泄。

12.3 移动供电装置

卸料车和可逆配仓带式输送机等移动设备，需要移动供电装置取得电源。有时候，移动供电装置是移动设备的一部分。

移动供电装置有硬滑线供电装置和软电缆供电装置两大基本类别。

12.3.1 硬滑线供电装置

沿着移动设备运行轨道敷设的裸导线就是硬滑线（简称滑线）。在移动设备上装有集电器，集电器沿滑线滑动或滚动，将电流引入到移动设备上。

滑线一般架空敷设，出于确保安全的需要，传统的裸滑线已为各种形式的安全滑触输电装置所取代，其特点是将硬滑线用绝缘护套防护，既保证了操作人员的安全，又可保证滑线有防积尘和防雨、雪侵袭的功能，使集电器运行平稳、可靠。

滑线又分为单极和多极两大类，其断面如图 12-11 所示，需要三线或四线供电时，将单极滑线组合即可，而组合式安全滑触线可布置成水平式或垂直式。

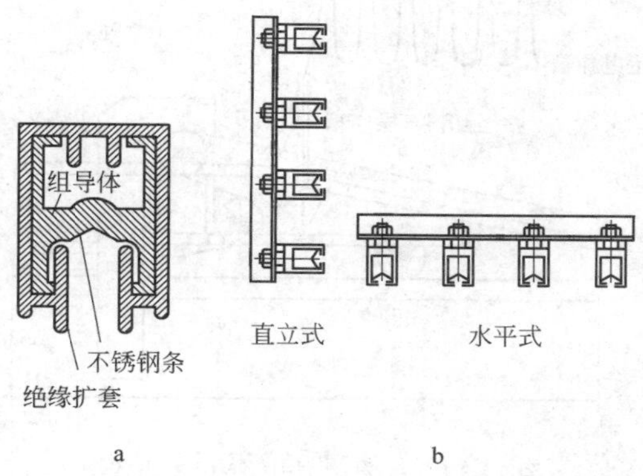

图 12-11 安全滑触线布置图
a—单极安全滑触线；b—组合式安全滑触线

采用硬滑线供电装置的卸料车示于图 12-12 中。

12.3.2 软电缆供电装置

软电缆供电装置有悬挂式和卷缆式两种。

12.3.2.1 悬挂电缆供电装置

标准形式的悬挂电缆供电装置是将电缆悬挂在若干个可沿工字钢梁滚动的滑车上，移动设备移动时，滑车随着滚动，电缆或收或放，有时为确保电缆不受拉力，而在滑车间设有曳引绳，见图 12-13。

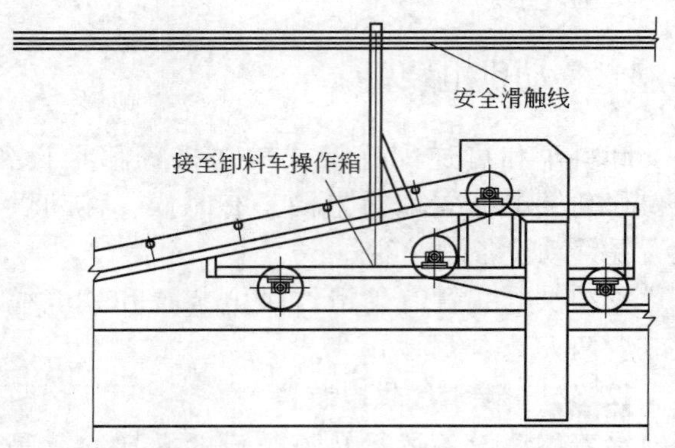

图 12-12　卸料车的硬滑线供电装置

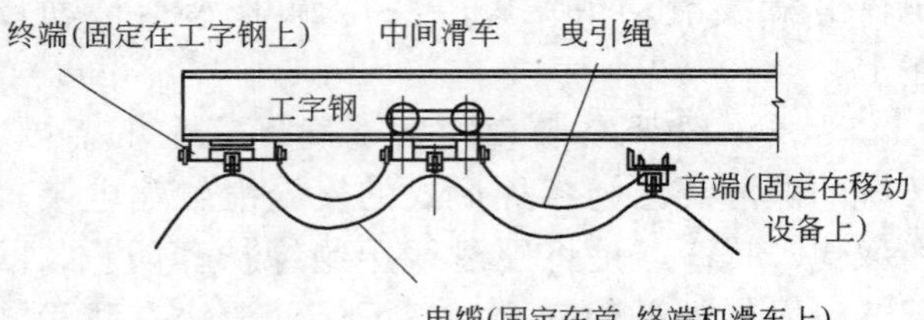

图 12-13　沿工字钢梁滚动的电缆滑车

电缆断面较小，移动距离较小时，往往用钢绳代替工字钢梁，将电缆通过卡环直接挂在钢绳上，见图 12-14。

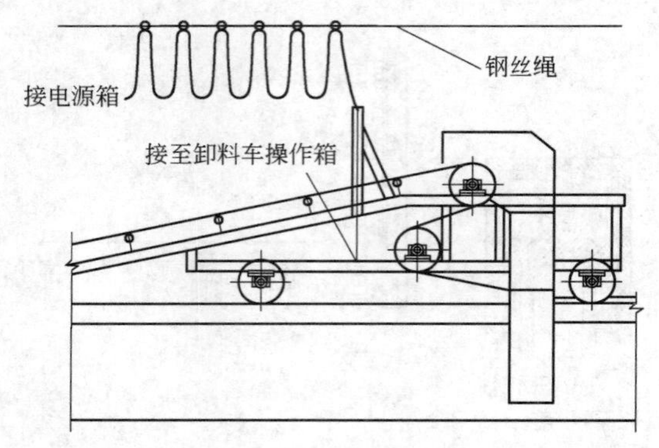

图 12-14　简易悬挂电缆供电装置

采用悬挂电缆供电装置的可逆配仓带式输送机实例示于图 12-15，行程为 12m。

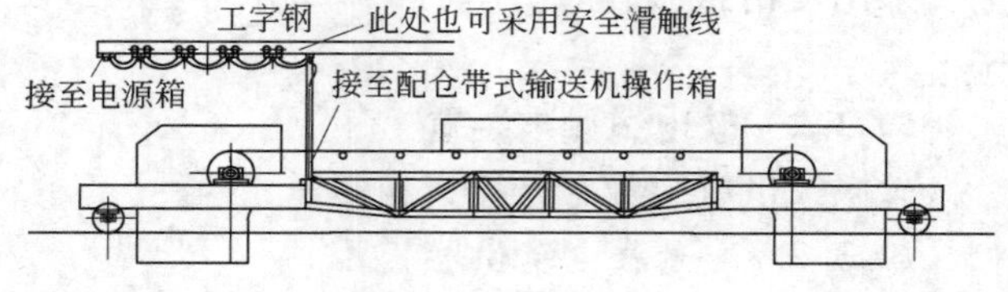

图 12-15　采用悬挂电缆供电装置的可逆配仓带式输送机

12. 3. 2. 2　电缆卷筒供电装置

与悬挂电缆供电装置比较，电缆卷筒供电装置更适合较长移动距离的移动设备。特别是卸料车和堆取料机等安装在带式输送机上的移动设备。电缆卷筒供电装置有力矩电机电缆卷筒、重锤式电缆卷筒、弹簧式电缆卷筒等多种形式，随着力矩电机技术的日臻成熟，力矩电机电缆卷筒已逐渐取代了后两种形式的电缆卷筒。

力矩电机电缆卷筒，是用力矩电机经减速器带动卷筒正反转，在卷放电缆过程中，能确保电缆所受张力及线速度恒定，见图 12-16。

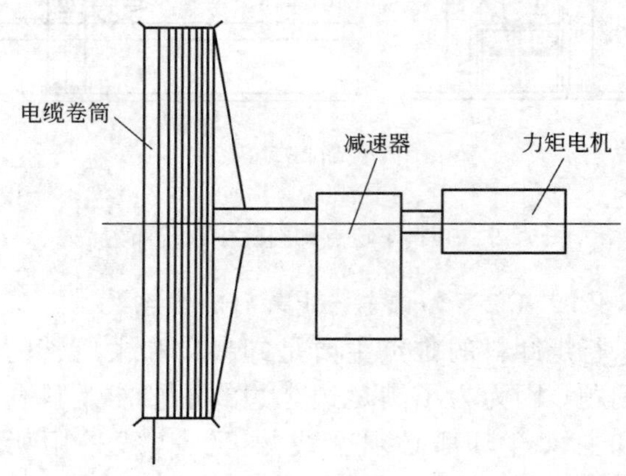

图 12-16　力矩电机驱动的电缆卷筒

电缆卷筒供电装置采用的电缆有圆电缆和扁电缆两种，特别对于长距离移动供电而言，扁电缆有不可比拟的优点，故使用更广泛。

图 12-17 是采用扁电缆电缆卷筒的卸料车实例，其移动距离为 52. 50m。

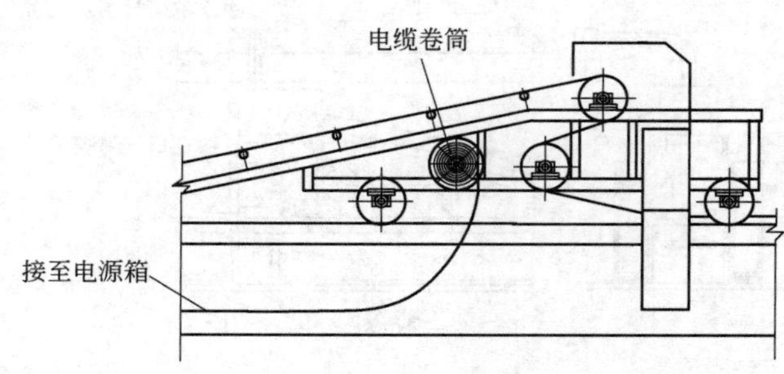

图 12-17　采用电缆卷筒供电装置的卸料车

12. 4　输送机系统控制检测元件

12. 4. 1　跑偏检测装置

跑偏检测装置（或跑偏开关）用于检测带式输送机输送带在运行过程中的跑偏，并发出信号。其本身并不能起到调整跑偏的作用。

跑偏检测装置具有两级动作功能：一级动作用于报警；二级动作用于自动停机。它只能发出信号，必须与输送机的控制系统联动，才能实现报警和自动停机的作用。

输送机在运行中，当输送带向一侧跑偏并与跑偏检测装置的立辊接触时，立辊随输送带的摩擦自转。若跑偏量继续加大，则立辊向输送机外侧偏转。立辊偏转角度超过12°时，一级开关动作，发出信号，控制系统报警；立辊偏转角度超过30°时，二级开关动作，再次发出信号，控制系统则可实现重度跑偏状态下的自动停机。当跑偏故障排除后，输送带离开立辊恢复正常运行时，立辊可自动复位。

跑偏检测装置应成对安装在输送带两侧，其位置应使立辊轴线与输送带平面相垂直，输送带边位于立辊高度的1/4～1/3处为宜。立辊距输送带带边距离，可根据实际情况而定，一般根据带宽不同取50～100mm。跑偏检测装置一般在带式输送机的头、尾轮滚筒附近各装一对，长距离带式输送机一般无需增加跑偏检测装置的数量。其安装示意图见图12-18。

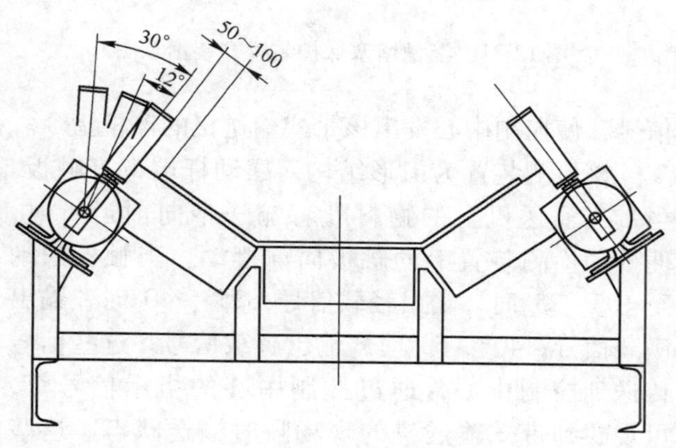

图12-18 跑偏检测装置安装示意图

12.4.2 打滑检测装置

打滑检测装置用于检测带式输送机在启动或运行过程中出现的输送带与传动滚筒之间的打滑，防止因打滑造成的事故。该装置还可以用于多条带式输送机的联锁启动、低速抱闸及超速保护。

打滑检测装置由传感头和控制箱两大部分组成，其中传感头由红外光电开关、遮光板、触轮、主控、其他传动机构等组成。该装置的传感头安装在带式输送机的输送带上分支和输送带下分支之间，其触轮与输送带上分支非工作面压紧接触，通过输送带与触轮的摩擦带动触轮旋转，同时使触轮带动其腔内的遮光板同步旋转，遮光板上开有一定数量的槽，遮光板每转过一个槽，就发出一个脉冲信号。此脉冲信号通过电缆发送到控制箱，经数据处理后，与原设定的编码数进行比较，如带式输送机运行速度正常，那么两数据相互吻合，发出运转正常的信号。当脉冲信号大于或小于设定的编码数时，则分别发出带式输送机超速或打滑的报警信号。

该装置固定在带式输送机机架上，在安装时应使该装置的轴线保持水平。控制箱安装在距离传感头附近且振动较小的墙壁上为佳。打滑检测装置安装示意图见图12-19。

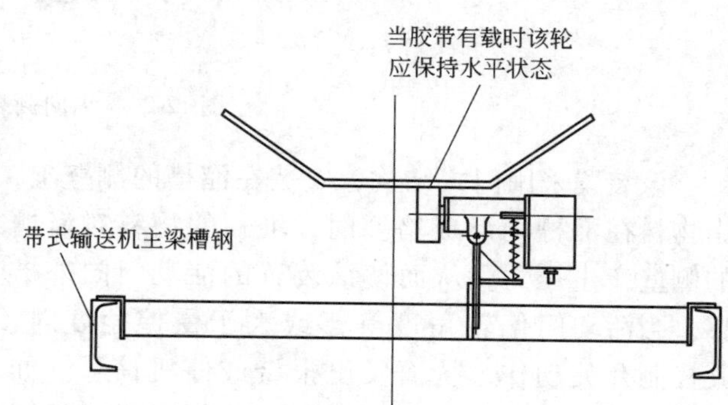

图12-19 打滑检测装置安装示意图

12.4.3 纵向撕裂保护装置

纵向撕裂保护装置用于带式输送机在运行过程中，由于异物（金属或其他尖硬物体）混杂在运输物料中而使输送带被刺穿，造成输送带纵向撕裂事故的报警和紧急停车。

纵向撕裂保护装置由传感器和控制箱两部分组成。传感器有A型和B型两种，A型是条形，安装在溜槽的物料出口处；B型是槽形，安装在槽形托辊处。该装置还有矿用隔爆型、缆索式、预埋式等。

传感器由密封在橡胶护罩内的、彼此隔开的两条弹性导电触片组成。当传感器受压时，两条触片导通，并将此信号发送到控制箱，控制箱立即处理此信号，消除干扰信号，如小于1s的瞬时碰撞信号，将可能造成输送带纵向撕裂的故障信号发送到运输系统的控制中心，使带式输送机立即事故停机，以实现自动保护的效果。事故处理完毕后，控制箱可人工复位。

该装置安装在带式输送机的尾部，一般在较长的或关键的带式输送机上，可根据具体情况和需要设置。一台带式输送机的纵向撕裂保护装置由一个A型传感器和4～6个B型传感器并联后接到控制箱上。纵向撕裂保护装置安装示意图见图12-20。由于制造厂家的产品各自有别，应按制造厂提供的资料进行安装。

12.4.4 溜槽堵塞保护装置

溜槽堵塞保护装置用于检测带式输送机系统中的转运溜槽内的堵料情况，当溜槽内形成堵塞时，该装置则立即发出堵塞报警、停机信号至运输系统的控制中心，立即事故停机。

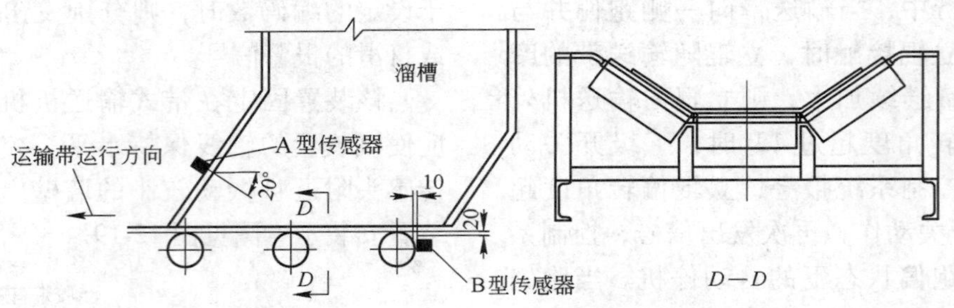

图 12-20 纵向撕裂保护装置安装示意图

该装置采用门式结构，安装在溜槽的侧壁上，当物料在溜槽内形成堵塞时，堆积的物料对溜槽的侧壁产生压力，从而使该装置的活动门向外推移，当活动门偏转角度等于或大于受控角度时，其控制开关动作，从而发出报警或停机信号。如将此信号接至振打器控制线路上，可实现轻度堵塞时不停机自动振打消除堵塞状态。当溜槽堵塞故障排除后，活动门自动复位，恢复原状。该装置有两种型号，外形结构相同，区别在于箱体内选用的传动开关不同，一种是行程开关，一种是舌簧（接近式）开关。

因为两种型号产品的箱体尺寸相同，故安装方法一样。首先应在溜槽侧壁适当的位置开一个260mm×260mm 方孔，然后在开孔处上方约 100～200mm 处溜槽内壁焊接一块 300mm 的挡板，以防大块物料落下，直接击打活动门而发生误动作，在溜槽外侧用随机所配弹力橡胶板，将开孔完全覆盖封闭。再用随机配套的弯角件，按照安装要求焊接在溜槽外侧壁上，用螺栓紧固箱体即可。

该装置成对安装在溜槽相对的两个侧壁上，一般安装在溜槽底部向上 2/3 的高度位置。当发生堵塞时，输出一个停机信号。也可安装两组，一组安装在溜槽底部向上 1/3 处，作为轻度堵塞检测，当发生堵塞时，可输出信号至振打器，进行振打破堵；另一组安装在溜槽底部向上 2/3 处，作为重度堵塞检测，当发生堵塞时，输出停机信号。其安装示意图见图 12-21。

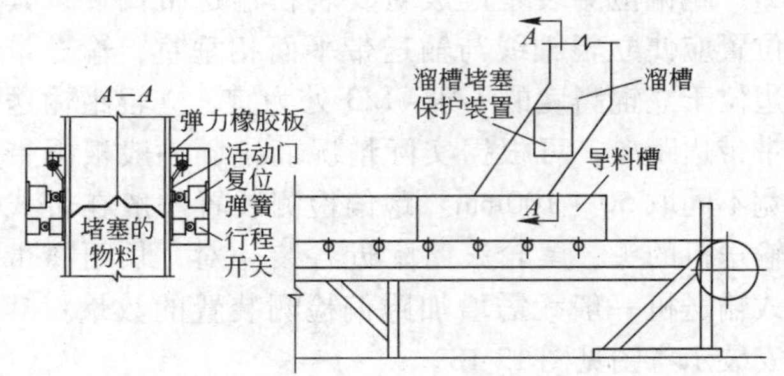

图 12-21 溜槽堵塞保护装置安装示意图

12.4.5 料流检测装置

料流检测装置用于检测带式输送机运输物料时，料流瞬时状态的一种检测装置。一般该装置安装在靠近带式输送机的头部，可以发出开关信号，使运输系统的控制中心知道运输物料到达哪一条带式输送机。在事故停机时，出事故的带式输送机前方所有联锁设备都同时停机，其后方的带式输送机继续运行，待物料运输完毕后依次停机。带式输送机上的物料是否已运输完毕，则依靠料流检测装置检测，测得无料时，该装置发出信号，使控制中心发出该带式输送机的停机指令。

该检测装置为门形结构，摆动杆端带有触板。当带式输送机上的物料随着输送带向前运行时，便推动检测装置上的触板向前摆动。当触板摆动至 10°～25°时，输出轻载信号；25°～40°时，输出满载信号；40°～60°时，输出超载信号。这些信号传送到控制中心，通过控制中心的指示信号灯，可观察到带式输送机的现场瞬时输送状态。这些信号还可以通过控制系统与自动洒水装置的电磁阀联锁，实现有料时自动洒水。

该检测装置的锁紧管焊接在带式输送机的主梁架上，调节并固定支臂和横梁，使其触板垂直于输送带面，如果是倾斜带式输送机，应使其触板与水平面垂直，调整各部分的锁紧管，以达到调整触板的高度。其安装示意图见图 12-22。

12.4.6 行程开关

行程开关是在各行业广泛应用的开关器件，在带式输送机配套的移动设备上，起到终点保护或行程定位的作用。行程开关种类较多，有机械式和电子感应式两大类，根据用途和使用环境分别选用，机械式行程开关相对体积较大，电子感应式体积小，安装方便。

12.4.6.1 机械式行程开关

卸料车或配仓带式输送机配用的行程开关多为 LX10 系列，常用的机械式行程开关的摇臂有直形尺杆和滚子叉形式两种。其安装示意图见图 12-23。

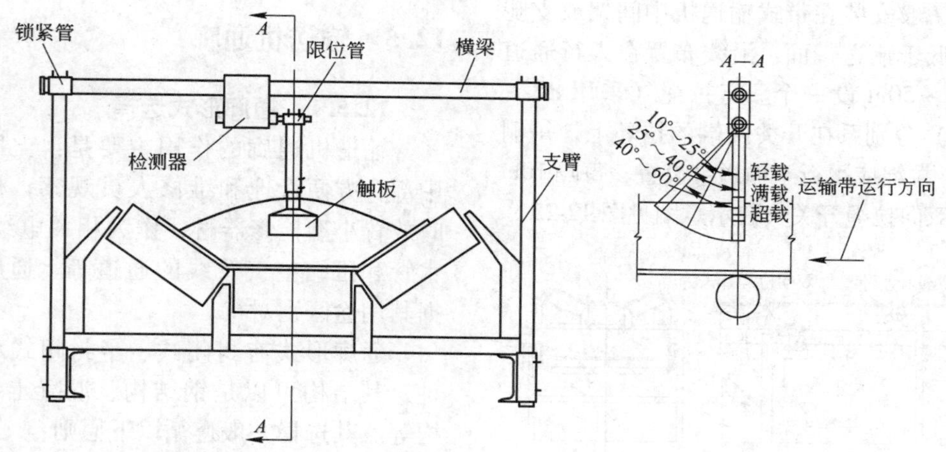

图 12-22 料流检测装置安装示意图

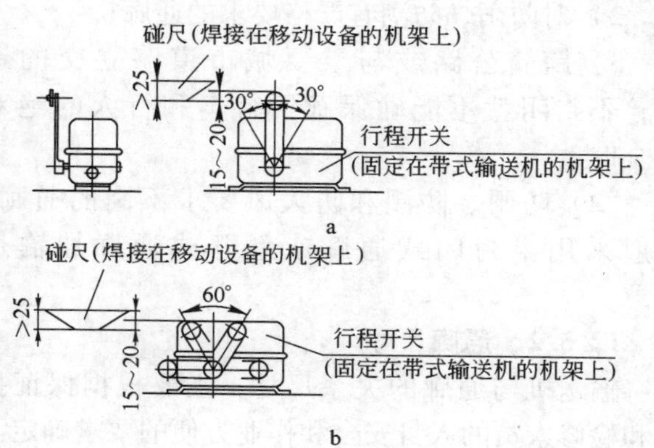

图 12-23 机械式行程开关安装示意图

a—直形尺杆式；b—滚子叉形式

直形尺杆式行程开关多用于卸料车或配仓带式输送机起点或终点的极限保护，滚子叉形式多用于卸料车或配仓带式输送机中间卸料控制位置。行程开关固定在带式输送机的机架或平台面上，碰尺焊接在卸料车或配仓带式输送机的机架上，其定位尺寸应根据现场实际情况，使碰尺能拨动行程开关摇臂上的滚轮，而又不会与其他部位相碰为准。确定行程开关位置时，要同时考虑卸料车等设备的走行停机时的惯性和控制上的延时等因素，确保准确定位。

行程开关的输出接点数，标准型为一级常开、一级常闭，但可根据需要改装成两级常开或两级常闭的形式。操作电压可用直流 110V 或 220V，交流 220V 或 380V。

12.4.6.2 电子感应式行程开关

电子感应式行程开关是一种新型、无接触的金属感应型电子开关器件，现已广泛应用于卸料车或配仓带式输送机的极限保护和卸料位置的控制。它具有体积小、安装方便、无火花、无噪声、防震、防潮、动作响应快、使用寿命长等特点。电子感应式行程开关可以直接驱动各类继电器、接触器、信号灯，可以直接与各类计算机接口相连，取代机械式行程开关，广泛地用于现代工业控制系统和自动化控制系统。

电子感应式行程开关为交、直流二线开关，是无电源和无极性的二线开关，只需将其串接在电源和负载回路中即可工作。输出形式分二线常开或二线常闭。操作电压可用 10 ~ 30V 或交流 220V。电子感应行程开关安装示意图见图 12-24。

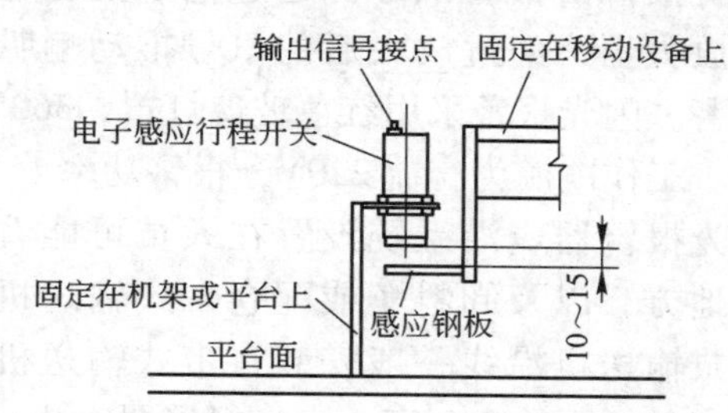

图 12-24 电子感应行程开关安装示意图

12.4.7 双向拉绳开关

双向拉绳开关用于带式输送机紧急或事故停机，当输送机出现事故时，工作人员可在任何位置紧急拉动双向拉绳开关的绳索，使带式输送机立即紧急事故停机。一般拉绳开关安装在带式输送机的一侧，也可两侧安装。

双向拉绳开关采用移动式凸轮机构，密闭在铁质外壳内，在户外使用时可防雨。当拉动拉绳开关的任何一侧或同时拉动两侧拉绳时，均可移动凸轮使开关动作转换，同时发出停机和报警信号。

拉绳开关有两种形式，即自动复位型和人工手动复位型。从安全考虑采用人工手动复位为好，即当故障排除后，工作人员确认可恢复正常运行时，向上拉出复位杆，这时运输系统可恢复正常工作。

拉绳开关一般安装在带式输送机中间架或支腿上，其位置应低于输送带面，沿线布置在人行通道一侧，每隔 30 ~ 50m 设一个。将拉绳（采用 $\phi3$ ~ 4mm 的钢丝绳）分别系在开关两端的拉环上，每侧绳长应≤40m，拉绳应平行于输送带设置，每隔 10m 设一个吊环。双向拉绳开关安装示意图见图 12-25。

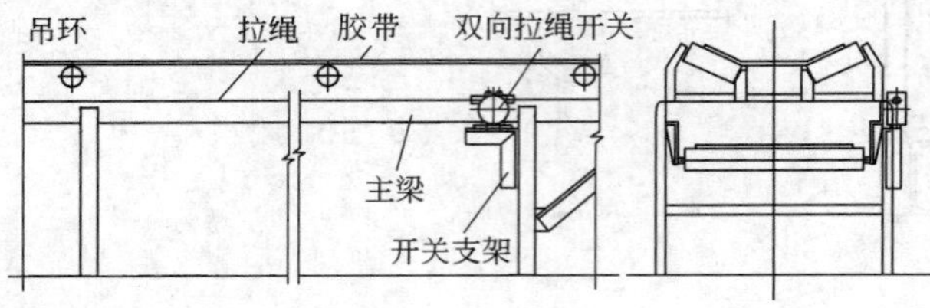

图 12-25　双向拉绳开关安装示意图

12.4.8　声光报警器

声光报警器用于带式输送机联锁系统作为开机信号。作业前，必须发出声光信号并维持 20 ~ 30s，通知沿线人员离开设备，然后再启动设备。另外，卸料车或配仓带式输送机在行走时，同时发出声光信号，通知设备附近人员离开设备，注意安全。声光报警器是一种多用途的报警装置。

声光报警器由声音报警和闪光报警两部分组成。声音报警由报警讯号源通过电子混合电路送入功率放大器，经过放大后的讯号推动喇叭发出声音报警。闪光报警采用红色玻璃灯罩，360°全方位闪光。工作电源为交流 220V，报警功率 15W。

声光报警器应沿系统设置在人员可能看到和听到的地方，以及卸料车或配仓带式输送机机架上。带式输送机沿线一般安装在带式输送机的机架上，离地坪面约 2 m 高。声光报警器安装示意图见图 12-26。

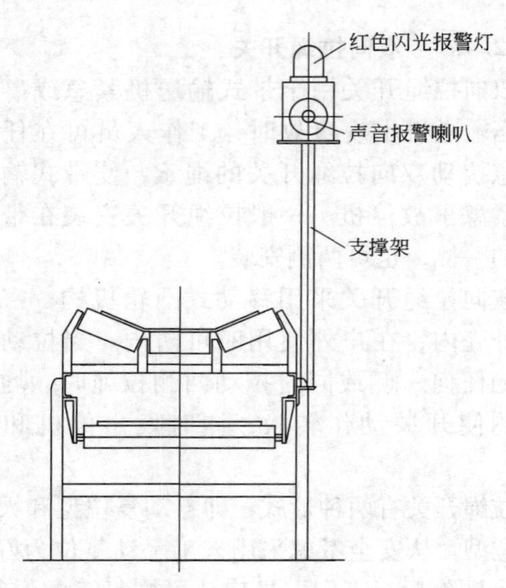

图 12-26　声光报警器安装示意图

12.5　输送机通廊

12.5.1　通廊形式选择

输送机通廊的作用主要是：支撑带式输送机中部，方便管理和维修人员观察，检修通行和临时放置小型检修器材，作为相关电缆、照明灯线、水管和压缩空气管线的通道等。通廊设计必须根据其用途区别对待。

通廊形式有封闭式、半封闭式和敞开式等三种，其结构可以是钢结构、混凝土结构、砖混结构等。其选择一般遵循以下原则：

（1）封闭通廊一般在以下工况时选用：

1）采暖地区使用的采暖通廊；

2）对防雨、防潮有严格要求的通廊；

3）跨骑公路或与重要城市道路立交的通廊，不封闭就不能确保廊下行车和行人的绝对安全时。

（2）防雨、防潮和防大风要求不高的通廊，一般采用半封闭式通廊或敞开式通廊加输送机罩。

12.5.2　通廊尺寸

输送机与通廊的关系尺寸，主要根据保证操作和检修人员的人身安全和作业方便的要求确定。

（1）通廊内的通道宽度，应保证操作和维修人员通行和操作时，不被运转中的输送机碰伤和擦伤，不被卷入输送带和托辊、滚筒间。据此，一般走道净宽应≥800mm。

（2）封闭式和半封闭式通廊的净空高度，应保证操作和维修人员通行和操作时，不碰顶或不被顶部设置的支架、灯具和其他器物碰伤。一般通廊净空高度应≥2500mm，当通廊中的输送机条数多于 3 条时，为使行人无压迫感和符合建筑美学要求，应适当加高通廊。

（3）输送机通廊兼作电缆通廊时，应加高或加宽通廊，确保电缆排架斜撑的根部以下的净空高度符合第（2）条的要求，或确保侧壁上的电缆排架外沿与输送机内的走道净宽不小于 800mm。

（4）输送机通廊中设置水管和压缩空气管道时，应沿通廊侧壁布置，并符合前述关于通廊净高和净宽的要求。

（5）敞开式通廊需设置电缆、水管或压缩空气管道时，应将其设置在通廊走道栏杆以外。

根据以上要求确定的输送机和通廊关系尺寸的推荐值列于表 12-1、表 12-2 和表 12-3。

表 12-1 敞开式通廊关系尺寸推荐值 mm

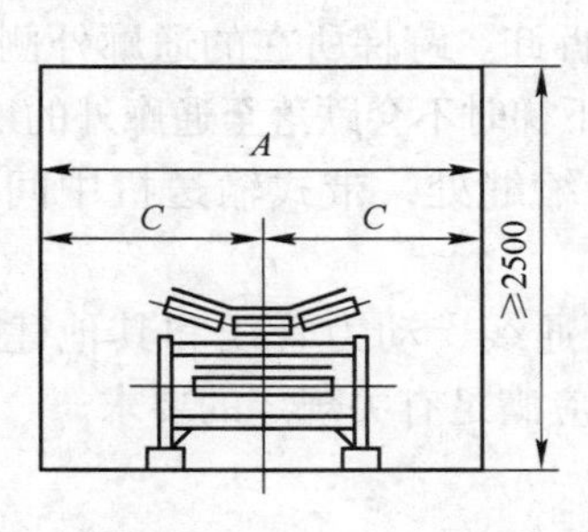

输送机带宽	A	C	H
500	2600	1300	1050
650	2800	1400	1050
800	3000	1500	1050
1000	3200	1600	1050
1200	3400	1700	1050
1400	3600	1800	1050

表 12-2 一台带式输送机通廊尺寸推荐值 mm

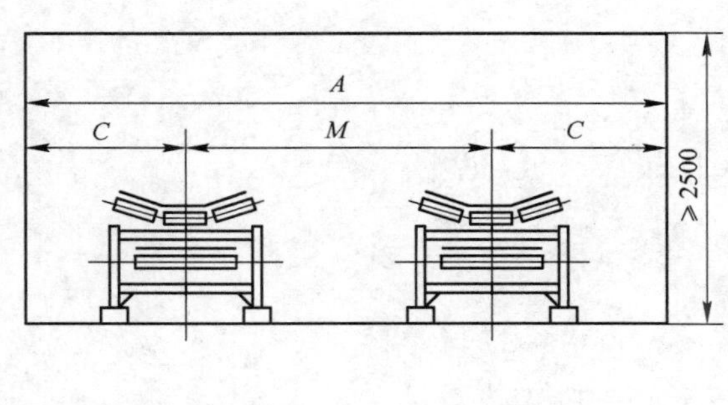

输送机带宽	A		C	
	非采暖	采暖	非采暖	采暖
500	2600	2800	1300	1400
650	2800	3000	1400	1500
800	3000	3200	1500	1600
1000	3200	3500	1600	1750
1200	3500	4000	1750	2000
1400	4000	4500	2000	2250

表 12-3 两台带式输送机通廊尺寸推荐值 mm

输送机带宽	A		M		C	
	非采暖	采暖	非采暖	采暖	非采暖	采暖
500 + 500	4500	5000	1900	2100	1300	1450
500 + 650	4500	5000	1900	2100	1300	1450
500 + 800	5000	5500	2200	2400	1400	1550
650 + 650	5000	5500	2200	2400	1400	1550
650 + 800	5000	5500	2200	2400	1400	1550
650 + 1000	5500	6000	2500	2700	1500	1650
800 + 800	5500	6000	2500	2700	1500	1650
800 + 1000	5500	6000	2500	2700	1500	1650
800 + 1200	6000	6500	2800	2900	1600	1800
1000 + 1000	6000	6500	2800	2900	1600	1800
1000 + 1200	6000	6500	2800	2900	1600	1800
1000 + 1400	6500	7000	3100	3200	1700	1900
1200 + 1200	6500	7000	3100	3200	1700	1900
1200 + 1400	7000	7500	3400	3500	1800	2000
1400 + 1400	7000	7500	3400	3500	1800	2000

12.5.3 组装式通廊

组装式输送机中间架和通廊简称组装式通廊，是将输送机中间架、支腿和通廊设计为一体，既是输送机的中间架，又是通廊的一种结构件。原先区分为设备和土建结构件的两部分合为一个整体。它是先在工厂分段制作并安装上下托辊，继而在现场用高强螺栓拼装连接，定位后再焊接牢固，从而一次完成土建施工和设备安装工程。与常规的固定式通廊相比较，组装式通廊在推行工厂化施工方法、提高制作安装质量、加快工程进度和节约钢材等方面具有突出的优点，适宜在一切有条件的地方推广使用。

图 12-27 为组装式通廊的剖面图。它一般为敞开式通廊，型钢桁架，两侧有外挑的等宽钢板网走道，桁架上设输送机罩，一般制成 9 ~ 12m 长的标准段。

12.5.4 通廊设计的一般要求

（1）通廊倾角 ≥6° 时，走道面应设防滑条；

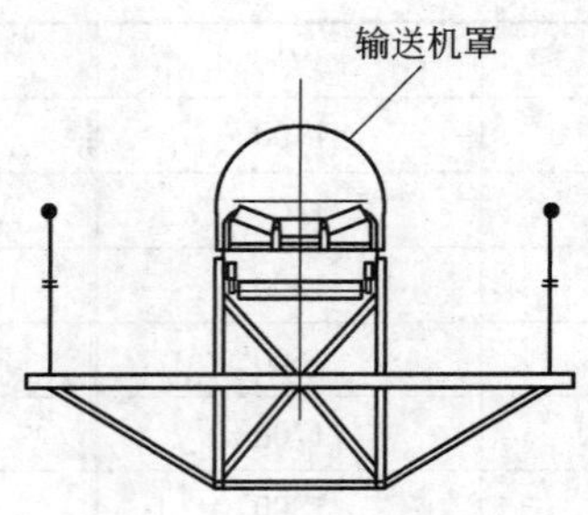

图 12-27　组装式通廊剖面图

倾角≥12°时，走道面应设踏步。<6°的通廊走道面，当为混凝土结构时，允许采用光面；当为钢结构时，应采用花纹钢板或钢板网。

（2）敞开式通廊的外侧和组装式通廊走道的内外侧应设踢脚板，其高度≥100mm，外侧栏杆高度为1050mm。

（3）采用水冲洗通廊时，应采取措施保证通廊各处不漏水。

（4）长度超过100m的输送机，其下部通行的净高小于1900mm时，应设置跨梯（料场堆取料设备的主输送机的地面段除外），超长输送机每70m设一座跨梯。

封闭式和半封闭式通廊设置跨梯处的净空高度不小于1900mm，跨梯下部的净空高度应保证输送机最大输送量时不挡料，组装式通廊跨梯下部的净空高度应较输送机罩顶面高度高出100mm以上，并不得妨碍输送机罩的拆卸。跨梯所在的通廊外侧应设护栏，以确保工人下梯时不会跌落至通廊外的地面。

（5）在通廊伸缩缝处，带式输送机中间架应相应设置伸缩缝。

（6）通廊与交通线、动力管线和其他建筑物立交处的净空高度应满足有关规定的要求。

13 计算机辅助设计

13.1 概述

与本手册同时问世的 DT Ⅱ(A)型带式输送机计算机辅助设计软件包含三个部分：直接用于设计的绘图软件、工程概预算软件和辅助设计的延伸产品——快速报价软件。这些软件将设计人员从繁重的简单劳动中解放出来，使行业中有限的智力资源能够投入到产品的创新中去，以期在一个不太长的时间内缩短我国带式输送机行业与先进国家在技术上的差距。

由于历史的原因，使用通用型带式输送机的各行业，在施工图的绘制深度、投资计算方法以及招投标模式等方面很不统一，给上述软件的编制带来困难。为了扩大软件的服务领域，该软件均按原各部属设计单位使用最广泛的绘图和工程概预算方法以及在招投标中使用最多的方法作为基本模式进行编制，同时又可为特殊用户提供个性化服务，以满足不同用户的需求。

13.2 适用范围——常用侧型

由于自身特性所决定，带式输送机的侧型多种多样。该软件均选用了最常用的 12 类共 43 种侧型作为基本侧型，基本侧型的输送机均可直接使用。对于能将侧型简化为这 43 种侧型中任何一种的输送机，也可使用该软件完成基本工序，然后人工进行适当修正，也能达到省时省工的目的。

12 类 43 种常用侧型列于表 13-1 中。每种侧型均有代号，直接使用该代号便于建立起 DTⅡ(A)型带式输送机的形象概念，也可以使输入简化。

13.3 功能简要说明

13.3.1 绘图软件

绘图软件用于绘制 DTⅡ(A)型带式输送机施工图阶段的总装图。按要求输入相关数据后，即可一次顺序完成设计计算、部件选型以及绘制总装图等程序，也可以仅用作设计计算或绘制安装图。该软件的输出方式有以下三种：

(1) 图表合一方式，也就是一般设备总装图的构成模式，即总装图、规格性能表和明细表在一张图上，如图 13-1 所示。

(2) 一图二表方式，这是武汉钢铁设计研究总院创立的一种模式，即总装图、设备订货表（带性能表及简图）和结构件表分开为三张图（见图 13-2 ~ 图 13-4）。其中，总装图和两表只在安装设备时由安装单位同时使用，而在设备订货阶段只需要使用订货表。设备投产后的设备管理一般也只需要两表，而各条输送机规格划一的两表可按工程、按车间装订在一起，由于避开了大幅面且图幅规格又不统一的总装图，使用起来非常方便。经 20 多年来在各地的使用，受到广泛欢迎，有可能成为一种通用模式。

(3) 双路输送机合一方式。这是电力设计院常用的一种输出模式。由于电力输送机多为双路，两条并行的输送机画在一张图上对施工有一定的方便之处。

13.3.2 工程概预算软件

工程概预算软件用于初步设计和在施工图阶段编制 DTⅡ(A)型带式输送机的概算和预算。该软件既可完成单条带式输送机的概预算，也可以一次顺序完成一个工程中多条带式输送机的工程概预算。该软件采用一般设计院常用的概预算表输出，也可按用户要求的式样输出。

13.3.3 快速报价软件

快速报价软件用于初步设计后招标单位进行 DTⅡ(A)型带式输送机设备总承包招标和施工图设计后招标单位进行供货招标时使用。该软件可一次完成一个项目中多条带式输送机的工程招标报价，其输出方式可按用户要求订制，也可只提供基本价，由用户根据基本价编制报价文件。

13.4 用户手册示例

三个软件各附有用户手册，供用户使用时查阅。现将绘图软件中设计计算部分的用户手册示例。

在文件菜单中单击“设计计算”，将出现参数输入窗口。在该窗口中输入原始参数，系统就可自动完成设计计算的过程。

表13-1 带式输送机常用侧型

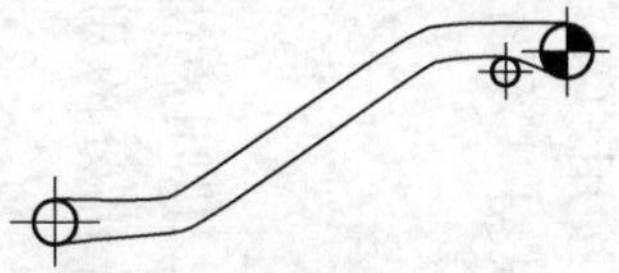 A1	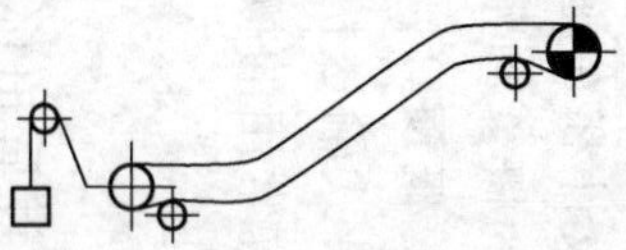 B1	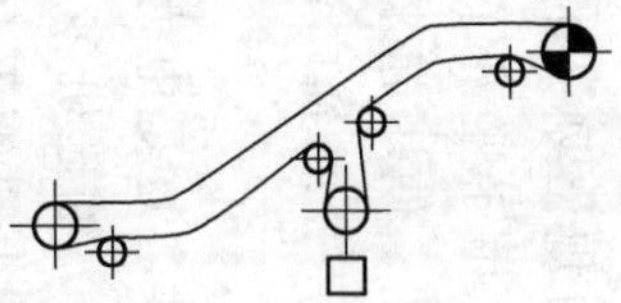 C1	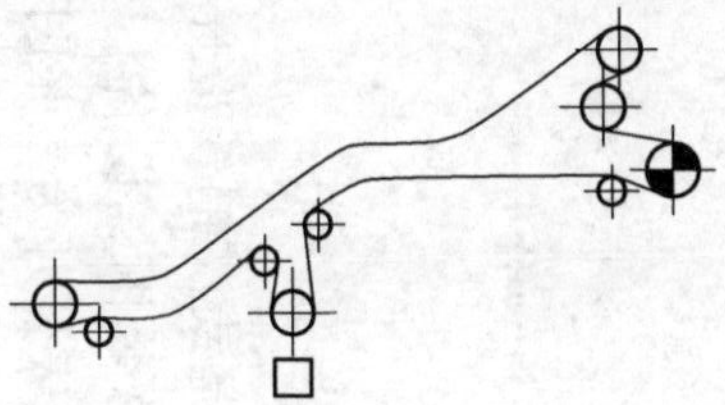 D1
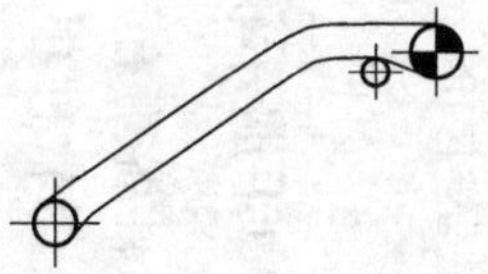 A2	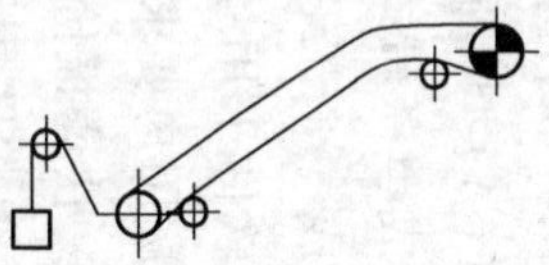 B2	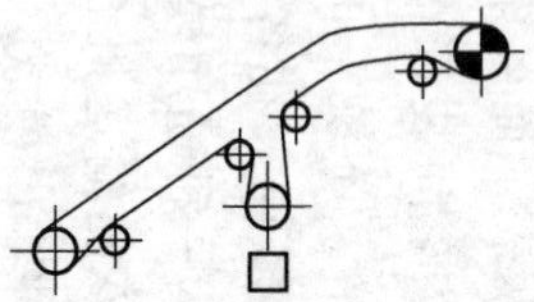 C2	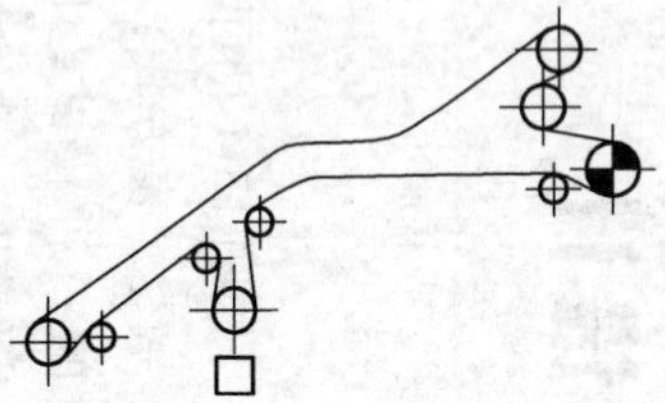 D2
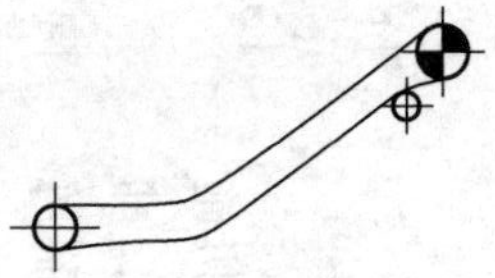 A3	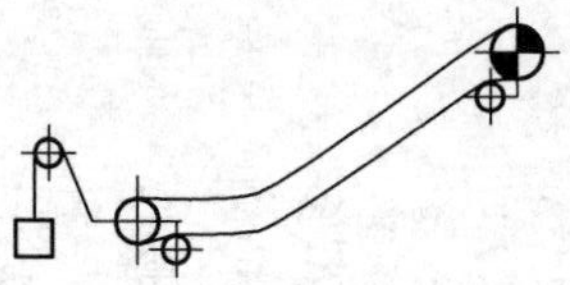 B3	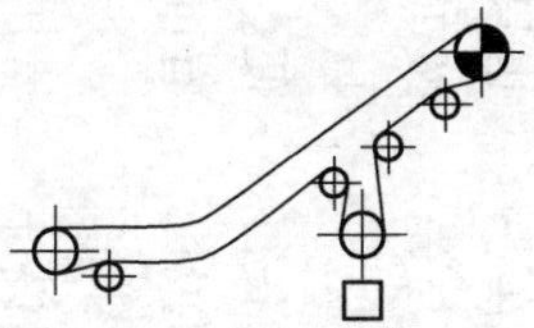 C3	D3
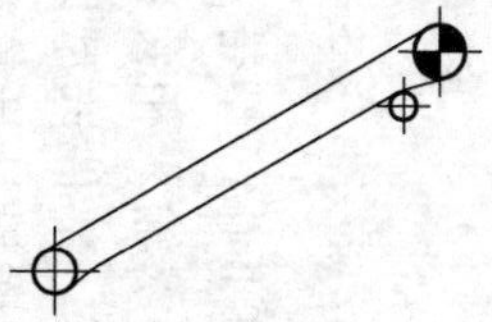 A4	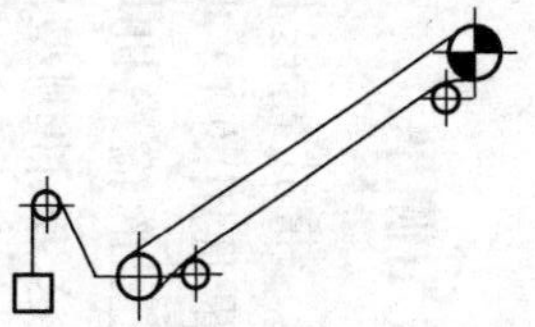 B4	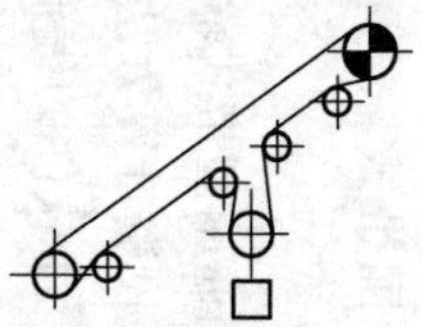 C4	D4
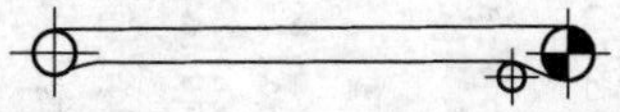 A5	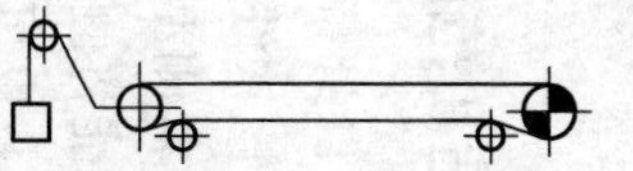 B5	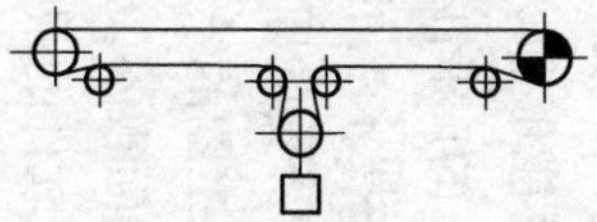 C5	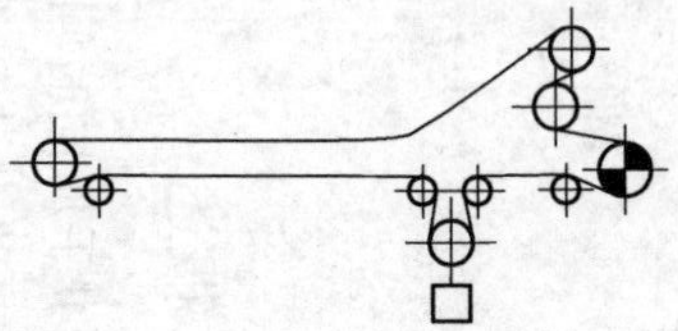 D5

续表 13-1

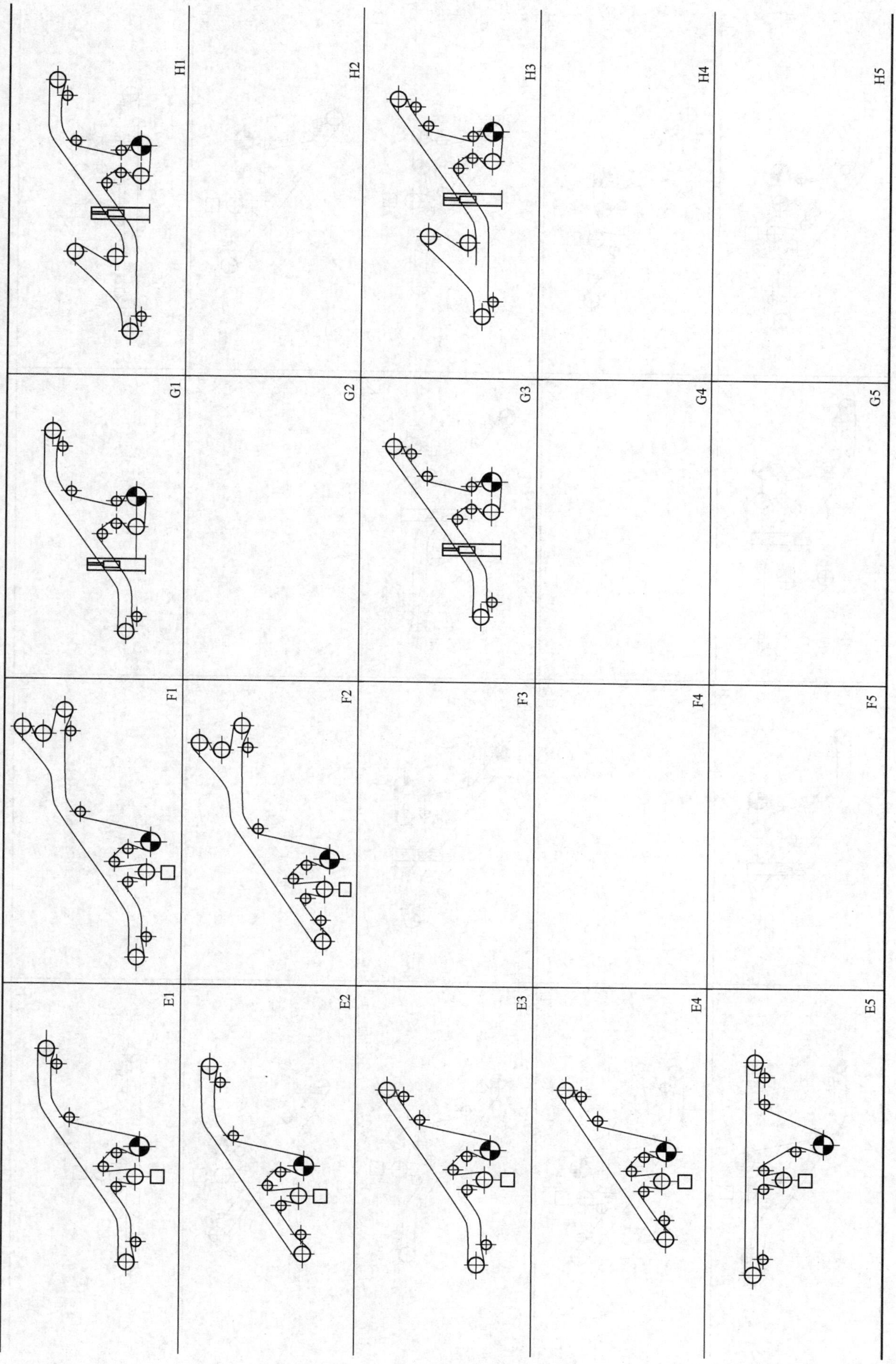

E1	F1	G1	H1
E2	F2	G2	H2
E3	F3	G3	H3
E4	F4	G4	H4
E5	F5	G5	H5

续表 13-1

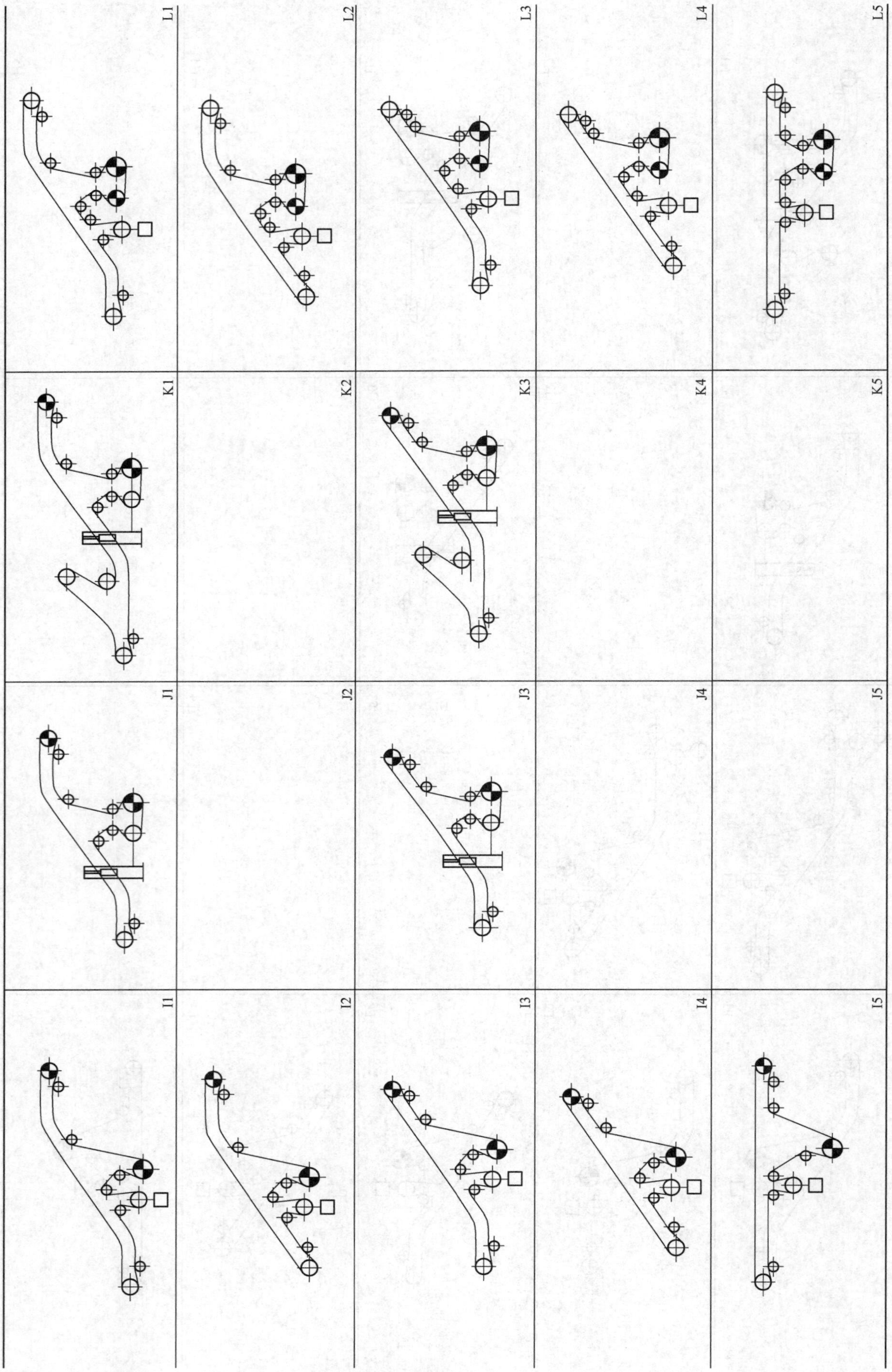

I1	J1	K1	L1
I2	J2	K2	L2
I3	J3	K3	L3
I4	J4	K4	L4
I5	J5	K5	L5

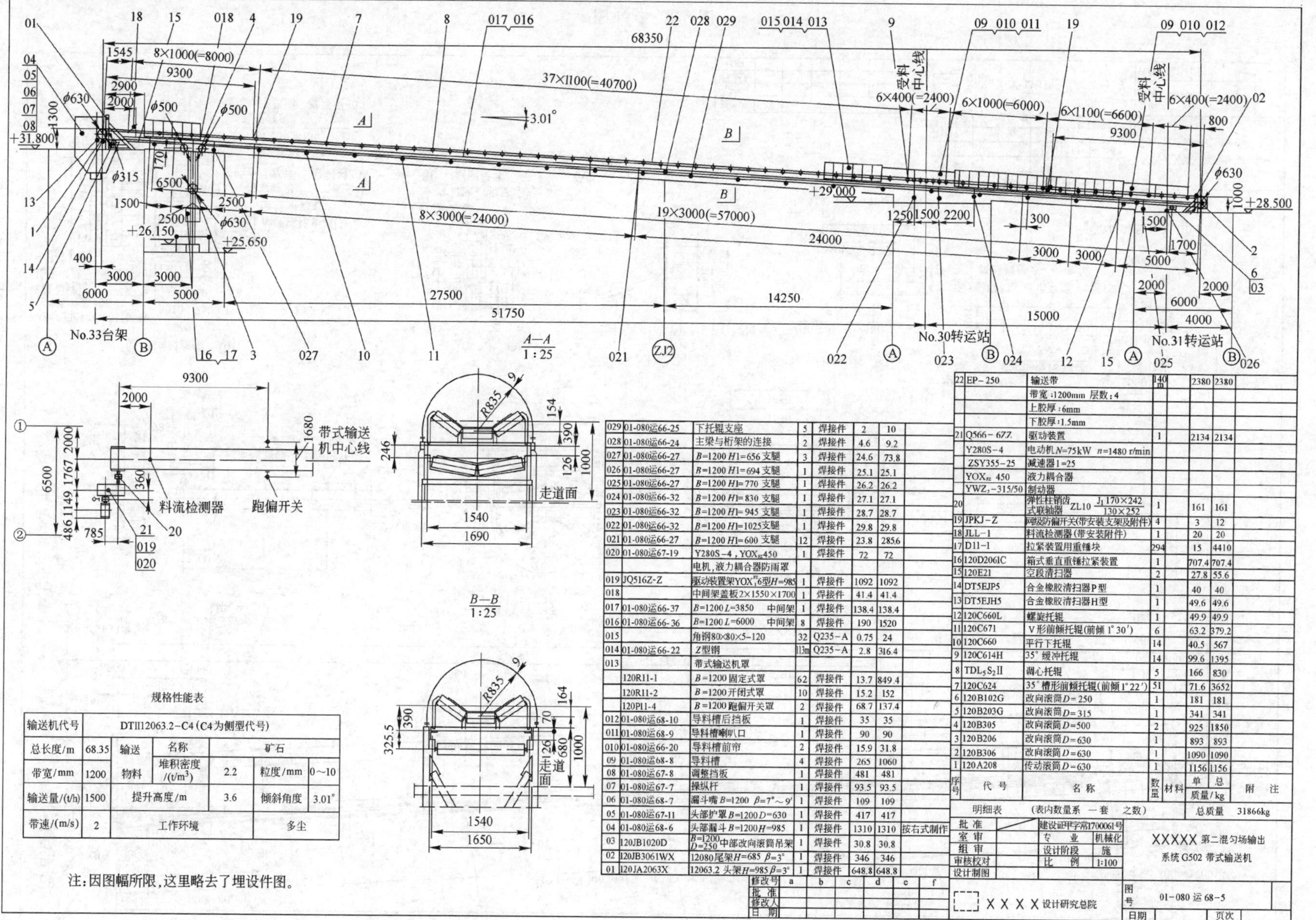

规格性能表

输送机代号	DTⅡ12063.2-C4(C4为侧型代号)					
总长度/m	68.35	输送	名称	矿石		
带宽/mm	1200	物料	堆积密度/(t/m³)	2.2	粒度/mm	0~10
输送量/(t/h)	1500	提升高度/m		3.6	倾斜角度	3.01°
带速/(m/s)	2	工作环境		多尘		

序号	代号	名称	数量	材料	单	总	附注
029	01-080运66-25	下托辊支座	5	焊接件	2	10	
028	01-080运66-24	主梁与桁架的连接	2	焊接件	4.6	9.2	
027	01-080运66-27	B=1200 H1=656支腿	3	焊接件	24.6	73.8	
026	01-080运66-27	B=1200 H1=694支腿	1	焊接件	25.1	25.1	
025	01-080运66-27	B=1200 H1=770支腿	1	焊接件	26.2	26.2	
024	01-080运66-32	B=1200 H1=830支腿	1	焊接件	27.1	27.1	
023	01-080运66-32	B=1200 H1=945支腿	1	焊接件	28.7	28.7	
022	01-080运66-32	B=1200 H1=1025支腿	1	焊接件	29.8	29.8	
021	01-080运66-27	B=1200 H1=600支腿	12	焊接件	23.8	285.6	
020	01-080运67-19	Y280S-4, YOX_II450 电机,液力耦合器防雨罩	1	焊接件	72	72	
019	JQ516Z-Z	驱动装置架YOX_II6型H=985	1	焊接件	1092	1092	
018		中间架盖板2×1550×1700	1	焊接件	41.4	41.4	
017	01-080运66-37	B=1200 L=3850 中间架	1	焊接件	138.4	138.4	
016	01-080运66-36	B=1200 L=6000 中间架	8	焊接件	190	1520	
015		角钢80×80×5-120	32	Q235-A	0.75	24	
014	01-080运66-22	Z型钢	113m	Q235-A	2.8	316.4	
013		带式输送机罩					
	120R11-1	B=1200固定式罩	62	焊接件	13.7	849.4	
	120R11-2	B=1200开闭式罩	10	焊接件	15.2	152	
	120P11-4	B=1200跑偏开关罩	2	焊接件	68.7	137.4	
012	01-080运68-10	导料槽后挡板	1	焊接件	35	35	
011	01-080运68-9	导料槽喇叭口	1	焊接件	90	90	
010	01-080运66-20	导料槽前帘	2	焊接件	15.9	31.8	
09	01-080运68-8	导料槽	4	焊接件	265	1060	
08	01-080运67-8	调整挡板	1	焊接件	481	481	
07	01-080运67-7	操纵杆	1	焊接件	93.5	93.5	
06	01-080运68-7	漏斗嘴B=1200 β=7°~9°	1	焊接件	109	109	
05	01-080运67-11	头部护罩B=1200 D=630	1	焊接件	417	417	
04	01-080运68-6	头部漏斗B=1200 H=985	1	焊接件	1310	1310	按右式制作
03	120JB1020D	B=1200 D=250 中部改向滚筒吊架	1	焊接件	30.8	30.8	
02	120JB3061WX	12080尾架H=685 β=3°	1	焊接件	346	346	
01	120JA2063X	12063.2头架H=985 β=3°	1	焊接件	648.8	648.8	

序号	代号	名称	数量	材料	单	总	附注
22	EP-250	输送带	140m		2380	2380	
		带宽:1200mm 层数:4					
		上胶厚:6mm					
		下胶厚:1.5mm					
21	Q566-67Z	驱动装置	1		2134	2134	
	Y280S-4	电动机N=75kW n=1480 r/min					
	ZSY355-25	减速器i=25					
	YOX_II 450	液力耦合器					
	YWZ_5-315/50	制动器					
20		弹性柱销齿式联轴器 ZL10 J1 170×242/130×252	1		161	161	
19	JPKJ-Z	两级跑偏开关(带安装支架及附件)	4		3	12	
18	JLL-1	料流检测器(带安装附件)	1		20	20	
17	D11-1	拉紧装置用重锤块	294		15	4410	
16	120D206lC	箱式垂直重锤拉紧装置	1		707.4	707.4	
15	120E21	空段清扫器	2		27.8	55.6	
14	DT5EJP5	合金橡胶清扫器P型	1		40	40	
13	DT5EJH5	合金橡胶清扫器H型	1		49.6	49.6	
12	120C660L	螺旋托辊	1		49.9	49.9	
11	120C671	V形前倾托辊(前倾1°30′)	6		63.2	379.2	
10	120C660	平行下托辊	14		40.5	567	
9	120C614H	35°缓冲托辊	14		99.6	1395	
8	TDL5S2Ⅱ	调心托辊	5		166	830	
7	120C624	35°槽形前倾托辊(前倾1°22′)	51		71.6	3652	
6	120B102G	改向滚筒D=250	1		181	181	
5	120B203G	改向滚筒D=315	1		341	341	
4	120B305	改向滚筒D=500	2		925	1850	
3	120B206	改向滚筒D=630	1		893	893	
2	120B306	改向滚筒D=630	1		1090	1090	
1	120A208	传动滚筒D=630	1		1156	1156	

明细表 (表内数量系 一套 之数) 总质量 31866kg

XXXXX第二混匀场输出系统G502带式输送机

图号 01-080运68-5

XXXX设计研究总院

注:因图幅所限,这里略去了埋设件图。

图 13-1 图表合一的出图方式

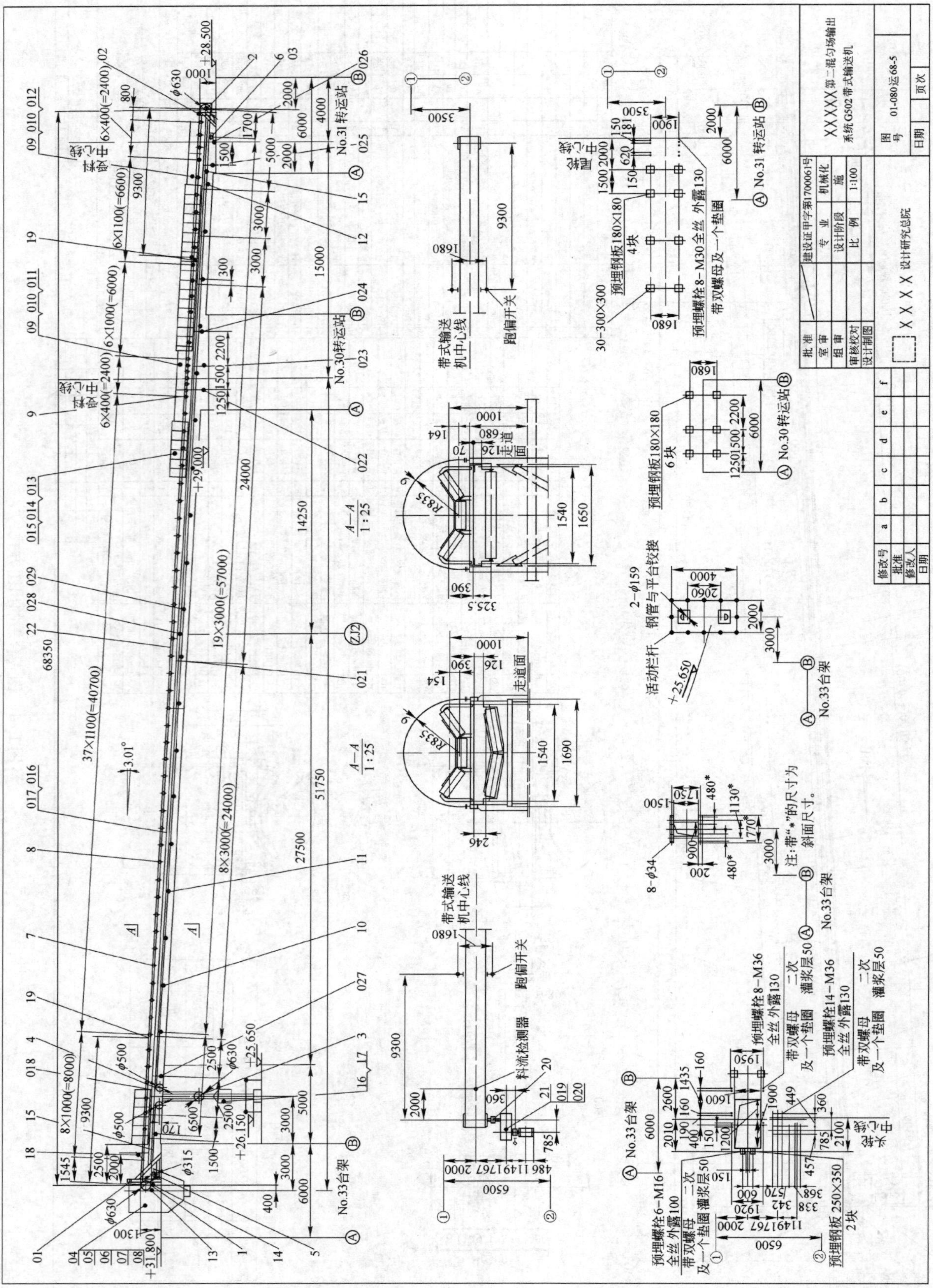

图 13-2　总装图

输送机编号	G502	安装地点	×××××第二混匀场
安装简图	68.35m；3.6m		

输送机代号	DTⅡ(A)12063.2-C4（C4 为侧型代号）					
总长度/m	68.35	输送物料	名称	矿石		
带宽/mm	1200		堆积密度/(t/m³)	2.2	粒度/mm	0~10
输送量/(t/h)	1500	提升高度/m		3.6	倾斜角度	3.01°
带速/(m/s)	2	工作环境		多尘		

序号	代号或图号	名称规格	数量	质量/kg 单	质量/kg 总	附注
1	120A206	传动滚筒 $D=630$	1	1156	1156	
2	120B306	改向滚筒 $D=630$	1	1090	1090	
3	120B206	改向滚筒 $D=630$	1	893	893	
4	120B305	改向滚筒 $D=500$	2	925	1850	
5	120B203G	改向滚筒 $D=315$	1	341	341	
6	120B102G	改向滚筒 $D=250$	1	181	181	
7	120C624	35°槽形前倾托辊(前倾1°22′)	51	71.6	3652	
8	TDL_5S_2Ⅱ	调心托辊	5	166	830	南京飞达运输机械厂
9	120C614H	35°缓冲托辊	14	99.6	1395	
10	120C660	平形下托辊	14	40.5	567	
11	120C671	V形前倾托辊(前倾1°30′)	6	63.2	379.2	
12	120C660L	螺旋托辊	1	49.9	49.9	
13	DT5EJH5	合金橡胶清扫器H型	1	49.6	49.6	本溪市运输机械配件厂
14	DT5EJP5	合金橡胶清扫器P型	1	40	40	本溪市运输机械配件厂
15	120E21	空段清扫器	2	27.8	55.6	
16	120D2061C	箱式垂直重锤拉紧装置	1	707.4	707.4	质量为估计值
17	D11-1	拉紧装置用重锤块	294	15	4410	
18	JLL-1	料流检测器(带安装附件)	1	20	20	南京电器开关厂

序号	代号或图号	名称规格	数量	质量/kg 单	质量/kg 总	附注
19	JPKJ-Z	两级防偏开关(带安装支架及附件)	4	3	12	
20		弹性柱销齿式联轴器 ZL10 $\frac{J_1 170\times242}{130\times252}$	1	161	161	
21	Q566-6ZZ	驱动装置	1	2134	2134	
	Y280S-4	电动机 $N=75$ kW $n=1480$ r/min				
	ZSY355-25	减速器 $i=25$				
	$YOX_{FZ}450$	液力耦合器				
	YWZ_5-315/50	制动器				

22	输送带	带宽/mm	1200	上胶厚/mm	6	长度/m		
	型号 EP-250	层数	4	下胶厚/mm	1.5	140	17kg/m	2380

质量(本表设备)/kg		22354	总质量(包括结构件)/kg		31866
批准		比例 1:1	建设证甲字第1700061号		G502 带式输送机 设备订货表
组审		设计阶段	施		
审核校对		材料			
设计制图		质量	kg		图号:01-080 运 68-5
		××××设计研究总院		专业 机械化	日期 页次

图 13-3 设备订货表

输送机编号		G502	安装地点				
序号	代号或图号	名称规格		数量	质量/kg 单	质量/kg 总	附注
01	120JA2063X	12063.2 头架 $H=985$ $\beta=3°$		1	648.8	648.8	
02	120JB3061WX	12080 尾架 $H=685$ $\beta=3°$		1	346	346	
03	120JB10200	$B=1200$ $D=250$ 中部改向滚筒吊架		1	30.8	30.8	
04	01-080 运 68-6	头部漏斗 $B=1200$ $H=985$		1	1310	1310	按右式制作
05	01-080 运 67-11	头部护罩 $B=1200$ $D=630$		1	417	417	
06	01-080 运 68-7	漏斗嘴 $B=1200$ $\beta=7°\sim9°$		1	109	109	
07	01-080 运 67-7	操纵杆		1	93.5	93.5	
08	01-080 运 67-8	调整挡板		1	481	481	
09	01-080 运 68-8	导料槽		4	265	1060	
010	01-080 运 66-20	导料槽前帘		2	15.9	31.8	
011	01-080 运 68-9	导料槽喇叭口		1	90	90	
012	01-080 运 68-10	导料槽后挡板		1	35	35	
013		带式输送机罩					
	120R11-1	$B=1200$ 固定式罩		62	13.7	849.4	
	120R11-2	$B=1200$ 开闭式罩		10	15.2	152	
	120R11-4	$B=1200$ 跑偏开关罩		2	68.7	137.4	
014	01-080 运 66-22	Z 型钢		113m	2.8	316.4	
015		角钢 80×80×5－120		32	0.75	24	
016	01-080 运 66-36	$B=1200$ $L=6000$ 中间架		8	190	1520	
017	01-080 运 66-37	$B=1200$ $L=3850$ 中间架		1	138.4	138.4	
018		中间架盖板 2×1550×1700		1	41.4	41.4	
019	DTⅡ(A)JQ516Z-Z	驱动装置架(YOX_{FZ})6 型 $H=985$		1	1092	1092	
020	01-080 运 67-19	Y280S-4,YOX_{FZ}450 电机,液力耦合器防雨罩		1	72	72	
021	01-080 运 66-27	$B=1200$ $H_1=600$ 支腿		12	23.8	285.6	
022	01-080 运 66-32	$B=1200$ $H_1=1025$ 支腿		1	29.8	29.8	
023	01-080 运 66-32	$B=1200$ $H_1=945$ 支腿		1	28.7	28.7	
024	01-080 运 66-32	$B=1200$ $H_1=830$ 支腿		1	27.1	27.1	
025	01-080 运 66-27	$B=1200$ $H_1=770$ 支腿		1	26.2	26.2	
026	01-080 运 66-27	$B=1200$ $H_1=694$ 支腿		1	25.1	25.1	
027	01-080 运 66-27	$B=1200$ $H_1=656$ 支腿		3	24.6	73.8	
028	01-080 运 66-24	主梁与桁架的连接		2	4.6	9.2	

序号	代号或图号	名称规格	数量	质量/kg 单	质量/kg 总	附注
029	01-080 运 66-25	下托辊支座	5	2	10	

说明

		质量(本表结构件)	kg	9512
批准	比例 1:1	建设证甲字第 1700061 号	G502 带式输送机结构件订货表	
组审	设计阶段	施		
审核校对	材料			
设计制图	质量	kg	图号:01-080 运 68-5	
××××设计研究总院			专业 机械化 日期	页次

图 13-4 结构件表

13.4.1　选择侧型

在设计计算中，首先要确定输送机侧型。用户要在“选择输送机侧型”窗口中选择与设计输送机相匹配的侧型，如图 13-5 所示。侧型一共有 12 类 43 种，用户可从窗口显示的图形中选择一种并点击该图形，然后点击“确定”按钮。

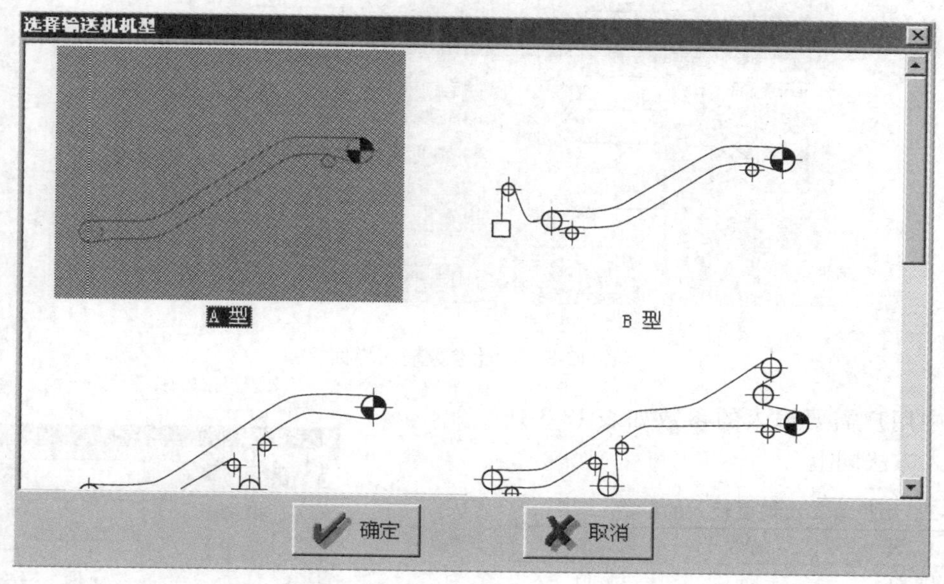

图 13-5　选择输送机侧型界面

13.4.2　参数输入

确定了机型以后，将出现如图 13-6 的参数输入窗口，窗口中需要输入的参数见表 13-2。在参数输入窗口中有每个参数的说明和使用的单位，请用户根据提示逐个输入参数。如果输入参数是实际值，可以在输入框中直接填写；如果输入的参数是定值，可以用鼠标点击输入框右侧的箭头，然后从列表中选取一个值。每输入完一个参数，可以按回车键或 TAB 键将光标移到下一个参数，窗口中的参数都输入完后，按窗口上的“确定”按钮以确认输入。如果输入的参数超出设计软件的计算范围，系统会提示输入错误，请用户检查参数值后重新输入。

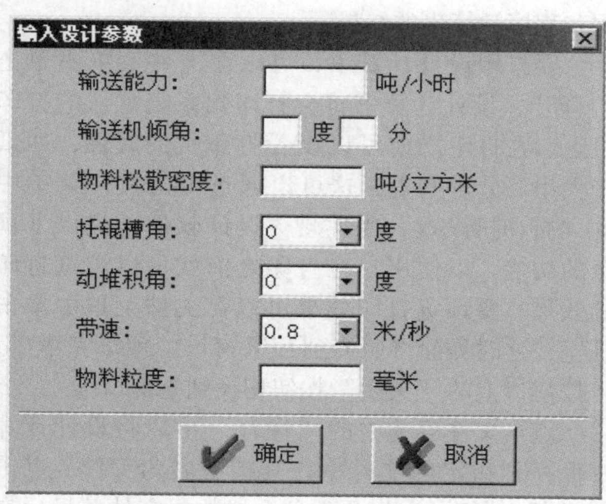

图 13-6　参数输入界面

表 13-2　用户第一次需要输入的参数

输入参数	单　位	输 入 值
输送能力	t/h	实际值
倾　角	(°)	实际值
物料堆积密度	t/m^3	实际值
托辊槽角	(°)	0，30，35，45
动堆积角	(°)	0，5，10，15，20，25，30，35
带　速	m/s	0.8，1，1.25，1.6，2，2.5，3.15，4
物料粒度	mm	实际值

上述参数输入完毕并确认后，系统会计算出带宽值并显示带宽确认窗口（见图 13-7）。在该窗口中用户可以选择使用计算带宽，也可以从带宽序列中自行选择一个带宽（点击“用户选择带宽”，再从“选择带宽”输入框中选取一个带宽值）。系统将根据用户确定的带宽值继续下面的计算。

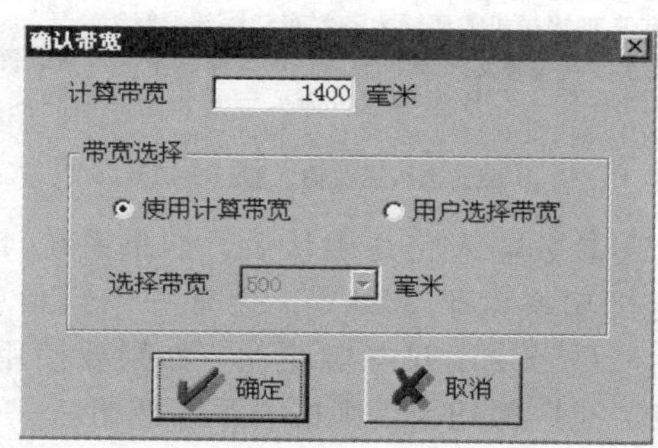

图 13-7　带宽确认界面

在用户确定带宽以后，将出现如图 13-8 所示的参数输入窗口。

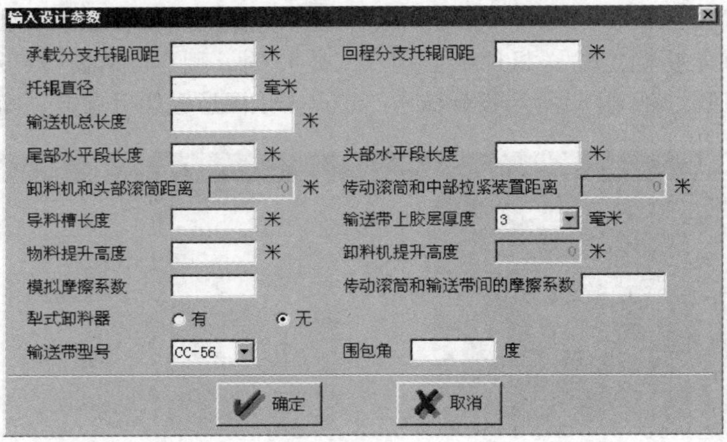

图 13-8　设计参数输入界面

在该窗口中用户需要输入的参数如表 13-3 所示，参数的输入方法同上。

表 13-3　用户第二次需要输入的参数

输 入 参 数	单位	输入值
承载分支的托辊间距	m	实际值
回程分支的托辊间距	m	实际值
托辊直径	mm	实际值
输送机总长度	m	实际值
尾部水平段长度	m	实际值
头部水平段长度	m	实际值
卸料机和头部滚筒距离①	m	实际值
卸料机和尾部滚筒距离②	m	实际值
传动滚筒和中部拉紧装置距离③	m	实际值
传动滚筒和头部滚筒距离④	m	实际值
导料槽长度	m	实际值
输送带上胶层厚度	mm	3，4.5，6
物料提升高度	m	实际值
卸料机提升高度⑤	m	实际值
模拟摩擦系数		实际值
滚筒和胶带间的摩擦系数		实际值
是否有犁式卸料器		有，无
输送带型号		CC-56，NN-100～300，EP-100～300，St-630～5000
围包角	(°)	实际值

① 只有 D、F 型输送机需要输入卸料车和头部滚筒距离。
② 只有 H 型输送机需要输入卸料车和尾部滚筒距离。
③ 只有 C、D 型输送机需要输入传动滚筒和中部拉紧装置距离。
④ 只有 E、F、G、H 型输送机需要输入传动滚筒和头部滚筒距离。
⑤ 只有 D、F、H 型输送机需要输入卸料车提升高度。

上述参数输入完并确认后，如果系统计算得到的电机功率大于 200kW，会有一个窗口弹出，询问用户是否使用双电机驱动。如果要使用双电机则按“是”按钮，否则按“否”按钮。

如果用户输入的尾部水平段长度或头部水平段长度不为 0，系统会显示另一个参数输入窗口（见图 13-9），要求用户输入与凸凹弧段有关的参数（见表 13-4）。

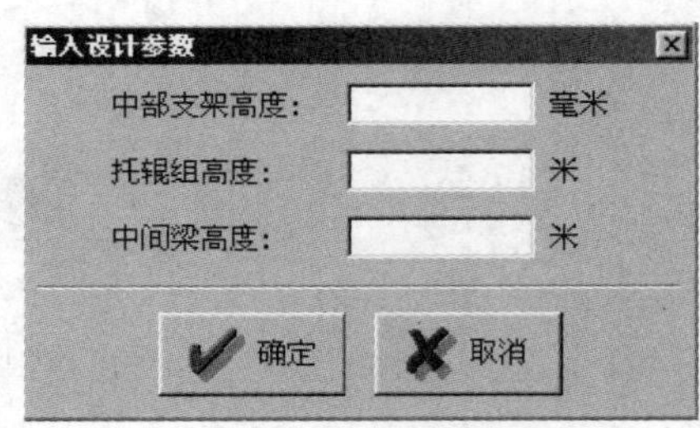

图 13-9　凸凹弧段有关参数输入界面

表 13-4　凸凹弧段输入的有关参数

输 入 参 数	单位	输入值
中部支架高度	mm	实际值
托辊组按中心线计算的高度	m	实际值
中间梁高度	m	实际值

以上所有参数都输入完后，系统会计算出结果并输出设计计算书。

13.4.3　设计计算书

完成设计计算后，设计计算书将显示在一个窗口中，用户可以滚动窗口以察看计算书的内容。设计计算书中输出的参数包括用户输入的原始数据和程序计算出的结果。

要打印设计计算书，可以在文件菜单中单击“打印”，设计计算书将会打印到系统默认的打印机上。在打印之前可以设置打印机的属性，如纸张大小、分辨率等，这可以通过单击文件菜单中的“打印机设置”来实现。设计软件还提供了预览的功能，以便用户在打印之前就可以浏览打印的效果。要预览打印效果可以在文件菜单中单击预览，这时界面将切换到预览窗口。预览完毕后，可按窗口上的“关闭”按钮切换到主窗口。

点击文件菜单中的“保存”可以将设计计算书保存到指定的文件中，其扩展名为 DT2；点击“打开”按钮可以打开磁盘上的数据文件并显示在设计计算书窗口中。

14　其他类型输送机部件(一)

ZJT1A-96 带式输送机部件

14.1　概述

ZJT1A-96 型固定带式输送机是由中国中元国际工程公司、机械工业第一设计研究院、中国联合工程公司、中国汽车工业工程公司、机械工业第六设计研究院有限公司、机械工业第九设计研究院有限公司组成的联合设计组，按机械行业和其他行业的特点设计的轻、中型系列产品。该机型具有布置紧凑、结构重量轻、适用范围广等特点，适用于机械、轻工、化工、粮食、建材等行业的工厂、车间、站房的机械化运输，可输送密度 500～2500kg/m^3 的各种散状物料及成品件。

各设计单位早已停用根据 TD75 型部件参数设计的 ZJT1-86 通用部件施工图及其设计选用手册，而使用更新设计后的 ZJT1A-96 通用部件施工图（底图存六院）及正式出版的 ZJT1A-96 带式输送机设计选用手册。

14.1.1　ZJT1A-96 带式输送机的基本参数

ZJT1A-96 带式输送机带宽、带速、功率选用范围见表 14-1。

表 14-1　ZJT1A-96 带式输送机参数表

带宽/mm	滚筒直径/mm	带速/m·s^{-1}	功率/kW
500	500	0.8；1.0；1.25	1.5～15
650	500	0.8；1.0；1.25	1.5～18.5
800	500	0.8；1.0；1.25	2.2～22
	630	0.8；1.0；1.25	15～37
1000	630	1.0；1.25；1.60	7.5～30
	800	1.0；1.25；1.60	22～75
1200	630	1.0；1.25；1.60	7.5～55
	800	1.0；1.25；1.60	37～90

14.1.2　传动装置主要类型

各型传动装置根据设计、选用需要自行进行了配套设计，主要有：电机、减速器、联轴器传动（Y-DCY 传动）、链传动（用于磁选）、轴装式减速器传动（Y-ZJ 传动）。另可根据需要选用电动滚筒。

14.1.3　部件选用和设计类别

ZJT1A-96 带式输送机系列设计中的Ⅰ类标准部件如传动滚筒、改向滚筒、托辊、拉紧装置（部分）等选自 DTⅡ(A)型固定式带式输送机标准部件；Ⅱ类部件如卸料器、清扫器部分选自 DTⅡ(A)型部件，部分自行设计；Ⅲ类部件（钢结构件）全部自行设计。

14.2　传动装置

14.2.1　链传动装置

链传动装置（配磁选单元 $B=500\sim1000$mm）如图 14-1 所示，相关参数列于表 14-2。

Ⅰ型传动装置（右传动）

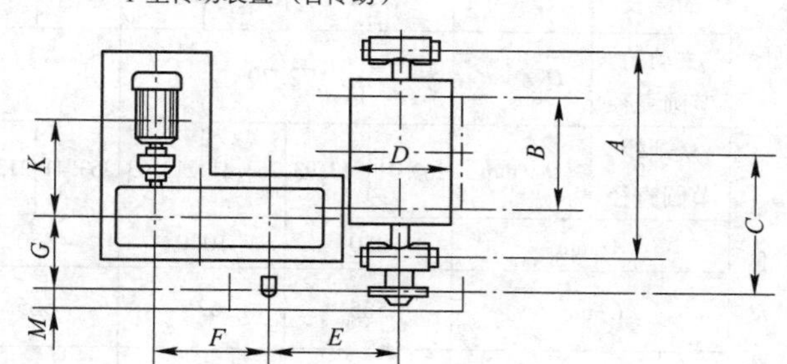

Ⅱ型传动装置（左传动）

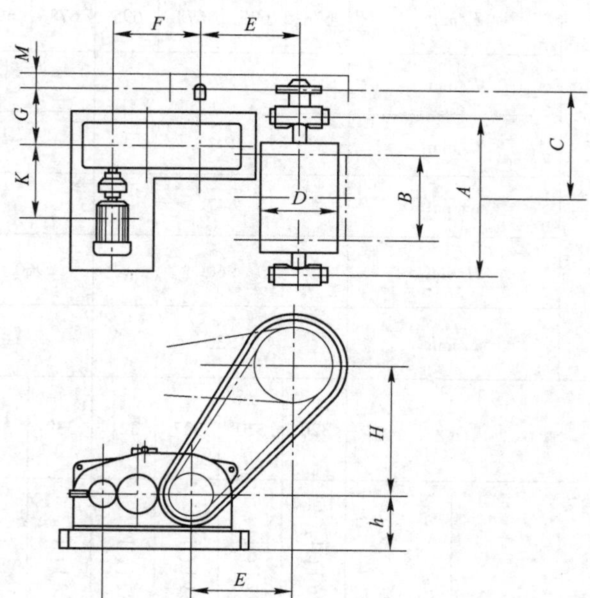

说明：本传动装置分为Ⅰ、Ⅱ型两种传动类型，即右传动和左传动，两种传动类型共用同一套图纸，选用时应在带式输送机安装图上注明

图 14-1　链传动装置示意图

表 14-2 链传动装置（配

电动机	型 号	Y112M-6				Y132S-6						$Y132M_1$-6					
	功率/kW	2.2				3.0						4.0					
减速器型号		ZLZ160-20-Ⅰ(Ⅱ)				ZLZ160-20Ⅰ(Ⅱ)						ZLZ180-20Ⅰ(Ⅱ)					
链传动速比	i	1.5294	1.2353	1.5294	1.2353	1.5294	1.2353	1.5294 1.9412	1.2353 1.5294	1.5294	1.2353	1.60	1.2667	1.60 1.9333	1.2667 1.5333	1.60	1.2667
带 宽	B/mm	500		650		500		650		800		500		650		800	
磁选滚筒直径	D/mm	500				500		500 630		500		500		500 630		500	
带 速	$v/\mathrm{m\cdot s^{-1}}$	0.8	1.0	0.8	1.0	0.8	1.0	0.8	1.0	0.8	1.0	0.8	1.0	0.8	1.0	0.8	1.0
链传动装置 节距	P/mm	31.75				31.75						38.1					
主动轮齿数	Z_1/个	17				17						15					
从动轮齿数	Z_2/个	26	21	26	21	26	21	26 33	21 28	26	21	24	19	24 29	19 23	24	19
链节表示的链长	L_P/节	96	94	96	94	96	94	96 105	94 102	96	94	82	79	82 88	79 85	82	79
主动轮节圆直径	D_1/mm	172.79				172.79						183.25					
从动轮节圆直径	D_2/mm	263.41	213.03	263.41	213.03	263.41	213.03	263.41 334.01	213.03 263.41	263.41	213.03	291.9	231.48	291.9 352.39	231.48 279.8	291.9	231.48
	A/mm	850		1000		850		1000		1300		850		1000		1300	
	C/mm	565		675		565		675		825		565		675		825	
	M/mm	132		147		132		147		147		132		147		147	
	E/mm	678	695	678	695	678	695	678 682	695 700	678	695	716	705	716 690	705 690	716	705
	F/mm	272				272						305					
	G/mm	193				193						220					
	K/mm	447				487						516					
	H/mm	960				960		960 1080		960		940		940 1040		940	
	h/mm	330				330						350					
重量/kg		320	320	327	321	339	340	350 362	345 352	350	344	416	408	423 434	413 423	423	411
图 号	右传动Ⅰ 左传动Ⅱ	ZJT1A-5A26Ⅰ(Ⅱ)	ZJT1A-5A27Ⅰ(Ⅱ)	ZJT1A-6A31Ⅰ(Ⅱ)	ZJT1A-6A32Ⅰ(Ⅱ)	ZJT1A-5A28Ⅰ(Ⅱ)	ZJT1A-5A29Ⅰ(Ⅱ)	ZJT1A-6A33/35Ⅰ(Ⅱ)	ZJT1A-6A34/36Ⅰ(Ⅱ)	ZJT1A-8A41Ⅰ(Ⅱ)	ZJT1A-8A42Ⅰ(Ⅱ)	ZJT1A-5A30Ⅰ(Ⅱ)	ZJT1A-5A31Ⅰ(Ⅱ)	ZJT1A-6A37/39Ⅰ(Ⅱ)	ZJT1A-6A38/40Ⅰ(Ⅱ)	ZJT1A-8A/43Ⅰ(Ⅱ)	ZJT1A-8A/44Ⅰ(Ⅱ)

磁选单元）**参数及尺寸表**

$Y132M_2$-6								Y160M-6						Y160L-6				Y180L-6	
5.5								7.5						11.0				15.0	
ZLZ180-20-Ⅰ(Ⅱ)								ZLZ200-20-Ⅰ(Ⅱ)						ZLZ224-20-Ⅰ(Ⅱ)		ZLZ224-20-Ⅰ(Ⅱ) ZSZ250-25-Ⅰ(Ⅱ)		ZLZ250-20-Ⅰ(Ⅱ) ZSZ280-25-Ⅰ(Ⅱ)	
1.60	1.2667	1.60 1.9333	1.2667 1.5333	1.60 1.9333	1.2667 1.5333	1.9333	1.5333	1.60 1.9333	1.2667 1.5333	1.60 1.9333	1.2667 1.5333	1.93333 2.5333	1.5333 2.0	1.6 2.0	1.2667 1.6	2.0 2.0	1.6 1.647	1.9333 2.0	1.5333 1.647
500		650		800		1000		650		800		1000		800		1000		1000	
500		500 630		500 630		630		500 630		500 630		630 800		500 630		630 800		630 800	
0.8	1.0	0.8	1.0	0.8	1.0	0.8	1.0	0.8	1.0	0.8	1.0	0.8	1.0	0.8	1.0	0.8	1.0	0.8	1.0
38.1								44.45						50.8				50.8	
15								15						15		15 17		15 17	
24	19	24 29	19 23	24 29	19 23	29	23	24 29	19 23	24 29	19 23	29 38	23 30	24 30	19 24	30 34	24 28	29 34	23 28
82	79	82 88	79 85	82 94	79 91	101	98	73 78	70 78	73 83	70 80	88 98	85 94	66 75	63 72	80 87	77 84	79 87	76 84
183.25								213.79						244.33		244.33 276.46		244.33 276.46	
291.9	231.48	291.9 352.39	231.48 279.8	291.9 352.39	231.48 279.8	352.39	279.8	340.54 411.12	270.08 326.44	340.54 411.12	270.06 328.44	411.12 538.27	326.44 425.24	389.19 485.99	308.64 389.19	485.99 550.57	389.19 453.72	469.85 550.57	373.07 453.72
850		1000		1300		1500		1000		1300		1500		1300		1500		1500	
565		675		825 845		945		675		825 845		945 975		825 845		945 975		945 975	
132		147		147 167		167		147		147 167		167 187		147 167		167	187	167	187
716	705	716 690	705 690	716 745	705 745	760	765	745 740	732 745	745 750	732 755	730 734	730 744	762 750	750 750	755 780	750 790	780 840	785 845
305								340						384		384 555		430 620	
220								235						273		273 297		298 340	
516								599						677		677 692		728 743	
940		940 1040		940 1140		1290		915 1015		915 1115		1265 1395		890 1090		1240 1340		1210 1305	
350								375				375 395		400		400 450		430 485	
424	420	435 445	425 434	432 460	421 447	464	451	560 572	548 560	556 585	544 578	585 644	579 622	730 771	714 749	776 1035	754 1013	997 1314	974 1293
ZJT1A-5A32 Ⅰ(Ⅱ)	ZJT1A-5A33 Ⅰ(Ⅱ)	ZJT1A-6A41/43 Ⅰ(Ⅱ)	ZJT1A-6A42/44 Ⅰ(Ⅱ)	ZJT1A-8A45/47 Ⅰ(Ⅱ)	ZJT1A-8A46/48 Ⅰ(Ⅱ)	ZJT1A-10A41 Ⅰ(Ⅱ)	ZJT1A-10A42 Ⅰ(Ⅱ)	ZJT1A-6A45/47 Ⅰ(Ⅱ)	ZJT1A-6A46/48 Ⅰ(Ⅱ)	ZJT1A-8A49/51 Ⅰ(Ⅱ)	ZJT1A-8A50/52 Ⅰ(Ⅱ)	ZJT1A-10A43/45 Ⅰ(Ⅱ)	ZJT1A-10A44/46 Ⅰ(Ⅱ)	ZJT1A-8A53/55 Ⅰ(Ⅱ)	ZJT1A-8A54/56 Ⅰ(Ⅱ)	ZJT1A-10A47/49 Ⅰ(Ⅱ)	ZJT1A-10A48/50 Ⅰ(Ⅱ)	ZJT1A-10A51/53 Ⅰ(Ⅱ)	ZJT1A-10A52/54 Ⅰ(Ⅱ)

14.2.2　Y-ZJ 传动装置

Y-ZJ 传动装置（$B=500\sim800$mm）示于图 14-2，相关参数列于表 14-3 及表 14-4。

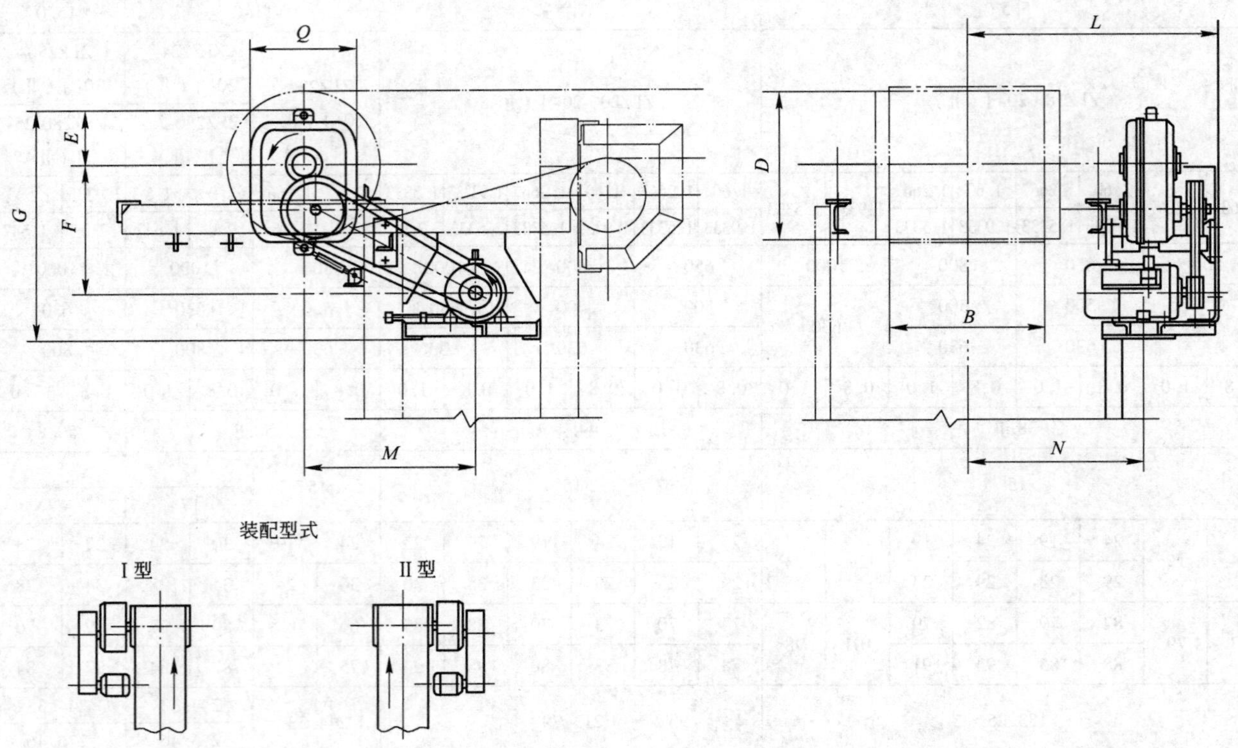

说明：1. 本传动装置中所选轴装减速器为四川自贡运输机械总厂的产品，订货时须注明产品型号；2. 本传动装置适用于无防爆要求、环境温度为 -20 ~40℃的场合；3. 选用本传动装置时，应配备本手册中的 Y-ZJ 头架

图 14-2　Y-ZJ 传动装置组合图

表 14-3　Y-ZJ 传动装置选择表

带宽 B /mm	滚筒直径 D /mm	功率/kW \ 带速/m·s^{-1}	1.5	2.2	3.0	4.0	5.5	7.5	11	15	18.5	22
			传动装置组合号									
500	500	0.8	401	402	403	404	405	406				
		1.0	407	408	409	410	411	412	413			
		1.25	414	415	416	417	418	419	420	421		
650	500	0.8	422	423	424	425	426	427	428			
		1.0	429	430	431	432	433	434	435	436		
		1.25	437	438	439	440	441	442	443	444	445	
800	500	0.8		446	447	448	449	450	451	452		
		1.0		453	454	455	456	457	458	459	460	
		1.25		461	462	463	464	465	466	467	468	469
	630	1.0			470	471	472	473	474	475	476	
		1.25			477	478	479	480	481	482	483	484

表 14-4 Y-ZJ 传动装置组合表

组合号	电动机型号功率/kW	减速器型号（速比 $i=16$）		安装尺寸/mm							传动装置图号	总重量/kg
		不带逆止器	带逆止器	Q	G	E	F	M	L	N		
401	Y100L-6 1.5	ZJ63-16LM-Ⅰ(Ⅱ)	ZJ63-16NM-Ⅰ(Ⅱ)	335	778	195	427	550	807.5	570	ZJT1A-5A50Ⅰ(Ⅱ)	136
402	Y112M-6 2.2	ZJ100-16LM-Ⅰ(Ⅱ)	ZJ100-16NM-Ⅰ(Ⅱ)	385	849	220	461	550	848.5	604	ZJT1A-5A51Ⅰ(Ⅱ)	180
403	Y132S-6 3.0				961		540	550	848.5	565	ZJT1A-5A52Ⅰ(Ⅱ)	210
404	$Y132M_1$-6 4.0	ZJ160-16LM-Ⅰ(Ⅱ)	ZJ160-16NM-Ⅰ(Ⅱ)	465	1024	255	568	578	864.5	562	ZJT1A-5A53Ⅰ(Ⅱ)	288
405	$Y132M_2$-6 5.5						568	578	864.5	562	ZJT1A-5A54Ⅰ(Ⅱ)	297
406	Y160M-6 7.5	ZJ250-16LM-Ⅰ(Ⅱ)	ZJ250-16NM-Ⅰ(Ⅱ)	530	1126	304	593	583	906.5	539	ZJT1A-5A55Ⅰ(Ⅱ)	411
407	Y100L-6 1.5	ZJ63-16LM-Ⅰ(Ⅱ)	ZJ63-16NM-Ⅰ(Ⅱ)	335	841	195	490	550	807.5	570	ZJT1A-5A56Ⅰ(Ⅱ)	134
408	Y112M-6 2.2				853					563	ZJT1A-5A57Ⅰ(Ⅱ)	147
409	Y132S-6 3.0	ZJ100-16LM-Ⅰ(Ⅱ)	ZJ100-16NM-Ⅰ(Ⅱ)	385	1032	220	611	547	848.5	565	ZJT1A-5A58Ⅰ(Ⅱ)	208
410	$Y132M_1$-6 4.0				919		498			546	ZJT1A-5A59Ⅰ(Ⅱ)	224
411	$Y132M_2$-6 5.5	ZJ160-16LM-Ⅰ(Ⅱ)	ZJ160-16NM-Ⅰ(Ⅱ)	465	978	255	522	558	864.5	562	ZJT1A-5A60Ⅰ(Ⅱ)	292
412	Y160M-6 7.5	ZJ250-16LM-Ⅰ(Ⅱ)	ZJ250-16NM-Ⅰ(Ⅱ)	530	1064	304	531	573	906.5	539	ZJT1A-5A61Ⅰ(Ⅱ)	406
413	Y160L-6 11				1105		572		933.5	542	ZJT1A-5A62Ⅰ(Ⅱ)	438
414	Y90L-4 1.5	ZJ63-16LM-Ⅰ(Ⅱ)	ZJ63-16NM-Ⅰ(Ⅱ)	335	779	195	438	562	807.5	592.5	ZJT1A-5A63Ⅰ(Ⅱ)	131

续表 14-4

组合号	电动机型号功率/kW	减速器型号（速比 $i=16$）		安装尺寸/mm							传动装置图号	总重量/kg
		不带逆止器	带逆止器	Q	G	E	F	M	L	N		
415	$Y100L_1$-4 2.2	ZJ63-16LM-Ⅰ(Ⅱ)	ZJ63-16NM-Ⅰ(Ⅱ)	335	789	195	438	562	807.5	570	ZJT1A-5A64Ⅰ(Ⅱ)	139
416	$Y100L_2$-4 3.0										ZJT1A-5A65Ⅰ(Ⅱ)	142
417	Y112M-4 4.0	ZJ100-16LM-Ⅰ(Ⅱ)	ZJ100-16NM-Ⅰ(Ⅱ)	385	903	220	515	547	848.5	599	ZJT1A-5A66Ⅰ(Ⅱ)	192
418	Y132S-4 5.5				1018		597			565	ZJT1A-5A67Ⅰ(Ⅱ)	219
419	Y132M-4 7.5	ZJ160-16LM-Ⅰ(Ⅱ)	ZJ160-16NM-Ⅰ(Ⅱ)	465	1077	255	621	558	864.5	562	ZJT1A-5A68Ⅰ(Ⅱ)	291
420	Y160M-4 11	ZJ250-16LM-Ⅰ(Ⅱ)	ZJ250-16NM-Ⅰ(Ⅱ)	530	1126	304	593	583	906.5	539	ZJT1A-5A69Ⅰ(Ⅱ)	414
421	Y160L-4 15	ZJ400-16LM-Ⅰ(Ⅱ)	ZJ400-16NM-Ⅰ(Ⅱ)	620	1118	365	524	563	970.5	579	ZJT1A-5A70Ⅰ(Ⅱ)	543
422	Y100L-6 1.5	ZJ63-16LM-Ⅰ(Ⅱ)	ZJ63-16NM-Ⅰ(Ⅱ)	335	778	195	427	550	882.5	645	ZJT1A-6A50Ⅰ(Ⅱ)	136
423	Y112M-6 2.2	ZJ100-16LM-Ⅰ(Ⅱ)	ZJ100-16NM-Ⅰ(Ⅱ)	385	849	220	461		923.5	679	ZJT1A-6A51Ⅰ(Ⅱ)	180
424	Y132S-6 3.0				961		540			640	ZJT1A-6A52Ⅰ(Ⅱ)	210
425	$Y132M_1$-6 4.0	ZJ160-16LM-Ⅰ(Ⅱ)	ZJ160-16NM-Ⅰ(Ⅱ)	465	1024	255	568	578	939.5	637	ZJT1A-6A53Ⅰ(Ⅱ)	288
426	$Y132M_2$-6 5.5										ZJT1A-6A54Ⅰ(Ⅱ)	297
427	Y160M-6 7.5	ZJ250-16LM-Ⅰ(Ⅱ)	ZJ250-16NM-Ⅰ(Ⅱ)	530	1126	304	593	583	981.5	614	ZJT1A-6A55Ⅰ(Ⅱ)	411
428	Y160L-6 11	ZJ400-16LM-Ⅰ(Ⅱ)	ZJ400-16NM-Ⅰ(Ⅱ)	620	1118	365	524	563	1045.5	654	ZJT1A-6A56Ⅰ(Ⅱ)	542

续表 14-4

组合号	电动机型号功率/kW	减速器型号（速比 $i=16$）		安装尺寸/mm							传动装置图号	总重量/kg
		不带逆止器	带逆止器	Q	G	E	F	M	L	N		
429	Y100L-6 1.5	ZJ63-16LM-Ⅰ(Ⅱ)	ZJ63-16NM-Ⅰ(Ⅱ)	335	826	195	475	560	882.5	654	ZJT1A-6A57Ⅰ(Ⅱ)	134
430	Y112M-6 2.2				838					638	ZJT1A-6A58Ⅰ(Ⅱ)	147
431	Y132S-6 3.0	ZJ100-16LM-Ⅰ(Ⅱ)	ZJ100-16NM-Ⅰ(Ⅱ)	385	1032	220	611	547	923.5	640	ZJT1A-6A59Ⅰ(Ⅱ)	208
432	$Y132M_1$-6 4.0				919		498			621	ZJT1A-6A60Ⅰ(Ⅱ)	224
433	$Y132M_2$-6 5.5	ZJ160-16LM-Ⅰ(Ⅱ)	ZJ160-16NM-Ⅰ(Ⅱ)	465	978	255	522	558	939.5	637	ZJT1A-6A61Ⅰ(Ⅱ)	292
434	Y160M-6 7.5	ZJ250-16LM-Ⅰ(Ⅱ)	ZJ250-16NM-Ⅰ(Ⅱ)	530	1064	304	531	573	981.5	614	ZJT1A-6A62Ⅰ(Ⅱ)	406
435	Y160L-6 11				1105		572		1008.5	617	ZJT1A-6A63Ⅰ(Ⅱ)	440
436	Y180L-6 15	ZJ400-16LM-Ⅰ(Ⅱ)	ZJ400-16NM-Ⅰ(Ⅱ)	620	1181	365	567	563	1045.5	628.5	ZJT1A-6A64Ⅰ(Ⅱ)	585
437	Y90L-4 1.5	ZJ63-16LM-Ⅰ(Ⅱ)	ZJ63-16NM-Ⅰ(Ⅱ)	335	779	195	438	562	882.5	667.5	ZJT1A-6A65Ⅰ(Ⅱ)	131
438	$Y100L_1$-4 2.2				789					645	ZJT1A-6A66Ⅰ(Ⅱ)	139
439	$Y100L_2$-4 3.0										ZJT1A-6A67Ⅰ(Ⅱ)	142
440	Y112M-4 4.0	ZJ100-16LM-Ⅰ(Ⅱ)	ZJ100-16NM-Ⅰ(Ⅱ)	385	932	220	544	547	923.5	674	ZJT1A-6A68Ⅰ(Ⅱ)	192
441	Y132S-4 5.5	ZJ100-16LM-Ⅰ(Ⅱ)	ZJ100-16NM-Ⅰ(Ⅱ)	385	1018	220	597	547	923.5	640	ZJT1A-6A69Ⅰ(Ⅱ)	219
442	Y132M-4 7.5	ZJ160-16LM-Ⅰ(Ⅱ)	ZJ160-16NM-Ⅰ(Ⅱ)	465	1077	255	621	558	939.5	637	ZJT1A-6A70Ⅰ(Ⅱ)	291

续表 14-4

组合号	电动机型号功率/kW	减速器型号(速比 $i=16$)		安装尺寸/mm							传动装置图号	总重量/kg
		不带逆止器	带逆止器	Q	G	E	F	M	L	N		
443	Y160M-4 11	ZJ250-16LM-Ⅰ(Ⅱ)	ZJ250-16NM-Ⅰ(Ⅱ)	530	1126	304	593	583	981.5	614	ZJT1A-6A71Ⅰ(Ⅱ)	414
444	Y160L-4 15	ZJ400-16LM-Ⅰ(Ⅱ)	ZJ400-16NM-Ⅰ(Ⅱ)	620	1181	365	524	563	1045.5	654	ZJT1A-6A72Ⅰ(Ⅱ)	543
445	Y180M-4 18.5				1309		695	573		647.5	ZJT1A-6A73Ⅰ(Ⅱ)	585
446	Y112M-6 2.2	ZJ100-16LM-Ⅰ(Ⅱ)	ZJ100-16NM-Ⅰ(Ⅱ)	385	849	220	461	550	1089	849	ZJT1A-8A60Ⅰ(Ⅱ)	181
447	Y132S-6 3.0				936		515	567		810	ZJT1A-8A61Ⅰ(Ⅱ)	212
448	$Y132M_1$-6 4.0	ZJ160-16LM-Ⅰ(Ⅱ)	ZJ160-16NM-Ⅰ(Ⅱ)	465	994	255	538	598	1105	807	ZJT1A-8A62Ⅰ(Ⅱ)	289
449	$Y132M_2$-6 5.5										ZJT1A-8A63Ⅰ(Ⅱ)	298
450	Y160M-6 7.5	ZJ250-16LM-Ⅰ(Ⅱ)	ZJ250-16NM-Ⅰ(Ⅱ)	530	1126	304	593	583	1142	779	ZJT1A-8A64Ⅰ(Ⅱ)	409
451	Y160L-6 11	ZJ400-16LM-Ⅰ(Ⅱ)	ZJ400-16NM-Ⅰ(Ⅱ)	620	1266	365	672	613	1211	824	ZJT1A-8A65Ⅰ(Ⅱ)	548
452	Y180L-6 15				1172		558			798.5	ZJT1A-8A66Ⅰ(Ⅱ)	544
453	Y112M-6 2.2	ZJ100-16LM-Ⅰ(Ⅱ)	ZJ100-16NM-Ⅰ(Ⅱ)	385	885	220	497	567	1089	849	ZJT1A-8A67Ⅰ(Ⅱ)	179
454	Y132S-6 3.0				1008		587			810	ZJT1A-8A68Ⅰ(Ⅱ)	210
455	$Y132M_1$-6 4.0	ZJ160-16LM-Ⅰ(Ⅱ)	ZJ160-16NM-Ⅰ(Ⅱ)	465	1067	255	611	618	1105	807	ZJT1A-8A69Ⅰ(Ⅱ)	285
456	$Y132M_2$-6 5.5										ZJT1A-8A70Ⅰ(Ⅱ)	294

续表 14-4

组合号	电动机型号功率/kW	减速器型号（速比 $i=16$）		安装尺寸/mm							传动装置图号	总重量/kg
		不带逆止器	带逆止器	Q	G	E	F	M	L	N		
457	Y160M-6 7.5	ZJ250-16LM-Ⅰ(Ⅱ)	ZJ250-16NM-Ⅰ(Ⅱ)	530	1183	304	650	613	1142	779	ZJT1A-8A71Ⅰ(Ⅱ)	405
458	Y160L-6 11				1074		541	593	1169	782	ZJT1A-8A72Ⅰ(Ⅱ)	441
459	Y180L-6 15	ZJ400-16LM-Ⅰ(Ⅱ)	ZJ400-16NM-Ⅰ(Ⅱ)	620	1321	365	707	613	1211	798.5	ZJT1A-8A73Ⅰ(Ⅱ)	588
460	$Y200L_1$-6 18.5				1215		573	633		773.5	ZJT1A-8A74Ⅰ(Ⅱ)	652
461	$Y100L_1$-4 2.2	ZJ100-16LM-Ⅰ(Ⅱ)	ZJ100-16NM-Ⅰ(Ⅱ)	385	948	220	572	617	1089	856	ZJT1A-8A75Ⅰ(Ⅱ)	170
462	$Y100L_2$-4 3.0										ZJT1A-8A76Ⅰ(Ⅱ)	173
463	Y112M-4 4.0				903		515	567	1089	849	ZJT1A-8A77Ⅰ(Ⅱ)	192
464	Y132S-4 5.5				918		497	617		810	ZJT1A-8A78Ⅰ(Ⅱ)	220
465	Y132M-4 7.5	ZJ160-16LM-Ⅰ(Ⅱ)	ZJ160-16NM-Ⅰ(Ⅱ)	465	994	255	538	618	1105	807	ZJT1A-8A79Ⅰ(Ⅱ)	289
466	Y160M-4 11	ZJ250-16LM-Ⅰ(Ⅱ)	ZJ250-16NM-Ⅰ(Ⅱ)	530	1062	304	529	623	1169	804	ZJT1A-8A80Ⅰ(Ⅱ)	412
467	Y160L-4 15	ZJ400-16LM-Ⅰ(Ⅱ)	ZJ400-16NM-Ⅰ(Ⅱ)	620	1266	365	672	613	1211	824	ZJT1A-8A81Ⅰ(Ⅱ)	549
468	Y180M-4 18.5				1257		643			817.5	ZJT1A-8A82Ⅰ(Ⅱ)	577
469	Y180L-4 22									798.5	ZJT1A-8A83Ⅰ(Ⅱ)	602
470	Y132S-6 3.0	ZJ100-16LM-Ⅰ(Ⅱ)	ZJ100-16NMⅠ(Ⅱ)	385	865	220	444	607	1089	810	ZJT1A-8A84Ⅰ(Ⅱ)	210

续表 14-4

组合号	电动机型号功率/kW	减速器型号（速比 $i=16$）		安装尺寸/mm							传动装置图号	总重量/kg
		不带逆止器	带逆止器	Q	G	E	F	M	L	N		
471	$Y132M_1$-6 4.0	ZJ160-16LM-Ⅰ(Ⅱ)	ZJ160-16NM-Ⅰ(Ⅱ)	465	960	255	504	618	1105	807	ZJT1A-8A85Ⅰ(Ⅱ)	289
472	$Y132M_2$-6 5.5										ZJT1A-8A86Ⅰ(Ⅱ)	298
473	Y160M-6 7.5	ZJ250-16LM-Ⅰ(Ⅱ)	ZJ250-16NM-Ⅰ(Ⅱ)	530	1062	304	529	623	1142	779	ZJT1A-8A87Ⅰ(Ⅱ)	408
474	Y160L-6 11	ZJ400-16LM-Ⅰ(Ⅱ)	ZJ400-16NM-Ⅰ(Ⅱ)	620	1220	365	626	643	1206	819	ZJT1A-8A88Ⅰ(Ⅱ)	540
475	Y180L-6 15	ZJ400-16LM-Ⅰ(Ⅱ)	ZJ400-16NM-Ⅰ(Ⅱ)	620	1172	365	558	613	1206	793.5	ZJT1A-8A89Ⅰ(Ⅱ)	600
476	$Y200L_1$-6 18.5	ZJ630-16LM-Ⅰ(Ⅱ)	ZJ630-16NM-Ⅰ(Ⅱ)	680	1269	410	582	624	1244	806.5	ZJT1A-8A90Ⅰ(Ⅱ)	803
477	Y132S-6 3.0	ZJ100-16LM-Ⅰ(Ⅱ)	ZJ100-16NM-Ⅰ(Ⅱ)	385	935	220	514	617	1089	810	ZJT1A-8A91Ⅰ(Ⅱ)	206
478	$Y132M_1$-6 4.0										ZJT1A-8A92Ⅰ(Ⅱ)	218
479	$Y132M_2$-6 5.5	ZJ160-16LM-Ⅰ(Ⅱ)	ZJ160-16NM-Ⅰ(Ⅱ)	465	1053	255	597	628	1105	807	ZJT1A-8A93Ⅰ(Ⅱ)	293
480	Y160M-6 7.5	ZJ250-16LM-Ⅰ(Ⅱ)	ZJ250-16NM-Ⅰ(Ⅱ)	530	1155	304	622	633	1142	779	ZJT1A-8A94Ⅰ(Ⅱ)	411
481	Y160L-6 11	ZJ250-16LM-Ⅰ(Ⅱ)	ZJ250-16NM-Ⅰ(Ⅱ)	530	1047	304	514	608	1169	782	ZJT1A-8A95Ⅰ(Ⅱ)	438
482	Y180L-6 15	ZJ400-16LM-Ⅰ(Ⅱ)	ZJ400-16NM-Ⅰ(Ⅱ)	620	1179	365	565	618	1206	793.5	ZJT1A-8A96Ⅰ(Ⅱ)	580
483	$Y200L_1$-6 18.5	ZJ630-16LM-Ⅰ(Ⅱ)	ZJ630-16NM-Ⅰ(Ⅱ)	680	1405	410	718	634	1244	806.5	ZJT1A-8A97Ⅰ(Ⅱ)	786
484	$Y200L_2$-6 22										ZJT1A-8A98Ⅰ(Ⅱ)	811

14.3 改向压轮

改向压轮和有关参数如图 14-3 及表 14-5 所示。

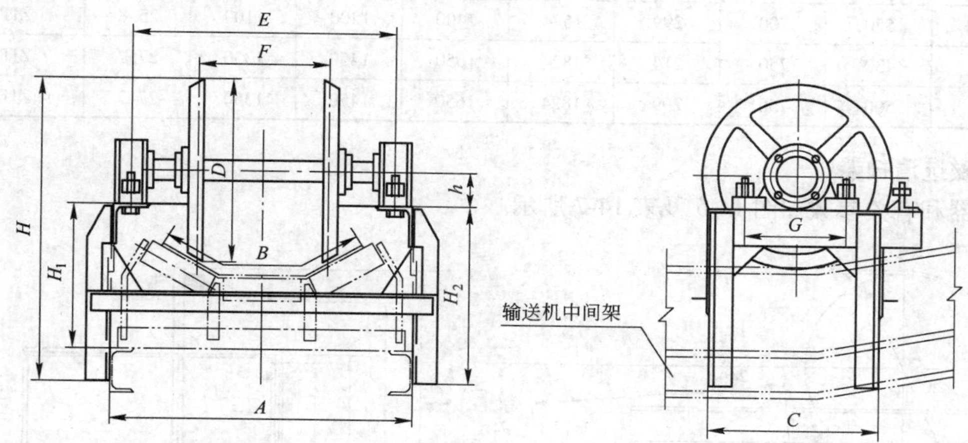

说明：1. 轴上紧固螺钉孔安装时配钻；2. 本件焊于带式输送机中间架上；3. 当 $B=500\sim800$mm 时，支架中心两边 300 mm 处应设置中间腿，当 $B=1000\sim1200$mm 时，支架中心两边 400 mm 处应设置中间腿

图 14-3 改向压轮示意图

表 14-5 改向压轮有关参数

mm

B	D	A	C	E	F	G	H	H_1	H_2	h	重量/kg	图 号
500	500	800	440	700	350	260	822	392	482	90	129	ZJT1A-5B01
650	500	950	440	850	450	260	834	404	494	90	135	ZJT1A-6B01
800	610	1150	440	1050	600	260	965	480	570	90	154	ZJT1A-8B01
1000	700	1350	550	1250	700	280	1141	581	691	100	199	ZJT1A-10B01
1200	700	1600	550	1500	900	280	1196	636	746	100	211	ZJT1A-12B01

14.4 清扫器

14.4.1 头部清扫器

头部清扫器和有关参数如图 14-4 及表 14-6 所示。

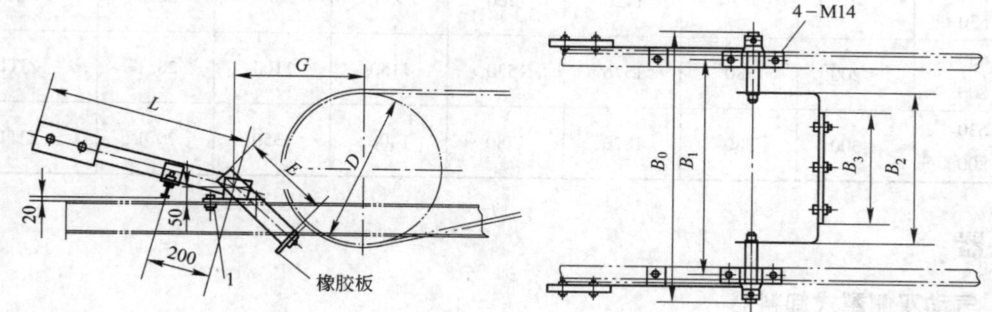

说明：1. 安装新橡胶板时，应保证 20mm 的间隙；2. 已包括与头架固定的紧固件；3. $B=1000$mm、1200mm 时，件 1 与中间架为通孔连接

图 14-4 头部清扫器示意图

表 14-6 头部清扫器有关参数表

mm

B	D	G	L	E	B_0	B_1	B_2	B_3	重量/kg	图 号
500	500	400	550	240	1014	840	630	560	22.8	ZJT1A-5D01
650	500	400	600		1164	990	780	710	24.1	ZJT1A-6D01
650	630	450	600		1164	990	780	710	24.1	ZJT1A-6D02
800	500	400	650		1464	1290	1080	900	26.2	ZJT1A-8D01
800	630	450	650		1344	1210	960	900	25.9	ZJT1A-8D02

续表 14-6

B	D	G	L	E	B_0	B_1	B_2	B_3	重量/kg	图 号
1000	630	450	700	242	1574	1400	1200	1100	25.8	ZJT1A-10D01
1000	800	550	700	299	1574	1400	1200	1100	25.8	ZJT1A-10D02
1200	630	430	750	214	1824	1650	1450	1350	27.7	ZJT1A-12D01
1200	800	500	750	299	1824	1650	1450	1350	27.7	ZJT1A-12D02

14.4.2 磁选清扫器

磁选清扫器和有关参数如图 14-5 及表 14-7 所示。

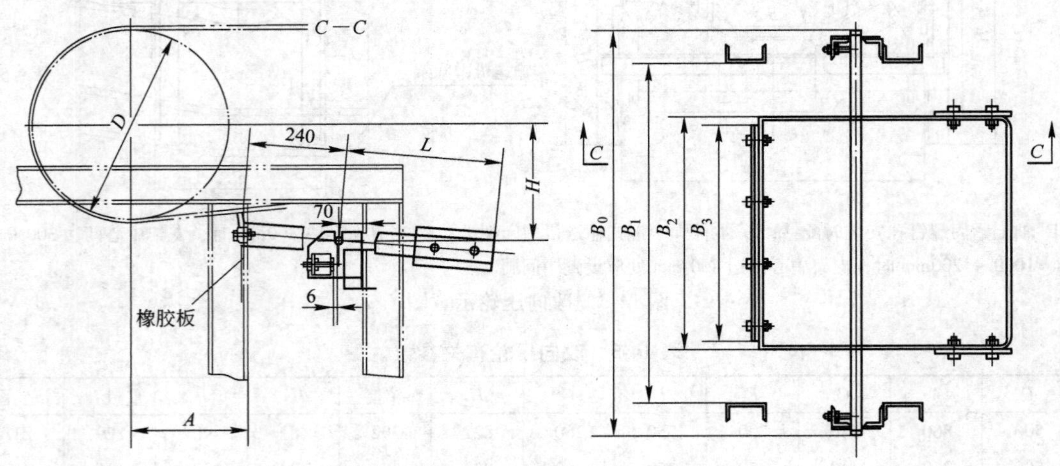

说明：1. 安装尺寸 H 根据保证橡胶板与带面垂直而定；2. 安装时应保证 6mm 间隙

图 14-5 磁选清扫器示意图

表 14-7 磁选清扫器有关参数表 mm

B	D	A	L	B_0	B_1	B_2	B_3	重量/kg	图 号
500	500	≤340	400	1050	896	600	560	21.4	ZJT1A-5D02
650	500			1200	1046	750	710	23.4	ZJT1A-6D03
800	500 630			1420	1266	950	900	26.0	ZJT1A-8D03
1000	630 800	≤200	380	1576	1530	1150	1100	28.1	ZJT1A-10D03
1200	630 800	≤300	380	1826	1780	1400	1350	29.1	ZJT1A-12D03

14.5 卸料器

14.5.1 气动双侧犁式卸料器

气动双侧犁式卸料器和有关参数如图 14-6 及表 14-8 所示。

表 14-8 气动双侧犁式卸料器有关参数表 mm

B	A	A_1	G	H	h	J	K	R	R_1	W	W_1	$t\times n$	D	重量/kg	图 号
500	770	720	250	480	954	220	180	405	95	95	10	100×5	ϕ60	169.5	ZJT1A-5E01Q
650	870	870	300	580	999	235	210	525	95	165	10	100×6	ϕ60	184.2	ZJT1A-6E01Q
800	1070	1070	300	650	1074	245	250	600	115	180	10	150×5	ϕ60	217.3	ZJT1A-8E01Q
1000	1190	1300	400	820	1184	300	300	750	115	295	15	200×5	ϕ89	296.2	ZJT1A-10E01Q
1200	1380	1550	450	920	1219	335	300	850	115	275	15	200×6	ϕ89	357.4	ZJT1A-12E01Q

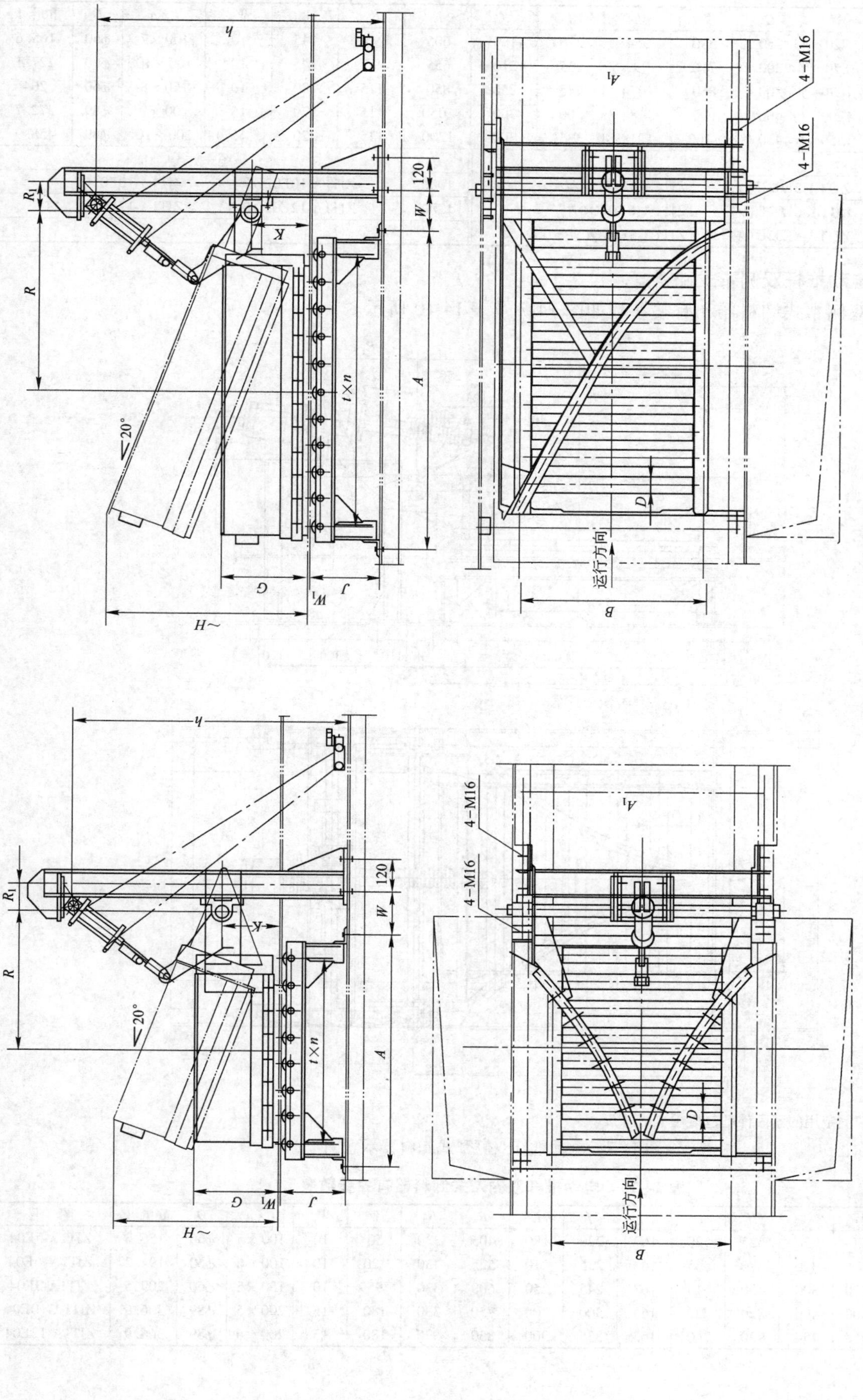

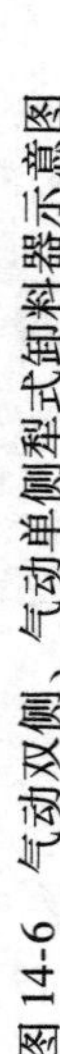

图 14-6　气动双侧、气动单侧犁式卸料器示意图

说明：与机架固定用的紧固件已包括在本图内

14.5.2 气动单侧犁式卸料器

气动单侧犁式卸料器的有关参数如表 14-9 所示。

表 14-9 气动单侧犁式卸料器有关参数表 mm

B	A	A_1	G	H	h	J	K	R	R_1	W	W_1	$t\times n$	D	重量/kg
500	1070	720	250	580	954	220	180	605	95	145	10	100×7	$\phi60$	165.6
650	1170	870	300	710	999	235	210	655	95	145	10	100×10	$\phi60$	227.1
800	1570	1070	300	860	1074	245	250	850	115	180	10	150×8	$\phi60$	264
1000	1990	1300	400	990	1184	300	300	1050	115	170	15	200×9	$\phi89$	372.7
1200	2190	1550	450	1160	1219	335	300	1200	115	220	15	200×10	$\phi89$	458.9

B	图号		B	图号	
500	ZJT1A-5E02Q(右)	ZJT1A-5E03Q(左)	1000	ZJT1A-10E02Q(右)	ZJT1A-10E03Q(左)
650	ZJT1A-6E02Q(右)	ZJT1A-6E03Q(左)	1200	ZJT1A-12E02Q(右)	ZJT1A-12E03Q(左)
800	ZJT1A-8E02Q(右)	ZJT1A-8E03Q(左)			

14.5.3 电动推杆双侧犁式卸料器

电动推杆双侧犁式卸料器和有关参数如图 14-7 及表 14-10 所示。

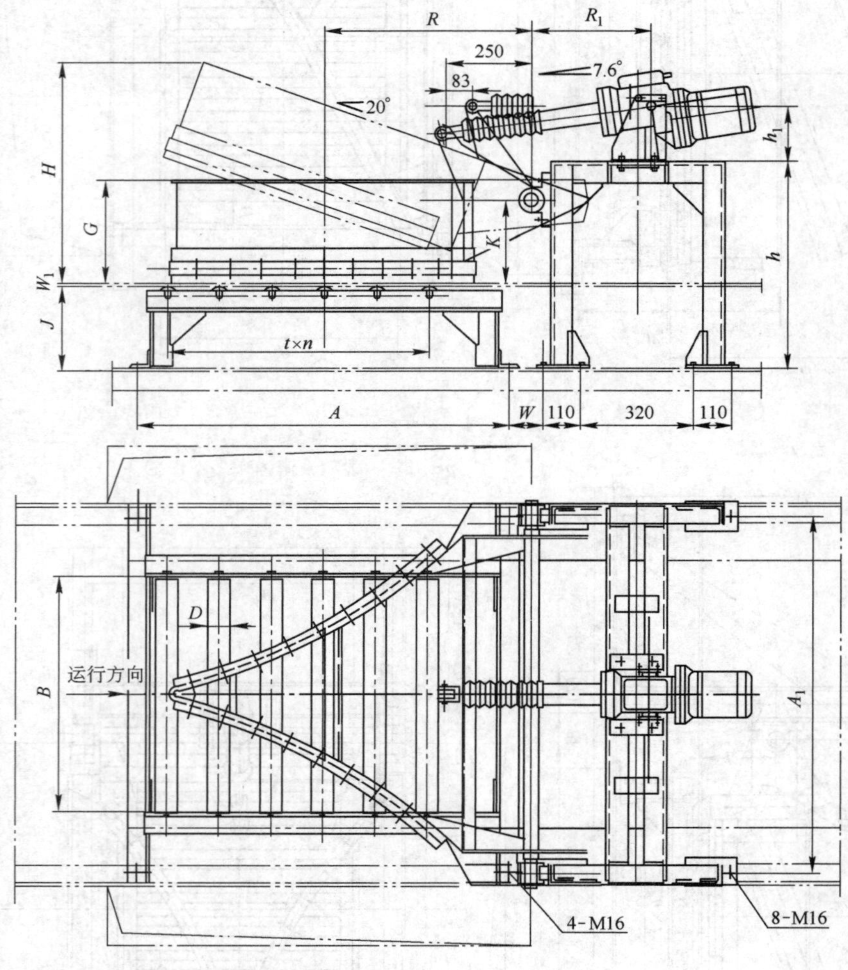

说明：与机架固定用的紧固件已包括在本图内

图 14-7 电动推杆双侧犁式卸料器示意图

表 14-10 电动推杆双侧犁式卸料器有关参数表 mm

B	A	A_1	G	H	h	h_1	J	K	R	R_1	W	W_1	$t\times n$	D	重量/kg	图号
500	770	720	250	525	520	163	220	180	405	330	50	10	100×5	$\phi60$	156.3	ZJT1A-5E04
650	870	870	300	580	565	163	235	210	525	330	120	10	100×6	$\phi60$	194.2	ZJT1A-6E04
800	1070	1070	300	650	615	163	245	250	600	330	95	10	150×5	$\phi60$	209.5	ZJT1A-8E04
1000	1190	1300	400	820	720	163	300	300	750	330	180	15	200×5	$\phi89$	306.9	ZJT1A-10E04
1200	1380	1550	450	920	760	163	335	300	850	330	180	15	200×6	$\phi89$	366.9	ZJT1A-12E04

14.5.4　电动推杆单侧犁式卸料器

电动推杆单侧犁式卸料器和有关参数如图 14-8 及表 14-11 所示。

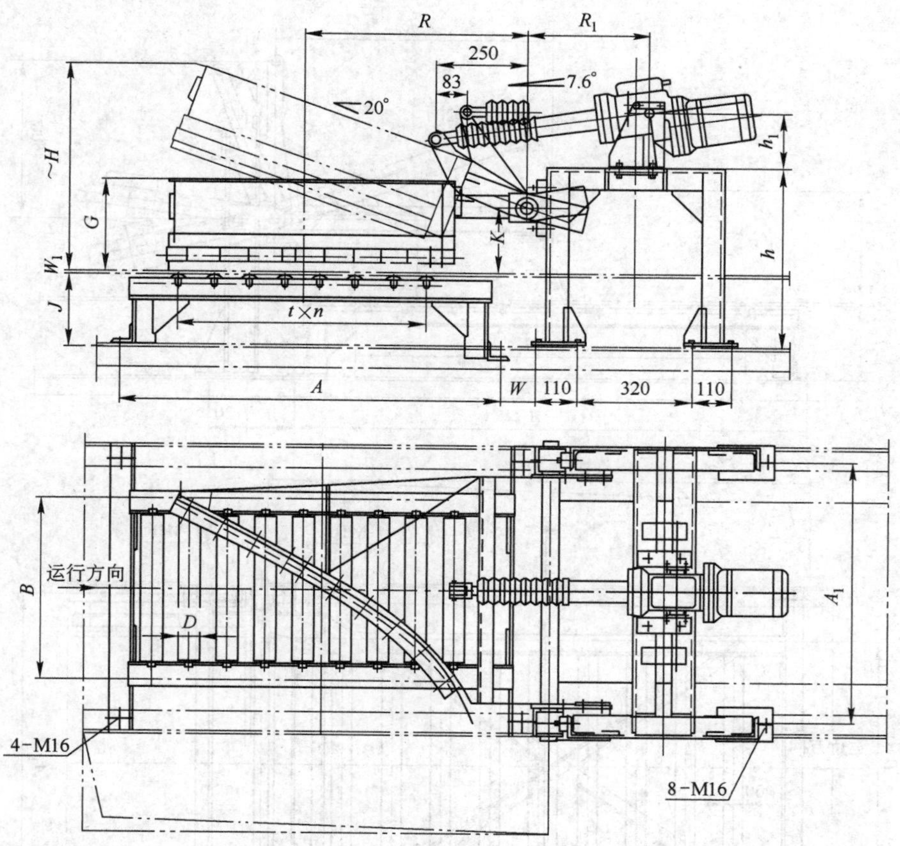

说明：与机架固定用的紧固件已包括在本图内

图 14-8　电动推杆单侧犁式卸料器示意图

表 14-11　电动推杆单侧犁式卸料器有关参数表

mm

B	A	A_1	G	H	h	h_1	J	K	R	R_1	W	W_1	t×n	D	重量/kg
500	1070	720	250	580	520	163	220	180	605	330	100	10	100×7	ϕ60	172.5
650	1170	870	300	710	565	163	235	210	655	330	100	10	100×10	ϕ60	242.5
800	1570	1070	350	860	615	163	245	250	850	330	95	10	150×8	ϕ60	228.4
1000	1990	1300	400	990	720	163	300	300	1050	330	80	15	200×9	ϕ89	382.4
1200	2190	1550	450	1160	760	163	335	300	1200	330	130	15	200×10	ϕ89	468.4

B	图号		B	图号	
500	ZJT1A-5E05(右)	ZJT1A-5E06(左)	1000	ZJT1A-10E05(右)	ZJT1A-10E06(左)
650	ZJT1A-6E05(右)	ZJT1A-6E06(左)	1200	ZJT1A-12E05(右)	ZJT1A-12E06(左)
800	ZJT1A-8E05(右)	ZJT1A-8E06(左)			

14.5.5　换向卸料器

换向卸料器和有关参数如图 14-9 及表 14-12 所示。

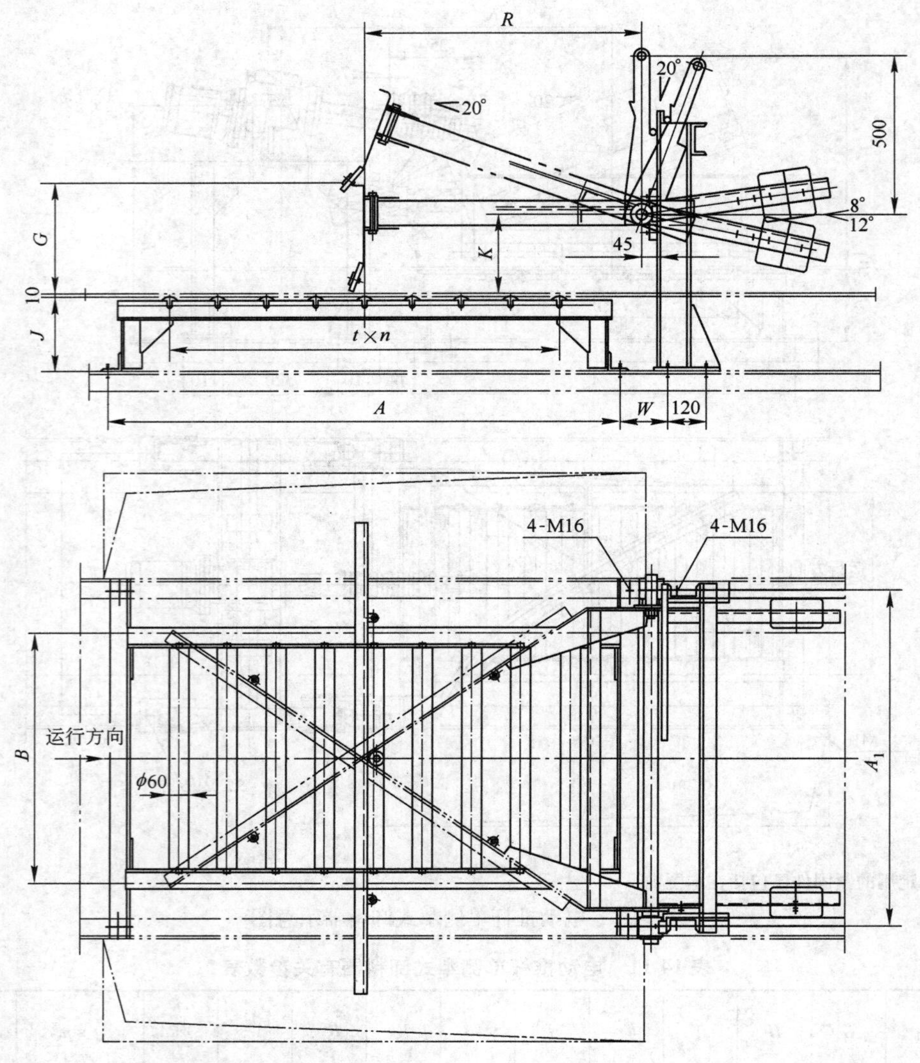

说明：与机架固定用紧固件已包括在本图内

图 14-9　换向卸料器示意图

表 14-12　换向卸料器有关参数表　　mm

B	A	A_1	G	J	K	R	$t\times n$	W	重量/kg	图　号
500	1070	720	250	220	180	605	100×7	145	183.5	ZJT1A-5E07
650	1170	870	300	235	210	655	100×10	145	237.5	ZJT1A-6E07
800	1570	1070	350	245	250	850	150×8	140	224.7	ZJT1A-8E07

14.6 头架

14.6.1 传动（电动）滚筒支架

14.6.1.1 低式传动（电动）滚筒支架

（1）带宽 B 分别为 500mm、650mm、800mm 的低式传动（电动）滚筒支架和有关参数如图 14-10 及表 14-13 所示。

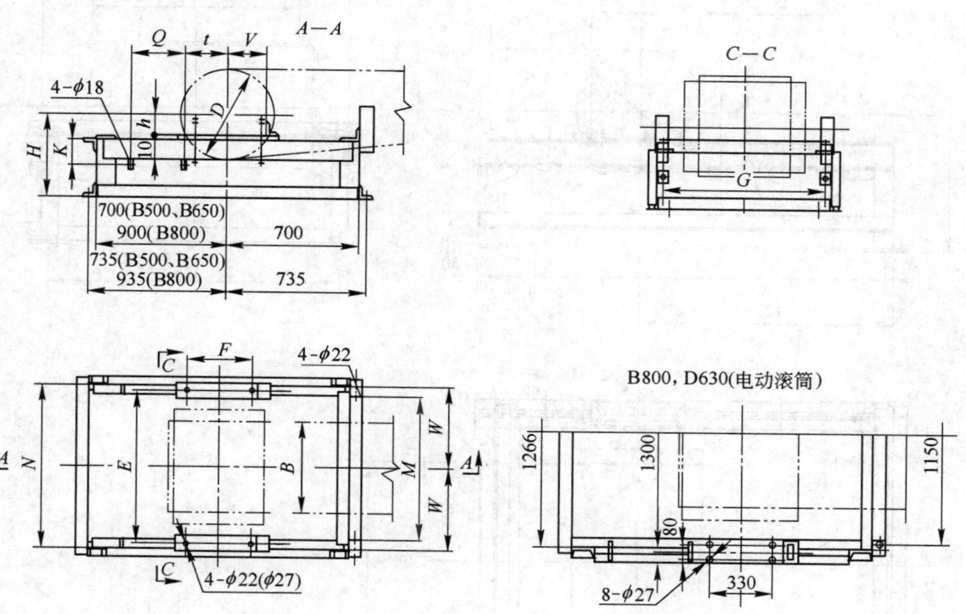

图 14-10 B500、B650、B800 低式传动（电动）滚筒支架示意图

表 14-13 B500、B650、B800 低式传动（电动）滚筒支架有关参数表 mm

B	D	H	h	E	F	G	M	N	K	Q	t	V	W	重量/kg	图号
500	500	450	120（100）	850	350（280）	850	800	896	135	280	240	205（170）	450	80	ZJT1A-5H01
650	500	450	120	1000	350（280）	1000	950	1046	135	280	240	205（170）	500	98	ZJT1A-6H01
800	500	500	135（120）	1300	380（280）	1300	1150	1350	161	420	275	230（170）	600	120	ZJT1A-8H01
	630	435	155		440			1350				265		124	ZJT1A-8H19
	630	435	140		330			1266				200		147	* ZJT1A-8H37

注：1. 本支架除 B800、D630 传动滚筒与电动滚筒分开外，其余支架均合用同一图号；2. 带 * 号者为 B800、D630 电动滚筒支架；3. 括号内尺寸为电动滚筒支架尺寸；4. 地脚螺栓规格 M20mm×300mm 或 M20mm×220mm 用时需在带式输送机总图上列出；5. 本支架已包括固定滚筒之紧固件。

（2）带宽 B 分别为 1000mm、1200mm 的低式传动（电动）滚筒支架和有关参数如图 14-11 及表 14-14 所示。

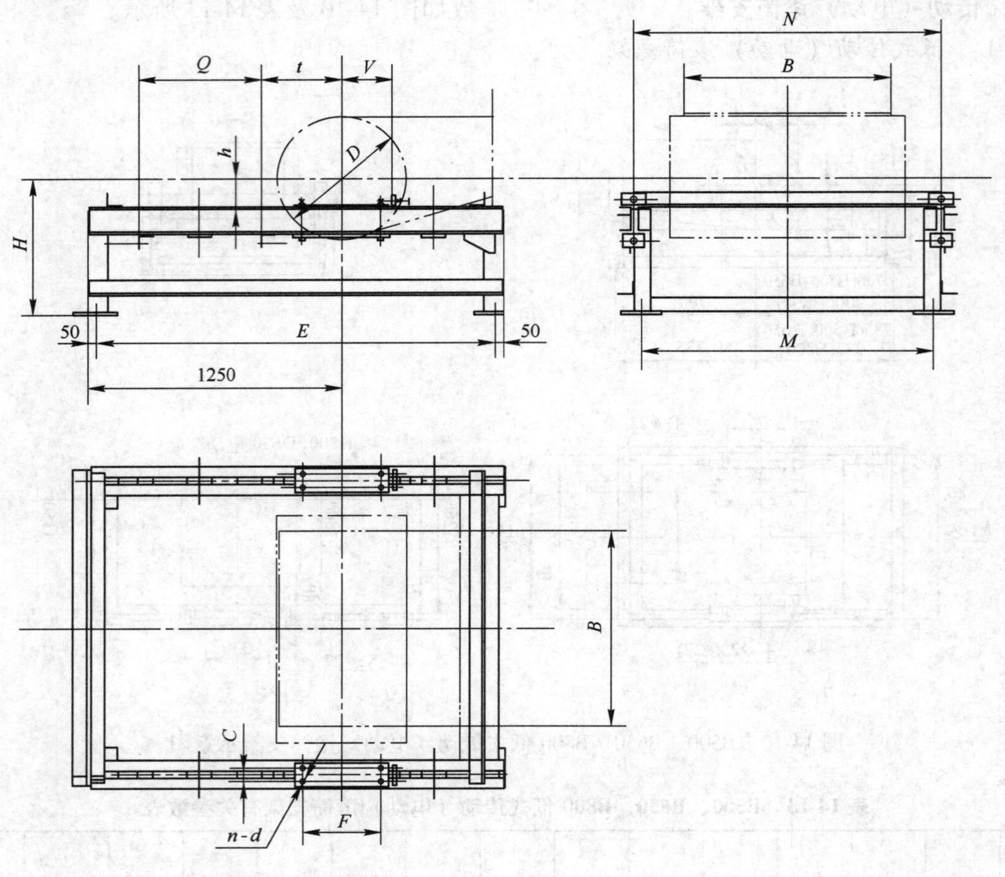

图 14-11 B1000、B1200 低式传动（电动）滚筒支架示意图

表 14-14 B1000、B1200 低式传动（电动）滚筒支架有关参数表 mm

<table>
<tr><th>B</th><th>D</th><th>H</th><th>h</th><th>E</th><th>F</th><th>C</th><th>M</th><th>N</th><th>Q</th><th>t</th><th>V</th><th>n-d</th><th>重量/kg</th><th>图 号</th></tr>
<tr><td>1000</td><td>630</td><td>695</td><td>135</td><td>1950</td><td>380</td><td rowspan="3">0</td><td>1430</td><td>1500</td><td rowspan="4">600</td><td rowspan="4">400</td><td>250</td><td>4 – ϕ26</td><td>289</td><td>ZJT1A-10H01</td></tr>
<tr><td>1000</td><td>800</td><td>610</td><td>170</td><td>2050</td><td>480</td><td>1435</td><td>1500</td><td>305</td><td>4 – ϕ32</td><td>297</td><td>ZJT1A-10H02</td></tr>
<tr><td>1200</td><td>630</td><td>695</td><td>155</td><td>1950</td><td>440</td><td>1680</td><td>1750</td><td>290</td><td>4 – ϕ26</td><td>288</td><td>ZJT1A-12H01</td></tr>
<tr><td>1200</td><td>800</td><td>610</td><td>200</td><td>2050</td><td>520</td><td>105</td><td>1795</td><td>1850</td><td>340</td><td>8 – ϕ34</td><td>303</td><td>ZJT1A-12H02</td></tr>
</table>

14.6.1.2 B500 传动（电动）滚筒支架

带宽 B 为 500mm 的传动（电动）滚筒支架和有关参数如图 14-12 及表 14-15 所示。

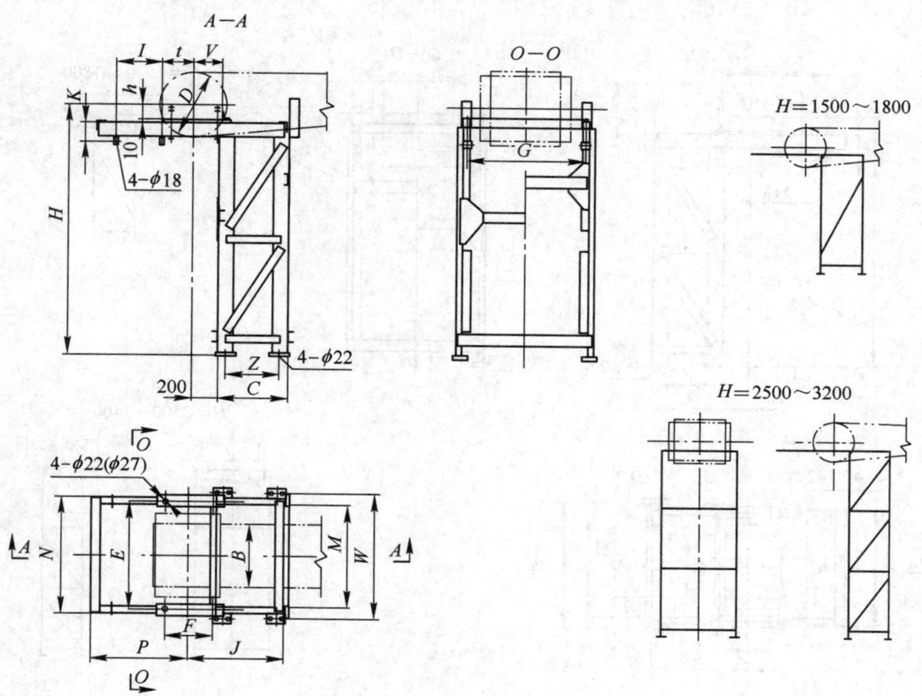

图 14-12 B500 传动（电动）滚筒支架示意图

表 14-15 B500 传动（电动）滚筒支架有关参数表

mm

B	D	H	h	C	E	F	G	I	J	K	M	N	P	t	V	地脚尺寸 W	地脚尺寸 Z	重量/kg	图号
500	500	1500	120 (100)	500	850	350 (280)	850	340	700	135	800	896	700	240	205 (170)	976	400	163	ZJT1A-5H02
		1600																168	ZJT1A-5H03
		1700																173	ZJT1A-5H04
		1800																178	ZJT1A-5H05
		1900																184	ZJT1A-5H06
		2000																189	ZJT1A-5H07
		2100																194	ZJT1A-5H08
		2200																219	ZJT1A-5H09
		2300																223	ZJT1A-5H10
		2400																227	ZJT1A-5H11
		2500															374	258	ZJT1A-5H12
		2600																263	ZJT1A-5H13
		2700																269	ZJT1A-5H14
		2900																280	ZJT1A-5H15
		3000																285	ZJT1A-5H16
		3200															360	324	ZJT1A-5H17

注：1. 本支架传动滚筒与电动滚筒合用同一个图号；2. 括号内尺寸为电动滚筒支架尺寸；3. 地脚螺栓规格 M20mm×300mm 用时需在带式输送机总图上列出；4. 本支架已包括固定滚筒之紧固件。

14.6.1.3　B650 传动（电动）滚筒支架

带宽 B 为 650mm 传动（电动）滚筒支架和有关参数如图 14-13 及表 14-16 所示。

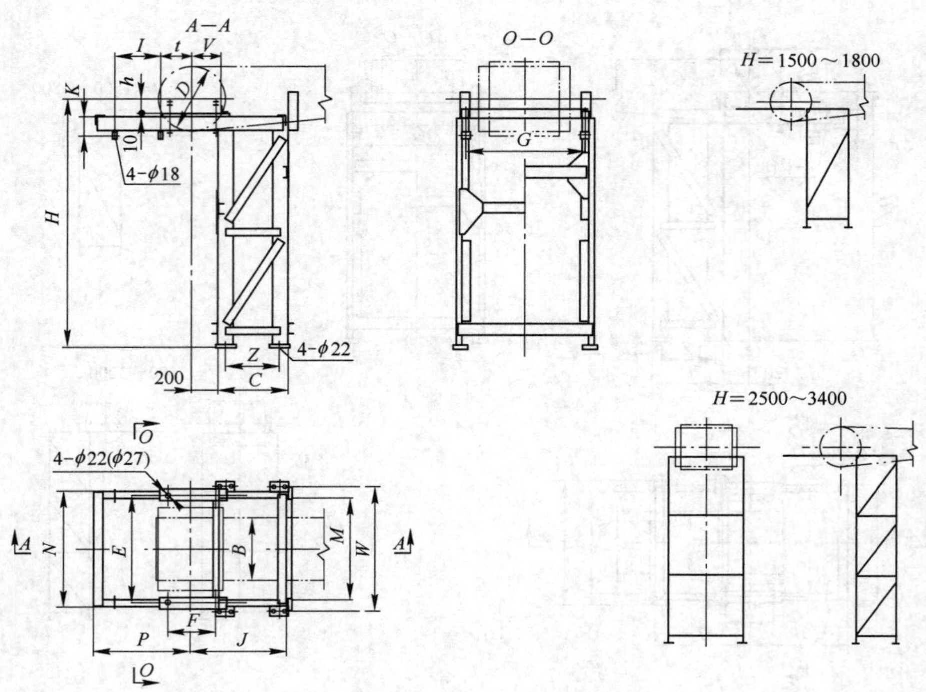

图 14-13　B650 传动（电动）滚筒支架示意图

表 14-16　B650 传动（电动）滚筒支架有关参数表　mm

<table>
<tr><th rowspan="2">B</th><th rowspan="2">D</th><th rowspan="2">H</th><th rowspan="2">h</th><th rowspan="2">C</th><th rowspan="2">E</th><th rowspan="2">F</th><th rowspan="2">G</th><th rowspan="2">I</th><th rowspan="2">J</th><th rowspan="2">K</th><th rowspan="2">M</th><th rowspan="2">N</th><th rowspan="2">P</th><th rowspan="2">t</th><th rowspan="2">V</th><th colspan="2">地脚尺寸</th><th rowspan="2">重量/kg</th><th rowspan="2">图　号</th></tr>
<tr><th>W</th><th>Z</th></tr>
<tr><td rowspan="14">650</td><td rowspan="14">500</td><td>1500</td><td rowspan="14">120</td><td rowspan="14">500</td><td rowspan="14">1000</td><td rowspan="14">350
(280)</td><td rowspan="14">1000</td><td rowspan="14">340</td><td rowspan="14">700</td><td rowspan="14">135</td><td rowspan="14">950</td><td rowspan="14">1046</td><td rowspan="14">700</td><td rowspan="14">240</td><td rowspan="14">205
(170)</td><td rowspan="14">1126</td><td rowspan="8">374</td><td>187</td><td>ZJT1A-6H02</td></tr>
<tr><td>1600</td><td>192</td><td>ZJT1A-6H03</td></tr>
<tr><td>1700</td><td>198</td><td>ZJT1A-6H04</td></tr>
<tr><td>1800</td><td>202</td><td>ZJT1A-6H05</td></tr>
<tr><td>1900</td><td>212</td><td>ZJT1A-6H06</td></tr>
<tr><td>2000</td><td>218</td><td>ZJT1A-6H07</td></tr>
<tr><td>2100</td><td>224</td><td>ZJT1A-6H08</td></tr>
<tr><td>2300</td><td>235</td><td>ZJT1A-6H09</td></tr>
<tr><td>2500</td><td rowspan="6">360</td><td>297</td><td>ZJT1A-6H10</td></tr>
<tr><td>2600</td><td>304</td><td>ZJT1A-6H11</td></tr>
<tr><td>2700</td><td>310</td><td>ZJT1A-6H12</td></tr>
<tr><td>2800</td><td>318</td><td>ZJT1A-6H13</td></tr>
<tr><td>3200</td><td>343</td><td>ZJT1A-6H14</td></tr>
<tr><td>3400</td><td>356</td><td>ZJT1A-6H15</td></tr>
</table>

注：1. 本支架传动滚筒与电动滚筒合用同一图号；2. 括号内尺寸为电动滚筒支架尺寸；3. 地脚螺栓规格 M20mm×300mm 用时需在带式输送机总图上列出；4. 本支架已包括固定滚筒之紧固件。

14.6.1.4 B800、D500 传动(电动)滚筒支架

带宽 B 为 800mm、滚筒直径 D 为 500mm 传动（电动）滚筒支架和有关参数如图 14-14 及表 14-17 所示。

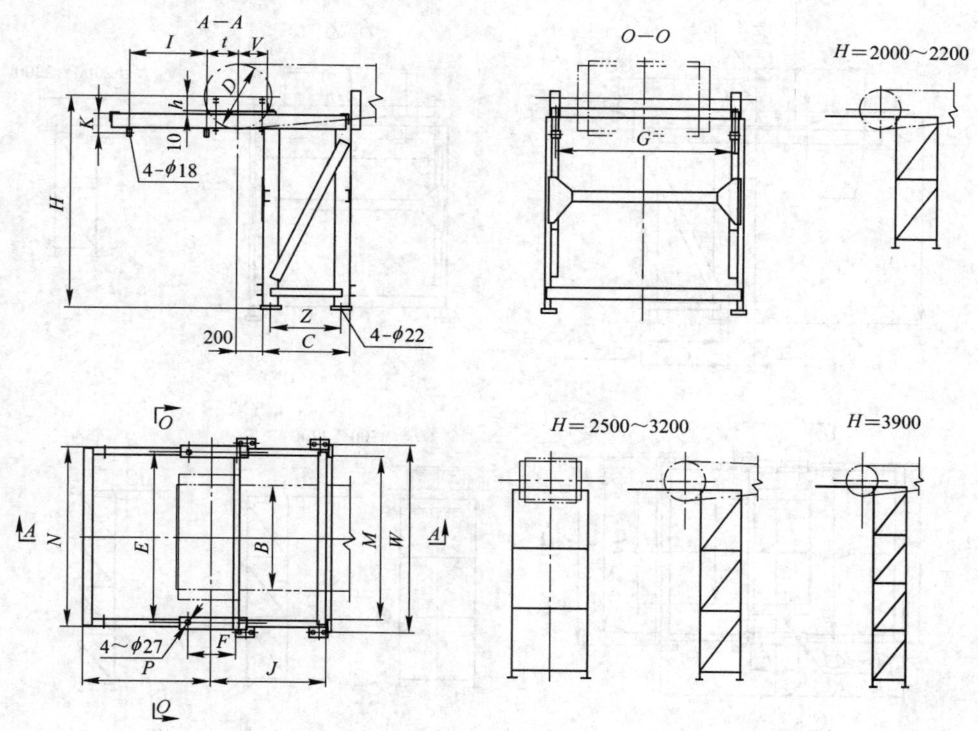

图 14-14 B800、D500 传动（电动）滚筒支架示意图

表 14-17 B800、D500 传动（电动）滚筒支架有关参数表

mm

B	D	H	h	C	E	F	G	I	J	K	M	N	P	t	V	地脚尺寸 W	地脚尺寸 Z	重量/kg	图 号
800	500	1600	135 (120)	630	1300	380 (280)	1300	500	850	161	1150	1350	920	275	230 (170)	1430	504	229	ZJT1A-8H02
		1700																235	ZJT1A-8H03
		1800																241	ZJT1A-8H04
		2000																261	ZJT1A-8H05
		2100																266	ZJT1A-8H06
		2200																272	ZJT1A-8H07
		2600															490	358	ZJT1A-8H08
		2800																371	ZJT1A-8H09
		3000																384	ZJT1A-8H10
		3900															470	526	ZJT1A-8H11

注：1. 本支架传动滚筒与电动滚筒合用同一图号；2. 括号内尺寸为电动滚筒支架尺寸；3. 地脚螺栓规格 M20mm×300mm 用时需在带式输送机总图上列出；4. 本支架已包括固定滚筒之紧固件。

14.6.1.5 B800、D630 传动滚筒支架

带宽 B 为 800mm、滚筒直径 D 为 630mm 传动滚筒支架和有关参数如图 14-15 及表 14-18 所示。

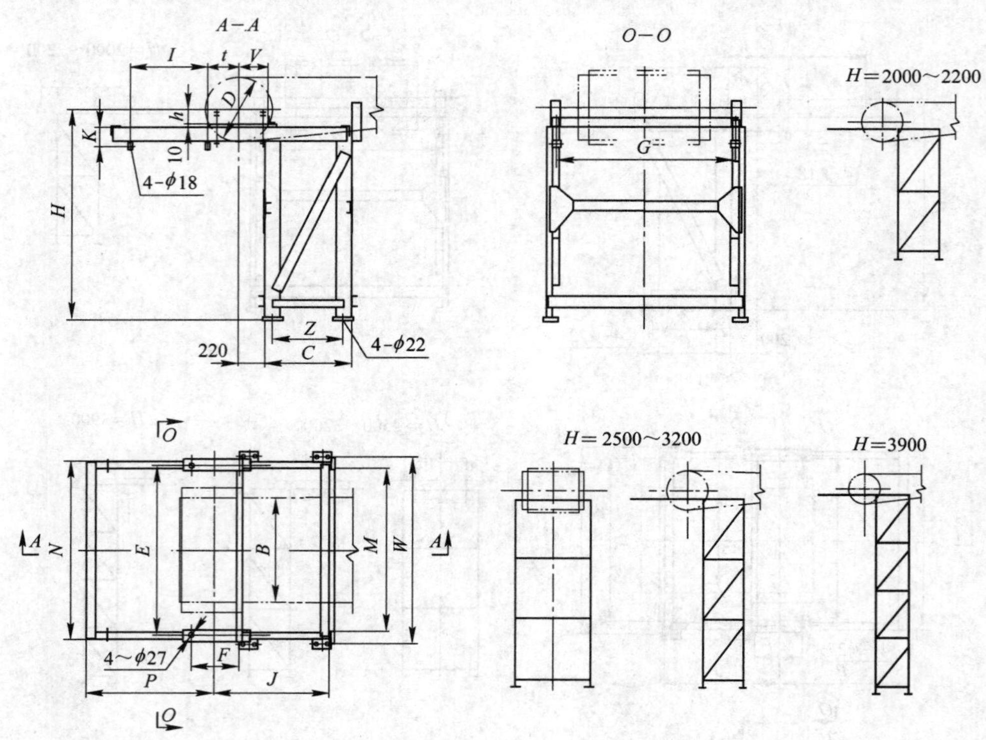

图 14-15 B800、D630 传动滚筒支架示意图

表 14-18 B800、D630 传动滚筒支架有关参数表 mm

B	D	H	h	C	E	F	G	I	J	K	M	N	P	t	V	地脚尺寸 W	地脚尺寸 Z	重量/kg	图 号
800	630	1600	155	630	1300	440	1300	500	850	161	1150	1350	920	275	265	1430	490	244	ZJT1A-8H20
		1700																251	ZJT1A-8H21
		1800																258	ZJT1A-8H22
		2000																280	ZJT1A-8H23
		2100																287	ZJT1A-8H24
		2200																294	ZJT1A-8H25
		2600															470	390	ZJT1A-8H26
		2800																405	ZJT1A-8H27
		3000																421	ZJT1A-8H28
		3900																532	ZJT1A-8H29

注：1. 本支架已包括固定滚筒之紧固件；2. 地脚螺栓规格 M20mm×300mm 用时需在带式输送机总图上列出。

14.6.2　Y-ZJ 头架

Y-ZJ 头架和参数如图 14-16 及表 14-19、表 14-20 所示。

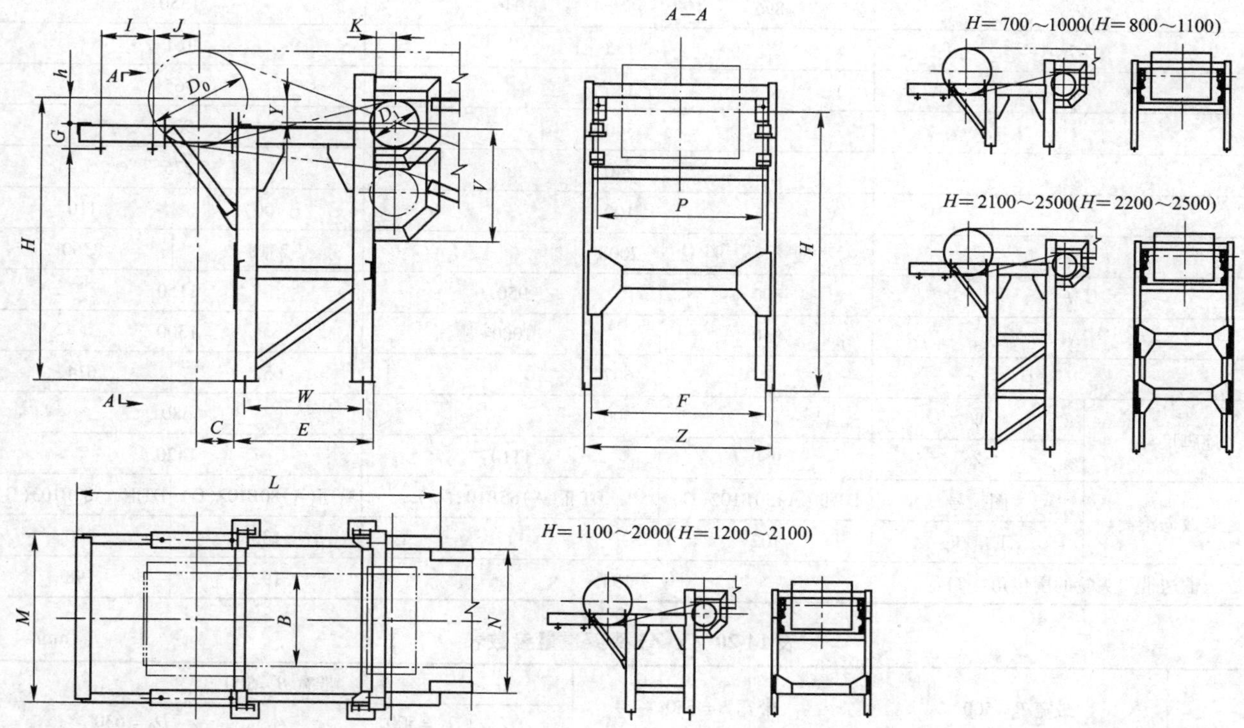

说明：1. 本头架适用于输送机倾角 $\alpha=0°\sim20°$，其中 $H=700$mm、$H=800$mm，只适用于 $\alpha=0°$；2. 本头架可作为通用输送机头架，也可作为两输送机 90°相交转卸布置时用头架；3. 固定滚筒的紧固件已包括在本支架中；4. 当头部设磁选且头架高 $H\geqslant2000$mm 时，须在输送机总图中注明："在制作安装磁选漏斗时应对铁料溜管加长处理"；5. 括号内数据用于带宽 $B=800$mm 的输送机

图 14-16　Y-ZJ 头架示意图

表 14-19　Y-ZJ 头架尺寸参数表

mm

<table>
<tr><th rowspan="2">带宽 B / Y值 / 输送机倾角/(°)</th><th rowspan="2">500</th><th rowspan="2">650</th><th colspan="2">800</th><th rowspan="2">带宽 B / Y值 / 输送机倾角/(°)</th><th rowspan="2">500</th><th rowspan="2">650</th><th colspan="2">800</th></tr>
<tr><th>$D_0=500$</th><th>$D_0=630$</th><th>$D_0=500$</th><th>$D_0=630$</th></tr>
<tr><td>0</td><td colspan="2">105</td><td>120</td><td>90</td><td>11</td><td colspan="2">300</td><td>340</td><td>310</td></tr>
<tr><td>1</td><td colspan="2">120</td><td>140</td><td>110</td><td>12</td><td colspan="2">320</td><td>360</td><td>330</td></tr>
<tr><td>2</td><td colspan="2">140</td><td>160</td><td>130</td><td>13</td><td colspan="2">340</td><td>385</td><td>350</td></tr>
<tr><td>3</td><td colspan="2">155</td><td>180</td><td>150</td><td>14</td><td colspan="2">355</td><td>405</td><td>375</td></tr>
<tr><td>4</td><td colspan="2">175</td><td>200</td><td>170</td><td>15</td><td colspan="2">375</td><td>425</td><td>395</td></tr>
<tr><td>5</td><td colspan="2">190</td><td>220</td><td>190</td><td>16</td><td colspan="2">395</td><td>445</td><td>415</td></tr>
<tr><td>6</td><td colspan="2">210</td><td>240</td><td>210</td><td>17</td><td colspan="2">415</td><td>470</td><td>440</td></tr>
<tr><td>7</td><td colspan="2">230</td><td>260</td><td>230</td><td>18</td><td colspan="2">435</td><td>490</td><td>460</td></tr>
<tr><td>8</td><td colspan="2">245</td><td>280</td><td>250</td><td>19</td><td colspan="2">455</td><td>515</td><td>485</td></tr>
<tr><td>9</td><td colspan="2">265</td><td>300</td><td>270</td><td>20</td><td colspan="2">475</td><td>535</td><td>505</td></tr>
<tr><td>10</td><td colspan="2">280</td><td>320</td><td>290</td><td></td><td colspan="2"></td><td></td><td></td></tr>
</table>

<table>
<tr><td>带宽 B</td><td>500</td><td>650</td><td colspan="2">800</td></tr>
<tr><td>D_0</td><td colspan="3">500</td><td>630</td></tr>
<tr><td>D_1</td><td colspan="3">250</td><td>315</td></tr>
<tr><td>C</td><td colspan="2">200</td><td colspan="2">220</td></tr>
<tr><td>E</td><td colspan="2">700</td><td colspan="2">800</td></tr>
</table>

续表 14-19

带宽 *B*		500	650	800	
F		896	1046	1350	
G		135		161	
h		130		165	
I		340		500	
J		240		275	
K		100		100	110
L		2000		2310	2360
M		800	950	1150	
N		850	1000	1300	
P		607		652	614
地脚尺寸	*W*	600		680	
	Z	960	1110	1420	
配装改向滚筒	图　号	DTⅡ(A)50B102(G)	DTⅡ(A)65B102(G)	DTⅡ(A)80B102(G)	DTⅡ(A)80B103(G)
	重量/kg	102	117	136	200
输送带与头轮的围包角/(°)		194		192	198

表 14-20　Y-ZJ 头架重量参数表　　mm

H	带宽 *B* = 500		带宽 *B* = 650		带宽 *B* = 800			
					D_0 = 500		D_0 = 630	
	重量/kg	图　号	重量/kg	图　号	重量/kg	图　号	重量/kg	图　号
700	119	ZJT1A-5H41	127	ZJT1A-6H41				
800	123	ZJT1A-5H42	132	ZJT1A-6H42	160	ZJT1A-8H71	183	ZJT1A-8H89
900	127	ZJT1A-5H43	137	ZJT1A-6H43	165	ZJT1A-8H72	189	ZJT1A-8H90
1000	131	ZJT1A-5H44	142	ZJT1A-6H44	170	ZJT1A-8H73	195	ZJT1A-8H91
1100	165	ZJT1A-5H45	180	ZJT1A-6H45	175	ZJT1A-8H74	200	ZJT1A-8H92
1200	169	ZJT1A-5H46	185	ZJT1A-6H46	228	ZJT1A-8H75	257	ZJT1A-8H93
1300	174	ZJT1A-5H47	190	ZJT1A-6H47	236	ZJT1A-8H76	267	ZJT1A-8H94
1400	178	ZJT1A-5H48	196	ZJT1A-6H48	241	ZJT1A-8H77	272	ZJT1A-8H95
1500	191	ZJT1A-5H49	209	ZJT1A-6H49	246	ZJT1A-8H78	278	ZJT1A-8H96
1600	195	ZJT1A-5H50	214	ZJT1A-6H50	257	ZJT1A-8H79	289	ZJT1A-8H97
1700	200	ZJT1A-5H51	220	ZJT1A-6H51	262	ZJT1A-8H80	296	ZJT1A-8H98
1800	204	ZJT1A-5H52	225	ZJT1A-6H52	268	ZJT1A-8H81	302	ZJT1A-8H99
1900	208	ZJT1A-5H53	231	ZJT1A-6H53	273	ZJT1A-8H82	309	ZJT1A-8H100
2000	213	ZJT1A-5H54	237	ZJT1A-6H54	278	ZJT1A-8H83	315	ZJT1A-8H101
2100	249	ZJT1A-5H55	277	ZJT1A-6H55	284	ZJT1A-8H84	321	ZJT1A-8H102
2200	254	ZJT1A-5H56	282	ZJT1A-6H56	344	ZJT1A-8H85	385	ZJT1A-8H103
2300	258	ZJT1A-5H57	287	ZJT1A-6H57	349	ZJT1A-8H86	391	ZJT1A-8H104
2400	263	ZJT1A-5H58	293	ZJT1A-6H58	355	ZJT1A-8H87	397	ZJT1A-8H105
2500	267	ZJT1A-5H59	298	ZJT1A-6H59	360	ZJT1A-8H88	404	ZJT1A-8H106

14.7　螺旋拉紧装置支架

（1）B 分别为 500mm、650mm、800mm，$\delta=0°\sim24°$ 的螺旋拉紧装置支架和参数如图 14-17 及表 14-21 所示。

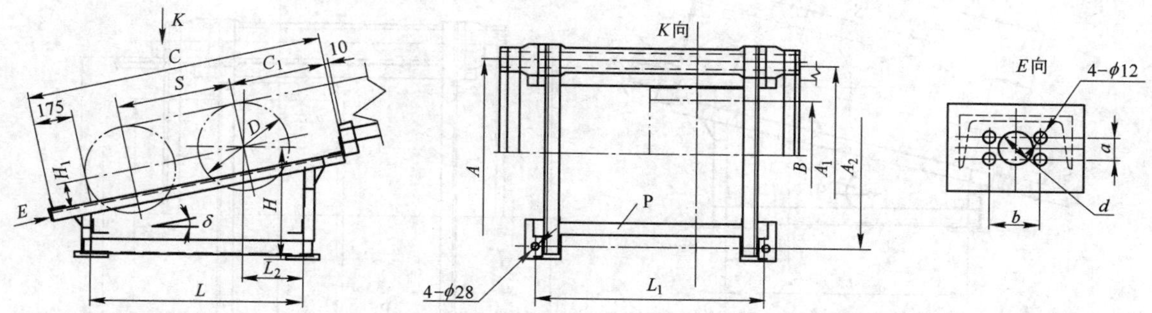

说明：1. δ 为 0°~6°取 $\delta=6°$，δ 为 6°~12°取 $\delta=12°$，余类推；2. 此支架当用于同一轴线转卸时，在输送机总图上注明取消尾架中的部件 P

图 14-17　B500、B650、B800 螺旋拉紧装置支架

表 14-21　B500、B650、B800 螺旋拉紧装置支架参数表

mm

B	S	δ	H	D	a	b	d	C	A	A_1	L	L_1	L_2	A_2	H_1	C_1	重量/kg	图　号
500	500	0°	500	400	28	45	30	1300	850	800	920	1000	220	850	115	425	90	ZJT1A-5J01
		6°											241				85	ZJT1A-5J02
		12°											269				86	ZJT1A-5J03
		18°	600										305				88	ZJT1A-5J04
		24°											347				87	ZJT1A-5J05
	800	0°	500					1600	850	800	1200	1280	200				97	ZJT1A-5J06
		6°											222				94	ZJT1A-5J07
		12°	600										256				94	ZJT1A-5J08
		18°											300				96	ZJT1A-5J09
		24°	700										353				96	ZJT1A-5J10
650	500	0°	500	400	28	45	30	1350	1000	950	920	1000	170	1000	130	425	91	ZJT1A-6J01
		6°											193				89	ZJT1A-6J02
		12°											223				87	ZJT1A-6J03
		18°	600										262				91	ZJT1A-6J04
		24°											307				90	ZJT1A-6J05
	800	0°	500					1600	1000	950	1200	1280	150				100	ZJT1A-6J06
		6°											175				97	ZJT1A-6J07
		12°	600										210				100	ZJT1A-6J08
		18°	650										256				100	ZJT1A-6J09
		24°	750										313				103	ZJT1A-6J10
800	500	0°	550	400	32	50	34	1350	1250	1150	980	1080	240	1250	150	435	109	ZJT1A-8J01
		6°	500										265				105	ZJT1A-8J02
		12°											298				103	ZJT1A-8J03
		18°	600										339				111	ZJT1A-8J04
		24°	650										387				111	ZJT1A-8J05
	800	0°	550					1650	1250	1150	1280	1380	240				116	ZJT1A-8J06
		6°	500										267				114	ZJT1A-8J07
		12°	600										305				117	ZJT1A-8J08
		18°	650										354				118	ZJT1A-8J09
		24°	750										413				122	ZJT1A-8J10

（2）B 分别为 1000mm、1200mm，$\delta=0°\sim24°$的螺旋拉紧装置支架和参数如图 14-18 及表 14-22 所示。

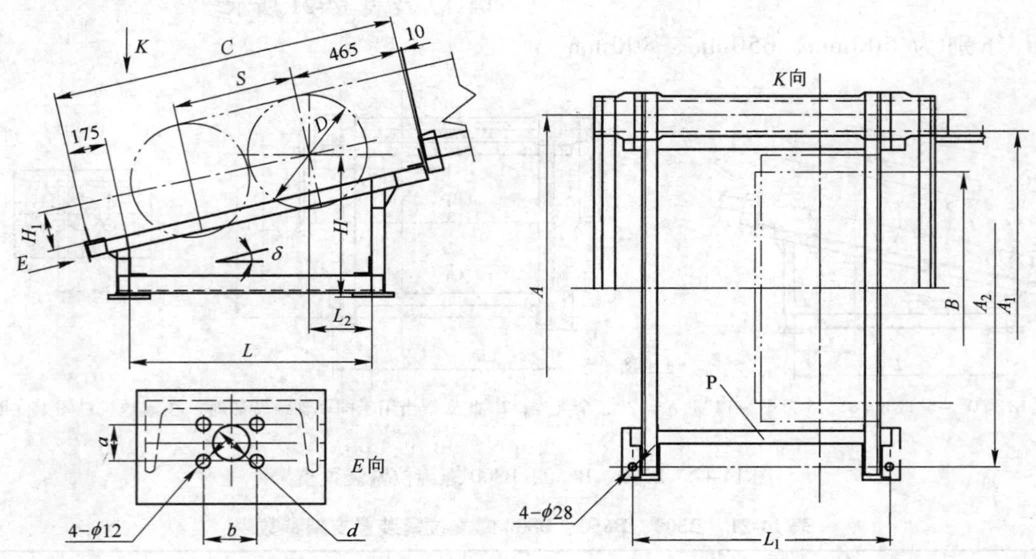

图 14-18　B1000、B1200 螺旋拉紧装置支架

表 14-22　B1000、B1200 螺旋拉紧装置支架参数表　mm

B	S	δ	H	D	a	b	d	C	A	A_1	L	L_1	L_2	A_2	H_1	重量/kg	图　号
		0°	760										190			154	ZJT1A-10J01
		6°	800										218			155	ZJT1A-10J02
	500	12°	600					1450	1500	1350	1000	1100	254			141	ZJT1A-10J03
		16°	700										283			146	ZJT1A-10J04
		20°	750										315			149	ZJT1A-10J05
		24°	850										351			155	ZJT1A-10J06
1000		0°	760	500	32	50	34						190	1500	165	167	ZJT1A-10J07
		6°	800										219			167	ZJT1A-10J08
	800	12°	600					1750	1500	1350	1300	1400	261			151	ZJT1A-10J09
		16°	700										295			155	ZJT1A-10J10
		20°	750										333			157	ZJT1A-10J11
		24°	850										377			165	ZJT1A-10J12
		0°	760										190			161	ZJT1A-12J01
		6°	800										218			162	ZJT1A-12J02
	500	12°	600					1450	1750	1600	1000	1100	254			148	ZJT1A-12J03
		16°	700										283			153	ZJT1A-12J04
		20°	750										315			156	ZJT1A-12J05
		24°	850										351			162	ZJT1A-12J06
1200		0°	760	500	32	50	34						190	1750	165	174	ZJT1A-12J07
		6°	800										219			174	ZJT1A-12J08
	800	12°	600					1750	1750	1600	1300	1400	261			158	ZJT1A-12J09
		16°	700										295			162	ZJT1A-12J10
		20°	750										333			164	ZJT1A-12J11
		24°	850										377			172	ZJT1A-12J12

14.8 中部改向滚筒支架

（1）*B* 分别为500mm、650mm、800mm 的中部改向滚筒支架和参数如图14-19及表14-23所示。

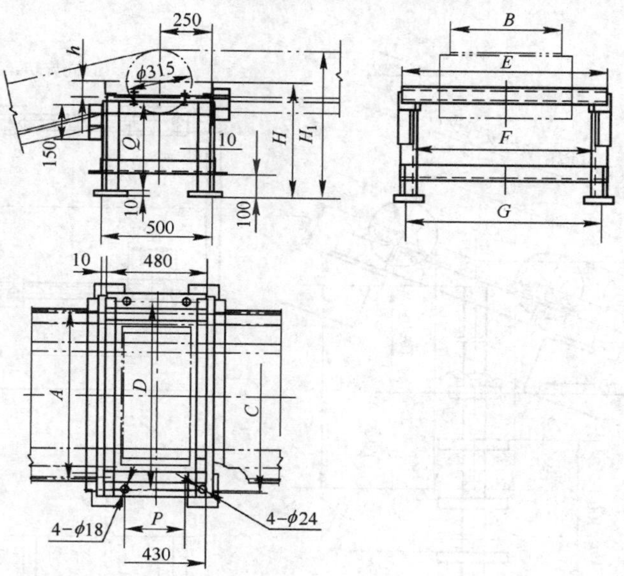

图14-19 B500、B650、B800 中部改向滚筒支架

表14-23 B500、B650、B800 中部改向滚筒支架参数表

mm

带宽 *B*	*A*	*C*	*D*	*E*	*F*	*G*	*P*	*Q*	*H*	H_1	*h*	重量/kg	图号
500	800	860	850	910	790	896	260	423	542.5	700	90	54.8	ZJT1A-5J23
650	950	1010	1000	1060	940	1046	260	423	542.5	700	90	58.2	ZJT1A-6J23
800	1150	1260	1250	1310	1190	1296	260	463	592.5	750	100	65.0	ZJT1A-8J25

（2）*B* 分别为1000mm、1200mm 的中部改向滚筒支架和参数如图14-20及表14-24所示。

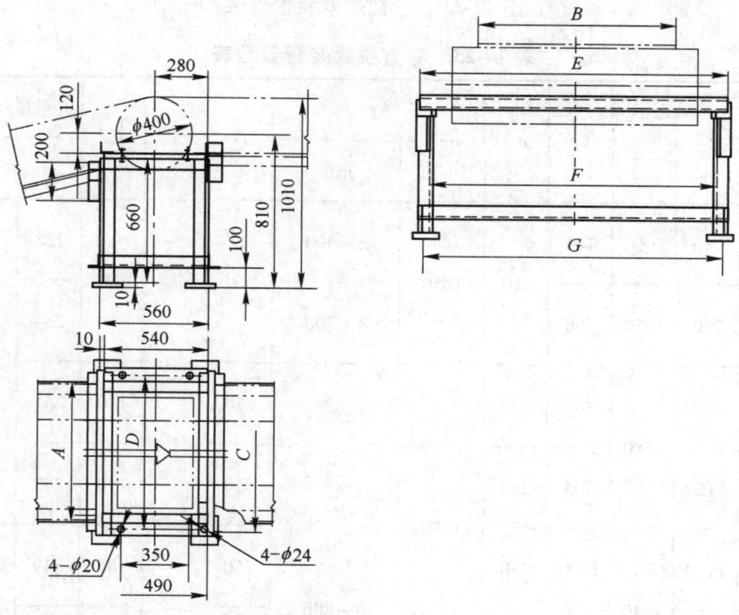

说明：1. *B*＝1200mm 改向滚筒选用图号 DTⅡ(A)120B104(G)；2. 包括改向滚筒用的紧固件

图14-20 B1000、B1200 中部改向滚筒支架

表14-24 B1000、B1200 中部改向滚筒支架参数表

mm

带宽 *B*	*A*	*C*	*D*	*E*	*F*	*G*	重量/kg	图号
1000	1350	1460	1450	1510	1390	1520	85.2	ZJT1A-10J31
1200	1600	1710	1700	1760	1640	1770	90.8	ZJT1A-12J31

14.9 垂直拉紧装置支架

垂直拉紧装置支架和参数如图 14-21 及表 14-25 所示。

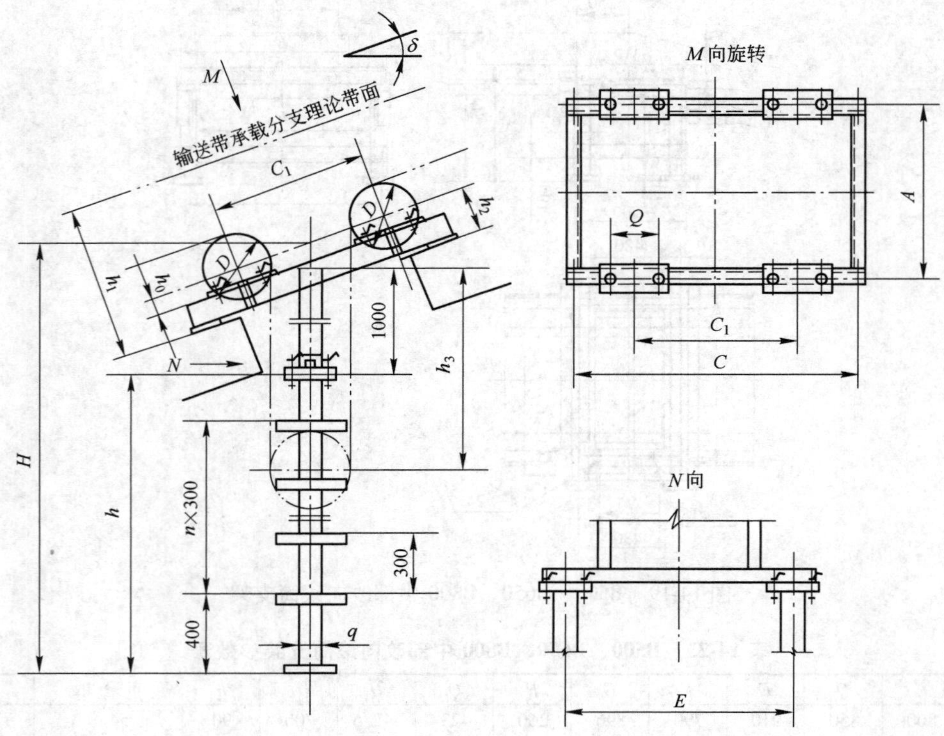

说明：1. 本支架适用于输送机倾角 $\delta=0°\sim20°$；2. 选型时需给出 h、n 值，H 值由系统确定，$h=H-\dfrac{h_0+10}{\cos\delta}-1000$；$n=\dfrac{h-1500}{300}$均取整数；3. 表中所给重量 m 为 $h=3000$mm 时的重量，h 每增减 100mm，重量相应增减 m_0

图 14-21 垂直拉紧装置支架

表 14-25 垂直拉紧装置参数表 mm

带宽 B	D	A	C	C_1	E	h_1	h_2	h_3		Q	q	h_0	重量/kg		图 号
								min	max				m	m_0	
500	315	850	1380	790	1000	743	210	1650	$h-500$	260	ϕ108	100	228	2.7	ZJT1A-5K01
650	315	1000	1480	790	1280	758			$h-700$				234		ZJT1A-6K01
800	315	1250	1640	890	1580	843	240	1700	$h-800$	280		110	261		ZJT1A-8K01
	400			1120		905	260			350		130	262		ZJT1A-8K02
1000	400	1450	1770	1140	1810	1000	270			350	ϕ133	135	349	3.8	ZJT1A-10K01
	500	1500	2060	1420		1065	285			380		150	366		ZJT1A-10K02
1200	400	1750	1700	1140	2060	1090	315	1750		380			382		ZJT1A-12K01
	500		2060	1420		1140				440		170	404		ZJT1A-12K02

14.10　增面滚筒支架

增面滚筒支架和参数如图 14-22 及表 14-26、表 14-27 所示。

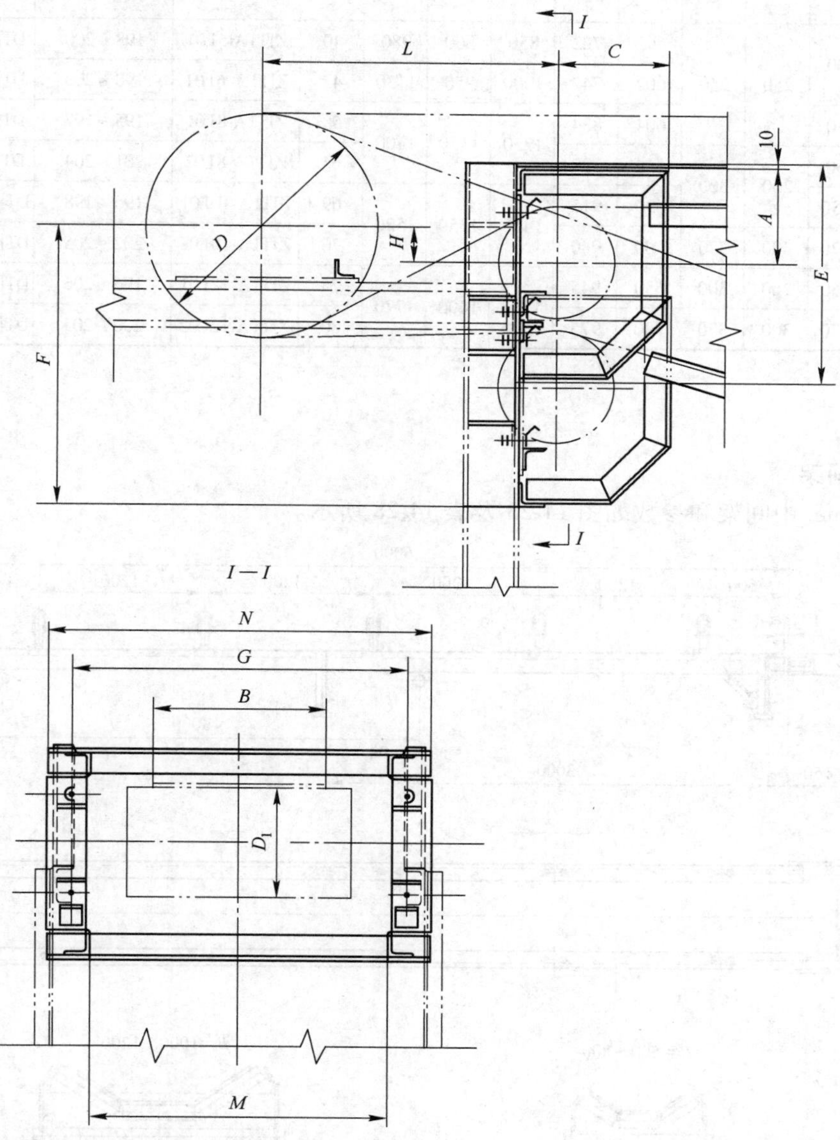

说明：1. 固定增面滚筒的紧固联结件已包括在本支架中；2. 采用本支架时，必须在带式输送机总图中注明："在制作传动（电动）滚筒支架时应配制增面滚筒支架"；3. 根据带式输送机的倾角确定本支架的相对安装高度 H

图 14-22　增面滚筒支架

表 14-26　增面滚筒支架安装参数表

mm

带宽 B	D	D_1	0°	1°	2°	3°	4°	5°	6°	7°	8°	9°	10°	11°	12°	13°	14°	15°	16°	17°	18°	19°	20°
			相对安装高度尺寸 H																				
500	500	250	95	110	125	135	150	165	180	195	210	225	235	250	265	280	295	315	325	345	360	385	390
650	500	250	110	125	140	150	165	180	195	210	225	240	250	265	280	295	310	330	340	360	375	390	405
800	500	250	135	150	170	185	200	220	235	250	270	285	305	320	340	355	375	395	410	430	450	470	490
	630	315	100	115	130	150	165	185	200	220	235	250	270	290	305	325	350	360	380	400	515	435	455
1000	630	315	155	175	190	210	230	250	265	285	305	325	340	360	380	400	420	440	460	485	505	525	545
	800	400	115	135	155	175	195	220	240	260	280	300	325	345	365	390	410	430	455	480	500	525	550
1200	630	315	190	210	225	245	265	285	300	320	340	360	380	400	415	445	460	480	510	520	540	565	585
	800	400	150	170	190	210	230	255	275	295	315	340	360	380	400	425	445	470	490	515	540	560	585

表 14-27 增面滚筒支架尺寸参数表

带宽 B/mm	D /mm	D_1 /mm	L /mm	A /mm	C /mm	E /mm	F /mm	G /mm	M /mm	N /mm	重量 /kg	图 号	输送带与头轮的围包角 /(°)	配装改向滚筒 图 号	配装改向滚筒 重量 /kg
500	500	250	800	250	250	592	722	850	800	980	40	ZJT1A-5L01	198～200	DTⅡ(A)50B120(G)	102
650	500	250				602	747	1000	950	1130	42	ZJT1A-6L01	198～200	DTⅡ(A)65B102(G)	117
800	500	250	950			604	834	1250	1150	1400	58	ZJT1A-8L01	195～197	DTⅡ(A)80B102(G)	136
	630	315	960	260	300	614	799				64	ZJT1A-8L02	201～204	DTⅡ(A)80B103(G)	200
1000	630	315	1050			630	915	1450	1350	1520	69	ZJT1A-10L01	196～198	DTⅡ(A)100B103(G)	221
	800	400	1170	300	370	700	940				76	ZJT1A-10L02	202～205	DTⅡ(A)100B104(G)	328
1200	630	315	1050	260	300	630	945	1700	1600	1770	75	ZJT1A-12L01	196～206	DTⅡ(A)120B103(G)	255
	800	400	1170	300	370	700	975				80	ZJT1A-12L02	200～203	DTⅡ(A)120B104(G)	378

14.11 中间架

14.11.1 中间架

(1) $L=6000$mm 中间架和参数如图 14-23 及表 14-28 所示。

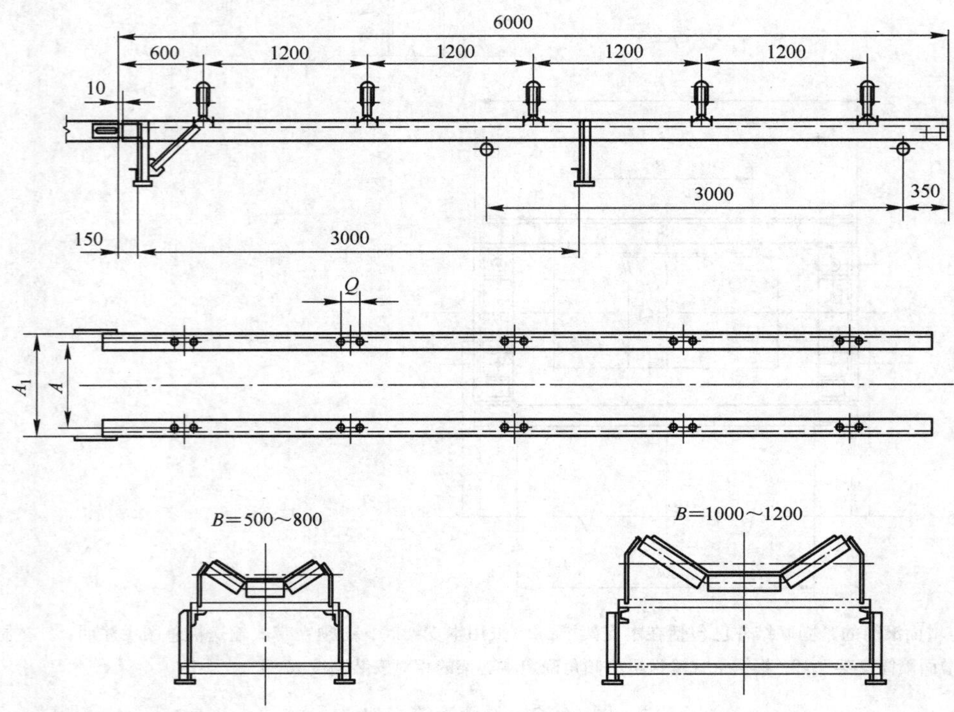

说明：1. 中间架支腿的位置和数量以输送机总图为准，图中尺寸为推荐参数；2. 连接用紧固件已包括在本机架中

图 14-23 $L=6000$mm 中间架

表 14-28 $L=6000$mm 中间架参数表 mm

带宽 B	A	A_1	Q	材料型号	重量/kg	图 号
500	740	800	130	∟63×6	71	ZJT1A-5L02
650	890	950				ZJT1A-6L02
800	1090	1150		∟75×6	85	ZJT1A-8L03
1000	1290	1350	170	[12	148	ZJT1A-10L03
1200	1540	1600	200			ZJT1A-12L03

（2）$L=3000\sim6000$mm 中间架和参数如图 14-24 及表 14-29 所示。

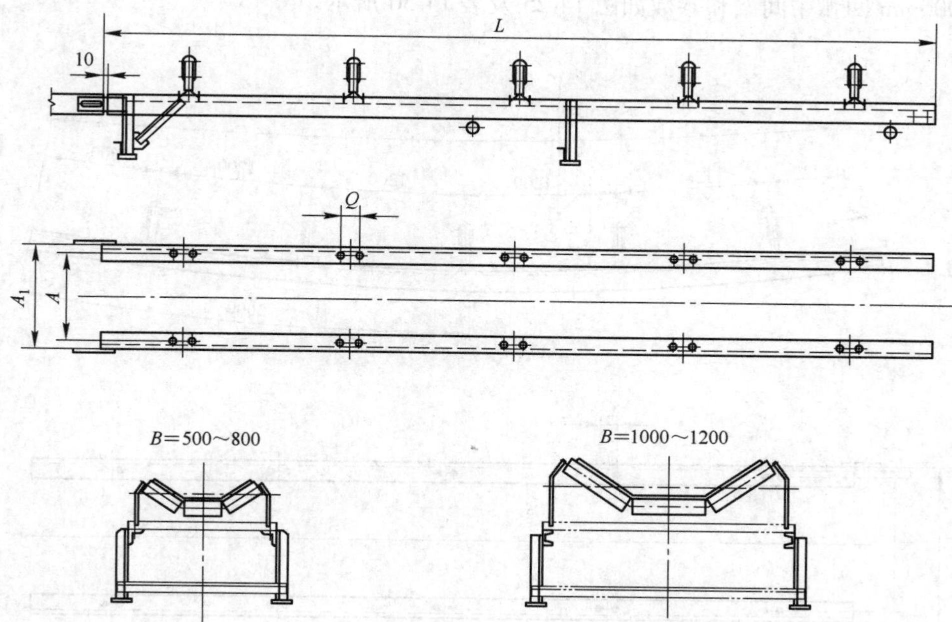

说明：1. 中间架支腿的位置和数量以输送机总图为准；2. 连接用紧固件已包括在本机架中；3. 中间架长度 L 须在输送机总图中给出，安装托辊的孔在现场配钻；4. 表中重量 m 为 $L=6000$ mm 时的数值，L 每减少 100 mm，重量相应减少 m_0

图 14-24　$L=3000\sim6000$mm 中间架

表 14-29　$L=3000\sim6000$mm 中间架参数表

mm

带宽 B	A	A_1	Q	材料型号	重量/kg		图　号
					m	m_0	
500	740	800	130	∟63×6	71	1.2	ZJT1A-5L03
650	890	950					ZJT1A-6L03
800	1090	1150		∟75×6	85	1.4	ZJT1A-8L04
1000	1290	1350	170	[12	148	2.4	ZJT1A-10L04
1200	1540	1600	200				ZJT1A-12L04

14.11.2 凹弧中间架

(1) $L=6000$mm 凹弧中间架和参数如图 14-25 及表 14-30 所示。

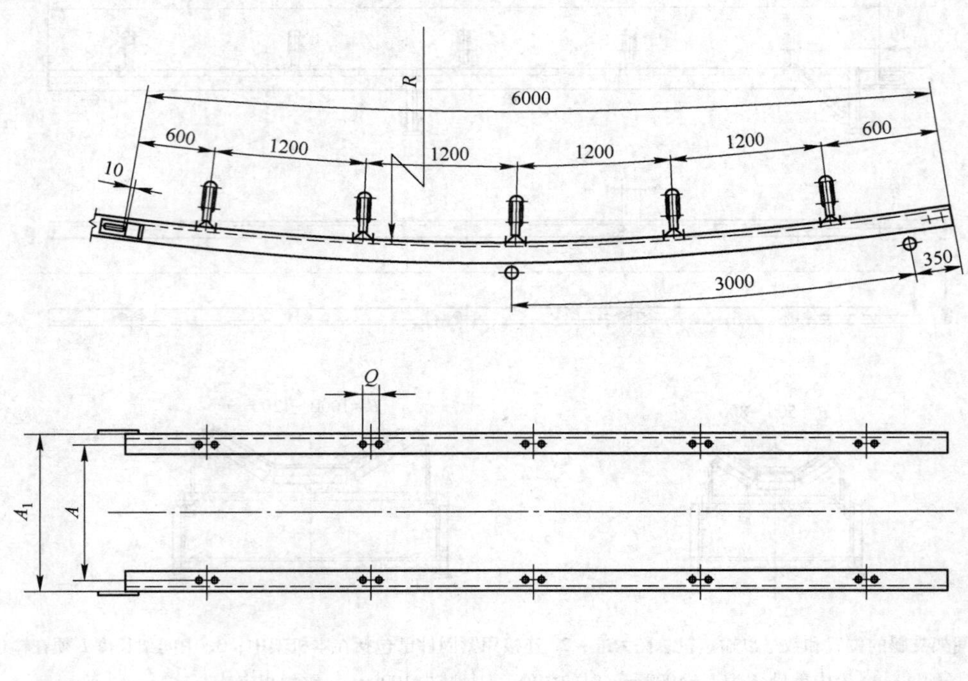

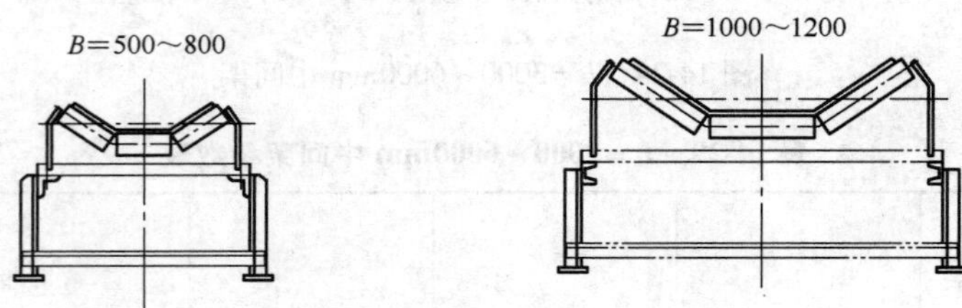

说明：1. 中间架支腿的位置和数量以输送机总图为准；2. 连接用紧固件已包括在本机架中

图 14-25 $L=6000$mm 凹弧中间架

表 14-30 $L=6000$mm 凹弧中间架参数表 mm

带宽 B	A	A_1	R	Q	材料型号	重量/kg	图 号
500	740	800	80000	130	∟63×6	71	ZJT1A-5L04
650	890	950					ZJT1A-6L04
800	1090	1150			∟75×6	85	ZJT1A-8L05
1000	1290	1350	120000	170	[12	148	ZJT1A-10L05
1200	1540	1600		200			ZJT1A-12L05

（2）$L=3000\sim6000$mm 凹弧中间架和参数如图 14-26 及表 14-31 所示。

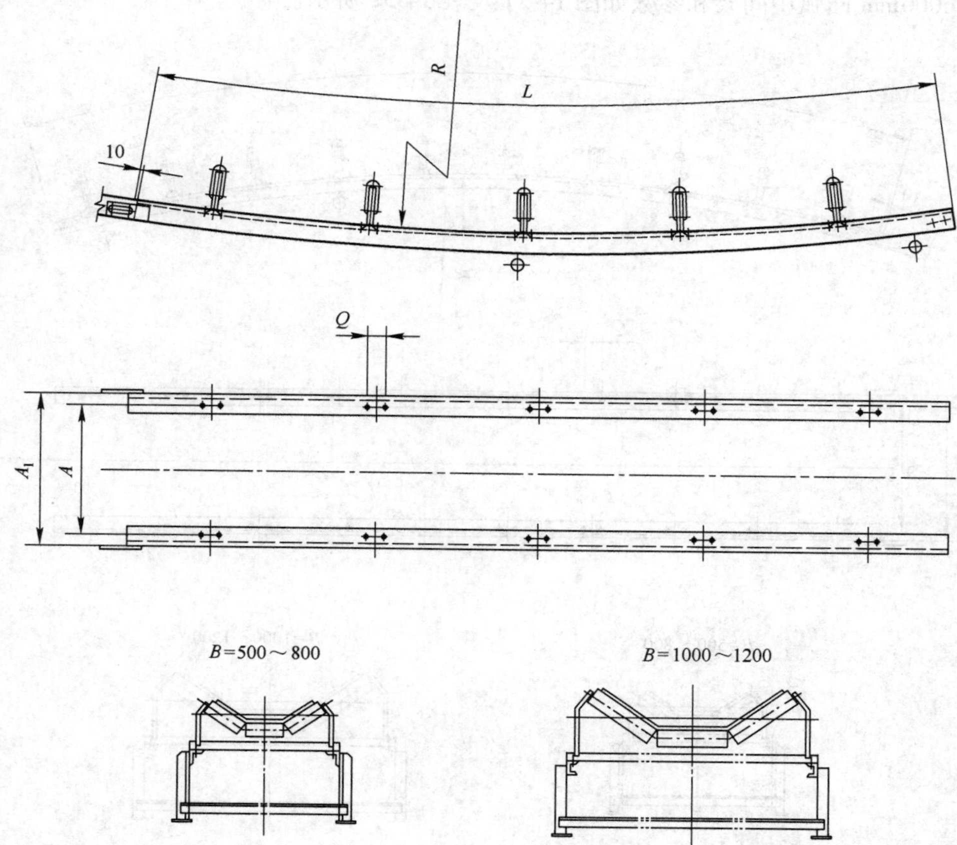

说明：1. 中间架支腿的位置和数量以输送机总图为准；2. 连接用紧固件已包括在本机架中；3. 中间架长度 L 值须在输送机总图中给出，安装托辊的孔在现场配钻；4. 表中重量 m 为 $L=6000$ mm 时的数值，L 每减少 100 mm，重量相应减少 m_0

图 14-26　$L=3000\sim6000$mm 凹弧中间架

表 14-31　$L=3000\sim6000$mm 凹弧中间架参数表

mm

带宽 B	A	A_1	R	Q	材料型号	重量/kg		图　号
						m	m_0	
500	740	800	80000	130	∟63×6	71	1.2	ZJT1A-5L05
650	890	950						ZJT1A-6L05
800	1090	1150			∟75×6	85	1.4	ZJT1A-8L06
1000	1290	1350	120000	170	[12	148	2.4	ZJT1A-10L06
1200	1540	1600		200				ZJT1A-12L06

14.11.3 凸弧中间架

$L=3000\sim6000$mm 凸弧中间架和参数如图 14-27 及表 14-32 所示。

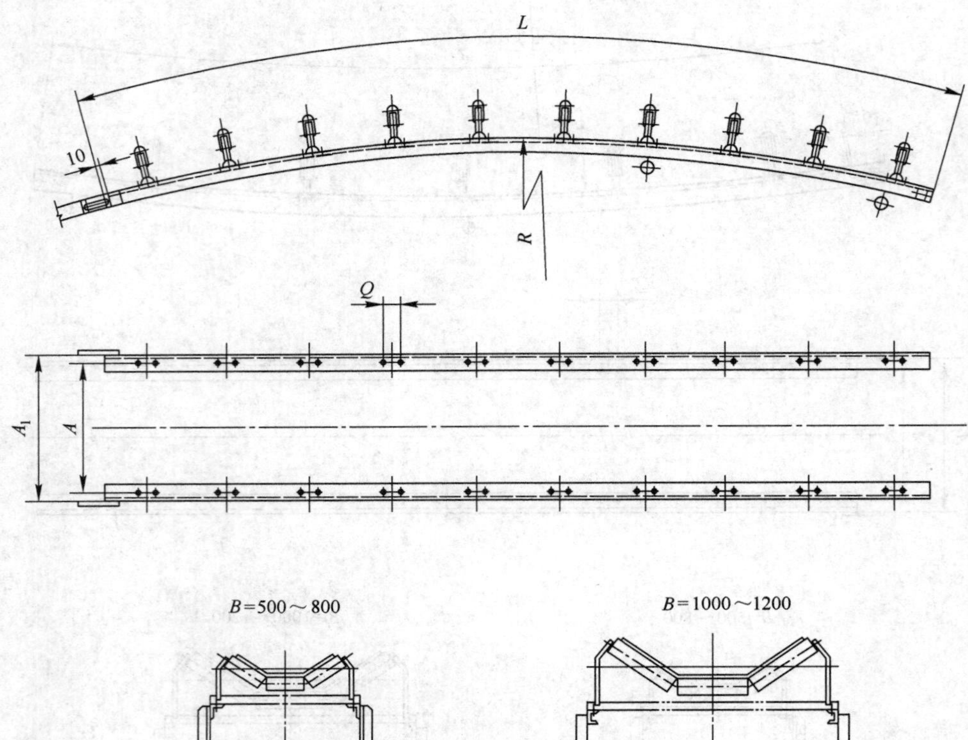

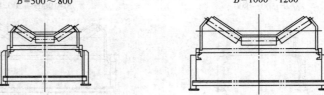

说明：1. 中间架支腿的位置和数量以输送机总图为准；2. 连接用紧固件已包括在本机架中；3. 中间架长度 L 值须在输送机总图中给出，安装托辊的孔在现场配钻；4. 表中重量 m 为 $L=6000$ mm 时的数值，L 每减少 100 mm，重量相应减少 m_0

图 14-27 $L=3000\sim6000$mm 凸弧中间架

表 14-32 $L=3000\sim6000$mm 凸弧中间架参数表 mm

带宽 B	A	A_1	R	Q	材料型号	重量/kg		图 号
						m	m_0	
500	740	800	12000		∟63×6	71	1.2	ZJT1A-5L06
650	890	950	16000	130				ZJT1A-6L06
800	1090	1150	20000		∟75×6	85	1.4	ZJT1A-8L07
1000	1290	1350	24000	170	[12	148	2.4	ZJT1A-10L07
1200	1540	1600	28000	200				ZJT1A-12L07

14.12　中间支腿及其斜撑

14.12.1　中间腿

（1）B 分别为 500mm、650mm、800mm 中间支腿及斜撑结构和参数如图 14-28 及表 14-33 所示。

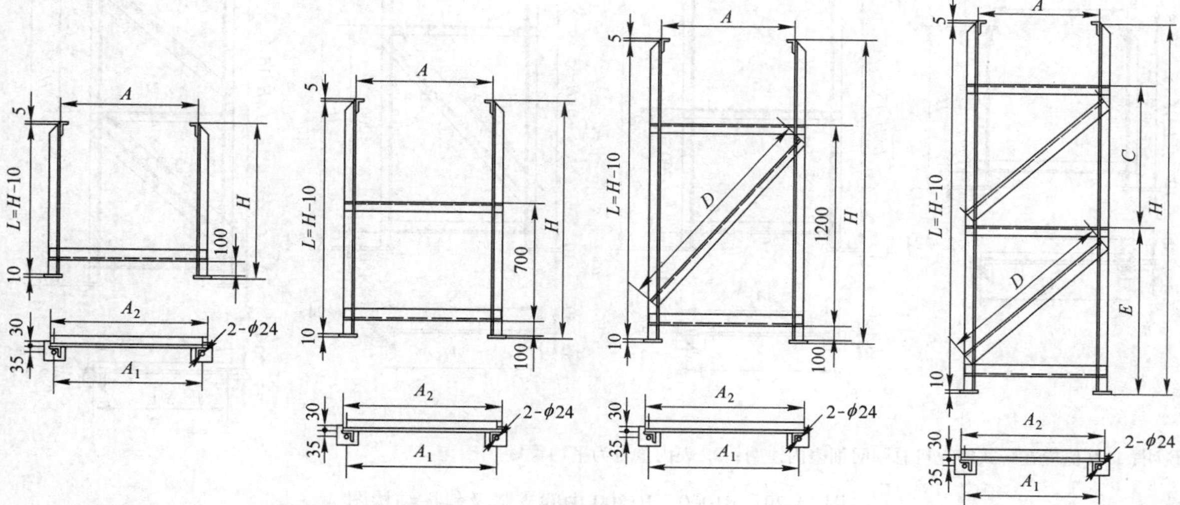

说明：1. H 值应在带式输送机总图明细表内注明；2. 表内重量为平均重量

图 14-28　B500、B650、B800 中间支腿及斜撑结构图

mm

B	A	A_1	A_2
500	800	870	910
650	950	1020	1060
800	1150	1220	1260

表 14-33　B500、B650、B800 中间支腿及斜撑参数表　mm

H	重量/kg		
	$B=500$	$B=650$	$B=800$
360～400	11.6	12.5	13.6
401～500	12.4	13.3	14.4
501～600	13.6	14.5	15.6
601～700	14.7	15.6	16.7
701～800	15.8	16.7	17.8
801～900	17.0	17.9	19.0
图　号	ZJT1A-5M01	ZJT1A-6M01	ZJT1A-8M01
901～1000	21.6	23.1	24.8
1001～1100	22.7	24.2	26.0
1101～1200	23.8	25.3	27.2
1201～1300	25.0	26.5	28.4
1301～1400	26.1	27.6	29.5
图　号	ZJT1A-5M02	ZJT1A-6M02	ZJT1A-8M02
1401～1500	32.4	34.2	36.6
1501～1600	33.5	35.3	37.8
1601～1700	34.7	36.5	38.9
1701～1800	35.8	37.6	40.1
1801～1900	37.0	38.8	41.2
D	1345	1445	1592
图　号	ZJT1A-5M03	ZJT1A-6M03	ZJT1A-8M03

H	重量/kg		
	$B=500$	$B=650$	$B=800$
1901～2000	44.8	47.8	51.6
2001～2100	45.9	48.9	52.7
2101～2200	47.1	50.1	53.9
2201～2300	48.2	51.2	55.1
2301～2400	49.4	52.4	56.2
2401～2500	50.5	53.5	57.3
2501～2600	51.7	54.7	58.5
E	985	985	985
C	820	820	820
D	1115	1235	1405
图　号	ZJT1A-5M04	ZJT1A-6M04	ZJT1A-8M04
2601～2700	54.7	57.5	61.6
2701～2800	55.8	58.6	62.3
2801～2900	56.9	59.8	63.4
2901～3000	58.1	60.9	54.5
3001～3100	59.2	62.1	65.7
3101～3200	60.4	63.2	66.8
3201～3300	61.5	64.4	68.0
E	1335	1335	1335
C	1170	1170	1170
D	1360	1460	1605
图　号	ZJT1A-5M05	ZJT1A-6M05	ZJT1A-8M05

（2）B 分别为 1000mm、1200mm 中间支腿及斜撑结构和参数如图 14-29 及表 14-34 所示。

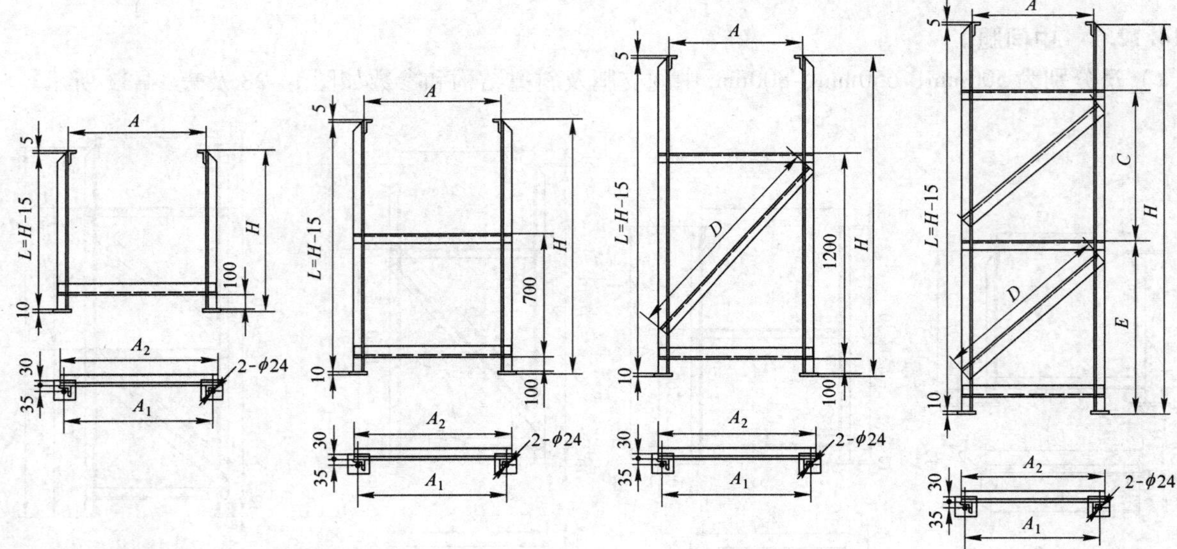

说明：1. H 值应在带式输送机总图明细表内注明；2. 表内重量为平均重量

图 14-29 B1000、B1200 中间支腿及斜撑结构图

mm

B	A	A_1	A_2
1000	1350	1420	1480
1200	1600	1670	1730

表 14-34 B1000、B1200 中间支腿及斜撑参数表 mm

H	重量/kg	
	B = 1000	B = 1200
460 ~ 700	21.1	22.8
701 ~ 800	23.4	25.1
801 ~ 900	24.8	26.5
图 号	ZJT1A-10M01	ZJT1A-12M01
901 ~ 1000	31.8	34.4
1001 ~ 1100	33.2	35.8
1101 ~ 1200	34.6	37.2
1201 ~ 1300	35.9	38.5
1301 ~ 1400	37.3	39.9
图 号	ZJT1A-10M02	ZJT1A-12M02
1401 ~ 1500	51.6	55.9
1501 ~ 1600	53.0	57.3
1601 ~ 1700	54.4	58.7
1701 ~ 1800	55.8	60.1
1801 ~ 1900	57.2	61.5
D	1755	1965
图 号	ZJT1A-10M03	ZJT1A-12M03

H	重量/kg	
	B = 1000	B = 1200
1901 ~ 2000	74.9	81.7
2001 ~ 2100	76.3	83.1
2101 ~ 2200	77.7	84.5
2201 ~ 2300	79.1	85.8
2301 ~ 2400	80.4	87.2
2401 ~ 2500	81.8	88.6
2501 ~ 2600	83.2	89.9
E	985	985
C	810	810
D	1565	1770
图 号	ZJT1A-10M04	ZJT1A-12M04
2601 ~ 2700	86.7	93.5
2701 ~ 2800	88.0	94.9
2801 ~ 2900	89.4	96.3
2901 ~ 3000	90.8	97.7
3001 ~ 3100	92.2	99.1
3101 ~ 3200	93.6	100.5
3201 ~ 3300	94.9	101.8
E	1335	1335
C	1170	1170
D	1748	1956
图 号	ZJT1A-10M05	ZJT1A-12M05

14.12.2 中间腿斜撑

中间腿斜撑结构和参数如图14-30及表14-35所示。

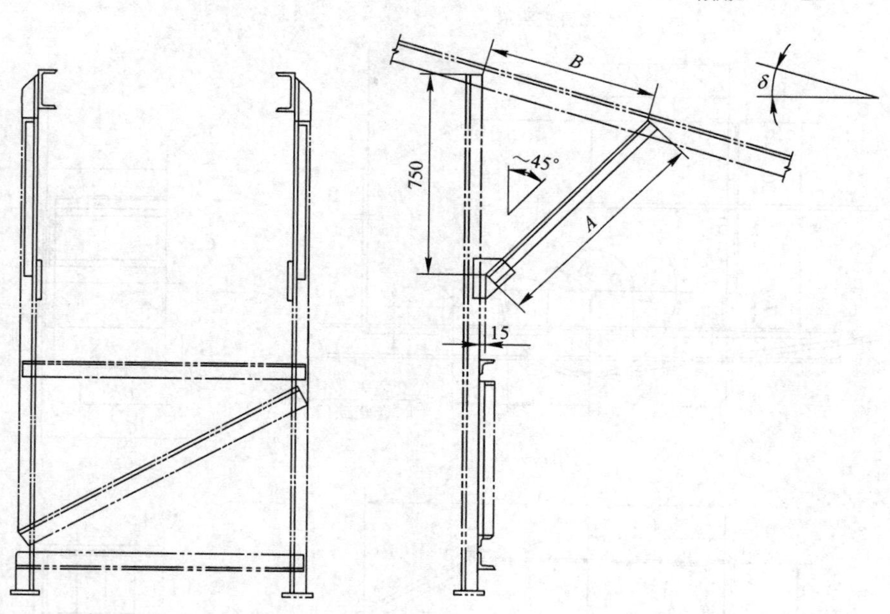

说明：1. 本斜撑左右各1件，适用于各种带宽；2. B=500mm、650mm、800mm，图号为ZJT1A-5M06，B=1000mm、1200mm，图号为ZJT1A-10M06；3. H≥1500mm 的中间腿根据带式输送机倾角δ，按本表选择尺寸A

图14-30 中间腿斜撑结构图

表14-35 中间腿斜撑参数表

倾角 δ/(°)	A/mm	B/mm	重量/kg		倾角 δ/(°)	A/mm	B/mm	重量/kg	
			ZJT1A-5M06	ZJT1A-10M06				ZJT1A-5M06	ZJT1A-10M06
0	1060	765	9.50	13.60	12.5	868	643	8.04	11.37
0.5	1050	758	9.40	13.50	13	861	640	7.98	11.30
1	1040	752	9.35	13.40	13.5	855	636	7.94	11.22
1.5	1033	746	9.30	13.30	14	849	633	7.90	11.16
2	1025	740	9.20	13.20	14.5	842	630	7.84	11.07
2.5	1016	734	9.16	13.10	15	836	626	7.80	11.00
3	1008	728	9.08	13.00	15.5	830	623	7.74	10.94
3.5	999	723	9.00	12.90	16	824	620	7.70	10.87
4	990	717	8.96	12.80	16.5	818	617	7.66	10.79
4.5	983	712	8.90	12.70	17	812	615	7.62	10.73
5	975	707	8.84	12.60	17.5	806	612	7.56	10.66
5.5	967	702	8.80	12.50	18	800	609	7.52	10.59
6	959	697	8.72	12.40	18.5	794	606	7.48	10.53
6.5	952	692	8.66	12.35	19	789	604	7.44	10.46
7	944	688	8.60	12.30	19.5	783	601	7.40	10.39
7.5	937	683	8.56	12.19	20	777	599	7.34	10.32
8	930	678	8.50	12.10	20.5	772	596	7.32	10.26
8.5	922	674	8.44	12.00	21	766	594	7.26	10.19
9	915	670	8.38	11.93	21.5	760	592	7.22	10.13
9.5	908	666	8.34	11.85	22	755	590	7.18	10.07
10	901	662	8.27	11.77	22.5	750	587	7.14	10.02
10.5	894	658	8.24	11.69	23	744	585	7.10	9.93
11	888	654	8.18	11.61	23.5	739	583	7.06	9.87
11.5	881	650	8.14	11.53	24	733	581	7.02	9.80
12	874	647	8.08	11.45					

14.13　头罩

（1）*B* 分别为 500mm、650mm、800mm 头罩和参数如图 14-31 及表 14-36 所示。

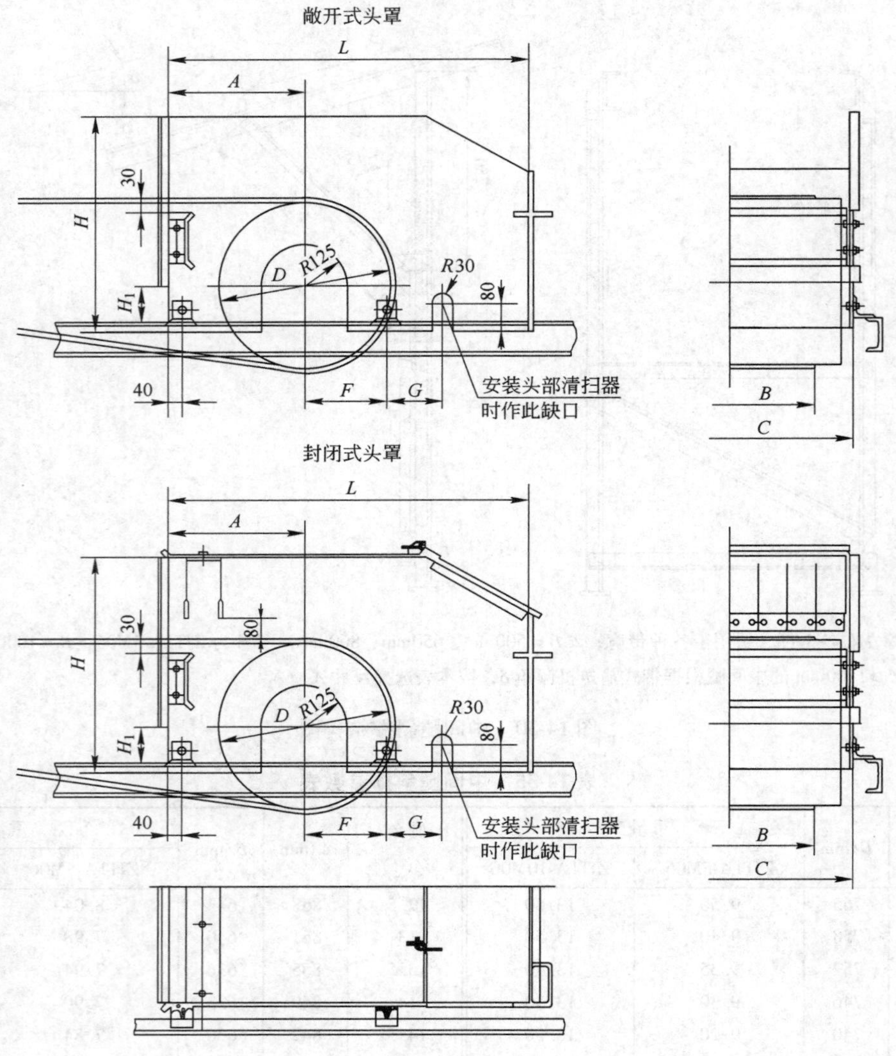

图 14-31　B500、B650、B800 头罩

表 14-36　B500、B650、B800 头罩参数表　　mm

带宽 *B*	*D*	*L*	*A*	*C*	*H*	H_1	*F*	*G*	重量/kg		图　号
									开　式	闭　式	
500	500	1050	400	726	650	110	240	160	42.4	68.6	ZJT1A-5N01
650	500	1050	400	876	720	130	240	160	49.8	80.7	ZJT1A-6N01
800	500	1245	400	1136	790	150	240	160	58.6	103.5	ZJT1A-8N01
800	630	1345	500	1136	880	170	300	150	78.6	126.2	ZJT1A-8N02

注：选用时注明选用类型（开式或闭式）。

(2) B 分别为1000mm、1200mm头罩和参数如图14-32及表14-37所示。

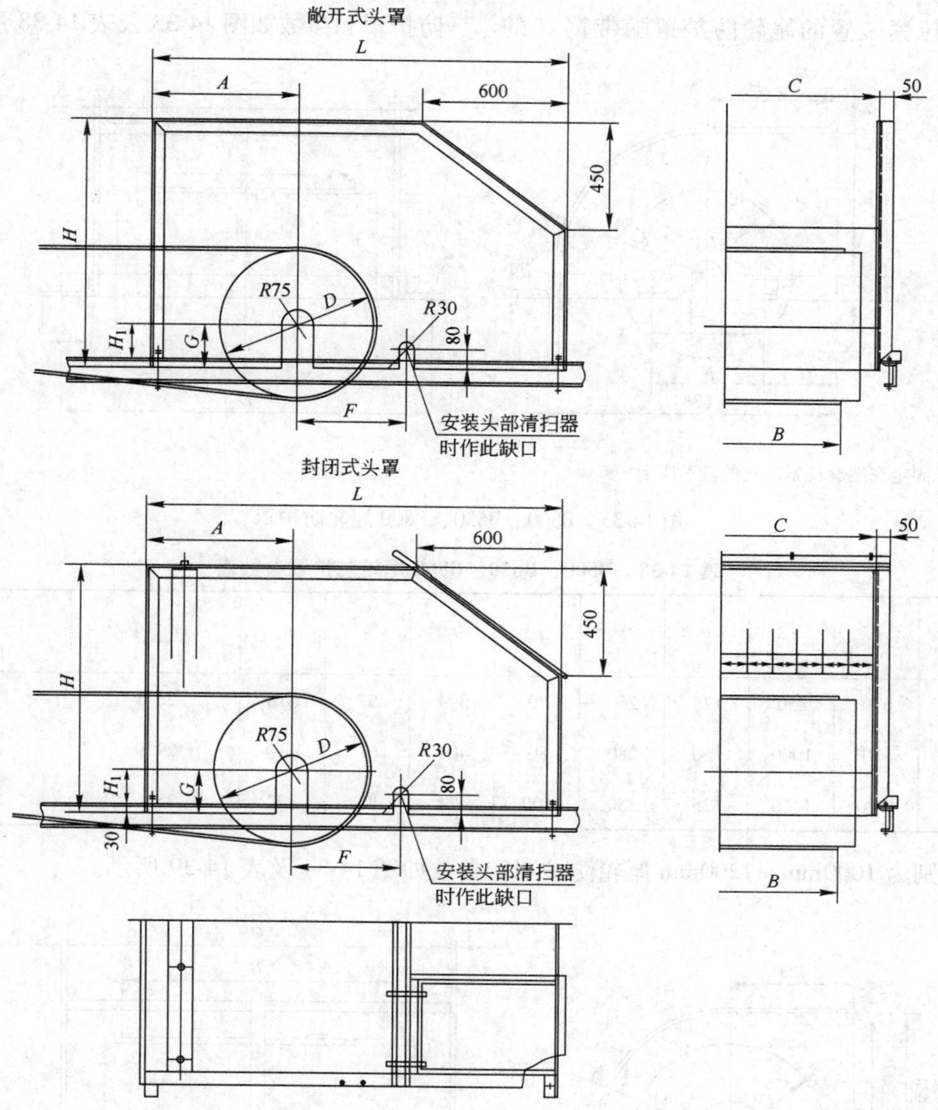

图14-32 B1000、B1200头罩

表14-37 B1000、B1200头罩参数表 mm

带宽 B	D	L	A	C	H	H_1	F	G	重量/kg 开式	重量/kg 闭式	图号
1000	630	1700	600	1314	1050	150	450	180	91.5	158.3	ZJT1A-10N01
1000	800	1800	700	1314	1150	180	550	210	105.0	174.2	ZJT1A-10N02
1200	630	1750	600	1564	1100	170	430	200	100.7	179.9	ZJT1A-12N01
1200	800	1850	700	1564	1200	210	550	240	114.6	196.4	ZJT1A-12N02

注：选用时注明选用类型（开式或闭式）。

14.14　尾轮防护罩

用于螺旋拉紧装置的尾轮防护罩随带宽 B 的不同，各部参数也有所不同。

（1）B 分别为 500mm、650mm、800mm 尾轮防护罩和参数如图 14-33 及表 14-38 所示。

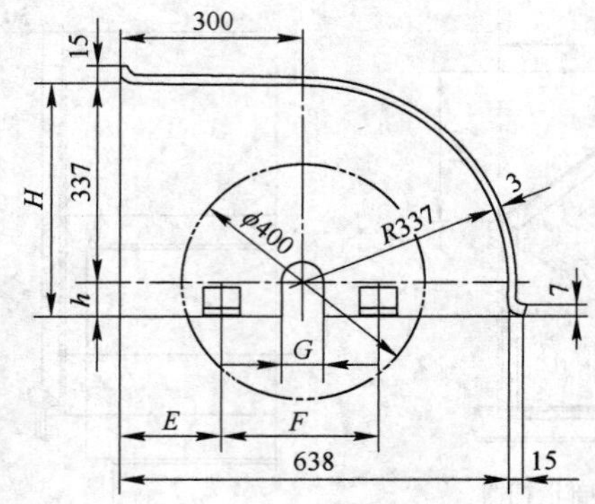

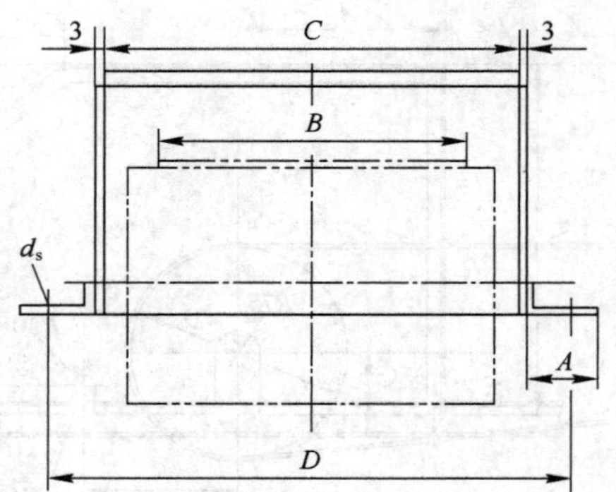

说明：防护罩固定在螺旋拉紧装置的轴承座上

图 14-33　B500、B650、B800 尾轮防护罩

表 14-38　B500、B650、B800 尾轮防护罩参数表　mm

带宽 B	A	C	D	E	F	G	H	h	d_s	重量/kg	图　号
500	120	670	850	170	260	70	394	57	ϕ18	26.3	ZJT1A-5N02
650	120	830	1000	160	280	80	404	67	ϕ18	29.9	ZJT1A-6N02
800	135	1040	1250	125	350	100	424	87	ϕ22	35.1	ZJT1A-8N03

（2）B 分别为 1000mm、1200mm 尾轮防护罩和参数如图 14-34 及表 14-39 所示。

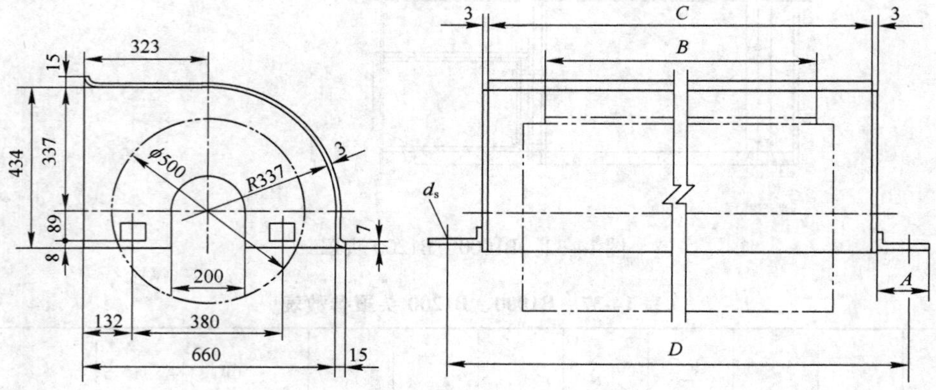

说明：防护罩固定在螺旋拉紧装置的轴承座上

图 14-34　B1000、B1200 尾轮防护罩

表 14-39　B1000、B1200 尾轮防护罩参数表　mm

带宽 B	A	C	D	d_s	重量/kg	图　号
1000	140	1286	1500	ϕ27	41.4	ZJT1A-10N03
1200	155	1506	1750	ϕ27	46.7	ZJT1A-12N03

14.15 犁式卸料器除尘罩

14.15.1 双侧犁式卸料器除尘罩

双侧犁式卸料器除尘罩和参数如图 14-35 及表 14-40 所示。

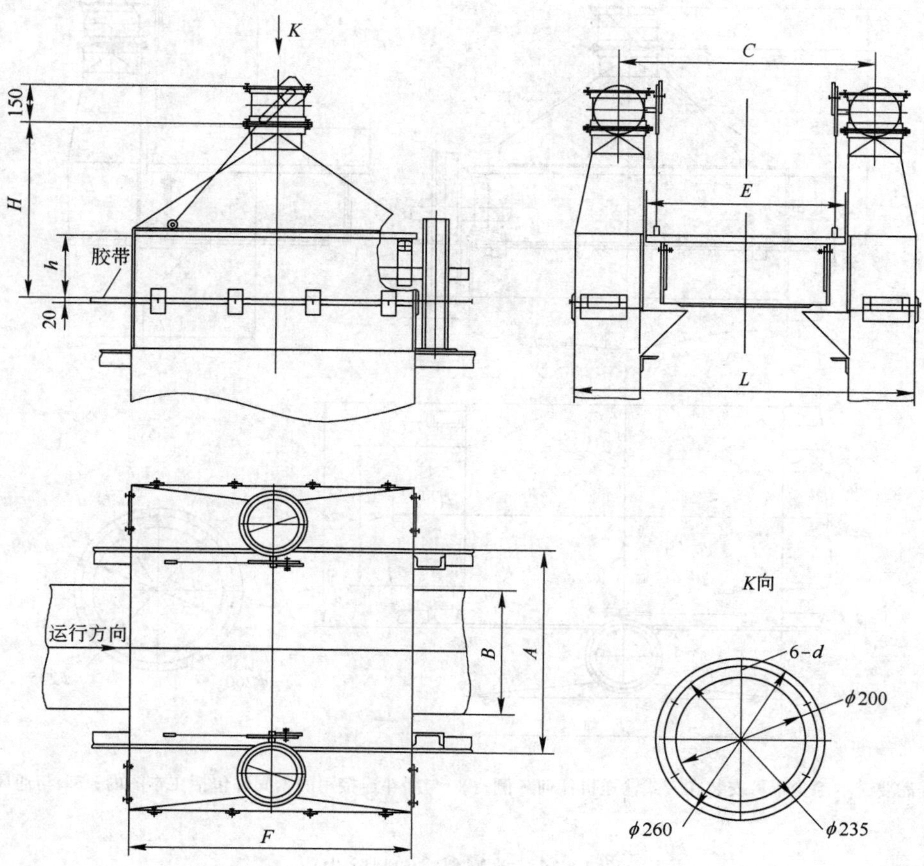

说明：1. 与漏斗连接用的紧固件包括在本图内；2. 与通风管连接用的紧固件包括在本图内

图 14-35 双侧犁式卸料器除尘罩

表 14-40 双侧犁式卸料器除尘罩参数表

mm

B	*A*	*C*	*E*	*F*	*H*	*L*	*h*	*d*	重量/kg	图 号
500	800	1000	770	900	700	1312	200（250）	ϕ8	66.4	ZJT1A-5N04
650	950	1150	920	1000		1462	250（300）		73.6	ZJT1A-6N04
800	1150	1350	1120	1200		1782（1722）	350		89.4	ZJT1A-8N05
1000	1360	1564	1340	1400	1000	2016	400		122.0	ZJT1A-10N05
1200	1610	1814	1590	1700	1100	2346	450		157.6	ZJT1A-12N05

注：括号内数值适用于电动推杆犁式卸料器。

14.15.2　单侧犁式卸料器除尘罩

单侧犁式卸料器除尘罩和参数如图 14-36 及表 14-41 所示。

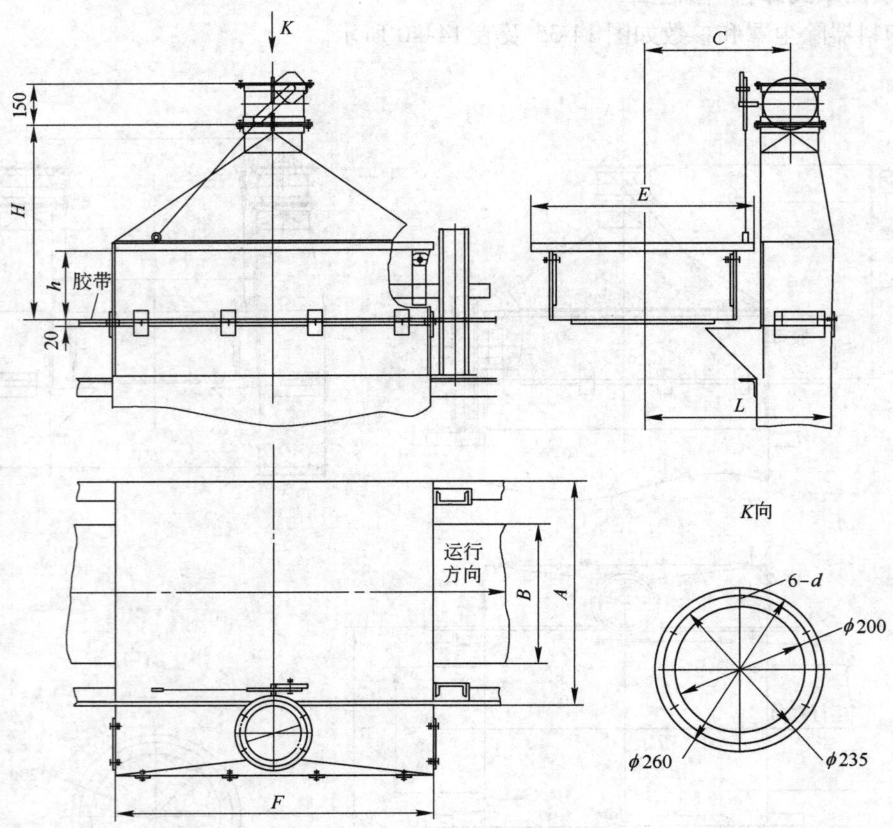

说明：1. 根据需要，本除尘罩可安装在带式输送机任何一侧；2. 与漏斗连接用的紧固件包括在本图内；3. 与通风管连接用的紧固件包括在本图内

图 14-36　单侧犁式卸料除尘罩

表 14-41　单侧犁式卸料除尘罩参数表　mm

B	*A*	*C*	*E*	*F*	*H*	*L*	*h*	*d*	重量/kg	图　号
500	800	500	770	1100		656	250		37.7	ZJT1A-5N05
650	950	575	920	1200	700	731	300		41.2	ZJT1A-6N05
800	1150	675	1120	1500 (1600)		891 (861)	350	ϕ8	54.5	ZJT1A-8N06
1000	1360	782	1340	2000	1000	1008	400		99.3	ZJT1A-10N06
1200	1610	907	1590	2300	1100	1173	450		124.8	ZJT1A-12N06

注：括号内数值适用于电动推杆犁式卸料器。

14.16 卸料漏斗

14.16.1 头部卸料漏斗

B 分别为 500mm、650mm、800mm 或 1000mm、1200mm，其结构有些许差别，如图 14-37 及表 14-42 所示。

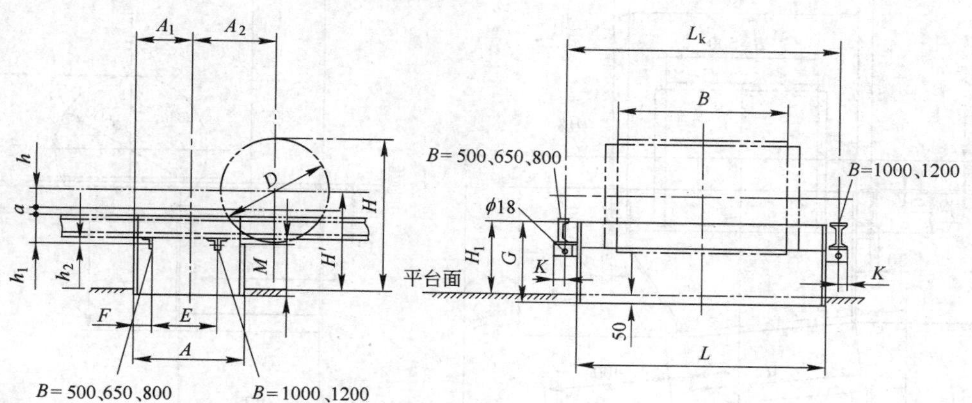

图 14-37 头部卸料漏斗结构图

表 14-42 头部卸料漏斗参数表

mm

B	D	H	H'	L_k	L	A	A_1	A_2	E	F	h
500	500	700	450	850	746	516	258	400	280	138	120/100
650	500	700	450	1000	896	516	258	400	280	138	120/100
800	500	750	500	1300	1158	706	353	500	420	168	135/120
	630		435								155/140
1000	630	1010	695	1500	1326	1003	403	700	600	103	135/—
	800		610								170/—
1200	630	1010	695	1750	1576	1053	453	700	600	153	155/—
	800		610	1850							200/—

B	h_1	h_2	a	K	H_1	G	M	重量/kg	图 号
500	135	35	10	30	320/340	370/390	250	20.4/21.4	ZJT1A-5P01
650	135	35	10	30	320	370	250	22.8/—	ZJT1A-6P01
800	161	35	10	40	355/370	405/420	300	33.5/34.3	ZJT1A-8P01
					270/285	320/335	170	24.9/25.8	ZJT1A-8P02
1000	180	40	10	50	550/—	600/—	405	60.6/—	ZJT1A-10P01
					430/—	480/—	220	45.8/—	ZJT1A-10P02
1200	180	40	10	50	530/—	580/—	400	66.1/—	ZJT1A-12P01
					400/—	450/—	220	48.7/—	ZJT1A-12P02

注：1. 表中数据表示传动滚筒/油冷滚筒；2. 漏斗图上已包括固定到头架上去的紧固件。

14.16.2 90°相交转卸漏斗

(1) 当 $B=500$mm 时90°相交转卸漏斗和参数如图14-38及表14-43所示。

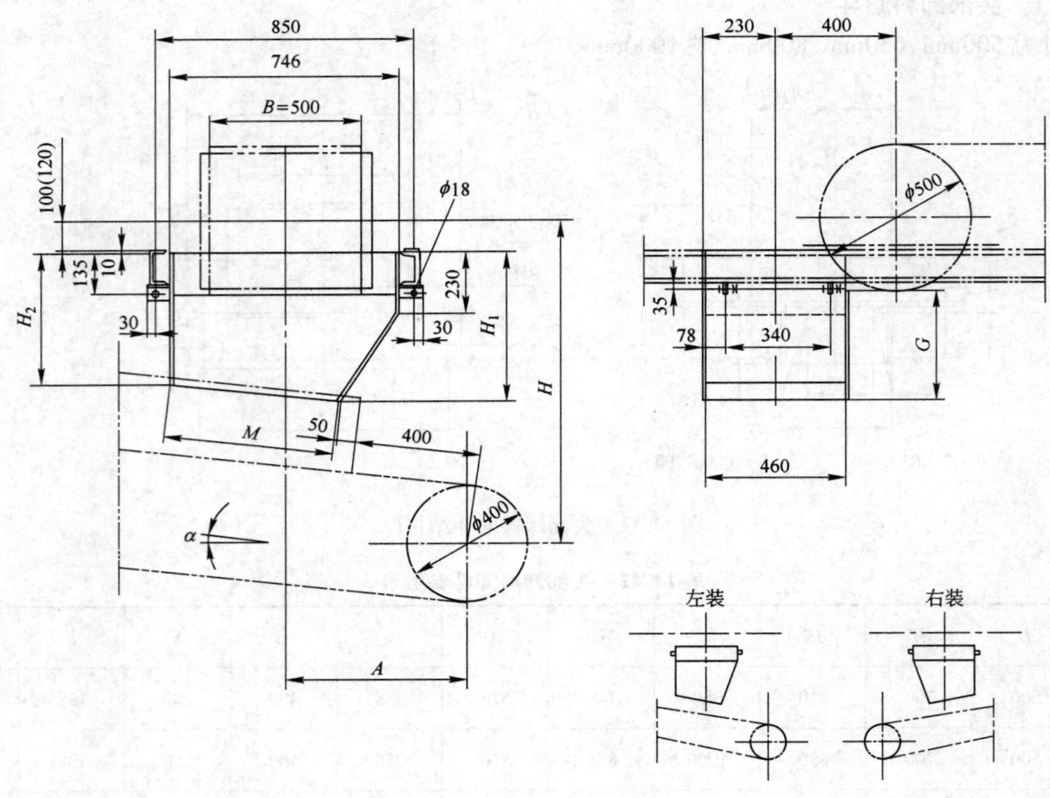

图14-38 B500的90°相交转卸漏斗

表14-43 B500的90°相交转卸漏斗参数表 mm

带宽 B	输送机倾角适用范围/(°)	漏斗角度 α/(°)	H	A	H_1	H_2	M	G	重量/kg	图号
500	0平	0	1000	700	450	450	605	310	24.6	ZJT1A-5P02
	>0~3	0	1000	700	450	450	605	310	24.6	ZJT1A-5P03
	>3~6	3	1000	700	425	392	631	285	22.5	ZJT1A-5P04
	>6~9	6	1100	600	504	445	559	364	26.0	ZJT1A-5P05
	>9~12	9	1100	600	484	390	590	344	24.1	ZJT1A-5P06
	>12~15	12	1200	500	564	454	524	424	27.9	ZJT1A-5P07
	>15~18	15	1200	500	548	400	560	418	26.1	ZJT1A-5P08
	>18~21	18	1300	400	630	476	495	492	30.1	ZJT1A-5P09
	>21~24	21	1300	400	614	421	536	487	28.4	ZJT1A-5P10

注：1. 根据受料带式输送机的倾斜角度和传动方向来选择漏斗，带式输送机为水平时用0°的漏斗，3°~6°时用3°的漏斗，余者类推；2. 漏斗有左装配和右装配两种类型，同用一张图纸，选用时应注明左装或右装；3. 零件图中已包括固定到头架上的紧固件；4. 图中括号内数据为采用油冷滚筒时的尺寸。

(2) $B=650$mm 时 90°相交转卸漏斗和参数如图 14-39 及表 14-44 所示。

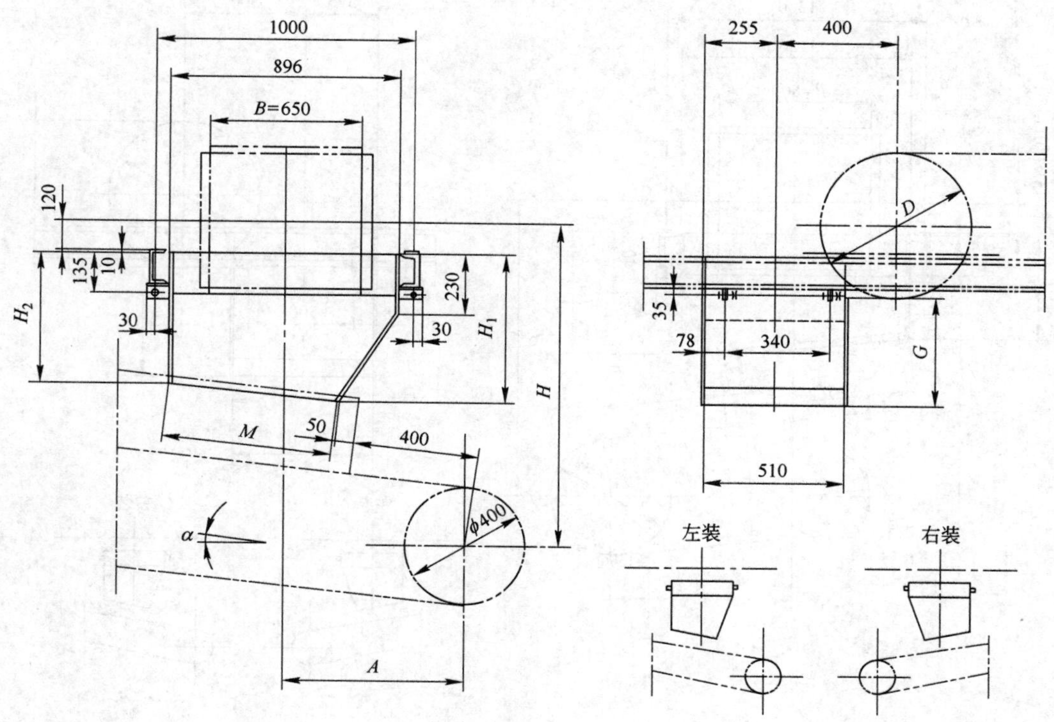

图 14-39 B650 的 90°相交转卸漏斗

表 14-44 B650 的 90°相交转卸漏斗参数表

mm

带宽 B	D	输送机倾角适用范围/(°)	漏斗角度 α/(°)	H	A	H_1	H_2	M	G	重量/kg	图 号
650	ϕ500 (ϕ630)	0 平	0	1000	800	400	400	780	280(210)	25.7(24.2)	ZJT1A-6P02
		>0~3	0	1100	750	500	500	730	380(310)	31.8(30.4)	ZJT1A-6P03
		>3~6	3	1100	750	476	436	756	356(286)	29.2(27.7)	ZJT1A-6P04
		>6~9	6	1200	650	554	482	688	434(364)	33.0(31.5)	ZJT1A-6P05
		>9~12	9	1200	650	533	420	716	413(343)	30.6(29.1)	ZJT1A-6P06
		>12~15	12	1300	550	612	476	657	492(422)	34.7(33.2)	ZJT1A-6P07
		>15~18	15	1300	550	596	415	695	476(406)	32.5(31.0)	ZJT1A-6P08
		>18~21	18	1400	450	678	484	636	558(488)	37.0(35.5)	ZJT1A-6P09
		>21~24	21	1400	450	664	420	682	544(474)	34.8(33.3)	ZJT1A-6P10

注：1. 根据受料带式输送机的倾斜角度和传动方向来选择漏斗，带式输送机为水平时用 0°的漏斗，3°~6°时用 3°的漏斗，余者类推；2. 漏斗有左装配和右装配两种类型，同用一张图纸，选用时应注明左装或右装；3. 零件图中已包括固定到头架上的紧固件；4. 图中括号内数据为采用油冷滚筒时的尺寸；5. 选用时需注明传动滚筒的直径。

（3）$B=800$mm 时 90°相交转卸漏斗和参数如图 14-40 及表 14-45 所示。

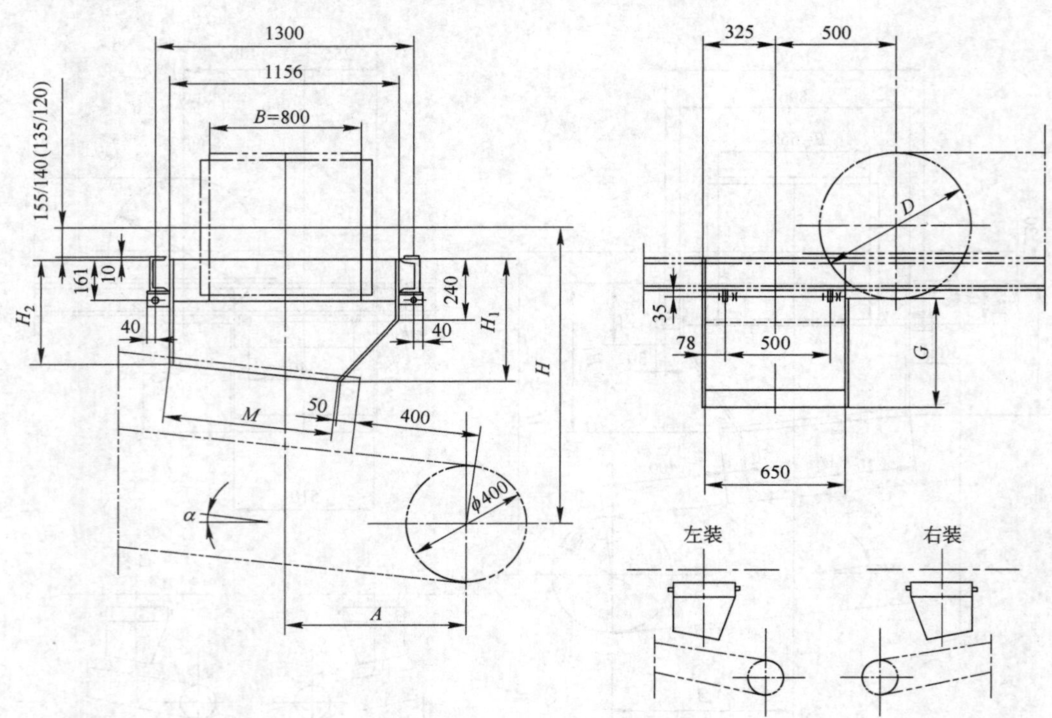

图 14-40　B800 的 90°相交转卸漏斗

表 14-45　B800 的 90°相交转卸漏斗参数表　　mm

带宽 B	D	输送机倾角适用范围/(°)	漏斗角度 α/(°)	H	A	H_1	H_2	M	G	重量/kg	图　号
800	φ500 (φ630)	0 平	0	1050	900	405	405	1010	240	32.7	ZJT1A-8P03
		>0 ~3	0	1100	900	455	455	1010	290	36.6	ZJT1A-8P04
		>3 ~6	3	1100	900	430	380	1040	270	32.7	ZJT1A-8P05
		>6 ~9	6	1200	800	510	410	973	350	37.4	ZJT1A-8P06
		>9 ~12	9	1200	800	490	330	1010	325	33.2	ZJT1A-8P07
		>12 ~15	12	1400	700	670	470	950	500	45.9	ZJT1A-8P08
		>15 ~18	15	1400	700	650	395	996	490	42.3	ZJT1A-8P09
		>18 ~21	18	1450	600	690	395	941	520	44.0	ZJT1A-8P10
		>21 ~24	21	1450	600	675	315	996	510	40.5	ZJT1A-8P11

注：1. 根据受料带式输送机的倾斜角度和传动方向来选择漏斗，带式输送机为水平时选 0°的漏斗，3°～6°时选 3°的漏斗，余者类推；2. 漏斗有左装配和右装配两种类型，同用一张图纸，选用时应注明左装或右装；3. 零件图中已包括固定到头架上的紧固件；4. 图中括号内数据为采用 φ630 的传动滚筒时尺寸；5. 选用时需注明传动滚筒的直径；6. 图中××/×××上行为采用传动滚筒，下行为采用油冷滚筒。

（4）$B=1000$mm 时 90°相交转卸漏斗和参数如图 14-41 及表 14-46 所示。

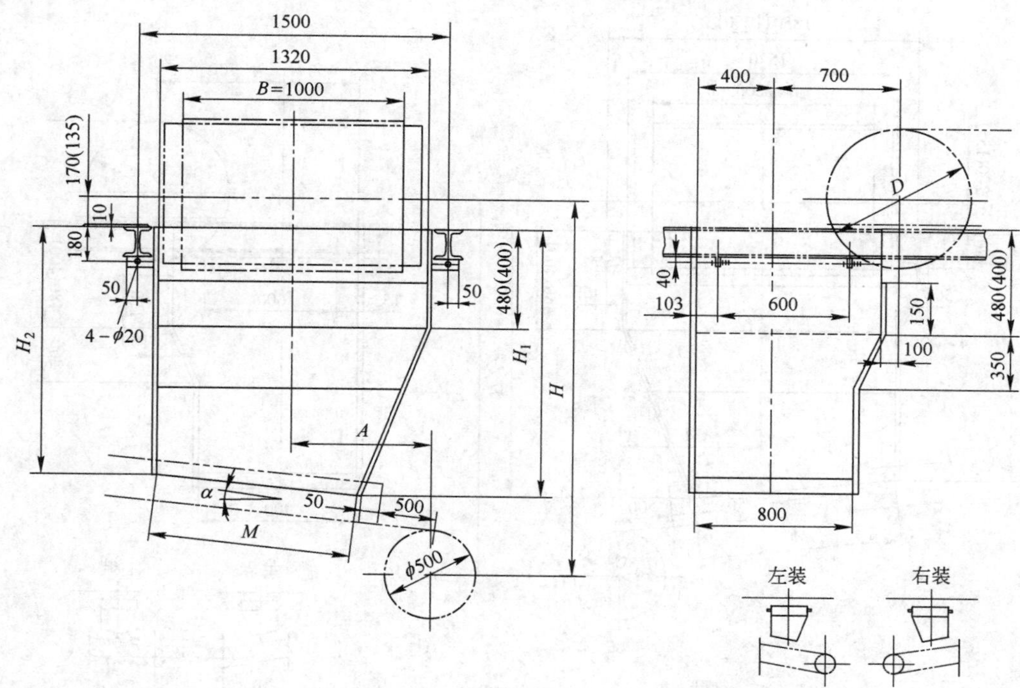

图 14-41　B1000 的 90°相交转卸漏斗

表 14-46　**B1000 的 90°相交转卸漏斗参数表**

mm

带宽 B	D	输送机倾角适用范围/(°)	漏斗角度 α/(°)	H	A	H_1	H_2	M	重量/kg	图　号
1000	φ800 (φ630)	0 平	0	2040	950	1210	1210	932	117（148）	ZJT1A-10P03
		>0 ~3	0	2000	900	1170	1170	884	113（114）	ZJT1A-10P04
		>3 ~6	3	2000	900	1135	1087	916	109（110）	ZJT1A-10P05
		>6 ~9	6	2200	750	1302	1218	810	121（122）	ZJT1A-10P06
		>9 ~12	9	2200	750	1271	1138	852	118（118）	ZJT1A-10P07
		>12 ~14	12	2250	700	1292	1116	850	118（119）	ZJT1A-10P08
		>14 ~16	14	2250	700	1274	1060	886	115（116）	ZJT1A-10P09
		>16 ~18	16	2400	600	1408	1182	820	126（127）	ZJT1A-10P10
		>18 ~20	18	2400	600	1392	1126	860	124（125）	ZJT1A-10P11
		>20 ~22	20	2550	500	1527	1255	795	135（135）	ZJT1A-10P12
		>22 ~24	22	2550	500	1515	1200	840	133（134）	ZJT1A-10P13

注：1. 根据受料带式输送机的倾斜角度和传动方向来选择漏斗，带式输送机为水平时选 0°的漏斗，3° ~6°时选 3°的漏斗，余者类推；
2. 漏斗有左装配和右装配两种类型，同用一张图纸，选用时应注明左装或右装；3. 零件图中已包括固定到头架上的紧固件；
4. 图中括号内数据为采用 φ630 的传动滚筒时尺寸；5. 选用时需注明传动滚筒的直径。

（5）$B=1200$mm 时 90°相交转卸漏斗和参数如图 14-42 及表 14-47 所示。

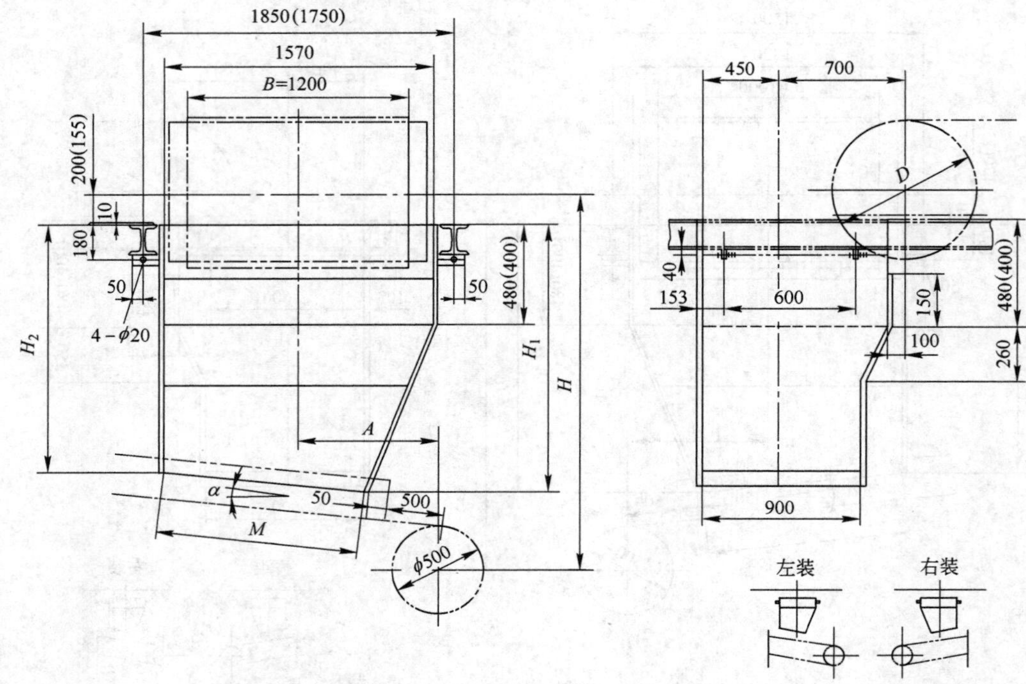

图 14-42　B1200 的 90°相交转卸漏斗

表 14-47　B1200 的 90°相交转卸漏斗参数表 mm

带宽 B	D	输送机倾角适用范围/(°)	漏斗角度 α/(°)	H	A	H_1	H_2	M	重量/kg	图　号
1200	ϕ800（ϕ630）	0	0	2040	1050	1110	1110	1154	124（124）	ZJT1A-12P03
		>0～3	0	2000	1050	1070	1070	1152	120（120）	ZJT1A-12P04
		>3～6	3	2000	1050	1032	970	1194	114（114）	ZJT1A-12P05
		>6～9	6	2200	900	1204	1090	1088	130（130）	ZJT1A-12P06
		>9～12	9	2200	900	1168	990	1136	124（125）	ZJT1A-12P07
		>12～14	12	2400	700	1335	1130	987	139（139）	ZJT1A-12P08
		>14～16	14	2400	700	1323	1075	1025	137（136）	ZJT1A-12P09
		>16～18	16	2500	600	1405	1140	962	144（143）	ZJT1A-12P10
		>18～20	18	2500	600	1390	1080	1004	141（140）	ZJT1A-12P11
		>20～22	20	2600	500	1472	1150	942	148（147）	ZJT1A-12P12
		>22～24	22	2600	500	1460	1090	988	146（145）	ZJT1A-12P13

注：1. 根据受料带式输送机的倾斜角度和传动方向来选择漏斗，带式输送机为水平时选 0°的漏斗，3°～6°时选 3°的漏斗，余者类推；2. 漏斗有左装配和右装配两种类型，同用一张图纸，选用时应注明左装或右装；3. 零件图中已包括固定到头架上的紧固件；4. 图中括号内数据为采用 ϕ630 的传动滚筒时尺寸；5. 选用时需注明传动滚筒的直径。

14.16.3　犁式卸料器漏斗

犁式卸料器漏斗和参数如图 14-43 及表 14-48 所示。

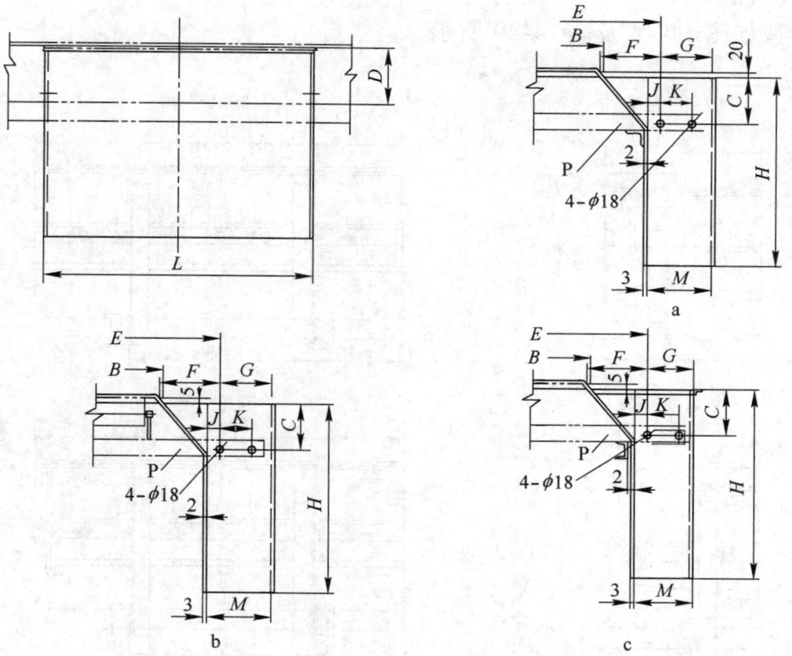

说明：1. 表中配用卸料器类型："手动、气动、电推"分别为手动，气动，电动推杆犁式卸料器，其主视图相同，侧视图对应关系见表中备注；2. 所有犁式卸料器漏斗连接用紧固件包括在漏斗图中；3. 两侧卸料时采用两个漏斗；4. 对电动犁式卸料器漏斗，侧视图中的部件 P 现场配做，*B* 为 500mm、650mm、800mm 时用∟63×63×6，*B* 为 1000、1200mm 时用∟75×75×6

图 14-43　犁式卸料漏斗

a—*B* 为 500mm，650mm，800mm，手动、气动犁式卸料器漏斗侧视图；b—*B* 为 500mm，650mm，800mm，电动推杆犁式卸料器漏斗侧视图；c—*B* 为 1000mm、1200mm，气动、电动推杆犁式卸料器漏斗侧视图

表 14-48　犁式卸料漏斗参数表　mm

B	配用卸料器类型	漏斗类型	*L*	*C*	*D*	*E*	*F*	*G*	*H*	*J*	*K*	*M*	重量/kg	图　号	备　注
500	手、气动	单侧	1100	155	210	930	230	190	730	60	120	250	48	ZJT1A-5P39	侧视图 a
		双侧	900										42	ZJT1A-5P40	
	电推	单侧	1100	165	210	930	225	190	730	60	120	250	50	ZJT1A-5P41	侧视图 b
		双侧	900										42	ZJT1A-5P42	
650	手、气动	单侧	1200	175	230	1080	230	190	730	60	120	250	53	ZJT1A-6P34	侧视图 a
		双侧	1000										45	ZJT1A-6P35	
	电推	单侧	1200	185	230	1080	225	190	730	60	120	250	53	ZJT1A-6P36	侧视图 b
		双侧	1000										46	ZJT1A-6P37	
800	手、气动	单侧	1500	185	240	1300	265	240	780	70	180	310	70	ZJT1A-8P37	侧视图 a
		双侧	1200										59	ZJT1A-8P38	
	电推	单侧	1600	200	240	1300	265	210	795	70	150	280	87	ZJT1A-8P39	侧视图 b
		双侧	1200				270		790				59	ZJT1A-8P40	
1000	气动、电推	单侧	2000	255	300	1510	310	245	1055	75	180	320	138	ZJT1A-10P36	1. 侧视图 c 2. 括号内尺寸为气动
		双侧	1400								(220)		106	ZJT1A-10P37	
1200	气动、电推	单侧	2300	285	330	1750	340	290	1080	70	220	360	173	ZJT1A-12P36	侧视图 c
		双侧	1700										133	ZJT1A-12P37	

14.17 导料槽

14.17.1 通用导料槽

通用导料槽和参数如图14-44及表14-49所示。

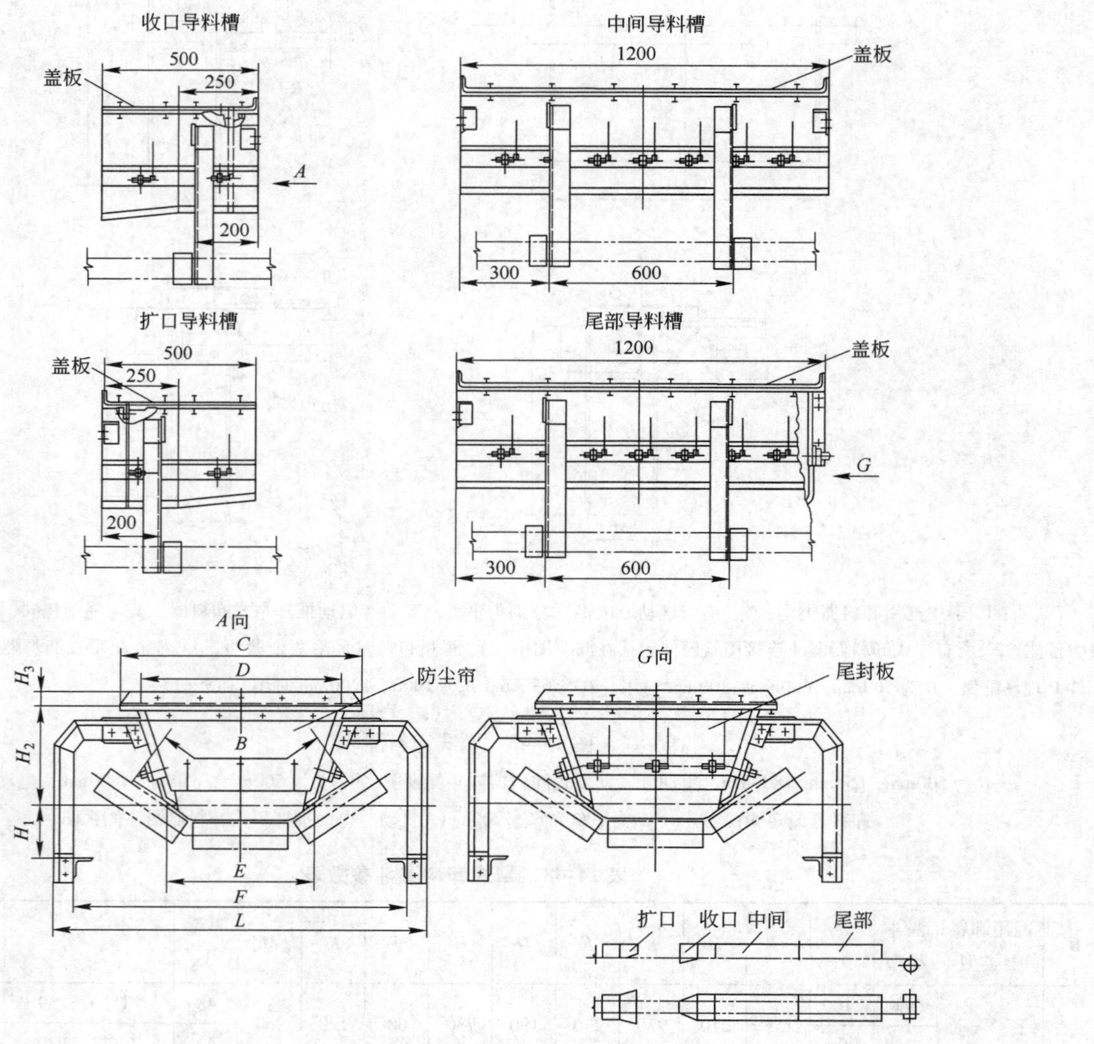

说明：1. 导料槽分密封式和敞开式两种，平形带、槽带通用；2. 敞开式导料槽无盖板、防尘帘，上部两端改用50mm×5mm之扁钢连固，其他同密封式

图14-44 通用导料槽

表14-49 通用导料槽参数表 mm

B	H_1	H_2	H_3	C	D	E	F	L	类型	收口导料槽		中间导料槽		尾部导料槽		扩口导料槽	
										图 号	重量/kg	图 号	重量/kg	图 号	重量/kg	图 号	重量/kg
500	220	260	40	580	500	315	800	926	密封式	ZJT1A-5T01	33	ZJT1A-5T02	67	ZJT1A-5T03	71	ZJT1A-5T04	33
									敞开式	ZJT1A-5T05	24	ZJT1A-5T06	52	ZJT1A-5T07	56	ZJT1A-5T08	24
650	235	295	40	680	600	400	950	1076	密封式	ZJT1A-6T01	36	ZJT1A-6T02	74	ZJT1A-6T03	80	ZJT1A-6T04	36
									敞开式	ZJT1A-6T05	26	ZJT1A-6T06	56	ZJT1A-6T07	61	ZJT1A-6T08	26
800	245	335	50	780	700	495	1150	1276	密封式	ZJT1A-8T01	41	ZJT1A-8T02	83	ZJT1A-8T03	90	ZJT1A-8T04	41
									敞开式	ZJT1A-8T05	29	ZJT1A-8T06	63	ZJT1A-8T07	70	ZJT1A-8T08	29
1000	300	463	50	1000	900	610	1350	1476	密封式	ZJT1A-10T01	50	ZJT1A-10T02	106	ZJT1A-10T03	117	ZJT1A-10T04	52
									敞开式	ZJT1A-10T05	36	ZJT1A-10T06	79	ZJT1A-10T07	90	ZJT1A-10T08	36
1200	335	545	50	1100	1000	730	1600	1726	密封式	ZJT1A-12T01	58	ZJT1A-12T02	118	ZJT1A-12T03	133	ZJT1A-12T04	58
									敞开式	ZJT1A-12T05	40	ZJT1A-12T06	89	ZJT1A-12T07	103	ZJT1A-12T08	40

14.17.2 专用导料槽

专用导料槽和参数如图 14-45 及表 14-50 所示。

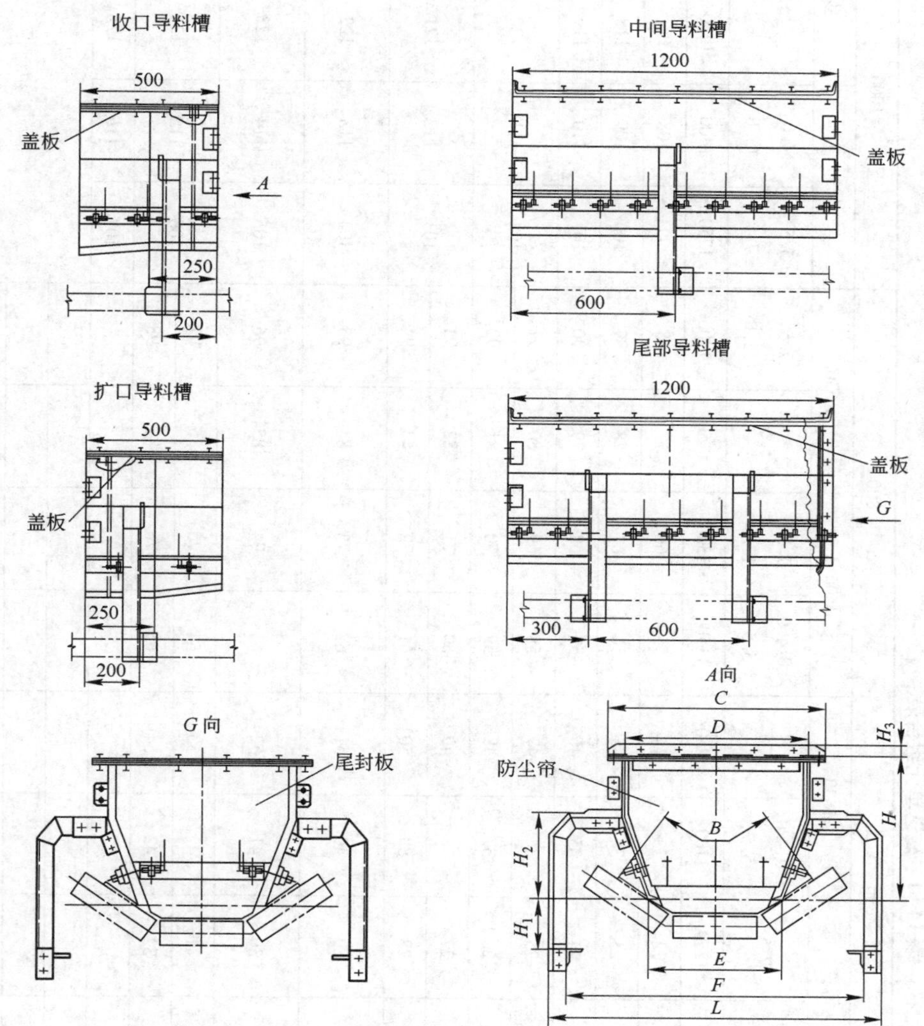

说明：1. 专用导料槽分密封式和敞开式两种，平形带、槽形带通用；2. 专用导料槽用于落砂机、混砂机下面的带式输送机

图 14-45　专用导料槽

表 14-50　专用导料槽参数表

mm

B	H	H_1	H_2	H_3	C	D	E	F	L	类型	收口导料槽 图号	收口导料槽 重量/kg	中间导料槽 图号	中间导料槽 重量/kg	尾部导料槽 图号	尾部导料槽 重量/kg	扩口导料槽 图号	扩口导料槽 重量/kg
500	500	220	260	40	580	500	315	800	926	密封式	ZJT1A-5T09	42	ZJT1A-5T10	78	ZJT1A-5T11	95	ZJT1A-5T12	42
										敞开式	ZJT1A-5T13	33	ZJT1A-5T14	63	ZJT1A-5T15	80	ZJT1A-5T16	32
650	500	235	295	40	680	600	400	950	1076	密封式	ZJT1A-6T09	44	ZJT1A-6T10	81	ZJT1A-6T11	101	ZJT1A-6T12	44
										敞开式	ZJT1A-6T13	34	ZJT1A-6T14	64	ZJT1A-6T15	83	ZJT1A-6T16	33
800	600	245	335	50	800	700	495	1150	1276	密封式	ZJT1A-8T09	51	ZJT1A-8T10	95	ZJT1A-8T11	117	ZJT1A-8T12	51
										敞开式	ZJT1A-8T13	38	ZJT1A-8T14	74	ZJT1A-8T15	96	ZJT1A-8T16	38
1000	700	300	463	50	1000	900	610	1350	1476	密封式	ZJT1A-10T09	61	ZJT1A-10T10	111	ZJT1A-10T11	141	ZJT1A-10T12	61
										敞开式	ZJT1A-10T13	45	ZJT1A-10T14	85	ZJT1A-10T15	111	ZJT1A-10T16	44
1200	700	335	545	50	1100	1100	730	1600	1726	密封式	ZJT1A-12T09	64	ZJT1A-12T10	116	ZJT1A-12T11	149	ZJT1A-12T12	65
										敞开式	ZJT1A-12T13	46	ZJT1A-12T14	86	ZJT1A-12T15	121	ZJT1A-12T16	46

14.18 磁选单元

14.18.1 磁选单元组合表

磁选单元组合表如表14-51所示。

表14-51 磁选单元组合表

mm

磁选单元转卸类型	δ/(°)	适应范围/(°)	S	B	500	650				800				1000			
				D	φ500	φ500		φ630		φ500		φ630		φ630		φ800	
				适用传动功率/kW	2.2、3.0、4.0、5.5	2.2、3.0、4.0、5.5	7.5	3.0、4.0、5.5	7.5	3.0、4.0、5.5	7.5、11.0	5.5	7.5、11.0	5.5、7.5	11.0、15.0	7.5	11.0、15.0
				A	1100	1100	1250	1100	1250	1150	1300	1150	1300	1250	1400	1250	1600
垂直向带式输送机转卸	0平	0	500、800	单元号	1	11	22	33	44	55	66	77	88	99	108	117	126
	0	>0~3	500、800			12	23	34	45	56	67	78	89	100	109	118	127
	3	>3~6	500、800		2	13	24	35	46	57	68	79	90	101	110	119	128
	6	>6~9	500		3	14	25	36	47	58	69	80	91	102	111	120	129
			800		4	15	26	37	48	59	70	81	92				
	9	>9~12	500		5	16	27	38	49	60	71	82	93	103	112	121	130
			800		6	17	28	39	50	61	72	83	94				
	12	>12~15 (>12~14)	500、800		7	18	29	40	51	62	73	84	95	104	113	122	131
	15 (14)	>15~18 (>14~16)	500、800		8	19	30	41	52	63	74	85	96	105	114	123	132
	18 (16)	>18~21 (>16~18)	500		9	20	31	42	53	64	75	86	97	106	115	124	133
			800		10	21	32	43	54	65	76	87	98				
	(18)	(>18~20)												107	116	125	134
正面向提升机转卸	提升机	D250, 60°			135												
		D350, 60°			136												
		D450, 60°			137	138	139	140	141	142	143	144	145				
侧面向提升机转卸	提升机	D250, 60°			146												
		D350, 60°			147												
		D450, 60°			148	149	150	151	152	153	154	155	156				

说明：1. 括号内角度用于 $B=1000$mm时；2. A的意义同第14.18.2小节中图表

14.18.2 磁选单元(垂直向带式输送机转卸) *B* 分别为 500mm、650mm、800mm、1000mm

磁选单元（垂直向带式输送机转卸）如图 14-46 所示，尺寸表列于表 14-52。

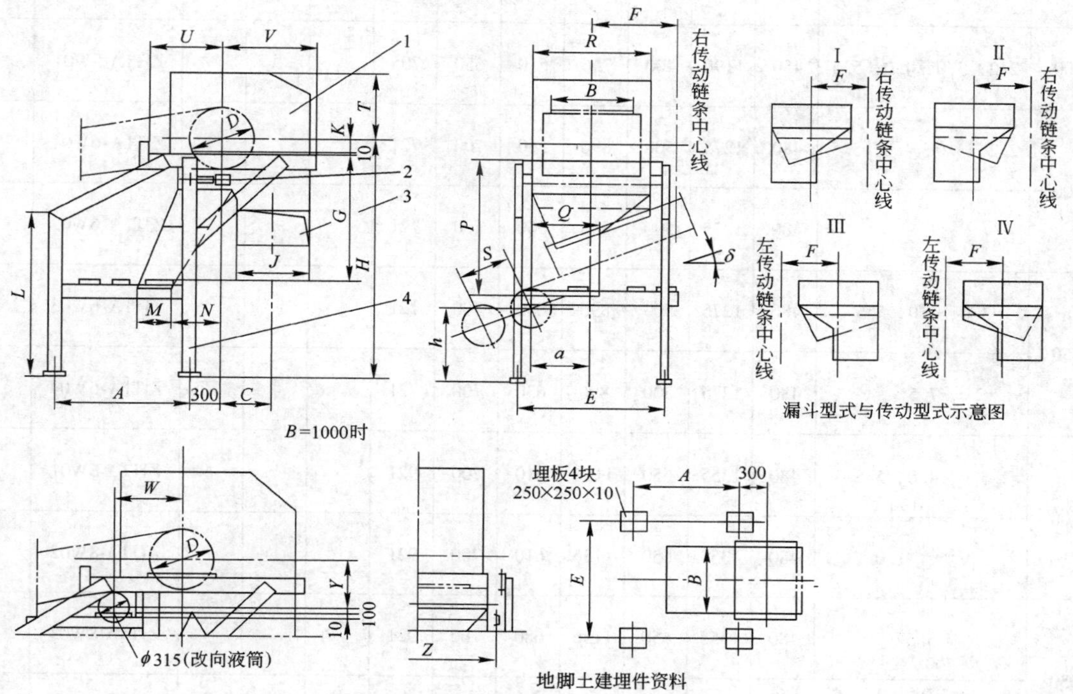

说明：1. 尺寸 *a*、*h*、*S*、*δ* 与一般带式输送机 90°相交转卸尺寸完全一致；2. 头架有两种类型（左或右），漏斗有 4 种类型（Ⅰ、Ⅱ、Ⅲ、Ⅳ），按照链传动装置装配类型和受料带式输送机布置方式选用

图 14-46 磁选单元（垂直向带式输送机转卸）

1—头罩；2—清扫器；3—漏斗；4—头架

表 14-52 磁选单元（垂直向带式输送机转卸）尺寸表 mm

B	*D*	配用传动功率/kW	*H*	*A*	*C*	*E*	*F*	*G*	*J*	*K*	*L*	*M*
500	500	2.2, 3.0, 4.0, 5.5	2100	1100	400	970	565	1160	466	120	1500	300
650	500	2.2, 3.0, 4.0, 5.5	2200	1100	400	1130	675	1145	516	135	1600	300
		7.5		1250	400	1130	675	1145	516	135	1650	300
	630	3.0, 4.0, 5.5		1100	400	1130	675	1245	516	135	1500	300
		7.5		1250	400	1130	675	1245	516	135	1550	300
800	500	3.0, 4.0, 5.5	2400	1150	500	1430	825	1145	656	135	1800	320
		7.5, 11.0		1300	500	1430	825	1145	656	135	1900	320
	630	5.5		1150	500	1430	845	1325	656	155	1550	320
		7.5, 11.0		1300	500	1430	845	1325	656	155	1650	320
1000	630	5.5, 7.5	3000	1250	700	1630	945	1475	806	155	2100	320
		11.0, 15.0		1400	700	1630	945	1475	806	155	2150	320
	800	7.5		1250	700	1630	975	1610	806	170	1850	320
		11.0, 15.0		1600	700	1630	975	1610	806	170	2200	320

续表 14-52

B	D	配用传动功率/kW	N	P	Q	R	T	U	V	W	Y	Z	图　号	单元号
500	500	2.2，3.0，4.0，5.5	450	1190	400	746	510	650	705				ZJT1A-5W01	1～10
650	500	2.2，3.0，4.0，5.5	480	1275	500	896	560	700	721				ZJT1A-6W01	11～21
		7.5	480	1275	500	896	560	700	721				ZJT1A-6W02	22～32
	650	3.0，4.0，5.5	480	1275	500	896	630	700	721				ZJT1A-6W03	33～43
		7.5	480	1275	500	896	630	700	721				ZJT1A-6W04	44～54
800	500	3.0，4.0，5.5	480	1355	650	1156	610	700	921				ZJT1A-8W01	55～65
		7.5，11.0	480	1355	650	1156	610	700	921				ZJT1A-8W02	66～76
	630	5.5	480	1355	650	1156	680	700	921				ZJT1A-8W03	77～87
		7.5，11.0	480	1355	650	1156	680	700	921				ZJT1A-8W04	88～98
1000	630	5.5，7.5	500	1640	700	1326	855	900	1178	670	490	1450	ZJT1A-10W01	99～107
		11.0，15.0	500	1640	700	1326	855	900	1178	670	490	1450	ZJT1A-10W02	108～116
	800	7.5	500	1640	700	1326	940	900	1178	670	570	1450	ZJT1A-10W03	117～125
		11.0，15.0	500	1640	700	1326	940	900	1178	670	570	1450	ZJT1A-10W04	126～134

15 其他类型输送机部件(二)
D-YM96 运煤部件典型设计

15.1 概述

《D-YM96 火力发电厂带式输送机运煤部件典型设计》是根据电力规划设计总院电规计(1994)22号文《电力勘测设计科研、标准化、信息工作计划通知》的安排，及电规发(1995) 224 号文关于《胶带机三类部件通用设计修编计划》和《技术组织措施》的要求，由东北电力设计院主编，华北、华东、中南、西北、西南电力设计院和浙江、山东、湖南、河南、山西、江苏省电力设计院参加联合编制的(底图存东北电力设计院)。编制原则如下：

(1) 在技术上靠拢国际标准，提高通用性，拓宽使用范围；

(2) 与机械工业部北京起重运输机械研究所编制的《DTⅡ型固定带式输送机设计选用手册》配套使用；

(3) 在吸取全国各大、中型电厂运行反馈意见后，在 D-YM87 典型设计基础上改进提高；

(4) 设计中全部采用新国家标准；

(5) 便于包装运输，减少运输中的变形；

(6) 关于落煤管衬板，目前有铸石衬板、耐磨铸铁衬板、聚乙烯高分子塑料衬板、耐磨陶瓷衬板，设计者可根据工程具体情况在保证安全运行、降低投资的原则下自行决定。

2002 年，经修改已可与《DTⅡ(A)型带式输送机设计手册》配套使用。

15.2 头部支架

15.2.1 型钢结构头部支架

型钢结构头部支架和参数如图 15-1 及表 15-1、表 15-3 ~ 表 15-5 所示，此外 δ 的适用范围、参考重量及图号如表 15-6 所示。

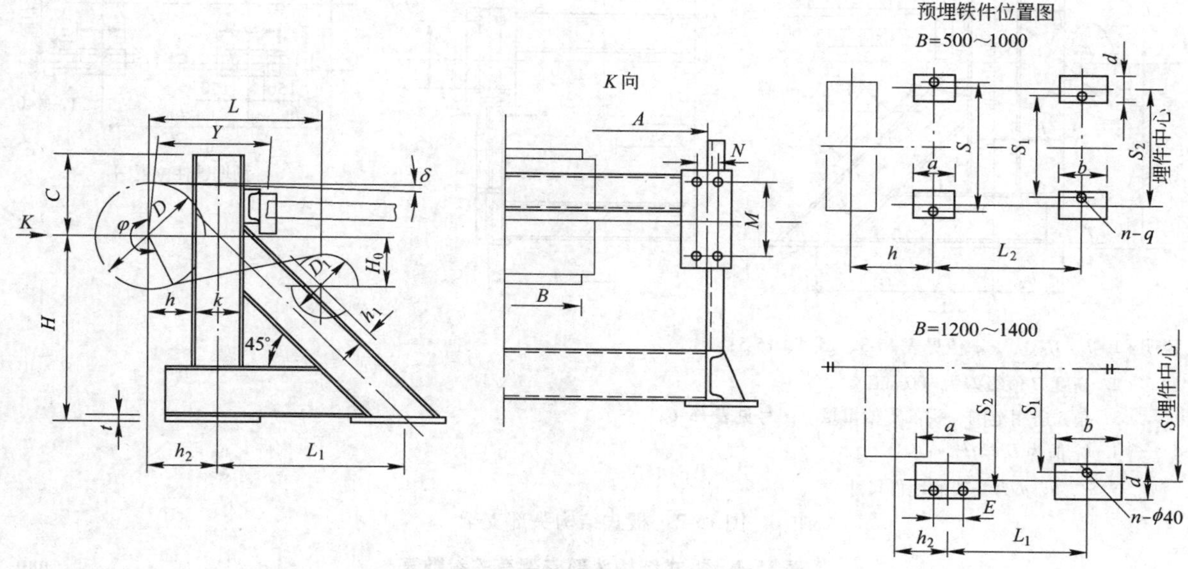

说明：1. L、H_0、Y、φ 值见表 15-3、表 15-4、表 15-5；

2. 高度 H 值级差为 100mm；

3. 角 δ 适用范围、头部支架重量、图号见表 15-6；

4. L_1 值为 $L_1 = H - t$；

5. L_2 值为 $L_2 = L_1 + h_2 - h$；

6. a、b、d 为头架的埋件尺寸

图 15-1 型钢结构头部支架

表 15-1 型钢结构头部支架有关参数表 mm

B	D	适用高度范围 H	D_1	A	C	h	h_1	h_2	k	M	N	S	S_1	S_2	t	E	a	b	d	n-q	适用传动滚筒型号	适用改向滚筒型号
500	500	700~1500	315	850	280	212	202	272	120	350		1050	1050	970	16		300	250	200	4-φ35	50A105Y(Z)	50B103(G)
650	500	800~1500	315	1000	280	232	222	302	140	380		1200	1200	1120	16		300	300	250	4-φ35	65A205Y(Z)	65B203(G)
	630	700~1500	315	1000	300	232	222	302	140	380		1200	1200	1120	16		300	300	250	4-φ35	65A206Y(Z)	65B203(G)
800	630	800~1500	315	1050	350	283	228	363	160	440		1510	1400	1430	20		300	300	250	4-φ35	80A206Y(Z)	80B203(G)
	800	800~1500	400	1300	350	343	248	432	160	440		1510	1400	1400	20		300	300	250	4-φ35	80A207Y(Z)	80B104
1000	800	800~1500	400	1500	330	302	285	392	180	440		1720	1600	1530	20		300	320	250	4-φ40	100A107Y(Z)	100B204
	1000	700~1500	400	1500	350	399	336	489	180	480		1720	1600	1530	20		300	320	250	4-φ40	100A108Y(Z)	100B204
	1000Ⅰ	800~1500	500	1600	350	389	326	489	200	520	105	1830	1700	1740	20		300	400	250	4-φ40	100A308Y(Z)	100B105
1200	800	900~1500	400	1750	400	315	216	440	250	440		1890	1850	1980	20	250	500	450	250	6-φ40	120A107Y(Z)	120B104
	1000	900~1500	500	1750	400	371	291	496	250	480		1890	1850	1980	20	250	500	450	250	6-φ40	120A108Y(Z)	120B105
	1000Ⅰ	900~1500	500	1850	400	391	291	516	250	520	105	1990	1950	2080	20	250	500	450	250	6-φ40	120A308Y(Z)	120B105
1400	800	900~1500	500	2050	400	364	285	489	250	480		2190	2150	2280	20	250	500	450	250	6-φ40	140A107Y(Z)	140B204
	1000	900~1500	500	2050	400	401	305	526	250	520	105	2190	2150	2280	20	250	500	450	250	6-φ40	140A208Y(Z)	140B205

15.2.2 板式结构头部支架

板式结构头部支架和参数如图 15-2 及表 15-2 ~ 表 15-5 所示。头部支架 δ 适用范围、参考重量及图号见表 15-6 所示。

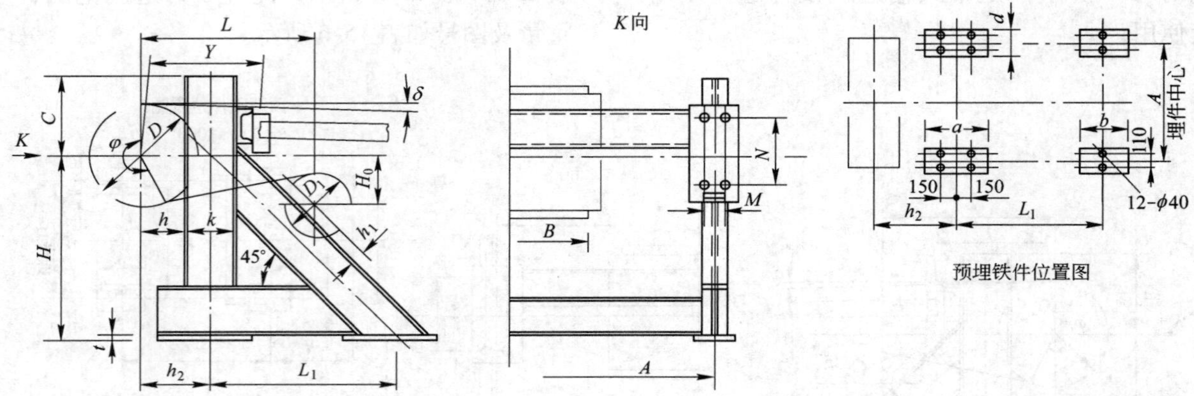

说明：1. L、H_0、Y、φ 值见表 15-3、15-4、15-5；

2. 高度 H 值级差为 100mm；

3. 角 δ 适用范围、头部支架重量、图号见表 15-6；

4. L_1 值为 $L_1 = H - t$；

5. a、b、d 为头架的埋件尺寸

图 15-2 板式结构头部支架

表 15-2 板式结构头部支架有关参数表 mm

B	D	适用高度范围 H	D_1	A	C	h	h_1	h_2	k	M	N	a	b	d	t	适用传动滚筒图号	适用改向滚筒型号
1200	1000Ⅱ	900~1500	500	1850	450	411	311	536	250	120	570	600	500	280	20	120A408Y(Z)	120B205
	1000Ⅲ	1300~1500		1900	490	411	355	536	250	140	640	600	500	280		120A508Y(Z)	120B305
1400	1000Ⅰ	900~1500		2100	450	451	355	551	200	140	640	600	500	280		140A408Y(Z)	140B305
	1000Ⅱ	900~1500		2100	550	471	355	596	250	140	720	600	500	280		140A508Y(Z)	140B305

表 15-3 头部支架 L、H_0 值表

mm

$B-D$	L、H_0	δ																		
		0°	1°	2°	3°	4°	5°	6°	7°	8°	9°	10°	11°	12°	13°	14°	15°	16°	17°	18°
5050	L	925	942	959	977	996	1015	1035	1057	1080	1104	1129	1155	1183	1213	1244	1278	1314	1352	1392
	H_0	283	299	317	335	353	373	393	415	438	461	486	513	541	570	602	635	671	709	750
6550	L	1013	1031	1050	1069	1090	1111	1134	1157	1182	1208	1235	1264	1293	1327	1361	1398	1436	1479	1523
	H_0	298	316	335	354	375	396	419	442	467	493	520	549	580	612	647	683	722	764	808
6563	L	948	965	982	1001	1020	1040	1061	1083	1106	1130	1155	1182	1210	1240	1272	1306	1342	1381	1422
	H_0	233	250	267	286	305	325	346	368	391	415	440	467	495	525	557	591	627	666	707
8063	L	1111	1131	1151	1173	1195	1218	1243	1269	1296	1325	1355	1386	1420	1455	1493	1533	1575	1621	1670
	H_0	312	332	353	374	397	420	445	471	498	526	556	588	621	657	694	734	777	822	871
8080	L	1157	1177	1199	1221	1244	1269	1294	1321	1349	1378	1409	1442	1477	1513	1552	1593	1637	1684	1734
	H_0	270	291	312	334	358	382	408	434	462	492	523	555	590	626	665	706	750	797	847
10080	L	1252	1274	1297	1322	1347	1373	1401	1430	1460	1493	1527	1562	1600	1639	1682	1727	1774	1825	1880
	H_0	330	352	375	400	425	451	479	508	538	571	604	640	677	717	759	804	852	903	958
100100	L	1221	1345	1369	1395	1421	1449	1478	1508	1540	1573	1609	1646	1685	1726	1770	1816	1866	1918	1975
	H_0	230	254	278	303	330	358	387	417	449	482	517	554	593	634	678	725	774	827	884
100100 Ⅰ	L	1371	1396	1421	1447	1475	1504	1534	1565	1599	1634	1670	1709	1749	1793	1838	1886	1939	1994	2053
	H_0	280	304	330	356	384	413	443	474	507	542	579	617	658	701	747	795	847	903	961
12080	L	1322	1346	1370	1396	1423	1451	1480	1511	1543	1577	1613	1650	1690	1733	1778	1825	1876	1931	
	H_0	400	424	448	474	500	528	558	588	621	655	691	728	768	811	855	903	954	1009	
120100	L	1434	1460	1486	1514	1543	1573	1605	1638	1673	1709	1747	1788	1831	1877	1925	1976	2031		
	H_0	350	376	402	430	459	489	521	554	589	625	664	704	747	792	841	892	946		
120100 Ⅰ	L	1454	1480	1507	1535	1564	1595	1627	1660	1696	1733	1772	1813	1857	1902	1952	2003	2058		
	H_0	350	376	403	431	460	491	523	557	592	629	668	709	752	798	847	899	954		
120100 Ⅱ	L	1503	1529	1557	1586	1616	1648	1681	1716	1752	1790	1831	1873	1918	1965	2016	2069	2126		
	H_0	350	377	405	434	464	495	529	563	600	638	678	721	766	813	863	917	974		
120100 Ⅲ	L	1565	1593	1622	1652	1683	1716	1751	1787	1825	1864	1906	1950	1997	2046	2098	2154	2214		
	H_0	350	378	407	437	469	501	536	572	610	650	692	736	782	832	884	940	999		
14080	L	1519	1546	1574	1603	1634	1666	1700	1735	1772	1811	1852	1896	1941	1990	2041	2096			
	H_0	450	477	505	535	565	597	631	666	703	742	783	827	872	921	973	1027			
140100	L	1534	1561	1590	1619	1650	1682	1717	1752	1789	1829	1870	1913	1959	2008	2060	2114			
	H_0	400	427	456	485	516	549	583	618	655	695	736	779	825	874	926	981			
140100 Ⅰ	L	1655	1684	1715	1747	1780	1815	1851	1890	1930	1972	2016	2063	2112	2165	2220				
	H_0	400	429	460	492	525	560	597	635	675	717	762	809	858	910	966				
140100 Ⅱ	L	1674	1705	1736	1768	1802	1837	1874	1913	1953	1996	2041	2088	2138	2191	2247				
	H_0	400	430	460	493	527	562	599	638	678	721	766	813	863	916	973				

表 15-4 头部支架 Y 值表

mm

$B-D$	δ																		
	0°	1°	2°	3°	4°	5°	6°	7°	8°	9°	10°	11°	12°	13°	14°	15°	16°	17°	18°
5050	405	405	404	404	404	404	404	404	405	405	406	406	407	408	409	411	412	413	415
6550	450	449	447	446	445	445	444	443	443	443	443	442	443	443	443	444	444	445	446
6563	450	449	447	446	445	445	444	443	443	443	443	442	443	443	443	444	444	445	446
8063	521	520	520	519	519	519	519	519	520	520	521	522	523	524	525	527	528	530	532

续表 15-4

B－D	δ																		
	0°	1°	2°	3°	4°	5°	6°	7°	8°	9°	10°	11°	12°	13°	14°	15°	16°	17°	18°
8080	586	584	582	580	578	577	575	574	573	572	572	571	571	571	571	571	572	572	573
10080	580	578	577	576	574	573	573	572	571	571	571	571	571	572	572	573	574	575	576
100100	677	674	670	667	665	662	660	657	655	654	652	650	649	648	647	647	646	646	646
100100Ⅰ	692	687	685	682	680	677	675	672	670	669	667	666	665	664	663	662	662	662	662
12080	682	681	681	681	681	681	681	682	683	684	685	687	688	690	692	695	697	700	
120100	738	736	734	732	730	728	727	726	725	725	724	724	724	725	725	726	727		
120100Ⅰ	758	756	754	752	750	749	747	746	746	745	747	745	745	745	746	747	748		
120100Ⅱ	778	776	775	772	770	769	767	767	767	765	765	765	765	766	766	767	768		
120100Ⅲ	778	776	774	772	770	769	767	767	766	765	765	765	765	766	766	767	768		
14080	731	731	731	731	731	732	733	735	737	738	740	743	745	748	750	751			
140100	768	766	764	763	761	760	760	759	758	758	758	757	759	760	761	762			
140100Ⅰ	818	816	814	813	812	811	810	809	809	809	809	809	810	811	813				
140100Ⅱ	838	836	834	833	832	831	830	829	829	829	829	830	831	832	833				

表 15-5 头部支架 φ 值 (°)

B－D	δ									
	0°	1°	2°	3°	4°	5°	6°	7°	8°	9°
5050	187.899	187.71	187.52	187.34	187.15	186.96	186.78	186.60	186.41	186.23
6550	186.31	186.16	186.01	185.87	185.72	185.58	185.43	185.29	185.14	184.99
6563	195.14	194.78	194.42	194.07	193.71	193.36	193.00	192.65	192.30	191.95
8063	188.46	188.26	188.06	187.86	187.67	187.47	187.28	187.08	186.89	186.69
8080	197.20	196.79	196.38	195.97	195.57	195.17	194.77	194.37	193.97	193.57
10080	192.84	192.53	192.23	191.93	191.62	191.32	191.02	190.73	190.43	190.13
100100	201.59	201.09	200.59	200.10	199.60	199.10	198.61	198.12	197.63	197.14
100100Ⅰ	200.86	200.37	199.87	199.38	198.89	198.40	197.91	197.43	196.95	196.47
12080	188.91	188.70	188.49	188.27	188.06	187.85	187.64	187.44	187.23	187.02
120100	196.82	196.41	196.01	195.61	195.21	194.82	194.42	194.03	193.64	193.25
120100Ⅰ	196.56	196.17	195.77	195.38	194.99	194.60	194.21	193.83	193.44	193.06
120100Ⅱ	195.98	195.60	195.22	194.85	194.47	194.10	193.73	193.36	193.00	192.63
120100Ⅲ	195.28	194.92	194.57	194.23	193.86	193.51	193.61	192.81	192.46	192.12
14080	185.75	185.62	185.49	185.35	185.22	185.09	184.95	184.82	184.69	184.56
140100	193.62	193.30	192.97	192.65	192.33	192.01	191.69	191.37	191.06	190.75
140100Ⅰ	192.55	192.26	191.97	192.68	191.39	191.10	190.81	190.52	190.24	189.95
140100Ⅱ	192.39	192.10	191.82	191.53	191.25	190.96	190.68	190.40	190.11	189.83

B－D	δ								
	10°	11°	12°	13°	14°	15°	16°	17°	18°
5050	186.05	185.87	185.69	185.51	185.33	185.15	184.98	184.80	184.62
6550	184.85	184.71	184.57	184.42	184.28	184.14	184.00	183.86	183.72
6563	191.61	191.26	190.92	190.57	190.23	189.89	189.55	189.21	188.87
8063	186.50	186.31	186.12	185.93	185.74	185.55	185.36	185.17	184.98
8080	193.18	192.78	192.39	192.00	191.61	191.23	190.84	190.45	190.07
10080	189.84	189.55	189.23	188.96	188.67	188.38	188.10	187.81	187.52
100100	196.65	196.16	195.68	195.19	194.71	194.22	193.74	193.26	192.76

续表 15-5

B－D	δ								
	10°	11°	12°	13°	14°	15°	16°	17°	18°
100100Ⅰ	195.99	195.52	195.04	194.57	194.10	193.63	193.16	192.69	192.23
12080	186.82	186.62	186.41	186.21	186.01	185.81	185.61	185.41	
120100	192.86	192.48	192.09	191.71	191.33	190.94	190.57		
120100Ⅰ	192.68	192.30	191.92	191.55	191.17	190.80	190.43		
120100Ⅱ	192.26	191.90	191.54	191.18	190.82	190.46	190.10		
120100Ⅲ	191.77	191.42	191.08	190.73	190.39	190.04	189.70		
14080	184.43	184.30	184.17	184.04	183.91	183.78			
140100	190.43	191.12	189.81	189.50	189.19	188.89			
140100Ⅰ	189.67	189.38	189.09	188.82	188.53				
140100Ⅱ	189.55	189.27	188.99	188.71	188.43				

表 15-6 头部支架 δ 角适用范围、重量和图号

B	500			650					
D	500			500			630		
H	δ/(°)	重量/kg	图 号	δ/(°)	重量/kg	图 号	δ/(°)	重量/kg	图 号
700	0	201	D-YM96-3001-01				0～3	231	D-YM96-3001-18
800	0～5	214	D-YM96-3001-02	0～4	250	D-YM96-3001-10	0～8	249	D-YM96-3001-19
900	0～10	223	D-YM96-3001-03	0～8	259	D-YM96-3001-11	0～11	260	D-YM96-3001-20
1000	0～13	231	D-YM96-3001-04	0～12	270	D-YM96-3001-12	0～15	271	D-YM96-3001-21
1100	0～16	242	D-YM96-3001-05	0～15	280	D-YM96-3001-13	0～17	282	D-YM96-3001-22
1200	0～18	250	D-YM96-3001-06	0～17	290	D-YM96-3001-14	0～18	291	D-YM96-3001-23
1300	0～18	264	D-YM96-3001-07	0～18	301	D-YM96-3001-15	0～18	303	D-YM96-3001-24
1400	0～18	274	D-YM96-3001-08	0～18	311	D-YM96-3001-16	0～18	314	D-YM96-3001-25
1500	0～18	284	D-YM96-3001-09	0～18	322	D-YM96-3001-17	0～18	325	D-YM96-3001-26
B	800						1000		
D	630			800			800		
H	δ/(°)	重量/kg	图 号	δ/(°)	重量/kg	图 号	δ/(°)	重量/kg	图 号
700									
800	0～3	370	D-YM96-3001-27	0～3	367	D-YM96-3001-35	0	430	D-YM96-3001-43
900	0～7	389	D-YM96-3001-28	0～7	389	D-YM96-3001-36	0～4	457	D-YM96-3001-44
1000	0～11	401	D-YM96-3001-29	0～10	400	D-YM96-3001-37	0～8	471	D-YM96-3001-45
1100	0～13	416	D-YM96-3001-30	0～13	415	D-YM96-3001-38	0～11	489	D-YM96-3001-46
1200	0～16	429	D-YM96-3001-31	0～15	428	D-YM96-3001-39	0～13	504	D-YM96-3001-47
1300	0～18	441	D-YM96-3001-32	0～18	440	D-YM96-3001-40	0～15	518	D-YM96-3001-48
1400	0～18	454	D-YM96-3001-33	0～18	453	D-YM96-3001-41	0～17	533	D-YM96-3001-49
1500	0～18	466	D-YM96-3001-34	0～18	462	D-YM96-3001-42	0～18	548	D-YM96-3001-50

续表 15-6

B	1000						1200		
D	1000			1000Ⅰ			800		
H	δ/(°)	重量/kg	图 号	δ/(°)	重量/kg	图 号	δ/(°)	重量/kg	图 号
700	0	447	D-YM96-3001-51						
800	0~4	461	D-YM96-3001-52	0	592	D-YM96-3001-60			
900	0~8	484	D-YM96-3001-53	0~4	609	D-YM96-3001-61	0~2	569	D-YM96-3001-68
1000	0~10	498	D-YM96-3001-54	0~7	627	D-YM96-3001-62	0~5	594	D-YM96-3001-69
1100	0~13	516	D-YM96-3001-55	0~10	654	D-YM96-3001-63	0~8	623	D-YM96-3001-70
1200	0~15	531	D-YM96-3001-56	0~12	668	D-YM96-3001-64	0~11	643	D-YM96-3001-71
1300	0~17	546	D-YM96-3001-57	0~15	685	D-YM96-3001-65	0~13	663	D-YM96-3001-72
1400	0~18	560	D-YM96-3001-58	0~16	702	D-YM96-3001-66	0~15	683	D-YM96-3001-73
1500	0~18	575	D-YM96-3001-59	0~18	719	D-YM96-3001-67	0~17	703	D-YM96-3001-74

B	1200								
D	1000			1000Ⅰ			1000Ⅱ		
H	δ/(°)	重量/kg	图 号	δ/(°)	重量/kg	图 号	δ/(°)	重量/kg	图 号
700									
800									
900	0~1	603	D-YM96-3001-75	0~1	707	D-YM96-3001-82	0~1	1013	D-YM96-3001-89
1000	0~5	623	D-YM96-3001-76	0~5	736	D-YM96-3001-83	0~5	1122	D-YM96-3001-90
1100	0~8	654	D-YM96-3001-77	0~8	770	D-YM96-3001-84	0~8	1180	D-YM96-3001-91
1200	0~10	674	D-YM96-3001-78	0~10	790	D-YM96-3001-85	0~10	1239	D-YM96-3001-92
1300	0~13	694	D-YM96-3001-79	0~13	810	D-YM96-3001-86	0~12	1293	D-YM96-3001-93
1400	0~15	714	D-YM96-3001-80	0~15	829	D-YM96-3001-87	0~14	1416	D-YM96-3001-94
1500	0~16	734	D-YM96-3001-81	0~16	850	D-YM96-3001-88	0~16	1400	D-YM96-3001-95

B	1200			1400					
D	1000Ⅲ			800			1000		
H	δ/(°)	重量/kg	图 号	δ/(°)	重量/kg	图 号	δ/(°)	重量/kg	图 号
700									
800									
900				0	642	D-YM96-3001-99	0	720	D-YM96-3001-106
1000				0~3	676	D-YM96-3001-100	0~3	751	D-YM96-3001-107
1100				0~6	683	D-YM96-3001-101	0~6	781	D-YM96-3001-108
1200				0~9	726	D-YM96-3001-102	0~9	801	D-YM96-3001-109
1300	0~12	1385	D-YM96-3001-96	0~11	749	D-YM96-3001-103	0~11	821	D-YM96-3001-110
1400	0~14	1446	D-YM96-3001-97	0~13	769	D-YM96-3001-104	0~13	841	D-YM96-3001-111
1500	0~16	1489	D-YM96-3001-98	0~15	790	D-YM96-3001-105	0~15	861	D-YM96-3001-112

B	1400					
D	1000Ⅰ			1000Ⅱ		
H	δ/(°)	重量/kg	图 号	δ/(°)	重量/kg	图 号
700						
800						
900	0	1182	D-YM96-3001-113	0	1188	D-YM96-3001-120
1000	0~3	1263	D-YM96-3001-114	0~3	1262	D-YM96-3001-121
1100	0~6	1318	D-YM96-3001-115	0~6	1338	D-YM96-3001-122
1200	0~8	1388	D-YM96-3001-116	0~8	1376	D-YM96-3001-123
1300	0~10	1446	D-YM96-3001-117	0~10	1453	D-YM96-3001-124
1400	0~12	1504	D-YM96-3001-118	0~12	1507	D-YM96-3001-125
1500	0~14	1565	D-YM96-3001-119	0~14	1572	D-YM96-3001-126

15.3　尾部支架

尾部支架及参数如图 15-3 及表 15-7 所示。

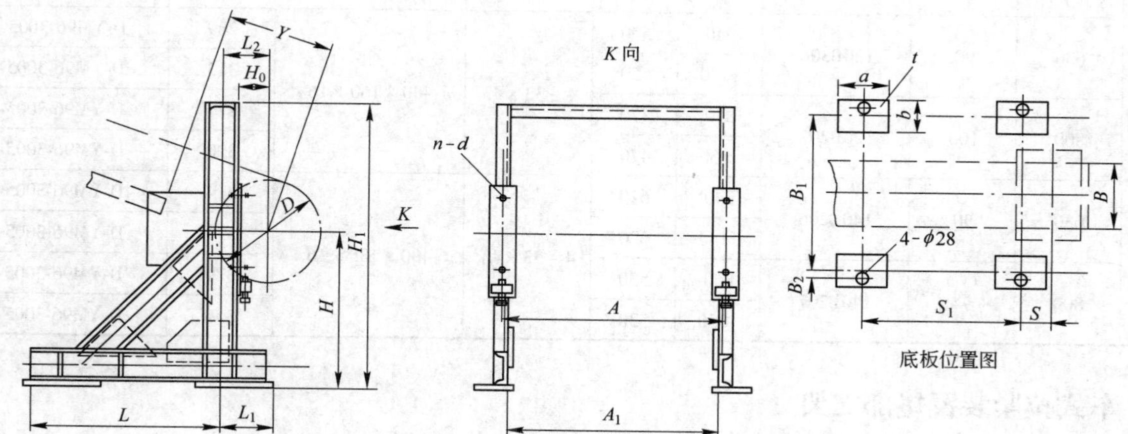

说明：1. 本尾架适用于带式输送机倾角 0°～18°；

2. 固定改向滚筒用的紧固件包括在本图内；

3. 预埋铁件位置可由使用者参照底板位置图自行确定

图 15-3　尾部支架

表 15-7　尾部支架有关参数表

mm

B	改向滚筒			H_0	H	H_1	L	L_1	L_2	A	A_1	B_1	B_2	S
	D	许用合力/kN	图号											
500	400	23	50B204(G)	110	600	1100	712	178	173	850	790	890	25	115
650	400	32	65B204(G)	130	600	1100	695	185	200	1000	930	1050	25	130
	500	40	65B105(G)		550	1100	645							
800	500	40	80B105(G)	145	750	1300	845	185	215	1300	1230	1350	25	145
	630	50	80B106(G)		685	1300	785							
1000	630	64	100B206(G)	165	685	1350	825	245	245	1500	1430	1560	30	165
					885	1550	1025							
	800	79	100B107(G)		800	1550	935							
1200	630	90	120B306	180	885	1550	1025	245	260	1750	1680	1810	30	180
					1085	1750	1225							
	800	100	120B207		800	1550	935							
					1000	1750	1135							
1400	630	90	140B206	180	885	1550	1015	255	270	2050	1970	2090	40	180
					1085	1750	1215							
	800	94	140B207		800	1550	925							
					1000	1750	1125							

B	改向滚筒			S_1	Y	$n-d$	$a\times b\times t$	重量/kg	图号
	D	许用合力/kN	图号						
500	400	23	50B204(G)	650	400	4－18×28	300×150×16	153	D-YM96-3005-01
650	400	32	65B204(G)	650	450	4－22×32	300×150×16	174	D-YM96-3005-02
	500	40	65B105(G)	600	400			168	D-YM96-3005-03
800	500	40	80B105(G)	800	450	4－26×36	300×150×16	206	D-YM96-3005-04
	630	50	80B106(G)	740	380			193	D-YM96-3005-05
1000	630	64	100B206(G)	740	480	4－26×36	400×160×16	247	D-YM96-3005-06
				940	480			271	D-YM96-3005-07
	800	79	100B107(G)	850	390			259	D-YM96-3005-08

续表 15-7

B	改向滚筒			S_1	Y	$n-d$	$a\times b\times t$	重量/kg	图号
	D	许用合力/kN	图号						
1200	630	90	120B306	940	550	4 − 33 × 43	400 × 160 × 16	289	D-YM96-3005-09
				1140	550			312	D-YM96-3005-10
	800	100	120B207	850	470			276	D-YM96-3005-11
				1050	470			300	D-YM96-3005-12
1400	630	90	140B206	940	620	4 − 33 × 43	400 × 180 × 16	344	D-YM96-3005-13
				1140	620			371	D-YM96-3005-14
	800	94	140B207	850	530			329	D-YM96-3005-15
				1050	530			356	D-YM96-3005-16

15.4 车式拉紧装置尾部支架

（1）$S=2000$mm，$\delta=0°$的车式拉紧装置尾部支架和有关参数如图 15-4 及表 15-8 所示。

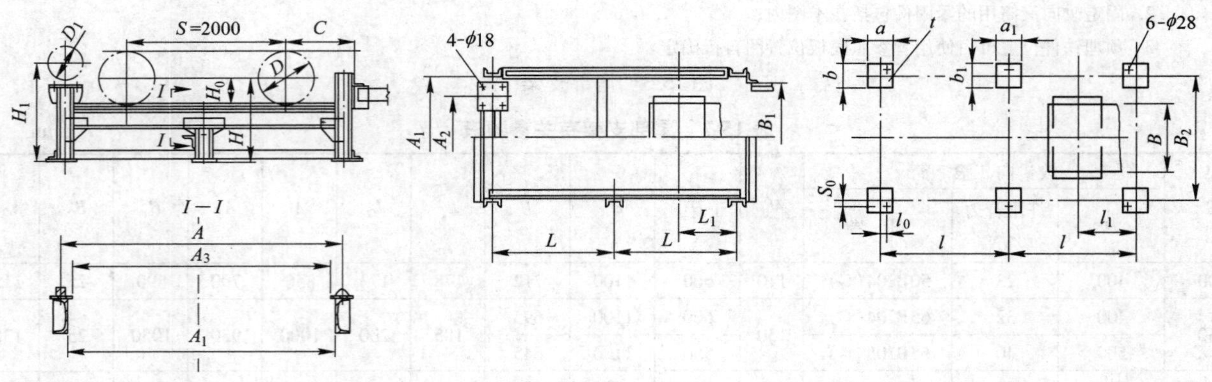

说明：预埋件尺寸及位置可由使用者参照底板位置图自行确定

图 15-4 车式拉紧装置尾部支架（$S=2000$mm，$\delta=0°$）

表 15-8 车式拉紧装置尾部支架（$S=2000$mm，$\delta=0°$）有关参数 mm

B	D	D_1	H	H_1	H_0	A	A_1	A_2	A_3	L	L_1	B_1	B_2	l
500	400	250	600	715	186	940	890	700	860	1590	510	800	930	1620
650	400	250	600	724	206	1070	1020	700	990	1625	545	950	1060	1655
	500		550	674										
800	500	250	750	864	221	1300	1250	1050	1220	1700	650	1150	1290	1730
	630		685	799										
1000	630	300	685	824	241	1500	1450	1050	1420	1785	730	1350	1490	1815
			885	1024										
	800		800	939										
1200	630	300	885	1021	256	1800	1750	1600	1720	1820	750	1600	1790	1850
			1085	1221										
	800		800	936										
			1000	1136										
1400	630	300	885	1021	256	2050	2000	1600	1970	1860	750	1810	2040	1890
			1085	1221										
	800		800	936										
			1000	1136										

续表 15-8

B	D	l_1	l_0	S_0	C	$a \times b \times t$	$a_1 \times b_1 \times t$	重量/kg	图 号
500	400	540		50	590			312	D-YM96-3006-01
650	400	575		50	625			323	D-YM96-3006-02
	500							320	D-YM96-3006-03
800	500	680		50	730	220×200×12	170×200×12	353	D-YM96-3006-04
	630							349	D-YM96-3006-05
	630							372	D-YM96-3006-06
1000		760		50	810			387	D-YM96-3006-07
	800		30					383	D-YM96-3006-08
	630							442	D-YM96-3006-09
1200		780		60	840			459	D-YM96-3006-10
	800							437	D-YM96-3006-11
						240×220×12	180×220×12	454	D-YM96-3006-12
	630							462	D-YM96-3006-13
1400		780		60	840			480	D-YM96-3006-14
	800							457	D-YM96-3006-15
								475	D-YM96-3006-16

（2）$S=3000$mm，$\delta=0°$的车式拉紧装置尾部支架和有关参数如图 15-5 及表 15-9 所示。

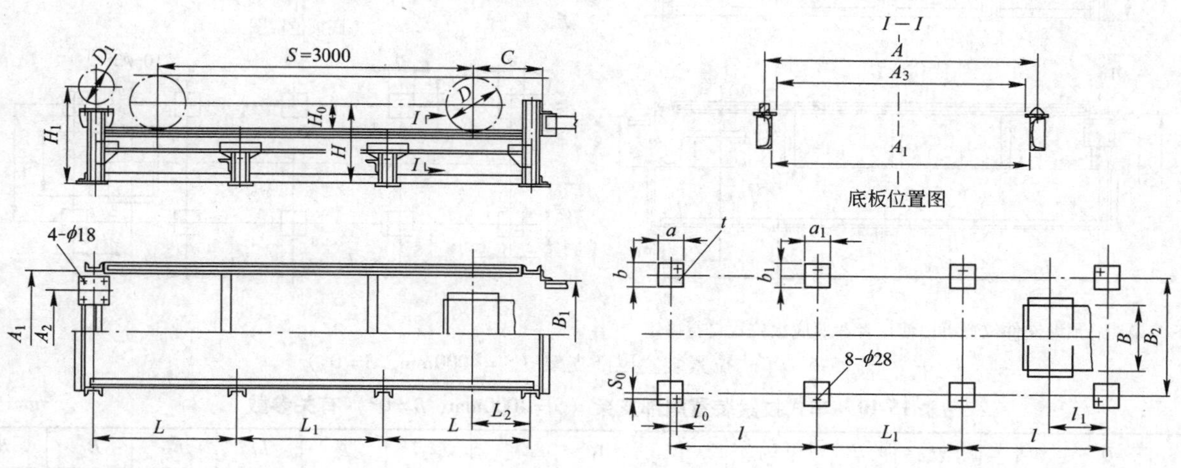

说明：预埋铁件位置可由使用者参照底板位置自行确定

图 15-5 车式拉紧装置尾部支架（$S=3000$mm，$\delta=0°$）

表 15-9 车式拉紧装置尾部支架（$S=3000$mm，$\delta=0°$）有关参数 mm

B	D	D_1	H	H_1	H_0	A	A_1	A_2	A_3	L	L_1	L_2	B_1	B_2
800	630	250	685	799	221	1300	1250	1050	1220	1500	1400	650	1150	1290
1000	630		685	824										
		300	885	1024	241	1500	1450	1050	1420	1530	1510	730	1350	1490
	800		800	939										
1200	630		885	1021										
		300	1085	1221	256	1800	1750	1600	1720	1550	1540	750	1600	1790
	800		800	936										
			1000	1136										
1400	630		885	1021										
		300	1085	1221	256	2050	2000	1600	1970	1580	1560	750	1810	2040
	800		800	936										
			1000	1136										

续表 15-9

B	D	l	l_1	l_0	S_0	C	$a \times b \times t$	$a_1 \times b_1 \times t$	重量/kg	图 号
800	630	1530	680	30	50	730	220×200×12	150×200×12	433	D-YM96-3006-17
1000	630	1560	760			810			457	D-YM96-3006-18
									476	D-YM96-3006-19
	800								470	D-YM96-3006-20
1200	630	1580	780		60	840	240×220×12	170×220×12	542	D-YM96-3006-21
									566	D-YM96-3006-22
	800								535	D-YM96-3006-23
									558	D-YM96-3006-24
1400	630	1610	780			840			562	D-YM96-3006-25
									585	D-YM96-3006-26
	800								554	D-YM96-3006-27
									577	D-YM96-3006-28

（3）$S=4000$mm，$\delta=0°$的车式拉紧装置尾部支架和有关参数如图 15-6 及表 15-10 所示。

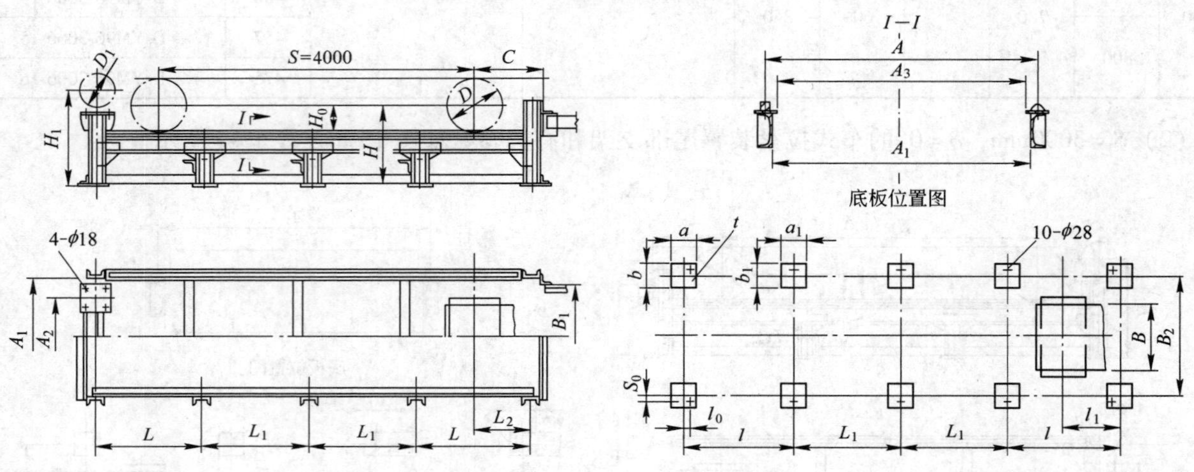

说明：预埋铁件位置可由使用者参照底板位置自行确定

图 15-6 车式拉紧装置尾部支架（$S=4000$mm，$\delta=0°$）

表 15-10 车式拉紧装置尾部支架（$S=4000$mm，$\delta=0°$）有关参数 mm

B	D	D_1	H	H_1	H_0	A	A_1	A_2	A_3	L	L_1	L_2	B_1	B_2
1200	630	300	885	1021	256	1800	1750	1600	1720	1410	1410	750	1600	1790
			1085	1221										
	800		800	936										
			1000	1136										
1400	630		885	1021		2050	2000	1600	1970	1430	1430	750	1810	2040
			1085	1221										
	800		800	936										
			1000	1136										

B	D	l	l_1	l_0	S_0	C	$a \times b \times t$	$a_1 \times b_1 \times t$	重量/kg	图 号
1200	630	1440	780	30	60	840	240×220×12	170×220×12	643	D-YM96-3006-29
									672	D-YM96-3006-30
	800								633	D-YM96-3006-31
									662	D-YM96-3006-32
1400	630	1460							665	D-YM96-3006-33
									694	D-YM96-3006-34
	800								655	D-YM96-3006-35
									684	D-YM96-3006-36

（4）$S=2000\text{mm}$，$\delta=0°\sim18°$的车式拉紧装置尾部支架和有关参数如图15-7及表15-11所示。

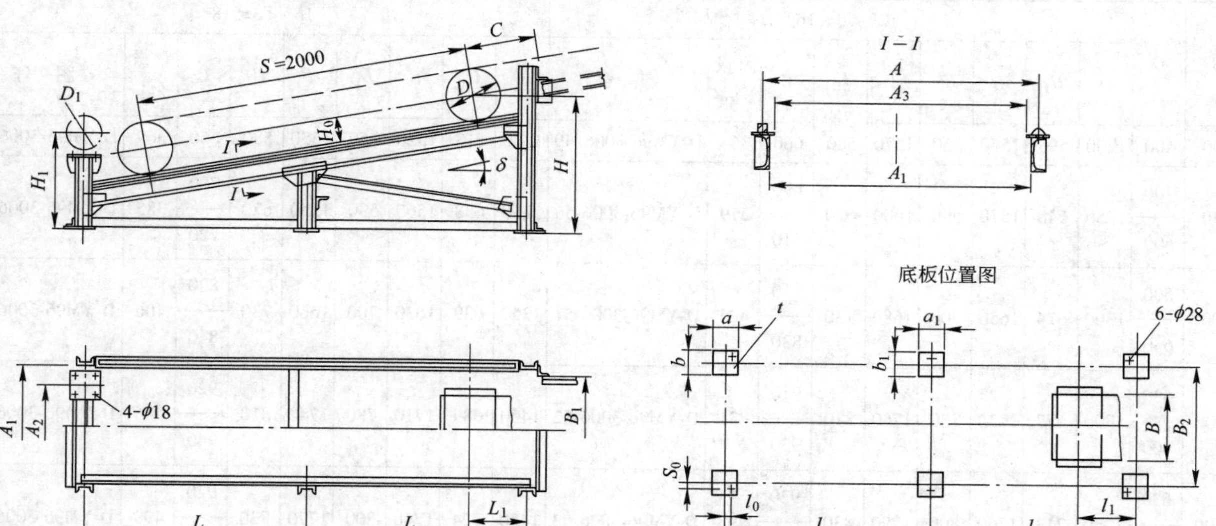

说明：预埋铁件位置可由使用者参照底板位置自行确定

图15-7 车式拉紧装置尾部支架（$S=2000\text{mm}$，$\delta=0°\sim18°$）

表15-11 车式拉紧装置尾部支架（$S=2000\text{mm}$，$\delta=0°\sim18°$）有关参数 mm

B	D	D_1	H_0	A	A_1	A_2	A_3	B_1	B_2	l_0	S_0	$a\times b\times t$	$a_1\times b_1\times t$
500	400	250	186	940	890	700	860	800	930	30	50	220×200×12	170×220×12
650	400		206	1070	1020	700	990	950	1060				
	500												
800	500		221	1300	1250	1050	1220	1150	1290				
	630												
1000	630		241	1500	1450	1050	1420	1350	1490		50	220×200×12	170×220×12
	800												
1200	630	300	256	1800	1750	1600	1720	1600	1790		60	240×220×12	180×220×12
	800												
1400	630		256	2050	2000	1600	1970	1810	2040				
	800												

B	D	0°<δ≤6°									6°<δ≤12°								
		H	H_1	L	L_1	l	l_1	C	重量/kg	图号	H	H_1	L	L_1	l	l_1	C	重量/kg	图号
500	400	750	587	1590	530	1620	560	620	342	D-YM96-3006-37	1050	617	1570	550	1600	580	650	358	D-YM96-3006-43
650	400	800	644	1620	570	1650	600	660	344	D-YM96-3006-38	1050	620	1600	580	1630	610	670	369	D-YM96-3006-44
	500							660									680		
800	500	800	629	1700	680	1730	710	770	378	D-YM96-3006-39	1100	654	1670	690	1700	720	790	394	D-YM96-3006-45
	630							780									800		
1000	630	900	746	1780	760	1810	790	850	412	D-YM96-3006-40	1150	712	1750	770	1780	800	880	423	D-YM96-3006-46
	800							860									900		
1200	630	900	736	1820	780	1850	810	870	467	D-YM96-3006-41	1150	697	1790	790	1820	820	890	840	D-YM96-3006-47
	800							880									910		
1400	630	900	728	1860	780	1890	810	870	486	D-YM96-3006-42	1200	734	1820	790	1850	820	890	502	D-YM96-3006-48
	800							880									910		

续表 15-11

B	D	12°<δ≤16° H	H_1	L	L_1	l	l_1	C	重量/kg	图号	16°<δ≤18° H	H_1	L	L_1	l	l_1	C	重量/kg	图号
500	400	1200	595	1540	550	1570	580	660	364	D-YM96-3006-49	1300	613	1520	550	1550	580	660	369	D-YM96-3006-55
650	400	1250	648	1570	590	1600	620	690	379	D-YM96-3006-50	1350	658	1560	590	1590	620	700	385	D-YM96-3006-56
	500							710									720		
800	500	1300	674	1650	700	1680	730	810	405	D-YM96-3006-51	1350	639	1630	700	1660	730	820	406	D-YM96-3006-57
	630							830									840		
1000	630	1300	677	1730	780	1760	810	910	431	D-YM96-3006-52	1400	689	1710	780	1740	810	920	436	D-YM96-3006-58
	800							930									940		
1200	630	1350	713	1760	800	1790	830	920	493	D-YM96-3006-53	1450	724	1740	800	1770	830	920	499	D-YM96-3006-59
	800							940									950		
1400	630	1400	740	1800	800	1830	830	910	516	D-YM96-3006-54	1450	698	1780	800	1810	830	920	517	D-YM96-3006-60
	800							930									950		

（5）$S=3000$mm，$\delta=0°\sim12°$的车式拉紧装置尾部支架和有关参数如图 15-8 及表 15-12 所示。

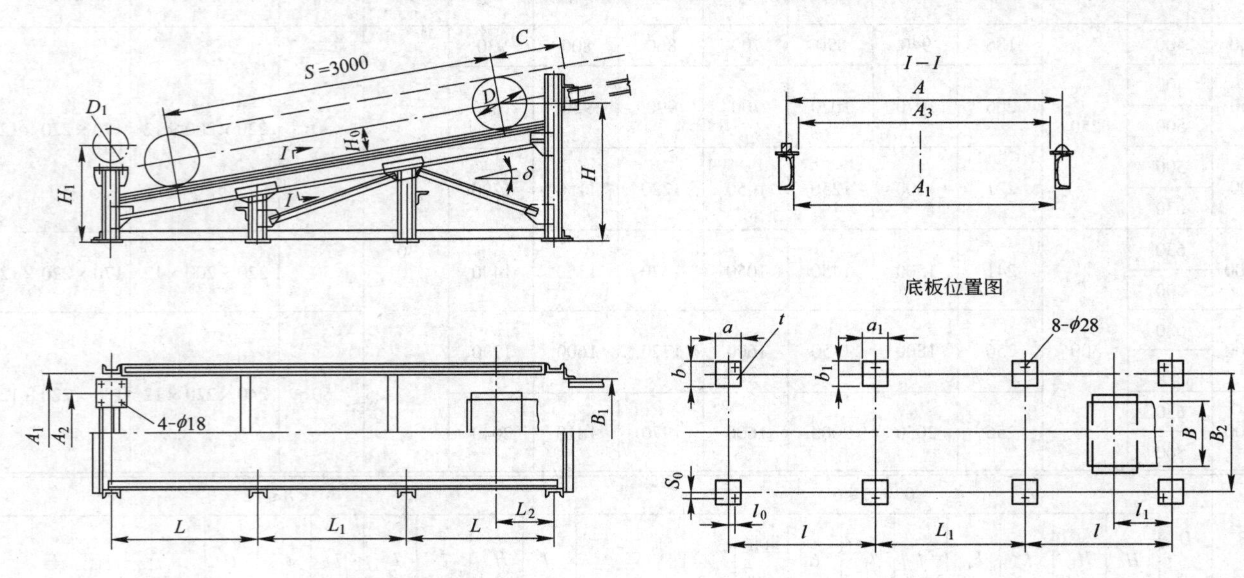

说明：预埋铁件位置可由使用者参照底板位置自行确定

图 15-8 车式拉紧装置尾部支架（$S=3000$mm，$\delta=0°\sim12°$）

表 15-12 车式拉紧装置尾部支架（$S=3000$mm，$\delta=0°\sim12°$）有关参数 mm

B	D	D_1	H_0	A	A_1	A_2	A_3	B_1	B_2	l_0	S_0	$a\times b\times t$	$a_1\times b_1\times t$
800	500	250	221	1300	1250	1050	1220	1150	1290	30	50	220×200×12	170×220×12
	630												
1000	630	300	241	1500	1450	1050	1420	1350	1490				
	800												
1200	630	300	256	1800	1750	1600	1720	1600	1790		60	240×220×12	180×220×12
	800												
1400	630		256	2050	2000	1600	1970	1810	2040				
	800												

续表 15-12

B	D	0°<δ≤6° H	H_1	L	L_1	L_2	l	l_1	C	重量/kg	图号	6°<δ≤12° H	H_1	L	L_1	L_2	l	l_1	C	重量/kg	图号
800	500	900	625	1460	1470	680	1490	710	770	486	D-YM96-3006-61	1300	645	1440	1440	690	1470	720	790	512	D-YM96-3006-65
	630								780										800		
1000	630	1000	742	1520	1510	760	1550	790	850	523	D-YM96-3006-62	1350	704	1490	1500	770	1520	800	880	544	D-YM96-3006-66
	800								860										900		
1200	630	1000	733	1540	1540	780	1570	810	870	586	D-YM96-3006-63	1350	690	1520	1510	790	1550	820	890	609	D-YM96-3006-67
	800								880										910		
1400	630	1000	725	1570	1560	780	1600	810	870	608	D-YM96-3006-64	1400	726	1540	1540	790	1530	820	890	637	D-YM96-3006-68
	800								880										910		

（6）$S=4000$mm，$\delta=0°\sim6°$的车式拉紧装置尾部支架和有关参数如图 15-9 及表 15-13 所示。

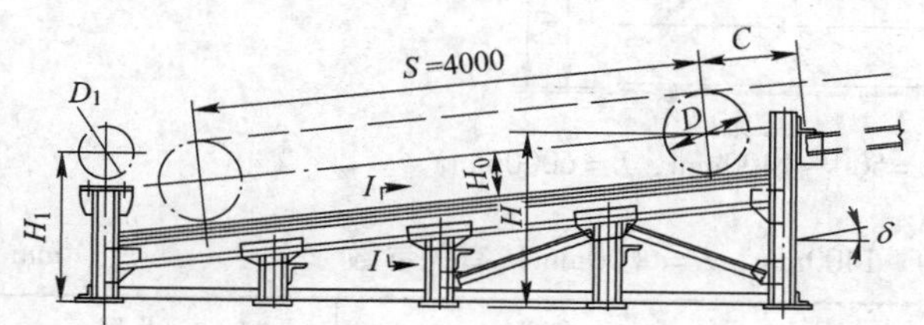

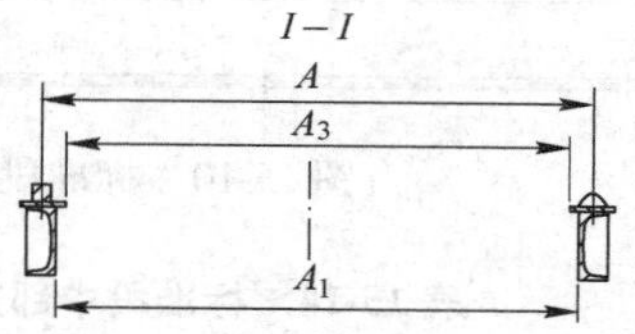

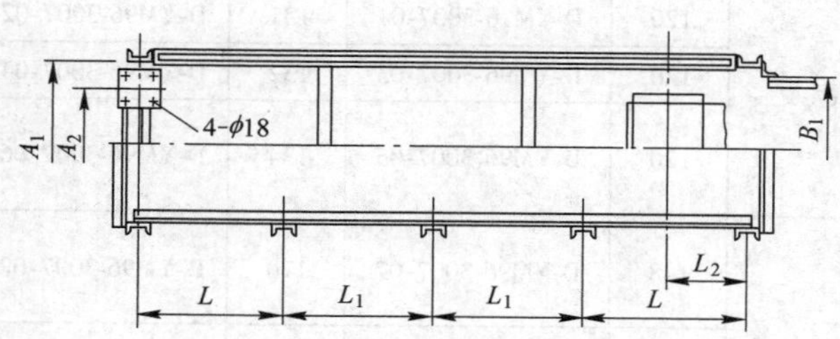

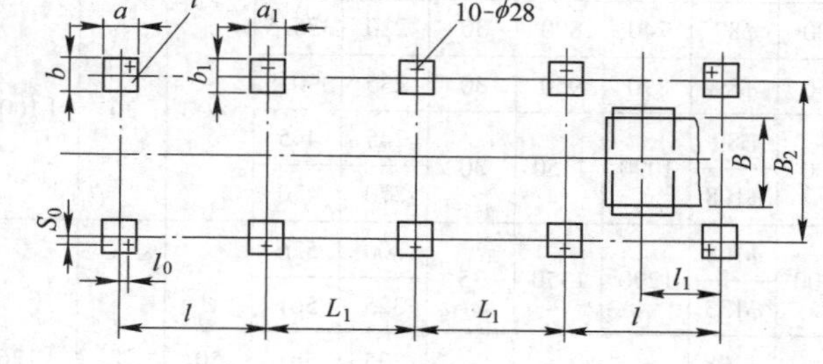

说明：预埋铁件位置可由使用者参照底板位置自行确定

图 15-9 车式拉紧装置尾部支架（$S=4000$mm，$\delta=0°\sim6°$）

表 15-13 车式拉紧装置尾部支架（$S=4000$mm，$\delta=0°\sim6°$）有关参数 mm

B	D	D_1	H_0	A	A_1	A_2	A_3	B_1	B_2	l_0	S_0	$a\times b\times t$	$a_1\times b_1\times t$
1200	630	300	256	1800	1750	1600	1720	1600	1790	30	60	240×220×12	180×220×12
	800												
1400	630	300	256	2050	2000	1600	1970	1810	2040	30	60	240×220×12	180×220×12
	800												

B	D	0°<δ≤6° H	H_1	L	L_1	L_2	l	l_1	C	重量/kg	图号
1200	630	1100	728	1400	1410	780	1430	810	870	685	D-YM96-3006-69
	800								880		
1400	630	1100	720	1420	1430	780	1450	810	870	707	D-YM96-3006-70
	800								880		

15.5 中部支架及支腿

15.5.1 标准段中部支架

$B = 500 \sim 1400\text{mm}$，$L = 6000\text{mm}$ 的标准段中部支架及有关参数如图 15-10 及表 15-14 所示。

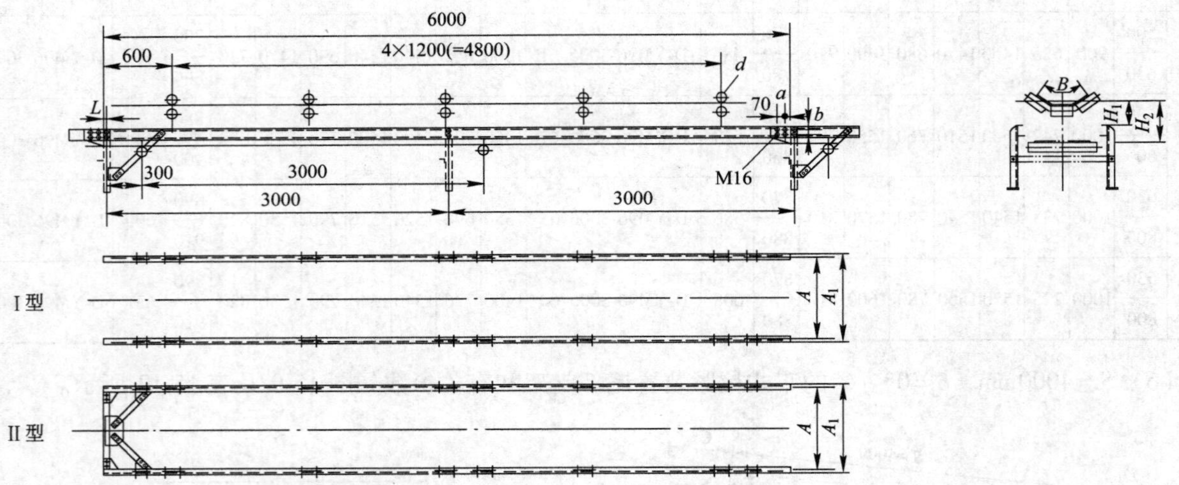

图 15-10　标准段中部支架（$B = 500 \sim 1400\text{mm}$，$L = 6000\text{mm}$）

表 15-14　标准段中部支架（$B = 500 \sim 1400\text{mm}$，$L = 6000\text{mm}$）有关参数　mm

B	d	A	A_1	L	H_1	H_2	a	b	钢材型号	I 型		II 型	
										重量/kg	图　号	重量/kg	图　号
500	ϕ89	740	800	30	220	375.5	40	30	[100×48×5.3	120	D-YM96-3007-01	131	D-YM96-3007-02
650	ϕ89	890	950	30	235	390.5				120	D-YM96-3007-03	132	D-YM96-3007-04
800	ϕ89	1090	1150	30	245	445				120	D-YM96-3007-05	134	D-YM96-3007-06
	ϕ108				270	470							
1000	ϕ108	1290	1350	35	300	536	50	38	[126×53×5.5	148	D-YM96-3007-07	170	D-YM96-3007-08
	ϕ133				325	561							
1200	ϕ108	1540	1600	35	335	581				148	D-YM96-3007-09	173	D-YM96-3007-10
	ϕ133				360	606							
	ϕ159				390	636							
1400	ϕ108	1740	1810	40	350	620	60	40	[140×58×6	175	D-YM96-3007-11	203	D-YM96-3007-12
	ϕ133				380	650							
	ϕ159				410	680							

15.5.2 中部支架支腿

中部支架支腿和有关参数如图 15-11 及表 15-15 所示。

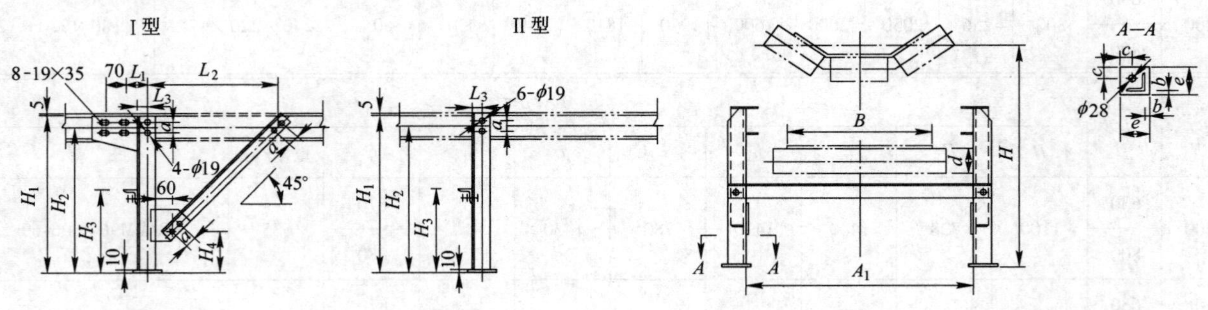

说明：1. 连接用紧固件已包括在本图内；
　　　2. 地脚用紧固件未包括在本图内

图 15-11　中部支架支腿

表 15-15 中部支架支腿有关参数

mm

B	H	d	H_1	H_2	H_3	H_4	A_1	L_1	L_2	L_3	a	b	c	e	Ⅰ型 重量/kg	Ⅰ型 图号	Ⅱ型 重量/kg	Ⅱ型 图号
500	800	φ89	575	530	300	150	800	75	468	35	40	15	40	100	21.6	D-YM96-3008-01	12.2	D-YM96-3008-07
650	800	φ89	560	515	300	150	950	75	453						21.8	D-YM96-3008-02	12.6	D-YM96-3008-08
800	1000	φ89	750	705	350	200	1150	75	593						26.2	D-YM96-3008-03	15.5	D-YM96-3008-09
		φ108	725	680					568						25.7		15.2	
1000	1000	φ108	695	637	300	200	1350	80	532	40	50	15	40	100	33.7	D-YM96-3008-04	20.3	D-YM96-3008-10
		φ133	670	612					507						33.0		19.9	
	1200	φ108	895	837	400	200	1350	80	732						39.7		23.0	
		φ133	870	812					707						39.0		22.7	
1200	1200	φ108	860	802	400	200	1600	80	697						40.1	D-YM96-3008-05	24.0	D-YM96-3008-11
		φ133	835	777					672						39.4		23.6	
		φ159	805	747					642						38.5		23.2	
	1400	φ108	1060	1002	500	300	1600	80	797						44.5		26.7	
		φ133	1035	977					772						43.7		26.4	
		φ159	1005	947					742						42.8		26.0	
1400	1200	φ108	845	780	400	200	1810	85	675	45	60	20	50	120	46.6	D-YM96-3008-06	30.3	D-YM96-3008-12
		φ133	815	750					645						45.5		29.7	
		φ159	785	720					615						44.5		29.1	
	1400	φ108	1045	980	500	300	1810	85	775						52.1		34.2	
		φ133	1015	950					745						51.0		33.6	
		φ159	985	920					715						50.0		33.0	

15.5.3 凹弧段中部支架

凹弧段中部支架和有关参数如图 15-12 及表 15-16 所示。

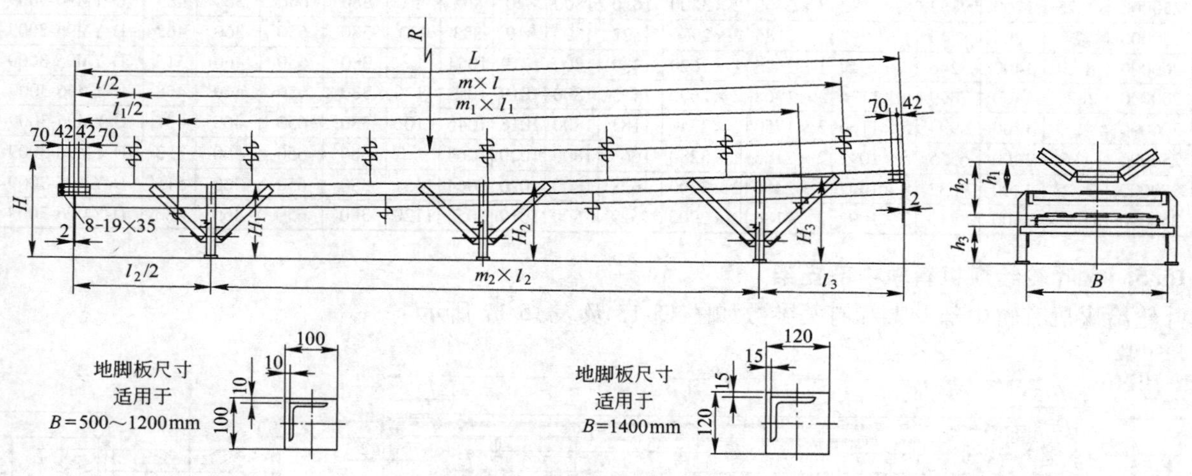

图 15-12 凹弧段中部支架

表 15-16 凹弧段中部支架有关参数

mm

带宽 B	主要尺寸 R	δ/(°)	H	L	m×l	$m_1×l_1$	$m_2×l_2$	l_3	B	H_1	H_2	H_3	h_1	h_2	h_3	重量/kg	图号
500	100000	3	800	5428	4×1050	2×1751	2600	1383	800	583	651		220	375.5	290	175	D-YM96-3009-01
	100000	4.5	800	7871	6×1124	3×1970	2×2644	1323	800	584	654	793	220	375.5	290	261	D-YM96-3009-02
	120000	3	800	6294	5×1049	2×2100	3200	1566	800	585	670		220	375.5	290	198	D-YM96-3009-03
	120000	4.5	800	9442	7×1180	3×2362	2×3200	1507	800	585	671	841	220	375.5	290	293	D-YM96-3009-04
650	100000	3	800	5248	3×1312	2×1751	2600	1383	950	568	636		235	390	290	178	D-YM96-3009-05
	100000	4.5	800	7872	5×1312	3×1970	2×2600	1433	950	568	636	771	235	390	290	258	D-YM96-3009-06
	120000	3	800	6295	5×1049	2×2100	3200	1531	950	571	656		235	390	290	201	D-YM96-3009-07
	120000	4.5	800	9443	6×1349	3×2363	2×3200	1507	950	570	656	826	235	390	290	293	D-YM96-3009-08
800	120000	3	1000	6297	5×1050	2×2101	3000	1841	1150	734	809		270	470	355	211	D-YM96-3009-09
	120000	4.5	1000	9446	6×1350	3×2364	2×3200	1523	1150	736	821	991	270	470	355	310	D-YM96-3009-10
	150000	3	1000	7868	6×1120	3×1968	2×2600	1428	1150	731	776	866	270	470	355	274	D-YM96-3009-11
	150000	2.25	1000	5901	4×1180	2×1968	2980	1473	1150	732	791		270	470	355	206	D-YM96-3009-12

续表 15-16

带宽	主要尺寸															重量	图号
B	R	$\delta/(°)$	H	L	$m\times l$	$m_1\times l_1$	$m_2\times l_2$	l_3	B	H_1	H_2	H_3	h_1	h_2	h_3	/kg	
1000	150000	3	1000	7870	6×1124	3×1969	2×2600	1414	1350	701	746	836	300	536	360	356	D-YM96-3009-13
	150000	2.25	1000	5902	4×1180	2×1969	3000	1433	1350	702	762		300	536	360	261	D-YM96-3009-14
	180000	3	1000	9440	7×1180	3×2362	2×3160	1586	1350	702	757	868	300	536	360	399	D-YM96-3009-15
	180000	2.25	1000	7080	5×1180	3×1771	2×2360	1212	1350	699	730	792	300	536	360	334	D-YM96-3009-16
	150000	3	1200	7870	6×1124	3×1969	2×2600	1424	1350	901	946	1036	300	536	360	384	D-YM96-3009-17
	150000	2.25	1200	5902	4×1180	2×1969	3000	1440	1350	902	962		300	536	360	279	D-YM96-3009-18
	180000	3	1200	9440	7×1180	3×2362	2×3160	1596	1350	902	957	1068	300	536	360	425	D-YM96-3009-19
	180000	2.25	1200	7080	5×1180	3×1771	2×2360	1219	1350	899	930	992	300	536	360	362	D-YM96-3009-20
1200	180000	3	1200	9444	7×1180	3×2362	2×3160	1519	1600	842	897	1008	360	606	360	423	D-YM96-3009-21
	180000	2.25	1200	7082	5×1180	2×2362	2×2360	1219	1600	839	870	932	360	606	360	360	D-YM96-3009-22
	180000	2	1200	6295	4×1049	2×2100	3160	1588	1600	842	897		360	606	360	288	D-YM96-3009-23
	220000	1.5	1200	5769	4×1154	2×1924	2900	1442	1600	840	878		360	606	360	274	D-YM96-3009-24
	220000	2.25	1200	8653	6×1236	3×2164	2×2900	1441	1600	840	878	954	360	606	360	400	D-YM96-3009-25
	220000	2	1200	7692	6×1099	3×1924	2×2600	1224	1600	839	870	931	360	606	360	375	D-YM96-3009-26
	180000	3	1400	9444	7×1180	3×2362	2×3160	1607	1600	1042	1097	1208	360	606	360	441	D-YM96-3009-27
	180000	2.25	1400	7082	5×1180	2×2362	2×2360	1227	1600	1039	1070	1132	360	606	360	378	D-YM96-3009-28
	180000	2	1400	6295	5×1049	2×2100	3160	1595	1600	1042	1097		360	606	360	301	D-YM96-3009-29
	220000	1.5	1400	5769	4×1154	2×1924	2900	1448	1600	1040	1078		360	606	360	288	D-YM96-3009-30
	220000	2.25	1400	8653	6×1236	3×2164	2×2900	1449	1600	1040	1078	1154	360	606	360	419	D-YM96-3009-31
	220000	2	1400	7692	6×1099	3×1924	2×2600	1231	1600	1039	1070	1131	360	606	360	395	D-YM96-3009-32
1400	200000	1.5	1200	5246	4×1049	1×2625	1×2620	1339	1800	819	854		380	650	360	300	D-YM96-3009-33
	200000	2.25	1200	7869	6×1124	3×1968	2×2600	1405	1800	819	853	920	380	650	360	437	D-YM96-3009-34
	200000	2	1200	6994	5×1166	3×1750	2×2340	1176	1800	818	846	900	380	650	360	410	D-YM96-3009-35
	250000	1.5	1200	6555	5×1092	2×2186	1×3280	1658	1800	820	863		380	650	360	339	D-YM96-3009-36
	250000	2.25	1200	9832	8×1092	3×2460	2×3300	1620	1800	820	864	951	380	650	360	485	D-YM96-3009-37
	250000	2	1200	8740	7×1092	3×2186	2×2900	1522	1800	819	853	920	380	650	360	462	D-YM96-3009-38
	200000	1.5	1400	5246	4×1049	1×2625	1×2620	1339	1800	1019	1054		380	650	460	315	D-YM96-3009-39
	200000	2.25	1400	7869	6×1124	3×1968	2×2600	1413	1800	1019	1053	1120	380	650	460	458	D-YM96-3009-40
	200000	2	1400	6994	5×1166	3×1750	2×2340	1183	1800	1018	1046	1100	380	650	460	431	D-YM96-3009-41
	250000	1.5	1400	6555	5×1092	2×2186	1×3280	1663	1800	1020	1064		380	650	460	353	D-YM96-3009-42
	250000	2.25	1400	9832	8×1092	3×2460	2×3300	1628	1800	1020	1064	1151	380	650	460	515	D-YM96-3009-43
	250000	2	1400	8740	7×1092	3×2186	2×2900	1529	1800	1019	1053	1120	380	650	460	483	D-YM96-3009-44

15.5.4　叶轮给煤机有轨中部支架

叶轮给煤机有轨中部支架和有关参数如图 15-13 及表 15-17 所示。

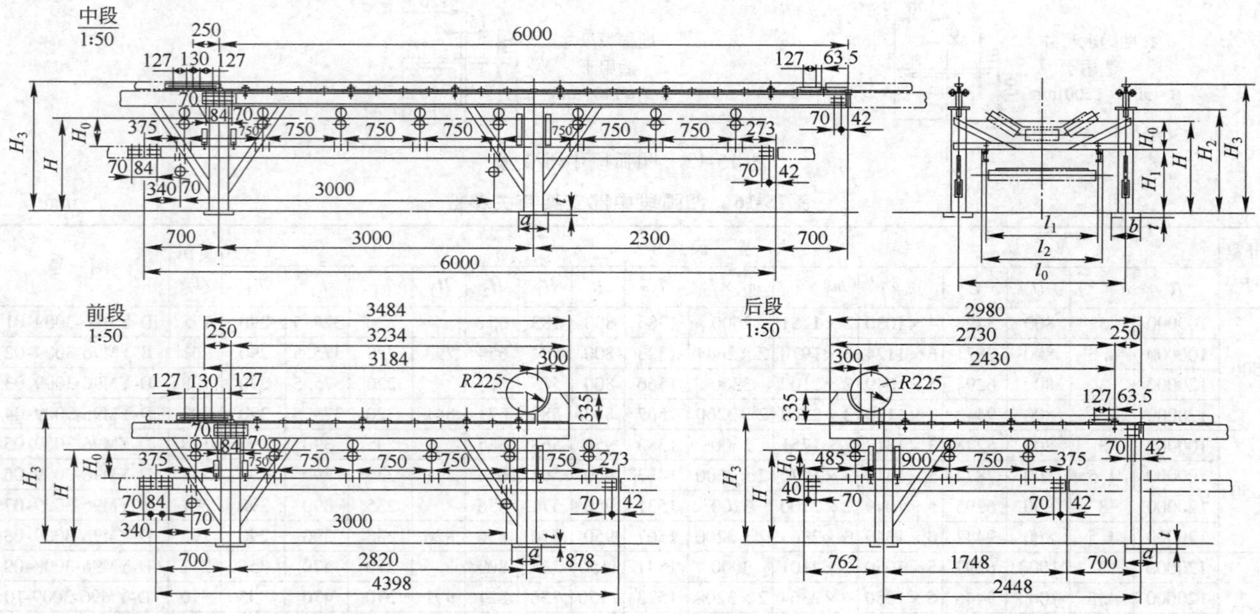

说明：1. 前、中、后各段简图断面相同；2. 钢轨均为 22kg/m

图 15-13　叶轮给煤机有轨中部支架

表 15-17 叶轮给煤机有轨中部支架有关参数

mm

叶轮给煤机型号	带宽 B	主要尺寸 H	H_0	H_1	H_2	H_3	l_0	l_1	l_2	h	h_1	预埋件 $t\times a\times b$	重量/kg	图号	
QYG-300 QSG-300	800	1000	270	730	1151	1400	1600	1090	1150	40	30	12×250×200	846	前段	D-YM96-3010-01
													1235	中段	D-YM96-3010-02
													554	后段	D-YM96-3010-03
QYG-600 QSG-600	1000	1000	300	700	1131	1400	1800	1290	1350	50	38	16×300×250	994	前段	D-YM96-3010-04
													1374	中段	D-YM96-3010-05
													620	后段	D-YM96-3010-06
		1200	300	900	1331	1600	1800	1290	1350	50	38	16×300×250	992	前段	D-YM96-3010-07
													1426	中段	D-YM96-3010-08
													642	后段	D-YM96-3010-09
	1200	1200	360	840	1331	1600	1800	1540	1600	50	38	16×300×250	1013	前段	D-YM96-3010-10
													1455	中段	D-YM96-3010-11
													657	后段	D-YM96-3010-12
		1400	360	1040	1531	1800	1800	1540	1600	50	38	16×300×250	1056	前段	D-YM96-3010-13
													1499	中段	D-YM96-3010-14
													677	后段	D-YM96-3010-15
QYG-1000 QSG-1000 QSG-1500	1200	1200	360	840	1431	1700	2000	1540	1600	50	38	16×300×250	1057	前段	D-YM96-3010-16
													1498	中段	D-YM96-3010-17
													677	后段	D-YM96-3010-18
		1400	360	1040	1631	1900	2000	1540	1600	50	38	16×300×250	1094	前段	D-YM96-3010-19
													1532	中段	D-YM96-3010-20
													695	后段	D-YM96-3010-21
	1400	1200	380	820	1431	1700	2000	1740	1810	60	40	16×300×250	1079	前段	D-YM96-3010-22
													1528	中段	D-YM96-3010-23
													689	后段	D-YM96-3010-24
		1400	380	1020	1631	1900	2000	1740	1810	60	40	16×300×250	1116	前段	D-YM96-3010-25
													1565	中段	D-YM96-3010-26
													707	后段	D-YM96-3010-27

15.6 头部护罩

头部护罩和有关参数如图 15-14 及表 15-18 所示。

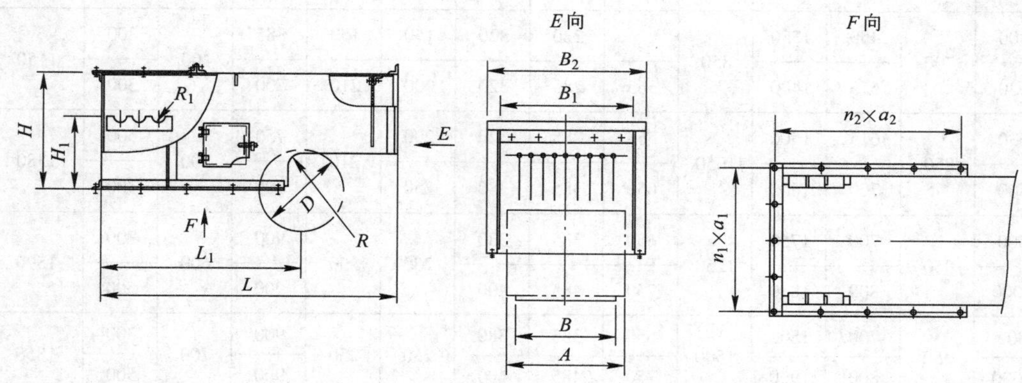

说明：与漏斗连接紧固件已包含在本图内

图 15-14 头部护罩

表 15-18　头部护罩有关参数　　mm

B	D	L	L_1	H	H_1	A	B_1	B_2	R	R_1	$n_1 \times a_1$	$n_2 \times a_2$	重量/kg	图　号
500	500	1550	1050	640	400	600	700	800	70		4×190	4×240	130	D-YM96-3011-01
650	500	1600	1200	680	400	750	850	950	70		5×182	4×260	149	D-YM96-3011-02
	630	1750	1200	750	480				100	35			163	D-YM96-3011-03
800	630	1900	1300	830	480	950	1050	1150	100		5×222	5×230	243	D-YM96-3011-04
	800	2050	1350	910	550								267	D-YM96-3011-05
1000	800	2300	1500	1000	550	1150	1250	1350	130		5×202	5×250	344	D-YM96-3011-06
	1000	2400	1600	1100	650								374	D-YM96-3011-07
1200	800	2350	1550	1060	550	1400	1500	1626	130		5×314	5×250	429	D-YM96-3011-08
	1000	2400	1600	1160	650					40			457	D-YM96-3011-09
1400	800	2350	1550	1100	550	1600	1700	1826	130		6×295	6×250	472	D-YM96-3011-10
	1000	2450	1700	1200	650				150				508	D-YM96-3011-11
	1250	2600	1900	1300	780								552	D-YM96-3011-12

15.7　头部漏斗

15.7.1　矩形接口头部漏斗

矩形接口头部漏斗和有关参数如图 15-15 及表 15-19 所示。

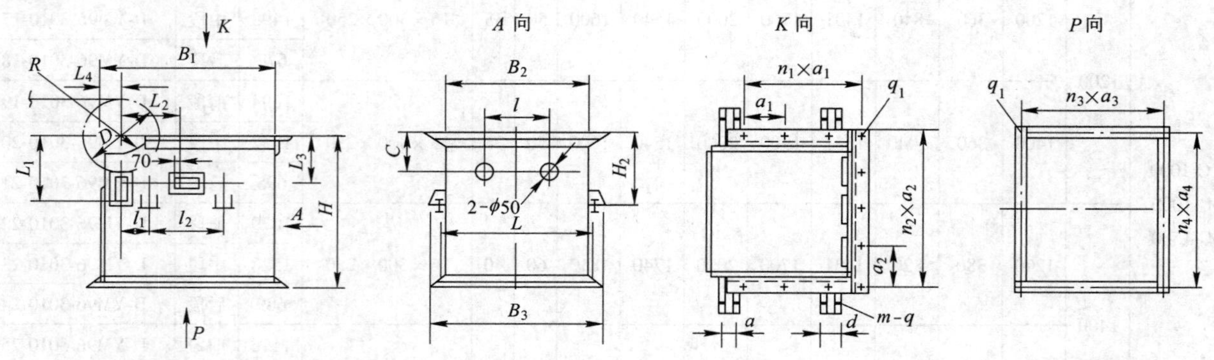

说明：1. 与下口落煤管连接用紧固件已包括在本图内；

2. 选用时请注明带式输送机倾斜角

图 15-15　矩形接口头部漏斗

表 15-19　矩形接口头部漏斗有关参数　　mm

B	D	H	H_2	B_1	B_2	L_1	L_2	L_3	L_4	l_1	l_2	l	C	L	B_3
500	500	700	450	1200	700		220	320	150	150	785	350	300	1000	1100
650	500	700	450	1350	850		220	320	150	150	885	400	300	1150	1250
	630		615	1400		565	285	320	200	210	700		300		
800	630	850	615	1500	1050	565	285	320	200	210	750	500	300	1380	1480
	800		700	1600		650	385	380	250		800		300		
1000	800	950	700	1750	1250	650	385	380	250	250	900	600	300	1590	1690
	1000		800	1850		750	485	400			900		500		
1200	800	950	700	1800	1500	650	385	380	250	250	900	700	300	1850	1940
	1000		800	1900		750	485	400			900		500		
1400	800	1000	700	1800	1700	650	385	380	250	250	950	800	300	2100	2180
	1000		800	1950		750	485	400			1000		500		

续表 15-19

B	D	a	d	R	q_1	m-q	$n_1\times a_1$	$n_2\times a_2$	$n_3\times a_3$	$n_4\times a_4$	重量/kg	图　号
500	500		150	70	ϕ15	4-ϕ19	4×240	4×190	5×252	4×190	198	D-YM96-3015-01
650	500		150	70	ϕ15	4-ϕ19	4×260	5×182	5×282	5×182	216	D-YM96-3015-02
	630			100					5×292		208	D-YM96-3015-03
800	630		160	100	ϕ15	4-ϕ19	5×230	5×222	5×312	5×222	350	D-YM96-3015-04
	800								5×332		344	D-YM96-3015-05
1000	800	180	240	130	ϕ15	8-ϕ22	5×250	5×262	5×362	5×262	441	D-YM96-3015-06
	1000								5×382		434	D-YM96-3015-07
1200	800	180	240	130	ϕ19	8-ϕ22	5×250	5×314	5×374	5×314	332	D-YM96-3015-08
	1000								5×394		538	D-YM96-3015-09
1400	800	180	240	130	ϕ19	8-ϕ22	5×250	6×295	8×234	6×295	566	D-YM96-3015-10
	1000			150			6×250		8×252.5		575	D-YM96-3015-11

15.7.2　接标准管头部漏斗

接标准管头部漏斗和有关参数如图 15-16 及表 15-20 所示。

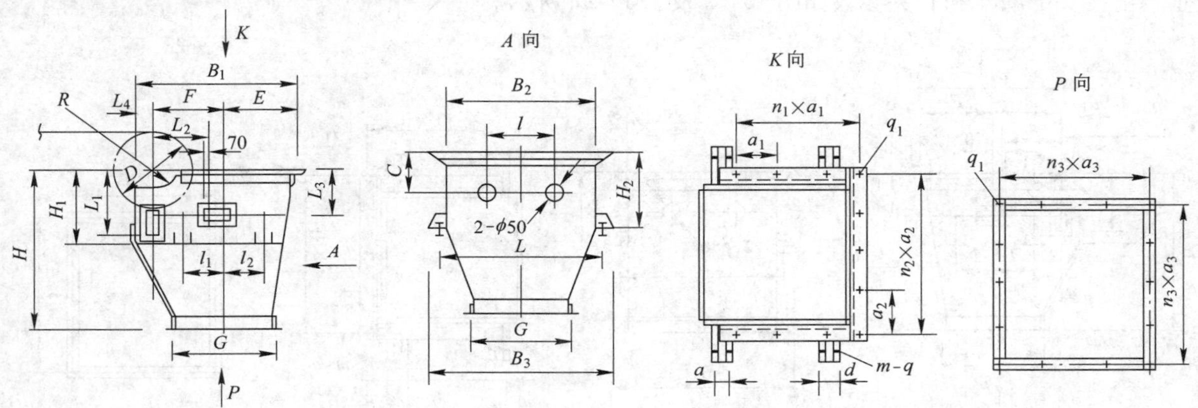

说明：1. 与下口落煤管连接用紧固件已包括在本图内；
2. 选用时请注明带式输送机倾斜角

图 15-16　接标准管头部漏斗

表 15-20　接标准管头部漏斗有关参数　mm

B	D	H	H_1	H_2	B_1	B_2	F	E	L_1	L_2	L_3	L_4	G	C	l_1	l_2	R
500	500	980	275	440	1200	700	500	550		220	320	150	450	300	485	300	70
650	500	980	310	440	1350	850	550	650		220	320	150	600	300	535	350	70
	630	1240	500	615	1400		550	650	565	285	320	200		300	340	360	100
800	630	1240	500	615	1500	1050	600	700	565	285	320	200	700	300	390	360	100
	800	1390	510	700	1600		650	700	650	385	380	250		300	440	360	100
1000	800	1390	530	700	1750	1250	700	800	650	385	380	250	800	300	450	450	130
	1000	1550	650	800	1850		750	850	750	485	400	250		500	500	400	130
1200	800	1360	560	700	1800	1500	700	850	650	385	380	250	900	300	450	450	130
	1000	1480	650	800	1850		750	850	750	485	400	250		500	500	400	130
1400	800	1360	480	700	1800	1700	700	850	650	385	380	250	1000	300	450	500	130
	1000	1520	706	800	1950		750	950	750	485	400	250		500	500	500	150

续表 15-20

B	D	q_1	L	B_3	a	d	l	m-q	$n_1\times a_1$	$n_2\times a_2$	$n_3\times a_3$	重量/kg	图 号
500	500	φ15	1000	1100		150	350	4-φ19	4×240	4×190	3×170	215	D-YM96-3015-12
650	500	φ15	1150	1250		150	400	4-φ19	4×260	5×182	3×220	241	D-YM96-3015-13
	630											324	D-YM96-3015-14
800	630	φ15	1380	1460		160	500	4-φ19	5×230	5×222	4×190	354	D-YM96-3015-15
	800											463	D-YM96-3015-16
1000	800	φ15	1590	1690	180	240	600	8-φ22	5×250	5×262	4×215	569	D-YM96-3015-17
	1000											585	D-YM96-3015-18
1200	800	φ19	1850	1940	180	240	700	8-φ22	5×250	5×314	4×242.5	640	D-YM96-3015-19
	1000											702	D-YM96-3015-20
1400	800	φ19	2100	2180	180	240	800	8-φ22	5×250	6×295	5×214	675	D-YM96-3015-21
	1000								6×250			769	D-YM96-3015-22

15.7.3 垂直衔接头部漏斗

垂直衔接头部漏斗和有关参数如图 15-17 及表 15-21 所示。

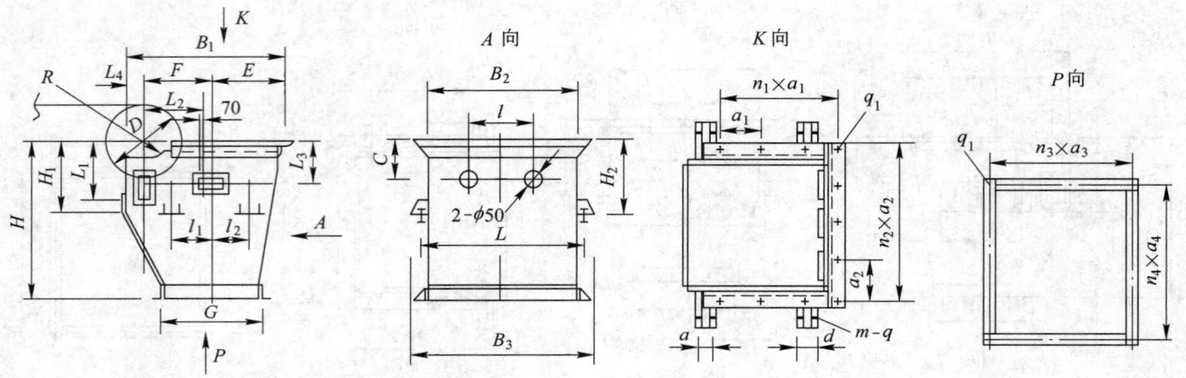

说明：1. 与下口落煤管连接用紧固件已包括在本图内；

2. 选用时请注明带式输送机倾斜角

图 15-17 垂直衔接头部漏斗

表 15-21 垂直衔接头部漏斗有关参数 mm

B	D	H	H_1	H_2	B_1	B_2	F	E	L	L_1	L_2	L_3	L_4	G	C	l	l_1	l_2
500	500	980	270	400	1200	700	500	550	1000		220	320	150	450	300	350	485	300
650	500	980	320	440	1350	850	550	650	1150		220	320	150	600	300	400	535	350
	630	1240	500	615	1400		550	650		565	285	320	200				340	360
800	630	1240	500	617	1500	1050	600	700	1380	565	285	320	200	700	300	500	390	360
	800	1390	510	700	1600		650	700		650	385	380	250				440	360
1000	800	1390	520	700	1750	1250	700	800	1590	650	385	380	250	800	300	600	450	450
	1000	1550	630	800	1850		750	850		750	485	400			500		500	400
1200	800	1360	520	700	1800	1500	700	850	1850	650	385	380	250	900	300	700	450	450
	1000	1480	650	800	1850		750	850		750	485	400			500		450	400
1400	800	1360	550	700	1800	1700	700	850	2100	650	385	380	250	1000	300	800	450	500
	1000	1520	600	800	1950		750	950		750	485	400			500		500	500

续表 15-21

B	D	R	a	q_1	$m-q$	B_3	d	$n_1\times a_1$	$n_2\times a_2$	$n_3\times a_3$	$n_4\times a_4$	重量/kg	图号
500	500	70		ϕ15	4-ϕ19	1100	150	4×240	4×190	4×190	2×255	220	D-YM96-3015-23
650	500	70		ϕ15	4-ϕ19	1250	150	4×260	5×182	4×227.5	3×220	264	D-YM96-3015-24
	630	100									4×165	316	D-YM96-3015-25
800	630	100		ϕ15	4-ϕ19	1460	160	5×230	5×222	5×222	4×190	371	D-YM96-3015-26
	800											396	D-YM96-3015-27
1000	800	130	180	ϕ15	8-ϕ22	1690	240	5×250	5×262	5×262	4×215	447	D-YM96-3015-28
	1000											510	D-YM96-3015-29
1200	800	130	180	ϕ19	8-ϕ22	1940	240	5×250	5×314	5×314	5×194	678	D-YM96-3015-30
	1000											706	D-YM96-3015-31
1400	800	130	180	ϕ19	8-ϕ22	2180	240	5×250	6×295	6×295	5×214	624	D-YM96-3015-32
	1000	150						6×250				806	D-YM96-3015-33

15.7.4 平行衔接头部漏斗

平行衔接头部漏斗和有关参数如图 15-18 及表 15-22 所示。

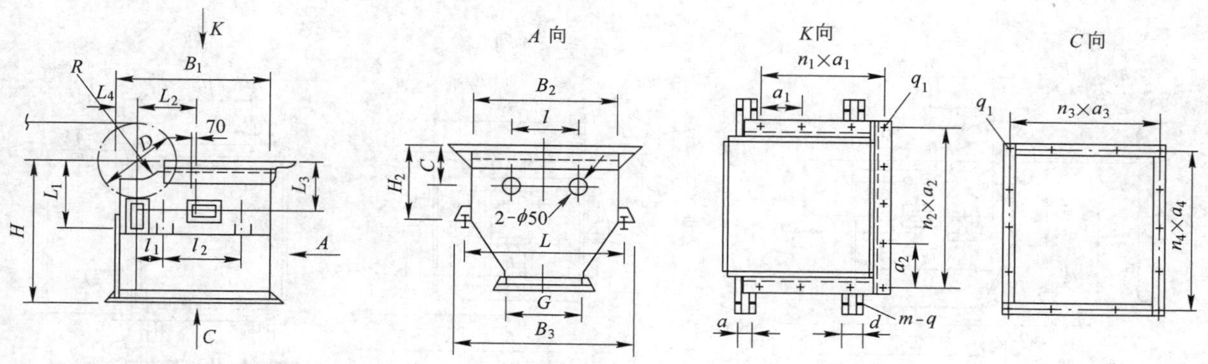

说明：1. 与下面落煤管连接用紧固件已包括在本图内；
2. 选用时请注明带式输送机倾斜角

图 15-18 平行衔接头部漏斗

表 15-22 平行衔接头部漏斗有关参数 mm

B	D	H	H_2	B_1	B_2	G	L_1	L_2	L_3	L_4	l_1	l_2	l	C	L	B_3
500	500	980	530	1200	700	450		220	320	150	15	785	350	300	1000	1100
650	500	980	530	1350	850	600		220	320	150	15	885	400	300	1150	1250
	630	960	615	1400			565	285	320	200	210	700		300		
800	630	1060	615	1500	1050	700	565	285	320	200	210	750	500	300	1380	1460
	800	1120	700	1600			650	385	380	250	210	800		300		
1000	800	1180	700	1750	1250	800	650	385	380	250	250	900	600	300	1590	1690
	1000	1300	800	1850			750	485	400	250	250	900		500		
1200	800	1360	700	1800	1500	900	650	385	380	250	250	900	700	300	1850	1940
	1000	1480	800	1900			750	485	400	250	250	900		500		
1400	800	1360	700	1800	1700	1000	650	385	380	250	250	950	800	300	2100	2180
	1000	1520	800	1900			750	485	400	250	250	1000		500		

续表 15-22

B	D	a	d	R	q_1	$m-q$	$n_1\times a_1$	$n_2\times a_2$	$n_3\times a_3$	$n_4\times a_4$	重量/kg	图 号
500	500		150	70	ϕ15	4-ϕ19	4×240	4×190	7×180	3×170	265	D-YM96-3015-34
650	500		150	70	ϕ15	4-ϕ19	4×260	5×182	7×202	3×220	306	D-YM96-3015-35
	630			100					7×209		284	D-YM96-3015-36
800	630		160	100	ϕ15	4-ϕ19	5×230	5×222	6×260	4×190	390	D-YM96-3015-37
	800								6×277		472	D-YM96-3015-38
1000	800	180	240	130	ϕ15	8-ϕ22	5×250	5×262	5×362	4×215	439	D-YM96-3015-39
	1000								5×382		484	D-YM96-3015-40
1200	800	180	240	130	ϕ19	8-ϕ22	5×250	5×314	10×187	5×194	762	D-YM96-3015-41
	1000								10×197		835	D-YM96-3015-42
1400	800	180	240	130	ϕ19	8-ϕ22	5×250	6×295	7×268	5×214	618	D-YM96-3015-43
	1000			150			6×250		10×202		960	D-YM96-3015-44

15.7.5 煤仓间头部漏斗

煤仓间头部漏斗和有关参数如图 15-19 及表 15-23 所示。

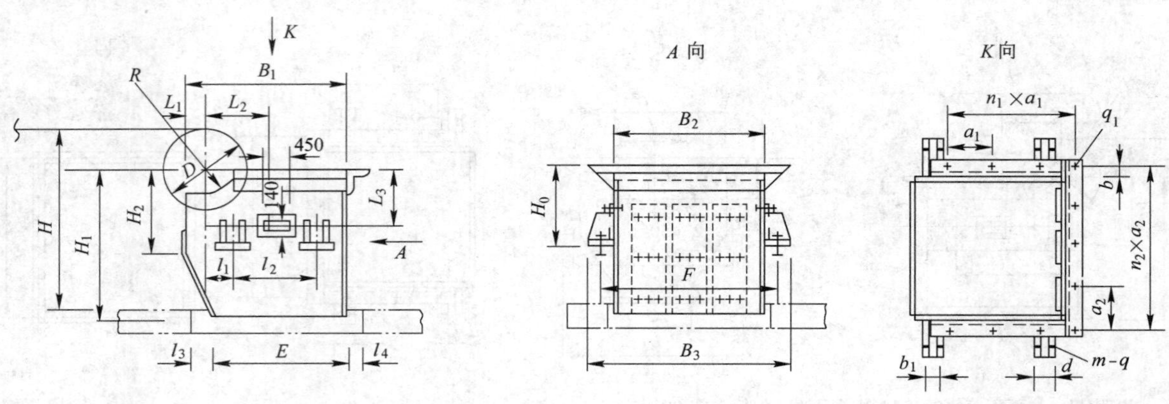

说明：与头部护罩连接用紧固件未包括在本图内

图 15-19 煤仓间头部漏斗

表 15-23 煤仓间头部漏斗有关参数 mm

B	D	H	H_1	H_2	B_1	B_2	H_0	L_1	L_2	L_3	l_1	l_2	l_3	l_4	E	R	q_1
500	500	800	630	400	1200	700	440	150	220	320	15	785	70	25	1067	70	ϕ15
650	500	800	630	400	1350	850	470	150	220	320	15	885	70		1217	70	
	630	800	565	470	1400		470	200	285	320	80	850	70		1345	100	
800	630	1000	765	470	1500	1050	470	200	285	320	80	850	70		1330	100	
	800	1000	680	530	1600		530	250	385	380	180	800	70		1514	100	
1000	800	1000	880	530	1750	1250	530	250	385	380	150	970	70		1548	130	
	1000	1200	780	550	1850		550	250	485	400	250	900	70		1717	130	
1200	800	1200	880	400	1800	1500	530	250	385	380	150	900	82		1550	130	ϕ19
	1000	1200	780	550	1900		550	250	485	400	250	900	70		1770	130	
1400	800	1200	880	530	1800	1700	530	250	385	380	150	950	70		1605	130	
	1000	1200	780	550	1950		550	250	485	400	250	1000	80		1800	150	

续表 15-23

B	D	b	a_1	a_2	F	b_1	B_3	d	$m-q$	$n_1\times a_1$	$n_2\times a_2$	重量/kg	图 号
500	500		240	190	900		1000	150	4-ϕ19	4×240	4×190	133	D-YM96-3015-45
650	500		260	182	1050		1150	150	4-ϕ19	4×260	5×182	154	D-YM96-3015-46
	630		260	182	1050					4×260	5×182	139	D-YM96-3015-47
800	630	30	230	222	1380		1460	160	4-ϕ19	5×230	5×222	257	D-YM96-3015-48
	800		230	222	1380					5×230	5×222	236	D-YM96-3015-49
1000	800		250	262	1590	180	1690	240	8-ϕ22	5×250	5×262	342	D-YM96-3015-50
	1000		250	262	1590					5×250	5×262	358	D-YM96-3015-51
1200	800		250	314	1850	180	1940	240	8-ϕ22	5×250	5×314	415	D-YM96-3015-52
	1000	35	250	314	1850					5×250	5×314	382	D-YM96-3015-53
1400	800		250	295	2100	180	2180	240	8-ϕ22	5×250	6×295	425	D-YM96-3015-54
	1000		250	295	2100					6×250	6×295	390	D-YM96-3015-55

15.7.6 Ⅰ型头部漏斗支座

Ⅰ型头部漏斗支座和有关参数如图 15-20 及表 15-24 所示。

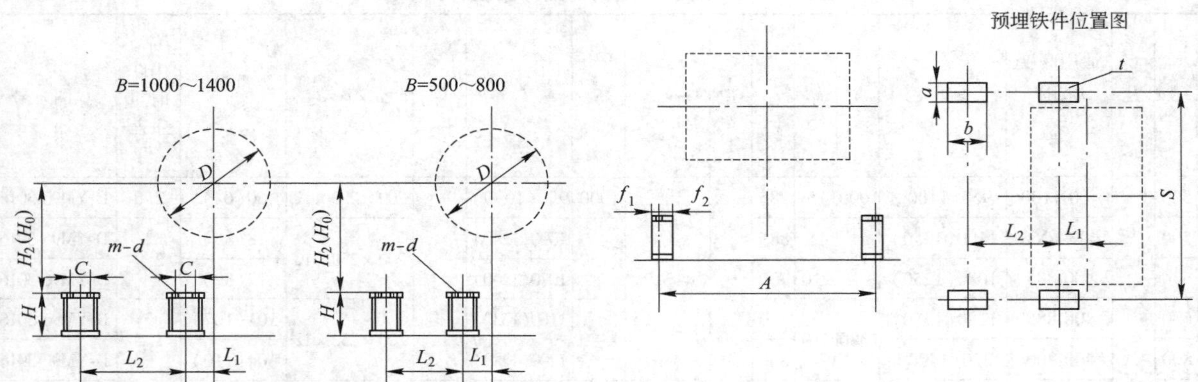

说明：Ⅰ型头部漏斗支座适用于支座高度 $H<400$mm

图 15-20 Ⅰ型头部漏斗支座

表 15-24 Ⅰ型头部漏斗支座有关参数 mm

B	D	H值变化范围	L_1	L_2	A	f_1	f_2	C	m-d	S	$a\times b\times t$	重量/kg	$H\pm100$时重量差/kg	图 号
500	500		15	785	1000(900)					970(870)	200×200×12	62		D-YM96-3016-01
650	500		15	885	1150(910)					1120(880)	200×200×12	62		D-YM96-3016-02
	630		210(80)	700(850)	1150(1050)		90		4-ϕ19	1120(1020)	200×250×12	65	11.3	D-YM96-3016-03
800	630		210(80)	750(850)	1380					1350	200×250×12	65		D-YM96-3016-04
	800		210(180)	800	1380									D-YM96-3016-05
1000	800	<400	250(150)	900(970)	1590	60				1530				D-YM96-3016-06
	1000		250	900	1590									D-YM96-3016-07
1200	800		250(150)	900	1850									D-YM96-3016-08
	1000		250	900	1850		120	180	8-ϕ22	1790	250×400×12	113	15.8	D-YM96-3016-09
1400	800		250(150)	950	2100					2040				D-YM96-3016-10
	1000		250	1000	2100									D-YM96-3016-11

注：1. 表中括号内数字为煤仓间头部漏斗支座用；

2. 表中重量以 $H=400$mm 计算；

3. H_2（H_0）值见头部漏斗相应处尺寸。

15.7.7　Ⅱ型、Ⅲ型头部漏斗支座

Ⅱ型、Ⅲ型头部漏斗支座和有关参数如图 15-21 及表 15-25 所示。

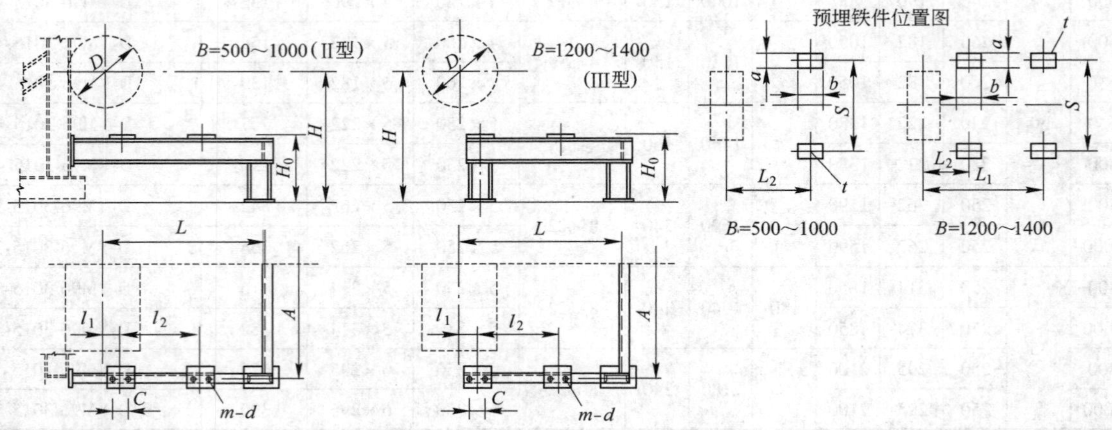

说明：Ⅱ型、Ⅲ型头部漏斗支座适用于除煤仓间头部漏斗外的其余四种类型的头部漏斗以及 $H_0>400$mm 的头部漏斗支座

图 15-21　Ⅱ型、Ⅲ型头部漏斗支座

表 15-25　Ⅱ型、Ⅲ型头部漏斗支座有关参数　　mm

B	D	H	适用高度范围 H_0	L	A	l_1	l_2	C	$m-d$	S	L_1	L_2	$a\times b\times t$	重量/kg	$H_0\pm100$ 时重量差/kg	图号
500	500	≤1500	400-1100	960(1100)	1000	15	785	180	4-ϕ19	1000	950(1090)		200×200×12	60(64)	2.5	D-YM96-3016-12
650	500		400-1060	1100(1250)	1150	15	885			1150	1090(1240)		200×250×12	78(82)	2.9	D-YM96-3016-13
	630		400-885	1080(1250)		210	700				1070(1240)			77(82)		D-YM96-3016-14
800	630		400-885	1180(1350)	1380	210	750			1380	1160(1330)		200×250×12	101(107)	3.5	D-YM96-3016-15
	800		400-800	220(1400)			800				1200(1380)			104(110)		D-YM96-3016-16
1000	800		400-800	1350(1550)	1590	250	900			1590	1330(1530)		200×350×12	131(139)	4.0	D-YM96-3016-17
	1000		400-700	1420(1650)			900				1400(1630)			138(147)		D-YM96-3016-18
1200	800		400-800	1390(1600)	1850	250	900		8-ϕ22	1850	1360(1570)	250	250×400×12	144(154)	9.1	D-YM96-3016-19
	1000		400-700	1430(1700)			900				1400(1670)			146(158)		D-YM96-3016-20
1400	800		400-800	1420(1600)	2100	250	950			2100	1370(1550)	250	250×400×12	173(183)	11.0	D-YM96-3016-21
	1000		400-700	1510(1750)			1000				1460(1700)			178(191)		D-YM96-3016-22

注：1. 括号中的尺寸用于矩形接口、平行衔接头部漏斗；
2. 表中重量均以 $H_0=400$mm 计算。

15.7.8　导流挡板

导流挡板和有关参数如图 15-22 及表 15-26 所示。

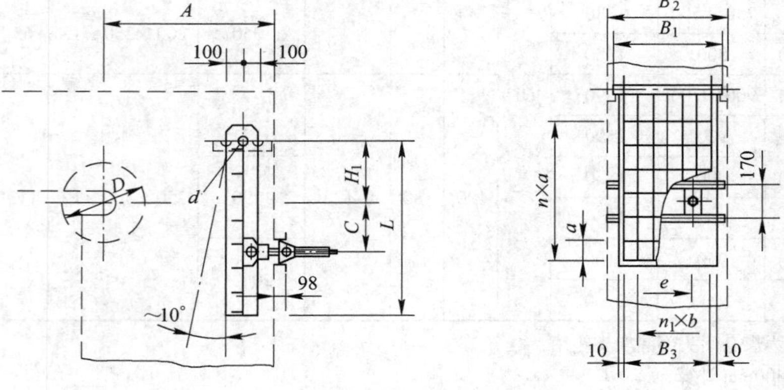

图 15-22　导流挡板

表 15-26 导流挡板有关参数 mm

B	D	A	B_2	H_1	L	B_1	B_3	e	C	螺 杆	d	n	a	n_1	b	重量/kg	图 号
500	500	1050	700	400	1100	680	570	350	300	M36×500		6		1		143	D-YM96-3024-01
650	500	1200	850	400	1100	830	700	400	300	M36×500		6		2		161	D-YM96-3024-02
	630	1200		480	1200							6				167	D-YM96-3024-03
800	630	1300	1050	480	1200	1030	900	500	300	M36×500	ϕ60×4.5	6		3	170	191	D-YM96-3024-04
	800	1350		550	1350							8				207	D-YM96-3024-05
1000	800	1500	1250	550	1350	1225	1050	600	300	M36×500		8	150	4		219	D-YM96-3024-06
	1000	1600		650	1500				500	M36×700		9				249	D-YM96-3024-07
1200	800	1550	1500	550	1350	1475	1300	700	300	M36×500		8		5		348	D-YM96-3024-08
	1000	1600		650	1500				500	M36×700		9				375	D-YM96-3024-09
1400	800	1550	1700	550	1350	1675	1500	800	300	M36×500	ϕ75.5×4.5	8		6	185	387	D-YM96-3024-10
	1000	1700		650	1500				500	M36×700		9				420	D-YM96-3024-11
	1250	1900		780	1700				500	M36×700		10				462	D-YM96-3024-12

15.8 导料槽

导料槽和有关尺寸如图 15-23 及表 15-27、表 15-28 所示。

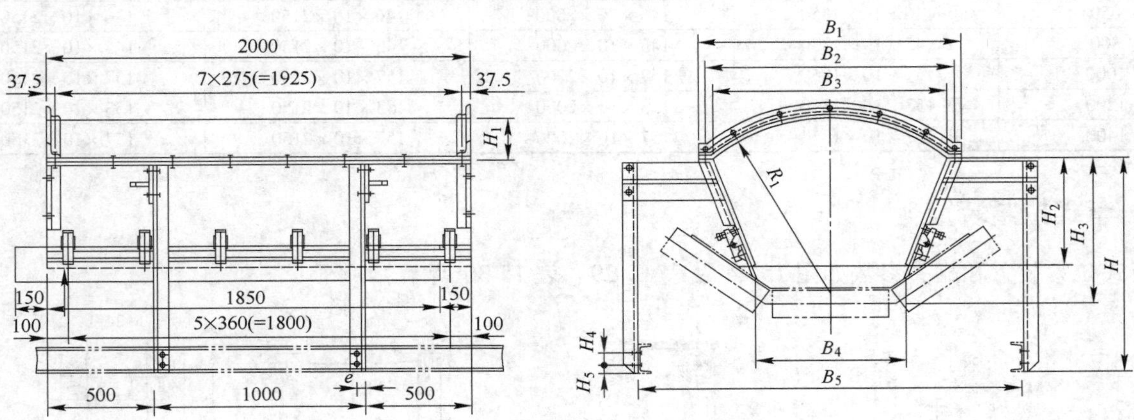

图 15-23 导料槽

表 15-27 导料槽有关尺寸 mm

B	主要尺寸												
	H	H_1	H_2	H_3	H_4	H_5	B_1	B_2	B_3	B_4	B_5	R_1	e
500	610	134	290	374.5	40	30	600	560	500	300	800	305	35
650	645	134	310	409.5	40	30	750	710	650	390	950	471	35
800	675	134	330	439.5	40	30	850	810	750	450	1150	606	35
	700			454									
1000	880	206	460	601	50	35	930	870	800	540	1350	500	40
	905			611.5									
1200	955	206	500	659	50	35	1130	1070	1000	640	1600	725	40
	980			669.5									
	1010			682.5									
1400	1020	206	530	696	50	40	1230	1170	1100	700	1810	855	40
	1050			711.5									
	1080			724.5									

续表 15-27

B	重量/kg				图号			
	前段	中段	后段	通过段	前段	中段	后段	通过段
500	157	154	159	160	D-YM96-3017-01	D-YM96-3017-07	D-YM96-3017-13	D-YM96-3017-19
650	173	170	177	177	D-YM96-3017-02	D-YM96-3017-08	D-YM96-3017-14	D-YM96-3017-20
800	194	190	200	201	D-YM96-3017-03	D-YM96-3017-09	D-YM96-3017-15	D-YM96-3017-21
	195	191	201	202				
1000	302	298	311	311	D-YM96-3017-04	D-YM96-3017-10	D-YM96-3017-16	D-YM96-3017-22
	303	299	312	312				
1200	338	333	354	350	D-YM96-3017-05	D-YM96-3017-11	D-YM96-3017-17	D-YM96-3017-23
	339	334	355	351				
	340	335	356	352				
1400	360	354	377	375	D-YM96-3017-06	D-YM96-3017-12	D-YM96-3017-18	D-YM96-3017-24
	361	355	378	376				
	362	356	379	377				

导料槽防尘密封压条（与输送带纵向接触部分）开列在工艺图中，其厚度为 10mm，参考尺寸见表 15-28，异形板尺寸未列。

表 15-28 导料槽密封压条尺寸 mm

B	密封压条尺寸			
	前段	中段	后段	通过段
500	142×10×1850	142×10×2000	142×10×2150	142×10×2150
650	146×10×1850	146×10×2000	146×10×2150	146×10×2150
800	145×10×1850	145×10×2000	145×10×2150	145×10×2150
1000	157×10×1850	157×10×2000	157×10×2150	157×10×2150
1200	153×10×1850	153×10×2000	153×10×2150	153×10×2150
1400	157×10×1850	157×10×2000	157×10×2150	157×10×2150

15.9 车式拉紧装置

车式拉紧装置和相关参数如图 15-24 及表 15-29、表 15-30 所示。

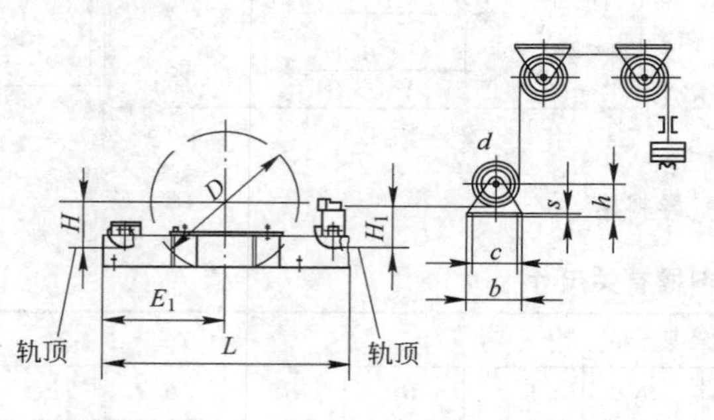

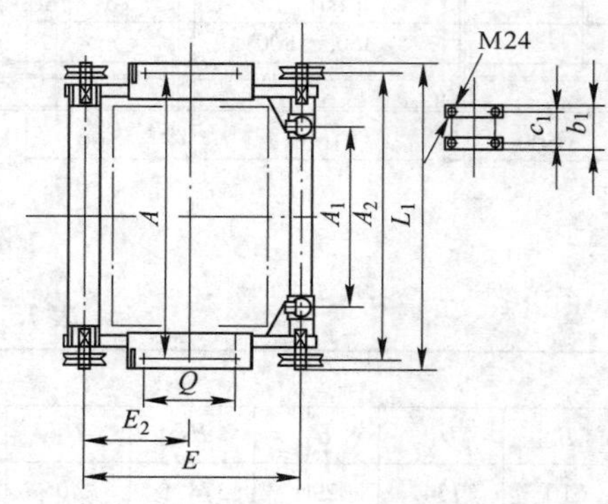

说明：1. 本拉紧装置不包括改向滚筒，改向滚筒需另行订货；

2. 改向绳轮组每组为一个绳轮，具体数量根据安装情况选用，尺寸见表 15-29，改向绳轮组的固定紧固件、钢绳和钢绳夹子由选用者自定；

3. 拉紧装置重量不包括改向滚筒与改向绳轮组重量

图 15-24 车式拉紧装置

表 15-29 改向绳轮组尺寸 mm

B	改向绳轮组尺寸							重量/kg	图号
	d	b	b_1	c	c_1	h	s		
500	200	300	224	230	164	160	12	27	TD1D-2
650									
800	250	300	224	230	164	160	12	31	TD3D-2
1000									
1200									
1400									

表 15-30 车式拉紧装置有关参数

mm

B	D	A	A_1	A_2	E	E_1	E_2	H	H_1	L	L_1	Q	钢绳规格（GB/T 8918—1996）	适用改向滚筒型号	重量/kg	图号
500	400	850	600	940	660	420	340	186	106	940	1020	280	14NAT6×19S 1470ZZ	50B104（G）	166	D-YM96-3901-01
650	400	1000	600	1070	850	455	375	206	205	1010	1150	350		65B204（G）	176	D-YM96-3902-01
	500													65B105（G）		
800	500	1300	950	1300	860	560	460	221	210	1160	1420	380	17NAT6×19S 1770ZZ	80B105（G）	224	D-YM96-3903-01
	630													80B106（G）		
1000	630	1500	950	1500	1030	640	460	241	230	1300	1640	440		100B206（G）	255	D-YM96-3904-01
	800													100B107（G）		
1200	630	1700	1500	1800	1030	660	540	256	242	1360	1890	480	23NAT6×19S 1870ZZ	120B306	324	D-YM96-3905-01
	800													120B207		
1400	630	2050	1500	2050	1110	660	540	256	242	1320	2190	480		140B206	360	D-YM96-3906-01
	800													140B207		

15.10 Y-ZSY 驱动装置架

Y-ZSY 驱动装置架如图 15-25 所示。而驱动装置的配合尺寸如图 15-26 及表 15-32 所示。驱动装置与装置架的配合参数见表 15-33。

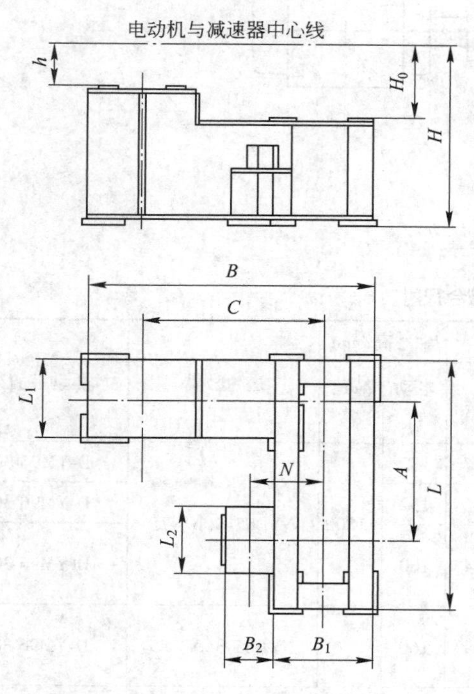

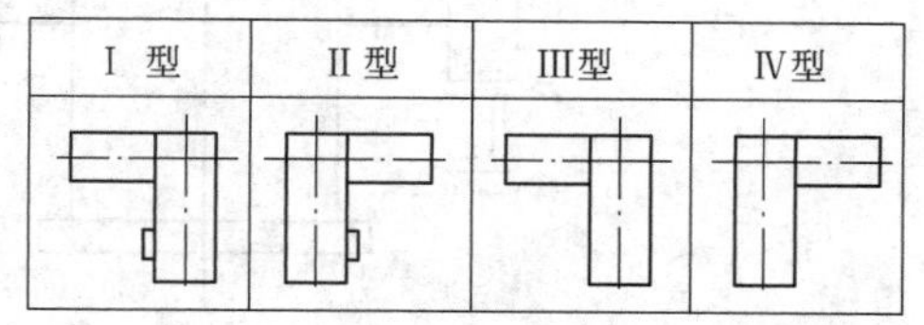

预埋铁件及地脚螺栓位置图

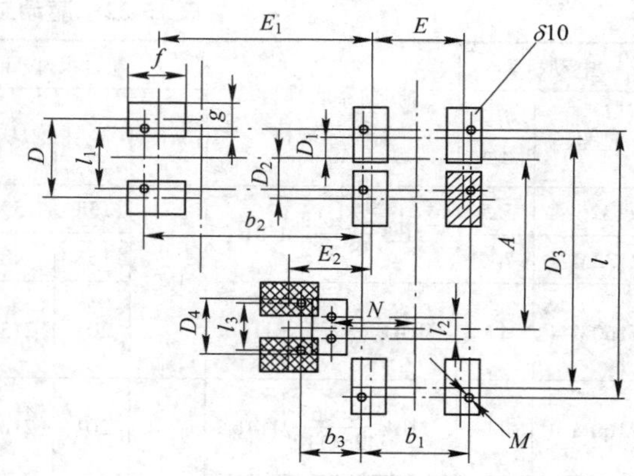

说明：1. 本驱动装置既可采用预埋钢板也可采用地脚螺栓；

2. 本图只包括固定电动机减速器用紧固件，未包括地脚紧固件；

3. K_0 为 $H=1500$mm 的机架重量，H 每减少 100，重量约减少 K；

4. ZSY-160N、ZSY-180、ZSY-200N、ZSY-224N、ZSY-250N、ZSY-280N 系列预埋钢板及地脚螺栓取消图中有斜剖面线部分；

5. ZSY-500N ~ ZSY-710N 系列逆止器部分的预埋钢板根据图中有网状线部分；

6. Ⅰ型Ⅱ型对称，尺寸相同，Ⅲ型Ⅳ型分别按Ⅰ型Ⅱ型取消逆止器部分，Ⅰ、Ⅱ、Ⅲ、Ⅳ型图号相同，应在安装图中标明类型和 H 值；

7. ZSY-160N ~ ZSY-710N、NYD85 ~ NYDF300 等产品均为沈阳矿山机器厂制造

图 15-25 Y-ZSY 驱动装置架

表 15-31　ZSY 驱动装置组合表

电动机		减速器			电动机		减速器		
型号	功率/kW	传动比			型号	功率/kW	传动比		
		25	31.5	40			25	31.5	40
Y132S-4	5.5	ZSY-160N	ZSY-160N	ZSY-160N	Y280M-4	90	ZSY-355N	ZSY-355N	ZSY-355N
Y132M-4	7.5	ZSY-160N	ZSY-160N	ZSY-160N	Y315S-4	110	ZSY-400N	ZSY-400N	ZSY-400N
Y160M-4	11	ZSY-160N	ZSY-180N	ZSY-180N	Y315M1-4	132	ZSY-400N	ZSY-400N	ZSY-400N
Y160L-4	15	ZSY-180N	ZSY-180N	ZSY-200N	Y315M2-4	160	ZSY-450N	ZSY-450N	ZSY-450N
Y180M-4	18.5	ZSY-180N	ZSY-200N	ZSY-224N	Y355M-4	185	ZSY-500N	ZSY-500N	ZSY-500N
Y180L-4	22	ZSY-200N	ZSY-224N	ZSY-224N	Y355-34-4	200	ZSY-500N	ZSY-500N	ZSY-500N
Y200L-4	30	ZSY-224N	ZSY-224N	ZSY-250N	Y355-37-4	220	ZSY-560N	ZSY-560N	ZSY-560N
Y225S-4	37	ZSY-224N	ZSY-250N	ZSY-280N	Y355-39-4	250	ZSY-560N	ZSY-560N	ZSY-560N
Y225M-4	45	ZSY-250N	ZSY-280N	ZSY-280N	Y355-43-4	280	ZSY-630N	ZSY-630N	ZSY-630N
Y250M-4	55	ZSY-280N	ZSY-315N	ZSY-315N	Y400-39-4	315	ZSY-630N	ZSY-630N	ZSY-630N
Y280S-4	75	ZSY-315N	ZSY-315N	ZSY-355N	Y400-64-4	355	ZSY-710N	ZSY-710N	ZSY-710N

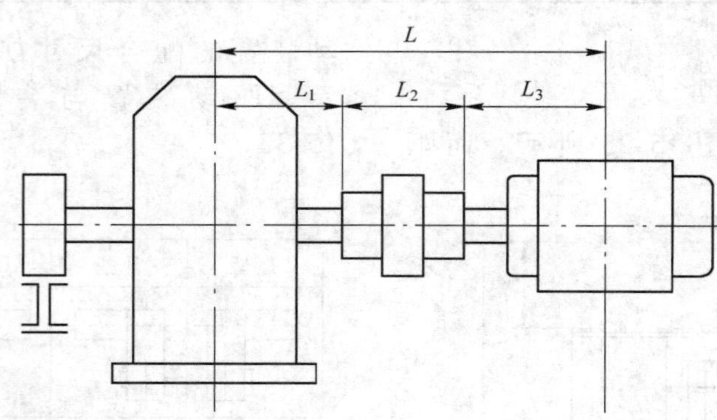

图 15-26　驱动装置

表 15-32　驱动装置配合尺寸

减速器	电动机		联轴器或耦合器型号规格	配合尺寸/mm				中心高/mm		逆止器	驱动装置架图号
	型号	功率/kW		L_1	L_2	L_3	L	电动机	减速器		
ZSY-160N	Y132S-4	5.5	ML3 $\frac{24\times52}{38\times82}$ MT3b	130	158	159	447	132	180	NYD85-S(N)-75	D-YM96-3022-01
	Y132M-4	7.5			158	178	466	132			D-YM96-3022-02
	Y160M-4	11	ML4F $\frac{24\times62}{42\times112}$ MT4b		201	213	544	160			D-YM96-3022-03
ZSY-180N	Y160M-4	11	ML4 $\frac{28\times62}{42\times112}$ MT4b	145	201	213	559	160	200	NYD85-S(N)-85	D-YM96-3022-04
	Y160L-4	15	ML4 $\frac{28\times62}{42\times112}$ MT4b		201	235	581	160		NYD95-S(N)-85	D-YM96-3022-05
	Y180M-4	18.5	ML5F $\frac{28\times82}{48\times112}$ MT5b		227	242	614	180		NYD110-S(N)-85	D-YM96-3022-06
ZSY-200N	Y160L-4	15	ML4 $\frac{32\times82}{42\times112}$ MT4b	160	221	235	616	160	225	NYD95-S(N)-95	D-YM96-3022-07
	Y180M-4	18.5	ML5 $\frac{32\times82}{48\times112}$ MT5b		227	242	629	180		NYD110-S(N)-95	D-YM96-3022-08
	Y180L-4	22			227	261	648	180		NYD110-S(N)-95	D-YM96-3022-09

续表 15-32

减速器	电动机		联轴器或耦合器型号规格	配合尺寸/mm				中心高/mm		逆 止 器	驱动装置架图号
	型号	功率/kW		L_1	L_2	L_3	L	电动机	减速器		
ZSY-224N	Y180M-4	18.5	ML5 $\frac{38\times82}{48\times112}$MT5b	175	227	242	664	180	250	NYD110-S(N)-100	D-YM96-3022-10
	Y180L-4	22			227	261	663	180		NYD110-S(N)-100	D-YM96-3022-11
	Y200L-4	30	ML6 $\frac{38\times82}{55\times112}$MT6b		233	286	694	200		NYD130-S(N)-100	D-YM96-3022-12
	Y225S-4	37	ML7F $\frac{38\times112}{60\times142}$MT7b		295	292	762	225		NYD130-S(N)-100	D-YM96-3022-13
ZSY-250N	Y200L-4	30	ML6 $\frac{42\times112}{55\times112}$MT6b	200	263	286	749	200	280	NYD130-S(N)-110	D-YM96-3022-14
	Y225S-4	37	ML7F $\frac{42\times112}{60\times142}$MT7b		295	292	787	225		NYDF160-S(N)-110	D-YM96-3022-15
	Y225M-4	45	YOXⅡ400		355	305	860	225		NYDF160-S(N)-110	D-YM96-3022-16
ZSY-280N	Y225S-4	37	ML7F $\frac{48\times112}{60\times142}$MT7b	225	295	292	812	225	315	NYDF160-S(N)-130	D-YM96-3022-17
	Y225M-4	45	YOXⅡ400		355	305	885	225		NYDF160-S(N)-130	D-YM96-3022-18
	Y250M-4	55	YOXⅡ450		397	343	965	250		NYDF200-S(N)-130	D-YM96-3022-19
ZSY-315N	Y250M-4	55	YOXⅡ450	255	397	343	995	250	355	NYDF200-S(N)-140	D-YM96-3022-20
	Y280S-4	75	YOXⅡ450		397	374	1026	280		NYDF200-S(N)-140	D-YM96-3022-21
ZSY-355N	Y280S-4	75	YOXⅡ450	275	397	374	1046	280	400	NYDF200-S(N)-170	D-YM96-3022-22
	Y280M-4	90	YOXⅡ500		435	400	1110	280		NYDF220-S(N)-170	D-YM96-3022-23
ZSY-400N	Y315S-4	110	YOXⅡ500	305	435	419	1159	315	450	NYDF250-S(N)-180	D-YM96-3022-24
	Y315M-4	132	YOXⅡ500		435	445	1185	315		NYDF250-S(N)-180	D-YM96-3022-25
ZSY-450N	Y315M2-4	160	YOXⅡ560	345	489	445	1279	315	500	NYDF250-S(N)-220	D-YM96-3022-26
ZSY-500N	Y355M-4	185	YOXⅡ560	385	489	534	1408	355	560	NYDF270-S(N)-240	D-YM96-3022-27
	Y355-34-4	200	YOXⅡ560		529	765	1679	355		NYDF270-S(N)-240	D-YM96-3022-28
ZSY-560N	Y335-37-4	220	YOXⅡ560	400	529	765	1694	355	630	NYDF300-S(N)-280	D-YM96-3022-29
	Y355-39-4	250	YOXⅡ560								
ZSY-630N	Y355-43-4	280	YOXⅡ650	460	556	765	1781	355	710	NYDF300-S(N)-300	D-YM96-3022-30
	Y400-39-4	315	YOXⅡ650		556	835	1851	400		NYDF300-S(N)-300	D-YM96-3022-31
ZSY-710N	Y400-46-4	355	YOXⅡ650	520	556	835	1911	400	800	NYDF300-S(N)-340	D-YM96-3022-32

表 15-33　驱动装置架配合尺寸

减速器型号	电动机型号	联轴器型号	逆止器型号	适用高度范围/mm	主 要 尺 寸/mm											重量/kg				图　号
																Ⅰ、Ⅱ型		Ⅲ、Ⅳ型		
					H_0	h	A	B	B_1	B_2	C	L	L_1	L_2	N	K_0	K	K_0	K	
ZSY-160N	Y-132S-4	ML3	NYD85	600 ~ 1500	180	132	352	788	310	117	447	750	320	200	240	379	25.9	341	21.44	D-YM96-3022-01
	Y132M-4					132	352	826	310	117	466	750	320	200	240	384	26.3	346	21.84	D-YM96-3022-02
	Y160M-4	ML4F				160	352	920	310	117	544	769	358	200	240	411	28	373	23.54	D-YM96-3022-03
ZSY-180N	Y160M-4	ML4	NYD85		200	160	395	950	340	117	559	812	358	200	261	422	28.9	385	24.44	D-YM96-3022-04
	Y160L-4		NYD95			160	395	994	340	117	581	812	358	200	261	439	29.7	402	25.24	D-YM96-3022-05
	Y180M-4	ML5F	NYD110			180	395	1020	340	120	614	825	383	200	261	446	29.5	408	25.2	D-YM96-3022-06
ZSY-200N	Y160L-4	ML4	NYD95		225	160	400	1041	365	119	616	857	358	200	276	448	30.3	410	25.73	D-YM96-3022-07
	Y180M-4	ML5	NYD110			180	440	1047	365	122	629	870	383	200	276	451	31	412	26.3	D-YM96-3022-08
	Y180L-4					180	440	1085	365	122	648	870	383	200	276	465	31.9	428	27.23	D-YM96-3022-09

续表 15-33

减速器型号	电动机型号	联轴器型号	逆止器型号	适用高度范围/mm	主要尺寸/mm												重量/kg				图　号
																	Ⅰ、Ⅱ型		Ⅲ、Ⅳ型		
					H_0	h	A	B	B_1	B_2	C	L	L_1	L_2	N		K_0	K	K_0	K	
ZSY-224N	Y180M-4	ML5	NYD110	600 ~ 1500	250	180	496	1079	400	122	644	941	383	200	303		471	32.6	433	27.8	D-YM96-3022-10
	Y180L-4					180	496	1117	400	122	663	941	383	200	303		478	33.1	439	28.3	D-YM96-3022-11
	Y200L-4	ML6	NYD130			200	496	1162	400	132	694	960	422	210	303		499	34.3	458	29.36	D-YM96-3022-12
	Y225S-4	ML7F				225	496	1221	400	143	762	979	460	200	303		524	35.7	483	30.63	D-YM96-3022-13
ZSY-250N	Y200L-4	ML6	NYD130		280	200	555	1246	460	170	749	1200	422	210	348		576	39.2	529	33.15	D-YM96-3022-14
	Y225S-4	ML7F	NYDF160			225	555	1268	460	170	787	1219	460	210	348		586	39.8	539	33.75	D-YM96-3022-15
	Y225M-4	YOX Ⅱ 400				225	555	1363	460	170	860	1219	460	210	348		608	41.1	561	35.02	D-YM96-3022-16
ZSY-280N	Y225S-4	ML7F	NYDF160		315	225	620	1326	510	170	812	1284	460	210	387		601	40.1	555	34.02	D-YM96-3022-17
	Y225M-4	YOX Ⅱ 400				225	620	1411	510	170	885	1284	460	210	387		622	41.2	576	35.12	D-YM96-3022-18
	Y250M-4	YOX Ⅱ 450	NYDF200			250	620	1509	510	170	965	1309	510	250	387		657	43	607	36.6	D-YM96-3022-19
ZSY-315N	Y250M-4	YOX Ⅱ 450	NYDF200		355	250	699	1574	580	170	995	1388	510	250	422		656	41.4	603	34.4	D-YM96-3022-20
	Y280S-4					280	699	1616	580	170	1026	1414	561	250	422		711	44.6	658	37.75	D-YM96-3022-21
ZSY-355N	Y280S-4	YOX Ⅱ 450	NYDF200		400	280	785	1651	610	185	1046	1534	561	250	462		884.7	54.5	821	46.07	D-YM96-3022-22
	Y280M-4	YOX Ⅱ 500	NYDF220			280	785	1740	610	328	1110	1534	561	350	462		941	57.4	839	43.5	D-YM96-3022-23
ZSY-400N	Y315S-4	YOX Ⅱ 500	NYDF250	650 ~ 1500	450	315	880	1828	700	393	1159	1694	612	410	539		1029.8	60.3	909	44.1	D-YM96-3022-24
	Y315M1-4					315	880	1879	700	393	1185	1694	612	410	539		1045.8	59.2	926	43	D-YM96-3022-25
ZSY-450N	Y315M2-4	YOX Ⅱ 560	NYDF250	700 ~ 1500	500	315	989	2003	760	402	1279	1841	612	410	569		1086.2	59.5	968	43	D-YM96-3022-26
ZSY-500N	Y355M-4	YOX Ⅱ 560	NYDF270	800 ~ 1500	560	355	1105	2224	840	408	1408	2020	714	430	609		1568.4	114.7	1428.4	100.4	D-YM96-3022-27
	Y355-34-4					355	1105	2665	840	408	1679	2030	734	430	609		1753.4	125.1	1613.4	110.8	D-YM96-3022-28
ZSY-560N	Y355-37-4 Y355-39-4	YOX Ⅱ 560	NYDF300	850 ~ 1500	630	355	1240	2720	920	420	1694	2195	734	480	661		1728.4	126.7	1587.4	112.6	D-YM96-3022-29
ZSY-630N	Y355-43-4	YOX Ⅱ 650	NYDF300	950 ~ 1500	710	355	1395	2867	1040	420	1781	2402	734	480	721		1788.7	136.9	1652.7	121.9	D-YM96-3022-30
	Y400-39-4					400	1395	2987	1040	420	1851	2442	814	480	721		1879	142.45	1742.7	127.4	D-YM96-3022-31
ZSY-710N	Y400-46-4	YOX Ⅱ 650	NYDF300	1050 ~ 1500	800	400	1565	3112	1170	420	1911	2662	814	480	788		1869	149.7	1743.9	134.5	D-YM96-3022-32

表 15-34　驱动装置架 Y-ZSY 系列地脚尺寸　mm

减速机型号	电动机型号	联轴器型号	地脚尺寸																		
			b_1	b_2	b_3	D	D_1	D_2	D_3	D_4	E	E_1	E_2	l	l_1	l_2	l_3	N	M	f	g
ZSY-160N	Y132S-4	ML3	245	471		230	95	133	620		220	458		658	216	70		240	ϕ19	170	140
	Y132M-4			509		230	95	133	620		220	496		658	216						
	Y160M-4	ML4F		603		268	114	152	639		220	590		677	254						
ZSY-180N	Y160M-4	ML4	275	603		268	114	152	682		250	590		720	254	70		261	ϕ19	170	140
	Y160L-4			647		268	114	152	682		250	634		720	254						
	Y180M-4	ML5F		673		293	127	165	695		250	660		733	279						
ZSY-200N	Y160L-4	ML4	300	669		268	114	152	727		275	656		765	254	70		276	ϕ24	170	140
	Y180M-4	ML5		675		293	127	165	740		275	662		778	279						
	Y180L-4			713		293	127	165	740		275	700		778	279						
ZSY-224N	Y180M-4	ML5	335	671		293	127	165	811		310	659		849	279	70		303	ϕ24	180	140
	Y180L-4			710		293	127	165	811		310	697		849	279						
	Y200L-4	ML6		755		332	146	184	830		310	742		868	318						
	Y225S-4	ML7F		814		370	165	203	849		310	801		887	356						

续表 15-34

减速机型号	电动机型号	联轴器型号	地脚尺寸																		
			b_1	b_2	b_3	D	D_1	D_2	D_3	D_4	E	E_1	E_2	l	l_1	l_2	l_3	N	M	f	g
ZSY-250N	Y200L-4	ML6	380	786		302	131	199	1040		340	766		1108	318	70		348	ϕ28	240	200
	Y225S-4	ML7F		808		340	150	218	1059		340	788		1127	356						
	Y225M-4	YOX Ⅱ 400		903		340	150	218	1059		340	883		1127	356						
ZSY-280N	Y225S-4	ML7F	430	816		340	150	218	1124		390	796		1192	356	70		387	ϕ28	240	200
	Y225M-4	YOX Ⅱ 400		901		340	150	218	1124		390	881		1192	356						
	Y250M-4	YOX Ⅱ 450		999		390	175	243	1149		390	979		1217	406	80					
ZSY-315N	Y250M-4	YOX Ⅱ 450	490	999		390	175	253	1288		460	974		1306	425	80		422	ϕ35	240	200
	Y280S-4			1041		431	191	288	1234		450	1011		1332	476					260	210
ZSY-355N	Y280S-4	YOX Ⅱ 450	520	1046		431	191	288	1354		480	1016		1452	476	80		462	ϕ35	260	210
	Y280M-4	YOX Ⅱ 500		1135		431	191	288	1354		480	1105		1452	476						
ZSY-400N	Y315S-4	YOX Ⅱ 500	635	1121		452	206	324	1494		540	1108		1612	527	110		539	ϕ35	280	240
	Y315M1-4			1172		452	206	324	1494		540	1159		1612	527						
ZSY-450N	Y315M2-4	YOX Ⅱ 560	695	1236		452	206	324	1641		600	1223		1759	527	110		569	ϕ35	280	240
ZSY-500N	Y355M-4	YOX Ⅱ 560	775	1277	301	554	257	259	1820	270	680	1364	388	1822	637		220		ϕ35	280	240
	Y355-34-4			1718	301	574	267	269	1830	270	680	1805	388	1832	657						
ZSY-560N	Y355-37-4	YOX Ⅱ 560	855	1693	313	574	267	269	1995	320	760	1780	400	1997	657		270		ϕ35	280	240
	Y355-39-4																				
ZSY-630N	Y355-43-4	YOX Ⅱ 650	975	1720	313	574	267	269	2202	320	880	1807	400	2204	657		270		ϕ35	280	240
	Y355-39-4			1840	313	654	307	309	2242	320	880	1927	400	2244	737						
ZSY-710N	Y400-46-4	YOX Ⅱ 650	1105	1835	313	654	307	309	2462	320	1010	1922	400	2464	737		270		ϕ35	280	240

16 输送带及接头产品资料

16.1 浙江双箭橡胶股份有限公司产品

16.1.1 钢丝绳芯输送带

钢丝绳芯输送带的规格及特性如表 16-1 ~ 表 16-3 所示。

表 16-1 规格型号系列

项目 \ 强度规格	St630	St800	St1000	St1250	St1600	St2000	St2500	St3150	St3500	St4000	St4500	St5000	St5400	St6300
纵向拉伸强度 /N · mm⁻¹	630	800	1000	1250	1600	2000	2500	3150	3500	4000	4500	5000	5400	6300
钢丝绳最大公称直径 /mm	3. 0	3. 5	4. 0	4. 5	5. 0	6. 0	7. 5	8. 1	8. 6	9. 1	9. 7	10. 9	11. 3	12. 3
钢丝绳间距(±1. 5)/mm	10	10	12	12	12	12	15	15	15	17	16	17	17	18
上覆盖胶厚度/mm	5	5	6	6	6	8	8	8	8	8	8	8. 5	9	10
下覆盖胶厚度/mm	5	5	6	6	6	6	6	8	8	8	8	8. 5	9	10
宽度规格/mm	钢丝绳根数/根													
800	75	75	63	63	63	63	50	50						
1000	95	95	79	79	79	79	64	64	64	56	60	56	56	54
1200	113	113	94	94	94	94	76	76	76	68	72	68	68	63
1400	133	133	111	111	111	111	89	89	89	79	84	79	79	74
1600	151	151	176	176	176	176	101	101	101	91	96	91	91	85
1800		171	143	143	143	143	114	114	114	103	107	103	103	96
2000			159	159	159	159	128	128	128	114	120	114	114	107
2200			176	176	176	176	141	141	141	125	133	125	125	118
2400						193	155	155	155	137	146	137	137	129

表 16-2 覆盖层性能类型

类型 \ 覆盖胶性能	拉伸强度(不小于)/MPa	扯断伸长率(不小于)/%	磨耗量(不大于)/mm³
H	25	450	120
D	18	400	90
L	20	400	150

表 16-3 钢丝绳黏合强度

强度规格	钢丝绳黏合强度(不小于)/N · mm⁻¹		强度规格	钢丝绳黏合强度(不小于)/N · mm⁻¹	
	热老化前	热老化后		热老化前	热老化后
St630	60	55	St3150	140	130
St800	70	65	St3500	145	140
St1000	80	75	St4000	145	140
St1250	95	90	St4500	150	145
St1600	105	95	St5000	165	160
St2000	105	95	St5400	175	170
St2500	130	120	St6300	180	175

16.1.2 织物芯输送带

（1）尼龙、聚酯输送带的规格及特性如表16-4～表16-6所示。

表16-4 尼龙、聚酯输送带规格型号系列

织物类型	织物构造		织物型号	胶布厚度/mm·p^{-1}	强度规格/N·mm^{-1}					覆盖胶厚/mm		宽度范围/mm	带长/m
	经	纬			2层	3层	4层	5层	6层	上胶层	下胶层		
聚酯（EP）	涤纶	锦纶	EP80	0.70	160	240	320	400	480	2.0～8	0～4.5	400～2500	≤300
			EP100	0.75	200	300	400	500	600				
			EP125	0.90	250	375	500	625	750				
			EP150	1.00	300	450	600	750	900				
			EP200	1.10	400	600	800	1000	1200			500～2500	
			EP250	1.25	500	750	1000	1250	1500				
			EP300	1.35	600	900	1200	1500	1800				
			EP350	1.45	700	1050	1400	1750	2100			800～2500	
			EP400	1.70	800	1200	1600	2000	—			1000～2500	
			EP500	2.00	1000	1500	2000	—	—				
尼龙（NN）	锦纶	锦纶	NN100	0.70	200	300	400	500	600	2.0～8	0～4.5	400～2500	≤300
			NN150	0.80	300	450	600	750	900				
			NN200	0.90	400	600	800	1000	1200			500～2500	
			NN250	1.15	500	750	1000	1250	1500				
			NN300	1.25	600	900	1200	1500	1800				
			NN400	1.50	800	1200	1600	2000	—			800～2500	
			NN500	1.80	1000	1500	2000	—	—				

表16-5 覆盖层性能类型

类型	拉伸强度（不小于）/MPa		扯断伸长率（不小于）/%		磨耗量（不大于）/mm^3
	老化前	老化前后变化率/%	老化前	老化前后变化率/%	
H	24.0	±25	450	±25	120
D	18.0	±25	400	±25	100
L	15.0	±25	350	±25	200

表16-6 层间黏合强度

项目	布层间黏合强度	覆盖层与带芯之间黏合强度	
		当覆盖层厚度=0.8～1.5mm	当覆盖层厚度>1.5mm
全部试样平均值（不小于）/N·mm^{-1}	4.5	3.2	3.5
全部试样最低峰值（不小于）/N·mm^{-1}	3.9	2.4	2.9

（2）全棉、涤棉输送带的规格及特性如表16-7～表16-9所示。

表16-7 全棉、涤棉输送带规格型号系列

织物类型	织物构造		织物型号	胶布厚度/mm·p^{-1}	强度系列/N·mm^{-1}							覆盖胶厚度/mm		宽度范围/mm	带长/m
	经	纬			2层	3层	4层	5层	6层	7层	8层	上胶层	下胶层		
全棉CC	棉C	棉C	CC-56	1.10	112	168	224	280	336	392	448	1.5～8	0～4.5	300～2500	≤300
涤棉TC	涤棉TC	棉C	TC-70	1.10	140	210	280	350	420	490	560	1.5～8	0～4.5	300～2500	≤300

表 16-8 覆盖层性能类型

类型	拉伸强度(不小于)/MPa		扯断伸长率(不小于)/%		磨耗量(不大于)/mm^3
	老化前	老化前后变化率/%	老化前	老化前后变化率/%	
H	24.0	±25	450	±25	120
D	18.0	±25	400	±25	100
L	15.0	±25	350	±25	200

表 16-9 层间黏合强度

项目	布层间黏合强度	覆盖层与带芯之间黏合强度	
		当覆盖层厚度=0.8~1.5mm	当覆盖层厚度>1.5mm
全部试样平均值(不小于)/N·mm^{-1}	3.2	2.1	2.7
全部试样最低峰值(不小于)/N·mm^{-1}	2.7	1.6	2.2

16.1.3 管状输送带

管状输送带的规格及特性如表 16-10~表 16-12 所示。

表 16-10 管状输送带规格型号系列

管径/mm	带宽/mm	扯断强度/N·mm^{-1}	织物层数	织物型号	结构类型	覆盖胶厚度/mm		厚度/mm	重量/kg·m^{-1}
						内层	外层		
100	430	250	1	NF300	A	3.0	1.5	5.2	2.7
150	600	160	2	NF100	C	3.0	2.0	7.5	5.3
		315	2	NF200	C	3.0	2.0	7.5	5.3
200	700	315	2	NF200	C	3.0	2.0	7.9	7.1
		500	2	NF300	C	3.0	2.0	7.9	7.1
		315	2	NF200	C	5.0	2.0	9.4	8.4
		500	2	NF300	C	5.0	2.0	8.9	8.0
250	1000	400	2	NFL250	B	3.0	2.0	8.6	9.9
		500	2	NFL300	C	3.0	2.0	9.0	10.4
		400	2	NFL250	C	5.0	2.0	10.1	11.6
		500	2	NFL300	C	5.0	2.0	10.4	12.7
300	1100	400	2	NFL250	C	3.0	2.0	9.1	11.5
		500	2	NFL300	C	3.0	2.0	9.5	12.0
		400	2	NFL250	C	5.0	2.0	10.6	13.4
		500	2	NFL300	C	5.0	2.0	11.0	13.9
350	1300	630	3	NFL250	D	5.0	2.0	11.9	17.8
		800	4	NFL250	E	5.0	2.0	12.5	18.8
400	1600	800	4	NFL250	E	5.0	2.0	13.1	24.1
		1000	5	NFL250	F	5.0	2.0	13.9	25.6

表 16-11 覆盖胶性能类型

类型	拉伸强度(不小于)/MPa	扯断伸长率(不小于)/%	磨耗量(不大于)/mm^3	老化前后变化率/%
S	18.0	450	200	±25
G	14.0	400	250	±30

表 16-12 层间黏合强度

测定位置	覆盖层橡胶与布之间		布与布之间
	≤1.5mm	>1.5mm	
剥离强度(大于)/N·mm^{-1}	3.1	3.9	3.9

钢丝绳芯管状输送带规格型号参照钢丝绳芯输送带中规格型号系列。

胶带刚性随胶带厚度变化而指标各异，刚性在200~1000g/(75mm)之间。

该公司根据客户不同用途，可提供各种特殊性能，如具有耐油、耐热、耐高温、耐寒、耐酸碱、阻燃等特性的输送带。

16.2　青岛华夏橡胶工业有限公司产品

16.2.1　织物芯输送带

如图16-1所示，织物芯输送带由以下三个部分组成：

（1）覆盖层，包括上覆盖层和下覆盖层；

（2）带芯，包括单层带芯和多层带芯；

（3）黏合层，即带芯的粘接介质。

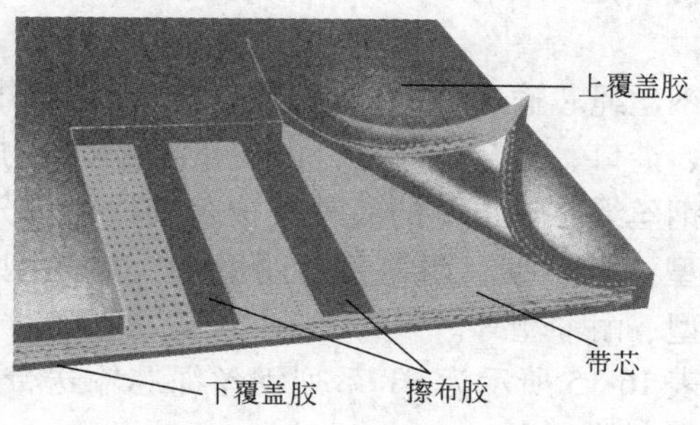

图16-1　织物芯输送带构成

输送带的带芯受到上下覆盖层的保护，上覆盖层是承载面，下覆盖层是与滚筒和托辊的接触面。通常情况下，上覆盖层比下覆盖层厚，输送带的上覆盖层承受载荷和摩擦，下覆盖层受滚筒和托辊的摩擦，下覆盖层过厚会使输送机的运行阻力增大。输送带的带芯提供必要的强度以传递能量来驱动输送带，并支撑输送带所承载的物料，输送带的强度由带芯强度决定。

黏合层提供良好的粘接性能将带芯黏合在一起，帮助承受载荷、吸收受料处的冲击，以及最终体现在应用时所要求的性能。

输送带按覆盖胶性能不同可分为：普通型、耐油型、耐酸碱型、耐热型、耐高温型、阻燃型、耐寒型、耐磨型。其特性和用途见表16-13所示。

表16-13　不同类型覆盖胶输送带特性与用途

品种名称	特性与用途
普通型	能输送粉状和块状物料。用于一般物料输送
耐油型	具有耐油性能。用于输送含油物料
耐酸碱型	能输送pH值为4~10的酸碱性物料，能耐一定浓度的盐酸、硫酸、硝酸、弱碱等物
耐热型	分为T1型耐不大于100℃的温度和T2型耐不大于125℃的温度
耐高温型	T3型可耐不大于150℃的温度，耐高温可不大于180℃，耐烧灼输送带可输送到200~600℃温度的物料，适用于冶金、焦化、建材和铸造行业烧结成品、水泥熟料和高温物料的输送
阻燃型	输送带表面具有阻燃性能，能够瞬间熄灭火焰，适用于煤矿井下作业或需阻燃的输送场所
耐寒型	输送带具有耐寒性能，能在-40℃以上气温条件下使用，适用于严寒地区露天情况下输送物料
耐磨型	输送具有抗冲击、抗物料的棱角磨损，适用于输送坚硬物料和棱角较尖等物料的输送条件

普通输送带按抗拉层材料不同分为：棉帆布（CC）输送带、尼龙（NN）输送带、聚酯（EP）输送带、整芯输送带，其规格特性如表16-14所示。

表16-14　棉帆布、尼龙帆布和聚酯帆布基带的规格和技术参数

<table>
<tr><th rowspan="2">抗拉体材料</th><th rowspan="2">基带型号</th><th rowspan="2">扯断强度/N·mm⁻¹</th><th rowspan="2">每层厚度/mm</th><th rowspan="2">每层重量/kg·m⁻²</th><th rowspan="2">伸长率(定负荷)/%</th><th rowspan="2">基带宽/mm</th><th rowspan="2">层数/层</th><th colspan="2">覆盖胶厚度/mm(重量/kg·m⁻²)</th></tr>
<tr><th>上　层</th><th>下　层</th></tr>
<tr><td>棉帆布</td><td>CC-56</td><td>56</td><td>1.5</td><td>1.36</td><td>1.5~2</td><td>300~2400</td><td>3~12</td><td rowspan="9">3.0(3.4)
4.5(5.1)
5.0(5.7)
6.0(6.8)
8.0(9.5)</td><td rowspan="9">1.5(1.7)
3.0(3.4)
4.5(5.1)</td></tr>
<tr><td rowspan="8">尼龙帆布</td><td>NN-100</td><td>100</td><td>0.7</td><td>1.02</td><td rowspan="8">1.5~2</td><td rowspan="2">400~2400</td><td rowspan="8">2~8</td></tr>
<tr><td>NN-150</td><td>150</td><td>0.75</td><td>1.12</td></tr>
<tr><td>NN-200</td><td>200</td><td>0.9</td><td>1.22</td><td rowspan="3">500~2400</td></tr>
<tr><td>NN-250</td><td>250</td><td>1.15</td><td>1.32</td></tr>
<tr><td>NN-300</td><td>300</td><td>1.25</td><td>1.42</td></tr>
<tr><td>NN-350</td><td>350</td><td>1.4</td><td>1.53</td><td>650~2400</td></tr>
<tr><td>NN-400</td><td>400</td><td>1.5</td><td>1.63</td><td>800~2400</td></tr>
</table>

续表 16-14

抗拉体材料	基带型号	扯断强度/N·mm^{-1}	每层厚度/mm	每层重量/kg·m^{-2}	伸长率(定负荷)/%	基带宽/mm	层数/层	覆盖胶厚度/mm(重量/kg·m^{-2}) 上层	下层
聚酯帆布	EP-80	80	0.6	1.20	1~1.5	400~2400	2~8	3.0 (3.4) 4.5 (5.1) 5.0 (5.7) 6.0 (6.8) 8.0 (9.5)	1.5 (1.7) 3.0 (3.4) 4.5 (5.1)
	EP-100	100	0.75	1.22					
	EP-150	150	1.0	1.42					
	EP-200	200	1.1	1.58		500~2400			
	EP-250	250	1.25	1.67					
	EP-300	300	1.35	1.70					
	EP-350	350	1.45	1.82		650~2400			
	EP-400	400	1.55	1.98		800~2400			
	EP-500	500	1.75	2.10					

16.2.2 钢丝绳芯输送带

钢丝绳芯输送带的构成如图 16-2 所示。

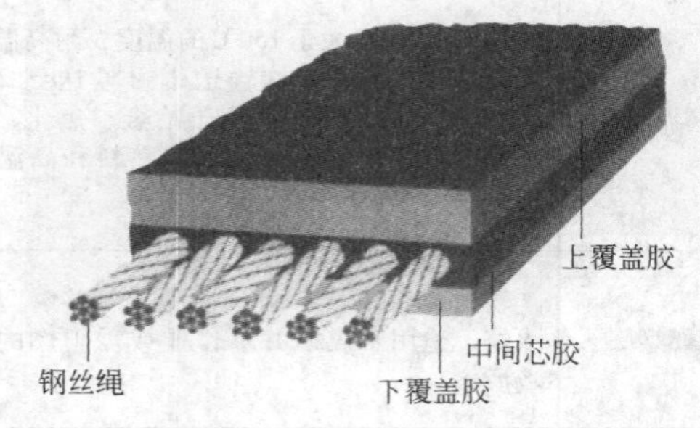

图 16-2 钢丝绳芯输送带构成

钢丝绳芯输送带的特点有拉伸强度大，抗冲击性好，寿命长，使用伸长小，成槽性好，耐曲挠性好，适用于长距离，大用量，高速度输送物料。

钢丝绳芯输送带的用途包括可广泛用于煤炭、矿山、港口、冶金、电力、化工等领域输送物料。

钢丝绳芯输送带的品种按覆盖胶性能可分为：普通型、阻燃型、耐寒型、耐磨型、耐热型、耐酸碱型、耐油型等。

表 16-15 所示为 ST 系列钢丝绳芯输送带的主要技术参数。

表 16-15 ST 系列钢丝绳芯输送带主要技术参数

技术要求项目 \ 带的强度规格	ST 630	ST 800	ST 1000	ST 1250	ST 1600	ST 2000	ST 2500	ST 3150	ST 4000	ST 4500	ST 5000	ST 5400	ST 6300
纵向拉伸强度/N·mm^{-1}	630	800	1000	1250	1600	2000	2500	3150	4000	4500	5000	5400	6300
钢丝绳最大公称直径/mm	3.0	3.5	4.0	4.5	5.0	6.0	7.5	8.1	9.1	9.7	10.9	11.3	12.3
常用钢丝绳直径/mm	2.8	3.2	4.0	4.5	4.9	5.7	6.8	7.6	9.1	9.7	10.9	11.3	12.3
钢丝绳间距/mm	10	10	12	12	12	12	15	15	17	16	17	17	18
上覆盖层厚度/mm	5	5	6	6	6	6	8	8	8	8	8.5	9	10
下覆盖层厚度/mm	5	5	6	6	6	6	6	8	8	8	8.5	9	10
胶带参考重量/kg·m^{-2}	18	19.5	21.5	22.5	26.1	33.1	35.3	41.1	45	51	59	62	65
宽度规格/mm	钢丝绳根数/根												
800	75	75	63	63	63	63	50	50					
1000	95	95	79	79	79	79	64	64	56	60	56	56	54
1200	113	113	94	94	94	94	76	76	68	72	68	68	63
1400	133	133	111	111	111	111	89	89	79	84	79	79	74
1600	151	151	126	126	126	126	101	101	91	96	91	91	85
1800		171	143	143	143	143	114	114	103	107	103	103	96
2000			159	159	159	159	128	128	114	120	114	114	107
2200						176	141	141	125	133	125	125	118
2400						193	155	155	137	146	137	137	129

16.2.3 波状挡边输送带

波状挡边输送带被广泛用于港口、冶金、矿山、电力、煤炭、铸造、建材、粮食、化肥等领域物料输送，能使各种散装物料以0°~90°作任意倾角连续输送；具有输送倾角大、使用范围广、占地面积小、无转运点、土建投资少、维护费用低、输送量大等特点，解决了普通输送带或花纹输送带所不能达到的输送角度。波状挡边输送带可根据使用环境要求设计成一套完整的输送系统，避免了间断输送和复杂输送的提升系统。

波状挡边输送带可沿水平、倾斜、垂直、变角方向输送各种散装物料，从煤、矿石、沙子到化肥和粮食等。物料粒度不限，可从很小的粒度到400mm的大粒度，输送可从$1m^3/h$到$6000m^3/h$。

16.2.3.1 基带

（1）基带的要求。波状挡边输送基带要求具有一定的抗拉强度和耐磨性。其中对留有空边的波状挡边输送带，为了适应角度改向的要求，胶带纵向要有柔软性，横向要求一定的刚性。该公司生产的波状挡边输送带采用特殊结构的刚性基带，解决了大规格输送带在回程过程中的塌带现象。

（2）基带的构造。基带是由上覆盖胶层、下覆盖胶层、带芯和横向刚性层四部分组成。上覆盖胶层厚度一般为3~6mm；下覆盖胶层厚度一般为1.5~4.5mm。带芯材料承受拉力，其材料可以是棉帆布（CC）、尼龙帆布（NN）、聚酯帆布（EP）或钢绳芯（ST）。为了增加基带的横向刚性，在芯体上、下加入特殊加强层，称横向刚性层。基带的宽度规格与普通带相同，符合GB/T 7984—2001的规定。

16.2.3.2 波状挡边

该公司根据波状挡边带的使用原理对波状挡边的制造工艺进行改革创新，在波状挡边内部贴置防撕裂帆布层，以增强波状挡边的耐撕裂性、耐曲挠性，避免因拉伸压缩而导致挡边被撕裂，增加了挡边的使用寿命。

16.2.3.3 横隔板

横隔板的型号类型如图16-3所示。

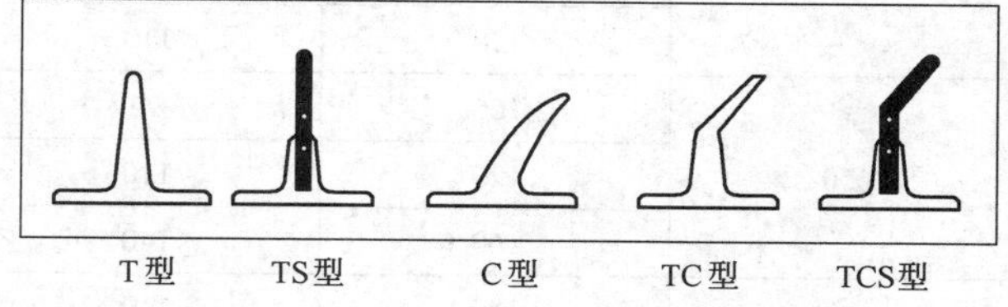

图16-3 横隔板的种类

该公司生产的横隔板采用纤维复合材料制作而成，挺性大、增强冲击性能，避免隔板因受力而发生形变。

在磨损较重的情况下，为维修方便，横隔板可做成镶嵌式，如TS和TCS。

输送机倾斜角度小于40°时，横隔板用T型或TS型；倾斜角度大于40°时，横隔板用C型、TC型或TCS型。

布置横隔板间距应考虑与波状挡边的波峰相对应，以防止物料从二者缝中漏下和卸料时造成积料死角。

该公司生产的波状挡边输送带的挡边、横隔板与基带的粘接采用二次低温热硫化粘接，粘接强度高，粘接牢固、平整，不掉板，不脱落。横隔板与波状挡边间用螺栓连接，增加了整体刚性，提高使用性能，解决了物料泄漏问题。

波状挡边输送带的组合及参数如图16-4、表16-16所示。

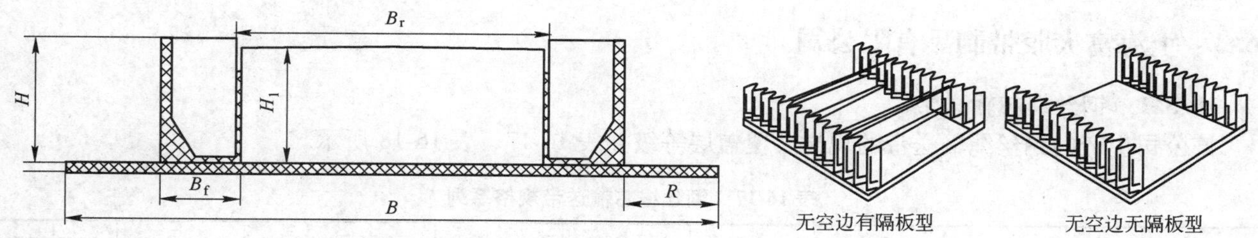

图16-4 波状挡边输送带组合

表16-16 波状挡边输送带组合参数 mm

基带宽 B	挡边高 H	横隔板高 H_1	波底宽 B_f	有效带宽 B_r	空边宽 R
300	40	35	25	180	35
	60	55	50	120	40
	80	75			

续表 16-16

基带宽 B	挡边高 H	横隔板高 H_1	波底宽 B_f	有效带宽 B_r	空边宽 R
400	60	55	50	180	60
	80	75			
	100	90			
500	80	75	50	250	75
	100	90			
	120	110			
650	100	90	50	350	100
	120	110			
	160	140	75	300	
800	120	110	50	460	120
	160	140	75	410	
	200	180			
1000	160	140	75	550	150
	200	180			
	240	220			
1200	160	140	75	690	180
	200	180			
	240	220			
	300	260	105	630	
1400	200	180	75	830	210
	240	220			
	300	260	105	770	
	400	360			
1600	200	180	75	970	240
	240	220			
	300	260	105	910	
	400	360			
1800	240	220	75	1110	270
	300	260	105	1050	
	400	360			
	500	460	125	1010	

16.3　上海富大胶带制品有限公司

16.3.1　钢丝绳芯输送带

该公司生产的钢丝绳输送带的规格及覆盖层等级如表 16-17、表 16-18 所示。

表 16-17　钢丝绳芯输送带规格系列

项　目	St630	St800	St1000	St1250	St1600	St2000	St2500	St3100	St3500	St4000	St4500	St5000	St5400	St6300	St7000	St7500
纵向拉伸强度/N · m^{-1}	630	800	1000	1250	1600	2000	2500	3150	3500	4000	4500	5000	5400	6300	7000	7500
钢丝绳最大公称直径/mm	3.0	3.5	4.0	4.5	5.0	6.0	7.2	8.1	8.6	8.9	9.7	10.9	11.3	12.8	13.5	15.0
钢丝绳间距(±1.5)/mm	10	10	12	12	12	12	15	15	15	15	16	17	17	187	19	21
上覆盖层厚度/mm	5	5	6	6	6	8	8	8	8	8	8	8.5	9	10	10	10
下覆盖层厚度/mm	5	5	6	6	6	6	6	8	8	8	8	8.5	9	10	10	10

续表 16-17

项　目 / 宽度规格/mm	St630	St800	St1000	St1250	St1600	St2000	St2500	St3100	St3500	St4000	St4500	St5000	St5400	St6300	St7000	St7500
	钢丝绳根数/根															
800	75	75	63	63	63	63	50	50	50							
1000	95	95	79	79	79	79	64	64	64	64	59	55	55	48	49	45
1200	113	113	94	94	94	94	76	76	77	77	71	66	66	58	59	54
1400	133	133	111	111	111	111	89	89	90	90	84	78	78	68	69	63
1600	151	151	126	126	126	126	101	101	104	104	96	90	90	78	80	72
1800		171	143	143	143	143	114	114	117	117	109	102	102	88	90	82
2000			159	159	159	159	128	128	130	130	121	113	112	98	101	91
2200						176	141	141	144	144	134	125	125	108	111	100
2400						193	155	155	157	157	146	137	137	118	121	109
2600						209	168	168	170	170	159	149	149	128	131	119
2800									194	194	171	161	161	138	142	129

表 16-18　钢丝绳芯输送带覆盖层等级

等级代号	拉伸强度(不小于)/MPa	扯断伸长率(不小于)/%	磨耗量(不大于)/mm²
D	18	400	90
H	25	450	120
L	20	400	150
P	14	350	200

注：D—用于强磨损工作条件；H—用于强划裂工作条件；L—用于一般工作条件，P—用于有耐油、耐热、耐酸碱、耐寒和一般难燃要求的输送带。

16.3.2　普通用途织物芯输送带

该公司生产的普通用途织物芯输送带规格及覆盖层等级如表 16-19、表 16-20 所示。

表 16-19　普通用途织物芯输送带规格系列

抗拉体织物	织物型号	拉伸强度 /N·(mm·层)⁻¹	成品胶布厚度 /mm·层⁻¹	层数/层	覆盖胶层厚度/mm 上覆盖胶层	覆盖胶层厚度/mm 下覆盖胶层	带宽范围/mm
全棉涤棉	CC-56	56	1.10	3~10			300~2000
	TC-76	≥70	1.10				
聚酯（EP）	EP-80	≥80	0.70	2~6	3.0 4.5 5.0 6.0 7.0 8.0	1.5 3.0 4.5	400~2000
	EP-100	≥100	0.95				
	EP-150	≥150	1.05				
	EP-200	≥200	1.15				500~2000
	EP-250	≥250	1.30				
	EP-300	≥300	1.50				
	EP-350	≥350	1.60				800~2000
	EP-400	≥400	1.70				
	EP-400	≥500	2.00				
尼龙（NN）	NN-100	≥100	0.70	2~6	3.0 4.5 5.0 6.0 7.0 8.0	1.5 3.0 4.5	400~2000
	NN-150	≥150	0.85				
	NN-200	≥200	1.00				500~2000
	NN-250	≥250	1.25				
	NN-300	≥300	1.40				
	NN-350	≥350	1.50				800~2000
	NN-400	≥400	1.60				

表 16-20 普通用途织物芯输送带覆盖层等级

等级代号	拉伸强度(不小于)/MPa	拉断强度(不小于)/%	磨耗量(不大于)/mm³
H	24.0	450	120
D	18.0	400	100
L	15.0	350	200

16.3.3 特殊用途输送带

该公司生产的具有特殊用途输送带如表 16-21 所示。

表 16-21 特殊用途输送带

品 种	性能和用途
耐油输送带	对油脂具有抗膨胀性，适用于输送含油物料
耐酸碱输送带	适用于输送 pH 值为 4 ~ 10 的酸碱性物料
耐热输送带	分为 T1 型、T2 型和 T3 型（耐受温度：T1≤100℃；T2≤120℃；T3≤150℃）
耐高温输送带	适用于 180℃以下的物料输送
耐热耐酸碱输送带	适用于输送高温耐热和酸碱性物料
难燃输送带	输送带表面具有抗静电和阻燃性能，适用于有阻燃要求的工作环境
耐寒输送带	适用于 -45℃以上寒冷地区物料输送
食品输送带	具有浅色（白色为主）无毒无污染性，适用食品输送
耐臭氧输送带	适用于耐臭氧工作环境下物料输送
超耐磨输送带	输送带具有抗冲击，耐物料磨损特性

16.3.4 花纹输送带

花纹输送带是由带体和花纹部分组成，由于运送的物料不同和输送机倾角大小的差别，要求花纹的形状和高低（深浅）也不同。常用的花纹输送带品种及花纹如表 16-22 和图 16-5 所示。

表 16-22 花纹输送带品种用途

花纹形状	特 征	用 途
人字形花纹	带面上有高于带体的“人”字花纹，花纹可是开口的也可是封闭的，每一种花纹又可分为高、中、低三种	适用于不大于 40°倾角的粉状、颗粒状，小块物料输送，也可输送袋装物料
条状花纹	带面上横有高出带体的条状花纹，花纹分为高、中、低三种，每种花纹按排列间距可分为疏、密等形式	适用于不大于 30°倾角或水平输送包装物。若在成槽情况下，可代替人字形花纹

续表 16-22

花纹形状	特 征	用 途
粒状花纹	带面上有高出带体或凹嵌入带体的粒状花纹，也可将凹坑制成方形或棱形孔和布纹形状	凸粒花纹适用于软包装或需有抓着力的物料输送（如纸板箱）或无滑动输送；凹坑形花纹适用于不大于 45°倾角的粒状物输送
扇状花纹	带面上有呈半扇形（或 1/4 圆形）花纹。当胶带成槽时花纹合拢成扇形（或半圆形），属高花纹类	适用于不大于 60°大倾角输送粉、颗粒及块状物料

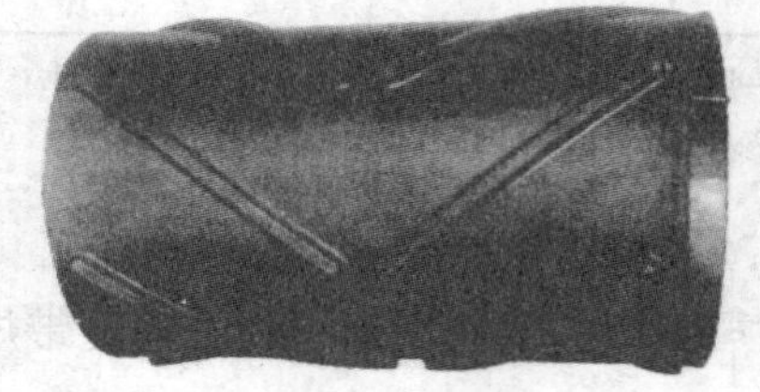

图 16-5 输送带花纹举例

该公司可供应花纹输送带其最大宽度为 2000mm。

16.3.5 挡边输送带

为了防止输送物料的洒落，可使用挡边输送带，该带由带体和挡边组成，其外形结构和性能如图 16-6 及表 16-23 所示。

表 16-23 挡边输送带品种用途

名 称	挡边形状	用 途
直条挡边输送带	带体两边都有高出带体的直条边，挡边高度 10 ~ 30mm	输送易撒落的粉状、粒状、糊状、液态状物料
楔形挡边输送带	带体两边都有高出带体的不相连接楔形挡边，挡边高度约 20 ~ 80mm	输送易撒落的粉状、粒状、小块状物料
波状挡边输送带	带体两边都有高出带体的连续波形挡边，挡边高度约为 60 ~ 300mm	输送易撒落的粉状、粒状及液态状物料

图 16-6　挡边输送带外观

该公司可供应挡边输送带其最大宽度为2000mm。

按照使用性能，该公司提供普通型、耐热型（≤120℃）、耐寒型（不低于 -40℃）、耐酸碱型、导电型、耐高温型（不高于 150℃）及卫生型等用于不同用途的挡边输送带。

其他类型挡边或有特殊性能要求的挡边输送带可协商定制。

16.4　安徽欧耐橡塑工业有限公司

16.4.1　钢丝绳芯输送带

该公司生产的钢丝绳芯输送带规格及覆盖层特性如表 16-24 及表 16-25 所示。

表 16-24　钢丝绳芯输送带规格型号

项　目	St630	St800	St1000	St1250	St1600	St2000	St2500	St3150	St3500	St4000	St4500	St5000	St5400
纵向拉伸强度/N·mm⁻¹	630	800	1000	1250	1600	2000	2500	3150	3500	4000	4500	5000	5400
钢丝绳最大公称直径/mm	3.0	3.5	4.0	4.5	5.0	6.0	7.2	8.1	8.6	8.9	9.7	10.9	11.3
钢丝绳间距(±1.5)/mm	10	10	12	12	12	12	15	15	15	15	16	17	17
上覆盖层厚度/mm	5	5	6	6	6	8	8	8	8	8	8	8.5	9
下覆盖层厚度/mm	5	5	6	6	6	6	6	8	8	8	8	8.5	9
宽度规格/mm	钢丝绳根数/根												
800	75	75	63	63	63	63	50	50	50				
1000	95	95	79	79	79	79	64	64	64	64	59	55	55
1200	113	113	94	94	94	94	76	76	77	77	71	66	66
1400	133	133	111	111	111	111	89	89	90	90	84	78	78
1600	151	151	126	126	126	126	101	101	104	104	96	90	90
1800		171	143	143	143	143	114	114	117	117	109	102	102
2000			159	159	159	159	128	128	130	130	121	113	113
2200						176	141	141	144	144	134	125	125
2400						193	155	155	157	157	146	137	137
2600						209	168	168	170	170	159	149	149

表 16-25　钢丝绳芯输送带覆盖层性能

等级代号	拉伸强度/MPa	扯断伸长率/%	磨耗量/mm^3
D	18	400	90
H	25	450	120
L	20	400	150
P	14	350	200

注：D—用于强磨损工作条件；H—用于强划裂工作条件；L—用于一般工作条件；P—用于有耐油、耐热、耐酸碱、耐寒和一般难燃要求的输送带。

16.4.2　织物芯分层输送带

该公司生产的织物芯分层输送带规格及覆盖层特性如表 16-26 及表 16-27 所示。

表 16-26　织物芯分层输送带规格型号

织物类型	织物型号	单层拉断强度 /N · mm^{-1}	每层厚度 /mm	上覆盖层厚 /mm	下覆盖层厚 /mm	布层数/层	宽度范围 /mm	带长/m
全棉涤棉帆布	CC-56	56	1.50	2.0 ~ 8.0	1.5 ~ 4.5	2 ~ 10	300 ~ 2600	300
	TC-72	72	1.50					
聚酯（EP）帆布	EP80	80	0.70	2.0 ~ 8.0	1.5 ~ 4.5	2 ~ 10	300 ~ 2600	300
	EP100	100	0.95					
	EP150	150	1.05					
	EP200	200	1.15					
	EP250	250	1.30					
	EP300	300	1.50					
	EP350	350	1.55					
	EP400	400	1.70					
	EP500	500	2.00					
尼龙（NN）帆布	NN80	80	0.65	2.0 ~ 8.0	1.5 ~ 4.5	2 ~ 10	300 ~ 2600	300
	NN100	100	0.70					
	NN150	150	0.85					
	NN200	200	1.00					
	NN250	250	1.25					
	NN300	300	1.40					
	NN350	350	1.50					
	NN400	400	1.60					
	NN500	500	1.80					

表 16-27　织物芯分层输送带覆盖层性能

等 级 代 号	拉伸强度/MPa	扯断伸长率/%	磨耗量/mm^3
H	24	450	120
D	18	400	100
L	15	350	200

注：H—用于强划裂工作条件；D—用于强磨损工作条件；L—用于一般工作条件。

16.4.3　织物整芯输送带

该公司生产的织物整芯输送带规格及覆盖层特性如表 16-28、表 16-29 所示。

表 16-28　织物整芯输送带规格型号

型　号	纵向拉伸强度/N·mm⁻¹	横向拉伸强度/N·mm⁻¹	纵向拉断伸长率/%	横向拉断伸长率/%	覆盖层与带芯黏合强度平均值/N·mm⁻¹	覆盖层与带芯黏合强度最小值/N·mm⁻¹
680S	680	265	15	18	4.00	3.25
800S	800	280				
1000S	1000	300				
1250S	1250	350				
1400S	1400	350				
1600S	1600	400				
1800S	1800	400				
2000S	2000	400				
2240S	2240	450				
2500S	2500	450				
2800S	2800	450				
3100S	3100	450				
3400S	3400	450				

表 16-29　织物整芯输送带覆盖层性能

类　型	拉伸强度/MPa	扯断伸长率/%	磨耗量/mm^3	厚度/mm
橡胶覆盖层（PVG）	10	350	200	1.5
塑料覆盖层（PVC）	—	—	—	1.0

16.4.4　特殊用途输送带

该公司生产的特殊用途输送带性能及用途如表 16-30 所示。

表 16-30　特殊用途输送带

品　种	性能及用途
阻燃输送带	具有抗静电和阻燃性能，适用于有阻燃要求的物料输送环境
耐油输送带	对油脂具有抗膨胀性，适用于含油物料输送环境
耐寒输送带	适用于不低于 -45℃寒冷地区物料输送
耐热输送带	按耐受温度分为 $T_1 \leqslant 100$℃；$T_2 \leqslant 125$℃；$T_3 \leqslant 150$℃和 $T_4 \leqslant 175$℃型，适用于热环境物料的输送
耐酸碱输送带	适用于 pH 值为 4～10 的酸碱物料输送
超耐磨输送带	适用于抗冲击、耐磨损的输送环境
花纹输送带	分为人字形花纹、条状花纹、粒状花纹和扇形花纹，适用于大倾角物料输送环境
管状输送带	适用于散状物料的封闭输送，防止物料飞扬
提升式输送带	适用于物料的垂直输送环境

16.5　输送带接头

16.5.1　JKU 系列高强度输送带机械接头

JKU 系列高强度输送带机械接头是中国煤炭科工集团上海研究院开发研制的高强度输送带用机械接头，该产品是同类产品中唯一通过原煤炭部技术鉴定的。

JKU 系列高强度输送带机械接头包括五个品种，分别适用带强 800～1750kN/m 的输送带，它以特种不锈钢为原材料，经冷轧、热处理后冲压成形，具有强度高、韧性好、抗冲击力强等特点。

本产品结构合理，通用性、互换性好，装订后输送带整体强度高，符合《煤矿用输送带机械接头技术条件》（MT/T 318—1997）的规定。其主要技术指标，如静态强度和动态强度则根据英国 BS4890 标准检测，均达到国外同类产品的水平。

选型举例：

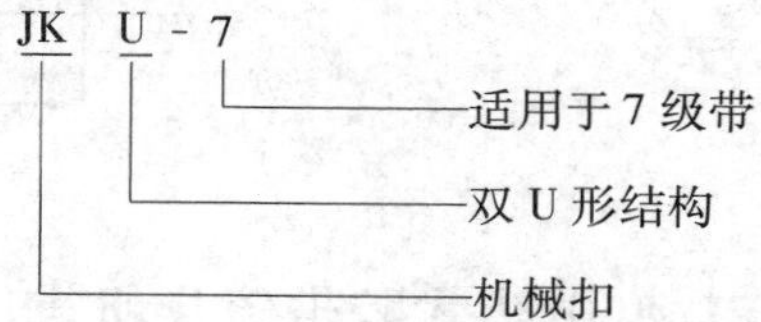

JKU 系列高强度输送带机械接头及规格特性如图 16-7 及表 16-31 所示。

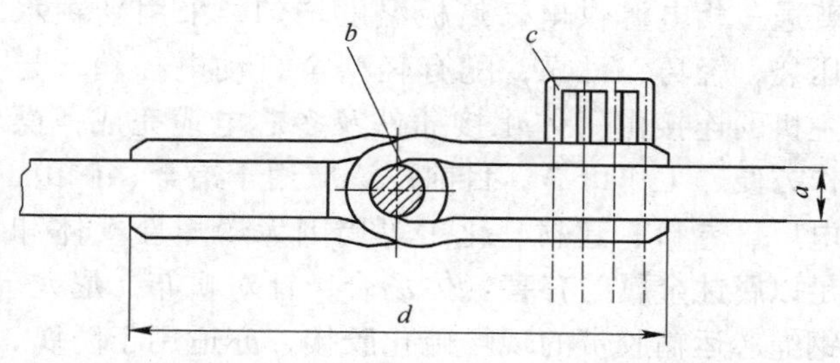

图 16-7　JKU 系列高强度输送带机械接头

表 16-31 JKU 系列高强度输送带机械接头规格性能表

型 号	适用带强/kN·m^{-1}	a/mm	b/mm	c/mm	d/mm
JKU-4	800	8~9	6	2.3	70
JKU-6	1000	8~9	6	2.3	70
JKU-7	1250	9~10	6	2.3	70
JKU-8	1400	10~12	8	2.3	80
JKU-10	1750	12~16	10	2.6	90

生产单位：中国煤炭科工集团上海研究院。

16.5.2 DKU-2 型钉扣机

DKU-2 型钉扣机是专为 JKU 系列高强度输送带机械接头配套开发的设备，如图 16-8 所示。该机具有以下特点：

（1）效率高：每米带宽操作只需 8~10min。

（2）通用性：不受带宽、带扣型号限制，均可使用。

（3）体积小：外形尺寸为 1225mm×410mm×591mm。

（4）重量轻：总重约 75kg，可分体携带。

选型举例：

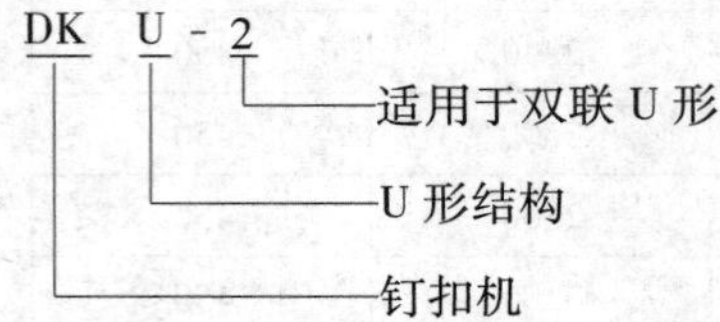

生产单位：中国煤炭科工集团上海研究院。

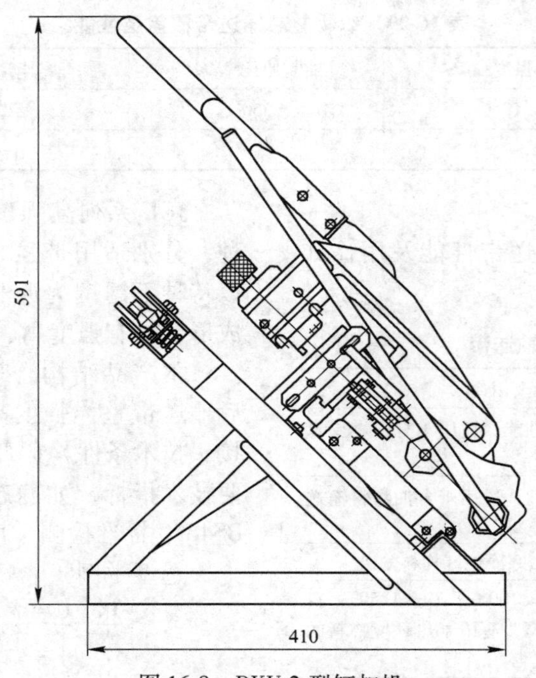

图 16-8 DKU-2 型钉扣机

16.6 DPL 型电热式胶带硫化机

16.6.1 硫化机的用途及特点

DPL 型电热式胶带硫化机体积小、重量轻、普通三相电源供电，热板温度均匀，采用新颖水压袋，轻巧、可靠，配有轻型全自动电控箱，与主机的连接由一体化接插件及多芯电缆完成，操作方便，工作可靠。目前广泛应用于冶金、矿山、电厂、港口、建材、化工等周围无爆炸性气体和足以腐蚀金属的有害气体场合，针对帆布、尼龙、钢绳芯运输胶带的现场硫化胶接，亦适用于防腐、耐热等特殊性能的胶带的硫化接头。

16.6.2 硫化机的技术参数

（1）硫化压力：1.5~2.8MPa；

（2）硫化温度：145℃；

（3）硫化板表面温差：±3℃；

（4）升温时间(常温到145℃，不大于)：50min；

（5）电源：380V，50Hz；

（6）电控箱输出功率：36kW；

（7）温度调节范围：0~200℃；

（8）计时调节范围：0~59min；

（9）上下加热加压：0.8MPa，后其缝隙不大于 0.5mm。

DPL 型硫化机的其余技术参数列于表 16-32。

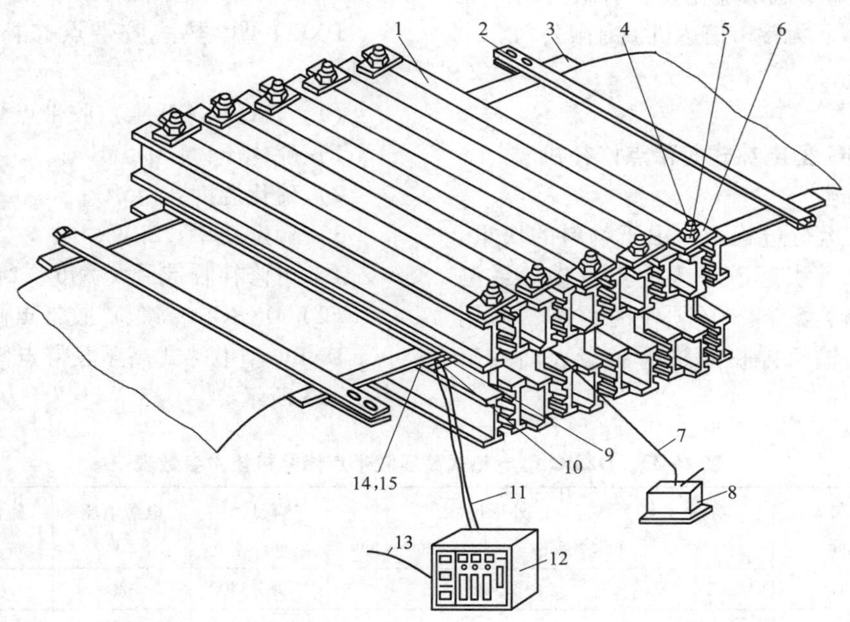

图 16-9 DPL 型电热式胶带硫化机

1—机架；2—夹紧机构；3—垫铁；4—螺杆；5—螺母；6—垫圈；7—高压软管；8—试压泵；9—隔热板；10—上加热板；11—二次电缆；12—电控箱；13—一次电缆；14—F 加热板；15—水压板

表 16-32 DPL 型硫化机技术参数表

型 号	硫化胶带宽度 /mm	规格 /mm×mm	加热板尺寸 (长×宽)/mm×mm	功率 /kW	外形尺寸 (长×宽×高)/mm×mm×mm	重量 /kg
DPL-650	650	650×830	830×820	10.8	1140×830×585	440
		650×1000	1000×820	13	1140×1000×585	530
DPL-800	800	800×830	830×995	12.7	1320×830×585	515
		800×1000	1000×995	15.4	1320×1000×585	630
DPL-1000	1000	1000×830	830×1228	15	1450×830×585	600
		1000×1000	1000×1228	18	1450×1000×585	715
DPL-1200	1200	1200×830	830×1431	18.2	1700×830×650	890
		1200×1000	1000×1431	22	1700×1000×650	1030
DPL-1400	1400	1400×830	830×1653	20.6	1950×830×750	980
		1400×1000	1000×1653	24.6	1950×1000×750	1180
DPL-1600	1600	1600×830	830×1867	22.8	2150×830×795	1290
		1600×1000	1000×1867	27.2	2150×1000×795	1540
DPL-1800	1800	1800×830	830×2079	25	2380×830×900	1670
		1800×1000	1000×2079	30	2380×1000×900	1960
DPL-2000	2000	2000×830	830×2303	27.4	2620×830×900	1810
		2000×1000	1000×2303	33	2620×1000×900	2160
DPL-2200	2200	2200×830	830×2478	30	2830×830×900	2040
		2200×1000	1000×2478	36.2	2830×1000×900	2450
DPL-2400	2400	2400×830	830×2678	33	3060×830×1020	2200
		2400×1000	1000×2678	39.2	3060×1000×1020	2700
DPL-2600	2600	2600×830	830×2878	39	3280×830×1020	2350
		2600×1000	1000×2878	42.2	3280×1000×1020	2950

生产单位：无锡市吼山硫化设备有限公司（无锡金城工程机械厂）、无锡市信达机械有限公司。

16.7　胶带修补器

16.7.1　DXBG 型电热式胶带点修补机

16.7.1.1　用途

胶带输送机在运行过程中，由于物料的块重、落差以及设备故障等引起胶带表面点状损坏或洞穿，而使芯层外露、漏料、必须及时修理，使用本修补器，可在运输机停机后进行胶带表面的硫化修理。

17.7.1.2　胶带点修补机技术参数

DXBG 型电热式胶带点修补器分高压和低压两种。

（1）DXBG（低压）胶带点修补机技术参数：

1）硫化压力：0.5MPa；

2）硫化温度：145℃；

3）额定功率：2kW；

4）可修补胶带最大宽度：1400mm。

（2）DXBG（高压）胶带点修补机技术参数：

DXBG 型电热式高压胶带点修补机技术参数如表 16-33 所示。

表 16-33　DXBG 型电热式高压胶带点修补机技术参数表

型　号	修补带宽 /mm	功率 /kW	外形尺寸 （长×宽×高）/mm×mm×mm	热板尺寸 /mm×mm	电源电压 /V	硫化温度 /℃	硫化压力 /MPa
DXBG-650	650	2	910×340×585	340×340	380	145	0.8
DXBG-800	800	2	1060×340×585	340×340	380	145	0.8
DXBG-1000	1000	2	1260×340×585	340×340	380	145	0.8
DXBG-1200	1200	2	1460×340×585	340×340	380	145	0.8
DXBG-1400	1400	2	1660×340×585	340×340	380	145	0.8
DXBG-1600	1600	2	1860×340×585	340×340	380	145	0.8
DXBG-1800	1800	2	2060×340×585	340×340	380	145	0.8
DXBG-2000	2000	2	2260×340×585	340×340	380	145	0.8
DXBG-2200	2200	2	2460×340×585	340×340	380	145	0.8

生产单位：无锡市吼山硫化设备有限公司（无锡金城工程机械厂）、无锡市信达机械有限公司。

16.7.2　PXBG 型电热式胶带边修补机

16.7.2.1　胶带边修补机用途

胶带输送机在运行过程中，由于跑偏或输送机本身质量问题，使胶带两边损坏，影响正常使用，本修补器可在停机后较短时间内（一般为 3h），在不拆除托辊的情况下，对边缘损坏处作有效的硫化修补。

16.7.2.2　胶带边修补机技术参数

PXBG 型电热式胶带边修补机技术参数：

（1）硫化温度：145℃；

（2）加热板尺寸：700mm×350mm；

（3）硫化压力：0.5MPa；

（4）额定功率：3.6kW；

（5）电源电压 380V。

生产单位：无锡市吼山硫化设备有限公司（无锡金城工程机械厂）、无锡市信达机械有限公司。

16.7.3　XXBG 型电热式胶带线修补机

16.7.3.1　胶带线修补机用途

胶带输送机在运行过程中，由于物料中含油异物，或机械本身故障会发生较长距离的沿胶带纵向的撕裂损坏，利用本修补器，可迅速有效地修复胶带的纵向撕裂，另外本厂可根据用户的不同要求，生产特殊规格的修补器械。

16.7.3.2　胶带线修补机技术参数

XXBG 型电热式胶带线修补机技术参数如表 16-34 所示。

表 16-34　XXBG 型电热式胶带线修补机技术参数表

型　号	修补带宽 /mm	热板尺寸 /mm×mm	功率 /kW	外形尺寸		电源电压 /V	硫化温度 /℃	硫化压力 /MPa
				（长×宽×高） /mm×mm×mm	机架数量			
XXBG-650	650	1000×350	5.2	910×1000×585	6	380	145	0.8
XXBG-800	800	1000×350	5.2	1060×1000×585	6	380	145	0.8

续表 16-34

型　号	修补带宽 /mm	热板尺寸 /mm×mm	功率 /kW	外形尺寸		电源电压 /V	硫化温度 /℃	硫化压力 /MPa
				(长×宽×高) /mm×mm×mm	机架数量			
XXBG-1000	1000	1000×350	5.2	1260×1000×585	6	380	145	0.8
XXBG-1200	1200	1000×350	5.2	1460×1000×585	6	380	145	0.8
XXBG-1400	1400	1000×350	5.2	1660×1000×585	8	380	145	0.8
XXBG-1600	1600	1000×350	5.2	1860×1000×585	8	380	145	0.8
XXBG-1800	1800	1000×350	5.2	2060×1000×585	8	380	145	0.8
XXBG-2000	2000	1000×350	5.2	2260×1000×585	10	380	145	0.8
XXBG-2200	2200	1000×350	5.2	2460×1000×585	10	380	145	0.8

生产单位：无锡市吼山硫化设备有限公司（无锡金城工程机械厂）、无锡市信达机械有限公司。

16.8 胶带剥皮机

16.8.1 BPJ-3 型织物芯输送带剥皮机

16.8.1.1 BPJ-3 型织物芯输送带剥皮机特点

该型胶带剥皮机工作效率高、劳动强度低、重量轻、适用各种环境的场合使用。

16.8.1.2 BPJ-3 型织物芯输送带剥皮机技术参数

（1）电源：电压 380V50Hz；

（2）功率：0.75kW；

（3）重量：35kg；

（4）使用范围：EP、NN、棉织物芯等各种分层带接头。

16.8.2 BPJ 型钢丝绳芯输送带剥皮机

16.8.2.1 使用范围

各种织物芯、钢丝绳芯输送带的覆盖胶与帆布、覆盖胶与钢丝绳、帆布之间的分离。

16.8.2.2 BPJ 型钢丝绳芯输送带剥皮机特点

（1）剥离面积大、速度快、可以大幅度降低劳动强度，减少接头所需时间；

（2）重量轻，便于携带、搬运；

（3）运行稳定。

16.8.2.3 BPJ 型钢丝绳芯输送带剥皮机技术参数

（1）机电功率：0.75kW；

（2）线速度：0.3m/s；

（3）最大剥离宽度：200mm（NN、EP 输送带及钢丝绳输送带）或 400mm（普通带）。

16.8.2.4 注意事项

（1）接通电源要由专业电工操作；

（2）使用时应将剥头机固定好，防止滑动；

（3）剥离时宽度不要超过相关要求。

生产单位：无锡市吼山硫化设备有限公司（无锡金城工程机械厂）、无锡市信达机械有限公司。

17 驱动装置标准部件产品资料

17.1 电动机

17.1.1 Y 系列（IP44）三相异步电动机（380V，机座号 80-315）（JB/T 9616—1999）

Y 系列（IP44）三相异步电动机（380V，机座号 80-315）（JB/T 9616—1999）的主要技术参数如表 17-1 所示；机座带底脚、端盖上无凸缘的电动机（B3）的安装及外形尺寸如图 17-1 和表 17-2 所示；机座不带底脚、端盖上有凸缘的电动机（B5）的安装及外形尺寸如图 17-2 和表 17-3 所示。

表 17-1 主要技术参数

型号	额定功率 /kW	满载时				堵转电流/额定电流	堵转转矩/额定转矩	最大转矩/额定转矩	转动惯量 /kg·m²	重量 /kg
		转速 /r·min⁻¹	电流 /A	效率 /%	功率因数					
同步转速(6极)＝1000r/min										
Y90S-6	0.75	910	2.3	72.5	0.70	5.5	2.0	2.2	0.0029	25
Y90L-6	1.1	910	3.2	73.5	0.72	5.5	2.0	2.2	0.0035	27
Y100L-6	1.5	940	4.0	77.5	0.74	6.0	2.0	2.2	0.0069	32
Y112M-6	2.2	940	5.6	80.5	0.74	6.0	2.0	2.2	0.0138	45
Y132S-6	3	960	7.2	83	0.76	6.5	2.0	2.2	0.0286	65
Y132M1-6	4	960	9.4	84.0	0.77	6.5	2.0	2.2	0.0357	75
Y132M2-6	5.5	960	12.6	85.3	0.78	6.5	2.0	2.2	0.0449	84
Y160M-6	7.5	970	17.0	86.0	0.78	6.5	2.0	2.0	0.0881	121
Y160L-6	11	970	24.6	87.0	0.78	6.5	2.0	2.0	0.116	146
Y180L-6	15	970	31.4	89.5	0.81	6.5	1.8	2.0	0.207	186
Y200L1-6	18.5	970	37.2	89.8	0.83	6.5	1.8	2.0	0.315	235
Y200L2-6	22	970	44.6	90.2	0.83	6.5	1.8	2.0	0.360	260
Y225M-6	30	980	59.5	90.2	0.85	6.5	1.7	2.0	0.547	302
Y250M-6	37	980	72	90.8	0.86	6.5	1.8	2.0	0.834	400
Y280S-6	45	980	85.4	92	0.87	6.5	1.8	2.0	1.39	533
Y280M-6	55	980	104	92	0.87	6.5	1.8	2.0	1.65	590
Y315S-6	75	980	141	92.8	0.87	6.5	1.6	2.0	4.11	990
Y315M-6	90	980	169	93.2	0.87	6.5	1.6	2.0	4.78	1050
Y315L1-6	110	980	206	93.5	0.87	6.5	1.6	2.0	5.45	1110
Y315L2-6	132	980	246	93.8	0.87	6.5	1.6	2.0	6.12	1190
同步转速(4极)＝1500r/min										
Y80M1-4	0.55	1390	1.5	73	0.76	6.0	2.4	2.3	0.018	17
Y80M2-4	0.75	1390	2.0	74.5	0.76	6.0	2.3	2.3	0.0021	18
Y90S-4	1.1	1400	2.7	78	0.78	6.5	2.3	2.3	0.0021	23
Y90L-4	1.5	1400	3.7	79	0.79	6.5	2.3	2.3	0.0027	27
Y100L1-4	2.2	1430	5.0	81	0.82	7.0	2.2	2.3	0.0054	35
Y100L2-4	3	1430	6.8	82.5	0.81	7.0	2.2	2.3	0.0067	38
Y112M-4	4	1440	8.8	84.5	0.82	7.0	2.2	2.3	0.0095	49
Y132S-4	5.5	1440	11.6	85.5	0.84	7.0	2.2	2.3	0.0214	67
Y132M-4	7.5	1440	15.4	87	0.85	7.0	2.2	2.3	0.0296	80
Y160M-4	11	1460	22.6	88	0.84	7.0	2.2	2.3	0.0747	124
Y160L-4	15	1460	30.3	88.5	0.85	7.0	2.2	2.3	0.0918	147
Y180M-4	18.5	1470	35.9	91	0.86	7.0	2.0	2.2	0.139	173
Y180L-4	22	1470	42.5	91.5	0.86	7.0	2.0	2.2	0.158	197
Y200L-4	30	1470	56.8	92.2	0.87	7.0	2.0	2.2	0.262	255
Y225S-4	37	1480	70.4	91.8	0.87	7.0	1.9	2.2	0.406	305

续表 17-1

<table>
<tr><th rowspan="2">型　号</th><th rowspan="2">额定功率
/kW</th><th colspan="4">满 载 时</th><th rowspan="2">堵转电流
额定电流</th><th rowspan="2">堵转转矩
额定转矩</th><th rowspan="2">最大转矩
额定转矩</th><th rowspan="2">转动惯量
/kg · m²</th><th rowspan="2">重量
/kg</th></tr>
<tr><th>转速
/r · min⁻¹</th><th>电流
/A</th><th>效率
/%</th><th>功率因数</th></tr>
<tr><td colspan="11">同步转速(4极) = 1500r/min</td></tr>
<tr><td>Y225M-4</td><td>45</td><td>1480</td><td>84. 2</td><td>92. 3</td><td>0. 88</td><td>7. 0</td><td>1. 9</td><td>2. 2</td><td>0. 469</td><td>333</td></tr>
<tr><td>Y250M-4</td><td>55</td><td>1480</td><td>103</td><td>92. 6</td><td>0. 88</td><td>7. 0</td><td>2. 0</td><td>2. 2</td><td>0. 64</td><td>400</td></tr>
<tr><td>Y280S-4</td><td>75</td><td>1480</td><td>140</td><td>92. 7</td><td>0. 88</td><td>7. 0</td><td>1. 9</td><td>2. 2</td><td>1. 10</td><td>560</td></tr>
<tr><td>Y280M-4</td><td>90</td><td>1480</td><td>164</td><td>93. 5</td><td>0. 89</td><td>7. 0</td><td>1. 9</td><td>2. 2</td><td>1. 45</td><td>660</td></tr>
<tr><td>Y315S-4</td><td>110</td><td>1480</td><td>201</td><td>93. 5</td><td>0. 89</td><td>6. 8</td><td>1. 8</td><td>2. 2</td><td>3. 11</td><td>1000</td></tr>
<tr><td>Y315M-4</td><td>132</td><td>1480</td><td>240</td><td>94</td><td>0. 89</td><td>6. 8</td><td>1. 8</td><td>2. 2</td><td>3. 62</td><td>1100</td></tr>
<tr><td>Y315L1-4</td><td>160</td><td>1480</td><td>289</td><td>94. 5</td><td>0. 89</td><td>6. 8</td><td>1. 8</td><td>2. 2</td><td>4. 13</td><td>1140</td></tr>
<tr><td>Y315L2-4</td><td>200</td><td>1480</td><td>361</td><td>94. 5</td><td>0. 89</td><td>6. 8</td><td>1. 8</td><td>2. 2</td><td>4. 5</td><td>1300</td></tr>
</table>

注：表中电动机重量，各制造厂略有不同。

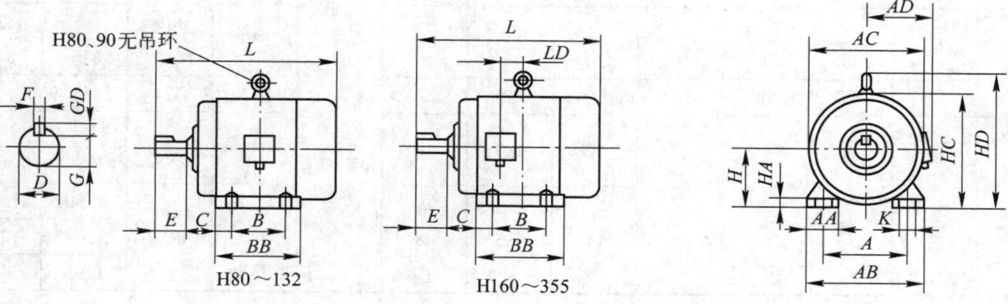

图 17-1　电动机（B3）安装及外形尺寸

表 17-2　机座带底脚、端盖上无凸缘的电动机（B3）安装及外形尺寸　mm

<table>
<tr><th rowspan="2">机座号</th><th rowspan="2">极 数</th><th rowspan="2">A</th><th rowspan="2">AA</th><th rowspan="2">AB</th><th rowspan="2">AC</th><th rowspan="2">AD</th><th rowspan="2">B</th><th rowspan="2">BB</th><th rowspan="2">C</th><th colspan="2">D</th><th colspan="2">E</th></tr>
<tr><th>2P</th><th>4-10P</th><th>2P</th><th>4-10P</th></tr>
<tr><td>80M</td><td>2，4</td><td>125</td><td>34</td><td>165</td><td>165</td><td>150</td><td rowspan="2">100</td><td rowspan="2">135</td><td>50</td><td colspan="2">19j6</td><td colspan="2">40</td></tr>
<tr><td>90S</td><td rowspan="4">2，4，6</td><td rowspan="2">140</td><td rowspan="2">36</td><td rowspan="2">180</td><td rowspan="2">175</td><td rowspan="2">155</td><td rowspan="2">56</td><td colspan="2" rowspan="2">24j6</td><td colspan="2" rowspan="2">50</td></tr>
<tr><td>90L</td><td>125</td><td>155</td></tr>
<tr><td>100L</td><td>160</td><td>40</td><td>205</td><td>205</td><td>180</td><td>140</td><td>176</td><td>63</td><td colspan="2" rowspan="2">28j6</td><td colspan="2" rowspan="2">60</td></tr>
<tr><td>112M</td><td>190</td><td>50</td><td>245</td><td>230</td><td>190</td><td>140</td><td>180</td><td>70</td></tr>
<tr><td>132S</td><td rowspan="7">2，4，6，8</td><td rowspan="2">216</td><td rowspan="2">60</td><td rowspan="2">280</td><td rowspan="2">270</td><td rowspan="2">210</td><td>140</td><td>200</td><td rowspan="2">89</td><td colspan="2" rowspan="2">38K6</td><td colspan="2" rowspan="2">80</td></tr>
<tr><td>132M</td><td>178</td><td>238</td></tr>
<tr><td>160M</td><td rowspan="2">254</td><td rowspan="2">70</td><td rowspan="2">330</td><td rowspan="2">325</td><td rowspan="2">255</td><td>210</td><td>270</td><td rowspan="2">108</td><td colspan="2" rowspan="2">42K6</td><td colspan="2" rowspan="5">110</td></tr>
<tr><td>160L</td><td>254</td><td>314</td></tr>
<tr><td>180M</td><td rowspan="2">279</td><td rowspan="2">70</td><td rowspan="2">355</td><td rowspan="2">360</td><td rowspan="2">285</td><td>241</td><td>311</td><td rowspan="2">121</td><td colspan="2" rowspan="2">48K6</td></tr>
<tr><td>180L</td><td>279</td><td>349</td></tr>
<tr><td>200L</td><td>318</td><td>70</td><td>395</td><td>400</td><td>310</td><td>305</td><td>379</td><td>133</td><td colspan="2">55m6</td></tr>
<tr><td>225S</td><td>4，8</td><td rowspan="2">356</td><td rowspan="2">75</td><td rowspan="2">435</td><td rowspan="2">450</td><td rowspan="2">345</td><td>286</td><td>368</td><td rowspan="2">149</td><td></td><td rowspan="2">60m6</td><td></td><td rowspan="2">140</td></tr>
<tr><td>225M</td><td rowspan="4">2，4，6，8</td><td>311</td><td>393</td><td>55m6</td><td>110</td></tr>
<tr><td>250M</td><td>406</td><td>80</td><td>490</td><td>495</td><td>385</td><td>349</td><td>455</td><td>168</td><td>60m6</td><td>65m6</td><td colspan="2" rowspan="3">140</td></tr>
<tr><td>280S</td><td rowspan="2">457</td><td rowspan="2">85</td><td rowspan="2">550</td><td rowspan="2">555</td><td rowspan="2">410</td><td>368</td><td>530</td><td rowspan="2">190</td><td rowspan="5">65m6</td><td rowspan="2">75m6</td></tr>
<tr><td>280M</td><td>419</td><td>581</td></tr>
<tr><td>315S</td><td rowspan="3">2，4，6，8，10</td><td rowspan="3">508</td><td rowspan="3">125</td><td rowspan="3">640</td><td rowspan="3">645</td><td rowspan="3">550</td><td>406</td><td>610</td><td rowspan="3">216</td><td rowspan="3">80m6</td><td rowspan="3">140</td><td rowspan="3">170</td></tr>
<tr><td>315M</td><td>457</td><td>660</td></tr>
<tr><td>315L</td><td>508</td><td>745</td></tr>
</table>

续表 17-2

机座号	F 2P	F 4-10P	G 2P	G 4-10P	GD 2P	GD 4-10P	H	HA	HC	HD	K	L 2P	L 4-10P	LD
80M	6		15.5		6		80	13	170	170	ϕ10	285		55
90S	8		20		7		90	13	190	190		310		
90L												335		
100L			24				100	15		245	ϕ12	380		
112M	10		33		8		112	18		265		400		
132S							132	20		315		475		
132M												515		
160M	12		37				160	22		385	ϕ15	600		
160L												645		
180M	14		42.5		9		180	24		430		670		86
180L												710		105
200L	16		49		10		200	27		475	ϕ19	775		104
225S	16	18	49	53	10	11	225	30		530			820	103
225M												815	845	112
250M	18		53	58	11		250	32		575	ϕ24	930		131
280S	18	20	58	67.5	11	12	280	38		640	ϕ24	1000		168
280M												1050		194
315S		22		71		14	315	48		770	ϕ28	1190	1220	213
315M												1240	1270	238
315L												1295	1325	264

注：表中外形尺寸，各制造厂略有不同。

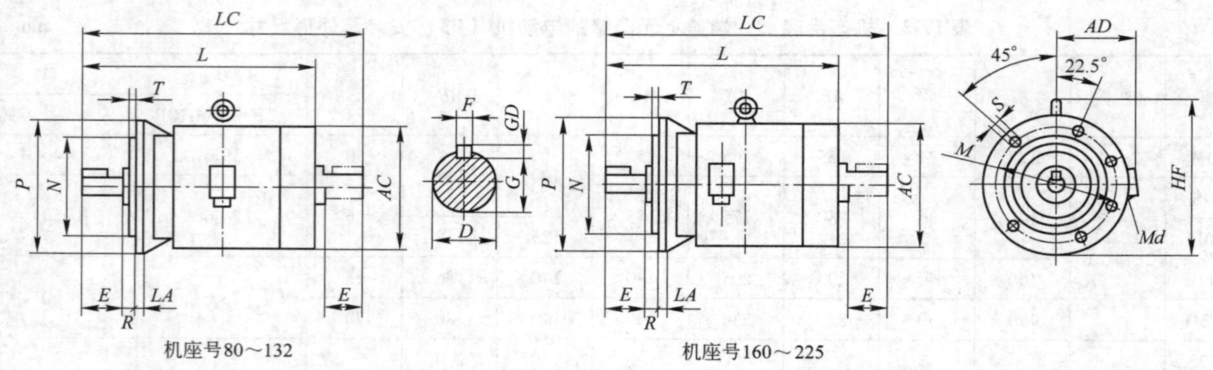

图 17-2　电动机（B5）安装及外形尺寸

表 17-3　机座不带底脚、端盖上有凸缘的电动机（B5）安装及外形尺寸　　mm

机座号	凸缘号	极数	安装尺寸 D	E	F	G	M	N	P①	R②	S	T	凸缘孔数	外形尺寸 AC	AD	HF	L
80M	FF165	2，4	19	40	6	15.5	165	130	200	0	ϕ12	3.5	4	175	150	185	290
90S		2，4，6	24	50	8	20	165	130	200					195	160	195	315
90L																	340
100L	FF215		28	60	8	24	215	180	250		ϕ15	4		215	180	245	380
112M														240	190	265	400
132S	FF265	2，4，6，8	38	80	10	33	265	230	300					275	210	315	475
132M																	515
160M	FF300		42	110	12	37	300	250	350		ϕ19	5		335	265	385	605
160L																	650

续表 17-3

机座号	凸缘号	极数	安装尺寸 D	E	F	G	M	N	P①	R②	S	T	凸缘孔数	外形尺寸 AC	AD	HF	L
180M	FF300	2，4，6，8	48	110	14	42.5	300	250	350				4	380	285	430	670
180L																	710
200L	FF350		55	110	16	49	350	300	400	0	ϕ19	4		420	315	480	775
225S	FF400	4，8	60	140	18	53	400	350	450				8	475	345	535	820
225M		4，6，8															845

① P 尺寸为最大极限值。

② R 为凸缘配合面至轴伸肩的距离。

17.1.2　Y 系列（IP44）三相异步电动机（380V，机座号 355）（JB/T 5274—1991）

Y 系列（IP44）三相异步电动机（380V，机座号 355）（JB/T 5274—1991）的主要技术参数如表 17-4 所示，其安装及外形尺寸如图 17-3 和表 17-5 所示。

表 17-4　主要技术参数

型　号	额定功率/kW	额定电流/A	效率/%	功率因数	堵转转矩/额定转矩	堵转电流/额定电流	最大转矩/额定转矩	噪声数值/dB(A)	转动惯量/kg·m²	重量/kg
同步转速(6极)＝1000r/min										
Y355M-6	160	300	94.1							1620
	185①		94.3							
	200	374	94.3	0.86	1.3	6.7	2.0	102		1750
	220①		94.5							
	250	465	94.7					105		1990
同步转速(4极)＝1500r/min										
Y355M-4	220①		94.4					106		
	250	459	94.7	0.87	1.4	6.8	2.2			1800
	280①		94.9					108		
	315	576	95.2			6.9				1940

① 不推荐使用，用户需要时可以与制造厂协商。

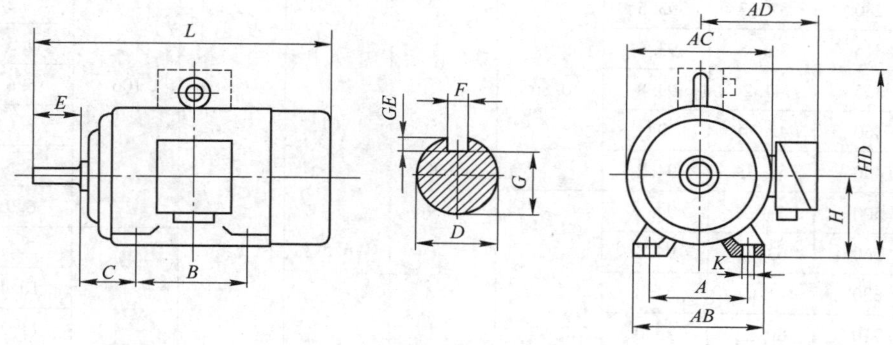

图 17-3　电动机的安装及外形尺寸

表 17-5　电动机的安装及外形尺寸　mm

机座号	安装尺寸 A	B	C	D	E	F	G	H	K	外形尺寸（限值） AB	AC	AD	HD	L
355M	610	560	254	95	170	25	86	355	ϕ28	740	750	680	1035	1570
355L		630												

17.1.3 Y355～Y500（IP44）高压三相异步电动机（3kV、6kV）(JB/T 7593—1994)

Y355～Y500（IP44）高压三相异步电动机（3kV、6kV）(JB/T 7593—1994）的主要技术参数见表17-6，其安装及外形尺寸见图17-4和表17-7。

表17-6 主要技术参数

<table>
<tr><th>型　号</th><th>额定功率/kW</th><th>额定电力/A</th><th>效率/%</th><th>功率因数</th><th>堵转转矩/额定转矩</th><th>堵转电流/额定电流</th><th>最大转矩/额定转矩</th><th>噪声数值/dB(A)</th><th>转动惯量/kg·m^2</th><th>重量/kg</th></tr>
<tr><td colspan="11">同步转速(6极)＝1000r/min</td></tr>
<tr><td>Y3555-6</td><td>220</td><td>27.13</td><td>93.0</td><td rowspan="2">0.82</td><td rowspan="10">0.8</td><td rowspan="14">6.0</td><td rowspan="14">1.8</td><td rowspan="8">103</td><td>6.0</td><td>2270</td></tr>
<tr><td>Y3556-6</td><td>250</td><td>30.29</td><td>93.3</td><td>6.4</td><td>2330</td></tr>
<tr><td>Y4002-6</td><td>280</td><td>33.8</td><td>93.5</td><td rowspan="4">0.83</td><td>9.5</td><td>2800</td></tr>
<tr><td>Y4003-6</td><td>315</td><td>37.75</td><td>93.7</td><td>10.2</td><td>2870</td></tr>
<tr><td>Y4004-6</td><td>355</td><td>42.08</td><td>93.9</td><td>10.9</td><td>2950</td></tr>
<tr><td>Y4005-6</td><td>400</td><td>47.21</td><td>94.0</td><td>11.8</td><td>3040</td></tr>
<tr><td>Y4501-6</td><td>450</td><td>53.60</td><td>94.3</td><td>0.84</td><td>14.3</td><td>3610</td></tr>
<tr><td>Y4502-6</td><td>500</td><td>59.32</td><td>94.5</td><td rowspan="7">0.85</td><td>15.3</td><td>3710</td></tr>
<tr><td>Y4503-6</td><td>560</td><td>60.24</td><td>94.7</td><td rowspan="6">106</td><td>16.6</td><td>3810</td></tr>
<tr><td>Y4504-6</td><td>630</td><td>74.73</td><td>94.8</td><td>19.2</td><td>4030</td></tr>
<tr><td>Y5001-6</td><td>710</td><td>83</td><td>95.0</td><td rowspan="4">0.7</td><td>31.3</td><td>4590</td></tr>
<tr><td>Y5002-6</td><td>800</td><td>93.6</td><td>95.1</td><td>34.0</td><td>4730</td></tr>
<tr><td>Y5003-6</td><td>900</td><td>105.7</td><td>95.2</td><td>39.5</td><td>5010</td></tr>
<tr><td>Y5004-6</td><td>1000</td><td>116.7</td><td>95.3</td><td>42.2</td><td>5160</td></tr>
<tr><td colspan="11">同步转速(4极)＝1500r/min</td></tr>
<tr><td>Y3553-4</td><td>220</td><td>25.42</td><td>93.3</td><td rowspan="2">0.85</td><td rowspan="13">0.8</td><td rowspan="17">6.5</td><td rowspan="17">1.8</td><td>103</td><td>2.9</td><td>1950</td></tr>
<tr><td>Y3554-4</td><td>250</td><td>29.11</td><td>93.4</td><td rowspan="7">106</td><td>3.1</td><td>1990</td></tr>
<tr><td>Y3555-4</td><td>280</td><td>32.63</td><td>93.5</td><td rowspan="5">0.86</td><td>3.2</td><td>2050</td></tr>
<tr><td>Y3556-4</td><td>315</td><td>36.48</td><td>93.6</td><td>3.5</td><td>2540</td></tr>
<tr><td>Y4001-4</td><td>355</td><td>41.2</td><td>93.8</td><td>5.6</td><td>2760</td></tr>
<tr><td>Y4002-4</td><td>400</td><td>45.74</td><td>94</td><td>6.0</td><td>2840</td></tr>
<tr><td>Y4003-4</td><td>450</td><td>51.33</td><td>94.2</td><td>6.5</td><td>2910</td></tr>
<tr><td>Y4004-4</td><td>500</td><td>57.21</td><td>94.3</td><td rowspan="7">0.87</td><td>6.9</td><td>3000</td></tr>
<tr><td>Y4005-4</td><td>560</td><td>63.78</td><td>94.5</td><td rowspan="6">108</td><td>7.5</td><td>3090</td></tr>
<tr><td>Y4501-4</td><td>630</td><td>71.02</td><td>94.8</td><td>10.4</td><td>3660</td></tr>
<tr><td>Y4502-4</td><td>710</td><td>80.22</td><td>95.0</td><td>11.2</td><td>3740</td></tr>
<tr><td>Y4503-4</td><td>800</td><td>90.67</td><td>95.1</td><td>12.1</td><td>3860</td></tr>
<tr><td>Y4504-4</td><td>900</td><td>101.03</td><td>95.2</td><td>14.0</td><td>4090</td></tr>
<tr><td>Y5001-4</td><td>1000</td><td>112.6</td><td>95.3</td><td rowspan="4">0.7</td><td>23.5</td><td>4690</td></tr>
<tr><td>Y5002-4</td><td>1120</td><td>126</td><td>95.4</td><td rowspan="3">0.88</td><td rowspan="3">109</td><td>25.4</td><td>4840</td></tr>
<tr><td>Y5003-4</td><td>1250</td><td>140</td><td>95.5</td><td>29.4</td><td>5150</td></tr>
<tr><td>Y5004-4</td><td>1400</td><td>156.4</td><td>95.6</td><td>31.4</td><td>5310</td></tr>
</table>

注：表中电动机重量，各制造厂略有不同。

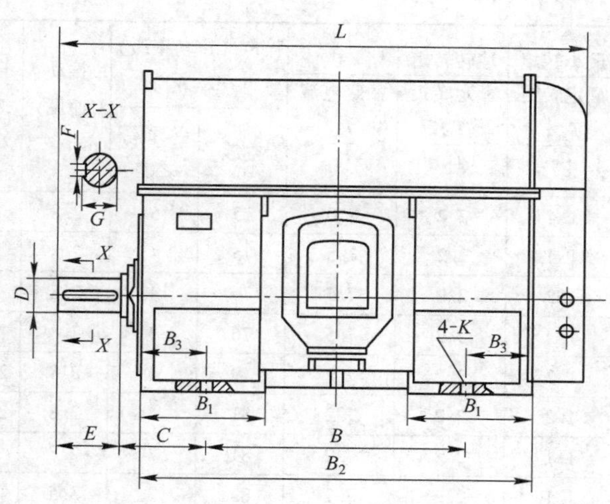

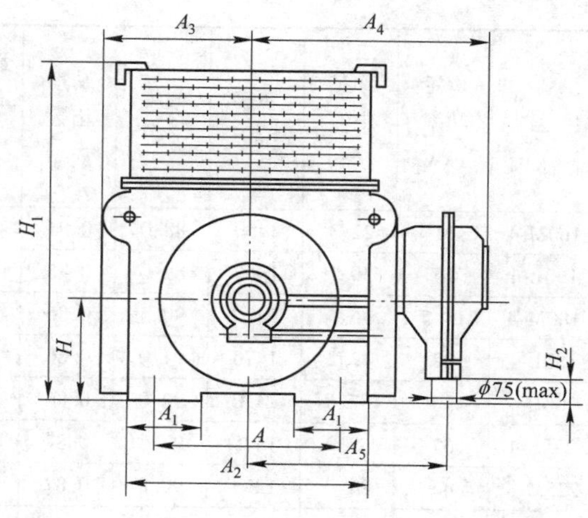

图 17-4　安装及外形

表 17-7　安装及外形尺寸

mm

机座号	安装尺寸									外形尺寸										
	A	B	C	D	E	F	G	H	K	A_1	A_2	A_3	A_4	A_5	B_1	B_2	B_3	H_1	H_2	L
355-4,6	630	900	315	100	210	28	90	355	φ28	250	800	500	775	640	435	1380	240	1305	35	1865
400-4,6	710	1000	335	110	210	28	100	400	φ35	275	900	560	835	705	500	1510	255	1495	80	2025
450-4	800	1120	335	120	210	32	109	450	φ35	305	1000	620	895	765	575	1660	270	1595	130	2035
450-6				130	250	32	119													2075
500-4	900	1250	475	130	250	32	119	500	φ42	335	1120	690	965	835	655	1820	385	1795	180	2220
500-6				140	250	36	128													

注：表中外形尺寸，各制造厂略有不同。

17.1.4　Y2 系列（IP54）三相异步电动机（JB/T 8680.1—1998，JB/T 8680.2—1998）

Y2 系列（IP54）三相异步电动机的设计技术数据见表 17-8，机座带底脚、端盖无凸缘的电动机（B3）安装及外形尺寸见图 17-5 和表 17-9，机座不带底脚、端盖有凸缘（带通孔）的电动机（B5）安装及外形尺寸见图 17-6 和表 17-10。

表 17-8　Y2 系列设计技术数据表

型　号	额定功率 /kW	额定电流 /A	转速 /r·min^{-1}	效率 /%	功率因数 cosφ	最大转矩/额定转矩 $\frac{T_{max}}{T_N}$	最小转矩/额定转矩 $\frac{T_{min}}{T_N}$	堵转转矩/额定转矩 $\frac{T_{St}}{T_N}$	堵转电流/额定电流 $\frac{I_{St}}{I_N}$	噪声（声功率级）/dB(A) 空载	噪声（声功率级）/dB(A) 空、负载之差	振动速度 /mm·s^{-1}	重量(B3) /kg
Y2-631-4	0.12	0.4	1370	57.0	0.72	2.2	1.7	2.1	4.4	52	5	1.8	
Y2-632-4	0.18	0.6	1370	60.0	0.73	2.2	1.7	2.1	4.4	52	5	1.8	
Y2-711-4	0.25	0.8	1380	65.0	0.74	2.2	1.7	2.1	5.2	55	5	1.8	
Y2-712-4	0.37	1.0	1380	67.0	0.75	2.2	1.7	2.1	5.2	55	5	1.8	
Y2-801-4	0.55	1.6	1390	71.0	0.75	2.3	1.7	2.4	5.2	58	5	1.8	
Y2-802-4	0.75	2.0	1390	73.0	0.77	2.3	1.6	2.4	6.0	58	5	1.8	
Y2-90S-4	1.1	2.9	1400	75.0	0.77	2.3	1.6	2.3	6.0	61	5	1.8	
Y2-90L-4	1.5	3.7	1400	78.0	0.79	2.3	1.6	2.3	6.0	61	5	1.8	
Y2-100L1-4	2.2	5.2	1430	80.0	0.81	2.3	1.5	2.3	7.0	64	5	1.8	
Y2-100L2-4	3	6.8	1430	82.0	0.82	2.3	1.5	2.3	7.0	64	5	1.8	
Y2-112M-4	4	8.8	1440	84.0	0.82	2.3	1.5	2.3	7.0	65	5	1.8	
Y2-132S-4	5.5	11.8	1440	85.0	0.83	2.3	1.4	2.3	7.0	71	5	1.8	
Y2-132M-4	7.5	15.6	1440	87.0	0.84	2.3	1.4	2.3	7.0	71	5	1.8	

续表 17-8

型号	额定功率 /kW	额定电流 /A	转速 /r·min^{-1}	效率 /%	功率因数 cosφ	最大转矩/额定转矩 $\frac{T_{max}}{T_N}$	最小转矩/额定转矩 $\frac{T_{min}}{T_N}$	堵转转矩/额定转矩 $\frac{T_{St}}{T_N}$	堵转电流/额定电流 $\frac{I_{St}}{I_N}$	噪声（声功率级）/dB(A) 空载	噪声（声功率级）/dB(A) 空、负载之差	振动速度 /mm·s^{-1}	重量(B3) /kg
Y2-160M-4	11	22.3	1460	88.0	0.85	2.3	1.4	2.2	7.0	75	5	2.8	
Y2-160L-4	15	30.1	1460	89.0	0.85	2.3	1.4	2.2	7.5	75	4	2.8	
Y2-180M-4	18.5	36.5	1470	90.5	0.86	2.3	1.2	2.2	7.5	76	4	2.8	
Y2-180L-4	22	43.2	1470	91.0	0.86	2.3	1.2	2.2	7.5	76	4	2.8	
Y2-200L-4	30	57.6	1470	92.0	0.86	2.3	1.2	2.2	7.2	79	4	2.8	242
Y2-225S-4	37	69.9	1475	92.5	0.87	2.3	1.2	2.2	7.2	81	4	2.8	280
Y2-225M-4	45	84.7	1475	92.8	0.87	2.3	1.1	2.2	7.2	81	3	2.8	
Y2-250M-4	55	103	1480	93.0	0.81	2.3	1.1	2.2	7.2	83	3	3.5	
Y2-280S-4	75	139.6	1480	93.8	0.87	2.3	1.0	2.2	7.2	86	3	3.5	
Y2-280M-4	90	166.9	1480	94.2	0.87	2.3	1.0	2.2	7.2	86	3	3.5	
Y2-315S-4	110	201	1480	94.5	0.88	2.2	1.0	2.1	6.9	93	3	3.5	
Y2-315M-4	132	240	1480	94.8	0.88	2.2	1.0	2.1	6.9	93	3	3.5	
Y2-315L1-4	160	287	1480	94.9	0.89	2.2	1.0	2.1	6.9	97	3	3.5	
Y2-315L2-4	200	359	1480	95.0	0.89	2.2	0.9	2.1	6.9	97	3	3.5	
Y2-355M-4	250	443	1480	95.3	0.90	2.2	0.9	2.1	6.9	101	3	3.5	
Y2-355L-4	315	556	1480	95.6	0.90	2.2	0.8	2.1	6.9	101	3	3.5	
Y2-701-6	0.18	0.7	900	56.0	0.66	2.0	1.5	1.9	4.0	52	7	1.8	
Y2-702-6	0.25	1.0	900	59.0	0.68	2.0	1.5	1.9	4.0	52	7	1.8	
Y2-801-6	0.37	1.3	900	62.0	0.70	2.0	1.5	1.9	4.7	54	7	1.8	
Y2-802-6	0.55	1.8	900	65.0	0.72	2.1	1.5	1.9	4.7	54	7	1.8	
Y2-90S-6	0.75	2.3	910	69.0	0.72	2.1	1.5	2.0	5.5	57	7	1.8	
Y2-90L-6	1.1	3.2	910	72.0	0.73	2.1	1.3	2.0	5.5	57	7	1.8	
Y2-100L-6	1.5	3.9	940	76.0	0.76	2.1	1.3	2.0	5.5	61	7	1.8	
Y2-112M-6	2.2	5.6	940	79.0	0.76	2.1	1.3	2.0	6.5	65	7	1.8	
Y2-132S-6	3	7.4	960	81.0	0.76	2.1	1.3	2.1	6.5	69	7	1.8	
Y2-132M1-6	4	9.8	960	82.0	0.76	2.1	1.3	2.1	6.5	69	7	1.8	
Y2-132M2-6	5.5	12.9	960	84.0	0.77	2.1	1.3	2.1	6.5	69	7	1.8	
Y2-160M-6	7.5	17.0	970	86.0	0.77	2.1	1.3	2.0	6.5	73	7	2.8	
Y2-160L-6	11	24.2	970	87.5	0.78	2.1	1.2	2.0	6.5	73	7	2.8	
Y2-180L-6	15	31.6	970	89.0	0.81	2.1	1.2	2.0	7.0	73	6	2.8	
Y2-200L1-6	18.5	38.6	980	90.0	0.81	2.1	1.2	2.1	7.0	76	6	2.8	214
Y2-200L2-6	22	44.7	980	90.0	0.83	2.1	1.2	2.1	7.0	76	6	2.8	227
Y2-225M-6	30	59.3	980	91.5	0.84	2.1	1.2	2.0	7.0	76	6	2.8	
Y2-250M-6	37	71	980	92.0	0.86	2.1	1.2	2.1	7.0	78	6	3.5	
Y2-280S-6	45	85.9	980	92.5	0.86	2.0	1.1	2.1	7.0	80	5	3.5	
Y2-280M-6	55	104.7	980	92.8	0.86	2.0	1.1	2.1	7.0	80	5	3.5	
Y2-315S-6	75	141	980	93.5	0.86	2.0	1.0	2.0	7.0	85	5	3.5	
Y2-315M-6	90	169	980	93.8	0.86	2.0	1.0	2.0	7.0	85	5	3.5	
Y2-315L1-6	110	206	980	94.0	0.86	2.0	1.0	2.0	6.7	85	5	3.5	
Y2-315L2-6	132	244	980	94.2	0.87	2.0	1.0	2.0	6.7	85	4	3.5	
Y2-355M1-6	160	292	980	94.5	0.88	2.0	1.0	1.9	6.7	92	4	3.5	
Y2-355M2-6	200	365	980	94.7	0.88	2.0	0.9	1.9	6.7	92	4	3.5	
Y2-355L-6	250	455	980	94.9	0.88	2.0	0.9	1.9	6.7	92	4	3.5	
Y2-801-4E	0.55	1.5	1390	73.5	0.75	2.3	1.7	2.4	6.0	58	5	1.8	

续表 17-8

型 号	额定功率/kW	额定电流/A	转速/r·min⁻¹	效率/%	功率因数 cosφ	最大转矩/额定转矩 $\frac{T_{max}}{T_N}$	最小转矩/额定转矩 $\frac{T_{min}}{T_N}$	堵转转矩/额定转矩 $\frac{T_{St}}{T_N}$	堵转电流/额定电流 $\frac{I_{St}}{I_N}$	噪声（声功率级）/dB(A) 空载	空、负载之差	振动速度/mm·s⁻¹	重量（B3）/kg
Y2-802-4E	0.75	2.0	1390	75.5	0.77	2.3	1.6	2.4	6.0	58	5	1.8	
Y2-90S-4E	1.1	2.8	1400	76.5	0.78	2.3	1.6	2.3	6.5	61	5	1.8	
Y2-90L-4E	1.5	3.7	1400	79.5	0.78	2.3	1.6	2.3	6.5	61	5	1.8	
Y2-100L1-4E	2.2	5.0	1430	82.0	0.81	2.3	1.5	2.3	7.1	64	5	1.8	
Y2-100L2-4E	3	6.9	1430	83.0	0.82	2.3	1.5	2.3	7.1	64	5	1.8	
Y2-112M-4E	4	8.6	1440	86.0	0.82	2.3	1.5	2.3	7.1	65	5	1.8	
Y2-132S-4E	5.5	11.6	1440	87.0	0.83	2.3	1.4	2.3	7.1	71	5	1.8	
Y2-132M-4E	7.5	15.2	1440	88.0	0.85	2.3	1.4	2.3	7.1	71	5	1.8	
Y2-160M-4E	11	21.7	1460	90.5	0.85	2.3	1.4	2.1	7.7	75	5	2.8	
Y2-160L-4E	15	29.5	1460	91.0	0.85	2.3	1.4	2.1	7.7	75	4	2.8	
Y2-180M-4E	18.5	35.3	1470	92.5	0.86	2.3	1.2	2.1	7.7	76	4	2.8	
Y2-180L-4E	22	41.9	1470	92.8	0.86	2.3	1.2	2.1	7.7	76	4	2.8	
Y2-200L-4E	30	56.9	1470	93.2	0.86	2.3	1.2	2.1	7.3	79	4	2.8	257
Y2-225S-4E	37	69.5	1480	94.0	0.87	2.3	1.2	1.7	7.3	81	4	2.8	
Y2-225M-4E	45	83.4	1480	94.2	0.87	2.3	1.1	1.8	7.3	81	3	2.8	
Y2-250M-4E	55	101.6	1480	94.5	0.87	2.3	1.1	1.8	7.3	83	3	3.5	
Y2-280S-4E	75	138.3	1480	94.7	0.87	2.3	1.0	2.0	7.3	86	3	3.5	
Y2-280M-4E	90	165.4	1480	95.0	0.87	2.3	1.0	2.0	7.3	86	3	3.5	
Y2-90S-6E	0.75	2.2	910	72.5	0.71	2.1	1.5	2.1	5.6	57	7	1.8	
Y2-90L-6E	1.1	3.2	910	74.5	0.71	2.1	1.3	2.1	5.6	57	7	1.8	
Y2-100L-6E	1.5	3.9	940	78.0	0.74	2.1	1.3	2.1	6.4	61	7	1.8	
Y2-112M-6E	2.2	5.5	940	81.0	0.75	2.1	1.3	2.1	6.4	65	7	1.8	
Y2-132S-6E	3	7.1	960	84.0	0.76	2.1	1.3	2.1	6.4	69	7	1.8	
Y2-132M1-6E	4	9.4	960	85.5	0.76	2.1	1.3	2.1	7.0	69	7	1.8	
Y2-132M2-6E	5.5	12.5	960	86.5	0.77	2.1	1.3	2.1	7.0	69	7	1.8	
Y2-160M-6E	7.5	16.5	970	88.5	0.78	2.1	1.3	1.9	7.0	73	7	2.8	
Y2-160L-6E	11	23.5	970	89.0	0.80	2.1	1.2	1.9	7.0	73	7	2.8	
Y2-180L-6E	15	31.1	970	90.5	0.81	2.1	1.2	1.9	7.0	73	6	2.8	
Y2-200L1-6E	18.5	38.3	980	91.5	0.81	2.1	1.2	1.9	7.0	76	6	2.8	230
Y2-200L2-6E	22	45.1	980	92.0	0.83	2.1	1.2	1.9	7.0	76	6	2.8	243
Y2-225M-6E	30	57.4	980	93.5	0.85	2.1	1.2	1.8	7.0	76	6	2.8	
Y2-250M-6E	37	70.7	980	93.5	0.86	2.1	1.2	1.8	7.0	78	6	3.5	
Y2-280S-6E	45	85.0	980	93.5	0.86	2.0	1.1	1.8	7.0	80	5	3.5	
Y2-280M-6E	55	130.6	980	93.8	0.86	2.0	1.1	1.8	7.0	80	5	3.5	

注：未列出重量数据的型号表示尚未生产过的产品，但可以订货生产。

型号含义：

Y2 系列电动机有两种设计。

第一种设计适用于一般机械配套和出口需要，在轻载时有较高效率，在实际运行中有较佳节能效果，且具有较高堵转转矩，此设计称为 Y2-Y 系列。中心高 63 ~ 355mm，功率从 0.12 ~ 315kW。电动机符合 JB/T 8680.1—1998Y2 系列（IP54）三相异步电动机（机座号 63 ~ 355）技术条件。型号含义：

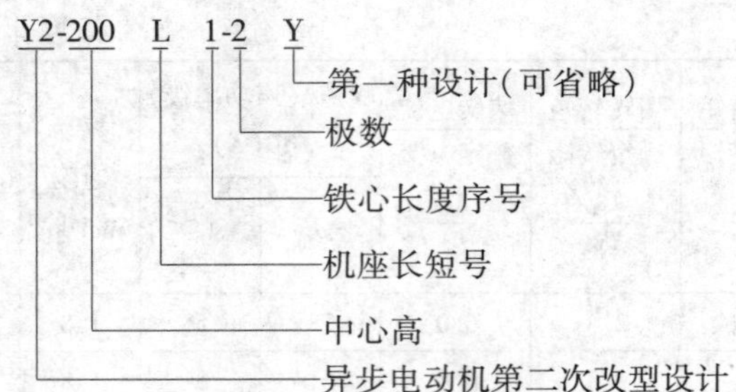

第二种设计是满载时有较高效率，更适用于长期运行和负载率较高的使用场合，如水泵、风机配套。此设计称为 Y2-E 系列，中心高 80 ~ 280mm，功率 0.55 ~ 90kW。电动机符合 JB/T 8680.2—1998Y2 系列（IP54）三相异步电动机（机座号 80 ~280）技术条件。型号含义：

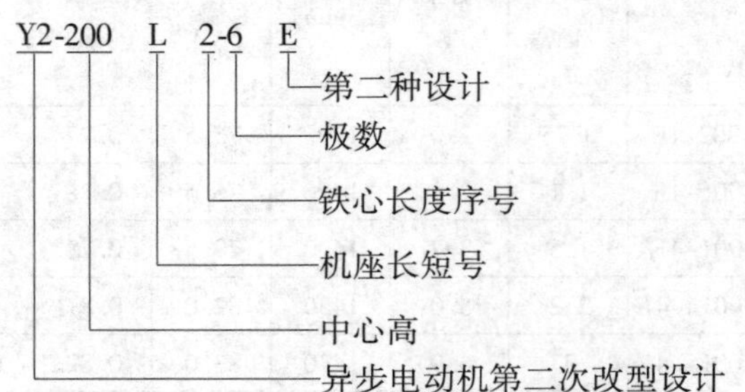

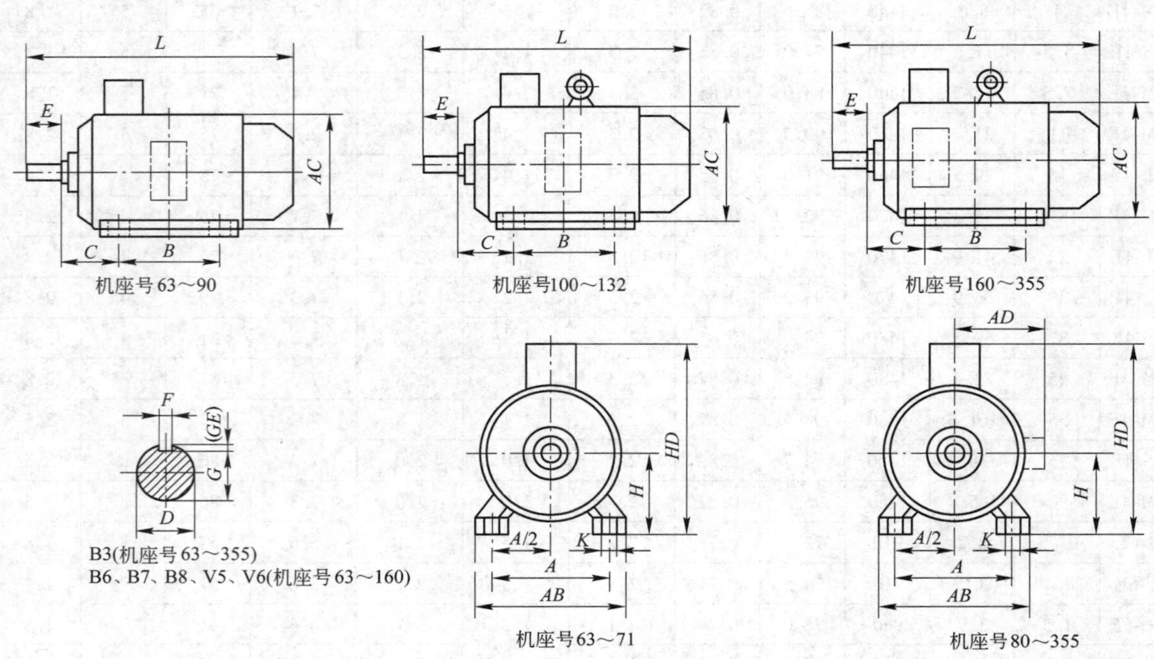

图 17-5 机座带底脚、端盖无凸缘的电动机（B3）安装与外形

表 17-9 机座带底脚、端盖无凸缘的电动机（B3）安装与外形尺寸 mm

机座号	安装尺寸										外形尺寸				
	A	*A*/2	*B*	*C*	*D*	*E*	*F*	*G*	*H*	*K*	*AB*	*AC*	*AD*	*HD*	*L*
63	100	50	80	40	11	23	4	8.5	63	ϕ7	135	130	70	180	225
71	112	56	90	45	14	30	5	11	71	ϕ7	150	145	80	195	250
80	125	62.5	100	50	19	40	6	15.5	80	ϕ10	165	175	145	214	295
90S	140	70	100	56	24	50	8	20	90	ϕ10	180	195	155	250	315
90L	140	70	125	56	24	50	8	20	90	ϕ10	180	195	155	250	340
100L	160	80	140	63	28	60	8	24	100	ϕ12	205	215	180	270	385
112M	190	95	140	70	28	60	8	24	112	ϕ12	230	240	190	300	400
132S	216	108	140	89	38	80	10	33	132	ϕ12	270	275	210	345	470
132M	216	108	178	89	38	80	10	33	132	ϕ12	270	275	210	345	510
160M	254	127	210	108	42	110	12	37	160	ϕ15	320	330	255	420	615
160L	254	127	254	108	42	110	12	37	160	ϕ15	320	330	255	420	670
180M	279	139.5	241	121	48	110	14	42.5	180	ϕ15	355	380	280	455	700
180L	279	139.5	279	121	48	110	14	42.5	180	ϕ15	355	380	280	455	740
200L	318	159	305	133	55	110	16	49	200	ϕ19	395	420	305	545	770
225S	356	178	286	149	60	140	18	53	225	ϕ19	435	470	335	555	815
225M	356	178	311	149	60	140	18	53	225	ϕ19	435	470	335	555	845

续表 17-9

机座号	安装尺寸										外形尺寸				
	A	A/2	B	C	D	E	F	G	H	K	AB	AC	AD	HD	L
250M	406	203	349	168	65	140	18	58	250	φ24	490	510	370	615	910
280S	457	228.5	368	190	75	140	20	67.5	280	φ24	550	580	410	680	985
280M	457	228.5	419	190	75	140	20	67.5	280	φ24	550	580	410	680	1035
315S	508	254	406	216	80	170	22	71	315	φ28	635	645	530	845	1270
315M	508	254	457	216	80	170	22	71	315	φ28	635	645	530	845	1300
315L	508	254	508	216	80	170	22	71	315	φ28	635	645	530	845	1300
355M	610	305	560	254	95	170	25	86	355	φ28	730	710	655	1010	1530
355L	610	305	630	254	95	170	25	86	355	φ28	730	710	655	1010	1530

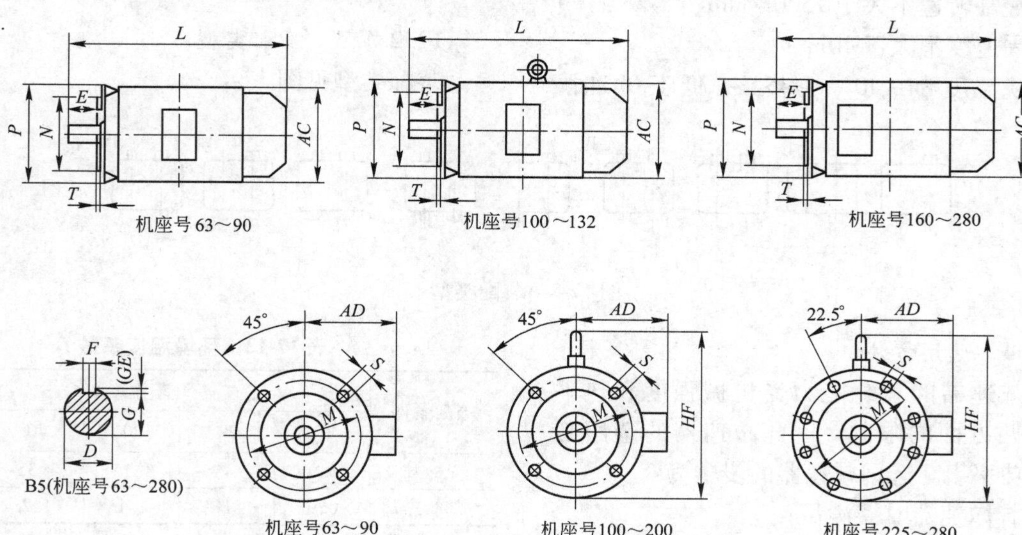

图 17-6 机座不带底脚、端盖有凸缘（带通孔）的电动机（B5）安装及外形

表 17-10 机座不带底脚、端盖有凸缘（带通孔）的电动机（B5）安装与外形尺寸 mm

机座号	凸缘号	安装尺寸											外形尺寸			
		D	E	F	G	M	N	P①	R②	S	T	凸缘孔数	AC	AD	HF	L
63	FF115	11	23	4	8.5	115	95	140	0	φ10	3	4	130	70	130	225
71	FF130	14	30	5	11	130	110	160		φ10	3.5		145	80	145	250
80	FF165	19	40	6	15.5	165	130	200		φ12	3.5		175	145	185	295
90S		24	50	8	20								195	155	195	315
90L		24	50	8	20								195	155	195	340
100L	FF125	28	60	8	24	215	180	250		φ15	4		215	180	245	385
112M													240	190	265	400
132S	FF265	38	80	10	33	265	230	300					275	210	315	470
132M													275	210	315	510
160M	FF300	42	110	12	37	300	250	350		φ19	5		330	255	385	615
160L													330	255	385	670
180M		48	110	14	42.5								380	280	430	700
180L													380	280	430	740
200L	FF350	55	110	16	49	350	300	400					420	305	480	770
225S	FF400	60	140	18	53	400	350	450				8	470	335	535	815
225M													470	335	535	845
250M	FF500	65	140	18	58	500	450	550					510	370	595	910
280S		75	140	20	67.5								580	410	650	985
280M		75	140	20	67.5								580	410	650	1035

① P 尺寸为最大极限值；② R 为凸缘配合面至轴伸肩的距离。

17.2　减速器

17.2.1　ZLY、ZSY 硬齿面圆柱齿轮减速器 (JB/T 8853—1999)

17.2.1.1　适用范围

ZLY、ZSY 外啮合渐开线硬齿面圆柱齿轮减速器，可适用于煤炭、冶金、矿山、化工、建材、轻工、电力、交通、纺织等行业各种适用机械的传动机构中，其工作条件如下：

输入轴最高转速不大于 1500r/min；

齿轮圆周速度不大于 20m/s；

工作环境温度为 -40 ~ +45℃，低于 0℃时，启动前润滑油应加热到 +10℃。

17.2.1.2　标记示例

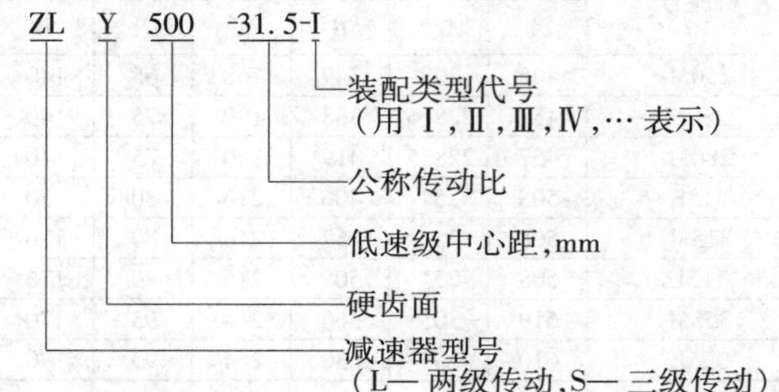

17.2.1.3　装配类型

装配类型见图 17-7。

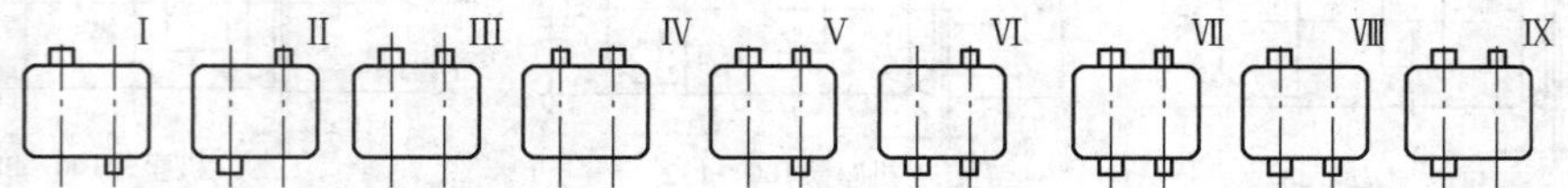

图 17-7　装配类型

17.2.1.4　选用方法

本标准减速器的承载能力受机械强度和热平衡许用功率两方面的限制。因此减速器的选用必须通过两个功率表。选用减速器的步骤为：

（1）选择减速器时需满足：

$$P_{2m} = P_2 \cdot f_1 \leqslant P_1$$

式中　P_{2m}——计算功率，kW；

P_2——负载功率，kW；

f_1——工况系数，见表 17-11；

P_1——减速器的公称输入功率，见表 17-17、表 17-18。

（2）校核热平衡许用功率时需满足：

$$P_{2t} = P_2 \cdot f_2 \cdot f_3 \cdot f_4 \leqslant P_{G1} \quad 或 \quad \leqslant P_{G2}$$

式中，f_2、f_3、f_4 查表 17-12、表 17-13、表 17-14。

表 17-11　工况系数 f_1

原动机	每日工作小时	轻微冲击（均匀）载荷	中等冲击载荷	强冲击载荷
电动机	~3	0.8	1	1.25
汽轮机	>3 ~10	1	1.25	1.75
水力机	>10	1.25	1.5	2
4 ~6 缸	~3	1	1.25	1.75
的活塞	>3 ~10	1.25	1.5	2
发动机	>10	1.5	1.75	2
1 ~3 缸	~3	1.25	1.5	2
的活塞	>3 ~10	1.5	1.75	2.25
发动机	>10	1.75	2	2.5

表 17-12　环境温度系数 f_2

冷却条件	环境温度 t/℃				
	10	20	30	40	50
无冷却	0.9	1	1.15	1.35	1.65
冷却管冷却	0.9	1	1.1	1.2	1.3

表 17-13　负荷率系数 f_3

小时负荷率/%	100	80	60	40	20
负荷系数 f_3	1	0.94	0.86	0.74	0.56

表 17-14　负荷率利用系数 f_4

(P_2/P_1)/%	30	40	50	60	70	80 ~100
f_4	1.5	1.25	1.15	1.1	1.05	1

例：带式输送机减速器，电动机驱动，电动机转速 $n_1 = 1500$r/min，传动比 $i = 31.5$，传递功率 $P_2 = 380$kW，每日工作 24h，最高环境温度 $t = 40$℃，自然通风冷却，油池润滑，要求选用规格相当的第Ⅰ种装配类型标准减速器。

根据减速器选择步骤（1），通过查减速器的机械强度功率表选取。一般情况下要计入工况系统 f_1，特殊情况下还要考虑安全系数。带式输送机负荷为中等冲击，查表 17-11：$f_1 = 1.5$，计算功率 P_{2m}为：

$$P_{2m} = P_2 \cdot f_1 = 380\text{kW} \times 1.5 = 570\text{kW}$$

要求 $P_{2m} \leqslant P_1$。

按 $i = 31.5$，$n_1 = 1500$r/min，查表 17-18，ZSY500，$i = 31.5$，$n_1 = 1500$r/min，$P_1 = 840$kW

$P_{2m} = 570\text{kW} \leqslant P_1 = 840\text{kW}$。

可以选用 ZSY500 减速器，标记为 ZSY500-31.5-Ⅰ JB/T 8853—1999。

17.2.1.5 外形、安装尺寸

ZLY 型减速器的外形及安装尺寸见图 17-8 和表 17-15，ZSY 型减速器的外形及安装尺寸见图 17-9和表 17-16。

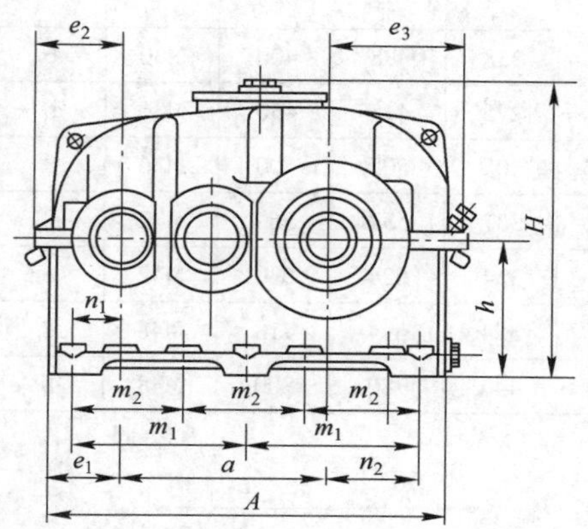

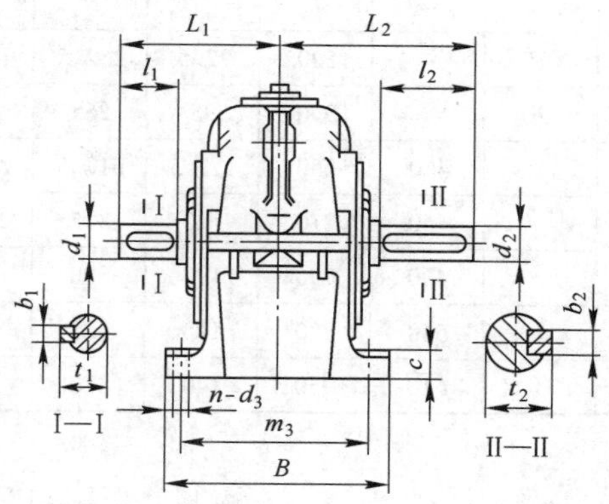

图 17-8 ZLY 减速器外形及安装尺寸

表 17-15 ZLY 型减速器外形、安装尺寸

型号 ZLY（低速级中心距）	A /mm	B /mm	$H\approx$ /mm	a /mm	d_1 (m6) /mm	l_1 /mm	L_1 /mm	b_1 /mm	t_1 /mm	d_1 (m6) /mm	l_1 /mm	L_1 /mm	b_1 /mm	t_1 /mm	d_2 (m6) /mm	l_2 /mm	L_2 /mm	b_2 /mm	t_2 /mm
					$i=6.3\sim11.2$					$i=12.5\sim20$									
112	385	215	268	192	24	36	141	8	27	22	36	141	6	24.5	48	82	192	14	51.5
125	425	235	297	215	28	42	157	8	31	24	36	151	8	27	55	82	197	16	59
140	475	245	335	240	32	58	183	10	35	28	42	167	8	31	65	105	230	18	69
160	540	290	375	272	38	58	198	10	41	32	58	198	10	35	75	105	245	20	79.5
180	600	320	415	305	42	82	232	12	45	32	58	208	10	35	85	130	285	22	90
200	665	355	462	340	48	82	247	14	51.5	38	58	223	10	41	95	130	300	25	100
224	755	390	515	385	48	82	267	14	51.5	42	82	267	12	45	100	165	355	28	106
250	830	450	574	430	60	105	315	18	64	48	82	292	14	51.5	110	165	380	28	116
280	920	500	646	480	65	105	340	18	69	55	82	317	16	59	130	200	440	32	137
315	1030	570	721	539	75	105	365	20	79.5	60	105	365	18	64	140	200	470	36	148
355	1150	600	806	605	85	130	410	22	90	70	105	385	20	74.5	170	240	530	40	179
400	1280	690	906	680	90	130	440	25	95	80	130	440	22	85	180	240	560	45	190
450	1450	750	1006	770	100	165	515	28	106	85	130	480	22	90	220	280	640	50	231
					$i=6.3\sim12.5$					$i=14\sim18$									
500	1600	830	1121	860	110	165	555	28	116	95	130	520	25	100	240	330	730	56	252
560	1760	910	1263	960	120	165	525	32	127	110	165	575	28	116	280	380	820	63	292
630	1980	1010	1406	1080	140	200	660	36	148	120	165	625	32	127	300	380	870	70	314
710	2220	1110	1583	1210	160	240	740	40	169	140	200	700	36	148	340	450	990	80	355

型号 ZLY（低速级中心距）	c/mm	m_1/mm	m_2/mm	m_3/mm	n_1/mm	n_2/mm	e_1/mm	e_2/mm	e_3/mm	h/mm	地脚螺栓 d_3/mm	地脚螺栓 n/mm	重量 /kg	润滑油量 /L
112	22	160		180	43	85	75.5	92	134	125	M12	6	60	3
125	25	180		200	45	100	77.5	98	153	140	M12	6	69	4.3
140	25	200		210	47.5	112.5	85	106	171	160	M12	6	105	6
160	32	225		245	58	120	103	126	188	180	M16	6	155	8.5
180	32	250		275	60	135	110	134	209	200	M16	6	185	11.5
200	40	280		300	65	155	117.5	148	238	225	M20	6	260	16.5
224	40	310		335	70	165.5	137.5	168	263	250	M20	6	370	23
250	50	350		380	80	190	145	184	293	280	M24	6	527	32
280	50	380		430	75	205	155	195	325	315	M24	6	700	46
315	63	420		490	78	223	173	219	364	355	M30	6	845	65

续表 17-15

型号 ZLY（低速级中心距）	c/mm	m_1/mm	m_2/mm	m_3/mm	n_1/mm	n_2/mm	e_1/mm	e_2/mm	e_3/mm	h/mm	地脚螺栓		重量/kg	润滑油量/L
											d_3/mm	n/mm		
355	63	475		520	92.5	252.5	192.5	238	398	400	M30	6	1250	90
400	80	520		590	95	265	215	275	445	450	M36	6	1750	125
450	80		400	650	117.5	317.5	242.5	305	505	500	M36	8	2650	180
500	100		440	710	120	345	262.5	337	557	560	M42	8	3400	250
560	100		490	790	120	390	265	354	624	630	M42	8	4500	350
630	125		540	870	115	425	295	384	694	710	M48	8	6800	350
710	125		610	950	140	480	335	440	780	800	M48	8	8509	520

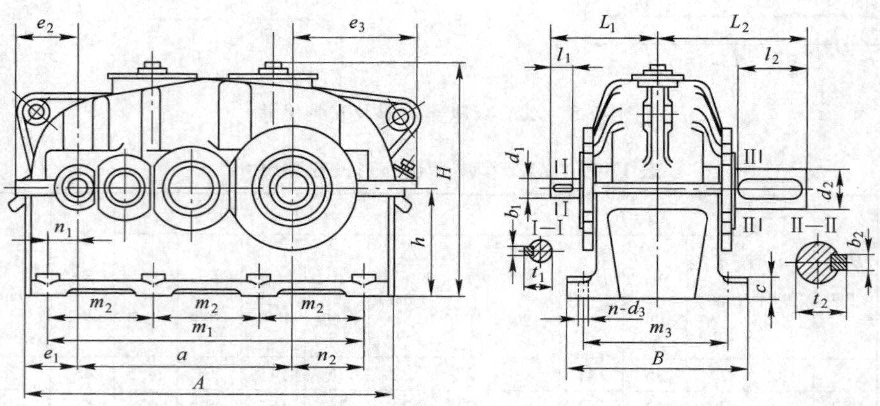

图 17-9　ZSY 型减速器外形、安装尺寸

表 17-16　ZSY 型减速器外形、安装尺寸

型号 ZSY（低速级中心距）	A/mm	B/mm	$H\approx$/mm	a/mm	$i=22.4\sim71$					$i=80\sim100$					d_2(m6)/mm	l_2/mm	L_2/mm	b_2/mm	t_2/mm
					d_1(m6)/mm	l_1/mm	L_1/mm	b_1/mm	t_1/mm	d_1(m6)/mm	l_1/mm	L_1/mm	b_1/mm	t_1/mm					
160	600	290	375	352	24	36	166	8	27	19	28	158	6	21.5	75	105	245	20	79.5
180	665	320	415	395	28	42	187	8	31	22	36	181	6	24.5	85	130	285	22	90
200	745	355	462	440	32	58	218	10	35	22	36	196	6	24.5	95	130	300	25	100
224	840	390	511	496	38	58	233	10	41	24	36	211	8	27	100	165	355	28	106
250	930	450	570	555	42	82	282	12	45	32	58	258	10	35	110	165	380	28	116
280	1025	500	644	620	48	82	307	14	51.5	38	58	283	10	41	130	200	440	32	137
315	1160	570	719	699	48	82	337	14	51.5	42	82	337	12	45	140	200	470	36	148
					$i=20\sim35.5$					$i=40\sim90$									
355	1280	600	806	785	60	105	380	18	64	48	82	357	14	51.5	170	240	530	40	179
400	1420	690	906	880	65	105	410	18	69	55	82	387	16	59	180	240	560	45	190
450	1610	750	1006	989	70	105	450	20	74.5	60	105	450	18	64	220	280	640	50	231
					$i=20\sim45$					$i=50\sim90$									
500	1790	830	1121	1105	80	130	515	22	85	65	105	490	18	69	240	330	730	56	252
560	2010	910	1261	1240	95	130	530	25	100	75	105	505	20	795	280	380	820	63	292
630	2260	1030	1406	1400	110	165	625	28	116	85	130	590	22	90	300	380	880	70	314
710	2540	1160	1581	1570	120	165	685	32	127	90	130	650	25	95	340	450	1010	80	355

续表 17-16

型号 ZSY（低速级中心距）	c/mm	m_1/mm	m_2/mm	m_3/mm	n_1/mm	n_2/mm	e_1/mm	e_2/mm	e_3/mm	h/mm	地脚螺栓		重量/kg	润滑油量/L
											d_3/mm	n/mm		
160	32	510	170	245	38	120	83	107	188	180	M16	8	170	10
180	32	570	190	275	37. 5	137. 5	85	109	209	200	M16	8	205	14
200	40	630	210	300	40	150	97. 5	128	238	225	M20	8	285	19
224	40	705	235	335	43. 5	165. 5	110. 5	141	263	250	M20	8	395	26
250	50	810	270	380	60	195	120	158	293	280	M24	8	540	36
280	50	855	285	430	35	200	120	160	325	315	M24	8	750	53
315	63	960	320	490	40	221	143	189	364	355	M30	8	940	75
355	63	1080	360	520	42. 5	252. 5	143	188	398	400	M30	8	1400	115
400	80	1200	400	590	45	275	155	215	445	450	M36	8	1950	160
450	80	1350	450	650	48	313	178	240	505	500	M36	8	2636	220
500	100	1500	500	710	59	336	200	277	557	560	M42	8	3800	300
560	100	1680	560	790	70	370	235	324	624	630	M42	8	5100	450
630	125	1890	630	890	72. 5	422	255	344	694	710	M48	8	7200	520
710	125	2130	710	1000	92. 5	472. 5	297. 5	400	780	800	M48	8	9205	820

17. 2. 1. 6 承载能力

ZLY 型减速器功率见表 17-17，ZSY 型减速器功率见表 17-18。

表 17-17 ZLY 型减速器功率 P_1

公称传动比 i	公称转速/r·min⁻¹ 输入 n_1	输出 n_2	ZLY 低速级中心距/mm 112	125	140	160	180	200	224	250	280	315	355	400	450	500	560	630	710
			公称输入功率 P_1/kW																
6. 3	1500	240	37. 4	54	73	114	157	221	305	424	578	791	1156	1650	2192	3132	4310		
	1000	160	26. 4	37. 4	50	78	109	153	211	294	400	548	802	1146	1558	2181	3000	4347	6229
	750	120	19. 5	28. 6	38. 5	60	84	119	163	227	308	422	618	884	1213	1685	2320	3357	4884
7. 1	1500	210	34	49	66	104	143	201	277	385	525	719	1051	1500	1993	2847	3917		
	1000	140	24	34	45. 5	71	99	139	192	267	364	498	729	1042	1416	1883	2731	3952	5663
	750	106	17. 7	26	35	54. 5	76	108	148	206	280	384	562	804	1103	1532	2109	3052	4440
8	1500	185	32	43	61	94. 5	130	181. 5	250	347	469	678	932	1309	1869	2489	3520		
	1000	125	21. 5	29. 5	42. 4	64	93	126	173	241	325	470	646	908	1298	1730	2447	3398	5019
	750	94	17	23	33	49	69	97	133	186	251	362	498	700	1000	1333	1887	2619	3881
9	1500	167	29	38. 5	56	81	119	165. 5	227	315	423	612	841	1182	1689	2248	3183		
	1000	111	20	27	38. 5	55	82. 5	115	157	218	293	424	583	819	1172	1561	2210	3068	4537
	750	85	15	20. 5	30	42	64	88	121	168	226	327	449	631	903	1202	1703	2363	3502
10	1500	150	26	35	50	73	109	149	204	284	383	555	762	1070	1530	2038	2883		
	1000	100	18	24	35	50	75	103	142	197	266	384	528	742	1061	1414	2001	2777	4112
	750	75	14	18. 5	26. 6	38	58	80	109	152	204	296	407	571	817	1088	1541	2139	3172
11. 2	1500	134	23	31. 5	45	66	96	133	184	255	346	500	688	966	1381	1839	2604		
	1000	89	16	22	31	45	67	92	127	177	240	347	477	669	957	1275	1806	2506	3711
	750	67	12	17	24	35	51	71	98	136	185	267	367	516	737	982	1391	1930	2862
12. 5	1500	120	21	28	40	59	83	116. 5	165	229	311	450	618	869	1242	1654	2341		
	1000	80	14	19. 5	28	40	57	81	114	159	216	312	428	601	860	1146	1621	2251	3338
	750	60	11	15	21	31	44	63	88	122	166	240	330	463	663	882	1249	1734	2573

续表 17-17

公称传动比 i	公称转速 /r·min^{-1}		ZLY 低速级中心距/mm																
	输入 n_1	输出 n_2	112	125	140	160	180	200	224	250	280	315	355	400	450	500	560	630	710
			公称输入功率 P_1/kW																
14	1500	107	18.5	25	36	52.5	74	103	148	206	279	404	555	779	1115	1485	2102	2918	4318
	1000	71	12.5	17.5	25	36	51	73	102	142	193	280	384	540	772	1028	1455	2020	2996
	750	54	9.8	13	19	27.6	39	56	79	110	149	216	296	416	594	792	1120	1555	2310
16	1500	94	16	22	31	47.5	70.5	98	133	185	251	362	498	700	1000	1333	1887	2619	3879
	1000	62	11	15	21.5	32	49	68	92	128	174	251	345	484	693	923	1306	1812	2690
	750	47	8	11.5	17	25	38	53	71	99	134	193	266	373	533	711	1005	1395	2073
18	1500	83	14	19.5	28	42.5	60.5	96	115	161	225	326	448	629	899	1197	1607	2353	3487
	1000	56	10	13.5	19.6	29	42	59.5	80	111	156	226	310	435	622	829	1175	1628	2417
	750	42	7.5	10.5	15	22	32	46	61	86	120	174	239	335	479	638	905	1252	1861
20	1500	75	13	18	25.5	38	59	77	103	142	205	296							
	1000	50	9	12	18	26.5	41	53.5	72	95	142	205							
	750	38	6.8	9.5	14	20	32	41	55	76	109	158							

表 17-18　ZSY 型减速器功率 P_1

公称传动比 i	公称转速 /r·min^{-1}		ZSY 低速级中心距/mm													
	输入 n_1	输出 n_2	160	180	200	224	250	280	315	355	400	450	500	560	630	710
			公称输入功率 P_1/kW													
22.4	1500	67	34	51	68	98	131	182	270	400	530	780	1060	1450	1865	
	1000	44	24	35	48	68	91	128	185	262	355	540	750	1025	1325	1905
	750	33	18	27	37	52	70	97	135	215	275	415	580	800	1030	1485
25	1500	60	32	46	63	96	115	157	240	365	470	705	1020	1405	1863	
	1000	40	22	31	43	66	80	108	163	250	315	465	705	975	1325	1905
	750	30	16	24	33	51	60	84	122	195	240	350	504	750	1030	1485
28	1500	54	29	42	59	86	113	142	220	325	425	625	945	1260	1800	
	1000	36	20	29	41	60	75	98	148	215	280	420	650	870	1245	1760
	750	27	15	22	31	46	56	76	114	160	210	310	500	670	960	1855
31.5	1500	48	26	37	51	79	95	127	197	290	395	560	840	1140	1600	
	1000	32	17	26	35	55	63	86	132	195	270	370	585	790	1110	1565
	750	24	14	20	27	42	49	65	100	145	200	280	450	605	855	1200
35.5	1500	42	23	34	47	70	88	117	178	275	350	510	755	1025	1450	
	1000	28	15	23	32	48	59	80	118	180	235	340	520	710	1000	1410
	750	21	12	18	25	37	44	61	90	140	175	255	405	545	750	1090
40	1500	38	21	30	42	64	79	107	158	235	325	465	675	930	1300	
	1000	25	17	21	29	40	53	71	108	160	210	315	465	640	900	1315
	750	19	11	16	22	31	41	55	80	125	155	235	360	495	680	1051
45	1500	33	17	24	34	46	70	96	142	215	280	410	615	850	1130	
	1000	22	12	16	24	32	47	64	95	145	185	280	425	590	770	1150
	750	17	9	12	18	25	36	50	74	110	140	210	320	450	600	885

续表 17-18

公称传动比 i	公称转速 /r·min^{-1} 输入 n_1	输出 n_2	ZSY 低速级中心距/mm 160	180	200	224	250	280	315	355	400	450	500	560	630	710
			公称输入功率 P_1/kW													
50	1500	30	15	22	32	46	63	85	128	195	245	360	540	750	1030	1490
	1000	20	11	15	22	31	43	59	85	130	165	240	370	520	710	1030
	750	15	8	12	17	24	32	43	65	95	125	180	290	400	550	795
56	1500	27	15	21	31	43	56	76	112	170	220	310	480	675	955	1340
	1000	18	10	15	22	30	38	52	77	115	145	210	330	470	660	930
	750	13.4	8	11	17	23	28	40	58	90	110	160	255	360	510	715
63	1500	24	12	17	23	37	45	61	102	145	195	280	425	604	860	1170
	1000	16	8	12	16	25	30	42	70	100	130	190	290	420	600	810
	750	12	6	9	12	20	23	32	52	75	100	140	225	325	460	620
71	1500	21	11	17	23	33	40	56	90	130	185	245	390	540	770	1045
	1000	14	8	11	15	23	27	38	60	90	115	175	270	370	540	725
	750	10.6	6	9	12	18	21	29	45	65	90	125	210	285	410	555
80	1500	18.8	9	13	18	26	36	51	80	115	155	225	340	470	675	960
	1000	12.5	6	9	12	18	24	34	54	80	100	150	240	330	470	665
	750	9.4	4	7	10	14	19	27	42	60	80	110	185	250	360	510
90	1500	16.7	8	12	18	25	33	46	74	105	140	200	305	395	590	765
	1000	11.1	6	8	12	17	22	30	49	70	95	130	200	278	405	530
	750	8.3	4	6	9	13	17	23	37	55	70	100	160	210	300	405
100	1500	15	8	11	16	24	30	43	60							
	1000	10	5	7	11	16	21	29	40							
	750	7.5	4	6	8	13	16	22	30							

17.2.1.7　热功率

ZLY 型减速器热功率见表 17-19，ZSY 型减速器的热功率见表 17-20。

表 17-19　ZLY 型减速器热功率 P_{G1}、P_{G2}

散热冷却条件			低速级中心距/mm 112	125	140	160	180	200	224	250	280	315	355	400	450	500	560	630	710
没有冷却措施	环境条件	环境气流速度 w/m·s^{-1}	P_{G1}/kW																
	空间小、厂房小	≥0.5	16	20	24	30	38	48	60	74	92	115	145	181	226	276	345	430	540
	较大的房间、车间	≥1.4	20	28	35	43	54	67	87	105	130	165	210	255	320	405	485	620	760
	在户外露天	≥3.7	30	38	47	57	73	88	115	140	175	220	275	345	420	530	650	810	1000
盘状管冷却或循环油润滑		水管内径 d/dm	0.08	0.08	0.15	0.15	0.15	0.15	0.15	0.15	0.15	0.15	0.20	0.20	0.20	0.20	0.20	0.20	0.20
	环境条件	环境气流速度 w/m·s^{-1}	P_{G2}/kW																
	空间小、厂房小	≥0.5	34	41	98	104	150	170	200	225	266	280	305	365	415	490	550	680	800
	较大的房间、车间	≥1.4	38	50	109	116	170	190	225	260	305	330	370	440	510	620	690	870	1010
	在户外露天	≥3.7	48	60	120	130	200	210	250	295	350	385	435	530	610	750	860	1060	1250

注：当采用循环油润滑时，可按润滑系统计算适当提高 P_{G2}。

表 17-20 ZSY 型减速器热功率 P_{G1}、P_{G2}

散热冷却条件			低速级中心距/mm													
	环境条件	环境气流速度 w/m·s^{-1}	160	180	200	224	250	280	315	355	400	450	500	560	630	710
			P_{G1}/kW													
没有冷却措施	空间小、厂房小	≥0.5	24	30	37	45	56	69	86	110	135	165	208	258	322	400
	较大的房间、车间	≥1.4	34	42	52	64	80	98	116	155	190	235	300	365	450	570
	在户外露天	≥3.7	46	57	69	87	108	132	162	205	250	310	400	475	600	760
盘状管冷却或循环油润滑	环境条件	水管内径 d/dm	0.15	0.15	0.15	0.15	0.15	0.15	0.15	0.20	0.20	0.20	0.20	0.20	0.20	0.20
		环境气流速度 w/m·s^{-1}	P_{G2}/kW													
	空间小、厂房小	≥0.5	70	77	92	106	150	160	180	210	350	370	430	480	700	770
	较大的房间、车间	≥1.4	80	89	107	125	175	190	210	255	400	440	520	590	820	940
	在户外露天	≥3.7	90	105	124	148	200	225	255	310	460	510	620	700	970	1150

注：当采用循环油润滑时，可按润滑系统计算适当提高 P_{G2}。

17.2.1.8 转动惯量

减速器输入轴上的转动惯量 J_1 见表 17-21 和表 17-22，输出轴上的转动惯量 $J_2=i^2\cdot J_1$。

表 17-21 ZLY 型减速器转动惯量 J_1

型号 ZLY（低速级中心距）	公称传动比 i										
	6.3	7.1	8	9	10	11.2	12.5	14	16	18	20
	转动惯量 J_1/kg·m^2										
112	0.00197	0.00155	0.00127	0.00108	0.00092	0.00079	0.00063	0.00054	0.00056	0.00040	0.00043
125		0.00275	0.00223	0.00189	0.00160	0.00138	0.00110	0.00093	0.00099	0.00086	0.00072
140		0.00494	0.0040	0.0034	0.00288	0.00250	0.00196	0.00164	0.00180	0.00153	0.00132
160	0.00961	0.00886	0.00715	0.00605	0.0052	0.0045	0.00355	0.00299	0.00320	0.00272	0.00232
180	0.0209	0.0160	0.0137	0.0108	0.0092	0.0080	0.00635	0.0054	0.0057	0.0049	0.00415
200	0.0348	0.0283	0.0228	0.0194	0.0164	0.0148	0.0113	0.0095	0.0102	0.0087	0.0075
224	0.0716	0.0505	0.0412	0.0348	0.0295	0.0254	0.0202	0.0170	0.0182	0.0154	0.0134
250	0.115	0.091	0.073	0.0622	0.0525	0.0453	0.0360	0.0304	0.0323	0.0280	0.0237
280	0.192	0.164	0.131	0.112	0.094	0.0815	0.0643	0.0540	0.0580	0.0495	0.0426
315	0.351	0.288	0.236	0.203	0.171	0.148	0.117	0.097	0.107	0.090	0.0779
355	0.622	0.542	0.437	0.369	0.315	0.271	0.216	0.193	0.181	0.166	
400	1.136	0.941	0.78	0.666	0.561	0.480	0.387	0.346	0.322	0.297	
450	1.990	1.67	1.39	1.17	0.998	0.868	0.685	0.619	0.572	0.53	
500	3.529	3.1	2.59	2.18	1.85	1.60	1.28	1.14	1.08	0.97	
560	6.107	5.55	4.63	3.95	3.30	2.84	2.26	2.02	1.80	1.75	
630	11.472	9.86	8.27	7.03	5.93	5.12	4.06	3.64	3.38	3.12	
710	19.273	17.36	14.47	12.1	10.61	9.20	7.29	6.46	6.05	5.57	

表 17-22 ZSY 型减速器转动惯量 J_1

型号 ZSY（低速级中心距）	公称传动比 i						
	22.4	25	28	31.5	35.3	40	45
	转动惯量 $J_1/\mathrm{kg\cdot m^2}$						
160	0.00184	0.00154	0.00129	0.00109	0.00091	0.00076	0.00064
180	0.00327	0.00275	0.00229	0.00192	0.00161	0.00136	0.00113
200	0.00580	0.00490	0.00415	0.00342	0.00290	0.00242	0.00203
224	0.104	0.00870	0.00725	0.00610	0.00515	0.00430	0.00361
250	0.0185	0.0154	0.0129	0.0108	0.0092	0.0077	0.00645
280	0.0329	0.0275	0.0230	0.0194	0.0163	0.0137	0.0115
315	0.0581	0.0499	0.0409	0.0347	0.0291	0.0245	0.0206
355	0.106	0.0896	0.0750	0.0631	0.0530	0.0443	0.0376
400	0.188	0.157	0.132	0.111	0.0942	0.0788	0.0664
450	0.334	0.249	0.246	0.198	0.166	0.140	0.117
500	0.614	0.514	0.428	0.362	0.305	0.254	0.232
560	1.09	0.911	0.765	0.641	0.540	0.450	0.410
630	1.94	1.61	1.36	1.24	0.964	0.803	0.724
710	3.45	2.88	2.41	2.01	1.71	1.43	1.29

型号 ZSY（低速级中心距）	公称传动比 i						
	50	56	63	71	80	90	100
	转动惯量 $J_1/\mathrm{kg\cdot m^2}$						
160	0.00066	0.00057	0.00066	0.00055	0.00044	0.00037	0.00030
180	0.00118	0.00103	0.00118	0.00097	0.00079	0.00066	0.00056
200	0.00211	0.00183	0.00211	0.00173	0.00140	0.00118	0.00098
224	0.00375	0.00328	0.00375	0.00310	0.00250	0.00210	0.00176
250	0.00670	0.00580	0.00670	0.00558	0.00445	0.00375	0.00314
280	0.0120	0.0103	0.0120	0.0099	0.00799	0.00670	0.00562
315	0.0212	0.0183	0.0212	0.0179	0.0142	0.0120	0.0101
355	0.0389	0.0340	0.0389	0.0321	0.0258	0.0216	
400	0.0690	0.0600	0.0670	0.0571	0.0458	0.0386	
450	0.122	0.108	0.119	0.101	0.0818	0.0685	
500	0.216	0.196	0.226	0.198	0.148	0.125	
560	0.384	0.344	0.398	0.344	0.265	0.221	
630	0.678	0.615	0.705	0.614	0.466	0.392	
710	1.21	1.09	1.25	1.09	0.827	0.699	

17.2.2 DBY、DCY 硬齿面圆锥圆柱齿轮减速器（JB/T 9002—1999）

17.2.2.1 适用范围

DBY、DCY 型减速器具有承载能力大、传动效率高、噪声低、体积小、重量轻、寿命长的特点，适用于输入轴与输出轴呈垂直方向布置的传动装置。如带式输送机及各种运输机械，也可用于煤炭、冶金、矿山、化工、建材、轻工、电力、交通、石油等行业各种通用机械的传动机构中，其工作条件如下：

输入轴最高转速：≤1500r/min；

齿轮圆周速度：≤20m/s；

工作环境温度：－45～45℃。当环境温度低于0℃时，启动前润滑油应加热到10℃。

17.2.2.2 标记示例

DBY、DCY 硬齿面圆锥圆柱齿轮减速器标记含义举例如下：

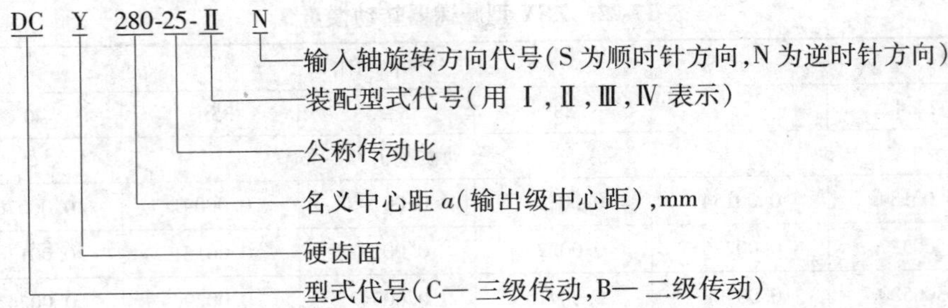

17.2.2.3　装配类型

装配类型见图17-10。

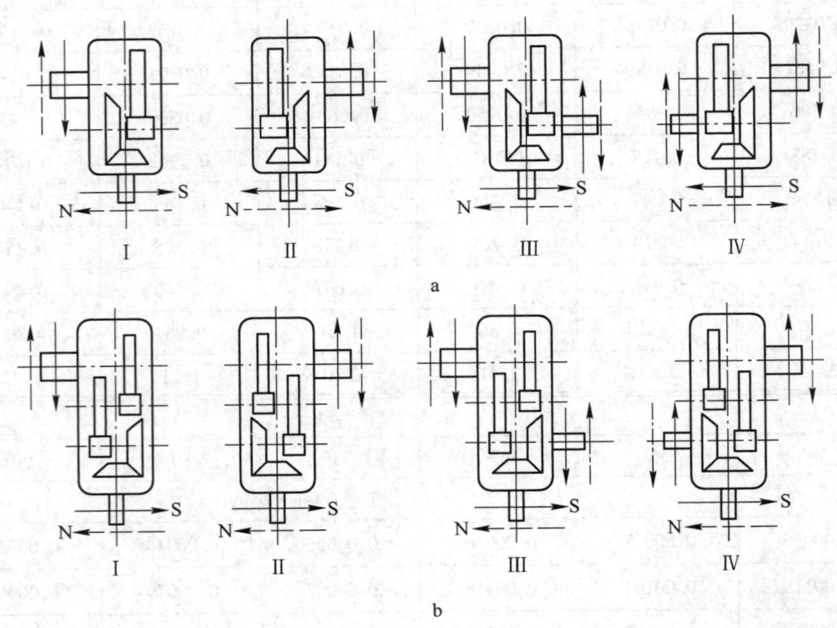

图17-10　装配类型

a—DBY型减速器装配类型；b—DCY型减速器装配类型

17.2.2.4　工作机械载荷分类

各工作机械载荷分类详见表17-23～表17-26。

表17-23　工作机械载荷分类

工作机械	载荷种类	工作机械	载荷种类
输送机		货物电梯	S
平稳载荷和中等载荷		板式输送机	S
螺旋输送机	G	振动输送机	S
装配线输送机	G	螺旋输送机	S
斗式提升机	M	吊斗提升机	S°
锅炉用输送机	M	挖掘机和堆料机	
板式输送机	M	链斗式挖掘机	S
链式输送机	M	行走装置（履带式）	S
中等载荷和重型载荷		行走装置（轨道式）	M
装配线输送机	M	斗轮堆料机	M
带式输送机	M°	—堆废岩	S
载人电梯	M	—堆煤	S
斜梯式输送机（扶梯）	M°	—堆石灰石	S
斗式提升机	S	切割头	S
带式输送机（件货、大块散料）	S°	旋转机构	M
链式输送机	S	钢缆卷筒	M

续表 17-23

工作机械	载荷种类
卷扬机	M
采矿、矿山工业	
混凝土搅拌机	M
破碎机	S
转炉	S°
分选机	M
混合机	M
大型通风机（矿用）	M°
木材工业	
滚式去皮机	S
刨削机	M
石油、化学工业	
钻井泵	M
回转炉	M
管道泵	M°
换气泵	M°
混料机	M
搅拌机（液体和固体、各种液体）	M
钢铁工业	
铸造起重机（提升齿轮）	S°
石渣车	G°
烧结机	M°
破碎机	S°
汽车倾卸机	S
金属加工	
卷压机	S
弯板机	M°
钢板矫直机	S
偏心压力机	S
锻锤	S°
刨削机	S
曲柄压力机	S
锻压机	S
冲压机	S

工作机械	载荷种类
橡胶与塑料	
挤压机	
—橡胶	S°
—塑料	M°
轮压机	M°
揉压机（橡胶）	S°
混合机	M°
粉碎机（橡胶）	M°
辊式破碎机（橡胶）	S°
起重机	
臂架摆动机构	G
运行机构	M
提升机构	M
变幅机构	M
卷扬机	G
磨机	
锤式磨机	S°
球磨机	S°
辊式磨机	S°
轧钢机	
板材翻转机	M°
推锭机	S°
拉管机	S°
连铸机	S°
管材焊接机	S°
板材、钢坯剪切机	S°
造纸机械	
叠层机	S°
打光机	S°
轮压机	M°
混合机	M°
胶式压力机	S°
湿性压榨机	S°
吸入式压榨机	S°

注：1. 载荷种类中 G—平稳载荷；M—中等冲击载荷；S—重型冲击载荷；

2. °表示每天总是 24h 连续工作，对应表 17-24 系数 f 应增大 10% ~20%。

表 17-24 工作机械工况系数 f

原动机	每天工作小时数	载荷种类		
		G	M	S
电动机、涡轮机	≤3	1.0	1.0	1.50
	>3 ~10	1.25	1.25	1.75
	>10 ~24	1.25	1.50	2.0
4 ~6 缸活塞发动机	≤3	1.0	1.25	1.75
	>3 ~10	1.25	1.50	2.0
	>10 ~24	1.50	1.75	2.25
1 ~3 缸活塞发动机	≤3	1.25	1.50	2.0
	>3 ~10	1.50	1.75	2.25
	>10 ~24	1.75	2.0	2.50

注：G—平稳载荷；M—中等冲击载荷；S—重型冲击载荷。

表 17-25 环境温度系数 f_W

冷却方式	环境温度 /℃	每小时运转率				
		100%	80%	60%	40%	20%
减速器不附加外冷却装置	10	1.12	1.18	1.30	1.51	1.93
	20	1.0	1.06	1.16	1.35	1.78
	30	0.89	0.93	1.02	1.33	1.52
	40	0.75	0.87	0.9	1.01	1.34
	50	0.63	0.67	0.73	0.85	1.12
减速器附加散热器	10	1.1	1.32	1.54	1.76	1.98
	20	1.0	1.2	1.4	1.6	1.8
	30	0.9	1.08	1.26	1.44	1.62
	40	0.85	1.02	1.19	1.36	1.53
	50	0.8	0.96	1.12	1.29	1.44

表 17-26 功率利用系数 f_A

类 型	利用率$\frac{P_e}{P_N}\cdot 100\%$			
	100	80	60	40
DBY DCY	1.0	0.96	0.89	0.79

17.2.2.5 选用方法及选用举例

选用硬齿面减速器时，承载能力必须通过机械强度表 17-28、表 17-31 和热效应表 17-29、表 17-32 两项功率核算，选用步骤如下：

(1) 确定减速器的传动比

$$i=\frac{n_1}{n_2}$$

式中 n_1——输入转速，r/min；

n_2——输出转速，r/min。

(2) 确定减速器的规格（名义中心距）。

按公称功率值确定减速器的名义中心距。

$$P_N \geqslant P_e \cdot f$$

式中 P_N——减速器公称输入功率，kW，按表 17-28、表 17-31 查取；

P_e——减速器所连接的工作机械所需用功率，kW；

f——工作机械工况系数，表 17-24。

(3) 验算启动转矩：

$$\frac{T_k \cdot n_1}{P_N \cdot 9550} \leqslant 2.5$$

式中 T_k——启动转矩或最大输入转矩，N·m。

(4) 验算热效应。

当减速器不附加外冷却装置时：

$$P_e \leqslant P_{G1} \cdot f_W \cdot f_A$$

如果：$P_e > P_{G1} \cdot f_W \cdot f_A$ 时，则必须重新选用增大一级中心距的减速器或提供附加冷却管进行冷却，并按下式进行校核。

当减速器附加散热器冷却时：

$$P_e \leqslant P_{G2} \cdot f_W \cdot f_A$$

式中 P_{G1}，P_{G2}——减速器热功率，kW，按表 17-29、表 17-32 查取；

f_W——环境温度系数，表 17-25；

f_A——功率利用系数，表 17-26。

例 1：

电机功率：$P=75$kW；

电机转速：$n_1=1500$r/min；

启动转矩：$T_K=955$N·m；

工作机械：带式输送机，输送大块废岩，重型冲击载荷；

所需功率：$P_e=62$kW；

滚筒转速：$n_2=60$r/min；

每天工作：24h；每小时运转率 100%；

环境温度：40℃露天作业；

风　速：3.7m/s。

选用减速器的过程如下：

(1) 确定减速器的传动比和类型：

$i=\frac{1500}{60}=25$，选择 DCY 型三级减速器。

(2) 确定减速器的名义中心距（规格）：

$$P_N \geqslant P_e \cdot f$$

查表 17-23，载荷特性为 S°，按表 17-24 查得 $f=2.0$，每天总是 24h 连续工作，系数 f 应增大 10%，则：

$$f=2.0+0.1\times 2=2.2$$

故 $$P_e \cdot f=62\text{kW}\times 2.2=136.4\text{kW}$$

按表 17-31 选用 DCY280，其公称输入功率 P_N 为 160kW，$n=1500$r/min，其

$$P_N=160\text{kW}>136.4\text{kW}$$

(3) 验算启动转矩：

$$\frac{T_k \cdot n_1}{P_N \cdot 9550}=\frac{955\times 1500}{160\times 9550}=0.94<2.5$$

(4) 验算减速器的热效应：

没有附加外冷却装置时，$P_e \leqslant P_{G1} \cdot f_W \cdot f_A$；

根据表 17-32 查出 $P_{G1}=124$kW；

根据表 17-25 查出 $f_W=0.75$；

$$\frac{P_e}{P_N}\cdot 100\%=\frac{62}{100}\times 100\%=38.8\%\approx 40\%$$

根据表 17-26 查出 $f_A=0.79$，代入验算：

$$P_{G1}\cdot f_W \cdot f_A=124\times 0.75\times 0.79$$
$$=73.5\text{kW}>P_e\text{（符合要求）}$$

例 2：

电机功率：$P=132$kW；

电机转速：$n_1=1000$r/min；

工作机械：制砖机 $P_e=110$kW，输出轴为右出轴类型，输入轴要求逆时针转向，要求传动比为 $i=10$，重型冲击载荷；

每天工作时间：8h；

环境温度：20℃，安装在中型车间，空气流速 $W\geqslant 1.4$m/s。

(1) 选型。

根据速比 $i=10$，选用 DBY 型减速器。

(2) 确定规格。

查表 17-23 载荷种类的符号为 S，按表 17-24 选取 $f=1.75$。

$$P_N > P_e \cdot f$$

$$P_e \cdot f = 110\text{kW} \times 1.75 = 192.5\text{kW}$$

根据表 17-28：选用 DBY250 型减速器，$P_N = 195\text{kW} > 192.5\text{kW}$。

（3）验算减速器的热效应。

没有附加外冷却装置时：$P_e \leqslant P_{G1} \cdot f_W \cdot f_A$。

按表 17-29：$W = 1.4\text{m/s}$ 时 $P_{G1} = 106\text{kW}$，按表 17-25：$f_w = 1.0$。

根据表 17-26 选 f_A：$\dfrac{P_e}{P_N} \cdot 100\% = \dfrac{110}{195} \times 100\% = 56.4\% \approx 60\%$，$f_A = 0.89$。

$P_{G1} \cdot f_W \cdot f_A = 106\text{kW} \times 1.0 \times 0.89 = 94.3\text{kW} < P_e$，不符合要求。

增大一级减速器，选用 DBY280，则 $P_N = 260\text{kW}$，$P_{G1} = 133\text{kW}$。

$$\frac{P_e}{P_N} = \frac{110}{260} \times 100\%$$

$$= 42.3\% \approx 40\%,\ f_A = 0.79$$

$$P_{G1} \cdot f_W \cdot f_A = 133\text{kW} \times 1.0 \times 0.79$$

$$= 105.1\text{kW} < P_e \text{（仍不符合要求）}$$

再增大一级减速器，选用 DBY315 则 $P_N = 360\text{kW}$，$P_{G1} = 165\text{kW}$。

$$\frac{P_e}{P_N} = \frac{110}{360} \times 100\%$$

$$= 31\%$$

按 40% 取 $f_A = 0.79$。

$$P_{G1} \cdot f_W \cdot f_A = 165\text{kW} \times 1 \times 0.79$$

$$= 130\text{kW} > 110\text{kW} \text{（符合要求）}$$

减速器标记为：DBY315-10-ⅡN JB/T 9002—1999。

17.2.2.6 外形尺寸及承载能力

DBY 型减速器的外形尺寸见图 17-11 和表 17-27，其承载能力见表 17-28，热功率见表 17-29；DCY 型减速器的外形尺寸见图 17-12 和表 17-30，承载能力见表 17-31，热功率见表 17-32。

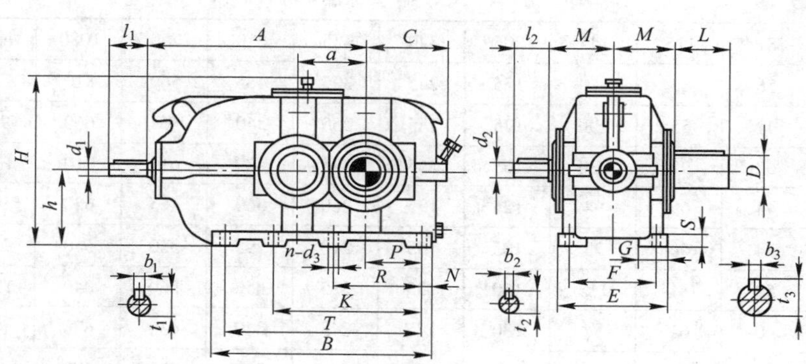

图 17-11 DBY 型减速器的外形尺寸

表 17-27 DBY 型减速器的外形尺寸 mm

<table>
<tr><th>名义中心距 a</th><th>d_1</th><th>l_1</th><th>d_2</th><th>l_2</th><th>D</th><th>L</th><th>A</th><th>B</th><th>C</th><th>E</th><th>F</th><th>G</th><th>S</th><th>h</th><th>H</th><th>M</th></tr>
<tr><td>160</td><td>40</td><td rowspan="4">110</td><td>48</td><td rowspan="3">110</td><td>70</td><td>140</td><td>500</td><td>500</td><td>190</td><td>250</td><td>210</td><td>65</td><td rowspan="2">35</td><td>180</td><td>430</td><td>145</td></tr>
<tr><td>180</td><td>42</td><td>50</td><td>80</td><td rowspan="2">170</td><td>565</td><td>565</td><td>215</td><td>270</td><td>230</td><td>70</td><td>200</td><td>475</td><td>160</td></tr>
<tr><td>200</td><td>50</td><td>55</td><td>90</td><td>625</td><td>625</td><td>240</td><td>300</td><td>250</td><td>75</td><td>40</td><td>225</td><td>520</td><td>175</td></tr>
<tr><td>224</td><td>55</td><td>65</td><td rowspan="2">140</td><td>100</td><td rowspan="3">210</td><td>705</td><td>705</td><td>260</td><td>320</td><td>270</td><td>80</td><td>45</td><td>250</td><td>570</td><td>190</td></tr>
<tr><td>250</td><td>60</td><td rowspan="3">140</td><td>75</td><td>110</td><td>785</td><td>785</td><td>290</td><td>370</td><td>310</td><td>90</td><td>50</td><td>280</td><td>626</td><td>210</td></tr>
<tr><td>280</td><td>65</td><td>85</td><td rowspan="2">170</td><td>120</td><td>875</td><td>875</td><td>325</td><td>400</td><td>340</td><td>100</td><td>55</td><td>315</td><td>702</td><td>230</td></tr>
<tr><td>315</td><td>75</td><td>95</td><td>140</td><td>250</td><td>975</td><td>975</td><td>355</td><td>450</td><td>380</td><td>110</td><td>60</td><td>355</td><td>809</td><td>260</td></tr>
<tr><td>355</td><td>90</td><td>170</td><td>100</td><td rowspan="2">210</td><td>160</td><td rowspan="2">300</td><td>1085</td><td>1085</td><td>390</td><td>480</td><td>410</td><td>120</td><td>65</td><td>400</td><td>900</td><td>285</td></tr>
<tr><td>400</td><td>100</td><td rowspan="3">210</td><td>110</td><td>170</td><td>1215</td><td>1215</td><td>440</td><td>530</td><td>460</td><td>130</td><td>70</td><td>450</td><td>970</td><td>305</td></tr>
<tr><td>450</td><td>110</td><td>130</td><td rowspan="2">250</td><td>190</td><td rowspan="2">350</td><td>1365</td><td>1365</td><td>490</td><td>600</td><td>510</td><td>140</td><td>80</td><td>500</td><td>1071</td><td>345</td></tr>
<tr><td>500</td><td>120</td><td>150</td><td>220</td><td>1525</td><td>1525</td><td>570</td><td>650</td><td>560</td><td>150</td><td>90</td><td>560</td><td>1210</td><td>435</td></tr>
<tr><td>560</td><td>130</td><td>250</td><td>160</td><td>300</td><td>250</td><td>410</td><td>1705</td><td>1705</td><td>610</td><td>750</td><td>640</td><td>160</td><td>100</td><td>630</td><td>1325</td><td>475</td></tr>
</table>

续表 17-27

名义中心距 a	n-d_3	N	P	R	K	T	b_1	t_1	b_2	t_2	b_3	t_3	平均重量 /kg	油量 /L
160	6-18	30	115	210		440	12	43	14	51.5	20	74.5	173	7
180			135	240		505		45		53.5	22	85	232	9
200	6-23	35	145	255		555	14	53.5	16	59	25	95	305	13
224			165	290		635	16	59	18	69	28	106	415	18
250	6-27	40	180	315		705	18	64	20	79.5		116	573	25
280		45	200	355		785		69	22	90	32	127	760	36
315	6-33	50	220	405		875	20	79.5	25	100	36	148	1020	51
355		55	245	450		975	25	95	28	106	40	169	1436	69
400			280	510		1105	28	106		116		179	1966	95
450	8-39	60	315	575	940	1245		116	32	137	45	200	2532	130
500		70	350	645	1050	1385	32	127	36	158	50	231	3633	185
560	8-45	80	390	715	1165	1545		137	40	169	56	262	5020	260

表 17-28 DBY 型减速器承载能力

公称传动比 i	公称转速 /r · min^{-1} 输入 n_1	输入 n_2	160	180	200	224	250	280	315	355	400	450	500	560
			名义中心距 a/mm；公称输入功率 P_N/kW											
8	1500	188	81	115	145	205	320	435	610	750	1080	1680[①]	2100[①]	
	1000	125	56	86	110	155	245	325	465	560	810	1260	1700	2200[①]
	750	94	42	55	88	125	185	250	340	465	660	950	1400	1800
10	1500	150	67	92	130	165	255	345	480	610	910	1370	1900[①]	
	1000	100	44	69	94	125	195	260	360	465	620	950	1270	1700
	750	75	34	46	73	105	155	210	295	380	510	710	950	1300
11.2	1500	134	59	81	115	150	235	325	450	560	840	1200	1550	
	1000	89	40	61	84	130	175	245	340	430	630	810	1030	1380
	750	67	31	41	65	98	140	185	240	350	470	610	780	1040
12.5	1500	120	53	75	105	140	210	285	390	500	760	980	1260	1550
	1000	80	36	56	74	105	145	215	265	380	480	660	850	1110
	750	60	27	36	56	76	110	150	190	270	365	500	640	840
14	1500	107	48	66	81	125	190	260	345	465	580	780	1000	1150
	1000	71	31	42	54	84	110	165	205	310	415	520	680	900
	750	53	23	31	38	60	80	115	145	235	310	400	510	690

注：框内部分已有图纸。

① 需采用循环油润滑。

表 17-29 DBY 型减速器热功率

环境条件	空气流速 /m · s^{-1}	160	180	200	224	250	280	315	355	400	450	500	560
		名义中心距 a/mm；减速器不附加冷却装置的热功率 P_{G1}/kW											
狭小车间内	≥0.5	32	40	50	61	76	95	118	143	180	225	279	355
大、中型车间内	≥1.4	45	57	71	85	106	133	165	201	252	316	391	497
室　外	≥3.7	62	77	96	115	144	181	224	272	342	429	531	675

注：减速器附加冷却装置时的热功率 P_{G2} 可根据需要进行设计。

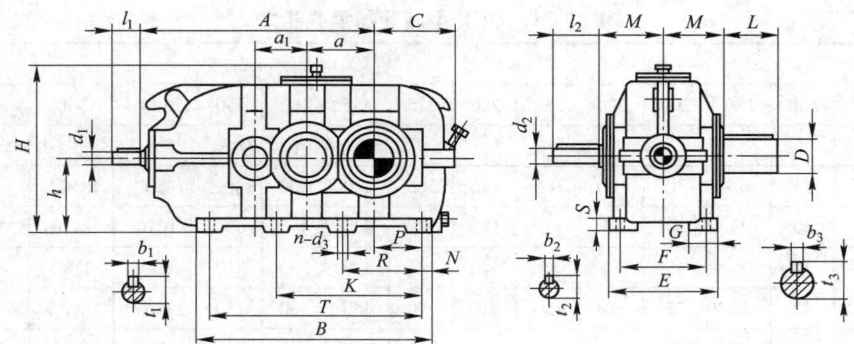

图 17-12 DCY 型减速器的外形尺寸

表 17-30 DCY 型减速器外形尺寸

mm

名义中心距 a	a_1	d_1	l_1	d_2	l_2	D	L	A	B	C	E	F	G	S	h	H	M
160	112	25	60	32	80	70	140	510	555	190	250	210	65	35	180	423	145
180	125	30	80	38		80	170	575	625	215	270	230	70		200	468	160
200	140	35		42	110	90		640	685	240	300	250	75	40	225	520	175
224	160	40	110	48		100	210	725	775	260	320	270	80	45	250	570	190
250	180	42		50		110		815	860	290	370	310	90	50	280	626	210
280	200	50		55		120		905	970	325	400	340	100	55	315	702	230
315	224	55		65	140	140	250	1020	1085	355	450	380	110	60	355	809	260
355	250	60	140	75		160	300	1140	1220	390	480	410	120	65	400	900	285
400	280	65		85	170	170		1275	1355	440	530	460	130	70	450	970	305
450	315	75		95		190	350	1425	1520	490	600	510	140	80	500	1065	345
500	355	90	170	100	210	220		1585	1690	570	650	560	150	90	560	1208	435
560	400	100	210	110		250	410	1775	1895	610	750	640	160	100	630	1325	475
630	450	110		130	250	300	470	1995	2145	675	800	690	170	110	710	1460	525
710	500	120		150		340	550	2235	2400	760	900	770	190	125	800	1665	570
800	560	130	250	160	300	400	650	2505	2700	840	1000	870	200	140	900	1870	625

名义中心距 a	n-d_3	N	P	R	K	T	b_1	t_1	b_2	t_2	b_3	t_3	平均重量 /kg	油量 /L
160	6-18	30	115	210		495	8	28	10	35	20	74.5	200	9
180			135	240		565		33		41	22	85	255	13
200	6-23	35	145	255		615	10	38	12	45	25	95	325	18
224			165	290		705	12	43	14	51.5	28	106	453	26
250	6-27	40	180	315		780		45		53.5		116	586	33
280		45	200	355		880	14	53.5	16	59	32	127	837	46
315	8-33	50	220	405	655	985	16	59	18	69	36	148	1100	65
355		55	245	450	740	1110	18	64	20	79.5	40	169	1550	90
400			280	510	840	1245		69	22	90		179	1967	125
450	8-39	60	315	575	940	1400	20	79.5	25	100	45	200	2675	180
500		70	350	645	1050	1550	25	95	28	106	50	231	4340	240
560	8-45	80	390	715	1165	1735	28	106		116	56	262	5320	335
630			445	800	1305	1985		116	32	137	70	314	7170	480
710		90	500	900	1490	2220	32	127	36	158	80	355	9600	690
800			560	1100	1680	2520		137	40	169	90	417	13340	940

表 17-31 DCY 型减速器承载能力

公称传动比 i	公称转速 /r · min^{-1} 输入 n_1	输出 n_2	名义中心距 a/mm 160	180	200	224	250	280	315	355	400	450	500	560	630	710	800
			公称输入功率 P_N/kW														
16	1500	94	45	61	80	120	160	230	305	440	600	830①	1350①	1850①			
	1000	63	30	43	60	85	115	170	230	330	440	630	1010	1420	2200①	2500①	2850①
	750	47	24	35	45	70	85	140	185	270	360	510	830	1180	1600	2300①	2600①
18	1500	83	42	58	75	110	150	210	290	440	560	780	1350①	1850①			
	1000	56	30	40	53	75	105	155	215	330	420	590	1000	1400	1860①	2500①	2850①
	750	42	33	32	42	65	80	120	175	260	345	480	790	1120	1460	2180	2500①
20	1500	75	39	53	68	100	135	195	270	430	550	780	1320①	1800①			
	1000	50	27	36	48	70	95	140	200	315	380	550	880	1240	1640①	2400①	2850①
	750	38	20	28	38	55	75	110	160	245	310	445	700	1000	1290	1920	2500
22.4	1500	67	34	50	65	94	130	175	250	400	510	730	1170	1540①			
	1000	45	23	34	48	65	90	130	185	290	360	520	780	1100	1450	2120①	2600①
	750	33	17	25	36	49	70	95	140	220	275	400	620	880	1140	1710	2460
25	1500	60	30	44	62	83	115	160	225	350	450	650	1030	1460			
	1000	40	20	30	42	57	80	110	165	255	315	460	730	1040	1350	2010①	2600①
	750	30	15	23	32	43	60	85	125	195	240	350	550	780	1010	1510	2180
28	1500	54	22	37	48	75	92	140	215	320	405	590	910	1290			
	1000	36	15	25	34	52	66	94	150	225	285	420	640	910	1190	1770①	2500①
	750	27	12	19	26	39	50	71	115	170	215	315	490	690	890	1330	1920
31.5	1500	48	20	33	44	69	85	120	195	290	385	550	820	1170			
	1000	32	14	22	31	46	59	83	130	200	255	370	580	820	1070	1600	2310①
	750	24	10	17	23	34	44	62	100	150	190	280	440	620	800	1200	1740
35.5	1500	42	18	30	40	62	77	110	180	260	345	500	770	1100	1430	2120①	
	1000	28	12	20	28	42	53	75	120	180	230	340	510	720	950	1410	2030
	750	21	9	15	21	31	40	56	90	135	175	250	385	540	710	1060	1540
40	1500	38	17	27	36	56	69	98	160	235	310	450	690	990	1290	1920	
	1000	25	11	18	25	41	47	67	120	160	225	330	465	660	860	1280	1850
	750	19	8.5	14	19	29	36	52	82	125	155	230	350	495	640	960	1390
45	1500	33.5	15	24	33	50	64	90	145	215	275	400	620	880	1150	1720	2100
	1000	22	10	16	22	33	42	60	95	145	180	265	455	640	840	1250	1810
	750	16.6	7.5	12	17	26	32	46	74	110	140	205	320	455	600	870	1260
50	1500	30	13	21	30	44	57	80	130	195	245	360	550	780	1030	1540	2050
	1000	20	9	14	20	31	38	54	87	130	165	240	365	520	680	1020	1480
	750	15	7	11	15	23	29	41	65	99	120	180	290	410	540	780	1130

注：框内部分已有图纸。

① 需采用循环油润滑。

表 17-32 DCY 型减速器热功率

环境条件	空气流速 /m · s^{-1}	名义中心距 a/mm 160	180	200	224	250	280	315	355	400	450	500	560	630	710	800
		减速器不附加冷却装置的热功率 P_{G1}/kW														
狭小车间内	≥0.5	22	27	34	41	52	65	81	99	124	156	192	245	299	384	482
大、中型车间内	≥1.4	31	38	48	58	73	91	114	139	174	218	270	343	419	537	675
室　外	≥3.7	42	52	65	79	99	124	155	189	237	296	366	465	568	730	910

注：减速器附加冷却装置时的热功率 P_{G2} 可根据需要进行设计。

17.2.2.7 减速器径向载荷

减速器径向载荷如图17-13所示。

输入轴轴伸中点处额定径向负荷f_{r1}，按下式计算

$$f_{r1}=\frac{125}{1000}\cdot\sqrt{T_1}\quad \text{kN}$$

式中 T_1——输入转矩，N·m。

输出轴轴伸中点处额定径向负荷f_{r2}，按表17-33选取。

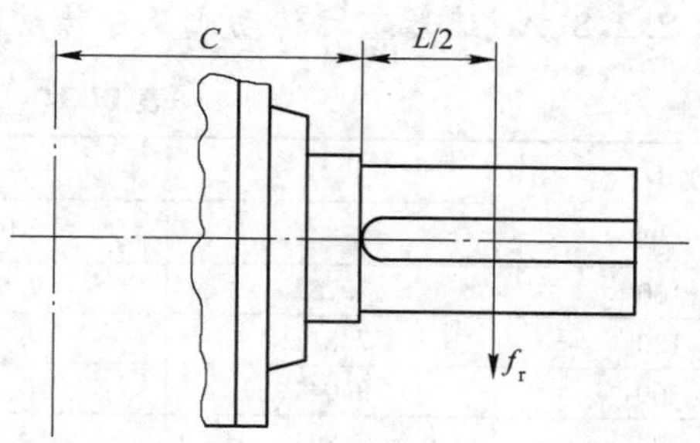

图17-13 减速器径向载荷示意图

表17-33 输出轴轴伸中点处额定径向负荷f_{r2} kN

规格	输出轴转速/r·min⁻¹								
	24	27	30	33	38	42	48	54	60
160	28.7	27.8	26.2	25.2	23.9	23.3	22.4	21.6	19.6
180	34.4	32.8	31.5	29.9	28.7	27.5	26.6	25.4	23.9
200	41.6	40.1	37.5	36.1	34.7	33.3	32.2	31.0	28.4
224	50.1	48.4	45.8	43.6	41.7	40.0	38.5	37.1	35.7
250	63.7	61.4	57.6	55.0	53.2	51.0	49.2	47.5	44.0
280	73.0	69.7	66.1	63.4	61.0	58.6	56.3	53.3	50.5
315	87.2	84.1	78.4	75.1	72.5	67.2	65.9	64.7	62.3
355	103.8	100.1	93.1	90.1	86.2	81.6	78.8	73.2	69.6
400	114.3	111.3	103.9	99.7	91.3	86.0	84.7	81.8	73.6
450	144.3	139.4	138.5	132.5	130.9	126.3	118.8	112.9	107.0
500	189.1	171.4	163.9	157.5	153.9	145.6	135.9	124.0	110.3
560	210.7	207.7	195.6	189.7	174.8	169.9	165.2	160.7	152.5
630	250.3	245.3	244.7	236.0	219.2	203.3	203.7	188.6	170.5
710	260.5	258.5	251.9	243.2	240.3	230.0	227.5	220.1	215.0
800	390.2	320.8	319.0	310.1	300.3	297.9	291.7	286.7	278.2
规格	输出轴转速/r·min⁻¹								
	67	75	83	94	107	120	134	150	187
160	18.7	17.3	17.0	16.5	16.5	15.8	15.2	14.4	11.8
180	22.7	22.0	21.2	20.6	20.0	18.9	18.4	17.4	14.9
200	27.8	26.9	25.9	25.2	25.2	22.8	22.4	20.4	19.2
224	33.9	32.7	31.2	30.2	30.2	28.9	28.7	27.0	22.5
250	41.7	41.0	39.5	38.2	36.8	33.6	33.8	29.8	23.5
280	48.7	41.7	46.0	39.1	39.1	39.1	38.3	34.9	23.8
315	57.8	57.0	56.9	55.5	53.5	47.7	48.5	41.4	36.3
355	61.1	57.8	61.2	65.2	64.0	62.8	59.5	57.9	49.3
400	69.5	67.2	66.9	65.9	64.1	64.0	60.1	59.8	51.7
450	99.5	93.3	85.0	80.3	70.3	70.3	65.2	62.8	61.5
500	120.6	111.7	101.5	92.4	78.5	77.3	76.0	74.9	72.9
560	142.2	122.9	105.3	95.8	85.4	84.6	83.8	83.6	81.0
630	162.7	149.2	140.6	115.6					
710	195.1	158.2	144.4	119.7					
800	256.3	226.4	210.1	180.4					

注：1. 输出轴转数介于表列转数之间时许用径向载荷用插值法求值；

2. 输出轴转数小于表列转数时许用径向载荷按该规格最大值选取。

17.2.2.8 减速器实际传动比及分传动比（表17-34～表17-36）

表17-34 减速器实际传动比 i'（DBY型）

名义中心距 a/mm	公称传动比 i				
	8	10	11.2	12.5	14
160	7.752	9.593	10.905	12.265	13.943
180	7.811	9.743	11.100	12.458	14.192
200	8.041	10.267	11.119	12.781	13.842
224	7.841	10.267	11.273	12.781	14.035
250	8.028	10.251	11.101	12.698	13.752
280	7.818	9.888	11.256	12.248	13.943
315	7.950	10.244	11.050	12.690	13.688
355	7.829	9.991	11.242	12.377	13.926
400	7.820	10.238	11.368	12.635	14.029
450	7.820	10.238	11.242	12.635	13.874
500	7.812	10.025	11.327	12.635	14.276
560	8.010	9.757	11.008	12.297	13.874

表17-35 减速器实际传动比 i'（DCY型）

名义中心距 a/mm	公称传动比 i										
	16	18	20	22.4	25	28	31.5	35.5	40	45	50
160	15.450	17.602	20.260	23.071	25.011	29.053	31.495	35.757	38.763	45.814	49.665
180	15.882	17.962	20.382	22.820	26.168	28.737	32.952	35.442	40.641	45.316	51.963
200	16.323	17.643	19.935	22.431	25.242	28.247	31.786	34.838	39.202	44.543	50.124
224	15.673	17.847	19.393	22.094	25.117	27.427	31.180	33.827	38.455	43.250	49.169
250	16.193	18.130	20.198	22.728	25.893	28.214	32.143	34.798	39.643	44.492	50.687
280	15.805	17.785	20.181	22.852	24.748	28.368	30.722	35.933	38.915	44.735	48.447
315	15.673	17.855	20.520	23.024	25.282	28.582	31.384	36.204	39.753	45.071	49.490
355	15.906	17.898	20.309	23.138	25.057	27.867	30.179	36.147	39.147	44.778	48.493
400	15.490	17.540	19.590	22.318	25.406	26.880	30.600	34.867	39.692	43.192	49.169
450	15.750	17.672	20.296	23.123	24.941	27.849	30.039	36.124	38.964	44.749	48.267
500	15.825	18.029	20.195	22.383	25.185	26.959	30.333	34.969	39.346	43.318	48.741
560	15.688	17.873	20.540	22.201	24.652	27.693	30.750	35.834	39.789	44.221	49.103
630	15.412	17.559	20.179	22.990	25.244	27.901	30.637	36.103	39.643	44.554	48.922
710	15.724	17.428	20.179	22.647	25.588	27.485	31.054	34.823	39.346	43.889	49.589
800	16.123	17.428	19.641	22.376	25.244	27.156	30.637	34.407	38.817	43.364	48.922

表17-36 减速器分传动比

公称传动比 i	8	10	11.2	12.5	14	16	18	20	22.4	25	28	31.5	35.5	40	45	50
第一分传动比 i_1	2.5			3.15		1.6					2.0		2.5		3.15	

17.2.2.9 减速器转动惯量

减速器输入轴的转动惯量 J_1 见表17-37、表17-38，输出轴的转动惯量 J_2 按下式计算：

$$J_2 = i^2 \cdot J_1$$

表17-37 减速器（DBY型）转动惯量 J_1 kg/m^2

名义中心距 a/mm	公称传动比 i				
	8	10	11.2	12.5	14
160	0.01057	0.00994	0.00958	0.00705	0.00683
180	0.01831	0.01677	0.01612	0.01143	0.01103
200	0.03079	0.02838	0.02793	0.02274	0.02245
224	0.04635	0.04173	0.04064	0.03563	0.03494
250	0.09714	0.08983	0.08848	0.06096	0.06207

续表 17-37

名义中心距 a/mm	公称传动比 i				
	8	10	11.2	12.5	14
280	0.15846	0.14536	0.14067	0.10169	0.09863
315	0.25936	0.23334	0.22929	0.16683	0.16420
355	0.49831	0.45614	0.43519	0.35744	0.34379
400	0.92597	0.83713	0.81261	0.63331	0.61721
450	1.58860	1.44287	1.40880	1.03753	1.01517
500	2.81946	2.59100	2.47706	1.64408	1.57234
560	4.53840	4.19434	4.07979	2.83854	2.76643

表 17-38 减速器（DCY 型）转动惯量 J_1 $kg \cdot m^2$

名义中心距 a/mm	公称传动比 i										
	16	18	20	22.4	25	28	31.5	35.5	40	45	50
160	0.00398	0.00366	0.00338	0.00332	0.00321	0.00232	0.00225	0.00163	0.00158	0.00121	0.00118
180	0.00741	0.00696	0.00651	0.00640	0.00603	0.00463	0.00439	0.00304	0.00288	0.00227	0.00217
200	0.01246	0.01202	0.01133	0.01114	0.01055	0.00757	0.00720	0.00576	0.00552	0.00404	0.00389
224	0.02341	0.02173	0.02101	0.02063	0.01952	0.01499	0.01427	0.01060	0.01013	0.00746	0.00717
250	0.03848	0.03583	0.03337	0.03281	0.03079	0.02432	0.02301	0.01786	0.01700	0.01209	0.01157
280	0.07020	0.06548	0.06126	0.06020	0.05859	0.04871	0.04762	0.03006	0.02938	0.02382	0.02339
315	0.11248	0.10293	0.09498	0.09290	0.08921	0.06974	0.06735	0.04480	0.04331	0.03762	0.03665
355	0.22435	0.20942	0.19608	0.19260	0.18733	0.15535	0.15172	0.09577	0.09361	0.06683	0.06542
400	0.36909	0.34061	0.31933	0.31300	0.29576	0.25302	0.24113	0.15672	0.14965	0.10909	0.10448
450	0.65306	0.60007	0.55775	0.54700	0.53135	0.42348	0.41269	0.25179	0.24537	0.17886	0.17468
500	1.26030	1.16649	1.10488	1.09875	1.03113	0.78718	0.74056	0.49213	0.46443	0.38090	0.36285
560	2.58408	2.40918	2.24261	2.22935	2.14037	1.63366	1.57647	0.89878	0.86463	0.67380	0.65137
630	4.15133	3.84530	3.59063	3.52724	3.40849	2.70359	2.62297	1.53826	1.49011	1.10017	1.06856
710	7.19955	6.91800	6.32430	6.19212	5.84199	4.36953	4.13182	2.77957	2.63150	1.76279	1.66957
800	11.88733	11.42117	10.53834	10.30083	9.86073	7.33216	7.03336	4.56568	4.37955	3.07233	2.95515

17.2.3 ZQ 型圆柱齿轮减速器(仅供参考使用)

ZQ 型减速器输入功率见表 17-39，其外形尺寸见图 17-14 和表 17-40，其装配类型如图 17-15 所示。

表 17-39 ZQ 型减速器输入功率 kW

公称速比	电动机转速 /r·min⁻¹	减速器型号							
		ZQ25	ZQ35	ZQ40	ZQ50	ZQ65	ZQ75	ZQ85	ZQ100
50 (48.57)	750	0.40	0.95	1.90	3.30	7.70	11.00	15.2	26.0
	1000	0.55	1.25	2.50	4.80	10.10	14.50	21.3	34.5
	1500	0.80	1.90	2.70	6.40	15.20	21.50	29.6	51.5
40 (40.17)	750	0.50	1.10	2.20	3.80	9.20	13.1	17.9	31.5
	1000	0.65	1.50	3.00	5.20	12.30	17.5	24.0	41.5
	1500	0.95	2.30	4.50	7.80	18.40	26.5	35.5	62.0
31.50 (31.50)	750	0.70	1.50	3.10	5.40	12.8	18.2	25.0	43.5
	1000	0.90	2.00	4.10	7.20	17.0	23.8	33.0	58.0
	1500	1.35	3.00	6.20	10.80	25.5	36.5	50.0	87.0
25 (23.34)	750	0.90	2.00	4.20	7.30	17.4	24.2	33.5	58.5
	1000	1.20	2.70	5.60	9.70	23.0	35.0	45.0	78.0
	1500	1.80	4.10	8.50	14.60	34.5	49.0	68.0	106.0
20 (20.49)	750	1.00	2.30	4.80	8.30	19.5	28.0	38.5	66.0
	1000	1.40	3.10	6.40	11.00	26.5	37.5	51.0	89.0
	1500	2.00	4.60	9.70	16.60	39.5	56.0	70.0	121.0

续表 17-39

公称速比	电动机转速 /r·min⁻¹	减速器型号							
		ZQ25	ZQ35	ZQ40	ZQ50	ZQ65	ZQ75	ZQ85	ZQ100
16 (15.75)	750	1.40	3.40	6.70	11.50	27.5	39.0	54.0	92.0
	1000	2.00	4.60	8.50	15.40	37.0	52.0	72.0	113.0
	1500	3.00	6.90	12.70	23.00	50.0	71.0	98.0	175.0
12.5 (12.64)	750	1.80	4.30	8.40	14.40	35.0	48.5	67.0	105.0
	1000	2.40	5.70	11.10	19.20	46.0	59.0	82.0	140.0
	1500	3.80	8.50	15.80	26.00	63.0	88.0	121.0	
10 (10.35)	750	2.20	5.60	10.20	17.60	42.0	60.0	75.0	129
	1000	3.00	7.00	13.50	23.50	50.5	72.0	99.0	170
	1500	4.50	9.50	17.40	32.50	70.0	108.0		

注：1. 工作延续时间为100%；

2. 表中括号内数值为实际速比；

3. 代号示例：ZQ85-20-Ⅱ-Z。表示中心距 A = 850，传动比 i=20，第Ⅱ种装配类型，圆柱形轴端 Z。

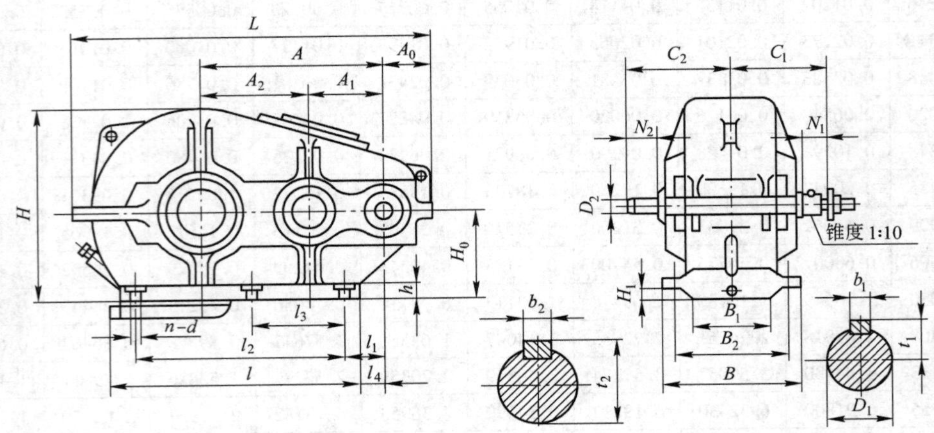

图 17-14 ZQ 型圆柱齿轮减速器外形尺寸

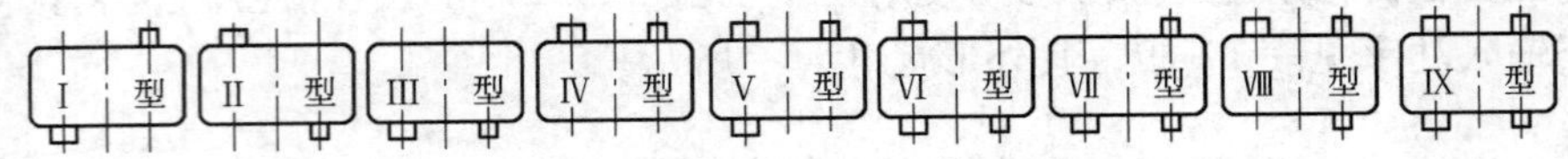

图 17-15 ZQ 型减速器装配类型

表 17-40 ZQ 型减速器外形及参考尺寸 mm

型号	中心距			中心高	轮廓尺寸				地脚螺栓孔					
	A	A_1	A_2	H_0	L	H	B	l	l_1	l_2	l_3	B_2	h	$n-d$
ZQ25	250	100	150	160-1	540	325	230	345	60	235		190	20	4-ϕ17
ZQ35	350	150	200	200-1	73.0	405	290	470	100	310		250	25	4-ϕ17
ZQ40	400	150	250	250-1	826	490	310	490	110	370		270	25	4-ϕ17
ZQ50	500	200	300	300-1.5	986	590	350	620	130	480	240	310	25	6-ϕ17
ZQ65	650	250	400	320-1.5	1278	700	470	830	160	3×215		410	35	8-ϕ25
ZQ75	750	300	450	320-1.5	1448	745	510	1020	155	3×275		450	35	8-ϕ25
ZQ85	850	350	500	400-1.5	1632	875	580	1100	155	3×300		520	40	8-ϕ32
ZQ100	1000	400	600	400-1.5	1896	965	660	1350	200	3×350		590	40	8-ϕ32

型号	高速轴					低速轴					H_1	B_1	A_0	l_4	重量 /kg
	C_1	N_1	D_1	t_1	b_1	C_2	N_2	D_2(gc)	t_2	b_2					
ZQ25	180	60	30	16.5	8	220	85	55	58.5	16			101	28	100
ZQ35	235	85	40	21.5	12	250	85	55	58.5	16			132	40	198

续表 17-40

型号	高速轴					低速轴					H_1	B_1	A_0	l_4	重量/kg
	C_1	N_1	D_1	t_1	b_1	C_2	N_2	D_2(gc)	t_2	b_2					
ZQ40	245	85	40	21.5	12	300	125	80	85	24			133	80	246
ZQ50	305	85	50	28	16	325	125	80	85	24			148	80	390
ZQ65	400	110	60	32.5	18	480	165	110	116.5	32	95	318	183	85	807
ZQ75	420	110	60	32.5	18	450	165	110	116.5	32	130	362	207	55	1085
ZQ85	475	135	90	49	24	525	200	130	137.2	36	105	418	236	75	1485
ZQ100	515	135	90	49	24	605	240	150	158.5	40	200	478	257	100	2230

17.2.4　ZL 型圆柱齿轮减速器（仅供参考使用）

ZL 型减速器的输入功率见表 17-41，其外形及安装尺寸见图 17-16 和表 17-42。

表 17-41　ZL 型减速器输入功率

kW

速比代号	速　比	电动机转速 /r · min^{-1}	减速器型号			
			ZL85	ZL100	ZL115	ZL130
1	7.1	750	166	283	406	594
		1000	216	367	538	719
		1500				
2	8.0	750	142	242	380	560
		1000	185	315	492	719
		1500				
3	9.0	750	128	218	342	505
		1000	167	284	445	655
		1500	241			
4	10.0	750	115	197	309	453
		1000	151	257	403	594
		1500	219	371		
5	11.2	750	103	177	278	402
		1000	136	231	363	536
		1500	197	335		
6	12.5	750	92.2	158	249	352
		1000	121	207	326	481
		1500	177	301	471	
7	14	750	78.2	134	211	313
		1000	103	176	277	410
		1500	151	257	402	
8	16	750	69.7	120	189	280
		1000	91.9	157	248	367
		1500	135	230	361	532
9	18	750	62.1	107	168	250
		1000	82.0	141	221	328
		1500	121	206	324	478
10	20	750	55.4	95.2	150	223
		1000	73.2	126	198	288
		1500	108	185	290	429
11	22.4	750	47.5	81.7	129	192
		1000	62.8	108	170	252
		1500	92.7	159	250	369
12	25	750	42.8	73.7	117	173
		1000	56.7	97.4	154	228
		1500	83.9	144	226	335

续表 17-41

速比代号	速 比	电动机转速 /r · min⁻¹	减速器型号			
			ZL85	ZL100	ZL115	ZL130
13	28	750	38.3	66.0	104	155
		1000	50.8	87.3	138	205
		1500	75.2	129	203	294
14	31.5	750	34.1	58.8	93.1	135
		1000	45.3	77.9	123	175
		1500	67.2	115	182	249
15	35.5	750	28.2	48.6	76.9	114
		1000	37.4	64.3	102	151
		1500	55.5	95.3	150	223
16	40.0	750	25.1	43.2	68.4	102
		1000	33.3	57.3	90.6	135
		1500	49.4	85.0	134.0	199
17	45.0	750	20.9	36.0	57.0	84.8
		1000	27.2	47.7	75.5	112
		1500	41.2	70.9	112.0	166

注：1. 工作延续时间为100%；

2. 代号示例：ZL100-12-Ⅱ，即总中心距 $A=1000$，第12种速比，第Ⅱ种装配类型。

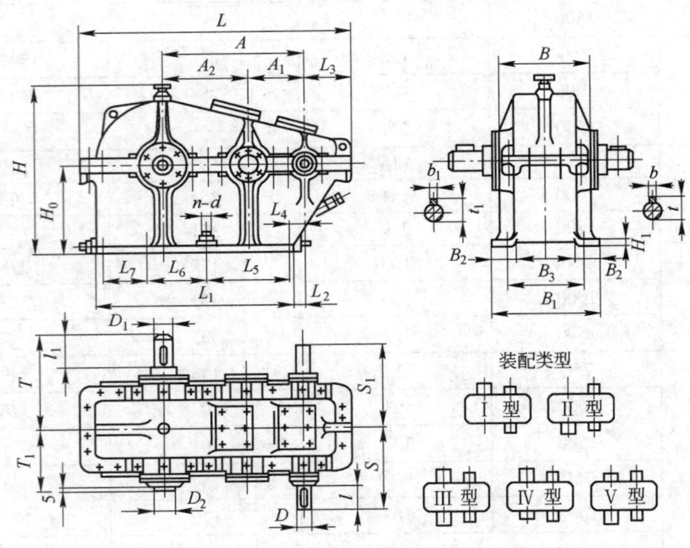

图 17-16　ZL 型减速器的外形

表 17-42　ZL 型减速器外形及安装尺寸　mm

型号	中心距			中心高	轮廓尺寸			B_1	B_2	L_1	L_2	L_3	H_1	地脚螺栓孔						
	A	A_1	A_2	H_0	H	L	B							d	n	B_3	L_4	L_5	L_6	L_7
ZL85	850	350	500	550-1	1116	1655	620	620	130	1320	12	251	45	M36	8	530				250
ZL100	1000	400	600	650-1	1306	1910	710	710	145	1550	22	265	50			610	75	595	510	320
ZL115	1150	450	700	750-1	1496	2190	785	785	145	1770	42	295	55	M42		700	105	655	595	380
ZL130	1300	500	800	850-1	1691	2460	845	845	158	2015	42	317	60			740	105	740	670	450

型号	高 速 轴				S	S_1	T	T_1	D_2 (d_4)	低 速 轴				重量 /kg
	l	D(jf)	b	t						l_1	D_1(jf)	b_1	t_1	
ZL85	105	70	20	74.2	490	500	580	350	75	180	140	36	147.2	1910
ZL100	125	80	24	85	560	567	655	395		200	170	40	178.5	2730
ZL115	140	90	24	95	610	620	735	435		240	200	45	209.7	4000
ZL130	160	100	28	105.7	660	670	805	465		280	220	50	231	5430

17.2.5 SSX系列弧齿锥齿轮行星齿轮减速器

SSX系列弧齿锥齿轮行星齿轮减速器，是中国煤炭科工集团上海研究院为煤矿井下带式输送机专门研制开发的新一代传动装置，用于替换原有展开式定轴传动的标准减速器。SSX系列减速器不仅在设计方法和制造工艺上取得了许多突破和成功尝试，而且分别通过了在上海的“国家采煤机械质量监督检测中心”和在西安的“国家冶金重型机械质量监督检验中心”进行的试验室满载1000h连续台架试验考核，其测试结果已接近国际先进水平。同时该系列产品已通过中国煤炭科工集团（原煤炭科学研究总院）的技术鉴定，并在大同、平顶山、山东等地获得广泛应用，是煤炭部重点推广的科技新产品。

SSX系列减速器还广泛地用于矿山、冶金、运输、码头、建材、化工、纺织等行业。

17.2.5.1 显著特点

（1）结构紧凑，体积小，重量轻，承载能力大，每吨重量输出扭矩达到38kN·m；

（2）传动效率高，二级传动满载效率实测96.54%，三级传动满载效率实测95.77%，运转平稳，噪声低；

（3）减速器齿轮均为硬齿面，齿轮、轴承等啮合部位均强制润滑，故整机热功率大，使用寿命长；

（4）SSX系列减速器可同时实现带式输送机的左右侧安装，并且可同时安装制动器和逆止器，因此特别适合煤矿井下各类固定或可伸缩带式输送机使用。

17.2.5.2 适用条件

输入转速不超过1500r/min；工作环境温度为-30～+45℃；可正反向旋转。

17.2.5.3 标记示例

SSX系列弧齿锥齿轮行星齿轮减速器标记举例如下：

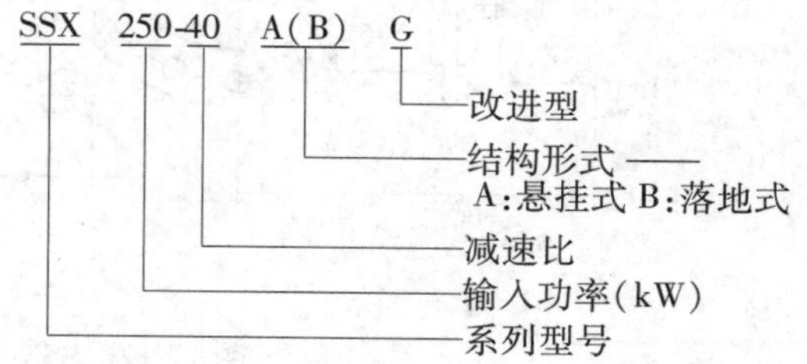

17.2.5.4 选用说明

SSX系列减速器自带润滑油泵和外接高效冷却器实行强制润滑和冷却，故减速器的热功率即为名义输入功率。冷却方式为水冷或油冷。水冷时必须有冷却水源并使水通过高效外接冷却器实行冷却，油冷时由辅助油箱实行冷却，而辅助油箱通过软管及自带润滑油泵与减速器内的油实行循环。辅助油箱不占用任何有效巷道空间。

SSX系列减速器的选用只要根据工作机构的输入功率或驱动扭矩、减速比及安装形式就可直接选择相应的型号，其中已考虑带式输送机的使用工况。

17.2.5.5 动力参数及外形尺寸

减速器系列的动力参数见表17-43，SSX-A型减速器的外形及安装尺寸见图17-17和表17-44，SSX-B的外形及安装尺寸见图17-18和表17-45。

表17-43 减速器系列动力参数

减速比	输入转速1500r/min时的输入功率/kW							
	75	132	200	250	315	355	375	400
	输出扭矩/N·m							
16	7700	13800	20700	25800	32600	36700	38800	41400
18	8700	15300	23300	29100	36700	41300	43700	46600
20	9700	17000	25800	32300	40700	445900	48500	51700
25	12100	21300	32300	40400	50900	57400	60600	64700
31.5	15200	26900	40700	50900	64200	72400	78400	81500
35.5	17200	30300	45900	57400	72400	81500	86100	91900
40	19400	34100	51700	64700	81500	91900	97100	103500
45	21800	38400	58200	72800	91700	103400	109200	116500
50	23300	42700	64700	80900	101900	114900	121400	129500

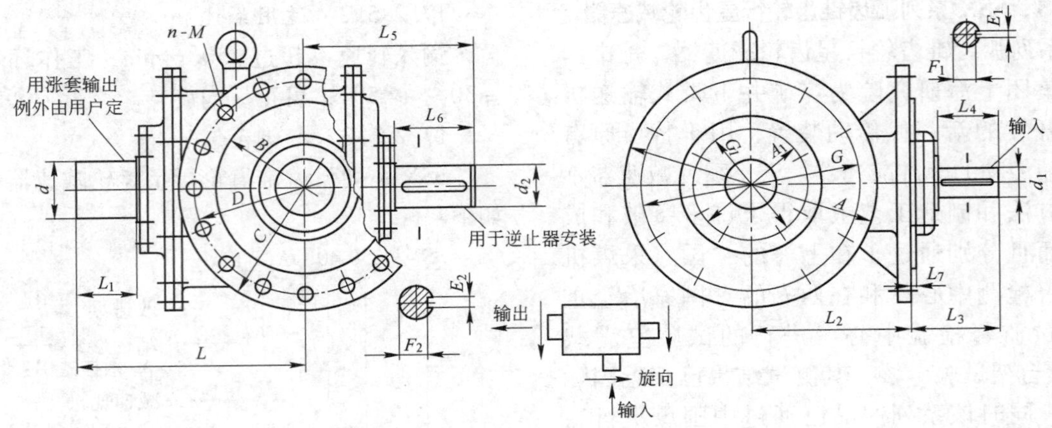

图 17-17 SSX-A 型减速器的外形及安装尺寸

表 17-44 SSX-A 外形及安装尺寸

mm

型 号	L	L_1	L_2	L_3	L_4	L_5	L_6	L_7	d	d_1	d_2	E_1	F_1	E_2	F_2	A	B	C	D	G	A_1	G_1	n-M	重量/kg
SSX75-16A	607	145	408	200	145	372	170	10	140h6	65k6	85K6	18	58	22	76	610	540	700	620	565	390	350	16-ϕ26	950
SSX75-18A	607	145	408	200	145	372	170	10	140h6	65k6	85K6	18	58	22	76	610	540	700	620	565	390	350	16-ϕ26	950
SSX75-20A	607	145	408	200	145	372	170	10	140h6	65k6	85K6	18	58	22	76	610	540	700	620	565	390	350	16-ϕ26	950
SSX75-24A	607	145	408	200	145	372	170	10	140h6	65k6	85K6	18	58	22	76	610	540	700	620	565	390	350	16-ϕ26	950
SSX75-28A	700	145	620	200	145	500	200	10	155h6	65k6	85K6	18	58	22	76	610	540	700	620	640	390	350	16-ϕ26	1000
SSX75-31A	700	145	620	200	145	500	200	10	155h6	65k6	85K6	18	58	22	76	700	540	700	620	640	390	350	16-ϕ26	1000
SSX75-35A	700	145	620	200	145	500	200	10	155h6	65k6	85K6	18	58	22	76	700	540	700	620	640	390	350	16-ϕ26	1000
SSX75-40A	700	145	620	200	145	500	200	10	155h6	65k6	85K6	18	58	22	76	700	540	700	620	640	390	350	16-ϕ26	1000
SSX75-45A	700	145	620	200	145	500	200	10	155h6	65k6	85K6	18	58	22	76	700	540	700	620	640	390	350	16-ϕ26	1000
SSX132-16A	607	145	408	200	145	372	170	10	155h6	65k6	85K6	18	58	22	76	700	540	700	620	640	390	350	16-ϕ26	1150
SSX132-18A	607	145	408	200	145	372	170	10	155h6	65k6	85K6	18	58	22	76	700	540	700	620	640	390	350	16-ϕ26	1150
SSX132-20A	607	145	408	200	145	372	170	10	155h6	65k6	85K6	18	58	22	76	700	540	700	620	640	390	350	16-ϕ26	1150
SSX132-24A	607	145	408	200	145	372	170	10	155h6	65k6	85K6	18	58	22	76	700	540	700	620	640	390	350	16-ϕ26	1150
SSX132-28A	750	145	620	200	145	500	200	10	180h6	65k6	85K6	18	58	28	76	850	540	700	620	770	360	335	16-ϕ26	1200
SSX132-31A	750	145	620	200	145	500	200	10	180h6	65k6	85K6	18	58	28	76	850	540	700	620	770	360	335	16-ϕ26	1200
SSX132-35A	750	145	620	200	145	500	200	10	200h6	65k6	85K6	18	58	28	76	850	540	700	620	770	360	335	16-ϕ26	1300
SSX132-40A	750	145	620	200	145	500	200	10	200h6	65k6	85K6	18	58	28	76	850	540	700	620	770	360	335	16-ϕ26	1300
SSX132-45A	750	145	620	200	145	500	200	10	200h6	65k6	85K6	18	58	28	76	850	540	700	620	770	360	335	16-ϕ26	1300
SSX200-16A	620	125	520	230	180	415		10	180h6	95k6		25	86			800	540	700	620	750	360	335	16-ϕ26	1530
SSX200-18A	620	125	520	230	180	415		10	180h6	95k6		25	86			800	540	700	620	750	360	335	16-ϕ26	1530
SSX200-20A	650	123	520	230	180	415		10	180h6	95k6		25	86			800	540	700	620	750	360	335	16-ϕ26	1530
SSX200-24A	650	123	520	230	180	415		10	180h6	95k6		25	86			800	540	700	620	750	360	335	16-ϕ26	1530
SSX200-28A	740	130	650	230	180	415		10	200h6	95k6		25	86			920	540	700	620	880	472	434	16-ϕ26	1720
SSX200-31A	740	130	650	230	180	415		10	200h6	95k6		25	86			920	540	700	620	880	472	434	16-ϕ26	1720
SSX200-35A	740	130	650	230	180	415		10	200h6	95k6		25	86			920	540	700	620	880	472	434	16-ϕ26	1720
SSX200-40A	760	150	650	230	180	415		10	210h6	95k6		25	86			1030	540	700	620	980	472	434	16-ϕ26	1840
SSX200-45A	760	150	650	230	180	415		10	210h6	95k6		25	86			1030	540	700	620	980	472	434	16-ϕ26	1840
SSX250-16A	620	125	520	230	180	415		10	180h6	95k6		25	86			800	540	700	620	750	360	335	16-ϕ26	1650
SSX250-18A	620	125	520	230	180	415		10	180h6	95k6		25	86			800	540	700	620	750	360	335	16-ϕ26	1650
SSX250-20A	650	125	520	230	180	415		10	180h6	95k6		25	86			800	540	700	620	750	360	335	16-ϕ26	1650
SSX250-24A	750	130	650	230	180	415		10	200h6	95k6		25	86			920	540	700	620	880	472	434	16-ϕ26	1860
SSX250-28A	740	130	650	230	180	415		10	200h6	95k6		25	86			920	540	700	620	880	472	434	16-ϕ26	1860
SSX250-31A	740	130	650	230	180	415		10	200h6	95k6		25	86			920	540	700	620	880	472	434	16-ϕ26	1860
SSX250-35A	760	150	650	230	180	415		10	210h6	95k6		25	86			1080	540	700	620	1020	472	434	16-ϕ26	2100
SSX250-40A	760	150	650	230	180	415		10	210h6	95k6		25	86			1080	540	700	620	1020	472	434	16-ϕ26	2100
SSX250-45A	760	150	650	230	180	415		10	210h6	95k6		25	86			1080	540	700	620	1020	472	434	16-ϕ26	2100
SSX400-18A	850	150	610	245	200	734	200	15	210h6	120k6	160k6	32	109	40	147	1000	640	880	720	950	472	396	16-ϕ32	

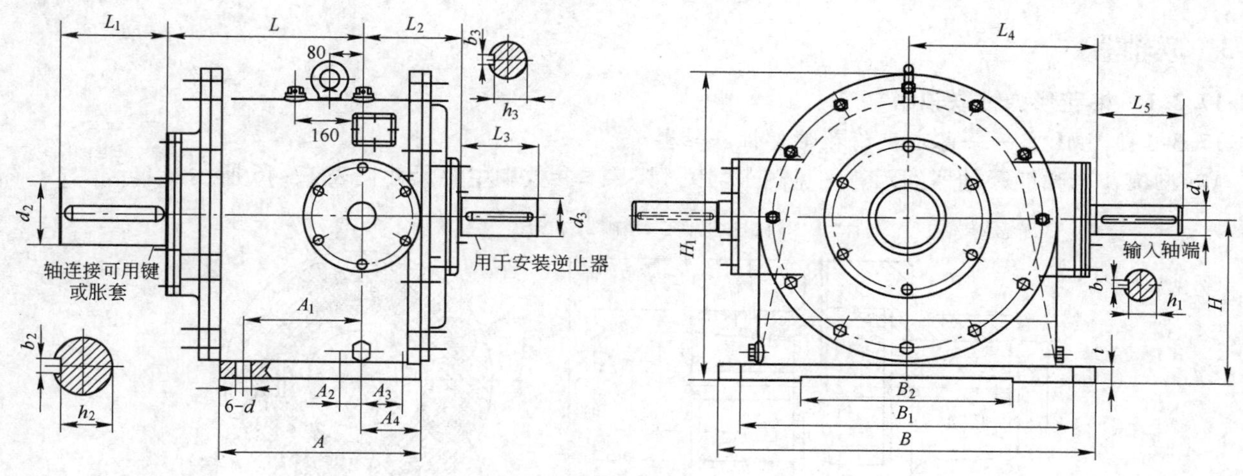

图 17-18 SSX-B 的外形及安装尺寸

表 17-45 SSX-B 外形及安装尺寸

mm

型号	L	L_1	L_2	L_3	L_4	L_5	H	H_1	输入轴			输出轴			逆止器轴		
									d_1	b_1	h_1	d_2	b_2	h_2	d_3	b_3	h_3
SSX75/132-16B SSX75/132-18B SSX75/132-20B SSX75/132-25B	467.5	250	234.5	180	463	200	400	750	70	20	62.5				90	25	81
SSX200/250-16B SSX200/250-18B SSX200/250-20B SSX200/250-25B	512	250	290		550	200	450	865	90	25	81	180	45	165	100	28	91
SSX200/250-28B SSX200/250-31B SSX200/250-35B SSX200/250-40B SSX200/250-45B	610	350	300	200	650	200	550	950	90	25	81	210	50	193	130	32	119
SSX400-18B	650	350	534	200	635	200			120	32	109	210	50	193	160	40	147

型号	A	A_1	A_2	A_3	A_4	B	B_1	B_2	d	t	重量/kg
SSX75/132-16B SSX75/132-18B SSX75/132-20B SSX75/132-25B	474.5	280	50	100	140	880	780	500	$\phi38$	40	1120
SSX200/250-16B SSX200/250-18B SSX200/250-20B SSX200/250-25B	635	250	50	100	220	1000	900	500	$\phi44$	60	1620
SSX200/250-28B SSX200/250-31B SSX200/250-35B SSX200/250-40B SSX200/250-45B	770	450	200	100	220	1300	1150	600	$\phi44$	60	1850
SSX400-18B	780	400	200	200	310	1250	1150	680	$\phi44$	60	3700

生产单位：中国煤炭科工集团上海研究院。

17.3　联轴器

17.3.1　梅花形弹性联轴器

17.3.1.1　ML 型——基本型梅花形弹性联轴器

ML 型梅花形弹性联轴器的示意图见图 17-19，其基本参数和主要尺寸见表 17-46 所示。

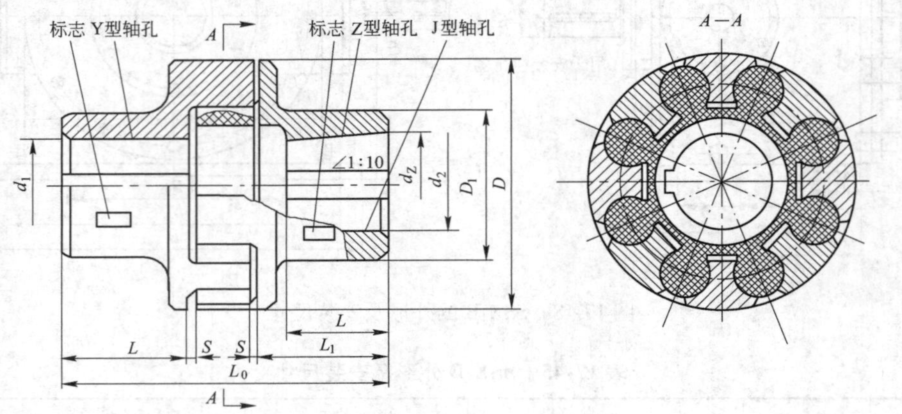

图 17-19　ML 型梅花形弹性联轴器示意图

表 17-46　ML 型梅花形弹性联轴器基本参数和主要尺寸

<table>
<tr><th rowspan="5">型号</th><th colspan="3">公称扭矩 T_n/N·m</th><th rowspan="3">许用转速
n
/r·min^{-1}</th><th rowspan="5">轴孔直径
d_1,d_2,d_Z
/mm</th><th colspan="3">轴孔长度/mm</th><th colspan="4">主要尺寸/mm</th><th rowspan="5">弹性件
型号</th><th rowspan="5">转动
惯量
/kg·m^2</th><th rowspan="5">重量
/kg</th></tr>
<tr><th colspan="3" rowspan="2">弹性件硬度
（邵尔 A 型）</th><th>Y</th><th colspan="2">J，Z</th><th rowspan="4">L_0
(max)</th><th rowspan="4">D</th><th rowspan="4">D_1</th><th rowspan="4">S</th></tr>
<tr><th rowspan="3">L</th><th rowspan="3">L</th><th rowspan="3">L_1</th></tr>
<tr><th>a</th><th>b</th><th>c</th><th rowspan="2">钢</th></tr>
<tr><th>≥75</th><th>≥85</th><th>≥94</th></tr>
<tr><td rowspan="8">ML1</td><td rowspan="8">16</td><td rowspan="8">25</td><td rowspan="8">45</td><td rowspan="8">9000</td><td>12</td><td rowspan="2">32</td><td rowspan="2">27</td><td rowspan="2">32</td><td rowspan="2">80</td><td rowspan="8">50</td><td rowspan="8">40</td><td rowspan="8">2</td><td rowspan="8">MT1-a
MT1-b
MT1-c</td><td rowspan="8">0.0004</td><td rowspan="8">0.66</td></tr>
<tr><td>14</td></tr>
<tr><td>16</td><td rowspan="3">42</td><td rowspan="3">30</td><td rowspan="3">42</td><td rowspan="3">100</td></tr>
<tr><td>18</td></tr>
<tr><td>19</td></tr>
<tr><td>20</td><td rowspan="3">52</td><td rowspan="3">38</td><td rowspan="3">52</td><td rowspan="3">120</td></tr>
<tr><td>22</td></tr>
<tr><td>24</td></tr>
<tr><td rowspan="7">ML2</td><td rowspan="7">63</td><td rowspan="7">100</td><td rowspan="7">200</td><td rowspan="7">9000</td><td>20</td><td rowspan="3">52</td><td rowspan="3">38</td><td rowspan="3">52</td><td rowspan="3">127</td><td rowspan="7">70</td><td rowspan="7">50</td><td rowspan="7">2.5</td><td rowspan="7">MT2-a
MT2-b
MT2-c</td><td rowspan="7">0.0015</td><td rowspan="7">1.55</td></tr>
<tr><td>22</td></tr>
<tr><td>24</td></tr>
<tr><td>25</td><td rowspan="2">62</td><td rowspan="2">44</td><td rowspan="2">62</td><td rowspan="2">147</td></tr>
<tr><td>28</td></tr>
<tr><td>30</td><td rowspan="2">82</td><td rowspan="2">60</td><td rowspan="2">82</td><td rowspan="2">187</td></tr>
<tr><td>32</td></tr>
<tr><td rowspan="8">ML3</td><td rowspan="8">90</td><td rowspan="8">140</td><td rowspan="8">280</td><td rowspan="8">9000</td><td>22</td><td rowspan="2">52</td><td rowspan="2">38</td><td rowspan="2">52</td><td rowspan="2">128</td><td rowspan="8">85</td><td rowspan="8">60</td><td rowspan="8">3</td><td rowspan="8">MT3-a
MT3-b
MT3-c</td><td rowspan="8">0.0034</td><td rowspan="8">2.5</td></tr>
<tr><td>24</td></tr>
<tr><td>25</td><td rowspan="2">62</td><td rowspan="2">44</td><td rowspan="2">62</td><td rowspan="2">148</td></tr>
<tr><td>28</td></tr>
<tr><td>30</td><td rowspan="4">82</td><td rowspan="4">60</td><td rowspan="4">82</td><td rowspan="4">188</td></tr>
<tr><td>32</td></tr>
<tr><td>35</td></tr>
<tr><td>38</td></tr>
<tr><td rowspan="8">ML4</td><td rowspan="8">140</td><td rowspan="8">250</td><td rowspan="8">400</td><td rowspan="8">7300</td><td>25</td><td rowspan="2">62</td><td rowspan="2">44</td><td rowspan="2">62</td><td rowspan="2">151</td><td rowspan="8">105</td><td rowspan="8">65</td><td rowspan="8">3.5</td><td rowspan="8">MT4-a
MT4-b
MT4-c</td><td rowspan="8">0.008</td><td rowspan="8">4.3</td></tr>
<tr><td>28</td></tr>
<tr><td>30</td><td rowspan="4">82</td><td rowspan="4">60</td><td rowspan="4">82</td><td rowspan="4">191</td></tr>
<tr><td>32</td></tr>
<tr><td>35</td></tr>
<tr><td>38</td></tr>
<tr><td>40</td><td rowspan="2">112</td><td rowspan="2">84</td><td rowspan="2">112</td><td rowspan="2">251</td></tr>
<tr><td>42</td></tr>
</table>

续表 17-46

型号	公称扭矩 T_n/N·m 弹性件硬度（邵尔A型）			许用转速 n /r·min^{-1}	轴孔直径 d_1,d_2,d_Z /mm	轴孔长度/mm				主要尺寸/mm			弹性件型号	转动惯量 /kg·m^2	重量 /kg
	a	b	c	钢		Y	J，Z		L_0	D	D_1	S			
	≥75	≥85	≥94			L	L	L_1	(max)						
ML5	250	400	710	6100	30	82	60	82	197	125	75	4	MT5-a MT5-b MT5-c	0.017	6.2
					32										
					35										
					38										
					40	112	84	112	257						
					42										
					45										
					48										
ML6	400	630	1120	5300	35*	82	60	82	203	145	85	4.5	MT6-a MT6-b MT6-c	0.033	8.6
					38*										
					40*	112	84	112	263						
					42*										
					45										
					48										
					50										
					55										
ML7	710	1120	2240	4500	45*	112	84	112	265	170	100	5.5	MT7-a MT7-b MT7-c	0.072	14.0
					48*										
					50										
					55										
					60	142	107	142	325						
					63										
					65										
ML8	1120	1800	3550	3800	50*	112	84	112	272	200	120	6.5	MT8-a MT8-b MT8-c	0.0157	25.7
					55*										
					60	142	107	142	332						
					63										
					65										
					70										
					71										
					75										
ML9	1800	2800	5600	3300	60*	142	107	142	334	230	150	7.5	MT9-a MT9-b MT9-c	0.339	41.0
					63*										
					65*										
					70										
					71										
					75										
					80	172	132	172	394						
					85										
					90										
					95										
ML10	2800	4500	9000	2900	70*	142	107	142	344	260	180	7.5	MT10-a MT10-b MT10-c	0.0763	59.0
					71*										
					75*										
					80*	172	132	172	404						
					85*										
					90										
					95										
					100	212	167	212	484						
					110										

续表 17-46

型号	公称扭矩 T_n/N·m 弹性件硬度（邵尔A型） a ≥75	b ≥85	c ≥94	许用转速 n /r·min^{-1} 钢	轴孔直径 d_1,d_2,d_Z /mm	轴孔长度/mm Y L	J，Z L	L_1	主要尺寸/mm L_0 (max)	D	D_1	S	弹性件型号	转动惯量 /kg·m^2	重量 /kg
ML11	4000	6300	12500	2500	80*	172	132	172	411	300	200	8.5	MT11-a MT11-b MT11-c	1.352	87.0
					85*										
					90*										
					95*										
					100	212	167	212	491						
					110										
					120										
ML12	7100	11200	20000	2100	90*	172	132	172	417	360	225	9	MT12-a MT12-b MT12-c	2.854	140
					95*										
					100*	212	167	212	497						
					110*										
					120*										
					125*										
					130	252	202	252	577						
ML13	8000	12500	25000	1900	100*	212	167	212	497	400	250	9	MT13-a MT13-b MT13-c	4.378	160
					110*										
					120*										
					125*										
					130*	252	202	252	577						
					140*										

注：1. Y 型轴孔表示长圆柱形；J 型轴孔表示有沉孔的短圆柱形；Z 型轴孔表示有沉孔的圆锥形；
2. 表中重量为联轴器最大重量；
3. 表中 a、b、c 为弹性件硬度代号；
4. 带＊号孔直径可用于 Z 型轴孔；
5. 半联轴器材质为钢；
6. 工作环境温度 -20 ~ 80℃。

17.3.1.2 MLL-Ⅰ型分体式制动轮梅花形弹性联轴器

MLL-Ⅰ型分体式制动轮梅花形弹性联轴器示意图见图 17-20，其基本参数和主要尺寸见表 17-47。

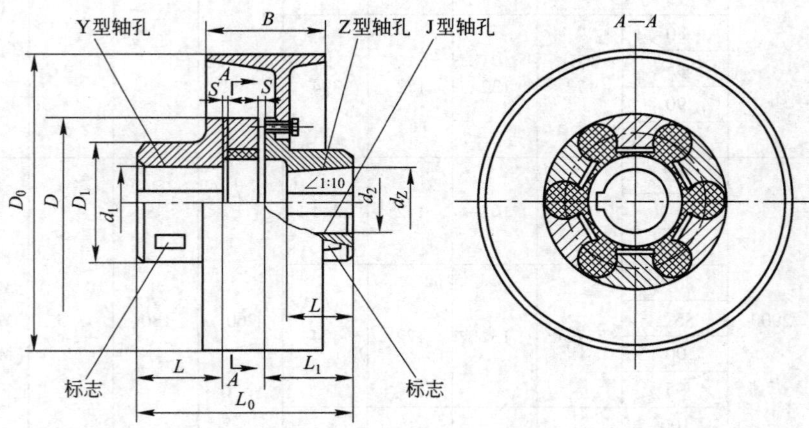

图 17-20 MLL-Ⅰ型分体式制动轮梅花形弹性联轴器示意图

表 17-47 MLL-Ⅰ型分体式制动轮梅花形弹性联轴器基本参数和主要尺寸

型号	公称扭矩 T_n/N · m 弹性件硬度（邵尔 A 型） a ≥75	b ≥85	c ≥94	许用转速 n /r·min⁻¹ 钢	轴孔直径 d_1, d_2, d_Z /mm	轴孔长度/mm Y L	J, Z L	J, Z L_1	主要尺寸/mm L_0 (max)	D_0	B	D	D_1	S	弹性件型号	转动惯量 /kg · m²	重量 /kg
MLL4-Ⅰ-160	140	250	400	4750	25, 28	62	44	62	151	160	70	105	65	3.5	MT4-a MT4-b MT4-c	0.05	8.5
					30, 32, 35, 38	82	60	82	191								
					40, 42	112	84	112	251								
MLL4-Ⅰ-200	140	250	400	3800	25, 28	62	44	62	151	200	85	105	65	3.5	MT4-a MT4-b MT4-c	0.095	9.5
					30, 32, 35, 38	82	60	82	191								
					40, 42	112	84	112	251								
MLL5-Ⅰ-200	250	400	800	3800	30, 32, 35, 38	82	60	82	197	200	85	125	75	4	MT5-a MT5-b MT5-c	0.144	13.3
					40, 42, 45, 48	112	84	112	257								
MLL6-Ⅰ-200	400	630	1120	3800	35*, 38*	82	60	82	203	200	85	145	85	4.5	MT6-a MT6-b MT6-c	0.168	16.7
					40*, 42*, 45, 48, 50, 55	112	84	112	263								
MLL6-Ⅰ-250	400	630	1120	3050	35*, 38*	82	60	82	203	250	105	145	85	4.5	MT6-a MT6-b MT6-c	0.338	21.7
					40*, 42*, 45, 48, 50, 55	112	84	112	263								
MLL7-Ⅰ-250	710	1120	2240	3050	45*, 48*, 50, 55	112	84	112	265	250	105	170	100	5.5	MT7-a MT7-b MT7-c	0.381	26.3
					60, 63, 65	142	107	142	325								
MLL7-Ⅰ-315	710	1120	2240	2400	45*, 48*, 50, 55	112	84	112	265	315	135	170	100	5.5	MT7-a MT7-b MT7-c	0.875	34.7
					60, 63, 65	142	107	142	325								

续表 17-47

型号	公称扭矩 T_n/N·m 弹性件硬度（邵尔A型） a ≥75	b ≥85	c ≥94	许用转速 n /r·min^{-1} 钢	轴孔直径 d_1，d_2，d_Z /mm	轴孔长度/mm Y L	J，Z L	J，Z L_1	L_0 (max)	主要尺寸/mm D_0	B	D	D_1	S	弹性件型号	转动惯量 /kg·m^2	重量 /kg
MLL8-Ⅰ-315	1120	1800	3550	2400	50*，55*	112	84	112	272	315	135	200	120	6.5	MT8-a MT8-b MT8-c	1.173	47.3
					60，63，65，70，71，75	142	107	142	332								
MLL8-Ⅰ-400	1120	1800	3550	1900	50*，55*	112	84	112	272	400	170	200	120	6.5	MT8-a MT8-b MT8-c	2.45	61.3
					60，63，65，70，71，75	142	107	142	332								
MLL9-Ⅰ-400	1800	2800	5600	1900	60*，63*，65*，70，71，75	142	107	142	334	400	170	230	150	7.5	MT9-a MT9-b MT9-c	3.313	84
					80，85，90，95	172	132	172	394								
MLL9-Ⅰ-500	1800	2800	5600	1500	60*，63*，65*，70，71，75	142	107	142	334	500	210	230	150	7.5	MT9-a MT9-b MT9-c	6.75	108
					80，85，90，95	172	132	172	394								
MLL10-Ⅰ-500	2800	4500	9000	1500	70*，71*，75*	142	107	142	344	500	210	260	180	7.5	MT10-a MT10-b MT10-c	8.25	132
					80*，85，90，95	172	132	172	404								
					100，110	212	167	212	484								
MLL11-Ⅰ-630	4000	6300	12500	1200	80*，85*，90*，95*	172	132	172	411	630	265	300	200	8.5	MT11-a MT11-b MT11-c	19.55	197
					100，110，120	212	167	212	491								

续表 17-47

型号	公称扭矩 T_n/N·m 弹性件硬度（邵尔A型） a ≥75	b ≥85	c ≥94	许用转速 n /r·min^{-1} 钢	轴孔直径 d_1，d_2，d_Z /mm	轴孔长度/mm Y L	J，Z L	L_1	L_0 (max)	主要尺寸/mm D_0	B	D	D_1	S	弹性件型号	转动惯量 /kg·m^2	重量 /kg
MLL12-Ⅰ-710	7100	11200	20000	1050	90*	172	132	172	417	710	300	360	225	9	MT12-a MT12-b MT12-c	26.73	212
					95*												
					100*	212	167	212	497								
					110*												
					120*												
					125												
					130	252	202	252	577								
MLL13-Ⅰ-800	8000	12500	25000	950	100*	212	167	212	497	800	340	400	250	9	MT13-a MT13-b MT13-c	48	294
					110*												
					120*												
					125*												
					130*	252	202	252	577								
					140*												

注：1. Y型轴孔表示长圆柱形；J型轴孔表示有沉孔的短圆柱形；Z型轴孔表示有沉孔的圆锥形；
2. 表中重量为联轴器最大重量；
3. 表中a、b、c为弹性件硬度代号；
4. 带*号孔直径可用于Z型轴孔；
5. 半联轴器材质为钢；
6. 工作环境温度 -20～80℃。

17.3.1.3 MLL-Ⅱ型整体式制动轮梅花形弹性联轴器

MLL-Ⅱ型整体式制动轮梅花形弹性联轴器示意图见图17-21，其基本参数和主要尺寸见表17-48。

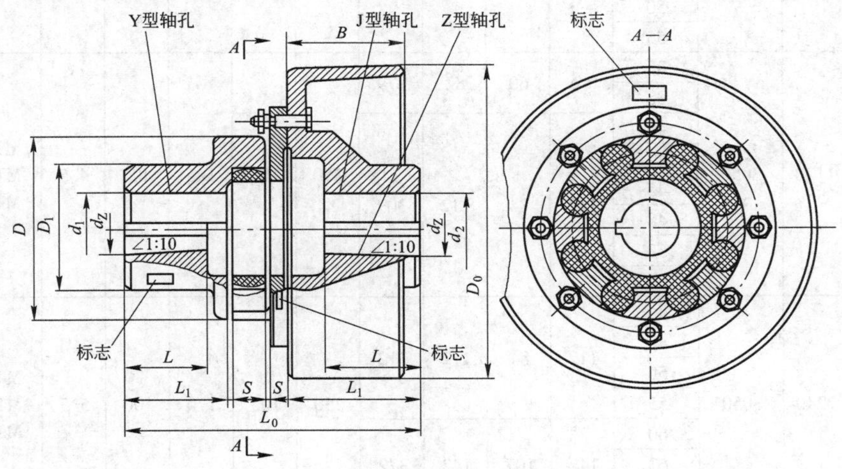

图17-21 MLL-Ⅱ型制动轮梅花形弹性联轴器示意图

表17-48 MLL-Ⅱ型制动轮梅花形弹性联轴器基本参数和主要尺寸

型号	公称扭矩 T_n/N·m 弹性件硬度（邵尔A型） a ≥75	b ≥85	c ≥94	许用转速 n /r·min^{-1} 钢	轴孔直径 d_1，d_2，d_Z /mm	轴孔长度/mm Y L	J，Z L	L_1	L_0 (max)	主要尺寸/mm D_0	B	D	D_1	S	弹性件型号	转动惯量 /kg·m^2	重量 /kg
MLL4-Ⅱ-160	140	250	400	4750	25	62	44	62	190.5	160	70	105	65	3.5	MT4-a MT4-b MT4-c		10
					28												
					30	82	60	82	210.5								
					32												
					35												
					38												
					40	112	84	112	265.5								
					42												

续表 17-48

型号	公称扭矩 T_n/N·m			许用转速	轴孔直径	轴孔长度/mm			主要尺寸/mm						弹性件型号	转动惯量/kg·m²	重量/kg
	弹性件硬度（邵尔A型）			n /r·min^{-1}	d_1，d_2，d_Z /mm	Y	J，Z		L_0 (max)	D_0	B	D	D_1	S			
	a	b	c			L	L	L_1									
	≥75	≥85	≥94	钢													
MLL4-Ⅱ-200	140	250	400	3800	25	62	44	62	215.5	200	85	105	65	3.5	MT4-a MT4-b MT4-c		14
					28												
					30	82	60	82	235.5								
					32												
					35												
					38												
					40	112	84	112	265.5								
					42												
MLL5-Ⅱ-200	250	400	800	3800	30	82	60	82	242	200	85	125	75	4	MT5-a MT5-b MT5-c		16.5
					32												
					35												
					38												
					40	112	84	112	272								
					42												
					45												
					48												
MLL6-Ⅱ-200	400	630	1120	3800	35	82	60	82	249	200	85	145	85	4.5	MT6-a MT6-b MT6-c		20.3
					38												
					40	112	84	112	279								
					42												
					45												
					48												
					50												
					55												
MLL6-Ⅱ-250	400	630	1120	3050	35	82	60	82	279	250	105	145	85	4.5	MT6-a MT6-b MT6-c		25.6
					38												
					40	112	84	112	309								
					42												
					45												
					48												
					50												
					55												
MLL7-Ⅱ-250	710	1120	2240	3050	45	112	84	112	312	250	105	170	100	5.5	MT7-a MT7-b MT7-c		31.4
					48												
					50												
					55												
					60	142	107	142	372								
					63												
					65												
MLL7-Ⅱ-315	710	1120	2240	2400	45	112	84	112	312	315	135	170	100	5.5	MT7-a MT7-b MT7-c		38.2
					48												
					50												
					55												
					60	142	107	142	372								
					63												
					65												
MLL8-Ⅱ-315	1120	1800	3550	2400	50	112	84	112	351	315	135	200	120	6.5	MT8-a MT8-b MT8-c		55.5
					55												
					60	142	107	142	416								
					63												
					65												
					70												
					71												
					75												

续表 17-48

型号	公称扭矩 T_n/N·m			许用转速 n /r·min^{-1}	轴孔直径 d_1，d_2，d_Z /mm	轴孔长度/mm			主要尺寸/mm						弹性件型号	转动惯量 /kg·m^2	重量 /kg
	弹性件硬度（邵尔 A 型）					Y	J，Z										
	a	b	c			L	L	L_1	L_0 (max)	D_0	B	D	D_1	S			
	≥75	≥85	≥94	钢													
MLL8-Ⅱ-400	1120	1800	3550	1900	50	112	84	112	351	400	170	200	120	6.5	MT8-a MT8-b MT8-c		75.3
					55												
					60	142	107	142	416								
					63												
					65												
					70												
					71												
					75												
MLL9-Ⅱ-400	1800	2800	5600	1900	60	142	107	142	421	400	170	230	150	7.5	MT9-a MT9-b MT9-c		92.9
					63												
					65												
					70												
					71												
					75												
					80	172	132	172	451								
					85												
					90												
					95												
MLL9-Ⅱ-500	1800	2800	5600	1500	60	142	107	142	275	500	210	230	150	7.5	MT9-a MT9-b MT9-c		138
					63												
					65												
					70												
					71												
					75												
					80	172	132	172	505								
					85												
					90												
					95												
MLL10-Ⅱ-500	2800	4500	9000	1500	70	142	107	142	490	500	210	260	180	7.5	MT10-a MT10-b MT10-c		180
					71												
					75												
					80	172	132	172	520								
					85												
					90												
					95												
					100	212	167	212	560								
					110												
MLL11-Ⅱ-630	4000	6300	12500	1200	80 *	172	132	172	630	630	265	300	200	8.5	MT11-a MT11-b MT11-c		250
					85 *												
					90 *												
					95 *												
					100	212	167	212	620								
					110												
					120												
MLL12-Ⅱ-710	7100	11200	20000	1050	90 *	172	132	172	630	710	300	360	225	9	MT12-a MT12-b MT12-c		290
					95 *												
					100 *	212	167	212	670								
					110 *												
					120 *												
					125 *												
					130	252	202	252	710								

续表 17-48

型号	公称扭矩 T_n/N·m 弹性件硬度（邵尔 A 型）			许用转速 n /r·min^{-1}	轴孔直径 d_1，d_2，d_Z /mm	轴孔长度/mm			主要尺寸/mm						弹性件型号	转动惯量 /kg·m^2	重量 /kg
	a	b	c			Y	J，Z										
	≥75	≥85	≥94	钢		L	L	L_1	L_0 (max)	D_0	B	D	D_1	S			
MLL13-Ⅱ-800	8000	12500	25000	950	100 *	212	167	212	710	800	340	400	250	9	MT13-a MT13-b MT13-c		320
					110 *												
					120 *												
					125 *												
					130 *	252	202	252	750								
					140 *												

注：1. Y 型轴孔表示长圆柱形；J 型轴孔表示有沉孔的短圆柱形；Z 型轴孔表示有沉孔的圆锥形；
2. 表中重量为联轴器最大重量；
3. 表中 a、b、c 为弹性件硬度代号；
4. 带 * 号孔直径可用于 Z 型轴孔，制动轮半联轴器不受限制；
5. 半联轴器材质为钢；
6. 转动惯量值待定。

17.3.1.4 标记示例

联轴器标记应符合 GB/ T 3852—1997 的规定。

例 1：ML3 型梅花形弹性联轴器，MT3 型弹性件硬度为 a，且为钢质半联轴器

主动端：Z 型轴孔，C 型键槽，轴孔直径 d_1 = 30mm，轴孔长度 L = 60mm；

从动端：Y 型轴孔，B 型键槽，轴孔直径 d_2 = 25mm，轴孔长度 L = 62mm。

ML3 型联轴器 $\frac{\text{ZC30} \times 60}{\text{B25} \times 62}$MT3a

例 2：ML5 型梅花形弹性联轴器，MT5 型弹性件硬度为 b，且为钢质半联轴器

主动端：J 型轴孔，B 型键槽，轴孔直径 d_1 = 40mm，轴孔长度 L = 84mm；

从动端：Z 型轴孔，C 型键槽，轴孔直径 d_2 = 35mm，轴孔长度 L = 60mm。

ML5 型联轴器 $\frac{\text{JB40} \times 84}{\text{ZC35} \times 60}$MT5b

17.3.1.5 选用说明

联轴器是根据负荷情况、计算转矩、轴端直径和工作转速来选择。计算扭矩 T_C 由下式求出：

$$T_C = K \cdot T = K \cdot 9550\frac{P_W}{n} \leqslant T_n$$

式中 T——理论转矩，N·m；

T_n——公称转矩，N·m；

T_C——计算转矩，N·m；

P_W——驱动功率，kW；

n——工作转速，r/min；

K——工况系数，见表 17-49。

表 17-49 工况系数 K

原动机	工作机					
	Ⅰ类	Ⅱ类	Ⅲ类	Ⅳ类	Ⅴ类	Ⅵ类
电动机、汽轮机	1.3	1.5	1.7	1.9	2.3	3.1
四缸以上内燃机	1.5	1.7	1.9	2.1	2.5	3.3

注：工作机分类，Ⅰ类：转矩变化很小的机械；Ⅱ类：转矩变化小的机械；Ⅲ类：转矩变化中等的机械；Ⅳ类：转矩变化和冲击载荷中等的机械；Ⅴ类：转矩变化和冲击载荷大的机械；Ⅵ类：转矩变化大并有极强烈冲击载荷的机械。

17.3.2 LZ 型弹性柱销齿式联轴器（GB 5015—2003）

17.3.2.1 LZ 型弹性柱销齿式联轴器

LZ 型弹性柱销齿式联轴器示意图见图 17-22，其基本参数和主要尺寸见表 17-50。

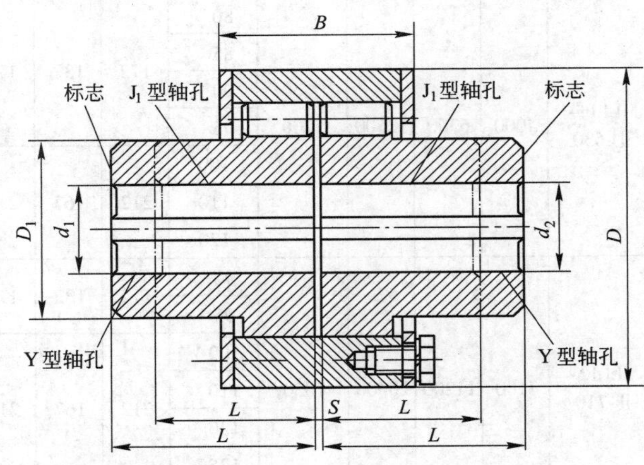

图 17-22 LZ 型弹性柱销齿式联轴器示意图

表 17-50 LZ 型弹性柱销齿式联轴器基本参数和主要尺寸

<table>
<tr><th rowspan="2">型 号</th><th rowspan="2">公称扭矩
T_N
/N·m</th><th rowspan="2">许用转速
n
/r·min^{-1}</th><th rowspan="2">轴孔直径
d_1，d_2
/mm</th><th colspan="2">轴孔长度
L/mm</th><th colspan="4">主要尺寸/mm</th><th rowspan="2">转动
惯量
/kg·m^2</th><th rowspan="2">重量/kg</th></tr>
<tr><th>Y</th><th>J_1</th><th>D</th><th>D_1</th><th>B</th><th>S</th></tr>
<tr><td rowspan="8">LZ1</td><td rowspan="8">112</td><td rowspan="8">5000</td><td>12</td><td rowspan="2">32</td><td rowspan="2">27</td><td rowspan="8">76</td><td rowspan="8">40</td><td rowspan="8">42</td><td rowspan="8">2.5</td><td rowspan="8">0.001</td><td rowspan="2">1.53</td></tr>
<tr><td>14</td></tr>
<tr><td>16</td><td rowspan="3">42</td><td rowspan="3">30</td><td rowspan="3">1.6</td></tr>
<tr><td>18</td></tr>
<tr><td>19</td></tr>
<tr><td>20</td><td rowspan="3">52</td><td rowspan="3">38</td><td rowspan="3">1.67</td></tr>
<tr><td>22</td></tr>
<tr><td>24</td></tr>
<tr><td rowspan="10">LZ2</td><td rowspan="10">250</td><td rowspan="10">5000</td><td>16</td><td rowspan="3">42</td><td rowspan="3">30</td><td rowspan="10">92</td><td rowspan="10">50</td><td rowspan="10">50</td><td rowspan="10">2.5</td><td rowspan="6">0.002</td><td rowspan="3">2.7</td></tr>
<tr><td>18</td></tr>
<tr><td>19</td></tr>
<tr><td>20</td><td rowspan="3">52</td><td rowspan="3">38</td><td rowspan="3">2.76</td></tr>
<tr><td>22</td></tr>
<tr><td>24</td></tr>
<tr><td>25</td><td rowspan="2">62</td><td rowspan="2">44</td><td rowspan="4">0.003</td><td rowspan="2">2.79</td></tr>
<tr><td>28</td></tr>
<tr><td>30</td><td rowspan="2">82</td><td rowspan="2">60</td><td rowspan="2">3.0</td></tr>
<tr><td>32</td></tr>
<tr><td rowspan="8">LZ3</td><td rowspan="8">630</td><td rowspan="8">4500</td><td>25</td><td rowspan="2">62</td><td rowspan="2">44</td><td rowspan="8">118</td><td rowspan="8">65</td><td rowspan="8">70</td><td rowspan="8">3</td><td rowspan="6">0.011</td><td rowspan="2">6.49</td></tr>
<tr><td>28</td></tr>
<tr><td>30</td><td rowspan="4">82</td><td rowspan="4">60</td><td rowspan="4">7.05</td></tr>
<tr><td>32</td></tr>
<tr><td>35</td></tr>
<tr><td>38</td></tr>
<tr><td>40</td><td rowspan="2">112</td><td rowspan="2">84</td><td rowspan="2">0.012</td><td rowspan="2">7.31</td></tr>
<tr><td>42</td></tr>
<tr><td rowspan="8">LZ4</td><td rowspan="8">1800</td><td rowspan="8">4200</td><td>40</td><td rowspan="7">112</td><td rowspan="7">84</td><td rowspan="8">158</td><td rowspan="8">90</td><td rowspan="8">90</td><td rowspan="8">4</td><td rowspan="7">0.044</td><td rowspan="7">16.20</td></tr>
<tr><td>42</td></tr>
<tr><td>45</td></tr>
<tr><td>48</td></tr>
<tr><td>50</td></tr>
<tr><td>55</td></tr>
<tr><td>56</td></tr>
<tr><td>60</td><td>142</td><td>107</td><td>0.045</td><td>15.25</td></tr>
<tr><td rowspan="10">LZ5</td><td rowspan="10">4500</td><td rowspan="10">4000</td><td>50</td><td rowspan="3">112</td><td rowspan="3">84</td><td rowspan="10">192</td><td rowspan="10">120</td><td rowspan="10">90</td><td rowspan="10">4</td><td rowspan="3">0.100</td><td rowspan="3">24.82</td></tr>
<tr><td>55</td></tr>
<tr><td>56</td></tr>
<tr><td>60</td><td rowspan="6">142</td><td rowspan="6">107</td><td rowspan="6">0.107</td><td rowspan="6">27.02</td></tr>
<tr><td>63</td></tr>
<tr><td>65</td></tr>
<tr><td>70</td></tr>
<tr><td>71</td></tr>
<tr><td>75</td></tr>
<tr><td>80</td><td>172</td><td>132</td><td>0.108</td><td>25.44</td></tr>
<tr><td rowspan="9">LZ6</td><td rowspan="9">8000</td><td rowspan="9">3300</td><td>60</td><td rowspan="6">142</td><td rowspan="6">107</td><td rowspan="9">230</td><td rowspan="9">130</td><td rowspan="9">112</td><td rowspan="9">5</td><td rowspan="6">0.238</td><td rowspan="6">40.89</td></tr>
<tr><td>63</td></tr>
<tr><td>65</td></tr>
<tr><td>70</td></tr>
<tr><td>71</td></tr>
<tr><td>75</td></tr>
<tr><td>80</td><td rowspan="3">172</td><td rowspan="3">132</td><td rowspan="3">0.242</td><td rowspan="3">40.15</td></tr>
<tr><td>85</td></tr>
<tr><td>95</td></tr>
</table>

续表 17-50

型号	公称扭矩 T_N /N·m	许用转速 n /r·min⁻¹	轴孔直径 d_1, d_2 /mm	轴孔长度 L/mm		主要尺寸/mm				转动惯量 /kg·m²	重量/kg
				Y	J_1	D	D_1	B	S		
LZ7	11200	2900	70	142	107	260	160	112	5	0.406	54.93
			71								
			75								
			80	172	132					0.428	59.14
			85								
			90								
			95								
			100	212	167					0.443	59.60
			110								
LZ8	18000	2500	80	172	132	300	190	128	6	0.860	89.35
			85								
			90								
			95								
			100	212	167					0.911	94.67
			110								
			120								
			125								
			130	252	202					0.908	87.43
LZ9	25000	2300	90	172	132	335	220	150	7	1.559	113.9
			95								
			100	212	167					1.678	138.1
			110								
			120								
			125								
			130	252	202					1.733	136.6
			140								
			150								
LZ10	31500	2100	100	212	167	355	245	152	8	2.236	165.5
			110								
			120								
			125								
			130	252	202					2.362	169.3
			140								
			150								
			160	302	242					2.422	164.0
			170								
LZ11	40000	2000	110	212	167	380	260	172	8	3.034	190.9
			120								
			125								
			130	252	202					3.249	203.1
			140								
			150								
			160	302	242					3.369	202.1
			170								
			180								
LZ12	63000	1700	130	252	202	445	290	182	8	6.146	288.3
			140								
			150								
			160	302	242					6.432	296.6
			170								
			180								
			190	352	282					6.524	288.0
			200								

续表 17-50

型　号	公称扭矩 T_N /N·m	许用转速 n /r·min^{-1}	轴孔直径 d_1，d_2 /mm	轴孔长度 L/mm		主要尺寸/mm				转动惯量 /kg·m^2	重量/kg
				Y	J_1	D	D_1	B	S		
LZ13	100000	1500	150	252	202	515	345	218	8	12.76	413.6
			160	302	242					13.62	469.2
			170								
			180								
			190	352	282					14.19	480.0
			200								
			220								
			240	410	330					13.98	430.1
LZ14	125000	1400	170	302	242	560	390	218	8	19.90	581.5
			180								
			190	352	282					21.17	621.7
			200								
			220								
			240	410	330					21.67	599.4
			250								
			260								
LZ15	160000	1300	190	352	282	590	420	240	10	28.08	736.9
			200								
			220								
			240	410	330					29.18	730.5
			250								
			260								
			280	470	380					29.52	702.1
			300								
LZ16	250000	1000	220	352	282	695	490	265	10	56.21	1045
			240	410	330					60.05	1129
			250								
			260								
			280	470	380					60.56	1144
			300								
			320								
			340	550	450					62.47	1064
LZ17	355000	950	240	410	330	770	550	285	10	105.5	1500
			250								
			260								
			280	470	380					102.3	1557
			300								
			320								
			340	550	450					106.0	1535
			360								
			380								
LZ18	450000	850	250	410	330	860	605	300	13	152.3	1902
			260								
			280	470	380					161.5	2025
			300								
			320								
			340	550	450					169.9	2062
			360								
			380								
			400	650	540					175.4	2029
			420								

续表 17-50

型 号	公称扭矩 T_N /N·m	许用转速 n /r·min^{-1}	轴孔直径 d_1, d_2 /mm	轴孔长度 L/mm Y	J$_1$	主要尺寸/mm D	D_1	B	S	转动惯量 /kg·m^2	重量/kg
LZ19	630000	750	280	470	380	970	695	322	14	283.7	2818
			300								
			320								
			340	550	450					303.4	2963
			360								
			380								
			400	650	540					323.2	3068
			420								
			450								
LZ20	1120000	650	320	470	380	1160	800	355	15	581.2	4010
			340	550	450					624.5	4426
			360								
			380								
			400	650	540					669.4	4715
			420								
			440								
			450								
			460								
			480								
			500								
LZ21	1800000	530	380	550	450	1440	1020	360	18	1565	7293
			400	650	540					1715	8228
			420								
			440								
			450								
			460								
			480								
			500								
			530	800	680					1880	8699
			560								
			600								
			630								
LZ22	2240000	500	420	650	540	1520	1100	405	19	2338	9736
			440								
			450								
			460								
			480								
			500								
			530	800	680					2596	10631
			560								
			600								
			630								
			670	—	780					2522	9473
			710								
			750								

续表 17-50

型号	公称扭矩 T_N /N·m	许用转速 n /r·min^{-1}	轴孔直径 d_1, d_2 /mm	轴孔长度 L/mm		主要尺寸/mm				转动惯量 /kg·m^2	重量/kg
				Y	J_1	D	D_1	B	S		
LZ23	2800000	460	480	650	540	1640	1240	440	20	3490	11946
			500								
			530	800	680					3972	13822
			560								
			600								
			630								
			670	—	780					3949	12826
			710								
			750								
			800	—	880					3982	12095
			850								

注：1. Y 型轴孔表示长圆柱形；J_1 型轴孔表示有沉孔的短圆柱形；
2. 转动惯量及重量，是按 Y/J_1 轴孔组合形式和最小直径相配计算，均为近似值；
3. 短时过载不得超过公称扭矩 T_n 值的 2 倍；
4. 工作环境温度为 -20 ~ 80℃。

17.3.2.2 标记示例

联轴器标记应符合 GB/T 3852—1997 的规定。

例 1：LZ3 弹性柱销齿式联轴器

主动端：Y 型轴孔，B 型键槽，d_1 = 32mm，L = 82mm；

从动端：J_1 型轴孔，B 型键槽，d_2 = 35mm，L = 60mm。

LZ3 联轴器 $\frac{\text{B}32 \times 82}{\text{J}_1 35 \times 60}$

例 2：LZ2 弹性柱销齿式联轴器

主动端：Y 型轴孔，B 型键槽，d_1 = 32mm，L = 82mm；

从动端：Y 型轴孔，B 型键槽，d_2 = 32mm，L = 82mm。

LZ3 联轴器 B32 × 82 GB/T 5015—1985

17.3.2.3 联轴器的选用说明

联轴器是根据负荷情况、计算转矩、轴端直径、工作转速来选择的。计算转矩 T_C 由下式求出：

$$T_C = K \cdot T = K \cdot 9550 \frac{P_W}{n} \leqslant T_n$$

式中 T_n——公称转矩，N·m；
T_C——计算转矩，N·m；
T——理论转矩，N·m；
P_W——驱动功率，kW；
n——工作转速，r/min；
K——工况系数，见表 17-51。

表 17-51 工况系数 K

原动机	工作机					
	Ⅰ类	Ⅱ类	Ⅲ类	Ⅳ类	Ⅴ类	Ⅵ类
电动机	1.3	1.5	1.7	1.9	2.3	3.1

注：工作机分类，Ⅰ类：转矩变化很小的机械；Ⅱ类：转矩变化小的机械；Ⅲ类：转矩变化中等的机械；Ⅳ类：转矩变化和冲击载荷中等的机械；Ⅴ类：转矩变化和冲击载荷大的机械；Ⅵ类：转矩变化大并有极强烈冲击载荷的机械。

17.4 液力耦合器

17.4.1 $YOX_{Ⅱ}$、$YOX_{ⅡZ}$型限矩型液力耦合器

17.4.1.1 $YOX_{Ⅱ}$型限矩型液力耦合器

$YOX_{Ⅱ}$型限矩型液力耦合器示意图见图 17-23，其参数见表 17-52。

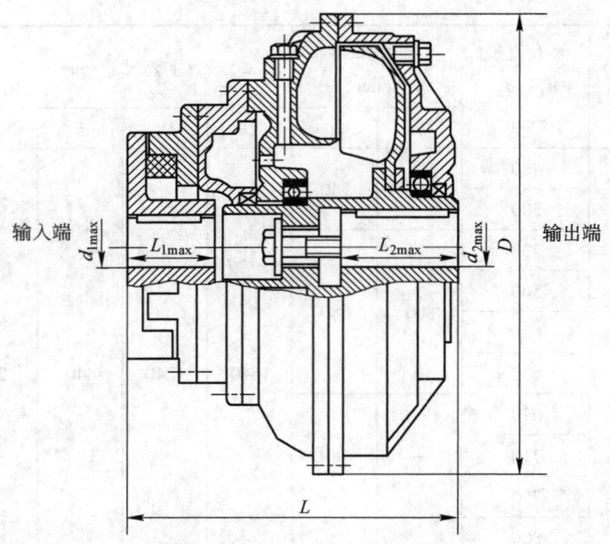

图 17-23 YOX$_{Ⅱ}$型限矩型液力耦合器示意图

表 17-52 YOX$_{Ⅱ}$型限矩型液力耦合器参数

规格型号	输入转速 /r·min^{-1}	传递功率范围 /kW	起动系数	效率	外形尺寸 /mm		输入轴孔 /mm		输出轴孔 /mm		转动惯量 /kg·m^2			充油量 /L		重量（不含油） /kg
					D	L	d_{1max}	L_{1max}	d_{2max}	L_{2max}	主动件	从动件	80%充油量	40%	80%	
YOX$_{Ⅱ}$400	1000	8～18.5	1.3～1.7	0.96	480	355	70	140	70	140	0.46	0.21	0.16	4.65	9.3	70
	1500	28～48														
YOX$_{Ⅱ}$450	1000	15～30	1.3～1.7	0.96	530	397	75	140	70	140	0.68	0.23	0.11	6.5	13	85
	1500	50～90														
YOX$_{Ⅱ}$500	1000	25～50	1.3～1.7	0.96	590	435	90	170	90	170	1.70	0.47	0.21	9.6	19.2	110
	1500	68～144														
YOX$_{Ⅱ}$560	1000	40～80	1.3～1.7	0.96	634	489/529	100	170/210	110	170/210	3.1	1.20	0.50	15	30	162
	1500	120～270														
YOX$_{Ⅱ}$650	1000	90～176	1.3～1.7	0.96	740	556	130	210	130	210	6.5	2.30	1.80	23	46	191
	1500	260～480														
YOX$_{Ⅱ}$750	1000	170～330	1.3～1.7	0.96	842	618	140	250	140	250	11.5	4.80	5.0	34	68	338
	1500	480～760														

注：1. YOX$_{Ⅱ}$ 560，当电机轴径≤ϕ95mm 时，$L=489$mm，$L_{1max}=170$mm；当电机轴径≥ϕ100mm 时，$L=529$mm，$L_{1max}=210$mm；

2. 当 L_1、L_2 超过表列 L_{1max}、L_{2max}时，可相应增加 L 长度；

3. 表中重量各制造厂略有不同。

17.4.1.2 YOX$_{ⅡZ}$型带制动轮限矩型液力耦合器

YOX$_{ⅡZ}$型是在 YOX$_{Ⅱ}$型结构上增加了制动轮，两者性能参数相同。

YOX$_{ⅡZ}$型带制动轮限矩型液力耦合器的示意图见图 17-24，其参数见表 17-53。

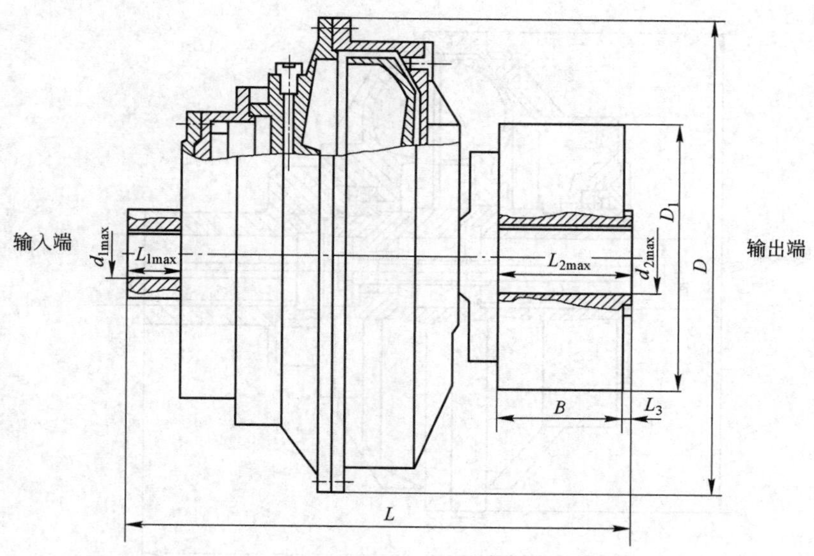

图 17-24　YOX_{IIZ}型带制动轮限矩型液力耦合器

表 17-53　YOX_{IIZ}型带制动轮限矩型液力耦合器参数

规格型号	输入转速 /r·min^{-1}	传递功率范围 /kW	起动系数	效率	外形尺寸 /mm					输入轴孔 /mm		输出轴孔 /mm		制动轮			重量（不含油）/kg
					D	L	B	F	L_3	d_{1max}	L_{1max}	d_{2max}	L_{2max}	规格 D_1/B	转动惯量 /kg·m^2	质量 /kg	
$YOX_{IIZ}400$	1000	8～18.5	1.3～1.7	0.96	480	556	150	315	10	70	140	70	140	φ315/150	1.3	42.6	70
	1500	28～48															
$YOX_{IIZ}450$	1000	15～30	1.3～1.7	0.96	530	580	150	315	10	75	140	70	140	φ315/150	1.3	42.6	85
	1500	50～90															
$YOX_{IIZ}500$	1000	25～50	1.3～1.7	0.96	590	664	190	400	15	90	170	90	170	φ400/190	3.0	66.4	110
	1500	68～144															
$YOX_{IIZ}560$	1000	40～80	1.3～1.7	0.96	634	736	190	400	15	100	210	110	210	φ400/190	3.0	66.4	162
	1500	120～270															
$YOX_{IIZ}650$	1000	90～176	1.3～1.7	0.96	740	829	210	500	15	125	210	130	210	φ500/210	8.0	108.6	191
	1500	260～480															
$YOX_{IIZ}750$	1000	170～330	1.3～1.7	0.96	842	940	265	630	15	140	250	150	250	φ630/265	25.0	146	338
	1500	480～760															

注：表中重量各制造厂略有不同。

生产厂：北京起重运输机械设计研究院；广东中兴液力传动有限公司；广州液力传动设备有限公司；大连液力机械有限公司；沈阳煤机配件厂；安徽欧耐传动科技有限公司。

17.4.2　YOX_F、YOX_{FZ}型限矩型液力耦合器

17.4.2.1　YOX_F 型限矩型液力耦合器

YOX_F 型液力耦合器为内轮驱动复合泄液式液力耦合器，其重量支撑在电动机轴上。其示意图见图 17-25，参数见表 17-54。

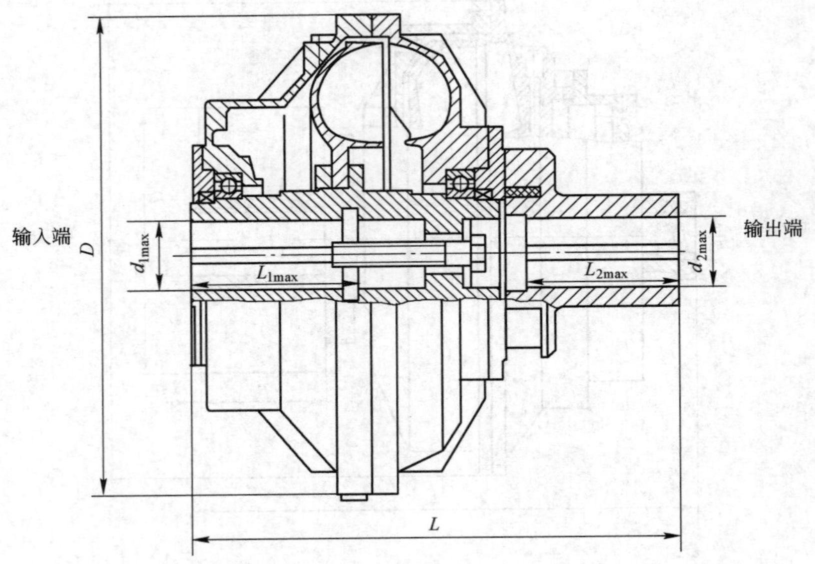

图 17-25　YOX_F 型液力耦合器

表 17-54　YOX_F 型液力耦合器参数

型号规格	输入转速 /r·min^{-1}	传递功率范围 /kW	起动系数	效率	外形尺寸 /mm		输入轴孔 /mm		输出轴孔 /mm		转动惯量 /kg·m^2			充油量 /L		重量（不含油）/kg
					D	L	d_{1max}	L_{1max}	d_{2max}	L_{2max}	主动件	从动件	80%充油量	40%	80%	
YOX_F360	1000	4.8～10	0.8～2.0	0.96	420	445	60	140	60	140	0.1	1.2	0.1	3.55	7.1	49
	1500	15～30														
YOX_F400	1000	9～18.5	0.8～2.0	0.96	480	470	70	140	70	140	0.25	1.42	0.16	4.65	9.3	65
	1500	22～50														
YOX_F450	1000	15～31	0.8～2.0	0.96	520	500	75	140	70	140	0.28	1.85	0.19	6.5	13	70
	1500	45～90														
YOX_F500	1000	25～50	0.8～2.0	0.96	580	580	90	170	90	170	0.64	4.5	0.21	9.6	19.2	105
	1500	70～150														
YOX_F560	1000	41～83	0.8～2.0	0.96	635	650	100	210	110	210	0.68	4.64	0.5	13.5	27	140
	1500	130～270														
YOX_F600	1000	69～115	0.8～2.0	0.96	686	670	110	210	120	210	0.76	6.2	1.2	18	36	200
	1500	180～360														
YOX_F650	1000	90～180	0.8～2.0	0.96	758	680	125	210	130	210	0.92	9.3	1.8	23	46	239
	1500	240～480														
YOX_F750	1000	165～330	0.8～2.0	0.96	840	830	140	250	150	250	3.7	18	5	34	68	332
	1500	380～760														

注：应用水介质时，传递功率增大20%。

17.4.2.2　YOX_{FZ}型带制动轮限矩型液力耦合器

YOX_{FZ}型带制动轮限矩型液力耦合器示意图见图 17-26，其参数见表 17-55。

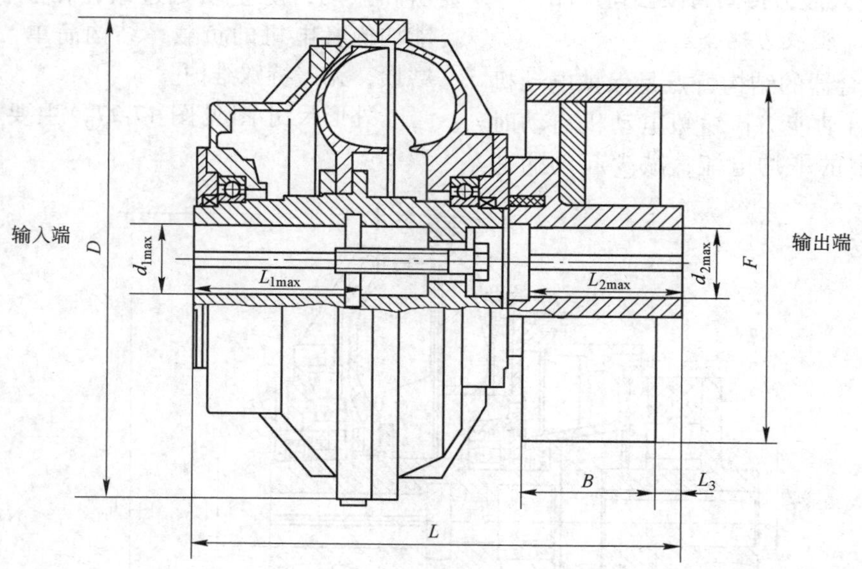

图 17-26 YOX_{FZ}型带制动轮限矩型液力耦合器

表 17-55 YOX_{FZ}型带制动轮限矩型液力耦合器参数

规格型号	输入转速 /r·min^{-1}	传递功率范围 /kW	起动系数	效率	外形尺寸 /mm					限矩输入轴孔/mm		输出轴孔 /mm		制动轮			重量(不含油) /kg
					D	L	B	F	L_3	d_{1max}	L_{1max}	d_{2max}	L_{2max}	规格 F/B	转动惯量 /kg·m^2	重量 /kg	
$YOX_{FZ}360$	1000	4.8~10	0.8~2.0	0.96	420	445	150	315	10	60	140	60	140	ϕ315/150	0.64	32.5	49
	1500	15~30															
$YOX_{FZ}400$	1000	9~18.5	0.8~2.0	0.96	480	470	150	315	10	70	140	70	140	ϕ315/150	0.64	32.5	65
	1500	22~50															
$YOX_{FZ}450$	1000	15~31	0.8~2.0	0.96	520	500	150	315	10	75	140	70	140	ϕ315/150	0.64	32.5	70
	1500	45~90															
$YOX_{FZ}500$	1000	25~50	0.8~2.0	0.96	580	580	190	400	15	90	170	90	170	ϕ400/190	1.33	42	105
	1500	70~150															
$YOX_{FZ}560$	1000	41~83	0.8~2.0	0.96	635	650	190	400	15	100	210	110	210	ϕ400/190	1.33	42	140
	1500	130~270															
$YOX_{FZ}600$	1000	6~115	0.8~2.0	0.96	686	670	210	500	15	110	210	120	210	ϕ500/210	3.5	70.8	200
	1500	180~360															
$YOX_{FZ}650$	1000	90~180	0.8~2.0	0.96	758	680	210	500	15	125	210	130	210	ϕ500/210	3.5	70.8	239
	1500	240~480															
$YOX_{FZ}750$	1000	165~330	0.8~2.0	0.96	840	830	265	630	15	140	250	150	250	ϕ630/265	13.3	167	332
	1500	380~760															

注：应用水介质时，传递功率增大 20%。

生产厂：北京起重运输机械设计研究院；广东中兴液力传动有限公司；广州液力传动设备有限公司；大连液力机械有限公司；沈阳煤机配件厂；安徽欧耐传动科技有限公司。

17.4.3　广东中兴液力传动有限公司产品

17.4.3.1　$YOX_{Ⅱ}$型液力耦合器

$YOX_{Ⅱ}$型液力耦合器的结构特点是保护电动机和提高鼠笼式电机启动能力；缩短电动机启动时间，减少起动过程中的平均电流；减少起动的冲击和振动，防止动力过载；在多机驱动系统中，能均衡各电机的负载；结构简单，可靠，无机械磨损，无需特殊维护。

外形尺寸图见图 17-27，主要技术参数见表 17-56。

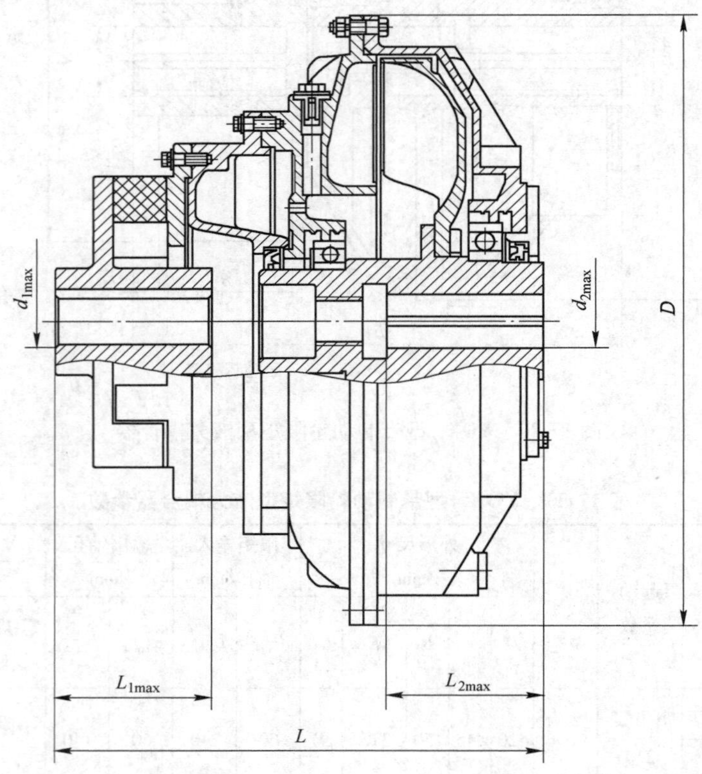

图 17-27　$YOX_{Ⅱ}$型液力耦合器

注：1. $YOX_{Ⅱ}$型为限矩型液力耦合器通用结构，一般延长工作机起动时间为 10 ~ 22s；

2. 当 L_1、L_2 超过表列 L_{1max}、L_{2max} 时，可相应增加 L 长度。

表 17-56　$YOX_{Ⅱ}$型主要技术参数

规格型号	输入转速/r·min^{-1}	传递功率范围/kW	过载系数		效率	外形尺寸/mm		输入轴孔/mm		输出轴孔/mm		充油量/L		重量（不含油）/kg
			起动	制动		D	L	d_{1max}	L_{1max}	d_{2max}	L_{2max}	40%	80%	
$YOX_{Ⅱ}$400	1000	8 ~ 18.5				472	355	70	140	60	140	5.2	10.4	65
	1500	28 ~ 48												
$YOX_{Ⅱ}$450	1000	15 ~ 30				530	384	75	140	70	140	7.5	15	79.5
	1500	50 ~ 90												
$YOX_{Ⅱ}$500	1000	25 ~ 50				582	435	90	170	90	170	10.3	20.5	105.5
	1500	68 ~ 144												
$YOX_{Ⅱ}$560	1000	40 ~ 80				634	490	100	210	100	210	13.2	26.4	152
	1500	120 ~ 270												
$YOX_{Ⅱ}$600	1000	60 ~ 115				695	510	100	210	115	210	16.8	33.6	185
	1500	200 ~ 360	1.5 ~ 1.8	2 ~ 2.5	0.96									
$YOX_{Ⅱ}$650	1000	90 ~ 176				760	556	120	210	130	210	24	48	230
	1500	260 ~ 480												
$YOX_{Ⅱ}$750	1000	170 ~ 330				860	578	120	210	140	210	34	68	350
	1500	380 ~ 760												
$YOX_{Ⅱ}$875	750	145 ~ 280				992	705	150	250	150	250	56	112	495
	1000	330 ~ 620												
	1500	760 ~ 1100												
$YOX_{Ⅱ}$1000	600	160 ~ 300				1138	735	150	250	150	250	74	148	650
	750	260 ~ 590												

17.4.3.2　YOX$_{IIZ}$型液力耦合器

YOX$_{IIZ}$型液力耦合器具有外轮驱动、结构紧凑的结构特点，所有尺寸全行业均已统一。其外形尺寸图见图 17-28，主要技术参数见表 17-57。

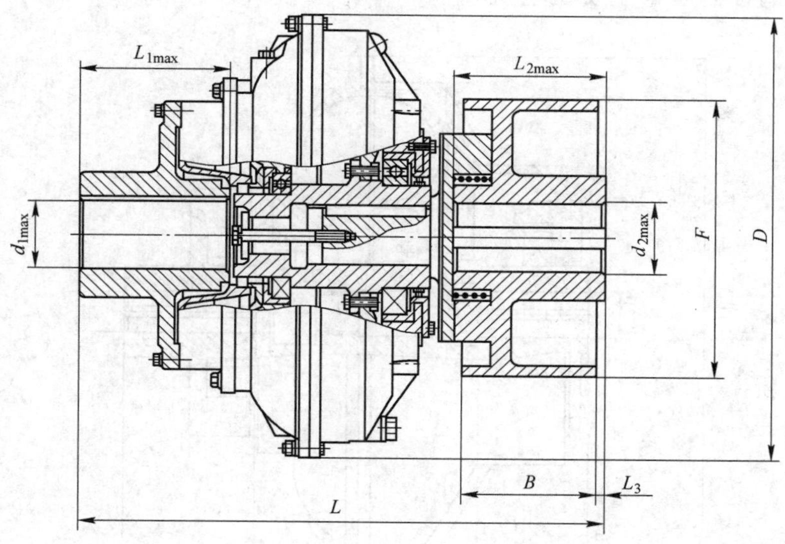

图 17-28　YOX$_{IIZ}$型液力耦合器

表 17-57　YOX$_{IIZ}$型主要技术参数

<table>
<tr><th rowspan="2">规格型号</th><th rowspan="2">输入转速
/r·min^{-1}</th><th rowspan="2">传递功率范围
/kW</th><th colspan="2">过载系数</th><th rowspan="2">效率</th><th colspan="5">外形尺寸/mm</th><th colspan="2">输入轴孔
/mm</th><th colspan="2">输出轴孔
/mm</th><th colspan="3">制动轮</th><th rowspan="2">重量（不含油）
/kg</th></tr>
<tr><th>起动</th><th>制动</th><th>D</th><th>L</th><th>B</th><th>F</th><th>L_3</th><th>d_{1max}</th><th>L_{1max}</th><th>d_{2max}</th><th>L_{2max}</th><th>规格
F/B</th><th>转动惯量
/kg·m^2</th><th>重量
/kg</th></tr>
<tr><td rowspan="2">YOX$_{IIZ}$400</td><td>1000</td><td>8~18.5</td><td rowspan="16">1.5~1.8</td><td rowspan="16">2~2.5</td><td rowspan="16">0.96</td><td rowspan="2">472</td><td rowspan="2">556</td><td rowspan="2">150</td><td rowspan="2">315</td><td rowspan="2">10</td><td rowspan="2">65</td><td rowspan="2">140</td><td rowspan="2">65</td><td rowspan="2">140</td><td rowspan="2">ϕ315/150</td><td rowspan="2">1.3</td><td rowspan="2">42.5</td><td rowspan="2">113</td></tr>
<tr><td>1500</td><td>28~48</td></tr>
<tr><td rowspan="2">YOX$_{IIZ}$450</td><td>1000</td><td>15~30</td><td rowspan="2">530</td><td rowspan="2">580</td><td rowspan="2">150</td><td rowspan="2">315</td><td rowspan="2">10</td><td rowspan="2">75</td><td rowspan="2">140</td><td rowspan="2">75</td><td rowspan="2">140</td><td rowspan="2">ϕ315/150</td><td rowspan="2">1.3</td><td rowspan="2">42.5</td><td rowspan="2">128</td></tr>
<tr><td>1500</td><td>50~90</td></tr>
<tr><td rowspan="2">YOX$_{IIZ}$500</td><td>1000</td><td>25~50</td><td rowspan="2">582</td><td rowspan="2">664</td><td rowspan="2">190</td><td rowspan="2">400</td><td rowspan="2">10</td><td rowspan="2">90</td><td rowspan="2">170</td><td rowspan="2">90</td><td rowspan="2">170</td><td rowspan="2">ϕ400/190</td><td rowspan="2">3.0</td><td rowspan="2">66.5</td><td rowspan="2">155</td></tr>
<tr><td>1500</td><td>68~144</td></tr>
<tr><td rowspan="2">YOX$_{IIZ}$560</td><td>1000</td><td>40~80</td><td rowspan="2">634</td><td rowspan="2">736</td><td rowspan="2">190</td><td rowspan="2">400</td><td rowspan="2">10</td><td rowspan="2">100</td><td rowspan="2">210</td><td rowspan="2">100</td><td rowspan="2">210</td><td rowspan="2">ϕ400/190</td><td rowspan="2">3.0</td><td rowspan="2">66.5</td><td rowspan="2">205</td></tr>
<tr><td>1500</td><td>120~270</td></tr>
<tr><td rowspan="2">YOX$_{IIZ}$600</td><td>1000</td><td>60~115</td><td rowspan="2">695</td><td rowspan="2">790</td><td rowspan="2">210</td><td rowspan="2">500</td><td rowspan="2">15</td><td rowspan="2">110</td><td rowspan="2">210</td><td rowspan="2">110</td><td rowspan="2">210</td><td rowspan="2">ϕ500/210</td><td rowspan="2">8.0</td><td rowspan="2">108.5</td><td rowspan="2">260</td></tr>
<tr><td>1500</td><td>200~360</td></tr>
<tr><td rowspan="2">YOX$_{IIZ}$650</td><td>1000</td><td>90~176</td><td rowspan="2">760</td><td rowspan="2">829</td><td rowspan="2">210</td><td rowspan="2">500</td><td rowspan="2">15</td><td rowspan="2">120</td><td rowspan="2">210</td><td rowspan="2">120</td><td rowspan="2">210</td><td rowspan="2">ϕ500/210</td><td rowspan="2">8.0</td><td rowspan="2">108.5</td><td rowspan="2">385</td></tr>
<tr><td>1500</td><td>260~480</td></tr>
<tr><td rowspan="2">YOX$_{IIZ}$750</td><td>1000</td><td>170~330</td><td rowspan="2">860</td><td rowspan="2">940</td><td rowspan="2">265</td><td rowspan="2">630</td><td rowspan="2">15</td><td rowspan="2">130</td><td rowspan="2">210</td><td rowspan="2">130</td><td rowspan="2">210</td><td rowspan="2">ϕ630/265</td><td rowspan="2">25.0</td><td rowspan="2">146</td><td rowspan="2">488</td></tr>
<tr><td>1500</td><td>380~760</td></tr>
<tr><td rowspan="2">YOX$_{IIZ}$875</td><td>750</td><td>140~280</td><td rowspan="2">992</td><td rowspan="2">1040</td><td rowspan="2">265</td><td rowspan="2">630</td><td rowspan="2">15</td><td rowspan="2">140</td><td rowspan="2">250</td><td rowspan="2">140</td><td rowspan="2">250</td><td rowspan="2">ϕ630/265</td><td rowspan="2">25.0</td><td rowspan="2">146</td><td rowspan="2">655</td></tr>
<tr><td>1000</td><td>330~620</td></tr>
</table>

17.4.3.3　YOX_F 型液力耦合器

YOX_F 型液力耦合器为内轮驱动，载荷变化时，动态反应灵敏；耦合器质量主要由电机轴承担，可防止减速机断轴事故。其外形尺寸图见图17-29，主要技术参数见表17-58。

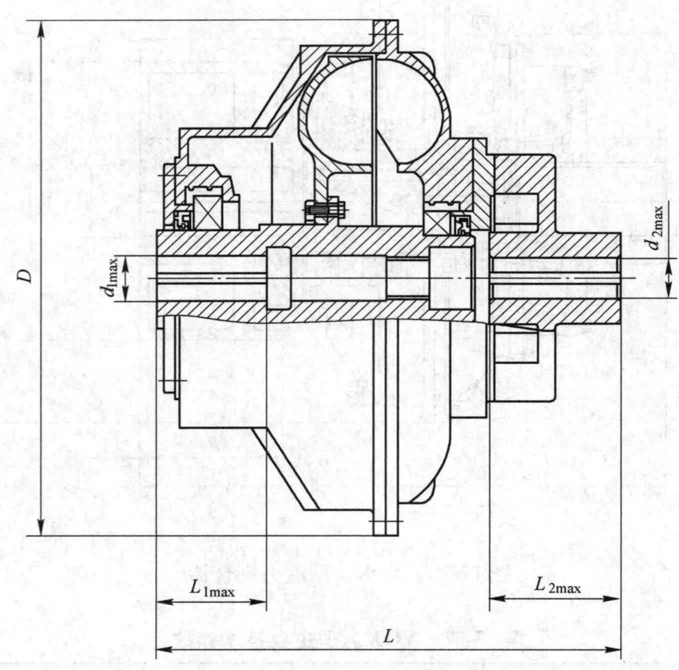

图17-29　YOX_F 型液力耦合器

表17-58　YOX_F 型主要技术参数

规格型号	输入转速/$r\cdot min^{-1}$	传递功率范围/kW	过载系数		效率	外形尺寸/mm		输入轴孔/mm		输出轴孔/mm		充油量/L		重量（不含油）/kg
			起动	制动		D	L	d_{1max}	L_{1max}	d_{2max}	L_{2max}	40%	80%	
YOX_F360	1000	5~10	0.8~1.2	1.5~2.0	0.96	428	445	55	110	60	110	3.4	6.8	48
	1500	16~30												
YOX_F400	1000	8~18.5				472	470	60	140	70	140	5.2	10.4	65
	1500	28~48												
YOX_F450	1000	15~30				530	500	70	140	75	140	7.5	15	70
	1500	50~90												
YOX_F500	1000	25~50				582	580	90	170	90	170	10.3	20.6	105
	1500	68~144												
YOX_F560	1000	48~80				634	650	100	210	100	210	13.2	26.4	130
	1500	120~270												
YOX_F600	1000	60~115				695	690	100	210	100	210	16.8	33.6	165
	1500	200~360												
YOX_F650	1000	90~176				760	735	130	210	130	210	24	48	207
	1500	260~480												
YOX_F750	1000	170~330				860	830	150	250	140	250	34	68	314
	1500	380~760												
YOX_F875	750	140~280				992	905	150	250	150	250	56	112	460
	1000	330~620												

17.4.3.4 YOX_{FZ}型液力耦合器

YOX_{FZ}型液力耦合器是复合泄液式带制动轮型液力耦合器，这种传动形式适用于带制动机构的驱动单元，使其结构简单，紧凑。其外形尺寸图见图17-30，主要技术参数见表17-59。

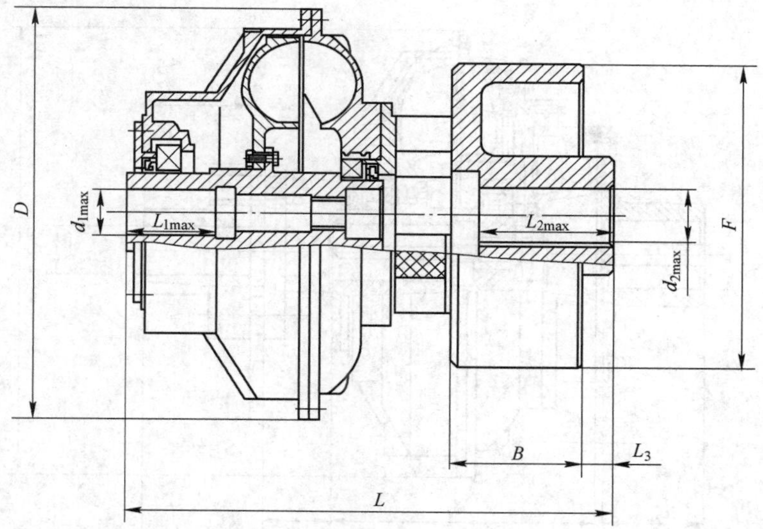

图17-30 YOX_{FZ}型液力耦合器

表17-59 YOX_{FZ}型液力耦合器参数

规格型号	输入转速/$r \cdot min^{-1}$	传递功率范围/kW	过载系数		效率	外形尺寸/mm					输入轴孔/mm		输出轴孔/mm		重量(不含油)/kg
			起动	制动		D	L	B	F	L_3	d_{1max}	L_{1max}	d_{2max}	L_{2max}	
$YOX_{FZ}360$	1000	5~10	0.8~1.2	1.5~2.0	0.96	428	445	150	315	10	55	110	60	110	48
	1500	16~30													
$YOX_{FZ}400$	1000	8~18.5				472	470	150	315	10	60	140	70	140	65
	1500	28~48													
$YOX_{FZ}450$	1000	15~30				530	500	150	315	10	70	140	75	140	70
	1500	50~90													
$YOX_{FZ}500$	1000	25~50				582	580	190	400	15	90	170	90	170	105
	1500	68~144													
$YOX_{FZ}560$	1000	40~80				634	650	190	400	15	100	210	100	210	130
	1500	120~270													
$YOX_{FZ}600$	1000	60~115				695	690	210	500	15	100	210	100	210	165
	1500	200~360													
$YOX_{FZ}650$	1000	90~176				760	735	210	500	15	130	210	130	210	207
	1500	260~480													
$YOX_{FZ}750$	1000	170~330				860	830	265	630	20	150	250	140	250	314
	1500	380~760													
$YOX_{FZ}875$	750	140~280				992	905	265	630	20	150	250	150	250	460
	1000	330~620													

17.4.3.5　YOX_A 型液力耦合器

YOX_A 型液力耦合器的结构特点是安装后需拆卸耦合器时，不用移动电机和减速机，只需拆去弹性柱销和连接盘与耦合器的连接螺栓，再将耦合器向输出端移动便可吊出；更换弹性胶块和耦合器十分方便。其外形尺寸图见图 17-31，主要技术参数见表 17-60。

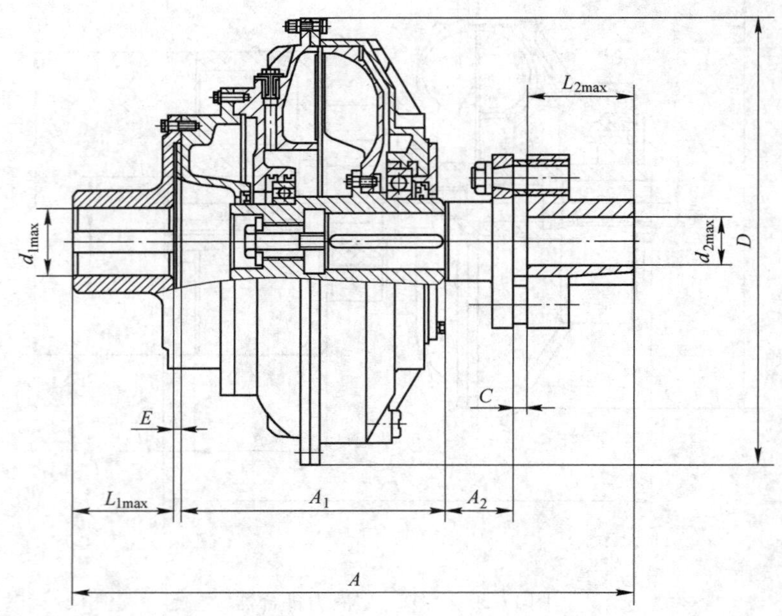

图 17-31　YOX_A 型液力耦合器

表 17-60　YOX_A 型主要技术参数

规格型号	输入转速 /r·min⁻¹	传递功率范围/kW	过载系数		效率	外形尺寸/mm					输入轴孔 /mm		弹性套柱销联轴器		充油量/L		重量（不含油）/kg
			起动	制动		A_1	A_2	C	D	E	d_{2max}	L_{2max}	型号	L_{1max}、L_{2max}	40%	80%	
YOX_A360	1000	5~10	1.5~1.8	2~2.5	0.96	229	55	8	428	6	55	110	TL5	112	3.4	6.7	50
	1500	16~30											TL6				
YOX_A400	1000	8~18.5				256	65	8	472	6	65	140	TL6	142	5.2	10.4	78
	1500	28~48											TL7				
YOX_A450	1000	15~30				292	65	8	530	6	75	140	TL7	142	7.5	15	96
	1500	50~90											TL8				
YOX_A500	1000	25~50				316	85	10	582	6	95	170	TL8	172	10.3	20.5	128
	1500	68~144											TL10				
YOX_A560	1000	40~80				350	85	10	634	6	120	210	TL9	212	13.2	26.4	183
	1500	120~270											TL10				
YOX_A600	1000	60~115				380	110	12	695	8	120	210	TL10	212	16.8	33.6	222
	1500	200~360											TL11				
YOX_A650	1000	90~176				425	110	12	760	8	150	250	TL10	252	24	48	276
	1500	260~480											TL11				
YOX_A750	1000	170~330				450	125	12	860	8	150	250	TL11	252	34	68	420
	1500	380~760											TL12				
YOX_A875	750	140~280				514	125	12	992	8	150	250	TL11	252	56	112	594
	1000	330~620											TL12				
YOX_A1000	600	160~300				579	150	15	1138	10	150	250	TL12	252	74	147	780
	750	260~590											TL13				
YOX_A1150	600	265~615				669	150	15	1312	10	170	300	TL12	302	85	170	972
	750	525~1195											TL13				
YOX_A1250	500	235~540				767	170	15	1420	12	200	300	TL13	302	110	210	1150
	600	400~935															
	750	800~1800											HL14				
YOX_A1320	500	315~710				855	170	15	1500	12	210	310	HL14	322	128	230	1265
	600	650~1200															
	750	1050~2360											HL15				

17.4.3.6 YOX_{AZ}型液力耦合器

YOX_{AZ}型液力耦合器的结构特点是安装后需拆卸耦合器时，不用移动电机和减速机，只需拆去弹性柱销和连接盘与后辅腔的连接螺栓，再将耦合器向制动轮端移动便可吊出；更换弹性胶块和耦合器十分方便。其外形尺寸图见图17-32，主要技术参数见表17-61。

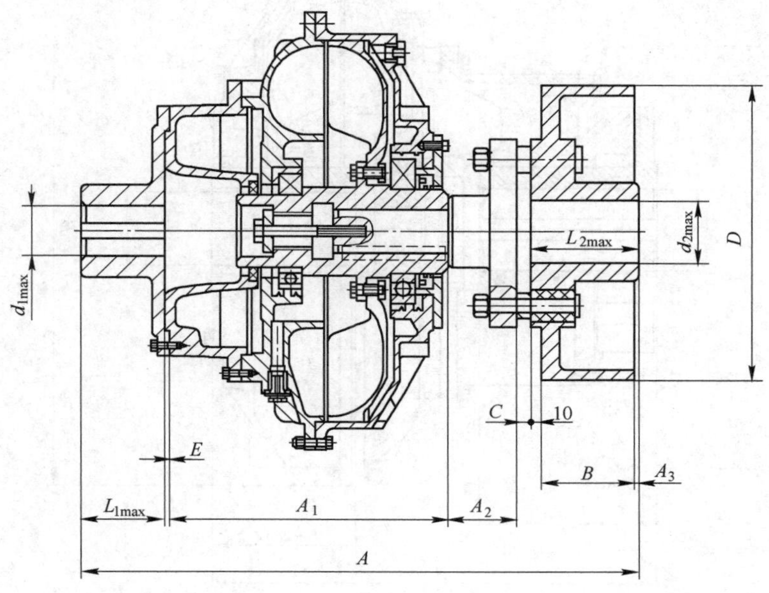

图17-32 YOX_{AZ}型液力耦合器

表17-61 YOX_{AZ}型主要技术参数

规格型号	输入转速 /r·min^{-1}	传递功率范围/kW	过载系数		效率	外形尺寸/mm					输入轴孔/mm		弹性套柱销联轴器		充油量/L		重量(不含油)/kg
			起动	制动		A_1	A_2	C	D	E	d_{2max}	L_{2max}	型号	L_{1max}、L_{2max}	40%	80%	
YOX_{AZ}360	1000	5~10	1.5~1.8	2~2.5	0.96	229	55	8	428	6	55	110	TL5	112	3.4	6.7	50
	1500	16~30											TL6				
YOX_{AZ}400	1000	8~18.5				256	65	8	472	6	65	140	TL6	142	5.2	10.4	78
	1500	28~48											TL7				
YOX_{AZ}450	1000	15~30				292	65	8	530	6	75	140	TL7	142	7.5	15	96
	1500	50~90											TL8				
YOX_{AZ}500	1000	25~50				316	85	10	582	6	95	170	TL8	172	10.3	20.5	128
	1500	68~144											TL10				
YOX_{AZ}560	1000	40~80				350	85	10	634	6	120	210	TL9	212	13.2	26.4	183
	1500	120~270											TL10				
YOX_{AZ}600	1000	60~115				380	110	12	695	8	120	210	TL10	212	16.8	33.6	222
	1500	200~360											TL11				
YOX_{AZ}650	1000	90~176				425	110	12	760	8	150	250	TL10	252	24	48	276
	1500	260~480											TL11				
YOX_{AZ}750	1000	170~330				450	125	12	860	8	150	250	TL11	252	34	68	420
	1500	380~760											TL12				
YOX_{AZ}875	750	140~280				514	125	12	992	8	150	250	TL11	252	56	112	594
	1000	330~620											TL12				
YOX_{AZ}1000	600	160~300				577	150	15	1138	10	150	250	TL12	252	74	147	780
	750	260~590											TL13				
YOX_{AZ}1150	600	265~615				669	150	15	1312	10	170	300	TL12	302	85	170	972
	750	525~1195											TL13				
YOX_{AZ}1250	500	235~540				758	170	15	1420	12	200	300	TL13	302	110	210	1150
	600	400~935															
	750	800~1800											HL14				
YOX_{AZ}1320	500	315~710				855	170	15	1500	12	210	310	HL14	322	128	230	1265
	600	650~1200															
	750	1050~2360											HL15				

17.4.3.7 YOX$_V$ 型液力耦合器

YOX$_V$ 型液力耦合器为加长后辅腔结构，其特点是比 YOX 型延长了起动时间，一般为 22～30s，对要求降低起动力矩、延长起动时间、提高胶带使用寿命的胶带输送机，特别适用。其外形尺寸图见图 17-33，主要技术参数见表 17-62。

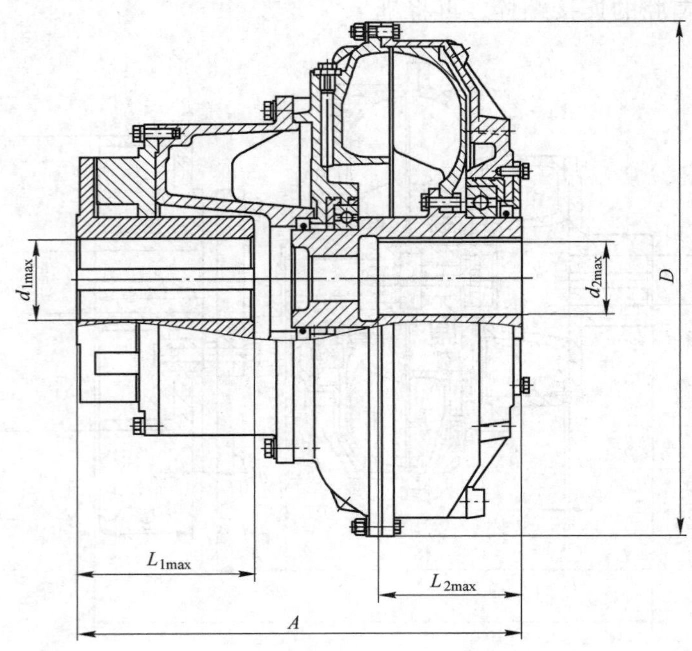

图 17-33 YOX$_V$ 型液力耦合器

表 17-62 YOX$_V$ 型主要技术参数

规格型号	输入转速/r·min^{-1}	传递功率范围/kW	过载系数 起动	过载系数 制动	效率	外形尺寸/mm D	外形尺寸/mm A	输入轴孔/mm d_{1max}	输入轴孔/mm L_{1max}	输出轴孔/mm d_{2max}	输出轴孔/mm L_{2max}	充油量/L 40%	充油量/L 80%	重量（不含油）/kg
YOX$_V$360	1000 1500	5～10 16～30	1.35～1.5	2～2.3	0.96	428	360	60	110	55	110	3.8	6.8	47
YOX$_V$400	1000 1500	8～18.5 28～48				472	390	70	140	60	140	5.8	10.4	71
YOX$_V$450	1000 1500	15～30 50～90				530	445	75	140	70	140	8.3	15	88
YOX$_V$500	1000 1500	25～50 68～144				582	510	90	170	90	170	11.4	20.6	115
YOX$_V$560	1000 1500	48～80 120～270				634	530	100	210	100	210	14.6	26.4	164
YOX$_V$600	1000 1500	60～115 200～360				695	575	100	210	115	210	16.8	33.6	200
YOX$_V$650	1000 1500	90～176 260～480				760	650	130	210	130	210	26.6	48	240
YOX$_V$750	1000 1500	170～330 380～760				860	680	140	250	150	250	37.7	68	375
YOX$_V$875	750 1000	140～280 330～620				992	820	150	250	150	250	62.1	112	530
YOX$_V$1000	600 750	160～300 260～590				1138	845	150	250	150	250	82.5	148	710
YOX$_V$1150	600 750	265～615 525～1195				1312	885	170	300	170	300	95	170	880
YOX$_V$1250	500 600 750	235～540 400～935 800～1800				1420	960	200	300	200	300	120	210	1030
YOX$_V$1320	500 600 750	315～710 650～1200 1050～2360				1500	975	210	310	210	310	140	230	1130

17.4.3.8 YOX_{VA}型液力耦合器

YOX_{VA}型液力耦合器为带加长后辅腔的结构，特点是起动时间长，一般为22～30s，对要求延长起动时间，提高胶带寿命的胶带输送机特别适用；安装后需拆卸耦合器时，不用移动电机和减速机，只需拆去弹性柱销和连接盘与后辅腔的连接螺栓，再将耦合器向输出端移动便可吊出。其外形尺寸见图17-34，主要技术参数见表17-63。

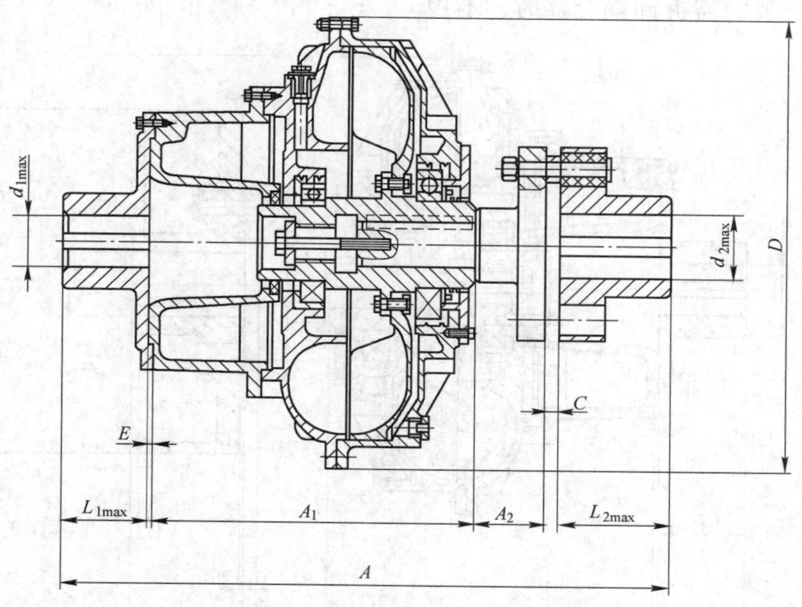

图17-34 YOX_{VA}型液力耦合器

表17-63 YOX_{VA}型主要技术参数

规格型号	输入转速/r·min⁻¹	传递功率范围/kW	过载系数		效率	外形尺寸/mm					输入轴孔/mm		弹性套柱销联轴器		充油量/L		重量(不含油)/kg
			起动	制动		D	A_1	A_2	C	E	d_{1max}	L_{1max}	型号	L_{2max}	40%	80%	
YOX_{VA}360	1000	5～10	1.35～1.5	2～2.3	0.96	428	278	55	8	6	55	110	TL5	112	3.8	6.8	60
	1500	16～30											TL6				
YOX_{VA}400	1000	8～18.5				472	308	65	8	6	65	140	TL6	142	5.8	10.4	90
	1500	28～48											TL7				
YOX_{VA}450	1000	15～30				530	353	65	8	6	75	140	TL7	1420	8.3	15	112.5
	1500	50～90											TL8				
YOX_{VA}500	1000	25～50				582	391	85	10	6	95	170	TL8	172	11.4	20.6	155.5
	1500	68～144											TL10				
YOX_{VA}560	1000	48～80				634	433	85	10	6	120	210	TL9	212	14.6	26.4	242
	1500	120～270											TL10				
YOX_{VA}600	1000	60～115				695	467	110	12	8	120	210	TL10	212	18.6	33.6	257
	1500	200～360											TL11				
YOX_{VA}650	1000	90～176				760	520	110	12	8	150	250	TL10	252	26.6	48	306
	1500	260～480											TL11				
YOX_{VA}750	1000	170～330				860	550	125	12	8	150	250	TL11	252	37.7	68	476
	1500	380～760											TL12				
YOX_{VA}875	750	140～280				992	632	125	12	8	150	250	TL11	252	62.1	112	679
	1000	330～620											TL12				
YOX_{VA}1000	600	160～300				1138	692	150	15	10	150	250	TL12	252	82.5	148	910
	750	260～590											TL13				

17.4.3.9 YOX_{VAZ}型液力耦合器

YOX_{VAZ}型液力耦合器为加长后辅腔、输出端带制动轮结构，特点是起动时间长，一般为22～30s，对要求延长起动时间，提高胶带寿命的胶带输送机特别适用；安装后需拆卸耦合器时，不用移动电机和减速机。只需拆去弹性柱销和连接盘与加长后辅腔的连接螺栓，再将耦合器向输出端移动便可吊出。其外形尺寸见图17-35，主要技术参数见表17-64。

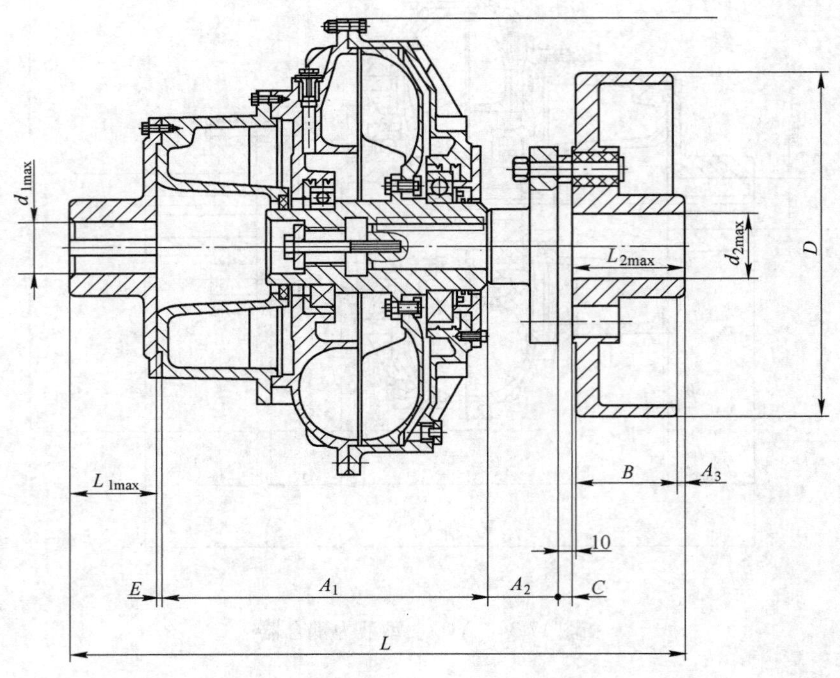

图17-35 YOX_{VAZ}型液力耦合器

表17-64 YOX_{VAZ}型主要技术参数

规格型号	输入转速/r·min^{-1}	传递功率范围/kW	过载系数		效率	外形尺寸/mm					输入轴孔/mm		弹性套柱销联轴器		充油量/L		重量(不含油)/kg
			起动	制动		D	A_1	A_2	C	E	d_{1max}	L_{1max}	型号	L_{2max}	40%	80%	
YOX_{VAZ}360	1000	5～10	1.35～1.5	2～2.3	0.96	428	278	55	8	6	55	110	TL5	112	3.8	6.8	60
	1500	16～30											TL6				
YOX_{VAZ}400	1000	8～18.5				472	308	65	8	6	65	140	TL6	142	5.8	10.4	90
	1500	28～48											TL7				
YOX_{VAZ}450	1000	15～30				530	353	65	8	6	75	140	TL7	142	8.3	15	112.5
	1500	50～90											TL8				
YOX_{VAZ}500	1000	25～50				582	391	85	10	6	95	170	TL8	172	11.4	20.6	155.5
	1500	68～144											TL10				
YOX_{VAZ}560	1000	48～80				634	433	85	10	6	120	210	TL9	212	14.6	26.4	242
	1500	120～270											TL10				
YOX_{VAZ}600	1000	60～115				695	467	110	12	8	120	210	TL10	212	18.6	33.6	291
	1500	200～360											TL11				
YOX_{VAZ}650	1000	90～176				760	520	110	12	8	150	250	TL10	252	26.6	48	386
	1500	260～480											TL11				
YOX_{VAZ}750	1000	170～330				860	550	125	12	8	150	250	TL11	252	37.7	68	500
	1500	380～760											TL12				
YOX_{VAZ}875	750	140～280				992	632	125	12	8	150	250	TL11	252	62.1	112	690
	1000	330～620											TL12				

17.4.3.10 $YOX_{V\text{Ⅱ}Z}$型液力耦合器

$YOX_{V\text{Ⅱ}Z}$型液力耦合器为加长后辅腔、输出端带制动轮，使驱动单元结构紧凑，延长工作机起动时间，一般为22～30s，此结构特别适用于起动加速度低、高带速、大运量且要求带制动装置的胶带输送机。其外形尺寸见图17-36，主要技术参数见表17-65。

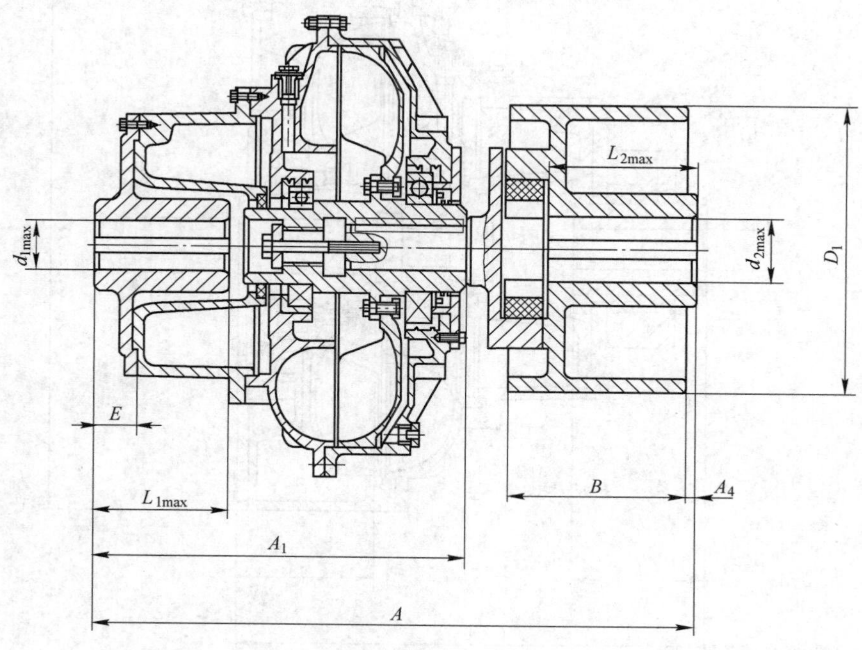

图17-36 $YOX_{V\text{Ⅱ}Z}$型液力耦合器

表17-65 $YOX_{V\text{Ⅱ}Z}$型主要技术参数

规格型号	输入转速/r·min⁻¹	传递功率范围/kW	过载系数 起动	过载系数 制动	效率	A	A_1	D	B	D_1	A_4	C	E	输入轴孔/mm d_{1max}/L_{1max}	输出轴孔/mm d_{2max}/L_{2max}	充油量/L 40%	充油量/L 72%	重量（不含油）/kg
$YOX_{V\text{Ⅱ}Z}$400	1000	8～18.5	1.35～1.5	2～2.3	0.96	556	358	472	150	315	10	38	50	65/140	65/140	5.8	10.4	116
	1500	28～48																
$YOX_{V\text{Ⅱ}Z}$450	1000	15～30				581	383	530	150	315	10	38	30	75/140	75/140	8.3	15	132
	1500	50～90																
$YOX_{V\text{Ⅱ}Z}$500	1000	25～50				672	431	582	190	400	10	41	40	90/170	90/170	11.4	20.6	165
	1500	68～144																
$YOX_{V\text{Ⅱ}Z}$560	1000	48～80				748	503	634	190	400	10	45	70	110/210	100/210	14.6	26.4	210
	1500	120～270																
$YOX_{V\text{Ⅱ}Z}$600	1000	60～115				787	517	695	210	500	15	45	50	110/210	110/210	18.6	33.6	350
	1500	200～360																
$YOX_{V\text{Ⅱ}Z}$650	1000	90～176				825	555	760	210	500	15	45	35	120/210	120/210	26.6	48	390
	1500	260～480																
$YOX_{V\text{Ⅱ}Z}$750	1000	170～330				920	590	860	265	630	15	50	40	130/210	130/210	37.7	68	513
	1500	380～760																
$YOX_{V\text{Ⅱ}Z}$875	750	140～280				1032	672	992	265	630	20	75	40	140/250	140/250	62.1	112	690
	1000	330～620																

17.4.3.11 YOX_{VS}型液力耦合器

YOX_{VS}型液力耦合器为带加长后辅腔及侧辅腔的结构，其特点是较 YOX_V 型起动时间更长，一般为30~50s，对要求延长起动时间、提高胶带寿命的胶带输送机特别适用。其外形尺寸见图17-37，主要技术参数见表17-66。

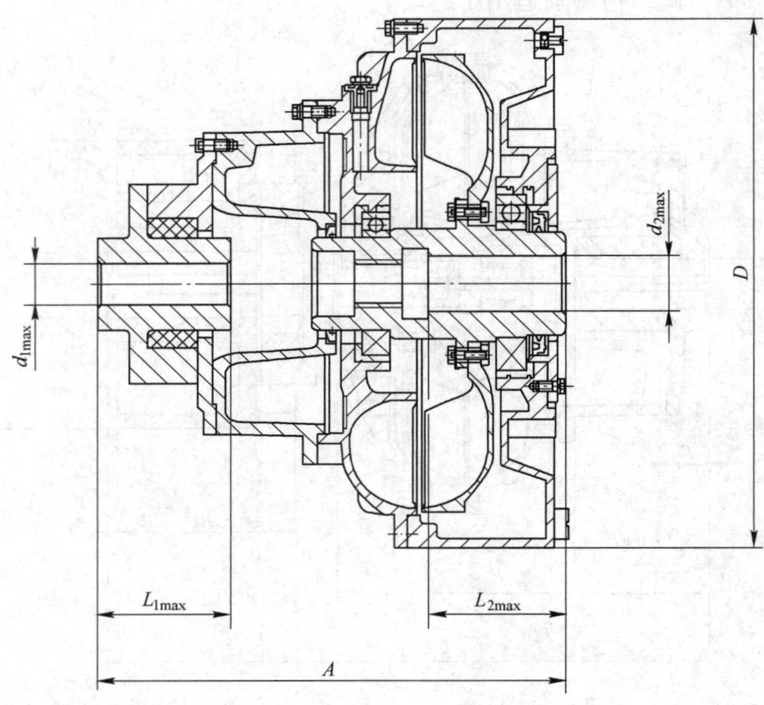

图17-37 YOX_{VS}型液力耦合器

表17-66 YOX_{VS}型主要技术参数

规格型号	输入转速 /r·min^{-1}	传递功率 范围/kW	过载系数		效率	外形尺寸/mm		输入轴孔/mm		输出轴孔/mm		充油量/L		重量（不含油）/kg
			起动	制动		D	A	d_{1max}	L_{1max}	d_{2max}	L_{2max}	40%	80%	
$YOX_{VS}360$	1000	5~10	1.1~1.35	2~2.3	0.96	428	360	60	110	55	110	5.3	8.8	52
	1500	16~30												
$YOX_{VS}400$	1000	8~18.5				472	390	70	110/140	60	140	7.7	13.5	77
	1500	28~48												
$YOX_{VS}450$	1000	15~30				530	445	75	140	70	140	11.1	19.5	96
	1500	50~90												
$YOX_{VS}500$	1000	25~50				582	510	90	170	90	170	15.3	26.8	133
	1500	68~144												
$YOX_{VS}560$	1000	48~80				634	530	100	170/210	100	210	19.5	34.2	185
	1500	120~270												
$YOX_{VS}600$	1000	60~115				695	575	100	170/210	115	210	24.9	43.6	220
	1500	200~360												
$YOX_{VS}650$	1000	90~176				760	650	130	210	130	210	35.6	62.4	260
	1500	260~480												
$YOX_{VS}750$	1000	170~330				860	680	140	250	150	250	50.5	88.4	406
	1500	380~760												
$YOX_{VS}875$	750	140~280				992	820	150	250	150	250	83.1	145.6	580
	1000	330~620												
$YOX_{VS}1000$	600	160~300				1138	845	150	250	150	250	108.5	192.4	780
	750	260~590												
$YOX_{VS}1150$	600	265~615				1312	885	170	300	170	300	132	220	940
	750	525~1195												
$YOX_{VS}1250$	500	235~540				1420	960	200	300	200	300	173	280	1120
	600	400~935												
	750	800~1800												
$YOX_{VS}1320$	500	315~710				1500	975	210	310	210	310	202	295	1230
	600	650~1200												
	750	1050~2360												

17.4.3.12 YOX_{VSA}型液力耦合器

YOX_{VSA}型液力耦合器为加长后辅腔及侧辅腔的结构，其特点是起动时间更长，一般为30～50s，对要求延长起动时间、提高胶带寿命的胶带输送机特别适用。安装后需拆卸耦合器时，不用移动电机和减速机，只需拆去弹性柱销和连接盘与耦合器的连接螺栓，再将耦合器向输出端移动便可吊出。YOX_{VSA}500～YOX_{VSA}1000轴向长度过长，易引起振动，需带轴承座，图17-38中A_2为带轴承座的安装尺寸，其主要技术参数见表17-67。

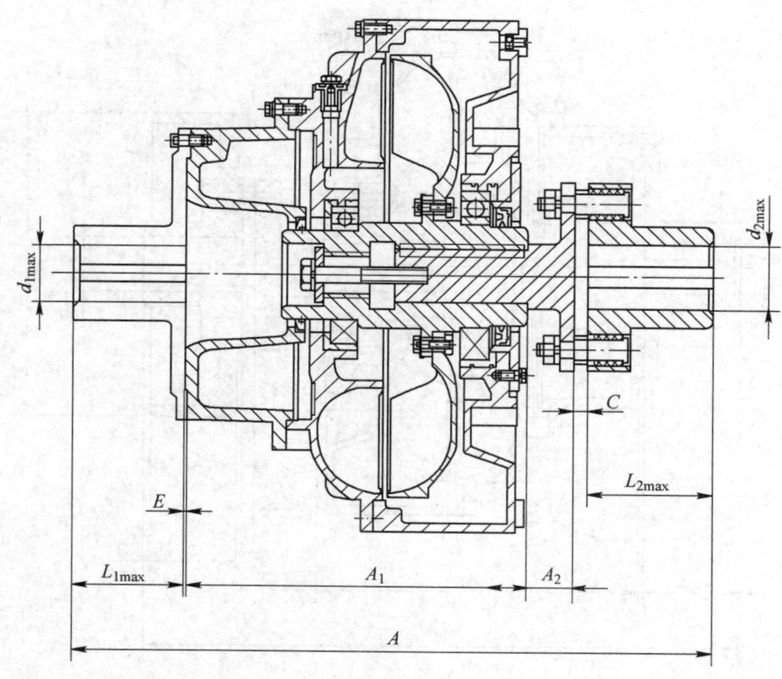

图17-38 YOX_{VSA}型液力耦合器

表17-67 YOX_{VSA}型主要技术参数

规格型号	输入转速/r·min^{-1}	传递功率范围/kW	过载系数 起动	过载系数 制动	效率	外形尺寸/mm D	A_1	A_2	C	E	输入轴孔/mm d_{1max}	L_{1max}	弹性套柱销联轴器 型号	d_{2max}	L_{2max}	充油量/L 40%	80%	重量（不含油）/kg
YOX_{VSA}360	1000	5～10				428	278	55	8	6	55	110	TL5	50	112	5.3	8.8	65
	1500	16～30											TL6					
YOX_{VSA}400	1000	8～18.5				472	308	65	8	6	65	140	TL6	65	142	7.7	13.5	96
	1500	28～48											TL7					
YOX_{VSA}450	1000	15～30				530	353	65	8	6	75	140	TL7	75	142	11.1	19.5	120.5
	1500	50～90											TL8					
YOX_{VSA}500	1000	25～50				582	391	85	10	6	95	170	TL8	95	172	15.3	26.8	173.5
	1500	68～144						255					TL10					
YOX_{VSA}560	1000	40～80	1.1～1.35	2～2.3	0.96	634	433	85	10	6	120	210	TL9	120	212	19.5	34.2	263
	1500	120～270						270					TL10					
YOX_{VSA}600	1000	60～115				695	467	110	12	8	120	210	TL10	120	212	24.9	43.6	277
	1500	200～360						295					TL11					
YOX_{VSA}650	1000	90～176				760	520	110	12	8	150	250	TL10	150	252	35.6	62.4	326
	1500	260～480						295					TL11					
YOX_{VSA}750	1000	170～330				860	550	125	12	8	150	250	TL11	150	252	50.5	88.4	507
	1500	380～760						325					TL12					
YOX_{VSA}875	750	140～280				992	632	125	12	8	150	250	TL11	150	252	83.1	145.6	729
	1000	330～620						325					TL12					

17.4.3.13　YOX_{VSAZ}型液力耦合器

YOX_{VSAZ}型液力耦合器为加长后辅腔及侧辅腔的结构，特点是起动时间长，一般为30～50s，对要求延长起动时间、提高胶带寿命的胶带输送机特别适用。安装后需拆卸耦合器时，不用移动电机和减速机，只需拆去弹性柱销和连接与耦合器的连接螺栓，再将耦合器向输出端移动便可吊出。YOX_{VSAZ}500～875轴向长度过长，易引起振动，需带轴承座，图17-39为带轴承座的安装尺寸，其主要技术参数见表17-68。

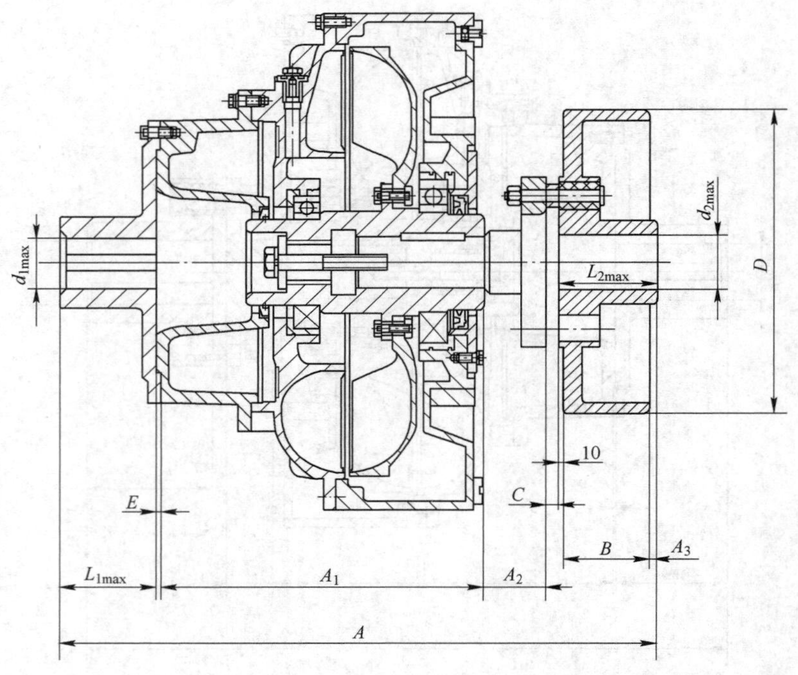

图17-39　YOX_{VSAZ}型液力耦合器

表17-68　YOX_{VSAZ}型主要技术参数

规格型号	输入转速/r·min^{-1}	传递功率范围/kW	过载系数		效率	外形尺寸/mm					输入轴孔/mm		弹性套柱销联轴器			充油量/L		重量(不含油)/kg
			起动	制动		D	A_1	A_2	C	E	d_{1max}	L_{1max}	型号	d_{2max}	L_{2max}	40%	80%	
YOX_{VSAZ}360	1000	5～10	1.1～1.35	2～2.3	0.96	428	278	55	8	6	55	110	TL5	50	112	5.3	8.8	65
	1500	16～30											TL6					
YOX_{VSAZ}400	1000	8～18.5				472	308	65	8	6	65	140	TL6	65	142	7.7	13.5	96
	1500	28～48											TL7					
YOX_{VSAZ}450	1000	15～30				530	353	65	8	6	75	140	TL7	75	142	11.1	19.5	120
	1500	50～90											TL8					
YOX_{VSAZ}500	1000	25～50				582	391	85	10	6	95	170	TL8	95	172	15.3	26.8	167
	1500	68～144						255					TL10					
YOX_{VSAZ}560	1000	40～80				634	433	85	10	6	120	210	TL9	120	212	19.5	34.2	252
	1500	120～270						270					TL10					
YOX_{VSAZ}600	1000	60～115				695	467	110	12	8	120	210	TL10	120	212	24.9	43.6	302
	1500	200～360						295					TL11					
YOX_{VSAZ}650	1000	90～176				760	520	110	12	8	150	250	TL10	150	252	35.6	62.4	505
	1500	260～480						295					TL11					
YOX_{VSAZ}750	1000	170～330				860	550	125	12	8	150	250	TL11	150	252	50.5	88.4	510
	1500	480～760						325					TL12					
YOX_{VSAZ}875	750	140～280				992	632	125	12	8	150	250	TL11	150	252	83.1	146	720
	1000	330～620						325					TL12					

17.4.3.14　$YOX_{VS II Z}$型液力耦合器

$YOX_{VS II Z}$型液力耦合器为加长后辅腔、加大侧辅腔带制动轮结构，是起动性能最好的一种结构形式，能使工作机的起动时间更长，一般为30～50s，此为带制动轮耦合器结构型式，其特点为：

（1）外轮驱动，结构紧凑；

（2）适用于对延长起动时间的胶带机，带制动机构的驱动单元；

（3）$YOX_{VS II Z}$500～875轴向长度过长，易引起振动，需带轴承座，图17-40中A、A_1为带轴承座的安装尺寸，其主要技术参数见表17-69。

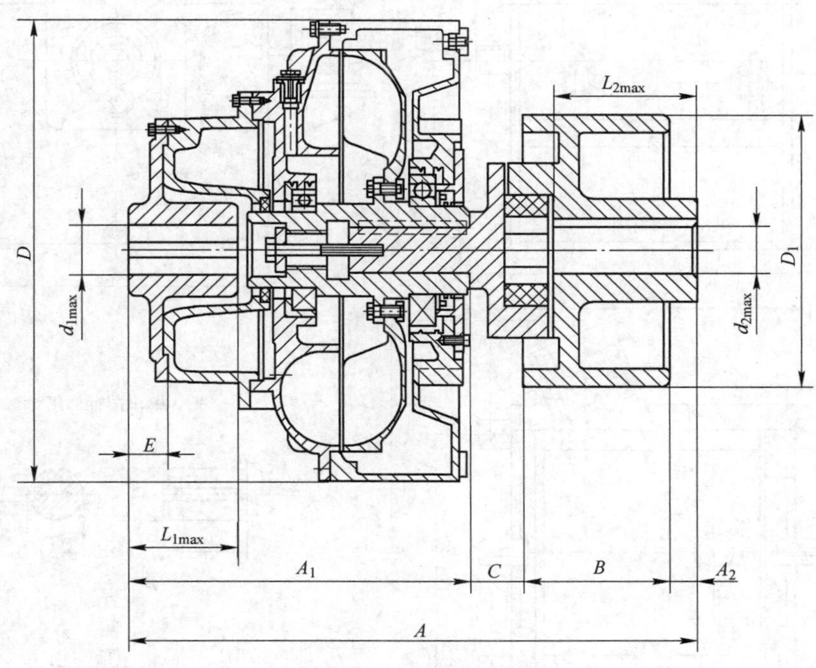

图17-40　$YOX_{VS II Z}$型液力耦合器

表17-69　$YOX_{VS II Z}$型主要技术参数

规格型号	输入转速/r·min⁻¹	传递功率范围/kW	过载系数		效率	外形尺寸/mm								输入轴孔/mm	输出轴孔/mm	充油量/L		重量（不含油）/kg
			起动	制动		A	A_1	D	B	D_1	A_2	C	E	d_{1max}/L_{1max}	d_{2max}/L_{2max}	40%	70%	
$YOX_{VS II Z}$400	1000	8～18.5	1.1～1.35	2～2.3	0.96	556	358	472	150	315	10	38	50	65/140	65/140	7.7	13.5	120
	1500	28～48																
$YOX_{VS II Z}$450	1000	15～30				581	383	530	150	315	10	38	30	75/140	75/140	11.1	19.5	135
	1500	50～90																
$YOX_{VS II Z}$500	1000	25～50				672	431	582	190	400	10	41	40	90/170	90/170	15.3	26.8	183
	1500	68～144				842	601											
$YOX_{VS II Z}$560	1000	48～80				748	503	634	190	400	10	45	70	110/210	110/210	19.5	34.2	240
	1500	120～270				933	688											
$YOX_{VS II Z}$600	1000	60～115				787	517	695	210	500	15	45	50	110/210	110/210	24.9	43.6	370
	1500	200～360				972	922											
$YOX_{VS II Z}$650	1000	90～176				825	555	760	210	500	15	45	35	120/210	120/210	35.6	62.4	415
	1500	260～480				1010	740											
$YOX_{VS II Z}$750	1000	170～330				920	590	860	265	630	15	50	40	130/210	130/210	50.5	88.4	544
	1500	380～760				1120	790											
$YOX_{VS II Z}$875	750	140～280				1032	672	992	265	630	20	75	40	140/250	140/250	83.1	145.6	740
	1000	330～620				1232	872											

17.4.3.15 YOT_{CS}型调速型液力耦合器

YOT_{CS}型调速型液力耦合器适用范围广，可在不同输入转速及功率下运行；以箱体支撑旋转组件，刚性大，抗振性好，维护保养方便。其外形尺寸见图17-41，主要技术参数见表17-70。

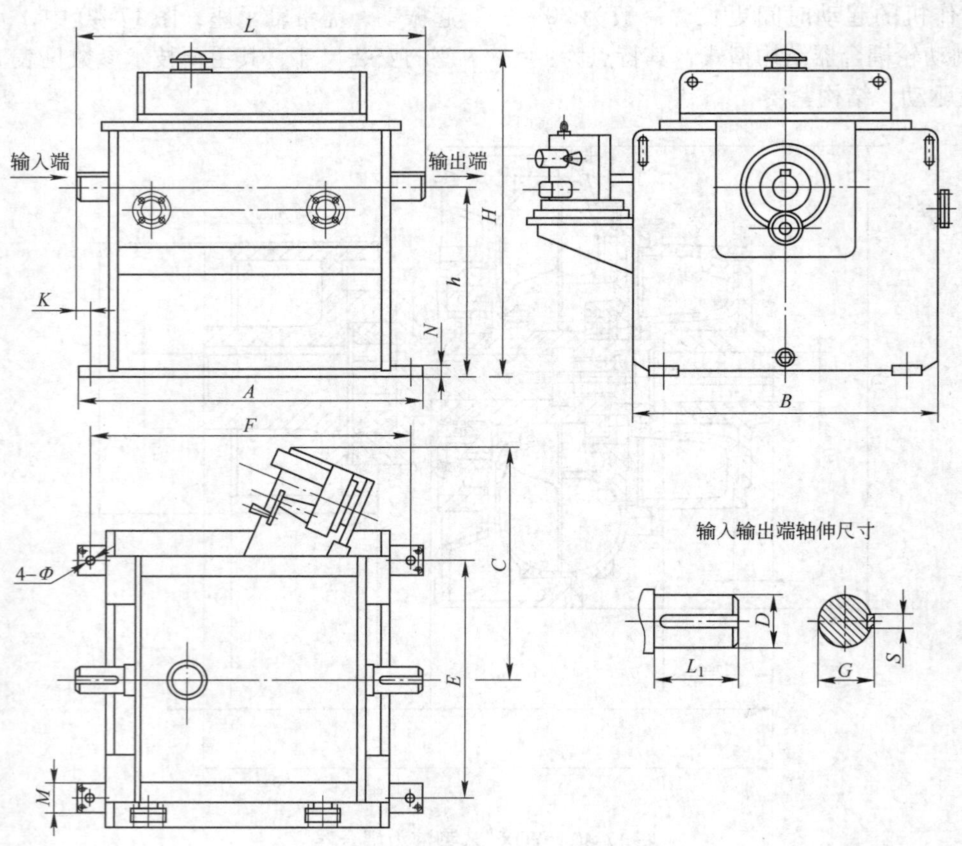

图17-41 YOT_{CS}型调速型液力耦合器

表17-70 YOT_{CS}型调速型液力耦合器主要技术参数及外形尺寸

规格型号	输入转速 /r·min⁻¹	传递功率范围/kW	额定转差率 /%	无级调速范围	外形尺寸/mm												
					A	B	C	E	F	L	P	Q	M	N	h_1	h_2	h_3
YOT_{CS}320	1500	7.5~22	1.5~3	离心式机械 1~1∶5；恒扭矩机械 1~1∶3	600	524	630	490	400	620	145	320	80	35	55	55	35
	3000	60~175															
YOT_{CS}360	1500	15~40			712	912	750	680	652	830	176	380	100	40	65	65	40
	3000	110~320															
YOT_{CS}400	1500	30~70			712	912	750	680	652	830	176	380	100	40	65	65	40
	3000	220~540															
YOT_{CS}450	1500	55~120			1020	1120		865	940	1020	180	500	100	40	75	75	
	3000	390~970															
YOT_{CS}500	1000	22~60			1020	1120		865	940	1020	180	500	100	40	75	75	
	1500	90~205															
	3000	670~1640															
YOT_{CS}560	1000	55~110			1020	1120		865	940	1020	180	500	100	40	75	75	
	1500	155~360															
	3000	1180~2885															
YOT_{CS}580	3000	1200~3440			1160	1310		920	1080	1230	217	543	125	60	235	135	
YOT_{CS}620	3000	1675~4780			1170	2160	1320	2060	1070	1485			250	90			40
YOT_{CS}650	750	40~95			1300	1250	950	900	1180	1300	274	680	120	50	220	75	40
	1000	95~225															
	1500	290~760															
YOT_{CS}750	750	80~195			1300	1250	950	900	1180	1300	274	680	120	50	220	75	40
	1000	185~460															
	1500	510~1555															
YOT_{CS}875	750	155~420			1700	1500	1100	1200	1580	1720	300	860	150	50	110	110	60
	1000	390~995															
	1500	1240~3360															

续表 17-70

规格型号	输入转速/r·min^{-1}	传递功率范围/kW	额定转差率/%	无级调速范围	外形尺寸/mm													
					A	B	C	E	F	L	P	Q	M	N	h_1	h_2	h_3	h
YOT$_{CS}$1000	600	170 ~ 420	1.5 ~ 3	离心式机械 1 ~ 1 : 5；恒扭矩机械 1 ~ 1 : 3	1930	1840	1385	1250	1810	1930	272	1116	150	60	300	130	155	1060
	750	330 ~ 820																
	1000	750 ~ 1950																
YOT$_{CS}$1050	600	175 ~ 535			1930	1840	1385	1250	1810	1930	272	1116	150	60	300	130	155	1060
	750	360 ~ 1045																
	1000	815 ~ 2480																
YOT$_{CS}$1150	600	355 ~ 845			1930	1840	1385	1250	1810	1930	272	1116	150	60	300	130	155	1060
	750	670 ~ 1650																
	1000	1590 ~ 3905																
YOT$_{CS}$1250	500	400 ~ 740			2250	2180	1800	1600	1980	2250	450	950	230	80	375	175	110	1170
	600	500 ~ 1280																
	750	1150 ~ 2500																
YOT$_{CS}$1320	500	525 ~ 975			2250	2180	1800	1600	1980	2250	450	950	230	80	375	175	110	1170
	600	690 ~ 1700																
	750	1350 ~ 3350																
YOT$_{CS}$1400	500	650 ~ 1250			2440	2250	1850	1700	2200	2400	525	1350	250	80	380	180	160	1250
	600	900 ~ 2150																
	750	2000 ~ 4350																
YOT$_{CS}$1550	500	1150 ~ 2050			2550	2380	1950	1800	2300	2550	570	1420	250	80	415	200	175	1350
	600	1500 ~ 3650																
	750	3350 ~ 7150																

规格型号	输入转速/r·min^{-1}	传递功率范围/kW	额定转差率/%	无级调速范围	外形尺寸/mm											重量(净)/kg
					h	H	L_1	D	G	S	Φ	d_1	d_2	d_3	K	
YOT$_{CS}$320	1500	7.5 ~ 22	1.5 ~ 3	离心式机械 1 ~ 1 : 5；恒扭矩机械 1 ~ 1 : 3	420	680	80	50	54	16	ϕ25	30	90	120	110	420
	3000	60 ~ 175														
YOT$_{CS}$360	1500	15 ~ 40			560	940	120	60	64	18	ϕ27	30	90	120	89	550
	3000	110 ~ 320														
YOT$_{CS}$400	1500	30 ~ 70			560	940	120	60	64	18	ϕ27	30	90	120	89	600
	3000	220 ~ 540														
YOT$_{CS}$450	1500	55 ~ 120			635	1375	145	75	79.5	20	ϕ27	54	120	152	40	850
	3000	390 ~ 970														
YOT$_{CS}$500	1000	22 ~ 60			635	1375	145	75	79.5	20	ϕ27	54	120	152	40	980
	1500	90 ~ 205														
	3000	670 ~ 1640														1050
YOT$_{CS}$560	1000	55 ~ 110			635	1375	145	75	79.5	20	ϕ27	54	120	152	40	1080
	1500	155 ~ 360														
	3000	1180 ~ 2885			810	1594	165	95	100	25	ϕ27	76	140	178	30	1350
YOT$_{CS}$580	3000	1200 ~ 3440														1750
YOT$_{CS}$620	3000	1675 ~ 4780			900	1583	200	120	127	32	ϕ35	76	140	178	183	2380
YOT$_{CS}$650	750	40 ~ 95			840	1350	150	100	106	28	ϕ35	48	140	178	60	1850
	1000	95 ~ 225														
	1500	290 ~ 760														
YOT$_{CS}$750	750	80 ~ 195			840	1350	150	100	106	28	ϕ35	48	140	178	60	2060
	1000	185 ~ 460														
	1500	510 ~ 1555														
YOT$_{CS}$875	750	155 ~ 420			950	1640	250	130	137	32	ϕ45	57	140	178	70	3320
	1000	390 ~ 995														
	1500	1240 ~ 3360														3750

续表 17-70

规格型号	输入转速 /r·min⁻¹	传递功率范围/kW	额定转差率 /%	无级调速范围	外形尺寸/mm										重量（净） /kg
					H	L_1	D	G	S	Φ	d_1	d_2	d_3	K	
$YOT_{CS}1000$	600	170～420	1.5～3	离心式机械 1～1∶5；恒扭矩机械 1～1∶3	1810	250	150	158	36	ϕ35	76	140	178	60	5150
	750	330～820													
	1000	750～1950													5350
$YOT_{CS}1050$	600	175～535			1810	250	150	158	36	ϕ35	76	140	178	60	5300
	750	360～1045													
	1000	815～2480													5550
$YOT_{CS}1150$	600	355～845			1810	250	150	158	36	ϕ35	76	140	178	60	5800
	750	670～1650													
	1000	1590～3905													
$YOT_{CS}1250$	500	400～740			2150	300	160	169	40	ϕ45	80	150	190	135	7100
	600	500～1280													
	750	1150～2500													
$YOT_{CS}1320$	500	525～975			2150	300	160	169	40	ϕ45	80	150	190	135	7100
	600	690～1700													
	750	1350～3350													
$YOT_{CS}1400$	500	650～1250			2250	300	180	190	45	ϕ45	100	170	210	100	8900
	600	900～2150													
	750	2000～4350													
$YOT_{CS}1550$	500	1150～2050			2500	350	210	221	50	ϕ52	125	200	240	125	11500
	600	1500～3650													
	750	3350～7150													

17.4.3.16　YOT_{CP}型调速型液力耦合器

YOT_{CP}型调速型液力耦合器适用于中、高转速及中、大功率工况的大规格产品，价格比 YOT_{CS}系列产品稍高；以旋转件轴线把箱体分成两部分，结构紧凑，刚性好，可靠性高。拆下箱盖，无需移动电机、工作机便可拆出旋转件，维护检修方便。其外形尺寸见图 17-42，主要技术参数见表 17-71。

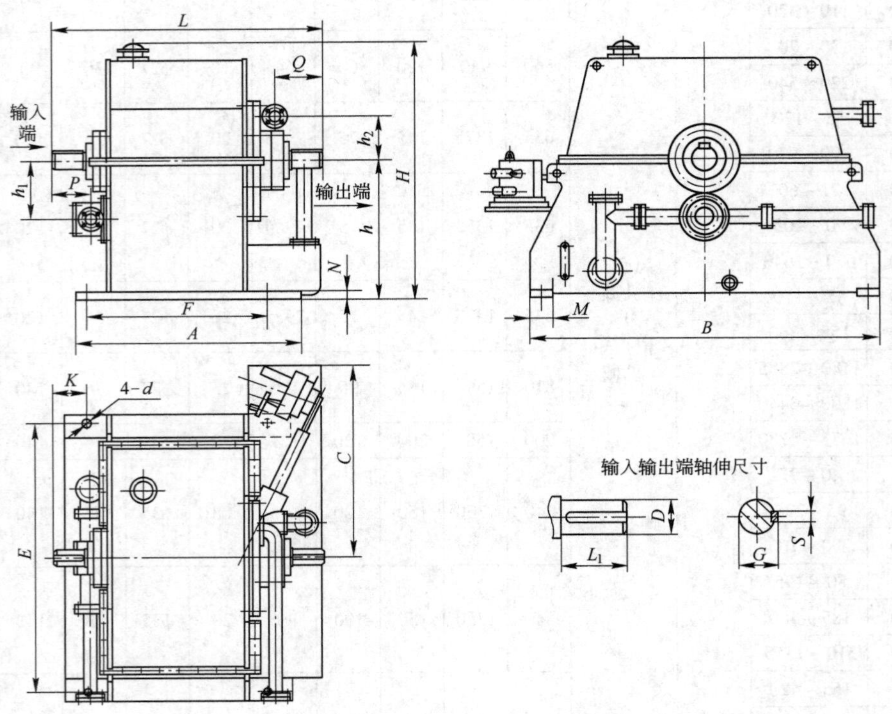

图 17-42　YOT_{CP}型调速型液力耦合器

表 17-71 YOT_{CP}型调速型液力耦合器主要技术参数及外形尺寸

规格型号	输入转速/r·min^{-1}	传递功率范围/kW	额定转差率/%	无级调速范围	外形尺寸/mm											
					A	B	C	K	E	F	L	P	Q	M	N	h_1
YOT_{CP}360	3000	110~320	1.5~3	离心式机械 1~1:5；恒扭矩机械 1~1:3	712	912	750	89	680	652	830	150	150	100	40	250
YOT_{CP}400	3000	220~540			712	912	750	89	680	652	830	150	150	100	40	250
YOT_{CP}450	1500	55~120			1020	1185	1110	40	865	940	1020	110	230	120	40	285
	3000	390~970														
YOT_{CP}500	1500	90~205			1020	1185	1110	40	865	940	1020	110	230	120	40	285
	3000	670~1640														
YOT_{CP}530	3000	900~2150			1020	1185	1110	40	865	940	1020	110	230	120	40	285
YOT_{CP}560	1000	55~110			1020	1185	1110	40	865	940	1020	110	230	120	40	285
	1500	155~360														
YOT_{CP}580	3000	1200~3440			1160	1310		30	920	1080	1230	217	543	125	60	235
YOT_{CP}620	3000	1675~4780			1170	2160	1320	183	2060	1070	1485			250	90	
YOT_{CP}650	1000	95~225			1000	1550	1035	152.5	1450	800	1200	175	230	120	45	315
	1500	290~760														
YOT_{CP}750	750	80~195			1000	1550	1035	152.5	1450	800	1200	175	230	120	45	315
	1000	185~460														
	1500	510~1555														
YOT_{CP}800	1000	250~635			1150	1600	1050	220	1500	950	1400	185	190	120	45	375
	1500	790~2150														
YOT_{CP}875	750	155~420			1150	1600	1050	220	1500	950	1400	185	190	120	45	375
	1000	390~995														
	1500	1240~3360														
YOT_{CP}910	600	115~280			1150	1600	1050	220	1500	950	1400	185	190	120	45	375
	750	235~530														
	1000	500~1250														
YOT_{CP}1000	600	170~420			1150	1750	1250	220	1650	950	1500	190	235	135	45	375
	750	330~820														
	1000	750~1950														
YOT_{CP}1050	600	175~535			1500	1850	1300	235	1750	1300	1750	340	225	120	50	320
	750	360~1045														
	1000	815~2480														
YOT_{CP}1150	600	355~845			1500	1850	1300	235	1750	1300	1750	340	225	120	50	320
	750	670~1650														
	1000	1590~3905														
YOT_{CP}1250	500	400~740			2050	2150	1650	135	1600	1980	2250	570	325	200	70	310
	600	500~1280														
	750	1150~2500														
YOT_{CP}1320	500	525~975			2050	2150	1650	135	1600	1980	2250	570	325	200	70	310
	600	690~1700														
	750	1350~3350														
YOT_{CP}1400	500	650~1250			2500	2350	1700	200	1750	2000	2500	555	1550	200	70	385
	600	900~2150														
	750	2000~4350														
YOT_{CP}1550	500	1150~2050			2500	2350	1700	200	1750	2000	2500	555	1550	200	70	385
	600	1500~3650														
	750	3350~7150														

续表 17-71

规格型号	输入转速 /r·min^{-1}	传递功率范围/kW	额定转差率 /%	无级调速范围	外形尺寸/mm								重量(净) /kg
					h_2	h	H	L_1	D	G	S	d	
YOT$_{CP}$360	3000	110~320	1.5~3	离心式机械 1~1:5; 恒扭矩机械 1~1:3	220	560	940	120	60	64	18	ϕ27	525
YOT$_{CP}$400	3000	220~540			220	560	940	120	60	64	18	ϕ27	680
YOT$_{CP}$450	1500	55~120			75	635	1285	145	75	79.5	20	ϕ27	960
	3000	390~970											
YOT$_{CP}$500	1500	90~205			75	635	1285	145	75	79.5	20	ϕ27	1180
	3000	670~1640											1250
YOT$_{CP}$530	3000	900~2150			75	635	1285	145	75	79.5	20	ϕ27	1350
YOT$_{CP}$560	1000	55~110			75	635	1285	145	75	79.5	20	ϕ27	1220
	1500	155~360											
YOT$_{CP}$580	3000	1200~3440			135	810	1594	165	95	100	25	ϕ27	1750
YOT$_{CP}$620	3000	1675~4780				900	1583	200	120	127	32	ϕ35	2380
YOT$_{CP}$650	1000	95~225			195	750	1385	150	100	106	28	ϕ35	1550
	1500	290~760											
YOT$_{CP}$750	750	80~195			195	750	1385	150	100	106	28	ϕ35	1750
	1000	185~460											
	1500	510~1555											
YOT$_{CP}$800	1000	250~635			250	850	1550	210	130	137	32	ϕ35	2500
	1500	790~2150											
YOT$_{CP}$875	750	155~420			250	850	1550	210	130	137	32	ϕ35	2750
	1000	390~995											
	1500	1240~3360											
YOT$_{CP}$910	600	115~280			250	850	1550	210	130	137	32	ϕ35	3150
	750	235~530											
	1000	500~1250											
YOT$_{CP}$1000	600	170~420			180	900	1650	250	150	158	36	ϕ35	4150
	750	330~820											
	1000	750~1950											4750
YOT$_{CP}$1050	600	175~535			200	1150	1950	250	150	158	36	ϕ35	5150
	750	360~1045											
	1000	815~2480											
YOT$_{CP}$1150	600	355~845			200	1150	1950	250	150	158	36	ϕ35	5500
	750	670~1650											
	1000	1590~3905											
YOT$_{CP}$1250	500	400~740			175	1170	2150	300	160	169	40	ϕ40	7550
	600	500~1280											
	750	1150~2500											
YOT$_{CP}$1320	500	525~975			175	1170	2150	300	160	169	40	ϕ40	7850
	600	690~1700											
	750	1350~3350											
YOT$_{CP}$1400	500	650~1250			200	1350	2350	320	200	210	45	ϕ45	8850
	600	900~2150											
	750	2000~4350											
YOT$_{CP}$1550	500	1150~2050			200	1350	2350	320	200	210	45	ϕ45	9500
	600	1500~3650											
	750	3350~7150											

17.4.3.17 YOT_{CF}分体式调速型液力耦合器

YOT_{CF}分体式调速型液力耦合器适用于转速 $n \leqslant 1500$r/min 和功率 $N \leqslant 710$kW 的工况；中心高小，主机与油箱分离安装，结构简单，紧凑安装尺寸小、安装检修方便；适用于煤矿井下可移动式胶带输送机使用。其主机外形尺寸图见图17-43，油箱尺寸图见图 17-44，主要技术参数及外形尺寸见表 17-72。

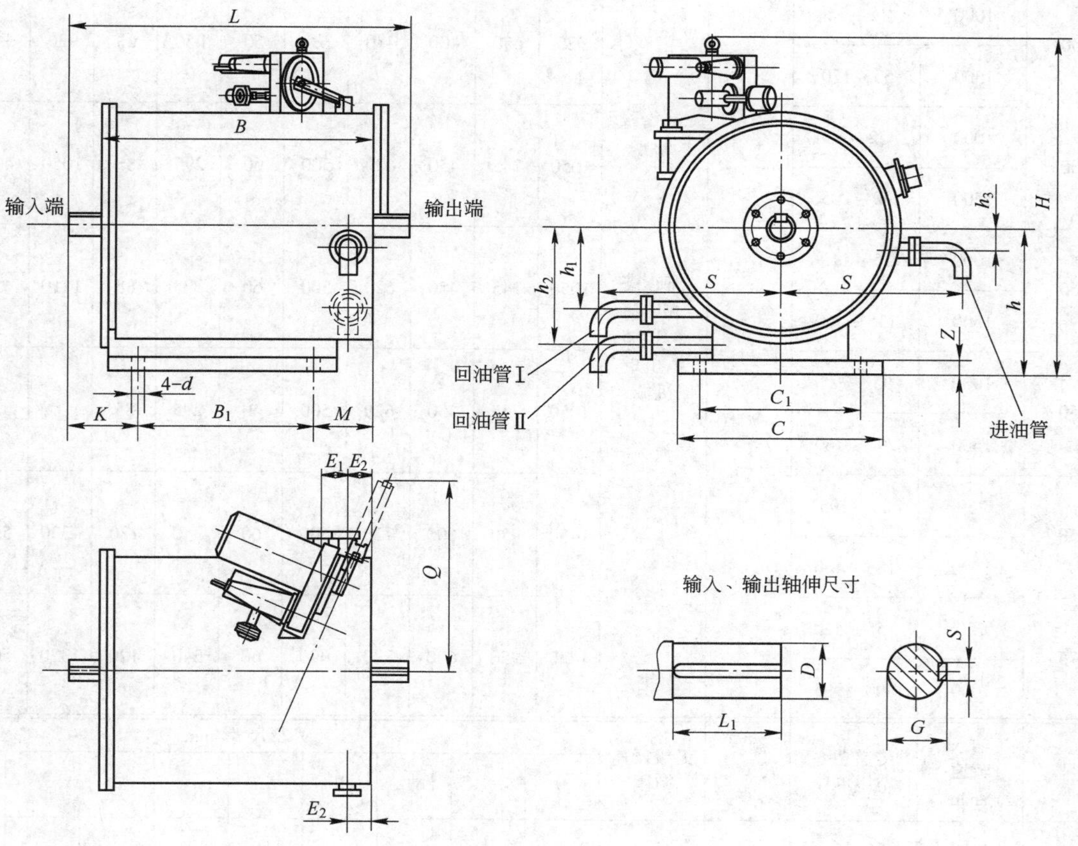

图 17-43 YOT_{CF}分体式调速型液力耦合器主机外形尺寸图

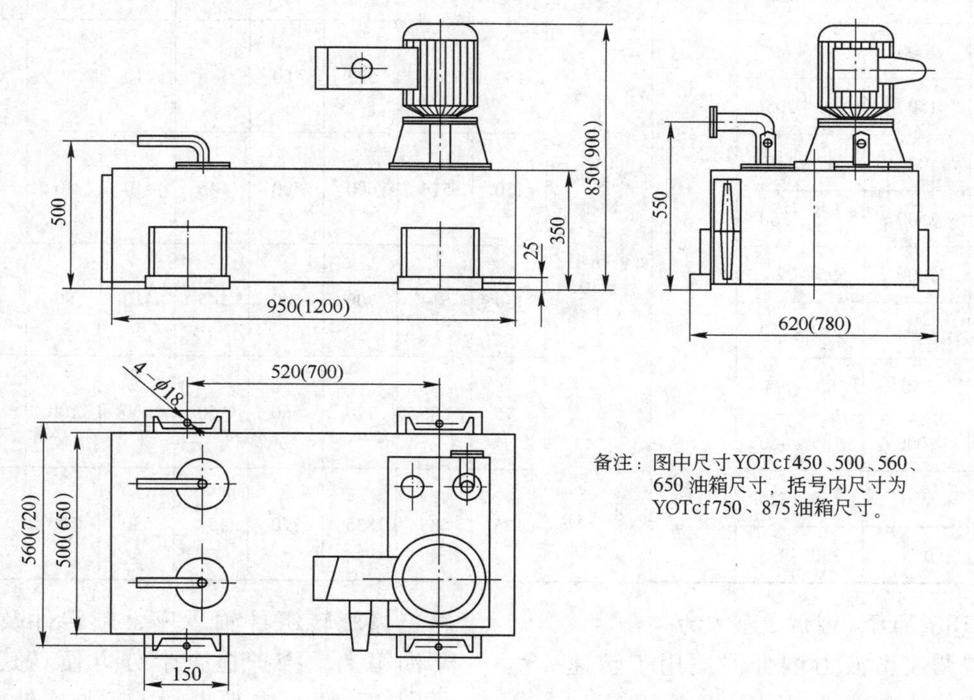

图 17-44 YOT_{CF}分体式调速型液力耦合器油箱尺寸图

表 17-72 YOT_{CF}分体式调速型液力耦合器主要技术参数及外形尺寸

规格型号	输入转速 /r·min^{-1}	传递功率范围/kW	额定转差率 /%	无级调速范围	外形尺寸/mm										
					A	B	B_1	C	C_1	C_2	E_1	E_2	H	h	K
$YOT_{CF}450$	1000	15~36	1.5~3	离心式机械 1~1:5; 恒扭矩机械 1~1:3	920	650	400	480	380	50	250	60	920	350	250
	1500	55~120													
$YOT_{CF}500$	1000	22~60			1050	745	450	620	500	60	295	85	1050	400	325
	1500	90~205													
$YOT_{CF}560$	1000	55~110			1050	745	450	620	500	60	295	85	1110	450	325
	1500	155~360													
$YOT_{CF}650$	1000	95~225			1050	745	450	620	500	60	295	85	1200	520	325
	1500	290~760													
$YOT_{CF}750$	750	80~195			1450	950	600	720	600	60	340	120	1320	560	425
	1000	185~460													
$YOT_{CF}875$	750	155~420			1450	950	600	720	600	60	340	120	1320	560	425
	1000	390~995													

规格型号	输入转速 /r·min^{-1}	传递功率范围/kW	额定转差率 /%	无级调速范围	外形尺寸/mm								重量（净）/kg
					M	P	Q	S	h_1	h_2	h_3	N	
$YOT_{CF}450$	1000	15~36	1.5~3	离心式机械 1~1:5; 恒扭矩机械 1~1:3	120	395	450	420	80	310	60	25	820
	1500	55~120											
$YOT_{CF}500$	1000	22~60			150	514	535	460	145	410	80	30	940
	1500	90~205											
$YOT_{CF}560$	1000	55~110			150	514	600	500	145	410	80	35	1050
	1500	155~360											
$YOT_{CF}650$	1000	95~225			150	514	700	600	145	410	80	35	1130
	1500	290~760											
$YOT_{CF}750$	750	80~195			175	685	770	660	150	500	100	35	1450
	1000	185~460											
$YOT_{CF}875$	750	155~420			175	685	835	720	150	530	100	35	1600
	1000	390~995											

17.4.3.18 YOT_{CK}型调速型液力耦合器

YOT_{CK}型调速型液力耦合器适用于转速 $n \leqslant 1500$r/min 和传递功率 $N \leqslant 710$kW 的工况；结构紧凑、外形尺寸小、重量轻、价格便宜。以油箱支撑旋转组件轴承座，旋转件及供油系统置于油箱上，维护检查十分方便。其外形尺寸图见图 17-45，主要技术参数及外形尺寸见表 17-73。

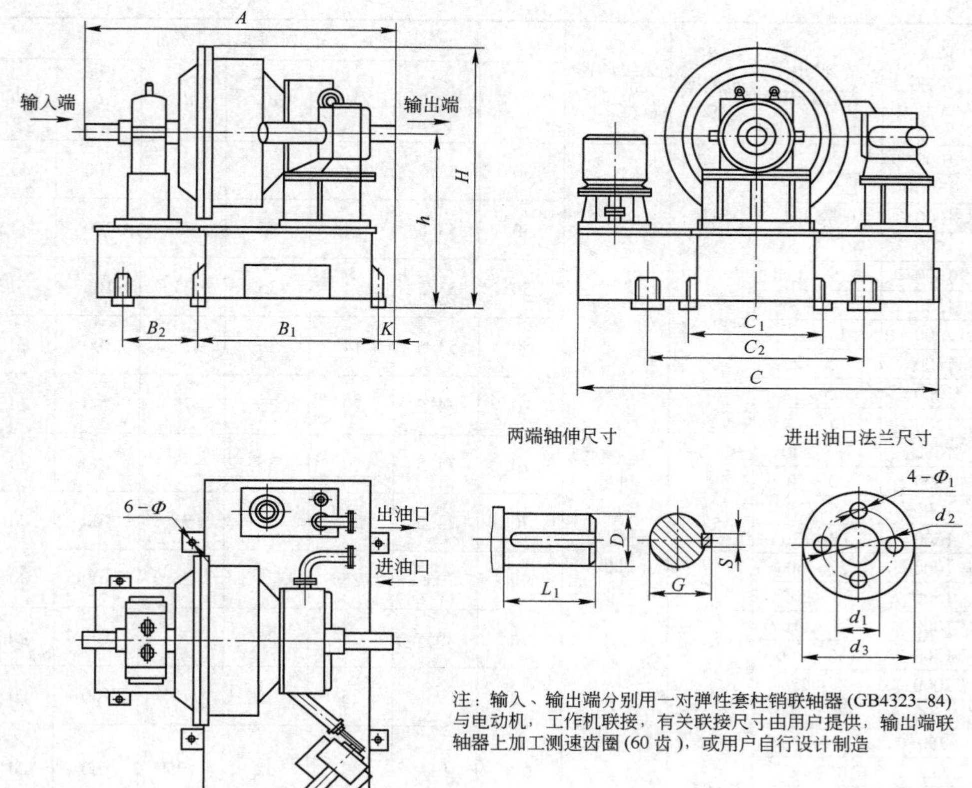

注：输入、输出端分别用一对弹性套柱销联轴器(GB4323-84)与电动机，工作机联接，有关联接尺寸由用户提供，输出端联轴器上加工测速齿圈(60齿)，或用户自行设计制造

图 17-45　YOT_{CK}型调速型液力耦合器

表 17-73　YOT_{CK}型调速型液力耦合器主要技术参数及外形尺寸

规格型号	输入转速 /r·min⁻¹	传递功率范围/kW	额定转差率 /%	无级调速范围	外形尺寸/mm										
					A	B_1	B_2	C	C_1	C_2	h	H	K	Φ	L_1
$YOT_{CK}220$	1000	0.4～1	1.5～3	离心式机械 1～1∶5；恒扭矩机械 1～1∶3	690	470		800		350	405	540	60	φ20	90
	1500	1.5～3.5													
$YOT_{CK}250$	1000	0.75～2			690	470		800		350	405	558	60	φ20	90
	1500	3～6.5													
$YOT_{CK}280$	1000	1.5～3.5			690	470		800		350	405	575	60	φ20	90
	1500	5.5～12													
$YOT_{CK}320$	1000	3～6.5			690	470		800		350	405	600	60	φ20	90
	1500	7.5～22													
$YOT_{CK}360$	1000	5.5～12			925	420	200	1170	450	600	500	722	90	φ22	115
	1500	15～40													
$YOT_{CK}400$	1000	7.5～20			925	420	200	1170	450	600	500	740	90	φ22	115
	1500	30～70													
$YOT_{CK}450$	1000	15～36			925	420	200	1170	450	600	500	765	90	φ22	115
	1500	55～120													
$YOT_{CK}500$	1000	22～60			1050	520	260	1200	500	700	550	735	37	φ22	160
	1500	90～205													
$YOT_{CK}560$	1000	55～110			1050	560	260	1370	500	700	650	965	37	φ22	160
	1500	155～360													
$YOT_{CK}650$	1000	95～225			1050	560	260	1370	500	700	650	1015	37	φ22	160
	1500	290～760													
$YOT_{CK}750$	750	80～185			1450	800	300	1620	700	1000	800	1223	80	φ35	210
	1000	185～460													
	1500	510～1555													
$YOT_{CK}875$	600	85～215			1450	800	300	1620	700	1000	800	1293	80	φ35	210
	750	155～420													
	1000	390～995													

续表 17-73

规格型号	输入转速 /r·min^{-1}	传递功率范围/kW	额定转差率 /%	无级调速范围	外形尺寸/mm D	G	S	d_1	d_2	d_3	Φ_1	重量（净） /kg
$YOT_{CK}220$	1000	0.4～1	1.5～3	离心式机械 1～1∶5；恒扭矩机械 1～1∶3	50	53.5	14	35	75	100	$\phi13$	250
	1500	1.5～3.5										
$YOT_{CK}250$	1000	0.75～2			50	53.5	14	35	75	100	$\phi13$	260
	1500	3～6.5										
$YOT_{CK}280$	1000	1.5～3.5			50	53.5	14	35	75	100	$\phi13$	275
	1500	5.5～12										
$YOT_{CK}320$	1000	3～6.5			50	53.5	14	35	75	100	$\phi13$	300
	1500	7.5～22										
$YOT_{CK}360$	1000	5.5～12			70	74.5	20	35	75	100	$\phi13$	410
	1500	15～40										
$YOT_{CK}400$	1000	7.5～20			70	74.5	20	35	75	100	$\phi13$	450
	1500	30～70										
$YOT_{CK}450$	1000	15～36			70	74.5	20	35	75	100	$\phi13$	500
	1500	55～120										
$YOT_{CK}500$	1000	22～60			90	95	25	35	75	100	$\phi13$	620
	1500	90～205										
$YOT_{CK}560$	1000	55～110			90	95	25	35	75	100	$\phi13$	660
	1500	155～360										
$YOT_{CK}650$	1000	95～225			90	95	25	35	75	100	$\phi13$	700
	1500	290～760										
$YOT_{CK}750$	750	80～185			130	137	32	62	125	160	$\phi18$	1150
	1000	185～460										
	1500	510～1555										
$YOT_{CK}875$	600	85～215			130	137	32	62	125	160	$\phi18$	1350
	750	155～420										
	1000	390～995										

17.4.3.19 SVTL 调速型液力耦合器

SVTL 调速型液力耦合器是引进德国 VOITH 公司全套系列图纸和技术的专利产品，结构简单紧凑、尺寸小，重量轻、外形美观；监控仪表齐全，维护检修方便。其外形尺寸图见图 17-46，主要技术参数和外形尺寸见表 17-74。

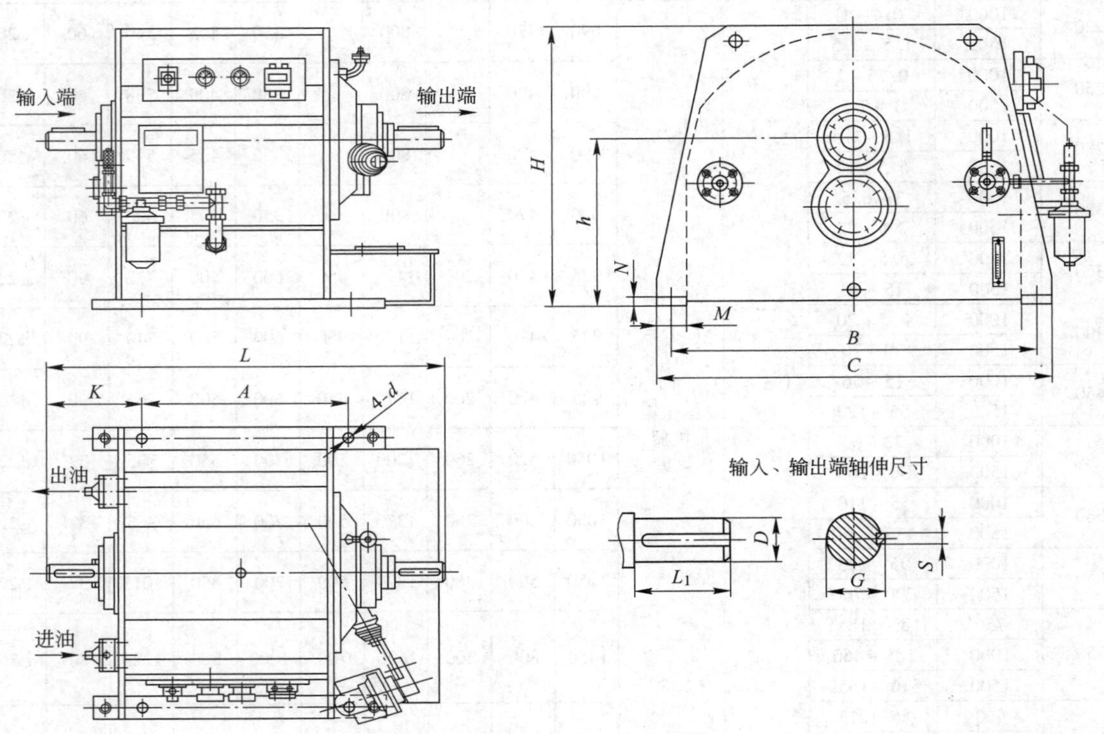

图 17-46 SVTL 调速型液力耦合器

表 17-74　SVTL 调速型液力耦合器主要技术参数及外形尺寸

规格型号	输入转速 /r·min⁻¹	传递功率范围/kW	额定转差率 /%	无级调速范围	外形尺寸/mm										
					A	*B*	*C*	*L*	*h*	*H*	*K*	*M*	*N*	*E*	*F*
SVTL450	1000	15～36	1.5～3	离心式机械 1～1∶5；恒扭矩机械 1～1∶3	620	1000	1060	1145	630	1030	260	60	30	330	240
	1500	55～120													
SVTL487	1000	25～55			620	1000	1060	1145	630	1030	260	60	30	330	240
	1500	80～180													
SVTL562	1000	55～110			620	1000	1060	1145	630	1030	260	60	30	330	240
	1500	155～370													
SVTL650	750	40～95			680	1200	1300	1310	750	1260	313	100	35	440	200
	1000	95～225													
	1500	290～760													
SVTL750	750	80～195			680	1200	1300	1310	750	1260	313	100	35	440	200
	1000	185～460													
	1500	510～1555													
SVTL875	600	80～215			780	1350	1470	1470	850	1660	370	120	50	440	245
	750	155～420													
	1000	390～995													

规格型号	输入转速 /r·min⁻¹	传递功率范围/kW	额定转差率 /%	无级调速范围	外形尺寸/mm						重量（净） /kg
					P	*d*	L_1	*D*	*S*	*G*	
SVTL450	1000	15～36	1.5～3	离心式机械 1～1∶5；恒扭矩机械 1～1∶3	860	*ϕ*23	135	70	20	74.5	710
	1500	55～120									
SVTL487	1000	25～55			880	*ϕ*23	135	70	20	74.5	750
	1500	80～180									
SVTL562	1000	55～110			920	*ϕ*23	135	70	20	74.5	850
	1500	155～370									
SVTL650	750	40～95			955	*ϕ*40	165	80	22	85	1350
	1000	95～225									
	1500	290～760									
SVTL750	750	80～195			955	*ϕ*40	165	80	22	85	1450
	1000	185～460									
	1500	510～1555									
SVTL875	600	80～215			1085	*ϕ*40	175	125	32	132	2150
	750	155～420									
	1000	390～995									

17.4.4　广州液力传动设备有限公司产品

17.4.4.1　带式输送机用液力耦合器选型

液力耦合器是广泛应用于机械设备驱动单元中的一个重要传动元件，它起着软启动、功率平衡、过载保护、无级调速和节电等作用。20 世纪 70 年代以来，我国开始在带式输送机上采用液力耦合器，由于它安全可靠，使用寿命长和价格相对便宜，1994 年被选入 DTⅡ型带式输送机系列设计中，作为 45kW 以上驱动装置的固定配套组件，从而在带式输送机上得到了更加广泛的应用。

但是，在液力耦合器的选用上也存在一些误区，特别是随着变频器、CST 液黏传动和国外各种类型耦合器不断涌入中国市场，让设计者在设计选型上感到迷茫，由此产生一些疑虑和感到无所适从。经过全国知名液力传动专家李艳芳女士的潜心研究，提出了带式输送机用液力耦合器选型的一些指导意见，供参考。欢迎致电咨询研讨。

A 几种带式输送机常用耦合器的结构和特性

适合带式输送机使用的耦合器的类型很多，对于一般适合使用限矩型耦合器的带式输送机而言，使用最多的有 YOX、YOX_V 和 YOX_{VS} 等 3 种，它们的基本结构和起动特性曲线示于图 17-47 和图 17-48。

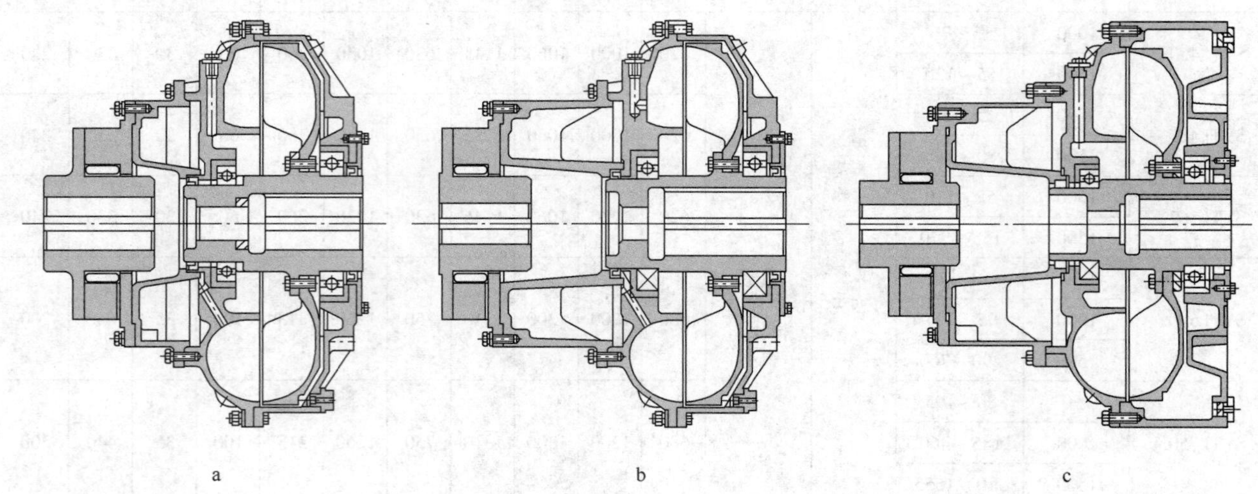

图 17-47 带式输送机常用的耦合器结构

a—YOX 型；b—YOX_V 型；c—YOX_{VS}型

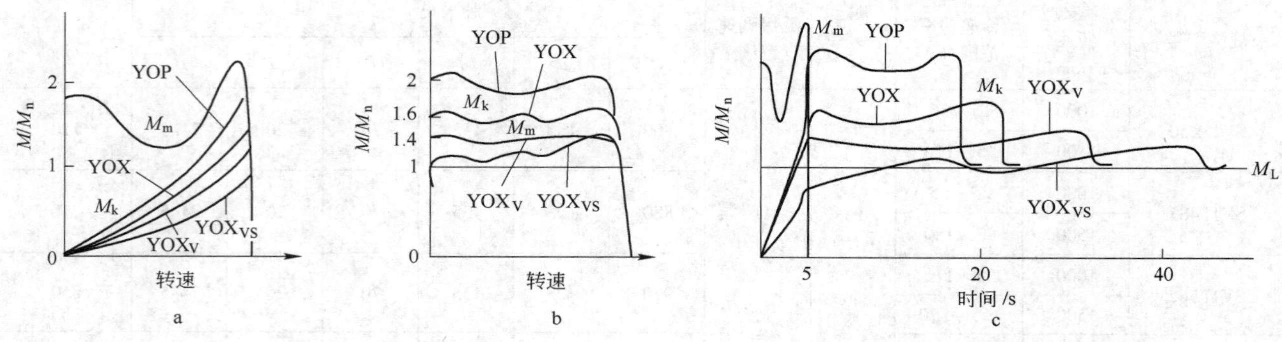

图 17-48 带式输送机常用的耦合器的起动特性曲线

a—电动机与耦合器的输入特性曲线组成联合起动特性曲线、起动力矩；b—耦合器起动过程中的原始特性曲线，也称输出特性曲线，可以看到不同耦合器的起动过载能力和起动过载系数 T_{gQ}：YOX/1.53，YOX_V/1.4，YOX_{VS}/1.1；c—耦合器的起动时间：YOX/15±6s，YOX_V/30±5s，YOX_{VS}/45±5s

M_m—电机输出力矩；M_L—工作机力矩；M_k—耦合器力矩；M_n—工作机额定力矩

选用 YOX_V 或 YOX_{VS}耦合器可以有效地减小起动张力，解决带式输送机在起动时出现打滑、飘带、折皱、堆垒等现象，使胶带可以减小上下覆盖层，减少钢丝条数，降低胶带成本（胶带成本占整机的 40%）。

B 带式输送机用液力耦合器的选型方法

带式输送机用液力耦合器，一定要选配带有辅助腔结构的形式：YOX、YOX_V、YOX_{VS}。到底选什么型，这与输送机的带速、带宽、带长、倾角、运量有关，但归根结底决定于电机的功率，建议：

（1）150kW 以下短距离皮带，选 YOX 型（带一般后辅腔），如 YOX400～YOX500；

（2）150～250kW 中距离皮带，选 YOX_V 型（带加长后辅腔），如 YOX_V560；

（3）300～650kW 长距离皮带，选 YOX_{VS}型（带加长后辅腔，加大侧辅腔），如 YOX_{VS}650～YOX_{VS}1000；

在煤矿井下、多机驱动选用 YOT_C 调速型液力耦合器较多，可以达到软起动和功率平衡，而地面平皮带用得较少。调速型起动时间可随工况设定，有冷却器散热，可长期低速运行。

C 解决硬齿面减速机高速轴断轴问题的液力耦合器对策

自从 20 世纪 80 年代初硬齿面减速机进入国内的带式输送机驱动系统后，减速机高速轴就不断出现断轴的情况，减速机从中硬齿面到硬齿面的发展是一个很大的变革，使庞大的中硬齿面减速机体积变小，它的高速轴材料由45钢改成40CrMo钢，或20CrNiMo(美国标准)或17CrNiMo6(德国标准)，强度高了，轴比原来中硬齿面的轴细了1/3，键宽、键长随之缩小1/3，但是与之匹配的液力耦合器的重量在设计时未考虑，耦合器的轴材料仍是45钢，这样造成耦合器的输出轴孔、键槽因变小而很容易损坏，耦合器的几何中心与重心是不重合的，偏向输出端36～154mm（YOX360～YOX1320），在耦合器的惯量反复作用下，硬齿面减速机的高速轴会断裂。在硬齿面减速机高速轴不能加粗、加长，而耦合器重量又不能再轻了的情况下，解决办法有以下几种。

（1）耦合器选用内轮驱动方式（反装）YOXn，涡轮（内轮）为主动轮，泵轮（外轮）为从动轮，耦合器的重心和几何中心是不重合的，耦合器的重心偏向输出轴端，所以用内轮驱动YOXn型，把耦合器的重量置于电机轴上，减速机高速轴与耦合器的主动联轴节连接，电机轴插入耦合器的输出轴孔内，这样就带来了如表17-75所列出的缺点。

表17-75　外轮驱动与内轮驱动的比较

序　号	比 较 项 目	外轮驱动 $YOX_{ⅡZ}$、$YOX_{VSⅡZ}$	内轮驱动 $YOXn_Z$、$YOX_{VS}n_Z$
1	充工作油	充油孔位可旋转调整，充油十分容易	因注油孔位于泵轮外缘，当泵轮为从动件时，注油孔不一定位于上方，很难用手调整注油孔的位置，所以充油困难，不易充到规定值
2	启动过载系数	1.53～1.1	1.8～1.3
3	启动时间(最长)/s	21～50	15～40
4	耦合器重量分布	绝大部分置于电机轴上	主要部分偏于电机轴上，耦合器的几何中心与重心相差约36～154mm
5	制动工况时的发热到易熔塞喷油时间/min	2～3	<2
6	制动工况时	耦合器不易损坏	涡轮因为结构较单薄，制动时，涡轮仍在高速转动，容易损坏，造成整个耦合器的碎裂

（2）选用$YOX_{ⅡM}$型产品，耦合器为外轮驱动，重量由电机轴承担，完全可以克服YOXn（内轮驱动）的缺点。

（3）选用易拆型YOX_E，耦合器重量加在电动机出轴上，缺点：轴向长度长了200～300mm。

（4）装制动轮型$YOX_{ⅡZ}$系列液力耦合器，耦合器重量置于电动机轴上，制动轮置于减速机高速轴上。

（5）液力耦合器在长径比大于1时，要求耦合器作整体静态动平衡。

D　怎样解决液力耦合器拆卸困难的问题

限矩型液力耦合器的主要旋转件均是ZL104铸铝件，装配和拆卸时都不能敲打，以免发生碎裂，但耦合器的输出轴与减速机高速轴连接，有时因为尺寸公差较小，长期运行生锈，使耦合器的拆卸十分困难，为了解决这个拆卸困难问题，可采用以下办法：

（1）选用YOXE系列产器，可以不用移动电动机、减速机就可把耦合器吊出来；

（2）利用耦合器主轴孔中的拆卸螺孔用拆卸螺杆把耦合器顶出来；

（3）使用我公司生产的专用液压卸具，利用空心柱塞千斤顶的功能，用手动泵打70MPa十分容易把耦合器从轴上安全拆离，劳动强度是原始拆卸方法的1/10，效率高，拆卸时间比原始拆卸时间减少90%，只要提供液力耦合器的型号及轴孔内的螺纹尺寸，就可以达到一台卸具拆卸多个规格的液力耦合器的效果。

E　国内外液力耦合器的比较

我国的液力耦合器技术是在引进国外技术的基础上发展起来的，经过几十年的努力，在一般技术层面上，已达到国外同类产品的水平，由于紧密结合我国实际，在某些方面比国外产品更适合中国国情。此外，国产液力耦合器的价格优势是十分明显的，两相比较，许多产品性能一样，价格相差超过十倍甚至十多倍。所以，我们的建议是，在同等条件下，应优先选用国产液力耦合器。

VOITH公司是世界上规模最大，技术最先进的液力传动设备生产公司，广液产品的技术水平和基本参数已可与其媲美；而与其他国外公司相比广液公司拥有明显的技术优势，在传递功率范围、充液量、热容量、起动时间等方面都比他们的产品高于30%以上，起动过载系数 $T_{gQ}=1.1\sim1.53$。

F 调速型液力耦合器与变频调速器CST（液黏调速器）的比较

（1）大型电动机的电子变频调速控制与调速型液力耦合器对比列于表17-76。

表 17-76 变频调速控制与调速型液力耦合器的比较

<table>
<tr><th>比较项目</th><th>调速型液力耦合器</th><th>电子变频调速装置</th></tr>
<tr><td>1. 性能</td><td>1. 调节充液量对工作机作无级调速；
2. 对系统进行软起动，起动时间可以很长；
3. 过载保护能力高，制动过程的过载系数可达到2.2，与电机的尖峰力矩接近；
4. 多机驱动可以进行功率平衡，可以自动控制转速和电流</td><td>1. 改变电动机频率，对电动机转速无级调速；
2. 对系统进行软起动，起动时间可以很长；
3. 过载能力差，要提高过载系数，就必须把变频器提高级别，费用每提高一级高几十万元；
4. 调节电机频率可进行功率平衡</td></tr>
<tr><td>2. 价格</td><td>投资低</td><td>投资高，设备投资比调速型耦合器高30倍（进口），国产的高15倍</td></tr>
<tr><td>3. 可靠性</td><td>可靠性高：
1. 即使控制系统失效，装置仍可手动控制运行；
2. 结构简单，无需旁路系统</td><td>可靠性低：
1. 变频器复杂的控制系统中任何一个环节失效，系统将无法操作；
2. 结构十分复杂，尽管目前频率变换器中采用电器元件的可靠性比以前提高很多，但大型变频器中使用数量众多的元件（几千个）使其总体可靠性比调速型液力耦合器的低很多。因此，对于重要的应用场合必须装备用调速或固定转速旁路系统</td></tr>
<tr><td>4. 电源波动</td><td>电压波动不影响耦合器运行</td><td>各种原因导致供电电压降至额定电压的80%以下时，电子变频器的自身保护会切断电机电源。即使电压下降时间只有100μs，保护也会动作，电子变频器可以配带有自动再起动设施（需额外增加投资）。即使如此，电机重新启动也至少需要5～10s。在这段时间里，电机无电停转，可能造成对工艺系统的重大冲击，并可能导致工厂的安全停车。在较小的供电系统中，电压下降是很容易发生的</td></tr>
<tr><td>5. 谐波影响</td><td>无谐波影响</td><td>电子变频器在供电系统和电机中产生电流和电压高次谐波，产生的高次谐波量取决于变频器的大小，使用变频器的型式和供电系统短路容量，对于供电能力低即电力容量较小的系统，谐波的干扰是非常明显的。这些干扰包括：
1. 在电机和供电变压器中产生额外的损失（因此，电机必须选择大一些，一般要大约12%）；
2. 电机和变压器产生额外的噪音[2～5dB(A)]；
3. 在产生正常驱动扭矩之外，电机将产生脉冲扭矩（这些振动也将传到工作机）；
4. 受谐波影响，在整个供电系统中产生额外的损失；
5. 对其他电气设备，例如计算机、控制器等，可能将产生影响；
6. 在供电系统的电容器组、电压变压器、镇流器或电容器可能产生谐波问题；
7. 可能导致必须安装谐波滤波器以减小谐波产生的影响（会增加额外的投资和维护）</td></tr>
<tr><td>6. 功率因数、效率</td><td>功率因数高，效率为97%～98%</td><td>功率因数低，效率低，只有90%～94%，变频器给出的效率数据经常给人们一个误导。首先，通过进行负载试验很难（并且费用非常高）测定其效率；其次，有谐波引起的电机、变压器和整个系统中的额外损失没有考虑过去；第三，空调冷却系统和谐波滤波器的能耗也没有考虑进去。
不同转速下的变频器效率(西门子生产的罗宾康完美无谐波系列变频器)：
<table>
<tr><th>转速/% ／ 变频器效率/% ／ 转矩/%</th><th>20</th><th>40</th><th>60</th><th>80</th><th>100</th></tr>
<tr><td>20</td><td>74.6～85.9</td><td>84.9～94.8</td><td>89.2～94.2</td><td>91.5～95.3</td><td>92.8～96</td></tr>
<tr><td>40</td><td>84.5～91.0</td><td>91～95.5</td><td>93.2～96.1</td><td>94.8～96.6</td><td>95.6～96.9</td></tr>
<tr><td>60</td><td>88.3～92.5</td><td>93.2～95.7</td><td>95～96.4</td><td>95.9～96.8</td><td>96.3～97</td></tr>
<tr><td>80</td><td>90.3～93</td><td>94.3～95.7</td><td>95.7～96.4</td><td>96.2～96.9</td><td>96.6～96.8</td></tr>
<tr><td>100</td><td>91.4～93.2</td><td>94.8～96.7</td><td>95.7～95.9</td><td>96.4～96.5</td><td>96.5～96.6</td></tr>
</table></td></tr>
</table>

续表 17-76

比较项目	调速型液力耦合器	电子变频调速装置
7. 配套电机	普通鼠笼式电机	必须用特殊设计的专用电动机
8. 变压要求	可用高压和低压电动机	如果采用低压电子变频器（因为中压变频器价格很高，且可靠性低），必须采用一个特殊的降压变压器（导致额外增加投资占地面积和维修量）。如果采用高压电机，通常与低压变频器相联，需在变频器的输出与调速电机之间加入一个特设的升压变压器，该变压器的容量必须很大，因为它必须在低于 50Hz 频率以下运行并为了防止在低频起动时出现磁饱和
9. 占地面积	较小，耦合器基础几平方米	大功率变频器的电气开关室需占很大的空间，几十至上百平方米，导致增加投资
10. 电柜冷却系统	无需额外冷却	变频器箱内产生的热损失必须排出，该热损失约为额定功率的 5% ~6%，与实际电机负载和转速无关，对于大功率的变频器，这种损失是非常显著的，冷却空气必须用冷却风机过滤，吹入机箱中进行冷区，最高允许冷却风温度为 40℃，这意味着必须有大量的循环空气，空调和冷却风的耗能比频率变换器自身的损失还要大，几百平方米的空气冷却器。 另外，也可采用空气-水换热器，但此方案投资高，维修费用高
11. 电柜噪声	无	变频器一般噪音很大，使得原本安静的配电室变得嘈杂，对于大型变频器，其噪音水平超过 85dB(A)
12. 设备维护	简单的机械维护	故障处理和维修是非常耗时和昂贵的，为了解决问题，必须请教供货商的专家
13. 备件	廉价的机械备件	需要大量条件，只有制造厂能提供这些条件，由于电子技术的发展变化非常快，几年后有些元件已经废弃，将无法采购到，集成块价格会达到 3.8 ~4.8 万元一块
14. 包装运输	普通设备包装	工厂的实验、包装、运输、安装及开机的费用非常高，这些费用在比较设备价格时一般都没有考虑，维修人员的培训和产品资料的整理费用也是如此
15. 额外电缆	无　须	如果采用的功率低压电机和低压变频器配用，那么降压变压器与变频器输入端之间以及变频器输出端与调速电机之间的连接电缆必须并接数根（额定电流为 1000A 需 4 根电缆），这些电缆在电机上的接线需有一个特别的接线盒，电机维修时，所有这些接线都必须拆除，这项工作有一定难度，因为电缆直径很大。这些电缆中的热损失是相当大的，将影响总体效率
16. 润滑系统	液力耦合器带润滑系统，可为电机和工作机轴承提供润滑油	大型高速电机通常采用滑动轴承而不用滚动轴承，电机滑动轴承以及泵轴承必须进行经常性的维护，这些滑动轴承需要供油润滑，须安装一个单独的润滑系统（额外增加费用和维护）
17. 变频方式	无此要求	基本上有两种变频器：电压源变频器和电流源变频器。电压源变频器的效率低并且比电流源变频器产生更多的高次谐波。如果在电流源变频器输出端上不连接电机，变频器空载，它既不能运行和试运行，也不能试验或查找故障，因为这些无法在空载状态下进行，如果当时没有电机或电机尚未准备好或者由于工厂的原因不能运行，则上述限制将带来明显的不便
18. 控制系统	采用简单的控制系统，调速型液力耦合器在驱动机附近有一就地控制箱并在中心控制室遥控	变频器需要在放置变频器的开关柜室安排另外的控制和监测器位置，这意味着必须增加额外的电缆、继电器、内部连锁和起动程序装置，以满足控制的要求，从而增加费用、故障率和维修量

电子变频调速与液力耦合器不能同时用于同一驱动系统上，因为变频调速与液力耦合器同样具有软起动及功率平衡的功能，但液力耦合器传递的功率与输入转速的立方成正比（$N=\lambda_B \gamma n^3 D^5/975$），可见，液力耦合器的传递功率受输入转速影响，在变频器降低电机转速电机转速起动时，因输入转速过低，耦合器起动力矩随之大大降低，此时工作机长时间起动不了，耦合器会发热喷液，所以，此两种性能相似的驱动方式不能同时用于同一驱动系统。

（2）调速型液力耦合器与液黏式调速器CST的技术比较分析列于表17-77。

表17-77　调速型液力耦合器与液黏式调速器CST的技术比较

调速型液力耦合器	液黏式调速器CST
1. 工作原理。改变耦合器的工作腔中工作油量把电机输入的机械能经泵轮对工作油加速，把能量转换成流动能量。在涡轮内工作油流速降低并把流动的能量转换回机械能，转递的转矩大小受输入转速、泵轮和涡轮的直径及形状和工作液的密度影响： $M = \lambda_B \gamma n^2 D^5$；　$N = \lambda_B \gamma n^3 D^5 / 975$	1. 工作原理。利用输入与输出片间的工作液膜的黏度送递转矩，即转矩的传递是牛顿液体剪切阻力下的结果，传递转矩的大小受输入速度、摩擦片直径、工作液的黏度、工作片的数目及工作片间的距离的影响： $M = f(n\ D^4 \eta Z/S)$
2. 额定功率η。在设计传递额定功率时，最小滑差在2%～3%之间	2. 额定功率η。理论上在最高设计点时，输入转速与输出转速可以同步，即额定转矩在无滑差下转递。但实际上每两片摩擦片之间是不能没间隙的，否则很容易烧坏，所以实际上滑差在3%以上
3. 工作油温度对其调速性能无影响，警戒油温可高达88～100℃，对工作油的清洁度要求低	3. 调速受工作油温度影响较大，在速度调节方面，在低转速差范围内（在温和摩擦范围的开始）会产生摩擦不稳定，无磨耗的工作只能在速差比较大，在悬浮下摩擦时才能达到，界定的范围重要受摩擦片的表面质量、形状的精度及温度和油的分布影响。在温度超过40℃以上时，调速不稳定，对工作油的清洁度要求很高
4. 无磨损传递扭矩，因功率利用液力传送，泵轮及涡轮不会磨损（无机械接触）	4. 有磨损传递扭矩，工作片的表面加上一特殊纸料，在混合摩擦范围工作时或油里的杂质都会引起磨损，更换这纸料是一项非常复杂和费时的工作
5. 工作油压力低，工作液在差不多无压力下送进耦合器内，油泵的电机的要求只是要克服油系统的阻力（管路＋冷却器）约200kPa	5. 工作油压力高，工作油要在1.5MPa下送进工作片之间，高压力很快会使密封件损坏，另外要减少温度差对工作特性的影响（黏度的改变），要求流量非常高，要求较大的冷却系统
6. 可达到不同的转速要求，耦合器的特性能够适应不同的工况，要达到高转速时，可使用合适的驱动器或增加循环油泵的供油量	6. 超过1500r/min转时较困难，调速器要增加转速时，但太大的加速可产生非常高的转矩峰值并可损坏整组设备
7. 对转矩可以限制，特性曲线陡，对调速来说有优点，对转矩限制可以通过合适的控制来解决	7. 对转矩的限制不容易，特性曲线在工作范围的转变非常大（至10%滑差，曲线很陡，10%滑差以上，平直曲线）油温（黏度）的影响只能通过调节系统解决，没有调节系统不能平稳工作
8. 控制系统出现故障后，可以手动控制，使设备正常运行	8. 控制系统出现故障后，设备就不能进行调速运行
9. 结构紧凑，简单，调速型通过导管开度调节工作油量的大小实现调速，结构非常简单，它只是简单的机械件，只有很少的磨损件，保养异常简便	9. 结构复杂，维护困难，调速结构非常复杂，它由很多部件组合而成，所以易损件特别多，装配保养很复杂，工作量也很大
10. 影响传递功率的因素，传递的功率是以下的函数： （1）输入转速的三次方； （2）有效直径的五次方； （3）工作液的密度	10. 影响传递功率的因素，传递的功率是以下的函数： （1）输入转速； （2）有效直径的四次方； （3）工作片的数目； （4）油的黏度； （5）工作片间的距离
11. 工作油黏度对传递功率无影响，油的黏度基本没有影响规范着调速型液力耦合器的定律，适用于所有流体机械而且不受制于功率，转速限制只有旋转件的机械强度	11. 工作油黏度变化影响到传递扭矩和转速规范着液黏调速器的定律，只适用到某一个周边速度和油流量的关系，超过这点工作片的油膜会破坏，增加功率只能增加有限度的工作片数目（制造公差，强度极限）
12. 供货价格，国产价格便宜，是CST价格的1/10	12. 供货价格，从美国进口，价格是调速型的10倍
13. 使用后的维护，用户可以订购配件自己维修更换	13. 使用后的维护，用户自己不能更换内部零件，必须靠进口零件，要供货商前来维修，价格十分昂贵，运行费用高

从上面两表可以充分看到，调速型液力耦合器与变频器、CST齿轮同步装置（液黏调速器）在实际运行比较结果证明，液力调速装置使用面最广、运行最可靠，是经济效益最好的，选择调速型液力耦合器应该说是解决胶带输送机软起动和功率平衡节电的最佳方案。

17.4.4.2　YOX型耦合器

YOX型耦合器为单腔、外轮驱动、带普通后辅腔结构。该种结构使用最广泛，其起动过载系数$T_{gQ}=1.53$，最长起动时间$t=21$s。设备运动时间较长，起动力矩较小，适用于起动时间不能太短的设备，如带式输送机、刮板输送机、链式输送机、斗式提升机。其连接尺寸见图 17-49 和表 17-78。

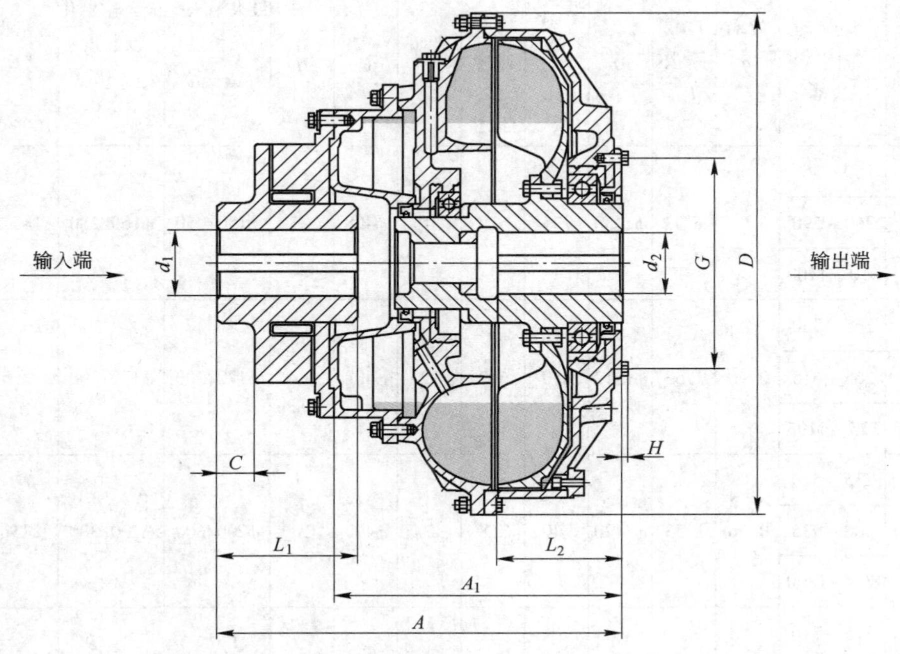

图 17-49 YOX 型耦合器

表 17-78 YOX 型耦合器连接尺寸

国家标准型号	输入转速 n /r·min^{-1}	传递功率范围 N /kW	效率 η	起动过载系数 T_{gQ}	外形尺寸/mm						最大输入孔及长度 d_{1max}/L_{1max}	最大输出孔及长度 d_{2max}/L_{2max}	充液量 q/L			重量 /kg
					D	A	A_1	C	G	H			总充液量 Q 100%	最少充液量 q_{min} 40%	最大充液量 q_{max} 80%	
YOX360	1000	5~10	0.96	1.53	ϕ428	310	229	9	ϕ166	-2.5	ϕ55/110	ϕ55/110	8.5	3.4	6.7	42
	1500	16~30														
YOX400	1000	8~18.5	0.96	1.53	ϕ472	338 (355)	260	2(19)	ϕ186	-2.5	ϕ65/110(140)	ϕ60/140	13	5.2	10.4	65
	1500	28~48														
YOX450	1000	15~30	0.96	1.53	ϕ530	384 (397)	292	9(22)	ϕ210	-0.5	ϕ75/140	ϕ70/140	18.8	7.5	15	80
	1500	50~90														
YOX500	1000	25~50	0.96	1.53	ϕ582	435	316	30	ϕ236	3	ϕ90/170	ϕ90/170	26	10.3	20.6	106
	1500	68~144														
YOX560	1000	40~80	0.96	1.53	ϕ634	477 (490)	350	4(47)	ϕ264	3	ϕ120/170(210)	ϕ100/210	33	13.2	26.4	152
	1500	120~270														
YOX600	1000	60~115	0.96	1.53	ϕ695	490 (510)	376	9(29)	ϕ270	4	ϕ120/170(210)	ϕ115/210	42	16.8	33.6	185
	1500	200~360														
YOX650	1000	90~176	0.96	1.53	ϕ740	556	425	24	ϕ280	8	ϕ150/250	ϕ130/210	60	24	48	230
	1500	260~480														
YOX750	1000	170~330	0.96	1.53	ϕ860	578 (618)	450	0(90)	ϕ345	-4.5	ϕ150/250	ϕ140/210	85	34	68	350
	1500	480~760														
YOX875	750	145~280	0.96	1.53	ϕ996	705	514	55	ϕ396	-7	ϕ150/250	ϕ150/250	140	56	112	495
	1000	330~620														
	1500	766~1100														

续表 17-78

国家标准型号	输入转速 n /r·min^{-1}	传递功率范围 N /kW	效率 η	起动过载系数 T_{gQ}	外形尺寸/mm D	A	A_1	C	G	H	最大输入孔及长度 d_{1max}/L_{1max}	最大输出孔及长度 d_{2max}/L_{2max}	充液量 q/L 总充液量 Q 100%	最少充液量 q_{min} 40%	最大充液量 q_{max} 80%	重量 /kg
YOX1000	600	160 ~ 360	0.96	1.53	ϕ1138	735	579	0	ϕ408	−7	ϕ150/250	ϕ160/280	185	74	148	650
	750	260 ~ 590														
	1000	610 ~ 1100														
YOX1150	500	165 ~ 350	0.96	1.53	ϕ1312	850	669	12	ϕ408	−4	ϕ170/300	ϕ170/300	212.5	85	170	840
	600	265 ~ 615														
	750	525 ~ 1195														
YOX1250	500	235 ~ 540	0.96	1.53	ϕ1420	940	758	5	ϕ490	3	ϕ200/300	ϕ200/300	275	110	220	1080
	600	400 ~ 935														
	750	800 ~ 1800														
YOX1320	500	315 ~ 710	0.96	1.53	ϕ1500	970	760	13	ϕ550	9	ϕ210/320	ϕ210/320	320	128	256	1490
	600	650 ~ 1200														
	750	1050 ~ 2360														

注：表中"充液量"栏，如在地面上使用，充 32 号透平油；如在煤矿下使用则充清水或难燃油。

17.4.4.3 YOX_V 型耦合器

YOX_V 型耦合器为单腔，加长后辅腔、外轮驱动结构。该种结构型式的后辅腔比 YOX 型的后辅腔加长了，增大了容积，能使起动时间较长，最长起动时间 $t = 35''$，起动过载系数降低，T_{gQ} = 1.4。适用于大功率、大倾角、高带速、宽胶带、长距离、多机驱动的胶带输送机，可较大降低胶带的成本，提高胶带的使用寿命。其连接尺寸见图 17-50 和表 17-79。

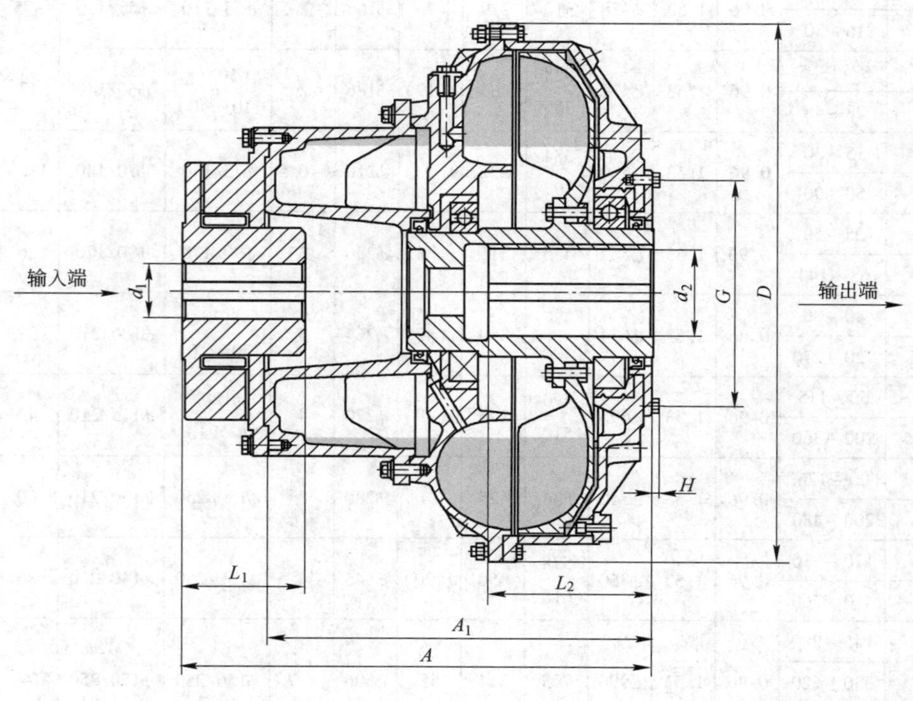

图 17-50 YOX_V 型耦合器

表 17-79 YOX_V 型耦合器连接尺寸

国家标准型号	输入转速 n /r·min^{-1}	传递功率范围 N /kW	效率 η	起动过载系数 T_{gQ}	外形尺寸/mm D	A	A_1	G	H	最大输入孔及长度 d_{1max}/L_{1max}	最大输出孔及长度 d_{2max}/L_{2max}	充液量 q/L 总充液量 Q 100%	最少充液量 q_{min} 40%	最大充液量 q_{max} 80%	重量 /kg
YOX_V360	1000	5~10	0.96	1.4	φ428	360	278	φ166	-2.5	φ60/110	φ55/110	9.5	3.8	6.8	47
	1500	16~30													
YOX_V400	1000	8~18.5	0.96	1.4	φ472	390	308	φ186	-2.5	φ70/140	φ60/140	14.5	5.8	10.4	71
	1500	28~48													
YOX_V450	1000	15~30	0.96	1.4	φ530	445	353	φ210	-0.5	φ75/140	φ70/140	21	8.3	15	88
	1500	50~90													
YOX_V500	1000	25~50	0.96	1.4	φ582	510	391	φ236	3	φ90/170	φ90/170	28.5	11.4	20.6	115
	1500	68~144													
YOX_V560	1000	40~80	0.96	1.4	φ634	530	433	φ264	3	φ100/210	φ100/210	36.5	14.6	26.4	164
	1500	120~270													
YOX_V600	1000	60~115	0.96	1.4	φ695	575	463	φ270	4	φ100/210	φ100/210	46.5	18.6	33.6	200
	1500	200~360													
YOX_V650	1000	90~176	0.96	1.4	φ740	650	519	φ280	8	φ130/210	φ130/210	66.5	26.6	48	240
	1500	260~480													
YOX_V750	1000	170~330	0.96	1.4	φ860	680	550	φ345	-4.5	φ140/250	φ150/250	94	37.7	68	375
	1500	480~760													
YOX_V875	750	145~280	0.96	1.4	φ996	820	632	φ396	-7	φ150/250	φ150/250	155	62.1	112	530
	1000	330~620													
	1500	766~1100													
YOX_V1000	600	160~300	0.96	1.4	φ1138	855	692	φ408	-7	φ150/250	φ150/250	206	82.5	148	710
	750	260~590													
	1000	610~1100													
YOX_V1150	500	165~350	0.96	1.4	φ1312	960	779	φ408	-4	φ170/300	φ170/300	237.5	95	166.3	880
	600	265~615													
	750	525~1195													
YOX_V1250	500	235~540	0.96	1.4	φ1420	1122	938	φ490	3	φ200/300	φ200/300	300	120	210	1030
	600	400~935													
	750	800~1800													
YOX_V1320	500	315~710	0.96	1.4	φ1500	1145	945	φ550	9	φ210/310	φ210/320	350	140	245	1130
	600	650~1200													

注：表中"充液量"栏，如在地面上使用，充 32 号透平油；如在煤矿下使用则充清水或难燃油。

17.4.4.4 YOX_{VS}型耦合器

YOX_{VS}型耦合器为单腔、加长后辅腔、加大侧辅腔、外轮驱动结构。该种结构的后辅腔比 YOX 的后辅腔长，在外壳最大外圆处加设侧辅腔，在耦合器起动前，使工作腔内的工作液减到最少，达到起动力矩小（$T_{gQ}=1.1$）、起动时间更长（最长起动时间达 $t=50s$），适用于大功率、大倾角、高带速、宽胶带、长距离、多机驱动的胶带输送机。由于起动过载力矩低，起动时间更长，更大幅度降低胶带的成本，缓慢长时间起动，更加提高了胶带的使用寿命。其连接尺寸见图 17-51 和表 17-80。

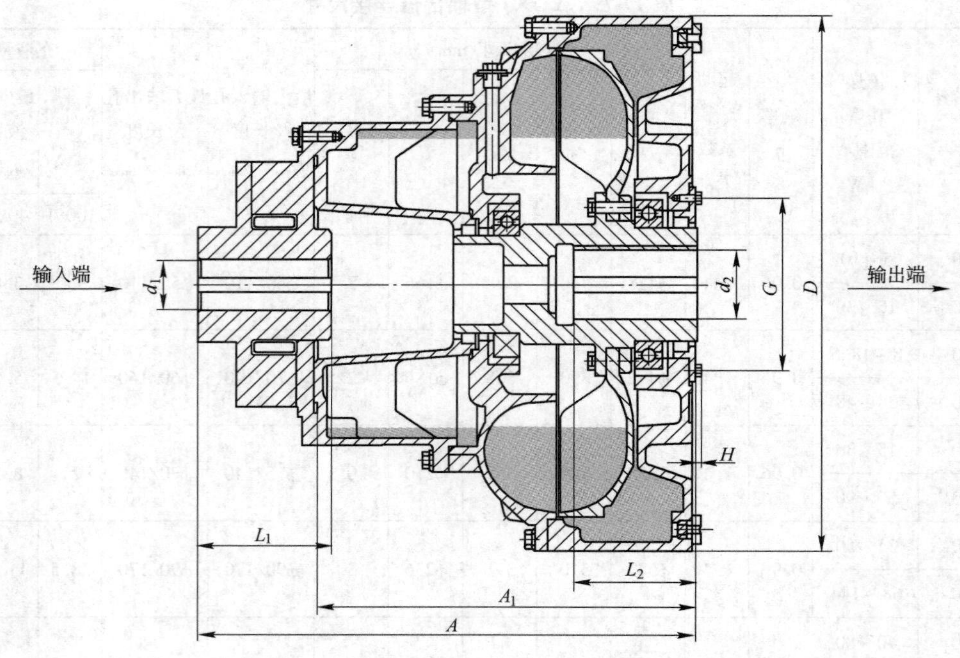

图 17-51 YOX$_{VS}$型耦合器

表 17-80 YOX$_{VS}$型耦合器连接尺寸

国家标准型号	输入转速 n /r·min^{-1}	传递功率范围 N /kW	效率 η	起动过载系数 T_{gQ}	外形尺寸/mm D	A	A_1	G	H	最大输入孔及长度 d_{1max}/L_{1max}	最大输出孔及长度 d_{2max}/L_{2max}	充液量 q/L 总充液量 Q 100%	最少充液量 q_{min} 40%	最大充液量 q_{max} 80%	重量 /kg
YOX$_{VS}$360	1000	5~10	0.96	1.1	ϕ428	360	278	ϕ166	-2.5	ϕ60/110	ϕ55/110	13	5.3	9.1	54
	1500	16~30													
YOX$_{VS}$400	1000	8~18.5	0.96	1.1	ϕ472	390	308	ϕ186	-2.5	ϕ70/140	ϕ65/140	19.3	7.7	13.5	79
	1500	28~48													
YOX$_{VS}$450	1000	15~30	0.96	1.1	ϕ530	445	353	ϕ210	-0.5	ϕ75/140	ϕ70/140	27.75	11.1	19.5	96
	1500	50~90													
YOX$_{VS}$500	1000	25~50	0.96	1.1	ϕ582	510	391	ϕ236	3	ϕ90/170	ϕ90/170	38	15.3	26.8	133
	1500	68~144													
YOX$_{VS}$560	1000	40~80	0.96	1.1	ϕ634	530	433	ϕ264	3	ϕ100/210	ϕ100/210	48.7	19.5	34	183
	1500	120~270													
YOX$_{VS}$600	1000	60~115	0.96	1.1	ϕ695	575	463	ϕ270	4	ϕ100/210	ϕ100/210	62	24.9	43.6	220
	1500	200~360													
YOX$_{VS}$650	1000	90~176	0.96	1.1	ϕ740	650	519	ϕ280	8	ϕ130/210	ϕ130/210	89	35.6	62	260
	1500	260~480													
YOX$_{VS}$750	1000	170~330	0.96	1.1	ϕ860	680	550	ϕ345	-4.5	ϕ140/250	ϕ150/250	126	50.5	89	406
	1500	480~760													
YOX$_{VS}$875	750	145~280	0.96	1.1	ϕ996	820	632	ϕ396	-7	ϕ150/250	ϕ150/250	208	83.1	146	580
	1000	330~620													
	1500	766~1100													
YOX$_{VS}$1000	600	160~300	0.96	1.1	ϕ1138	855	692	ϕ408	-7	ϕ150/250	ϕ150/250	270	108	189	780
	750	260~590													
	1000	610~1100													

续表 17-80

国家标准型号	输入转速 n /r·min^{-1}	传递功率范围 N /kW	效率 η	起动过载系数 T_{gQ}	外形尺寸/mm					最大输入孔及长度 d_{1max}/L_{1max}	最大输出孔及长度 d_{2max}/L_{2max}	充液量 q/L			重量 /kg
					D	A	A_1	G	H			总充液量 Q	最少充液量 q_{min}	最大充液量 q_{max}	
												100%	40%	80%	
YOX$_{VS}$1150	500	165～350	0.96	1.1	ϕ1312	960	779	ϕ408	−4	ϕ170/300	ϕ170/300	330	132	231	940
	600	265～615													
	750	525～1195													
YOX$_{VS}$1250	500	235～540	0.96	1.1	ϕ1420	1122	938	ϕ490	3	ϕ200/300	ϕ200/300	433	173	303	1120
	600	400～935													
	750	800～1800													
YOX$_{VS}$1320	500	315～710	0.96	1.1	ϕ1500	1145	945	ϕ550	9	ϕ210/310	ϕ210/320	505	202	354	1230
	600	650～1200													
	750	1050～2360													

注：表中“充液量”栏，如在地面上使用，充32号透平油；如在煤矿下使用则充清水或难燃油。

17.4.4.5 YOX$_E$ 型耦合器

YOX$_E$ 型耦合器为单腔、外轮驱动，与电动机用刚性联轴节连接，与工作机端用一对弹性套柱销联轴器连接。其特点是起动过载系数 $T_{gQ}=1.53$；最长起动时间 $t=21$s。

装卸该液力耦合器十分方便，不用移动电动机就可以把液力耦合器拆卸下来，更换弹性胶圈也十分方便，但安装轴向长度较长。

YOX$_E$ 型耦合器的连接尺寸见图 17-52 和表17-81。

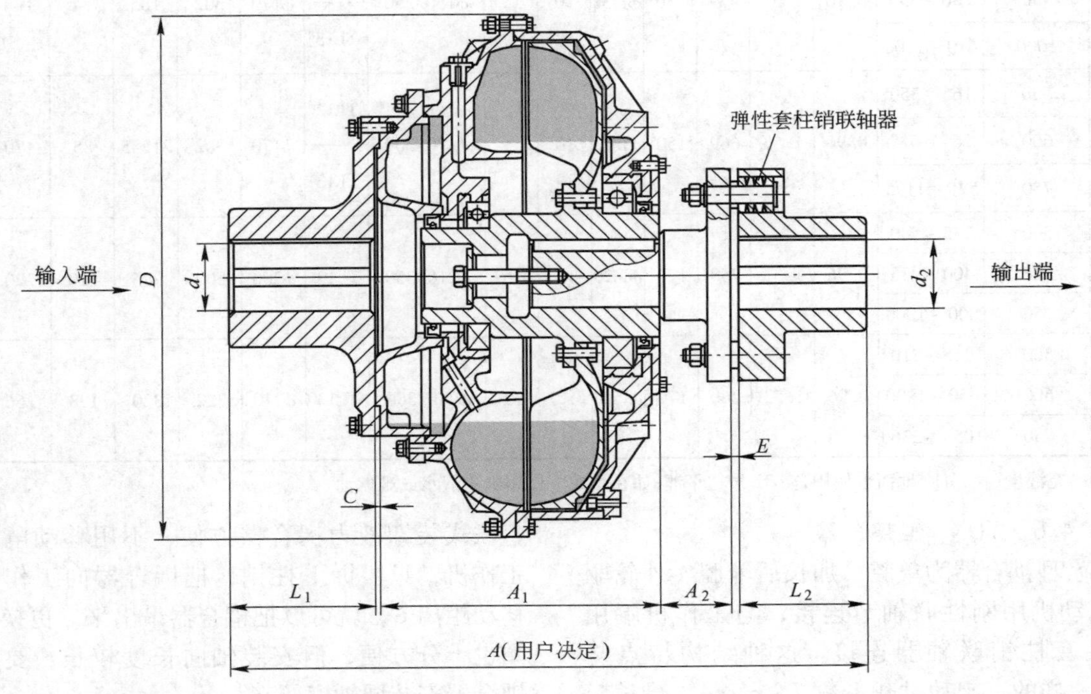

图 17-52 YOX$_E$ 型耦合器

表 17-81 YOX_E 型耦合器连接尺寸

国家标准型号	输入转速 n /r·min^{-1}	传递功率范围 N /kW	效率 η	起动过载系数 T_{gQ}	外形尺寸/mm A_1	A_2	D	C	E	最大输入孔及长度 d_{1max}/L_{1max}	弹性套柱销联轴器（GB 4323—1984）型号	d_{2max}	L_{2max}	充液量 q/L 总充液量 Q 100%	最少充液量 q_{min} 40%	最大充液量 q_{max} 80%	重量 /kg
YOX_E360	1000	5~10	0.96	1.53	229	55	ϕ428	6	8	ϕ55/110	TL5	ϕ55	112	8.5	3.4	6.7	50
	1500	16~30									TL6						
YOX_E400	1000	8~18.5	0.96	1.53	260	65	ϕ472	6	8	ϕ65/140	TL6	ϕ65	142	13	5.2	10.4	78
	1500	28~48									TL7						
YOX_E450	1000	15~30	0.96	1.53	292	65	ϕ530	6	8	ϕ75/140	TL7	ϕ75	142	18.8	7.5	15	96
	1500	50~90									TL8						
YOX_E500	1000	25~50	0.96	1.53	316	85	ϕ582	6	10	ϕ95/170	TL8	ϕ95	172	26	10.3	20.6	128
	1500	68~144									TL10						
YOX_E560	1000	40~80	0.96	1.53	350	85	ϕ634	6	10	ϕ120/210	TL9	ϕ120	212	33	13.2	26.4	183
	1500	120~270									TL10						
YOX_E600	1000	60~115	0.96	1.53	376	110	ϕ695	8	12	ϕ120/210	TL10	ϕ120	212	42	16.8	33.6	222
	1500	200~360									TL11						
YOX_E650	1000	90~176	0.96	1.53	425	110	ϕ740	8	12	ϕ150/250	TL10	ϕ150	252	60	24	48	276
	1500	260~480									TL11						
YOX_E750	1000	170~330	0.96	1.53	450	125	ϕ860	8	12	ϕ150/250	TL11	ϕ150	252	85	34	68	420
	1500	480~760									TL12						
YOX_E875	750	145~280	0.96	1.53	514	125	ϕ996	8	12	ϕ150/250	TL11	ϕ150	252	140	56	112	594
	1000	330~620															
	1500	766~1100									TL12						
YOX_E1000	600	160~300	0.96	1.53	579	150	ϕ1138	10	15	ϕ150/250	TL12	ϕ170	302	185	74	148	780
	750	260~590															
	1000	610~1100									TL13						
YOX_E1150	500	165~350	0.96	1.53	669	150	ϕ1312	10	15	ϕ170/300	TL12	ϕ170	302	212.5	85	170	972
	600	265~615															
	750	525~1195									TL13						
YOX_E1250	500	235~540	0.96	1.53	758	170	ϕ1420	12	15	ϕ210/350	TL13	ϕ200	302	275	110	220	1150
	600	400~935															
	750	800~1800															
YOX_E1320	500	315~710	0.96	1.53	760	170	ϕ1500	12	15	ϕ210/350	TL13	ϕ210	322	320	128	256	1265
	600	650~1200															
	750	1050~2360															

注：表中“充液量”栏，如在地面上使用，充 32 号透平油；如在煤矿下使用则充清水或难燃油。

17.4.4.6 YOX_{VE}型耦合器

YOX_{VE}型耦合器为单腔、加长后辅腔、外轮驱动，与电动机用刚性联轴节连接，与工作机端用一对弹性套柱销联轴器连接。这种结构特点与 YOX_V 是一样的，起动过载系数 $T_{gQ}=1.4$，最长起动时间性 $t=35$s。与 YOX_V 的使用场合一样，但比直联式装卸液力耦合器方便，不用移动电动机和工作机，只要拆下柱销，把耦合器向工作机方向移动距离 C，就可以把耦合器吊出来。更换弹性胶圈也十分方便，但安装轴向长度较长，要求液力耦合器安装同轴度较高。

YOX_{VE}型耦合器的连接尺寸见图 17-53 和表 17-82。

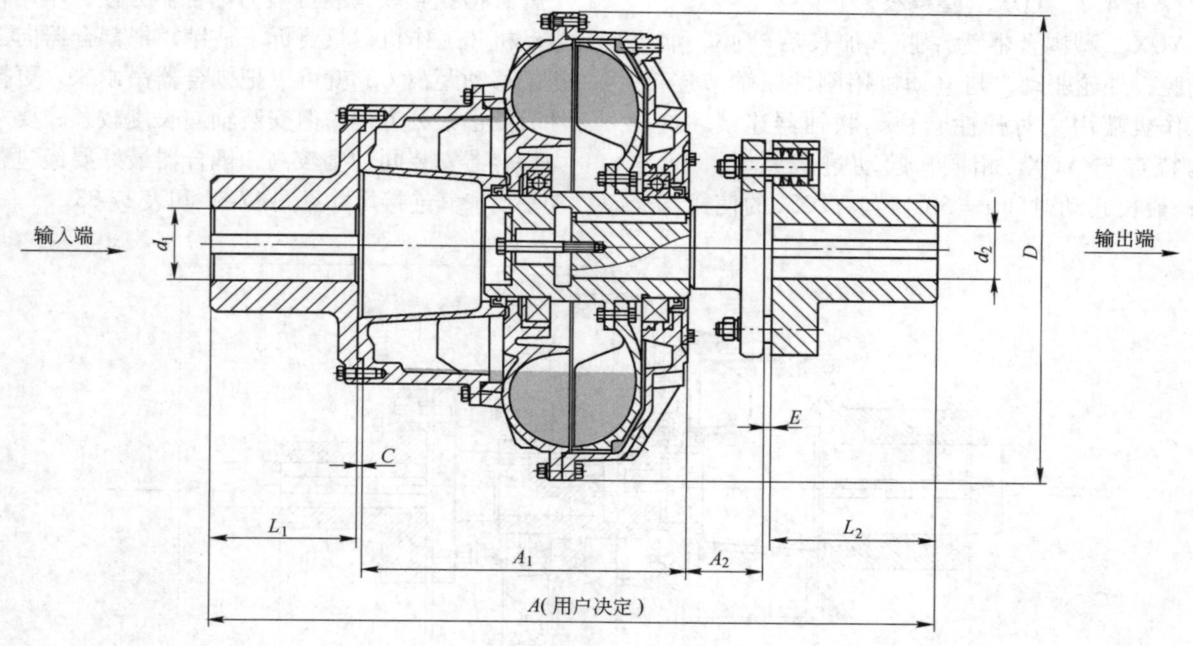

图 17-53 YOX_{VE}型耦合器

表 17-82 YOX_{VE}型耦合器连接尺寸

国家标准型号	输入转速 n /r·min^{-1}	传递功率范围 N /kW	效率 η	起动过载系数 T_{gQ}	外形尺寸/mm D	A_1	A_2	C	E	最大输入孔及长度 d_{1max}/L_{1max}	弹性套柱销联轴器(GB 4323—1984) 型号	d_{2max}	L_{2max}	充液量 q/L 总充液量 Q 100%	最少充液量 q_{min} 40%	最大充液量 q_{max} 80%	重量 /kg
YOX_{VE}360	1000	5~10	0.96	1.4	ϕ428	278	55	6	8	ϕ55/110	TL5	ϕ55	112	9.5	3.8	6.8	60
	1500	16~30									TL6						
YOX_{VE}400	1000	8~18.5	0.96	1.4	ϕ472	308	65	6	8	ϕ65/140	TL6	ϕ65	142	14.5	5.8	10.4	90
	1500	28~48									TL7						
YOX_{VE}450	1000	15~30	0.96	1.4	ϕ530	353	65	6	8	ϕ75/140	TL7	ϕ75	142	21	8.3	15	112
	1500	50~90									TL8						
YOX_{VE}500	1000	25~50	0.96	1.4	ϕ582	391	85	6	10	ϕ95/170	TL8	ϕ95	172	26.5	11.4	20.6	175
	1500	68~144									TL10						
YOX_{VE}560	1000	40~80	0.96	1.4	ϕ634	433	85	6	10	ϕ120/210	TL9	ϕ120	212	36.5	14.6	26.4	263
	1500	120~270									TL10						
YOX_{VE}600	1000	60~115	0.96	1.4	ϕ695	463	110	8	12	ϕ120/210	TL10	ϕ120	212	46.5	18.6	33.6	277
	1500	200~360									TL11						
YOX_{VE}650	1000	90~176	0.96	1.4	ϕ740	519	110	8	12	ϕ150/250	TL10	ϕ150	252	66.5	26.6	48	326
	1500	260~480									TL11						
YOX_{VE}750	1000	170~330	0.96	1.4	ϕ860	550	125	8	12	ϕ150/250	TL11	ϕ150	252	94	37.3	68	507
	1500	480~760									TL12						
YOX_{VE}875	750	145~280	0.96	1.4	ϕ996	632	125	8	12	ϕ150/250	TL11	ϕ150	252	155	62.1	112	730
	1000	330~620															
	1500	766~1100									TL12						
YOX_{VE}1000	600	160~300	0.96	1.4	ϕ1138	692	150	10	15	ϕ150/250	TL12	ϕ170	302	206	82.5	148	980
	750	260~590															
	1000	610~1100									TL13						

注：表中“充液量”栏，如在地面上使用，充32号透平油；如在煤矿下使用则充清水或难燃油。

17.4.4.7 YOX_{VSE}型耦合器

YOX_{VSE}型耦合器为单腔、加长后辅腔、加大侧辅腔，外轮驱动，与电动机用刚性联轴节连接，与工作机端用一对弹性套柱销联轴器连接。这种结构特点与 YOX_{VS} 相同，起动过载系数：$T_{gQ}=1.1$；最长起动时间 $t=50s$。与 YOX_{VS} 的使用场合一样，但比直联式装拆液力耦合器方便，不用移动电动机和工作机，只要拆下柱销，把耦合器向工作机端移动距离 C，就可以把耦合器吊出来。更换弹性胶圈也十分方便，但安装轴向长度较长，要求液力耦合器安装同轴度较高，耦合器最好要经过整体动平衡。其连接尺寸见图 17-54 和表 17-83。

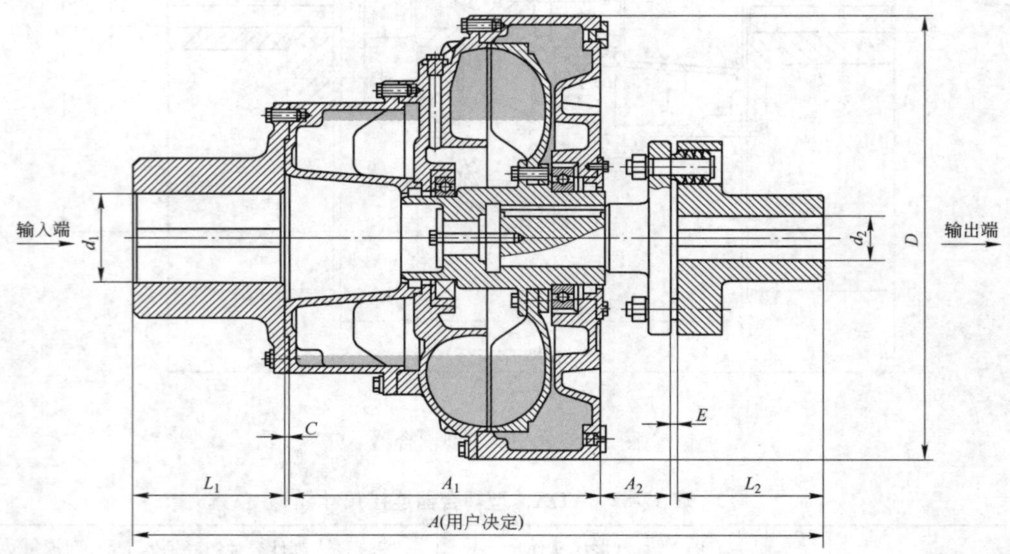

图 17-54 YOX_{VSE}型耦合器

表 17-83 YOX_{VSE}型耦合器连接尺寸

国家标准型号	输入转速 n /r·min^{-1}	传递功率范围 N /kW	效率 η	起动过载系数 T_{gQ}	外形尺寸/mm					最大输入孔及长度 d_{1max}/L_{1max}	弹性套柱销联轴器（GB 4323—1984）			充液量 q/L			重量 /kg
					D	A_1	A_2	C	E		型号	d_{2max}	L_{2max}	总充液量 Q 100%	最少充液量 q_{min} 40%	最大充液量 q_{max} 80%	
YOX_{VSE}360	1000	5～10	0.96	1.1	ϕ428	278	55	6	8	ϕ55/110	TL5	ϕ50	112	13	5.3	9.1	65
	1500	16～30									TL6						
YOX_{VSE}400	1000	8～18.5	0.96	1.1	ϕ472	308	65	6	8	ϕ65/140	TL6	ϕ65	142	19.3	7.7	13.5	96
	1500	28～48									TL7						
YOX_{VSE}450	1000	15～30	0.96	1.1	ϕ530	353	65	6	8	ϕ75/140	TL7	ϕ75	142	27.75	11.1	19.5	122
	1500	50～90									TL8						
YOX_{VSE}500	1000	25～50	0.96	1.1	ϕ582	391	85	6	10	ϕ95/170	TL8	ϕ95	172	38	15.3	26.8	175
	1500	68～144									TL10						
YOX_{VSE}560	1000	40～80	0.96	1.1	ϕ634	433	85	6	10	ϕ120/210	TL9	ϕ120	212	48.7	19.5	34	263
	1500	120～270									TL10						
YOX_{VSE}600	1000	60～115	0.96	1.1	ϕ695	463	110	8	12	ϕ120/210	TL10	ϕ120	212	62	24.9	43.6	277
	1500	200～360									TL11						
YOX_{VSE}650	1000	90～176	0.96	1.1	ϕ740	519	110	8	12	ϕ150/250	TL10	ϕ150	252	89	35.6	62	326
	1500	260～480									TL11						
YOX_{VSE}750	1000	170～330	0.96	1.1	ϕ860	550	125	8	12	ϕ150/250	TL11	ϕ150	252	126	50.5	89	507
	1500	480～760									TL12						
YOX_{VSE}875	750	145～280	0.96	1.1	ϕ996	632	125	8	12	ϕ150/250	TL11	ϕ150	252	208	83.1	146	730
	1000	330～620															
	1500	766～1100									TL12						
YOX_{VSE}1000	600	160～300	0.96	1.1	ϕ1138	692	150	10	15	ϕ150/250	TL12	ϕ170	302	270	108	189	980
	750	260～590															
	1000	610～1100									TL13						

注：表中“充液量”栏，如在地面上使用，充 32 号透平油；如在煤矿下使用则充清水或难燃油。

17.4.4.8　YOX_{EZ}型耦合器

YOX_{EZ}型耦合器为单腔、外轮驱动，易拆卸，输出端带制动轮。与 YOX 的性能一样，起动过载系数 $T_{gQ}=1.53$；最长起动时间 $t=21s$。与 YOX 使用场合也一样，适用于各类距离较长的有制动装置的输送机上。其连接尺寸见图 17-55 和表 17-84。

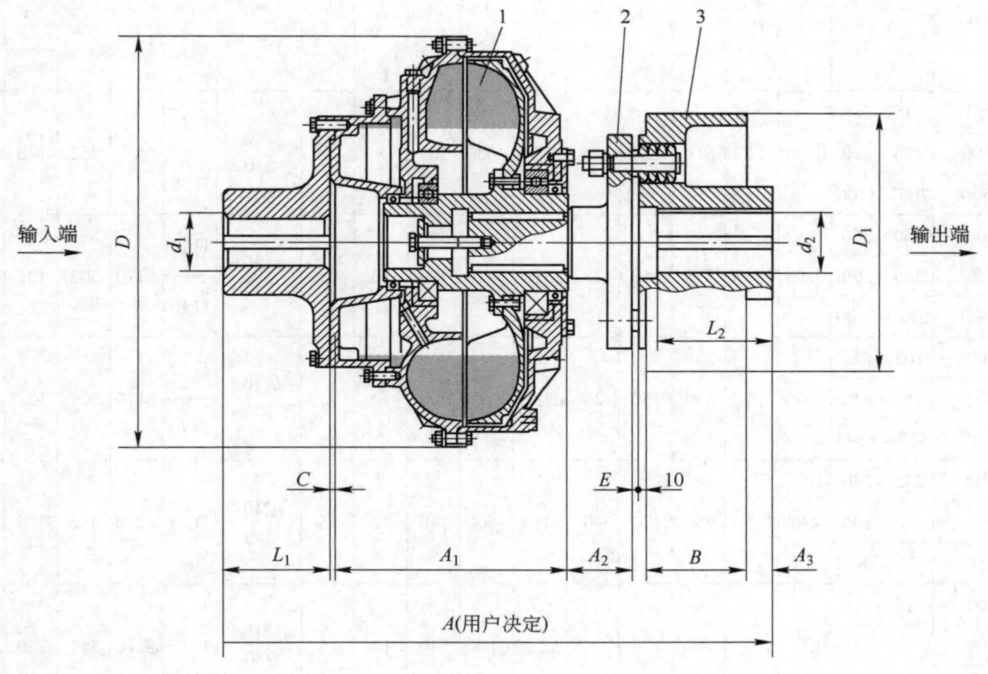

图 17-55　YOX_{EZ}型耦合器

1—耦合器；2—弹性套柱销联接轴；3—制动轮

表 17-84　YOX_{EZ}型耦合器连接尺寸

国家标准型号	输入转速 n /r·min^{-1}	传递功率范围 N /kW	功率 η	起动过载系数 T_{gQ}	外形尺寸/mm A_1	A_2	A_3	D	D_1	B	C	E	最大输入孔及长度 d_{1max}/L_{1max}	弹性套柱销联轴器(GB/T 4323—1984) 型号	d_{2max}	L_{2max}	充液量 q/L 总充液量 Q 100%	最少充液量 q_{min} 40%	最大充液量 q_{max} 80%	重量 /kg
$YOX_{EZ}360$	1000	5～10	0.96	1.53	229	55	10	φ428	φ250	110	6	8	φ55/110	TL5	φ55	112	8.5	3.4	6.7	50
	1500	16～30												TL6						
$YOX_{EZ}400$	1000	8～18.5	0.96	1.53	260	65	10	φ472	φ315	150	6	8	φ65/140	TL6	φ65	142	13	5.2	10.4	78
	1500	28～48												TL7						
$YOX_{EZ}450$	1000	15～30	0.96	1.53	292	65	10	φ530	φ315	150	6	8	φ75/140	TL7	φ75	142	18.8	7.5	15	96
	1500	50～90												TL8						
$YOX_{EZ}500$	1000	25～50	0.96	1.53	316	85	10	φ582	φ400	190	6	10	φ95/170	TL8	φ95	172	26	10.3	20.6	128
	1500	68～144												TL10						
$YOX_{EZ}560$	1000	40～80	0.96	1.53	350	85	10	φ634	φ400	190	6	10	φ120/210	TL9	φ120	212	33	13.2	26.4	183
	1500	120～270												TL10						
$YOX_{EZ}600$	1000	60～115	0.96	1.53	376	110	15	φ695	φ500	210	8	12	φ120/210	TL10	φ120	212	42	16.8	33.6	222
	1500	200～360												TL11						
$YOX_{EZ}650$	1000	90～176	0.96	1.53	425	110	15	φ740	φ500	210	8	12	φ150/250	TL10	φ150	252	60	24	48	276
	1500	260～480												TL11						
$YOX_{EZ}750$	1000	170～330	0.96	1.53	450	125	15	φ860	φ630	265	8	12	φ150/250	TL11	φ150	252	85	34	68	420
	1500	480～760												TL12						

续表 17-84

国家标准型号	输入转速 n /r·min⁻¹	传递功率范围 N /kW	功率 η	起动过载系数 T_{gQ}	外形尺寸/mm								最大输入孔及长度 d_{1max}/L_{1max}	弹性套柱销联轴器(GB/T 4323—1984)			充液量 q/L			重量 /kg
					A_1	A_2	A_3	D	D_1	B	C	E		型号	d_{2max}	L_{2max}	总充液量 Q 100%	最少充液量 q_{min} 40%	最大充液量 q_{max} 80%	
	750	145 ~ 280												TL11						
$YOX_{EZ}875$	1000	330 ~ 620	0.96	1.53	514	125	20	ϕ996	ϕ630	265	8	12	ϕ150/250		ϕ150	252	140	56	112	594
	1500	766 ~ 1100												TL12						
	600	160 ~ 360												TL12						
$YOX_{EZ}1000$	750	260 ~ 590	0.96	1.53	579	150	25	ϕ1138	ϕ710	300	10	15	ϕ150/250		ϕ170	302	185	74	148	780
	1000	610 ~ 1100												TL13						
	500	165 ~ 350												TL12						
$YOX_{EZ}1150$	600	265 ~ 615	0.96	1.53	669	150	25	ϕ1312	ϕ710	300	10	15	ϕ170/300		ϕ170	302	212.5	85	170	972
	750	525 ~ 1195												TL13						
	500	235 ~ 540																		
$YOX_{EZ}1250$	600	400 ~ 935	0.96	1.53	758	170	30	ϕ1420	ϕ800	340	12	15	ϕ210/350	TL13	ϕ210	352	275	110	220	1150
	750	800 ~ 1800																		
	500	315 ~ 710																		
$YOX_{EZ}1320$	600	650 ~ 1200	0.96	1.53	760	170	30	ϕ1500	ϕ800	340	12	15	ϕ210/350	TL13	ϕ210	352	320	178	256	1265
	750	1050 ~ 2360																		

注：表中“充液量”栏，如在地面上使用，充 32 号透平油；如在煤矿下使用则充清水或难燃油。

17.4.4.9 YOX_{VEZ}型耦合器

YOX_{VEZ}型耦合器为单腔、加长后辅腔、外轮驱动，易拆卸，输出端带制动轮。与 YOX_V 的性能一样，起动过载系数较小（$T_{gQ}=1.4$）、起动时间较长（$t=35s$）。与 YOX_{VZ} 的使用场合一样，适用于大功率、大倾角、高带速、宽胶带、长距离、多机驱动、有制动装置的输送机上，耦合器的装卸方便、容易。其连接尺寸见图 17-56 和表 17-85。

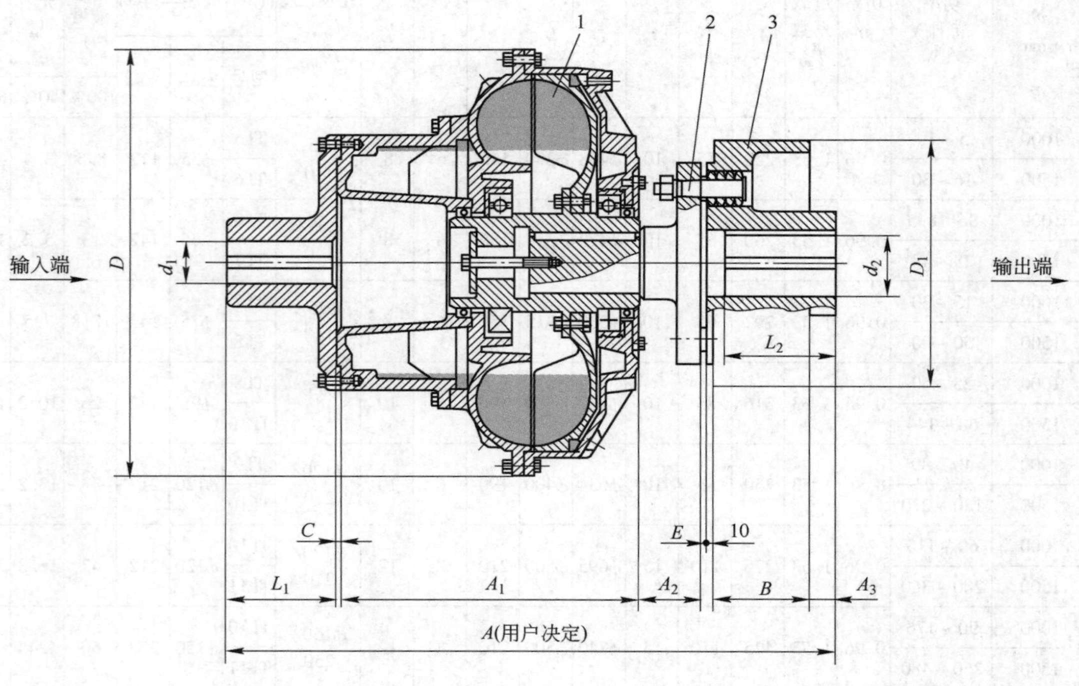

图 17-56 YOX_{VEZ}型耦合器

1—耦合器；2—弹性套柱销联轴器；3—制动轮

表 17-85 YOX_{VEZ} 型耦合器连接尺寸

国家标准型号	输入转速 n /r·min^{-1}	传递功率范围 N /kW	功率 η	起动过载系数 T_{gQ}	外形尺寸/mm								最大输入孔及长度 d_{1max}/L_{1max}	弹性套柱销联轴器(GB/T 4323—1984)			充液量 q/L			重量/kg
					A_1	A_2	A_3	D	D_1	B	C	E		型号	d_{2max}	L_{2max}	总充液量 Q 100%	最少充液量 q_{min} 40%	最大充液量 q_{max} 80%	
YOX_{VEZ}360	1000	5 ~ 10	0.96	1.4	278	55	10	ϕ428	ϕ250	110	6	8	ϕ55/110	TL5	ϕ55	112	9.5	3.8	6.8	60
	1500	16 ~ 30												TL6						
YOX_{VEZ}400	1000	8 ~ 18.5	0.96	1.4	308	65	10	ϕ472	ϕ315	150	6	8	ϕ65/140	TL6	ϕ65	142	14.5	5.8	10.4	90
	1500	28 ~ 48												TL7						
YOX_{VEZ}450	1000	15 ~ 30	0.96	1.4	353	65	10	ϕ530	ϕ315	150	6	8	ϕ75/140	TL7	ϕ75	142	21	8.3	15	112.5
	1500	50 ~ 90												TL8						
YOX_{VEZ}500	1000	25 ~ 50	0.96	1.4	391	85	10	ϕ582	ϕ400	190	6	10	ϕ95/170	TL8	ϕ95	172	28.5	11.4	10.6	155
	1500	68 ~ 144												TL10						
YOX_{VEZ}560	1000	40 ~ 80	0.96	1.4	433	85	10	ϕ634	ϕ400	190	6	10	ϕ120/210	TL9	ϕ120	212	36.5	14.6	26.4	242
	1500	120 ~ 270												TL10						
YOX_{VEZ}600	1000	60 ~ 115	0.96	1.4	463	110	15	ϕ695	ϕ500	210	8	12	ϕ120/210	TL10	ϕ120	212	46.5	18.6	33.6	291
	1500	200 ~ 360												TL11						
YOX_{VEZ}650	1000	90 ~ 176	0.96	1.4	519	110	15	ϕ740	ϕ500	210	8	12	ϕ150/250	TL10	ϕ150	252	66.5	26.6	48	386
	1500	260 ~ 480												TL11						
YOX_{VEZ}750	1000	170 ~ 330	0.96	1.4	550	125	15	ϕ860	ϕ630	265	8	12	ϕ150/250	TL11	ϕ150	252	94	37.7	68	500
	1500	480 ~ 760												TL12						
YOX_{VEZ}875	750	145 ~ 280	0.96	1.4	632	125	20	ϕ996	ϕ630	265	8	12	ϕ150/250	TL11	ϕ150	252	155	62.1	112	690
	1000	330 ~ 620																		
	1500	760 ~ 1100												TL12						

注：表中“充液量”栏，如在地面上使用，充 32 号透平油；如在煤矿下使用则充清水或难燃油。

17.4.4.10 YOX_{VSEZ} 型耦合器

YOX_{VSEZ} 型耦合器为单腔、加长后辅腔、加大侧辅腔、外轮驱动，输出端带制动轮，用弹性套柱销联轴器与耦合器连接。与 YOX_{VS} 的性能一样，起动过载系数小($T_{gQ}=1.1$)、起动时间长($t=50s$)。与 YOX_{VS} 的使用场合一样，用于大功率、大倾角、高带速、宽胶带、长距离，带有制动装置的胶带输送机，装卸较直连式方便。其连接尺寸见图 17-57 和表 17-86。

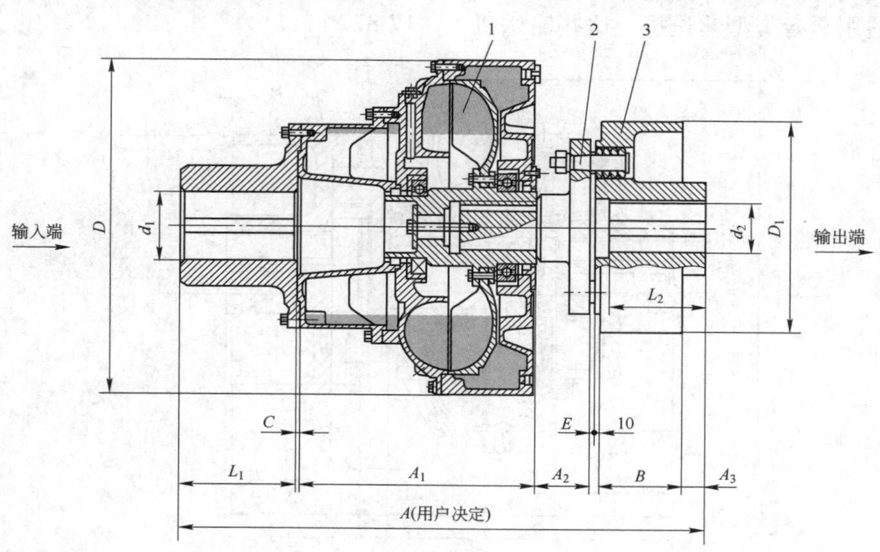

图 17-57 YOX_{VSEZ} 型耦合器

1—耦合器；2—弹性套柱销联接轴；3—制动轮

表 17-86　YOX_{VSEZ}型耦合器连接尺寸

国家标准型号	输入转速 n /r·min^{-1}	传递功率范围 N /kW	功率 η	起动过载系数 T_{gQ}	外形尺寸/mm A_1	A_2	A_3	D	D_1	B	C	E	最大输入孔及长度 d_{1max}/L_{1max}	弹性套柱销联轴器(GB/T 4323—1984) 型号	d_{2max}	L_{2max}	充液量 q/L 总充液量 Q 100%	最少充液量 q_{min} 40%	最大充液量 q_{max} 80%	重量/kg
YOX_{VSEZ}360	1000	5～10	0.96	1.1	278	55	10	φ428	φ250	110	6	8	φ55/110	TL5	φ55	112	13	5.3	9.1	65
	1500	16～30												TL6						
YOX_{VSEZ}400	1000	8～18.5	0.96	1.1	308	65	10	φ472	φ315	150	6	8	φ65/140	TL6	φ65	142	19.3	7.7	13.5	96
	1500	28～48												TL7						
YOX_{VSEZ}450	1000	15～30	0.96	1.1	353	65	10	φ530	φ315	150	6	8	φ75/140	TL7	φ75	142	27.75	11.1	19.5	120
	1500	50～90												TL8						
YOX_{VSEZ}500	1000	25～50	0.96	1.1	391	85	10	φ582	φ400	190	6	10	φ95/170	TL8	φ95	172	38	15.3	26.8	167
	1500	68～144												TL10						
YOX_{VSEZ}560	1000	40～80	0.96	1.1	433	85	10	φ634	φ400	190	6	10	φ120/210	TL9	φ120	212	48.7	19.5	34	252
	1500	120～270												TL10						
YOX_{VSEZ}600	1000	60～115	0.96	1.1	463	110	15	φ695	φ500	210	8	12	φ120/210	TL10	φ120	212	62	24.9	43.6	302
	1500	200～360												TL11						
YOX_{VSEZ}650	1000	90～176	0.96	1.1	519	110	15	φ740	φ500	210	8	12	φ150/250	TL10	φ150	252	89	35.6	62	505
	1500	260～480												TL11						
YOX_{VSEZ}750	1000	170～330	0.96	1.1	550	125	15	φ860	φ630	265	8	12	φ150/250	TL11	φ150	252	126	50.5	89	510
	1500	480～760												TL12						
YOX_{VSEZ}875	750	145～280	0.96	1.1	632	125	20	φ996	φ630	265	8	12	φ150/250	TL11	φ150	252	208	83.1	146	720
	1000	330～620																		
	1500	760～1100												TL12						

注：表中"充液量"栏，如在地面上使用，充32号透平油；如在煤矿下使用则充清水或难燃油。

17.4.4.11　$YOX_{ⅡZ}$型耦合器

$YOX_{ⅡZ}$型耦合器为单腔、外轮驱动、输出端带制动轮，用弹性连接轴与耦合器连接，其结构简单，使用广泛，起动过载系数 $T_{gQ}=1.53$；最长起动时间 $t=21$s。适用于各类型输送机，这些输送机设置有一组液压推杆制动器，使驱动单元的轴向尺寸过长，而且结构复杂，所以把制动轮直接装在耦合器的输出端，可使输送机的驱动单元结构紧凑、简单、可靠。其连接尺寸见图 17-58 和表 17-87。

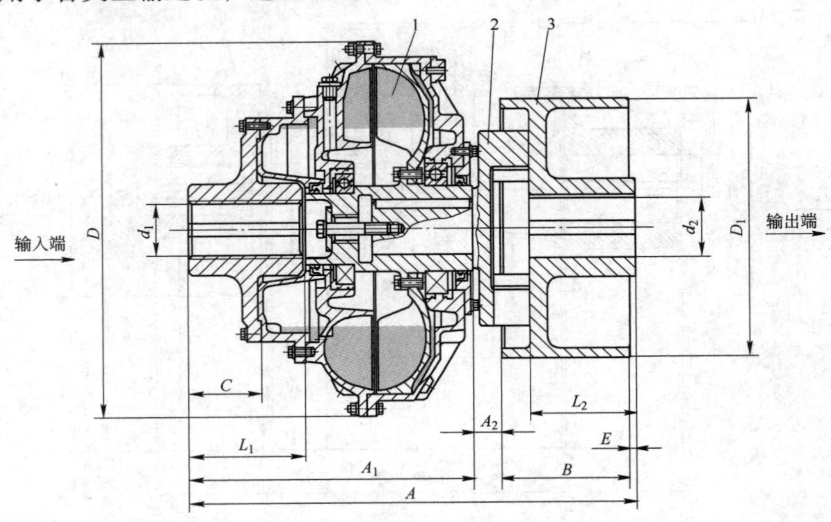

图 17-58　$YOX_{ⅡZ}$型耦合器

1—耦合器；2—弹性连接轴；3—制动轮

表 17-87 YOX_{IIZ}型耦合器连接尺寸

国家标准型号	输入转速 n /r·min⁻¹	传递功率范围 N /kW	功率 η	起动过载系数 T_{gQ}	外形尺寸/mm D	A	A_1	B	D_1	A_2	C	H	最大输入孔及长度 d_{1max}/L_{1max}	最大输出孔及长度 d_{2max}/L_{2max}	充液量 q/L 总充液量 Q 100%	最少充液量 q_{min} 40%	最大充液量 q_{max} 80%	重量/kg
$YOX_{IIZ}400$	1000	8~18.5	0.96	1.53	φ472	556	358	150	φ315	38	98	10	φ65/140	φ60/140	13	5.2	10.4	113
	1500	28~48																
$YOX_{IIZ}450$	1000	15~30	0.96	1.53	φ530	580	382	150	φ315	38	90	10	φ75/140	φ70/140	18.8	7.5	15	128
	1500	50~90																
$YOX_{IIZ}500$	1000	25~50	0.96	1.53	φ582	664	423	190	φ400	41	107	10	φ90/170	φ90/170	26	10.3	20.6	155
	1500	68~144																
$YOX_{IIZ}560$	1000	40~80	0.96	1.53	φ634	736	496	190	φ400	40	146	10	φ100/210	φ100/210	33	13.2	26.4	205
	1500	120~270																
$YOX_{IIZ}600$	1000	60~115	0.96	1.53	φ695	790	520	210	φ500	45	144	15	φ110/210	φ110/210	42	16.8	33.6	260
	1500	200~360																
$YOX_{IIZ}650$	1000	90~176	0.96	1.53	φ740	829	559	210	φ500	45	134	15	φ120/210	φ120/210	60	24	48	385
	1500	260~480																
$YOX_{IIZ}750$	1000	170~330	0.96	1.53	φ860	940	610	265	φ630	50	160	15	φ130/210	φ130/210	85	34	68	488
	1500	480~760																
$YOX_{IIZ}875$	750	145~280	0.96	1.53	φ996	1040	680	265	φ630	75	166	20	φ140/250	φ140/250	140	56	112	655
	1000	330~620																
	1500	766~1100																

注：表中“充液量”栏，如在地面上使用，充 32 号透平油；如在煤矿下使用则充清水或难燃油。

17.4.4.12 YOX_{VIIZ}型耦合器

YOX_{VIIZ}型耦合器为单腔、加长后辅腔、外轮驱动，输出端带制动轮结构。与 YOX_V 性能一样，起动过载系数较小（$T_{gQ}=1.4$）、起动时间较长（$t=35s$）。与 YOX_V 型的使用场合一样，适用于大功率、大倾角、高带速、宽胶带、长距离、多机驱动、带有制动装置的胶带输送机上，可较大降低胶带的成本，提高胶带的使用寿命。其连接尺寸见图 17-59 和表 17-88。

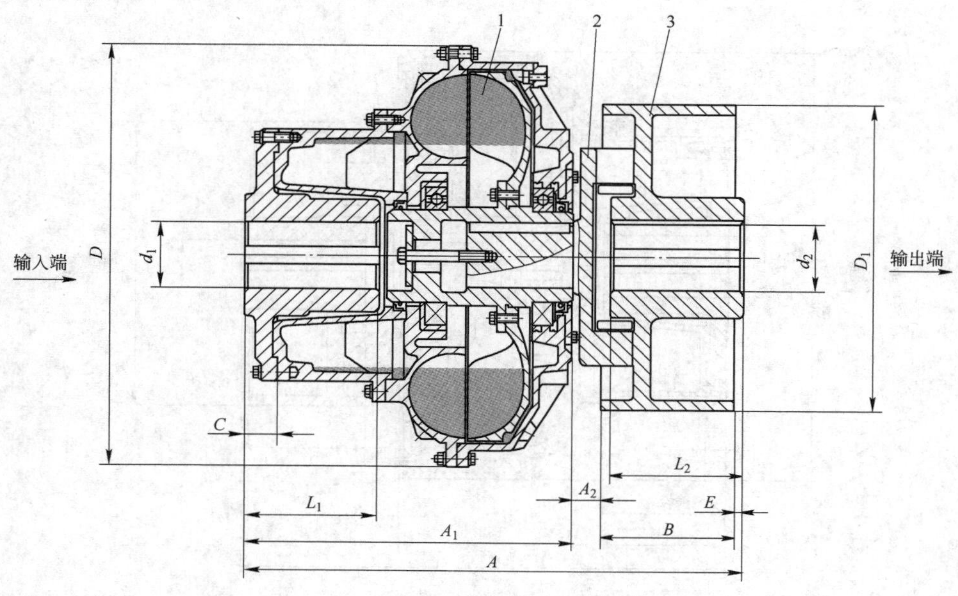

图 17-59 YOX_{VIIZ}型耦合器

1—耦合器；2—弹性连接轴；3—制动轮

表 17-88　$YOX_{VⅡZ}$型耦合器连接尺寸

国家标准型号	输入转速 n /r·min^{-1}	传递功率范围 N /kW	功率 η	起动过载系数 T_{gQ}	外形尺寸/mm								最大输入孔及长度 d_{1max}/L_{1max}	最大输出孔及长度 d_{2max}/L_{2max}	充液量 q/L			重量 /kg
					D	A	A_1	B	D_1	A_2	C	H			总充液量 Q	最少充液量 q_{min}	最大充液量 q_{max}	
															100%	40%	80%	
$YOX_{VⅡZ}$400	1000	8～18.5	0.96	1.4	ϕ472	556	358	150	ϕ315	38	50	10	ϕ65/140	ϕ60/140	14.5	8.3	10.4	116
	1500	28～48																
$YOX_{VⅡZ}$450	1000	15～30	0.96	1.4	ϕ530	581	383	150	ϕ315	38	30	10	ϕ75/140	ϕ70/140	21	8.3	15	128
	1500	50～90																
$YOX_{VⅡZ}$500	1000	25～50	0.96	1.4	ϕ582	672	431	190	ϕ400	41	40	10	ϕ90/170	ϕ90/170	28.5	11.4	20.6	160
	1500	68～144																
$YOX_{VⅡZ}$560	1000	40～80	0.96	1.4	ϕ634	748	508	190	ϕ400	40	75	10	ϕ100/210	ϕ100/210	36.5	14.6	26.4	205
	1500	120～270																
$YOX_{VⅡZ}$600	1000	60～115	0.96	1.4	ϕ695	787	517	210	ϕ500	45	54	15	ϕ110/210	ϕ110/210	46.5	18.6	33.6	340
	1500	200～360																
$YOX_{VⅡZ}$650	1000	90～176	0.96	1.4	ϕ740	825	555	210	ϕ500	45	36	15	ϕ120/210	ϕ120/210	66.5	26.6	48	383
	1500	260～480																
$YOX_{VⅡZ}$750	1000	170～330	0.96	1.4	ϕ860	920	590	265	ϕ630	50	40	15	ϕ130/210	ϕ130/210	94	37.7	68	510
	1500	480～760																
$YOX_{VⅡZ}$875	750	145～280	0.96	1.4	ϕ996	1032	672	265	ϕ630	75	40	20	ϕ140/250	ϕ140/250	155	62.1	112	672
	1000	330～620																
	1500	766～1100																

注：表中"充液量"栏，如在地面上使用，充 32 号透平油；如在煤矿下使用则充清水或难燃油。

17.4.4.13　$YOX_{VSⅡZ}$型耦合器

$YOX_{VSⅡZ}$型耦合器为单腔、加长后辅腔、外轮驱动，输出端带制动轮、轴承座结构。与 YOX_V 性能一样，起动过载系数较小（$T_{gQ}=1.4$）、起动时间较长（$t=35s$）。这种结构是在输出端的制动轮与耦合器之间加一个轴承座，使整个结构的刚性提高，在运转时更平稳，不会产生振动，但会使整个结构轴向长度加长。与 $YOX_{VⅡZ}$的使用场合一样。其连接尺寸见图 17-60 和表 17-89。

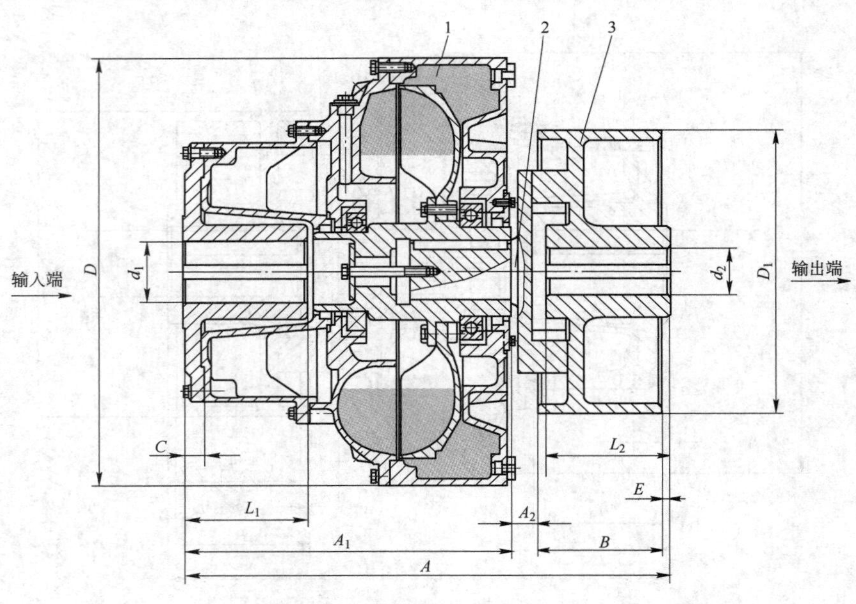

图 17-60　$YOX_{VSⅡZ}$型耦合器

1—耦合器；2—弹性连接轴；3—制动轮

表 17-89　$YOX_{VS\,II\,Z}$型耦合器连接尺寸

国家标准型号	输入转速 n /r·min^{-1}	传递功率范围 N/kW	功率 η	起动过载系数 T_{gQ}	外形尺寸/mm								最大输入孔及长度 d_{1max}/L_{1max}	最大输出孔及长度 d_{2max}/L_{2max}	充液量 q/L			重量/kg
					D	A	A_1	B	D_1	A_2	C	H			总充液量 Q	最少充液量 q_{min}	最大充液量 q_{max}	
															100%	40%	80%	
$YOX_{VSIIZ}400$	1000	8～18.5	0.96	1.1	ϕ472	556	358	150	ϕ315	38	50	10	ϕ65/140	ϕ65/140	19.3	7.7	13.5	120
	1500	28～48																
$YOX_{VSIIZ}450$	1000	15～30	0.96	1.1	ϕ530	581	383	150	ϕ315	38	30	10	ϕ75/140	ϕ75/140	27.75	11.1	19.5	135
	1500	50～90																
$YOX_{VSIIZ}500$	1000	25～50	0.96	1.1	ϕ582	672	431	190	ϕ400	41	40	10	ϕ90/170	ϕ90/170	38	15.3	26.8	183
	1500	68～144																
$YOX_{VSIIZ}560$	1000	40～80	0.96	1.1	ϕ634	748	508	190	ϕ400	40	75	10	ϕ110/210	ϕ100/210	48.7	19.5	34	240
	1500	120～270																
$YOX_{VSIIZ}600$	1000	60～115	0.96	1.1	ϕ695	787	517	210	ϕ500	45	54	15	ϕ110/210	ϕ110/210	62	24.9	43.6	370
	1500	200～360																
$YOX_{VSIIZ}650$	1000	90～176	0.96	1.1	ϕ740	825	555	210	ϕ500	45	36	15	ϕ120/210	ϕ120/210	89	35.6	62	415
	1500	260～480																
$YOX_{VSIIZ}750$	1000	170～330	0.96	1.1	ϕ860	920	590	265	ϕ630	50	40	15	ϕ130/210	ϕ130/210	126	50.5	89	544
	1500	480～760																
$YOX_{VSIIZ}875$	750	145～280	0.96	1.1	ϕ996	1032	672	265	ϕ630	75	40	20	ϕ140/250	ϕ140/250	208	83.1	146	740
	1000	330～620																
	1500	760～1100																

注：表中“充液量”栏，如在地面上使用，充 32 号透平油；如在煤矿下使用则充清水或难燃油。

17.4.4.14　YOX_{IIM}型耦合器

YOX_{IIM}型耦合器为单腔，外轮驱动，输入端承重，输出端带连接轴、带梅花弹性块联轴器结构。其特点是由输入端连接盘承重，起动过载系数 $T_{gQ}=1.53$；最长起动时间 $t=21$s。特别适合配用于高速轴较细的硬齿面减速机，能把耦合器重量转由电机轴承重，有效防止减速机高速轴受弯矩断裂，也适合其他要求输入端承重的场合。其连接尺寸见图 17-61 和表 17-90。

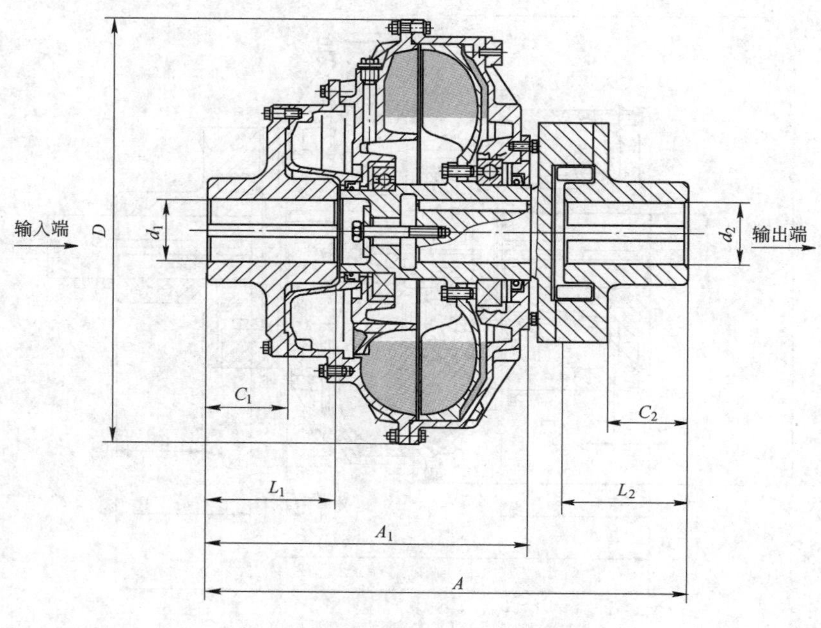

图 17-61　YOX_{IIM}型耦合器

表 17-90　YOX$_{ⅡM}$型耦合器连接尺寸

国家标准型号	输入转速 n /r·min^{-1}	传递功率范围 N /kW	功率 η	起动过载系数 T_{gQ}	外形尺寸/mm					最大输入孔及长度 d_{1max}/L_{1max}	最大输出孔及长度 d_{2max}/L_{2max}	充液量 q/L			重量 /kg
					D	A	A_1	C_1	C_2			总充液量 Q	最少充液量 q_{min}	最大充液量 q_{max}	
												100%	40%	80%	
YOX$_{ⅡM}$400	1000	8～18.5	0.96	1.53	ϕ472	536	358	98	89	ϕ65/140	ϕ65/140	13	5.2	10.4	88
	1500	28～48													
YOX$_{ⅡM}$450	1000	15～30	0.96	1.53	ϕ530	560	382	90	85	ϕ75/140	ϕ75/140	18.8	7.5	15	107
	1500	50～90													
YOX$_{ⅡM}$500	1000	25～50	0.96	1.53	ϕ582	603 (633)	423	107	81 (111)	ϕ90/170	≤ϕ75/140 (ϕ90/170)	26	10.3	20.6	113
	1500	68～144													
YOX$_{ⅡM}$560	1000	40～80	0.96	1.53	ϕ634	676 (706)	486	146	81 (111)	ϕ100/210	≤ϕ75/140 (ϕ95/170)	33	13.2	26.4	163
	1500	120～270													
YOX$_{ⅡM}$600	1000	60～115	0.96	1.53	ϕ695	735 (775)	520	144	99 (139)	ϕ110/210	≤ϕ95/170 (ϕ110/210)	42	16.8	33.6	192
	1500	200～360													
YOX$_{ⅡM}$650	1000	90～176	0.96	1.53	ϕ740	774 (814)	558	134	99 (139)	ϕ120/210	≤ϕ95/170 (ϕ120/210)	60	24	48	317
	1500	260～480													
YOX$_{ⅡM}$750	1000	170～330	0.96	1.53	ϕ860	870	610	160	120	ϕ130/210	ϕ130/210	85	34	68	379
	1500	480～760													
YOX$_{ⅡM}$875	750	145～280	0.96	1.53	ϕ996	1005	680	166	160	ϕ140/250	ϕ140/250	140	56	112	546
	1000	330～620													
	1500	760～1100													

注：表中“充液量”栏，如在地面上使用，充 32 号透平油；如在煤矿下使用则充清水或难燃油。

17.4.4.15　YOX$_{VⅡM}$型耦合器

YOX$_{VⅡM}$型耦合器为单腔，加长后辅腔，外轮驱动，输入端承重，输出端带连接轴，带梅花弹性块联轴器结构。由输入端连接盘承重，起动过载系数 $T_{gQ}=1.4$，最长起动时间 $t=35$s。特别适合配用于高速轴较细的硬齿面减速机，能把耦合器重量转由电机轴承重，有效防止减速机高速轴受弯矩断裂，也适合其他要求输入端承重的场合。其连接尺寸见图 17-62 和表 17-91。

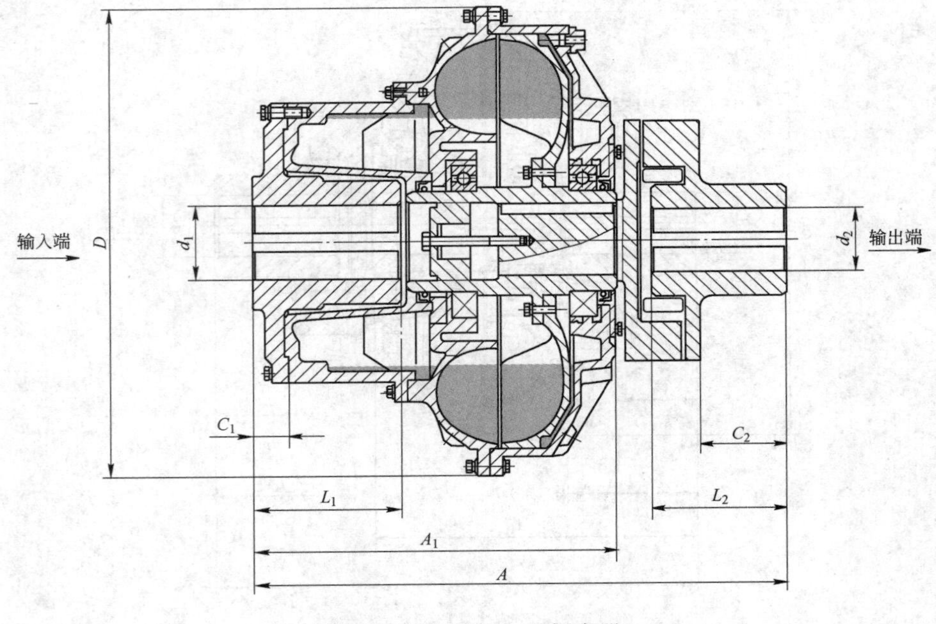

图 17-62　YOX$_{VⅡM}$型耦合器

表 17-91 YOX_{VIIM}型耦合器连接尺寸

国家标准型号	输入转速 n /r·min^{-1}	传递功率范围 N /kW	功率 η	起动过载系数 T_{gQ}	外形尺寸/mm D	A	A_1	C_1	C_2	最大输入孔及长度 d_{1max}/L_{1max}	最大输出孔及长度 d_{2max}/L_{2max}	充液量 q/L 总充液量 Q 100%	最少充液量 q_{min} 40%	最大充液量 q_{max} 80%	重量 /kg
YOX_{VIIM}400	1000	8~18.5	0.96	1.4	ϕ472	536	383	50	89	ϕ65/140	ϕ65/140	14.5	5.8	10.4	91
	1500	28~48													
YOX_{VIIM}450V	1000	15~30	0.96	1.4	ϕ530	561	383	30	85	ϕ75/140	ϕ75/140	21	8.3	15	108
	1500	50~90													
YOX_{VIIM}500	1000	25~50	0.96	1.4	ϕ582	612 (642)	431	40	81 (111)	ϕ90/170	≤ϕ75/140 (ϕ90/170)	28.5	11.4	20.6	118
	1500	68~144													
YOX_{VIIM}560	1000	40~80	0.96	1.4	ϕ634	688 (718)	508	75	81 (111)	ϕ100/210	≤ϕ75/140 (ϕ95/170)	36.5	14.6	26.4	165
	1500	120~270													
YOX_{VIIM}600	1000	60~115	0.96	1.4	ϕ695	732 (772)	517	54	99 (139)	ϕ110/210	≤ϕ95/170 (ϕ110/210)	46.5	18.6	33.6	272
	1500	200~360													
YOX_{VIIM}650	1000	90~176	0.96	1.4	ϕ740	770 (810)	555	36	99 (139)	ϕ120/210	≤ϕ95/170 (ϕ120/210)	66.5	26.6	48	3222
	1500	260~480													
YOX_{VIIM}750	1000	170~330	0.96	1.4	ϕ860	850	590	40	120	ϕ130/210	ϕ130/210	94	37	68	401
	1500	480~760													
YOX_{VIIM}875	750	145~280	0.96	1.4	ϕ996	997	672	40	160	ϕ140/250	ϕ140/250	155	62.1	112	563
	1000	330~620													
	1500	760~1100													

注：表中"充液量"栏，如在地面上使用，充 32 号透平油；如在煤矿下使用则充清水或难燃油。

17.4.4.16 YOX_{NZ}型耦合器

YOX_{NZ}型耦合器为单腔、内轮驱动、输出端带制动轮结构。由于是内轮驱动，起动过载系数较高，$T_{gQ}=1.8$，起动时间最长达 $t=15s$。适用场合是带有制动装置的胶带输送机、刮板输送机、链式输送机、斗提式输送机、葫芦门式吊机，特别是当硬齿面减速机的输出轴直径过细时，耦合器的重量主要放在轴径较粗的电机轴上，以减少减速机轴径的负载。另外，这种结构较 YOX_{IIZ}结构紧凑，价格便宜，但在制动工况时，耦合器工作液温升较快，易熔塞喷液也较快。其连接尺寸见图 17-63 和表 17-92。

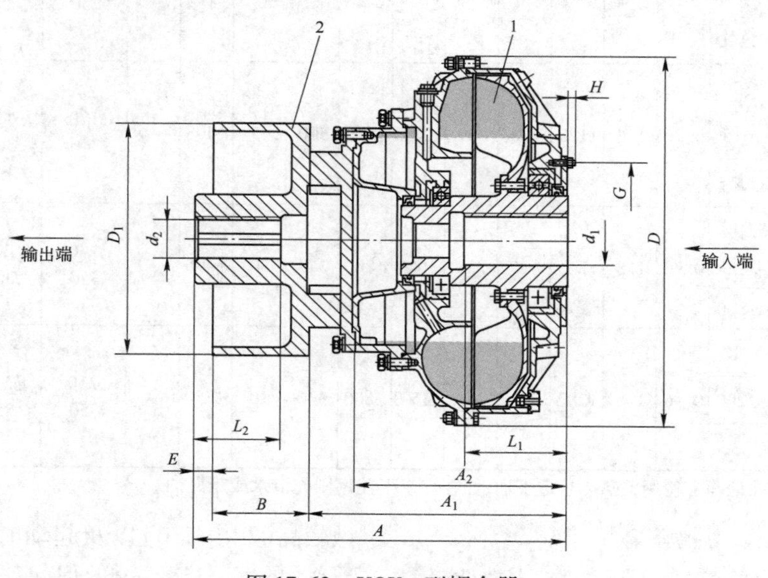

图 17-63 YOX_{NZ}型耦合器

1—耦合器；2—制动轮

表 17-92 YOX_{NZ}型耦合器连接尺寸

国家标准型号	输入转速 n /r·min^{-1}	传递功率范围 N /kW	功率 η	起动过载系数 T_{gQ}	外形尺寸/mm A	A_1	A_2	D	D_1	B	E	G	H	最大输入孔及长度 d_{1max}/L_{1max}	最大输出孔及长度 d_{2max}/L_{2max}	充液量 q/L 总充液量 Q 100%	最少充液量 q_{min} 40%	最大充液量 q_{max} 70%	重量/kg
YOX_{NZ}360	1000	5~10	0.96	1.8	405	285	229	ϕ428	ϕ250	110	10	ϕ166	-2.5	ϕ55/110	ϕ65/110	8.5	3.4	6.7	75
	1500	16~30																	
YOX_{NZ}400	1000	8~18.5	0.96	1.8	480	320	260	ϕ472	ϕ315	150	10	ϕ186	-2.5	ϕ60/140	ϕ70/140	13	5.2	10.4	98
	1500	28~48																	
YOX_{NZ}450	1000	15~30	0.96	1.8	518	358	292	ϕ530	ϕ315	150	10	ϕ210	-0.5	ϕ70/140	ϕ75/140	18.8	7.5	15	113
	1500	50~90																	
YOX_{NZ}500	1000	25~50	0.96	1.8	592	387	316	ϕ582	ϕ400	190	15	ϕ236	3	ϕ90/170	ϕ90/170	26	10.3	20.6	156
	1500	68~144																	
YOX_{NZ}560	1000	40~80	0.96	1.8	630	425	350	ϕ634	ϕ400	190	15	ϕ264	3	ϕ100/210	ϕ100/210	33	13.2	33.6	202
	1500	120~270																	
YOX_{NZ}600	1000	60~115	0.96	1.8	684	459	376	ϕ695	ϕ500	210	15	ϕ270	4	ϕ100/210	ϕ100/210	42	16.8	48	265
	1500	200~360																	
YOX_{NZ}650	1000	90~176	0.96	1.8	735	510	425	ϕ740	ϕ500	210	15	ϕ280	8	ϕ130/250	ϕ130/250	60	24	68	310
	1500	260~480																	
YOX_{NZ}750	1000	170~330	0.96	1.8	833	548	450	ϕ860	ϕ630	265	20	ϕ345	-4.5	ϕ150/250	ϕ140/250	85	34	112	510
	1500	480~760																	
YOX_{NZ}875	750	145~280	0.96	1.8	905	620	514	ϕ996	ϕ630	265	20	ϕ396	-7	ϕ150/250	ϕ150/250	140	56	148	655
	1000	330~620																	
	1500	766~1100																	
YOX_{NZ}1000	600	160~360	0.96	1.8	1027	702	577	ϕ1138	ϕ710	300	25	ϕ408	-7	ϕ150/250	ϕ150/250	1852	74	2E+05	870
	750	260~590																	
	1000	610~1100																	
YOX_{NZ}1150	500	165~350	0.96	1.8	1123	798	669	ϕ1312	ϕ710	300	25	ϕ408	-4	ϕ170/300	ϕ170/300	212.5	85	256	1060
	600	265~615																	
	750	525~1195																	
YOX_{NZ}1250	500	235~540	0.96	1.8	1265	895	758	ϕ1420	ϕ800	340	30	ϕ490	3	ϕ210/350	ϕ200/300	275	110	210	1420
	600	400~935																	
	750	800~1800																	
YOX_{NZ}1320	500	315~710	0.96	1.6	1282	912	760	ϕ1500	ϕ800	340	30	ϕ550	9	ϕ210/350	ϕ210/350	320	128	245	1910
	600	650~1200																	
	750	1050~2360																	

注:表中“充液量”栏,如在地面上使用,充 32 号透平油;如在煤矿下使用则充清水或难燃油。

17.4.4.17 YOX_{VNZ}型耦合器

YOX_{VNZ}型耦合器为单腔、加长后辅腔、内轮驱动,输出端带制动轮结构。由于是内轮驱动,起动过载系数较高($T_{gQ}=1.6$)以及起动时间最长为 $t=28s$。与 YOX_n 的使用场合一样,但起动力矩较 YOX_n 小,起动时间较 YOX_n 长。其连接尺寸见图 17-64 和表 17-93。

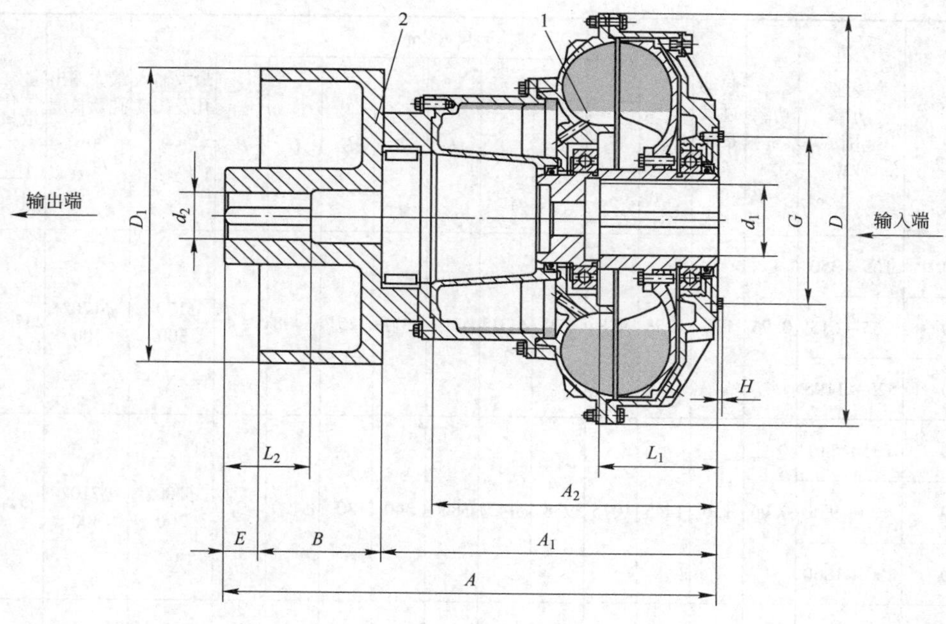

图 17-64　YOX_{VNZ}型耦合器

1—耦合器;2—制动轮

表 17-93　YOX_{VNZ}型耦合器连接尺寸

国家标准型号	输入转速 n /r·min^{-1}	传递功率范围 N /kW	功率 η	起动过载系数 T_{gQ}	外形尺寸/mm									最大输入孔及长度 d_{1max}/L_{1max}	最大输出孔及长度 d_{2max}/L_{2max}	充液量 q/L			重量/kg
					A	A_1	A_2	D	D_1	B	E	G	H			总充液量 Q 100%	最少充液量 q_{min} 40%	最大充液量 q_{max} 70%	
YOX_{VNZ}360	1000	5~10	0.96	1.6	454	334	278	ϕ428	ϕ250	110	10	ϕ166	-2.5	ϕ55/110	ϕ65/110	9.5	3.8	6.8	80
	1500	16~30																	
YOX_{VNZ}400	1000	8~18.5	0.96	1.6	528	368	308	ϕ472	ϕ315	150	10	ϕ186	-2.5	ϕ60/140	ϕ70/140	14.5	5.8	10.4	104
	1500	28~48																	
YOX_{VNZ}450	1000	15~30	0.96	1.6	579	419	353	ϕ530	ϕ315	150	10	ϕ210	-0.5	ϕ70/140	ϕ75/140	21	8.3	5	121
	1500	50~90																	
YOX_{VNZ}500	1000	25~50	0.96	1.6	667	462	391	ϕ582	ϕ400	190	15	ϕ236	3	ϕ90/170	ϕ90/170	28.5	11.4	20.6	165
	1500	68~144																	
YOX_{VNZ}560	1000	40~80	0.96	1.6	713	508	433	ϕ634	ϕ400	190	15	ϕ264	3	ϕ100/210	ϕ100/210	36.5	14.6	26.4	204
	1500	120~270																	
YOX_{VNZ}600	1000	60~115	0.96	1.6	771	546	463	ϕ695	ϕ500	210	15	ϕ270	4	ϕ100/210	ϕ100/210	46.5	18.6	33.6	282
	1500	200~360																	
YOX_{VNZ}650	1000	90~176	0.96	1.6	829	604	519	ϕ740	ϕ500	210	15	ϕ280	8	ϕ130/210	ϕ130/250	66.5	26.6	48	320
	1500	260~480																	
YOX_{VNZ}750	1000	170~330	0.96	1.6	993	648	550	ϕ860	ϕ630	265	20	ϕ345	-4.5	ϕ150/250	ϕ140/250	94	37.7	68	535
	1500	480~760																	
YOX_{VNZ}875	750	145~280	0.96	1.6	1023	738	632	ϕ996	ϕ630	265	20	ϕ396	-7	ϕ150/250	ϕ150/250	155	62.1	112	690
	1000	330~620																	
	1500	766~1100																	
YOX_{VNZ}1000	600	160~360	0.96	1.6	1142	817	692	ϕ1138	ϕ710	300	25	ϕ408	-7	ϕ150/250	ϕ150/250	206	82.5	148	880
	750	260~590																	
	1000	610~1100																	

续表 17-93

<table>
<tr><th rowspan="3">国家标准型号</th><th rowspan="3">输入转速 n /r·min^{-1}</th><th rowspan="3">传递功率范围 N /kW</th><th rowspan="3">功率 η</th><th rowspan="3">起动过载系数 T_{gQ}</th><th colspan="9">外形尺寸/mm</th><th rowspan="3">最大输入孔及长度 d_{1max}/L_{1max}</th><th rowspan="3">最大输出孔及长度 d_{2max}/L_{2max}</th><th colspan="3">充液量 q/L</th><th rowspan="3">重量 /kg</th></tr>
<tr><th rowspan="2">A</th><th rowspan="2">A_1</th><th rowspan="2">A_2</th><th rowspan="2">D</th><th rowspan="2">D_1</th><th rowspan="2">B</th><th rowspan="2">E</th><th rowspan="2">G</th><th rowspan="2">H</th><th>总充液量 Q</th><th>最少充液量 q_{min}</th><th>最大充液量 q_{max}</th></tr>
<tr><th>100%</th><th>40%</th><th>70%</th></tr>
<tr><td rowspan="3">YOX_{VNZ}1150</td><td>500</td><td>165～350</td><td rowspan="3">0.96</td><td rowspan="3">1.6</td><td rowspan="3">1253</td><td rowspan="3">928</td><td rowspan="3">779</td><td rowspan="3">φ1312</td><td rowspan="3">φ710</td><td rowspan="3">300</td><td rowspan="3">25</td><td rowspan="3">φ408</td><td rowspan="3">-4</td><td rowspan="3">φ170/300</td><td rowspan="3">φ170/300</td><td rowspan="3">237.5</td><td rowspan="3">95</td><td rowspan="3">166.3</td><td rowspan="3">1050</td></tr>
<tr><td>600</td><td>265～615</td></tr>
<tr><td>750</td><td>525～1195</td></tr>
<tr><td rowspan="3">YOX_{VNZ}1250</td><td>500</td><td>235～540</td><td rowspan="3">0.96</td><td rowspan="3">1.6</td><td rowspan="3">1445</td><td rowspan="3">1075</td><td rowspan="3">938</td><td rowspan="3">φ1420</td><td rowspan="3">φ800</td><td rowspan="3">340</td><td rowspan="3">30</td><td rowspan="3">φ490</td><td rowspan="3">3</td><td rowspan="3">φ200/300</td><td rowspan="3">φ210/300</td><td rowspan="3">300</td><td rowspan="3">120</td><td rowspan="3">210</td><td rowspan="3">1520</td></tr>
<tr><td>600</td><td>400～935</td></tr>
<tr><td>750</td><td>800～1800</td></tr>
<tr><td rowspan="3">YOX_{VNZ}1320</td><td>500</td><td>315～710</td><td rowspan="3">0.96</td><td rowspan="3">1.6</td><td rowspan="3">1467</td><td rowspan="3">1097</td><td rowspan="3">945</td><td rowspan="3">φ1500</td><td rowspan="3">φ800</td><td rowspan="3">340</td><td rowspan="3">30</td><td rowspan="3">φ550</td><td rowspan="3">9</td><td rowspan="3">φ210/320</td><td rowspan="3">φ210/320</td><td rowspan="3">350</td><td rowspan="3">140</td><td rowspan="3">245</td><td rowspan="3">1960</td></tr>
<tr><td>600</td><td>650～1200</td></tr>
<tr><td>750</td><td>1050～2360</td></tr>
</table>

注：表中“充液量”栏，如在地面上使用，充 32 号透平油；如在煤矿下使用则充清水或难燃油。

17.4.4.18　YOX_{VSNZ}型耦合器

YOX_{VSNZ}型耦合器为单腔、加长后辅腔、加大侧辅腔、内轮驱动，在输出端带制动轮结构。由于是内轮驱动，起动过载系数：$T_{gQ}=1.3$，起动时间 $t=40s$。与 YOX_n 的使用场合一样，但起动力矩较 YOX_n 小，起动时间较 YOX_n 长。YOX_{VSNZ}型耦合器的连接尺寸见图 17-65 和表 17-94。

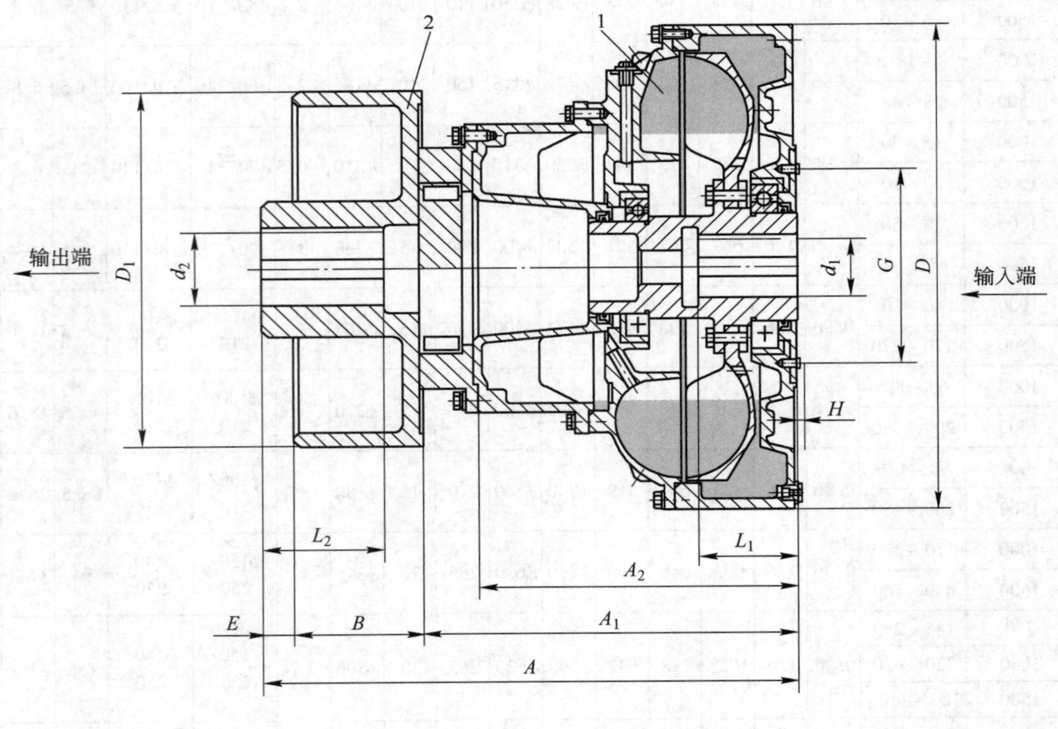

图 17-65　YOX_{VSNZ}型耦合器
1—耦合器；2—制动轮

表 17-94 YOX_{VSNZ}型耦合器连接尺寸

国家标准型号	输入转速 n /r·min^{-1}	传递功率范围 N /kW	功率 η	起动过载系数 T_{gQ}	外形尺寸/mm									最大输入孔及长度 d_{1max}/L_{1max}	最大输出孔及长度 d_{2max}/L_{2max}	充液量 q/L			重量 /kg
					A	A_1	A_2	D	D_1	B	E	G	H			总充液量 Q 100%	最少充液量 q_{min} 40%	最大充液量 q_{max} 70%	
YOX_{VSNZ}360	1000	5 ~ 10	0.96	1.3	454	334	278	ϕ428	ϕ250	110	10	ϕ166	−2.5	ϕ55/110	ϕ65/110	13	5.3	9.1	88
	1500	16 ~ 30																	
YOX_{VSNZ}400	1000	8 ~ 18.5	0.96	1.3	528	368	308	ϕ472	ϕ315	150	10	ϕ186	−2.5	ϕ60/140	ϕ70/140	19.3	7.7	13.5	114
	1500	28 ~ 48																	
YOX_{VSNZ}450	1000	15 ~ 30	0.96	1.3	579	419	353	ϕ530	ϕ315	150	10	ϕ210	−0.5	ϕ70/140	ϕ75/140	27.75	11.1	19.5	136
	1500	50 ~ 90																	
YOX_{VNZ}500	1000	25 ~ 50	0.96	1.3	667	462	391	ϕ582	ϕ400	190	15	ϕ236	3	ϕ90/170	ϕ90/170	38	15.3	26.8	183
	1500	68 ~ 144																	
YOX_{VSNZ}560	1000	40 ~ 80	0.96	1.3	713	508	433	ϕ634	ϕ400	190	15	ϕ264	3	ϕ100/210	ϕ100/210	48.7	19.5	34	228
	1500	120 ~ 270																	
YOX_{VSNZ}600	1000	60 ~ 115	0.96	1.3	771	546	463	ϕ695	ϕ500	210	15	ϕ270	4	ϕ100/210	ϕ100/210	62	24.9	43.6	310
	1500	200 ~ 360																	
YOX_{VSNZ}650	1000	90 ~ 176	0.96	1.3	829	604	519	ϕ740	ϕ500	210	15	ϕ280	8	ϕ130/210	ϕ130/250	89	35.6	62	340
	1500	260 ~ 480																	
YOX_{VSNZ}750	1000	170 ~ 330	0.96	1.3	993	648	550	ϕ860	ϕ630	265	20	ϕ345	−4.5	ϕ150/250	ϕ140/250	126	50.5	89	572
	1500	480 ~ 760																	
YOX_{VSNZ}875	750	145 ~ 280	0.96	1.3	1023	738	632	ϕ996	ϕ630	265	20	ϕ396	−7	ϕ150/250	ϕ150/250	208	83.1	146	750
	1000	330 ~ 620																	
	1500	766 ~ 1100																	
YOX_{VSNZ}1000	600	160 ~ 360	0.96	1.3	1142	817	692	ϕ1138	ϕ710	300	25	ϕ408	−7	ϕ150/250	ϕ150/250	270	108	189	1052
	750	260 ~ 590																	
	1000	610 ~ 1100																	
YOX_{VSNZ}1150	500	165 ~ 350	0.96	1.3	1253	928	779	ϕ1312	ϕ710	300	25	ϕ408	−4	ϕ170/300	ϕ170/300	330	132	231	1240
	600	265 ~ 615																	
	750	525 ~ 1195																	
YOX_{VSNZ}1250	500	235 ~ 540	0.96	1.3	1445	1075	938	ϕ1420	ϕ800	340	30	ϕ490	3	ϕ200/300	ϕ200/350	433	173	303	1675
	600	400 ~ 935																	
	750	800 ~ 1800																	
YOX_{VSNZ}1320	500	315 ~ 710	0.96	1.3	1467	1097	945	ϕ1500	ϕ800	340	30	ϕ550	9	ϕ210/320	ϕ210/320	505	202	354	2180
	600	650 ~ 1200																	
	750	1050 ~ 2360																	

注：表中“充液量”栏，如在地面上使用，充 32 号透平油；如在煤矿下使用则充清水或难燃油。

17.4.4.19 YOT_{CS}箱体式调速型液力耦合器

YOT_{CS}箱体式调速型液力耦合器的结构简图见图 17-66。

其结构特点为：

（1）适用于中、高转速及中、大功率工况的大规模负载机械；

（2）其结构紧凑、刚性好、可靠性高；拆下箱盖，无需移动电机和工作机便可拆出旋转件，维护检修更方便。

YOT_{CS}箱体式调速型液力耦合器的主要技术参数及外形尺寸见图 17-67 和表 17-95 所示。

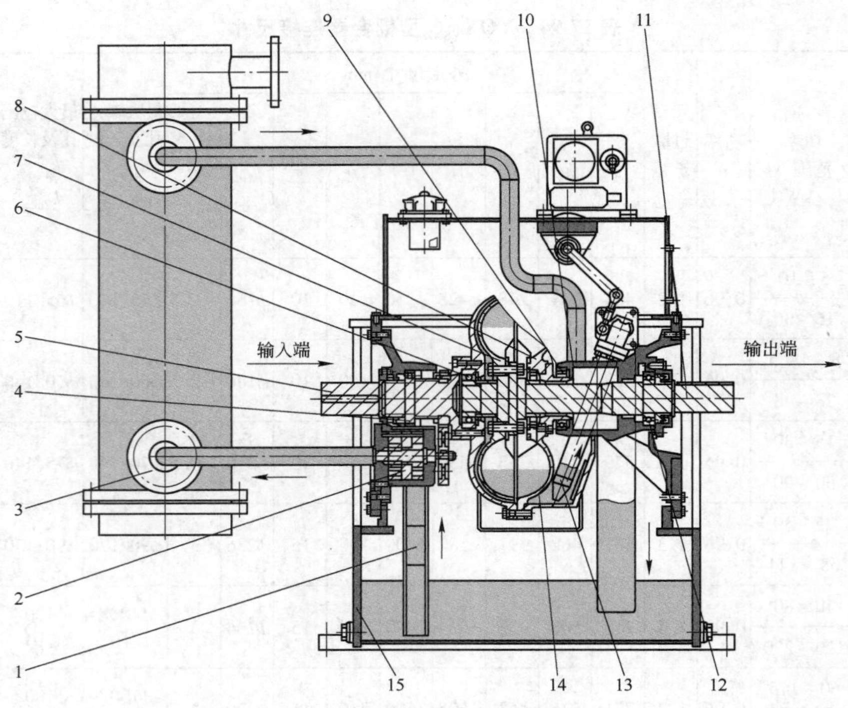

图 17-66 YOT_{CS}液力耦合器结构图

1—滤油器；2—供油泵；3—冷却器；4—输入轴承；5—输入轴；6—埋入轴承；7—涡轮；8—泵轮；
9—泵轮轴承；10—导管壳体；11—输出轴；12—输出轴承；13—导管；14—导管腔；15—箱体

注：输入端、输出端分别用一对弹性套柱销联轴器（GB 4323—1984）与电动机、工作机连接。有关连接尺寸由用户提供。输出端联轴器上加工测速齿圈（60 齿）或用户自行设计制造。

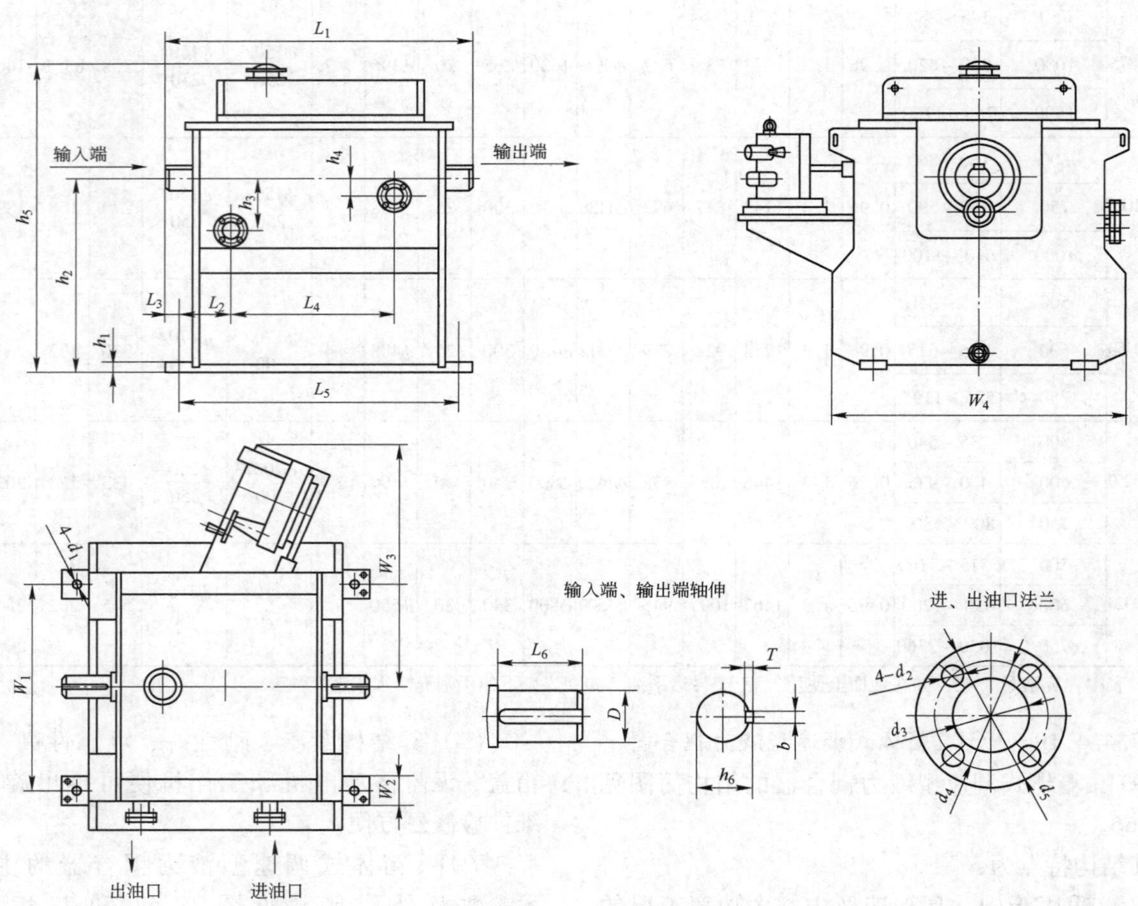

图 17-67 YOT_{CS}液力耦合器外形尺寸

表 17-95 YOT_{CS}液力耦合器主要技术参数及外形尺寸

规格型号	输入转速 /r·min^{-1}	传递功率 /kW	额定转差率 /%	无级调速范围	外形尺寸/mm																								重量 /kg
					b	D	h_1	h_2	h_3	h_4	h_5	h_6	L_1	L_2	L_3	L_4	L_5	L_6	T	W_1	W_2	W_3	W_4	d_1	d_2	d_3	d_4	d_5	
$YOT_{CS}400$	1500	30~70	1.5~3	1~1.5（离心式机械），1~1/3（恒力矩机械）	18	ϕ60	40	560	65	65	940	64	830	91	85	380	652	120	11	680	100	-750	912	ϕ27	ϕ14	ϕ25	ϕ90	ϕ120	600
	3000	220~540																											
$YOT_{CS}450$	1500	55~120			20	ϕ75	40	635	75	75	1375	79.5	1020	40	182	500	1020	145	12	865	100		1120	ϕ27	ϕ18	ϕ60	ϕ120	ϕ152	850
	3000	390~970																											
$YOT_{CS}500$	1000	22~60			20	ϕ75	40	635	75	75	1375	79.5	1020	40	182	500	1020	145	12	865	100		1120	ϕ27	ϕ18	ϕ60	ϕ120	ϕ152	980
	1500	90~205																											
	3000	670~1640																											1050
$YOT_{CS}530$	3000	900~2150			20	ϕ75	40	635	75	75	1375	79.5	1020	40	182	500	1020	145	12	865	100		1120	ϕ27	ϕ18	ϕ60	ϕ120	ϕ152	1080
$YOT_{CS}560$	1000	55~110			20	ϕ75	40	635	75	75	1375	79.5	1020	40	182	500	1020	145	12	865	100		1120	ϕ27	ϕ18	ϕ60	ϕ120	ϕ152	1080
	1500	155~360																											
	3000	1180~2885			25	ϕ95	60	810	235	135	1610	100	1230	30	220	540	1080	165	14	920	140		1320	ϕ27	ϕ18	ϕ83	ϕ140	ϕ178	1350
$YOT_{CS}580$	3000	1200~3440																											1750
$YOT_{CS}620$	3000	1675~4780			32	ϕ120	50	900	635	665	1565	127	1485	185	-335	1540	1070	190	18	2060	200	1100	2120	ϕ35	ϕ18	ϕ83	ϕ140	ϕ178	2750
$YOT_{CS}650$	750	40~95			28	ϕ100	45	840	160	75	1345	106	1300	60	214	680	1180	150	16	900	120	1050	1250	ϕ35	ϕ18	ϕ48	ϕ140	ϕ178	1850
	1000	95~225																											
	1500	290~760																											
$YOT_{CS}750$	750	80~195			28	ϕ100	45	840	160	75	1345	106	1300	60	214	680	1180	150	16	900	120	1050	1250	ϕ35	ϕ18	ϕ48	ϕ140	ϕ178	2060
	1000	185~460																											
	1500	510~1555																											
$YOT_{CS}800$	750	100~265			32	ϕ130	50	950	110	110	1640	137	1720	70	300	860	1580	250	18	1200	150	1170	1500	ϕ45	ϕ18	ϕ83	ϕ140	ϕ178	2500
	1000	250~635																											
	1500	790~2150																											
$YOT_{CS}875$	750	155~420			32	ϕ130	50	950	110	110	1640	137	1720	70	300	860	1580	250	18	1200	150	1170	1500	ϕ45	ϕ18	ϕ83	ϕ140	ϕ178	3320
	1000	390~995																											
	1500	1240~3360																											

续表 17-95

规格型号	输入转速 /r·min^{-1}	传递功率 /kW	额定转差率 /%	无级调速范围	外形尺寸/mm																								重量 /kg
					b	D	h_1	h_2	h_3	h_4	h_5	h_6	L_1	L_2	L_3	L_4	L_5	L_6	T	W_1	W_2	W_3	W_4	d_1	d_2	d_3	d_4	d_5	
$YOT_{CS}910$	1500	1600~4350	1.5~3	1~1.5（离心式机械），1~1/3（恒力矩机械）	32	$\phi130$	50	950	110	110	1640	137	1720	70	300	860	1580	250	18	1200	150	1170	1500	$\phi45$	$\phi18$	$\phi83$	$\phi140$	$\phi178$	3750
	600	115~280																											
	750	235~530																											
	1000	500~1250																											
$YOT_{CS}1000$	600	170~420			36	$\phi150$	60	1060	300	130	1810	158	1930	60	267	1116	1810	250	20	1250	150	1385	1840	$\phi35$	$\phi18$	$\phi83$	$\phi140$	$\phi178$	5150
	750	330~820																											
	1000	750~1950																											
$YOT_{CS}1050$	600	175~535			36	$\phi150$	60	1060	300	130	1810	158	1930	60	257	1116	1810	250	20	1250	150	1385	1840	$\phi35$	$\phi18$	$\phi83$	$\phi140$	178	5350
	750	360~1045																											5300
	1000	815~2480																											5550
$YOT_{CS}1150$	600	355~845			36	$\phi150$	60	1060	300	130	1810	158	1930	60	267	1116	1810	250	20	1250	150	1385	1840	$\phi35$	$\phi18$	$\phi83$	$\phi140$	$\phi178$	5800
	750	670~1650																											
	1000	1590~3905																											
$YOT_{CS}1250$	500	400~740			40	$\phi160$	100	1170	375	175	2250	169	2250	135	590	1005	1980	300	22	1600	250	-1800	2180						7100
	600	500~1280																											
	750	1150~2500																											
$YOT_{CS}1320$	500	525~975			40	$\phi160$	100	1170	375	175	2250	169	2250	135	590	1005	1980	300	22	1600	250	-1800	2180						7100
	600	690~1700																											
	750	1350~3350																											
$YOT_{CS}1400$	500	650~1250			45	$\phi180$	80	1250	380	180	2250	190	2400	100	525	1350	2200	300	25	1600	250	1850	2250						8900
	600	900~2150																											
	750	2000~4350																											
$YOT_{CS}1550$	500	1150~2050			50	$\phi210$	80	1350	415	200	2500	221	2550	125	570	1420	2300	350	28	1600	250	1950	2380						11500
	600	1500~3650																											
	750	3350~7150																											

17.4.4.20　YOT_{CX}箱体式调速型液力耦合器

YOT_{CX}箱体式调速型液力耦合器的结构简图如图 17-68 所示。

广液公司研制、开发的 YOT_{CX} 调速型液力耦合器是根据德国 VOITH 公司的技术特点进行设计，旋转件以推筒式安装在箱体内，结构简单、紧凑，重量轻，特别是进、排油管路附在箱体壁上，十分可靠。冷却后的工作油可直接进入工作腔，冷却效果良好，故障率少，维修、检修十分方便。其主要技术参数及外形尺寸见图 17-69 和表 17-96 所示。

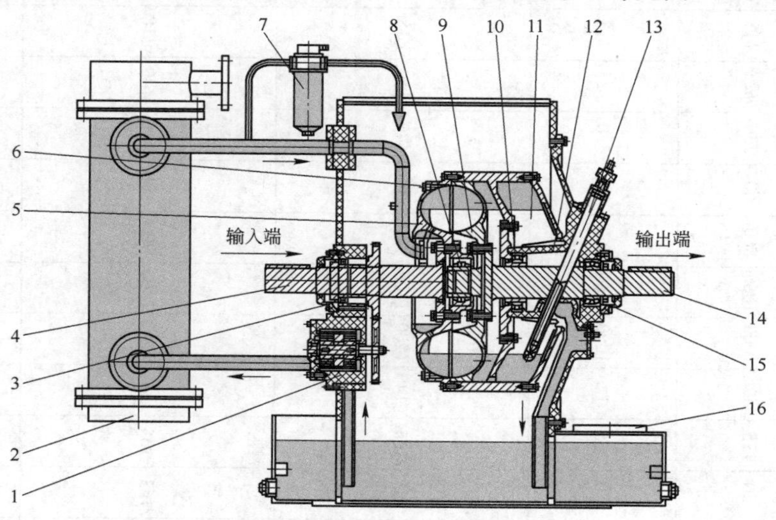

图 17-68　YOT_{CX}耦合器结构图

1—供油泵；2—冷却器；3—输入轴承；4—输入轴；5—泵轮；6—易熔塞；7—滤油器；8—埋入轴承；9—涡轮；10—泵轮轴承；11—导管腔；12—导管壳体；13—导管；14—输出轴；15—输出轴承；16—箱体

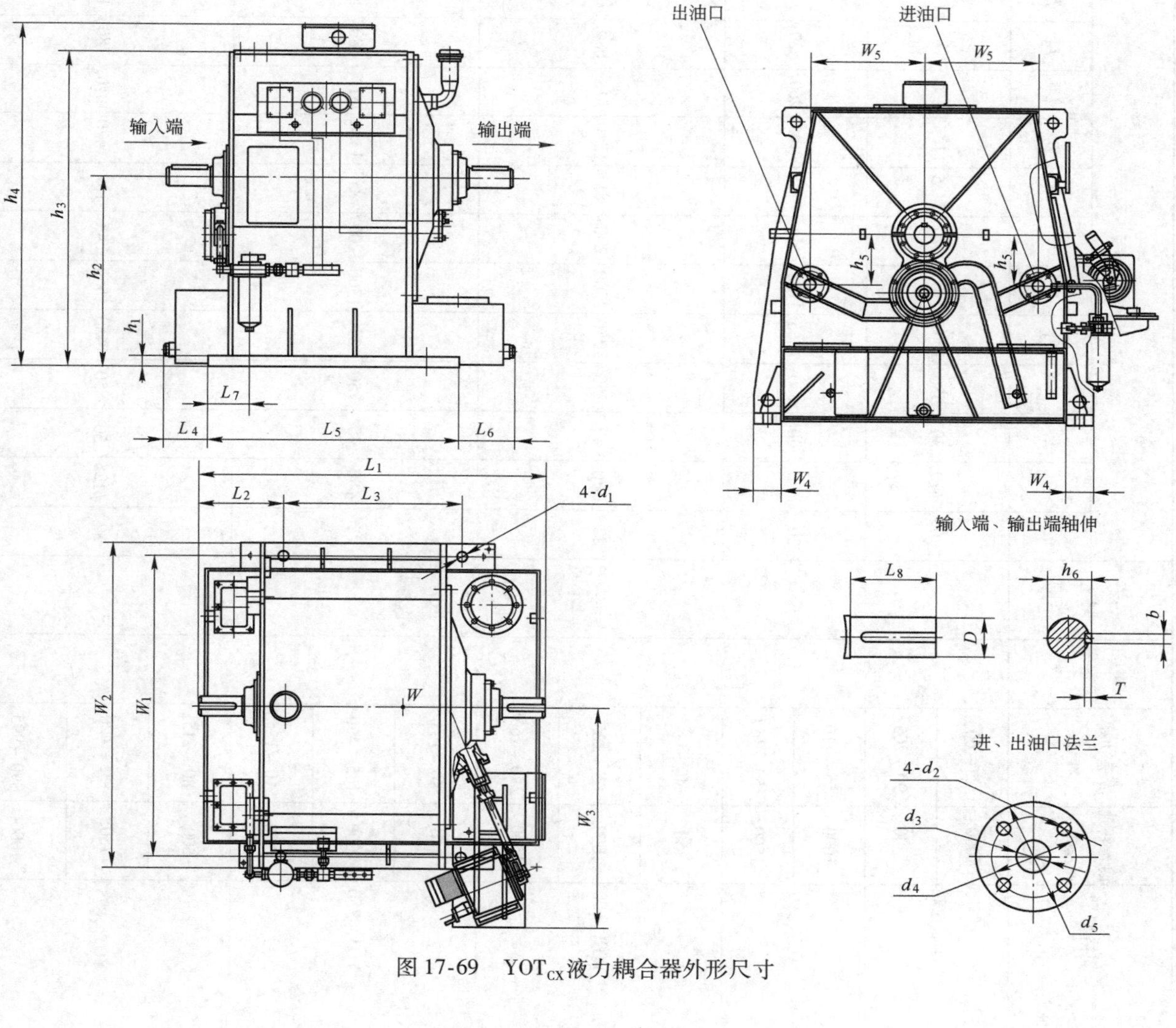

输入端、输出端轴伸

进、出油口法兰

图 17-69　YOT_{CX}液力耦合器外形尺寸

表17-96　YOT_{CX}液力耦合器主要技术参数及外形尺寸

规格型号	输入转速 /r·min^{-1}	传递功率 /kW	额定转差率 /%	无级调速范围	外形尺寸/mm																											重量 /kg
					B	D	h_1	h_2	h_3	h_4	h_5	h_6	L_1	L_2	L_3	L_4	L_5	L_6	L_7	L_8	T	W_1	W_2	W_3	W_4	W_5	d_1	d_2	d_3	d_4	d_5	
$YOT_{CX}500$	1000	22~60	1.5~3	1~1.5（离心式机械），1~1/3（恒力矩机械）	20	φ70	30	630	1005	1105	240	74.5	1145	260	620	160	885	180	150	135	12	1000	1060	860	60	330	φ23	φ18	φ46	φ110	φ150	760
	1500	90~205																														
$YOT_{CX}560$	1000	55~110			20	φ70	30	630	1005	1105	240	74.5	1145	260	620	160	885	180	150	135	12	1000	1060	860	60	330	φ23	φ18	φ46	φ110	φ150	850
	1500	155~360																														
$YOT_{CX}650$	750	40~95			22	φ80	40	750	1250	1360	200	85	1310	313	680	170	965	220	163	165	14	1200	1300	900	100	440	φ40	φ18	φ46	φ110	φ150	1350
	1000	95~225																														
	1500	290~760																														
$YOT_{CX}750$	750	80~195			22	φ80	40	750	1250	1360	200	85	1310	313	680	170	965	220	163	165	14	1200	1300	900	100	440	φ40	φ18	φ46	φ110	φ150	1450
	1000	185~460																														
	1500	510~1555																														
$YOT_{CX}875$	600	80~215			32	φ125	50	850	1450	1550	245	137	1470	370	780	170	1120	170	200	175	18	1350	1470		120	440	φ40	φ18	φ46	φ110	φ150	2150
	750	155~420																														
	1000	390~995																														

17.4.5 大连液力机械有限公司产品

17.4.5.1 YOX_Y、YOX_{YS}型限矩型液力耦合器

YOX_Y 型为加长后辅腔限矩型液力耦合器，其特点是起动时间可长达 22～30s，起动系数低。

YOX_{YS}型为加长后辅腔并带侧辅腔限矩型液力耦合器，起动时间可长达 30～50s，过载系数更低。其示意图见图 17-70，参数见表 17-97。

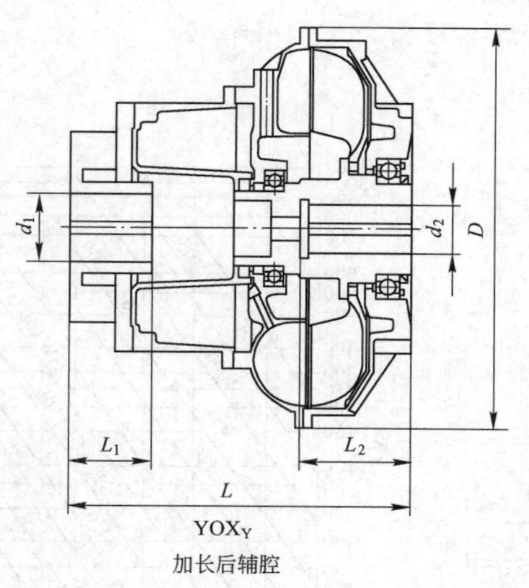

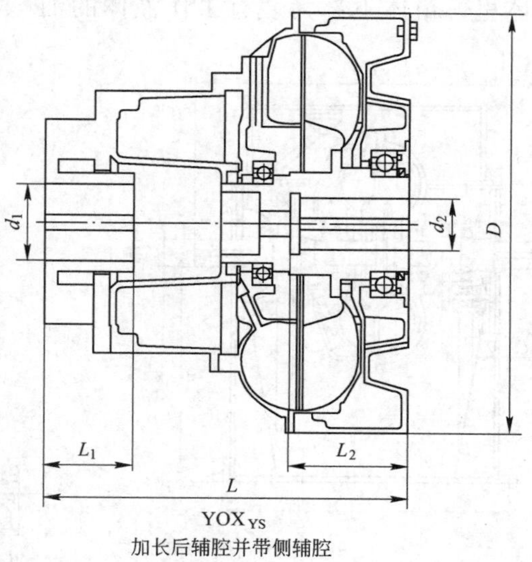

图 17-70 YOX_Y、YOX_{YS}型限矩型液力耦合器

表 17-97 YOX_Y、YOX_{YS}型限矩型液力耦合器参数

型号	输入转速 /r·min^{-1}	传递功率范围 /kW	过载系数	D /mm	L_{min} /mm	输入端 d_{1max} /mm	输入端 L_{1max} /mm	输出端 d_{2max} /mm	输出端 L_{2max} /mm	充油量/L 40%	充油量/L 80%	重量（不包括油） /kg
YOX_Y360	1500	15～30	1.2～2.35	420	360	55	110	55	110	7.1	3.55	49
YOX_{YS}360			1.1～2.5							8.8	4.4	55
YOX_Y400	1500	22～50	1.2～2.35	480	390	60	140	60	150	9.3	4.65	65
YOX_{YS}400			1.1～2.5							13.5	6.7	73
YOX_Y450	1500	45～90	1.2～2.35	530	445	75	140	70	140	13	6.5	70
YOX_{YS}450			1.1～2.5							19.5	9.7	80
YOX_Y500	1500	70～150	1.2～2.35	590	510	85	170	85	145	19.2	9.6	105
YOX_{YS}500			1.1～2.5							26.8	13.4	123
YOX_Y560	1500	140～275	1.2～2.35	634	530	90	170	100	180	27	13.5	140
YOX_{YS}560			1.1～2.5							34.2	17.1	161
YOX_Y600	1500	180～360	1.2～2.35	695	575	90	170	100	180	36	18	160
YOX_{YS}600			1.1～2.5							43.6	21.8	183
YOX_Y650	1500	240～480	1.2～2.35	740	650	125	225	130	200	46	23	219
YOX_{YS}650			1.1～2.5							62.4	31.2	239
YOX_Y750	1500	380～760	1.2～2.35	842	680	140	245	150	240	68	34	332
YOX_{YS}750			1.1～2.5							88.4	44.2	363
YOX_Y866	1500	766～1100	1.2～2.35	978	820	160	280	160	265	111	55.5	470
YOX_{YS}866			1.1～2.5							145.6	72.8	520
YOX_Y1000	1000	620～1100	1.2～2.35	1120	845	160	210	160	280	144	72	600
YOX_{YS}1000			1.1～2.5							192.4	96.2	564
YOX_Y1150	750	590～1200	1.2～2.35	1295	960	180	220	180	300	220	110	910
YOX_{YS}1150			1.1～2.5							264	132	980
YOX_Y1320	750	1100～2390	1.2～2.35	1485	1075	200	240	200	350	328	164	1380
YOX_{YS}1320			1.1～2.5							388	194	1495

注：以清水为工作介质时型号为 YOX_{SY}、YOX_{SYS}。

17.4.5.2　YOT_{GC}型固定箱体式调速型液力耦合器

YOT_{GC}型为自身支撑的出口调节式调速型液力耦合器，泵轮、涡轮等旋转部件靠滚动轴承支撑在密闭的箱体里，箱体下部为装有工作液体的油池，输入轴通过一对齿轮带动定量的供油泵从油池吸油并泵出，经冷却器进入工作腔，循环流动传递动力，其液力传动原理与限矩型液力耦合器相同。其示意图见图17-71，主要技术参数见表17-98。

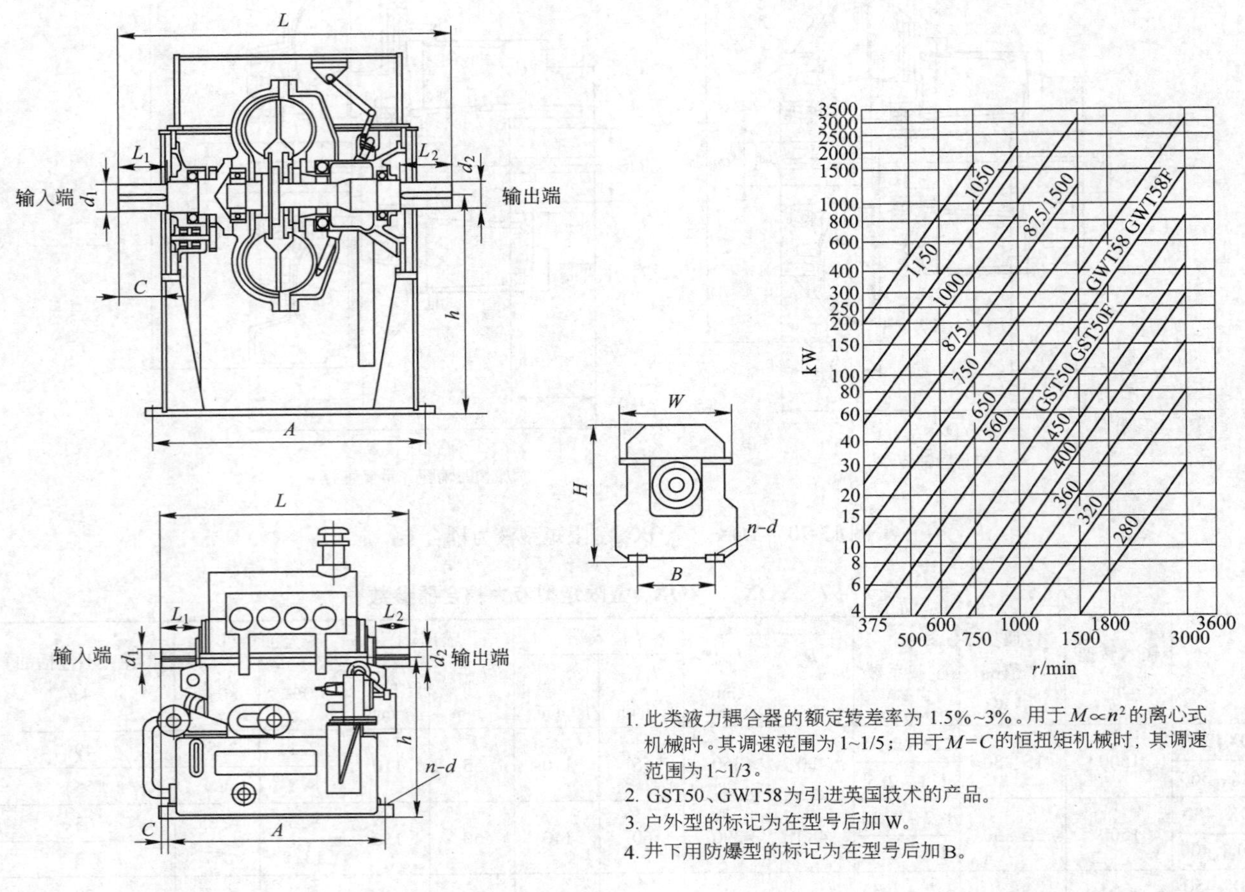

1. 此类液力耦合器的额定转差率为1.5%~3%。用于$M\propto n^2$的离心式机械时。其调速范围为1~1/5；用于$M=C$的恒扭矩机械时，其调速范围为1~1/3。
2. GST50、GWT58为引进英国技术的产品。
3. 户外型的标记为在型号后加W。
4. 井下用防爆型的标记为在型号后加B。

图17-71　YOT_{GC}型固定箱体式调速型液力耦合器

表17-98　YOT_{GC}型固定箱体式调速型液力耦合器主要技术参数　mm

型　号	输入转速 /r·min⁻¹	传递功率 /kW	L	W	H	d_1、d_2	L_1、L_2	h	A	B	C	n-d	重量 /kg
GST50	1500	70~200	1020	1120	1375	ϕ75	145	635	940	865	38	4-ϕ27	1100
GST50F	3000	560~1625		1520	1050								1250
GWT58	1500	140~400	1230	1310	1594	ϕ95	165	810	1080	920	30	4-ϕ27	2100
GWT58F	3000	1125~3250		2132	1465								2660
YOT_{GC}280	1500 3000	4~11 30~85	798	919	1144	ϕ40	110	500	636	484	81	4-ϕ27	480
YOT_{GC}320	1500 3000	7.5~21 60~165	798	919	1159	ϕ40	110	500	636	484	81	4-ϕ27	520
YOT_{GC}360	1500 3000	13~35 110~305	830	1207	940	ϕ60	120	560	652	680	91	4-ϕ27	580
YOT_{GC}400	1500 3000	30~65 240~500	830	1207	940	ϕ60	120	560	652	680	91	4-ϕ27	600
YOT_{GC}450	1500 3000	50~110 430~900	1020	1120	1375	ϕ75	145	635	940	865	38	4-ϕ27	790

续表 17-98

型　号	输入转速 /r·min^{-1}	传递功率 /kW	L	W	H	d_1、d_2	L_1、L_2	h	A	B	C	n-d	重量 /kg
$YOT_{GC}560$	1000 1500	35 ~ 100 115 ~ 340	1166	1310	1594	$\phi85$	170	810	1080	920	30	4-$\phi27$	1370
$YOT_{GC}650$	1000 1500	75 ~ 215 250 ~ 730	1300	1200	1500	$\phi100$	150	840	1180	900	60	4-$\phi35$	1920
$YOT_{GC}750$	1000 1500	150 ~ 440 510 ~ 1480	1300	1200	1500	$\phi100$	150	840	1180	900	60	4-$\phi35$	2040
$YOT_{GC}875$	750 1000	150 ~ 400 365 ~ 960	1720	1500	1570	$\phi130$	250	880	1580	1200	70	4-$\phi45$	3100
$YOT_{GC}875$ /1500	1500	1160 ~ 3260	1720	1500	1570	$\phi135$	250	880	1580	1200	70	4-$\phi45$	4370
$YOT_{GC}1000$	750 1000	285 ~ 750 640 ~ 1860	1930	1840	1810	$\phi150$	250	1060	1810	1250	60	4-$\phi35$	5100
$YOT_{GC}1050$	750 1000	360 ~ 955 815 ~ 2300	1930	1840	1810	$\phi150$	250	1060	1810	1250	60	4-$\phi35$	6150
$YOT_{GC}1150$	600 750	360 ~ 955 715 ~ 1865	1930	1840	1810	$\phi150$	250	1060	1810	1250	60	4-$\phi35$	6200

17.4.5.3　YOT_{GCD} 型箱体对开式调速型液力耦合器

YOT_{GCD}型液力耦合器与 YOT_{GC}型液力耦合器内部结构和技术性能参数完全相同，不同的是箱体为上下剖分式，结构紧凑，轴向尺寸较小（图 17-72），其主要技术参数见表 17-99。

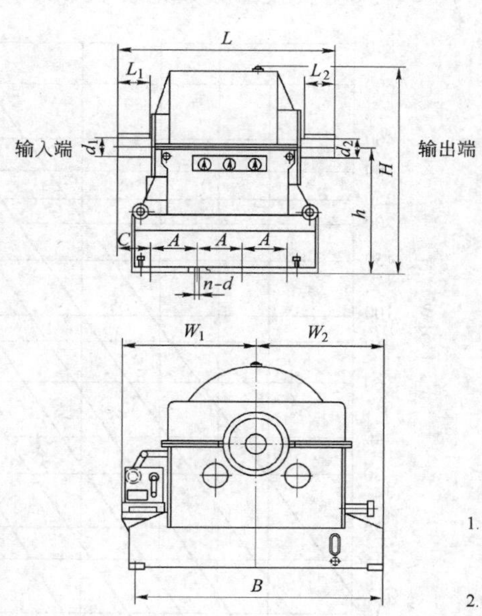

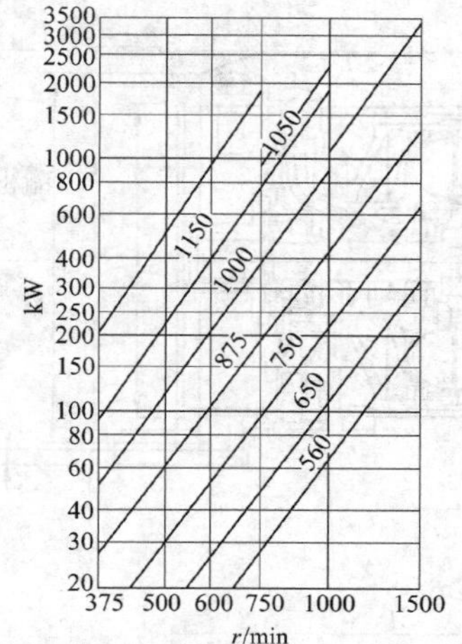

1. 此类液力耦合器额定转差率为 1.5% ~3%。用于 $M \propto n^2$ 的离心式机械时，其调速范围为 1~1/5。用于 $M=C$ 的恒扭矩机械时，其调速范围为 1~1/3。
2. 户外型的标记为在型号后加 W。
3. 井下用防爆型的标记为在型号后加 B。

图 17-72　YOT_{GCD}型箱体对开式调速型液力耦合器

表 17-99　YOT_{GCD}型箱体对开式调速型液力耦合器主要技术参数　mm

型　号	输入转速 /r·min^{-1}	传递功率 /kW	L	h	A	B	C	d_1、d_2	L_1、L_2	H	W_1	W_2	n-d
$YOT_{GCD}560$	1000	35 ~ 100	930	700	3-225	1140	93.5	$\phi75$	140	1184	900	600	8-$\phi22$
	1500	115 ~ 340											

续表 17-99

型　号	输入转速 /r · min^{-1}	传递功率 /kW	L	h	A	B	C	d_1、d_2	L_1、L_2	H	W_1	W_2	n-d
YOT_{GCD}650	1000	75 ~ 215	1100	700	3-225	1140	113.5	ϕ85	150	1505	900	600	8-ϕ22
	1500	250 ~ 730											
YOT_{GCD}750	1000	150 ~ 440	1200	750	4-200	1450	152.5	ϕ100	150	1555	950	755	10-ϕ22
	1500	510 ~ 1480											
YOT_{GCD}800	1000	230 ~ 610	1300	750	4-200	1450	202.5	ϕ120	210	1555	1050	755	10-ϕ22
	1500	740 ~ 2080											
YOT_{GCD}875	750	150 ~ 400	1400	850	3-320	1550	220	ϕ125	250	1500	1050	800	8-ϕ28
	1000	365 ~ 960											
YOT_{GCD}1000	750	285 ~ 750	1500	900	3-320	1650	220	ϕ135	250	1595	1150	855	8-ϕ28
	1000	640 ~ 1860											
YOT_{GCD}1050	750	360 ~ 955	1650	1150	4-320	1750	185	ϕ150	250	1938	1200	925	10-ϕ35
	1000	815 ~ 2300											
YOT_{GCD}1150	600	360 ~ 955	1650	1150	4-320	1750	185	ϕ150	250	1938	1200	925	10-ϕ35
	750	715 ~ 1865											

17.4.5.4　YOT_{HC} *** A 型法兰连接式调速型液力耦合器

YOT_{HC} *** A 型液力耦合器与 YOT_{GC} 型液力耦合器内部结构和技术性能参数完全相同，所不同的是它以圆形筒体两端的法兰与电动机减速器的法兰相连接，旋转部件装在圆形筒体里，结构紧凑，体积小，分体式结构便于运输和安装，特别适合煤矿井下使用。

YOT_{HC} *** A 型液力耦合器的示意图见图 17-73，其主要技术参数见表 17-100。

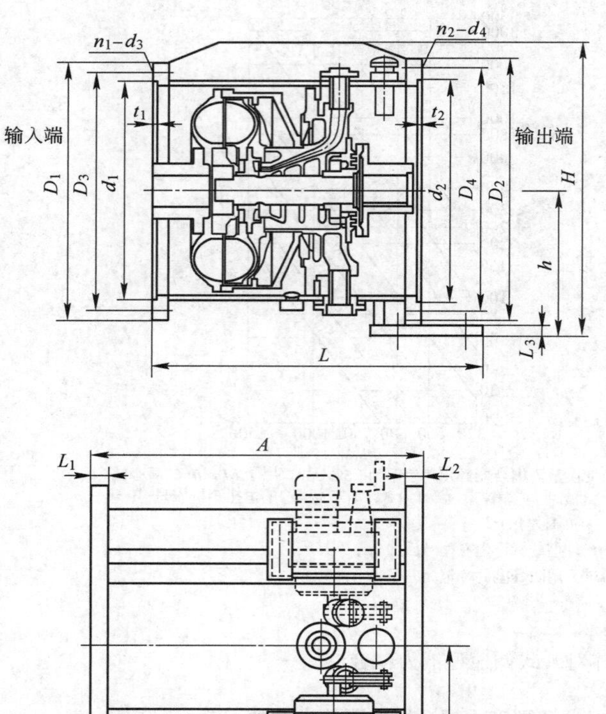

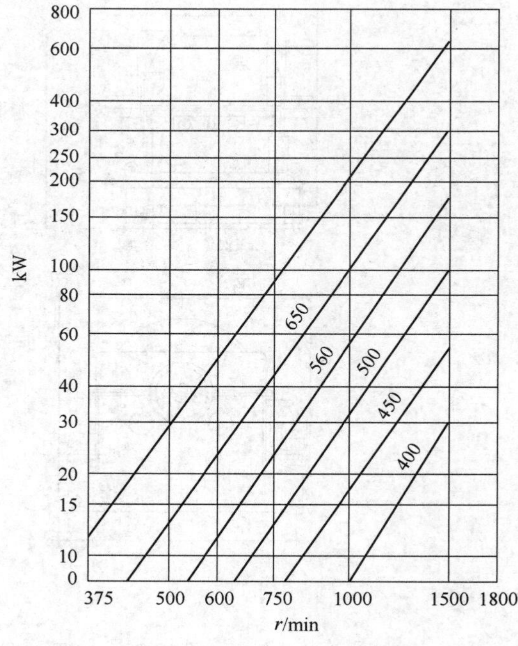

此类液力耦合器的额定转差率为1.5%~3%,用于$M\propto n^2$的离心式机械时，其调速范围为1~1/5；用于$M=C$的恒扭矩机械时，其调速范围为1~1/3。

图 17-73　YOT_{HC} *** A 型法兰连接式调速型液力耦合器

表 17-100　YOT_{HC} * * * A 型法兰连接式调速型液力耦合器主要技术参数　mm

型　号	输入转速/r·min⁻¹	传递功率/kW	L	A	W	H	d_1	D_3	D_1	d_2	D_4	D_2	h	L_1	L_2	L_3	t_1	t_2	n_1-d_3	n_2-d_4	重量/kg
YOT_{HC}400A	1500	30~65	900	645	320	750	φ500	φ550	φ600	φ500	φ550	φ600	370	35	35	25	10	10	8-φ20	8-φ20	870
YOT_{HC}450A	1500	50~110	910	735	345	820	φ550	φ600	φ650	φ550	φ600	φ650	400	35	38	25	10	10	8-φ20	8-φ20	1000
YOT_{HC}500A	1500	70~200	930	760	390	890	φ590	φ640	φ700	φ590	φ640	φ700	420	36	40	26	10	10	8-φ22	8-φ22	1300
YOT_{HC}560A	1500	115~340	1270	1125	478	908	φ680	φ740	φ810	φ690	φ750	φ810	510	42	42	30	8	12	8-M22	16-M24	1600
YOT_{HC}650A	1500	250~730	1135	950	550	1070	φ760	φ850	φ910	φ760	φ850	φ910	510	45	50	35	8	12	12-φ24	12-φ24	2000

17.4.5.5　YOT_F 型阀控调速型液力耦合器

YOT_F 型阀控调速型液力耦合器，是大连液力机械有限公司近期内针对带式输送机传动的需要而研发的新产品，该类产品也可应用于离心式风机、水泵的调速传动。本系列液力耦合器应用于带式输送机可以解决启动难、停车难和纵向振荡波的三大难题。本系列液力耦合器具有技术性能好、外形尺寸小、重量轻、震动小和方便于控制等优点。其主要技术参数和外形尺寸见图 17-74 及表 17-101。

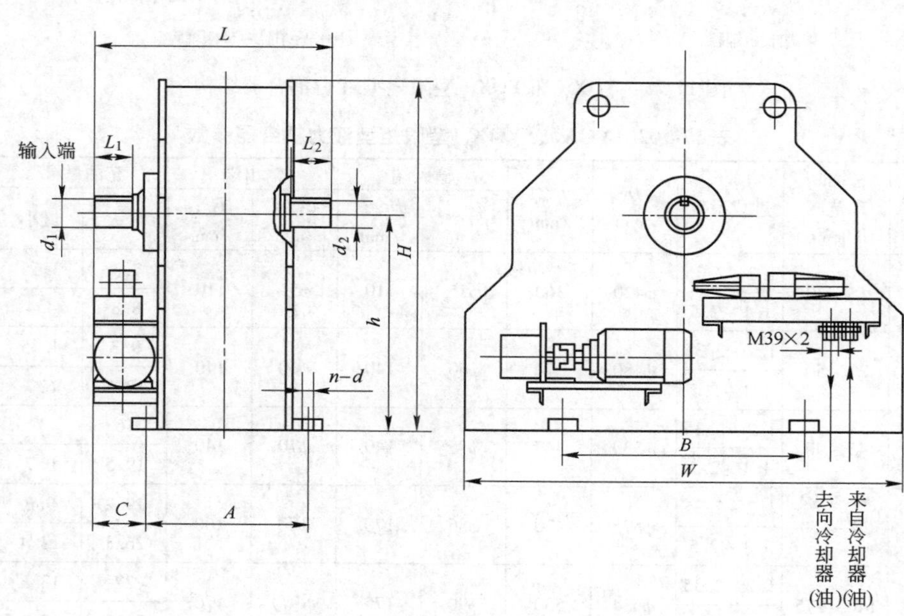

图 17-74　YOT_F 型阀控调速型液力耦合器

表 17-101　YOT_F 型阀控调速型液力耦合器主要技术参数及外形尺寸

型　号	输入转速/r·min⁻¹	传递功率/kW	额定转差率/%	无级调速范围	外形及安装尺寸/mm										重量(净)/kg
					L	W	H	h	d_1、d_2	L_1、L_2	A	B	C	n-d	
YOT_F500	1000	21~60	1.5~3.0	离心式机械 1~0；恒扭矩机械 1~1/3	625	1150	960	600	φ75	105	425	650	134.5	4-φ22	480
	1500	70~200													
YOT_F560	1000	35~100			696	1200	990	610	φ80	130	475	720	162.5	4-φ26	651
	1500	115~340													
YOT_F650	1000	75~215			正在开发之中										
	1500	250~730													
YOT_F750	1000	150~440													
	1500	510~1480													
YOT_F875	750	150~400													
	1000	365~960													

17.4.6 沈阳市煤机配件厂产品

17.4.6.1 YOX_Y、YOX_{YS} 型限矩型液力耦合器

YOX_Y 型为加长后辅腔限矩型液力耦合器，其特点是启动时间可长达 22 ~30s，过载系数低。

YOX_{YS}型为加长后辅腔并带侧辅腔限矩型液力耦合器，启动时间可长达 30 ~ 50s，过载系数更低。

两者的结构图如图 17-75 所示，主要参数如表 17-102 所示。

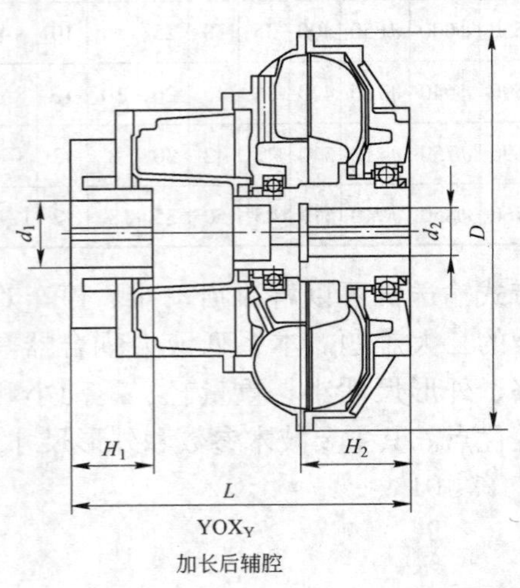

YOX_Y
加长后辅腔

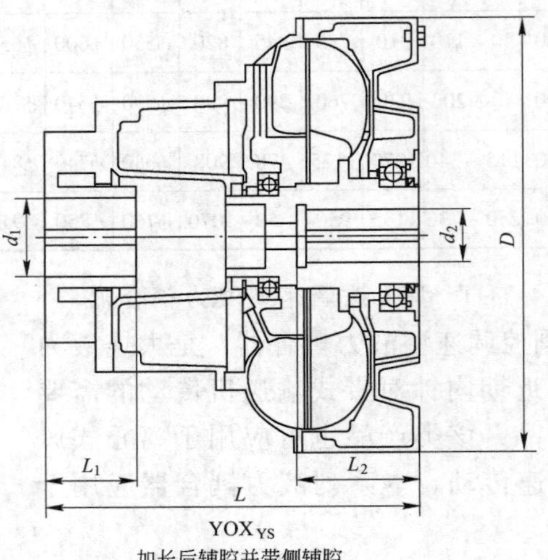

YOX_{YS}
加长后辅腔并带侧辅腔

图 17-75 YOX_Y 和 YOX_{YS}型限矩型液力耦合器结构

表 17-102 YOX_Y、YOX_{YS}型限矩型液力耦合器参数

型 号	输入转速 /$r\cdot min^{-1}$	传递功率范围 /kW	过载系数	D /mm	L_{min} /mm	输入端		输出端		充油量/L		重量(不包括油) /kg
						d_{1max} /mm	H_{1max} /mm	d_{2max} /mm	H_{2max} /mm	最大	最小	
YOX_Y360	1500	15 ~30	1.2 ~2.35	$\phi420$	360	$\phi55$	110	$\phi55$	110	7.1	3.55	49
$YOX_{YS}360$			1.1 ~2.5							8.8	4.4	55
YOX_Y400	1500	22 ~50	1.2 ~2.35	$\phi480$	370	$\phi60$	140	$\phi60$	140	9.3	4.65	65
$YOX_{YS}400$			1.1 ~2.5							13.5	6.7	73
YOX_Y450	1500	45 ~90	1.2 ~2.35	$\phi530$	447	$\phi75$	140	$\phi70$	140	16	7	76
$YOX_{YS}450$			1.1 ~2.5							19.5	9.7	84
YOX_Y500	1500	70 ~150	1.2 ~2.35	$\phi575$	470	$\phi85$	170	$\phi80$	160	19.2	9.6	115
$YOX_{YS}500$			1.1 ~2.5							26.8	13.4	133
YOX_Y560	1500	140 ~275	1.2 ~2.35	$\phi634$	530	$\phi90$	170	$\phi100$	170	27	13.5	140
$YOX_{YS}560$			1.1 ~2.5							34.2	17.1	161
YOX_Y600	1500	180 ~360	1.2 ~2.35	$\phi695$	575	$\phi90$	170	$\phi100$	210	36	18	160
$YOX_{YS}600$			1.1 ~2.5							43.6	21.8	183
YOX_Y650	1500	240 ~480	1.2 ~2.35	$\phi740$	570	$\phi130$	210	$\phi130$	210	46	23	219
$YOX_{YS}650$			1.1 ~2.5							62.4	31.2	239
YOX_Y750	1500	380 ~760	1.2 ~2.35	$\phi842$	640	$\phi140$	250	$\phi120$	220	68	34	332
$YOX_{YS}750$			1.1 ~2.5							88.4	44.2	363
YOX_Y866	1500	766 ~1100	1.2 ~2.35	$\phi978$	820	$\phi160$	280	$\phi160$	265	111	55.5	470
$YOX_{YS}866$			1.1 ~2.5							145.6	72.8	520
YOX_Y1000	1000	620 ~1100	1.2 ~2.35	$\phi1120$	845	$\phi160$	210	$\phi160$	280	144	72	600
$YOX_{YS}1000$			1.1 ~2.5							192.4	96.2	564
YOX_Y1150	750	590 ~1200	1.2 ~2.35	$\phi1295$	960	$\phi180$	220	$\phi180$	300	220	110	910
$YOX_{YS}1150$			1.1 ~2.5							264	132	980
YOX_Y1320	750	1100 ~2390	1.2 ~2.35	$\phi1485$	1075	$\phi200$	240	$\phi200$	350	328	164	1380
$YOX_{YS}1320$			1.1 ~2.5							388	194	1495

注：以清水为工作介质时的型号为 YOX_{SY} 和 YOX_{SYS}。

17.4.6.2　YOT_{GC}型固定箱体式调速型液力耦合器

YOT_{GC}型为自身支承的出口调节式调速型液力耦合器。泵轮、涡轮等旋转部件靠滚动轴承支承在密闭的箱体里，箱体下部为装有工作液体的油池，输入轴通过一对齿轮带动定量的供油泵从油池吸油并泵出，经冷却器进入工作腔，循环流动传递动力，其液力传动原理与限矩型液力耦合器相同。YOT_{GC}型固定箱体式调速型液力耦合器结构如图17-76，主要技术指标如表17-103所示。

1. 此类液力耦合器的额定转差率为1.5%~3%。用于$M \propto n^2$的离心式机械时。其调速范围为1~1/5；用于$M=C$的恒扭矩机械时，其调速范围为1~1/3。
2. GST50、GWT58为引进英国技术的产品。
3. 户外型的标记为在型号后加W。
4. 井下用防爆型的标记为在型号后加B。

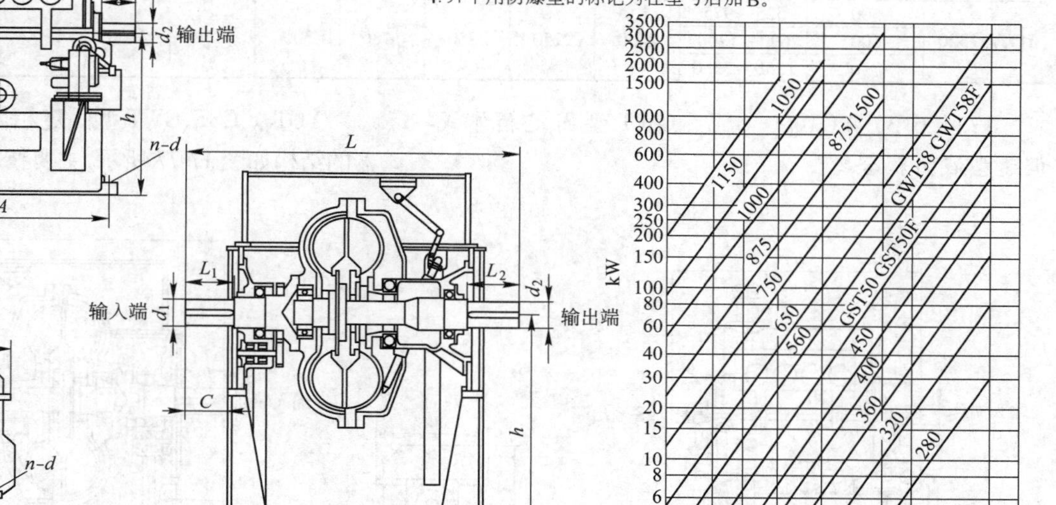

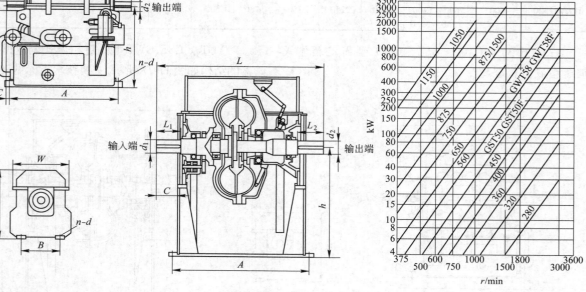

图17-76　YOT_{GC}型固定箱体式调速型液力耦合器

表17-103　YOT_{GC}型固定箱体式调速型液力耦合器主要技术参数　mm

型　号	输入转速 /r·min^{-1}	传递功率 /kW	L	W	H	d_1、d_2	L_1、L_2	h	A	B	C	n-d	重量 /kg
GST50	1500	70~200	1020	1120	1375	ϕ75	145	635	940	865	38	4-ϕ27	1100
GST50F	3000	560~1625		1520	1050								1250
GWT58	1500	140~400	1230	1310	1594	ϕ95	165	810	1080	920	30	4-ϕ27	2100
GWT58F	3000	1125~3250		2132	1465								2660
YOT_{GC}280	1500	4~11	798	919	1144	ϕ40	110	500	636	484	81	4-ϕ27	480
	3000	30~85											
YOT_{GC}320	1500	7.5~21	798	919	1159	ϕ40	110	500	636	484	81	4-ϕ27	520
	3000	60~165											
YOT_{GC}360	1500	13~35	830	1207	940	ϕ60	120	560	652	680	91	4-ϕ27	580
	3000	110~305											
YOT_{GC}400	1500	30~65	830	1207	940	ϕ60	120	560	652	680	91	4-ϕ27	600
	3000	240~500											
YOT_{GC}450	1500	50~110	1020	1120	1375	ϕ75	145	635	940	865	38	4-ϕ27	790
	3000	430~900											
YOT_{GC}560	1000	35~100	1166	1310	1594	ϕ85	170	810	1080	920	30	4-ϕ27	1370
	1500	115~340											
YOT_{GC}650	1000	75~210	1300	1200	1500	ϕ100	150	840	1180	900	60	4-ϕ35	1920
	1500	250~730											
YOT_{GC}750	1000	150~440	1300	1200	1500	ϕ100	150	840	1180	900	60	4-ϕ35	2040
	1500	510~1480											
YOT_{GC}875	750	150~400	1720	1500	1570	ϕ130	250	880	1580	1200	70	4-ϕ45	3100
	1000	365~960											
YOT_{GC}875/1500	1500	1160~3260	1720	1500	1570	ϕ135	250	880	1580	1200	70	4-ϕ45	4370

续表 17-103

型　号	输入转速 /r·min⁻¹	传递功率 /kW	L	W	H	d_1、d_2	L_1、L_2	h	A	B	C	n-d	重量 /kg
$YOT_{GC}1000$	750	285 ~ 750	1930	1840	1810	$\phi150$	250	1060	1810	1250	60	4-$\phi35$	5100
	1000	640 ~ 1860											
$YOT_{GC}1050$	750	360 ~ 955	1930	1840	1810	$\phi150$	250	1060	1810	1250	60	4-$\phi35$	6150
	1000	815 ~ 2300											
$YOT_{GC}1150$	600	360 ~ 955	1930	1840	1810	$\phi150$	250	1060	1810	1250	60	4-$\phi35$	6200
	750	715 ~ 1865											
$YOT_{GC}1250$	500	400 ~ 740	2250	2180	2150	$\phi160$	300	1170	1980	1600	135	4-$\phi45$	7100
	600	500 ~ 1200											
	750	1150 ~ 2500											
$YOT_{GC}1320$	500	525 ~ 975	2400	2250	2250	$\phi180$	300	1250	2200	1700	100	4-$\phi45$	8500
	600	690 ~ 1700											
	750	1350 ~ 3350											

17.4.6.3　YOT_{XC}、GST、GWT 型固定箱体式调速型液力耦合器

YOT_{XC}、GST、GWT 型固定箱体式调速型液力耦合器的结构如图 17-77 所示，主要技术指标见表 17-104。

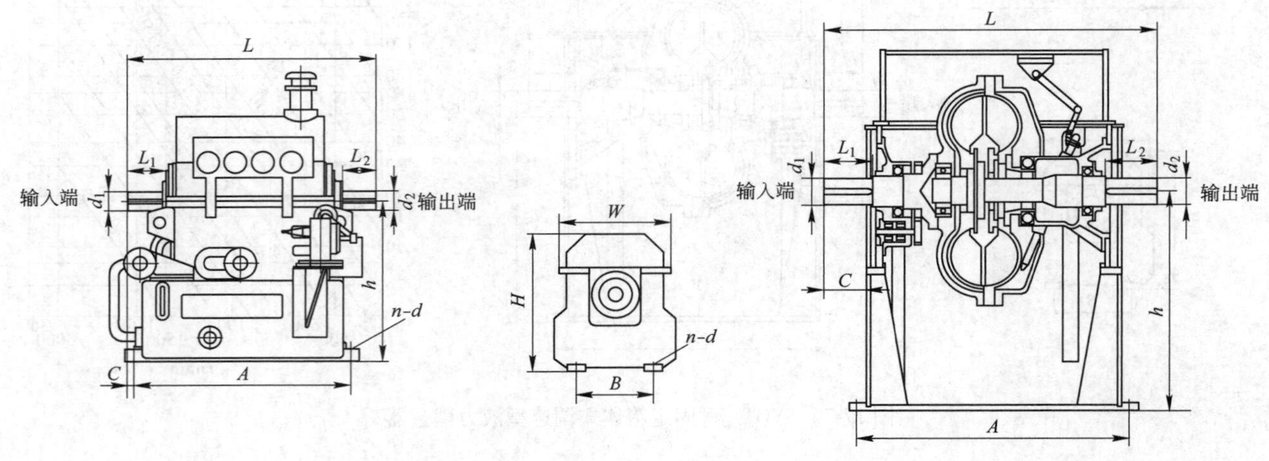

图 17-77　YOT_{XC}、GST、GWT 型固定箱体式调速型液力耦合器

表 17-104　YOT_{XC}、GST、GWT 型固定箱体式调速型液力耦合器主要技术参数　　mm

型　号	输入转速 /r·min⁻¹	传递功率 /kW	L	W	H	d_1、d_2	L_1、L_2	h	A	B	C	n-d	重量 /kg
GST50	1500	70 ~ 200	1020	1120	1375	$\phi75$	145	635	940	865	38	4-$\phi27$	1100
GST50F	3000	560 ~ 1625		1520	1050								1250
GWT58	1500	140 ~ 400	1230	1310	1594	$\phi95$	165	810	1080	920	30	4-$\phi27$	2100
GWT58F	3000	1125 ~ 3250		2132	1465								2660
$YOT_{XC}280$	1500	4 ~ 11	798	919	1144	$\phi40$	110	500	636	484	81	4-$\phi27$	480
	3000	30 ~ 85											
$YOT_{XC}320$	1500	7.5 ~ 21	798	919	1159	$\phi40$	110	500	636	484	81	4-$\phi27$	520
	3000	60 ~ 165											
$YOT_{XC}360$	1500	13 ~ 35	830	1207	940	$\phi60$	120	560	652	680	91	4-$\phi27$	580
	3000	110 ~ 305											
$YOT_{XC}400$	1500	30 ~ 65	830	1207	940	$\phi60$	120	560	652	680	91	4-$\phi27$	600
	3000	240 ~ 500											
$YOT_{XC}450$	1500	50 ~ 110	1020	1120	1375	$\phi75$	145	635	940	865	38	4-$\phi27$	790
	3000	430 ~ 900											
$YOT_{XC}560$	1000	35 ~ 100	1166	1310	1594	$\phi85$	170	810	1080	920	30	4-$\phi27$	1370
	1500	115 ~ 340											

续表 17-104

型　号	输入转速 /r·min^{-1}	传递功率 /kW	L	W	H	d_1、d_2	L_1、L_2	h	A	B	C	n-d	重量 /kg
YOT$_{XC}$650	1000	75～215	1300	1200	1500	ϕ100	150	840	1180	900	60	4-ϕ35	1920
	1500	250～730											
YOT$_{XC}$750	1000	150～440	1300	1200	1500	ϕ100	150	840	1180	900	60	4-ϕ35	2040
	1500	510～1480											
YOT$_{XC}$875	750	150～400	1720	1500	1570	ϕ130	250	880	1580	1200	70	4-ϕ45	3100
	1000	365～960											
YOT$_{XC}$875/1500	1500	1160～3260	1720	1500	1570	ϕ135	250	880	1580	1200	70	4-ϕ45	4370
YOT$_{XC}$1000	750	285～750	1930	1840	1810	ϕ150	250	1060	1810	1250	60	4-ϕ35	5100
	1000	640～1860											
YOT$_{XC}$1050	750	360～955	1930	1840	1810	ϕ150	250	1060	1810	1250	60	4-ϕ35	6150
	1000	815～2300											
YOT$_{XC}$1150	600	360～955	1930	1840	1810	ϕ150	250	1060	1810	1250	60	4-ϕ35	6200
	750	715～1865											

17.4.7　标记示例和选用说明

17.4.7.1　限矩型液力耦合器

（1）各类液力耦合器标记（型号）均应符合 GB/T 5837—1999 中“液力耦合器型式和基本参数”的规定。

标记示例：YOX$_F$560

各符号表示如下：

YO——液力耦合器代号；

X——限矩型代号；

F——复合泄液式（结构特征）代号；

560 ——循环圆（工作腔）直径，mm。

（2）限矩型液力耦合器的选用说明。

各类液力耦合器均可使电动机与载荷分两步启动，具有空载启动、软启动、提高电动机启动载荷的能力和降低载荷的启动力矩的功能。适合带式输送机等大惯量设备的软启动要求，并具有限制超载力矩——过载保护、多机驱动时均衡负荷等功能。

以工作机轴功率的 1.05 倍作为选型的额定功率，在液力耦合器参数表中按相应的输入转速，在传递功率范围的闭式区间内确定液力耦合器规格。若功率接近传递功率范围上限，则充油量也接近上限，反之亦然。充油量在液力耦合器容腔总量的 40% ～80% 内按功率大小相应变化。各限矩型液力耦合器中心紧定螺栓的装入与紧固是不容忽视的。

17.4.7.2　调速型液力耦合器

（1）标记示例：YOT$_{GC}$650

各符号表示如下：

YO——液力耦合器代号；

T——调速型代号；

GC——C 是出口调节式（结构特征）代号，表明以调节工作腔出口流量来变化输出转速；G 是固定箱体式代号；

650 ——循环圆（工作腔）直径，mm。

（2）调速型液力耦合器的选用说明。

出口调节式调速型液力耦合器的泵轮与涡轮（两者相对布置构成工作腔）等旋转部件的输入、输出轴靠滚动轴承支承在密闭的箱体上，箱体下部为盛有工作液体的油池。输入轴通过齿轮驱动供油泵，从油池吸油并泵出。经冷却器后进入工作腔循环流动传递力矩和转速。电动执行器控制导管的伸缩动作来改变工作腔油液充满度，从而调节输出转速（及力矩）。电动执行器有手动操作、远程电控和自动控制三种控制方式。

调速型液力耦合器能调节输出轴的转速及力矩，具有两步启动、空载启动、软启动（此为可控的）、提高电动机启动载荷的能力和降低载荷的启动力矩等功能，并在多电动机驱动时可均衡配置功率。适用于带式输送机（软启动）和风机、水泵（调节流量）等设备。

以工作机轴功率和额定转速来选择调速型液力耦合器。在调速型液力耦合器参数表中，在相应转速下，工作机轴功率在传递功率范围的闭式区间内，即可选定该规格的液力耦合器。通常调速型液力耦合器的额定转差率$\left(\frac{n_B - n_T}{n_B}\right)$为 1.5% ～3.0%。功率范围的上限值对应额定转差率的上限，反之亦然。若为减少转差损失和节省冷却水，可靠近转差率下限（即以工作机轴功率靠近功率范围的下限）选型。

17.5 钢球耦合器（离合器）

钢球耦合器是原动机和负载之间，利用钢球离心体在旋转时所产生的离心力达到自动分离式接合的离合器，它具有空载启动，过载保护和协调多机负荷分配等优良性能。其特点是：

（1）结构简单可靠，体积小，价格低，传动率高（99%）传动比恒定不变，匹配功率（3～5500 kW）和输入转速（500～3000 r/min）宽广，使用维护简单，费用低，装拆方便。

（2）传动方式多样，有同心轴和平行轴传动，可卧式和立式传动，有 Y、J、Z 三种孔型，可实现用皮带、链条、齿轮等传动，并可配制动轮。

（3）使电动机的重载（带负荷）启动转变为空载启动，可使装机容量降低 1～2 个机座号，节电达 30%～50%。缩短电动机的启动时间，降低电动机的发热量 30%～60%，提高电机的使用寿命。

（4）减少传动系统中的冲击和震动，正转急反转旋向改变平稳快捷，过渡圆滑，无冲击和震动，多机驱动时能协调多机的负荷分配，防止过载，保护电机及运行设备。

该产品适用于带式、刮板等各种输送机、取料设备、风机、球磨机、水泵、破碎机、干燥机以及各种重载启动、交替改变旋向的各类机械设备。

其结构、规格型号及技术参数如图 17-78 及表 17-105 所示。

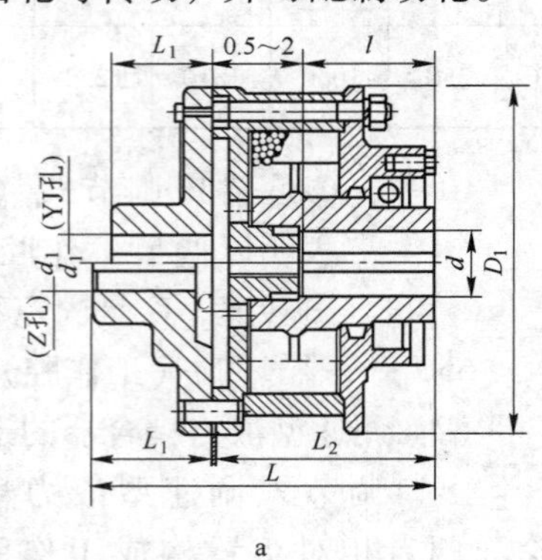

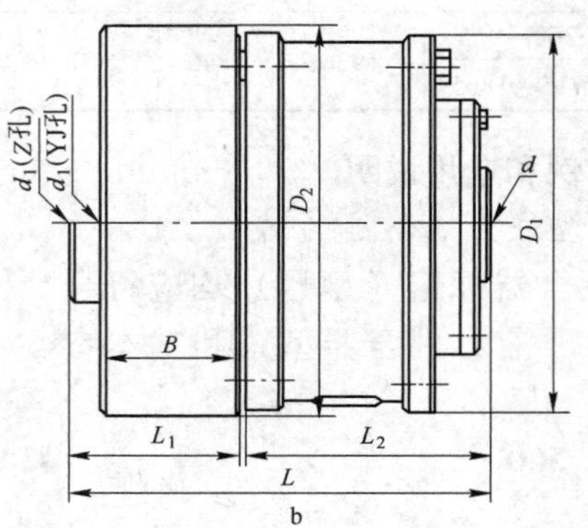

图 17-78 钢球耦合器

a—GY 型同心轴传动结构形式；b—GYZ 型同心轴带制动轮传动结构形式

表 17-105 钢球耦合器技术参数

型号＼参数	电动机		外形尺寸/mm				制动轮尺寸/mm		重量/kg	对应的液力耦合器
	r/min	kW	D_1	L_2	L_1	L	D_2	B		
GY160·1	1500	5.5～7.5	ϕ225	165	120	287			32.8	YOX280
GY180·1	1000	3～4	ϕ245	170	120	297			41.2	
GY180·2	1500	11	ϕ245	182	120	309	ϕ250	105	39.1	YOX320
GY180·3		15							41.8	
GY200·1	1000	5.5	ϕ265	172	120	299			47.9	YOX340
GY200·2	1500	18.5		182	120	309			47.7	
	750	3								
GY200·3	1000	7.5	ϕ265	192	120	314	ϕ250	105	52.8	YOX340
	1500	22								
	750	4								
GY220·1	1000	11	ϕ285	192	150	344	ϕ315	140	60	YOX400
	1500	30								
	750	5.5								
GY220·2	1000	15	ϕ285	212	150	364	ϕ315	140	66.4	YOX400
	1500	37～45								
GY250·1	750	7.5		192	150	344			74.3	
GY250·2	1500	55	ϕ315	220	150	372	ϕ315	140	75.8	YOX450
GY250·3	1000	18.5		212	150	364			79.8	
	750	11								
GY250·4	1000	22	ϕ315	230	150	382	ϕ315	140	86.5	YOX450
	1500	75								

续表 17-105

参数 型号	电动机		外形尺寸/mm				制动轮尺寸/mm		重量 /kg	对应的液力 耦合器
	r/min	kW	D_1	L_2	L_1	L	D_2	B		
GY280·1	1000	30	$\phi355$	227	180	409	$\phi400$	170	105	YOX500
GY280·2	1500	90		257	180	439				
GY280·3	1000	37	$\phi355$	257	180	439	$\phi400$	170	112	YOX500
	1500	90								
		110								
GY280·4	750	15~18.5	$\phi355$	257	180	439	$\phi400$	170	121	YOX500
	1000	45								
	1500	110~112								
		115~135								
GY280·5	750	22	$\phi355$	260	180	439	$\phi400$	170	125.8	YOX500
	1500	132			180	439		170		
		150~155			220	482		210		
GY320·1	1000	55	$\phi395$	232	220	454	$\phi400$	210	140.7	YOX500
GY320·2	1500	160		262	220	484			143.4	
		180~190								
GY320·3	750	30~37	$\phi395$	262	220	484	$\phi400$	210	157.6	YOX560
	1000	75~95								
	1500	185								
GY320·4	1500	220~230	$\phi395$	302	220	524	$\phi400$	210	153.5	YOX560
GY320·5	1500	200~220		302	220	524			161	
		250~260								
GY320·6	1500	250	$\phi395$	302	220	524	$\phi400$	210	166.6	YOX560
		280~300								
GY360·1	750	45	$\phi445$	252	225	479	$\phi500$	210	187	
GY360·2	750	55~60	$\phi445$	282	225	509	$\phi500$	210	203.7	YOX650
	1000	110~132								
		110~155								
GY360·3	1500	280	$\phi445$	322	225	549	$\phi500$	210	198.6	YOX650
		315~350								
GY360·4	1500	315	$\phi445$	322	225	549	$\phi500$	210	200.6	YOX650
		355~360								
GY360·5	1000	160	$\phi445$	287	225	514	$\phi500$	210	217.5	YOX650
		165~185								
GY360·6	1500	355	$\phi445$	322	225	549	$\phi500$	210	210	YOX650
		400~440								
GY360·7	750	75	$\phi445$	287	225	514	$\phi500$	210	229.7	
		80~85								
GY360·8	1500	400	$\phi445$	322	225	549	$\phi500$	210	216	YOX650-750
		450~500								
GY360·9	1000	185	$\phi445$	322	225	546	$\phi630$	250	236.5	YOX750
		190~215								
	1500	450~500								
GY400·1	1000	200	$\phi490$	297	265	564	$\phi630$	250	270.5	YOX750

续表 17-105

型号	电动机 r/min	电动机 kW	外形尺寸/mm D_1	外形尺寸/mm L_2	外形尺寸/mm L_1	外形尺寸/mm L	制动轮尺寸/mm D_2	制动轮尺寸/mm B	重量/kg	对应的液力耦合器
GY400·2	1000	220~240	ϕ490	327	265	594	ϕ630	250	273	YOX750
	1500	500								
		560~570								
GY400·3	750	90~95	ϕ490	310	265	577	ϕ630	250	275	
GY400·4	1000	220~250	ϕ490	327	265	594	ϕ630	250	277.5	YOX750
	1500	560								
GY400·5	750	110	ϕ490	327	265	594	ϕ630	250	287.7	
		112~130								
	1000	280								YOX750
	1500	630								
		630~680								
GY400·6	750	132	ϕ490	345	265	612	ϕ630	250	305	
		132~155								
	1000	315~340								
	1500	710	ϕ490	345	265	612	ϕ630	250	305	YOX750
		710~800								
GY450·1	1000	355	ϕ550	327	265	594	ϕ630	250	242.3	YOX875
GY450·2	750	160	ϕ550	327	265	594	ϕ630	250	362.4	YOX875
		160~180								
	1000	380~400								
	1500	800								
GY450·3	750	185	ϕ550	327	265	594	ϕ630	250	380.7	YOX875
		220~210								
	1500	800								
		850~900								
GY450·4	750	200~220	ϕ550	335	265	602	ϕ630	250	387.9	YOX875
	1000	450~460								
GY450·5	1500	1000	ϕ550	367	265	634	ϕ630	250	358.4	
GY450·6	750	220	ϕ550	367	265	634	ϕ630	250	402.1	YOX875
	1000	500~520								
	1500	1120								
GY450·7	750	240~250	ϕ550	375	265	642	ϕ630	250	423.5	YOX1000
	1000	550~560								
	1500	1250								
GY500·1	750	260~280	ϕ600	327	265	594	ϕ710	300	431.6	YOX1000
GY500·2	750	310~320	ϕ600	327	265	594	ϕ710	300	447.8	
	1000	600~630								
GY500·3	750	355~370	ϕ600	367	265	634	ϕ710	300	476	YOX1000
	1000	650~710								
	1500	1400								YOX1000
GY500·4	750	380~400	ϕ600	367	265	634	ϕ710	300	499.4	YOX1000
	1000	780~800								

续表 17-105

型号＼参数	电动机		外形尺寸/mm				制动轮尺寸/mm		重量/kg	对应的液力耦合器
	r/min	kW	D_1	L_2	L_1	L	D_2	B		
GY560·1	750	440～450	ϕ660	377	315	694	ϕ710	300	506.4	YOX1000
	1000	850～900								
GY560·2	750	475～500	ϕ660	367	315	684	ϕ710	300	528.8	YOX1000
	1000	1000								
GY560·3	750	560～570	ϕ660	367	315	684	ϕ710	300	560	YOX1000
GY560·4	750	625～710	ϕ660	395	315	712	ϕ710	300	608.6	YOX1150
GYH45-200	3000	45～200								
GYH200-500	3000	200～500								

生产厂：马鞍山市金艺机电设备制造有限公司。

17.6 制动器

17.6.1 YW 系列电力液压块式制动器（仅供参考）

17.6.1.1 适用范围

工作条件为：三相交流电源 50 Hz，380 V，海拔不超过 2000 m，环境温度 -25～40℃，24h 内平均温度不超过 35℃，最潮湿月份月平均湿度不超过 90%。

17.6.1.2 标记示例

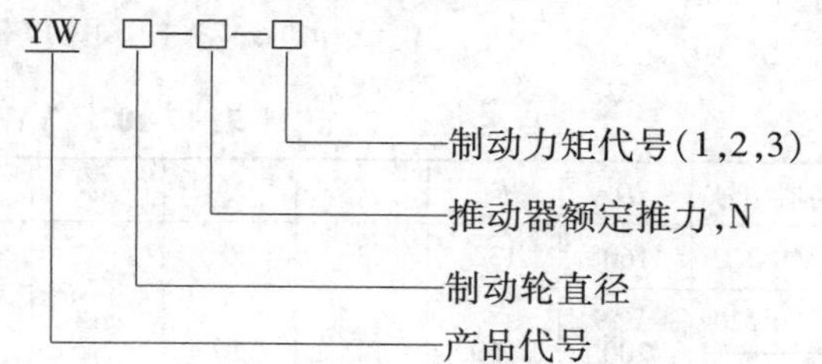

其规格及技术参数如表 17-106 所示，外形结构及安装尺寸如图 17-79 及表 17-107 所示，其中 YTD 系列推动器技术参数如表 17-108 所示。

表 17-106　YW 系列制动器规格及技术参数

制动器型号	制动轮直径/mm	每侧瓦块距/mm	额定制动力矩/N·m			配用推动器型号	整机重量/kg
			1	2	3		
YW160-220	160	1.0	63	80	100	YTD220-50	23
YW200-220	200		90	112	140	YTD220-50	36
YW200-300			140	180	224	YTD300-50	38
YW250-220	250		125	160	200	YTD220-50	45
YW250-300			160	200	250	YTD300-50	46
YW250-500			280	355	450	YTD500-60	54
YW315-300	315	1.25	200	250	315	YTD300-50	68
YW315-500			355	450	560	YTD500-60	70
YW315-800			560	710	900	YTD800-60	73
YW400-500	400		450	560	713	YTD500-60	90
YW400-800			710	900	1120	YTD800-60	93
YW400-1250			1120	1400	1800	YTD1250-60	98
YW500-800	500		900	1120	1400	YTD800-60	158
YW500-1250			1400	1800	2240	YTD1250-60	160
YW500-2000			2240	2800	3550	YTD2000-60	168
YW630-1250	630	1.6	1800	2240	2800	YTD1250-60	260
YW630-2000			2800	3550	4500	YTD2000-60	263
YW630-3000			4000	5000	6300	YTD3000-60	266
YW710-2000	710		3150	4000	5000	YTD2000-60	420
YW710-3000			4500	5600	7100	YTD3000-60	425
YW800-3000	800		5000	6300	8000	YTD3000-60	580

注：该系列制动器可根据用户要求增设延时闭合（上闸）功能，延时范围 0.4～30s。

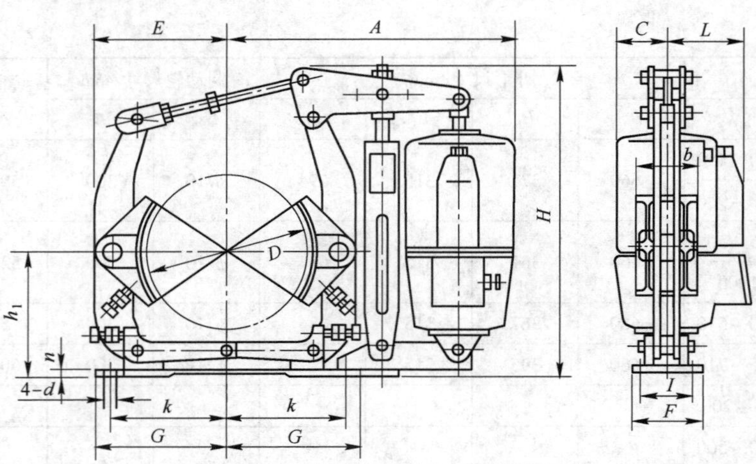

图 17-79　YW 系列制动器

表 17-107　YW 系列制动器外形及安装尺寸　　mm

<table>
<tr><th>制动器型号</th><th>D</th><th>h₁</th><th>k</th><th>I</th><th>d</th><th>n</th><th>G</th><th>F</th><th>b</th><th>E≤</th><th>H≤</th><th>A≤</th><th>L</th><th>C</th></tr>
<tr><td>YW160-220</td><td>160</td><td>132</td><td>130</td><td>55</td><td rowspan="3">φ14</td><td>6</td><td>150</td><td rowspan="3">90</td><td>65</td><td>137</td><td>378</td><td>358</td><td rowspan="5">117</td><td rowspan="5">80</td></tr>
<tr><td>YW200-220</td><td rowspan="2">200</td><td rowspan="2">160</td><td rowspan="2">145</td><td rowspan="2">56</td><td rowspan="2">8</td><td rowspan="2">165</td><td rowspan="2">70</td><td rowspan="2">170</td><td rowspan="2">464</td><td rowspan="2">403</td></tr>
<tr><td>YW200-300</td></tr>
<tr><td>YW250-220</td><td rowspan="3">250</td><td rowspan="3">190</td><td rowspan="3">180</td><td rowspan="3">65</td><td rowspan="6">φ18</td><td rowspan="6">10</td><td rowspan="3">200</td><td rowspan="3">100</td><td rowspan="3">90</td><td rowspan="3">200</td><td rowspan="2">475</td><td rowspan="2">431</td></tr>
<tr><td>YW250-300</td></tr>
<tr><td>YW250-500</td><td>555</td><td>476</td><td>156</td><td>98</td></tr>
<tr><td>YW315-300</td><td rowspan="3">315</td><td rowspan="3">230</td><td rowspan="3">220</td><td rowspan="3">80</td><td rowspan="3">245</td><td rowspan="3">115</td><td rowspan="3">110</td><td rowspan="3">252</td><td rowspan="3">585</td><td>493</td><td>117</td><td>80</td></tr>
<tr><td>YW315-500</td><td rowspan="2">550</td><td rowspan="4">156</td><td rowspan="4">98</td></tr>
<tr><td>YW315-800</td></tr>
<tr><td>YW400-500</td><td rowspan="3">400</td><td rowspan="3">280</td><td rowspan="3">270</td><td rowspan="3">100</td><td rowspan="6">φ22</td><td rowspan="3">12</td><td rowspan="3">300</td><td rowspan="3">140</td><td rowspan="3">140</td><td rowspan="3">305</td><td rowspan="2">663</td><td rowspan="2">598</td></tr>
<tr><td>YW400-800</td></tr>
<tr><td>YW400-1250</td><td>792</td><td>651</td><td>148</td><td>112</td></tr>
<tr><td>YW500-800</td><td rowspan="3">500</td><td rowspan="3">340</td><td rowspan="3">325</td><td rowspan="3">130</td><td rowspan="3">16</td><td rowspan="3">365</td><td rowspan="3">180</td><td rowspan="3">180</td><td rowspan="3">370</td><td rowspan="3">808</td><td>698</td><td>156</td><td>98</td></tr>
<tr><td>YW500-1250</td><td rowspan="2">720</td><td rowspan="8">148</td><td rowspan="8">112</td></tr>
<tr><td>YW500-2000</td></tr>
<tr><td>YW630-1250</td><td rowspan="3">630</td><td rowspan="3">420</td><td rowspan="3">400</td><td rowspan="3">170</td><td rowspan="6">φ27</td><td rowspan="5">20</td><td rowspan="3">450</td><td rowspan="3">220</td><td rowspan="3">225</td><td rowspan="3">445</td><td rowspan="3">968</td><td rowspan="3">817</td></tr>
<tr><td>YW630-2000</td></tr>
<tr><td>YW630-3000</td></tr>
<tr><td>YW710-2000</td><td rowspan="2">710</td><td rowspan="2">470</td><td rowspan="2">450</td><td rowspan="2">190</td><td rowspan="2">500</td><td rowspan="2">240</td><td rowspan="2">255</td><td rowspan="2">500</td><td rowspan="2">1040</td><td rowspan="2">900</td></tr>
<tr><td>YW710-3000</td></tr>
<tr><td>YW800-3000</td><td>800</td><td>530</td><td>520</td><td>210</td><td>22</td><td>570</td><td>280</td><td>280</td><td>580</td><td>1180</td><td>990</td></tr>
</table>

表 17-108　YTD 系列推动器技术参数

推动器型号	额定推力/N	额定行程/mm	动作时间/s		操作频率/次 · h^{-1}	电机功率/W	额定电流/A	无油重量/kg	可直接互换产品
			上升	下降					
YTD220-50	220	50	0.4	0.3	1200	120	0.5	9	Ed220-50
YTD300-50	300	50	0.4	0.3	1200	250	0.97	10	Ed300-50
YTD500-60	500	60	0.4	0.3	1200	250	0.97	13	Ed500-60
YTD800-60	800	60	0.45	0.35	1200	370	1.2	15	Ed800-60
YTD1250-60	1250	60	0.45	0.35	1200	370	1.2	24	Ed1250-60
YTD2000-60	2000	60	0.5	0.4	1200	550	1.42	24	Ed2000-60
YTD3000-60	3000	60	0.5	0.4	1200	750	1.92	24	Ed3000-60

17.6.2 YWZ_5 型电力液压块式制动器（仅供参考）

17.6.2.1 适用范围

工作条件为：三相交流电源 50Hz，380V，海拔不超过 2000m，环境温度 -25~40℃，24h 内平均温度不超过 +35℃，最潮湿月份月平均湿度不超过 90%。

17.6.2.2 标记示例

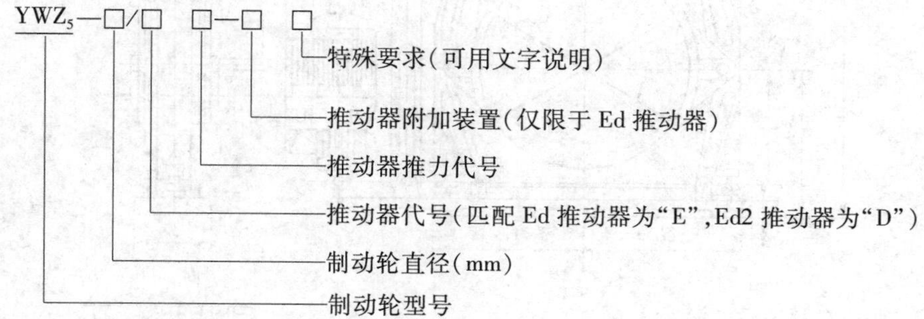

例：YWZ_5-315/E50，匹配 Ed 50/6 推动器；

YWZ_5-315/D50，匹配 Ed2 50/6 推动器。

YWZ_5 系列制动器的规格及技术参数见表 17-109，其结构及安装尺寸见图 17-80 及表 17-110，与之相匹配的推动器技术参数如表 17-111所示。

表 17-109 YWZ_5 系列制动器规格及技术参数

型　号	制动轮直径 /mm	制动转矩 /N·m	退距 /mm	匹配推动器型号	电机功率 /W	动作频率 /次·h^{-1}	重量/kg
YWZ_5-160/23	160	180	0.8	Ed23/5			20
YWZ_5-200/23	200	112~224	1	Ed23/5	165	2000	26.6
YWZ_5-200/30	200	140~315	1	Ed30/5	200	2000	32.6
YWZ_5-250/23	250	140~224	1.25	Ed23/5	165	2000	37.6
YWZ_5-250/30	250	180~315	1.25	Ed30/5	200	2000	43.6
YWZ_5-250/50	250	315~500	1.25	Ed50/6			53
YWZ_5-315/23	315	180~280	1.25	Ed23/5	165	2000	44.6
YWZ_5-315/30	315	250~400	1.25	Ed30/5	200	2000	50.6
YWZ_5-315/50	315	400~630	1.25	Ed50/6	210	2000	61.4
YWZ_5-315/80	315	630~1000	1.25	Ed80/6	330	2000	62.4
YWZ_5-400/50	400	400~800	1.6	Ed50/6	210	2000	78.4
YWZ_5-400/80	400	630~1250	1.6	Ed80/6	330	2000	79.4
YWZ_5-400/121	400	1000~2000	1.6	Ed121/6	330	2000	93.8
YWZ_5-500/80	500	800~1400	1.6	Ed80/6	330	2000	124.4
YWZ_5-500/121	500	1120~2240	1.6	Ed121/6	330	2000	135.8
YWZ_5-500/201	500	2000~3600	1.6	Ed201/6	450	2000	138.3
YWZ_5-630/121	630	1800~2800	2	Ed201/6	330	2000	185.8
YWZ_5-630/201	630	2500~4000	2	Ed121/6	450	2000	188.3
YWZ_5-630/301	630	4000~6300	2	Ed301/6	550	2000	191.0
YWZ_5-710/201	710	3150~5000	2	Ed201/6	450	2000	233.3
YWZ_5-710/301	710	5000~8000	2	Ed301/6	550	2000	236.0

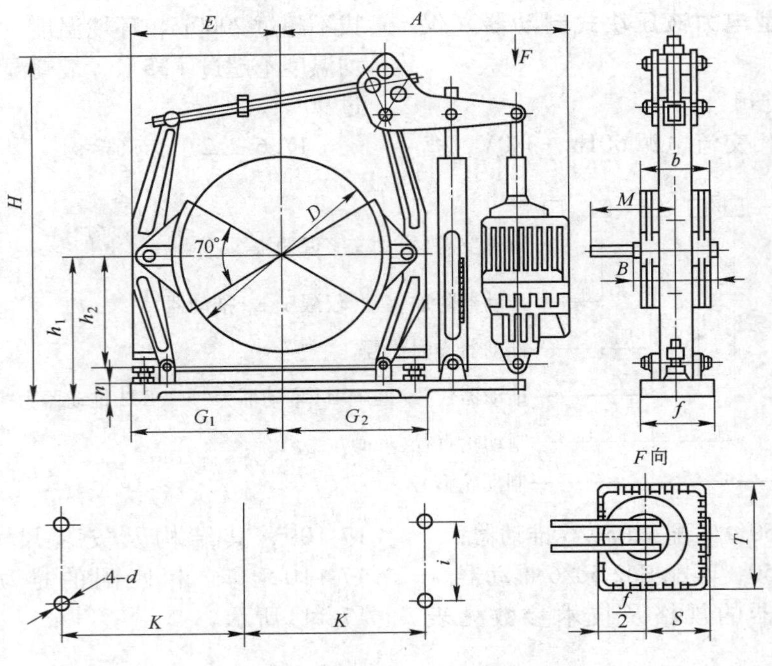

图 17-80 YWZ_5 系列制动器

表 17-110 YWZ_5 系列制动器外形及安装尺寸

mm

型 号	D	h_1	h_2	G_1	G_2	f	K	i	d	n	E	M	B	b	T	S	H_{max}	A_{max}
YWZ_5-160/23	160	132		144	191	85	130	55	ϕ14	8	150	110		65	160		395	428
YWZ_5-200/23	200	160	125	165	195	90	145	55	ϕ14	15	165	110	92	80	160	120	487	448
YWZ_5-200/30																117		445
YWZ_5-250/23	250	190	150	197	223	100	180	65	ϕ18	17	197	133	112	100	160	120	553	503
YWZ_5-250/30																117		500
YWZ_5-250/50																		
YWZ_5-315/23	315	225	185	238	268	110	220	80	ϕ18	17	240	158	132	125	160	120	573	538
YWZ_5-315/30																117		535
YWZ_5-315/50															195	157		575
YWZ_5-315/80																		
YWZ_5-400/50	400	280	220	299	351	140	270	100	ϕ22	20	299	187	156	160	195	157	754	665
YWZ_5-400/80																		
YWZ_5-400/121															240	148	760	656
YWZ_5-500/80	500	335	280	365	372	180	325	130	ϕ22	20	365	245	204	200	195	157	845	754
YWZ_5-500/121															240	148		745
YWZ_5-500/201																		
YWZ_5-630/121	630	425	330	450	450	220	400	170	ϕ27	30	450	293	242	250	240	148	1015	835
YWZ_5-630/201																		
YWZ_5-630/301																		
YWZ_5-710/201	710	475	380	500	500	240	450	190	ϕ27	30	505	315	260	280	240	148	1063	923
YWZ_5-710/301																		

表 17-111 YWZ_5 制动器匹配推动器技术参数

型 号	推力/N	行程/mm	输入功率/W	电流（电压为380V）/A	最大工作频率/循环次·h^{-1}
Ed23/5	220	50	165	0.5	2000
Ed30/5	300	50	200	0.5	2000

续表 17-111

型　号	推力/N	行程/mm	输入功率/W	电流（电压为380V）/A	最大工作频率/循环次·h^{-1}
Ed50/6	500	60	210	0.5	2000
Ed80/6	800	60	330	1.2	2000
Ed121/6	1250	60	330	1.2	2000
Ed201/6	2000	60	450	1.3	2000
Ed301/6	3000	60	550	1.4	1500

17.6.3　YZQ 系列液压制动器

适用范围：YZQ 系列液压制动器是专为下运带式输送机开发的新产品，可在停机时使下运带式输送机适时制动，确保不发生“飞车”事故。

技术特点：

（1）具有制动力矩自适应功能：无需外部供给信息，完全依靠自身液压机构感知下运带载荷状况，自适应调整制动力矩，故能真实有效地实现从空载到重载各种条件下平稳且及时的“软制动”；

（2）具有失电自动保护功能：无需外部指令，一遇失电随即制动，且效果与正常制动一样是“软制动”，也不需要大蓄电池或蓄能器这类对日常维护有依赖性的装置，故能切实可靠地实现失电保护；

（3）具有分载护运功能：在下运带遭遇严重超载，有“飞车”危险时，本产品可助下运带驱动电机一臂之力，分担超载载荷，阻止飞车事故，故能大大提高下运带的运行安全性；

（4）具有矿用防爆功能：防爆性能可靠，已批量应用于各种瓦斯等级的煤矿井下；

（5）使用简单、性能可靠：安装布置简便，不影响带式输送机驱动机组的固有布局，无需复杂的电控系统、无需司机操作控制、无需专门维护措施、低障长寿。

YZQ 系列液压制动器的结构如图 17-81 和图 17-82 所示，主要技术参数见表 17-112 及表 17-113。

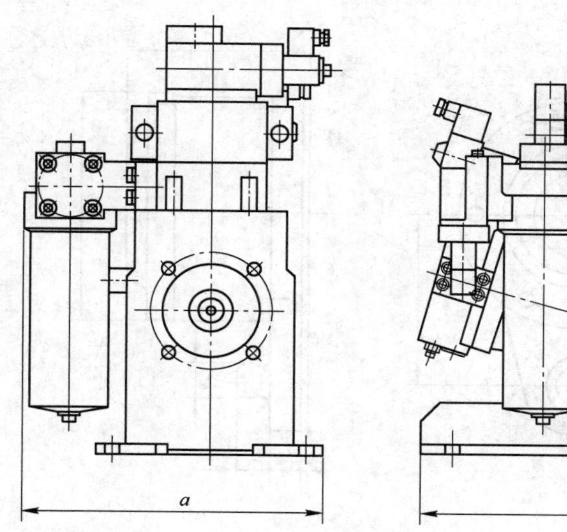

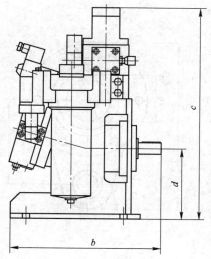

图 17-81　YZQ-450、YZQ-900 液压制动器

表 17-112　YZQ-450、YZQ-900 液压制动器主要技术参数

型　号	制动力矩/N·m	轮廓尺寸/mm			
		a	*b*	*c*	*d*
YZQ-450	450	460	445	685	225
YZQ-900	900	556	560	810	270

表 17-113　YZQ-1200、YZQ-1400 液压制动器主要技术参数

型　号	制动力矩/N·m	轮廓尺寸/mm			
		h	*i*	*j*	*k*
YZQ-1200	1200	752	560	1050	255
YZQ-1400	1400	806	560	1090	450

生产厂：国家起重运输机械质量监督检验中心（设在北京起重运输机械设计研究院）。

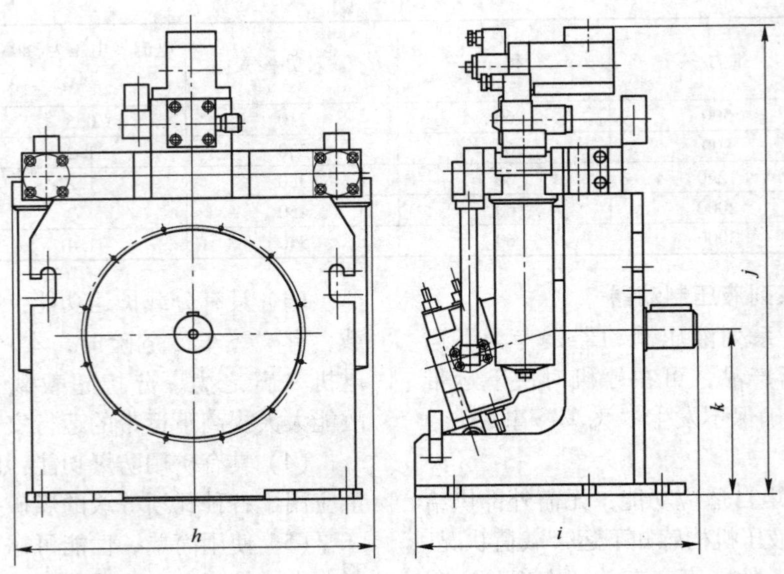

图 17-82　YZQ-1200、YZQ-1400 液压制动器

17.7　逆止器

17.7.1　NF 型非接触式逆止器（JB/T 9015—1999）

NF 型非接触式逆止器如图 17-83 所示，主要技术参数见表 17-114，其外形安装尺寸及标准安装孔尺寸如表 17-115 及表 17-116 所示。

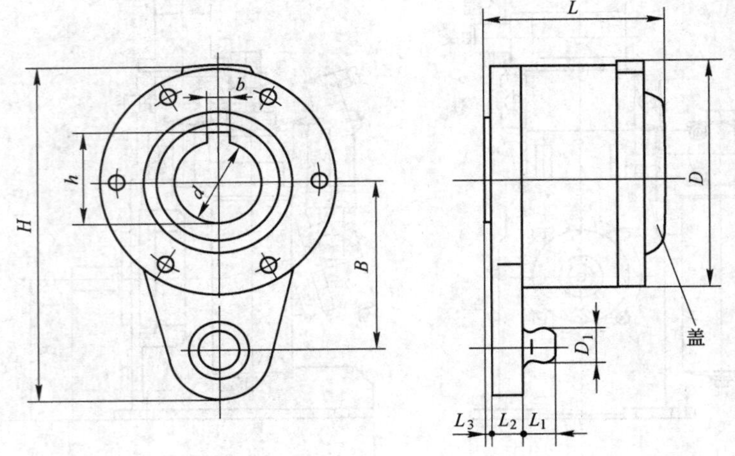

图 17-83　NF 型非接触式逆止器

表 17-114　NF 型非接触式逆止器主要技术参数

逆止器规格	NF10	NF16	NF25	NF40	NF63	NF80	NF100	NF125	NF160	NF200	NF250
额定逆止力矩/N · m	1000	1600	2500	4000	6300	8000	10000	12500	16000	20000	25000
非接触转速/r · min^{-1}	450	450	425	425	400	400	400	375	375	350	350
最大转速/r · min^{-1}	1500	1500	1500	1500	1500	1500	1500	1500	1000	1000	1000

表 17-115　NF 型非接触式逆止器外形安装尺寸　　mm

逆止器规格	外形安装尺寸										最大重量 /kg
	d_{max}	d_{min}	D	D_1	H	B	L	L_1	L_2	L_3	
NF10	50	32	190	28	278	150	162	25	20	5	28
NF16	60	45	208	32	305	160	167	25	22	5	31

续表 17-115

逆止器规格	外形安装尺寸										最大重量/kg
	d_{max}	d_{min}	D	D_1	H	B	L	L_1	L_2	L_3	
NF25	70	50	230	38	330	170	172	25	25	5	38
NF40	80	60	245	42	358	185	183	28	30	5	49
NF63	90	70	260	45	378	195	196	30	35	5	62
NF80	100	80	275	48	410	210	200	35	35	5	73
NF100	110	90	295	52	440	225	238	35	45	5	98
NF125	130	100	330	58	492	250	262	40	50	8	154
NF160	140	110	360	62	532	260	273	40	55	8	175
NF200	150	120	405	65	590	300	275	50	58	8	214
NF250	160	130	440	70	646	335	285	50	63	8	256

表 17-116　NF 型非接触式逆止器标准安装孔尺寸　mm

d(E7)	32	38	40	42	45	48	50	55	60	65	70	75
h	35.3	41.3	43.3	45.3	48.8	51.8	53.8	59.3	64.4	69.4	74.9	79.9
b(C11)	10	12	12	12	14	14	14	16	18	18	20	20
d(E7)	80	85	90	95	100	110	120	130	140	150	160	
h	85.4	90.4	95.4	100.4	106.4	116.4	127.4	137.4	148.4	158.4	169.4	
b(C11)	22	22	25	25	28	28	32	32	36	36	40	

生产厂：浙江省宇龙机械有限公司；东莞市奥能实业有限公司；自贡运输机械集团股份有限公司中友机电设备有限公司；沈阳沈起技术工程有限责任公司。

17.7.2　浙江宇龙机械有限公司产品

17.7.2.1　NFA 型逆止器

NFA 型逆止器由 NF 型逆止器和相应的防转座组成，其主要技术尺寸、标准安装孔尺寸及防转座以外的外形安装尺寸均与同规格 NF 型逆止器相同。NFA 型逆止器如图 17-84 所示，外形尺寸见表 17-117。

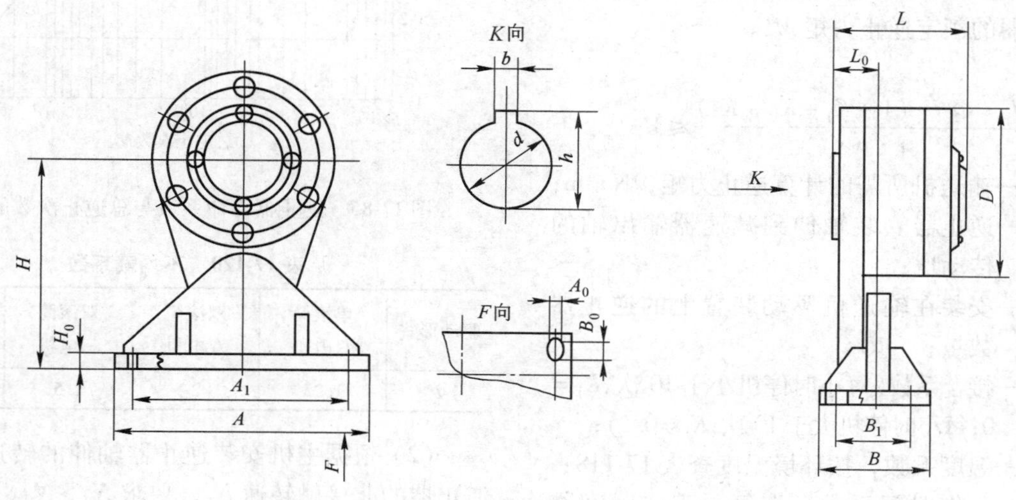

图 17-84　NFA 型逆止器

表 17-117 NFA 型逆止器外形安装尺寸 mm

规 格	d_{min}	d_{max}	S_{min}	S_{max}	D	L	L_0	H	H_0	A	A_1	A_0	B	B_1	B_0	重量/kg
NFA10	32	50	110	145	190	162	36	215	12	200	160	14	95	60	20	31
NFA16	45	60	110	150	208	167	38	225	12	200	160	14	95	60	20	35
NFA25	50	70	115	155	230	172	43	250	16	250	200	18	120	75	25	44
NFA40	60	80	120	166	245	183	48	265	16	250	200	18	120	75	25	55
NFA63	70	90	125	180	260	196	56	330	20	380	330	22	160	100	34	76
NFA80	80	100	130	185	275	200	56	345	20	380	330	22	160	100	34	93
NFA100	90	110	140	220	295	238	68	375	22	400	350	22	170	110	34	138
NFA125	100	130	160	250	330	262	76	400	22	400	350	22	170	110	34	173
NFA160	110	140	165	260	360	273	84	435	25	450	380	26	180	125	36	208
NFA200	120	150	175	260	405	275	87	465	25	450	380	26	180	125	36	269
NFA250	130	160	180	270	440	285	92	500	25	450	380	26	180	125	36	345

注：表中“S_{min}”和“S_{max}”分别为安装逆止器的轴伸所需的最小和最大长度。

A 型号及标记

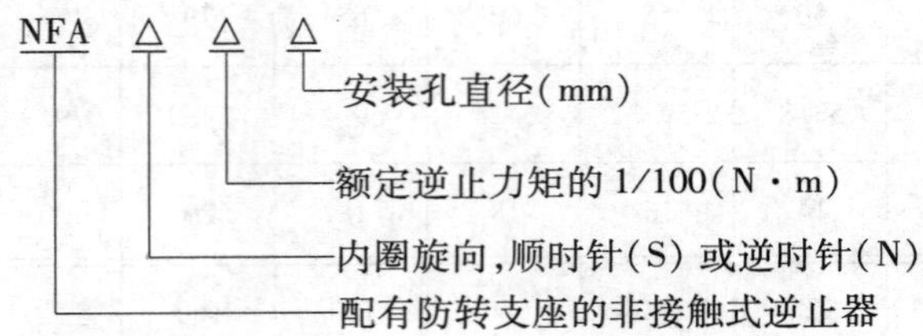

B 标记示例

NFAN100-90 表示：内圈逆时针方向旋转，额定逆止力矩 10000 N·m，安装孔直径为 90 mm 的带防转支座的非接触式逆止器。

C 选用说明

非接触式逆止器安装在减速器的高速轴轴伸或中间轴的轴伸上，逆止器的选型与其安装轴所需的逆止力矩、轴伸的转速及尺寸有关。以带式输送机为例其选型步骤如下：

(1) 根据工况计算所需逆止力矩 M，M 要小于或等于逆止器的额定逆止力矩 M_n。

即：

$$M=\frac{M_r\cdot\Phi\cdot\ (1+K_J+K_U+K_S)}{i\cdot n\cdot f}\leqslant M_n$$

式中 M_r——输送机所需的计算逆止力矩，N·m；

i——逆止器安装轴伸到减速器输出轴的传动比；

n——安装在输送机驱动装置上的逆止器数量；

K_J——接合系数(每小时停机小于 10 次,K_J = 0;每小时停机大于 10 次,K_J = 0.1)；

K_U——温度系数，按环境温度查表 17-118；

K_S——工作时间系数，按每天工作时间查表 17-119；

f——寿命系数，按逆止总次数查图17-85；

Φ——不均载系数，根据输送机布置形式确定，单驱动；多驱动可按表 17-120 查取。

表 17-118 温度系数

环境温度/℃	20	30	40	50	60	70
K_U	0	0.1	0.2	0.3	0.4	0.5

表 17-119 工作时间系数

每天工作时间/h	<2	2~6	7~12	>12
K_S	0	0.1	0.2	0.3

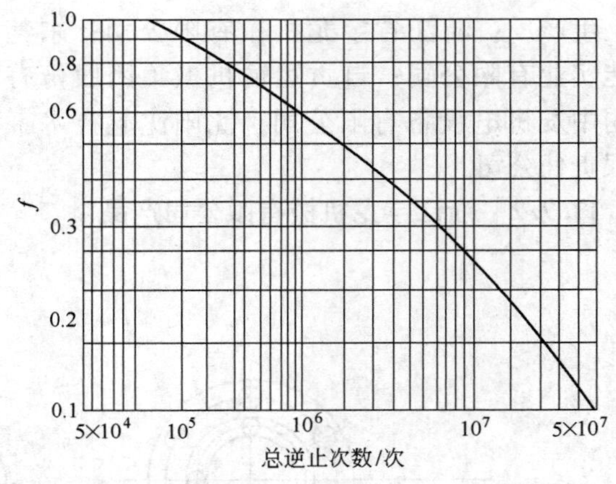

图 17-85 逆止器寿命系数与总逆止次数的关系

表 17-120 不均载系数

驱动形式	单滚筒双电机	双滚筒双电机	双滚筒三电机	双滚筒四电机
Φ	1.25	2	1.5	2

(2) 根据主机安装逆止器轴伸的转速 N_d 校核逆止器的非接触转速 N_F，要求 $N_d>N_F$。

(3) 根据安装逆止器的轴伸尺寸确定逆止器的

安装孔直径。

（4）确定逆止器的旋转方向，面对其安装轴伸的外端面观察，轴伸顺时针方向旋转，内圈旋向代号为“S”；反之则为“N”。

（5）根据逆止力矩、逆止器安装孔直径和内圈的旋向代号，按前面所述的型号表示方法确定逆止器的型号。

D　安装及维护要求

（1）安装之前，检查轴的旋向是否和逆止器内圈正向旋向一致，当确定无误后，方可安装，否则将产生严重事故；

（2）安装逆止器时，只能对内圈施压，若用锤击内圈时，只能用软锤，不准锤击外圈、端盖，严禁对内圈加热；

（3）安装好的逆止器防转端盖不得承受沿销轴轴线方向的载荷，为此需 3～5 mm 的安装间隙，否则将会导致逆止器工作时温度大幅度地升高影响使用；

（4）使用环境温度为 -20～60℃；

（5）每半年加注一次润滑脂，工作半年后，应拆开清洗，并检查部件磨损情况，出现缺陷应立即更换；

（6）采用 2 号锂基润滑脂润滑，严禁采用含有极压添加剂、石墨、二硫化钼等成分的润滑脂；

（7）定期检查防转支座安装螺栓的紧固情况，确保紧固有效。

17.7.2.2　NJ（NYD）型逆止器

图 17-86 给出了不同型号 NJ（NYD）型逆止器的结构，具体参数及安装尺寸见表 17-121。

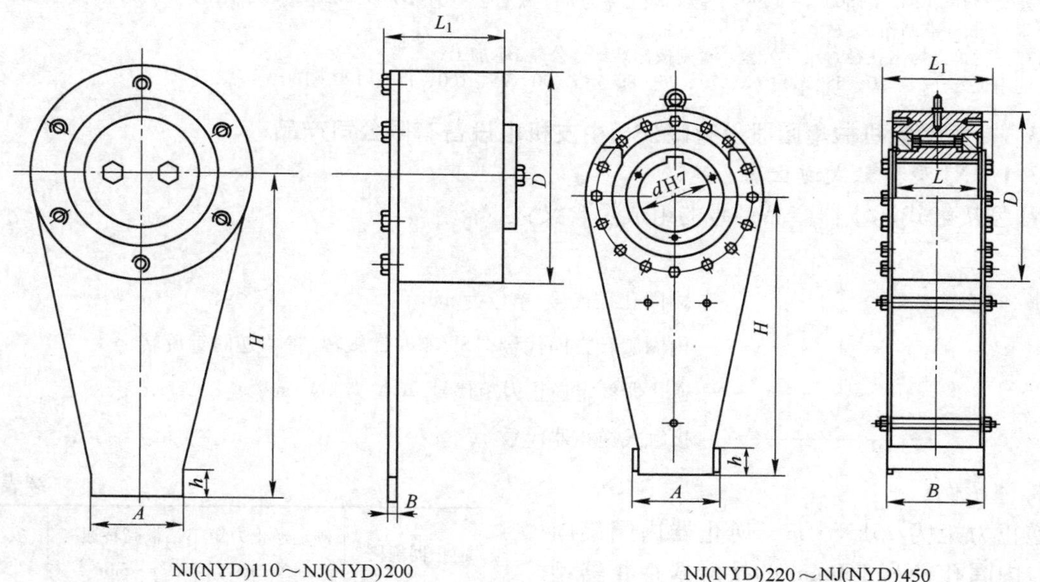

NJ(NYD)110～NJ(NYD)200　　NJ(NYD)220～NJ(NYD)450

图 17-86　NJ（NYD）型逆止器

表 17-121　NJ（NYD）型逆止器技术参数及安装尺寸

型　号	额定逆止力矩 T_e /N·m	孔径范围 d/mm	内圈最高转速 /r·min^{-1}	空转阻力矩 /N·m	结构尺寸/mm									最大重量 /kg
					A	B	D	H	h_1	h	Φ	L	L_1	
NYD65	1600	50～65		4	50	6	160	226	30	16	13.5	85	106	13.5
NYD75	2500	60～75		5	65	6	170	269	35	19	16.5	85	106	16.1
NYD85	6000	70～85	150	8	95	9	210	329	45	29	20.5	110	135	29.2
NYD95	8000	80～95		10	105	9	230	382	55	32	20.5	110	138	37.2
NYD110	11000	90～110		15	110	12	270	425	60	40	26	110	141	46.1
NYD130	16000	100～130		20	120	12	320	506	65	36	26	130	161	82.8
NYD160	25000	120～160	100	35	120	20	360	612	65	32	31	140	183	125
NYD200	38000	160～200		45	130	20	430	623	70	43	41	160	207	180

续表 17-121

型　号	额定逆止力矩 T_e/N · m	孔径范围 d/mm	内圈最高转速 /r · min^{-1}	空转阻力矩 /N · m	结构尺寸/mm							最大重量 /kg
					A	B	D	H	h	L	L_1	
NYD220	50000	160 ~ 220	80	75	238	259	500	820	80	230	303	351
NYD250	90000	180 ~ 250	50	95	288	323	600	1000	100	290	367	675
NYD270	125000	200 ~ 270		100	298	323	650	1100	110	290	367	737
NYD300	180000	230 ~ 300		110	356	335	780	1300	135	290	392	1123
NYD320	270000	250 ~ 320		140	386	345	850	1500	135	320	412	1425
NYD350	320000	250 ~ 350		160	414	360	930	1600	135	360	426	1955
NYD420	520000	320 ~ 420		220	474	484	1030	1800	165	450	550	2930
NYD450	700000	350 ~ 450		250	526	494	1090	2000	165	480	574	3380

注：1. 孔公差为 H7（GB/T 1800.4—1999），推荐轴公差为 h6，配合公差为 H7/h6，键槽按 GB/T 1095—1979 的 Js9、GB/T 1184—1996 的 7 ~ 9 级标准制作；
2. 请在订货单上标出孔径、尺寸公差，否则按标准配合公差 H7 加工；
3. 请选用优先孔径：50、55、60、65、70、75、80、85、90、95、100、110、120、130、…。

17.7.3　自贡运输机械集团股份有限公司中友机电设备有限公司产品

17.7.3.1　NJ 型接触式逆止器

（1）NJ 型接触式逆止器产品型号的组成及含义：

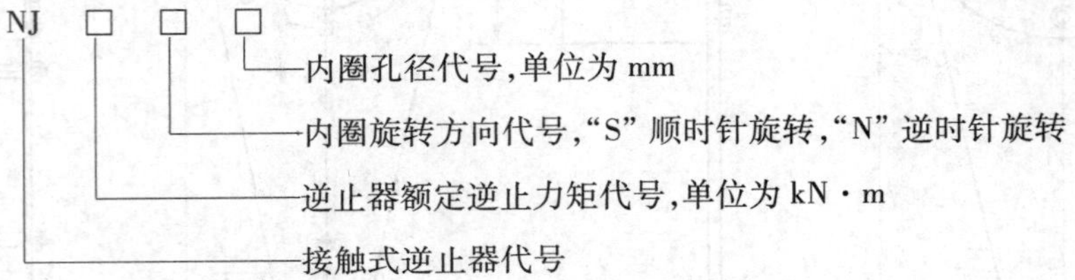

（2）标注示例：

额定逆止力矩为 25kN · m，逆止器内圈旋向为顺时针，内圈孔径为 160mm 的接触式逆止器型号标注为：NJ25S-160。

NJ 型接触式逆止器的主要技术参数如表 17-122所示。

表 17-122　NJ 型接触式逆止器主要技术参数

逆止器规格	额定逆止力矩 /N · m	最高转速 /r · min^{-1}	安装孔径范围 /mm
NJ11	11000	150	90 ~ 110
NJ16	16000	100	100 ~ 130
NJ25	25000	100	120 ~ 160
NJ38	38000	100	160 ~ 200
NJ50	50000	80	160 ~ 220
NJ90	90000	50	180 ~ 250

续表 17-122

逆止器规格	额定逆止力矩 /N · m	最高转速 /r · min^{-1}	安装孔径范围 /mm
NJ125	125000	50	200 ~ 270
NJ180	180000	50	230 ~ 300
NJ270	270000	50	250 ~ 320
NJ320	320000	50	250 ~ 350
NJ520	520000	50	320 ~ 420
NJ700	700000	50	350 ~ 450

NJ 型接触式逆止器矿用产品安全标志证书编号：

MCA120112、MCA120113、MCA120114、MCA120115。

NJ 型接触式逆止器的外形和安装尺寸如图 17-87及表 17-123 所示。

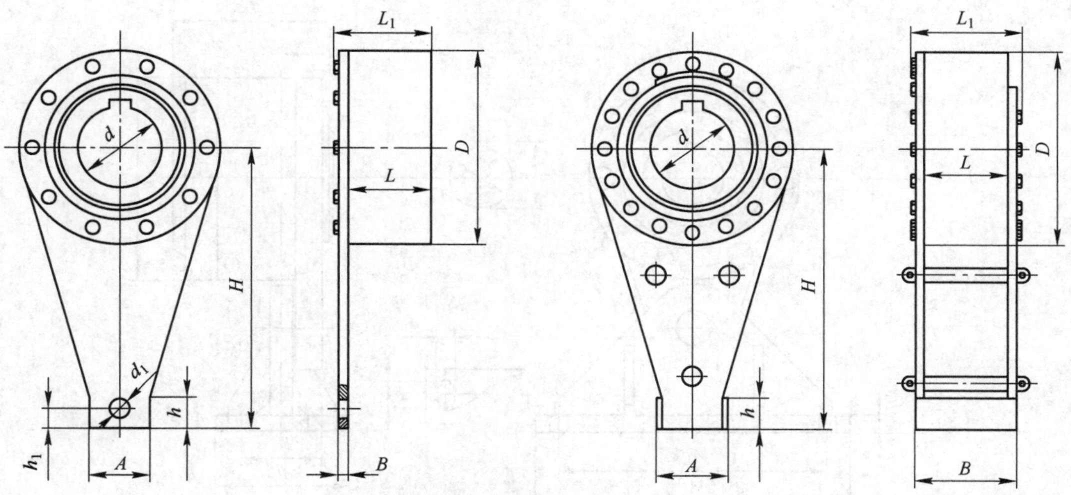

图 17-87　NJ 型接触式逆止器

表 17-123　NJ 型接触式逆止器外形安装尺寸　mm

逆止器规格	d	A	B	D	H	h	d_1	h_1	L	L_1
NJ11	90～110	110	12	270	425	60	26	40	110	141
NJ16	100～130	120	12	320	506	65	26	40	130	161
NJ25	120～160	120	20	360	612	65	30	40	140	183
NJ38	160～200	130	20	430	623	70	40	40	160	207
NJ50	160～220	230	250	500	820	80			230	303
NJ90	180～250	288	323	600	1000	100			290	367
NJ125	200～270	298	323	650	1100	110			290	367
NJ180	230～300	356	335	780	1300	135			290	392
NJ270	250～320	386	345	850	1500	135			320	412
NJ320	250～350	414	360	930	1600	135			360	426
NJ520	300～400	474	484	1030	1800	165			450	550
NJ700	350～450	526	494	1090	2000	165			480	574

17.7.3.2　NFG 型非接触式逆止器

NFG 型非接触式逆止器产品型号的组成及含义：

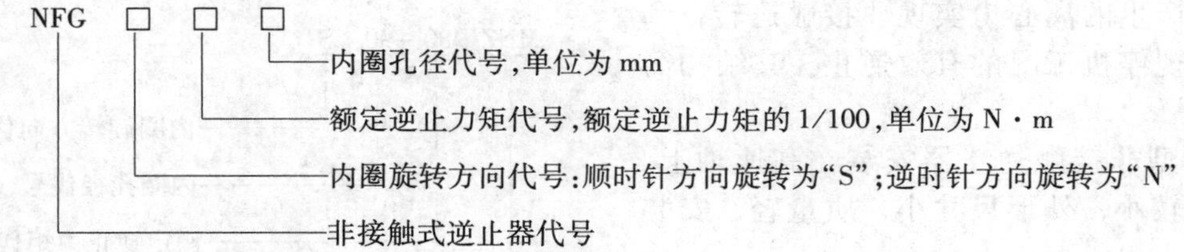

标注示例：

额定逆止力矩为 2500N · m，逆止器内圈旋向为顺时针，内圈孔径为 60mm 的非接触式逆止器型号标注为：NFS25-60。

NFG 型非接触式逆止器的外形及安装尺寸见图 17-88 和表 17-123。

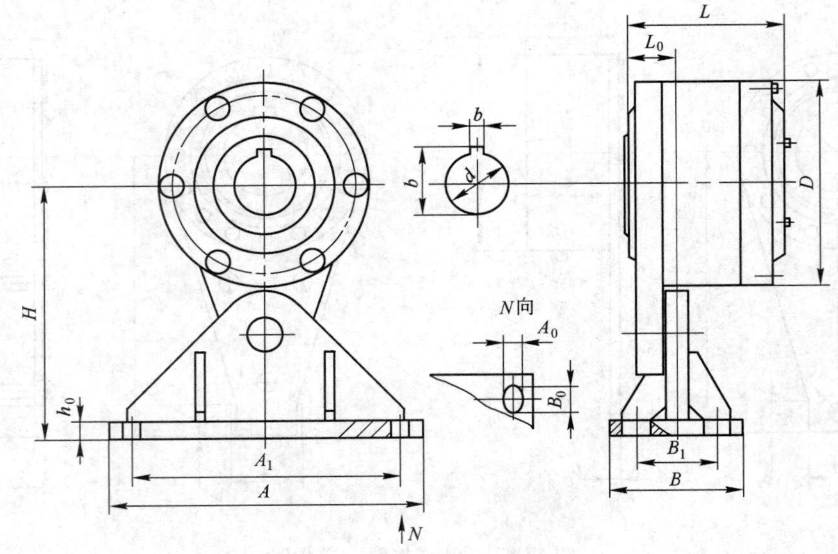

图 17-88 NFG 型非接触式逆止器

表 17-124 NFG 型非接触式逆止器的外形安装尺寸 mm

规 格	d_{min}	d_{max}	S_{min}	S_{max}	D	L	L_0	H	h_0	A	A_1	A_0	B	B_1	B_0
NFG10	32	50	110	145	190	162	36	215	12	200	160	14	95	60	20
NFG16	45	60	110	150	208	167	38	225	12	200	160	14	95	60	20
NFG25	50	70	115	155	230	172	43	250	16	250	200	18	120	75	25
NFG40	60	80	120	166	245	183	48	265	16	250	200	18	120	75	25
NFG63	70	90	125	180	260	196	56	330	20	380	330	22	160	100	34
NFG80	80	100	130	185	275	200	56	345	20	380	330	22	160	100	34
NFG100	90	110	140	220	296	238	68	375	22	400	350	22	170	110	34
NFG125	100	130	160	250	330	262	76	400	22	400	350	22	170	110	34
NFG160	110	140	165	260	360	273	84	435	25	450	380	26	180	125	36
NFG200	120	150	175	260	410	275	87	465	25	450	380	26	180	125	36
NFG250	130	160	180	270	450	285	92	500	25	450	380	26	180	125	36

注：表中 S_{min} 和 S_{max} 分别为安装逆止器的轴伸所需的最小和最大长度。

17.7.4 中煤科工集团上海研究院 MNZ 系列非接触式逆止器

17.7.4.1 产品特点

（1）MNZ 系列非接触式逆止器是利用偏心楔块在运转工况产生的离心力实现非接触运转，利用自锁原理实现停机工况的有效逆止。其结构简单，工作可靠。

（2）MNZ 型非接触逆止器安装在高速轴上，所需逆止力矩较小，外形尺寸小，质量轻，安装维护方便。

（3）多机驱动工况，可配套使用专利产品液压均载装置，保证多台逆止器均匀承载。

17.7.4.2 应用范围

可用于冶金、矿山、化工、建材、运输、能源等部门，转速范围 $395 \leqslant n \leqslant 1500$r/min，工作环境温度 -20～45℃。

17.7.4.3 产品选型示例

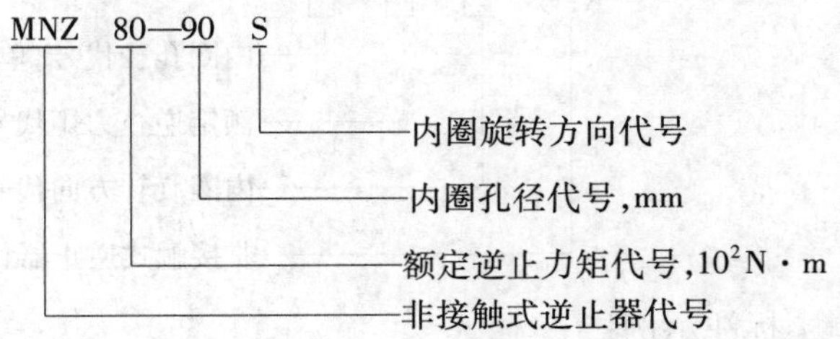

MNZ 系列非接触式逆止器技术参数如表 17-125 所示。

表 17-125　MNZ 系列非接触式逆止器技术参数

型　号	MNZ63	MNZ80	MNZ100	MNZ125
额定逆止力矩/N·m	6300	8000	10000	12500
阻力矩/N·m	3.0	3.0	3.0	4.5
最小非接触转速/$r \cdot min^{-1}$	395	395	395	370
最高转速/$r \cdot min^{-1}$	1500	1500	1500	1500
最大质量/kg	65	75	100	160

17.7.4.4　外形和安装尺寸

MNZ 系列非接触式逆止器外形和安装尺寸见图 17-89 及表 17-126。

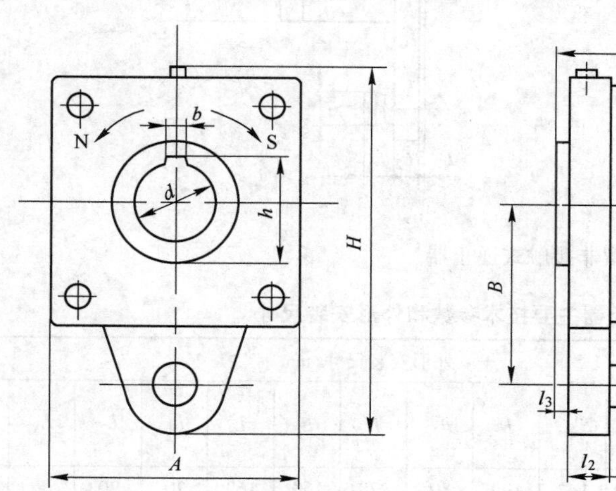

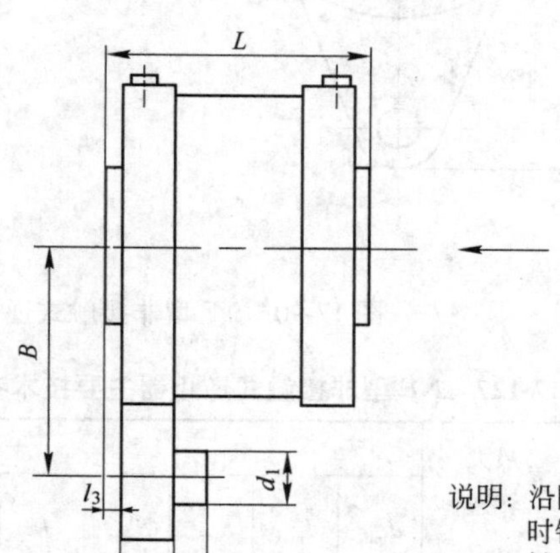

说明：沿图示观察方向，S为内圈按顺时针方向旋转；N为内圈按逆时针方向旋转。

图 17-89　MNZ 系列非接触式逆止器

表 17-126　MNZ 系列非接触式逆止器安装尺寸　mm

型　号	d	b	h	A	d_1	H	B	L	l_1	l_2	l_3
MNZ63	70	20	74.9	270	45	415	195	180	30	35	5
	75	20	79.4								
	80	22	85.4								
	85	22	90.4								
	90	25	95.4								
MNZ80	80	22	85.4	285	48	443	210	185	35	35	5
	85	22	90.4								
	90	25	95.4								
	95	25	100.4								
	100	28	106.5								
MNZ100	90	25	95.4	305	52	475	225	220	35	45	5
	95	25	100.4								
	100	28	106.4								
	110	28	116.4								
MNZ125	100	28	106.4	340	58	525	250	250	40	50	8
	110	28	116.4								
	120	32	127.4								
	130	32	137.4								

17.7.5　东莞市奥能实业有限公司产品

17.7.5.1　NF 型逆止器

NF 型非接触式逆止器的主要技术参数和外形安装尺寸见图 17-90 和表 17-127，标准安装孔尺寸见表 17-128。

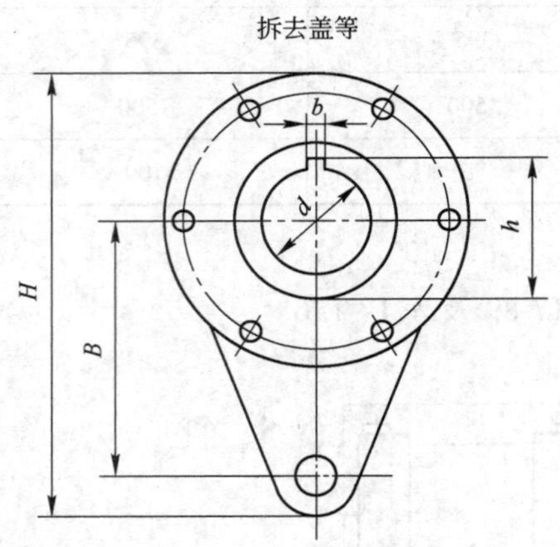

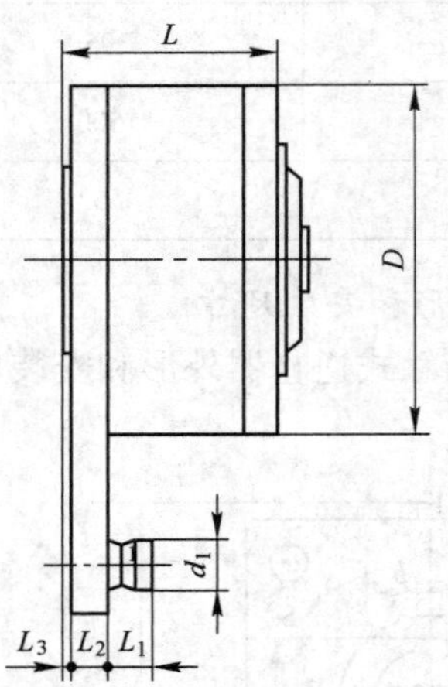

图 17-90　NF 型非接触式逆止器

表 17-127　NF 型非接触式逆止器主要技术参数和外形安装尺寸

逆止器规格	额定逆止力矩 /N·m	非接触转速 /r·min^{-1}	最大转速 /r·min^{-1}	外形安装尺寸/mm												
				d_{min}	d_{max}	S_{min}	S_{max}	D	d_1	H	B	L	L_1	L_2	L_3	重量 /kg
NF10	1000	420	1500	32	50	80	142	190	30	278	150	162	20	20	5	28
NF16	1600			45	60	90	148	208	30	300	160	168	20	22	5	31
NF25	2500	400		50	70	100	152	230	40	330	170	172	25	25	5	38
NF40	4000			60	80	110	162	245	40	353	185	185	25	30	5	49
NF63	6300	375		70	90	120	178	265	45	380	195	198	30	35	5	65
NF80	8000			80	100	140	182	290	45	410	210	200	30	35	5	82
NF100	10000			90	110	160	218	320	55	440	225	238	32	45	5	119
NF125	12500	355		100	130	175	248	340	55	480	250	262	32	50	8	152
NF160	16000		1000	110	140	190	258	370	62	520	260	275	40	55	8	183
NF200	20000	315		120	150	200	258	420	62	585	300	275	40	58	8	244
NF250	25000			130	160	210	268	470	65	655	335	285	42	63	8	341
NF315	31500	295		140	170	220	278	520	65	735	395	290	42	22	8	397

注：S_{min} 和 S_{max} 分别为逆止器安装轴伸的最小和最大长度。

表 17-128　NF 型非接触式逆止器标准安装孔尺寸　　mm

d(E7)	38	38	40	42	45	48	50	55	60	65	70	75
b(C11)	10	10	12	12	14	14	14	16	18	18	20	20
h	35.3	41.3	43.3	45.3	48.8	51.8	53.8	59.3	64.4	69.4	74.9	79.9
d(E7)	80	85	90	95	100	110	120	130	140	150	160	170
b(C11)	22	22	25	25	28	28	32	32	36	36	40	40
h	85.4	90.4	95.4	100.4	106.4	116.4	127.4	137.4	148.4	158.4	169.4	179.4

注：h 尺寸及公差按 GB 1095—1979 制造。

17.7.5.2　NJ（NYD）型逆止器

NJ（NYD）型逆止器及技术参数和安装尺寸见图 17-91 及表 17-129。

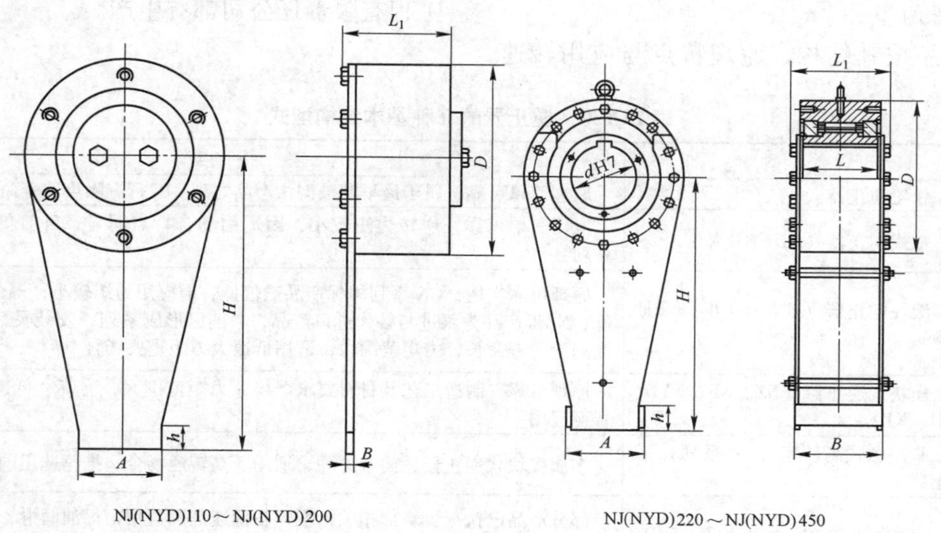

NJ(NYD)110～NJ(NYD)200　　NJ(NYD)220～NJ(NYD)450

图 17-91　NJ（NYD）型逆止器

表 17-129　NJ（NYD）型逆止器技术参数及安装尺寸

型　号	额定逆止力矩 T_e /N·m	孔径范围 d/mm	内圈最高转速 /r·min⁻¹	空转阻力矩 /N·m	结构尺寸/mm									最大重量 /kg
					A	B	D	H	h_1	h	Φ	L	L_1	
NYD65	1600	50～65	150	4	50	6	160	226	30	16	13.5	85	106	13.5
NYD75	2500	60～75		5	65	6	170	269	35	19	16.5	85	106	16.1
NYD85	6000	70～85		8	95	9	210	329	45	29	20.5	110	135	29.2
NYD95	8000	80～95		10	105	9	230	382	55	32	20.5	110	138	37.2
NYD110	11000	90～110	100	15	110	12	270	425	60	40	26	110	141	46.1
NYD130	16000	100～130		20	120	12	320	506	65	36	26	130	161	82.8
NYD160	25000	120～160		35	120	20	360	612	65	32	31	140	183	125
NYD200	38000	160～200		45	130	20	430	623	70	43	41	160	207	180

型　号	额定逆止力矩 T_e /N·m	孔径范围 d/mm	内圈最高转速 /r·min⁻¹	空转阻力矩 /N·m	结构尺寸/mm							最大重量 /kg
					A	B	D	H	h	L	L_1	
NYD220	50000	160～220	80	75	238	259	500	820	80	230	303	351
NYD250	90000	180～250	50	95	288	323	600	1000	100	290	367	675
NYD270	125000	200～270		100	298	323	650	1100	110	290	367	737
NYD300	180000	230～300		110	356	335	780	1300	135	290	392	1123
NYD320	270000	250～320		140	386	345	850	1500	135	320	412	1425
NYD350	320000	250～350		160	414	360	930	1600	135	360	426	1955
NYD420	520000	320～420		220	474	484	1030	1800	165	450	550	2930
NYD450	700000	350～450		250	526	494	1090	2000	165	480	574	3380

注：1. 孔公差为 H7（GB/T 1800.4—1999），推荐轴公差为 h6，配合公差为 H7/h6，键槽按 GB/T 1095—1979 的 Js9、GB/T 1184—1996 的 7～9 级标准制作；
2. 请在订货单上标出孔径、尺寸公差，否则按标准配合公差 H7 加工；
3. 请选用优先孔径：50、55、60、65、70、75、80、85、90、95、100、110、120、130、…。

17.7.6 沈阳沈起技术工程有限责任公司产品

17.7.6.1 逆止器的型式和选择

A 逆止器的型式

逆止器产品按其结构、原理特点与应用转速或润滑方式不同，可分为表17-130所示的几种基本结构型式，这些型式的逆止器，沈阳沈起技术工程有限责任公司都有生产。

表17-130 逆止器的几种基本结构型式

分类原则	类　型	特　点
结构、原理	棘轮逆止器	原理简单可靠，属于最早期被淘汰产品之列。运行有噪声，寿命和转速受限
	带式逆止器（ND、TD型）	应用简单可靠，逆转力矩较小，因适用场合特点明显，目前仍有使用，有标准系列
	滚柱逆止器（GN、DTⅡ、NZⅢ型）	原理可靠实用，GN系列国标产品造价低，但应用力矩较小，寿命短，适用转速较低；NZⅢ产品为跟进与替代进口产品，目前已形成系列，安装灵活，使用可靠，稀油润滑，寿命长，力矩范围大，适用低速大力矩重要场合
	楔块式逆止器（NZ、NF、NYD、NJ、NJD）	原理可靠，制造工艺及材料要求严格，力矩范围大，有高、低速两类，目前得到普遍应用
转速（稀油、脂润滑）	非接触式高转速（NF系列）逆止器	多属楔块式逆止器，离心原理，适用于高转速场合，推荐选用国标系列产品
	接触式逆止器（NJZ、NJD、DSN、NZⅡ、NZⅢ、NJX）	部分产品已执行煤炭部相关标准，在低速范围选用，稀油润滑，逆转力矩范围大，多用在较大力矩逆止需求的场合，产品经规范“MA”矿用产品安全认证，可放心选用，是进口产品理想替代品

B 逆止器的选择及安装

（1）根据工作机械的工作特性计算安装逆止器轴的理论逆转力矩 T，再乘以安全系数 S_t 确定反转力矩 T_c，要求被选逆止器的额定逆止力矩 T_n 大于等于计算的反转力矩，即

$$T_c = S_t \times T \leqslant T_n$$

S_t 为逆止器工况安全系数，一般取1.5～2.0，以应用场合逆转频次与超载可能性比较，一般平均逆止频次越高（多于三次）或（没有定量给料装置）超载可能性越大选取的 S_t 越大，反之越小。

（2）校验安装逆止器轴的工作转速要符合逆止器额定的最低或最高转速要求。

（3）校验安装轴直径要小于所选逆止器内孔最大极限值。

（4）确定安装轴工作时的工作旋向，站在轴头看轴端工作时顺时针为“S”，反之为“N”。

（5）最后校验确定安装方式与逆转支座结构要符合相应逆止器的安装尺寸、使用规程和受力强度。

（6）带式输送机逆止力矩计算见本手册第3章，斗式提升机及其他设备请按相应公式或标准计算逆转力矩。

（7）推荐逆止器产品与轴安装配合公差采用H7/h6或对应小间隙配合，必要时需要校验键的强度和采用特殊增加强度或数量的处理办法。

（8）注意安装逆转力臂的限位挡板的强度，固定方式要特别注意留有合理安装间隙或安全空间。

（9）运行调试时要注意先切断已安装逆止器轴的动力传递，防止试车不当或反车造成动力性损坏。

17.7.6.2 NJZ系列低速接触式逆止器（推荐产品）

该系列逆止器是总结国产大扭矩逆止器应用特点和经验教训，结合近年国外先进产品的优点推出的新产品。该系列产品增大了工作可靠性，改进了润滑系统，优化了安装结构，是目前主要性能已达到国外同类产品水平的标志性产品，完全可以替代进口产品。其技术参数见表17-131。

表17-131 NJZ型接触式逆止器技术参数

型　号	额定逆止力矩 /N·m	孔径范围 d/mm	内圈最高转速 /r·min^{-1}	空转阻力矩 /N·m	最大重量/kg
NJZ16	16000	100～130	150	20	98
NJZ25	25000	120～160	130	32	112
NJZ38	38000	160～200	130	40	182
NJZ50	50000	160～220	100	68	354
NJZ90	90000	180～250	100	95	644
NJZ130	130000	200～270	90	100	780
NJZ200	200000	230～300	90	110	1250

续表 17-131

型　号	额定逆止力矩 /N·m	孔径范围 d/mm	内圈最高转速 /r·min^{-1}	空转阻力矩 /N·m	最大重量/kg
NJZ280	280000	250～320	90	140	1530
NJZ330	330000	260～350	80	160	2050
NJZ530	530000	320～420	80	220	3150
NJZ710	710000	350～450	80	250	3580
NJZ1000	1000000	380～480	70	280	3997

NJZ 逆止器型号的组成和排列方式如下：

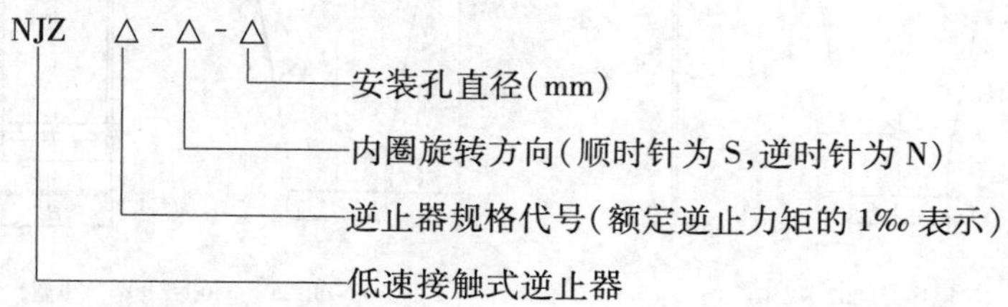

标记示例：NJZ330-S-300 表示接触式逆止器，其额定力矩 330000N·m 内圈旋向为顺时针，内圈安装孔直径为 300mm。

NJZ 型接触式逆止器的外形及安装尺寸见图 17-92 和表 17-132。

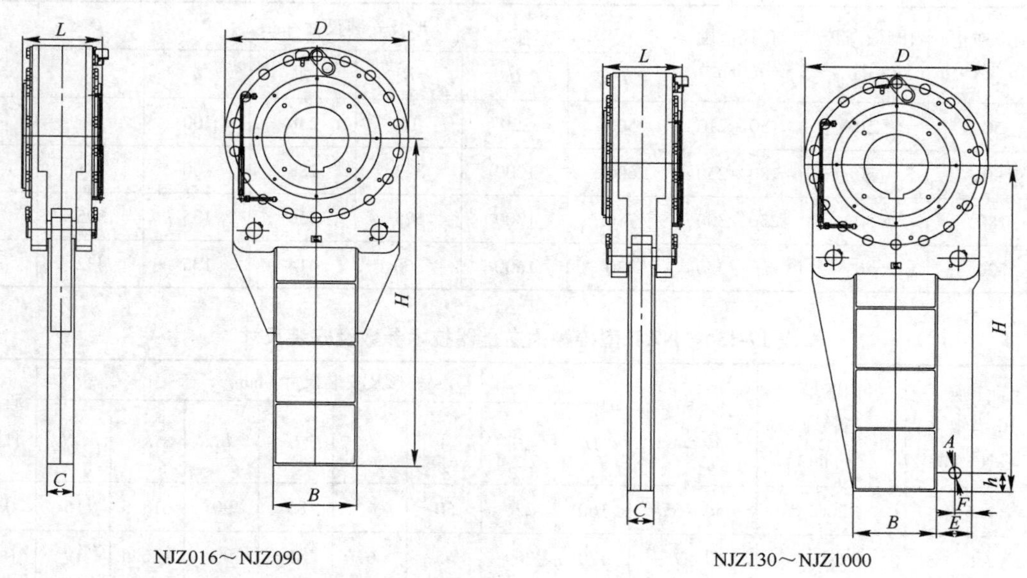

图 17-92　NJZ 型接触式逆止器

表 17-132　NJZ 型接触式逆止器安装尺寸　mm

型　号	A	B	C	D	E	F	H	h	L
NJZ16	—	120	74	320	—	—	506	—	150
NJZ25	—	140	80	360	—	—	800	—	150
NJZ38	—	160	88	430	—	—	850	—	160
NJZ50	—	200	100	500	—	—	1000	—	240
NJZ90	—	250	120	600	—	—	1200	—	290
NJZ130	40	280	120	650	120	60	1100	80	290
NJZ200	45	320	130	780	135	60	1300	80	290
NJZ280	50	360	140	850	150	70	1500	100	320
NJZ330	55	400	140	930	160	70	1600	100	360
NJZ530	60	450	150	1030	180	80	1800	120	450
NJZ710	70	500	160	1090	210	100	2000	120	480
NJZ1000	80	560	170	1200	230	100	2200	150	500

注：键槽按 GB/T 1095—2003 中的 D10 标准制作。若上述条件不能满足用户的要求，其特殊要求或使用条件可在订货时注明。特殊空间位置安装受限或替代其他同类设备改造时，须在订货时约定，或提供图样的方式订制非标力臂。

17.7.6.3 NZ、NZⅡ型逆止器

NZ、NZⅡ型逆止器及其技术参数、安装尺寸如图17-93、表17-133和表17-134所示。

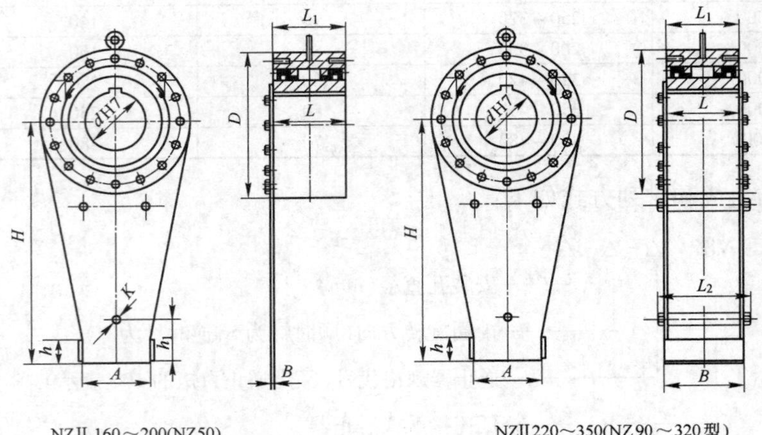

图17-93 NZ、NZⅡ型逆止器

表17-133 NZ型逆止器技术参数及安装尺寸

逆止器型号	额定逆止力矩/kN·m	内圈最高转速/r·min^{-1}	孔径范围 d/mm	外形及安装尺寸/mm						重量/kg
				D	H	B	A	h	L_2	
NZ50	50	50	150~210	500	820	14	238	100	—	390
NZ90	90	50	180~250	600	1000	323	288	100	371	745
NZ180	180	50	230~300	780	1300	325	356	135	395	1280
NZ320	320	50	250~350	930	1600	360	414	135	432	2038

表17-134 NZⅡ型接触式逆止器技术参数及安装尺寸

逆止器型号	额定逆止力矩/kN·m	内圈最高转速/r·min^{-1}	孔径范围 d/mm	外形及安装尺寸/mm								油箱充油量/L	重量/kg
				D	H	A	B	L	L_1	K	h_1/L_2		
NZⅡ65	1.6	200	50~65	160	226	50	6	85	90	ϕ13.5	16	0.25	13.5
NZⅡ75	2.5	180	60~75	170	269	65	6	85	90	ϕ16.5	19	0.30	16.8
NZⅡ85	6	180	70~85	210	329	95	9	110	115	ϕ20.5	29	0.45	30.5
NZⅡ95	8	170	80~95	230	382	105	9	110	115	ϕ20.5	32	0.60	37
NZⅡ110	11	170	90~110	270	425	110	12	130	135	ϕ26	40	0.75	53
NZⅡ130	16	120	100~130	320	506	120	12	140	145	ϕ26	36	1.3	84
NZⅡ160	25	110	120~160	360	612	120	20	160	165	ϕ31	38	1.4	166
NZⅡ200	38	110	160~200	430	623	130	20	170	175	ϕ41	43	1.9	209
NZⅡ220	50	105	160~220	500	820	238	259	235	240	—	299	3.5	410
NZⅡ250	90	90	180~250	600	1000	288	323	290	295	—	371	8.4	745
NZⅡ270	125	80	200~270	650	1100	298	323	290	295	—	371	10	810
NZⅡ300	180	80	230~300	780	1300	356	335	290	295	—	395	15	1250
NZⅡ320	270	75	250~320	850	1500	386	345	320	305	—	412	16	1515
NZⅡ350	320	75	250~350	930	1600	414	360	320	320	—	432	18	1980

17.7.6.4 NJX 型稀油润滑接触式逆止器（重点推荐）

NJX 型系列逆止器是在“NZⅡ型”稀油润滑逆止器基础上推出的新型系列稀油润滑楔块接触式逆止器。该系列逆止器技术成熟，安装形式、技术性能与现行“NZⅡ”系列标准逆止器具有完全的替代性。NJX 型逆止器采用进口密封的稀油润滑与一体化外置可视油标的储油箱结构，突出稀油润滑优势，适合北方或温差较大的恶劣场合使用。外置补充油箱的结构可有效平衡与降低逆止器的工作温升、直观检视油位及其品质，以根据工况延长保养时间，进而提高了逆止器的使用寿命，在大扭矩、高带速的低速逆止器最高转速临界场合使用优势更为突出。应用过程的综合机械性能明显优于同类其他逆止装置，可广泛应用于大倾角带式输送机、斗式提升机、刮板链板输送机及其他有逆止要求的设备或重要场合，是“NJ、NYD、NZⅡ或 BS”等型逆止器的理想的更新替代产品。

（1）选型方法：与有关同类逆止器选型基本相同，因密封特性，设计安装轴轴头长度及轴装挡盖时有尺寸范围限定要求，最好与订货厂家沟通核定。

（2）型号标记：

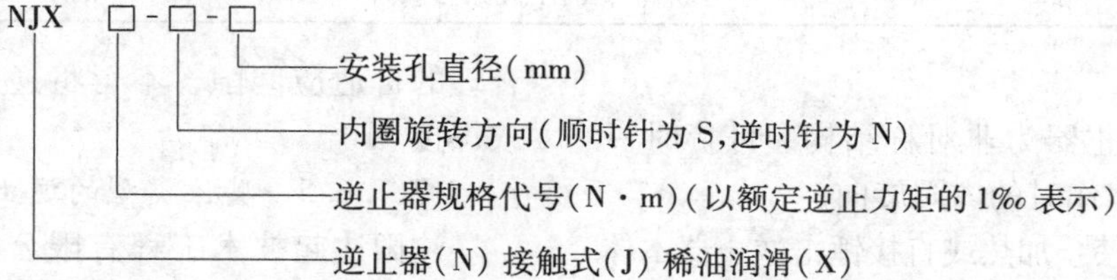

标记示例：逆止器规格为 NJX38-S-180：额定最大逆转力矩 38000N·m，安装孔径 180mm，顺时针方向自由旋转的稀油润滑逆止器。

（3）NJX 型逆止器的技术参数及安装尺寸分别如图 17-94 和表 17-135、表 17-136 所示。

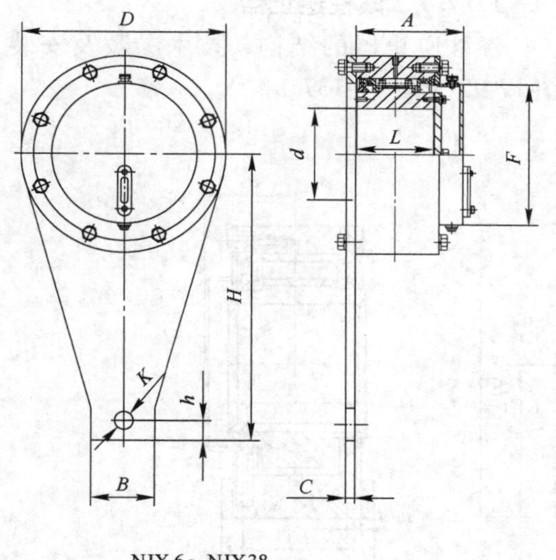

NJX 6～NJX38

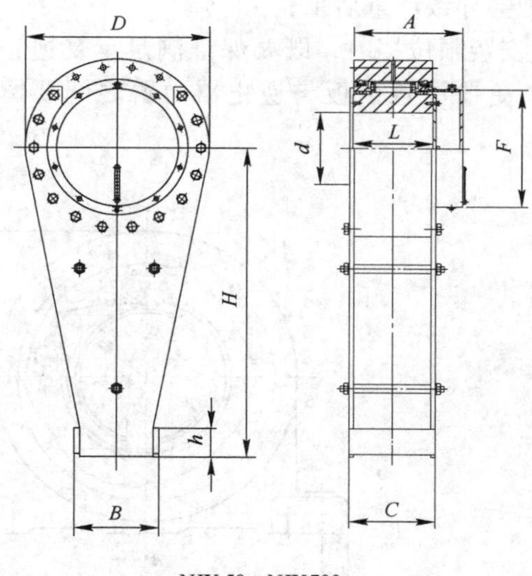

NJX 50～NJX700

图 17-94 NJX 逆止器

表 17-135 NJX6～NJX38 逆止器技术参数 mm

型号	承载能力 /N·m	最高转速 /r·min^{-1}	内圈孔径		A	B	D	C	H	F	L	K	充油量 /L	重量 /kg
			min	max										
NJX6	6000	190	70	85	186	95	210	9	329	145	110	20.5	0.5	32
NJX8	8000		80	95	186	105	230	9	382	160	110	20.5	0.65	41
NJX11	11000	170	90	110	186	110	270	12	425	172	110	26	0.8	50
NJX16	16000	125	100	130	196	120	320	12	506	215	130	26	1.4	88
NJX25	25000	110	120	160	205	120	360	20	612	250	140	31	1.5	150
NJX38	38000	110	160	200	225	130	430	20	623	307	160	41	2.0	214

表 17-136 NJX50 ~ NJX700 逆止器技术参数 mm

型 号	承载能力 /N·m	最高转速 /r·min⁻¹	内圈孔径 min	内圈孔径 max	A	B	D	C	H	F	L	h	充油量 /L	重量 / kg
NJX50	50000	110	160	220	330	238	500	259	820	300	230	80	3.5	378
NJX65	65000	105	180	240	360	260	540	279	900	335	250	90	5.0	492
NJX90	90000	95	180	250	420	288	600	323	1000	370	290	100	8	730
NJX125	125000	90	200	270	425	298	650	323	1100	390	290	110	10	792
NJX180	180000	90	230	300	425	356	780	335	1300	495	290	135	15	1193
NJX270	270000	80	250	320	440	386	850	345	1500	540	320	135	16	1490
NJX320	320000	70	250	350	455	414	930	360	1600	570	360	135	18	2045
NJX420	420000	65	300	400	610	450	1000	424	1700	680	420	150	25	2660
NJX520	520000	55	320	420	610	474	1030	484	1800	690	450	165	33	3015
NJX700	700000	50	350	450	640	526	1090	494	2000	700	480	165	35	3472

（4）注意事项：

1）NJX 系列逆止器为非对称结构，订货时一定要判断好逆止器工作时的内圈旋向；

2）安装逆止器禁止加热或直接锤击逆止器本体装配，所以要注意同时约束（检查）好安装轴和逆止器内孔公差，保证小间隙配合，推荐 H7/h6 配合；

3）强调稀油润滑逆止器推荐用油为 20 号机油（或透平油），不得使用含有任何级压添加剂油品，否则会导致严重后果；

4）安装限位挡时，既要保证满足承受逆止力的强度，更要注意挡板与逆止器力臂之间要留有合理的自适应间隙，不得将逆止器挡臂直接固定或焊接。

17.7.6.5 其他类型的逆止器

沈阳沈起技术工程有限公司的产品还包括了 NF 型非接触式逆止器（其外形结构及技术参数可参考 17.7.1 小节内容）、NJ(NYD)型逆止器（相关结构参数及安装尺寸可参考 17.7.2.2 小节内容）以及 DTⅡ滚柱逆止器。

17.7.7 滚柱逆止器

滚柱逆止器的结构、技术参数及安装尺寸见图 17-95 及表 17-137。

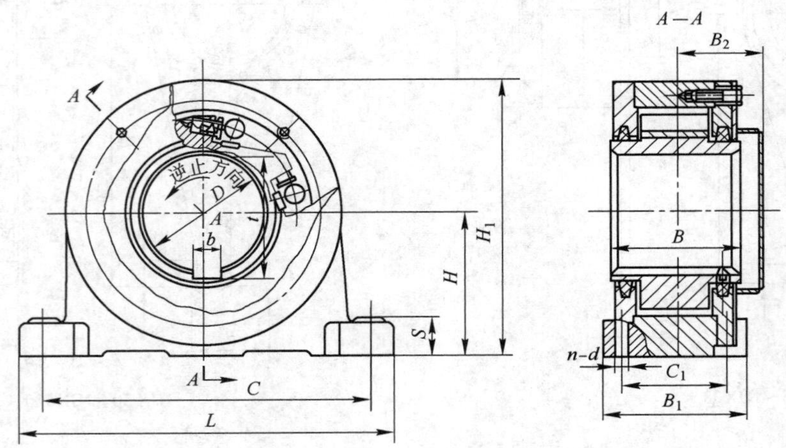

图 17-95 滚柱逆止器

表 17-137 滚柱逆止器技术参数和安装尺寸

<table>
<tr><th rowspan="2">逆止器规格</th><th rowspan="2">最大逆止力矩 /kN·m</th><th colspan="13">主要尺寸/mm</th><th rowspan="2">重量/kg</th></tr>
<tr><th>D</th><th>B</th><th>B_1</th><th>B_2</th><th>C</th><th>L</th><th>C_1</th><th>H</th><th>H_1</th><th>S</th><th>b</th><th>t</th><th>n-d</th></tr>
<tr><td>DTⅡN_1-9</td><td rowspan="3">6.9</td><td>90</td><td rowspan="3">140</td><td rowspan="3">140</td><td rowspan="3">175</td><td rowspan="3">400</td><td rowspan="3">450</td><td rowspan="3">90</td><td rowspan="3">160</td><td rowspan="3">310</td><td rowspan="4">48</td><td>25</td><td>95.4</td><td rowspan="4">4-φ21</td><td>92.8</td></tr>
<tr><td>DTⅡN_1-10</td><td>100</td><td rowspan="2">28</td><td>106.4</td><td>91.2</td></tr>
<tr><td>DTⅡN_1-11</td><td>110</td><td>116.4</td><td>89.4</td></tr>
<tr><td>DTⅡN_1-12</td><td>13.9</td><td>120</td><td>170</td><td>170</td><td>160</td><td>430</td><td>480</td><td>120</td><td>175</td><td>340</td><td>32</td><td>127.4</td><td>123.0</td></tr>
<tr><td>DTⅡN_1-14</td><td>23.3</td><td>140</td><td>230</td><td>230</td><td>220</td><td>510</td><td>580</td><td>170</td><td>215</td><td>420</td><td>53</td><td>36</td><td>148.4</td><td>4-φ26</td><td>192.0</td></tr>
</table>

18　带式输送机配套件产品资料

18.1　KA 系列带式输送机托辊轴承

托辊轴承是带式输送机托辊的主要零件，用量极大，因使用工况恶劣，所以消耗量也极大。由中国煤炭科工集团上海研究院研制的托辊轴承系列，采用了柔性的尼龙保持架，以及采用加大钢球直径，增大轴承的径向游隙和沟槽曲率等措施，大大提高了托辊轴承在恶劣工况下的使用寿命，也相应降低了托辊轴承的旋转阻力。

该系列托辊轴承适用于煤矿（井下、露天、选煤）以及港口、电力、冶金、化工、矿山、建工等工作场所带式输送机托辊用滚动轴承。

KA 系列托辊轴承的公称尺寸见图 18-1 及表 18-1，性能参数见表 18-2。

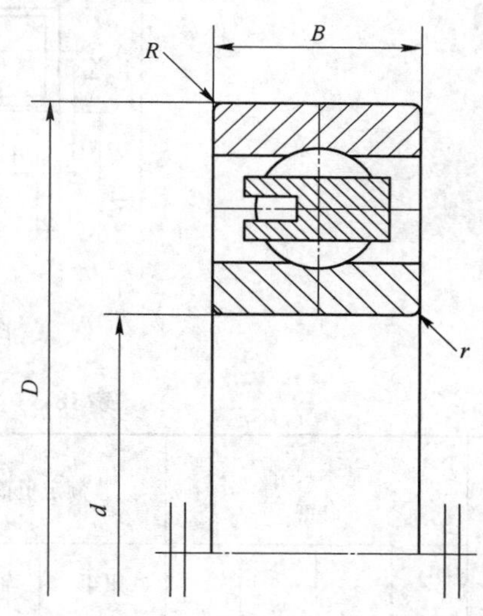

图 18-1　KA 系列托辊轴承

表 18-1　KA 系列托辊轴承的公称尺寸　　mm

轴承型号	内径 d	外径 D	宽度 B	内圆倒角 r_{smin}	外圆倒角 R_{smin}
204KA	20	47	14	0.4	1
205KA	25	52	15	0.4	1
305KA	25	62	17	0.4	1.1
306KA	30	72	19	0.4	1.1
307KA	35	80	21	0.4	1.5
308KA	40	90	23	0.4	1.5

表 18-2　KA 系列托辊轴承的性能参数

轴承型号	钢球直径 /mm	钢球数	工作速度 /r·min^{-1}	角度允差 /rad	极限负载 /kN
204KA	8.7312	7	<1200	0.004	11
205KA	8.7312	8	<1000	0.004	12
305KA	11.5094	7	<900	0.004	19
306KA	13.0000	7	<850	0.004	23
307KA	14.0000	7	<800	0.004	28
308KA	15.8750	7	<650	0.004	36

生产厂：中国煤炭科工集团上海研究院。

18.2 胀套

ZT9(Z9)型胀套结构尺寸及基本参数如图 18-2 及表 18-3 所示。

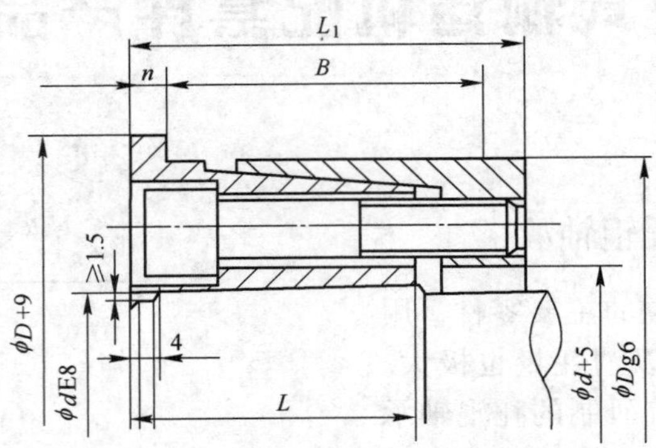

图 18-2　ZT9(Z9)型胀套

表 18-3　ZT9(Z9)型胀套基本尺寸及参数

规格 d×D /mm×mm	基本尺寸 /mm				额定负荷		单位面积接触压强 /MPa		螺栓 (GB 70—85-12.9 级)		拧紧力矩 T_A /N·m	重量 /kg
	L_1	n	B	L	扭矩 M_t /N·m	轴向力 P_{ax} /kN	轴 P_w	毂 P_n	数量 /个	规格		
100×145	75	5	65	54	9600	192	102	78	8	M12×60	145	4.7
110×155					10500	197	93	73	8			5.1
120×165					13000	216	96	78	9			5.5
130×180	84	6	72	63	17800	287	100	81	12	M12×70	145	7.5
140×190					20200	287	94	77	12			7.9
150×200					21600	287	88	73	12			8.4
160×210					28800	360	101	86	15			8.9
170×225					32600	383	101	82	16			10.5
180×235					38800	431	108	92	18			11.0
190×250	94	6	81	69	46800	493	106	87	15	M14×75	230	14.3
200×260					52800	526	100	84	16			15.0
220×285					70000	640	119	100	14	M16×75	355	17.8
240×305	112	7	98	86	88000	731	96	80	16	M16×90	355	23.2
260×325					107000	822	103	85	18			24.8
280×355	120	7	106	94	128000	916	96	78	20	M16×100	355	33
300×375					151000	1000	99	81	22			36
320×405	142	8	125	109	206000	1280	101	84	18	M20×120	690	52
340×425					242000	1420	106	89	20			54
360×455	159	8	140	120	319000	1770	113	94	20	M22×130	930	72
380×475					337000	1770	109	90	20			75
400×495	159	8	140	120	355000	1770	101	87	20	M22×130	930	78
420×515					410000	1950	110	92	22			82

生产厂：浙江宇龙机械有限公司；东莞市奥能实业有限公司。

18.3　托辊冲压轴承座

托辊冲压轴承型号规格及主要技术参数如表 18-4 所示。

表 18-4　托辊冲压轴承型号规格及主要技术参数

产品名称	型号规格	技术参数
DTⅡ(A)型带式输送机全系列冲压轴承座	托辊辊径系列:ϕ63.5、ϕ76、ϕ89、ϕ108、ϕ133、(ϕ140)、ϕ159、(ϕ165、ϕ178)、ϕ194; 轴承型号系列 6203、6204、6205、6305、6306、(6307)、(6308)、6407	DTⅡ(A)型带式输送机托辊制造标准(见本手册第6章)
鲁梅卡系列冲压轴承座	TK 系列:204、205、206、207、305、306、307、308、309、310、312、405、406	意大利鲁梅卡公司技术标准
普莱西斯梅卡系列冲压轴承座	GGJ 系列:204、205、206、305、306、307、308、310、312	德国普莱西斯梅卡技术标准
TKⅡ型系列冲压轴承座	TKⅡ系列:204、205、206、207、305、306、307、308、309、310、312、405、406	TKⅡ型技术标准

生产厂：浙江上虞华运输送设备有限公司（浙江上虞工程塑料厂）。

18.4　托辊密封圈（尼龙）

托辊密封圈（尼龙）型号规格及主要技术参数如表 18-5 所示。

表 18-5　托辊密封圈（尼龙）型号规格及主要技术参数

产品名称	型号规格	技术参数
DTⅡ(A)型带式输送机全系列尼龙密封圈	托辊辊径系列:ϕ63.5、ϕ76、ϕ89、ϕ108、ϕ133、(ϕ140)、ϕ159、(ϕ165、ϕ178)、ϕ194; 轴承型号系列:6203、6204、6205、6305、6306、(6307)、(6308)、6407	DTⅡ(A)型带式输送机托辊制造标准(见本手册第6章)
鲁梅卡系列尼龙密封圈	TK 系列:204、205、206、207、305、306、307、308、309、310、312、405、406	意大利鲁梅卡公司技术标准
普莱西斯梅卡系列尼龙 66 密封圈增强型	GGJ 系列:204、205、206、305、306、310、312	德国普莱西斯梅卡技术标准
TKⅡ型系列阻燃尼龙密封圈	S92201 系列:204、205、206、207、305、306、307、308、309、310、312、405、406	TKⅡ型技术标准

生产厂:浙江上虞华运输送设备有限公司(浙江上虞工程塑料厂)。

18.5　清扫器

18.5.1　本溪市运输机械配件厂产品

18.5.1.1　GP/N 型聚氨酯清扫器

GP/N 型聚氨酯清扫器及其外形尺寸如图 18-3 及表 18-6 所示。

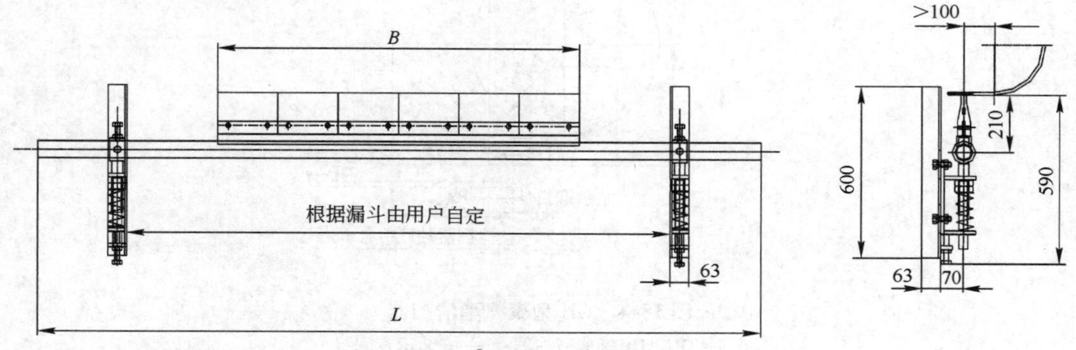

a

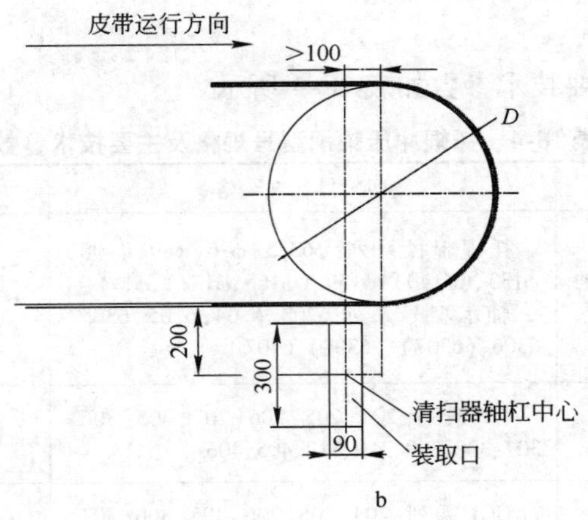

图 18-3 GP/N 型聚氨酯清扫器

a—GP 型聚氨酯清扫器；b—安装示意图

表 18-6 GP/N 型聚氨酯清扫器外形尺寸 mm

B	L	重量/kg	图号	B	L	重量/kg	图号
400	1300	28	DT0EGP/N	1400	2200	50	DT6EGP/N
500	1400	30	DT1EGP/N	1600	2400	54	DT7EGP/N
650	1500	34	DT2EGP/N	1800	2600	58	DT8EGP/N
800	1600	38	DT3EGP/N	2000	2800	63	DT9EGP/N
1000	1800	42	DT4EGP/N	2200	3000	67	DT10EGP/N
1200	2000	46	DT5EGP/N	2400	3200	72	DT11EGP/N

18.5.1.2 GH 型聚氨酯清扫器

GH 型聚氨酯清扫器的外形尺寸见图 18-4 和表 18-7，安装尺寸见表 18-8。

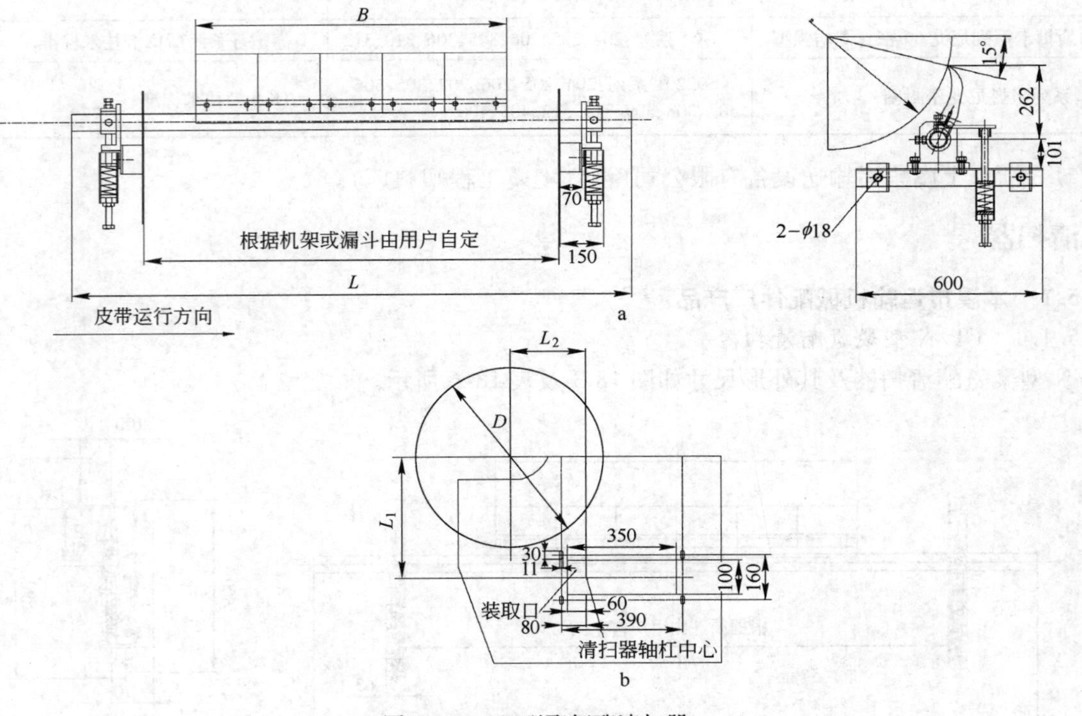

图 18-4 GH 型聚氨酯清扫器

a—GH 型聚氨酯清扫器；b—安装示意图

表 18-7 GH 型聚氨酯清扫器外形尺寸

mm

B	L	重量/kg	图 号	B	L	重量/kg	图 号
400	1300	36	DT0EGH	1400	2200	63	DT6EGH
500	1400	38	DT1EGH	1600	2400	68	DT7EGH
650	1500	43	DT2EGH	1800	2600	73	DT8EGH
800	1600	48	DT3EGH	2000	2800	78	DT9EGH
1000	1800	53	DT4EGH	2200	3000	83	DT10EGH
1200	2000	58	DT5EGH	2400	3200	88	DT11EGH

表 18-8 GH 型聚氨酯清扫器安装尺寸

mm

D	L_1	L_2	D	L_1	L_2
500	328	150	1250	445	594
630	356	245	1400	470	680
800	382	347	1600	493	783
1000	412	460			

18.5.1.3 GI 型聚氨酯（可逆空段）清扫器

GI 型聚氨酯（可逆空段）清扫器的外形及尺寸见图 18-5 和表 18-9。

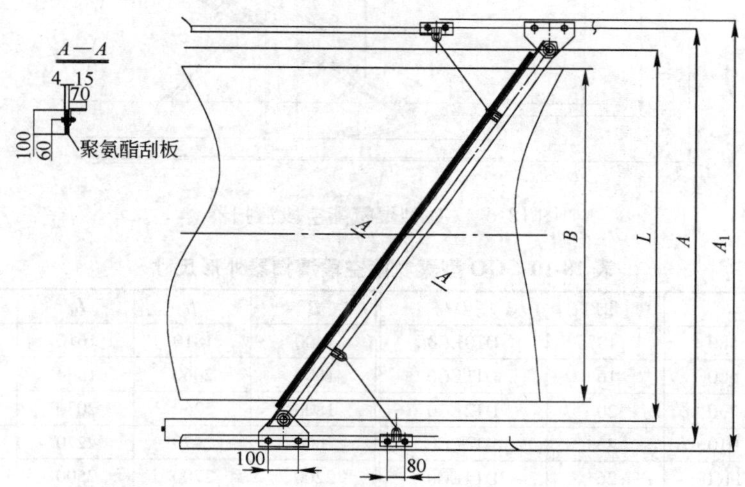

图 18-5 GI 型聚氨酯（可逆空段）清扫器

表 18-9 GI 型聚氨酯清扫器外形尺寸

mm

B	A	A_1	L	重量/kg	图 号
400	570	620	390	13	DT0EGI
500	740	800	560	16	DT1EGI
650	890	950	710	19	DT2EGI
800	1090	1150	910	25	DT3EGI
1000	1290	1350	1110	30	DT4EGI
1200	1540	1600	1360	36	DT5EGI
1400	1740	1810	1560	40	DT6EGI
1600	1990	2060	1810	46	DT7EGI
1800	2190	2260	2030	53	DT8EGI
2000	2420	2490	2200	61	DT9EGI
2200	2700	2640	2540	69	DT10EGI
2400	2950	2890	2710	78	DT11EGI

18.5.1.4　GO 型聚氨酯空段清扫器

GO 型聚氨酯空段清扫器的外形及尺寸见图 18-6 和表 18-10。

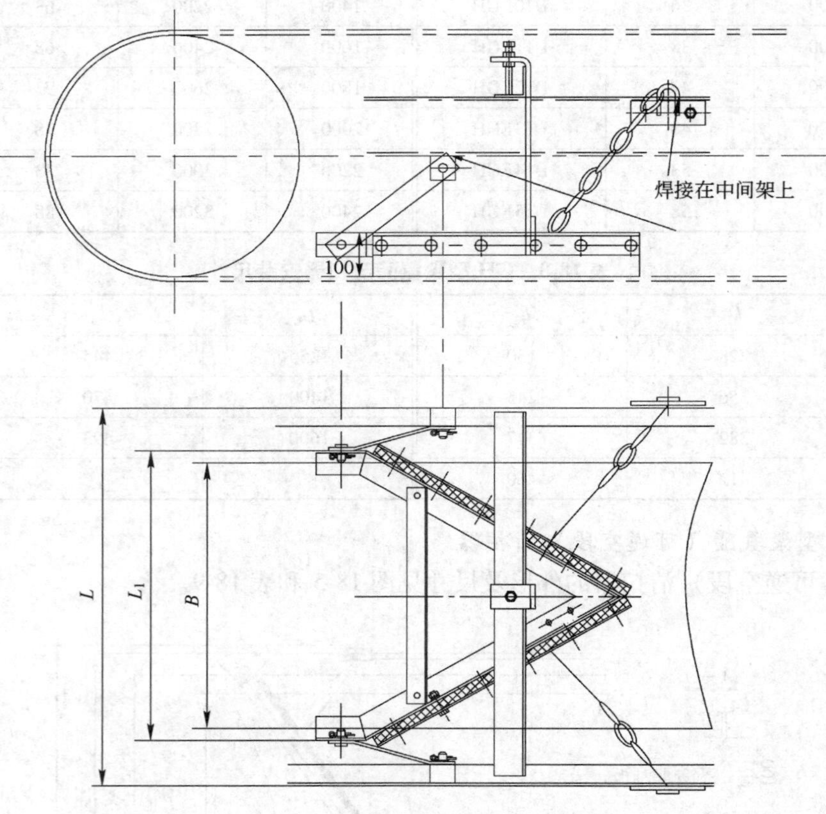

图 18-6　GO 型聚氨酯空段清扫器

表 18-10　GO 型聚氨酯空段清扫器外形尺寸　　mm

B	L	L_1	重量/kg	图　号	B	L	L_1	重量/kg	图　号
400	640	480	13	DT0EG0	1400	1810	1610	33	DT6EG0
500	800	600	16	DT1EG0	1600	2060	1844	37	DT7EG0
650	950	730	20	DT2EG0	1800	2260	2030	40	DT8EG0
800	1150	910	23	DT3EG0	2000	2470	2270	44	DT9EG0
1000	1350	1160	26	DT4EG0	2200	2700	2500	48	DT10EG0
1200	1600	1410	29	DT5EG0	2400	2950	2800	53	DT11EG0

18.5.1.5　JP 型合金橡胶清扫器

JP 型合金橡胶清扫器的外形及尺寸见图 18-7 和表 18-11。

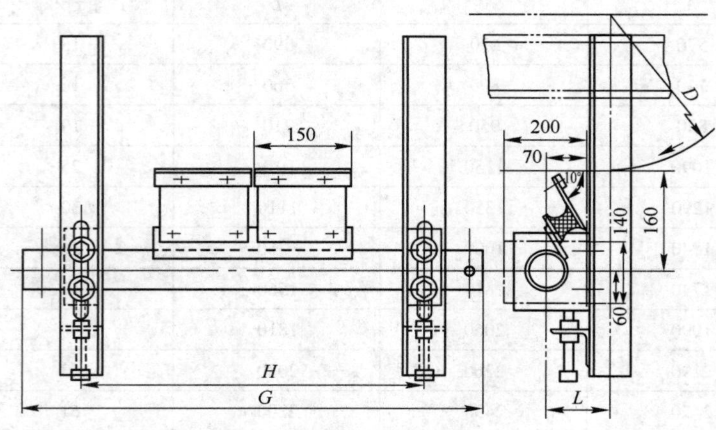

图 18-7　JP 型合金橡胶清扫器

说明：尺寸 H 根据机架由用户自定。

表 18-11 JP 型合金橡胶清扫器外形尺寸

mm

B	D	G	重量/kg	图 号
400	400	1300	21	DT0EJP2
500	400	1400	26.8	DT1EJP2
	500			DT1EJP3
650	400	1500	29.2	DT2EJP2
	500			DT2EJP3
	630			DT2EJP4
800	400	1600	34.2	DT3EJP2
	500			DT3EJP3
	630			DT3EJP4
	800			DT3EJP5
	1000			DT3EJP6
	1250			DT3EJP7
	1400			DT3EJP8
	1600			DT3EJP9
1000	400	1800	35.6	DT4EJP2
	500			DT4EJP3
	630			DT4EJP4
	800			DT4EJP5
	1000			DT4EJP6
	1250			DT4EJP7
	1400			DT4EJP8
	1600			DT4EJP9
1200	500	2000	40	DT5EJP3
	630			DT5EJP4
	800			DT5EJP5

B	D	G	重量/kg	图 号
1200	1000	2000	40	DT5EJP6
	1250			DT5EJP7
	1400			DT5EJP8
	1600			DT5EJP9
1400	800	2200	44.6	DT6EJP5
	1000			DT6EJP6
	1250			DT6EJP7
	1400			DT6EJP8
	1600			DT6EJP9
1600	800	2400	46.7	DT7EJP5
	1000			DT7EJP6
	1250			DT7EJP7
	1400			DT7EJP8
	1600			DT7EJP9
1800	800	2600	51.2	DT8EJP5
	1000			DT8EJP6
	1250			DT8EJP7
	1400			DT8EJP8
	1600			DT8EJP9
2000	800	2800	48.6	DT9EJP5
	1000			DT9EJP6
	1250			DT9EJP7
	1400			DT9EJP8
	1600			DT9EJP9
	—			—

18.5.1.6 JH 型合金橡胶清扫器

JH 型合金橡胶清扫器的外形及尺寸见图 18-8 和表 18-12。

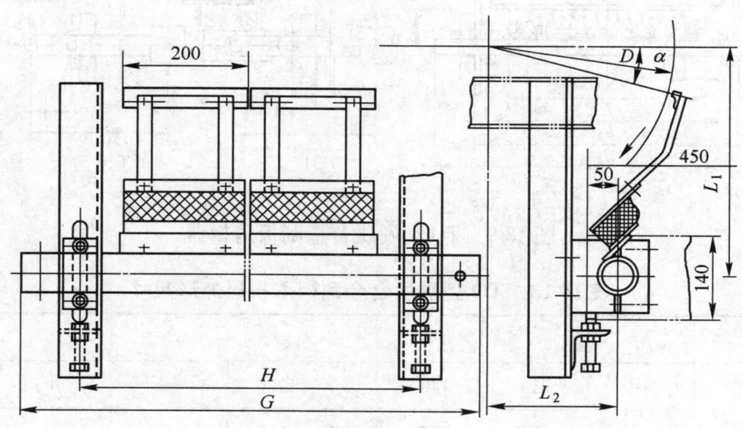

图 18-8 JH 型合金橡胶清扫器

说明：尺寸 H 根据机架由用户自定。

表 18-12　JH 型合金橡胶清扫器外形尺寸　　mm

B	D	G	L_1	L_2	α/(°)	重量/kg	图　号	B	D	G	L_1	L_2	α/(°)	重量/kg	图　号
400	400	1300	362	100	30	29	DT0EJH2	1200	1000	2000	515	418	15	49.6	DT5EJH6
500	400	1400	362	100		32.5	DT1EJH2		1250		548	540			DT5EJH7
	500		402	108			DT1EJH3		1400		566	612			DT5EJH8
650	400	1500	362	100		37.1	DT2EJH2		1600		692	709			DT5EJH9
	500		402	108			DT2EJH3	1400	800	2200	490	323	15	51.4	DT6EJH5
	630		434	164			DT2EJH4		1000		515	418			DT6EJH6
800	400	1600	362	100	30	37.9	DT3EJH2		1250		548	540			DT6EJH7
	500		402	108			DT3EJH3		1400		566	612			DT6EJH8
	630		434	164			DT3EJH4		1600		592	709			DT6EJH9
	800		490	323	15		DT3EJH5	1600	800	2400	490	323	15	57	DT7EJH5
	1000		515	418			DT3EJH6		1000		515	418			DT7EJH6
	1250		548	540			DT3EJH7		1250		548	540			DT7EJH7
	1400		566	612			DT3EJH8		1400		566	612			DT7EJH8
	1600		592	709			DT3EJH9		1600		592	709			DT7EJH9
1000	400	1800	362	100	30	41.4	DT4EJH2	1800	800	2600	490	323	15	61.3	DT8EJH5
	500		402	108			DT4EJH3		1000		515	418			DT8EJH6
	630		434	164			DT4EJH4		1250		548	540			DT8EJH7
	800		490	323	15		DT4EJH5		1400		566	612			DT8EJH8
	1000		515	418			DT4EJH6		1600		592	709			DT8EJH9
	1250		548	540			DT4EJH7	2000	800	2800	409	323	15	65.8	DT9EJH5
	1400		566	612			DT4EJH8		1000		515	418			DT9EJH6
	1600		592	709			DT4EJH9		1250		548	540			DT9EJH7
1200	500	2000	402	108	30	49.6	DT5EJH3		1400		566	612			DT9EJH8
	630		434	164			DT5EJH4		1600		592	709			DT9EJH9
	800		490	323	15		DT5EJH5								

18.5.1.7　TQ 型硬质合金刮板清扫器

TQ 型硬质合金刮板清扫器的外形及尺寸见图 18-9 和表 18-13。

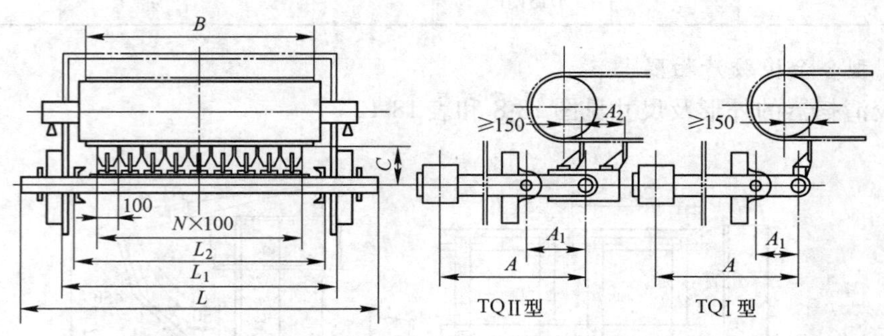

图 18-9　TQ 型硬质合金刮板清扫器

表 18-13　TQ 型硬质合金刮板清扫器外形尺寸　　mm

B	A	A_1	A_2	C	L	L_1	L_2	N	重量/kg	型　号
400	550	200	—	230	1400	700 ~ 1200	—	4	43	TQⅠ
500	550	200	—	230	1500	800 ~ 1300	—	4	44	
650	600	200	—	230	1650	950 ~ 1450	—	5	48	

续表 18-13

B	A	A_1	A_2	C	L	L_1	L_2	N	重量/kg	型 号
800	600	200	—	230	1800	1100 ~ 1600	—	7	66.6	TQ Ⅰ
1000	600	200	—	230	2000	1300 ~ 1800	—	9	76.6	
1200	650	200	—	230	2200	1500 ~ 2000	—	11	83.9	
1400	650	200	—	230	2400	1700 ~ 2200	—	13	89.4	
400	700	200	250	230	1400	700 ~ 1200	620	4 × 2	78	TQ Ⅱ
500	800	200	250	230	1500	850 ~ 1300	650	4 × 2	82	
650	800	200	250	230	1650	1000 ~ 1450	800	5 × 2	88	
800	800	200	250	230	1800	1150 ~ 1600	950	7 × 2	117	
1000	800	200	250	230	2000	1350 ~ 1800	1150	9 × 2	134	
1200	900	200	250	230	2200	1550 ~ 2000	1350	11 × 2	147	
1400	1000	200	250	230	2400	1750 ~ 2200	1550	13 × 2	156	

18.5.2 本溪华隆清扫器制造有限公司产品

本溪华隆公司的主要产品有橡胶合金清扫器、聚氨酯清扫器、耐磨陶瓷衬板和带式输送机配件等4 大系列，100 多个规格。

18.5.2.1 P 型合金橡胶清扫器

P 型合金橡胶清扫器的外形及尺寸见图 18-10 和表 18-14。

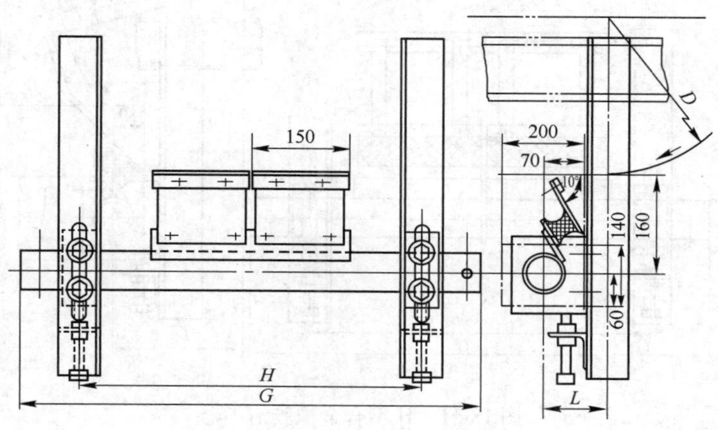

图 18-10 P 型合金橡胶清扫器

说明：尺寸 H 根据机架由用户自定。

表 18-14 P 型合金橡胶清扫器外形尺寸 mm

B	D	G	重量/kg	图 号	B	D	G	重量/kg	图 号
400	400	1300	21	DT0EJP2	1000	400	2000	35.6	DT4EJP2
500	400	1400	26.8	DT1EJP2		500			DT4EJP3
	500			DT1EJP3		630			DT4EJP4
650	400	1600	29.2	DT2EJP2		800			DT4EJP5
	500			DT2EJP3		1000			DT4EJP6
	630			DT2EJP4		1250			DT4EJP7
800	400	1800	34.2	DT3EJP2		1400			DT4EJP8
	500			DT3EJP3		1600			DT4EJP9
	630			DT3EJP4	1200	500	2200	40	DT5EJP3
	800			DT3EJP5		630			DT5EJP4
	1000			DT3EJP6		800			DT5EJP5
	1250			DT3EJP7		1000			DT5EJP6
	1400			DT3EJP8		1250			DT5EJP7
	1600			DT3EJP9		1400			DT5EJP8

续表 18-14

B	D	G	重量/kg	图号	B	D	G	重量/kg	图号
1200	1600	2200	40	DT5EJP9	1800	800	2800	51.2	DT8EJP5
1400	800	2400	44.6	DT6EJP5		1000			DT8EJP6
	1000			DT6EJP6		1250			DT8EJP7
	1250			DT6EJP7		1400			DT8EJP8
	1400			DT6EJP8		1600			DT8EJP9
	1600			DT6EJP9	2000	800	3000	54.2	DT9EJP5
1600	800	2600	46.7	DT7EJP5		1000			DT9EJP6
	1000			DT7EJP6		1250			DT9EJP7
	1250			DT7EJP7		1400			DT9EJP8
	1400			DT7EJP8		1600			DT9EJP9
	1600			DT7EJP9		—			—

18.5.2.2 H型合金橡胶清扫器

H型合金橡胶清扫器的外形及尺寸见图18-11和表18-15。

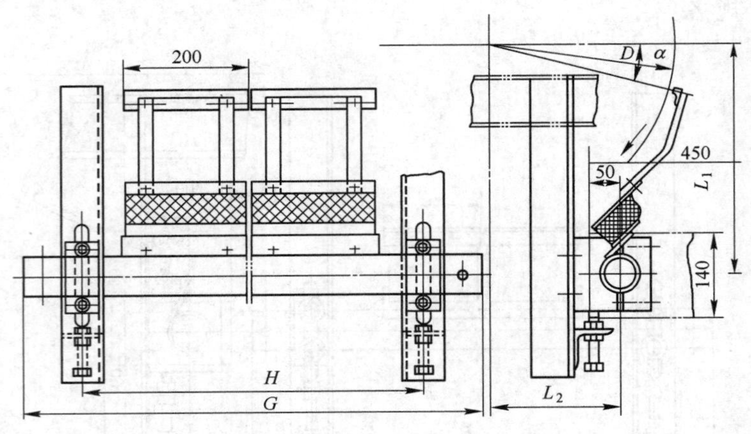

图18-11 H型合金橡胶清扫器

说明：尺寸 H 根据机架由用户自定。

表18-15 H型合金橡胶清扫器外形尺寸 mm

B	D	G	L_1	L_2	α/(°)	重量/kg	图号	B	D	G	L_1	L_2	α/(°)	重量/kg	图号
400	400	1300	362	100	30	29	DT0EJH2	1000	400	2000	362	100	30	41.4	DT4EJH2
500	400	1400	362	100		32.5	DT1EJH2		500		402	108			DT4EJH3
	500		402	108			DT1EJH3		630		434	164			DT4EJH4
650	400	1600	362	100		37.1	DT2EJH2		800		490	323	15		DT4EJH5
	500		402	108			DT2EJH3		1000		515	418			DT4EJH6
	630		434	164			DT2EJH4		1250		548	540			DT4EJH7
800	400	1800	362	100	30	37.9	DT3EJH2		1400		566	612			DT4EJH8
	500		402	108			DT3EJH3		1600		592	709			DT4EJH9
	630		434	164			DT3EJH4	1200	500	2200	402	108	30	49.6	DT5EJH3
	800		490	323	15		DT3EJH5		630		434	164			DT5EJH4
	1000		515	418			DT3EJH6		800		490	323	15		DT5EJH5
	1250		548	540			DT3EJH7		1000		515	418			DT5EJH6
	1400		566	612			DT3EJH8		1250		548	540			DT5EJH7
	1600		592	709			DT3EJH9		1400		566	612			DT5EJH8

续表 18-15

B	D	G	L_1	L_2	α/(°)	重量/kg	图 号	B	D	G	L_1	L_2	α/(°)	重量/kg	图 号
1200	1600	2200	692	709	15	49.6	DT5EJH9	1800	800	2800	490	323	15	61.3	DT8EJH5
1400	800	2400	490	323	15	51.4	DT6EJH5		1000		515	418			DT8EJH6
	1000		515	418			DT6EJH6		1250		548	540			DT8EJH7
	1250		548	540			DT6EJH7		1400		566	612			DT8EJH8
	1400		566	612			DT6EJH8		1600		592	709			DT8EJH9
	1600		592	709			DT6EJH9	2000	800	3000	409	323	15	65.8	DT9EJH5
1600	800	2600	490	323	15	57	DT7EJH5		1000		515	418			DT9EJH6
	1000		515	418			DT7EJH6		1250		548	540			DT9EJH7
	1250		548	540			DT7EJH7		1400		566	612			DT9EJH8
	1400		566	612			DT7EJH8		1600		592	709			DT9EJH9
	1600		592	709			DT7EJH9		—		—	—			—

18.5.2.3 硬质合金刮板清扫器

硬质合金刮板清扫器的外形及尺寸见图 18-12 和表 18-16。

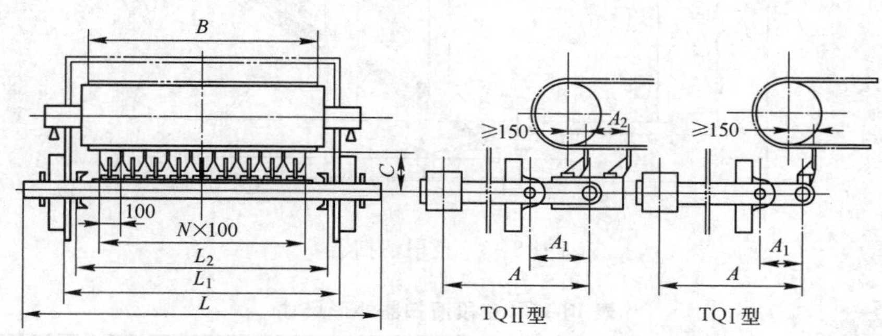

图 18-12 硬质合金刮板清扫器

表 18-16 硬质合金刮板清扫器外形尺寸

mm

B	A	A_1	A_2	C	L	L_1	L_2	N	重量/kg	型 号
400										TQⅠ
500	550	200	—	230	1500	800~1300	—	4	44	
650	600	200	—	230	1650	950~1450	—	5	48	
800	600	200	—	230	1800	1100~1600	—	7	66.6	
1000	600	200	—	230	2000	1300~1800	—	9	76.6	
1200	650	200	—	230	2200	1500~2000	—	11	83.9	
1400	650	200	—	230	2400	1700~2200	—	13	89.4	
400										TQⅡ
500	800	200	250	230	1500	850~1300	650	4×2	82	
650	800	200	250	230	1650	1000~1450	800	5×2	88	
800	800	200	250	230	1800	1150~1600	950	7×2	117	
1000	800	200	250	230	2000	1350~1800	1150	9×2	134	
1200	900	200	250	230	2200	1550~2000	1350	11×2	147	
1400	1000	200	250	230	2400	1750~2200	1550	13×2	156	

18.5.2.4 空段清扫器

空段清扫器的外形及尺寸见图 18-13 和表 18-17。

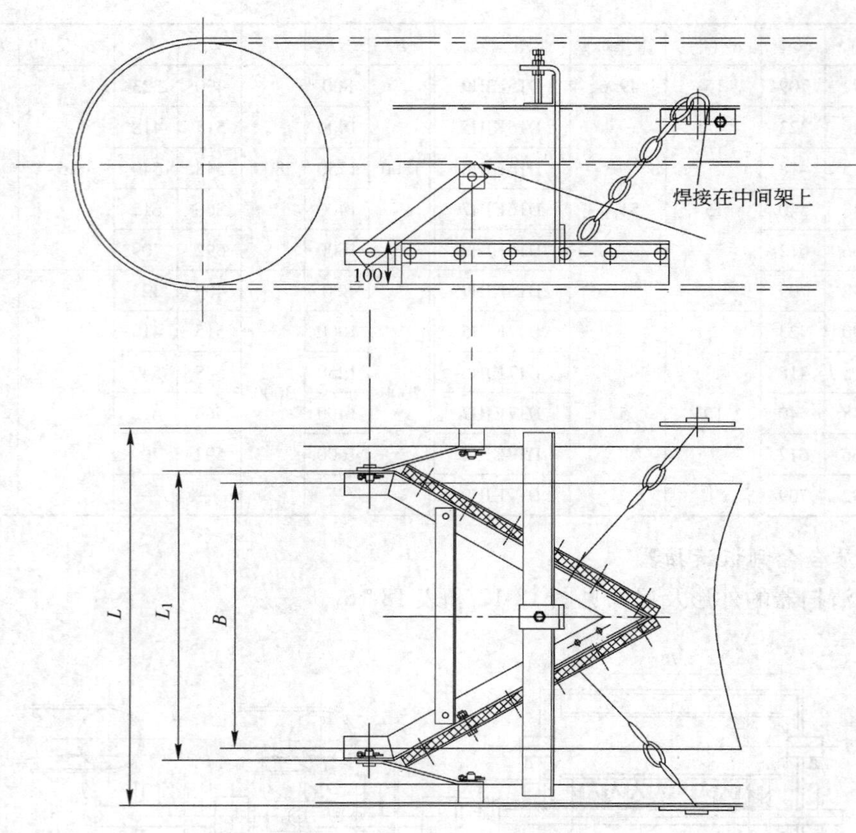

图 18-13　空段清扫器

表 18-17　空段清扫器外形尺寸　mm

B	L	L_1	图　号	B	L	L_1	图　号
400	640	480	TD0EJ0	1400	1810	1610	TD6EJ0
500	800	600	TD1EJ0	1600	2060	1844	TD7EJ0
650	950	730	TD2EJ0	1800	2260	2030	TD8EJ0
800	1150	910	TD3EJ0	2000	2490	2270	TD9EJ0
1000	1350	1160	TD4EJ0	2200	2700	2500	TD10EJ0
1200	1600	1410	TD5EJ0	2400		2700	TD11EJ0

18.5.2.5　G 型合金弹簧清扫器

G 型合金弹簧清扫器适用于清扫滚筒表面上黏附的物料，其参数见表 18-18。

表 18-18　G 型合金弹簧清扫器　mm

B	F	G	重量/kg	图　号	B	F	G	重量/kg	图　号
400	400	1000	25.7	TD0EJG	1400	1600	2100	61.2	TD6EJG
500	600	1100	29.8	TD1EJG	1600	1800	2300	65.2	TD7EJG
650	700	1200	32.8	TD2EJG	1800	2000	2500	70.2	TD8EJG
800	900	1400	35.6	TD3EJG	2000	2200	2700	75.2	TD9EJG
1000	1100	1600	40.1	TD4EJG	2200	2400	2900	83.5	TD10EJG
1200	1400	1900	56.2	TD5EJG	2400	2600	3100	95.6	TD11EJG

18.5.3　沈阳东鹰实业有限公司产品

18.5.3.1　H 型合金清扫器

H 型合金清扫器的外形及尺寸见图 18-14 和表 18-19。

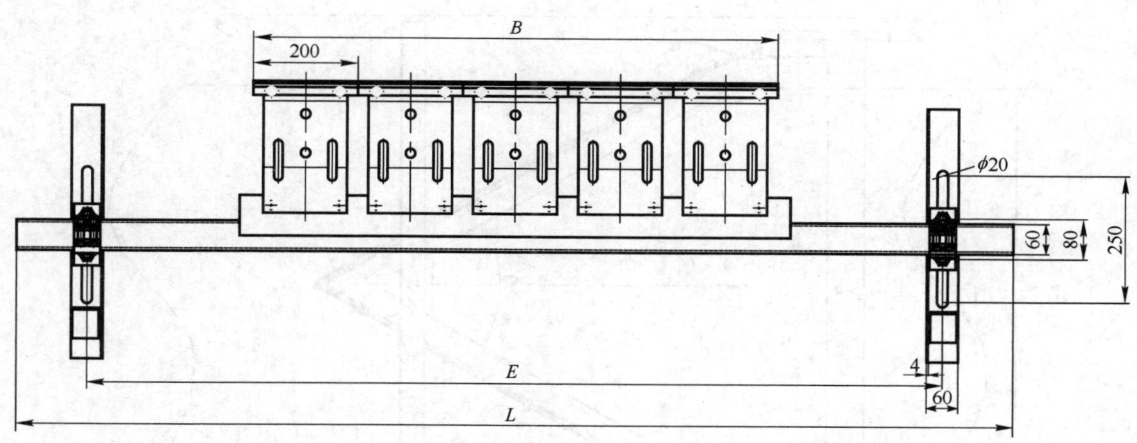

图 18-14　H 型合金清扫器

表 18-19　H 型合金清扫器外形尺寸

mm

带宽 B	清扫器中心距 E	长管长度 L	刮板长度及数量	带宽 B	清扫器中心距 E	长管长度 L	刮板长度及数量
650	1000	1550	200×4	1200	1600	2100	200×6
800	1150	1700	200×4	1400	1800	2300	200×7
1000	1350	1900	200×5				

18.5.3.2　P 型合金清扫器

P 型合金清扫器的外形及尺寸见图 18-15 和表 18-20。

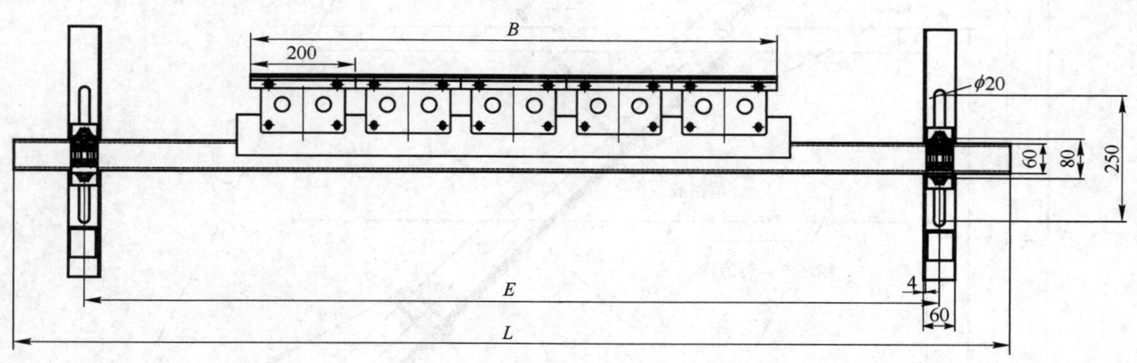

图 18-15　P 型合金清扫器

表 18-20　P 型合金清扫器外形尺寸

mm

带宽 B	清扫器中心距 E	长管长度 L	刮板长度及数量	带宽 B	清扫器中心距 E	长管长度 L	刮板长度及数量
650	1000	1550	200×4	1200	1600	2100	200×6
800	1150	1700	200×4	1400	1800	2300	200×7
1000	1350	1900	200×5				

18.5.3.3　O 型清扫器

O 型清扫器的外形及尺寸见图 18-16 和表 18-21。

表 18-21　O 型清扫器外形尺寸

mm

B	L_1	L	B	L_1	L
800	910	1138	1200	1410	1610
1000	1160	1360	1400	1610	1810

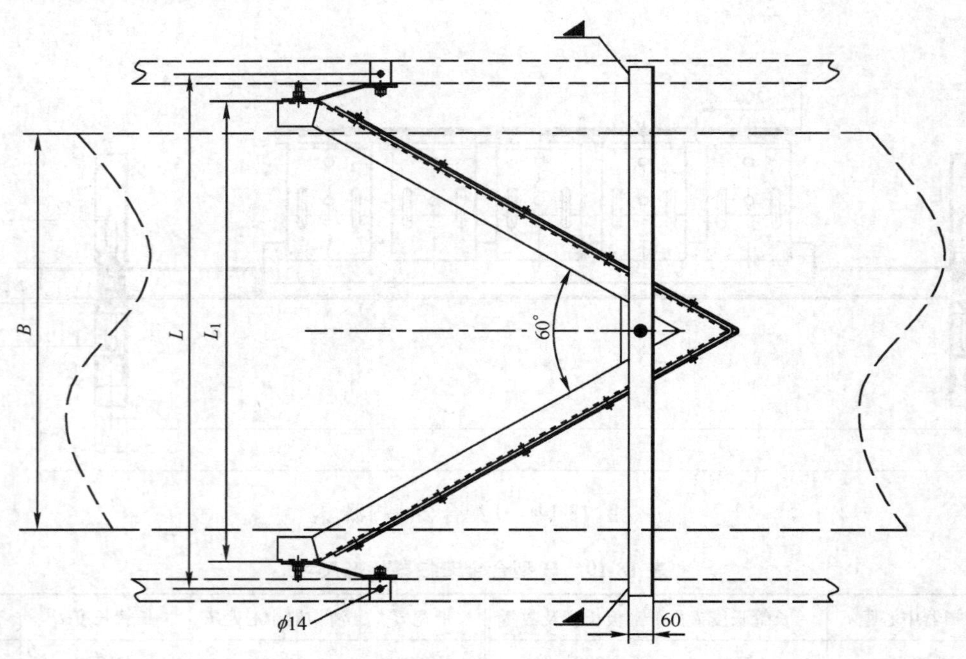

图 18-16　O 型清扫器

18.5.3.4　Ⅰ型单侧清扫器

Ⅰ型单侧清扫器的外形及尺寸见图 18-17 和表 18-22。

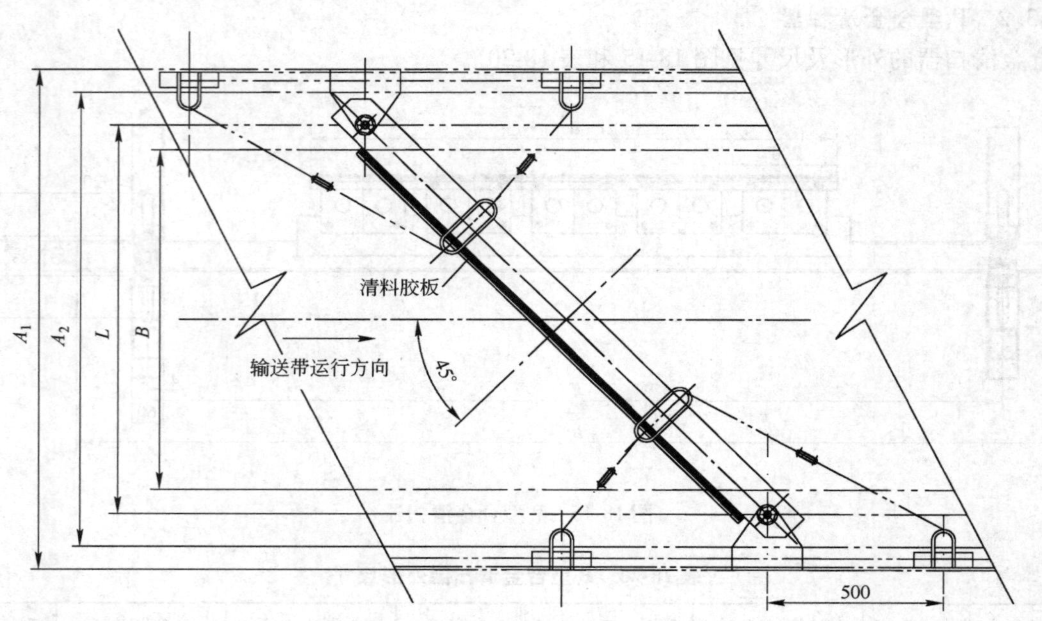

图 18-17　Ⅰ型单侧清扫器

表 18-22　Ⅰ型单侧清扫器外形尺寸　mm

图　号	带宽 B	A_1	A_2	L	重量/kg
DK5.0	500	800	704	565	45.56
DK6.5	650	950	854	715	
DK8.0	800	1150	1054	915	49.98
DK10	1000	1350	1244	1115	
DK12	1200	1600	1494	1365	55.68
DK14	1400	1810	1694	1575	
DK16	1600	2060	1895	1785	

18.5.3.5 H 型高分子清扫器

H 型高分子清扫器的外形及尺寸见图 18-18 和表 18-23。

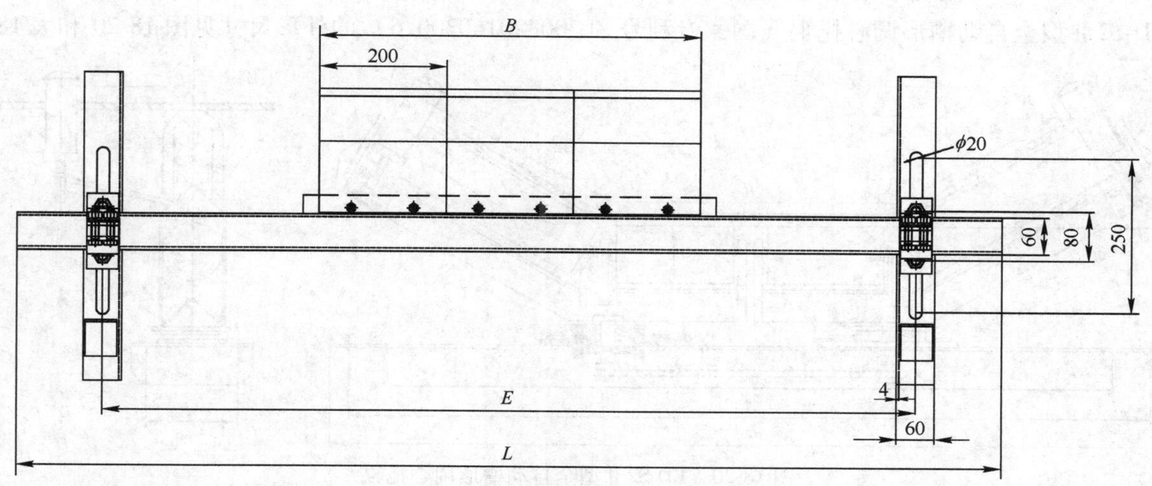

图 18-18 H 型高分子清扫器

表 18-23 H 型高分子清扫器外形尺寸 mm

带宽 B	清扫器中心距 E	长管长度 L	刮板长度及数量	带宽 B	清扫器中心距 E	长管长度 L	刮板长度及数量
650	1000	1550	200×4	1200	1600	2100	200×6
800	1150	1700	200×4	1400	1800	2300	200×7
1000	1350	1900	200×5				

18.5.3.6 P 型高分子清扫器

P 型高分子清扫器的外形及尺寸见图 18-19 和表 18-24。

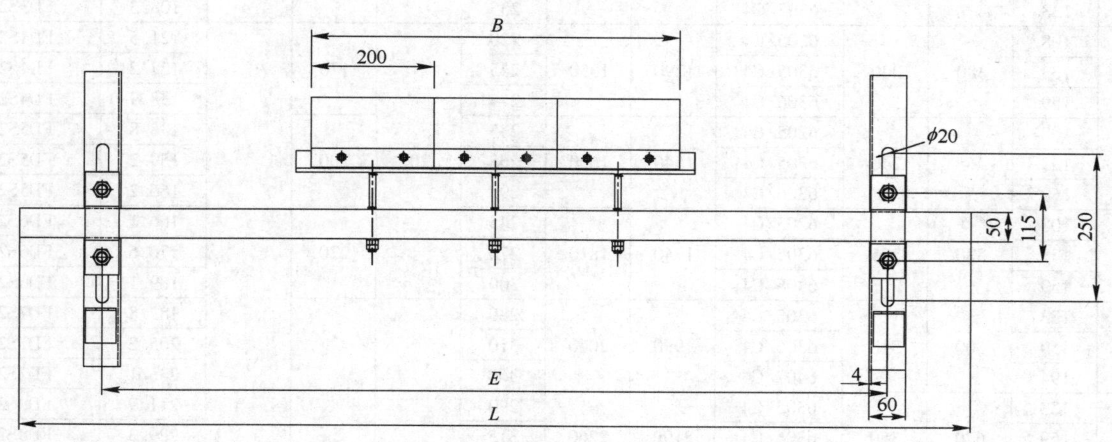

图 18-19 P 型高分子清扫器

表 18-24 P 型高分子清扫器外形尺寸 mm

带宽 B	清扫器中心距 E	长管长度 L	刮板长度及数量	带宽 B	清扫器中心距 E	长管长度 L	刮板长度及数量
650	1000	1550	200×4	1200	1600	2100	200×6
800	1150	1700	200×4	1400	1800	2300	200×7
1000	1350	1900	200×5				

18.6　特型托辊和缓冲床

18.6.1　南京飞达机械有限公司产品

18.6.1.1　FD-S2Ⅱ型全自动槽形调心托辊

FD-S2Ⅱ型全自动槽形调心托辊（国家专利号 ZL200820160300.6）的外形尺寸见图 18-20 和表 18-25。

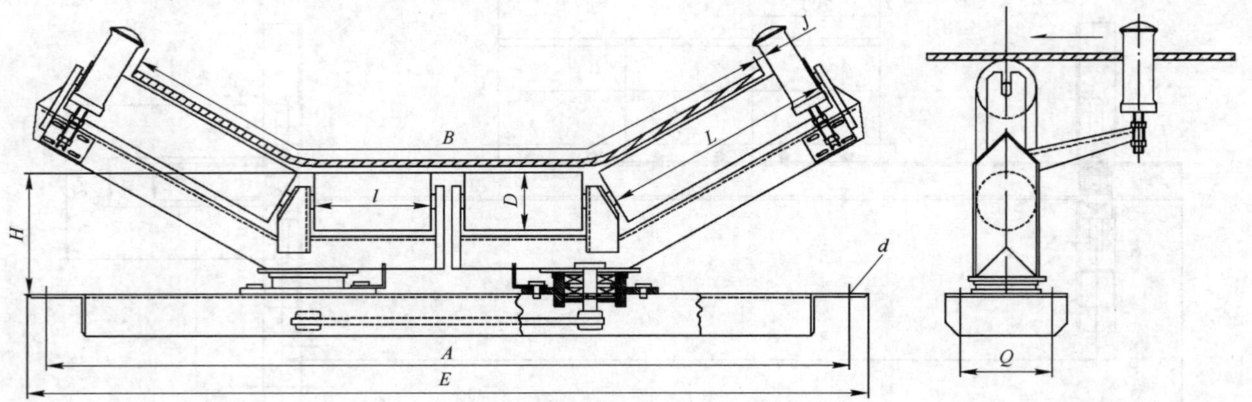

图 18-20　FD-S2Ⅱ型全自动槽形调心托辊

表 18-25　FD-S2Ⅱ型全自动槽形调心托辊外形尺寸　　mm

带宽 B	辊子 D	L	l	轴承	主要尺寸 A①	E①	H①	J	Q①	d	重量 /kg	图号
400	63.5	160	90	6203/C4	640	700	145				48.9	FD0S2Ⅱ1
	76			6204/C4			160				51.5	FD0S2Ⅱ2
	89			6204/C4			180				53.6	FD0S2Ⅱ3
500	63.5	200	110	6203/C4	740	800	155				53.8	FD1S2Ⅱ1
	76			6204/C4			165				56.2	FD1S2Ⅱ2
	89			6204/C4			185				58.9	FD1S2Ⅱ3
650	76	250	135	6204/C4	890	950	165	15	130	M12	58.1	FD2S2Ⅱ2
	89			6204/C4			185				66.8	FD2S2Ⅱ3
	108			6205/C4			205				79.3	FD2S2Ⅱ4
800	89	315	165	6204/C4	1090	1150	185				78.5	FD3S2Ⅱ3
	108			6205/C4			205				86.6	FD3S2Ⅱ4
	133			6305/C4			235				108.3	FD3S2Ⅱ5
1000	108	380	200	6205/C4	1290	1350	220				121.5	FD4S2Ⅱ4
	133			6305/C4			245		170		127.2	FD4S2Ⅱ5
	159			6306/C4			275				138.9	FD4S2Ⅱ6
1200	108	465	240	6205/C4	1540	1600	235				138.8	FD5S2Ⅱ4
	133			6305/C4			265	20	200		159.2	FD5S2Ⅱ5
	159			6306/C4			295				166.2	FD5S2Ⅱ6
1400	108	530	275	6205/C4	1740	1810	245				166.1	FD6S2Ⅱ4
	133			6305/C4			270		220		176.6	FD6S2Ⅱ5
	159			6306/C4			300				189.1	FD6S2Ⅱ6
1600	133	600	310	6305/C4	1990	2060	280				182.8	FD7S2Ⅱ5
	159			6306/C4			310				205.2	FD7S2Ⅱ6
	194			6407/C4			360			M16	235.1	FD7S2Ⅱ7
1800	133	670	350	6305/C4	2190	2260	290				211.9	FD8S2Ⅱ5
	159			6306/C4			315				229.3	FD8S2Ⅱ6
	194			6407/C4			360				255.9	FD8S2Ⅱ7
2000	133	750	385	6305/C4	2420	2490	290				236.6	FD9S2Ⅱ5
	159			6306/C4			315	25	240		253.2	FD9S2Ⅱ6
	194			6407/C4			355				270.8	FD9S2Ⅱ7
2200	133	800	410	6305/C4	2720	2800	290				259.2	FD10S2Ⅱ5
	159			6306/C4			315				277.2	FD10S2Ⅱ6
	194			6407/C4			355				315.9	FD10S2Ⅱ7
2400	159	900	460	6306/C4	3020	3110	315				309.8	FD11S2Ⅱ6
	194			6407/C4			355				366.1	FD11S2Ⅱ7
	219			6408/C4			385				392.8	FD11S2Ⅱ8

①尺寸可按用户要求修改，以适应其他机型。如有需要，其余结构尺寸亦可按用户要求重新进行设计。

18.6.1.2 FD-X2Ⅱ型全自动平形调心托辊

FD-X2Ⅱ型全自动平形调心托辊（国家专利号 ZL200820160300.6）的外形尺寸见图 18-21 和表 18-26。

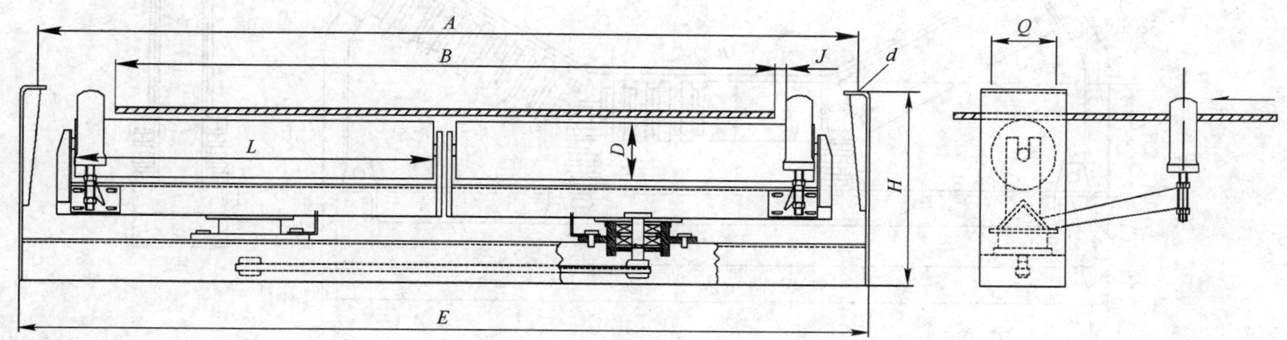

图 18-21 FD-X2Ⅱ型全自动平形调心托辊

表 18-26 FD-X2Ⅱ型全自动平形调心托辊外形尺寸 mm

带宽	辊子			主要尺寸						重量	图号
B	D	L	轴承	A①	E①	H①	J	Q①	d	/kg	
400	63.5	240	6203/C4	640	700	310				49.3	FD0X2Ⅱ1
	76		6204/C4			320				52.1	FD0X2Ⅱ2
	89		6204/C4			335				54.3	FD0X2Ⅱ3
500	63.5	290	6203/C4	740	800	310				54.5	FD1X2Ⅱ1
	76		6204/C4			320				57.0	FD1X2Ⅱ2
	89		6204/C4			335				59.8	FD1X2Ⅱ3
650	76	360	6204/C4	890	950	320	15		M12	59.0	FD2X2Ⅱ2
	89		6204/C4			335				67.1	FD2X2Ⅱ3
	108		6205/C4			355				80.3	FD2X2Ⅱ4
800	89	460	6204/C4	1090	1150	390				79.6	FD3X2Ⅱ3
	108		6205/C4			410		90		87.9	FD3X2Ⅱ4
	133		6305/C4			420				109.7	FD3X2Ⅱ5
1000	108	560	6205/C4	1290	1350	410				122.6	FD4X2Ⅱ4
	133		6305/C4			435				128.6	FD4X2Ⅱ5
	159		6306/C4			460				139.8	FD4X2Ⅱ6
1200	108	680	6205/C4	1540	1600	410				139.7	FD5X2Ⅱ4
	133		6305/C4			435	20			160.2	FD5X2Ⅱ5
	159		6306/C4			460				167.5	FD5X2Ⅱ6
1400	108	780	6205/C4	1740	1810	410				167.8	FD6X2Ⅱ4
	133		6305/C4			435				177.9	FD6X2Ⅱ5
	159		6306/C4			460				190.6	FD6X2Ⅱ6
1600	133	880	6305/C4	1990	2060	455				183.9	FD7X2Ⅱ5
	159		6306/C4			480				206.5	FD7X2Ⅱ6
	194		6407/C4			515				236.9	FD7X2Ⅱ7
1800	133	980	6305/C4	2190	2260	455			M16	212.5	FD8X2Ⅱ5
	159		6306/C4			480				230.8	FD8X2Ⅱ6
	194		6407/C4			515				256.7	FD8X2Ⅱ7
2000	133	1080	6305/C4	2420	2490	465				237.8	FD9X2Ⅱ5
	159		6306/C4			490	25	150		255.9	FD9X2Ⅱ6
	194		6407/C4			525				271.3	FD9X2Ⅱ7
2200	133	1180	6305/C4	2720	2800	465				260.2	FD10X2Ⅱ5
	159		6306/C4			490				278.1	FD10X2Ⅱ6
	194		6407/C4			525				316.7	FD10X2Ⅱ7
2400	159	1280	6306/C4	3020	3110	490				311.3	FD11X2Ⅱ6
	194		6407/C4			525				368.6	FD11X2Ⅱ7
	219		6408/C4			550				396.5	FD11X2Ⅱ8

①尺寸可按用户要求修改，以适应其他机型。如有需要，其余结构尺寸亦可按用户要求重新进行设计。

18.6.1.3 FD-QH 型弹簧橡胶圈式缓冲托辊

FD-QH 型弹簧橡胶圈式缓冲托辊（国家专利号 ZL99228643.3）的外形尺寸和主要参数如图 18-22及表18-27 所示。

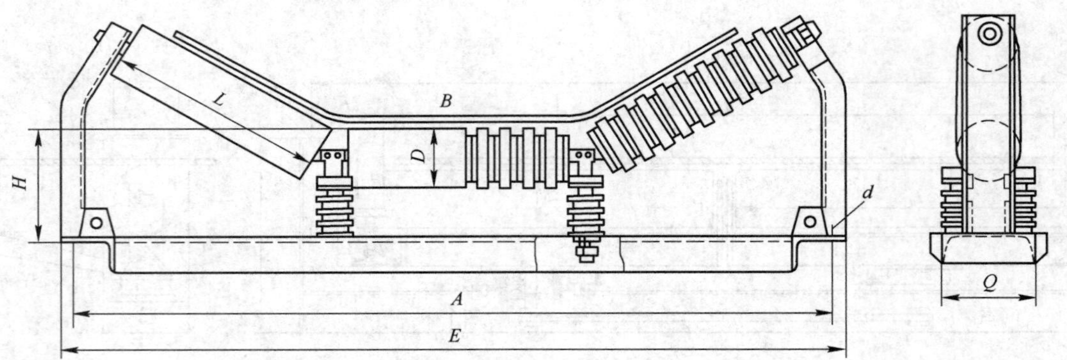

图 18-22 FD-QH 型弹簧橡胶圈式缓冲托辊

表 18-27 FD-QH 型弹簧橡胶圈式缓冲托辊外形尺寸 mm

B	D	L	轴 承	A①	E①	H①	Q①	d	重量/kg	图 号
	63.5		6203/C4			143.75			26.2	FD0QHⅡ1
400	76	160	6204/C4	640	700	156			28.7	FD0QHⅡ2
	89		6204/C4			180			37.8	FD0QHⅡ3
	63.5		6203/C4			150.75			29.6	FD1QHⅡ1
500	76	200	6204/C4	740	800	160			32.3	FD1QHⅡ2
	89		6204/C4			180	130	M12	39.6	FD1QHⅡ3
	76		6204/C4			160			37.5	FD2QHⅡ2
650	89	250	6204/C4	890	950	180			42.6	FD2QHⅡ3
	108		6205/C4			200			48.3	FD2QHⅡ4
	89		6204/C4			180			46.9	FD3QHⅡ3
800	108	315	6205/C4	1090	1150	200			56.6	FD3QHⅡ4
	133		6305/C4			226			69.3	FD3QHⅡ5
	108		6205/C4			213			76.87	FD4QHⅡ4
1000	133	380	6305/C4	1290	1350	240	170		95.8	FD4QHⅡ5
	159		6306/C4			270			105.5	FD4QHⅡ6
	108		6205/C4			230			89.9	FD5QHⅡ4
1200	133	465	6305/C4	1540	1600	257	200		107.7	FD5QHⅡ5
	159		6306/C4			287			131.6	FD5QHⅡ6
	108		6205/C4			238			108.9	FD6QHⅡ4
1400	133	530	6305/C4	1740	1810	265	220		119.6	FD6QHⅡ5
	159		6306/C4			295			156.8	FD6QHⅡ6
	133		6305/C4			271.5			131.3	FD7QHⅡ5
1600	159	600	6306/C4	1990	2060	299.5			172.6	FD7QHⅡ6
	194		6407/C4			360			226.8	FD7QHⅡ7
	133		6305/C4			281.5		M16	149.2	FD8QHⅡ5
1800	159	670	6306/C4	2190	2260	309.5			188.3	FD8QHⅡ6
	194		6407/C4			352			248.2	FD8QHⅡ7
	133		6305/C4			281.5			178.5	FD9QHⅡ5
2000	159	750	6306/C4	2420	2490	309.5	240		219.8	FD9QHⅡ6
	194		6407/C4			347			266.5	FD9QHⅡ7
	133		6305/C4			281.5			218.9	FD10QHⅡ5
2200	159	800	6306/C4	2720	2800	309.5			255.1	FD10QHⅡ6
	194		6407/C4			347			298.9	FD10QHⅡ7
	159		6306/C4			309.5			291.6	FD11QHⅡ6
2400	194	900	6407/C4	3020	3110	347			333.1	FD11QHⅡ7
	219		6408/C4			372			389.6	FD11QHⅡ8

①尺寸可按用户要求修改，以适应其他机型。如有需要，其余结构尺寸亦可按用户要求重新进行设计。

18.6.2　沈阳东鹰实业有限公司产品

18.6.2.1　特种材质托辊

沈阳东鹰实业有限公司生产各类托辊系列产品，除标准钢质托辊外，还有聚氨酯托辊、尼龙托辊、超高分子聚乙烯托辊、橡胶缓冲托辊、橡胶螺旋清扫托辊、陶瓷托辊等类特型托辊。

托辊基本参数及尺寸见图18-23和表18-28。

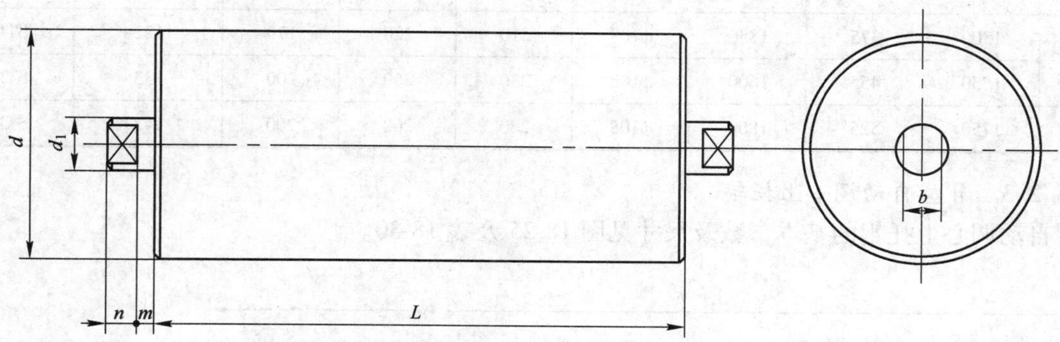

图18-23　特种材质托辊

表18-28　特种材质托辊系列参数及尺寸

mm

带宽 B	d	L	d_1	b	n	m
400	63.5、76、89	160、250、500	20	14	10	4
500		200、315、600				
650	76、89、108	250、380、750				
800	89、108、133	315、465、950	25	18	12	
1000	108、133、159	380、600、1150				
1200		465、700、1400	30	22		
1400		530、800、1600				

18.6.2.2　Ⅰ型自动调心上托辊

Ⅰ型自动调心上托辊基本参数及尺寸见图18-24和表18-29。

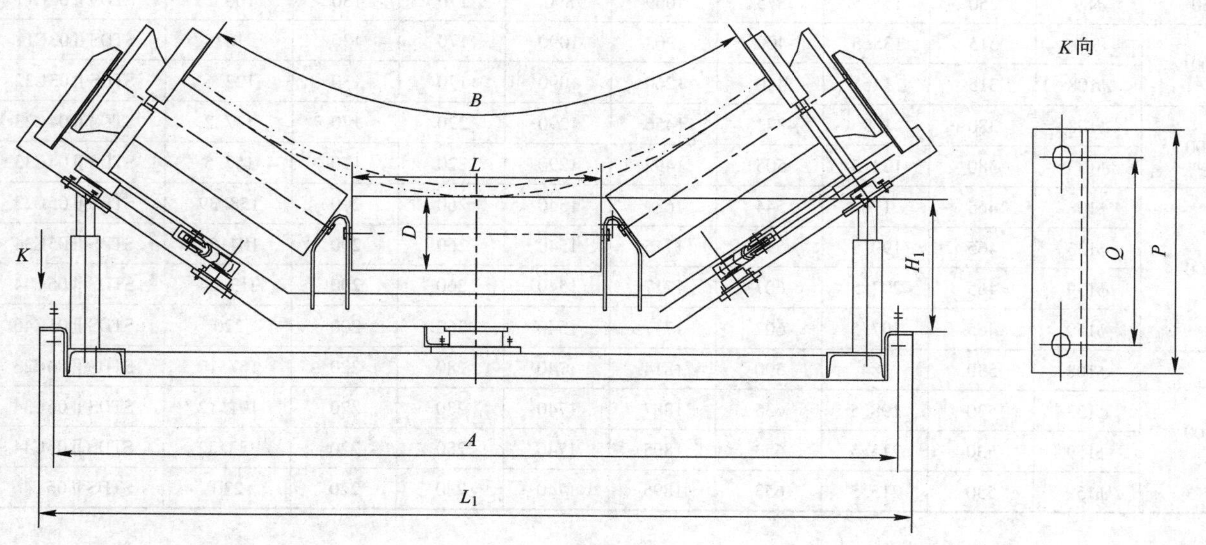

图18-24　Ⅰ型自动调心上托辊

表 18-29　Ⅰ型自动调心上托辊参数及尺寸　mm

带宽 B	A	L	L_1	D	H_1	P	Q	重量/kg	图　号
500	720	190	770	ϕ89	170	170	130	84	STDSⅠ1C4
650	870	240	920	ϕ89	170	170	130	88	STDSⅠ2C4
800	1070	305	1120	ϕ89	170	170	130	94	STDSⅠ3C4
1000	1300	375	1350	ϕ108	210	220	170	122	STDSⅠ4C4
1200	1550	455	1600	ϕ108	230	260	200	133	STDSⅠ5C4
1400	1750	525	1800	ϕ108	230	260	200	142	STDSⅠ6C4

18.6.2.3　Ⅱ型自动调心上托辊

Ⅱ型自动调心上托辊的基本参数及尺寸见图 18-25 及表 18-30。

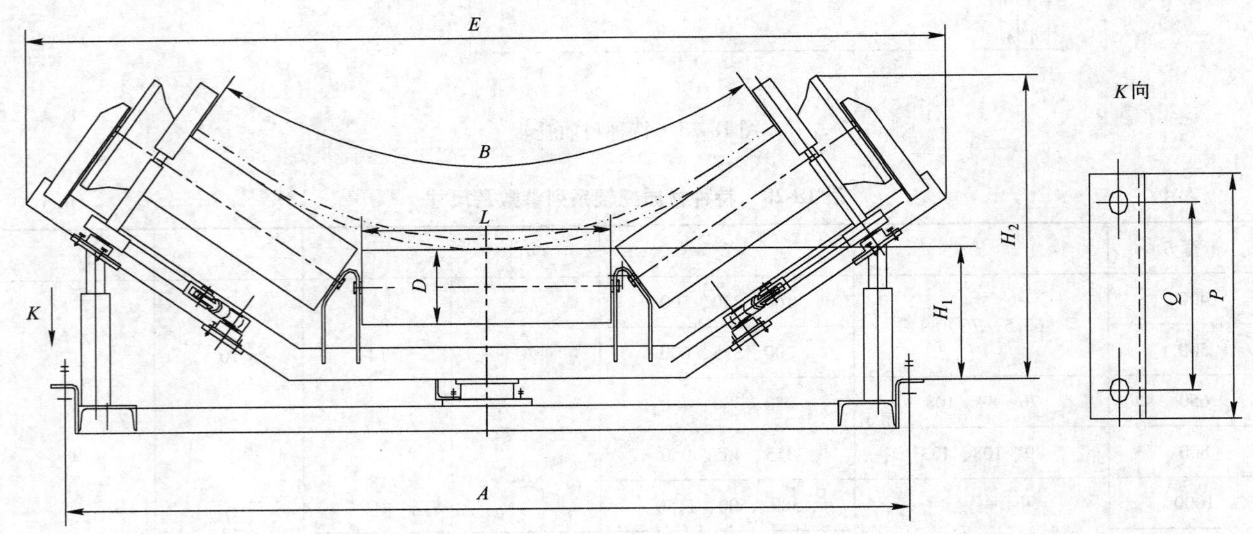

图 18-25　Ⅱ型自动调心上托辊

表 18-30　Ⅱ型自动调心上托辊基本参数及尺寸　mm

带宽 B	D	L	H_1	H_2	E	A	P	Q	重量/kg	图　号
500	ϕ89	200	135.5	346.5	936	740	170	130	96.4	STDSⅡ01C11
650	ϕ89	250	135.5	375	1069	890	170	130	100.2	STDSⅡ02C11
800	ϕ89	315	135.5	400	1203	1090	170	130	107	STDSⅡ03C11
	ϕ108	315	146	440	1260	1090	170	130	122.6	STDSⅡ03C22
1000	ϕ108	380	159	487.5	1456	1290	220	170	137.2	STDSⅡ04C23
	ϕ133	380	173.5	505	1492	1290	220	170	157.5	STDSⅡ04C33
1200	ϕ108	465	176	544	1639	1540	260	200	158.39	STDSⅡ05C23
	ϕ133	465	190.5	590	1715	1540	260	200	184.54	STDSⅡ05C34
	ϕ159	465	207.5	607	1717	1540	260	200	213.24	STDSⅡ05C44
	ϕ159	465	207.5	607	1717	1540	260	200	220	STDSⅡ05C46
1400	ϕ108	530	184	590	1814	1740	280	220	167.17	STDSⅡ06C23
	ϕ133	530	198.5	635	1887	1740	280	220	191.12	STDSⅡ06C34
	ϕ159	530	215.5	653	1895	1740	280	220	223.22	STDSⅡ06C44
	ϕ159	530	215.5	653	1895	1740	280	220	230	STDSⅡ06C46

18.6.2.4　Ⅰ型自动调心下托辊

Ⅰ型自动调心下托辊的基本参数及尺寸见图 18-26 和表 18-31。

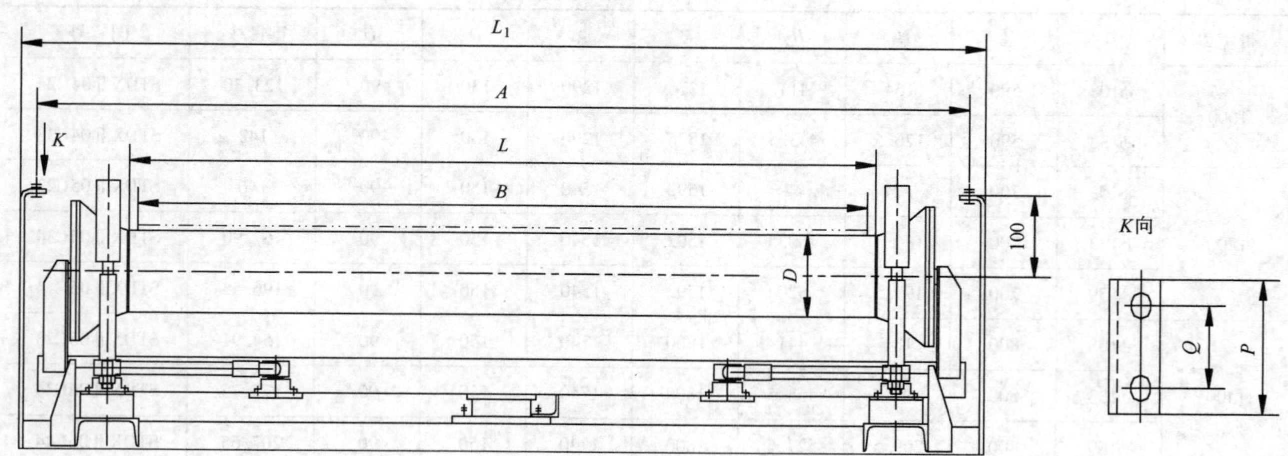

图 18-26　Ⅰ型自动调心下托辊

表 18-31　Ⅰ型自动调心下托辊参数及尺寸　mm

带宽 B	L_1	A	L	D	P	Q	重量/kg	图　号
500	810	720	600	$\phi89$	250	200	85.76	STDXⅠ1C6
650	960	870	750	$\phi89$	250	200	92.95	STDXⅠ2C6
800	1125	1070	950	$\phi89$	250	200	98.95	STDXⅠ3C6
1000	1360	1300	1150	$\phi108$	130	80	120.26	STDXⅠ4C6
1200	1610	1550	1400	$\phi108$	130	80	135.04	STDXⅠ5C6
1400	1810	1750	1600	$\phi108$	130	80	142.5	STDXⅠ6C6

18.6.2.5　Ⅱ型自动调心下托辊

Ⅱ型自动调心下托辊参数及尺寸见图 18-27 和表 18-32。

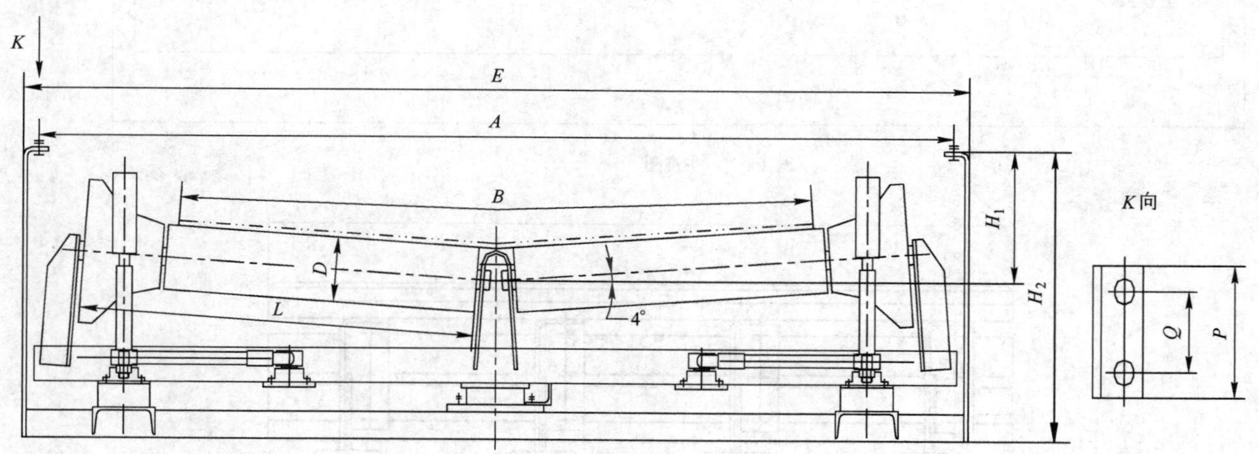

图 18-27　Ⅱ型自动调心下托辊

表 18-32　Ⅱ型自动调心下托辊参数及尺寸　mm

带宽 B	D	L	H_1	H_2	E	A	P	Q	重量/kg	图　号
500	$\phi89$	323	100	334	840	740	130	90	85.58	STDXⅡ01C11
650	$\phi89$	398	100	328	990	890	130	90	99.98	STDXⅡ02C11
800	$\phi89$	473	144.5	367.5	1150	1090	130	90	96.38	STDXⅡ03C11
	$\phi108$	488	154	396	1176	1090	130	90	110.37	STDXⅡ03C22

续表 18-32

带宽 B	D	L	H_1	H_2	E	A	P	Q	重量/kg	图　号
1000	ϕ108	590	164	411	1376	1290	130	90	123.30	STDXⅡ04C23
	ϕ133	590	176.5	443.5	1376	1290	130	90	142	STDXⅡ04C33
1200	ϕ108	700	174	42	1592	1540	150	90	146	STDXⅡ05C23
	ϕ133	700	186.5	460.5	1592	1540	150	90	167.90	STDXⅡ05C34
	ϕ159	700	199.5	520	1592	1540	150	90	196.53	STDXⅡ05C44
1400	ϕ108	800	184	441	1800	1740	150	90	154.91	STDXⅡ06C23
	ϕ133	800	196.5	463.5	1800	1740	150	90	177.75	STDXⅡ06C34
	ϕ159	800	209.5	527.5	1800	1740	150	90	207.65	STDXⅡ06C44

18.6.3　缓冲床

18.6.3.1　本溪运输机械配件厂产品

本溪运输机械配件厂的缓冲床外形结构及尺寸见图 18-28 和表 18-33。

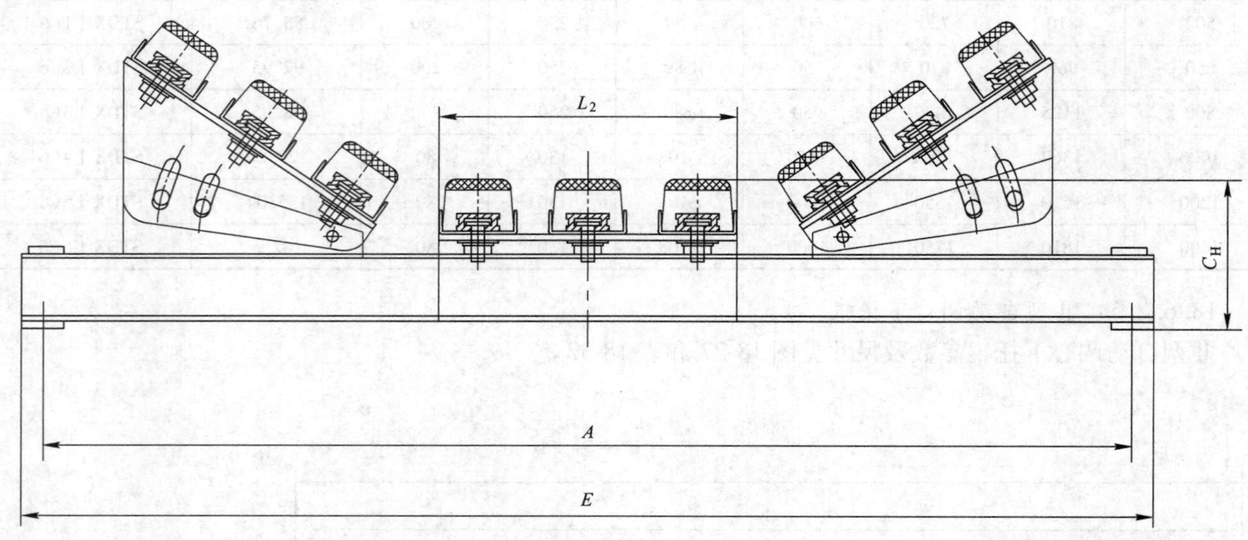

主视图

左视图

图 18-28　缓冲床结构

表 18-33 缓冲床外形尺寸

mm

B	A	E	L_1	L_2	C_H	N	Q	P	支座数量			重量/kg	图 号
									左	中	右		
650	890	950	1220	240	180	3	220	160	2	2	2	260	DT-HCC-650
800	1090	1150		260	180							305	DT-HCC-800
1000	1290	1350		380	213				3	3	3	390	DT-HCC-1000
1200	1540	1600		420	230							495	DT-HCC-1200
1400	1740	1800	1400	500	238		260	200	4	4	4	620	DT-HCC-1400
1600	1990	2060		580	282	4						740	DT-HCC-1600
1800	2210	2280	1600	720	295	5			5	5	5	1050	DT-HCC-1800
2000	2400	2470	1800									1340	DT-HCC-2000

注：1. 订货时应注明所用缓冲托辊的辊径、槽角和输送带带面高度 C_H 值。
2. 可按用户要求进行各种非标尺寸缓冲床的设计与供货。

18.6.3.2 沈阳东鹰实业有限公司产品

沈阳东鹰实业有限公司的缓冲床规格如图 18-29 及表 18-34 所示。

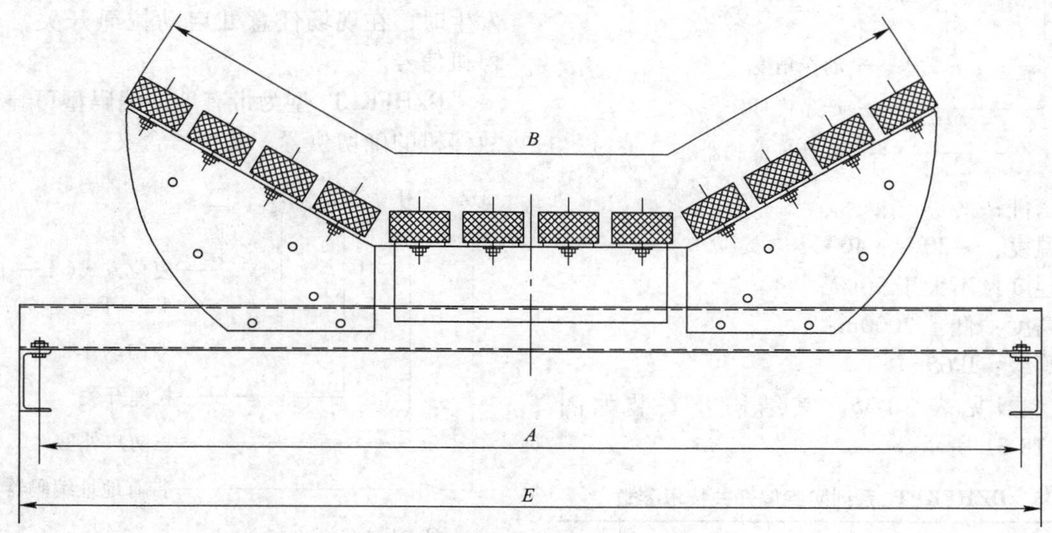

图 18-29 缓冲床规格

表 18-34 缓冲床规格

带宽 B /mm	与中间架配合尺寸/mm		缓冲床长度	缓冲条数量			重量/kg	图 号
	A	E		左 侧	中 心	右 侧		
500	740	800	1400	1	2	1	205	DH-500
650	890	950	1550	2	2	2	215	DH-650
800	1090	1150	1700	2	3	2	235	DH-800
1000	1290	1350	1900	3	3	3	260	DH-1000
1200	1540	1600	2100	3	4	3	314	DH-1200
1400	1740	1810	2300	4	5	4	480	DH-1400
1600	1990	2060	2500	5	5	5	620	DH-1600
1800	2190	2260	2700	5	6	5	760	DH-1800
2000	2420	2490	2900	6	6	6	805	DH-2000

18.7 输送机安全保护装置

18.7.1 沈阳胶带机设备总厂产品

18.7.1.1 两级防跑偏开关（地址编码型及普通型）

$HFKPT_1$系列两级防跑偏开关用于检测带式输送机胶带的跑偏和扭曲。可防止皮带边缘的损伤和因为胶带的跑偏而引起的物料脱落，是实现自动报警和停机的一种保护性开关。

$DZHFKPT_1$型防跑偏开关带有地址编码，可显示皮带跑偏的确切位置，其型号含义：

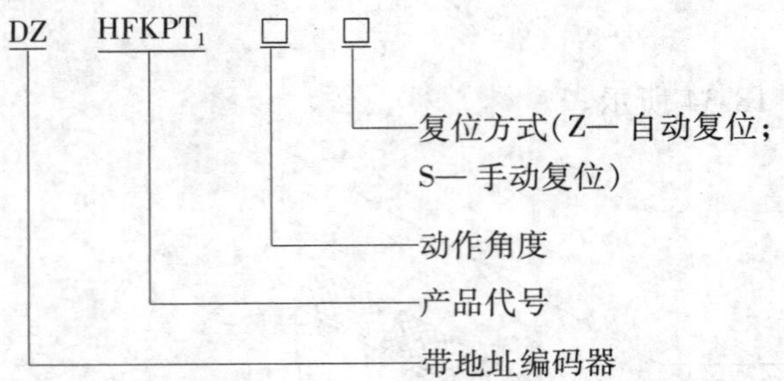

使用条件：

环境温度：－20～＋40℃；

相对湿度：不大于90%；

海拔高度：低于2000m；

防护等级：IP65。

技术参数见表18-35。其结构及安装如图18-30、图18-31所示。

表18-35 $DZHFKPT_1$系列防跑偏开关技术参数

型 号	触点容量	触点数量	极限角度/(°)	防护等级	重量/kg
		常开			
DZ/$HFKPT_1$-□	AC 415V 3A	2	70	IP65	3

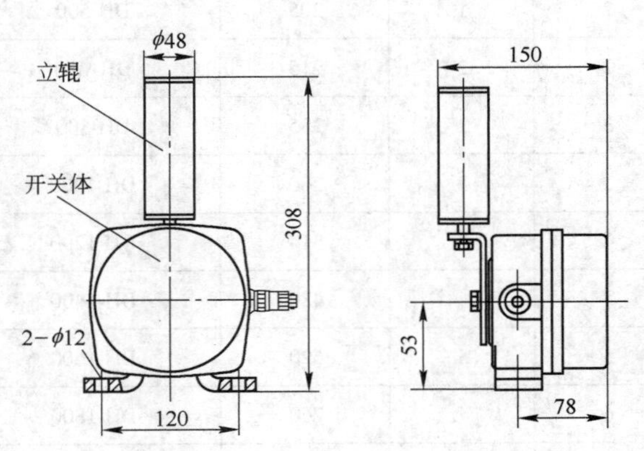

图18-30 跑偏开关结构简图

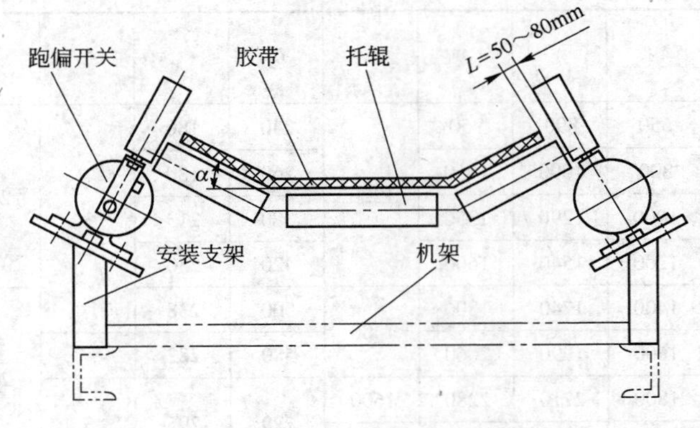

图18-31 跑偏开关安装示意图

18.7.1.2 双向拉绳开关（地址编码型及普通型）

$HFKLT_2$系列双向拉绳开关是用于胶带运输机现场紧急事故停机的一种保护装置，当紧急事故发生时，在现场任意处启动拉绳开关，均可发出停机信号。

$DZHFKLT_2$型为带有地址编码型可显示紧急事故停机的确切位置，其型号含义：

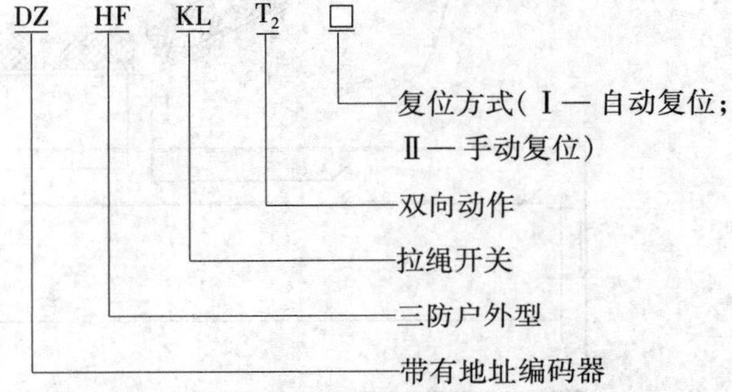

使用条件：

环境温度：－20～＋40℃；

相对湿度：不大于85%（＋25℃时）；

大气压力：80～110kPa；

绝缘耐压：工频2000V，试验1min。

双向拉绳开关技术参数及外形结构如表18-36和图18-32所示。

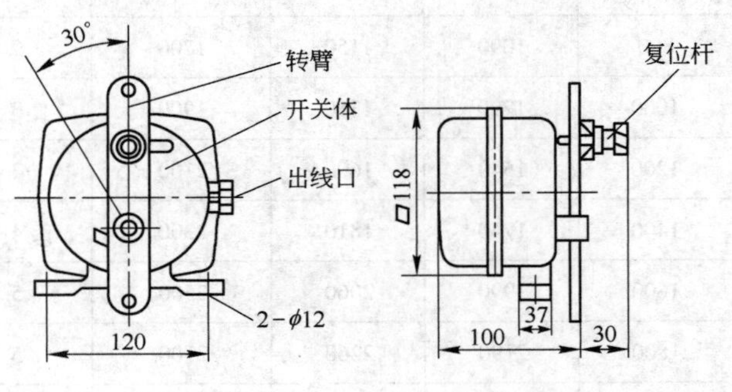

图18-32 双向拉绳开关外形结构简图

表 18-36　双向拉绳开关技术参数

型　号	触点容量	触点数量	动作力/N	复位形式	工作角度	极限角度	防护等级	重量/kg
		常开						
DZ/HFKLT$_2$-Ⅰ	AC 380V 2A	2	100±10	自动复位	30°±2°	70°	IP67	2.5
DZ/HFKLT$_2$-Ⅱ	AC 380V 2A	2	100±10	手动复位	30°±2°	70°	IP67	2.7

18.7.1.3　溜槽堵塞检测装置（地址编码型及普通型）

LDM系列溜槽堵塞检测装置用于带式输送机输煤系统中发生溜槽堵塞故障的检测。当溜槽出现堵塞故障时，检测器将发出开关信号，用于报警或停机。

DZLDM为带有地址编码型可显示本装置的确切位置。

本机系列中含两种机型：（1）DZ/LDM-X型，选用行程开关；（2）DZ/LDM-G型，选用干式舌簧管。

技术参数：

环境温度：－25～＋50℃；

相对湿度：不大于85%（＋25℃）；

触点数量：1组常开，1组常闭；

触点容量（AC）：110～415V，5A；

动作角度：≥5°；

绝缘耐压：工频2000V，试验1min；

防护等级：LDM-X型：IP67，LDM-G型：IP67。

溜槽堵塞检测装置的技术参数和外形安装尺寸如图18-33所示。

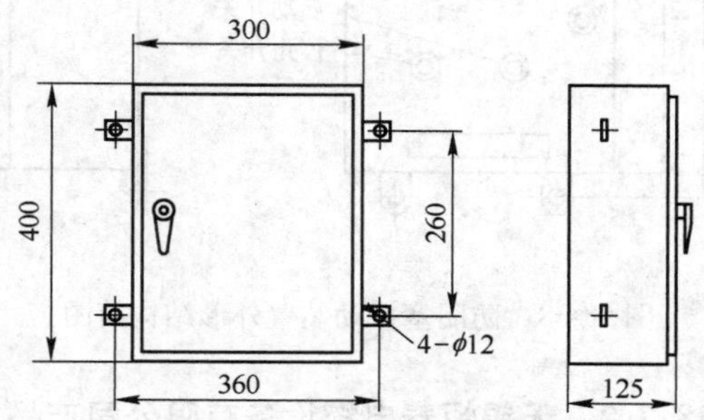

图 18-33　溜槽堵塞检测装置

18.7.1.4　料流检测器（地址编码及普通型）

LL-Ⅱ型料流检测器是作为胶带机运输物料时，用来检测物料瞬时状态的一种检测装置。

DZLL-Ⅱ为带有地址编码型可显示本检测器的确切位置。

型号含义：

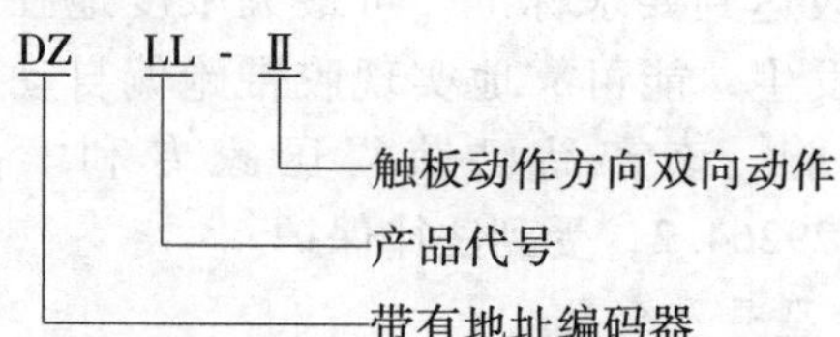

技术参数：

环境温度：－20～＋50℃；

相对温度：不大于90%；

大气压力：80～110kPa；

海拔高度：不超过2000m；

动作角度：±20°；

极限角度：70°；

防护等级：IP67；

触点数量：常开：2；

重量：65kg。

料流检测器安装示意图见图18-34。

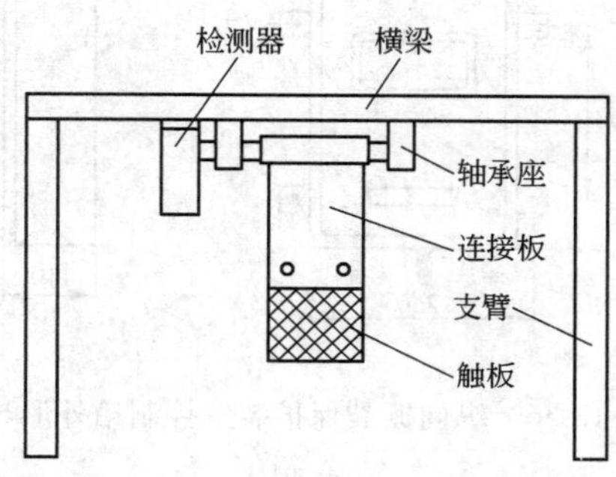

图 18-34　料流检测器安装示意图

18.7.1.5　纵向撕裂保护装置（地址编码及普通型）

ZL系列纵向撕裂检测器用于各种规格型号的带式输送机胶带纵向撕裂的保护。胶带纵向撕裂属于恶性事故，如不及时发现将会造成严重损失。本系列检测器安装在上胶带下部，可进行连续检测，当纵向撕裂故障出现时，能及时发出停机信号，防止事故扩大。

DZZL型纵向撕裂检测器为带有地址编码型，本机可显示胶带纵向撕裂的确切位置。

使用条件及技术参数：

环境温度：－20～＋40℃；

相对湿度：不大于85%（25℃时）；

工作电源（AC）：220V±10%，50Hz，2A；

动作力：90～160N；

防护等级：控制箱IP54，感知器IP67。

纵向撕裂保护装置的感知器结构与安装以及控制箱结构、外形如图18-35及图18-36所示。

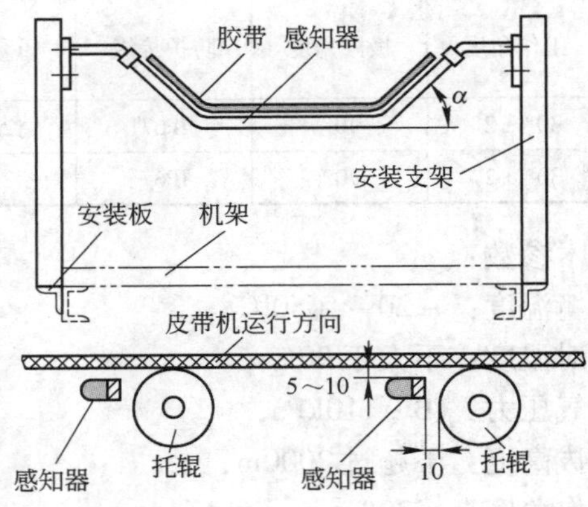

图 18-35 纵向撕裂保护装置感知器结构与安装示意图

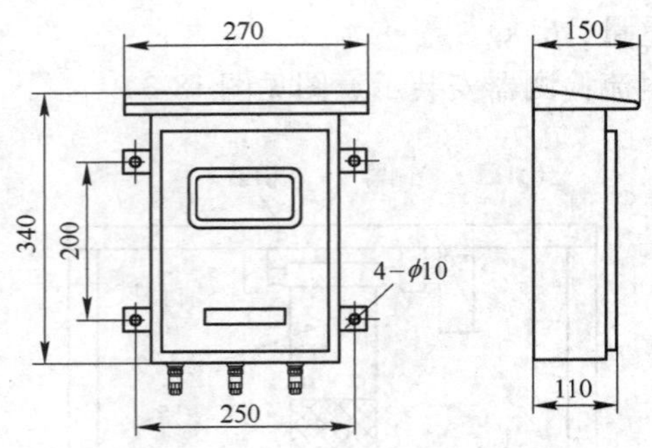

图 18-36 纵向撕裂保护装置控制箱外形与结构简图

18.7.1.6 打滑检测装置（地址编码及普通型）

DH-Ⅲ打滑检测装置用于带式输送机失速状态的检测设备，由于输送机尾部滚筒与运输带之间易出现打滑现象，造成输送带运行速度下降，进而出现物料堆积和外溢等事故，使用该设备可以在出现打滑时给予停机，防止事故的发生。

DZDH-Ⅲ型为带有地址编码型，可显示出现打滑的确切位置。

使用条件和技术参数：

环境温度：-35～60℃；

相对温度：不大于95%（25℃时）；

适用范围：带速：0.8～4.5m/s；

打滑率：20%～30%（额定带速下）；

工作电压（AC）：110～415V。

打滑检测装置结构及安装如图 18-37 所示。

18.7.1.7 ZFB-5 型防闭塞装置（地址编码及普通型）

带式输送机输料系统中，溜槽发生堵塞故障

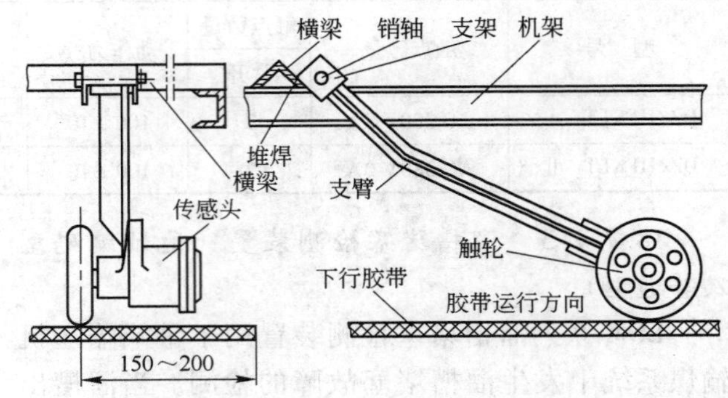

图 18-37 打滑检测装置结构及安装示意图

时，需要停机进行处理，影响生产，增加劳动强度。ZFB-5 型防闭塞装置适用于溜槽堵塞故障的排除。该装置与 LDM 型溜槽堵塞检测器配合使用，可对溜槽堵塞随时进行检测并排除，提高现场的自动化程度。

本装置设手动与自动两种工作方式，配有断相、过流、短路等保护，同时有电源、上限停机提示、告警等功能。

防闭塞振动装置外形如图 18-38 所示。

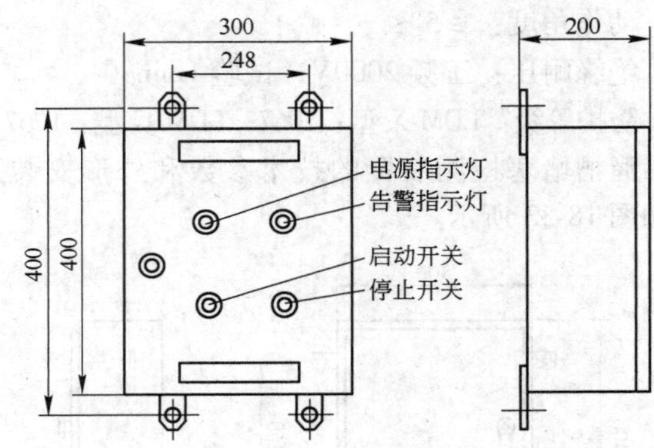

图 18-38 防闭塞振动装置外形结构简图

18.7.2 无锡恒泰电控设备有限公司产品

18.7.2.1 JSB/HKPP12-30 两级跑偏开关

A 用途

HKPP 型产品是 KPP 型两级跑偏开关的换代产品，其最大的特点是壳体上增加了一体式接线盒，使工作型腔与接线型腔分离。在现场无需打开开关壳体即可安装接线，从而确保产品接线可靠及防护等级达到要求标准，可最大限度地杜绝本机故障的发生，能可靠地实现胶带跑偏自动报警和停机功能。该产品已获得国家专利，专利号 201020129264.2，受到法律保护。

B 型号及含义

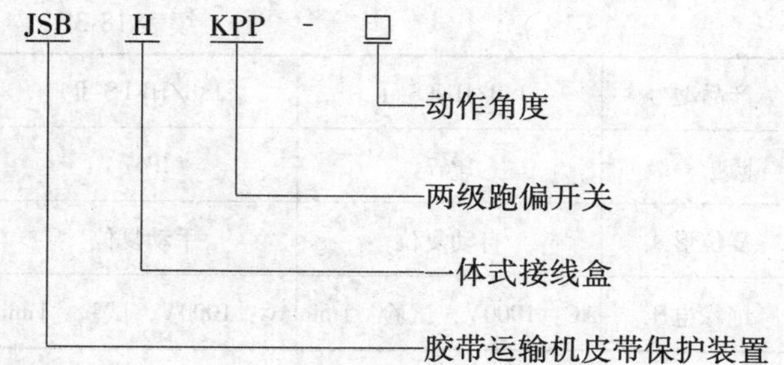

C　主要技术指标

JSB/HKPP12-30 两级跑偏开关的主要技术指标如表 18-37 所示。

表 18-37　JSB/HKPP12-30 两级跑偏开关的主要技术指标

产品型号	JSB/HKPP12-30	JSB/HKPP16-35
触点数量	二常开、二常闭	二常开、二常闭
触点容量	AC：380V，3A	AC：380V，3A
开关动作角度	一级：12°±2°	一级：16°±2°
	二级：30°±2°	二级：35°±2°
	极限角度：60°±2°	极限角度：60°±2°
动作力矩	1.5～2.5N·m	1.5～2.5N·m
防护等级	IP67	IP67
复位形式	自动复位	自动复位

D　结构特征

HKPP 跑偏开关的结构和安装如图 18-39 和图 18-40 所示。

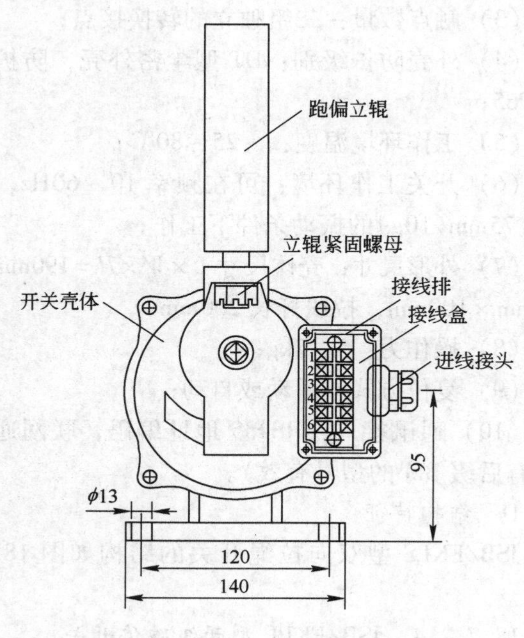

图 18-39　HKPP 跑偏开关结构示意图

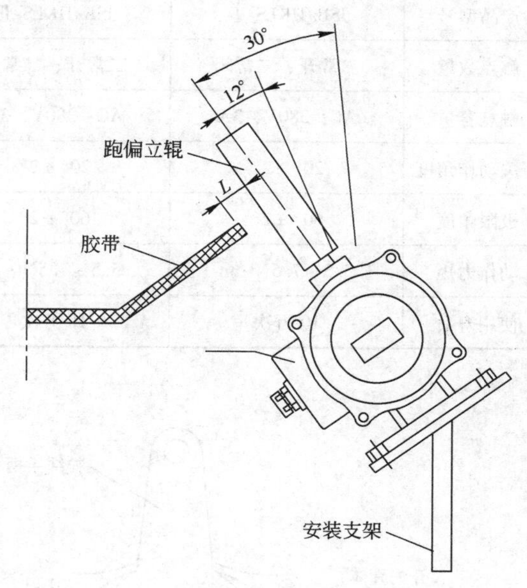

图 18-40　HKPP 跑偏开关安装示意图

18.7.2.2　JSB/HKLS-Ⅰ/Ⅱ型双向拉绳开关

A　用途

HKLS 型产品是 KLS 型双向拉绳开关的换代产品，其最大的特点是壳体上增加了一体式接线盒，使工作型腔与接线型腔分离。在现场无需打开开关壳体即可安装接线，从而确保产品接线可靠及防护等级达到要求标准，可最大限度地杜绝本机故障的发生，能可靠地实现报警和紧急停机功能。该产品受国家专利法的保护，其专利号201020129264.2。

B　型号及含义

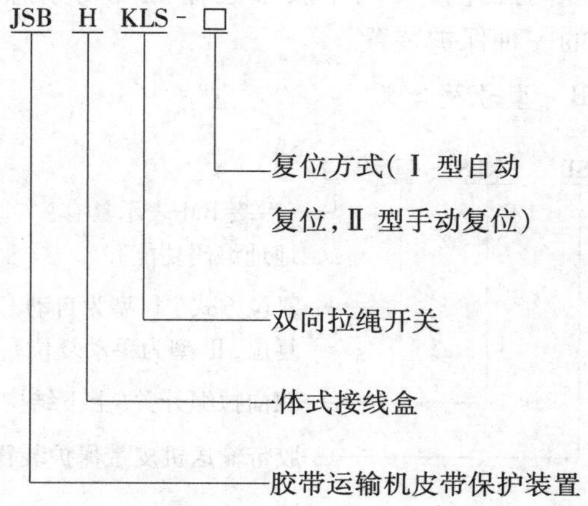

C　主要技术指标

JSB/HKLS-Ⅰ/Ⅱ型双向拉绳开关的主要技术指标如表 18-38 所示。

表 18-38　JSB/HKLS-Ⅰ/Ⅱ型双向拉绳开关的主要技术指标

产品型号	JSB/HKLS-Ⅰ	JSB/HKLS-Ⅱ
触点数量	二常开、二常闭	二常开、二常闭
触点容量	AC：380V，3A	AC：380V，3A
开关动作角度	20°±2°	20°±2°
极限角度	60°±2°	60°±2°
动作力矩	5.5~7.5N·m	5.5~7.5N·m
使用寿命	10 万次	10 万次

续表 18-38

产品型号	JSB/HKLS-Ⅰ	JSB/HKLS-Ⅱ
防护等级	IP67	IP67
复位形式	自动复位	手动复位
绝缘电压	AC：1000V，试验：1min	AC：1000V，试验：1min

D　结构特征

JSB/HKLS-Ⅰ/Ⅱ型双向拉绳开关的结构如图 18-41 所示。

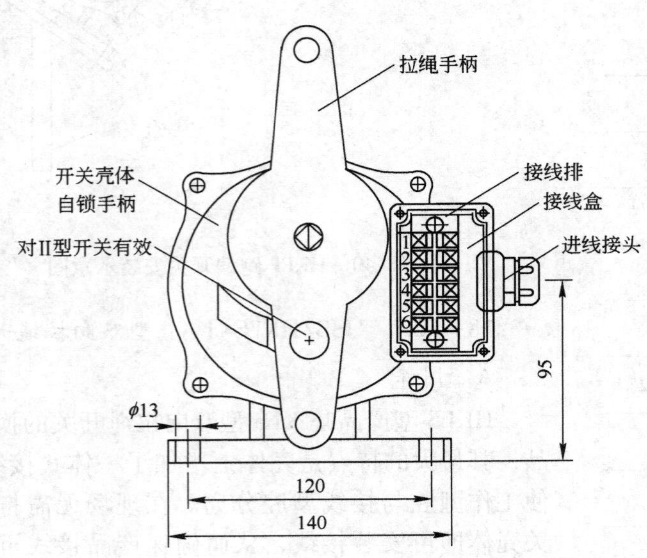

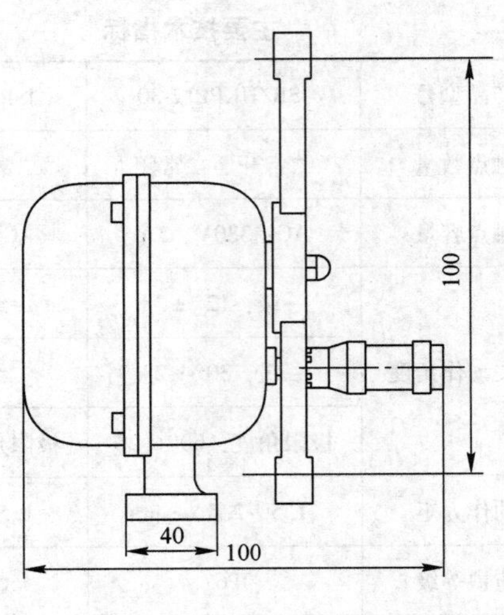

图 18-41　JSB/HKLS-Ⅰ/Ⅱ型双向拉绳开关简图

18.7.2.3　JSB/FKLS 型双向拉绳开关

A　用途

双向拉绳开关用于胶带运输机现场紧急事故停车的一种保护装置。

B　型号及含义

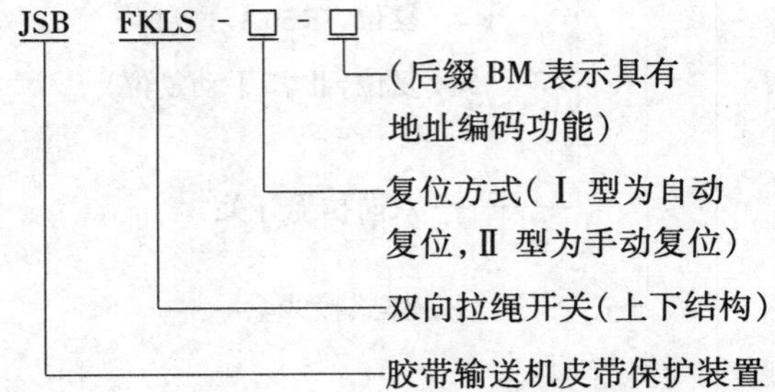

C　主要技术指标

JSB/FKLS 型双向拉绳开关的主要技术指标包括：

(1) 额定电压（AC）：380V；

(2) 额定电流：5A；

(3) 触点数量：二组独立的转换接点；

(4) 外壳防护级别：DT 型尘密外壳，防护等级 IP65；

(5) 工作环境温度：-25~80℃；

(6) 开关工作环境：可在频率 10~60Hz，振幅 0.75mm(10g)的振动条件下工作；

(7) 外形尺寸：壳体尺寸 $L\times W\times H=190\text{mm}\times 135\text{mm}\times 100\text{mm}$，拉线杆长 200mm；

(8) 操作力：5~7kg；

(9) 复位方式：手动或自动；

(10) 通讯接口：RS485 地址编码，联网通讯（对有后缀 BM 的型号有效）。

D　结构特征

JSB/FKLS 型双向拉绳开关的结构如图 18-42 所示。

18.7.2.4　JSB/FKPP 型两级跑偏开关

A　用途

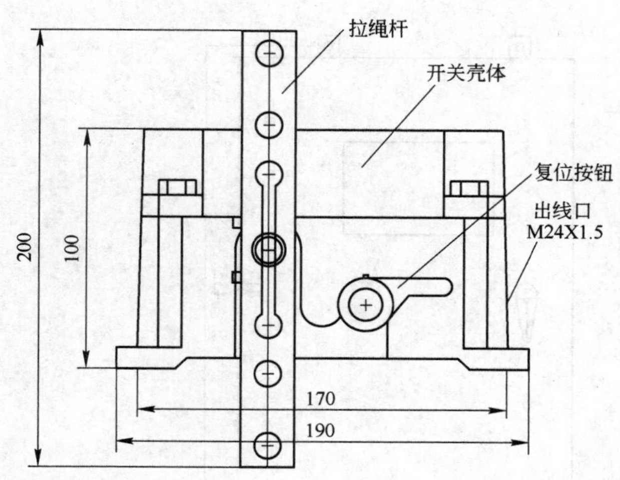

图 18-42 JSB/FKLS 型双向拉绳开关示意图

JSB/FKPP 型两级跑偏开关用于检测胶带跑偏量，是实现胶带跑偏自动报警和停机的一种保护装置。

B 型号及含义

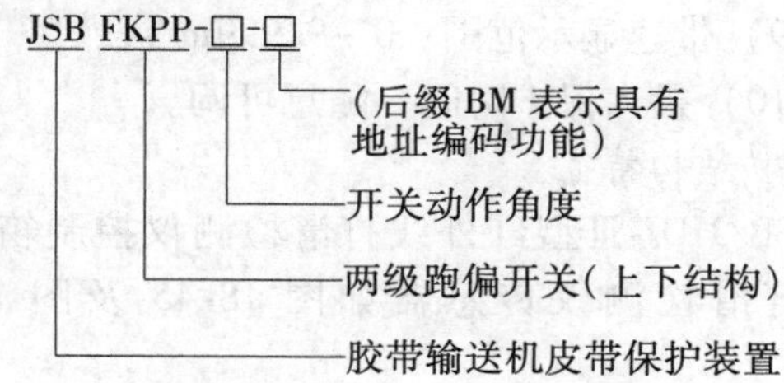

C 主要技术指标

JSB/FKPP 型双向拉绳开关的主要技术指标包括：

（1）额定电压（AC）：380V；

（2）额定电流：5A；

（3）触点数量：二组独立的常开、常闭接点；

（4）外壳防护级别：DT 型尘密外壳，防护等级 IP67；

（5）工作环境温度：-25～80℃；

（6）开关工作环境：可在频率 10～60Hz，振幅 0.75mm(10g)的振动条件下工作；

（7）外形尺寸：$L \times W \times H$ = 190mm × 135mm × 100mm；

（8）操作力：5～7kg；

（9）通讯接口：RS485 地址编码，联网通讯(对有后缀 BM 的型号有效)。

D 结构特征

JSB/FKPP 型双向拉绳开关的结构如图 18-43 所示。

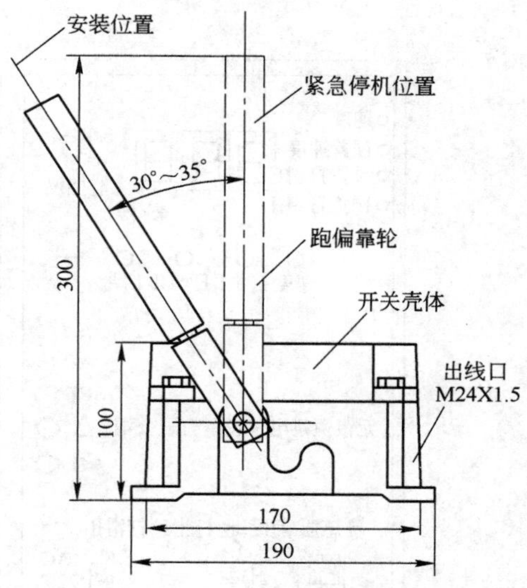

图 18-43 JSB/FKPP 型双向拉绳开关示意图

18.7.2.5 JSB/SJK-Ⅰ/Ⅱ速度监控仪

A 用途

SJK-Ⅰ/Ⅱ型速度打滑监控仪是新一代智能皮带保护装置，它采用微电脑核心及非接触式传感器信号检测方式，可防水、防尘、耐腐蚀，可靠性强。带速实时显示，打滑时进行监测与报警，速度显示值为“米/秒”。用户可分别自行设置“正常带速”、“警告带速”、“报警带速”值。SJK-Ⅰ/Ⅱ型速度打滑监控仪可用于电力、矿山、石油化工等行业。

B 型号及含义

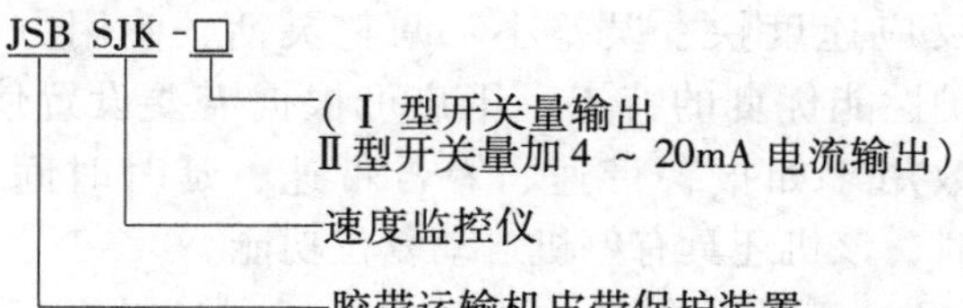

C 主要技术指标

SJK-Ⅰ/Ⅱ型速度打滑监控仪的主要技术指标包括：

（1）适应检测带速：0～9.99m/s；

（2）要求检测的带速打滑率：0～100%；

（3）测量数值误差：≤0.1m/s；

（4）继电器使用寿命：10 万次；

（5）触点容量（AC）：220V，3A；

（6）供电电压（AC）：220V，50Hz；

（7）工作环境温度：-25～65℃；

（8）数值显示范围：0～9.99m/s；

（9）检测方式：非接触式；

（10）传感器防护等级：IP67。

D 结构特征

SJK-Ⅰ/Ⅱ型速度打滑检测仪面板和双层密封仪表箱如图 18-44 所示。

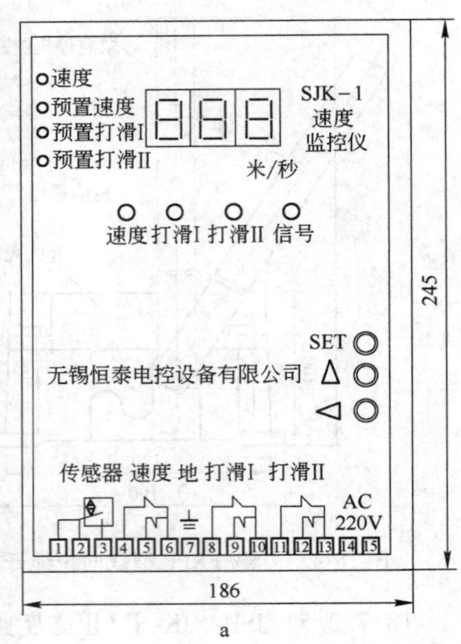

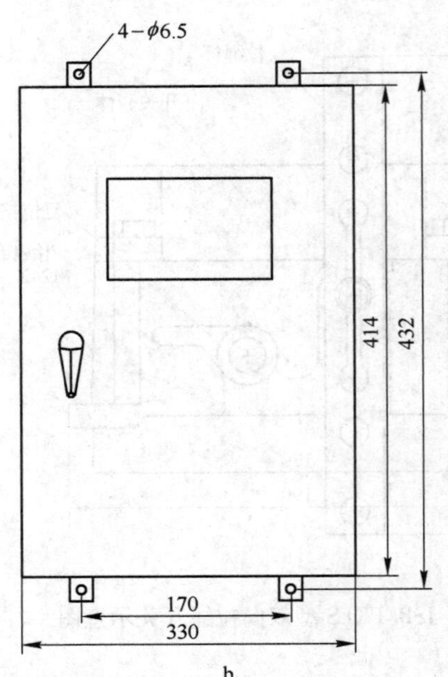

图 18-44　SJK-Ⅰ/Ⅱ型速度打滑检测仪面板及双层密封仪表箱示意图
a—SJK-Ⅰ/Ⅱ型速度打滑检测仪面板；b—双层密封仪表箱

18.7.2.6　JSB/HDJ-Ⅲ型红外线打滑检测仪

A　特点及用途

JSB/HDJ-Ⅲ型红外线打滑检测仪采用红外线检测、CPU 中央微处理机技术，对胶带运输机的各种不同带速实时进行检测、显示，并在胶带发生打滑时给予警告以及报警、控制与保护。它具有反应速度快、误差小、调整灵活、使用方便、保护性能优良的特点。用户可根据需要设置使用参数用于如报警带速、警告带速、延时时间等。同时，该机还具有停机自动复位功能。

B　型号及含义

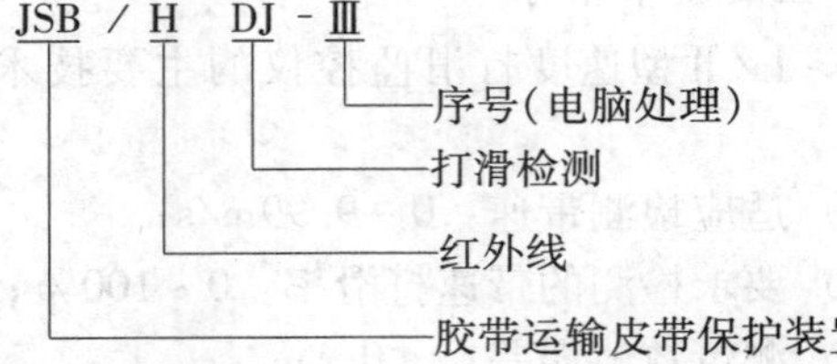

C　技术指标

JSB/HDJ-Ⅲ型红外线打滑检测仪的主要技术指标包括：

（1）适应检测带速范围：0～9.999m/s；
（2）可检测速度打滑率：0～100%；
（3）传感器传输距离：≤1000m；
（4）传感器检测精度误差：≤0.1%；
（5）继电器运行寿命：10 万次；
（6）触点容量（AC）：220V，3A；
（7）供电电压（AC）：220V，50Hz；
（8）防护等级：控制箱 IP54，传感头 IP65；
（9）带速显示范围：0～9.999m/s；
（10）投入保护时间：随意可调。

D　结构特征

JSB/HDJ-Ⅲ型红外线打滑检测仪控制箱及红外线打滑检测仪传感器如图 18-45 及图 18-46 所示。

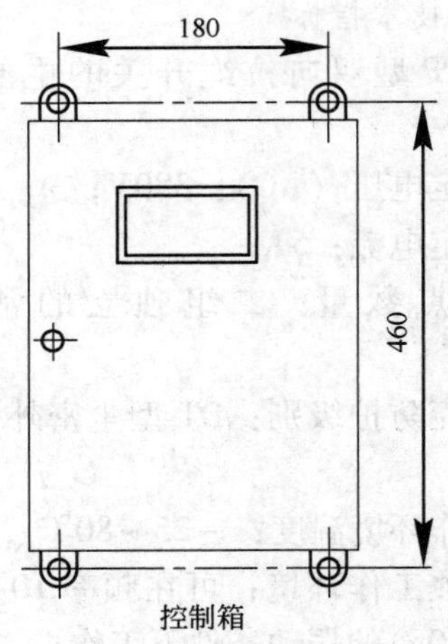

图 18-45　JSB/HDJ-Ⅲ型红外线打滑检测仪控制箱

18.7.2.7　JSB/GDZS-C 型纵向撕裂检测保护装置

A　用途

JSB/GDZS-C 系列纵向撕裂保护装置，适用于各种规格型号输送机胶带的纵向撕裂保护。C 型系列感知器安装在胶带下面，在胶带被异物划漏、

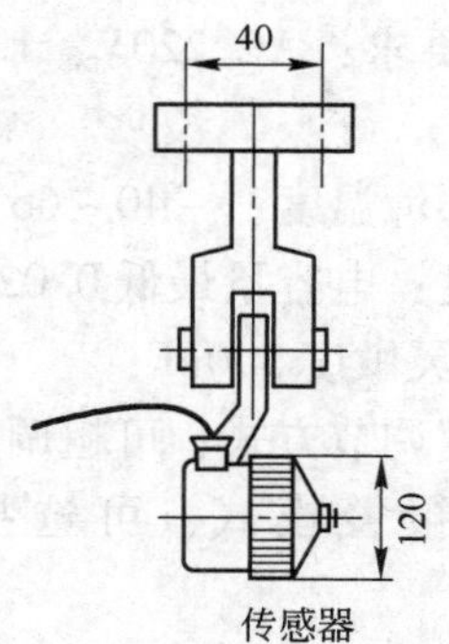

图 18-46 JSB/HDJ-Ⅲ型红外线打滑检测仪传感器

破损情况下发出报警及停机信号。

B 型号含义

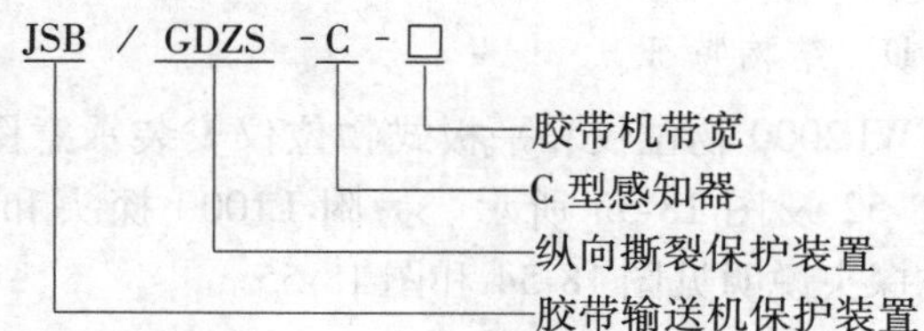

C 主要技术指标

JSB/GDZS-C 系列纵向撕裂保护装置的主要技术指标包括：

(1) 供电电源（AC 电控箱）：220V；

(2) 感知器（AC）：36V，50Hz；

(3) 输出触点数量：一常开、一常闭两组触点；

(4) 触点容量：5A；

(5) 复位方式：手动按钮复位；

(6) 绝缘电阻：>20MΩ；

(7) 绝缘电压（AC）：1000V，试验 1min；

(8) 环境温度：-25～65℃；

(9) 防护等级：感知器 IP65，控制箱 IP54；

(10) 控制方式：见图 18-47。

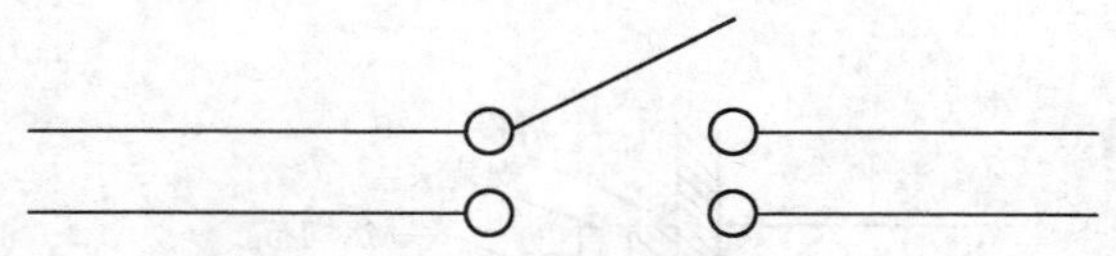

图 18-47 JSB/GDZS-C 系列纵向撕裂保护装置的控制方式

D 结构特征

JSB/GDZS-C 系列纵向撕裂感知器及控制箱如图 18-48 及图 18-49 所示。

18.7.2.8 JSB/LLQ-Ⅲ型料流检测仪

A 用途

LLQ 系列料流检测仪，是胶带运输机运送物料时作为检测物料瞬时状态的一种检测装置，也可与洒水装置配套使用，实现有料时的自动洒水

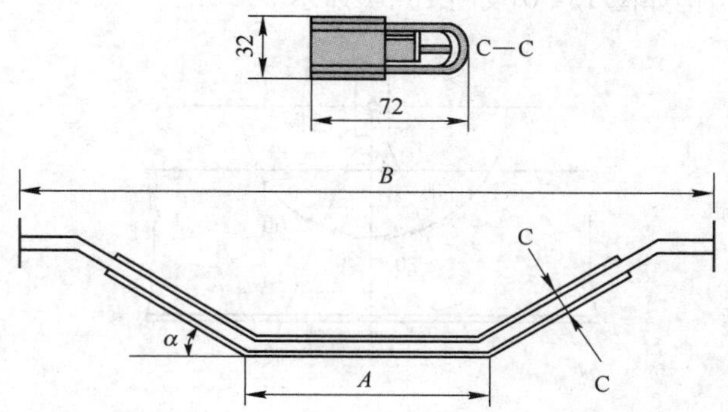

图 18-48 JSB/GDZS-C 型纵向撕裂感知器

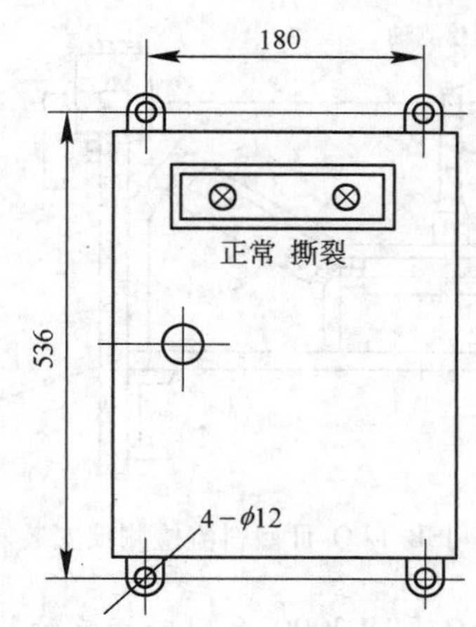

图 18-49 JSB/GDZS-C 型纵向撕裂控制箱

功能。

B 型号及含义

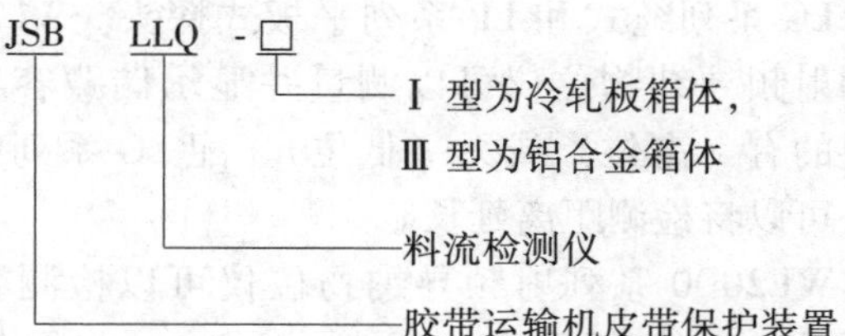

C 技术指标

JSB/LLQ-Ⅲ型料流检测仪的主要技术指标包括：

(1) 触点数量：常开一组，常闭一组；

(2) 触点容量（AC）：220V，5A；

(3) 动作角度：0～90°；

(4) 触板：初始位置垂直于胶带面，双向动作；

(5) 结构形式：单臂直立式结构；

(6) 复位方式：重锤复位；

(7) 使用环境：-25～65℃（三防户外型）；

(8) 绝缘电压（AC）：1000V 试验 1min。

D 结构特征

JSB/LLQ-Ⅲ型料流检测仪的工作原理与安装

结构如图 18-50 及图 18-51 所示。

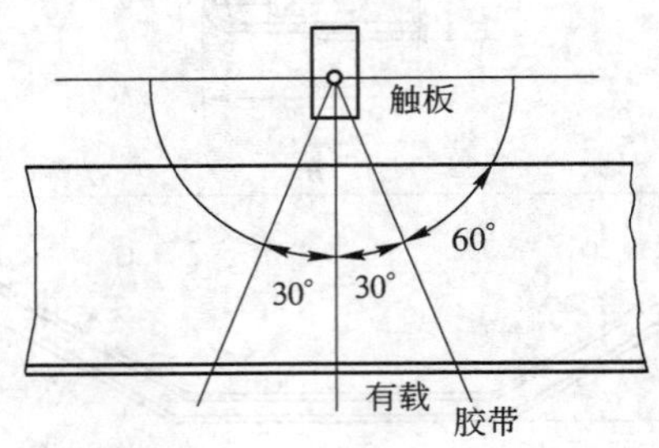

图 18-50 JSB/LLQ-Ⅲ型料流检测仪工作原理图

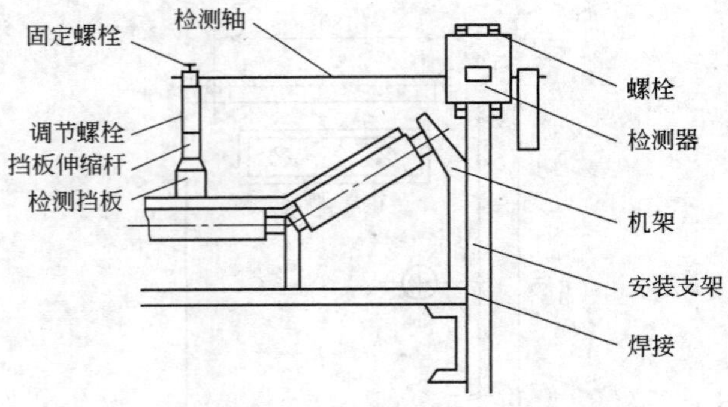

图 18-51 JSB/LLQ-Ⅲ型料流检测仪安装示意简图

18.7.2.9 WL2000 系列射频导纳物位仪

A 特点简述

WL2000 系列射频导纳物位仪是价廉、可调节的射频导纳物位控制器。配合使用 L1000 系列杆式、LG 系列缆式和 LP 系列平板式探头。WL2000 系列射频导纳物位仪可以测量并显示储藏容器中物料的有（高位）或无（低位），配 LG 系列缆式探头可以将检测距离延长。

WL2000 系列射频导纳物位仪可以检测各种性质物料，包括飞灰、颗粒、导体、非导体和各种黏稠度的液体（包括容易黏附探头的液料）。

B 型号含义

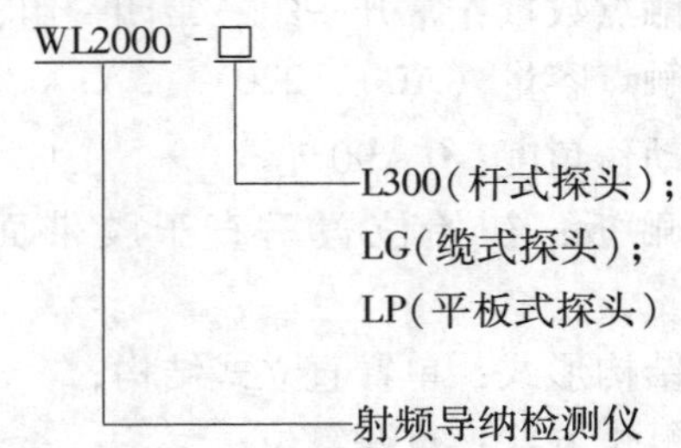

C 技术指标

WL2000 系列射频导纳物位仪的主要技术指标包括：

(1) 形式：点式（开/关），射频导纳工作原理（RF），阻抗传感，全固态物位控制器；

(2) 电源要求：AC 220V，1.3W 或 DC 17/34V，<1W；

(3) 工作环境温度：-40～66℃；

(4) 灵敏度：电容量最低 0.025pF，导电常数最低 1.5，最高灵敏度 500pF；

(5) 灵敏度调节方式：可粗调与细调；

(6) 故障报警模式：可选择高料位或低料位；

(7) 继电器触点：2 个双刀双掷触点，10A（AC：115V 或 DC：26V），阻抗；

(8) 延时时间和模式：可调区域为 0～30s，开延时和关延时模式。

D 结构特征

WL2000 物位仪和平板式物位仪安装示意图如图 18-52 及图 18-53 所示。另附 L1000 探头和 LG 缆式探头说明见图 18-54 和图 18-55。

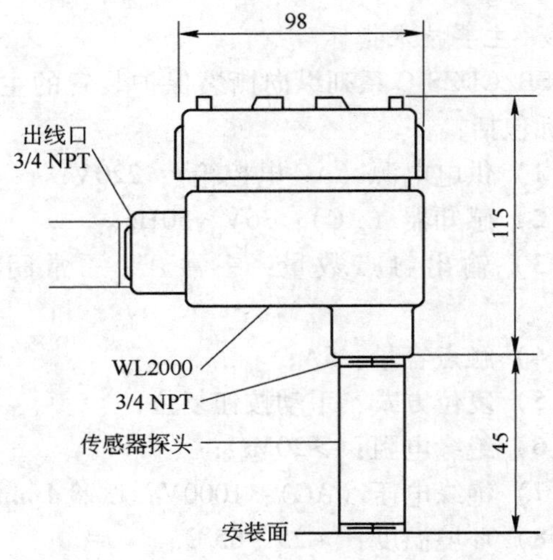

图 18-52 WL2000 物位仪安装示意图

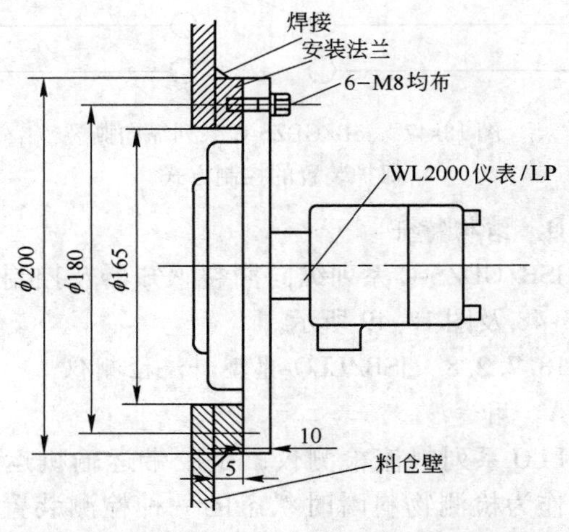

图 18-53 WL2000 平板式物位仪安装示意图

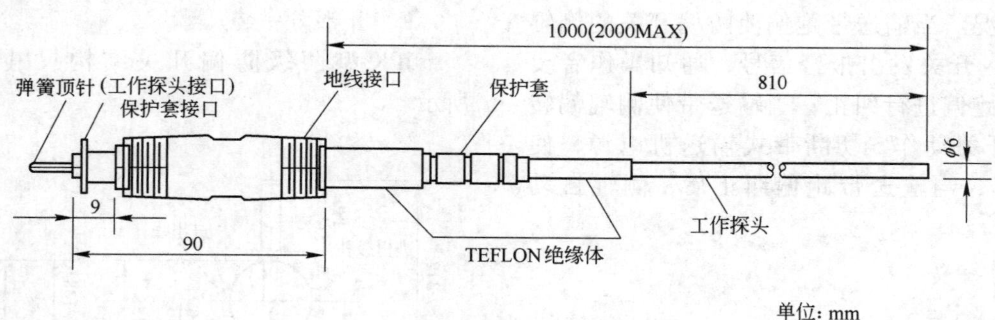

图 18-54 L1000 探头说明图

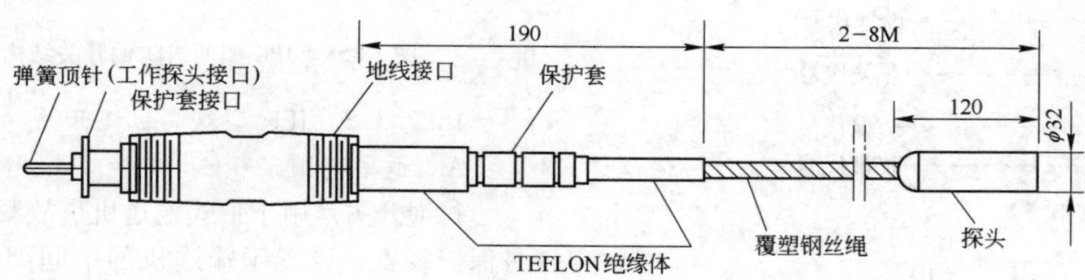

图 18-55 LG 系列缆式探头说明图

18.7.2.10 JSB/LDB-X 型门式结构溜槽堵塞检测保护装置

A 用途及功能

JSB/LDB-X 型门式结构溜槽堵塞保护装置用于检测胶带机系统中的溜槽堵塞，当溜槽堵塞时，本保护装置将发出报警、停机、振打信号。

B 型号及含义

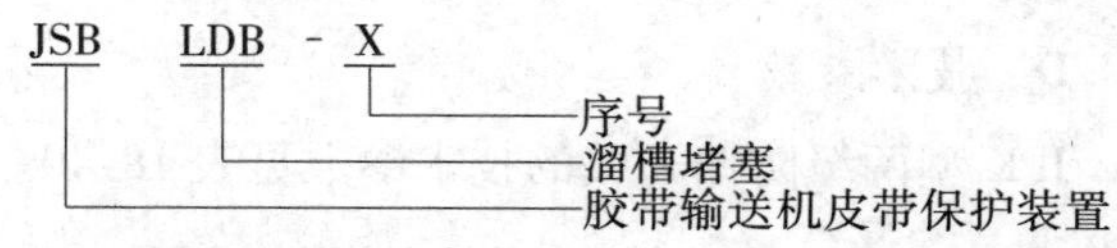

C 技术指标

JSB/LDB-X 型门式结构溜槽堵塞保护装置技术指标如表 18-39 所示。

表 18-39 JSB/LDB-X 型门式结构溜槽堵塞保护装置技术指标

型号	触点数量		触点容量 /A	工作角度 /(°)	极限行程 /mm	开关可靠动作/万次	结构形式	使用环境温度/℃
	常 开	常 闭						
LDB-X	1	1	3	≥5	60	10	门式压簧自动复位	-25~65

D 结构特征

JSB/LDB-X 型门式结构溜槽堵塞保护装置结构特征及安装尺寸见图 18-56 及图 18-57。

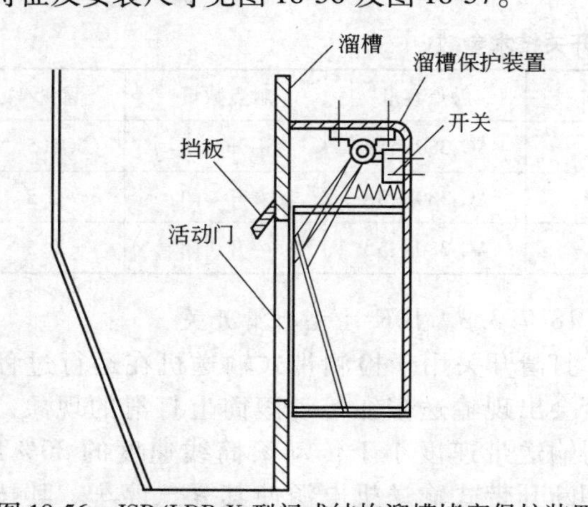

图 18-56 JSB/LDB-X 型门式结构溜槽堵塞保护装置工作原理及结构特征简图

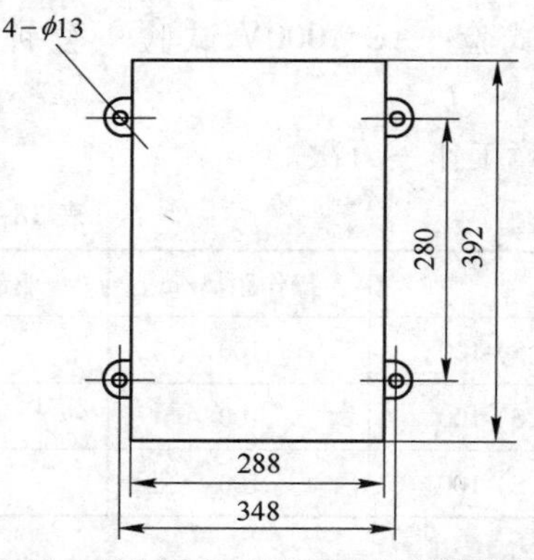

图 18-57 JSB/LDB-X 型门式结构溜槽堵塞保护装置安装示意图

18.7.3 南京三户机械制造有限公司产品

18.7.3.1 JPK 型两级防偏开关

A 适用范围

防偏开关安装在带式输送机首尾两处监测输

送带跑偏情况。当输送带跑偏使防偏开关的侧辊偏转10°时，开关发出报警信号，通知操作者要对输送带的跑偏进行纠正；当输送带使侧辊偏转30°时，则开关动作，切断带式输送机电源，使其紧急停车；当输送带跑偏纠正后，侧辊自动复位。

B 型号含义

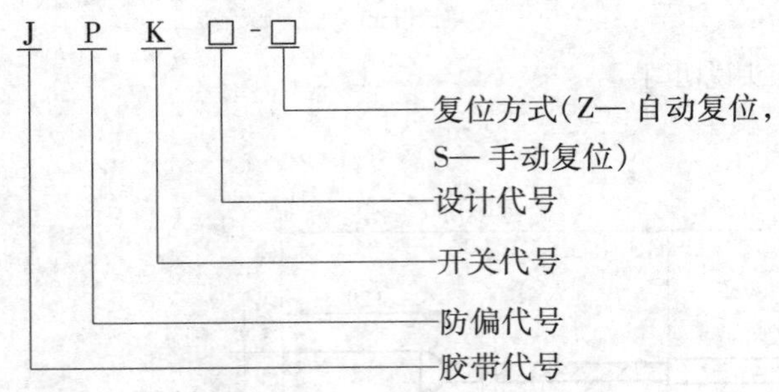

C 使用环境

环境温度：-25～+40℃；

相对湿度：不大于90%；

海拔高度：低于2000m；

防护等级：IP55。

D 技术参数

JPK型两级防偏开关的技术参数见表18-40。

表18-40 JPK型两级防偏开关技术参数

型 号	摇杆偏转角度/(°)	摇杆动作力矩/N·m
JPK1(Z、S)	30	<5.5
JPK2(Z、S)	30	<5.5

型 号	触点容量	触点数量	重量/kg
JPK1(Z、S)	AC：380V，5A	二开，二闭	3
JPK2(Z、S)	AC：380V，5A	一开，一闭	2.5

耐压试验：AC 1000V 试验一分钟无击穿或闪络。

无故障工作一万次。

E 外形与安装尺寸

JPK型两级防偏开关结构尺寸如图18-58所示。

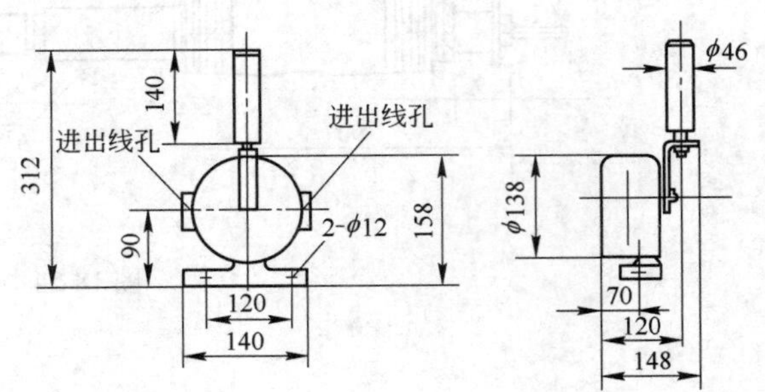

图18-58 JPK型两级防偏开关结构尺寸

18.7.3.2 JLK型双向拉绳开关

A 适用范围

拉绳开关是用于带式输送机事故紧急停车的一种保护装置，设置于输送机的中间架一侧（或两侧），在开关操作距离内的任何一处拉动钢丝绳，均可切断带式输送机电源，使输送机紧急停车。

B 型号含义

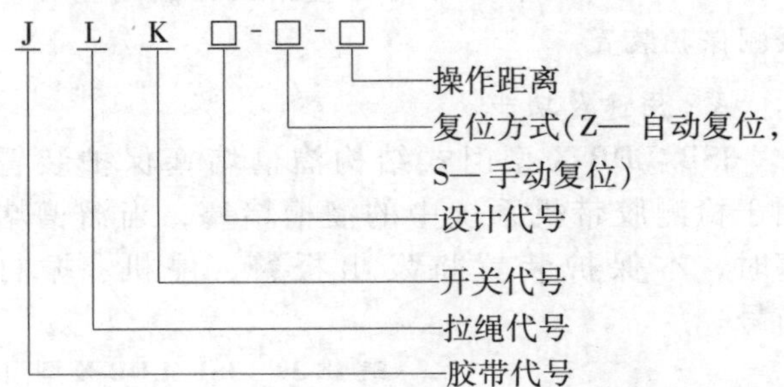

C 使用环境

环境温度：-25～+40℃；

相对湿度：不大于90%；

海拔高度：低于2000m；

防护等级：IP55。

D 技术参数

JLK型双向拉绳开关的技术参数见表18-41。

表18-41 JLK型双向拉绳开关技术参数

型 号	操作距离/m	驱动力/N	动作方向	触点容量	触点数量	重量/kg
JLK3(Z、S)-100	100	≥49	双 向	AC:380V,5A	一开一闭	2.5
JLK4(Z、S)-100	100	≥49	双 向	AC:380V,5A	一开一闭	2.5
JLK5(Z、S)-100	100	≥49	双 向	AC:380V,5A	一开一闭	2.5

耐压试验：AC 1000V，试验1min无击穿或闪络。

无故障工作一万次。

E 外形及安装尺寸

JLK型双向拉绳开关外形及安装尺寸如图18-59所示。

18.7.3.3 JDK-Ⅰ型打滑开关

打滑开关用于检测带式输送机在运行过程中是否会出现输送带在传动滚筒上打滑的现象，当测得输送带速度小于传动滚筒线速度的30%时，立即断开带式输送机电源使其紧急停车。其技术参数见表18-42，外形及安装尺寸见图18-60。

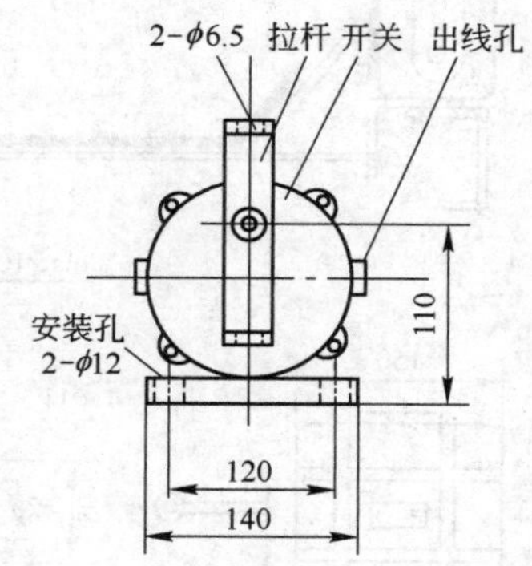

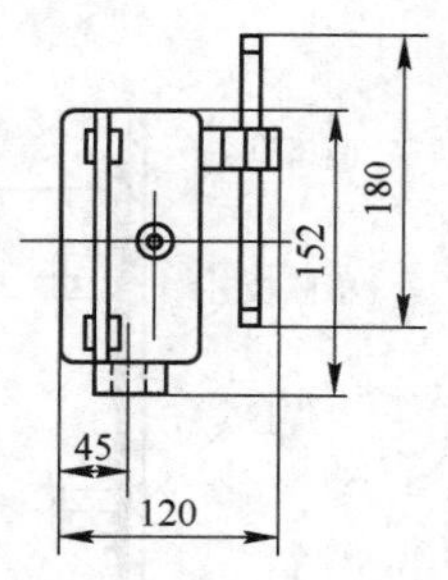

图 18-59　JLK 型双向拉绳开关外形及安装尺寸

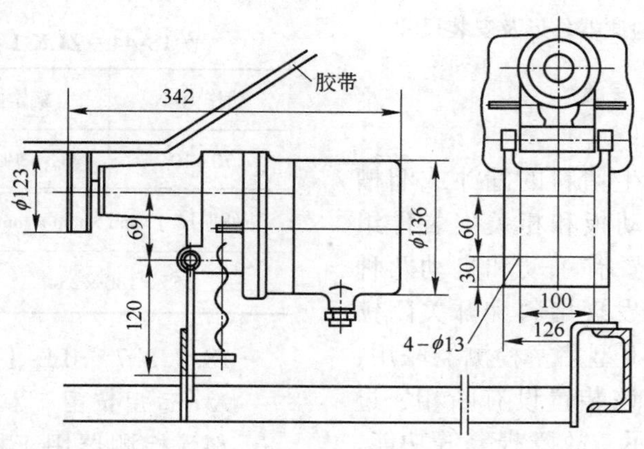

图 18-60　JDK-Ⅰ型打滑开关外形及安装尺寸

表 18-42　JDK-Ⅰ型打滑开关技术参数

适用带速/m·s^{-1}	打滑率	触头容量	触头数量	动作方向	防护等级	外形尺寸/mm×mm×mm	安装尺寸/mm×mm
1～6	20%～30%	AC：380V，2A	一开，一闭	双向	IP55	342×240×170	4-φ13，间距：100×60

18.7.3.4　LDK-1 型溜槽堵塞检测器

A　适用范围

检测器安装在溜槽或漏斗壁上，用于检测溜槽或漏斗是否发生堵塞。当发生堵塞时，检测器发出报警或停机信号，以便现场管理人员采取相应措施，消除堵塞。该检测器与 FBS-1 防闭塞装置联用组成堵料检测和消堵闭路装置。当检测到堵料工况时，开动 FBS-1 防闭塞装置消除堵料，一旦堵料消除，FBS-1 防闭塞装置立即停止工作。

B　型号及示例

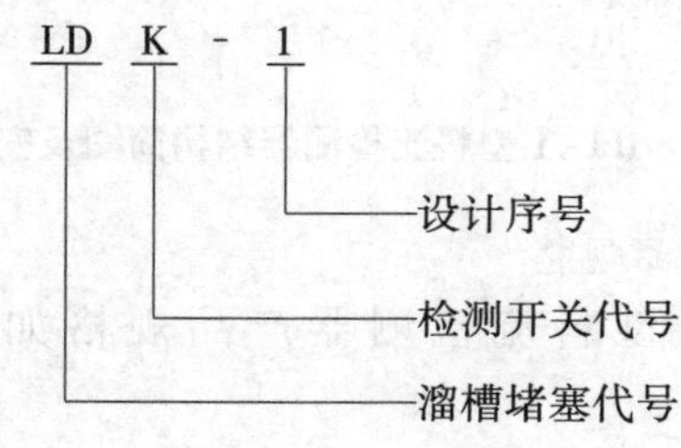

C　环境条件

海拔高度：＜2000m；

环境温度：－25～＋40℃；

相对湿度：≤95%；

大气压力：80～110kPa。

D　技术参数

LDK-1 型溜槽堵塞检测器技术参数见表 18-43。

表 18-43　LDK-1 型溜槽堵塞检测器技术参数

型　号	接点容量	绝缘电压	防护等级
LDK-1	AC：550V，≤5A	AC：1000V/1min	IP54

型　号	输出接点数量	可靠性
LDK-1	一开，一闭一组转换接点	无故障工作 1 万次

E 外形及安装尺寸

LDK-1 型溜槽堵塞检测器外形及安装尺寸如图 18-61 所示。

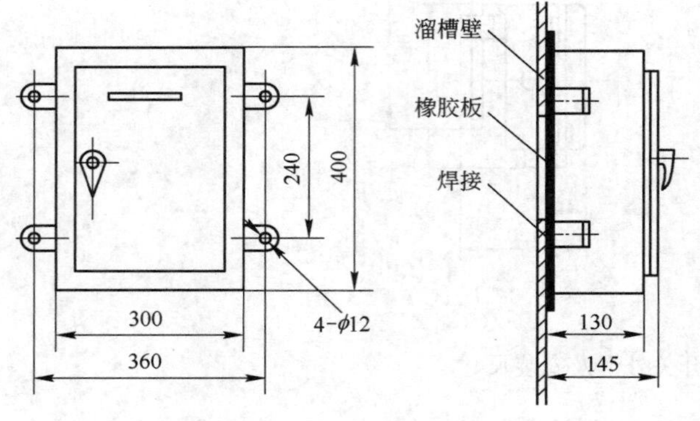

图 18-61 LDK-1 型溜槽堵塞检测器外形及安装尺寸

18.7.3.5 FBS-1 防闭塞装置

A 适用范围

防闭塞装置安装于易发生堵料的漏斗或溜槽的外壁上，由振动电机、振动板和相关安装件组成，能有效消除堵塞。该装置有手动和自动两种工作方式。手动装置由人工发现堵料和开关闭锁装置，自动装置则需与 LDK-1 型堵塞检测器联用，组成堵料和消堵自动系统。该装置设有断相、过流、短路保护及上限停机显示、故障报警等功能，确保本防闭塞装置处于正常工作状态。

B 结构尺寸

LDK-1 型堵塞检测器结构尺寸如图 18-62 所示。

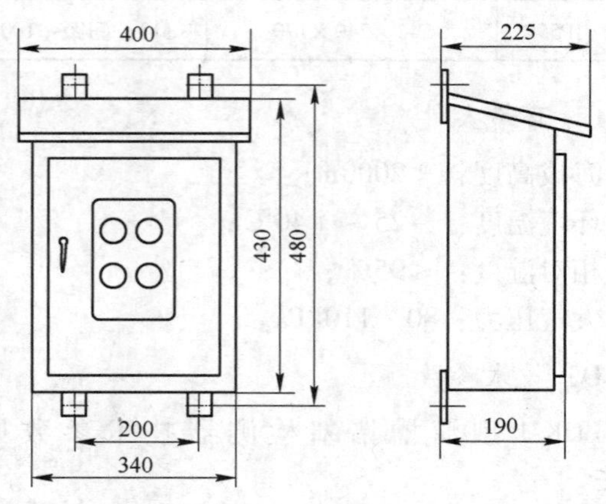

图 18-62 LDK-1 型堵塞检测器结构尺寸简图

18.7.3.6 ZLK-1 型纵向撕裂开关

纵向撕裂开关用于对异物可能刺入输送带，使之纵向被割开的工况进行监测。一旦测得纵向撕裂工况发生，开关立即切断输送机电源，使之紧急停车，以防止输送带纵向撕裂事故进一步扩大。其结构尺寸及技术参数见图 18-63 和表 18-44。

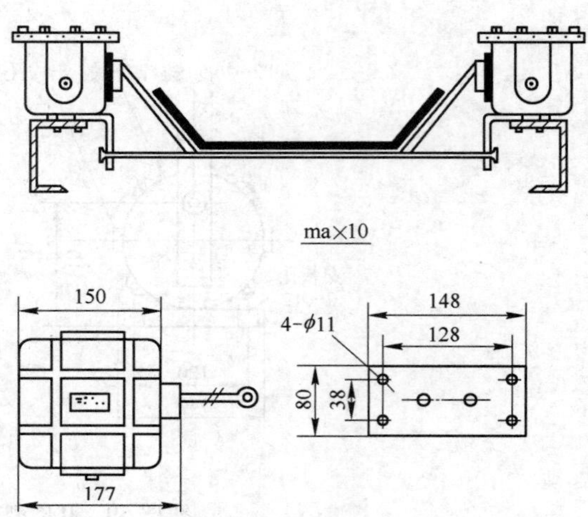

图 18-63 ZLK-1 型纵向撕裂开关结构尺寸简图

表 18-44 ZLK-1 型纵向撕裂开关技术参数

动作力/N	额定容量	触头数量	防护等级
70-110	AC：380V，2A	二开，二闭	IP55

外形尺寸/mm × mm × mm	安装尺寸/mm × mm
155 × 180 × 254	4-φ11 间距：128 × 38

18.7.3.7 JLL-Ⅰ型料流检测器

A 适用范围

料流检测器用于检查输送带上是否有料，以供系统控制装置决定输送机是否停机，检查电子皮带秤、除尘装置和取样装置是否工作。

B 结构简图及安装尺寸

JLL-Ⅰ型料流检测器结构简图及安装尺寸如图 18-64 所示。

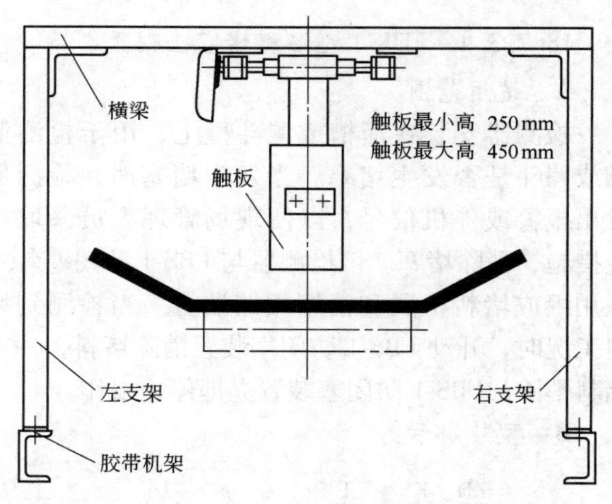

图 18-64 JLL-Ⅰ型料流检测器结构简图及安装尺寸

C 产品规格

JLL-Ⅰ型料流检测器产品规格如表 18-45 所示。

表 18-45 JLL-Ⅰ型料流检测器产品规格

带 宽	500	650	800	1000	1200	1400	1600	1800	2000
L/mm	800	950	1150	1360	1610	1810	2060	2280	2470
H/mm		750			1000			1200	

18.7.4 沈阳东鹰实业有限公司产品

沈阳东鹰能生产所有品种的带式输送机安全保护装置，其中有些品种是东鹰公司独有的，备有详细的产品样本供来电或函索取。东鹰所生产的带式输送机安全保护装置的产品目录见表 18-46。

表 18-46 东鹰带式输送机安全保护装置产品目录

序号	产品名称	简 要 说 明
1	HFKPT1 系列两级跑偏开关	防护等级 IP65，使用寿命 10 万次，单重 3.5kg，可带支架
2	KLT2 系列双向拉绳开关	防护等级 IP65，有自动复位和手动复位两种形式，单重 3.5kg
3	HFKLT2 系列双向拉绳开关	防护等级 IP65，有自动复位和手动复位两种形式。为全密封结构，可防尘，防水，适宜潮湿多尘环境使用
4	JSL2 系列双向拉绳开关	防护等级 IP65，手动复位，有警示牌，便于查找事故地点
5	JZBK-DI 带有地址编码型带输送机综合保护仪	由 PLC 和若干个保护装置组成，通过扫描方式对带式输送机运行状态（跑偏，打滑，堵料等）进行不间断检测和盘面显示
6	DH-Ⅲ型打滑检测器	是我公司同型号第三代产品，采用美国 430 系列微机芯片和进口高能电池，可任意设定打滑率检测范围
7	DH-S 系列带式输送机打滑监测仪	是由打滑检测器，控制箱和相关仪表组成的成套产品
8	BDSI 系列对比式输送带速度检测器	采用输送带和传动滚筒双测速头测速值对比来确定打滑原理的检测器，用以测定输送机在起动、制动和运行过程中可能出现的打滑现象
9	ExKPT1 煤矿用两级跑偏开关	适合煤矿井下使用的隔爆型跑偏开关，有防爆标志“ExDI”，符合国标 GB 3836.2
10	ExKLT2 煤矿用双向拉绳开关	适合煤矿井下使用的隔爆型双向拉绳开关，有防爆标志“ExDI”，符合国标 GB 3836.2
11	ExDH-Ⅲ煤矿用打滑检测器	适合煤矿井下使用的隔爆型打滑检测器，有防爆标志“ExDI”，符合国标 GB 3836.2
12	DD 型断倒带保护装置	当输送机断带，或倾斜输送机带料停机发生倒带现象时，发出信号，令断带输送机停机，或倒带输送机制动，从而避免事故进一步扩大
13	ZL 系列纵向撕裂检测器	由感知器和控制箱组成，采用先进的导电橡胶技术，能及时检测出输送带纵裂事故，并令输送机停机，从而避免断裂进一步扩大。是一种本质安全型产品
14	ZS-L 拦索式（防爆）纵向撕裂检测器	采用拦索式感知器，有防爆功能
15	LL 系列料流检测器	有两种型号：LL-Ⅰ型用于一般输送机，LL-Ⅱ型用于可逆输送机
16	LL-V 系列料流检测器	用于检测输送机的有效荷载，控制洒水除尘装置或检测输送机是否超载
17	LDM 系列溜槽堵塞检测器	分 LDM-X 普通型和 LDM-G 防爆型两种，当漏斗堵塞时，发出信号报警或令振打装置动作以消除堵塞，甚至令输送机停机
18	LZF 防闭塞装置	带有检测器和振打装置的成套防堵设备，在大多数情况下，可保不发生堵塞现象，若一旦发生堵塞，也能确保输送机及时停车

18.8 电磁分离器

电磁分离器有悬挂式电磁除铁器、悬挂式永磁除铁器和 MW5 系列起重电磁铁，其型号及技术参数如表 18-47、表 18-48 及表 18-49 所示。

表 18-47 悬挂式电磁除铁器的型号及技术参数

型 号	适应带宽/mm	额定悬挂高度/mm	励磁功率/kW	备 注	制造商
RCDA-6 RCDC-6	650	200	3	RCDA 系列为强迫风冷式、人工卸铁 RCDB 系列为热管冷却式，人工卸铁 RCDC 系列为强迫风冷式，人工卸铁 RCDD 系列为热管冷却式，带式自动卸铁 带式传动有外传动、内传动两种，磁场强度有普通型、强磁性、超强磁性，表中励磁功率为普通型	镇江电磁设备厂有限责任公司
RCDA-8 RCDC-8	800	250	5		
RCDA-10 RCDC-10	1000	300	7		
RCDA-12 RCDC-12	1200	350	9		
RCDA-14 RCDC-14	1400	400	12		
RCDA-16 RCDC-16	1600	450	15		
RCDA-18 RCDC-18	1800	500	18.3		
RCDA-20 RCDC-20	2000	550	23		
RCDA-22 RCDC-22	2200	600	28		
RCDB-6 RCDD-6	650	200	2.2		
RCDB-8 RCDD-8	800	250	2.4		
RCDB-10 RCDD-10	1000	300	3.2		
RCDB-12 RCDD-12	1200	350	4.9		
RCDB-14 RCDD-14	1400	400	7		
RCDB-16 RCDD-16	1600	450	9.4		
RCDB-18 RCDD-18	1800	500	11.6		
RCDB-20 RCDD-20	2090	550	18		
RCDB-22 RCDD-22	2200	600	23		

表 18-48 悬挂式永磁除铁器的型号及技术参数

型 号	适应带宽/mm	额定悬挂高度/mm	励磁功率/kW	备 注	制造商
RCYD-6 RCYB-6	650	200	3	RCYB 系列为人工卸铁，无驱动功率项 RCYD 系列为带式自动卸铁，磁场强度有普通型、强磁性、超强磁性	镇江电磁设备厂有限责任公司
RCYD-8 RCYB-8	800	250	3		
RCYD-10 RCYB-10	1000	300	3		
RCYD-12 RCYB-12	1200	350	4		
RCYD-14	1400	400	5.5		
RCYD-16	1600	450	5.5		
RCYD-18	1800	500	5.5		
RCYD-20	2000	550	5.5		

表 18-49 MW5 系列起重电磁铁的型号及技术参数

型 号	电压/V	电流（冷态）/A	励磁功率/kW	重量/kg	起重能力（厚钢板）/kg	配套电缆卷筒	制造商
MW5-70L	220	15	3.5	510	2000	JTA-75-10-2	镇江电磁设备厂有限责任公司
MW5-90L	220	26	6	850	4000	JTA-75-10-2	
MW5-110L	220	35	8	1380	6000	JTA-75-15-2	
MW5-130L	220	50	12	2110	8000	JTA-100-15-2	
MW5-150L	220	70	16	2860	10500	JTA-100-15-2	
MW5-180L	220	100	23	3900	14000	JTA-100-15-2	
MW5-210L	220	120	30	7080	20000	JTA-170-15-2	
MW5-240L	220	160	43	10000	25000	JTA-170-15-2	

生产厂：镇江电磁设备厂有限责任公司。

18.9 衬板——超耐磨陶瓷复合衬板

本衬板采用全自动等静压工艺成型，进口先进窑炉焙烧的特种陶瓷作耐磨体，与橡胶、钢板黏结（见图18-65）构成为超耐磨的陶瓷、橡胶、钢板复合衬板。具有超耐磨、低噪声、易流动和抗腐蚀等特点，其技术性能见表18-50。

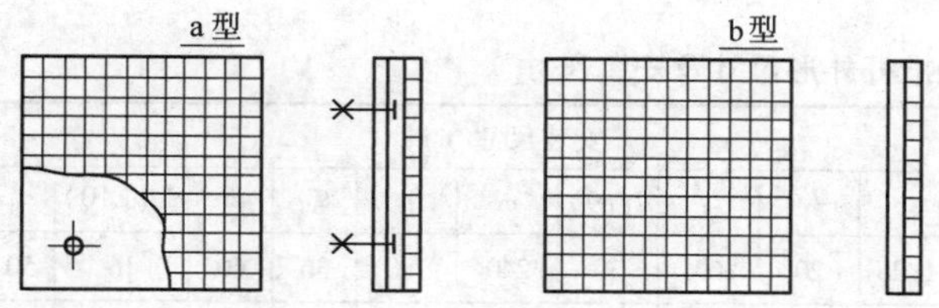

图18-65 复合衬板

适用工况：

5mm瓷片：不受直接冲击的直管、斜管、溜槽、漏斗及各种导流挡板；

300mm煤块或60mm矿石直落高差<4 m的直接受冲面；

100mm煤块所有受磨面。

抗冲击瓷片：300mm煤块直落高差<4 m的直接受冲面；

100mm矿石直落高差<4 m的直接受冲面。

该衬板可根据用户要求制成各种规格。

表18-50 陶瓷技术性能

Al_2O_3 含量	95%
体积密度/$g \cdot cm^{-3}$	>3.55
抗弯强度/MPa	320
抗压强度/MPa	>2000
硬度（HRC）	85~90
吸水率	<0.02
陶瓷片厚度	5mm,7mm,10mm和抗冲击型四种
陶瓷与橡胶黏着强度/MPa	6.6
橡胶与钢板黏着强度/MPa	7.0
板面与煤的摩擦系数	0.25~0.4
耐磨倍率（与普通钢板比）	>40
橡胶老化年限/年	>5

生产厂：本溪市运输机械配件厂。

18.10 DYT(B)型系列电液推杆

DYT、DYTB型系列电动液压推杆（简称电液推杆）适用于往复推拉直线（或往复旋转一定角度）运动，可用于上升、下降或夹紧工作物的场所，也可用于远距离及高空危险地区，并可和计算机联网进行集中（程序）控制，是冶金、矿山、煤炭、电力、机械、水泥、粮食、化工、水利、运输等行业不可缺少的通用动力源。DYT(B)型系列电液推杆技术参数（选型表）见表18-51，而DYTZ型整体直式电液推杆外形尺寸及安装尺寸如图18-66及表18-52所示。

表18-51 DYT(B)型系列电液推杆技术参数（选型表）

型号	额定输出力/kN		额定速度/$mm \cdot s^{-1}$		电机型号	行程制造范围/mm	速度制造范围/$mm \cdot s^{-1}$
	推力	拉力	推速	拉速			
DYT□450-□/110	4.50	3.10	110	140	Y802-4-0.75kW	50~800	10~110
DYT□700-□/110	7.00	5.10	110	140	Y90S-4-1.1kW	50~1500	10~110
DYT□1000-□/110	10.00	7.50	110	140	Y90L-4-1.5kW	50~1500	10~110
DYT□1750-□/90	17.50	13.00	90	115	Y100L1-4-2.2kW	50~2000	10~90
DYT□2500-□/90	25.00	20.50	90	115	Y100L2-4-3kW	50~2000	10~90
DYT□3000-□/90	30.00	25.00	90	115	Y100L2-4-3kW	50~2000	10~90
DYT□4000-□/80	40.00	29.50	80	100	Y112M-4-4kW	50~2000	10~80
DYT□5000-□/60	50.00	33.00	60	90	Y112M-4-4kW	50~2000	10~60
DYT□6000-□/60	60.00	38.00	60	90	Y132S-4-5.5kW	50~2500	5~60
DYT□7000-□/50	70.00	45.00	50	75	Y132S-4-5.5kW	50~2500	5~50
DYT□8000-□/50	80.00	50.00	50	80	Y132M-4-7.5kW	50~2500	5~50
DYT□10000-□/40	100.00	65.00	40	60	Y132M-4-7.5kW	50~2500	5~40
DYT□15000-□/35	150.00	110.00	35	45	Y132M-4-7.5kW	50~2500	5~35
DYT□20000-□/25	200.00	150.00	25	35	Y132M-4-7.5kW	50~2500	5~25

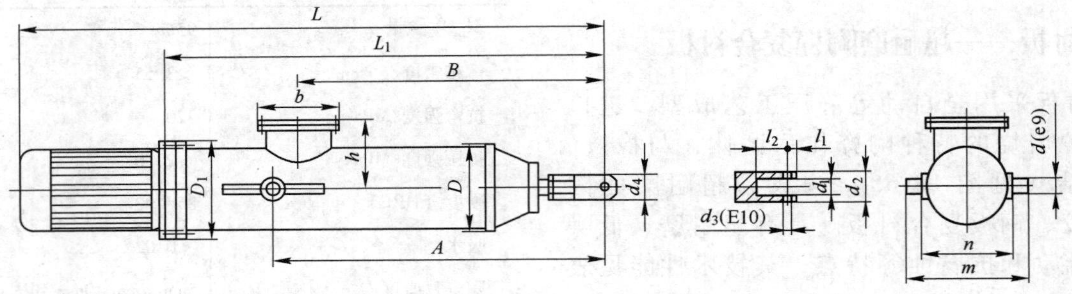

图 18-66　DYTZ 型整体直式电液推杆外形尺寸及安装尺寸

表 18-52　DYTZ 型整体直式电液推杆外形尺寸及安装尺寸

型　号	外形尺寸/mm							安装尺寸/mm										
	L	L_1	B	D	D_1	b	h	A	l_1	l_2	d(e9)	m	n	d_1	d_2	d_3(E10)	d_4
DYTZ450-/110	880 + S	635 + S	375 + S	175	200	160	140	620 + 1/2S	20	60	30	240	180	36	60	16	50
DYTZ700-/110	895 + S	635 + S	375 + S	175	200	160	140	620 + 1/2S	20	60	30	240	180	36	60	16	50
DYTZ1000-/110	920 + S	635 + S	375 + S	175	200	160	140	620 + 1/2S	20	60	30	240	180	36	60	16	50
DYTZ1750-/90	990 + S	670 + S	400 + S	175	250	160	140	650 + 1/2S	20	70	30	240	180	40	64	20	50
DYTZ2500-/90	990 + S	670 + S	400 + S	175	250	160	140	650 + 1/2S	20	70	30	240	180	40	64	20	50
DYTZ3000-/90	990 + S	670 + S	400 + S	175	250	160	140	670 + 1/2S	20	70	30	240	180	40	64	20	50
DYTZ4000-/80	1010 + S	690 + S	420 + S	175	250	160	140	670 + 1/2S	20	70	40	270	210	40	64	20	50
DYTZ5000-/60	1055 + S	715 + S	445 + S	210	250	160	150	670 + 1/2S	20	70	40	240	180	40	64	20	50
DYTZ6000-/60	1075 + S	735 + S	465 + S	230	300	200	160	700 + 1/2S	25	65	50	340	240	40	72	25	60
DYTZ7000-/50	1075 + S	735 + S	465 + S	230	300	200	160	700 + 1/2S	25	65	50	340	240	40	72	25	60
DYTZ8000-/50	1095 + S	755 + S	485 + S	230	300	220	160	700 + 1/2S	25	65	50	340	240	40	72	25	60
DYTZ10000-/40	1190 + S	795 + S	505 + S	250	300	220	170	700 + 1/2S	25	65	50	360	260	40	72	25	60
DYTZ15000-/35	1270 + S	835 + S	545 + S	270	300	220	180	700 + 1/2S	40	90	60	400	280	50	110	30	70
DYTZ20000-/25	1470 + S	980 + S	660 + S	290	300	240	190	750 + 1/2S	50	120	60	440	320	60	125	40	90

注：表中 S 为推杆行程。

DYTP 型平行电液推杆外形尺寸及安装尺寸如图 18-67 及表 18-53 所示。

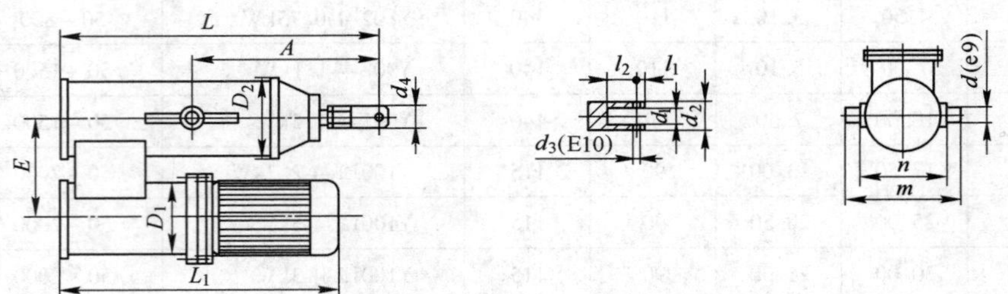

图 18-67　DYTP 型平行电液推杆外形尺寸及安装尺寸

表 18-53　DYTP 型平行电液推杆外形尺寸及安装尺寸

型　号	外形尺寸/mm							安装尺寸/mm									
	D_1	D_2	E	$S<500$		$S>500$		A	d_1	d_2	d_3 (E10)	d_4	l_1	l_2	n	d (e9)	m
				L	L_1	L	L_1										
DYTP450-/110	160	175	220	460 + S	520	385 + S	615	200 + S	36	60	16	50	20	60	180	30	240
DYTP700-/110	160	175	220	460 + S	550	385 + S	630	200 + S	36	60	16	50	20	60	180	30	240

续表 18-53

型号	外形尺寸/mm							安装尺寸/mm									
	D_1	D_2	E	$S<500$		$S>500$		A	d_1	d_2	d_3 (E10)	d_4	l_1	l_2	n	d (e9)	m
				L	L_1	L	L_1										
DYTP1000-/110	160	175	220	460 + S	560	385 + S	655	200 + S	36	60	16	50	20	60	180	30	240
DYTP1750-/90	160	175	220	480 + S	595	405 + S	690	200 + S	40	64	20	50	20	70	180	30	240
DYTP2500-/90	160	175	220	480 + S	595	405 + S	690	200 + S	40	64	20	50	20	70	180	30	240
DYTP3000-/90	160	175	220	480 + S	595	405 + S	690	200 + S	40	64	20	50	20	70	180	30	240
DYTP4000-/80	160	175	220	480 + S	615	405 + S	710	200 + S	40	64	20	50	20	70	180	40	260
DYTP5000-/60	160	210	220	480 + S	615	405 + S	760	200 + S	40	64	20	50	20	70	210	40	270
DYTP6000-/60	160	230	240	510 + S	615	405 + S	710	200 + S	40	72	25	60	25	65	240	50	340
DYTP7000-/50	160	230	240	510 + S	615	435 + S	710	200 + S	40	72	25	60	25	65	240	50	340
DYTP8000-/50	160	230	260	530 + S	665	455 + S	760	200 + S	40	72	25	60	25	65	240	50	340
DYTP10000-/40	200	250	280	550 + S	665	475 + S	760	200 + S	40	72	25	60	25	65	260	50	360
DYTP15000-/35	200	270	290	565 + S	850	490 + S	945	200 + S	50	110	30	70	40	90	280	60	400
DYTP20000-/25	200	290	320	590 + S	880	515 + S	975	200 + S	60	125	40	90	50	120	320	60	440

注：表中 S 为推杆行程。

DYTF 型分离式电液推杆油箱尺寸及油缸尺寸如图 18-68 及表 18-54 所示。

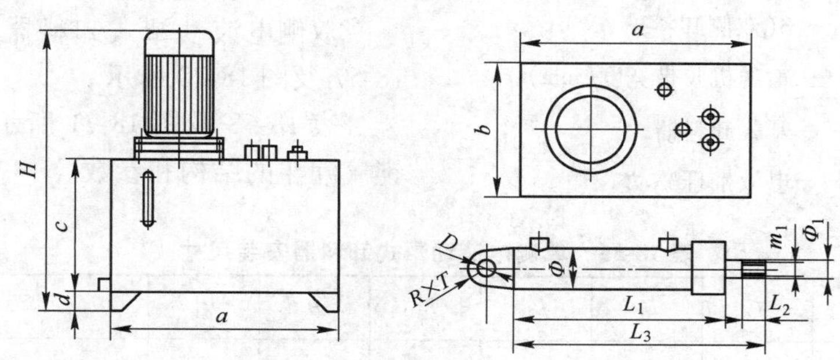

图 18-68　DYTF 型分离式电液推杆油箱尺寸及油缸尺寸

表 18-54　DYTF 型分离式电液推杆油箱尺寸及油缸尺寸

型号	油箱尺寸/mm										油缸尺寸/mm								
	$S<1000$					$1000<S<2000$					Φ	L_1	L_2	L_3	$R\times T$	D	m	m_1	Φ_1
	H	a	b	c	d	H	a	b	c	d									
DYTF450-/110	580	450	300	300	40						ϕ60	238 + S	45	275 + S	30 × 25	30	M18 × 1.5	M22 × 1.5	ϕ35
DYTF700-/110	590	450	300	300	40	610	500	300	300	40	ϕ76	238 + S	45	275 + S	30 × 25	30	M18 × 1.5	M27 × 2	ϕ35
DYTF1000-/110	610	450	300	300	40	630	500	300	300	40	ϕ76	238 + S	45	275 + S	30 × 25	30	M18 × 1.5	M27 × 2	ϕ35
DYTF1750-/90	630	500	300	300	40	630	550	300	300	40	ϕ95	257 + S	50	297 + S	40 × 30	40	M22 × 1.5	M33 × 2	ϕ40
DYTF2500-/90	650	500	300	300	40	650	550	300	300	40	ϕ95	257 + S	50	297 + S	40 × 30	40	M22 × 1.5	M33 × 2	ϕ40
DYTF3000-/90	650	500	300	300	40	650	550	300	300	40	ϕ95	257 + S	50	297 + S	40 × 30	40	M22 × 1.5	M33 × 2	ϕ40
DYTF4000-/80	670	500	300	300	40	670	550	300	300	40	ϕ95	257 + S	50	297 + S	40 × 30	40	M22 × 1.5	M33 × 2	ϕ40
DYTF5000-/60	700	500	350	300	50	750	600	350	300	50	ϕ95	257 + S	60	297 + S	40 × 30	40	M22 × 1.5	M33 × 2	ϕ45
DYTF6000-/60	700	600	50	300	50	750	600	350	350	50	ϕ127	320 + S	60	370 + S	45 × 35	45	M27 × 1.5	M48 × 2	ϕ45
DYTF7000-/50	700	600	350	300	50	750	600	400	350	50	ϕ127	320 + S	60	370 + S	45 × 35	45	M27 × 1.5	M48 × 2	ϕ63
DYTF8000-/50	740	600	350	300	50	850	700	400	400	60	ϕ140	340 + S	60	390 + S	45 × 35	45	M27 × 1.5	M48 × 2	ϕ63
DYTF10000-/40	740	600	350	300	50	850	700	400	400	60	ϕ152	380 + S	70	430 + S	50 × 40	50	M27 × 1.5	M64 × 3	ϕ70
DYTF15000-/35	780	600	400	350	50	940	700	400	400	60	ϕ168	445 + S	70	505 + S	50 × 45	50	M22 × 1.5	M64 × 3	ϕ70
DYTF20000-/25	950	700	450	400	60	1010	700	400	450	60	ϕ194	485 + S	80	540 + S	60 × 45	60	M22 × 1.5	M64 × 3	ϕ70

注：表中 S 为推杆行程。

生产厂：江苏海陵机械有限公司。

18.11　DYN-Ⅳ型电液动犁式卸料器

DYN-Ⅳ型电液动犁式卸料器是安装在胶带输送机上执行卸料及控制物料输送流量、流向的机械配套产品。它可直接安装在胶带输送机的中间架上，能将带式输送机输送的物料在中途均匀、连续地卸入漏斗（料斗）中，或卸到需要的场所。它以电液推杆为动力源，工作时通过推杆伸出作用于驱动杆，带动框架前进，完成犁刀下落，并支撑起平托辊组，使胶带工作面平直，犁刀下沿与胶带面贴合紧密，完成卸料作业；卸料完毕后，启动推杆缩回作用于驱动杆，带动框架后退，犁刀上抬，可使槽角托辊组由平形变回槽形，使胶带工作面恢复槽形状态，让物料平稳通过。

DYN-Ⅳ型电液动犁式卸料器的型号说明如下：

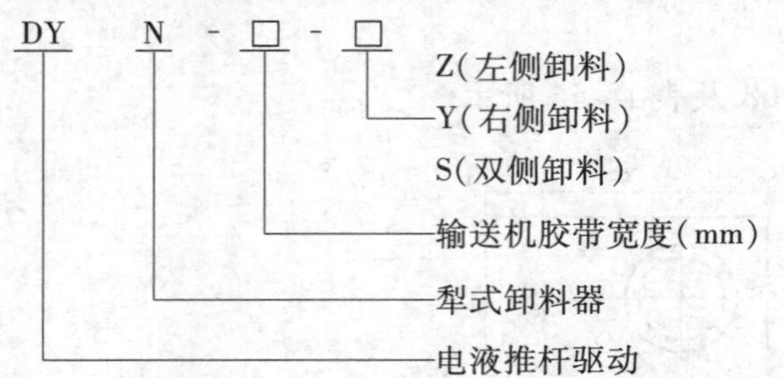

DYN-Ⅳ型电液动犁式卸料器选型参数如表18-55所示。

表 18-55　DYN-Ⅳ型电液动犁式卸料器选型参数

适用胶带宽度		配套电液推杆型号	卸料形式	适用范围
1	$B=500$	DYT450-200	左、右或双侧	堆积密度≤3.6 t/m³ 的各类矿石、煤炭、焦炭、灰渣、化工产品等散状物料
2	$B=650$	DYT450-200		
3	$B=800$	DYT700-200		
4	$B=1000$	DYT700-300		
5	$B=1200$	DYT1000-300		
6	$B=1400$	DYT1000-300		

单侧电液动犁式卸料器安装尺寸及结构如表18-56及图18-69所示。

双侧电液动犁式卸料器安装尺寸及结构如表18-57及图18-70所示。

表18-58及图18-71所示为SLD(D、S)型缓冲锁气漏斗的结构和参数。

表 18-56　单侧电液动犁式卸料器安装尺寸　　mm

规格	A	B	L	L_1	L_2	L_3	H	H_1	H_2	A_1	B_1	C
$B=500$	800	500	1550	1000	300	400	210	365	435	780	300	700
$B=650$	950	650	1980	1440	350	450	230	365	435	1200	350	825
$B=800$	1150	800	2200	1650	350	450	240	370	470	1360	400	975
$B=1000$	1360	1000	2430	1800	390	500	300	485	495	1550	450	1130
$B=1200$	1610	1200	2850	2250	410	530	330	485	500	1980	500	1305
$B=1400$	1810	1400	3400	2700	410	610	350	500	500	2300	500	1405

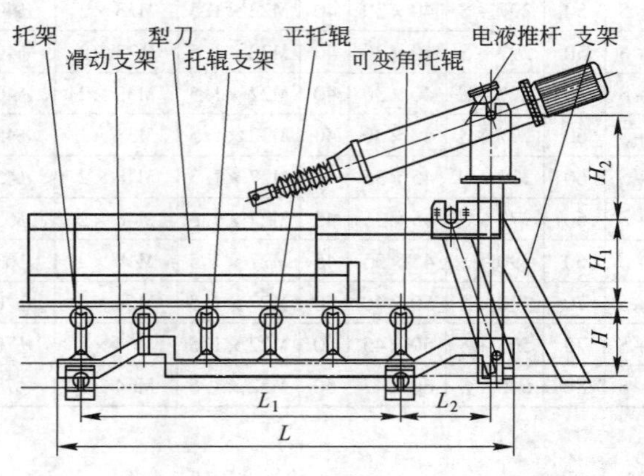

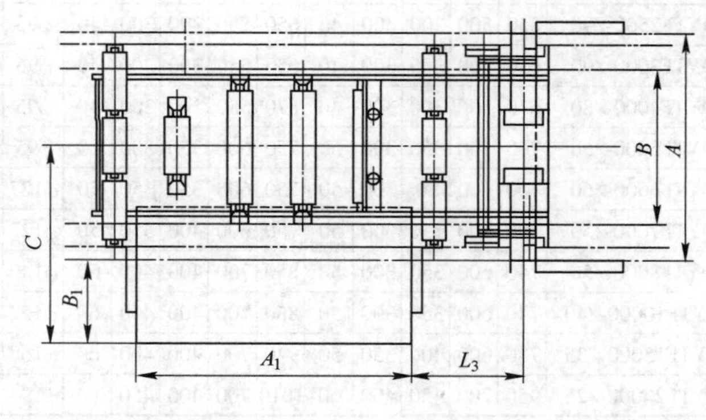

图 18-69　单侧电液动犁式卸料器结构尺寸

表 18-57 双侧电液动犁式卸料器安装尺寸 mm

规格	A	B	L	L_1	L_2	L_3	H	H_1	H_2	A_1	B_1	C
$B=500$	800	500	1500	970	300	400	210	365	435	700	300	1400
$B=650$	950	650	1800	1270	350	450	230	365	435	900	350	1650
$B=800$	1150	800	2000	1480	350	450	240	370	470	1100	400	1950
$B=1000$	1360	1000	2330	1710	390	500	300	485	495	1320	450	2260
$B=1200$	1610	1200	2400	1850	410	530	330	485	500	1480	500	2610
$B=1400$	1810	1400	2500	1950	410	610	350	500	500	1650	500	2810

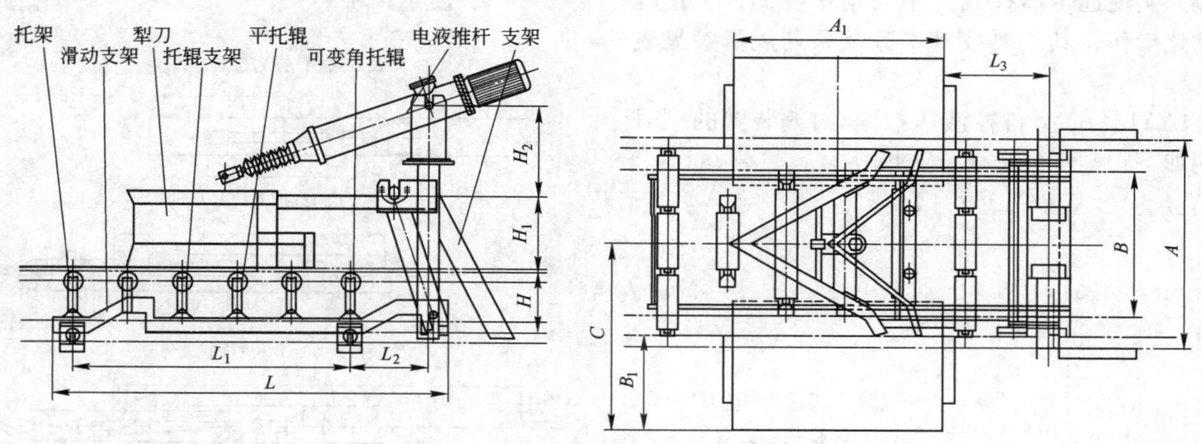

图 18-70 双侧电液动犁式卸料器结构

表 18-58 SLD(D、S)型缓冲锁气漏斗参数 mm

型号	漏斗形式	B	$A_1 \times C_1$	B_1	H_0	F
SLDD-500	单侧	500	780×500	300	800	740
SLDS-500	双侧	500	700×500	300	800	740
SLDD-650	单侧	650	1200×555	350	800	890
SLDS-650	双侧	650	900×555	350	800	890
SLDD-800	单侧	800	1360×625	400	1000	1090
SLDS-800	双侧	800	1100×625	400	1000	1090
SLDD-1000	单侧	1000	1550×680	450	1000	1290
SLDS-1000	双侧	1000	1320×680	450	1000	1290
SLDD-1200	单侧	1200	1980×755	500	1200	1540
SLDS-1200	双侧	1200	1480×755	500	1200	1540
SLDD-1400	单侧	1400	2300×755	500	1200	1740
SLDS-1400	双侧	1400	1650×755	500	1200	1740

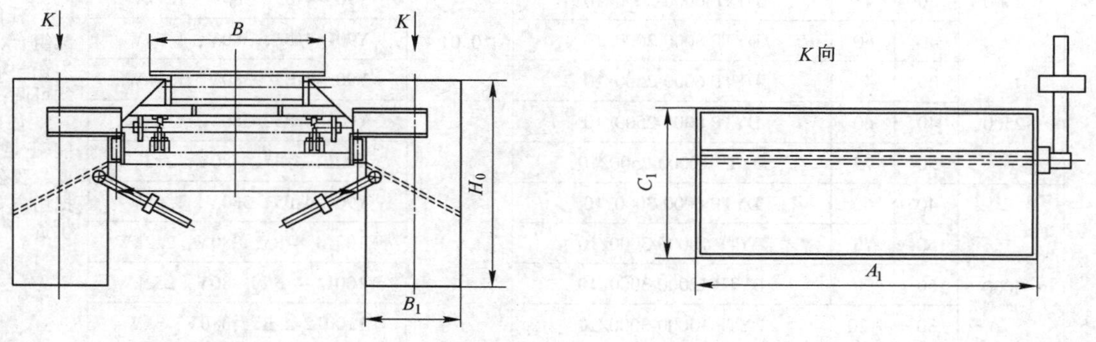

图 18-71 SLD(D、S)型缓冲锁气漏斗结构

生产厂：江苏海陵机械有限公司。

18.12　DZYLJ(B)型带式输送机自控液压拉紧/纠偏装置

DZYLJ(B)型自控液压拉紧/纠偏装置针对带式输送机采用常规的螺旋拉紧、车式拉紧及重锤组合锤式拉紧等拉紧方式的不足，而采用自动液压拉紧及纠偏方式。以 PLC 控制，电液推杆拉紧/纠偏，实现远距离控制及中央集中控制，全过程自动化操作，其主要技术参数及系列规格参见表 18-59。

DZYLJ(B)型自控液压拉紧/纠偏装置的型号说明如下：

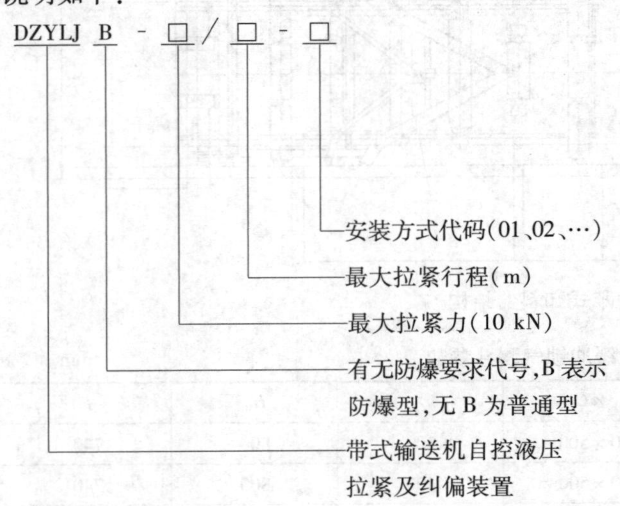

DZYLJ(B)型自控液压拉紧/纠偏装置安装方式示意图见图 18-72 所示。

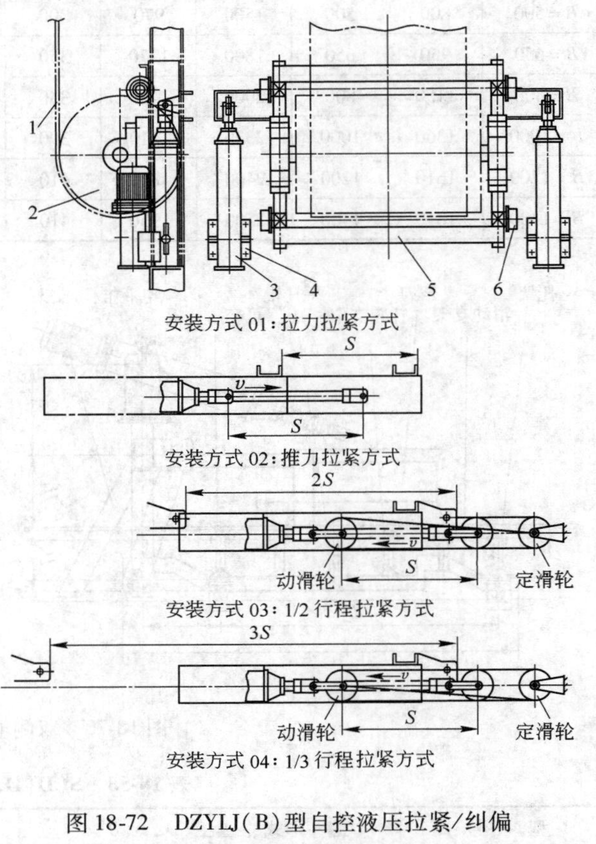

图 18-72　DZYLJ(B)型自控液压拉紧/纠偏装置的安装方式示意图

1—输送带；2—张紧滚筒；3—电液张紧器；4—电液张紧器支座；5—拉紧小车；6—滚轮

表 18-59　主要技术参数及系列规格表

安装方式代码	拉紧行程	拉紧力		电液推杆型号	拉紧速度	电液推杆电动机型号、电压、功率	说　明
		正常	启动				
01	0-1000	10	15	DYTP 2200-1000/10	0.01	Y801-4-B5，380V，0.55kW	表中各参数的单位为： 1. 行程：mm； 2. 拉紧力：kN； 3. 拉紧速度：m/s； 4. 任何一种选配组合，其拉紧力在一定范围内均可调； 5. 如果此表不能满足用户需要，我公司可根据用户要求设计供货
		15	22	DYTP 3000-1000/10		Y802-4-B5，380V，0.75kW	
		20	30	DYTP 4000-1000/10		Y90S-4-B5，380V，1.1kW	
	0-1500	15	22	DYTP 3000-1500/10		Y802-4-B5，380V，0.75kW	
		20	30	DYTP 4000-1500/10		Y90S-4-B5，380V，1.1kW	
		30	45	DYTP 6000-1500/10		Y90S-4-B5，380V，1.1kW	
	0-2000	20	30	DYTP 4000-2000/10		Y90S-4-B5，380V，1.1kW	
		30	45	DYTP 6000-2000/10		Y90S-4-B5，380V，1.1kW	
		40	60	DYTP 8000-2000/10		Y90L-4-B5，380V，1.5kW	
	0-2500	30	45	DYTP 6000-2500/10		Y90S-4-B5，380V，1.1kW	
		40	60	DYTP 8000-2500/10		Y90L-4-B5，380V，1.5kW	
		50	75	DYTP 10000-2500/10		Y100L1-4-B5，380V，2.2kW	
	0-3000	40	60	DYTP 8000-3000/10		Y90L-4-B5，380V，1.5kW	
		50	75	DYTP 10000-3000/10		Y100L1-4-B5，380V，2.2kW	
		60	90	DYTP 12000-3000/10		Y100L1-4-B5，380V，2.2kW	
		80	120	DYTP 15000-3000/10		Y100L2-4-B5，380V，3kW	
		100	150	DYTP 20000-3000/10		Y100L2-4-B5，380V，3kW	

续表 18-59

安装方式代码	拉紧行程	拉紧力		电液推杆型号	拉紧速度	电液推杆电动机型号、电压、功率	说明
		正常	启动				
02	0-1000	10	15	DYTP 1500-1000/10	0.01	Y801-4-B5，380V，0.55kW	
		15	22	DYTP 2200-1000/10		Y801-4-B5，380V，0.55kW	
		20	30	DYTP 3000-1000/10		Y802-4-B5，380V，0.75kW	
	0-1500	15	22	DYTP 2200-1500/10		Y801-4-B5，380V，0.55kW	
		20	30	DYTP 3000-1500/10		Y802-4-B5，380V，0.75kW	
		30	45	DYTP 4500-1500/10		Y90S-4-B5，380V，1.1kW	
03	0-2000	20	30	DYTP 8000-1000/5	0.005	Y90L-4-B5，380V，1.5kW	表中各参数的单位为： 1. 行程：mm； 2. 拉紧力：kN； 3. 拉紧速度：m/s； 4. 任何一种选配组合，其拉紧力在一定范围内均可调； 5. 如果此表不能满足用户需要，我公司可根据用户要求设计供货
		30	45	DYTP 12000-1000/5		Y100L1-4-B5，380V，2.2kW	
		40	60	DYTP 16000-1000/5		Y100L2-4-B5，380V，3kW	
	0-3000	40	60	DYTP 16000-1500/5		Y100L2-4-B5，380V，3kW	
		60	90	DYTP 24000-1500/5		Y112M-4-B5，380V，4kW	
		80	120	DYTP 30000-1500/5		Y132S-4-B5，380V，5.5kW	
	0-4000	40	60	DYTP 16000-2000/5		Y100L2-4-B5，380V，3kW	
		60	90	DYTP 24000-2000/5		Y112M-4-B5，380V，4kW	
		80	120	DYTP 30000-2000/5		Y132S-4-B5，380V，5.5kW	
	0-6000	40	60	DYTP 16000-3000/5	0.005	Y100L2-4-B5，380V，3kW	
		60	90	DYTP 24000-3000/5		Y112M-4-B5，380V，4kW	
		80	120	DYTP 30000-3000/5		Y132S-4-B5，380V，5.5kW	
04	0-4500	40	60	DYTP 24000-1500/5	0.005		
		60	90	DYTP 36000-1500/5			
		80	120	DYTP 45000-1500/5			
	0-6000	40	60	DYTP 24000-2000/5			
		60	90	DYTP 36000-2000/5			
		80	120	DYTP 45000-2000/5			
	0-9000	60	90	DYTP 36000-3000/5			
		80	120	DYTP 45000-3000/S			
		100	150	DYTP 60000-3000/5			

生产厂：江苏海陵机械有限公司。

18.13　带式输送机防雨罩

防雨罩的材质有增强塑钢、彩涂钢板、镀锌钢板和玻璃钢等 4 种，全部采用统一的安装连接方式，各种配件互相通用。

防雨罩的波形分两种：增强塑钢和玻璃钢防雨罩为正弦中波，波高 15.5mm，波距 63mm；彩涂钢板和镀锌钢板防雨罩为正弦小波，波高 10mm，波距 32mm。各种材质的防雨罩又有固定罩、开启罩和跑偏开关罩等类型，并可按用户要求进行设计。所有配件出厂前均已作防锈处理，其结构及技术参数参见图 18-73 及表 18-60。

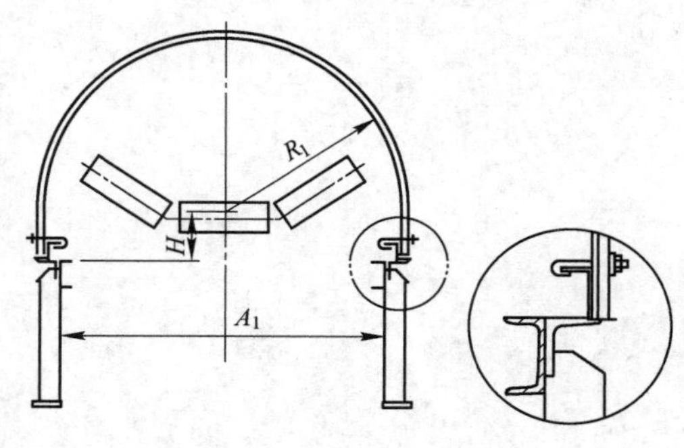

图 18-73　带式输送机防雨罩结构

表 18-60　带式输送机防雨罩技术参数表　　mm

产品代号	输送机带宽	机罩相关尺寸		
		A_1	R_1	H
YDT5	500	800	447	136
YDT6	650	950	522	136
YDT8	800	1150	622	146
YDT10	1000	1350	722	159
YDT12	1200	1600	847	190
YDT14	1400	1810	952	198
YDT16	1600	2060	1077	205
YDT18	1800	2280	1187	238
YDT20	2000	2480	1287	256
YDT22	2200	2700	1397	256
YDT24	2400	2950	1522	284
YDT26	2600	3150	1622	315
YDT28	2800	3400	1747	315
YDT30	3000	3600	1847	315

生产厂：宜兴市方宇环保有限公司。

附　录

附录 1　国内国外相关标准

附 1.1　国内标准目录

附 1.1.1　国家标准

1. GB/T 3684—2006　　输送带　导电性　规范和试验方法
2. GB/T 3685—2009　　输送带　实验室规模的燃烧特性　要求和试验方法
3. GB/T 3690—2009　　织物芯输送带　全厚度拉伸强度、拉断伸长率　试验方法
4. GB/T 4490—2009　　织物芯输送带　宽度和长度
5. GB/T 5015—2003　　LZ 型弹性柱销齿式联轴器
6. GB/T 5272—2002　　梅花形弹性联轴器
7. GB/T 5752—2002　　输送带标志
8. GB/T 5753—2008　　钢丝绳芯输送带　总厚度和覆盖层厚度的测定方法
9. GB/T 5754. 2—2005　　钢丝绳芯输送带纵向拉伸试验　第 2 部分　拉伸强度的测定
10. GB/T 5755—2000　　钢丝绳芯输送带钢丝绳粘合强度的测定
11. GB/T 5756—2009　　输送带术语及其定义
12. GB/T 5837—2008　　液力偶合器　形式和基本参数
13. GB/T 7983—2005　　输送带　横向柔性和成槽性试验方法
14. GB/T 7984—2001　　输送带　具有橡胶或塑料覆盖层的普通用途织物芯输送带
15. GB/T 7985—2005　　输送带　织物芯输送带抗撕裂扩大性试验方法
16. GB/T 9770—2001　　普通用途钢丝绳芯输送带
17. GB/T 9786—1997　　输送带滚筒摩擦试验方法
18. GB/T 10595—2009　　带式输送机
    - *GB/T 987—1991　　带式输送机　基本参数与尺寸（供参考）
    - *GB/T 988—1991　　带式输送机　滚筒　基本参数与尺寸（供参考）
    - *GB/T 990—1991　　带式输送机　托辊　基本参数与尺寸（供参考）
    - *GB/T 10595—1989　　带式输送机　技术条件（供参考）
19. GB/T 10822—2003　　一般用途织物芯阻燃输送带
20. GB/T 12736—2009　　输送带　机械接头强度的测定　静态试验方法
    - *GB/T 13561. 3—1992　　港口连续装卸设备安装规程　带式输送机（供参考）
21. GB/T 13793—2008　　直缝电焊钢管
22. GB/T 12753—2008　　输送带用钢丝绳
23. GB/T 14521. 1—1993　　运输机械术语　运输机械类型
24. GB/T 14521. 2—1993　　运输机械术语　主要参数
25. GB/T 14521. 3—1993　　运输机械术语　装置和零部件
26. GB/T 14521. 4—1993　　运输机械术语　带式输送机
27. GB 14784—1993　　带式输送机安全规范
28. GB/T 15902—2009　　输送带　弹性伸长率和永久伸长率的测定及弹性模量的计算
29. GB/T 16412—2009　　输送带　丙烷燃烧器可燃性试验方法
30. GB/T 17119—1997　　连续输送设备　带承载托辊的带式输送机

运行功率和张力的计算　idt ISO5048：1989

31. GB/T 20021—2005　帆布芯耐热输送带
32. GB 21352—2008　矿井用钢丝绳芯阻燃输送带
33. GB 22340—2008　煤矿用带式输送机　安全规程
34. GB/T 23580—2009　连续搬运设备　安全规范　专用规则　idt ISO7149：1982
35. GB/T 23581—2009　散装物料用贮存设备　安全规范　idt ISO8456：1985，JDT
36. GB/T 23677—2009　轻型输送带
37. GB/T 28267—2012　钢丝绳芯输送带　第一部分:普通用途输送带的设计、尺寸和机械要求
38. GB 50270—2010　输送设备安装工程施工及验收规范
39. GB 50431—2008　带式输送机工程设计规范

附 1.1.2　机械行业标准

1. JB/T 2647—1995(2009)　带式输送机包装技术条件
2. JB/T 3927—2010　移动带式输送机
3. JB/T 4238.1.4—2005　调速型液力耦合器、液力耦合器传动装置
4. JB/T 6406—2006　电力液压　鼓式制动器
5. JB/T 7020—2006　电力液压　盘式制动器
6. JB/T 7021—2006　鼓式制动器连接尺寸
7. JB/T 7330—2008　电动滚筒
8. JB/T 7337—2010　轴装减速器
9. JB/T 7685—2006　电磁鼓式制动器
10. JB/T 7854—2008　气垫带式输送机
11. JB/T 8849—2005　移动式散料连续搬运设备　钢结构设计规范
12. JB/T 8853—2001　圆柱齿轮减速器
13. JB/T 8908—1999　波状挡边带式输送机
14. JB/T 9002—1999　运输机械用减速器
15. JB/T 9014.1—1999　连续输送设备　散粒物料性能术语及其分类
16. JB/T 9014.2—1999　连续输送设备　散粒物料物理性能试验方法的一般规定
17. JB/T 9014.3—1999　连续输送设备　散粒物料粒度和颗粒组成的测定
18. JB/T 9014.4—1999　连续输送设备　散粒物料密度的测定
19. JB/T 9014.5—1999　连续输送设备　散粒物料湿度（含水率）的测定
20. JB/T 9014.6—1999　连续输送设备　散粒物料温度的测定
21. JB/T 9014.7—1999　连续输送设备　散粒物料堆积角的测定
22. JB/T 9014.8—1999　连续输送设备　散粒物料抗剪强度的测定
23. JB/T 9014.9—1999　连续输送设备　散粒物料外摩擦系数的测定
24. JB/T 9015—1999　带式输送机用逆止器
25. JB/T 10380—2002　圆管带式输送机
26. JB/T 10603—2006　电力液压推动器
27. JB/T 10936—2010　带式输送机　漏斗堵塞检测器
28. JB/T 10937—2010　带式输送机　输送带纵向撕裂检测器
29. JB/T 10938—2010　带式输送机　保护装置　地址编码系统
30. JB/T 10939—2010　带式输送机　跑偏开关
31. JB/T 10958—2010　带式输送机　打滑检测器
32. JB/T 10959—2010　带式输送机　料流检测器
33. JB/T 10960—2010　带式输送机　拉绳开关
34. JB/T 10961—2010　料仓用料位开关

附 1.1.3　煤炭行业标准

* ZB　D93　008—1993	煤矿井下用带式输送机　技术条件
1. MT/T 73—2009	煤矿用带式输送机　托辊尺寸
* MT 147—1995	煤矿用阻燃抗静电织物整芯输送带
* MT/T 154. 4—1995	煤矿井下用带式输送机　型号编制方法
2. MT/T 212—1990	煤矿用输送带的成槽性
3. MT/T 243—1991(2005)	煤矿井下液力耦合器用高含水难燃液
4. MT 317—2002	煤矿用输送带整体带芯
* MT 318—1992	煤矿用阻燃输送带接头检验规范
5. MT/T 318. 1—1997	煤矿用输送带机械接头　技术条件
6. MT/T 319—2006	煤矿输送带机械接头用带扣
7. MT/T 400—1995	煤矿用带式输送机　滚筒尺寸系列
8. MT/T 414—1995	煤矿用带式输送机　基本参数和尺寸
9. MT 449—1995(2005)	煤矿钢丝绳牵引输送带阻燃抗静电性试验方法和判定规则
10. MT 450—1995(2005)	煤矿钢丝绳芯输送带阻燃抗静电性试验方法和判定规则
11. MT/T 467—1996	煤矿用带式输送机　设计计算
12. MT/T 529—1995	煤矿用伸缩带式输送机参数
13. MT/T 543—1996	滑槽带式输送机
14. MT 559—1996	煤矿用带式输送机　橡胶缓冲托辊安全性能检验规范
15. MT/T 571. 1—1996	煤矿用带式输送机　电控系统
16. MT/T 645—1997	煤矿用带式输送机　滚筒与相邻槽形托辊组之间的距离计算公式
17. MT/T 648—1997	煤矿用胶带跑偏传感器
18. MT/T 653—1997	煤矿用带式输送机　托辊组布置的主要尺寸
19. MT/T 654—1997	煤矿用带式输送机　安全规范
20. MT/T 655—1997	煤矿用带式输送机　托辊轴承技术条件
21. MT/T 656—1997	煤矿用带式输送机　机架形式与基本尺寸
22. MT 665—1997	煤矿用调速型液力耦合器检验规范
23. MT/T 668—2008	煤矿用钢丝绳芯阻燃输送带
24. MT 669—1997 (2005)	煤矿用阻燃钢丝绳牵引输送带技术条件
25. MT/T 681—1997	煤矿用带式输送机减速器技术条件
* MT/T 758—1997	煤矿用带式输送机　电气式自动喷水灭火系统通用技术条件
26. MT/T 817—1998	煤矿用带式输送机　电控装置
27. MT/T 821—2006	煤矿用带式输送机托辊技术条件
28. MT 830—2008	煤矿用织物叠层阻燃输送带
29. MT/T 857—2000	煤矿用带式输送机托辊组与相邻零部件的相关尺寸
* MT/T 872—2000	煤矿用带式输送机　保护装置技术条件
30. MT/T 901—2000	煤矿井下用伸缩带式输送机
31. MT912—2002	煤矿用下运带式输送机制动器技术条件
32. MT914—2008	煤矿用织物整芯阻燃输送带
33. MT/T 923—2002	煤矿用调速型液力耦合器检验规范
34. MT 962—2005	煤矿用带式输送机　滚筒用橡胶包覆层技术条件
35. MT/T 993—2006	垂直提升带式输送机　技术条件
36. MT/T 1018—2006	煤矿用带式输送机用输送带分类及规格
37. MT/T 1063—2008	煤矿用带式输送机滚筒技术条件
38. MT/T 1065—2008	煤矿用带式输送机接触式逆止器

附 1.1.4 化工行业标准

1. HG 2014—2005 钢丝绳牵引阻燃输送带
2. HG/T 2297—1992 耐热输送带
3. HG/T 2539—1993 钢丝绳芯阻燃输送带
4. HG/T 2648—2011 输送带滚筒摩擦试验机技术条件
5. HG/T 3046—2011 织物芯输送带外观质量规定
6. HG/T 3646—1999(2009) 普通用途防撕裂钢丝绳芯输送带
7. HG/T 3647—1999(2009) 耐寒输送带
8. HG/T 3714—2003(2009) 耐油输送带
9. HG/T 3782—2005 耐酸碱输送带
10. HG/T 4062—2008 波形挡边输送带
11. HG/T 4224—2011 钢丝绳芯管状输送带
12. HG/T 4225—2011 织物芯管状输送带

附 1.1.5 交通行业标准

* JT/T 326—1997 港口带式输送机 能源利用监测规程

1. JT/T 463—2001 港口气垫带式输送机

* JT/T 323—1997 波状挡边带式输送机 技术条件

注：* 仅供参考的标准。

附 1.2 国外标准目录

附 1.2.1 ISO 国际标准

TC101 连续搬运机械设备

1. ISO 1535：1975 松散物料连续搬运设备—槽形带式输送机(携带式输送机除外)—输送带
2. ISO 1536：1975 松散物料连续搬运设备—槽形带式输送机(携带式输送机除外)—输送带滚筒
3. ISO 1537：1975 松散物料连续搬运设备—槽形带式输送机(携带式输送机除外)—托辊
4. ISO 1816：1975 松散物料连续搬运设备—带式输送机—电动滚筒的基本特征
5. ISO 1819：1975 连续搬运设备—安全规范—总则
6. ISO 2109：1975 连续搬运设备—松散物料用轻型带式输送机
7. ISO 2148：1974 连续搬运设备—术语
8. ISO 2406：1974 连续搬运设备—移动式和携带式带式输送机—结构规范
9. ISO 3435：1977 连续搬运设备—散状物料的分类和符号表示
10. ISO 3569：1976 连续搬运设备—成件货物的分类
11. ISO 4123：1979 带式输送机—承载托辊缓冲环和回程托辊圆盘—主要尺寸
12. ISO/TR 5045：1979 成件货物搬运设备—带式输送机安全规范—挤压部位防护实例
13. ISO 5048：1989 连续搬运设备—带承载托辊的带式输送机—运行功率和张力的计算
14. ISO 5049：1994 移动式散料连续搬运设备—第 1 部分：钢结构设计规范
15. ISO 7149：1982 连续搬运设备—安全规范—专用规则
16. ISO/TR 8435：1984 连续搬运设备—带式输送机安全规范—托辊上挤压点防护实例

附 1.2.2 EN 欧洲标准化委员会标准

1. EN617—2001 + A1：2010 连续搬运设备和系统 散料存储设备 筒仓，料斗，料仓，漏斗的安全性和电磁兼容性要求
2. EN618—2002 + A1：2010 连续搬运设备和系统 散料机械搬运设备（不包括固定带式输送机）

的安全性和电磁兼容性（EMC）要求

3. EN619—2002 + A1：2010　连续搬运设备和系统　件货机械搬运设备的安全性和电磁兼容性要求

4. EN620—2002 + A1：2010　连续搬运设备和系统　散料固定带式输送机的安全性和电磁兼容性要求

附 1.2.3　DIN 德国国家标准学会标准

1. DIN 15201/1—1994　连续搬运机械设备　第 1 部分　术语
2. DIN 15201/2—1981　连续搬运机械设备　第 2 部分　输送设备术语和符号
3. DIN 15207/1—2000　连续搬运机械设备　第 1 部分　输送松散物料的带式输送机托辊主要尺寸
4. DIN 15207/2—1988　连续搬运机械设备　第 2 部分　件货用带式输送机托辊　主要尺寸
5. DIN 15209—1984　连续搬运设备　带式输送机承载托辊用缓冲环
6. DIN 15210—1984　连续搬运设备　带式输送机回程托辊用圆环
7. DIN 15220—1982　连续搬运设备　带式输送机挤夹部位保护装置的保护实例
8. DIN 15221—1978　连续搬运设备　输送机和提升机挤夹部位保护装置的保护实例
9. DIN 15223—1978　连续搬运设备　带式输送机　托辊上挤压点保护实例
10. DIN 2137—1994　矿用输送机用钢围栏
11. DIN 22101—2002　连续搬运设备　输送散料的带式输送机　计算及参数选定基础
12. DIN 22102/1—1991　散货用织物芯输送带　尺寸，技术要求和标记
13. DIN 22102/2—1991　散货用织物芯输送带　试验方法
14. DIN 22102/3—1991　散货用织物芯输送带　永久连接接头
15. DIN 22103—1994　阻燃型钢绳芯输送带　技术要求和试验方法
16. DIN 22107—1984　连续搬运设备　松散物料用带式输送机托辊装置主要尺寸
17. DIN 22109/1—2000　煤矿用织物芯输送带　井下用 PVG，PVC 单层输送带尺寸和技术要求
18. DIN 22109/2—2000　煤矿用织物芯输送带　井下用二层橡胶或 PVC 输送带尺寸和技术要求
19. DIN 22109/4—2000　煤矿用织物芯输送带　地面用橡胶输送带尺寸和技术要求
20. DIN 22109/5—1988　煤矿用织物芯输送带　标记
21. DIN 22109/6—1988　煤矿用织物芯输送带　试验方法
22. DIN 22110/1—1991　输送带接头试验方法　织物输送带接头处破断载荷的确定
23. DIN 22110/2—1997　疲劳运行试验　织物输送带接头运行时间确定
24. DIN 22110/3—1993　输送带接头时间强度的确定（动载试验方法）
25. DIN 22111—2007　井下煤矿用带式输送机　轻型机架
26. DIN 22112/1—2010　井下煤矿用带式输送机　托辊　第 1 部分：尺寸
27. DIN 22112/2—2010　井下煤矿用带式输送机　托辊　第 2 部分：技术要求
28. DIN 22112/3—1996　井下煤矿用带式输送机　托辊　第 3 部分：试验方法
29. DIN 22114—2010　井下煤矿用带式输送机　重型机架
30. DIN 22115—2003　井下煤矿用带式输送机　涂层托辊　技术要求和试验方法
31. DIN 22116—2003　井下煤矿用带式输送机　压辊 DN159 尺寸、要求和试验标志
32. DIN 22117—1988　井下煤矿用输送带　氧气系数的确定
33. DIN 22118—1991　煤矿用织物芯输送带　耐火试验
34. DIN 22120—1991　坚硬煤矿里的带式输送机用合成橡胶刮板
35. DIN 22121/1—2000　煤矿用织物芯输送带　实芯编织带永久连接接头
36. DIN 22121/2—1988　煤矿用织物芯输送带　二层输送带永久连接接头
37. DIN 22122—2003　连续搬运机械设备　输送带的成槽性　与托辊接触的输送带宽度的测定，要求和试验

38. DIN 22129/1—1988　井下煤矿用钢绳芯输送带　尺寸和技术要求
39. DIN 22129/2—1988　井下煤矿用钢绳芯输送带　标记
40. DIN 22129/3—1988　井下煤矿用钢绳芯输送带　试验方法 DIN EN
41. DIN 22129/4—1991　井下煤矿用钢绳芯带式输送机　输送带接头尺寸和技术要求
42. DIN 22131/1—1988　用于提升和输送的钢绳芯输送带　尺寸和技术要求
43. DIN 22131/2—1988　用于提升和输送的钢绳芯输送带　标记
44. DIN 22131/3—1988　用于提升和输送的钢绳芯输送带　试验方法
45. DIN 22131/4—1988　用于提升和输送的钢绳芯输送带　连接接头尺寸和技术要求
46. DIN 28094—1994　钢绳芯输送带　覆盖钢芯层的粘合强度试验方法
47. DIN EN 616—1992　连续搬运设备　设计，制造，安装和使用阶段的一般安全要求
48. DIN EN 617—2011　连续搬运设备和系统　散料存储设备　筒仓，料斗，料仓，漏斗的安全和电磁兼容性要求
49. DIN EN 618—2011　连续搬运设备和系统　散料机械搬运设备（不包括固定带式输送机）的安全性和电磁兼容性（EMC）要求
50. DIN EN 619—2011　连续搬运设备和系统　件货机械搬运设备的安全性和电磁兼容性(EMC)要求
51. DIN EN 620—2011　连续搬运设备和系统　散料固定带式输送机的安全性和电磁兼容性要求
52. DIN EN 873—1997　轻型输送带　主要特性和应用
53. DIN EN 1718—1999　轻型输送带　由运行中的轻型输送带产生的静电区测量试验方法
54. DIN EN 1722—1999　轻型输送带　最大张紧强度的测定
55. DIN EN 1723—1999　轻型输送带　松弛时弹性模量的确定
56. DIN EN 1724—1999　轻型输送带　摩擦系数的确定
57. DIN EN 20284—1993　输送带　导电性　技术要求和试验方法
58. DIN EN 29340—1999　输送带　阻燃性　技术要求和试验方法

注：DIN EN 等同采用欧洲标准的德国标准。

附 1.2.4　BS 英国国家标准学会标准

1. BS 4531—1986　轻便式和移动式槽形带式输送机（1999 年确认）
2. BS 5667-1—1979　连续机械搬运设备　安全要求　第 1 部分　总则
3. BS 5667-19—1979　连续机械搬运设备　安全要求　第 19 部分　带式输送机—挤压部分防护实例
4. BS 5934—1980　连续机械搬运设备　辊子带式输送机运行功率和张力计算
5. BS 7300—1990　槽形带式输送机危险点的防护实用规范

附 1.2.5　NF 法国国家标准

1. NF E 53-301—1970　连续机械搬运设备　散料槽形带式输送机（除了移动式）带式输送机和托辊支架
2. NF H 95-203—1986　散料连续搬运设备　带式输送机　推荐的设计参数
3. NF H 95-320—1988　连续机械搬运设备　带有连续称重装置的带式输送机　性能
4. NF H 95-330—1987　散料带式输送机　带轮、轴和轴承的重量和尺寸系列
5. NF M 81-657—1987　煤矿设备　散料槽形带式输送机　托辊技术条件，特性及验收试验
6. NF EN 618/INI—2011/A1—2011　连续搬运设备和系统　散料机械搬运设备（不包括固定带式输送机）的安全性和电磁兼容性（EMC）要求
7. NF EN 619/INI—2011/A1—2011　连续搬运设备和系统　件货机械搬运设备的安全性和电磁兼容性要求

8. NF EN 620/INI—2011/A1—2011　连续搬运设备和系统　散料固定带式输送机的安全性和电磁兼容性要求

注：NF EN 等同采用欧洲标准的法国标准。

附 1.2.6　ГОСТ 俄罗斯国家标准

1. ГОСТ 4.21—1985　质量评定体系　输送机　质量特性术语
2. ГОСТ 12.2.022—1980　职业安全标准体系　输送机一般安全要求
3. ГОСТ 22644—1977　带式输送机　主要参数和尺寸
4. ГОСТ 22645—1977　带式输送机　托辊　型式和基本参数
5. ГОСТ 22646—1977　带式输送机　滚筒　型式和基本参数

附 1.2.7　ANSI 美国国家标准协会标准

1. ANSI/ASMEB 20.1—2009　输送机和相关设备安全标准
2. ANSI/ASME 102—2006　输送机术语和定义
3. ANSI/ASME 402—2003　带式输送机
4. ANSI/ASME 501.1—2003　焊接钢翼托辊规范
5. ANSI/ASME 550—2003　散料的分类和定义
6. ANSI/ASME B 105.1—2003　输送机焊接钢滚筒规则

附 1.2.8　JIS 日本工业标准

1. JIS B 0140—1993　输送机术语　输送机的种类（ISO 2148：1974，IDT）
2. JIS B 0141—1993　输送机术语　输送机的部件及附属装置（ISO 2148：1974，IDT）
3. JIS B 8803—2008　带式输送机用托辊（ISO 1537：1975，MOD）
4. JIS B 8805—1992　带承载托辊的带式输送机　运行功率和张力的计算（ISO 5048：1989，IDT）
5. JIS B 8808—1995　便携式带式输送机
6. JIS B 8814—1992　带式输送机用滚筒（ISO 1536：1975，MOD）
7. JIS K 6377—2010　输送带　储存和搬运指南（ISO 5285：2004，IDT）
8. JIS K 6378—2010　轻型输送带　松弛弹性模量的测定（ISO 21181：2005，IDT）

附 1.2.9　AS 澳大利亚国家标准

1. AS 1755—2000　输送机　安全要求
2. AS 4324.1—1995　移动式散料连续搬运设备　第 1 部分：钢结构设计总则
3. AS 1332—1991　输送带　加强纺织带
4. AS 1333—1994　弹性和钢芯结构输送带
5. AS 1334.1—1982　输送带试验方法　循环输送带长度的确定（1994 年确认）
6. AS 1334.7—1982　输送带试验方法　输送带附着力的确定（1994 年确认）
7. AS 1334.11—1988　输送带试验方法　输送带的可燃性和由于摩擦力引起的表面最高温度的确定（修改件 1：1989）
8. AS 1334.12—1996　输送带试验方法　输送带燃烧蔓延性的确定

附 1.2.10　VDI 德国工程师协会标准

1. VDI 2317—1982　松散物料带式输送机　带式抛料机
2. VDI 2318—1971　连续输送机概要　移动式带式输送机
3. VDI 2321—1983　连续输送机概要　钢带输送机
4. VDI 2322—2003　连续输送机概要　散料用带式输送机
5. VDI 2341—1993　松散物料用带式输送机　托辊和托辊间距
6. VDI 2347—1981　物料搬运系统用转载装置
7. VDI 2379—2000　松散物料用带式输送机　设计资料
8. VDI 3602/1—2001　散料带式输送机　输送机驱动，结构

9. VDI 3602/2—2001　散料带式输送机　驱动，操作方法
10. VDI 3603—2002　散料带式输送机　拉紧，改向和回程站
11. VDI 3604—2009　散料带式输送机　转运装置
12. VDI 3605—2005　散料带式输送机　轻扫装置
13. VDI 3606—1999　散料带式输送机　输送线路
14. VDI 3607—2007　散料带式输送机　运转功能监控方法
15. VDI 3608—1990　散料带式输送机　输送带
16. VDI 3620—2004　连续输送机用户使用说明书
17. VDI 3621—1985　输送带裂口的保护
18. VDI 3622—1997　散料带式输送机　输送机滚筒
19. VDI 3623—1993　带式输送机上的金属分离器
20. VDI 3624—1993　散料带式输送机　带速
21. VDI 3970—2010　输送机预维护推荐日程表
22. VDI 3971—1994　大倾角散料垂直输送机　输送机驱动．结构
23. VDI 3972—2011　散料堆场　搬运和连续输送设备
24. VDI 4436—2007　散料流动的质量容积的测量
25. VDI 4440/1—2007　连续输送机概要　带式输送机

附 1.2.11　FEM 欧洲机械搬运协会标准

1. FEM 1.007—2003　散料搬运机械　10 种语言术语
2. FEM 2.124—1989　散料特性对槽形带式输送机设计的影响
3. FEM 2.131/2.132—1997　移动式散料连续搬运设备设计规范
4. FEM 2.181—1989　机械搬运散料的特性
5. FEM 2.561—1994　散料连续搬运系统设计调查表　机械输送，气力输送和筒仓储存的共性问题
6. FEM 2.562—1994　散料连续搬运系统设计调查表和检查表　机械输送
7. FEM 2.581/2.582—1991　散料种类划分及其代号的一般特性

附 1.3　《带式输送机基本参数与尺寸》(GB/T 987—1991)(仅供参考)

1　主题内容与适用范围

本标准规定了带式输送机的带宽、名义带速、滚筒直径、托辊直径等。

本标准适用于输送散状物料或成件物品用带式输送机。

2　引用标准

GB 988　带式输送机　滚筒　基本参数与尺寸

GB 990　带式输送机　托辊　基本参数与尺寸

GB 4490　运输带尺寸

GB 9770　钢丝绳芯输送带

3　基本参数

3.1　带宽

300，400，500，650，800，1000，1200，1400，1600，1800，2000，2200，2400，2600，2800mm。

3.2　名义带速

0.2，0.25，0.315，0.4，0.5，0.63，0.8，1.0，1.25，1.6，2.0，2.5，3.15，4.0，5.0，6.3，7.1m/s。

3.3　滚筒直径

200，250，315，400，500，630，800，1000，1250，1400，1600，1800mm。

3.4　托辊直径

63.5，76，89，108，133，159，194，219mm。

4　滚筒的参数与尺寸

滚筒的参数与尺寸应符合 GB 988 的规定。

5　托辊的参数与尺寸

托辊的参数与尺寸应符合 GB 990 的规定。

附加说明：

本标准由中华人民共和国机械电子工业部提出。

本标准由机械电子工业部北京起重运输机械研究所归口。

本标准由机械电子工业部北京起重运输机械

研究所负责起草。

本标准起草人梅雪华。

本标准自实施之日起,《TD 型带式输送机》(GB 994~996—77)、《DX 钢绳芯带式输送机 基本参数》(JB 3001—81)和《DQ 型带式输送机 基本参数》(JB 3668—84)作废。

附 1.4 《带式输送机滚筒 基本参数与尺寸》(GB/T 988—1991)(仅供参考)

1 主题内容与适用范围

本标准规定了滚筒的直径和长度。

本标准适用于输送散状物料或成件物品用带式输送机。

2 引用标准

GB 987 带式输送机 基本参数与尺寸

3 基本参数与尺寸

3.1 滚筒直径

200, 250, 315, 400, 500, 630, 800, 1000, 1250, 1400, 1600, 1800mm。

3.2 滚筒的基本参数与尺寸应符合图和表的规定。

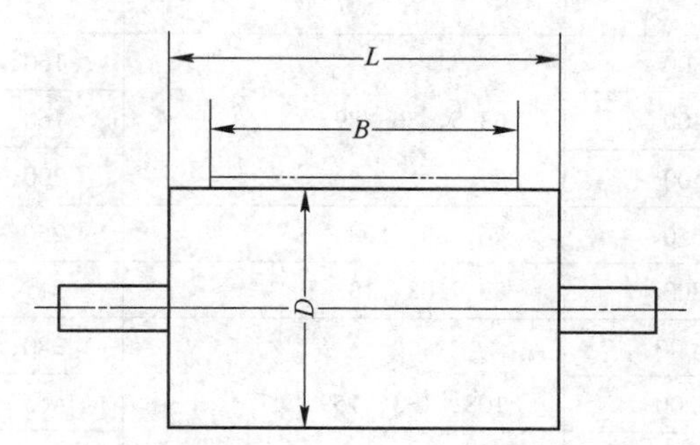

mm

带宽 B	L	D
300	400	200, 250, 315, 400
400	500	200, 250, 315, 400, 500
500	600	
650	750	200, 250, 315, 400, 500, 630
800	950	200, 250, 315, 400, 500, 630, 800, 1000, 1250, 1400
1000	1150	200, 250, 315, 400, 500, 630, 800, 1000, 1250, 1400
1200	1400	
1400	1600	200, 250, 315, 400, 500, 630, 800, 1000, 1250, 1400
1600	1800	200, 250, 315, 400, 500, 630, 800, 1000, 1250, 1400, 1600
1800	2000	
2000	2200	500, 630, 800, 1000, 1250, 1400, 1600, 1800
2200	2500	
2400	2800	
2600	3000	800, 1000, 1250, 1400, 1600, 1800
2800	3200	

注:滚筒直径 D 不包括包层厚度在内,与带宽组合为推荐组合。

附加说明:

本标准由中华人民共和国机械电子工业部提出。

本标准由机械电子工业部北京起重运输机械研究所归口。

本标准由机械电子工业部北京起重运输机械研究所负责起草。

本标准起草人梅雪华。

附 1.5 《带式输送机托辊 基本参数与尺寸》(GB/T 990—1991)(仅供参考)

1 主题内容与适用范围

本标准规定了托辊的直径、长度、轴径等基本参数与尺寸。

本标准适用于输送散状物料或成件物品用带式输送机。

2 引用标准

GB 987 带式输送机基本参数与尺寸。

3 基本参数与尺寸

3.1 托辊直径

63.5,76,89,108,133,159,194,219mm。

3.2 托辊的基本参数与尺寸应符合图和表的规定。

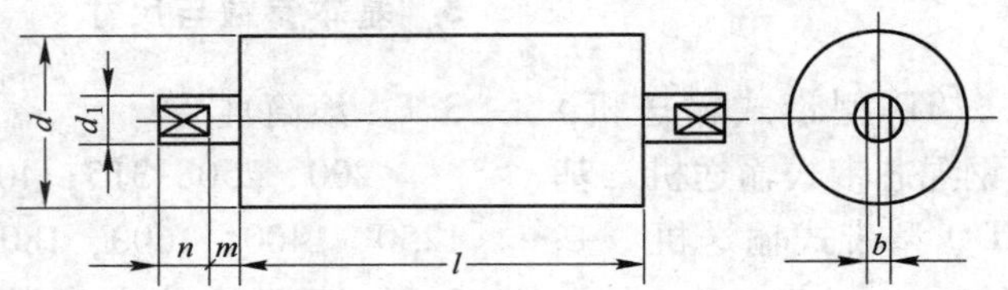

mm

带 宽	d	l	d_1	b	n	m
300	63.5，76，89	160，380	20	14	10	4
400		160，250，500				
500		200，315，600				
650	76，89，108	250，380，750				
800	89，108，133	315，465，950	25	18	12	
1000	108，133，159	380，600，1150				
1200		465，700，1400	30	22		
1400		530，800，1600				
1600	133，159，194	600，900，1800				
1800		670，1000，2000	35			
2000		750，1100，2200				
2200		800，1250，2500				
2400	159，194，219	900，1400，2800	45	32	12	
2600		950，1500，3000				
2800		1050，1600，3150	50			

附加说明：

本标准由中华人民共和国机械电子工业部提出。

本标准由机械电子工业部北京起重运输机械研究所归口。

本标准由机械电子工业部北京起重运输机械研究所负责起草。

本标准起草人梅雪华。

附 1.6 《带式输送机　技术条件》(GB/T 10595—1989)(仅供参考)

1　主题内容与适用范围

本标准规定了带式输送机（以下简称输送机）技术要求。试验方法、检验规则、标志、包装和储存。

本标准适用于输送各种块状、粒状等松散物料以及成件物品的输送机，其工作环境温度为 −25 ~ +40℃。

有特殊要求的输送机，其通用部分亦应参照使用。

2　引用标准

GB 985　气焊，手工电弧焊及气体保护焊焊缝坡口的基本形式与尺寸

GB 986　埋弧焊焊缝坡口的基本形式与尺寸

GB 987 ~ 996　TD 型带式输送机　基本参数和尺寸

GB 1184　形状和位置公差　未注公差的规定

GB 2828　逐批检查计数抽样程序及抽样表

GB 3323　钢熔化焊对接接头射线照相和质量分级

GB 3767　噪声源声功率级的测定　工程法和准工程法

GB 3836.1　爆炸性环境用防爆电气设备　通用要求

GB 4323　弹性套柱销联轴器

GB 5014　弹性柱销联轴器

GB 5015　弹性柱销齿式联轴器

GB 5272　梅花形弹性联轴器

GB 5677　铸钢件射线照相及底片等级分类方法

GB 6333　电力液压块式制动器

GB 6402　钢锻材超声纵波探伤方法

ZB J19 009　圆柱齿轮减速器通用技术条件

ZB Y 230　A 型脉冲反射式超声探伤仪通用技术条件

JB 1152　锅炉和钢制压力容器对接焊缝超声波探伤
JB 2647　TD 带式输送机包装技术条件
JB 3001　DX 钢绳芯带式输送机基本参数
JB 3668　DQ 型带式输送机基本参数
JB 8　产品标牌

3　技术要求

3.1　输送机应符合 GB 987～996、JB 3001、JB 3668 和本标准的规定，并应按规定程序批准的图样和技术文件制造。

3.2　输送机中钢板和型钢的冲剪件应清除毛刺。

3.3　输送机中铸钢件的重要部位不允许有影响强度的砂眼和气孔，次要部位上砂眼、气孔的总面积不允许超过缺陷所在面面积的 5%，凹入深度不允许超过该处壁厚的 1/5，每个铸件上的缺陷不得超过 3 处。

3.3.1　铸钢件及滚筒轴承等铸件应消除内应力。

3.3.2　滚筒铸钢件接盘应符合下列要求：

a. 不允许存在长度大于 3 倍宽度的线状缺陷；

b. 单个点状缺陷不得大于 ϕ6mm；

c. 两个相邻点状缺陷的间距大于其中较大缺陷尺寸时，按单个缺陷分开计算，间距小于其中较大缺陷尺寸时，两个缺陷合并计算，其缺陷当量总和不得大于 ϕ6mm；

d. 密集性缺陷面积不得大于 90mm^2，缺陷总面积不得超过表 1 的规定；

表 1

探伤部位厚度/mm	≤15	>15～40	>40～60
缺陷总面积/mm^2	800	1650	2700

e. 接盘圆周部分之间的回波高度差应小于 12dB；

f. 当底波高度比原波高度降低 25%，探测区域大于 50mm，视内部有较大缺陷则不允许存在。

3.4　金属结构件的焊接应符合 GB 985、GB 986 的规定。焊缝不得出现烧穿、裂纹，未熔合等缺陷。

3.4.1　滚筒筒体对接纵向焊缝应符合 GB 3323 中Ⅲ级要求。

3.4.2　滚筒筒体对接环形焊缝应符合 JB 1152 中Ⅱ级或 GB 3323 中Ⅲ级要求。

3.4.3　滚筒筒体与接盘的环形角焊缝不允许有裂纹和未焊透，其当量灵敏度不得大于 ϕ4mm。当缺陷小于当量灵敏度 ϕ4mm，两缺陷间距小于板厚时累计计算。

3.4.4　承受合力大于 80kN 的滚筒筒体应消除内应力。

3.5　滚筒轴制动器轴及卷筒轴等主要锻件不应有夹层、折叠、裂纹、结疤等缺陷。

滚筒轴探伤质量应符合下列要求：

a. 不允许有裂纹和白点；

b. 单个和密集性缺陷必须符合表 2 的规定；

表 2

滚筒轴直径	允许存在单个缺陷最大当量直径	密集性缺陷参数			密集区总面积不大于轴截面面积的百分比/%
		面　积	间　距	当量直径	
mm		mm^2	mm		
≤200	4	—	—	—	—
>200～400	6	15	≥100	<4	<5
>400	8	25	≥120	<5	<5

c. 单个缺陷的间距应大于 100mm，在同一截面积内不得超过 3 个。

3.6　所有零部件必须经检验合格方可进行装配，配套件、外购件必须有合格证。

3.7　驱动装置

3.7.1　制动轮装配后，外圆径向圆跳动应符合 GB 1184中 9 级精度的规定。

3.7.2　滚柱逆止器安装后减速器应运转灵活。

3.7.3　弹性联轴器的安装要求应符合 GB 4323、GB 5014、GB 5015 和 GB 5272 的规定。

3.7.4　滑块联轴器两半体径向位移应不大于 1.0mm，两轴线夹角不大于 0°30′。

3.7.5　块式制动器装配后应符合 GB 6333 的规定。

3.7.6　盘式制动器装配后应保证各油缸中心线和主轴中心线平行。在松闸状态下，闸块与制动盘的间隙为 1.0mm。制动时，闸块与制动盘工作接触面积不小于 80%。

3.7.7　链式联轴器端面圆跳动和径向圆跳动为0.10mm。

3.7.8　减速器应符合输送机专用减速器及 ZB J19009的规定。

3.8　滚筒

3.8.1　钢板滚筒筒皮最小壁厚 b_1，应符合式（1）的规定。

$$b_1 \geqslant b-1 \tag{1}$$

式中　b——筒皮名义壁厚，mm。

3.8.2　滚筒静平衡精度等级应达到 G40（见图 1），其静平衡补偿可根据平衡精度等级在滚筒接盘上采取添加材料的办法实现。

3.8.3　传动滚筒外圆直径偏差应符合表 3 的规定。

3.8.4　滚筒装配时，轴承和轴承座油腔中应充以锂基润滑脂（性能要求见表 7），轴承充油量为轴承空隙的 2/3，轴承座油腔中应充满。

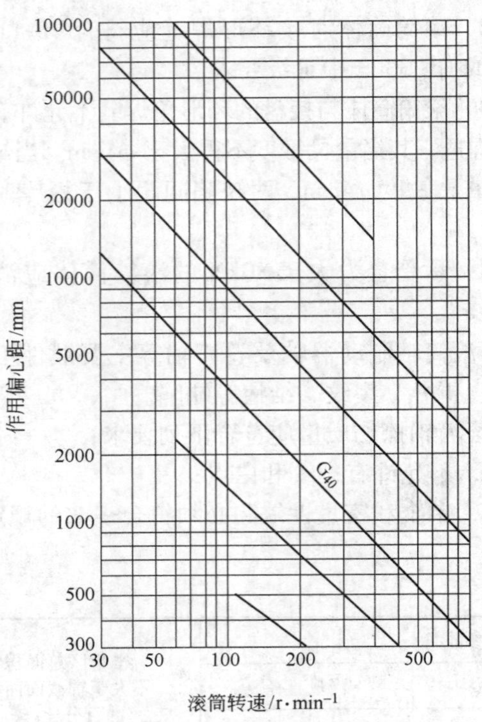

图 1

表 3　　mm

滚筒直径	≤400	>400~1000	>1000
极限偏差	1.5 0	2.0 0	2.5 0

3.8.5　滚筒为胶面滚筒时，其胶层应与筒皮表面贴牢，不允许出现脱层、起泡等缺陷，面胶的物理力学性能应符合表 4 的规定，底胶的物理力学性能应符合表 5 的规定。

表 4

项　目			要　求
拉伸强度		MPa	≥18
扯断伸长率		%	≥180
扯断永久变形		%	≤25
邵尔 A 型硬度	传动滚筒	(°)	60~70
	改向滚筒		50~60
阿克隆磨耗（1.61km）		cm^2	≤1
老化系数（70℃×48h）			≥0.8

表 5

项　目		要　求
拉伸强度	MPa	≥30
抗折断强度		≥69
耐热性	℃	80
橡胶与金属粘附扯离强度	MPa	≥3.9

3.8.6　滚筒装配后其外圆径向圆跳动应符合表 6 的规定。

表 6　　mm

滚筒直径	≤800	>800~1600	>1600
无包层滚筒	0.6	1.0	1.5
有包层滚筒	1.1	1.5	2.0

3.9　托辊

3.9.1　托辊辊子装配时，轴承和密封圈（迷宫式密封）中应注入锂基润滑脂，其性能要求应符合表 7 的规定，轴承充油量应为轴承空隙的 2/3，密封圈之间的空隙应充满。

表 7

性　　能	要　求
针入度（25℃，60 次）1/10mm	265~295
抗水性（加水 10%，10 万次工作针入度）	<375
氧化安定性（100℃，0.78MPa，100h）压力降/MPa	<0.3
防腐蚀性（52℃，48h，相对湿度 100%）	1 级

3.9.2　托辊辊子（除缓冲、梳形等特殊辊子外）外圆径向圆跳动应符合表 8 的规定。

表 8　　mm

带速/$m\cdot s^{-1}$	辊子长度			
	<550	≥550~950	>950~1600	>1600~2400
>3.15	0.5	0.7	1.3	1.7
<3.15	0.7	1.0	1.5	1.9

3.9.3　托辊辊子装配后，在 500N 轴向压力作用下，辊子轴向位移量不得大于 0.7mm。

3.9.4　在托辊辊子轴上施加表 9 规定的轴向载荷后，辊子轴与辊子管体（包括轴承座、密封件）不得脱开。

表 9

辊子轴径/mm	施加轴向力/N
≤20	10000
≥25	15000

3.9.5　托辊辊子装配后，在 250 N 的径向压力下，辊子以 550 r/min 旋转，测其旋转阻力，其值不应大于表 10 中的数值。停止 1 h 后旋转时，其旋转阻力不得超过表 10 中数值的 1.5 倍。

表 10

辊子直径	mm	≤108	≥133
防尘辊子	N	2.5	3.0
防水辊子		3.6	4.35

3.9.6　托辊辊子按 4.1.4 条规定的高度进行水平和垂直跌落试验后，辊子零件应满足以下要求：

a. 辊子零件和焊缝不应产生损伤与裂纹，相配合处不得松动；

b. 辊子的轴向位移量不应大于 1.5mm。

3.9.7　托辊辊子以 550r/min 旋转时，其防尘性能与防水性能应满足以下要求：

a. 防尘托辊（指非接触型密封）在具有煤尘的容器内，连续运转 200h 后，煤尘不得进入轴承润滑脂内，在淋水工况条件下，连续运转 72h，进水量不得超过 150g；

b. 防水托辊（指接触型密封）在浸水工况条件下，连续运转 24h 后进水量不得超过 5g。

3.10　电动卸料车

3.10.1　卸料车的滚筒中心线对卸料车机架中心线的对称度为 3mm。

3.10.2　两车轮轴在水平方向的平行度应符合 GB 1184 中 10 级的规定。

3.10.3　同一轴上的车轮的轮距值为 $L^{0}_{-2.0}$mm。

3.11　架体

3.11.1　架体上安装轴承座的两个对应平面应在同一平面上，其平面度及两边轴承座上对应的孔间距偏差和对角线长度之差应符合表 11 的规定。

表 11　mm

带　宽	≤800	>800
对应平面的平面度	1.0	1.5
对应孔间距偏差	±1.5	±2.0
孔对角线长度之差	≤3.0	≤4.0

3.11.2　架体直线度为全长的 1/1000，对角线长度之差不大于两对角线长度平均值的 3/1000。

3.11.3　输送机的漏斗、护罩等壳体的外表面应平整，不得有明显的锤迹和伤痕。

3.12　除锈与涂漆

3.12.1　除锈

a. 防锈应达到表 12 规定的 Sa2 或 St3 级；

表 12

等　级	要　求
Sa2	喷丸处理：去掉轧制氧化皮、锈及异物，清理后表面应呈灰色
St3	采用手工蹭及钢丝刷子刷，机械刷子刷，砂轮打磨等方法，去除灰尘后表面应呈现明显金属光泽

b. 当钢材表面温度低于露点以上 3℃时，不应进行干喷砂除锈。

3.12.2　涂漆

a. 喷射除锈过的表面应立即涂上底漆，涂漆时应在清洁干净的地方进行，环境温度应在 5℃以上，湿度应在 85% 以下，工件表面温度不应超过 60℃。

b. 输送机各部件无特殊要求时，应涂底漆一层（不包括保养底漆）面漆两层，不允许有漏漆现象，每层油漆颜色应不同，每层油漆干膜厚度为 25～35μm，油漆干膜总厚度不小于 75μm。

光面滚筒和托辊工作面可只涂一层防锈漆或面漆，托辊内壁涂防锈油漆。

外露加工配合面应涂以防护油脂，外露加工非配合面（不包括架体）均应涂以面漆或底漆，干膜厚度至少为 35μm。

c. 输送机安装调试后应再涂一次面漆，涂漆前应修补好运输与安装时损伤的部位。

d. 底漆、中间层漆的涂层不允许有针孔、气泡、裂纹、脱落、流挂、漏涂等缺陷。

面漆要求均匀、光亮、完整。

3.12.3　按划格法综合检查漆膜附着力，在油漆干膜上沿切割边缘或切口交叉处的明显脱落面积应不大于 15%。

3.13　安装装配

3.13.1　总装配可不在制造厂内进行，但驱动装置应在出厂前组装或试装。

3.13.2　支点浮动式驱动装置的浮动振幅不应大于 2.0mm。

3.13.3　采用环形锁紧器连接的轴与轮毂严禁涂二硫化钼。

3.13.4　输送机机架中心线直线度应符合表 13 的规定，并应保证在任意 25m 长度内的直线度为 5mm。

3.13.5　滚筒轴线与水平面的平行度为滚筒轴线长

度的1/1000。

3.13.6 滚筒轴线对输送机机架中心线的垂直度为滚筒轴线长度的2/1000。滚筒、托辊中心线对输送机机架中心线的对称度为3.0mm。

表 13

输送机长度 L /m	≤100	>100～300	>300～500	>500～1000	>1000～2000	>2000
直线度 /mm	10	30	50	80	150	200

3.13.7 驱动滚筒轴线与减速器低速轴轴线的同轴度应符合 GB 1184 中 10 级的规定，两驱动滚筒轴线的平行度为0.4mm。

3.13.8 托辊辊子（调心辊子和过渡辊子除外）上表面应位于同一平面上（水平面或倾斜面）或者在一个公共半径的弧面上（输送机凹弧段或凸弧段上的托辊），其相邻三组托辊辊子上表面的高低差不得超过2.0mm。

3.13.9 钢轨工作面应在同一平面内，每段钢轨的轨顶标高差不得超过2.0mm，轨道直线度在1 m长度内为2.0mm，在25 m长度内为5.0mm，在全长内为15mm，轨缝处工作面高低差不得超过0.5mm，轨道接头间隙不得大于3.0mm，轨距偏差为±2.0mm。

3.13.10 卸料车，可逆配仓输送机、拉紧装置等的轮子踏面应在同一平面上，其平面度偏差不得超过表14的规定。

表 14　　mm

部　件	偏　差
卸料车和可逆配仓输送机	0.5
拉紧装置	2.0

3.13.11 绞车式张紧装置装配后，其拉紧钢绳与滑轮绳槽的中心线和卷筒轴的垂直线内外偏角均应小于6°。

3.13.12 清扫器安装后，其刮板或刷子与输送带在滚筒轴线方向上的接触长度不得小于85%。

3.13.13 输送带连接后应平直，在10 m长度上的直线度为20mm。

3.14 整机性能

3.14.1 输送机应运行平稳。负荷运行时不应有不转动的辊子。

3.14.2 输送带应在托辊长度范围内对中运行，其边缘与托辊辊子外侧端缘的距离应大于30mm。

3.14.3 输送机空载噪声值不得大于图2中曲线的规定值。

3.14.4 输送机负荷运转时，驱动装置不得有异常振动。

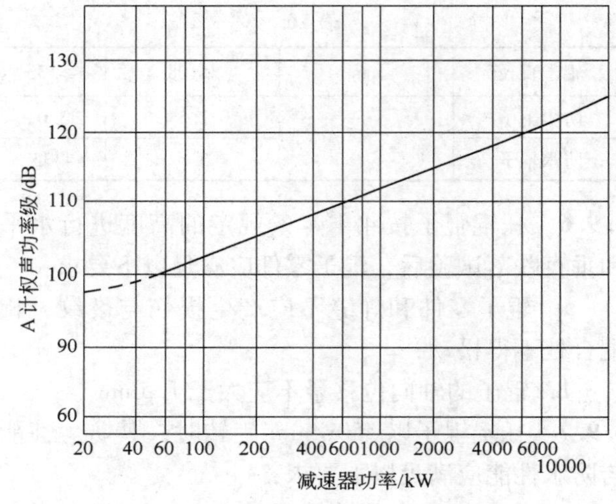

图2

3.14.5 拉紧装置应调整方便。动作灵活并保证输送机启动和运行时滚筒不打滑，动力张紧时应动作准确。

3.14.6 清扫器清扫效果好、性能稳定，刮板式清扫器的刮板与输送带的接触应均匀，其调节行程应大于20mm；输送机运转时不允许发生异常振动。

3.14.7 驱动装置部分不得渗油。

3.14.8 卸料装置不应出现颤跳抖动和撒料现象。

3.14.9 各种机电保护装置需反应灵敏、动作准确可靠，特殊场合用保护装置必须符合有关使用部门安全规程的规定，所选用电气设备必须符合GB 3836.1中的有关规定。

3.14.10 托辊辊子（不包括缓冲辊子）在设计选用合理、转速低于550 r/min情况下，使用寿命不应低于20000 h，损坏率不大于12%。

3.14.11 漏斗和导料拦板使用过程中应保证输送机在满负荷运转时，不出现堵塞和撒料现象。

4 试验方法和检验规则（略）

5 出厂文件及保证期

5.1 输送机必须经制造厂技术检验部门检验合格后方能出厂。出厂时应附有产品合格证书，产品使用说明书和装箱清单。

5.2 在用户遵守输送机的保管、运输、安装、使用规则的条件下，从制造厂发货日期起，在18个月内其使用日期不超过12个月产品因制造质量不良而发生损坏或不能正常工作时，制造厂应免费为用户修理或更换。

6 标志、包装及储存

6.1 每台输送机应在安装传动滚筒的任一头架上固定产品标牌，其内容包括：产品名称、型号、主要技术参数、制造日期（编号）或生产批号、质量等级标志、制造厂名称。标牌的尺寸和技术要求应符合JB 8的规定。

6.2 输送机的包装参照JB 2647的规定。

6.3 输送机在保管期间应采取防雨措施，托辊宜封闭存放。露天存放时应采用通风良好的不积水的包装，较长时间存放时要防止锈蚀。

6.4 所有架体应存在有遮盖的平坦地面上，防止变形和锈蚀。

附加说明：

本标准由中华人民共和国机械电子工业部提出。

本标准由机械电子工业部北京起重运输机械研究所归口。

本标准由机械电子工业部北京起重运输机械研究所负责起草。

本标准主要起草人梅雪华、马东海。

附1.7 《运输机械术语 带式输送机》(GB/T 14521.4—1993)

1 主题内容与适用范围

本标准规定了带式输送机用术语。

本标准适用于带式输送机类型、主要参数、装置及零部件。

2 引用标准

GB/T 14521.1 运输机械术语 运输机械类型

GB/T 14521.2 运输机械术语 主要参数

GB/T 14521.3 运输机械术语 装置和零部件

3 带式输送机类型

以输送带作承载和牵引件或只作承载件的输送机。

3.1 织物芯带式输送机 fabric belt conveyor

用纺织物作输送带芯层的带式输送机。

3.2 钢绳芯带式输送机 wire cord belt conveyor

用钢丝绳作输送带芯层的带式输送机。

3.3 织物带式输送机 solid woven belt conveyor

用织物编织带作输送带的带式输送机。

3.4 可伸缩带式输送机 telescopic belt conveyor

具有卸料头和一个能改变输送机长度的装置的带式输送机。

3.5 固定带式输送机 fixed belt conveyor

按指定线路固定安装的带式输送机。

3.6 移动带式输送机 mobile belt conveyor

具有行走机构可以移动的带式输送机。

3.7 携带带式输送机 portable belt conveyor

人力可移动的带式输送机。

3.8 移置带式输送机 movable belt conveyor

可随工作场地的变化靠自身行走机构或借助其他机械进行横向移置的带式输送机。

3.9 花纹带式输送机 ribbed belt conveyor

输送带工作表面具有花纹的带式输送机。

3.10 横隔板带式输送机 belt conveyor with cross cleats

输送带工作表面具有横隔板的带式输送机。

3.11 钢带输送机 steel band belt conveyor

用薄的挠性钢带作输送带的带式输送机。

3.12 压带式输送机 sandwich belt conveyor

承载带上覆盖压带物料在两输送带间被输送的带式输送机。

3.13 吊挂带式输送机 suspension belt conveyor

用刚性构件或柔性构件吊挂在支承装置上的带式输送机。

3.14 管状吊挂带式输送机 suspension pipe belt conveyor

输送带成管状的吊挂带式输送机。

3.15 钢丝绳牵引带式输送机 cable belt conveyor

用钢丝绳作牵引件，输送带作承载件的带式输送机。

3.16 链牵引带式输送机 chain driven belt conveyor

用链条作牵引件，输送带作承载件的带式输送机。

3.17 弯曲带式输送机 curved belt conveyor

输送带可实现水平曲线输送的带式输送机。

3.18 钢丝网带输送机 wire mesh belt conveyor

用金属丝网带作输送带的带式输送机。

3.19 波状挡边带式输送机 walled belt conveyor

输送带具有波状挡边的带式输送机。

3.20 大倾角带式输送机 steeply inclined belt conveyor

输送倾角大于22°的带式输送机。

3.21 可逆带式输送机 reversible belt conveyor

可双向运行输送物料的带式输送机。

3.22 气垫带式输送机 air cushion belt conveyor

用薄气膜支承输送带的带式输送机。

3.23 磁垫带式输送机 magnetic belt conveyor

用磁斥力支承输送带的带式输送机。

3.24 水垫带式输送机 water supported belt conveyor

用薄水膜支承输送带的带式输送机。

3.25 可逆配仓带式输送机 reversible belt conveyor with hopper

用于料仓配料的可逆带式输送机。

3.26 手选带式输送机 hand choose belt conveyor

手选物料使用的带式输送机。

3.27 直线摩擦驱动带式输送机 belt conveyor driven by line friction

靠布置在主带式输送机上、下分支间的短带式输送机输送带与主输送机输送带之间的摩擦力驱动主输送机的带式输送机。

3.28 直线电机驱动带式输送机 belt conveyor driven by linearmotor

以输送带作为直线电动机次级驱动的带式输送机。

3.29 圆管带式输送机 pipe belt conveyor

用数个托辊组成多边形强制输送带成管状断面输送物料的带式输送机。

3.30 带式抛料机 belt thrower

可将物料抛向预定目标的带式输送机。

4 主要参数

4.1 性能参数

4.1.1 输送量 capacity

单位时间（小时）内输送物料（或物品）的质量。

4.1.2 带宽 belt width

输送带横向两侧边缘之间的最小距离。

4.1.2.1 有效带宽 useful belt width

输送物料在输送带上占有的实际带宽。

4.1.3 带速 belt speed

输送带在被输送物料前进方向的运行速度。

4.1.4 输送带垂度 belt sag

两个相邻托辊之间的输送带在规定载荷和自重作用下，下挠的最大垂直距离。

4.1.5 传动滚筒轴功率 power of driving pulley

传动滚筒轴的计算功率。

4.1.6 电动机的总功率 total power of motors

一台输送机具有数个驱动装置时各驱动装置电动机功率之和。

4.1.7 单电动机功率 power of motor

一个电动机所具有的功率。

4.1.8 功率比 power ratio

多个驱动装置驱动一台输送机时，各驱动装置功率之间的比。

4.1.9 静安全系数 static safety coefficient

输送带工作时，其破断张力与最大计算静张力之比。

4.1.10 动安全系数 dynamic safety coefficient

输送带工作时，其破断张力与最大计算动张力之比。

4.1.11 运行阻力系数 traveling resistance coefficient

输送带运行时与支承件之间的当量摩擦系数。

4.1.12 传动滚筒表面摩擦系数 surface friction coefficient of driving pulley

传动滚筒表面与输送带之间的摩擦系数。

4.1.13 围包角 wrap angle

输送带在传动滚筒上的包角。

4.1.14 启动加速度 starting

输送机启动时带速从零增到规定值时速度的变化率。

4.1.15 制动时间 braking period

在制动力作用下，带速从额定值减至零时所需要的时间。

4.2 载荷与质量参数

4.2.1 主要阻力 major resistance

承载分支和空载分支托辊旋转阻力和输送带运行阻力的总和。

4.2.2 运行阻力 traveling resistance

输送带与物料沿输送方向的运行阻力。

4.2.3 附加阻力 additional resistance

物料在加料时的惯性力、物料加速时与加料装置的摩擦阻力以及滚筒轴承和输送带在滚筒上缠绕的阻力等。

4.2.4 特殊阻力 special resistance

托辊辊子前倾，清扫器和卸料装置及导料拦板摩擦等产生的阻力。

4.2.5 提升阻力 lifting resistance

由于物料的提升或下降所产生的阻力（下降

时提升阻力为负值)。

4.2.6 圆周力 peripheral force

传动滚筒上输送带绕入点与绕出点张力差。

4.2.7 绕入点张力 tight-side tension

输送带在绕入滚筒的绕入点处的张力。

4.2.8 绕出点张力 slack-side tension

输送带在绕出滚筒的绕出点处的张力。

4.2.9 输送带的最大静张力 maximum static tension of belt

按静力状态计算的输送带最大张力。

4.2.10 输送带的最大动张力 maximum dynamic tension of belt

按动力状态计算的输送带最大张力。

4.2.11 拉紧力 take-up tension

保证输送带正常工作由拉紧装置施加于输送带的力。

4.2.12 单位长度输送物料质量 mass of handled material per meter

每米长度被输送物料的质量。

4.2.13 单位长度输送带质量 mass of convey or belt per meter

每米长度输送带的质量。

4.2.14 托辊转动部分质量 mass of idler rotor

托辊各辊子旋转部分质量和。

4.2.15 滚筒转动部分质量 mass of pulley rotor

滚筒转动部分的质量。

4.3 尺寸参数

4.3.1 输送机宽度 width of conveyor

输送机中间架的宽度。

4.3.2 输送机长度 conveyor length

输送机头、尾滚筒中心线之间的展开长度。

4.3.3 输送机水平长度 horizontal length of conveyor

输送机长度在水平面内的投影距离。

4.3.4 水平段长度 length of horizontal section

输送机线路中水平段的实际长度。

4.3.5 倾斜段长度 length of incline section

输送机线路中与水平面成一定夹角区段的实际长度。

4.3.6 凹弧段长度 length of concave curved section

凹弧段与直线或圆弧段连接点的弧长。

4.3.6.1 凹弧半径 radius of concave curve

凹弧段的曲率半径。

4.3.7 凸弧段长度 length of convex curved section

凸弧段与直线段或圆弧段连接点之间的弧长。

4.3.7.1 凸弧半径 radius of convex curve

凸弧段的曲率半径。

4.3.8 提升高度 lifting height

输送机头、尾滚筒中心线在垂直面内投影之间距离。

4.3.9 托辊间距 idler spacing

两个相邻托辊辊子中心线之间的距离。

4.3.10 倾角 angle of inclination

输送机纵向中心线与水平面间的夹角。

4.3.11 托辊槽角 trough angle of idler

槽型托辊两侧辊子中心线与水平面间的夹角。

4.3.12 拉紧行程 working distance of take-up unit

拉紧装置的工作行程。

4.3.13 堆积面积 cross-section area of repose of materials

物料在输送带上堆积的横断面积。

4.3.14 断面系数 coefficient of the cross-section area of materials

考虑托辊槽角、物料堆积角及输送机倾角对计算堆积面积影响的系数。

5 装置与零部件

5.1 输送带 conveyor belt

输送机承载物料的承载件和牵引件。

5.1.1 织物芯层输送带 fabric conveyor belt

以纺织物作芯层，表面为橡胶覆盖的输送带。

5.1.2 钢绳芯输送带 cable conveyor belt

以钢丝绳为芯层，表面为橡胶覆盖的输送带。

5.1.3 织物带 solid woven conveyor belt

由纺织物纤维编织的输送带。

5.1.4 花纹输送带 ribbed conveyor belt

承载工作面具有不同形状花纹的输送带。

5.1.5 波纹挡边输送带 corrugated and sidewall belt

在承载工作表面两侧具有波状立挡边的输送带。

5.1.6 钢绳牵引输送带 rope-driven conveyor belt

只作承载用，两侧边缘处带有牵引绳使用的绳槽的输送带。

5.1.7 钢带 steel conveyor belt

以薄的挠性钢板制成的输送带。

5.1.8 网带 wire mesh conveyor belt

由金属丝编织成的网状输送带。

5.1.9 输送带接头 belt joint

把输送带的两端通过机械、硫化或冷粘接方法连接起来使之成为无端的环形带，此连接处为输送带接头。

5.2 滚筒 pulley

缠绕输送带的圆筒形部件。

5.2.1 传动滚筒 driving pulley

靠摩擦向输送带传递牵引力的滚筒。

5.2.2 改向滚筒 bend pulley

改变输送带运行方向的滚筒。

5.2.3 头部滚筒 head pulley

输送带承载分支运行终端处的滚筒。

5.2.4 尾部滚筒 tail pulley

输送带回程分支运行终端处的滚筒。

5.2.5 拉紧滚筒 take-up pulley

对输送带施加拉紧力的滚筒。

5.2.6 翼形滚筒 winged pulley

由数枚翼形板条组成工作表面的滚筒。

5.2.7 笼形滚筒 cage pulley

工作表面形如鸟笼的滚筒。

5.2.8 磁性滚筒 magnetic pulley

具有磁性的可分离出铁磁性物料的滚筒。

5.2.9 真空滚筒 vacuum pulley

在滚筒旋转时借助辅助的装置产生真空使输送带吸附在滚筒表面而增加牵引力的滚筒。

5.2.10 包胶滚筒 pulley with facing rubber

工作表面具有一层橡胶覆盖层的滚筒。

5.2.11 电动滚筒 motorized pulley

驱动装置安装于滚筒内部的传动滚筒。

5.2.12 陶瓷滚筒 pulley with ceramic coat

工作表面镶嵌有陶瓷制成的覆盖层的滚筒。

5.2.13 鼓形滚筒 crown face pulley

工作表面中部凸起成鼓形的滚筒。

5.3 托辊 idler

由辊子和支承架组成的用来支承输送带的部件。

5.3.1 承载托辊 carrying idler

支承输送带承载分支的托辊。

5.3.2 回程托辊 return idler

支承输送带回程分支的托辊。

5.3.3 平形托辊 flat idler

一个使输送带横断面成平形状态的直辊，作为下托辊以及输送成件物品的上托辊。

5.3.4 槽形托辊 troughing idler

输送散状物料时，将支承架上的辊子安装成槽形，从而使输送带横断面形成槽形状态的托辊。

5.3.5 过渡托辊 transion idler

装在靠近机头或机尾处可改变槽角的托辊。

5.3.6 调心托辊 centring idler

可以纠正输送带跑偏的托辊。

5.3.7 导向托辊 guide idler

纠正输送带跑偏并可控制输送带运行方向的托辊。

5.3.8 缓冲托辊 impact idler

能够减缓加料时物料对输送带冲击的托辊。

5.3.9 吊挂托辊 suspension idler

以悬吊方式支承输送带的托辊。

5.3.10 梳形托辊 idler with rubber rings

在辊子上以一定间距装着橡胶环的托辊。

5.3.11 螺旋托辊 spiral idler

辊子工作表面为螺旋状的托辊。

5.4 卸料装置 discharger

输送机卸出所运物料的装置。

5.4.1 卸料车 tripper

具有行走机构并沿机架上铺设的轨道移动的双滚筒卸料小车。

5.4.1.1 手动卸料车 mannal tripper

以人力驱动而移动的卸料小车。

5.4.1.2 电动卸料车 electric tripper

以电动机驱动而移动的卸料小车。

5.4.2 犁式卸料器 plough tripper

采用卸料挡板卸料的装置。

5.4.2.1 单侧犁式卸料器 side plough tripper

只能向一侧卸料的犁式卸料器。

5.4.2.2 双侧犁式卸料器 two-side plough tripper

可同时向两侧卸料的犁式卸料器。

5.4.3 输送带翻转装置 belt turnover device

为了避免输送带工作表面上的黏着物粘附在回程托辊表面上而将输送带回程分支翻转180°的装置。

5.5 输送带防跑偏装置 protective device against side running of conveyor belt

防止输送带在垂直运行方向的位移量超过一定值的装置。

5.6 输送带纵向撕裂保护装置 belt brocken protector

防止输送带沿运行方向撕裂的装置。

5.7 输送带断带保护装置 belt protector for anti-break

防止输送带横向撕裂的装置。

5.8 速度检测装置 speed detector

在输送机运行过程中检测输送带速度的装置。

5.9 输送带打滑检测装置 belt slip detector

在输送机运行过程中检测输送带与传动滚筒

之间是否有相对滑动的装置。

5.10 拉线保护装置 emergency switch along the line

沿输送机线路上设的保护装置。

5.11 超速保护装置 overspeed protector

为限制输送机速度设置的开关。

5.12 乘人越位保护装置 safety limiting device for passenger's riding on the belt

在运人输送机中，为保证人身安全设置的防止越位的开关。

附加说明：

本标准由中华人民共和国机械电子工业部提出。

本标准由机械电子工业部北京起重运输机械研究所归口。

本标准由机械电子工业部北京起重运输机械研究所、太原重型机械学院负责起草。

本标准主要起草人白金辉、王鹰、郝维新。

附 1.8 GB 14784—1993 带式输送机 安全规范

1 主题内容与适用范围

本标准规定了带式输送机（以下简称输送机）在设计、制造，安装、使用、维护等方面最基本的安全要求。

本标准适用于输送各种块状、粒状等松散物料以及成件物品的输送机。对于输送易燃、易爆、毒害、腐蚀、有放射性等物料的输送机除遵守本标准外还应遵守相应的专用安全标准。

2 引用标准

GB 4064 电气设备安全设计导则
GB 10595 带式输送机技术条件
GBJ 232 电气装置安装工程施工及验收规范

3 一般规定

3.1 输送机在正常工作条件下应具有足够的稳定性和强度。

3.2 电气装置的设计与安装必须符合 GB 4064 和 GBJ 232 的规定。

3.3 未经设计或制造单位同意，用户不应进行影响输送机原设计、制造、安装安全要求的变动。

3.4 输送机必须按物料特性与输送量要求选用，不得超载使用，必须防止堵塞和溢料，保持输送畅通。

a. 输送带应有适合特定的载荷和输送物料特性的足够宽度；

b. 输送机倾角必须设计成能防止物料在正常工作条件下打滑或滚落；

c. 输送机应设置保证均匀给料的控制装置；

d. 料斗或溜槽壁的坡度、卸料口的位置和尺寸必须能确保物料靠本身重力自动地流出；

e. 受料点应设在水平段，并设置导料板。受料点必须设在倾斜段时，需设辅助装料设施；

f. 垂直拉紧装置区段应装设落料挡板；

g. 受料点宜采取降低冲击力的措施。

3.5 输送黏性物料时，滚筒表面、回程段带面应设置相适应的清扫装置。倾斜段输送带尾部滚筒前宜设置挡料刮板。消除一切可能引起输送带跑偏的隐患。

3.6 倾斜的输送机应装设防止超速或逆转的安全装置。此装置在动力被切断或出现故障时起保护作用。

3.7 输送机上的移动部件无论是手动或自动式的都应装设停车后的限位装置。

3.8 严禁人员从无专门通道的输送机上跨越或从下面通过。

3.9 输送机跨越工作台或通道上方时，应装设防止物料掉落的防护装置。

3.10 高强度螺栓连接必须按设计技术要求处理，并用专用工具拧紧。

3.11 输送机易挤夹部位经常有人接近时应加强防护措施。

3.11.1 输送机头部、尾部改向部位和拉紧装置的折转部位以及相邻两托辊折转处超过3°时（指切线角，不考虑由带槽而引起角度增加部分）都认为是危险的易挤夹部位（图 1 ~ 图 3）。

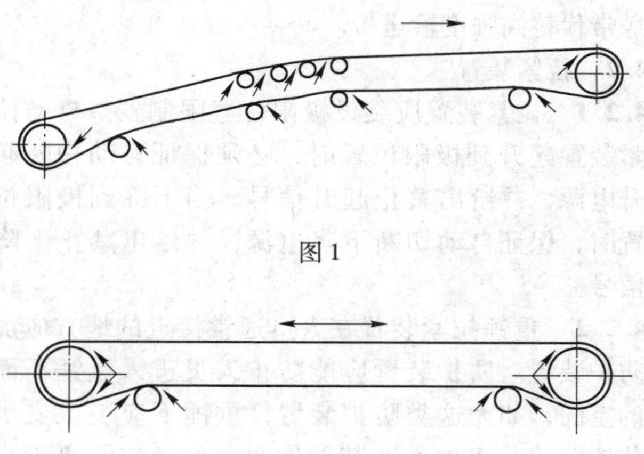

图 1

图 2

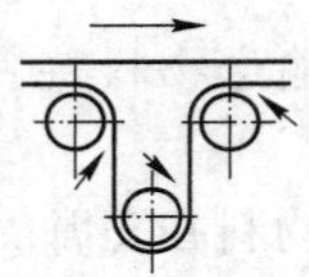
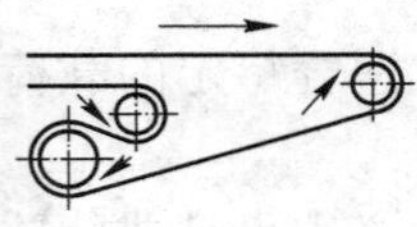
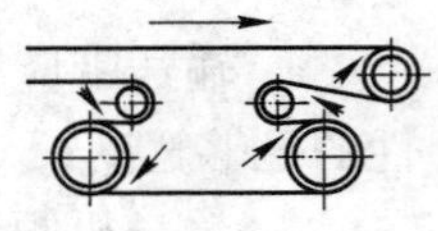

图 3

3.11.2　输送机易挤夹部位处于图 4 所示位置与表 1 规定的尺寸时为易发生危险部位。

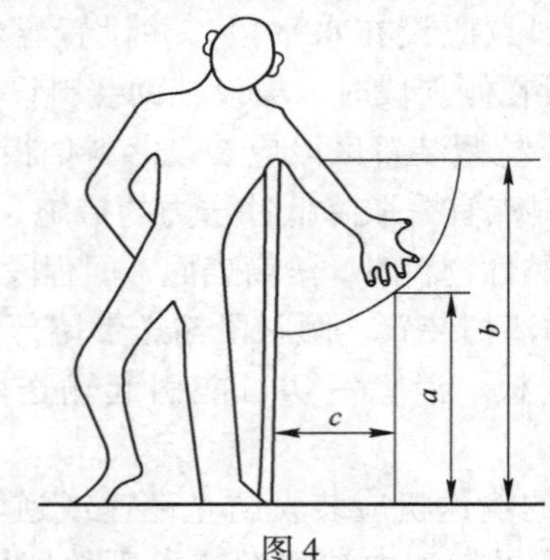

图 4

表 1　　mm

危险区高度 a	人员腋下高度 b				
	1800	1600	1400	1200	1000
	至危险区的水平距离 c				
1600	400	850	850	950	1250
1400	100	750			
1200		400			1350
1000		200			
800		—	500	850	1250
600		—		450	1150
400		—		100	

3.11.3　输送机挤夹部位的防护范例见附录 A（参考件）。

4　部件

4.1　输送带必须有足够的强度。严禁以低强度输送带代替高强度输送带。

4.2　拉紧装置

4.2.1　拉紧装置应装设极限位置限制器。自动拉紧装置起升到极限位置时，必须保证自动切断起升电源，并给出禁止起升信号。当下降到极限位置时，保证自动切断下降电源，并给出禁止下降信号。

4.2.2　重锤拉紧装置在人员通常接近的地方应加防护装置。防护装置应能防止人员进入重锤下面的空间，如无这类防护装置，重锤下应装设支承装置并使其离地面或其他作业面的净空距离不小于 2.5m。

4.3　制动装置

4.3.1　制动装置必须处于能随时起制动作用的状态。其制动摩擦面不得有妨碍制动性能的缺陷或粘上油污。

4.3.2　正常的和紧急使用的制动装置应有醒目的标志，并应设在便于操作的位置。

4.3.3　卸料车制动装置应灵敏可靠。其限位夹紧装置应能独立承受工作状态下的最大风力而不致被风吹动。轨道端部止挡的设置应确保卸料车不脱轨、不翻倒。

4.4　料斗、溜槽与护罩

4.4.1　给料或转运料斗以及溜槽开口位置经常有人员接近时应设防护装置。

4.4.2　大型料斗或溜槽应装检查门，其位置应便于接近。设备运转时检查门不应开启，在确有保护的前提下，由专职人员开启检查门。如采用手动的检查门其开启力不得大于 300 N。

4.4.3　输送黏性物料时应设置机械疏通料斗装置或振捣器械，在无防护措施条件下严禁人工捅击疏通。

4.4.4　大型料斗在其显著位置应设禁入牌。需进入料斗中维护时应采取专门安全措施。

4.4.5　护罩和漏斗延伸部分的下边缘位于地面以上距离大于 300mm 时。其边缘应采取向内弯成角度或卷边等措施。

4.4.6　输送机防雨罩应密封严密，宜采用阻燃型材料制成。用手动工具应能自由拆卸或锁紧。其观察窗应设在能方便观察到物料运行情况的位置。

5　整机

5.1　严禁用非载人输送机运送人员。

5.2　载人输送机

5.2.1　载人输送机必须装设安全保护设施。

a. 上、下输送机的地点应设置有扶手的平台和照明设施；

b. 防止躺卧人员超越限制器；

c. 人员上、下输送机的启动和停止信号；

d. 联络用声、光指示装置；

e. 输送机侧面应设置紧急使用拉线开关。

5.2.2　载人输送机带宽不得小于 0.8m，带速不得大于 1.6m/s，上运倾角不得大于 16°，下运倾角不得大于 6°。

5.3　输送干燥粉状物料时除设密封罩盖密闭输送外，宜设置吸尘或除尘装置。

5.4　严禁输送块度大于或等于 0.5 倍带宽的物料。

5.5　码垛或散堆物料用输送机的尾轮旁严禁堆放

物料。防止料堆塌落涌入机内。

5.6 移动带式输送机。

5.6.1 移置式输送机的移设机起重臂下和移设区域内严禁人员逗留。移设时应保证在人员配备齐全，沟通信息迅速，安全措施充分的情况下进行移设。

5.6.2 移动输送机的升降装置必须装设防止伸臂意外下降或升起以及防止手柄倒转的安全装置。手柄操作力不得大于300 N。

5.6.3 移动前必须将架体降至最低位置，并切断电源。

5.6.4 输送机工作时必须锁住移动轮。

5.6.5 输送机的外缘避免有锐利的边缘，当锐利边缘不能消除时其人员接近部位应加防护。

5.7 人工加载或卸载时，输送机的特性（高度、宽度、速度等）必须适应装卸方便安全的条件，不允许超出下面的规定。否则采用机械装卸。

a. 输送成件货物单件重量55kg；

b. 装载垂直速度0.5m/s；

c. 卸载垂直速度0.25m/s。

5.8 输送机的驱动装置和转向装置的位置不允许现场随意更改。驱动装置与悬挂或支承部分的连接必须牢固稳定。

5.9 操作人员耳边噪声不允许超过80dB(A)，否则必须采取隔音措施。

5.10 撒落在回程段支护板上的物料，尤其有棱角的杂物必须清除干净。

5.11 除部件上备有特殊润滑装置外，输送机运行时严禁人工进行润滑。

5.12 严禁输送机运行时进行维护调整，必须在装有防护装置的情况下由专人维护调整。

6 零部件的维护调整与报废

输送机零部件的维护调整与报废按表2处理。

表2

序号	部件名称	损坏形式	处理意见
6.1	输送带	芯体外露	及时修补
		芯体锈蚀、断裂、断段、腐蚀	报废损坏区段
6.2	制动器	零件出现裂纹 制动轮轮缘厚度磨损达原厚度40%	报废
6.3	滚筒	焊缝裂纹	修复检测合格后方可使用
		包层老化龟裂	更换包层
6.4	托辊	不转动或筒皮磨穿 零件窜出	修复或报废
6.5	刮板	露出高度低于20mm	调整或更换
		接触不良	调整至与滚筒母线均衡接触长度达85%以上
6.6	拉紧螺杆	锈蚀无法转动	报废
6.7	受力件	产生塑性变形	报废
6.8	在钢轨上工作的车轮	裂纹 轮缘厚度磨损达原厚度50% 踏面厚度磨损达原厚度15%	报废
6.9	传动齿轮	裂纹 齿面点蚀达啮合面的30% 且深度达齿厚的10% 第一级啮合齿轮齿厚磨损达齿厚的10%， 其他级齿轮磨损达原齿厚的20%	报废
6.10	减速器或电动滚筒	超出温升规定值	报废

7 输送机线

7.1 使用多台输送机联合完成运送物料或某种工序过程时，应设置中央控制台集中控制。

7.2 输送机线的控制必须保证传动性能和动作准确可靠，在紧急情况下能迅速切断电源安全停机。

7.3 中央控制台为实现准确控制必须设置声、光信号显示单机启动和停机情况以及事故开关动作情况的装置。

7.4 输送机线中的输送机应遵循逆物料流输送方向逐机启动。顺物料流输送方向延时逐机停机。在保证不溢料的前提下，也允许同时启动或同时制动。

7.5 输送机线中的设备必须连锁。其中某一输送机出现故障停机时，其料流上游的输送机应立即停机。连锁装置严禁随意改动或拆除。

7.6 输送机线或在通道狭窄不开阔地区使用的输送机其沿线应设置紧急拉线开关。

7.7 输送机线中接收输送机的输送量必须大于或等于供料输送机的输送量。可逆输送时接收与供料输送机的输送量应相等，但载料逆转输送时接收输送机的输送量应为供料输送机输送量的二倍。

7.8 在转载点装料站作业位置附近。必须有一个或多个紧急停机开关或装置。并严禁堆放物料及其他产品。

7.9 遥控启动输送机时必须设声、光信号。信号指示应设在操作人员视力、听力可及的地点。

7.10 输送机线中应设正常照明及可携式照明。在有爆炸性气体、粉尘或危险性混合物工作环境时，应选用安全型灯具照明。

7.11 因为意外事故停机的输送机，在重新启动前应预先进行检查，并查清停车原因排除故障。

7.12 输送机停机一个月以上重新使用前，必须由主管机械和电气技术监督人员对所有的机械和电气设备进行试验检查，确认正常后方准使用。

7.13 输送机线中应装设监测保护装置：

a. 防止物料堵塞溢料限位保护装置；

b. 保护输送机安全启动和运行的速度保护装置；

c. 防止倾斜式输送机逆转和超速的保护装置；

d. 有动力张紧装置的自动控制的输送机线宜装设瞬时张力检测器；

e. 在长距离输送机上宜设置防止输送带纵向撕裂保护装置；

f. 宜设防止输送带跑偏装置；

g. 宜设输送带初期损坏检测器；

h. 宜设防止输送带在驱动滚筒上打滑的监测装置；

i. 有6级以上大风侵袭危险的露天或沿海地区使用的输送机宜设防止输送带翻转的保护装置。

7.14 输送机间通道的最小宽度，扶梯、平台侧面防护栏杆的高度应遵守有关标准的规定。

7.15 输送机运行时在通道间、高速运转件或驱动装置附近不宜休息停留。

7.16 输送机旁或有关作业室内严禁积存易燃、易爆材料及一切油污件和煤粉等。

7.17 一般情况下输送机安装输送带后不允许用火、电焊加工机架，特殊需要时要采取必要的防范措施。

7.18 运行中的输送机，如输送带着火时应先停机再灭火，若托辊着火则应先灭火再停机。

8 操作与维护

8.1 操作与维修人员必须进行安全技术培训和实习，经考核合格后，才能上岗操作。

8.2 所有的启动操作和安全保护装置的调整，必须由经核准胜任的人员进行。

附录A 防护范例（见11.5.1小节）

附加说明：

本标准由中华人民共和国机械工业部提出。

本标准由机械电子工业部北京起重运输机械研究所归口。

本标准由机械工业部北京起重运输机械研究所负责起草。

本标准主要起草人梅雪华。

附1.9《连续搬运设备带承载托辊的带式输送机 运行功率和张力计算》(GB/T 17119—1997)

前言

本标准等同采用国际标准ISO 5048：1989（连续搬运设备——带承载托辊的带式输送机——运行功率和张力的计算）（1989年9月15日第二版）。

本标准由中华人民共和国机械工业部提出。

本标准由机械工业部北京起重运输机械研究所归口。

本标准起草单位：机械工业部北京起重运输机械研究所。

本标准主要起草人：庄杰。

ISO前言

ISO（国际标准化组织）是世界范围的各国国

家标准化组织（ISO 成员）的联合体。一般是由 ISO 技术委员会进行国际标准的准备工作。对某个专业技术委员会感兴趣的 ISO 成员有权参加此委员会。与 ISO 有联系的政府和非政府国际组织也可以参加此项工作。ISO 在所有关于电工技术标准化方面与国际电工委员会（IEC）密切合作。

被技术委员会选定的国际标准草案在由 ISO 会议批准为国际标准之前发到各成员组织征求意见。根据 ISO 规定，至少得到 75% 的成员组织赞成，此草案才能得到批准。

国际标准 ISO 5048 是由 ISO/TC101 连续搬运机械技术委员会起草准备的。

第二版对第一版（ISO 5048：1979）进行了部分删除和替换，对第一版的第 2 章、第 4.1.2 条、第 4.3.4 条、第 5 章和图 3～图 5 进行了技术修改，删除了第一版的图 6 和表 4，增加了新的第 2 章（定义）。

引言

设计带式输送机，建议首先计算传动滚筒上所需的驱动力，以及由此产生的输送带张力，因为这些数值将有效地确定驱动系统和选择输送带的结构。

所需的运行功率是根据传动滚筒上的驱动力和输送带的速度计算的。

所需的带宽是根据输送带的最大输送能力和被输送物料的粒度计算的。

值得注意的是许多可变因素将影响传动滚筒上的驱动力，并使精确地确定所需功率十分困难。本标准提供了一个简单的带式输送机设计计算方法，从精度来说它是有限的，但可满足大多数情况的要求。许多因素在公式里未予考虑，但对它们的性质和影响作出了详细的论述。

在许多简单，但却是最常见的情况下，均可容易地进行所需功率的计算及输送带必要张力和实际张力的计算，这些张力是选择输送带与设计机械设备的关键参数。

但是，有些输送机出现一些较复杂的情况，例如多驱动，或具有起伏布置的输送机（既有上运区段又有下运区段），有关这方面的计算不包括在本标准的范围内，最好请教有经验的专家。

1　范围

本标准规定了带式输送机传动滚筒上所需的运行功率和作用在输送带上的张力的计算方法。适用于带承载托辊的带式输送机。

2　定义

本标准采用下列定义。

2.1　运行堆积角（被输送物料的）θ：物料横截面轮廓线与运动着的输送带交点处的切线与水平面的夹角（见图 3），单位为度。

2.2　静堆积角 α：物料从较小的高度缓慢有规律地落在水平静止平面上所形成的锥形表面与水干面的夹角，单位为度。

3　符号和单位

符号和单位见表 1。

表 1　符号和单位

符　号	说　明	单　位
a_0	输送机承载分支托辊间距	m
a_U	输送机回程分支托辊间距	m
A	输送带清扫器与输送带的接触面积	m^2
b	输送带装载物料的宽度（即输送带实际充满或支撑物料的宽度）；输送带的可用宽度	m
b_1	导料拦板间的宽度	m
B	输送带宽度	m
C	系数（附加阻力）	—
C_ε	槽形系数	—
d	输送带厚度	m
d_0	轴承内径	m
D	滚筒直径	m
e	自然对数的底	—
f	模拟摩擦系数	—

续表1

符号	说明	单位
F	滚筒上输送带平均张力	N
F_1	滚筒上输送带紧边张力（见图2）	N
F_2	滚筒上输送带松边张力（见图2）	N
F_H	主要阻力	N
F_{max}	输送带最大张力	N
F_{min}	输送带最小张力	N
F_N	附加阻力	N
F_S	特种阻力	N
F_{S1}	主要特种阻力	N
F_{S2}	附加特种阻力	N
F_{St}	倾斜阻力	N
F_T	作用在滚筒上输送带两边的张力和滚筒旋转部分所受重力的矢量和	N
F_U	传动滚筒上所需圆周驱动力	N
g	重力加速度	m/s^2
$(h/a)_{adm}$	两组托辊之间输送带的允许垂度	—
H	输送机卸料点与装料点间的高差	m
I_V	输送能力	m^3/s
k	倾斜系数	—
k_a	犁式卸料器的阻力系数	N/m
l	导料拦板的长度	m
l_3	中间辊长度（三辊槽型）	m
l_b	加速段长度	m
L	输送机长度（头尾滚筒中心距）	m
L_0	输送机附加长度	m
L_e	装有前倾托辊的输送机长度	m
p	输送带清扫器与输送带间的压力	N/m^2
P_A	传动滚筒所需运行功率	W
P_M	驱动电机所需运行功率	W
q_B	承载分支或回程分支每米输送带质量	kg/m
q_G	每米输送物料的质量	kg/m
q_{RO}	输送机承载分支每米托辊旋转部分质量	kg/m
q_{RU}	输送机回程分支每米托辊旋转部分质量	kg/m
S	输送带上物料横截面面积	m^2
v	输送带速度	m/s
v_0	在输送带运行方向上物料的输送速度分量	m/s
α	静堆积角	(°)
δ	输送机在运行方向上的倾斜角	(°)
ε	侧辊轴线相对于垂直输送带纵向轴线的平面的前倾角	(°)
η	传动效率	—
θ	运行堆积角（被输送物料的）	(°)
λ	槽形托辊侧辊轴线与水平线间的夹角	(°)
μ	传动滚筒与输送带间的摩擦系数	—

续表1

符　号	说　明	单　位
μ_0	托辊与输送带间的摩擦系数	—
μ_1	物料与输送带间的摩擦系数	—
μ_2	物料与导料拦板间的摩擦系数	—
μ_3	输送带清扫器与输送带间的摩擦系数	—
ξ	加速度系数	—
ρ	被输送散状物料的堆积密度	kg/m^3
φ	输送带在传动滚筒上的围包角	rad

4　带式输送机的运行阻力

4.1　概述

带式输送机的运行总阻力是由几种阻力组成的，这些阻力可分为五类：

——主要阻力 F_H（见4.2）；

——附加阻力 F_N（见4.3）；

——主要特种阻力 F_{S1}（见4.4）；

——附加特种阻力 F_{S2}（见4.5）；

——倾斜阻力 F_{St}（见4.6）。

这五类阻力包括所有的阻力，即带式输送机驱动系统必须克服的摩擦阻力、线路倾斜阻力以及在加料点为把输送物料加速到带速的惯性阻力。

主要阻力 F_H 和附加阻力 F_N 发生在所有的带式输送机上，而特种阻力 $F_S=F_{S1}+F_{S2}$ 只出现在某些带式输送机中。主要阻力 F_H 和主要特种阻力 F_{S1} 沿带式输送机连续产生，而附加阻力 F_N 和附加特种阻力 F_{S2} 只在局部产生。

倾斜阻力 F_{St} 可以为正、零或负值，取决于输送机的倾斜角，而且它可能以连续的方式沿输送机的全长产生或仅在某些区段上产生。

4.2　主要阻力 F_H

主要阻力 F_H 包括以下内容：

a）承载分支和回程分支托辊的旋转阻力，是由于托辊轴承和密封的摩擦产生的［见公式（3）和公式（4）］；

b）输送带的前进阻力，是由于托辊使输送带压陷以及输送带和物料反复弯曲产生的。

4.3　附加阻力 F_N

附加阻力 F_N 包括以下内容：

a）物料在加料段加速的惯性阻力和摩擦阻力；

b）物料在加料段导料拦板侧壁上的摩擦阻力；

c）除传动滚筒外的滚筒轴承阻力；

d）输送带在滚筒上缠绕的阻力。

4.4　主要特种阻力 F_{S1}

主要特种阻力 F_{S1} 包括以下内容：

a）侧辊在输送带运行方向上向前倾斜引起的摩擦阻力；

b）如果沿输送机全长有溜槽挡板或导料拦板，便有物料与溜槽挡板或导料拦板的摩擦阻力。

4.5　附加特种阻力 F_{S2}

附加特种阻力 F_{S2} 包括以下内容：

a）输送带与清扫器的摩擦阻力；

b）如果沿输送机全长只有局部的溜槽挡板或导料拦板，便有物料与这一部分溜槽挡板或导料拦板的摩擦阻力；

c）回程分支输送带的翻转阻力；

d）犁式卸料器的阻力；

e）卸料车的阻力。

4.6　倾斜阻力 F_{St}

在倾斜输送机上，物料提升或下降的阻力。

倾斜阻力与其他阻力不同，可以用公式（1）精确地计算。

$$F_{St}=q_G Hg \tag{1}$$

对于上运输送机，提升高度 H 取正值；对于下运输送机，提升高度 H 取负值。

5　所需圆周力和运行功率

5.1　传动滚筒上所需圆周力

5.1.1　一般计算公式

带式输送机传动滚筒上所需圆周驱动力 F_U 是所有阻力之和。

$$F_U=F_H+F_N+F_{S1}+F_{S2}+F_{St} \tag{2}$$

主要阻力 F_H 可以用模拟摩擦系数 f 进行简化计算。运用库仑摩擦定律，主要阻力 F_H 等于模拟摩擦系数 f、输送机长度 L 和每米长度上所有运动质量产生的垂直力总和的乘积。则公式（2）可表示为：

$$F_U=fLg[q_{RO}+q_{RU}+(2q_B+q_G)\cos\delta]+F_N+F_{S1}+F_{S2}+F_{St} \tag{3}$$

因为18°的输送机倾斜角通常代表具有光滑表面输送带的带式输送机的倾斜角上限，所以在公式（3）里的倾斜角可以忽略，垂直载荷可以取等于输送机的载荷进行计算（$\cos\delta=1$）。

如果输送机的倾斜角超过18°（利用条棱带或人字棱带），则输送机载荷 q_B 和 q_G 必须乘以 $\cos\delta$。

被输送物料的质量构成的输送机载荷 q_G 可按下式计算，单位为kg/m。

$$q_G=\frac{I_V\rho}{v} \tag{4}$$

式中　I_V——输送能力，m^3/s；

ρ——被输送散状物料的堆积密度，kg/m^3；

v——输送带速度，m/s。

公式（3）对所有的输送机长度都适用。

对于长距离带式输送机（例如80m以上），附加阻力明显地小于主要阻力，可用简便的方式进行计算，不会出现严重错误。为此引入一个系数 C 作为主要阻力的因数，它取决于带式输送机的长度。

$$F_U=CfLg[q_{RO}+q_{RU}+(2q_B+q_G)]+q_GHg+F_{S1}+F_{S2} \tag{5}$$

如果输送机的倾斜角超过18°（利用条棱带或人字棱带），则输送机载荷 q_B 和 q_G 必须乘以 $\cos\delta$。

5.1.2　系数 C

系数 C 由下式定义：

$$C=\frac{主要阻力+附加阻力}{主要阻力}=\frac{F_H+F_N}{F_H} \tag{6}$$

系数 C 是输送机长度的函数，因为公式（6）中的大多数附加阻力与输送机长度无关，只是局部产生的。

图1表示系数 C 与带式输送机长度上的函数关系，其图示值来自在多种带式输送机上进行的试验——特别是长距离的带式输送机。图1表明，用系数 C 计算传动滚筒上圆周力时，只是在输送机长度大于80 m的情况下才能取得系数 C 的可靠值。

如果输送机的长度大于80 m，系数 C 也可按下式计算。

$$C=\frac{L+L_0}{L} \tag{7}$$

式中　L_0——附加长度，一般在70m到100m之间。

系数 C 不小于1.02。

如果输送机长度小于80m，则系数 C 不是定值，正如图1阴影区所示的那样。短输送机系数 C 的不确定区，说明附加阻力对系数 C 起着主要影响作用。在短输送机区里，系数 C 的虚线并不代表极限区线，只是为了提示注意，对短输送机系数 C 是不确定的。

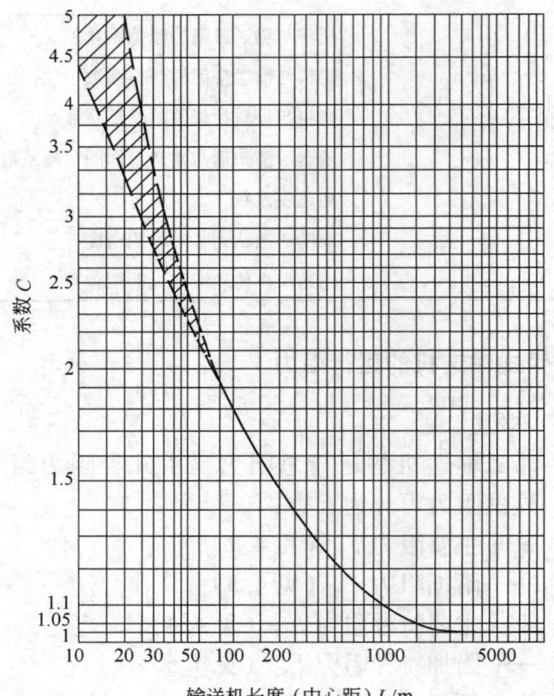

图1　系数 C 随 L 变化的曲线

虽然大多数情况，系数 C 将位于阴影线区域，但它也可能具有更小的值，特别是具有小附加阻力的成件货物输送机；也可能具有更大的值，尤其是那些短而高速的、大输送能力的给料输送机。

对于长度小于80m的带式输送机运行功率的更精确计算，建议使用公式（3）。

5.1.3　模拟摩擦系数 f

模拟摩擦系数 f 包括托辊的旋转阻力和输送带的前进阻力，在广泛的一系列试验结果的基础上通常取0.020作为运行输送带的基本数值进行计算。

对于固定的经过适当找正的输送机，如果托辊转动灵活，用来输送内摩擦小的物料，f 值可降低约20%，即0.016；如果带式输送机找正不良，托辊又很差，输送的是内摩擦大的物料，其值可超过基本值约50%，即0.030。

用作模拟摩擦系数的基本值仅适用于正常找正过的带式输送机。确切地说它适用于具有下列情况的输送机：

——实际输送能力为额定输送能力的70%到110%；

——输送内摩擦系数为中等的物料；

——输送机承载分支为三辊托辊；

——托辊槽角为30°；

——输送带速度约为5m/s；

——工作环境温度为20℃；

——采用迷宫式密封的108mm到159mm直径的托辊，同时输送带上分支（承载分支）托辊间距为1m到1.5m，输送带下分支（回程分支）托辊间距约为3m。

在下列情况，f值可以超过基本值0.020，并且直至达到0.030：

a）被输送物料的内摩擦系数：较大；

b）托辊槽角：大于30°；

c）输送带速度：大于5m/s；

d）托辊直径：小于上述值；

e）环境温度：低于20℃；

f）输送带张力：降低；

g）输送带：采用软芯层，覆盖层厚而柔软；

h）输送机：找正不良；

i）运行条件：多灰、潮湿和/或者粘性的；

j）上分支（承载分支）托辊间距：大于1.5m；下分支（回程分支）：大于3m。

如果上述a）～j）诸影响因素的条件相反，则模拟摩擦系数f值可以降到基本值0.02以下。

如果输送机空载运行时，f值可能比满载运行时小，也可能大，这取决于运动部分的质量和输送带张力。

在考虑上述a）～j）诸影响因素之后，就可确认是否$f=0.020$。尽管如此，f值的优选和估计还要靠制造厂，因为种种不同的影响因素均与它有关。但在一般情况下，如果将系数$f=0.020$这个基本值代入公式（3）或公式（5），总可以得出足够精确的带式输送机传动滚筒的驱动力。

向下倾斜的输送机，需要用电机制动作为安全措施，要采用一个比计算需要正功率的带式输送机值低40%的f值进行计算。因此其基本值为$f=0.012$。

5.1.4　附加阻力和特种阻力

利用公式（3）精确计算带式输送机传动滚筒的驱动力和所需的运行功率，必须计算附加阻力F_N和特种阻力F_{S1}，F_{S2}。

表2和表3列出了这些阻力的计算公式，其值可在带式输送机已知参数的基础上计算。

表2给出的是附加阻力F_N，它出现在所有的带式输送机上；而表3给出的特种阻力F_S并不总是出现。

表2　附加阻力F_N计算公式

符　号	阻　力　说　明	单　位
F_{bA}	在加料点和加速段被输送物料与输送带间的惯性阻力和摩擦阻力： $F_{bA}=I_V\rho\ (v-v_0)$	N
F_f	在加速段被输送物料与导料拦板间的摩擦阻力： $F_f=\dfrac{\mu_2 I_V^2\rho l_b}{\left(\dfrac{v+v_0}{2}\right)^2 b_1^2}$ 式中　$\mu_2=0.5\sim0.7$； $l_{b,\min}=\dfrac{v^2-v_0^2}{2g\mu_1}$ 式中　$\mu_1=0.5\sim0.7$	N
F_1	输送带绕经滚筒的缠绕阻力： 纤维芯输送带 $F_1=9B\left(140+0.01\dfrac{F}{B}\right)\dfrac{d}{D}$ 钢绳芯输送带 $F_1=12B\left(200+0.01\dfrac{F}{B}\right)\dfrac{d}{D}$	N
F_t	滚筒轴承阻力（传动滚筒不计算）： $F_t=0.005\dfrac{d_0}{D}F_T$	N

表3 特种阻力 F_S 计算公式

符 号	阻 力 说 明	单 位
F_ε	托辊前倾的摩擦阻力： 装有三等长辊的承载分支托辊 $$F_\varepsilon = C_\varepsilon \mu_0 L_\varepsilon (q_B + q_G) g\cos\delta\sin\varepsilon$$ 式中 $C_\varepsilon = 0.4$（30°槽角）； $C_\varepsilon = 0.5$（45°槽角）； $\mu_0 = 0.3 \sim 0.4$ 装有两辊的回程分支托辊 $$F_\varepsilon = \mu_0 L_\varepsilon q_B g\cos\lambda\cos\delta\sin\varepsilon$$ 式中 $\mu_0 = 0.3 \sim 0.4$	N
F_{gl}	被输送物料与导料拦板间的摩擦阻力： $$F_{gl} = \frac{\mu_2 I_V^2 \rho g l}{v^2 b_1^2}$$ 式中 $\mu_2 = 0.5 \sim 0.7$	N
F_r	输送带清扫器的摩擦阻力： $$F_r = Ap\mu_3$$ 式中 p 一般为 $3\times10^4 \sim 10\times10^4\ \mathrm{N/m^2}$	N
F_a	犁式卸料器的摩擦阻力： $$F_a = Bk_a$$ 式中 k_a 一般为 1500 N/m	N

忽略较小的附加阻力和特种阻力来简化计算是可行的，只需把加料段的惯性阻力和摩擦阻力、加速段被输送物料在导料拦板侧壁间的摩擦阻力、输送带清扫器的摩擦阻力以及托辊前倾的摩擦阻力考虑进去。

5.1.5 公式适用范围

所提出的传动滚筒上圆周力的计算公式仅适于均匀而连续加载的输送机。

在有坡度变化的不平整地面上运行的或只向下倾斜运行的带式输送机，输送带经常处于部分有载情况，其圆周力应按照下述不同载荷条件计算。

a）输送机空载；

b）输送机全长满载；

c）在具有上升、水平或轻微下降运行的输送机区段上有载荷，而其余的区段上无载荷，这些有载荷的区段需要做正功；

d）在具有上升、水平或轻微下降运行的输送机区段上无载荷，而其余的区段上有载荷，这些有载荷的区段则需要做负功。

如此求得的传动滚筒最大圆周力用来设计驱动系统。

如果有一种或几种载荷条件下的传动滚筒出现负圆周力，则驱动系统需要负功率，这就需要引入一个比计算需要正功率的输送机所用的基本值稍小的 f 值，如 5.1.3 指出的。在进行驱动系统和制动系统设计时，这种情况下的最大正驱动力和最大负制动力都要考虑。

5.2 带式输送机所需运行功率

带式输送机传动滚筒所需运行功率 P_A（kW），取决于圆周驱动力 F_U 和输送带速度 v，即：

$$P_A = F_U v \tag{8}$$

式中 F_U——圆周驱动力，kN；

v——输送带速度，m/s。

驱动电机所需的运行功率，应计入驱动系统的传动效率。由公式（9a）或（9b）计算。

——对需要正功率的输送机

$$P_M = \frac{P_A}{\eta_1} \tag{9a}$$

——对需要负功率的输送机

$$P_M = P_A \eta_2 \tag{9b}$$

式中 η_1——一般在 0.85～0.95 之间选取；

η_2——一般在 0.95～1.0 之间选取。

5.3 输送带张力

5.3.1 概述

作用于输送带的张力沿输送机全长是变化的。它的大小取决于：

——带式输送机的路线；

——传动滚筒的数量和布置；

——驱动和制动系统的特性；

——输送带张紧装置的形式和位置；

——输送机的载荷情况：启动、稳定运行、制动、停车；又分为空载、满载或部分有载。

考虑输送带本身强度和受输送带张力作用的其他输送机部件的强度，作用在输送带上的张力应尽可能小。

但是，为保证输送机的正常运行，输送带张力必须满足以下两个条件：

a）在任何情况下，作用在输送带上的张力应使得全部传动滚筒上的圆周力通过摩擦传递到输送带上，而输送带与传动滚筒之间不出现打滑；

b）作用在输送带上的张力应足够大，使得两组托辊间的输送带不出现过大的垂度。

5.3.2　传动滚筒上圆周力的传递

将圆周力 F_U 从传动滚筒传递到输送带上，如图2所示，必须在传动滚筒上输送带的松边保持一个张力 F_2。这个张力可用公式（10）计算。

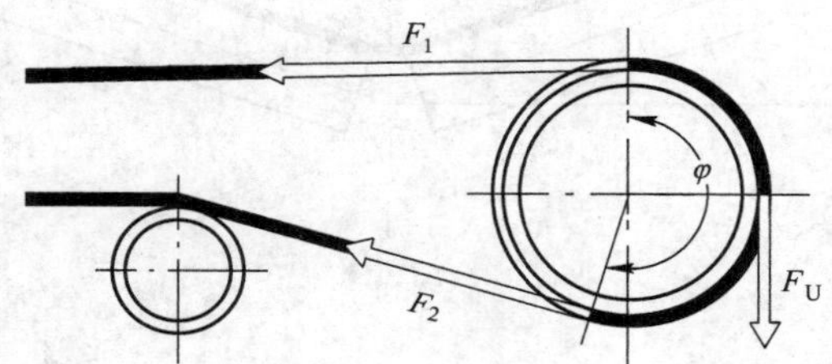

图2　作用于输送带的张力

$$F_{2,\min} \geqslant F_{U,\max}\frac{1}{e^{\mu\varphi}-1} \tag{10}$$

式中　$F_{U,\max}$——输送机满载启动或制动时，最常出现的最大圆周力，kN；

μ——传动滚筒与输送带间的摩擦系数，其值可由表4确定；

φ——传动滚筒的围包角，其值根据几何条件确定，一般约为2.8～4.2（160°～240°）。

5.3.3　输送带下垂度的限制

为了限制两组托辊间的输送带下垂度，作用在输送带上的最小张力 $F_{\min}$ 必须满足公式（11a）和（11b）：

——对于上分支（承载分支）

$$F_{\min} \geqslant \frac{a_0(q_B+q_G)g}{8(h/a)_{adm}} \tag{11a}$$

——对于下分支（回程分支）

$$F_{\min} \geqslant \frac{a_U q_B g}{8(h/a)_{adm}} \tag{11b}$$

在输送机上任何一点张力都不得小于这些值。最大允许下垂度 $(h/a)_{adm}$ 一般在0.005～0.02之间确定。

5.3.4　输送带张力的变化和最大张力

应对每一种载荷情况确定必要的张力及其在输送机长度上的变化。它是驱动和制动装置数量、布置及其特性的函数。它的确定要根据拉紧装置的类型和位置，在输送带的最小张力上加上或减去运行阻力、输送带和物料质量引起的作用力以及作用在所有传动滚筒上的圆周力。

表4　传动滚筒与橡胶输送带间的摩擦系数 μ

滚筒覆盖面 / 运行条件	无覆盖面	带人字形沟槽的橡胶覆盖面	带人字形沟槽的聚氨基甲酸酯覆盖面	带人字形沟槽的陶瓷覆盖面
干　燥	0.35～0.4	0.4～0.45	0.35～0.4	0.4～0.45
清洁和潮湿（有水）	0.1	0.35	0.35	0.35～0.4
污浊和潮湿（有泥土或粘泥沙）	0.05～0.1	0.25～0.3	0.2	0.35

必要的最小张力由传动滚筒传递圆周力的能力或输送带的允许垂度来确定。对于某一给定载荷情况下所需张力的最大值通常适合于所有其他载荷情况，尽管在其他载荷情况下并不需要这样大，但实际上在不同的载荷情况下采用不同的张紧力既不合理也不现实。

用来选择输送带和确定输送带尺寸的、作用在输送带上的最大张力 $F_{\max}$，是不能用一个普通有效的公式来表示的。

仅对一些比较简单但又是经常遇到的输送机，即：

——水平输送机或只有很小倾斜角的输送机；

——只有一个传动滚筒；

——用来停止整台输送机的制动力较小；

——所需最小输送带张力不是由其他任何布置或运行条件（如输送带垂度条件）所确定。

对这样的输送机，最大输送带张力可以用公式（12）近似计算（见图2）。

$$F_{\max} \approx F_1 \approx F_U\xi\left(\frac{1}{e^{\mu\varphi}-1}+1\right) \tag{12}$$

系数ξ考虑的是输送机在启动时的圆周力要比稳定运行时大。根据驱动特性，系数ξ在1.3～2.0之间确定。

在其他复杂情况下，作用于输送带上的张力及其变化应由专家详细分析计算。

6 具有光滑无花纹输送带的输送机的输送能力和横截面

带式输送机最大输送能力I_V(m³/s)用公式(13)计算。

$$I_V = Svk \tag{13}$$

式中 S——输送带上物料最大横截面面积，m²；

v——输送带速度，m/s；

k——输送机的倾斜系数。

输送带上物料最大横截面面积取决于：

a）输送带的可用宽度b(m)，它是输送带宽度B(m)的函数；

b）槽形，即辊的数量和尺寸（中间辊长度l_3）以及它们的布置（槽形托辊侧辊轴线与水平线间的夹角λ）；

c）输送带上物料流的横截面形状（正如本标准所说明的）是由运行堆积角θ（见2.1）所限定的抛物线。

输送带的可用宽度b(m)一般由公式(14a)和(14b)确定。

——对$B \leqslant 2$m

$$b = 0.9B - 0.05 \tag{14a}$$

——对$B > 2$m

$$b = B - 0.25 \tag{14b}$$

对于水平运行的输送带，且具有一辊、二辊或三辊的托辊，输送带上物料最大横截面面积S，可使用运行堆积角θ计算出（上部）截面S_1与（下部）截面S_2相加来确定（见图3）。

$$S_1 = [l_3 + (b - l_3)\cos\lambda]^2 \frac{\tan\theta}{6} \tag{15a}$$

$$S_2 = \left(l_3 + \frac{b - l_3}{2}\cos\lambda\right)\left(\frac{b - l_3}{2}\sin\lambda\right) \tag{15b}$$

$$S = S_1 + S_2 \tag{15c}$$

对于一辊或二辊的托辊，中间辊的长度为0。

运行堆积角θ取决于被输送的物料和输送条件(如速度、输送带的垂度等)。如果运行堆积角未知，可利用静堆积角（见2.2）按$\theta = 0.75\alpha$。来近似计算。然而，如果物料具有特殊的流动性，如很黏或自流动性很好，那么θ值偏离此近似值很大。

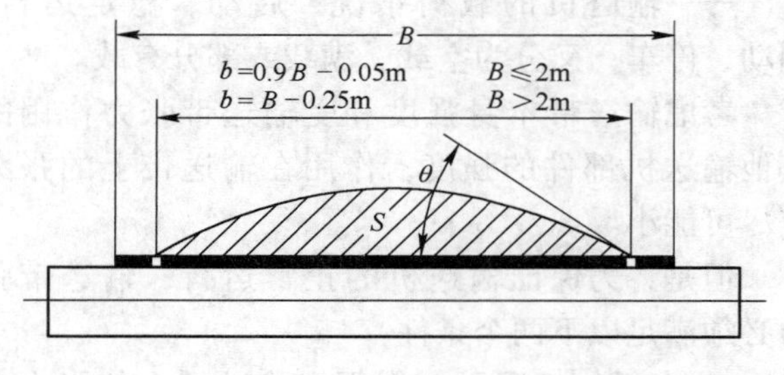

a

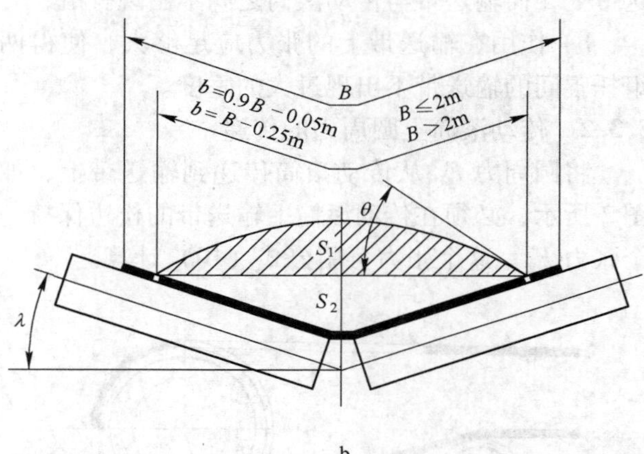

b

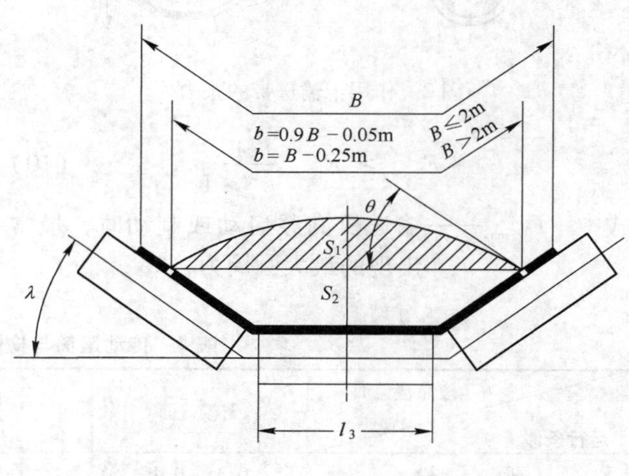

c

图3 槽形横截面

a—具有一个承载辊；b—具有两个承载辊；c—具有三个承载辊

当在输送带的倾斜段加料时，确定倾斜系数k要计入截面S_1减小的因素。k用公式(16)计算。

$$k = 1 - \frac{S_1}{S}(1 - k_1) \tag{16}$$

式中 k_1——截面S_1的减小系数。

如果被输送的是经过筛分的中等块度的物料，输送机在理想状况下运行，k_1值可用公式(17)计算。

$$k_1 = \sqrt{\frac{\cos^2\delta - \cos^2\theta}{1 - \cos^2\theta}} \tag{17}$$

式中　δ——输送机在运行方向上的倾斜角，(°)；

θ——被输送物料的运行堆积角，(°)。

由公式（15）至（17）可以看到，当δ等于θ时，上部截面面积S_1不存在，只有下部截面面积S_2在起作用。

附 1.10　《带式输送机》(GB/T 10595—2009)

前言

本标准代替 GB/T 987—1991《带式输送机　基本参数与尺寸》、GB/T 988—1991《带式输送机　滚筒　基本参数与尺寸》、GB/T 990—1991《带式输送机　托辊　基本参数与尺寸》和 GB/T 10595—1989《带式输送机　技术条件》。

本标准与 GB/T 987—1991、GB/T 988—1991、GB/T 990—1991 和 GB/T 10595—1989 相比主要区别如下：

——增加了带式输送机包装技术要求；

——增加了滚筒轴承设计寿命的要求；

——增加了输送带的要求；

——增加了胶面滚筒面胶、底胶性能检验；

——增加了输送量的要求和测定；

——托辊辊子的防尘性能和防水性能的前提进行了修改；

——面胶的物理机械性能重新进行了规定；

——滚筒轴探伤质量的要求进行了修改；

——滚筒静平衡试验方法进行了补充；

——输送带连接后长度上的直线度进行了修改；

——托辊辊子的使用寿命进行了修改；

——托辊辊子外圆径向圆跳动值进行了修改；

——托辊辊子旋转阻力的试验方法进行了修改；

——辊子防尘、防水试验中的转速进行了修改。

本标准的附录 A 为规范性附录。

本标准由中国机械工业联合会提出。

本标准由全国连续搬运机械标准化技术委员会归口。

本标准负责起草单位：北京起重运输机械研究所。

本标准参加起草单位：四川省自贡运输机械有限公司、沈阳矿山机械（集团）有限责任公司、北京约基同力机械制造有限公司、衡阳起重运输机械有限公司、铜陵天奇蓝天机械设备有限公司、山东山矿机械有限公司、唐山冶金矿山机械厂、焦作市科瑞森机械制造有限公司、上海青浦起重运输机械有限公司、安徽攀登机械股份有限公司、马鞍山钢铁股份有限公司输送机械设备制造公司和东莞市隆泰实业有限公司。

本标准主要起草人：张尊敬、张强、黄文林、杨明华、龚欣荣、黄锡良、张晓华、周世昶、于春成、孟凡波、侯天成、李平、李天国、张永丰。

本标准所代替标准的历次版本发布情况为：

——GB 987—1967、GB 987—1977、GB/T 987—1991；

——GB 988—1967、GB 988—1977、GB/T 988—1991；

——GB 989—1967、GB 989—1977；

——GB 990—1967、GB 990—1977、GB/T 990—1991；

——GB 991—1967、GB 991—1977；

——GB 992—1967、GB 992—1977；

——GB 993—1967、GB 993—1977；

——GB 994—1967、GB 994—1977；

——GB 995—1967、GB 995—1977；

——GB 996—1967、GB 996—1977；

——GB/T 10595—1989。

1　范围

本标准规定了带式输送机（以下简称输送机）的基本参数、技术要求、试验方法、检验规则、标志、包装和贮存。

本标准适用于输送各种块状、粒状等松散物料以及成件物品的输送机。

有特殊要求和特殊型式的输送机，其通用部分亦可参照使用。

2　规范性引用文件

下列文件中的条款通过本标准的引用而成为本标准的条款。凡是注日期的引用文件，其随后所有的修改单（不包括勘误的内容）或修订版均不适用于本标准，然而，鼓励根据本标准达成协议的各方研究是否可使用这些文件的最新版本。凡是不注日期的引用文件，其最新版本适用于本标准。

GB/T 191　包装储运图示标志（GB/T 191—2008，ISO 780：1997，MOD）

GB/T 528　硫化橡胶或热塑性橡胶拉伸应力应变性能的测定（GB/T 528—1998，eqv ISO 37：1994）

GB/T 531　橡胶袖珍硬度计压入硬度试验

方法

GB/T 985　气焊、手工电弧焊及气体保护焊焊缝坡口的基本形式及尺寸

GB/T 986　埋弧焊焊缝坡口的基本形式与尺寸

GB/T 1184—1996　形状和位置公差　未注公差值（eqv ISO 2768-2：1989）

GB/T 2828.1—2003　计数抽样检验程序　第1部分：按接收质量限（AQL）检索的逐批检验抽样计划（ISO 2859-1：1999，IDT）

GB/T 3323—2005　金属熔化焊焊接接头射线照相

GB/T 3512　硫化橡胶或热塑性橡胶热空气加速老化和耐热试验

GB/T 3767—1996　声学　声压法测定噪声源声功率级　反射面上方近似自由场的工程法（eqv ISO 3744：1994）

GB/T 4323　弹性套柱销联轴器

GB/T 4490　输送带尺寸

GB/T 5014　弹性柱销联轴器

GB/T 5015　弹性柱销齿式联轴器

GB/T 5272　梅花形弹性联轴器

GB/T 6402　钢锻材超声波检验方法

GB 7324—1994　通用锂基润滑脂

GB/T 7984　具有橡胶和塑料覆盖层的普通用途织物芯输送带

GB/T 8923—1988　涂装前钢材表面锈蚀等级和除锈等级（eqv ISO 8501-1：1988）

GB/T 9239.1—2006　机械振动　恒态（刚性）转子平衡品质要求　第1部分：规范与平衡允差的检验

GB/T 9286—1998　色漆和清漆　漆膜的划格试验（eqv ISO 2409：1992）

GB/T 9770　普通用途钢丝绳芯输送带

GB/T 9867　硫化橡胶耐磨性能的测定

GB 11211　硫化橡胶与金属粘合强度的测定　拉伸法

GB/T 11345—1989　钢焊缝手工超声波探伤方法和探伤结果分级

GB/T 13306　标牌

GB/T 13384　机电产品包装通用技术条件

GB/T 13792　带式输送机托辊用电焊钢管

GB 14784　带式输送机安全规范

JB/T 6406　电力液压鼓式制动器

JB/T 7020　电力液压盘式制动器

JB/T 7330　电动滚筒

JB/T 8869　蛇形弹簧联轴器

JB/T 9000　液力偶合器　通用技术条件

JB/T 9002　运输机械用减速器

JB/T 10061　A型脉冲反射式超声波探伤仪通用技术条件

3　基本参数

3.1　带宽

输送机带宽应符合表1的规定。

表1　　单位为毫米

带　宽	300、400、500、650、800、1000、1200、1400、1600、1800、2000、2200、2400、2600、2800

3.2　名义带速

输送机名义带速应符合表2的规定。

表2　　单位为毫米/秒

名义带速	0.2、0.25、0.315、0.4、0.5、0.63、0.8、1.0、1.25、1.6、2.0、2.5、3.15、3.55、4.0、4.5、5.0、5.6、6.3、7.1

3.3　滚筒

3.3.1　输送机滚筒直径应符合表3的规定。

表3　　单位为毫米

滚筒直径	200、250、315、400、500、630、800、1000、1250、1400、1600、1800

3.3.2　输送机带宽与滚筒长度和滚筒直径的组合见表4。

表4　　单位为毫米

带宽 B	滚筒长度 L	滚筒直径 D
300	400	200、250、315、400
400	500	200、250、315、400、500
500	600	
650	750	200、250、315、400、500、630
800	950	200、250、315、400、500、630、800、1000、1250、1400
1000	1150	250、315、400、500、630、800、1000、1250、1400、1600、1800
1200	1400	
1400	1600	
1600	1800	315、400、500、630、800、1000、1250、1400、1600、1800
1800	2000	
2000	2200	500、630、800、1000、1250、1400、1600、1800
2200	2500	
2400	2800	

续表4

带宽 *B*	滚筒长度 *L*	滚筒直径 *D*
2600	3000	630、800、1000、1250、1400、1600、1800
2800	3200	

注：滚筒直径 *D* 是不包括包层厚度在内的名义滚筒直径，与带宽组合为推荐组合。

3.4　托辊辊子

3.4.1　输送机托辊辊子的名义直径应符合表5的规定。

表5　　单位为毫米

托辊名义直径	63.5、76、89、108、133、159、194、219

3.4.2　输送机托辊辊子的基本参数和尺寸应符合表6的规定。

表6　　单位为毫米

带宽 *B*	辊子直径 *d*	辊子长度 *l*
300	63.5，76，89	160，380
400		160，250，500
500		200，315，600
650	76，89，108	250，380，750
800	89，108，133，159	315，465，950

续表6

带宽 *B*	辊子直径 *d*	辊子长度 *l*
1000	108，133，159，194	380，600，1150
1200		465，700，1400
1400		530，800，1600
1600	133，159，194，219	600，900，1800
1800		670，1000，2000
2000		750，1100，2200
2200		800，1250，2500
2400	159，194，219	900，1400，2800
2600		950，1500，3000
2800		1050，1600，3200

4　技术要求

4.1　使用温度

输送机使用环境温度为 -25℃ ~ +40℃。

4.2　整机性能

4.2.1　输送机应运转平稳，所有辊子应运转灵活。

4.2.2　输送带应在输送机全长范围内对中运行。当带宽不大于800mm时，输送带的中心线与输送机中心线偏差不大于±40mm；当带宽大于800mm时，其中心线间的偏差不大于带宽的5%或±75mm（取较小值）。

4.2.3　输送机空载噪声值不应大于图1中曲线的规定值。

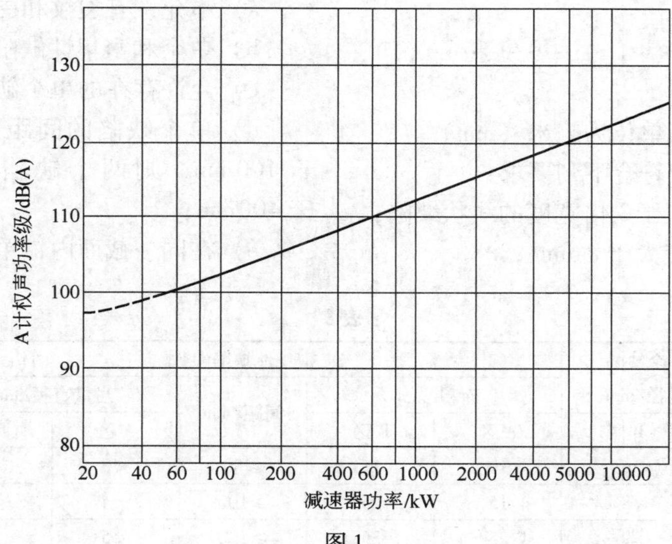

图1

4.2.4　拉紧装置应调整方便，动作灵活，并应保证输送及启动、制动和运行时的工作要求。

4.2.5　输送机运行时，清扫器应清扫效果好、性能稳定。刮板式清扫器的刮板和输送带的接触应均匀，其调节行程应大于20mm。

4.2.6　卸料装置不应出现颤、跳、抖动和撒料现象。

4.2.7　各种机电保护装置应反应灵敏、动作准确可靠。

4.2.8　漏斗和导料拦板应保证输送机在满负荷运转时，不应出现堵塞和撒料现象。

4.2.9　输送机运行时，带速不应小于额定带速的95%。

4.2.10　输送机运行时，输送量不应低于额定值。

4.3　驱动装置

4.3.1　驱动装置不应渗油。

4.3.2　制动轮装配后，外圆径向圆跳动应符合 GB/T 1184—1996 中 9 级精度的规定。

4.3.3　逆止器安装后，输送机运行时应运转灵活，逆止状态时应安全可靠。

4.3.4　弹性联轴器的安装要求应符合 GB/T 4323、GB/T 5014、GB/T 5015 和 GB/T 5272 的规定。

4.3.5　滑块联轴器两半体径向位移不应大于 1.0mm，两轴线夹角不应大于 0°30′。

4.3.6　蛇形联轴器安装后应符合 JB/T 8869 的规定。

4.3.7　链式联轴器端面圆跳动和径向圆跳动为 0.10mm。

4.3.8　鼓式制动器装配后应符合 JB/T 6406 的规定。

4.3.9　盘式制动器装配后应符合 JB/T 7020 的规定。制动时，闸块与制动盘工作接触面积不应小于 80%。

4.3.10　液力偶合器装配后应符合 JB/T 9000 的规定。

4.3.11　运输机械用减速器装配后应符合 JB/T 9002 的规定；其他减速器应符合相关标准的规定。

4.3.12　电动滚筒应符合 JB/T 7330 的规定。

4.4　滚筒

4.4.1　滚筒筒皮最小壁厚 b_1 应符合式（1）的规定。

$$b_1 \geqslant b - 1 \quad \cdots\cdots\cdots\cdots\cdots\cdots \quad (1)$$

式中：

b——筒皮名义壁厚，单位为毫米（mm）。

4.4.2　滚筒铸钢件接盘应符合下列要求：

a）不允许存在长度大于 3 倍宽度的线状缺陷；

b）单个点状缺陷不应大于 ϕ6mm；

c）两个相邻点状缺陷的间距大于其中较大缺陷尺寸时，按单个缺陷分开计算，间距小于其中较大缺陷尺寸时，两个缺陷合并计算，其缺陷当量总和不应大于 ϕ6mm；

d）密集性缺陷面积不应大于 90mm²，缺陷总面积不得超过表 7 的规定；

表 7

探伤部位厚度/mm	≤15	>15～40	>40～60
缺陷总面积/mm²	800	1650	2700

e）接盘圆周部分之间的回波高度差应小于 12dB；

f）当底波高度比原波高度降低 25%，探测区域大于 50mm 时，视为内部有较大缺陷，不允许使用。

4.4.3　滚筒轴锻钢件不应有夹层、折叠、裂纹、结疤等缺陷。

4.4.4　滚筒筒体焊缝应符合 GB 11345—1989 中 B 类Ⅱ级或 GB/T 3323—2005 中Ⅲ级要求。

4.4.5　滚筒筒体与接盘的环形角焊缝不应有裂纹和未焊透，其当量灵敏度不得大于 ϕ4mm。当缺陷小于当量灵敏度 ϕ4mm，两缺陷间距小于板厚时累计计算。

4.4.6　承受合力大于 80kN 的滚筒筒体应消除内应力。

4.4.7　滚筒轴探伤质量应符合下列条件：

a）不允许有裂纹和白点；

b）单个和密集性缺陷应符合表 8 的规定；

c）允许存在的单个缺陷最大长度 200mm；

d）单个缺陷的间距应大于 100mm，如果小于 100mm，则两个缺陷长度与间距之和应小于 400mm；

e）在同一截面内，单个缺陷不应超过 3 个。

表 8

滚筒轴直径 D/mm	允许存在单个缺陷最大当量直径/mm		密集性缺陷参数					密集区总面积不大于轴截面面积的百分比/%
			面积/mm²		间距/mm	当量直径/mm		
	A 区	B 区	A 区	B 区		A 区	B 区	
≤200	4	6	10	15	≥80	<3	<4	<5
200<D≤400	6	8	15	25	≥100	<4	<5	<5
>400	8	9	25	35	≥120	<5	<6	<5

注 1. 对于阶梯轴，表中 D 表示滚筒轴最大外径；

注 2. A 区表示半径大于 0.25D 圆至滚筒轴外圆中的环形区域，B 区表示半径不大于 0.25D 圆滚筒轴中部圆形区域。

4.4.8　滚筒外圆直径偏差应符合表 9 的规定。

表 9

滚筒直径 D	200～400	500～1000	1200～1800
极限偏差	+1.5 0	+2.0 0	+2.5 0

4.4.9　滚筒为胶面滚筒时，其胶层应与筒皮表面粘合牢固，不允许出现脱层、起泡等缺陷。面胶的物理机械性能应符合表 10 的规定。底胶的物理机械性能应符合表 11 的规定。

表 10

项　目		指　标
拉伸强度/MPa		≥18
拉断伸长率/%		≥300
拉断永久变形/%		≤25
邵尔 A 型硬度/HS	传动滚筒	60～70
	改向滚筒	50～60
磨耗量/mm^3	传动滚筒	≤90
	改向滚筒	≤100
抗老化性能（在70℃×168h 老化后）	拉伸强度变化率/%	-25～+25
	拉断伸长率变化率/%	

表 11

项　目	指　标
拉伸强度/MPa	≥30
拉断伸长率/%	≥300
底胶与金属粘合强度/MPa	≥4.0
热处理后底胶与金属粘合强度/MPa（热处理采用热空气法，温度为 1452℃ ±2℃，时间 150min）	≥3.2

4.4.10　当带速不小于 2.5m/s 时滚筒应进行静平衡试验，滚筒静平衡精度等级应符合 GB/T 9239.1—2006 中 G40 的规定。其静平衡补偿可在滚筒接盘上采取添加材料的办法实现。

4.4.11　滚筒装配时，轴承和轴承座油腔中应充入性能不低于 GB 7324—1994 中规定的 2 号锂基润滑脂，轴承充脂量为轴承空隙的 2/3 至 3/4，轴承座油腔中应充满。

4.4.12　滚筒装配后其外圆径向圆跳动应符合表 12 的规定。

表 12　　单位为毫米

滚筒直径 D	200～800	1000～1600	1800
无包层滚筒	0.6	1.0	1.5
有包层滚筒	1.1	1.5	2.0

4.4.13　滚筒轴承设计寿命不应小于 50000h。

4.5　托辊辊子

4.5.1　托辊辊子用钢管材应不低于 GB/T 13792 中的规定。

4.5.2　托辊辊子装配时，轴承和密封圈（迷宫式密封）中应充入性能不低于 GB 7324—1994 中规定的 2 号锂基润滑脂。轴承充油量应为轴承空隙的 2/3 至 3/4，密封圈之间的空隙应充满。

4.5.3　托辊辊子（除缓冲、梳型等特殊辊子外）外圆径向圆跳动应符合表 13 的规定。

表 13

带速/(m/s)	辊子长度/mm			
	<550	≥550～950	>950～1600	>1600
≥3.15	0.5	0.7	1.3	1.7
<3.15	0.6	0.9	1.5	1.9

4.5.4　托辊辊子装配后，在 500N 轴向压力作用下，辊子轴向位移量不得大于 0.7mm。

4.5.5　在托辊辊子轴上施加表 14 规定的轴向载荷后，辊子轴与辊子辊体、轴承座、密封件等不应脱开。

表 14

辊子轴径/mm	施加轴向力/N
≤20	10000
≥25	15000

4.5.6　托辊辊子装配后，在 250N 的径向压力下，辊子以 600r/min 旋转，测其旋转阻力，其值不应大于表 15 中的数值。停止 1h 后旋转时，其旋转阻力不应超过表 15 中数值的 1.5 倍。

表 15

辊子直径/mm		≤108	≥133
旋转阻力/N	防尘辊子	2.5	3.0
	防水辊子	3.6	4.35

4.5.7　托辊辊子按 5.4 规定的高度进行水平和垂直跌落试验后，辊子零件应满足下列条件：

a）零件和焊缝不应产生损伤与裂纹，相配合处不得松动；

b）辊子的轴向位移量不应大于 1.5mm。

4.5.8　托辊辊子以 600r/min 旋转时，其防尘性能与防水性能应满足下列条件：

a）防尘托辊辊子（指非接触型密封）在具有煤尘的容器内，连续运转 200h 后，煤尘不得进入轴承润滑脂内。在淋水工况条件下，连续运转 72h，进水量不应超过 150g；

b）防水托辊辊子（指接触型密封）在浸水工况条件下，连续运转 24h 后进水量不应超过 5g。

4.5.9　托辊辊子（不包括缓冲辊子）在转速不大于 600r/min 情况下，设计寿命不应少于 30000h，在寿命期内托辊辊子损坏率不应大于 10%。

4.6　输送带

4.6.1　输送带尺寸应符合 GB/T 4490 的规定。

4.6.2　根据使用条件，所选的输送带应符合 GB/T 7984、GB/T 9770 等相关标准的规定。

4.6.3　输送带硫化接头应符合 GB/T 7984、GB/T 9770 的规定。

4.7 输送机用铸钢件

输送机中所用铸钢件的重要部位不应有影响强度的砂眼和气孔。次要部位上的砂眼、气孔的总面积不应超过缺陷所在面面积的5%，凹入深度不应超过该处壁厚的1/5，每个铸件上的缺陷不应超过3处。

4.8 输送机用锻钢件

输送机用主要锻钢件不应有夹层、折叠、裂纹、结疤等缺陷。

4.9 输送机用金属结构件

4.9.1 金属结构件的焊接应符合GB/T 985、GB/T 986的规定。焊缝不应出现烧穿、裂纹、未熔合等缺陷。

4.9.2 输送机头、尾架上安装轴承座的两个对应平面应在同一平面上，其平面度及两边轴承座上对应的孔间距偏差和对角线长度之差应符合表16的规定。

表16　　单位为毫米

带　宽	≤800	>800
对应平面的平面度	1.0	1.5
对应孔间距偏差	±1.5	±2.0
孔对角线长度之差	≤3.0	≤4.0

4.9.3 输送机中间架直线度为全长的1/1000，对角线长度之差不应大于两对角线长度平均值的3/1000。

4.9.4 输送机的漏斗、护罩等壳体的外表面应平整，不应有明显的锤迹和伤痕。

4.10 安全保护装置

4.10.1 输送机的安全保护装置应符合GB 14784的规定。

4.10.2 在转载站人员作业位置附近，应设紧急停机开关。在输送机人行道沿线，应设拉线保护装置。当输送机两侧设有人行道时，应在输送机两侧沿线同时设拉线保护装置。

4.10.3 输送带跑偏检测装置，宜对称设在输送机头部、尾部或凸弧段两侧机架上。在较长距离输送机中，可在输送机中间段两侧对称增设跑偏检测装置。

4.11 表面涂装

4.11.1 除锈

除锈等级应达到GB/T 8923—1988中的Sa2 $\frac{1}{2}$级或St3级。

4.11.2 涂漆

4.11.2.1 除锈过的表面应在6h内涂上底漆，涂漆时应在清洁干净的地方进行，环境温度应在5℃以上，湿度应在85%以下，工件表面温度不应超过60℃。

4.11.2.2 输送机各部件无特殊要求时，应涂底漆一层（不包括保养底漆），面漆两层。不允许有漏漆现象。面漆和底漆油漆颜色应不同。每层油漆干膜厚度为25μm~35μm，油漆干膜总厚度不应小于75μm。

光面滚筒和托辊辊子工作面可只涂一层防锈漆或面漆，托辊内壁涂防锈油漆。

外露加工配合面应涂防护油脂，外露加工非配合面（不包括架体）均应涂面漆或底漆，干膜厚度不应小于35μm。

4.11.2.3 底漆、中间层漆的涂层不应有针孔、气泡、裂纹、脱落、流挂、漏涂等缺陷；面漆应均匀、光亮、完整。

4.11.3 漆膜附着力

漆膜附着力应符合GB/T 9286—1998中的2级的规定。

4.12 装配与安装

4.12.1 总装配可不在制造厂内进行，但驱动装置应在出厂前组装或试装。

4.12.2 支点浮动式驱动装置的浮动振幅不应大于2.0mm。

4.12.3 直线布置的输送机机架中心线直线度应符合表17的规定，并应保证在任意25m长度内的直线度为5mm。

表17

输送机长度 S/m	S≤100	100<S ≤300	300<S ≤500	500<S ≤1000	1000<S ≤2000	S>2000
直线度/mm	10	30	50	80	150	200

4.12.4 滚筒轴线与水平面的平行度为滚筒轴线长度的1/1000。

4.12.5 滚筒轴线对输送机机架中心线的垂直度为滚筒轴线长度的2/1000。滚筒、托辊中心线对输送机机架中心线的对称度为3.0mm。

4.12.6 传动滚筒轴线与减速器低速轴轴线的同轴度应符合所使用联轴器的规定。

4.12.7 同一机架上的两驱动滚筒轴线的平行度为0.4mm。

4.12.8 托辊（调心辊子和过渡辊子除外）上表面应位于同一平面上（水平面或倾斜面）或者在一个公共半径的弧面上（输送机凹弧段或凸弧段上的托辊），其相邻三组托辊辊子上表面的高低差不应超过2.0mm。

4.12.9　钢轨工作面应在同一平面内，每段钢轨的轨顶标高差不应超过2.0mm。轨道直线度在1m长度内为1.0mm，在25m长度内为4.0mm，在全长内为15mm。轨缝处工作面高低差不应超过0.5mm。轨道接头间隙不应大于3.0mm。轨距偏差为±2.0mm。

4.12.10　车式拉紧装置等的轮子踏面应在同一平面上，其平面度为2.0mm。

4.12.11　车式拉紧装置装配后，其拉紧钢绳与滑轮绳槽的中心线和卷筒轴的垂直线内外偏角均应小于6°。

4.12.12　清扫器安装后，其刮板或刷子与输送带在滚筒轴线方向上的接触长度不应小于85%。

4.12.13　输送带连接接头处应平直，在以接头为中心10m长度上的直线度为15mm。

5　试验方法

5.1　托辊辊子动旋转阻力试验

托辊辊子动旋转阻力试验为：

a）测试前辊子以1450r/min的转速跑合20min；

b）测试温度为20℃~25℃；

c）如图2所示将辊子装在试验支架上，在辊子轴端安装一力臂杆，力臂杆另一端置于测力计上；

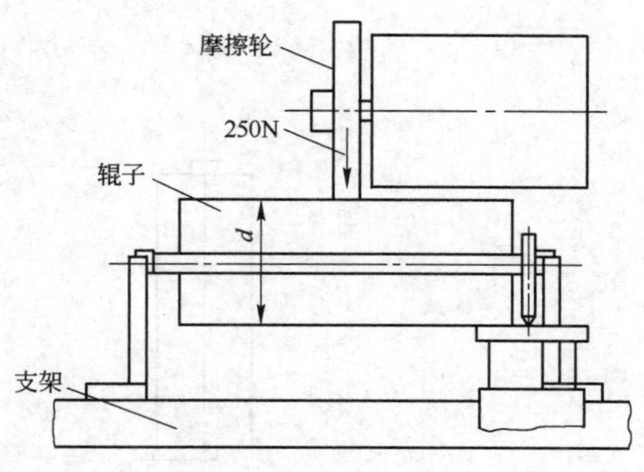

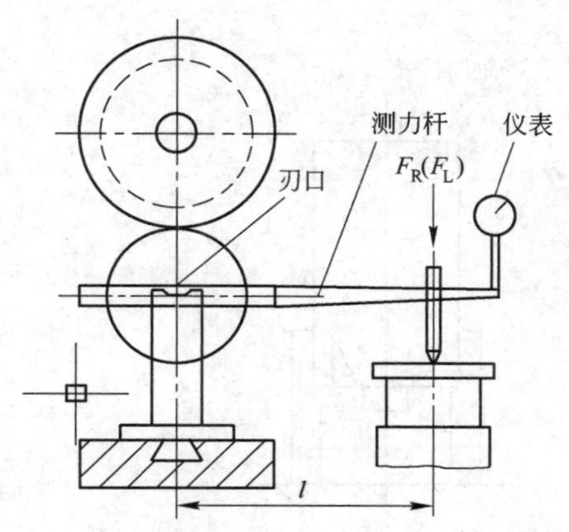

图2

d）对辊子施加250N的力，使摩擦轮与辊子母线紧密贴合（辊子转动时应无打滑现象）带动辊子以600r/min向一方向旋转稳定运行10min后，记录下测力计上的读数F_R；辊子停下2min后，使辊子向另一方向旋转，按上述要求记录下测力计的读数F_L；按式（2）计算出F_R和F_L的算术平均值F_{RL}后，再按式（3）计算辊子的旋转阻力F。

$$F_{RL} = \frac{F_R + F_L}{2} \quad \cdots\cdots\cdots\cdots\cdots (2)$$

式中：

F_{RL}——辊子左右旋转的测力计读数的算术平均值，单位为牛（N）；

F_R——辊子右向旋转时测力计读数，单位为牛（N）；

F_L——辊子右向旋转时测力计读数，单位为牛（N）。

$$F = \frac{2F_{RL}l}{d} \quad \cdots\cdots\cdots\cdots\cdots\cdots (3)$$

式中：

F——辊子旋转阻力，单位为牛（N）；

F_{RL}——辊子左右旋转的测力计读数的算术平均值，单位为牛（N）；

l——力臂杆长度，单位为毫米（mm）；

d——辊子直径，单位为毫米（mm）。

5.2　托辊辊子防尘和防水性能试验

5.2.1　防尘性能试验

将辊子一端放置在装有粒度小于0.635mm煤尘的密封箱内，煤尘盛入量为尘室容积的20%。

电动机通过皮带带动托辊辊子以600r/min的转速连续运转200h，观看轴承和润滑脂内有无煤尘。

5.2.2　防水性能试验

5.2.2.1　防尘托辊辊子

在防水性能试验台上设模拟雨水的淋水装置（流量0.45L/min）。

电动机通过皮带带动辊子以600r/min的转速连续运转72h，观察轴承和密封腔内有无进水，并检查进水量。

5.2.2.2　防水托辊辊子

在防水性能试验台上设有存水的水槽，水槽中水面高度为托辊组中水平辊子的中心高。

电动机通过皮带带动辊子以600r/min的转速

连续运转24h，观察轴承和密封腔内有无进水，并检查进水量。

5.2.2.3 辊子进水量

辊子进水量按式（4）计算

$$m = m_1 - m_0 \quad \cdots\cdots\cdots\cdots\cdots (4)$$

式中：

m——辊子进水量，单位为克（g）；

m_1——辊子试验后质量，单位为克（g）；

m_0——辊子试验前质量，单位为克（g）。

5.3 托辊辊子轴向承载试验

托辊辊子垂直放在支座里固定（支承面不能与轴承座接触），如图3所示。

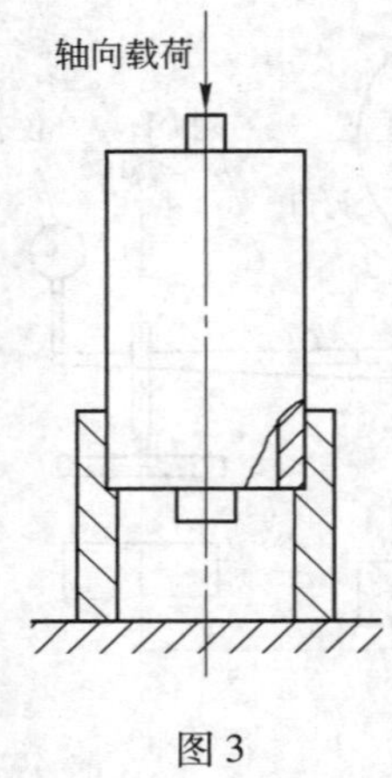

图3

按4.5.5对辊子轴施加载荷，当载荷加至规定值时保持5min卸载，检查辊子。

5.4 托辊辊子跌落试验

如图4所示，将辊子放平，托至辊子中心线距混凝土地面高度为1m时自由落下。

如图5所示，将辊子竖起，其最低点离开混凝土地面高度为H时自由落下，高度H按式（5）计算：

$$H = \frac{1800}{G_0} \quad \cdots\cdots\cdots\cdots\cdots (5)$$

式中：

H——辊子垂直跌落高度，单位为毫米(mm)；

G_0——辊子质量，单位为千克（kg）。

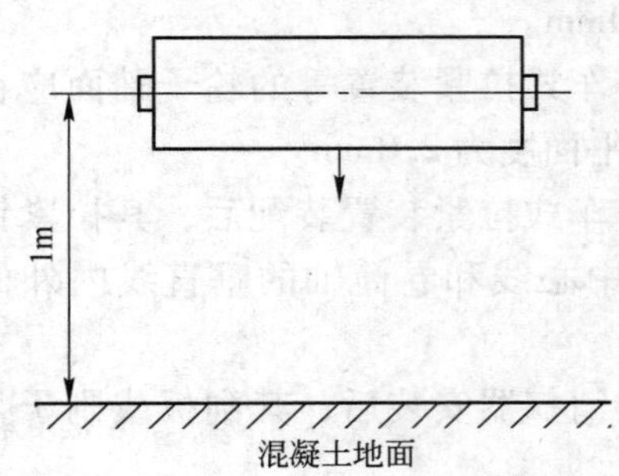

图4

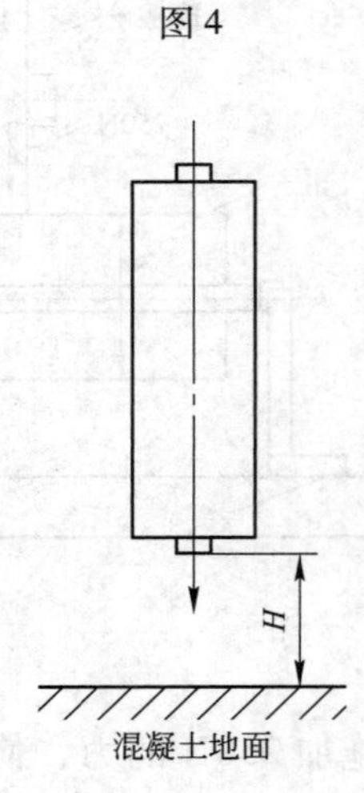

图5

5.5 托辊辊子轴向位移量测定

托辊辊子轴向位移量测定为：

a）将辊子垂直安放在支座里（支承面不能与轴承座接触），如图6a）所示，在辊子轴A端施加500N轴向力，并保持1min后卸载；

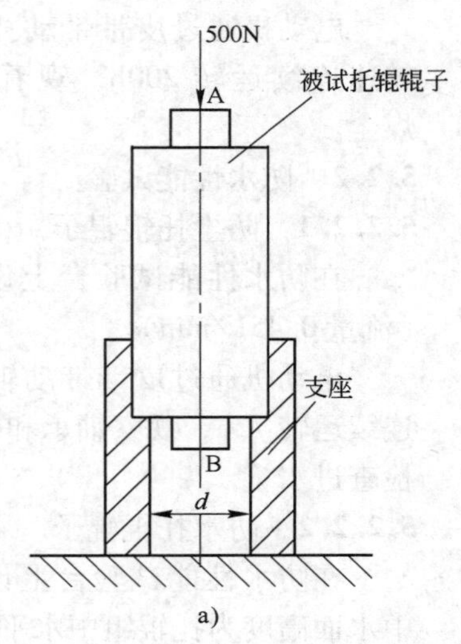

a)

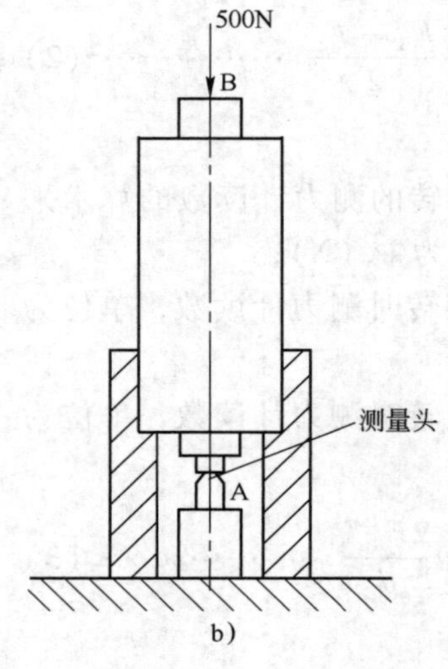

b)

图6

b）使辊子保持被加过轴向力后的状态，掉转180°垂直安放在支座里，如图6b）所示，使A端紧靠位移传感器测量头，然后在辊子轴B端施加500N轴向力，并保持1min后卸载；

c）由位移传感器仪表读出的数值即为托辊辊子轴向位移量。

5.6　制动轮、滚筒、托辊辊子等外圆的径向圆跳动的测定

将被测件作如下处置：

——装配好制动轮的减速器安放在平台上；

——滚筒放在机架上；

——托辊辊子用夹持器夹住。

按图7和图8的位置，分别将千分表（百分表）测量头垂直接触被测件的外表面，然后转动被测件，从千分表（百分表）上得出各个位置上的圆跳动，取其中最大值。

单位为毫米

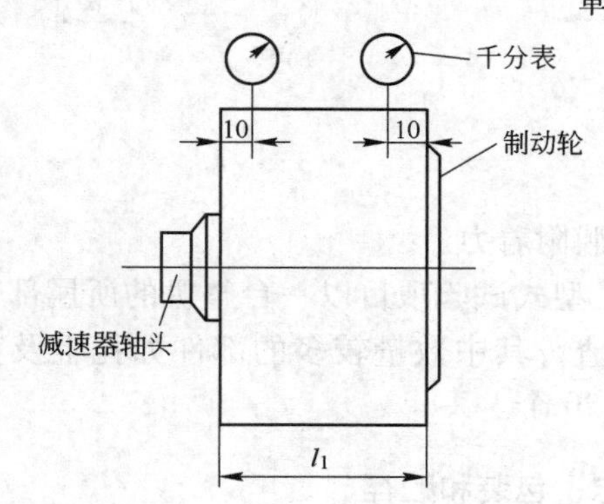

图7

单位为毫米

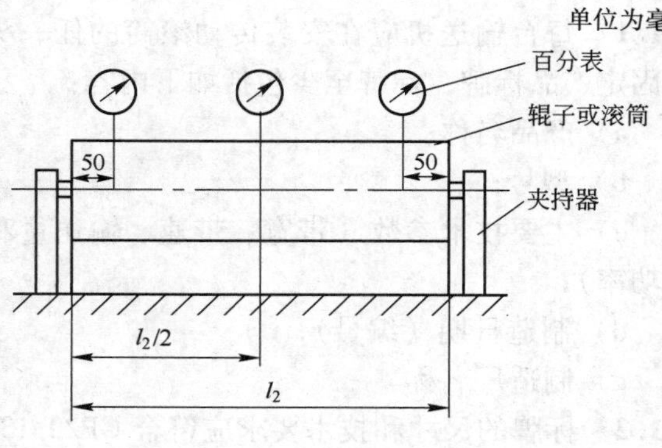

图8

5.7　滚筒体静平衡试验

将滚筒体置于刃口上按常规方法确定补偿质量，设置在接盘适当位置，直至使滚筒转动平衡精度符合GB/T 9239.1—2006中G40为止，或按式（6）计算补偿质量P_0，设置在0.8倍滚筒直径的圆周上。

$$P_0 = 0.05\frac{M}{v} \quad \cdots\cdots\cdots\cdots (6)$$

式中：

M——滚筒旋转部分质量，单位为千克（kg）；

v——带速，单位为米每秒（m/s）。

5.8　滚筒的探伤方法

5.8.1　滚筒的探伤方法见附录A。

5.8.2　滚筒进行探伤检验按表18的规定进行。

表18

滚筒结构		接盘	轴	焊缝
铸焊结构滚筒		○	○	○
其他结构滚筒	承受合力不小于250kN	○	○	○
	承受合力不小于80kN	—	—	○

注：○—作探伤检验。

5.9　胶面滚筒面胶、底胶性能检验

5.9.1　面胶、底胶拉伸性能试验按GB/T 528规定进行检验。

5.9.2　面胶磨耗性能试验按GB/T 9867规定进行检验。

5.9.3　面胶老化性能试验按GB/T 3512规定进行检验。

5.9.4　面胶的邵尔硬度按GB/T 531规定进行检验。

5.9.5　底胶与金属粘合强度按GB 11211规定进行检验。

5.10　整机噪声测定

测定方法及条件应符合GB/T 3767—1996中准工程法的规定，具体条件如下：

a）在驱动装置部位测定输送机空载噪声；

b）测点表面平行于基准体对应各面的矩形六面体，测点数量及位置如图9所示。测定距离d为1m，测量高度H为减速器中心高度。

5.11　输送量测定

输送机满载正常运行后，将输送机停车，沿输送机方向任取不少于三处单位长度上堆积的物料质量，根据实测的带速计算出平均值。

5.12　漆膜附着力检验

漆膜附着力的测量方法应符合GB/T 9286的规定。

6　检验规则

6.1　出厂检验

出厂检验项目如下：

a）滚筒、托辊辊子、制动轮等外圆的圆跳动检查；

b）滚筒体静平衡检查；

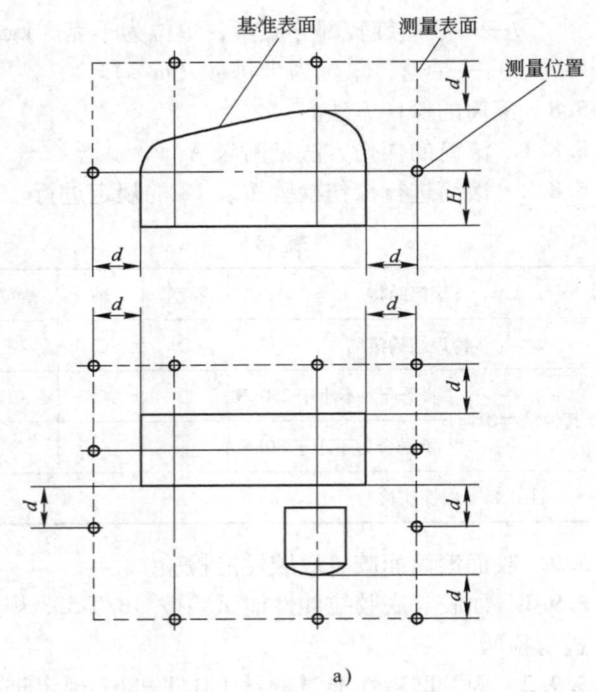

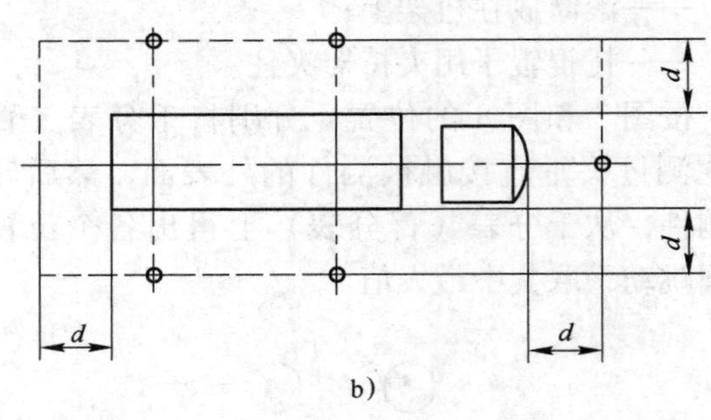

图 9

c）滚筒探伤检查；

d）托辊辊子轴向位移量检查；

e）漆膜附着力与厚度检查。

6.2 型式试验

6.2.1 有下述情况之一时应进行型式试验：

a）新产品或老产品转厂生产的试制定型鉴定；

b）正式生产后，如结构、材料、工艺有较大改变，可能影响产品性能时；

c）产品停产达一年以上后恢复生产时；

d）出厂检验结果与上次型式试验有较大差异时；

e）国家质量监督检验机构提出型式试验要求时。

6.2.2 型式试验项目如下：

a）出厂检验项目全部内容；

b）整机性能检查；

c）托辊辊子动旋转阻力试验；

d）托辊辊子防尘和防水性能试验；

e）托辊辊子轴向承载能力试验；

f）托辊辊子跌落试验。

6.3 抽检方法

6.3.1 托辊辊子应按 GB/T 2828.1—2003 中一般检查Ⅱ级水平，一次正常检查抽样方案中 AQL = 10 进行抽检。

6.3.2 在输送机中任选 3 种机架检查油漆漆膜厚度和漆膜附着力。

6.3.3 型式试验项目以一台整机的所属部件数量进行检查，其中数量较多的部件如托辊及支架等可抽检 20 个。

7 标志、包装和贮存

7.1 标牌

7.1.1 每台输送机应在安装传动滚筒的任一头架上固定产品标牌，标牌至少包括如下内容：

a）产品名称；

b）型号；

c）主要技术参数（带宽、带速、输送量和装机功率）；

d）制造日期（编号）；

e）制造厂名称。

7.1.2 标牌的尺寸和技术要求应符合 GB/T 13306 的规定。

7.1.3 包装储运图示标志应符合 GB/T 191 的有关规定。

产品分箱包装时，箱号采用分数表示，分子为箱号，分母为总箱数。

7.2 包装

7.2.1 基本要求

输送机的包装除应符合 GB/T 13384 的规定外。

7.2.2 部件包装

输送机零部件在箱内放置时，应使重心位置尽可能居中靠下，重心明显偏高的，应采取相应的平衡措施。

7.2.3　驱动装置

7.2.3.1　当订货包括驱动装置底座时，应全套装配好整体发运。零件的外表面应做好防护措施。

7.2.3.2　若电动机功率超过100kW或装配后减速器中心高超过2m时，可分体发运。

7.2.4　托辊

所有托辊辊子都应装箱发运，支架允许捆扎后裸装发运。

7.2.5　滚筒

传动滚筒轴头上应采取防锈和保护措施。滚筒表面应采取防护措施。滚筒单独发运时，应采取措施防止滚筒滚动。

7.2.6　拉紧装置

7.2.6.1　螺旋拉紧装置（包括改向滚筒）装在尾架上发运。

7.2.6.2　拉紧装置的钢丝绳、绳夹、改向滑轮、长螺杆等零件装箱发运。

7.2.6.3　车式拉紧装置，其中的绞车装置应全套装配好整体发运，卷筒和支架组装后发运，滑轮和支座组装后发运。其他拉紧装置中的液压油缸、传感器、拉力显示器、钢丝绳和绳夹等零件装箱发运。

7.2.7　各类保护装置

各类保护装置均应装箱发运。

7.2.8　输送带

输送带在芯轴上缠绕整齐，外包覆盖物包扎牢固。

7.2.9　出厂文件

7.2.9.1　输送机必须经制造厂技术检验部门检验合格后方能包装出厂。

7.2.9.2　每台输送机的出厂技术文件一般包括下列各项（根据具体情况允许增加其他内容）：

a）装箱单；

b）产品合格证明书；

c）产品使用说明书；

d）产品安装图；

e）其他。

7.3　贮存

7.3.1　输送机贮存时应采取防雨措施。露天存放时应采用通风良好的不积水的包装，较长时间贮存时要防止锈蚀。

7.3.2　托辊宜封闭存放。所有架体应存放在有遮盖的平坦地面上，防止变形和锈蚀。

附录A

（规范性附录）

滚筒探伤方法

A.1　探伤仪器

探伤仪器应符合JB/T 10061中的规定。

A.2　探伤方法

A.2.1　铸钢件接盘探伤方法

A.2.1.1　探伤部位“∇”如图A.1所示，采用圆形晶片的直探头，频率和直径原则上按表A.1的规定。探头主声束应当无双峰，无歪斜。

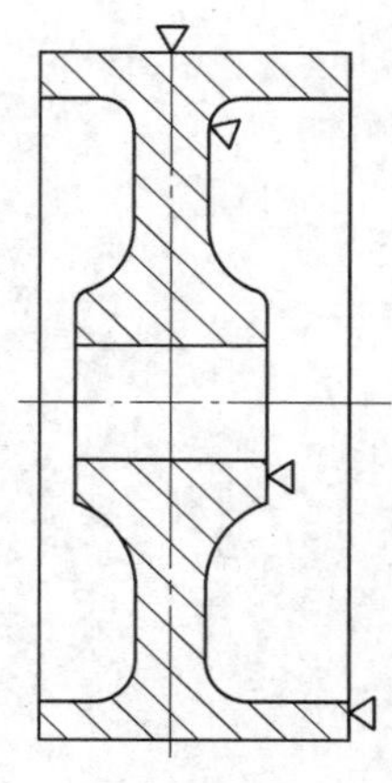

图A.1

表A.1

频率/MHz	0.5～1.25	2～2.5	4～5
直径/mm	20～30	14～30	10～25

A.2.1.2　缺陷用纵波垂直反射法判定，必要时用横波法帮助判定。

A.2.1.3　密集型缺陷以ϕ6mm平底孔直径为定量灵敏度，用半波高度法探测。

A.2.1.4　在焊接端部50mm宽度内密集性气孔和夹杂物应小于壁厚的20%。可用双晶探头从外圆面进行检测。

A.2.2　滚筒筒体对接纵向焊缝和环形焊缝探伤方法

A.2.2.1　用射线检测时，每条焊缝检测量不小于焊缝长度的20%。用超声波检测时全检。

A.2.2.2　探伤方法按GB/T 3323或GB 11345中的规定。

A.2.3　滚筒筒体与接盘的环形角焊缝探伤方法

A.2.3.1　在筒体圆周方向互成90°间隔，探伤检测不小于100mm长度的焊缝4处，其中有1处不合格，则全部进行探伤检测。

A. 2. 3. 2　用直探头垂直探测法，在“∇”处探测深度略大于 a，如图 A. 2 所示。

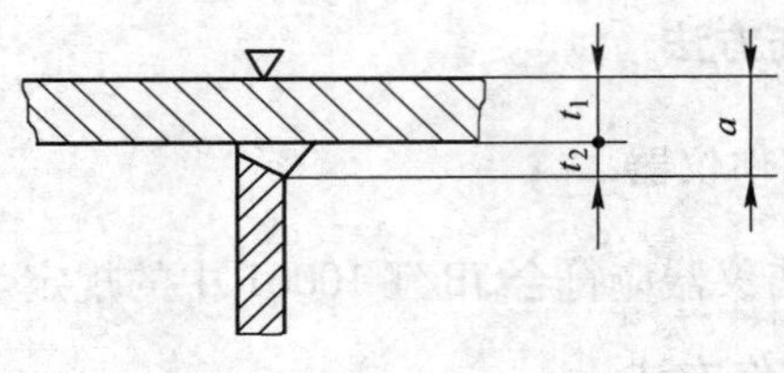

图 A. 2

$$a = t_1 + t_2 \quad \cdots\cdots\cdots\cdots\cdots \quad (A.1)$$

式中：

t_1——筒体钢板厚度，单位为毫米（mm）；

t_2——焊脚高度，单位为毫米（mm）。

A. 2. 3. 3　探伤频率采用 2. 5MHz 或 5MHz。

A. 2. 3. 4　以 ϕ4mm 平底孔直径使波高达到 40% ~80%。

A. 2. 4　滚筒轴探伤方法

A. 2. 4. 1　探伤方法按 GB/T 6402 的规定进行。

A. 2. 4. 2　对粗车加工至表面粗糙度为 6. 3μm 的非阶梯轴进行第一次探伤。热处理后的成品轴进行第二次探伤，以第二次探伤质量为准。

附录2　带式输送机行业名录

附2.1　科研单位

附2.1.1　北京起重运输机械设计研究院　中起物料搬运工程有限公司（CMHE）

北京起重运输机械设计研究院（简称北起院），前身是北起所创建于1958年，现已从原机械部直属的国家一类研究所发展、转制成为现代化的科技型企业，是中央国资委直属大型企业中国机械装备（集团）公司的成员单位。北起院具有良好的科研、试验及生产条件和雄厚的技术开发力量，主要从事开发研制各种物料搬运设备；承建各类自动化立体仓库、停车库和旅游架空索道工程；承担大型露天矿、港口、料场和工业企业的物流规划设计；承接各类物料搬运系统机电设备成套“交钥匙工程”项目，在行业中具有不可替代的地位，发挥着独特的影响。

北起院先后开发了振动输送机、垂直埋刮板输送机、斗轮堆取料机、袋物装车机、袋物装船机、双斗轮桥式混料机、滚筒式混匀取料机、桥式码垛机、全自动码垛机、重力式包装机、袋物拆包机、起重机电子秤、起重机超载限制器等新机种，填补了国内空白。还负责和组织行业联合设计组进行了TD型通用带式输送机、通用型埋刮板输送机、LS型螺旋输送机、GZ型电磁振动给料机、GZG型同步惯性振动给料机、DX型钢绳芯带式输送机、DY型移动式带式输送机、DTⅡ型固定带式输送机及带式输送机用硬齿面垂直轴减速器等系列产品的开发和更新；自行开发了DJ型波状挡边带式输送机、LU型链式输送机、气垫搬运车、核监控器等系列产品。这些产品及其技术已在国内普遍推广使用，并荣获多项国家科技进步奖和机械部科技进步奖。

中起物料搬运工程有限公司（CMHE）是由原机械工业部批准成立的有限责任公司，是由北京起重运输机械设计研究院控股的自主经营的全民所有制经济实体。中起公司（CMHE）拥有国家部委级的工程总承包、工程设计和工程咨询的甲级资格证书、进出口企业资格证书。中起公司（CMHE）集工程的科研开发、设计制造、安装施工为一体，承包各类装卸搬运物流系统工程及相应的计算机控制、管理系统的“交钥匙工程”，以及各类机械电器设备的销售和进出口业务：

（1）自动化立体仓库/车库系统；

（2）粮油仓储/生产加工物流系统；

（3）港口矿山装卸输送系统；

（4）散体物料灌装、称量、包装码垛系统；

（5）架空索道系统；

（6）各类起重运输机械产品、冶金矿山设备等机电产品销售；

（7）产品设计、工程技术培训、咨询和技术服务；

（8）起重运输设备、架空索道、计算机系统等机电产品进出口科、工、贸一体化的中起公司（CMHE）已经为多项国家重点建设项目，及欧、美、亚、澳、非五大洲数十个国家和地区提供了各类优质的工程、产品和服务。中起公司将以优势的信息资源、先进的研究开发手段、完备的试验检测装备、一流的制造加工能力和完善的质量管理与保证体系，确保向广大用户提供优质的产品与服务，迎接WTO的挑战。

地址：北京市东城区雍和宫大街52号
邮编：100007
电话：010-64052585
传真：010-64047537
E-mail：kezhengping@ sina. com　qzjbwh@ vip. 163. com
http：//www. bmhri. com

附2.1.2　北京科正平机电设备检验所　国家起重运输机械质量监督检验中心

北京科正平机电设备检验所（以下简称检验所），成立于2001年1月，是经北京市工商行政管理局批准，北京起重运输机械设计研究院组建并全资注册的具有独立法人资格的全民所有制单位。是根据市场对产品质量（安全）检验、产品质量（安全）认证、设备监理及技术咨询等中介服务的需求，以“国家起重运输机械质量监督检验中心”、“国家安全生产北京矿用起重运输设备检测检验中心”为基础组建的检验、试验、评估、认证、鉴定、标准服务等的综合服务实体。经营范围包括产品质量检验；技术服务、咨询、转让、认证；销售机电设备。

检验所组织机构图如下：

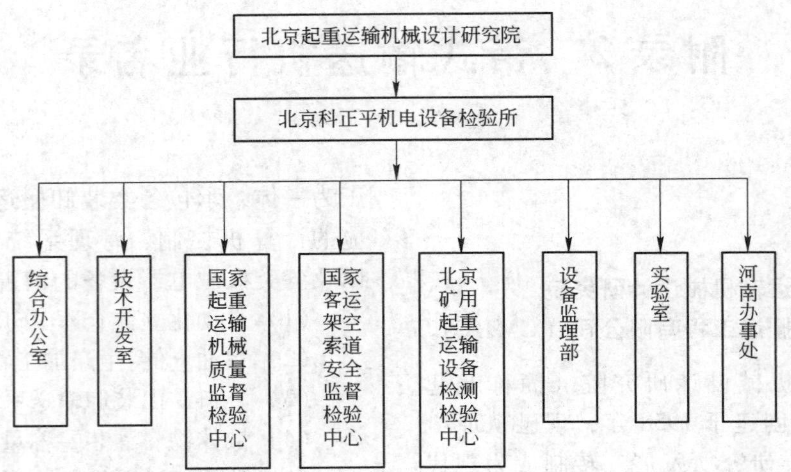

检验所已获得的资质包括：中国国家认证认可监督管理委员会国家中心资质认定授权证书、中国国家认证认可监督管理委员会国家中心资质认定计量认证证书、中国合格评定国家认可委员会实验室认可证书、国家安全生产监督管理总局安全生产检测检验机构甲级资质证书、中国国家认证认可监督管理委员会产品认证资质证书、国家质检总局和国家发改委授权的设备监理甲级单位资格证书等。

经国家质检总局批准，国家起重运输机械质量监督检验中心负责轻小型起重运输设备生产许可证的企业生产条件实地核查和产品检验工作，产品包括：通用带式输送机、移动带式输送机、波状挡边带式输送机、圆管带式输送机、千斤顶、手动葫芦；负责港口装卸机械产品生产许可证企业生产条件实地核查和产品检验，产品包括浮式起重机、斗轮堆取料机、斗式提升机、埋刮板输送机；负责起重机械的特种设备行政许可企业条件的鉴定评审和产品型式试验，产品包括：桥式起重机、门式起重机、门座起重机、流动式起重机、旋臂式起重机、机械式停车设备、轻小型起重设备、升降机、场（厂）内机动车辆、安全保护装置。

经国家安全生产监督管理总局批准，国家安全生产北京矿用起重运输设备检测检验中心专门从事矿用起重运输设备安全标志检测检验，产品包括煤矿用带式输送机托辊、缓冲托辊、煤矿用带式输送机、煤矿用带式转载机、刮板输送机、防爆电动葫芦、防爆桥式起重机、防爆电动单梁起重机、防爆电动葫芦桥式起重机、防爆电动悬挂起重机等，负责矿用起重运输设备的安全标志技术审查、检测检验及现场评审。

全国起重机械标委会、全国物流仓储设备标委会、全国工业车辆标委会、全国连续搬运机械标委会及全国起重机械标委会桥式和门式起重机分会的秘书处均设在国家起重运输机械质量监督检验中心标准化室，承担起重机械、连续搬运机械、物流仓储设备和工业车辆的标准化技术归口工作。

检验所现有人员近150名，拥有各类资格的人员，包括全国工业产品生产许可证审查员、特种设备行政许可鉴定评审员、国家注册安全工程师、国家注册ISO9000审核员、实验室外审员、注册设备监理师、超声波、射线、磁粉等无损检测资质等等。他们曾经多年从事起重运输机械产品的设计开发、生产制造、检验和试验工作，具有丰富的专业知识及扎实的业务基础。

从事的主要工作包括：

（1）轻小型起重运输设备和港口装卸机械产品生产许可证产品检验和企业生产条件核查；

（2）矿用起重运输设备的安全标志技术审查、检测检验及现场评审；

（3）特种设备制造许可证产品型式试验和企业条件的鉴定评审；

（4）轻小型起重设备出口许可证产品检验；

（5）起重运输机械产品仲裁检验、事故鉴定和其他委托检验；

（6）起重机械、连续搬运机械、物流仓储设备和工业车辆的标准化技术归口；

（7）协助政府部门制定安全技术法规和有关起重运输机械技术文件等。

检验所建有能满足产品检测需要的多种试验

室，并配备各种进口的、国产的、自行研制的具有国内先进水平（部分具有国际先进水平）的产品试验台及测试仪器。

检验所以北京起重运输机械设计研究院雄厚的技术实力为依托，遵循科学、公正、公平的质量方针，确保为新老客户提供及时、优质的服务。

地址：北京市东城区雍和宫大街52号
邮编：100007
电话：010-64018780 64035050 64033343
传真：010-64052252 64032570
E-mail：kezhengping@ sina. com qzjbwh@ vip. 163. com
http：//www. chinacogent. com www. chcic. com. cn www. ncsnc. com

附2.1.3 武汉丰凡科技开发有限责任公司

武汉丰凡科技开发有限责任公司成立于2000年3月，最初是以原武汉钢铁设计研究院（现中冶集团南方工程技术有限公司）退休人员为主组建的科技型公司。现拥包括计算机工学硕士具有10年以上工程技术方面富有经验的专家十多人。公司在机械化贮运工艺、设备设计，计算机软件开发方面有一定实力。主要从事技术开发和相关技术服务的同时，开发人员还兼做工程设计和咨询，该公司是中国重型机械工业协会带式输送机分会会员单位。

公司与北京起重运输机械设计研究院紧密合作，联合行业多家骨干企业，完成了《DTⅡ(A)型带式输送机专用图—2002》和《DTⅡ(A)型带式输送机专用图—2009》两版专用图的研发项目。在此基础上，双方合编了《DTⅡ(A)型带式输送机设计手册》(包括本次再版)。

我公司还和中冶南方工程技术有限公司、中钢集团工程设计研究院有限公司、中冶连铸工程技术有限公司、中达制铁工程技术有限公司等单位合作，完成了武钢第二混匀场和6号高炉、济钢1750高炉、鞍钢冷轧厂废边输送线的输送系统和津西连铸工程、武钢冶金焦检测中心、武钢建筑垃圾处理厂、武钢工业港矿石取制样系统等项目的工艺和设备设计，以及邯钢新区原料场、中钢集团北方金属资源公司和滨海基地的技术咨询服务等项目。

我公司今后仍将继续与北京起重运输机械设计研究院和业内各单位合作，发挥与业界联系广泛，技术积累丰厚和体制、机制灵活的优势，为有为的专家和年轻科技人员提供创新发展平台，不断研发带式输送机新部件，编制相关应用软件，为提高我国带式输送机的技术水平和工程设计效率做贡献。

地址：湖北省武汉市青山区冶金大道12号附4(三号楼)3111室
邮编：430080
电话：027-86879863 86866860
传真：027-86879863
E-mail：fftech@ vip. 163. com
http：//www. fftech. com
联系人：汪晓光

附2.1.4 中煤科工集团上海研究院运输机电研究制造中心

中煤科工集团上海研究院运输机电研究制造中心，自20世纪60年代初就从事煤矿井下运输机械的研究、开发及制造，是煤炭行业带式输送机和防爆特殊型电机车的技术归口单位和标准化委员会的挂靠单位。该中心主要从事各种带式输送机关键技术的研究、整机的新产品开发设计及其主要零部件的开发设计与制造。

研制中心技术力量雄厚，现有教授级高级工程师12人，高级工程师17人，硕士以上学历32人，总经理蒋卫良研究员曾经获得孙越崎青年科技奖和煤炭部专业拔尖人才和上海市科技系统十佳青年称号，享受国家特殊津贴的待遇。研制中心设计手段先进，全部研究设计工作实现了计算机化，并有国家级测试中心运输机械试验室作为科研试验的基地和全国广大用户及主要运输机械制造厂有着密切的合作关系，保证了技术和产品始终处于国内运输机械发展的前列，某些项目已达到国际先进水平，并已形成了处于国内技术领先的带式输送机的系列化产品。

历年来，研制中心承担了国家重点攻关项目及部重点课题几十项，取得的科研成果曾先后获得国家科技进步二等奖、国家发明四等奖、煤炭科技进步特等奖等部级以上奖励共二十余项，取得专利十多项。其中《SQD-440型大倾角上运带式输送机》获“国家‘七五’科技攻关重大成果奖”，“煤炭部科技进步一等奖”；《SBA型热压铸石托辊管体》获“国家科技成果发明四等奖”；《SDJ-150型伸缩皮带运输机》获“煤炭工业部科学技术进步特等奖”；《液力制动及其调节系统》、《防爆特殊型蓄电池机车电源装置》获“煤炭工业部科学技术进步一等奖”；《DTL120/60/2＊450型大倾角花纹带式输送机》获“中国煤炭工业科学技术二等奖”；《大倾角上运带式输送机的推广》、《STJ-800/250X型大倾角下运带式输送机》、《矿用托辊的研究》获“煤炭工业部科学技术进步二等奖”；《矿井主风机液力耦合器调速节能装置》、

《煤矿防爆特殊型电源装置及防爆电机车的研究和推广》、《新型矿车轮对的推广》、《带式输送机用弧齿锥齿轮行星齿轮减速器》、《SSJ1200/4 * 200M大功率带式输送机》获“煤炭工业部科学技术进步三等奖”；《夹矸石芯胶带运输机》获“上海市重大科学技术成果奖”；《SJ-80型伸缩皮带运输机》、《444型运输机的研制》和《钢缆胶带输送机》获“全国科学大会奖”。

近年来，凭借强大的技术优势和丰富的设计研究经验，研制中心拓宽了业务范围，先后承接了亚太纸业的输煤系统改造、Philips电子元件（上海）有限公司的移动显示测试系统、上海市地铁快速掘进配套输送系统、邢台矿业集团水泥熟料生产线、2800KW行星齿轮减速器及三峡工程卷板机等项目。研制中心还可承担矿山、化工、冶金和港口等运输机械的研究设计、产品开发、技术咨询、工程技术承包等各种业务。

地址：上海市天钥桥路1号煤科大厦10楼B座
邮编：200030
电话：021-64687684
传真：021-64388296
E-mail：yunshujidian@163.vip.com

附2.1.5　全国化工粉体工程设计技术中心站　中国石化集团粉体工程设计技术中心站

全国化工粉体工程设计技术中心站由原化工部批准，于1960年成立，现归中国石油和化工勘察设计协会领导。中国石化集团粉体工程设计技术中心站由中国石化集团工程建设部批准，于2005年正式成立，现归中国石化集团工程部领导。粉体中心站是跨行业、跨部门的设计技术中心机构，目前两个粉体中心站均挂靠在中石化南京工程有限公司。

建站53年来，粉体中心站编制了《化工机械化运输设计原则规定》等几十项国家级和省部级设计标准；编辑出版了《运输机械设计选用手册》、《气力输送设计手册》等20套大型工具书和专集；组织开发了机械化运输专业计算机辅助设计软件包（MTCAD），并获化工部优秀软件一等奖，已在几十家设计院应用；开发了熟料和纯碱埋刮板输送机及高温排渣技术，荣获化工部科技进步二等奖，并打入国际市场；完成了80多项设计基础工作，其中20项被评为化工部和中石化优秀基础工作奖。

粉体中心站出版发行具有国际书号的省部级科技杂志《硫磷设计与粉体工程》（ISSN 1009-1904、CN 32-1590/TQ）双月刊，已出版200多期。

2000年以来，粉体中心站编制的国家和行业设计标准有：《化工粉粒产品包装计量准确度规定》（HG/T 20547—2000）、《石油化工粉粒产品气力输送工程技术规范》（SH/T 3152—2007）、《化工粉体工程设计通用规范》（HG/T 20518—2008）、《石油化工粉体工程设计规范》（SH/T 3165—2011）和《石油化工粉体料仓防静电燃爆设计规范》（GB 50813—2012）等计10种。

粉体中心站经上级授权，可对产品质量上等、企业好的专业制造商进行“石油和化工工程建设部级产品定点”，为企业的产品进行鉴定，协助企业制订企业标准。为了适应企业改革开放的需要，粉体中心站正在加强技术服务和技术经营，具有许多产品技术图纸转让权，欢迎行业设计院和制造厂前来咨询、交流及洽谈。

参加粉体工程技术委员会的单位有：中国寰球工程公司、中国天辰工程公司、赛鼎工程公司、东华工程公司、中国五环工程公司、中国华陆工程公司、中国成达工程公司、中国石化工程建设公司、中石化洛阳工程公司、中石化上海工程公司、中石化宁波工程公司、中石化南京工程公司等30家单位。

地址：江苏省南京市江宁区科建路1189号
邮编：211100
电话：025-87117551
传真：025-87118966
E-mail：dongnn@snei.com.cn

附2.1.6　东北大学机械电子工程研究所

东北大学隶属于教育部。东北大学机械电子工程研究所是由选矿机械教研室和提升运输教研室合并而成。研究所集人才培养、科学研究和产品开发于一体，承担本科生、硕士、工程硕士、博士研究生的教学工作，在矿山机械和工程机械以及相关设备的机电一体化研究方面在国内处于领先地位。

研究所长期从事各种带式输送机的研究与开发工作。拥有带式输送机运行阻力测试实验台、滚筒摩擦系数实验台等测试设备和仪器。密封式气垫带式输送机获中国专利。对压带式大倾角带式输送机、气垫带式输送机、圆管带式输送机、波状挡边带式输送机、平面转弯带式输送机等特种带式输送机进行了广泛深入的研究，取得了大量的研究成果。开发的带式输送机设计计算、动力学分析等软件是目前国内唯一的应用到实际工程设计的带式输送机动力学分析软件，已经在国内外20余项工程项目中应用。在带式输送机工程设计方面，在国内率先开展转载站 DEM 仿真技术的研究，出版了通用带式输送机设计、特种带式输送机设计等专著，为国内多家带式输送机制造企业进行了带式输送机设计技术的培训，取得了良好的效果。

地址：辽宁省沈阳市和平区文化路 3 号巷 11 号
邮编：110819
电话：024-83670898
传真：024-23906969
E-mail：weigangsong@ mail. neu. edu. net
联系人：宋伟刚

附 2.1.7　太原科技大学输送技术研究室 太原科技大学连续装卸输送机械设计及理论学科

隶属于太原科技大学机械工程一级学科，专门从事连续装卸输送机械设计及理论与重大技术装备设计理论及关键技术的科研和教学，可以培养学士、硕士、工程硕士、博士研究生，拥有机械工程一级学科博士后科研流动站。目前共有教师 22 名，其中教授 6 名，副教授 2 名，博士 12 名，形成了 1）连续搬运机械及其系统设计和智能化研究、2）物流系统与现代物流装备、3）装卸机械安全评估理论及方法等方向特色。在国内最早进行输送带黏弹性及其对带式输送机动态性能相关影响的研究；首次提出智能装卸搬运机械概念及其拓扑结构和涡旋螺旋输送机理等理论；国内首创并掌握圆管带式输送机和气垫带式输送机等机型理论、设计、制造和使用关键技术，并广泛应用于能源、交通、冶金等行业的装备成套，居行业前列，达世界先进水平，引领了本方向多个机型和领域的发展方向。本学科研制的圆管带式输送机输送带反弹力实验台为圆管带式输送机及其输送带的国产化创造了有利条件、制动器惯性试验系统为新型制动器的研发提供了验证平台。本学科共主编各类著作十几部，获省部级科技成果奖多项，制定标准十几项，获专利授权十几项，共发表论文数百篇。全国连续输送技术委员会挂靠在本学科，近年来特别重视理论和实践的结合，解决企业生产中的实际问题，取得了良好的效果，为促进行业的技术进步做出了贡献。本学科多年来一直担任：全国机械工程学会物流工程分会常务理事、副秘书长，连续输送技术专业委员会理事长、秘书长，管道物料输送技术专业委员会常务理事，起重机械专业委员会常务理事兼秘书长；全国粉体工程设计专业委员会委员；全国带式输送机专业分会副理事长、输送机给料机分会副理事长；全国起重机械标准化技术委员和全国土方机械标准化技术委员；山西省机械工程学会理事，物流工程分会理事长、秘书长，等等。

地址：山西省太原市窊流路 66 号太原科技大学机械工程学院
邮编：030024
电话：0351-6998032
传真：0351-6998032
E-mail：tyustmwj@ tyust. edu. cn

附 2.2　工程总承包和设计单位

附 2.2.1　中国能源建设集团有限公司东北电力设计院

东北电力设计院创建于 1950 年，是新中国诞生后成立的第一个电力设计单位，是我国电力行业的奠基者和开拓者，经过 60 多年的探索与发展，东北院已成长为专业配备齐全、技术实力雄厚、科技人才荟萃、拥有 7 万多平方米办公面积的全国一流综合甲级设计院。

东北院以建设创新型、信息化、国际化、现代化高新技术企业为先导，按照发展战略要求，于 2008 年、2010 年先后对组织框架进行梳理，在机构重组的基础上，形成了职能管理、经营生产、支持服务三大机构体系，初步形成了国内生产经营一体化、国际经营专业化的格局。

人才是企业的财富。东北院科技人才荟萃，现有职工 1316 人，其中专业技术人员 1106 人。拥有一大批电力勘察设计行业的专家，其中国家级勘察设计大师 3 人，省级勘察设计大师 6 人，拥有第一批全国电力勘测设计行业资深专家 2 人，集团公司特级专家 3 人，专家 8 人，青年专家 18 人，各类注册师 310 人。东北电力设计院秉承“能本德先，人尽其才”的理念，广纳海内英才贤士，为员工搭建发展平台，帮助员工实现自身价值，从而创造企业与员工共赢局面。

改革是企业发展的动力。60 多年来，东北院不断改革内部经营管理机制，在全国电力勘测设计行业率先实行企业化试点，率先试行院长负责制，主动面向国内国际两个市场，建立了一整套适应企业发展战略需要的体制机制，推动了企业健康快速发展。

创新是企业发展的灵魂。一直以来，东北院在引领中国电力设计行业发展的同时，目前又在空冷、褐煤、核电、热电联产、IGCC、智能化电网等技术领域取得领先地位。60 多年来，东北院创造了新中国电力设计史上 100 多项第一，获得了几百项各类科技成果，30多项成果取得国家专利，被国家批准为高新技术企业。先后完成了我国第一个火力发电厂及全国第一台200MW、300MW、600MW、800MW机组的设计任务，设计完成了我国第一条220kV输电线路——松东李工程、第一条国产500kV元锦辽输变电工程等。近年来，东北院又完成了我国第一台国产600MW空冷机组、第一台600MW超超临界机组、第一台超临界热电联产机组以及亚洲最大容量燃褐煤塔式锅炉机组、东北地区首台1000MW机组、世界上最大容量的可控串补换流站，参加设计了我国第一个特高压交流和直流输变电工程等。

东北院从80年代开始就建立了一套行之有效的质量管理体系，1996年，东北院通过长城（天津）质量保证中心GB/T 19001质量体系认证，2001年顺利通过2000版质量体系复评。2007年12月26日，取得北京中电联认证中心颁发的质量管理体系认证证书（注册号：05007Q10077R1L）、职业健康安全管理体系认证证书（注册号：05007S10048R1L）、环境管理体系认证证书（注册号：05007E20046R0L），这是东北院发展史上的又一项重大管理成果。东北院的三标（质量、职业健康安全和环境）管理方针是遵守法规，追求卓越，更优质、更健康、更清洁。

60多年来，在创造经济效益的同时，东北院积极履行企业的社会责任，所取得的成绩得到业内和社会的认可。获得了“全国勘察设计企业综合实力百强企业”、“全国实施卓越绩效模式先进企业特别奖”、“全国电力行业质量奖”、“全国模范职工之家”、吉林省文明单位、长春市五一劳动奖章等多项荣誉和称号。在历次“中国勘察设计综合实力百强单位”评选中，东北院全部入选，并连续十五年被评为“吉林省文明单位”和“吉林省重合同守信用单位”。2000年和2001年东北院先后荣获国家电力公司“双文明单位”和“一流电力设计企业”荣誉称号。2004年被评为“全国守合同重信用单位”。2006年随着管理水平和经营业绩的不断提升，东北院被评为“实施卓越绩效模式先进单位”和“全国用户满意企业”、“全国用户满意产品”、“全国用户满意服务”的最高荣誉，目前还一直连续保持着这个殊荣。

东北电力设计院将秉承“建设具有国际竞争力的工程公司”的愿景，谨记“为员工和顾客提升价值，为股东和社会创造效益”的使命；恪守“以人为本，和谐发展”的价值观；弘扬“精益求精，励志进取”的企业精神，全心投入到“建精品工程，创百年品牌”的实践中！

地址：吉林省长春市人民大街4368号
邮编：130021
电话：0431-85798880（总机） 85798033
传真：0431-85643564
E-mail：wanglimin@ nepdi. net

附2.2.2 机械工业第六设计研究院有限公司

机械工业第六设计研究院有限公司（简称中机六院）创建于1951年，是国家大型综合设计研究院，全国勘察设计行业综合实力百强单位，隶属中央大型企业集团——中国机械工业集团有限公司。

公司拥有国家住房和城乡建设部颁发的工程设计综合甲级资质、工程监理综合资质、工程造价咨询甲级资质、建筑智能化工程设计与施工一级资质；国家发改委颁发的工程咨询甲级资质；国家商务部颁发的对外工程承包经营资格证书及援外设计、援外监理等资格；质量技术监督局颁发的压力容器、压力管道设计许可证；同时还拥有城市规划、机电设备安装等资质。

公司现有12个工程院、4个子公司、2500多名员工，其中中国工程院院士1人、中国工程设计大师2人、英国皇家特许建筑设备注册工程师协会荣誉资深会员1人、世界铸造者组织环境委员会中国执委1人，享受政府特殊津贴专家28人、研究员级高级工程师110人、高级工程师386人、各类国家注册工程师535人。

主要业务涵盖工业、民用、市政和环境工程领域的咨询、设计、工程总承包、项目管理和工程监理。建院以来，完成工程项目15000余项，主编、参编国家和行业标准、规范25项；荣获国家科技发明二等奖1项、中国土木工程创新最高奖詹天佑奖1项、鲁班奖7项、国家科技进步及优秀工程设计金、银、铜奖25项、省部级奖300余项。以中机六院为主编单位，三次编写和设计了轻、中型ZJT1—76、ZJT1—86和ZJT1—96带式输送机设计选用手册及通用部件施工图，其中后两项分别获机械工业部优秀标准设计一等奖和优秀工程设计三等奖。

工业工程主要包括机床工具、铸造工程、无机非金属材料、重矿机械、轻工烟草工程、石化机械、轨道交通装备、新能源装备、轻纺机械、工程机械、通用机械、农用机械、电工电器、仪器仪表、基础标准件、汽车及汽车零部件、军工等16大类机械行业，被客户誉为是中国机械工业综合实力最强的设计院。

民用工程涵盖省市级政府大型办公建筑、大型会展中心、文化艺术中心、体育场馆、大型游泳中心、机场航站楼、大型交通站场、大型公检法及海关建筑、大型城市商业综合体建筑、大型金融保险建筑、大型综合及专业医疗建筑、综合性大中小教育建筑、五星级宾馆酒店、高档住宅以及城镇、景观规划等。

市政与环境工程涵盖城市集中供热的规划与设计，城镇自来水厂的规划与设计，城镇生活污水处理厂及污泥资源化处理工程、食品工业废水深度治理工艺及总承包工程、生活垃圾处理及危险固体废物处理等。

我院是国内机床工具和无机非金属材料两个行业唯一的专业设计院，是民用建筑、烟草、铸造、煤矿机械、重型机械、风电机械等几个行业设计强院，在大型工厂和园区规划、企业生产流程再造、高难度结构、暖通空调、工业除尘、信息智能化、绿色工业建筑、市政和环境工程等许多方面具有国内一流的工程技术。

我院秉承“服务是立院之本、创新是兴院之道、人才是强院之基”的理念，以“打造中国装备工业工程设计第一强院”为己任，竭诚以一流的技术、一流的队伍、一流的管理为国内外客户提供工程建设领域的全过程、全方位服务！

地址：河南省郑州市中原中路191号
邮编：450007
电话：0371-67606042
传真：0371-67606147
E-mail：Ly_dept2@163.com
http：//www.sippr.cn

附2.2.3　中国冶金科工股份有限公司京诚工程技术有限公司（中冶京诚）

中冶京诚工程技术有限公司（简称：中冶京诚）是由世界500强企业——中国冶金科工集团（MCC）控股的国际工程技术公司和高新技术企业。业务领域涵盖钢铁、矿山、机械、造纸、电力、建筑、市政、公路、公用基础设施等多个行业。拥有建设部首批颁发的国家行业最高级别行政许可：工程设计综合资质甲级。工程设计业务准入涵盖我国工程设计全行业的业务范围。

中冶京诚的前身是冶金工业部北京钢铁设计研究总院，成立于1951年。六十多年来，中冶京诚集丰富工程经验和雄厚技术实力，成功为国内外500多家用户提供了5000余项工程咨询、工程设计、工程总承包、项目管理服务、工程监理、环境评价、设备制造等技术服务，填补了诸多领域国家技术空白，完成了多项国家重点工程设计和科研课题，获得国家优秀工程设计奖、发明奖、科技进步奖460余项，拥有专有技术、职务发明专利300余项，主持或参加了260余项国家和行业标准的编制工作。

中冶京诚设有博士后工作站，建设了亦庄研发中心、技术研究院和中试基地，形成了研究、设计、制造、中试、工程、产业一体化的自主产品创新模式。中冶京诚在历年全国一万多家勘察设计企业综合实力百强评选和全国勘察设计企业营业收入排序中，一直位居行业百强前列，更在2007年、2008年连续2年位列百强之首。

储运工程技术所是中冶京诚公司的专业工程技术所。是国内最早从事冶金钢铁企业原料准备工程的咨询、设计、科研和开发单位，是全国冶金原料准备及搬运学术委员会的挂靠单位，原料储运行业多项设计规范主编单位，中国物料储运领域专业媒体刊物《物料储运》主编和承办单位。拥有丰富的实践经验和雄厚的技术积累，培养造就了众多专业技术骨干，工程技术成熟先进，综合实力强大。几十年来，承担了国内外钢铁厂、铁合金厂、直接还原铁厂、发电厂、水泥厂及其他行业的综合原料场、散状物料输送、仓储工程设计和技术服务数百项，荣获数十项国家级和省（部）级优秀设计奖项，拥有几十项专业核心技术和国家专利。

储运所专业从事大型综合原料场、原料库、炼钢散状料供应、工业固体废弃物处理、仓储、资源综合回收利用等设施的技术研发、设计咨询和工程总承包。

地址：北京经济技术开发区建安街7号
邮编：100176
电话：010-67835835
传真：010-67835857
E-mail：public@ceri.com.cn
http：//www.ceri.com.cn

附2.2.4　中国冶金科工股份有限公司南方工程技术有限公司（中冶南方）

中冶南方工程技术有限公司（简称中冶南方，前身为冶金工业部武汉钢铁设计研究总院），是由中国冶金科工股份有限公司控股的高新企业，是等级最高、涵盖业务领域最广的工程设计综合甲级资质企业之一。主要从事钢铁、能源、环保、市政、建筑工程咨询、设计和工程总承包；硅钢、机械、电器、热工产品制造；清洁能源、节能环保、工业气体项目的投资、建设、运营。

半个多世纪以来，中冶南方集研发、工程咨询、工程设计、项目管理的经验和完善的服务体系，始终与世界先进技术同步，并自主创新实现技术和装备的国产化，建有专门的研发中心和中试、制造基地，设有博士后工作站，获得国家优秀工程设计奖、发明奖、科技进步奖200余项，完成国家重大科研课题10余项，拥有数百项专有技术、专利技术。在全国勘察设计企业综合实力百强评选和全国勘察设计企业营业收入排序中，一直位居前10名。

中冶南方办公环境优美，技术开发条件优良，汇聚了一大批专业技术人才，拥有国家工程设计大师2人，高级职称技术人员占35%以上，分别为工艺、设备、自动化、能源动力、规划、土建、经济等24个专业的技术专家。设有7个专业设计室，11个事业部（所），5家分公司，12家控股子公司，1个技术研究院。主办国家核心科技期刊《炼铁》杂志。

中冶南方以创建国际一流工程公司为目标，承担并完成了数百项国家重点工程设计、设备成套和工程总承包项目，能够为冶金、环保、能源、城建等领域的客户提供专业、增值的服务，以获得国家科学技术进步奖一等奖的鞍钢1780mm大型宽带钢冷轧生产线，获得全国优秀工程设计“金奖”的宝钢1550mm冷轧工程，获得全国优秀工程总承包项目“金钥匙”奖的涟钢2200m^{3}高炉总承包工程、马钢冷轧后工序加工工程等为代表的一大批项目建成投产，成为冶金、环保领域最重要的工程总承包商。

中冶南方物流事业部依托公司雄厚的技术实力、先进的设计理念、丰富的设计经验，以钢铁行业为主业，广泛涉足机械、电力、物流、汽车、建材、环保等众多领域，专业从事散状物料贮运、固废物处理及资源回收、机械制造和检化验系统的咨询、设计、技术开发、设备成套和工程总承包业务，近年来主要获奖项目及科研成果有：

武钢港务公司堤内水运一次料场总承包工程，荣获部级优秀设计二等奖；

邯钢新区原料场工程，荣获部级优秀设计二等奖；

武钢集团鄂钢原料场技改工程，荣获部级优秀设计二等奖；

沙钢集团综合料场改造工程，荣获部级优秀设计三等奖；

华菱集团湘钢炼铁综合料场整合工程，荣获部级优秀设计三等奖；

武钢集团昆钢淘汰落后、结构调整技术改造工程可行性研究，荣获省级优秀工程咨询成果一等奖；

中冶南方机电产业园工程可行性研究，荣获省级优秀工程咨询成果一等奖；

试样自动分选及输送系统，荣获部级科技成果奖；

一种高效节能分选回收不锈钢炉渣处理工艺，荣获部级科技成果奖。

地址：湖北省武汉市东湖新技术开发区大学园路33号
邮编：430223
电话：027-81998199　82996114　81997114　86863356
81997566（机械储运分公司）
传真：027-81996666
E-mail：wuliu@ wisdri. com
http：//www. wisdri. com

附2.2.5　中钢集团工程设计院有限公司

中钢集团工程设计研究院有限公司（简称中钢设计院，英文缩写SEDRI）是中国中钢股份有限公司（简称中钢股份，英文缩写SINOSTEEL）所属的全资子公司，是以工程总承包、工程设计、工程咨询和项目管理为主业充满朝气的现代科技企业。

中钢股份是国务院国资委管理的中央企业。主要从事冶金矿产资源开发与加工、冶金原料、产品贸易与物流、相关工程技术服务与设备制造，是一家为钢铁工业和钢铁生产企业提供综合配套、系统集成服务的集资源开发、贸易物流、工程科技为一体的大型企业集团。

中钢设计院创立于1971年，前身为河北省矿山冶金设计院，2001年划归中国中钢集团公司。中钢集团为适应全面快速发展的需要，提升集团公司工程设计、研发水平，发挥中钢设计院在设计领域的龙头作用，对中钢设计院进行了重设组建，将中钢设计院注册地迁址到中钢集团公司总部——北京市海淀大街8号，并对中钢设计院的市场定位、组织机构、专业及人员配置等按照大型综合甲级设计院的要求进行了全新的设置。2007年12月19日新设成立的中钢集团工程设计研究院在京举行了挂牌仪式。

中钢设计院拥有一支包含采矿、选矿、综合原料厂、焦化、烧结（包括球团）、炼铁、炼钢、轧钢、铁合金、设备、供配电、电气传动、自动化仪表、电信、工民建等30多个专业的高水准的工程设计、工程咨询、工程承包以及项目管理的专业队伍；人员结构合理，专业配套齐全，技术实力雄厚，技术装备精良，具备冶金全行业、建筑工程、广电行业通信铁塔的《工程设计》和《工程咨询》以及《工程总承包》甲级资质，同时还具备市政公用行业、建材行业非金属矿的《工程设计》和《工程咨询》乙级资质，工程勘察的乙级资质。于2001年通过GB/T 19001—2000质量体系认证。

三十余年来，中钢设计院为国内外200多个企业完成了千余项来自采矿、选矿、烧结、炼铁、炼钢、轧钢、金属制品等冶金全行业工程项目的工程设计、咨询及项目管理和工程总承包；完成了几百项民用建筑、高速公路设施的工程设计工作；以及2000多个通信铁塔的工程设计。形成了在采、选联合工程和钢铁联合企业的整体工程设计的独特优势，采用了循环经济的理念及多项专利技术和专有技术，使整个钢铁联合企业能耗低、环保好、产量高、成本低、自动化程度高，极大地支持了中国钢铁工业的健康快速发展。

中钢设计院在平等互利双赢合作的基础上，先后同美国、日本、德国、英国、印度、伊朗、越南、印尼等国家开展了不同类型的技术交流及合作。

中钢设计院始终贯彻“诚实、守信”的立院之本和“质量第一，顾客第一”的质量方针，坚持精心设计、科学管理、不断创新的理念。愿与国内外客户诚挚合作，竭诚为客户提供优质、高效的工程总承包、工程设计和工程咨询、项目管理等技术服务，在用户的发展中获得发展，与合作伙伴携手共赢。成为具有国际竞争力的钢铁行业专业设计研发机构，为钢铁行业客户和其他相关行业客户提供高质量的系统的技术服务。

地址：北京市海淀大街8号中钢国际广场18层
邮编：100080
电话：010-62687111
传真：010-62687578
http：//www.sinosteel.com

附2.2.6　中国五环工程有限公司

中国五环工程有限公司（简称：“五环工程”wuhuan）前身是创建于1958年的化学工业部第四设计院，现为国务院国资委直接管理的中国化学工程集团公司的全资子公司和化学工业领域重点骨干科技型企业。

五环工程是具有工程建设项目全过程承包和管理功能的国际型工程公司。公司拥有工程设计综合甲级资质和工程咨询、工程监理、工程造价咨询、建设项目环境影响评价等多项甲级资质，并享有对外工程咨询、工程设计及工程承包经营权，是首批获得全国AAA级信用企业资格的工程公司。五十多年来，五环工程为中国化学工业的发展和腾飞做出了杰出贡献，在工程科技领域硕果累累。累计完成境内外1700余项大中型设计项目和60多项工程总承包项目，业务遍及国内31个省、直辖市和全球20多个国家和地区。

作为化学工业诸多领域的领跑者，五环工程在煤化工、碳一化工、化肥、磷化工和新型合成材料等工程科技领域始终占据行业发展战略制高点，处于市场主导和技术领先地位，建设了一大批具有重大产业示范意义的高端项目，树立了国内知名的一流品牌。

五环工程拥有一支专业齐全、经验丰富、勇于开拓的高素质人才队伍，现有职工近1100人，各类工程技术人员占员工总数的96%以上，其中包括多名国家和部级设计大师。五环人秉承“诚信、责任、创新”的理念，以建设“用户信赖的合作伙伴，世界著名的一流企业”为目标，不懈追求，赢得了遍布全球的合作伙伴和客户的广泛认同。

五环工程构建了先进的计算机网络平台体系和应用体系，能按国际通用模式开展工程设计和项目管理。拥有国际一流的工程设计、项目管理及办公自动化等应用软件和工程数据库，以精湛卓越的技术实力确保了优质的工程质量。

五环工程高度重视QHSE管理，建立了国内一流的工程公司QHSE管理体系。获得了德国莱茵公司颁发的质量管理体系、环境管理体系、职业健康安全管理体系三项证书，高质量的体系运行管理已成为行业内典范。

五环工程始终坚持技术创新，在多个领域处于国内领先地位，取得众多具有重大产业影响力的技术成果。获得了234项国家和省部级工程科技奖励，开发并拥有了具有国际先进水平的自主知识产权专利技术36项、专有技术22项。近三年来，公司先后获得国家建设部授予的“‘十五’科技创新先进单位”，国家人事部、国务院国资委授予的“中央企业先进集体”，湖北省委省政府授予的“文明单位”等荣誉称号。在2008年度国家住房与城乡建设部全国工程勘察设计企业营业收入百名排序中位列第38名。

信心成就宏伟事业，工程缔造美好世界。在新的发展阶段，五环工程将勇立潮头，进一步加强与国内外各界朋友的交流与合作，不断超越、共同发展，为建设人类社会美好的明天不懈努力！

五环工程在公用系统室设有粉体工程专业组（以前称机械化运输专业组），现有分管主任工程师1名，设计人员25人（其中教授级高级工程师3名、高级工程师8名）。在公司内承担工程生产装置（PVC、PP、DAP、TSP、NPK、LGU、纯碱、煤化工、褐煤提质等）的粉体工程处理加工（如挤塑造粒、破碎筛分、制粉制浆、干燥、输送、配料）的设计和辅助生产装置（如原燃料贮运、产品包装贮运、排渣）的设计，还承担过以本专业为主导专业的电石工程和石灰生产工程的设计。

地址：湖北省武汉市东湖新技术开发区民族大道1019号长城科技园
邮编：430223
电话：027-87802258　81926246（经营部）
传真：027-87802259（经营部）
http：//www. cwcec. com

附2.2.7　中国轻工国际工程设计院（中国轻工业北京设计院）

中国轻工国际工程设计院（中国轻工业北京设计院）成立于1953年1月，是以工程设计为主体的国际型设计院，具有对工程项目的规划、咨询、评估、设计、造价、监理、总承包等功能。在轻工主行业，如制浆造纸、合成洗涤剂及原料、油脂化工、啤酒、食品、饮料、盐及盐化工、日用玻璃、塑料等设计技术方面处于国内领先地位，在国内外享有很高的声誉。

建院近50年来，共为国内近3000个大中型企业，为国外20多个国家40余个大中型项目提供了工程设计、工程咨询、工程承包等服务，与亚、非、欧、美、澳各大洲数百家著名公司建立了实质性的合作和业务关系。1980年以来，共有200余项优秀成果荣获国家级和部（委）级嘉奖。

全院现有职工732人，工程技术人员663人，其中国家设计大师3人，享受国家特殊津贴38人，教授级高级工程师67人，高级技术人员289人，一级注册建筑师22人，一级注册结构工程师64人。

院持有轻工行业、建筑、市政（排水）、智能建筑、环保（废水、废气）、室内装饰甲级设计证书，建设监理、工程造价、工程总承包、工程咨询甲级证书，Ⅰ、Ⅱ、Ⅲ类压力容器设计证书，压力管道设计证书。此外，还持有市政（给水、热力）、环境影响评价、电力、环保（固废）乙级设计证书等。

业务范围包括轻工业和民用建筑的建设规划、建设场地选择、可行性研究和技术经济论证、工程设计、工程咨询、环境影响评价、工程总承包、项目管理、工程建设监理、项目评估、工程造价、智能建筑（系统工程设计）、室内外装饰装修设计、微机应用与开发、各种非标准设备及压力容器、压力管道的设计、人员培训、生产准备、竣工验收、劳务出口等业务，并提供全过程、全方位、高质量、高水平的周到的技术服务。

1997年在轻工设计系统率先通过ISO 9001质量体系认证，是全国百强甲级设计单位。2000年10月成为由中央企业工委主管的十家大型设计企业之一。

地址：北京市朝阳区团结湖
邮编：100026
电话：010-65826367
传真：010-65823590
E-mail：qxbcelf@ public. bta. net. cn
http：//www. bcel-cn. com
联系人：王建林

附2.3　输送带制造企业

附2.3.1　青岛华夏橡胶工业有限公司

青岛华夏橡胶工业有限公司，集开发研究、设计制造、经营服务为一体的国际化专业公司。是中国橡胶工业协会、中国重型机械协会、中国建设机械协会、中国工程机械协会成员单位，是《DTⅡ(A)型带式输送机国家标准》、《波状挡边带式输送机行业标准》、《卷管带式输送机行业标准》、《钢丝绳牵引阻燃输送带行业标准》的主要起草单位。现已发展成为拥有青岛华夏橡胶工业有限公司、澳洲XEMPLAR矿业（服务）有限公司、青岛沃克矿山装备有限公司、高陆博特种胶带有限公司和高陆博橡胶有限公司的集团性企业，公司产品已通过印度国家实验室等权威机构检测认证，通过ISO 9001：2008国际质量管理体系认证，产品质量国际一流。2005年公司在美国煤炭市场取得煤安证，是到目前为止国内唯一一家取得U. S. Department of Labor(美国)煤安证（No. 18-CBA05004/001）的矿用输送带生产厂家。2009年12月华夏正式成为国际输送带协会NIBA的会员。

华夏生产的ST/S2000 B1600单条输送带过煤量7700万吨的优秀业绩服务于神华集团，单条输送带过煤量1亿吨的优秀业绩服务于神华集团，单卷长度最长的870米钢丝绳强力输送带服务于大同塔山煤矿。因采用独特的模块化结构设计，华夏高强力输送带可以灵活配置各设备单元，再加上完备的自动化和控制系统，将成为您理想的合作伙伴。

地址：山东省青岛市即墨通济区城马路146号
邮编：266228
电话：0532-82519338
传真：0532-82518381
E-mail：huaxiazongjingban@163.com

附2.3.2　上海富大胶带制品有限公司

上海富大胶带制品有限公司于1992年成立。公司下属富大同诺环境科技有限公司、富运运输机械有限公司、富太特种胶带制品有限公司、富雍国际贸易有限公司及富天输送带厂、崇明三角带厂等分支机构，是一家由公司原始投资者及现任经营管理者和广大员工共同持有股份的现代化股份制民营企业。

公司注册资金5000万元，资产总值8000万元，总部设在上海市虹口区东余杭路1168号。生产基地坐落在上海崇明岛，有3条钢绳芯带生产线，3条分层带生产线，1条整芯带生产线，共计7条胶带生产线，年均销售约6个亿。

公司主要生产销售的产品有钢丝绳芯输送带、尼龙、聚酯和棉帆布织物芯输送带、普通V带、窄V带，一般用途耐燃输送带、煤矿用阻燃输送带、异型特种用途胶带和橡胶制品。其产品遍及电力、钢铁、煤炭、码头、水泥、五金、化工等行业，并远销国内外。

公司秉承质量立业，科技兴业的方针。在1997年底，通过ISO 9002国际质量体系和产品质量认证，并取得中国方圆认证委员会质量认证证书。在国内数百家胶带企业中是最早得到ISO 9002国际质量体系和产品质量认证证书的企业。公司注重售后服务和企业文化，坚持优秀的产品售后服务，有一支技术精湛、素质很高的服务队伍活跃在全国各地，并为用户输送带胶接、修补举办各种技术培训指导。公司企业文化是善待用户、善待员工，企业以诚信为本、以人为本。

地址：上海市虹口区东余杭路1168号
邮编：200082
电话：021-65590898
传真：021-65418294
E-mail：fuyun0210@163.com
http：//www.shanghaifuda.com

附2.3.3　浙江双箭橡胶股份有限公司

浙江双箭橡胶股份有限公司（原桐乡市双箭集团有限责任公司），位于浙江省北部桐乡市，东靠京杭大运河，南临320国道，西接104国道，交通十分便利。

1986年建厂以来，依靠科技进步、技术改造，取得了蓬勃发展。公司已成为中国管带行业骨干企业，浙江省行业最大工业企业，中国橡胶工业协会理事，资信AAA级企业，被国家电力公司批准为电站配套胶带定点企业。

公司专业生产“双箭”牌输送带、平胶带以及胶管系列产品，具有年产输送带460多万平方米、胶管320多万标米的生产能力。产品主要用于电力、煤炭、冶金、矿山、建材、交通、化工、邮电、食品、纺织、烟草等行业。输送带主要品种有：普通型、强力型（尼龙、EP、钢丝绳芯）、耐酸碱、耐高温、防撕裂、耐油、耐寒、阻燃、管状型等。

公司具有一流的生产设备，其中高强力钢丝绳芯输送带生产线，集国内外先进技术、先进工艺为一体，采用油加热硫化体系，在全国同行业中尚属首创。公司管理水平先进，具有较强的检测手段，产品质量稳定，均符合或超过国家标准，其中普通织物芯输送带采用国际标准ISO 283—1980，钢丝绳芯输送带采用日本标准JISK 6369—1979，并实行了产品质量责任保险，已通过ISO 9002质量保证体系认证，产品畅销国内外市场，年出口量占总产量的30%以上。

地址：浙江省桐乡市洲泉镇
邮编：314513
电话：0573-8531385　8531999　8531567
传真：0573-8531023　8531566
E-mail：d-arrow@mail.jxptt.zj.cn
http：//www.doublearrow.net

附2.3.4　安徽欧耐橡塑工业有限公司

（见附2.6.9小节内容）

附2.3.5　无锡市吼山硫化设备有限公司（无锡金城工程机械厂）　无锡市信达机械有限公司

无锡市吼山硫化设备有限公司（无锡金城工程机械厂）始建于1989年，地处风景秀丽的太湖之滨。公司占地面积7500m^2，生产建筑面积5300m^2，拥有资产总额1000多万元，现有基本员工132人，其中，中、高级技术管理人员25人，本公司生产的DPL型电热式胶带硫化机、修补机等系列产品已大量用于冶金、煤炭、电力、港口、矿山等行业，并出口国外。同时，本公司具有一支专业硫化胶接队伍，为攀钢西昌二基地普通输送带、钢丝绳芯输送带胶接 60000 米，接头合格率 100%。另外，本公司受加拿大、德国相关企业委托，已开展进口硫化机、修补机等产品销售与服务。

法人代表： 陈士军 13606196255
地址： 江苏省无锡市查桥新世纪工业园红心东路 8 号
邮编： 214123
电话： 0510-85062395 85063543 85062219 85062044
传真： 0510-85062219
E-mail： 13921523173@163.com webmaster@jclhsb.com
http： //www.jclhsb.com

附 2.4 电动滚筒制造企业

附 2.4.1 集安佳信通用机械有限公司

（见附 2.6.13 小节内容）

附 2.4.2 湖州电动滚筒有限公司

湖州电动滚筒有限公司系中国重机械工业协会带式输送机分会成员单位。国家重点支持高新企业。公司集科、工、贸为一体，拥有资产 6000 余万元，工厂占地面积 2.7 万平方米，员工 300 余人，其中工程技术人员占 20% 以上。公司制度健全，管理严格，1999 年通过了 ISO 9002 质量管理体系认证。

公司专业生产电动滚筒，主导产品为“星力牌”电动滚筒：YTH 外装式减速滚筒，DTYⅡ电动滚筒，TDY 油冷式电动滚筒，YDB 隔爆型油冷式电动滚筒，YT、YD 油浸式电动滚筒。公司技术系从德国引进，设计起点高，产品性能优越。公司现拥有年产 10000 台以上电动滚筒生产能力以及设计生产变形产品、延伸产品和其他产品的应变能力，是江南地区最大的电动滚筒专业生产厂家，全国电动滚筒制造业的骨干企业。公司产品拓展到几千多种规格，已在矿山、码头、热电厂、钢铁厂及建材、橡胶、化工、食品、家电等行业厂家的生产流水线、输送线上广泛使用。其中 YTH 型外装式减速滚筒、YDJD 型油浸式调速电动滚筒分别被国家经贸委认定为国家级新产品。YT、YD 型油浸式电动滚筒获科技进步二等奖。

公司以“追求一流品质，维护顾客利益”为宗旨，竭诚为广大用户和配套单位提供优良的产品和满意的服务。

地址： 浙江省湖州市西凤路 888 号
邮编： 313000
电话： 0572-2022227 2111325
传真： 0572-2059480
E-mail： hzdt888@126.com hzdt@mail.huptt.zj.cn
http： //www.hzdt.com.cn

附 2.4.3 南宁市劲源电机有限责任公司

南宁市劲源电机有限责任公司是专业生产各类电动滚筒和油冷式电动滚筒专用的三相异步电动机创新型的技术企业，是中国重机协会带式输送机分会电动滚筒小组成员，中西南地区生产电动滚筒最大专业生产制造商，公司技术力量雄厚，产品严格按照国家技术标准设计、制造和试验，并通过了 ISO 9001：2008 质量管理体系认证。因生产工艺先进、质量稳定可靠、产品品种规格齐全，曾多次得到区、市的嘉奖。“劲源”牌电动滚筒荣获广西人民政府颁发的区级优质产品荣誉证书，并被自治区科技厅授予广西制造业信息化工程示范企业和广西中小企业创新科技服务网示范企业，产品为广西铝业公司、广西岩滩电站等几个国家重点工程配套。产品辐射全国，并大量出口东南亚等几个国家。

公司已成为中西南地区生产、销售电动滚筒、电动机等产品的区域性龙头企业，我公司本着“质量第一、用户至上”的原则，竭诚为用户提供优质的产品和优良的服务，热诚欢迎社会各界新老客户莅临指导、惠顾。

公司企业精神：脚踏实地、超越自我、追求卓越、与时俱进。

地址： 广西壮族自治区南宁市北湖南路 30 号
邮编： 530001
销售热线： 0771-3323116 3306880(传真) 3330161 3348029
E-mail： 365@jydj.com
http： //www.jydj.com jydj365.cn.alibaba.com(阿里巴巴)

附 2.4.4 桐乡机械厂有限公司

桐乡机械厂有限公司是浙江省桐乡市属国有企业，1958 年建厂。是全国电动滚筒行业最早的生产企业之一，中国重型机械工业协会带式输送机分会成员厂，原机械工业部电动滚筒行业标准起草成员厂。工厂占地面积四万余平方米，设有普通铸造，球墨铸铁铸造，金属切削加工，钣焊，冷作，锻造，电焊，热处理等车间和金相试验，计量等部门。电动滚筒产品生产已有二十多年历史，目前已形成年产电动滚筒 2000 台生产能力。产品有 TDY 油冷式，YD 油浸式，YD 大功率油浸式，DY1 油冷式，QDY 油冷式，WD 外装式，WT 大功率外装式七大系列，1000 多种型号规格电动滚筒，并为用户设计制造非标准电动滚筒。产品质量稳定，检测手段齐全。目前企业正在申办

ISO 9001产品质量认证。

地址：浙江省桐乡市崇福镇南沙滩2号
邮编：314511
电话：0573-88381165　88382312　88385728
传真：0573-88381709
E-mail：zjtxjxc@163.com
http：//www.txjx.net

附2.4.5　桐乡市梧桐东方齿轮厂

桐乡市梧桐东方齿轮厂系中国重型机械工业协会带式输送机分会成员单位；系环力牌电动滚筒、齿轮、减速机产品的专业生产企业。

工厂位于风景秀丽的江南水乡，一代大文豪茅盾的故乡。工厂成立于1996年，现有员工58人，拥有一支很强的技术和管理队伍，人员具有丰富的专业知识和强烈的创新意识。产品在采用德国先进技术的基础上，研发成功新一代环力牌高品质、低噪声的硬齿面行星结构电动滚筒系列产品，可根据用户要求设计数百种规格的环力牌电动滚筒，年生产能力达到3000台以上，产品广泛应用于矿山、码头、电热厂、建材、化工、橡胶、食品家电等行业厂家的生产流水线、输送线上，深受广大用户好评。

工厂技术力量雄厚，加工设备先进。从员工培训，生产管理，销售管理，财务管理等各方面均建立了完善的现代企业管理制度。工厂已通过ISO 9001：2008质量管理体系认证；并荣获“诚信民营企业”荣誉。

在企业发展过程中，我厂始终坚持“为用户创价值，做优秀制造商”的理念，竭诚为广大用户提供高品质的产品和完善的售后服务。同时依照“时间就是金钱，效率就是生命”的方针，工厂储备了大量各种规格的零部件和成品，能在用户提出需求的第一时间内，迅速的提供产品和服务。

以下为我厂生产电动滚筒的主要型号：

YTH型外装式电动滚筒、TDY油冷式电动滚筒、YT型油浸式电动滚筒、YD型油浸式电动滚筒、DY-1型油浸式电动滚筒。

法人代表：吕慧娟
地址：浙江省桐乡市梧桐街道文华路519号
邮编：314500
电话：0573-88107291　88119699（销售热线）
传真：0573-88112774
E-mail：txdfcl@163.com
http：//www.txdfcl.com

附2.4.6　天津市电动滚筒厂

天津市电动滚筒厂是中国重型机械协会会员单位，我国电动滚筒生产的重点企业，也是我国最早开发研制生产电动滚筒的厂家之一。所生产的“天”字牌电动滚筒是本厂主导产品，产品型号为TDY75型油冷式、WD外装式、DY1移动式以及YDB隔爆式电动滚筒。

我厂固定资产800万元，流动资金200万元，厂占地面积16000平方米，厂房4000平方米，员工158人，机械专业本科学历6人，专科10人。技术开发人员10人，总工2人。拥有开发研制各种客户所需电动滚筒的能力。

法人代表：李桂亮
地址：天津市东丽区津塘公路七号桥
邮编：300300
电话：022-24991119（传真）　24996699　24995599
E-mail：tjddgt@163.com
http：//www.tjddgt.com

附2.4.7　天津中外建输送机械有限公司

天津中外建输送机械有限公司（原天津市叉车总厂电动滚筒厂）是由原来的天津市皮带机厂、天津市运输机械厂、天津市叉车总厂国企改制后的股份制有限责任公司。系原国家机械部生产电动滚筒和带式输送机定点企业，是带式输送机协会会员单位。是我国最早研制生产电动滚筒的行业骨干厂，生产电动滚筒及皮带机已有50多年的历史，产品行销全国各地。公司占地面积28600平方米，建筑面积19600平方米。

公司主要产品分为两大类：第一类为皮带运输机、自动化流水线及电动滚筒。第二类为环保系列产品，主要生产拦污设备、除砂设备、排泥设备、污泥处理设备及固废垃圾处理成套设备。

本公司为中国重型机械协会会员单位、中国环境保护产业协会会员单位及水污治理委员会单位委员，已通过ISO 9001国际质量管理体系认证。

我公司一如既往本着“科学管理、力争卓越以优质产品和服务超越顾客期望”的宗旨，为广大新老客户服务。

地址：天津市津南区双鑫工业园发港南路27号
邮编：300350
电话/传真：022-88822043　88822046
E-mail：tjzwj@163.com
http：//www.tjzwj.com

附2.4.8　泰州市运达电动滚筒制造有限公司

泰州市运达电动滚筒制造有限公司是国内电动滚筒专业制造企业，秉承四十多年电动滚筒制造经验，广泛吸收国内外同行的先进技术，使得电动滚筒产品的可靠性以及各项性能指标均有极大提高。公司目前将所有产品分成两大类：内置式电动滚筒和外置式电动滚筒，有定轴齿轮传动，摆线针轮传动，行星齿轮传动等多种传动型式，完全满足业内 TD 型，DTⅡ型，QL 型，大倾角等皮带机的使用要求。公司具有强大的研发能力，成功地将电动滚筒向低速及小直径进行了拓展，部分产品已填补国内空白。公司产品畅销全国各行各业，部分产品已走出了国门！同时也赢来了良好的赞誉：规格齐、出货快、品质优、服务好！公司与国内数十家大型企业如北方重工，中国华电，葛洲坝等有长期紧密的合作关系。

法人代表：卞雪晴
地址：江苏省泰州市海陵区东花园路 11 号
邮编：225300
电话：0523-86231268　13815959058
传真：0523-86214599
E-mail：ydddgt@ 126. com

附 2.4.9　常州市传动输送机械有限公司

常州市传动输送机械有限公司是生产传动和输送机械的专业化工厂，是集研制、开发和生产于一体的完整型企业，拥有先进的生产工艺和完备的测试手段，确保了产品质量稳定，有较强的市场竞争力。

企业坐落于长三角的江苏省常州市武进高新区，离常州火车站 15 公里，南 5 公里有宁杭高速公路和锡宜高速公路，北 3 公里有沪宁高速公路和沿江高速公路，东临风景秀丽的太湖，西距常州机场 18 公里，交通十分便利。公司新老厂区共计占地面积 3. 6 万平方米，其中建筑面积 3. 2 万平方米，标准厂房 2. 8 万平方米。固定资产 8600 万元，职工 350 余人，各类专业技术人员 58 人，其中高级技术人员 16 人。

企业产品品种多，规格齐全，做到了标准化、系列化。其主要产品有 YD 型、TDY 型、BYD 型、DY1 型、YDB 型、YZ 型、TJ 型、YTH 型、WD 型、JWD 型、YZW 型、DTY 型等多种系列的电动滚筒；ZQ、ZQH、ZD、ZL 系列圆柱齿轮减速器，B、X 系列摆线针轮减速器等各类传动设备；带式输送机等输送设备；还有非标钢结构和冶金轧辊等。

企业通过了 ISO 9001 国际质量体系认证，连续多年被常州市工商行政管理局授予“免检企业”称号，并被评为信用（合同）AAA 级企业，资信等级 AAA 企业；2003 年被中国企业联合会评为“中国优秀企业”；2005 年又被评为江苏省质量信得过企业，“霸宇”商标被认定为江苏省著名商标；2007 年企业被认定为江苏省民营科技企业。1994 年，电动滚筒荣获全国博览会科技金奖；2007 年，“大功率电动滚筒”被江苏省科技厅认定为江苏省高新技术产品；2008 年，电动滚筒获得国家技术自主知识产权“实用新型”专利证书；2011 年，电动滚筒首家获得国家质量监督检验中心质量认可证书。多年来，企业积极推行科学的经营管理理念，使产品质量得到了可靠保证，深受广大用户欢迎。

地址：江苏省常州市武进高新技术开发区龙惠路 27 号
邮编：213166
电话：0519-86483036（销售）　86488666（技术）
传真：0519-86480737
E-mail：cd@ bayu-tm. com
http：//www. bayu-tm. com

附 2.4.10　江苏泰隆机械集团公司 江苏泰隆减速机股份有限公司

泰隆集团地处扬子江畔的泰州地区的泰兴市，是泰兴人引以为豪的国家大型企业。泰隆集团东临京沪高速，西靠南京禄口机场，南有江阴大桥，交通便捷，物流畅通，具有得天独厚的区位优势。

集团在全国优秀企业家、江苏省劳动模范殷根章董事长的领导下，经过 30 多年的悉心经营，昂首迈进了中国机械工业 500 强，成为全国减变速机行业排头兵企业。集团现拥有总资产 12. 8 亿元，固定资产 8 亿元，占地面积 80 万平方米，员工 3028 人，专业工程技术人员 991 人。美国、德国、日本、俄罗斯、奥地利等国家引进的大型数控磨齿机、大型数控镗铣床、蜗杆磨床、加工中心、碳氮共渗炉等一批高精尖的生产设备和检测设备占设备总量的 48%。建立了全国同行业中检测功能最全、仪器最先进的 2000kW 测试中心，创建了江苏省技术中心、江苏省传动机械与控制工程技术研究中心、泰隆集团-哈工大工程技术研究中心、博士后科研工作站。公司的主导产品减速机在原有十几个系列，几十万种规格的基础上，采用先进的模块化、点线啮合等技术开发出了 TL 模块化齿轮减速电机、TXP 行星模块化减速器、重载模块化齿轮减速器、点线啮合减速器、立式磨机及边缘传动磨机齿轮箱、铝冶行业的联合开卷卷取齿轮箱、三环减速器、星轮减速器、风电齿轮箱、水力发电变速装置、核电循环水泵驱动齿轮箱等高新技术产品，以及各类特殊非标齿轮箱，拥有近 100 项专利成果。泰隆工业园区已经成为国内最大的钢帘线设备制造基地，双叶、三叶罗茨风机及高温风机批量出口东南亚及欧美。集团实现年销售近25亿元。

我们的产品成功应用于中华世纪坛、三峡大坝、嫦娥一号发射、杭州湾跨海大桥、北京奥林匹克体育馆、上海世博会等国家重点工程。重点客户有宝钢集团、首钢集团、上海振华港机、燕山石化、葛洲坝集团、北京水工、中国铝业、伊拉克泵站、桂林橡塑、乐山成发、三一重工、宁德、红沿河核电站等。

公司现为全国减速机标准化技术委员会秘书处挂靠单位，荣获“全国首批守合同重信用企业”、“国家重点高新技术企业”、“全国机械工业质量效益型先进企业”、“全国机械工业质量奖”、“全国用户满意企业、产品、服务”、“全国机械工业质量管理小组活动优秀企业”等殊誉。在同行业中率先通过了国家AAAA标准化良好行为企业认证、一级安全质量标准化机械制造企业认证、GB/T 19022完善计量检测体系认证、ISO 9001质量体系认证、ISO 14001环境体系认证、OHSAS 18001职业健康安全认证。产品通过矿用产品安全标志认证、起重行业型式试验认可认证，CCS产品检验认证、CE认证，泰隆牌商标被国家工商总局认定为中国驰名商标，泰隆牌减速机被评为中国名牌产品。

泰隆人将遵循自己一贯的质量承诺、服务承诺和信誉承诺，把顾客满意当做我们的最高追求！

地址：江苏省泰兴市大庆东路88号
邮编：225400
电话：0086-523-87635698　87668018　87668028
传真：0086-523-87662169　87665426　87665000
E-mail：tloffice@ tailong. com
http：//www. tailong. com

附2.5　输送机配套件制造企业

附2.5.1　沈阳沈起技术工程有限责任公司

沈阳沈起技术工程有限责任公司是原沈阳起重运输机械有限责任公司技术中心于2004年改制成立的经济实体，中国重机协会带式输送机分会的先进单位。公司本着“专注输送机行业，争做逆止器专家”的信念，在散料输送机械关键部件与技术前沿不断探索取得了长足进步，产品遍布国内煤炭、矿山、电厂、钢厂、港口等重点行业，并随“北方重工”等国内知名企业配套出口越南、朝鲜、巴基斯坦、巴西、蒙古、菲律宾、印度、阿曼、乌兹别克斯坦、中国台湾等十余国家和地区。公司承继“沈起”技术优势，实现主导“逆止器”系列产品品种与规格大全，在DTⅡ、DTS、DX、DXA、DTⅡA、DQS等标准系列带式输送机的整机基础上，重点各种标准和非标准联轴器、安全联轴器、排渣滚筒、重型滚筒、自动调偏托辊与滚筒、胀套、锁紧盘、缓冲床、清扫器、卸料器、逆止托辊、阻尼托辊、刮水器、制动盘、重型卸料车以及“SS系列”为代表的各种“沈起”原厂减速器配件等特色产品。公司重信誉、守合同，坚持质量第一、用户至上，服务迅捷，愿以质量与价格双重优势竭诚为新老朋友提供满意的服务。

法人代表：苏泰山
地址：辽宁省沈阳市于洪区造化镇永强工业园
邮编：110036
电话：024-86160070　13358870980　13019372987
传真：024-86000155
E-mail：sutaishan@ sohu. com
http：//www. sysqjs. cn

附2.5.2　浙江上虞华运输送设备有限公司

浙江上虞华运输送设备有限公司始建于1968年，是中国重机协会带式输送机分会成员单位，“重合同守信用企业”，生产主导产品为冲压轴承座，尼龙密封圈和橡胶圈，产品广泛用于冶金、矿山、煤炭、电厂、港口等部门。

公司目前拥有三条冲压流水线，形成年产200万套冲压轴承座和年产300万套尼龙密封圈的生产能力，是目前国内品种齐全的优质冲压轴承座及尼龙密封圈生产基地，特别是托辊冲压件采用宝钢冷轧板，具有精度高、光泽好、无拉伸伤痕和毛刺等优点。1982年引进西德普莱梅西卡（MBH）运输技术公司专业技术；1985年引进意大利鲁梅卡公司技术。

主要产品有：DTⅡ全系列尼龙密封圈；DTⅡ全系列冲压轴承座，从204-Φ63至312-Φ219；意大利鲁梅卡技术标准尼龙密封圈和冲压轴承座；德国普莱梅西卡技术标准增强型、GGJ系列66密封圈和冲压轴承座；日本三菱重工技术标准阻燃型尼龙密封圈和冲压轴承组。产品广泛用于各个主机厂家，并为国家重点工程宝钢三期、鞍钢、武钢、青岛港、兖矿集团、北仑电厂等部门配套。1996年与日本三菱重工合作，为国家重点项目秦皇岛港码头四期生产尼龙密封圈和冲压轴承座；2000年与黄骅港一期配套，受到外商好评。

法人代表：徐建人　13505852633
地址：浙江省上虞市五夫工业园区驿五东路55号
邮编：312353
电话：0575-82415928

传真：0575-82415626
E-mail：shangyuhuayun@163.com
http：//www.sygcslc.cn.alibaba.com
联系人：冯鹏波　15505752688

附 2.5.3　本溪市运输机械配件厂

本溪市运输机械配件厂，是原机械工业部定点生产“合金橡胶清扫器”的专业厂，国有企业，是全国带协成员厂。全厂占地面积 1.5 万平方米，固定资产 300 多万元，工程技术人员占全厂职工总人数 40%，有机械加工、铆焊、工业橡胶的生产流水线，主导产品“合金橡胶清扫器”系列有 D-H、D-P、D-N、D-O 型，还有犁式卸料器，年生产能力 5000 多台，并兼营“橡胶陶瓷高耐磨复合衬板”。

“合金橡胶清扫器”产品是我国首批“星火”计划项目，曾先后荣获国家、省、市科委的奖励，连续保持省优质产品称号，并获得部级质量认证。1986 年起该产品被国家机械委确认为带式输送机配套部件并编入设计选用手册。1987 年被全国电力设计行业列为典型设计配套部件，以及 1992 年商定全国“DT75”改型设计亦相继列为“三类部件”。至今在国内输送机配套覆盖面达到 80%，广泛分布于全国工矿企业，其中上海宝钢使用最集中，宝钢三期工程随机配套使用良好。从 20 世纪 90 年代初期，本产品随机出口六个国家，经信息反馈，受到国内外用户的好评。

在走向市场，参与竞争过程中，本厂将靠科技创新求发展，凭质优招客商，欢迎国内新老客户光临。

地址：辽宁省本溪市平山区生源街 7 号
邮编：117021
电话：0414-2372156
传真：0414-2372594

附 2.5.4　本溪华隆清扫器制造有限公司

本溪华隆清扫器制造有限公司地处燕东胜境——辽宁省本溪市区太子河畔，厂址依山傍水，交通便利，环境优美。

公司技术力量雄厚，加工设备齐全。是国内有名的带式输送机清扫器专业生产厂商。主要产品有“华隆”合金橡胶清扫器和聚氨酯清扫器，新型可变槽角卸料器，耐磨陶瓷衬板，部分带式输送机配套产品等四个系列，百余种规格。

“华隆”系列清扫器在国内享有较高信誉，该产品载入国家首批“星火计划”项目，填补国内空白，曾先后荣获国家、省、市颁发的“科技进步奖”、“优质产品奖”等诸多奖项。是全国 30 多家科研和工程设计单位重点推荐和选用产品。多年来，深受广大用户欢迎。产品销售已遍布全国各地，为冶金、矿山、煤炭、电力、港口、建材、化工等行业及重点建设工程普遍选用，部分系列随带式输送机配套出口。

为适应市场需要，本溪华隆清扫器制造有限公司在秉承传统品牌优势的基础上，开拓创新，恪守“以市场为中心”和“用户是上帝”的服务理念；立足“以人为本”，“以诚为本”，不断完善自身的服务品质，以高品质和高科技实现更为完美的产品，用户满意是我们服务过程的永恒追求。

地址：辽宁省本溪市明山区大峪
邮编：117022
电话：0414-4592675
传真：0414-4592676
E-mail：hlgSg123@163.com
http：//www.qzysw.com.cn
联系人：李春清

附 2.5.5　南京飞达机械有限公司

南京飞达机械有限公司是中国重机协会带式输送机分会会员单位，成立于 1996 年，是生产输送机械成套设备的专业企业，专业设计、制造、安装、调试各类标准、非标准固定式、移动式输送机械设备，公司占地二万八千六百多平方米，现拥有固定资产八千九百多万元，职工二百多人，技术力量雄厚，生产设备先进，建筑面积二万一千多平方米，企业较具规模。

公司注重新产品开发，产品结构不断更新，生产的“TDL”型通用带式输送机，在冶金、化工、港口、矿山以及火力发电厂等行业畅销全国。主产品“TDL 型全自动槽（平）形调心托辊”系列、“TDL-QH 型弹簧橡胶圈式缓冲托辊”系列，质量及性能领先国内同类产品，皆已荣获国家专利，专利号为 ZL96231369.6、ZL96232082.X、ZL96232083.8、ZL99228643.3、ZL200820160300.6、ZL200820160301.0。实用新型“全自动输送带槽（平）形调心托辊”产品广泛应用在国内 12 家中石化集团的化肥厂、电厂、运输码头，48 家钢铁集团的炼钢厂、炼铁厂、焦化厂、球团厂、原料厂，96 家火力发电厂，8 家煤运输码头，19 家煤矿等用户。2001 年以来，产品大量配套出口，被特大企业成套产品配套远销加拿大、巴西、印度、阿曼、印尼、缅甸、韩国、澳大利亚等国家和地区。

公司专有技术产品“TDL-Q 型弹性聚合高分子清扫器”系列、“TDL-LX 型单、双侧电动犁式卸料器、TDL-DG 型双侧电动犁式刮水器”系列，技术先进，在推广应用中，深受用户好评。

公司的经营方针是“质量是飞达的生命，客户是员工的衣食父母”，以“产品质量第一，售后服务第一”为宗旨，重合同、守信誉，力求创名牌，竭诚为广大用户服务。

董事长：许福宇 13809003912 13655188118
地址：江苏省南京市沿江工业开发区中山科技园汇鑫路16号
邮编：210048
电话：025-58399016 58395616 59395166
传真：025-58395616(人工) 58399138
58398380-8819(自动)
E-mail：njfeida@ 163. com
http：//www. njfd. net

附 2.5.6 马鞍山市金艺机电设备制造有限公司

马鞍山市金艺机电设备制造有限公司坐落于安徽省马鞍山市金家庄工业园区（毗邻南京约45公里），占地面积近40亩，办公及厂房面积约30000m^2。公司发展至今已有近二十年的历史，经历了风风雨雨，现已走向成熟。

伴随着我国经济的腾飞与发展，我公司为全国各大钢厂及其他大型企业设计、制造了各种冶金设备，并常年为马钢、南钢、首钢、天钢等单位提供各种配件。公司拥有雄厚的生产能力和高素质的技术队伍，大规模的分类加工厂房，并且和冶金部马鞍山钢铁设计研究院、马钢公司钢铁设计研究院等众多科研院校有着良好的协作关系。

公司的主导产品为钢球耦合器、液力耦合器、真空带式滤机和其他通用及非标设备，一直在全国各地大中小型企业的各种设备中使用，得到一致的好评。

我公司的其他通用及非标设备的制造也步入先进的技术领域，可为用户设计制造机电一体化，PLC自动控制等各种非标设备。

公司在这几年的发展中时刻树立企业的诚信，以客户的满意为企业的目标，紧跟时代步伐，及时掌握国内外的科技发展趋势，以开拓创新坚守质量作为企业发展的动力，力争做大做强，踏上新的台阶！

地址：安徽省马鞍山市金家庄工业园区(天门大道2097号)
邮编：243051
电话：0555-3501511
传真：0555-3501379
E-mail：jyjd0000@ 163. com

附 2.5.7 大连液力机械有限公司

大连液力机械有限公司系我国液力行业协会理事长单位、国家二级企业，被授予省级先进企业和“重合同守信用单位”称号，连续十年被大连市评为AAA级信用单位，辽宁省“用户满意企业”，综合效益指数居全国同行业之首。1998年在全国同行业中率先通过了ISO 9001质量体系认证。

公司1978年、1979年分别从英国和德国引进液力传动专有技术，经过20年的消化吸收、发展创新，现已生产两大类16个系列32个品种179个规格产品，其中多种产品获国家、部、省、市级科技进步奖和优质产品奖。所生产的调速型、限矩型液力耦合器及液力耦合器传动装置节能显著，被列为国家级节能机电产品推广项目，“液力调速成套设备机组”及多种新研制的产品被列为国家重点新产品、国家级新产品。

公司技术力量雄厚，设计与工艺水平国内同行业领先，是国内液力行业中生产能力最强，产品品种规格最全，质量最优的企业。

公司所属的大连经济技术开发区液力调速成套设备公司、液力耦合器成套设备公司被认定为高新技术企业、国家级火炬计划项目承担单位，1997年被评为大连经济技术开发区十大优秀科技企业。

地址：辽宁省大连市甘井子区东纬路99号
邮编：116033
电话：0411-6651811（总机） 6652485
传真：0411-6641096
E-mail：dylwsd53@ mail. dlptt. ln. cn
(1) 北京办事处 **电话（传真）**：010-84613484
(2) 上海办事处 **电话（传真）**：021-56067053

附 2.5.8 广东中兴液力传动有限公司

广东中兴液力传动有限公司的前身是郁南县地方国营农机一厂，创建于1958年，1984年更名为郁南县中兴机器厂。此后，公司开始研制、生产液力耦合器产品，并与当时世界最著名的液力传动设备制造商——德国福伊特公司（VOITH）合资，于1994年成为了“广东福伊特中兴液力传动有限公司”。2001年，按国家体制改革要求，中方收购德方全部股权，最终更名为“广东中兴液力传动有限公司”，但在商务和技术上仍与德国福伊特公司保持良好的合作关系。

至今，公司已研制、开发了12个系列、180多种规格型号的限矩型液力耦合器以及12个系列、120多种规格型号的调速型液力耦合器产品。每年到市场的各种类型规格的液力耦合器产品达10000台，产品市场覆盖至全国各地，远销古巴、巴西、沙特、土耳其、俄罗斯、越南、韩国、孟加拉、泰国、南非、赞比亚等国。

1. 行业地位：广东中兴液力传动有限公司是全国最大的液力耦合器生产基地之一，是承担国家级火炬计划——高效节能液力耦合器项目的单位，是广东省级高新技术企业和全国优秀民营科技企业。公司组建有广东省液力传动工程技术研究开发中心，技术水平和新产品研发能力处于全国领先水平。目前，公司在全国同行业中生产规模最大，规格最全，品种最多，生产技术水平、经济效益及科技含量都处于优势地位，综合实力在全国同行业排名前茅。

公司是广东省机械行业协会会员、广东省机械工程学会液压传动与气动分会会员、广东省民营科技企业协会会员和理事、中国液压气动密封件工业协会会员和理事。根据中国液压气动密封件工业协会2004年至2009年度液力行业权威性的年报统计资料数据显示，我公司主要经济指标在协会的统计行业中，市场占有率处于领先地位。

2. 经营模式：公司集研制、开发、生产、销售液力传动产品于一身，拥有独立自主的研制、开发能力。经过20多年的奋力拼搏，其产品可靠的性能、优越的质量和完善的服务长期雄踞国内市场。无论在外观上还是性能上，公司的产品都可以同国外产品相比美，并且具备较好的价格优势，出口到亚、非、欧、美、澳等主要国家和地区。

3. 产品介绍：公司主营限矩型、调速型两大系列370多种规格的液力耦合器产品，以及冷却器、胶带输送机保护装置产品。公司是国内同行业中产品最多最齐全的厂家，生产的液力耦合器已为各行业的设计院、厂家所接受，拥有1000多家用户和200多家专业设计院的设计选型，生产、销售了近10万台液力耦合器。目前，公司拥有了年产10000台液力耦合器的生产能力，产品主要应用于冶金、钢铁、电力、煤炭、港口、建材、化工、轻工等行业的风机类、水泵类、带输送机、球磨机、磨煤机、破碎机、游艺机、皮带机械、离心机等机械动力设备上。

4. 市场占有：公司在广州、上海、北京、郑州、沈阳、成都、济南、武汉、太原、西安等十市分别设立了销售办事处，销售网络覆盖了全国，限矩型产品国内市场占有率占40%以上，调速型占38%以上；同时以良好的产品质量及具竞争性的价格在国际市场占据一席之地。公司年销售额达1.5亿元，创造税收超1200万元。

5. 发展规模：2011年，公司总资产达1.5亿元，固定资产4232万元，年净利润527万元，占地面积11万平方米，建筑面积6万多平方米，拥有占地3万多平方米，配置有现代树脂砂生产线的铸造分厂，主要生产设备400多台（套），其中1995年从德国引进机械加工中心装备、数控车床等10多台（套）。公司管理职能架构完善，设有五部一室五个车间：财务部、销售部、技术开发部、质量管理部、生产部、办公室、铸造车间、调速型安装车间、限矩型安装车间、钣金模具车间、金工车间。公司员工约560人，其中高级工程师15人，助工以上职称75人，其他各类专业技术人员200多人，建有合资公司——中兴换热器有限公司。

6. 公司荣誉：公司建立了完善的ISO质量管理体系和市场管理体系，已通过ISO 9001：2008质量管理体系认证和计量体系认证。2006年9月，经广东省质量技术监督局、广东名牌产品推进委员会审议评定确认公司自主品牌“广兴”液力耦合器为2006年广东省名牌产品，并于2009年12月延续了广东省名牌产品称号。

随着公司的快速发展，公司获得了国家、省、市、县的各种先进称号：国家级高新科技企业、广东省优秀高新技术企业、广东省和中国优秀民营科技企业、广东省首批A级信用纳税单位、广东省“连续十五年守合同重信用企业”、云浮市重点民营企业、云浮市和郁南县“十强”民营企业、郁南县明星企业一等奖等，被列为省中小企业局重点联系单位、省现代企业制度试点单位。

地址：广东省郁南县都城镇河堤路45号
邮编：527100
电话：0766-7592180　7331005　7596083　7333167（技术咨询）　7331352（售后服务）
传真：0766-7596216
E-mail：gdzxpt@163.com
http：//www.gdzxpt.com
（1）广州办事处：**电话**：020-38795049
传真：020-38795907
（2）上海办事处：**电话（传真）**：021-56062987
（3）北京办事处：**电话**：010-84612061
传真：010-84639700
（4）郑州办事处：**电话（传真）**：0371-68989281
（5）沈阳办事处：**电话（传真）**：024-85860443
（6）成都办事处：**电话（传真）**：028-84372518
（7）济南办事处：**电话（传真）**：0531-88668906
（8）武汉办事处：**电话（传真）**：027-88772219
（9）太原办事处：**电话（传真）**：0351-7231320
（10）西安办事处：**电话（传真）**：029-82286016

附2.5.9　广州液力传动设备有限公司

广州液力传动设备有限公司是一家集研制、

开发、生产、销售YOX系列限矩型液力耦合器、YOTc系列调速型液力耦合器、系列液力调速装置、液力变矩器等液力传动设备的专业企业。公司位于广州市花都区炭步工业区，飞机场、火车站、地铁、城市轻铁穿梭而过，交通十分方便。

公司属于民营合资企业，由曾荣获多项国家级荣誉、我国最早研究液力传动技术的专家之一、全国劳动模范李艳芳女士和广州花都通用集团有限公司董事长汤伟标先生共同创办。公司一期投资5800万元，注册资金2000万元，占地38000平方米，配置有各类先进的生产设备和检测装备，工艺成熟，技术力量雄厚，起点较高，具备了跨越式发展的良好基础。

公司生产的液力产品由高等院校的液力传动专业教授、全国液力行业中有影响的专家组成研发中心，以国内、外的先进技术为设计依据，以《GB/T 5837—2008液力耦合器型式和基本参数》，《JB/T 9000—1999液力耦合器通用技术条件》、《MT/T 2008—1995刮板输送机用液力耦合器》为标准，结合国内、外机械行业设备的运行特性需要而进行产品设计，符合系列化、标准化、通用化、互换性的设计原则，水介质限矩型耦合器和油介质限矩型耦合器安装尺寸相同。产品结构紧凑，外形美观，性能良好，使用可靠。

目前，公司的产品销往全国各地，并在沈阳、太原、北京、上海、济南、银川、乌鲁木齐等城市设立办事处，同时，与德国、韩国、澳大利亚、加拿大、乌兹别克斯坦、巴西、土耳其、日本、越南等地的客户保持良好的关系，国外市场前景良好。

法人代表：汤伟标
地址：广东省广州市花都区炭步工业区
邮编：510820
电话：020-86735218　86735238
传真：020-86735228
E-mail：guangzhouyeli@163.com
http：//www.gzyeli.com

附2.5.10　沈阳市煤机配件厂

沈阳市煤机配件厂是一家集研制、开发、生产、销售液力传动产品的专业厂家。工厂始建于1962年，至今已有五十多年生产液力耦合器的历史。企业现生产六大系列，二十多种规格型号的限矩型、调速型液力耦合器，年产量达万台。

工厂具有精良的加工设备，先进的性能试验台及微机测试等完善的检测手段，建立了可靠的质量保证体系，产品多次荣获市、省机械部优质产品称号。企业多次被评为省、市巨人、巨人化企业、省级先进企业，国家计量二级单位，并连续十六年荣获“沈阳市重合同守信誉单位”。产品远销全国二十一个省、市、自治区并以一流的售后服务及较低的销售价格来占领市场。

目前，企业产品已荣获煤炭工业安全标志准用证、生产许可证，企业质量检验机构合格证书等。

法人代表：罗　丹　15940408878
销售处长：袁　泉　13002440440
地址：辽宁省沈阳市于洪区长江北街58号
邮编：110034
电话：024-86808169　86808280　86808256
传真：024-86808506
E-mail：symjpj@126.com
http：//www.symjpj.com

附2.5.11　浙江宇龙机械有限公司

浙江宇龙机械有限公司（原瑞安市精达机械制造有限公司）成立于1993年，是瑞安市高新技术企业和重点保护企业之一，是集科研、开发、生产于一体的经济实体，是制造胀套、NF型非接触式逆止器、NYD型接触式逆止器、紧定套膜片联轴器等基础件的专业厂。其中胀套、逆止器、膜片联轴器是我公司参照国外技术结合国内使用条件，研制成功的基础件。

公司拥有先进的日本大森Ⅲ型数控机床，自动锥面机床等高精度机床，还有国内最先进的电脑控制综合性能带磁场测扭机及锥面检测仪等设备。公司视质量为生命，各项保证措施得力，曾为国家大型重点工程进行了配套，产品远销国外，质量得到用户的一致好评。

先进的技术，优质的产品，完善的管理，良好的信誉，及至诚的服务，赢得了顾客和市场。公司以求实创新的工作作风，以创造高性能的基础件产品为己任，努力创造瑞达品牌，力争成为基础件产品的龙头企业，以高比价满足客户的需求，能更好地为新老客户服务。

法人代表：叶佩霞
地址：浙江省瑞安市鲍田塘下鲍四工业区
邮编：325204
电话：0577-65205101　65215689
传真：0577-65211889
E-mail：info@ejingda.com
http：//www.ejimgda.com
联系人：戴美银

附2.5.12　沈阳胶带机设备总厂

沈阳胶带机设备总厂是股份制企业，现有

职工85人，其中生产人员65人，工程技术人员15人，厂级管理干部5人。工厂占地面积10000平方米，拥有固定资产3000万元，流动资金150万元，主要设备26台，整机装配流水线1条，工厂计量手段齐备，管理严谨，从外购件、外协件、自制件加工、半成品到成品检验，均有一整套的检测设备和专职检查人员，企业内部下设5个主要科室，2个车间，自成一个完整的生产体系。

根据国家市场需求，产品不断开拓创新，为电力、冶金、水泥、化工、交通、建材、石油等行业提供了高质量的胶带机保护装置，产品行销全国20几个省、市、自治区，如沈海热电厂，抚顺发电厂，佳木斯发电厂，内蒙古包头二电厂，山西一电厂，山东坨城发电厂，黄台发电厂，江苏利港有限公司，扬州二电厂，福州电厂，贵阳发电厂，信阳平桥发电厂，新疆红雁池发电厂，广西来宾电厂，广东台山电厂，广西合山电厂，鞍山钢铁公司，武汉钢铁公司，上海宝山钢铁公司，济南钢厂，广州钢厂，承德钢厂，邯郸钢厂，淮海水泥厂，乌兰水泥厂，铜陵水泥厂，浙江北仑港，广州黄埔西基港，厦门东渡港等单位均选用了我厂生产的胶带机保护装置，有些产品如：纵向撕裂保护装置，两级跑偏开关，双向拉绳开关，红外线速度检测仪等还随主机出口朝鲜、印度尼西亚、巴基斯坦等国家，为了满足大型PLC和计算机的自动化控制系统的需要，为输煤系统提供可靠的现场传感信号，我厂采用了日本OMRON公司的机心，同时引进日本松岛机械研究所和德国威格公司的先进技术对国内现有产品进行改造，同时又开发研制了带有地址码的控制信号，传输系统，进一步提高了自动化控制水平，同时可用少量的经费实现老电厂集中控制改造，所有检测传感元件的信号传输启用原现场拥有的两根电缆线，一台主机，可对64个信号点检测，这样既方便又省力，同时，最新设计的多功能料位检测仪和$ASTC_3$型电机软起动装置受到了用户的一致好评。

法人代表：李凌宇
地址：辽宁省沈阳市沈北新区道义开发区正良五路51号
邮编：110136
电话：024-89736916　89736186转8866
传真：024-89736027
E-mail：tppad@163.com

附2.5.13　南京三户机械制造有限公司

南京三户机械制造有限公司（原南京电器开关厂），位于南京市江北工业区内，是电器开关专业生产厂，具有四十多年的生产历史。主要产品有带式输送机事故安全系列保护开关如：双向拉绳开关、两级跑偏开关、速度检测仪、打滑开关、纵向撕裂开关、料流检测器、溜槽堵塞检测器等四十多个品种。

早在20世纪70年代初期，本厂与化工部第七设计院共同研制，全国首家推出拉绳开关、防偏开关和速度开关供众多设计院所及工矿企业选用，得到广大用户好评。

工厂一贯坚持“精益生产、质量一流、确保顾客无后顾之忧”的质量方针，通过了ISO 9002国际质量体系认证，并连续十四年获南京市“重合同，守信用”企业称号。

法人代表：谢红星　13951969307
地址：江苏省南京市沿江工业开发区新华六村31-103号
邮编：210044
电话：025-57058515　57791473
传真：025-57058515

附2.5.14　无锡恒泰电控设备有限公司

无锡恒泰电控设备有限公司，创建于1984年。位于无锡锡山经济技术开发区安镇大成工业园隆达路5号，距沪宁高速公路无锡东入口2公里，毗邻无锡机场、火车站。拥有10000多平方米的标准化厂房及辅助办公设施，固定资产2000多万元。内设：制造、精密加工、电器装配、三大管理体系。主导产品有：电子仪表、JSB系列胶带保护装置等。公司拥有大吨位ZC260H卧式冷室铝合金铸机、ADM860Z数控加工中心与CK6136数控机床以及YZ-20T冷压成型机等大、成套的KPN-350自动波峰焊接流水线等先进的加工设备及ST16型双跟踪示波仪、WYT-30/FD-WY30V2A标准电源、CJ267-3000型耐压测试仪、SYX-80型电子老化试验箱、SJ-S直流无级调速检测仪、射频导纳物位仪模拟测试工作台等完善的检测手段。具备从壳体铸造、精密加工、电器装配的全套制造和检测设备。企业通过ISO 9001：2000质量管理体系认证，历年被评为锡山市工业先进企业；无锡市重合同守信用AAA企业；2001年度被无锡市锡山区人民政府授予“技术创新先进企业”称号，2011年“WXHENGTAI”商标被评为无锡市知名商标。

凭着对产品质量细节完美的追求，使企业有了较快的发展，公司生产的胶带保护装置在电力，钢铁，码头等行业享有较高的声誉。产品标准为Q/320205JDFY01—2011。其中，JSB/HKLS系列双向拉绳开关、JSB/HKPP系列两级跑偏开关的防护等级达到IP67，获国家专利（专利号：201020129264.4），该产品彻底纠正了原来市场上老产品在安装、维护、使用过程中存在的缺陷。该两项产品的升级换代，提高了目前胶带输送机皮带保护装置的整体实用性水平。产品普遍采用单片微电脑技术，在设计思路方面兼顾现场控制和程、集控远距离控制。并拥有多项自主独立的知识产权，与全国十多家程控公司长期合作，产品遍布全国二百多家电厂、煤矿、港口、矿山，是航天部西安航天自动化股份有限公司（二一〇所）等输煤程控一次传感器的定点配套单位。

公司凭着雄厚的技术实力、过硬的产品质量、完善的售后服务、良好的企业形象，赢得了众多用户的赞誉。我们亦将以此为基础，更加努力地提高产品质量，增强创新意识，为市场提供更多、更好的产品。竭诚为广大用户服务。

法人代表：陆　鸣

地址：江苏省无锡市锡山区经济技术开发区安镇大成工业园隆达路5号

邮编：214105

电话：0510-88718379

传真：0510-88711362

E-mail：wxhtdk@163.com

http：//www.wxhtdk.cim

附2.5.15　沈阳东鹰实业有限公司

沈阳东鹰实业有限公司是集设计开发、生产制造、安装调试、售后服务于一体的股份公司，具有10多年的发展历史。公司坐落于沈阳市大东区江东街27号，另有附属机加厂，占地2万多平方米，职工80余人，各类技术人员18人，其中高级工程师8人，工程师10人。80年代初开发研制了带式输送机的安全保护系列产品，90年代初又相继开发研制了新设备产品：胶带硫化机、补边机、补洞机及扒皮机、逆止器、液压拉紧装置、液压动平衡、洒水自控装置、烟雾报警装置、断带保护、超声波料位计、数字式料位计等系列产品。

“科技是第一生产力”，我公司坚持以科技求发展的创业精神，近几年来从社会招聘了一批高素质的科技人才和高级管理人才，引进了一批具有市场前景的专利技术，同时与国内大专院校及设计院进行合作，吸收消化国外先进技术，研制开发出高效粉煤灰气流分选系统、自动取样机、燃烧气体干法净化技术及相关产品，并不断进行创新和更新换代，使本公司的产品技术水平始终处于国内领先地位。

本公司有一支训练有素的职工队伍，有一流的生产设备、先进的生产工艺实验和检测设备。我公司坚持贯彻“质量是企业的生命”，“用户是企业的上帝”的宗旨。进入世贸后的东鹰公司坚持以人为本，并按照现代企业管理制度进行运作，同时严格执行ISO 9002标准，借鉴国际最新的6σ管理体系，使公司管理模式逐步实现规范化、科学化。公司的产品以优良的质量、优秀的售后服务和良好的信誉赢得了客户的信赖，产品除广泛应用于煤炭、冶金、电力、建材等行业，还出口巴基斯坦、越南、印尼、赞比亚等国家。本公司连续多年被沈阳市人民政府命名为“明星企业”和“重取”的企业精神，迎接入世后的新挑战，为振兴发展民族工业，为向广大用户提供更多、更好、更先进的产品，做出新的贡献。

法人代表：姜素娟　13909881723

地址：辽宁省沈阳市大东区江东街27-3号

邮编：110043

电话：024-26265682　24263720

传真：024-24263720

E-mail：sydysy@126.com

附2.5.16　镇江电磁设备厂有限责任公司

镇江电磁设备厂有限责任公司是原机械部定点生产电磁、永磁除铁设备的专业化工厂，中国重型机械协会洗选设备分会理事单位，除铁器国家和部颁标准起草单位，行业首家通过ISO 9001质量体系认证企业，现有职工268人，各类专业技术人员占职工总数30%。公司内设七个科室、四个车间和一个具有独立法人资格的磁设备研究所，厂区占地面积2.6万平方米，建筑面积1.2万平方米。公司现有固定资产1100万元，各类大中型加工设备88台（套），工程磁学专用检测设备18台，先进的微机检测系统一套，全国屈指可数的氧化铝生产线二条，是全国同类产品产销量最大的生产厂家。

公司积累了30多年除铁设备生产经验，具备较强的研究、开发、设计能力，具有年产千余台（套）各类电磁、永磁除铁器、起重电磁铁、磁选机、整流控制设备和油水、污水净化装置；桥式堆垛机及成套设备、适合带宽2.2m、带速4.5m/s的带式输送机巨型除铁器、振动式热管散热除铁器、永磁带式除铁器系列产品填补国内空白，产品广泛用于电力、冶金、煤炭、建材、化工、轻工等行业，并批量出口到美国和东南亚地区，悬挂式稀土永磁除铁器被列入1997年国家重点新产品项目。

地址：江苏省镇江市二道巷67号
邮编：212005
电话：0511-5624123 5626924
传真：0511-5622591
E-mail：sales@ zjest. co
http：//www. zjest. com

附2.5.17 江苏海陵机械有限公司

江苏海陵机械有限公司系民营股份制企业，始建于1993年，是国内生产DYT(B)型系列电动液压推杆的著名厂家，注册商标为“兴鹏”牌。企业2001年销售收入5800万元，产品产量：电动液压成套设备3000台（套）、各种散装料闸门等非标结构件3000台（套）。厂房建筑面积1.5万平方米，拥有齐全的金属切削加工设备和完善的测试手段。现有职工300多人，其中工程技术人员40多人。

江苏海陵机械有限公司具有较强的技术开发和生产制造能力，有相当数量的产品处于国内领先地位，拥有自己的专利产品和专有技术。公司1997年被电力工业部指定为“电站配件供应网络成员厂”，1998年被中国质量无投诉委员会授予“质量无投诉企业”称号，1999年被农业部授予“全面质量管理达标企业”，在国内同行业中具有产量大、质量好、综合效益佳三大竞争优势。

1998年，公司通过ISO 9002质量体系认证。主要产品有：

DYT(B)型系列电动液压推杆：推拉力100吨以下的整体直式、平行式、分离式及推拉力1吨以下的微型整体直式电动液压推杆；角行程执行机构；液压泵站。

B500～1400范围的DYN型电液动犁式卸料器；DZYLJ(B)型带式输送机自控液压拉紧/纠偏装置。

电液动散状料闸门：B500～1400范围的DSF-A（B、C、D、E、F）型三通分料器、DCSF型船式三通分料器、DBSF型摆动三通分料器、D4F型四通分料器、DSZ-A(B)-I(Ⅱ)型扇形闸门、TDSZ型防尘扇形闸门、DEZ型颚式闸门、DPZ型平板闸门等。

阀门：XHYZ型电液动插板式双层卸灰阀、DXV型星形卸灰阀、DbKsF型电动锁风翻板阀、Da(b)SzF型重锤式锁风翻板阀、Y2F-I型两路换向阀、LB-I(Ⅱ)型单（双）层棒条阀、FBV型防爆阀、电液动蝶阀、电液动闸阀、电液动球阀、电液动对夹式平板闸阀等。

其他：YZXLC型卸料车、XPSZJ型熟料火车散装机、XPQS型熟料汽车散装机等。

地址：江苏省兴化市经济开发区
邮编：225776
电话：0523-3498688 3498773
传真：0523-3498283
E-mail：market@ hailing. com. cn
http：//www. hailing. com. cn

附2.5.18 宜兴市方宇环保有限公司

宜兴市方宇环保有限公司专业生产带式输送机防雨罩，工厂拥有先进的成型生产线。主要产品有增强塑钢、彩涂钢板、镀锌钢板和玻璃钢等各类防雨罩，产品广泛用于钢铁、水泥、煤炭、化工、交通等行业。用户遍及全国二十个省市自治区，远销津巴布韦、孟加拉等国家。

总经理：谢新光
地址：江苏省宜兴市新建镇工业园区
邮编：214253
电话：0510-7282291
传真：0510-7282291
E-mail：web@ rainhood. com
http：//www. rainhood. com

附2.6 带式输送机整机制造企业

附2.6.1 北方重工集团有限公司

北方重工集团有限公司（简称北方重工）是在沈阳重型机械集团有限责任公司和沈阳矿山机械（集团）有限责任公司合并重组基础上组建的国有独资公司。2007年并购德国维尔特控股公司/法国NFM公司后，成为跨国经营企业。2008年进入中国机械和世界机械500强行列。

公司新址在沈阳经济技术开发区，占地面积130万平方米，资产总额127亿元，员工总数10800余人。主导产品包括隧道工程装备、电力装备、建材装备、冶金装备、矿山装备、煤炭机械、港口装备、环保装备、锻造装备、工程机械以及传动机械共计五百多个品种、七千余种规格。其中输送设备分公司是北方重工集团专业生产带式输送机产品的分公司。

带式输送机是北方重工集团公司的主导产品之一，公司从20世纪80年代初开始先后引进了德国的托辊、滚筒、硬齿面减速机等产品的全套技术和专用加工设备，使带式输送机产品的技术水平和制造质量达到了世界先进水平。公司先后与美国、日本、德国、澳大利亚、法国等著名企业合作，为国家重点工程建设提供了大量的带式输送机产品，也使产品技术水平得到了进一步提高，在国内处于领先地位。目前已经设计制造的带式输送机单机长度 5m ~ 14.2km；带宽 400 ~ 2400mm；运量 10 ~ 20000t/h；驱动功率(2 ~ 5) × 2000kW；带速 0.3 ~ 5.85m/s。可为冶金、矿山、煤炭、电力、港口、建材、化工等行业提供各种带式输送机产品。

主要带式输送机产品有：DTⅡ(A)型系列固定式带式输送机、DX · S 系列钢绳芯高强度带式输送机、钢绳牵引带式输送机、可移置式带式输送机、深槽型大倾角带式输送机、气垫带式输送机、圆管带式输送机、波状挡边大倾角带式输送机、水平转弯带式输送机等。

地址：辽宁省沈阳市经济技术开发区开发大路 16 号
邮编：110141
电话：024-25802038（销售部）　25802663（技术部）
传真：024-24835186（销售部）　24326397（技术部）
E-mail：ss@ nhi. com. cn
http：//www. nhigroup. com. cn

附 2.6.2　衡阳运输机械有限公司

衡阳运输机械有限公司（原衡阳起重运输机械有限公司）是国内综合实力雄厚的带式输送机龙头骨干企业，国家高新技术企业，湖南省企业技术中心，湖南省百强民营企业。具有国内先进的带式输送机研发核心能力，拥有国家科技部授予的全国唯一“带式输送机公共技术服务平台”，专注于长距离、大带宽、大运量皮带机，以及圆管式、移置式、刮板输送机、伸缩式输送机、深槽大倾角输送机、平面拐弯胶带机、大带宽伸缩头等特种智能化散装物料输送设备的研发制造，公司拥有 109 项相关技术的国家发明专利及实用新型专利。

公司占地 20 万平方米，拥有现代化的管理手段，完整的生产工艺系统和具有独立面向市场的设计、生产、销售系统，旗下 24 个子公司，包括 13 个营销公司，10 个生产分厂和 1 个技术开发公司。公司通过了 ISO 9001 质量管理、ISO 14001 环境管理、OHSAS18000 职业健康安全管理体系认证，是中国重型机械协会理事单位、中国带式输送机协会副理事长单位，全国标准化委员会委员。

公司的主要产品有六大类近 300 种，主导产品有：DT 系列带式输送机、深槽、平面转弯、波状挡边、线摩擦等各种带式输送机，DCY、DBY、ZLY、ZQ 等各类减速器，DG 系列圆管带式输送机，大功率刮板输送机、伸缩式输送机等特种设备。

公司生产的“湘龙”牌带式输送机在整机性能方面创造了多项国内先进指标：带宽达 2800mm，输送能力达 8700t/h；单机长度达 9.343km，软启（制）动时间达 240s，带强达 4500N/mm，带速达 6.1m/s；单机功率达 3 × 1800kW；滚筒合力达 2100kN；大倾角达 90°。

公司主要产品广泛应用于冶金、电力、港口、矿山、煤炭、建材化工等行业。产品成功服务于三峡水电站、葛洲坝水电站、山西大同煤矿、神华集团、大唐锡林浩特露天矿、宝钢、首钢、武钢、华润水泥、海螺水泥、曹妃甸、日照港、黄骅港、高栏港、湄洲湾等国内重大工程。产品还覆盖到美国、印度、印度尼西亚、尼日利亚、马来西亚、巴西、伊朗、苏丹、越南、利比里亚、蒙古等 10 多个国家和地区。

公司信奉“笃守诚信、创造卓越”的文化理念，履行“勤奋工作、排除万难、没有借口、创造优质品牌和优质服务”的宗旨，大力倡导“创一流环境，造一流产品，带一流队伍，树一流企业。”“百年运机”、“精品运机”是企业永恒的主题。

地址：湖南省衡阳市珠晖区狮山路 1 号
邮编：421002
电话：0734-3172006
传真：0734-3172066
E-mail：zxh5432@ 163. com
http：//www. hyyunji. com

附 2.6.3　四川省自贡运输机械集团股份有限公司

四川省自贡运输机械集团股份有限公司创立于 2003 年 9 月，系收购原四川省自贡运输机械总厂而新组建的民营企业集团，系中国输送机械设计、制造领军企业之一，国家高新技术企业，中国西部地区最大的输送机械设计、制造商。

自贡运机是中国极具实力的物料输送机械设计、制造商，主要从事 DTⅡ(A)型等通用带式输送机、管状带式输送机、斗式提升机、螺旋输送机、曲线带式输送机、驱动装置、电动滚筒、逆止装置的设计和制造。

自贡运机拥有专业技术人员近 200 人，员工千余人。拥有一支优秀的技术研发人才团队和高素质的专业制造团队，其中有享受国务院特殊津贴专家 3 人，国家级技术专家 3 人，硕士 6 人，中高级工程师 80 余人。并与 CDI、BSJ 以及四川理工学院、太原科技大学等国内外诸多知名高校和研究所合作开展新产品研发及基础性能、新技术的研究。

自贡运机自创立以来，始终致力于为广大客户提供可靠、稳定的物料输送解决方案，构建了完善的物料输送设备制造体系以及科学合理的产品链，产品涉及电力、钢铁、煤炭、交通、水利、化工、冶金、石油、建材等领域，并出口印度、尼日利亚、塞内加尔、巴基斯坦、印尼、老挝、越南、马来西亚、美国、马里、缅甸等国家，取得了良好业绩，并创造了3项“中国第一”、1项“亚洲第一”、1项“世界第一”。

自贡运机现已成为中国输送机械市场最具创造力和发展的品牌，并以对技术发展方向及客户需求的精准把握，顺应节能环保的需要，成为国内物料输送机械设计制造方面的领军者之一。

自贡运机为进一步发展管带机、曲线皮带机、高效托辊、逆止装置等优势产品，扩大产业规模，建成国内一流、西部最大的输送设备研发、制造、工程总包服务专业企业。公司的运机及机电设备板仓制造基地项目已于2009年开工建设，项目占地276亩，项目总投资4.3亿元。建成后将形成年产4万米管带机、6万台工业电机的产能规模。

“十二五”期间，自贡运机将继续以品牌创新、管理创新、技术创新作为依托，将员工视为亲人，将客户的满意度视为生命，建立起科学的管理体系和产品链，打造拥有强大市场驾驭能力与核心竞争力的民族品牌，成为产权清晰、责权明确、管理科学，并具时代气息、时代文化的现代化输送机械制造商。

法人代表：吴友华

地址：四川省自贡市自流井区大岩洞

邮编：643000

电话：0813-8236554

传真：0813-5500980

http：//www.zgcmc.com

自贡中友机电设备有限公司（四川省自贡运输机械集团股份有限公司子公司）

地址：四川省自贡市高新技术开发区

邮编：643000

电话：0813-5500962 8236016

传真：0813-5500962

E-mail：zgzyjd@163.com

附2.6.4 上海科大重工集团有限公司

上海科大重工集团有限公司是一家大型带式输送机设计、制造企业，公司位于上海市青浦工业园区华青路815号（一厂区），盈港东路6655号（二厂区），汇联路58号（三厂区），以及位于山西省大同市的同煤装备园区A座（四厂区）。总占地面积142500m^2，建筑面积93600m^2，公司现有员工465人，其中技术人员78人。年完成带式输送机整机长度130km，年人均产值在全国带式输送机行业多年保持全国第一位。

上海科大重工集团有限公司是全国带式输送机行业协会副理事长单位；是全国“守合同重信用”企业、是全国“光彩之星”企业、是上海市“高新技术”企业、上海市“守合同重信用”企业、上海市合同信用“AAA”级企业、上海市“著名商标企业”、上海市“先进企业”、上海市“科技小巨人”企业、上海市“文明单位”。企业的产品连续十年被评为“上海名牌产品”。公司研发的产品取得了90多项专利。“20000t/h运量的大型带式输送机”、“单机长度7100m管状带式输送机”分别取得中国大世界吉尼斯纪录证书。

上海科大重工集团有限公司产品远销世界各地。

国外主要市场：巴西淡水河谷公司、澳大利亚力拓公司、美国福陆公司、德国蒂森·克虏伯公司、西班牙DF公司、巴西英美佩尔公司等。

国内主要市场：

煤炭：神华集团、中煤集团、同煤集团、晋城矿务局、西山矿务局、黄陵矿务局、淮南矿务局等。

港口：上海罗泾码头、宝钢马迹山码头、外高桥码头、华能曹妃甸码头、曹妃甸矿石码头二、三期、徐州码头、华能太仓码头、大丰港码头、福建可门码头、宁波光明码头、嘉兴乍浦码头、湛江码头、广西防城港码头、江苏连云港码头等。

电力：江苏徐州电厂2×1000MW、南京金陵电厂2×1000MW、江苏常熟电厂2×1000MW、上海外高桥第三发电厂2×1000MW以及上海吴泾电厂、山东威海电厂、江苏太仓环保电厂等。

钢铁：宝钢集团、江苏沙钢集团、山东济南钢厂、天津钢厂、江苏江阴钢厂等。

“认认真真做事，老老实实做人”是公司一贯的宗旨。欢迎各界人士、新老客户来公司考察指导。

地址：上海市青浦工业园区华青路815号

邮编：201707

电话：021-69211558

传真：021-69210321

E-mail：qp815@163.com

http：//www.kdhi.net

附 2.6.5　焦作市科瑞森机械制造有限公司

焦作市科瑞森机械制造有限公司是主要从事物料连续输送设备研发制造的专业生产厂家，为国内外用户提供物料连续输送装备的研发、设计、制造、安装及工程总承包等全方位服务。公司为国家高新技术企业，是中国重型机械工业协会常务理事单位，中国重型机械工业协会带式输送机分会常务副理事长单位，拥有河南省物料连续输送装备工程技术研究中心和省级企业技术中心，是焦作市科技创新先进单位及焦作市高成长企业。

公司作为国内主要生产物料连续输送设备的专业厂家，参加了 DT75 型、DTⅡ型、DTⅡ(A)型带式输送机设计手册的编制和标准图纸的设计，以及带式输送机国家标准的制（修）订。

公司主要产品有：DTⅡ(A)型、DJ 型、管状带式输送机、移置式带式输送机、密闭式带式输送机以及各种煤矿井下用带式输送机等多个系列带式输送机整机及部件，干雾除尘产品，快速定量装车系统等。产品通过了欧盟 CE 认证、带式输送机煤矿安全认证、国家电力市场的电能产品认证，是电力工程火电机组 300MW/600MW/1000MW 主要配套厂家，产品广泛应用于港口、电力、冶金、矿山、建材、粮食、煤矿等领域，市场占有率位居国内物料连续输送行业前列，并分别出口到巴西、加拿大、土耳其、意大利、印度、印度尼西亚、菲律宾、吉尔吉斯斯坦、越南、蒙古等多个国家，受到国内外用户的一致好评。

公司通过了 ISO 9001 质量管理体系认证、ISO 14001：2004 环境管理体系认证、OHSAS 1800 健康安全管理体系认证。

公司拥有 40000 余平方米的生产车间及先进的托辊、滚筒生产线，各类生产设备 300 余台，年生产各种带式输送机 15 万米以上。公司拥有完整的质量检测系统、严格的管理程序、先进的测试设备，检测手段齐全，从原材料进厂到产品出厂，每一个环节都进行严格检查。企业设有质量测试中心，包含化验室、硬度实验室、金相室、探伤室、力学实验室、热工实验室、机械性能测试室、计量鉴定室、托辊实验室等九个实验室；各种检测仪器和设备 40 余台，主要有：大型金相显微镜、布洛维硬度计、长度测试仪、超声波探伤仪、磨损试验机、高频疲劳试验机、X 射线探伤仪、热工仪表校验装置、各种托辊性能测试设备等。

作为专业研发物料输送设备的国家高新技术企业，公司特别注重技术创新和人力资源的培育积累，与高校结合每年选送多名员工到高校读研学习。现有经验丰富的设计、科研、工艺、制造等专业技术人员 152 人，具有高级职称 15 人，中级职称 81 人。公司分别与西安交大、河南理工大学、武汉大学等多个高校、科研机构进行技术合作，加强技术研发，已有密闭式带式输送机、夹带式输送机、KRS 型往复式冷却输送机、DTK 型二级破碎机等六十余项科研成果通过省级鉴定，多项产品取得国家专利。

近年来随着公司与蒂森克虏伯、SANDVIK、TAKRAF、淡水河谷、泽玛克等国际公司的合作交流，充分吸取掌握了一些先进的技术及管理经验，使公司综合水平有了更大提高。

焦作科瑞森将一如既往地为用户提供最优质、可靠、全方位服务。

地址：河南省焦作市高新区神州路 2878 号
邮编：454000
电话：0391-3683666　3683678
传真：0391-3683672
E-mail：jzcreation@ vip. 163. com
http：//www. jzcreation. com

附 2.6.6　铜陵天奇蓝天机械设备有限公司

铜陵天奇蓝天机械设备有限公司是江苏天奇物流系统工程股份有限公司（深市 002009）全资子公司，由原铜陵蓝天股份有限公司（铜陵运输机器厂）改制重组成立，是带式输送机行业重点骨干企业，国家重型机械协会理事、带式输送机行业协会副理事长单位，公司多次参与输送机国家和行业标准的制定和修订，也参与了 DTⅡ型、DTⅡ(A)型带式输送机设计手册的编制工作。铜陵天奇蓝天机械设备有限公司属国家高新技术企业，省级企业技术中心，公司拥有专利技术 20 余项。

公司拥有总资产 20506 万元，厂区占地面积 10 万平方米。现有职工总数 300 多人，各类高、中级专业技术人员 100 多人。各类通用、专用生产、检测设备 200 余台，年生产能力 3 亿元，产品广泛应用于电力、冶金、化工、建材、港口、煤矿等行业。

公司主要产品有：DTⅡ(A)型等通用系列带式输送机，规格：带宽：B500mm ~ B2400mm，单机最大长度可达 8km，最大输送能力 9000t/h，单机功率可达 4 × 800kW。特种系列输送机：圆管状带式输送机，水平转弯输送机，大倾角波状挡边输送机等。公司具有很强的技术能力，可以从事输送机系统集成总包项目，为客户提供设计、制造、安装、调试及售后一条龙服务。

公司生产的系列带式输送机为安徽省名牌产品，获得安徽省质量管理奖并被评为省级“重合同，守信用”企业。公司拥有整套质量检测设备，先进检测手段齐全，公司内设有输送机托辊试验检测中心。公司通过了 ISO 9001 质量体系认证，并获得美国 FMRC 注册的 ISO 9001 质量体系国际认证证书，2011 年又通过了 ISO 14001 环境管理认证和 OHSAS 18001 职业健康安全管理体系认证。

公司以优质的产品和满意的服务赢得了国内外广泛的市场。先后承接了国家重大项目如：上海外高桥电厂、上海吴泾电厂、太仓电厂、浙江舟山煤码头、上海宝钢集团、武汉钢铁集团、马钢集团等输送系统工程。公司还具有外贸进出口自营权，产品出口到澳大利亚、加拿大、美国、土耳其、日本、印度、巴西、泰国、印尼、越南等国家。

近年来公司瞄准行业前沿，加大研发投入，拓展了公司的产品系列，设计生产了汽车产业的相关产品，先后为长城汽车、大连固特异、北京同方威视等大型企业，设计制造了汽车总装线、轮胎线和辐照线等产品输送线，得到了客户的一致好评。

“十二五”期间，公司将围绕汽车产业循环经济的发展战略，大力发展新型装备制造，确立了设计制造退役乘用车精细拆解、高效破碎和分拣自动化装备为企业新兴产业，为公司创造新的利润增长点，为企业将来更好更快的发展提供坚实的经济基础，为拓宽带式输送机领域开创新纪元。

地址：安徽省铜陵市经济技术开发区翠湖三路 1355 号
邮编：244061
电话：0562-2686180
传真：0562-2686167
http：//www. tltqconveyor. com

附 2.6.7 山东山矿机械有限公司

山东山矿机械有限公司始建于 1970 年，是中国重型机械工业协会常务理事单位、矿山机械分会、破碎粉磨分会、带式输送机分会及中国电器工业协会牵引电气分会副理事长单位，中国重型机械行业重点骨干企业。

公司于 2001 年改制为民营股份制企业，是一个年销售收入超 10 亿元，利税近亿元的集团型企业。公司为山东省高新技术企业、中国机械 500 强企业，“山矿”商标被评为山东省著名商标，荣获全国机械行业文明单位、山东省重合同守信用企业、省信誉等级 AAA 企业、山东省管理创新优秀企业、山东省机械行业十大自主创新企业、山东省机械工业快速成长型企业、山东省机械百强企业、山东省最具发展潜力企业和济宁市第二届市长质量奖提名奖等荣誉称号。

公司下辖公司本部及山矿电机车有限公司、山矿建材有限公司、山矿托辊制造有限公司、济宁华电电力设备有限公司和宏山汽运有限公司等五个全资子公司和一所高级技工学校。现有员工总数 1400 人，占地面积 30 万平方米，公司拥有各类设备 700 多台（套），具有从铸造、锻压、铆焊、机械加工、热处理到产品总装、试验等全过程的生产能力，配有托辊、铸胶、粘胶、钢材预处理等专用生产线，现有矿山机械产品年生产能力 5 万吨。

公司建立了省级企业技术中心，现有工程技术人员 370 人，具有独立开发、设计、试制成套机械设备的能力。利用先进的 SolidWorks 三维设计、CAPP 工艺手段，建立了 PDM（产品数据管理系统），开发生产出一系列高效新型、高技术含量、高附加值的大型及成套设备，公司的新产品产值率达到 30% 以上。

公司主导产品为破碎筛分粉磨机械、带式输送机械、煤炭洗选机械、竖井掘进机械、工矿电机车、建材机械等六大系列 300 多品种规格。带式输送机主要有 DTⅡ(A)型 JKD 通用型及 DLT 煤矿用、DJ 大倾角、SSJ 可伸缩式、SKGD 圆管式等规格型号。破碎机主要有 PE 颚式、PF 反击式、PC 锤式、PCFK 可逆反击锤式、HCSC 重型环锤、PG 辊式、PGC 齿辊式和 PY 圆锥式等。球磨机主要有 MLT 脱硫型、MQ 格子型、MQY 溢流型等。工矿电机车有 ZK1. 5 吨至 14 吨窄轨架线式、XK2. 5 吨至 12 吨防爆蓄电池式等系列。其他产品还有破碎筛分运输成套机组、振动筛、反井钻机、伞钻等。产品广泛应用于电力、冶金、煤炭、矿山、建材、港口码头、化工等行业。产品覆盖全国市场，曾为宝钢、首钢、鞍钢、华鲁德州电厂、邹县电厂、香港青山电厂、神府煤田、三峡工程、秦沈铁路、天津南疆码头、连云港、日照港等国家重点工程提供了大量的成套及配套设备，并出口加拿大、德国、意大利、日本、孟加拉、尼日利亚、阿尔及利亚、印度、越南、古巴等国家，以优质的产品和满意的服务在用户中享有较高的信誉。近年来，公司以优质的产品、良好的服务和诚实的信誉，在大批国家重点工程项目建设中脱颖而出，市场业绩在全国同行业中名列前茅，输送设备、破碎设备、工矿电机车均列前两名。

公司通过了 ISO 9001 标准质量体系、ISO

14001 环境管理体系和 OHSMS 18001 职业健康安全体系认证，通过了"AAA"标准化良好行为企业确认，获国家计量保证确认合格单位、二级理化检测单位。公司设计生产的带式输送机、破碎机和球磨机三项产品被评为山东省名牌产品；PE 型颚式破碎机被评为部优、省优产品；ZK 型矿用电机车被省机械厅检定为一等品；PCFK 可逆反击锤式破碎机、4PG1200×1000 四辊、2PGCQ625×3000 强力双齿辊、HCSC 重型环锤破碎机、PF1315 反击破碎机、高效圆锥破碎机、DTⅡ新型托辊、重型环保卸料车和生物质发电燃料输送系统等 20 项产品通过了省级新产品鉴定，公司研制开发的悬挂式直线移动螺旋取料机、双向可逆反击锤式破碎机、带式输送机移动密封卸货车、陶瓷滚筒、螺旋型秸秆输送给料机、中心传动式球磨机等 18 项新产品获得国家专利，2PGCQ625×3000 强力双齿辊于 2005 年创全国第十届新纪录。山矿公司还被上海宝钢授予"质量优胜单位"，被中港集团日照港授予"诚信经营　质量优胜"的荣誉，被广西天盛港务公司授予"用户满意项目"。

地址：山东省济宁市济安桥北路 11 号
邮编：272041
电话：0537-2226931
传真：0537-2228529
E-mail：master@ sdkj. com. cn
http：//www. sdkj. com. cn

附 2.6.8　马鞍山钢铁股份有限公司输送机械设备制造公司

马鞍山钢铁股份有限公司输送机械设备制造公司，始建于 1964 年，前身为中国人民解放军海军 4310 工厂，1992 年 8 月成建制转入马钢。经过四十多年的发展，现已成为马钢重型机械设备制造公司专业化生产输送设备的制造基地，是中国重机协会带式输送机分会理事单位。

公司地处安徽马鞍山经济技术开发区，固定资产 2.5 亿元，占地面积 13.5 万平方米，生产建筑面积 3.5 万平方米，员工 400 余名，中高级技术人员 75 余人，技术力量雄厚，装备精良配套。主要生产设备 260 台（套），拥有从日本引进的世界一流托辊全自动生产线和由系列数控机床集成的滚筒、输送辊柔性生产线，具备整机加工、调试、检测、装配能力。具有年生产带式输送机整机 25000 吨、托辊 60 万只、各种滚筒 5000 吨，同时具有年产 2000 吨高品质消失模铸造生产能力。

公司主要从事包括 DTⅡ(A)型等各类带式输送机、埋刮板机、斗式提升机等输送设备及冶金、仓储等成套的设计、制造、安装和售后服务，产品广泛应用于冶金、电力、矿山、港口、煤炭、水泥等行业，拥有全新的管状输送机设计、制造和安装调试技术。主要产品已取得国家颁发的生产许可证和安全标志认证（MA），并通过 ISO 9001：2008 质量体系认证。

公司实施"马钢制造，输送精品"的品牌战略，奉行"诚信为本，合作共赢"的经营宗旨，坚持"持续改进，追求卓越"的质量方针。全体员工始终遵循"专业化设计，标准化作业，规范化管理"的要求，努力将公司建成国内外输送设备精品制造基地。

公司不仅为马鞍山钢铁集团公司、上海宝钢、梅山钢铁、南钢股份、福建三明钢厂、邯郸股份、西宁特钢、江西铜业提供各类带式输送机、埋刮板输送机、斗式提升机，而且为钢厂制造各类入炉辊道、出炉辊道、成排台架、冷床及卷取机、打包机、风冷线等炼、轧钢成套设备。同时也为淮南、淮北煤矿、大同煤业、鄂尔多斯煤矿、海螺水泥、华能电力、马鞍山港务局等煤矿、建材、港口、电力行业用户提供各类带式输送机。产品先后出口到韩国、日本、德国、中国台湾、南非等地，赢得了国内外客户的广泛赞誉。

地址：安徽省马鞍山市经济技术开发区阳湖路 499 号
邮编：243000
电话：0555-2109768　2109769
传真：0555-2109765
E-mail：mgss@ vip. sina. com
http：//www. mgssjx. com

附 2.6.9　安徽攀登集团公司 安徽攀登重工股份有限公司

安徽攀登集团坐落于安徽省历史文化名城、桐城派的故乡——桐城市，毗邻中国风景名胜名山——黄山、中国佛教名山——九华山、古南岳名山——天柱山，京九铁路、沪蓉高速和 206 国道汇聚穿境而过，北邻合肥机场、南邻安庆机场，交通十分便利。

集团现有总资产 6.68 亿元，注册总资本达 3.67 亿元，占地面积 46.35 万平方米，员工 1000 余人。拥有"攀登"、"欧耐"、"金橡"三大注册商标，其中"攀登"商标系中国驰名商标、安徽省著名商标、首届安徽十大强省品牌。集团以安徽攀登重工股份有限公司为核心管理层企业，紧密型成员企业有安徽欧耐橡塑工业有限公司、安徽欧耐传动科技有限公司、安徽攀登钢构工程有限公司。以连续输送机械设备、橡胶输送带、液力传动设备、建筑钢结构工程的研发设计、生产制造和安装服务为主导，铸造铸钢、工程塑料、橡胶制品配套生产，很好的保障了主导产品的服务延伸，全力将攀登打造成为国内一流输送机、带一体化、集团化企业。

集团作为国家高新技术企业，始终坚持把技术创新作为企业发展的根本动力，大力培育和提升核心技术，下设的集团技术发展研究中心为安徽省“省级企业技术”中心，主要从事新技术、新项目的研制开发和规划、设计，并与全国30多家设计院（所）及国内有关高等知名院校建立了良好的合作关系，已形成了各类产品研发、设计、制造、安装调试及售后服务等一整套的技术质量运行和产品质量保障体系。

集团主导经营：

安徽攀登重工股份有限公司创建于1974年，是具有30多年生产通用型带式输送机、矿用型带式输送机、大倾角带式输送机、管状带式输送机、平面转弯带式输送机、链式输送机、斗式提升机、螺旋输送机及其相关配件的专业厂家；

安徽欧耐橡塑工业有限公司主要生产PVC/PVG阻燃输送带、分层普通及阻燃输送带、钢丝绳芯阻燃（普通）输送带、管状输送带、耐热、耐高温输送带等；

安徽欧耐传动科技有限公司主要从事调速型和限矩型液力耦合器、逆止器、柔性（蛇形）弹簧联轴器等系列产品的研发设计和生产制造；

安徽攀登钢构工程有限公司主要从事建筑钢结构工程规划设计、生产制作和工程安装；

公司遵循“诚信、敬业、团结、创新”的文化理念，不懈攀登、追求卓越、竭诚以更优质的产品和完善的服务回报用户，以更丰硕的成果回报社会。

地址：安徽省桐城市南岛同安南路999号
邮编：231400
电话：0556-6688888　6688999
传真：0556-6688666　6139222
E-mail：pandeng@188.com
http：//www.cn-pd.com

附2.6.10　安徽扬帆机械股份有限公司

安徽扬帆机械股份有限公司是国家专业生产带式输送机及连续输送机械设备的大型定点企业之一，是中国重型机械工业协会带式输送机分会、中国煤炭机械工业协会的会员单位，国家级高新技术企业，中国驰名商标单位。公司通过了ISO 9001：2008质量管理体系认证，较早取得了全国工业产品生产许可证、矿用产品安全标志证书、火电机组入网许可证书，并先后荣获“全国重质量守信誉公众满意单位”、“中国产品质量‘AAA’级信用企业”、“安徽省著名商标”、“安徽省机械行业十大重点推广产品牌”、“安徽省名牌产品”、“安徽省守合同重信用单位”等多项殊荣，公司拥有12项国家专利等多项知识产权。

公司现有员工430人，占地面积12万平方米，其中建筑面积达7.9万平方米，注册资金1.18亿元，总资产2.3亿元。公司拥有托辊全自动生产流水线、高精度数控机床及加工中心、大型抛丸除锈机床、大型龙门刨铣磨机床等各类先进生产装备460余台（套），具有从铸造、锻压、铆焊、精加工、热处理到产成品总装、试验和检测体系。精良的生产装备、精湛的专业技术、精密的检测手段和精干高效的安装队伍，为向用户提供一流产品和优质服务奠定了坚实的基础。

公司主导产品覆盖DTⅡ(A)型固定式带式输送机；平面转弯带式输送机；移动式带式输送机；DJA型0°~90°垂直大倾角带式输送机；DSJ型井下上运煤下运料及可伸缩带式输送机；DTL型矿用固定式带式输送机；DX钢丝绳芯强力型带式输送机；DG型管状带式输送机；LS、GX型螺旋输送机；NE、NEA型板链斗式提升机；D、TD、HL、TH型斗式提升机；LU、FU型链式输送机；MS、MC、MZ型埋刮板输送机；DS、SDBF型熟料链斗式输送机；YFZ重型板链除渣机；K型往复式给煤机；GLD型带式给料机（节能环保，手动、变频调速，运量100~6600t/h，专利证号ZL200520113753.X）等20大系列近200多个品种以及全系列配件。产品被广泛应用于煤炭、电力、矿山、冶金、建材、钢铁、化工、轻工、港口、烟草、环保、粮食等众多行业。

多年来，公司先后服务于中国神华集团、中国铝业集团、中国黄金集团、中煤集团、中国建材工程集团、中电投集团等国家重点工程，并为宁煤集团、淮南矿业集团、淮北矿业集团、皖北煤电集团、龙矿集团、陕煤集团、伊泰集团、伊东集团、济南钢铁集团、马钢集团、西钢集团等国内知名企业提供了大量的成套设备及系列配件，产品分别出口到印度、印尼、叙利亚、阿塞拜疆、哈萨克斯坦、俄罗斯、中国台湾等多个国家和地区。优质的产品和完善的服务赢得广大用户的高度赞誉，2011年“扬帆”牌带式输送机被评为安徽省名牌产品，“扬帆”牌商标被认定为安徽省著名商标及中国驰名商标。

地址：安徽省桐城市经济开发区龙腾大道
邮编：231400
销售热线：0556-6138888 6139888 6139788
传真：0556-6569000 6139777
E-mail：yfsale@126.com
http：//www.cn-yf.com www.ahyangfan.com

附 2.6.11 河北鲁梅卡机械制造股份有限公司

河北鲁梅卡机械制造股份有限公司是专业生产长距离带式输送机械、管状输送机、重型卸料车的重点企业。公司坐落于中国第一侨乡千童故里——盐山，是中国输送机械十强，河北省名牌产品企业。拥有超带宽 B2400 和管状输送机、大倾角挡边输送机的全国工业产品许可证，中国安标中心煤安标志，中国能源一号网网络成员。

公司配有大型机加工设备 200 余台（套），自动化钢材预处理生产线及先进的托管和滚筒加工试验设备，规模化、体系化、科学化，保证了产品质量。同时，有一支高水准经验丰富的技术研发队伍。重型卸料车等诸多产品具有国际领先水平，多年来为中铝国际、中钢设备、河北钢铁集团、东方希望集团、中国华电等国内大型企业配套使用，同时出口法国 FAM 公司、澳大利亚、印度 JWS 钢厂等国外知名企业，广泛服务于港口、冶金、电厂、化工等行业。

公司以满足顾客为需求，诚信守约；以技术创新为支撑，质量争先；以科学管理为基础，实际改进。

法人代表：田俊红
地址：河北省盐山县正港工业园
邮编：061001
电话：0317-2088278 6193111
传真：0317-2022698 6193922
E-mail：hn.rc@163.com
http：//www.luomake.com

附 2.6.12 四川东林矿山运输机械有限公司

四川东林矿山运天府南大门之称的工业重镇——内江，以“文化之乡、书画之乡”的美名享誉海内外。

公司从事矿山运输机械设备制造已有三十多年的历史，主要致力于电力、冶金、建材、化工、煤炭、港口等行业，散状物料输送设备的研发、制造、销售和服务。是成渝经济区新高地的重点企业、起重运输机械行业中的骨干企业、中国重型机械工业协会先进单位。

公司先后荣获：省级“质量管理先进企业”、省级“科学技术进步奖”、四川名牌产品“东林牌”、内江“十强”企业，“有突出贡献企业”、工业纳税“先进企业”、“先进基层党组织”等荣誉称号。

公司占地面积 100050 平方米，建筑面积 66000 平方米，现有职工 500 余人，专业技术人员近百人。厂区分为滚筒车间、托辊车间、金工车间、钣焊车间、综合车间、钢材预处理车间、热处理车间、总装车间、成品车间等九大车间，拥有先进的设备生产线和检测实验设备。

公司通过 ISO 9001：2008 国际质量体系认证，首批取得国家颁发的《带式输送机生产许可证》和国家矿用产品安全标志中心颁发的《矿用产品安全标志证书》。

公司采用自动化流水生产线、自动焊接工艺、先进的加工工艺、完整的加工设备及 ERP 辅助管理软件系统，实现了自动、高效、优质的生产制造工艺、流程，完美地实现了产品的过程质量控制。

公司组建有省级技术中心，拥有一支过硬的专业研发队伍和实验室，具有完善的三维 CAD 设计，利用 PLM 建立了标准化、模块化的技术管理系统。

公司主导产品：DTⅡ(A)型系列带式输送机、YGD 圆管状带式输送机、曲线带式输送机、拥有自主知识产权并获得国家技术进步奖的矿用双层双运带式输送机、新型 PLC 变频控制叶轮给煤机、各类高效提升机、电控系统及其他非标设备等。

公司坚持以创造最大的社会经济、环境、综合效益为己任，秉承“简单做人、精心做事、制造价值、传承文明”的“东林精神”，为中国散状物料输送设备的技术进步而奋斗，为民族工业的发展贡献力量。

地址：四川省内江市工业集中发展区乐贤大道 398 号
邮编：641005
电话：0832-2191111 2192777（市场部）
2112515（技术中心）
传真：0832-2112500
E-mail：scdljx@163.com
http：//www.scdljx.com

附 2.6.13 集安佳信通用机械有限公司 佳信通用机械泰州有限公司

集安佳信通用机械有限公司是专业生产各类电动滚筒和输送机械的高新技术企业。是中国重机协会理事，带式输送机分会副理事长，亚洲最大的电动滚筒生产制造商，积累了丰富的专业技术和经验。2011 年控股泰州机械厂有限公司，组建佳信通用机械泰州有限公司，进一步提升了企业竞争力，扩大了品牌影响力，增强了服务市场的能力。公司位于中朝边境鸭绿江畔集安市，占地面积10.4万平方米，建筑面积5万平方米，职工人数358人，各类专业技术人员131人，具有高级职称43人，中级职称72人。主要生产设备300余台（套），电动滚筒年生产能力2万台，输送机械5万米。

公司以精品战略为统领，践行“企业做强做大，产品做细做精”的理念，注重持续技术进步，不断自主创新，引导电动滚筒行业发展。研制的YDB型、WD型等电动滚筒新产品达到国际先进水平，获得十二项国家专利。

公司注重提高管理水平，不断采用先进的生产、检测设备及技术，完善质量管理体系，实施ERP管理，以诚信的文化、专业的技术、创新的精神、周到的服务在业内树立了良好的品牌。“吉”字牌评为省著名商标，电动滚筒评为省名牌产品，拥有齐全的煤炭安全标志证书和生产许可证书。

现生产9个系列的电动滚筒和DTⅡ(A)型等各类带式输送机、斗式提升机、螺旋输送机、过滤机械、减速器等，产品覆盖全国，并出口部分国家和地区。

公司竭诚为您提供优质的产品和优良的服务，实现互利共赢，共同奉献社会。

地址：吉林省集安市工业园区创业路3号
邮编：134200
电话：0435-6222348　6222898
传真：0435-6222532　6225918
E-mail：jajiaxin@126.com
http：//www.jajxty.com.cn

附2.6.14　上海富运运输机械有限公司

上海富运运输机械有限公司是上海富大集团有限公司的子公司，是股份制企业，地区骨干企业，上海市高新技术企业，重合同守信誉单位。工厂厂区面积100000m^2，建筑面积30000m^2，工厂设备齐全，技术先进，工艺成熟，管理严密，是全国生产带式输送机的主要专业定点厂，在全国同行业中属景气度较高的企业，在用户中享有很好的信誉。公司目前有工程技术人员58人，其中高、中级技术人员有28人，我公司有一支相对稳定的设计队伍和安装队伍，可实行设计、制造、安装一条龙服务。欢迎各设计单位及各使用单位选用我公司产品，我公司将竭诚为广大用户提供优质满意的服务。公司瞄准世界先进技术，结合国内外市场需要和高校联合开发出具有领先特色的，填补国内空白的新产品——长距离曲线运输（水平转弯）胶带输送机和管状带式输送机。另外我集团公司下属上海富大胶带制品有限公司生产输送胶带，是国内唯一一家既能生产输送机又能生产输送带的企业。

工厂主要设备有：3m×11m钢板预处理设备，3m×12m自动切割线，12.5mm×3000mm龙门剪板机，100t板料折弯压力机，25mm×2300mm四芯卷板机，300t液压机，60t型材联合冲剪机，托辊生产流水线1套、单面焊接双面成形焊机，CO_2气体保护焊机，全自动、半自动埋弧焊机，大车焊接翻身架，ϕ1200mm×8000mm卷筒车床，ϕ160mm大型落地镗铣床（加工最大尺寸：长12000mm×高5000mm，主轴行程3500mm），4m磨床以及各类车床、铣床、铇床、镗床、钻床等加工设备近百台（套）。设备配置齐全，加工能力强，完全能确保加工产品达到标准要求，在一些部件的加工工艺中已形成专业的流水线生产和批量生产形式。

我公司专业生产起重运输机械设备，主要产品有DTⅡ(A)型带式输送机系列，QL型高强度胶带输送机系列，FYZB型水平转弯带式输送机，DG型管状带式输送机，DJ型大倾角带式输送机以及煤矿系统用各类输送机等。我公司生产的产品主要用于国内外电厂、水泥、钢铁、石化、港口码头、煤炭、建材以及一些大型基建项目的原材料输送系统，产品远销法国、日本、越南、孟加拉等国家。

地址：上海市虹口区保定路437号
邮编：200082
电话：021-65590898
传真：021-65418294
E-mail：fuyun0210@163.com
http：//www.shanghaifuda.com

附2.6.15　江阴市鹏锦机械制造有限公司

江阴市鹏锦机械制造有限公司是国内起重运输机械设计与制造单位。现有固定资产5000万元，设计人员50多人。公司设有运输机械研究所，专业设计、制造、开发特种与通用输送机械，年生产能力达1.2亿元。

我公司制造技术成熟，装备条件完善，检测手段先进，已通过ISO 9001：2008质量管理体系认证，并且和有关院校科研单位合作，不断推出各种新产品以满足广大客户的需要。

我公司主要生产DJC型系列波状挡边带式输送机、垂直旋转波状挡边带式输送机、TD75、DT

Ⅱ和DTⅡ(A)型通用固定带式输送机、可逆配仓带式输送机、气力输送设备、管状输送机、煤矿井下用固定式及伸缩式输送机、移动带式输送机、卸料车及移动通风除尘槽、环形输送机、螺旋输送机、斗式提升机、给料设备以及生物质发电上料系统全套设备等。还可根据用户需要设计制造各种非标设备。

我公司产品畅销全国29个省、直辖市、自治区，部分产品成功出口到巴西、印度、马来西亚以及新加坡、东南亚等地区。

江阴市鹏锦机械制造有限公司连续多年被评为重合同守信用企业，是中国重型机械工业协会、带式机协会的成员单位。

地址：江苏省江阴市南闸街道观山东盟工业园10号
邮编：214405
电话：0510-86271878　86271858
传真：0510-86271878
E-mail：jypj@yahoo.cn
http：//www.jypj.com.cn

附2.6.16　东莞市奥能实业有限公司

东莞市奥能实业有限公司前身是广东省东莞煤矿机械厂，始建于1956年，是原煤炭部制造局36家重点企业之一，也是国家煤炭机械工业协会带式输送机理事单位、全国煤炭系统带式输送机定点厂、国家机械工业重点企业、广东省级先进企业、全国煤炭行业二级企业、国家二级计量合格单位。是集科研、开发、生产和服务于一体的经济实体、专业设计制造各类输送、给料、洗选、筛分、涂装等设备。

公司生产的带式输送机产品有两大类，三百多个品种。即地面用DTⅡ(A)型、DY型、DD型、DQ型等各种带式输送机和井下用可伸缩、固定、大倾角、大运量、长距离及转弯带式输送机；公司还生产Z1-Z10胀紧连接套和NF型系列非接触式逆止器等基础件。产品广泛用于煤矿、冶金矿山、电力、钢铁、轻工、粮库、化工、电子港口、码头、水泥、造纸行业。

东莞市奥能实业有限公司通过了ISO 9001：2008《质量管理体系认证》；并已领取带式输送机煤安标志证书200多个型号。其技术先进、装备精良、工艺成熟、产品优质。在企业全面走向市场、走向世界的新时期，公司以科技为后盾，坚持“科学管理，质量为本，持续改进，满足顾客需要”的质量方针，继续为广大用户提供先进优质的产品和优良的服务。

地址：广东省东莞市望牛墩镇洲涡工业区
邮编：523206
电话：0769-88560099
传真：0769-88563508
E-mail：aoneng818@163.com
http：//www.onlypage.cn

附2.6.17　宁波甬港起重运输设备有限公司
宁波海达输送机械有限公司

宁波甬港起重运输设备有限公司是生产带式输送机的专业厂家，重机协会带式输送机分会成员单位。为满足企业发展需要，于2003年在奉化西坞外向科技园区异地兴建了生产基地，注册为宁波海达输送机械有限公司。

占地面积33300多平方米，建筑面积21700多平方米，是浙江省工商企业信用AA级“重合同守信用”单位。

有托辊、滚筒生产流水线、材料预处理等各类通用、专业设备120多台；具有先进的检测手段，确保产品质量。

主要产品有DX型、DTⅡ型、DTⅡ(A)型、TD75型及自行开发的DTY型带式输送机，带宽B500～B2400，获全国工业产品生产许可证，通过ISO 9001质量体系认证，年生产带式输送机能力为50000米，广泛用于电力、港口、冶金、建材、化工等行业，为国内众多重点工程项目配套。在专业外贸公司支持下，成功走向国际市场，出口日本、巴基斯坦、孟加拉国等国家，并以优良品质受到了用户的好评。

法人代表：黄伟英
地址：浙江省宁波市鄞州区潘火街道王家弄村
邮编：315105
电话：0574-88546212　88546218
传真：0574-88546211
E-mail：nbyonggang@foxmail.com
http：//www.nbyg.net.cn

附2.6.18　唐山瑞泰机械有限公司

唐山瑞泰机械有限公司是专业生产输送机械及冶金、水泥设备的现代化企业，占地面积10万平方米，职工800人，其中各类技术人员200人，具有中高级职称的45人，公司通过ISO 9001：2008质量管理体系认证，年制造能力10万吨，现有各类生产设备260多台（套），检测工序完善，拥有设备组装、托辊、铸造等先进生产线，具备设计、制造、安装等全方位实力。

公司为唐钢、邯钢、承钢、宣钢、冀东水泥等大型公司先后生产了长距离带式输送机、环冷机、带冷机、板式给料机、铸铁机、造球机、热链板输送机、地面车辆等冶金、建材设备。设备远销到日本、印度、俄罗斯、越南、埃及、阿联酋、马来西亚等国家。得到国内外客户的赞誉与好评。

瑞泰公司与各大钢铁、水泥集团及设计院校建立了长期合作关系，并吸取国内外先进技术，以“质量第一，诚信为本，绿色发展”为宗旨，继续研发新产品，为客户优质服务。

地址：河北省唐山市丰南区河涧路东
邮编：063307
电话：0315-8325930 8523444
传真：0315-8524222
E-mail：ruitaijx@ sina. com
http：//www. ruitaijx. com
联系人：岳福利 杨金义

附 2.6.19 河北巨鑫输送工程有限公司

河北巨鑫输送工程有限公司（原河北矿山输送机械制造厂）始建于 1976 年，是具有三十多年带式输送机械生产历史的专业厂家、全国带式输送行业知名企业，国家外经委批准的自营进出口企业。公司占地面积 $48000m^2$，建筑面积 $11600m^2$，拥有各类生产检测设备 200 余台（套），具有从铸造、锻压、铆焊、机械加工到产品总装、试验等机械制造自动化全过程的能力，现有职工 180 余人，其中各类工程技术人员 26 人。

公司主导产品有 DTⅡ(A)型带式输送机，波状挡边带式输送机和移动式带式输送机等系列带式输送机。年生产能力近 3 万吨。产品广泛用于煤炭、交通、粮食、港口、电厂、水泥、钢厂等行业和部门，曾先后承接邯钢集团、中国华电集团、山西中煤集团、河北敬业集团等众多企业的输送机械工程，销售网络覆盖全国并远销英国、法国、泰国、阿联酋、澳大利亚等欧洲、东南亚、非洲国家，我们以过硬的产品质量、超强的设计能力、良好的售后服务享誉国际市场。近年来，企业被评为“重合同守信用企业”；被中国质量检验协会认定为国家权威检测达标产品；被中国质量信誉协会确认为国家权威检测认可质量信誉服务三优企业；被中国互联网新闻中心评为“中国名企”；被中国机械工业联合会评为“中国机械工业最具影响力的品牌和中国机械工业优秀企业”；我公司托辊、滚筒、输送机系列被中国机械工业联合会机经网、中国机械工业质量管理协会评为“名优新机电产品”；2010 年 10 月成为上海世博会民营企业联合馆“闪耀世博、寻找坐标”活动入选展示企业，为民营企业联合馆展示墙增加一颗水晶。

法人代表：李发军
地址：河北省衡水市枣强县崔庄工业区
邮编：053100
电话：0318-8438222
传真：0318-8438485
E-mail：juxin@ juxin123. com
http：//www. juxin. com

附 2.6.20 河北冀枣胶带运输机械有限公司

河北冀枣胶带运输机械有限公司（原河北省枣强县胶带运输机械制造厂）始建于 1965 年，前身是军工机械维修保养备战基地，是国家起重运输机械协会指定的输送机械专业生产厂家，是高新技术企业。

公司主要生产适用于矿山、煤炭、冶金、火电、建材、制药、粮仓、陶瓷等行业的输送机械、卸料设备及其配件。

公司技术实力雄厚，拥有自己的企业技术中心和 CAD 工作站，运用国际、国内先进的软件进行产品设计和开发。公司坚持走产、学、研相结合的道路，与有关的大专院校及科研院所进行技术交流及合作，新产品不断问世，并多次获得有关专家的好评及奖励。

公司生产设备齐全，检测设备完善。拥有先进的车、磨、刨、铣、冲和检测设备，公司始终坚持“质量是企业的生命，用户是企业的上帝”的原则，为广大客户提供质量与价格双优的产品和优良服务。

公司采用现代企业制度管理，实行经理负责制，制度齐全规范，质量管理严格，使公司各项工作都沿着规范化、制度化的轨道健康的向前发展。

由于公司全体员工的共同努力和客户的信赖，我公司生产的“黑龙港”牌胶带运输机各项性能指标均达到中华人民共和国国家标准，产品畅销全国，产品已在首钢、邢钢、安钢、乌鲁木齐石化、河北敬业集团等单位广泛应用，享有很高的声誉。

法人代表：李贵琴
地址：河北省枣强县崔庄工业区
邮编：053100
电话：0318-8438294
传真：0318-8430088
E-mail：heilonggang@ heilonggang. com
http：//www. heilonggang. com

附 2.6.21　武汉洪源机械制造有限公司（原中国人民解放军第七○一一工厂）

武汉洪源机械制造有限公司、原中国人民解放军第七○一一工厂是军内唯一的仓储物流机械专业厂，化工部带式输送机定点生产厂。工厂处于武汉市南大门，交通便利，占地42000m²，生产区面积12000m²，现有员工150人，中级以上职称16人（其中高级职称6人）。工厂1989年全面质量管理达标，同年取得国家计量二级合格证。1990年被湖北省授予省级先进企业称号，是武汉市设备管理一级企业；经武汉市经委批准，工厂设有“输送机械研究所”；2000年通过ISO 9001质量体系认证。

工厂主要产品：（一）仓储物流机械系统已有三大系列七十余个品种。设备配套性强，操作简便，适用于各种包装成件物或散装物料的堆垛和输送，用户根据需要选择配套，即可将生产线、货场、码头、车站、平库、楼库等联成一体，组成专用线，实现生产、搬运、装卸的半自动化和自动化。（二）DTⅡ(A)型固定带式输送机、均化布料机、重型卸料车、桥、门式堆、码垛机、DY移动胶带输送机、D型斗式提升机、DJ型大倾角挡边带式输送机、GX螺旋输送机。（三）自动立体轮胎仓库成套设备。（四）非标输送机械系统设计制造和非标机械工程设计制造。（五）化工，除尘专用设备。（六）帐篷架、煤柴取暖炉、油料器材、消防器材等。

工厂近几年的主要施工业绩有：天津汉沽、黄骅盐场、中盐宏博、江苏井神盐业盐包堆垛系统工程设计、制造、安装；国家重点工程湖北钟祥大峪口磷矿矿肥结合工程（原法国克雷布什公司国际招标工程）$L=130$m，可逆移动式胶带输送机设计、制造，该项目填补国内空白；贵州瓮福磷矿大型给料机设计、制造；江汉石油管理局盐化工厂总厂盐硝散料、袋装物料输送工程系统设计、制造、安装（与瑞士苏尔寿公司主机配套）；云南烟草公司、湖北医药公司、青岛粮食进出口公司、无锡粮库等单位输送系统及跨国道栈桥设计、制造、安装；三峡工程沙石料、搅拌系统皮带机；鄂州电厂给煤机设计、制造；山西安泰（集团）股份有限公司；云南磷电化工有限公司、铜陵六国股份公司均化布料机设计、制造；广西贵港电厂输煤系统、埃塞俄比亚、孟加拉水电沙石料拌和系统的皮带输送机的制造；武钢工业港码头1号~4号大带宽、大输送量的皮带输送机的设计、制造、安装，该项目被评为部优。武汉钢铁（集团）公司、涟源钢铁厂、济南钢铁厂、鞍钢、新余钢厂重型卸料车的设计制造。全军及武装警察部队仓储输送系统工程的设计、制造、安装。

董事长：李山明　**总经理：**许　波
地址：湖北省武汉市武昌南湖汽校
邮编：430064
信箱：武汉市64006信箱
电话：027-88034383
传真：027-88034383
E-mail：7011cw0599@sina.com

附 2.6.22　山西晋煤集团金鼎煤机矿业有限责任公司（金鼎公司）

山西晋煤集团金鼎煤机矿业有限责任公司（简称：金鼎公司）是晋城煤业集团全资子公司，注册资本8亿元，总资产38亿元，下辖34个子分公司。是国家高新技术企业，国家重大技术装备企业，是全国最具特色的集研发、制造、安装、租赁、维修、技术服务于一体的综合性煤机制造企业。

公司大力实施科技兴企战略，创新研发体系，建立煤机技术研究院和企业技术中心，注重产、学、研相结合，首次将煤炭装备工艺技术和试验系统纳入研发体系，致力于“高端化、高质化、高新化”煤机产品的研发与制造。拥有专利200余项，自主研制了新型带式输送机、高端液压支架、短壁采煤机、大采高“8G”采煤机、湿式喷浆机、瓦斯抽放钻机、长孔定向钻机、系列无轨胶轮车、矿山电气传动和自动化控制等煤矿综合机械化开采成套设备，产品质量均达到国际先进水平。

带式输送机是金鼎公司的主导产品之一，公司拥有一批经验丰富的设计、工艺、制造等方面的专业技术人员，拥有先进的滚筒加工、托辊加工流水线等专业加工设备，带式输送机的设计水平及制造质量达到了国内领先水平，可为煤矿、港口、化工、冶金等行业提供各种带式输送机产品。

地址：山西省晋城市北石店镇金鼎工业园区
邮编：048006
电话：0356-3667585（销售部）　3667685（技术部）
传真：0356-3667585（销售部）　3667685（技术部）
E-mail：jmjd918@163.com

附 2.6.23　苏州市力神起重运输机械制造有限公司

苏州市力神起重运输机械制造有限公司是原

苏州运输机械厂改制而成立的公司。公司主要产品为DT75型、DTⅡ型、DTⅡ(A)型、DX型、QL型皮带输送以及各种规格斗式提升机、螺旋输送机、埋刮板机。可靠的质量，合理的设计、价格，优质的服务，多年来我公司的产品遍布大江南北的港口、码头、电力、冶金、矿山、化工建材行业，深得各新老用户的满意。

公司全体员工热诚欢迎各新老客户，社会同仁来厂洽谈业务考察指导。

法人代表：李雅娜
地址：江苏省苏州市相城区望亭镇望湖路巨庄段
邮编：215155
电话：0512-66704041
传真：0512-66700490
E-mail：office@jslishen.com
http：//www.jslishen.com

附2.6.24　包头市万里机械有限责任公司

包头市万里机械有限责任公司位于举世闻名的“草原钢城”、“稀土之都”内蒙古包头市。公司占地面积6万平方米，拥有资产1.2亿元，员工近300人，专业技术人员40人，年产值2亿元。是全国带式输送机协会理事单位，目前在全国排名第九位，是资质大而全、业绩大而好的专业制造大型带式输送机公司。

公司主要产品为大型带式输送机，产品广泛服务于煤炭、电力、冶金、矿山、化工、建材等行业。为中国神华集团、中国华电集团、北方联合电力、国电蒙能公司、包钢集团公司、鄂尔多斯集团、伊泰集团等客户的重点工程提供了大量优质产品和满意的服务，受到好评。被评为内蒙古名牌产品。

公司拥有国家级的科研资源以及专业高水平的自主创新技术团队，拥有先进的装备和测试手段，建立了科学的流程和标准，保证了品质、提高了效率、降低了成本，形成了“专业制造、技术领先、品质优良、服务快捷”的优势。在确立了公司战略为“高品质大型带式输送机制造商”后，我们坚持追求专而精、专而大，全力以赴做精做大产品。服务客户“为客户创造价值”是我们的经营理念和目标，我们将坚持不懈的努力，在2012年进入全国行业前五名。

公司要按新经济理论的要求，依托市场做大经营规模，依靠科技做强产品品牌。与时俱进转变观念、完善竞争、激励、监控机制，打造优秀的企业文化，在成为学习创新型公司上做文章，增强核心竞争能力，为客户提供更好的产品和更满意的服务，实现公司战略发展目标。

地址：内蒙古自治区包头市东河区南二里半
邮编：014040
电话：0472-4603493　4601350　4604508
传真：0472-4603493　4604308
E-mail：wljx@163.com
http：//www.wljx163@163.com

附2.6.25　四川自贡起重输送机械制造有限公司

四川自贡起重输送机械制造有限公司是中国重机协会会员单位，带式输送机专业生产厂。公司位于驰名中外的千年盐都，恐龙之乡——四川省自贡市国家级高新工业园区。公司主要产品有：DG型管状带式输送机、DTⅡ(A)型带式输送机、DJ型波纹挡边带式输送机，以及斗式提升机、螺旋输送机等输送设备。公司“重机”牌产品深受用户的赞誉。

公司始建于2005年4月，注册资金4千万元，占地面积8万平方米，建筑面积6.5万平方米，各类机械加工设备和检测设备360多台（套）。公司现有员工480人，其中大专以上文化程度78人，中专以上文化程度113人，工程技术人员41人，两名享受国务院津贴专家。

公司技术力量雄厚、生产工艺先进、检测手段完善，具有批量生产能力。公司以“质量求生存、服务拓市场、改进促发展”的质量方针，以一流的产品质量赢得顾客、以周到的服务使顾客满意。“用户至上、质量第一”的服务宗旨已成为公司全体员工的共同意识，公司连续几年获省、市“守合同重信用”企业，有10项实用新技术获国家专利，已取得《全国工业产品生产许可证》和《ISO 9001：2008质量管理体系认证》。

董事长：林正清
地址：四川省自贡市高新工业园区金川路33号
邮编：643000
电话：0813-2409888　2409666　2702699
传真：0813-2702691
E-mail：zgqzssjx@163.com
http：//www.shusongji.com.cn

附2.6.26　唐山开泰起重输送机械有限公司

唐山开泰起重输送机械有限公司（原唐山起重输送机械厂）是从事输送机械的专业生产厂，始建于1988年。占地面积5万余平方米，职工人数658人，工厂各种设备齐全，各类加工设备242台，加工能力强，检测手段完备。

随着生产规模的日益壮大，2012年新建厂区，占地面积5万余平方米。拥有国内一流的自动托辊生产线，完整先进的质量检测设备，承揽大型机械项目的设计、制造、安装、调试到售后服务的整套技术质量运行体系。

我厂发挥自身优势，积极开拓市场，先后为冀东水泥股份有限公司、天瑞集团等大型企业及天津日板浮法玻璃有限公司、英红建材有限公司等外资企业提供了长距离高强度带式输送机、组装可移式破碎站、斗式提升机、链式输送机、轻、中、重型板式给料机等各种给料输送设备及水泥生产辅助设备。与日本输送机公司（NC公司）建立了长期的合作生产关系。部分产品出口日本、越南、老挝、阿曼、柬埔寨、马来西亚、印度、俄罗斯等国家。公司主导产品已通过了ISO 9001质量管理体系认证、CE认证。

我公司以“用户至上，质量第一，诚实守信，以服务求信誉”为宗旨，愿为国内外用户提供更优质的产品和满意的服务。

地址：河北省唐山市丰南区宣庄
邮编：063307
电话：0315-8522706　8523219
传真：0315-8524870
E-mail：fnkaitai@ vip. sina. com
http：//www. tskaitai. cn
联系人：岳福军　岳敬霞

附 2.6.27　河北鑫源输送机械有限公司

河北鑫源输送机械有限公司是集研究、设计、生产、销售为一体的现代企业公司，国家起重运输机械协会成员单位，厂区占地面积4.5万平方米，其中建筑面积2.8万平方米。职工人数226人，其中工程技术人员32人（大专以上学历30人，高级工程师2人），资产总值1.2亿元，年产值2.2亿元。公司位于河北省枣强县城，京九铁路、106国道在此交汇，交通便利。

公司以带式输送机、电动滚筒、矿山机械、电厂设备为主。拥有九大系列上百个品种。托辊生产线、车、磨、刨、冲、自动/手动焊、自动/手动割等设备218台/套。质量检测中心下设：化学实验室、硬度试验室、托辊实验室、机械性能测试室，拥有各种检测仪器设备27台/套。产品各项性能指标均达到或优于国家标准。畅销全国二十几个省、市、自治区，部分产品配套出口埃塞俄比亚、东南亚等国家和地区。深受广大用户好评！

本公司奉行“视质量如生命”、“诚信经营”的经营理念，以优质的产品、优良的服务、优惠的价格和保证按时供货、保证供应配件、保证售后服务按时到位的“三优”、“三保”的经营方针，以科学的管理体系、高素质的员工队伍为客户提供精品和全方位服务。

地址：河北省枣强县城关南路121号
邮编：053100
电话：0318-8224553
传真：0318-8225373
E-mail：hbxyss@ 126. com

附 2.6.28　洛阳金英重工机械有限公司

洛阳金英重工机械有限公司毗邻白马寺和龙门石窟，是专业生产和安装各类运输机械的制造企业。公司创建于1988年。2008年通过ISO 2001质量体系认证。现有职工680名，其中具有高级职称5名及各类技术人员120名，拥有生产和检测设备360余台（套）和配置先进的CAD系统，产品工艺设计全部由计算机完成。具有铸造、锻压、铆焊、机械加工生产线，为用户提供设计、制造和安装优质服务。

主导产品有DTⅡ(A)型、DJA型波状挡边带式输送机、圆管带式输送机、各类高效斗式提升机及各系列熟料链斗输送机、多种系列埋刮板输送机等380余种产品，产品广泛应用于冶金、选矿、建材、水泥、粮食和轻工、化工行业等国家重点工程项目，还远销于俄罗斯、蒙古、印度、越南、马来西亚、利比亚等国家，深受用户好评，曾荣获科技企业、质量信得过单位、洛阳市重合同守信用企业、河南省质量管理协会理事荣誉称号。

公司始终坚持以市场为导向、以科技求发展、以质量求生存、以服务求信誉为指导方针，革新技术、完善自我，先后与北京、上海、天津、武汉、沈阳等各设计院校建立技术合作、不断吸收国内外先进技术，为用户提供技术一流的产品和服务。

地址：河南省洛阳市伊川县城关镇罗村工业区
邮编：471300
电话：0379-69363365　68309966
传真：0379-69363366
E-mail：lywang168@ 126. com
http：//www. lyjyzg. com
联系人：王仁杰　13503496168

附 2.6.29　唐山阳光机械制造有限公司

唐山阳光机械制造有限公司地处河北省唐山

市高新技术开发区，是生产输送、给料及高炉、烧结辅机设备的专业生产单位，拥有几十年设计及生产制造经验的专业技术人员和先进的生产加工设备，技术力量强大，实力雄厚，广泛的服务于冶金、电力、建材、港口等行业，先后为秦皇岛港务局、唐山钢铁股份有限公司、天津钢铁股份有限公司、唐山曹妃甸港、唐山京唐港、冀东水泥股份有限公司等大型企业提供了成套的输送给料设备及高炉、烧结辅机设备，受到了用户的一致好评，享有良好的信誉。

企业主要产品有：

输送机械：DTⅡ(A)型带式输送机、覆盖带式全封闭带式输送机、DJ型波纹挡边大倾角输送机、螺旋输送机、链式输送机等。

给料机械：板式给料机（轻、中、重型）、圆盘给料机、斗式提升机等。

高炉辅机设备：高炉上料主卷扬机、高炉炉前揭盖机、高炉摆动铁沟、高炉链式探尺等。

烧结设备：带式冷却机、环式冷却机、圆筒混料机、造球机等。

法人代表： 王树林 13703255568
地址： 河北省唐山市高新技术开发区庆南道
邮编： 063020
电话： 0315-3392387
传真： 0315-3392297
E-mail： tsygjx@163.com
http： //www.tsygjx.com

附2.6.30 安徽永生机械股份有限公司

安徽永生机械股份有限公司（简称“永生机械”）坐落在历史文化名城，桐城派故乡——安徽省桐城市。公司创建于1997年，经过全体员工团结拼搏，创新发展，至今拥有总资产3亿元，注册资金10018万元；厂区占地面积10万余平方米，建筑面积5万余平方米，拥有各类设备300余台(套)，生产设备齐全，检测设备先进；员工420余人，工程技术人员101人，其中高级工程技术人员28人；年产值达5亿元。

永生机械从创立之初一直专注于带式输送机的设计研发、制造、销售、安装调试及工程项目总包，是具有多年带式输送机生产历史的专业厂家，是全国带式输送行业重点骨干企业。

公司在国内率先获得国家质量监督检验检疫总局颁发最大带宽2800mm带式输送机生产许可证，并通过ISO 9001：2008、ISO 14001：2004、OHSAS 18001：2007管理体系认证，获得国家煤炭安全标志认证。公司十分注重产品创新，具有较强开发能力，在大带宽、长距离、曲线、下运等复杂工艺条件的带式输送机设计和制造上，积累了丰富的经验。

多年来，“永生”牌带式输送机广泛应用于电力、矿山、建材、冶金、港口、码头、化工和交通运输等行业，在国内享有良好的声誉，深得广大用户的信赖。产品覆盖全国各地并出口东欧、东南亚、西亚等国家和地区。多次荣获“安徽省著名商标”、安徽省“金融守信企业”、“守合同重信用企业”、“质量信得过单位”、“科技进步企业”、“民营百强企业”等荣誉称号。

未来的永生机械将坚持“质量铸就品牌，团结凝聚力量，诚信赢得市场，人才决定未来”的经营理念，打造行业旗舰，树立国际品牌，一如既往地竭诚为国内外用户提供精良的设备和优质的服务。永生机械以诚恳友善的态度作为经营之道，愿与各界朋友精诚合作，互惠双赢，共创辉煌！

地址： 安徽省桐城市永生工业园
邮编： 231400
电话： 0556-6203328 6211188
传真： 0556-6205888
E-mail： sales@ys-machine.com
http： //www.ys-machine.com

附2.6.31 武汉钢实港兴运输机械设备制造有限公司

武汉钢实港兴运输机械设备制造有限公司（以下简称港兴公司）是武汉钢铁（集团）公司实业公司的专业化子公司，是一个集运输机械产品制造、结构件制作、机加工等业务为主导的企业。

港兴公司拥有雄厚的技术力量、精良的生产设备和生产工艺，严格的质量管理体系，是武钢实业公司输送机械设备的专业化产品制造基地。主要产品有：DTⅡ(A)型带式输送机系列、滚筒系列、托辊系列、抓斗系列、语音报警器系列等。设备装备、生产技术能力及专业化程度在国内均处于领先地位，具备优良的加工制造能力。同时，港兴公司还与多家专业设计院（所）建立了战略合作伙伴，可根据用户的需求研发生产不同型号、规格的带式输送机及配件。

公司拥有完善的质量、环境、职业健康安全保证体系。以贯标为主线，对各过程进行有效的控制。在企业管理上，公司始终坚持以人为本的管理理念，不断加强企业内部管理，提高管理人员的业务技能和综合素质。以全面质量管理为切入点，使各项管理工作达到标准化、制度化、规范化。

地址：湖北省武汉市青山区滨港路55号
邮编：430082
电话：027-86890298 86890289 86890278
传真：027-86890298 86890278
E-mail：gangxing918@hotmail.com

附2.6.32 焦作市钰欣机械有限公司

焦作市钰欣机械有限公司是一家专业从事各型带式输送机的咨询、设计、制造、安装、维修等服务的厂商。公司位于河南省焦作市高新技术产业开发区内，占地面积5.7万平方米，其中厂房面积近2万平方米。可年产TD75、DTⅡ、DTⅡ(A)型等通用带式输送机2万余米及各种配件产品。

公司在职员工200余人，工程技术人员60余人，其中拥有研究生以上学历人员9人。公司高度重视人才培养，注重技术研发与创新。先后与中国农业机械化科学研究院、河南理工大学、北京中冶设备研究设计总院等多家研究机构合作，共同研发了带式输送机液压驱动装置、GH型、GP型清扫器、落料缓冲床等新型产品和技术，相关产品的各项技术指标均达到了国内外先进水平，取得多项独立自主的知识产权专利。公司从而也具备了较强的产品研发和技术升级能力。

公司已通过ISO 9001：2000质量管理体系认证和ISO 14001：2000环境管理体系认证，并取得带式输送机生产许可证、煤炭安全生产许可证等。目前我公司产品已远销澳大利亚、巴西、加拿大、南非等约20个国家和地区，并实现了产品质量零投诉。

地址：河南省焦作市黄河大道（西段）188号
邮编：454000
电话：0391-7755988
传真：0391-7755588
E-mail：yu@yuxinhn.com
http：//www.yuxinhn.com

附2.6.33 唐山旗骏机械设备有限公司

唐山旗骏机械设备有限公司位于唐山市北湖生态产业园，自成立以来始终致力于露天物料处理、物料搬运装备的设计、研发、销售、制造与服务，每年复合增长率超过50%，成为工业园区内增长速度最快的企业。公司的产品已经具备了自主知识产权，4个系列的产品已经获得国家专利，其中一项输送机胶带撕裂检测方法的发明专利具有广泛的应用性。公司目前主要产品有露天矿物料处理系统（重型板式给料机、敞开式重型刮板给料机、排料皮带机及转载皮带机、移动式给料破碎站、简约式破碎站、移置式皮带机）、集运站装车给料系统、汽车中转倒运系统、箱式重型刮板输送机、集中自动控制系统，广泛应用于煤炭、矿山、港口等行业。

唐山旗骏始终坚持“以市场为先导，以技术为支撑，以人才为根本”的经营理念，依托雄厚的技术研发力量，密切结合市场需求，秉承用户至上的服务宗旨，采取全程式服务，针对不同领域的顾客我们开创了个性化服务，设计不同方案以最大程度满足顾客需求，为用户提供最具竞争力的成套设备和解决方案。

我们将不断创新管理体制，在提高技术水平的基础上不断提高服务质量，重合同、守信誉。与社会各界真诚合作、共谋发展、共创辉煌！

地址：河北省唐山市北湖生态产业园先导区旗骏道1号
邮编：063027
电话：0315-5225960
传真：0315-5255060
E-mail：ts-qj@163.com
http：//www.tsqjjx.com

附2.6.34 武汉泛达机电有限公司

武汉泛达机电有限公司由武钢集团公司与香港泛达发展有限公司合资兴办，成立于1994年，是一家从事成套带式输送机及配件设计、制作和安装的专业化公司，中国重型机械协会带式输送机分会会员单位，2002年通过了ISO 9001：2000质量管理体系认证。

公司生产的带式输送机包括固定式和移动式两大类B500～B2000全部规格，产品广泛用于冶金、港口、能源、矿山等各行各业。公司拥有托辊生产线，其生产过程全部由PC程序控制，生产节拍仅2分钟。产品经国家权威部门检测，其各项技术指标全部达到和超过GB/T 10595—1989《带式输送机 技术条件》标准。

地址：湖北省武汉市青山区武东科技发展工业园
邮编：430083
电话：027-86465872 86465086
传真：027-86465872
E-mail：fandajd@public.wh.hb.cn

附录3 《DTⅡ(A)型带式输送机专用图—2011》制造单位大名单

列入本名单并注明了2011版使用范围的单位，均已登记接受技术转让，有权使用《DTⅡ(A)型带式输送机专用图—2011》生产DTⅡ(A)型带式输送机。

从2013年10月开始，将在两主编单位的网站上不间断公布有权使用《DTⅡ(A)型带式输送机专用图—2011》生产DTⅡ(A)型带式输送机的制造单位大名单（即期）。从2013年12月开始每年都会在第12期《起重运输机械》杂志上公布即期大名单，以供辨识，需要时，也可按以下方式查询。

北京起重运输机械设计研究院 010-64042585 http://www.bmhri.com
武汉丰凡科技开发有限责任公司 027-86879863 http://www.fftech.com

序号	单位名称	2002版使用范围（B500～B1400）	2011版使用范围（B400～B2000）
	研发合作单位		
1	北方重工集团有限公司	全套所有品种规格	全套所有品种规格
2	衡阳运输机械有限公司	全套所有品种规格	全套所有品种规格
3	自贡运输机械集团股份有限公司	全套所有品种规格	全套所有品种规格
4	焦作科瑞森机械制造有限公司	全套所有品种规格	全套所有品种规格
5	铜陵天奇蓝天机械设备有限公司	全套所有品种规格	全套所有品种规格
	研发赞助单位		
1	上海科大重大集团有限公司	全套所有品种规格	全套所有品种规格
2	山东山矿机械有限公司	全套所有品种规格	全套所有品种规格
3	马钢股份有限公司输送机械设备制造公司	全套所有品种规格	全套所有品种规格
4	安徽攀登重工股份有限公司	全套所有品种规格	全套所有品种规格
5	安徽扬帆机械股份有限公司	全套所有品种规格	全套所有品种规格
6	河北鲁梅卡机械制造股份有限公司		全套所有品种规格
7	四川东林矿山运输机械有限公司		全套所有品种规格
	华北地区		
1	唐山冶金矿山机械厂	全套所有品种规格	暂未订
2	唐山阳光机械制造有限公司		全套所有品种规格
3	唐山旗骏机械设备有限公司		全套所有品种规格
4	唐山瑞泰机械有限公司	全套所有品种规格	全套所有品种规格
5	唐山开泰起重输送机械有限公司	全套所有品种规格	全套所有品种规格
6	宣化钢铁公司冲压厂	全套所有品种规格	暂未订
7	河北鑫源输送机械有限公司	全套所有品种规格	全套所有品种规格
8	河北鑫山输送机械有限公司	全套所有品种规格	暂未订
9	河北巨鑫输送工程有限公司	全套所有品种规格	全套所有品种规格
10	河北冀枣胶带运输机械有限公司		全套所有品种规格
11	河北衡水科耐尔输送机械有限公司	全套所有品种规格	暂未订

续表

序号	单位名称	2002版使用范围（B500～B1400）	2011版使用范围（B400～B2000）
12	邯郸市邯钢附属企业公司	全套所有品种规格	暂未订
13	河北神风重型机械有限公司	全套所有品种规格	暂未订
14	邯邢矿务局机械厂	全套所有品种规格	全套所有品种规格
15	晋煤集团金鼎煤机矿业有限责任公司	全套所有品种规格	全套所有品种规格
16	山西阳泉华越机械有限责任公司	全套所有品种规格	暂未订
17	包头市万里机械有限责任公司	全套所有品种规格	全套所有品种规格
18	包头市大青山机械制造有限责任公司	全套所有品种规格	全套所有品种规格
东北地区			
1	集安佳信通用机械有限公司	全套所有品种规格	全套所有品种规格
2	鞍钢附属企业公司烧结安装公司	全套所有品种规格	暂未订
3	鞍钢附属企业公司机电安装公司	所有规格托辊	暂未订
4	本钢钢铁液压输送机械有限公司	全套所有品种规格	暂未订
华东地区			
1	上海起重机械厂有限公司	全套所有品种规格	暂未订
2	上海富运运输机械有限公司		全套所有品种规格
3	山东生建重工有限公司	全套所有品种规格	暂未订
4	山东凯诚机电设备制造有限公司	全套所有品种规格	暂未订
5	兖矿集团机修厂	全套所有品种规格	暂未订
6	江阴市鹏锦机械制造有限公司	全套所有品种规格	全套所有品种规格
7	苏州市力神起重运输机械制造有限公司	全套所有品种规格	全套所有品种规格
8	芜湖起重运输机械厂有限公司	全套所有品种规格	暂未订
9	安徽凯达机械制造有限公司	全套所有品种规格	暂未订
10	福建三明钢铁公司劳动服务公司	全套所有品种规格	暂未订
11	宁波甬港起重运输设备有限公司		全套所有品种规格
12	安徽永生机械股份有限公司		全套所有品种规格
中南地区			
1	新乡中新环保物流设备有限公司	全套所有品种规格	全套所有品种规格
2	焦作市钰欣机械有限公司		全套所有品种规格
3	河南神火集团新利达有限公司	全套所有品种规格	暂未订
4	平煤集团东联机械有限公司	全套所有品种规格	暂未订
5	洛阳金英重工机械有限公司		全套所有品种规格
6	武汉武钢北湖机械制造有限公司	全套所有品种规格	全套所有品种规格
7	武汉洪源机械制造有限公司（七〇一一机械厂）	全套所有品种规格	全套所有品种规格
8	武汉志伟运输机械制造有限公司	全套所有品种规格	暂未订
9	武钢大冶铁矿劳动服务公司	全套所有品种规格	暂未订
10	武钢程潮铁矿附属工程公司	全套所有品种规格	暂未订
11	武汉钢实港兴运输机械设备制造有限公司	重型配仓输送机	全套所有品种规格
12	湖南双雁运输机械有限公司	全套所有品种规格	全套所有品种规格
13	东莞市奥能实业有限公司	全套所有品种规格	全套所有品种规格
14	武汉泛达机电有限公司	所有规格托辊	所有规格托辊
15	武汉康鸿机械有限公司	所有规格滚筒	所有规格滚筒
16	武汉钢实华强橡胶机制有限公司	所有规格滚筒	所有规格滚筒
西北地区			
1	铜川煤机厂	全套所有品种规格	暂未订
西南地区			
1	自贡起重输送机械制造有限公司		全套所有品种规格